학습 계획을 세우고 매일 실천해 보세요.

	SUNDAY	MONDAY	TUESDAY	WEDNESDAY	THURS
DATE	○ / D- 단원 유형 ~ 단원 유형	○ / D- 단원 유형 ~ 단원 유형	○ / D- 단원 유형 ~ 단원 유형	○ / D- 단원 유형 ~ 단원 유형	○ / 단원 유형 ~
DATE	○ / D- 단원 유형 ~ 단원 유형	○ / D- 단원 유형 ~ 단원 유형	○ / D- 단원 유형 ~ 단원 유형	○ / D- 단원 유형 ~ 단원 유형	○ / 단원 유형 ~
DATE	○ / D- 단원 유형 ~ 단원 유형	○ / D- 단원 유형 ~ 단원 유형	○ / D- 단원 유형 ~ 단원 유형	○ / D- 단원 유형 ~ 단원 유형	○ 단원 유형 ~
DATE	○ / D- 단원 유형 ~ 단원 유형	○ / D- 단원 유형 ~ 단원 유형	○ / D- 단원 유형 ~ 단원 유형	○ / D- 단원 유형 ~ 단원 유형	○ / 단원 유형 ~
DATE	○ / D- 단원 유형 ~ 단원 유형	○ / D- 단원 유형 ~ 단원 유형	○ / D- 단원 유형 ~ 단원 유형	○ / D- 단원 유형 ~ 단원 유형	○ / 단원 유형 ~
DATE	○ / D- 단원 유형 ~ 단원 유형	○ / D- 단원 유형 ~ 단원 유형	○ / D- 단원 유형 ~ 단원 유형	○ / D- 단원 유형 ~ 단원 유형	○ / 단원 유형 ~
DATE	○ / D- 단원 유형 ~ 단원 유형	○ / D- 단원 유형 ~ 단원 유형	○ / D- 단원 유형 ~ 단원 유형	○ / D- 단원 유형 ~ 단원 유형	○ / 단원 유형 ~
DATE	○ / D- 단원 유형 ~ 단원 유형	○ / D- 단원 유형 ~ 단원 유형	○ / D- 단원 유형 ~ 단원 유형	○ / D- 단원 유형 ~ 단원 유형	○ / 단원 유형 ~

● **복습 필수 문항** 복습이 필요한 문항 번호를 쓰고 시험 전에 훑어 보세요.

오른쪽 QR 이미지를 찍어서 자료를 확인해 보세요.

오답노트 & 플래너
Wrong Answer Notes & Planner

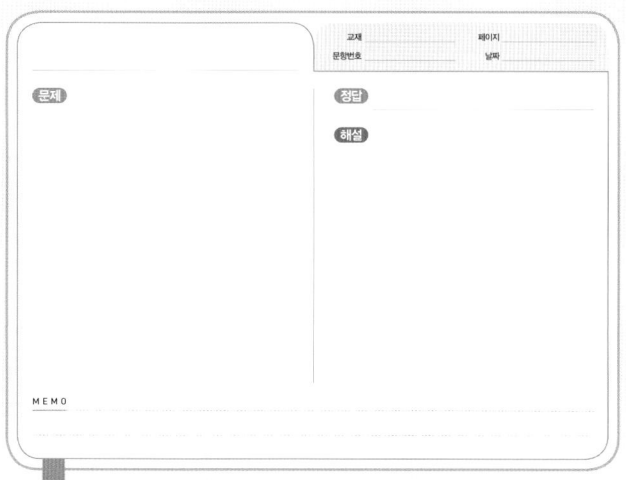

오답노트를 통해 틀린 문제를 다시 풀어 보고
관련된 개념도 살펴보자!

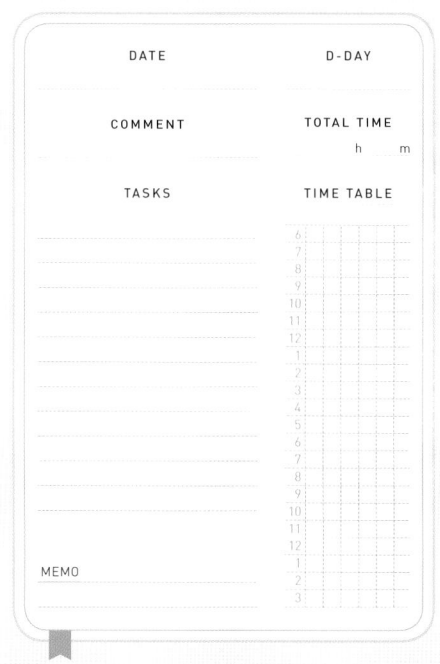

플래너에 하루의 공부 목표를
세워서 알차게 공부해 보자!

DAY

FRIDAY

SATURDAY

/ D-
단원 유형 ~ 단원 유형

/ D-
단원 유형 ~ 단원 유형

단원 유형

/ D-
단원 유형 ~ 단원 유형

/ D-
단원 유형 ~ 단원 유형

단원 유형

/ D-
단원 유형 ~ 단원 유형

/ D-
단원 유형 ~ 단원 유형

단원 유형

/ D-
단원 유형 ~ 단원 유형

/ D-
단원 유형 ~ 단원 유형

단원 유형

/ D-
단원 유형 ~ 단원 유형

/ D-
단원 유형 ~ 단원 유형

단원 유형

/ D-
단원 유형 ~ 단원 유형

/ D-
단원 유형 ~ 단원 유형

단원 유형

/ D-
단원 유형 ~ 단원 유형

/ D-
단원 유형 ~ 단원 유형

단원 유형

/ D-
단원 유형 ~ 단원 유형

/ D-
단원 유형 ~ 단원 유형

수학 I

구성과 특징
Structure

STEP 1 핵심 개념 이해

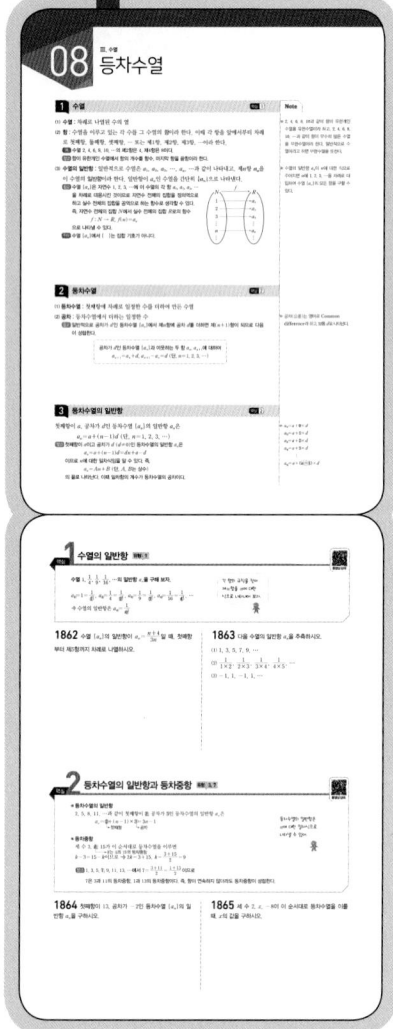

- 중단원의 개념을 정리하고, 핵심 개념에서 중요한 개념을 도식화하여 직관적인 이해를 돕습니다.
  핵심 개념에 대한 설명을 **동영상 강의**로 확인할 수 있습니다.

STEP 2 유형 학습

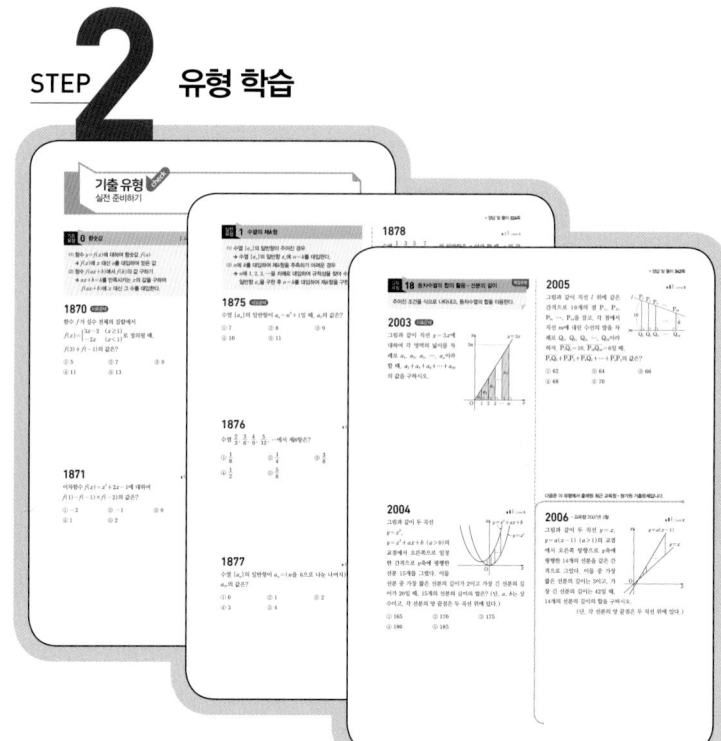

- **기초 유형** 이전 학년에서 배운 내용을 유형으로 확인합니다.

- **실전 유형 / 심화 유형** 세분화된 최적의 내신 출제 유형으로 구성하고, 유형마다 최신 **교육청·평가원 기출문제**를 분석하여 수록하였습니다.
  또, 유형 중 출제율이 높은 **빈출유형**, 여러 개념이나 유형이 복합된 **복합유형**, 최근 출제 경향의 **신유형**은 별도 표기하였습니다. **고난도** 문항과 **신경향** 문항도 확인할 수 있습니다.

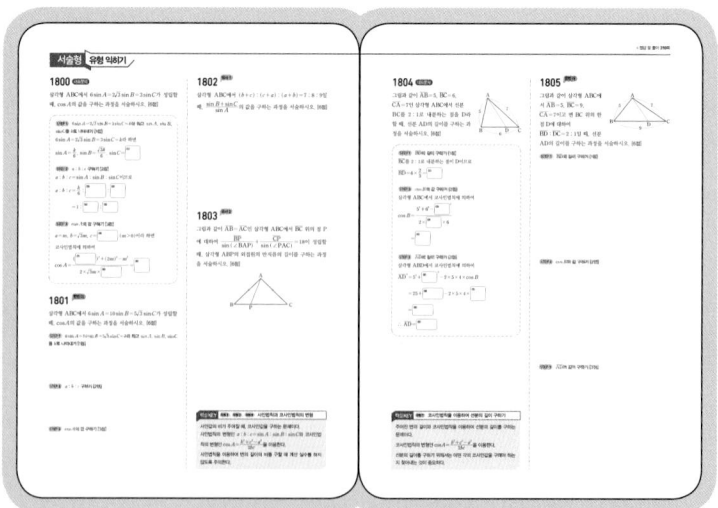

- **서술형 유형 익히기** 내신 빈출 서술형 문제를 **대표문제 - 한번 더 - 유사문제**의 set 문제로 구성하여 서술형 내신 대비를 철저히 할 수 있습니다. **핵심 KEY**에서 서술형 문항을 분석한 내용을 담았습니다.

STEP 3 실전 완벽 대비

- 시험에 꼭 나오는 예상 기출문제를 선별하여 1회/2회로 구성하였습니다. 실제 시험과 유사한 문항 수로, 문항별 배점을 제시하여 실제 시험처럼 제한된 시간 내에 문제를 해결하고 채점해 봄으로써 자신의 실력을 확인할 수 있습니다.

최다유형 최다문항 수매씽!

등급 up! 실전에 강한 유형서

정답 및 풀이 "꼼꼼하게 활용해 보세요."

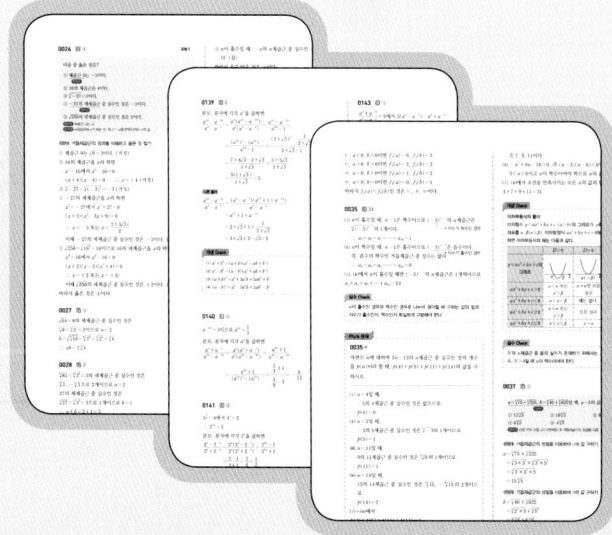

- 유형의 대표문제를 분석하여 단서를 제시하고 단계별 풀이를 통해 문제해결에 접근할 수 있습니다.
  다른 풀이, 개념 Check, 실수 Check, Tip, 참고 등을 제시하여 이해하기 쉽고 친절합니다.
  상수준의 어려운 문제는 ✦Plus문제를 추가로 제공하여 내신 고득점을 대비할 수 있습니다.

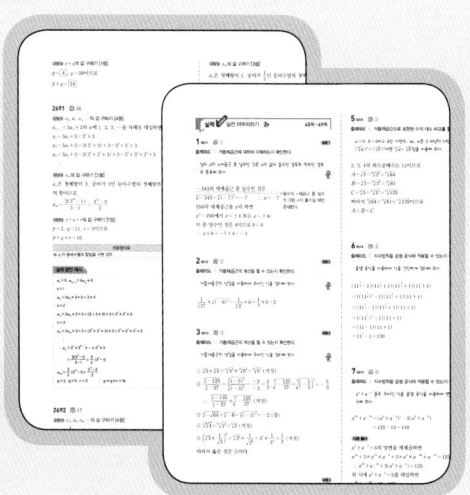

- 서술형 문제는 단계별 풀이 외에도 실제 답안 예시/오답 분석을 통해 다른 학생들이 실제로 작성한 답안을 살펴볼 수 있습니다. 또, 부분점수를 얻을 수 있는 포인트를 부분점수표로 제시하였습니다.
  실전 중단원 마무리 문제는 출제의도와 문제해결 방안을 확인할 수 있습니다.

Contents 차례

수학 I

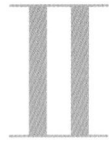

지수 01

01 지수

1 거듭제곱과 거듭제곱근 [핵심 1~2]

$$\underbrace{a \times a \times \cdots \times a}_{n개} = a^n \xleftarrow{} 지수$$
$$\xleftarrow{} 밑$$

(1) 거듭제곱

n이 양의 정수일 때, 실수 a를 n번 곱한 것을 a의 n제곱이라 하고, a^n으로 나타낸다.
이때 a, a^2, a^3, $\cdots$, a^n, $\cdots$을 통틀어 a의 거듭제곱이라 하고, a^n에서 a를 거듭제곱의 밑, n을 거듭제곱의 지수라 한다.

참고 지수가 자연수일 때의 지수법칙

a, b가 실수이고 m, n이 양의 정수일 때

① $a^m \times a^n = a^{m+n}$

② $(a^m)^n = a^{mn}$

③ $(ab)^n = a^n b^n$

④ $\left(\dfrac{a}{b}\right)^n = \dfrac{a^n}{b^n}$ (단, $b \neq 0$)

⑤ $a^m \div a^n = \begin{cases} a^{m-n} & (m>n) \\ 1 & (m=n) \\ \dfrac{1}{a^{n-m}} & (m<n) \end{cases}$ (단, $a \neq 0$)

(2) 거듭제곱근

실수 a에 대하여 n이 2 이상의 정수일 때, n제곱하여 a가 되는 수, 즉 방정식 $x^n = a$를 만족시키는 x를 a의 n제곱근이라 한다.
이때 실수 a의 제곱근, 세제곱근, 네제곱근, $\cdots$을 통틀어 a의 **거듭제곱근**이라 한다.

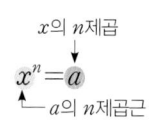

x의 n제곱
$$x^n = a$$
a의 n제곱근

(3) 실수 a의 n제곱근 중 실수인 것

실수 a의 n제곱근 중 실수인 것은 다음과 같다.

	$a>0$	$a=0$	$a<0$
n이 짝수	$\sqrt[n]{a}$, $-\sqrt[n]{a}$	0	없다.
n이 홀수	$\sqrt[n]{a}$	0	$\sqrt[n]{a}$

참고 n이 2 이상의 정수일 때 실수 a의 n제곱근 중 실수인 것의 개수는 $y=x^n$의 그래프와 $y=a$의 그래프가 만나는 교점의 개수와 같다.

(1) n이 짝수인 경우

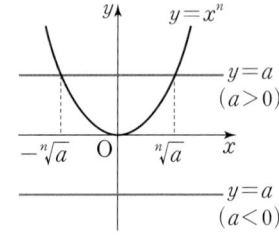

$$\begin{cases} a>0일 때, 2개 \\ a=0일 때, 1개 \\ a<0일 때, 0개 \end{cases}$$

(2) n이 홀수인 경우

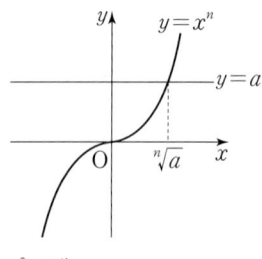

→ 1개

실수 a의 n제곱근은 복소수의 범위에서 n개가 있다.

$\sqrt[n]{a}$는 'n제곱근 a'로 읽는다.

n이 홀수일 때
$a>0$이면 $\sqrt[n]{a}>0$
$a<0$이면 $\sqrt[n]{a}<0$

2 거듭제곱근의 성질

핵심 3

$a>0$, $b>0$이고 m, n이 2 이상의 정수일 때

(1) $\sqrt[n]{a}\,\sqrt[n]{b}=\sqrt[n]{ab}$

(2) $\dfrac{\sqrt[n]{a}}{\sqrt[n]{b}}=\sqrt[n]{\dfrac{a}{b}}$

(3) $(\sqrt[n]{a})^m=\sqrt[n]{a^m}$

(4) $\sqrt[m]{\sqrt[n]{a}}=\sqrt[mn]{a}=\sqrt[n]{\sqrt[m]{a}}$

(5) $\sqrt[np]{a^{mp}}=\sqrt[n]{a^m}$ (단, p는 양의 정수)

3 지수의 확장

핵심 4

(1) 0 또는 음의 정수인 지수

$a\neq0$이고 n이 양의 정수일 때

① $a^0=1$

② $a^{-n}=\dfrac{1}{a^n}$

(2) 지수가 정수일 때의 지수법칙

$a\neq0$, $b\neq0$이고 m, n이 정수일 때

① $a^m a^n=a^{m+n}$

② $a^m \div a^n=a^{m-n}$

③ $(a^m)^n=a^{mn}$

④ $(ab)^n=a^n b^n$

(3) 유리수인 지수

$a>0$이고 m, $n\,(n>2)$이 정수일 때

① $a^{\frac{m}{n}}=\sqrt[n]{a^m}$

② $a^{\frac{1}{n}}=\sqrt[n]{a}$

(4) 지수가 유리수일 때의 지수법칙

$a>0$, $b>0$이고 r, s가 유리수일 때

① $a^r a^s=a^{r+s}$

② $a^r \div a^s=a^{r-s}$

③ $(a^r)^s=a^{rs}$

④ $(ab)^r=a^r b^r$

(5) 지수가 실수일 때의 지수법칙

$a>0$, $b>0$이고 x, y가 실수일 때

① $a^x a^y=a^{x+y}$

② $a^x \div a^y=a^{x-y}$

③ $(a^x)^y=a^{xy}$

④ $(ab)^x=a^x b^x$

참고 a^x에서 지수법칙이 성립하기 위한 지수 x의 값의 범위에 따른 밑 a의 조건

지수 (x)	밑 (a)
자연수	$a\neq0$
정수	$a\neq0$
유리수	$a>0$
실수	$a>0$

Note

▶ 거듭제곱근의 성질은 $a>0$, $b>0$일 때만 성립한다.
예를 들어 $\sqrt{-2}\times\sqrt{-3}$은
$\sqrt{-2}\times\sqrt{-3}=\sqrt{(-2)\times(-3)}=\sqrt{6}$
으로 계산하지 않고
$\sqrt{-2}\times\sqrt{-3}=\sqrt{2}\,i\times\sqrt{3}\,i$
$\qquad\qquad=\sqrt{2\times3}\times i^2=-\sqrt{6}$
으로 계산한다.

▶ n이 양의 정수일 때, $0^n=0$이지만 밑이 0인 경우, 즉 0^0과 0^{-n}은 정의하지 않는다.

▶ 지수가 정수가 아닌 유리수인 경우에는 밑이 음수이면 지수법칙을 이용할 수 없다.

예 $\{(-3)^2\}^{\frac{1}{2}}=(-3)^{2\times\frac{1}{2}}$
$\qquad\qquad=-3\ (\times)$
$\{(-3)^2\}^{\frac{1}{2}}=(3^2)^{\frac{1}{2}}$
$\qquad\qquad=3^{2\times\frac{1}{2}}=3\ (\bigcirc)$

핵심 1 거듭제곱근 유형 1

동영상 강의

실수 a에 대하여 n이 2 이상의 정수일 때

a의 n제곱근	$\rightarrow$	n제곱하여 a가 되는 수	$\rightarrow$	$x^n=a$인 x의 값
8의 세제곱근		세제곱하여 8이 되는 수		$x^3=8$인 x의 값
				$\rightarrow x=2$ 또는 $x=-1\pm\sqrt{3}i$

0001 다음 거듭제곱근을 구하시오.

(1) -1의 제곱근 　　　(2) 5의 제곱근

(3) -8의 세제곱근 　　(4) 81의 네제곱근

0002 다음 중 옳은 것에는 ○표, 옳지 않은 것에는 ×표를 하시오.

(1) 7의 제곱근은 $\pm\sqrt{7}$이다. 　　　　　(　　)

(2) -3은 27의 세제곱근 중 하나이다. 　(　　)

(3) -1의 세제곱근은 2개이다. 　　　　(　　)

핵심 2 a의 n제곱근 중 실근의 개수 유형 1

동영상 강의

(1) 2의 세제곱근 중에서 실수인 것은 $\sqrt[3]{2}$ 　$\rightarrow$ 1개
(2) -2의 세제곱근 중에서 실수인 것은 $\sqrt[3]{-2}$ 　$\rightarrow$ 1개
(3) 2의 네제곱근 중에서 실수인 것은 $\sqrt[4]{2}$, $-\sqrt[4]{2}$ 　$\rightarrow$ 2개
(4) -2의 네제곱근 중에서 실수인 것은 없다. 　$\rightarrow$ 0개

0003 8의 세제곱근 중 실수인 것을 a, -27의 세제곱근 중 실수인 것을 b라 할 때, $a+b$의 값을 구하시오.

0004 다음 중 옳은 것에는 ○표, 옳지 않은 것에는 ×표를 하시오.

(1) 16의 네제곱근 중 실수인 것은 4개이다. 　(　　)

(2) -3의 제곱근 중 실수인 것은 2개이다. 　(　　)

(3) -125의 세제곱근 중 실수인 것은 -5이다. 　(　　)

(4) n이 짝수일 때, $x^n=5$를 만족시키는 실수 x는 n개이다.
　　　　　　　　　　　　　　　　　　(　　)

3 거듭제곱근의 성질 유형 2

동영상 강의

거듭제곱근의 성질을 이용하여 식을 간단히 해 보자.

(1) $\sqrt[3]{25} \times \sqrt[3]{5} = \sqrt[3]{25 \times 5} = \sqrt[3]{5^3} = (\sqrt[3]{5})^3 = 5$

(2) $\dfrac{\sqrt[3]{16}}{\sqrt[3]{2}} = \sqrt[3]{\dfrac{16}{2}} = \sqrt[3]{8} = \sqrt[3]{2^3} = (\sqrt[3]{2})^3 = 2$

(3) $(\sqrt[4]{9})^2 = \sqrt[4]{9^2} = \sqrt[4]{3^4} = (\sqrt[4]{3})^4 = 3$

(4) $\sqrt[3]{\sqrt{5^6}} = \sqrt[6]{5^6} = (\sqrt[6]{5})^6 = 5$

0005 다음을 간단히 하시오.

(1) $\sqrt[3]{27}$ (2) $\sqrt[4]{0.0016}$

(3) $\sqrt[3]{-\dfrac{1}{8}}$ (4) $\sqrt[4]{\dfrac{1}{625}}$

0006 다음을 간단히 하시오.

(1) $\sqrt[3]{2} \times \sqrt[3]{4}$ (2) $\dfrac{\sqrt[4]{32}}{\sqrt[4]{2}}$

(3) $(\sqrt[4]{81})^2$ (4) $\sqrt{\sqrt[3]{64}}$

0007 다음을 간단히 하시오.

(1) $\sqrt[3]{4} \times \sqrt[3]{16} + \sqrt[3]{27}$

(2) $\sqrt[3]{2} \times \sqrt[3]{4} + \dfrac{\sqrt[4]{243}}{\sqrt[4]{3}}$

0008 $\sqrt[3]{\dfrac{\sqrt{128}}{\sqrt{2}}} + \sqrt{\dfrac{\sqrt{243}}{\sqrt{3}}}$ 을 간단히 하시오.

4 지수의 확장과 지수법칙 유형 5

동영상 강의

지수가 정수, 유리수, 실수일 때의 지수법칙을 알아보자.

(1) $2^{\overbrace{5}^{정수}} \times 2^{-3} = 2^{5+(-3)} = 2^2 = 4$

(2) $5^{\overbrace{\frac{1}{2}}^{유리수}} \div 5^{\frac{1}{2}} = 5^{\frac{1}{2}-\frac{1}{2}} = 5^0 = 1$

(3) $(3^{\overbrace{\frac{1}{4}}^{실수}})^8 = 3^{\frac{1}{4} \times 8} = 3^2 = 9$

(4) $(5 \times 3)^{\overbrace{\sqrt{2}}^{실수}} = 5^{\sqrt{2}} \times 3^{\sqrt{2}}$

0009 다음 값을 구하시오.

(1) $(-5)^0$ (2) 3^{-4} (3) $\left(\dfrac{2}{3}\right)^{-2}$

0010 다음 중 옳은 것에는 ○표, 옳지 않은 것에는 ×표를 하시오.

(1) $\sqrt{3}$ 은 $3^{\frac{1}{2}}$ 으로 나타낼 수 있다. (   )

(2) $\sqrt[3]{5^4}$ 은 $5^{\frac{3}{4}}$ 으로 나타낼 수 있다. (   )

(3) $4^{\frac{2}{3}}$ 은 $\sqrt{4^3}$ 으로 나타낼 수 있다. (   )

(4) $3^{-\frac{2}{3}}$ 은 $\sqrt[3]{\dfrac{1}{9}}$ 로 나타낼 수 있다. (   )

0011 $5^{\frac{7}{3}} \div 5^{\frac{1}{3}}$ 의 값을 구하시오.

0012 $(16^{\sqrt{5}})^{\frac{\sqrt{5}}{4}}$ 의 값을 a, $4^{\sqrt{2}+1} \div 4^{\sqrt{2}-1}$ 의 값을 b라 할 때, $\dfrac{a}{b}$ 의 값을 구하시오.

기초유형 0-1 지수법칙 | 중2

m, n이 자연수일 때
(1) $a^m \times a^n = a^{m+n}$
(2) $(a^m)^n = a^{mn}$
(3) $a^m \div a^n = \begin{cases} a^{m-n} & (m>n) \\ 1 & (m=n) \text{ (단, } a \neq 0) \\ \dfrac{1}{a^{n-m}} & (m<n) \end{cases}$
(4) $(ab)^n = a^n b^n$, $\left(\dfrac{a}{b}\right)^n = \dfrac{a^n}{b^n}$ (단, $b \neq 0$)

0013 대표문제

다음 중 옳지 <u>않은</u> 것은?

① $a^2 \times a^6 = a^8$
② $a^2 \times a^3 = (a^2)^3$
③ $a^6 \div a^3 = a^3$
④ $a^2 \div (a^3 \div a^2) = a$
⑤ $a^2 \times a^6 \div a^8 = 1$

0014

`Level 1`

$2 \times 2^2 \times 2^x = 256$일 때, x의 값은?

① 2
② 3
③ 4
④ 5
⑤ 6

0015

`Level 1`

$\left(\dfrac{x^2}{y^a}\right)^4 = \dfrac{x^8}{y^{12}}$ 을 만족시키는 실수 a의 값은?

① 1
② 2
③ 3
④ 4
⑤ 5

0016

`Level 1`

부피가 $\dfrac{x^9}{y^6}$인 정육면체의 한 모서리의 길이는?

(단, $x>0$, $y>0$)

① $\dfrac{x^2}{y}$
② $\dfrac{x^3}{y^2}$
③ $\dfrac{x^3}{y^3}$
④ $\dfrac{x^2}{y^2}$
⑤ xy^2

0017

`Level 1`

다음 식을 간단히 하였을 때, a의 지수가 가장 큰 것은?

① $a^{10} \div a^6$
② $a^{14} \div a^{10} \div a^2$
③ $a^9 \div (a^2)^2$
④ $(a^4)^3 \div (a^3)^3$
⑤ $a^{13} \div (a^9 \div a^3)$

0018

`Level 2`

$2^3 + 2^3 + 2^3 + 2^3 = 2^a$, $3^5 + 3^5 + 3^5 = 3^b$일 때, 실수 a, b에 대하여 $a+b$의 값을 구하시오.

기초 유형 **0-2** a의 제곱근 | 중3

(1) x는 a의 제곱근이다. ➡ $x^2=a\,(a>0)$
(2) 제곱근의 성질
   $a>0$일 때
   ① $(\sqrt{a})^2=(-\sqrt{a})^2=a$ ② $\sqrt{a^2}=\sqrt{(-a)^2}=a$
(3) $\sqrt{a^2}$의 성질
   $\sqrt{a^2}=|a|=\begin{cases} a & (a\geq 0) \\ -a & (a<0) \end{cases}$

0019 대표문제

다음 중 그 값이 나머지 넷과 다른 하나는?

① 제곱근 25
② 5 또는 -5
③ 25의 제곱근
④ 제곱하여 25가 되는 수
⑤ $x^2=25$를 만족시키는 x의 값

0020 ●❘❘ Level 1

$\sqrt{3^6}$의 제곱근은?

① $-\sqrt{3}$ ② $\sqrt{3}$ ③ ± 3
④ 3   ⑤ $\pm 3\sqrt{3}$

0021 ●❘❘ Level 1

$(-3)^2$의 양의 제곱근을 a, $\sqrt{36}$의 음의 제곱근을 b라 할 때, $a-b$의 값은?

① -3 ② 3   ③ $3-\sqrt{6}$
④ $3+\sqrt{6}$ ⑤ 9

0022 ●❘❘ Level 1

다음 중 옳은 것은?

① 64의 제곱근은 8이다.
② $\sqrt{(-0.2)^2}=-0.2$
③ 0의 제곱근은 없다.
④ $(-\sqrt{5})^2=5$
⑤ $\sqrt{16}=\pm 4$

0023 ●❘❘ Level 1

$a>0$일 때, 다음 중 옳지 않은 것은?

① $\sqrt{a^2}=a$ ② $-\sqrt{a^2}=-a$
③ $\sqrt{(-a)^2}=a$ ④ $(-\sqrt{a})^2=a$
⑤ $-\sqrt{(-a)^2}=a$

0024 ●❘❘ Level 2

$1<a<2$일 때, $\sqrt{(a-1)^2}+\sqrt{(a-2)^2}$을 간단히 하면?

① -1 ② 1   ③ $2a-3$
④ $2a+2$ ⑤ $2a+3$

0025 ●❘❘ Level 2

$\sqrt{48a}$가 자연수가 되도록 하는 가장 작은 자연수 a의 값을 구하시오.

n이 2 이상인 정수일 때
(1) 실수 a의 n제곱근은 방정식 $x^n=a$의 근이다.
(2) a의 n제곱근 중 실수인 것은 다음과 같다.

	$a>0$	$a=0$	$a<0$
n이 짝수	$\sqrt[n]{a}$, $-\sqrt[n]{a}$	0	없다.
n이 홀수	$\sqrt[n]{a}$	0	$\sqrt[n]{a}$

0026 대표문제

다음 중 옳은 것은?

① 제곱근 9는 -3이다.
② 16의 제곱근은 4이다.
③ $\sqrt[3]{-27}=3$이다.
④ -27의 세제곱근 중 실수인 것은 -3이다.
⑤ $\sqrt{256}$의 네제곱근 중 실수인 것은 2이다.

0027

▪▮▮ Level 1

$\sqrt{64}$의 세제곱근 중 실수인 것을 a, $\sqrt[3]{16}$의 제곱근 중 양수인 것을 b라 할 때, ab의 값은?

① $\sqrt[3]{2}$ ② $\sqrt[3]{4}$ ③ 2
④ $2\sqrt[3]{4}$ ⑤ 3

0028

▪▮▮ Level 1

$\sqrt[4]{81}$의 네제곱근 중 실수인 것의 개수를 a, 27의 세제곱근 중 실수인 것의 개수를 b라 할 때, $a+b$의 값을 구하시오.

0029

▪▮▮ Level 2

다음 설명 중 옳지 <u>않은</u> 것은? (단, a는 실수이다.)

① $a<0$일 때, $\sqrt{a^2}=-a$이다.
② 세제곱근 -64는 -4이다.
③ 81의 네제곱근 중 실수인 것은 ±3이다.
④ n이 짝수일 때, a의 n제곱근 중 실수인 것은 2개이다.
⑤ n이 홀수일 때, $-a$의 n제곱근 중 실수인 것은 1개이다.

0030

▪▮▮ Level 2

〈보기〉에서 옳은 것만을 있는 대로 고른 것은?

─〈 보기 〉─

ㄱ. 0의 제곱근은 없다.
ㄴ. n이 홀수일 때, 37의 n제곱근 중 실수인 것은 2개이다.
ㄷ. n이 홀수일 때, -37의 n제곱근 중 실수인 것은 1개이다.
ㄹ. n이 짝수일 때, 37의 n제곱근 중 실수인 것은 1개이다.
ㅁ. n이 짝수일 때, -37의 n제곱근 중 실수인 것은 없다.

① ㄱ, ㄴ   ② ㄱ, ㄷ   ③ ㄴ, ㄹ
④ ㄷ, ㅁ   ⑤ ㄹ, ㅁ

0031

● | | Level 2

〈**보기**〉에서 옳은 것만을 있는 대로 고른 것은?

(단, $i=\sqrt{-1}$)

〈 **보기** 〉

ㄱ. 9의 네제곱근 중 실수인 것은 2개이다.

ㄴ. $a>0$이고, n이 2 이상의 자연수일 때, $\sqrt[n]{a}$는 양수이다.

ㄷ. $-1-\sqrt{3}i$는 8의 세제곱근 중 하나이다.

① ㄱ   ② ㄴ   ③ ㄱ, ㄴ

④ ㄱ, ㄷ   ⑤ ㄱ, ㄴ, ㄷ

0032

● | | Level 2

다음 중 그 개수가 가장 많은 것은?

① 7의 일곱제곱근 중 실수인 것

② -7의 일곱제곱근 중 실수인 것

③ 4의 네제곱근 중 실수인 것

④ -4의 네제곱근 중 실수인 것

⑤ -64의 여섯제곱근 중 실수인 것

0033 ^{신경향}

● | | Level 2

실수 x와 $n\geq2$인 자연수 n에 대하여 x의 n제곱근 중 실수인 것의 개수를 $f(x, n)$이라 할 때, 다음 중 옳지 <u>않은</u> 것은?

① $f(-27, 3)=1$ ② $f(16, 4)=2$

③ $f(-81, 4)=0$ ④ $f(32, 5)=1$

⑤ $f(243, 5)=0$

0034

● | | Level 2

자연수 x에 대하여 x의 n제곱근 중 실수인 것의 개수를 $f_n(x)$라 하자. 임의의 실수 a, b에 대하여 $f_4(a)<f_4(b)$가 되도록 하는 조건을 〈**보기**〉에서 있는 대로 고른 것은?

〈 **보기** 〉

ㄱ. $a<0$, $b<0$ ㄴ. $a<0$, $b>0$

ㄷ. $a>0$, $b>0$ ㄹ. $a=0$, $b>0$

ㅁ. $a<0$, $b=0$

① ㄱ, ㄹ   ② ㄴ, ㅁ   ③ ㄱ, ㄷ, ㅁ

④ ㄴ, ㄹ, ㅁ   ⑤ ㄷ, ㄹ, ㅁ

0035

● | | Level 3

2보다 큰 자연수 n에 대하여 $(-3)^{n-1}$의 n제곱근 중 실수인 것의 개수를 a_n이라 할 때, $a_3+a_4+a_5+\cdots+a_{50}$의 값을 구하시오.

+Plus 문제

다음은 이 유형에서 출제된 최근 교육청 · 평가원 기출문제입니다.

0036 · 평가원 2021학년도 6월

● | | Level 3

자연수 n이 $2\leq n\leq11$일 때, $-n^2+9n-18$의 n제곱근 중에서 음의 실수가 존재하도록 하는 모든 n의 값의 합은?

① 31   ② 33   ③ 35

④ 37   ⑤ 39

$a>0$, $b>0$이고 m, n이 2 이상의 자연수일 때

(1) $\sqrt[n]{a}\,\sqrt[n]{b}=\sqrt[n]{ab}$ (2) $\dfrac{\sqrt[n]{a}}{\sqrt[n]{b}}=\sqrt[n]{\dfrac{a}{b}}$

(3) $\left(\sqrt[n]{a}\right)^m=\sqrt[n]{a^m}$ (4) $\sqrt[m]{\sqrt[n]{a}}=\sqrt[mn]{a}=\sqrt[n]{\sqrt[m]{a}}$

(5) $\sqrt[np]{a^{mp}}=\sqrt[n]{a^m}$ (단, p는 양의 정수)

➜ 근호 안의 수를 소인수분해한 후 위의 성질을 이용한다.

0037 대표문제

$a=\sqrt[3]{75}\times\sqrt[3]{225}$, $b=\sqrt[3]{40}+\sqrt[3]{625}$일 때, $a-b$의 값은?

① $12\sqrt[3]{5}$ ② $10\sqrt[3]{5}$ ③ $8\sqrt[3]{5}$

④ $6\sqrt[3]{5}$ ⑤ $4\sqrt[3]{5}$

0038
    Level 1

다음 중 그 값이 나머지 넷과 다른 하나는?

① $\left(\sqrt[6]{4}\right)^3$ ② $\sqrt[3]{2}\times\sqrt[3]{4}$ ③ $\sqrt[3]{\sqrt[3]{512}}$

④ $\sqrt[3]{8^2}$ ⑤ $\dfrac{\sqrt[4]{64}}{\sqrt[4]{4}}$

0039
    Level 1

$\sqrt{\sqrt[3]{64}}\times\sqrt[3]{\dfrac{125}{3}}$ 의 값을 구하시오.

0040
    Level 1

다음 중 옳지 <u>않은</u> 것은?

① $\sqrt[3]{3}\times\sqrt[5]{3}=\sqrt[15]{3}$ ② $\dfrac{\sqrt[3]{12}}{\sqrt[3]{3}}=\sqrt[3]{4}$

③ $\left(\sqrt[4]{9}\right)^2=3$ ④ $\sqrt[3]{\sqrt{7}}=\sqrt[6]{7}$

⑤ $\sqrt[4]{64}\times\sqrt{\sqrt{4}}=4$

0041
    Level 2

$\sqrt[3]{-8}-2\sqrt[4]{81}+\sqrt{\sqrt[4]{256}}$의 값은?

① -6 ② -4 ③ -2

④ 0 ⑤ 2

0042
    Level 2

$\sqrt[4]{(-3)^4}+\sqrt[5]{(-5)^5}+\sqrt[3]{\sqrt[5]{3^{15}}}+\dfrac{\sqrt[3]{81}}{\sqrt[3]{3}}$의 값은?

① -2 ② 0 ③ 2

④ 4 ⑤ 6

0043

Level 2

다음 중 옳은 것은?

① $\sqrt[3]{12} \times \sqrt[3]{18} = 3$

② $\sqrt[4]{\sqrt[3]{2^{24}}} = 8$

③ $\sqrt[4]{(-6)^4} + \sqrt[3]{-2^6} = -8$

④ $\sqrt{\dfrac{1}{\sqrt[3]{2}}} \times \sqrt{\dfrac{\sqrt[3]{16}}{2}} = 1$

⑤ $(\sqrt[3]{2} - \sqrt[3]{3})(\sqrt[3]{4} + \sqrt[3]{6} + \sqrt[3]{9}) = 1$

0044

Level 2

$\sqrt[4]{\dfrac{\sqrt{3^5}}{\sqrt[3]{7}}} \times \sqrt[6]{\dfrac{\sqrt{7}}{\sqrt[n]{3^9}}} = \sqrt[8]{9}$를 만족시키는 자연수 n의 값은?

① 3   ② 4   ③ 5

④ 6   ⑤ 7

0045

Level 3

가로와 세로의 길이가 각각 $\sqrt{3}$, $\sqrt{27}$이고 높이가 $\sqrt{\sqrt{243}}$인 직육면체와 부피가 같은 정육면체의 한 모서리의 길이가 $\sqrt[m]{3^n}$일 때, 서로소인 두 자연수 m, n에 대하여 $m+n$의 값을 구하시오.

● 정답 및 풀이 **18**쪽

다음은 이 유형에서 출제된 최근 교육청·평가원 기출문제입니다.

0046 · 교육청 2021년 6월

Level 1

$\sqrt[3]{3} \times \sqrt[3]{9}$의 값은?

① 1   ② 2   ③ 3

④ 4   ⑤ 5

0047 · 교육청 2020년 11월

Level 2

양수 k의 세제곱근 중 실수인 것을 a라 할 때, a의 네제곱근 중 양수인 것은 $\sqrt[3]{4}$이다. k의 값은?

① 16   ② 32   ③ 64

④ 128   ⑤ 256

0048 · 교육청 2017년 6월

Level 3

두 집합 $A = \{3, 4\}$, $B = \{-9, -3, 3, 9\}$에 대하여 집합 X를 $X = \{x \mid x^a = b, \ a \in A, \ b \in B, \ x는 실수\}$라 할 때, 〈보기〉에서 옳은 것만을 있는 대로 고른 것은?

─── 〈 보기 〉 ───

ㄱ. $\sqrt[3]{-9} \in X$

ㄴ. 집합 X의 원소의 개수는 8이다.

ㄷ. 집합 X의 원소 중 양수인 모든 원소의 곱은 $\sqrt[4]{3^7}$이다.

① ㄱ   ② ㄱ, ㄴ   ③ ㄱ, ㄷ

④ ㄴ, ㄷ   ⑤ ㄱ, ㄴ, ㄷ

(1) 거듭제곱근의 성질을 이용하여 주어진 식을 간단히 정리한다.
(2) 근호가 여러 개인 경우는 m, n이 2 이상의 자연수일 때,
$\sqrt[m]{\sqrt[n]{a}}=\sqrt[mn]{a}$임을 이용하여 변형한다.
(3) 거듭제곱근의 성질은 근호 안의 수가 양의 실수일 때에만
성립함에 유의한다.
→ 실수 a와 2 이상의 자연수 n에 대하여
$$\sqrt[n]{a^n}=\begin{cases} a & (n\text{은 홀수}) \\ |a| & (n\text{은 짝수}) \end{cases}$$

0049 대표문제

1이 아닌 양수 a에 대하여 다음을 간단히 하면?

$$\sqrt[3]{\sqrt[4]{a^7}}\div\sqrt[6]{a}\times\sqrt{a^3}$$

① $\sqrt{a}$　　　　② $\sqrt[3]{a}$　　　　③ $\sqrt[4]{a^3}$

④ $\sqrt[6]{a}$　　　　⑤ $\sqrt[6]{a^5}$

0050

•‖‖ Level 1

$a>0$, $b>0$일 때, $\sqrt[3]{\sqrt{a^3b^7}}\times\sqrt{\sqrt[3]{a^3b^5}}$을 간단히 하면?

① ab　　　　② ab^2　　　　③ a^2b

④ a^2b^3　　　　⑤ a^3b^2

0051

•‖‖ Level 2

$x>0$일 때, $\sqrt[4]{\dfrac{\sqrt{x}}{\sqrt[3]{x}}}\times\sqrt{\dfrac{\sqrt{x}}{\sqrt[4]{x}}}\div\sqrt[3]{\dfrac{\sqrt{x^3}}{\sqrt[4]{x}}}$을 간단히 하면?

① $\dfrac{1}{\sqrt{x}}$　　　　② $\dfrac{1}{\sqrt[4]{x}}$　　　　③ 1

④ $\sqrt[4]{x}$　　　　⑤ $\sqrt{x}$

(1) $a\neq0$이고 n이 양의 정수일 때
$$a^0=1,\ a^{-n}=\frac{1}{a^n}$$
(2) $a\neq0$, $b\neq0$, m, n이 정수일 때
① $a^m a^n=a^{m+n}$　　② $a^m\div a^n=a^{m-n}$
③ $(a^m)^n=a^{mn}$　　④ $(ab)^n=a^n b^n$

0052 대표문제

$3^{-1}\times27\div9^2\times81=3^k$일 때, 정수 k의 값은?

① -2　　　　② -1　　　　③ 0

④ 1　　　　⑤ 2

0053

•‖‖ Level 1

$2^5\times2^{-3}\div2^7$의 값은?

① $\dfrac{1}{32}$　　　　② $\dfrac{1}{16}$　　　　③ $\dfrac{1}{8}$

④ $\dfrac{1}{4}$　　　　⑤ $\dfrac{1}{2}$

0054

•‖‖ Level 1

$2^{-6}\times4^{-2}\times128^2=2^a$일 때, 정수 a의 값은?

① 2　　　　② 3　　　　③ 4

④ 5　　　　⑤ 6

0055

●❚❚ Level 1

$a>1$일 때, $(a^{-5})^{-2} \div a^{-8} \times a^{-7} = a^{k}$을 만족시키는 정수 k의 값을 구하시오.

0056

●❚❚ Level 1

$a = \left(\dfrac{1}{2}\right)^{-3} + \left(\dfrac{1}{3}\right)^{-4} + \left(\dfrac{1}{5}\right)^{-2}$일 때, $\dfrac{a}{6}$의 값은?

① 16   ② 17   ③ 18

④ 19   ⑤ 20

0057

●❚❚ Level 2

$\dfrac{2^{-7}+16^{-2}}{3} \times \dfrac{4}{9^{4}+27^{3}}$를 간단히 하면?

① 3^{4} ② 3^{2} ③ 6^{-4}

④ 6^{-6} ⑤ 6^{-8}

0058

●❚❚ Level 2

$\dfrac{1}{3^{-4}+1} + \dfrac{1}{3^{-2}+1} + \dfrac{1}{3^{2}+1} + \dfrac{1}{3^{4}+1}$의 값은?

① 1   ② 2   ③ 3

④ 4   ⑤ 5

다음은 이 유형에서 출제된 최근 교육청·평가원 기출문제입니다.

0059 · 교육청 2020년 7월

●❚❚ Level 1

32×2^{-3}의 값은?

① 1   ② 2   ③ 4

④ 8   ⑤ 16

0060 · 교육청 2020년 9월

●❚❚ Level 1

$3^{4} \times 9^{-1}$의 값을 구하시오.

$a>0$, $b>0$이고 x, y가 실수일 때
(1) $a^x a^y = a^{x+y}$　　　　(2) $a^x \div a^y = a^{x-y}$
(3) $(a^x)^y = a^{xy}$　　　　(4) $(ab)^x = a^x b^x$

0061　대표문제

$(2 \times 2^{\sqrt{3}})^{\sqrt{3}-1} = 2^k$을 만족시키는 상수 k의 값은?

① 2　　　　② 3　　　　③ 4
④ 5　　　　⑤ 6

0062　　Level 1

$27^{-\frac{3}{2}} \times 9^{\frac{5}{4}}$의 값은?

① $\dfrac{1}{9}$　　　② $\dfrac{1}{3}$　　　③ 1
④ 3　　　⑤ 9

0063　　Level 1

$\{(-27)^{-2}\}^{\frac{1}{6}} \times 81^{0.75}$의 값은?

① 1　　　　② 3　　　　③ 6
④ 9　　　　⑤ 12

0064　　Level 1

1이 아닌 양수 a에 대하여 $a^{\frac{4}{3}} \times a^{-2} \div a^{\frac{2}{3}}$의 값은?

① 0　　　　② 1　　　　③ $a^{-\frac{4}{3}}$
④ $a^{-\frac{8}{3}}$　　　⑤ a

0065　　Level 2

〈보기〉에서 옳은 것만을 있는 대로 고른 것은?

〈 보기 〉

ㄱ. $4^{\frac{1}{3}} \times 4^{\frac{1}{6}} = 2$　　　　ㄴ. $(2^3 \times 2^{-9})^{\frac{1}{2}} = \dfrac{1}{8}$

ㄷ. $2^{\sqrt{3}} \times 2^{\sqrt{3}} = 8$　　　ㄹ. $(9^{-2})^{\frac{1}{4}} = \dfrac{1}{3}$

ㅁ. $\{(-2)^2\}^{\frac{3}{2}} = -8$　　　ㅂ. $(\sqrt{3})^{2\sqrt{2}} = (3\sqrt{3})^{\sqrt{2}}$

① ㄱ, ㄴ, ㄹ　　② ㄱ, ㄹ, ㅁ　　③ ㄴ, ㄷ, ㅁ
④ ㄴ, ㄹ, ㅂ　　⑤ ㄷ, ㅁ, ㅂ

0066　　Level 2

$3^{\sqrt{2}} \times 3^{2-\sqrt{2}} \times (2^{\sqrt{3}})^{\frac{\sqrt{3}}{3}}$의 값은?

① 1　　　　② 3　　　　③ 6
④ 9　　　　⑤ 18

0067   •॥ Level 2

$a>0$일 때, $(a^{\sqrt{3}})^{\frac{\sqrt{3}}{2}} \times a^{\frac{1}{2}} \div (a^{\frac{3}{2}})^{\frac{4}{3}}$을 간단히 하면?

① 1   ② a^2 ③ $\frac{1}{3}a^3$

④ 3   ⑤ $2a^{\sqrt{3}}$

0068   •॥ Level 2

$3^a = 4$일 때, $\left(\dfrac{1}{27}\right)^{\frac{a}{6}}$의 값은?

① $\dfrac{1}{16}$ ② $\dfrac{1}{4}$ ③ $\dfrac{1}{2}$

④ 2   ⑤ 4

0069   •॥ Level 2

다음 계산 과정 중에서 처음으로 잘못된 곳은?

$$-1 = (-1)^1 = (-1)^{2 \times \frac{1}{2}} = \{(-1)^2\}^{\frac{1}{2}} = 1^{\frac{1}{2}} = 1$$
$$\quad\quad\; ↑ \quad\quad\quad ↑ \quad\quad\quad\quad ↑ \quad\quad\quad ↑ \quad\; ↑$$
$$\quad\quad\; ① \quad\quad\quad ② \quad\quad\quad\quad ③ \quad\quad\quad ④ \quad\; ⑤$$

0070   •॥ Level 3

$a>0$, $b>0$일 때, 다음을 만족시키는 실수 k의 값을 구하시오. (단, $a \neq 1$)

$$(a^6 b^{-\frac{1}{2}})^{\frac{1}{2}} \div \left(\frac{a^2}{b}\right)^{\frac{1}{4}} \times (a^{-2})^k = 1$$

+ **Plus 문제**

01

다음은 이 유형에서 출제된 최근 교육청·평가원 기출문제입니다.

0071   · 2022학년도 대학수학능력시험   •॥ Level 1

$(2^{\sqrt{3}} \times 4)^{\sqrt{3}-2}$의 값은?

① $\dfrac{1}{4}$ ② $\dfrac{1}{2}$ ③ 1

④ 2   ⑤ 4

0072   · 교육청 2020년 11월   •॥ Level 2

실수 a에 대하여 $4^a = \dfrac{4}{9}$일 때, 2^{3-a}의 값을 구하시오.

$a>0$이고 m, n이 2 이상의 정수일 때

(1) $\sqrt[n]{a}=a^{\frac{1}{n}}$ (2) $\sqrt[n]{a^m}=a^{\frac{m}{n}}$

➜ 거듭제곱근을 유리수 지수로 변형한 후 지수법칙을 이용하여 계산한다.

0073 대표문제

유리수 a, b에 대하여 $\sqrt{2}\times\sqrt[3]{9}\div\sqrt[6]{6}=2^a\times3^b$일 때, ab의 값은?

① $\dfrac{5}{6}$ ② $\dfrac{2}{3}$ ③ $\dfrac{1}{2}$

④ $\dfrac{1}{3}$ ⑤ $\dfrac{1}{6}$

0074　　　　　　　　　　●❙❙ Level 1

5의 다섯제곱근 중 실수인 것을 a라 할 때,
$a^4\times\left(a^{-2}\right)^3\div a^{\frac{1}{2}}$의 값은?

① $5^{-\frac{1}{2}}$ ② $5^{-\frac{1}{3}}$ ③ $5^{-\frac{1}{4}}$

④ $5^{-\frac{1}{5}}$ ⑤ $5^{-\frac{1}{6}}$

0075　　　　　　　　　　●❙❙ Level 1

1이 아닌 두 양수 a, b에 대하여 $\sqrt[3]{a^2b^4}\times\sqrt[6]{a^5b}\div\sqrt{ab}$를 간단히 하면?

① $\dfrac{a}{b^2}$ ② $\dfrac{a}{b}$ ③ a

④ ab ⑤ a^2b

0076　　　　　　　　　　●❙❙ Level 2

$\sqrt{\sqrt{8^4}}\times16^{-\frac{1}{4}}\div\left(64^{\frac{2}{3}}\right)^{-\frac{1}{4}}=2^k$을 만족시키는 실수 k의 값은?

① 3 ② 4 ③ 5

④ 6 ⑤ 7

0077　　　　　　　　　　●❙❙ Level 2

다음 조건을 만족시키는 1이 아닌 세 양수 a, b, c에 대하여 $a=b^p$, $c=b^q$일 때, pq의 값을 구하시오.

(단, p, q는 실수이다.)

(가) a는 b^2의 십이제곱근이다.
(나) b^6은 c^2의 제곱근이다.

0078　　　　　　　　　　●❙❙ Level 2

이차방정식 $2x^2-8x-5=0$의 두 근을 α, β라 할 때,
$\dfrac{\sqrt[4]{7^\alpha}\times\sqrt[4]{7^\beta}}{\left(49^\alpha\right)^\beta}$의 값은?

① 7^2 ② 7^3 ③ 7^4

④ 7^5 ⑤ 7^6

다음은 이 유형에서 출제된 최근 교육청·평가원 기출문제입니다.

0079　·2021학년도 대학수학능력시험　●❙❙ Level 1

$\sqrt[3]{9}\times3^{\frac{1}{3}}$의 값은?

① 1 ② $3^{\frac{1}{2}}$ ③ 3

④ $3^{\frac{3}{2}}$ ⑤ 9

$a>0$이고 m, n이 2 이상의 정수일 때

(1) $\sqrt[n]{a^m}=a^{\frac{m}{n}}$ (2) $\sqrt[m]{\sqrt[n]{a}}=\sqrt[mn]{a}=a^{\frac{1}{mn}}$

0080 대표문제

$a>0$, $a\neq1$일 때, $\sqrt[4]{a\sqrt{a}\sqrt[3]{a^4}}\div\sqrt[3]{a\sqrt[3]{a^k}}=1$을 만족시키는 실수 k의 값을 $\dfrac{q}{p}$라 하자. $p+q$의 값은?

(단, p, q는 서로소인 자연수이다.)

① 29   ② 31   ③ 33

④ 35   ⑤ 37

0081   Level 1

$a>0$일 때, $\sqrt[7]{a\sqrt{a\sqrt{a}}}$를 간단히 하면?

① $a^{\frac{1}{8}}$ ② $a^{\frac{1}{28}}$ ③ $a^{\frac{7}{8}}$

④ $a^{\frac{7}{4}}$ ⑤ $a^{\frac{1}{4}}$

0082   Level 2

$\sqrt{8\sqrt[3]{4\sqrt[4]{2}}}\div\sqrt[4]{8}=2^k$을 만족시키는 유리수 k의 값은?

① $\dfrac{5}{8}$ ② $\dfrac{3}{4}$ ③ $\dfrac{7}{8}$

④ 1   ⑤ $\dfrac{9}{8}$

0083   Level 2

$a>0$, $a\neq1$일 때, $\sqrt{a\sqrt[3]{a^2\sqrt[6]{a^5}}}=\sqrt[3]{\dfrac{\sqrt{a^{13}}}{\sqrt[4]{a^n}}}$을 만족시키는 자연수 n의 값은?

① 9   ② 11   ③ 13

④ 15   ⑤ 17

0084   Level 2

1이 아닌 양수 a에 대하여 $\sqrt[3]{\sqrt[4]{a^3}}\div\sqrt[6]{a\sqrt{a^k}}=\dfrac{1}{a}$을 만족시키는 실수 k의 값을 구하시오.

0085   Level 2

$a>0$, $a\neq1$일 때, $\dfrac{\sqrt[4]{a\sqrt{a}}\times\sqrt{a^k}}{\sqrt[3]{a^2}\times\sqrt[4]{a^3}}=1$을 만족시키는 실수 k의 값은?

① $\dfrac{17}{12}$ ② $\dfrac{19}{12}$ ③ $\dfrac{7}{4}$

④ $\dfrac{23}{12}$ ⑤ $\dfrac{25}{12}$

01

0086

Level 2

$a>0$, $a\neq1$일 때, $\sqrt{a\sqrt[3]{a\sqrt[9]{a^2}}}\div\sqrt[9]{a\sqrt[3]{a^n}}=1$을 만족시키는 자연수 n의 값은?

① 15   ② 16   ③ 17

④ 18   ⑤ 19

0087

Level 2

$\sqrt{2\sqrt{2\sqrt{2}}}\times\sqrt{\sqrt{\sqrt{2}}}=\sqrt[3]{\dfrac{\sqrt{2^k}}{\sqrt[6]{2}}}$ 을 만족시키는 실수 k의 값을 $\dfrac{q}{p}$라 할 때, $p+q$의 값을 구하시오.

(단, p, q는 서로소인 자연수이다.)

0088

Level 3

2 이상의 두 자연수 m, n에 대하여 $\sqrt[m]{\sqrt{4}}\times\sqrt[n]{\sqrt[4]{2}}=\sqrt[3]{2}$가 성립할 때, $m+n$의 값은?

① 5   ② 7   ③ 9

④ 11   ⑤ 13

실전유형 8 거듭제곱을 문자로 나타내기

$a>0$, $k>0$이고 n이 0이 아닌 정수일 때
$$a^n=k \iff a=k^{\frac{1}{n}}$$

0089 대표문제

$8^2=a$, $9^2=b$일 때, 18^{10}을 a, b를 사용하여 나타낸 것은?

① $a^{\frac{3}{2}}b^{\frac{9}{2}}$ ② $a^{\frac{3}{2}}b^{\frac{19}{4}}$ ③ $a^{\frac{5}{3}}b^{\frac{19}{4}}$

④ $a^{\frac{5}{3}}b^5$ ⑤ a^2b^5

0090

Level 1

$a=8^2$일 때, 1024^2을 a를 사용하여 나타낸 것은?

① $a^{\frac{5}{2}}$ ② $a^{\frac{8}{3}}$ ③ a^3

④ $a^{\frac{10}{3}}$ ⑤ $a^{\frac{7}{2}}$

0091

Level 2

$2^{30}=a$, $3^{12}=b$일 때, 288을 a, b를 사용하여 나타낸 것은?

① $a^{\frac{1}{6}}b^{\frac{1}{6}}$ ② $a^{\frac{1}{4}}b^{\frac{1}{8}}$ ③ $a^{\frac{1}{6}}b^{\frac{1}{3}}$

④ $a^{\frac{1}{3}}b^{\frac{1}{8}}$ ⑤ $a^{\frac{1}{4}}b^{\frac{1}{4}}$

0092

Level 2

$a=\sqrt{3}$, $b=\sqrt[5]{2^2}$일 때, $18^{\frac{1}{2}}$을 a, b를 사용하여 나타낸 것은?

① $a^{\frac{5}{3}}b^{\frac{3}{4}}$ ② $a^{\frac{5}{3}}b$ ③ $a^{\frac{5}{3}}b^{\frac{5}{4}}$

④ $a^2 b^{\frac{5}{4}}$ ⑤ $a^2 b^{\frac{3}{2}}$

0093

Level 2

$a=\sqrt[5]{2^2}$, $b=\sqrt[3]{5}$일 때, $\sqrt[12]{10^6}$을 a, b를 사용하여 나타낸 것은?

① $ab^{\frac{5}{3}}$ ② $ab^{\frac{3}{2}}$ ③ $a^{\frac{5}{4}}b^{\frac{5}{3}}$

④ $a^{\frac{5}{4}}b^{\frac{3}{2}}$ ⑤ ab^2

0094

Level 2

$a=16^2$일 때, $128^3=a^{\frac{q}{p}}$을 만족시키는 p, q에 대하여 $p+q$의 값을 구하시오. (단, p, q는 서로소인 자연수이다.)

실전유형 9 거듭제곱이 자연수가 되는 미지수 구하기   복합유형

자연수 a가 소수일 때, $a^{\frac{m}{n}}$ (m, n은 정수, $n\neq0$)이 자연수가 될 조건
(1) $mn>0$
(2) n은 m의 약수 (m은 n의 배수)

0095 대표문제

$\left(\dfrac{1}{64}\right)^{\frac{1}{n}}$이 자연수가 되도록 하는 모든 정수 n의 값 중 최댓값을 a, 최솟값을 b라 할 때, $a-b$의 값은?

① 3   ② 4   ③ 5

④ 6   ⑤ 7

0096

Level 2

세 양수 a, b, c에 대하여 $a^6=3$, $b^5=7$, $c^2=11$일 때, $(abc)^n$이 자연수가 되도록 하는 자연수 n의 최솟값은?

① 12   ② 16   ③ 20

④ 26   ⑤ 30

0097

Level 2

$\left(\dfrac{1}{729}\right)^{-\frac{1}{n}}$이 자연수가 되도록 하는 모든 정수 n의 값의 합은?

① 7   ② 8   ③ 9

④ 10   ⑤ 12

0098

Level 2

$\left(\dfrac{1}{8}\right)^{\frac{4}{n}}$과 $81^{-\frac{1}{n}}$이 모두 자연수가 되도록 하는 모든 정수 n의 값의 곱은?

① -8 ② -6 ③ -4

④ -2 ⑤ 1

0099

Level 2

$\left(\sqrt{2^n}\right)^{\frac{1}{2}}$과 $\sqrt[n]{2^{100}}$이 모두 자연수가 되도록 하는 모든 자연수 n의 값의 합은? (단, $n \geq 2$)

① 120 ② 122 ③ 124

④ 126 ⑤ 128

0100

Level 2

100 이하의 자연수 n에 대하여 $\left(n^{\frac{3}{5}}\right)^{\frac{1}{3}}$이 자연수가 되도록 하는 모든 n의 값의 합은?

① 9 ② 17 ③ 33

④ 65 ⑤ 85

0101

Level 2

$m \leq 120$, $n \leq 10$인 두 자연수 m, n에 대하여 $\sqrt[3]{2m} \times \sqrt{n^3}$이 자연수일 때, $m+n$의 최댓값은?

① 36 ② 41 ③ 108

④ 112 ⑤ 117

0102

Level 3

$2 \leq n \leq 50$인 자연수 n에 대하여 $\left(\sqrt[4]{2^3}\right)^{\frac{1}{2}}$이 어떤 자연수의 n제곱근이 되도록 하는 모든 n의 값 중 최댓값을 a, 최솟값을 b라 할 때, $a-b$의 값을 구하시오.

0103

Level 3

두 자연수 m, n에 대하여

$$\sqrt{\dfrac{3^m \times 5^n}{3}}$$이 자연수, $\sqrt[3]{\dfrac{2^n}{3^{m+1}}}$이 유리수

일 때, $m+n$의 최솟값은?

① 11 ② 13 ③ 15

④ 17 ⑤ 19

+ **Plus 문제**

다음은 이 유형에서 출제된 최근 교육청·평가원 기출문제입니다.

0104 · 교육청 2018년 3월

Level 2

$\sqrt[5]{8}$이 어떤 자연수 N의 n제곱근이 되도록 하는 두 자리 자연수 n의 개수는?

① 14　　　② 15　　　③ 16
④ 17　　　⑤ 18

0105 · 교육청 2018년 9월

Level 2

$\left(\sqrt{2\sqrt[3]{4}}\right)^n$이 네 자리 자연수가 되도록 하는 자연수 n의 값을 구하시오.

0106 고난도 · 교육청 2021년 7월

Level 3

2 이상의 두 자연수 a, n에 대하여 $\left(\sqrt[n]{a}\right)^3$의 값이 자연수가 되도록 하는 n의 최댓값을 $f(a)$라 하자. $f(4)+f(27)$의 값은?

① 13　　　② 14　　　③ 15
④ 16　　　⑤ 17

실전
유형 **10** 거듭제곱근의 대소 비교

$a>0$, $b>0$이고 n이 2 이상의 정수일 때
(1) $a<b$이면 $\sqrt[n]{a}<\sqrt[n]{b}$임을 이용하여 대소를 비교한다.
(2) $\left(\sqrt[n]{a}\right)^k<\left(\sqrt[n]{b}\right)^k$ (k는 자연수)이면 $\sqrt[n]{a}<\sqrt[n]{b}$임을 이용하여 대소를 비교한다.

0107 대표문제

세 수 $A=\sqrt{\sqrt[3]{16}}$, $B=\sqrt[4]{5}$, $C=\sqrt[3]{\sqrt{10}}$의 대소 관계로 옳은 것은?

① $A<B<C$　　② $A<C<B$　　③ $B<A<C$
④ $B<C<A$　　⑤ $C<B<A$

0108

Level 1

세 수 $\sqrt[3]{3}$, $\sqrt[4]{6}$, $\sqrt[6]{12}$의 대소 관계로 옳은 것은?

① $\sqrt[3]{3}<\sqrt[4]{6}<\sqrt[6]{12}$　　　② $\sqrt[3]{3}<\sqrt[6]{12}<\sqrt[4]{6}$
③ $\sqrt[4]{6}<\sqrt[6]{12}<\sqrt[3]{3}$　　　④ $\sqrt[6]{12}<\sqrt[3]{3}<\sqrt[4]{6}$
⑤ $\sqrt[6]{12}<\sqrt[4]{6}<\sqrt[3]{3}$

0109

Level 1

다음 세 수의 대소 관계로 옳은 것은?

$$A=\sqrt[3]{\sqrt{3}},\ B=\sqrt[4]{\sqrt{5}},\ C=\sqrt{2\sqrt{2}}$$

① $A<B<C$　　② $A<C<B$　　③ $B<A<C$
④ $B<C<A$　　⑤ $C<A<B$

0110
0110 ▪▮▮ Level 1

세 수 $A=\sqrt[3]{3\sqrt{2}}$, $B=\sqrt{2\sqrt[3]{3}}$, $C=\sqrt{3}\times\sqrt[6]{2}$의 대소 관계로 옳은 것은?

① $A<B<C$ ② $B<A<C$ ③ $B<C<A$

④ $C<A<B$ ⑤ $C<B<A$

0111 ▪▮▮ Level 2

세 수 $A=\sqrt[6]{\dfrac{1}{14}}$, $B=\sqrt[4]{\dfrac{1}{7}}$, $C=\sqrt{\sqrt[3]{\dfrac{1}{15}}}$의 대소 관계로 옳은 것은?

① $A<B<C$ ② $A<C<B$ ③ $B<A<C$

④ $B<C<A$ ⑤ $C<A<B$

0112 ▪▮▮ Level 2

세 수 $\sqrt{2\sqrt[3]{2}}$, $\sqrt[3]{3\sqrt{3}}$, $\sqrt[3]{4\sqrt{4}}$ 중에서 가장 작은 수를 a, 가장 큰 수를 b라 할 때, 부등식 $a<\sqrt[6]{n}<b$를 만족시키는 자연수 n의 개수를 구하시오.

0113 ▪▮▮ Level 2

세 수 $\sqrt[3]{2\sqrt{6}}$, $\sqrt[3]{\sqrt{21}}$, $\sqrt{2\sqrt[3]{6}}$ 중에서 가장 큰 수를 M, 가장 작은 수를 m이라 할 때, $\left(\dfrac{M}{m}\right)^6$의 값은?

① 2 ② $\dfrac{15}{7}$ ③ $\dfrac{16}{7}$

④ $\dfrac{17}{7}$ ⑤ $\dfrac{18}{7}$

0114 ▪▮▮ Level 3

n의 네제곱근 중 양의 실수인 것을 A, 8의 여섯제곱근 중 양의 실수인 것을 B, 4의 세제곱근 중 실수인 것을 C라 하자. $B<A<C$가 성립하도록 하는 모든 자연수 n의 값의 합은?

① 11 ② 12 ③ 13

④ 14 ⑤ 15

0115 고난도 ▪▮▮ Level 3

2 이상의 자연수 a, b, c에 대하여 $[a,\,b,\,c]=\sqrt[a]{b\sqrt[b]{c}}$라 하자. $P=[6,\,2,\,4]$, $Q=[8,\,3,\,n]$일 때, $P<Q$를 만족시키는 자연수 n의 값 중 가장 작은 수는?

① 9 ② 10 ③ 11

④ 12 ⑤ 13

실전
유형 **11** 곱셈 공식을 이용한 식의 값 구하기

$a>0$, $b>0$이고 x, y가 실수일 때
(1) $(a^x+b^y)(a^x-b^y)=a^{2x}-b^{2y}$
(2) $(a^x+b^y)^2=a^{2x}+2a^xb^y+b^{2y}$
(3) $(a^x-b^y)^2=a^{2x}-2a^xb^y+b^{2y}$
(4) $(a^x+b^y)^3=a^{3x}+b^{3y}+3a^xb^y(a^x+b^y)$
(5) $(a^x-b^y)^3=a^{3x}-b^{3y}-3a^xb^y(a^x-b^y)$

0116 대표문제

$a=2$일 때, $(a^{\frac{2}{3}}+a^{-\frac{1}{3}})^3+(a^{\frac{2}{3}}-a^{-\frac{1}{3}})^3$의 값은?

① 12 ② 13 ③ 14
④ 15 ⑤ 16

0117 ●❙❙ Level 1

$\{3^{\sqrt{2}}+(\sqrt{3})^{\sqrt{2}}\}\{3^{\sqrt{2}}-(\sqrt{3})^{\sqrt{2}}\}$을 간단히 하면?

① $3^{\sqrt{2}}(3^{\sqrt{2}}-1)$ ② $3^{\sqrt{2}}(3^{\sqrt{2}}+1)$ ③ $3^{\sqrt{2}}-1$
④ $(\sqrt{3})^{\sqrt{2}}-1$ ⑤ 3

0118 ●❙❙ Level 1

$(7^{\frac{1}{8}}-1)(7^{\frac{1}{8}}+1)(7^{\frac{1}{4}}+1)(7^{\frac{1}{2}}+1)$의 값을 구하시오.

0119 ●❙❙ Level 2

$(6^{\frac{1}{3}}+6^{-\frac{2}{3}})^3-(6^{\frac{1}{3}}-6^{-\frac{2}{3}})^3$의 값을 $\dfrac{q}{p}$라 할 때, $q-p$의 값은? (단, p, q는 서로소인 자연수이다.)

① 88 ② 89 ③ 90
④ 91 ⑤ 92

0120 ●❙❙ Level 2

$a=\dfrac{1}{\sqrt{2}}$일 때, $(a^{\frac{1}{2}}+a^{-\frac{1}{2}})(a^{\frac{1}{2}}-a^{-\frac{1}{2}})-(a^{\frac{1}{2}}-a^{-\frac{1}{2}})^2$의 값은?

① $2+2\sqrt{2}$ ② $1+\sqrt{2}$ ③ $1-\sqrt{2}$
④ $2-2\sqrt{2}$ ⑤ $2-3\sqrt{2}$

0121 ●❙❙ Level 2

$x=\sqrt{2}$일 때, 다음 식의 값은?

$$(x^{\frac{1}{4}}-x^{-\frac{1}{4}})(x^{\frac{1}{4}}+x^{-\frac{1}{4}})(x^{\frac{1}{2}}+x^{-\frac{1}{2}})(x+x^{-1})$$

① 1 ② $\dfrac{3}{2}$ ③ 2
④ $\dfrac{5}{2}$ ⑤ 3

0122

Level 2

$a=\sqrt{3}$일 때, $\dfrac{1}{1-a^{\frac{1}{8}}}+\dfrac{1}{1+a^{\frac{1}{8}}}+\dfrac{2}{1+a^{\frac{1}{4}}}+\dfrac{4}{1+a^{\frac{1}{2}}}+\dfrac{8}{1+a}$ 의 값은?

① -16 ② -12 ③ -8
④ -4 ⑤ 1

0123

Level 2

자연수 n에 대하여 $f(n)=5^{\frac{1}{\sqrt{n+1}+\sqrt{n}}}$일 때,
$$f(1)\times f(2)\times f(3)\times\cdots\times f(35)=5^{k}$$
을 만족시키는 자연수 k의 값은?

① 3 ② 4 ③ 5
④ 6 ⑤ 7

0124 대표문제

양수 a에 대하여 $a+a^{-1}=3$일 때, a^4+a^{-4}의 값은?

① 45 ② 46 ③ 47
④ 48 ⑤ 49

0125

Level 1

양수 a에 대하여 $a^{\frac{1}{2}}+a^{-\frac{1}{2}}=2\sqrt{3}$일 때, $a+a^{-1}$의 값은?

① 4 ② 6 ③ 8
④ 10 ⑤ 12

0126

Level 1

$a^{\frac{1}{2}}+a^{-\frac{1}{2}}=5$일 때, $a^{\frac{3}{2}}+a^{-\frac{3}{2}}$의 값은?

① 18 ② 25 ③ 50
④ 90 ⑤ 110

0127

$2^x + 2^{1-x} = 3$일 때, $4^x + 4^{1-x}$의 값을 구하시오.

0128

$9^x + 9^{-x} = 3$일 때, $3^x + 3^{-x}$의 값은?

① $\sqrt{3}$ ② $\sqrt{5}$ ③ $\sqrt{7}$

④ $2\sqrt{5}$ ⑤ $2\sqrt{7}$

0129

양수 x에 대하여 $\sqrt{x} + \dfrac{1}{\sqrt{x}} = 3$일 때, $x + x^{-1} + x^{\frac{3}{2}} + x^{-\frac{3}{2}}$의 값은?

① 9   ② 13   ③ 17

④ 21   ⑤ 25

0130

양수 a에 대하여 $a^{\frac{1}{2}} - a^{-\frac{1}{2}} = 2$일 때, $\dfrac{a^2 + a^{-2} + 6}{a + a^{-1} + 2}$의 값은?

① 1   ② 3   ③ 5

④ 7   ⑤ 9

0131

$3^{\frac{a}{2}} + 3^{-\frac{a}{2}} = \sqrt{15}$일 때, $\dfrac{3^{3a} - 3^{2a} + 3^a}{3^{2a}}$의 값을 구하시오.

0132

양수 a에 대하여 $a + \dfrac{1}{a} = 14$일 때, $a^{\frac{3}{2}} + a^{-\frac{3}{2}}$의 값은?

① 36   ② 42   ③ 46

④ 52   ⑤ 54

0133

Level 2

$x>1$이고 $x^2+x^{-2}=34$일 때, $\dfrac{x-x^{-1}}{x^2-x^{-2}}$의 값은?

① 1 ② $\dfrac{1}{2}$ ③ $\dfrac{1}{3}$

④ $\dfrac{1}{4}$ ⑤ $\dfrac{1}{6}$

0134

Level 3

$4^x+4^{-x}=2$일 때, $2^{\frac{x}{4}}+2^{-\frac{x}{4}}$의 값은?

① $\sqrt{3}$ ② 2 ③ $\sqrt{5}$

④ $\sqrt{6}$ ⑤ 3

+ **Plus 문제**

0135

Level 3

두 실수 a, b에 대하여 $a+b=2$이고 $2^a-2^b=x$라 할 때, $2^{-a}+2^{-b}$을 x에 대한 식으로 나타낸 것은?

① $\dfrac{\sqrt{x^2+8}}{4}$ ② $\dfrac{\sqrt{x^2+16}}{4}$ ③ $\dfrac{\sqrt{x^2+8}}{2}$

④ $\dfrac{\sqrt{x^2+16}}{2}$ ⑤ $\sqrt{x^2+4}$

실전유형 13 $\dfrac{a^x-a^{-x}}{a^x+a^{-x}}$ 꼴의 식의 값 구하기

$\dfrac{a^x-a^{-x}}{a^x+a^{-x}}$ 꼴의 분모와 분자에 a^x, a^{2x} $(a>0)$ 등을 적절히 곱하여 식을 간단히 한다.

→ $\dfrac{a^x-a^{-x}}{a^x+a^{-x}}=\dfrac{a^x(a^x-a^{-x})}{a^x(a^x+a^{-x})}=\dfrac{a^{2x}-1}{a^{2x}+1}$

0136 대표문제

실수 x에 대하여 $\dfrac{2^x-2^{-x}}{2^x+2^{-x}}=\dfrac{1}{2}$일 때, 4^x-4^{-x}의 값은?

① $\dfrac{5}{3}$ ② 2 ③ $\dfrac{7}{3}$

④ $\dfrac{8}{3}$ ⑤ 3

0137

Level 1

실수 a에 대하여 $3^{2a}=6$일 때, $\dfrac{3^a-3^{-a}}{3^a+3^{-a}}$의 값을 $\dfrac{q}{p}$라 하자. $p+q$의 값은? (단, p, q는 서로소인 자연수이다.)

① 8 ② 10 ③ 12

④ 14 ⑤ 16

0138

Level 1

실수 x에 대하여 $3^{4x}=2$일 때, $\dfrac{3^{6x}-3^{-6x}}{3^{2x}+3^{-2x}}$의 값은?

① $\dfrac{5}{6}$ ② $\dfrac{7}{6}$ ③ $\dfrac{3}{2}$

④ $\dfrac{11}{6}$ ⑤ $\dfrac{13}{6}$

0139

Level 2

실수 x에 대하여 $a^{2x}=2+\sqrt{3}$일 때, $\dfrac{a^{3x}-a^{-3x}}{a^{x}-a^{-x}}$의 값을 구하시오. (단, $a>0$)

0140

Level 2

실수 x에 대하여 $a^{-2x}=3$일 때, $\dfrac{a^{x}+a^{-x}}{a^{3x}-a^{-3x}}$의 값은?

(단, $a>0$)

① $-\dfrac{12}{5}$ 　② $-\dfrac{6}{13}$ 　③ $-\dfrac{3}{20}$

④ $\dfrac{3}{20}$ 　⑤ $\dfrac{6}{13}$

0141

Level 2

실수 x에 대하여 $3^{\frac{1}{x}}=4$일 때, $\dfrac{2^{x}-2^{-x}}{2^{x}+2^{-x}}$의 값은? (단, $x\neq0$)

① $\dfrac{1}{4}$ 　② $\dfrac{1}{3}$ 　③ $\dfrac{1}{2}$

④ 1 　⑤ $\dfrac{5}{4}$

0142

Level 2

실수 x에 대하여 $\dfrac{a^{x}+a^{-x}}{a^{x}-a^{-x}}=2$일 때, a^{4x}의 값을 구하시오.

(단, $a>0$, $a\neq1$)

0143

Level 2

실수 x에 대하여 $\dfrac{a^{x}+a^{-x}}{a^{x}-a^{-x}}=5$일 때, $a^{2x}-a^{-2x}$의 값은?

(단, $a>0$, $a\neq1$)

① $\dfrac{1}{6}$ 　② $\dfrac{1}{3}$ 　③ $\dfrac{1}{2}$

④ $\dfrac{5}{6}$ 　⑤ $\dfrac{7}{6}$

0144

Level 3

실수 x에 대하여 $\dfrac{a^{x}-a^{-x}}{a^{x}+a^{-x}}=\dfrac{1}{2}$일 때, $\dfrac{a^{\frac{1}{2}x}-a^{-\frac{3}{2}x}}{a^{\frac{3}{2}x}+a^{-\frac{1}{2}x}}$의 값은?

(단, $a>0$)

① $\dfrac{\sqrt{3}}{6}$ 　② $\dfrac{1}{2}$ 　③ $\dfrac{\sqrt{3}}{2}$

④ $\dfrac{2}{3}$ 　⑤ $\dfrac{3\sqrt{3}}{2}$

14 $a^x=k$의 조건을 이용한 식의 값 구하기

실수 x, y에 대하여
$a^x=k$, $b^y=k$ $(a>0, b>0, xy \neq 0, k$는 상수$)$일 때,
$a=k^{\frac{1}{x}}$, $b=k^{\frac{1}{y}}$임을 이용하여 다음과 같이 식을 변형한다.
➡ $ab=k^{\frac{1}{x}+\frac{1}{y}}$, $a \div b=k^{\frac{1}{x}-\frac{1}{y}}$

0145 대표문제

두 실수 x, y에 대하여 $\left(\dfrac{1}{5}\right)^x=4$, $10^y=16$일 때, $4^{\frac{1}{x}+\frac{2}{y}}$의 값은?

① $\dfrac{1}{4}$ ② $\dfrac{1}{2}$ ③ 1

④ 2 ⑤ 4

0146   Level 1

두 양수 a, b가
$$ab=9, \quad a=27^{\frac{1}{x}}, \quad b=27^{\frac{1}{y}}$$
을 만족시킬 때, $\dfrac{1}{x}+\dfrac{1}{y}$의 값을 구하시오.

(단, x, y는 실수이고, $xy \neq 0$이다.)

0147   Level 1

두 실수 x, y에 대하여 $7^x=25$, $175^y=125$일 때, $\dfrac{2}{x}-\dfrac{3}{y}$의 값은?

① -2 ② -1 ③ 0

④ 1 ⑤ 2

0148   Level 1

두 실수 x, y에 대하여 $2^x=3^y=9$일 때, $9^{\frac{1}{x}+\frac{2}{y}}$의 값은?

① 3 ② 6 ③ 9

④ 12 ⑤ 18

0149   Level 1

두 실수 x, y에 대하여 $3^x=5^y=225$일 때, $\dfrac{1}{x}+\dfrac{1}{y}$의 값은?

① $\dfrac{1}{5}$ ② $\dfrac{1}{4}$ ③ $\dfrac{1}{3}$

④ $\dfrac{1}{2}$ ⑤ 1

0150   Level 2

두 실수 x, y에 대하여 $3^x=a$, $3^y=b$일 때, $\left(\dfrac{1}{9}\right)^{x-\frac{y}{2}}$을 a, b를 이용하여 나타낸 것은?

① $\dfrac{b}{a^2}$ ② $\dfrac{b}{a}$ ③ $\dfrac{1}{ab}$

④ $-ab$ ⑤ $-ab^2$

0151

Level 2

두 실수 x, y에 대하여 $4^{\frac{1}{x}}=10$, $5^{\frac{1}{y}}=10$일 때, $2x+4y$의 값은? (단, $xy\neq0$)

① -4 ② -2 ③ 0

④ 2 ⑤ 4

0152

Level 2

세 실수 x, y, z에 대하여 $4^x=6^y=9^z=15$일 때, $15^{\frac{1}{x}-\frac{1}{y}+\frac{1}{2z}}$의 값은?

① $\dfrac{1}{3}$ ② $\dfrac{1}{2}$ ③ 1

④ 2 ⑤ 3

0153

Level 2

세 실수 x, y, z에 대하여

$$a^x=5^3, \quad (ab)^y=5^2, \quad (abc)^z=5$$

일 때, $5^{\frac{3}{x}+\frac{2}{y}-\frac{1}{z}}$을 양수 a, b, c를 이용하여 나타낸 것은?

① ab ② abc ③ $\dfrac{a}{b}$

④ $\dfrac{a}{c}$ ⑤ $\dfrac{bc}{a}$

다음은 이 유형에서 출제된 최근 교육청·평가원 기출문제입니다.

0154 · 교육청 2019년 4월

Level 1

두 실수 a, b에 대하여 $2^a=3$, $6^b=5$일 때, 2^{ab+a+b}의 값은?

① 15 ② 18 ③ 21

④ 24 ⑤ 27

0155 · 교육청 2019년 6월

Level 2

양수 a와 두 실수 x, y가

$$15^x=8, \quad a^y=2, \quad \frac{3}{x}+\frac{1}{y}=2$$

를 만족시킬 때, a의 값은?

① $\dfrac{1}{15}$ ② $\dfrac{2}{15}$ ③ $\dfrac{1}{5}$

④ $\dfrac{4}{15}$ ⑤ $\dfrac{1}{3}$

0156 · 교육청 2017년 3월

Level 2

두 실수 a, b에 대하여 $5^{2a+b}=32$, $5^{a-b}=2$일 때, $4^{\frac{a+b}{ab}}$의 값을 구하시오.

실수 x, y에 대하여 $a^x=b^y$ ($a>0$, $b>0$, $xy\neq0$)과 같이 밑이 서로 다른 경우가 주어지면 $a^x=b^y=k$ ($k>0$)라 하고, $a=k^{\frac{1}{x}}$, $b=k^{\frac{1}{y}}$임을 이용하여 구하고자 하는 값을 지수로 갖는 식으로 변형한다.

0157 대표문제

세 실수 x, y, z에 대하여 $2^x=5^y=10^z$일 때, $\dfrac{1}{x}+\dfrac{1}{y}-\dfrac{1}{z}$의 값을 구하시오. (단, $xyz\neq0$)

0158 Level 2

세 실수 x, y, z에 대하여 $2^x=3^y=5^z$이고 $\dfrac{1}{x}+\dfrac{1}{y}+\dfrac{1}{z}=3$일 때, 8^x의 값을 구하시오. (단, $xyz\neq0$)

0159 Level 2

세 양수 x, y, z에 대하여 $27^x=8^y=c^z$, $\dfrac{3}{x}=\dfrac{2}{y}+\dfrac{3}{z}$일 때, 양수 c의 값은? (단, $xyz\neq0$)

① $\dfrac{23}{4}$ ② $\dfrac{25}{4}$ ③ $\dfrac{27}{4}$

④ $\dfrac{29}{4}$ ⑤ $\dfrac{31}{4}$

0160 Level 2

세 양수 a, b, c에 대하여 $2^a=3^b=k^c$, $\dfrac{1}{2}ab=bc+ca$일 때, 양수 k의 값은?

① 4   ② 9   ③ 16

④ 25   ⑤ 36

0161 Level 2

두 양수 a, b에 대하여 $\dfrac{a}{b}=\dfrac{3}{4}$이고 $a^b=b^a$일 때, b의 값을 $\dfrac{q}{p}$라 하자. $p+q$의 값은? (단, p, q는 서로소인 자연수이다.)

① 335   ② 336   ③ 337

④ 338   ⑤ 339

0162 Level 2

두 양수 a, b에 대하여 $a^x=b^y=2^z$이고 $\dfrac{1}{x}-\dfrac{1}{y}=\dfrac{5}{z}$일 때, $\dfrac{a}{b}$의 값은? (단, $xyz\neq0$)

① 4   ② 8   ③ 16

④ 32   ⑤ 64

0163

• 정답 및 풀이 **32**쪽

Level 2

세 실수 x, y, z에 대하여 $4^x = 9^y = 12^z$일 때, $\dfrac{a}{x} + \dfrac{1}{y} = \dfrac{2}{z}$를 만족시키는 실수 a의 값을 구하시오. (단, $xyz \neq 0$)

0164

Level 3

세 실수 x, y, z에 대하여 $3^x = 5^{-y}$, $125^y = 15^z$일 때, $\dfrac{1}{x} - \dfrac{1}{y}$을 z를 이용하여 나타낸 것은? (단, $xyz \neq 0$)

① $-\dfrac{3}{z}$ 　　　② $-\dfrac{2}{z}$ 　　　③ $\dfrac{1}{z}$

④ $\dfrac{z}{3}$ 　　　⑤ $\dfrac{z}{2}$

0165 고난도

Level 3

세 양수 a, b, c에 대하여 $2^a = 3^b = 6^c$일 때, 〈보기〉에서 옳은 것만을 있는 대로 고른 것은?

〈보기〉
ㄱ. $\dfrac{b-c}{bc} = \dfrac{1}{a}$ 　　　ㄴ. $\dfrac{1}{a} + \dfrac{1}{b} - \dfrac{1}{c} = 0$
ㄷ. $\dfrac{ab}{a+b} = c$

① ㄱ 　　　② ㄷ 　　　③ ㄱ, ㄴ
④ ㄱ, ㄷ 　　　⑤ ㄱ, ㄴ, ㄷ

실전 유형 16 지수법칙의 실생활에의 활용

(1) 식이 주어진 경우 : 주어진 식에 알맞은 값을 대입한다.
(2) 식이 주어지지 않은 경우 : 실생활과 관련되어 제시된 조건에 맞게 식을 세운 후 값을 대입하여 계산한다.

0166 대표문제

어떤 방사능 물질이 시간이 지남에 따라 일정한 비율로 붕괴된다. 이 방사능 물질의 처음의 양을 m_0, t년 후의 양을 m_t라 하면

$$m_t = m_0 a^{-t} \ (a > 0)$$

인 관계가 성립한다고 하자. 처음 양이 80인 방사능 물질의 10년 후의 양이 처음 양의 $\dfrac{1}{2}$이 된다고 할 때, 30년 후의 이 물질의 양 m_{30}의 값을 구하시오.

0167

Level 2

정팔면체 모양의 보석의 부피를 V라 하고, 한 모서리의 길이를 a라 하면

$$V = 2 \times \left\{ \frac{1}{3} a^2 \sqrt{a^2 - \left(\frac{\sqrt{2}}{2} a \right)^2} \right\}$$

인 관계가 성립한다고 하자. 정팔면체 모양의 보석의 부피가 $243\sqrt{2}$일 때, 이 보석의 한 모서리의 길이를 구하시오.

0168

Level 2

피아노 건반 소리의 진동수는 반음 1개만큼 높아질 때마다 일정한 비율로 증가한다. 음이 한 옥타브 올라가면 진동수는 2배가 된다. 한 옥타브에 12개의 반음으로 이루어진 건반에서 '도'음보다 반음 9개만큼 높은 '라'음의 진동수는 '도'음의 진동수의 k배이다. 상수 k의 값은?

① $2^{\frac{1}{4}}$ 　　　② $2^{\frac{1}{2}}$ 　　　③ $2^{\frac{3}{4}}$
④ $2^{\frac{5}{8}}$ 　　　⑤ $2^{\frac{7}{8}}$

0169

Level 2

사진을 a %의 비율로 확대 복사하여 큰 사진을 만들고 확대한 사진을 같은 비율로 확대 복사하여 더 큰 사진을 만드는 작업을 반복하였다. 7번째 복사한 사진의 크기가 처음 원본 사진의 크기의 2배가 되고, 10번째 복사한 사진의 크기가 5번째 복사한 사진의 크기의 $2^{\frac{q}{p}}$배가 될 때, $p+q$의 값은? (단, p, q는 서로소인 자연수이다.)

① 10   ② 11   ③ 12

④ 13   ⑤ 14

0170

Level 2

어떤 세균은 t시간마다 그 개체 수가 2배로 늘어난다. 한 마리의 세균이 6시간 후에 4마리로 늘어난다고 할 때, 한 마리의 세균이 24시간 후에 몇 마리로 늘어나는지 구하시오.

0171

Level 2

실내에 소독약 a g을 뿌리고 t시간이 지난 후 실내에 남아 있는 소독약의 양을 k g이라 하면

$$k = a \times 3^{-\frac{t}{4}}$$

인 관계가 성립한다고 하자. 실내에 소독약 210 g을 뿌리고 4시간이 지난 후에 실내에 남아 있는 소독약의 양을 k_1, 270 g을 뿌리고 12시간이 지난 후에 실내에 남아 있는 소독약의 양을 k_2라 할 때, $\dfrac{k_1}{k_2}$의 값은?

① 3   ② 4   ③ 5

④ 6   ⑤ 7

0172

Level 2

상대습도가 H (%), 기온이 T (℃)일 때, 식품의 부패 정도를 수치화한 식품손상지수를 G라 하면

$$G = \frac{H-65}{14} \times 1.05^{T}$$

인 관계가 성립한다고 하자. 상대습도가 70 %, 기온이 30 ℃일 때의 식품손상지수를 G_1, 상대습도가 60 %, 기온이 15 ℃일 때의 식품손상지수를 G_2라 할 때, G_1+G_2의 값은?
(단, $1.05^{15}=2$로 계산한다.)

① $\dfrac{4}{7}$ ② $\dfrac{9}{14}$ ③ $\dfrac{5}{7}$

④ $\dfrac{11}{14}$ ⑤ $\dfrac{6}{7}$

다음은 이 유형에서 출제된 최근 교육청·평가원 기출문제입니다.

0173 · 교육청 2019년 6월

Level 3

반지름의 길이가 r인 원형 도선에 세기가 I인 전류가 흐를 때, 원형 도선의 중심에서 수직 거리 x만큼 떨어진 지점에서의 자기장의 세기를 B라 하면 다음과 같은 관계식이 성립한다고 한다.

$$B = \frac{kIr^2}{2(x^2+r^2)^{\frac{3}{2}}} \ (단, k는 상수이다.)$$

전류의 세기가 I_0 ($I_0 > 0$)으로 일정할 때, 반지름의 길이가 r_1인 원형 도선의 중심에서 수직 거리 x_1만큼 떨어진 지점에서의 자기장의 세기를 B_1, 반지름의 길이가 $3r_1$인 원형 도선의 중심에서 수직 거리 $3x_1$만큼 떨어진 지점에서의 자기장의 세기를 B_2라 하자. $\dfrac{B_2}{B_1}$의 값은? (단, 전류의 세기의 단위는 A, 자기장의 세기의 단위는 T, 길이와 거리의 단위는 m이다.)

① $\dfrac{1}{6}$ ② $\dfrac{1}{4}$ ③ $\dfrac{1}{3}$

④ $\dfrac{5}{12}$ ⑤ $\dfrac{1}{2}$

서술형 유형 익히기

0174 대표문제

a와 b는 1이 아닌 양수일 때, $\sqrt{ab^3} \times \sqrt{\sqrt[3]{a^4 b^5}} \div \sqrt[3]{a^2 b^5} = a^r b^s$ 을 만족시키는 유리수 r, s에 대하여 $r+s$의 값을 구하는 과정을 서술하시오. [6점]

STEP 1 거듭제곱근을 유리수 지수로 나타내기 [2점]

$\sqrt{ab^3} \times \sqrt{\sqrt[3]{a^4 b^5}} \div \sqrt[3]{a^2 b^5}$

$= (ab^3)^{\frac{1}{2}} \times (a^4 b^5)^{\boxed{(1)}} \div (a^2 b^5)^{\boxed{(2)}}$

STEP 2 a와 b에 대하여 정리하기 [2점]

위의 식을 a, b에 대하여 간단히 정리하면

$a^{\frac{1}{2}} b^{\frac{3}{2}} \times a^{\frac{2}{3}} b^{\frac{5}{6}} \div a^{\frac{2}{3}} b^{\frac{5}{3}}$

$= a^{\frac{1}{2}} b^{\boxed{(3)}}$

STEP 3 $r+s$의 값 구하기 [2점]

$r = \dfrac{1}{2}$, $s = \boxed{}^{(4)}$ 이므로

$r+s = \boxed{}^{(5)}$

0175 한번 더

a와 b는 1이 아닌 양수일 때, $\sqrt{\sqrt[3]{a^2 b^4}} \div \sqrt[3]{a^2 b^4} \times \sqrt[6]{a^8 b^4} = a^r b^s$ 을 만족시키는 유리수 r, s에 대하여 $r+s$의 값을 구하는 과정을 서술히시오. [6점]

STEP 1 거듭제곱근을 유리수 지수로 나타내기 [2점]

STEP 2 a와 b에 대하여 정리하기 [2점]

STEP 3 $r+s$의 값 구하기 [2점]

0176 유사 1

$a>0$, $a \neq 1$일 때, $\sqrt{a^4 \sqrt{a \sqrt[3]{a^2}}} = \sqrt[4]{a^2 \times \sqrt[3]{a^k}}$ 을 만족시키는 유리수 k의 값을 구하는 과정을 서술하시오. [6점]

0177 유사 2

$a>0$, $a \neq 1$일 때, $\dfrac{\sqrt{a^3}}{\sqrt[3]{\sqrt{a^4}}} \times \sqrt{\left(\dfrac{1}{a}\right)^{-4}} = \sqrt[6]{a^k}$ 을 만족시키는 자연수 k의 값을 구하는 과정을 서술하시오. [6점]

핵심 KEY 유형 6 · 유형 7 거듭제곱근을 지수로 나타내기

거듭제곱근을 유리수 지수로 변형한 후 지수법칙을 이용하여 계산하는 문제이다.

$a>0$이고 m, n이 2 이상의 정수일 때, $\sqrt[n]{a} = a^{\frac{1}{n}}$, $\sqrt[n]{a^m} = a^{\frac{m}{n}}$ 과 $\sqrt[m]{\sqrt[n]{a}} = a^{\frac{1}{mn}}$ 임을 이용한다.

거듭제곱근이 여러 번 반복되는 경우 안쪽부터 차례로 계산한다.

01

0178 대표문제

$\left(\dfrac{1}{3^{18}}\right)^{\frac{1}{n}}$이 자연수가 되도록 하는 정수 n의 개수를 구하는 과정을 서술하시오. [6점]

STEP 1 지수법칙을 이용하여 간단히 하기 [2점]

$\left(\dfrac{1}{3^{18}}\right)^{\frac{1}{n}} = (3^{-18})^{\frac{1}{n}} = 3^{\boxed{}^{(1)}}$

STEP 2 정수 n의 조건 구하기 [2점]

$\boxed{}^{(2)}$ 이 자연수가 되려면 $\boxed{}^{(3)}$ 이 음이 아닌 정수이어야 한다.

STEP 3 정수 n의 개수 구하기 [2점]

조건을 만족시키는 정수 n의 값은 $-1, -2, -3, -6,$ $\boxed{}^{(4)}$, $\boxed{}^{(5)}$ 이므로 $\boxed{}^{(6)}$ 개이다.

0179 한번 더

$\left(\dfrac{1}{256}\right)^{\frac{1}{n}}$이 자연수가 되도록 하는 모든 정수 n의 값의 합을 구하는 과정을 서술하시오. [6점]

STEP 1 지수법칙을 이용하여 간단히 하기 [2점]

STEP 2 정수 n의 조건 구하기 [2점]

STEP 3 모든 정수 n의 값의 합 구하기 [2점]

0180 유사 1

$(\sqrt[3]{125^{12}})^{\frac{1}{n}}$이 자연수가 되도록 하는 모든 자연수 n의 값 중 최댓값을 a, 최솟값을 b라 할 때, $a-b$의 값을 구하는 과정을 서술하시오. [6점]

0181 유사 2

두 자연수 a, b에 대하여 $\sqrt{\dfrac{2^a \times 5^b}{2}}$이 자연수일 때, $a+b$의 최솟값을 구하는 과정을 서술하시오. [7점]

핵심 KEY 유형 9 거듭제곱이 자연수가 되는 미지수 구하기

거듭제곱이 자연수가 되도록 하는 정수 n 또는 자연수 n의 개수를 구하는 문제이다.

$A = a^{\frac{m}{n}}$ (a는 소수, m과 n은 정수, $mn \neq 0$)이 자연수이기 위해서는 n이 m의 약수임을 이용한다.

밑 a가 분수인 경우 지수를 음수로 바꿔 계산한다.

0182 `대표문제`

세 양수 a, b, c에 대하여 $32^a = 27^b = x^c$이고 $\dfrac{3}{a} + \dfrac{5}{b} = \dfrac{15}{c}$

일 때, 양수 x의 값을 구하는 과정을 서술하시오. [7점]

> **STEP 1** 지수법칙을 이용하여 밑을 통일시켜 나타내기 [3점]
>
> $32^a = 27^b = x^c = k$ $(k > 0)$라 하면
>
> $32^a = k$에서 $32 = k^{\frac{1}{a}}$
>
> $27^b = k$에서 $27 = k^{\frac{1}{b}}$
>
> $x^c = k$에서 $x = \boxed{}^{(1)}$
>
> **STEP 2** 지수가 $\dfrac{3}{a} + \dfrac{5}{b} = \dfrac{15}{c}$를 만족시키도록 x에 대한 식 세우기
>
> [2점]
>
> $\dfrac{3}{a} + \dfrac{5}{b} = \dfrac{15}{c}$이므로 $k^{\frac{3}{a} + \frac{5}{b}} = k^{\frac{15}{c}}$
>
> $(k^{\frac{1}{a}})^3 \times (k^{\frac{1}{b}})^5 = (\boxed{}^{(2)})^{15}$이므로
>
> $32^3 \times \boxed{}^{(3)} = x^{15}$
>
> **STEP 3** 양수 x의 값 구하기 [2점]
>
> $(2^5)^3 \times (\boxed{}^{(4)})^5 = \boxed{}^{(5)}{}^{15} = x^{15}$이므로 $x = \boxed{}^{(6)}$

0183 `한번 더`

세 양수 x, y, z에 대하여

$$8^x = 25^y = 10^z = k, \quad \frac{2}{x} + \frac{3}{y} + \frac{6}{z} = 12$$

일 때, 양수 k의 값을 구하는 과정을 서술하시오. [7점]

> **STEP 1** 지수법칙을 이용하여 밑을 통일시켜 나타내기 [3점]

> **STEP 2** 지수가 $\dfrac{2}{x} + \dfrac{3}{y} + \dfrac{6}{z} = 12$를 만족시키도록 k에 대한 식 세우기 [1점]

> **STEP 3** 양수 k의 값 구하기 [3점]

0184 `유사 1`

두 실수 x, y에 대하여 $3^x = 300^y = 10$일 때, $\dfrac{1}{x} - \dfrac{1}{y}$의 값을

구하는 과정을 서술하시오. [6점]

0185 `유사 2`

1이 아닌 세 자연수 a, b, c에 대하여 $a^2 = b^3 = c^x$, $c = \dfrac{a}{b}$일

때, 양수 x의 값을 구하는 과정을 서술하시오. [6점]

> **핵심 KEY** `유형 15` $a^x = b^y$의 조건을 이용한 식의 값 구하기
>
> $a^x = b^y$의 형태로 주어진 조건에서 특정 값을 구하는 문제이다.
>
> 실수 x, y에 대하여 $a^x = b^y = k$ $(a > 0, b > 0, xy \neq 0, k > 0)$라 하
>
> 고 $a = k^{\frac{1}{x}}$, $b = k^{\frac{1}{y}}$임을 이용한다.

• 선택형 21문항, 서술형 4문항입니다.

1 0186

-8의 세제곱근 중 실수인 것을 a, 5의 네제곱근 중 실수인 것의 개수를 b라 할 때, ab의 값은? [3점]

① -6 ② -4 ③ -2

④ 0 ⑤ 2

2 0187

$\sqrt[3]{\sqrt[4]{5^{12}}} \times \dfrac{\sqrt[3]{54}}{\sqrt[3]{2}}$의 값은? [3점]

① 5 ② 10 ③ 15

④ 20 ⑤ 25

3 0188

다음 중 옳지 <u>않은</u> 것은? [3점]

① $(\sqrt[4]{16})^2 = 4$ ② $\dfrac{\sqrt[3]{20}}{\sqrt[3]{5}} = \sqrt[3]{4}$

③ $\sqrt[3]{7} \times \sqrt[5]{7} = \sqrt[15]{7}$ ④ $\sqrt[3]{\sqrt{2}} = \sqrt[6]{2}$

⑤ $\sqrt[6]{27} \times \sqrt[12]{9} \div \sqrt[6]{81} = 1$

4 0189

$27^{-\frac{5}{2}} \times 9^{\frac{7}{4}}$의 값은? [3점]

① $\dfrac{1}{81}$ ② $\dfrac{1}{9}$ ③ 1

④ 9 ⑤ 81

5 0190

$a = -3^2$일 때, $\left\{\left(a^4\right)^{\frac{3}{4}}\right\}^{\frac{1}{3}}$의 값은? [3점]

① -9 ② -3 ③ $\dfrac{1}{3}$

④ 3 ⑤ 9

6 0191

두 유리수 a, b에 대하여 $\sqrt[4]{\sqrt[3]{12^6}}=2^a\times3^b$일 때, ab의 값은? [3점]

① $\dfrac{1}{2}$ ② 1 ③ $\dfrac{3}{2}$

④ 2 ⑤ $\dfrac{5}{2}$

7 0192

$(9^{\frac{1}{4}}-1)(9^{\frac{1}{4}}+1)(9^{\frac{1}{2}}+1)(9+1)$의 값은? [3점]

① 0 ② 2 ③ 8

④ 26 ⑤ 80

8 0193

다음 중 옳지 <u>않은</u> 것은? [3.5점]

① $a>0$일 때, $\sqrt[4]{a^4}=a$이다.
② -125의 세제곱근 중 실수인 것은 1개이다.
③ -16의 네제곱근 중 실수인 것은 없다.
④ 세제곱근 64는 4이다.
⑤ 실수 a와 자연수 n에 대하여 $x^{2n}=a$를 만족시키는 실수 x는 항상 2개이다.

9 0194

$\left(\dfrac{1}{81}\right)^{-\frac{1}{n}}$이 자연수가 되도록 하는 모든 자연수 n의 값의 합은? [3.5점]

① 6 ② 7 ③ 8

④ 10 ⑤ 12

10 0195

세 수 $A=\sqrt{\sqrt{2^2}}$, $B=\sqrt[4]{5}$, $C=\sqrt{\sqrt[3]{11}}$의 대소 관계로 옳은 것은? [3.5점]

① $A<B<C$ ② $A<C<B$ ③ $B<A<C$

④ $B<C<A$ ⑤ $C<B<A$

11 0196

1이 아닌 양수 a에 대하여
$$\frac{3}{1-a^{\frac{1}{4}}}+\frac{3}{1+a^{\frac{1}{4}}}+\frac{6}{1+a^{\frac{1}{2}}}=-4$$
일 때, $a^2+a^{\frac{1}{2}}$의 값은? [3.5점]

① 14 ② 18 ③ 22

④ 26 ⑤ 30

01

12 0197

$x>1$이고, $x+x^{-1}=5$일 때, $\dfrac{x^2+x^{-2}}{x^2-x^{-2}}=\dfrac{q}{p}\sqrt{21}$을 만족시키는 서로소인 자연수 p, q에 대하여 $p-q$의 값은? [3.5점]

① 81   ② 82   ③ 83

④ 84   ⑤ 85

13 0198

실수 x에 대하여 $\dfrac{3^x-3^{-x}}{3^x+3^{-x}}=\dfrac{1}{2}$일 때, 9^x-9^{-x}의 값은?

[3.5점]

① $\dfrac{2}{3}$ ② $\dfrac{5}{3}$ ③ $\dfrac{8}{3}$

④ $\dfrac{11}{3}$ ⑤ $\dfrac{14}{3}$

14 0199

$3\leq n\leq 12$인 자연수 n에 대하여 $n^2-14n+45$의 n제곱근 중 음의 실수가 존재하도록 하는 모든 n의 값의 합은? [4점]

① 29   ② 30   ③ 31

④ 32   ⑤ 33

15 0200

$2\leq n\leq 20$인 자연수 n에 대하여 $\left(\sqrt[3]{3^4}\right)^{\frac{1}{2}}$이 어떤 자연수의 n제곱근이 되도록 하는 모든 n의 개수는? [4점]

① 2   ② 4   ③ 6

④ 8   ⑤ 10

16 0201

세 양수 a, b, c에 대하여 $a^4=7$, $b^5=13$, $c^6=15$일 때, $(abc)^n$이 자연수가 되도록 하는 자연수 n의 최솟값은?

[4점]

① 30   ② 40   ③ 50

④ 60   ⑤ 70

17 0202

$a=3^{\frac{1}{3}}-3^{-\frac{1}{3}}$일 때, $3a^3+9a+1$의 값은? [4점]

① 3   ② 6   ③ 7

④ 8   ⑤ 9

18 0203

실수 x에 대하여 $\dfrac{a^x-a^{-x}}{a^x+a^{-x}}=\dfrac{3}{5}$일 때, $\dfrac{a^{\frac{1}{2}x}+a^{-\frac{3}{2}x}}{a^{\frac{3}{2}x}-a^{-\frac{1}{2}x}}$의 값은?

(단, $a>0$) [4점]

① $\dfrac{1}{2}$ ② $\dfrac{2}{3}$ ③ $\dfrac{5}{6}$

④ $\dfrac{5}{3}$ ⑤ $\dfrac{7}{3}$

19 0204

$a>0$이고 $\dfrac{a+a^4}{a^{-1}+a^{-4}}=5$일 때, $\dfrac{1+a^2+a^4}{a^{-1}+a^{-3}+a^{-5}}$의 값은?

[4점]

① 1   ② $5^{\frac{1}{3}}$ ③ $5^{\frac{1}{2}}$

④ 5   ⑤ $5^{\frac{3}{2}}$

20 0205

양수 a에 대하여 $a^6=4-\sqrt{3}$일 때, $\dfrac{a^{19}-a^7}{a+a^{-5}}=p+q\sqrt{3}$이다.

두 유리수 p, q에 대하여 $p+q$의 값은? [4점]

① 32   ② 34   ③ 36

④ 38   ⑤ 40

01

21 0206

세 실수 x, y, z에 대하여 $abc=16$, $a^x=b^y=c^z=64$일 때, $\dfrac{1}{x}+\dfrac{1}{y}+\dfrac{1}{z}$의 값은? (단, a, b, c는 양수이다.) [4점]

① $\dfrac{1}{3}$ ② $\dfrac{2}{3}$ ③ 1

④ $\dfrac{4}{3}$ ⑤ $\dfrac{5}{3}$

22 0207

실수 a의 n제곱근 중 실수인 것의 개수를 $f(a, n)$이라 할 때, $4f(\sqrt{3}, 4) + 3f(\sqrt[3]{-6}, 7) + 2f(-\sqrt[4]{7}, 8)$의 값을 구하는 과정을 서술하시오. (단, n은 2 이상의 자연수이다.)

[6점]

23 0208

양수 a에 대하여 $a^3 = 5$일 때, $\dfrac{a^4 + a^3 + a^2 + a}{a^{-8} + a^{-7} + a^{-6} + a^{-5}}$의 값을 구하는 과정을 서술하시오. [6점]

24 0209

두 실수 a, b에 대하여

$$3^{\frac{2}{a}} = 144, \quad 16^{\frac{1}{b}} = 12$$

일 때, $2a + b$의 값을 구하는 과정을 서술하시오. [6점]

25 0210

어떤 문서를 $a\,\%$ 축소 복사한 후 복사본을 다시 $a\,\%$로 축소 복사하는 작업을 반복하였다. 8번째 복사본의 글자 크기는 처음 원본의 $\dfrac{1}{2}$배이고, 12번째 복사본의 글자 크기는 8번째 복사본의 $2^{-\frac{c}{b}}$배일 때, $b + c$의 값을 구하는 과정을 서술하시오. (단, b와 c는 서로소인 자연수이다.) [8점]

실력 check
실전 마무리하기 **2**회

점
/100점

• 선택형 21문항, 서술형 4문항입니다.

1 0211

-343의 세제곱근 중 실수인 것을 a, 256의 네제곱근 중 양수인 것을 b라 할 때, $a+b$의 값은? [3점]

① -3 ② -2 ③ -1

④ 0 ⑤ 1

2 0212

$\dfrac{1}{\sqrt[3]{27}} \times \sqrt{(-6)^2}$의 값은? [3점]

① 1 ② 2 ③ 3

④ 4 ⑤ 5

3 0213

다음 중 옳은 것은? [3점]

① $\sqrt[3]{5} \times \sqrt[4]{5} = \sqrt[7]{5}$ ② $\dfrac{\sqrt[3]{-125}}{\sqrt[3]{-27}} = \sqrt[3]{-\dfrac{125}{27}}$

③ $\sqrt[3]{-\sqrt{64}} = -2$ ④ $\sqrt[3]{\sqrt[4]{4}} = \sqrt[12]{2}$

⑤ $\left(\sqrt[3]{3} \times \dfrac{1}{\sqrt{3}} \right)^6 = 3$

4 0214

$a>0$, $b>0$일 때, $\sqrt[3]{a} \times \sqrt[3]{ab^3} - \sqrt{\sqrt[3]{a^4 b^6}}$을 간단히 한 것은? [3점]

① 0 ② $\sqrt[6]{a}$ ③ $\sqrt[3]{a}$

④ $\sqrt[3]{a^2}$ ⑤ $2\sqrt[3]{a^2}$

5 0215

세 수 $A=\sqrt{2}$, $B=\sqrt[3]{3}$, $C=\sqrt[4]{5}$의 대소 관계로 옳은 것은? [3점]

① $A<B<C$ ② $A<C<B$ ③ $B<A<C$

④ $B<C<A$ ⑤ $C<B<A$

6 0216

$(11^{\frac{1}{4}}-1)(11^{\frac{1}{4}}+1)(11^{\frac{1}{2}}+1)(11+1)$의 값은? [3점]

① 44   ② 88   ③ 100

④ 110   ⑤ 120

7 0217

$a^k + a^{-k} = 5$일 때, $a^{3k} + a^{-3k}$의 값은? (단, $a>0$) [3점]

① 90   ② 95   ③ 100

④ 105   ⑤ 110

8 0218

다음 중 옳은 것은? (단, n은 2 이상의 자연수이다.) [3.5점]

① 1의 세제곱근은 모두 실수이다.

② n이 짝수일 때, 실수 a에 대하여 $\sqrt[n]{a^n}=a$이다.

③ $-\sqrt{64}$의 세제곱근 중 실수인 것은 ±2이다.

④ n이 짝수일 때, -25의 n제곱근 중 실수인 것은 없다.

⑤ n이 홀수일 때, 3의 n제곱근 중 실수인 것은 2개이다.

9 0219

$a=5^{\frac{1}{1\times2}}\times5^{\frac{1}{2\times3}}\times5^{\frac{1}{3\times4}}\times5^{\frac{1}{4\times5}}$일 때, $\sqrt[4]{a^5}$의 값은? [3.5점]

① $5^{\frac{1}{2}}$ ② $5^{\frac{3}{4}}$ ③ 5

④ $5^{\frac{5}{4}}$ ⑤ 5^2

10 0220

$\sqrt{2\sqrt[3]{4\sqrt[4]{8}}}=2^{\frac{q}{p}}$일 때, $p+q$의 값은?

(단, p, q는 서로소인 자연수이다.) [3.5점]

① 47   ② 48   ③ 49

④ 50   ⑤ 51

11 0221

$\left(\dfrac{1}{64}\right)^{-\frac{1}{n}}$이 자연수가 되도록 하는 모든 자연수 n의 값의 합은?

[3.5점]

① 6   ② 7   ③ 8

④ 10   ⑤ 12

12 0222

실수 a에 대하여 $25^a + 25^{-a} = 8$일 때, $\dfrac{5^{6a}-1}{5^{4a}-5^{2a}}$의 값은?

[3.5점]

① 5   ② 7   ③ 9

④ 11   ⑤ 13

13 0223

양수 a에 대하여 $a^2 = \sqrt{2}$일 때, $\dfrac{a^4 + a^3 + a^2 + a}{a^{-11} + a^{-10} + a^{-9} + a^{-8}}$의 값은? [3.5점]

① 1   ② 2   ③ 4

④ 8   ⑤ 16

14 0224

실수 a와 $n \geq 3$인 자연수 n에 대하여 a의 n제곱근 중 실수인 것의 개수를 $f(a, n)$이라 할 때,
$f(9, 3) + f(8, 4) + f(7, 5)$의 값은? [4점]

① 3   ② 4   ③ 5

④ 6   ⑤ 7

15 0225

이차방정식 $3x^2 - 9x - 4 = 0$의 두 근을 α, β라 할 때, $\dfrac{\sqrt[3]{3^{2\alpha}} \times \sqrt[3]{9^\beta}}{(27^\alpha)^\beta}$의 값은? [4점]

① $\dfrac{1}{3}$ ② 3   ③ 3^2

④ 3^4 ⑤ 3^6

01

16 0226

$2 \leq n \leq 100$인 자연수 n에 대하여 $\left(\sqrt[3]{3^5}\right)^{\frac{1}{4}}$이 어떤 자연수의 n제곱근이 되도록 하는 모든 n의 개수는? [4점]

① 7   ② 8   ③ 9

④ 10   ⑤ 11

17 0227

세 양수 a, b, c에 대하여 $a^3=3$, $b^4=5$, $c^6=7$일 때, $(abc)^n$이 자연수가 되도록 하는 세 자리 자연수 n의 최솟값은? [4점]

① 104   ② 105   ③ 106

④ 107   ⑤ 108

18 0228

$x=3^{\frac{1}{3}}+3^{-\frac{1}{3}}$일 때, $3x^3-9x-9$의 값은? [4점]

① 1   ② 2   ③ 3

④ 4   ⑤ 5

19 0229

$4^x+4^{-x}=14$일 때, $\dfrac{2^{6x}+1}{2^{4x}+2^{2x}}$의 값은? [4점]

① 11   ② 12   ③ 13

④ 14   ⑤ 15

20 0230

다음 식의 값은? [4점]

$$\frac{3}{3^{-10}+1}+\frac{3}{3^{-9}+1}+\cdots+\frac{3}{3^{-1}+1}+\frac{3}{3^0+2}+\frac{3}{3^1+1}+\cdots$$
$$+\frac{3}{3^9+1}+\frac{3}{3^{10}+1}$$

① 28   ② 29   ③ 30

④ 31   ⑤ 32

21 0231

세 실수 x, y, z가 $3^x=4^y=5^z=\sqrt{60}$을 만족시킬 때, $\dfrac{1}{x}+\dfrac{1}{y}+\dfrac{1}{z}$의 값은? [4점]

① 1   ② 2   ③ 3

④ 4   ⑤ 5

서술형

22 0232

$a > 0$이고 $a^{2x} = \sqrt{2} - 1$일 때, $\dfrac{a^{3x} - a^{-3x}}{a^{3x} + a^{-3x}} = \dfrac{m + n\sqrt{2}}{7}$이다. 두 정수 m, n에 대하여 $m + n$의 값을 구하는 과정을 서술하시오. [6점]

23 0233

어떤 방사능 물질이 시간이 지남에 따라 일정한 비율로 붕괴되어 a년 후에는 처음 양의 $\dfrac{1}{2}$이 된다고 할 때, a년을 이 물질의 반감기라 한다. 반감기가 a년인 방사능 물질의 처음의 양을 m_0이라 할 때, t년 후 이 방사능 물질의 양 m_t는

$$m_t = m_0 \times \left(\frac{1}{2}\right)^{\frac{t}{a}}$$

인 관계가 성립한다고 하자. 반감기가 30년인 방사능 물질의 양이 현재 400이라 할 때, 이 방사능 물질의 양이 25가 되는 것은 지금으로부터 약 몇 년 후인지 구하는 과정을 서술하시오. [6점]

24 0234

$2 \le n \le 10$인 자연수 n에 대하여 $n^2 - 11n + 24$의 n제곱근 중 음의 실수가 존재하도록 하는 모든 n의 값의 합을 구하는 과정을 서술하시오. [7점]

25 0235

a는 6의 거듭제곱인 수이고 b는 12의 거듭제곱근 중 양의 실수이다. $ab^6 = 81c$를 만족시키는 자연수 c가 2의 거듭제곱일 때, 자연수 c의 최솟값을 구하는 과정을 서술하시오.

[7점]

다 짐

순간의 다짐은 쓸데없는

실패를 만든다.

지금 시작하지 않는 다짐은

다 짐일 뿐이다.

로그 02

02 로그

1 로그

핵심 1

Note

(1) 로그

$a>0$, $a\neq1$일 때, 양수 N에 대하여 $a^x=N$을 만족시키는 실수 x는 오직 하나 존재한다. 이 실수 x를 a를 밑으로 하는 N의 **로그**라 하고,

$$x=\log_a N$$

과 같이 나타낸다. 이때 N을 $\log_a N$의 **진수**라 한다.

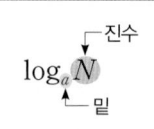

$$a^x=N \iff x=\log_a N \text{ (단, } a>0,\ a\neq1,\ N>0)$$

- log는 logarithm의 약자이다.

(2) 로그의 밑과 진수의 조건

$\log_a N$이 정의되려면

① 밑의 조건 : $a>0$, $a\neq1$

② 진수의 조건 : $N>0$

- 특별한 언급없이 $\log_a N$으로 쓰면 $a>0$, $a\neq1$, $N>0$인 것으로 본다.

2 로그의 성질

핵심 2~3

(1) 로그의 기본 성질

$a>0$, $a\neq1$, $M>0$, $N>0$일 때

① $\log_a 1=0$, $\log_a a=1$

② $\log_a MN=\log_a M+\log_a N$

③ $\log_a \dfrac{M}{N}=\log_a M-\log_a N$

④ $\log_a M^k=k\log_a M$ (단, k는 실수)

- $a>0$, $a\neq1$, $N>0$일 때
  (1) $\log_a a^k=k$
  (2) $\log_a \dfrac{1}{N}=\log_a N^{-1}=-\log_a N$

(2) 로그의 밑의 변환

$a>0$, $a\neq1$, $b>0$일 때

① $\log_a b=\dfrac{\log_c b}{\log_c a}$ (단, $c>0$, $c\neq1$)

② $\log_a b=\dfrac{1}{\log_b a}$ (단, $b\neq1$)

- 로그의 계산에서 다음에 주의한다.
  $\log_a 1\neq1$, $\log_1 1\neq0$
  $\log_a(M+N)\neq\log_a M+\log_a N$
  $\log_a M\times\log_a N\neq\log_a M+\log_a N$
  $\log_a(M-N)\neq\log_a M-\log_a N$
  $\dfrac{\log_a M}{\log_a N}\neq\log_a M-\log_a N$
  $(\log_a M)^k\neq k\log_a M$

(3) 로그의 여러 가지 성질

$a>0$, $a\neq1$, $b>0$일 때

① $\log_{a^m} b^n=\dfrac{n}{m}\log_a b$ (단, m, n은 실수, $m\neq0$)

② $\log_a b\times\log_b a=1$ (단, $b\neq1$)

③ $a^{\log_a b}=b$

④ $a^{\log_c b}=b^{\log_c a}$ (단, $c>0$, $c\neq1$)

- $\log_a b\times\log_b c\times\log_c a=1$

3 상용로그

(1) 상용로그

10을 밑으로 하는 로그를 **상용로그**라 하고, 양수 N의 상용로그 $\log_{10} N$은 보통 밑 10을 생략하여 $\log N$과 같이 나타낸다.

(2) 상용로그표

0.01의 간격으로 1.00에서 9.99까지의 수에 대한 상용로그의 값을 반올림하여 소수 넷째 자리까지 나타낸 것이다.

> **예** 상용로그표에서 $\log 2.27$의 값을 구하려면 2.2의 가로줄과 7의 세로줄이 만나는 곳의 수 .3560을 찾으면 된다.
> 즉, $\log 2.27 = 0.3560$

수	0	1	6	7	8	9
1.0	.0000	.0043	.0253	.0294	.0334	.0374
1.1	.0414	.0453	.0645	.0682	.0719	.0755
⋮	⋮	⋮	⋮	⋮	⋮	⋮
2.0	.3010	.3032	.3139	.3160	.3181	.3201
2.1	.3222	.3243	.3345	.3365	.3385	.3404
2.2	.3424	.3444	.3541	**.3560**	.3579	.3598
2.3	.3617	.3636	.3729	.3747	.3766	.3784
⋮	⋮	⋮	⋮	⋮	⋮	⋮

4 상용로그의 표현 핵심 4

(1) 상용로그의 정수 부분과 소수 부분

$\log N = n + \log a$ (n은 정수, $0 \le \log a < 1$)로 나타낼 때
① $\log N$의 정수 부분 : n
② $\log N$의 소수 부분 : $\log a$

(2) 상용로그의 정수 부분과 소수 부분의 성질

① 정수 부분이 n자리인 수의 상용로그의 정수 부분은 $n-1$이다.
② 소수 n째 자리에서 처음으로 0이 아닌 숫자가 나타나는 수의 상용로그의 정수 부분은 $-n$이다.
③ 숫자의 배열이 같고 소수점의 위치만 다른 양수의 상용로그의 소수 부분은 모두 같다.

Note

- n이 실수일 때
$\log 10^n = n \log 10 = n$

- 상용로그표에서 상용로그의 값은 어림한 값이지만 편의상 등호를 사용하여 나타낸다.
- 상용로그표의 상용로그의 값은 양수이다.
- 상용로그표에서 진수가 커질수록 상용로그의 값도 커진다.

- $N > 1$일 때, $\log N$의 정수 부분이 n이다.
$\iff n \le \log N < n+1$
$\iff N$의 정수 부분은 $(n+1)$자리이다.

- $\log A$와 $\log B$의 소수 부분이 같다.
→ $\log A - \log B = (정수)$
- $\log A$와 $\log B$의 소수 부분의 합이 1이다.
→ $\log A + \log B = (정수)$
(단, 역은 성립하지 않는다.)

1 로그가 정의될 조건 유형 2

- **밑의 조건**: $\log_a N$의 밑 a는 1이 아닌 양수

  (1) $a < 0$인 경우 : $\log_{(-2)} 3 = x$라 하면 $(-2)^x = 3$
  (2) $a = 0$인 경우 : $\log_0 3 = x$라 하면 $0^x = 3$
  (3) $a = 1$인 경우 : $\log_1 3 = x$라 하면 $1^x = 3$

  → 이것을 만족시키는 x의 값이 존재하지 않는다. → $a > 0,\ a \neq 1$

- **진수의 조건**: $\log_a N$의 진수 N은 양수

  (1) $N < 0$인 경우 : $\log_2 (-3) = x$라 하면 $2^x = -3$
  (2) $N = 0$인 경우 : $\log_2 0 = x$라 하면 $2^x = 0$

  → 이것을 만족시키는 x의 값이 존재하지 않는다. → $N > 0$

0236 다음에서 로그가 정의되도록 하는 실수 x의 값의 범위를 구하시오.

(1) $\log_3 (x+2)$　　(2) $\log_2 (x^2 - 3x)$

(3) $\log_{x-1} 2$　　(4) $\log_{x+2} 5$

0237 다음에서 로그가 정의되도록 하는 실수 x의 값의 범위를 구하시오.

(1) $\log_{x+1} (x-2)$

(2) $\log_{x-3} (x^2 - 5x + 4)$

2 로그의 기본 성질 유형 3

(1) $\log_2 1 = 0,\ \log_2 2 = 1$
(2) $\log_5 15 = \log_5 (5 \times 3) = \log_5 5 + \log_5 3 = 1 + \log_5 3$
(3) $\log_3 \dfrac{3}{5} = \log_3 3 - \log_3 5 = 1 - \log_3 5$
(4) $\log_4 64 = \log_4 4^3 = 3 \log_4 4 = 3$

0238 다음 식을 간단히 하시오.

(1) $\log_8 64$

(2) $\log_3 \dfrac{1}{27}$

(3) $\log_2 \sqrt{2}$

0239 다음 식을 간단히 하시오.

(1) $\log_{10} 2 + \log_{10} 5$

(2) $\log_2 40 - \log_2 5$

(3) $\log_3 \sqrt{27} - \log_2 \dfrac{1}{4} - \dfrac{1}{2} \log_2 4$

핵심 **3** 로그의 밑의 변환과 로그의 여러 가지 성질 유형 **4~5**

동영상 강의

● 로그의 밑의 변환

진수는 위로

(1) $\log_2 3 = \dfrac{\log_{10} 3}{\log_{10} 2}$

밑은 아래로

(2) $\log_3 5 = \dfrac{1}{\log_5 3}$

밑과 진수의 위치가 바뀐다.

● 로그의 여러 가지 성질

(1) $\log_{32} 27 = \log_{2^5} 3^3 = \dfrac{3}{5} \log_2 3$

(2) $\log_2 5 \times \log_5 2 = 1$

(3) $5^{\log_5 3} = 3$

(4) $2^{\log_3 5} = 5^{\log_3 2}$

02

0240 다음 식을 간단히 하시오.

(1) $\log_3 5 \times \log_5 3$

(2) $\log_3 \sqrt{10} \times \log_{10} 9$

0241 다음 식을 간단히 하시오.

(1) $\log_8 32$

(2) $2^{\log_2 5}$

핵심 **4** 상용로그의 정수 부분과 소수 부분의 성질 유형 **12~13**

동영상 강의

$\log 1.32 = 0.1206$임을 이용하여 상용로그의 정수 부분과 소수 부분의 성질을 알아보자.

$\log 1320 = \log(10^3 \times 1.32) = 3 + \log 1.32 = 3 + 0.1206$

$\log 132 = \log(10^2 \times 1.32) = 2 + \log 1.32 = 2 + 0.1206$

$\log 13.2 = \log(10 \times 1.32) = 1 + \log 1.32 = 1 + 0.1206$

정수 부분이 n자리인 수의
상용로그의 정수 부분은
$n-1$이다.

$\log 1.32 = 0.1206$

$\log 0.132 = \log(10^{-1} \times 1.32) = -1 + \log 1.32 = -1 + 0.1206$

$\log 0.0132 = \log(10^{-2} \times 1.32) = -2 + \log 1.32 = -2 + 0.1206$

$\log 0.00132 = \log(10^{-3} \times 1.32) = -3 + \log 1.32 = -3 + 0.1206$

숫자 배열이 같은 수의
소수 부분은 모두 같다.

소수 n째 자리에서 처음으로
0이 아닌 숫자가 나타나는 수의
상용로그의 정수 부분은 $-n$이다.

0242 다음 상용로그의 정수 부분을 구하시오.

(1) $\log 1.45$ (2) $\log 2240$

(3) $\log 0.753$ (4) $\log 0.00162$

0243 $\log 1.62 = 0.2095$일 때, 다음 등식을 만족시키는 x의 값을 구하시오.

(1) $\log x = 2.2095$

(2) $\log x = -0.7905$

실전 유형 1 로그의 정의

$a>0$, $a\neq1$, $N>0$일 때
$$a^x=N \Longleftrightarrow x=\log_a N$$

0244 대표문제

양수 a, b에 대하여 $\log_a \dfrac{1}{16}=4$, $\log_{\sqrt{2}} b=6$일 때, ab의 값은?

① 1   ② 2   ③ 3

④ 4   ⑤ 5

0245   Level 1

양수 a, b에 대하여 $\log_2 a=-2$, $\log_b 25=2$일 때, ab의 값은?

① $\dfrac{1}{4}$ ② $\dfrac{1}{2}$ ③ $\dfrac{3}{4}$

④ $\dfrac{5}{4}$ ⑤ $\dfrac{7}{4}$

0246   Level 1

$\log_4 x=2$, $\log_y 2\sqrt{2}=\dfrac{1}{2}$일 때, $\dfrac{x}{y}$의 값을 구하시오.

0247   Level 2

$\log_{27}(\log_2 a)=\dfrac{1}{3}$일 때, $\sqrt[3]{a}$의 값은?

① 1   ② 2   ③ 3

④ 4   ⑤ 5

0248   Level 2

$\log_2\{\log_3(\log_5 x)\}=0$일 때, x의 값은?

① 2   ② 25   ③ 32

④ 125   ⑤ 243

0249   Level 2

$x=\log_2(\sqrt{2}+1)$일 때, $\dfrac{2^x-2^{-x}}{(2^x+2^{-x})^2}$의 값은?

① $\dfrac{1}{16}$ ② $\dfrac{1}{8}$ ③ $\dfrac{1}{4}$

④ $\dfrac{1}{2}$ ⑤ 1

0250
Level 2

200 이하의 자연수 n에 대하여 $\log_2 \dfrac{n}{10}$이 자연수가 되는 모든 n의 값의 합은?

① 150 ② 200 ③ 250
④ 300 ⑤ 350

0251
Level 2

양수 a, b에 대하여 $\log_3 (a+b) = \log_{a-b} 9 = 2$일 때, $3ab$의 값은? (단, $a > b$)

① 30 ② 36 ③ 42
④ 48 ⑤ 54

다음은 이 유형에서 출제된 최근 교육청·평가원 기출문제입니다.

0252 · 교육청 2018년 11월
Level 1

$\log_2 a = 3$일 때, 양수 a의 값을 구하시오.

실전유형 2 로그의 밑과 진수의 조건

$\log_{f(x)} g(x)$가 정의되려면
(1) 밑의 조건 : $f(x) > 0$, $f(x) \neq 1$
(2) 진수의 조건 : $g(x) > 0$

0253 대표문제

$\log_{x-1} (-x^2 + 4x + 5)$가 정의되기 위한 모든 정수 x의 값의 합은?

① 1 ② 3 ③ 7
④ 9 ⑤ 13

0254
Level 1

$\log_{x+2} (7-x)$가 정의되기 위한 정수 x의 최솟값은?

① 0 ② -1 ③ -2
④ -3 ⑤ -4

0255
Level 1

$\log_5 (2x-4) - \log_5 (2x-8)$이 정의될 때, $|x-2| - |4-x|$를 간단히 하면?

① -2 ② 2 ③ 6
④ $-2x+4$ ⑤ $2x-2$

0256

Level 1

다음 중 $\log_{3a-2}(5-2b)$가 정의되기 위한 실수 a, b의 순서쌍 (a, b)가 될 수 있는 것은?

① $\left(\dfrac{1}{3}, \dfrac{7}{2}\right)$　　② $(1, 2)$　　③ $\left(\dfrac{5}{3}, 1\right)$

④ $\left(2, \dfrac{5}{2}\right)$　　⑤ $(4, 3)$

0257

Level 2

모든 실수 x에 대하여 $\log_{a-2}(x^2+2ax+6a)$가 정의되기 위한 정수 a의 개수를 구하시오.

0258

Level 2

모든 실수 x에 대하여 $\log_{a^2}(ax^2+ax+1)$이 정의되기 위한 모든 정수 a의 값의 합은?

① 2　　② 3　　③ 4

④ 5　　⑤ 6

0259

Level 2

$\log_{|x-1|}(-x^2+2x+3)$이 정의되기 위한 정수 x의 개수는?

① 0　　② 1　　③ 2

④ 3　　⑤ 4

0260 신경향

Level 3

$\log_{x-3}(-x^2+9x-14)$가 정의되기 위한 정수 x의 개수를 m이라 하자. $27^a \times 9^b = m$일 때, $3a+2b$의 값은?

① 0　　② $\log_3 2$　　③ 1

④ $\log_3 4$　　⑤ $\log_3 5$

+Plus 문제

다음은 이 유형에서 출제된 최근 교육청·평가원 기출문제입니다.

0261 ·교육청 2019년 3월

Level 2

$\log_x(-x^2+4x+5)$가 정의되기 위한 모든 정수 x의 값의 합을 구하시오.

실전유형 3 로그의 기본 성질과 계산 〔빈출유형〕

$a>0$, $a\neq1$, $x>0$, $y>0$일 때

(1) $\log_a a=1$, $\log_a 1=0$

(2) $\log_a xy=\log_a x+\log_a y$

(3) $\log_a \dfrac{x}{y}=\log_a x-\log_a y$

(4) $\log_a x^n=n\log_a x$ (단, n은 실수)

0262 〔대표문제〕

$\log_2 \sqrt{2}-\log_2 \dfrac{4}{3}-\log_2 \sqrt{18}$의 값은?

① -4 ② -2 ③ 0

④ 2 ⑤ 4

0263 Level 1

$\log_7 5-\log_7 35$의 값은?

① -2 ② -1 ③ 0

④ 1 ⑤ 2

0264 Level 1

$\log_2 \dfrac{2}{9}+4\log_2 \sqrt{12}$의 값은?

① 5 ② 6 ③ 7

④ 8 ⑤ 9

0265 Level 1

$\log_3 16+\dfrac{1}{2}\log_3 \dfrac{1}{5}+\dfrac{1}{2}\log_3 20$의 값은?

① $-3\log_3 2$ ② $-\log_3 5$ ③ $\log_3 2$

④ $3\log_3 5$ ⑤ $5\log_3 2$

0266 Level 2

다음 식의 값은?

$$\log_3\left(1+\dfrac{1}{1}\right)+\log_3\left(1+\dfrac{1}{2}\right)+\log_3\left(1+\dfrac{1}{3}\right)+\cdots$$
$$+\log_3\left(1+\dfrac{1}{80}\right)$$

① 3 ② 4 ③ 5

④ 6 ⑤ 7

0267 Level 2

$\log_2(a+b)=3$, $\log_2 a+\log_2 b=2$일 때, 두 양수 a, b에 대하여 a^2+b^2의 값을 구하시오.

0268 Level 2

$\log_3 \sqrt[3]{24}+\log_3 \dfrac{\sqrt[6]{81^k}}{2}$이 자연수가 되도록 하는 10 이하의 자연수 k의 개수를 구하시오.

0269 신경향

Level 3

$\log_2 \dfrac{\sqrt{2^m}}{2} + \log_2 \dfrac{2^{2m}}{\sqrt{8 \times 2^n}} = 0$을 만족시키는 50 이하의 두

자연수 m, n의 순서쌍 (m, n)의 개수는?

① 6 　　　　② 8 　　　　③ 10

④ 12 　　　　⑤ 14

다음은 이 유형에서 출제된 최근 교육청·평가원 기출문제입니다.

0270 · 교육청 2017년 3월

Level 1

$\left(\dfrac{1}{4}\right)^{-2} \times \log_2 8$의 값을 구하시오.

0271 · 평가원 2019학년도 6월

Level 2

좌표평면 위의 두 점 $(1, \log_2 5)$, $(2, \log_2 10)$을 지나는 직선의 기울기는?

① 1 　　　　② 2 　　　　③ 3

④ 4 　　　　⑤ 5

실전유형 **4 로그의 밑의 변환** 　빈출유형

a, b, c가 1이 아닌 양수일 때

(1) $\log_a b = \dfrac{\log_c b}{\log_c a}$

(2) $\log_a b = \dfrac{1}{\log_b a}$

(3) $\log_a b \times \log_b a = 1$

(4) $\log_a b \times \log_b c \times \log_c a = 1$

→ 밑이 다른 로그의 계산은 로그의 밑의 변환을 이용하여 밑을 같게 한다.

0272 대표문제

1이 아닌 양수 x, a에 대하여

$\dfrac{1}{\log_2 x} + \dfrac{1}{\log_4 x} + \dfrac{1}{\log_8 x} = \dfrac{2}{\log_a x}$를 만족시키는 a의 값은?

① 4 　　　　② 8 　　　　③ 16

④ 32 　　　　⑤ 64

0273

Level 1

$\dfrac{1}{\log_{12} 3} + \dfrac{1}{\log_6 3} - \dfrac{1}{\log_8 3}$의 값은?

① -2 　　　　② -1 　　　　③ 0

④ 1 　　　　⑤ 2

0274

Level 1

$\log_3 6 \times \log_8 9 \times \log_{\frac{1}{3}} 2 \times \log_6 27$의 값은?

① -3 　　　　② -2 　　　　③ -1

④ 1 　　　　⑤ 2

0275

Level **1**

1이 아닌 양수 x, y에 대하여

$\dfrac{1}{\log_x 3} + \dfrac{1}{\log_y 3} - \dfrac{1}{\log_2 3} = \log_3 4$를 만족시키는 xy의 값은?

① 8   ② 10   ③ 12

④ 14   ⑤ 16

0276

Level **2**

M이 홀수일 때, 다음 등식을 만족시키는 정수 N의 값을 구하시오.

$$\frac{1}{\log_2 2} + \frac{1}{\log_3 2} + \frac{1}{\log_4 2} + \cdots + \frac{1}{\log_{10} 2} = N + \log_2 M$$

0277

Level **2**

1이 아닌 양의 실수 a, b, c가 $\log_a c = \dfrac{1}{3}$, $\log_b c = \dfrac{1}{2}$을 만족시킬 때, $\log_a b + \log_b c + \log_c a$의 값은?

① 4   ② $\dfrac{25}{6}$ ③ $\dfrac{13}{3}$

④ $\dfrac{9}{2}$ ⑤ $\dfrac{14}{3}$

0278

Level **2**

1보다 큰 네 실수 a, b, c, d에 대하여

$\log_a d : \log_b d : \log_c d = 2 : 3 : 5$일 때,

$\log_a b + \log_b a - \log_c a$의 값을 구하시오.

0279

Level **2**

$\log_2 (\log_3 25) + \log_2 (\log_5 49) + \log_2 (\log_7 81)$의 값은?

① 1   ② 2   ③ 3

④ 4   ⑤ 5

0280 고난도

Level **3**

1보다 큰 두 양수 a, b에 대하여 $(\log_a \sqrt[3]{b})^2 + (\log_b \sqrt{a})^2$의 최솟값을 구하시오.

+ **Plus** 문제

0281 · 교육청 2020년 11월 ●❙❙ Level 1

1이 아닌 양수 a가 $\log_2 8a = \dfrac{2}{\log_a 2}$ 를 만족시킬 때, a의 값은?

① 4　　　　　② $4\sqrt{2}$　　　　　③ 8

④ $8\sqrt{2}$　　　　　⑤ 16

0282 · 교육청 2018년 9월 ●❙❙ Level 1

1보다 큰 두 실수 a, b에 대하여 $\log_a a^2 b^3 = 3$이 성립할 때, $\log_b a$의 값은?

① 2　　　　　② $\dfrac{5}{2}$　　　　　③ 3

④ $\dfrac{7}{2}$　　　　　⑤ 4

0283 · 교육청 2018년 3월 ●❙❙ Level 2

좌표평면에서 함수 $y = \dfrac{1}{x}$의 그래프가 점 $(\sqrt[3]{a}, \sqrt{b})$를 지날 때, $\log_a b + \log_b a$의 값은?

(단, a, b는 1이 아닌 양수이다.)

① $-\dfrac{17}{6}$　　　② $-\dfrac{8}{3}$　　　③ $-\dfrac{5}{2}$

④ $-\dfrac{7}{3}$　　　⑤ $-\dfrac{13}{6}$

$a > 0$, $b > 0$, $c > 0$, $a \neq 1$, $c \neq 1$일 때

(1) $\log_{a^m} b^n = \dfrac{n}{m} \log_a b$ (단, $m \neq 0$)

(2) $a^{\log_c b} = b^{\log_c a}$

(3) $a^{\log_a b} = b$

0284 대표문제

$(\log_2 7 + \log_8 49)(\log_7 2 + \log_{49} 8)$의 값은?

① 1　　　　　② $\dfrac{3}{2}$　　　　　③ $\dfrac{8}{3}$

④ 4　　　　　⑤ $\dfrac{25}{6}$

0285 ●❙❙ Level 1

$\left(\log_2 \sqrt{5} + \dfrac{3}{4}\log_{\sqrt{2}} 5\right) \times \log_{25} 2\sqrt{2}$의 값은?

① 1　　　　　② $\sqrt{2}$　　　　　③ $\dfrac{3}{2}$

④ $\sqrt{3}$　　　　　⑤ 2

0286 ●❙❙ Level 1

$x = \log_{25} 4 + \log_5 6$일 때, 5^x의 값은?

① 10　　　　　② 12　　　　　③ 14

④ 15　　　　　⑤ 16

0287

᠊᠊᠊ Level 2

다음 식의 값을 구하시오.

$$\log_{36}(\log_3 2)+\log_{36}(\log_4 3)+\log_{36}(\log_5 4)+\cdots \\ +\log_{36}(\log_{64} 63)$$

0288

᠊᠊᠊ Level 2

$\left(\dfrac{1}{2}\right)^{\log_4 18-\log_2 \sqrt{3}}$ 의 값은?

① $\dfrac{1}{\sqrt{2}}$ ② $\dfrac{1}{\sqrt{3}}$ ③ $\dfrac{1}{2}$

④ $\dfrac{1}{\sqrt{5}}$ ⑤ $\dfrac{1}{\sqrt{6}}$

0289

᠊᠊᠊ Level 2

$25^{2\log_5 2-3\log_{\frac{1}{5}} 9-2\log_5 18}$ 의 값을 구하시오.

0290

᠊᠊᠊ Level 2

1이 아닌 두 양수 a, b에 대하여 $ab=\sqrt{5}$일 때,
$(a^2)^{\log_{\sqrt{5}} 3}\times b^{2\log_5 9}$의 값은?

① 3   ② 6   ③ 9

④ 12   ⑤ 15

0291

᠊᠊᠊ Level 2

다음 식의 값은?

$$\frac{(\log_5 3+\log_{25} 3)(\log_3 25+\log_9 5)}{(\log_4 3+\log_2 9)(\log_3 2+\log_9 4)}$$

① $\dfrac{1}{4}$ ② $\dfrac{1}{2}$ ③ $\dfrac{3}{4}$

④ 1   ⑤ $\dfrac{5}{4}$

0292

᠊᠊᠊ Level 2

그림과 같이 $\angle\mathrm{ABC}=90°$이고
$\overline{\mathrm{AC}}=4$, $\overline{\mathrm{AB}}=\log_4 9$인 직각삼각형
ABC의 변 AB 위의 점 D를
$\overline{\mathrm{AD}}=\log_3 4$가 되도록 잡는다. 점 D
에서 선분 CA에 내린 수선의 발을
H라 할 때, $\overline{\mathrm{AH}}\times\overline{\mathrm{CH}}$의 값은?

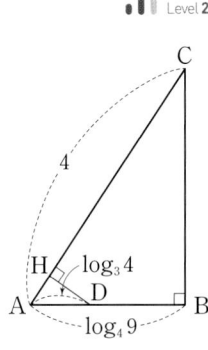

① $\dfrac{7}{4}$ ② $\dfrac{9}{4}$

③ $\dfrac{11}{4}$ ④ $\dfrac{13}{4}$

⑤ $\dfrac{15}{4}$

0293 · 평가원 2021학년도 6월

●●| Level 2

좌표평면 위의 두 점 $(2, \log_4 2)$, $(4, \log_2 a)$를 지나는 직선이 원점을 지날 때, 양수 a의 값은?

① 1   ② 2   ③ 3

④ 4   ⑤ 5

0294 · 교육청 2017년 3월

●●| Level 2

세 양수 a, b, c가 다음 조건을 만족시킨다.

> (가) $\sqrt[3]{a} = \sqrt{b} = \sqrt[4]{c}$
>
> (나) $\log_8 a + \log_4 b + \log_2 c = 2$

$\log_2 abc$의 값은?

① 2   ② $\dfrac{7}{3}$ ③ $\dfrac{8}{3}$

④ 3   ⑤ $\dfrac{10}{3}$

0295 · 2021학년도 대학수학능력시험

●●| Level 3

$\log_4 2n^2 - \dfrac{1}{2}\log_2 \sqrt{n}$의 값이 40 이하의 자연수가 되도록 하는 자연수 n의 개수를 구하시오.

---

(1) 로그의 성질은 지수법칙으로부터 유도되므로 로그의 정의를 이용하여 로그를 지수의 꼴로 변형한 후 지수법칙을 통해 계산한다.

(2) 문장 사이의 연결 관계에 유의하여 빈칸에 들어갈 값 또는 식을 추론한다.

0296 대표문제

다음은 $a > 0$, $a \neq 1$, $M > 0$이고 k는 실수일 때, $\log_a M^k = k \log_a M$이 성립함을 증명한 것이다.

> $\log_a M = m$으로 놓으면 로그의 정의에 의하여
>
> $M = \boxed{\text{(가)}}$ 이므로 $M^k = \boxed{\text{(나)}}$
>
> 따라서 로그의 정의를 이용하면 $\log_a \boxed{\text{(다)}} = mk$이므로
>
> $\log_a M^k = k \log_a M$

위의 과정에서 (가), (나), (다)에 알맞은 것을 차례로 나열한 것은?

① a^k, a^k, M ② a^k, a^{mk}, M^k ③ a^m, a^k, M

④ a^m, a^{mk}, M^k ⑤ a^m, a^{mk}, kM

0297

●●| Level 1

다음은 $a > 0$, $a \neq 1$, $x > 0$, $y > 0$일 때, $\log_a x + \log_a y = \log_a xy$가 성립함을 증명한 것이다.

> $\log_a x = r$, $\log_a y = s$로 놓으면
>
> $a^r = x$, $a^s = \boxed{\text{(가)}}$
>
> $a^{r+s} = \boxed{\text{(나)}}$ 이므로 $r + s = \log_a \boxed{\text{(나)}}$
>
> 따라서 $\log_a x + \log_a y = \log_a xy$ 이다.

위의 과정에서 (가), (나)에 알맞은 것을 차례로 나열한 것은?

① x, $x+y$ ② y, $x+y$ ③ x, xy

④ y, xy ⑤ x, $\dfrac{x}{y}$

0298

◦ıı Level **2**

다음은 1이 아닌 세 양수 a, b, c에 대하여 $a^{\log_b c}=c^{\log_b a}$이 성립함을 증명한 것이다.

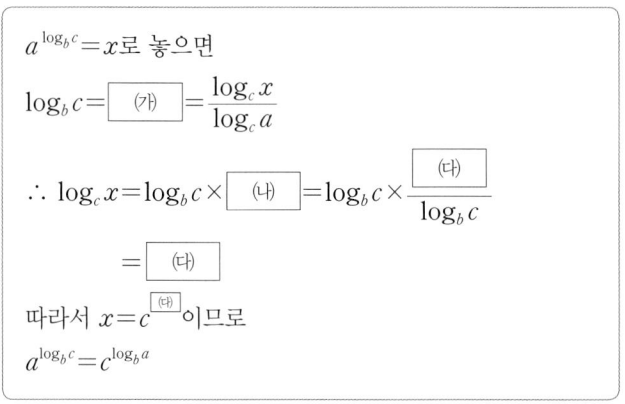

$a^{\log_b c}=x$로 놓으면

$$\log_b c = \boxed{\text{(가)}} = \frac{\log_c x}{\log_c a}$$

$$\therefore \log_c x = \log_b c \times \boxed{\text{(나)}} = \log_b c \times \frac{\boxed{\text{(다)}}}{\log_b c}$$

$$= \boxed{\text{(다)}}$$

따라서 $x = c^{\boxed{\text{(다)}}}$이므로

$$a^{\log_b c} = c^{\log_b a}$$

위의 과정에서 (가), (나), (다)에 알맞은 것을 차례로 나열한 것은?

① $\log_a x$, $\log_c a$, $\log_b a$

② $\log_a x$, $\log_c a$, $\log_b c$

③ $\log_b x$, $\log_a c$, $\log_a b$

④ $\log_b x$, $\log_c a$, $\log_b a$

⑤ $\log_c x$, $\log_a c$, $\log_b c$

0299

◦ıı Level **2**

다음은 $\log_6 3$이 무리수임을 증명한 것이다.

$\log_6 3$이 $\boxed{\text{(가)}}$ 라 하면 서로소인 두 자연수

m, $n\,(m<n)$에 대하여 $\log_6 3 = \dfrac{m}{n}$으로 나타내어진다.

로그의 정의에 의하여

$6^{\frac{m}{n}}=3$, $6^m=3^n$ $\therefore \boxed{\text{(나)}}=3^{n-m}$

이때 $\boxed{\text{(나)}}$은 $\boxed{\text{(다)}}$이고 3^{n-m}은 홀수이므로

$\boxed{\text{(나)}}$과 3^{n-m}은 항상 같지 않다.

따라서 $\log_6 3$은 무리수이다.

위의 과정에서 (가), (나), (다)에 알맞은 것을 써넣으시오.

0300

◦ıı Level **3**

다음은 자연수 n에 대하여 $\log_2 n$이 유리수이면

$$n=2^k \ (k는 \ 음이 \ 아닌 \ 정수)$$

의 꼴로 나타내어짐을 증명한 것이다.

자연수 n에 대하여 $\log_2 n$이 유리수이고,

$n=2^k \times m$을 만족시키는 음이 아닌 정수 k와 홀수 m이 존재한다고 하자. 그러면

$$\log_2 n = \boxed{\text{(가)}}$$

이때 $\log_2 n$이 유리수이므로 $\log_2 m$도 유리수이어야 한다. 즉,

$$\log_2 m = \frac{q}{p} \ (p는 \ 자연수이고 \ q는 \ 정수)$$

로 나타낼 수 있으므로

$$\boxed{\text{(나)}}$$

이때 m이 홀수이므로 m^p은 홀수이다.

따라서 2^q도 홀수이어야 하므로 $\boxed{\text{(다)}}$이고 $m=1$이다.

그러므로 자연수 n은 $n=2^k$ (k는 음이 아닌 정수)의 꼴로 나타내어진다.

위의 과정에서 (가), (나), (다)에 알맞은 것을 차례로 나열한 것은?

① $k\log_2 m$, $m^q=2^p$, $q=1$

② $k\log_2 m$, $m^p=2^q$, $q=1$

③ $k+\log_2 m$, $m^q=2^p$, $q=0$

④ $k+\log_2 m$, $m^p=2^q$, $q=1$

⑤ $k+\log_2 m$, $m^p=2^q$, $q=0$

로그의 값을 문자로 나타낼 때는 다음과 같은 순서로 구한다.
❶ 로그의 밑의 변환을 이용하여 구하는 식을 변형한다.
❷ 진수를 소인수분해하여 주어진 로그의 진수를 곱의 꼴로 나타낸다.
❸ 로그의 합 또는 차의 꼴로 나타낸 후 주어진 문자를 대입한다.

0301 대표문제

$\log_2 3 = a$, $\log_3 5 = b$라 할 때, $\log_5 \sqrt{54}$를 a, b를 사용하여 나타낸 것은?

① $\dfrac{1}{ab}$ ② $\dfrac{ab}{a+b}$ ③ $\dfrac{3a+1}{2ab}$

④ $\dfrac{3b+1}{2a}$ ⑤ $\dfrac{a+3}{2b}$

0302 Level 1

$\log_6 2 = a$일 때, $\log_9 6$을 a를 사용하여 나타낸 것은?

① $\dfrac{2a}{1-a}$ ② $\dfrac{1}{2a}$ ③ $\dfrac{1}{2+a}$

④ $\dfrac{1}{2-2a}$ ⑤ $\dfrac{2a}{2-2a}$

0303 Level 2

$\log_2 3 = a$, $\log_2 5 = b$일 때, $\log_5 \sqrt[4]{108}$을 a, b를 사용하여 나타낸 것은?

① $\dfrac{12a+8}{b}$ ② $\dfrac{3a+1}{2b}$ ③ $\dfrac{3a+1}{4b}$

④ $\dfrac{3a+2}{4b}$ ⑤ $\dfrac{3a+8}{4b}$

0304 Level 2

$\log_{10} 2 = a$, $\log_{10} 3 = b$일 때, $\log_{\sqrt{5}} 18$을 a, b를 사용하여 나타낸 것은?

① $\dfrac{a+2b}{a+b}$ ② $\dfrac{a+2b}{1-a}$ ③ $\dfrac{a+2b}{2-2a}$

④ $\dfrac{4a+2b}{1-a}$ ⑤ $\dfrac{2a+4b}{1-a}$

0305 Level 2

$\log_2 3 = a$, $\log_3 15 = b$일 때, $\log_{30} 72$를 a, b를 사용하여 나타낸 것은?

① $\dfrac{2a-3}{ab-1}$ ② $\dfrac{2a+3}{ab-1}$ ③ $\dfrac{2a-3}{ab+1}$

④ $\dfrac{2a+3}{ab+1}$ ⑤ $\dfrac{2ab-3}{ab+1}$

0306 Level 2

1이 아닌 두 양수 α, β에 대하여 $\log_\alpha x = 3$, $\log_\beta x = 6$일 때, $\log_{\alpha\beta} x$의 값을 구하시오.

0307

Level 3

함수 $f(x) = \dfrac{x+1}{2x-1}$에 대하여 $\log 2 = a$, $\log 3 = b$라 할 때, $f(\log_3 6)$의 값을 a, b를 사용하여 나타낸 것은?

① $\dfrac{a+2b}{a+b}$ ② $\dfrac{2a+b}{a+b}$ ③ $\dfrac{2a+b}{a+2b}$

④ $\dfrac{a+b}{2a+b}$ ⑤ $\dfrac{a+2b}{2a+b}$

다음은 이 유형에서 출제된 최근 교육청·평가원 기출문제입니다.

0308 · 교육청 2017년 3월

Level 2

$\log 2 = a$, $\log 3 = b$라 할 때, $\log \dfrac{4}{15}$를 a, b로 나타낸 것은?

① $3a-b-1$ ② $3a+b-1$ ③ $2a-b+1$

④ $2a+b-1$ ⑤ $a-3b+1$

0309 · 교육청 2019년 3월

Level 2

$\log 1.44 = a$일 때, $2\log 12$를 a로 나타낸 것은?

① $a+1$ ② $a+2$ ③ $a+3$

④ $a+4$ ⑤ $a+5$

실전 유형 **8** $a^x = b$가 주어진 경우

$a^x = b$이면 $\log_a b = x$임을 이용하여 주어진 식을 로그로 나타낸 후 밑을 통일한다.

0310 대표문제

$25^x = 4^y = 100$일 때, $\dfrac{1}{x} + \dfrac{1}{y}$의 값은?

① 1   ② 2   ③ 3

④ 4   ⑤ 5

0311

Level 1

$7^a = 3$, $7^b = 8$일 때, $\log_6 54$를 a, b를 사용하여 나타낸 것은?

① $\dfrac{a+2b}{a+3b}$ ② $\dfrac{a+6b}{a+3b}$ ③ $\dfrac{4a+b}{3a+b}$

④ $\dfrac{6a+b}{3a+b}$ ⑤ $\dfrac{9a+b}{3a+b}$

0312

Level 2

1이 아닌 양수 a, b에 대하여 $a^m = b^n = 3$일 때, $\log_{a^2 b} b^3$을 m, n을 사용하여 나타내시오. (단, $a^2 b \neq 1$)

0313

Level 2

$2^a=x$, $2^b=y$, $2^c=z$일 때, $\log_{y^2z^3} x^2y$를 a, b, c를 사용하여 나타낸 것은? (단, $abc\neq0$)

① $\dfrac{bc}{2a+b}$ ② $\dfrac{6ac}{2a+b}$ ③ $\dfrac{2b+3c}{2a+b}$

④ $\dfrac{2a+b}{6b-a}$ ⑤ $\dfrac{2a+b}{2b+3c}$

0314

Level 2

$48^x=243$, $16^y=9$일 때, $\dfrac{5}{x}-\dfrac{2}{y}$의 값을 구하시오.

0315

Level 2

세 실수 a, b, c에 대하여 $3^a=4^b=12^c$일 때, $\dfrac{1}{a}+\dfrac{1}{b}-\dfrac{1}{c}$의 값은? (단, $abc\neq0$)

① -2 ② 0 ③ 2

④ 4 ⑤ 6

0316

Level 2

두 실수 a, b에 대하여 $18^a=7$, $18^b=2$일 때, $3^{\frac{2a-2b}{b-1}}$의 값은?

① $\dfrac{2}{7}$ ② 2 ③ $\dfrac{7}{2}$

④ 7 ⑤ 14

0317

Level 2

1이 아닌 세 양수 p, q, r가 다음 조건을 만족시킨다.

> (가) $p^x=q^y=r^z=729$
> (나) $pqr=9$

이때 $\dfrac{2}{x}+\dfrac{2}{y}+\dfrac{2}{z}$의 값을 구하시오.

다음은 이 유형에서 출제된 최근 교육청·평가원 기출문제입니다.

0318 · 교육청 2019년 6월

Level 3

자연수 n에 대하여 $2^{\frac{1}{n}}=a$, $2^{\frac{1}{n+1}}=b$라 하자. $\left\{\dfrac{3^{\log_2 ab}}{3^{(\log_2 a)(\log_2 b)}}\right\}^5$이 자연수가 되도록 하는 모든 n의 값의 합은?

① 14 ② 15 ③ 16

④ 17 ⑤ 18

실전유형 **9** 로그와 이차방정식 복합유형

이차방정식 $ax^2+bx+c=0$의 두 근이
$\log_k\alpha$, $\log_k\beta$ $(k>0,\ k\neq 1)$이면 근과 계수의 관계에 의하여

(1) $\log_k\alpha+\log_k\beta=\log_k\alpha\beta=-\dfrac{b}{a}$ ➡ $\alpha\beta=k^{-\frac{b}{a}}$

(2) $\log_k\alpha\times\log_k\beta=\dfrac{c}{a}$

0319 대표문제

이차방정식 $x^2-6x+3=0$의 두 근이 $\log_2 a$, $\log_2 b$일 때, $\log_a b+\log_b a$의 값은?

① 9   ② 10   ③ 11

④ 12   ⑤ 13

0320 ▮▮▮ Level 1

이차방정식 $x^2-4x+2=0$의 두 근을 α, β라 할 때, $2^\alpha\times 2^\beta+\log_2\alpha+\log_2\beta$의 값을 구하시오.

0321 ▮▮▮ Level 1

이차방정식 $2x^2-10x+5=0$의 두 근이 $\log a$, $\log b$일 때, $\dfrac{1}{\log a}+\dfrac{1}{\log b}$의 값은?

① 1   ② $\dfrac{3}{2}$ ③ 2

④ $\dfrac{5}{2}$ ⑤ 3

0322 ▮▮▮ Level 2

이차방정식 $x^2-8x+4=0$의 두 근이 $\log_3\alpha$, $\log_3\beta$일 때, $\log_\alpha\beta-\log_\beta\alpha$의 값은? (단, $\alpha<\beta$)

① $4\sqrt{3}$ ② $6\sqrt{3}$ ③ $8\sqrt{3}$

④ $10\sqrt{3}$ ⑤ $12\sqrt{3}$

0323 ▮▮▮ Level 2

이차방정식 $x^2+x\log_3 8\sqrt{2}-\log_3\dfrac{1}{24}+\log_3\sqrt{2}=0$의 두 근을 α, β라 할 때, $(\alpha+1)(\beta+1)$의 값을 구하시오.

0324 ▮▮▮ Level 2

이차방정식 $x^2-3x\log_3 2+2\log_3 4-2=0$의 두 근을 α, β라 할 때, $(\alpha-1)(\beta-1)=\log_3 k$이다. 이때 k의 값은?

① $\dfrac{1}{3}$ ② $\dfrac{2}{3}$ ③ $\dfrac{4}{3}$

④ $\dfrac{5}{3}$ ⑤ 2

0325 ▮▮▮ Level 2

이차방정식 $3x^2-x\log_2 27+12=0$의 두 근을 α, β라 할 때, $2^{\alpha^2\beta+\alpha\beta^2}$의 값을 구하시오.

0326

Level 2

이차방정식 $x^2-ax+b=0$의 두 근이 1, $\log_2 3$일 때, 실수 a, b에 대하여 $\dfrac{a}{b}$의 값은?

① 1　　　　② $\log_3 6$　　　　③ $\log_3 8$

④ 2　　　　⑤ $\log_3 12$

0327 고난도

Level 3

이차방정식 $x^2+px+q=0$의 두 실근 α, β에 대하여 $\log_2(\alpha+\beta)=\log_2\alpha+\log_2\beta-1$이 성립할 때, $q-p$의 최 솟값은? (단, p, q는 실수이다.)

① 18　　　　② 24　　　　③ 30

④ 36　　　　⑤ 42

+Plus 문제

다음은 이 유형에서 출제된 최근 교육청 · 평가원 기출문제입니다.

0328 · 교육청 2017년 4월

Level 1

이차방정식 $x^2-18x+6=0$의 두 근을 α, β라 할 때, $\log_2(\alpha+\beta)-2\log_2\alpha\beta$의 값은?

① -5　　　　② -4　　　　③ -3

④ -2　　　　⑤ -1

실전
유형 **10 로그의 성질을 이용한 대소 비교**

로그의 성질을 이용하여 비교하려는 수를 정리한다.

0329 대표문제

세 수 $A=5^{\log_5 15-\log_5 6}$, $B=\log_4 2+\log_9 27$, $C=\log_8(\log_{\sqrt{2}} 4)$의 대소 관계로 옳은 것은?

① $A<B<C$　　② $A<C<B$　　③ $B<C<A$

④ $C<A<B$　　⑤ $C<B<A$

0330

Level 1

세 수 $A=\dfrac{1}{2}\log_{\frac{1}{3}} 2$, $B=\log_{\frac{1}{9}} 16$, $C=\log_4 9$의 대소 관계로 옳은 것은?

① $A<B<C$　　② $A<C<B$　　③ $B<A<C$

④ $C<A<B$　　⑤ $C<B<A$

0331

Level 1

세 수 $A=\log_2\sqrt{32}$, $B=5^{\log_{\sqrt{5}} 2}$, $C=\log_2 3\times\log_3 4$의 대소 를 비교하시오.

0332

Level **2**

세 수 $A = 3^{2\log_3 4 - \log_3 18}$, $B = \log_5 25 - \log_5 \dfrac{1}{5}$,

$C = \log_2 \{\log_4 (\log_8 64)\}$의 대소 관계로 옳은 것은?

① $A < B < C$ ② $A < C < B$ ③ $B < A < C$

④ $C < A < B$ ⑤ $C < B < A$

0333

Level **2**

세 수 $A = 2^{\log_2 15 - \log_2 5}$, $B = \dfrac{\log_3 8}{\log_3 4}$, $C = 3^{\sqrt{3}+1} \div 3^{\sqrt{3}-1}$의 대소 관계로 옳은 것은?

① $A < B < C$ ② $A < C < B$ ③ $B < A < C$

④ $B < C < A$ ⑤ $C < A < B$

0334

Level **2**

1이 아닌 세 양수 a, b, c에 대하여 $a^2 = b^3 = c^5$이 성립할 때, 세 수 $A = \log_a b$, $B = \log_b c$, $C = \log_c a$의 대소 관계로 옳은 것은?

① $A < B < C$ ② $A < C < B$ ③ $B < A < C$

④ $C < A < B$ ⑤ $C < B < A$

실전유형 **11** 로그의 정수 부분과 소수 부분

$a > 1$이고 양수 M과 정수 n에 대하여

$a^n \leq M < a^{n+1}$일 때

$\log_a a^n \leq \log_a M < \log_a a^{n+1}$

$\therefore n \leq \log_a M < n+1$

➡ (1) $\log_a M$의 정수 부분 : n

   (2) $\log_a M$의 소수 부분 : $\log_a M - n$

0335 대표문제

$\log_2 7$의 정수 부분을 a, 소수 부분을 b라 할 때, $3^a + 2^b$의 값은?

① $\dfrac{21}{2}$ ② $\dfrac{43}{4}$ ③ $\dfrac{45}{4}$

④ $\dfrac{49}{4}$ ⑤ $\dfrac{51}{4}$

0336

Level **1**

$\log_2 13$의 정수 부분과 소수 부분을 각각 x, y라 할 때, $2^{-x} + 2^y$의 값은?

① $\dfrac{3}{2}$ ② $\dfrac{13}{8}$ ③ $\dfrac{7}{4}$

④ $\dfrac{15}{8}$ ⑤ 2

0337

Level **1**

$\log_2 10$의 정수 부분을 a, 소수 부분을 b라 할 때, $\dfrac{2^a - 2^{-b}}{2^a + 2^{-b}}$의 값을 구하시오.

0338

Level 2

$\log_3 7$의 소수 부분을 a라 할 때, $k \times 9^a$의 값이 자연수가 되도록 하는 자연수 k의 최솟값은?

① 3   ② 5   ③ 7

④ 9   ⑤ 11

0339

Level 2

자연수 n에 대하여 $\log_2 n$의 정수 부분을 $f(n)$이라 할 때, $f(1)+f(2)+f(3)+\cdots+f(15)$의 값을 구하시오.

0340 신경향

Level 3

정수 n과 양의 실수 x가 다음 조건을 만족시킨다.

> (가) $n \le \log_2 24 < n+1$
> (나) $x - \log_2 24$의 값은 정수이다.

x의 최솟값을 m이라 할 때, $6^{\frac{n}{m+2}}$의 값은?

① 15   ② 16   ③ 17

④ 18   ⑤ 19

+Plus 문제

실전유형 12 상용로그의 값

양수 N에 대하여 $N = a \times 10^n$ $(1 \le a < 10,\ n$은 정수)일 때
$$\log N = n + \log a$$

0341 대표문제

$\log 2 = 0.3010$, $\log 3 = 0.4771$일 때, $\log 1.5$의 값은?

① 0.1505   ② 0.1761   ③ 0.7781

④ 1.1505   ⑤ 1.1761

0342

Level 1

$\log 3.23 = 0.5092$일 때, $\log 323$의 값은?

① 2.5092   ② 3.4908   ③ 3.5092

④ 4.4908   ⑤ 4.5092

0343

Level 1

$\log 2.31 = 0.3636$일 때, $\log \sqrt{231}$의 값은?

① 0.1818   ② 1.1818   ③ 1.8180

④ 2.1818   ⑤ 18.180

0344

●❙❙ Level **1**

다음 상용로그표를 이용하여 구한 $\log 20300$의 값은?

수	0	1	2	3	⋯
⋮	⋮	⋮	⋮	⋮	⋯
1.9	.2788	.2810	.2833	.2856	⋯
2.0	.3010	.3032	.3054	.3075	⋯
2.1	.3222	.3243	.3263	.3284	⋯
⋮	⋮	⋮	⋮	⋮	⋯

① 3.3025　　② 3.3284　　③ 4.3075

④ 4.3284　　⑤ 5.3075

0345

●❙❙ Level **2**

$\log 56.3 = 1.7505$일 때, 다음 중 옳은 것은?

① $\log 5.63 = 0.17505$

② $\log 563 = 17.505$

③ $\log 0.563 = 0.017505$

④ $\log 0.0563 = -1.2495$

⑤ $\log 0.00563 = -3.2495$

0346

●❙❙ Level **2**

$\log 4.27 = a$라 할 때, 4270×0.0427의 상용로그의 값을 a로 나타낸 것은?

① $a-1$　　② $a+2$　　③ $2a$

④ $2a-1$　　⑤ $2a+1$

0347

●❙❙ Level **2**

다음 상용로그표를 이용하여 $\log 178 + \log 0.206$의 값을 구하시오.

수	⋯	5	6	7	8	9
⋮	⋯	⋮	⋮	⋮	⋮	⋮
1.7	⋯	.2430	.2455	.2480	.2504	.2529
1.8	⋯	.2672	.2695	.2718	.2742	.2765
1.9	⋯	.2900	.2923	.2945	.2967	.2989
2.0	⋯	.3118	.3139	.3160	.3181	.3201
⋮	⋯	⋮	⋮	⋮	⋮	⋮

다음은 이 유형에서 출제된 최근 교육청 · 평가원 기출문제입니다.

0348 · 교육청 2019년 6월

●❙❙ Level **1**

다음은 상용로그표의 일부이다.

수	⋯	4	5	6	⋯
⋮	⋮	⋮	⋮	⋮	⋯
5.9	⋯	.7738	.7745	.7752	⋯
6.0	⋯	.7810	.7818	.7825	⋯
6.1	⋯	.7882	.7889	.7896	⋯

이 표를 이용하여 구한 $\log \sqrt{6.04}$의 값은?

① 0.3905　　② 0.7810　　③ 1.3905

④ 1.7810　　⑤ 2.3905

실전유형 13 상용로그의 정수 부분과 소수 부분

(1) 양수 N에 대하여 $\log N=n+\alpha$ (n은 정수, $0\le\alpha<1$)이면 $\log N$의 정수 부분은 n, 소수 부분은 α이다.
(2) 양수 N과 정수 n에 대하여 $10^n\le N<10^{n+1}$일 때,
$n\le\log N<n+1$
→ $\log N$의 정수 부분은 n, 소수 부분은 $\log N-n$이다.

참고 상용로그의 값이 음수일 때에는 $0\le$(소수 부분)<1이 되도록 상용로그의 값을 변형한다.

0349 대표문제

$\log x=-1.8$일 때, $\log x^3-\log\sqrt[3]{x}$의 정수 부분과 소수 부분을 차례로 나열한 것은?

① -5, 0.2 ② -5, 0.6 ③ -5, 0.8
④ -4, 0.2 ⑤ -4, 0.6

0350 Level 1

$\log 23$의 정수 부분을 a, 소수 부분을 b라 할 때, $10^{a+1}+10^{b+1}$의 값을 구하시오.

0351 Level 2

$\log 2.25=0.3522$일 때, 〈**보기**〉에서 옳은 것만을 있는 대로 고른 것은?

〈보기〉
ㄱ. $\log 225$의 정수 부분은 2이다.
ㄴ. $\log 0.0225=-2.3522$
ㄷ. $\log\sqrt{22.5}$의 소수 부분은 0.6761이다.

① ㄱ ② ㄷ ③ ㄱ, ㄴ
④ ㄱ, ㄷ ⑤ ㄴ, ㄷ

0352 Level 2

자연수 n에 대하여 $\log n^2$의 정수 부분을 $f(n)$이라 할 때, $f(1)+f(2)+f(3)+\cdots+f(30)$의 값은?

① 42 ② 44 ③ 46
④ 48 ⑤ 50

0353 Level 2

양수 x에 대하여 $\log x$의 정수 부분을 $N(x)$라 할 때,

$$N\left(\frac{1}{10}\right)+N\left(\frac{2}{9}\right)+N\left(\frac{3}{8}\right)+\cdots+N\left(\frac{9}{2}\right)+N(10)$$

의 값은?

① -6 ② -5 ③ -4
④ -3 ⑤ -2

0354 고난도 Level 3

양수 x에 대하여 $\log x$의 정수 부분을 $f(x)$라 하자. $f(n+200)=f(n)+1$을 만족시키는 100 이하의 자연수 n의 개수는?

① 9 ② 19 ③ 20
④ 90 ⑤ 91

(1) 진수의 숫자의 배열이 같으면 상용로그의 소수 부분이 같다.
(2) 상용로그의 소수 부분이 같으면 진수의 숫자의 배열이 같다.

0355 대표문제

$\log 2.53 = 0.4031$일 때, $\log 253 = a$, $\log b = -1.5969$이다. 이때 $a + b$의 값은?

① 2.4284 ② 2.2142 ③ 1.8622
④ 1.4284 ⑤ 1.2142

0356

● | | Level **1**

다음 상용로그표를 이용하여 $\log M = 3.8704$를 만족시키는 양수 M의 값을 구한 것은?

수	0	1	2	3	⋯
⋮	⋮	⋮	⋮	⋮	⋯
7.2	.8573	.8579	.8585	.8591	⋯
7.3	.8633	.8639	.8645	.8651	⋯
7.4	.8692	.8698	.8704	.8710	⋯
7.5	.8751	.8756	.8762	.8768	⋯
⋮	⋮	⋮	⋮	⋮	⋯

① 7.42 ② 7.52 ③ 742
④ 7420 ⑤ 7520

0357

● | | Level **1**

$\log 3.1 = 0.4914$일 때, $\log a = 1.4914$를 만족시키는 양수 a의 값은?

① 0.0031 ② 0.031 ③ 0.31
④ 31 ⑤ 310

0358

● | | Level **2**

양수 $N = a \times 10^n$ ($1 \le a < 10$, n은 정수)에 대하여 $\log N = -2.1549$일 때, $a + n$의 값은?

(단, $\log 7 = 0.8451$로 계산한다.)

① -4 ② -2 ③ 0
④ 2 ⑤ 4

0359

● | | Level **2**

$\log 6 = 0.7782$일 때, $\log m = 2.7782$이다.
$\log \dfrac{m}{50} = a \log 2 + b \log 3$일 때, $a^3 + b^3$의 값은?

(단, a, b는 정수이다.)

① 2 ② 9 ③ 16
④ 28 ⑤ 35

0360

● | | Level **2**

다음 상용로그표를 이용하여 $\log x = 2.7093$, $\log y = -1.2907$을 만족시키는 실수 x, y에 대하여 $\dfrac{3x}{100y}$의 값을 구하시오.

수	0	1	2	3	⋯
⋮	⋮	⋮	⋮	⋮	⋯
5.1	.7076	.7084	.7093	.7101	⋯
5.2	.7160	.7168	.7177	.7185	⋯
⋮	⋮	⋮	⋮	⋮	⋯

0361

Level 2

다음은 $\log 6.31 = 0.80$, $\log 7.08 = 0.85$임을 이용하여 7.08^8의 값을 구하는 과정이다.

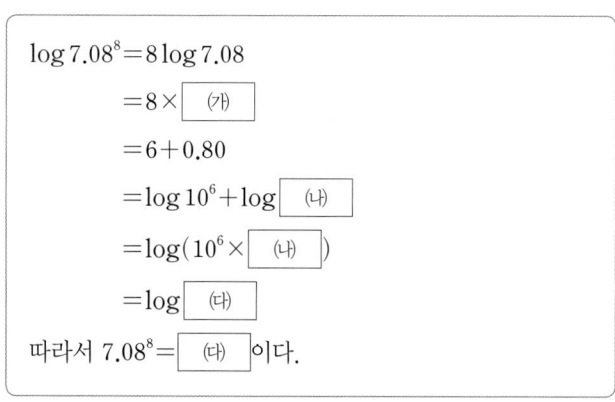

$$\log 7.08^8 = 8 \log 7.08$$
$$= 8 \times \boxed{\text{(가)}}$$
$$= 6 + 0.80$$
$$= \log 10^6 + \log \boxed{\text{(나)}}$$
$$= \log (10^6 \times \boxed{\text{(나)}})$$
$$= \log \boxed{\text{(다)}}$$

따라서 $7.08^8 = \boxed{\text{(다)}}$ 이다.

위의 과정에서 (가), (나), (다)에 알맞은 수를 구하시오.

0362

Level 2

$\log 3.12 = 0.4942$, $\log 9.23 = 0.9652$일 때, $\sqrt[6]{923}$의 값은?

① 0.4942   ② 2.4942   ③ 2.9652
④ 3.12   ⑤ 9.23

실전유형 15 상용로그의 정수 부분의 성질의 활용

(1) $\log M$의 정수 부분이 n이면
$$n \leq \log M < n+1 \;\rightarrow\; 10^n \leq M < 10^{n+1}$$
(2) $\log N$의 정수 부분이 $-n$이면
$$-n \leq \log N < -n+1 \;\rightarrow\; 10^{-n} \leq N < 10^{-n+1}$$

0363 대표문제

$\log N$의 정수 부분이 2일 때, 자연수 N의 개수는?

① 9   ② 90   ③ 99
④ 900   ⑤ 990

0364

Level 1

$\log A$의 정수 부분이 3일 때, 5의 배수인 자연수 A의 개수는?

① 1000   ② 1400   ③ 1600
④ 1800   ⑤ 2200

0365

Level 2

$\log A$의 정수 부분이 1인 자연수 A의 개수를 x, $\log \dfrac{1}{B}$의 정수 부분이 -1인 자연수 B의 개수를 y라 할 때, $\log x - \log y$의 값을 구하시오.

0366

●●| Level 2

양수 N과 자연수 M에 대하여 $\log N$의 정수 부분이 3이고

$$\log \frac{N}{9} = \log 3 + \log M$$

이 성립할 때, 자연수 M의 최댓값은?

① 369   ② 370   ③ 371

④ 372   ⑤ 373

0367

●●| Level 2

양수 a에 대하여

$$n \le \log a < n+1 \ (n\text{은 정수})$$

이 성립할 때, $f(a) = n$으로 정의한다. $f(a) = 1$일 때,

$f\left(a^{\frac{1}{2}}\right) + f\left(\dfrac{1}{\sqrt[3]{a}}\right)$의 값은?

① -1 ② 0   ③ 1

④ 2   ⑤ 3

0368 고난도

●●● Level 3

자연수 N에 대하여 $\log N$의 정수 부분을 $f(N)$, 소수 부분을 $g(N)$이라 할 때, 다음 조건을 만족시키는 모든 자연수 N의 개수는?

> (가) $f(N) \le 1$
> (나) $f(N) = f(2N)$
> (다) $g(N) \le \log \dfrac{17}{5}$

① 27   ② 28   ③ 29

④ 30   ⑤ 31

+Plus 문제

실전유형 16 두 상용로그의 소수 부분이 같은 경우

두 상용로그 $\log A$, $\log B$의 소수 부분이 같으면 두 상용로그의 차는 정수이다.

→ $\log A - \log B = (\text{정수})$

0369 대표문제

$100 \le x < 1000$이고 $\log x^3$과 $\log \sqrt{x}$의 소수 부분이 같도록 하는 모든 실수 x의 값의 곱이 $10^{\frac{q}{p}}$일 때, 서로소인 두 자연수 p, q에 대하여 $p+q$의 값은?

① 39   ② 40   ③ 41

④ 42   ⑤ 43

0370

●●| Level 1

두 양수 x, y에 대하여 $\log x$와 $\log y$의 정수 부분이 각각 6, 2이고, $\log x$의 소수 부분과 $\log y$의 소수 부분이 서로 같을 때, $\log \sqrt{\dfrac{x}{y}}$의 값은?

① 1   ② 2   ③ 3

④ 4   ⑤ 5

0371

●●| Level 1

$10 < x < 100$일 때, $\log x^2$과 $\log \sqrt{x}$의 차가 정수가 되도록 하는 x의 값은?

① $10^{\frac{5}{4}}$ ② $10^{\frac{4}{3}}$ ③ $10^{\frac{3}{2}}$

④ $10^{\frac{5}{3}}$ ⑤ $10^{\frac{7}{4}}$

0372

Level 2

1보다 큰 실수 x에 대하여 $\log x^2$과 $\log \dfrac{1}{x}$의 차가 정수가 되도록 하는 x의 값을 작은 것부터 차례로

$$a_1,\ a_2,\ a_3,\ \cdots,\ a_n,\ \cdots$$

이라 하자. 이때 a_{30}의 값은?

① 10^9 ② 10^{10} ③ 10^{11}

④ 10^{12} ⑤ 10^{13}

0373

Level 2

다음 조건을 만족시키는 모든 양수 x의 값의 곱을 k라 할 때, $\log k$의 값은?

> (가) $\log x$의 정수 부분은 2이다.
> (나) $\log x^2$과 $\log \sqrt{x}$의 소수 부분이 서로 같다.

① 2 ② $\dfrac{8}{3}$ ③ $\dfrac{10}{3}$

④ $\dfrac{14}{3}$ ⑤ $\dfrac{16}{3}$

0374

Level 2

다음 조건을 만족시키는 실수 x의 최솟값을 k라 할 때, $\log k$의 값을 구하시오.

(단, $[x]$는 x보다 크지 않은 최대의 정수이다.)

> (가) $[\log x] = 2$
> (나) $\log x^3 - [\log x^3] = \log \dfrac{1}{x} - \left[\log \dfrac{1}{x}\right]$

심화 유형 17 두 상용로그의 소수 부분의 합이 1인 경우

두 상용로그 $\log A$, $\log B$의 소수 부분의 합이 1이면 두 상용로그의 합은 정수이다.
➔ $\log A + \log B = (정수)$

0375 대표문제

$\log x$의 정수 부분이 3이고 $\log x$의 소수 부분과 $\log \sqrt{x}$의 소수 부분의 합이 1일 때, $\log \sqrt{x}$의 소수 부분은?

① $\dfrac{1}{4}$ ② $\dfrac{1}{3}$ ③ $\dfrac{1}{2}$

④ $\dfrac{2}{3}$ ⑤ $\dfrac{3}{4}$

0376

Level 2

$100 \leq x < 1000$이고 $\log \sqrt{x}$의 소수 부분과 $\log \sqrt[5]{x^3}$의 소수 부분의 합이 1일 때, $x = 10^{\frac{m}{n}}$이다. 이때 $m+n$의 값은?

(단, m과 n은 서로소인 자연수이다.)

① 39 ② 41 ③ 43

④ 45 ⑤ 47

0377

Level 2

$10 < x < 100$이고 $\log \sqrt{x}$와 $\log x^2$의 합이 정수가 되도록 하는 모든 실수 x에 대하여 $\log x^5$의 값의 합을 구하시오.

0378

●┃┃ Level 2

$10<x<1000$이고 $\log x$와 $\log \sqrt[5]{x}$의 합과 차가 모두 정수일 때, x의 값은?

① $10\sqrt[4]{10}$ ② $10\sqrt[3]{10}$ ③ 100

④ $100\sqrt[3]{10}$ ⑤ $100\sqrt{10}$

0379

●┃┃ Level 2

양수 x에 대하여 $\log x$의 정수 부분을 $f(x)$, 소수 부분을 $g(x)$라 하자. $f(a)=2$, $g(a)+g(\sqrt[3]{a})=1$을 만족시키는 양수 a에 대하여 $\log a$의 값은?

① $\dfrac{4}{3}$ ② $\dfrac{5}{3}$ ③ 2

④ $\dfrac{9}{4}$ ⑤ $\dfrac{11}{4}$

다음은 이 유형에서 출제된 최근 교육청·평가원 기출문제입니다.

0380 · 평가원 2010학년도 6월

●┃┃ Level 3

100보다 작은 두 자연수 a, b $(a<b)$에 대하여 $\log a$의 소수 부분과 $\log b$의 소수 부분의 합이 1이 되는 순서쌍 (a, b)의 개수는?

① 2 ② 4 ③ 6

④ 8 ⑤ 10

$\log A = n+\alpha$ (n은 정수, $0 \le \alpha < 1$)일 때, $\log A$의 정수 부분과 소수 부분이 이차방정식 $ax^2+bx+c=0$의 두 근이면

$$n+\alpha = -\frac{b}{a}, \quad n\alpha = \frac{c}{a}$$

0381 대표문제

$\log A$의 정수 부분과 소수 부분이 이차방정식 $3x^2-11x+k=0$의 두 근일 때, 상수 k의 값은?

① 2 ② 3 ③ 4

④ 5 ⑤ 6

02

0382

●┃┃ Level 1

$\log A = \dfrac{5}{2}$일 때, 다음 중 $\log A$의 정수 부분과 소수 부분을 두 근으로 하는 이차방정식은?

① $x^2-5x+1=0$ ② $x^2+5x-1=0$

③ $2x^2-5x+2=0$ ④ $2x^2-5x-3=0$

⑤ $2x^2-7x-2=0$

0383

●┃┃ Level 2

$\log N = n+\alpha$ (n은 정수, $0<\alpha<1$)에서 n, α가 이차방정식 $5x^2+7x+k=0$의 두 근일 때, 상수 k의 값은?

① -6 ② -3 ③ 3

④ 6 ⑤ 9

0384

<small>Level 2</small>

이차방정식 $x^2-ax+b=0$의 두 근이 $\log 200$의 정수 부분과 소수 부분일 때, 상수 a, b에 대하여 $a-b$의 값은?

① $\log 0.05$ ② $\log 0.5$ ③ $\log 5$

④ $\log 50$ ⑤ $\log 500$

0385

<small>Level 2</small>

$\log A$의 정수 부분과 소수 부분이 이차방정식 $x^2-(\log_3 10)x+k=0$의 두 근일 때, 3^{k+4}의 값을 구하시오. (단, k는 상수이다.)

0386

<small>Level 3</small>

이차방정식 $x^2+ax+b=0$의 두 근은 $\log N$의 정수 부분과 소수 부분이고, $x^2-ax+b-\dfrac{4}{3}=0$의 두 근은 $\log \dfrac{1}{N}$의 정수 부분과 소수 부분이다. 상수 a, b에 대하여 $a+b$의 값을 구하시오. (단, $ab\neq 0$)

+ **Plus 문제**

실전유형 19 자릿수 구하기 – 정수 부분이 양수인 경우

> $\log N=n+\log a\ (0\le \log a<1)$에서 n이 양수이면 N은 $(n+1)$자리의 정수이다.

0387 대표문제

$\log 2=0.3010$, $\log 3=0.4771$일 때, 12^{10}은 몇 자리의 정수인가?

① 11자리   ② 12자리   ③ 13자리

④ 14자리   ⑤ 15자리

0388

<small>Level 1</small>

$\log 3=0.4771$일 때, 3^{40}은 몇 자리의 정수인가?

① 16자리   ② 17자리   ③ 18자리

④ 19자리   ⑤ 20자리

0389

<small>Level 2</small>

7^{100}이 85자리의 정수일 때, 7^{30}은 몇 자리의 정수인가?

① 26자리   ② 27자리   ③ 28자리

④ 29자리   ⑤ 30자리

0390

Level 2

2^n이 24자리의 정수가 되도록 하는 모든 자연수 n의 값의 합은? (단, $\log 2 = 0.3$으로 계산한다.)

① 314 ② 310 ③ 237
④ 234 ⑤ 156

0391

Level 2

두 양수 x, y에 대하여 x^5, y^6이 각각 10자리, 12자리의 수일 때, xy는 몇 자리의 정수인지 구하시오.

0392 고난도

Level 3

세 자리의 자연수 N에 대하여 $[\log 2N] = [\log N] + 1$이 성립할 때, 〈**보기**〉에서 옳은 것만을 있는 대로 고른 것은? (단, $\log 2 = 0.3010$으로 계산하고, $[x]$는 x보다 크지 않은 최대의 정수이다.)

〈 보기 〉
ㄱ. N^2은 항상 6자리의 수이다.
ㄴ. N^3은 항상 9자리의 수이다.
ㄷ. N^4은 항상 12자리의 수이다.

① ㄱ ② ㄴ ③ ㄱ, ㄴ
④ ㄴ, ㄷ ⑤ ㄱ, ㄴ, ㄷ

실전유형 **20** 자릿수 구하기 – 정수 부분이 음수인 경우

$\log N = n + \log a \ (0 \le \log a < 1)$에서
n이 음수이면 N은 소수 n째 자리에서 처음으로 0이 아닌 숫자가 나타난다.

0393 대표문제

$\left(\dfrac{1}{3}\right)^{20}$은 소수 몇째 자리에서 처음으로 0이 아닌 숫자가 나타나는가? (단, $\log 3 = 0.4771$로 계산한다.)

① 9째 자리 ② 10째 자리 ③ 11째 자리
④ 12째 자리 ⑤ 13째 자리

0394

Level 2

$\left(\dfrac{1}{5}\right)^{12}$은 소수 n째 자리에서 처음으로 0이 아닌 숫자가 나타날 때, 자연수 n의 값은?

(단, $\log 2 = 0.3010$으로 계산한다.)

① 8 ② 9 ③ 10
④ 11 ⑤ 12

0395

Level 2

1이 아닌 양수 a에 대하여 a^{38}은 19자리의 정수일 때, $\left(\dfrac{1}{a}\right)^{24}$은 소수 몇째 자리에서 처음으로 0이 아닌 숫자가 나타나는가?

① 10째 자리 ② 11째 자리 ③ 12째 자리
④ 13째 자리 ⑤ 14째 자리

02

0396

Level 2

10보다 작은 자연수 n에 대하여 $\left(\dfrac{n}{10}\right)^{10}$이 소수 6째 자리에서 처음으로 0이 아닌 숫자가 나타날 때, n의 값을 구하시오. (단, $\log 2 = 0.3010$, $\log 3 = 0.4771$로 계산한다.)

0397

Level 2

$\log x = 0.34$, $\log y = 0.54$일 때, $x^3 y^4$은 정수 부분이 m자리인 수이고, $\dfrac{1}{x^3 y^4}$은 소수 n째 자리에서 처음으로 0이 아닌 숫자가 나타난다. 이때 mn의 값은?

① 1   ② 4   ③ 9

④ 16   ⑤ 25

0398

Level 3

$N = \left\{ \left(1 - \dfrac{1}{2}\right)\left(1 - \dfrac{1}{3}\right)\left(1 - \dfrac{1}{4}\right) \times \cdots \times \left(1 - \dfrac{1}{50}\right) \right\}^5$일 때, N은 소수 n째 자리에서 처음으로 0이 아닌 숫자가 나타난다. 이때 자연수 n의 값은? (단, $\log 2 = 0.3010$으로 계산한다.)

① 9   ② 10   ③ 11

④ 12   ⑤ 13

+Plus 문제

**실전
유형 21** 최고 자리의 숫자 구하기

A^k의 최고 자리의 숫자는 다음과 같은 순서로 구한다.
❶ $\log A^k$의 소수 부분 a를 구한다.
❷ $\log N \leq a < \log (N+1)$을 만족시키는 한 자리의 자연수 N의 값을 구한다.
→ A^k의 최고 자리의 숫자는 N이다.

0399 대표문제

$\log 2 = 0.3010$, $\log 3 = 0.4771$일 때, 6^{40}의 최고 자리의 숫자를 구하시오.

0400

Level 2

$2^{30} \times 3^{20}$의 최고 자리의 숫자는?

(단, $\log 2 = 0.3010$, $\log 3 = 0.4771$로 계산한다.)

① 1   ② 2   ③ 3

④ 4   ⑤ 5

0401

Level 2

7^{40}은 n자리의 정수이고, 최고 자리의 숫자가 a이다. 이때 $n + a$의 값을 구하시오. (단, $\log 2 = 0.3010$, $\log 3 = 0.4771$, $\log 7 = 0.8451$로 계산한다.)

0402

$\log x = -\dfrac{5}{4}$일 때, x^2은 소수 a째 자리에서 처음으로 0이 아닌 숫자 b가 나타난다. 이때 $a+b$의 값은?

(단, $\log 2 = 0.3010$, $\log 3 = 0.4771$로 계산한다.)

① 6 ② 7 ③ 8

④ 9 ⑤ 10

0403

다음은 상용로그표의 일부이다.

수	0	1	2	3	...	9
⋮	⋮	⋮	⋮	⋮	...	⋮
2.0	.3010	.3032	.3054	.3075	...	.3201
3.0	.4771	.4786	.4800	.4814	...	.4900
7.6	.8808	.8814	.8820	.8825	...	.8859
8.8	.9445	.9450	.9455	.9460	...	.9489

$\dfrac{2^{50}}{3^{80}}$은 소수 n째 자리에서 처음으로 0이 아닌 숫자가 나오고, 소수 n째 자리의 숫자는 m일 때, $n+m$의 값은?

① 25 ② 27 ③ 29

④ 31 ⑤ 33

0404

3^{30}은 a자리의 정수이고, 최고 자리의 숫자는 b, 일의 자리의 숫자는 c이다. 이때 $a+b-c$의 값은?

(단, $\log 2 = 0.3010$, $\log 3 = 0.4771$로 계산한다.)

① 6 ② 7 ③ 8

④ 9 ⑤ 10

+ **Plus 문제**

주어진 식에서 각 문자가 나타내는 것이 무엇인지 파악한 후 조건에 따라 값을 대입한다.

0405 대표문제

어떤 알고리즘에서 N개의 자료를 처리할 때의 시간복잡도를 T라 하면 다음과 같은 관계식이 성립한다고 한다.

$$\frac{T}{N} = \log N$$

100개의 자료를 처리할 때의 시간복잡도를 T_1, 10000개의 자료를 처리할 때의 시간복잡도를 T_2라 할 때, $\dfrac{T_2}{T_1}$의 값은?

① 150 ② 200 ③ 250

④ 300 ⑤ 350

0406

음파가 서로 다른 매질의 경계를 투과하면서 잃어버리는 음파의 에너지의 정도를 나타내는 투과손실을 TL(dB), 입사되는 음파의 에너지를 I, 투과된 음파의 에너지를 T라 하면 다음과 같은 관계식이 성립한다고 한다.

$$TL = 10\log \frac{I}{T}$$

어떤 음파를 매질 A에서 매질 B로 투과시킬 때, 입사되는 음파의 에너지가 투과된 음파의 에너지의 a배일 때의 투과손실을 TL_1이라 하고, 매질 A에서 매질 C로 투과시킬 때, 입사되는 음파의 에너지가 투과된 음파의 에너지의 9배일 때의 투과손실을 TL_2라 하자. $\dfrac{TL_1}{TL_2} = \dfrac{3}{2}$일 때, a의 값은?

① 18 ② 21 ③ 24

④ 27 ⑤ 30

0407

0407   ▪ Level 2

질량 a g의 활성탄 A를 염료 B의 농도가 c %인 용액에 충분히 오래 담가 놓을 때, 활성탄 A에 흡착되는 염료 B의 질량 b g은 다음 식을 만족시킨다고 한다.

$$\log \frac{b}{a} = -1 + k \log c \quad \text{(단, } k\text{는 상수이다.)}$$

20 g의 활성탄 A를 염료 B의 농도가 4 %인 용액에 충분히 오래 담가 놓을 때 활성탄 A에 흡착되는 염료 B의 질량은 16 g이고, 40 g의 활성탄 A를 염료 B의 농도가 9 %인 용액에 충분히 오래 담가 놓을 때 활성탄 A에 흡착되는 염료 B의 질량은 d g이다. 이때 $\dfrac{d}{k}$의 값은?

(단, 각 용액의 양은 충분하다.)

① 27   ② 30   ③ 42
④ 60   ⑤ 72

0408

0408   ▪ Level 2

폐수처리장에서는 물속의 오염된 물질을 걸러내기 위하여 흡착제를 사용하는데 흡착제의 무게를 M g, 흡착된 물질의 양을 X g, 흡착이 일어난 후 용액 속에서 흡착물질의 평형농도를 C mg/L라 할 때, 다음 식이 성립한다고 한다.

$$\log \frac{X}{M} = \log K + \frac{1}{n} \log C$$

(단, K, n은 양의 상수이다.)

두 개의 흡착제 A, B의 무게를 각각 M_1 g, M_2 g, 흡착된 물질의 양을 각각 X_1 g, X_2 g이라 하면 $M_1 : M_2 = 3 : 4$, $X_1 : X_2 = 2 : 1$이다. 이때 흡착제 A를 이용했을 때의 평형농도는 흡착제 B를 이용했을 때의 평형농도의 몇 배인가?

① $\left(\dfrac{3}{5}\right)^n$배   ② 2^n배   ③ $\left(\dfrac{7}{3}\right)^n$배
④ $\left(\dfrac{8}{3}\right)^n$배   ⑤ 3^n배

0409

0409   ▪ Level 2

어떤 지역의 먼지농도에 따른 대기오염 정도는 여과지에 공기를 여과시켜 헤이즈계수를 계산하여 판별한다. 광화학적 밀도가 일정하도록 여과지 상의 빛을 분산시키는 고형물의 양을 헤이즈계수 H, 여과지 이동거리를 L(m) ($L > 0$), 여과지를 통과하는 빛전달률을 S ($0 < S < 1$)라 할 때, 다음과 같은 관계식이 성립한다고 한다.

$$H = \frac{k}{L} \log \frac{1}{S} \quad \text{(단, } k\text{는 양의 상수이다.)}$$

두 지역 A, B의 대기오염 정도를 판별할 때, 각각의 헤이즈계수를 H_A, H_B, 여과지 이동거리를 L_A, L_B, 빛전달률을 S_A, S_B라 하자. $2H_A = H_B$, $2L_A = \sqrt{3} L_B$일 때, $S_A = (S_B)^p$을 만족시키는 실수 p의 값은?

① $\dfrac{\sqrt{3}}{5}$ ② $\dfrac{\sqrt{3}}{4}$ ③ $\dfrac{\sqrt{3}}{3}$
④ $\sqrt{3}$ ⑤ $\dfrac{4\sqrt{3}}{3}$

다음은 이 유형에서 출제된 최근 교육청·평가원 기출문제입니다.

0410

0410   · 교육청 2020년 6월   ▪ Level 2

별의 밝기를 나타내는 방법으로 절대 등급과 광도가 있다. 임의의 두 별 A, B에 대하여 별 A의 절대 등급과 광도를 각각 M_A, L_A라 하고, 별 B의 절대 등급과 광도를 각각 M_B, L_B라 하면 다음과 같은 관계식이 성립한다고 한다.

$$M_A - M_B = -2.5 \log \left(\frac{L_A}{L_B}\right)$$

(단, 광도의 단위는 W이다.)

절대 등급이 4.8인 별의 광도가 L일 때, 절대 등급이 1.3인 별의 광도는 kL이다. 상수 k의 값은?

① $10^{\frac{11}{10}}$ ② $10^{\frac{6}{5}}$ ③ $10^{\frac{13}{10}}$
④ $10^{\frac{7}{5}}$ ⑤ $10^{\frac{3}{2}}$

0411 · 교육청 2016년 11월

● I I Level 2

우물에서 단위 시간당 끌어올리는 물의 양을 양수량이라 한다. 양수량이 일정하면 우물의 수위는 일정한 높이를 유지하게 된다. 우물의 영향권의 반지름의 길이가 $R\,(\text{m})$인 어느 지역에 반지름의 길이가 $r\,(\text{m})$인 우물의 양수량을 $Q\,(\text{m}^3/\text{분})$, 원지하수의 두께를 $H\,(\text{m})$, 양수 중 유지되는 우물의 수심을 $h\,(\text{m})$라고 할 때, 다음 관계식이 성립한다고 한다.

$$Q = \frac{k(H^2 - h^2)}{\log\left(\dfrac{R}{r}\right)} \quad \text{(단, } k\text{는 양의 상수이다.)}$$

우물의 영향권의 반지름의 길이가 $512\,\text{m}$로 일정한 어느 지역에 두 우물 A, B가 있다. 반지름의 길이가 $1\,\text{m}$인 우물 A와 반지름의 길이가 $2\,\text{m}$인 우물 B의 양수량을 각각 $Q_A\,(\text{m}^3/\text{분})$, $Q_B\,(\text{m}^3/\text{분})$이라 하자. 우물 A, B의 원지하수의 두께가 모두 $8\,\text{m}$일 때, 양수 중 두 우물의 수심이 모두 $6\,\text{m}$를 유지하였다. $\dfrac{Q_A}{Q_B}$의 값은?

① $\dfrac{4}{5}$ ② $\dfrac{5}{6}$ ③ $\dfrac{6}{7}$

④ $\dfrac{7}{8}$ ⑤ $\dfrac{8}{9}$

실전유형 23 상용로그의 실생활에의 활용 – 일정하게 증가(감소)하는 경우

(1) 현재의 양이 A이고 매년 a %씩 증가할 때, n년 후의 양

➡ $A\left(1 + \dfrac{a}{100}\right)^n$

(2) 현재의 양이 A이고 매년 a %씩 감소할 때, n년 후의 양

➡ $A\left(1 - \dfrac{a}{100}\right)^n$

0412 대표문제

어느 기업에서 매년 일정한 비율로 자본을 증가시켜 10년 후의 자본이 올해 자본의 2배가 되도록 하려고 한다. 이 기업에서는 자본을 매년 몇 %씩 증가시켜야 하는가?

(단, $\log 2 = 0.3$, $\log 1.07 = 0.03$으로 계산한다.)

① 6 % ② 7 % ③ 8 %

④ 9 % ⑤ 10 %

0413

● I I Level 2

어느 회사의 매출액이 매년 10 %씩 증가하여 2022년도 매출액이 t년도 매출액의 3배라 할 때, t의 값을 구하시오.

(단, $\log 1.1 = 0.04$, $\log 3 = 0.48$로 계산한다.)

0414

● I I Level 2

어느 도시의 바이러스 감염자가 매달 7 %씩 증가한다고 한다. 이와 같은 비율로 바이러스 감염자가 계속 증가한다고 할 때, 바이러스 감염자가 현재의 8배가 되는 것은 몇 개월 후인가? (단, $\log 2 = 0.3$, $\log 1.07 = 0.03$으로 계산한다.)

① 10개월 ② 20개월 ③ 30개월

④ 40개월 ⑤ 50개월

0415

하늘색 셀로판으로 코팅된 어떤 유리는 1장씩 빛이 연속하여 통과할 때마다 그 밝기가 처음의 20 %씩 줄어든다고 할 때, 빛의 밝기가 처음의 $\frac{1}{4}$이 되려면 몇 장의 유리를 통과시켜야 하는가? (단, $\log 2 = 0.3$으로 계산한다.)

① 4장   ② 5장   ③ 6장

④ 7장   ⑤ 8장

0416

어느 지역의 하천은 하천 정화 작업으로 인해 생화학적 산소 요구량(BOD)이 매년 20 %씩 감소한다고 할 때, 6년 후 이 하천의 생화학적 산소 요구량은 처음의 몇 배인지 구하시오. (단, $\log 2 = 0.301$, $\log 2.62 = 0.418$로 계산한다.)

0417

어느 지역의 생산 가능 인구수는 매년 1.4 %씩 감소한다고 한다. 2022년의 생산 가능 인구수가 15×10^6명이라 할 때, 2067년의 생산 가능 인구수는 $k \times 10^4$명이다. 오른쪽의 상용로그표를 이용하여 구한 실수 k의 값은?

x	$\log x$
1.66	0.22
3.56	0.55
9.86	0.99

① 516   ② 522   ③ 528

④ 534   ⑤ 540

서술형 유형 익히기

0418 대표문제

$\log_{a-5}(-a^2 + 13a - 30)$이 정의되기 위한 모든 정수 a의 값의 합을 구하는 과정을 서술하시오. [6점]

> **STEP 1** 밑의 조건을 만족시키는 a의 값의 범위 구하기 [2점]
>
> 밑의 조건에서 $a - 5 > 0$, $a - 5 \neq 1$
>
> 따라서 a의 값의 범위는
>
> $5 < a < 6$ 또는 $a > $ $\boxed{}^{(1)}$ ⋯⋯⋯⋯⋯⋯ ㉠
>
> **STEP 2** 진수의 조건을 만족시키는 a의 값의 범위 구하기 [2점]
>
> 진수의 조건에서 $-a^2 + 13a - 30 > 0$이므로 a의 값의 범위는
>
> $\boxed{}^{(2)} < a < \boxed{}^{(3)}$ ⋯⋯⋯⋯⋯⋯ ㉡
>
> **STEP 3** 두 조건을 모두 만족시키는 a의 값의 범위 구하기 [1점]
>
> ㉠, ㉡을 모두 만족시키는 a의 값의 범위는
>
> $5 < a < 6$ 또는 $\boxed{}^{(4)} < a < \boxed{}^{(5)}$
>
> **STEP 4** 모든 정수 a의 값의 합 구하기 [1점]
>
> 정수 a의 값은 7, $\boxed{}^{(6)}$, $\boxed{}^{(7)}$이므로
>
> 구하는 a의 값의 합은 $\boxed{}^{(8)}$이다.

핵심 KEY 유형 2 로그의 밑과 진수의 조건

로그의 정의를 이용하여 밑과 진수의 조건을 만족시키는 범위를 찾는 문제이다.

이때 '(밑)>0, (밑)≠1, (진수)>0'임을 이용한다.

특히, 밑의 조건과 진수의 조건을 각각 구한 후 동시에 만족시키는 값의 범위를 구해야 하며, '(밑)≠1'임을 이용하여 범위를 구하는 것에 주의한다.

0419 한번더

$\log_{a-3}(-a^2+2a+24)$가 정의되기 위한 정수 a의 값을 구하는 과정을 서술하시오. [6점]

STEP 1 밑의 조건을 만족시키는 a의 값의 범위 구하기 [2점]

STEP 2 진수의 조건을 만족시키는 a의 값의 범위 구하기 [2점]

STEP 3 두 조건을 모두 만족시키는 a의 값의 범위 구하기 [1점]

STEP 4 정수 a의 값 구하기 [1점]

0420 유사 1

$\log_{|x-1|}(-x^2+4x+32)$가 정의되기 위한 정수 x의 최댓값과 최솟값의 합을 구하는 과정을 서술하시오. [7점]

0421 유사 2

모든 실수 x에 대하여 $\log_{a-3}(x^2+2ax+7a)$가 정의되기 위한 모든 정수 a의 값의 합을 구하는 과정을 서술하시오.

[7점]

0422 대표문제

$\log 2 = a$, $\log 3 = b$일 때, $\log_5 12$를 a, b를 사용하여 나타내는 과정을 서술하시오. [7점]

> **STEP 1** $\log_5 12$를 밑의 변환을 이용하여 변형하기 [2점]
>
> $\log 2$와 $\log 3$은 밑이 10인 로그이므로 $\log_5 12$를 밑의 변환을 이용하여 밑이 $\boxed{}^{(1)}$인 로그로 나타내면
>
> $\log_5 12 = \dfrac{\log 12}{\log 5}$
>
> **STEP 2** $\log 5$를 $\log 2$를 포함한 식으로 나타내기 [2점]
>
> 분모 $\log 5 = \log \dfrac{10}{2}$이므로 로그의 성질을 이용하면
>
> $\log \dfrac{10}{2} = \log 10 - \boxed{}^{(2)} = \boxed{}^{(3)} - a$
>
> **STEP 3** $\log 12$를 $\log 2$와 $\log 3$을 포함한 식으로 나타내기 [2점]
>
> $12 = 2^2 \times 3$이므로 분자 $\log 12$를 로그의 성질을 이용하면
>
> $\log 12 = \log(2^2 \times 3)$
>
> $\qquad = \boxed{}^{(4)} + \log 3$
>
> $\qquad = \boxed{}^{(5)} a + b$
>
> **STEP 4** $\log_5 12$를 a, b를 사용하여 나타내기 [1점]
>
> $\log_5 12 = \dfrac{\log 12}{\log 5} = \boxed{}^{(6)}$

0423 한번 더

$\log 2 = a$, $\log 3 = b$일 때, $\log_9 \dfrac{1}{32}$을 a, b를 사용하여 나타내는 과정을 서술하시오. [7점]

> **STEP 1** $\log_9 \dfrac{1}{32}$을 밑의 변환을 이용하여 변형하기 [2점]
>
> **STEP 2** $\log 9$를 $\log 3$을 포함한 식으로 나타내기 [2점]
>
> **STEP 3** $\log 32$를 $\log 2$를 포함한 식으로 나타내기 [2점]
>
> **STEP 4** $\log_9 \dfrac{1}{32}$을 a, b를 사용하여 나타내기 [1점]

0424 유사 1

$\log_2 3 = a$, $\log_5 2 = b$라 할 때, $\log_{15} 27$을 a, b를 사용하여 나타내는 과정을 서술하시오. [7점]

핵심 KEY 유형7 **로그의 값이 문자로 주어진 경우**

로그의 밑의 변환 $\log_a b = \dfrac{\log_c b}{\log_c a}$ $(c > 0,\ c \neq 1)$를 이용하여 식을 변형하고 주어진 문자로 나타내는 문제이다.

$\log 5$, $\log 15$ 등의 조건이 주어질 때는 $\log \dfrac{10}{2}$, $\log \dfrac{3 \times 10}{2}$ 등의 형태로 변형하여 뺄셈식으로 나타내는 것에 주의한다.

0425 대표문제

두 실수 x, y에 대하여 $x \geq 1$, $y \geq 1$이고, $x^2 y = 16$일 때, $\log_2 x \times \log_2 y$의 최댓값을 구하는 과정을 서술하시오. [7점]

STEP 1 $\log_2 x = X$, $\log_2 y = Y$로 놓고, X, Y의 값의 범위 구하기 [2점]

$\log_2 x = X$, $\log_2 y = Y$라 하면 $x \geq 1$, $y \geq 1$이므로

$\log_2 x \geq 0$, $\log_2 y \geq 0$

$\therefore X \geq 0$, $Y \geq \boxed{}^{(1)}$ ⋯⋯⋯⋯⋯⋯⋯⋯⋯⋯⋯⋯ ㉠

STEP 2 X, Y 사이의 관계식 구하기 [2점]

$x^2 y = 16$의 양변에 밑이 2인 로그를 취하면

$\log_2 x^2 y = \log_2 16$

$2\log_2 x + \log_2 y = \boxed{}^{(2)}$

이때 $\log_2 x = X$, $\log_2 y = Y$이므로

$\boxed{}^{(3)} X + Y = 4$

STEP 3 산술평균과 기하평균의 관계를 이용하여 최댓값 구하기 [3점]

$\log_2 x \times \log_2 y = XY$이고, ㉠이므로 산술평균과 기하평균의 관계에 의하여 $2X + Y \geq 2\sqrt{2XY}$

$4 \geq 2\sqrt{2XY}$, $\sqrt{2XY} \leq 2$

$\therefore XY \leq \boxed{}^{(4)}$ (단, 등호는 $2X = \boxed{}^{(5)}$일 때 성립)

따라서 $\log_2 x \times \log_2 y$의 최댓값은 $\boxed{}^{(6)}$이다.

0426 한번 더

두 실수 x, y에 대하여 $x \geq 1$, $y \geq 1$이고, $x^2 y = 81$일 때, $\log_3 x \times \log_3 y$의 최댓값과 최솟값을 구하는 과정을 서술하시오. [7점]

STEP 1 $\log_3 x = X$, $\log_3 y = Y$로 놓고, X, Y의 값의 범위 구하기 [2점]

STEP 2 X, Y 사이의 관계식 구하기 [2점]

STEP 3 산술평균과 기하평균의 관계를 이용하여 최댓값과 최솟값 구하기 [3점]

0427 유사 1

1이 아닌 서로 다른 두 양수 a, b에 대하여 $\log_a b = \log_b a$가 성립할 때, $ab + a + 4b$의 최솟값을 구하는 과정을 서술하시오. [9점]

핵심 KEY 유형3 , 유형4 로그로 주어진 식의 최대·최소

산술평균과 기하평균의 관계 '$a + b \geq 2\sqrt{ab}$ (단, 등호는 $a = b$일 때 성립)'을 이용하여 최솟값(또는 최댓값)을 구하는 문제이다.

산술평균과 기하평균의 관계는 $a > 0$, $b > 0$일 때만 이용할 수 있음을 기억하고, 등호가 성립하는 조건도 빠짐없이 서술해야 한다.

1 0428

$\log_{5-a}(a^2-4a+4)$가 정의되기 위한 모든 자연수 a의 값의 합은? [3점]

① 3   ② 4   ③ 5

④ 6   ⑤ 7

2 0429

$\log_2 9 \times \log_3 7 \times \log_7 16$의 값은? [3점]

① 2   ② 4   ③ 6

④ 8   ⑤ 10

3 0430

$m=\dfrac{1}{33}(\log_2 3+\log_2 3^2+\log_2 3^3+\cdots+\log_2 3^{11})$이라 할 때, 2^m의 값은? [3점]

① 6   ② 7   ③ 8

④ 9   ⑤ 10

4 0431

$\log_2 \dfrac{4}{3}+2\log_2 \sqrt{12}+3\log_{27} 81$의 값은? [3점]

① 6   ② 7   ③ 8

④ 9   ⑤ 10

5 0432

다음은 $\log_2 7=\dfrac{\log_{10} 7}{\log_{10} 2}$이 성립함을 증명한 것이다.

$\log_{10} 2=x$, $\log_2 7=y$로 놓으면

$10^x=2$, $2^y=\boxed{\text{(가)}}$ 이므로

$10^{xy}=(10^x)^y=2^y=\boxed{\text{(가)}}$

즉, $xy=\log_{\boxed{\text{(나)}}} 7$이므로

$\log_{10} 2 \times \log_2 7=\log_{\boxed{\text{(나)}}} 7$

따라서 양변을 $\log_{10} 2$로 나누면

$\log_2 7=\dfrac{\log_{\boxed{\text{(나)}}} 7}{\log_{10} 2}$

위의 과정에서 (가), (나)에 알맞은 것을 차례로 나열한 것은? [3점]

① 2, 5   ② 2, 7   ③ 7, 10

④ 7, 5   ⑤ 10, 7

6 0433

이차방정식 $x^2-2x-22=0$의 두 근이 $\log_5 a$, $\log_5 b$일 때, $\log_a \sqrt{b} + \log_b \sqrt{a}$의 값은? [3점]

① $-\dfrac{12}{11}$ ② $-\dfrac{10}{11}$ ③ 1

④ $\dfrac{10}{11}$ ⑤ $\dfrac{12}{11}$

7 0434

다음 상용로그표를 이용하여 구한 $\log 0.619 + \log 619$의 값은? [3점]

수	…	7	8	9
⋮	⋮	⋮	⋮	⋮
5.9	…	.7760	.7767	.7774
6.0	…	.7832	.7839	.7846
6.1	…	.7903	.7910	.7917
⋮	⋮	⋮	⋮	⋮

① 1.5834 ② 2.0834 ③ 2.5834

④ 3.0834 ⑤ 3.5834

8 0435

1보다 큰 세 실수 a, b, c에 대하여
$$\log_a 2 = \log_b 3 = \log_c 6 = \log_{abc} x$$
가 성립할 때, 양수 x의 값은? [3.5점]

① $\dfrac{1}{6}$ ② $\sqrt{6}$ ③ 6

④ $6\sqrt{6}$ ⑤ 36

9 0436

$f(x) = \log_a \{\log_x (x+1)\}$에 대하여
$f(2)+f(3)+f(4)+\cdots+f(1023)=1$일 때, a의 값은?

(단, $a \neq 1$, $a > 0$) [3.5점]

① 1 ② 2 ③ 4

④ 8 ⑤ 10

10 0437

$\log_2 40 = a$, $\log_3 45 = b$일 때, $\log_2 3$을 a, b를 사용하여 나타낸 것은? [3.5점]

① $\dfrac{3a}{b-2}$ ② $\dfrac{a-3}{b-2}$ ③ $\dfrac{a+3}{b-2}$

④ $\dfrac{a-3}{b+2}$ ⑤ $\dfrac{a+3}{b+2}$

11 0438

1이 아닌 세 양의 실수 a, b, c에 대하여 $a^3=b^5=c^8$일 때, $\log_{\sqrt{a}} b^2 - \log_b c^3$의 값은? [3.5점]

① $\dfrac{13}{40}$ ② $\dfrac{17}{40}$ ③ $\dfrac{19}{40}$

④ $\dfrac{21}{40}$ ⑤ $\dfrac{23}{40}$

세 수 $A=5^{\log_5 125 - \log_5 100}$, $B=\log_3 9 - \log_3 \dfrac{1}{81}$,

$C=\log_4\{\log_{16}(\log_8 64)\}$의 대소 관계로 옳은 것은? [3.5점]

① $A<B<C$ ② $B<A<C$ ③ $B<C<A$

④ $C<A<B$ ⑤ $C<B<A$

$\log_2 5$보다 크지 않은 최대의 정수를 a, $b=\log_2 5 - a$라 하자. $2^a - 4^b = \dfrac{q}{p}$일 때, $p+q$의 값은?

(단, p와 q는 서로소인 자연수이다.) [3.5점]

① 11 ② 22 ③ 33

④ 44 ⑤ 55

$\log 9 = n + \alpha$ (n은 정수, $0 \le \alpha < 1$)라 할 때, $\dfrac{10^n - 10^\alpha}{10^n + 10^\alpha}$의 값은? [3.5점]

① $-\dfrac{4}{5}$ ② $-\dfrac{1}{2}$ ③ $-\dfrac{1}{3}$

④ $\dfrac{1}{2}$ ⑤ 1

어떤 치료제를 인체에 주사했을 때, 초기 혈중 농도 P와 t 시간 후의 혈중 농도 x 사이에는 다음과 같은 관계식이 성립한다고 한다.

$$t = \log_3 \frac{P^5}{x^5}$$

이 치료제를 주사하여 초기 혈중 농도가 80일 때, 혈중 농도가 2가 될 때까지 걸리는 시간은 이 치료제를 주사하여 초기 혈중 농도가 20일 때, 혈중 농도가 2가 될 때까지 걸리는 시간의 a배가 된다고 한다. 이때 a의 값은?

(단, $\log 2 = 0.3$으로 계산한다.) [3.5점]

① 1.6 ② 1.9 ③ 2.2

④ 2.5 ⑤ 2.8

세계 석유 소비량이 매년 4 %씩 감소된다고 한다. 세계 석유 소비량이 현재 소비량의 $\dfrac{1}{4}$이 되는 것은 n년 후라 할 때, 자연수 n의 값은?

(단, $\log 2 = 0.30$, $\log 3 = 0.48$로 계산한다.) [3.5점]

① 16 ② 17 ③ 18

④ 20 ⑤ 30

17 0444

자연수 n에 대하여 집합

$\{k \mid \log_4 n - \log_4 k$는 정수, k는 400 이하의 자연수$\}$

의 원소의 개수를 $f(n)$이라 할 때, $f(20)$의 값은? [4점]

① 1　　　　　② 2　　　　　③ 3

④ 4　　　　　⑤ 5

18 0445

두 자연수 a, b가 다음 조건을 만족시킬 때, $b-a$의 값은?

[4점]

> (가) $\log a > 1$
>
> (나) $\log_6 a + \log_6 b = 4$
>
> (다) $\log_2 \dfrac{b}{a}$는 자연수이다.

① 50　　　　　② 54　　　　　③ 58

④ 62　　　　　⑤ 66

19 0446

네 양수 a, b, c, k가 다음 조건을 만족시킨다.

> (가) $3^a = 5^b = k^c$
>
> (나) $\dfrac{1}{c} = \dfrac{1}{a} + \dfrac{1}{b}$

$\log_{10} 2 = x$, $\log_{10} 3 = y$일 때, $\log_5(k+3)$을 x, y에 대한 식으로 나타낸 것은? [4점]

① $\dfrac{x+y}{1-x}$　　　　② $\dfrac{x+2y}{1-x}$　　　　③ $\dfrac{4y}{x}$

④ $\dfrac{x+3y}{x}$　　　　⑤ $\dfrac{2y}{x+1}$

20 0447

양수 A에 대하여 $\log A = -2.3$일 때,

$m < A \times 10^n < m+1$을 만족시키는 10보다 작은 자연수 m, n의 합 $m+n$의 값은?

（단, $\log 2 = 0.3010$, $\log 3 = 0.4771$로 계산한다.） [4점]

① 3　　　　　② 6　　　　　③ 8

④ 10　　　　　⑤ 16

21 0448

$f(x) = \log x - [\log x]$라 할 때, 〈**보기**〉에서 옳은 것만을 있는 대로 고른 것은? （단, $[x]$는 x보다 크지 않은 최대의 정수이고, $f(x) \neq 0$이다.） [4.5점]

> ─〈 **보기** 〉─
>
> ㄱ. $\log a = n + \alpha$ （n은 정수, $0 < \alpha < 1$）이면 $f(a) = \alpha$이다.
>
> ㄴ. $f(a) = \alpha$이면 $f\left(\dfrac{1}{a}\right) = -\alpha$이다.
>
> ㄷ. $f(a) = \beta$이면 $f(a) = 3f\left(\dfrac{1}{a}\right)$을 만족시키는 양수 β의 값은 $\dfrac{3}{4}$이다.

① ㄱ　　　　② ㄱ, ㄴ　　　　③ ㄱ, ㄷ

④ ㄴ, ㄷ　　　　⑤ ㄱ, ㄴ, ㄷ

22 0449

1이 아닌 두 양수 a, b에 대하여 $a^x = b^y = 2$일 때, $\log_{ab} b^2$을 x, y를 사용하여 나타내는 과정을 서술하시오.

(단, $ab \neq 1$) [6점]

23 0450

$3^{30} = a \times 10^b$ ($1 < a < 10$, b는 정수)으로 나타낼 때, 상수 a, b의 값을 구하는 과정을 서술하시오.

(단, $\log 2.04 = 0.31$, $\log 3 = 0.477$로 계산한다.) [6점]

24 0451

공학용 계산기를 만드는 어떤 회사에서 공학용 계산기에 들어가는 부품을 생산하기 위해 직원들에게 교육을 시키고 있다. 직원들을 살펴본 결과 1분당 부품 90개 이상 만드는 것은 불가능하고, 1분당 N개를 만들기까지 걸린 평균 연습시간을 t (시간)라 할 때, 다음과 같은 식이 성립한다고 한다.

$$t = 1 - k \log\left(1 - \frac{N}{90}\right) \text{ (단, } 0 < N < 90)$$

1분당 부품 60개를 만들기까지 걸린 평균 연습시간이 1분당 부품 30개를 만들기까지 걸린 평균 연습시간의 1.5배가 된다고 할 때, 실수 k에 대하여 $42k$의 값을 구하는 과정을 서술하시오. (단, $\log 2 = 0.30$, $\log 3 = 0.48$로 계산한다.)

[7점]

25 0452

자연수 n에 대하여 $\log n$의 정수 부분을 $f(n)$, 소수 부분을 $g(n)$이라 하자. $f(n) - g(n)$의 최솟값이 $\log \frac{b}{a}$일 때, $a - b$의 값을 구하는 과정을 서술하시오.

(단, a와 b는 서로소인 자연수이다.) [8점]

실력 check
실전 마무리하기 **2**회

점 / 100점

• 선택형 21문항, 서술형 4문항입니다.

1 0453

$\log_3 x = 2$, $\log_y 3\sqrt{3} = \dfrac{1}{2}$일 때, $\dfrac{y}{x}$의 값은? [3점]

① $\dfrac{1}{3}$　　② 1　　③ $\dfrac{5}{3}$

④ $\dfrac{7}{3}$　　⑤ 3

2 0454

$\log_2 48 - \log_2 3 + \dfrac{\log_3 64}{\log_3 2}$의 값은? [3점]

① 2　　② 4　　③ 6

④ 8　　⑤ 10

3 0455

〈보기〉에서 옳은 것만을 있는 대로 고른 것은? [3점]

┌──────〈 보기 〉──────┐
　ㄱ. $\log_6 16^2 + \log_6 9^4 = 8$

　ㄴ. $\log_2 \dfrac{3}{4} + \log_2 \sqrt{8} - \dfrac{1}{2}\log_2 18 = \dfrac{1}{2}$

　ㄷ. $\left(\log_3 35 - \dfrac{1}{\log_7 3}\right) \times \log_5 9 = 2$
└──────────────────┘

① ㄱ　　② ㄱ, ㄴ　　③ ㄱ, ㄷ

④ ㄴ, ㄷ　　⑤ ㄱ, ㄴ, ㄷ

4 0456

$\log_7 2 = a$, $\log_7 3 = b$일 때, $\log_{\sqrt{12}} 14$를 a, b를 사용하여 나타낸 것은? [3점]

① $\dfrac{a+1}{a+b}$　　② $\dfrac{2a+1}{a+b}$　　③ $\dfrac{2a+2}{a+b}$

④ $\dfrac{2a+2}{2a+b}$　　⑤ $\dfrac{2b+2}{2a+b}$

5 0457

이차방정식 $x^2 - 6x + 4 = 0$의 두 실근을 $\log a$, $\log b$라 할 때, $\dfrac{1}{\log a} + \dfrac{1}{\log b}$의 값은? [3점]

① 1　　② $\dfrac{3}{2}$　　③ 2

④ $\dfrac{5}{2}$　　⑤ 3

6 0458

$\log_4 25 = a+b$ (a는 정수, $0<b<1$)라 할 때, $a+\dfrac{1}{b}$의 값은? (단, $\log 2 = 0.3$으로 계산한다.) [3점]

① 1   ② 2   ③ 3

④ 4   ⑤ 5

7 0459

다음 상용로그표를 이용하여 구한 $\log 0.0241$의 값은? [3점]

수	0	1	2	3	4	⋯
⋮	⋮	⋮	⋮	⋮	⋮	⋯
2.3	.3617	.3636	.3655	.3674	.3692	⋯
2.4	.3802	.3820	.3838	.3856	.3874	⋯
2.5	.3979	.3997	.4014	.4031	.4048	⋯
⋮	⋮	⋮	⋮	⋮	⋮	⋯

① -2.3820 ② -1.6180 ③ 0.3820

④ 2.3692 ⑤ 2.3820

8 0460

모든 실수 x에 대하여 $\log_{|a-1|}(x^2+ax+2a)$가 정의되기 위한 정수 a의 개수는? [3.5점]

① 1   ② 2   ③ 3

④ 4   ⑤ 5

9 0461

함수 $f(x)=\log_3\left(1+\dfrac{1}{x}\right)$에 대하여 $f(3)+f(4)+f(5)+\cdots+f(26)$의 값은? [3.5점]

① 1   ② 2   ③ 3

④ 4   ⑤ 5

10 0462

3 이상의 자연수 n에 대하여 $2\log_n 3$이 자연수가 되도록 하는 모든 n의 값의 합은? [3.5점]

① 10   ② 11   ③ 12

④ 13   ⑤ 14

11 0463

1이 아닌 두 양수 a, b에 대하여 $ab=\sqrt{3}$일 때, $(a^3)^{\log_a 2} \times b^{2\log_b 8}$의 값은? [3.5점]

① 2   ② 3   ③ 4

④ 8   ⑤ 9

12 0464

두 실수 a, b에 대하여 $4^{a+b}=27$, $81^{a-b}=8$일 때, a^2-b^2의 값은? [3.5점]

① $\dfrac{3}{8}$ ② $\dfrac{3}{4}$ ③ $\dfrac{9}{8}$

④ $\dfrac{9}{4}$ ⑤ $\dfrac{27}{8}$

13 0465

1이 아닌 세 양수 a, b, c에 대하여 $a^4=b^5=c^6$이 성립할 때, 세 수 $A=\log_a b$, $B=\log_b c$, $C=\log_c a$의 대소 관계로 옳은 것은? [3.5점]

① $A<B<C$ ② $A<C<B$ ③ $B<A<C$

④ $B<C<A$ ⑤ $C<A<B$

14 0466

$1000<x<10000$이고,
$$\log x^2-[\log x^2]=\log \sqrt[3]{x^2}-[\log \sqrt[3]{x^2}]$$
일 때, $x=10^k$이다. 이때 상수 k의 값은?

(단, $[a]$는 a보다 크지 않은 최대의 정수이다.) [3.5점]

① $\dfrac{13}{4}$ ② $\dfrac{27}{8}$ ③ $\dfrac{7}{2}$

④ $\dfrac{29}{8}$ ⑤ $\dfrac{15}{4}$

15 0467

$\log N=n+\alpha$ (n은 정수, $0<\alpha<1$)에서 n, α가 이차방정식 $3x^2+11x+k=0$의 두 근일 때, 상수 k의 값은? [3.5점]

① -6 ② -4 ③ 4

④ 6 ⑤ 8

02

16 0468

1이 아닌 양수 a에 대하여 a^{42}이 21자리의 정수일 때, $\left(\dfrac{1}{a}\right)^{22}$은 소수 몇째 자리에서 처음으로 0이 아닌 숫자가 나타나는가? [3.5점]

① 10째 자리   ② 11째 자리   ③ 12째 자리

④ 13째 자리   ⑤ 14째 자리

17 0469

다음 조건을 만족시키는 900 이하의 모든 자연수 n의 값의 합은? [4점]

> (가) $\log_2 \dfrac{n}{9}$은 자연수이다.
>
> (나) $3n$의 세제곱근 중 하나는 자연수이다.

① 609   ② 620   ③ 639

④ 648   ⑤ 657

18 0470

$\log_2(-x^2+ax+4)$의 값이 자연수가 되도록 하는 실수 x의 개수가 4일 때, 모든 자연수 a의 값의 합은? [4점]

① 3　　　　　② 6　　　　　③ 10

④ 15　　　　⑤ 21

19 0471

1보다 큰 서로 다른 세 양수 a, b, c가 다음 조건을 만족시킬 때, $\log_2 a : \log_2 b : \log_2 c$를 구한 것은? [4점]

(가) $\log_2 a - \log_2 b = \log_8 b - \log_8 c$
(나) $\log_2 a \times \log_8 c = \log_2 b \times \log_8 b$

① $1:2:4$　　　② $1:3:9$　　　③ $1:4:16$

④ $16:4:1$　　⑤ $9:3:1$

20 0472

1이 아닌 두 양수 a, b에 대하여

$$n \leq \log_a b < n+1 \ (n\text{은 정수})$$

이 성립할 때, $f(a, b) = n$으로 정의한다. 〈**보기**〉에서 옳은 것만을 있는 대로 고른 것은? [4점]

〈 **보기** 〉

ㄱ. $f(3, 30) = 4$
ㄴ. $f(a, b) = 2$이면 $f(b, a) = 0$이다.
ㄷ. $f(a, b) = -2$이면 $f(b, a) = -1$이다.

① ㄱ　　　　　② ㄴ　　　　　③ ㄷ

④ ㄴ, ㄷ　　　⑤ ㄱ, ㄴ, ㄷ

21 0473

어느 실험실에서 박테리아를 배양하는데 두 배양액이 다음과 같다고 한다.

(가) 배양액 A로 배양했을 때, 박테리아는 2시간마다 3배씩 증식한다.
(나) 배양액 B로 배양했을 때, 박테리아는 3시간마다 2배씩 증식한다.

처음 박테리아를 배양액 A로 1일 동안 배양한 후, 이 박테리아를 배양액 B로 2일 동안 더 배양하였더니 처음의 개체수의 $a \times 10^n$ ($1 \leq a < 10$, n은 자연수)배가 되었다고 한다. a의 일의 자리의 수와 n의 값의 합은?

(단, $\log 2 = 0.3010$, $\log 3 = 0.4771$로 계산한다.) [4.5점]

① 10　　　　　② 11　　　　　③ 12

④ 13　　　　⑤ 14

서술형

22 0474

$\log 3.12 = 0.4942$일 때, $\log a = 2.4942$, $\log b = -0.5058$
을 만족시키는 양의 실수 a, b에 대하여 $10a + 1000b$의 값
을 구하는 과정을 서술하시오. [6점]

23 0475

지진 발생 시 에너지의 세기를 나타내는 척도인 리히터 규
모 M과 그 에너지 E 사이에는
$$\log E = 11.8 + 1.5M$$
의 관계가 성립한다고 한다. 어느 해안에서 처음 발생한 리
히터 규모 8인 지진의 에너지를 E_1, 며칠 후 발생한 리히터
규모 4인 지진의 에너지를 E_2라 할 때, $\dfrac{E_1}{E_2}$의 값을 구하는 과
정을 서술하시오. [6점]

24 0476

어느 회사의 정수 필터는 정수 작업을 한 번 할 때마다 불순
물의 양의 x %를 제거할 수 있다고 한다. 정수 작업을 5회
반복 실시하면 불순물의 양은 처음의 10 %로 줄어든다고
할 때, 자연수 x의 값을 구하는 과정을 서술하시오.

(단, $\log 6.3 = 0.8$로 계산한다.) [7점]

25 0477

다음 조건을 만족시키는 두 자리의 자연수 n의 개수를 구하
는 과정을 서술하시오.

(단, $[x]$는 x보다 크지 않은 최대의 정수이다.) [8점]

> (가) $[\log 3n] = [\log n] + 1$
> (나) $\log n - [\log n] < \log 5$

사랑받는 사람이 해야 할 일

당신을 사랑해 주는 사람의 망막에

당신이 얼마나 예쁘게 맺히는지

당신은 평생 알지 못한다.

카메라 마사지를 받는 연예인처럼

그 사람의 눈을 렌즈 삼아

당신은 하루하루 더 예뻐지고 있다.

그러니 사랑받는 동안

셀카를 보며 못생겼다고

함부로 깎아내려서는 안 된다.

사랑받고 있다면

당신은 당신을 훨씬 더 많이

아껴주어야 한다.

지수함수 03

03 지수함수

1 지수함수의 뜻과 그래프

Note

(1) **지수함수**

a가 1이 아닌 양수일 때, $y=a^x$을 a를 밑으로 하는 **지수함수**라 한다.

참고 $a>0$, $a\neq1$일 때, 실수 x에 대하여 a^x의 값은 하나로 정해지므로 $y=a^x$은 x에 대한 함수이다.

> 함수 $y=a^x$에서 $a=1$이면 $y=1$이므로 $y=a^x$은 상수함수가 된다.

(2) **지수함수 $y=a^x$ ($a>0$, $a\neq1$)의 그래프의 성질**

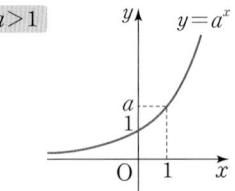 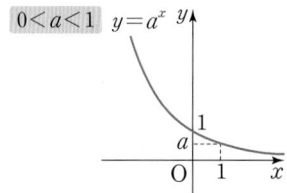

① 정의역은 실수 전체의 집합이고, 치역은 양의 실수 전체의 집합이다.

② 그래프는 두 점 $(0, 1)$, $(1, a)$를 지난다.

③ 그래프의 점근선은 x축$(y=0)$이다.

④ $a>1$일 때, x의 값이 증가하면 y의 값도 증가한다.

　$0<a<1$일 때, x의 값이 증가하면 y의 값은 감소한다.

　참고 $a>1$일 때, $x_1<x_2$이면 $a^{x_1}<a^{x_2}$

　　　$0<a<1$일 때, $x_1<x_2$이면 $a^{x_1}>a^{x_2}$

⑤ 두 함수 $y=a^x$과 $y=\left(\dfrac{1}{a}\right)^x$의 그래프는 y축에 대하여 대칭이다.

> 그래프가 어떤 직선에 한없이 가까워질 때, 이 직선을 그래프의 점근선이라 한다.

2 지수함수 $y=a^x$ ($a>0$, $a\neq1$)의 그래프의 평행이동과 대칭이동 　핵심 1

(1) **지수함수 $y=a^x$ ($a>0$, $a\neq1$)의 그래프의 평행이동**

함수 $y=a^x$의 그래프를 x축의 방향으로 m만큼, y축의 방향으로 n만큼 평행이동한 그래프의 식은 $y=a^{x-m}+n$이다.

① 정의역은 실수 전체의 집합이고, 치역은 $\{y|y>n\}$이다.

② 그래프의 점근선은 직선 $y=n$이다.

③ a의 값에 관계없이 항상 점 $(m, 1+n)$을 지난다.

(2) **지수함수 $y=a^x$ ($a>0$, $a\neq1$)의 그래프의 대칭이동**

x축에 대하여 대칭	y축에 대하여 대칭	원점에 대하여 대칭
$y=-a^x$	$y=a^{-x}=\left(\dfrac{1}{a}\right)^x$	$y=-a^{-x}=-\left(\dfrac{1}{a}\right)^x$

> 방정식 $f(x, y)=0$이 나타내는 도형을 x축의 방향으로 m만큼, y축의 방향으로 n만큼 평행이동한 도형의 방정식은
> $f(x-m, y-n)=0$

> 방정식 $f(x, y)=0$이 나타내는 도형을 x축, y축, 원점에 대하여 대칭이동한 도형의 방정식은
> ① x축 : $f(x, -y)=0$
> ② y축 : $f(-x, y)=0$
> ③ 원점 : $f(-x, -y)=0$

3 지수함수의 최대·최소 핵심 2

지수함수 $y=a^x$ $(a>0,\ a\neq1)$의 정의역이 $\{x\,|\,m\leq x\leq n\}$일 때

(1) $a>1$이면 $x=m$에서 최솟값 a^m, $x=n$에서 최댓값 a^n을 갖는다.

(2) $0<a<1$이면 $x=n$에서 최솟값 a^n, $x=m$에서 최댓값 a^m을 갖는다.

참고 함수 $y=a^{f(x)}$은

(1) $a>1$이면 $f(x)$가 최대일 때 최댓값, $f(x)$가 최소일 때 최솟값을 갖는다.

(2) $0<a<1$이면 $f(x)$가 최대일 때 최솟값, $f(x)$가 최소일 때 최댓값을 갖는다.

4 지수방정식 핵심 3

지수에 미지수가 있는 방정식은 다음과 같이 푼다.

(1) **밑을 같게 할 수 있는 경우**

$$a^{x_1}=a^{x_2} \Longleftrightarrow x_1=x_2\ (단,\ a>0,\ a\neq1)$$

(2) **a^x 꼴이 반복되는 경우**

$a^x=t\ (t>0)$로 치환하여 t에 대한 방정식을 푼다. 이때 $t>0$임에 주의한다.

(3) **지수가 같은 경우**

$$a^{f(x)}=b^{f(x)} \Longleftrightarrow a=b\ 또는\ f(x)=0\ (단,\ a>0,\ b>0)$$

> $2^x=4$, $3^{x-1}=9^{2x}$과 같이 지수에 미지수가 있는 방정식을 지수방정식이라 한다.

> 지수가 같은 경우에는 밑이 같거나 지수가 0인 경우를 생각한다.

5 지수부등식 핵심 4

지수에 미지수가 있는 부등식은 다음과 같이 푼다.

(1) **밑을 같게 할 수 있는 경우**

① $a>1$일 때, $a^{x_1}<a^{x_2} \Longleftrightarrow x_1<x_2$ ← 부등호 방향 그대로

② $0<a<1$일 때, $a^{x_1}<a^{x_2} \Longleftrightarrow x_1>x_2$ ← 부등호 방향 반대로

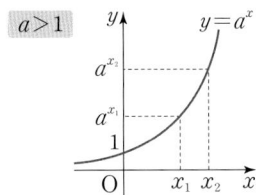 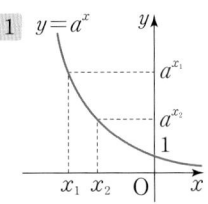

주의 지수부등식을 풀 때는 밑이 1보다 큰지 작은지에 따라 부등호의 방향이 달라짐에 유의한다.

(2) **a^x 꼴이 반복되는 경우**

$a^x=t\ (t>0)$로 치환하여 t에 대한 부등식을 푼다. 이때 $t>0$임에 주의한다.

> $2^x>4$, $2^{x-1}<4^x$과 같이 지수에 미지수가 있는 부등식을 지수부등식이라 한다.

지수함수의 평행이동과 대칭이동 유형 4

함수 $y=5^x$의 그래프를

(1) x축의 방향으로 -2만큼, y축의 방향으로 4만큼 평행이동
 ➡ $y=5^{x-(-2)}+4=5^{x+2}+4$

(2) x축에 대하여 대칭이동 ➡ $y=-5^x$

(3) y축에 대하여 대칭이동 ➡ $y=5^{-x}=\left(\dfrac{1}{5}\right)^x$

(4) 원점에 대하여 대칭이동 ➡ $y=-5^{-x}=-\left(\dfrac{1}{5}\right)^x$

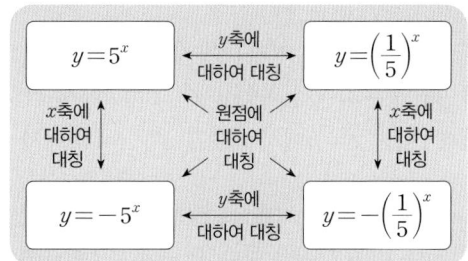

0478 함수 $y=\left(\dfrac{1}{2}\right)^x$의 그래프를 다음과 같이 평행이동 또는 대칭이동한 그래프의 식을 구하시오.

(1) x축의 방향으로 3만큼, y축의 방향으로 -1만큼 평행이동

(2) x축에 대하여 대칭이동

(3) y축에 대하여 대칭이동

(4) 원점에 대하여 대칭이동

0479 함수 $y=3^x$의 그래프를 이용하여 다음 함수의 그래프를 그리고, 점근선의 방정식을 구하시오.

(1) $y=3^{x+1}$

(2) $y=-3^x-1$

---

2 핵심 지수함수의 최댓값과 최솟값 유형 10~14

(1) $-1\leq x\leq 3$에서 $y=2^x$의 최댓값과 최솟값을 구해 보자.

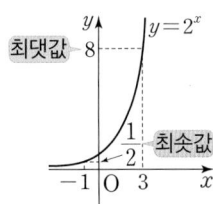

최댓값 : $2^3=8$, 최솟값 : $2^{-1}=\dfrac{1}{2}$

> 함수 $y=a^x$은 $a>1$이면
> ┌ x가 최대 ➡ y도 최대
> └ x가 최소 ➡ y도 최소

(2) $-2\leq x\leq 1$에서 $y=\left(\dfrac{1}{2}\right)^x$의 최댓값과 최솟값을 구해 보자.

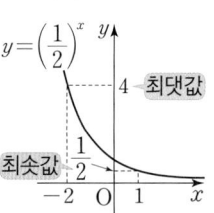

최댓값 : $\left(\dfrac{1}{2}\right)^{-2}=4$, 최솟값 : $\left(\dfrac{1}{2}\right)^{1}=\dfrac{1}{2}$

> 함수 $y=a^x$은 $0<a<1$이면
> ┌ x가 최대 ➡ y는 최소
> └ x가 최소 ➡ y는 최대

0480 정의역이 $\{x\mid 1\leq x\leq 5\}$인 함수 $y=\left(\dfrac{1}{3}\right)^{x-2}$의 최댓값과 최솟값을 구하시오.

0481 함수 $y=4^x-2\times 2^x+3$의 최솟값을 구하시오.

3 지수방정식 유형 15~20

- 밑을 같게 할 수 있는 경우

  방정식 $3^x=9$에서 $\boxed{3^x=3^2}$이므로 $x=2$

  밑을 같게

- a^x 꼴이 반복되는 경우

$a^x=t$로 치환하기	➡	t에 대한 방정식 풀기	➡	x의 값 구하기

$9^x-2\times3^x-3=0$에서
$(3^x)^2-2\times3^x-3=0$
$3^x=t\ (t>0)$라 하면
$t^2-2t-3=0$

$(t-3)(t+1)=0$에서
$t=3\ (\because t>0)$

$3^x=3$이므로
$x=1$

> $a^x=t$로 치환하여 풀 때는 $t>0$임에 주의해야 해.

03

0482 다음 방정식을 푸시오.

(1) $5^x=\dfrac{1}{125}$

(2) $\left(\dfrac{1}{8}\right)^{x+2}=\left(\dfrac{1}{32}\right)^x$

0483 방정식 $4^x+2^x-2=0$을 푸시오.

4 지수부등식 유형 21~25

- 밑을 같게 할 수 있는 경우

  (1) 부등식 $5^x\leq25$에서 $\boxed{5^x\leq5^2}$이므로 $x<2$

  (밑)>1이므로 부등호 방향 그대로

  (2) 부등식 $\left(\dfrac{1}{2}\right)^x<\dfrac{1}{8}$에서 $\boxed{\left(\dfrac{1}{2}\right)^x<\left(\dfrac{1}{2}\right)^3}$이므로 $x>3$

  $0<$(밑)<1이므로 부등호 방향 반대로

  > 밑이 1보다 큰지 작은지에 따라 부등호의 방향이 달라져.

- a^x 꼴이 반복되는 경우

$a^x=t$로 치환하기	➡	t에 대한 부등식 풀기	➡	x의 값의 범위 구하기

$4^x+3\times2^x-10>0$
$(2^x)^2+3\times2^x-10>0$
$2^x=t\ (t>0)$라 하면
$t^2+3t-10>0$

$(t+5)(t-2)>0$에서
$t>2\ (\because t>0)$

$2^x>2$이므로
$x>1$

0484 다음 부등식을 푸시오.

(1) $2^{x-1}>32$

(2) $\left(\dfrac{1}{3}\right)^x\geq\left(\dfrac{1}{3}\right)^{2x-1}$

0485 부등식 $\left(\dfrac{1}{9}\right)^x-4\times\left(\dfrac{1}{3}\right)^{x-1}+27\leq0$을 푸시오.

기출 유형 check
실전 준비하기

28유형, 226문항입니다.

기초 유형 **0-1 도형의 평행이동** | 고등수학

도형 $f(x, y)=0$을 x축의 방향으로 m만큼, y축의 방향으로 n만큼 평행이동한 도형의 방정식
→ $f(x-m, y-n)=0$

0486 대표문제

직선 $2x+y-7=0$을 x축의 방향으로 1만큼, y축의 방향으로 a만큼 평행이동한 직선이 점 $(2, -1)$을 지날 때, a의 값은?

① -6　② -5　③ -4
④ 4　⑤ 5

0487

Level 1

평행이동 $(x, y) \longrightarrow (x+2, y-1)$에 의하여 점 $(4, -1)$이 점 (a, b)로 옮겨질 때, $a+b$의 값은?

① 1　② 2　③ 3
④ 4　⑤ 5

0488

Level 1

평행이동 $(x, y) \longrightarrow (x-1, y+3)$에 의하여 직선 $y=-2x+5$를 평행이동한 직선의 y절편은?

① -6　② -3　③ 0
④ 3　⑤ 6

0489

Level 1

직선 $2x-y+1=0$을 x축의 방향으로 a만큼, y축의 방향으로 b만큼 평행이동하였더니 직선 $2x-y+1=0$과 일치하였다. 이때 a와 b 사이의 관계식으로 옳은 것은?

① $b=2a-1$　② $b=2a$　③ $b=2a+1$
④ $a=2b-1$　⑤ $a=2b$

0490

Level 1

원 $x^2+y^2+10x-4y+25=0$을 x축의 방향으로 a만큼, y축의 방향으로 b만큼 평행이동한 원의 방정식이 $(x+1)^2+(y-4)^2=4$일 때, $a+b$의 값을 구하시오.

도형 $f(x, y)=0$을
(1) x축에 대하여 대칭 ➔ $f(x, -y)=0$
(2) y축에 대하여 대칭 ➔ $f(-x, y)=0$
(3) 원점에 대하여 대칭 ➔ $f(-x, -y)=0$
(4) 직선 $y=x$에 대하여 대칭 ➔ $f(y, x)=0$

0491 대표문제

원 $(x-1)^2+(y+3)^2=4$를 x축에 대하여 대칭이동한 원의 중심이 직선 $y=2x+k$ 위에 있을 때, 실수 k의 값은?

① -3　　　　② -2　　　　③ -1

④ 1　　　　　⑤ 2

0492　　　　　　　Level 1

원 $(x+3)^2+(y-1)^2=4$를 원점에 대하여 대칭이동한 도형의 방정식은?

① $x^2+y^2=4$
② $(x-3)^2+(y+1)^2=4$
③ $(x+3)^2+(y+1)^2=4$
④ $(x+3)^2+(y-1)^2=4$
⑤ $(x-3)^2+(y-1)^2=4$

0493　　　　　　　Level 1

원 $x^2+y^2+4x-6y-3=0$을 직선 $y=x$에 대하여 대칭이동한 원의 방정식은?

① $x^2+y^2=16$
② $(x+3)^2+(y+2)^2=16$
③ $(x+3)^2+(y-2)^2=16$
④ $(x-3)^2+(y+2)^2=16$
⑤ $(x-3)^2+(y-2)^2=16$

0494　　　　　　　Level 1

직선 $y=-\dfrac{1}{2}x+1$을 y축에 대하여 대칭이동한 직선에 수직이고, 점 $(2, 0)$을 지나는 직선의 방정식은?

① $y=x-2$　　　　② $y=2x-4$
③ $y=-x+2$　　　④ $y=-2x+4$
⑤ $y=\dfrac{1}{2}x-1$

0495　　　　　　　Level 2

함수 $y=f(x)$의 그래프가 그림과 같을 때, $y=f(-x)$, $y=-f(-x)$, $x=f(y)$의 그래프로 둘러싸인 도형의 넓이를 구하시오.

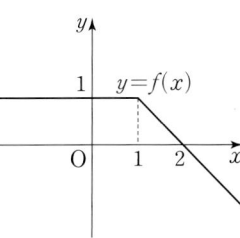

실전 유형 1 지수함수의 성질

지수함수 $y=a^x$ $(a>0, a\neq1)$에 대하여
(1) 정의역 : 실수 전체의 집합
    치역 : 양의 실수 전체의 집합
(2) 그래프는 두 점 $(0, 1)$, $(1, a)$를 지난다.
(3) 그래프의 점근선 : x축 (직선 $y=0$)
(4) $a>1$일 때, x의 값이 증가하면 y의 값도 증가
    $0<a<1$일 때, x의 값이 증가하면 y의 값은 감소

0496 대표문제

〈보기〉에서 함수 $f(x)=\left(\dfrac{1}{7}\right)^x$에 대한 설명으로 옳은 것만을 있는 대로 고른 것은?

───〈 보기 〉───
ㄱ. 정의역은 실수 전체의 집합이다.
ㄴ. 그래프의 점근선은 직선 $y=0$이다.
ㄷ. 치역은 실수 전체의 집합이다.
ㄹ. $x_1<x_2$이면 $f(x_1)<f(x_2)$이다.

① ㄱ, ㄴ   ② ㄱ, ㄷ   ③ ㄴ, ㄷ
④ ㄴ, ㄹ   ⑤ ㄷ, ㄹ

0497   Level 1

〈보기〉에서 지수함수인 것만을 있는 대로 고른 것은?

───〈 보기 〉───
ㄱ. $y=2^3$ ㄴ. $y=5^x$
ㄷ. $y=x^3$ ㄹ. $y=(\log_2 3)^x$

① ㄱ, ㄴ   ② ㄱ, ㄹ   ③ ㄴ, ㄷ
④ ㄴ, ㄹ   ⑤ ㄷ, ㄹ

0498   Level 1

함수 $y=a^x$ $(a>0, a\neq1)$에 대한 설명으로 옳지 <u>않은</u> 것은?

① 일대일함수이다.
② 그래프의 점근선은 직선 $y=0$이다.
③ 정의역은 실수 전체의 집합이다.
④ x의 값이 증가하면 y의 값도 증가한다.
⑤ 함수의 그래프는 점 $(0, 1)$을 지난다.

0499   Level 1

점 $(-2, 4)$를 지나는 함수 $f(x)=a^x$ $(a>0, a\neq1)$의 그래프에 대한 설명 중 옳지 <u>않은</u> 것은?

① 점 $(0, 1)$을 지난다.
② 점근선은 x축이다.
③ $x_1<x_2$일 때, $f(x_1)<f(x_2)$이다.
④ 그래프는 제1, 2사분면을 지난다.
⑤ 치역은 양의 실수 전체의 집합이다.

0500   Level 1

다음 함수 중 임의의 실수 a, b에 대하여 $a<b$일 때, $f(a)<f(b)$를 만족시키는 함수는?

① $f(x)=3^{-x}$ ② $f(x)=0.2^x$ ③ $f(x)=\left(\dfrac{\sqrt{2}}{3}\right)^x$
④ $f(x)=\left(\dfrac{1}{9}\right)^x$ ⑤ $f(x)=\left(\dfrac{1}{2}\right)^{-x}$

0501   Level 2

함수 $y=(a^2+3a+3)^x$에서 x의 값이 증가할 때 y의 값은 감소하도록 하는 실수 a의 값의 범위를 구하시오.

실전유형 **2** 지수함수의 함숫값

지수함수 $f(x)=a^x$ ($a>0$, $a\neq1$)에서 $f(p)$의 값을 구할 때는 $f(x)$에 x 대신 p를 대입하고 지수법칙을 이용한다.

참고 지수함수 $f(x)=a^x$ ($a>0$, $a\neq1$)과 실수 p, q에 대하여

(1) $f(0)=1$

(2) $f(p+q)=f(p)f(q)$

(3) $f(p-q)=\dfrac{f(p)}{f(q)}$

(4) $f(np)=\{f(p)\}^n$ (단, n은 자연수)

(5) $f(-p)=\dfrac{1}{f(p)}$

0502 대표문제

함수 $f(x)=a^x$ ($a>0$, $a\neq1$)에 대하여 $f(2)=\dfrac{1}{9}$일 때, $f(-3)$의 값은?

① -27 ② $-\dfrac{1}{27}$ ③ 1

④ $\dfrac{1}{27}$ ⑤ 27

0503 　　　　　　　　Level 1

함수 $f(x)=\left(\dfrac{1}{3}\right)^{x-k}$에 대하여 $f(2)=9$일 때, $k+f(3)$의 값을 구하시오. (단, k는 상수이다.)

0504 　　　　　　　　Level 2

함수 $f(x)=a^{mx+n}$ ($a>0$, $a\neq1$)에서 $f(0)=4$, $f(2)=36$일 때, $f(1)$의 값은? (단, m, n은 상수이다.)

① 10 ② 12 ③ 14

④ 16 ⑤ 18

0505 　　　　　　　　Level 2

함수 $f(x)=a\times3^x$에 대하여 $f(0)=3$, $f(b)=27$일 때, $a+b$의 값을 구하시오. (단, a는 상수이다.)

0506 　　　　　　　　Level 2

함수 $f(x)=3^{-x}$에 대하여 $f(3a)f(2b)=27$, $f(a+b)=3$일 때, $f(-2a)+f(-2b)=\dfrac{q}{p}$이다. $p+q$의 값은?

(단, p, q는 서로소인 자연수이다.)

① 17 ② 19 ③ 21

④ 23 ⑤ 25

0507 　　　　　　　　Level 2

함수 $f(x)=a^x$ ($a>0$, $a\neq1$)에 대하여 〈**보기**〉에서 옳은 것만을 있는 대로 고른 것은?

〈 보기 〉
ㄱ. $f(x+y)=f(x)f(y)$
ㄴ. $f(nx)=nf(x)$
ㄷ. $f(x-y)=f(x)-f(y)$ (단, $x\neq y$)

① ㄱ   ② ㄴ   ③ ㄷ

④ ㄱ, ㄴ   ⑤ ㄱ, ㄴ, ㄷ

0508

·||| Level 2

함수 $f(x)=a^x\,(a>0,\,a\neq1)$에 대하여 다음 중 옳지 <u>않은</u> 것은?

① $f(x-y)=f(x)f(y)$ ② $f(1-x)=\dfrac{a}{f(x)}$

③ $f(x)=\sqrt{f(2x)}$ ④ $f\left(\dfrac{x}{3}\right)=\sqrt[3]{f(x)}$

⑤ $f(nx)=\{f(x)\}^n$ (단, n은 자연수)

0509

·||| Level 2

함수 $f(x)=\dfrac{1}{2}(a^x+a^{-x})$에 대하여 $f(2\alpha)=2$, $f(2\beta)=4$ 일 때, $f(\alpha+\beta)\times f(\alpha-\beta)$의 값은? (단, $a>0$, $a\neq1$)

① 2   ② 3   ③ 4

④ 5   ⑤ 6

0510

·||| Level 2

함수 $f(x)=\dfrac{a^x+a^{-x}}{2}$에 대하여 $f(2)=17$일 때, $f(3)$의 값은? (단, $a>0$, $a\neq1$)

① 25   ② 36   ③ 49

④ 62   ⑤ 99

실전 유형 **3** 지수함수의 그래프 위의 점   빈출유형

지수함수 $y=a^x\,(a>0,\,a\neq1)$의 그래프가 점 $(m,\,n)$을 지난다.
➜ $n=a^m$

0511 대표문제

그림과 같이 함수 $y=9^x$의 그래프 위의 한 점 P에 대하여 선분 OP가 함수 $y=3^x$의 그래프와 만나는 점을 Q라 하자. 점 Q가 선분 OP의 중점일 때, 점 P의 y좌표는? (단, O는 원점이다.)

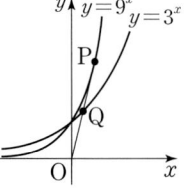

① $\sqrt[3]{2}$ ② $\sqrt[3]{4}$ ③ $\sqrt[3]{16}$

④ $\sqrt[3]{32}$ ⑤ $\sqrt[3]{128}$

0512

·||| Level 1

그림과 같은 함수 $y=3^x$의 그래프에서 $b-a$의 값은?

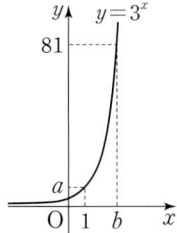

① 1   ② 3

③ 5   ④ 7

⑤ 9

0513

·||| Level 1

그림과 같은 함수 $y=2^x$의 그래프에서 $\alpha\beta=64$일 때, $a+b$의 값은?

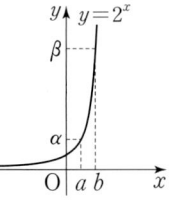

① 3   ② 4

③ 5   ④ 6

⑤ 7

0514

●●| Level 2

그림과 같은 함수 $y=3^x$의 그래프와
직선 $y=x$에서 b^a의 값은?
(단, 점선은 x축 또는 y축에 평행하다.)

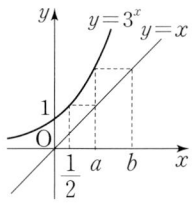

① 3　　　　　② $3\sqrt{3}$

③ 9　　　　　④ $9\sqrt{3}$

⑤ 27

0517

●●| Level 2

그림과 같이 함수 $y=9^x$의 그래프 위
의 점 P에 대하여 선분 OP를 함수
$y=\left(\dfrac{1}{3}\right)^x$의 그래프가 $1:2$로 내분할
때, 점 P의 x좌표는?

(단, O는 원점이다.)

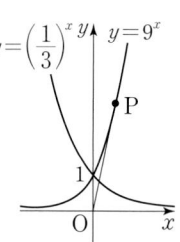

① $\dfrac{1}{7}$　　　② $\dfrac{2}{7}$　　　③ $\dfrac{3}{7}$

④ $\dfrac{4}{7}$　　　⑤ $\dfrac{5}{7}$

0515

●●| Level 2

그림과 같이 함수 $y=\left(\dfrac{1}{2}\right)^x$의
그래프에 정사각형을 원점 O에
서 x축의 양의 방향으로 계속
그려 나갈 때, 색칠한 정사각형
의 넓이는?

① $\dfrac{1}{2}$　　　② $\dfrac{1}{4}$　　　③ $\dfrac{1}{8}$

④ $\dfrac{1}{16}$　　　⑤ $\dfrac{1}{32}$

0518

●●| Level 2

그림과 같이 두 함수 $y=3^x$, $y=9^x$의
그래프가 직선 $x=a$ $(a>0)$와 만나는
점을 각각 A, B라 하고, 두 점 A, B
를 각각 지나면서 x축과 평행한 직선
이 함수 $y=9^x$, $y=3^x$의 그래프와 만
나는 점을 각각 C, D라 할 때, $\dfrac{\overline{BD}}{\overline{AC}}$의
값을 구하시오.

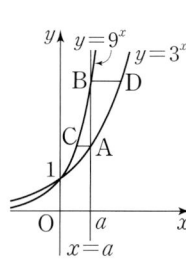

0516

●●| Level 2

그림과 같이 함수 $y=\left(\dfrac{1}{3}\right)^x$의 그
래프 위의 서로 다른 세 점
A(a, α), B$(-b, \beta)$,
C$(-a-b, \gamma)$에 대하여 다음 중
α, β, γ 사이의 관계식으로 옳은
것은?

① $\alpha=\beta\gamma$　　② $\beta=\alpha\gamma$　　③ $\gamma=\alpha\beta$

④ $\alpha^2=\beta^2\gamma$　　⑤ $\beta^2=\alpha\gamma$

0519

●●| Level 2

그림과 같이 점 A$(1, a)$가 함수
$y=a^x$의 그래프 위에 있고, 이 점을
지나고 x축에 평행한 직선이 함수
$y=b^x$의 그래프와 만나는 점을 B,
점 B를 지나고 y축에 평행한 직선이
함수 $y=a^x$의 그래프와 만나는 점을
C라 하자. $\overline{AB}=1$, $\overline{BC}=2$일 때, a^2+b^2의 값을 구하시오.

(단, $1<b<a$)

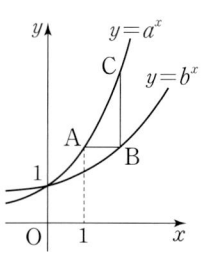

0520 고난도

Level 3

그림과 같이 직선 $x=0$, 세 함수 $y=a^x$, $y=3^x$, $y=b^x$의 그래프가 직선 $y=k$와 만나는 점을 각각 A, B, C, D라 하자. $\overline{BC}=2\overline{AB}$, $\overline{CD}=3\overline{AB}$일 때,

실수 a, b에 대하여 $\frac{a}{b}$의 값은? (단, $k>1$, $1<b<3<a$)

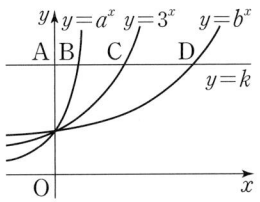

① $3\sqrt{3}$ ② 9 ③ $9\sqrt{3}$
④ 27 ⑤ $27\sqrt{3}$

+Plus 문제

다음은 이 유형에서 출제된 최근 교육청 • 평가원 기출문제입니다.

0521 • 교육청 2020년 3월

Level 2

$a>1$인 실수 a에 대하여 직선 $y=-x$가 곡선 $y=a^x$과 만나는 점의 좌표를 $(p, -p)$, 곡선 $y=a^{2x}$과 만나는 점의 좌표를 $(q, -q)$라 할 때, $\log_a pq=-8$이다. $p+2q$의 값은?

① 0 ② -2 ③ -4
④ -6 ⑤ -8

0522 • 교육청 2020년 6월

Level 3

그림과 같이 두 함수 $f(x)=\left(\frac{1}{2}\right)^{x-1}$, $g(x)=4^{x-1}$의 그래프와 직선 $y=k$ $(k>2)$가 만나는 점을 A, B라 하자. 점 C$(0, k)$에 대하여 $\overline{AC}:\overline{CB}=1:5$일 때, k^3의 값을 구하시오.

실전유형 4 지수함수의 그래프의 평행이동과 대칭이동 빈출유형

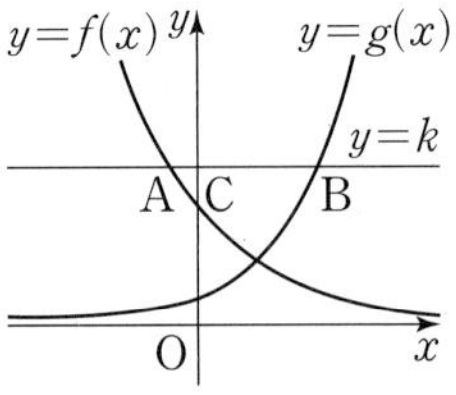

지수함수 $y=a^x$ $(a>0, a\neq1)$의 그래프를
(1) x축의 방향으로 m만큼, y축의 방향으로 n만큼 평행이동
➜ $y=a^{x-m}+n$
(2) x축에 대하여 대칭이동 ➜ $y=-a^x$
(3) y축에 대하여 대칭이동 ➜ $y=\left(\frac{1}{a}\right)^x$
(4) 원점에 대하여 대칭이동 ➜ $y=-\left(\frac{1}{a}\right)^x$

0523 대표문제

함수 $y=3^x$의 그래프를 y축에 대하여 대칭이동한 후 x축의 방향으로 -2만큼, y축의 방향으로 -3만큼 평행이동하였더니 함수 $y=a\left(\frac{1}{3}\right)^x+b$의 그래프와 일치하였다. 상수 a, b에 대하여 ab의 값은?

① -3 ② -1 ③ $-\frac{1}{3}$
④ $\frac{1}{3}$ ⑤ 1

0524

Level 1

함수 $y=3^x$의 그래프를 평행이동 또는 대칭이동하여 겹쳐질 수 있는 그래프의 식인 것만을 〈**보기**〉에서 있는 대로 고른 것은?

〈보기〉
ㄱ. $y=-3^x+2$ ㄴ. $y=9\times3^x-1$
ㄷ. $y=\frac{1}{9}\times3^{2x}$ ㄹ. $y=3\times\left(\frac{1}{3}\right)^x$

① ㄱ, ㄷ ② ㄴ, ㄹ ③ ㄱ, ㄴ, ㄹ
④ ㄱ, ㄷ, ㄹ ⑤ ㄴ, ㄷ, ㄹ

0525

●▍▍ Level 1

함수 $y=2^{x+a}+b$의 그래프가 그림과 같을 때, 상수 a, b에 대하여 $a+b$의 값은?

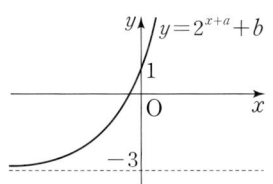

① 2   ② 1

③ 0   ④ -1

⑤ -2

0526

●▍▍ Level 2

함수 $y=2^{x-a}+b$의 그래프가 점 $(-3,\ 0)$을 지나고, 그 점근선이 직선 $y=-8$일 때, 상수 a, b에 대하여 ab의 값은?

① 40   ② 42   ③ 44

④ 46   ⑤ 48

0527

●▍▍ Level 2

함수 $y=-2^{-x-1}+5$의 그래프에 대한 설명으로 옳지 <u>않은</u> 것은?

① x의 값이 증가하면 y의 값도 증가한다.

② 제1사분면, 제2사분면, 제3사분면을 지난다.

③ 점 $\left(0,\ \dfrac{9}{2}\right)$를 지난다.

④ 함수 $y=-2^{-x-1}$의 그래프를 y축의 방향으로 5만큼 평행이동한 그래프이다.

⑤ 함수 $y=-2^{-x}+5$의 그래프를 x축의 방향으로 1만큼 평행이동한 그래프이다.

0528

●▍▍ Level 2

함수 $y=a^{3x-6}+3\ (a>0,\ a\neq1)$의 그래프가 a의 값에 관계없이 항상 점 $(p,\ q)$를 지날 때, $p+q$의 값은?

① 1   ② 3   ③ 6

④ 10   ⑤ 15

0529

●▍▍ Level 2

함수 $y=3^{x+2}+1$의 그래프를 x축의 방향으로 m만큼, y축의 방향으로 n만큼 평행이동한 후 y축에 대하여 대칭이동하였더니 함수 $y=3\left(\dfrac{1}{3}\right)^{x}+4$의 그래프와 겹쳐졌다. 상수 m, n에 대하여 $m+n$의 값을 구하시오.

0530

●▍▍ Level 2

함수 $y=2^{x}$의 그래프를 x축의 방향으로 m만큼, y축의 방향으로 n만큼 평행이동하였더니 함수 $y=3\times2^{x}+1$의 그래프와 겹쳐졌다. 상수 m, n에 대하여 $m+n$의 값은?

① $\log_{2}\dfrac{2}{3}$ ② 1   ③ $\log_{2}\dfrac{3}{2}$

④ $\log_{2}3$ ⑤ 2

0531 · 교육청 2020년 4월　　　・॥ Level 2

함수 $f(x)=2^{x+p}+q$의 그래프의 점근선이 직선 $y=-4$이고 $f(0)=0$일 때, $f(4)$의 값을 구하시오.

(단, p, q는 상수이다.)

0532 · 교육청 2021년 9월　　　・॥ Level 2

함수 $y=3^x$의 그래프를 x축의 방향으로 m만큼, y축의 방향으로 n만큼 평행이동한 그래프는 점 $(7, 5)$를 지나고, 점근선의 방정식이 $y=2$이다. $m+n$의 값은?

(단, m, n은 상수이다.)

① 6　　　　　② 8　　　　　③ 10
④ 12　　　　　⑤ 14

0533 · 교육청 2020년 9월　　　・॥ Level 2

지수함수 $y=5^x$의 그래프를 x축의 방향으로 a만큼, y축의 방향으로 b만큼 평행이동하면 함수 $y=\dfrac{1}{9}\times 5^{x-1}+2$의 그래프와 일치한다. 5^a+b의 값을 구하시오.

(단, a, b는 상수이다.)

함수 $y=a^{x-m}+n$ $(a>0,\ a\neq 1)$의 그래프의 치역과 점근선, 지나는 점의 좌표를 이용하여 그래프가 지나는 사분면을 구한다.
(1) 정의역은 실수 전체의 집합이고 치역은 $\{y\,|\,y>n\}$이다.
(2) 직선 $y=n$을 점근선으로 갖는다.
(3) 점 $(m,\ n+1)$을 지난다.

0534 대표문제

함수 $y=\left(\dfrac{1}{5}\right)^{x-1}+k$의 그래프가 제1사분면을 지나지 않도록 하는 정수 k의 최댓값은?

① -5　　　　　② -3　　　　　③ -1
④ 1　　　　　⑤ 3

0535　　　　　・॥ Level 1

함수 $y=5^{x-3}-2$의 그래프가 지나지 <u>않는</u> 사분면은?

① 제1사분면　　　　　② 제2사분면
③ 제3사분면　　　　　④ 제4사분면
⑤ 제1, 3사분면

0536　　　　　・॥ Level 2

함수 $y=2^{x+1}+k$의 그래프가 제4사분면을 지나지 않도록 하는 정수 k의 최솟값을 구하시오.

0537

●I| Level 2

함수 $y=\left(\dfrac{1}{4}\right)^{x-1}+k$의 그래프가 제3사분면을 지나지 않도록 하는 정수 k의 최솟값은?

① -5　　　　② -4　　　　③ -3

④ -2　　　　⑤ -1

0538

●I| Level 2

함수 $y=3^{x-1}+k$의 그래프가 제2사분면을 지나지 않도록 하는 상수 k의 최댓값은?

① -1　　　　② $-\dfrac{1}{3}$　　　③ 0

④ $\dfrac{1}{3}$　　　　⑤ 1

0539

●I| Level 2

함수 $y=-2^{4-3x}+k$의 그래프가 제2사분면을 지나지 않도록 하는 자연수 k의 개수를 구하시오.

0540

●I| Level 2

함수 $y=3^{-x}$의 그래프를 x축의 방향으로 2만큼, y축의 방향으로 n만큼 평행이동한 그래프가 제1사분면을 지나지 않도록 하는 정수 n의 최댓값은?

① -10　　　② -9　　　③ -8

④ -7　　　　⑤ -6

0541

●I| Level 2

함수 $y=2^x$의 그래프를 y축에 대하여 대칭이동한 후, x축의 방향으로 2만큼, y축의 방향으로 n만큼 평행이동한 그래프가 제3사분면을 지나지 않을 때, 상수 n의 최솟값은?

① -4　　　　② -2　　　　③ 0

④ 2　　　　⑤ 4

0542

●I| Level 2

함수 $y=\left(\dfrac{1}{3}\right)^{x-1}+k$의 그래프가 함수 $y=3^x$의 그래프와 제1사분면에서 만나지 않도록 하는 상수 k의 최댓값은?

① -2　　　　② -1　　　　③ 0

④ 1　　　　⑤ 2

6 지수함수의 그래프의 평행이동과 대칭이동의 활용

(1) 두 함수의 그래프 사이의 관계를 이용하여 각 선분의 길이
를 구한 후 문제를 해결한다.
(2) 평행이동 또는 대칭이동한 그래프의 식을 구한 후 문제를
해결한다.

0543 대표문제

그림과 같이 함수 $y=2^{x+1}$의 그 래프 위의 한 점 A와 함수 $y=2^{x-3}$의 그래프 위의 두 점 B, C에 대하여 선분 AB는 x축 에 평행하고 선분 AC는 y축에 평행하다. $\overline{AB}=\overline{AC}$일 때, 점 C 의 y좌표는? (단, 점 A는 제1사분면 위에 있다.)

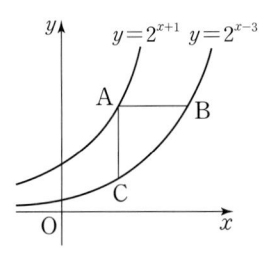

① $\dfrac{5}{12}$ ② $\dfrac{1}{6}$ ③ $\dfrac{1}{5}$

④ $\dfrac{7}{30}$ ⑤ $\dfrac{4}{15}$

0544

Level 2

함수 $y=k\times3^x$의 그래프는 함수 $y=3^x$의 그래프를 그림과 같이 평행이동한 것이다. 두 그래프 위의 점 A, B에서 x축에 내린 수선의 발을 각각 C, D라 하자. 사각형 ACDB는 넓이가 16인 정사각형일 때, $\dfrac{1}{k}$의 값은?

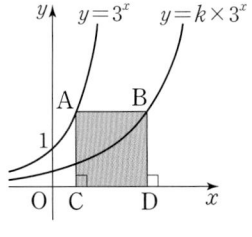

(단, 두 점 A, B는 제1사분면 위에 있다.)

① 27   ② 52   ③ 63

④ 79   ⑤ 81

0545

Level 2

그림과 같이 함수 $y=\left(\dfrac{1}{2}\right)^x$의 그래프 위의 한 점 A와 함수 $y=\dfrac{1}{4}\times\left(\dfrac{1}{2}\right)^x$의 그래프 위의 두 점 B, C가 있다. 두 선분 AB, AC가 각각 x축, y축과 평행하고, $\overline{AB}=\overline{AC}$일 때, 점 C의 y좌표를 구하시오.

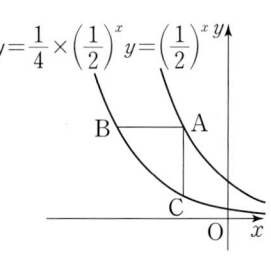

(단, 점 C는 제2사분면 위에 있다.)

0546

Level 2

함수 $y=f(x)$의 그래프는 함수 $y=2^x$의 그래프를 그림과 같이 원점에 대하여 대칭이동한 것이다. 두 그래프 위에 각각 점 P, Q가 있고 $\overline{PO}:\overline{OQ}=2:1$일 때, 점 P의 좌표는 $(a,\ b)$이다. $a+b$의 값을 구하시오. (단, $a>0$, O는 원점이고, 세 점 P, O, Q는 한 직선 위의 점이다.)

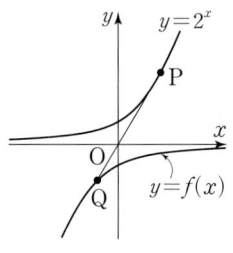

0547

Level 2

세 함수 $f(x)=a^{-x}$, $g(x)=b^x$, $h(x)=a^x$에 대하 여 직선 $y=3$이 세 곡선 $y=f(x)$, $y=g(x)$, $y=h(x)$ 와 만나는 점을 각각 P, Q, R 라 하자. $\overline{PQ}:\overline{QR}=3:1$이고 $h(2)=3$일 때, $g(3)$의 값 은? (단, $1<a<b$)

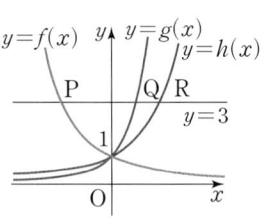

① 9   ② $9\sqrt{3}$ ③ 27

④ $27\sqrt{3}$ ⑤ 81

실전유형 7 지수함수의 그래프의 넓이의 활용   **빈출유형**

(1) 그래프가 직선과 만나는 점의 좌표를 구한 후 도형의 넓이를 구한다.

(2) 평행이동한 지수함수의 그래프의 성질을 이용하여 길이 또는 넓이가 같은 부분을 찾아 도형의 넓이를 구한다.

0548 대표문제

그림과 같이 두 함수 $y=\dfrac{1}{4}\times 2^x$, $y=2^x$의 그래프와 두 직선 $y=1$, $y=4$로 둘러싸인 부분의 넓이는?

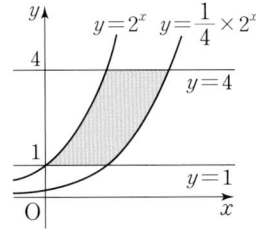

① 6   ② 8

③ 10   ④ 12

⑤ 14

0549

Level 2

그림과 같이 두 함수 $y=3^x$, $y=3^{x+2}$의 그래프와 두 직선 $y=1$, $y=9$로 둘러싸인 부분의 넓이를 구하시오.

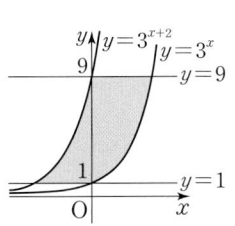

0550

Level 2

그림과 같이 두 함수 $y=5^x$, $y=5^x+5$의 그래프와 두 직선 $x=0$, $x=2$로 둘러싸인 부분의 넓이는?

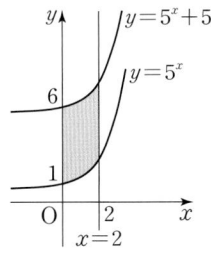

① 8   ② 10

③ 12   ④ 14

⑤ 16

0551

Level 2

그림과 같이 두 함수 $y=4\times 2^x-1$, $y=\dfrac{2^x}{16}-1$의 그래프와 두 직선 $y=0$, $y=10$으로 둘러싸인 부분의 넓이는?

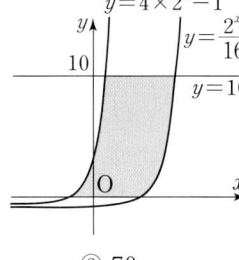

① 50   ② 60   ③ 70

④ 80   ⑤ 90

0552

Level 2

두 함수 $y=3^x$, $y=a^x$ $(0<a<1)$의 그래프가 y축 위의 점 A에서 만난다. 직선 $y=3$이 두 함수 $y=3^x$, $y=a^x$의 그래프와 만나는 점을 각각 B, C라 하자. 삼각형 ABC의 넓이가 $\dfrac{3}{2}$일 때, 상수 a의 값을 구하시오.

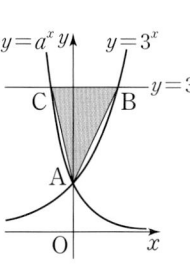

0553

Level 3

그림과 같이 y축 위의 두 점 A, B에 대하여 두 함수 $y=3^x$, $y=a^x$의 그래프와 점 B를 지나는 직선 $y=k$ $(k>1)$가 만나는 점을 각각 C, D라 하자. 삼각형 ACB의 넓이와 삼각형 ADC의 넓이가 같을 때, 상수 a의 값은? (단, $1<a<3$)

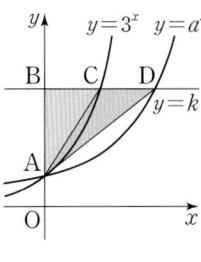

① $\dfrac{4}{3}$ ② $\sqrt{2}$ ③ $\dfrac{5}{3}$

④ $\sqrt{3}$ ⑤ $\dfrac{7}{4}$

+ **Plus 문제**

0554 · 교육청 2019년 9월   ‖‖ Level 2

두 곡선 $y=\left(\dfrac{1}{3}\right)^x$, $y=\left(\dfrac{1}{9}\right)^x$이 직선 $y=9$와 만나는 점을 각각 A, B라 할 때, 삼각형 OAB의 넓이는?

(단, O는 원점이다.)

① $\dfrac{9}{2}$ 　　② 5 　　③ $\dfrac{11}{2}$

④ 6 　　⑤ $\dfrac{13}{2}$

0555 고난도 · 교육청 2020년 11월   ‖‖ Level 3

그림과 같이 두 곡선 $y=2^{x-3}+1$과 $y=2^{x-1}-2$가 만나는 점을 A라 하자. 상수 k에 대하여 직선 $y=-x+k$가 두 곡선 $y=2^{x-3}+1$, $y=2^{x-1}-2$와 만나는 점을 각각 B, C라 할 때, 선분 BC의 길이는 $\sqrt{2}$이다. 삼각형 ABC의 넓이는?

(단, 점 B의 x좌표는 점 A의 x좌표보다 크다.)

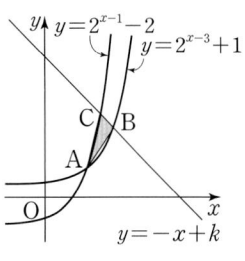

① 2 　　② $\dfrac{9}{4}$ 　　③ $\dfrac{5}{2}$

④ $\dfrac{11}{4}$ 　　⑤ 3

주어진 수의 밑을 같게 한 후 다음과 같은 지수함수 $y=a^x$ $(a>0,\ a\neq1)$의 성질을 이용한다.

(1) $a>1$일 때, $x_1<x_2 \Longleftrightarrow a^{x_1}<a^{x_2}$ ← 부등호 방향 그대로
(2) $0<a<1$일 때, $x_1<x_2 \Longleftrightarrow a^{x_1}>a^{x_2}$ ← 부등호 방향 반대로

0556 대표문제

다음 세 수 A, B, C의 대소 관계로 옳은 것은?

$$A=\sqrt[3]{2},\ B=0.5^{-\frac{1}{2}},\ C=\sqrt[6]{16}$$

① $A<B<C$ 　　② $A<C<B$ 　　③ $B<A<C$
④ $B<C<A$ 　　⑤ $C<B<A$

0557   ‖‖ Level 1

세 수 $A=\left(\dfrac{1}{2}\right)^{-\sqrt{2}}$, $B=\left(\dfrac{1}{2}\right)^{1.4}$, $C=2^{-1}$의 대소 관계로 옳은 것은?

① $A<B<C$ 　　② $A<C<B$ 　　③ $B<A<C$
④ $B<C<A$ 　　⑤ $C<A<B$

0558   ‖‖ Level 2

세 수 $A=\sqrt[3]{81}$, $B=\sqrt{9\sqrt{3}}$, $C=\left(\dfrac{1}{3}\right)^{-\frac{2}{3}}$의 대소 관계로 옳은 것은?

① $A<B<C$ 　　② $A<C<B$ 　　③ $B<A<C$
④ $B<C<A$ 　　⑤ $C<B<A$

0559

ıl Level 2

다음 중 가장 큰 수를 a, 가장 작은 수를 b라 할 때, $\dfrac{a}{b}$의 값은?

$$\sqrt[4]{27\sqrt[3]{9}}, \ \left(\frac{1}{243}\right)^{-\frac{1}{4}}, \ \left(3^{\frac{1}{3}}\times 9^{\frac{7}{2}}\right)^{\frac{1}{6}}, \ \sqrt{\sqrt{\sqrt{\sqrt{3^6}}}}$$

① $3^{\frac{1}{4}}$ ② $3^{\frac{3}{8}}$ ③ $3^{\frac{5}{8}}$

④ $3^{\frac{3}{4}}$ ⑤ $3^{\frac{7}{8}}$

0560

ıl Level 2

$a=\sqrt[3]{\dfrac{4}{25}}$일 때, 세 수 $P=a^{-2}$, $Q=\sqrt{a}$, $R=a^2$의 대소 관계로 옳은 것은?

① $P<Q<R$ ② $P<R<Q$ ③ $Q<P<R$

④ $R<P<Q$ ⑤ $R<Q<P$

0561

ıl Level 2

$a>1$이고 n이 자연수일 때, 세 수

$$A=\sqrt[n+1]{a^n}, \ B=\sqrt[n+2]{a^{n+1}}, \ C=\sqrt[n+3]{a^{n+2}}$$

의 대소 관계로 옳은 것은?

① $A<B<C$ ② $A<C<B$ ③ $B<C<A$

④ $C<A<B$ ⑤ $C<B<A$

0562

ıl Level 2

$0<a<1$일 때, A, B, C의 대소 관계로 옳은 것은?

$$A=a\sqrt{a\sqrt[3]{a}}, \ B=\sqrt{a\sqrt[3]{a^2}}, \ C=\sqrt[3]{a^2\sqrt{a}}$$

① $A<B<C$ ② $A<B=C$ ③ $A=C<B$

④ $C<A<B$ ⑤ $C<A=B$

0563

ıl Level 2

$0<a<1<b$일 때, 네 수 a^a, a^b, b^a, b^b 중 가장 작은 수와 가장 큰 수를 차례로 적은 것은?

① a^a, b^b ② a^b, b^a ③ a^b, b^b

④ b^a, a^b ⑤ b^b, a^a

0564

ıl Level 3

그림은 함수 $f(x)=a\times b^x+c$의 그래프와 점근선 $y=1$을 나타낸 것이다. 〈보기〉에서 옳은 것만을 있는 대로 고른 것은?

(단, $b>0$, $b\neq 1$, $1<f(0)<2$)

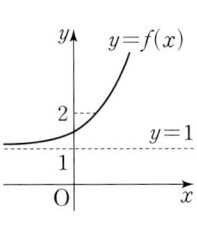

〈 **보기** 〉

ㄱ. $a^b<a^c$ ㄴ. $b^a<b^c$ ㄷ. $c^a<c^b$

① ㄱ   ② ㄴ   ③ ㄷ

④ ㄱ, ㄴ   ⑤ ㄱ, ㄴ, ㄷ

함수 $y=f(x)$의 역함수를 $y=g(x)$라 할 때
(1) $f(g(x))=x$
(2) $f(a)=b \Longleftrightarrow g(b)=a$
임을 이용한다.

참고 함수 $y=f(x)$의 역함수를 구하는 방법
❶ 주어진 함수가 일대일대응인지 확인한다.
❷ 주어진 함수를 $x=g(y)$ 꼴로 나타낸다.
❸ x와 y를 바꾸어 역함수 $y=g(x)$를 구한다.
❹ 역함수의 정의역을 구한다.

0565 대표문제

함수 $f(x)=3^x$의 역함수를 $g(x)$라 할 때, $g(\sqrt{3})g\left(\dfrac{1}{9}\right)$의 값은?

① -2 ② -1 ③ 0

④ 1 ⑤ 2

0566   Level 2

함수 $f(x)=2^x$의 역함수를 $g(x)$라 할 때, $g(a)=\dfrac{2}{3}$, $g(b)=\dfrac{1}{2}$을 만족시키는 실수 a, b에 대하여 $g\left(\dfrac{a}{b}\right)$의 값은?

① $\dfrac{1}{12}$ ② $\dfrac{1}{6}$ ③ $\dfrac{1}{3}$

④ $\dfrac{7}{6}$ ⑤ $\dfrac{4}{3}$

0567   Level 2

함수 $f(x)=5^x+1$의 역함수를 $g(x)$라 할 때, $g(6)g\left(\dfrac{126}{125}\right)$의 값을 구하시오.

0568   Level 2

함수 $f(x)=\left(\dfrac{1}{2}\right)^{x-2}+2$의 역함수를 $g(x)$라 할 때, $g(a)=2$, $g(10)=b$를 만족시키는 실수 a, b에 대하여 $a+b$의 값을 구하시오.

0569   Level 2

함수 $y=5^x$과 그 역함수 $y=g(x)$의 그래프가 그림과 같을 때, 상수 k의 값은?

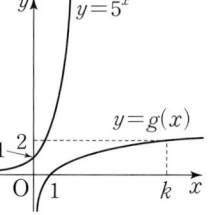

① 5 ② $5\sqrt{5}$

③ 25 ④ $25\sqrt{5}$

⑤ 125

0570   Level 2

함수 $f(x)=\dfrac{2^x+2^{-x}}{2^x-2^{-x}}$의 역함수를 $g(x)$라 할 때, $g(-3)$의 값은?

① $-\dfrac{5}{2}$ ② -2 ③ $-\dfrac{3}{2}$

④ -1 ⑤ $-\dfrac{1}{2}$

실전유형 **10** 지수함수의 최대·최소 $-y=a^{px+q}+r$ 꼴 〔빈출유형〕

정의역이 $\{x\,|\,m\leq x\leq n\}$인 지수함수
$f(x)=a^{px+q}+r$ $(p>0)$에 대하여

(1) $a>1$일 때 →
- 최댓값 : $f(n)$
- 최솟값 : $f(m)$

(2) $0<a<1$일 때 →
- 최댓값 : $f(m)$
- 최솟값 : $f(n)$

0571 〔대표문제〕

정의역이 $\{x\,|\,-1\leq x\leq 3\}$인 함수 $y=2^{x+1}+k$의 최댓값이 13일 때, 최솟값은? (단, k는 상수이다.)

① 2   ② 1   ③ 0
④ −1   ⑤ −2

0572   Level 1

정의역이 $\{x\,|\,-4\leq x\leq -2\}$인 함수 $y=\left(\dfrac{1}{3}\right)^{x+1}-3$의 최댓값과 최솟값의 합은?

① 26   ② 24   ③ 21
④ 18   ⑤ 15

0573   Level 1

정의역이 $\{x\,|\,3\leq x\leq 5\}$인 함수 $y=3^{x+a}+2$의 최솟값이 5일 때, 상수 a의 값을 구하시오.

0574   Level 2

정의역이 $\{x\,|\,-1\leq x\leq 2\}$인 함수 $f(x)=a^x$의 최댓값이 $\dfrac{3}{2}$, 최솟값이 m일 때, am의 값은? (단, $0<a<1$)

① $\dfrac{4}{27}$ ② $\dfrac{5}{27}$ ③ $\dfrac{2}{9}$
④ $\dfrac{7}{27}$ ⑤ $\dfrac{8}{27}$

0575   Level 2

정의역이 $\{x\,|\,1\leq x\leq 4\}$인 두 함수 $f(x)=\left(\dfrac{1}{2}\right)^{x-3}-1$과 $g(x)=2^{x-3}-1$에 대하여 $f(x)$의 최댓값을 L, $g(x)$의 최댓값을 M이라 할 때, $L+M$의 값은?

① 4   ② 5   ③ 6
④ 7   ⑤ 8

0576   Level 2

함수 $y=f(x)$에 대하여 $f(x)=2^{x-1}\times 3^{-x+1}-2$이고 정의역이 $\{x\,|\,1\leq x\leq 3\}$, 치역이 $\{y\,|\,m\leq y\leq M\}$일 때, $36(M-m)$의 값은?

① 4   ② 5   ③ 10
④ 16   ⑤ 20

03

0577
Level 2

정의역이 $\{x \mid -2 \le x \le 1\}$인 함수 $f(x) = \left(\dfrac{1}{3}\right)^{x-a} + b$의 최댓값이 57, 최솟값이 5일 때, 상수 a, b에 대하여 $3^a + b$의 값은?

① 9   ② 18   ③ 21

④ 27   ⑤ 33

0578
Level 3

정의역이 $\{x \mid -2 \le x \le 2\}$인 함수 $f(x) = 2\left(\dfrac{2}{a}\right)^{x}$의 최댓값이 8일 때, 모든 양수 a의 값의 합을 구하시오.

+ Plus 문제

다음은 이 유형에서 출제된 최근 교육청 · 평가원 기출문제입니다.

0579 · 교육청 2021년 4월
Level 1

$0 \le x \le 4$에서 함수 $f(x) = \left(\dfrac{1}{3}\right)^{x-2} + 1$의 최댓값은?

① 2   ② 4   ③ 6

④ 8   ⑤ 10

0580 · 교육청 2020년 6월
Level 1

$-1 \le x \le 2$에서 함수 $f(x) = 2 + \left(\dfrac{1}{3}\right)^{2x}$의 최댓값은?

① 11   ② 13   ③ 15

④ 17   ⑤ 19

0581 · 교육청 2021년 6월
Level 2

$-1 \le x \le 2$에서 함수 $f(x) = a \times 2^{2-x} + b$의 최댓값이 5, 최솟값이 -2일 때, $f(0)$의 값은?

(단, $a > 0$이고, a와 b는 상수이다.)

① 1   ② $\dfrac{3}{2}$ ③ 2

④ $\dfrac{5}{2}$ ⑤ 3

0582 · 교육청 2021년 11월
Level 2

$1 \le x \le 3$에서 정의된 함수 $f(x) = \left(\dfrac{1}{2}\right)^{x-a} + 1$의 최댓값이 5일 때, 함수 $f(x)$의 최솟값은? (단, a는 상수이다.)

① $\dfrac{3}{2}$ ② 2   ③ $\dfrac{5}{2}$

④ 3   ⑤ $\dfrac{7}{2}$

실전유형 **11** 지수함수의 최대·최소 — $y=a^{f(x)}$ 꼴

지수함수 $y=a^{f(x)}$ $(a>0,\ a\neq1)$의 최대·최소를 구할 때
$f(x)$의 최댓값과 최솟값을 구한 후 a의 값의 범위에 따라

(1) $a>1$ → ┌ $f(x)$가 최대일 때 y도 최대
　　　　　　└ $f(x)$가 최소일 때 y도 최소

(2) $0<a<1$ → ┌ $f(x)$가 최대일 때 y는 최소
　　　　　　　└ $f(x)$가 최소일 때 y는 최대

0583 대표문제

정의역이 $\{x\,|\,0\leq x\leq3\}$인 함수 $y=a^{x^2-2x-1}$의 최댓값이 $\dfrac{4}{3}$
일 때, 최솟값은? (단, $0<a<1$)

① $\dfrac{3}{8}$　　　　② $\dfrac{\sqrt{3}}{4}$　　　　③ $\dfrac{1}{2}$

④ $\dfrac{3}{4}$　　　　⑤ $\dfrac{\sqrt{3}}{2}$

0584　　　　　　　　　　　　　　　Level 1

함수 $y=a^{-x^2+6x-7}$의 최솟값이 $\dfrac{1}{9}$일 때, 상수 a의 값은?

(단, $0<a<1$)

① $\dfrac{1}{9}$　　　　② $\dfrac{1}{6}$　　　　③ $\dfrac{\sqrt{3}}{9}$

④ $\dfrac{1}{3}$　　　　⑤ $\dfrac{\sqrt{3}}{3}$

0585　　　　　　　　　　　　　　　Level 1

정의역이 $\{x\,|\,1\leq x\leq4\}$인 함수 $y=2^{x^2-4x+4}+2$의 최솟값
을 구하시오.

0586　　　　　　　　　　　　　　　Level 2

함수 $y=a^{x^2-4x+7}$의 최댓값이 $\dfrac{1}{64}$일 때, 상수 a의 값은?

(단, $0<a<1$)

① $\dfrac{1}{8}$　　　　② $\dfrac{1}{6}$　　　　③ $\dfrac{1}{4}$

④ $\dfrac{1}{3}$　　　　⑤ $\dfrac{1}{2}$

0587　　　　　　　　　　　　　　　Level 2

정의역이 $\{x\,|\,-1\leq x\leq3\}$인 함수 $y=\left(\dfrac{1}{3}\right)^{-x^2+4x+a}$의 최솟값
이 9이고, 최댓값이 3^b일 때, $a+b$의 값은?

(단, a는 상수이다.)

① 1　　　　② 3　　　　③ 5

④ 7　　　　⑤ 9

0588　　　　　　　　　　　　　　　Level 2

정의역이 $\{x\,|\,0\leq x\leq3\}$인 함수 $y=2^{-x^2+2x+a}$의 최댓값이
16이고, 최솟값이 m일 때, $a+m$의 값은?

(단, a는 상수이다.)

① 3　　　　② 4　　　　③ 5

④ 6　　　　⑤ 8

0589

정의역이 $\{x\,|\,1\leq x\leq 4\}$인 함수 $y=a^{-x^2+6x-8}$의 치역이 $\{y\,|\,m\leq y\leq 64\}$일 때, $a+m$의 값은? (단, $0<a<1$)

① $\dfrac{1}{4}$ ② $\dfrac{1}{3}$ ③ $\dfrac{1}{2}$

④ 1 ⑤ $\dfrac{5}{4}$

0590

두 함수 $f(x)=3^x$, $g(x)=x^2+4x+6$에 대하여 합성함수 $(f\circ g)(x)$는 $x=a$일 때 최솟값 m을 갖는다. $a+m$의 값을 구하시오.

0591

정의역이 $\{x\,|\,3\leq x\leq 4\}$인 함수 $y=a^{x^2-6x+b}$의 최댓값이 16이고, 최솟값이 4일 때, 상수 a, b에 대하여 ab의 값은?

(단, $0<a<1$)

① $\dfrac{1}{4}$ ② $\dfrac{3}{4}$ ③ $\dfrac{5}{4}$

④ $\dfrac{7}{4}$ ⑤ $\dfrac{9}{4}$

+ Plus 문제

실전 유형 12 지수함수의 최대·최소 — a^x 꼴이 반복되는 경우

함수 $y=pa^{2x}+qa^x+r$ (p, q, r는 상수)의 최대·최소를 구할 때, $a^x=t$로 치환한 후 t에 대한 이차함수의 최대·최소를 구한다. 이때 x의 값의 범위에 따른 t의 값의 범위에 주의한다.

0592 대표문제

정의역이 $\{x\,|\,0\leq x\leq 3\}$인 함수 $f(x)=2^{2x}-2^{x+2}+a$의 최댓값이 b이고, $x=c$일 때 최솟값이 5이다. $a+b+c$의 값은? (단, a는 상수이다.)

① 47 ② 49 ③ 51

④ 53 ⑤ 55

0593

함수 $y=4^x-2^{x+1}+6$이 $x=a$에서 최솟값 b를 가질 때, $a-b$의 값은?

① -5 ② -2 ③ 0

④ 2 ⑤ 5

0594

Level **2**

정의역이 $\{x|0\leq x\leq 3\}$인 함수 $y=4^x-2^{x+2}+7$의 최댓값을 M, 최솟값을 m이라 할 때, $M+m$의 값은?

① 30 ② 33 ③ 36

④ 39 ⑤ 42

0595

Level **2**

정의역이 $\{x|-1\leq x\leq 2\}$인 함수 $y=9^x-2\times 3^x+3$이 $x=a$에서 최댓값 b, $x=c$에서 최솟값 d를 가질 때, $a+b+c-d$의 값은?

① 66 ② 68 ③ 70

④ 72 ⑤ 74

0596

Level **2**

정의역이 $\{x|0\leq x\leq 3\}$인 함수 $y=-4^x+5\times 2^{x+1}+a$의 최댓값이 30일 때, 상수 a의 값은?

① 1 ② 2 ③ 3

④ 4 ⑤ 5

0597

Level **2**

$-3\leq x\leq 2$일 때, 함수 $y=4^{-x}-2^{-x+1}+a$의 최댓값을 M, 최솟값을 m이라 하자. $M+m=31$을 만족시키는 상수 a의 값을 구하시오.

0598

Level **2**

함수 $y=\dfrac{1}{5^{2x}}-\dfrac{10}{5^x}+a$가 $x=b$에서 최솟값 3을 가질 때, $a+b$의 값은? (단, a, b는 상수이다.)

① 24 ② 25 ③ 26

④ 27 ⑤ 28

0599

Level **2**

$-4\leq x\leq 4$일 때, 함수 $y=2^x-\sqrt{2^{x+4}}+2$의 최댓값과 최솟값의 합은?

① 0 ② 1 ③ 2

④ 3 ⑤ 4

$a>0$, $a\neq1$일 때, 모든 실수 x에 대하여
$a^x>0$, $a^{-x}>0$이므로
$a^x+a^{-x}\geq2\sqrt{a^x\times a^{-x}}=2$ (단, 등호는 $a^x=a^{-x}$일 때 성립)

0600 대표문제

함수 $y=9^x+9^{-x+2}$이 $x=a$에서 최솟값 b를 가질 때, $a+b$의 값을 구하시오.

0601　　　　　　　　　　　　　　•ıl Level 1

함수 $y=3^x+\left(\dfrac{1}{3}\right)^x+6$의 최솟값은?

① 2　　　　　② 4　　　　　③ 6
④ 8　　　　　⑤ 10

0602　　　　　　　　　　　　　　•ıl Level 2

등식 $x+2y=2$를 만족시키는 실수 x, y에 대하여 4^x+16^y의 최솟값은?

① 1　　　　　② 2　　　　　③ 4
④ 8　　　　　⑤ 16

0603　　　　　　　　　　　　　　•ıl Level 2

함수 $y=3^{x+k}+\left(\dfrac{1}{3}\right)^{x-k}$의 최솟값이 18일 때, 실수 k의 값은?

① 1　　　　　② 2　　　　　③ 3
④ 4　　　　　⑤ 5

0604　　　　　　　　　　　　　　•ıl Level 2

함수 $y=2^{a+x}+2^{a-x}$의 최솟값이 32일 때, 실수 a의 값은?

① 1　　　　　② 2　　　　　③ 3
④ 4　　　　　⑤ 5

0605　　　　　　　　　　　　　　•ıl Level 2

함수 $y=\dfrac{2^{x+3}}{2^{2x}-2^x+1}$의 최댓값은?

① 8　　　　　② 10　　　　　③ 12
④ 14　　　　　⑤ 16

0606

ıll Level 3

그림과 같이 실수 t에 대하여 직선 $x=t$가 두 곡선 $y=2^x$, $y=-2^{-x+1}$과 만나는 점을 각각 P, Q라 하고 선분 PQ의 길이를 l_t라 하면 l_t는 $t=a$일 때, 최솟값 b를 갖는다. 이때 $2a+b^2$의 값은?

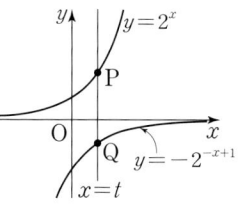

① 8   ② 9   ③ 10

④ 11   ⑤ 12

0607 고난도

ıll Level 3

함수 $y=2^x$의 그래프 위의 점 $P(a, 2^a)$과 함수 $y=-2^{-x}$의 그래프 위의 점 $Q(b, -2^{-b})$에 대하여 $b-a=4$가 성립한다. 그림과 같이 두 점 P, Q를 지나고 x축, y축과 평행한 직선을 그려 만들어지는 직사각형의 넓이의 최솟값은?

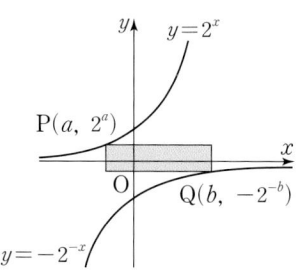

① 1   ② $\dfrac{5}{4}$ ③ $\dfrac{3}{2}$

④ $\dfrac{7}{4}$ ⑤ 2

실전유형 14 지수함수의 최대·최소
－공통 부분이 a^x+a^{-x} 꼴인 경우

a^x+a^{-x} 꼴의 함수의 최대·최소를 구할 때

→ $a^x+a^{-x}=t$라 하면 $a^{2x}+a^{-2x}=t^2-2$이고, 산술평균과 기하평균의 관계에 의하여 $a^x+a^{-x}\geq2\sqrt{a^x\times a^{-x}}=2$ (단, 등호는 $a^x=a^{-x}$일 때 성립) 이므로 $t\geq2$임을 이용한다.

0608 대표문제

함수 $y=9^x+9^{-x}-2(3^x+3^{-x})+5$가 $x=a$에서 최솟값 b를 가질 때, $a+b$의 값은?

① 1   ② 3   ③ 5

④ 7   ⑤ 9

0609

ıll Level 2

함수 $y=4(2^x+2^{-x})-(4^x+4^{-x})$의 최댓값은?

① 2   ② 4   ③ 6

④ 8   ⑤ 10

0610

ıll Level 2

함수 $y=3^x+3^{-x}-(\sqrt{3^x}+\sqrt{3^{-x}})$의 최솟값은?

① 0   ② 1   ③ 2

④ 3   ⑤ 4

0611

Level 2

함수 $y=4\left\{\left(\dfrac{1}{2}\right)^x+\left(\dfrac{1}{2}\right)^{-x}\right\}-\left\{\left(\dfrac{1}{4}\right)^x+\left(\dfrac{1}{4}\right)^{-x}\right\}$ 의 최댓값은?

① 6   ② 8   ③ 10

④ 12   ⑤ 14

0612

Level 2

함수 $y=2(a^x+a^{-x})-(a^{2x}+a^{-2x})+3$의 최댓값은?

(단, $a>1$)

① 1   ② 3   ③ 5

④ 7   ⑤ 9

0613

Level 2

함수 $y=4^x+4^{-x}-4(2^x+2^{-x})+4$가 $x=a$에서 최솟값 b를 가질 때, a^2+b^2의 값을 구하시오.

❶ 방정식의 각 항의 밑을 같게 하여 $a^{f(x)}=a^{g(x)}$ 꼴로 변형한다.

❷ $a>0$, $a\ne1$일 때, $a^{f(x)}=a^{g(x)}$ 꼴은 $f(x)=g(x)$임을 이용하여 푼다.

0614 대표문제

방정식 $\left(\dfrac{1}{4}\right)^{\frac{x}{2}}=(\sqrt[3]{2})^{x^2}$의 모든 해의 합은?

① -6 ② -5 ③ -4

④ -3 ⑤ -2

0615

Level 1

방정식 $3^{-2x}=81^{-x+2}$을 만족시키는 x의 값은?

① 2   ② 4   ③ 6

④ 8   ⑤ 10

0616

Level 2

방정식 $\dfrac{3^{x^2-5}}{3^{2x-1}}=81$의 두 근을 α, β라 할 때, $\alpha^2+\beta^2$의 값은?

① 5   ② 13   ③ 18

④ 20   ⑤ 25

0617

Level 2

방정식 $(3^x-27)(4^{2x}-16)=0$의 두 실근을 α, β라 할 때, $\alpha\beta$의 값을 구하시오.

0618

Level 2

방정식 $(3\times\sqrt[3]{9})^{x^2}=27^{x+2}$을 만족시키는 정수 x의 값을 구하시오.

다음은 이 유형에서 출제된 최근 교육청·평가원 기출문제입니다.

0619 · 교육청 2020년 3월

Level 1

방정식 $\left(\dfrac{1}{4}\right)^{-x}=64$를 만족시키는 실수 x의 값은?

① -3 ② $-\dfrac{1}{3}$ ③ $\dfrac{1}{3}$

④ 3 ⑤ 9

0620 · 교육청 2021년 6월

Level 2

방정식 $2^{x-6}=\left(\dfrac{1}{4}\right)^{x^2}$의 모든 해의 합은?

① $-\dfrac{9}{2}$ ② $-\dfrac{7}{2}$ ③ $-\dfrac{5}{2}$

④ $-\dfrac{3}{2}$ ⑤ $-\dfrac{1}{2}$

정답 및 풀이 **102**쪽

실전유형 16 지수방정식 $-a^x$ 꼴이 반복되는 경우 **빈출유형**

❶ $a^x=t$ $(t>0)$로 치환하여 t에 대한 방정식을 푼다. 이때 $t>0$임에 주의한다.

❷ ❶에서 구한 t에 대하여 $a^x=t$를 만족시키는 x의 값을 구한다.

0621 대표문제

방정식 $3^{3-x}=12-3^x$의 모든 실근의 합은?

① 1 ② 2 ③ 3

④ 4 ⑤ 5

03

0622

Level 1

방정식 $2^{2x}+10\times2^x-24=0$을 만족시키는 실수 x의 값은?

① -2 ② -1 ③ 0

④ 1 ⑤ 2

0623

Level 2

방정식 $9^x-3^{x+1}-10=0$의 근을 α라 할 때, 3^α의 값을 구하시오.

0624

Level 2

방정식 $\left(\frac{1}{4}\right)^{x}-3\left(\frac{1}{2}\right)^{x-1}-16=0$의 해는?

① $x=-3$ ② $x=-2$ ③ $x=1$
④ $x=2$ ⑤ $x=3$

0625

Level 2

방정식 $4^{x}-3\times2^{x+2}=4\times2^{x+1}-64$를 만족시키는 모든 정수 x의 값의 합은?

① 6 ② 7 ③ 8
④ 9 ⑤ 10

0626

Level 2

두 함수 $f(x)=2^{x}$, $g(x)=2x+2$에 대하여 방정식 $(f\circ g)(x)=(g\circ f)(x)$의 해는?

(단, $(f\circ g)(x)=f(g(x))$)

① $x=0$ ② $x=1$ ③ $x=2$
④ $x=3$ ⑤ $x=4$

0627

Level 2

x에 대한 방정식 $a^{2x}+a^{x}=6$ $(a>0,\ a\neq1)$의 근이 $\frac{1}{4}$이 되도록 하는 상수 a의 값은?

① 16 ② 32 ③ 64
④ 128 ⑤ 256

0628

Level 3

두 함수 $y=4^{x}$, $y=2^{x+1}$의 그래프가 직선 $x=k$와 만나는 두 점을 각각 A, B라 하자. $\overline{\text{AB}}=48$일 때, 상수 k의 값을 구하시오.

다음은 이 유형에서 출제된 최근 교육청·평가원 기출문제입니다.

0629 · 교육청 2019년 9월

Level 1

방정식 $3^x - 3^{4-x} = 24$를 만족시키는 실수 x의 값을 구하시오.

0630 · 교육청 2020년 10월

Level 2

실수 t에 대하여 직선 $x=t$가 곡선 $y=3^{2-x}+8$과 만나는 점을 A, x축과 만나는 점을 B라 하자. 직선 $x=t+1$이 x축과 만나는 점을 C, 곡선 $y=3^{x-1}$과 만나는 점을 D라 하자. 사각형 ABCD가 직사각형일 때, 이 사각형의 넓이는?

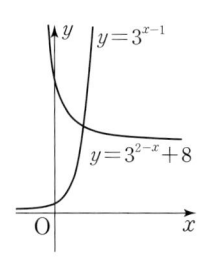

① 9   ② 10   ③ 11

④ 12   ⑤ 13

0631 · 교육청 2020년 7월

Level 2

두 함수 $f(x)=2^x+1$, $g(x)=2^{x+1}$의 그래프가 점 P에서 만난다. 서로 다른 두 실수 a, b에 대하여 두 점 A$(a, f(a))$, B$(b, g(b))$의 중점이 P일 때, 선분 AB의 길이는?

① $2\sqrt{2}$ ② $2\sqrt{3}$ ③ 4

④ $2\sqrt{5}$ ⑤ $2\sqrt{6}$

실전유형 17 지수방정식 – 이차방정식의 근과 계수의 관계를 이용하는 경우

방정식 $a^{2x}-pa^x+q=0$ (p, q는 상수)의 두 근이 α, β일 때, $a^x=t$ $(t>0)$로 치환하여 얻은 이차방정식 $t^2-pt+q=0$의 두 근은 a^α, a^β이다.

참고 근과 계수의 관계에 의하여
(1) 두 근의 합 : $a^\alpha+a^\beta=p$
(2) 두 근의 곱 : $a^\alpha \times a^\beta = a^{\alpha+\beta} = q$

0632 대표문제

방정식 $4^x-4\times 2^x+k=0$의 두 근을 α, β라 할 때, $\alpha+\beta=2$를 만족시키는 상수 k의 값은?

① 2   ② 4   ③ 6

④ 8   ⑤ 10

0633

Level 2

방정식 $4^x-2^{x+2}+1=0$의 두 근을 α, β라 할 때, $\alpha+\beta$의 값은?

① 0   ② 1   ③ 2

④ 4   ⑤ 8

0634

Level 2

방정식 $4^x+16=5\times 2^{x+1}$의 모든 실근의 합은?

① 1   ② 2   ③ 3

④ 4   ⑤ 5

03

0635

Level 2

방정식 $3^{2x}-a\times 3^x+9=0$의 두 근을 α, β라 할 때, $\alpha+\beta$의 값은? (단, a는 상수이다.)

① -2 ② -1 ③ 0

④ 1 ⑤ 2

0636

Level 2

방정식 $16^x-4^{x+3}+100=0$의 두 근을 α, β라 할 때, $2^{\alpha+\beta}$의 값을 구하시오.

0637

Level 2

방정식 $\left(\dfrac{1}{3}\right)^{2x-1}-\left(\dfrac{1}{3}\right)^{x-3}+9=0$의 두 근을 α, β라 할 때, $\alpha+\beta$의 값은?

① -3 ② -2 ③ -1

④ 1 ⑤ 2

0638

Level 2

방정식 $9^x-2\times 3^{x+2}+k=0$의 서로 다른 두 실근의 합이 3일 때, 상수 k의 값은?

① 18 ② 21 ③ 24

④ 27 ⑤ 30

0639

Level 2

x에 대한 방정식 $a^{2x}-10a^x+16=0$의 두 근을 α, β라 할 때, $\alpha+\beta=2$를 만족시키는 양수 a의 값은?

① $2\sqrt{3}$ ② $\sqrt{13}$ ③ $\sqrt{14}$

④ $\sqrt{15}$ ⑤ 4

0640

Level 2

방정식 $9^x-11\times 3^x+28=0$의 두 실근을 α, β라 할 때, $9^{\alpha}+9^{\beta}$의 값은?

① 63 ② 65 ③ 67

④ 69 ⑤ 71

0641

Level 3

방정식 $4^x+4^{-x}=2^{1+x}+2^{1-x}+6$의 두 근을 α, β라 할 때, $4^{\alpha}+4^{\beta}$의 값은?

① 8 ② 10 ③ 12

④ 14 ⑤ 16

+ Plus 문제

심화유형 **18** 지수방정식 – 근의 조건

주어진 지수방정식이 서로 다른 두 실근을 가지려면
$a^x = t$ $(t > 0)$로 치환하여 정리한 t에 대한 이차방정식이 서로
다른 두 양의 실근을 가져야 한다.

(1) 이차방정식이 서로 다른 두 양의 실근을 가질 조건
  ➔ (판별식) > 0, (두 근의 합) > 0, (두 근의 곱) > 0
(2) 이차방정식의 두 근이 p보다 클 조건
  ➔ (판별식) ≥ 0, (축) > p, $f(p) > 0$

0642 대표문제

방정식 $4^x - 2^{x+3} + a - 1 = 0$이 서로 다른 두 실근을 갖도록
하는 정수 a의 개수는?

① 13   ② 14   ③ 15

④ 16   ⑤ 17

0643   Level 2

x에 대한 방정식 $3\left(\dfrac{1}{9}\right)^x - 2\left(\dfrac{1}{3}\right)^{x-k} + 27 = 0$이 오직 한 개의
실근을 갖도록 하는 실수 k의 값을 구하시오.

0644   Level 2

방정식 $\left(\dfrac{1}{2}\right)^{2x} - a\left(\dfrac{1}{2}\right)^x + 4 = 0$이 서로 다른 두 실근을 갖도
록 하는 정수 a의 최솟값은?

① 2   ② 3   ③ 4

④ 5   ⑤ 6

0645   Level 2

방정식 $4^x + 2^{x+2} - k + 2 = 0$이 실근을 갖도록 하는 상수 k
의 값의 범위는?

① $k > -2$ ② $k \geq -2$ ③ $k > 0$

④ $k \geq 0$ ⑤ $k > 2$

0646   Level 2

방정식 $4^x + 4^{-x} + a(2^x - 2^{-x}) + 2 = 0$이 실근을 갖도록 하
는 양수 a의 최솟값은?

① 2   ② 4   ③ 6

④ 8   ⑤ 10

0647 고난도   Level 3

x에 대한 방정식 $9^x - 2(a-4)3^x + 2a = 0$의 두 근이 모두
1보다 클 때, 정수 a의 값은?

① 7   ② 8   ③ 9

④ 10   ⑤ 11

a^x, b^y $(a>0, a\neq1, b>0, b\neq1)$에 대한 연립방정식 꼴의 지수방정식

➔ $a^x=X$, $b^y=Y$ $(X>0, Y>0)$로 치환하여 X, Y에 대한 연립방정식을 푼다.

0648 대표문제

연립방정식 $\begin{cases} 2^{x+1}+2^{y+1}=12 \\ 2^{x+y-1}=4 \end{cases}$의 근을 $x=\alpha$, $y=\beta$라 할 때, $\alpha^2+\beta^2$의 값을 구하시오.

0649　　Level 2

연립방정식 $\begin{cases} 3^x+2\times5^y=59 \\ 3^{x+1}-5^y=2 \end{cases}$의 근을 $x=\alpha$, $y=\beta$라 할 때, $\alpha+\beta$의 값은?

① 1　　　　② 2　　　　③ 3
④ 4　　　　⑤ 5

0650　　Level 2

연립방정식 $\begin{cases} \dfrac{1}{2}\times4^x+3\times9^y=11 \\ 4\times4^x-\dfrac{1}{3}\times9^y=15 \end{cases}$의 근을 $x=\alpha$, $y=\beta$라 할 때, $\alpha\beta$의 값은?

① $\dfrac{1}{2}$　　　　② 1　　　　③ $\dfrac{3}{2}$
④ 2　　　　⑤ $\dfrac{5}{2}$

0651　　Level 2

연립방정식 $\begin{cases} 3^{x-1}+3^y=12 \\ 3^{x+y-1}=27 \end{cases}$의 근을 $x=\alpha$, $y=\beta$라 할 때, $\alpha\beta$의 값은? (단, $\alpha>\beta$)

① -1　　　　② 0　　　　③ 1
④ 2　　　　⑤ 3

0652　　Level 2

연립방정식 $\begin{cases} 2^x+2^y=\dfrac{17}{2} \\ 2^x\times2^y=4 \end{cases}$의 근을 $x=\alpha$, $y=\beta$라 할 때, $\alpha^2+\beta^2$의 값을 구하시오.

0653　　Level 2

연립방정식 $\begin{cases} 3^{x+1}+3^{y+1}=108 \\ 3^{x+y-2}=27 \end{cases}$의 근을 $x=\alpha$, $y=\beta$라 할 때, $\alpha^2+\beta^2$의 값은?

① 5　　　　② 10　　　　③ 13
④ 17　　　　⑤ 25

실전
유형 **20** 지수방정식 – 밑에 미지수를 포함한 경우

(1) $a^{f(x)}=b^{f(x)}$ $(a>0,\ a\neq1,\ b>0,\ b\neq1)$ 꼴
➔ $a=b$ 또는 $f(x)=0$을 푼다.
(2) $a^{f(x)}=a^{g(x)}$ $(a>0)$ 꼴
➔ $a=1$ 또는 $f(x)=g(x)$를 푼다.

0654 대표문제

방정식 $(x-1)^{4x+5}=(x-1)^{x^2}$의 모든 근의 합은?
(단, $x>1$)

① 2   ② 3   ③ 5
④ 7   ⑤ 9

0655

Level 1

방정식 $(x+2)^{x-3}=3^{x-3}$의 모든 근의 합은? (단, $x>-2$)

① 4   ② 5   ③ 6
④ 7   ⑤ 8

0656

Level 1

방정식 $x^{x+2}=x^{3x-2}$의 모든 근의 곱은? (단, $x>0$)

① 1   ② 2   ③ 3
④ 4   ⑤ 5

0657

Level 1

방정식 $x^{x+12}=x^{x^2}$의 모든 근 중 가장 큰 값을 구하시오.
(단, $x>0$)

0658

Level 2

방정식 $x^{x^2-3}=x^{2x+5}$의 모든 근의 합을 a, 방정식 $\left(x-\dfrac{1}{2}\right)^{5-2x}=5^{5-2x}$의 모든 근의 합을 b라 할 때, $a+b$의 값은? $\left(단,\ x>\dfrac{1}{2}\right)$

① 11   ② 12   ③ 13
④ 14   ⑤ 15

0659

Level 2

방정식 $(x^2-x-1)^{x+2}=1$의 근 중 정수인 것의 개수는?

① 1   ② 2   ③ 3
④ 4   ⑤ 5

지수에 미지수가 있는 부등식은 다음 성질을 이용하여 푼다.
(1) $a > 1$일 때
$$a^{f(x)} < a^{g(x)} \Longleftrightarrow f(x) < g(x) \quad \text{← 부등호 방향 그대로}$$
(2) $0 < a < 1$일 때
$$a^{f(x)} < a^{g(x)} \Longleftrightarrow f(x) > g(x) \quad \text{← 부등호 방향 반대로}$$

0660 대표문제

부등식 $3^{x^2-6} < 81 \times 3^{3x}$을 만족시키는 모든 정수 x의 값의 합은?

① 2   ② 5   ③ 9

④ 14   ⑤ 20

0661   Level 1

부등식 $\left(\dfrac{3}{4}\right)^{x+2} \leq \left(\dfrac{4}{3}\right)^{2x-3}$의 해는?

① $x \leq -\dfrac{3}{2}$ ② $x \leq -\dfrac{1}{3}$ ③ $0 \leq x \leq 2$

④ $x \geq \dfrac{1}{3}$ ⑤ $x \geq \dfrac{3}{2}$

0662   Level 1

부등식 $3^{-x^2+17x} \geq 3^{2x+50}$을 만족시키는 정수 x의 개수는?

① 3   ② 4   ③ 5

④ 6   ⑤ 7

0663   Level 1

부등식 $3^{2x} \leq \left(\dfrac{1}{9}\right)^{x^2-2}$의 해가 $\alpha \leq x \leq \beta$일 때, $\alpha + \beta$의 값을 구하시오.

0664   Level 2

부등식 $\dfrac{16}{4^{2x}} \geq 2^{1-3x}$을 만족시키는 자연수 x의 개수는?

① 1   ② 2   ③ 3

④ 4   ⑤ 5

0665 신경향   Level 2

이차함수 $y = f(x)$의 그래프와 일차함수 $y = g(x)$의 그래프가 그림과 같을 때, 부등식 $\left(\dfrac{1}{2}\right)^{f(x-2)} < 2^{-g(x+1)}$의 해는?

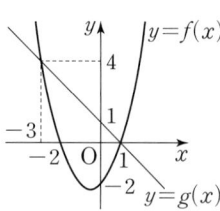

① $x < -2$ ② $x < 0$ 또는 $x > 1$

③ $x < 0$ 또는 $x > 2$ ④ $-3 < x < 1$

⑤ $0 < x < 2$

다음은 이 유형에서 출제된 최근 교육청·평가원 기출문제입니다.

0666 · 교육청 2020년 4월

Level **1**

부등식 $2^{x-4} \leq \left(\dfrac{1}{2}\right)^{x-2}$을 만족시키는 모든 자연수 x의 값의 합은?

① 6   ② 7   ③ 8

④ 9   ⑤ 10

0667 · 2021학년도 대학수학능력시험

Level **1**

부등식 $\left(\dfrac{1}{9}\right)^{x} < 3^{21-4x}$을 만족시키는 자연수 x의 개수는?

① 6   ② 7   ③ 8

④ 9   ⑤ 10

0668 고난도 · 교육청 2021년 6월

Level **3**

부등식 $(\sqrt{2}-1)^{m} \geq (3-2\sqrt{2})^{5-n}$을 만족시키는 자연수 m, n의 모든 순서쌍 (m, n)의 개수는?

① 17   ② 18   ③ 19

④ 20   ⑤ 21

실전유형 22 지수부등식 - a^x 꼴이 반복되는 경우 빈출유형

❶ $a^x = t \ (t>0)$로 치환하여 t에 대한 부등식을 푼다. 이때 $t > 0$임에 유의한다.

❷ ❶에서 구한 t에 대하여 $a^x = t$를 만족시키는 x의 값의 범위를 구한다.

0669 대표문제

부등식 $4^{2x+1} - 34 \times 4^x + 16 \leq 0$을 만족시키는 모든 정수 x의 개수는?

① 1   ② 2   ③ 3

④ 4   ⑤ 5

0670

Level **1**

부등식 $4^x > 7 \times 2^x + 8$을 만족시키는 자연수 x의 최솟값을 구하시오.

0671

Level **1**

부등식 $4^{x+1} - 33 \times 2^x + 8 \leq 0$을 만족시키는 모든 정수 x의 값의 합은?

① 1   ② 3   ③ 5

④ 7   ⑤ 9

0672

⦿⦿⦿ Level 2

부등식 $\left(\dfrac{1}{4}\right)^x-\left(\dfrac{1}{2}\right)^x-12\leq 0$을 만족시키는 정수 x의 최솟값은?

① -3 ② -2 ③ -1

④ 0 ⑤ 1

0673

⦿⦿⦿ Level 2

부등식 $\left(\dfrac{1}{9}\right)^x-\left(\dfrac{1}{\sqrt{3}}\right)^{2x-2}-54>0$을 만족시키는 정수 x의 최댓값은?

① -5 ② -4 ③ -3

④ -2 ⑤ -1

0674

⦿⦿⦿ Level 2

부등식 $(3^x+1)(3^x-10)<12$를 만족시키는 모든 자연수 x의 개수는?

① 1 ② 2 ③ 3

④ 4 ⑤ 5

0675

⦿⦿⦿ Level 2

$3^x-2\times 3^{\frac{x}{2}-1}-\dfrac{8}{3}\leq 0$을 만족시키는 자연수 x의 개수는?

① 0 ② 1 ③ 2

④ 3 ⑤ 4

0676

⦿⦿⦿ Level 2

함수 $f(x)=x^2-4x-2$에 대하여 부등식 $4^{f(x)}-2^{2+f(x)}<32$를 만족시키는 정수 x의 개수를 구하시오.

0677

⦿⦿⦿ Level 2

부등식 $4^{|x|}-2^{|x|+3}+7\leq 0$을 만족시키는 정수 x의 개수는?

① 2 ② 3 ③ 4

④ 5 ⑤ 6

0678

Level 3

이차부등식 $x^2-2^{a+1}x+9\times2^a\geq0$이 모든 실수 x에 대하여 성립하도록 하는 자연수 a의 최댓값을 구하시오.

+ Plus 문제

다음은 이 유형에서 출제된 최근 교육청·평가원 기출문제입니다.

0679 · 교육청 2020년 6월

Level 1

부등식 $4^x-10\times2^x+16\leq0$을 만족시키는 모든 자연수 x의 값의 합은?

① 3   ② 4   ③ 5

④ 6   ⑤ 7

0680 · 교육청 2020년 9월

Level 3

x에 대한 부등식 $\left(\dfrac{1}{4}\right)^x-(3n+16)\times\left(\dfrac{1}{2}\right)^x+48n\leq0$을 만족시키는 정수 x의 개수가 2가 되도록 하는 모든 자연수 n의 개수를 구하시오.

실전 유형 **23** 지수부등식 – 밑에 미지수를 포함한 경우

정답 및 풀이 **110**쪽

$x^{f(x)}<x^{g(x)}$ 꼴의 부등식은 다음과 같이 세 가지 경우로 나누어 푼다.

(1) $0<x<1$인 경우 ➜ $f(x)>g(x)$

(2) $x=1$인 경우

(3) $x>1$인 경우 ➜ $f(x)<g(x)$

0681 대표문제

부등식 $x^{x^2}<x^{2x+3}$의 해가 $\alpha<x<\beta$일 때, $\alpha+\beta$의 값은? (단, $x>0$)

① 1   ② 2   ③ 3

④ 4   ⑤ 5

0682

Level 1

부등식 $x^{x^2+3}<x^{4x}$의 해는? (단, $x>1$)

① $1<x<2$ ② $1<x<3$ ③ $1<x<4$

④ $2<x<3$ ⑤ $x>2$

0683

Level 2

부등식 $(x+2)^x<5^x$을 만족시키는 모든 정수 x의 개수는? (단, $x\geq0$)

① 0   ② 1   ③ 2

④ 3   ⑤ 4

0684

Level 2

부등식 $x^{x+1}\geq x^{-x-5}$을 만족시키는 정수 x의 최솟값을 구하시오. (단, $x>0$)

0685

Level 2

부등식 $x^{4x+1} > x^{2x+7}$을 만족시키는 x의 값의 범위는?

(단, $x > 0$)

① $0 < x \leq 1$ ② $0 < x < 1$

③ $x \geq 3$ ④ $0 < x < 1$ 또는 $x > 3$

⑤ $1 \leq x < 3$

0686

Level 2

부등식 $x^x < \left(\dfrac{1}{x^2}\right)^{2x-5}$을 만족시키는 x의 값의 범위가

$\alpha < x < \beta$일 때, $\alpha\beta$의 값을 구하시오. (단, $x > 0$)

0687

Level 2

부등식 $x^{3x^2-10x} > \dfrac{1}{x^3}$의 해의 집합을 S라 할 때, 다음 중 집합 S의 원소가 <u>아닌</u> 것은? (단, $x > 0$)

① $\dfrac{1}{2}$ ② $\dfrac{2}{3}$ ③ 2

④ $\dfrac{7}{2}$ ⑤ 4

0688

Level 3

부등식 $\dfrac{(x^2-4x+4)^x}{(x^2-4x+4)^2} < 1$의 해가 $x < \alpha$ 또는 $\beta < x < \gamma$일 때, $\alpha+\beta+\gamma$의 값을 구하시오. (단, $x \neq 2$)

실전 유형 24 지수부등식 – 연립부등식 **복합유형**

두 지수부등식을 풀어 공통으로 만족시키는 범위를 찾는다.

참고 $A < B < C$의 꼴인 경우 $\begin{cases} A < B \\ B < C \end{cases}$로 푼다.

0689 대표문제

연립부등식 $\begin{cases} \dfrac{1}{16} \leq \left(\dfrac{1}{4}\right)^{x-2} \\ 9^x > \sqrt[3]{81} \times 3^x \end{cases}$ 을 만족시키는 정수 x의 개수는?

① 2 ② 3 ③ 4

④ 5 ⑤ 6

0690

Level 2

연립부등식 $\begin{cases} 2^{x^2+1} > (\sqrt{32})^x \\ \left(\dfrac{1}{25}\right)^x - \left(\dfrac{1}{5}\right)^x < \left(\dfrac{1}{5}\right)^{x-1} - 5 \end{cases}$의 해가 $\alpha < x < \beta$

일 때, $\alpha + \beta$의 값은?

① -1 ② $-\dfrac{1}{2}$ ③ 1

④ $\dfrac{3}{2}$ ⑤ $\dfrac{5}{2}$

0691

Level 2

부등식 $a^{a-4} < a < a^{2a-3}$을 만족시키는 모든 자연수 a의 개수는? (단, $a > 1$)

① 1 ② 2 ③ 3

④ 4 ⑤ 5

0692

부등식 $(0.5)^{-x}<8<4^{2x-1}$의 해가 $\alpha<x<\beta$일 때, $4\alpha-\beta$의 값은?

① -1 ② 0 ③ 1

④ 2 ⑤ 3

0693

연립부등식 $\begin{cases} \left(\dfrac{2}{3}\right)^{x+3}<\left(\dfrac{9}{4}\right)^{x-2} \\ 2^{x-1}<\sqrt{2^{x+3}} \end{cases}$ 을 만족시키는 자연수 x의 개수는?

① 1 ② 2 ③ 3

④ 4 ⑤ 5

0694 신경향

두 집합 $A=\left\{x\,\middle|\,\left(\dfrac{1}{3}\right)^{x+2}<\left(\dfrac{1}{3}\right)^{x^2}\right\}$, $B=\{x\,|\,2^{|x-2|}\leq 2^a\}$에 대하여 $A\cap B=A$가 성립하도록 하는 실수 a의 최솟값을 구하시오.

+ Plus 문제

심화 유형 **25** 지수부등식이 항상 성립할 조건

모든 실수 x에 대하여 $pa^{2x}+qa^x+r>0$ (p, q, r는 상수)이 성립하려면 $a^x=t$ ($t>0$)라 할 때, 부등식 $pt^2+qt+r>0$이 $t>0$인 모든 실수 t에 대하여 성립해야 한다.

0695 대표문제

모든 실수 x에 대하여 부등식 $4^x+2^{x+2}+k-4>0$이 성립하도록 하는 실수 k의 최솟값은?

① 4 ② 5 ③ 6

④ 7 ⑤ 8

0696

모든 실수 x에 대하여 부등식 $9^x-2\times 3^{x+1}+k\geq 0$이 성립하도록 하는 실수 k의 값의 범위는?

① $k<6$ ② $k\geq 6$ ③ $6\leq k<9$

④ $k\geq 9$ ⑤ $k>9$

0697

모든 실수 x에 대하여 부등식 $4^{x+1}-2^{x+3}\geq k$가 성립하도록 하는 실수 k의 최댓값은?

① -1 ② -2 ③ -3

④ -4 ⑤ -5

0698

Level 2

모든 실수 x에 대하여 부등식

$$\left(\frac{1}{9}\right)^x + 6 \times \left(\frac{1}{3}\right)^x - k^2 + 2k + 24 > 0$$

이 성립하도록 하는 모든 정수 k의 값의 합은?

① 7 ② 9 ③ 11

④ 13 ⑤ 15

0699

Level 2

모든 실수 x에 대하여 부등식 $2^{x+1} - 2^{\frac{x+4}{2}} + k \geq 0$이 성립하도록 하는 실수 k의 최솟값은?

① 1 ② 2 ③ 3

④ 4 ⑤ 5

0700

Level 2

모든 실수 x에 대하여 부등식 $k \times 2^{x+1} \leq 4^x + 16$이 성립하도록 하는 정수 k의 최댓값을 구하시오.

0701

Level 2

모든 실수 x에 대하여 부등식 $3^{2x+1} - 6k \times 3^x + 27 \geq 0$이 성립하도록 하는 실수 k의 값의 범위는?

① $-3 \leq k \leq 3$ ② $k \leq 3$ ③ $0 \leq k \leq 3$

④ $k > 3$ ⑤ $k < 3$

0702

Level 2

모든 실수 x에 대하여 부등식 $4^x + 2^{x+1} + 1 \geq k(2^x - 1)$이 성립하도록 하는 상수 k의 값의 범위가 $\alpha \leq k \leq \beta$일 때, $\alpha + \beta$의 값은?

① 6 ② 7 ③ 8

④ 9 ⑤ 10

0703

Level 3

모든 실수 x에 대하여 부등식 $9^x + 9^{-x} \geq k(3^x - 3^{-x}) - 7$이 성립하도록 하는 실수 k의 값의 범위가 $\alpha \leq k \leq \beta$일 때, $|\alpha\beta|$의 값은?

① 4 ② 12 ③ 20

④ 28 ⑤ 36

실전유형 26 지수방정식과 지수부등식의 실생활에의 활용

(1) 처음의 양이 a이고 매시간마다 일정한 비율 p로 그 양이 변하는 상황이 주어질 때, t시간 후의 양은 ap^t임을 이용하여 방정식 또는 부등식을 세운다.

(2) a가 일정한 비율 r만큼씩 n번 증가하는 상황이 주어질 때, n번 증가 후의 값은 $a(1+r)^n$임을 이용하여 방정식 또는 부등식을 세운다.

0704 대표문제

공기 청정기 A를 연속 1시간 가동할 때마다 실내 미세 먼지의 양이 $\frac{1}{3}$로 줄어든다고 한다. 남아 있는 미세 먼지의 양이 처음 미세 먼지의 양의 $\frac{1}{243}$ 이하가 되도록 하려면 공기 청정기 A를 최소한 k시간 연속 가동시켜야 할 때, 상수 k의 값을 구하시오. (단, 새로 유입되는 미세 먼지는 없다.)

0705

ㅣ Level 2

어느 박테리아 한 마리가 x시간 후에 a^x마리로 증식된다고 한다. 처음 5마리였던 박테리아가 2시간 후 45마리가 된다고 할 때, 1215마리 이상이 되는 것은 최소 몇 시간 후인가? (단, $a>0$)

① 4시간   ② 5시간   ③ 6시간

④ 7시간   ⑤ 8시간

0706

ㅣ Level 2

주변 환경이 순간적으로 어둡게 바뀔 때, 사람의 눈이 지각하는 빛의 세기가 0.25초마다 $\frac{2}{3}$배만큼 줄어든다고 하자. 축제의 개막식에서 순간적으로 어두워진 후, 사람의 눈이 지각하는 빛의 세기가 어두워지기 직전에 지각한 빛의 세기의 $\frac{1}{729}$ 이하가 되는 것은 몇 초 후인가?

① 0.5초   ② 0.75초   ③ 1초

④ 1.25초   ⑤ 1.5초

0707

ㅣ Level 2

어느 호수의 수면에서 빛의 세기를 $I_0 \, \mathrm{W/m^2}$, 수심이 $x \, \mathrm{m}$인 곳에서 빛의 세기를 $I \, \mathrm{W/m^2}$이라 하면 $I = I_0 \left(\frac{1}{2}\right)^{\frac{x}{4}}$이 성립한다고 한다. 빛의 세기가 수면에서 빛의 세기의 $\frac{1}{8}$ 이하가 되는 곳의 수심은 최소 몇 m이어야 하는가?

① 10 m   ② 11 m   ③ 12 m

④ 13 m   ⑤ 14 m

0708

가로의 길이가 L mm, 두께가 t mm인 직사각형 모양의 종이를 가로 방향으로 반씩 접을 수 있는 최대 횟수를 n이라 할 때, 부등식 $L \geq \dfrac{\pi t}{6}(2^n+4)(2^n-1)$이 성립한다고 한다. 가로의 길이가 25π mm이고 두께가 0.5 mm인 직사각형 모양의 종이를 가로 방향으로 반씩 접으려고 한다. 접을 수 있는 최대 횟수를 a, 최대한 많이 접은 종이의 총 두께를 b mm라 할 때, ab의 값을 구하시오.

(단, 접은 종이의 총 두께는 종이의 두께만 고려한다.)

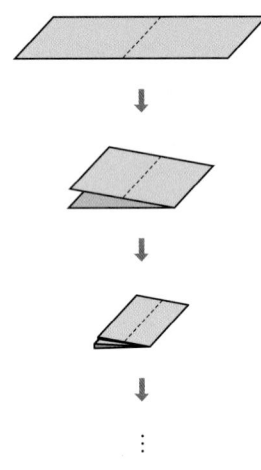

다음은 이 유형에서 출제된 최근 교육청·평가원 기출문제입니다.

0709 · 교육청 2018년 3월

최대 충전 용량이 Q_0 $(Q_0 > 0)$인 어떤 배터리를 완전히 방전시킨 후 t시간 동안 충전한 배터리의 충전 용량을 $Q(t)$라 할 때, 다음 식이 성립한다고 한다.

$$Q(t)=Q_0\left(1-2^{-\frac{t}{a}}\right) \text{ (단, } a\text{는 양의 상수이다.)}$$

$\dfrac{Q(4)}{Q(2)}=\dfrac{3}{2}$일 때, a의 값은?

(단, 배터리의 충전 용량의 단위는 mAh이다.)

① $\dfrac{3}{2}$　　　② 2　　　③ $\dfrac{5}{2}$

④ 3　　　⑤ $\dfrac{7}{2}$

0710 · 교육청 2016년 11월

지진의 세기를 나타내는 수정머칼리진도가 x이고 km당 매설관 파괴 발생률을 n이라 하면 다음과 같은 관계식이 성립한다고 한다.

$$n=C_d C_g 10^{\frac{4}{5}(x-9)}$$

(단, C_d는 매설관의 지름에 따른 상수이고, C_g는 지반 조건에 따른 상수이다.)

C_g가 2인 어느 지역에 C_d가 $\dfrac{1}{4}$인 매설관이 묻혀 있다. 이 지역에 수정머칼리진도가 a인 지진이 일어났을 때, km당 매설관 파괴 발생률이 $\dfrac{1}{200}$이었다. a의 값은?

① 5　　　② $\dfrac{11}{2}$　　　③ 6

④ $\dfrac{13}{2}$　　　⑤ 7

0711 · 2016학년도 대학수학능력시험

어느 금융상품에 초기자산 W_0을 투자하고 t년이 지난 시점에서의 기대자산 W가 다음과 같이 주어진다고 한다.

$$W=\dfrac{W_0}{2}10^{at}(1+10^{at})$$

(단, $W_0 > 0$, $t \geq 0$이고 a는 상수이다.)

이 금융상품에 초기자산 w_0을 투자하고 15년이 지난 시점에서의 기대자산은 초기자산의 3배이다. 이 금융상품에 초기자산 w_0을 투자하고 30년이 지난 시점에서의 기대자산이 초기자산의 k배일 때, 실수 k의 값은? (단, $w_0 > 0$)

① 9　　　② 10　　　③ 11

④ 12　　　⑤ 13

서술형 | 유형 익히기

0712 대표문제

좌표평면 위의 두 곡선 $y=|9^x-3|$ 과 $y=2^{x+k}$이 만나는 서로 다른 두 점의 x좌표를 x_1, x_2 $(x_1<x_2)$라 할 때, $x_1<0$, $0<x_2<3$을 만족시키는 모든 자연수 k의 값의 합을 구하는 과정을 서술하시오. [8점]

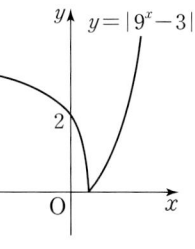

> **STEP 1** $x_1<0$을 만족시키는 2^k의 값의 범위 구하기 [3점]
>
> 함수 $y=|9^x-3|$의 그래프는 점 $(0,\ 2)$와 점 $(3,\ 726)$을 지난다.
>
> $x_1<0$이므로 함수 $y=2^{x+k}$의 그래프에서 x좌표가 0일 때의 y좌표가 2보다 커야 하므로 $2^{0+k}>\boxed{}^{(1)}$ 이어야 한다.
>
> $\therefore\ 2^k>\boxed{}^{(2)}$ ⋯⋯⋯⋯⋯⋯⋯⋯⋯⋯ ㉠
>
> **STEP 2** $0<x_2<3$을 만족시키는 2^k의 값의 범위 구하기 [3점]
>
> $0<x_2<3$이므로 함수 $y=2^{x+k}$의 $x=3$일 때의 함숫값은 함수 $y=|9^x-3|$의 $x=3$일 때의 함숫값보다 작아야 하므로 $2^{3+k}<726$이어야 한다.
>
> $\therefore\ 2^k<\boxed{}^{(3)}$ ⋯⋯⋯⋯⋯⋯⋯⋯⋯⋯ ㉡
>
> **STEP 3** 모든 자연수 k의 값의 합 구하기 [2점]
>
> ㉠, ㉡에서 $2<2^k<\boxed{}^{(4)}$ 이므로 주어진 조건을 모두 만족시키는 자연수 k는 2, 3, 4, $\boxed{}^{(5)}$, $\boxed{}^{(6)}$ 이고,
>
> 그 합은 $\boxed{}^{(7)}$ 이다.

0713 한번 더

좌표평면 위의 두 곡선 $y=|4^x-3|$ 과 $y=3^{x+k}$이 만나는 서로 다른 두 점의 x좌표를 x_1, x_2 $(x_1<x_2)$라 할 때, $x_1<0$, $0<x_2<4$를 만족시키는 자연수 k의 값을 구하는 과정을 서술하시오. [8점]

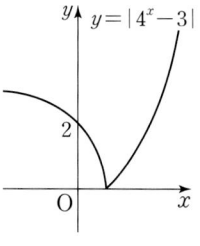

> **STEP 1** $x_1<0$을 만족시키는 3^k의 값의 범위 구하기 [3점]
>
>
> **STEP 2** $0<x_2<4$를 만족시키는 3^k의 값의 범위 구하기 [3점]
>
>
> **STEP 3** 자연수 k의 값 구하기 [2점]

03

핵심 KEY   유형 3   두 그래프가 만나는 점의 좌표

지수함수의 성질을 이용하여 두 그래프가 만나는 점의 좌표를 구하는 문제이다.
지수함수 $y=a^x-b$의 그래프의 점근선은 직선 $y=-b$이다.
절댓값을 포함한 지수함수는 양수인 경우와 음수인 경우로 나누어 계산하면 실수를 줄일 수 있다.

0714 유사 1

방정식 $|2^{x-1}-8|=k$가 서로 다른 두 실근을 가질 때, 실수 k의 값의 범위를 구하는 과정을 서술하시오. [7점]

0715 유사 2

좌표평면 위의 두 곡선
$y=|9^{x}-9|$와 $y=2^{x}+k$가 만나는 교점의 개수를 $f(k)$라 하자.
$f(k)\geq 1$을 만족시키는 실수 k의 최솟값을 구하는 과정을 서술하시오. [7점]

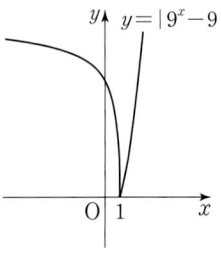

0716 대표문제

정의역이 $\{x|-1\leq x\leq 2\}$인 함수 $f(x)=\left(\dfrac{3}{a}\right)^{x}$의 최댓값이 9일 때, 모든 양수 a의 값의 합을 구하는 과정을 서술하시오. [7점]

> **STEP 1** $0<\dfrac{3}{a}<1$일 때, 양수 a의 값 구하기 [2점]
>
> $0<\dfrac{3}{a}<1$, 즉 $a>3$일 때,
>
> 함수 $f(x)$는 x의 값이 증가하면 y의 값은 감소하므로
>
> $-1\leq x\leq 2$에서 $x=-1$일 때, 최댓값 $\left(\dfrac{3}{a}\right)^{-1}=\dfrac{a}{3}$를 갖는다.
>
> 즉, $\boxed{^{(1)}\quad}=9$이므로 $a=\boxed{^{(2)}\qquad}$
>
> **STEP 2** $\dfrac{3}{a}=1$일 때, 양수 a의 값 구하기 [2점]
>
> $\dfrac{3}{a}=1$, 즉 $a=3$일 때,
>
> $-1\leq x\leq 2$에서 함수 $f(x)=1$의 최댓값은 1이므로 최댓값이 9가 아니다.
>
> **STEP 3** $\dfrac{3}{a}>1$일 때, 양수 a의 값 구하기 [2점]
>
> $\dfrac{3}{a}>1$, 즉 $0<a<3$일 때,
>
> 함수 $f(x)$는 x의 값이 증가하면 y의 값도 증가하므로
>
> $-1\leq x\leq 2$에서 $x=2$일 때, 최댓값 $\left(\dfrac{3}{a}\right)^{2}=\dfrac{9}{a^{2}}$를 갖는다.
>
> 즉, $\boxed{^{(3)}\quad}=9$이므로 $a^{2}=1$
>
> $\therefore a=\boxed{^{(4)}\quad}$ $(\because 0<a<3)$
>
> **STEP 4** 모든 양수 a의 값의 합 구하기 [1점]
>
> 모든 양수 a의 값은 $\boxed{^{(5)}\quad}$, $\boxed{^{(6)}\quad}$이고, 그 합은
>
> $\boxed{^{(7)}\quad}$이다.

핵심 KEY 유형 10 $y=a^{px+q}+r$ 꼴의 지수함수의 최대·최소

최댓값이 주어질 때 지수함수의 미지수를 구하는 문제이다.
함수 $y=a^{x}$은 $0<a<1$인 경우 x의 값이 증가하면 y의 값은 감소하고, $a=1$인 경우 상수함수, $a>1$인 경우 x의 값이 증가하면 y의 값도 증가하는 성질을 이용한다.

0717 ^{한번 더}

정의역이 $\{x \mid -2 \leq x \leq 1\}$인 함수 $f(x) = 4 \times \left(\dfrac{4}{p}\right)^x$의 최댓값이 16일 때, 모든 양수 p의 값의 합을 구하는 과정을 서술하시오. [7점]

STEP 1 $0 < \dfrac{4}{p} < 1$일 때, 양수 p의 값 구하기 [2점]

STEP 2 $\dfrac{4}{p} = 1$일 때, 양수 p의 값 구하기 [2점]

STEP 3 $\dfrac{4}{p} > 1$일 때, 양수 p의 값 구하기 [2점]

STEP 4 모든 양수 p의 값의 합 구하기 [1점]

0718 ^{유사 1}

정의역이 $\{x \mid -1 \leq x \leq 4\}$인 함수 $f(x) = 8 \times \left(\dfrac{1}{2}\right)^x - 2$의 최댓값을 구하는 과정을 서술하시오. [6점]

0719 ^{유사 2}

정의역이 $\left\{x \mid \dfrac{1}{4} \leq x \leq 2\right\}$인 함수 $f(x) = a^x$의 최솟값이 2일 때, $f\left(\dfrac{1}{2}\right)$의 값을 구하는 과정을 서술하시오.

(단, a는 1이 아닌 양의 실수이다.) [8점]

0720 대표문제

모든 실수 x에 대하여 부등식
$\left(\dfrac{1}{9}\right)^x - 2 \times \left(\dfrac{1}{3}\right)^{x-1} + k + 12 > 0$이 성립하도록 하는 정수 k
의 최솟값을 구하는 과정을 서술하시오. [6점]

STEP 1 $\left(\dfrac{1}{3}\right)^x = t$로 치환하고 t에 대한 부등식으로 나타내기 [3점]

$\left(\dfrac{1}{9}\right)^x - 2 \times \left(\dfrac{1}{3}\right)^{x-1} + k + 12 > 0$에서

$\left\{\left(\dfrac{1}{3}\right)^x\right\}^2 - \boxed{(1)} \times \left(\dfrac{1}{3}\right)^x + k + 12 > 0$

$\left(\dfrac{1}{3}\right)^x = t \ (t > 0)$라 하면

$t^2 - \boxed{(2)} + k + 12 > 0$

$\therefore \left(t - \boxed{(3)}\right)^2 + k + 3 > 0$

STEP 2 정수 k의 최솟값 구하기 [3점]

$t > 0$인 모든 실수 t에 대하여 위 부등식이 성립하려면

$k + 3 > 0$

$\therefore k > \boxed{(4)}$

따라서 정수 k의 최솟값은 $\boxed{(5)}$이다.

0721 한번 더

모든 실수 x에 대하여 부등식 $9^x - 2 \times 3^{x+1} + a + 5 \geq 0$이
성립하도록 하는 정수 a의 최솟값을 구하는 과정을 서술하시오. [6점]

STEP 1 $3^x = t$로 치환하고 t에 대한 부등식으로 나타내기 [3점]

STEP 2 정수 a의 최솟값 구하기 [3점]

0722 유사 1

모든 실수 x에 대하여 부등식 $2^{2x} - a \times 2^{x+1} - a + 2 > 0$이
성립하도록 하는 실수 a의 값의 범위를 구하는 과정을 서술
하시오. [7점]

STEP 1 $2^x = t$로 치환하고 t에 대한 부등식으로 나타내기 [2점]

STEP 2 $a \geq 0$일 때, 실수 a의 값의 범위 구하기 [2점]

STEP 3 $a < 0$일 때, 실수 a의 값의 범위 구하기 [2점]

STEP 4 실수 a의 값의 범위 구하기 [1점]

핵심 KEY | 유형 25 | 지수부등식이 항상 성립할 조건

이차식 꼴의 지수부등식이 항상 성립할 조건을 구하는 문제이다.
반복되는 a^x을 t로 치환하여 정리한 후, $t > 0$인 모든 실수 t에 대
하여 부등식이 성립함을 이용한다.
이때 a^x을 t로 치환한 경우 $t > 0$임을 주의해야 한다.

실력 실전 마무리하기 **1**회

점 / 100점

• 선택형 21문항. 서술형 4문항입니다.

1 0723

다음 함수 중 임의의 실수 a, b에 대하여 $a<b$일 때, $f(a)>f(b)$를 만족시키는 함수는? [3점]

① $f(x)=3^x$ ② $f(x)=0.2^{-x}$

③ $f(x)=\left(\dfrac{1}{5}\right)^x$ ④ $f(x)=\left(\dfrac{1}{3}\right)^{-x}$

⑤ $f(x)=\left(\dfrac{3}{4}\right)^{-x}$

2 0724

함수 $f(x)=3^x$일 때, $(f\circ f)(2)=3^k$을 만족시키는 상수 k의 값은? (단, $(f\circ f)(x)=f(f(x))$) [3점]

① 1   ② 3   ③ 9

④ 18   ⑤ 27

3 0725

함수 $y=3^{-x-1}-2$의 그래프에 대한 설명으로 옳지 <u>않은</u> 것은? [3점]

① 점근선은 직선 $y=-2$이다.

② 점 $(-1,\ -1)$을 지난다.

③ 정의역이 실수 전체의 집합이고 치역은 $\{y|y>-2\}$이다.

④ 함수 $y=-3^{x+1}+2$의 그래프를 원점에 대하여 대칭이동한 그래프와 같다.

⑤ 함수 $y=3^{-x}$의 그래프를 x축의 방향으로 -1만큼, y축의 방향으로 -2만큼 평행이동한 그래프이다.

4 0726

세 지수함수 $y=a^x$, $y=b^x$, $y=c^x$의 그래프가 그림과 같을 때, 세 수 a, b, c의 대소 관계로 옳은 것은? [3점]

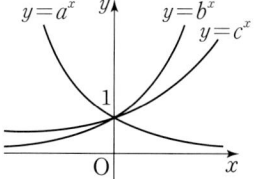

① $a<b<c$ ② $a<c<b$

③ $b<a<c$ ④ $b<c<a$

⑤ $c<a<b$

5 0727

방정식 $2^{-2x}=32^{-x+3}$의 해는 $x=a$일 때, a의 값은? [3점]

① 3   ② 4   ③ 5

④ 6   ⑤ 7

6 0728

방정식 $9^x - 3^{x+2} + 1 = 0$의 두 근을 α, β라 할 때, $\alpha + \beta$의 값은? [3점]

① 0   ② 1   ③ 2

④ 3   ⑤ 4

7 0729

부등식 $\left(\dfrac{1}{\sqrt{3}}\right)^x < 9^{3-x}$을 만족시키는 x의 값의 범위는? [3점]

① $x < 3$ ② $x < 4$ ③ $x < 5$

④ $x > 4$ ⑤ $x > 5$

8 0730

함수 $y = \left(\dfrac{1}{5}\right)^{x-1} + k$의 그래프가 함수 $y = 5^x$의 그래프와 제1사분면에서 만나지 않도록 하는 상수 k의 최댓값은? [3.5점]

① -5 ② -4 ③ -3

④ -2 ⑤ -1

9 0731

방정식 $5^{2x^2-8} = 0.2^{x+2}$을 만족시키는 양의 실수 x의 값은? [3.5점]

① $\dfrac{1}{2}$ ② 1   ③ $\dfrac{3}{2}$

④ 2   ⑤ $\dfrac{5}{2}$

10 0732

방정식 $4^x + 4^{-x} = 3(2^x + 2^{-x}) + 2$의 두 근을 α, β라 할 때, $\dfrac{1}{2^\alpha} + \dfrac{1}{2^\beta}$의 값은? [3.5점]

① 1   ② 2   ③ 3

④ 4   ⑤ 5

11 0733

방정식 $4^x - 2^{x+3} + 2k = 0$이 서로 다른 두 실근을 갖도록 하는 정수 k의 개수는? [3.5점]

① 5   ② 6   ③ 7

④ 8   ⑤ 9

12 0734

부등식 $2^x - 2^{-x+6} < 30$을 만족시키는 모든 자연수 x의 개수는? [3.5점]

① 3   ② 4   ③ 5

④ 6   ⑤ 7

13 0735

처음에 2500마리였던 어떤 세균을 용액에 넣었더니 1분마다 20 %씩 세균 수가 줄어들었다고 한다. 이 세균이 1024마리 이하가 되는 것은 세균을 용액에 넣은 때부터 최소 몇 분 후인가? [3.5점]

① 3분 후   ② 4분 후   ③ 5분 후

④ 6분 후   ⑤ 7분 후

14 0736

그림과 같이 함수 $y = \left(\dfrac{1}{5}\right)^x$의 그래프 위의 서로 다른 세 점 $A(p,\ a)$, $B(q,\ b)$, $C(-p+q,\ c)$에 대하여 다음 중 a, b, c 사이의 관계식으로 옳은 것은? [4점]

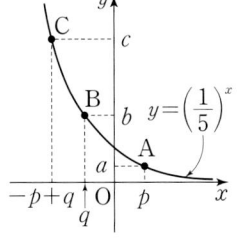

① $a = bc$ ② $b = ac$ ③ $c = ab$

④ $a^2 = b^2 c$ ⑤ $\dfrac{1}{ac} = b$

15 0737

실수 a에 대하여 함수 $f(x) = (a^2 - a + 1)^x$일 때, 〈**보기**〉에서 옳은 것만을 있는 대로 고른 것은? (단, $a \neq 0$, $a \neq 1$) [4점]

〈 보기 〉

ㄱ. 곡선 $y = f(x)$의 점근선은 직선 $y = 0$이다.

ㄴ. $a > 1$이면 $f(1) < 1$이다.

ㄷ. $f(2) < f(3)$이면 $a < 0$ 또는 $a > 1$이다.

① ㄱ   ② ㄴ   ③ ㄱ, ㄷ

④ ㄴ, ㄷ   ⑤ ㄱ, ㄴ, ㄷ

16 0738

정의역이 $\{x \mid 0 \leq x \leq 3\}$인 함수 $y = a \times 5^{x-2} + b$의 최댓값이 50이고, 최솟값이 $\dfrac{2}{5}$일 때, 상수 a, b에 대하여 $a+b$의 값은? (단, $a > 0$) [4점]

① 6   ② 7   ③ 8

④ 9   ⑤ 10

17 0739

정의역이 $\{x \mid -1 \leq x \leq 1\}$인 함수 $y = a^{x^2 - 2x + b}$의 최댓값을 M, 최솟값을 m이라 하자. $\dfrac{M}{m} = 81$일 때, a의 값은?

(단, a, b는 상수이고, $0 < a < 1$이다.) [4점]

① $\dfrac{1}{2}$
② $\dfrac{1}{3}$
③ $\dfrac{1}{4}$

④ $\dfrac{1}{5}$
⑤ $\dfrac{1}{6}$

18 0740

그림과 같이 함수 $y = 2^{-x}$의 그래프 위의 점 A는 제2사분면의 점이다. 점 A를 지나고 x축에 평행한 직선이 함수 $y = 2^{-x}$의 그래프를 y축에 대하여 대칭이동한 함수 $y = a^x$ $(a > 1)$의 그래프와 만나는 점을 B, 점 B를 지나고 y축에 평행한 직선이 함수

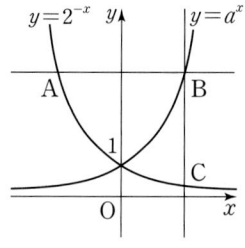

$y = 2^{-x}$의 그래프와 만나는 점을 C라 하자. $\overline{BC} = \dfrac{15}{4}$일 때, $\overline{AB}$의 값은? [4점]

① 2
② $2\sqrt{2}$
③ 4

④ 8
⑤ $2^{\frac{7}{2}}$

19 0741

일차항의 계수가 양수인 일차함수 $f(x)$에 대하여 $f(3) = 0$이다. 부등식 $\left(\dfrac{1}{3}\right)^{f(x)} \leq 27$의 해가 $x \geq 2$일 때, $f(1)$의 값은?

[4점]

① -6
② -5
③ -4

④ -2
⑤ -1

20 0742

두 부등식 $3^{2x+1} - 82 \times 3^x + 27 \leq 0$, $\left(\dfrac{1}{2}\right)^{2x} - \left(\dfrac{1}{2}\right)^{x+k} > 0$을 모두 만족시키는 해가 $-1 \leq x < 2$일 때, 상수 k의 값은?

[4점]

① -2
② -1
③ 0

④ 1
⑤ 2

21 0743

모든 실수 x에 대하여 부등식 $5^{2x} \geq k \times 5^x - 2k - 5$가 성립하도록 하는 정수 k의 개수는? [4점]

① 12
② 13
③ 14

④ 15
⑤ 16

22 0744

정의역이 $\{x|0\leq x\leq 3\}$인 함수 $y=a^{|x-1|+2}$의 최댓값이 4
일 때, 최솟값을 구하는 과정을 서술하시오.

(단, $a>0$, $a\neq 1$) [6점]

23 0745

함수 $y=16^x+16^{-x}+2(4^x+4^{-x})-4$가 $x=a$에서 최솟값
b를 가질 때, $a-b$의 값을 구하는 과정을 서술하시오. [6점]

24 0746

두 집합

$$A=\left\{x\left|\left(\frac{1}{2}\right)^{2x}\geq\frac{1}{16}, x는 정수\right.\right\},$$
$$B=\{x\,|\,27^{x^2+2x-4}\leq 9^{x^2+x}, x는 정수\}$$

에 대하여 $n(A\cap B)$의 값을 구하는 과정을 서술하시오.

(단, $n(A)$는 집합 A의 원소의 개수이다.) [6점]

25 0747

그림과 같이 실수 k $(k>0)$에 대하
여 두 함수 $y=3^x$, $y=\dfrac{3^x}{9}$의 그래
프와 직선 $x=k$가 만나는 점을 각
각 A_k, B_k라 하자. 점 B_k를 지나고
x축에 평행한 직선이 함수 $y=3^x$
의 그래프와 만나는 점을 C_k라 하

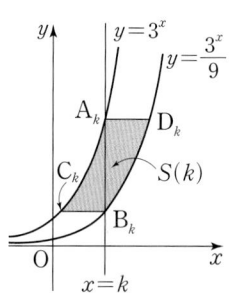

고, 점 A_k를 지나고 x축에 평행한 직선이 함수 $y=\dfrac{3^x}{9}$의 그
래프와 만나는 점을 D_k라 하자. 두 함수 $y=3^x$, $y=\dfrac{3^x}{9}$의 그
래프와 두 선분 A_kD_k, B_kC_k로 둘러싸인 부분의 넓이를
$S(k)$라 할 때, $S(k+2)-S(k)=128$을 만족시키는 실수
k의 값을 구하는 과정을 서술하시오. [8점]

1 0748

함수 $f(x)=a^x$에 대한 설명으로 옳지 <u>않은</u> 것은?

(단, $a>0$, $a\neq1$) [3점]

① 정의역은 실수 전체의 집합이다.
② 치역은 양의 실수 전체의 집합이다.
③ 일대일함수이다.
④ 그래프는 점 $(0,\ 1)$을 지나고 점근선은 x축이다.
⑤ $0<a<1$일 때, x의 값이 증가하면 y의 값도 증가한다.

2 0749

함수 $f(x)=a^x$에 대하여 다음 중 옳지 <u>않은</u> 것은?

(단, $a>0$, $a\neq1$) [3점]

① $f(x\times y)=f(x)f(y)$ ② $f(-x)=\dfrac{1}{f(x)}$

③ $\dfrac{f(x)}{f(y)}=f(x-y)$ ④ $f(x+y)=f(x)f(y)$

⑤ $f(3x)=\{f(x)\}^3$

3 0750

세 수 $A=\left(\dfrac{1}{3}\right)^{-\sqrt{3}}$, $B=\left(\dfrac{1}{3}\right)^{1.5}$, $C=3^{-1}$의 대소 관계로 옳은 것은? [3점]

① $A<B<C$ ② $A<C<B$ ③ $B<A<C$
④ $B<C<A$ ⑤ $C<A<B$

4 0751

방정식 $\dfrac{5^{4x-4}}{5^{5-x^2}}=125$의 두 근을 α, β라 할 때, $\alpha^2+\beta^2$의 값은? [3점]

① 32 ② 34 ③ 36
④ 38 ⑤ 40

5 0752

부등식 $5^{x-6}\leq\left(\dfrac{1}{5}\right)^{x-2}$을 만족시키는 모든 자연수 x의 값의 합은? [3점]

① 9 ② 10 ③ 11
④ 12 ⑤ 13

6 0753

부등식 $4^x-2^{x+5}+60\leq0$을 만족시키는 정수 x의 개수는?

[3점]

① 1 ② 2 ③ 3
④ 4 ⑤ 5

7 0754

부등식 $\left(\dfrac{1}{27}\right)^{2x-3}<243<\left(\dfrac{1}{9}\right)^{x-7}$을 만족시키는 정수 x의 개수는? [3점]

① 2 ② 3 ③ 4
④ 5 ⑤ 6

8 0755

함수 $y=2^x$의 그래프 위의 서로 다른 두 점 A, B에 대하여 $\overline{AB}=2\sqrt{10}$이고, 직선 AB의 기울기는 3이다. 두 점 A, B 의 x좌표가 각각 a, b일 때, 2^a+2^b의 값은? (단, $a<b$)

[3.5점]

① 10   ② 12   ③ 14

④ 16   ⑤ 18

9 0756

함수 $y=5^{x-2}+k$의 그래프가 제2사분면을 지나지 않도록 하는 상수 k의 최댓값은? [3.5점]

① -25 ② -5 ③ $-\dfrac{1}{5}$

④ $-\dfrac{1}{25}$ ⑤ 0

10 0757

그림과 같이 두 함수 $y=\dfrac{1}{9}\times 3^x$, $y=3^x$의 그래프 와 두 직선 $y=1$, $y=9$로 둘러 싸인 부분의 넓이는? [3.5점]

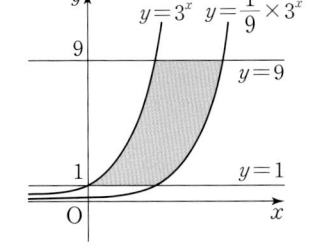

① 12   ② 14

③ 16   ④ 18

⑤ 20

11 0758

함수 $f(x)=2^x$의 역함수를 $g(x)$라 할 때, $g(8)g\left(\dfrac{1}{\sqrt[3]{2}}\right)$의 값은? [3.5점]

① -2 ② -1 ③ 0

④ 1   ⑤ 2

12 0759

방정식 $3^{2x+3}-4\times 3^{x+1}+1=0$의 두 근을 α, β라 할 때, $2^{\alpha\beta}$의 값은? [3.5점]

① $\dfrac{1}{4}$ ② $\dfrac{1}{2}$ ③ 1

④ 2   ⑤ 4

13 0760

부등식 $x^{x^2-6}>x^x$의 해가 $0<x<\alpha$ 또는 $x>\beta$일 때, $\alpha+\beta$ 의 값은? (단, $x>0$) [3.5점]

① 0   ② 2   ③ 4

④ 6   ⑤ 8

14 0761

함수 $y=|3^x-2a|+a$의 그래프와 직선 $y=8$이 서로 다른 두 점에서 만나도록 하는 정수 a의 최댓값을 M, 최솟값을 m이라 할 때, $M+m$의 값은? (단, $a>0$) [4점]

① 6   ② 7   ③ 8

④ 9   ⑤ 10

15 0762

네 개의 지수함수 $y=a^x$, $y=b^x$, $y=c^x$, $y=d^x$의 그래프에 대하여 실수 a, b, c, d가 다음 조건을 만족시킬 때, 네 개의 지수함수 $y=a^x$, $y=b^x$, $y=c^x$, $y=d^x$의 그래프를 차례로 나열한 것은? [4점]

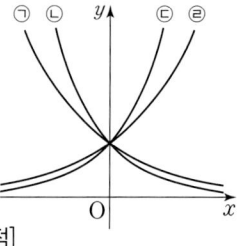

$$a>b>1,\ ac=1,\ bd=1$$

① ㉡, ㉠, ㉢, ㉣   ② ㉡, ㉢, ㉠, ㉣
③ ㉢, ㉠, ㉣, ㉡   ④ ㉢, ㉣, ㉡, ㉠
⑤ ㉣, ㉠, ㉢, ㉡

16 0763

정의역이 $\{x \mid -1 \le x \le 2\}$인 함수 $f(x)=\left(\dfrac{2}{a}\right)^x$의 최댓값이 9일 때, 모든 양수 a의 값의 곱은? [4점]

① 12   ② 10   ③ 9
④ 8   ⑤ 6

17 0764

정의역이 $\{x \mid 0 \le x \le 3\}$인 함수 $y=a^{|x-2|+1}$의 최댓값이 $\dfrac{1}{3}$일 때, 최솟값은? (단, $a>0$, $a \ne 1$) [4점]

① 3^{-3} ② 3^{-4} ③ 3^{-5}
④ 3^{-6} ⑤ 3^{-7}

18 0765

그림과 같이 함수 $y=a^x$의 그래프는 함수 $y=3^x$의 그래프를 y축에 대하여 대칭이동한 것이다. 함수 $y=3^x$의 그래프와 직선 $x=k$의 교점을 A, 함수 $y=a^x$의 그래프와 직선 $x=k$의 교점을 B라 하자. $\overline{\text{AB}}=\dfrac{80}{9}$일 때, 양수 k의 값은? [4점]

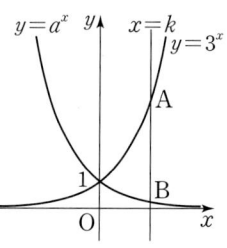

① 1   ② 2   ③ 3
④ 4   ⑤ 5

19 0766

방정식 $2a^{2x}-12a^x+16=0$의 서로 다른 두 근의 합이 6일 때, 양수 a의 값은? [4점]

① $\dfrac{\sqrt{2}}{2}$ ② $\sqrt{2}$ ③ $\sqrt{3}$
④ 2   ⑤ 3

20 0767

방정식 $9^x+9^{-x}+a(3^x-3^{-x})+2=0$이 실근을 갖기 위한 양수 a의 최솟값을 m이라 할 때, m^2의 값은? [4점]

① 4   ② 8   ③ 12
④ 16   ⑤ 20

21 0768

부등식 $3^{2x}-35 \times 3^{x+1}+500<0$을 만족시키는 모든 자연수 x의 값의 합은? [4점]

① 6   ② 7   ③ 8
④ 9   ⑤ 10

서술형

22 0769

방정식 $9^x - 2 \times 3^x - 3 = 0$의 해를 구하는 과정을 서술하시오.

[6점]

23 0770

부등식 $x^{x^2} > x^{2x}$의 해를 구하는 과정을 서술하시오.

(단, $x > 0$) [6점]

24 0771

모든 실수 x에 대하여 부등식 $4^x - a \times 2^{x+2} \geq -4$가 성립하도록 하는 실수 a의 값의 범위를 구하는 과정을 서술하시오.

[6점]

25 0772

방정식 $4^x - a \times 2^{x+1} - a^2 + a + 6 = 0$이 서로 다른 두 실근을 갖도록 하는 실수 a의 값의 범위를 구하는 과정을 서술하시오. [8점]

미로

우리의 지문이 서로 다른 이유는

각자 빠져나와야 할 미로가

다르기 때문이다.

로그함수 04

04 로그함수

I. 지수함수와 로그함수

1 로그함수의 뜻과 그래프

(1) 로그함수

지수함수 $y=a^x$ $(a>0, a\neq 1)$의 역함수 $y=\log_a x$를 a를 밑으로 하는 **로그함수**라 한다.

(2) 로그함수 $y=\log_a x$ $(a>0, a\neq 1)$의 성질

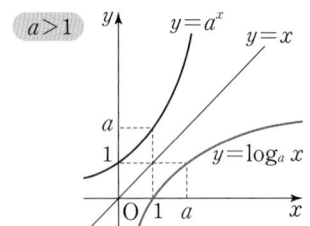
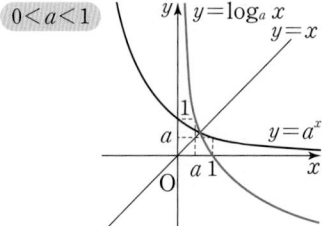

① 정의역은 양의 실수 전체의 집합이고, 치역은 실수 전체의 집합이다.

② 그래프는 두 점 $(1, 0)$, $(a, 1)$을 지난다.

③ 그래프의 점근선은 y축 (직선 $x=0$)이다.

④ $a>1$일 때, x의 값이 증가하면 y의 값도 증가한다.

$0<a<1$일 때, x의 값이 증가하면 y의 값은 감소한다.

> **참고** $a>1$일 때, $x_1<x_2$이면 $\log_a x_1<\log_a x_2$
>
> $0<a<1$일 때, $x_1<x_2$이면 $\log_a x_1>\log_a x_2$

⑤ 두 함수 $y=\log_a x$와 $y=a^x$의 그래프는 직선 $y=x$에 대하여 대칭이다.

> **참고** 지수함수와 로그함수의 관계
>
> $a>0, a\neq 1$일 때
>
> (1) $y=\log_a x \iff x=a^y$
>
> (2) 지수함수 $y=a^x$과 로그함수 $y=\log_a x$는 서로 역함수 관계이다.

2 로그함수 $y=\log_a x$ $(a>0, a\neq 1)$의 그래프의 평행이동과 대칭이동 핵심 1

(1) 로그함수 $y=\log_a x$ $(a>0, a\neq 1)$의 그래프의 평행이동

로그함수 $y=\log_a x$의 그래프를 x축의 방향으로 m만큼, y축의 방향으로 n만큼 평행이동한 그래프의 식은 $y=\log_a(x-m)+n$이다.

① 정의역은 $\{x \mid x>m\}$이고, 치역은 실수 전체의 집합이다.

② 그래프의 점근선은 직선 $x=m$이다.

③ a의 값에 관계없이 항상 점 $(1+m, n)$을 지난다.

(2) 로그함수 $y=\log_a x$ $(a>0, a\neq 1)$의 그래프의 대칭이동

① x축에 대하여 대칭이동 ➡ $y=-\log_a x$

② y축에 대하여 대칭이동 ➡ $y=\log_a(-x)$

③ 원점에 대하여 대칭이동 ➡ $y=-\log_a(-x)$

④ 직선 $y=x$에 대하여 대칭이동 ➡ $y=a^x$

Note

> 지수함수 $y=a^x$ $(a>0, a\neq 1)$은 실수 전체의 집합에서 양의 실수 전체의 집합으로의 일대일대응이므로 역함수를 갖는다.

> $y=\log_a \dfrac{1}{x}=\log_a x^{-1}=-\log_a x$
>
> 이므로 함수 $y=\log_a \dfrac{1}{x}$의 그래프는 함수 $y=\log_a x$의 그래프와 x축에 대하여 대칭이다.

> 함수 $y=f(x)$의 그래프와 그 역함수 $y=f^{-1}(x)$의 그래프는 직선 $y=x$에 대하여 서로 대칭이다.

3 로그함수의 최대·최소 핵심 2

로그함수 $y=\log_a x \,(a>0,\ a\neq 1)$의 정의역이 $\{x\,|\,m\leq x\leq n\}$일 때

(1) $a>1$이면 $x=m$에서 최솟값 $\log_a m$, $x=n$에서 최댓값 $\log_a n$을 갖는다.

(2) $0<a<1$이면 $x=n$에서 최솟값 $\log_a n$, $x=m$에서 최댓값 $\log_a m$을 갖는다.

참고 함수 $y=\log_a f(x)$는

(1) $a>1$이면 $f(x)$가 최대일 때 최댓값, $f(x)$가 최소일 때 최솟값을 갖는다.

(2) $0<a<1$이면 $f(x)$가 최대일 때 최솟값, $f(x)$가 최소일 때 최댓값을 갖는다.

4 로그방정식 핵심 3

로그의 진수 또는 밑에 미지수가 있는 방정식은 다음과 같이 푼다.

(1) $\log_a x=b$ 꼴인 경우

$$\log_a x=b \Longleftrightarrow x=a^b \,(a>0,\ a\neq 1,\ x>0)$$

임을 이용하여 푼다.

(2) **밑을 같게 할 수 있는 경우**

$$\log_a x_1=\log_a x_2 \Longleftrightarrow x_1=x_2 \,(단,\ a>0,\ a\neq 1,\ x_1>0,\ x_2>0)$$

(3) $\log_a x$ 꼴이 반복되는 경우

$\log_a x=t$로 치환하여 t에 대한 방정식을 푼다.

(4) **지수에 로그가 있는 경우**

양변에 로그를 취하여 푼다.

주의 로그방정식을 푼 다음에는 밑과 진수의 조건을 꼭 확인한다.

$\log_2 x=3$, $\log_x 2=2$와 같이 로그의 진수 또는 밑에 미지수가 있는 방정식을 로그방정식이라 한다.

5 로그부등식 핵심 4

로그의 진수 또는 밑에 미지수가 있는 부등식은 다음과 같이 푼다.

(1) **밑을 같게 할 수 있는 경우**

① $a>1$일 때, $\log_a x_1<\log_a x_2 \Longleftrightarrow 0<x_1<x_2$

② $0<a<1$일 때, $\log_a x_1<\log_a x_2 \Longleftrightarrow 0<x_2<x_1$

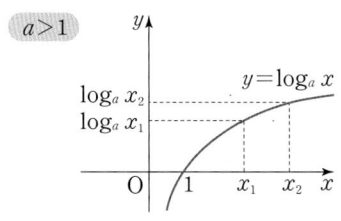

(2) $\log_a x$ 꼴이 반복되는 경우

$\log_a x=t$로 치환하여 t에 대한 부등식을 푼다.

(3) **지수에 로그가 있는 경우**

양변에 로그를 취하여 푼다.

주의 로그부등식을 푼 다음에는 밑과 진수의 조건을 꼭 확인한다.

$\log_3 x>0$, $\log_x 16<4$와 같이 로그의 진수 또는 밑에 미지수를 포함하고 있는 부등식을 로그부등식이라 한다.

로그함수의 평행이동과 대칭이동 유형 4

동영상 강의

함수 $y=\log_2 x$의 그래프를

(1) x축의 방향으로 3만큼, y축의 방향으로 -1만큼 평행이동 ⟶ $y=\log_2(x-3)-1$

(2) x축에 대하여 대칭이동 ⟶ $y=-\log_2 x$

(3) y축에 대하여 대칭이동 ⟶ $y=\log_2(-x)$

(4) 원점에 대하여 대칭이동 ⟶ $y=-\log_2(-x)$

(5) 직선 $y=x$에 대하여 대칭이동 ⟶ $y=2^x$

0773 함수 $y=\log_{\frac{1}{5}} x$의 그래프를 다음과 같이 평행이동 또는 대칭이동한 그래프의 식을 구하시오.

(1) x축의 방향으로 -4만큼, y축의 방향으로 2만큼 평행이동

(2) x축에 대하여 대칭이동

(3) y축에 대하여 대칭이동

(4) 원점에 대하여 대칭이동

0774 함수 $y=\log_3 x$의 그래프를 이용하여 다음 함수의 그래프를 그리고, 정의역과 점근선의 방정식을 구하시오.

(1) $y=\log_3(x+2)$

(2) $y=\log_3(-x)+2$

---

2 로그함수의 최댓값과 최솟값 유형 12~16

핵심

동영상 강의

(1) $\frac{1}{2} \leq x \leq 4$에서 $y=\log_2 x$의 최댓값, 최솟값을 구해 보자.

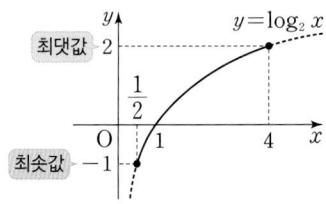

최댓값 : $\log_2 4=2$, 최솟값 : $\log_2 \frac{1}{2}=-1$

함수 $y=\log_a x$는 $a>1$이면
┌ x가 최대 ⟶ y도 최대
└ x가 최소 ⟶ y도 최소

(2) $\frac{1}{2} \leq x \leq 4$에서 $y=\log_{\frac{1}{2}} x$의 최댓값, 최솟값을 구해 보자.

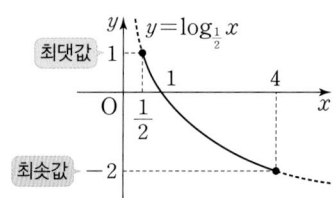

최댓값 : $\log_{\frac{1}{2}} \frac{1}{2}=1$, 최솟값 : $\log_{\frac{1}{2}} 4=-2$

함수 $y=\log_a x$는 $0<a<1$이면
┌ x가 최대 ⟶ y는 최소
└ x가 최소 ⟶ y는 최대

0775 다음 함수의 최댓값과 최솟값을 구하시오.

(1) $y=\log_3 x$ $(9 \leq x \leq 81)$

(2) $y=\log_{\frac{1}{2}} x$ $(2 \leq x \leq 16)$

0776 $2 \leq x \leq 11$에서 함수 $y=\log(x-1)$의 최댓값과 최솟값을 구하시오.

3 로그방정식 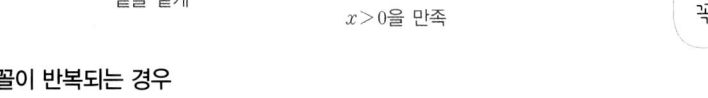 유형 17~23

● **밑을 같게 할 수 있는 경우**

$\log_2 x = 3$에서 $\log_2 x = \log_2 8$이므로 $x = 8$

└ 밑을 같게 ┘   └ 진수의 조건
                    $x > 0$을 만족

> 로그방정식을 풀 때는
> 밑과 진수의 조건을
> 꼭 확인해야 해.

● **$\log_a x$ 꼴이 반복되는 경우**

| $\log_a x = t$로 치환하기 | → | t에 대한 방정식 풀기 | → | x의 값 구하기 |

$(\log_2 x)^2 - \log_2 x - 2 = 0$에서
$\log_2 x = t$로 놓으면
$t^2 - t - 2 = 0$

$(t+1)(t-2) = 0$에서
$t = -1$ 또는 $t = 2$

$\log_2 x = -1$ 또는 $\log_2 x = 2$
$\therefore x = 2^{-1} = \dfrac{1}{2}$ 또는 $x = 2^2 = 4$
└─ 진수의 조건 ─┘
$x > 0$을 만족

04

0777 다음 방정식을 푸시오.

(1) $\log_5 x = 2$

(2) $\log_x 2 = -\dfrac{1}{2}$

(3) $\log_3 (x+2) = \log_3 (2x-1)$

0778 방정식 $(\log_2 x)^2 + 2\log_2 x - 3 = 0$을 푸시오.

4 로그부등식 유형 24~29

● **밑을 같게 할 수 있는 경우**

(1) 부등식 $\log_2 x > 4$에서 $\log_2 x > \log_2 2^4$이므로 $x > 2^4$, 즉 $x > 16$
                                                              └ 진수의 조건 $x > 0$을 만족
(밑) > 1이므로 부등호 방향 그대로

(2) 부등식 $\log_{\frac{1}{5}} x > 2$에서 $\log_{\frac{1}{5}} x > \log_{\frac{1}{5}} \left(\dfrac{1}{5}\right)^2$이므로 $0 < x < \left(\dfrac{1}{5}\right)^2$, 즉 $0 < x < \dfrac{1}{25}$
                                                            └ 진수의 조건 $x > 0$ 추가
(밑) < 1이므로 부등호 방향 반대로

● **$\log_a x$ 꼴이 반복되는 경우**

| $\log_2 x = t$로 치환하기 | → | t에 대한 부등식 풀기 | → | x의 값의 범위 구하기 |

$(\log_3 x)^2 + 3\log_3 x + 2 > 0$에서
$\log_3 x = t$로 치환하면
$t^2 + 3t + 2 > 0$

$(t+2)(t+1) > 0$에서
$t < -2$ 또는 $t > -1$

$\log_3 x < -2$ 또는 $\log_3 x > -1$
$\therefore 0 < x < \dfrac{1}{9}$ 또는 $x > \dfrac{1}{3}$
└ 진수의 조건 $x > 0$ 추가

0779 다음 부등식을 푸시오.

(1) $\log_3 (5x+4) > 2$

(2) $\log_{\frac{1}{2}} (x-2) \geq -3$

(3) $\log_5 x \leq \log_5 (2-x)$

0780 부등식 $(\log_{\frac{1}{3}} x)^2 - \log_{\frac{1}{3}} x \leq 2$를 푸시오.

기초 유형 0 역함수 | 고등수학

(1) **역함수의 성질**

함수 $f : X \longrightarrow Y$가 일대일대응일 때

① 역함수 $f^{-1} : Y \longrightarrow X$가 존재한다.

② $y = f(x) \Longleftrightarrow x = f^{-1}(y)$

③ $(f^{-1} \circ f)(x) = x \ (x \in X)$, $(f \circ f^{-1})(y) = y \ (y \in Y)$

④ $(f^{-1})^{-1} = f$

⑤ 함수 $g : Y \longrightarrow Z$가 일대일대응이고 그 역함수가 g^{-1}일 때 $(f \circ g)^{-1} = g^{-1} \circ f^{-1}$

(2) **역함수의 그래프의 성질**

① 함수 $y = f(x)$의 그래프와 그 역함수 $y = f^{-1}(x)$의 그래프는 직선 $y = x$에 대하여 대칭이다.

② 함수 $y = f(x)$의 그래프와 직선 $y = x$의 교점이 존재하면 그 교점은 두 함수 $y = f(x)$, $y = f^{-1}(x)$의 그래프의 교점이다.

0781 대표문제

함수 $f(x) = 2x - 1$의 역함수를 $f^{-1}(x)$라 할 때, 두 함수 $y = f(x)$, $y = f^{-1}(x)$의 그래프의 교점의 좌표가 (a, b)이다. 이때 $a + b$의 값은?

① -4 ② -2 ③ 0

④ 2 ⑤ 4

0782
Level 1

함수 $f(x) = ax + b \ (a \neq 0)$의 역함수를 $g(x)$라 할 때, $f(1) = 3$, $g(-2) = -4$이다. 상수 a, b에 대하여 ab의 값을 구하시오.

0783
Level 1

점 $(1, 3)$을 지나는 일차함수 $y = f(x)$의 그래프가 그 역함수 $y = f^{-1}(x)$의 그래프와 일치할 때, $f(2)$의 값은?

① 1 ② 2 ③ 3

④ 4 ⑤ 5

0784
Level 2

두 함수 $f(x) = 2x - 1$, $g(x)$가 $(g \circ f)(x) = x$를 만족시킬 때, $g(3)$의 값은?

① -2 ② -1 ③ 0

④ 1 ⑤ 2

0785
Level 2

$x \geq 0$에서 정의된 두 함수 $y = f(x)$, $y = g(x)$의 그래프와 직선 $y = x$가 그림과 같을 때, $g^{-1}(f(c))$의 값은? (단, 모든 점선은 x축 또는 y축에 평행하다.)

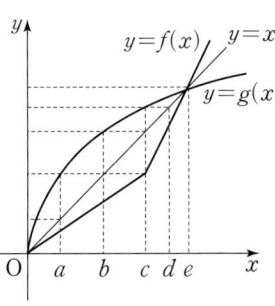

① a ② b ③ c

④ d ⑤ e

실전 유형 **1** 로그함수의 성질

로그함수 $y=\log_a x\ (a>0,\ a\neq1)$에 대하여

(1) 정의역 : 양의 실수 전체의 집합

치역 : 실수 전체의 집합

(2) 그래프는 점 $(1, 0)$을 지난다.

(3) 그래프의 점근선 : y축 (직선 $x=0$)

(4) $a>1$일 때, x의 값이 증가하면 y의 값도 증가

$0<a<1$일 때, x의 값이 증가하면 y의 값은 감소

0786 대표문제

다음 중 함수 $y=\log_{\frac{1}{a}} x\ (0<a<1)$의 그래프에 대한 설명으로 옳지 <u>않은</u> 것은?

① 함수 $y=-\log_a x$의 그래프와 일치한다.

② 점 $(1, 0)$을 반드시 지난다.

③ 그래프의 점근선은 직선 $x=0$이다.

④ x의 값이 증가하면 y의 값은 감소한다.

⑤ 정의역은 양의 실수 전체의 집합이고, 치역은 실수 전체의 집합이다.

0787

Level 1

함수 $y=\log_4(-x^2-5x+14)$의 정의역을 구하시오.

0788

Level 1

두 함수 $f(x)$, $g(x)$가 서로 같은 함수인 것만을 〈보기〉에서 있는 대로 고른 것은?

─────〈 보기 〉─────
ㄱ. $f(x)=2\log_2 x$, $g(x)=\log_2 x^2$

ㄴ. $f(x)=\dfrac{1}{2}\log_2 x$, $g(x)=\log_2 \sqrt{x}$

ㄷ. $f(x)=\log_2 x$, $g(x)=\log_2 \sqrt{x^2}$

① ㄱ ② ㄴ ③ ㄱ, ㄴ
④ ㄱ, ㄷ ⑤ ㄴ, ㄷ

0789

Level 1

다음 중 함수 $y=\log_{\frac{1}{2}} x$에 대한 설명으로 옳은 것은?

① 정의역은 실수 전체의 집합이다.

② 치역은 양의 실수 전체의 집합이다.

③ x의 값이 증가하면 y의 값도 증가한다.

④ 함수 $y=\left(\dfrac{1}{2}\right)^x$과 역함수 관계에 있다.

⑤ 그래프는 함수 $y=\log_2 x$의 그래프와 y축에 대하여 대칭이다.

0790

Level 2

함수 $y=\log_2(x^2+2ax+9)$가 실수 전체의 집합에서 정의되도록 하는 정수 a의 개수는?

① 4 ② 5 ③ 6
④ 7 ⑤ 8

로그함수 $f(x)=\log_a x\ (a>0,\ a\neq1)$에서 $f(p)$의 값을 구할 때는 $f(x)$에 x 대신 p를 대입하고 로그의 성질을 이용한다.

0791 대표문제

함수 $f(x)=\log_{\frac{1}{3}}(x+a)+b$에 대하여 $f(1)=0$, $f(-1)=1$일 때, $f(25)$의 값을 구하시오.

0792

Level 1

두 함수 $f(x)=2^x$, $g(x)=\log_{\frac{1}{4}}x$에 대하여 $(g\circ f)(-4)$의 값은?

① -2 ② -1 ③ 0
④ 1 ⑤ 2

0793

Level 1

세 함수 $f(x)=2^x$, $g(x)=\log_2 x$, $h(x)=x^2$에 대하여 $(f\circ g)(8)-(g\circ h)(8)$의 값은?

① 0 ② 1 ③ 2
④ 3 ⑤ 4

0794

Level 2

함수 $f(x)=\log x$일 때, 임의의 양수 a, b에 대하여 다음 중 옳지 <u>않은</u> 것은?

① $2f(a)=f(a^2)$ ② $f\left(\dfrac{a}{2}\right)=f(5a)-1$
③ $f\left(\dfrac{1}{a}\right)=\dfrac{1}{f(a)}$ ④ $f(a)-f(b)=f\left(\dfrac{a}{b}\right)$
⑤ $f(a^b)=bf(a)$

0795

Level 2

함수 $f(x)=\log_2 x$에 대하여 $f(a^2)=16$, $f(\sqrt{b})=20$일 때, $\log_a b$의 값은? (단, $a>0$)

① 1 ② 2 ③ 3
④ 4 ⑤ 5

0796

Level 2

함수 $f(x)=\log_5\left(\dfrac{2}{2x-1}+1\right)$에 대하여
$f(1)+f(2)+f(3)+\cdots+f(12)$의 값을 구하시오.

실전유형 3 로그함수의 그래프 위의 점 빈출유형

로그함수 $y=\log_a x \ (a>0,\ a\neq1)$의 그래프가 점 $(m,\ n)$을 지난다.

→ $n=\log_a m$

0797 대표문제

그림과 같이 정사각형 ABCD의 한 변 CD는 x축 위에 있고 두 점 A, E는 함수 $y=\log_3 x$의 그래프 위의 점이다. 정사각형 ABCD의 한 변의 길이가 2일 때, 선분 CE의 길이는?

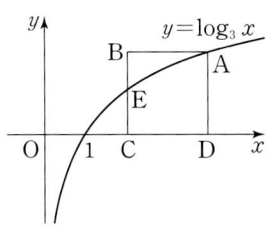

① 1　　　　② $\log_3 4$　　　　③ $\log_3 5$

④ $\log_3 6$　　　⑤ $\log_3 7$

0798 Level 1

그림과 같이 두 함수 $y=\log_3 x$, $y=3^x$의 그레프와 직신 $y=b$의 교점을 각각 A, B라 하자. 점 B의 x좌표가 1이고, 점 A의 x좌표가 a일 때, $\log_3 ab$의 값을 구하시오.

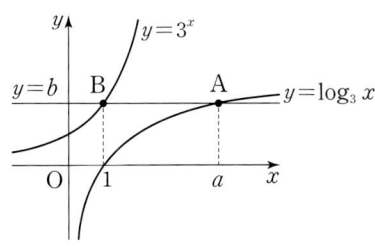

0799 Level 1

그림과 같이 두 점 $(2,\ a)$, $(4,\ b)$는 함수 $y=\log_2 x$의 그래프 위의 점이다. 함수 $y=\log_2 x$의 그래프가 점 $\left(k,\ \dfrac{a+b}{2}\right)$를 지날 때, k의 값은?

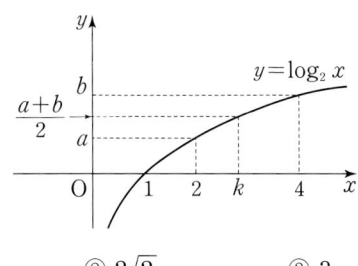

① $\sqrt{7}$　　　　② $2\sqrt{2}$　　　　③ 3

④ $2\sqrt{3}$　　　⑤ $\sqrt{15}$

0800 Level 2

그림과 같이 두 점 D, E는 함수 $y=\log_4 x$의 그래프 위의 점이고, 정사각형 ABCD의 한 변의 길이가 2일 때, 정사각형 EFGB의 한 변의 길이는?

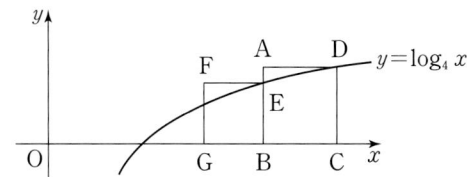

① $\dfrac{1}{2}+\log_4 7$　　　　　② $3-\log_4 7$

③ $\log_4 13$　　　　　④ $\log_4 10$

⑤ $\log_4 7$

0801
Level 2

그림은 함수 $y=\log_a x\ (0<a<1)$의 그래프이다. A(3, 0), C(81, 0)이고 $\overline{EF}=2\overline{DE}$일 때, 점 B의 x좌표를 구하시오.
(단, 점선은 x축 또는 y축에 평행하다.)

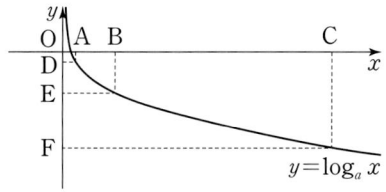

0802
Level 2

그림과 같이 함수 $y=\log_2 x$의 그래프 위의 두 점 A, B에서 x축에 내린 수선의 발을 각각 A′, B′이라 하자. $\overline{AA'}=\overline{BB'}$이고, 선분 AB

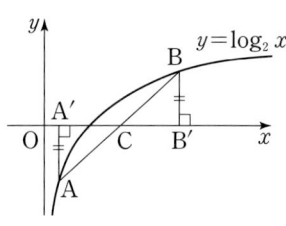

가 x축과 만나는 점은 $C\left(\dfrac{17}{8},\ 0\right)$이다. 이때 선분 A′B′의 길이는?

① $\dfrac{9}{4}$ ② $\dfrac{11}{4}$ ③ $\dfrac{13}{4}$

④ $\dfrac{15}{4}$ ⑤ $\dfrac{17}{4}$

0803 신경향
Level 2

그림과 같이 원점 O를 지나는 직선이 함수 $y=\log_2 x$의 그래프와 만나는 두 점을 각각 $P(x_1,\ y_1)$, $Q(x_2,\ y_2)$라 하자. $\dfrac{x_2}{x_1}=4$일 때, $(x_1 x_2)^{\frac{3}{2}}$의 값은?

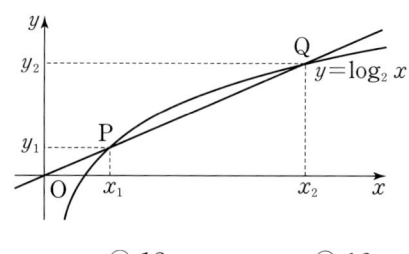

① 9   ② 12   ③ 16
④ 27   ⑤ 32

다음은 이 유형에서 출제된 최근 교육청·평가원 기출문제입니다.

0804 · 교육청 2019년 6월
Level 2

$k>1$인 실수 k에 대하여 직선 $x=k$가 두 곡선 $y=1+\log_2 x$, $y=\log_4 x$와 만나는 점을 각각 A, B라 하자. $\overline{AB}=4$일 때, k의 값을 구하시오.

0805 · 평가원 2019학년도 6월
Level 3

직선 $x=k$가 두 곡선 $y=\log_2 x$, $y=-\log_2(8-x)$와 만나는 점을 각각 A, B라 하자. $\overline{AB}=2$가 되도록 하는 모든 실수 k의 값의 곱은? (단, $0<k<8$)

① $\dfrac{1}{2}$ ② 1 ③ $\dfrac{3}{2}$

④ 2 ⑤ $\dfrac{5}{2}$

+Plus 문제

실전유형 4 로그함수의 그래프의 평행이동과 대칭이동 ^{빈출유형}

로그함수 $y=\log_a x$ $(a>0, a\ne1)$의 그래프를

(1) x축의 방향으로 m만큼, y축의 방향으로 n만큼 평행이동
　➡ $y=\log_a(x-m)+n$

(2) x축에 대하여 대칭이동 ➡ $y=\log_a\dfrac{1}{x}$

(3) y축에 대하여 대칭이동 ➡ $y=\log_a(-x)$

(4) 원점에 대하여 대칭이동 ➡ $y=\log_a\left(-\dfrac{1}{x}\right)$

(5) 직선 $y=x$에 대하여 대칭이동 ➡ $y=a^x$

0806 대표문제

함수 $y=\log_{\frac{1}{2}}(8x+32)$의 그래프는 함수 $y=\log_{\frac{1}{2}}x$의 그래프를 x축의 방향으로 m만큼, y축의 방향으로 n만큼 평행이동한 것이다. 이때 $m+n$의 값을 구하시오.

0807
●❙❙ Level 1

다음 중 함수 $y=\log_3(-x+1)+2$의 그래프에 대한 설명으로 옳은 것은?

① 정의역은 $\{x\,|\,x>1\}$이다.

② 치역은 $\{y\,|\,y>2\}$이다.

③ 그래프의 점근선은 직선 $x=-1$이다.

④ 그래프는 점 $(1, 2)$를 지난다.

⑤ x의 값이 증가하면 y의 값은 감소한다.

0808
●❙❙ Level 1

함수 $y=\log_2(x+a)+b$의 그래프가 그림과 같을 때, 상수 a, b에 대하여 ab의 값을 구하시오.

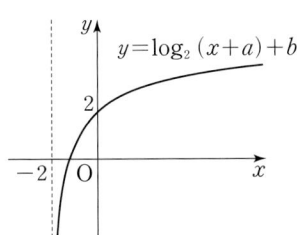

0809
●❙❙ Level 2

함수 $y=\log_3 9x$의 그래프를 y축의 방향으로 -3만큼 평행이동한 후 x축에 대하여 대칭이동한 그래프가 함수 $y=\log_3\dfrac{a}{x}$의 그래프와 일치할 때, 상수 a의 값은?

① 1　　　　　② 2　　　　　③ 3

④ 4　　　　　⑤ 5

0810
●❙❙ Level 2

함수 $f(x)=\log_3(ax-b)-4$가 다음 조건을 만족시킨다.

> ㈎ 곡선 $y=f(x)$의 점근선의 방정식은 $x=3$이다.
> ㈏ 곡선 $y=f(x)$의 그래프를 x축의 방향으로 -4만큼, y축의 방향으로 2만큼 평행이동한 곡선은 원점을 지난다.

상수 a, b에 대하여 $a+b$의 값을 구하시오.

0811
●❙❙ Level 2

함수 $y=\log_{\frac{1}{2}}x$의 그래프를 y축에 대하여 대칭이동한 후, x축의 방향으로 1만큼, y축의 방향으로 3만큼 평행이동하였더니 함수 $y=f(x)$의 그래프가 되었다. 함수 $y=f(x)$의 그래프와 x축의 교점의 좌표, y축의 교점의 좌표를 각각 $(a, 0)$, $(0, b)$라 할 때, $a+b$의 값은?

① -4　　　　② -2　　　　③ 0

④ 2　　　　　⑤ 4

0812

Level 2

함수 $y=\log_2 x$의 그래프를 평행이동 또는 대칭이동하여 겹쳐지는 것만을 〈보기〉에서 있는 대로 고른 것은?

───〈보기〉───

ㄱ. $y=\log_2 4x$ ㄴ. $y=2\log_2 x$

ㄷ. $y=\log_2 \dfrac{1}{x}$ ㄹ. $y=\log_2 \dfrac{1-x}{2}$

① ㄱ, ㄴ   ② ㄱ, ㄷ   ③ ㄷ, ㄹ

④ ㄱ, ㄴ, ㄷ   ⑤ ㄱ, ㄷ, ㄹ

다음은 이 유형에서 출제된 최근 교육청·평가원 기출문제입니다.

0813 · 교육청 2020년 6월

Level 1

함수 $y=\log_2 x$의 그래프를 x축의 방향으로 a만큼, y축의 방향으로 1만큼 평행이동한 그래프가 점 (9, 3)을 지날 때, 상수 a의 값은?

① 5   ② 6   ③ 7

④ 8   ⑤ 9

0814 · 교육청 2018년 11월

Level 2

함수 $y=\log_3 x$의 그래프 위에 두 점 A$(a, 1)$, B$(27, b)$가 있다. 함수 $y=\log_3 x$의 그래프를 x축의 방향으로 m만큼 평행이동한 그래프가 두 점 A, B의 중점을 지날 때, 상수 m의 값은?

① 6   ② 7   ③ 8

④ 9   ⑤ 10

실전 유형 **5** 로그함수의 그래프와 사분면

❶ 평행이동을 이용하여 로그함수의 그래프를 그린다.
❷ 그래프가 사분면을 지나지 않을 조건, 만날 조건 등을 구한다.

0815 대표문제

함수 $y=\log_3 (x+3)+k$의 그래프가 제2사분면을 지나지 않을 때, 실수 k의 최댓값을 구하시오.

0816

Level 2

함수 $y=\log_{\frac{1}{2}} (x+2)+k$의 그래프가 제3사분면을 지나지 않도록 하는 실수 k의 최솟값을 구하시오.

0817 고난도

Level 3

두 곡선 $y=2^{x+2}-2$와 $y=\log_{\frac{1}{3}} (x+a)$가 제2사분면에서 만나도록 하는 실수 a의 값의 범위는?

① $\dfrac{1}{27}<a<1$ ② $\dfrac{1}{9}<a<2$ ③ $\dfrac{1}{27}<a<2$

④ $\dfrac{1}{9}<a<3$ ⑤ $\dfrac{1}{3}<a<3$

+ Plus 문제

다음은 이 유형에서 출제된 최근 교육청·평가원 기출문제입니다.

0818 · 교육청 2019년 6월

Level 2

함수 $y=2+\log_2 x$의 그래프를 x축의 방향으로 -8만큼, y축의 방향으로 k만큼 평행이동한 그래프가 제4사분면을 지나지 않도록 하는 실수 k의 최솟값은?

① -1 ② -2 ③ -3

④ -4 ⑤ -5

심화유형 **6** 로그함수의 그래프의 평행이동과 대칭이동의 활용

(1) 두 함수의 그래프 사이의 관계를 이용하여 각 선분의 길이를 구한 후 문제를 해결한다.

(2) 평행이동 또는 대칭이동한 그래프의 식을 구한 후 문제를 해결한다.

0819 대표문제

그림과 같이 곡선 $y=\log_a x$ 위의 점 $A(3, \log_a 3)$을 지나고 x축에 평행한 직선이 곡선 $y=\log_b x$와 만나는 점을 B, 점 B를 지나고 y축에 평행한 직선이 곡선 $y=\log_a x$와 만나는 점을 C라 하자. $\overline{AB}=6$, $\overline{BC}=2$일 때, a^2+b^2의 값은? (단, $1<a<b$)

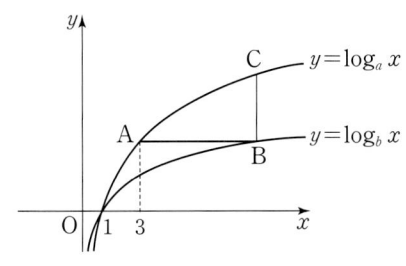

① 8 ② 10 ③ 12
④ 14 ⑤ 16

0820

● ▌▌ Level **1**

그림과 같이 두 함수 $y=\log_2 x$, $y=\log_8 x$의 그래프와 직선 $x=k$의 교점을 각각 A, B라 할 때, $\overline{AB}=2$를 만족시키는 실수 k의 값은? (단, $k>1$)

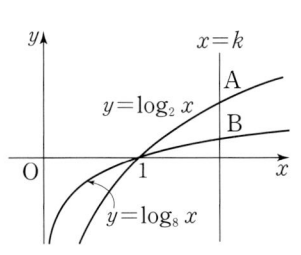

① 7 ② 8 ③ 9
④ 10 ⑤ 11

0821

● ▌▌ Level **1**

그림과 같이 y축 위의 한 점 P에서 x축에 평행한 직선을 그어 두 곡선 $y=\log_{\frac{1}{3}} x$, $y=\log_3 x$와 만나는 점을 각각 Q, R라 하면 $\overline{QR}=3$이다. 두 점 Q, R의 x좌표를 각각 a, b라 할 때, a^2+b^2의 값을 구하시오. (단, $0<a<1<b$)

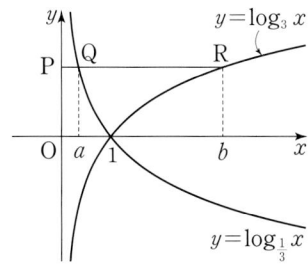

0822

● ▌▌ Level **1**

그림과 같이 x축에 평행한 직선이 두 함수 $y=\log_{\frac{1}{2}} x$, $y=\log_2 x$의 그래프와 만나는 점을 각각 A, B라 하자. $\overline{AB}=4$일 때, 선분 AB의 중점의 x좌표는?

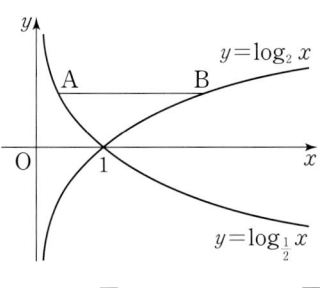

① $\sqrt{3}$ ② $\sqrt{5}$ ③ $\sqrt{7}$
④ $2\sqrt{2}$ ⑤ 3

0823

Level 2

그림과 같이 $1<a<b$일 때, 직선 $x=2$가 세 함수 $f(x)=\log_a x$, $g(x)=\log_b x$, $h(x)=-\log_a x$의 그래프와 만나는 점을 각각 P, Q, R라 하자. $\overline{PQ}:\overline{QR}=1:3$일 때, $f(b)$의 값은?

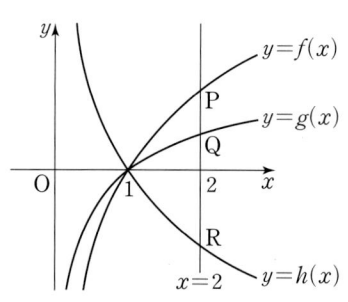

① $\dfrac{1}{3}$　　　② $\dfrac{1}{2}$　　　③ 2

④ 3　　　⑤ 4

0824

Level 2

그림과 같이 두 점 A, C는 함수 $y=\log_9 x$의 그래프 위의 점이고, 두 점 B, D는 함수 $y=\log_3 x$의 그래프 위의 점이다. 세 선분 AB, BC, CD는 각각 x축 또는 y축에 평행하고, $\overline{CD}=1$일 때, 선분 AB의 길이는?

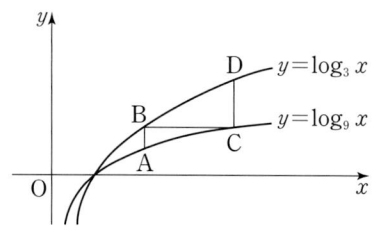

① $\dfrac{1}{4}$　　　② $\dfrac{1}{3}$　　　③ $\dfrac{1}{2}$

④ $\dfrac{2}{3}$　　　⑤ $\dfrac{3}{4}$

0825

Level 3

그림과 같이 함수 $y=\log_9 x$의 그래프 위의 점 A를 지나는 직선이 함수 $y=\log_3 x$의 그래프와 만나는 점을 B, y축과 만나는 점을 C라 하고, 점 B를 지나고 y축에 평행한 직선이 곡선 $y=\log_9 x$와 만나는 점을 D라 하자. $\overline{AB}=2\overline{BC}$, $\overline{AB}=\overline{AD}$일 때, 삼각형 ABD의 넓이를 구하시오.

(단, 점 B의 x좌표는 1보다 크다.)

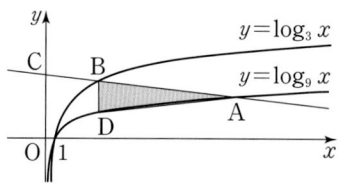

0826 고난도

Level 3

그림과 같이 두 점 A, B는 함수 $y=\log_3 9x$의 그래프 위의 점이고, 점 C는 함수 $y=\log_3 x$의 그래프 위의 점이다. 선분 AC가 y축에 평행하고 삼각형 ABC가 정삼각형일 때, 점 B의 좌표는 (p, q)이다. $\dfrac{3^q}{p^2}$의 값은? (단, $p>0$, $q>0$)

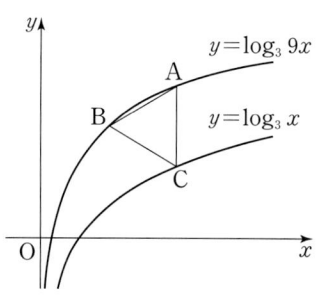

① $3\sqrt{3}$　　　② $6\sqrt{3}$　　　③ $9\sqrt{3}$

④ $12\sqrt{3}$　　　⑤ $15\sqrt{3}$

**실전
유형 7** 로그함수를 이용한 대소 비교

주어진 수의 밑을 같게 한 후 다음과 같은 로그함수
$y=\log_a x\,(a>0,\ a\neq1)$의 성질을 이용한다.

(1) $a>1$일 때,

$\quad 0<x_1<x_2 \iff \log_a x_1 < \log_a x_2$ ← 부등호 방향 그대로

(2) $0<a<1$일 때,

$\quad 0<x_1<x_2 \iff \log_a x_1 > \log_a x_2$ ← 부등호 방향 반대로

0827 대표문제

세 수 $A=-\log_{\frac{1}{3}}\frac{1}{4}$, $B=2\log_{\frac{1}{3}}\frac{1}{3}$, $C=-3\log_{\frac{1}{3}}2$의 대소 관계로 옳은 것은?

① $A<B<C$ ② $A<C<B$ ③ $B<A<C$

④ $B<C<A$ ⑤ $C<B<A$

0828

     Level 1

〈보기〉에서 옳은 것만을 있는 대로 고른 것은?

〈보기〉

ㄱ. $2\log_5 6 < 3\log_5 3$ ㄴ. $\log_3 11 < 2\log_3 2\sqrt{3}$

ㄷ. $8\log_7 2 > 2\log_7 6$ ㄹ. $2\log_{\frac{1}{3}}4 > \frac{1}{3}\log_{\frac{1}{3}}64$

① ㄱ, ㄴ   ② ㄱ, ㄷ   ③ ㄴ, ㄷ

④ ㄴ, ㄹ   ⑤ ㄷ, ㄹ

0829

     Level 2

$0<a<1<b$일 때, 다음 세 수의 대소 관계를 구하시오.

$$A=1,\quad B=\log_a b,\quad C=\log_a\frac{a}{b}$$

0830

     Level 2

두 실수 a, b에 대하여 $0<a<1<b$일 때, 〈보기〉에서 옳은 것만을 있는 대로 고른 것은?

〈보기〉

ㄱ. $a^b < a^a$

ㄴ. $0 < \log_b a < 1$

ㄷ. $\log_{ab} a < \log_{ab} b$이면 $\log_{ab} b < 1$이다.

① ㄱ   ② ㄱ, ㄴ   ③ ㄱ, ㄷ

④ ㄴ, ㄷ   ⑤ ㄱ, ㄴ, ㄷ

0831 신경향

     Level 2

두 양수 a, b가 $a^2<a<b<b^2$을 만족시킬 때, 다음 네 수의 대소 관계를 바르게 나타낸 것은?

$$\log_{\sqrt{a}} b,\quad \log_{\sqrt{a}} b^2,\quad \log_a \sqrt{b},\quad \log_a b$$

① $\log_{\sqrt{a}} b^2 < \log_{\sqrt{a}} b < \log_a b < \log_a \sqrt{b}$

② $\log_{\sqrt{a}} b < \log_{\sqrt{a}} b^2 < \log_a b < \log_a \sqrt{b}$

③ $\log_a b < \log_{\sqrt{a}} b^2 < \log_{\sqrt{a}} b < \log_a \sqrt{b}$

④ $\log_a b < \log_a \sqrt{b} < \log_{\sqrt{a}} b < \log_{\sqrt{a}} b^2$

⑤ $\log_a \sqrt{b} < \log_a b < \log_{\sqrt{a}} b < \log_{\sqrt{a}} b^2$

0832

     Level 3

$1<x<9$일 때, 세 수 $A=\log_3 x^2$, $B=(\log_3 x)^2$, $C=\log_3(\log_3 x)$의 대소 관계로 옳은 것은?

① $A>B>C$ ② $B>A>C$ ③ $B>C>A$

④ $C>A>B$ ⑤ $C>B>A$

(1) 함수 $f(x)=\log_a x$ $(a>0,\ a\neq 1)$의 역함수
→ $f^{-1}(x)=a^x$
(2) $f^{-1}(a)=b \Longleftrightarrow f(b)=a$

0833 대표문제

함수 $y=f(x)$의 그래프와 함수 $y=\log_2(x+a)$의 그래프는 직선 $y=x$에 대하여 대칭이다. 함수 $y=f(x)$의 그래프가 점 $(2,\ 3)$을 지날 때, 상수 a의 값은?

① 1   ② 2   ③ 3

④ 4   ⑤ 5

0834   Level 1

다음 중 함수 $y=-\log_2\dfrac{1}{x-1}+3$의 그래프에 대한 설명으로 옳은 것은?

① 정의역은 $\{x\,|\,x<1\}$이다.
② 그래프는 점 $(2,\ 2)$를 지난다.
③ 함수 $y=2^{x-3}+1$의 역함수이다.
④ x의 값이 증가하면 y의 값은 감소한다.
⑤ 그래프는 함수 $y=\log_4 x$의 그래프를 평행이동하면 겹쳐진다.

0835   Level 1

그림과 같이 함수 $y=5^x$의 역함수 $y=g(x)$의 그래프가 점 $(k,\ 2)$를 지날 때, k의 값을 구하시오.

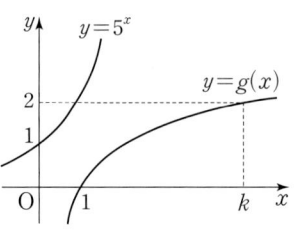

0836   Level 1

$x>\sqrt{3}$에서 정의된 함수 $f(x)=\log_2(3x^2-8)$에 대하여 $(f^{-1}\circ f^{-1})(2)$의 값은?

① 1   ② 2   ③ 3

④ 4   ⑤ 5

0837   Level 1

함수 $y=f(x)$의 그래프는 함수 $y=\log_3(x-a)$의 그래프와 직선 $y=x$에 대하여 대칭이다. 점 $(2,\ 5)$가 함수 $y=f(x)$의 그래프 위의 점일 때, 상수 a의 값은?

① -4 ② -2 ③ -1

④ 0   ⑤ 4

0838   Level 2

함수 $f(x)=\log_2 x$의 역함수 $g(x)$에 대하여 $g(\alpha)=3$, $g(\beta)=6$일 때, $g(\alpha+\beta)$의 값을 구하시오.

0839
Level 2

지수함수 $f(x)=a^x$의 역함수를 $g(x)$라 하자. $g(m)=3$, $g(n)=2$일 때, $g(m^3 n)$의 값은?

① 11   ② 13   ③ 14

④ 16   ⑤ 20

0840
Level 2

함수 $f(x)=\left(\dfrac{1}{2}\right)^{a-x}+b$의 그래프와 그 역함수의 그래프가 두 점에서 만나고, 두 교점의 x좌표가 1, 2일 때, 상수 a, b에 대하여 $a+b$의 값은?

① 1   ② 2   ③ 3

④ 4   ⑤ 5

0841

Level 2

함수 $f(x)=\log_3 x+5$의 역함수를 $g(x)$라 할 때, 다음 중 a의 값에 관계없이 항상 일정한 값을 갖는 것은? (단, $a\neq 0$)

① $g(a)+g(-a)$ ② $g(a)-g(-a)$

③ $g(a)+g\left(\dfrac{1}{a}\right)$ ④ $g(a)g\left(\dfrac{1}{a}\right)$

⑤ $g(a)g(-a)$

0842
Level 3

함수 $y=\log_3 x$의 그래프와 그 역함수 $y=g(x)$의 그래프가 그림과 같다. $y=\log_3 x$의 그래프와 x축의 교점 A를 지나고 y축에 평행한 직선이 함수 $y=g(x)$

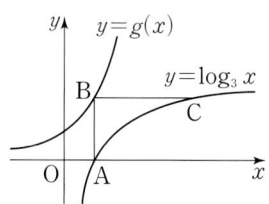

의 그래프와 만나는 점을 B, 점 B를 지나고 x축에 평행한 직선이 함수 $y=\log_3 x$의 그래프와 만나는 점을 C라 할 때, $\overline{AB}+\overline{BC}$의 값을 구하시오.

+**Plus 문제**

다음은 이 유형에서 출제된 최근 **교육청 · 평가원** 기출문제입니다.

0843
· **교육청** 2019년 6월
Level 1

함수 $f(x)=\log_3 (x+12)+2$에 대하여 $f^{-1}(5)$의 값은?

① 15   ② 16   ③ 17

④ 18   ⑤ 19

0844
· **교육청** 2019년 11월
Level 2

곡선 $y=3^x+1$을 직선 $y=x$에 대하여 대칭이동한 후, x축의 방향으로 a만큼, y축의 방향으로 b만큼 평행이동한 곡선을 $y=f(x)$라 하자. 곡선 $y=f(x)$의 점근선이 직선 $x=5$이고 곡선 $y=f(x)$가 곡선 $y=3^x+1$의 점근선과 만나는 점의 x좌표가 6일 때, 두 상수 a, b에 대하여 $a+b$의 값을 구하시오.

직선 $y=x$ 위의 점을 이용하여 주어진 함숫값을 구한다.

0845 대표문제

그림은 함수 $y=\log_{\frac{3}{2}} x$의
그래프와 직선 $y=x$이다.
$d=3b$일 때, $\left(\dfrac{3}{2}\right)^{a-c}$의 값
은? (단, 점선은 x축 또는
y축에 평행하다.)

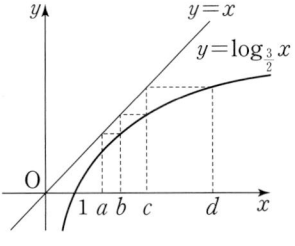

① $\dfrac{1}{3}$ ② $\dfrac{2}{3}$ ③ $\dfrac{1}{2}$

④ 1   ⑤ $\dfrac{3}{2}$

0846

그림은 함수 $y=\log_2 x$의 그래
프와 직선 $y=x$이다.
$x_1+x_2+x_3$의 값을 구하시오.
(단, 점선은 x축 또는 y축에 평
행하다.)

Level 1

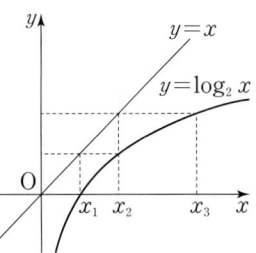

0847

Level 1

그림은 함수 $y=\log_3 x$의 그래프
와 직선 $y=x$이다. 다음 중
$\left(\dfrac{1}{3}\right)^{a-b}$의 값과 같은 것은?
(단, 점선은 x축 또는 y축에 평
행하다.)

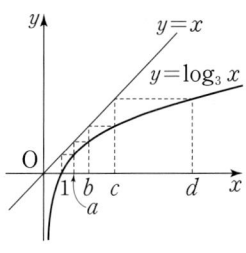

① $\dfrac{c}{a}$ ② $\dfrac{c}{b}$ ③ $\dfrac{c}{d}$

④ $\dfrac{b}{c}$ ⑤ $\dfrac{b}{d}$

0848

Level 1

그림은 두 함수 $y=10^x$,
$y=\log x$의 그래프이다.
$y=\log x$의 그래프 위의 점 A
의 좌표가 (a, b)일 때, $\log ab$
의 값은? (단, 점선은 x축 또
는 y축에 평행하다.)

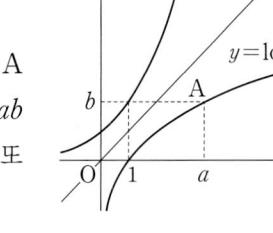

① 7   ② 9   ③ 11

④ 13   ⑤ 15

0849 신경향

Level 2

그림은 세 함수 $y=x$, $y=5^x$, $y=\log_5 x$의 그래프 이다. $f(x)=\log_5 x$라 할 때, 다음 중 $f(a)f(b)$에 가 장 가까운 것은? (단, α, β, γ, δ 사이의 간격은 모두 같고, 점선은 x축 또는 y축에 평행하다.)

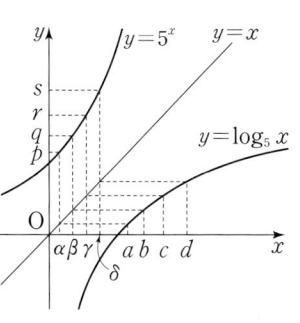

① α ② γ ③ a

④ p ⑤ q

0850

Level 2

그림은 두 함수 $y=\left(\dfrac{1}{2}\right)^x$, $y=\log_2 x$의 그래프와 직선 $y=x$ 를 나타낸 것이다. 〈보기〉에서 옳은 것만을 있는 대로 고른 것은? (단, 점선은 x축 또는 y축에 평행하다.)

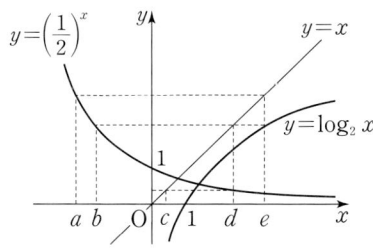

〈보기〉
ㄱ. $\left(\dfrac{1}{2}\right)^b=e$ ㄴ. $\log_2 c+d=0$
ㄷ. $ce=1$

① ㄱ   ② ㄴ   ③ ㄷ

④ ㄱ, ㄴ   ⑤ ㄴ, ㄷ

실전유형 10 로그함수의 넓이의 활용 – 평행이동 또는 대칭이동을 이용

넓이가 같은 부분을 찾아 평행이동 또는 대칭이동을 이용하여 직사각형 또는 평행사변형의 넓이를 구한다.

0851 대표문제

그림과 같이 두 함수 $y=\log_3 x$, $y=\log_3 9x$의 그래프와 두 직선 $x=1$, $x=9$로 둘러싸인 부분의 넓이는?

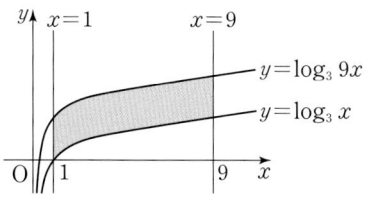

① 15   ② 16   ③ 17

④ 18   ⑤ 19

0852

Level 2

그림과 같이 두 함수 $y=\log_{\frac{1}{9}} x$, $y=\log_{\sqrt{3}} x$의 그래프가 직선 $x=\dfrac{1}{3}$과 만나는 점을 각각 A, B라 하고, 직선 $x=3$과 만나는 점을 각각 C, D라 할 때, 사각형 ABCD의 넓이는?

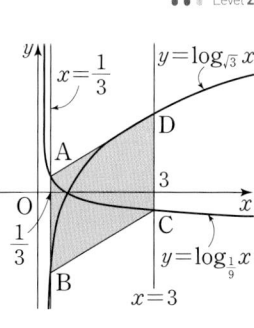

① $\dfrac{17}{3}$ ② 6   ③ $\dfrac{19}{3}$

④ $\dfrac{20}{3}$ ⑤ 7

0853

Level 2

그림과 같이 함수 $y=\log_{\sqrt{2}}x$의 그래프 위의 두 점 A, B와 함수 $y=\log_{\frac{\sqrt{2}}{2}}x$의 그래프 위의 두 점 C, D에 대하여 사각형 ADBC는 모든 변이 각각 x축 또는 y축과 평행한 직사각형이다. 점 A의 x좌표가 $\frac{1}{4}$일 때, 사각형 ADBC의 넓이를 구하시오.

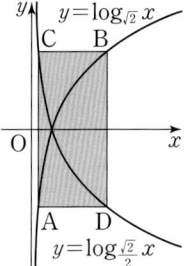

0854

Level 2

그림과 같이 두 함수 $y=\log_2 2x$, $y=\log_2 \frac{x}{4}$의 그래프가 직선 $y=k$ ($k>0$)와 만나는 점을 각각 A, B라 하고, 두 점 A, B를 지나면서 x축에 수직인 직선이 $y=\log_2 \frac{x}{4}$, $y=\log_2 2x$의 그래프와 만나는 점을 각각 C, D라 하자. $\overline{AB}=5$일 때, 두 함수 $y=\log_2 2x$, $y=\log_2 \frac{x}{4}$의 그래프와 두 선분 AC, BD로 둘러싸인 부분의 넓이는?

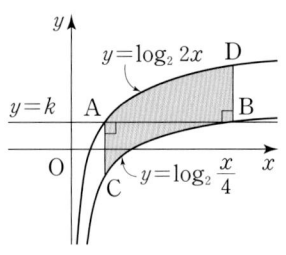

① 10   ② 15   ③ 20

④ 25   ⑤ 30

0855

Level 2

그림과 같이 곡선 $y=\log_3 x$ 위의 두 점 A(1, 0), B(9, 2)가 있다. 곡선 $y=\log_3 x$를 x축의 방향으로 -2만큼, y축의 방향으로 2만큼 평행이동한 것을 곡선 $y=f(x)$라 하고, 두 점 A, B가 옮겨진 점을 각각 C, D라 할 때, 두 곡선 $y=\log_3 x$, $y=f(x)$ 및 두 직선 AC, BD로 둘러싸인 부분의 넓이는?

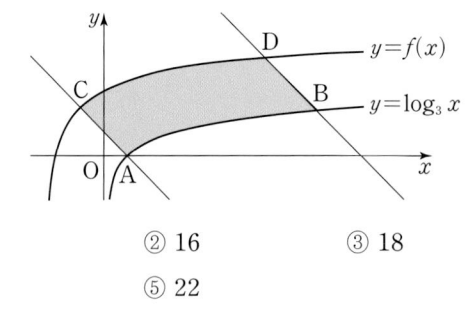

① 14   ② 16   ③ 18

④ 20   ⑤ 22

다음은 이 유형에서 출제된 최근 교육청·평가원 기출문제입니다.

0856 · 교육청 2019년 9월

Level 2

그림과 같이 두 함수 $f(x)=\log_2 x$, $g(x)=\log_2 3x$의 그래프 위의 네 점 A(1, $f(1)$), B(3, $f(3)$), C(3, $g(3)$), D(1, $g(1)$)이 있다. 두 함수 $y=f(x)$, $y=g(x)$의 그래프와 선분 AD, 선분 BC로 둘러싸인 부분의 넓이는?

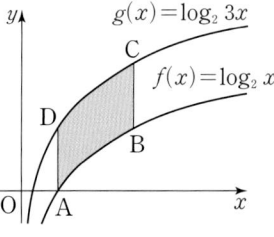

① 3   ② $2\log_2 3$ ③ 4

④ $3\log_2 3$ ⑤ 5

심화유형 **11** 로그함수의 넓이의 활용
– 직선 $y=x$의 대칭을 이용

$a>0$, $a\neq1$일 때, 두 함수 $f(x)=a^x$과 $g(x)=\log_a x$는 서로 역함수 관계이므로 그래프가 직선 $y=x$에 대하여 대칭이다.

➜ $g(f(x))=x$, $f(g(x))=x$

0857 대표문제

그림과 같이 함수 $y=4^x$의 그래프 위의 두 점 A, B를 각각 지나고 기울기가 -1인 직선이 함수 $y=\log_4 x$의 그래프와 만나는 점을 각각 C, D라 할 때, 사각형 ACDB의 넓이는?

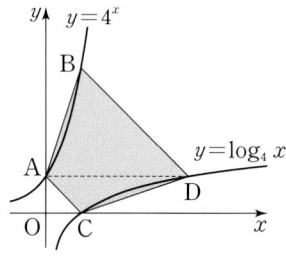

(단, 점 A는 y축 위에 있고 선분 AD는 x축에 평행하다.)

① $2\sqrt{2}$ ② 4   ③ $4\sqrt{2}$
④ 8   ⑤ $8\sqrt{2}$

0858

Level 1

그림과 같이 함수 $y=5^x$의 그래프와 직선 $x=1$ 및 x축, y축으로 둘러싸인 도형의 넓이를 A, 함수 $y=\log_5 x$의 그래프와 직선 $x=5$ 및 x축으로 둘러싸인 도형의 넓이를 B라 할 때, $A+B$의 값은?

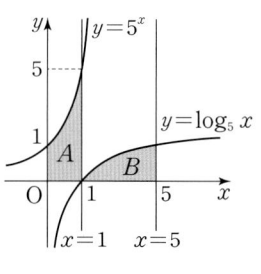

① 1   ② 2   ③ 3
④ 4   ⑤ 5

0859

Level 2

그림과 같이 직선 $y=x$와 수직으로 만나는 평행한 두 직선 l, m이 있다. 두 직선 l, m이 함수 $f(x)=\log_3 x$, $g(x)=3^x$의 그래프와 만나는 점을 각각 A, B, C, D라 하자. $f(b)=g(1)=a$일 때, 사각형 ABCD의 넓이는?

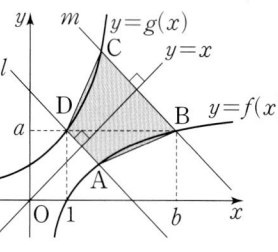

① 242   ② $\dfrac{529}{2}$ ③ 288
④ $\dfrac{625}{2}$ ⑤ 338

0860

Level 2

그림과 같이 곡선 $y=2^x-1$ 위의 점 A$(2, 3)$을 지나고 기울기가 -1인 직선이 곡선 $y=\log_2(x+1)$과 만나는 점을 B라 하자. 두 점 A, B에서 x축에 내린 수선의 발을 각각 C, D라 할 때, 사각형 ACDB의 넓이는?

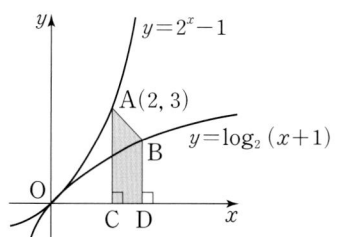

① $\dfrac{1}{2}$ ② 1   ③ $\dfrac{3}{2}$
④ 2   ⑤ $\dfrac{5}{2}$

0861

그림과 같이 직선 $y=-x+a$가 두 곡선 $y=2^x$, $y=\log_2 x$ 와 만나는 점을 각각 A, B라 하고, x축과 만나는 점을 C라 할 때, 세 점 A, B, C가 다음 조건을 만족시킨다.

> (가) $\overline{AB} : \overline{BC} = 3 : 1$
> (나) 삼각형 OCB의 넓이는 40이다.

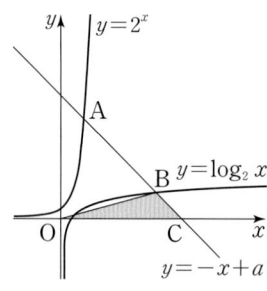

점 A의 좌표를 A(p, q)라 할 때, $p+q$의 값을 구하시오.
(단, O는 원점이고, a는 상수이다.)

0862

그림과 같이 1보다 큰 상수 a에 대하여 직선 $y=-x+8$이 두 곡 선 $y=a^x$, $y=\log_a x$와 만나는 점을 각각 A, B라 하자. 삼각형 OAB의 넓이가 16일 때, a^2의 값은? (단, O는 원점이고, 점 A 의 x좌표는 점 B의 x좌표보다 작다.)

① 4 　　　 ② 6 　　　 ③ 8
④ 10 　　　 ⑤ 12

+Plus 문제

0863 고난도

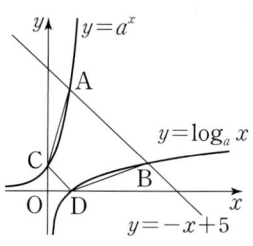

그림과 같이 1보다 큰 상수 a에 대하여 직선 $y=-x+5$가 두 곡선 $y=a^x$, $y=\log_a x$와 제1사분면에서 만나는 점을 각각 A, B 라 하자. 함수 $y=a^x$의 그래프와 y축의 교점을 C, 함수 $y=\log_a x$ 의 그래프와 x축의 교점을 D라 할 때, 사각형 ACDB의 넓 이는 10이다. 이때 a의 값은?

① $\dfrac{75}{4}$ 　　　 ② $\dfrac{77}{4}$ 　　　 ③ $\dfrac{79}{4}$
④ $\dfrac{81}{4}$ 　　　 ⑤ $\dfrac{83}{4}$

다음은 이 유형에서 출제된 최근 교육청 · 평가원 기출문제입니다.

0864 · 교육청 2018년 7월

점 A$(4, 0)$을 지나고 y축에 평행한 직선이 곡선 $y=\log_2 x$ 와 만나는 점을 B라 하고, 점 B를 지나고 기울기가 -1인 직선이 곡선 $y=2^{x+1}+1$과 만나는 점을 C라 할 때, 삼각형 ABC의 넓이는?

① 3 　　　 ② $\dfrac{7}{2}$ 　　　 ③ 4
④ $\dfrac{9}{2}$ 　　　 ⑤ 5

실전유형 **12** 로그함수의 최대·최소 $- y = \log_a(px+q)+r$ 꼴

정의역이 $\{x \mid m \leq x \leq n\}$인 로그함수
$f(x) = \log_a(px+q)+r$ (p, q, r는 상수, $p>0$)에 대하여

(1) $a>1$일 때 → ┌ 최댓값 : $f(n)$
　　　　　　　　└ 최솟값 : $f(m)$

(2) $0<a<1$일 때 → ┌ 최댓값 : $f(m)$
　　　　　　　　　└ 최솟값 : $f(n)$

0865 대표문제

$\dfrac{1}{4} \leq x \leq 2$에서 두 함수 $y = \log_2 x + k$, $y = \left(\dfrac{1}{2}\right)^{x-3}$의 최솟값이 서로 같아지게 하는 상수 k의 값은?

① 1　　　　　② 2　　　　　③ 3

④ 4　　　　　⑤ 5

0866 ▪▮▮ Level 1

$-2 \leq x \leq 5$에서 함수 $y = \log_2(x+a)$의 최댓값이 3일 때, 상수 a의 값은?

① -3　　　　② -2　　　　③ 2

④ 3　　　　　⑤ 6

0867 ▪▮▮ Level 1

정의역이 $\{x \mid -1 \leq x \leq 1\}$인 함수 $y = \log_3(x+2)-1$의 최댓값과 최솟값의 합은?

① -2　　　　② -1　　　　③ 1

④ 2　　　　　⑤ 3

0868 ▪▮▮ Level 1

정의역이 $\{x \mid 10 \leq x \leq 28\}$인 함수 $y = \log_{\frac{1}{3}}(x-1)+1$이 $x=a$에서 최솟값 m을 가질 때, $a+m$의 값을 구하시오.

0869 ▪▮▮ Level 1

정의역이 $\{x \mid 2 \leq x \leq 8\}$인 함수 $y = 2\log_{\frac{1}{3}} 3(x+1)+4$에서 그래프의 점근선의 방정식은 $x=a$, 최댓값은 b이다. $a-b$의 값은?

① -3　　　　② -2　　　　③ -1

④ 2　　　　　⑤ 3

0870 ▪▪▮ Level 2

$2 \leq x \leq 5$에서 함수 $y = \log_{\frac{1}{2}} 2\sqrt{x+a}$의 최솟값이 -2일 때, 최댓값은? (단, a는 상수이다.)

① -2　　　　② -1　　　　③ 1

④ 2　　　　　⑤ 3

04

로그함수 $y = \log_a f(x)$ $(a > 0, \; a \neq 1)$의 최대·최소를 구할 때, 주어진 범위에서 $f(x)$의 최댓값과 최솟값을 구한 후 다음을 이용한다.

(1) $a > 1$ ➡ $\begin{cases} f(x)\text{가 최대일 때 } y\text{도 최대} \\ f(x)\text{가 최소일 때 } y\text{도 최소} \end{cases}$

(2) $0 < a < 1$ ➡ $\begin{cases} f(x)\text{가 최대일 때 } y\text{는 최소} \\ f(x)\text{가 최소일 때 } y\text{는 최대} \end{cases}$

0871 대표문제

함수 $y = \log_5 (x^2 - 4x + 29)$의 최솟값은?

① 1　　　　② 2　　　　③ 3

④ 4　　　　⑤ 5

0872　　Level 1

정의역이 $\left\{ x \mid \dfrac{3}{2} \leq x \leq 4 \right\}$인 함수 $y = \log_{\frac{1}{2}} (-x^2 + 6x - 5)$의 최솟값을 구하시오.

0873　　Level 2

두 함수 $f(x)$, $g(x)$를 $f(x) = \log_2 x$, $g(x) = x^2 - 4x + 7$이라 하자. $1 \leq x \leq 5$에서 함수 $(f \circ g)(x)$의 최댓값과 최솟값의 차는?

① 2　　　　② 4　　　　③ 6

④ 8　　　　⑤ 10

0874　　Level 2

함수 $y = \log_5 (1-x) + \log_5 (x+3)$의 최댓값은?

① $\log_5 2$　　　② $2\log_5 2$　　　③ $3\log_5 2$

④ $4\log_5 2$　　　⑤ $5\log_5 2$

0875　　Level 2

함수 $y = 2 + \log_a (x^2 - 6x + 12)$의 최솟값이 4일 때, 상수 a의 값은? (단, $a > 1$)

① $\sqrt{2}$　　　② $\sqrt{3}$　　　③ 3

④ $3\sqrt{3}$　　　⑤ 9

0876　　Level 2

함수 $y = \log_{\frac{1}{9}} (x^2 - ax + b)$는 $x = 3$일 때 최댓값 -1을 갖는다. 두 상수 a, b에 대하여 $a + b$의 값은?

① 16　　　　② 18　　　　③ 20

④ 22　　　　⑤ 24

0877

◦▮▮ Level 2

$2 \leq x \leq 3$에서 함수 $y = \log_3 x + \log_{\frac{1}{3}}(x-1)$의 최댓값을 M, 최솟값을 m이라 할 때, $M+m$의 값은?

① 1   ② $\log_3 5$ ③ $1+\log_3 2$

④ 2   ⑤ $1+\log_3 5$

0878

◦▮▮ Level 2

정의역이 $\{x \mid 0 \leq x \leq 3\}$인 함수 $f(x) = \log_{\frac{1}{2}}(x^2 - 4x + a)$의 최댓값이 -2일 때, 함수 $f(x)$의 최솟값은?

(단, a는 상수이다.)

① $-\dfrac{5}{2}$ ② -3 ③ $-\dfrac{7}{2}$

④ -4 ⑤ $-\dfrac{9}{2}$

0879

▮▮▮ Level 3

정의역이 $\{x \mid -1 \leq x \leq 6\}$인 함수 $y = \log_6 |x^2 - 8x - 20|$의 최댓값을 구하시오.

+ **Plus** 문제

함수 $y = p(\log_a x)^2 + q \log_a x + r$ (p, q, r는 상수)의 최대·최소를 구할 때, $\log_a x = t$로 치환하여 t에 대한 이차함수의 최대·최소를 구한다. 이때 t의 값의 범위에 주의한다.

0880 대표문제

$1 \leq x \leq 32$에서 함수 $y = (\log_2 x)^2 - 2\log_2 x^2 + 2$의 최댓값을 M, 최솟값을 m이라 할 때, $M+m$의 값은?

① 1   ② 2   ③ 3

④ 4   ⑤ 5

0881

◦▮▮ Level 2

$\dfrac{1}{4} \leq x \leq 8$에서 함수 $y = (\log_{\frac{1}{2}} x)^2 - \log_{\frac{1}{2}} x^2 + 2$의 최댓값을 M, 최솟값을 m이라 할 때, $M-m$의 값은?

① 10   ② 12   ③ 14

④ 16   ⑤ 18

0882

◦▮▮ Level 2

$\dfrac{1}{10} \leq x \leq 100$에서 함수 $y = (\log x)\left(\log \dfrac{100}{x}\right)$의 최댓값과 최솟값을 구하시오.

0883

Level 2

$1 \leq x \leq 16$에서 함수 $y = \log_2 x \times \log_{\frac{1}{2}} x + 2\log_2 x + 10$의 최댓값을 M, 최솟값을 m이라 할 때, $M+m$의 값은?

① 10   ② 11   ③ 12

④ 13   ⑤ 14

0884

Level 2

함수 $y = (\log_2 x)^2 + a\log_8 x^2 + b$가 $x = \frac{1}{2}$에서 최솟값 1을 가질 때, 상수 a, b에 대하여 $a+b$의 값은?

① 1   ② 2   ③ 3

④ 4   ⑤ 5

0885

Level 2

$2 \leq x \leq 8$에서 함수 $y = \left(2 + \log_x 2 + \log_{\frac{1}{2}} x\right)\log_2 x$의 최댓값을 M, 최솟값을 m이라 할 때, Mm의 값은?

① -4 ② -2 ③ 0

④ 2   ⑤ 4

실전유형 **15** 로그함수의 최대·최소 – 지수에 로그가 있는 경우

지수에 로그가 있는 로그함수의 최대·최소를 구할 때, 지수에 있는 로그와 밑이 같은 로그를 양변에 취하여 최대·최소를 구한다.

0886 대표문제

정의역이 $\{x \mid 1 \leq x \leq 27\}$인 함수 $y = x^{-2+\log_3 x}$의 최댓값을 M, 최솟값을 m이라 할 때, Mm의 값은?

① 3   ② 6   ③ 9

④ 12   ⑤ 18

0887

Level 2

함수 $y = \dfrac{x^4}{x^{\log_2 x}}$이 $x = a$에서 최댓값 b를 가질 때, $a+b$의 값은?

① 12   ② 14   ③ 16

④ 18   ⑤ 20

0888

Level 2

함수 $y = 3^{\log x} \times x^{\log 3} - 3(3^{\log x} + x^{\log 3}) + 4$가 $x = a$에서 최솟값 b를 가질 때, $a+b$의 값은? (단, $x > 1$)

① 1   ② 2   ③ 3

④ 4   ⑤ 5

실전
유형 **16** 로그함수의 최대·최소 $-\log_x y + \log_y x$ 꼴

$\log_a b > 0$, $\log_b a > 0$일 때,
$\log_a b + \log_b a \geq 2\sqrt{\log_a b \times \log_b a} = 2$
(단, 등호는 $\log_a b = \log_b a$일 때 성립)

0889 대표문제

$x > 0$, $y > 0$일 때, $\log_5\left(x + \dfrac{4}{y}\right) + \log_5\left(y + \dfrac{9}{x}\right)$의 최솟값
은?

① 1   ② $\sqrt{3}$ ③ 2

④ 3   ⑤ $3\sqrt{3}$

0890   Level 1

$x > 1$일 때, 함수 $y = \log_2 4x + 2\log_x 4$의 최솟값을 구하시
오.

0891   Level 1

$a > 1$, $b > 1$일 때, $(\log_a b)^2 + (\log_b a^4)^2$의 최솟값은?

① 2   ② 4   ③ 6

④ 8   ⑤ 10

0892   Level 2

두 양수 x, y에 대하여 $9x + y = 24$일 때, $\log_2 x + \log_2 y$의
최댓값은?

① 1   ② 2   ③ 3

④ 4   ⑤ 5

0893   Level 2

$x > 0$에서 함수 $y = \log_4\left(\dfrac{2x^2 + 8}{x}\right)$은 $x = a$일 때 최솟값 b
를 가진다. 이때 $\log_a 4^b$의 값은?

① 1   ② 3   ③ 5

④ 6   ⑤ 8

0894   Level 3

$\dfrac{1}{3} < x < 12$에서 함수 $y = \log_6 3x \times \log_6 \dfrac{12}{x}$는 $x = a$일 때
최댓값 b를 가진다. 이때 $a + b$의 값은?

① 1   ② 2   ③ 3

④ 4   ⑤ 5

❶ 방정식의 각 항의 밑을 같게 하여 $\log_a f(x) = \log_a g(x)$ 꼴로 변형한다.

❷ $a>0$, $a \neq 1$, $f(x)>0$, $g(x)>0$일 때, $\log_a f(x) = \log_a g(x)$ 꼴은 $f(x) = g(x)$임을 이용하여 푼다.

(참고) 로그방정식의 해가 (밑)>0, (밑)$\neq 1$, (진수)>0의 조건을 모두 만족시키는지 반드시 확인한다.

0895 (대표문제)

방정식 $\log_5 x - \log_{25}(x-2) = \log_{25}(2x+3)$을 푸시오.

0896

Level 1

방정식 $\log_2(2x+1) = 2 + \log_2(x-1)$의 해를 $x=a$라 할 때, $2a$의 값은?

① 3   ② 4   ③ 5

④ 6   ⑤ 7

0897

Level 2

방정식 $\log_{x^2}(2-x) = \log_4(2-x)$를 푸시오.

0898

Level 2

방정식 $\log_3 x = \log_9(6x-5)$의 두 근을 α, β라 할 때, $\alpha+\beta$의 값은?

① 3   ② 5   ③ 6

④ 7   ⑤ 8

0899

Level 3

〈보기〉에서 옳은 것만을 있는 대로 고른 것은?

〈 보기 〉

ㄱ. $\{x \mid \log x^2 = 4\} = \{x \mid 2\log x = 4\}$

ㄴ. $\{x \mid \log 2(x+3)(x-1) = 1\}$
     $= \{x \mid \log(x+3) + \log 2(x-1) = 1\}$

ㄷ. $\left\{x \mid \log \dfrac{x+3}{x-2} = 1\right\}$
     $= \{x \mid \log(x+3) - \log(x-2) = 1\}$

① ㄱ   ② ㄴ   ③ ㄷ

④ ㄱ, ㄷ   ⑤ ㄱ, ㄴ, ㄷ

다음은 이 유형에서 출제된 최근 교육청 · 평가원 기출문제입니다.

0900 · 평가원 2019학년도 9월

Level 1

방정식 $2\log_4(5x+1) = 1$의 실근을 α라 할 때, $\log_5 \dfrac{1}{\alpha}$의 값을 구하시오.

0904 ⅼlll Level 2

방정식 $(\log_2 x)^2+\log_{\frac{1}{2}} x-6=0$의 두 근을 α, β라 할 때, $\log_{\alpha^2}\beta+\log_\beta \alpha^2$의 값을 구하시오. (단, $\alpha>\beta$)

실전
유형 **18** 로그방정식 $-\log_a x$ 꼴이 반복되는 경우

❶ $\log_a x=t$로 치환하여 t에 대한 방정식을 푼다.
❷ ❶에서 구한 t에 대하여 $\log_a x=t$를 만족시키는 x의 값을 구한다.

0901 대표문제

방정식 $2(\log_2 x)^2-5\log_2 x-3=0$의 두 근을 α, β라 할 때, $(\alpha\beta)^2$의 값은?

① 32 ② 40 ③ 48
④ 56 ⑤ 64

0905 ⅼlll Level 2

방정식 $\log_2 x+\dfrac{a}{\log_2 x}-2=0$의 두 근이 $\dfrac{1}{2}$과 b일 때, $a+b$의 값은? (단, a는 상수이다.)

① 5 ② 7 ③ 9
④ 11 ⑤ 13

0902 ⅼlll Level 2

방정식 $(\log_2 2x)(\log_4 4x)=10$의 모든 근의 곱은?

① $\dfrac{1}{8}$ ② $\dfrac{1}{4}$ ③ 4
④ 8 ⑤ 16

다음은 이 유형에서 출제된 최근 교육청·평가원 기출문제입니다.

0903 ⅼlll Level 2

방정식 $\log_9 x^2+6\log_x 9-7=0$의 두 근의 합은?

① 18 ② 27 ③ 45
④ 81 ⑤ 108

0906 · 교육청 2019년 6월 ⅼlll Level 2

방정식 $\left(\log_2 \dfrac{x}{2}\right)(\log_2 4x)=4$의 서로 다른 두 실근 α, β에 대하여 $64\alpha\beta$의 값을 구하시오.

방정식 $p(\log_a x)^2 + q\log_a x + r = 0$ (p, q, r는 상수)의 두 근이 α, β일 때, $\log_a x = t$로 치환하여 얻은 이차방정식 $pt^2 + qt + r = 0$의 두 근은 $\log_a \alpha$, $\log_a \beta$이다.

참고 근과 계수의 관계에 의하여

(1) 두 근의 합 : $\log_a \alpha + \log_a \beta = \log_a \alpha\beta = -\dfrac{q}{p}$

(2) 두 근의 곱 : $\log_a \alpha \times \log_a \beta = \dfrac{r}{p}$

0907 대표문제

방정식 $(\log_3 x)^2 - \log_3 x^3 - 6 = 0$의 두 근의 곱은?

① 3　　　　② 9　　　　③ 27

④ 81　　　　⑤ 243

0908 　Level 1

방정식 $(\log_2 x + 1)^2 - 6\log_2 x + 1 = 0$의 두 근을 α, β라 할 때, $\alpha\beta$의 값은?

① 2　　　　② 4　　　　③ 8

④ 16　　　　⑤ 32

0909 　Level 2

방정식 $\log \dfrac{2}{x} \times \log \dfrac{x}{3} - 1 = 0$의 두 근을 α, β라 할 때, $2^{\alpha\beta}$의 값을 구하시오.

0910 　Level 2

방정식 $(\log_3 x)^2 - 2k\log_3 x - 1 = 0$의 두 근 α, β에 대하여 $\alpha\beta = 81$일 때, 상수 k의 값은?

① 2　　　　② 4　　　　③ 5

④ 6　　　　⑤ 8

0911 　Level 2

방정식 $9^x - 2 \times 3^{x+1} + 3 = 0$의 두 근을 α, β라 할 때, x에 대한 방정식 $(\log_3 x)^2 + a\log_3 x + b = 0$의 두 근은 $\alpha + \beta$, $4^{\alpha+\beta}$이다. 상수 a, b에 대하여 $b - a$의 값은?

① -1　　　　② $-\log_3 2$　　　　③ 0

④ $\log_3 2$　　　　⑤ $\log_3 4$

0912 고난도 　Level 3

$k < 0$인 상수 k에 대하여 방정식 $(\log_3 x)^2 + 6 = k\log_3 x$의 두 근을 α, β라 하자. $\alpha : \beta = 3 : 1$일 때, αk의 값은?

① $-\dfrac{2}{3}$　　　　② $-\dfrac{5}{9}$　　　　③ $-\dfrac{10}{27}$

④ $\dfrac{5}{21}$　　　　⑤ $\dfrac{5}{24}$

+Plus 문제

0916
Level 2

방정식 $(5x)^{\log 5} - (4x)^{\log 4} = 0$을 푸시오. (단, $x > 0$)

실전 유형 **20** 로그방정식 – 지수에 로그가 있는 경우

(1) $x^{\log f(x)} = g(x)$ 꼴의 로그방정식은 양변에 로그를 취하여 푼다.

(2) $x^{\log a} \times a^{\log x}$ 꼴의 로그방정식은 $a^{\log x} = t$로 치환한 후 t에 대한 방정식을 푼다.

0913 대표문제

방정식 $x^{\log_2 x} - 16x^3 = 0$의 모든 근의 합은?

① $\dfrac{31}{2}$ ② 16 ③ $\dfrac{33}{2}$

④ 17 ⑤ $\dfrac{35}{2}$

0917
Level 2

모든 양수 x에 대하여 $a^{\log x} = x$, $x^{\log b} = b$가 성립한다. 상수 a, b에 대하여 ab의 값은?

① 10 ② 11 ③ 12

④ 13 ⑤ 14

04

0914
Level 2

방정식 $x^{\log x} = \sqrt{1000x}$의 모든 근의 곱은?

① 10 ② $\sqrt{10}$ ③ 1

④ $\dfrac{\sqrt{10}}{10}$ ⑤ $\dfrac{1}{10}$

0918
Level 2

방정식 $2^{\log x} x^{\log 2} - (2^{\log x} + 5x^{\log 2}) + 8 = 0$의 두 근을 α, β라 할 때, $\dfrac{\alpha}{\beta}$의 값을 구하시오. (단, $\alpha > \beta$)

0915
Level 2

방정식 $x^{\log_3 x} = \dfrac{27}{x^2}$의 모든 근의 곱은?

① -3 ② $-\dfrac{1}{9}$ ③ $\dfrac{1}{9}$

④ 1 ⑤ 3

0919
Level 3

방정식 $x^{\log_5 x} \times 5^{\log_x 25x} = 625$의 모든 근의 곱은?

① $\dfrac{1}{25}$ ② $\dfrac{1}{5}$ ③ 1

④ 5 ⑤ 25

$\log_{a(x)} f(x) = \log_{b(x)} f(x)$
    $(a(x) > 0,\ a(x) \neq 1,\ b(x) > 0,\ b(x) \neq 1,\ f(x) > 0)$ 꼴
➡ $a(x) = b(x)$ 또는 $f(x) = 1$

0920 대표문제

방정식 $\log_{x+2} \sqrt{x+1} = \log_{x+8}(x+1)$을 푸시오.

0921

●❙❙ Level 2

방정식 $\log_{2x-1}(x-1) = \log_{x+2}(x-1)$의 모든 근의 합은?

① 1   ② 2   ③ 3

④ 4   ⑤ 5

0922

●❙❙ Level 2

방정식 $\log_{x^2+2}(2x-1) = \log_{x+4}(2x-1)$의 모든 근의 곱은?

① 0   ② 2   ③ 4

④ 6   ⑤ 8

$\log_a x,\ \log_b y\ (a > 0,\ a \neq 1,\ b > 0,\ b \neq 1)$에 대한 연립방정식 꼴의 로그방정식
➡ $\log_a x = X,\ \log_b y = Y$로 치환하여 X, Y에 대한 연립방정식을 푼다.

0923 대표문제

연립방정식 $\begin{cases} \log_2 x + \log_3 y = -1 \\ \log_{16} x + \log_9 y = 0 \end{cases}$ 의 해가 $x = \alpha$, $y = \beta$일 때, $\dfrac{\beta}{\alpha}$의 값은?

① $\dfrac{3}{4}$ ② 1   ③ 6

④ 12   ⑤ 18

0924

●❙❙ Level 1

연립방정식 $\begin{cases} \log_2 x + \log_2 y = 2 \\ \log_2(x+y) = 3 \end{cases}$ 의 해가 $x = \alpha$, $y = \beta$일 때, $\alpha^3 + \beta^3$의 값은?

① 404   ② 408   ③ 416

④ 424   ⑤ 434

0925

●❙❙ Level 2

서로 다른 두 실수 x, y에 대하여 $x + y = 4$일 때, 방정식 $\log_4 xy = (\log_4 x + \log_4 y)^2$의 해를 구하시오.

0926

Level 2

연립방정식 $\begin{cases} \log_x 81 - \log_y 9 = 2 \\ \log_x 27 + \log_y 3 = 4 \end{cases}$ 의 해가 $x = \alpha$, $y = \beta$일 때, $\alpha + \beta$의 값을 구하시오.

0927

Level 2

연립방정식 $\begin{cases} \log_5 xy = 3 \\ (\log_5 x)(\log_5 y) = 2 \end{cases}$ 의 해가 $x = \alpha$, $y = \beta$일 때, $\dfrac{\alpha}{\beta}$의 값은? (단, $\alpha > \beta$)

① $\dfrac{3}{2}$ ② 2 ③ $\dfrac{7}{2}$

④ 4 ⑤ 5

0928

Level 3

연립방정식 $\begin{cases} \log_2 x + \log_3 y = 7 \\ (\log_3 x)(\log_2 y) = 12 \end{cases}$ 의 해가 $x = \alpha$, $y = \beta$일 때, $\beta - \alpha$의 최댓값은?

① 70 ② 71 ③ 72

④ 73 ⑤ 74

실전유형 23 로그방정식 – 근의 조건

주어진 식을 정리하여 이차방정식의 판별식을 이용한다.

0929 대표문제

방정식 $\log_2 (x+4) + \log_2 (k-2x) = 5$가 근을 갖도록 하는 상수 k의 값이 최소일 때, 실근 x의 값은?

① 0 ② 2 ③ 4

④ 6 ⑤ 8

0930

Level 2

x에 대한 방정식 $\log_3 (x-1) + \log_3 (k-x) - 4 = 0$이 실근을 갖지 않도록 하는 자연수 k의 개수는? (단, $k > 1$)

① 14 ② 15 ③ 16

④ 17 ⑤ 18

0931

Level 2

이차방정식 $x^2 + (6 - 2\log_2 k)x + 1 = 0$이 중근을 갖도록 하는 상수 k의 값을 모두 구하시오.

(1) $a > 1$일 때

  $\log_a x_1 < \log_a x_2 \iff x_1 < x_2$ ← 부등호 방향 그대로

(2) $0 < a < 1$일 때

  $\log_a x_1 < \log_a x_2 \iff x_1 > x_2$ ← 부등호 방향 반대

0932 대표문제

부등식 $\log_2 (x-2) + \log_2 x \leq 3$을 만족시키는 정수 x의 개수는?

① 1   ② 2   ③ 3

④ 4   ⑤ 5

0933   Level 1

부등식 $\log_{\frac{1}{6}} (x-4) \geq \log_{\frac{1}{6}} x + \log_6 4$를 만족시키는 x의 값의 범위는?

① $0 < x < \dfrac{7}{2}$ ② $4 \leq x \leq \dfrac{16}{3}$ ③ $0 < x \leq \dfrac{7}{2}$

④ $4 < x \leq \dfrac{16}{3}$ ⑤ $\dfrac{7}{2} \leq x \leq \dfrac{16}{3}$

0934   Level 2

부등식 $\log_5 (x-2) + \log_5 (x-6) < 1$을 만족시키는 x의 값의 범위를 $\alpha < x < \beta$라 할 때, $\log_5 (2\alpha - \beta)$의 값은?

① 0   ② 1   ③ 2

④ 3   ⑤ 4

0935   Level 2

부등식 $2\log_{\frac{1}{3}} (x-4) \geq \log_{\frac{1}{3}} (x-2)$를 만족시키는 정수 x의 최댓값을 M, 최솟값을 m이라 할 때, $M+m$의 값을 구하시오.

0936   Level 2

부등식 $\log_2 (x+k) \geq \log_2 (2x-8)$을 만족시키는 모든 정수 x의 개수가 6일 때, 자연수 k의 값은?

① 2   ② 3   ③ 4

④ 5   ⑤ 6

0937   Level 2

부등식 $\log_5 (2^x - 3) \leq 3$을 만족시키는 모든 정수 x의 개수는?

① 2   ② 3   ③ 4

④ 5   ⑤ 6

0938

Level 2

부등식 $\log_6(x+6)+\log_6(7-x)>k$의 해가 $-2<x<3$일 때, 상수 k의 값은?

① 0　　　　② 1　　　　③ 2

④ 3　　　　⑤ 4

0939

Level 2

두 이차함수 $f(x)$, $g(x)$의 그래프가 그림과 같을 때, 부등식 $\log_{\frac{3}{8}}f(x)>\log_{\frac{3}{8}}g(x)$의 해는?

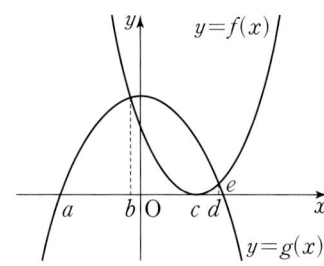

① $a<x<b$　　　　　② $b<x<d$
③ $c<x<e$　　　　　④ $d<x<e$
⑤ $b<x<c$ 또는 $c<x<d$

0940 신경향

Level 3

함수 $f(x)=2^{x-1}+3$에 대하여 부등식
$f^{-1}(x)+f^{-1}(x+3)\leq\log_2 16x$를 만족시키는 모든 자연수 x의 개수는?

① 3　　　　② 4　　　　③ 5

④ 6　　　　⑤ 7

● 정답 및 풀이 **156**쪽

다음은 이 유형에서 출제된 최근 교육청·평가원 기출문제입니다.

0941 · 교육청 2020년 10월

Level 2

부등식 $\log_2(x^2-7x)-\log_2(x+5)\leq1$을 만족시키는 모든 정수 x의 값의 합은?

① 22　　　　② 24　　　　③ 26

④ 28　　　　⑤ 30

04

0942 · 평가원 2020학년도 6월

Level 2

이차함수 $y=f(x)$의 그래프와 직선 $y=x-1$이 그림과 같을 때, 부등식
$\log_3 f(x)+\log_{\frac{1}{3}}(x-1)\leq0$
을 만족시키는 모든 자연수 x의 값의 합을 구하시오.

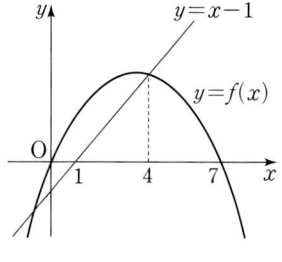

(단, $f(0)=f(7)=0$, $f(4)=3$)

0943 고난도 · 교육청 2021년 9월

Level 3

부등식 $\log|x-1|+\log(x+2)\leq1$을 만족시키는 모든 정수 x의 값의 합을 구하시오.

실전유형 25 로그부등식 – 진수에 로그가 있는 경우

$\log_a(\log_b x) > k$ $(a>0,\ a\neq1,\ b>0,\ b\neq1)$
(1) 진수의 조건에서 $x>0$, $\log_b x>0$
(2) $a>1$일 때, $\log_b x > a^k$
$0<a<1$일 때, $\log_b x < a^k$

0944 대표문제

부등식 $\log_2(\log_5 x) \geq 1$의 해는?

① $x>1$ ② $x\geq5$ ③ $1<x\leq5$
④ $1<x\leq25$ ⑤ $x\geq25$

0945 Level 2

부등식 $\log_{\frac{1}{3}}\{\log_3(\log_4 x)\}>0$을 만족시키는 정수 x의 개수는?

① 47 ② 51 ③ 55
④ 59 ⑤ 63

0946 Level 2

부등식 $\log_4(\log_2 x-2) \leq \frac{1}{2}$을 만족시키는 x의 값의 범위가 $\alpha<x\leq\beta$일 때, $\alpha+\beta$의 값은?

① 17 ② 18 ③ 19
④ 20 ⑤ 21

0947 Level 2

부등식 $\log_2(\log_3 x-1) \leq 2$를 만족시키는 자연수 x의 개수를 구하시오.

0948 Level 2

함수 $y=\log(10-x^2)$의 정의역을 A, 함수 $y=\log(\log x)$의 정의역을 B라 할 때, $A\cap B$의 원소 중 정수의 개수를 구하시오.

0949 신경향 Level 2

두 집합 $A=\{x\,|\,\log_3(\log_5 x)\leq1\}$,
$B=\{x\,|\,\log_5(\log_3 x)\leq1\}$에 대하여 다음 중 옳지 않은 것은?

① $A\subset B$ ② $A\cap B=A$ ③ $A\cup B=B$
④ $A\cap B^C=A$ ⑤ $B^C-A^C=\varnothing$

실전유형 26 로그부등식 $-\log_a x$ 꼴이 반복되는 경우

❶ $\log_a x = t$로 치환한다.
❷ t에 대한 부등식을 푼다.

0950 대표문제

부등식 $(\log_3 x)(\log_3 3x) \le 20$을 만족시키는 자연수 x의 최댓값은?

① 25   ② 36   ③ 49
④ 64   ⑤ 81

0951   Level 2

부등식 $(\log_2 x)^2 - \dfrac{5}{3}\log_2 x^3 + 6 \le 0$의 해를 $a \le x \le b$라 할 때, $a+b$의 값을 구하시오.

0952   Level 2

부등식 $(\log_5 x)^2 + a\log_5 x + b < 0$의 해가 $\dfrac{1}{25} < x < 5$일 때, 상수 a, b에 대하여 ab의 값은?

① -2 ② -1 ③ 0
④ 1   ⑤ 2

0953   Level 2

부등식 $(\log_2 x)(\log_2 4x) \le 15$를 만족시키는 자연수 x의 개수는?

① 7   ② 8   ③ 9
④ 10   ⑤ 11

0954   Level 2

부등식 $\left(\log_{\frac{1}{9}} x\right)\left(\log_3 \dfrac{x}{9}\right) > a$의 해가 $\dfrac{1}{9} < x < 81$일 때, 상수 a의 값은?

① -4 ② -3 ③ -2
④ -1 ⑤ 0

0955 고난도   Level 3

부등식 $\log_3 |x| \times \log_9 9x^2 \le 20$을 만족시키는 정수 x의 개수는?

① 81   ② 82   ③ 108
④ 162   ⑤ 163

+**Plus 문제**

$x^{\log f(x)} > g(x)$ 꼴의 로그부등식은 양변에 로그를 취하여 푼다.

0956 대표문제

부등식 $x^{\log x} \le \sqrt{x}$의 해를 구하시오.

0957

●▮▮ Level 2

부등식 $(x+1)^{\log_3(x+1)} < 9x+9$를 만족시키는 모든 자연수 x의 값의 합은?

① 22   ② 24   ③ 26
④ 28   ⑤ 30

0958

●▮▮ Level 2

부등식 $x^{\log_2 2x+2} \le 16$의 해가 $a \le x \le b$일 때, $32ab$의 값을 구하시오.

0959

●▮▮ Level 2

부등식 $7^{3x+2} > 70^{2-x}$을 만족시키는 자연수 x의 최솟값은?

(단, $\log 7 = 0.8$로 계산한다.)

① 1   ② 2   ③ 3
④ 4   ⑤ 5

두 로그부등식을 풀어 공통으로 만족시키는 범위를 찾는다.

참고 $A < B < C$의 꼴인 경우 $\begin{cases} A < B \\ B < C \end{cases}$로 푼다.

0960 대표문제

연립부등식 $\begin{cases} \left(\dfrac{1}{2}\right)^{x-2} > \dfrac{1}{16} \\ \log_2(x-2) < \log_4(5x-4) \end{cases}$ 를 만족시키는 정수 x의 개수는?

① 3   ② 4   ③ 5
④ 6   ⑤ 7

0961

●▮▮ Level 2

연립부등식 $\begin{cases} \log_{\sqrt{5}}(x+4) \le 2 \\ \log_{0.2}(x+2)^2 \ge \log_{0.2}(-2x+4) \end{cases}$ 를 푸시오.

0962

●▮▮ Level 2

부등식 $\log_{\frac{1}{3}}(x-2) > -1$과 부등식 $2^{\frac{x}{2}} > 4$를 동시에 만족시키는 x의 값의 범위는?

① $0 < x < 2$
② $0 < x < 2$ 또는 $x > 5$
③ $2 < x < 4$
④ $4 < x < 5$
⑤ $2 < x < 5$

0963

●●| Level 2

연립부등식 $\begin{cases} \left(\dfrac{1}{3}\right)^{x^2-2} > \left(\dfrac{1}{9}\right)^{x+3} \\ \log_x 25 > 2 \end{cases}$ 를 만족시키는 모든 정수 x의

값의 합을 구하시오.

0964

●●| Level 2

그림과 같이 직선 $x=t$와 두 함수 $y=\log_2 x$, $y=\log_4 x$의 그래프가 만나는 점을 각각 A, B라 하고, 직선 $x=t+3$과 두 함수 $y=\log_2 x$, $y=\log_4 x$의 그래프가 만나는 점을 각 각 C, D라 하자. 부등식 $\log_2 \sqrt{10} \le \overline{AB} + \overline{CD} \le \log_2 \sqrt{54}$ 를 만족시키는 정수 t의 개수는? (단, $t>1$)

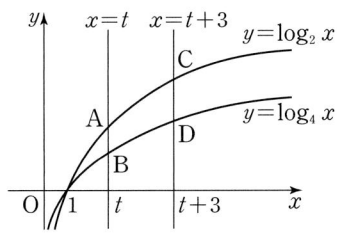

① 3   ② 4   ③ 5

④ 6   ⑤ 7

0965

신경향

●●● Level 3

두 함수 $f(x)=\log_2 \dfrac{x}{4}$, $g(x)=x^2-x$에 대하여 연립부등

식 $\begin{cases} g(f(x)) < 0 \\ f(g(x)+c) < 3 \end{cases}$ 의 정수인 해의 개수가 1이 되도록 하

는 모든 양의 정수 c의 값의 합은?

① 51   ② 56   ③ 60

④ 63   ⑤ 65

+ Plus 문제 ♩

심화 유형 **29** 로그부등식의 활용

> 모든 양의 실수 x에 대하여
> $(\log_a x)^2 + p\log_a x + q > 0$ (p, q는 상수)이 성립하려면
> $\log_a x = t$라 할 때, 부등식 $t^2 + pt + q > 0$이 모든 실수 t에 대하여 항상 성립해야 한다.

0966 대표문제

모든 양의 실수 x에 대하여 부등식 $(\log x)^2 - k\log x^2 + 3 - 2k \ge 0$이 항상 성립하기 위한 실수 k의 최댓값은?

① -3 ② -2 ③ -1

④ 0   ⑤ 1

04

0967

●|| Level 1

x에 대한 이차방정식 $x^2 - 2x\log_2 a + \log_2 a + 6 = 0$이 실근을 갖지 않도록 하는 실수 a의 값의 범위를 구하시오.

0968

●●| Level 2

모든 양의 실수 x에 대하여 부등식 $\left(\log_{\frac{1}{2}} x\right)^2 + k\log_{\sqrt{2}} x + 4 \ge 0$이 성립하도록 하는 정수 k의 개수는?

① 1   ② 2   ③ 3

④ 4   ⑤ 5

0969
Level 2

x에 대한 부등식 $\left(\log_2\dfrac{x}{a}\right)\left(\log_2\dfrac{x^2}{a}\right)+2\geq0$이 모든 양의 실수 x에 대하여 성립할 때, 양의 실수 a의 최댓값을 M, 최솟값을 m이라 하자. 이때 Mm의 값을 구하시오.

0970
Level 2

x에 대한 방정식
$(\log x+\log 2)(\log x+\log 4)=-(\log k)^2$이 서로 다른 두 실근을 갖도록 하는 양수 k의 값의 범위가 $\alpha<k<\beta$일 때, $2(\alpha^2+\beta^2)$의 값을 구하시오.

0971
Level 2

모든 양의 실수 x에 대하여 부등식 $x^{\log_{\frac14}x}\leq ax^2$이 항상 성립하도록 하는 양수 a의 최솟값은?

① 1   ② 2   ③ 3
④ 4   ⑤ 5

0972
Level 2

모든 실수 x에 대하여 부등식 $10^{x^2+3\log a}\geq a^{-2x}$을 만족시키는 실수 a의 값의 범위는?

① $0<a\leq100$ ② $1\leq a\leq100$ ③ $0<a\leq1000$
④ $1\leq a\leq1000$ ⑤ $10\leq a\leq1000$

0973 고난도
Level 3

모든 실수 x에 대하여 부등식
$3(1-\log k)x^2+6(1-\log k)x+2\geq0$이 성립하도록 하는 정수 k의 최댓값을 M, 최솟값을 m이라 할 때, $M+m$의 값은?

① 11   ② 12   ③ 13
④ 14   ⑤ 15

다음은 이 유형에서 출제된 최근 교육청·평가원 기출문제입니다.

0974 · 교육청 2021년 3월
Level 2

모든 실수 x에 대하여 이차부등식
$3x^2-2(\log_2 n)x+\log_2 n>0$이 성립하도록 하는 자연수 n의 개수를 구하시오.

0977

●❙❙ Level 2

유입되는 불순물의 $\frac{1}{4}$ 을 걸러내는 여과기가 있다. 이 여과기를 여러 개 겹쳐서 설치하여 전체 불순물의 $\frac{1}{10}$ 만 여과기를 통과하게 하려고 한다. 이때 필요한 여과기의 개수를 구하시오. (단, $\log 2 = 0.3$, $\log 3 = 0.5$로 계산한다.)

실전유형 30 로그의 실생활에의 활용

(1) 실생활과 관련된 식이 제시된 경우, 주어진 조건을 대입하여 계산한다.

(2) a가 일정한 비율 r만큼씩 n번 증가하는 상황이 주어질 때, n번 증가 후의 값은 $a(1+r)^n$임을 이용하여 방정식 또는 부등식을 세운다.

0975 대표문제

10억 원의 자본으로 설립한 어느 기업의 자본이 매년 28 %씩 증가할 것으로 예측된다고 하자. 이 기업의 자본이 처음으로 100억 원 이상이 될 것으로 예측되는 것은 기업을 설립한 지 몇 년 후인가? (단, $\log 2 = 0.3010$으로 계산한다.)

① 9년   ② 10년   ③ 11년

④ 12년   ⑤ 13년

0978

●❙❙ Level 2

어느 온라인쇼핑몰의 모바일 웹사이트에서 한 화면에 노출되도록 배치하는 상품이 n개인 경우 이용자가 한 화면에 노출된 상품을 모두 살펴보는 데 필요한 평균시간 T(초)가 다음 식을 만족시킨다.

$$T = k \log_2 (n+1) \text{ (단, } k \text{는 0이 아닌 상수)}$$

한 화면에 노출되도록 배치하는 상품의 개수를 기존의 a개에서 $8a$개로 늘렸더니 이용자가 한 화면에 노출된 상품을 모두 살펴보는 데 필요한 평균시간이 2배가 되었다. 이때 자연수 a의 값을 구하시오.

0976

●❙❙ Level 1

지진의 규모를 나타내는 단위인 리히터 규모 M과 지진의 에너지 E 사이에는 다음과 같은 관계식이 성립한다.

$$\log E = 11.8 + 1.5M$$

어느 지역에 리히터 규모 5인 지진이 발생한 후, 다음 날 리히터 규모 1인 여진이 발생하였다고 한다. 처음 발생한 지진의 에너지를 e_1, 다음 날 발생한 여진의 에너지를 e_2라 할 때, $\dfrac{e_1}{e_2}$의 값은?

① 10^2 ② 10^3 ③ 10^4

④ 10^5 ⑤ 10^6

0979

Level 2

어느 도시의 미세 먼지 농도가 매년 3 %씩 증가한다고 할 때, 미세 먼지 농도가 현재의 2배 이상이 되는 것은 최소 n년 후이다. 자연수 n의 값을 구하시오.

(단, $\log 1.03 = 0.01$, $\log 2 = 0.3$으로 계산한다.)

0980

Level 2

작업실에 어떤 방음재를 한 겹 설치할 때마다 외부의 소음을 30 %씩 감소시킨다고 한다. 작업실에서 들리는 외부의 소음을 10 % 이하가 되도록 감소시키기 위해서 이 방음재를 n겹 설치한다고 할 때, 자연수 n의 최솟값은?

(단, $\log 7 = 0.8450$으로 계산한다.)

① 6 　　　　② 7 　　　　③ 8
④ 9 　　　　⑤ 10

0981

Level 2

실험실에서 배양 중인 어떤 미생물의 개체수는 1시간마다 일정한 비율로 증가한다. 배양을 시작한 지 12시간 후 이 미생물의 개체수가 처음의 4배가 되었다고 할 때, 이 미생물의 개체수가 처음의 6배 이상이 되는 것은 배양을 시작한 지 최소 n시간 후이다. 자연수 n의 값을 구하시오.

(단, $\log 2 = 0.3$, $\log 3 = 0.5$로 계산한다.)

0982

Level 2

자본이 같은 두 스타트업 회사 A, B가 같은 시기에 사업을 시작했을 때, A 회사의 자본이 매년 15 %, B 회사의 자본이 매년 30 % 증가한다고 한다. B 회사의 자본이 처음으로 A 회사의 자본의 10배 이상이 되는 것은 사업을 시작한 지 몇 년 후인가?

(단, $\log 1.15 = 0.061$, $\log 1.3 = 0.114$로 계산한다.)

① 15년 　　　　② 19년 　　　　③ 23년
④ 27년 　　　　⑤ 31년

0983

Level 2

매년 말 실시하는 인구조사에서 2022년 말에 조사한 두 지역 A, B의 인구는 각각 60만 명, 20만 명이었다. A 지역의 인구는 매년 16 %씩 감소하고, B 지역의 인구는 매년 12 %씩 증가한다고 할 때, 처음으로 B 지역의 인구가 A 지역의 인구보다 많게 되는 해는?

(단, $\log 2 = 0.3010$, $\log 3 = 0.4771$로 계산한다.)

① 2023년 말 　　　② 2024년 말 　　　③ 2025년 말
④ 2026년 말 　　　⑤ 2027년 말

서술형 유형 익히기

0984 대표문제

두 함수 $y=\log_2 2x-4$, $y=\log_2 x+5$의 그래프와 두 직선 $x=1$, $x=5$로 둘러싸인 도형의 넓이를 구하는 과정을 서술하시오. [7점]

> STEP 1 두 함수의 그래프의 관계 파악하기 [3점]
>
> $y=\log_2 2x-4$
>
> $=\boxed{}^{(1)}+\log_2 x-4$
>
> $=\log_2 x-\boxed{}^{(2)}$
>
> 따라서 $y=\log_2 x-3$의 그래프는 $y=\log_2 x+5$의 그래프를 y축의 방향으로 $\boxed{}^{(3)}$만큼 평행이동한 것이다.
>
> STEP 2 평행이동을 이용하여 두 함수의 그래프와 두 직선으로 둘러싸인 부분의 넓이 구하기 [4점]
>
> 그림에서 빗금 친 두 부분의 넓이가 서로 같으므로 구하는 넓이는 평행사변형 ABCD의 넓이와 같다.
>
>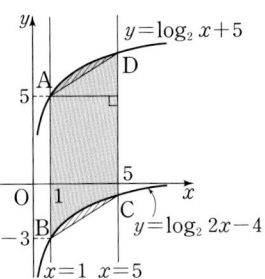
>
> 따라서 구하는 도형의 넓이는
>
> $\left(\boxed{}^{(4)}-1\right)\times\left\{5-\left(\boxed{}^{(5)}\right)\right\}$
>
> $=\boxed{}^{(6)}$

0985 한번 더

두 함수 $y=\log_2 2x-1$, $y=\log_2 x+5$의 그래프와 두 직선 $x=1$, $x=7$로 둘러싸인 도형의 넓이를 구하는 과정을 서술하시오. [7점]

> STEP 1 두 함수의 그래프의 관계 파악하기 [3점]
>
> STEP 2 평행이동을 이용하여 두 함수의 그래프와 두 직선으로 둘러싸인 부분의 넓이 구하기 [4점]

04

0986 유사 1

그림과 같이 두 함수 $y=\log_5(x+1)$, $y=\log_5(x-1)-6$의 그래프와 두 직선 $y=-3x$, $y=-3x+9$로 둘러싸인 도형의 넓이를 구하는 과정을 서술하시오. [8점]

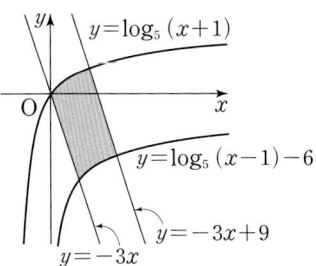

핵심 KEY 유형 10 평행이동 또는 대칭이동을 이용한 로그함수의 넓이의 활용

두 로그함수의 그래프와 두 직선으로 둘러싸인 도형의 넓이를 구하는 문제이다.

이 문제는 로그의 성질을 이용하여 두 함수의 그래프 사이의 관계를 파악하고, 두 함수의 그래프와 두 직선을 그려 보는 것이 중요하다. 이때 함수의 그래프를 평행이동하면 그 모양은 변하지 않으므로 넓이가 같은 부분을 찾아 넓이를 구하기 쉬운 도형으로 바꾸어 놓고 생각한다.

0987 대표문제

함수 $y=\log_2(x-2)+\log_2(6-x)$의 최댓값을 구하는 과정을 서술하시오. [7점]

STEP 1 진수의 조건을 이용하여 x의 값의 범위 구하기 [2점]

진수의 조건에서 $x-2>0$, $6-x>0$

따라서 x의 값의 범위는 $\boxed{}^{(1)}<x<\boxed{}^{(2)}$이다.

STEP 2 로그의 성질을 이용하여 식 변형하기 [2점]

로그의 성질에 의하여

$y=\log_2(x-2)+\log_2(6-x)$

$=\log_2(x-2)(\boxed{}^{(3)}-x)$

$=\log_2(-x^2+8x-12)$

STEP 3 최댓값 구하기 [3점]

$f(x)=-x^2+8x-12$로 놓으면

$f(x)=-(x-4)^2+\boxed{}^{(4)}$

따라서 $x=\boxed{}^{(5)}$일 때, $f(x)$는 최댓값 $\boxed{}^{(6)}$를 갖는다.

함수 $y=\log_2 f(x)$에서 밑이 1보다 크므로

$y=\log_2(x-2)+\log_2(6-x)$의 최댓값은

$\log_2\boxed{}^{(7)}=\boxed{}^{(8)}$이다.

0988 한번 더

함수 $y=\log_4(x+2)+\log_4(6-x)$의 최댓값을 구하는 과정을 서술하시오. [7점]

STEP 1 진수의 조건을 이용하여 x의 값의 범위 구하기 [2점]

STEP 2 로그의 성질을 이용하여 식 변형하기 [2점]

STEP 3 최댓값 구하기 [3점]

0989 유사 1

함수 $y=\log_{\frac{1}{3}}(x-1)+\log_{\frac{1}{3}}(7-x)$의 최솟값을 구하는 과정을 서술하시오. [7점]

0990 유사 2

정의역이 $\{x\,|\,0\leq x\leq 3\}$인 함수 $f(x)=\log_{\frac{1}{2}}(x^2-2x+a)$의 최댓값이 -2일 때, 함수 $f(x)$의 최솟값을 구하는 과정을 서술하시오. (단, a는 상수이다.) [9점]

핵심 KEY 유형 13 로그함수의 최대·최소 $-y=\log_a f(x)$ 꼴

진수가 이차식인 로그함수의 최댓값을 구하는 문제이다.

함수 $y=\log_a f(x)$ $(a>0,\ a\neq 1)$에서 $a>1$인 경우 $f(x)$가 최대이면 y의 값도 최대, $f(x)$의 값이 최소이면 y의 값도 최소임을 이용한다.

밑의 조건을 확인하여 증가 또는 감소하는 함수인지 판단하는 것과 진수의 조건을 이용하여 x의 값의 범위를 구하는 것에 주의한다.

0991 대표문제

부등식 $\log_{\frac{1}{3}}(x+3)+\log_{\frac{1}{3}}(x+5)\geq-1$을 만족시키는 x의 값의 범위를 구하는 과정을 서술하시오. [7점]

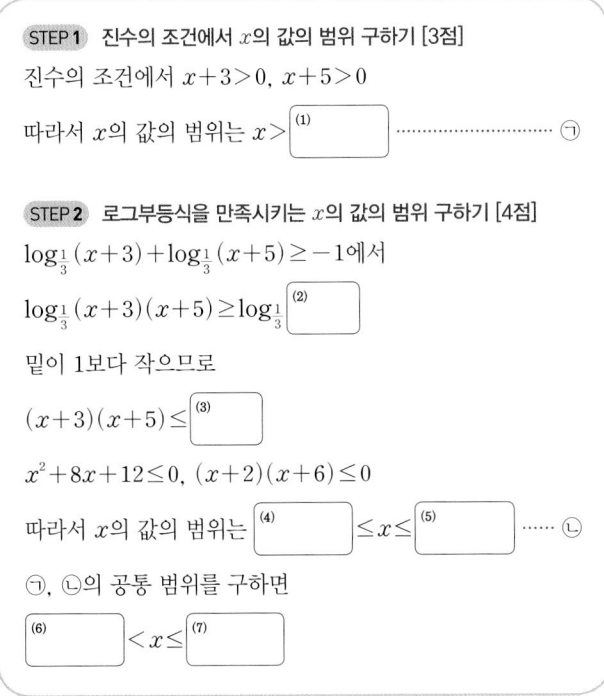

STEP 1 진수의 조건에서 x의 값 범위 구하기 [3점]

진수의 조건에서 $x+3>0$, $x+5>0$

따라서 x의 값의 범위는 $x>\boxed{}^{(1)}$ ····················· ㉠

STEP 2 로그부등식을 만족시키는 x의 값의 범위 구하기 [4점]

$\log_{\frac{1}{3}}(x+3)+\log_{\frac{1}{3}}(x+5)\geq-1$에서

$\log_{\frac{1}{3}}(x+3)(x+5)\geq\log_{\frac{1}{3}}\boxed{}^{(2)}$

밑이 1보다 작으므로

$(x+3)(x+5)\leq\boxed{}^{(3)}$

$x^2+8x+12\leq0$, $(x+2)(x+6)\leq0$

따라서 x의 값의 범위는 $\boxed{}^{(4)}\leq x\leq\boxed{}^{(5)}$ ······ ㉡

㉠, ㉡의 공통 범위를 구하면

$\boxed{}^{(6)}<x\leq\boxed{}^{(7)}$

0992 한번 더

부등식 $\log_{\frac{1}{8}}(x+5)+\log_{\frac{1}{8}}(x+7)\geq-1$을 만족시키는 x의 값의 범위를 구하는 과정을 서술하시오. [7점]

STEP 1 진수의 조건에서 x의 값의 범위 구하기 [3점]

STEP 2 로그부등식을 만족시키는 x의 값의 범위 구하기 [4점]

0993 유사 1

부등식 $2\log_3(x+1)\leq1+\log_3(x+7)$을 만족시키는 x의 값의 범위를 구하는 과정을 서술하시오. [8점]

0994 유사 2

부등식 $\log_a 7x<\log_a(x^2+10)$의 해가 $0<x<2$ 또는 $x>5$일 때, 실수 a의 값의 범위를 구하는 과정을 서술하시오. [9점]

핵심 KEY 유형 24 로그부등식 – 밑을 같게 할 수 있는 경우

밑이 같을 때 진수를 비교하여 로그부등식의 해를 구하는 문제이다.
진수의 조건과 부등식의 해의 공통 범위로 로그부등식의 해를 구하는 것이 중요하다.
이때 밑의 조건에 따라 부등호의 방향이 바뀔 수 있음에 주의한다.

1 0995

다음 〈**보기**〉에서 함수 $y=-\log_{\frac{1}{2}}x+1$의 그래프에 대한 설명으로 옳은 것만을 있는 대로 고른 것은? [3점]

〈 보기 〉

ㄱ. 그래프는 점 $(1, 1)$을 지난다.

ㄴ. 그래프의 점근선의 방정식은 $y=0$이다.

ㄷ. x의 값이 증가하면 y의 값도 증가한다.

ㄹ. 역함수는 $y=-\left(\dfrac{1}{2}\right)^{x+1}$이다.

① ㄱ   ② ㄱ, ㄴ   ③ ㄱ, ㄷ

④ ㄴ, ㄷ   ⑤ ㄱ, ㄷ, ㄹ

2 0996

함수 $f(x)=\begin{cases}\log_{\frac{1}{2}}x-1 & (x>0)\\ 2^x & (x\leq 0)\end{cases}$에 대하여 $(f\circ f)(8)$의 값은? [3점]

① $\dfrac{1}{32}$ ② $\dfrac{1}{16}$ ③ $\dfrac{1}{8}$

④ $\dfrac{1}{4}$ ⑤ $\dfrac{1}{2}$

3 0997

그림과 같이 함수 $y=\log_a x$의 그래프 위에 x좌표가 각각 2, 4인 두 점 A, B가 있다. 선분 AB의 중점 M을 지나면서 x축에 평행한 직선과 함수 $y=\log_a x$의 그래프의 교점의 x좌표가 b일 때, 양수 b의 값은? (단, $a>0$, $a\neq 1$) [3점]

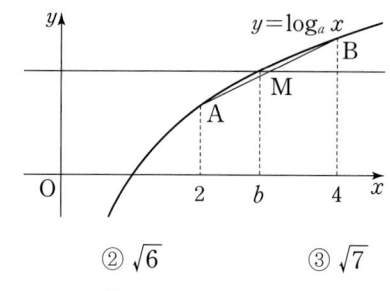

① $\sqrt{5}$ ② $\sqrt{6}$ ③ $\sqrt{7}$

④ $2\sqrt{2}$ ⑤ 3

4 0998

그림과 같이 함수 $y=\log_3(ax+b)$의 그래프가 원점을 지나고 점근선이 직선 $x=-2$일 때, 상수 a, b에 대하여 $2ab$의 값은? [3점]

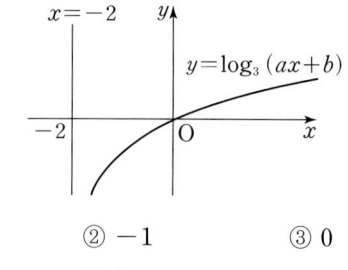

① -2 ② -1 ③ 0

④ 1   ⑤ 2

5 0999

그림은 함수 $y=\log_3 x$의 그래프와 직선 $y=x$이다. x_3-x_1의 값은? (단, 점선은 x축 또는 y축에 평행하다.) [3점]

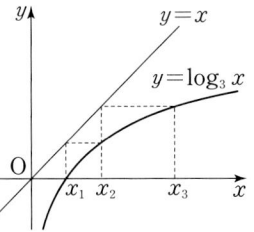

① 22　　　　② 23

③ 24　　　　④ 25

⑤ 26

6 1000

방정식 $\log_5(-x+6)=2\log_5 x$를 만족시키는 실수 x의 값은? [3점]

① 1　　　　② 2　　　　③ 3

④ 4　　　　⑤ 5

7 1001

부등식 $\log_2 x \geq \log_2(2x-4)$를 만족시키는 모든 자연수 x의 값의 합은? [3점]

① 6　　　　② 7　　　　③ 8

④ 9　　　　⑤ 10

8 1002

부등식 $\log_{\frac{1}{2}}\dfrac{a}{c}<\log_{\frac{1}{2}}\dfrac{c}{b}<\log_{\frac{1}{2}}\dfrac{b}{a}$가 성립할 때, 〈보기〉에서 항상 성립하는 것만을 있는 대로 고른 것은?

(단, a, b, c는 서로 다른 양수이다.) [3.5점]

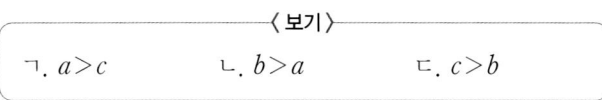

―――――――〈보기〉―――――――

ㄱ. $a>c$　　　　ㄴ. $b>a$　　　　ㄷ. $c>b$

① ㄱ　　　　② ㄴ　　　　③ ㄷ

④ ㄱ, ㄴ　　　　⑤ ㄴ, ㄷ

9 1003

함수 $y=\log_a x+m\,(a>1)$의 그래프와 그 역함수의 그래프가 두 점에서 만나고, 이 두 점의 x좌표가 각각 1, 3이다. 상수 a, m에 대하여 $a+m$의 값은? [3.5점]

① $-1+\sqrt{3}$　　② 0　　　　③ 1

④ 2　　　　⑤ $1+\sqrt{3}$

10 1004

함수 $y=(\log_3 x)^2+a\log_{27} x^2+b$가 $x=\dfrac{1}{9}$에서 최솟값 1을 가질 때, 상수 a, b에 대하여 $a-b$의 값은? [3.5점]

① 0　　　　② 1　　　　③ 2

④ 3　　　　⑤ 4

04

11 1005

$1 \le x \le 64$에서 함수 $y = ax^{2-\log_4 x}$ $(a>0)$의 최댓값이 64일 때, 최솟값은 m이다. 상수 a, m에 대하여 am의 값은?

[3.5점]

① 1   ② 2   ③ 3
④ 4   ⑤ 5

12 1006

$x>0$, $y>0$일 때, $\log_6\left(x+\dfrac{2}{y}\right)+\log_6\left(\dfrac{4}{x}+8y\right)$의 최솟값은? [3.5점]

① $\dfrac{1}{2}$ ② 1   ③ $\dfrac{3}{2}$

④ 2   ⑤ $\dfrac{5}{2}$

13 1007

방정식 $x^{\log 2} \times 2^{\log x} - 10 \times 2^{\log x} + 16 = 0$의 두 근을 α, β $(\alpha<\beta)$라 할 때, $\dfrac{\beta}{\alpha}$의 값은? [3.5점]

① 2   ② 10   ③ 20
④ 50   ⑤ 100

14 1008

x에 대한 이차방정식
$(\log a - 1)x^2 - 2(\log a - 1)x + 1 = 0$이 중근을 갖도록 하는 상수 a의 값은? [3.5점]

① 1   ② 10   ③ 100
④ 1000   ⑤ 10000

15 1009

부등식 $\log_2(\log_3 x - 2) < 1$의 해는? [3.5점]

① $9 < x < 81$ ② $10 < x < 80$ ③ $11 < x < 79$
④ $12 < x < 78$ ⑤ $13 < x < 77$

16 1010

모든 양의 실수 x에 대하여 부등식
$(\log_2 x)^2 + \log_2 16x^2 - k \ge 0$이 성립하도록 하는 실수 k의 값의 범위는? [3.5점]

① $k < -3$ ② $k \ge -3$ ③ $k > -3$
④ $k \le 3$ ⑤ $k > 3$

17 1011

부등식 $x^{\log_2 x} \geq 8x^2$을 만족시키는 가장 작은 자연수 x의 값은? [3.5점]

① 2   ② 4   ③ 6

④ 8   ⑤ 10

18 1012

그림과 같이 두 곡선 $y = \log_2 2(x+1)$, $y = \log_2 (x-1) - 3$과 두 직선 $y = -2x+1$, $y = -2x+8$로 둘러싸인 부분의 넓이를 S라 할 때, $2S$의 값은? [4점]

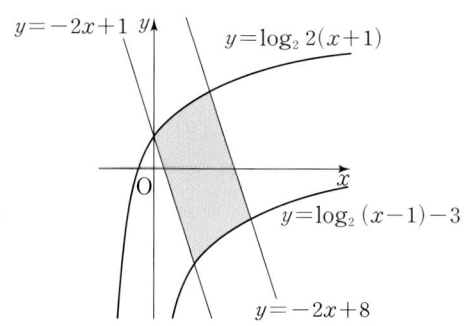

① 24   ② 25   ③ 26

④ 27   ⑤ 28

19 1013

연립방정식 $\begin{cases} \log xy = 4 \\ (\log x)(\log y) = 1 \end{cases}$의 해가 $x = \alpha$, $y = \beta$일 때, $\log_\alpha \beta$의 값은? (단, $\alpha < \beta$) [4점]

① $7 + 4\sqrt{3}$ ② $6 + 5\sqrt{3}$ ③ $5 + 6\sqrt{3}$

④ $4 + 7\sqrt{3}$ ⑤ $3 + 8\sqrt{3}$

20 1014

기울기가 -1인 직선 l이 곡선 $y = \log_2 x$와 만나는 점을 $A(a, b)$, 곡선 $y = \log_4 (x+7)$과 만나는 점을 $B(c, d)$라 하자. $\overline{AB} = \sqrt{2}$일 때, $a+c$의 값은? (단, $1 < a < c$) [4.5점]

① 13   ② 14   ③ 15

④ 16   ⑤ 17

21 1015

두 집합 $A = \{x \mid 2^{x(x-3a)} < 2^{a(x-3a)}\}$, $B = \{x \mid \log_3 (x^2 - 2x + 6) < 2\}$에 대하여 $A - B = \varnothing$이 성립하도록 하는 정수 a의 개수는? [4.5점]

① 1   ② 2   ③ 3

④ 4   ⑤ 5

22 1016

정의역이 $\{x \mid 5 \leq x \leq 7\}$인 함수 $y = \log_{\frac{1}{2}}(x-a)$의 최솟값이 -2일 때, 최댓값을 구하는 과정을 서술하시오.

(단, a는 상수이다.) [6점]

23 1017

모든 실수 x에 대하여 부등식

$$\log_a(ax^2 + 2x + 3) > \log_a(x^2 + x + 2)$$

가 성립할 때, 실수 a의 값의 범위를 구하는 과정을 서술하시오. (단, $a > 0$, $a \neq 1$) [6점]

24 1018

$k < 0$인 상수 k에 대하여 방정식

$(\log_2 x)^2 - k \log_2 x + 2 = 0$의 두 근을 α, β라 하자.

$\alpha : \beta = 1 : 2$일 때, α와 k의 값을 구하는 과정을 서술하시오. [7점]

25 1019

함수 $y = \left| \log_2 \left(\frac{1}{8}x + 2 \right) \right| + 2$의 정의역이

$\{x \mid -10 \leq x \leq a\}$일 때, 치역은 $\{y \mid b \leq y \leq 5\}$이다. 상수 a, b에 대하여 $a+b$의 값을 구하는 과정을 서술하시오.

(단, $a > -10$, $b < 5$) [8점]

실력 check
실전 마무리하기 **2**회

• 선택형 21문항, 서술형 4문항입니다.

1 1020

함수 $y = \log_9 x^2$과 같은 함수인 것만을 〈보기〉에서 있는 대로 고른 것은? [3점]

〈 보기 〉
ㄱ. $y = \log_3 |x|$　　　　ㄴ. $y = \log_{\frac{1}{3}} (-x)$

ㄷ. $y = -\log_3 \dfrac{1}{x}$　　　　ㄹ. $y = -2 \log_{\frac{1}{9}} x$

① ㄱ　　　　② ㄷ　　　　③ ㄱ, ㄴ

④ ㄱ, ㄷ　　　　⑤ ㄷ, ㄹ

2 1021

그림과 같이 두 점 A, B는 함수 $y = \log_2 x$의 그래프 위의 점이다. $y_2 - y_1 = 3$일 때, $\dfrac{b}{a}$의 값은? [3점]

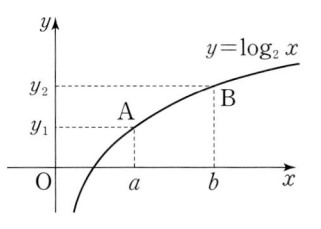

① 2　　　　② 4　　　　③ 6

④ 8　　　　⑤ 10

3 1022

다음 중 함수 $y = \log_2 (x-1) + 2$의 그래프에 대한 설명으로 옳지 <u>않은</u> 것은? [3점]

① 정의역은 $\{x \,|\, x > 1\}$이다.

② 치역은 $\{y \,|\, y > 2\}$이다.

③ 그래프는 점 $(5, 4)$를 지난다.

④ 그래프의 점근선은 직선 $x = 1$이다.

⑤ x의 값이 증가하면 y의 값도 증가한다.

4 1023

정의역이 $\left\{ x \,\middle|\, -\dfrac{2}{3} \leq x \leq 26 \right\}$인 함수 $y = \log_{\frac{1}{3}} (x+1)$의 최댓값과 최솟값의 합은? [3점]

① -5　　　　② -4　　　　③ -3

④ -2　　　　⑤ -1

5 1024

방정식 $\log_2 (x^2 + x + 2) = 2 \log_2 x + 1$의 해를 $x = \alpha$라 할 때, $\log_4 (10 - 3\alpha)$의 값은? [3점]

① 1　　　　② 2　　　　③ 3

④ 4　　　　⑤ 5

6 1025

방정식 $(\log x)^2 - 4\log x - 5 = 0$의 해는? [3점]

① $x = 10^{-5}$

② $x = 10^{-5}$ 또는 $x = 10$

③ $x = \dfrac{1}{10}$ 또는 $x = 10$

④ $x = \dfrac{1}{10}$ 또는 $x = 10^5$

⑤ $x = 10^5$

7 1026

그림과 같이 1보다 큰 실수 a 에 대하여 직선 $y = -x + 11$ 이 두 곡선 $y = a^x$, $y = \log_a x$ 와 만나는 점을 각각 A, B라 하자. $\overline{AB} = 5\sqrt{2}$일 때, $3a$의 값은? (단, 점 A의 x좌표는 점 B의 x좌표보다 작다.) [3.5점]

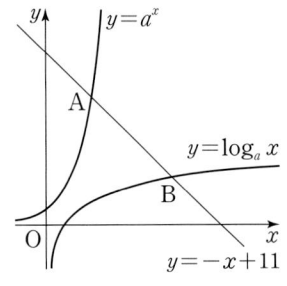

① 3
② 6
③ 9

④ 12
⑤ 15

8 1027

정의역이 $\{x \mid 1 \le x \le 8\}$인 함수 $f(x) = 32x^{-2+\log_2 x}$의 최댓값을 M, 최솟값을 m이라 할 때, $M - m$의 값은? [3.5점]

① 4
② 32
③ 60

④ 120
⑤ 240

9 1028

방정식 $\log_3 x - \dfrac{1}{3}\log_x 3 - k = 0$의 두 근의 곱이 3일 때, 상수 k의 값은? [3.5점]

① -2
② -1
③ 0

④ $\dfrac{1}{3}$
⑤ 1

10 1029

$x > \dfrac{1}{2}$에서 정의된 함수 $f(x) = (\log_a x)^2 + \log_a x - 2$에 대하여 방정식 $f(x) = 0$이 서로 다른 두 실근을 갖도록 하는 실수 a의 값의 범위는? (단, $a < 1$) [3.5점]

① $0 < a < \dfrac{1}{4}$
② $0 < a < \dfrac{1}{2}$
③ $\dfrac{1}{4} < a < \dfrac{1}{2}$

④ $\dfrac{1}{2} < a < 1$
⑤ $a < 1$

11 1030

방정식 $x^{\log_3 x} = x^3$의 모든 근의 합은? [3.5점]

① 28
② 29
③ 30

④ 31
⑤ 32

12 1031

$\log_{x^2+3x}(3x-1)=\log_{x+8}(3x-1)$의 모든 근의 곱을 k라 할 때, $9k^2$의 값은? [3.5점]

① 12 　　　② 14 　　　③ 16

④ 18 　　　⑤ 20

13 1032

방정식 $2^{2x}-p\times2^x+8=0$과 방정식
$(\log_2 x)^2-\log_2 x+q=0$의 두 근이 같을 때, 상수 p, q에 대하여 $p-q$의 값은? [3.5점]

① -6 　　　② -3 　　　③ 0

④ 3 　　　⑤ 6

14 1033

부등식 $\log_{\frac{1}{3}}\{-1+\log_2(x-1)\}\geq-2$를 만족시키는 정수 x의 개수는? [3.5점]

① 1020 　　　② 1021 　　　③ 1022

④ 1023 　　　⑤ 1024

15 1034

모든 양의 실수 x에 대하여 부등식 $k^2x^{(\log_2 x+2)}>1$이 항상 성립하도록 하는 실수 k의 값의 범위는? [3.5점]

① $k>\sqrt{2}$ 　　　　② $-\sqrt{2}<k<\sqrt{2}$

③ $0<k<\sqrt{2}$ 　　　④ $k<-\sqrt{2}$ 또는 $k>\sqrt{2}$

⑤ $k<-2\sqrt{2}$ 또는 $k>2\sqrt{2}$

16 1035

어느 제과점에서는 다음과 같은 방법으로 빵의 가격을 실질적으로 인상한다.

> 빵의 개당 가격은 그대로 유지하고, 무게를 그 당시 무게에서 10 % 줄인다.

이 방법을 n번 시행하면 빵의 단위 무게당 가격이 처음의 2배 이상이 될 때, n의 최솟값은?

(단, $\log 2=0.3010$, $\log 3=0.4771$로 계산한다.) [3.5점]

① 3 　　　② 4 　　　③ 5

④ 6 　　　⑤ 7

17 1036

그림과 같이 두 함수 $y=\log_2(x-1)$, $y=\log_2(x-a)+b$의 그래프가 x축과 만나는 점을 각각 A, B라 하고 두 함수의 그래프의 교점을 C라 하자. 점 C의 좌표가 $(5, k)$이고, 삼각형 ABC의 넓이가 $\dfrac{9}{4}$일 때, $a+b$의 값은? (단, $a>0$, $b>0$) [4점]

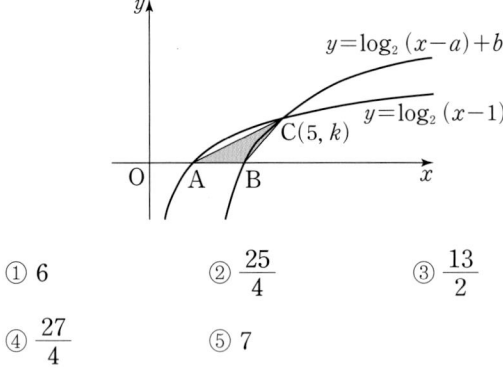

① 6   ② $\dfrac{25}{4}$ ③ $\dfrac{13}{2}$

④ $\dfrac{27}{4}$ ⑤ 7

18 1037

그림과 같이 함수 $y=\log_3(x+1)$의 그래프와 x축 및 직선 $x=n$으로 둘러싸인 도형을 A_n, 함수 $y=3^x$의 그래프와 y축 및 직선 $y=n$으로 둘러싸인 도형을 B_n이라 하자. 두 도형 A_n, B_n에 포함된 점 중 x좌표와 y좌표가 모두 정수인 점의 개수를 각각 $f(n)$, $g(n)$이라 할 때, $f(n)-g(n)=5$를 만족시키는 자연수 n의 개수는?

(단, 두 도형 A_n, B_n은 경계선을 포함한다.) [4점]

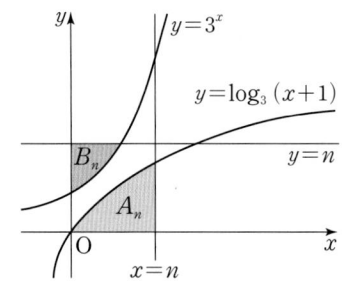

① 160   ② 161   ③ 162

④ 163   ⑤ 164

19 1038

부등식 $\log_{\frac{1}{9}}(2^{2x}+3\times2^x-10)>\log_{\frac{1}{3}}(2^x+1)$을 만족시키는 x의 값의 범위는? [4점]

① 해가 없다.   ② $0<x<\log_2 11$

③ $1<x<\log_2 11$ ④ $x<\log_2 11$

⑤ $x>\log_2 11$

20 1039

좌표평면 위의 두 곡선 $y=\log_{\frac{1}{3}}\left(x+\dfrac{a}{4}\right)$와 $y=\log_{\frac{1}{2}}\left(x+\dfrac{1}{8}\right)$이 제1사분면의 한 점에서 만나도록 하는 실수 a의 값의 범위가 $\alpha<a<\beta$일 때, $\alpha\beta$의 값은? [4.5점]

① $\dfrac{7}{8}$ ② $\dfrac{7}{4}$ ③ $\dfrac{2}{27}$

④ $\dfrac{4}{27}$ ⑤ $\dfrac{8}{27}$

21 1040

두 부등식
$$4^x-2^{x+4}+48\geq0, \quad (\log_4 x)\left(\log_4\dfrac{x}{48}\right)\leq\log_4\dfrac{1}{9}$$
을 모두 만족시키는 해가 $\alpha\leq x\leq\beta$일 때, 상수 α, β에 대하여 $\beta-2^\alpha$의 값은? [4.5점]

① 0   ② 1   ③ 2

④ 3   ⑤ 4

22 1041

함수 $y=\log_4(x+2)+\log_4(6-x)$가 $x=a$에서 최댓값 b 를 가질 때, $a+b$의 값을 구하는 과정을 서술하시오. [6점]

23 1042

부등식 $\log_a(4-x)<\log_a(x+2)+1$의 해가 $-1<x<4$ 일 때, 양수 a의 값을 구하는 과정을 서술하시오. (단, $a\neq1$)

[6점]

24 1043

두 집합 $A=\{x\,|\,4^x-(a+1)\times2^x+a\leq0\}$,
$B=\{x\,|\,(\log_2x)^2-\log_2x^4+3\leq0\}$에 대하여 $A\cup B=A$ 가 성립하도록 하는 자연수 a의 최솟값을 구하는 과정을 서술하시오. [7점]

04

25 1044

모든 실수 x에 대하여 부등식
$$(1-\log_5a)x^2+2(1-\log_5a)x+\log_5a>0$$
이 성립하도록 하는 정수 a의 값을 모두 구하는 과정을 서술하시오. [7점]

단 한 장

종이에 새겨진 글들이야

지우면 그만이지만

구겨진 종이에 남겨진 주름은

다시 펼 수 없다.

마주하기 힘들더라도

마음에 새겨졌던 아픈 말들을

하나하나 지워 나가야만 한다.

스스로 구겨 버리지는 말자.

내 마음은 단 한 장 밖에 없으니까.

삼각함수 05

삼각함수

1 일반각

핵심 1

Note

(1) 시초선과 동경

두 반직선 OX, OP에 의하여 정해진 ∠XOP의 크기는 반직선 OP가 고정된 반직선 OX의 위치에서 점 O를 중심으로 반직선 OP의 위치까지 회전한 양이다. 이때 반직선 OX를 **시초선**, 반직선 OP를 **동경**이라 한다.

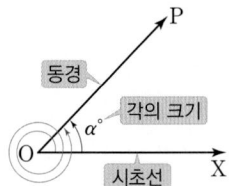

● 각의 크기는 회전한 양이 양의 방향이면 +를, 음의 방향이면 −를 붙인다. 이때 양의 부호 +는 보통 생략한다.

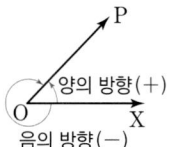

(2) 일반각

시초선 OX와 동경 OP가 나타내는 한 각의 크기를 $\alpha°$라 하면
$$\angle XOP = 360° \times n + \alpha° \ (n은 정수)$$
꼴로 나타낼 수 있고, 이것을 동경 OP가 나타내는 **일반각**이라 한다.

참고 일반각으로 나타낼 때, $\alpha°$는 보통 $0° \leq \alpha° < 360°$인 것을 택한다.

(3) 사분면의 각

좌표평면에서 시초선을 원점 O에서 x축의 양의 방향으로 잡을 때, 제1사분면, 제2사분면, 제3사분면, 제4사분면에 있는 동경 OP가 나타내는 각을 각각 제1사분면의 각, 제2사분면의 각, 제3사분면의 각, 제4사분면의 각이라 한다.

주의 동경 OP가 좌표축 위에 있으면 어느 사분면에도 속하지 않는다.

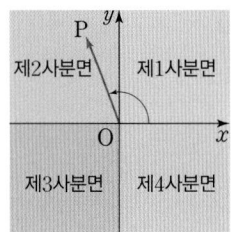

● 좌표평면에서 시초선은 보통 원점에서 x축의 양의 방향으로 정한다.

2 호도법

핵심 2

(1) 1라디안(radian)
반지름의 길이가 r인 원에서 길이가 r인 호 AB에 대한 중심각의 크기

(2) 호도법
라디안을 단위로 각의 크기를 나타내는 방법

● 반지름의 길이가 r인 원에서 길이가 r인 호에 대한 중심각의 크기를 $\alpha°$라 하면
$$r : 2\pi r = \alpha° : 360°$$
$$\therefore \alpha° = \frac{180°}{\pi}$$

(3) 호도법과 육십분법의 관계

① 1라디안$= \dfrac{180°}{\pi}$

② $1° = \dfrac{\pi}{180}$라디안

예 $210° = 210 \times \dfrac{\pi}{180} = \dfrac{7}{6}\pi$(라디안)

$\dfrac{5}{4}\pi = \dfrac{5}{4}\pi \times \dfrac{180°}{\pi} = 225°$

참고 자주 쓰이는 각

● 도(°)를 단위로 하여 각의 크기를 나타내는 방법을 육십분법이라 한다.

육십분법	0°	30°	45°	60°	90°	120°	135°	150°	180°	270°	360°
호도법	0	$\dfrac{\pi}{6}$	$\dfrac{\pi}{4}$	$\dfrac{\pi}{3}$	$\dfrac{\pi}{2}$	$\dfrac{2}{3}\pi$	$\dfrac{3}{4}\pi$	$\dfrac{5}{6}\pi$	π	$\dfrac{3}{2}\pi$	2π

● 호도법으로 나타낼 때, 단위인 라디안은 생략한다.

3 부채꼴의 호의 길이와 넓이

핵심 3

반지름의 길이가 r, 중심각의 크기가 θ(라디안)인 부채꼴의 호의 길이를 l, 넓이를 S라 하면

$$l=r\theta,\ S=\frac{1}{2}r^2\theta=\frac{1}{2}rl$$

주의 부채꼴의 중심각의 크기 θ는 호도법으로 나타낸 각이므로 육십분법으로 주어지면 호도법으로 고쳐서 계산한다.

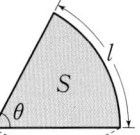

Note

(1) $l:2\pi r=\theta:2\pi$
  $\therefore l=r\theta$
(2) $S:\pi r^2=\theta:2\pi$
  $\therefore S=\frac{1}{2}r^2\theta$

05

4 삼각함수

핵심 4

좌표평면에서 각 θ를 나타내는 동경과 원점 O를 중심으로 하고 반지름의 길이가 r인 원의 교점을 P(x, y)라 하면

$$\sin\theta=\frac{y}{r},\ \cos\theta=\frac{x}{r},\ \tan\theta=\frac{y}{x}\ (x\neq0)$$

이 함수들을 차례로 θ에 대한 **사인함수, 코사인함수, 탄젠트함수**라 하고, 이 함수들을 통틀어 θ에 대한 **삼각함수**라 한다.

$\dfrac{y}{r}$, $\dfrac{x}{r}$, $\dfrac{y}{x}$ $(x\neq0)$의 값은 r의 값에 관계없이 θ의 값에 따라 각각 하나로 정해지므로 θ에 대한 함수이다.

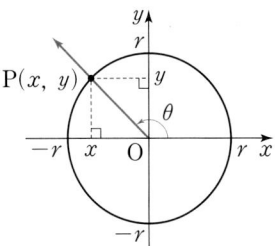

예 그림과 같이 각 θ를 나타내는 동경과 원점 O를 중심으로 하는 원의 교점이 P$(-3, -4)$일 때,
$\overline{\mathrm{OP}}=\sqrt{(-3)^2+(-4)^2}=5$이므로
$\sin\theta=\dfrac{-4}{5}=-\dfrac{4}{5},\ \cos\theta=\dfrac{-3}{5}=-\dfrac{3}{5},\ \tan\theta=\dfrac{-4}{-3}=\dfrac{4}{3}$

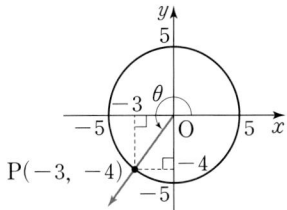

5 삼각함수의 값의 부호

핵심 5

삼각함수의 값의 부호는 각 θ의 동경이 위치하는 사분면에 따라 다음과 같이 정해진다.

사분면	x, y의 부호	$\sin\theta$	$\cos\theta$	$\tan\theta$
제1사분면	$x>0, y>0$	$+$	$+$	$+$
제2사분면	$x<0, y>0$	$+$	$-$	$-$
제3사분면	$x<0, y<0$	$-$	$-$	$+$
제4사분면	$x>0, y<0$	$-$	$+$	$-$

각 사분면에서 삼각함수의 값의 부호가 $+$인 것을 좌표평면 위에 나타내면 그림과 같다.

6 삼각함수 사이의 관계

핵심 6

(1) $\tan\theta=\dfrac{\sin\theta}{\cos\theta}$

(2) $\sin^2\theta+\cos^2\theta=1$

$(\sin\theta)^2$, $(\cos\theta)^2$은 각각 $\sin^2\theta$, $\cos^2\theta$로 나타낸다.

핵심 1 시초선, 동경, 일반각 유형 1~2

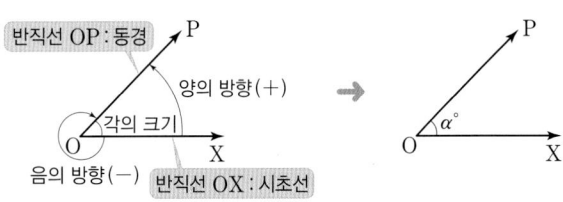

반직선 OP : 동경
양의 방향(+)
각의 크기
음의 방향(−)
반직선 OX : 시초선

동경 OP가 나타내는 일반각
$\angle XOP = 360° \times n + \alpha°$ (n은 정수)
└ 동경 OP는 양의 방향 또는 음의 방향으로 1바퀴, 2바퀴, … 회전할 수 있다.

예
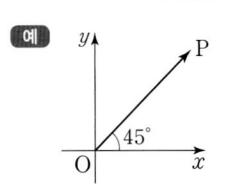

(1) 동경 OP가 나타내는 각의 크기 : 45° 또는 −315°
(2) 동경 OP가 나타내는 일반각 : $360° \times n + 45°$ (n은 정수)

1045 그림에서 시초선이 반직선 OX일 때, 동경 OP가 나타내는 일반각을 $360° \times n + \alpha°$ 꼴로 나타내시오.

(단, n은 정수, $0° \leq \alpha° < 360°$)

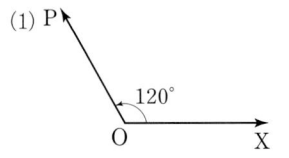 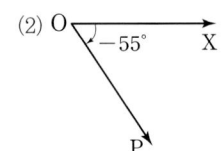

1046 다음 각의 동경이 나타내는 일반각을 $360° \times n + \alpha°$ 꼴로 나타내시오.

(단, n은 정수, $0° \leq \alpha° < 360°$)

(1) 430°   (2) 1000°

(3) −750°   (4) −1320°

핵심 2 호도법과 육십분법 유형 3

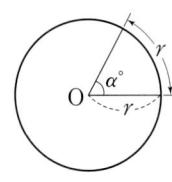

$360° : 2\pi r = \alpha° : r$
$\therefore \alpha° = \dfrac{180°}{\pi}$

호도법
1라디안 $= \dfrac{180°}{\pi}$
└ 라디안을 단위로 하여 각의 크기를 나타내는 방법

육십분법
$1° = \dfrac{\pi}{180}$라디안
└ 도(°)를 단위로 하여 각의 크기를 나타내는 방법

1047 다음 각을 호도법으로 나타내시오.

(1) 30°   (2) −60°

(3) 135°   (4) −210°

1048 다음 각을 육십분법으로 나타내시오.

(1) $\dfrac{\pi}{4}$ (2) $\dfrac{3}{5}\pi$

(3) $-\dfrac{3}{2}\pi$ (4) $-\dfrac{7}{3}\pi$

핵심 3 부채꼴의 호의 길이와 넓이 유형 7~10

동영상 강의

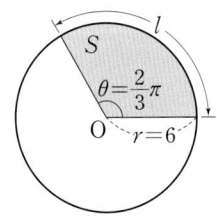

$l=r\theta$이므로 → $l=6\times\dfrac{2}{3}\pi=4\pi$

$S=\dfrac{1}{2}r^2\theta=\dfrac{1}{2}rl$이므로 → $S=\dfrac{1}{2}\times6^2\times\dfrac{2}{3}\pi=12\pi$ 또는 $S=\dfrac{1}{2}\times6\times4\pi=12\pi$

05

1049 반지름의 길이가 4이고, 중심각의 크기가 $\dfrac{3}{4}\pi$인 부채꼴의 호의 길이 l과 넓이 S를 구하시오.

1050 반지름의 길이가 8이고, 호의 길이가 6π인 부채꼴의 중심각의 크기 θ와 넓이 S를 구하시오.

핵심 4 삼각함수의 정의 유형 11

동영상 강의

각 θ를 나타내는 동경과 원점 O를 중심으로 하고 반지름의 길이가 r인 원의 교점을 $P(x, y)$라 하면

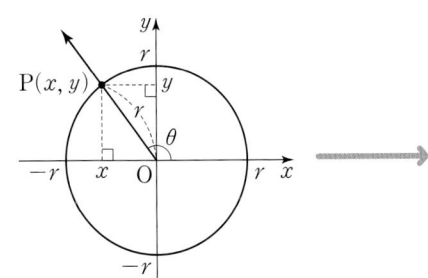

θ에 대한 삼각함수

$\sin\theta=\dfrac{y}{r}$, $\cos\theta=\dfrac{x}{r}$, $\tan\theta=\dfrac{y}{x}$ $(x\neq0)$

θ에 대한 사인함수 / θ에 대한 코사인함수 / θ에 대한 탄젠트함수

예 원점 O와 점 $P(-3, 4)$를 지나는 동경 OP가 나타내는 각의 크기를 θ라 하면

→ $\sin\theta=\dfrac{4}{5}$, $\cos\theta=-\dfrac{3}{5}$, $\tan\theta=-\dfrac{4}{3}$

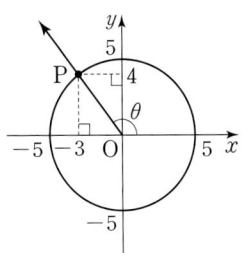

1051 원점 O와 점 $P(5, -12)$를 지나는 동경 OP가 나타내는 각의 크기를 θ라 할 때, $\sin\theta$, $\cos\theta$, $\tan\theta$의 값을 구하시오.

1052 $\theta=\dfrac{4}{3}\pi$일 때, $\sin\theta$, $\cos\theta$, $\tan\theta$의 값을 구하시오.

핵심 5 삼각함수의 값의 부호 유형 14

각 사분면에서 삼각함수의 값의 부호는 다음과 같다.

(1) $\sin\theta$ (2) $\cos\theta$ (3) $\tan\theta$

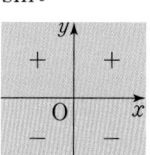   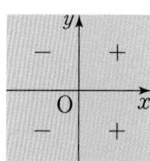 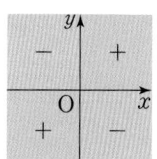

각 사분면에 삼각함수의 값의
부호가 양인 것만 나타내면

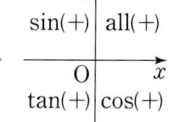

예 $\theta=\dfrac{5}{6}\pi$는 제2사분면의 각이므로

$\sin\dfrac{5}{6}\pi>0$, $\cos\dfrac{5}{6}\pi<0$, $\tan\dfrac{5}{6}\pi<0$

1053 $\sin\theta\cos\theta<0$을 만족시키는 각 θ는 제몇 사분면의 각인지 구하시오.

1054 $\pi<\theta<\dfrac{3}{2}\pi$일 때, 다음을 간단히 하시오.

(1) $|\sin\theta|$

(2) $\sqrt{\cos^2\theta}$

(3) $|\tan\theta|$

핵심 6 삼각함수 사이의 관계 유형 15~17

각 θ를 나타내는 동경과 단위원의 교점을 $P(x, y)$라 하면

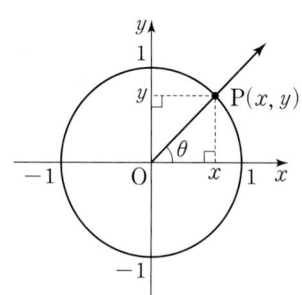

$\sin\theta=y$, $\cos\theta=x$이고 $x^2+y^2=1$이므로 → $\sin^2\theta+\cos^2\theta=1$

$\tan\theta=\dfrac{y}{x}$ $(x\neq0)$이므로 → $\tan\theta=\dfrac{\sin\theta}{\cos\theta}$

1055 θ가 제2사분면의 각이고 $\sin\theta=\dfrac{1}{3}$일 때, $\cos\theta$, $\tan\theta$의 값을 구하시오.

1056 $\sin\theta+\cos\theta=\sqrt{2}$일 때, $\sin\theta\cos\theta$의 값을 구하시오.

정답 및 풀이 180쪽

기출 유형 check 실전 준비하기

19유형, 173문항입니다.

05

기초 유형 0 삼각비 | 중3

(1) ∠B=90°인 직각삼각형 ABC에서 ∠A의 삼각비

→ $\sin A=\frac{a}{b}$, $\cos A=\frac{c}{b}$, $\tan A=\frac{a}{c}$

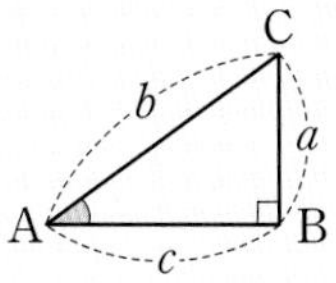

(2)

삼각비 \ A	30°	45°	60°
$\sin A$	$\frac{1}{2}$	$\frac{\sqrt{2}}{2}$	$\frac{\sqrt{3}}{2}$
$\cos A$	$\frac{\sqrt{3}}{2}$	$\frac{\sqrt{2}}{2}$	$\frac{1}{2}$
$\tan A$	$\frac{\sqrt{3}}{3}$	1	$\sqrt{3}$

1057 대표문제

그림과 같이 $\overline{AB}=12$, $\overline{BC}=5$인 직각삼각형 ABC에서 $\cos A\times\tan A+\sin A$의 값을 구하시오.

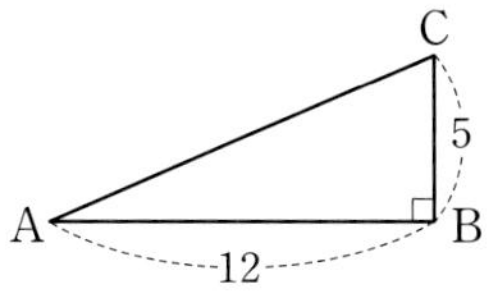

1058

Level 1

$\tan 60°\times\cos 30°-\sin 30°$의 값은?

① -2　② -1　③ 0

④ 1　⑤ 2

1059

Level 1

$\tan 45°+\sin 60°-\cos 45°$의 값이 $1+m\sqrt{2}+n\sqrt{3}$일 때, 유리수 m, n에 대하여 $m+n$의 값을 구하시오.

1060

Level 1

그림과 같이 $\overline{AB}=3$, $\overline{BC}=2$인 직각삼각형 ABC에 대하여 다음 중 옳지 않은 것은?

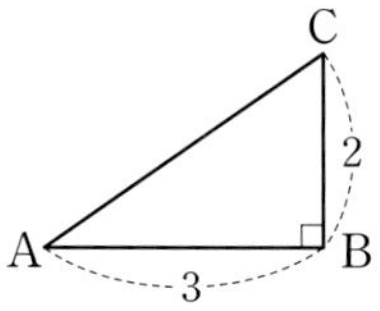

① $\sin A=\frac{2\sqrt{13}}{13}$　② $\cos A=\frac{3\sqrt{13}}{13}$

③ $\tan C=\frac{2}{3}$　④ $\sin C=\frac{3\sqrt{13}}{13}$

⑤ $\cos C=\frac{2\sqrt{13}}{13}$

1061

Level 1

그림과 같이 $\overline{AB}=8$, ∠B=30°, ∠C=45°이고 $\overline{AD}\perp\overline{BC}$일 때, xy의 값은?

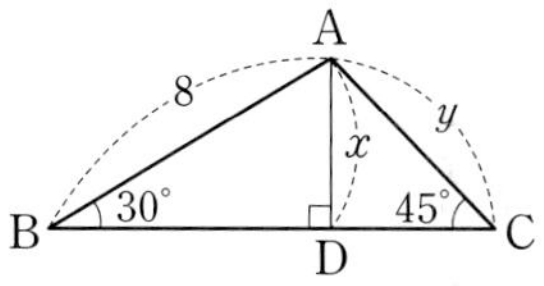

① $6\sqrt{2}$　② $9\sqrt{2}$　③ $9\sqrt{3}$

④ $16\sqrt{2}$　⑤ $16\sqrt{3}$

1062

Level 2

∠C=90°인 직각삼각형 ABC에서 $\cos B=\frac{3}{4}$일 때, $\sin B$의 값은?

① $\frac{1}{4}$　② $\frac{\sqrt{3}}{4}$　③ $\frac{\sqrt{5}}{4}$

④ $\frac{\sqrt{7}}{4}$　⑤ $\frac{3}{4}$

실전유형 1 일반각

시초선 OX와 동경 OP가 나타내는 한 각의 크기를 $\alpha°$라 할 때, 동경 OP가 나타내는 일반각 θ는

$$\theta = 360° \times n + \alpha°$$

(단, n은 정수, $0° \leq \alpha° < 360°$)

이때 각 $\alpha°$를 나타내는 동경과 각 θ를 나타내는 동경은 일치한다.

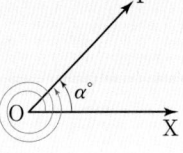

1063 대표문제

그림과 같이 시초선 OX와 동경 OP의 위치가 주어질 때, 동경 OP가 나타내는 각이 될 수 <u>없는</u> 것은?

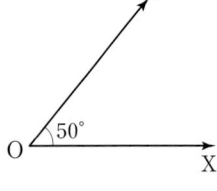

① $-670°$ ② $-310°$

③ $410°$ ④ $770°$

⑤ $1030°$

1064

•‖ Level 1

정수 n에 대하여 $1400°$를 $360° \times n + \alpha°$ $(0° \leq \alpha° < 360°)$ 꼴로 나타낼 때, $n+\alpha$의 값을 구하시오.

1065

•‖ Level 1

정수 n에 대하여 다음 각을 $360° \times n + \alpha°$ $(0° \leq \alpha° < 360°)$ 꼴로 나타낼 때, α의 값이 가장 작은 것은?

① $-400°$ ② $-200°$ ③ $-100°$

④ $500°$ ⑤ $800°$

1066

•‖ Level 1

다음 중 $120°$와 동경의 위치가 같은 각은?

① $-315°$ ② $-200°$ ③ $420°$

④ $750°$ ⑤ $840°$

1067

•‖ Level 1

다음 중 각을 나타내는 동경이 나머지 넷과 <u>다른</u> 하나는?

① $-1240°$ ② $-880°$ ③ $-160°$

④ $580°$ ⑤ $920°$

1068

•‖ Level 1

그림과 같이 시초선 OX와 동경 OP의 위치가 주어질 때, 동경 OP가 나타내는 각이 될 수 <u>없는</u> 것은?

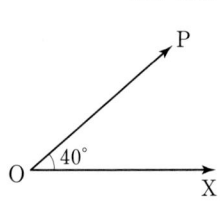

① $-680°$ ② $-400°$

③ $-320°$ ④ $400°$

⑤ $760°$

1069

●▮▮ Level 1

〈**보기**〉에서 각을 나타내는 동경이 110°를 나타내는 동경과
일치하는 것만을 있는 대로 고른 것은?

┌─────────────〈 보기 〉─────────────┐
ㄱ. −970°   ㄴ. −620°   ㄷ. −150°

ㄹ. 470°   ㅁ. 1190°
└──────────────────────────────┘

① ㄱ, ㄴ, ㄷ   ② ㄱ, ㄹ, ㅁ   ③ ㄴ, ㄷ, ㄹ

④ ㄴ, ㄷ, ㅁ   ⑤ ㄷ, ㄹ, ㅁ

1070

●▮▮ Level 2

좌표평면에서 x축의 양의 방향을 시초선으로 하고 130°를
나타내는 동경 OP가 원점 O를 중심으로 양의 방향으로
240°만큼 회전한 후, 음의 방향으로 670°만큼 회전하였다.
정수 n에 대하여 동경 OP가 나타내는 각을 $360° \times n + \alpha°$
$(0° \leq \alpha° < 360°)$ 꼴로 나타낼 때, α의 값을 구하시오.

1071

●▮▮ Level 3

좌표평면에서 $1 \leq n \leq 100$인 자연수 n에 대하여 크기가
$360° \times n + (-1)^{n-1} \times n \times 45°$인 각을 나타내는 동경을
OP_n이라 하자. 동경 OP_2, OP_3, $\cdots$, OP_{100} 중에서 동경
OP_1과 같은 위치에 있는 동경 OP_n의 개수는?

  (단, O는 원점이고, x축의 양의 방향을 시초선으로 한다.)

① 11   ② 12   ③ 13

④ 14   ⑤ 15

+ **Plus 문제**

정수 n에 대하여
(1) θ가 제1사분면의 각
  ➔ $360° \times n < \theta < 360° \times n + 90°$
(2) θ가 제2사분면의 각
  ➔ $360° \times n + 90° < \theta < 360° \times n + 180°$
(3) θ가 제3사분면의 각
  ➔ $360° \times n + 180° < \theta < 360° \times n + 270°$
(4) θ가 제4사분면의 각
  ➔ $360° \times n + 270° < \theta < 360° \times n + 360°$

1072 대표문제

θ가 제3사분면의 각일 때, 각 $\dfrac{\theta}{3}$를 나타내는 동경이 존재할
수 없는 사분면은?

① 제1사분면   ② 제2사분면   ③ 제3사분면

④ 제4사분면   ⑤ 제1, 3사분면

1073

●▮▮ Level 1

다음 중 옳지 않은 것은?

① 500°는 제2사분면의 각이다.

② 960°는 제3사분면의 각이다.

③ −1100°는 제4사분면의 각이다.

④ 760°는 제1사분면의 각이다.

⑤ −930°는 제3사분면의 각이다.

1074

●▮▮ Level 1

다음 중 각을 나타내는 동경이 제4사분면에 있는 것은?

① 1640°   ② 840°   ③ 390°

④ −780°   ⑤ −1700°

05

1075

다음 중 각을 나타내는 동경이 존재하는 사분면이 나머지 넷과 <u>다른</u> 하나는?

① $1210°$　　② $910°$　　③ $520°$

④ $-240°$　　⑤ $-580°$

1076

〈보기〉에서 각을 나타내는 동경이 존재하는 사분면이 $-530°$와 같은 것만을 있는 대로 고른 것은?

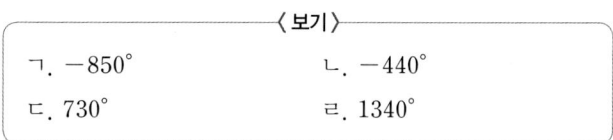

① ㄱ, ㄴ　　② ㄱ, ㄷ　　③ ㄱ, ㄹ

④ ㄴ, ㄷ　　⑤ ㄴ, ㄹ

1077

2θ가 제2사분면의 각일 때, 각 θ를 나타내는 동경이 존재하는 사분면을 모두 구하시오.

1078

θ가 제4사분면의 각일 때, 각 $\dfrac{\theta}{2}$를 나타내는 동경이 속하는 모든 영역을 좌표평면 위에 나타낸 것은?

(단, 경계선은 제외한다.)

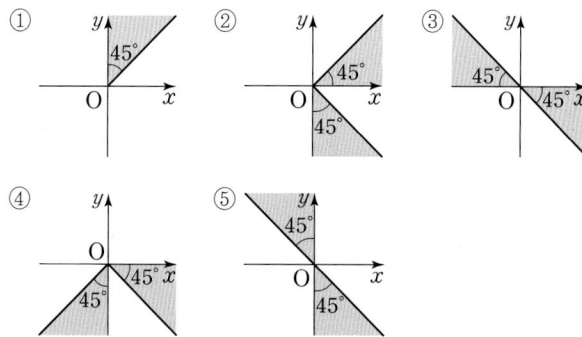

1079

θ가 제1사분면의 각일 때, 각 $\dfrac{\theta}{3}$를 나타내는 동경이 속하는 모든 영역을 좌표평면 위에 나타낸 것은?

(단, 경계선은 제외한다.)

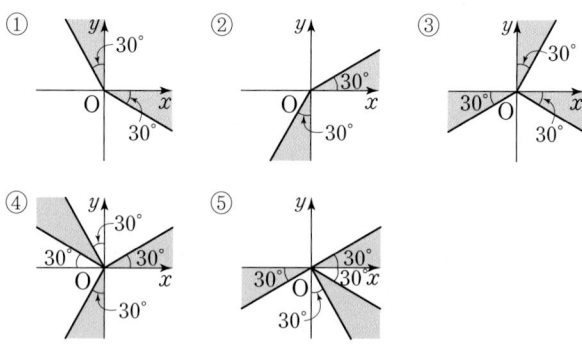

실전유형 3 육십분법과 호도법

1라디안$=\dfrac{180°}{\pi}$, $1°=\dfrac{\pi}{180}$라디안이므로

(1) 육십분법을 호도법으로 나타낼 때

➔ (육십분법의 각)$\times\dfrac{\pi}{180}$

(2) 호도법을 육십분법으로 나타낼 때

➔ (호도법의 각)$\times\dfrac{180°}{\pi}$

1080 대표문제

〈보기〉에서 옳은 것만을 있는 대로 고른 것은?

─〈보기〉─

ㄱ. $50°=\dfrac{5}{12}\pi$　　　ㄴ. $120°=\dfrac{2}{3}\pi$　　　ㄷ. $165°=\dfrac{11}{12}\pi$

ㄹ. $\dfrac{5}{6}\pi=240°$　　　ㅁ. $\dfrac{7}{4}\pi=315°$　　　ㅂ. $\dfrac{9}{10}\pi=156°$

① ㄱ, ㄹ　　　　② ㄴ, ㅁ　　　　③ ㄱ, ㄹ, ㅂ

④ ㄴ, ㄷ, ㄹ　　　⑤ ㄴ, ㄷ, ㅁ

1081　　　Level 1

다음 중 옳지 <u>않은</u> 것은?

① $60°=\dfrac{\pi}{3}$　　　　　② $-150°=-\dfrac{5}{6}\pi$

③ $\dfrac{2}{5}\pi=72°$　　　　　④ $\dfrac{7}{12}\pi=115°$

⑤ $-\dfrac{7}{6}\pi=-210°$

1082　　　Level 1

420°를 호도법으로 나타내면 α일 때, $n\le\alpha<n+1$을 만족시키는 정수 n의 값을 구하시오.

1083　　　Level 2

다음 중 두 각을 나타내는 동경이 일치하지 <u>않는</u> 것은?

① $15°$, $\dfrac{\pi}{12}$　　　　　② $-135°$, $-\dfrac{3}{4}\pi$

③ $240°$, $-\dfrac{2}{3}\pi$　　　　④ $270°$, $-\dfrac{3}{2}\pi$

⑤ $300°$, $-\dfrac{\pi}{3}$

1084　　　Level 2

좌표평면에서 x축의 양의 방향을 시초선으로 하고 60°를 나타내는 동경 OP가 원점 O를 중심으로 음의 방향으로 570°만큼 회전한 후, 양의 방향으로 300°만큼 회전하였다. 동경 OP가 나타내는 각의 크기를 호도법으로 나타내면?

① $-\dfrac{5}{6}\pi$　　　　② $-\pi$　　　　③ $-\dfrac{7}{6}\pi$

④ $-\dfrac{4}{3}\pi$　　　　⑤ $-\dfrac{3}{2}\pi$

1085　　　Level 2

〈보기〉에서 옳은 것만을 있는 대로 고른 것은?

─〈보기〉─

ㄱ. 1라디안$=\dfrac{360°}{\pi}$

ㄴ. 180°는 제3사분면의 각이다.

ㄷ. $-200°$는 제2사분면의 각이다.

ㄹ. $\dfrac{\pi}{6}$와 $\dfrac{13}{6}\pi$를 나타내는 동경은 일치한다.

① ㄱ, ㄴ　　　② ㄱ, ㄷ　　　③ ㄴ, ㄷ

④ ㄴ, ㄹ　　　⑤ ㄷ, ㄹ

1086

Level 2

다음 중 옳지 <u>않은</u> 것은?

① $20° = \dfrac{\pi}{9}$

② 3라디안 $= \dfrac{540°}{\pi}$

③ $-\dfrac{5}{3}\pi$는 제1사분면의 각이다.

④ $-\dfrac{5}{4}\pi$와 $\dfrac{7}{4}\pi$를 나타내는 동경은 일치한다.

⑤ $108°$와 $\dfrac{23}{5}\pi$를 나타내는 동경은 일치한다.

1087

Level 2

〈보기〉의 각을 나타내는 동경 중 $\dfrac{5}{3}\pi$를 나타내는 동경과 일치하는 것만을 있는 대로 고르시오.

┌─────────────〈 보기 〉─────────────┐
ㄱ. $-\dfrac{13}{3}\pi$ 　　ㄴ. $-\dfrac{7}{3}\pi$ 　　ㄷ. $-\dfrac{2}{3}\pi$

ㄹ. $\dfrac{8}{3}\pi$ 　　ㅁ. $\dfrac{17}{3}\pi$
└──────────────────────────────────┘

1088

Level 2

다음 중 각을 나타내는 동경이 존재하는 사분면이 나머지 넷과 <u>다른</u> 하나는?

① $-470°$ 　　② $950°$ 　　③ $-\dfrac{3}{5}\pi$

④ $\dfrac{19}{6}\pi$ 　　⑤ $\dfrac{27}{4}\pi$

실전
유형 **4** 두 동경의 위치 관계
－일치 또는 원점에 대하여 대칭 　　빈출유형

(1) 두 각 α, β를 나타내는 동경이 일치하는 경우
　→ $\alpha - \beta = 2n\pi$ (n은 정수)

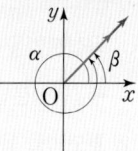

(2) 두 각 α, β를 나타내는 동경이 원점에 대하여 대칭인 경우
　→ $\alpha - \beta = (2n+1)\pi$ (n은 정수)

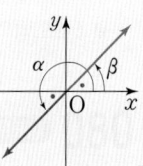

1089 대표문제

$\dfrac{3}{2}\pi < \theta < 2\pi$이고 각 θ를 나타내는 동경과 각 9θ를 나타내는 동경이 일치할 때, θ의 값은?

① $\dfrac{19}{12}\pi$ 　　② $\dfrac{5}{3}\pi$ 　　③ $\dfrac{7}{4}\pi$

④ $\dfrac{11}{6}\pi$ 　　⑤ $\dfrac{23}{12}\pi$

1090

Level 2

각 θ를 나타내는 동경과 각 5θ를 나타내는 동경이 일치할 때, θ의 값을 구하시오. (단, $0 < \theta < \pi$)

1091

Level 2

각 2θ를 나타내는 동경과 각 $\dfrac{\theta}{3}$를 나타내는 동경이 일직선 위에 있고 방향이 반대일 때, θ의 값은? $\left(\text{단, } \dfrac{3}{2}\pi < \theta < 2\pi\right)$

① $\dfrac{8}{5}\pi$ 　　② $\dfrac{5}{3}\pi$ 　　③ $\dfrac{7}{4}\pi$

④ $\dfrac{9}{5}\pi$ 　　⑤ $\dfrac{11}{6}\pi$

1092

Level 2

각 4θ를 나타내는 동경과 각 $\dfrac{\theta}{2}$를 나타내는 동경이 일치할 때, 모든 θ의 값의 합은? (단, $\pi<\theta<2\pi$)

① $\dfrac{17}{7}\pi$ ② $\dfrac{18}{7}\pi$ ③ $\dfrac{19}{7}\pi$

④ $\dfrac{20}{7}\pi$ ⑤ 3π

1093

Level 2

각 θ를 나타내는 동경과 각 6θ를 나타내는 동경이 일직선 위에 있고 방향이 반대일 때, 모든 θ의 값의 합을 구하시오. (단, $0<\theta<\pi$)

1094

Level 2

$\dfrac{\pi}{2}<\theta<\pi$이고 각 θ를 나타내는 동경과 각 5θ를 나타내는 동경이 원점에 대하여 대칭일 때, $\sin\left(\theta-\dfrac{\pi}{2}\right)$의 값을 구하시오.

1095

Level 2

각 θ를 나타내는 동경과 각 4θ를 나타내는 동경이 일치할 때, $\cos(\theta-\pi)$의 값은? (단, $\pi<\theta<\dfrac{3}{2}\pi$)

① 0 ② $\dfrac{1}{2}$ ③ $\dfrac{\sqrt{2}}{2}$

④ $\dfrac{\sqrt{3}}{2}$ ⑤ 1

1096

Level 2

각 α를 나타내는 동경과 각 β를 나타내는 동경이 원점에 대하여 대칭일 때, 다음 중 $\alpha-\beta$의 값이 될 수 없는 것은?

① $-540°$ ② $-180°$ ③ -3π

④ 4π ⑤ 5π

1097 신경향

Level 3

각 3θ를 나타내는 동경과 각 7θ를 나타내는 동경이 일직선 위에 있을 때, θ의 값은? (단, $\dfrac{\pi}{2}<\theta<\pi$)

① $\dfrac{7}{12}\pi$ ② $\dfrac{2}{3}\pi$ ③ $\dfrac{3}{4}\pi$

④ $\dfrac{5}{6}\pi$ ⑤ $\dfrac{11}{12}\pi$

다음은 이 유형에서 출제된 최근 교육청·평가원 기출문제입니다.

1098 · 교육청 2019년 11월

Level 2

좌표평면 위의 점 P에 대하여 동경 OP가 나타내는 각의 크기 중 하나를 $\theta\left(\dfrac{\pi}{2}<\theta<\pi\right)$라 하자. 각의 크기 6θ를 나타내는 동경이 동경 OP와 일치할 때, θ의 값은? (단, O는 원점이고, x축의 양의 방향을 시초선으로 한다.)

① $\dfrac{3}{5}\pi$ ② $\dfrac{2}{3}\pi$ ③ $\dfrac{11}{15}\pi$

④ $\dfrac{4}{5}\pi$ ⑤ $\dfrac{13}{15}\pi$

(1) 두 각 α, β를 나타내는 동경이 x축에
대하여 대칭인 경우
→ $\alpha + \beta = 2n\pi$ (n은 정수)

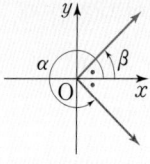

(2) 두 각 α, β를 나타내는 동경이 y축에
대하여 대칭인 경우
→ $\alpha + \beta = (2n+1)\pi$ (n은 정수)

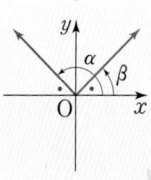

1099 대표문제

각 θ를 나타내는 동경과 각 5θ를 나타내는 동경이 x축에 대
하여 대칭일 때, θ의 값은? $\left(\text{단, } \dfrac{\pi}{2} < \theta < \pi\right)$

① $\dfrac{8}{15}\pi$ ② $\dfrac{3}{5}\pi$ ③ $\dfrac{2}{3}\pi$

④ $\dfrac{11}{15}\pi$ ⑤ $\dfrac{4}{5}\pi$

1100   •❙❙ Level 2

$0 < \theta < \pi$이고 각 3θ를 나타내는 동경과 각 9θ를 나타내는
동경이 x축에 대하여 대칭일 때, 이를 만족시키는 θ의 개수
를 구하시오.

1101   •❙❙ Level 2

각 θ를 나타내는 동경과 각 6θ를 나타내는 동경이 y축에 대
하여 대칭일 때, θ의 값을 구하시오. $\left(\text{단, } \pi < \theta < \dfrac{3}{2}\pi\right)$

1102   •❙❙ Level 2

각 2θ를 나타내는 동경과 각 $\dfrac{\theta}{3}$를 나타내는 동경이 x축에

대하여 대칭일 때, 모든 θ의 값의 합은? (단, $0 < \theta < 2\pi$)

① $\dfrac{9}{5}\pi$ ② 2π ③ $\dfrac{15}{7}\pi$

④ $\dfrac{12}{5}\pi$ ⑤ $\dfrac{18}{7}\pi$

1103   •❙❙ Level 2

$0 < \theta < \pi$이고 각 2θ를 나타내는 동경과 각 4θ를 나타내는
동경이 y축에 대하여 대칭일 때, 모든 θ의 값의 합은?

① $\dfrac{3}{4}\pi$ ② $\dfrac{4}{5}\pi$ ③ π

④ $\dfrac{6}{5}\pi$ ⑤ $\dfrac{3}{2}\pi$

1104   •❙❙ Level 2

각 α를 나타내는 동경과 각 β를 나타내는 동경이 y축에 대
하여 대칭일 때, 다음 중 $\alpha + \beta$의 값이 될 수 있는 것은?

① $-490°$ ② $-250°$ ③ $670°$

④ -5π ⑤ $\dfrac{15}{2}\pi$

실전 유형 6 두 동경의 위치 관계
─직선 $y=x$ 또는 $y=-x$에 대하여 대칭

(1) 두 각 α, β를 나타내는 동경이 직선 $y=x$에 대하여 대칭인 경우

→ $\alpha+\beta=2n\pi+\dfrac{\pi}{2}$ (n은 정수)

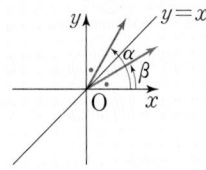

(2) 두 각 α, β를 나타내는 동경이 직선 $y=-x$에 대하여 대칭인 경우

→ $\alpha+\beta=2n\pi+\dfrac{3}{2}\pi$ (n은 정수)

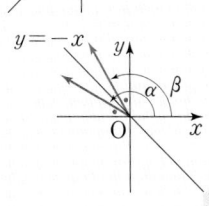

1105 대표문제

각 θ를 나타내는 동경과 각 2θ를 나타내는 동경이 직선 $y=x$에 대하여 대칭일 때, θ의 값은? $\left(\text{단, }\dfrac{\pi}{2}<\theta<\pi\right)$

① $\dfrac{3}{5}\pi$　　② $\dfrac{2}{3}\pi$　　③ $\dfrac{3}{4}\pi$

④ $\dfrac{4}{5}\pi$　　⑤ $\dfrac{5}{6}\pi$

1106　　Level 2

각 3θ를 나타내는 동경과 각 θ를 나타내는 동경이 직선 $y=-x$에 대하여 대칭일 때, θ의 값은? $\left(\text{단, }0<\theta<\dfrac{\pi}{2}\right)$

① $\dfrac{3}{16}\pi$　　② $\dfrac{\pi}{4}$　　③ $\dfrac{5}{16}\pi$

④ $\dfrac{3}{8}\pi$　　⑤ $\dfrac{7}{16}\pi$

1107　　Level 2

$0<\theta<2\pi$이고 각 2θ를 나타내는 동경과 각 3θ를 나타내는 동경이 직선 $y=x$에 대하여 대칭일 때, 이를 만족시키는 θ의 개수를 구하시오.

1108　　Level 2

각 θ를 나타내는 동경과 각 2θ를 나타내는 동경이 직선 $y=-x$에 대하여 대칭일 때, $\sin\theta$의 값을 구하시오.

(단, $0<\theta<\pi$)

1109　　Level 2

각 2θ를 나타내는 동경과 각 4θ를 나타내는 동경이 직선 $y=x$에 대하여 대칭이다. θ의 값 중 가장 큰 값을 α라 할 때, $\cos\left(\alpha-\dfrac{\pi}{4}\right)$의 값은? $\left(\text{단, }0<\theta<\dfrac{\pi}{2}\right)$

① $\dfrac{1}{4}$　　② $\dfrac{1}{2}$　　③ $\dfrac{\sqrt{2}}{2}$

④ $\dfrac{3}{4}$　　⑤ $\dfrac{\sqrt{3}}{2}$

1110

·ıll Level 2

$\pi<\theta<2\pi$이고 각 θ를 나타내는 동경과 각 5θ를 나타내는 동경이 직선 $y=x$에 대하여 대칭일 때, 모든 θ의 값의 합은?

① $\dfrac{15}{4}\pi$　　② 4π　　③ $\dfrac{17}{4}\pi$

④ $\dfrac{9}{2}\pi$　　⑤ $\dfrac{19}{4}\pi$

1111

·ıll Level 2

각 3θ를 나타내는 동경과 각 5θ를 나타내는 동경이 직선 $y=-x$에 대하여 대칭일 때, 모든 θ의 값의 합은?

$$\left(\text{단, } \dfrac{\pi}{2}<\theta<\pi\right)$$

① $\dfrac{7}{8}\pi$　　② π　　③ $\dfrac{11}{8}\pi$

④ $\dfrac{13}{8}\pi$　　⑤ 2π

1112

·ıll Level 2

각 α를 나타내는 동경과 각 β를 나타내는 동경이 직선 $y=x$에 대하여 대칭일 때, 다음 중 $\alpha+\beta$의 값이 될 수 있는 것은?

① $420°$　　② $600°$　　③ $900°$

④ $990°$　　⑤ $1170°$

실전 유형 7 부채꼴의 호의 길이와 넓이 　　빈출유형

반지름의 길이가 r, 중심각의 크기가 θ(라디안)인 부채꼴에서

(1) 호의 길이 ➜ $l=r\theta$

(2) 부채꼴의 넓이 ➜ $S=\dfrac{1}{2}r^2\theta=\dfrac{1}{2}rl$

(3) 부채꼴의 둘레의 길이 ➜ $2r+l$

1113 대표문제

중심각의 크기가 $\dfrac{5}{6}\pi$이고 호의 길이가 5π인 부채꼴의 반지름의 길이를 a, 넓이를 $b\pi$라 할 때, $a+b$의 값은?

① 15　　② 18　　③ 21

④ 24　　⑤ 27

1114

·ıll Level 1

반지름의 길이가 8이고, 중심각의 크기가 $\dfrac{\pi}{4}$인 부채꼴의 호의 길이를 l, 넓이를 S라 할 때, lS의 값은?

① $12\pi^2$　　② $16\pi^2$　　③ $20\pi^2$

④ $24\pi^2$　　⑤ $28\pi^2$

1115

·ıll Level 1

중심각의 크기가 $\dfrac{2}{3}\pi$이고 넓이가 3π인 부채꼴의 호의 길이는?

① π　　② 2π　　③ 3π

④ 4π　　⑤ 6π

1116
●▌▐ Level **1**

그림과 같이 중심각의 크기가
144°이고, 호의 길이가 8π인
부채꼴의 넓이는?

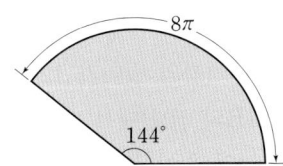

① 20π   ② 40π

③ 60π   ④ 80π

⑤ 100π

1117
●▌▐ Level **1**

호의 길이가 3π이고 넓이가 6π인 부채꼴의 중심각의 크기
를 구하시오.

1118
●▌▐ Level **2**

반지름의 길이가 r인 원의 넓이와 반지름의 길이가 $2r$이고
호의 길이가 5π인 부채꼴의 넓이가 서로 같을 때, r의 값을
구하시오.

1119
●▌▐ Level **2**

그림과 같이 길이가 16 cm인 철사
를 사용하여 중심각의 크기가 2라
디안인 부채꼴을 만들 때, 이 부채
꼴의 넓이는?

① 12 cm²   ② 16 cm²

③ 20 cm²   ④ 8π cm²

⑤ 12π cm²

1120
●▌▐ Level **2**

그림과 같이 반지름의 길이와 호
의 길이가 같은 부채꼴 OAB가
있다. 점 A에서 $\overline{OB}$에 내린 수선
의 발 H에 대하여 삼각형 AOH
의 넓이가 4일 때, 부채꼴 OAB
의 넓이는?

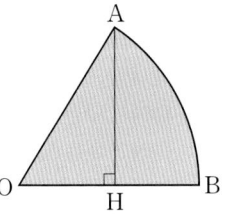

① $\dfrac{1}{\sin 2}$ ② $\dfrac{2}{\sin 2}$ ③ $\dfrac{2}{\sin 1 \cos 1}$

④ $\dfrac{4}{\sin 1 \cos 1}$ ⑤ $\dfrac{8}{\sin 1 \cos 1}$

다음은 이 유형에서 출제된 최근 교육청 · 평가원 기출문제입니다.

1121 · 교육청 2021년 6월
●▌▐ Level **1**

반지름의 길이가 6이고 넓이가 15π인 부채꼴의 중심각의
크기는?

① $\dfrac{\pi}{6}$ ② $\dfrac{\pi}{3}$ ③ $\dfrac{\pi}{2}$

④ $\dfrac{2}{3}\pi$ ⑤ $\dfrac{5}{6}\pi$

1122 · 교육청 2021년 9월
●▌▐ Level **2**

반지름의 길이가 2이고 중심각의 크기가 θ인 부채꼴이 있
다. θ가 다음 조건을 만족시킬 때, 이 부채꼴의 넓이는?

> (가) $0 < \theta < \dfrac{\pi}{2}$
> (나) 각의 크기 θ를 나타내는 동경과 각의 크기 8θ를 나타내
> 는 동경이 일치한다.

① $\dfrac{3}{7}\pi$ ② $\dfrac{\pi}{2}$ ③ $\dfrac{4}{7}\pi$

④ $\dfrac{9}{14}\pi$ ⑤ $\dfrac{5}{7}\pi$

❶ 부채꼴의 호의 길이와 넓이를 이용하여 반지름의 길이와 중심각의 크기를 구한다.
❷ ❶에서 구한 반지름의 길이와 중심각의 크기를 이용하여 구하려고 하는 넓이 또는 길이를 구한다.

1123 대표문제

치마를 만들기 위하여 그림과 같이 천을 재단하려고 한다. 두 부채꼴 AOB, COD에서 $\overline{AC}=80\,\text{cm}$이고, $\overset{\frown}{AB}=150\,\text{cm}$, $\overset{\frown}{CD}=70\,\text{cm}$일 때, 필요한 천의 넓이는?

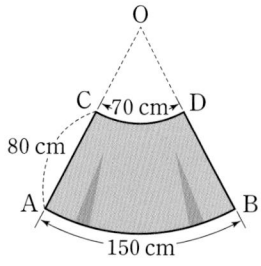

① $4500\,\text{cm}^2$ ② $5800\,\text{cm}^2$ ③ $6700\,\text{cm}^2$
④ $7900\,\text{cm}^2$ ⑤ $8800\,\text{cm}^2$

1124

Level 2

그림과 같이 반지름의 길이가 4인 원 모양의 종이를 원주 위의 한 점이 원의 중심 O에 겹치도록 접었을 때, 접힌 활꼴의 호의 길이는?

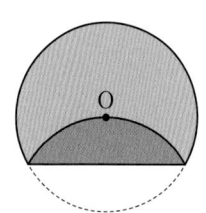

① $\dfrac{4}{3}\pi$ ② $\dfrac{5}{3}\pi$
③ 2π ④ $\dfrac{7}{3}\pi$
⑤ $\dfrac{8}{3}\pi$

1125

Level 2

그림과 같이 중심각의 크기가 θ이고 반지름의 길이가 12인 부채꼴 PAB의 점 P에서 반지름의 길이가 3인 원이 부채꼴과 접하고 있다. 원을 부채꼴과 접하면서 네 바퀴 굴렸더니 점 P로 되돌아왔을 때, θ의 값은?

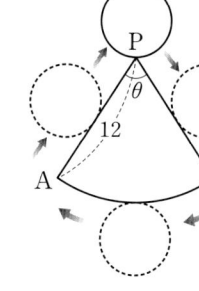

① $2\pi-1$ ② $2\pi-2$ ③ $\pi-1$
④ $\dfrac{\pi}{2}-\dfrac{1}{2}$ ⑤ $\dfrac{\pi}{2}-1$

1126

Level 2

그림과 같이 넓이가 64π인 원 O 위의 두 점 A, B에 대하여 호 AB의 중심각의 크기가 $\dfrac{\pi}{3}$일 때, 색칠한 부분의 넓이는?

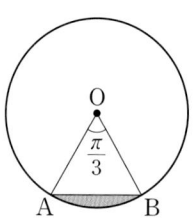

① $\dfrac{32\pi-42\sqrt{3}}{3}$ ② $\dfrac{32\pi-45\sqrt{3}}{3}$
③ $\dfrac{32\pi-48\sqrt{3}}{3}$ ④ $\dfrac{34\pi-51\sqrt{3}}{3}$ ⑤ $\dfrac{34\pi-54\sqrt{3}}{3}$

1127

Level 2

그림과 같은 두 부채꼴 AOB, COD에서 $\overset{\frown}{AB}=3\pi\,\text{cm}$, $\overset{\frown}{CD}=2\pi\,\text{cm}$이고, 색칠한 부분의 넓이가 $10\pi\,\text{cm}^2$일 때, $\overline{AC}$의 길이를 구하시오.

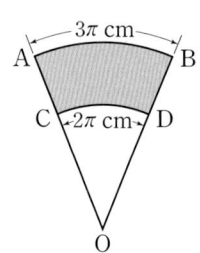

● 정답 및 풀이 **190**쪽

1128

.ıl Level 2

그림과 같이 중심각의 크기가 $\frac{2}{3}\pi$인 부채꼴 AOB, COD가 있다. $\overline{AO}=85\,cm$이고 색칠한 부분의 넓이가 $2000\pi\,cm^2$일 때, 색칠한 부분의 둘레의 길이는?

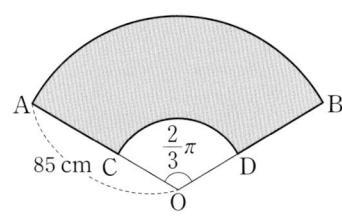

① $(100+70\pi)\,cm$
② $(100+75\pi)\,cm$
③ $(100+80\pi)\,cm$
④ $(120+70\pi)\,cm$
⑤ $(120+80\pi)\,cm$

1129 신경향

.ıl Level 2

그림은 길이가 $50\,cm$인 자동차의 와이퍼가 $\frac{2}{3}\pi$만큼 회전한 모양을 나타낸 것이다. 이 와이퍼에서 유리창을 닦는 고무판의 길이가 $40\,cm$일 때, 와이퍼의 고무핀이 회진하면서 닦는 부분의 넓이는?

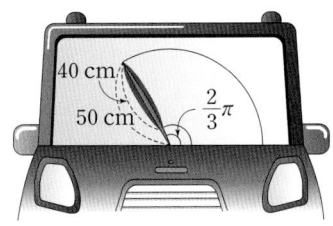

① $600\pi\,cm^2$
② $700\pi\,cm^2$
③ $800\pi\,cm^2$
④ $900\pi\,cm^2$
⑤ $1000\pi\,cm^2$

1130

.ıl Level 2

그림과 같이 $\overline{AC}=3$이고 $\angle ABC=\frac{\pi}{9}$인 직각삼각형 ABC에서 $\overline{AC}$를 반지름으로 하는 사분원이 $\overline{AB}$와 만나는 점 중 A가 아닌 점을 D, $\overline{BC}$와 만나는 점을 E라 할 때, 부채꼴 CDE의 넓이를 구하시오.

1131 고난도

.ıl Level 3

호의 길이가 반지름의 길이의 3배인 서로 다른 두 부채꼴 A_1, A_2가 있다. 두 부채꼴 A_1, A_2의 호의 길이의 합이 12이고 두 부채꼴의 넓이의 합이 15일 때, 두 부채꼴 A_1, A_2의 반지름의 길이의 곱을 구하시오.

+ Plus 문제

다음은 이 유형에서 출제된 최근 교육청·평가원 기출문제입니다.

1132 · 교육청 2021년 3월

.ıl Level 2

그림과 같이 두 점 O, O′을 각각 중심으로 하고 반지름의 길이가 3인 두 원 O, O′이 한 평면 위에 있다. 두 원 O, O′이 만나는 점을 각각 A, B라 할 때, $\angle AOB=\frac{5}{6}\pi$이다. 원 O의 외부와 원 O′의 내부의 공통부분의 넓이를 S_1, 마름모 AOBO′의 넓이를 S_2라 할 때, S_1-S_2의 값은?

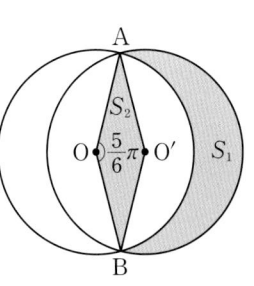

① $\frac{5}{4}\pi$
② $\frac{4}{3}\pi$
③ $\frac{17}{12}\pi$
④ $\frac{3}{2}\pi$
⑤ $\frac{19}{12}\pi$

(1) 원뿔의 전개도는 부채꼴과 원으로 이루어져 있으므로 부채꼴의 호의 길이와 넓이를 이용하면 원뿔의 겉넓이와 부피를 구할 수 있다.
(2) 원뿔의 전개도에서 옆면인 부채꼴의 호의 길이와 밑면인 원의 둘레의 길이는 같음을 이용한다.

1133 대표문제

밑면인 원의 반지름의 길이가 4이고, 모선의 길이가 10인 원뿔의 겉넓이를 구하시오.

1134

○●● Level 1

그림과 같이 모선의 길이가 9이고, 밑면인 원의 반지름의 길이가 3인 원뿔이 있다. 이 원뿔의 전개도에서 옆면인 부채꼴의 중심각의 크기는?

① $\dfrac{\pi}{4}$ ② $\dfrac{\pi}{3}$

③ $\dfrac{\pi}{2}$ ④ $\dfrac{2}{3}\pi$

⑤ $\dfrac{3}{4}\pi$

1135

○●● Level 1

그림과 같이 모선의 길이가 13이고 높이가 12인 원뿔의 겉넓이는?

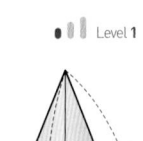

① 75π ② 80π

③ 85π ④ 90π

⑤ 95π

1136

○●● Level 1

옆넓이가 12π, 밑넓이가 4π인 원뿔의 모선의 길이는?

① 6   ② 7   ③ 8

④ 9   ⑤ 10

1137

○●● Level 2

그림과 같이 모선의 길이가 9인 원뿔의 옆넓이가 18π일 때, 이 원뿔의 부피를 구하시오.

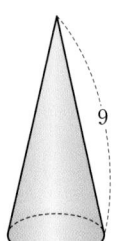

1138

○●● Level 3

그림과 같이 모선의 길이가 12인 원뿔을 모선의 중점을 지나고 밑면에 평행한 평면으로 잘라 작은 원뿔과 원뿔대로 분리하였다. 원뿔대의 두 밑면 중에서 작은 원의 넓이가 9π일 때, 원뿔대의 겉넓이는?

① 97π ② 99π ③ 100π

④ 101π ⑤ 102π

실전유형 10 부채꼴의 둘레의 길이와 넓이의 최대·최소 **복합유형**

(1) 반지름의 길이가 r, 둘레의 길이가 a인 부채꼴의 호의 길이는 $a-2r$이므로 넓이 S는 $S=\dfrac{1}{2}r(a-2r)$

→ 이차함수의 최대·최소를 이용하여 S의 최댓값을 구한다.

(2) 반지름의 길이가 r, 호의 길이가 l인 부채꼴의 넓이 S는

$S=\dfrac{1}{2}rl$이므로 $l=\dfrac{2S}{r}$

부채꼴의 둘레의 길이는 $2r+\dfrac{2S}{r}$

→ 산술평균과 기하평균의 관계를 이용하여 둘레의 길이의 최솟값을 구한다.

1139 대표문제

둘레의 길이가 8인 부채꼴 중에서 그 넓이가 최대인 것의 반지름의 길이는?

① 1
② $\dfrac{3}{2}$
③ 2
④ $\dfrac{5}{2}$
⑤ 3

1140 Level 2

둘레의 길이가 10인 부채꼴의 넓이의 최댓값을 M, 그때의 반지름의 길이를 r라 할 때, M, r의 값을 구하시오.

1141 Level 2

바닥이 부채꼴 모양인 연구실을 만들려고 한다. 바닥의 둘레의 길이가 40 m일 때, 바닥의 넓이의 최댓값은?

① 90 m^2
② 100 m^2
③ 110 m^2
④ 120 m^2
⑤ 130 m^2

1142 Level 2

둘레의 길이가 12인 부채꼴의 넓이의 최댓값을 M, 그때의 호의 길이를 l이라 할 때, $M+l$의 값은?

① 13
② 14
③ 15
④ 16
⑤ 17

1143 Level 2

둘레의 길이가 20인 부채꼴 중에서 그 넓이가 최대인 것의 중심각의 크기는?

① $\dfrac{1}{2}$라디안
② 1라디안
③ $\dfrac{3}{2}$라디안
④ 2라디안
⑤ $\dfrac{5}{2}$라디안

1144 Level 2

길이가 28 cm인 끈으로 넓이가 최대인 부채꼴 모양을 만들었다. 이 부채꼴의 반지름의 길이를 r cm, 중심각의 크기를 θ라디안이라 할 때, $r+\theta$의 값은?

① 6
② 7
③ 8
④ 9
⑤ 10

1145

•◦◦ Level 2

넓이가 10인 부채꼴의 둘레의 길이의 최솟값은?

① $2\sqrt{5}$ ② $2\sqrt{10}$ ③ $3\sqrt{5}$

④ $3\sqrt{10}$ ⑤ $4\sqrt{10}$

1146

••◦ Level 2

넓이가 8인 부채꼴의 둘레의 길이의 최솟값을 m, 그때의 반지름의 길이를 r라 할 때, $m+r$의 값은?

① $7\sqrt{2}$ ② $8\sqrt{2}$ ③ $9\sqrt{2}$

④ $10\sqrt{2}$ ⑤ $11\sqrt{2}$

1147

••• Level 3

두 부채꼴 OAB, OCD를 이용하여 그림과 같은 모양의 공연장을 만들려고 한다. 이 공연장의 객석 부분인 도형 ABDC의 둘레의 길이를 60 m로 할 때, 도형 ABDC의 넓이의 최댓값은 몇 m²인지 구하시오.

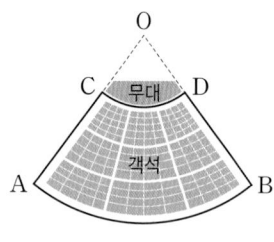

+Plus 문제

실전
유형 **11** 삼각함수의 정의   빈출유형

원점 O를 중심으로 하고 반지름의 길이가 r인 원 위의 임의의 점 P(x, y)에 대하여 동경 OP가 x축의 양의 방향과 이루는 각의 크기를 θ라 하면

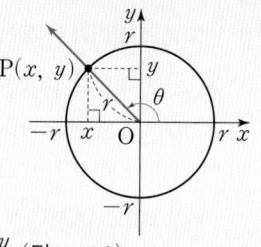

(1) $r = \overline{OP} = \sqrt{x^2 + y^2}$

(2) $\sin\theta = \dfrac{y}{r}$, $\cos\theta = \dfrac{x}{r}$, $\tan\theta = \dfrac{y}{x}$ (단, $x \neq 0$)

1148 대표문제

원점 O와 점 P$(-3, -4)$에 대하여 동경 OP가 나타내는 각의 크기를 θ라 할 때, $\sin\theta \tan\theta$의 값은?

① $-\dfrac{16}{15}$ ② $-\dfrac{4}{5}$ ③ $\dfrac{12}{25}$

④ $\dfrac{4}{5}$ ⑤ $\dfrac{16}{15}$

1149

•◦◦ Level 1

원점 O와 점 P$(12, -9)$에 대하여 동경 OP가 나타내는 각의 크기를 θ라 할 때, $\sin\theta - \cos\theta$의 값은?

① $-\dfrac{7}{5}$ ② $-\dfrac{1}{5}$ ③ $\dfrac{1}{5}$

④ $\dfrac{3}{5}$ ⑤ $\dfrac{7}{5}$

1150

•◦◦ Level 1

원점 O와 점 P$(-8, -15)$에 대하여 동경 OP가 나타내는 각의 크기를 θ라 할 때, $\dfrac{17\sin\theta + 48\tan\theta}{17\cos\theta + 3}$의 값은?

① -25 ② -20 ③ -15

④ 15 ⑤ 25

1151

　　　　　　　　　　　　　∎▌▌ Level 1

원점 O와 점 P$(-2, 3)$에 대하여 동경 OP가 나타내는 각의 크기를 θ라 할 때, $\sin\theta-\cos\theta+\tan\theta=a+b\sqrt{13}$이다. ab의 값은? (단, a, b는 유리수이다.)

① $-\dfrac{23}{26}$　　② $-\dfrac{15}{26}$　　③ $-\dfrac{9}{26}$

④ $\dfrac{9}{26}$　　⑤ $\dfrac{15}{26}$

1152

　　　　　　　　　　　　　∎▌▌ Level 1

원점 O와 점 P$(a, \sqrt{2})$에 대하여 동경 OP가 나타내는 각의 크기를 θ라 할 때, $\sin\theta=\dfrac{\sqrt{2}}{4}$이다. 양수 a의 값을 구하시오.

1153

　　　　　　　　　　　　　∎▌▌ Level 1

그림과 같이 제2사분면에 있는 점 P$(a, 3)$에 대하여 동경 OP가 나타내는 각의 크기를 θ라 하면 $\tan\theta=-\dfrac{3}{4}$이다. $\overline{\text{OP}}=r$라 할 때, $a+r$의 값은? (단, O는 원점이다.)

① 1　　② 2　　③ 3

④ 4　　⑤ 5

1154

　　　　　　　　　　　　　∎▌▌ Level 1

원점 O와 제3사분면에 있는 점 P$(-3\sqrt{3}, a)$에 대하여 동경 OP가 나타내는 각의 크기를 θ라 하면 $\tan\theta=\dfrac{\sqrt{3}}{3}$이다. $\overline{\text{OP}}=r$라 할 때, $a+r$의 값을 구하시오.

1155

　　　　　　　　　　　　　∎▌▌ Level 2

그림과 같이 원 $x^2+y^2=9$ 위의 두 점 P$(-2, \sqrt{5})$, Q$(\sqrt{5}, -2)$에 대하여 두 동경 OP, OQ가 나타내는 각의 크기를 각 α, β라 할 때, $\sin\alpha-\cos\beta$의 값은? (단, O는 원점이다.)

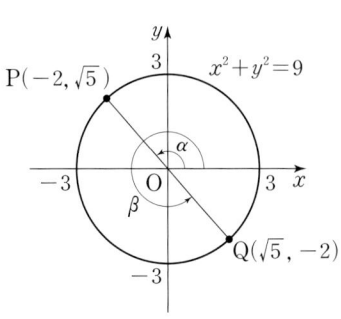

① $-\dfrac{2\sqrt{5}}{3}$　　② $-\dfrac{4}{3}$　　③ 0

④ $\dfrac{4}{3}$　　⑤ $\dfrac{2\sqrt{5}}{3}$

1156

　　　　　　　　　　　　　∎▌▌ Level 2

θ가 제3사분면의 각이고, $\sin\theta=-\dfrac{1}{\sqrt{2}}$일 때, $\sqrt{2}\cos\theta+\tan\theta$의 값은?

① -2　　② -1　　③ 0

④ 1　　⑤ 2

1157

Level 2

θ가 제2사분면의 각이고, $\cos\theta=-\dfrac{3}{5}$일 때,

$15(\sin\theta-\tan\theta)$의 값을 구하시오.

1158

Level 2

θ가 제4사분면의 각이고, $\tan\theta=-3$일 때, $10\sin\theta\cos\theta$의 값은?

① -5 ② -3 ③ -1

④ 1 ⑤ 3

1159

Level 2

그림과 같이 가로의 길이가 $2\sqrt{3}$, 세로의 길이가 2인 직사각형 ABCD가 원 $x^2+y^2=4$에 내접하고 있다. 두 동경 OA, OB가 나타내는 각의 크기를 각각 α, β라 할 때, $\cos\alpha\tan\alpha-\sin\beta$의 값은?

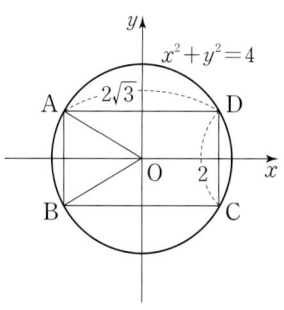

(단, O는 원점이고, 직사각형의 각 변은 좌표축과 평행하다.)

① -1 ② $-\dfrac{1}{2}$ ③ $-\dfrac{1}{4}$

④ $\dfrac{1}{2}$ ⑤ 1

1160

Level 2

그림과 같이 가로의 길이가 6, 세로의 길이가 2인 직사각형 ABCD가 원 $x^2+y^2=10$에 내접하고 있다. 두 동경 OA, OC가 나타내는 각의 크기를 각각 α, β라 할 때, $\sin\alpha\sin\beta+\cos\alpha\cos\beta$의 값은?

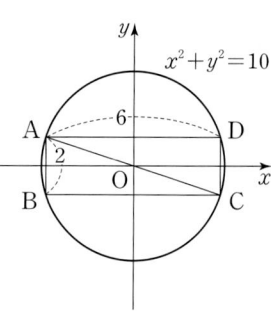

(단, O는 원점이고, 직사각형의 각 변은 좌표축과 평행하다.)

① -1 ② $-\dfrac{3}{5}$ ③ 0

④ $\dfrac{3}{5}$ ⑤ 1

다음은 이 유형에서 출제된 최근 교육청 · 평가원 기출문제입니다.

1161 · 평가원 2022학년도 6월

Level 2

$\pi<\theta<\dfrac{3}{2}\pi$인 θ에 대하여 $\tan\theta=\dfrac{12}{5}$일 때, $\sin\theta+\cos\theta$의 값은?

① $-\dfrac{17}{13}$ ② $-\dfrac{7}{13}$ ③ 0

④ $\dfrac{7}{13}$ ⑤ $\dfrac{17}{13}$

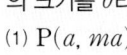

12 동경 OP가 원점을 지나는 직선의 방정식으로 주어진 경우의 삼각함수

직선 $y=mx$ 위의 점 P(a, b)와 원점 O에 대하여 동경 OP가 나타내는 각의 크기를 θ라 하면

(1) P(a, ma)

(2) $\overline{\text{OP}}=\sqrt{a^2+b^2}$

(3) $\sin\theta=\dfrac{b}{\overline{\text{OP}}}$, $\cos\theta=\dfrac{a}{\overline{\text{OP}}}$, $\tan\theta=\dfrac{b}{a}=m$

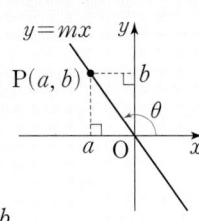

1162 대표문제

직선 $y=3x$ 위의 점 P(a, b)에 대하여 원점 O와 점 P를 지나는 동경 OP가 나타내는 각의 크기를 θ라 할 때, $\cos\theta-\sin\theta$의 값은? (단, $a<0$)

① $-\dfrac{4\sqrt{10}}{5}$
② $-\dfrac{3\sqrt{5}}{4}$
③ $\dfrac{\sqrt{5}}{4}$

④ $\dfrac{\sqrt{10}}{5}$
⑤ $\sqrt{10}$

1163

●❘❘ Level 1

그림과 같이 점 P(a, b)를 지나는 직선 $x-\sqrt{3}y=0$이 y축과 이루는 각의 크기를 θ라 할 때, $2\sin^2\theta+\cos\theta$의 값은?

(단, $a>0$, $b>0$)

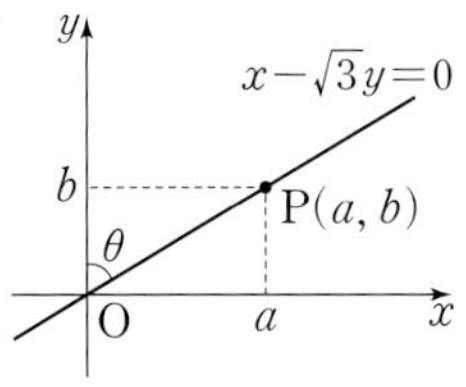

① $\dfrac{1}{2}$
② $\dfrac{3}{4}$
③ 1

④ $\dfrac{5}{4}$
⑤ 2

1164

●❘❘ Level 2

그림과 같이 직선 $y=-\dfrac{1}{2}x$ 위의 점 P(a, b)에 대하여 원점 O와 점 P를 지나는 동경 OP가 나타내는 각의 크기를 θ라 할 때, $\sin\theta+\cos\theta$의 값은? (단, $a<0$)

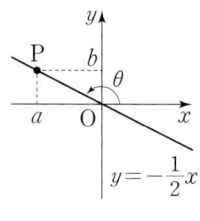

① $-\dfrac{\sqrt{5}}{5}$
② $-\dfrac{\sqrt{3}}{5}$
③ $-\dfrac{\sqrt{2}}{5}$

④ $\dfrac{\sqrt{5}}{5}$
⑤ $\dfrac{2\sqrt{5}}{5}$

1165

●❘❘ Level 2

직선 $y=-\sqrt{3}x$ 위의 점 P(a, b)에 대하여 원점 O와 점 P를 지나는 동경 OP가 나타내는 각의 크기를 θ라 하자. 점 P가 제4사분면 위의 점일 때, $\sin\theta\cos\theta\tan\theta$의 값을 구하시오.

1166

●❘❘ Level 2

직선 $3x+4y=0$이 x축의 양의 방향과 이루는 각의 크기를 θ라 할 때, $10\cos\theta-8\tan\theta$의 값은? $\left(\text{단, } \dfrac{\pi}{2}<\theta<\pi\right)$

① -10
② -8
③ -6

④ -4
⑤ -2

1167

 Level 2

그림과 같이 원 $x^2+y^2=1$과

두 직선 $y=\dfrac{1}{2}x\ (x>0)$,

$y=-2x\ (x<0)$의 교점을

각각 P, Q라 하자.

점 $A(1,\ 0)$에 대하여

$\angle AOP=\alpha$, $\angle AOQ=\beta$라

할 때, $\sin\alpha\cos\beta$의 값은? (단, O는 원점이다.)

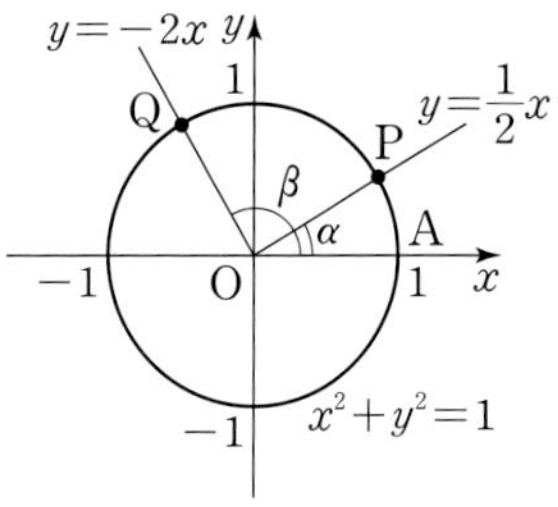

① $-\dfrac{3}{5}$ ② $-\dfrac{2}{5}$ ③ $-\dfrac{1}{5}$

④ $\dfrac{1}{5}$ ⑤ $\dfrac{2}{5}$

1168

 Level 3

그림과 같이 원 $x^2+y^2=1$

이 직선 $y=-x$와 제2사분

면에서 만나는 점을 P, 직

선 $y=3x$와 제1사분면에서

만나는 점을 Q라 하자.

점 $A(1,\ 0)$에 대하여

$\angle AOP=\alpha$, $\angle AOQ=\beta$

라 할 때, $\cos\alpha\sin\beta$의 값은? (단, O는 원점이다.)

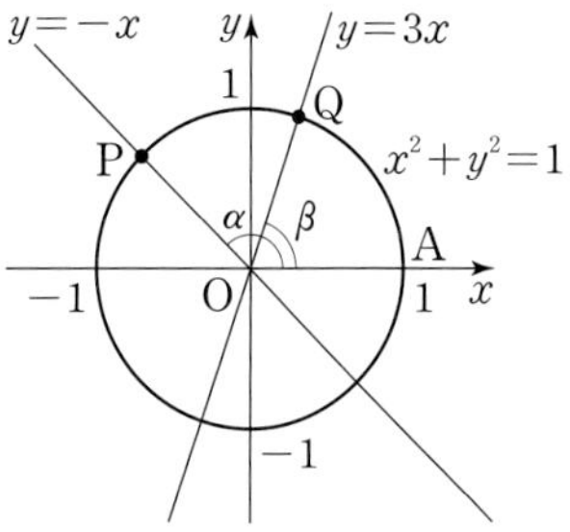

① $-\dfrac{2\sqrt{10}}{5}$ ② $-\dfrac{\sqrt{5}}{3}$ ③ $-\dfrac{3\sqrt{5}}{10}$

④ $\dfrac{\sqrt{2}}{5}$ ⑤ $\dfrac{3\sqrt{2}}{10}$

+Plus 문제

실전 유형 13 삼각함수의 활용 – 선분의 길이 구하기

원점 O를 중심으로 하고 반지름
의 길이가 1인 사분원에서
$\angle COD$의 크기를 θ라 하면
→ $\sin\theta=\overline{AB}$,
 $\cos\theta=\overline{OB}$,
 $\tan\theta=\overline{CD}$

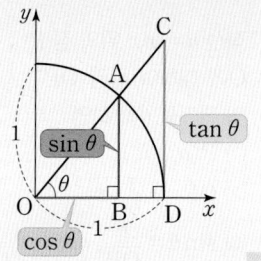

1169 대표문제

그림과 같이 반지름의 길이가 5
인 부채꼴에서 $\angle AOB=\theta$이고
$\overline{BC}\perp\overline{AO}$일 때, 다음 중 선분
BC의 길이는?

(단, O는 원점이다.)

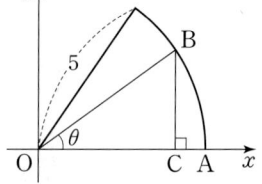

① $5\sin\theta$ ② $5\cos\theta$

③ $5\tan\theta$ ④ $5-\sin\theta$

⑤ $5-\cos\theta$

1170

 Level 1

그림과 같이 원 $x^2+y^2=3$ 위
의 제2사분면의 점 P에서 x축
에 내린 수선의 발을 A라 하자.
동경 OP가 나타내는 각의 크
기가 θ이고 $\sin\theta=\dfrac{\sqrt{3}}{3}$일 때,
$\overline{OA}$의 길이는?

(단, O는 원점이다.)

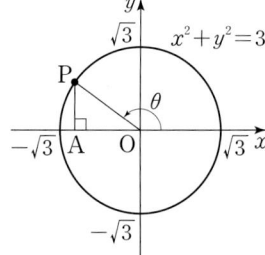

① $\dfrac{1}{3}$ ② $\dfrac{1}{2}$ ③ $\dfrac{\sqrt{3}}{2}$

④ 1 ⑤ $\sqrt{2}$

1171

●❚❚ Level 1

그림과 같이 원 $x^2+y^2=9$ 위에 두 점 A, B가 있다. 동경 OA가 나타내는 각의 크기가 θ이고 두 점 A, B는 x축에 대하여 대칭일 때, 삼각형 AOB의 둘레의 길이는? (단, 점 A는 제1사분면 위의 점이고, O는 원점이다.)

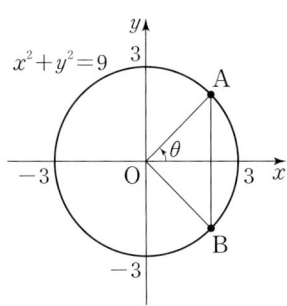

① $6+6\sin\theta$　　　② $6+6\cos\theta$

③ $6+9\sin\theta$　　　④ $6+9\cos\theta$

⑤ $6+12\sin\theta$

1172

●❚❚ Level 2

그림과 같이 반지름의 길이가 1인 원 O 위에 두 점 A, B가 있다. 점 A에서의 접선이 $\overline{OB}$의 연장선과 만나는 점을 C, 점 B에서 $\overline{OA}$에 내린 수선의 발을 D라 하자. $\angle AOB=\theta$이고 $\dfrac{\overline{OD}}{\overline{BD}}=\dfrac{1}{3}\overline{AC}$일 때, $\sin\theta$의 값을 구하시오. $\left(\text{단, }0<\theta<\dfrac{\pi}{2}\right)$

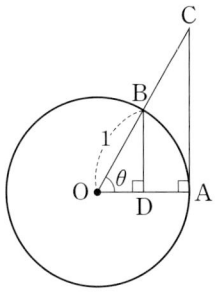

1173

●❚❚ Level 2

그림과 같이 반지름의 길이가 r인 원 O 위의 점 A에서 x축에 내린 수선의 발을 B, 원 O가 x축과 만나는 점을 D, 점 D를 지나고 x축에 수직인 직선이 OA의 연장선과 만나는 점을 C라 하자. $\angle AOD=\theta$이고 $\sin\theta=a$일 때, $\dfrac{\overline{CD}}{\overline{AB}}$를 a에 대한 식으로 나타내면? $\left(\text{단, }0<\theta<\dfrac{\pi}{2}\right)$

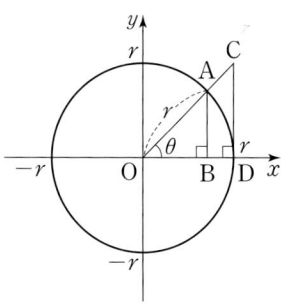

① $\dfrac{1}{\sqrt{1-a^2}}$　　② $\dfrac{a}{\sqrt{1-a^2}}$　　③ $\dfrac{1}{1-a^2}$

④ $1-a^2$　　⑤ $\sqrt{a^2+1}$

1174

●❚❚ Level 2

그림과 같이 원 $x^2+y^2=1$ 위의 제1사분면의 점 P에서 x축에 내린 수선의 발을 A라 하고, $\angle OPA=\alpha$, $\angle POA=\beta$라 하자. $\cos^2\alpha+\cos^2\beta+\tan^2\beta=4$일 때, 선분 OA의 길이는? (단, O는 원점이다.)

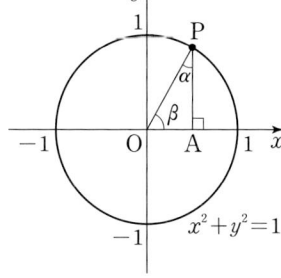

① $\dfrac{1}{5}$　　　② $\dfrac{1}{4}$　　　③ $\dfrac{1}{3}$

④ $\dfrac{1}{2}$　　　⑤ $\dfrac{2}{3}$

각 사분면에서 삼각함수의 값의 부호가
양수인 것을 나타내면 그림과 같다.

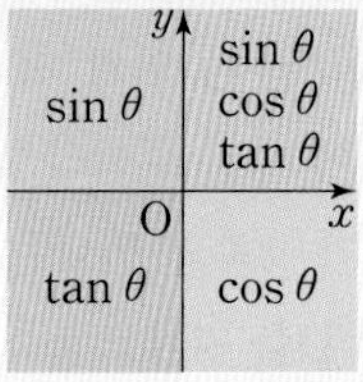

(1) $\sin\theta>0$, $\cos\theta>0$, $\tan\theta>0$
　➡ θ는 제1사분면의 각
(2) $\sin\theta>0$, $\cos\theta<0$, $\tan\theta<0$
　➡ θ는 제2사분면의 각
(3) $\sin\theta<0$, $\cos\theta<0$, $\tan\theta>0$
　➡ θ는 제3사분면의 각
(4) $\sin\theta<0$, $\cos\theta>0$, $\tan\theta<0$
　➡ θ는 제4사분면의 각

(그림: 제2사분면 $\sin\theta$ / 제1사분면 $\sin\theta$, $\cos\theta$, $\tan\theta$ / 제3사분면 $\tan\theta$ / 제4사분면 $\cos\theta$)

1175 대표문제

$\sin\theta\cos\theta<0$, $\dfrac{\cos\theta}{\tan\theta}<0$을 동시에 만족시키는 θ는 제몇
사분면의 각인지 구하시오.

1176　Level 1

$\sin\theta\cos\theta>0$을 만족시키는 θ는 제몇 사분면의 각인가?

① 제1사분면 또는 제3사분면
② 제1사분면 또는 제4사분면
③ 제2사분면 또는 제3사분면
④ 제2사분면 또는 제4사분면
⑤ 제3사분면 또는 제4사분면

1177　Level 1

$\tan\theta<0$일 때, 다음 중 항상 옳은 것은?

① $\sin\theta>0$　　　　② $\sin\theta<0$
③ $\cos\theta<0$　　　　④ $\sin\theta\cos\theta>0$
⑤ $\sin\theta\cos\theta<0$

1178　Level 1

다음 중 $\tan\theta<0$, $\cos\theta>0$을 동시에 만족시키는 θ의 값
이 될 수 있는 것은?

① $\dfrac{\pi}{6}$　　　　② $\dfrac{3}{4}\pi$　　　　③ $\dfrac{4}{3}\pi$

④ $\dfrac{3}{2}\pi$　　　　⑤ $\dfrac{5}{3}\pi$

1179　Level 1

$\dfrac{3}{2}\pi<\theta<2\pi$일 때, $\sqrt{\sin^2\theta}+|\cos\theta|+\sqrt{(\sin\theta-\cos\theta)^2}$을
간단히 하면?

① $-2\sin\theta$　　　　② 0
③ $2\cos\theta$　　　　④ $-2\sin\theta+2\cos\theta$
⑤ $2\sin\theta-2\cos\theta$

1180　Level 1

$\dfrac{\pi}{2}<\theta<\pi$일 때,

$\cos\theta+\sin\theta+\tan\theta+|\cos\theta|-|\sin\theta|-|\tan\theta|$를 간
단히 하시오.

1181
  ▫▫▫ Level 2

$\dfrac{\sqrt{\sin\theta}}{\sqrt{\cos\theta}}=-\sqrt{\dfrac{\sin\theta}{\cos\theta}}$ 를 만족시키는 θ의 값의 범위가

$a\pi<\theta<b\pi$일 때, 유리수 a, b에 대하여 $a+b$의 값은?

(단, $0<\theta<2\pi$, $\sin\theta\cos\theta\neq0$)

① $\dfrac{3}{2}$ 　　② 2 　　③ $\dfrac{5}{2}$

④ 3 　　⑤ $\dfrac{7}{2}$

1182
  ▫▫▫ Level 2

$\sqrt{\sin\theta}\sqrt{\cos\theta}=-\sqrt{\sin\theta\cos\theta}$ 이고,

$|\tan\theta|+|\cos\theta|-|1+\tan\theta|-|\sin\theta+\cos\theta|$ 를 간단히 하면? (단, $\sin\theta\cos\theta\neq0$)

① $\sin\theta-1$ 　　② $1-\sin\theta$

③ $\cos\theta-1$ 　　④ $\sin\theta-2\tan\theta$

⑤ $2\cos\theta-\tan\theta$

1183
  ▫▫▫ Level 2

$\sin\theta\cos\theta>0$, $\cos\theta\tan\theta<0$일 때,

$\sqrt{(\sin\theta+\cos\theta)^2}-(|\sin\theta|+|\cos\theta|)$ 를 간단히 하면?

① $-2\sin\theta$ 　　② $-2\cos\theta$ 　　③ 0

④ $2\sin\theta$ 　　⑤ $2\cos\theta$

1184
  ▫▫▫ Level 2

$\sin\theta\cos\theta<0$, $\sin\theta\tan\theta>0$일 때,

$\sin\theta-|\tan\theta|+\sqrt{\sin^2\theta}-\sqrt{\tan^2\theta}$ 를 간단히 하면?

① $-2\sin\theta$ 　　② $-2\tan\theta$ 　　③ 0

④ $2\sin\theta$ 　　⑤ $2\tan\theta$

1185
  ▫▫▫ Level 2

$\sin\theta>0$, $\tan\theta<0$일 때, 다음 중 옳은 것은?

(단, $0<\theta<2\pi$)

① $\sin\theta\cos\theta>0$ 　　② $\cos\theta-\sin\theta>0$

③ $\cos\theta\tan\theta<0$ 　　④ $\tan\dfrac{\theta}{2}<0$

⑤ $\sin2\theta<0$

1186 고난도
  ▫▫▫ Level 3

$\sin\theta\tan\theta<0$, $\cos\theta\tan\theta>0$일 때, 각 $\dfrac{\theta}{2}$를 나타내는 동경이 존재하는 사분면을 모두 구하시오.

삼각함수를 포함한 식은 다음을 이용하여 간단히 한다.
(1) $\tan\theta = \dfrac{\sin\theta}{\cos\theta}$
(2) $\sin^2\theta + \cos^2\theta = 1$

1187 대표문제

다음 중 옳지 **않은** 것은?

① $2(\sin^4\theta - \cos^4\theta) = 4\sin^2\theta - 2$

② $\dfrac{2\sin^2\theta}{1+\cos\theta} = 2 - 2\cos\theta$

③ $\dfrac{\cos^2\theta}{1-\sin\theta} - \sin\theta = 1$

④ $(\sin\theta + 2\cos\theta)^2 + (2\sin\theta - \cos\theta)^2 = 5$

⑤ $\dfrac{\sin^2\theta}{1-\cos\theta} + \dfrac{\sin^2\theta}{1+\cos\theta} = 1$

1188　　　　　Level 1

$\dfrac{\cos\theta}{1+\sin\theta} + \tan\theta$ 를 간단히 하면?

① $-\dfrac{1}{\sin\theta}$　　② $-\dfrac{1}{\cos\theta}$　　③ $\dfrac{1}{\sin\theta}$

④ $\dfrac{1}{\cos\theta}$　　⑤ $\dfrac{2}{\cos\theta}$

1189　　　　　Level 1

다음 식을 간단히 하시오.

$$\left(1 + \frac{1}{\cos\theta}\right)\left(1 - \frac{1}{\sin\theta}\right)\left(1 - \frac{1}{\cos\theta}\right)\left(1 + \frac{1}{\sin\theta}\right)$$

1190　　　　　Level 2

$\dfrac{\tan\theta}{1-\cos\theta} - \dfrac{\tan\theta}{1+\cos\theta}$ 를 간단히 하면?

① $-2\sin\theta$　　② $2\sin\theta$　　③ $-\dfrac{2}{\sin\theta}$

④ $\dfrac{1}{\sin\theta}$　　⑤ $\dfrac{2}{\sin\theta}$

1191　　　　　Level 2

$\{(1-\tan\theta)\cos\theta\}^2 + \{(1+\tan\theta)\cos\theta\}^2$ 을 간단히 하면?

① 0　　② $\dfrac{1}{2}$　　③ 1

④ $\dfrac{3}{2}$　　⑤ 2

1192　　　　　Level 2

$\dfrac{1+2\sin\theta\cos\theta}{\cos^2\theta - \sin^2\theta} + \dfrac{\tan\theta+1}{\tan\theta-1}$ 을 간단히 하면?

① 0　　② 1　　③ 2

④ $-\sin\theta$　　⑤ $\cos\theta$

1193

●❚❚ Level 2

〈보기〉에서 옳은 것만을 있는 대로 고른 것은?

― 〈보기〉―

ㄱ. $\dfrac{1-\sin\theta}{\cos\theta}+\tan\theta=\dfrac{1}{\cos\theta}$

ㄴ. $\dfrac{1}{1+\cos\theta}+\dfrac{1}{1-\cos\theta}=\dfrac{2}{\sin^2\theta}$

ㄷ. $\dfrac{\cos^2\theta-\sin^2\theta}{1+2\sin\theta\cos\theta}-\dfrac{1-\tan\theta}{1+\tan\theta}=1$

① ㄱ   ② ㄷ   ③ ㄱ, ㄴ

④ ㄴ, ㄷ   ⑤ ㄱ, ㄴ, ㄷ

1194

●❚❚ Level 3

$0<\cos\theta<\sin\theta$일 때,

$\sqrt{2-4\sin\theta\cos\theta}+\sqrt{2+4\sin\theta\cos\theta}$를 간단히 하면?

① $-2\sqrt{2}\sin\theta$ ② $-\sqrt{2}\cos\theta$ ③ $2\sqrt{2}$

④ $\sqrt{2}\cos\theta$ ⑤ $2\sqrt{2}\sin\theta$

+ **Plus 문제**

1195 고난도

●❚❚ Level 3

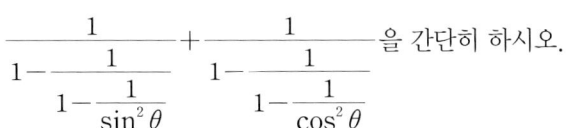

을 간단히 하시오.

$$\dfrac{1}{1-\dfrac{1}{1-\dfrac{1}{\sin^2\theta}}}+\dfrac{1}{1-\dfrac{1}{1-\dfrac{1}{\cos^2\theta}}}$$

(단, $\sin\theta\cos\theta\neq0$)

삼각함수 중 하나의 값이 주어지면 다음을 이용하여 다른 삼각함수의 값을 구한다.

(1) $\sin^2\theta=1-\cos^2\theta$, $\cos^2\theta=1-\sin^2\theta$임을 이용하여 $\sin\theta$, $\cos\theta$의 값을 구한다.

(2) $\tan\theta=\dfrac{\sin\theta}{\cos\theta}$임을 이용하여 $\tan\theta$의 값을 구한다.

1196 대표문제

θ가 제4사분면의 각이고 $\cos\theta=\dfrac{12}{13}$일 때, $13\sin\theta-24\tan\theta$의 값은?

① -15 ② -5 ③ 0

④ 5 ⑤ 15

1197

●❚❚ Level 1

θ가 제3사분면의 각이고 $\cos\theta=-\dfrac{3}{5}$일 때, $5\sin\theta+6\tan\theta$의 값은?

① -4 ② -1 ③ 1

④ 4 ⑤ 8

1198

●❚❚ Level 1

$\dfrac{3}{2}\pi<\theta<2\pi$인 θ에 대하여 $\sin\theta=-\dfrac{\sqrt{2}}{2}$일 때, $\sqrt{2}\cos\theta+3\tan\theta$의 값은?

① -4 ② -2 ③ -1

④ 1 ⑤ 2

1199
Level 2

$\sin\theta=-\dfrac{4}{5}$이고 $\cos\theta+\tan\theta>0$일 때, $5\cos\theta-6\tan\theta$ 의 값을 구하시오.

1200
Level 2

$\dfrac{1}{1+\sin\theta}+\dfrac{1}{1-\sin\theta}=\dfrac{5}{2}$일 때, $\tan\theta$의 값을 구하시오.

$\left(\text{단, } \pi<\theta<\dfrac{3}{2}\pi\right)$

1201
Level 2

$\dfrac{\pi}{2}<\theta<\pi$인 θ에 대하여 $\dfrac{1+\sin\theta}{1-\sin\theta}=2+\sqrt{3}$일 때, $\tan\theta$의 값은?

① $-\sqrt{3}$ ② $-\sqrt{2}$ ③ $-\dfrac{\sqrt{2}}{2}$

④ $-\dfrac{\sqrt{3}}{3}$ ⑤ $-\dfrac{\sqrt{6}}{6}$

1202
Level 2

θ가 제2사분면의 각이고 $|\sin\theta|=2|\cos\theta|$일 때, $\sin\theta\cos\theta-\tan\theta$의 값은?

① $\dfrac{1}{5}$ ② $\dfrac{3}{5}$ ③ 1

④ $\dfrac{8}{5}$ ⑤ 2

1203
Level 3

$\dfrac{\pi}{2}<\theta<\pi$인 θ에 대하여 $\tan\theta=-\dfrac{2}{3}$일 때, $\dfrac{\cos^2\theta-\sin^2\theta}{1+\cos\theta\sin\theta}$의 값을 구하시오.

다음은 이 유형에서 출제된 최근 교육청·평가원 기출문제입니다.

1204 · 교육청 2021년 6월
Level 1

$\pi<\theta<\dfrac{3}{2}\pi$인 θ에 대하여 $\cos\theta=-\dfrac{2}{3}$일 때, $\sin\theta$의 값은?

① $-\dfrac{\sqrt{5}}{3}$ ② $-\dfrac{1}{3}$ ③ $\dfrac{1}{3}$

④ $\dfrac{\sqrt{5}}{3}$ ⑤ $\dfrac{\sqrt{7}}{3}$

1205 · 2021학년도 대학수학능력시험 ●❙❙ Level 1

$\dfrac{\pi}{2} < \theta < \pi$인 θ에 대하여 $\sin\theta = \dfrac{\sqrt{21}}{7}$일 때, $\tan\theta$의 값은?

① $-\dfrac{\sqrt{3}}{2}$ ② $-\dfrac{\sqrt{3}}{4}$ ③ 0

④ $\dfrac{\sqrt{3}}{4}$ ⑤ $\dfrac{\sqrt{3}}{2}$

1206 · 평가원 2022학년도 9월 ●❙❙ Level 2

$\dfrac{\pi}{2} < \theta < \pi$인 θ에 대하여 $\dfrac{\sin\theta}{1-\sin\theta} - \dfrac{\sin\theta}{1+\sin\theta} = 4$일 때, $\cos\theta$의 값은?

① $-\dfrac{\sqrt{3}}{3}$ ② $-\dfrac{1}{3}$ ③ 0

④ $\dfrac{1}{3}$ ⑤ $\dfrac{\sqrt{3}}{3}$

1207 · 2022학년도 대학수학능력시험 ●❙❙ Level 3

$\pi < \theta < \dfrac{3}{2}\pi$인 θ에 대하여 $\tan\theta - \dfrac{6}{\tan\theta} = 1$일 때, $\sin\theta + \cos\theta$의 값은?

① $-\dfrac{2\sqrt{10}}{5}$ ② $-\dfrac{\sqrt{10}}{5}$ ③ 0

④ $\dfrac{\sqrt{10}}{5}$ ⑤ $\dfrac{2\sqrt{10}}{5}$

실전유형 17 삼각함수 사이의 관계
– $\sin\theta \pm \cos\theta$, $\sin\theta\cos\theta$ 이용하기

$\sin\theta \pm \cos\theta$의 값, $\sin\theta\cos\theta$의 값이 주어질 때는 다음을 이용한다.

(1) $(\sin\theta \pm \cos\theta)^2 = \sin^2\theta \pm 2\sin\theta\cos\theta + \cos^2\theta$
$= 1 \pm 2\sin\theta\cos\theta$ (복부호 동순)

(2) $\sin^3\theta \pm \cos^3\theta$
$= (\sin\theta \pm \cos\theta)(\sin^2\theta \mp \sin\theta\cos\theta + \cos^2\theta)$
(복부호 동순)

1208 대표문제

θ가 제2사분면의 각이고 $\sin\theta + \cos\theta = -\dfrac{1}{2}$일 때, $\sin^2\theta - \cos^2\theta$의 값을 구하시오.

1209 ●❙❙ Level 1

$\sin\theta\cos\theta = \dfrac{3}{8}$일 때, $\sin\theta + \cos\theta$의 값은?

$\left(\text{단, } 0 < \theta < \dfrac{\pi}{2}\right)$

① $\dfrac{\sqrt{7}}{4}$ ② $\dfrac{\sqrt{7}}{3}$ ③ $\dfrac{\sqrt{7}}{2}$

④ $\dfrac{2\sqrt{7}}{3}$ ⑤ $\dfrac{3\sqrt{7}}{4}$

1210 ●❙❙ Level 1

$\sin\theta + \cos\theta = \dfrac{1}{3}$일 때, $(1+\sin^2\theta)(1+\cos^2\theta)$의 값은?

① $\dfrac{137}{81}$ ② $\dfrac{146}{81}$ ③ $\dfrac{151}{81}$

④ $\dfrac{163}{81}$ ⑤ $\dfrac{178}{81}$

1211

Level 1

$\sin\theta+\cos\theta=\dfrac{5}{4}$일 때, $\dfrac{9}{\sin\theta}+\dfrac{9}{\cos\theta}$의 값은?

① 28   ② 32   ③ 36

④ 40   ⑤ 44

1212

Level 2

$\sin\theta-\cos\theta=\dfrac{3}{4}$일 때, $\tan\theta+\dfrac{1}{\tan\theta}$의 값은?

① $\dfrac{30}{7}$ ② $\dfrac{31}{7}$ ③ $\dfrac{32}{7}$

④ $\dfrac{33}{7}$ ⑤ $\dfrac{34}{7}$

1213

Level 2

$\dfrac{3}{2}\pi<\theta<2\pi$인 θ에 대하여 $\sin\theta\cos\theta=-\dfrac{1}{6}$일 때, $\sin^3\theta-\cos^3\theta$의 값을 구하시오.

1214

Level 2

θ는 제3사분면의 각이고 $\sin\theta-\cos\theta=\dfrac{1}{2}$일 때, $\sin^3\theta+\cos^3\theta$의 값은?

① $-\dfrac{3\sqrt{7}}{8}$ ② $-\dfrac{5\sqrt{7}}{16}$ ③ $-\dfrac{\sqrt{7}}{4}$

④ $-\dfrac{\sqrt{7}}{8}$ ⑤ $\dfrac{\sqrt{7}}{8}$

1215

Level 2

$\sin\theta+\cos\theta=-\dfrac{2}{3}$일 때, $\tan^2\theta+\dfrac{1}{\tan^2\theta}$의 값을 구하시오.

1216

Level 3

$\tan\theta+\dfrac{1}{\tan\theta}=\dfrac{4\sqrt{3}}{3}$일 때, $(\sin^2\theta-\cos^2\theta)^2$의 값은?

① $\dfrac{1}{16}$ ② $\dfrac{1}{8}$ ③ $\dfrac{1}{4}$

④ $\dfrac{3}{8}$ ⑤ $\dfrac{7}{16}$

+ Plus 문제

1217 고난도

●●● Level 3

그림과 같이 원 $x^2+y^2=1$ 위의
점 $P(x, y)$에 대하여 원점 O와
점 P를 지나는 동경 OP가 나타
내는 각의 크기를 θ라 하자.
$\dfrac{y}{x}+\dfrac{x}{y}=-\dfrac{5}{2}$일 때,
$\sin\theta-\cos\theta$의 값은?
(단, 점 P는 제2사분면 위의 점이다.)

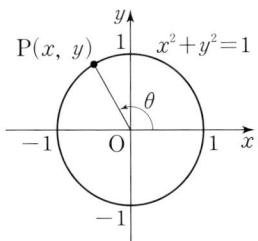

① $-\dfrac{3\sqrt5}{5}$ ② $-\dfrac{\sqrt5}{5}$ ③ $\dfrac15$

④ $\dfrac{\sqrt5}{5}$ ⑤ $\dfrac{3\sqrt5}{5}$

다음은 이 유형에서 출제된 최근 교육청·평가원 기출문제입니다.

1218 · 교육청 2021년 4월

●●● Level 2

$0<\theta<\dfrac{\pi}{2}$인 θ에 대하여 $\sin\theta\cos\theta=\dfrac{7}{18}$일 때,
$30(\sin\theta+\cos\theta)$의 값을 구하시오.

1219 · 교육청 2021년 11월

●●● Level 2

$\dfrac{\pi}{2}<\theta<\pi$인 θ에 대하여 $\sin^4\theta+\cos^4\theta=\dfrac{23}{32}$일 때,
$\sin\theta-\cos\theta$의 값은?

① $\dfrac{\sqrt3}{2}$ ② 1 ③ $\dfrac{\sqrt5}{2}$

④ $\dfrac{\sqrt6}{2}$ ⑤ $\dfrac{\sqrt7}{2}$

실전유형 **18** 삼각함수를 두 근으로 하는 이차방정식 복합유형

05

이차방정식 $ax^2+bx+c=0$의 두 근이 $\sin\theta$, $\cos\theta$일 때, 이
차방정식의 근과 계수의 관계에 의하여

→ $\sin\theta+\cos\theta=-\dfrac{b}{a}$, $\sin\theta\cos\theta=\dfrac{c}{a}$

1220 대표문제

이차방정식 $2x^2-2x+k=0$의 두 근이 $\sin\theta+\cos\theta$,
$\sin\theta-\cos\theta$일 때, 상수 k의 값은?

① -1 ② $-\dfrac12$ ③ $-\dfrac14$

④ $\dfrac14$ ⑤ $\dfrac12$

1221

●●● Level 1

이차방정식 $x^2-2ax-a^2=0$의 두 근이 $\sin\theta$, $\cos\theta$일 때,
상수 a의 값은? (단, $a>0$)

① $\dfrac16$ ② $\dfrac{\sqrt3}{6}$ ③ $\dfrac{\sqrt6}{6}$

④ $\dfrac12$ ⑤ $\sqrt3$

1222

●●● Level 1

이차방정식 $4x^2+2x+k=0$의 두 근이 $\sin\theta$, $\cos\theta$일 때,
상수 k의 값을 구하시오.

1223

Level 2

이차방정식 $x^2-2ax+a^2-\dfrac{1}{2}=0$의 두 근이 $\sin\theta$, $\cos\theta$일 때, 상수 a에 대하여 $a+\tan\theta$의 값은?

① -3 ② -2 ③ -1

④ 1 ⑤ 2

1224

Level 2

이차방정식 $2x^2-(2k+1)x+k=0$의 두 근이 $\sin\theta$, $\cos\theta$일 때, 상수 k의 값을 구하시오. (단, $\tan\theta<0$)

1225

Level 2

이차방정식 $x^2-4x+2=0$의 두 근이 $\tan\alpha$, $\tan\beta$이고, 이차방정식 $x^2-px+q=0$의 두 근이 $\dfrac{1}{\tan\alpha}$, $\dfrac{1}{\tan\beta}$일 때, 상수 p, q에 대하여 pq의 값은?

① 8 ② 4 ③ 1

④ $\dfrac{1}{4}$ ⑤ $\dfrac{1}{8}$

1226

Level 2

이차방정식 $3x^2-kx+\dfrac{k}{4}=0$의 두 근이 $\sin^2\theta$, $\cos^2\theta$일 때, $\sin\theta+\cos\theta$의 값을 구하시오.

$\left(\text{단, }k\text{는 상수이고, }0<\theta<\dfrac{\pi}{2}\text{이다.}\right)$

1227

Level 2

이차방정식 $12x^2-6x+k=0$의 두 근이 $\sin\theta$, $\cos\theta$일 때, $\tan\theta$와 $\dfrac{1}{\tan\theta}$을 두 근으로 하고 x^2의 계수가 3인 이차방정식을 구하시오. (단, k는 상수이다.)

1228

Level 3

이차방정식 $3x^2-x+k=0$의 두 근이 $\sin\theta$, $\cos\theta$일 때, $\tan\theta$와 $\dfrac{1}{\tan\theta}$을 두 근으로 하고 x^2의 계수가 4인 이차방정식이 $4x^2+ax+b=0$이다. 상수 k, a, b에 대하여 kab의 값은?

① -48 ② -36 ③ -27

④ -18 ⑤ -9

1229

Level 3

이차방정식 $5x^2-\sqrt{5}x-k=0$의 두 근이 $\sin\theta$, $\cos\theta$이고, 이차방정식 $5x^2-3\sqrt{5}x+k=0$의 두 근이 $\sin\theta$, $-\cos\theta$일 때, 상수 k에 대하여 $k(2\sin\theta-\cos\theta)$의 값은?

① $\sqrt{5}$ ② $\dfrac{3\sqrt{5}}{2}$ ③ $2\sqrt{5}$

④ $\dfrac{5\sqrt{5}}{2}$ ⑤ $3\sqrt{5}$

서술형 유형 익히기

1230 대표문제

각 $\frac{1}{3}\theta$를 나타내는 동경과 각 2θ를 나타내는 동경이 일직선 위에 있을 때, 모든 θ의 값의 합을 구하는 과정을 서술하시오. (단, $0<\theta<2\pi$) [8점]

> **STEP 1** 두 동경이 일치할 때, θ의 값 구하기 [3점]
>
> 각 $\frac{1}{3}\theta$를 나타내는 동경과 각 2θ를 나타내는 동경이 일직선 위에 있는 경우는 다음 두 가지이다.
>
> (i) 두 동경이 일치할 때
>
> $2\theta - \frac{1}{3}\theta = \boxed{^{(1)}}n\pi$ (n은 정수)
>
> $\frac{5}{3}\theta = \boxed{^{(2)}}n\pi$ $\therefore \theta = \frac{6}{5}n\pi$ .... ㉠
>
> $0<\theta<2\pi$에서 $0<\frac{6}{5}n\pi<2\pi$이므로 $0<n<\boxed{^{(3)}}$
>
> n은 정수이므로 $n=1$
>
> $n=1$을 ㉠에 대입하면 $\theta = \boxed{^{(4)}}$
>
> **STEP 2** 두 동경이 일직선 위에 있고 방향이 반대일 때, θ의 값 구하기 [4점]
>
> (ii) 두 동경이 일직선 위에 있고 방향이 반대일 때
>
> $2\theta - \frac{1}{3}\theta = (2n+\boxed{^{(5)}})\pi$ (n은 정수)
>
> $\frac{5}{3}\theta = (2n+1)\pi$ $\therefore \theta = \frac{3(2n+1)\pi}{5}$ .... ㉡
>
> $0<\theta<2\pi$에서 $0<\frac{3(2n+1)\pi}{5}<2\pi$이므로
>
> $-\frac{1}{2}<n<\boxed{^{(6)}}$
>
> n은 정수이므로 $n=0$, 1
>
> 이것을 ㉡에 대입하면
>
> $n=0$일 때 $\theta = \boxed{^{(7)}}$
>
> $n=1$일 때 $\theta = \boxed{^{(8)}}$
>
> **STEP 3** 모든 θ의 값의 합 구하기 [1점]
>
> (i), (ii)에서 모든 θ의 값의 합은 $\boxed{^{(9)}}$

1231 한번 더

각 θ를 나타내는 동경과 각 6θ를 나타내는 동경이 원점에 대하여 대칭일 때, $\sin\left(\theta+\frac{2}{15}\pi\right)$의 값을 구하는 과정을 서술하시오. $\left(\text{단, } 0<\theta<\frac{\pi}{2}\right)$ [6점]

> **STEP 1** θ를 n에 대한 식으로 나타내기 [2점]
>
> **STEP 2** θ의 값 구하기 [3점]
>
> **STEP 3** $\sin\left(\theta+\frac{2}{15}\pi\right)$의 값 구하기 [1점]

핵심 KEY 유형 4 . 유형 5 **두 동경의 위치 관계**

주어진 θ의 값의 범위에서 두 동경이 일직선 위에 있거나, x축, y축에 대하여 대칭이 되도록 하는 θ의 값을 구하는 문제이다.

두 각 α, β를 나타내는 동경이 일치하려면 $\alpha-\beta=2n\pi$, 두 동경이 일직선 위에 있고 방향이 반대(원점에 대하여 대칭)이려면 $\alpha-\beta=(2n+1)\pi$이어야 한다. (단, n은 정수)

두 동경이 일직선 위에 있는 경우는 일치하는 경우와 원점에 대하여 대칭인 경우를 모두 생각해야 한다.

또한, 두 각 α, β를 나타내는 동경이 x축에 대하여 대칭이려면 $\alpha+\beta=2n\pi$, y축에 대하여 대칭이려면 $\alpha+\beta=(2n+1)\pi$이어야 함을 기억한다.

1232 유사1

각 2θ를 나타내는 동경과 각 4θ를 나타내는 동경이 x축에 대하여 대칭일 때, $\tan\dfrac{\theta}{2}-\sin\dfrac{\theta}{2}$의 값을 구하는 과정을 서술하시오. $\left(단, \dfrac{\pi}{2}<\theta<\pi\right)$ [7점]

1233 유사2

각 2θ를 나타내는 동경과 각 4θ를 나타내는 동경이 y축에 대하여 대칭일 때, $\sin(\pi-\theta)-\sqrt{3}\cos(\pi-\theta)$의 값을 구하는 과정을 서술하시오. $\left(단, \dfrac{\pi}{2}<\theta<\pi\right)$ [7점]

1234 대표문제

그림과 같이 중심각의 크기가 $\dfrac{\pi}{4}$인 부채꼴 AOB의 넓이를 S_1, $\overline{OB}$ 위의 점 P에 대하여 $\overline{PB}$를 지름으로 하고 $\overline{OA}$에 접하는 반원의 넓이를 S_2라 할 때, $\dfrac{S_2}{S_1}$의 값을 구하는 과정을 서술하시오. [7점]

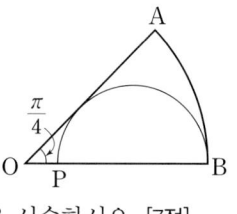

> **STEP 1** 부채꼴 AOB의 반지름의 길이를 r라 할 때, S_1을 r에 대한 식으로 나타내기 [2점]
>
> 부채꼴 AOB의 반지름의 길이를 r라 하면
>
> $$S_1=\frac{1}{2}\times r^2\times \boxed{}^{(1)}=\boxed{}^{(2)}r^2$$
>
> **STEP 2** 반원의 중심을 C, 반지름의 길이를 a라 할 때, $\overline{OC}$의 길이를 a에 대한 식으로 나타내기 [2점]
>
> 그림과 같이 $\overline{PB}$를 지름으로 하는 반원의 중심을 C라 하고, $\overline{OA}$와 반원의 접점을 D라 하자.
>
>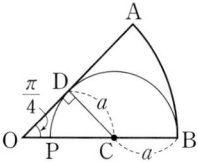
>
> 반원의 반지름의 길이를 a라 하면 $\overline{OA}\perp\overline{CD}$이므로 직각삼각형 OCD에서
>
> $$\overline{OC}=\frac{\boxed{}^{(3)}}{\sin\frac{\pi}{4}}=\frac{a}{\frac{\sqrt{2}}{2}}=\boxed{}^{(4)}a$$
>
> **STEP 3** S_2를 r에 대한 식으로 나타내기 [2점]
>
> $\sqrt{2}a+a=r$이므로
>
> $$a=\frac{r}{\sqrt{2}+1}=\left(\boxed{}^{(5)}-1\right)r$$
>
> $$\therefore S_2=\frac{1}{2}\times\pi\times\{(\sqrt{2}-1)r\}^2$$
>
> $$=\frac{\boxed{}^{(6)}-2\sqrt{2}}{2}\pi r^2$$
>
> **STEP 4** $\dfrac{S_2}{S_1}$의 값 구하기 [1점]
>
> $$\frac{S_2}{S_1}=\frac{\dfrac{3-2\sqrt{2}}{2}\pi r^2}{\dfrac{1}{8}\pi r^2}$$
>
> $$=12-\boxed{}^{(7)}$$

1235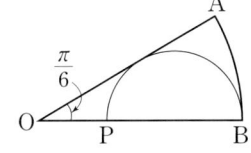
한번 더

그림과 같이 중심각의 크기가 $\frac{\pi}{6}$인 부채꼴 AOB의 넓이를 S_1, $\overline{\text{OB}}$ 위의 점 P에 대하여 $\overline{\text{PB}}$를 지름으로 하고 $\overline{\text{OA}}$에 접하는 반원의 넓이를 S_2라 할 때, $\frac{S_2}{S_1}$의 값을 구하는 과정을 서술하시오.

[7점]

> **STEP 1** 부채꼴 AOB의 반지름의 길이를 r라 할 때, S_1을 r에 대한 식으로 나타내기 [2점]

> **STEP 2** 반원의 중심을 C, 반지름의 길이를 a라 할 때, $\overline{\text{OC}}$의 길이를 a에 대한 식으로 나타내기 [2점]

> **STEP 3** S_2를 r에 대한 식으로 나타내기 [2점]

> **STEP 4** $\frac{S_2}{S_1}$의 값 구하기 [1점]

1236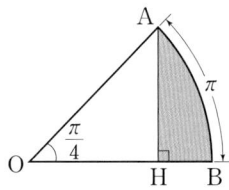
유사 1

그림과 같은 부채꼴 AOB에서 $\angle\text{AOB}=\frac{\pi}{4}$, $\overset{\frown}{\text{AB}}=\pi$이고 점 A에서 $\overline{\text{OB}}$에 내린 수선의 발을 H라 할 때, 색칠한 부분의 넓이를 구하는 과정을 서술하시오. [8점]

1237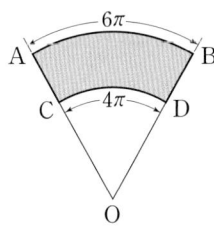
유사 2

그림과 같은 두 부채꼴 AOB, COD에서 $\overset{\frown}{\text{AB}}=6\pi$, $\overset{\frown}{\text{CD}}=4\pi$이다. 색칠한 부분의 넓이가 30π일 때, $\overline{\text{AC}}$의 길이를 구하는 과정을 서술하시오. [8점]

> **핵심 KEY** 유형7 . 유형8 **부채꼴의 넓이**
>
> 부채꼴의 넓이와 그 부채꼴 안에 내접하는 반원의 넓이를 구하는 문제이다. 부채꼴의 넓이는 $S=\frac{1}{2}r^2\theta$이고, 원의 접점과 중심을 이은 선분은 원의 접선에 수직임을 이용한다.
> S_2를 부채꼴의 반지름의 길이에 대한 식으로 나타낼 때, 계산 실수를 하지 않도록 주의한다.

1238 대표문제

이차방정식 $3x^2 - \sqrt{3}x + a = 0$의 두 근이 $\sin\theta$, $\cos\theta$일 때, 상수 a의 값과 $\sin\theta - \cos\theta$의 값을 각각 구하는 과정을 서술하시오. (단, $\sin\theta > \cos\theta$) [7점]

> STEP 1 $\sin\theta + \cos\theta$, $\sin\theta\cos\theta$의 값 구하기 [2점]
>
> $3x^2 - \sqrt{3}x + a = 0$의 두 근이 $\sin\theta$, $\cos\theta$이므로 이차방정식의 근과 계수의 관계에 의하여
>
> $\sin\theta + \cos\theta = \boxed{}^{(1)}$ .... ㉠
>
> $\sin\theta\cos\theta = \dfrac{a}{3}$ .... ㉡
>
> STEP 2 a의 값 구하기 [2점]
>
> ㉠의 양변을 제곱하면
>
> $\sin^2\theta + 2\sin\theta\cos\theta + \cos^2\theta = \boxed{}^{(2)}$
>
> $1 + 2\sin\theta\cos\theta = \boxed{}^{(3)}$
>
> $\therefore\ \sin\theta\cos\theta = \boxed{}^{(4)}$
>
> ㉡에서 $\dfrac{a}{3} = -\dfrac{1}{3}$이므로
>
> $a = \boxed{}^{(5)}$
>
> STEP 3 $\sin\theta - \cos\theta$의 값 구하기 [3점]
>
> $(\sin\theta - \cos\theta)^2 = \sin^2\theta - 2\sin\theta\cos\theta + \cos^2\theta$
>
> $\qquad\qquad\qquad\quad = 1 - 2\sin\theta\cos\theta$
>
> $\qquad\qquad\qquad\quad = 1 - 2 \times \left(\boxed{}^{(6)}\right) = \boxed{}^{(7)}$
>
> 이때 $\sin\theta > \cos\theta$에서 $\sin\theta - \cos\theta > 0$이므로
>
> $\sin\theta - \cos\theta = \boxed{}^{(8)}$

1239 한번 더

이차방정식 $2x^2 + 2\sqrt{2}x + a = 0$의 두 근이 $\sin\theta$, $\cos\theta$일 때, 상수 a의 값과 $\sin^3\theta + \cos^3\theta$의 값을 각각 구하는 과정을 서술하시오. [7점]

> STEP 1 $\sin\theta + \cos\theta$, $\sin\theta\cos\theta$의 값 구하기 [2점]

> STEP 2 a의 값 구하기 [2점]

> STEP 3 $\sin^3\theta + \cos^3\theta$의 값 구하기 [3점]

1240 유사 1

이차방정식 $2x^2 - x + a = 0$의 두 근이 $\sin\theta$, $\cos\theta$이고, $bx^2 + cx + 3 = 0$의 두 근이 $\tan\theta$, $\dfrac{1}{\tan\theta}$일 때, 상수 a, b, c에 대하여 abc의 값을 구하는 과정을 서술하시오. [9점]

핵심 KEY 유형 18 삼각함수를 두 근으로 하는 이차방정식

삼각함수의 성질과 이차방정식의 근과 계수의 관계를 이용하여 주어진 식의 값을 구하는 문제이다.

이차방정식 $ax^2 + bx + c = 0$에서 두 근의 합은 $-\dfrac{b}{a}$, 두 근의 곱은 $\dfrac{c}{a}$이고, $\sin^2\theta + \cos^2\theta = 1$임을 이용한다.

두 근의 합과 곱을 구할 때는 부호에 주의한다.

실력 check
실전 마무리하기 **1**회

점 / 100점

• 선택형 21문항, 서술형 4문항입니다.

1 1241

〈보기〉에서 각을 나타내는 동경이 $200°$를 나타내는 동경과 일치하는 것만을 있는 대로 고른 것은? [3점]

───〈 보기 〉───

ㄱ. $-1960°$ ㄴ. $-200°$ ㄷ. $720°$

ㄹ. $1640°$ ㅁ. $2000°$

① ㄱ, ㄷ   ② ㄴ, ㄹ   ③ ㄷ, ㅁ

④ ㄱ, ㄹ, ㅁ   ⑤ ㄴ, ㄷ, ㅁ

2 1242

다음 중 각을 나타내는 동경이 존재하는 사분면이 나머지 넷과 다른 하나는? [3점]

① $960°$ ② $585°$ ③ $-120°$

④ $-400°$ ⑤ $-510°$

3 1243

다음 중 각을 나타내는 동경이 일치하지 않는 것은? [3점]

① $30°$ ② $\dfrac{13}{6}\pi$ ③ $1110°$

④ $-\dfrac{11}{6}\pi$ ⑤ $-300°$

4 1244

각 α를 나타내는 동경과 각 β를 나타내는 동경이 y축에 대하여 대칭일 때, 다음 중 $\alpha+\beta$의 값이 될 수 있는 것은? [3점]

① $\dfrac{\pi}{6}$ ② $\dfrac{\pi}{4}$ ③ $\dfrac{\pi}{3}$

④ $\dfrac{\pi}{2}$ ⑤ π

5 1245

길이가 8인 철사로 넓이가 최대인 부채꼴 모양을 만들 때, 이 부채꼴의 호의 길이는? [3점]

① 2 ② 3 ③ 4

④ 5 ⑤ 6

6 1246

그림과 같이 원 $x^2+y^2=5$ 위의 제2사분면의 점 P에서 x축에 내린 수선의 발을 A라 하자. $\angle POA=\theta$라 하면 $\sin\theta=\dfrac{2\sqrt{5}}{5}$일 때, $\overline{OA}$의 길이는? (단, O는 원점이다.)

[3점]

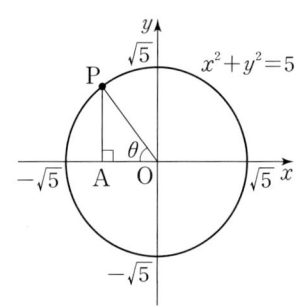

① $\dfrac{1}{3}$ ② 1   ③ $\dfrac{3}{2}$

④ $\dfrac{\sqrt{5}}{2}$ ⑤ 2

7 1247

다음 삼각함수의 값 중 부호가 나머지 넷과 다른 하나는?

[3점]

① $\sin 110°$ ② $\cos\left(-\dfrac{\pi}{4}\right)$ ③ $\tan\dfrac{\pi}{6}$

④ $\sin\dfrac{19}{6}\pi$ ⑤ $\tan(-480°)$

8 1248

θ가 제3사분면의 각일 때, $\dfrac{|\sin\theta|}{\sqrt{\cos^2\theta}}+2\,|\tan\theta|$를 간단히 하면? [3점]

① $-3\tan\theta$ ② $-\tan\theta$ ③ 0

④ $\tan\theta$ ⑤ $3\tan\theta$

9 1249

각 θ를 나타내는 동경과 각 7θ를 나타내는 동경이 일직선 위에 있고 방향이 반대일 때, $\sin\left(\theta-\dfrac{2}{3}\pi\right)$의 값은?

$\left(단,\ \dfrac{\pi}{2}<\theta<\pi\right)$ [3.5점]

① $-\dfrac{\sqrt{3}}{2}$ ② $-\dfrac{1}{2}$ ③ 0

④ $\dfrac{1}{2}$ ⑤ $\dfrac{\sqrt{3}}{2}$

10 1250

좌표평면에서 두 각 α, β를 나타내는 동경을 각각 OP, OQ라 할 때, 〈보기〉에서 옳은 것만을 있는 대로 고른 것은?

(단, O는 원점이다.) [3.5점]

〈 보기 〉

ㄱ. $\alpha=\dfrac{12}{5}\pi$, $\beta=-\dfrac{27}{5}\pi$이면 두 동경 OP, OQ는 x축에 대하여 대칭이다.

ㄴ. $\alpha=\dfrac{5}{6}\pi$, $\beta=\dfrac{5}{3}\pi$이면 두 동경 OP, OQ는 직선 $y=x$에 대하여 대칭이다.

ㄷ. $\alpha=\dfrac{17}{4}\pi$, $\beta=-\dfrac{11}{4}\pi$이면 두 동경 OP, OQ는 원점에 대하여 대칭이다.

① ㄱ   ② ㄴ   ③ ㄷ

④ ㄱ, ㄷ   ⑤ ㄴ, ㄷ

11 1251

$0<\theta<2\pi$이고 각 2θ를 나타내는 동경과 각 7θ를 나타내는 동경이 직선 $y=x$에 대하여 대칭이다. θ의 값 중 최댓값을 a, 최솟값을 b라 할 때, $a-b$의 값은? [3.5점]

① $\dfrac{13}{9}\pi$ ② $\dfrac{14}{9}\pi$ ③ $\dfrac{5}{3}\pi$

④ $\dfrac{16}{9}\pi$ ⑤ $\dfrac{17}{9}\pi$

12 1252

그림과 같은 부채꼴 AOB의 반지름의 길이를 20 % 늘이고, 중심각의 크기를 10 % 줄였을 때, 부채꼴의 넓이의 변화는? [3.5점]

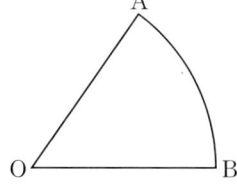

① 부채꼴의 넓이는 14.8 % 늘어난다.

② 부채꼴의 넓이는 29.6 % 늘어난다.

③ 부채꼴의 넓이는 변화가 없다.

④ 부채꼴의 넓이는 14.8 % 줄어든다.

⑤ 부채꼴의 넓이는 29.6 % 줄어든다.

13 1253

그림과 같은 두 부채꼴 AOB, A′OB′에서 호 AB의 길이는 3π, $\overline{OA}=4$, $\overline{OA′}=3$이다. 색칠한 부분의 넓이가 $\dfrac{a}{8}\pi$일 때, a의 값은? [3.5점]

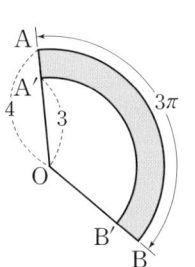

① 20   ② 21

③ 22   ④ 23

⑤ 24

14 1254

$\dfrac{\pi}{2}<\theta<\pi$이고 $\sin\theta=\dfrac{4}{5}$일 때, $\dfrac{15\cos\theta-3}{9\tan\theta}$의 값은?

[3.5점]

① -2 ② -1 ③ 0

④ 1   ⑤ 2

15 1255

θ가 제1사분면의 각이고 $\sin\theta-\cos\theta=\dfrac{\sqrt{3}}{3}$일 때, $\sin^3\theta+\cos^3\theta=\dfrac{p}{q}\sqrt{15}$이다. $p+q$의 값은?

(단, p와 q는 서로소인 자연수이다.) [3.5점]

① 11   ② 13   ③ 15

④ 17   ⑤ 19

16 1256

이차방정식 $3x^2-2x+k=0$의 두 근이 $\sin\theta$, $\cos\theta$일 때, 상수 k의 값은? [3.5점]

① $-\dfrac{5}{6}$ ② $-\dfrac{5}{8}$ ③ $-\dfrac{1}{2}$

④ $-\dfrac{3}{8}$ ⑤ $-\dfrac{1}{4}$

17 1257

길이가 20인 끈으로 넓이가 24 이상인 부채꼴 모양을 만들려고 할 때, 부채꼴의 중심각 θ의 크기의 최댓값은?

(단, θ의 단위는 라디안이다.) [4점]

① 1   ② 2   ③ 3

④ 4   ⑤ 5

18 1258

그림과 같이 호의 길이가 12π, 넓이가 60π인 부채꼴 OAB 를 접어 원뿔 모양의 용기의 옆면을 만들었다. 이 용기의 부피와 모선의 길이의 곱은? [4점]

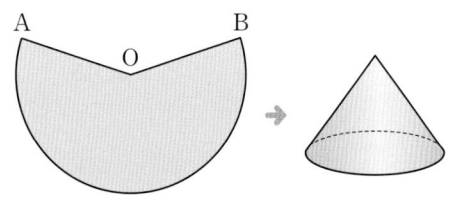

① 1080π ② 960π ③ 920π

④ 880π ⑤ 810π

19 1259

그림과 같이 직선 $y=2x+6$이 x축, y축과 만나는 점을 각각 A, B라 하고, 선분 AB를 $2:1$ 로 내분하는 점을 P라 하자. 동경 OP가 나타내는 각의 크기를 θ라 할 때, $\sin\theta\cos\theta$의 값은?
(단, O는 원점이다.) [4점]

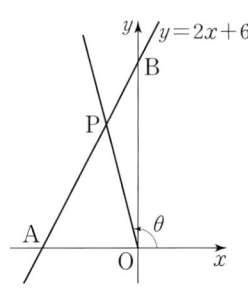

① $-\dfrac{1}{17}$ ② $-\dfrac{2}{17}$ ③ $-\dfrac{3}{17}$

④ $-\dfrac{4}{17}$ ⑤ $-\dfrac{5}{17}$

20 1260

원 $x^2+y^2=4$ 위의 점 P$(x,\ y)$에 대하여 원점 O와 점 P를 지나는 동경 OP가 나타내는 각의 크기를 θ라 하자. $\dfrac{y}{x}+\dfrac{x}{y}=-\dfrac{8}{3}$일 때, $\sin\theta-\cos\theta$의 값은?

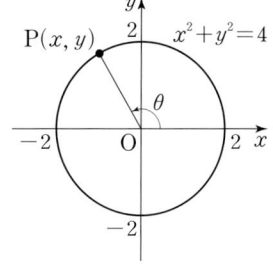

(단, 점 P는 제2사분면 위의 점이다.) [4.5점]

① $\dfrac{\sqrt{7}}{2}$ ② $\dfrac{\sqrt{7}}{3}$ ③ $\dfrac{\sqrt{7}}{4}$

④ $\dfrac{\sqrt{7}}{5}$ ⑤ $\dfrac{\sqrt{7}}{6}$

21 1261

이차방정식 $2x^2+x+a=0$의 두 근이 $\sin\theta$, $\cos\theta$이고, 이차방정식 $3x^2+bx+c=0$의 두 근이 $\dfrac{1}{\sin\theta}$, $\dfrac{1}{\cos\theta}$일 때, 상수 a, b, c에 대하여 abc의 값은? [4.5점]

① -24 ② -12 ③ -6

④ 12 ⑤ 24

22 1262

$\dfrac{\pi}{2}<\theta<\pi$인 θ에 대하여 $\sin\theta\cos\theta=-\dfrac{1}{3}$일 때, $\sin^3\theta-\cos^3\theta$의 값을 구하는 과정을 서술하시오. [6점]

23 1263

그림과 같이 반지름의 길이가 2이 고 중심각의 크기가 $\dfrac{\pi}{3}$인 부채꼴 AOB에 원 O′이 내접할 때, 색칠 한 부분의 넓이를 구하는 과정을 서술하시오. [6점]

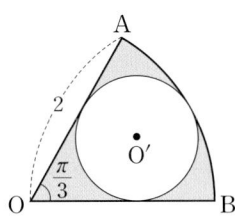

24 1264

원 $x^2+y^2=1$ 위의 점 P(x, y) 와 원점 O에 대하여 동경 OP 가 나타내는 각의 크기를 θ라 하자. 함수 $f(\theta)$를 $f(\theta)=x-2y^2$으로 정의할 때, $f(\theta)$의 값이 최소가 되도록 하 는 θ에 대하여 $\sin\theta\tan\theta$의 값 을 구하는 과정을 서술하시오.

(단, 점 P는 제2사분면 위의 점이다.) [7점]

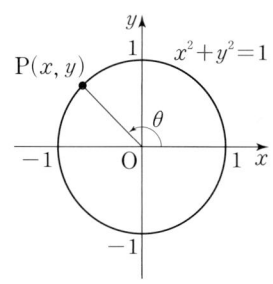

25 1265

그림과 같이 반지름의 길이가 2 이고, 중심각의 크기가 θ인 부채 꼴 AOB 위의 점 A에서 선분 OB에 내린 수선의 발을 C, 점 B 를 지나고 선분 OB에 수직인 직 선이 선분 OA의 연장선과 만나는 점을 D라 하자. $\overline{OC}=\overline{AC}\times\overline{BD}$일 때, $\sin^2\theta-\cos^2\theta$의 값을 구하는 과정 을 서술하시오. [8점]

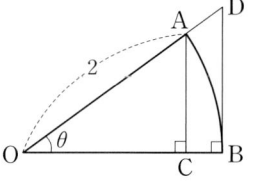

1 1266

다음 중 옳지 <u>않은</u> 것은? [3점]

① $500°$는 제2사분면의 각이다.

② $765°$는 제1사분면의 각이다.

③ $960°$는 제3사분면의 각이다.

④ $-930°$는 제3사분면의 각이다.

⑤ $-1100°$는 제4사분면의 각이다.

2 1267

〈보기〉의 각을 나타내는 동경이 존재하는 사분면이 같은 것만을 있는 대로 고른 것은? [3점]

〈보기〉

ㄱ. $\dfrac{2}{3}\pi$ 　　　　　 ㄴ. $\dfrac{\pi}{6}$

ㄷ. $\dfrac{11}{4}\pi$ 　　　　　 ㄹ. $-\dfrac{29}{6}\pi$

① ㄱ, ㄴ　　　　② ㄱ, ㄷ　　　　③ ㄴ, ㄷ

④ ㄴ, ㄹ　　　　⑤ ㄱ, ㄷ, ㄹ

3 1268

〈보기〉의 각을 나타내는 동경 중 제2사분면에 위치하는 것의 개수는? [3점]

〈보기〉

ㄱ. $-\dfrac{5}{3}\pi$ 　　　 ㄴ. $-455°$ 　　　 ㄷ. $135°$

ㄹ. $1030°$ 　　　 ㅁ. $-\dfrac{19}{6}\pi$

① 1　　　　　② 2　　　　　③ 3

④ 4　　　　　⑤ 5

4 1269

〈보기〉에서 옳은 것만을 있는 대로 고른 것은? [3점]

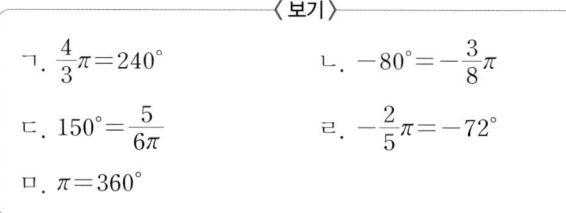

〈보기〉

ㄱ. $\dfrac{4}{3}\pi=240°$ 　　　　 ㄴ. $-80°=-\dfrac{3}{8}\pi$

ㄷ. $150°=\dfrac{5}{6\pi}$ 　　　　 ㄹ. $-\dfrac{2}{5}\pi=-72°$

ㅁ. $\pi=360°$

① ㄱ, ㄹ　　　　② ㄱ, ㅁ　　　　③ ㄴ, ㄹ

④ ㄷ, ㄹ　　　　⑤ ㄷ, ㅁ

5 1270

각 θ를 나타내는 동경과 각 5θ를 나타내는 동경이 일치할 때, $\cos\left(\theta-\dfrac{\pi}{4}\right)$의 값은? (단, $0<\theta<\pi$) [3점]

① $\dfrac{1}{2}$ 　② $\dfrac{\sqrt{3}}{3}$ 　③ $\dfrac{\sqrt{2}}{2}$

④ $\dfrac{\sqrt{3}}{2}$ 　⑤ 1

6 1271

각 2θ를 나타내는 동경과 각 7θ를 나타내는 동경이 x축에 대하여 대칭일 때, 다음 중 θ의 값이 될 수 <u>없는</u> 것은?

(단, $0<\theta<\pi$) [3점]

① $\dfrac{2}{9}\pi$ 　② $\dfrac{\pi}{3}$ 　③ $\dfrac{4}{9}\pi$

④ $\dfrac{2}{3}\pi$ 　⑤ $\dfrac{8}{9}\pi$

7 1272

θ가 제2사분면의 각이고, $\cos\theta=-\dfrac{1}{\sqrt{2}}$일 때, $\sqrt{2}\sin\theta+\tan\theta$의 값은? [3점]

① -1 　② $-\dfrac{1}{2}$ 　③ 0

④ $\dfrac{1}{2}$ 　⑤ 1

8 1273

제4사분면 위의 점 $\mathrm{P}(a,\ b)$가 직선 $y=-\sqrt{3}x$ 위에 있다. 동경 OP가 나타내는 각의 크기를 θ라 할 때, $2\cos\theta-\sqrt{3}\tan\theta$의 값은? (단, O는 원점이다.) [3점]

① $-4\sqrt{3}$ 　② -4 　③ $\dfrac{\sqrt{3}}{2}$

④ 4 　⑤ $4\sqrt{3}$

9 1274

$\dfrac{(1+\tan^2\theta)\sin\theta\cos\theta}{\tan\theta}$를 간단히 하면? [3점]

① $-\dfrac{\sqrt{2}}{2}$ 　② -1 　③ 1

④ $\dfrac{1}{2}$ 　⑤ $\dfrac{\sqrt{3}}{2}$

05

10 1275

$\sin\theta - \cos\theta = \dfrac{1}{2}$일 때, $(1 - \sin^2\theta)(1 - \cos^2\theta)$의 값은?

[3점]

① $\dfrac{5}{16}$　　② $\dfrac{6}{25}$　　③ $\dfrac{7}{36}$

④ $\dfrac{8}{49}$　　⑤ $\dfrac{9}{64}$

11 1276

그림과 같이 모선의 길이가 10인 원뿔을 모선의 중점을 지나고 밑면에 평행한 평면으로 잘라 작은 원뿔과 원뿔대로 분리하였다. 원뿔대의 두 밑면 중에서 작은 원의 넓이가 4π일 때, 원뿔대의 겉넓이는? [3.5점]

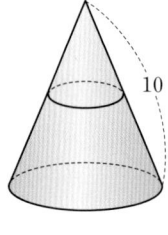

① 35π　　② 40π　　③ 45π

④ 50π　　⑤ 55π

12 1277

원점 O와 점 P(3, −4)에 대하여 동경 OP가 나타내는 각의 크기를 θ라 할 때, $\dfrac{\sin\theta}{\tan\theta}$의 값은? [3.5점]

① $-\dfrac{4}{3}$　　② $-\dfrac{3}{4}$　　③ $\dfrac{3}{5}$

④ $\dfrac{4}{5}$　　⑤ $\dfrac{5}{3}$

13 1278

$\pi < \theta < \dfrac{3}{2}\pi$일 때,

$$|\sin\theta| + |\cos\theta| + \sin\theta + \tan\theta - \sqrt{\tan^2\theta}$$

를 간단히 하면? [3.5점]

① $-\cos\theta$　　　　② $\cos\theta$

③ $\sin\theta$　　　　　④ $2\sin\theta - \cos\theta$

⑤ $\cos\theta + 2\tan\theta$

14 1279

$\dfrac{1}{1+\cos\theta}+\dfrac{1}{1-\cos\theta}=\dfrac{8}{3}$일 때, $4\sin\theta+\tan\theta$의 값은?

$\left(단, \dfrac{\pi}{2}<\theta<\pi\right)$ [3.5점]

① $-\sqrt{3}$ ② $-\sqrt{2}$ ③ 1

④ $\sqrt{2}$ ⑤ $\sqrt{3}$

15 1280

θ가 제3사분면의 각이고 $\sin\theta\cos\theta=\dfrac{1}{3}$일 때,

$\sin^3\theta+\cos^3\theta$의 값은? [3.5점]

① $-\dfrac{\sqrt{15}}{9}$ ② $-\dfrac{2\sqrt{15}}{9}$ ③ $-\dfrac{\sqrt{15}}{3}$

④ $-\dfrac{4\sqrt{15}}{9}$ ⑤ $-\dfrac{5\sqrt{15}}{9}$

16 1281

이차방정식 $4x^2-kx-1=0$의 두 근이 $\sin\theta$, $\cos\theta$일 때, 상수 k의 값은? (단, $k>0$) [3.5점]

① $\sqrt{2}$ ② $\sqrt{3}$ ③ $2\sqrt{2}$

④ $2\sqrt{3}$ ⑤ $3\sqrt{2}$

17 1282

그림과 같이 넓이가 60π인 부채꼴 OAB를 옆면으로 하는 원뿔을 만들었다. 원뿔의 밑면의 반지름의 길이를 r, 높이를 h라 할 때, $r:h=3:4$이다. 부채꼴의 둘레의 길이를 $a+b\pi$라 할 때, 두 자연수 a, b에 대하여 $a+b$의 값은? [4점]

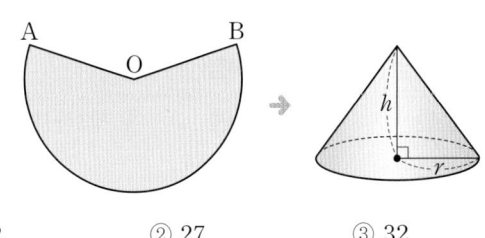

① 22   ② 27   ③ 32

④ 37   ⑤ 42

18 1283

둘레의 길이가 64인 부채꼴 중에서 넓이가 최대인 부채꼴의 반지름의 길이를 r, 중심각의 크기를 θ라 할 때, r, θ의 값은? [4점]

① $r=14$, $\theta=1$ ② $r=16$, $\theta=1$ ③ $r=16$, $\theta=2$

④ $r=18$, $\theta=2$ ⑤ $r=18$, $\theta=3$

19 1284

$\sin\theta\cos\theta<0$, $\cos\theta>\sin\theta$일 때, 각 $\dfrac{\theta}{3}$를 나타내는 동경이 존재할 수 <u>없는</u> 사분면은? [4점]

① 제1사분면   ② 제2사분면   ③ 제3사분면

④ 제4사분면   ⑤ 제2, 4사분면

20 1285

그림과 같은 원 O에서 $\overline{AB}$는 원의 접선이고, 점 A는 접점이다. $\overline{AO}$의 연장선과 $\overline{BO}$의 연장선이 원 O와 만나는 점을 각각 C, D라 하고, $\angle COD=\theta$라 할 때, 색칠한 두 부분의 넓이가 같아지기 위한 조건은? $\left(\text{단, } 0<\theta<\dfrac{\pi}{2}\right)$ [4.5점]

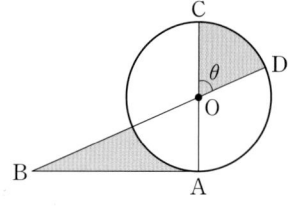

① $\tan\theta=\theta$ ② $\tan\theta=2\theta$ ③ $\tan\theta=4\theta$

④ $\tan 2\theta=\theta$ ⑤ $\tan 3\theta=\theta$

21 1286

그림과 같이 원 $x^2+y^2=1$을 10등분 하는 점을 차례로 P_1, P_2, $\cdots$, P_{10}이라 하자. $P_1(1, 0)$, $\angle P_1OP_2=\theta$라 할 때, $\sin\theta+\sin 2\theta+\sin 3\theta$ $+\cdots+\sin 10\theta$의 값은? (단, O는 원점이다.) [4.5점]

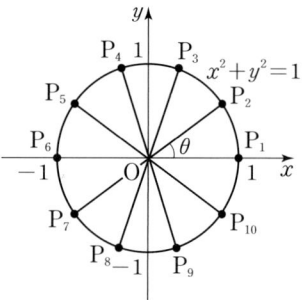

① -10 ② -5 ③ 0

④ 5 ⑤ 10

서술형

22 1287

$\pi<\theta<\dfrac{3}{2}\pi$이고 각 $\dfrac{\theta}{4}$를 나타내는 동경과 각 3θ를 나타내는 동경이 원점에 대하여 대칭일 때, θ의 값을 구하는 과정을 서술하시오. [6점]

23 1288

그림과 같이 원 $x^2+y^2=1$ 위의 점 A에서 x축에 내린 수선의 발을 B, 원 $x^2+y^2=1$이 x축과 만나는 점을 D, 점 D를 지나고 x축에 수직인 직선이 $\overline{\text{OA}}$의 연장선과 만나는 점을 C라 하자.

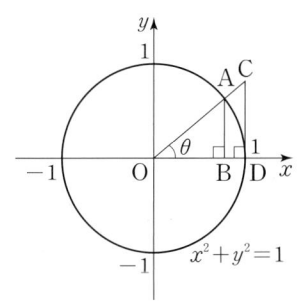

$\angle \text{AOD}=\theta$이고, $\dfrac{\overline{\text{OB}}}{\overline{\text{AB}}}=\dfrac{3}{2}\overline{\text{CD}}$일 때, $\overline{\text{CD}}$의 길이를 구하는 과정을 서술하시오. $\left(\text{단, } 0<\theta<\dfrac{\pi}{2}\text{이고, O는 원점이다.}\right)$

[6점]

24 1289

그림과 같은 두 부채꼴 AOB, COD에서 $\overset{\frown}{\text{AB}}=\dfrac{9}{4}\pi$, $\overset{\frown}{\text{CD}}=\dfrac{7}{4}\pi$ 이다. 색칠한 부분의 넓이가 $\dfrac{8}{3}\pi$일 때, $\overline{\text{AC}}$의 길이를 구하는 과정을 서술하시오. [7점]

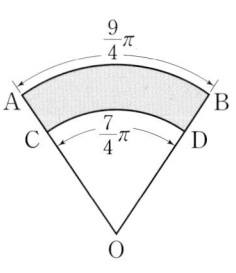

25 1290

그림과 같이 직선 $y=2$가 두 원 $x^2+y^2=5$, $x^2+y^2=12$와 만나는 점을 각각 P, Q라 하자. 점 $\text{A}(2\sqrt{3},\ 0)$에 대하여 $\angle \text{AOP}=\alpha$, $\angle \text{AOQ}=\beta$라 할 때, $\cos\alpha\sin\beta$의 값을 구하는 과정을 서술하시오. (단, O는 원점이고, 두 점 P, Q는 제2사분면 위의 점이다.) [9점]

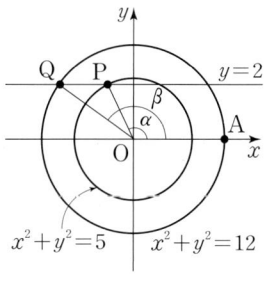

Be positive

엎질러진 물을

주워 담을 수는 없겠지만

언젠가 다시

비가 되어 내리겠지, 뭐.

내신 1등급 문제서

절대등급

수학 최상위 레벨 대표 강사 **이창무** 집필!

실전 감각 UP
타임어택 1, 3, 7분컷

최고 수준 문제로
확실한 1등급

기출에서 PICK
내신 적중률 UP

고등 수학(상) | 고등 수학(하) | 수학Ⅰ | 수학Ⅱ | 확률과 통계 | 미적분

수학 I

내신과 등업을 위한 강력한 한 권!

수매씽 시리즈

중등 1~3학년 1·2학기

고등 수학(상), 수학(하), 수학 I, 수학 II,
확률과 통계, 미적분

 동아출판

☎ **Telephone** 1644-0600
⌂ **Homepage** www.bookdonga.com
✉ **Address** 서울시 영등포구 은행로 30 (우 07242)

• 정답 및 풀이는 동아출판 홈페이지 내 학습자료실에서 내려받을 수 있습니다.
• 교재에서 발견된 오류는 동아출판 홈페이지 내 정오표에서 확인 가능하며, 잘못 만들어진 책은 구입처에서 교환해 드립니다.
• 학습 상담, 제안 사항, 오류 신고 등 어떠한 이야기라도 들려주세요.

249유형 **2747**문항

동아출판

수 매씽

MATHING

수학 I

동아출판

등업을 위한 강력한 한 권!

0 실력과 성적을 한번에 잡는 유형서

- 최다 유형, 최다 문항, 세분화된 유형
- 교육청·평가원 최신 기출 유형 반영
- 다양한 타입의 문항과 접근 방법 수록

삼각함수의 그래프 06

06 삼각함수의 그래프

1 주기함수

함수 $f(x)$의 정의역에 속하는 모든 실수 x에 대하여

$$f(x+p)=f(x)$$

를 만족시키는 0이 아닌 상수 p가 존재할 때, 함수 $f(x)$를 **주기함수**라 하고, 이러한 상수 p의 값 중 최소인 양수를 함수 $f(x)$의 **주기**라 한다.

예 함수 $f(x)$가 주기가 3인 주기함수이면 $f(x+3)=f(x)$이므로

$$\cdots=f(-6)=f(-3)=f(0)=f(3)=f(6)=\cdots$$
$$\cdots=f(-5)=f(-2)=f(1)=f(4)=f(7)=\cdots$$

> 주기함수란 일정 간격을 기준으로 함숫값이 반복되는 함수를 말한다.
> 함수 $f(x)$가 주기가 p인 주기함수이면
> $$f(x)=f(x+p)$$
> $$=f(x+2p)$$
> $$=\cdots$$
> $$=f(x+np) \ (단, n은 정수)$$

2 함수 $y=\sin x$, $y=\cos x$의 성질

핵심 1

(1) **정의역** : 실수 전체의 집합

(2) **치역** : $\{y\,|-1\le y\le 1\}$

(3) 함수 $y=\sin x$의 그래프는 원점에 대하여 대칭이고, 함수 $y=\cos x$의 그래프는 y축에 대하여 대칭이다.

$\;\rightarrow \sin(-x)=-\sin x,\ \cos(-x)=\cos x$

(4) 주기가 2π인 주기함수이다.

$\;\rightarrow \sin(x+2n\pi)=\sin x,\ \cos(x+2n\pi)=\cos x$

(단, n은 정수)

> $-1\le \sin x\le 1,\ -1\le \cos x\le 1$

> 함수 $y=\cos x$의 그래프는 함수 $y=\sin x$의 그래프를 x축의 방향으로 $-\dfrac{\pi}{2}$만큼 평행이동한 것이다.

참고 함수 $y=a\sin bx$, $y=a\cos bx$의 그래프는 각각 $y=\sin x$, $y=\cos x$의 그래프를 x축의 방향으로 $\dfrac{1}{|b|}$배, y축의 방향으로 $|a|$배 한 것이다. $\rightarrow$ 치역 : $\{y\,|-|a|\le y\le|a|\}$, 주기 : $\dfrac{2\pi}{|b|}$

3 함수 $y=\tan x$의 성질

핵심 2

(1) **정의역** : $x\ne n\pi+\dfrac{\pi}{2}$ (n은 정수)인 실수 전체의 집합

(2) **치역** : 실수 전체의 집합

(3) **그래프의 점근선** : 직선 $x=n\pi+\dfrac{\pi}{2}$

(단, n은 정수)

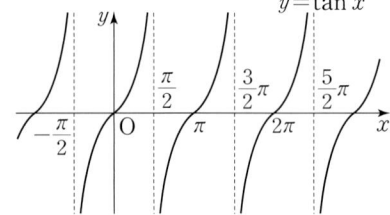

(4) 그래프는 원점에 대하여 대칭이다.

$\;\rightarrow \tan(-x)=-\tan x$

(5) 주기가 π인 주기함수이다.

$\;\rightarrow \tan(x+n\pi)=\tan x$ (단, n은 정수)

> 함수 $y=\tan x$의 치역은 실수 전체의 집합이므로 최댓값과 최솟값이 존재하지 않는다.

참고 $y=a\tan bx$의 그래프는 $y=\tan x$의 그래프를 x축의 방향으로 $\dfrac{1}{|b|}$배, y축의 방향으로 $|a|$배 한 것이다. $\rightarrow$ 정의역 : $x\ne \dfrac{1}{b}\left(n\pi+\dfrac{\pi}{2}\right)$ (n은 정수)인 실수 전체의 집합, 주기 : $\dfrac{\pi}{|b|}$

4 **삼각함수의 최대·최소와 주기** 핵심 1~2

(1) $y=a\sin bx$, $y=a\cos bx$ 꼴의 그래프

① 최댓값 : $|a|$ ② 최솟값 : $-|a|$ ③ 주기 : $\dfrac{2\pi}{|b|}$

(2) $y=a\sin(bx+c)+d$, $y=a\cos(bx+c)+d$ 꼴의 그래프

① 최댓값 : $|a|+d$ ② 최솟값 : $-|a|+d$ ③ 주기 : $\dfrac{2\pi}{|b|}$

(3) $y=a\tan bx$ 꼴의 그래프

① 최댓값, 최솟값은 없다.   ② 주기 : $\dfrac{\pi}{|b|}$

> **참고** $y=a\tan bx$의 그래프의 점근선은 직선 $x=\dfrac{1}{b}\left(n\pi+\dfrac{\pi}{2}\right)$이므로 $y=a\tan(bx+c)+d$의 그래
> 프의 점근선은 직선 $x=\dfrac{1}{b}\left(n\pi+\dfrac{\pi}{2}\right)-\dfrac{c}{b}$이다. (단, n은 정수)

Note

> $y=a\sin(bx+c)+d$
>
> $=a\sin b\left(x+\dfrac{c}{b}\right)+d$
>
> 의 그래프는 $y=a\sin bx$의 그래프를 x축의 방향으로 $-\dfrac{c}{b}$만큼, y축의 방향으로 d만큼 평행이동한 것이다.

> 함수 $y=a\tan bx$의 치역은 실수 전체의 집합이므로 최댓값과 최솟값이 존재하지 않는다.

5 **일반각에 대한 삼각함수의 성질** 핵심 3

(1) $2n\pi+x$ (n은 정수)의 삼각함수

$\sin(2n\pi+x)=\sin x$, $\cos(2n\pi+x)=\cos x$, $\tan(2n\pi+x)=\tan x$

(2) $-x$의 삼각함수

$\sin(-x)=-\sin x$, $\cos(-x)=\cos x$, $\tan(-x)=-\tan x$

(3) $\pi\pm x$의 삼각함수

$\sin(\pi+x)=-\sin x$, $\cos(\pi+x)=-\cos x$, $\tan(\pi+x)=\tan x$

$\sin(\pi-x)=\sin x$, $\cos(\pi-x)=-\cos x$, $\tan(\pi-x)=-\tan x$

(4) $\dfrac{\pi}{2}\pm x$의 삼각함수

$\sin\left(\dfrac{\pi}{2}+x\right)=\cos x$, $\cos\left(\dfrac{\pi}{2}+x\right)=-\sin x$, $\tan\left(\dfrac{\pi}{2}+x\right)=-\dfrac{1}{\tan x}$

$\sin\left(\dfrac{\pi}{2}-x\right)=\cos x$, $\cos\left(\dfrac{\pi}{2}-x\right)=\sin x$, $\tan\left(\dfrac{\pi}{2}-x\right)=\dfrac{1}{\tan x}$

> 삼각함수의 각 변형 방법
>
> ❶ 주어진 각을 $\dfrac{n}{2}\pi\pm\theta$ (n은 정수) 꼴로 나타낸다.
>
> ❷ n이 짝수이면 그대로, n이 홀수이면 $\sin\to\cos$, $\cos\to\sin$, $\tan\to\dfrac{1}{\tan}$로 바꾼다.
>
> ❸ θ를 예각으로 생각하여 $\dfrac{n}{2}\pi\pm\theta$를 나타내는 동경이 존재하는 사분면에서 처음 삼각함수의 부호로 $+$, $-$를 정한다.

6 **삼각함수를 포함한 방정식과 부등식** 핵심 4~5

(1) **삼각함수를 포함한 방정식의 풀이**

❶ 주어진 방정식을 $\sin x=k$ (또는 $\cos x=k$, $\tan x=k$) 꼴로 나타낸다.

❷ 함수 $y=\sin x$ (또는 $y=\cos x$, $y=\tan x$)의 그래프와 직선 $y=k$의 교점의 x좌표를 구한다.

(2) **삼각함수를 포함한 부등식의 풀이**

❶ 부등호를 등호로 바꾼 후 삼각함수의 그래프를 이용하여 삼각방정식을 푼다.

❷ ❶에서 그린 삼각함수의 그래프를 이용하여 주어진 부등식을 만족시키는 미지수의 값의 범위를 구한다.

> 각의 크기가 미지수인 삼각함수를 포함한 방정식과 부등식을 각각 삼각방정식, 삼각부등식이라 한다.

핵심 1 삼각함수 $y=\sin x$, $y=\cos x$의 그래프 유형 1, 3, 5~6

● $y=\sin x$와 $y=\cos x$의 그래프

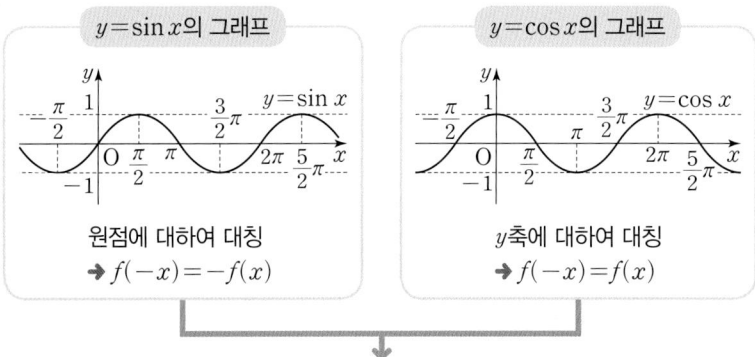

$y=\sin x$의 그래프

원점에 대하여 대칭
➔ $f(-x)=-f(x)$

$y=\cos x$의 그래프

y축에 대하여 대칭
➔ $f(-x)=f(x)$

> $y=\sin x$의 그래프를 x축의 방향으로 $-\dfrac{\pi}{2}$만큼 평행이동하면 $y=\cos x$의 그래프와 일치하므로 $\sin\left(x+\dfrac{\pi}{2}\right)=\cos x$야.

(1) 정의역 : 실수 전체의 집합
(2) 치역 : $\{y\,|\,-1\le y\le 1\}$
(3) 주기 : 2π ➔ $f(x+2\pi)=f(x)$

● 삼각함수의 최대·최소와 주기

$$y=a\sin(bx+c)+d \qquad \text{주기}: \frac{2\pi}{|b|}$$

최댓값 : $|a|+d$
최솟값 : $-|a|+d$

$$y=a\cos(bx+c)+d \qquad \text{주기}: \frac{2\pi}{|b|}$$

최댓값 : $|a|+d$
최솟값 : $-|a|+d$

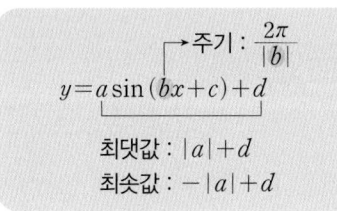

예 $y=3\sin(2x-\pi)-1$ 주기 : $\dfrac{2\pi}{2}=\pi$

최댓값 : $|3|+(-1)=2$
최솟값 : $-|3|+(-1)=-4$

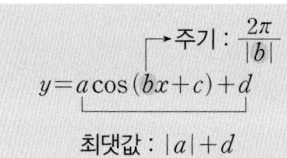

예 $y=-2\cos\left(\dfrac{x}{2}+\dfrac{\pi}{3}\right)+1$ 주기 : $\dfrac{2\pi}{\frac{1}{2}}=4\pi$

최댓값 : $|-2|+1=3$
최솟값 : $-|-2|+1=-1$

1291 다음 함수의 치역과 주기를 구하고, 그 그래프를 그리시오.

(1) $y=2\sin x$

(2) $y=\sin 2x$

(3) $y=\cos\dfrac{x}{2}$

(4) $y=3\cos 2x$

1292 다음 함수의 최댓값, 최솟값, 주기를 구하시오.

(1) $y=-2\sin\left(3x-\dfrac{\pi}{2}\right)+1$

(2) $y=\dfrac{1}{2}\cos\left(\dfrac{x}{2}+\pi\right)-2$

핵심 **2** 삼각함수 $y=\tan x$의 그래프 유형 1, 3, 5~6

$y=\tan x$의 그래프

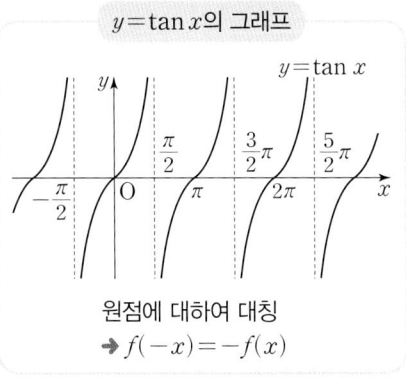

원점에 대하여 대칭
➔ $f(-x)=-f(x)$

(1) 정의역 : $x \neq n\pi + \dfrac{\pi}{2}$ (n은 정수)인 실수 전체의 집합

(2) 치역 : 실수 전체의 집합

(3) 주기 : π ➔ $f(x+\pi)=f(x)$

(4) 점근선 : 직선 $x=n\pi + \dfrac{\pi}{2}$ (단, n은 정수)

예 $y=2\tan\left(x-\dfrac{\pi}{2}\right)$의 그래프의 점근선의 방정식 : $x=n\pi$

(단, n은 정수)

$y=a\tan(bx+c)+d$
$\quad\rightarrow$ 주기 : $\dfrac{\pi}{|b|}$

예 $y=\tan\left(2x-\dfrac{\pi}{2}\right)+1$
$\quad\rightarrow$ 주기 : $\dfrac{\pi}{2}$

$y=\tan x$의
최댓값과 최솟값은 없어.

1293 다음 함수의 주기와 그래프의 점근선의 방정식을 구하고, 그 그래프를 그리시오.

(1) $y=2\tan x$

(2) $y=\tan \dfrac{x}{2}$

1294 함수 $y=\tan\left(\dfrac{2}{3}x-\dfrac{\pi}{2}\right)-1$의 최댓값, 최솟값, 주기를 구하시오.

핵심 **3** 삼각함수의 각의 변환 유형 11

일반각에 대한 삼각함수를 $0°$에서 $90°$까지의 각에 대한 삼각함수로 나타내어 값을 구해 보자.

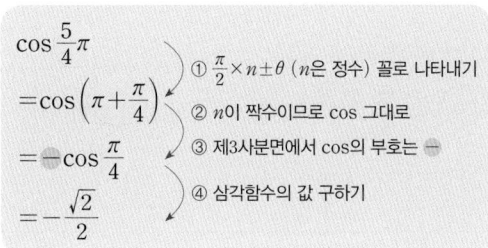

① $\dfrac{\pi}{2} \times n \pm \theta$ (n은 정수) 꼴로 나타내기

② n이 짝수이므로 $\cos$ 그대로

③ 제3사분면에서 $\cos$의 부호는 ⊖

④ 삼각함수의 값 구하기

$\sin \dfrac{19}{3}\pi = \sin\left(6\pi + \dfrac{\pi}{3}\right) = \sin \dfrac{\pi}{3} = \dfrac{\sqrt{3}}{2}$

$\tan \dfrac{11}{6}\pi = \tan\left(2\pi - \dfrac{\pi}{6}\right) = \ominus\tan \dfrac{\pi}{6} = -\dfrac{\sqrt{3}}{3}$

→ 제4사분면에서 $\tan$의 부호는 ⊖

$\sin \dfrac{5}{6}\pi = \sin\left(\pi - \dfrac{\pi}{6}\right) = \sin \dfrac{\pi}{6} = \dfrac{1}{2}$

$\cos 150° = \cos(90° + 60°) = -\sin 60° = -\dfrac{\sqrt{3}}{2}$

 n이 홀수이므로 $\sin$으로 바뀜

1295 다음 삼각함수의 값을 구하시오.

(1) $\sin \dfrac{13}{3}\pi$

(2) $\cos\left(-\dfrac{3}{4}\pi\right)$

(3) $\tan\left(-\dfrac{2}{3}\pi\right)$

(4) $\cos \dfrac{4}{3}\pi$

(5) $\sin \dfrac{3}{4}\pi$

(6) $\tan \dfrac{5}{6}\pi$

1296 다음 삼각함수의 표를 이용하여 $\sin 127°$의 값을 구하시오.

θ	sin	cos	tan
$36°$	0.5878	0.8090	0.7265
$37°$	0.6018	0.7986	0.7536
$38°$	0.6157	0.7880	0.7813

핵심 **4** 삼각방정식의 풀이 유형 18~19

동영상 강의

방정식 $\cos x = \dfrac{1}{2}$의 해를 구해 보자. (단, $0 \le x < 2\pi$)

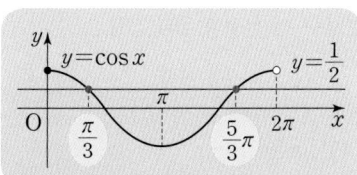

방정식 $\cos x = \dfrac{1}{2}$의 해는

함수 $y = \cos x$의 그래프와 직선 $y = \dfrac{1}{2}$의 교점의 x좌표와 같다.

➡ 해는 $x = \dfrac{\pi}{3}$ 또는 $x = \dfrac{5}{3}\pi$

1297 다음 방정식을 푸시오. (단, $0 \le x < 2\pi$)

(1) $\sin x = -\dfrac{\sqrt{2}}{2}$

(2) $\tan x = \sqrt{3}$

1298 방정식 $2\cos x - \sqrt{3} = 0$을 푸시오.

(단, $0 \le x < 2\pi$)

핵심 **5** 삼각부등식의 풀이 유형 24~25

동영상 강의

부등식 $\sin x > \dfrac{\sqrt{3}}{2}$의 해를 구해 보자. (단, $0 \le x < 2\pi$)

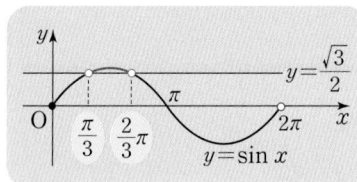

❶ 방정식 $\sin x = \dfrac{\sqrt{3}}{2}$의 해는

함수 $y = \sin x$의 그래프와 직선 $y = \dfrac{\sqrt{3}}{2}$의 교점의 x좌표와 같다.

➡ 해는 $x = \dfrac{\pi}{3}$ 또는 $x = \dfrac{2}{3}\pi$

❷ 부등식 $\sin x > \dfrac{\sqrt{3}}{2}$의 해는

함수 $y = \sin x$의 그래프가 직선 $y = \dfrac{\sqrt{3}}{2}$보다 위쪽에 있는 x의 값의 범위이다.

➡ 해는 $\dfrac{\pi}{3} < x < \dfrac{2}{3}\pi$

1299 다음 부등식을 푸시오. (단, $0 \le x < 2\pi$)

(1) $\sin x \ge \dfrac{1}{2}$

(2) $\cos x < -\dfrac{\sqrt{2}}{2}$

1300 부등식 $\sqrt{3}\tan x - 1 \ge 0$을 푸시오.

(단, $0 \le x < 2\pi$)

기출 유형
실전 준비하기

📍 **28유형, 230문항**입니다.

기초 유형 0-1 이차함수의 그래프와 직선의 위치 관계 | 고등수학

(1) 이차함수 $y=f(x)$의 그래프와 직선 $y=g(x)$의 교점의 x 좌표가 α, β일 때

➡ 이차방정식 $f(x)=g(x)$, 즉 $f(x)-g(x)=0$의 두 실근이 α, β이므로 근과 계수의 관계를 이용한다.

(2) 이차함수 $y=f(x)$의 그래프가 직선 $y=g(x)$보다 위쪽에 있는 부분의 x의 값의 범위

➡ 이차부등식 $f(x)>g(x)$의 해

(3) 이차함수 $y=f(x)$의 그래프가 직선 $y=g(x)$보다 아래쪽에 있는 부분의 x의 값의 범위

➡ 이차부등식 $f(x)<g(x)$의 해

1301 대표문제

이차함수 $y=x^2-x-3$의 그래프가 직선 $y=2x+7$보다 위쪽에 있는 부분의 x의 값의 범위가 $x<a$ 또는 $x>b$일 때, 상수 a, b에 대하여 $a+b$의 값을 구하시오.

1302
••|| Level 1

이차함수 $y=2x^2-3x+b$의 그래프와 직선 $y=ax$의 두 교점의 x좌표가 각각 -3, 4일 때, 상수 a, b에 대하여 ab의 값을 구하시오.

1303
•|| Level 2

이차함수 $y=-x^2+3x-a$의 그래프가 직선 $y=-x+2$보다 아래쪽에 있는 부분의 x의 값의 범위가 $x<-1$ 또는 $x>b$일 때, 상수 a, b에 대하여 $a+2b$의 값은?

(단, $b>-1$)

① -2 ② -1 ③ 1
④ 2 ⑤ 3

기초 유형 0-2 함수의 정의역, 공역, 치역 | 고등수학

함수 $f : X \longrightarrow Y$에서

(1) 정의역 : 집합 X

(2) 공역 : 집합 Y

(3) 치역 : 함숫값 전체의 집합, $\{f(x)\,|\,x\in X\}$

1304 대표문제

정의역이 $\{x\,|\,1\leq x\leq 3\}$인 함수 $y=2x+1$의 치역이 $\{y\,|\,a\leq y\leq b\}$일 때, 상수 a, b에 대하여 $a+b$의 값은?

① 4 ② 6 ③ 8
④ 10 ⑤ 12

1305
•|| Level 1

함수 $f(x)=3x+1$의 치역이 $\{4, 13, 16, 22\}$일 때, 함수 $f(x)$의 정의역을 구하시오.

1306
••|| Level 2

함수 $y=\sqrt{a-x}+2$의 정의역이 $\{x\,|\,x\leq 3\}$이고, 치역이 $\{y\,|\,y\geq b\}$일 때, 상수 a, b에 대하여 ab의 값은?

① 5 ② 6 ③ 7
④ 8 ⑤ 9

	$y=\sin x$	$y=\cos x$	$y=\tan x$
그래프			
정의역	실수 전체의 집합	실수 전체의 집합	$x \neq n\pi + \dfrac{\pi}{2}$ (n은 정수)인 실수 전체의 집합
치역	$\{y \mid -1 \leq y \leq 1\}$	$\{y \mid -1 \leq y \leq 1\}$	실수 전체의 집합
주기	2π	2π	π
대칭성	원점에 대하여 대칭 $\sin(-x)$ $=-\sin x$	y축에 대하여 대칭 $\cos(-x)$ $=\cos x$	원점에 대하여 대칭 $\tan(-x)$ $=-\tan x$

1307 대표문제

다음 중 함수 $y=\cos x$에 대한 설명으로 옳지 <u>않은</u> 것은?

① 정의역은 실수 전체의 집합이다.

② 치역은 $\{y \mid -1 \leq y \leq 1\}$이다.

③ 주기가 2π인 주기함수이다.

④ 그래프는 원점에 대하여 대칭이다.

⑤ 그래프는 $y=\sin x$의 그래프를 x축의 방향으로 $-\dfrac{\pi}{2}$만큼 평행이동한 것과 같다.

1308
Level 1

〈보기〉에서 함수 $f(x)=\sin x$에 대한 설명으로 옳은 것만을 있는 대로 고른 것은?

〈보기〉
ㄱ. $f(x)$의 주기는 2π이다.
ㄴ. $f(x)$의 최댓값은 1이다.
ㄷ. 치역은 실수 전체의 집합이다.
ㄹ. $y=f(x)$의 그래프는 y축에 대하여 대칭이다.

① ㄱ, ㄴ   ② ㄴ, ㄷ   ③ ㄴ, ㄹ

④ ㄱ, ㄴ, ㄷ   ⑤ ㄱ, ㄴ, ㄹ

1309
Level 1

다음 중 함수 $y=\tan x$에 대한 설명으로 옳지 <u>않은</u> 것은?

① 치역은 실수 전체의 집합이다.

② 그래프는 원점에 대하여 대칭이다.

③ 그래프의 점근선의 방정식은 $x=n\pi + \dfrac{\pi}{2}$ (n은 정수)이다.

④ $\tan(-x)=\tan x$

⑤ $\tan(x+p)=\tan x$를 만족시키는 최소의 양수 p는 π이다.

1310
Level 2

다음 중 함수 $y=\cos(-x)$에 대한 설명으로 옳지 <u>않은</u> 것은?

① 정의역은 실수 전체의 집합이다.

② 치역은 $\{y \mid -1 \leq y \leq 1\}$이다.

③ 주기가 2π인 주기함수이다.

④ 그래프는 y축에 대하여 대칭이다.

⑤ $\dfrac{\pi}{2} < x < \pi$에서 x의 값이 증가하면 y의 값도 증가한다.

1311
Level 2

〈보기〉에서 옳은 것만을 있는 대로 고르시오.

〈보기〉
ㄱ. $\sin(-x)=-\sin x$
ㄴ. $y=\cos x$의 그래프를 x축의 방향으로 $\dfrac{\pi}{2}$만큼 평행이동하면 $y=\sin x$의 그래프와 일치한다.
ㄷ. $y=\sin x$는 $0 < x < \dfrac{\pi}{2}$에서 x의 값이 증가하면 y의 값은 감소한다.
ㄹ. $0 \leq x \leq 2\pi$에서 $y=\sin x$의 그래프와 $y=\cos x$의 그래프는 서로 다른 두 점에서 만난다.

실전 유형 **2** 삼각함수의 값의 대소 비교

삼각함수의 그래프를 이용하여 삼각함수의 값의 대소를 비교한다.

1312 대표문제

세 함수 $f(x)=\sin x$, $g(x)=\cos x$, $h(x)=\tan x$에 대하여 다음 중 옳은 것은?

① $f(1)<g(1)<h(1)$ ② $f(1)<h(1)<g(1)$

③ $g(1)<f(1)<h(1)$ ④ $g(1)<h(1)<f(1)$

⑤ $h(1)<f(1)<g(1)$

1313

Level 1

다음 중 옳은 것은?

① $\sin 1<\sin\dfrac{5}{4}<\sin\dfrac{\pi}{4}$ ② $\sin 1<\sin\dfrac{\pi}{4}<\sin\dfrac{5}{4}$

③ $\sin\dfrac{\pi}{4}<\sin 1<\sin\dfrac{5}{4}$ ④ $\sin\dfrac{\pi}{4}<\sin\dfrac{5}{4}<\sin 1$

⑤ $\sin\dfrac{5}{4}<\sin 1<\sin\dfrac{\pi}{4}$

1314

Level 1

세 수 A, B, C의 대소 관계를 바르게 나타낸 것은?

$$A=\cos 25°, \ B=\tan 50°, \ C=\sin 25°$$

① $A<B<C$ ② $A<C<B$

③ $B<C<A$ ④ $C<A<B$

⑤ $C<B<A$

1315

Level 1

함수 $f(x)=\cos x$에 대하여 다음 중 옳은 것은?

① $f(1)<f\left(\dfrac{5}{4}\right)<f\left(\dfrac{\pi}{4}\right)$ ② $f(1)<f\left(\dfrac{\pi}{4}\right)<f\left(\dfrac{5}{4}\right)$

③ $f\left(\dfrac{\pi}{4}\right)<f(1)<f\left(\dfrac{5}{4}\right)$ ④ $f\left(\dfrac{\pi}{4}\right)<f\left(\dfrac{5}{4}\right)<f(1)$

⑤ $f\left(\dfrac{5}{4}\right)<f(1)<f\left(\dfrac{\pi}{4}\right)$

1316

Level 2

〈보기〉에서 옳은 것만을 있는 대로 고른 것은?

$$\left(\text{단, } \dfrac{\pi}{4}<x<\dfrac{\pi}{2}\right)$$

〈 보기 〉

ㄱ. $\sin x-\cos x<0$ ㄴ. $\tan x-\cos x>0$

ㄷ. $\sin x-\tan x>0$

① ㄱ ② ㄴ ③ ㄷ

④ ㄱ, ㄴ ⑤ ㄱ, ㄷ

1317

Level 2

세 함수 $f(x)=\sin x$, $g(x)=\cos x$, $h(x)=\tan x$에 대하여 다음 중 그 값이 가장 큰 것은?

① $h(1)-f(1)$ ② $f(1)-g(1)$ ③ $h(1)-g(1)$

④ $g(1)-f(1)$ ⑤ $g(1)-h(1)$

1318

Level 3

함수 $f(x)=\tan x$에 대하여 다음 중 옳은 것은?

① $f(4)<f(7)<f(10)$ ② $f(4)<f(10)<f(7)$

③ $f(7)<f(4)<f(10)$ ④ $f(10)<f(4)<f(7)$

⑤ $f(10)<f(7)<f(4)$

1319

$\dfrac{\pi}{4}<x<\dfrac{\pi}{2}$, $\dfrac{\pi}{4}<y<\dfrac{\pi}{2}$일 때, 두 식 $A=x\sin y+y\sin x$, $B=x\cos x+y\cos y$의 대소를 비교하시오. (단, $x\neq y$)

1320

ıll Level 3

$\dfrac{\pi}{4}<\theta<\dfrac{\pi}{2}$인 θ에 대하여 〈보기〉에서 옳은 것만을 있는 대로 고른 것은?

〈보기〉
> ㄱ. $0<\cos\theta<\sin\theta<1$
> ㄴ. $\log_{\sin\theta}\cos\theta>1$
> ㄷ. $(\sin\theta)^{\cos\theta}<(\sin\theta)^{\sin\theta}<(\cos\theta)^{\sin\theta}$

① ㄱ   ② ㄴ   ③ ㄱ, ㄴ

④ ㄱ, ㄷ   ⑤ ㄱ, ㄴ, ㄷ

다음은 이 유형에서 출제된 최근 교육청 • 평가원 기출문제입니다.

1321 · 교육청 2019년 6월

ıll Level 3

$0<\theta<\dfrac{\pi}{4}$인 θ에 대하여 〈보기〉에서 옳은 것만을 있는 대로 고른 것은?

〈보기〉
> ㄱ. $0<\sin\theta<\cos\theta<1$
> ㄴ. $0<\log_{\sin\theta}\cos\theta<1$
> ㄷ. $(\sin\theta)^{\cos\theta}<(\cos\theta)^{\cos\theta}<(\cos\theta)^{\sin\theta}$

① ㄱ   ② ㄱ, ㄴ   ③ ㄱ, ㄷ

④ ㄴ, ㄷ   ⑤ ㄱ, ㄴ, ㄷ

실전유형 3 삼각함수와 주기함수

(1) $y=\sin ax$의 주기는 $\dfrac{2\pi}{|a|}$

　　$y=\cos ax$의 주기는 $\dfrac{2\pi}{|a|}$

　　$y=\tan ax$의 주기는 $\dfrac{\pi}{|a|}$

(2) 함수 $f(x)$가 주기가 p인 주기함수이면
　→ $f(x)=f(x+p)=f(x+2p)=f(x+3p)=\cdots$
　즉, $f(x+np)=f(x)$와 같이 나타낼 수 있다.
　　　　　　　　　　　　　　　　(단, n은 정수)

> 참고 $f(x+p)=f(x)$ (p는 양수)이면 함수 $f(x)$의 주기는 $\dfrac{p}{n}$ (n은 자연수) 꼴이다.

(3) 함수 $f(x)$가 주기가 $2p$인 주기함수이면
　→ $f(x)=f(x+2p)$ 또는 $f(x-p)=f(x+p)$

1322 대표문제

다음 중 주기가 $\sqrt{2}$인 주기함수인 것은?

① $y=\tan\pi x$ ② $y=\cos\pi x$

③ $y=\sin 2\pi x$ ④ $y=\cos\left(\sqrt{2}\pi x-\dfrac{\pi}{4}\right)$

⑤ $y=\sin\dfrac{\sqrt{2}}{\pi}x$

1323

ıll Level 1

두 함수 $y=\cos ax$와 $y=\tan\dfrac{x}{a}$의 주기가 같을 때, 상수 a의 값은? (단, $a>0$)

① $\dfrac{\sqrt{2}}{2}$ ② $\sqrt{2}$ ③ $\sqrt{3}$

④ $2\sqrt{2}$ ⑤ $3\sqrt{2}$

1324

● ▌▋ Level **1**

세 함수 $y=\sin 2x$, $y=\dfrac{1}{2}\cos \pi x$, $y=2\tan \dfrac{1}{3}x$의 주기를 각각 a, b, c라 할 때, a, b, c의 대소 관계를 바르게 나타낸 것은?

① $a<b<c$ ② $a<c<b$ ③ $b<a<c$

④ $b<c<a$ ⑤ $c<a<b$

1325

● ▌▋ Level **2**

함수 $f(x)=\sin x+\cos 2x+3$의 주기를 p라 할 때, $f(p)$의 값을 구하시오.

1326

● ▌▋ Level **2**

함수 $f(x)=\sin\left(x+\dfrac{\pi}{4}\right)\cos\left(x-\dfrac{\pi}{4}\right)$의 주기를 p라 할 때, $f(p)$의 값은?

① $-\dfrac{\sqrt{3}}{2}$ ② $-\dfrac{1}{2}$ ③ $\dfrac{1}{2}$

④ $\dfrac{\sqrt{2}}{2}$ ⑤ $\dfrac{\sqrt{3}}{2}$

1327

● ▌▋ Level **2**

다음 중 모든 실수 x에 대하여 $f(x)=f(x+1)$을 만족시키는 함수가 <u>아닌</u> 것은?

① $f(x)=2\sin 2\pi\left(x-\dfrac{\pi}{2}\right)$

② $f(x)=2\cos 2\pi(x-1)$

③ $f(x)=2\sin 3\pi(x-1)+1$

④ $f(x)=2\cos 4\pi(x+1)-1$

⑤ $f(x)=2\cos 6\pi x$

1328

● ▌▋ Level **2**

모든 실수 x에 대하여 $f(x)=f(x+\pi)$를 만족시키는 함수 $f(x)$만을 <**보기**>에서 있는 대로 고른 것은?

〈 보기 〉

ㄱ. $f(x)=\sin 4x+1$ ㄴ. $f(x)=\cos 6x$

ㄷ. $f(x)=\tan \dfrac{x}{3}$ ㄹ. $f(x)=\tan 4x+2$

① ㄱ, ㄹ   ② ㄴ, ㄷ   ③ ㄴ, ㄹ

④ ㄱ, ㄴ, ㄹ   ⑤ ㄴ, ㄷ, ㄹ

1329

● ▌▋ Level **2**

모든 실수 x에 대하여 $f(x+1)=f(x-1)$을 만족시키는 함수 $f(x)$에 대하여 $f(0)=2$, $f(1)=-1$일 때, $f(2020)+f(2021)+f(2022)$의 값은?

① 0 ② 1 ③ 2

④ 3 ⑤ 4

1330 고난도

〔Level 3〕

모든 실수 x에 대하여 $f(x+2)=f(x-1)$을 만족시키는 함수 $f(x)$에 대하여 $f(0)=-1$, $f(1)=3$, $f(2)=1$일 때, $f(2022)+f(2024)$의 값을 구하시오.

+ **Plus 문제**

다음은 이 유형에서 출제된 최근 교육청·평가원 기출문제입니다.

1331 · 교육청 2021년 9월

〔Level 1〕

함수 $y=\cos\dfrac{x}{3}$의 주기는?

① 2π ② 3π ③ 4π

④ 5π ⑤ 6π

1332 · 교육청 2021년 10월

〔Level 1〕

함수 $y=\tan\left(\pi x+\dfrac{\pi}{2}\right)$의 주기는?

① $\dfrac{1}{2}$ ② $\dfrac{\pi}{4}$ ③ 1

④ $\dfrac{3}{2}$ ⑤ $\dfrac{\pi}{2}$

실전유형 4 삼각함수의 그래프의 평행이동과 대칭이동

(1) 함수 $y=f(x)$의 그래프를 x축의 방향으로 m만큼, y축의 방향으로 n만큼 평행이동한 그래프의 식은 $y-n=f(x-m)$이다.

→ $y=a\sin(bx+c)+d=a\sin b\left(x+\dfrac{c}{b}\right)+d$의 그래프는 $y=a\sin bx$의 그래프를 x축의 방향으로 $-\dfrac{c}{b}$만큼, y축의 방향으로 d만큼 평행이동한 것이다.

(2) 함수 $y=f(x)$의 그래프를 x축, y축, 원점에 대하여 대칭이동한 그래프의 식은 다음과 같다.

	x축에 대하여 대칭이동	y축에 대하여 대칭이동	원점에 대하여 대칭이동
$y=f(x)$	$y=-f(x)$	$y=f(-x)$	$y=-f(-x)$

1333 대표문제

함수 $y=2\cos\left(\dfrac{\pi}{2}x-\pi\right)-3$의 그래프는 $y=2\cos\dfrac{\pi}{2}x$의 그래프를 x축의 방향으로 m만큼, y축의 방향으로 n만큼 평행이동한 것이다. 이때 $m+n$의 값을 구하시오.

(단, $0<m<4$)

1334

〔Level 1〕

함수 $y=\sin 2x+1$의 그래프를 x축에 대하여 대칭이동한 후 y축의 방향으로 -3만큼 평행이동한 그래프의 식이 $y=a\sin 2x+b$일 때, 상수 a, b에 대하여 ab의 값을 구하시오.

1335

〔Level 1〕

다음 중 함수 $y=3\sin x$의 그래프를 x축의 방향으로 $-\dfrac{\pi}{4}$만큼 평행이동한 그래프 위의 점은?

① $(0, 0)$ ② $\left(-\dfrac{\pi}{4}, 1\right)$ ③ $\left(\dfrac{\pi}{4}, 3\right)$

④ $\left(\dfrac{3}{4}\pi, 3\right)$ ⑤ $\left(\dfrac{5}{4}\pi, -1\right)$

1336

‖‖ Level **2**

함수 $y=\tan \pi x$의 그래프를 x축의 방향으로 -2만큼, y축의 방향으로 1만큼 평행이동한 그래프가 점 $\left(-\dfrac{7}{4},\ a\right)$를 지날 때, a의 값은?

① 0   ② 1   ③ 2

④ 3   ⑤ 4

1337

‖‖ Level **2**

함수 $y=\sin x$의 그래프를 평행이동 또는 대칭이동하여 겹쳐질 수 있는 그래프의 식인 것만을 〈**보기**〉에서 있는 대로 고른 것은?

〈 보기 〉

ㄱ. $y=2\sin x-2$ ㄴ. $y=\sin(x+\pi)+1$

ㄷ. $y=-\sin x+5$ ㄹ. $y=\sin(2x-\pi)-3$

① ㄱ, ㄴ   ② ㄴ, ㄹ   ③ ㄴ, ㄷ

④ ㄱ, ㄷ, ㄹ   ⑤ ㄴ, ㄷ, ㄹ

1338

‖‖ Level **2**

함수 $y=3\cos 2x$의 그래프를 평행이동하여 겹쳐질 수 있는 그래프의 식인 것만을 〈**보기**〉에서 있는 대로 고르시오.

〈 보기 〉

ㄱ. $y=-\cos 2x$ ㄴ. $y=\cos(2x-3)$

ㄷ. $y=3\cos x+2$ ㄹ. $y=3\cos(2x+\pi)-2$

1339

‖‖ Level **2**

함수 $y=\sin 3x$의 그래프를 평행이동 또는 대칭이동하여 겹쳐질 수 있는 그래프의 식이 <u>아닌</u> 것은?

① $y=\sin 3x-1$ ② $y=\sin(3x-6)$

③ $y=\sin(3x-3\pi)-2$ ④ $y=-2\sin 3x+3\pi$

⑤ $y=-\sin(3x+3\pi)+\pi$

06

1340

‖‖ Level **2**

함수 $y=-2\cos 4x$의 그래프를 x축의 방향으로 $\dfrac{\pi}{4}$만큼, y축의 방향으로 -4만큼 평행이동한 그래프가 나타내는 함수를 $y=f(x)$라 할 때, $f\left(\dfrac{\pi}{3}\right)$의 값은?

① -2 ② -3 ③ -4

④ -5 ⑤ -6

1341

‖‖ Level **2**

함수 $y=\tan\dfrac{\pi}{2}x$의 그래프를 y축에 대하여 대칭이동한 후 x축의 방향으로 $\dfrac{1}{3}$만큼, y축의 방향으로 3만큼 평행이동한 그래프의 식이 $y=\tan(ax+b)+c$일 때, 상수 a, b, c에 대하여 $\dfrac{ac}{b}$의 값을 구하시오. (단, $a<0$, $0<b<\pi$)

삼각함수	최댓값	최솟값	주기
$y=a\sin(bx+c)+d$	$\lvert a\rvert+d$	$-\lvert a\rvert+d$	$\dfrac{2\pi}{\lvert b\rvert}$
$y=a\cos(bx+c)+d$	$\lvert a\rvert+d$	$-\lvert a\rvert+d$	$\dfrac{2\pi}{\lvert b\rvert}$
$y=a\tan(bx+c)+d$	없다.	없다.	$\dfrac{\pi}{\lvert b\rvert}$

1342 대표문제

함수 $y=-2\sin\left(-3\pi x+\dfrac{1}{6}\right)+1$의 주기를 a, 최댓값을 b, 최솟값을 c라 할 때, $a+b+c$의 값은?

① $\dfrac{8}{3}$ ② 3 ③ $\dfrac{10}{3}$

④ $\dfrac{11}{3}$ ⑤ 4

1343 ▫️ Level 1

함수 $f(x)=-4\cos\left(2x+\dfrac{2}{3}\pi\right)-1$의 주기를 a, 최댓값을 b, 최솟값을 c라 할 때, $\dfrac{abc}{\pi}$의 값은?

① 15 ② 10 ③ 5

④ -5 ⑤ -15

1344 ▫️ Level 1

함수 $y=2\sin\left(-\dfrac{\pi}{4}x-1\right)-3$의 주기를 a, 최댓값을 b, 최솟값을 c라 할 때, abc의 값을 구하시오.

1345 ▫️ Level 2

함수 $y=3\cos 2x$의 그래프를 x축의 방향으로 $\dfrac{\pi}{4}$만큼, y축의 방향으로 2만큼 평행이동한 그래프가 나타내는 함수의 주기를 a, 최솟값을 b라 할 때, $a+b$의 값은?

① $\pi-2$ ② $\pi-1$ ③ $2\pi-1$

④ $\pi+1$ ⑤ $2\pi+1$

1346 ▫️ Level 2

함수 $y=-2\sin\dfrac{\pi}{3}x$의 그래프를 x축의 방향으로 $\dfrac{\pi}{2}$만큼, y축의 방향으로 -4만큼 평행이동한 그래프가 나타내는 함수의 주기를 a, 최댓값을 b라 할 때, ab의 값을 구하시오.

다음은 이 유형에서 출제된 최근 교육청·평가원 기출문제입니다.

1347 · 2021학년도 대학수학능력시험 ▫️ Level 1

함수 $f(x)=4\cos x+3$의 최댓값은?

① 6 ② 7 ③ 8

④ 9 ⑤ 10

1350

Level 2

다음 중 함수 $y=\tan 2\left(x-\dfrac{\pi}{2}\right)+1$에 대한 설명으로 옳지 <u>않은</u> 것은?

① 주기가 $\dfrac{\pi}{2}$인 주기함수이다.

② 치역은 실수 전체의 집합이다.

③ 그래프의 점근선은 직선 $x=\dfrac{n}{2}\pi+\dfrac{3}{4}\pi$ (n은 정수)이다.

④ 그래프는 원점을 지난다.

⑤ 그래프는 $y=\tan 2x$의 그래프를 x축의 방향으로 $\dfrac{\pi}{2}$만큼, y축의 방향으로 1만큼 평행이동한 것과 같다.

실전 유형 6 삼각함수의 그래프의 여러 가지 성질

	$y=\sin x$	$y=\cos x$	$y=\tan x$
정의역	실수 전체의 집합	실수 전체의 집합	$x\neq n\pi+\dfrac{\pi}{2}$ (n은 정수)인 실수 전체의 집합
치역	$\{y\,|\,-1\le y\le 1\}$	$\{y\,|\,-1\le y\le 1\}$	실수 전체의 집합
대칭성	원점에 대하여 대칭	y축에 대하여 대칭	원점에 대하여 대칭
주기	2π	2π	π

1348 대표문제

다음 중 함수 $y=2\cos\left(\dfrac{\pi}{2}-x\right)$에 대한 설명으로 옳지 <u>않은</u> 것은?

① 주기가 2π인 주기함수이다.

② 정의역은 실수 전체의 집합이다.

③ 치역은 $\{y\,|\,-2\le y\le 2\}$이다.

④ 그래프는 점 $\left(\dfrac{\pi}{6},\,1\right)$을 지난다.

⑤ 그래프를 x축의 방향으로 $-\dfrac{\pi}{2}$만큼 평행이동하면 $y=\cos x$의 그래프와 겹쳐질 수 있다.

1351

Level 2

다음 중 함수 $y=3\sin\left(2x-\dfrac{\pi}{2}\right)+1$에 대한 설명으로 옳지 <u>않은</u> 것은?

① 주기가 π인 주기함수이다.

② 최댓값은 4이다.

③ 최솟값은 -2이다.

④ 그래프는 점 $(0,\,-2)$를 지난다.

⑤ 그래프는 $y=3\sin x$의 그래프를 평행이동하여 겹쳐질 수 있다.

1349

Level 1

다음 중 옳은 것은?

① $y=\cos\dfrac{x}{2}$의 주기는 π이다.

② $y=2\tan\left(\dfrac{x}{2}-\dfrac{\pi}{6}\right)$의 주기는 4π이다.

③ $y=-2\sin\left(x-\dfrac{\pi}{2}\right)+1$의 최솟값은 -2이다.

④ $y=\tan 2x$의 그래프의 점근선은 직선 $x=n\pi+\dfrac{\pi}{4}$ (n은 정수)이다.

⑤ $y=\sin\left(x+\dfrac{\pi}{2}\right)$의 그래프는 $y=\cos x$의 그래프와 같다.

1352

Level 2

다음 중 함수 $f(x)=3\cos 3x-1$에 대한 설명으로 옳은 것은?

① 주기는 $\frac{2}{3}$이다.

② 최댓값은 3이다.

③ 최솟값은 -3이다.

④ $f\left(\frac{\pi}{3}\right)=2$

⑤ $0<x<\frac{\pi}{3}$에서 x의 값이 증가하면 y의 값은 감소한다.

1353

Level 2

함수 $f(x)=2\sin(4x+\pi)-1$에 대하여 〈보기〉에서 옳은 것만을 있는 대로 고르시오.

〈보기〉

ㄱ. 주기는 π이다.

ㄴ. 치역은 $\{y|-3\le y\le 1\}$이다.

ㄷ. $f(-\pi)+f(\pi)=-2$

ㄹ. 모든 실수 x에 대하여 $f(x)=-f(-x)$이다.

ㅁ. $y=f(x)$의 그래프는 $y=2\sin 4x$의 그래프를 x축의 방향으로 $\frac{\pi}{4}$만큼, y축의 방향으로 -1만큼 평행이동한 것과 같다.

1354

Level 2

함수 $f(x)=-3\tan\left(\frac{\pi}{2}x+\pi\right)+2$에 대하여 〈보기〉에서 옳은 것만을 있는 대로 고른 것은?

〈보기〉

ㄱ. 함수 $g(x)=\sin\frac{\pi}{2}x$와 주기가 같다.

ㄴ. 그래프는 점 $(2,\ 2)$를 지난다.

ㄷ. $f(x)$의 최댓값은 5이다.

ㄹ. 정의역은 $x\ne 2n-1$ (n은 정수)인 실수 전체의 집합이다.

① ㄱ, ㄷ ② ㄴ, ㄷ ③ ㄴ, ㄹ

④ ㄱ, ㄴ, ㄷ ⑤ ㄴ, ㄷ, ㄹ

1355

Level 3

함수 $f(x)=\cos\left(2x-\frac{\pi}{3}\right)+3$에 대하여 〈보기〉에서 옳은 것만을 있는 대로 고른 것은?

〈보기〉

ㄱ. 모든 실수 x에 대하여 $f(x+\pi)=f(x)$이다.

ㄴ. $f(x)$의 최댓값은 4, 최솟값은 2이다.

ㄷ. $y=f(x)$의 그래프는 직선 $x=\frac{\pi}{6}$에 대하여 대칭이다.

① ㄱ ② ㄴ ③ ㄱ, ㄷ

④ ㄴ, ㄷ ⑤ ㄱ, ㄴ, ㄷ

실전 유형 7 삼각함수의 미정계수의 결정 – 식이 주어진 경우

(1) $y=a\sin(bx+c)+d$, $y=a\cos(bx+c)+d$
  ① a, d : 삼각함수의 최댓값, 최솟값 또는 함숫값을 이용하여 구한다.
  ② b : 주기를 이용하여 구한다.
  ③ c : 함숫값 또는 평행이동을 이용하여 구한다.
(2) $y=a\tan(bx+c)+d$
  ① a : 함숫값을 이용하여 구한다.
  ② b : 주기 또는 점근선의 방정식을 이용하여 구한다.
  ③ c, d : 함숫값 또는 평행이동을 이용하여 구한다.

1356 대표문제

함수 $f(x)=a\sin\left(x+\dfrac{\pi}{2}\right)+b$의 최댓값이 5이고

$f\left(-\dfrac{\pi}{3}\right)=2$일 때, $f(x)$의 최솟값은?

(단, $a<0$, b는 상수이다.)

① 0   ② 1   ③ 2

④ 3   ⑤ 4

1357 Level 1

함수 $f(x)=a\sin\left(2x-\dfrac{\pi}{3}\right)+b$의 최댓값이 4, 최솟값이 -2
일 때, 상수 a, b에 대하여 ab이 값을 구하시오. (단, $a>0$)

1358 Level 2

함수 $f(x)=a\tan bx$의 주기가 $\dfrac{\pi}{2}$이고 $f\left(\dfrac{\pi}{8}\right)=3$일 때, 상
수 a, b에 대하여 $a+b$의 값은? (단, $b>0$)

① 3   ② 4   ③ 5

④ 6   ⑤ 7

1359 Level 2

함수 $f(x)=a\cos\left(x-\dfrac{\pi}{3}\right)+b$의 최솟값이 -2이고

$f\left(\dfrac{5}{6}\pi\right)=1$일 때, $f(x)$의 최댓값을 구하시오.

(단, $a<0$, b는 상수이다.)

1360 Level 2

함수 $y=a\sin(\pi x+2)+b$의 주기는 p이고, 최댓값은 8,
최솟값은 m이다. $m=p$일 때, 상수 a, b에 대하여 ab의 값
은? (단, $a>0$)

① 3   ② 6   ③ 9

④ 12   ⑤ 15

1361 Level 2

함수 $y=2\tan(ax-b)+1$의 주기는 2π이고 그래프의 점
근선의 방정식이 $x=2n\pi$ (n은 정수)일 때, 상수 a, b에 대
하여 ab의 값은? (단, $a>0$, $0<b<\pi$)

① $\dfrac{\pi}{4}$ ② $\dfrac{\pi}{2}$ ③ π

④ 2π ⑤ 4π

1362
Level 2

함수 $f(x)=a\sin bx+c$가 다음 조건을 만족시킬 때, 상수 a, b, c에 대하여 abc의 값을 구하시오. (단, $a>0$, $b>0$)

> (개) $f(x)$의 최솟값은 -4이다.
> (내) 주기가 6π인 주기함수이다.
> (대) $f\left(\dfrac{\pi}{2}\right)=5$

1363
Level 2

함수 $f(x)=a\cos bx+c$가 다음 조건을 만족시킬 때, 상수 a, b, c에 대하여 abc의 값을 구하시오. (단, $a>0$, $b>0$)

> (개) $f(x)$의 최댓값과 최솟값의 차는 4이다.
> (내) 주기가 3π인 주기함수이다.
> (대) 그래프가 점 $\left(\dfrac{\pi}{2},\ \dfrac{1}{2}\right)$을 지난다.

1364
Level 2

함수 $f(x)=3\tan(ax+b)-2$가 다음 조건을 만족시킬 때, 상수 a, b에 대하여 ab의 값은? (단, $a>0$, $0<b<\pi$)

> (개) 모든 실수 x에 대하여 $f(x+p)=f(x)$를 만족시키는 양수 p의 최솟값은 2π이다.
> (내) 그래프의 점근선의 방정식은 $x=2n\pi+\dfrac{\pi}{2}$ (n은 정수) 이다.

① $\dfrac{\pi}{8}$ ② $\dfrac{\pi}{6}$ ③ $\dfrac{\pi}{4}$
④ $\dfrac{\pi}{2}$ ⑤ π

1365
Level 3

함수 $f(x)=a\cos(bx+c)+d$가 다음 조건을 만족시킬 때, 상수 a, b, c, d에 대하여 $abcd$의 값을 구하시오.
(단, $a>0$, $b>0$, $\pi<c<2\pi$)

> (개) 주기가 π인 주기함수이다.
> (내) $f(x)$의 최댓값과 최솟값의 합은 2, 차는 4이다.
> (대) $f\left(\dfrac{\pi}{6}\right)=1$

+ **Plus 문제**

1366
Level 3

함수 $f(x)=a\tan(bx+c)+d$가 다음 조건을 만족시킬 때, 상수 a, b, c, d에 대하여 $abcd$의 값은?
(단, $b>0$, $-2\pi<c<0$)

> (개) 주기가 $\dfrac{\pi}{3}$인 주기함수이다.
> (내) $y=f(x)$의 그래프는 $y=a\tan bx$의 그래프를 x축의 방향으로 $\dfrac{\pi}{3}$만큼, y축의 방향으로 -2만큼 평행이동한 것과 같다.
> (대) $f\left(\dfrac{\pi}{4}\right)=1$

① -18π ② -15π ③ -12π
④ -9π ⑤ -6π

다음은 이 유형에서 출제된 최근 교육청 · 평가원 기출문제입니다.

1367 · 교육청 2021년 11월
Level 1

두 상수 a, b에 대하여 함수 $f(x)=4\cos\dfrac{\pi}{a}x+b$의 주기가 4이고 최솟값이 -1일 때, $a+b$의 값은? (단, $a>0$)

① 5 ② 7 ③ 9
④ 11 ⑤ 13

실전유형 8 삼각함수의 미정계수의 결정 – 그래프가 주어진 경우 [빈출유형]

주어진 그래프에서 주기, 최댓값, 최솟값과 그래프가 지나는 점의 좌표를 이용하여 삼각함수의 미정계수를 구한다.

1368 [대표문제]

함수 $y=a\sin bx+c$의 그래프가 그림과 같을 때, 상수 a, b, c에 대하여 $a+b-2c$의 값은? (단, $a>0$, $b>0$)

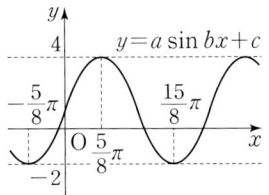

① 1
② $\dfrac{6}{5}$
③ $\dfrac{7}{5}$
④ $\dfrac{8}{5}$
⑤ $\dfrac{9}{5}$

1369

 Level 1

함수 $y=a\cos(bx+\pi)$의 그래프가 그림과 같을 때, 상수 a, b에 대하여 $a+b$의 값은? (단, $a>0$, $b>0$)

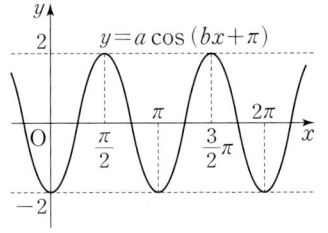

① 3
② $\dfrac{7}{2}$
③ 4
④ $\dfrac{9}{2}$
⑤ 5

1370

 Level 2

함수 $y=\tan(ax-b)$의 그래프가 그림과 같을 때, 상수 a, b에 대하여 $a+2b$의 값을 구하시오. (단, $a>0$, $0<b<\pi$)

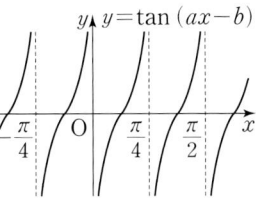

1371

 Level 2

함수 $y=a\cos bx+c$의 그래프가 그림과 같을 때, 상수 a, b, c에 대하여 $2a+b+c$의 값은? (단, $a>0$, $b>0$)

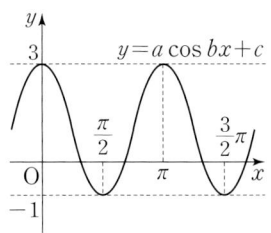

① 1
② 3
③ 5
④ 7
⑤ 9

1372

 Level 2

함수

$y=a\sin\dfrac{\pi}{2}(2x+1)+b$의

그래프가 그림과 같을 때, 상수 a, b, c에 대하여 $2a+b+4c$의 값을 구하시오. (단, $a>0$)

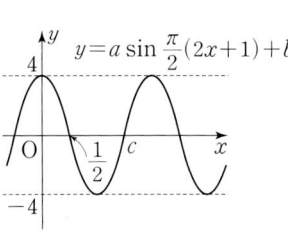

1373

Level 2

함수 $y=a\sin(bx-c)$의 그래프가 그림과 같을 때, 상수 a, b, c에 대하여 $a-b+4c$의 값은?

$\left(\text{단, } a>0,\ b>0,\ 0<c<\dfrac{\pi}{2}\right)$

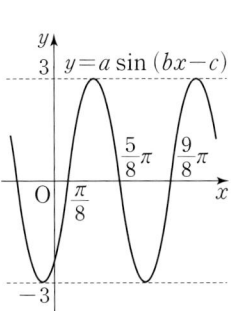

① π
② $1+\pi$
③ $2+\pi$
④ $1-\pi$
⑤ $2-\pi$

1374

Level 2

함수 $y = a\cos(bx+c)$의 그래프가 그림과 같을 때, 상수 a, b, c에 대하여 abc의 값은?

$\left(\text{단, } a>0, \ b>0, \ 0<c<\dfrac{\pi}{2}\right)$

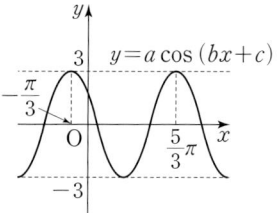

① $\dfrac{\pi}{2}$ ② π ③ $\dfrac{3}{2}\pi$

④ 2π ⑤ $\dfrac{5}{2}\pi$

1375

Level 2

두 상수 a, b에 대하여 함수 $f(x) = \tan(ax-b)$의 그래프가 그림과 같을 때, $f\left(\dfrac{\pi}{4}\right)$의 값을 구하시오.

$\left(\text{단, } a>0, \ 0<b<\dfrac{\pi}{2}\right)$

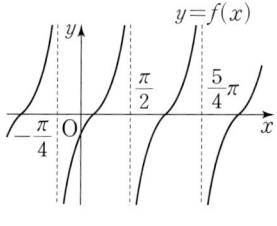

1376

Level 3

세 상수 a, b, c에 대하여 함수 $f(x) = a\sin\left(bx+\dfrac{\pi}{6}\right)+c$의 그래프가 그림과 같을 때, $f\left(\dfrac{1}{2}\right)$의 값을 구하시오.

(단, $a>0$, $b>0$)

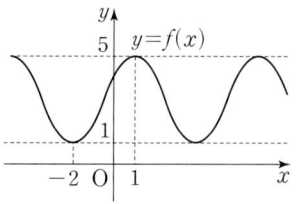

다음은 이 유형에서 출제된 최근 교육청 · 평가원 기출문제입니다.

1377 · 교육청 2018년 11월

Level 2

그림은 함수 $f(x) = a\cos\dfrac{\pi}{2b}x+1$의 그래프이다. 두 양수 a, b에 대하여 $a+b$의 값은?

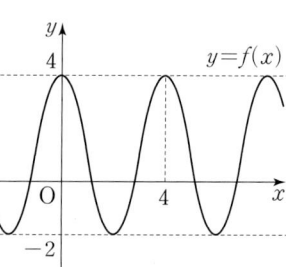

① $\dfrac{7}{2}$ ② 4

③ $\dfrac{9}{2}$ ④ 5 ⑤ $\dfrac{11}{2}$

1378 · 교육청 2020년 6월

Level 2

세 상수 a, b, c에 대하여 함수 $y = a\sin bx+c$의 그래프가 그림과 같을 때, $a-2b+c$의 값은?

(단, $a>0$, $b>0$)

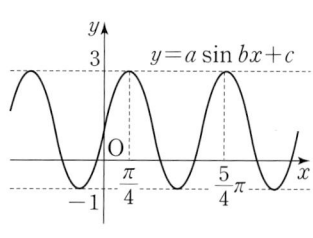

① -2 ② -1 ③ 0

④ 1 ⑤ 2

1379 · 교육청 2021년 6월

Level 2

세 양수 a, b, c에 대하여 함수 $y = a\tan bx+c$의 그래프가 그림과 같을 때, abc의 값은?

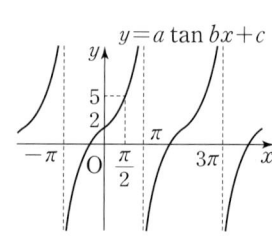

① 1 ② 2

③ 3 ④ 4

⑤ 5

실전유형 9 절댓값 기호를 포함한 삼각함수의 그래프

(1) $y=|f(x)|=\begin{cases} f(x) & (f(x) \geq 0) \\ -f(x) & (f(x) < 0) \end{cases}$ 의 그래프

　➔ $y=f(x)$의 그래프에서 $y \geq 0$인 부분은 그대로 두고
　　$y < 0$인 부분은 x축에 대하여 대칭이동한다.

(2) $y=f(|x|)=\begin{cases} f(x) & (x \geq 0) \\ f(-x) & (x < 0) \end{cases}$ 의 그래프

　➔ $y=f(x)$의 그래프에서 $x \geq 0$인 부분은 그대로 두고
　　$x < 0$인 부분은 $x \geq 0$인 부분을 y축에 대하여 대칭이동
　　한다.

1380 대표문제

다음 중 주기함수가 <u>아닌</u> 것은?

① $y=|\sin x|$　　② $y=|\cos x|$　　③ $y=|\tan x|$

④ $y=\sin|x|$　　⑤ $y=\cos|x|$

1381

●○○ Level 1

다음 중 함수 $y=|2\tan x|$에 대한 설명으로 옳은 것은?

① 주기는 $\dfrac{\pi}{4}$이다.

② 최댓값은 2이다.

③ 최솟값은 -2이다.

④ 그래프는 원점에 대하여 대칭이다.

⑤ 그래프의 점근선의 방정식은 $x=n\pi+\dfrac{\pi}{2}$ (n은 정수)이다.

1382

●○○ Level 1

다음 중 함수 $y=\tan|x|$에 대한 설명으로 옳은 것은?

① 최솟값은 0이다.

② 주기가 π인 주기함수이다.

③ 정의역은 실수 전체의 집합이다.

④ 그래프는 y축에 대하여 대칭이다.

⑤ 그래프의 점근선의 방정식은 $x=n\pi+\dfrac{\pi}{4}$ (n은 정수)이다.

1383

●●○ Level 2

함수의 그래프가 $y=|\cos x|$의 그래프와 일치하는 것만을
〈보기〉에서 있는 대로 고른 것은?

〈보기〉
ㄱ. $y=|\sin x|$
ㄴ. $y=\left|\sin\left(x-\dfrac{\pi}{2}\right)\right|$
ㄷ. $y=|\cos(x-\pi)|$

① ㄱ　　　　② ㄴ　　　　③ ㄱ, ㄴ

④ ㄱ, ㄷ　　⑤ ㄴ, ㄷ

1384

●●○ Level 2

함수 $y=|\tan x|$와 주기가 같은 함수인 것만을 〈보기〉에서
있는 대로 고르시오.

〈보기〉
ㄱ. $y=2\cos 2x+1$　　　ㄴ. $y=3\tan 2x-1$
ㄷ. $y=2|\sin x|-1$　　　ㄹ. $y=\cos|x|+2$

1385

●●○ Level 2

함수 $f(x)=3|\sin 2(x+\pi)|-1$의 주기를 a, 최댓값을 b
라 할 때, ab의 값은?

① $\dfrac{\pi}{2}$　　　　② π　　　　③ $\dfrac{3}{2}\pi$

④ 2π　　　　⑤ $\dfrac{5}{2}\pi$

1386

Level 2

함수 $f(x)=a|\sin bx|+c$의 최댓값이 6, 주기가 $\dfrac{\pi}{3}$이고 $f\left(\dfrac{\pi}{3}\right)=4$일 때, 상수 a, b, c에 대하여 $a+b-c$의 값은?

(단, $a>0$, $b>0$)

① -1 ② 0 ③ 1

④ 2 ⑤ 3

1387

Level 2

세 상수 a, b, c에 대하여 함수 $f(x)=a|\cos bx|+c$가 다음 조건을 만족시킬 때, $f\left(\dfrac{\pi}{3}\right)$의 값을 구하시오.

(단, $a>0$, $b>0$)

(가) 주기는 $\dfrac{\pi}{3}$이다.

(나) 최댓값은 5, 최솟값은 3이다.

1388

Level 3

함수 $y=|\sin x|$의 그래프와 직선 $y=\dfrac{x}{2\pi}$, 직선 $y=\dfrac{x}{3\pi}$의 교점의 개수를 각각 m, n이라 할 때, $m+n$의 값은?

① 8 ② 9 ③ 10

④ 11 ⑤ 12

삼각함수의 그래프의 대칭성을 이용하여 길이 또는 넓이가 같은 부분을 찾아 도형의 넓이를 구한다.

1389 대표문제

그림과 같이 $0\le x<\dfrac{3}{2}\pi$에서 함수 $y=\tan x$의 그래프와 x축 및 직선 $y=k$ $(k>0)$로 둘러싸인 부분의 넓이가 4π일 때, 상수 k의 값은?

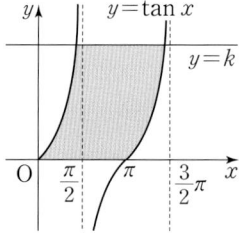

① $\dfrac{\pi}{2}$ ② 4 ③ 2π

④ 7 ⑤ 3π

1390

Level 2

그림과 같이 $0\le x\le 4$에서 함수 $y=2\cos\dfrac{\pi}{4}x$의 그래프와 y축 및 직선 $y=-2$로 둘러싸인 부분의 넓이를 구하시오.

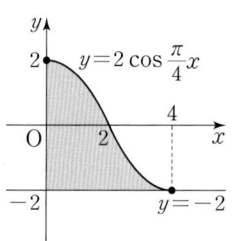

1391

Level 2

그림과 같이 $0\le x<\dfrac{\pi}{2}$에서 두 함수 $y=2\tan x$, $y=2\tan x+3$의 그래프와 y축 및 직선 $x=\dfrac{\pi}{4}$로 둘러싸인 부분의 넓이는?

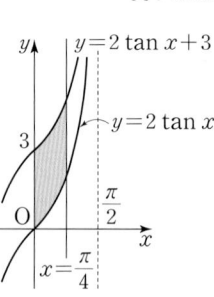

① $\dfrac{\pi}{8}$ ② $\dfrac{\pi}{4}$

③ $\dfrac{\pi}{2}$ ④ $\dfrac{3}{4}\pi$

⑤ π

1392

Level 2

그림과 같이 $-2 \leq x \leq 6$에서 함수 $y = 2\sin\dfrac{\pi}{4}x$의 그래프와 직선 $y = -2$로 둘러싸인 부분의 넓이는?

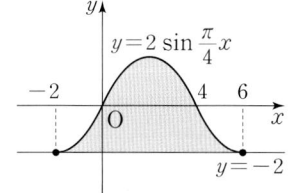

① 6   ② 10

③ 12   ④ 14

⑤ 16

1393

Level 2

그림과 같이 함수 $y = \sin\dfrac{\pi}{4}x$ 의 그래프와 x축으로 둘러싸인 부분에 직사각형 ABCD가 내접하고 있다. $\overline{\text{BC}} = 2$일 때, 직사각형 ABCD의 넓이를 구하시오.

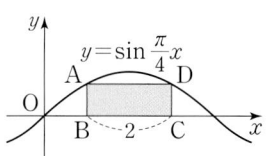

1394

Level 2

그림과 같이 함수 $y = 3\sin\dfrac{\pi}{12}x$의 그래프와 x축으로 둘러싸인 부분에 직사각형 ABCD가 내접하고 있다. $\overline{\text{BC}} = 8$일 때, 직사각형 ABCD의 넓이는?

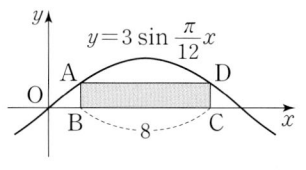

① 10   ② 11   ③ 12

④ 13   ⑤ 14

1395

Level 2

그림과 같이 $-\dfrac{\pi}{2} < x < \dfrac{3}{2}\pi$에서 함수 $y = \tan x$의 그래프와 두 직선 $y = k$, $y = -k$ $(k > 0)$로 둘러싸인 부분의 넓이가 6π일 때, 상수 k의 값을 구하시오.

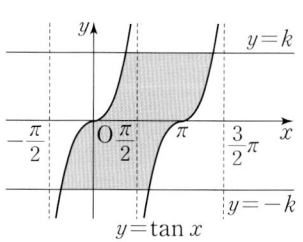

1396 고난도

Level 3

그림과 같이 함수 $y = a\cos bx$의 그래프와 x축에 평행한 직선 l이 만나는 점들 중 두 점의 x좌표가 $\dfrac{2}{3}$, $\dfrac{10}{3}$이다. 색칠한 부분의 넓이가 $\dfrac{16}{3}$일 때, 상수 a, b에 대하여 ab의 값은? (단, $a > 0$, $b > 0$)

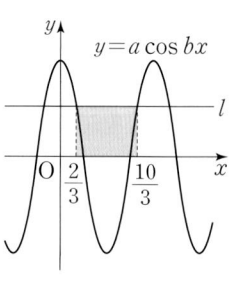

① π ② 2π ③ 3π

④ 4π ⑤ 5π

다음은 이 유형에서 출제된 최근 교육청 · 평가원 기출문제입니다.

1397 ・평가원 2022학년도 9월

Level 2

두 양수 a, b에 대하여 곡선 $y = a\sin b\pi x \left(0 \leq x \leq \dfrac{3}{b}\right)$ 이 직선 $y = a$와 만나는 서로 다른 두 점을 A, B라 하자. 삼각형 OAB의 넓이가

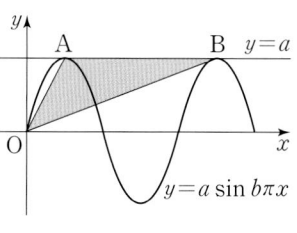

5이고 직선 OA의 기울기와 직선 OB의 기울기의 곱이 $\dfrac{5}{4}$일 때, $a+b$의 값은? (단, O는 원점이다.)

① 1   ② 2   ③ 3

④ 4   ⑤ 5

실전유형 11 일반각에 대한 삼각함수의 성질 빈출유형

삼각함수의 값은 다음과 같은 순서로 구한다.

❶ 주어진 각을 $\frac{n}{2}\pi\pm\theta$ 또는 $90^\circ\times n\pm\theta$ (n은 정수) 꼴로 나타내기

❷ n이 짝수인지 홀수인지를 확인하여 삼각함수 정하기

(i) n이 짝수이면 그대로 두기

sin ➔ sin, cos ➔ cos, tan ➔ tan

(ii) n이 홀수이면 바꾸기

sin ➔ cos, cos ➔ sin, tan ➔ $\frac{1}{\tan}$

❸ 삼각함수의 부호 결정하기

θ를 예각으로 생각하여 $\frac{n}{2}\pi\pm\theta$ 또는 $90^\circ\times n\pm\theta$를 나타내는 동경이 존재하는 사분면에서 처음 주어진 삼각함수의 부호가 양이면 $+$, 음이면 $-$를 붙인다.

1398 대표문제

$\sin\frac{5}{6}\pi-\cos\frac{4}{3}\pi+\tan\frac{7}{4}\pi$의 값은?

① -3 ② -2 ③ -1
④ 0 ⑤ 1

1399 Level 1

〈보기〉에서 $\cos\theta$의 값과 같은 것만을 있는 대로 고른 것은?

〈보기〉

ㄱ. $\cos(-\theta)$
ㄴ. $\cos\left(\frac{\pi}{2}-\theta\right)$
ㄷ. $-\cos(\pi-\theta)$
ㄹ. $\cos\left(\frac{3}{2}\pi-\theta\right)$
ㅁ. $\cos\left(\frac{\pi}{2}+\theta\right)$
ㅂ. $-\cos(\pi+\theta)$

① ㄱ, ㄷ ② ㄴ, ㅁ ③ ㄹ, ㅂ
④ ㄱ, ㄷ, ㅂ ⑤ ㄴ, ㄹ, ㅁ

1400 Level 1

다음 삼각함수표를 이용하여
$\sin 250^\circ+\cos 100^\circ+\tan 380^\circ$의 값을 구하면?

θ	$\sin\theta$	$\cos\theta$	$\tan\theta$
10°	0.1736	0.9848	0.1763
20°	0.3420	0.9397	0.3640

① -0.7493 ② -0.9015 ③ 0.3499
④ 0.9397 ⑤ 0.9821

1401 Level 2

$\dfrac{\sin\frac{2}{3}\pi}{\tan\frac{\pi}{4}}+\dfrac{\cos\frac{13}{6}\pi}{\tan\frac{3}{4}\pi}$의 값을 구하시오.

1402 Level 2

$\cos(-160^\circ)=\alpha$일 때, $\sin 200^\circ$를 α를 사용하여 나타내면?

① $-\sqrt{1-\alpha^2}$ ② $\sqrt{1-\alpha^2}$ ③ $\alpha-1$
④ $1-\alpha^2$ ⑤ α^2-1

1403 Level 2

〈보기〉에서 옳은 것만을 있는 대로 고르시오.

〈보기〉

ㄱ. $\sin\left(\frac{\pi}{2}+\theta\right)+\cos(\pi-\theta)=0$
ㄴ. $-\sin(\pi-\theta)+\cos\left(\frac{\pi}{2}-\theta\right)-\tan\theta\tan\left(\frac{\pi}{2}+\theta\right)=-1$
ㄷ. $\sqrt{3}\sin 300^\circ-\cos 600^\circ=1$
ㄹ. $\tan 205^\circ\tan 295^\circ=-1$

1404
🔢 Level 2

다음 식의 값은?

$$\frac{\sin\left(\frac{\pi}{2}-\theta\right)\cos(2\pi-\theta)}{1+\sin(\pi-\theta)}-\frac{\sin\left(\frac{\pi}{2}+\theta\right)\cos(\pi+\theta)}{1+\sin(\pi+\theta)}$$

① -2 ② $-2\sin\theta$ ③ 0
④ $2\sin\theta$ ⑤ 2

1405
🔢 Level 2

그림과 같이 직선 $x-3y+3=0$이 x축의 양의 방향과 이루는 각의 크기를 θ라 할 때,
$\cos(\pi+\theta)+\sin\left(\frac{\pi}{2}-\theta\right)+3\tan\theta$
의 값은?

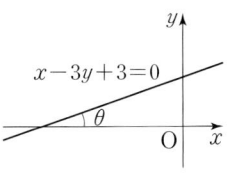

① -3 ② -1 ③ $\frac{1}{3}$
④ 1 ⑤ 3

1406
🔢 Level 2

$\frac{3}{2}\pi<\theta<2\pi$이고 $\sin\theta=-\frac{3}{5}$일 때,
$\sin\left(\frac{3}{2}\pi+\theta\right)+\tan(\pi-\theta)$의 값을 구하시오.

다음은 이 유형에서 출제된 최근 교육청·평가원 기출문제입니다.

1407 · 교육청 2021년 7월
🔢 Level 2

$\cos(-\theta)+\sin(\pi+\theta)=\frac{3}{5}$일 때, $\sin\theta\cos\theta$의 값은?

① $\frac{1}{5}$ ② $\frac{6}{25}$ ③ $\frac{7}{25}$
④ $\frac{8}{25}$ ⑤ $\frac{9}{25}$

06

1408 · 교육청 2019년 9월
🔢 Level 2

$0<\theta<\frac{\pi}{2}$이고 $\tan\theta=\frac{3}{4}$일 때,
$\cos\left(\frac{\pi}{2}-\theta\right)+2\sin(\pi-\theta)$의 값은?

① $\frac{6}{5}$ ② $\frac{7}{5}$ ③ $\frac{8}{5}$
④ $\frac{9}{5}$ ⑤ 2

1409 · 교육청 2021년 11월
🔢 Level 2

좌표평면 위의 점 $P(4,-3)$에 대하여 동경 OP가 나타내는 각의 크기를 θ라 할 때, $\sin\left(\frac{\pi}{2}+\theta\right)-\sin\theta$의 값은?

(단, O는 원점이고, x축의 양의 방향을 시초선으로 한다.)

① -1 ② $-\frac{2}{5}$ ③ $\frac{1}{5}$
④ $\frac{4}{5}$ ⑤ $\frac{7}{5}$

실전유형 12 삼각함수의 성질의 활용 – 일정하게 증가하는 각

삼각함수를 포함한 식에서 각의 크기가 여러 가지인 경우에는 각의 크기의 합 또는 차가 $\frac{\pi}{2}$, π인 것끼리 짝 지어 식을 변환한다.

(1) $\alpha+\beta=\pi$일 때	(2) $\alpha+\beta=\frac{\pi}{2}$일 때
$\sin\alpha=\sin(\pi-\beta)=\sin\beta$	$\sin\alpha=\sin\left(\frac{\pi}{2}-\beta\right)=\cos\beta$
$\cos\alpha=\cos(\pi-\beta)=-\cos\beta$	$\cos\alpha=\cos\left(\frac{\pi}{2}-\beta\right)=\sin\beta$
$\tan\alpha=\tan(\pi-\beta)=-\tan\beta$	$\tan\alpha=\tan\left(\frac{\pi}{2}-\beta\right)=\frac{1}{\tan\beta}$

1410 대표문제

$\tan 10^\circ \times \tan 20^\circ \times \cdots \times \tan 70^\circ \times \tan 80^\circ$의 값은?

① -2 ② -1 ③ 0
④ 1 ⑤ 2

1411 Level 2

$\theta=10^\circ$일 때, $\cos\theta+\cos 2\theta+\cdots+\cos 35\theta+\cos 36\theta$의 값은?

① 0 ② $\frac{1}{2}$ ③ $\frac{\sqrt{2}}{2}$
④ $\frac{\sqrt{3}}{2}$ ⑤ 1

1412 Level 2

$\theta=\frac{\pi}{7}$일 때, $\sin\theta+\sin 2\theta+\cdots+\sin 13\theta+\sin 14\theta$의 값은?

① -2 ② -1 ③ 0
④ 1 ⑤ 2

1413 Level 2

$\log\tan 1^\circ+\log\tan 2^\circ+\cdots+\log\tan 88^\circ+\log\tan 89^\circ$의 값은?

① 0 ② $\frac{\sqrt{3}}{3}$ ③ 1
④ $\sqrt{3}$ ⑤ 10

1414 고난도 Level 3

자연수 n에 대하여 함수 $f(n)=\cos\frac{2n}{3}\pi$로 정의할 때, $f(1)+f(2)+f(3)+\cdots+f(47)+f(48)$의 값을 구하시오.

+Plus 문제

실전유형 13 삼각함수의 성질의 활용 $-\sin^2 x+\cos^2 x=1$을 이용한 식의 값

$\sin\left(\dfrac{\pi}{2}-x\right)=\cos x$, $\cos\left(\dfrac{\pi}{2}-x\right)=\sin x$임을 이용하여 주어진 식을 변형하고 $\sin^2 x+\cos^2 x=1$을 이용한다.

$\alpha+\beta=\dfrac{\pi}{2}$일 때

(1) $\sin^2\alpha+\sin^2\beta=\sin^2\alpha+\sin^2\left(\dfrac{\pi}{2}-\alpha\right)$
$=\sin^2\alpha+\cos^2\alpha=1$

(2) $\cos^2\alpha+\cos^2\beta=\cos^2\alpha+\cos^2\left(\dfrac{\pi}{2}-\alpha\right)$
$=\cos^2\alpha+\sin^2\alpha=1$

1415 대표문제

$\cos^2 1°+\cos^2 2°+\cos^2 3°+\cdots+\cos^2 89°+\cos^2 90°$의 값은?

① $\dfrac{87}{2}$　　　② 44　　　③ $\dfrac{89}{2}$

④ 45　　　⑤ $\dfrac{91}{2}$

1416　　Level 2

$\sin^2\left(\dfrac{\pi}{6}-x\right)+\sin^2\left(\dfrac{\pi}{3}+x\right)$의 값은? $\left(\text{단, } 0<x<\dfrac{\pi}{6}\right)$

① $\dfrac{1}{3}$　　　② $\dfrac{1}{2}$　　　③ 1

④ 2　　　⑤ 3

1417　　Level 2

$\cos^2(\theta-25°)+\cos^2(\theta+65°)$의 값은?

① 1　　　② 2　　　③ 3

④ 4　　　⑤ 5

1418　　Level 2

$\sin^2\dfrac{\pi}{36}+\sin^2\dfrac{2}{36}\pi+\cdots+\sin^2\dfrac{16}{36}\pi+\sin^2\dfrac{17}{36}\pi$의 값은?

① 8　　　② $\dfrac{17}{2}$　　　③ 9

④ $\dfrac{19}{2}$　　　⑤ 10

1419　　Level 2

그림과 같이 사분원을 8등분 하는 각 점을 차례로 A_1, A_2, $\cdots$, A_7이라 하자. $\angle AOA_1=\theta$라 할 때, $\cos^2\theta+\cos^2 2\theta+\cdots+\cos^2 7\theta$의 값을 구하시오.

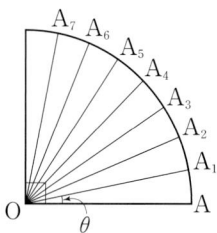

14 삼각함수의 성질의 활용 – 도형에의 활용

삼각형 ABC에서 $A+B+C=\pi$
(1) $A+B=\pi-C$이므로
① $\sin(A+B)=\sin(\pi-C)=\sin C$
② $\cos(A+B)=\cos(\pi-C)=-\cos C$
(2) $\dfrac{A+B}{2}=\dfrac{\pi}{2}-\dfrac{C}{2}$이므로
① $\sin\dfrac{A+B}{2}=\sin\left(\dfrac{\pi}{2}-\dfrac{C}{2}\right)=\cos\dfrac{C}{2}$
② $\cos\dfrac{A+B}{2}=\cos\left(\dfrac{\pi}{2}-\dfrac{C}{2}\right)=\sin\dfrac{C}{2}$

1420 대표문제

그림과 같이 선분 AB를 지름으로 하는 원 O에서 $\overline{AC}=3$, $\overline{BC}=4$이고 $\angle CAB=\alpha$, $\angle CBA=\beta$일 때, $\sin(\alpha+2\beta)$의 값을 구하시오.

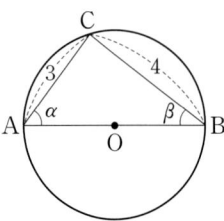

1421 Level 2

삼각형 ABC에서
$-\sin\left(\pi+\dfrac{A}{2}\right)\cos\dfrac{B+C}{2}+\cos\left(-\dfrac{A}{2}\right)\sin\dfrac{B+C}{2}$의 값을 구하시오.

1422 Level 2

삼각형 ABC에 대하여 〈보기〉에서 옳은 것만을 있는 대로 고른 것은?

─〈 보기 〉─
ㄱ. $\tan A+\tan(B+C)=0$
ㄴ. $\cos\dfrac{A}{2}-\sin\dfrac{B+C}{2}=0$
ㄷ. $\sin 2A+\sin(2B+2C)=1$

① ㄱ
② ㄷ
③ ㄱ, ㄴ
④ ㄴ, ㄷ
⑤ ㄱ, ㄴ, ㄷ

1423 Level 2

$\overline{AB}=\overline{AC}$인 이등변삼각형 ABC에 대하여 〈보기〉에서 옳은 것만을 있는 대로 고른 것은?

─〈 보기 〉─
ㄱ. $\sin A=\sin 2C$
ㄴ. $\cos\dfrac{A}{2}=-\sin C$
ㄷ. $\tan A=-\tan 2B$

① ㄱ
② ㄱ, ㄴ
③ ㄱ, ㄷ
④ ㄴ, ㄷ
⑤ ㄱ, ㄴ, ㄷ

1424 Level 2

삼각형 ABC에서 $\sin\dfrac{A}{2}=\dfrac{1}{3}$일 때, $\cos\dfrac{B+C-\pi}{2}$의 값은? $\left(\text{단, }0<A<\dfrac{\pi}{2}\right)$

① $-\dfrac{2\sqrt{2}}{3}$
② $-\dfrac{1}{3}$
③ 0
④ $\dfrac{1}{3}$
⑤ $\dfrac{2\sqrt{2}}{3}$

1425 Level 2

그림과 같이 길이가 1인 선분 AB를 지름으로 하는 원 O 위의 두 점 C, D에 대하여
$\angle CAD=\angle DAB=\alpha$,
$\angle ABD=\beta$일 때, 다음 중 $\cos(\beta-\alpha)$의 값과 그 길이가 같은 것은?

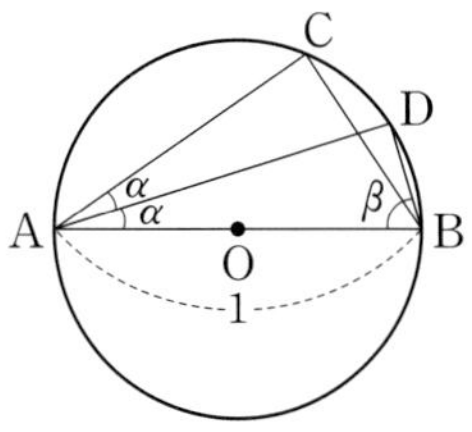

① $\overline{AC}$
② $\overline{BC}$
③ $\overline{BD}$
④ $2\overline{BC}$
⑤ $2\overline{BD}$

1426

●◗◗ Level 2

그림과 같이 원에 내접하는 사각형 ABCD에서 $\angle BAD = \alpha$, $\angle BCD = \beta$라 하자. $\cos \alpha = -\dfrac{2}{3}$일 때, $\tan \beta$의 값을 구하시오.

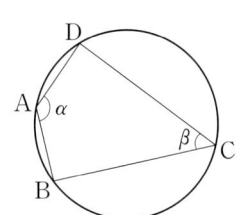

1427

●◗◗ Level 3

그림과 같이 중심이 원점인 원 O에 정사각형 ABCD가 내접하고 있다. 동경 OA, OB, OC, OD가 나타내는 각의 크기를 각각 α, β, γ, δ라 할 때, $\sin \alpha + \sin \gamma + \cos \beta + \cos \delta$의 값은? (단, 점 A는 제1사분면 위의 점이다.)

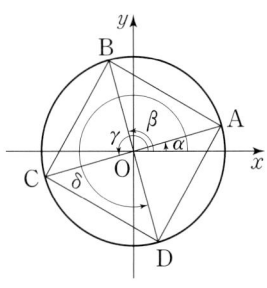

① 0   ② 1   ③ 2
④ 3   ⑤ 4

1428

●◗◗ Level 3

그림과 같이 원에 내접하는 사각형 ABCD에서 $\angle A = \alpha$, $\angle C = \beta$라 할 때, $\sin \alpha = \dfrac{2\sqrt{2}}{3}$이다. $\tan^2 \alpha + \cos^2 \beta$의 값은?

$$\left(\text{단, } 0 < \alpha < \frac{\pi}{2} \right)$$

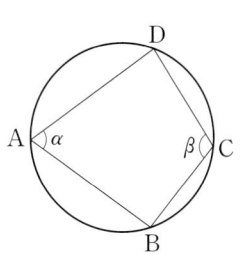

① $\dfrac{67}{9}$ ② $\dfrac{23}{3}$ ③ $\dfrac{71}{9}$
④ $\dfrac{73}{9}$ ⑤ $\dfrac{25}{3}$

실전
유형 **15**
삼각함수를 포함한 함수의 최대·최소 – 일차식 꼴

(1) 두 종류 이상의 삼각함수를 포함한 삼각함수의 최대·최소
→ 한 종류의 삼각함수로 나타낸다.

(2) 절댓값 기호를 포함한 삼각함수의 최대·최소
→ $0 \le |\sin x| \le 1$, $0 \le |\cos x| \le 1$임을 이용한다.

(3) 삼각함수를 t로 치환하고 t의 값의 범위를 구한 후, t에 대한 함수의 그래프를 이용하여 최댓값, 최솟값을 구한다. 이때 t의 값의 범위에 유의한다.

1429 대표문제

함수 $y = |2\sin x + 1| - 2$의 최댓값을 M, 최솟값을 m이라 할 때, $M + m$의 값은?

① -3 ② -2 ③ -1
④ 0   ⑤ 1

1430

●◗◗ Level 1

함수 $y = \sin\left(x + \dfrac{\pi}{2}\right) - 3\cos x + 3$의 최솟값은?

① -3 ② -2 ③ -1
④ 1   ⑤ 2

1431

●◗◗ Level 1

함수 $y = \cos\left(x + \dfrac{\pi}{2}\right) + 2\sin x - 1$의 최댓값은?

① -4 ② -2 ③ 0
④ 2   ⑤ 4

1432

함수 $y=3\sin x-\cos\left(x-\dfrac{\pi}{2}\right)-2$의 최댓값을 M, 최솟값을 m이라 할 때, $M-m$의 값을 구하시오.

1433

함수 $y=-|\tan x-1|+4$의 최댓값과 최솟값의 합을 구하시오. $\left(\text{단, }-\dfrac{\pi}{4}\le x\le\dfrac{\pi}{4}\right)$

1434

함수 $y=|2\cos x-3|+k$의 최댓값과 최솟값의 합이 4일 때, 상수 k의 값은?

① -3 ② -2 ③ -1

④ 0 ⑤ 1

1435

함수 $y=a|\cos x+2|+b$의 최댓값이 3, 최솟값이 1일 때, 상수 a, b에 대하여 $a-b$의 값은? (단, $a>0$)

① 1 ② 2 ③ 3

④ 4 ⑤ 5

1436

함수 $y=a|\sin 3x-5|+b$의 최댓값이 5, 최솟값이 3일 때, 상수 a, b에 대하여 $a+b$의 값을 구하시오. (단, $a>0$)

1437

함수 $y=a^2\sin x+(a+1)\cos\left(x+\dfrac{3}{2}\pi\right)+1$의 최솟값이 -6일 때, 상수 a의 값은? (단, $a>0$)

① 1 ② 2 ③ 3

④ 4 ⑤ 6

실전 유형 **16** 삼각함수를 포함한 함수의 최대·최소 – 이차식 꼴

❶ $\sin^2 x + \cos^2 x = 1$을 이용하여 한 종류의 삼각함수로 나타낸다.

❷ 삼각함수를 t로 치환하고, t의 값의 범위를 구한다.

❸ t에 대한 함수의 그래프를 이용하여 ❷의 범위에서 최댓값, 최솟값을 구한다.

1438 대표문제

함수 $y = \cos^2 x + 2\sin x - 2$는 $x = a$일 때 최댓값 M을 갖는다. 이때 $2a + M$의 값은? (단, $-\pi \le x \le \pi$)

① π ② $\dfrac{3}{2}\pi$ ③ 2π

④ $\dfrac{5}{2}\pi$ ⑤ 3π

1439   Level 1

함수 $y = \cos^2 x - \cos x + \dfrac{1}{4}$의 최댓값을 M, 최솟값을 m이라 할 때, $M + m$의 값은?

① $\dfrac{3}{2}$ ② $\dfrac{7}{4}$ ③ 2

④ $\dfrac{9}{4}$ ⑤ $\dfrac{5}{2}$

1440   Level 2

함수 $y = -4\cos^2 x + 4\sin x + 2$의 최댓값을 M, 최솟값을 m이라 할 때, $M - m$의 값은?

① 1 ② 3 ③ 5

④ 7 ⑤ 9

1441   Level 2

함수 $y = \sin^2 x - \cos^2 x - 2\cos\left(\dfrac{3}{2}\pi + x\right) + 2$의 최댓값을 M, 최솟값을 m이라 할 때, $M - 2m$의 값은?

① 2 ② 4 ③ 6

④ 8 ⑤ 10

1442   Level 3

함수 $y = \cos^2 x - 3\sin x - 7$은 $x = a$일 때 최댓값 M을 갖는다. 이때 aM의 값을 구하시오. (단, $0 \le x \le 2\pi$)

1443   Level 3

함수 $y = 2\tan x - 3 + \dfrac{1}{\cos^2 x}$의 최댓값을 M, 최솟값을 m이라 할 때, $M + m$의 값은? $\left($단, $-\dfrac{\pi}{4} \le x \le \dfrac{\pi}{4}\right)$

① -3 ② -2 ③ -1

④ 1 ⑤ 2

1444

•••| Level 3

함수 $y=a\cos^2 x-a\sin x+b$의 최댓값이 6, 최솟값이 -3일 때, 상수 a, b에 대하여 $a+b$의 값은? (단, $a>0$)

① 5   ② 6   ③ 7

④ 8   ⑤ 9

+ **Plus 문제**

다음은 이 유형에서 출제된 최근 교육청·평가원 기출문제입니다.

1445 · 교육청 2018년 3월

•••| Level 2

함수 $f(x)=\sin^2 x+\sin\left(x+\dfrac{\pi}{2}\right)+1$의 최댓값을 M이라 할 때, $4M$의 값을 구하시오.

1446 · 평가원 2019학년도 9월

•••| Level 3

실수 k에 대하여 함수

$$f(x)=\cos^2\left(x-\dfrac{3}{4}\pi\right)-\cos\left(x-\dfrac{\pi}{4}\right)+k$$

의 최댓값은 3, 최솟값은 m이다. $k+m$의 값은?

① 2   ② $\dfrac{9}{4}$ ③ $\dfrac{5}{2}$

④ $\dfrac{11}{4}$ ⑤ 3

실전
유형 **17** 삼각함수를 포함한 함수의 최대·최소
– 분수식 꼴

❶ 삼각함수를 t로 치환하여 t에 대한 유리함수로 나타낸다.

❷ t의 값의 범위를 구한다.

❸ t에 대한 함수의 그래프를 이용하여 ❷의 범위에서 최댓값과 최솟값을 구한다.

1447 대표문제

함수 $y=\dfrac{-\cos x+2}{\cos x+2}$의 최댓값과 최솟값의 곱은?

① $\dfrac{1}{2}$ ② $\dfrac{3}{4}$ ③ 1

④ $\dfrac{5}{4}$ ⑤ $\dfrac{3}{2}$

1448

•••| Level 2

함수 $y=\dfrac{\sin x}{-\sin x+2}+2$의 최댓값을 M, 최솟값을 m이라 할 때, Mm의 값을 구하시오.

1449

•••| Level 2

$-\dfrac{\pi}{4}\leq x\leq\dfrac{\pi}{4}$에서 함수 $y=\dfrac{1+\tan x}{3-\tan x}$의 최댓값을 M, 최솟값을 m이라 할 때, $M+m$의 값은?

① $\dfrac{1}{3}$ ② $\dfrac{2}{3}$ ③ 1

④ $\dfrac{4}{3}$ ⑤ $\dfrac{5}{3}$

1450

●❙❙ Level **2**

함수 $y = \dfrac{3|\sin x| + 2}{|\sin x| + 1}$ 의 최댓값을 M, 최솟값을 m이라 할 때, $M - m$의 값을 구하시오.

1451

●❙❙ Level **2**

함수 $y = \dfrac{\sin x + a}{\sin x - 2}$ 의 최솟값이 -4일 때, 상수 a의 값은?

(단, $a > -2$)

① -1 ② 0 ③ 1

④ 2 ⑤ 3

1452

●❙❙ Level **2**

함수 $y = \dfrac{2\cos x - a}{\cos x - 2}$ 의 최솟값이 -1일 때, 상수 a의 값은?

(단, $a < 4$)

① -2 ② -1 ③ 0

④ 1 ⑤ 2

1453

●❙❙ Level **2**

함수 $y = \dfrac{-2\sin\left(\dfrac{\pi}{2} + x\right)}{\cos x + 2}$ 의 치역이 $\{y \mid a \le y \le b\}$일 때, $b - a$의 값은?

① $\dfrac{4}{3}$ ② 2 ③ $\dfrac{8}{3}$

④ $\dfrac{10}{3}$ ⑤ 4

1454

●❙❙ Level **3**

함수 $y = \dfrac{3\tan x + 4}{\tan x + 1}$ 가 $x = a$일 때, 최솟값 b를 갖는다. $8ab$의 값은? $\left(단, \pi \le x \le \dfrac{5}{4}\pi\right)$

① 15π ② 20π ③ 25π

④ 30π ⑤ 35π

1455 고난도

●❙❙ Level **3**

함수 $y = \dfrac{3\sin(\pi - x) + 1}{\cos\left(\dfrac{\pi}{2} + x\right) + 2}$ 이 $x = a$일 때, 최댓값 b를 갖는다. ab의 값을 구하시오. $\left(단, 0 \le x \le \dfrac{\pi}{2}\right)$

(1) $a\sin x + b = 0$ 꼴의 방정식
  ❶ $\sin x = k$ 꼴로 나타낸다.
  ❷ 함수 $y = \sin x$의 그래프와 직선 $y = k$의 교점의 x좌표를 구한다.
(2) $a\sin(bx+c) = d$ 꼴의 방정식
  ❶ $\sin(bx+c) = k$ 꼴로 나타낸다.
  ❷ $bx+c = t$로 치환한 후 $\sin t = k$를 푼다. 이때 t의 값의 범위에 유의한다.
  ❸ ❷에서 구한 t의 값을 $bx+c = t$에 대입하여 x의 값을 구한다.

1456 대표문제

$0 \le x < 2\pi$에서 방정식 $4\cos x - 2 = 0$의 실근 중 가장 큰 것을 α, 가장 작은 것을 β라 할 때, $\sin(\alpha - \beta)$의 값은?

① -1 ② $-\dfrac{\sqrt{3}}{2}$ ③ $-\dfrac{1}{2}$

④ 0 ⑤ $\dfrac{1}{2}$

1457   Level 1

$0 \le x < 3\pi$일 때, 방정식 $\tan \dfrac{1}{3}x = \sqrt{3}$의 해는?

① $\dfrac{2}{3}\pi$ ② π ③ $\dfrac{4}{3}\pi$

④ $\dfrac{3}{2}\pi$ ⑤ $\dfrac{5}{3}\pi$

1458   Level 1

$-\dfrac{\pi}{2} < x < \dfrac{\pi}{2}$일 때, 방정식 $\sin x = \sqrt{3}\cos x$의 해는?

① $-\dfrac{\pi}{3}$ ② $-\dfrac{\pi}{4}$ ③ $\dfrac{\pi}{6}$

④ $\dfrac{\pi}{4}$ ⑤ $\dfrac{\pi}{3}$

1459   Level 1

$0 \le x < \dfrac{\pi}{2}$일 때, 방정식 $2\sin 4x = 1$의 모든 근의 합은?

① $\dfrac{\pi}{4}$ ② $\dfrac{5}{12}\pi$ ③ $\dfrac{3}{4}\pi$

④ $\dfrac{7}{3}\pi$ ⑤ $\dfrac{9}{2}\pi$

1460   Level 2

$-\pi < x < \pi$에서 방정식 $\sin x = \cos x$의 두 근을 α, β라 할 때, $2(\alpha - \beta)$의 값은? (단, $\alpha > \beta$)

① π ② $\dfrac{3}{2}\pi$ ③ 2π

④ $\dfrac{5}{2}\pi$ ⑤ 3π

1461   Level 2

$0 \le x < 2\pi$에서 방정식 $\cos\left(x - \dfrac{\pi}{4}\right) = -\dfrac{1}{2}$의 두 근을 α, β라 할 때, $\sin(\alpha - \beta)$의 값을 구하시오. (단, $\alpha > \beta$)

1462   Level 2

$0 \le x < 2\pi$에서 방정식 $2\cos\left(x + \dfrac{\pi}{3}\right) = 1$의 두 근을 α, β라 할 때, $2\cos(\alpha + \beta)$의 값을 구하시오.

1463

●▮▮ Level 2

$0 \leq x < 2\pi$에서 $|\sin x| = \dfrac{\sqrt{3}}{2}$의 실근 중 가장 큰 것을 α, 가장 작은 것을 β라 할 때, $\cos(\alpha - \beta)$의 값은?

① -1 ② $-\dfrac{\sqrt{3}}{2}$ ③ $-\dfrac{1}{2}$

④ $\dfrac{1}{2}$ ⑤ 1

1464

●▮▮ Level 2

$0 < x < 2\pi$일 때, 방정식 $2\log \sin x - 2\log \cos x = \log 3$의 해는?

① $\dfrac{\pi}{6}$ ② $\dfrac{\pi}{3}$ ③ $\dfrac{\pi}{2}$

④ $\dfrac{2}{3}\pi$ ⑤ π

다음은 이 유형에서 출제된 최근 교육청 · 평가원 기출문제입니다.

1465 · 교육청 2021년 6월

●▮▮ Level 1

$\dfrac{\pi}{2} \leq x \leq \pi$일 때, 방정식 $\cos x = -\dfrac{1}{2}$의 해는?

① $\dfrac{\pi}{2}$ ② $\dfrac{2}{3}\pi$ ③ $\dfrac{3}{4}\pi$

④ $\dfrac{5}{6}\pi$ ⑤ π

실전유형 19 삼각방정식 – 이차식 꼴   **빈출유형**

❶ $\sin^2 x + \cos^2 x = 1$임을 이용하여 한 종류의 삼각함수에 대한 방정식으로 나타낸다.

❷ 삼각함수를 t로 치환하여 t에 대한 이차방정식을 세운다.

❸ ❷의 해를 구한 후 치환한 식에 대입하여 x의 값을 구한다.

1466 대표문제

$0 \leq x < 2\pi$일 때, 방정식 $2\cos^2 x + 3\sin x = 3$의 모든 해의 합은 $\dfrac{q}{p}\pi$이다. $p+q$의 값은?

(단, p와 q는 서로소인 자연수이다.)

① 5 ② 7 ③ 9

④ 11 ⑤ 13

1467

●▮▮ Level 2

$0 \leq x < \pi$일 때, 방정식 $2\sin^2 x + 3\cos x - 3 = 0$의 해는?

① $x = 0$ 또는 $x = \dfrac{\pi}{3}$ ② $x = 0$ 또는 $x = \dfrac{\pi}{2}$

③ $x = \dfrac{\pi}{3}$ 또는 $x = \dfrac{\pi}{2}$ ④ $x = \dfrac{\pi}{3}$ 또는 $x = \dfrac{2}{3}\pi$

⑤ $x = \dfrac{\pi}{2}$ 또는 $x = \dfrac{5}{6}\pi$

1468

●▮▮ Level 2

방정식 $2\cos\theta - 1 = \sin\theta$를 만족시키는 θ에 대하여 $\sin\theta$의 값은? (단, $0 < \theta < \pi$)

① $\dfrac{2}{3}$ ② $\dfrac{3}{4}$ ③ $\dfrac{3}{5}$

④ $\dfrac{4}{5}$ ⑤ $\dfrac{5}{6}$

1469
Level 2

$0 \le x < 2\pi$일 때, 방정식 $\sqrt{-\cos^2 x + 2\sin x + 2} = \dfrac{1}{2}$을 푸시오.

1470
Level 2

$0 \le x \le 2\pi$에서 방정식
$2\cos^2 x + (2+\sqrt{3})\sin x = 2 + \sqrt{3}$의 해 중 가장 큰 것을 α, 가장 작은 것을 β라 할 때, $\cos(\alpha+\beta)$의 값은?

① -1 ② $-\dfrac{\sqrt{3}}{2}$ ③ $-\dfrac{1}{2}$

④ $\dfrac{1}{2}$ ⑤ 1

1471
Level 2

방정식 $4\cos^2(\pi+x) + 8\sin\left(\dfrac{\pi}{2}+x\right) + 3 = 0$의 모든 해의 합은? (단, $0 < x < 4\pi$)

① 3π ② 6π ③ 8π

④ 9π ⑤ 10π

1472
Level 3

$-\pi < x < \pi$에서 방정식 $\tan x + \dfrac{1}{\sqrt{3}\tan x} = 1 + \dfrac{1}{\sqrt{3}}$의 해 중 최댓값을 M, 최솟값을 m이라 하자. 이때 $M-m$의 값을 구하시오. (단, $x \ne 0$)

다음은 이 유형에서 출제된 최근 교육청·평가원 기출문제입니다.

1473 · 2021학년도 대학수학능력시험
Level 2

$0 \le x < 4\pi$일 때, 방정식 $4\sin^2 x - 4\cos\left(\dfrac{\pi}{2}+x\right) - 3 = 0$의 모든 해의 합은?

① 5π ② 6π ③ 7π

④ 8π ⑤ 9π

1474 · 교육청 2021년 4월
Level 2

$0 < x < 2\pi$일 때, 방정식 $2\cos^2 x - \sin(\pi+x) - 2 = 0$의 모든 해의 합은?

① π ② $\dfrac{3}{2}\pi$ ③ 2π

④ $\dfrac{5}{2}\pi$ ⑤ 3π

06

실전유형 **20** 삼각형과 삼각함수를 포함한 방정식 복합유형

❶ 삼각형의 내각의 크기에 대한 삼각함수를 포함한 방정식을 푼다.

❷ 삼각형 ABC에서 $A+B+C=\pi$임을 이용하여 주어진 삼각함수의 값을 구한다.

1475 대표문제

삼각형 ABC에 대하여 $2\sin^2 A-5\cos(B+C)+1=0$이 성립할 때, $\cos A$의 값은?

① $-\dfrac{\sqrt{2}}{4}$　　② $-\dfrac{\sqrt{3}}{4}$　　③ $-\dfrac{1}{2}$

④ $-\dfrac{\sqrt{2}}{2}$　　⑤ $-\dfrac{\sqrt{3}}{2}$

1476 ‖ Level 2

삼각형 ABC에 대하여 $-4\cos^2 A+4\cos A=1$이 성립할 때, $\sin\dfrac{B+C-2\pi}{2}$의 값을 구하시오.

1477 ‖ Level 2

예각삼각형 ABC에 대하여
$$2\sin^2 A-\sin A\cos A+\cos^2 A-1=0$$
이 성립할 때, $\sin(B+C)$의 값은?

① $\dfrac{1}{6}$　　② $\dfrac{1}{3}$　　③ $\dfrac{1}{2}$

④ $\dfrac{\sqrt{2}}{2}$　　⑤ 1

1478 ‖ Level 2

삼각형 ABC에 대하여 $2\cos^2\dfrac{A+C}{2}+\sin\dfrac{B}{2}-1=0$이 성립할 때, $\tan B$의 값은?

① -1　　② $-\dfrac{\sqrt{3}}{3}$　　③ 1

④ $\dfrac{\sqrt{3}}{3}$　　⑤ $\sqrt{3}$

1479 ‖ Level 2

각 A가 둔각인 삼각형 ABC에 대하여
$$4\cos^2 A=5-4\sin(B+C)$$
가 성립할 때, $\cos(-B-C)$의 값은?

① $\dfrac{\sqrt{2}}{4}$　　② $\dfrac{\sqrt{3}}{4}$　　③ $\dfrac{1}{2}$

④ $\dfrac{\sqrt{2}}{2}$　　⑤ $\dfrac{\sqrt{3}}{2}$

1480 ‖ Level 2

각 A가 예각인 삼각형 ABC에 대하여
$$\log\{\sin(B+C)\}-\log(\cos A)=\dfrac{1}{2}\log 3$$
이 성립할 때, $\cos\left(A+\dfrac{B+C}{2}\right)$의 값을 구하시오.

21 삼각함수의 그래프의 대칭성을 이용한 삼각방
정식의 풀이

$y=\sin x$ (또는 $y=\cos x$ 또는 $y=\tan x$)의 그래프와 직선
$y=k$의 교점의 x좌표의 합은 삼각함수의 그래프의 대칭성을
이용하여 바로 구할 수 있다.

(1) $f(x)=\sin x$에서
　① $0\leq x\leq\pi$이고 $f(a)=f(b)=k\ (0<k<1)$이면
　　→ $\dfrac{a+b}{2}=\dfrac{\pi}{2}$이므로 $a+b=\pi$ (단, $a\neq b$)
　② $\pi\leq x\leq 2\pi$이고 $f(a)=f(b)=k\ (-1<k<0)$이면
　　→ $\dfrac{a+b}{2}=\dfrac{3}{2}\pi$이므로 $a+b=3\pi$ (단, $a\neq b$)

(2) $f(x)=\cos x$에서
　$0\leq x\leq 2\pi$이고 $f(a)=f(b)=k\ (-1<k<1)$이면
　→ $\dfrac{a+b}{2}=\pi$이므로 $a+b=2\pi$ (단, $a\neq b$)

(3) $f(x)=\tan x$에서 $f(a)=f(b)=k$이면
　→ $a-b=n\pi$ (단, n은 정수)

1481 대표문제

그림과 같이 함수
$y=\sin x$의 그래프와 두
직선 $y=k$, $y=-k$의 교
점의 x좌표를 작은 것부터

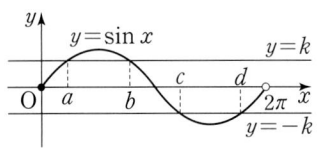

차례로 a, b, c, d라 할 때, $\sin\dfrac{a+b+c+d}{4}$의 값을 구하
시오. (단, $0\leq x<2\pi$, $0<k<1$)

1482

Level 1

그림과 같이 $0\leq x\leq 2\pi$에
서 함수 $y=\sin x$의 그래
프가 직선 $y=k$와 만나는
두 점의 x좌표를 각각 a,
b라 할 때, $a+b$의 값은? (단, $0<k<1$)

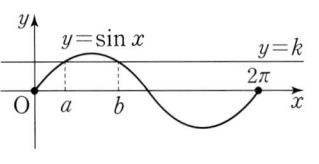

① π　　　　　② 2π　　　　　③ 3π
④ 4π　　　　　⑤ 5π

1483

Level 1

그림과 같이 함수
$y=\cos x$의 그래프와 직선
$y=k$의 교점의 x좌표를 α,
β ($\alpha<\beta$)라 할 때, $\alpha+\beta$의
값은? (단, $0\leq x\leq 2\pi$, $-1<k<0$)

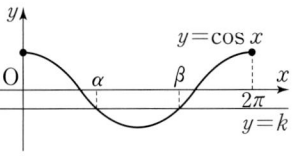

① $\dfrac{\pi}{2}$　　　　② π　　　　③ $\dfrac{3}{2}\pi$

④ 2π　　　　⑤ $\dfrac{5}{2}\pi$

1484

Level 2

방정식 $\sin x=-\dfrac{\sqrt{3}}{3}$의 두 근을 α, β라 할 때,

$\cos\left(\alpha+\beta+\dfrac{\pi}{6}\right)$의 값을 구하시오. (단, $0<x<2\pi$)

1485

Level 2

그림과 같이 $0\leq x\leq 2\pi$
에서 함수 $y=\sin x$의 그
래프와 직선 $y=\dfrac{1}{2}$의 교
점의 x좌표를 a, c라 하

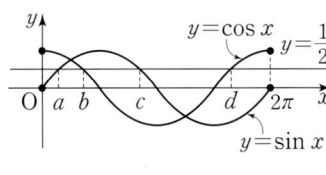

고 함수 $y=\cos x$의 그래프와 직선 $y=\dfrac{1}{2}$의 교점의 x좌표
를 b, d라 할 때, $a+b+c+d$의 값은? (단, $a<b<c<d$)

① 2π　　　　② $\dfrac{5}{2}\pi$　　　　③ 3π

④ $\dfrac{7}{2}\pi$　　　　⑤ 4π

1486

●ıl Level 2

그림과 같이 $0 \leq x \leq 2\pi$에서 함수 $y = \tan x$의 그래프와 직선 $y = 2$의 교점의 x좌표를 α, γ라 하고 직선 $y = 3$의 교점의 x좌표를 β, δ라 할 때, $\alpha + \beta - \gamma - \delta$의 값은?

(단, $\alpha < \beta < \gamma < \delta$)

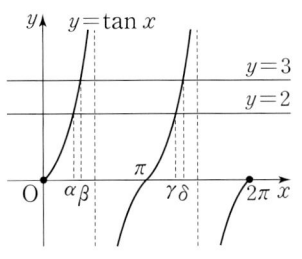

① -2π ② $-\pi$ ③ $-\dfrac{\pi}{2}$

④ π ⑤ 2π

1487

●ıl Level 2

그림과 같이 함수 $y = \sin 2x \ (0 \leq x \leq \pi)$의 그래프가 직선 $y = k$와 두 점 A, B에서 만나고, 직선 $y = -k$와 두 점 C, D에서

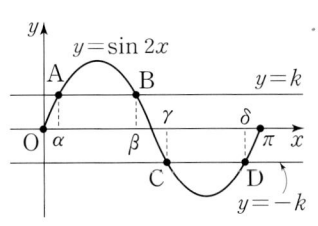

만난다. 네 점 A, B, C, D의 x좌표를 각각 α, β, γ, δ라 할 때, $\alpha + \beta + \gamma + \delta$의 값은? (단, $\alpha < \beta < \gamma < \delta$, $0 < k < 1$)

① 2π ② $\dfrac{5}{2}\pi$ ③ 3π

④ $\dfrac{7}{2}\pi$ ⑤ $\dfrac{15}{4}\pi$

1488 신경향

●ıl Level 3

함수 $f(x) = \sin \pi x \ (x \geq 0)$의 그래프와 직선 $y = \dfrac{3}{4}$이 만나는 점의 x좌표를 작은 것부터 차례로 α, β, γ, $\cdots$라 할 때, $f(\alpha + \beta + \gamma + 1)$의 값은?

① $-\dfrac{3}{4}$ ② $-\dfrac{1}{4}$ ③ 0

④ $\dfrac{1}{4}$ ⑤ $\dfrac{3}{4}$

1489

●ıl Level 3

그림과 같이 $0 < x < 4\pi$에서 함수 $y = \cos \dfrac{1}{2}x$의 그래프가 직선 $y = \dfrac{1}{3}$과 만나는 점의 x좌표를 a, d라 하고 직선 $y = -\dfrac{1}{3}$과 만나는 점의 x좌표를 b, c라 할 때, $\cos \dfrac{b + 2c + d}{3}$의 값을 구하시오. (단, $a < b < c < d$)

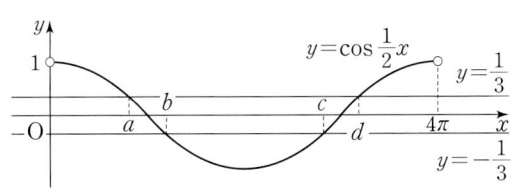

방정식 $f(x)=g(x)$의 서로 다른 실근의 개수
→ 함수 $y=f(x)$의 그래프와 함수 $y=g(x)$의 그래프의 교점의 개수와 같다.

1490 대표문제

방정식 $\sin \pi x = \frac{1}{4}x$의 서로 다른 실근의 개수는?

(단, $x \geq 0$)

① 4   ② 5   ③ 6
④ 7   ⑤ 8

1491   Level 1

방정식 $\tan 2x = -\frac{1}{2}x$의 서로 다른 실근의 개수는?

(단, $-\pi \leq x \leq \pi$)

① 3   ② 4   ③ 5
④ 6   ⑤ 7

1492   Level 2

$0 \leq x < 2\pi$일 때, 방정식 $|\cos 3x| = \frac{1}{2}$의 서로 다른 실근의 개수를 구하시오.

1493   Level 2

방정식 $\left| 4\sin \frac{\pi}{2}x \right| = -x+4$의 서로 다른 실근의 개수는?

① 3   ② 4   ③ 5
④ 6   ⑤ 7

1494   Level 3

두 함수 $f(x)=\cos \pi x$, $g(x)=\sqrt{\dfrac{x}{10}}$에 대하여 방정식 $f(x)=g(x)$의 서로 다른 실근의 개수는?

① 7   ② 8   ③ 9
④ 10   ⑤ 11

다음은 이 유형에서 출제된 최근 교육청·평가원 기출문제입니다.

1495 · 교육청 2021년 3월   Level 2

$0 \leq x < 2\pi$일 때, 방정식 $\sin 4x = \frac{1}{2}$의 서로 다른 실근의 개수는?

① 2   ② 4   ③ 6
④ 8   ⑤ 10

실전유형 23 삼각방정식의 근의 조건

삼각함수를 포함한 방정식이 실근을 가질 조건은 다음과 같은 순서로 구한다.

❶ 주어진 방정식을 $f(x)=k$ 꼴로 나타낸다.
❷ $y=f(x)$의 그래프와 직선 $y=k$가 만나도록 하는 k의 값의 범위를 구한다.

1496 대표문제

방정식 $\cos\left(\dfrac{\pi}{2}+x\right)\sin x+4\sin(\pi+x)=k$가 실근을 갖도록 하는 실수 k의 값의 범위를 구하시오.

1497

방정식 $\sin^2 x-2\sin x+k=0$이 실근을 갖도록 하는 실수 k의 최댓값과 최솟값의 합은?

① -3 ② -2 ③ -1
④ 1 ⑤ 2

1498

$0\le x<\pi$일 때, 방정식 $\cos^2 x-\sin^2 x+\sin x-1=k$가 실근을 갖도록 하는 실수 k의 값의 범위는?

① $-1<k<1$ ② $-1\le k\le\dfrac{1}{8}$ ③ $-1\le k\le 1$
④ $\dfrac{1}{8}<k<\dfrac{1}{2}$ ⑤ $\dfrac{1}{2}\le k\le 1$

1499   Level 2

$0\le x<2\pi$일 때, 방정식 $\cos\left(x-\dfrac{\pi}{2}\right)=\cos\left(x+\dfrac{\pi}{2}\right)+a$가 하나의 실근을 갖도록 하는 모든 실수 a의 값의 곱을 구하시오.

1500   Level 2

방정식 $\cos\left(x-\dfrac{\pi}{2}\right)=-\cos\left(x+\dfrac{3}{2}\pi\right)-1+a$가 하나의 실근을 갖도록 하는 모든 실수 a의 값의 합을 구하시오.

(단, $0\le x<2\pi$)

1501   Level 3

방정식 $\left|\cos x+\dfrac{2}{3}\right|=k$가 서로 다른 세 개의 실근을 갖도록 하는 실수 k에 대하여 $15k$의 값은? (단, $0\le x<2\pi$)

① 5 ② 10 ③ 12
④ 15 ⑤ 20

(1) $\sin x > k$ 꼴의 부등식
  ① $y = \sin x$의 그래프와 직선 $y = k$의 교점의 x좌표를 구한다.
  ② $y = \sin x$의 그래프가 직선 $y = k$보다 위쪽에 있는 x의 값의 범위를 구한다.
(2) $\sin x < k$ 꼴의 부등식
  ① $y = \sin x$의 그래프와 직선 $y = k$의 교점의 x좌표를 구한다.
  ② $y = \sin x$의 그래프가 직선 $y = k$보다 아래쪽에 있는 x의 값의 범위를 구한다.

1502 대표문제

$0 \leq x < 2\pi$에서 부등식 $\cos\left(\dfrac{x}{2} - \dfrac{\pi}{3}\right) < \dfrac{1}{2}$의 해가 $a < x < b$일 때, $b - a$의 값을 구하시오.

1503 · Level 1

$0 \leq x < \pi$일 때, 부등식 $-\dfrac{\sqrt{3}}{2} \leq \sin\left(x + \dfrac{\pi}{2}\right) < \dfrac{1}{2}$의 해는?

① $\dfrac{\pi}{6} < x \leq \dfrac{2}{3}\pi$ ② $\dfrac{\pi}{6} < x \leq \dfrac{5}{6}\pi$ ③ $\dfrac{\pi}{3} < x \leq \dfrac{2}{3}\pi$

④ $\dfrac{\pi}{3} < x \leq \dfrac{5}{6}\pi$ ⑤ $\dfrac{\pi}{3} < x < \pi$

1504 · Level 2

$0 \leq x < 2\pi$일 때, 다음 중 부등식 $\sin\left(x + \dfrac{\pi}{4}\right) \leq -\dfrac{\sqrt{2}}{2}$의 해가 아닌 것은?

① $\dfrac{3}{4}\pi$ ② π ③ $\dfrac{5}{4}\pi$

④ $\dfrac{4}{3}\pi$ ⑤ $\dfrac{3}{2}\pi$

1505 · Level 2

$0 \leq x < 2\pi$일 때, 다음 중 부등식 $\cos x > \sin x$의 해가 될 수 없는 것은?

① $\dfrac{\pi}{12}$ ② $\dfrac{\pi}{6}$ ③ $\dfrac{\pi}{3}$

④ $\dfrac{4}{3}\pi$ ⑤ $\dfrac{3}{2}\pi$

1506 · Level 2

부등식 $\sin x \geq \cos x$를 만족시키는 x의 최댓값은?

(단, $0 \leq x < 2\pi$)

① $\dfrac{\pi}{4}$ ② $\dfrac{\pi}{2}$ ③ π

④ $\dfrac{5}{4}\pi$ ⑤ $\dfrac{3}{2}\pi$

1507 · Level 2

$0 \leq x < 2\pi$에서 부등식 $2\cos\left(x - \dfrac{\pi}{2}\right) + 1 < 0$의 해가 $\alpha < x < \beta$일 때, $\cos(\beta - \alpha)$의 값은?

① $-\dfrac{\sqrt{3}}{2}$ ② $-\dfrac{1}{2}$ ③ 0

④ $\dfrac{1}{2}$ ⑤ $\dfrac{\sqrt{3}}{2}$

1508

●ll Level 2

$0 \leq x < 2\pi$에서 부등식 $2\cos x - \sin\left(\dfrac{7}{2}\pi + x\right) + 1 < 0$의

해가 $\alpha < x < \beta$일 때, $\alpha + \beta$의 값을 구하시오.

1509

●ll Level 2

조류 발전은 빠른 유속을 이용하여 전기를 생산하는 방식으로 어느 조류 발전기는 유속이 $3\,m/s$ 이상일 때 발전이 가능하다고 한다. 이 조류 발전기가 설치된 어느 지역에서 시각이 x시일 때, 유속을 $f(x)\,(m/s)$라 하면

$f(x) = 6\sin\dfrac{\pi}{12}x\ (0 \leq x \leq 12)$이다. 0시부터 12시까지 조류 발전이 가능한 시간을 구하시오.

1510

●ll Level 2

$0 \leq x < 2\pi$일 때, 다음 중 연립부등식 $\begin{cases} \cos x > -\dfrac{1}{2} \\ \tan x < \sqrt{3} \end{cases}$ 의 해가

아닌 것은?

① $\dfrac{\pi}{8}$ ② $\dfrac{\pi}{4}$ ③ $\dfrac{7}{12}\pi$

④ $\dfrac{5}{4}\pi$ ⑤ $\dfrac{9}{5}\pi$

1511 신경향

●ll Level 3

전체집합 $U = \{x \mid 0 \leq x < 2\pi\}$의 두 부분집합

$A = \{x \mid \tan x < 1\}$, $B = \left\{x \mid \left|\sin\left(x + \dfrac{\pi}{2}\right)\right| < \dfrac{1}{2}\right\}$에 대하여 다음 중 집합 $A \cap B$의 원소인 것은?

① $\dfrac{\pi}{5}$ ② $\dfrac{\pi}{3}$ ③ $\dfrac{7}{12}\pi$

④ $\dfrac{3}{2}\pi$ ⑤ $\dfrac{5}{3}\pi$

1512 고난도

●ll Level 3

$0 < x < \pi$에서 부등식 $(\log_3 x - 1)\left(\cos x - \dfrac{\sqrt{3}}{2}\right) < 0$의 해가

$a < x < b$ 또는 $c < x < d$일 때, $(b-a) + (d-c)$의 값은?

(단, $b < c$)

① $\pi - 3$ ② $\dfrac{7}{6}\pi - 3$ ③ $\dfrac{4}{3}\pi - 3$

④ $3 - \dfrac{\pi}{3}$ ⑤ $3 - \dfrac{\pi}{6}$

+ **Plus 문제**

다음은 이 유형에서 출제된 최근 교육청 · 평가원 기출문제입니다.

1513 · 교육청 2021년 6월

●ll Level 2

$0 \leq x < 2\pi$일 때, 부등식 $3\sin x - 2 > 0$의 해가 $\alpha < x < \beta$이다. $\cos(\alpha + \beta)$의 값은?

① -1 ② $-\dfrac{1}{2}$ ③ 0

④ $\dfrac{1}{2}$ ⑤ 1

❶ $\sin^2 x + \cos^2 x = 1$임을 이용하여 한 종류의 삼각함수에 대한 부등식으로 변형한다.
❷ 삼각함수에 대한 이차부등식을 푼다.
❸ 그래프를 이용하여 x의 값의 범위를 구한다.

1514 대표문제

$0 \le x < \pi$일 때, 다음 중 부등식 $2\cos^2 x + 3\sin x - 3 \ge 0$의 해가 될 수 <u>없는</u> 것은?

① $\dfrac{\pi}{4}$ ② $\dfrac{\pi}{3}$ ③ $\dfrac{\pi}{2}$

④ $\dfrac{2}{3}\pi$ ⑤ $\dfrac{11}{12}\pi$

1515 •❙❙ Level 2

$0 \le x < 2\pi$에서 부등식 $\sin^2 x - \cos^2 x + 1 > 3\cos x$의 해가 $\alpha < x < \beta$일 때, $\alpha + \beta$의 값은?

① $\dfrac{4}{3}\pi$ ② $\dfrac{3}{2}\pi$ ③ $\dfrac{5}{3}\pi$

④ $\dfrac{11}{6}\pi$ ⑤ 2π

1516 •❙❙ Level 2

$0 \le x < 2\pi$에서 부등식 $\cos^2 x - \sin^2 x - 3\sin x + 1 \le 0$의 해가 $\alpha \le x \le \beta$일 때, $\sin(\beta - \alpha)$의 값은?

① -1 ② $-\dfrac{\sqrt{2}}{2}$ ③ $-\dfrac{1}{2}$

④ $\dfrac{1}{2}$ ⑤ $\dfrac{\sqrt{3}}{2}$

1517 •❙❙ Level 2

$0 \le \theta < 2\pi$일 때, 부등식 $2\sin^2 \theta - \cos\theta - 1 \le 0$을 만족시키는 θ에 대하여 자연수 $\dfrac{3\theta}{\pi}$의 개수는?

① 1 ② 2 ③ 3

④ 4 ⑤ 5

1518 •❙❙ Level 2

$0 < x < \dfrac{\pi}{2}$에서 부등식 $\sqrt{3}\tan x - \sqrt{3}\tan\left(\dfrac{3}{2}\pi - x\right) \le 2$를 만족시키는 x의 최댓값은?

① $\dfrac{\pi}{8}$ ② $\dfrac{\pi}{6}$ ③ $\dfrac{\pi}{5}$

④ $\dfrac{\pi}{4}$ ⑤ $\dfrac{\pi}{3}$

1519 •❙❙ Level 2

모든 실수 θ에 대하여 부등식 $\cos^2 \theta \le 4\sin\theta + k$가 항상 성립할 때, 실수 k의 최솟값은?

① 1 ② 2 ③ 4

④ 6 ⑤ 8

1520

॥ Level 2

부등식 $\sin^2\left(\theta+\dfrac{3}{2}\pi\right)+4\sin\theta\le 2a$가 모든 실수 θ에 대하여 항상 성립하도록 하는 실수 a의 값의 범위를 구하시오.

1521

॥ Level 2

부등식 $\sin^2\theta+4\cos\theta+a\le 1$이 모든 실수 θ에 대하여 항상 성립하도록 하는 실수 a의 최댓값은?

① -4 ② -3 ③ -2
④ -1 ⑤ 0

다음은 이 유형에서 출제된 최근 교육청 · 평가원 기출문제입니다.

1522 · 교육청 2021년 11월

॥ Level 2

$0\le x<2\pi$에서 x에 대한 부등식
$(2a+6)\cos x-a\sin^2 x+a+12<0$의 해가 존재하도록 하는 자연수 a의 최솟값을 구하시오.

심화 유형 26 삼각함수를 포함한 방정식과 부등식의 활용

이차방정식 또는 이차부등식에서 계수가 삼각함수로 주어지면 다음을 이용한다.

(1) a, b, c가 실수인 이차방정식 $ax^2+bx+c=0$에서
$D=b^2-4ac$라 하면
① $D>0 \iff$ 서로 다른 두 실근을 갖는다.
② $D=0 \iff$ 중근을 갖는다.
③ $D<0 \iff$ 서로 다른 두 허근을 갖는다.

(2) 이차부등식이 항상 성립할 조건
① 모든 실수 x에 대하여 $ax^2+bx+c>0$이 성립하려면
➔ $a>0$, $b^2-4ac<0$
② 모든 실수 x에 대하여 $ax^2+bx+c<0$이 성립하려면
➔ $a<0$, $b^2-4ac<0$

1523 대표문제

모든 실수 x에 대하여 부등식
$x^2-2x\sin\theta+3\sin^2\theta-1\ge 0$이 성립하도록 하는 θ의 값의 범위가 $\alpha\le\theta\le\beta$일 때, $\sin(\beta-\alpha)$의 값은?

(단, $0\le\theta<\pi$)

① $\dfrac{\sqrt{3}}{3}$ ② $\dfrac{1}{2}$ ③ $\dfrac{\sqrt{2}}{2}$
④ $\dfrac{\sqrt{3}}{2}$ ⑤ 1

1524

॥ Level 1

x에 대한 이차방정식 $x^2-4x\cos\theta+3=0$이 중근을 갖도록 하는 θ의 값을 α, β $(\alpha<\beta)$라 할 때, $\beta-\alpha$의 값은?

$\left(단, -\dfrac{\pi}{2}\le\theta<\dfrac{\pi}{2}\right)$

① $\dfrac{\pi}{9}$ ② $\dfrac{\pi}{6}$ ③ $\dfrac{\pi}{4}$
④ $\dfrac{\pi}{3}$ ⑤ $\dfrac{\pi}{2}$

1525

Level 2

x에 대한 이차부등식 $x^2-4x\sin\theta+1\le0$이 오직 하나의 해를 갖도록 하는 θ의 값을 α, β라 할 때, $\alpha+\beta$의 값은?

(단, $0<\theta<\pi$)

① $\dfrac{\pi}{2}$ ② $\dfrac{2}{3}\pi$ ③ π

④ $\dfrac{3}{2}\pi$ ⑤ 2π

1526

Level 2

$0\le\theta<2\pi$에서 x에 대한 이차방정식
$6x^2+4x\sin\theta-\cos\theta=0$이 오직 하나의 실근을 갖도록 하는 θ의 값을 α, β $(\alpha<\beta)$라 할 때, $\beta-\alpha$의 값은?

① $\dfrac{\pi}{6}$ ② $\dfrac{\pi}{3}$ ③ $\dfrac{\pi}{2}$

④ $\dfrac{2}{3}\pi$ ⑤ $\dfrac{5}{6}\pi$

1527

Level 2

모든 실수 x에 대하여 부등식
$x^2-2x(2\sin\theta+1)-2\sin\theta+5>0$이 성립하도록 하는 θ의 값의 범위를 구하시오. (단, $0\le\theta<2\pi$)

1528

Level 2

x에 대한 이차방정식 $x^2-4x\cos\theta+1=0$의 두 근 사이에 1이 존재하도록 하는 θ의 값의 범위는? (단, $0<\theta<2\pi$)

① $0<\theta<\dfrac{\pi}{3}$ ② $\dfrac{\pi}{6}<\theta<\dfrac{5}{6}\pi$

③ $\dfrac{\pi}{3}<\theta<\dfrac{5}{3}\pi$ ④ $\dfrac{5}{3}\pi<\theta<2\pi$

⑤ $0<\theta<\dfrac{\pi}{3}$ 또는 $\dfrac{5}{3}\pi<\theta<2\pi$

1529

Level 2

다음 중 x에 대한 이차방정식
$x^2-3x+2\sin^2\theta-2\cos^2\theta-1=0$이 서로 다른 부호의 두 실근을 갖도록 하는 θ의 값이 될 수 없는 것은?

(단, $0\le\theta<2\pi$)

① 0 ② $\dfrac{\pi}{6}$ ③ $\dfrac{2}{5}\pi$

④ $\dfrac{7}{6}\pi$ ⑤ $\dfrac{7}{4}\pi$

1530

Level 3

x에 대한 이차방정식 $x^2+4x\cos\theta+10\sin\theta-2=0$이 실근을 갖지 않도록 하는 θ의 값의 범위가 $\alpha<\theta<\beta$일 때, $\cos(3\alpha+\beta)$의 값을 구하시오. (단, $0\le\theta<2\pi$)

서술형 유형 익히기

1531 대표문제

함수 $y=a\sin(bx+c)+d$의 그래프가 그림과 같을 때, 상수 a, b, c, d에 대하여 $abcd$의 값을 구하는 과정을 서술하시오. (단, $a>0$, $b>0$, $0<c<\pi$) [7점]

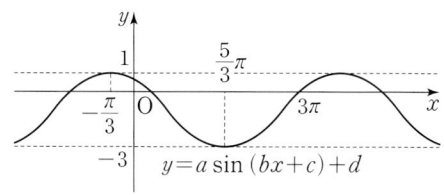

STEP 1 최댓값과 최솟값을 이용하여 a, d의 값 구하기 [2점]

주어진 함수의 최댓값이 1, 최솟값이 -3이고 $a>0$이므로

$a+d=1$, $-a+d=-3$

두 식을 연립하여 풀면 $a=\boxed{}^{(1)}$, $d=\boxed{}^{(2)}$

STEP 2 주기를 이용하여 b의 값 구하기 [2점]

주어진 그래프에서 주기가 $2\left\{\dfrac{5}{3}\pi-\left(-\dfrac{\pi}{3}\right)\right\}=\boxed{}^{(3)}$이고 $b>0$이므로

$\dfrac{2\pi}{b}=\boxed{}^{(4)}$ $\therefore b=\boxed{}^{(5)}$

STEP 3 그래프가 지나는 점의 좌표를 이용하여 c의 값 구하기 [2점]

$y=2\sin\left(\dfrac{x}{2}+c\right)-1$이고, 이 함수의 그래프가 점 $(3\pi,\ 0)$을 지나므로

$0=2\sin\left(\dfrac{3}{2}\pi+c\right)-1$ $\therefore \sin\left(\dfrac{3}{2}\pi+c\right)=\boxed{}^{(6)}$

$\sin\left(\dfrac{3}{2}\pi+c\right)=-\cos c$이므로

$\cos c=\boxed{}^{(7)}$

$0<c<\pi$이므로 $c=\boxed{}^{(8)}$

STEP 4 $abcd$의 값 구하기 [1점]

$abcd=\boxed{}^{(9)}$

1532 한번 더

함수 $y=a\cos b(x-c\pi)+d$의 그래프가 그림과 같을 때, 상수 a, b, c, d에 대하여 $a+3b+4c+d$의 값을 구하는 과정을 서술하시오.

$\left(\text{단,}\ a>0,\ b>0,\ 0<c<\dfrac{1}{2}\right)$ [7점]

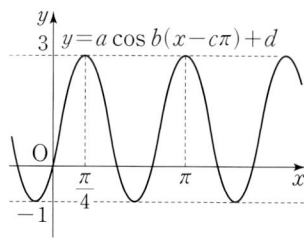

STEP 1 최댓값과 최솟값을 이용하여 a, d의 값 구하기 [2점]

STEP 2 주기를 이용하여 b의 값 구하기 [2점]

STEP 3 그래프가 지나는 점의 좌표를 이용하여 c의 값 구하기 [2점]

STEP 4 $a+3b+4c+d$의 값 구하기 [1점]

핵심KEY 유형8 . 유형18 삼각함수의 미정계수 구하기

$y=a\sin(bx+c)+d$ 꼴로 주어진 삼각함수의 미정계수를 최댓값과 최솟값, 주기, 그래프가 지나는 점의 좌표 등을 이용하여 구하는 문제이다.

$y=a\sin(bx+c)+d$ 꼴의 삼각함수의 최댓값은 $|a|+d$, 최솟값은 $-|a|+d$이고, 주기는 $\dfrac{2\pi}{|b|}$임을 이용한다.

주기를 구할 때, 주기의 $\dfrac{1}{2}$을 주기로 생각하지 않도록 주의한다.

1533 유사1

두 함수 $y=\tan x$와 $y=a\sin bx$의 그래프가 그림과 같고 두 함수의 그래프가 점 $\left(\dfrac{\pi}{3},\ c\right)$에서 만날 때, 상수 a, b, c에 대하여 $a-b+c$의 값을 구하는 과정을 서술하시오. (단, $a>0$, $b>0$) [7점]

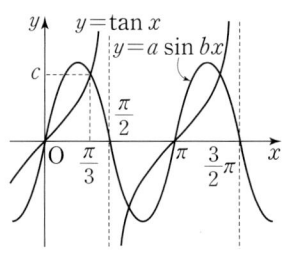

1534 유사2

$0\le x\le 7\pi$에서 정의된 함수 $y=a\sin\left(\dfrac{\pi}{2}-bx\right)+c$의 그래프가 그림과 같이 직선 $y=3$과 두 점 A, B에서 접하고 x축과 두 점 C, D에서 만난다. 사각형 ACDB의 넓이가 12π일 때, 상수 a, b, c에 대하여 $a+b+2c$의 값을 구하는 과정을 서술하시오. (단, $a>0$, $b>0$) [9점]

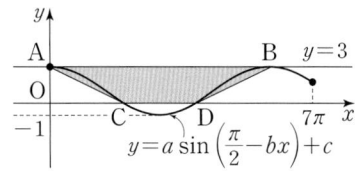

1535 대표문제

$\sin^2 1°+\sin^2 2°+\sin^2 3°+\cdots+\sin^2 88°+\sin^2 89°$의 값을 구하는 과정을 서술하시오. [6점]

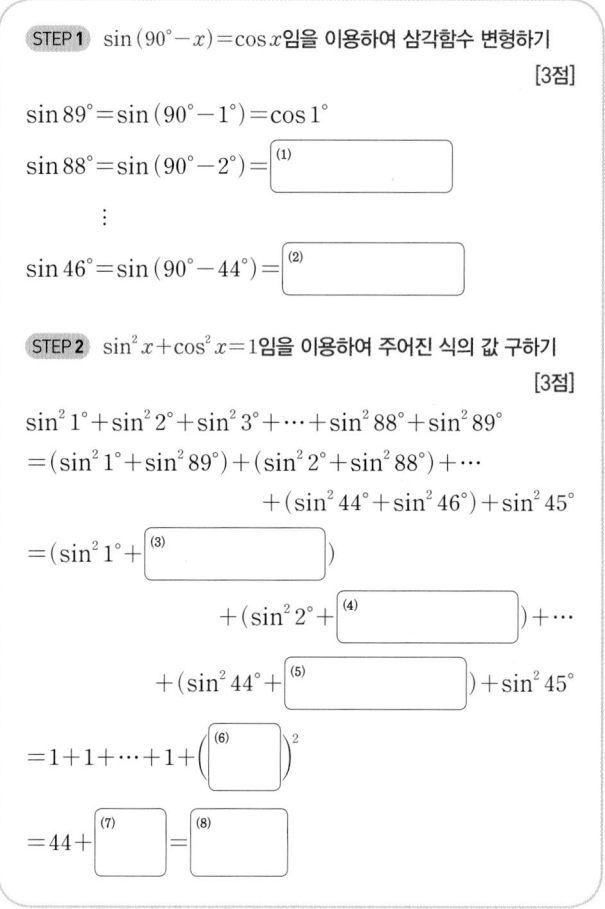

STEP 1 $\sin(90°-x)=\cos x$임을 이용하여 삼각함수 변형하기 [3점]

$\sin 89°=\sin(90°-1°)=\cos 1°$

$\sin 88°=\sin(90°-2°)=$ ⃞(1)

⋮

$\sin 46°=\sin(90°-44°)=$ ⃞(2)

STEP 2 $\sin^2 x+\cos^2 x=1$임을 이용하여 주어진 식의 값 구하기 [3점]

$\sin^2 1°+\sin^2 2°+\sin^2 3°+\cdots+\sin^2 88°+\sin^2 89°$

$=(\sin^2 1°+\sin^2 89°)+(\sin^2 2°+\sin^2 88°)+\cdots$
$\qquad\qquad +(\sin^2 44°+\sin^2 46°)+\sin^2 45°$

$=(\sin^2 1°+$ ⃞(3) $)$

$\qquad\qquad +(\sin^2 2°+$ ⃞(4) $)+\cdots$

$\qquad\qquad +(\sin^2 44°+$ ⃞(5) $)+\sin^2 45°$

$=1+1+\cdots+1+\left($ ⃞(6) $\right)^2$

$=44+$ ⃞(7) $=$ ⃞(8)

1536 한번더

$\tan 1°\times\tan 2°\times\tan 3°\times\cdots\times\tan 88°\times\tan 89°$의 값을 구하는 과정을 서술하시오. [6점]

STEP 1 $\tan(90°-x)=\dfrac{1}{\tan x}$임을 이용하여 삼각함수 변형하기 [3점]

STEP 2 주어진 식을 간단히 하여 식의 값 구하기 [3점]

06

1537 유사 1

원점을 지나는 직선 l_n에 대하여 직선 l_n이 x축의 양의 방향과 이루는 각의 크기는 $\dfrac{n}{24}\pi$이다. 직선 l_n의 기울기를 A_n이라 할 때,

$A_1 \times A_2 \times A_3 \times \cdots \times A_{11} \times A_{13} \times A_{14} \times \cdots \times A_{22} \times A_{23}$의 값을 구하는 과정을 서술하시오. (단, n은 자연수이다.) [8점]

1538 유사 2

각 θ를 나타내는 동경과 각 7θ를 나타내는 동경이 x축에 대하여 대칭일 때, $\sin\theta + \sin 2\theta + \sin 3\theta + \cdots + \sin 9\theta$의 값을 구하는 과정을 서술하시오. $\left(\text{단, } \dfrac{\pi}{8} < \theta < \dfrac{3}{8}\pi\right)$ [9점]

1539 대표문제

함수 $y = \sin^2 x - \cos^2 x - 2\cos\left(\dfrac{3}{2}\pi + x\right) + 2$의 최댓값을 M, 최솟값을 m이라 할 때, $M + m$의 값을 구하는 과정을 서술하시오. (단, $0 \le x < 2\pi$) [6점]

> **STEP 1** 주어진 함수를 $\sin x$에 대한 함수로 나타내기 [2점]
>
> $y = \sin^2 x - \cos^2 x - 2\cos\left(\dfrac{3}{2}\pi + x\right) + 2$
>
> $= \sin^2 x - (1 - \sin^2 x) - 2\boxed{}^{(1)} + 2$
>
> $= 2\sin^2 x - \boxed{}^{(2)} + 1$
>
> **STEP 2** $\sin x = t$로 치환하여 최댓값과 최솟값 구하기 [3점]
>
> $\sin x = t$로 놓으면 $0 \le x < 2\pi$에서 $-1 \le t \le 1$이고
>
> $y = 2t^2 - 2t + 1$
>
> $= 2\left(t - \boxed{}^{(3)}\right)^2 + \boxed{}^{(4)}$
>
>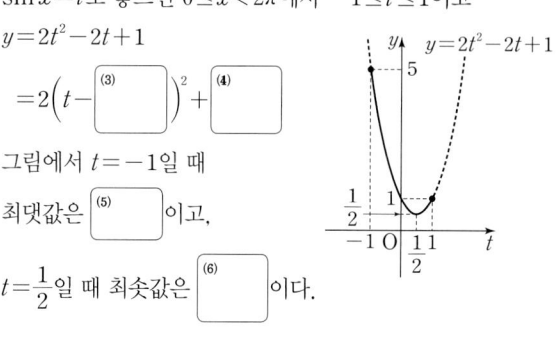
>
> 그림에서 $t = -1$일 때
>
> 최댓값은 $\boxed{}^{(5)}$이고,
>
> $t = \dfrac{1}{2}$일 때 최솟값은 $\boxed{}^{(6)}$이다.
>
> **STEP 3** $M + m$의 값 구하기 [1점]
>
> $M = \boxed{}^{(7)}$, $m = \boxed{}^{(8)}$이므로
>
> $M + m = \boxed{}^{(9)}$

핵심 KEY 유형 12 , 유형 13 **삼각함수의 성질의 활용**

일반각에 대한 삼각함수의 성질을 이용하여 일정하게 증가하는 삼각함수의 값의 합을 구하는 문제이다. 각의 크기의 합 또는 차가 $\dfrac{\pi}{2}$, π인 것끼리 짝 지어 식을 변형하여 해결해 본다.

$\sin\left(\dfrac{\pi}{2} - \theta\right) = \cos\theta$, $\cos\left(\dfrac{\pi}{2} - \theta\right) = \sin\theta$,

$\tan\left(\dfrac{\pi}{2} - \theta\right) = \dfrac{1}{\tan\theta}$과 같이 삼각함수가 바뀜에 주의하고, 둘씩 짝 지었을 때 남는 값이 있는지 확인한다.

핵심 KEY 유형 16 , 유형 25 **삼각함수의 최댓값, 최솟값 구하기**

이차식 꼴의 삼각함수를 정리한 후, 이차함수의 그래프를 이용하여 최댓값, 최솟값을 구하는 문제이다.

$\sin^2 x + \cos^2 x = 1$을 이용하여 한 종류의 삼각함수로 나타내고, 일반각에 대한 삼각함수의 성질을 이용하여 정리해 본다.

최댓값, 최솟값을 구할 때는 정해진 범위 내에서 구해야 함에 주의한다.

1540 한번 더

함수 $y=\sin^2\left(x-\dfrac{\pi}{4}\right)-\cos\left(x-\dfrac{\pi}{4}\right)+k$의 최댓값이 4, 최솟값이 m일 때, $k+m$의 값을 구하는 과정을 서술하시오. (단, k는 상수이다.) [8점]

STEP 1 주어진 함수를 $\cos\left(x-\dfrac{\pi}{4}\right)$에 대한 함수로 나타내기 [3점]

STEP 2 $\cos\left(x-\dfrac{\pi}{4}\right)=t$로 치환하여 최댓값과 최솟값 구하기 [3점]

STEP 3 $k+m$의 값 구하기 [2점]

1541 유사 1

모든 실수 θ에 대하여 부등식
$\cos^2\theta-\sin^2\theta-8\sin\theta+1\le 4a$가 항상 성립하도록 하는 실수 a의 최솟값을 구하는 과정을 서술하시오. [7점]

1542 유사 2

모든 실수 θ에 대하여 부등식 $\sin^2\theta-2a\cos\theta-a-7\le 0$이 항상 성립하도록 하는 실수 a의 최댓값을 M, 최솟값을 m이라 할 때, $\dfrac{M}{m}$의 값을 구하는 과정을 서술하시오. [9점]

● 정답 및 풀이 **265**쪽

실전 마무리하기 **1**회

점 /100점

• 선택형 21문항, 서술형 4문항입니다.

1 1543

다음 중 옳은 것은? [3점]

① $\cos 60° > \cos 40°$ ② $\cos 40° < \sin 40°$

③ $\sin 80° < \cos 80°$ ④ $\cos 70° > \cos 90°$

⑤ $\sin 30° < \sin 160°$

2 1544

다음 중 모든 실수 x에 대하여 $f(x+4)=f(x)$를 만족시키지 않는 것은? [3점]

① $f(x)=\cos \pi x$ ② $f(x)=\sin \dfrac{5}{2}\pi x$

③ $f(x)=\sin \dfrac{\pi}{3}x$ ④ $f(x)=\cos \dfrac{3}{2}\pi x$

⑤ $f(x)=\tan 2\pi x$

3 1545

함수 $y=\sin 2x$의 그래프를 x축의 방향으로 m만큼, y축의 방향으로 n만큼 평행이동하면 함수 $y=\sin(2x-6)+1$의 그래프와 겹쳐진다. $m+n$의 값은? [3점]

① -2 ② 1 ③ 4

④ 6 ⑤ 8

4 1546

함수 $y=5\sin 2x$의 그래프를 x축의 방향으로 $\dfrac{\pi}{4}$만큼, y축의 방향으로 2만큼 평행이동한 그래프가 나타내는 함수의 최댓값을 M, 최솟값을 m, 주기를 p라 할 때, $M+m+p$의 값은? [3점]

① $1+\pi$ ② $2+2\pi$ ③ $3+\pi$

④ $3+2\pi$ ⑤ $4+\pi$

5 1547

다음 중 함수 $y=2\cos\left(3x-\dfrac{\pi}{2}\right)+2$에 대한 설명으로 옳지 않은 것은? [3점]

① 주기는 $\dfrac{2}{3}\pi$이다.

② 최댓값은 4이다.

③ 최솟값은 0이다.

④ 그래프는 점 $(0,\ 2)$를 지난다.

⑤ 그래프는 $y=2\cos 3x$의 그래프를 x축의 방향으로 $\dfrac{\pi}{2}$만큼, y축의 방향으로 2만큼 평행이동한 것이다.

6 1548

함수 $f(x) = a\sin\left(bx + \dfrac{\pi}{2}\right) + c$의 최댓값이 2, 최솟값이 -4이고 주기가 π일 때, $f\left(\dfrac{\pi}{4}\right)$의 값은?

(단, $a > 0$, $b > 0$이고, c는 상수이다.) [3점]

① -2 ② -1 ③ 0

④ 1 ⑤ 2

7 1549

다음 중 두 함수의 그래프가 일치하는 것은? [3점]

① $y = \sin x$, $y = \sin|x|$

② $y = \sin|x|$, $y = |\sin x|$

③ $y = \cos x$, $y = \cos|x|$

④ $y = \cos x$, $y = |\cos x|$

⑤ $y = \sin|x|$, $y = \cos|x|$

8 1550

다음 중 옳은 것은? [3점]

① $\sin(\pi + \theta) = \sin\theta$

② $\cos(-\theta) = \sin\left(\dfrac{3}{2}\pi + \theta\right)$

③ $\sin\left(\dfrac{\pi}{2} + \theta\right) = \cos(\pi - \theta)$

④ $\tan\left(\dfrac{\pi}{2} - \theta\right) = \dfrac{1}{\tan(-\theta)}$

⑤ $\cos\left(\dfrac{\pi}{2} + \theta\right) = \sin(\pi + \theta)$

9 1551

$0 \leq x < 2\pi$일 때, 방정식 $3\cos x + \sin\left(\dfrac{3}{2}\pi + x\right) = \sqrt{2}$의 실근 중 가장 큰 것은? [3점]

① $\dfrac{\pi}{4}$ ② $\dfrac{\pi}{2}$ ③ $\dfrac{5}{4}\pi$

④ $\dfrac{3}{2}\pi$ ⑤ $\dfrac{7}{4}\pi$

10 1552

$0 \leq x < \pi$일 때, 부등식 $-\dfrac{\sqrt{3}}{2} < \cos x \leq \dfrac{\sqrt{2}}{2}$의 해는? [3점]

① $\dfrac{\pi}{6} \leq x < \dfrac{\pi}{4}$ ② $\dfrac{\pi}{6} \leq x \leq \dfrac{5}{6}\pi$

③ $\dfrac{\pi}{6} < x < \pi$ ④ $\dfrac{\pi}{4} \leq x < \dfrac{5}{6}\pi$

⑤ $\dfrac{\pi}{4} \leq x < \pi$

11 1553

함수 $y = a\cos(bx + c) + d$의 그래프가 그림과 같을 때, 상수 a, b, c, d에 대하여 $abcd$의 값은?

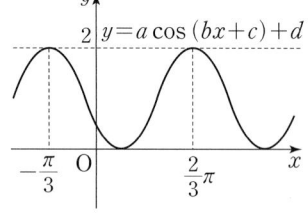

(단, $a > 0$, $b > 0$, $0 < c < 2\pi$) [3.5점]

① $\dfrac{\pi}{3}$ ② $\dfrac{2}{3}\pi$ ③ π

④ $\dfrac{4}{3}\pi$ ⑤ $\dfrac{5}{3}\pi$

12 1554

그림과 같이 함수 $y=\cos\dfrac{\pi}{3}x$
의 그래프와 x축으로 둘러싸
인 부분에 내접하는 사각형
ABCD가 있다. $\overline{\text{AD}}$는 x축에
평행하고 $\overline{\text{AD}}=2$일 때, 사각형 ABCD의 넓이는? [3.5점]

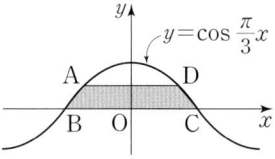

① $\dfrac{1}{4}$ ② $\dfrac{1}{2}$ ③ $\dfrac{3}{4}$

④ 1   ⑤ $\dfrac{5}{4}$

13 1555

$\sin\left(\dfrac{\pi}{2}-\theta\right)+\sin(2\pi+\theta)=\sin\left(\dfrac{3}{2}\pi-\theta\right)+\sin(\pi+\theta)$
를 만족시키는 θ의 값은? (단, $0\le\theta\le\pi$) [3.5점]

① $\dfrac{\pi}{2}$ ② $\dfrac{2}{3}\pi$ ③ $\dfrac{3}{4}\pi$

④ $\dfrac{5}{6}\pi$ ⑤ π

14 1556

다음 식의 값은? [3.5점]

$$\frac{\sin 200° \tan^2 160°}{\cos 290°} - \frac{\sin 250°}{\sin 110° \cos^2 20°}$$

① -3 ② -1 ③ 1

④ 3   ⑤ 5

15 1557

함수 $y=\sin^2 x-3\cos^2 x-4\sin x$의 최댓값과 최솟값의
차는? (단, $0\le x<2\pi$) [3.5점]

① 1   ② 3   ③ 5

④ 7   ⑤ 9

16 1558

x에 대한 이차방정식 $x^2-2\sqrt{2}x\cos\theta+1=0$의 실근이 존
재하지 않을 때, θ의 값의 범위는 $a<\theta<\dfrac{3}{4}\pi$ 또는
$\dfrac{5}{4}\pi<\theta<b$이다. $\dfrac{b}{a}$의 값은? (단, $0\le\theta<2\pi$) [3.5점]

① 4   ② 5   ③ 6

④ 7   ⑤ 8

17 1559

함수 $y=-|2\sin x+1|+k$의 최댓값과 최솟값의 합이 1일 때, 상수 k의 값은? [4점]

① 1　　　　② 2　　　　③ 3

④ 4　　　　⑤ 5

18 1560

함수 $y=\sin x\cos\left(\dfrac{\pi}{2}+x\right)-2\sin(\pi+x)+a$의 최솟값이 -1일 때, 최댓값은? (단, a는 상수이다.) [4점]

① 0　　　　② 1　　　　③ 2

④ 3　　　　⑤ 4

19 1561

$0\le x<2\pi$일 때, 방정식

$$5\cos\left(\dfrac{\pi}{2}+x\right)\sin x+2\cos x\sin\left(\dfrac{\pi}{2}+x\right)+2\cos x=0$$의

모든 해의 합은? [4점]

① π　　　　② $\dfrac{3}{2}\pi$　　　　③ 2π

④ $\dfrac{5}{2}\pi$　　　　⑤ 3π

20 1562

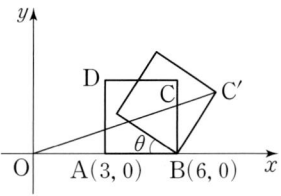

그림과 같이 좌표평면 위의 두 점 A$(3,\ 0)$, B$(6,\ 0)$을 이은 선분을 한 변으로 하는 정사각형 ABCD가 있다. 점 B를 중심으로 시계 방향으로 θ만큼 정사각형 ABCD를 회전시키고, 점 C가 이동한 점을 C′이라 할 때, 선분 OC′의 길이는? [4.5점]

① $2\sqrt{4\sin\theta+3}$　　　　② $3\sqrt{2\sin\theta+5}$

③ $3\sqrt{4\sin\theta+5}$　　　　④ $3\sqrt{6\sin\theta+5}$

⑤ $5\sqrt{4\sin\theta+3}$

21 1563

$0\le x<2\pi$에서 방정식 $\sin nx=\dfrac{1}{2}$의 서로 다른 실근의 개수를 $f(n)$이라 할 때, $f(1)+f(2)+f(3)+\cdots+f(10)$의 값은? (단, n은 자연수이다.) [4.5점]

① 90　　　　② 100　　　　③ 110

④ 120　　　　⑤ 130

서술형

22 1564

그림과 같이 원에 내접하는 사각형 ABCD에서 $\angle BAD = \alpha$, $\angle BCD = \beta$라 할 때, $\sin \alpha = \dfrac{\sqrt{5}}{3}$ 이다. $\tan \beta$의 값을 구하는 과정을 서술하시오. $\left(\text{단, } 0 < \alpha < \dfrac{\pi}{2}\right)$ [6점]

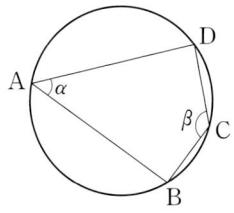

23 1565

$0 < x < 2\pi$에서 부등식

$2\sin^2 x - 3\sin\left(\dfrac{\pi}{2} + x\right) + 4 \geq 2\cos x + 4\sin^2 x$의 해를 구

하는 과정을 서술하시오. [6점]

24 1566

그림과 같이 함수 $f(x) = \cos 2x \ (x \geq 0)$의 그래프와 직선 $y = -\dfrac{3}{4}$의 교점의 x좌표를 작은 것부터 차례로 a, b, c, d, $\cdots$라 할 때, $f\left(a + b + \dfrac{2}{3}\pi\right) + f\left(c + d - \dfrac{3}{2}\pi\right)$의 값을 구하는 과정을 서술하시오. [7점]

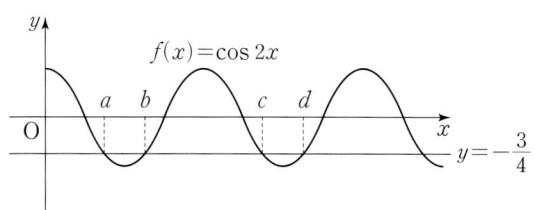

25 1567

함수 $y = \tan\left(18x + \dfrac{\pi}{2}\right) \left(0 < x \leq \dfrac{\pi}{2}\right)$의 그래프의 점근선이 x축의 양의 방향과 만나는 점을 차례로 $P_k \ (k=1, 2, 3, \cdots)$라 하자. 점 P_k를 지나고 x축에 수직인 직선과 함수 $y = \sin x$의 그래프와 만나는 점을 Q_k라 할 때, $\overline{P_1Q_1}^2 + \overline{P_2Q_2}^2 + \overline{P_3Q_3}^2 + \cdots + \overline{P_9Q_9}^2$의 값을 구하는 과정을 서술하시오. [9점]

• 선택형 21문항, 서술형 4문항입니다.

1 1568

다음 중 옳은 것은? [3점]

① $0<x<\dfrac{\pi}{2}$에서 $y=\tan x$는 x의 값이 증가하면 y의 값은 감소한다.

② $0<x<\pi$에서 $y=\cos x$는 x의 값이 증가하면 y의 값도 증가한다.

③ $y=\tan x$의 정의역과 치역은 모두 실수 전체의 집합이다.

④ $y=\cos x$의 그래프는 x축에 대하여 대칭이다.

⑤ $y=\sin x$와 $y=\tan x$의 그래프는 각각 원점에 대하여 대칭이다.

2 1569

모든 실수 x에 대하여 $f(x+\pi)=f(x)$를 만족시키는 것만을 〈**보기**〉에서 있는 대로 고른 것은? [3점]

〈보기〉
ㄱ. $f(x)=\sin\dfrac{x}{3}$　　　ㄴ. $f(x)=2-\tan x$
ㄷ. $f(x)=\cos\pi x$　　　ㄹ. $f(x)=2\tan 2x$
ㅁ. $f(x)=\sin 2(\pi-x)$

① ㄱ, ㄴ, ㄷ　　② ㄱ, ㄴ, ㅁ　　③ ㄴ, ㄷ, ㄹ
④ ㄴ, ㄹ, ㅁ　　⑤ ㄷ, ㄹ, ㅁ

3 1570

함수 $y=2\sin 3x$의 그래프를 평행이동하여 겹쳐질 수 있는 그래프의 식인 것만을 〈**보기**〉에서 있는 대로 고른 것은?
[3점]

〈보기〉
ㄱ. $y=\sin(3x-\pi)$　　　ㄴ. $y=2\sin(3x+\pi)-2$
ㄷ. $y=2\sin x-1$　　　ㄹ. $y=\sin(3x-2)+1$

① ㄱ　　② ㄴ　　③ ㄱ, ㄷ
④ ㄴ, ㄹ　　⑤ ㄷ, ㄹ

4 1571

다음 중 함수 $y=\tan\left(x-\dfrac{\pi}{3}\right)$에 대한 설명으로 옳은 것은?
[3점]

① 주기는 3π이다.

② 그래프는 점 $\left(\pi,\sqrt{3}\right)$을 지난다.

③ 최댓값은 1, 최솟값은 -1이다.

④ 그래프는 함수 $y=\tan x$의 그래프를 x축의 방향으로 $\dfrac{\pi}{3}$ 만큼 평행이동한 것이다.

⑤ 그래프의 점근선의 방정식은 $x=2n\pi+\dfrac{5}{6}\pi$ (n은 정수) 이다.

5 1572

함수 $f(x)=a|\cos bx|+c$의 최댓값이 6, 주기가 $\dfrac{\pi}{3}$이고 $f\left(\dfrac{\pi}{6}\right)=5$일 때, 상수 a, b, c에 대하여 $2a-b+c$의 값은?

(단, $a>0$, $b<0$) [3점]

① 8   ② 9   ③ 10

④ 11   ⑤ 12

6 1573

그림과 같이 $-2\leq x\leq 2$에서 함수 $y=4\cos\dfrac{\pi}{2}x$의 그래프와 직선 $y=-4$로 둘러싸인 부분의 넓이는? [3점]

① 12   ② 14

③ 16   ④ 20

⑤ 22

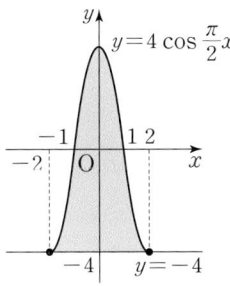

7 1574

다음 식의 값은? [3점]

$$\sin\frac{7}{6}\pi+\cos\left(-\frac{8}{3}\pi\right)-\cos\frac{11}{6}\pi+\tan\frac{5}{4}\pi$$

① -1 ② $-\dfrac{\sqrt{3}}{2}$ ③ 0

④ $\dfrac{1}{2}$ ⑤ $\dfrac{\sqrt{3}}{2}$

8 1575

두 수 A, B가 다음과 같을 때, $A+B$의 값은? [3점]

$A=\tan 10°+\tan 20°+\tan 40°+\tan 60°+\tan 80°$
$B=\tan 100°+\tan 120°+\tan 140°+\tan 160°+\tan 170°$

① 0   ② 1   ③ 2

④ 3   ⑤ 4

9 1576

함수 $y=a|\sin x-1|+b$의 최댓값이 6, 최솟값이 -2일 때, 상수 a, b에 대하여 $a+b$의 값은? (단, $a>0$) [3점]

① 1   ② 2   ③ 3

④ 4   ⑤ 5

10 1577

예각삼각형 ABC에서 $4\sin^2 A+4\sqrt{2}\cos A-6=0$이 성립할 때, $\tan(B+C)$의 값은? [3점]

① -1 ② $-\dfrac{\sqrt{2}}{2}$ ③ $\dfrac{\sqrt{3}}{3}$

④ $\dfrac{\sqrt{3}}{2}$ ⑤ 1

11 1578

함수 $y=\tan(ax+b)$의 주기가 2이고, 그래프의 점근선의 방정식이 $x=2n$ (n은 정수)일 때, 상수 a, b에 대하여 $a+b$의 값은? (단, $a>0$, $0<b<\pi$) [3.5점]

① $\dfrac{\pi}{4}$ ② $\dfrac{\pi}{2}$ ③ π

④ $\dfrac{3}{2}\pi$ ⑤ 2π

12 1579

함수

$$f(x)=a\sin b\left(x-\frac{\pi}{12}\right)+c$$

의 그래프가 그림과 같을 때, $f\left(\dfrac{\pi}{6}\right)$의 값은?

(단, a, b, c는 상수이고, $a>0$, $b>0$이다.) [3.5점]

① 3 ② $\dfrac{7}{2}$ ③ 4

④ $\dfrac{17}{4}$ ⑤ $\dfrac{9}{2}$

13 1580

그림과 같이 사각형 ABCD가 원에 내접할 때, $\cos A+\cos B+\cos C+\cos D$의 값은? [3.5점]

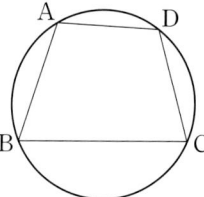

① -2 ② -1

③ 0 ④ 1

⑤ 2

14 1581

함수 $y = \dfrac{\cos x}{-\cos x + 2}$ 의 최댓값을 M, 최솟값을 m이라 할 때, $M + m$의 값은? [3.5점]

① $\dfrac{1}{6}$ ② $\dfrac{1}{3}$ ③ $\dfrac{1}{2}$

④ $\dfrac{2}{3}$ ⑤ $\dfrac{3}{4}$

16 1583

$0 \le x < 2\pi$에서 부등식 $\sin^2 x - 5\sin x \le \cos^2 x - 3$의 해가 $a \le x \le b$일 때, $a + b$의 값은? [3.5점]

① $\dfrac{\pi}{2}$ ② π ③ $\dfrac{3}{2}\pi$

④ 2π ⑤ $\dfrac{5}{2}\pi$

15 1582

$0 \le x < 2\pi$일 때, 방정식 $2\sin x \cos\left(\dfrac{3}{2}\pi + x\right) - 3\sin x + 1 = 0$의 모든 실근의 합은? [3.5점]

① $\dfrac{\pi}{2}$ ② π ③ $\dfrac{3}{2}\pi$

④ 2π ⑤ $\dfrac{5}{2}\pi$

17 1584

함수 $f(x) = 2\left|\tan \pi\left(x + \dfrac{1}{2}\right)\right|$에 대하여 〈**보기**〉에서 옳은 것만을 있는 대로 고른 것은? [4점]

――――〈 보기 〉――――

ㄱ. $f(x) = f(x + \pi)$

ㄴ. $y = f(x)$의 그래프는 y축에 대하여 대칭이다.

ㄷ. $y - f(x)$의 그래프의 짐근신의 방징식은 $x = n$ (n은 정수)이다.

① ㄱ   ② ㄷ   ③ ㄱ, ㄴ

④ ㄱ, ㄷ   ⑤ ㄴ, ㄷ

18 1585

그림과 같이 좌표평면 위의 단위원의 둘레를 8등분 하는 각 점을 차례로 P_1, P_2, $\cdots$, P_8이라 하자. $P_1(1, 0)$, $\angle P_1OP_2 = \theta$라 할 때, $\cos\theta + \cos 2\theta + \cdots + \cos 8\theta$의 값은?

(단, O는 원점이다.) [4점]

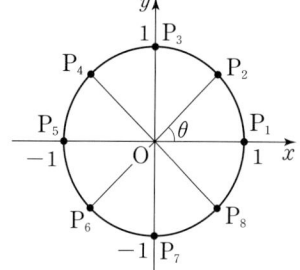

① -2 ② -1 ③ 0

④ 1 ⑤ 2

19 1586

그림과 같이 두 점 O$(0, 0)$, A$\left(\dfrac{\pi}{2}, 0\right)$을 이은 선분 OA를 6등분 하여 각 점을 차례로 P_1, P_2, $\cdots$, P_5라 하자. 점 P_k ($k=1, 2, 3, 4, 5$)를 지나고 x축에 수직인 직선과 함수 $y = \sqrt{3}\sin x$ ($x \geq 0$)의 그래프의 교점을 Q_k라 할 때, $\overline{P_1Q_1}^2 + \overline{P_2Q_2}^2 + \overline{P_3Q_3}^2 + \overline{P_4Q_4}^2 + \overline{P_5Q_5}^2$의 값은? [4점]

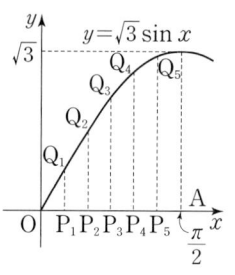

① $\dfrac{7}{2}$ ② $\dfrac{9}{2}$ ③ $\dfrac{11}{2}$

④ $\dfrac{13}{2}$ ⑤ $\dfrac{15}{2}$

20 1587

제1사분면에 있는 단위원 위의 점 P_1을 y축에 대하여 대칭한이동한 점을 P_2, 점 P_1을 원점에 대하여 대칭이동한 점을 P_3, 점 P_1을 x축에 대하여 대칭이동한 점을 P_4라 하자. 네 동경 OP_1, OP_2, OP_3, OP_4가 나타내는 각의 크기를 각각 θ_1, θ_2, θ_3, θ_4라 할 때, $9\sin\theta_1 - 23\sin\theta_2 + 13\sin\theta_3 - 37\sin\theta_4 = 9$가 성립한다. 호 P_3P_4의 길이는? (단, O는 원점이고, $\sin 1.12 = 0.9$, $\pi = 3.14$로 계산한다.) [4.5점]

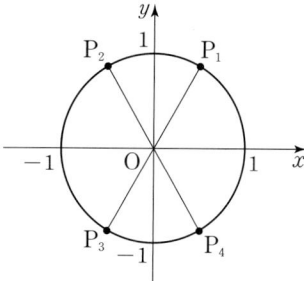

① 0.7 ② 0.9 ③ 1.1

④ 1.3 ⑤ 1.5

21 1588

방정식 $\left|\cos x + \dfrac{1}{3}\right| = k$가 서로 다른 세 개의 실근을 갖도록 하는 실수 k에 대하여 $12k$의 값은? (단, $0 < x < 2\pi$) [4.5점]

① 6 ② 7 ③ 8

④ 9 ⑤ 10

22 ₁₅₈₉

$-\pi \leq x \leq \pi$일 때, 함수 $y=\cos^2\left(x-\dfrac{\pi}{2}\right)-\cos x$의 최댓값과 최솟값의 합을 구하는 과정을 서술하시오. [6점]

24 ₁₅₉₁

그림과 같이 함수
$y=\sin 3x \;(x\geq 0)$의 그래
프가 두 직선 $y=a$,
$y=-a$와 만나는 점의 x
좌표를 작은 것부터 차례로
α, β, γ, δ, $\cdots$라 하자.

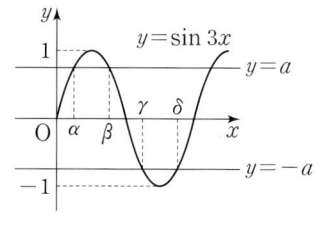

$\cos(\alpha+\beta+\gamma+\delta)$의 값을 구하는 과정을 서술하시오.

(단, $0<a<1$) [7점]

23 ₁₅₉₀

모든 실수 x에 대하여 부등식
$x^2-2x\cos\left(\dfrac{\pi}{2}-\theta\right)+\dfrac{1}{2}\cos\left(\dfrac{\pi}{2}-\theta\right)>0$이 성립하도록 하는 θ의 값의 범위를 구하는 과정을 서술하시오.

(단, $0<\theta<2\pi$) [6점]

25 ₁₅₉₂

그림과 같이 좌표평면 위의 두
점 $A(0,\ -1)$, $B(0,\ \sqrt{3})$과
원 $x^2+y^2=1$ 위의 점 P에 대
하여 삼각형 APB의 넓이를
S라 하자. $S\geq\dfrac{3+\sqrt{3}}{4}$일 때,
점 P가 나타내는 도형의 길이
를 구하는 과정을 서술하시오. [9점]

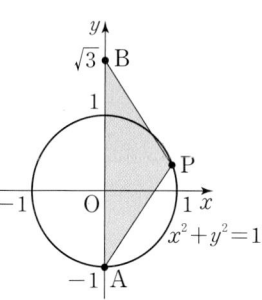

인간사에는 안정된 것이 하나도 없음을 기억하라.

그러므로 성공에 들뜨거나 역경에 지나치게

의기소침하지 마라.

– 소크라테스 –

삼각함수의 활용 07

07 삼각함수의 활용

Note

1 사인법칙

핵심 1

(1) 사인법칙

삼각형 ABC의 외접원의 반지름의 길이를 R라 하면

$$\frac{a}{\sin A}=\frac{b}{\sin B}=\frac{c}{\sin C}=2R$$

(2) 사인법칙의 변형

① $\sin A=\dfrac{a}{2R}$, $\sin B=\dfrac{b}{2R}$, $\sin C=\dfrac{c}{2R}$

② $a=2R\sin A$, $b=2R\sin B$, $c=2R\sin C$

③ $a:b:c=\sin A:\sin B:\sin C$

참고 사인법칙이 적용되는 경우

(1) 한 변의 길이와 두 각의 크기가 주어질 때

  ➡ 나머지 두 변의 길이를 구할 수 있다.

(2) 두 변의 길이와 그 끼인각이 아닌 한 각의 크기가 주어질 때

  ➡ 나머지 두 각의 크기를 구할 수 있다.

참고 $a:b:c=\sin A:\sin B:\sin C$임을 이용하면 변의 길이 사이의 관계를 각의 크기 사이의 관계로 변형할 수 있다.

■ 삼각형 ABC에서 ∠A, ∠B, ∠C의 크기를 각각 A, B, C로 나타내고, 이들의 대변의 길이를 각각 a, b, c로 나타내기로 한다.

■ $a:b:c$
$=2R\sin A:2R\sin B:2R\sin C$
$=\sin A:\sin B:\sin C$

2 코사인법칙

핵심 2

(1) 코사인법칙

삼각형 ABC에서

$$a^2=b^2+c^2-2bc\cos A$$
$$b^2=c^2+a^2-2ca\cos B$$
$$c^2=a^2+b^2-2ab\cos C$$

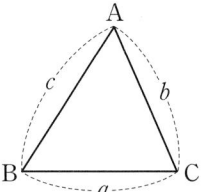

(2) 코사인법칙의 변형

삼각형 ABC에서

$$\cos A=\frac{b^2+c^2-a^2}{2bc}$$

$$\cos B=\frac{c^2+a^2-b^2}{2ca}$$

$$\cos C=\frac{a^2+b^2-c^2}{2ab}$$

참고 코사인법칙이 적용되는 경우

(1) 두 변의 길이와 그 끼인각의 크기가 주어질 때

  ➡ 나머지 한 변의 길이를 구할 수 있다.

(2) 세 변의 길이가 주어질 때

  ➡ 세 각의 크기를 구할 수 있다.

3 삼각형의 넓이

(1) 삼각형 ABC의 넓이를 S라 하면

$$S = \frac{1}{2}bc\sin A = \frac{1}{2}ca\sin B = \frac{1}{2}ab\sin C$$

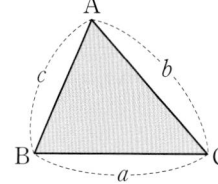

예 삼각형 ABC에서 $A = 120°$, $b = 8$, $c = 6$일 때, 넓이 S는

$$S = \frac{1}{2}bc\sin A = \frac{1}{2} \times 8 \times 6 \times \sin 120°$$

$$= \frac{1}{2} \times 8 \times 6 \times \frac{\sqrt{3}}{2} = 12\sqrt{3}$$

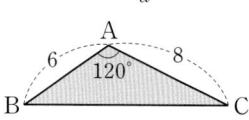

(2) 삼각형 ABC의 넓이를 S, 외접원의 반지름의 길이를 R라 하면

$$S = \frac{abc}{4R} = 2R^2 \sin A \sin B \sin C$$

참고 (1) $\sin A = \dfrac{a}{2R}$이므로

$$S = \frac{1}{2}bc\sin A = \frac{1}{2}bc \times \frac{a}{2R} = \frac{abc}{4R}$$

(2) $b = 2R\sin B$, $c = 2R\sin C$이므로

$$S = \frac{1}{2}bc\sin A = \frac{1}{2} \times 2R\sin B \times 2R\sin C \times \sin A = 2R^2 \sin A \sin B \sin C$$

참고 헤론의 공식

→ 세 변의 길이가 각각 a, b, c인 삼각형의 넓이 S는

$$S = \sqrt{s(s-a)(s-b)(s-c)} \left(\text{단, } s = \frac{a+b+c}{2}\right)$$

> **Note**
>
> ◾ 삼각형 ABC의 넓이를 S라 하면
> (1) 세 변의 길이를 알 때
> → 헤론의 공식을 이용하여 넓이를 구한다.
> (2) 내접원의 반지름의 길이 r를 알 때
> → $S = \dfrac{1}{2}r(a+b+c)$

4 사각형의 넓이

(1) **평행사변형의 넓이**

이웃하는 두 변의 길이가 a, b이고, 그 끼인각의 크기가 θ인 평행사변형의 넓이를 S라 하면

$$S = ab\sin\theta$$

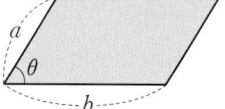

참고 평행사변형의 넓이는 합동인 두 삼각형의 넓이와 같으므로

$$S = 2 \times \frac{1}{2}ab\sin\theta = ab\sin\theta$$

(2) **사각형의 넓이**

두 대각선의 길이가 a, b이고, 두 대각선이 이루는 각의 크기가 θ인 사각형의 넓이를 S라 하면

$$S = \frac{1}{2}ab\sin\theta$$

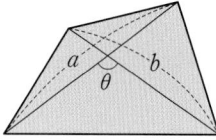

핵심 1 사인법칙 유형 1~5

동영상 강의

삼각형 ABC의 외접원의 반지름의 길이를 R라 하면

사인법칙

$$\frac{a}{\sin A} = \frac{b}{\sin B} = \frac{c}{\sin C} = 2R$$

→

사인법칙의 변형

$$a = 2R\sin A, \ b = 2R\sin B, \ c = 2R\sin C$$
$$\rightarrow \sin A = \frac{a}{2R} \quad \rightarrow \sin B = \frac{b}{2R} \quad \rightarrow \sin C = \frac{c}{2R}$$

예 삼각형 ABC에서 $a=10$, $A=45°$, $C=60°$일 때, 사인법칙에 의하여

(1) $\dfrac{10}{\sin 45°} = \dfrac{c}{\sin 60°}$, $\dfrac{10}{\frac{\sqrt{2}}{2}} = \dfrac{c}{\frac{\sqrt{3}}{2}}$ → $c = 10 \times \dfrac{2}{\sqrt{2}} \times \dfrac{\sqrt{3}}{2} = 5\sqrt{6}$

(2) $\dfrac{10}{\sin 45°} = 2R$, $\dfrac{10}{\frac{\sqrt{2}}{2}} = 2R$ → $R = 10 \times \dfrac{2}{\sqrt{2}} \times \dfrac{1}{2} = 5\sqrt{2}$

1593 삼각형 ABC에서 다음을 구하시오.

(1) $a=5$, $A=30°$, $B=105°$일 때, c의 값

(2) $a=\sqrt{6}$, $b=2$, $A=120°$일 때, B의 크기

1594 삼각형 ABC에서 $a=3$, $B=35°$, $C=115°$일 때, 삼각형 ABC의 외접원의 반지름의 길이 R의 값을 구하시오.

핵심 2 코사인법칙 유형 6~7, 10~11

동영상 강의

삼각형 ABC에서

코사인법칙

$$a^2 = b^2 + c^2 - 2bc\cos A$$
$$b^2 = c^2 + a^2 - 2ca\cos B$$
$$c^2 = a^2 + b^2 - 2ab\cos C$$

→ 두 변의 길이와 그 끼인각의 크기가 주어질 때

코사인법칙의 변형

$$\cos A = \frac{b^2+c^2-a^2}{2bc}, \ \cos B = \frac{c^2+a^2-b^2}{2ca}, \ \cos C = \frac{a^2+b^2-c^2}{2ab}$$

→ 세 변의 길이가 주어질 때

예 삼각형 ABC에서 $b=5$, $c=4$, $A=60°$일 때, 코사인법칙에 의하여

$$a^2 = 5^2 + 4^2 - 2 \times 5 \times 4 \times \cos 60°, \ a^2 = 25 + 16 - 2 \times 5 \times 4 \times \frac{1}{2} = 21 \rightarrow a = \sqrt{21} \ (\because a > 0)$$

1595 삼각형 ABC에서 $a=3$, $c=1$, $B=60°$일 때, b의 값을 구하시오.

1596 삼각형 ABC에서 $a=\sqrt{11}$, $b=4$, $c=5$일 때, $\cos A$의 값을 구하시오.

3 삼각형의 넓이 유형 12~14

핵심

삼각형 ABC의 넓이를 S라 하면

$$S = \frac{1}{2}bc\sin A = \frac{1}{2}ca\sin B = \frac{1}{2}ab\sin C$$

(1) 외접원의 반지름의 길이를 R라 하면 $\sin A = \dfrac{a}{2R}$이므로 $S = \dfrac{abc}{4R}$

(2) $a = 2R\sin A$, $b = 2R\sin B$, $c = 2R\sin C$이므로 $S = 2R^2\sin A\sin B\sin C$

예 삼각형 ABC의 넓이를 S라 하면

$$S = \frac{1}{2} \times 8 \times 5 \times \sin 120°$$
$$= \frac{1}{2} \times 8 \times 5 \times \frac{\sqrt{3}}{2} = 10\sqrt{3}$$

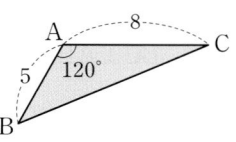

07

1597 $a = 3$, $b = 4$인 삼각형 ABC의 넓이가 $3\sqrt{2}$일 때, 다음을 구하시오. (단, $90° < C < 180°$)

(1) $\sin C$의 값

(2) C의 크기

1598 삼각형 ABC에서 $a = 5$, $b = 6$, $c = 7$일 때, 다음을 구하시오.

(1) $\cos A$의 값

(2) $\sin A$의 값

(3) 삼각형 ABC의 넓이

4 사각형의 넓이 유형 19~20

핵심

● 평행사변형의 넓이

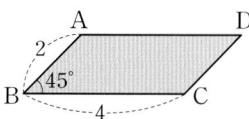

평행사변형 ABCD의 넓이를 S라 하면
$$S = 2 \times 4 \times \sin 45°$$
$$= 2 \times 4 \times \frac{\sqrt{2}}{2} = 4\sqrt{2}$$

● 사각형의 넓이

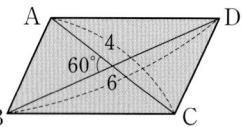

사각형 ABCD의 넓이를 S라 하면
$$S = \frac{1}{2} \times 6 \times 4 \times \sin 60°$$
$$= \frac{1}{2} \times 6 \times 4 \times \frac{\sqrt{3}}{2} = 6\sqrt{3}$$

1599 그림과 같이 $\overline{AB} = 4$, $\overline{BC} = 6$, $\angle B = 30°$인 평행사변형 ABCD의 넓이를 구하시오.

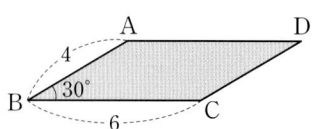

1600 그림과 같은 사각형 ABCD에서 두 대각선의 길이가 각각 4, 7이고 두 대각선이 이루는 각의 크기가 135°일 때, 사각형 ABCD의 넓이를 구하시오.

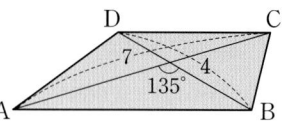

기초유형 0 삼각비의 활용 – 삼각형의 변의 길이 | 중3

(1) 직각삼각형의 변의 길이 구하기
직각삼각형에서 한 변의 길이와 한 예각의 크기를 알 때, 삼각비를 이용하여 나머지 두 변의 길이를 구한다.

(2) 두 변의 길이와 그 끼인각의 크기를 알 때, 나머지 한 변의 길이 구하기
❶ 한 꼭짓점에서 수선을 그어 두 개의 직각삼각형을 만든다.
❷ 한 변과 끼인각의 크기를 이용해 삼각비로 $\overline{AH}$, $\overline{BH}$의 길이를 구한다.
❸ 피타고라스 정리를 이용해 나머지 한 변의 길이를 구한다.

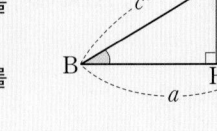

1601 대표문제

그림과 같이 ∠B=90°인 직각삼각형 ABC에서 ∠A=60°, $\overline{AC}=16$이다. $\overline{AB}$와 $\overline{BC}$의 길이를 각각 m, n이라 할 때, $m+n$의 값은?

① 17
② $8+8\sqrt{2}$
③ $8+8\sqrt{3}$
④ 24
⑤ $8+8\sqrt{5}$

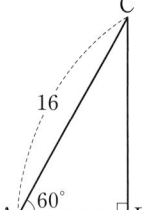

1602

그림과 같이 ∠C=90°인 직각삼각형 ABC에서 ∠B=42°, $\overline{AB}=10$일 때, $\overline{AC}$의 길이를 구하시오.
(단, sin 42°=0.6691로 계산한다.)

Level 1

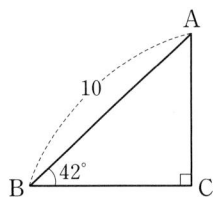

1603

Level 1

그림과 같은 삼각형 ABC에서 $\overline{BC}\perp\overline{AH}$이다. $\overline{AB}=4$, $\overline{CH}=5$, ∠B=60°일 때, $\overline{AC}$의 길이를 구하시오.

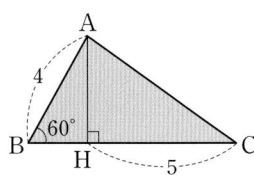

1604

Level 2

그림과 같은 삼각형 ABC에서 $\overline{AB}=2\sqrt{2}$, $\overline{BC}=3$, ∠B=45°일 때, $\overline{AC}$의 길이는?

① 1
② $\sqrt{2}$
③ $\sqrt{3}$
④ 2
⑤ $\sqrt{5}$

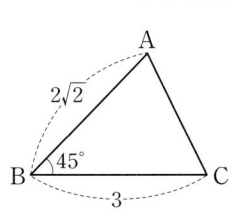

1605

Level 2

그림과 같이 10 m 떨어진 두 지점 B, C에서 나무의 꼭대기를 올려다본 각의 크기가 각각 30°, 45°일 때, 나무의 높이 $\overline{AH}$의 길이는?

① $5(\sqrt{3}+1)$ m
② $6(\sqrt{3}+1)$ m
③ $7(\sqrt{3}+1)$ m
④ $8(\sqrt{3}+1)$ m
⑤ $9(\sqrt{3}+1)$ m

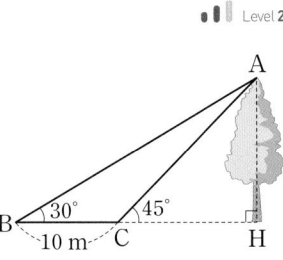

1609

●❘❘ Level **1**

삼각형 ABC에서 $a=2\sqrt{3}$, $A=60°$, $C=75°$일 때, b의 값은?

① $2\sqrt{2}$ ② $2\sqrt{3}$ ③ $4\sqrt{2}$

④ $4\sqrt{3}$ ⑤ 8

실전 **1** 삼각형의 각, 변과 사인법칙

삼각형 ABC에서 $\dfrac{a}{\sin A}=\dfrac{b}{\sin B}=\dfrac{c}{\sin C}$를 이용하는 경우

(1) 한 변의 길이와 두 각의 크기를 알 때
→ 나머지 변의 길이를 구할 수 있다.

(2) 두 변의 길이와 그 끼인각이 아닌 한 각의 크기를 알 때
→ 나머지 각의 크기를 구할 수 있다.

1606 대표문제

그림과 같은 삼각형 ABC에서
$\overline{BC}=12$, $B=45°$, $C=105°$일 때,
$\overline{AC}$의 길이를 구하시오.

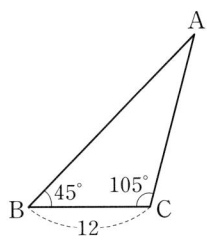

1610

●❘❘ Level **1**

삼각형 ABC에서 $a=2$, $b=3$, $\sin A=\dfrac{2}{5}$일 때, $\sin B$의 값은?

① $\dfrac{1}{5}$ ② $\dfrac{2}{5}$ ③ $\dfrac{3}{5}$

④ $\dfrac{2}{3}$ ⑤ $\dfrac{3}{4}$

1607

●❘❘ Level **1**

그림과 같은 삼각형 ABC에서
$\overline{AB}=2\sqrt{2}$, $A=45°$, $C=30°$일
때, $\overline{BC}$의 길이는?

① 1 ② $2\sqrt{2}$

③ 3 ④ 4

⑤ $4\sqrt{2}$

1611

●❘❘ Level **2**

삼각형 ABC에서 $c\sin(A+C)$와 항상 같은 것만을 〈보기〉에서 있는 대로 고른 것은?

┌─────────〈 보기 〉─────────┐
│ ㄱ. $c\sin B$ ㄴ. $b\sin C$ ㄷ. $a\sin B$ │
└─────────────────────────┘

① ㄱ ② ㄴ ③ ㄱ, ㄴ

④ ㄱ, ㄷ ⑤ ㄴ, ㄷ

1608

●❘❘ Level **1**

삼각형 ABC에서 $a=18$, $A=120°$, $B=30°$일 때, b의 값은?

① $3\sqrt{2}$ ② $3\sqrt{3}$ ③ 6

④ $6\sqrt{2}$ ⑤ $6\sqrt{3}$

1612

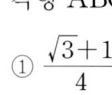

삼각형 ABC에서 $\dfrac{b\sin A}{a\sin(A+C)}$의 값은?

① 1   ② 2   ③ 3

④ 4   ⑤ 5

1613

그림과 같이 $\overline{AB}=12$, $\overline{AC}=9$인 삼각형 ABC에서 $\overline{BC}$의 중점 M에 대하여 $\angle BAM=\alpha$,

$\angle CAM=\beta$라 할 때, $\dfrac{\sin\alpha}{\sin\beta}$의 값을 구하시오.

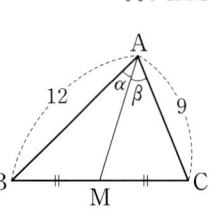

1614

그림과 같이 $\overline{AB}=\overline{AC}$인 삼각형 ABC에서 $\angle BAD=60°$, $\angle DAC=45°$일 때, $\overline{BD}:\overline{DC}$는?

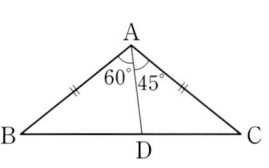

① $\sqrt{2}:\sqrt{3}$ ② $\sqrt{3}:\sqrt{2}$ ③ $3:\sqrt{2}$

④ $3:2\sqrt{2}$ ⑤ $\sqrt{2}:1$

1615

그림과 같이 $\overline{AB}=4\sqrt{3}$, $\overline{AC}=6\sqrt{2}$, $B=60°$, $C=45°$인 삼각형 ABC에서 $\sin 75°$의 값은?

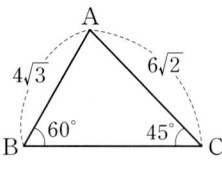

① $\dfrac{\sqrt{3}+1}{4}$ ② $\dfrac{\sqrt{2}+\sqrt{3}}{4}$

③ $\dfrac{\sqrt{3}+2}{4}$ ④ $\dfrac{\sqrt{2}+\sqrt{6}}{4}$ ⑤ $\dfrac{\sqrt{3}+\sqrt{5}}{4}$

1616

그림과 같이 $\overline{AC}=\sqrt{3}$, $\overline{EC}=\overline{BD}$이고, $\angle CAD=30°$, $\angle AEC=\angle ACD=90°$일 때, $\overline{BC}$의 길이를 구하시오.

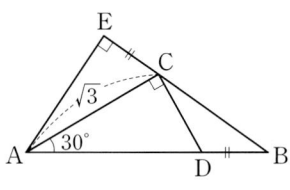

+ **Plus 문제**

다음은 이 유형에서 출제된 최근 교육청·평가원 기출문제입니다.

1617 · 평가원 2021학년도 9월

$\overline{AB}=8$이고 $\angle A=45°$, $\angle B=15°$인 삼각형 ABC에서 선분 BC의 길이는?

① $2\sqrt{6}$ ② $\dfrac{7\sqrt{6}}{3}$ ③ $\dfrac{8\sqrt{6}}{3}$

④ $3\sqrt{6}$ ⑤ $\dfrac{10\sqrt{6}}{3}$

삼각형 ABC의 외접원의 반지름의 길이를 R라 할 때

$$\frac{a}{\sin A} = \frac{b}{\sin B} = \frac{c}{\sin C} = 2R$$

➡ $\sin A = \dfrac{a}{2R}$, $\sin B = \dfrac{b}{2R}$, $\sin C = \dfrac{c}{2R}$

➡ $a = 2R \sin A$, $b = 2R \sin B$, $c = 2R \sin C$

1618 대표문제

삼각형 ABC의 외접원의 반지름의 길이가 2이고 $A = 60°$, $b = 2\sqrt{2}$일 때, C는?

① $30°$ ② $45°$ ③ $60°$

④ $75°$ ⑤ $90°$

1619

● ▎▎ Level 1

그림과 같은 삼각형 ABC에서 $\overline{BC} = 5$, $B = 80°$, $C = 70°$일 때, 삼각형 ABC의 외접원의 반지름의 길이를 구하시오.

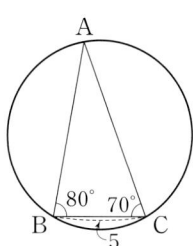

1620

● ▎▎ Level 1

그림과 같이 삼각형 ABC의 외접원의 반지름의 길이가 7이고 $A = 120°$일 때, $\overline{BC}$의 길이는?

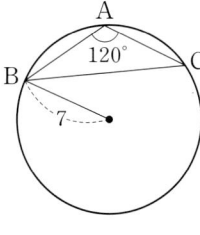

① $6\sqrt{3}$ ② $7\sqrt{3}$

③ $8\sqrt{3}$ ④ $9\sqrt{3}$

⑤ $10\sqrt{3}$

1621

● ▎▎ Level 1

그림과 같은 삼각형 ABC에서 $A = 120°$, $\overline{BC} = 9$일 때, 삼각형 ABC의 외접원의 넓이는?

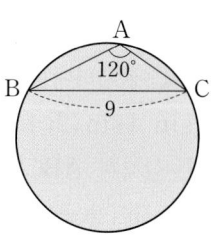

① 9π ② 12π

③ 18π ④ 27π

⑤ 36π

1622

● ▎▎ Level 1

반지름의 길이가 4인 원에 내접하는 삼각형 ABC의 둘레의 길이가 18일 때, $\sin A + \sin B + \sin C$의 값은?

① $\dfrac{5}{2}$ ② $\dfrac{9}{4}$ ③ 2

④ 1 ⑤ $\dfrac{2}{9}$

1623

● ▎▎ Level 1

반지름의 길이가 6인 원에 내접하는 삼각형 ABC에 대하여 $\sin A + \sin B + \sin C = \dfrac{5}{4}$가 성립할 때, $a + b + c$의 값을 구하시오.

1624

● ▎▎ Level 2

반지름의 길이가 3인 원에 내접하는 삼각형 ABC에서 $a + 2b + 3c = 12$일 때, $\sin A + 2\sin B + 3\sin C$의 값을 구하시오.

07

1625

Level 2

그림과 같이 $\overline{BC}=2\sqrt{7}$인 삼각형 ABC에 대하여
$9\sin A\sin(B+C)=7$이 성립할 때, 삼각형 ABC의 외접원의 반지름의 길이를 구하시오.

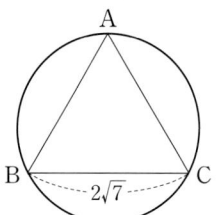

1626

Level 2

반지름의 길이가 $5\sqrt{3}$인 원에 내접하는 삼각형 ABC에 대하여 $4\cos A\cos(B+C)=-3$이 성립할 때, a의 값은?

① $2\sqrt{3}$ ② $3\sqrt{3}$ ③ $4\sqrt{3}$

④ $5\sqrt{3}$ ⑤ $6\sqrt{3}$

1627

Level 2

그림과 같이 한 원에 내접하는 삼각형 ABC와 삼각형 BCD가 있다. 삼각형 ABC는 $\angle ABC=90°$, $\overline{AB}=\overline{BC}=3\sqrt{2}$인 직각이등변삼각형이고, $\angle ABD=60°$일 때, $\overline{CD}$의 길이를 구하시오.

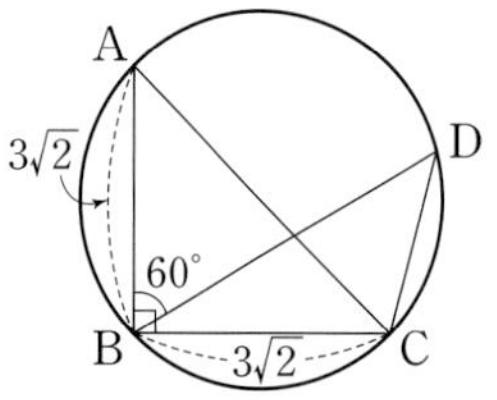

1628

Level 2

그림과 같은 사각형 ABCD에서 $A=\dfrac{\pi}{3}$, $C=\dfrac{\pi}{4}$일 때, 세 점 A, B, D를 지나는 원의 반지름의 길이와 세 점 B, C, D를 지나는 원의 반지름의 길이의 비는?

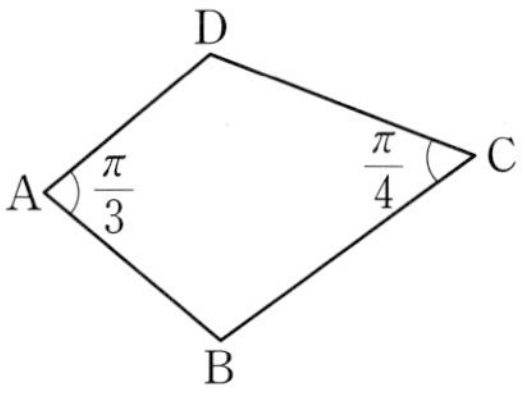

① $1:\sqrt{2}$ ② $1:\sqrt{3}$ ③ $1:2$

④ $\sqrt{2}:\sqrt{3}$ ⑤ $\sqrt{2}:\sqrt{5}$

1629

Level 2

그림과 같이 반지름의 길이가 4인 원에 내접하는 삼각형 ABC에서 $A=30°$, $B=45°$일 때, $\overline{AB}$의 길이는?

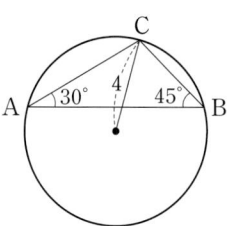

① $2(1+\sqrt{2})$

② $\sqrt{3}(\sqrt{2}+\sqrt{3})$

③ $2(\sqrt{2}+\sqrt{3})$

④ $3(1+\sqrt{2})$

⑤ $2(\sqrt{6}+\sqrt{2})$

다음은 이 유형에서 출제된 최근 교육청·평가원 기출문제입니다.

1630 · 교육청 2019년 9월

Level 1

반지름의 길이가 5인 원에 내접하는 삼각형 ABC에 대하여 $\angle BAC=\dfrac{\pi}{4}$일 때, 선분 BC의 길이는?

① $3\sqrt{2}$ ② $\dfrac{7\sqrt{2}}{2}$ ③ $4\sqrt{2}$

④ $\dfrac{9\sqrt{2}}{2}$ ⑤ $5\sqrt{2}$

실전 유형 3 사인법칙의 변형

삼각형 ABC의 세 변의 길이의 비는 사인법칙을 이용하면 다음 관계가 성립한다.

➜ $a : b : c = \sin A : \sin B : \sin C$

1631 대표문제

삼각형 ABC에서 $A : B : C = 1 : 1 : 2$일 때, $a : b : c$는?

① $1 : 1 : 2$ ② $1 : 1 : \sqrt{2}$ ③ $1 : \sqrt{2} : \sqrt{3}$

④ $2 : 1 : \sqrt{2}$ ⑤ $1 : \sqrt{2} : 1$

1632 ·ıı Level 1

삼각형 ABC에서 $A : B : C = 3 : 4 : 5$이고 $a = 2\sqrt{3}$일 때, b의 값은?

① $\sqrt{3}$ ② 2 ③ $\sqrt{6}$

④ $2\sqrt{2}$ ⑤ $3\sqrt{2}$

1633 ·ıı Level 1

삼각형 ABC에서 $\dfrac{a+b}{3} = \dfrac{b+c}{5} = \dfrac{c+a}{4}$일 때, $\sin A : \sin B : \sin C$는?

① $1 : 2 : 3$ ② $2 : 2 : 3$ ③ $3 : 4 : 5$

④ $4 : 3 : 5$ ⑤ $5 : 3 : 3$

1634 ·ıı Level 1

삼각형 ABC에서 $(a+b) : (b+c) : (c+a) = 5 : 6 : 5$일 때, $\sin A : \sin B : \sin C$를 가장 간단한 자연수의 비로 나타내시오.

1635 ·ıı Level 2

삼각형 ABC에서 $a + 2b - 2c = 0$, $a - 3b + c = 0$일 때, $\sin A : \sin B : \sin C$는?

① $3 : 5 : 4$ ② $4 : 3 : 5$ ③ $5 : 3 : 4$

④ $5 : 7 : 3$ ⑤ $7 : 5 : 3$

1636 ·ıı Level 2

삼각형 ABC에서 $ab : bc : ca = 4 : 3 : 3$일 때, $\sin A : \sin B : \sin C$를 가장 간단한 자연수의 비로 나타내시오.

1637 ·ıı Level 2

삼각형 ABC에서

$$\sin(A+B) : \sin(B+C) : \sin(C+A) = 6 : 4 : 5$$

일 때, $\dfrac{a^2 + b^2 + c^2}{c^2 - b^2}$의 값을 구하시오.

실전유형 4 사인법칙을 이용한 삼각형의 모양 결정

삼각형 ABC에서 $\sin A$, $\sin B$, $\sin C$에 대한 관계식이 주어지면 $\sin A=\frac{a}{2R}$, $\sin B=\frac{b}{2R}$, $\sin C=\frac{c}{2R}$임을 이용하여 a, b, c에 대한 관계식으로 변형한 다음 어떤 삼각형인지 판단한다.

1638 대표문제

삼각형 ABC에서 $\sin^2 B=\sin^2 A+\sin^2 C$가 성립할 때, 삼각형 ABC는 어떤 삼각형인가?

① $a=b$인 이등변삼각형
② $b=c$인 이등변삼각형
③ $c=a$인 이등변삼각형
④ $A=90°$인 직각삼각형
⑤ $B=90°$인 직각삼각형

1639 Level 1

삼각형 ABC에서 $a\sin A=b\sin B$가 성립할 때, 삼각형 ABC는 어떤 삼각형인가?

① 정삼각형
② $B=90°$인 직각삼각형
③ $C=90°$인 직각삼각형
④ $a=b$인 이등변삼각형
⑤ $b=c$인 이등변삼각형

1640 Level 1

삼각형 ABC에서 $c\sin(A+B)=b\sin(A+C)$가 성립할 때, 삼각형 ABC는 어떤 삼각형인지 말하시오.

1641 Level 2

삼각형 ABC에서 $a\sin(A+C)=b\sin C=c\sin A$가 성립할 때, 삼각형 ABC는 어떤 삼각형인가?

① 둔각삼각형
② $b=c$인 직각이등변삼각형
③ 정삼각형
④ $A=90°$인 직각삼각형
⑤ $B=90°$인 직각삼각형

1642 Level 2

삼각형 ABC에서 $(a-c)\sin B=a\sin A-c\sin C$가 성립할 때, 삼각형 ABC는 어떤 삼각형인가?

① 정삼각형
② $a=c$인 이등변삼각형
③ $b=c$인 이등변삼각형
④ $B=90°$인 직각삼각형
⑤ $C=90°$인 직각삼각형

1643 Level 2

삼각형 ABC에서 $\cos^2 A-\sin^2 B+\sin^2 C=1$이 성립할 때, 삼각형 ABC는 어떤 삼각형인가?

① 정삼각형
② $a=c$인 이등변삼각형
③ $A=90°$인 직각삼각형
④ $B=90°$인 직각삼각형
⑤ $C=90°$인 직각삼각형

1644

`Level 2`

삼각형 ABC에서 $\cos^2 A + \sin^2 B = \cos^2 C$가 성립할 때, 삼각형 ABC는 어떤 삼각형인가?

① 정삼각형
② $a=b$인 이등변삼각형
③ $a=c$인 이등변삼각형
④ $A=90°$인 직각삼각형
⑤ $C=90°$인 직각삼각형

1645

`Level 2`

x에 대한 이차방정식

$$(\sin C - \sin A)x^2 + (2\sin B)x - (\sin C + \sin A) = 0$$

이 중근을 가질 때, 삼각형 ABC는 어떤 삼각형인지 말하시오.

1646

`Level 2`

x에 대한 이차방정식

$$ax^2 - 4\sqrt{b}\sin(A+B)x + 4\sin^2 C = 0$$

이 중근을 가질 때, 삼각형 ABC는 어떤 삼각형인가?

① $B=\dfrac{\pi}{2}$인 직각삼각형
② $C=\dfrac{\pi}{2}$인 직각삼각형
③ $a=b$인 이등변삼각형
④ $c=a$인 이등변삼각형
⑤ 정삼각형

실전유형 5 사인법칙의 활용

삼각형에서 한 변의 길이와 그 양 끝 각의 크기를 알 때
❶ 세 내각의 크기의 합이 180°임을 이용하여 나머지 한 각의 크기를 구한다.
❷ 사인법칙을 이용하여 나머지 두 변의 길이를 구한다.

1647 `대표문제`

그림과 같이 45 m 떨어진 두 지점 A, B에서 새를 올려다본 각의 크기가 각각 45°, 75°일 때, B 지점에서 새까지의 거리는?
(단, 새의 크기는 무시한다.)

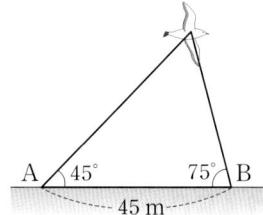

① $15\sqrt{2}$ m
② 30 m
③ $15\sqrt{6}$ m
④ $30\sqrt{2}$ m
⑤ $30\sqrt{3}$ m

1648

`Level 1`

그림과 같이 20 m 떨어진 두 지점 A, B에서 강 건너 C 지점을 바라본 각의 크기가 각각 105°, 30°일 때, 두 지점 A, C 사이의 거리는?

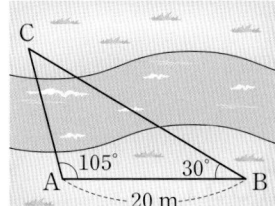

① $6\sqrt{2}$ m
② 10 m
③ $10\sqrt{2}$ m
④ $10\sqrt{3}$ m
⑤ $10\sqrt{6}$ m

1649

Level 2

그림과 같이 높이가 10 cm인 원기둥 모양의 물통이 있다. 밑면인 원의 둘레 위의 세 점 A, B, C를 꼭짓점으로 하는 삼각형 ABC에 대하여 $\overline{AB}=3\sqrt{3}$ cm, $A=45°$, $B=75°$일 때, 이 물통의 부피를 구하시오. (단, 물통의 두께는 무시한다.)

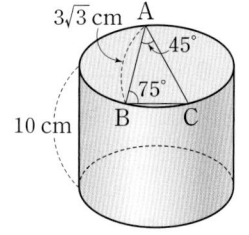

1650

Level 2

그림과 같이 50 m 떨어진 두 지점 A, B에서 등대의 꼭대기 C 지점을 올려다본 각의 크기가 각각 30°, 75°일 때, 등대의 높이 $\overline{CH}$의 길이는?

$$\left(\text{단, } \cos 15°=\frac{\sqrt{2}+\sqrt{6}}{4}\text{으로 계산한다.}\right)$$

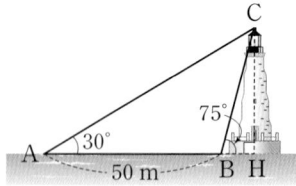

① $\dfrac{25+25\sqrt{3}}{2}$ m ② $\dfrac{30+25\sqrt{3}}{2}$ m ③ $50\sqrt{3}$ m

④ $\dfrac{25+25\sqrt{3}}{4}$ m ⑤ $85\sqrt{3}$ m

1651

Level 2

그림과 같이 $\overline{BC}=2$, $B=45°$, $C=60°$인 삼각형 ABC에서 $\overline{AH}\perp\overline{BC}$이다. $\overline{AH}=a+b\sqrt{3}$ 일 때, 유리수 a, b에 대하여 $a+b$의 값을 구하시오.

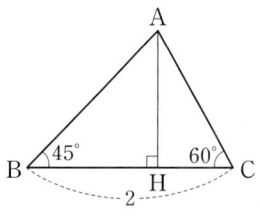

$$\left(\text{단, } \sin 75°=\frac{\sqrt{2}+\sqrt{6}}{4}\text{으로 계산한다.}\right)$$

1652

Level 2

그림과 같은 사면체 A−BCD에서 $\overline{BC}=10$이고 $\angle ABC=105°$, $\angle ACB=45°$, $\angle ABD=30°$, $\angle ADB=\angle ADC=90°$일 때, $\overline{AD}$의 길이는?

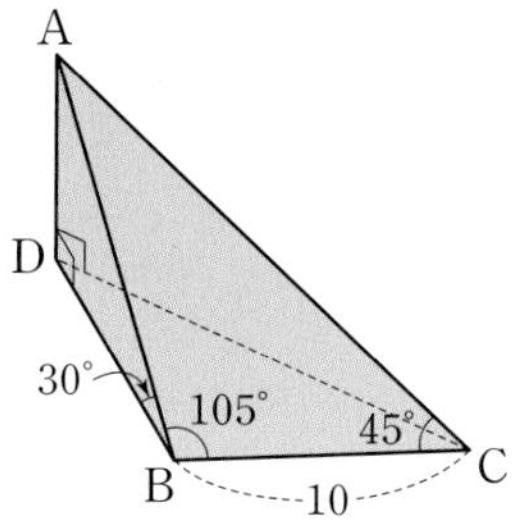

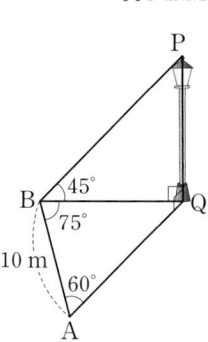

① 10　　② $5\sqrt{2}$
③ $5\sqrt{6}$　　④ 13
⑤ $10\sqrt{2}$

1653

Level 2

가로등의 높이를 구하기 위하여 그림과 같이 10 m 떨어진 두 지점 A, B에서 측량하였더니 $\angle BAQ=60°$, $\angle ABQ=75°$, $\angle PBQ=45°$이었다. 가로등의 높이 $\overline{PQ}$의 길이는?

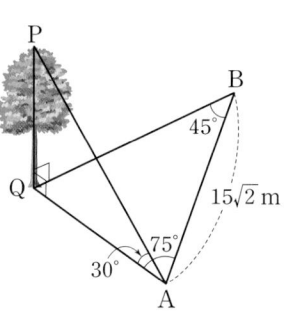

① $2\sqrt{6}$ m　　② $3\sqrt{6}$ m
③ $4\sqrt{6}$ m　　④ $5\sqrt{6}$ m
⑤ $6\sqrt{6}$ m

1654

Level 2

나무의 높이를 구하기 위하여 그림과 같이 $15\sqrt{2}$ m 떨어진 두 지점 A, B에서 측량하였더니 $\angle PAQ=30°$, $\angle ABQ=45°$, $\angle BAQ=75°$이었다. 나무의 높이 $\overline{PQ}$의 길이를 구하시오.

1655

Level 2

타워의 높이를 구하기 위하여 그림과 같이 40 m 떨어진 두 지점 A, B에서 측량하였더니 $\angle QAB=60°$, $\angle QBA=75°$, $\angle PBQ=30°$이었다. 타워의 높이 $\overline{PQ}$의 길이는?

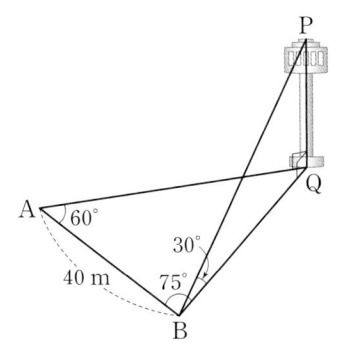

① $6\sqrt{2}$ m ② $6\sqrt{3}$ m ③ $10\sqrt{2}$ m
④ $10\sqrt{3}$ m ⑤ $20\sqrt{2}$ m

1656

Level 2

그림과 같이 높이가 10 m 인 건물 P의 밑에서 건물 Q의 끝을 올려다본 각의 크기가 45°이고, 건물 P의 옥상에서 건물 Q의 끝을 올려다본 각의 크기가 15°일 때, 건물 Q의 높이는? $\left(\text{단, } \cos 15°=\dfrac{\sqrt{2}+\sqrt{6}}{4}\text{으로 계산한다.}\right)$

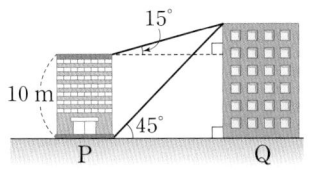

① $5(1+\sqrt{2})$ m ② $7\sqrt{2}$ m ③ $4(1+\sqrt{5})$ m
④ $5(1+\sqrt{3})$ m ⑤ $6(1+\sqrt{3})$ m

실전유형 **6** 삼각형의 각, 변과 코사인법칙

삼각형 ABC에서 두 변의 길이와 그 끼인각의 크기를 알 때
➜ 코사인법칙을 이용하여 나머지 한 변의 길이를 구할 수 있다.
➜ $a^2=b^2+c^2-2bc\cos A$, $b^2=c^2+a^2-2ca\cos B$, $c^2=a^2+b^2-2ab\cos C$

1657 대표문제

그림과 같이 세 점 B, C, D가 한 직선 위에 있고, $\overline{AB}=3$, $\overline{ED}=6$, $\angle B=\angle D=90°$, $\angle ACB=\angle ECD=60°$일 때, $\overline{AE}$의 길이는?

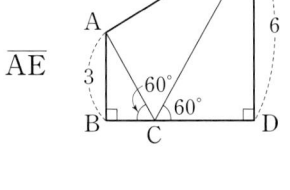

① 3 ② $3\sqrt{2}$
③ $3\sqrt{3}$ ④ 6
⑤ $6\sqrt{2}$

1658

Level 1

그림과 같은 삼각형 ABC에서 $\overline{AB}=4$, $\overline{BC}=5\sqrt{3}$, $B=30°$일 때, $\overline{AC}$의 길이를 구하시오.

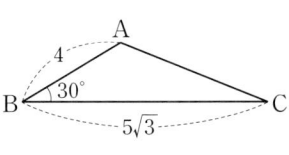

1659

Level 1

그림과 같은 삼각형 ABC에서 $\overline{AB}=4$, $\overline{AC}=3$, $A=60°$일 때, $\overline{BC}$의 길이는?

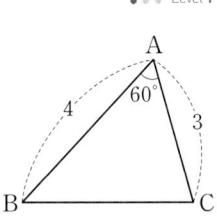

① 2 ② $\sqrt{5}$
③ $\sqrt{7}$ ④ 3
⑤ $\sqrt{13}$

1660

Level 1

삼각형 ABC에서 $b=\sqrt{10}$, $c=2$, $B=30°$일 때, a의 값을 구하시오.

1661

Level 2

삼각형 ABC에서 $(a-b)^2=c^2-3ab$일 때, C는?

① $\dfrac{3}{4}\pi$ ② $\dfrac{2}{3}\pi$ ③ $\dfrac{\pi}{3}$

④ $\dfrac{\pi}{4}$ ⑤ $\dfrac{\pi}{6}$

1662

Level 2

그림과 같이 원에 내접하는 사각형 ABCD에서 $\overline{AB}=3$, $\overline{AD}=5$, $\overline{BC}=5$, $\angle BCD=60°$일 때, $\overline{CD}$의 길이를 구하시오.

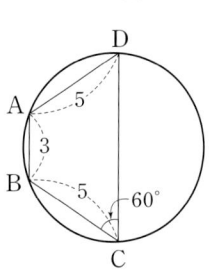

1663

Level 2

그림과 같이 지름 AB의 길이가 6인 원 O에서 호 BP의 길이가 3θ일 때, $\overline{AP}^2$을 θ에 대한 식으로 나타내면?

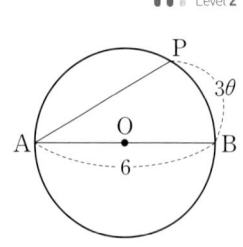

① $9(1+\cos\theta)$ ② $9(2+\cos\theta)$

③ $18(1+\cos\theta)$ ④ $9(2+\cos 2\theta)$

⑤ $18(1+\cos 2\theta)$

1664

Level 2

그림과 같이 $\overline{AB}=\dfrac{1}{x}$, $\overline{BC}=x$, $B=60°$인 삼각형 ABC에서 $\overline{AC}$의 길이의 최솟값을 구하시오.

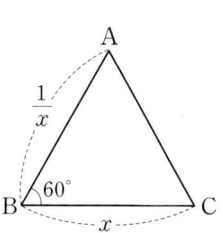

1665

Level 2

삼각형 ABC에서 $A=120°$, $\overline{AB}=4x$, $\overline{AC}=\dfrac{1}{x}$일 때, $\overline{BC}$의 길이의 최솟값은?

① $\sqrt{2}$ ② $\sqrt{3}$ ③ $2\sqrt{2}$

④ $2\sqrt{3}$ ⑤ 5

다음은 이 유형에서 출제된 최근 교육청·평가원 기출문제입니다.

1666 〔신경향〕 · 교육청 2020년 7월

Level 2

그림과 같이 평면 위에 한 변의 길이가 3인 정사각형 ABCD와 한 변의 길이가 4인 정사각형 CEFG가 있다. $\angle DCG=\theta$ $(0<\theta<\pi)$라 할 때, $\sin\theta=\dfrac{\sqrt{11}}{6}$이다. $\overline{DG}\times\overline{BE}$의 값은?

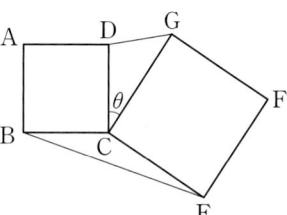

① 15   ② 17   ③ 19

④ 21   ⑤ 23

실전 유형 **7** 코사인법칙의 변형   빈출유형

삼각형 ABC에서 세 변의 길이를 알 때, 코사인법칙의 변형을 이용하여 세 각의 크기를 구할 수 있다.

→ $\cos A = \dfrac{b^2+c^2-a^2}{2bc}$, $\cos B = \dfrac{c^2+a^2-b^2}{2ca}$,

   $\cos C = \dfrac{a^2+b^2-c^2}{2ab}$

1667 대표문제

삼각형 ABC에서 $a=7$, $b=8$, $c=3$일 때, A는?

① $30°$ ② $45°$ ③ $60°$

④ $120°$ ⑤ $150°$

1668   Level 1

삼각형 ABC에서 $a+2b-2c=0$, $a-2b+c=0$일 때, $\cos A$의 값을 구하시오.

1669   Level 1

삼각형 ABC에서 $(a+b):(b+c):(c+a)=4:5:5$일 때, $\cos B$의 값은?

① $-\dfrac{3}{4}$ ② $-\dfrac{1}{2}$ ③ $\dfrac{1}{2}$

④ $\dfrac{3}{4}$ ⑤ $\dfrac{7}{8}$

1670   Level 2

그림과 같은 삼각형 ABC에서 $\overline{BC}$ 위의 점 D에 대하여 $\overline{AB}=4$, $\overline{AC}=6$, $\overline{BD}=3$, $\overline{DC}=5$일 때, $\overline{AD}$의 길이를 구하시오.

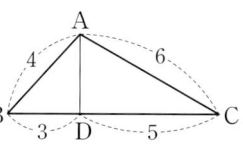

1671   Level 2

그림과 같이 두 직선 $y=3x$와 $y=x$가 이루는 예각의 크기를 θ라 할 때, $\cos\theta$의 값은?

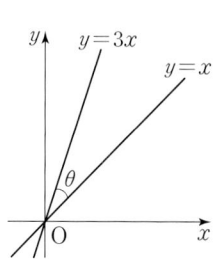

① $\dfrac{\sqrt{5}}{5}$ ② $\dfrac{\sqrt{3}}{3}$

③ $\dfrac{\sqrt{6}}{3}$ ④ $\dfrac{\sqrt{3}}{2}$

⑤ $\dfrac{2\sqrt{5}}{5}$

1672   Level 2

그림과 같은 직육면체에서 $\overline{AB}=\overline{AD}=2$, $\overline{BF}=4$이다. $\angle FCH=\theta$라 할 때, $\cos\theta$의 값은?

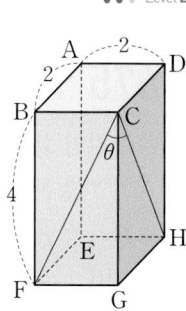

① $\dfrac{1}{2}$ ② $\dfrac{2}{3}$

③ $\dfrac{3}{4}$ ④ $\dfrac{4}{5}$

⑤ $\dfrac{5}{6}$

1673

Level 2

그림과 같이 한 변의 길이가 6인 정사각형 ABCD의 두 변 BC, CD의 중점을 각각 E, F라 하자.
∠EAF=θ일 때, $5\cos\theta$의 값을 구하시오.

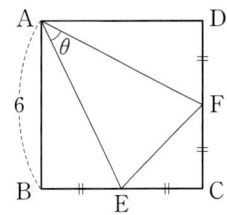

1674

Level 2

그림과 같이 길이가 $2\sqrt{3}$인 선분 AB를 지름으로 하는 원 O 위의 한 점 P에 대하여 $\overline{AP}=2\sqrt{2}$이다.
∠PAB=θ라 할 때, $\cos 2\theta$의 값은?

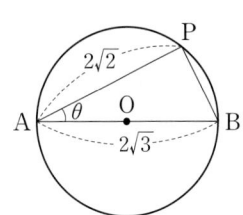

① $\dfrac{1}{5}$ ② $\dfrac{1}{3}$ ③ $\dfrac{2}{5}$

④ $\dfrac{3}{5}$ ⑤ $\dfrac{3}{4}$

1675

Level 2

그림과 같이 삼각형 ABC에서 ∠A의 이등분선이 $\overline{BC}$와 만나는 점을 D라 하면 $\overline{AB}=5$, $\overline{AC}=\dfrac{15}{2}$, $\overline{AD}=2\sqrt{6}$이다. $\overline{BD}$의 길이를 구하시오.

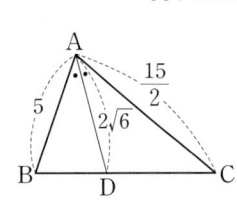

1676

Level 3

그림과 같이 선분 BE를 지름으로 하는 반원 O 위의 한 점 A에 대하여 $2\overline{AB}=\overline{BE}$이다. 선분 BE를 삼등분하는 두 점 C, D에 대하여 ∠CAD=θ라 할 때, $\sqrt{91}\cos\theta$의 값은?

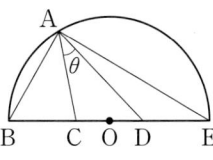

① 4 ② 5 ③ 6

④ 7 ⑤ 8

+ Plus 문제

다음은 이 유형에서 출제된 최근 교육청·평가원 기출문제입니다.

1677 · 교육청 2019년 11월

Level 1

$\overline{AB}=4$, $\overline{BC}=5$, $\overline{CA}=\sqrt{11}$인 삼각형 ABC에서 ∠ABC=θ라 할 때, $\cos\theta$의 값은?

① $\dfrac{2}{3}$ ② $\dfrac{3}{4}$ ③ $\dfrac{4}{5}$

④ $\dfrac{5}{6}$ ⑤ $\dfrac{6}{7}$

1678 · 교육청 2019년 9월

Level 2

그림과 같이 $\overline{AB}=3$, $\overline{BC}=6$인 직사각형 ABCD에서 선분 BC를 1 : 5로 내분하는 점을 E라 하자. ∠EAC=θ라 할 때, $50\sin\theta\cos\theta$의 값을 구하시오.

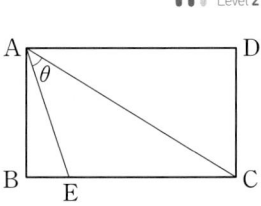

실전유형 **8** 사인법칙과 코사인법칙 〈빈출유형〉

(1) 삼각형 ABC에 대하여 $\sin A$, $\sin B$, $\sin C$의 값의 비가 주어진 경우 각의 크기 구하기
　➔ 사인법칙을 이용하여 변의 길이의 비를 구하고, 코사인법칙을 이용하여 각의 크기를 구한다.

(2) 삼각형 ABC에서 외접원의 반지름의 길이를 R라 하면
　① 사인법칙의 이용
　　➔ $\dfrac{a}{\sin A}=\dfrac{b}{\sin B}=\dfrac{c}{\sin C}=2R$
　② 코사인법칙의 이용
　　➔ $a^2=b^2+c^2-2bc\cos A$
　　➔ $\cos A=\dfrac{b^2+c^2-a^2}{2bc}$

1679 〔대표문제〕

삼각형 ABC에서 $\overline{AB}=4$, $\overline{AC}=3$, $A=120°$일 때, 삼각형 ABC의 외접원의 반지름의 길이는?

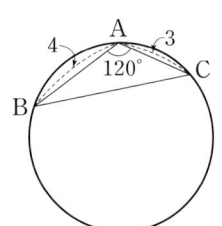

① $\dfrac{\sqrt{37}}{3}$　　② $\dfrac{\sqrt{39}}{3}$

③ $\dfrac{\sqrt{111}}{3}$　　④ $\dfrac{11}{3}$

⑤ $\sqrt{37}$

1680

그림과 같이 $\overline{AB}=6$, $\overline{AC}=3\sqrt{3}$, $A=30°$인 삼각형 ABC의 외접원의 반지름의 길이를 구하시오.

Level 1

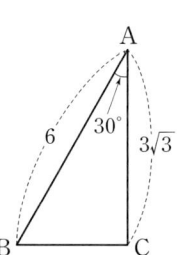

1681

Level 1

삼각형 ABC에서 $\sin A : \sin B : \sin C=1 : 2 : \sqrt{3}$일 때, $\cos B$의 값을 구하시오.

1682

Level 2

삼각형 ABC에서
　$(\sin A+\sin B):(\sin B+\sin C):(\sin C+\sin A)$
　$=7:5:6$
일 때, $\cos A$의 값을 구하시오.

1683

Level 2

그림과 같이 원 O 위의 세 점 A, B, C에 대하여 $\overline{AB}=3\sqrt{2}$, $\overline{AC}=7$, $A=45°$일 때, 원 O의 넓이는?

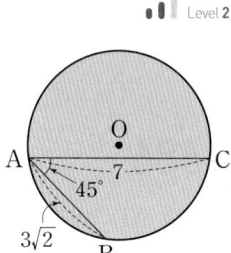

① 20π　　② $\dfrac{25}{2}\pi$

③ 10π　　④ $\dfrac{25}{3}\pi$

⑤ $\dfrac{50}{7}\pi$

1684

Level 2

삼각형 ABC에서 $3\sin A=2\sin B=4\sin(A+B)$일 때, $\cos B$의 값은?

① $-\dfrac{11}{24}$　　② $-\dfrac{1}{4}$　　③ $\dfrac{7}{12}$

④ $\dfrac{11}{24}$　　⑤ $\dfrac{19}{36}$

1685

●▮▮ Level 2

삼각형 ABC에서 $2\sqrt{3}\sin A = 2\sin B = \sqrt{3}\sin C$일 때, A는?

① 70° ② 65° ③ 60°
④ 45° ⑤ 30°

1686

●▮▮ Level 2

삼각형 ABC에서 $a=\sqrt{2}+\sqrt{6}$, $b=2\sqrt{2}$, $C=30°$일 때, B를 구하시오. (단, $0°<B<90°$)

1687

●▮▮ Level 2

삼각형의 세 변의 길이가 각각 6, 7, 8일 때, 이 삼각형의 외접원의 넓이는?

① $\dfrac{84}{5}\pi$ ② $\dfrac{254}{15}\pi$ ③ $\dfrac{256}{15}\pi$
④ $\dfrac{86}{5}\pi$ ⑤ $\dfrac{262}{15}\pi$

다음은 이 유형에서 출제된 최근 교육청·평가원 기출문제입니다.

1688 · 교육청 2020년 9월

●▮▮ Level 1

삼각형 ABC에서 $\dfrac{2}{\sin A}=\dfrac{3}{\sin B}=\dfrac{4}{\sin C}$일 때, $\cos C$의 값은?

① $-\dfrac{1}{2}$ ② $-\dfrac{1}{4}$ ③ 0
④ $\dfrac{1}{4}$ ⑤ $\dfrac{1}{2}$

1689 · 2021학년도 대학수학능력시험

●▮▮ Level 2

$\angle A=\dfrac{\pi}{3}$이고 $\overline{AB}:\overline{AC}=3:1$인 삼각형 ABC가 있다. 삼각형 ABC 의 외접원의 반지름의 길이가 7일 때, 선분 AC의 길이는?

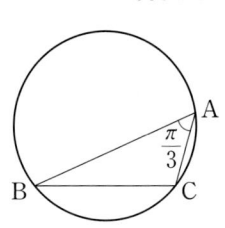

① $2\sqrt{5}$ ② $\sqrt{21}$
③ $\sqrt{22}$ ④ $\sqrt{23}$
⑤ $2\sqrt{6}$

1690 신경향 · 교육청 2021년 6월

●▮▮ Level 3

그림과 같이 $\overline{AB}=3$, $\overline{AC}=1$ 이고 $\angle BAC=\dfrac{\pi}{3}$인 삼각형 ABC가 있다. $\angle BAC$의 이등 분선이 선분 BC와 만나는 점을 P라 할 때, 삼각형 APC의 외접원의 넓이는?

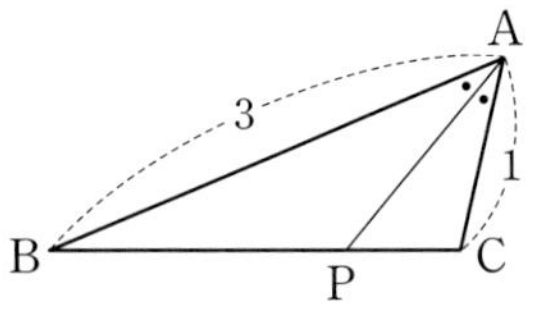

① $\dfrac{\pi}{4}$ ② $\dfrac{5}{16}\pi$ ③ $\dfrac{3}{8}\pi$
④ $\dfrac{7}{16}\pi$ ⑤ $\dfrac{\pi}{2}$

실전유형 9 삼각형의 최대각·최소각

(1) ① 길이가 가장 긴 변의 대각 : 최대각
　　② 길이가 가장 짧은 변의 대각 : 최소각
(2) 삼각형의 세 변의 길이를 알 때
　→ 코사인법칙의 변형을 이용하여 최대각·최소각의 크기를 구할 수 있다.

1691 대표문제

세 변의 길이가 $\sqrt{10}$, 4, $3\sqrt{2}$인 삼각형의 세 내각 중에서 크기가 가장 작은 내각의 크기는?

① 20°　　　　② 30°　　　　③ 45°
④ 50°　　　　⑤ 60°

1692　　Level 1

세 변의 길이가 2, 3, $\sqrt{19}$인 삼각형 ABC의 세 내각 중에서 크기가 가장 큰 내각의 크기는?

① 90°　　　　② 115°　　　　③ 120°
④ 135°　　　　⑤ 150°

1693　　Level 1

세 변의 길이가 1, $2\sqrt{3}$, $\sqrt{19}$인 삼각형 ABC의 세 내각 중에서 최대각의 크기를 구하시오.

1694　　Level 2

세 변의 길이가 $a=4$, $b=2\sqrt{2}$, $c=2\sqrt{3}+2$인 삼각형 ABC의 세 내각 중에서 최소각의 크기를 θ라 할 때, $\sin\theta$의 값은?

① $\dfrac{1}{3}$　　　　② $\dfrac{1}{2}$　　　　③ $\dfrac{\sqrt{2}}{2}$
④ $\dfrac{\sqrt{3}}{2}$　　　　⑤ 1

1695　　Level 2

삼각형 ABC에서 $\dfrac{\sin A}{3}=\dfrac{\sin B}{4}=\dfrac{\sin C}{5}$일 때, 삼각형 ABC의 세 내각 중에서 최대각의 크기는?

① 75°　　　　② 90°　　　　③ 120°
④ 135°　　　　⑤ 150°

1696 고난도　　Level 3

삼각형 ABC에 대하여

$$3a-2b=\frac{3b-2c}{2}=\frac{3c-4a}{3}$$

가 성립할 때, 삼각형 ABC의 세 내각 중에서 최소각의 크기를 θ라 하자. $\cos\theta$의 값은?

① $\dfrac{1}{3}$　　　　② $\dfrac{1}{2}$　　　　③ $\dfrac{3}{4}$
④ $\dfrac{4}{5}$　　　　⑤ $\dfrac{5}{6}$

삼각형 ABC의 세 각의 크기 A, B, C에 대한 관계식이 주어지면 사인법칙과 코사인법칙을 이용하여 세 변의 길이 a, b, c에 대한 관계식으로 변형하여 삼각형을 결정한다.

1697 대표문제

삼각형 ABC에서 $\sin A = 2\cos B \sin C$가 성립할 때, 삼각형 ABC는 어떤 삼각형인가?

① 정삼각형
② $a = c$인 이등변삼각형
③ $b = c$인 이등변삼각형
④ 빗변의 길이가 a인 직각삼각형
⑤ 빗변의 길이가 c인 직각삼각형

1698 ․‧‧ Level 1

삼각형 ABC에서 $b\cos A = a\cos B$가 성립할 때, 삼각형 ABC는 어떤 삼각형인가?

① 정삼각형 ② $a = b$인 이등변삼각형
③ $b = c$인 이등변삼각형 ④ $A = 90°$인 직각삼각형
⑤ $B = 90°$인 직각삼각형

1699 ․‧‧ Level 1

삼각형 ABC에서 $c\cos B - b\cos C = a$가 성립할 때, 삼각형 ABC는 어떤 삼각형인가?

① 정삼각형
② $a = b$인 이등변삼각형
③ $a = c$인 이등변삼각형
④ 빗변의 길이가 a인 직각삼각형
⑤ 빗변의 길이가 c인 직각삼각형

1700 ․‧‧ Level 1

삼각형 ABC에서 $a\cos C - c\cos A = b$가 성립할 때, 삼각형 ABC는 어떤 삼각형인지 말하시오.

1701 ․‧‧ Level 2

삼각형 ABC에서 $\cos C = \dfrac{\sin B}{2\sin A}$가 성립할 때, 삼각형 ABC는 어떤 삼각형인가?

① $b = c$인 이등변삼각형 ② $a = c$인 이등변삼각형
③ $A = 90°$인 직각삼각형 ④ $B = 90°$인 직각삼각형
⑤ $C = 90°$인 직각삼각형

1702 ․‧‧ Level 2

삼각형 ABC에서 외접원의 반지름의 길이 R에 대하여 $2R\sin C + b\cos A = a\cos B$가 성립할 때, 삼각형 ABC는 어떤 삼각형인가?

① $A = 90°$인 직각삼각형 ② $C = 90°$인 직각삼각형
③ $a = b$인 이등변삼각형 ④ $b = c$인 이등변삼각형
⑤ 정삼각형

1703 ․‧‧ Level 2

삼각형 ABC에서 $2\sin A\cos B = \sin A - \sin B + \sin C$가 성립할 때, 삼각형 ABC는 어떤 삼각형인지 말하시오.

1704

● 정답 및 풀이 292쪽

Level 2

삼각형 ABC가 다음 조건을 만족시킬 때, $A : B : C$를 가장 간단한 자연수의 비로 나타내시오.

> ㈎ $\sin A = \sin C \cos B$
> ㈏ $a^2 = b^2 + c^2 - \sqrt{3}bc$

1705

Level 2

삼각형 ABC에서 $\cos B \sin^2 A = \cos A \sin^2 B$가 성립할 때, 삼각형 ABC는 어떤 삼각형인가?

① $B = 90°$인 직각삼각형
② $C = 90°$인 직각삼각형
③ $a = b$인 이등변삼각형
④ $b = c$인 이등변삼각형
⑤ $a = c$인 이등변삼각형

1706

Level 3

삼각형 ABC에서 $\tan A \sin^2 C = \tan C \sin^2 A$가 성립할 때, 삼각형 ABC의 모양이 될 수 있는 것만을 〈보기〉에서 있는 대로 고른 것은?

〈보기〉
> ㄱ. $a = b$인 이등변삼각형
> ㄴ. $b = c$인 이등변삼각형
> ㄷ. $a = c$인 이등변삼각형
> ㄹ. $A = 90°$인 직각삼각형
> ㅁ. $B = 90°$인 직각삼각형
> ㅂ. $C = 90°$인 직각삼각형

① ㄱ, ㅂ
② ㄴ, ㄹ
③ ㄴ, ㅁ
④ ㄷ, ㄹ
⑤ ㄷ, ㅁ

● 정답 및 풀이 292쪽

실전 유형 **11 코사인법칙의 활용**

⑴ 삼각형에서 두 변의 길이와 그 끼인각의 크기를 알 때
→ 코사인법칙을 이용하여 나머지 한 변의 길이를 구한다.
⑵ 주어진 상황에서 삼각형의 각의 크기, 변의 길이를 알아낸 후 코사인법칙을 이용한다.

1707 대표문제

바다 위의 A 지점을 출발한 배가 동쪽으로 6 km를 항해한 후 그림과 같이 $\dfrac{\pi}{3}$만큼 방향을 바꾸어 북동쪽으로 12 km를 가서 B 지점에 도착하였다. 두 지점 A, B 사이의 거리를 구하시오.

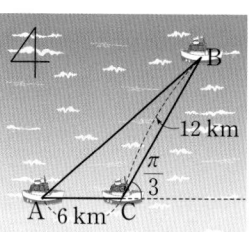

1708

Level 1

그림과 같이 열기구 A로부터 두 지점 B, C까지의 거리가 각각 8 m, $8\sqrt{3}$ m이고 $\angle BAC = 30°$일 때, 두 지점 B, C 사이의 거리는?

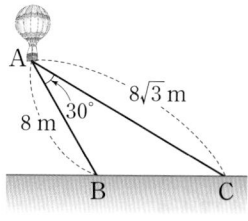

① 4 m
② $4\sqrt{2}$ m
③ $4\sqrt{3}$ m
④ 8 m
⑤ $8\sqrt{2}$ m

1709

Level 1

그림은 연못의 양쪽에 서 있는 두 나무 A, B 사이의 거리를 알아보기 위하여 측량한 것이다. $\overline{AC} = 50$ m, $\overline{BC} = 80$ m, $\angle ACB = 60°$일 때, 두 나무 A, B 사이의 거리를 구하시오.

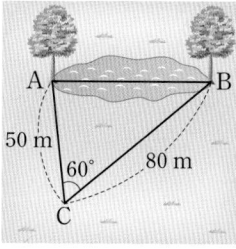

1710

그림과 같이 바다 위에 설치된 다리가 있다. 바다 위의 C 지점에서 다리의 두 지점 A, B를 바라본 각의 크기가 각각 30°, 45°이고 ∠ACB=60°일 때, 두 지점 A, B 사이의 거리는?

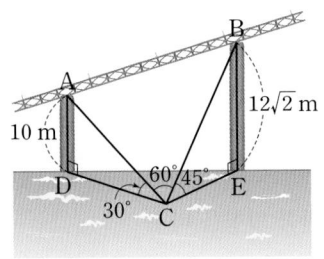

① $2\sqrt{6}$ m　　② $4\sqrt{2}$ m　　③ $5\sqrt{2}$ m

④ $2\sqrt{31}$ m　　⑤ $4\sqrt{31}$ m

1711

그림과 같이 한 모서리의 길이가 2인 정육면체에서 $\overline{\text{EF}}$의 중점을 I라 할 때, $\cos(\angle\text{BDI})$의 값은?

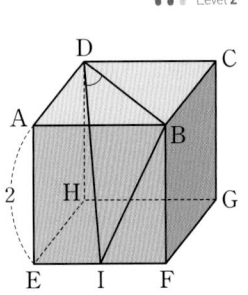

① $\dfrac{1}{3}$　　② $\dfrac{\sqrt{6}}{6}$

③ $\dfrac{1}{2}$　　④ $\dfrac{\sqrt{3}}{3}$

⑤ $\dfrac{\sqrt{2}}{2}$

1712

그림과 같이 30 m 떨어진 지면의 두 지점 A, B에서 지면에 수직으로 세워진 가로등의 D 지점을 올려다본 각의 크기가 각각 30°, 45°이었다. D 지점에서 지면에 내린 수선의 발 C에 대하여 ∠ACB=30°일 때, 가로등의 높이는?

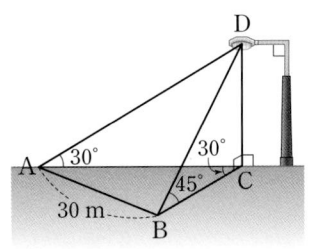

① 18 m　　② 21 m　　③ 24 m

④ 27 m　　⑤ 30 m

1713

그림과 같이 원 모양의 연못이 있다. 연못가의 세 지점 A, B, C에 대하여 $\overline{\text{AB}}=3$ m, $\overline{\text{BC}}=7$ m, $\overline{\text{CA}}=5$ m일 때, 연못의 넓이는?

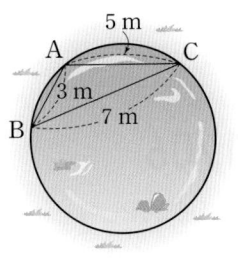

① $\dfrac{36}{5}\pi$ m^2　　② $\dfrac{27}{2}\pi$ m^2

③ $\dfrac{49}{3}\pi$ m^2　　④ $\dfrac{81}{4}\pi$ m^2

⑤ $\dfrac{121}{4}\pi$ m^2

1714

Level 2

그림과 같이 높이가 1 m인 받침대 위에 높이가 2 m인 탑이 세워져 있다. P 지점에 조명을 설치하여 밤에도 탑을 볼 수 있게 하였다. ∠APB=30°일 때, $\overline{PA}$의 길이를 구하시오.

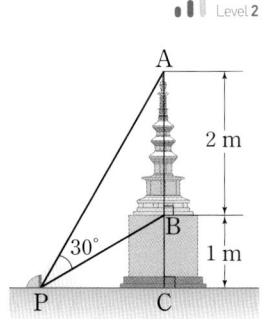

1715

Level 2

그림과 같이 밑면의 반지름의 길이가 5이고 모선의 길이가 15인 원뿔이 있다. 밑면의 둘레 위의 한 점 A에서 겉면을 따라 한 바퀴 돌아 선분 OA를 2 : 3으로 내분하는 점 P까지 가는 최단 거리는?

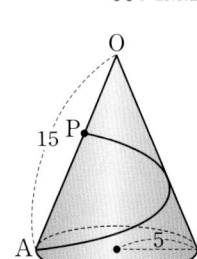

① $9\sqrt{13}$ ② $3\sqrt{39}$ ③ $3\sqrt{19}$

④ $3\sqrt{13}$ ⑤ $\sqrt{39}$

1716 고난도

Level 3

그림과 같은 이등변삼각형 ABC에서 $\overline{AB}=\overline{AC}=6$, $\overline{AD}=3$, ∠BAC=30°이다. 점 B를 출발하여 변 AC, AB, AC 위의 점을 차례로 지나 점 D에 이르는 최단 거리는?

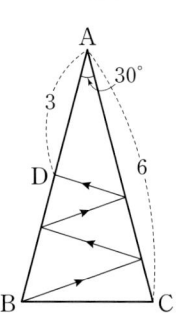

① 6   ② $3\sqrt{7}$

③ $7\sqrt{2}$ ④ $7\sqrt{3}$

⑤ $8\sqrt{3}$

실전 유형 **12** 삼각형의 넓이   빈출유형

삼각형 ABC에서 두 변의 길이와 그 끼인각의 크기를 알 때, 삼각형 ABC의 넓이 S는

→ $S=\dfrac{1}{2}bc\sin A=\dfrac{1}{2}ca\sin B=\dfrac{1}{2}ab\sin C$

1717 대표문제

그림과 같은 삼각형 ABC에서 $\overline{AB}=2\sqrt{2}$, $\overline{AC}=2\sqrt{5}$, $B=45°$일 때, 삼각형 ABC의 넓이는?

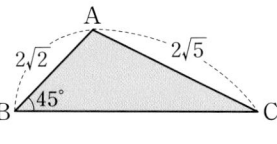

① $2\sqrt{2}$ ② 6   ③ 7

④ 8   ⑤ 10

1718

Level 1

그림과 같은 삼각형 ABC에서 $\overline{AB}=6$, $\overline{BC}=4\sqrt{3}$, $B=120°$일 때, 삼각형 ABC의 넓이는?

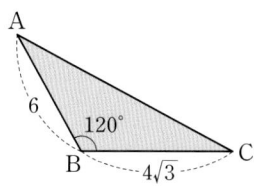

① 8   ② $8\sqrt{2}$

③ 12   ④ $12\sqrt{2}$

⑤ 18

1719

Level 1

그림과 같이 $\overline{AC}=4$, $A=135°$인 삼각형 ABC의 넓이가 4일 때, $\overline{AB}$의 길이는?

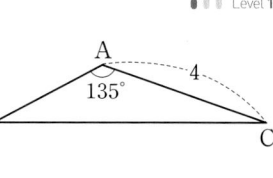

① $\sqrt{2}$ ② $\sqrt{3}$ ③ $\sqrt{6}$

④ $2\sqrt{2}$ ⑤ $2\sqrt{3}$

07

1720

$b=9$, $c=12$, $\sin(B+C)=\dfrac{\sqrt{2}}{2}$인 삼각형 ABC의 넓이는?

① $26\sqrt{2}$ ② $27\sqrt{2}$ ③ $28\sqrt{2}$

④ $26\sqrt{3}$ ⑤ $27\sqrt{3}$

1721

삼각형 ABC에서 $b=4$, $c=5$이고 넓이가 $5\sqrt{3}$일 때, a의 값은? $\left(\text{단, } 0<A<\dfrac{\pi}{2}\right)$

① $\sqrt{21}$ ② $2\sqrt{21}$ ③ $3\sqrt{21}$

④ $4\sqrt{21}$ ⑤ $5\sqrt{21}$

1722

$\overline{AB}=12$, $\overline{AC}=4\sqrt{3}$, $B=30°$인 둔각삼각형 ABC의 넓이는?

① $4\sqrt{3}$ ② $8\sqrt{3}$ ③ $12\sqrt{3}$

④ $16\sqrt{3}$ ⑤ $20\sqrt{3}$

1723

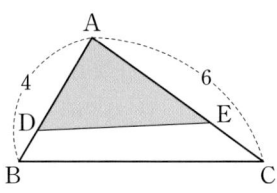

그림과 같이 $\overline{AB}=4$, $\overline{AC}=6$인 삼각형 ABC에서 변 AB의 길이를 25 % 줄이고, 변 AC의 길이를 $\dfrac{1}{3}$만큼 줄여서 삼각형 ADE를 만들었다. 삼각형 ABC의 넓이가 10일 때, 삼각형 ADE의 넓이를 구하시오.

1724

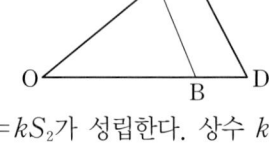

그림과 같이 $\overline{AC}=6$, $\overline{BC}=10$, $A=90°$인 직각삼각형 ABC에서 사각형 ACFG, 사각형 BDEC는 각각 변 AC, 변 BC를 한 변으로 하는 정사각형이다. 삼각형 CEF 의 넓이는?

① 22   ② 24

③ 26   ④ 28

⑤ 30

1725

그림과 같이 삼각형 ODC에서 $\overline{OA}:\overline{AC}=4:1$, $\overline{OB}:\overline{BD}=3:1$이다. 사각형 ABDC의 넓이를 S_1, 삼각형 ODC의 넓이를 S_2라 할 때, $S_1=kS_2$가 성립한다. 상수 k의 값을 구하시오.

1726

.ıll Level 3

그림과 같이 삼각형 ABC의 세 변 AB, BC, CA를 2 : 1로 내분하는 점을 각각 P, Q, R라 하자. 삼각형 ABC의 넓이를 S, 삼각형 PQR의 넓이를 S'이라 할 때, $\dfrac{S'}{S}$의 값을 구하시오.

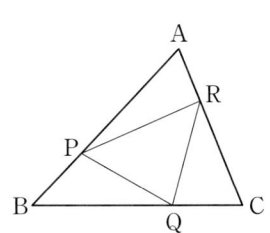

다음은 이 유형에서 출제된 최근 교육청 · 평가원 기출문제입니다.

1727 · 교육청 2019년 11월

.ıll Level 2

$\overline{AB}=15$이고 넓이가 50인 삼각형 ABC에 대하여 $\angle ABC=\theta$라 할 때 $\cos\theta=\dfrac{\sqrt{5}}{3}$이다. 선분 BC의 길이를 구하시오.

1728 · 교육청 2020년 11월

.ıll Level 2

그림과 같이 반지름의 길이가 4, 호의 길이가 π인 부채꼴 OAB가 있다. 부채꼴 OAB의 넓이를 S, 선분 OB 위의 점 P에 대하여 삼각형 OAP의 넓이를 T라 하자. $\dfrac{S}{T}=\pi$일 때, 선분 OP의 길이는?

(단, 점 P는 점 O가 아니다.)

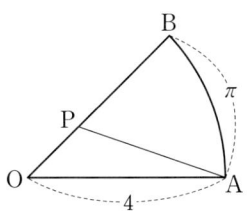

① $\dfrac{\sqrt{2}}{2}$ ② $\dfrac{3}{4}\sqrt{2}$ ③ $\sqrt{2}$

④ $\dfrac{5}{4}\sqrt{2}$ ⑤ $\dfrac{3}{2}\sqrt{2}$

실전 유형 13 삼각형의 넓이와 외접원

삼각형 ABC의 넓이를 S라 하면

(1) 세 변의 길이 a, b, c와 외접원의 반지름의 길이 R를 알 때

→ $S=\dfrac{abc}{4R}$

(2) 세 각의 크기 A, B, C와 외접원의 반지름의 길이 R를 알 때

→ $S=2R^2\sin A\sin B\sin C$

1729 대표문제

외접원의 반지름의 길이가 5인 삼각형 ABC의 넓이가 6일 때, abc의 값은?

① 120   ② 144   ③ 168

④ 192   ⑤ 216

1730

.ıll Level 1

외접원의 반지름의 길이가 2인 삼각형 ABC에서

$$\sin A=\dfrac{\sqrt{2}}{2},\ \sin B=\dfrac{\sqrt{3}}{2},\ \sin C=\dfrac{\sqrt{2}+\sqrt{6}}{4}$$

일 때, 삼각형 ABC의 넓이는?

① 3   ② $3+\sqrt{3}$ ③ $3+2\sqrt{3}$

④ $3+3\sqrt{3}$ ⑤ $3+4\sqrt{3}$

1731

.ıll Level 1

넓이가 12인 삼각형 ABC가 반지름의 길이가 4인 원에 내접할 때, $\sin A\times\sin B\times\sin C$의 값은?

① $\dfrac{5}{16}$ ② $\dfrac{3}{8}$ ③ $\dfrac{7}{16}$

④ $\dfrac{1}{2}$ ⑤ $\dfrac{9}{16}$

1732

Level 1

반지름의 길이가 3인 원에 내접하고 넓이가 15인 삼각형 ABC에서 abc의 값은?

① 150   ② 160   ③ 170

④ 180   ⑤ 190

1733

Level 1

세 변의 길이의 곱이 72이고, 넓이가 6인 삼각형의 외접원의 반지름의 길이는?

① $\sqrt{3}$ ② $\sqrt{5}$ ③ $\sqrt{7}$

④ 3   ⑤ $\sqrt{11}$

1734

Level 2

그림과 같이 정삼각형 ABC의 외접원의 반지름의 길이가 4일 때, 삼각형 ABC의 넓이는?

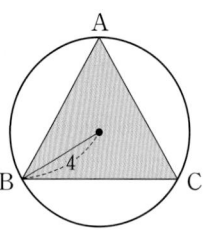

① $6\sqrt{2}$ ② $9\sqrt{2}$

③ $12\sqrt{3}$ ④ $21\sqrt{3}$

⑤ $27\sqrt{3}$

1735

Level 2

그림과 같이 $B=C=30°$인 이등변 삼각형 ABC의 외접원의 반지름의 길이가 6일 때, 삼각형 ABC의 넓이를 구하시오.

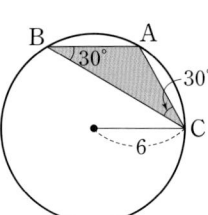

1736

Level 2

그림과 같이 삼각형 ABC의 외접원의 반지름의 길이가 10이고 $\overset{\frown}{AB}:\overset{\frown}{BC}:\overset{\frown}{CA}=3:4:5$일 때, 삼각형 ABC의 넓이를 구하시오.

$\left(\text{단, }\sin 75°=\dfrac{\sqrt{6}+\sqrt{2}}{4}\text{로 계산한다.}\right)$

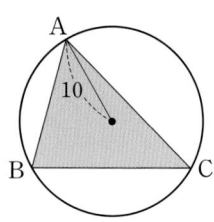

1737

Level 3

그림과 같이 삼각형 ABC의 외접원의 반지름의 길이가 $\sqrt{14}$이고 $\overline{AB}:\overline{BC}:\overline{CA}=1:\sqrt{2}:2$일 때, 삼각형 ABC의 넓이는?

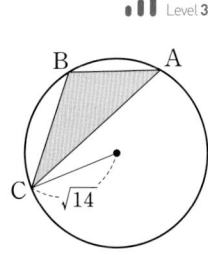

① $3\sqrt{7}$ ② $\dfrac{49\sqrt{7}}{16}$

③ $\dfrac{25\sqrt{7}}{8}$ ④ $\dfrac{51\sqrt{7}}{16}$

⑤ $\dfrac{13\sqrt{7}}{4}$

실전 유형 **14** 삼각형의 넓이와 내접원

삼각형 ABC의 세 변의 길이 a, b, c와 내접원의 반지름의 길이 r가 주어졌을 때, 삼각형 ABC의 넓이 S는

➜ $S = \frac{1}{2}r(a+b+c)$

1738 대표문제

삼각형 ABC에서 $A=60°$, $b=8$, $c=3$일 때, 삼각형 ABC의 내접원의 반지름의 길이는?

① $\frac{\sqrt{2}}{3}$ ② $\frac{\sqrt{2}}{2}$ ③ $\frac{2\sqrt{3}}{3}$

④ 2 ⑤ $2\sqrt{3}$

1739

∙‖ Level 1

넓이가 $3\sqrt{3}$인 정삼각형 ABC의 내접원의 반지름의 길이는?

① $\frac{1}{5}$ ② $\frac{1}{4}$ ③ $\frac{1}{3}$

④ $\frac{1}{2}$ ⑤ 1

1740

∙‖ Level 2

삼각형 ABC에서 $C=120°$, $a=5$, $b=3$일 때, 삼각형 ABC의 내접원의 반지름의 길이는?

① $\frac{\sqrt{2}}{2}$ ② $\frac{\sqrt{3}}{2}$ ③ 1

④ $\sqrt{3}$ ⑤ $\sqrt{6}$

1741

∙‖ Level 2

그림과 같이 $\overline{AB}=12$, $\overline{BC}=10$, $\overline{CA}=8$인 삼각형 ABC의 외접원의 반지름의 길이를 R, 내접원의 반지름의 길이를 r라 할 때, rR의 값은?

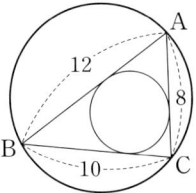

① 16 ② 20

③ 24 ④ 30

⑤ 36

1742

∙‖ Level 2

한 변의 길이가 4인 정삼각형의 내접원의 반지름의 길이 r와 외접원의 반지름의 길이 R의 값을 각각 구하시오.

1743

∙‖ Level 2

그림과 같은 삼각형 ABC에서 세 변의 길이가 $\overline{AB}=8$, $\overline{BC}=14$, $\overline{AC}=10$일 때, 삼각형 ABC의 내접원의 반지름의 길이는?

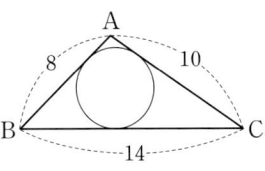

① $\sqrt{5}$ ② $\sqrt{6}$ ③ $\sqrt{7}$

④ $2\sqrt{2}$ ⑤ 3

1744 　　　　　　　　　　　　　　　　ıll Level 2

넓이가 18인 삼각형 ABC가 반지름의 길이가 6인 원에 내접한다. $\sin A + \sin B + \sin C = 2$일 때, 삼각형 ABC의 내접원의 반지름의 길이는?

① $\dfrac{3}{4}$ 　　　　② 1 　　　　③ $\dfrac{5}{4}$

④ $\dfrac{3}{2}$ 　　　　⑤ 2

1745 　　　　　　　　　　　　　　　　ıll Level 2

반지름의 길이가 8인 원에 내접하는 삼각형 ABC에서 $\sin A + \sin B + \sin C = \dfrac{3}{2}$이 성립한다. 삼각형 ABC의 내접원의 반지름의 길이가 4일 때, 삼각형 ABC의 넓이를 구하시오.

다음은 이 유형에서 출제된 최근 교육청·평가원 기출문제입니다.

1746 · 교육청 2021년 6월 　　　　　　　ıll Level 3

반지름의 길이가 $\dfrac{4\sqrt{3}}{3}$인 원이 삼각형 ABC에 내접하고 있다. 원이 선분 BC와 만나는 점을 D라 하고, $\overline{BD} = 12$, $\overline{DC} = 4$일 때, 삼각형 ABC의 둘레의 길이는?

① $\dfrac{71}{2}$ 　　　　② 36 　　　　③ $\dfrac{73}{2}$

④ 37 　　　　⑤ $\dfrac{75}{2}$

실전유형 15 헤론의 공식

세 변의 길이가 주어진 삼각형의 넓이를 S라 하면
→ $S = \sqrt{s(s-a)(s-b)(s-c)}$ (단, $s = \dfrac{a+b+c}{2}$)

참고 코사인법칙을 이용하여 한 각의 크기를 구한 후 $S = \dfrac{1}{2}ab\sin C$를 이용하여 넓이를 구할 수도 있다.

1747 대표문제

삼각형 ABC에서 $a=8$, $b=12$, $c=16$일 때, 삼각형 ABC의 넓이는?

① $8\sqrt{15}$ 　　　　② $10\sqrt{15}$ 　　　　③ $12\sqrt{15}$

④ $14\sqrt{15}$ 　　　　⑤ $16\sqrt{15}$

1748 　　　　　　　　　　　　　　　　ıll Level 1

삼각형 ABC에서 $a=3$, $b=7$, $c=8$일 때, 삼각형 ABC의 넓이는?

① $3\sqrt{3}$ 　　　　② $4\sqrt{3}$ 　　　　③ $5\sqrt{3}$

④ $6\sqrt{3}$ 　　　　⑤ $7\sqrt{3}$

1749

∎▮▮ Level 1

세 변의 길이가 11, 12, 13인 삼각형의 넓이를 구하시오.

1752

∎▮▮ Level 2

삼각형 ABC가 다음 조건을 만족시킬 때, 삼각형 ABC의 둘레의 길이는?

> (가) $\sin A : \sin B : \sin C = 2 : 3 : 3$
> (나) 삼각형 ABC의 넓이는 $18\sqrt{2}$이다.

① 20   ② 22   ③ 24

④ 26   ⑤ 28

1750

∎▮▮ Level 2

그림과 같은 직육면체에서 $\overline{AB}=\sqrt{33}$, $\overline{BC}=4\sqrt{3}$, $\overline{BF}=4$ 일 때, 삼각형 AFC의 넓이는?

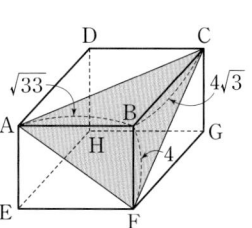

① 12   ② $12\sqrt{2}$

③ $12\sqrt{3}$ ④ 24

⑤ $12\sqrt{5}$

1753

∎▮▮ Level 2

세 변의 길이가 5, 6, 7인 삼각형 ABC의 외접원의 반지름의 길이를 R, 내접원의 반지름의 길이를 r라 할 때, $R-r$의 값을 구하시오.

1754

∎▮▮ Level 3

그림과 같이 $\overline{AB}=16$, $\overline{BC}=24$, $\overline{CA}=20$인 삼각형 ABC에서 변 BC를 $1:3$으로 내분하는 점을 D라 할 때, $\overline{AD}$의 길이는?

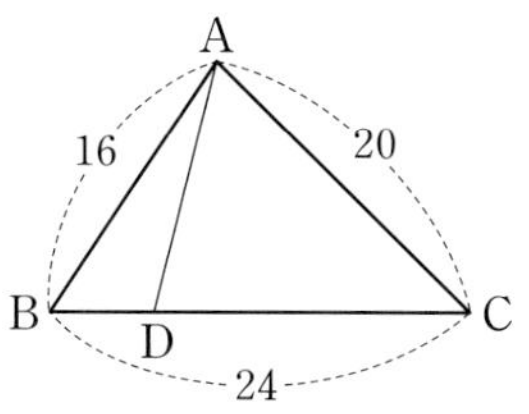

① $\sqrt{17}$ ② $2\sqrt{17}$ ③ $3\sqrt{17}$

④ $2\sqrt{23}$ ⑤ $2\sqrt{46}$

 +Plus 문제

1751

∎▮▮ Level 2

넓이가 $24\sqrt{6}$인 삼각형 ABC에서 $a : b : c = 5 : 6 : 7$일 때, 삼각형 ABC의 둘레의 길이를 구하시오.

삼각형 ABC의 넓이 $\frac{1}{2}ab\sin C$에서 $ab>0$, $\sin C>0$이므로

(1) 삼각형 ABC의 넓이가 최대이려면 ab, $\sin C$가 모두 최대이어야 한다.

(2) 삼각형 ABC의 넓이가 최소이려면 ab, $\sin C$가 모두 최소이어야 한다.

참고 산술평균과 기하평균의 관계

$a>0$, $b>0$일 때, $a+b\geq 2\sqrt{ab}$ (단, 등호는 $a=b$일 때 성립)

1755 대표문제

그림에서 두 점 A, B는 삼각형 OAB의 넓이가 $6\sqrt{3}$이 되도록 하면서 각각 두 반직선 OP, OQ 위를 움직이고 있다. 이때 선분 AB의 길이의 최솟값은?

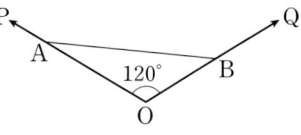

① $2\sqrt{2}$　　② $4\sqrt{2}$　　③ $6\sqrt{2}$

④ $8\sqrt{2}$　　⑤ $10\sqrt{2}$

1756　　Level 1

삼각형 ABC에서 세 변 AB, BC, CA의 길이가 각각 $2\sqrt{3}$, 3, x일 때, 삼각형 ABC의 넓이의 최댓값과 그때의 x의 값을 차례로 구한 것은?

① $2\sqrt{3}$, $\sqrt{19}$　　② 4, $2\sqrt{5}$　　③ $3\sqrt{3}$, $\sqrt{21}$

④ $3\sqrt{3}$, $\sqrt{22}$　　⑤ 4, $\sqrt{23}$

1757　　Level 1

삼각형 ABC에서 $C=60°$이고 넓이가 $16\sqrt{3}$일 때, $a+b$의 최솟값을 구하시오.

1758　　Level 1

삼각형 ABC에서 $a+c=12$이고 $B=45°$일 때, 삼각형 ABC의 넓이의 최댓값을 구하시오.

1759　　Level 2

그림과 같은 삼각형 ABC에서 ∠A의 이등분선이 변 BC와 만나는 점을 D라 하자. $\overline{AB}=x$, $\overline{AC}=y$, $\overline{AD}=2$, ∠BAC=120°일 때, $x+y$의 최솟값은?

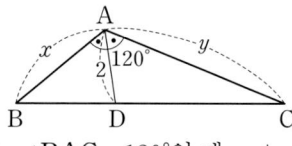

① 6　　② 7　　③ 8

④ 9　　⑤ 10

1760　　Level 2

그림과 같이 $\overline{AB}=4$, $\overline{AC}=6$인 삼각형 ABC에서 두 선분 AB, AC 위에 각각 두 점 D, E가 있다. 선분 DE가 삼각형 ABC의 넓이를 이등분할 때, $\overline{AD}^2+\overline{AE}^2$의 최솟값은?

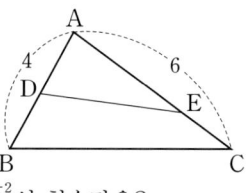

① $4\sqrt{3}$　　② 8　　③ 12

④ $5\sqrt{6}$　　⑤ 24

1761

●il Level 2

그림과 같이 $\overline{AB}=8$, $\overline{AC}=6$, $A=60°$인 삼각형 ABC에서 두 선분 AB, AC 위에 각각 두 점 P, Q를 잡을 때, 삼각형 ABC의 넓이를 이등분하는 선분 PQ의 길이의 최솟값은?

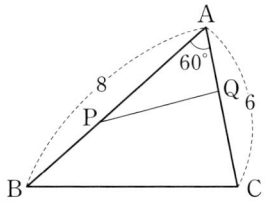

① $\sqrt{21}$ ② $\sqrt{22}$ ③ $\sqrt{23}$

④ $2\sqrt{6}$ ⑤ 5

1762

●il Level 2

세 변의 길이가 각각 $a=3$, $b=x+2$, $c=5-x$인 삼각형 ABC의 넓이가 최대일 때, 삼각형 ABC는 어떤 삼각형인가?

① $A=90°$인 직각삼각형   ② $B=90°$인 직각삼각형

③ $C=90°$인 직각삼각형   ④ 정삼각형

⑤ 이등변삼각형

1763

●il Level 3

그림과 같이 $\overline{AB}=3\sqrt{3}$, $\angle BAC=\dfrac{\pi}{3}$인 삼각형 ABC의 외접원 O의 반지름의 길이가 7일 때, 원 위의 점 P에 대하여 삼각형 PAC의 넓이의 최댓값을 구하시오.

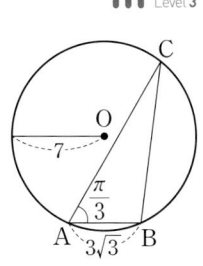

실전 유형 **17** 사각형의 넓이 – 삼각형으로 나누기

삼각형의 넓이를 이용하여 사각형의 넓이를 구할 때에는 다음과 같은 순서로 한다.

❶ 사각형을 두 개의 삼각형으로 나눈다.

❷ 각각의 삼각형의 넓이를 구한다.

❸ ❷에서 구한 두 삼각형의 넓이의 합을 구한다.

1764 대표문제

그림과 같이 $\overline{AB}=7$, $\overline{BC}=8$, $\overline{CD}=8$, $\overline{DA}=11$, $B=120°$인 사각형 ABCD의 넓이가 $a\sqrt{3}+b\sqrt{30}$일 때, $a+b$의 값은? (단, a, b는 유리수이다.)

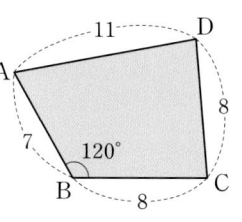

① 14   ② 18   ③ 22

④ 26   ⑤ 30

1765

●il Level 1

그림과 같은 사각형 ABCD에서 $\overline{AB}=4$, $\overline{BC}=7$, $\overline{CD}=3$, $\overline{BD}=8$, $\angle ABD=30°$일 때, 사각형 ABCD의 넓이를 구하시오.

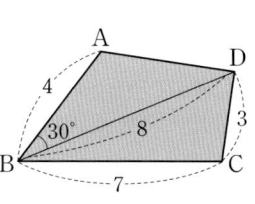

07

1766

그림과 같이 $\overline{AB}=7$, $\overline{BC}=8$, $\overline{CD}=6$, $\overline{DA}=5$, $C=90°$인 사각형 ABCD의 넓이는?

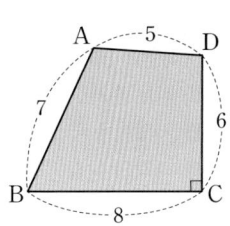

① $24+6\sqrt{7}$ ② $12\sqrt{14}$

③ 45 ④ $24+2\sqrt{66}$

⑤ $24+4\sqrt{17}$

1767

그림과 같은 사각형 ABCD에서 $\overline{AB}=\overline{CD}=6$, $\overline{AD}=4$, $\overline{BC}=8$, $B=60°$일 때, 사각형 ABCD의 넓이를 구하시오.

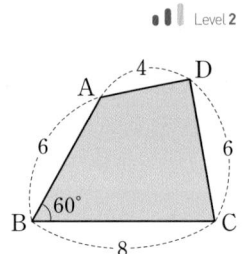

1768

산림훼손으로 야생동물의 보금자리가 위협받고 있는 지역에 그림과 같이 사각형 ABCD의 모양으로 야생동물 보호구역을 설치하였다. 이때 보호구역을 설치한 땅의 넓이는?

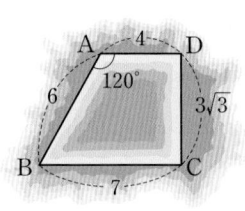

① $16\sqrt{3}$ ② $\dfrac{33\sqrt{3}}{2}$ ③ $\dfrac{35\sqrt{3}}{2}$

④ $\dfrac{39\sqrt{3}}{2}$ ⑤ $20\sqrt{3}$

1769

그림과 같이 $\overline{AB}=3$, $\overline{BC}=2$, $\overline{AD}=3$, $B=120°$, $D=60°$인 사각형 ABCD의 넓이는?

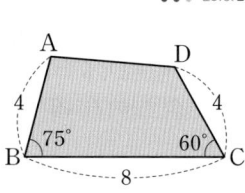

① $\dfrac{13\sqrt{3}}{4}$ ② $\dfrac{15\sqrt{3}}{4}$

③ $\dfrac{17\sqrt{3}}{4}$ ④ $\dfrac{19\sqrt{3}}{4}$

⑤ $\dfrac{21\sqrt{3}}{4}$

1770

그림과 같은 사각형 ABCD에서 $\overline{AB}=4$, $\overline{BC}=8$, $\overline{CD}=4$, $B=75°$, $C=60°$일 때, 사각형 ABCD의 넓이를 구하시오.

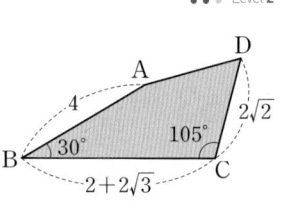

1771

그림과 같이 사각형 ABCD에서 $\overline{AB}=4$, $\overline{BC}=2+2\sqrt{3}$, $\overline{CD}=2\sqrt{2}$, $B=30°$, $C=105°$일 때, 사각형 ABCD의 넓이는 $p+q\sqrt{3}$이다. 이때 $p+q$의 값은?

(단, p, q는 유리수이다.)

① 3 ② 4 ③ 5

④ 6 ⑤ 7

원에 내접하는 사각형의 넓이는 다음과 같은 순서로 구한다.
❶ 원에 내접하는 사각형의 마주 보는 각의 크기의 합은 180°
　임을 이용한다.
❷ 대각선의 길이를 코사인법칙을 이용하여 구한다.
❸ 각각의 삼각형의 두 변과 그 끼인각을 찾아 삼각형의 넓이
　를 구한다.
❹ 삼각형의 넓이의 합으로 사각형의 넓이를 구한다.

1772 대표문제

그림과 같이 원에 내접하는 사각형
ABCD에서 $\overline{BC}=1$, $\overline{CD}=5$,
$\overline{AD}=4$, $\angle D=60°$일 때, 사각형
ABCD의 넓이는?

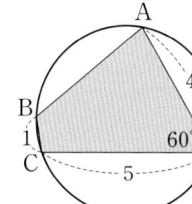

① $4\sqrt{3}$ 　　② $5\sqrt{3}$
③ $6\sqrt{3}$ 　　④ $7\sqrt{3}$
⑤ $8\sqrt{3}$

1773

Level 1

그림과 같이 원에 내접하는 사각형
ABCD에서 $\overline{AB}=3$, $\overline{BC}=3$,
$\overline{CD}=5$, $\overline{AD}=8$이고, $\angle A=60°$일
때, 사각형 ABCD의 넓이를 구하시
오.

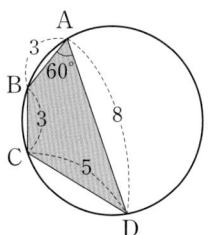

1774

Level 1

그림과 같이 원에 내접하는 사각형
ABCD에서 $\overline{AB}=2$, $\overline{BC}=4$,
$\overline{CD}=3\sqrt{2}$, $\overline{DA}=\sqrt{2}$, $\angle C=45°$일
때, 사각형 ABCD의 넓이는?

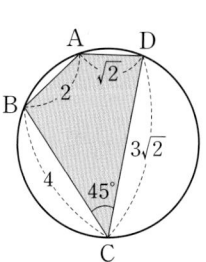

① 3 　　② 5
③ 7 　　④ 9
⑤ 11

1775

Level 2

그림과 같이 원에 내접하는 사각
형 ABCD에서 $\overline{AB}=3$, $\overline{AD}=5$,
$\overline{DC}=3$이고 삼각형 ABD의 넓이
가 $\dfrac{15\sqrt{3}}{4}$일 때, 선분 BC의 길이
를 구하시오. (단, $90°<A<180°$)

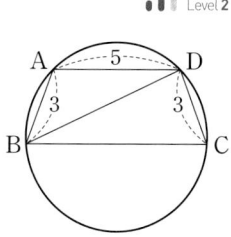

1776

Level 2

그림과 같이 반지름의 길이가 6인
원 O 위의 네 점 A, B, C, D에 대
하여
$\overparen{AB}:\overparen{BC}:\overparen{CD}:\overparen{DA}=1:2:4:5$
일 때, 사각형 ABCD의 넓이는?

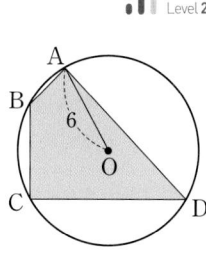

① $16(1+\sqrt{2})$ 　　② $16(1+\sqrt{3})$ 　　③ $18(1+\sqrt{2})$
④ $18(1+\sqrt{3})$ 　　⑤ $20(1+\sqrt{2})$

1777

Level 2

그림과 같이 원에 내접하는 사각형 ABCD에서 $\overline{AB}=3$, $\overline{BC}=1$이고, $\cos D=\dfrac{1}{3}$일 때, 원의 넓이는?

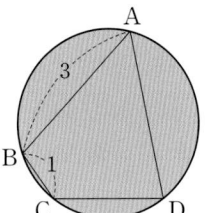

① $\dfrac{5}{3}\pi$　　　② $\dfrac{27}{8}\pi$

③ $\dfrac{7}{2}\pi$　　　④ $\dfrac{15}{4}\pi$

⑤ $\dfrac{17}{4}\pi$

1778

Level 2

그림과 같이 원에 내접하는 사각형 ABCD에서 $\overline{AB}=1$, $\overline{BC}=1$, $\overline{CD}=2$, $\overline{DA}=3$일 때, 원의 넓이는?

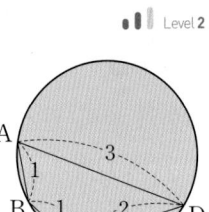

① 2π　　　② $\dfrac{7}{3}\pi$

③ $\dfrac{8}{3}\pi$　　　④ 3π

⑤ $\dfrac{10}{3}\pi$

1779

Level 3

그림과 같이 원에 내접하는 사각형 ABCD에서 $\overline{AB}=2$, $\overline{BC}=4$, $\overline{CD}=6$, $\overline{DA}=8$일 때, 사각형 ABCD의 넓이는?

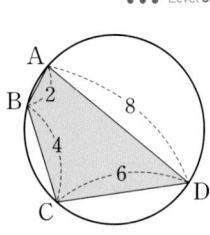

① $2\sqrt{3}$　　　② $2\sqrt{6}$

③ $3\sqrt{3}$　　　④ $4\sqrt{5}$

⑤ $8\sqrt{6}$

+ Plus 문제

다음은 이 유형에서 출제된 최근 교육청 · 평가원 기출문제입니다.

1780　· 교육청 2019년 9월

Level 3

반지름의 길이가 3인 원의 둘레를 6등분하는 점 중에서 연속된 세 개의 점을 각각 A, B, C라 하자. 점 B를 포함하지 않는 호 AC 위의 점 P에 대하여 $\overline{AP}+\overline{CP}=8$이다. 사각형 ABCP의 넓이는?

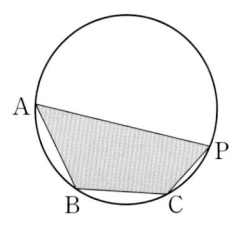

① $\dfrac{13\sqrt{3}}{3}$　　　② $\dfrac{16\sqrt{3}}{3}$　　　③ $\dfrac{19\sqrt{3}}{3}$

④ $\dfrac{22\sqrt{3}}{3}$　　　⑤ $\dfrac{25\sqrt{3}}{3}$

1781　고난도　· 교육청 2021년 6월

Level 3

$\overline{DA}=2\overline{AB}$, $\angle DAB=\dfrac{2}{3}\pi$이고 반지름의 길이가 1인 원에 내접하는 사각형 ABCD가 있다. 두 대각선 AC, BD의 교점을 E라 할 때, 점 E는 선분 BD를 $3:4$로 내분한다. 사각형 ABCD의 넓이가 $\dfrac{q}{p}\sqrt{3}$일 때, $p+q$의 값을 구하시오. (단, p와 q는 서로소인 자연수이다.)

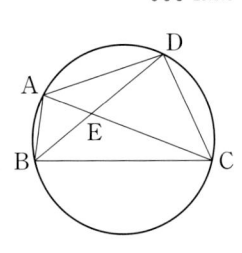

이웃하는 두 변의 길이가 a, b이고, 그 끼인각의 크기가 θ인 평행사변형의 넓이 S는

➡ $S=ab\sin\theta$

1782 대표문제

그림과 같이 $\overline{AB}=9$, $\overline{BC}=8$인 평행사변형 ABCD의 넓이가 $36\sqrt{3}$일 때, A는?

（단, $90°<A<180°$）

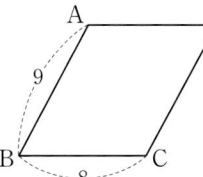

① $105°$ ② $120°$

③ $125°$ ④ $135°$

⑤ $150°$

1783 Level 1

그림과 같은 평행사변형 ABCD에서 $\overline{AB}=7$, $\overline{BC}=12$, $A=150°$일 때, 평행사변형 ABCD의 넓이를 구하시오.

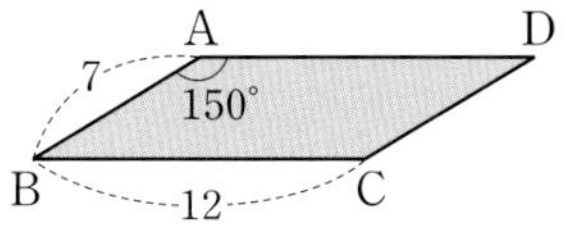

1784 Level 1

그림과 같은 평행사변형 ABCD에서 $\overline{AB}=8$, $\overline{BC}=10$, $C=135°$일 때, 평행사변형 ABCD의 넓이는?

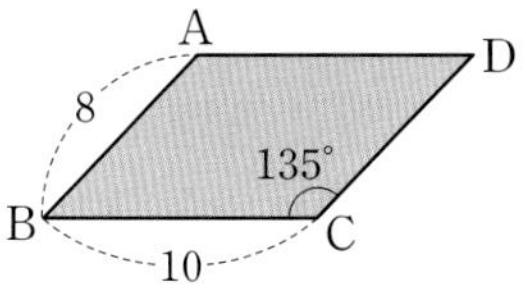

① $24\sqrt{2}$ ② $28\sqrt{2}$ ③ $32\sqrt{2}$

④ $36\sqrt{2}$ ⑤ $40\sqrt{2}$

1785 Level 1

그림과 같이 $\overline{AB}=5$, $\overline{BC}=6$인 평행사변형 ABCD의 넓이가 15일 때, A는?

（단, $90°<A<180°$）

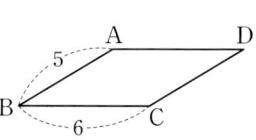

① $105°$ ② $120°$ ③ $135°$

④ $150°$ ⑤ $165°$

1786 Level 2

그림과 같이 $\overline{AB}=2$, $\overline{AC}=2\sqrt{3}$, $B=60°$인 평행사변형 ABCD의 넓이를 구하시오.

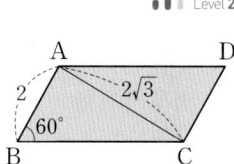

1787 Level 2

그림과 같이 이웃한 두 변의 길이가 4, 8이고 그 끼인각의 크기가 $60°$인 평행사변형 ABCD의 넓이를 a, $\overline{AC}$의 길이를 b라 할 때, $a+b$의 값은?

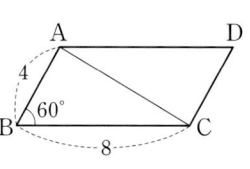

① $18\sqrt{3}$ ② $20\sqrt{3}$ ③ $22\sqrt{3}$

④ $24\sqrt{3}$ ⑤ $26\sqrt{3}$

1788

Level 2

그림과 같이 $\overline{AB}=6$, $\overline{BC}=4$, $\angle B=\theta$인 평행사변형 ABCD의 넓이가 $12\sqrt{3}$일 때, $\overline{AC}$의 길이는? (단, $0°<\theta<90°$)

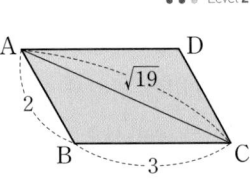

① $2\sqrt{5}$
② $\sqrt{22}$
③ $2\sqrt{6}$
④ $\sqrt{26}$
⑤ $2\sqrt{7}$

1789

Level 2

그림과 같이 $\overline{AB}=2$, $\overline{BC}=3$인 평행사변형 ABCD에서 $\overline{AC}=\sqrt{19}$일 때, 사각형 ABCD의 넓이는?

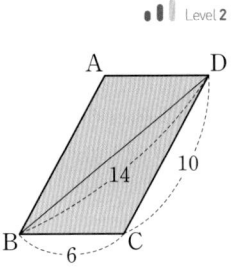

① $3\sqrt{2}$
② $2\sqrt{5}$
③ $2\sqrt{6}$
④ $3\sqrt{3}$
⑤ $4\sqrt{2}$

1790

Level 2

그림과 같이 $\overline{BC}=6$, $\overline{CD}=10$인 평행사변형 ABCD에서 $\overline{BD}=14$일 때, 사각형 ABCD의 넓이를 구하시오.

실전 유형 20 사각형의 넓이 – 두 대각선 이용하기

두 대각선의 길이가 a, b이고, 두 대각선이 이루는 각의 크기가 θ인 사각형의 넓이 S는

→ $S=\dfrac{1}{2}ab\sin\theta$

1791 대표문제

그림과 같이 두 대각선의 길이가 각각 3, 8이고 두 대각선이 이루는 각의 크기가 θ인 사각형 ABCD에서 $\cos\theta=\dfrac{1}{3}$일 때, 사각형 ABCD의 넓이는?

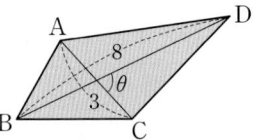

① $8\sqrt{2}$
② $12\sqrt{2}$
③ $16\sqrt{2}$
④ $20\sqrt{2}$
⑤ $24\sqrt{2}$

1792

Level 1

그림과 같이 두 대각선의 길이가 각각 10, 8이고 두 대각선이 이루는 각의 크기가 135°인 사각형 ABCD의 넓이를 구하시오.

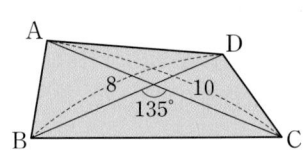

1793

Level 1

그림과 같이 넓이가 $10\sqrt{2}$인 등변사다리꼴 ABCD의 두 대각선이 이루는 각의 크기가 45°일 때, 대각선의 길이는?

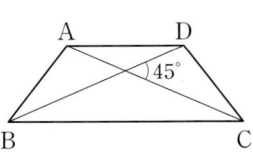

① $2\sqrt{5}$
② 5
③ 6
④ $2\sqrt{10}$
⑤ 8

1809 한번 더

그림과 같이 원에 내접하는 사각형
ABCD에서 $\overline{AB}=1$, $\overline{AD}=5$,
$\cos C=-\dfrac{1}{5}$일 때, 원의 넓이를 구
하는 과정을 서술하시오. [8점]

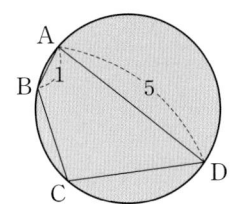

STEP 1 $\angle BCD=\theta$일 때, $\sin\theta$의 값 구하기 [2점]

STEP 2 $\overline{BD}$의 길이 구하기 [3점]

STEP 3 삼각형 BCD의 외접원의 반지름의 길이 구하기 [2점]

STEP 4 원의 넓이 구하기 [1점]

1810 유사 1

그림과 같은 원 O에서 $\overline{AC}=2$,
$\overline{BC}=5$, $\angle AOB=120°$일 때, 원의
넓이를 구하는 과정을 서술하시오.

[8점]

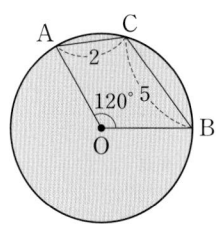

1811 유사 2

그림과 같이 원 O에 내접하는 사각
형 ABCD의 꼭짓점이 원의 둘레를
8등분 하는 점에 위치하고 있다.
$\overline{AB}=4$일 때, 사각형 ABCD의 넓이
를 구하는 과정을 서술하시오. [9점]

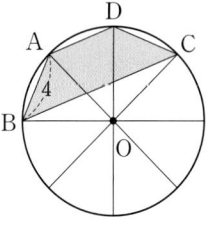

핵심 KEY 유형 18 원에 내접하는 사각형에서 원의 넓이

원에 내접하는 사각형의 성질과 코사인법칙, 사인법칙을 이용하여
원의 넓이를 구하는 문제이다.
원에 내접하는 사각형의 대각의 크기의 합이 180°임과 코사인법칙
$a^2=b^2+c^2-2bc\cos A$, 사인법칙 $\dfrac{a}{\sin A}=2R$를 이용한다.
코사인법칙을 이용하여 변의 길이를 구할 때,
$\cos A=-\cos(\pi-A)$임을 주의한다.

07

1 1812

삼각형 ABC에서 $b=5$, $c=5\sqrt{3}$, $\angle C=120°$일 때, $\angle B$의 크기와 a의 값은? [3점]

① $\angle B=60°$, $a=4$ ② $\angle B=45°$, $a=4$

③ $\angle B=30°$, $a=3$ ④ $\angle B=60°$, $a=3$

⑤ $\angle B=30°$, $a=5$

2 1813

그림과 같은 삼각형 ABC에서 $A=60°$, $\overline{BC}=12$일 때, 삼각형 ABC의 외접원의 반지름의 길이는?

[3점]

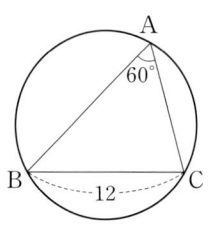

① 3   ② $3\sqrt{3}$

③ 4   ④ $4\sqrt{3}$

⑤ 6

3 1814

삼각형 ABC에서 $a\sin A=b\sin B+c\sin C$가 성립할 때, 삼각형 ABC는 어떤 삼각형인가? [3점]

① $A=90°$인 직각삼각형   ② $B=90°$인 직각삼각형

③ $C=90°$인 직각삼각형   ④ $a=b$인 이등변삼각형

⑤ $b=c$인 이등변삼각형

4 1815

삼각형 ABC에서 $a=2$, $b=\sqrt{6}$, $B=60°$일 때, c의 값은?

[3점]

① $1+\sqrt{3}$ ② $1+2\sqrt{3}$ ③ $1+3\sqrt{3}$

④ $2+\sqrt{2}$ ⑤ $2+\sqrt{3}$

5 1816

삼각형 ABC에서 $\angle B=45°$, $\angle C=75°$, $\overline{AC}=\dfrac{\sqrt{3}}{2}$일 때, c의 값은? [3점]

① $\dfrac{2+\sqrt{2}}{4}$ ② $\dfrac{2+\sqrt{3}}{4}$ ③ $\dfrac{3+\sqrt{2}}{4}$

④ $\dfrac{3+\sqrt{3}}{4}$ ⑤ $\dfrac{4+\sqrt{3}}{6}$

6 1817

삼각형 ABC에서 $\sin A = 2\sin B \cos C$가 성립할 때, 삼각형 ABC는 어떤 삼각형인가? [3점]

① $a=b$인 이등변삼각형   ② $b=c$인 이등변삼각형

③ $a=c$인 이등변삼각형   ④ $A=90°$인 직각삼각형

⑤ $B=90°$인 직각삼각형

7 1818

삼각형 ABC에서 $b=3$, $c=4$, $\sin(B+C)=\dfrac{1}{4}$일 때, 삼각형 ABC의 넓이는? [3점]

① 1   ② $\dfrac{3}{2}$ ③ 2

④ $\dfrac{5}{2}$ ⑤ 3

8 1819

두 대각선이 이루는 각의 크기가 30°이고, 넓이가 1인 등변 사다리꼴의 대각선의 길이는? [3점]

① 1   ② 2   ③ 3

④ 4   ⑤ 5

9 1820

그림과 같이 길이가 8인 선분 AB를 지름으로 하는 원에 내접하는 삼각형 ABC에서 $\sqrt{3}\sin A = \sin B$가 성립할 때, 삼각형 ABC의 넓이는? [3.5점]

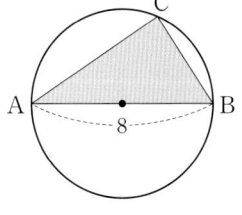

① $8\sqrt{3}$ ② $9\sqrt{3}$ ③ $10\sqrt{3}$

④ $11\sqrt{3}$ ⑤ $12\sqrt{3}$

10 1821

삼각형 ABC에서 $a=5$, $b=4$, $c=3$일 때, $\sin(A+B):\sin(B+C):\sin(C+A)$는? [3.5점]

① $4:3:5$ ② $4:5:3$ ③ $3:5:4$

④ $3:4:5$ ⑤ $5:4:3$

11 1822

삼각형 ABC에서 $a=3$이고, $\dfrac{7}{\sin(B+C)}=\dfrac{5}{\sin(A+C)}=\dfrac{3}{\sin(A+B)}$일 때, 삼각형 ABC의 외접원의 넓이는? [3.5점]

① π ② 2π ③ 3π

④ 4π ⑤ 5π

12 1823

삼각형 ABC에서

$$\frac{\sin(\pi-A)}{3}=\frac{\sin(A+C)}{7}=\frac{\cos\left(\frac{\pi}{2}-C\right)}{5}$$

일 때, 삼각형 ABC의 세 내각 중에서 최대각의 크기는?

[3.5점]

① $\frac{\pi}{3}$ ② $\frac{\pi}{2}$ ③ $\frac{2}{3}\pi$

④ $\frac{3}{4}\pi$ ⑤ $\frac{5}{6}\pi$

13 1824

삼각형 ABC에서 $a=4$, $b=5$, $\cos C=\frac{\sqrt{5}}{3}$일 때, 삼각형 ABC의 넓이는? [3.5점]

① $\frac{3}{8}$ ② 4   ③ $\frac{16}{3}$

④ $\frac{20}{3}$ ⑤ 8

14 1825

그림과 같이 삼각형 ABC가 원 O에 내접하고 $\overset{\frown}{AB}=3$, $\overset{\frown}{BC}=4$, $\overset{\frown}{CA}=5$ 이다. 삼각형 ABC의 넓이가

$\frac{a}{\pi^2}(b+\sqrt{3})$일 때, 자연수 a, b에 대

하여 $a+b$의 값은? [3.5점]

① 3   ② 6   ③ 9

④ 12   ⑤ 15

15 1826

삼각형 ABC에서 $C=60°$이고 넓이가 $9\sqrt{3}$일 때, $a+b$의 최솟값은? [3.5점]

① 10   ② 11   ③ 12

④ 13   ⑤ 14

16 1827

그림과 같이 삼각형 ABC 에서 $\overline{BC}=14$, $\overline{AB}+\overline{AC}=16$, $A=120°$ 일 때, 삼각형 ABC의 넓이 는? (단, $\overline{AC}>8$) [4점]

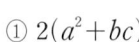

① 15   ② $15\sqrt{2}$ ③ $15\sqrt{3}$

④ 28   ⑤ $15\sqrt{5}$

17 1828

그림과 같이 직각삼각형 ABC의 세 변 AB, BC, CA를 각각 한 변으로 하는 정사각형 ADEB, BFGC, ACHI를 그렸다. 육각형 DEFGHI의 넓이는? [4점]

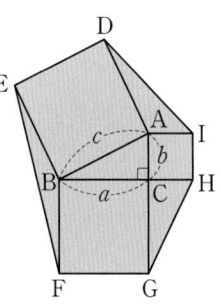

① $2(a^2+bc)$

② $2(c^2+ab)$

③ $bc+ca+2b^2$

④ $ab+bc+ca+a^2$

⑤ $ab+bc+ca+2c^2$

18 1829

그림과 같이 $\overline{AB}=12$, $\overline{AC}=8$인
삼각형 ABC에서 ∠A의 이등분
선이 변 BC와 만나는 점을 D라
하고, ∠DAB=∠DAC=θ라
하면 $\sin\theta : \sin 2\theta = 5 : 8$이다.
선분 AD의 길이는 $\dfrac{b}{a}$일 때, $a+b$의 값은?

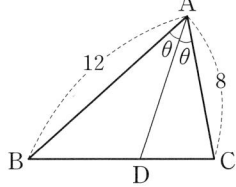

(단, a와 b는 서로소인 자연수이다.) [4점]

① 215   ② 216   ③ 217
④ 218   ⑤ 219

20 1831

그림과 같은 사각형 ABCD에서 ∠ADC=$\dfrac{2}{3}\pi$,

∠BAC=$\dfrac{5}{6}\pi$, $\overline{AB}=4\sqrt{3}$, $\overline{AD}=7$, $\overline{CD}=8$일 때, 사각형
ABCD의 넓이는? [4점]

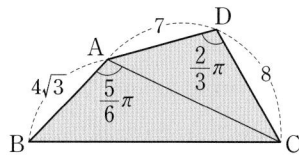

① $27\sqrt{3}$ ② $30\sqrt{3}$ ③ $33\sqrt{3}$
④ $36\sqrt{3}$ ⑤ $39\sqrt{3}$

19 1830

세 변의 길이가 7, 9, 12인 삼각형의 내접원의 반지름의 길
이와 외접원의 반지름의 길이의 곱은? [4점]

① $\dfrac{19}{2}$ ② $\dfrac{21}{2}$ ③ $\dfrac{23}{2}$
④ $\dfrac{25}{2}$ ⑤ $\dfrac{27}{2}$

21 1832

그림과 같이 밑면이 정사각형이고
$\overline{OA}=\overline{OB}=\overline{OC}=\overline{OD}=8$,

∠AOB=∠BOC=∠COD=∠DOA=$\dfrac{\pi}{6}$인 사각뿔이 있
다. 두 점 P, R는 각각 $\overline{OB}$, $\overline{OD}$ 위의 점이고, 점 Q는 $\overline{OC}$
를 3 : 1로 내분하는 점, 점 S는 $\overline{OA}$의 중점이다. 점 A를
출발하여 세 점 P, Q, R를 차례로 지나 점 S에 이르는 최
단 거리는? [4.5점]

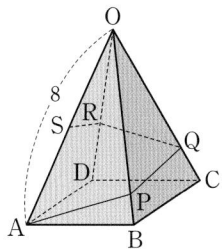

① $2\sqrt{13}+2\sqrt{7}$ ② $\sqrt{13}+3\sqrt{7}$ ③ $2\sqrt{13}+\sqrt{7}$
④ $\sqrt{13}+2\sqrt{7}$ ⑤ $\sqrt{13}+\sqrt{7}$

22 1833

그림과 같이 어떤 학생이 A 지점에서 건물을 올려다본 각의 크기가 30°이고, 건물 방향으로 210 m 걸어간 B 지점에서 건물을 올려다본 각의 크기가 46°일 때, 이 건물의 높이를 구하는 과정을 서술하시오. (단, 눈높이는 1.5 m이고, $\sin 16° = 0.28$, $\sin 46° = 0.72$로 계산한다.) [6점]

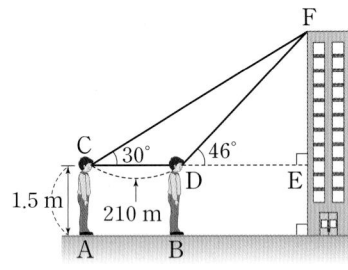

23 1834

그림과 같이 $\overline{AD} /\!/ \overline{BC}$인 사각형 ABCD에서
$\overline{AB} = \overline{BC} = \overline{BD} = 3$,
$\overline{CD} = 2$일 때, 대각선 AC의 길이를 구하는 과정을 서술하시오. [6점]

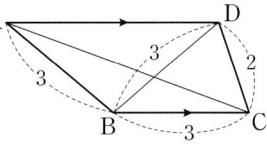

24 1835

그림과 같이 $\overline{AB} = 9$, $\overline{AC} = 6$인 삼각형 ABC에서 변 BC를 2 : 3으로 내분하는 점을 D라 하자. $\overline{AD} = 7$이고, $\angle DAC = \theta$라 할 때, $\cos \theta$의 값을 구하는 과정을 서술하시오. [7점]

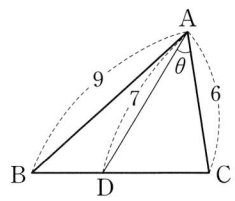

25 1836

그림과 같이 삼각형 ABC의 외접원과 내접원을 그렸다.
$\overline{AB} = 7\sqrt{3}$, $\overline{BC} = 13\sqrt{3}$,
$\overline{CA} = 8\sqrt{3}$일 때, 색칠한 부분의 넓이를 구하는 과정을 서술하시오. [8점]

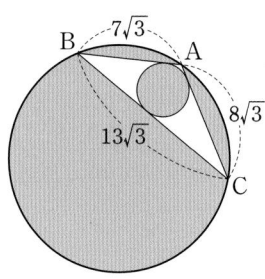

점
/100점

• 선택형 21문항, 서술형 4문항입니다.

1 1837

삼각형 ABC에서 $a=2$, $b=3$, $\sin A=\dfrac{2}{5}$일 때, $\sin B$의 값은? [3점]

① $\dfrac{1}{2}$ ② $\dfrac{2}{5}$ ③ $\dfrac{3}{5}$

④ $\dfrac{2}{3}$ ⑤ $\dfrac{3}{4}$

2 1838

삼각형 ABC에서 $b=2\sqrt{3}$, $B=60°$, $C=75°$일 때, $a\cos A$의 값은? [3점]

① 2 ② $\sqrt{6}$ ③ $2\sqrt{2}$

④ 3 ⑤ $2\sqrt{3}$

3 1839

반지름의 길이가 2인 원에 내접하는 삼각형 ABC의 둘레의 길이가 8일 때, $\sin A+\sin B+\sin C$의 값은? [3점]

① $4\sqrt{2}$ ② 4 ③ $2\sqrt{2}$

④ 2 ⑤ $\sqrt{2}$

4 1840

삼각형 ABC에서 $\sin^2 B+\sin^2 C=2\sin B\sin(A+C)$가 성립할 때, 삼각형 ABC는 어떤 삼각형인가? [3점]

① 정삼각형   ② $a=c$인 이등변삼각형

③ $b=c$인 이등변삼각형   ④ $A=90°$인 직각삼각형

⑤ $B=90°$인 직각삼각형

5 1841

그림과 같은 평행사변형 ABCD에서 $\overline{AB}=10$, $\overline{BC}=6$, $B=60°$일 때, 대각선 BD의 길이는? [3점]

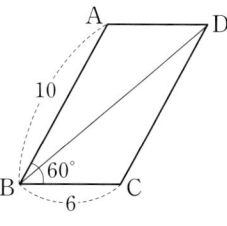

① 11 ② 12

③ 13 ④ 14

⑤ 15

6 1842

삼각형 ABC에서 $a=7$, $b=8$, $c=13$일 때, C는? [3점]

① $45°$ ② $60°$ ③ $90°$

④ $120°$ ⑤ $150°$

7 1843

그림과 같은 삼각형 ABC에서 $A=60°$, $\overline{AB}=15$, $\overline{AC}=12$일 때, 삼각형 ABC의 넓이는? [3점]

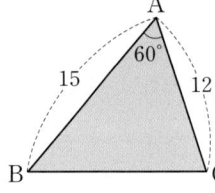

① $30\sqrt{3}$ ② 60

③ $45\sqrt{3}$ ④ 90

⑤ $60\sqrt{3}$

8 1844

그림과 같은 사각형 ABCD의 넓이가 4일 때, $\cos^2\theta$의 값은?

[3점]

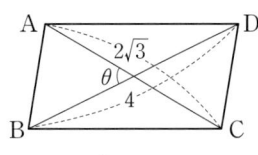

① $\dfrac{1}{3}$ ② $\dfrac{1}{2}$ ③ $\dfrac{2}{3}$

④ $\dfrac{3}{4}$ ⑤ 1

9 1845

그림과 같이 $\overline{AC}=3\sqrt{3}$, $A=80°$, $C=40°$인 삼각형 ABC의 외접원의 둘레의 길이는? [3.5점]

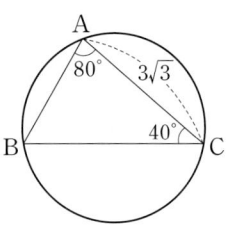

① 4π ② 5π

③ 6π ④ 7π

⑤ 8π

10 1846

그림과 같이 지면 위의 두 지점 A, B에서 건물의 꼭대기 C를 올려다본 각의 크기가 각각 $40°$, $58°$이고 두 지점 사이의 거리가 62 m일 때, 이 건물의 높이 $\overline{CD}$는? (단, $\sin 18°=0.31$, $\sin 40°=0.64$, $\sin 58°=0.85$로 계산한다.) [3.5점]

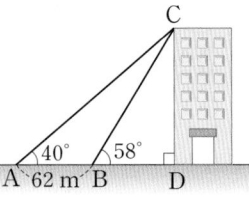

① 108.2 m ② 108.4 m ③ 108.6 m

④ 108.8 m ⑤ 109 m

11 1847

삼각형 ABC의 세 변의 길이 a, b, c에 대하여
$c^2-(2+\sqrt{3})ab=(a-b)^2$이 성립할 때, C는? [3.5점]

① $30°$ ② $60°$ ③ $90°$

④ $120°$ ⑤ $150°$

12 1848

그림과 같은 삼각형 ABC에서 $\overline{AB}=4\sqrt{2}$, $\overline{BC}=12$, $B=45°$이다. 변 BC를 $2:1$로 내분하는 점을 D라 할 때, 선분 AD의 길이는? [3.5점]

① $\dfrac{4\sqrt{2}}{3}$ ② $2\sqrt{2}$ ③ $\dfrac{8\sqrt{2}}{3}$

④ $\dfrac{10\sqrt{2}}{3}$ ⑤ $4\sqrt{2}$

13 1849

그림과 같이 세 변의 길이가 4, 8, 6인 삼각형 ABC에서 변 BC를 한 변으로 하는 정사각형 BDEC를 그렸다. 삼각형 ABD의 넓이는? [3.5점]

① 9 ② 11

③ 13 ④ 15

⑤ 17

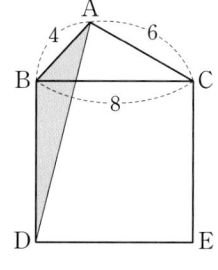

14 1850

삼각형 ABC에서 $a+c=12$이고 $B=60°$일 때, 삼각형 ABC의 넓이의 최댓값은? [3.5점]

① $\dfrac{9\sqrt{3}}{2}$ ② $7\sqrt{3}$ ③ $\dfrac{17\sqrt{3}}{2}$

④ $9\sqrt{3}$ ⑤ $\dfrac{25\sqrt{3}}{2}$

15 1851

그림과 같이 $\overline{BC}=2\sqrt{3}$, $\overline{AC}=\sqrt{19}$, $B=30°$인 평행사변형 ABCD의 넓이는? [3.5점]

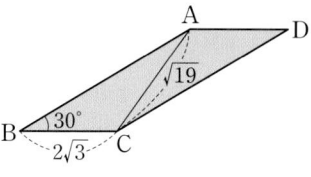

① $5\sqrt{3}$ ② 10 ③ $6\sqrt{3}$

④ 12 ⑤ $7\sqrt{3}$

16 1852

그림과 같이 반지름의 길이가 8인 원 O에 $\overline{AB}=\overline{AC}$이고 $A=120°$인 이등변삼각형 ABC가 내접할 때, 삼각형 ABC의 둘레의 길이는? [4점]

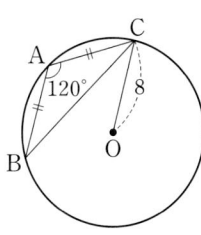

① $8+8\sqrt{3}$ ② $16+8\sqrt{3}$

③ $8+16\sqrt{3}$ ④ $16+16\sqrt{3}$

⑤ $12+12\sqrt{3}$

17 1853

그림과 같이 정사각형 ABCD의 두 변 AD, CD를 $1:3$으로 내분하는 점을 각각 E, F라 하자. $\angle EBF = \theta$라 할 때, $\cos\theta$의 값은? [4점]

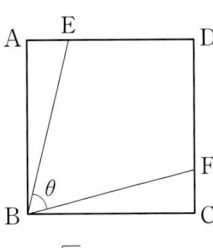

① $\dfrac{3\sqrt{6}}{17}$ ② $\dfrac{8}{17}$ ③ $\dfrac{\sqrt{6}}{5}$

④ $\dfrac{8}{15}$ ⑤ $\dfrac{3}{5}$

18 1854

삼각형 ABC에서 $b=2$, $c=2\sqrt{3}$, $A=30°$일 때, 삼각형 ABC의 내접원의 반지름의 길이는? [4점]

① $\sqrt{3}-1$ ② $2\sqrt{3}-3$ ③ 1

④ $3\sqrt{2}-3$ ⑤ $2\sqrt{6}-4$

19 1855

그림과 같이 원에 내접하는 사각형 ABCD에서 $\overline{AB}=5$, $\overline{BC}=3$, $\overline{CD}=2$, $\overline{DA}=3$, $C=120°$일 때, 사각형 ABCD의 넓이는? [4점]

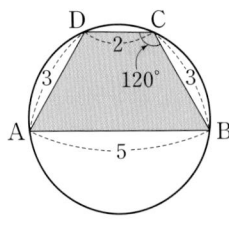

① $\dfrac{21}{4}$ ② $\dfrac{21\sqrt{2}}{4}$

③ $\dfrac{21\sqrt{3}}{4}$ ④ $\dfrac{21}{2}$

⑤ $\dfrac{21\sqrt{2}}{2}$

20 1856

그림과 같이 원에 내접하는 사각형 ABCD에서 $\overline{AB}=12$, $\overline{BC}=2$, $\overline{AD}=10$, $\angle DAB=\dfrac{\pi}{3}$일 때, 사각형 ABCD의 넓이는? [4점]

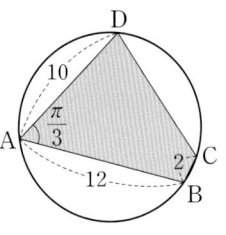

① $31\sqrt{3}$ ② $32\sqrt{3}$

③ $33\sqrt{3}$ ④ $34\sqrt{3}$

⑤ $35\sqrt{3}$

21 1857

그림과 같이 한 변의 길이가 $\sqrt{2}$인 정팔각형 ABCDEFGH에서 대각선의 교점을 O라 할 때, 삼각형 OAD의 넓이는? [4.5점]

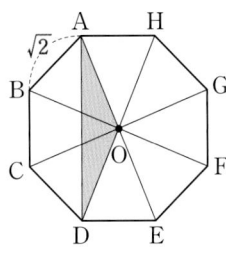

① $\dfrac{\sqrt{2}-1}{2}$ ② $\dfrac{\sqrt{3}-1}{2}$

③ 1 ④ $\dfrac{\sqrt{2}+1}{2}$

⑤ $\dfrac{\sqrt{3}+1}{2}$

서술형

22 1858

그림과 같이 원에 내접하는 사각형
ABCD에서 $\overline{AB}=7$, $\overline{BC}=4$,
$\overline{CD}=2$, $B=60°$일 때, $\overline{AD}$의 길이
를 구하는 과정을 서술하시오. [6점]

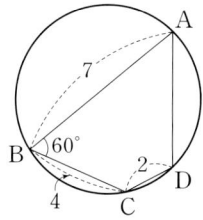

24 1860

그림과 같이 $\overline{AB}=\overline{AC}=4$인
이등변삼각형 ABC에서 변 BC
를 $1:2$로 내분하는 점을 D라
하고, $\angle BAD=\theta$라 하자.

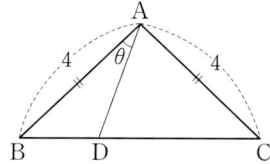

$\cos\theta=\dfrac{5\sqrt{2}}{8}$일 때, $\overline{BC}$의 길이를 구하는 과정을 서술하시오.

(단, $\overline{AD}>2$) [7점]

23 1859

그림과 같은 사각형 ABCD에
서 두 대각선 AC, BD의 교점
을 P라 하자. $\overline{AP}=4$, $\overline{BP}=9$,
$\overline{CP}=6$, $\overline{DP}=3$이고, $\overline{CD}=6$
일 때, 사각형 ABCD의 넓이
를 구하는 과정을 서술하시오. [6점]

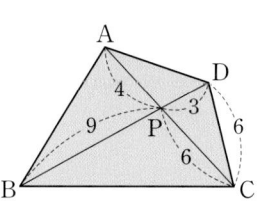

25 1861

그림과 같이 반지름의 길이가
3인 원 O에서 $\overline{AB}$는 원의 중
심을 지나고, $\overline{BC}$는 원의 접선
이다. $\sin(\angle BAC)=\dfrac{1}{3}$일
때, 삼각형 ABC의 넓이를 구
하는 과정을 서술하시오. (단, $0°<A<90°$) [8점]

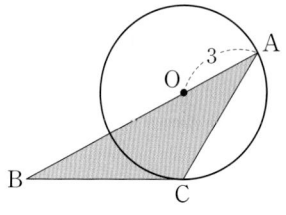

07

어느 정도의 걱정, 고통, 고뇌는 항상 필요한 것이다.

무거운 짐을 싣지 않은 선박이

불안정하여 나아갈 수 없는 것과 같다.

− 쇼펜하우어 −

등차수열 08

08 등차수열

III. 수열

1 수열

핵심 **1**

(1) **수열** : 차례로 나열된 수의 열

(2) **항** : 수열을 이루고 있는 각 수를 그 수열의 **항**이라 한다. 이때 각 항을 앞에서부터 차례로 첫째항, 둘째항, 셋째항, … 또는 제1항, 제2항, 제3항, …이라 한다.

> **예** 수열 2, 4, 6, 8, 10, …의 제2항은 4, 제4항은 8이다.

> **참고** 항이 유한개인 수열에서 항의 개수를 항수, 마지막 항을 끝항이라 한다.

(3) **수열의 일반항** : 일반적으로 수열은 a_1, a_2, a_3, …, a_n, …과 같이 나타내고, 제n항 a_n을 이 수열의 **일반항**이라 한다. 일반항이 a_n인 수열을 간단히 $\{a_n\}$으로 나타낸다.

> **참고** 수열 $\{a_n\}$은 자연수 1, 2, 3, …에 이 수열의 각 항 a_1, a_2, a_3, … 을 차례로 대응시킨 것이므로 자연수 전체의 집합을 정의역으로 하고 실수 전체의 집합을 공역으로 하는 함수로 생각할 수 있다.
> 즉, 자연수 전체의 집합 N에서 실수 전체의 집합 R로의 함수
> $$f : N \to R,\ f(n) = a_n$$
> 으로 나타낼 수 있다.

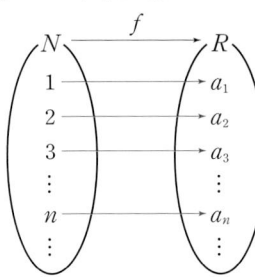

> **주의** 수열 $\{a_n\}$에서 { }는 집합 기호가 아니다.

2 등차수열

핵심 **2**

(1) **등차수열** : 첫째항에 차례로 일정한 수를 더하여 만든 수열

(2) **공차** : 등차수열에서 더하는 일정한 수

> **참고** 일반적으로 공차가 d인 등차수열 $\{a_n\}$에서 제n항에 공차 d를 더하면 제$(n+1)$항이 되므로 다음이 성립한다.

> 공차가 d인 등차수열 $\{a_n\}$과 이웃하는 두 항 a_n, a_{n+1}에 대하여
> $$a_{n+1} = a_n + d,\ a_{n+1} - a_n = d\ (단, n = 1, 2, 3, \cdots)$$

3 등차수열의 일반항

핵심 **2**

첫째항이 a, 공차가 d인 등차수열 $\{a_n\}$의 일반항 a_n은
$$a_n = a + (n-1)d\ (단, n = 1, 2, 3, \cdots)$$

> **참고** 첫째항이 a이고 공차가 $d\ (d \neq 0)$인 등차수열의 일반항 a_n은
> $$a_n = a + (n-1)d = dn + a - d$$
> 이므로 n에 대한 일차식임을 알 수 있다. 즉,
> $$a_n = An + B\ (단, A, B는 상수)$$
> 의 꼴로 나타난다. 이때 일차항의 계수가 등차수열의 공차이다.

4 등차중항

세 수 a, b, c가 이 순서대로 등차수열을 이룰 때, b를 a와 c의 **등차중항**이라 한다.

이때 $b-a=c-b$이므로

$$2b=a+c, \ b=\frac{a+c}{2}$$

참고 수열 $\{a_n\}$의 연속하는 세 항 a_n, a_{n+1}, a_{n+2}가 등차수열을 이룰 때, a_{n+1}을 a_n과 a_{n+2}의 등차중항이라 한다. 이때 $a_{n+1}-a_n=a_{n+2}-a_{n+1}$이므로

$$2a_{n+1}=a_n+a_{n+2}, \ a_{n+1}=\frac{a_n+a_{n+2}}{2} \ \text{(단, } n=1, 2, 3, \cdots)$$

참고 (1) 등차수열을 이루는 세 수는 a, $a+d$, $a+2d$ 또는 $a-d$, a, $a+d$로 나타낼 수 있다.
(2) 등차수열을 이루는 네 수는 $a-3d$, $a-d$, $a+d$, $a+3d$로 나타낼 수 있다.

$\underset{\text{공차}}{\underline{b-a=c-b}}$

b가 a와 c의 등차중항이면
$b=\dfrac{a+c}{2}$이므로 b는 a와 c의 산술평균이다.

5 등차수열의 합

핵심 3

등차수열의 첫째항부터 제n항까지의 합을 S_n이라 하면

(1) 첫째항이 a, 제n항이 l일 때

→ $S_n=\dfrac{n(a+l)}{2}$

(2) 첫째항이 a, 공차가 d일 때

→ $S_n=\dfrac{n\{2a+(n-1)d\}}{2}$

참고 수열 $\{a_n\}$의 첫째항부터 제n항까지의 합 S_n은
$$S_n=a_1+a_2+a_3+\cdots+a_n$$

$l=a+(n-1)d$
→ $a+l=2a+(n-1)d$

6 수열의 합과 일반항 사이의 관계

핵심 4

수열 $\{a_n\}$의 첫째항부터 제n항까지의 합을 S_n이라 하면
$$a_1=S_1, \ a_n=S_n-S_{n-1} \ (n\geq2)$$

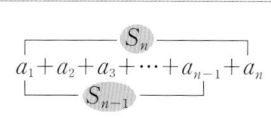

참고 $a_n=S_n-S_{n-1}$에 $n=1$을 대입하면 $a_1=S_1-S_0$이다.
이때 제0항은 정의되지 않으므로 S_0은 존재하지 않는다.
따라서 $a_n=S_n-S_{n-1}$은 $n=1$일 때 성립하지 않는다.

주의 S_n과 a_n 사이의 관계는 등차수열뿐만 아니라 모든 수열에서 성립한다.

$a_n=S_n-S_{n-1} \ (n\geq2)$을 이용하여 구한 a_n에 $n=1$을 대입한 값과 실제 수열의 첫째항이 다를 수 있으므로 a_n을 구한 후 $a_1=S_1$인지 확인해야 한다.

1 수열의 일반항 유형 1

동영상 강의

수열 $1, \dfrac{1}{4}, \dfrac{1}{9}, \dfrac{1}{16}, \cdots$의 일반항 a_n을 구해 보자.

$a_1 = 1 = \dfrac{1}{1^2}$, $a_2 = \dfrac{1}{4} = \dfrac{1}{2^2}$, $a_3 = \dfrac{1}{9} = \dfrac{1}{3^2}$, $a_4 = \dfrac{1}{16} = \dfrac{1}{4^2}$, $\cdots$

➡ 수열의 일반항은 $a_n = \dfrac{1}{n^2}$

각 항의 규칙을 찾아 제n항을 n에 대한 식으로 나타내어 보자.

1862 수열 $\{a_n\}$의 일반항이 $a_n = \dfrac{n+4}{3n}$일 때, 첫째항부터 제5항까지 차례로 나열하시오.

1863 다음 수열의 일반항 a_n을 추측하시오.

(1) $1, 3, 5, 7, 9, \cdots$

(2) $\dfrac{1}{1 \times 2}, \dfrac{1}{2 \times 3}, \dfrac{1}{3 \times 4}, \dfrac{1}{4 \times 5}, \cdots$

(3) $-1, 1, -1, 1, \cdots$

2 등차수열의 일반항과 등차중항 유형 3, 7

동영상 강의

● **등차수열의 일반항**

$2, 5, 8, 11, \cdots$과 같이 첫째항이 2, 공차가 3인 등차수열의 일반항 a_n은

$a_n = 2 + (n-1) \times 3 = 3n-1$
$\quad\quad\uparrow$첫째항 $\quad\quad\uparrow$공차

● **등차중항**

세 수 3, k, 15가 이 순서대로 등차수열을 이루면
$\quad\quad\quad\uparrow k$는 3과 15의 등차중항
$k-3 = 15-k$이므로 ➡ $2k = 3+15$, $k = \dfrac{3+15}{2} = 9$

참고 $1, 3, 5, 7, 9, 11, 13, \cdots$에서 $7 = \dfrac{3+11}{2} = \dfrac{1+13}{2}$이므로

7은 3과 11의 등차중항, 1과 13의 등차중항이다. 즉, 항이 연속하지 않더라도 등차중항이 성립한다.

등차수열의 일반항은 n에 대한 일차식으로 나타낼 수 있어.

1864 첫째항이 13, 공차가 -2인 등차수열 $\{a_n\}$의 일반항 a_n을 구하시오.

1865 세 수 2, x, -8이 이 순서대로 등차수열을 이룰 때, x의 값을 구하시오.

3 등차수열의 합 [유형 10]

(1) 첫째항이 3, 제10항이 ㉑인 등차수열의 첫째항부터 제10항까지의 합 S_{10}은

→ $S_{10} = \dfrac{10 \times (3+21)}{2} = 120$

(2) 첫째항이 3, 공차가 ② 인 등차수열의 첫째항부터 제10항까지의 합 S_{10}은

→ $S_{10} = \dfrac{10 \times \{2 \times 3 + (10-1) \times 2\}}{2} = 120$

> 제n항 l을 알 때,
> $S_n = \dfrac{n(a+l)}{2}$ 을 이용하고,
> 공차 d를 알 때,
> $S_n = \dfrac{n\{2a+(n-1)d\}}{2}$ 를 이용해.

1866 첫째항이 -2, 제10항이 57인 등차수열의 첫째항부터 제10항까지의 합을 구하시오.

1867 첫째항이 2, 공차가 4인 등차수열의 첫째항부터 제15항까지의 합을 구하시오.

4 수열의 합과 일반항 사이의 관계 [유형 19]

수열 $\{a_n\}$의 첫째항부터 제n항까지의 합 S_n이 $S_n = n^2$일 때, 일반항 a_n을 구해 보자.

❶ $n=1$일 때
　$a_1 = S_1 = 1^2 = 1$ ⋯⋯⋯⋯⋯⋯⋯⋯⋯⋯⋯⋯⋯⋯⋯⋯⋯⋯ ㉠

❷ $n \geq 2$일 때
　$a_n = S_n - S_{n-1}$
　　 $= n^2 - (n-1)^2 = 2n-1$ ⋯⋯⋯⋯⋯⋯⋯⋯⋯⋯⋯⋯ ㉡

❸ ㉠은 ㉡에 $n=1$을 대입한 값과 같으므로 일반항 a_n은 $a_n = 2n-1$

> ㉡이 $n=1$일 때도 성립하는지 꼭 확인해야 해.

1868 수열 $\{a_n\}$의 첫째항부터 제n항까지의 합 S_n이 $S_n = n^2 + 2n$일 때, 일반항 a_n을 구하시오.

1869 수열 $\{a_n\}$의 첫째항부터 제n항까지의 합 S_n이 $S_n = 2n^2 - 3n$일 때, 다음을 구하시오.

(1) 일반항 a_n
(2) a_{10}의 값

| 기초
유형 | **0 함숫값** | **고등수학** |

(1) 함수 $y=f(x)$에 대하여 함숫값 $f(a)$
→ $f(x)$에 x 대신 a를 대입하여 얻은 값
(2) 함수 $f(ax+b)$에서 $f(k)$의 값 구하기
→ $ax+b=k$를 만족시키는 x의 값을 구하여
$f(ax+b)$에 x 대신 그 수를 대입한다.

1870 대표문제

함수 f가 실수 전체의 집합에서
$$f(x)=\begin{cases} 3x-2 & (x\geq 1) \\ -2x & (x<1) \end{cases}$$로 정의될 때,
$f(3)+f(-1)$의 값은?

① 5 　　　　② 7 　　　　③ 9
④ 11 　　　　⑤ 13

1871
●‖‖ Level 1

이차함수 $f(x)=x^2+2x-1$에 대하여
$f(1)-f(-1)\times f(-2)$의 값은?

① -2 　　　　② -1 　　　　③ 0
④ 1 　　　　⑤ 2

1872
●‖‖ Level 1

함수 $f\left(\dfrac{x+1}{3}\right)=x^2-3$일 때, $f(1)$의 값은?

① 1 　　　　② 2 　　　　③ 3
④ 4 　　　　⑤ 5

1873
●‖‖ Level 2

두 함수 $f(x)=x^2-2x+4$, $g(x)$에 대하여
$f(2x-1)=g(x+2)$가 성립할 때, $g(3)$의 값은?

① 2 　　　　② 3 　　　　③ 4
④ 5 　　　　⑤ 6

1874
●‖‖ Level 2

함수 $f(4x-2)=12x+6$일 때, $f(1)+f(2)+f(3)$의 값을
구하시오.

1878

●❚❚ Level 1

수열 $\dfrac{1}{1}$, $\dfrac{3}{4}$, $\dfrac{5}{9}$, $\dfrac{7}{16}$, …의 일반항을 a_n이라 할 때, a_7의 값은?

① $\dfrac{13}{49}$ ② $\dfrac{17}{49}$ ③ $\dfrac{3}{7}$

④ $\dfrac{25}{49}$ ⑤ $\dfrac{29}{49}$

08

---

(1) 수열 $\{a_n\}$의 일반항이 주어진 경우
  → 수열 $\{a_n\}$의 일반항 a_n에 $n=k$를 대입한다.
(2) n에 k를 대입하여 제k항을 추측하기 어려운 경우
  → n에 1, 2, 3, …을 차례로 대입하여 규칙성을 찾아 수열의
    일반항 a_n을 구한 후 $n=k$를 대입하여 제k항을 구한다.

1875 대표문제

수열 $\{a_n\}$의 일반항이 $a_n=n^2+1$일 때, a_3의 값은?

① 7 ② 8 ③ 9

④ 10 ⑤ 11

1879

●❚❚ Level 1

수열 1×4, 2×5, 3×6, 4×7, …의 일반항을 a_n이라 할 때, a_{11}의 값은?

① 136 ② 142 ③ 148

④ 154 ⑤ 160

1876

●❚❚ Level 1

수열 $\dfrac{2}{3}$, $\dfrac{3}{6}$, $\dfrac{4}{9}$, $\dfrac{5}{12}$, …에서 제8항은?

① $\dfrac{1}{8}$ ② $\dfrac{1}{4}$ ③ $\dfrac{3}{8}$

④ $\dfrac{1}{2}$ ⑤ $\dfrac{5}{8}$

1877

●❚❚ Level 1

수열 $\{a_n\}$의 일반항이 $a_n=(n$을 6으로 나눈 나머지$)$일 때, a_{27}의 값은?

① 0 ② 1 ③ 2

④ 3 ⑤ 4

1880

●❚❚ Level 2

수열 $\{a_n\}$을 $a_n=(7^n$을 10으로 나눈 나머지$)$로 정의할 때, a_{2021}의 값을 구하시오.

(1) 등차수열 $\{a_n\}$의 공차가 d일 때
→ $d = a_2 - a_1 = a_3 - a_2 = a_4 - a_3 = \cdots = (\text{일정})$
(2) 공차가 d인 등차수열 $\{a_n\}$에서 $a_k = P$일 때
→ $P = a_1 + (k-1)d$

1881 대표문제

제2항이 -1, 제5항이 5인 등차수열 $\{a_n\}$의 공차는?

① 1 ② 2 ③ 3
④ 4 ⑤ 5

1882   Level 1

등차수열 $\{a_n\}$에 대하여 $a_1 = 1$, $a_3 + a_8 = 29$일 때, 수열 $\{a_n\}$의 공차는?

① 1 ② 2 ③ 3
④ 4 ⑤ 5

1883   Level 1

제3항이 11, 제6항이 23인 등차수열 $\{a_n\}$의 공차는?

① 2 ② 3 ③ 4
④ 5 ⑤ 6

1884   Level 2

등차수열 $\{a_n\}$에 대하여
$$a_1 - a_2 + a_3 - a_4 + \cdots + a_{99} - a_{100} = 100$$
일 때, 수열 $\{a_n\}$의 공차를 구하시오.

1885   Level 2

등차수열 $\{a_n\}$에 대하여 등차수열 $\{a_{2n}\}$의 공차가 4일 때, 등차수열 $\{a_{3n}\}$의 공차를 구하시오.

1886   Level 2

두 수열 $\{a_n\}$, $\{b_n\}$은 각각 공차가 7, -3인 등차수열이다. 이때 수열 $\{2a_n + 3b_n\}$의 공차는?

① 5 ② 9 ③ 11
④ 17 ⑤ 23

1887   Level 2

공차가 d_1 $(d_1 \neq 0)$인 등차수열 $\{a_n\}$에 대하여 두 수열
$$a_1 + a_2, \ a_3 + a_4, \ a_5 + a_6, \ \cdots$$
$$a_1 + a_2 + a_3, \ a_4 + a_5 + a_6, \ a_7 + a_8 + a_9, \ \cdots$$
의 공차를 각각 d_2, d_3이라 할 때, 다음 중 d_2와 d_3의 관계로 옳은 것은?

① $7d_2 = 3d_3$ ② $9d_2 = 4d_3$ ③ $4d_2 = 9d_3$
④ $9d_2 = 16d_3$ ⑤ $16d_2 = 9d_3$

다음은 이 유형에서 출제된 최근 교육청·평가원 기출문제입니다.

1888 · 교육청 2019년 4월

Level 1

등차수열 $\{a_n\}$에 대하여 $a_2 = 3$, $a_4 = 9$일 때, 수열 $\{a_n\}$의 공차는?

① 1   ② 2   ③ 3

④ 4   ⑤ 5

1889 · 교육청 2020년 3월

Level 1

등차수열 $\{a_n\}$에 대하여 $a_2 + a_3 = 2(a_1 + 12)$일 때, 수열 $\{a_n\}$의 공차는?

① 2   ② 4   ③ 6

④ 8   ⑤ 10

1890 · 교육청 2020년 10월

Level 2

등차수열 $\{a_n\}$에 대하여

$$a_1 + a_2 + a_3 = 15, \ a_3 + a_4 + a_5 = 39$$

일 때, 수열 $\{a_n\}$의 공차는?

① 1   ② 2   ③ 3

④ 4   ⑤ 5

실전유형 3 등차수열의 일반항

(1) 첫째항이 a, 공차가 d인 등차수열 $\{a_n\}$의 일반항
→ $a_n = a + (n-1)d$ (단, $n = 1, 2, 3, \cdots$)

(2) 등차수열의 일반항은 $a_n = An + B$ (A, B는 상수) 꼴이므로 n에 대한 일차식이고, 첫째항은 $A+B$, 공차는 A이다.

1891 대표문제

제3항이 12, 제9항이 -6인 등차수열 $\{a_n\}$의 일반항 a_n은?

① $a_n = 3n + 18$ ② $a_n = 3n - 18$

③ $a_n = -3n - 18$ ④ $a_n = -3n - 21$

⑤ $a_n = -3n + 21$

1892

Level 1

수열 $\{a_n\}$의 일반항 a_n이 n에 대한 일차식 $6n+3$으로 나타내어질 때, 다음 중 수열 $\{a_n\}$에 대한 설명으로 옳은 것은?

① 첫째항이 6, 공차가 3인 등차수열이다.

② 첫째항이 3, 공차가 6인 등차수열이다.

③ 첫째항이 9, 공차가 3인 등차수열이다.

④ 첫째항이 9, 공차가 6인 등차수열이다.

⑤ 첫째항이 9, 공차가 9인 등차수열이다.

1893

Level 1

등차수열 $\{a_n\}$에 대하여 $a_5=18$, $a_8=30$일 때, 일반항 a_n을 구하시오.

1894

Level 2

일반항이 $a_n=pn+q$인 수열 $\{a_n\}$에 대하여 〈**보기**〉에서 옳지 <u>않은</u> 것만을 있는 대로 고른 것은?

(단, p, q는 상수이다.)

─〈 보기 〉─

ㄱ. 수열 $\{a_n\}$은 공차가 p인 등차수열이다.

ㄴ. 수열 $\{a_n\}$의 첫째항은 $p+q$이다.

ㄷ. $a_1=a_2$이면 $q=0$이다.

① ㄱ   ② ㄴ   ③ ㄷ

④ ㄱ, ㄷ   ⑤ ㄴ, ㄷ

1895

Level 2

등차수열 $\{a_n\}$에 대하여 $a_3=\log_3 16$, $a_5=\log_3 256$일 때, 일반항 a_n을 구하시오.

실전유형 **4** 등차수열의 제k항   빈출유형

등차수열 $\{a_n\}$의 첫째항이 a, 공차가 d이고 제k항이 m일 때, $a+(k-1)d=m$을 만족시키는 자연수 k의 값을 구한다.

1896 대표문제

등차수열 $\{a_n\}$에 대하여 $a_3=1$, $a_{10}=29$일 때, a_{17}의 값은?

① 45   ② 49   ③ 53

④ 57   ⑤ 61

1897

Level 1

첫째항이 7이고, 공차가 -3인 등차수열 $\{a_n\}$의 제10항은?

① -20 ② -17 ③ -14

④ -11 ⑤ -9

1898

Level 1

수열 $\{a_n\}$의 일반항이 $a_n=3n-2$일 때, 28은 제몇 항인가?

① 제8항   ② 제9항   ③ 제10항

④ 제11항   ⑤ 제12항

1899

.ıl Level **2**

등차수열 $\{a_n\}$에 대하여 $a_{10}=29$, $a_7-a_5=6$일 때, 35는 제몇 항인지 구하시오.

1900

.ıl Level **2**

등차수열 $\{a_n\}$에 대하여 $a_6=26$, $a_4:a_8=4:9$일 때, a_{40}의 값은?

① 192　　　　② 194　　　　③ 196

④ 198　　　　⑤ 200

1901

.ıl Level **2**

등차수열 $\{a_n\}$에 대하여 $a_2+a_5+a_{11}=a_3+a_{13}=60$일 때, a_{15}의 값은?

① 60　　　　② 65　　　　③ 70

④ 75　　　　⑤ 80

1902

.ıl Level **2**

등차수열 $\{a_n\}$에 대하여 $a_2+a_6=20$, $a_{14}+a_{17}=66$일 때, $a_{11}-a_8$의 값은?

① 10　　　　② 9　　　　③ 8

④ 7　　　　⑤ 6

1903

.ıl Level **2**

수열 $\{a_n\}$은 첫째항이 1, 공차가 3인 등차수열이고, 수열 $\{b_n\}$은 첫째항이 1000, 공차가 -6인 등차수열이다. 이때 $a_k=b_k$를 만족시키는 자연수 k의 값은?

① 111　　　　② 112　　　　③ 113

④ 114　　　　⑤ 115

다음은 이 유형에서 출제된 최근 **교육청·평가원 기출문제**입니다.

1904 · 교육청 2020년 4월

.ıl Level **1**

등차수열 $\{a_n\}$에 대하여 $a_1=6$, $a_3+a_6=a_{11}$일 때, a_4의 값을 구하시오.

1905 · 교육청 2017년 3월

.ıl Level **2**

첫째항이 a이고 공차가 -2인 등차수열 $\{a_n\}$에 대하여 $a_3\neq0$, $(a_2+a_4)^2=16a_3$일 때, a의 값은?

① 5　　　　② 6　　　　③ 7

④ 8　　　　⑤ 9

실전유형 5 대소 관계를 만족시키는 등차수열의 제k항

첫째항이 a, 공차가 d인 등차수열 $\{a_n\}$에서

(1) 처음으로 k보다 커지는 항
   ➡ $a_n=a+(n-1)d>k$를 만족시키는 자연수 n의 최솟값을 구한다.

(2) 처음으로 k보다 작아지는 항
   ➡ $a_n=a+(n-1)d<k$를 만족시키는 자연수 n의 최솟값을 구한다.

1906 대표문제

제17항이 52, 제30항이 13인 등차수열 $\{a_n\}$에서 처음으로 음수가 되는 항은 제몇 항인가?

① 제34항   ② 제35항   ③ 제36항

④ 제37항   ⑤ 제38항

1907 ∎∎∎ Level 1

첫째항이 40, 공차가 -3인 등차수열 $\{a_n\}$에서 처음으로 음수가 되는 항은 제몇 항인지 구하시오.

1908 ∎∎∎ Level 1

첫째항이 1230, 공차가 -4인 등차수열 $\{a_n\}$에서 처음으로 20보다 작아지는 항은 제몇 항인가?

① 제300항   ② 제301항   ③ 제302항

④ 제303항   ⑤ 제304항

1909 ∎∎∎ Level 1

등차수열 $\{a_n\}$에 대하여 $a_2=-39$, $a_{16}=31$일 때, 처음으로 양수가 되는 항은 제몇 항인가?

① 제7항   ② 제8항   ③ 제9항

④ 제10항   ⑤ 제11항

1910 ∎∎∎ Level 2

수열 $\{a_n\}$은 첫째항이 4이고 공차가 -3인 등차수열이고, 수열 $\{b_n\}$은 첫째항이 9이고 공차가 -2인 등차수열일 때, $a_k\leq 5b_k$를 만족시키는 자연수 k의 개수는?

① 5   ② 6   ③ 7

④ 8   ⑤ 9

1911 ∎∎∎ Level 2

등차수열 $\{a_n\}$에 대하여 $a_2+a_3=13$, $a_{10}-a_8=6$일 때, $a_k>100$을 만족시키는 자연수 k의 최솟값은?

① 28   ② 30   ③ 32

④ 34   ⑤ 36

1912

•정답 및 풀이 328쪽

ıll Level 2

등차수열 $\{a_n\}$에 대하여 $a_1=3$, $a_5=a_3+4$일 때, $a_k<150$을 만족시키는 자연수 k의 최댓값을 구하시오.

1913 고난도

ıll Level 3

두 집합

$$A=\{x\,|\,x=3n-1,\ n은\ 자연수\},$$
$$B=\{x\,|\,x=5n-2,\ n은\ 자연수\}$$

에 대하여 집합 $A\cap B$의 원소를 작은 것부터 차례로 나열한 수열을 $\{a_n\}$이라 하자. 수열 $\{a_n\}$에서 처음으로 250보다 커지는 항은 제몇 항인가?

① 제16항   ② 제17항   ③ 제18항
④ 제19항   ⑤ 제20항

✦ Plus 문제

다음은 이 유형에서 출제된 최근 교육청 · 평가원 기출문제입니다.

1914 · 평가원 2020학년도 9월

ıll Level 2

등차수열 $\{a_n\}$에 대하여 $a_1=a_3+8$, $2a_4-3a_6=3$일 때, $a_k<0$을 만족시키는 자연수 k의 최솟값은?

① 8   ② 10   ③ 12
④ 14   ⑤ 16

실전유형 6 두 수 사이에 수를 넣어서 만든 등차수열

두 수 a와 b 사이에 n개의 수 a_1, a_2, $\cdots$, a_n을 넣어서 만든 수열이 등차수열을 이루는 경우

(1) 항의 개수 : $n+2$

(2) 첫째항 : a, 끝항 : $b=a+(n+1)d$
    └→ 제$(n+2)$항

(3) 공차 : $d=\dfrac{b-a}{n+1}$

1915 대표문제

두 수 14와 50 사이에 3개의 수 a, b, c를 넣어 만든 수열 14, a, b, c, 50이 이 순서대로 등차수열을 이룰 때, $a+b+c$의 값은?

① 72   ② 78   ③ 84
④ 90   ⑤ 96

1916

ıll Level 1

두 수 9와 29 사이에 4개의 수를 넣어 만든 수열이 등차수열을 이룰 때, 이 네 수 중 가장 큰 수를 구하시오.

1917

ıll Level 1

7개의 수 1, a, b, c, d, e, 2가 이 순서대로 등차수열을 이룰 때, $a+2b+4c+2d+e$의 값은?

① 11   ② 12   ③ 13
④ 14   ⑤ 15

1918

•▌▌ Level 2

두 수 -28과 107 사이에 26개의 수를 넣어 만든 수열

$$-28, a_1, a_2, a_3, \cdots, a_{26}, 107$$

이 이 순서대로 등차수열을 이룰 때, a_{14}의 값은?

① 34   ② 36   ③ 38

④ 40   ⑤ 42

1919

•▌▌ Level 2

두 수 9와 29 사이에 k개의 수를 넣어 만든 수열

$$9, a_1, a_2, a_3, \cdots, a_k, 29$$

가 이 순서대로 등차수열을 이룬다. 이 등차수열의 공차가 4일 때, k의 값을 구하시오.

1920

•▌▌ Level 2

두 수 35와 2 사이에 10개의 수를 넣어 만든 수열

$$35, a_1, a_2, a_3, \cdots, a_{10}, 2$$

가 이 순서대로 등차수열을 이룰 때, $a_2+a_5+a_8$의 값을 구하시오.

1921

•▌▌ Level 3

두 수 1과 50 사이에 n개의 수를 넣어 만든 수열

$$1, a_1, a_2, a_3, \cdots, a_n, 50$$

이 이 순서대로 등차수열을 이룰 때, $a_1, a_2, a_3, \cdots, a_n$이 모두 자연수가 되도록 하는 모든 자연수 n의 값의 합은?

① 52   ② 54   ③ 56

④ 58   ⑤ 60

실전유형 **7** 등차중항의 성질과 활용   빈출유형

세 수 a, b, c가 이 순서대로 등차수열을 이룬다.

→ b는 a와 c의 등차중항

→ $2b=a+c \iff b=\dfrac{a+c}{2}$

1922 대표문제

서로 다른 두 정수 a, b에 대하여 a, b, 6과 b^2, 4, a^2이 각각 이 순서대로 등차수열을 이룰 때, ab의 값은?

① -4 ② -2 ③ -1

④ 2   ⑤ 4

1923

•▌▌ Level 1

5개의 수 4, x, 12, y, 20이 이 순서대로 등차수열을 이룰 때, $y-x$의 값은?

① 2   ② 4   ③ 6

④ 8   ⑤ 10

1924

•▌▌ Level 1

두 수 x, y에 대하여 x, 9, y와 $\dfrac{1}{x}$, $\dfrac{1}{5}$, $\dfrac{1}{y}$이 각각 이 순서대로 등차수열을 이룰 때, xy의 값은?

① 35   ② 40   ③ 45

④ 50   ⑤ 55

1925

○▮▮ Level **1**

세 수 $-2a$, a^2-5a, 10이 이 순서대로 등차수열을 이루도록 하는 모든 실수 a의 값의 합은?

① -4 ② -2 ③ 0

④ 2   ⑤ 4

1926

○▮▮ Level **2**

두 자연수 a, b에 대하여 네 수

$$\log_2 3,\ \log_2 a,\ \log_2 12,\ \log_2 b$$

가 이 순서대로 등차수열을 이룰 때, $\dfrac{b}{a}$의 값을 구하시오.

1927

○▮▮ Level **2**

이차방정식 $x^2-5x-10=0$의 두 근을 α, β라 할 때, p는 α, β의 등차중항이고, q는 $\dfrac{1}{\alpha}$, $\dfrac{1}{\beta}$의 등차중항이다. 이때 $8pq$의 값을 구하시오.

1928

○▮▮ Level **2**

이차방정식 $x^2-7x+3=0$의 두 근 α, β에 대하여 5개의 실수 p, $\alpha+\beta$, q, $\alpha\beta$, r가 이 순서대로 등차수열을 이룰 때, $p+r$의 값은?

① 4   ② 6   ③ 8

④ 10   ⑤ 12

08

1929

○▮▮ Level **2**

다항식 $f(x)=ax^2-x+3$을 일차식 $x+1$, $x-1$, $x-2$로 각각 나누었을 때의 나머지가 이 순서대로 등차수열을 이룰 때, 상수 a의 값은? (단, $a\neq0$)

① $-\dfrac{1}{6}$ ② $-\dfrac{1}{5}$ ③ $-\dfrac{1}{4}$

④ $-\dfrac{1}{3}$ ⑤ $-\dfrac{1}{2}$

1930

○▮▮ Level **2**

그림과 같이 가로줄과 세로줄에 있는 세 수가 화살표 방향의 순서대로 각각 등차수열을 이룰 때, $a-b+c-d$의 값을 구하시오.

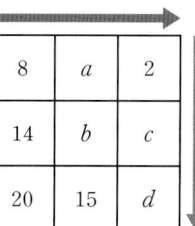

8	a	2
14	b	c
20	15	d

1931

그림과 같이 함수 $y=|x^2-9|$ 의 그래프가 직선 $y=k$와 서로 다른 네 점에서 만날 때, 네 점의 x좌표를 각각 a_1, a_2, a_3, a_4라 하자. 네 수 a_1, a_2, a_3, a_4가 이 순서대로 등차수열을 이룰 때, 양수 k의 값은?

(단, $a_1<a_2<a_3<a_4$)

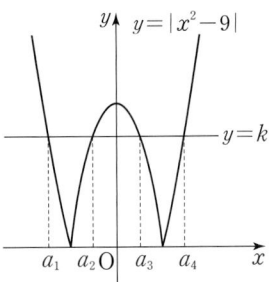

·ıI Level 3

① $\dfrac{34}{5}$ ② 7 ③ $\dfrac{36}{5}$

④ $\dfrac{37}{5}$ ⑤ $\dfrac{38}{5}$

다음은 이 유형에서 출제된 최근 교육청·평가원 기출문제입니다.

1932 · 교육청 2019년 9월

·ıI Level 1

이차방정식 $x^2-24x+10=0$의 두 근 α, β에 대하여 세 수 α, k, β가 이 순서대로 등차수열을 이룬다. 상수 k의 값을 구하시오.

1933 · 평가원 2020학년도 6월

·ıI Level 2

자연수 n에 대하여 x에 대한 이차방정식 $x^2-nx+4(n-4)=0$이 서로 다른 두 실근 α, $\beta\,(\alpha<\beta)$를 갖고, 세 수 1, α, β가 이 순서대로 등차수열을 이룰 때, n의 값은?

① 5 ② 8 ③ 11

④ 14 ⑤ 17

---

(1) 세 수가 등차수열을 이룰 때
→ 세 수를 $a-d$, a, $a+d$로 놓고 식을 세운다.
(2) 네 수가 등차수열을 이룰 때
→ 네 수를 $a-3d$, $a-d$, $a+d$, $a+3d$로 놓고 식을 세운다.

참고 각 항의 수를 더했을 때, a만 남도록 수를 놓으면 계산이 편리하다.

1934 대표문제

등차수열을 이루는 세 수의 합이 24, 곱이 120일 때, 세 수 중 가장 큰 수는?

① 7 ② 9 ③ 11

④ 13 ⑤ 15

1935

·ıI Level 2

등차수열을 이루는 네 수의 합은 20이고, 가운데 두 수의 곱은 가장 작은 수와 가장 큰 수의 곱보다 72만큼 크다고 할 때, 네 수 중 가장 큰 수와 가장 작은 수의 곱은?

① -60 ② -56 ③ -52

④ -48 ⑤ -44

1936

·ıI Level 2

세 실수 a, b, c는 이 순서대로 등차수열을 이루고 다음 조건을 만족시킬 때, abc의 값을 구하시오.

(가) $a+b+c=15$
(나) $a^2+b^2+c^2=107$

1937

●il Level 2

세 실수 a, b, c가 이 순서대로 등차수열을 이루고 다음 조건을 만족시킬 때, abc의 값은?

> (가) $\dfrac{2^a \times 2^c}{2^b} = 32$
>
> (나) $a + c + ca = 26$

① 20　　　　② 40　　　　③ 60

④ 80　　　　⑤ 100

1938

●il Level 2

직각삼각형의 세 변의 길이가 등차수열을 이루고, 직각삼각형의 둘레의 길이가 36일 때, 이 직각삼각형의 넓이를 구하시오.

1939

●il Level 2

삼차방정식 $x^3 - 6x^2 + 3x - k = 0$의 세 실근이 등차수열을 이룰 때, 상수 k의 값은?

① -4　　　　② -6　　　　③ -8

④ -10　　　　⑤ -12

---

❶ 절댓값의 성질을 이용하여 첫째항 a, 공차 d를 구한다.

❷ 주어진 조건을 만족시키는 항 a_k 또는 일반항 a_n을 구한다.

1940 대표문제

등차수열 $\{a_n\}$에서 제2항과 제9항은 절댓값이 같고 부호가 서로 반대이다. 제5항은 -4일 때, 일반항 a_n을 구하시오.

08

1941

●il Level 2

등차수열 $\{a_n\}$에 대하여 $a_3 = a_1 - 6$, $|a_{10}| = |a_8|$일 때, a_2의 값은?

① 17　　　　② 19　　　　③ 21

④ 23　　　　⑤ 25

1942

●il Level 2

등차수열 $\{a_n\}$에 대하여 $a_3 = -23$, $a_5 = -15$일 때, $|a_n|$의 값이 최소가 되게 하는 자연수 n의 값은?

① 6　　　　② 7　　　　③ 8

④ 9　　　　⑤ 10

1943

Level 2

공차가 3인 등차수열 $\{a_n\}$에 대하여 $a_{33}=88$일 때, $|a_n|$의 최솟값을 구하시오.

1944

Level 2

모든 항이 정수인 등차수열 $\{a_n\}$이 다음 조건을 만족시킬 때, a_{15}의 값은?

> (가) $a_2=-20$
> (나) $|a_{11}+a_6|=|a_{11}-a_6|$

① 41   ② 42   ③ 43

④ 44   ⑤ 45

다음은 이 유형에서 출제된 최근 교육청·평가원 기출문제입니다.

1945 · 2017학년도 대학수학능력시험

Level 3

공차가 양수인 등차수열 $\{a_n\}$이 다음 조건을 만족시킬 때, a_2의 값은?

> (가) $a_6+a_8=0$
> (나) $|a_6|=|a_7|+3$

① -15 ② -13 ③ -11

④ -9 ⑤ -7

+Plus 문제

실전 유형 10 등차수열의 합-합 구하기   **빈출유형**

등차수열의 첫째항부터 제n항까지의 합을 S_n이라 할 때
(1) 첫째항 a와 제n항 l이 주어진 경우
$$\Rightarrow S_n=\frac{n(a+l)}{2}$$
(2) 첫째항 a와 공차 d가 주어진 경우
$$\Rightarrow S_n=\frac{n\{2a+(n-1)d\}}{2}$$

1946 대표문제

제2항이 4, 제5항이 22인 등차수열 $\{a_n\}$의 첫째항부터 제10항까지의 합은?

① 150   ② 200   ③ 250

④ 300   ⑤ 350

1947

Level 1

등차수열 $\{a_n\}$에서 $a_1=3$, $a_{20}=27$일 때, 첫째항부터 제20항까지의 합은?

① 150   ② 200   ③ 250

④ 300   ⑤ 350

1948

Level 1

등차수열 13, 10, 7, 4, 1, -2, …의 첫째항부터 제12항까지의 합은?

① -42 ② -47 ③ -52

④ -57 ⑤ -62

1949
•ıl Level 2

첫째항이 2인 등차수열 $\{a_n\}$에서 $a_2+a_6+a_{10}=36$일 때, 첫째항부터 제20항까지의 합을 구하시오.

1950
•ıl Level 2

등차수열 $\{a_n\}$에 대하여 $a_n=4n+1$일 때, $a_3+a_4+a_5+\cdots+a_{20}$의 값은?

① 838   ② 842   ③ 846

④ 850   ⑤ 854

1951
•ıl Level 2

공차가 3인 등차수열 $\{a_n\}$에서 $a_{10}=18$일 때, $a_{11}+a_{12}+a_{13}+\cdots+a_{20}$의 값은?

① 325   ② 330   ③ 335

④ 345   ⑤ 350

1952
•ıl Level 3

첫째항이 1이고 공차가 $\dfrac{2}{3}$인 등차수열 $\{a_n\}$의 첫째항부터 제50항까지의 수 중 자연수인 모든 수의 합은?

① 271   ② 279   ③ 281

④ 289   ⑤ 291

08

다음은 이 유형에서 출제된 최근 교육청·평가원 기출문제입니다.

1953 · 교육청 2017년 4월
•ıl Level 1

첫째항이 3이고 공차가 2인 등차수열 $\{a_n\}$의 첫째항부터 제10항까지의 합은?

① 80   ② 90   ③ 100

④ 110   ⑤ 120

1954 · 평가원 2022학년도 6월
•ıl Level 2

첫째항이 2인 등차수열 $\{a_n\}$의 첫째항부터 제n항까지의 합을 S_n이라 하자. $a_6=2(S_3-S_2)$일 때, S_{10}의 값은?

① 100   ② 110   ③ 120

④ 130   ⑤ 140

❶ 등차수열의 합 S_n을 이용하여 첫째항 a와 공차 d, 일반항 a_n을 구한다.
❷ 조건을 만족시키는 항 a_k를 구한다.

1955 대표문제

공차가 2인 등차수열 $\{a_n\}$에서 첫째항부터 제10항까지의 합이 100일 때, a_2+a_3의 값은?

① 5   ② 6   ③ 7

④ 8   ⑤ 9

1956 Level 2

첫째항이 30, 제n항이 -15인 등차수열 $\{a_n\}$의 첫째항부터 제n항까지의 합이 120일 때, 수열 $\{a_n\}$의 공차는?

① -5 ② -4 ③ -3

④ -2 ⑤ -1

1957 Level 2

첫째항이 20, 제n항이 -4인 등차수열 $\{a_n\}$의 첫째항부터 제n항까지의 합이 40일 때, 이 수열의 제8항을 구하시오.

1958 Level 2

$a_{10}=50$, $a_{11}=45$인 등차수열 $\{a_n\}$에 대하여
$$a_1+a_2+a_3+\cdots+a_n=0$$
을 만족시키는 자연수 n의 값은?

① 36   ② 37   ③ 38

④ 39   ⑤ 40

1959 Level 2

어떤 학생이 일정 기간 동안 영어 단어를 외우기 위해 첫날 a개의 단어를 외우고 다음날부터는 매일 전날보다 5개씩 더 외워서 마지막 날에는 암기한 단어가 90개가 되도록 공부 계획을 세웠다. 단어를 외우기 시작한 첫날부터 마지막 날까지 n일 동안 외운 단어가 총 825개일 때, n의 값을 구하시오.

1960 Level 3

첫째항이 a이고 공차가 -2인 등차수열 $\{a_n\}$의 첫째항부터 제n항까지의 합을 S_n이라 하자. 모든 자연수 n에 대하여 $S_n<100$일 때, 자연수 a의 최댓값은?

① 16   ② 17   ③ 18

④ 19   ⑤ 20

실전 유형 **12** 두 등차수열의 합

두 등차수열 $\{a_n\}$, $\{b_n\}$의 각각의 첫째항을 a_1, b_1, 공차를 d_1, d_2, 첫째항부터 제n항까지의 합을 S_n, T_n이라 할 때

→ 수열 $\{a_n+b_n\}$은 공차가 d_1+d_2인 등차수열

$$\begin{aligned} \rightarrow S_n+T_n &= \frac{n\{(a_1+b_1)+(a_n+b_n)\}}{2} \\ &= \frac{n\{2(a_1+b_1)+(n-1)(d_1+d_2)\}}{2} \end{aligned}$$

1961 대표문제

두 등차수열 $\{a_n\}$, $\{b_n\}$의 첫째항의 합이 7이고 공차의 합이 3일 때, $(a_1+a_2+a_3+\cdots+a_{15})+(b_1+b_2+b_3+\cdots+b_{15})$의 값은?

① 140 ② 210 ③ 280

④ 350 ⑤ 420

1962   Level **2**

두 등차수열 $\{a_n\}$, $\{b_n\}$의 첫째항부터 제n항까지의 합을 각각 S_n, T_n이라 할 때,

$$a_1+b_1=12, \; S_{10}+T_{10}=525$$

이다. 이때 a_6+b_6의 값은?

① 56 ② 57 ③ 58

④ 59 ⑤ 60

1963   Level **2**

두 등차수열 $\{a_n\}$, $\{b_n\}$에 대하여 $a_1+b_1=5$이고

$$(a_1+a_2+a_3+\cdots+a_{11})+(b_1+b_2+b_3+\cdots+b_{11})=22$$

일 때, $a_{11}+b_{11}$의 값은?

① -3 ② -2 ③ -1

④ 0 ⑤ 1

1964   Level **2**

두 등차수열 $\{a_n\}$, $\{b_n\}$이 다음 조건을 만족시킨다.

(가) $a_6-a_2=b_{10}-b_2=2$
(나) $a_1+b_1=-4$

두 등차수열 $\{a_n\}$, $\{b_n\}$의 첫째항부터 제n항까지의 합을 각각 S_n, T_n이라 할 때, $S_{17}+T_{17}$의 값은?

① 17 ② 34 ③ 51

④ 68 ⑤ 85

두 수 a, b 사이에 n개의 수를 넣어서 만든 $(n+2)$개의 수가 a를 첫째항으로 하는 등차수열을 이루는 경우

(1) 공차 : $d = \dfrac{b-a}{n+1}$

(2) 첫째항이 a, 끝항이 b, 항이 $(n+2)$개인 등차수열의 합을 S라 하면

$$\Rightarrow S = \frac{(n+2)(a+b)}{2}$$

1965 대표문제

두 수 -5와 15 사이에 n개의 수를 넣어 만든 수열

$$-5,\ a_1,\ a_2,\ a_3,\ \cdots,\ a_n,\ 15$$

가 이 순서대로 등차수열을 이루고 그 합이 50일 때, n의 값은?

① 8   ② 9   ③ 10

④ 11   ⑤ 12

1966   Level 1

두 수 6과 33 사이에 n개의 수를 넣어 만든 수열

$$6,\ a_1,\ a_2,\ a_3,\ \cdots,\ a_n,\ 33$$

이 이 순서대로 공차가 d인 등차수열을 이룬다. 이 수열의 모든 항의 합이 195일 때, d의 값은?

① 1   ② 2   ③ 3

④ 4   ⑤ 5

1967   Level 1

두 수 12와 -42 사이에 20개의 수를 넣어 만든 수열

$$12,\ a_1,\ a_2,\ a_3,\ \cdots,\ a_{20},\ -42$$

가 이 순서대로 등차수열을 이룰 때, $a_1 + a_2 + a_3 + \cdots + a_{20}$의 값을 구하시오.

1968   Level 2

두 수 2와 12 사이에 n개의 수를 넣어 만든 수열

$$2,\ a_1,\ a_2,\ a_3,\ \cdots,\ a_n,\ 12$$

가 이 순서대로 등차수열을 이루고 모든 항의 합이 112일 때, a_3의 값을 구하시오.

1969   Level 2

두 수 32와 -16 사이에 n개의 수를 넣어 만든 수열

$$32,\ a_1,\ a_2,\ a_3,\ \cdots,\ a_n,\ -16$$

이 이 순서대로 등차수열을 이루고 $a_1 + a_2 + a_3 + \cdots + a_n = 128$일 때, n의 값은?

① 13   ② 14   ③ 15

④ 16   ⑤ 17

1970

●| Level 2

두 수 3과 51 사이에 n개의 수를 넣어 만든 수열

$$3, a_1, a_2, a_3, \cdots, a_n, 51$$

이 이 순서대로 등차수열을 이룬다. $a_4 = 15$일 때, 이 수열의 모든 항의 합은?

① 453   ② 456   ③ 459

④ 462   ⑤ 465

1971

●| Level 2

두 수 $\log_2 2$, $\log_2 256$ 사이에 서로 다른 n개의 수를 넣어 만든 등차수열

$$\log_2 2,\ \log_2 a_1,\ \log_2 a_2,\ \log_2 a_3,\ \cdots,\ \log_2 a_n,\ \log_2 256$$

의 모든 항의 합이 63이 되게 하는 n의 값을 구하시오.

1972

●| Level 2

두 수 7과 190 사이에 n개의 수를 넣어 만든 수열

$$7, a_1, a_2, a_3, \cdots, a_n, 190$$

이 이 순서대로 공차가 3인 등차수열을 이룰 때, $a_1 + a_2 + a_3 + \cdots + a_n$의 값은?

① 5910   ② 5920   ③ 5930

④ 5940   ⑤ 5950

실전 유형 14 부분의 합이 주어진 등차수열의 합 **빈출유형**

첫째항이 a, 공차가 d인 등차수열 $\{a_n\}$의 첫째항부터 제n항까지의 합을 S_n, 첫째항부터 제m항까지의 합을 S_m이라 하면

$$S_n = \frac{n\{2a+(n-1)d\}}{2},\ S_m = \frac{m\{2a+(m-1)d\}}{2}$$

→ 두 식을 연립하여 a, d의 값을 구한다.

1973 대표문제

등차수열 $\{a_n\}$의 첫째항부터 제n항까지의 합을 S_n이라 하자. $S_3 = 12$, $S_6 = 42$일 때, S_9의 값은?

① 60   ② 70   ③ 80

④ 90   ⑤ 100

1974

●| Level 1

등차수열 $\{a_n\}$의 첫째항부터 제n항까지의 합을 S_n이라 하자. $S_6 = 129$, $S_{12} = 438$일 때, 첫째항의 값은?

① 9   ② 10   ③ 11

④ 12   ⑤ 13

1975

●| Level 1

등차수열 $\{a_n\}$의 첫째항부터 제n항까지의 합을 S_n이라 하자. $S_{10} = 40$, $S_{20} = 280$일 때, a_6의 값을 구하시오.

1976

첫째항부터 제5항까지의 합이 130, 첫째항부터 제10항까지의 합이 435인 등차수열 $\{a_n\}$의 첫째항부터 제15항까지의 합은?

① 805　　② 915　　③ 935

④ 1055　　⑤ 1185

1977

Level 2

등차수열 $\{a_n\}$의 첫째항부터 제n항까지의 합을 S_n이라 하자. $a_{30}=-47$, $S_{30}=-105$일 때, S_{10}의 값은?

① 210　　② 236　　③ 265

④ 298　　⑤ 320

1978

Level 2

등차수열 $\{a_n\}$의 첫째항부터 제n항까지의 합을 S_n이라 하자. $S_3=39$, $S_8=264$일 때, $S_n=588$을 만족시키는 자연수 n의 값은?

① 10　　② 12　　③ 14

④ 16　　⑤ 18

1979

Level 2

등차수열 $\{a_n\}$의 첫째항부터 제n항까지의 합을 S_n이라 하자. $a_1=13$, $S_5=S_9$일 때, S_n의 값이 처음으로 음수가 될 때의 자연수 n의 값을 구하시오.

1980

Level 2

등차수열 $\{a_n\}$의 첫째항부터 제n항까지의 합을 S_n이라 할 때, $S_5=120$, $S_{20}=780$이다. 이때 $a_6+a_7+a_8+\cdots+a_{30}$의 값은?

① 1310　　② 1330　　③ 1350

④ 1370　　⑤ 1390

1981

Level 2

등차수열 $\{a_n\}$의 첫째항부터 제n항까지의 합을 S_n이라 하자. $S_{10}=S_{12}$일 때, $S_n=0$을 만족시키는 자연수 n의 값은?

(단, $a_1\neq0$)

① 21　　② 22　　③ 23

④ 24　　⑤ 25

실전유형 15 등차수열의 합의 활용 – 최대·최소

(1) 등차수열의 합의 최댓값
 ➜ (첫째항) > 0, (공차) < 0인 경우는
    양수가 나오는 항까지의 합이 최대이다.
(2) 등차수열의 합의 최솟값
 ➜ (첫째항) < 0, (공차) > 0인 경우는
    음수가 나오는 항까지의 합이 최소이다.

1982 대표문제

첫째항이 35, 공차가 −4인 등차수열 $\{a_n\}$의 첫째항부터 제n항까지의 합을 S_n이라 할 때, S_n의 최댓값은?

① 159　　　　② 163　　　　③ 167

④ 171　　　　⑤ 175

1983

●Ⅰ Level 1

첫째항이 50, 공차가 −3인 등차수열 $\{a_n\}$의 첫째항부터 제n항까지의 합을 S_n이라 할 때, S_n의 값이 최대가 될 때의 자연수 n의 값은?

① 15　　　　② 16　　　　③ 17

④ 18　　　　⑤ 19

1984

●Ⅰ Level 2

제8항이 53, 제17항이 8인 등차수열 $\{a_n\}$의 첫째항부터 제n항까지의 합을 S_n이라 할 때, S_n의 값이 최대가 될 때의 자연수 n의 값을 구하시오.

1985

●Ⅰ Level 2

제2항이 40, 제13항이 −15인 등차수열 $\{a_n\}$의 첫째항부터 제n항까지의 합을 S_n이라 할 때, S_n의 최댓값은?

① 213　　　　② 216　　　　③ 219

④ 222　　　　⑤ 225

1986

●Ⅰ Level 2

공차가 3, 제10항이 −26인 등차수열 $\{a_n\}$의 첫째항부터 제n항까지의 합을 S_n이라 할 때, S_n의 최솟값과 그때의 n의 값의 합은?

① −478　　　　② −477　　　　③ −476

④ −475　　　　⑤ −474

1987

.ıl Level 2

등차수열 $\{a_n\}$의 첫째항부터 제n항까지의 합을 S_n이라 할 때, $S_2=20$, $S_{12}=0$이다. 이 수열의 첫째항부터 제k항까지의 합이 최대이고, 그때의 최댓값이 m일 때, $k+m$의 값을 구하시오.

1988

.ıl Level 2

첫째항이 -5인 등차수열 $\{a_n\}$의 첫째항부터 제n항까지의 합을 S_n이라 할 때, $S_3=S_{10}$이다. 이때 S_n의 최솟값은?

① -17 ② $-\dfrac{35}{2}$ ③ -18

④ $-\dfrac{37}{2}$ ⑤ -19

1989

.ıl Level 2

첫째항이 160, 공차가 정수인 등차수열 $\{a_n\}$의 첫째항부터 제n항까지의 합을 S_n이라 하고, S_n은 $n=10$일 때 최댓값을 가진다. 이때 등차수열 $\{a_n\}$의 공차는? (단, $a_n \neq 0$)

① -21 ② -20 ③ -19

④ -18 ⑤ -17

실전유형 16 등차수열의 합의 활용 – 배수의 합 **복합유형**

(1) 자연수 d의 양의 배수를 작은 것부터 차례로 나열하면

➡ d, $2d$, $3d$, $\cdots$ ┌→자연수 d로 나누어떨어지는 자연수이다.

➡ 첫째항과 공차가 모두 d인 등차수열

(2) 자연수 d로 나누었을 때의 나머지가 a $(0 \leq a < d)$인 자연수를 작은 것부터 차례로 나열하면

➡ a, $a+d$, $a+2d$, $a+3d$, $\cdots$

➡ 첫째항이 a, 공차가 d인 등차수열

1990 대표문제

50 이하의 자연수 중에서 3으로 나누었을 때의 나머지가 2인 수의 총합은?

① 434   ② 436   ③ 438

④ 440   ⑤ 442

1991

.ıl Level 1

두 자리의 자연수 중에서 8의 배수의 총합은?

① 616   ② 624   ③ 632

④ 640   ⑤ 648

1992

.ıl Level 2

$100 \leq n < 1000$인 자연수 n 중에서 5로 나누어떨어지는 수의 총합을 구하시오.

1993

.ıl Level **2**

100과 200 사이의 자연수 중에서 7로 나누었을 때의 나머지가 3인 수의 총합은?

① 2050   ② 2100   ③ 2150

④ 2200   ⑤ 2250

1994

.ıl Level **2**

집합 $A = \{x \mid x$는 200 이하의 자연수 중에서 5로 나누었을 때의 나머지가 2인 수$\}$의 모든 원소의 합은?

① 3950   ② 3960   ③ 3970

④ 3980   ⑤ 3990

1995

.ıl Level **2**

3으로 나누었을 때의 나머지가 1이고, 5로 나누었을 때의 나머지가 4인 자연수를 작은 것부터 차례로 a_1, a_2, a_3, ⋯ 이라 하자. 이때 $a_1 + a_2 + a_3 + \cdots + a_{10}$의 값은?

① 700   ② 705   ③ 710

④ 715   ⑤ 720

1996

.ıl Level **3**

두 자리의 자연수 중에서 3 또는 4로 나누어떨어지는 수의 총합을 구하시오.

1997 고난도

.ıl Level **3**

n을 3으로 나눈 나머지를 a_n, 첫째항이 3, 공차가 2인 등차수열 $\{b_n\}$의 일반항을 b_n이라 할 때, $a_1 b_1 + a_2 b_2 + a_3 b_3 + \cdots + a_{20} b_{20}$의 값은?

① 461   ② 465   ③ 469

④ 473   ⑤ 477

+**Plus 문제**

심화유형 17 항이 절댓값으로 주어진 등차수열의 합 신유형

(1) (첫째항)>0, (공차)<0인 경우
→ (모든 양수인 항들의 합)$+$|모든 음수인 항들의 합|
(2) (첫째항)<0, (공차)>0인 경우
→ |모든 음수인 항들의 합|$+$(모든 양수인 항들의 합)

1998 대표문제

첫째항이 21, 공차가 -3인 등차수열 $\{a_n\}$에 대하여 $|a_1|+|a_2|+|a_3|+\cdots+|a_{20}|$의 값은?

① 312 ② 315 ③ 318
④ 321 ⑤ 324

1999 Level 2

등차수열 $\{a_n\}$의 일반항이 $a_n=-4n+7$일 때, $|a_1|+|a_2|+|a_3|+\cdots+|a_{20}|$의 값은?

① 696 ② 701 ③ 706
④ 711 ⑤ 716

2000 Level 2

첫째항이 -43, 공차가 3인 등차수열 $\{a_n\}$에 대하여 $|a_1|+|a_2|+|a_3|+\cdots+|a_{30}|$의 값을 구하시오.

2001 Level 2

등차수열 $\{a_n\}$에 대하여 $a_3=9$, $a_{15}=-15$일 때, $|a_1|+|a_2|+|a_3|+\cdots+|a_{15}|$의 값은?

① 98 ② 103 ③ 108
④ 113 ⑤ 118

2002 Level 3

첫째항이 57이고 공차가 -6인 등차수열 $\{a_n\}$에 대하여 $|a_1+a_2+\cdots+a_n|$의 값이 최소가 되게 하는 자연수 n의 값은?

① 19 ② 20 ③ 21
④ 22 ⑤ 23

+Plus 문제

심화유형 18 등차수열의 합의 활용 – 선분의 길이 **복합유형**

주어진 조건을 식으로 나타내고, 등차수열의 합을 이용한다.

2003 **대표문제**

그림과 같이 직선 $y=3x$에 대하여 각 영역의 넓이를 차례로 a_1, a_2, a_3, $\cdots$, a_n이라 할 때, $a_2+a_4+a_6+\cdots+a_{20}$의 값을 구하시오.

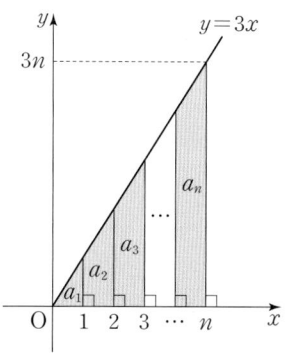

2005

●▮▮ Level 2

그림과 같이 직선 l 위에 같은 간격으로 10개의 점 P_1, P_2, P_3, $\cdots$, P_{10}을 잡고, 각 점에서 직선 m에 내린 수선의 발을 차례로 Q_1, Q_2, Q_3, $\cdots$, Q_{10}이라 하자. $\overline{P_1Q_1}=10$, $\overline{P_{10}Q_{10}}=6$일 때, $\overline{P_2Q_2}+\overline{P_3Q_3}+\overline{P_4Q_4}+\cdots+\overline{P_9Q_9}$의 값은?

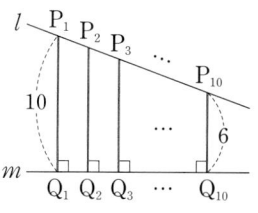

① 62 ② 64 ③ 66
④ 68 ⑤ 70

2004

●▮▮ Level 2

그림과 같이 두 곡선
$y=x^2$,
$y=x^2+ax+b$ $(a>0)$의 교점에서 오른쪽으로 일정한 간격으로 y축에 평행한 선분 15개를 그렸다. 이들 선분 중 가장 짧은 선분의 길이가 2이고 가장 긴 선분의 길이가 20일 때, 15개의 선분의 길이의 합은? (단, a, b는 상수이고, 각 선분의 양 끝점은 두 곡선 위에 있다.)

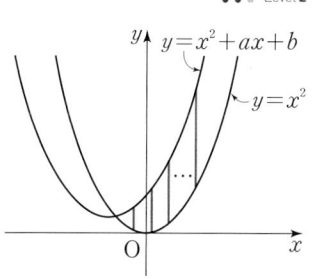

① 165 ② 170 ③ 175
④ 180 ⑤ 185

다음은 이 유형에서 출제된 최근 교육청·평가원 기출문제입니다.

2006 · 교육청 2007년 3월

●▮▮ Level 2

그림과 같이 두 직선 $y=x$, $y=a(x-1)$ $(a>1)$의 교점에서 오른쪽 방향으로 y축에 평행한 14개의 선분을 같은 간격으로 그었다. 이들 중 가장 짧은 선분의 길이는 3이고, 가장 긴 선분의 길이는 42일 때, 14개의 선분의 길이의 합을 구하시오.

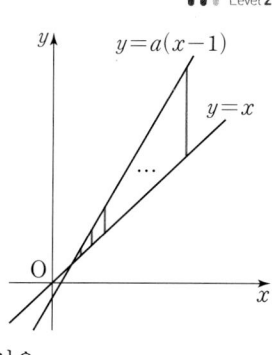

(단, 각 선분의 양 끝점은 두 직선 위에 있다.)

수열 $\{a_n\}$의 첫째항부터 제n항까지의 합 S_n이 주어진 경우

→ $a_1 = S_1$, $a_n = S_n - S_{n-1}$ $(n \geq 2)$

참고 $S_n = An^2 + Bn + C$ $(A \neq 0,\ B,\ C$는 상수$)$의 꼴일 때

(1) $C = 0$이면 수열 $\{a_n\}$은 첫째항부터 등차수열을 이룬다.

(2) $C \neq 0$이면 수열 $\{a_n\}$은 둘째항부터 등차수열을 이룬다.

2007 대표문제

수열 $\{a_n\}$의 첫째항부터 제n항까지의 합 S_n이

$S_n = n^2 + 3n + 1$일 때, $a_1 + a_{20}$의 값은?

① 46   ② 47   ③ 48

④ 49   ⑤ 50

2008   Level 1

수열 $\{a_n\}$의 첫째항부터 제n항까지의 합 S_n이

$S_n = 3n^2 - n$일 때, a_7의 값은?

① 29   ② 32   ③ 35

④ 38   ⑤ 41

2009   Level 1

첫째항부터 제n항까지의 합 S_n이 $S_n = 2n^2 - n$인 수열

$\{a_n\}$의 일반항 a_n을 구하시오.

2010   Level 2

첫째항부터 제n항까지의 합 S_n이 $S_n = kn^2 + 2n$인 수열

$\{a_n\}$에 대하여 $a_6 = 57$일 때, 상수 k의 값을 구하시오.

2011   Level 2

수열 $\{a_n\}$의 첫째항부터 제n항까지의 합 S_n이

$S_n = -n^2 + 14n$일 때,

$|a_1| + |a_3| + |a_5| + \cdots + |a_{17}| + |a_{19}|$의 값은?

① 104   ② 106   ③ 108

④ 110   ⑤ 112

2012   Level 2

수열 $\{a_n\}$의 첫째항부터 제n항까지의 합 S_n이

$S_n = n^2 + 4n - 2$일 때, $5 \leq a_n \leq 50$을 만족시키는 자연수 n

의 개수는?

① 20   ② 21   ③ 22

④ 23   ⑤ 24

2013
●❚❚ Level 2

공차가 2인 등차수열 $\{a_n\}$의 첫째항부터 제n항까지의 합을 S_n이라 하자. $S_n = pn^2 - 15n$일 때, $a_7 + a_8$의 값은?
(단, p는 상수이다.)

① -5 ② -4 ③ -3
④ -2 ⑤ -1

2016
●❚❚ Level 3

수열 $\{a_n\}$의 첫째항부터 제n항까지의 합 S_n이 $S_n = 2n^2 + n$이고, 수열 $\{a_n + b_n\}$의 첫째항부터 제n항까지의 합 T_n이 $T_n = 4n^2 - n$일 때, b_7의 값은?

① 16   ② 20   ③ 24
④ 28   ⑤ 32

+ **Plus 문제**

08

2014
●❚❚ Level 2

수열 $\{a_n\}$의 첫째항부터 제n항까지의 합 S_n이 다항식 $x^2 + x - 3$을 $x - 2n$으로 나눈 나머지와 같을 때, $a_1 + a_4$의 값은?

① 30   ② 33   ③ 36
④ 39   ⑤ 42

다음은 이 유형에서 출제된 최근 교육청 · 평가원 기출문제입니다.

2017 · 교육청 2021년 10월
●❚❚ Level 2

공차가 d인 등차수열 $\{a_n\}$의 첫째항부터 제n항까지의 합이 $n^2 - 5n$일 때, $a_1 + d$의 값은?

① -4 ② -2 ③ 0
④ 2   ⑤ 4

2015
●❚❚ Level 2

수열 $\{a_n\}$의 첫째항부터 제n항까지의 합을 S_n이라 하자. 이차함수 $f(x) = -\dfrac{1}{2}x^2 + 4x$에 대하여 $S_n = 2f(n)$을 만족시킬 때, a_5의 값을 구하시오.

2018 · 평가원 2021학년도 6월
●❚❚ Level 3

공차가 2인 등차수열 $\{a_n\}$의 첫째항부터 제n항까지의 합을 S_n이라 하자. $S_k = -16$, $S_{k+2} = -12$를 만족시키는 자연수 k에 대하여 a_{2k}의 값은?

① 6   ② 7   ③ 8
④ 9   ⑤ 10

+ **Plus 문제**

2019 대표문제

등차수열 $\{a_n\}$에 대하여 $a_3 + a_5 = 22$, $a_4 + a_6 = -6$일 때, 수열 $\{a_n\}$의 일반항 a_n을 구하는 과정을 서술하시오. [6점]

STEP 1 첫째항 a와 공차 d에 대한 연립방정식 세우기 [3점]

등차수열 $\{a_n\}$의 첫째항을 a, 공차를 d라 하면

$a_3 + a_5 = 22$에서

$a_3 = a + 2d$, $a_5 = a + \boxed{}^{(1)}$ 이므로

$a_3 + a_5 = 2a + \boxed{}^{(2)} = 22$ ·················· ㉠

$a_4 + a_6 = -6$에서

$a_4 = a + 3d$, $a_6 = a + \boxed{}^{(3)}$ 이므로

$a_4 + a_6 = 2a + \boxed{}^{(4)} = -6$ ·················· ㉡

STEP 2 연립방정식을 풀어 첫째항 a와 공차 d의 값 구하기 [1점]

㉠, ㉡을 연립하여 풀면

$a = \boxed{}^{(5)}$, $d = \boxed{}^{(6)}$

STEP 3 일반항 a_n 구하기 [2점]

$a_n = \boxed{}^{(7)} + (n-1) \times (\boxed{}^{(8)})$

$= -14n + \boxed{}^{(9)}$

2020 한번 더

등차수열 $\{a_n\}$에 대하여 $a_2 + a_4 = 12$, $a_5 + a_8 = -9$일 때, 수열 $\{a_n\}$의 일반항 a_n을 구하는 과정을 서술하시오. [6점]

STEP 1 첫째항 a와 공차 d에 대한 연립방정식 세우기 [3점]

STEP 2 연립방정식을 풀어 첫째항 a와 공차 d의 값 구하기 [1점]

STEP 3 일반항 a_n 구하기 [2점]

2021 유사 1

등차수열 $\{a_n\}$에 대하여 $a_2 = 37$, $a_4 + a_8 = 50$일 때, $|a_k| = 20$을 만족시키는 자연수 k의 값을 구하는 과정을 서술하시오. [8점]

핵심 KEY 유형3, 유형4 **등차수열의 일반항**

항의 관계가 주어질 때 등차수열의 일반항을 구하는 문제이다.
첫째항이 a, 공차가 d인 등차수열의 일반항은
$a_n = a + (n-1)d$임을 이용한다.
연립방정식을 풀어 a, d의 값을 각각 구하는 과정과 일반항 a_n을 식으로 나타내는 과정에서 실수하지 않도록 주의한다.

2022 `대표문제`

첫째항이 55, 공차가 -4인 등차수열 $\{a_n\}$의 첫째항부터 제n항까지의 합을 S_n이라 할 때, S_n의 최댓값을 구하는 과정을 서술하시오. [7점]

08

`STEP 1` 일반항 a_n 구하기 [2점]

등차수열 $\{a_n\}$의 첫째항이 55, 공차가 -4이므로

$a_n=\boxed{^{(1)}}+(n-1)\times(-4)$

$\quad=-4n+\boxed{^{(2)}}$

`STEP 2` $a_n>0$을 만족시키는 자연수 n의 최댓값 구하기 [3점]

공차가 음수이므로 S_n의 값이 최대가 되게 하는 n의 값은 $a_n>0$을 만족시키는 n의 최댓값과 같다.

$a_n=-4n+\boxed{^{(3)}}>0$에서 $\boxed{^{(4)}}<59$

$\therefore\ n<\boxed{^{(5)}}=14.75$

즉, 등차수열 $\{a_n\}$은 첫째항부터 제$\boxed{^{(6)}}$항까지의 합이 최대이다.

`STEP 3` S_n의 최댓값 구하기 [2점]

S_n의 최댓값은

$S_{14}=\dfrac{14\{2\times55+\boxed{^{(7)}}\times(-4)\}}{2}$

$\qquad=\boxed{^{(8)}}$

2023 `한번 더`

첫째항이 -38, 공차가 4인 등차수열 $\{a_n\}$의 첫째항부터 제n항까지의 합을 S_n이라 할 때, S_n의 최솟값을 구하는 과정을 서술하시오. [7점]

`STEP 1` 일반항 a_n 구하기 [2점]

`STEP 2` $a_n<0$을 만족시키는 자연수 n의 최솟값 구하기 [3점]

`STEP 3` S_n의 최솟값 구하기 [2점]

핵심 KEY `유형 15` 등차수열의 합의 최대·최소

등차수열의 항에 대한 조건이 주어질 때, 등차수열의 합의 최댓값 또는 최솟값을 구하는 문제이다.

제$(n+1)$항에서 처음으로 음수가 나오면 S_n의 최댓값은 첫째항부터 제n항까지의 합임을 이용한다.

n의 값의 범위를 구한 후, 부등식을 만족시키는 자연수 n의 최댓값을 구해야 함에 주의한다.

2024 유사 1

등차수열 $\{a_n\}$에 대하여 $a_3+a_5=82$, $a_8=29$이다. 첫째항부터 제n항까지의 합을 S_n이라 하고, S_n은 $n=k$일 때 최댓값 M을 가진다. $M+k$의 값을 구하는 과정을 서술하시오. [8점]

2025 유사 2

첫째항이 -70, 공차가 정수인 등차수열 $\{a_n\}$의 첫째항부터 제n항까지의 합을 S_n이라 하고, S_n은 $n=12$일 때, 최솟값을 가진다. 이때 S_n의 최솟값을 구하는 과정을 서술하시오. (단, $a_n \neq 0$) [8점]

2026 대표문제

수열 $\{a_n\}$의 첫째항부터 제n항까지의 합 S_n이 $S_n=n^2+4n$일 때, $a_1+a_3+a_5+\cdots+a_{19}$의 값을 구하는 과정을 서술하시오. [8점]

STEP 1 $a_1=S_1$, $a_n=S_n-S_{n-1}$ $(n\geq 2)$을 이용하여 a_1과 $n\geq 2$일 때의 일반항 구하기 [3점]

$n=1$일 때, $a_1=S_1=1^2+4\times 1=\boxed{}^{(1)}$

$n\geq 2$일 때, $a_n=S_n-S_{n-1}$이므로

$a_n=(n^2+4n)-\{(n-1)^2+4(n-1)\}$

$\quad =n^2+4n-(n^2+\boxed{}^{(2)}-3)$

$\quad =2n+\boxed{}^{(3)}$ ·························· ㉠

STEP 2 일반항 a_n 구하기 [1점]

$a_1=5$는 ㉠에 $n=1$을 대입한 것과 같으므로

$a_n=2n+\boxed{}^{(4)}$

STEP 3 $a_1+a_3+a_5+\cdots+a_{19}$의 값 구하기 [4점]

a_1, a_3, a_5, a_7, $\cdots$에서

$a_{2k-1}=2(2k-1)+3=\boxed{}^{(5)}+1$ $(k\geq 1)$

이므로 $a_1+a_3+a_5+\cdots+a_{19}$는 수열 $\{a_{2k-1}\}$에서 첫째항부터 제$\boxed{}^{(6)}$항까지의 합과 같다.

$\therefore a_1+a_3+a_5+\cdots+a_{19}=\dfrac{\boxed{}^{(7)}(5+\boxed{}^{(8)})}{2}$

$\quad =\boxed{}^{(9)}$

핵심 KEY 유형 19 **수열의 합과 일반항 사이의 관계**

수열의 합과 일반항 사이의 관계를 이용하여 등차수열의 일반항을 구한 후, 조건을 만족시키는 값을 구하는 문제이다.

즉, $a_1=S_1$, $a_n=S_n-S_{n-1}$ $(n\geq 2)$임을 이용한다.

일반항 a_n을 이용하여 a_{2k-1}을 구한 후, 수열 $\{a_{2k-1}\}$의 항수, 첫째항, 끝항을 구해야 함에 주의한다.

2027 한번 더

수열 $\{a_n\}$의 첫째항부터 제n항까지의 합 S_n이
$S_n=n^2+7n$일 때, $a_1+a_3+a_5+\cdots+a_{21}$의 값을 구하는 과정을 서술하시오. [8점]

STEP 1 $a_1=S_1$, $a_n=S_n-S_{n-1}\,(n\geq2)$을 이용하여 a_1과 $n\geq2$일 때의 일반항 구하기 [3점]

STEP 2 일반항 a_n 구하기 [1점]

STEP 3 $a_1+a_3+a_5+\cdots+a_{21}$의 값 구하기 [4점]

2028 유사 1

수열 $\{a_n\}$의 첫째항부터 제n항까지의 합 S_n이
$S_n=n^2-8n$일 때, $a_n<30$을 만족시키는 자연수 n의 개수를 구하는 과정을 서술하시오. [7점]

2029 유사 2

수열 $\{a_n\}$의 첫째항부터 제n항까지의 합 S_n이
$S_n=n^2+n+2$일 때, $a_1-a_2+a_3-a_4+\cdots-a_{22}+a_{23}$의 값을 구하는 과정을 서술하시오. [8점]

실력 check 실전 마무리하기 1회

점 / 100점

• 선택형 21문항, 서술형 4문항입니다.

1 2030

수열 $\{a_n\}$의 일반항이 $a_n=4^n+3$일 때, 259는 제몇 항인가? [3점]

① 제3항 ② 제4항 ③ 제5항
④ 제6항 ⑤ 제7항

2 2031

등차수열 $\{a_n\}$에 대하여 $a_2=6$, $a_3+a_6=27$일 때, a_{10}의 값은? [3점]

① 26 ② 27 ③ 28
④ 29 ⑤ 30

3 2032

공차가 3, 제10항이 -26인 등차수열 $\{a_n\}$에서 처음으로 양수가 되는 항은 제몇 항인가? [3점]

① 제16항 ② 제17항 ③ 제18항
④ 제19항 ⑤ 제20항

4 2033

네 수 -6, a, b, 3이 이 순서대로 등차수열을 이룰 때, $a+b$의 값은? [3점]

① -3 ② -1 ③ 0
④ 1 ⑤ 3

5 2034

이차방정식 $x^2-24x+18=0$의 두 근을 α, β라 할 때, m은 α, β의 등차중항이고, n은 $\frac{1}{\alpha}$, $\frac{1}{\beta}$의 등차중항이다. 이때 mn의 값은? [3점]

① 6 ② 7 ③ 8
④ 9 ⑤ 10

6 2035

∠A＝90°인 직각삼각형 ABC의 세 변의 길이가 등차수열을 이룬다. $\overline{BC}=25$일 때, 직각삼각형 ABC의 넓이는?

[3점]

① 140   ② 145   ③ 150

④ 155   ⑤ 160

7 2036

등차수열 $\{a_n\}$에서 $a_3=17$, $a_8=37$일 때, 첫째항부터 제15항까지의 합은? [3점]

① 546   ② 549   ③ 552

④ 555   ⑤ 558

8 2037

수열 $\{a_n\}$의 첫째항부터 제n항까지의 합을 S_n이라 하자. $S_n=n^2-1$일 때, a_1+a_{10}의 값은? [3점]

① 15   ② 17   ③ 19

④ 21   ⑤ 23

9 2038

첫째항이 3, 제k항이 35인 등차수열 $\{a_n\}$의 첫째항부터 제k항까지의 합이 323일 때, 수열 $\{a_n\}$의 공차는? [3.5점]

① 1   ② 2   ③ 3

④ 4   ⑤ 5

10 2039

등차수열 $\{a_n\}$에 대하여

$$a_n=2n+k, \quad a_6+a_7+\cdots+a_{10}=100$$

일 때, 상수 k의 값은? [3.5점]

① 0   ② 1   ③ 2

④ 3   ⑤ 4

11 2040

두 수 73과 169 사이에 31개의 수 a_1, a_2, a_3, $\cdots$, a_{31}을 넣어 만든 수열

$$73, \ a_1, \ a_2, \ a_3, \ \cdots, \ a_{31}, \ 169$$

가 이 순서대로 등차수열을 이룰 때, a_{15}의 값은? [3.5점]

① 106   ② 109   ③ 112

④ 115   ⑤ 118

12 2041

9개의 수 1, a, b, c, d, e, f, g, 5가 이 순서대로 등차수열을 이룰 때, $a+2b+3c+2d+3e+2f+g$의 값은? [3.5점]

① 41   ② 42   ③ 43

④ 44   ⑤ 45

13 2042

수열 $\{a_n\}$에서 $a_1+a_2+a_3+a_4+a_5=20$이고, a_1, a_2, a_3, a_4, a_5가 이 순서대로 등차수열을 이룰 때, 〈보기〉에서 옳은 것만을 있는 대로 고른 것은? [3.5점]

───〈보기〉───

ㄱ. $a_1+a_5=8$

ㄴ. $a_3=4$

ㄷ. $2a_2+a_3+a_5=24$

① ㄱ   ② ㄴ   ③ ㄱ, ㄴ

④ ㄱ, ㄷ   ⑤ ㄱ, ㄴ, ㄷ

14 2043

첫째항부터 제n항까지의 합 S_n이 $S_n=2n^2+4n+1$인 수열 $\{a_n\}$의 첫째항은 $a_1=p$이고, $a_n=qn+r\,(n\geq2)$일 때, $p+q+r$의 값은? (단, p, q, r는 상수이다.) [3.5점]

① 11   ② 13   ③ 15

④ 17   ⑤ 19

15 2044

수열 $\{a_n\}$의 첫째항부터 제n항까지의 합 S_n이 $S_n=n^2-6n$일 때, $15\leq a_n\leq35$를 만족시키는 자연수 n의 개수는? [3.5점]

① 10   ② 11   ③ 12

④ 13   ⑤ 14

16 2045

첫째항이 1, 공차가 2인 등차수열이 있다. 첫 번째 시행에서 이 수열의 짝수 번째 항을 지우고, 두 번째 시행에서 첫 번째 시행 후 남은 수열의 짝수 번째 항을 지운다. 두 번째 시행 후 남은 수열의 일반항을 $a_n=pn+q$라 할 때, $p+q$의 값은? (단, p, q는 정수이다.) [4점]

① 1   ② 2   ③ 3

④ 4   ⑤ 5

17 2046

8개의 수 a_1, a_2, a_3, $\cdots$, a_8과 8개의 수 b_1, b_2, b_3, $\cdots$, b_8에 대하여 16개의 수 a_1, b_1, a_2, b_2, a_3, b_3, $\cdots$, a_8, b_8이 이 순서대로 등차수열을 이룬다. 이때 $a_1=1$, $b_1+b_3+b_5+b_7=88$일 때, $b_2+b_4+b_6+b_8$의 값은? [4점]

① 108   ② 110   ③ 112
④ 114   ⑤ 116

18 2047

제5항이 2인 등차수열 $\{a_n\}$에서 제2항과 제7항은 절댓값이 같고 부호가 반대일 때, 등차수열 $\{a_n\}$의 첫째항부터 제20항까지의 합은? [4점]

① 468   ② 472   ③ 476
④ 480   ⑤ 484

19 2048

등차수열 $\{a_n\}$의 첫째항부터 제n항까지의 합을 S_n이라 하자. $S_{10}=10$, $S_{15}=90$일 때, S_{30}의 값은? [4점]

① 600   ② 615   ③ 630
④ 645   ⑤ 660

20 2049

등차수열 $\{a_n\}$에 대하여 $a_2=13$, $a_5=7$일 때, $|a_1|+|a_2|+|a_3|+\cdots+|a_{20}|$의 값은? [4점]

① 196   ② 200   ③ 204
④ 208   ⑤ 212

21 2050

첫째항이 a이고 공차가 -6인 등차수열 $\{a_n\}$의 첫째항부터 제n항까지의 합을 S_n이라 하자. 모든 자연수 n에 대하여 $S_n<192$일 때, 자연수 a의 최댓값은? [4.5점]

① 41   ② 42   ③ 43
④ 44   ⑤ 45

22 2051

등차수열 $\{a_n\}$에 대하여 $a_1=3$이고 $a_4 : a_7=5 : 9$일 때, a_{10}의 값을 구하는 과정을 서술하시오. [6점]

23 2052

등차수열 $\{a_n\}$에 대하여 $a_6+a_{11}=36$, $a_6-a_{11}=2$일 때, 다음 물음에 답하시오. [7점]

(1) 등차수열 $\{a_n\}$의 공차를 구하는 과정을 서술하시오. [2점]

(2) 집합 $X=\{a_n \mid a_n$은 자연수$\}$의 모든 원소의 합을 구하는 과정을 서술하시오. [5점]

24 2053

등차수열 $\{a_n\}$에 대하여 첫째항부터 제5항까지의 합이 185이고, 첫째항부터 제10항까지의 합이 220이다. 등차수열 $\{a_n\}$의 첫째항부터 제n항까지의 합을 S_n이라 할 때, S_n의 값이 최대가 되게 하는 자연수 n의 값을 구하는 과정을 서술하시오. [7점]

25 2054

그림과 같이 $\overline{AD} /\!/ \overline{BC}$인 등변사다리꼴 ABCD에서 변 AB를 10등분 한 점을 점 A에서 가까운 쪽부터 차례로 P_1, P_2, P_3, $\cdots$, P_9라 하고, 변 DC를 10등분 한 점을 점 D에서 가까운 쪽부터

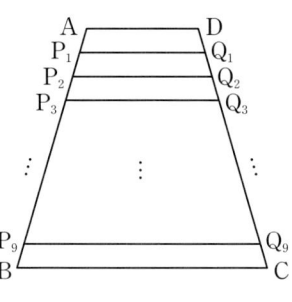

차례로 Q_1, Q_2, Q_3, $\cdots$, Q_9라 하자. 사각형 AP_1Q_1D의 넓이는 3이고, 사각형 P_9BCQ_9의 넓이는 5일 때, 사다리꼴 ABCD의 넓이를 구하는 과정을 서술하시오. [7점]

점

/100점

08

1 2055

등차수열 $\{a_n\}$이 다음 조건을 만족시킬 때, 등차수열 $\{a_n\}$의 공차는? [3점]

> (가) $a_{14}=6$
> (나) $a_3 : a_8 = 5 : 3$

① -5　　　② -4　　　③ -3
④ -2　　　⑤ -1

2 2056

등차수열 $\{a_n\}$에서 $a_1 + a_6 = 22$, $a_2 - a_4 = 8$일 때, -15는 제몇 항인가? [3점]

① 제8항　　　② 제9항　　　③ 제10항
④ 제11항　　　⑤ 제12항

3 2057

첫째항이 -50, 공차가 4인 등차수열 $\{a_n\}$에서 처음으로 100보다 커지는 항은 제몇 항인가? [3점]

① 제36항　　　② 제37항　　　③ 제38항
④ 제39항　　　⑤ 제40항

4 2058

세 수 $2a^2 - 3a$, 3, $-a^2 + 4a$가 이 순서대로 등차수열을 이룰 때, 모든 실수 a의 값의 합은? [3점]

① -2　　　② -1　　　③ 0
④ 1　　　⑤ 2

5 2059

두 자연수 a, b에 대하여 6, a, b와 a^2, 10, b^2이 각각 이 순서대로 등차수열을 이룰 때, $\dfrac{1}{2}ab$의 값은? [3점]

① 2　　　② 4　　　③ 6
④ 8　　　⑤ 10

6 2060

등차수열 $\{a_n\}$에 대하여 $a_2=37$, $a_4+a_8=50$일 때, $|a_k|=20$을 만족시키는 자연수 k의 값은? [3점]

① 21   ② 22   ③ 23
④ 24   ⑤ 25

7 2061

두 수 -2와 8 사이에 n개의 수를 넣어 만든 수열

$$-2,\ a_1,\ a_2,\ a_3,\ \cdots,\ a_n,\ 8$$

이 이 순서대로 등차수열을 이룬다. 이 수열의 합이 39일 때, n의 값은? [3점]

① 10   ② 11   ③ 12
④ 13   ⑤ 14

8 2062

두 수 2와 14 사이에 m개, 두 수 14와 54 사이에 n개의 수를 넣어 만든 수열

$$2,\ a_1,\ a_2,\ a_3,\ \cdots,\ a_m,\ 14,\ b_1,\ b_2,\ b_3,\ \cdots,\ b_n,\ 54$$

가 이 순서대로 등차수열을 이룰 때, m과 n 사이의 관계식은? [3.5점]

① $m=\dfrac{3n-7}{10}$ ② $m=\dfrac{3n-4}{10}$ ③ $m=\dfrac{3n-1}{10}$

④ $m=\dfrac{7n+4}{10}$ ⑤ $m=\dfrac{7n+7}{10}$

9 2063

두 수 -3과 51 사이에 n개의 수를 넣어 만든 수열

$$-3,\ a_1,\ a_2,\ \cdots,\ a_n,\ 51$$

이 이 순서대로 등차수열을 이루고, 이 수열의 합이 264이다. 이 등차수열의 공차를 d라 할 때, $n+10d$의 값은?

[3.5점]

① 51   ② 55   ③ 59
④ 63   ⑤ 67

10 2064

〈보기〉에서 옳은 것만을 있는 대로 고른 것은? [3.5점]

┌─────────────────── 〈 보기 〉 ───────────────────┐

ㄱ. 첫째항이 3, 제9항이 25인 등차수열의 첫째항부터 제9항까지의 합은 126이다.

ㄴ. 첫째항이 4, 공차가 -3인 등차수열의 첫째항부터 제11항까지의 합은 -242이다.

ㄷ. 두 자리의 자연수 중에서 6의 배수의 합은 810이다.

└───┘

① ㄱ   ② ㄱ, ㄴ   ③ ㄱ, ㄷ
④ ㄴ, ㄷ   ⑤ ㄱ, ㄴ, ㄷ

11 2065

등차수열 $\{a_n\}$의 첫째항부터 제6항까지의 합이 129, 첫째항부터 제12항까지의 합이 438일 때, a_1의 값은? [3.5점]

① 9   ② 10   ③ 11
④ 12   ⑤ 13

12 2066

등차수열 $\{a_n\}$의 첫째항부터 제n항까지의 합을 S_n이라 하고, $S_4=24$, $S_{10}=0$일 때, S_{20}의 값은? [3.5점]

① -210 ② -205 ③ -200

④ -195 ⑤ -190

13 2067

제2항이 26, 제12항이 -14인 등차수열 $\{a_n\}$의 첫째항부터 제n항까지의 합을 S_n이라 할 때, S_n의 최댓값은? [3.5점]

① 116   ② 119   ③ 122

④ 125   ⑤ 128

14 2068

250 이하의 자연수 중에서 6으로 나누었을 때의 나머지가 2인 수의 총합은? [3.5점]

① 5240   ② 5245   ③ 5250

④ 5255   ⑤ 5260

15 2069

수열 $\{a_n\}$의 첫째항부터 제n항까지의 합을 S_n이라 하고 $S_n=2n^2-2n+k-2$일 때, 수열 $\{a_n\}$이 첫째항부터 등차수열을 이루도록 하는 상수 k의 값은? [3.5점]

① 0   ② 1   ③ 2

④ 3   ⑤ 4

16 2070

수열 $\{a_n\}$의 첫째항부터 제n항까지의 합을 S_n이라 하고 $S_n=n^2+3n-2$일 때, $a_{25}-a_1$의 값은? [3.5점]

① 44   ② 47   ③ 50

④ 53   ⑤ 56

17 2071

등차수열 $\{a_n\}$에 대하여 $a_1+a_2+a_3=96$, $a_4+a_5+a_6=69$일 때, 처음으로 음수가 되는 항은 제몇 항인가? [4점]

① 제10항   ② 제11항   ③ 제12항

④ 제13항   ⑤ 제14항

18 2072

공차가 양수인 등차수열 $\{a_n\}$이 다음 조건을 만족시킬 때, 첫째항부터 제8항까지의 합은? [4점]

> (가) $a_6+a_{10}=0$
> (나) $|a_7|+4=|a_{11}|$

① -60 ② -58 ③ -56

④ -54 ⑤ -52

19 2073

등차수열 $\{a_n\}$에서 처음 3개의 항의 합은 15, 마지막 3개의 항의 합은 51, 모든 항의 합은 77이다. 수열 $\{a_n\}$의 항의 개수는? [4점]

① 6   ② 7   ③ 8

④ 9   ⑤ 10

20 2074

공차가 4인 등차수열 $\{a_n\}$의 첫째항부터 제n항까지의 합 S_n이 $S_n=kn^2+3n$일 때, a_{5k}의 값은?

(단, k는 상수이다.) [4점]

① 38   ② 39   ③ 40

④ 41   ⑤ 42

21 2075

공차가 각각 d_1, d_2인 두 등차수열 $\{a_n\}$, $\{b_n\}$의 첫째항부터 제n항까지의 합을 S_n, T_n이라 하자. 모든 자연수 n에 대하여 $S_n+T_n=4n^2$이 성립할 때, d_1+d_2의 값은? [4.5점]

① 6   ② 8   ③ 12

④ 16   ⑤ 18

22 2076

등차수열을 이루는 세 수의 합이 12이고, 곱이 -192일 때, 세 수를 구하는 과정을 서술하시오. [6점]

24 2078

등차수열 $\{a_n\}$에서 $a_4=8$, $a_{14}=-7$일 때, 다음 물음에 답하시오. [7점]

(1) 일반항 a_n을 구하는 과정을 서술하시오. [3점]

(2) $|a_1|+|a_2|+|a_3|+\cdots+|a_{20}|$의 값을 구하는 과정을 서술하시오. [4점]

23 2077

첫째항이 26인 등차수열 $\{a_n\}$의 첫째항부터 제n항까지의 합을 S_n이라 할 때, $S_5-S_{10}=10$이다. 이때 S_n의 최댓값을 구하는 과정을 서술하시오. [6점]

25 2079

등차수열 $\{a_n\}$과 x에 대한 사차식

$$f(x)=a_{10}x^4+a_8x^3+a_6x^2+a_4x+a_2$$

가 다음 조건을 만족시킬 때, $f(x)$의 모든 계수의 합을 구하는 과정을 서술하시오. [8점]

(가) 등차수열 $\{a_n\}$의 공차는 2이다.
(나) $f(x)$를 $x+1$로 나누었을 때의 나머지는 11이다.

길을 가다가 돌이 나타나면

약자는 그것을 걸림돌이라고 말하고

강자는 그것을 디딤돌이라고 말한다.

- 토머스 칼라일 -

등비수열 09

09 등비수열

1 등비수열

(1) **등비수열** : 첫째항부터 차례로 일정한 수를 곱하여 만든 수열

(2) **공비** : 등비수열에서 곱하는 일정한 수

> **예** 등비수열 3, 6, 12, 24, 48, …은 첫째항이 3이고, 공비가 2이다.

> **참고** 일반적으로 공비가 r인 등비수열 $\{a_n\}$에서 제n항에 공비 r를 곱하면 제$(n+1)$항이 되므로 다음이 성립한다.
>
> $$a_{n+1}=ra_n, \frac{a_{n+1}}{a_n}=r \ (단, \ n=1, \ 2, \ 3, \ \cdots)$$

(3) **등비수열의 일반항** : 첫째항이 a, 공비가 $r \ (r \neq 0)$인 등비수열의 일반항 a_n은

$$a_n=ar^{n-1} \ (단, \ n=1, \ 2, \ 3, \ \cdots)$$

> $a_1=a$
> $a_2=ar^1$
> $a_3=ar^2$
> $a_4=ar^3$
> $\vdots$
> $a_n=ar^{n-1}$

2 등비중항

0이 아닌 세 수 a, b, c가 이 순서대로 등비수열을 이룰 때, b를 a와 c의 **등비중항**이라 한다. 이때 $\dfrac{b}{a}=\dfrac{c}{b}$이므로

$$b^2=ac$$

> $\underbrace{\dfrac{b}{a}=\dfrac{c}{b}}_{공비}$

> **참고** (1) 수열 $\{a_n\}$의 연속하는 세 항 a_n, a_{n+1}, a_{n+2}가 등비수열을 이룰 때
>
> $$\frac{a_{n+1}}{a_n}=\frac{a_{n+2}}{a_{n+1}}, \ a_{n+1}{}^2=a_n a_{n+2} \ (단, \ n=1, \ 2, \ 3, \ \cdots)$$
>
> (2) 등비수열을 이루는 세 수는 a, ar, ar^2 또는 $\dfrac{a}{r}$, a, ar로 나타낼 수 있다.

> b가 두 양수 a, c의 등비중항이면 $b=\pm\sqrt{ac}$이므로 b는 a와 c의 기하평균이다.

3 등비수열의 합

첫째항이 a, 공비가 r인 등비수열의 첫째항부터 제n항까지의 합을 S_n이라 하면

$$S_n=a+ar+ar^2+\cdots+ar^{n-1}$$

(1) $r \neq 1$일 때, $S_n=\dfrac{a(1-r^n)}{1-r}=\dfrac{a(r^n-1)}{r-1}$

(2) $r=1$일 때, $S_n=na$

> $r<1$이면 $S_n=\dfrac{a(1-r^n)}{1-r}$
>
> $r>1$이면 $S_n=\dfrac{a(r^n-1)}{r-1}$
>
> 을 이용하여 계산하면 편리하다.

1 등비수열의 일반항과 등비중항 유형 1, 6
핵심

● **등비수열의 일반항**

(1) 2, 6, 18, 54, 162, ⋯
  ×3 ×3 ×3 ×3

  → 첫째항이 2, 공비가 3인 등비수열 $\{a_n\}$의 일반항 a_n은
  $$a_n = 2 \times 3^{n-1}$$

(2) $5, \dfrac{5}{2}, \dfrac{5}{4}, \dfrac{5}{8}, \dfrac{5}{16}, \cdots$
  $\times\dfrac{1}{2}$ $\times\dfrac{1}{2}$ $\times\dfrac{1}{2}$ $\times\dfrac{1}{2}$

  → 첫째항이 5, 공비가 $\dfrac{1}{2}$인 등비수열 $\{a_n\}$의 일반항 a_n은
  $$a_n = 5 \times \left(\dfrac{1}{2}\right)^{n-1}$$

● **등비중항**

세 수 2, x, 8이 이 순서대로 등비수열을 이루면
└── x는 2와 8의 등비중항
→ $x^2 = 2 \times 8 = 16$ → $x = 4$ 또는 $x = -4$

2080 $a_3 = -18$, $a_4 = 6$인 등비수열 $\{a_n\}$의 공비를 구하시오.

2081 다음 수열이 등비수열이 되도록 □ 안에 알맞은 수를 써넣으시오.

(1) 2, 4, □, 16, □, 64, ⋯

(2) 1, □, 9, −27, □, −243, ⋯

2082 다음 등비수열의 일반항 a_n을 구하시오.

(1) 첫째항이 50, 공비가 $-\dfrac{1}{2}$인 등비수열

(2) 첫째항이 −7, 공비가 4인 등비수열

2083 세 수 −4, k, −16이 이 순서대로 등비수열을 이룰 때, 실수 k의 값을 구하시오.

등비수열의 합 유형 11

동영상 강의

(1) 첫째항이 10, 공비가 2인 등비수열의 첫째항부터 제8항까지의 합 S_8은
$$\rightarrow S_8 = \frac{10 \times (2^8-1)}{2-1} = 2550$$

(2) 첫째항이 10, 공비가 1인 등비수열의 첫째항부터 제8항까지의 합 S_8은
$$\rightarrow S_8 = 8 \times 10 = 80$$

2084 첫째항이 -2, 공비가 $\frac{1}{2}$인 등비수열의 첫째항부터 제10항까지의 합을 구하시오.

2085 다음 등비수열의 첫째항부터 제8항까지의 합을 구하시오.

(1) 4, -8, 16, -32, 64, $\cdots$

(2) 7, 7, 7, 7, 7, $\cdots$

등비수열의 합과 일반항 사이의 관계 유형 18

동영상 강의

수열 $\{a_n\}$의 첫째항부터 제n항까지의 합 S_n이 $S_n = 3^n - 1$일 때, 일반항 a_n을 구해 보자.

(i) $n \geq 2$일 때
$$a_n = S_n - S_{n-1} = (3^n - 1) - (3^{n-1} - 1)$$
$$= 3 \times 3^{n-1} - 3^{n-1} = 2 \times 3^{n-1} \quad\cdots\cdots\cdots\cdots\cdots ㉠$$

(ii) $n = 1$일 때
$$a_1 = S_1 = 3^1 - 1 = 2 \quad\cdots\cdots\cdots\cdots\cdots\cdots\cdots\cdots ㉡$$

이때 ㉡은 ㉠에 $n=1$을 대입한 값과 같으므로 $a_n = 2 \times 3^{n-1}$

참고 $S_n = Ar^n + B$ $(r \neq 0, r \neq 1, A, B$는 실수$)$일 때
(1) $A + B = 0$이면 수열 $\{a_n\}$은 첫째항부터 등비수열을 이룬다.
(2) $A + B \neq 0$이면 수열 $\{a_n\}$은 둘째항부터 등비수열을 이룬다.

2086 수열 $\{a_n\}$의 첫째항부터 제n항까지의 합 S_n이 $S_n = 2^n - 1$일 때, 일반항 a_n을 구하시오.

2087 수열 $\{a_n\}$의 첫째항부터 제n항까지의 합 S_n이 $S_n = 2^{n+1} - 3$일 때, 다음을 구하시오.

(1) 일반항 a_n

(2) a_4의 값

기출 유형
실전 준비하기

09

실전유형 **1** **등비수열의 일반항**   　**빈출유형**

(1) 첫째항이 a, 공비가 r인 등비수열 $\{a_n\}$의 일반항은
→ $a_n = ar^{n-1}$ (단, $n = 1, 2, 3, \cdots$)

(2) 등비수열 $\{a_n\}$의 공비가 r일 때
→ $r = \dfrac{a_2}{a_1} = \dfrac{a_3}{a_2} = \dfrac{a_4}{a_3} = \cdots$

(3) 등비수열의 일반항은
$a_n = ar^{n-1} = ar^{-1} \times r^n = AB^n$ (A, B는 상수)
꼴로 나타낼 수 있고, 이때 첫째항은 AB, 공비는 B이다.

2088 　대표문제

첫째항이 a, 공비가 r인 등비수열 $\{a_n\}$에서 $a_4 = 36$, $a_7 = 288$일 때, ar의 값은?

① 3　　　　② 6　　　　③ 9

④ 12　　　⑤ 15

2089　　　　　　　　　　　Level 1

공비가 양수인 등비수열 $\{a_n\}$에서 $a_1 = 3$, $a_9 = 48$일 때, 공비는?

① $\dfrac{\sqrt{2}}{4}$　　② $\dfrac{1}{2}$　　③ $\dfrac{\sqrt{2}}{2}$

④ $\sqrt{2}$　　⑤ $2\sqrt{2}$

2090　　　　　　　　　　　Level 1

제4항이 48, 제7항이 -384인 등비수열 $\{a_n\}$의 일반항을 구하시오.

2091　　　　　　　　　　　Level 1

제2항이 10, 제5항이 80인 등비수열 $\{a_n\}$에서 첫째항을 a, 공비를 r라 할 때, $a + r$의 값은?

① 6　　　　② 7　　　　③ 8

④ 9　　　　⑤ 10

2092　　　　　　　　　　　Level 1

첫째항이 a, 공비가 r인 등비수열 $\{a_n\}$에서 제3항이 12, 제7항이 972일 때, $3a - r$의 값은? (단, $r > 0$)

① -2　　② -1　　③ 0

④ 1　　　⑤ 2

2093　　　　　　　　　　　Level 2

일반항이 $a_n = 5 \times 3^{1-2n}$인 등비수열 $\{a_n\}$에서 첫째항과 공비의 합을 구하시오.

등비수열 $\{a_n\}$의 첫째항이 a, 공비가 r이고 제k항이 m이면 $ar^{k-1}=m$임을 이용하여 자연수 k의 값을 구한다.

2094 대표문제

공비가 실수인 등비수열 $\{a_n\}$에 대하여 $a_2=-1$, $a_5=27$일 때, a_7의 값은?

① -243 ② -81 ③ -9
④ 81 ⑤ 243

2095

● | | Level 1

등비수열 3, -6, 12, -24, 48, $\cdots$에서 -384는 제몇 항인지 구하시오.

2096

● | | Level 1

첫째항이 1이고 모든 항이 양수인 등비수열 $\{a_n\}$에 대하여 $\log_2 a_4=3$일 때, 제7항의 값은?

① 60 ② 62 ③ 64
④ 66 ⑤ 68

2097

● | | Level 2

공비가 $\frac{1}{2}$인 등비수열 $\{a_n\}$에 대하여 $a_5=4$, $a_k=\frac{1}{16}$을 만족시키는 자연수 k의 값은?

① 7 ② 8 ③ 9
④ 10 ⑤ 11

2098

● | | Level 2

등비수열 $\{a_n\}$에 대하여 수열 $\{a_{n+1}+2a_n\}$은 첫째항이 4, 공비가 -1인 등비수열이다. 이때 a_8의 값은?

① -4 ② -1 ③ $-\frac{1}{4}$
④ $\frac{1}{4}$ ⑤ 4

다음은 이 유형에서 출제된 최근 교육청 · 평가원 기출문제입니다.

2099 · 교육청 2020년 11월

● | | Level 1

공비가 3인 등비수열 $\{a_n\}$에 대하여 $a_4=24$일 때, a_3의 값은?

① 6 ② 7 ③ 8
④ 9 ⑤ 10

실전유형 **3** 항 사이의 관계가 주어진 등비수열 [빈출유형]

주어진 조건을 이용하여 첫째항 a와 공비 r를 구한 후, 일반항 a_n을 구한다.

참고 (1) $a_n = ar^{n-1}$, $a_m = ar^{m-1}$ ➡ $\dfrac{a_n}{a_m} = r^{n-m}$

(2) $a_n + a_{n+2} + a_{n+4} = a_n(1 + r^2 + r^4)$

2100 [대표문제]

등비수열 $\{a_n\}$에 대하여 $a_1 + a_3 + a_5 = 6$, $a_6 + a_8 + a_{10} = 24$ 일 때, $\dfrac{a_{12}}{a_2}$의 값은?

① 12   ② 16   ③ 20

④ 24   ⑤ 28

2101   Level 1

등비수열 $\{a_n\}$에 대하여 $a_3 = 28$이고 $a_2 : a_5 = 8 : 1$일 때, a_5의 값은?

① 5   ② 6   ③ 7

④ 8   ⑤ 9

2102   Level 1

모든 항이 양수인 등비수열 $\{a_n\}$에 대하여

$$\frac{a_4}{a_2} = 4, \quad a_3 + a_5 = 10$$

일 때, a_7의 값은?

① 8   ② 14   ③ 20

④ 26   ⑤ 32

2103   Level 1

등비수열 $\{a_n\}$에 대하여 $\dfrac{a_2 + a_3 + a_4}{a_5 + a_6 + a_7} = \dfrac{1}{4}$일 때, $\dfrac{a_{10}}{a_1}$의 값은?

① 8   ② 16   ③ 32

④ 64   ⑤ 128

2104   Level 2

모든 항이 양수인 등비수열 $\{a_n\}$에 대하여 $\dfrac{a_8}{a_7} + \dfrac{a_{12}}{a_{10}} = 6$일 때, $\dfrac{a_3}{a_1} + \dfrac{a_5}{a_2}$의 값은?

① 10   ② 12   ③ 14

④ 16   ⑤ 18

2105   Level 2

등비수열 $\{a_n\}$에 대하여

$$\frac{a_{11}}{a_1} + \frac{a_{12}}{a_2} + \frac{a_{13}}{a_3} + \cdots + \frac{a_{20}}{a_{10}} = 40$$

일 때, $\dfrac{a_{40}}{a_{20}}$의 값을 구하시오.

2106
·ıl Level 2

모든 항이 양수인 등비수열 $\{a_n\}$에 대하여 $a_2+a_4=10$, $a_8+a_{10}=640$일 때, 64는 제몇 항인지 구하시오.

2107
·ıl Level 2

등비수열 $\{a_n\}$에 대하여

$$a_1+a_2=20,$$
$$a_1+a_2+a_3+a_4=25,$$
$$a_3+a_4+a_5=6$$

일 때, a_1의 값은?

① 13   ② 14   ③ 15

④ 16   ⑤ 17

다음은 이 유형에서 출제된 최근 교육청·평가원 기출문제입니다.

2108 · 평가원 2022학년도 9월
·ıl Level 1

등비수열 $\{a_n\}$에 대하여 $a_1=2$, $a_2a_4=36$일 때, $\dfrac{a_7}{a_3}$의 값은?

① 1   ② $\sqrt{3}$ ③ 3

④ $3\sqrt{3}$ ⑤ 9

2109 · 교육청 2021년 4월
·ıl Level 1

첫째항이 $\dfrac{1}{4}$이고 공비가 양수인 등비수열 $\{a_n\}$에 대하여 $a_3+a_5=\dfrac{1}{a_3}+\dfrac{1}{a_5}$일 때, a_{10}의 값을 구하시오.

2110 · 교육청 2020년 9월
·ıl Level 2

모든 항이 양수인 등비수열 $\{a_n\}$에 대하여 $a_3=4a_1+3a_2$일 때, $\dfrac{a_6}{a_4}$의 값은?

① 10   ② 12   ③ 14

④ 16   ⑤ 18

2111 · 교육청 2020년 3월
·ıl Level 2

공비가 1보다 큰 등비수열 $\{a_n\}$이 다음 조건을 만족시킨다.

(가) $a_3 \times a_5 \times a_7=125$
(나) $\dfrac{a_4+a_8}{a_6}=\dfrac{13}{6}$

a_9의 값은?

① 10   ② $\dfrac{45}{4}$ ③ $\dfrac{25}{2}$

④ $\dfrac{55}{4}$ ⑤ 15

실전 유형 4 대소 관계를 만족시키는 등비수열의 제k항

첫째항이 a, 공비가 r인 등비수열 $\{a_n\}$에서
(1) 처음으로 m보다 커지는 항
  → $a_n = ar^{n-1} > m$을 만족시키는 자연수 n의 최솟값을 구한다.
(2) 처음으로 m보다 작아지는 항
  → $a_n = ar^{n-1} < m$을 만족시키는 자연수 n의 최솟값을 구한다.

2112 대표문제

제3항이 18, 제6항이 486인 등비수열 $\{a_n\}$에서 처음으로 1000보다 커지는 항은 제몇 항인지 구하시오.

2113
.ıl Level 2

공비가 양수인 등비수열 $\{a_n\}$에서 $a_2 = 12$, $a_4 = 3$일 때, 처음으로 $\dfrac{1}{10}$보다 작아지는 항은 제몇 항인가?

① 제9항 　　② 제10항 　　③ 제11항
④ 제12항 　　⑤ 제13항

2114
.ıl Level 2

모든 항이 양수인 등비수열 $\{a_n\}$에서 $a_3 = 24$, $a_5 = 96$일 때, 처음으로 1536보다 커지는 항은 제몇 항인가?

① 제8항 　　② 제9항 　　③ 제10항
④ 제11항 　　⑤ 제12항

2115
.ıl Level 2

공비가 양수인 등비수열 $\{a_n\}$에서 첫째항이 $\dfrac{3}{2}$, 제5항이 $\dfrac{3}{32}$일 때, $a_n < \dfrac{1}{1000}$을 만족시키는 자연수 n의 최솟값은?

① 10 　　② 11 　　③ 12
④ 13 　　⑤ 14

2116
.ıl Level 2

$\log_3 a_2 = 1$, $\log_3 a_5 = 4$인 등비수열 $\{a_n\}$에 대하여 $1 < a_n < 300$을 만족시키는 자연수 n의 개수를 구하시오.

2117 고난도
.ıl Level 3

등비수열 $\{a_n\}$에서 $a_2 + a_4 = 15$, $a_3 + a_5 = 45$일 때, $\dfrac{1}{a_k} > \dfrac{1}{500}$을 만족시키는 모든 자연수 k의 값의 합은?

① 24 　　② 25 　　③ 26
④ 27 　　⑤ 28

+Plus 문제

두 수 a, b 사이에 n개의 수 a_1, a_2, $\cdots$, a_n을 넣어 만든 수열이 등비수열을 이루면
(1) 항의 개수 : $n+2$
(2) 첫째항 : a, 끝항 : $b = ar^{n+1}$
　　　　　└─ 제$(n+2)$항

2118 대표문제

두 수 $\dfrac{1}{2}$과 128 사이에 세 실수 a, b, c를 넣어 만든 수열

$$\dfrac{1}{2},\ a,\ b,\ c,\ 128$$

이 이 순서대로 등비수열을 이룰 때, $a+b+c$의 값은?

(단, 공비는 양수이다.)

① 40　　　　② 42　　　　③ 44
④ 46　　　　⑤ 48

2119　　　<small>Level 1</small>

두 수 4와 108 사이에 두 양수 x, y를 넣어 만든 수열

$$4,\ x,\ y,\ 108$$

이 이 순서대로 등비수열을 이룰 때, $x+y$의 값은?

① 24　　　　② 36　　　　③ 48
④ 60　　　　⑤ 72

2120　　　<small>Level 1</small>

두 수 243과 3 사이에 세 양수 a, b, c를 넣어 만든 수열

$$243,\ a,\ b,\ c,\ 3$$

이 이 순서대로 등비수열을 이룰 때, $a-b+c$의 값을 구하시오.

2121　　　<small>Level 1</small>

두 수 2와 250 사이에 5개의 수를 넣어 만든 수열

$$2,\ a_1,\ a_2,\ a_3,\ a_4,\ a_5,\ 250$$

이 이 순서대로 모든 항이 양수인 등비수열을 이룰 때, 이 수열의 공비는?

① $\sqrt{3}$　　　　② 2　　　　③ $\sqrt{5}$
④ $\sqrt{6}$　　　　⑤ $\sqrt{7}$

2122　　　<small>Level 1</small>

두 수 2와 64 사이에 네 양수 a_1, a_2, a_3, a_4를 넣어 만든 수열

$$2,\ a_1,\ a_2,\ a_3,\ a_4,\ 64$$

가 이 순서대로 등비수열을 이룰 때, a_3의 값은?

① 12　　　　② 16　　　　③ 20
④ 24　　　　⑤ 28

2123　　　<small>Level 2</small>

두 수 1280과 5 사이에 n개의 수를 넣어 만든 수열

$$1280,\ a_1,\ a_2,\ a_3,\ \cdots,\ a_n,\ 5$$

가 이 순서대로 공비가 $\dfrac{1}{2}$인 등비수열을 이룰 때, n의 값은?

① 5　　　　② 6　　　　③ 7
④ 8　　　　⑤ 9

2124
∎∎∎ Level 2

두 수 3과 81 사이에 10개의 양수 x_1, x_2, x_3, $\cdots$, x_{10}을 넣어 만든 수열 3, x_1, x_2, x_3, $\cdots$, x_{10}, 81이 이 순서대로 등비수열을 이룰 때, $\log_3 x_1 + \log_3 x_2 + \log_3 x_3 + \cdots + \log_3 x_{10}$의 값을 구하시오.

2125
∎∎∎ Level 2

두 수 3과 243 사이에 n개의 수를 넣어 만든 수열

$\quad$ 3, a_1, a_2, $\cdots$, a_n, 243

이 이 순서대로 공비가 자연수 r인 등비수열을 이룰 때, $\dfrac{r}{n}$의 최댓값은?

① 7 $\qquad$ ② 8 $\qquad$ ③ 9

④ 10 $\qquad$ ⑤ 11

다음은 이 유형에서 출제된 최근 교육청·평가원 기출문제입니다.

2126 · 교육청 2019년 11월
∎∎∎ Level 3

$\dfrac{1}{4}$과 16 사이에 n개의 수를 넣어 만든 공비가 양수 r인 등비수열 $\dfrac{1}{4}$, a_1, a_2, a_3, $\cdots$, a_n, 16의 모든 항의 곱이 1024일 때, r^9의 값을 구하시오.

실전유형 6 등비중항의 성질과 활용 **빈출유형**

> 세 수 a, b, c가 이 순서대로 등비수열을 이룬다.
> → b는 a와 c의 등비중항
> → $b^2 = ac \iff b = \pm\sqrt{ac}$

2127 대표문제

세 양수 x, $x+4$, $9x$가 이 순서대로 등비수열을 이룰 때, x의 값은?

① 1 $\qquad$ ② 2 $\qquad$ ③ 3

④ 4 $\qquad$ ⑤ 5

2128
∎∎∎ Level 1

5개의 수 3, x, 12, y, 48이 이 순서대로 등비수열을 이룰 때, $x+y$의 값은? (단, $x>0$, $y>0$)

① 24 $\qquad$ ② 26 $\qquad$ ③ 28

④ 30 $\qquad$ ⑤ 32

2129
∎∎∎ Level 1

네 수 1, a, 9, b가 이 순서대로 등비수열을 이룰 때, $|a-b|$의 값은?

① 12 $\qquad$ ② 16 $\qquad$ ③ 20

④ 24 $\qquad$ ⑤ 28

2130

Level 2

1이 아닌 세 양수 a, b, c가 이 순서대로 등비수열을 이룰 때, 다음 중 $\dfrac{1}{2\log_a x}+\dfrac{1}{2\log_c x}$과 같은 것은?

(단, $x>0$, $x\neq 1$)

① $\dfrac{1}{2\log_b x}$ ② $\dfrac{1}{\log_b x}$ ③ $\dfrac{2}{\log_b x}$

④ $\log_b x$ ⑤ $2\log_b x$

2131

Level 2

$f(x)=x^2+2a+4$를 $x-1$, x, $x+1$로 각각 나누었을 때의 나머지가 이 순서대로 등비수열을 이룰 때, 상수 a의 값을 구하시오.

2132

Level 2

$f(x)=2x^2-3x+a$를 $x-2$, $x-1$, $x+1$로 각각 나누었을 때의 나머지가 이 순서대로 등비수열을 이룰 때, $f(x)$를 $x+2$로 나누었을 때의 나머지는? (단, a는 상수이다.)

① 11   ② 12   ③ 13

④ 14   ⑤ 15

2133

Level 2

세 자연수 a, b, n에 대하여 세 수 a^n, $2^4\times 3^6$, b^n이 이 순서대로 등비수열을 이룰 때, ab의 최솟값은?

① 60   ② 72   ③ 84

④ 96   ⑤ 108

2134

Level 2

그림과 같이 두 함수 $y=9\sqrt{x}$, $y=3\sqrt{x}$의 그래프와 직선 $x=k$가 만나는 점을 각각 A, B라 하고, 직선 $x=k$가 x축과 만나는 점을 C라 하자. $\overline{BC}$, $\overline{OC}$, $\overline{AC}$가 이 순서대로 등비수열을 이룰 때, 양수 k의 값을 구하시오.

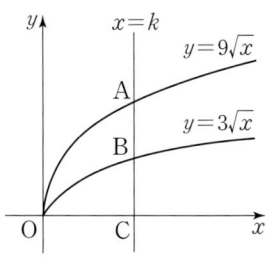

(단, $k>0$이고, O는 원점이다.)

다음은 이 유형에서 출제된 최근 교육청 · 평가원 기출문제입니다.

2135 · 교육청 2018년 4월

Level 1

두 양수 a, b에 대하여 세 수 a^2, 12, b^2이 이 순서대로 등비수열을 이룰 때, ab의 값을 구하시오.

2136 · 교육청 2019년 4월
Level 2

세 실수 3, a, b가 이 순서대로 등비수열을 이루고
$\log_a 3b + \log_3 b = 5$를 만족시킨다. $a+b$의 값을 구하시오.

2137 · 교육청 2015년 7월
Level 2

그림과 같이 $x > 0$에서 정의
된 함수 $f(x) = \dfrac{p}{x}$ $(p > 1)$의
그래프에서 세 수 $f(a)$,
$f(\sqrt{3})$, $f(a+2)$가 이 순서
대로 등비수열을 이룰 때, 양
수 a의 값은?

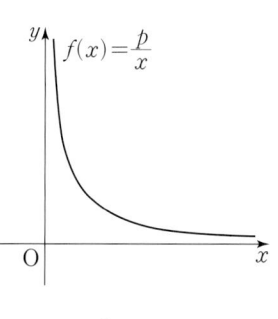

① 1   ② $\dfrac{9}{8}$ ③ $\dfrac{5}{4}$

④ $\dfrac{11}{8}$ ⑤ $\dfrac{3}{2}$

2138 · 교육청 2019년 9월
Level 3

첫째항과 공차가 모두 0이 아닌 등차수열 $\{a_n\}$에 대하여 세
항 a_2, a_5, a_{14}가 이 순서대로 등비수열을 이룰 때, $\dfrac{a_{23}}{a_3}$의 값
은?

① 6   ② 7   ③ 8

④ 9   ⑤ 10

실전유형 7 등차중항과 등비중항

0이 아닌 세 수 a, b, c가 이 순서대로
(1) 등차수열을 이룰 때 ➡ $2b = a+c$
(2) 등비수열을 이룰 때 ➡ $b^2 = ac$

2139 대표문제

서로 다른 두 양수 a, b에 대하여 세 수 8, a, b가 이 순서대
로 등차수열을 이루고, 세 수 a, b, 36이 이 순서대로 등비
수열을 이룰 때, $b-a$의 값은?

① -8 ② -7 ③ 1

④ 7   ⑤ 8

2140
Level 1

세 수 a, 6, b가 이 순서대로 등차수열을 이루고, 세 수 a,
5, b가 이 순서대로 등비수열을 이룰 때, $a^2 + b^2$의 값을 구
하시오.

2141
Level 2

서로 다른 두 실수 a, b에 대하여 세 수 a, b, 7이 이 순서대
로 등차수열을 이루고, 세 수 a, 7, b가 이 순서대로 등비수
열을 이룰 때, $a+2b$의 값은?

① -21 ② -14 ③ -7

④ 0   ⑤ 7

09

2142

두 양수 a, b에 대하여 세 수 a^2, 15, b^2이 이 순서대로 등차수열을 이루고, 세 수 a^2, 3, b^2이 이 순서대로 등비수열을 이룰 때, a^3+b^3의 값은?

① 150 　　　 ② 154 　　　 ③ 158

④ 162 　　　 ⑤ 166

2143

서로 다른 두 양수 a, b에 대하여 세 수 12, $2a^2$, b가 이 순서대로 등차수열을 이루고, 세 수 a^2, $2b$, 16이 이 순서대로 등비수열을 이룰 때, $a+b$의 값은?

① 4 　　　 ② 5 　　　 ③ 6

④ 7 　　　 ⑤ 8

2144

이차방정식 $x^2-6x+1=0$의 서로 다른 두 실근 α, β에 대하여 세 수 $\dfrac{1}{\alpha}$, $\dfrac{1}{p}$, $\dfrac{1}{\beta}$이 이 순서대로 등차수열을 이루고, 세 수 α, q, β가 이 순서대로 등비수열을 이룰 때, $6p+q$의 값을 구하시오. (단, $q<0$)

2145

이차방정식 $x^2+(a+6)x-2b-4=0$의 서로 다른 두 실근 α, β에 대하여 세 수 α, a, β가 이 순서대로 등비수열을 이루고, 세 수 α, b, β가 이 순서대로 등차수열을 이룰 때, $a+b$의 값은? (단, $a>0$)

① -2 　　　 ② -1 　　　 ③ 0

④ 1 　　　 ⑤ 2

2146

공차가 4인 등차수열 $\{a_n\}$에 대하여 a_2, a_k, a_8이 이 순서대로 등차수열을 이루고, a_1, a_2, a_k가 이 순서대로 등비수열을 이룰 때, $k+a_1$의 값은?

① 5 　　　 ② 6 　　　 ③ 7

④ 8 　　　 ⑤ 9

2147

삼각형 ABC의 세 변의 길이 a, b, c가 이 순서대로 등차수열을 이루고, 삼각형 ABC의 세 내각의 크기 A, B, C에 대하여 $\sin A$, $\sin B$, $\sin C$가 이 순서대로 등비수열을 이룰 때, 삼각형 ABC는 어떤 삼각형인지 구하시오.

2148 ^{고난도}

●Ⅰ Level 3

네 수 2, a, b, 72가 다음 조건을 만족시킨다.

> (가) 세 수 a, b, 72가 이 순서대로 등차수열을 이룬다.
> (나) 세 수 2, a, b가 이 순서대로 등비수열을 이룬다.

$3^x = 9^y = 27^z = a$일 때, $\dfrac{1}{x} + \dfrac{5}{y} - \dfrac{3}{z}$의 값은? (단, $a > 0$)

① 1
② $\dfrac{4}{3}$
③ $\dfrac{5}{3}$

④ 2
⑤ $\dfrac{7}{3}$

+ **Plus 문제**

다음은 이 유형에서 출제된 최근 교육청·평가원 기출문제입니다.

2149 · 교육청 2019년 11월

●Ⅰ Level 2

서로 다른 두 실수 a, b에 대하여 세 수 a, b, 6이 이 순서대로 등차수열을 이루고, 세 수 a, 6, b가 이 순서대로 등비수열을 이룬다. $a+b$의 값은?

① -15
② -8
③ -1

④ 6
⑤ 13

---

^{실전}_{유형} 8 등비수열을 이루는 수

(1) 세 수가 등비수열을 이룰 때
→ 세 수를 a, ar, ar^2으로 놓고 식을 세운다.
(2) 네 수가 등비수열을 이룰 때
→ 네 수를 a, ar, ar^2, ar^3으로 놓고 식을 세운다.

2150 대표문제

등비수열을 이루는 세 실수의 합이 14이고 곱이 64일 때, 세 수 중에서 가장 작은 수는?

① 1
② 2
③ 3

④ 4
⑤ 5

2151

●Ⅰ Level 2

등비수열을 이루는 세 실수의 합이 3이고 곱이 -8일 때, 세 실수를 구하시오.

2152

●Ⅰ Level 2

삼차방정식 $2x^3 - kx^2 - 24x + 54 = 0$의 서로 다른 세 실근이 등비수열을 이룰 때, 상수 k의 값은?

① 7
② 8
③ 9

④ 10
⑤ 11

2153

두 곡선 $y=x^3-5x^2+9x$, $y=7x^2+m$이 서로 다른 세 점에서 만나고, 그 교점의 x좌표가 차례로 등비수열을 이룰 때, 상수 m의 값은?

① $\dfrac{15}{64}$ ② $\dfrac{19}{64}$ ③ $\dfrac{23}{64}$

④ $\dfrac{27}{64}$ ⑤ $\dfrac{31}{64}$

2154

가로의 길이, 세로의 길이, 높이가 이 순서대로 등비수열을 이루는 직육면체에 대하여 모든 모서리의 길이의 합이 96이고 부피가 216일 때, 이 직육면체의 겉넓이를 구하시오.

2155

두 자리의 자연수 중에서 서로 다른 네 수를 작은 것부터 차례로 나열하면 공비가 자연수인 등비수열을 이룬다고 한다. 이때 네 수의 합의 최솟값은?

① 110   ② 120   ③ 130

④ 140   ⑤ 150

실전유형 9 등비수열의 활용 – 실생활

일정한 비율로 변하는 실생활 상황에서 처음 양을 a, 매시간 (또는 매년) 일정하게 변하는 비율을 r라 할 때, n시간 (또는 n년) 후의 양은
(1) 일정하게 증가하는 경우 ➡ $a(1+r)^n$
(2) 일정하게 감소하는 경우 ➡ $a(1-r)^n$

2156 대표문제

어느 자선 단체의 모금액이 1월부터 매월 일정한 비율만큼 증가하여 4개월 후인 5월의 모금액은 1월의 모금액의 4배가 되었다. 이와 같은 비율만큼 모금액이 계속 증가하여 같은 해 9월의 모금액이 5월의 모금액보다 1200만 원 늘어났을 때, 1월의 모금액은?

① 100만 원   ② 120만 원   ③ 140만 원

④ 160만 원   ⑤ 180만 원

2157

휴대 전화를 이용한 인터넷 통신이 활발해짐에 따라 바이러스의 수도 증가한다고 한다. 휴대 전화 바이러스의 수가 매년 일정한 비율로 증가할 때, n년 전에 조사된 바이러스의 수가 a개였고, 올해 같은 달에 조사된 바이러스의 수가 b개라면 바이러스의 수의 연간 증가율은?

① $\left(\dfrac{b}{a}\right)^{\frac{1}{n}}-1$ ② $\left(\dfrac{a}{b}\right)^{\frac{1}{n}}-1$ ③ $\left(\dfrac{a}{b}\right)^{\frac{1}{n}}$

④ $\left(\dfrac{b}{a}\right)^{n}-1$ ⑤ $\left(\dfrac{a}{b}\right)^{n}-1$

2158

ıll Level 2

어떤 공을 일정한 높이에서 떨어뜨렸을 때, 떨어뜨린 높이의 $\frac{3}{7}$만큼 다시 튀어 오른다고 한다. 이 공을 5 m의 높이에서 떨어뜨려 여섯 번째로 튀어 올랐을 때의 높이를 구하시오.

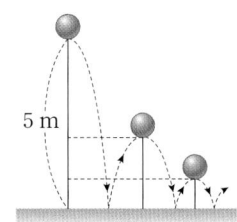

2159

ıll Level 2

어느 공장에서 생산한 유리는 빛이 통과하면 그 양이 일정한 비율로 줄어든다고 한다. 이 유리를 8장 통과한 후 빛의 양이 처음 빛의 양보다 36 %만큼 줄어들었다고 할 때, 이 유리를 4장 통과한 후 빛의 양은 처음 빛의 양보다 몇 %만큼 줄어들었는가?

① 14 %   ② 16 %   ③ 18 %
④ 20 %   ⑤ 22 %

2160

ıll Level 2

어느 음악 사이트에서는 매달 말에 그 달의 A 노래 다운로드 건수를 발표한다. 올해 1월부터 5월까지 이 사이트에서 발표한 A 노래의 다운로드 건수는 매달 일정한 비율로 감소하였다. 올해 발표한 A 노래의 1월 다운로드 건수는 480건이었고, 5월 다운로드 건수는 30건이었다. 이때 올해 A 노래의 3월 다운로드 건수를 구하시오.

도형의 길이, 넓이, 부피 등이 일정한 비율로 변할 때
➜ 처음 몇 개의 항을 나열하여 규칙을 찾은 후 일반항을 구한다.

2161 대표문제

그림과 같이 $\overline{AB}=1$, $\overline{BC}=2$인 직각삼각형에 내접하는 정사각형을 그리는 시행을 반복할 때, n번째에 그린 정사각형의 한 변의 길이를 a_n이라 하자. 이때 a_{10}의 값은?

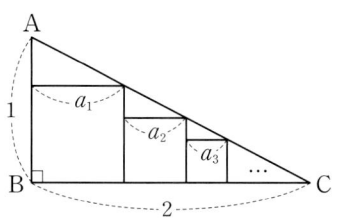

① $\left(\frac{1}{2}\right)^{10}$ ② $\left(\frac{1}{3}\right)^{9}$ ③ $\left(\frac{1}{3}\right)^{10}$

④ $\left(\frac{2}{3}\right)^{9}$ ⑤ $\left(\frac{2}{3}\right)^{10}$

2162

ıll Level 2

그림과 같이 아래에서 위로 올라갈수록 각 단의 부피가 일정한 비율로 감소하는 6단 케이크를 만들었다. 이 케이크의 제2단의 부피를 p, 제4단의 부피를 q라 할 때, 제6단의 부피를 p와 q로 나타내면? (단, 제1단은 가장 아래에 있는 단이다.)

① $\dfrac{q^2}{p}$ ② $\dfrac{q^2}{p^2}$ ③ $\dfrac{q^3}{p^2}$

④ $\dfrac{p^2}{q}$ ⑤ $\dfrac{p^3}{q^2}$

2163

Level 2

그림과 같이 좌표평면 위의 두 원

$$C_1 = x^2 + y^2 = 1$$
$$C_2 = (x-1)^2 + y^2 = r^2 \ (0 < r < \sqrt{2})$$

이 제1사분면에서 만나는 점을 P라 하고, 원 C_1이 x축과 만나는 점 중에서 x좌표가 0보다 작은 점을 Q, 원 C_2가 x축과 만나는 점 중에서 x좌표가 1보다 큰 점을 R라 하자.

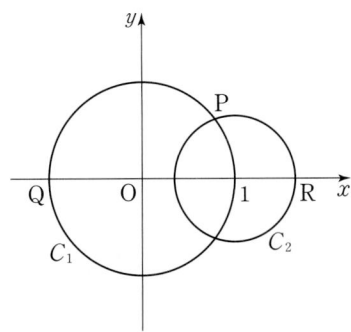

$\overline{OP}$, $\overline{OR}$, $\overline{QR}$의 길이가 이 순서대로 등비수열을 이룰 때, 원 C_2의 반지름의 길이는? (단, O는 원점이다.)

① $\dfrac{-2+\sqrt{5}}{2}$ ② $\dfrac{2-\sqrt{3}}{2}$ ③ $\dfrac{-1+\sqrt{3}}{2}$

④ $\dfrac{-1+\sqrt{5}}{2}$ ⑤ $\dfrac{3-\sqrt{3}}{2}$

2164

Level 2

좌표평면 위에 두 점 $O(0, 0)$, $A(6, 0)$이 있다. 제1사분면 위의 점 $P(x, y)$에서 x축에 내린 수선의 발을 H라 할 때, 점 P는 다음 조건을 만족시킨다.

> (가) $0 < x < 6$
> (나) $\overline{OH}$, $\overline{PH}$, $\overline{AH}$의 길이가 이 순서대로 등비수열을 이룬다.

점 P가 나타내는 도형과 $\overline{OA}$로 둘러싸인 부분의 넓이가 $k\pi$일 때, 상수 k의 값을 구하시오.

2165

Level 3

그림과 같이 점 $P_1(4, 0)$에서 직선 $y = x$에 내린 수선의 발을 P_2, 점 P_2에서 y축에 내린 수선의 발을 P_3, 점 P_3에서 직선 $y = -x$에 내린 수선의 발을 P_4, 점 P_4에서 x축에 내린 수선의 발을 P_5라 하자. 이와 같은 과정을 반복하여 만든 삼각형 OP_nP_{n+1}의 넓이를 S_n이라 할 때, S_{10}의 값은?

(단, O는 원점이다.)

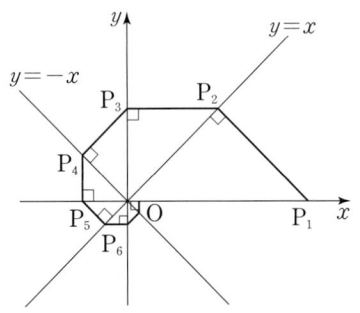

① $\left(\dfrac{1}{2}\right)^4$ ② $\left(\dfrac{1}{2}\right)^5$ ③ $\left(\dfrac{1}{2}\right)^6$

④ $\left(\dfrac{1}{2}\right)^7$ ⑤ $\left(\dfrac{1}{2}\right)^8$

2166

Level 3

한 변의 길이가 6인 정삼각형 $A_1B_1C_1$의 세 변 A_1B_1, B_1C_1, C_1A_1을 $1:2$로 내분하는 점을 각각 A_2, B_2, C_2라 하고, 삼각형 $A_2B_2C_2$의 세 변 A_2B_2, B_2C_2, C_2A_2를 $1:2$로 내분하는 점을 각각 A_3, B_3, C_3이라 하자. 이와 같은 과정을 반복하여 만든 삼각형 $A_nB_nC_n$의 넓이를 S_n이라 할 때, S_5의 값은?

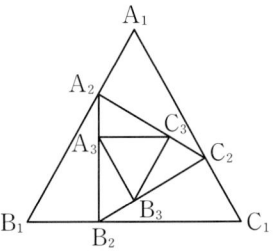

① $\dfrac{1}{9}$ ② $\dfrac{\sqrt{3}}{9}$ ③ $\dfrac{1}{3}$

④ $\dfrac{\sqrt{3}}{3}$ ⑤ $\sqrt{3}$

+Plus 문제

실전유형 **11** 등비수열의 합　　　**빈출유형**

첫째항이 a, 공비가 r인 등비수열의 첫째항부터 제n항까지의 합을 S_n이라 하면

(1) $r \neq 1$일 때, $S_n = \dfrac{a(1-r^n)}{1-r} = \dfrac{a(r^n-1)}{r-1}$

(2) $r = 1$일 때, $S_n = na$

2167 대표문제

등비수열 $\{a_n\}$에서 $a_3 = 12$, $a_6 = -96$일 때, 이 수열의 첫째항부터 제5항까지의 합은?

① 31　　　　② 32　　　　③ 33

④ 34　　　　⑤ 35

2168　　　　●❙❙ Level 1

등비수열 1, 3, 9, …, 243의 합을 S라 할 때, S의 값은?

① 361　　　　② 362　　　　③ 363

④ 364　　　　⑤ 365

2169　　　　●❙❙ Level 1

$a_2 = 16$, $a_5 = 2$인 등비수열 $\{a_n\}$에서 첫째항부터 제6항까지의 합을 구하시오.

2170　　　　●❙❙ Level 1

첫째항이 2, 제3항이 18인 등비수열 $\{a_n\}$에서 첫째항부터 제12항까지의 합은? (단, 공비는 양의 실수이다.)

① $\dfrac{1}{2}(3^{12}-1)$　　② $3^{11}-1$　　③ $3^{12}-1$

④ $2(3^{11}-1)$　　⑤ $2(3^{12}-1)$

2171　　　　●❙❙ Level 2

등비수열 $\{a_n\}$에서 $a_2 : a_5 = 1 : 8$, $a_4 + a_6 = 80$일 때, 이 수열의 첫째항부터 제9항까지의 합은?

① 1020　　　　② 1022　　　　③ 1024

④ 1026　　　　⑤ 1028

2172　　　　●❙❙ Level 2

등비수열 $\{a_n\}$에서 $a_2 = 3$, $a_5 = 81$일 때, $a_1^2 + a_2^2 + a_3^2 + \cdots + a_{10}^2$의 값은?

① $\dfrac{1}{2}(3^{10}-1)$　　② $2(3^{10}-1)$　　③ $\dfrac{1}{8}(9^{10}-1)$

④ $9^{10}-1$　　⑤ $8(9^{10}-1)$

2173　　　　●❙❙ Level 2

등비수열 16, -8, 4, …의 첫째항부터 제n항까지의 합을 S_n이라 할 때, $4S_k = 43$을 만족시키는 자연수 k의 값을 구하시오.

2174

Level 2

수열 $\{a_n\}$에 대하여 $a_n = 2^{2n-1}$일 때,

$$a_1 + a_3 + a_5 + \cdots + a_{19} = \frac{2^m - 2}{15}$$

를 만족시키는 실수 m의 값은?

① 35   ② 37   ③ 39

④ 41   ⑤ 43

2175

Level 2

함수 $f(x) = x^{10} + x^9 + x^8 + \cdots + x + 3$일 때, $(f \circ f)(0)$의 값은?

① $\frac{1}{2}(3^{10} - 1)$ ② $\frac{3}{2}(3^{10} - 1)$ ③ $\frac{3}{2}(3^{10} + 1)$

④ $\frac{3}{2}(3^{11} - 1)$ ⑤ $\frac{3}{2}(3^{11} + 1)$

다음은 이 유형에서 출제된 최근 교육청·평가원 기출문제입니다.

2176 · 교육청 2020년 10월

Level 2

함수 $f(x) = (1 + x^4 + x^8 + x^{12})(1 + x + x^2 + x^3)$일 때,

$\dfrac{f(2)}{\{f(1) - 1\}\{f(1) + 1\}}$의 값을 구하시오.

첫째항이 a, 공비가 $r\,(r \neq 1)$인 등비수열의 첫째항부터 제n항까지의 합을 S_n이라 하면

(1) $S_n = \dfrac{a(r^n - 1)}{r - 1}$

(2) $S_{2n} = \dfrac{a(r^{2n} - 1)}{r - 1} = \dfrac{a(r^n - 1)(r^n + 1)}{r - 1}$

(3) $S_{3n} = \dfrac{a(r^{3n} - 1)}{r - 1} = \dfrac{a(r^n - 1)(r^{2n} + r^n + 1)}{r - 1}$

→ $\dfrac{S_{2n}}{S_n} = r^n + 1$, $\dfrac{S_{3n}}{S_n} = r^{2n} + r^n + 1$

2177 대표문제

등비수열 $\{a_n\}$의 첫째항부터 제n항까지의 합을 S_n이라 할 때, $S_2 = 16$, $S_4 = 20$이다. 이때 S_6의 값을 구하시오.

2178

Level 1

등비수열 $\{a_n\}$의 첫째항부터 제3항까지의 합이 15, 첫째항부터 제6항까지의 합이 45일 때, 이 수열의 첫째항부터 제12항까지의 합은?

① 210   ② 215   ③ 220

④ 225   ⑤ 230

2179

Level 1

등비수열 $\{a_n\}$의 첫째항부터 제n항까지의 합을 S_n이라 할 때, $S_n = 30$, $S_{2n} = 90$이다. 이때 S_{3n}의 값은?

① 180   ② 210   ③ 240

④ 270   ⑤ 300

2180

•❙❙ Level **2**

등비수열 $\{a_n\}$의 첫째항부터 제10항까지의 합이 9, 제11항부터 제20항까지의 합이 36일 때, 이 수열의 제21항부터 제30항까지의 합은?

① 136 ② 140 ③ 144

④ 148 ⑤ 152

2181

•❙❙ Level **2**

등비수열 $\{a_n\}$의 첫째항부터 제n항까지의 합을 S_n이라 할 때, $\dfrac{S_4}{S_2}=9$이다. 이때 $\dfrac{a_4}{a_2}$의 값은?

① 2 ② 4 ③ 6

④ 8 ⑤ 10

2182

•❙❙ Level **2**

등비수열 $\{a_n\}$의 첫째항부터 제n항까지의 합을 S_n이라 할 때, $S_3=224$, $S_6=252$이다. 이때 a_4의 값을 구하시오.

2183

•❙❙ Level **2**

등비수열 $\{a_n\}$에서

$$a_1+a_2+a_3+\cdots+a_{10}=180,$$
$$a_2+a_4+a_6+a_8+a_{10}=45$$

일 때, 이 수열의 공비는?

① $\dfrac{1}{4}$ ② $\dfrac{1}{3}$ ③ $\dfrac{1}{2}$

④ 2 ⑤ 3

2184

•❙❙ Level **2**

첫째항이 2이고 항의 개수가 짝수인 등비수열 $\{a_n\}$에서 홀수 번째 항들의 합은 182, 짝수 번째 항들의 합은 546이다. 이때 등비수열 $\{a_n\}$의 공비를 r, 항의 개수를 m이라 할 때, $r+m$의 값은?

① 5 ② 6 ③ 7

④ 8 ⑤ 9

2185

•❙❙ Level **2**

등비수열 $\{a_n\}$의 첫째항부터 제n항까지의 합을 S_n이라 하자. 〈보기〉에서 옳은 것만을 있는 대로 고른 것은?

─〈 보기 〉─

ㄱ. 공비가 1일 때, 서로 다른 두 자연수 k, m에 대하여 $S_k=S_m$이면 $a_1=0$이다.

ㄴ. $\dfrac{S_6}{S_3}=9$일 때, 공비는 -2이다.

ㄷ. 공비가 -2이고 $S_5=6a_1+10$일 때, $a_1=2$이다.

① ㄱ ② ㄴ ③ ㄱ, ㄴ

④ ㄱ, ㄷ ⑤ ㄴ, ㄷ

2186 · 교육청 2017년 6월

Level 2

등비수열 $\{a_n\}$의 첫째항부터 제n항까지의 합 S_n에 대하여 $S_3=21$, $S_6=189$일 때, a_5의 값은?

① 45   ② 48   ③ 51

④ 54   ⑤ 57

2187 · 평가원 2021학년도 6월

Level 2

등비수열 $\{a_n\}$의 첫째항부터 제n항까지의 합을 S_n이라 하자. $a_1=1$, $\dfrac{S_6}{S_3}=2a_4-7$일 때, a_7의 값을 구하시오.

2188 · 교육청 2021년 11월

Level 3

모든 항이 양수인 등비수열 $\{a_n\}$의 첫째항부터 제n항까지의 합을 S_n이라 하자. $a_1=3$, $\dfrac{S_6}{S_5-S_2}=\dfrac{a_2}{2}$일 때, a_4의 값은?

① 6   ② 9   ③ 12

④ 15   ⑤ 18

실전 유형 13 대소 관계를 만족시키는 등비수열의 합

첫째항이 a, 공비가 $r\,(r\neq1)$인 등비수열의 첫째항부터 제n항까지의 합이 k보다 크다.

→ $\dfrac{a(r^n-1)}{r-1}>k$를 만족시키는 자연수 n의 값을 구한다.

2189 대표문제

모든 항이 양수인 등비수열 $\{a_n\}$에서 제3항이 18, 제5항이 162이다. 첫째항부터 제n항까지의 합을 S_n이라 할 때, S_n의 값이 처음으로 500보다 커질 때의 자연수 n의 값은?

① 4   ② 5   ③ 6

④ 7   ⑤ 8

2190

Level 2

첫째항이 $\dfrac{1}{2}$, 공비가 2인 등비수열 $\{a_n\}$에서 첫째항부터 제n항까지의 합을 S_n이라 하자. 이때 S_n의 값이 처음으로 1000보다 커지는 항은 제몇 항인지 구하시오.

2191

Level 2

공비가 양수인 등비수열 $\{a_n\}$에서 첫째항부터 제n항까지의 합을 S_n이라 하자. $a_2=10$, $a_7=16a_3$일 때, $S_k<850$을 만족시키는 자연수 k의 최댓값은?

① 6   ② 7   ③ 8

④ 9   ⑤ 10

2192

Level 2

등비수열 $\dfrac{2}{3}$, $\dfrac{2}{3^2}$, $\dfrac{2}{3^3}$, $\cdots$에서 첫째항부터 제n항까지의 합을 S_n이라 할 때, $\left| S_n - 1 \right| < \dfrac{1}{1000}$을 만족시키는 자연수 n의 최솟값은?

① 7   ② 8   ③ 9

④ 10   ⑤ 11

2193

Level 2

등비수열 3, 1, $\dfrac{1}{3}$, $\cdots$에서 첫째항부터 제n항까지의 합을 S_n이라 할 때, $\left| \dfrac{2}{9} S_n - 1 \right| > 0.01$을 만족시키는 모든 자연수 n의 값의 합은?

① 10   ② 15   ③ 20

④ 25   ⑤ 30

2194 신경향

Level 3

모든 항이 양수인 등비수열 $\{a_n\}$에서
$$(a_2 + a_6) : (a_5 + a_9) = 1 : 8$$
이고 첫째항부터 제n항까지의 합을 S_n이라 할 때, $S_n > 500 a_1$을 만족시키는 자연수 n의 최솟값을 구하시오.

실전 유형 14 일반항이 $\dfrac{1}{a_n}$인 등비수열의 합   신유형

등비수열 $\{a_n\}$의 첫째항을 a, 공비를 r라 하면 수열 $\left\{ \dfrac{1}{a_n} \right\}$의 첫째항은 $\dfrac{1}{a}$, 공비는 $\dfrac{1}{r}$임을 이용하여 등비수열의 합을 구한다.

2195 대표문제

등비수열 $\{a_n\}$에서 첫째항부터 제5항까지의 합이 31이고, 곱이 1024일 때, $\dfrac{1}{a_1} + \dfrac{1}{a_2} + \dfrac{1}{a_3} + \dfrac{1}{a_4} + \dfrac{1}{a_5}$의 값은?

① $\dfrac{31}{2}$ ② $\dfrac{31}{4}$ ③ $\dfrac{31}{8}$

④ $\dfrac{31}{16}$ ⑤ $\dfrac{31}{32}$

2196

Level 2

첫째항이 a, 공비가 $\dfrac{1}{2}$인 등비수열 $\{a_n\}$에서 첫째항부터 제6항까지의 합이 $\dfrac{63}{8}$일 때, $\dfrac{1}{a_1} + \dfrac{1}{a_2} + \dfrac{1}{a_3} + \dfrac{1}{a_4} + \dfrac{1}{a_5} + \dfrac{1}{a_6}$의 값은?

① $\dfrac{63}{2}$ ② $\dfrac{63}{4}$ ③ $\dfrac{63}{8}$

④ $\dfrac{63}{16}$ ⑤ $\dfrac{63}{32}$

2197

Level 2

공비가 양수인 등비수열 $\{a_n\}$에서 $a_3 = \dfrac{1}{6}$, $a_7 = \dfrac{1}{24}$일 때, $\dfrac{1}{a_1^2} + \dfrac{1}{a_2^2} + \dfrac{1}{a_3^2} + \cdots + \dfrac{1}{a_{10}^2}$의 값을 구하시오.

2198

등비수열 $\{a_n\}$에서

$$a_1 + a_2 + a_3 + \cdots + a_{10} = 30,$$

$$\frac{1}{a_1} + \frac{1}{a_2} + \frac{1}{a_3} + \cdots + \frac{1}{a_{10}} = 10$$

일 때, $\log_3 a_1 + \log_3 a_2 + \log_3 a_3 + \cdots + \log_3 a_{10}$의 값을 구하시오.

2199

공비가 0이 아닌 등비수열 $\{a_n\}$에서

$$2a_4 + a_5 = 0, \ a_1 + a_2 + a_3 = \frac{3}{8}$$

일 때, $\frac{1}{a_1} + \frac{1}{a_2} + \frac{1}{a_3} + \cdots + \frac{1}{a_k} = \frac{43}{8}$을 만족시키는 자연수 k의 값은?

① 5 　　　　② 6 　　　　③ 7

④ 8 　　　　⑤ 9

2200

두 수 2와 30 사이에 10개의 수를 넣어 만든 수열

$$2, \ a_1, \ a_2, \ \cdots, \ a_{10}, \ 30$$

이 이 순서대로 등비수열을 이룬다.

$$2 + a_1 + a_2 + \cdots + a_{10} + 30 = m\left(\frac{1}{2} + \frac{1}{a_1} + \frac{1}{a_2} + \cdots + \frac{1}{a_{10}} + \frac{1}{30}\right)$$

을 만족시키는 상수 m의 값은?

① 40 　　　　② 45 　　　　③ 50

④ 55 　　　　⑤ 60

+Plus 문제

$r \neq 1$일 때, $S_n = \dfrac{a(r^n - 1)}{r - 1} = \dfrac{a(1 - r^n)}{1 - r}$임을 이용하여 여러 가지 응용 문제를 해결한다.

2201 　대표문제

첫째항이 1, 공비가 r인 등비수열 $\{a_n\}$의 첫째항부터 제n항까지의 합을 S_n이라 하자. $S_{20} = 4S_{10}$, $S_{40} = kS_{10}$일 때, 상수 k의 값은? (단, $r \neq \pm 1$)

① 10 　　　　② 20 　　　　③ 40

④ 80 　　　　⑤ 100

2202

공비가 r인 등비수열 $\{a_n\}$의 첫째항부터 제n항까지의 합을 S_n이라 하자.

$$\frac{S_{12} - S_{10}}{a_{12} - a_{11}} - \frac{a_{12} - a_{11}}{S_{12} - S_{10}} = \frac{11}{30}$$

일 때, r의 값은? (단, $r > 0$)

① 3 　　　　② 5 　　　　③ 7

④ 9 　　　　⑤ 11

2203

첫째항이 a, 공비가 r인 등비수열 $\{a_n\}$의 첫째항부터 제n항까지의 합을 S_n이라 하자. $S_{10} = 5S_5$, $S_{20} = kS_5$일 때, 상수 k의 값을 구하시오. (단, $a \neq 0$, $r \neq 1$)

2204

ᴵᴵᴵ Level 2

첫째항이 a이고, 공비가 r인 등비수열 $\{a_n\}$의 첫째항부터 제n항까지의 합을 S_n이라 하자.

$$2a=S_2+S_3,\ r^2=64a^2$$

일 때, a_5의 값은? (단, $a>0$)

① 2   ② 4   ③ 6
④ 8   ⑤ 10

다음은 이 유형에서 출제된 최근 교육청 · 평가원 기출문제입니다.

2205 고난도

• 교육청 2017년 3월   ᴵᴵᴵ Level 3

첫째항이 2인 등비수열 $\{a_n\}$의 첫째항부터 제n항까지의 합 S_n이 다음 조건을 만족시킬 때, a_4의 값은?

(가) $S_{12}-S_2=4S_{10}$

(나) $S_{12}<S_{10}$

① −24   ② −16   ③ −8
④ 16   ⑤ 24

주어진 규칙에 따라 등비수열의 첫째항과 공비를 이용하여 등비수열의 합에 대한 식으로 나타낸다.

2206 대표문제

어느 학교의 2001년부터 2020년까지 20년 동안의 입학생 수는 8000명이고, 이 중 2000명은 2011년부터 2020년까지의 입학생 수라 한다. 이 학교의 입학생 수는 매년 일정한 비율로 감소한다고 할 때, 2021년의 입학생 수는 2001년의 입학생 수의 몇 배인가?

① $\dfrac{1}{3}$배   ② $\dfrac{1}{4}$배   ③ $\dfrac{1}{9}$배

④ $\dfrac{1}{12}$배   ⑤ $\dfrac{1}{16}$배

2207

ᴵᴵᴵ Level 1

매일 책을 읽고 있는 지후는 첫째 날에는 10쪽을 읽고, 둘째 날부터는 전날 읽었던 쪽수의 두 배씩 늘려서 읽었다. 400쪽짜리 책을 다 읽는 데 며칠이 걸렸는가?

① 4일   ② 5일   ③ 6일
④ 7일   ⑤ 8일

2208

ᴵᴵᴵ Level 2

민서는 일주일 동안 자전거로 이동하면서 여행하기로 했다. 첫째 날에는 6 km를 이동하고 둘째 날부터는 전날 이동한 거리의 10 %씩 늘려서 이동할 때, 일주일 동안 민서가 자전거로 이동한 거리는 몇 km인지 구하시오.

(단, $1.1^7=1.9$로 계산한다.)

2209

어느 보험사의 신규 가입자의 수가 매년 일정한 비율로 증가하고 있다. 2006년부터 2013년까지의 신규 가입자의 수는 14만 명이고, 2014년부터 2021년까지의 신규 가입자의 수는 21만 명일 때, 2022년의 신규 가입자의 수는 2006년의 신규 가입자의 수의 몇 배인지 구하시오.

2210

Level 2

어느 지역의 원두 생산량이 매년 일정한 비율로 감소한다고 한다. 2010년부터 2013년까지의 원두 생산량은 10만 kg이고, 2014년부터 2017년까지의 원두 생산량은 8만 kg일 때, 2022년의 원두 생산량은 2010년의 원두 생산량의 몇 배인가?

① $\dfrac{4}{125}$배   ② $\dfrac{8}{125}$배   ③ $\dfrac{16}{125}$배

④ $\dfrac{32}{125}$배   ⑤ $\dfrac{64}{125}$배

2211

Level 2

2020년 당시 어느 지역에 300만 톤의 석탄이 매장되어 있었다. 2020년에 이 지역의 석탄의 채굴량은 10만 톤이고 매년 전년 채굴량의 10 %씩 채굴량을 늘린다고 할 때, 이 석탄이 모두 고갈되는 해는 몇 년인가?

(단, $1.1^{14}=3.8$, $1.1^{15}=4.2$로 계산한다.)

① 2032년   ② 2033년   ③ 2034년
④ 2035년   ⑤ 2036년

심화유형 17 등비수열의 합의 활용 – 도형 복합유형

도형에서 구하는 길이 또는 넓이를 차례로 나열하여 등비수열의 일반항을 구한 후, 등비수열의 합을 구한다.

2212 대표문제

그림과 같이 한 변의 길이가 4인 정삼각형 ABC가 있다. 첫 번째 시행에서 정삼각형 ABC의 세 변의 중점을 이어서 만든 정삼각형 $A_1B_1C_1$을 잘라내고, 두 번째 시행에서 첫 번째 시행 후 남은 3개의 정삼각형에서 같은 방법으로 만든 정삼각형을 잘라낸다. 이와 같은 시행을 반복할 때, n번째 시행에서 잘라낸 정삼각형의 넓이의 합을 S_n이라 하자. 이때 $S_1+S_2+S_3+\cdots+S_{10}$의 값은?

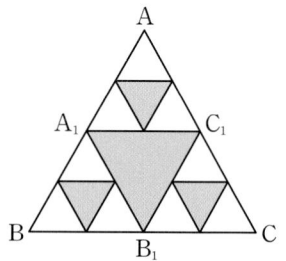

① $\dfrac{\sqrt{3}}{2}\left\{1-\left(\dfrac{3}{4}\right)^{10}\right\}$ ② $\sqrt{3}\left\{1-\left(\dfrac{3}{4}\right)^{10}\right\}$

③ $2\sqrt{3}\left\{1-\left(\dfrac{3}{4}\right)^{10}\right\}$ ④ $4\sqrt{3}\left\{1-\left(\dfrac{3}{4}\right)^{10}\right\}$

⑤ $8\sqrt{3}\left\{1-\left(\dfrac{3}{4}\right)^{10}\right\}$

2213

Level 2

그림과 같이 한 변의 길이가 2인 정사각형 ABCD가 있다. 첫 번째 시행에서 정사각형 ABCD의 네 변의 중점을 연결하여 정사각형 $A_1B_1C_1D_1$을 만들고, 두 번째 시행에서 정사각형 $A_1B_1C_1D_1$의 중점을 연결하여 정사각형 $A_2B_2C_2D_2$를 만든다. 이와 같은 시행을 반복할 때, n번째 시행에서 만든 정사각형 $A_nB_nC_nD_n$의 넓이를 S_n이라 하자. 이때 $S_1+S_2+S_3+\cdots+S_9$의 값을 구하시오.

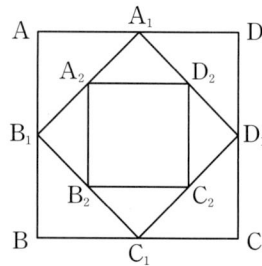

2214

ıl Level **2**

그림과 같이 길이가 1인 선분 AB₁을 지름으로 하는 원 C_1 이 있다. 선분 AB₁을 2 : 1로 내분하는 점을 B₂라 하고, 선분 AB₂를 지름으로 하는 원을 C_2라 하자. 이와 같은 시행을 반복하여 만든 원 C_n의 둘레의 길이를 l_n이라 할 때, $l_1+l_2+l_3+\cdots+l_8$의 값은?

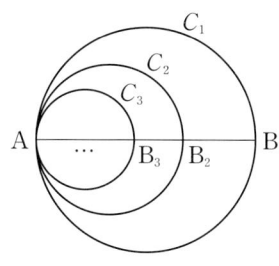

① $\pi\left\{1-\left(\dfrac{1}{3}\right)^8\right\}$

② $3\pi\left\{1-\left(\dfrac{1}{3}\right)^8\right\}$

③ $\dfrac{\pi}{3}\left\{1-\left(\dfrac{2}{3}\right)^8\right\}$

④ $\pi\left\{1-\left(\dfrac{2}{3}\right)^8\right\}$

⑤ $3\pi\left\{1-\left(\dfrac{2}{3}\right)^8\right\}$

2215

ıl Level **2**

한 변의 길이가 3인 정사각형 모양의 종이가 있다. 그림과 같이 첫 번째 시행에서 정사각형을 9등분 한 후 중앙의 정사각형을 색칠하고, 두 번째 시행에서 첫 번째 시행 후 남은 8개의 정사각형을 각각 9등분 한 후 중앙의 정사각형을 색칠한다. 이와 같은 시행을 반복할 때, n번째 시행에서 색칠한 부분의 넓이를 S_n이라 하자. 이때 $S_1+S_2+S_3+\cdots+S_7$의 값은?

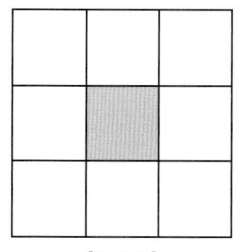
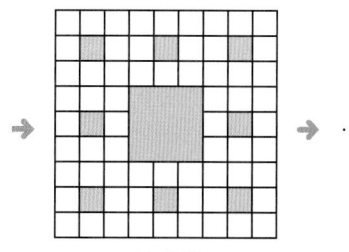

[첫 번째]　　　　[두 번째]

① $3\left\{1-\left(\dfrac{1}{9}\right)^7\right\}$

② $9\left\{1-\left(\dfrac{1}{9}\right)^7\right\}$

③ $\left\{1-\left(\dfrac{8}{9}\right)^7\right\}$

④ $3\left\{1-\left(\dfrac{8}{9}\right)^7\right\}$

⑤ $9\left\{1-\left(\dfrac{8}{9}\right)^7\right\}$

2216

ıl Level **3**

그림과 같이 한 변의 길이가 6인 정사각형 OA₁B₁C₁이 있다. 첫 번째 시행에서 점 O를 중심으로 하고 $\overline{OA_1}$을 반지름으로 하는 사분원 OA₁C₁을 그린 후, 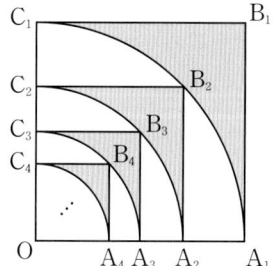 모양의 도형 A₁B₁C₁에 색칠한다. 두 번째 시행에서 사분원 OA₁C₁에 내접하는 정사각형 OA₂B₂C₂를 그리고, $\overline{OA_2}$를 반지름으로 하는 사분원 OA₂C₂를 그린 후, 모양의 도형 A₂B₂C₂에 색칠한다. 이와 같은 시행을 반복할 때, n번째 시행에서 색칠한 도형의 넓이를 S_n이라 하자. 이때 $S_1+S_2+S_3+\cdots+S_8$의 값은?

① $(12-3\pi)\left\{1-\left(\dfrac{1}{2}\right)^8\right\}$

② $(24-6\pi)\left\{1-\left(\dfrac{1}{2}\right)^8\right\}$

③ $(36-9\pi)\left\{1-\left(\dfrac{1}{2}\right)^8\right\}$

④ $(48-12\pi)\left\{1-\left(\dfrac{1}{2}\right)^8\right\}$

⑤ $(72-18\pi)\left\{1-\left(\dfrac{1}{2}\right)^8\right\}$

09

수열 $\{a_n\}$의 첫째항부터 제n항까지의 합 S_n이 주어진 경우
(i) $n=1$일 때, $a_1=S_1$
(ii) $n \geq 2$일 때, $a_n=S_n-S_{n-1}$
참고 $S_n=Ar^n+B$ $(r \neq 0, r \neq 1, A, B$는 상수) 꼴일 때
  (1) $A+B=0$이면
    ➡ 수열 $\{a_n\}$은 첫째항부터 등비수열을 이룬다.
  (2) $A+B \neq 0$이면
    ➡ 수열 $\{a_n\}$은 둘째항부터 등비수열을 이룬다.

2217 대표문제

수열 $\{a_n\}$의 첫째항부터 제n항까지의 합 S_n이
$S_n=4^n+3k$일 때, 수열 $\{a_n\}$이 첫째항부터 등비수열을 이루도록 하는 상수 k의 값과 수열 $\{a_n\}$의 일반항을 각각 구하면?

① $k=-\dfrac{1}{3}$, $a_n=\dfrac{1}{3} \times 4^{n-1}$

② $k=-\dfrac{1}{3}$, $a_n=3 \times 4^{n-1}$

③ $k=-\dfrac{1}{3}$, $a_n=5 \times 4^{n-1}$

④ $k=-\dfrac{1}{2}$, $a_n=\dfrac{1}{3} \times 4^{n-1}$

⑤ $k=-\dfrac{1}{2}$, $a_n=3 \times 4^{n-1}$

2218　　　　　　　　　　　　　　　Level 1

수열 $\{a_n\}$의 첫째항부터 제n항까지의 합 S_n이 $S_n=6^n+1$일 때, 이 수열의 일반항을 구하시오.

2219　　　　　　　　　　　　　　　Level 2

수열 $\{a_n\}$의 첫째항부터 제n항까지의 합 S_n이
$S_n=6 \times 3^n-k$이다. 수열 $\{a_n\}$이 첫째항부터 등비수열을 이룰 때, 상수 k의 값은?

① 3　　　　　　② 4　　　　　　③ 5

④ 6　　　　　　⑤ 7

2220　　　　　　　　　　　　　　　Level 2

수열 $\{a_n\}$의 첫째항부터 제n항까지의 합 S_n이
$S_n=7 \times 2^n-3$일 때, a_5-a_1의 값은?

① 101　　　　　② 102　　　　　③ 103

④ 104　　　　　⑤ 105

2221　　　　　　　　　　　　　　　Level 2

수열 $\{a_n\}$의 첫째항부터 제n항까지의 합 S_n이
$S_n=3 \times 2^n-3$일 때, $a_1+a_3+a_5$의 값은?

① 61　　　　　　② 63　　　　　　③ 65

④ 67　　　　　　⑤ 69

2222
Level 2

수열 $\{a_n\}$의 첫째항부터 제n항까지의 합 S_n이
$S_n + 9 = 2^{n+3}$을 만족시킬 때, a_6의 값은?

① 16   ② 32   ③ 64

④ 128   ⑤ 256

2223
Level 2

수열 $\{a_n\}$의 첫째항부터 제n항까지의 합 S_n이
$S_n = p^n + q - 3$이다. 수열 $\{a_n\}$이 첫째항부터 공비가 5인
등비수열을 이룰 때, $p^2 + q^2$의 값은?

(단, p, q는 상수이다.)

① 25   ② 27   ③ 29

④ 31   ⑤ 33

2224
Level 2

수열 $\{a_n\}$의 첫째항부터 제n항까지의 합 S_n이
$\log_{10}(S_n + 3k) = n+1$을 만족시킨다. 수열 $\{a_n\}$이 첫째항
부터 등비수열을 이룰 때, 상수 k의 값은?

① $\dfrac{2}{3}$ ② $\dfrac{4}{3}$ ③ 2

④ $\dfrac{8}{3}$ ⑤ $\dfrac{10}{3}$

2225
Level 2

수열 $\{a_n\}$의 첫째항부터 제n항까지의 합 S_n이
$S_n = 2 \times 3^{n+1} + k$이다. 수열 $\{a_n\}$이 첫째항부터 등비수열을
이룰 때, 〈보기〉에서 옳은 것만을 있는 대로 고른 것은?

(단, k는 상수이다.)

〈 보기 〉

ㄱ. $k = 6$

ㄴ. 수열 $\{a_n\}$의 첫째항은 12이고, 공비는 3이다.

ㄷ. 수열 $\{2S_n + a_1\}$은 공비가 3인 등비수열이다.

① ㄱ   ② ㄴ   ③ ㄷ

④ ㄱ, ㄴ   ⑤ ㄴ, ㄷ

다음은 이 유형에서 출제된 최근 교육청·평가원 기출문제입니다.

2226 고난도
· 평가원 2021학년도 9월   Level 3

등비수열 $\{a_n\}$의 첫째항부터 제n항까지의 합을 S_n이라 하
자. 모든 자연수 n에 대하여 $S_{n+3} - S_n = 13 \times 3^{n-1}$일 때,
a_4의 값을 구하시오.

+ Plus 문제

(1) 원금 a원을 연이율 r로 n년 동안 예금할 때의 원리합계 S는
　① 단리법 : $S = a(1+rn)$ (원)
　② 복리법 : $S = a(1+r)^n$ (원)
(2) 연이율 r, 1년마다 복리로 a원씩 적립할 때 n년 말의 적립금의 원리합계 S는
　① 매년 초에 a원씩 적립할 때
　　➡ $S = \dfrac{a(1+r)\{(1+r)^n - 1\}}{(1+r) - 1}$ (원)
　② 매년 말에 a원씩 적립할 때
　　➡ $S = \dfrac{a\{(1+r)^n - 1\}}{(1+r) - 1}$ (원)

2227 대표문제

연이율 3 %, 1년마다 복리로 매년 초에 100만 원씩 적립할 때, 10년째 말의 적립금의 원리합계는?

(단, $1.03^{10} = 1.3$으로 계산한다.)

① 1010만 원　　② 1020만 원　　③ 1030만 원
④ 1040만 원　　⑤ 1050만 원

2228　　Level 1

100만 원을 연이율 6 %로 10년 동안 은행에 예금했을 때, 단리법으로 계산한 원리합계를 S라 하고, 복리법으로 계산한 원리합계를 T라 하자. 이때 $T - S$의 값은?

(단, $1.06^{10} = 1.79$로 계산한다.)

① 16만 원　　② 17만 원　　③ 18만 원
④ 19만 원　　⑤ 20만 원

2229　　Level 2

월이율 0.5 %, 1개월마다 복리로 매월 초에 10만 원씩 적립할 때, 12개월째 말의 적립금의 원리합계는?

(단, $1.005^{12} = 1.06$으로 계산한다.)

① 1200000원　　② 1206000원　　③ 1212000원
④ 1218000원　　⑤ 1224000원

2230　　Level 2

매년 초에 a만 원을 적립하여 8년째 말에 1353만 원을 만들려고 한다. 연이율 2.5 %, 1년마다 복리로 계산할 때, a의 값은? (단, $1.025^8 = 1.22$로 계산한다.)

① 120　　② 130　　③ 140
④ 150　　⑤ 160

2231　　Level 2

매달 말에 일정한 금액 a만 원을 적립하여 12개월째 말까지 300만 원을 만들려고 한다. 월이율 4 %, 1개월마다 복리로 계산할 때, a의 값을 구하시오.

(단, $1.04^{12} = 1.6$으로 계산한다.)

2232

●il Level 2

어느 직장인이 주택자금 마련을 위해 6년 동안 1억 원의 목돈을 모으려고 한다. 이를 위해 연이율 5 %, 1년마다 복리로 매년 초에 일정한 금액씩 6년 동안 적립하려고 할 때, 6년째 말에 적립금의 원리합계가 1억 원이 되도록 하려면 매년 초에 얼마씩 적립금을 넣어야 하는가?

(단, $1.05^6 = 1.34$로 계산하고, 천의 자리에서 반올림한다.)

① 1401만 원　　② 1415만 원　　③ 1431만 원

④ 1445만 원　　⑤ 1461만 원

2233

●il Level 2

친구들과 함께 해외여행을 가기 위해 매년 초에 일정한 금액을 10년 동안 적립하여 10년째 말까지 2070만 원을 마련하려고 한다. 연이율 3.5 %, 1년마다 복리로 계산할 때, 매년 초에 적립해야 하는 금액은?

(단, $1.035^{10} = 1.4$로 계산한다.)

① 144만 원　　② 155만 원　　③ 164만 원

④ 175만 원　　⑤ 184만 원

2234

●il Level 2

2022년부터 진호는 A은행에서 연이율 4 %, 1년마다 복리로 매년 초에 18만 원씩 적립하고, 혜수는 B은행에서 연이율 3 %, 1년마다 복리로 매년 말에 20만 원씩 적립하려고 한다. 2032년 말의 두 사람의 원리합계를 각각 구하시오. (단, $1.04^{11} = 1.54$, $1.03^{11} = 1.38$로 계산하고, 만 원 이하의 금액은 버린다.)

2235

●il Level 2

수아는 월이율 0.3 %, 1개월마다 복리로 매월 초에 30만 원씩 8개월 동안 적립하고, 민우는 월이율 0.3 %, 1개월마다 복리로 매월 초에 18만 원씩 16개월 동안 적립하려고 한다. 민우가 16개월째 말에 받는 금액은 수아가 8개월째 말에 받는 금액의 몇 배인가? (단, $1.003^8 = 1.02$로 계산한다.)

① 1.204배　　② 1.206배　　③ 1.208배

④ 1.21배　　⑤ 1.212배

빌린 금액이 A원이고 이 금액을 n년 동안 갚기 위해 매년 지불해야 할 금액을 a원이라 하면
(A원을 n년 동안 예금할 때의 원리합계)
=(a원을 n년 동안 매년 적립할 때의 원리합계)

→ $A(1+r)^n = \dfrac{a\{(1+r)^n - 1\}}{(1+r) - 1}$

2236 대표문제

이달 초 가격이 100만 원인 노트북을 할부로 구입하고 이달 말부터 매달 일정한 금액을 월이율 1 %, 1개월마다 복리로 36개월에 걸쳐 갚는다면 매달 얼마씩 갚아야 하는가?

(단, $1.01^{36} = 1.4$로 계산한다.)

① 29000원 ② 32000원 ③ 35000원
④ 38000원 ⑤ 41000원

2237

올해 초에 300만 원짜리 냉장고를 할부로 구입하고, 올해 말부터 일정한 금액을 연이율 5 %, 1년마다 복리로 8년에 걸쳐 모두 갚으려고 한다. 매년 갚아야 할 금액은?

(단, $1.05^8 = 1.5$로 계산한다.)

① 39만 원 ② 41만 원 ③ 43만 원
④ 45만 원 ⑤ 47만 원

2238

Level 2

우주는 이달 초에 140만 원짜리 스마트폰을 샀다. 현금 20만 원을 내고 나머지는 이달 말부터 일정한 금액을 월이율 0.8 %, 1개월마다 복리로 36개월에 걸쳐 갚기로 했을 때, 매달 얼마씩 갚으면 되는가?

(단, $1.008^{36} = 1.3$으로 계산한다.)

① 39600원 ② 40600원 ③ 41600원
④ 42600원 ⑤ 43600원

2239

Level 2

올해부터 매년 말에 300만 원씩 10년 동안 받는 연금이 있다. 연이율 4 %, 1년마다 복리로 계산할 때, 이 연금을 올해 초에 한 번에 모두 지급 받는다면 받게 되는 금액은 얼마인지 구하시오. (단, $1.04^{10} = 1.5$로 계산한다.)

2240

Level 2

올해부터 매년 말에 100만 원씩 20년 동안 받는 연금이 있다. 연이율 8 %, 1년마다 복리로 계산할 때, 이 연금을 올해 초에 한 번에 모두 지급 받는다면 받게 되는 금액은?

(단, $1.08^{20} = 4.6$으로 계산하고, 만 원 미만은 버린다.)

① 938만 원 ② 948만 원 ③ 958만 원
④ 968만 원 ⑤ 978만 원

서술형 유형 익히기

2241 대표문제

두 수 96과 6 사이에 세 양수 a, b, c를 넣어 만든 수열

96, a, b, c, 6

이 이 순서대로 등비수열을 이룰 때, a, b, c의 값을 구하는
과정을 서술하시오. [6점]

STEP 1 6을 공비 r에 대한 식으로 나타내기 [2점]

등비수열 96, a, b, c, 6의 공비를 r라 하면
첫째항은 96이고, 6은 제5항이므로

$6 = \boxed{(1)} r^4$

STEP 2 공비 r의 값 구하기 [1점]

$6 = \boxed{(2)} r^4$에서 $r^4 = \boxed{(3)}$이고,

등비수열의 모든 항이 양수이므로 공비 r도 양수이다.

$\therefore r = \boxed{(4)}$

STEP 3 a, b, c의 값 구하기 [3점]

a는 제2항, b는 제3항, c는 제4항이므로

$a = 96 \times \dfrac{1}{2} = \boxed{(5)}$

$b = 96 \times \boxed{(6)} = \boxed{(7)}$

$c = 96 \times \boxed{(8)} = \boxed{(9)}$

2242 한번 더

두 수 4와 324 사이에 세 양수 a, b, c를 넣어 만든 수열

4, a, b, c, 324

가 이 순서대로 등비수열을 이룰 때, a, b, c의 값을 구하는
과정을 서술하시오. [6점]

STEP 1 324를 공비 r에 대한 식으로 나타내기 [2점]

STEP 2 공비 r의 값 구하기 [1점]

STEP 3 a, b, c의 값 구하기 [3점]

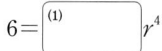

핵심 KEY 유형 5 두 수 사이에 수를 넣어서 만든 등비수열

두 수 사이에 n개의 수를 넣어서 만든 등비수열에서 항의 값을 구
하는 문제이다.
두 수 a와 b 사이에 n개의 수를 넣어서 등비수열을 만들면 첫째항
은 a이고, 제$(n+2)$항은 b임을 이용한다. 특히, n개의 수에서 n
번째 수가 수열의 제몇 항인지 구할 때 첫째항 a가 있음에 주의한다.

09

2243 유사 1

두 수 36과 $\dfrac{4}{81}$ 사이에 n개의 수를 넣어 만든 수열

$$36, a_1, a_2, a_3, \cdots, a_n, \dfrac{4}{81}$$

가 이 순서대로 공비가 $\dfrac{1}{3}$인 등비수열을 이룰 때, n의 값을 구하는 과정을 서술하시오. [6점]

2244 유사 2

두 수 3과 243 사이에 7개의 양수 $a_1, a_2, a_3, \cdots, a_7$을 넣어 만든 수열

$$3, a_1, a_2, a_3, \cdots, a_7, 243$$

이 이 순서대로 등비수열을 이룬다.

$a_1 \times a_2 \times a_3 \times \cdots \times a_7 = 3^k$일 때, k의 값을 구하는 과정을 서술하시오. [7점]

2245 대표문제

공차가 2인 등차수열 $\{a_n\}$에서 세 수 a_2, a_4, a_8이 이 순서대로 등비수열을 이룰 때, a_{10}의 값을 구하는 과정을 서술하시오. [7점]

STEP 1 a_2, a_4, a_8을 첫째항과 공차로 나타내기 [2점]

등차수열 $\{a_n\}$의 첫째항을 a라 하면

$a_2 = a + 2$

$a_4 = a + 6$

$a_8 = a + \boxed{\text{(1)}}$

STEP 2 등비중항의 성질을 이용하여 식 세우기 [3점]

세 수 a_2, a_4, a_8이 이 순서대로 등비수열을 이루므로

$\left(a + \boxed{\text{(2)}}\right)^2 = (a+2)\left(a + \boxed{\text{(3)}}\right)$

$a^2 + 12a + 36 = a^2 + 16a + \boxed{\text{(4)}}$

$4a = \boxed{\text{(5)}}$

$\therefore a = \boxed{\text{(6)}}$

STEP 3 a_{10}의 값 구하기 [2점]

$a_n = \boxed{\text{(7)}} + (n-1) \times 2 = \boxed{\text{(8)}}$ 이므로

$a_{10} = \boxed{\text{(9)}}$

핵심 KEY 유형 6 , 유형 7 등비중항의 성질과 활용

등차수열과 등비수열에 대한 조건이 주어질 때, 등비중항의 성질을 이용하여 해결하는 문제이다.

등차수열의 일반항은 $a_n = a_1 + (n-1)d$이고, 세 수 a, b, c가 이 순서대로 등비수열을 이루면 $b^2 = ac$임을 이용한다.

2246 한번 더

첫째항이 -5인 등차수열 $\{a_n\}$에서 세 수 a_3, a_2, a_4가 이 순서대로 등비수열을 이룰 때, a_{20}의 값을 구하는 과정을 서술하시오. (단, 수열 $\{a_n\}$의 공차는 0이 아니다.) [7점]

STEP 1 a_2, a_3, a_4를 첫째항과 공차로 나타내기 [2점]

STEP 2 등비중항의 성질을 이용하여 식 세우기 [3점]

STEP 3 a_{20}의 값 구하기 [2점]

2247 유사 1

서로 다른 두 실수 a, b에 대하여 세 수 3, $\dfrac{a^2}{2}$, b가 이 순서대로 등차수열을 이루고, 세 수 $a+3$, b, 1이 이 순서대로 등비수열을 이룰 때, a^2+b^2의 값을 구하는 과정을 서술하시오. [8점]

2248 유사 2

세 수 $\log_{2a} a$, 1, $\log_a b$가 이 순서대로 등비수열을 이룰 때, $b+\dfrac{1}{8a}$의 최솟값을 구하는 과정을 서술하시오. [8점]

$$\left(\text{단, } a>0, \ b>0, \ a\neq\frac{1}{2}, \ a\neq1\right)$$

09

2249 대표문제

모든 항이 실수인 등비수열 $\{a_n\}$에 대하여 첫째항부터 제3항까지의 합이 21, 첫째항부터 제6항까지의 합이 -147일 때, a_7의 값을 구하는 과정을 서술하시오. [7점]

> **STEP 1** 첫째항 a와 공비 r에 대한 식 세우기 [3점]
>
> 등비수열 $\{a_n\}$의 첫째항부터 제n항까지의 합을 S_n이라 하고 첫째항을 a, 공비를 r라 하자.
>
> $S_3=21$에서 $\dfrac{a(r^3-1)}{r-1}=21$ ·················· ㉠
>
> $S_6=-147$에서 $\dfrac{a(\boxed{}^{(1)}-1)}{r-1}=-147$
>
> $\therefore \dfrac{a(r^3-1)(\boxed{}^{(2)}+1)}{r-1}=-147$ ·················· ㉡
>
> **STEP 2** a, r의 값 구하기 [2점]
>
> ㉡÷㉠을 하면
>
> $r^3+1=\boxed{}^{(3)}$, $r^3=\boxed{}^{(4)}$ $\therefore r=\boxed{}^{(5)}$
>
> r의 값을 ㉠에 대입하면 $a=\boxed{}^{(6)}$
>
> **STEP 3** a_7의 값 구하기 [2점]
>
> $a_7=ar^6=7\times\boxed{}^{(7)}=\boxed{}^{(8)}$

2250 한번 더

모든 항이 실수인 등비수열 $\{a_n\}$에 대하여 첫째항부터 제5항까지의 합이 11, 첫째항부터 제10항까지의 합이 -341일 때, a_{11}의 값을 구하는 과정을 서술하시오. [7점]

> **STEP 1** 첫째항 a와 공비 r에 대한 식 세우기 [3점]
>
>
>
> **STEP 2** a, r의 값 구하기 [2점]
>
>
>
> **STEP 3** a_{11}의 값 구하기 [2점]

2251 유사 1

등비수열 $\{a_n\}$의 첫째항부터 제n항까지의 합을 S_n이라 하자. $S_5=15$, $S_{10}=75$일 때, S_{15}의 값을 구하는 과정을 서술하시오. [8점]

2252 유사 2

첫째항이 3인 등비수열 $\{a_n\}$의 첫째항부터 제n항까지의 합을 S_n이라 하자. $S_n=45$, $S_{2n}=765$일 때, $a_1+a_3+a_5+\cdots+a_{2n-1}$의 값을 구하는 과정을 서술하시오. [9점]

핵심 KEY 유형 12 **부분의 합이 주어진 등비수열의 합**

부분의 합이 주어진 등비수열에서 일반항 또는 등비수열의 합을 구하는 문제이다.

등비수열의 합은 $S_n=\dfrac{a(r^n-1)}{r-1}=\dfrac{a(1-r^n)}{1-r}$임을 이용한다.

등비수열의 합을 첫째항과 공비에 대한 식으로 나타낸 후, 분자가 인수분해가 될 경우 가능한 범위까지 인수분해하여 식을 간단히 하면 쉽게 계산할 수 있다.

실전 마무리하기 **1**회

점 / 100점

• 선택형 21문항, 서술형 4문항입니다.

1 2253

등비수열 $\{a_n\}$에서 첫째항이 3, 공비가 -2일 때, 768은 제 몇 항인가? [3점]

① 제9항   ② 제10항   ③ 제11항

④ 제12항   ⑤ 제13항

2 2254

공비가 양수인 등비수열 $\{a_n\}$에 대하여

$$a_4+a_5=36,\ a_2+a_3=4$$

일 때, a_7의 값은? [3점]

① 64   ② 81   ③ 128

④ 243   ⑤ 256

3 2255

양수로 이루어진 등비수열 $\{a_n\}$에 대하여

$$\log_5 a_1+\log_5 a_2+\log_5 a_3+\cdots+\log_5 a_{11}=11$$

일 때, $a_3 a_9$의 값은? [3점]

① 10   ② 15   ③ 20

④ 25   ⑤ 30

4 2256

공비가 3, 제4항이 54인 등비수열 $\{a_n\}$에서 처음으로 500 보다 커지는 항은? [3점]

① 제5항   ② 제6항   ③ 제7항

④ 제8항   ⑤ 제9항

5 2257

네 수 -2, a, -18, b가 이 순서대로 등비수열을 이룰 때, $\dfrac{b}{a}$의 값은? [3점]

① 3   ② 6   ③ 9

④ 12   ⑤ 15

6 2258

세 수 a, 3, b가 이 순서대로 등차수열을 이루고, 세 수 1, a, b가 이 순서대로 등비수열을 이룰 때, $2a+b$의 값은?

(단, $a>0$) [3점]

① 7　　　　　② 8　　　　　③ 9

④ 10　　　　　⑤ 11

7 2259

등비수열 $\dfrac{1}{4}$, $\dfrac{1}{2}$, 1, $\cdots$, 128의 합을 S라 할 때, S의 값은?

[3점]

① $\dfrac{2^{10}-1}{4}$　　　② $\dfrac{2^{10}-1}{2}$　　　③ $2^{10}-1$

④ $\dfrac{2^{11}-1}{4}$　　　⑤ $\dfrac{2^{11}-1}{2}$

8 2260

첫째항이 3인 등비수열 $\{a_n\}$에 대하여 $\dfrac{a_4}{a_3}+\dfrac{a_6}{a_4}=-\dfrac{1}{4}$일 때, a_5의 값은? [3.5점]

① $\dfrac{1}{16}$　　　② $\dfrac{3}{16}$　　　③ $\dfrac{5}{16}$

④ $\dfrac{7}{16}$　　　⑤ $\dfrac{9}{16}$

9 2261

첫째항이 500이고 공비가 $\dfrac{1}{4}$인 등비수열 $\{a_n\}$에 대하여

$$T_n=a_1\times a_2\times a_3\times\cdots\times a_n$$

이라 하자. T_n의 값이 최대가 될 때의 n의 값은? [3.5점]

① 4　　　　　② 5　　　　　③ 6

④ 7　　　　　⑤ 8

10 2262

두 수 2와 64 사이에 10개의 수 x_1, x_2, x_3, $\cdots$, x_{10}을 넣어서 만든 수열 2, x_1, x_2, x_3, $\cdots$, x_{10}, 64가 이 순서대로 등비수열을 이룰 때, $x_1\times x_2\times x_3\times\cdots\times x_{10}$의 값은? [3.5점]

① 2^{31}　　　　② 2^{33}　　　　③ 2^{35}

④ 2^{37}　　　　⑤ 2^{39}

11 2263

등비수열을 이루는 세 수의 합이 -7, 곱이 27일 때, 세 수 중 가장 작은 수는? [3.5점]

① -9　　　　② -6　　　　③ -3

④ -1　　　　⑤ 1

12 2264

어떤 공을 일정한 높이에서 떨어뜨렸을 때, 떨어뜨린 높이에 대해 일정한 비율만큼 다시 튀어 오른다고 한다. 이 공을 7.5 m의 높이에서 떨어뜨렸더니 처음에 3 m만큼 튀어 올랐을 때, 튀어 오른 높이가 $\dfrac{48}{625}$ m가 되는 것은 몇 번째 튀어 올랐을 때인가? [3.5점]

① 4번째   ② 5번째   ③ 6번째
④ 7번째   ⑤ 8번째

13 2265

등비수열 $\{a_n\}$의 첫째항부터 제6항까지의 합은 12, 첫째항부터 제12항까지의 합은 72이다. 이때 첫째항부터 제18항까지의 합은? [3.5점]

① 354   ② 360   ③ 366
④ 372   ⑤ 378

14 2266

수열 $\{a_n\}$의 첫째항부터 제n항까지의 합 S_n이 $S_n = 2 \times 3^{1-n} + k$이다. 수열 $\{a_n\}$이 첫째항부터 등비수열을 이룰 때, 상수 k의 값은? [3.5점]

① -7 ② -6 ③ -5
④ -4 ⑤ -3

15 2267

월이율 0.3 %, 1개월마다 복리로 매월 초에 30만 원씩 36개월 동안 적립할 때, 36개월 말의 적립금의 원리합계는? (단, $1.003^{36} = 1.11$, $1.03^{36} = 2.90$으로 계산하고, 천의 자리에서 반올림한다.) [3.5점]

① 1101만 원   ② 1103만 원   ③ 1105만 원
④ 1107만 원   ⑤ 1109만 원

16 2268

어느 은행의 적금 상품에 가입하여 2022년 1월 초부터 2024년 6월 초까지 매월 초에 일정한 금액을 적립한 후 2024년 6월 말에 1608만 원을 지급받기로 하였다. 월이율 0.5 %의 복리로 계산할 때, 매월 적립해야 하는 금액은? (단, $1.005^{30} = 1.16$으로 계산한다.) [3.5점]

① 48만 원   ② 49만 원   ③ 50만 원
④ 51만 원   ⑤ 52만 원

17 2269

등차수열 $\{a_n\}$과 등비수열 $\{b_n\}$이 다음 조건을 만족시킬 때, $a_5 + b_5$의 값은?

(단, 등비수열 $\{b_n\}$의 공비는 1이 아니다.) [4점]

> (가) $a_1 = 3$, $b_1 = 3$
> (나) $a_2 = b_2$, $a_4 = b_4$

① 11   ② 13   ③ 15
④ 17   ⑤ 19

18 2270

그림과 같이 평행하지 않은 두 직선 사이에 정사각형들이 겹치지 않고 변끼리 만나면서 놓여 있다. 첫 번째 정사각형의 넓이가 3이고 7

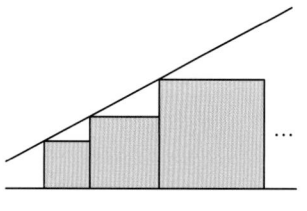

번째 정사각형의 넓이가 24일 때, 11번째 정사각형의 넓이는? [4점]

① 80   ② 84   ③ 92
④ 96   ⑤ 100

19 2271

$a_1 = 5$, $a_4 = 1080$이고 공비가 실수인 등비수열 $\{a_n\}$에 대하여 $\log(a_1 + a_2 + a_3 + \cdots + a_n)^3 < 9$를 만족시키는 자연수 n의 최댓값은? [4점]

① 3   ② 4   ③ 5
④ 6   ⑤ 7

20 2272

공비가 -2인 등비수열 $\{a_n\}$에 대하여
$$S_n = a_1^2 + a_2^2 + a_3^2 + \cdots + a_n^2,$$
$$T_n = \frac{1}{a_1} + \frac{1}{a_2} + \frac{1}{a_3} + \cdots + \frac{1}{a_n}$$

일 때, $\dfrac{S_3 T_3}{S_2 T_2}$의 값은? (단, $a_1 \neq 0$) [4점]

① $\dfrac{61}{10}$ ② $\dfrac{63}{10}$ ③ $\dfrac{13}{2}$
④ $\dfrac{67}{10}$ ⑤ $\dfrac{69}{10}$

21 2273

첫째항이 2, 공비가 정수인 등비수열 $\{a_n\}$의 첫째항부터 제 n항까지의 합을 S_n이라 하자. 자연수 m이 다음 조건을 만족시킬 때, m과 등비수열 $\{a_n\}$의 공비의 합은? [4.5점]

> (가) $6 < a_1 + a_2 + a_3 \leq 14$
> (나) $S_m = 122$

① 1   ② 2   ③ 3
④ 4   ⑤ 5

22 2274

공비가 3인 등비수열 $\{a_n\}$에 대하여 첫째항부터 제n항까지의 합을 S_n이라 할 때, $\dfrac{S_6}{S_3}$의 값을 구하는 과정을 서술하시오. (단, $a_1 \neq 0$) [6점]

23 2275

첫 달 컴퓨터의 생산량이 1000대인 컴퓨터 회사에서 다음 달부터 생산량을 10 %씩 늘리기로 했다. 첫 달을 포함한 2년 동안의 모든 컴퓨터의 생산량을 구하는 과정을 서술하시오. (단, $1.1^{23} = 8.95$, $1.1^{24} = 9.85$, $1.1^{25} = 10.83$으로 계산한다.)

[6점]

24 2276

150 이하의 자연수 중에서 서로 다른 네 수를 뽑아 작은 수부터 차례로 나열하였더니 공비가 자연수인 등비수열을 이루었다. 이 조건을 만족시키는 수열은 모두 몇 가지인지 구하는 과정을 서술하시오. [7점]

25 2277

그림과 같이 한 변의 길이가 4인 정사각형 모양의 종이가 있다. 첫 번째 시행에서 각 변의 중점을 이어서 만든 네 개의 정사각형 중에서 왼쪽 위의 정사각형을 색칠한다. 두 번째 시행에서 첫 번째 시행 후 남은 오른쪽 아래의 정사각형에서 같은 방법으로 정사각형을 색칠한다. 이와 같은 시행을 계속할 때, 다섯 번째 시행 후 색칠된 모든 정사각형의 넓이의 합을 구하는 과정을 서술하시오. [8점]

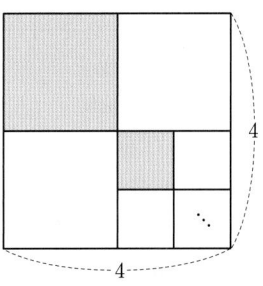

1 2278

등비수열 $\{a_n\}$에서 제3항이 12, 제6항이 -96일 때, 첫째 항과 공비의 합은? [3점]

① -2 ② -1 ③ 1

④ 2   ⑤ 3

2 2279

모든 항이 양수인 등비수열 $\{a_n\}$에 대하여

$$a_1=5,\ \frac{a_3 a_6}{a_2 a_4}=8$$

일 때, a_7의 값은? [3점]

① 240   ② 260   ③ 280

④ 300   ⑤ 320

3 2280

모든 항이 양수인 등비수열 $\{a_n\}$에서

$$a_4+a_5=6,\ a_6+a_7+a_8+a_9=72$$

일 때, $a_{12}+a_{13}$의 값은? [3점]

① 474   ② 480   ③ 486

④ 492   ⑤ 498

4 2281

등비수열 $\{a_n\}$에서 제3항이 20, 제4항이 40일 때, 처음으로 1000보다 커지는 항은 제몇 항인가? [3점]

① 제6항   ② 제7항   ③ 제8항

④ 제9항   ⑤ 제10항

5 2282

두 수 48과 3 사이에 세 양수 a, b, c를 넣어 만든 수열

$$48,\ a,\ b,\ c,\ 3$$

이 이 순서대로 등비수열을 이룰 때, $a-b+c$의 값은? [3점]

① 6   ② 12   ③ 18

④ 24   ⑤ 30

6 2283

공차가 0이 아닌 등차수열 $\{a_n\}$에서 세 수 a_2, a_4, a_7이 이 순서대로 등비수열을 이룬다. 이때 $\dfrac{a_8}{a_3}$의 값은? [3점]

① $\dfrac{6}{5}$ ② $\dfrac{7}{5}$ ③ $\dfrac{8}{5}$

④ $\dfrac{9}{5}$ ⑤ 2

7 2284

세 수 x, -5, y가 이 순서대로 등차수열을 이루고, 세 수 x, 3, y가 이 순서대로 등비수열을 이룰 때, x^2+y^2의 값은? [3점]

① 80   ② 82   ③ 84

④ 86   ⑤ 88

8 2285

공비가 음수인 등비수열 $\{a_n\}$에 대하여 $a_1=-3$, $\dfrac{a_5}{a_3}=4$일 때, $|a_3-a_2|+|a_5-a_4|$의 값은? [3.5점]

① 78   ② 82   ③ 86

④ 90   ⑤ 94

9 2286

세 자리의 자연수 중에서 서로 다른 네 개의 수를 작은 수부터 차례로 나열하였더니 공비가 자연수인 등비수열을 이루었다. 이 네 수의 합의 최댓값은? [3.5점]

① 1850   ② 1860   ③ 1870

④ 1880   ⑤ 1890

10 2287

어느 회사에서 개발한 여과 장치는 소금물을 한 번 통과시킬 때마다 소금물 속에 들어 있는 소금을 30 %씩 걸러낸다고 한다. 소금 10 kg이 들어 있는 소금물을 이 여과 장치에 연속하여 6번 통과시킬 때, 여과 장치가 걸러낸 소금의 양은 모두 몇 g인가? (단, $0.7^6=0.118$로 계산한다.) [3.5점]

① 5820 g   ② 6820 g   ③ 7820 g

④ 8820 g   ⑤ 9820 g

11 2288

모든 항이 양수인 등비수열 $\{a_n\}$에서

$$a_1+a_2+a_3+\cdots+a_{10}=10,$$
$$a_{21}+a_{22}+a_{23}+\cdots+a_{30}=40$$

일 때, $a_{41}+a_{42}+a_{43}+\cdots+a_{59}+a_{60}$의 값은? [3.5점]

① 460   ② 470   ③ 480

④ 490   ⑤ 500

12 2289

모든 항이 양수인 등비수열 $\{a_n\}$의 첫째항부터 제n항까지의 합을 S_n이라 하자. $\dfrac{S_9}{S_3}=43$일 때, $\dfrac{a_9}{a_3}$의 값은? [3.5점]

① 30   ② 33   ③ 36

④ 39   ⑤ 42

13 2290

등비수열 $\{a_n\}$에 대하여 $a_2=6$, $a_5=48$일 때, 첫째항부터 제n항까지의 합이 500보다 커질 때의 자연수 n의 최솟값은? [3.5점]

① 6   ② 7   ③ 8

④ 9   ⑤ 10

14 2291

수열 $\{a_n\}$은 첫째항이 1이고 공비가 3인 등비수열일 때, $\dfrac{1}{a_1}+\dfrac{2}{a_2}+\dfrac{2^2}{a_3}+\cdots+\dfrac{2^{n-1}}{a_n}$을 간단히 하면? [3.5점]

① $\dfrac{1}{3}\left\{1-\left(\dfrac{1}{3}\right)^{n-1}\right\}$ ② $\dfrac{1}{3}\left\{1-\left(\dfrac{2}{3}\right)^{n}\right\}$

③ $1-\left(\dfrac{1}{3}\right)^{n-1}$ ④ $3\left\{1-\left(\dfrac{2}{3}\right)^{n-1}\right\}$

⑤ $3\left\{1-\left(\dfrac{2}{3}\right)^{n}\right\}$

15 2292

모든 항이 양수인 등비수열 $\{a_n\}$의 첫째항부터 제n항까지의 합을 S_n이라 하자. $S_2=6$, $S_3=7a_3$일 때, $8S_6$의 값은?

[3.5점]

① 61 ② 63 ③ 65
④ 67 ⑤ 69

16 2293

수열 $\{a_n\}$의 첫째항부터 제n항까지의 합을 S_n이라 하자. $S_n=3\times2^{n+1}-5$일 때, $a_1+a_3+a_5$의 값은? [3.5점]

① 121 ② 123 ③ 125
④ 127 ⑤ 129

17 2294

등비수열 $\{a_n\}$의 첫째항부터 제n항까지의 합 S_n에 대하여 $S_5-S_3=8$, $S_9-S_5=96$일 때, a_8+a_9의 값은? [4점]

① 64 ② 66 ③ 68
④ 70 ⑤ 72

18 2295

등비수열 $\{a_n\}$의 첫째항부터 제n항까지의 합을 S_n이라 하자. $S_{10}=7$, $a_{11}+a_{12}+a_{13}+\cdots+a_{20}=56$이고, $S_{30}=kS_{10}$일 때, 상수 k의 값은? [4점]

① 70 ② 71 ③ 72
④ 73 ⑤ 74

19 2296

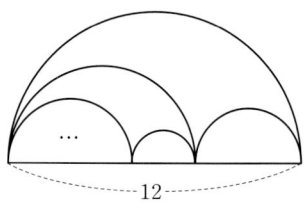

그림과 같이 지름이 12인 반원이 있다. 첫 번째 시행에서 반원의 지름을 2 : 1로 내분하여 각각을 지름으로 하는 반원을 만들고, 이때 만들어진 두 반원의 호의 길이의 합을 a_1이라 하자. 두 번째 시행에서 첫 번째 시행 후 만들어진 두 반원 중 큰 반원으로 위의 과정을 반복하고, 이때 만들어진 두 반원의 호의 길이의 합을 a_2라 하자. 이와 같은 시행을 반복하여 n번째 만들어진 두 반원의 호의 길이의 합을 a_n이라 할 때, 수열 $\{a_n\}$의 첫째항부터 제n항까지의 합이 처음으로 $\dfrac{1330}{81}\pi$보다 커지는 자연수 n의 값은? [4점]

① 3 ② 4 ③ 5
④ 6 ⑤ 7

20 2297

올해부터 매년 말에 200만 원씩 10년 동안 받는 연금이 있다. 연이율 5 %, 1년마다 복리로 계산할 때, 이 연금을 올해 초에 한 번에 모두 지급 받는다면 받게 되는 금액은?

(단, $1.05^{10}=1.6$으로 계산한다.) [4점]

① 1500만 원 ② 1525만 원 ③ 1550만 원
④ 1575만 원 ⑤ 1600만 원

21 2298

2의 거듭제곱 2, 2^2, 2^3, $\cdots$, 2^{10}에서 서로 다른 3개의 수를 택하여 그들을 곱한 값을 S라 하고, 이 S의 값 중 서로 다른 것을 작은 수부터 차례로 a_1, a_2, a_3, $\cdots$, a_n이라 하자. $a_1+a_2+a_3+\cdots+a_n=p(2^q-1)$일 때, $p+q-n$의 값은?

(단, p, q는 정수이고, $p\leq100$이다.) [4.5점]

① 61 ② 62 ③ 63
④ 64 ⑤ 65

서술형

22 2299

모든 항이 양수인 등비수열 $\{a_n\}$에 대하여

$$a_1 a_2 = a_{10}, \; a_1 + a_9 = 20$$

일 때, $(a_1 + a_3 + a_5 + a_7 + a_9)(a_1 - a_3 + a_5 - a_7 + a_9)$의 값을 구하는 과정을 서술하시오. [6점]

24 2301

영주와 재호는 연이율 2 %, 1년마다 복리인 예금 상품에 10년 동안 저금하려고 한다. 영주는 매년 초에 100만 원씩 10년 동안 저금하고, 재호는 첫 해 100만 원을 저금하고 그 다음 해부터는 전년도보다 2 % 많은 금액을 매년 초 저금하려고 한다. 10년 말에 영주와 재호가 각각 저금한 금액의 원리합계의 차는 얼마인지 구하는 과정을 서술하시오.

(단, $1.02^{10} = 1.22$로 계산한다.) [7점]

23 2300

수열 $\{a_n\}$의 첫째항부터 제n항까지의 합 S_n이 $S_n = 3^{2n} + k$이다. 수열 $\{a_n\}$이 첫째항부터 공비가 r인 등비수열을 이룰 때, $k + r$의 값을 구하는 과정을 서술하시오.

(단, k는 상수이다.) [6점]

25 2302

서로 다른 세 실수의 곱은 -8이고, 이 세 수를 적당히 늘어놓으면 등비수열이 된다. 또, 이 세 수를 적당히 늘어놓으면 등차수열이 될 때, 이 세 수를 구하는 과정을 서술하시오.

[8점]

인생에서 가장 큰 행복은 사랑받고 있다는 확신,

좀 더 정확히는

내가 이런 사람임에도 사랑받고 있다는 확신이다.

-빅토르 위고-

수열의 합 **10**

10

수열의 합

1 합의 기호 ∑
핵심 **1**

수열 $\{a_n\}$의 첫째항부터 제n항까지의 합 $a_1+a_2+a_3+\cdots+a_n$을 기호 $\sum$를 사용하여 $\displaystyle\sum_{k=1}^{n}a_k$와 같이 나타낸다. 즉

$$a_1+a_2+a_3+\cdots+a_n=\sum_{k=1}^{n}a_k$$

참고 $\displaystyle\sum_{k=m}^{n}a_k=a_m+a_{m+1}+a_{m+2}+\cdots+a_n=\sum_{k=1}^{n}a_k-\sum_{k=1}^{m-1}a_k$ (단, $m\leq n$)

> **Note**
>
> 기호 $\sum$는 합을 뜻하는 영어 Sum의 첫 글자 S에 해당하는 그리스 문자로 '시그마(sigma)'라고 읽는다.
>
> $\displaystyle\sum_{k=1}^{n}a_k$에서 k 대신 다른 문자를 사용하여 $\displaystyle\sum_{i=1}^{n}a_i$, $\displaystyle\sum_{j=1}^{n}a_j$ 등과 같이 나타낼 수 있다.

2 ∑의 성질
핵심 **1**

(1) $\displaystyle\sum_{k=1}^{n}(a_k+b_k)=\sum_{k=1}^{n}a_k+\sum_{k=1}^{n}b_k$ (2) $\displaystyle\sum_{k=1}^{n}(a_k-b_k)=\sum_{k=1}^{n}a_k-\sum_{k=1}^{n}b_k$

(3) $\displaystyle\sum_{k=1}^{n}ca_k=c\sum_{k=1}^{n}a_k$ (단, c는 상수)   (4) $\displaystyle\sum_{k=1}^{n}c=cn$ (단, c는 상수)

주의 (1) $\displaystyle\sum_{k=1}^{n}a_kb_k\neq\sum_{k=1}^{n}a_k\sum_{k=1}^{n}b_k$ (2) $\displaystyle\sum_{k=1}^{n}a_k^2\neq\left(\sum_{k=1}^{n}a_k\right)^2$ (3) $\displaystyle\sum_{k=1}^{2n}a_k\neq\sum_{k=1}^{n}a_{2k}$

> $\displaystyle\sum_{k=1}^{n}(pa_k+qb_k)=p\sum_{k=1}^{n}a_k+q\sum_{k=1}^{n}b_k$
> (단, p, q는 상수)

3 자연수의 거듭제곱의 합
핵심 **2**

(1) $\displaystyle\sum_{k=1}^{n}k=1+2+3+\cdots+n=\frac{n(n+1)}{2}$

(2) $\displaystyle\sum_{k=1}^{n}k^2=1^2+2^2+3^2+\cdots+n^2=\frac{n(n+1)(2n+1)}{6}$

(3) $\displaystyle\sum_{k=1}^{n}k^3=1^3+2^3+3^3+\cdots+n^3=\left\{\frac{n(n+1)}{2}\right\}^2$

> $\displaystyle\sum_{k=1}^{n}k^3=\left\{\frac{n(n+1)}{2}\right\}^2=\left(\sum_{k=1}^{n}k\right)^2$

4 여러 가지 수열의 합
핵심 **3**

(1) 일반항이 분수 꼴인 수열의 합은 부분분수로 변형하여 구한다.

   ① $\displaystyle\sum_{k=1}^{n}\frac{1}{k(k+1)}=\sum_{k=1}^{n}\left(\frac{1}{k}-\frac{1}{k+1}\right)$

   ② $\displaystyle\sum_{k=1}^{n}\frac{1}{(k+a)(k+b)}=\frac{1}{b-a}\sum_{k=1}^{n}\left(\frac{1}{k+a}-\frac{1}{k+b}\right)$ (단, $a\neq b$)

(2) 일반항의 분모에 근호가 포함된 수열의 합은 분모를 유리화하여 구한다.

   → $\displaystyle\sum_{k=1}^{n}\frac{1}{\sqrt{k+1}+\sqrt{k}}=\sum_{k=1}^{n}(\sqrt{k+1}-\sqrt{k})$

> $\dfrac{1}{AB}=\dfrac{1}{B-A}\left(\dfrac{1}{A}-\dfrac{1}{B}\right)$
> (단, $A\neq B$)

> $\displaystyle\sum_{k=1}^{n}\frac{1}{\sqrt{k+d}+\sqrt{k}}$
> $=\dfrac{1}{d}\displaystyle\sum_{k=1}^{n}(\sqrt{k+d}-\sqrt{k})$ (단, $d\neq0$)

기호 $\sum$의 뜻과 성질 유형 1,2

동영상 강의

● 기호 $\sum$의 뜻

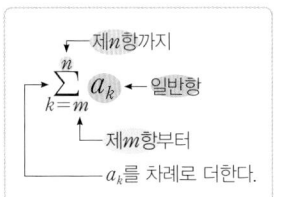

$$3+6+9+12+\cdots+30=\sum_{k=1}^{10} 3k$$

$$\sum_{k=3}^{20} k=3+4+5+6+\cdots+20$$

수열의 합을 표현할 때, $\sum$를 사용하면 더하려고 하는 모든 항을 명확하게 표현할 수 있어.

● $\sum$의 성질

$\sum_{k=1}^{10} a_k = 3$, $\sum_{k=1}^{10} b_k = 4$일 때,

$$\sum_{k=1}^{10} (2a_k - 3b_k + 1) = \sum_{k=1}^{10} 2a_k - \sum_{k=1}^{10} 3b_k + \sum_{k=1}^{10} 1$$
$$= 2\sum_{k=1}^{10} a_k - 3\sum_{k=1}^{10} b_k + \sum_{k=1}^{10} 1$$
$$= 2 \times 3 - 3 \times 4 + 1 \times 10 = 4$$

10

2303 다음을 합의 기호 $\sum$를 사용하여 나타내시오.

(1) $2 + 2^2 + 2^3 + \cdots + 2^{10}$

(2) $1 + \dfrac{1}{2} + \dfrac{1}{3} + \cdots + \dfrac{1}{20}$

(3) $2 + 5 + 8 + \cdots + 32$

2305 두 수열 $\{a_n\}$, $\{b_n\}$에 대하여 $\sum_{k=1}^{10} a_k = 3$, $\sum_{k=1}^{10} b_k = 5$일 때, 다음 식의 값을 구하시오.

(1) $\sum_{k=1}^{10} (2a_k + 1)$

(2) $\sum_{k=1}^{10} (-a_k + 3b_k)$

2304 다음을 합의 기호 $\sum$를 사용하지 않은 합의 꼴로 나타내시오.

$$\sum_{k=5}^{10} (2k-1)$$

2306 수열 $\{a_n\}$에 대하여 $\sum_{k=1}^{10} a_k = 4$, $\sum_{k=1}^{10} a_k^2 = 10$일 때, 다음 식의 값을 구하시오.

(1) $\sum_{k=1}^{10} (a_k - 1)^2$

(2) $\sum_{k=1}^{10} (a_k + 2) + \sum_{k=1}^{10} (a_k - 2)$

자연수의 거듭제곱의 합 유형 3

(1) $\sum\limits_{k=1}^{20} k = 1+2+3+\cdots+20 = \dfrac{20\times(20+1)}{2} = 210$

(2) $\sum\limits_{k=1}^{10} k^2 = 1^2+2^2+3^2+\cdots+10^2 = \dfrac{10\times(10+1)\times(2\times10+1)}{6} = 385$

(3) $\sum\limits_{k=1}^{5} k^3 = 1^3+2^3+3^3+4^3+5^3 = \left\{\dfrac{5\times(5+1)}{2}\right\}^2 = 225$

2307 다음 식의 값을 구하시오.

(1) $\sum\limits_{k=1}^{10}(k^2-3k+1)$

(2) $\sum\limits_{k=1}^{5} k(2k^2+2)$

2308 다음 식의 값을 구하시오.

(1) $1+3+5+\cdots+29$

(2) $3^2+4^2+5^2+\cdots+10^2$

여러 가지 수열의 합 유형 11, 14

● 분수 꼴인 수열의 합

$$\sum_{k=1}^{10} \frac{1}{k(k+1)} = \sum_{k=1}^{10}\left(\frac{1}{k}-\frac{1}{k+1}\right)$$
$$= \left(1-\frac{1}{2}\right)+\left(\frac{1}{2}-\frac{1}{3}\right)+\left(\frac{1}{3}-\frac{1}{4}\right)+\cdots+\left(\frac{1}{10}-\frac{1}{11}\right)$$
$$= 1-\frac{1}{11} = \frac{10}{11}$$

● 분모에 근호가 포함된 수열의 합

$$\sum_{k=1}^{10} \frac{1}{\sqrt{k+1}+\sqrt{k}} = \sum_{k=1}^{10}\frac{\sqrt{k+1}-\sqrt{k}}{(\sqrt{k+1}+\sqrt{k})(\sqrt{k+1}-\sqrt{k})}$$
$$= \sum_{k=1}^{10}(\sqrt{k+1}-\sqrt{k})$$
$$= (\sqrt{2}-1)+(\sqrt{3}-\sqrt{2})+(\sqrt{4}-\sqrt{3})+\cdots+(\sqrt{11}-\sqrt{10})$$
$$= \sqrt{11}-1$$

> 항이 연쇄적으로 소거될 때, 앞에서 남는 항과 뒤에서 남는 항은 서로 대칭이 되는 위치에 있어.

2309 다음 식의 값을 구하시오.

$$\sum_{k=1}^{10} \frac{1}{(k+1)(k+2)}$$

2310 다음 수열의 합을 구하시오.

(1) $\dfrac{1}{\sqrt{2}+1}, \dfrac{1}{\sqrt{3}+\sqrt{2}}, \dfrac{1}{\sqrt{4}+\sqrt{3}}, \cdots, \dfrac{1}{\sqrt{n+1}+\sqrt{n}}$

(2) $\sum\limits_{k=1}^{14} \dfrac{1}{\sqrt{k}+\sqrt{k+2}}$

기출 유형 ᶜʰᵉᶜᵏ
실전 준비하기

◉ 23유형, 168문항입니다.

기초 유형 **0-1** 부분분수의 계산 　　　　| 고등수학

0이 아닌 두 다항식 A, B에 대하여

$$\frac{1}{AB} = \frac{1}{B-A}\left(\frac{1}{A} - \frac{1}{B}\right) \text{ (단, } A \neq B)$$

2311 대표문제

다음 식의 분모를 0으로 만들지 않는 모든 실수 x에 대하여

$$\frac{1}{x^2+3x+2} = \frac{a}{x+1} + \frac{b}{x+2}$$

가 항상 성립할 때, $a-b$의 값은? (단, a, b는 유리수이다.)

① -2 　　　　② -1 　　　　③ 0

④ 1 　　　　⑤ 2

2312 　　　　　　　　　　　·ıll Level 1

다음 식을 계산하면?

$$\frac{1}{x(x+1)} + \frac{1}{(x+1)(x+2)} + \frac{1}{(x+2)(x+3)}$$

① $\dfrac{1}{x(x+2)}$ 　② $\dfrac{2}{x(x+2)}$ 　③ $\dfrac{1}{x(x+3)}$

④ $\dfrac{2}{x(x+3)}$ 　⑤ $\dfrac{3}{x(x+3)}$

2313 　　　　　　　　　　　·ıll Level 2

등식 $\dfrac{1}{x^2+2x} + \dfrac{1}{x^2+6x+8} + \dfrac{1}{x^2+10x+24} = \dfrac{1}{9}$ 을 만족

시키는 양수 x의 값을 구하시오.

기초 유형 **0-2** 무리식의 계산 　　　　| 고등수학

분모에 무리식이 포함된 식은 분모를 유리화하여 간단히 한 다음 계산한다. 즉,

$a>0$, $b>0$일 때

(1) $\dfrac{a}{\sqrt{b}} = \dfrac{a \times \sqrt{b}}{\sqrt{b} \times \sqrt{b}} = \dfrac{a\sqrt{b}}{b}$

(2) $\dfrac{k}{\sqrt{a}+\sqrt{b}} = \dfrac{k(\sqrt{a}-\sqrt{b})}{(\sqrt{a}+\sqrt{b})(\sqrt{a}-\sqrt{b})}$

　　　　$= \dfrac{k(\sqrt{a}-\sqrt{b})}{a-b}$ (단, $a \neq b$)

2314 대표문제

$\dfrac{x+1}{\sqrt{x+1}} - \dfrac{x}{\sqrt{x}} = \sqrt{x+a} - \sqrt{x+b}$일 때, 상수 a, b에 대하여

$a+b$의 값을 구하시오.

2315 　　　　　　　　　　　·ıll Level 1

다음 식의 분모를 유리화하시오.

$$\frac{2}{\sqrt{x-1} - \sqrt{x-3}}$$

2316 　　　　　　　　　　　·ıll Level 2

무리식 $f(x)$에 대하여 $f(x) = \dfrac{\sqrt{x}-2}{\sqrt{x}+2} + \dfrac{\sqrt{x}+2}{\sqrt{x}-2}$일 때, $f(2)$

의 값은?

① -6 　　　　② -4 　　　　③ -2

④ 0 　　　　⑤ 2

(1) $\displaystyle\sum_{k=1}^{n} a_k = a_1 + a_2 + a_3 + \cdots + a_n$

(2) $\displaystyle\sum_{k=1}^{n} a_{2k-1} = a_1 + a_3 + a_5 + \cdots + a_{2n-1}$

(3) $\displaystyle\sum_{k=1}^{n} a_{2k} = a_2 + a_4 + a_6 + \cdots + a_{2n}$

(4) $\displaystyle\sum_{k=1}^{n} (a_{2k-1} + a_{2k})$

$= (a_1 + a_2) + (a_3 + a_4) + \cdots + (a_{2n-1} + a_{2n}) = \displaystyle\sum_{k=1}^{2n} a_k$

(5) $\displaystyle\sum_{k=m}^{n} a_k = a_m + a_{m+1} + a_{m+2} + \cdots + a_n$ (단, $m \le n$)

2317 대표문제

수열 $\{a_n\}$에서 $a_1 = 15$, $\displaystyle\sum_{k=1}^{n} (a_{k+1} - a_k) = 4n$일 때, a_{21}의 값은?

① 75   ② 80   ③ 85

④ 90   ⑤ 95

2318

Level 1

다음 중 옳지 <u>않은</u> 것은?

① $2+4+6+8+10+12+14 = \displaystyle\sum_{k=1}^{7} 2k$

② $1+3+5+7+9+11+13 = \displaystyle\sum_{k=1}^{7} (2k-1)$

③ $2+4+8+16+32+64 = \displaystyle\sum_{k=0}^{6} 2^{k+1}$

④ $1-1+1-1+1-1+1-1 = \displaystyle\sum_{k=1}^{8} (-1)^{k-1}$

⑤ $3+1+\dfrac{1}{3}+\dfrac{1}{9}+\dfrac{1}{27} = \displaystyle\sum_{k=1}^{5} \left(\dfrac{1}{3}\right)^{k-2}$

2319

Level 1

다음 〈보기〉에서 값이 <u>다른</u> 하나를 고르시오.

〈보기〉

ㄱ. $\displaystyle\sum_{k=1}^{10} k^2$ ㄴ. $\displaystyle\sum_{k=2}^{11} (k-1)^2$

ㄷ. $\displaystyle\sum_{k=4}^{14} (k-5)^2$ ㄹ. $\displaystyle\sum_{k=0}^{9} (k+1)^2$

2320

Level 1

$a_{n+1} + a_{n+2} + a_{n+3} + \cdots + a_{2n}$을 기호 $\sum$를 사용하여 나타낸 것이 <u>아닌</u> 것은?

① $\displaystyle\sum_{k=n+1}^{2n} a_k$ ② $\displaystyle\sum_{k=1}^{n} a_{n+k}$ ③ $\displaystyle\sum_{k=1}^{2n} a_k - \displaystyle\sum_{k=1}^{n} a_k$

④ $\displaystyle\sum_{k=n}^{2n} a_k - a_n$ ⑤ $\displaystyle\sum_{k=1}^{n} a_{2k}$

2321

Level 1

수열 $\{a_n\}$에서 $\displaystyle\sum_{k=1}^{8} a_k = \displaystyle\sum_{k=1}^{7} (a_k + 1)$일 때, a_8의 값은?

① 5   ② 6   ③ 7

④ 8   ⑤ 9

2322

Level 2

함수 $f(x)$에 대하여

$$\sum_{k=0}^{19}\{f(k+1)-f(k)\}=101,\ f(0)=-3$$

일 때, $f(20)$의 값을 구하시오.

2323

Level 2

$\sum_{k=1}^{n}a_k=n^2-3n$일 때, $\sum_{k=1}^{10}(a_{2k-1}+a_{2k})$의 값은?

① 310　② 320　③ 330　④ 340　⑤ 350

2324

Level 2

$\sum_{k=1}^{n}(a_{2k-1}+a_{2k})=2n^2$일 때, $\sum_{k=11}^{20}a_k$의 값은?

① 140　② 150　③ 160　④ 170　⑤ 180

2325

Level 2

수열 $\{a_n\}$에서 $a_1=4$, $\sum_{k=1}^{n}(a_{2k}+a_{2k+1})=2n^2+n$일 때, $\sum_{k=1}^{25}a_k$의 값을 구하시오.

다음은 이 유형에서 출제된 최근 교육청 • 평가원 기출문제입니다.

2326 • 2021학년도 대학수학능력시험

Level 1

수열 $\{a_n\}$은 $a_1=1$이고, 모든 자연수 n에 대하여 $\sum_{k=1}^{n}(a_k-a_{k+1})=-n^2+n$을 만족시킨다. a_{11}의 값은?

① 88　② 91　③ 94　④ 97　⑤ 100

2327 • 평가원 2022학년도 9월

Level 2

수열 $\{a_n\}$은 $a_1=-4$이고, 모든 자연수 n에 대하여 $\sum_{k=1}^{n}\frac{a_{k+1}-a_k}{a_ka_{k+1}}=\frac{1}{n}$을 만족시킨다. a_{13}의 값은?

① -9　② -7　③ -5　④ -3　⑤ -1

2328 • 교육청 2019년 11월

Level 2

수열 $\{a_n\}$이 모든 자연수 n에 대하여

$$\sum_{k=1}^{n}a_{2k-1}=3n^2-n,\ \sum_{k=1}^{2n}a_k=6n^2+n$$

을 만족시킬 때, $\sum_{k=1}^{24}(-1)^ka_k$의 값은?

① 18　② 24　③ 30　④ 36　⑤ 42

(1) $\sum\limits_{k=1}^{n}(pa_k+qb_k)=p\sum\limits_{k=1}^{n}a_k+q\sum\limits_{k=1}^{n}b_k$ (단, p, q는 상수)

(2) $\sum\limits_{k=1}^{n}(a_k+c)^2=\sum\limits_{k=1}^{n}a_k^{2}+2c\sum\limits_{k=1}^{n}a_k+c^2n$ (단, c는 상수)

(3) $\sum\limits_{k=1}^{n}c=cn$ (단, c는 상수)

2329 대표문제

$\sum\limits_{k=1}^{10}a_k=5$, $\sum\limits_{k=1}^{10}a_k^{2}=8$일 때, $\sum\limits_{k=1}^{10}(3a_k-1)^2$의 값은?

① 50   ② 52   ③ 54

④ 56   ⑤ 58

2330   Level 1

$\sum\limits_{k=1}^{15}a_k=4$, $\sum\limits_{k=1}^{15}b_k=-7$일 때, $\sum\limits_{k=1}^{15}(2a_k-b_k+3)$의 값은?

① 54   ② 57   ③ 60

④ 63   ⑤ 66

2331   Level 1

$\sum\limits_{k=1}^{n}a_k=4n^2$, $\sum\limits_{k=1}^{n}b_k=-n$일 때, $\sum\limits_{k=1}^{10}(a_k-7b_k+5)$의 값은?

① 490   ② 500   ③ 510

④ 520   ⑤ 530

2332   Level 1

$\sum\limits_{k=1}^{10}(a_{2k-1}+a_{2k})=40$일 때, $\sum\limits_{k=1}^{20}(3a_k-2)$의 값은?

① 80   ② 90   ③ 100

④ 110   ⑤ 120

2333   Level 2

$\sum\limits_{k=1}^{10}2a_k=6$, $\sum\limits_{k=1}^{10}3b_k=12$, $\sum\limits_{k=1}^{10}a_kb_k=5$일 때,

$\sum\limits_{k=1}^{10}(3a_k-2)(b_k-1)$의 값을 구하시오.

2334   Level 2

$\sum\limits_{k=1}^{10}a_k=11$, $\sum\limits_{k=1}^{20}a_k=21$, $\sum\limits_{k=1}^{10}b_k=12$, $\sum\limits_{k=1}^{20}b_k=42$일 때,

$\sum\limits_{k=11}^{20}(4b_k-2a_k)$의 값을 구하시오.

2335

●▮▮ Level 2

두 수열 $\{a_n\}$, $\{b_n\}$이 모든 자연수 n에 대하여 $a_n + b_n = 10$을 만족시킨다. $\displaystyle\sum_{k=1}^{15}(a_k + 4b_k) = 240$일 때, $\displaystyle\sum_{k=1}^{15} b_k$의 값은?

① 10   ② 20   ③ 30

④ 40   ⑤ 50

2336

●▮▮ Level 2

$\displaystyle\sum_{k=1}^{10}(2a_k + b_k) = 11$, $\displaystyle\sum_{k=1}^{10}(a_k + 2b_k) = 1$일 때, $\displaystyle\sum_{k=1}^{10}(5a_k - b_k)$의 값은?

① 36   ② 37   ③ 38

④ 39   ⑤ 40

2337

●▮▮ Level 2

$\displaystyle\sum_{k=1}^{20}(a_k + 1)^2 = 18$, $\displaystyle\sum_{k=1}^{20} a_k(a_k + 1) = 15$일 때, $\displaystyle\sum_{k=1}^{20} a_k{}^2$의 값은?

① 23   ② 26   ③ 29

④ 32   ⑤ 35

● 정답 및 풀이 **401**쪽

다음은 이 유형에서 출제된 최근 교육청·평가원 기출문제입니다.

2338 · 교육청 2021년 11월

●▮▮ Level 1

두 수열 $\{a_n\}$, $\{b_n\}$에 대하여 $\displaystyle\sum_{k=1}^{10} a_k = 5$, $\displaystyle\sum_{k=1}^{10} b_k = 20$일 때, $\displaystyle\sum_{k=1}^{10}(a_k + 2b_k - 1)$의 값은?

① 25   ② 30   ③ 35

④ 40   ⑤ 45

2339 · 교육청 2018년 11월

●▮▮ Level 1

어떤 자연수 m에 대하여 수열 $\{a_n\}$이

$$\sum_{k=1}^{m} a_k = -1, \quad \sum_{k=1}^{m} a_k{}^2 = 3$$

을 만족시킨다. $\displaystyle\sum_{k=1}^{m}(a_k + 3)^2 = 60$일 때, m의 값은?

① 3   ② 4   ③ 5

④ 6   ⑤ 7

2340 · 2022학년도 대학수학능력시험

●▮▮ Level 2

수열 $\{a_n\}$에 대하여

$$\sum_{k=1}^{10} a_k - \sum_{k=1}^{7} \frac{a_k}{2} = 56, \quad \sum_{k=1}^{10} 2a_k - \sum_{k=1}^{8} a_k = 100$$

일 때, a_8의 값을 구하시오.

(1) $\displaystyle\sum_{k=1}^{n} k = 1+2+3+\cdots+n = \dfrac{n(n+1)}{2}$

(2) $\displaystyle\sum_{k=1}^{n} k^2 = 1^2+2^2+3^2+\cdots+n^2 = \dfrac{n(n+1)(2n+1)}{6}$

(3) $\displaystyle\sum_{k=1}^{n} k^3 = 1^3+2^3+3^3+\cdots+n^3 = \left\{\dfrac{n(n+1)}{2}\right\}^2$

참고 $\displaystyle\sum_{k=1}^{n} k(k+1) = \sum_{k=1}^{n}(k^2+k) = \sum_{k=1}^{n}k^2 + \sum_{k=1}^{n}k$

$\qquad\qquad = \dfrac{n(n+1)(2n+1)}{6} + \dfrac{n(n+1)}{2}$

$\qquad\qquad = \dfrac{n(n+1)(n+2)}{3}$

2341 대표문제

$\displaystyle\sum_{k=1}^{8} \dfrac{k^3}{k+1} + \sum_{k=1}^{8} \dfrac{1}{k+1}$ 의 값은?

① 172   ② 174   ③ 176

④ 178   ⑤ 180

2342   Level 1

$\displaystyle\sum_{k=1}^{10}(3k^2+k+4) - \sum_{k=1}^{10}(2k^2+3k-1)$ 의 값은?

① 320   ② 325   ③ 330

④ 335   ⑤ 340

2343   Level 1

$4^2+5^2+6^2+\cdots+13^2+14^2$ 의 값은?

① 1000   ② 1001   ③ 1002

④ 1003   ⑤ 1004

2344   Level 2

$\displaystyle\sum_{k=1}^{n-1}(3k-4) = 39$ 를 만족시키는 자연수 n의 값을 구하시오.

2345   Level 2

$\displaystyle\sum_{k=1}^{n}(k+2)^2 - \sum_{k=3}^{n}(k^2+6) = 145$ 일 때, 자연수 n의 값은?

① 6   ② 7   ③ 8

④ 9   ⑤ 10

2346   Level 2

$\displaystyle\sum_{k=1}^{100}\left(k^3+\dfrac{1}{2}\right) - \sum_{k=5}^{100}k^3$ 의 값은?

① 110   ② 120   ③ 130

④ 140   ⑤ 150

2347

Level 2

$\displaystyle\sum_{k=1}^{15} \dfrac{1+2+3+\cdots+k}{k+1}$의 값은?

① $\dfrac{91}{2}$　　② 48　　③ $\dfrac{105}{2}$

④ 60　　⑤ $\dfrac{137}{2}$

2348

Level 2

자연수 n에 대하여 다항식 $\dfrac{1}{4}x^2 - x$를 $x-n$으로 나누었을 때의 나머지를 a_n이라 할 때, $\displaystyle\sum_{k=1}^{8} a_k$의 값은?

① 11　　② 12　　③ 13

④ 14　　⑤ 15

2349

Level 2

$f(a)=\displaystyle\sum_{k=1}^{12}(k-a)^2$일 때, $f(a)$의 값이 최소가 되게 하는 상수 a의 값을 구하시오.

2350

Level 2

$\displaystyle\sum_{k=1}^{10}k^2 + \sum_{k=2}^{10}k^2 + \sum_{k=3}^{10}k^2 + \cdots + \sum_{k=10}^{10}k^2$의 값은?

① 3015　　② 3020　　③ 3025

④ 3030　　⑤ 3035

다음은 이 유형에서 출제된 최근 교육청·평가원 기출문제입니다.

2351 · 교육청 2020년 11월

Level 2

두 수열 $\{a_n\}$, $\{b_n\}$에 대하여 $\displaystyle\sum_{k=1}^{10} a_k=3$, $\displaystyle\sum_{k=1}^{10}(a_k+b_k)=9$일 때, $\displaystyle\sum_{k=1}^{10}(b_k+k)$의 값을 구하시오.

2352 · 2020학년도 대학수학능력시험

Level 2

자연수 n에 대하여 다항식 $2x^2-3x+1$을 $x-n$으로 나누었을 때의 나머지를 a_n이라 할 때, $\displaystyle\sum_{n=1}^{7}(a_n-n^2+n)$의 값을 구하시오.

(1) $\sum$가 여러 개인 경우 괄호 안부터 차례로 $\sum$의 기본 성질을 이용하여 계산한다.
(2) $\sum$에서 값이 변하는 문자 이외의 것은 상수로 취급하여 계산한다.

2353 [대표문제]

$\sum\limits_{k=1}^{n}\left(\sum\limits_{l=1}^{k}l\right)=35$를 만족시키는 자연수 n의 값은?

① 4   ② 5   ③ 6
④ 7   ⑤ 8

2354   Level 1

$\sum\limits_{i=1}^{10}\left\{\sum\limits_{k=1}^{i}(2k-4)\right\}$의 값을 구하시오.

2355   Level 1

$\sum\limits_{i=1}^{8}\left\{\sum\limits_{j=1}^{8}(2i-j)\right\}$의 값은?

① 282   ② 284   ③ 286
④ 288   ⑤ 290

2356   Level 1

$\sum\limits_{m=1}^{10}\left\{\sum\limits_{l=1}^{m}\left(\sum\limits_{k=1}^{l}3\right)\right\}$의 값은?

① 600   ② 620   ③ 640
④ 660   ⑤ 680

2357   Level 1

$\sum\limits_{l=1}^{6}\left(\sum\limits_{k=1}^{l}kl\right)$의 값을 구하시오.

2358   Level 2

$m+n=11$, $mn=18$일 때, $\sum\limits_{k=1}^{m}\left\{\sum\limits_{l=1}^{n}(k+l)\right\}$의 값은?

① 113   ② 115   ③ 117
④ 119   ⑤ 121

2359

● 정답 및 풀이 **404**쪽

〈보기〉에서 옳은 것만을 있는 대로 고른 것은?

〈보기〉

ㄱ. $\displaystyle\sum_{k=1}^{5}\left(\sum_{m=1}^{5} m\right)=75$

ㄴ. $\displaystyle\sum_{m=1}^{n}\left\{\sum_{l=1}^{m}\left(\sum_{k=1}^{l} 1\right)\right\}=\dfrac{n(n+1)(n+2)}{3}$

ㄷ. $\displaystyle\sum_{k=1}^{n}\left(\sum_{l=1}^{k} k\right)=\dfrac{n(n+1)(2n+1)}{6}$

① ㄱ   ② ㄴ   ③ ㄱ, ㄷ

④ ㄴ, ㄷ   ⑤ ㄱ, ㄴ, ㄷ

2360   Level 2

$\displaystyle\sum_{n=1}^{10}\left\{\sum_{k=1}^{n}\frac{(k+1)\times(-1)^{n}}{n(n+3)}\right\}$의 값은?

① -1 ② $-\dfrac{1}{2}$ ③ 0

④ $\dfrac{1}{2}$ ⑤ 1

2361   Level 2

$\displaystyle\sum_{l=1}^{5}\left[\sum_{k=1}^{5}\left\{\sum_{m=1}^{5}(-1)^{m-1}\times(2k-l)\right\}\right]$의 값은?

① 70 ② 75 ③ 80

④ 85 ⑤ 90

실전유형 5 ∑와 등차수열

(1) 주어진 조건을 이용하여 등차수열의 일반항을 구한다.

  ➔ 첫째항이 a, 공차가 d인 등차수열 $\{a_n\}$에서

    $a_n=a+(n-1)d$

(2) 등차수열의 합에 대한 식을 이용한다.

  ➔ $\displaystyle\sum_{k=1}^{n} a_k=S_n=\dfrac{n\{2a+(n-1)d\}}{2}$

(3) 등차수열의 일반항은 n에 대한 일차식이므로 ∑의 계산은 자연수의 거듭제곱의 합에 대한 식을 이용한다.

2362 대표문제

$a_4=11$, $a_7=17$인 등차수열 $\{a_n\}$에 대하여 $\displaystyle\sum_{k=1}^{10}(a_k-3)^2$의 값은?

① 1525 ② 1530 ③ 1535

④ 1540 ⑤ 1545

2363   Level 1

첫째항이 -6, 공차가 4인 등차수열 $\{a_n\}$에 대하여 $\displaystyle\sum_{k=1}^{10} a_k$의 값은?

① 100 ② 110 ③ 120

④ 130 ⑤ 140

2364   Level 2

첫째항이 1인 등차수열 $\{a_n\}$에 대하여 $\displaystyle\sum_{k=1}^{10} a_{2k-1}=-80$일 때, 수열 $\{a_n\}$의 공차를 구하시오.

2365

Level 2

$a_5=2$, $a_9=-10$인 등차수열 $\{a_n\}$에 대하여

$\sum\limits_{k=1}^{100} a_{2k} - \sum\limits_{k=1}^{100} a_{2k+1}$의 값은?

① 300   ② 310   ③ 320

④ 330   ⑤ 340

2366

Level 2

등차수열 $\{a_n\}$이

$$a_3+a_9=5a_5, \quad \sum_{k=1}^{10} a_k=-35$$

를 만족시킬 때, a_6의 값을 구하시오.

2367

Level 2

첫째항이 -1, 공차가 -2인 등차수열 $\{a_n\}$과 첫째항이 -4, 공차가 -3인 등차수열 $\{b_n\}$에 대하여 $\sum\limits_{k=1}^{10} a_k b_k$의 값은?

① 2235   ② 2240   ③ 2245

④ 2250   ⑤ 2255

다음은 이 유형에서 출제된 최근 교육청·평가원 기출문제입니다.

2368 · 2021학년도 대학수학능력시험

Level 2

첫째항이 3인 등차수열 $\{a_n\}$에 대하여 $\sum\limits_{k=1}^{5} a_k=55$일 때,

$\sum\limits_{k=1}^{5} k(a_k-3)$의 값을 구하시오.

2369 · 교육청 2018년 9월

Level 2

등차수열 $\{a_n\}$이

$$\sum_{k=1}^{15} a_k=165, \quad \sum_{k=1}^{21} (-1)^k a_k=-20$$

을 만족시킬 때, a_{21}의 값은?

① 45   ② 50   ③ 55

④ 60   ⑤ 65

2370 고난도 · 2020학년도 대학수학능력시험

Level 3

첫째항이 50이고 공차가 -4인 등차수열의 첫째항부터 제 n 항까지의 합을 S_n이라 할 때, $\sum\limits_{k=m}^{m+4} S_k$의 값이 최대가 되도록 하는 자연수 m의 값은?

① 8   ② 9   ③ 10

④ 11   ⑤ 12

10

실전 유형 6 ∑와 등비수열

(1) 주어진 조건을 이용하여 등비수열의 일반항을 구한다.

➜ 첫째항이 a, 공비가 r인 등비수열 $\{a_n\}$에서
$$a_n = ar^{n-1}$$

(2) 등비수열의 합에 대한 식을 이용한다.

➜ $\displaystyle\sum_{k=1}^{n} a_k = \sum_{k=1}^{n} ar^{k-1} = \frac{a(r^n-1)}{r-1}$ (단, $r \neq 1$)

2371 대표문제

수열 $\{a_n\}$이 첫째항이 3, 공비가 2인 등비수열일 때, $\displaystyle\sum_{k=1}^{10} \frac{a_k}{3^k}$의 값은?

① $\dfrac{1}{9}\left\{1-\left(\dfrac{2}{3}\right)^{10}\right\}$
② $\dfrac{1}{3}\left\{1-\left(\dfrac{2}{3}\right)^{10}\right\}$
③ $1-\left(\dfrac{2}{3}\right)^{10}$

④ $3\left\{1-\left(\dfrac{2}{3}\right)^{10}\right\}$
⑤ $9\left\{1-\left(\dfrac{2}{3}\right)^{10}\right\}$

2372 ·Level 1

$\displaystyle\sum_{k=3}^{10} (2^{k-2}-1)$의 값을 구하시오.

2373 ·Level 2

등비수열 $\{a_n\}$에 대하여
$$a_4 a_5 = a_{10}, \quad a_2 = 27$$
일 때, $\displaystyle\sum_{k=1}^{n} a_k = 360$을 만족시키는 자연수 n의 값은?

① 3 　　　② 4 　　　③ 5
④ 6 　　　⑤ 7

2374 ·Level 2

$a_1 = 3$, $a_2 = 1$인 등비수열 $\{a_n\}$에 대하여
$\displaystyle\sum_{k=1}^{10} a_k^2 = \frac{q}{p}\left\{1-\left(\frac{1}{3}\right)^{20}\right\}$일 때, $p+q$의 값을 구하시오.

(단, p와 q는 서로소인 자연수이다.)

2375 ·Level 3

두 수열 $\{a_n\}$, $\{b_n\}$의 일반항이 $a_n = 2^n-1$, $b_n = 2n-5$일 때, $\displaystyle\sum_{i=1}^{5}\left(\sum_{j=1}^{5} a_i b_j\right)$의 값을 구하시오.

+ Plus 문제

다음은 이 유형에서 출제된 최근 교육청·평가원 기출문제입니다.

2376 · 평가원 2019학년도 6월 ·Level 2

등비수열 $\{a_n\}$에 대하여
$$a_3 = 4(a_2-a_1), \quad \sum_{k=1}^{6} a_k = 15$$
일 때, $a_1 + a_3 + a_5$의 값은?

① 3 　　　　② 4 　　　　③ 5
④ 6 　　　　⑤ 7

2377 · 교육청 2019년 3월 ·Level 3

첫째항이 양수이고 공비가 -2인 등비수열 $\{a_n\}$에 대하여 $\displaystyle\sum_{k=1}^{9}(|a_k|+a_k) = 66$일 때, a_1의 값은?

① $\dfrac{3}{31}$ 　　　　② $\dfrac{5}{31}$ 　　　　③ $\dfrac{7}{31}$
④ $\dfrac{9}{31}$ 　　　　⑤ $\dfrac{11}{31}$

+ Plus 문제

(1) 곱셈 또는 덧셈으로 이루어진 각 항의 규칙을 파악하여 일반항을 구한다.
(2) ∑의 성질, 자연수의 거듭제곱의 합에 대한 식을 이용하여 값을 구한다.

2378 대표문제

수열의 합 $2\times1+3\times3+4\times5+\cdots+11\times19$의 값은?

① 810 　　② 815 　　③ 820

④ 825 　　⑤ 830

2379

Level 2

다음 수열의 첫째항부터 제n항까지의 합은?

> $2,\ 2+4,\ 2+4+6,\ 2+4+6+8,\ \cdots$

① $\dfrac{n(n+1)(n+2)}{6}$　　② $\dfrac{n(n+1)(n+2)}{3}$

③ $\dfrac{n(n+1)(n+2)}{2}$　　④ $\dfrac{n(n+1)(2n+1)}{6}$

⑤ $\dfrac{n(n+1)(2n+1)}{3}$

2380

Level 2

수열 $1^2\times1,\ 2^2\times3,\ 3^2\times5,\ \cdots$의 첫째항부터 제10항까지의 합은?

① 5625 　　② 5635 　　③ 5645

④ 5655 　　⑤ 5665

2381

Level 2

수열 $\{a_n\}$이 $1,\ 1+2,\ 1+2+3,\ \cdots$일 때, $\displaystyle\sum_{k=1}^{10} a_k$의 값을 구하시오.

2382

Level 2

등식 $3\times3+6\times6+9\times9+\cdots+30\times30=11k$를 만족시키는 상수 k의 값은?

① 305 　　② 310 　　③ 315

④ 320 　　⑤ 325

2383

Level 2

수열 $1\times19,\ 2\times18,\ 3\times17,\ \cdots$의 첫째항부터 제$n$항까지의 합 S_n이 $S_n=\dfrac{n(n+1)}{6}\times f(n)$일 때, $f(20)$의 값은?

① 17 　　② 18 　　③ 19

④ 20 　　⑤ 21

2384

●Ⅰ Level 2

수열 1, $1+3$, $1+3+3^2$, $\cdots$의 첫째항부터 제n항까지의 합을 S_n이라 할 때, $S_n = \dfrac{1}{4}(a^{n+1}-a-bn)$이다. 이때 $a+b$의 값은? (단, a, b는 자연수이다.)

① 5 ② 6 ③ 7
④ 8 ⑤ 9

2385

●Ⅰ Level 2

다음 수열의 첫째항부터 제8항까지의 합을 구하시오.

$$1,\ 2+4,\ 3+6+9,\ 4+8+12+16,\ \cdots$$

2386

●Ⅰ Level 3

수열 5, 55, 555, 5555, $\cdots$의 첫째항부터 제n항까지의 합을 S_n이라 할 때, $9S_{10}$의 값은?

① $\dfrac{500}{81}(10^9-1)$ ② $\dfrac{500}{27}(10^9-1)$
③ $\dfrac{500}{9}(10^9-1)$ ④ $\dfrac{500}{3}(10^9-1)$
⑤ $500(10^9-1)$

실전
유형 **8** 제k항이 k, n에 대한 식인 수열의 합

주어진 수열의 제k항인 a_k를 k와 n에 대한 식으로 나타낸다.

주의 $\displaystyle\sum_{k=1}^{n} a_k$를 계산할 때 n은 자연수임에 유의한다.

2387 대표문제

등식 $1\times n + 2\times(n-1) + 3\times(n-2) + \cdots + n\times 1 = 220$을 만족시키는 자연수 n의 값은?

① 8 ② 9 ③ 10
④ 11 ⑤ 12

2388

●Ⅰ Level 2

자연수 n에 대하여

$$\left(\frac{n+1}{n}\right)^2 + \left(\frac{n+2}{n}\right)^2 + \left(\frac{n+3}{n}\right)^2 + \cdots + \left(\frac{n+n}{n}\right)^2$$
$$= \frac{(an+1)(bn+1)}{cn}$$

일 때, $a+b+c$의 값은? (단, a, b, c는 자연수이다.)

① 11 ② 12 ③ 13
④ 14 ⑤ 15

2389

●Ⅰ Level 2

$1\times(2n-1) + 2\times(2n-3) + 3\times(2n-5) + \cdots + n\times 1$을 간단히 하시오.

2390

Level 2

$1\times(n-1)+2^2\times(n-2)+\cdots+(n-1)^2\times1$을 간단히 하면?

① $\dfrac{n^2(n-1)(n+1)}{12}$　　② $\dfrac{n^2(n-1)(n+1)}{6}$

③ $\dfrac{n^2(n-1)(n+1)}{3}$　　④ $\dfrac{n(n+1)^2(n+2)}{12}$

⑤ $\dfrac{n(n+1)^2(n+2)}{6}$

다음은 이 유형에서 출제된 최근 교육청·평가원 기출문제입니다.

2391 · 교육청 2018년 9월

Level 2

다음은 모든 자연수 n에 대하여

$1\times2n+3\times(2n-2)+5\times(2n-4)+\cdots+(2n-1)\times2$
$=\dfrac{n(n+1)(2n+1)}{3}$

이 성립함을 보이는 과정이다.

$1\times2n+3\times(2n-2)+5\times(2n-4)+\cdots+(2n-1)\times2$

$=\displaystyle\sum_{k=1}^{n}\left(\boxed{(가)}\right)\{2n-(2k-2)\}$

$=\displaystyle\sum_{k=1}^{n}\left(\boxed{(가)}\right)\{2(n+1)-2k\}$

$=2(n+1)\displaystyle\sum_{k=1}^{n}\left(\boxed{(가)}\right)-2\sum_{k=1}^{n}(2k^2-k)$

$=2(n+1)\{n(n+1)-n\}$

$\qquad\qquad-2\left\{\dfrac{n(n+1)(2n+1)}{\boxed{(나)}}-\dfrac{n(n+1)}{2}\right\}$

$=2(n+1)n^2-\dfrac{1}{3}n(n+1)(\boxed{(다)})$

$=\dfrac{n(n+1)(2n+1)}{3}$

위의 (가), (다)에 알맞은 식을 각각 $f(k)$, $g(n)$이라 하고, (나)에 알맞은 수를 a라 할 때, $f(a)\times g(a)$의 값은?

① 50　　② 55　　③ 60

④ 65　　⑤ 70

실전 유형 **9** 특정한 값이 반복되는 수열의 합

$\displaystyle\sum_{k=1}^{n}a_k$에서 $k=1, 2, 3, \cdots$을 차례로 대입하여 같은 값을 갖는 항의 규칙을 찾는다.

2392 대표문제

자연수 n에 대하여 n^3을 4로 나눈 나머지를 a_n이라 할 때, $\displaystyle\sum_{k=1}^{150}a_k$의 값은?

① 146　　② 147　　③ 148

④ 149　　⑤ 150

2393

Level 2

자연수 n에 대하여 $\dfrac{n(n+1)}{2}$을 3으로 나눈 나머지를 a_n이라 할 때, $\displaystyle\sum_{k=1}^{2000}a_k$의 값을 구하시오.

2394

Level 2

자연수 n에 대하여 3^n의 일의 자리 숫자를 a_n이라 할 때, $\displaystyle\sum_{k=201}^{250}a_k$의 값은?

① 250　　② 252　　③ 254

④ 256　　⑤ 258

2395

Level 2

x_1, x_2, x_3, $\cdots$, x_n은 -2, 0, 1의 값 중 어느 하나를 갖는다. $\sum_{k=1}^{n} x_k = 15$, $\sum_{k=1}^{n} {x_k}^2 = 39$일 때, $\sum_{k=1}^{n} {x_k}^3$의 값은?

① -11 ② -10 ③ -9
④ -8 ⑤ -7

2396 고난도

Level 3

자연수 n에 대하여 $\log 100^{\frac{n}{5}}$의 소수 부분을 $f(n)$이라 할 때, $f(1)+f(2)+f(3)+\cdots+f(30)$의 값은?

① 10 ② 11 ③ 12
④ 13 ⑤ 14

다음은 이 유형에서 출제된 최근 교육청 • 평가원 기출문제입니다.

2397 신경향

• 교육청 2020년 4월

Level 3

2 이상의 자연수 n에 대하여 $(n-5)$의 n제곱근 중 실수인 것의 개수를 $f(n)$이라 할 때, $\sum_{n=2}^{10} f(n)$의 값은?

① 8 ② 9 ③ 10
④ 11 ⑤ 12

+Plus 문제

실전유형 10 부분분수의 합

❶ $\frac{1}{AB}=\frac{1}{B-A}\left(\frac{1}{A}-\frac{1}{B}\right)$ $(A \neq B)$을 이용하여 수열의 일반항을 부분분수로 변형한다.

❷ $n=1, 2, 3, \cdots$을 차례로 대입하여 주어진 식의 값을 구한다.

2398 대표문제

$\frac{1}{1\times3}+\frac{1}{2\times4}+\frac{1}{3\times5}+\cdots+\frac{1}{8\times10}$의 값은?

① $\frac{3}{5}$ ② $\frac{28}{45}$ ③ $\frac{29}{45}$
④ $\frac{2}{3}$ ⑤ $\frac{31}{15}$

2399

Level 1

$\frac{2}{1\times2}+\frac{2}{2\times3}+\frac{2}{3\times4}+\cdots+\frac{2}{49\times50}$의 값을 구하시오.

2400

Level 1

수열 $\frac{1}{1\times4}$, $\frac{1}{4\times7}$, $\frac{1}{7\times10}$, $\cdots$의 첫째항부터 제10항까지의 합은?

① $\frac{6}{31}$ ② $\frac{8}{31}$ ③ $\frac{10}{31}$
④ $\frac{12}{31}$ ⑤ $\frac{14}{31}$

2401

Level 2

$\dfrac{1}{2\times 6}+\dfrac{1}{6\times 10}+\dfrac{1}{10\times 14}+\cdots+\dfrac{1}{78\times 82}$의 값이 $\dfrac{q}{p}$일 때, $p+q$의 값은? (단, p와 q는 서로소인 자연수이다.)

① 46   ② 47   ③ 48

④ 49   ⑤ 50

2402

Level 2

$\dfrac{2}{3^2-1}+\dfrac{2}{5^2-1}+\dfrac{2}{7^2-1}+\cdots+\dfrac{2}{29^2-1}$의 값은?

① $\dfrac{7}{15}$ ② $\dfrac{8}{15}$ ③ $\dfrac{3}{5}$

④ $\dfrac{2}{3}$ ⑤ $\dfrac{11}{15}$

2403

Level 2

수열 $1,\ \dfrac{1}{1+2},\ \dfrac{1}{1+2+3},\ \dfrac{1}{1+2+3+4},\ \cdots$의 첫째항부터 제99항까지의 합이 $\dfrac{b}{a}$일 때, $b-a$의 값은?

(단, a와 b는 서로소인 자연수이다.)

① 49   ② 50   ③ 51

④ 52   ⑤ 53

실전유형 11 분수 꼴인 수열의 합   빈출유형

(1) $\displaystyle\sum_{k=1}^{n}\dfrac{1}{k(k+1)}=\sum_{k=1}^{n}\left(\dfrac{1}{k}-\dfrac{1}{k+1}\right)$

(2) $\displaystyle\sum_{k=1}^{n}\dfrac{1}{(k+a)(k+b)}=\dfrac{1}{b-a}\sum_{k=1}^{n}\left(\dfrac{1}{k+a}-\dfrac{1}{k+b}\right)$

(단, $a\neq b$)

2404 대표문제

첫째항이 1이고 공차가 3인 등차수열 $\{a_n\}$에 대하여 $\displaystyle\sum_{k=1}^{8}\dfrac{1}{a_{2k-1}a_{2k+1}}$의 값은?

① $\dfrac{6}{49}$ ② $\dfrac{1}{7}$ ③ $\dfrac{8}{49}$

④ $\dfrac{9}{49}$ ⑤ $\dfrac{10}{49}$

2405

Level 1

$\displaystyle\sum_{k=1}^{10}\dfrac{1}{(2k-1)(2k+1)}$의 값은?

① $\dfrac{2}{21}$ ② $\dfrac{4}{21}$ ③ $\dfrac{2}{7}$

④ $\dfrac{8}{21}$ ⑤ $\dfrac{10}{21}$

2406

Level 1

$\displaystyle\sum_{k=1}^{15}\dfrac{2}{k^2+k}$의 값은?

① $\dfrac{13}{8}$ ② $\dfrac{7}{4}$ ③ $\dfrac{15}{8}$

④ 2   ⑤ $\dfrac{17}{8}$

2407

Level **2**

$\displaystyle\sum_{k=1}^{n}\dfrac{3}{(2k+1)(2k+3)}=\dfrac{11}{25}$ 을 만족시키는 자연수 n의 값을 구하시오.

2410

Level **2**

수열 $\{a_n\}$에 대하여 $a_n=\dfrac{n^3+n^2+1}{n^2+n}$일 때, $\displaystyle\sum_{k=1}^{9}a_k$의 값은?

① $\dfrac{453}{10}$ ② $\dfrac{91}{2}$ ③ $\dfrac{457}{10}$

④ $\dfrac{459}{10}$ ⑤ $\dfrac{481}{10}$

2408

Level **2**

수열 $\{a_n\}$에 대하여

$$a_n=\sum_{k=1}^{n}\dfrac{k(k+1)}{1^3+2^3+3^3+\cdots+k^3}$$

일 때, a_{10}의 값은?

① $\dfrac{38}{11}$ ② $\dfrac{40}{11}$ ③ $\dfrac{42}{11}$

④ 4 ⑤ $\dfrac{46}{11}$

다음은 이 유형에서 출제된 최근 교육청 · 평가원 기출문제입니다.

2411 · 교육청 2018년 7월

Level **2**

n이 자연수일 때, x에 대한 다항식 $x^3+(1-n)x^2+n$을 $x-n$으로 나눈 나머지를 a_n이라 하자. $\displaystyle\sum_{n=1}^{10}\dfrac{1}{a_n}$의 값은?

① $\dfrac{7}{8}$ ② $\dfrac{8}{9}$ ③ $\dfrac{9}{10}$

④ $\dfrac{10}{11}$ ⑤ $\dfrac{11}{12}$

2409

Level **2**

자연수 n에 대하여

$$S_n=\sum_{k=1}^{n}\dfrac{2k+1}{1^2+2^2+3^2+\cdots+k^2}$$

일 때, $S_m=\dfrac{75}{13}$를 만족시키는 자연수 m의 값을 구하시오.

2412 · 교육청 2019년 7월

Level **2**

공차가 0이 아닌 등차수열 $\{a_n\}$에 대하여 $a_9=2a_3$일 때, $\displaystyle\sum_{n=1}^{24}\dfrac{(a_{n+1}-a_n)^2}{a_na_{n+1}}$의 값은?

① $\dfrac{3}{14}$ ② $\dfrac{2}{7}$ ③ $\dfrac{5}{14}$

④ $\dfrac{3}{7}$ ⑤ $\dfrac{1}{2}$

❶ 이차방정식의 두 근이 α_n, β_n일 때, 이차방정식의 근과 계수
  의 관계를 이용하여 $\alpha_n+\beta_n$, $\alpha_n\beta_n$을 구한다.
❷ 주어진 식을 변형하여 $\alpha_n+\beta_n$, $\alpha_n\beta_n$을 대입한 후, 수열의 합
  을 구한다.

2413 대표문제

n이 자연수일 때, x에 대한 이차방정식 $x^2-nx+n-3=0$
의 두 근을 α_n, β_n이라 하자. 이때 $\sum\limits_{k=1}^{10}(\alpha_k{}^2+\beta_k{}^2)$의 값은?

① 325   ② 330   ③ 335
④ 340   ⑤ 345

2414   Level 2

n이 자연수일 때, x에 대한 이차방정식
$x^2-(2n+1)x+n(n-1)=0$의 두 근을 α_n, β_n이라 하자.
이때 $\sum\limits_{k=1}^{5}(1-\alpha_k)(1-\beta_k)$의 값을 구하시오.

2415   Level 2

n이 자연수일 때, x에 대한 이차방정식 $x^2-nx-n=0$의
두 근을 α_n, β_n이라 하자. 이때 $\sum\limits_{k=1}^{5}(\alpha_k{}^3+\beta_k{}^3)$의 값은?

① 360   ② 370   ③ 380
④ 390   ⑤ 400

2416   Level 2

n이 자연수일 때, x에 대한 이차방정식 $x^2-5nx+1=0$의
두 근을 α_n, β_n이라 하자. 이때

$\left(\dfrac{1}{\alpha_1}+\dfrac{1}{\alpha_2}+\cdots+\dfrac{1}{\alpha_{10}}\right)+\left(\dfrac{1}{\beta_1}+\dfrac{1}{\beta_2}+\cdots+\dfrac{1}{\beta_{10}}\right)$의 값은?

① 263   ② 267   ③ 271
④ 275   ⑤ 279

2417   Level 2

n이 자연수일 때, x에 대한 이차방정식
$$x^2-3(n+1)x+n+1=0$$
의 두 근을 α_n, β_n이라 하자. 이때 $\sum\limits_{k=1}^{8}\left(\dfrac{\beta_k}{\alpha_k}+\dfrac{\alpha_k}{\beta_k}\right)$의 값을 구
하시오.

다음은 이 유형에서 출제된 최근 교육청·평가원 기출문제입니다.

2418 · 평가원 2021학년도 9월   Level 2

n이 자연수일 때, x에 대한 이차방정식
$$(n^2+6n+5)x^2-(n+5)x-1=0$$
의 두 근의 합을 a_n이라 하자. $\sum\limits_{k=1}^{10}\dfrac{1}{a_k}$의 값은?

① 65   ② 70   ③ 75
④ 80   ⑤ 85

실전 유형 **13** 로그가 포함된 수열의 합

로그의 성질을 이용하여 식을 변형하여 계산한다.

$a > 0$, $a \neq 1$ $x > 0$, $y > 0$일 때

(1) $\log_a xy = \log_a x + \log_a y$

(2) $\log_a \dfrac{x}{y} = \log_a x - \log_a y$

(3) $\log_a x^k = k \log_a x$ (단, k는 실수)

2419 대표문제

수열 $\{a_n\}$은 첫째항이 9, 공비가 $\dfrac{1}{3}$인 등비수열일 때,

$\displaystyle\sum_{k=1}^{10} \log_3 a_k$의 값은?

① -25 ② -20 ③ -15

④ -10 ⑤ -5

2420

Level 1

$\displaystyle\sum_{k=2}^{81} \log_9 \left(1 - \dfrac{1}{k}\right)$의 값을 구하시오.

2421

Level 1

공비가 2인 등비수열 $\{a_n\}$에 대하여 $\displaystyle\sum_{k=2}^{10} \log_2 a_k - \sum_{k=1}^{9} \log_2 a_k$

의 값은? (단, $a_n > 0$)

① 8 ② 9 ③ 10

④ 11 ⑤ 12

2422

Level 2

수열 $\{a_n\}$에 대하여 $a_n = \log(n+1) - \log n$일 때,

$\displaystyle\sum_{k=2}^{m} a_k = \log 8$을 만족시키는 자연수 m의 값은?

① 11 ② 12 ③ 13

④ 14 ⑤ 15

2423

Level 2

$\displaystyle\sum_{k=2}^{63} \log_6 \{\log_k (k+1)\}$의 값은?

① 0 ② 1 ③ 2

④ 3 ⑤ 4

2424

Level 2

수열 $\{a_n\}$에 대하여 $a_{2n-1} = 2^{n+1}$, $a_{2n} = 4^{n+1}$일 때,

$\displaystyle\sum_{k=1}^{10} \log_2 a_k$의 값은?

① 30 ② 40 ③ 50

④ 60 ⑤ 70

2425 고난도

••┃┃ Level 3

20의 모든 양의 약수들을 a_1, a_2, a_3, $\cdots$, a_6이라 할 때, $\sum\limits_{k=1}^{6} \log_2 a_k$의 값은? (단, $\log 2 = 0.3$으로 계산한다.)

① 11   ② 12   ③ 13

④ 14   ⑤ 15

다음은 이 유형에서 출제된 최근 교육청·평가원 기출문제입니다.

2426 · 교육청 2018년 11월

••┃┃ Level 2

다음은 $\sum\limits_{k=1}^{14} \log_2 \{\log_{k+1}(k+2)\}$의 값을 구하는 과정이다.

자연수 n에 대하여

$$\log_{n+1}(n+2) = \frac{\boxed{\text{(가)}}}{\log_2(n+1)}$$ 이므로

$$\sum_{k=1}^{14} \log_2 \{\log_{k+1}(k+2)\} = \log_2 \left(\frac{\boxed{\text{(나)}}}{\log_2 2} \right)$$

따라서

$$\sum_{k=1}^{14} \log_2 \{\log_{k+1}(k+2)\} = \boxed{\text{(다)}}$$

위의 (가)에 알맞은 식을 $f(n)$이라 하고, (나), (다)에 알맞은 수를 각각 p, q라 할 때, $f(p+q)$의 값은?

① 3   ② 4   ③ 5

④ 6   ⑤ 7

실전 유형 **14** 근호가 포함된 수열의 합

분모를 유리화하여 변형하고 $k=1$, 2, 3, $\cdots$, n을 차례로 대입하여 식의 값을 구한다.

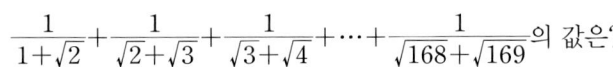

$$\to \sum_{k=1}^{n} \frac{1}{\sqrt{k+1}+\sqrt{k}} = \sum_{k=1}^{n} (\sqrt{k+1}-\sqrt{k})$$

2427 대표문제

수열 $\{a_n\}$은 첫째항이 1, 공차가 3인 등차수열일 때, $\sum\limits_{k=1}^{16} \dfrac{1}{\sqrt{a_{k+1}}+\sqrt{a_k}}$의 값은?

① 1   ② 2   ③ 3

④ 4   ⑤ 5

2428

••┃┃ Level 1

$\dfrac{1}{1+\sqrt{2}} + \dfrac{1}{\sqrt{2}+\sqrt{3}} + \dfrac{1}{\sqrt{3}+\sqrt{4}} + \cdots + \dfrac{1}{\sqrt{168}+\sqrt{169}}$의 값은?

① 8   ② 9   ③ 10

④ 11   ⑤ 12

2429

••┃┃ Level 1

수열 $\dfrac{1}{\sqrt{3}+\sqrt{2}}$, $\dfrac{1}{\sqrt{4}+\sqrt{3}}$, $\dfrac{1}{\sqrt{5}+\sqrt{4}}$, $\cdots$의 첫째항부터 제30항까지의 합을 구하시오.

2430

ıl Level 2

$\displaystyle\sum_{k=1}^{16} \dfrac{1}{\sqrt{3k+6}+\sqrt{3k+3}}$ 의 값은?

① $\dfrac{\sqrt{6}}{3}$ ② $\dfrac{2\sqrt{6}}{3}$ ③ $\sqrt{6}$

④ $\dfrac{4\sqrt{6}}{3}$ ⑤ $\dfrac{5\sqrt{6}}{3}$

2431

ıl Level 2

$\displaystyle\sum_{k=1}^{48} \dfrac{1}{\sqrt{k+2}+\sqrt{k}}=p+q\sqrt{2}$ 일 때, $p+q$의 값은?

(단, p, q는 유리수이다.)

① 1   ② 2   ③ 3

④ 4   ⑤ 5

2432

ıl Level 2

$\displaystyle\sum_{k=1}^{n} \dfrac{1}{\sqrt{2k-1}+\sqrt{2k+1}}=5$를 만족시키는 자연수 n의 값은?

① 60   ② 61   ③ 62

④ 63   ⑤ 64

2433

ıl Level 2

수열 $\{a_n\}$은 $a_2=5$, $a_4=13$인 등차수열이고

$$m=\dfrac{1}{\sqrt{a_1}+\sqrt{a_2}}+\dfrac{1}{\sqrt{a_2}+\sqrt{a_3}}+\cdots+\dfrac{1}{\sqrt{a_{20}}+\sqrt{a_{21}}}$$

일 때, $10m$의 값은?

① 5   ② 10   ③ 15

④ 20   ⑤ 25

2434

ıl Level 2

수열 $\{a_n\}$에 대하여 $a_n=\sqrt{n}+\sqrt{n+2}$일 때,

$\displaystyle\sum_{k=1}^{n}\dfrac{2}{a_k}=6+4\sqrt{2}$를 만족시키는 자연수 n의 값을 구하시오.

다음은 이 유형에서 출제된 최근 교육청·평가원 기출문제입니다.

2435 · 평가원 2020학년도 9월

ıl Level 2

n이 자연수일 때, x에 대한 이차방정식

$$x^2-(2n-1)x+n(n-1)=0$$

의 두 근을 α_n, β_n이라 하자. $\displaystyle\sum_{n=1}^{81}\dfrac{1}{\sqrt{\alpha_n}+\sqrt{\beta_n}}$의 값을 구하시오.

수열 $\{a_n\}$의 첫째항부터 제n항까지의 합 $\sum\limits_{k=1}^{n} a_k$를 S_n이라 하면

(1) $a_1 = S_1$

(2) $a_n = S_n - S_{n-1} = \sum\limits_{k=1}^{n} a_k - \sum\limits_{k=1}^{n-1} a_k$ (단, $n \geq 2$)

임을 이용하여 a_n을 구한다.

2436 대표문제

수열 $\{a_n\}$에 대하여 $\sum\limits_{k=1}^{n} a_k = 2n^2 - n$일 때, $\sum\limits_{k=1}^{10} a_{2k}$의 값은?

① 410 　　　② 420 　　　③ 430

④ 440 　　　⑤ 450

2437 　Level 1

수열 $\{a_n\}$에 대하여 $\sum\limits_{k=1}^{n} a_k = 3^n - 1$일 때, $\sum\limits_{k=1}^{n} a_{2k-1}$을 n에 대한 식으로 나타내시오.

2438 　Level 2

수열 $\{a_n\}$에 대하여 $\sum\limits_{k=1}^{n} a_k = 5 \times 3^n - 5$일 때, $\sum\limits_{k=1}^{10} \dfrac{1}{a_k}$의 값은?

① $\dfrac{1}{20}\left\{1 - \left(\dfrac{1}{9}\right)^{10}\right\}$ 　　　② $\dfrac{3}{20}\left\{1 - \left(\dfrac{1}{9}\right)^{10}\right\}$

③ $\dfrac{1}{20}\left\{1 - \left(\dfrac{1}{3}\right)^{10}\right\}$ 　　　④ $\dfrac{3}{20}\left\{1 - \left(\dfrac{1}{3}\right)^{10}\right\}$

⑤ $1 - \left(\dfrac{1}{3}\right)^{10}$

2439 　Level 2

수열 $\{a_n\}$에 대하여 $\sum\limits_{k=1}^{n} a_k = \log_3(n^2 + n)$일 때, $\sum\limits_{k=1}^{8} a_{2k+1}$의 값을 구하시오.

2440 　Level 2

수열 $\{a_n\}$에 대하여 $\sum\limits_{k=1}^{n} a_k = n^2$일 때,

$\sum\limits_{k=1}^{n} k a_k = \dfrac{n(n+a)(bn+c)}{6}$이다. 이때 $a+b+c$의 값을 구하시오. (단, a, b, c는 정수이다.)

2441 　Level 2

수열 $\{a_n\}$에 대하여 $\sum\limits_{k=1}^{n} a_k = n^2 + 2n$일 때, $\sum\limits_{k=1}^{12} \dfrac{1}{a_k a_{k+1}}$의 값은?

① $\dfrac{1}{27}$ 　　　② $\dfrac{2}{27}$ 　　　③ $\dfrac{4}{27}$

④ $\dfrac{8}{27}$ 　　　⑤ $\dfrac{16}{27}$

2442 　Level 2

수열 $\{a_n\}$에 대하여 $\sum\limits_{k=1}^{n} a_k = \log_3 \dfrac{2}{(n+1)(n+2)}$일 때, $\sum\limits_{k=1}^{40} a_{2k-1}$의 값은?

① -5 　　　② -4 　　　③ -3

④ -2 　　　⑤ -1

2443

Level 2

수열 $\{a_n\}$에 대하여 $\sum\limits_{k=1}^{n} a_k = 2n^2 - 3n$일 때,

$\sum\limits_{k=1}^{n} \dfrac{1}{a_{k+1}a_{k+2}} = \dfrac{5}{63}$를 만족시키는 자연수 n의 값은?

① 11 　　　　② 12 　　　　③ 13

④ 14 　　　　⑤ 15

2444

Level 2

수열 $\{a_n\}$에 대하여 $\sum\limits_{k=1}^{n} ka_k = 100n$일 때, $\sum\limits_{k=1}^{19} \dfrac{a_k}{k+1}$의 값을 구하시오.

다음은 이 유형에서 출제된 최근 교육청·평가원 기출문제입니다.

2445 · 교육청 2018년 6월

Level 2

수열 $\{a_n\}$이 $\sum\limits_{k=1}^{n} ka_k = n(n+1)(n+2)$를 만족시킬 때,

$\sum\limits_{k=1}^{10} a_k$의 값은?

① 185 　　　　② 195 　　　　③ 205

④ 215 　　　　⑤ 225

---

❶ 함수의 그래프를 이용하여 교점의 좌표를 구한다.
❷ 길이, 넓이에 대한 관계식을 세우고 ∑의 성질을 이용한다.

2446 **대표문제**

그림과 같이 자연수 n에 대하여 직선 $x=n$이 함수 $y=\dfrac{1}{2}x^2$의 그래프와 만나는 점을 P_n, x축과 만나는 점을 Q_n이라 하고, 직선 $x=n+1$이 함수 $y=\dfrac{1}{2}x^2$의 그래프와 만나는 점을 P_{n+1}, x축과 만나는 점을 Q_{n+1}이라 하자. 사각형 $\mathrm{P}_n\mathrm{Q}_n\mathrm{Q}_{n+1}\mathrm{P}_{n+1}$의 넓이를 S_n이라 할 때, $\sum\limits_{k=1}^{10} S_k$의 값은?

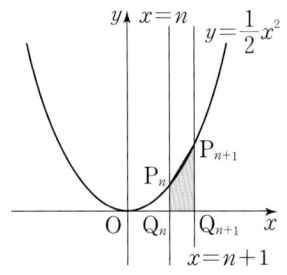

① $\dfrac{445}{6}$ 　　　② 89 　　　③ $\dfrac{445}{4}$

④ $\dfrac{445}{3}$ 　　　⑤ $\dfrac{445}{2}$

2447

Level 2

그림과 같이 자연수 k에 대하여 두 함수 $y=(x+1)^3$, $y=x^3$의 그래프와 직선 $x=k$가 만나는 점을 각각 P_k, Q_k라 할 때, $\sum\limits_{k=1}^{7} \overline{\mathrm{P}_k\mathrm{Q}_k}$의 값을 구하시오.

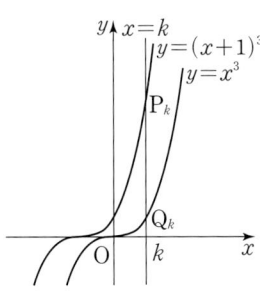

10

2448

Level 2

그림과 같이 자연수 n에 대하여 직선 $x=n$과 함수 $y=\sqrt{x}$의 그래프가 만나는 점을 P_n, x축과 만나는 점을 A_n이라 하고, 직선 $x=n+1$이 함수

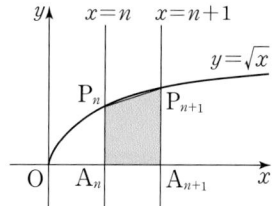

$y=\sqrt{x}$의 그래프와 만나는 점을 P_{n+1}, x축과 만나는 점을 A_{n+1}이라 하자. 사각형 $P_nA_nA_{n+1}P_{n+1}$의 넓이를 S_n이라 할 때, $\displaystyle\sum_{k=1}^{15}\frac{1}{S_k}$의 값은?

① 5   ② 6   ③ 7

④ 8   ⑤ 9

2449

Level 2

그림과 같이 자연수 k에 대하여 두 함수 $y=2\sqrt{x+1}$, $y=-2\sqrt{x}$의 그래프가 직선 $x=k$와 만나는 점을 각각 P_k, Q_k라 할 때, $\displaystyle\sum_{k=1}^{80}\frac{1}{P_kQ_k}$의 값을 구하시오.

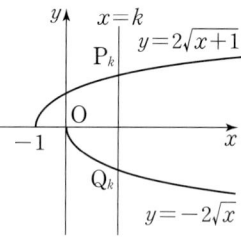

2450

Level 2

자연수 n에 대하여 두 함수 $f(x)=x^2+2nx+n^2$, $g(x)=4nx+1$의 그래프의 두 교점의 x좌표를 각각 a_n, b_n이라 할 때, $\displaystyle\sum_{k=2}^{8}\frac{144}{a_kb_k}$의 값은?

① 91   ② 93   ③ 95

④ 97   ⑤ 99

2451

Level 2

그림과 같이 이차함수 $y=f(x)$의 그래프는 꼭짓점의 좌표가 $(2, -1)$, y축과 만나는 점의 y좌표가 1이고, 두 이차함수 $y=f(x)$와 $y=g(x)$의 그래프는 원점에 대하여 대칭이다. 자연수 k에 대하여 직선 $x=k$가 두 이차함수 $y=f(x)$, $y=g(x)$의 그래프와 만나는 점을 각각 A_k, B_k라 할 때, $\displaystyle\sum_{k=1}^{8}\overline{A_kB_k}$의 값을 구하시오.

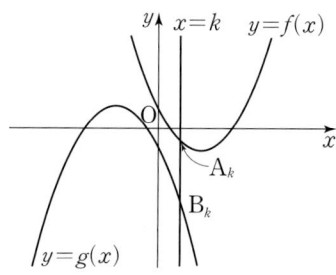

2452

Level 3

그림과 같이 두 함수
$$f(x)=\frac{1}{4}x^2,$$
$$g(x)=\frac{1}{4}(x+2)^2 \ (x\ge 0)$$

의 그래프와 직선 $x=2$가 만나는 점을 각각 A_1, B_1이라 하고, 자연수 n에 대하여 점 B_n을 지나고 x축에 평행한 직선이 곡선 $y=f(x)$와 만나는 점을 A_{n+1}, 점 A_{n+1}을 지나고 y축에 평행한 직선이 곡선 $y=g(x)$와 만나는 점을 B_{n+1}이라 하자. 선분 A_nB_n의 길이를 l_n이라 할 때, $\displaystyle\sum_{k=1}^{9}l_k$의 값은?

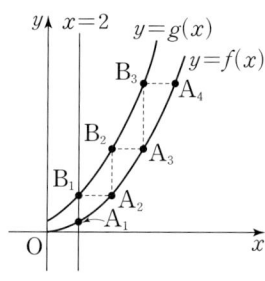

① 96   ② 97   ③ 98

④ 99   ⑤ 100

다음은 이 유형에서 출제된 최근 교육청·평가원 기출문제입니다.

2453 · 교육청 2021년 9월

Level 2

자연수 n에 대하여 곡선 $y=x^2$과 직선 $y=\sqrt{n}x$가 만나는 서로 다른 두 점 사이의 거리를 $f(n)$이라 하자.

$\sum_{n=1}^{10} \dfrac{1}{\{f(n)\}^2}$의 값은?

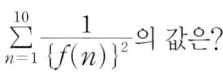

① $\dfrac{9}{11}$ ② $\dfrac{19}{22}$ ③ $\dfrac{10}{11}$

④ $\dfrac{21}{22}$ ⑤ 1

2454 · 교육청 2018년 9월

Level 2

자연수 n에 대하여 직선 $x=n$이 두 곡선 $y=\sqrt{x}$, $y=-\sqrt{x+1}$과 만나는 점을 각각 A_n, B_n이라 하자. 삼각형 A_nOB_n의 넓이를 T_n이라 할 때, $\sum_{n=1}^{24} \dfrac{n}{T_n}$의 값은?

(단, O는 원점이다.)

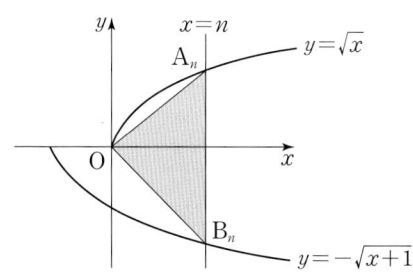

① $\dfrac{13}{2}$ ② 7 ③ $\dfrac{15}{2}$

④ 8 ⑤ $\dfrac{17}{2}$

심화 유형 **17** Σ의 활용 – 원의 방정식   복합유형

❶ 점과 직선 사이의 거리를 구하는 식을 이용해 원의 중심과 직선 사이의 거리를 구한다.

❷ 원의 반지름의 길이를 구한다.

❸ 피타고라스 정리를 이용해 문제를 해결한다.

2455 대표문제

그림과 같이 자연수 n에 대하여 원 $x^2+y^2=n$과 직선 $y=x+1$이 만나서 생기는 선분의 길이를 l_n이라 할 때,

$\sum_{k=1}^{10} l_k^2$의 값을 구하시오.

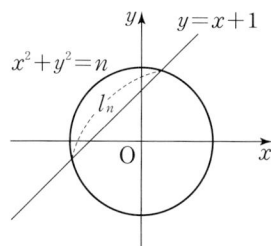

2456

Level 2

그림과 같이 자연수 n에 대하여 원 $x^2+y^2=34n^2$과 직선 $x-\sqrt{15}y+12n=0$이 만나는 점을 각각 A_n, B_n이라 할 때,

$\sum_{k=1}^{10} \overline{A_kB_k}$의 값을 구하시오.

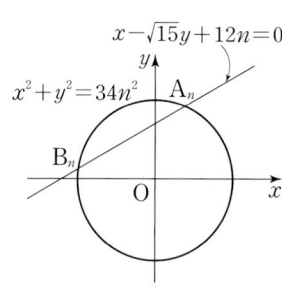

다음은 이 유형에서 출제된 최근 교육청·평가원 기출문제입니다.

2457 · 교육청 2020년 9월

Level 3

자연수 n에 대하여 좌표평면 위의 점 $(n, 0)$을 중심으로 하고 반지름의 길이가 1인 원을 O_n이라 하자. 점 $(-1, 0)$을 지나고 원 O_n과 제1사분면에서 접하는 직선의 기울기를 a_n이라 할 때, $\sum_{n=1}^{5} a_n^2$의 값은?

① $\dfrac{1}{2}$ ② $\dfrac{23}{42}$ ③ $\dfrac{25}{42}$

④ $\dfrac{9}{14}$ ⑤ $\dfrac{29}{42}$

+Plus 문제

구하는 것을 식으로 나타낸 후, ∑의 성질과 자연수의 거듭제곱의 합을 이용하여 값을 구한다.

2458 대표문제

그림과 같이 한 변의 길이가 8인 정사각형의 각 변을 8등분하는 선분들로 이루어진 도형에서 만들 수 있는 한 변의 길이가 n인 정사각형의 개수를 a_n이라 하면 $a_n = (9-n)^2$이다. 이 도형에서 만들 수 있는 모든 정사각형 중에서 한 변의 길이가 4 이상인 정사각형의 개수를 구하시오.

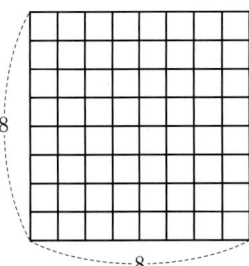

2459　　　　　　　　　　　Level 2

자연수 n에 대하여 좌표평면 위에 네 점 $\mathrm{O}(0, 0)$, $\mathrm{A}_n(n, 0)$, $\mathrm{B}_n(n, n)$, $\mathrm{C}_n(0, n)$으로 이루어진 정사각형이 있다. 정사각형의 경계와 내부에 있는 점 중 x좌표, y좌표가 모두 정수인 점의 개수를 P_n이라 할 때, $\displaystyle\sum_{k=1}^{9} \mathrm{P}_k$의 값을 구하시오.

2460 고난도　　　　　　　　Level 3

좌표평면 위에 세 점 $(n, 0)$, $(n, 2n)$, $(0, 2n)$을 꼭짓점으로 하는 삼각형을 A_n이라 하자. 자연수 k에 대하여 삼각형 A_{2k}와 삼각형 A_{3k}가 만나서 생기는 삼각형의 둘레 위의 점 중 x좌표와 y좌표가 모두 정수인 점의 개수를 $f(k)$라 할 때, $\displaystyle\sum_{k=1}^{8} f(k)$의 값은?

① 140　　　② 144　　　③ 148
④ 152　　　⑤ 156

❶ 규칙성을 갖는 군으로 나누고, 각 군의 항의 개수를 찾는다.
❷ 각 군의 첫째항 또는 끝항의 규칙을 찾는다.

2461 대표문제

수열
$$1, 3, 3, 5, 5, 5, 7, 7, 7, 7, \cdots$$
에서 79가 처음으로 나오는 항을 제n항이라 할 때, n의 값은?

① 781　　　② 782　　　③ 783
④ 784　　　⑤ 785

2462　　　　　　　　　　　Level 1

군수열
$$(1), (1, 3), (1, 3, 5), (1, 3, 5, 7), \cdots$$
에 대하여 제n군의 수들의 합을 구하시오.

2463　　　　　　　　　　　Level 2

수열
$$1, -2, -1, 3, 2, 1, -4, -3, -2, -1, 5, 4, 3, 2, 1, \cdots$$
에서 16이 처음으로 나타나는 항은 제몇 항인가?

① 제136항　　② 제137항　　③ 제138항
④ 제139항　　⑤ 제140항

2464

∎∎| Level 2

수열

$$1, 1, 2, 1, 2, 4, 1, 2, 4, 8, \cdots$$

에서 첫째항부터 제55항까지의 합은?

① 1013   ② 1023   ③ 1024

④ 2036   ⑤ 2046

2465

∎∎| Level 2

수열

$$1, 1, 2, 1, 1, 2, 3, 2, 1, 1, 2, 3, 4, 3, 2, 1, \cdots$$

에서 첫째항부터 제125항까지의 합은?

① 516   ② 517   ③ 518

④ 519   ⑤ 520

2466

∎∎∎| Level 3

다음과 같이 순서쌍으로 이루어진 수열에서 (14, 15)는 제몇 항인지 구하시오.

$$(1, 1), (1, 2), (2, 1), (1, 3), (2, 2), (3, 1),$$
$$(1, 4), (2, 3), (3, 2), (4, 1), \cdots$$

실전 유형 20 분수로 이루어진 군수열

분모 또는 분자가 같거나 (분모)+(분자)의 값이 같은 것끼리 군으로 묶는다.

2467 대표문제

다음 수열에서 첫째항부터 제120항까지의 합을 구하시오.

$$\frac{1}{2}, \frac{1}{3}, \frac{2}{3}, \frac{1}{4}, \frac{2}{4}, \frac{3}{4}, \frac{1}{5}, \frac{2}{5}, \frac{3}{5}, \frac{4}{5}, \cdots$$

10

2468

∎∎| Level 2

수열

$$\frac{1}{1}, \frac{1}{2}, \frac{3}{2}, \frac{5}{2}, \frac{1}{3}, \frac{3}{3}, \frac{5}{3}, \frac{7}{3}, \frac{9}{3}, \frac{1}{4}, \frac{3}{4}, \frac{5}{4}, \frac{7}{4}, \frac{9}{4}, \frac{11}{4}, \frac{13}{4}, \cdots$$

에서 $\frac{17}{12}$ 은 제몇 항인가?

① 제128항   ② 제129항   ③ 제130항

④ 제131항   ⑤ 제132항

2469

∎∎| Level 2

다음 수열에서 제100항은?

$$\frac{1}{1}, \frac{1}{3}, \frac{2}{2}, \frac{3}{1}, \frac{1}{5}, \frac{2}{4}, \frac{3}{3}, \frac{4}{2}, \frac{5}{1}, \frac{1}{7}, \frac{2}{6}, \frac{3}{5}, \frac{4}{4}, \frac{5}{3}, \frac{6}{2}, \frac{7}{1}, \cdots$$

① 3   ② 4   ③ $\frac{17}{3}$

④ 9   ⑤ 19

2470

Level 2

수열

$$\frac{1}{1}, \frac{1}{2}, \frac{2}{2}, \frac{1}{3}, \frac{2}{3}, \frac{3}{3}, \frac{1}{4}, \frac{2}{4}, \frac{3}{4}, \frac{4}{4}, \cdots$$

에서 첫째항부터 제176항까지의 합을 구하시오.

2471

Level 2

수열

$$\frac{1}{1}, \frac{1}{2}, \frac{2}{1}, \frac{1}{3}, \frac{2}{2}, \frac{3}{1}, \frac{1}{4}, \frac{2}{3}, \frac{3}{2}, \frac{4}{1}, \cdots$$

에서 $\dfrac{3}{10}$ 은 제몇 항인가?

① 제66항　　② 제67항　　③ 제68항
④ 제69항　　⑤ 제70항

2472

Level 2

수열

$$\frac{2}{3}, \frac{4}{9}, \frac{4}{9}, \frac{8}{27}, \frac{8}{27}, \frac{8}{27}, \frac{16}{81}, \frac{16}{81}, \frac{16}{81}, \frac{16}{81}, \cdots$$

에서 제37항은 $\dfrac{q}{3^p}$ 이다. 이때 $q-p$의 값은?

(단, p, q는 자연수이다.)

① 501　　② 503　　③ 505
④ 507　　⑤ 509

심화유형 21 여러 가지 군수열

수가 나열되는 방향에 따른 규칙을 찾는다.

2473 대표문제

다음과 같이 자연수를 규칙적으로 배열할 때, 위에서 11번째 줄의 왼쪽에서 6번째에 있는 수는?

1	2	5	10	17	$\cdots$
4	3	6	11	18	
9	8	7	12	19	
16	15	14	13	20	
25	24	23	22	21	
$\vdots$					$\ddots$

① 113　　② 114　　③ 115
④ 116　　⑤ 117

2474

Level 2

가로, 세로가 각각 10칸으로 이루어진 표에 1부터 19까지의 홀수를 다음과 같이 규칙적으로 배열할 때, 표 안의 모든 수의 합을 구하시오.

1	3	5	$\cdots$	19
3	3	5		19
5	5	5		19
$\vdots$			$\ddots$	$\vdots$
19	19	19	$\cdots$	19

2475

⬤▮▮ Level 2

다음과 같이 자연수를 규칙적으로 배열할 때, 163은 제 m 행의 왼쪽에서 n번째에 있는 수이다. 이때 $m+n$의 값은?

제1행	→	1			
제2행	→	3	5		
제3행	→	7	9	11	
제4행	→	13	15	17	19
⋮			⋮		

① 13　　② 15　　③ 17

④ 19　　⑤ 21

2476

⬤▮▮ Level 2

다음과 같이 일정한 규칙으로 자연수를 배열하였다. 위에서 n번째 줄에 있는 모든 수의 합을 S_n이라 할 때, S_8의 값을 구하시오.

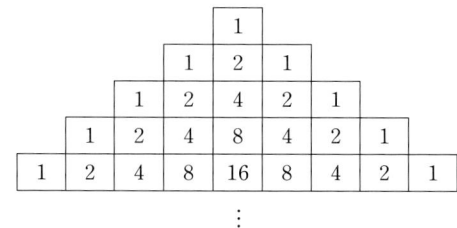

2477

⬤▮▮ Level 2

다음과 같이 자연수를 규칙적으로 배열할 때, 아래에서 4번째 줄의 왼쪽에서 10번째에 있는 수는?

⋮					⋰
25	24	23	22	21	
10	11	12	13	20	
9	8	7	14	19	
2	3	6	15	18	
1	4	5	16	17	⋯

① 93　　② 94　　③ 95

④ 96　　⑤ 97

2478 고난도

⬤⬤▮ Level 3

다음과 같이 자연수를 규칙적으로 배열할 때, 46은 모두 몇 번 나타나는가?

1	2	3	4	⋯
1	3	5	7	
1	4	7	10	
1	5	9	13	
⋮				⋱

① 5번　　② 6번　　③ 7번

④ 8번　　⑤ 9번

+ **Plus 문제**

2479 대표문제

$\displaystyle\sum_{k=4}^{18}\dfrac{1}{(k+2)(k+3)}=\dfrac{q}{p}$일 때, $p+q$의 값을 구하는 과정을 서술하시오. (단, p와 q는 서로소인 자연수이다.) [6점]

> **STEP 1** 분수식을 부분분수로 변형하기 [1점]
>
> $\dfrac{1}{(k+2)(k+3)}$을 부분분수로 변형하면
>
> $\dfrac{1}{(k+2)(k+3)}=\dfrac{1}{k+2}-\boxed{}^{(1)}$
>
> **STEP 2** $\displaystyle\sum_{k=4}^{18}\dfrac{1}{(k+2)(k+3)}$을 덧셈식으로 나타내기 [3점]
>
> $\displaystyle\sum_{k=4}^{18}\dfrac{1}{(k+2)(k+3)}$
>
> $=\displaystyle\sum_{k=4}^{18}\left(\dfrac{1}{k+2}-\boxed{}^{(2)}\right)$
>
> $=\left(\dfrac{1}{6}-\dfrac{1}{7}\right)+\left(\dfrac{1}{7}-\dfrac{1}{8}\right)+\left(\dfrac{1}{8}-\dfrac{1}{9}\right)+\cdots$
>
> $\qquad\qquad +\left(\dfrac{1}{19}-\dfrac{1}{20}\right)+\left(\dfrac{1}{20}-\boxed{}^{(3)}\right)$
>
> **STEP 3** $p+q$의 값 구하기 [2점]
>
> 식을 정리하면
>
> $\left(\dfrac{1}{6}-\dfrac{\cancel{1}}{\cancel{7}}\right)+\left(\dfrac{\cancel{1}}{\cancel{7}}-\dfrac{\cancel{1}}{\cancel{8}}\right)+\left(\dfrac{\cancel{1}}{\cancel{8}}-\dfrac{1}{9}\right)+\cdots$
>
> $\qquad\qquad +\left(\dfrac{\cancel{1}}{\cancel{19}}-\dfrac{\cancel{1}}{\cancel{20}}\right)+\left(\dfrac{\cancel{1}}{\cancel{20}}-\boxed{}^{(4)}\right)$
>
> $=\dfrac{1}{6}-\boxed{}^{(5)}=\boxed{}^{(6)}$
>
> 따라서 $p=\boxed{}^{(7)}$, $q=\boxed{}^{(8)}$이므로
>
> $p+q=\boxed{}^{(9)}$

2480 한번 더

$\displaystyle\sum_{k=3}^{20}\dfrac{1}{(k+1)(k+2)}=\dfrac{q}{p}$일 때, $p+q$의 값을 구하는 과정을 서술하시오. (단, p와 q는 서로소인 자연수이다.) [6점]

> **STEP 1** 분수식을 부분분수로 변형하기 [1점]
>
>
> **STEP 2** $\displaystyle\sum_{k=3}^{20}\dfrac{1}{(k+1)(k+2)}$을 덧셈식으로 나타내기 [3점]
>
>
> **STEP 3** $p+q$의 값 구하기 [2점]

2481 유사 1

첫째항이 1이고 공차가 3인 등차수열 $\{a_n\}$에 대하여 $\displaystyle\sum_{k=1}^{10}\dfrac{1}{a_{k+1}a_{k+2}}$의 값을 구하는 과정을 서술하시오. [7점]

핵심 KEY 유형 11 분수 꼴인 수열의 합

분수식을 부분분수로 변형한 후 수열의 합을 구하는 문제이다.

$\dfrac{1}{(k+a)(k+b)}=\dfrac{1}{b-a}\left(\dfrac{1}{k+a}-\dfrac{1}{k+b}\right)(a\neq b)$을 이용하여 부분분수로 변형한다.

수열의 합을 덧셈식으로 나타낸 후 항을 소거하여 식을 간단히 나타낼 때, 앞에서 남는 항과 뒤에서 남는 항은 서로 대칭되는 위치에 있음에 주의한다.

2482 대표문제

n이 자연수일 때, x에 대한 이차방정식

$$x^2-(2n+1)x+n-3=0$$

의 두 근을 α_n, β_n이라 하자. 이때 $\sum\limits_{k=1}^{10}(\alpha_k^2-1)(\beta_k^2-1)$의 값을 구하는 과정을 서술하시오. [7점]

STEP 1 이차방정식의 근과 계수의 관계를 이용하여 $\alpha_n+\beta_n$, $\alpha_n\beta_n$을 n에 대한 식으로 나타내기 [1점]

이차방정식 $x^2-(2n+1)x+n-3=0$에서 근과 계수의 관계에 의하여

$\alpha_n+\beta_n=2n+1$ ⋯⋯⋯⋯⋯⋯⋯⋯⋯⋯⋯⋯⋯ ㉠

$\alpha_n\beta_n=\boxed{^{(1)}\qquad}$ ⋯⋯⋯⋯⋯⋯⋯⋯⋯⋯⋯ ㉡

STEP 2 $(\alpha_n^2-1)(\beta_n^2-1)$을 n에 대한 식으로 나타내기 [3점]

곱셈 공식에 의하여

$\alpha_n^2+\beta_n^2=(\alpha_n+\beta_n)^2-2\alpha_n\beta_n$

이므로 ㉠, ㉡을 대입하여 정리하면

$\alpha_n^2+\beta_n^2=(2n+1)^2-2(\boxed{^{(2)}\qquad})$

$\qquad\qquad=4n^2+4n+1-\boxed{^{(3)}\qquad}+6$

$\qquad\qquad=4n^2+\boxed{^{(4)}\qquad}+7$

$\therefore (\alpha_n^2-1)(\beta_n^2-1)$

$=(\alpha_n\beta_n)^2-(\alpha_n^2+\beta_n^2)+1$

$=(\boxed{^{(5)}\qquad})^2-(4n^2+2n+7)+1$

$=-3n^2-\boxed{^{(6)}\qquad}+3$

STEP 3 $\sum\limits_{k=1}^{10}(\alpha_k^2-1)(\beta_k^2-1)$의 값 구하기 [3점]

$\sum\limits_{k=1}^{10}(\alpha_k^2-1)(\beta_k^2-1)$

$=\sum\limits_{k=1}^{10}(-3k^2-\boxed{^{(7)}\qquad}+3)$

$=-3\sum\limits_{k=1}^{10}k^2-8\boxed{^{(8)}\qquad}+\sum\limits_{k=1}^{10}3$

$=-3\times\dfrac{10\times11\times21}{6}-8\times\boxed{^{(9)}\qquad}+3\times10$

$=\boxed{^{(10)}\qquad}$

2483 한번 더

n이 자연수일 때, x에 대한 이차방정식

$$x^2-(n-1)x+2n=0$$

의 두 근을 α_n, β_n이라 하자. 이때 $\sum\limits_{k=1}^{10}(\alpha_k^2+1)(\beta_k^2+1)$의 값을 구하는 과정을 서술하시오. [7점]

STEP 1 이차방정식의 근과 계수의 관계를 이용하여 $\alpha_n+\beta_n$, $\alpha_n\beta_n$을 n에 대한 식으로 나타내기 [1점]

STEP 2 $(\alpha_n^2+1)(\beta_n^2+1)$을 n에 대한 식으로 나타내기 [3점]

STEP 3 $\sum\limits_{k=1}^{10}(\alpha_k^2+1)(\beta_k^2+1)$의 값 구하기 [3점]

핵심 KEY 유형12 **이차방정식의 근과 수열의 합**

이차방정식의 근과 계수의 관계를 이용하여 수열의 합을 구하는 문제이다.

이차방정식 $ax^2+bx+c=0$의 두 근을 α, β라 하면

$\alpha+\beta=-\dfrac{b}{a}$, $\alpha\beta=\dfrac{c}{a}$임을 이용한다.

수열의 합을 구할 때 주어진 식을 곱셈 공식, 부분분수를 이용하여 변형한 후 근과 계수의 관계를 이용하여 구한 식을 대입한다.

2484 유사1

n이 자연수일 때, x에 대한 이차방정식

$$x^2 - 3x + n(n+1) = 0$$

의 두 근을 α_n, β_n이라 하자. 이때 $\displaystyle\sum_{k=1}^{10}\left(\dfrac{1}{\alpha_k} + \dfrac{1}{\beta_k}\right)$의 값을 구하는 과정을 서술하시오. [7점]

2485 유사2

x에 대한 이차방정식 $x^2 - 2x - 1 = 0$의 두 근을 α, β라 할 때, $\displaystyle\sum_{k=1}^{15}(k-\alpha)(k-\beta)$의 값을 구하는 과정을 서술하시오. [6점]

2486 대표문제

자연수 n에 대하여 두 함수 $f(x) = x^2 + 3x - 3n$, $g(x) = n(2x-n)$의 그래프의 두 교점의 x좌표를 각각 α_n, β_n이라 할 때, $\displaystyle\sum_{k=1}^{8}(\alpha_k + \beta_k)^2$의 값을 구하는 과정을 서술하시오. (단, $\alpha_n > \beta_n$) [7점]

> **STEP 1** 두 함수의 그래프의 교점의 x좌표 구하기 [3점]
>
> $x^2 + 3x - 3n = n(2x-n)$에서
>
> $x^2 - (2n-3)x + n(n-3) = 0$
>
> $\left(x - \boxed{}^{(1)}\right)\{x - (n-3)\} = 0$
>
> $\therefore x = \boxed{}^{(2)}$ 또는 $x = n-3$

> **STEP 2** α_n, β_n 구하기 [1점]
>
> $\alpha_n > \beta_n$이므로
>
> $\alpha_n = n$, $\beta_n = \boxed{}^{(3)}$

> **STEP 3** $\displaystyle\sum_{k=1}^{8}(\alpha_k + \beta_k)^2$의 값 구하기 [3점]
>
> $\displaystyle\sum_{k=1}^{8}(\alpha_k + \beta_k)^2$
>
> $= \displaystyle\sum_{k=1}^{8}\left\{k + \left(\boxed{}^{(4)}\right)\right\}^2$
>
> $= \displaystyle\sum_{k=1}^{8}\left(\boxed{}^{(5)} - 3\right)^2$
>
> $= \displaystyle\sum_{k=1}^{8}\left(4k^2 - \boxed{}^{(6)} + 9\right)$
>
> $= 4\displaystyle\sum_{k=1}^{8}k^2 - 12\boxed{}^{(7)} + \displaystyle\sum_{k=1}^{8}9$
>
> $= 4 \times \dfrac{8 \times 9 \times 17}{6} - 12 \times \boxed{}^{(8)} + 9 \times 8$
>
> $= \boxed{}^{(9)}$

핵심 KEY 유형16 $\sum$의 활용 – 함수

두 함수의 그래프의 교점의 좌표를 구한 후, 식에 대입하여 수열의 합을 구하는 문제이다.

수열의 합을 구할 때, $\sum$의 성질을 이용한다.

교점의 좌표를 구할 때, x에 대한 이차방정식을 풀어 구할 수 있고, 이차방정식의 근과 계수의 관계를 이용할 수도 있다.

2487 ^{한번 더}

자연수 n에 대하여 두 함수 $f(x)=x^2-2nx+n^2$, $g(x)=2(x-n)$의 그래프의 두 교점의 x좌표를 각각 α_n, β_n이라 할 때, $\sum\limits_{k=1}^{10}(\alpha_k+\beta_k)^2$의 값을 구하는 과정을 서술하시오. (단, $\alpha_n<\beta_n$) [7점]

STEP 1 두 함수의 그래프의 교점의 x좌표 구하기 [3점]

STEP 2 α_n, β_n 구하기 [1점]

STEP 3 $\sum\limits_{k=1}^{10}(\alpha_k+\beta_k)^2$의 값 구하기 [3점]

2488 ^{유사 1}

그림과 같이 4 이상의 자연수 n에 대하여 두 함수 $y=x^2+x$, $y=nx-2$의 그래프의 교점을 각각 A, B라 하자. 두 직선 OA, OB의 기울기를 각각 a_n, b_n이라 할 때, $\sum\limits_{n=4}^{13}\log_3\left(\dfrac{1}{a_n}+\dfrac{1}{b_n}\right)$의 값을 구하는 과정을 서술하시오. (단, O는 원점이다.) [8점]

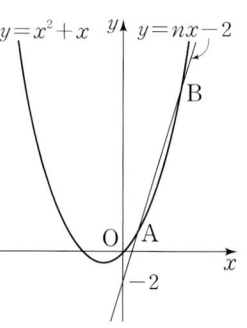

2489 ^{유사 2}

그림과 같이 자연수 n에 대하여 두 함수 $y=x^2$, $y=\sqrt{n}x$의 그래프가 제1사분면에서 만나는 점을 P_n이라 하고, 점 P_n을 지나고 직선 $y=\sqrt{n}x$와 수직인 직선이 x축, y축과 만나는 점을 각각 Q_n, R_n이라 하자. 삼각형 OQ_nR_n의 넓이를 S_n이라 할 때, $\sum\limits_{n=1}^{8}\dfrac{2S_n}{\sqrt{n}}$의 값을 구하는 과정을 서술하시오.

(단, O는 원점이다.) [9점]

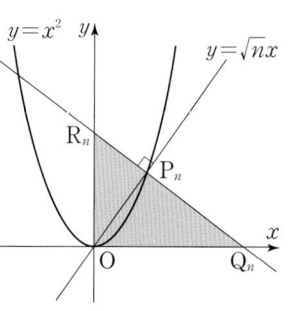

실력 check 실전 마무리하기 1회

점 / 100점

• 선택형 21문항, 서술형 4문항입니다.

1 2490

$\sum_{k=2}^{10}(k^2-1)-\sum_{i=1}^{9}(i^2+1)$의 값은? [3점]

① 77 ② 79 ③ 81
④ 83 ⑤ 85

2 2491

$\sum_{k=1}^{15}(a_{2k-1}+a_{2k})=35$일 때, $\sum_{k=1}^{30}(4a_k-5)$의 값은? [3점]

① -12 ② -10 ③ -8
④ -6 ⑤ -4

3 2492

$\sum_{k=1}^{10}a_k=15$, $\sum_{k=1}^{10}{a_k}^2=25$일 때, $\sum_{k=1}^{10}(2a_k-1)^2$의 값은? [3점]

① 44 ② 47 ③ 50
④ 53 ⑤ 56

4 2493

두 수열 $\{a_n\}$, $\{b_n\}$에 대하여

$$\sum_{k=1}^{10}(a_k+b_k)=35,\ \sum_{k=1}^{10}(3a_k-b_k)=65$$

일 때, $\sum_{k=1}^{10}(a_k-2b_k)$의 값은? [3점]

① 5 ② 10 ③ 15
④ 20 ⑤ 25

5 2494

$\sum_{m=1}^{5}\left\{\sum_{k=1}^{10}(k+m)\right\}$의 값은? [3점]

① 415 ② 420 ③ 425
④ 430 ⑤ 435

6 2495

수열의 합 $2 \times 18 + 4 \times 16 + 6 \times 14 + \cdots + 18 \times 2$의 값은?

[3점]

① 655 ② 660 ③ 665
④ 670 ⑤ 675

7 2496

수열 $\{a_n\}$이

$$1,\ 2+4,\ 3+6+9,\ 4+8+12+16,\ \cdots$$

일 때, $\sum\limits_{k=1}^{10} a_k$의 값은? [3점]

① 1705 ② 1715 ③ 1725
④ 1735 ⑤ 1745

8 2497

다음 수열의 첫째항부터 제9항까지의 합은? [3.5점]

$$2^2,\ 5^2,\ 8^2,\ 11^2,\ \cdots$$

① 2284 ② 2294 ③ 2304
④ 2314 ⑤ 2324

9 2498

수열

$$1,\ \frac{1}{1+2},\ \frac{1}{1+2+3},\ \frac{1}{1+2+3+4},\ \cdots$$

에서 첫째항부터 제8항까지의 합은? [3.5점]

① $\dfrac{10}{9}$ ② $\dfrac{4}{3}$ ③ $\dfrac{14}{9}$
④ $\dfrac{16}{9}$ ⑤ 2

10 2499

n이 자연수일 때, x에 대한 이차방정식

$$x^2 - (2n+1)x + n(n+1) = 0$$

의 두 근을 α_n, β_n이라 하자. 이때 $\sum\limits_{n=1}^{99} \dfrac{1}{\sqrt{\alpha_n} + \sqrt{\beta_n}}$의 값은?

[3.5점]

① 6 ② 7 ③ 8
④ 9 ⑤ 10

11 2500

$\sum\limits_{k=3}^{n} \dfrac{1}{\sqrt{k+1} + \sqrt{k+2}} = 4$를 만족시키는 자연수 n의 값은?

[3.5점]

① 31 ② 32 ③ 33
④ 34 ⑤ 35

수열 $\{a_n\}$이 모든 자연수 n에 대하여

$$\sum_{k=1}^{n} a_k = n(n+1)(n+2)$$

를 만족시킬 때, $\sum_{k=1}^{10} \dfrac{3}{a_k}$의 값은? [3.5점]

① $\dfrac{9}{11}$ ② $\dfrac{10}{11}$ ③ 1

④ $\dfrac{12}{11}$ ⑤ $\dfrac{13}{11}$

수열

$$1,\ 2,\ 1,\ 3,\ 2,\ 1,\ 4,\ 3,\ 2,\ 1,\ \cdots$$

에서 15가 처음으로 나오는 항은 제몇 항인가? [3.5점]

① 제102항   ② 제103항   ③ 제104항

④ 제105항   ⑤ 제106항

그림과 같이 정삼각형 모양으로 성냥개비를 배열하였다. 정삼각형의 한 변에 놓인 성냥개비가 n개일 때, 사용한 성냥개비의 전체 개수를 a_n이라 하자. $a_1=3$, $a_2=9$일 때, a_{12}의 값은? [3.5점]

 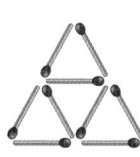 $\cdots$

① 218   ② 222   ③ 226

④ 230   ⑤ 234

$f(x)=\displaystyle\sum_{k=1}^{5}(2x-k)^2$은 $x=k$일 때, 최솟값 m을 갖는다. 이때 $k+m$의 값은? [4점]

① $\dfrac{19}{2}$ ② $\dfrac{21}{2}$ ③ $\dfrac{23}{2}$

④ $\dfrac{25}{2}$ ⑤ $\dfrac{27}{2}$

$a_5=17$, $a_{12}=45$인 등차수열 $\{a_n\}$에 대하여 $\displaystyle\sum_{k=1}^{20} a_{2k} - \sum_{k=1}^{20} a_{2k-1}$의 값은? [4점]

① 60   ② 70   ③ 80

④ 90   ⑤ 100

17 2506

등식 $\displaystyle\sum_{k=1}^{10} \frac{2^{k+3}+5^k}{4^{k-1}} = a\left(\frac{5}{4}\right)^{10} + b\left(\frac{1}{2}\right)^{10} + c$ 를 만족시키는 정

수 a, b, c에 대하여 $a+b+c$의 값은? [4점]

① -10 ② -5 ③ 0

④ 5 ⑤ 10

18 2507

3^n의 일의 자리 숫자를 $f(n)$, 7^n의 일의 자리 숫자를 $g(n)$

이라 할 때, $\displaystyle\sum_{k=1}^{110} \{f(k)-g(k)\}$의 값은? [4점]

① -4 ② -2 ③ 0

④ 2 ⑤ 4

19 2508

그림과 같이 자연수 n에 대하

여 함수 $y=\dfrac{3}{x}$ $(x>0)$의 그래

프 위의 점 $\left(n, \dfrac{3}{n}\right)$과 두 점

$(n-1, 0)$, $(n+1, 0)$을 세

꼭짓점으로 하는 삼각형의 넓

이를 a_n이라 할 때, $\displaystyle\sum_{n=1}^{10} a_n a_{n+1}$의 값은? [4점]

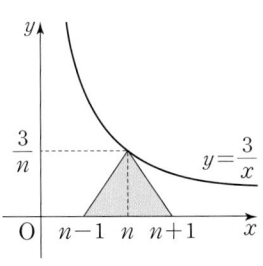

① $\dfrac{86}{11}$ ② $\dfrac{89}{11}$ ③ $\dfrac{90}{11}$

④ $\dfrac{92}{11}$ ⑤ $\dfrac{94}{11}$

20 2509

그림과 같이 자연수를 규칙적으로 배
열할 때, 위에서 11번째 줄의 왼쪽에
서 8번째에 있는 수는? [4점]

1	1	1	1	⋯
1	2	3	4	
1	3	5	7	
1	4	7	10	
⋮				⋱

① 68 ② 71

③ 74 ④ 77

⑤ 80

10

21 2510

자연수 m에 대하여 첫째항이 3이고 공비 r가 정수인 등비
수열 $\{a_n\}$이 다음 조건을 만족시킬 때, $r+m$의 값은?

[4.5점]

> (가) $6 < a_2 + a_3 \le 18$
>
> (나) $\displaystyle\sum_{k=2}^{m} a_k = 186$

① 6 ② 7 ③ 8

④ 9 ⑤ 10

22 2511

$\sum\limits_{n=1}^{5}\left[\sum\limits_{k=1}^{n}\left\{\sum\limits_{i=1}^{k}\left(3i+\dfrac{3k+3}{2}\right)\right\}\right]$의 값을 구하는 과정을 서술하시오. [6점]

23 2512

$\sum\limits_{k=1}^{n}\log_{3}\left(1+\dfrac{1}{k}\right)=5$를 만족시키는 자연수 n의 값을 구하는 과정을 서술하시오. [6점]

24 2513

수열 $\{a_n\}$에 대하여

$$\sum_{k=1}^{n}(a_{3k-2}+a_{3k-1}+a_{3k})=9n^2$$

일 때, $\sum\limits_{k=16}^{30}a_k$의 값을 구하는 과정을 서술하시오. [7점]

25 2514

수열 $\{a_n\}$이 $\sum\limits_{k=1}^{n}a_k=n^2+5n$을 만족시킬 때, $\sum\limits_{k=1}^{7}ka_{2k-1}$의 값을 구하는 과정을 서술하시오. [7점]

1 2515

$\sum\limits_{k=1}^{n}(k^3+1)-\sum\limits_{k=2}^{n-1}(k^3-1)$의 값은? [3점]

① n^3-2n-1 ② n^3-2n+1

③ n^3+2n-1 ④ n^3+2n+1

⑤ n^3+2n+2

2 2516

수열 $\{a_n\}$에 대하여

$$\sum\limits_{k=1}^{15}(a_k+1)(a_k-1)=20,\ \sum\limits_{k=1}^{15}a_k(a_k+1)=45$$

일 때, $\sum\limits_{k=1}^{15}(a_k-1)^2$의 값은? [3점]

① 10   ② 15   ③ 20

④ 25   ⑤ 30

3 2517

$4^3+5^3+6^3+\cdots+10^3$의 값은? [3점]

① 2987   ② 2989   ③ 2991

④ 2993   ⑤ 2995

4 2518

$\sum\limits_{l=1}^{n}\left\{\sum\limits_{k=1}^{l}(k+l)\right\}=90$을 만족시키는 자연수 n의 값은? [3점]

① 5   ② 6   ③ 7

④ 8   ⑤ 9

5 2519

$\dfrac{1}{2^2-1}+\dfrac{1}{4^2-1}+\dfrac{1}{6^2-1}+\cdots+\dfrac{1}{20^2-1}$의 값은? [3점]

① $\dfrac{4}{21}$ ② $\dfrac{2}{7}$ ③ $\dfrac{8}{21}$

④ $\dfrac{10}{21}$ ⑤ $\dfrac{4}{7}$

6 2520

$\displaystyle\sum_{k=1}^{n}\frac{3}{(3k-1)(3k+2)}=\frac{12}{25}$ 를 만족시키는 자연수 n의 값은?

[3점]

① 13   ② 14   ③ 15

④ 16   ⑤ 17

7 2521

$\displaystyle\sum_{k=2}^{100}\frac{1}{k^2-k}=\frac{a}{b}$일 때, $b-a$의 값은?

(단, a와 b는 서로소인 자연수이다.) [3점]

① 1   ② 2   ③ 3

④ 4   ⑤ 5

8 2522

$f(x)=\sqrt{x}+\sqrt{x+1}$일 때, $\displaystyle\sum_{k=1}^{80}\frac{1}{f(k)}$의 값은? [3점]

① 6   ② 7   ③ 8

④ 9   ⑤ 10

9 2523

등차수열 $\{a_n\}$이 $\displaystyle\sum_{k=1}^{n}a_{2k-1}=3n^2+n$을 만족시킬 때, a_5의 값은? [3.5점]

① 4   ② 7   ③ 10

④ 13   ⑤ 16

10 2524

자연수 n에 대하여 다항식 $f(x)=x^n(x-1)$을 $x-4$로 나누었을 때의 나머지를 a_n이라 할 때, $\displaystyle\sum_{k=1}^{20}a_k$의 값은? [3.5점]

① $4^{20}-4$ ② $4^{20}-1$ ③ $4^{21}-4$

④ $4^{21}-1$ ⑤ $4^{22}-4$

11 2525

자연수 n에 대하여

$1\times(n+1)+2\times n+3\times(n-1)+\cdots+n\times2+(n+1)\times1$
$=\dfrac{(n+a)(n+b)(n+c)}{6}$

일 때, $a+b+c$의 값은? (단, a, b, c는 자연수이다.) [3.5점]

① 5   ② 6   ③ 7

④ 8   ⑤ 9

12 2526

수열 $\{a_n\}$에서 a_1, a_2, a_3, $\cdots$, a_{20}은 -1, 0, 1의 값 중 어느 하나를 갖는다. $\sum\limits_{k=1}^{20} a_k = 1$, $\sum\limits_{k=1}^{20} a_k^2 = 11$일 때, $a_k = -1$을 만족시키는 자연수 k의 개수는? (단, $1 \le k \le 20$) [3.5점]

① 5   ② 6   ③ 7

④ 8   ⑤ 9

13 2527

$\dfrac{6}{1^2} + \dfrac{10}{1^2+2^2} + \dfrac{14}{1^2+2^2+3^2} + \cdots + \dfrac{42}{1^2+2^2+\cdots+10^2}$의 값은? [3.5점]

① $\dfrac{40}{11}$ ② $\dfrac{60}{11}$ ③ $\dfrac{80}{11}$

④ $\dfrac{100}{11}$ ⑤ $\dfrac{120}{11}$

14 2528

n이 자연수일 때, x에 대한 이차방정식
$$x^2 - 4nx + 6n^2 = 0$$
의 두 근을 a_n, b_n이라 하자. 이때 $\sum\limits_{k=1}^{10} (a_k^2 + b_k^2)$의 값은? [3.5점]

① 1510   ② 1520   ③ 1530

④ 1540   ⑤ 1550

15 2529

수열 $\{a_n\}$에 대하여 $\sum\limits_{k=1}^{n} a_k = n^2 - n \ (n \ge 1)$일 때, $\sum\limits_{k=1}^{10} k a_{3k+1}$의 값은? [3.5점]

① 2310   ② 2320   ③ 2330

④ 2340   ⑤ 2350

16 2530

$a_1 = 37$, $a_{10} = 1$인 등차수열 $\{a_n\}$에 대하여 $\sum\limits_{k=1}^{20} |a_k|$의 값은? [4점]

① 390   ② 395   ③ 400

④ 405   ⑤ 410

17 2531

수열 $\{a_n\}$이 모든 자연수 n에 대하여 $a_{n+1}^2 = a_n a_{n+2}$를 만족시키고 $a_1 = 3$, $a_2 = 6$일 때, $\sum\limits_{k=1}^{m} a_k > 84$를 만족시키는 자연수 m의 최솟값은? [4점]

① 5   ② 6   ③ 7

④ 8   ⑤ 9

18 2532

첫째항이 3이고 공비가 양수인 등비수열 $\{a_n\}$에 대하여 $S_n = \sum_{k=1}^{n} a_k$, $T_n = \sum_{k=1}^{n} \dfrac{1}{a_k}$일 때, $\dfrac{S_8}{T_8} = 1152$이다. 이때 등비수열 $\{a_n\}$의 공비는? [4점]

① 2   ② 3   ③ 4

④ 5   ⑤ 6

20 2534

수열

$$\frac{1}{2}, \ \frac{1}{4}, \ \frac{3}{4}, \ \frac{1}{8}, \ \frac{3}{8}, \ \frac{5}{8}, \ \frac{7}{8}, \ \cdots$$

에서 $\dfrac{37}{64}$은 제몇 항인가? [4점]

① 제48항   ② 제49항   ③ 제50항

④ 제51항   ⑤ 제52항

19 2533

그림과 같이 자연수 n에 대하여 두 직선 $x=2n-1$, $x=2n+1$이 함수 $y=\sqrt{x}$의 그래프와 만나는 점을 각각 A_n, A_{n+1}이라 하고, x축과 만나는 점을 각각 B_n, B_{n+1}이라 하자. 사각형 $\mathrm{A}_n\mathrm{B}_n\mathrm{B}_{n+1}\mathrm{A}_{n+1}$의 넓이를 S_n이라 할 때, $\sum_{k=1}^{40} \dfrac{1}{S_k}$의 값은? [4점]

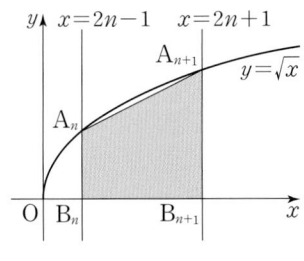

① 1   ② 2   ③ 3

④ 4   ⑤ 5

21 2535

그림과 같이 자연수 n에 대하여 원 $x^2+y^2=4n^2$과 직선 $y=\dfrac{4}{3}x+\dfrac{5}{3}$가 만나서 생기는 선분의 길이를 l_n이라 할 때, $\sum_{n=1}^{20} \dfrac{1}{l_n^2}$의 값은? [4.5점]

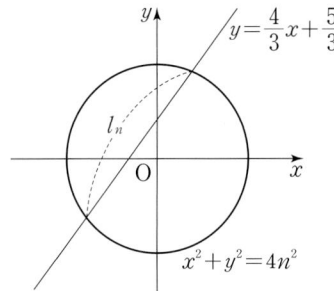

① $\dfrac{1}{41}$ ② $\dfrac{3}{41}$ ③ $\dfrac{5}{41}$

④ $\dfrac{7}{41}$ ⑤ $\dfrac{9}{41}$

서술형

22 2536

다음 식의 값을 구하는 과정을 서술하시오. [6점]

$$\sum_{k=1}^{10} k^2 + \sum_{k=1}^{9} (k+1)^2 + \sum_{k=1}^{8} (k+2)^2 + \cdots$$
$$+ \sum_{k=1}^{2} (k+8)^2 + \sum_{k=1}^{1} (k+9)^2$$

23 2537

$\dfrac{1^2}{n(n+1)} + \dfrac{2^2}{n(n+1)} + \dfrac{3^2}{n(n+1)} + \cdots + \dfrac{n^2}{n(n+1)}$ 을 간

단히 하는 과정을 서술하시오. [6점]

24 2538

첫째항이 9, 공비가 3인 등비수열 $\{a_n\}$에 대하여

$\displaystyle\sum_{n=1}^{20} \dfrac{\log_3 a_{n+1} - \log_3 a_n}{\log_3 a_n \times \log_3 a_{n+1}}$의 값을 구하는 과정을 서술하시오.

[7점]

25 2539

두 수열 $\{a_n\}$, $\{b_n\}$에 대하여

$$\sum_{k=1}^{n} a_k b_k = \frac{n(4n^2 + 21n - 1)}{6}, \quad \sum_{k=1}^{n} a_k = n^2$$

일 때, $\displaystyle\sum_{k=1}^{10} b_k$의 값을 구하는 과정을 서술하시오. [8점]

인내심을 가지고 기다릴 수만 있다면

결국 모든 일이 잘 될 것이다.

-프랑수아 라블레-

수학적 귀납법 11

11

수학적 귀납법

1 수열의 귀납적 정의 핵심 1

일반적으로 수열 $\{a_n\}$에 대하여

(i) 첫째항 a_1의 값

(ii) 이웃하는 두 항 a_n과 a_{n+1} ($n=1, 2, 3, \cdots$) 사이의 관계식

이 주어질 때, 관계식의 n에 $1, 2, 3, \cdots$을 차례로 대입하면 수열 $\{a_n\}$의 모든 항이 정해진다. 이와 같이 처음 몇 개의 항과 이웃하는 여러 항들 사이의 관계식으로 수열을 정의하는 것을 수열의 **귀납적 정의**라 한다.

> **Note**
>
> ▶ 수열은 일반항을 구체적인 식으로 정의하기도 하지만 이웃하는 항들 사이의 관계식을 이용하여 정의하기도 한다.

2 등차수열과 등비수열의 귀납적 정의 핵심 1

(1) **등차수열의 귀납적 정의**

첫째항이 a, 공차가 d인 등차수열 $\{a_n\}$에 대하여 $n=1, 2, 3, \cdots$일 때

① $a_{n+1}=a_n+d$ 또는 $a_{n+1}-a_n=d$ (일정)

② $2a_{n+1}=a_n+a_{n+2}$ 또는 $a_{n+2}-a_{n+1}=a_{n+1}-a_n$

(2) **등비수열의 귀납적 정의**

첫째항이 a, 공비가 r ($r \neq 0$)인 등비수열 $\{a_n\}$에 대하여 $n=1, 2, 3, \cdots$일 때

① $a_{n+1}=ra_n$ 또는 $\dfrac{a_{n+1}}{a_n}=r$ (일정)

② $a_{n+1}{}^2=a_n a_{n+2}$ 또는 $\dfrac{a_{n+2}}{a_{n+1}}=\dfrac{a_{n+1}}{a_n}$

> ▶ $2a_{n+1}=a_n+a_{n+2}$에서 a_{n+1}은 a_n과 a_{n+2}의 등차중항

> ▶ $a_{n+1}{}^2=a_n a_{n+2}$에서 a_{n+1}은 a_n과 a_{n+2}의 등비중항

3 여러 가지 수열의 귀납적 정의 핵심 2~3

(1) $a_{n+1}=a_n+f(n)$ 꼴의 귀납적 정의

n에 $1, 2, 3, \cdots, n-1$을 차례로 대입하여 변끼리 더하면

$$a_n=a_1+f(1)+f(2)+\cdots+f(n-1)=a_1+\sum_{k=1}^{n-1}f(k)$$

(2) $a_{n+1}=a_n f(n)$ 꼴의 귀납적 정의

n에 $1, 2, 3, \cdots, n-1$을 차례로 대입하여 변끼리 곱하면

$$a_n=a_1 f(1)f(2)\cdots f(n-1)$$

4 수학적 귀납법 핵심 4

자연수 n에 대한 명제 $p(n)$이 모든 자연수 n에 대하여 성립함을 증명하려면 다음 두 가지를 보이면 된다.

(i) $n=1$일 때, 명제 $p(n)$이 성립한다.

(ii) $n=k$일 때, 명제 $p(n)$이 성립한다고 가정하면 $n=k+1$일 때에도 명제 $p(n)$이 성립한다.

이와 같은 방법으로 명제가 참임을 증명하는 방법을 **수학적 귀납법**이라 한다.

> ▶ (i)에 의하여 $p(1)$이 성립한다.
> → (ii)에 의하여 $p(2)$가 성립한다.
> → (ii)에 의하여 $p(3)$이 성립한다.
> → $\cdots$
> 따라서 모든 자연수 n에 대하여 명제 $p(n)$이 성립한다.

핵심 **1** 등차수열과 등비수열의 귀납적 정의 유형 1~2

● 등차수열의 귀납적 정의

$a_1=1$, $a_{n+1}=a_n-2$ ($n=1, 2, 3, \cdots$)로 정의된 수열 $\{a_n\}$의 각 항을 구하면 1, -1, -3, -5, -7, $\cdots$이고 $a_{n+1}-a_n=-2$이므로 수열 $\{a_n\}$은 첫째항이 1, 공차가 -2인 등차수열이다.

➔ 수열 $\{a_n\}$의 일반항

$a_n=1+(n-1)\times(-2)=-2n+3$

● 등비수열의 귀납적 정의

$a_1=2$, $a_{n+1}=3a_n$ ($n=1, 2, 3, \cdots$)으로 정의된 수열 $\{a_n\}$의 각 항을 구하면 2, 6, 18, 54, 162, $\cdots$이고 $\dfrac{a_{n+1}}{a_n}=3$이므로 수열 $\{a_n\}$은 첫째항이 2, 공비가 3인 등비수열이다.

➔ 수열 $\{a_n\}$의 일반항 $a_n=2\times3^{n-1}$

2540 수열 $\{a_n\}$이

$a_1=2$, $a_{n+1}=a_n+3$ ($n=1, 2, 3, \cdots$)

으로 정의될 때, 제10항을 구하시오.

2541 수열 $\{a_n\}$이

$a_1=3$, $a_{n+1}=2a_n$ ($n=1, 2, 3, \cdots$)

으로 정의될 때, 제6항을 구하시오.

 11

핵심 **2** $a_{n+1}=a_n+f(n)$ 꼴로 정의된 수열 유형 4

$a_{n+1}=a_n+f(n)$ (또는 $a_{n+1}-a_n=f(n)$) 꼴의 귀납적 정의에서 일반항 a_n을 찾아보자.

n에 1, 2, 3, $\cdots$, $n-1$을 차례로 대입한 후 세로로 나열하여 변끼리 더하면

$a_2=a_1+f(1)$

$a_3=a_2+f(2)$

$a_4=a_3+f(3)$

$\vdots$

$+)\ a_n=a_{n-1}+f(n-1)$

$a_n=a_1+f(1)+f(2)+\cdots+f(n-1)$

➔ 수열 $\{a_n\}$의 일반항 $a_n=a_1+\displaystyle\sum_{k=1}^{n-1}f(k)$

2542 수열 $\{a_n\}$이

$a_1=6$, $a_{n+1}=a_n+3^n$ ($n=1, 2, 3, \cdots$)

으로 정의될 때, 제5항을 구하시오.

2543 수열 $\{a_n\}$이

$a_1=1$, $a_{n+1}=a_n-2n+1$ ($n=1, 2, 3, \cdots$)

로 정의될 때, 제10항을 구하시오.

$a_{n+1}=a_n f(n) \left(\text{또는 } \dfrac{a_{n+1}}{a_n}=f(n)\right)$ 꼴의 귀납적 정의에서 일반항 a_n을 찾아보자.

n에 1, 2, 3, $\cdots$, $n-1$을 차례로 대입한 후 세로로 나열하여 변끼리 곱하면

$$a_2=a_1 \times f(1)$$
$$a_3=a_2 \times f(2)$$
$$a_4=a_3 \times f(3)$$
$$\vdots$$
$$\times)\ a_n=a_{n-1} \times f(n-1)$$
$$\overline{a_n=a_1 \times f(1) \times f(2) \times \cdots \times f(n-1)}$$

➡ 수열 $\{a_n\}$의 일반항 $a_n=a_1 \times f(1) \times f(2) \times \cdots \times f(n-1)$

2544 수열 $\{a_n\}$이

$$a_1=1,\ a_{n+1}=\dfrac{n}{n+1}a_n\ (n=1, 2, 3, \cdots)$$

으로 정의될 때, 제10항을 구하시오.

2545 수열 $\{a_n\}$이

$$a_1=1,\ a_{n+1}=2^n a_n\ (n=1, 2, 3, \cdots)$$

으로 정의될 때, 제10항을 구하시오.

자연수 n에 대한 명제 $p(n)$이 모든 자연수 n에 대하여 성립함을 증명하려면

❶ $n=1$일 때 성립함을 확인하기

⬇

❷ $n=k$일 때 성립한다고 가정하기

⬇

❸ $n=k+1$일 때 성립함을 보이기

$n \geq m$ (m은 자연수)인 모든 자연수 n에 대하여 명제 $p(n)$이 성립함을 증명하려면 ❶ $n=m$일 때 성립함을 확인한 후 ❷, ❸의 과정을 진행하면 돼.

2546 모든 자연수 n에 대하여 명제 $p(n)$이 참이면 명제 $p(4n)$이 참이라 할 때, 〈**보기**〉에서 옳은 것만을 있는 대로 고르시오.

―――〈 보기 〉―――
ㄱ. $p(1)$이 참이면 $p(32)$도 참이다.
ㄴ. $p(2)$가 참이면 $p(128)$도 참이다.
ㄷ. $p(3)$이 참이면 $p(192)$도 참이다.

2547 모든 자연수 n에 대하여 등식

$$1+2+3+\cdots+n=\dfrac{n(n+1)}{2}$$

이 성립함을 수학적 귀납법으로 증명하시오.

기초 유형 0 명제의 참과 거짓 | 고등수학

명제 $p \longrightarrow q$에 대하여 조건 p, q의 진리집합을 각각 P, Q라 할 때

(1) $P \subset Q$이면 명제 $p \longrightarrow q$는 참이다.
(2) $P \not\subset Q$이면 명제 $p \longrightarrow q$는 거짓이다.

2548 대표문제

다음 〈**보기**〉에서 참인 명제만을 있는 대로 고른 것은?

(단, x는 실수이다.)

〈 보기 〉

ㄱ. $x^2 = 1$이면 $x^3 = 1$이다.

ㄴ. 마름모는 평행사변형이다.

ㄷ. $x = -2$이면 $x^2 + 2x = 0$이다.

ㄹ. 자연수 n에 대하여 n이 홀수이면 n^2은 홀수이다.

① ㄴ, ㄹ   ② ㄷ, ㄹ   ③ ㄱ, ㄴ, ㄷ

④ ㄴ, ㄷ, ㄹ   ⑤ ㄱ, ㄴ, ㄷ, ㄹ

2549   Level 2

다음 중 참인 명제는? (단, x, y는 실수이다.)

① $x^2 = 16$이면 $x = 4$이다.

② $x + y > 0$이면 $xy > 0$이다.

③ $|x| > 1$이면 $x^2 > 1$이다.

④ $-1 < x < 1$이면 $x^2 > 1$이다.

⑤ 네 각이 모두 직각인 사각형은 정사각형이다.

2550   Level 2

다음 중 거짓인 명제를 모두 고르면? (정답 2개)

① $x \le 4$이고 $y \le 4$이면 $x + y \le 8$이다.

② a, b가 무리수이면 $a + b$, ab 중 적어도 하나는 무리수이다.

③ x가 9의 양의 약수이면 x는 18의 양의 약수이다.

④ 두 짝수의 합은 짝수이다.

⑤ 삼각형 ABC가 이등변삼각형이면 $\angle A = \angle B$이다.

2551   Level 2

다음 〈**보기**〉의 명제 중에서 거짓인 것의 개수는?

〈 보기 〉

ㄱ. $x^2 = y^2$이면 $x = y$이다.

ㄴ. $x^2 > 1$이면 $x > 1$이다.

ㄷ. 유리수 x에 대하여 $\sqrt{3}x$는 무리수이다.

ㄹ. ab가 짝수이면 a와 b가 짝수이다.

ㅁ. x가 4의 양의 약수이면 x는 8의 양의 약수이다.

① 1   ② 2   ③ 3

④ 4   ⑤ 5

수열 $\{a_n\}$에서 $n=1, 2, 3, \cdots$일 때
(1) $a_{n+1}=a_n+d$, $a_{n+1}-a_n=d\,(일정)$ ➡ 공차가 d인 등차수열
(2) $2a_{n+1}=a_n+a_{n+2}$ ➡ 등차수열

2552 대표문제

수열 $\{a_n\}$이
$$a_1=48, \ a_{n+1}-a_n=-3 \ (n=1, 2, 3, \cdots)$$
으로 정의될 때, $a_k=9$를 만족시키는 자연수 k의 값은?

① 11   ② 12   ③ 13
④ 14   ⑤ 15

2553   •❙❙ Level 1

등차수열 $-4, \ -1, \ 2, \ 5, \ 8, \ \cdots$을 귀납적으로 정의하면
$$a_1=\alpha, \ a_{n+1}=a_n+\beta \ (n=1, 2, 3, \cdots)$$
일 때, 상수 $\alpha, \ \beta$에 대하여 $\alpha\beta$의 값은?

① 14   ② 12   ③ -12
④ -14 ⑤ -20

2554   •❙❙ Level 1

수열 $\{a_n\}$이
$$a_1=1, \ a_{n+1}=a_n-2 \ (n=1, 2, 3, \cdots)$$
로 정의될 때, a_{10}의 값을 구하시오.

2555   •❙❙ Level 1

수열 $\{a_n\}$이 다음과 같이 정의될 때, a_3+a_5의 값은?

> $$a_1=1, \ a_{n+1}=a_n+3 \ (n=1, 2, 3, \cdots)$$

① 17   ② 18   ③ 19
④ 20   ⑤ 21

2556   •❙❙ Level 2

수열 $\{a_n\}$이 $a_1=3, \ a_2=7$이고
$$a_{n+2}-a_{n+1}=a_{n+1}-a_n \ (n=1, 2, 3, \cdots)$$
으로 정의될 때, a_5의 값은?

① 19   ② 20   ③ 21
④ 22   ⑤ 23

2557   •❙❙ Level 2

수열 $\{a_n\}$이
$$a_1=-3, \ a_{n+1}=a_n+4 \ (n=1, 2, 3, \cdots)$$
로 정의될 때, 첫째항부터 제10항까지의 합은?

① 140   ② 150   ③ 160
④ 170   ⑤ 180

2558   •❙❙ Level 2

수열 $\{a_n\}$이
$$a_1=2, \ \frac{1}{a_{n+1}}=\frac{1}{a_n}+\frac{1}{6} \ (n=1, 2, 3, \cdots)$$
로 정의될 때, a_{10}의 값을 구하시오.

2559
●❚❙ Level 2

수열 $\{a_n\}$이
$$a_{n+2}-a_{n+1}=a_{n+1}-a_n \ (n=1, 2, 3, \cdots)$$
과 같이 정의된다. $a_4=3$, $a_9=18$일 때, $a_n<100$을 만족시키는 자연수 n의 최댓값은?

① 34   ② 35   ③ 36

④ 37   ⑤ 38

2560
●❚❙ Level 2

수열 $\{a_n\}$이
$$a_{n+1}=\frac{a_n+a_{n+2}}{2} \ (n=1, 2, 3, \cdots)$$
와 같이 정의된다. $a_2=4$, $a_7=14$일 때, $\displaystyle\sum_{k=1}^{7} a_k$의 값은?

① 54   ② 55   ③ 56

④ 57   ⑤ 58

2561
●❚❙ Level 2

수열 $\{a_n\}$이
$$a_1=-28, \ a_{n+1}=a_n+3 \ (n=1, 2, 3, \cdots)$$
으로 정의될 때, $\displaystyle\sum_{k=1}^{15} |a_k|$의 값은?

① 180   ② 185   ③ 190

④ 195   ⑤ 200

2562
●❚❙ Level 2

수열 $\{a_n\}$이
$$a_2=3a_1, \ a_{n+2}-2a_{n+1}+a_n=0 \ (n=1, 2, 3, \cdots)$$
과 같이 정의된다. $a_{10}=76$일 때, a_8의 값은?

① 52   ② 54   ③ 56

④ 58   ⑤ 60

2563
●❚❙ Level 2

수열 $\{a_n\}$이
$$a_1=48, \ a_2=41,$$
$$a_{n+2}-2a_{n+1}+a_n=0 \ (n=1, 2, 3, \cdots)$$
과 같이 정의된다. 수열 $\{a_n\}$의 첫째항부터 제n항까지의 합을 S_n이라 할 때, S_n의 값이 최대가 되도록 하는 n의 값은?

① 6   ② 7   ③ 8

④ 9   ⑤ 10

다음은 이 유형에서 출제된 최근 교육청·평가원 기출문제입니다.

2564 · 교육청 2017년 11월
●❚❙ Level 2

모든 항이 양수인 수열 $\{a_n\}$이 다음 조건을 만족시킬 때, a_{10}의 값을 구하시오.

> (가) $a_1=2$
>
> (나) 모든 자연수 n에 대하여 이차방정식
> $$x^2-2\sqrt{a_n}\,x+a_{n+1}-3=0$$이 중근을 갖는다.

수열 $\{a_n\}$에서 $n=1, 2, 3, \cdots$일 때

(1) $a_{n+1}=ra_n$, $\dfrac{a_{n+1}}{a_n}=a_{n+1}\div a_n=r$ (일정)

   ➜ 공비가 r인 등비수열

(2) $a_{n+1}^{2}=a_n a_{n+2}$ ➜ 등비수열

2565 대표문제

수열 $\{a_n\}$이

$$a_1=3, \ a_n=3a_{n+1} \ (n=1, 2, 3, \cdots)$$

로 정의될 때, $a_{50}=\dfrac{1}{3^k}$을 만족시키는 자연수 k의 값은?

① 46   ② 47   ③ 48

④ 49   ⑤ 50

2566   ●⬤⬤ Level 1

수열 $\{a_n\}$이

$$a_1=2, \ a_{n+1}=3a_n \ (n=1, 2, 3, \cdots)$$

으로 정의될 때, a_{15}의 값은?

① 3^{14} ② 2×3^{14} ③ 2×3^{15}

④ 6^{14} ⑤ 6^{15}

2567   ⬤⬤● Level 2

수열 $\{a_n\}$이

$$a_1=1, \ a_4=216, \ a_{n+1}=\sqrt{a_n a_{n+2}} \ (n=1, 2, 3, \cdots)$$

와 같이 정의될 때, $\dfrac{a_{10}}{a_6}+\dfrac{a_{11}}{a_7}+\dfrac{a_{12}}{a_8}+\dfrac{a_{13}}{a_9}$의 값을 구하시오.

2568   ⬤⬤● Level 2

수열 $\{a_n\}$이

$$a_1=3, \ \dfrac{1}{a_{n+1}}=\dfrac{3}{a_n} \ (n=1, 2, 3, \cdots)$$

으로 정의될 때, a_{10}의 값은?

① 3^{-10} ② 3^{-9} ③ 3^{-8}

④ 3^{8} ⑤ 3^{10}

2569   ⬤⬤● Level 2

수열 $\{a_n\}$이

$$a_2=3, \ a_4=6, \ a_{n+1}^{2}=a_n a_{n+2} \ (n=1, 2, 3, \cdots)$$

로 정의될 때, $\dfrac{a_{100}}{a_{92}}$의 값을 구하시오.

2570   ⬤⬤● Level 2

수열 $\{a_n\}$이

$$a_1=3, \ \dfrac{a_{n+1}}{a_n}=4 \ (n=1, 2, 3, \cdots)$$

로 정의될 때, 첫째항부터 제10항까지의 합은?

① $-\dfrac{1}{4}\left(1-\dfrac{1}{4^{10}}\right)$ ② $1-2^{20}$ ③ $4^{10}-1$

④ $-3\left(1-\dfrac{1}{4^{9}}\right)$ ⑤ $-4+\dfrac{1}{4^{9}}$

2571   ⬤⬤● Level 2

수열 $\{a_n\}$이

$$a_{n+1}^{2}=a_n a_{n+2} \ (n=1, 2, 3, \cdots)$$

로 정의될 때, $a_3=12$, $a_2 : a_4=2 : 3$이다. $a_9=\dfrac{q}{p}$일 때,

$p+q$의 값을 구하시오.

(단, p와 q는 서로소인 자연수이다.)

2572

$\cdot\cdot\|$ Level 2

수열 $\{a_n\}$이

$$a_1=2,\ a_2=3,\ \frac{a_{n+1}}{a_n}=\frac{a_{n+2}}{a_{n+1}}\ (n=1,\ 2,\ 3,\ \cdots)$$

로 정의될 때, $\displaystyle\sum_{k=1}^{5} a_k$의 값을 구하시오.

2573

$\cdot\|$ Level 2

$a_1=2,\ a_2=8$인 수열 $\{a_n\}$에 대하여 이차방정식

$$a_n x^2+2a_{n+1}x+a_{n+2}=0\ (n=1,\ 2,\ 3,\ \cdots)$$

이 중근 b_n을 가질 때, $\displaystyle\sum_{k=1}^{25} b_k$의 값은?

① -120 ② -100 ③ 100

④ 120 ⑤ 150

2574

$\cdot\cdot\cdot$ Level 3

수열 $\{a_n\}$이

$$a_1=1,\ a_2=2,\ a_{n+1}=\sqrt{a_n a_{n+2}}\ (n=1,\ 2,\ 3,\ \cdots)$$

와 같이 정의된다. 수열 $\{a_n\}$의 첫째항부터 제n항까지의 합을 S_n이라 할 때, $S_n>2048$을 만족시키는 n의 최솟값은?

① 9 ② 10 ③ 11

④ 12 ⑤ 13

＋Plus 문제

심화 유형 **3** 로그의 성질을 이용한 등비수열의 귀납적 정의 **복합유형**

$a>0$, $a\neq1$이고 $M>0$, $N>0$일 때

(1) $\log_a a=1$

(2) $\log_a MN=\log_a M+\log_a N$

임을 이용한다.

2575 대표문제

수열 $\{a_n\}$이 $a_1=8^{10}$이고

$$\log_2 a_{n+1}=\log_2 a_n-4\ (n=1,\ 2,\ 3,\ \cdots)$$

로 정의될 때, $a_k=\dfrac{1}{8^{10}}$을 만족시키는 자연수 k의 값은?

① 8 ② 10 ③ 12

④ 16 ⑤ 20

2576

$\cdot\|$ Level 2

모든 항이 양수인 수열 $\{a_n\}$이 다음 조건을 만족시킬 때, $\displaystyle\sum_{k=1}^{10} \log a_k$의 값을 구하시오.

> (가) $a_1=10$
>
> (나) $\log a_{n+1}=2+\log a_n\ (n=1,\ 2,\ 3,\ \cdots)$

2577

$\cdot\|$ Level 2

모든 항이 양수인 수열 $\{a_n\}$이 $a_1=9$, $a_2=3$이고

$$\log_3 a_{n+1}=1+\log_3 a_n\ (n=2,\ 3,\ 4,\ \cdots)$$

을 만족시킨다. $a_1\times a_2\times a_3\times\cdots\times a_7=3^k$일 때, 상수 k의 값은?

① 21 ② 22 ③ 23

④ 24 ⑤ 25

실전유형 4 $a_{n+1}=a_n+f(n)$ 꼴의 귀납적 정의 빈출유형

수열 $\{a_n\}$이 $a_{n+1}=a_n+f(n)$으로 정의된 경우

→ n에 1, 2, 3, ⋯, $n-1$을 차례로 대입하여 변끼리 더한다.

→ $a_n=a_1+f(1)+f(2)+\cdots+f(n-1)$

$=a_1+\sum_{k=1}^{n-1} f(k)$

2578 대표문제

수열 $\{a_n\}$이

$a_1=1,\ a_{n+1}=a_n+n+4\ (n=1,\ 2,\ 3,\ \cdots)$

로 정의될 때, a_{10}의 값은?

① 53 ② 65 ③ 82

④ 90 ⑤ 101

2579 Level 2

수열 $\{a_n\}$이

$a_1=2,\ a_n-a_{n-1}=2^n\ (n=2,\ 3,\ 4,\ \cdots)$

으로 정의될 때, $a_k=1022$를 만족시키는 자연수 k의 값을 구하시오.

2580 Level 2

수열 $\{a_n\}$은 $a_1=-21$이고, 모든 자연수 n에 대하여 $a_{n+1}=a_n+2n-5$로 정의될 때, $a_n>0$을 만족시키는 자연수 n의 최솟값은?

① 6 ② 7 ③ 8

④ 9 ⑤ 10

2581 Level 2

수열 $\{a_n\}$이

$a_1=1,\ a_{n+1}=a_n+2n+3\ (n=1,\ 2,\ 3,\ \cdots)$

으로 정의될 때, 수열 $\{a_n\}$의 첫째항부터 제10항까지의 합을 구하시오.

2582 Level 2

수열 $\{a_n\}$이

$a_1=-9,\ a_{n+1}=a_n+4n-5\ (n=1,\ 2,\ 3,\ \cdots)$

로 정의될 때, $\sum_{n=1}^{15} a_n$의 값은?

① 1564 ② 1572 ③ 1580

④ 1588 ⑤ 1596

2583 Level 2

수열 $\{a_n\}$이

$a_1=3,\ a_{n+1}=a_n+f(n)\ (n=1,\ 2,\ 3,\ \cdots)$

과 같이 정의된다. $\sum_{k=1}^{n} f(k)=n^2-3$일 때, a_{101}의 값은?

① 99^2+1 ② 100^2-3 ③ 100^2

④ 101^2-3 ⑤ 101^2

2584

Level 2

수열 $\{a_n\}$이

$$a_1 = \frac{1}{2}, \ a_{n+1} = a_n + \frac{1}{n(n+1)} \ (n=1, \ 2, \ 3, \ \cdots)$$

로 정의될 때, a_{10}의 값은?

① $\frac{11}{10}$ ② $\frac{6}{5}$ ③ $\frac{13}{10}$

④ $\frac{7}{5}$ ⑤ $\frac{3}{2}$

2585

Level 2

수열 $\{a_n\}$이

$$a_1 = 7, \ a_{n+1} = a_n + \frac{1}{\sqrt{n+1}+\sqrt{n}} \ (n=1, \ 2, \ 3, \ \cdots)$$

로 정의될 때, $a_k = 18$을 만족시키는 자연수 k의 값은?

① 64   ② 81   ③ 100

④ 121   ⑤ 144

2586

Level 2

수열 $\{a_n\}$이

$$a_1 = 1, \ a_{n+1} = a_n + \log_2\left(1+\frac{1}{n}\right) \ (n=1, \ 2, \ 3, \ \cdots)$$

로 정의될 때, a_{16}의 값을 구하시오.

2587

Level 2

수열 $\{a_n\}$이 모든 자연수 n에 대하여 다음 조건을 만족시킬 때, $a_8 - a_5$의 값은?

$$a_{n+1} - a_n = 3^{n-3} + 2n$$

① 151   ② 152   ③ 153

④ 154   ⑤ 155

2588

Level 3

수열 $\{a_n\}$이 모든 자연수 n에 대하여 다음 조건을 만족시킬 때, a_{10}의 값은?

(가) $a_1 = 1$
(나) $a_{n+1} > a_n$
(다) $(a_n + a_{n+1})^2 = 4a_n a_{n+1} + 4^n$

① 1020   ② 1021   ③ 1022

④ 1023   ⑤ 1024

다음은 이 유형에서 출제된 최근 교육청·평가원 기출문제입니다.

2589 · 교육청 2019년 9월

Level 2

수열 $\{a_n\}$에 대하여

$$a_1 = 6, \ a_{n+1} = a_n + 3^n \ (n=1, \ 2, \ 3, \ \cdots)$$

일 때, a_4의 값은?

① 39   ② 42   ③ 45

④ 48   ⑤ 51

수열 $\{a_n\}$이 $a_{n+1}=a_n f(n)$으로 정의된 경우
→ n에 1, 2, 3, $\cdots$, $n-1$을 차례로 대입하여 변끼리 곱한다.
→ $a_n=a_1 f(1)f(2)\cdots f(n-1)$

2590 대표문제

수열 $\{a_n\}$이

$$a_1=33,\ a_{n+1}=\frac{n+1}{n+2}a_n\ (n=1,\ 2,\ 3,\ \cdots)$$

과 같이 정의될 때, $a_k=11$을 만족시키는 자연수 k의 값은?

① 5 ② 6 ③ 7
④ 8 ⑤ 9

2591

● Level 1

수열 $\{a_n\}$이

$$a_1=2,\ a_{n+1}=\frac{n+1}{n}a_n\ (n=1,\ 2,\ 3,\ \cdots)$$

으로 정의될 때, a_{10}의 값을 구하시오.

2592

● Level 1

수열 $\{a_n\}$이

$$a_1=1,\ a_{n+1}=(n+1)a_n\ (n=1,\ 2,\ 3,\ \cdots)$$

으로 정의될 때, $\dfrac{a_{10}}{a_6}$의 값은?

① 720 ② 2160 ③ 3600
④ 5040 ⑤ 6480

2593

● Level 1

수열 $\{a_n\}$이

$$a_1=1,\ (n+1)^2 a_{n+1}=2n a_n\ (n=1,\ 2,\ 3,\ \cdots)$$

으로 정의될 때, $6a_4$의 값은?

① 1 ② $\dfrac{1}{2}$ ③ $\dfrac{1}{3}$
④ $\dfrac{1}{4}$ ⑤ $\dfrac{1}{6}$

2594

●● Level 2

수열 $\{a_n\}$이

$$a_1=3,\ (4n-3)a_{n+1}=(4n+1)a_n\ (n=1,\ 2,\ 3,\ \cdots)$$

으로 정의될 때, 이 수열의 일반항 a_n을 구하시오.

2595

●● Level 2

수열 $\{a_n\}$이

$$a_1=1,\ \sqrt{n+1}a_{n+1}=\sqrt{n}a_n\ (n=1,\ 2,\ 3,\ \cdots)$$

으로 정의될 때, a_{64}의 값은?

① $\dfrac{1}{2}$ ② $\dfrac{1}{4}$ ③ $\dfrac{1}{8}$
④ $\dfrac{1}{16}$ ⑤ $\dfrac{1}{32}$

2596

Level **2**

수열 $\{a_n\}$이

$$a_1=1,\ a_{n+1}=5^n a_n\ (n=1,\ 2,\ 3,\ \cdots)$$

으로 정의될 때, $\log_5 a_{20}$의 값은?

① 160 ② 170 ③ 180

④ 190 ⑤ 200

2597

Level **2**

수열 $\{a_n\}$이

$$a_1=2,\ (n+2)a_{n+1}=na_n\ (n=1,\ 2,\ 3,\ \cdots)$$

으로 정의될 때, $\displaystyle\sum_{k=1}^{10} a_k$의 값은?

① $\dfrac{40}{7}$ ② 5 ③ $\dfrac{40}{9}$

④ 4 ⑤ $\dfrac{40}{11}$

2598

Level **2**

수열 $\{a_n\}$이

$$a_1=2,\ a_n=\left(1-\frac{1}{n^2}\right)a_{n-1}\ (n=2,\ 3,\ 4,\ \cdots)$$

로 정의될 때, $a_k=\dfrac{16}{15}$을 만족시키는 자연수 k의 값을 구하시오.

2599

Level **2**

수열 $\{a_n\}$이

$$a_1=2,\ a_{n+1}=\frac{n^2+2n+1}{n^2+2n}a_n\ (n=1,\ 2,\ 3,\ \cdots)$$

으로 정의될 때, $11a_{10}$의 값은?

① 35 ② 40 ③ 45

④ 50 ⑤ 55

2600

Level **2**

수열 $\{a_n\}$이

$$a_1=3,\ a_{n+1}=2^n a_n\ (n=1,\ 2,\ 3,\ \cdots)$$

으로 정의된다. 수열 $\{a_n\}$의 첫째항부터 제n항까지의 합을 S_n이라 할 때, S_{10}을 48로 나눈 나머지는?

① 30 ② 31 ③ 32

④ 33 ⑤ 34

다음은 이 유형에서 출제된 최근 교육청 • 평가원 기출문제입니다.

2601 · 교육청 2017년 11월

Level **2**

수열 $\{a_n\}$이 모든 자연수 n에 대하여 $a_{n+1}=\dfrac{n+4}{2n-1}a_n$을 만족시킨다. $a_1=1$일 때, a_5의 값은?

① 16 ② 18 ③ 20

④ 22 ⑤ 24

수열 $\{a_n\}$이 $a_{n+1}=pa_n+q$로 정의된 경우
관계식으로부터 수열 $\{a_n\}$의 특징을 파악하기 어려우면 귀납
적으로 정의된 수열 $\{a_n\}$에 $n=1, 2, 3, \cdots$을 차례로 대입하여
항의 값을 구한다.

참고 다음과 같은 방법으로 문제를 해결할 수도 있다.
주어진 관계식을 $a_{n+1}-\alpha=p(a_n-\alpha)$로 변형한다.
→ 수열 $\{a_n-\alpha\}$는 첫째항이 $a_1-\alpha$, 공비가 p인 등비수열이다.

2602 대표문제

수열 $\{a_n\}$이

$$a_1=3, \ a_{n+1}=2a_n-2 \ (n=1, 2, 3, \cdots)$$

로 정의될 때, $a_k=130$을 만족시키는 자연수 k의 값은?

① 8   ② 9   ③ 10
④ 11   ⑤ 12

2603   Level 1

수열 $\{a_n\}$이

$$a_1=2, \ a_{n+1}=3a_n-1 \ (n=1, 2, 3, \cdots)$$

로 정의될 때, a_5의 값은?

① 41   ② 113   ③ 122
④ 123   ⑤ 365

2604   Level 2

수열 $\{a_n\}$이

$$a_1=3, \ a_{n+1}=3a_n-4 \ (n=1, 2, 3, \cdots)$$

로 정의될 때, $\log_3 (a_{20}-2)$의 값을 구하시오.

2605   Level 2

수열 $\{a_n\}$이 $a_1=1$이고,

$$(n+1)a_{n+1}-na_n=3 \ (n=1, 2, 3, \cdots)$$

을 만족시킬 때, a_8의 값을 구하시오.

2606 고난도   Level 3

수열 $\{a_n\}$이 다음 조건을 만족시킬 때, $a_{2^{2020}}+a_{2^{2020}+1}$의 값은?

> (가) $a_1=1$
> (나) $a_{2n}=a_n+1, \ a_{2n+1}=a_n-1 \ (n=1, 2, 3, \cdots)$

① 2020   ② 2021   ③ 4040
④ 4041   ⑤ 4042

다음은 이 유형에서 출제된 최근 교육청 · 평가원 기출문제입니다.

2607 · 교육청 2020년 9월   Level 2

수열 $\{a_n\}$이 모든 자연수 n에 대하여 $a_{n+1}=2a_n+1$을 만족시킨다. $a_4=31$일 때, a_2의 값은?

① 7   ② 8   ③ 9
④ 10   ⑤ 11

실전유형 **7** 여러 가지 수열의 귀납적 정의
– 분수 형태로 정의된 경우

귀납적으로 정의된 수열 $\{a_n\}$에 $n=1,\ 2,\ 3,\ \cdots$을 차례로 대입하여 분자나 분모의 규칙을 추론한다.

2608 대표문제

수열 $\{a_n\}$이

$$a_1=1,\ a_{n+1}=\frac{5a_n}{3a_n+5}\ (n=1,\ 2,\ 3,\ \cdots)$$

으로 정의될 때, a_{16}의 값은?

① $\dfrac{1}{13}$ ② $\dfrac{1}{10}$ ③ $\dfrac{7}{15}$

④ $\dfrac{3}{5}$ ⑤ $\dfrac{5}{3}$

2609   Level 2

수열 $\{a_n\}$이

$$a_1=1,\ a_{n+1}=\frac{a_n}{1+4a_n}\ (n=1,\ 2,\ 3,\ \cdots)$$

으로 정의될 때, 일반항 a_n은?

① $a_n=\dfrac{1}{4n-3}$ ② $a_n=\dfrac{1}{4n-2}$ ③ $a_n=\dfrac{1}{4n-1}$

④ $a_n=\dfrac{1}{3n-2}$ ⑤ $a_n=\dfrac{1}{2n-1}$

2610   Level 2

수열 $\{a_n\}$이

$$a_1=2,\ a_{n+1}=\frac{a_n}{1+na_n}\ (n=1,\ 2,\ 3,\ \cdots)$$

으로 정의될 때, $a_6=\dfrac{q}{p}$이다. $p+q$의 값은?

(단, p와 q는 서로소인 자연수이다.)

① 9 ② 15 ③ 23

④ 33 ⑤ 39

2611   Level 2

수열 $\{a_n\}$이

$$a_1=1,\ a_{n+1}=\frac{a_n}{2a_n+1}\ (n=1,\ 2,\ 3,\ \cdots)$$

으로 정의될 때, $a_k=\dfrac{1}{99}$을 만족시키는 자연수 k의 값을 구하시오.

2612   Level 2

수열 $\{a_n\}$이

$$a_1=\frac{1}{4},\ a_{n+1}=\frac{a_n}{3-2a_n}\ (n=1,\ 2,\ 3,\ \cdots)$$

으로 정의될 때, $\log_3\left(\dfrac{1}{a_{15}}-1\right)$의 값은?

① 3 ② 9 ③ 14

④ 15 ⑤ 16

심화 유형 **8** 여러 가지 수열의 귀납적 정의 - a_n이나 n의 조건이 주어진 경우 신유형

귀납적으로 정의된 수열 $\{a_n\}$에 $n=1, 2, 3, \cdots$을 차례로 대입하여 규칙을 추론한다.

2613 대표문제

수열 $\{a_n\}$이

$$a_1=2,\ a_{n+1}=\begin{cases} a_n-1 & (a_n\text{이 짝수}) \\ a_n+n & (a_n\text{이 홀수}) \end{cases} \quad (n=1,\ 2,\ 3,\ \cdots)$$

으로 정의될 때, a_7의 값은?

① 8 ② 9 ③ 10
④ 13 ⑤ 15

2614 Level 1

수열 $\{a_n\}$이

$$a_1=3,\ a_{n+1}=\begin{cases} 2a_n & (n\text{이 짝수}) \\ a_n+3 & (n\text{이 홀수}) \end{cases} \quad (n=1,\ 2,\ 3,\ \cdots)$$

을 만족시킬 때, a_5의 값은?

① 15 ② 18 ③ 24
④ 30 ⑤ 33

2615 Level 1

수열 $\{a_n\}$은 $a_1=1$이고, 모든 자연수 n에 대하여

$$a_{n+1}=\begin{cases} a_n^2+1 & (a_n\text{이 짝수}) \\ 3a_n-1 & (a_n\text{이 홀수}) \end{cases}$$

을 만족시킬 때, a_4의 값을 구하시오.

2616 Level 2

첫째항이 3인 수열 $\{a_n\}$이

$$a_{n+1}=\begin{cases} \log_3 a_n & (n\text{이 홀수}) \\ \left(\dfrac{1}{9}\right)^{a_n} & (n\text{이 짝수}) \end{cases} \quad (n=1,\ 2,\ 3,\ \cdots)$$

으로 정의될 때, $a_5\times a_8$의 값은?

① -648 ② -324 ③ -32
④ 324 ⑤ 648

2617 Level 3

첫째항이 a인 수열 $\{a_n\}$이

$$a_{n+1}=\begin{cases} a_n-2 & (n\text{이 짝수}) \\ a_n+1 & (n\text{이 홀수}) \end{cases} \quad (n=1,\ 2,\ 3,\ \cdots)$$

로 정의될 때, $a_{19}=20$을 만족시키는 a의 값은?

① 26 ② 27 ③ 28
④ 29 ⑤ 30

2618 Level 3

첫째항이 a인 수열 $\{a_n\}$은 모든 자연수 n에 대하여

$$a_{n+1}=\begin{cases} a_n+(-1)^n\times 3 & (n\text{이 3의 배수가 아닌 경우}) \\ 2a_n & (n\text{이 3의 배수인 경우}) \end{cases}$$

을 만족시킨다. $a_{22}=640$일 때, a의 값은?

① 5 ② 8 ③ 10
④ 16 ⑤ 20

+Plus 문제

다음은 이 유형에서 출제된 최근 교육청 · 평가원 기출문제입니다.

2619 · 교육청 2021년 9월

Level 2

수열 $\{a_n\}$이 모든 자연수 n에 대하여

$$a_{n+1}=\begin{cases} \log_2 a_n & (n\text{이 홀수인 경우}) \\ 2^{a_n+1} & (n\text{이 짝수인 경우}) \end{cases}$$

를 만족시킨다. $a_8=5$일 때, a_6+a_7의 값은?

① 36   ② 38   ③ 40

④ 42   ⑤ 44

2620 · 교육청 2018년 3월

Level 3

첫째항이 6인 수열 $\{a_n\}$이 모든 자연수 n에 대하여

$$a_{n+1}=\begin{cases} 2-a_n & (a_n \geq 0) \\ a_n+p & (a_n < 0) \end{cases}$$

을 만족시킨다. $a_4=0$이 되도록 하는 모든 실수 p의 값의 합을 구하시오.

2621 고난도 · 교육청 2018년 3월

Level 3

$a_3=3$인 수열 $\{a_n\}$이 모든 자연수 n에 대하여

$$a_{n+1}=\begin{cases} \dfrac{a_n+3}{2} & (a_n\text{이 홀수인 경우}) \\ \dfrac{a_n}{2} & (a_n\text{이 짝수인 경우}) \end{cases}$$

이다. $a_1 \geq 10$일 때, $\displaystyle\sum_{k=1}^{5} a_k$의 값을 구하시오.

귀납적으로 정의된 수열 $\{a_n\}$에 $n=1, 2, 3, \cdots$을 차례로 대입하여 같은 수가 나오는 주기를 찾는다.

2622 대표문제

첫째항이 7인 수열 $\{a_n\}$이

$$a_{n+1}=a_n+7\times(-1)^n \ (n=1, 2, 3, \cdots)$$

을 만족시킬 때, a_{19}의 값은?

① -14 ② -7 ③ 0

④ 7   ⑤ 14

2623

Level 2

수열 $\{a_n\}$이

$$a_1=1, \ a_{n+1}=(-1)^n a_n \ (n=1, 2, 3, \cdots)$$

으로 정의될 때, $\displaystyle\sum_{k=1}^{2022} a_k$의 값은?

① -2022 ② -1 ③ 0

④ 1   ⑤ 2022

2624

Level 2

수열 $\{a_n\}$이 $a_1=6$이고,

$$a_{n+1}=\begin{cases} \dfrac{1}{2}a_n & (a_n\text{이 짝수}) \\ 3a_n-1 & (a_n\text{이 홀수}) \end{cases} \ (n=1, 2, 3, \cdots)$$

로 정의될 때, $\displaystyle\sum_{k=1}^{18} a_k$의 값은?

① 39   ② 40   ③ 41

④ 42   ⑤ 43

2625

Level 2

수열 $\{a_n\}$이

$$a_1=7,\ a_{n+1}=\begin{cases} a_n-4 & (a_n\geq 0) \\ a_n+10 & (a_n<0) \end{cases}\ (n=1,\ 2,\ 3,\ \cdots)$$

으로 정의될 때, $\displaystyle\sum_{k=1}^{50} a_k$의 값은?

① 147   ② 150   ③ 154

④ 156   ⑤ 157

2626

Level 2

수열 $\{a_n\}$이

$$a_1=10,\ a_{n+1}=\begin{cases} 3a_n+1 & (a_n\text{이 홀수}) \\ \dfrac{a_n}{2} & (a_n\text{이 짝수}) \end{cases}\ (n=1,\ 2,\ 3,\ \cdots)$$

으로 정의될 때, a_{200}의 값을 구하시오.

2627

Level 3

수열 $\{a_n\}$은 모든 자연수 n에 대하여

$$a_{n+1}=\begin{cases} -a_n & (a_n<0) \\ a_n-1 & (a_n\geq 0) \end{cases}$$

을 만족시킨다. $0<a_1<1$이고, $\displaystyle\sum_{k=1}^{30} a_k=\dfrac{3}{4}$일 때, a_1의 값은?

① $\dfrac{3}{8}$ ② $\dfrac{1}{2}$ ③ $\dfrac{5}{8}$

④ $\dfrac{3}{4}$ ⑤ $\dfrac{7}{8}$

다음은 이 유형에서 출제된 최근 교육청·평가원 기출문제입니다.

2628 · 2019학년도 대학수학능력시험

Level 2

수열 $\{a_n\}$은 $a_1=2$이고, 모든 자연수 n에 대하여

$$a_{n+1}=\begin{cases} \dfrac{a_n}{2-3a_n} & (n\text{이 홀수인 경우}) \\ 1+a_n & (n\text{이 짝수인 경우}) \end{cases}$$

를 만족시킨다. $\displaystyle\sum_{n=1}^{40} a_n$의 값은?

① 30   ② 35   ③ 40

④ 45   ⑤ 50

2629 · 교육청 2021년 7월

Level 2

수열 $\{a_n\}$은 $a_1=10$이고, 모든 자연수 n에 대하여

$$a_{n+1}=\begin{cases} 5-\dfrac{10}{a_n} & (a_n\text{이 정수인 경우}) \\ -2a_n+3 & (a_n\text{이 정수가 아닌 경우}) \end{cases}$$

를 만족시킨다. a_9+a_{12}의 값은?

① 5   ② 6   ③ 7

④ 8   ⑤ 9

2630 · 교육청 2020년 11월 ▮▮ Level 2

수열 $\{a_n\}$은 $a_1 = 4$이고, 모든 자연수 n에 대하여

$$a_{n+1} = \begin{cases} a_n - 3 & (a_n \geq 6) \\ (a_n - 1)^2 & (a_n < 6) \end{cases}$$

을 만족시킨다. a_{10}의 값은?

① 1   ② 3   ③ 5

④ 7   ⑤ 9

2631 · 교육청 2018년 6월 ▮▮ Level 2

두 수열 $\{a_n\}$, $\{b_n\}$이

$a_n = $ (자연수 n을 3으로 나누었을 때의 몫),

$b_n = (-1)^{n-1} \times 5^{a_n}$

일 때, $\displaystyle\sum_{k=1}^{9} b_k$의 값을 구하시오.

2632 신경향 · 교육청 2021년 9월 ▮▮▮ Level 3

두 수열 $\{a_n\}$, $\{b_n\}$은 $a_1 = 1$, $b_1 = -1$이고, 모든 자연수 n에 대하여

$$a_{n+1} = a_n + b_n, \quad b_{n+1} = 2\cos\frac{a_n}{3}\pi$$

를 만족시킨다. $a_{2021} - b_{2021}$의 값은?

① -2 ② 0   ③ 2

④ 4   ⑤ 6

실전유형 10 반복되는 조건이 주어진 수열

귀납적으로 정의된 수열 $\{a_n\}$에 $n=1, 2, 3, \cdots$을 차례로 대입하여 반복되는 수를 찾는다.

2633 대표문제

수열 $\{a_n\}$은 $a_1 = 3$이고 다음 조건을 만족시킬 때, $\displaystyle\sum_{k=1}^{50} a_k$의 값은?

> (가) $a_{n+1} = \dfrac{1}{2}a_n + 1$ $(n = 1, 2, 3)$
>
> (나) 모든 자연수 n에 대하여 $a_{n+4} = a_n$이다.

① 100   ② 108   ③ 116

④ 124   ⑤ 132

2634 ▮▮ Level 2

수열 $\{a_n\}$이 다음 조건을 만족시킬 때, a_{15}의 값을 구하시오.

> (가) $a_n = \dfrac{1}{24}(n-1)(n-2)(n-3)(n-4) + 2n$
>
> $(n = 1, 2, 3, 4)$
>
> (나) 모든 자연수 n에 대하여 $a_{n+4} = a_n$이다.

11

2635

Level 3

자연수 n의 일의 자리 숫자를 $f(n)$이라 할 때, 수열 $\{a_n\}$이 다음 조건을 만족시킨다.

> (가) $a_n = f(n^2) - f(n)$ $(n=1, 2, 3, \cdots, 9)$
> (나) 모든 자연수 n에 대하여 $a_{n+9} = a_n$이다.

$\displaystyle\sum_{k=1}^{90} a_k$의 값을 구하시오.

다음은 이 유형에서 출제된 최근 교육청 · 평가원 기출문제입니다.

2636 · 교육청 2015년 11월

Level 2

첫째항이 1인 수열 $\{a_n\}$이 다음 조건을 만족시킨다.

> (가) $a_{n+1} = a_n + 3$ $(n=1, 2, 3, 4, 5)$
> (나) 모든 자연수 n에 대하여 $a_{n+6} = a_n$이다.

a_{50}의 값은?

① 4   ② 7   ③ 10

④ 13   ⑤ 16

2637 · 평가원 2014학년도 6월

Level 2

수열 $\{a_n\}$이 $a_1 = 7$이고, 다음 조건을 만족시킨다.

> (가) $a_{n+2} = a_n - 4$ $(n=1, 2, 3, 4)$
> (나) 모든 자연수 n에 대하여 $a_{n+6} = a_n$이다.

$\displaystyle\sum_{k=1}^{50} a_k = 258$일 때, a_2의 값을 구하시오.

실전유형 **11** a_n과 S_n 사이의 관계식이 주어진 수열

수열 $\{a_n\}$의 첫째항부터 제n항까지의 합을 S_n이라 할 때, $a_1 = S_1$, $a_n = S_n - S_{n-1}$ $(n=2, 3, 4, \cdots)$임을 이용하여 수열 $\{a_n\}$의 일반항을 구한다.

2638 대표문제

수열 $\{a_n\}$의 첫째항부터 제n항까지의 합을 S_n이라 하면
$$a_1 = 4, \quad S_n = 3a_n - 8 \quad (n=1, 2, 3, \cdots)$$
이 성립할 때, a_{100}의 값은?

① $\dfrac{3^{100}}{2^{100}}$ ② $\dfrac{3^{100}}{2^{98}}$ ③ $\dfrac{3^{98}}{2^{98}}$

④ $\dfrac{3^{99}}{2^{97}}$ ⑤ $\dfrac{3^{97}}{2^{97}}$

2639

Level 2

수열 $\{a_n\}$의 첫째항부터 제n항까지의 합을 S_n이라 하면
$$a_1 = 3, \quad S_n = 3a_n - 6 \quad (n=1, 2, 3, \cdots)$$
이 성립한다. 이때 $a_k = \dfrac{9}{2}$를 만족시키는 자연수 k의 값을 구하시오.

2640

Level 2

수열 $\{a_n\}$의 첫째항부터 제n항까지의 합을 S_n이라 하면
$$a_1 = 2, \quad S_n = 2a_n - 2n \quad (n=1, 2, 3, \cdots)$$
이 성립할 때, a_4의 값은?

① 26   ② 28   ③ 30

④ 32   ⑤ 34

2641
Level 2

수열 $\{a_n\}$의 첫째항부터 제n항까지의 합을 S_n이라 하면
$$a_1=1, \ 3S_n=(n+2)a_n \ (n=1, 2, 3, \cdots)$$
이 성립할 때, a_5의 값은?

① 10 　　　② 15 　　　③ 21

④ 28 　　　⑤ 37

2642
Level 2

수열 $\{a_n\}$의 첫째항부터 제n항까지의 합을 S_n이라 하면
$$a_1=20, \ S_n=n^2 a_n \ (n=1, 2, 3, \cdots)$$
이 성립할 때, S_{19}의 값은?

① 36 　　　② 37 　　　③ 38

④ 39 　　　⑤ 40

2643
Level 2

수열 $\{a_n\}$의 첫째항부터 제n항까지의 합을 S_n이라 하자.
$$a_1=3, \ a_2=5,$$
$$(S_{n+1}-S_{n-1})^2=4a_n a_{n+1}+4 \ (n=2, 3, 4, \cdots)$$
가 성립할 때, a_{15}의 값은? (단, $a_1<a_2<a_3<\cdots<a_n<\cdots$)

① 25 　　　② 31 　　　③ 33

④ 37 　　　⑤ 43

2644
Level 2

모든 항이 양수인 수열 $\{a_n\}$의 첫째항부터 제n항까지의 합을 S_n이라 하면
$$a_1=2, \ 8S_n=(a_n+2)^2 \ (n=1, 2, 3, \cdots)$$
이 성립할 때, S_{10}의 값은?

① 168 　　　② 184 　　　③ 200

④ 216 　　　⑤ 232

2645 고난도
Level 3

모든 항이 양수인 수열 $\{a_n\}$의 첫째항부터 제n항까지의 합을 S_n이라 하면
$$6S_n=a_n^2+3a_n-18 \ (n=1, 2, 3, \cdots)$$
이 성립한다. 이 수열 $\{a_n\}$의 일반항은?

① $a_n=2n-1$ 　　② $a_n=2n+1$ 　　③ $a_n=2n+3$

④ $a_n=3n+2$ 　　⑤ $a_n=3n+3$

+ **Plus 문제**

다음은 이 유형에서 출제된 최근 교육청 · 평가원 기출문제입니다.

2646 · 교육청 2021년 3월
Level 2

수열 $\{a_n\}$의 첫째항부터 제n항까지의 합을 S_n이라 하자.
$a_1=2, \ a_2=4$이고 2 이상의 모든 자연수 n에 대하여
$$a_{n+1}S_n=a_n S_{n+1}$$
이 성립할 때, S_5의 값을 구하시오.

수열의 귀납적 정의를 활용하는 문제는 처음 몇 개의 항을 나열한 후 규칙을 찾는다.
→ $n=1, 2, 3, \cdots$을 차례로 대입하여 규칙을 파악하고 제n항을 a_n으로 놓고 a_n과 a_{n+1} 사이의 관계식을 세운다.

2647 대표문제

비어 있는 수조에 첫째 날은 $5\,L$의 물을 채우고, 다음 날부터는 전날 채운 물의 양의 $\frac{3}{2}$배보다 $2\,L$ 적은 양을 채우기로 하였다. 이때 n째날 수조에 채우게 되는 물의 양을 $a_n\,L$라 하자.

$$a_{n+1}=pa_n+q \ (n=1, 2, 3, \cdots)$$

가 성립할 때, 상수 p, q에 대하여 pq의 값은?

① -3 ② $-\dfrac{3}{2}$ ③ $\dfrac{3}{2}$

④ 2 ⑤ 3

2648 　Level 1

어느 물탱크에 $100\,L$의 물이 들어 있다. 물탱크에 들어 있는 물의 $\frac{1}{4}$을 사용하고 $15\,L$의 물을 넣는 시행을 반복할 때, n회 시행 후 물탱크에 남아 있는 물의 양을 $a_n\,L$라 하자. 이때 a_1의 값과 a_n과 a_{n+1} 사이의 관계식을 구하시오.

2649 　Level 2

어떤 액체에 세균을 넣으면 1시간마다 2마리씩 죽고, 나머지는 각각 3마리로 분열한다고 한다. 이 액체에 현재 8마리의 세균을 넣고 n시간 후 남아 있는 세균의 수를 a_n이라 할 때,

$$a_1=p, \ a_{n+1}=qa_n+r \ (n=1, 2, 3, \cdots)$$

이다. 이때 상수 p, q, r에 대하여 $p+q+r$의 값은?

① 15   ② 16   ③ 17

④ 18   ⑤ 19

2650 　Level 2

어떤 모임에 참석한 사람들 모두 서로 한 번씩 악수를 한다고 한다. n명의 참석자가 악수한 전체 횟수를 a_n이라 할 때, a_4의 값과 a_n과 a_{n+1} 사이의 관계식은? (단, $n=2, 3, 4, \cdots$)

① $a_4=4$, $a_{n+1}=a_n+n$

② $a_4=4$, $a_{n+1}=2a_n$

③ $a_4=6$, $a_{n+1}=a_n+n$

④ $a_4=6$, $a_{n+1}=a_n+n+1$

⑤ $a_4=6$, $a_{n+1}=2a_n$

2651 　Level 2

어떤 세포를 1회 배양하면 그중 $50\,\%$는 죽고, 나머지는 각각 k개의 세포로 분열된다고 한다. 이 10개의 세포를 9회 배양하였을 때의 세포의 수가 5120일 때, k의 값은?

① 4   ② 5   ③ 6

④ 7   ⑤ 8

2652

●ıI Level 2

농도가 15 %인 소금물 300 g이 들어 있는 그릇이 있다. 이 그릇에서 소금물 50 g을 덜어 낸 다음 농도가 5 %인 소금물 50 g을 다시 넣는 시행을 반복할 때, n회 시행 후 그릇에 담긴 소금물의 농도를 a_n %라 하자.

$$a_{n+1} = p a_n + q \ (n=1, 2, 3, \cdots)$$

가 성립할 때, 상수 p, q에 대하여 $\dfrac{q}{p}$의 값을 구하시오.

2653

●ıI Level 2

학생 n명을 두 모둠으로 나누는 방법의 수를 a_n이라 하자.

$$a_{n+1} = p a_n + q \ (n=2, 3, 4, \cdots)$$

가 성립할 때, 상수 p, q에 대하여 $p-q$의 값은?

① 1   ② 2   ③ 3

④ 4   ⑤ 5

2654

●ıI Level 3

두 개의 그릇 A, B에 설탕이 각각 1 kg씩 들어 있다. 그릇 A에 담긴 설탕의 $\dfrac{1}{3}$을 그릇 B에 담은 다음 그릇 B에 담긴 설탕의 절반을 그릇 A에 담는 시행을 반복할 때, n회 시행 후 그릇 A에 담긴 설탕의 양을 a_n kg이라 하자.

$$a_{n+1} = p a_n + q \ (n=1, 2, 3, \cdots)$$

가 성립할 때, 상수 p, q에 대하여 $p+q$의 값은?

① $-\dfrac{1}{3}$ ② $\dfrac{1}{3}$ ③ $\dfrac{2}{3}$

④ 1   ⑤ $\dfrac{4}{3}$

실전유형 13 수열의 귀납적 정의의 도형에의 활용   **복합유형**

제n항을 a_n으로 놓고 a_n과 a_{n+1} 사이의 관계를 식으로 나타낸다. 이때 식으로 나타내기 어려운 경우에는 처음 몇 개의 항을 나열하여 규칙을 찾는다.

2655 **대표문제**

평면 위에 어느 두 직선도 서로 평행하지 않고 어느 세 직선도 한 점에서 만나지 않도록 n개의 직선을 그을 때, 이 직선들의 교점의 개수를 a_n이라 하자. 이때 a_9의 값은?

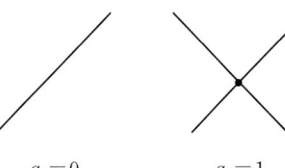 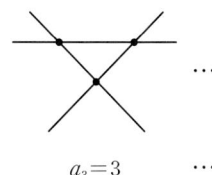

$a_1=0$ $a_2=1$ $a_3=3$ $\cdots$

① 15   ② 21   ③ 28

④ 36   ⑤ 45

2656

●ıI Level 1

길이가 3인 선분 $A_1 A_2$가 있다. 선분 $A_1 A_2$를 $1:3$으로 내분하는 점을 A_3이라 하고, 선분 $A_2 A_3$을 $1:3$으로 내분하는 점을 A_4라 하자. 이와 같은 방법으로 선분 $A_n A_{n+1}$을 $1:3$으로 내분하는 점을 A_{n+2}라 하고, 선분 $A_n A_{n+1}$의 길이를 a_n이라 할 때, a_{n+1}과 a_n 사이의 관계식은?

(단, $n=1, 2, 3, \cdots$)

① $a_{n+1} = \dfrac{1}{3} a_n$ ② $a_{n+1} = \dfrac{1}{3} a_n + 3$

③ $a_{n+1} = \dfrac{3}{4} a_n$ ④ $a_{n+1} = a_n + \dfrac{3}{4}$

⑤ $a_{n+1} = \dfrac{9}{4} a_n$

11

2657

●❙❙ Level 1

길이가 9인 끈이 있다. 그림과 같이 이 끈을 삼등분하여 가운데 부분은 버리고, 다시 남아 있는 2개의 끈도 같은 방법으로 삼등분하여 가운데 부분을 버리는 시행을 반복할 때, n회 시행 후 남은 끈의 길이의 합을 a_n이라 하자. a_5의 값을 구하시오.

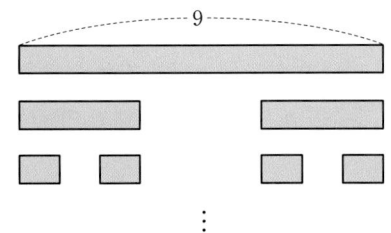

2658

●❙❙ Level 2

한 변의 길이가 1인 정육각형을 그림과 같이 쌓으려고 한다. n층으로 쌓은 도형에서 길이가 1인 선분의 개수를 a_n이라 하자.

$$a_{n+1}=a_n+pn+q \ (n=1, 2, 3, \cdots)$$

가 성립할 때, 상수 p, q에 대하여 $p-q$의 값은?

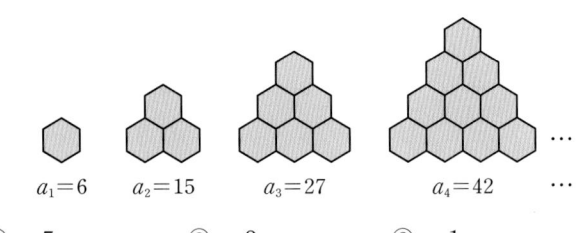

① -5 ② -3 ③ -1

④ 1 ⑤ 3

2659

●❙❙ Level 2

평면 위에 어느 두 직선도 평행하지 않고 어느 세 직선도 한 점에서 만나지 않도록 n개의 직선을 그을 때, 이 직선들에 의하여 분할된 평면의 개수를 a_n이라 하자. 이때 a_7의 값은?

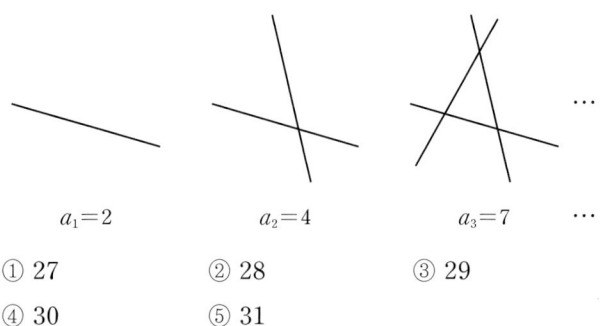

① 27   ② 28   ③ 29

④ 30   ⑤ 31

2660

●❙❙ Level 2

한 변의 길이가 1인 정삼각형 T_1이 있다. 그림과 같이 T_1의 세 변을 각각 삼등분하고, 가운데 선분 위에 다시 한 변의 길이가 $\dfrac{1}{3}$인 작은 정삼각형들을 덧붙인 도형을 T_2라 한다.

이와 같은 방법으로 도형 T_n의 각 변을 삼등분하고 가운데 선분 위에 다시 정삼각형을 덧붙인 도형을 T_{n+1}이라 하자. 이때 T_n의 각 변의 길이의 합을 a_n이라 하면 a_n과 a_{n+1} 사이의 관계식은? (단, $n=1, 2, 3, \cdots$)

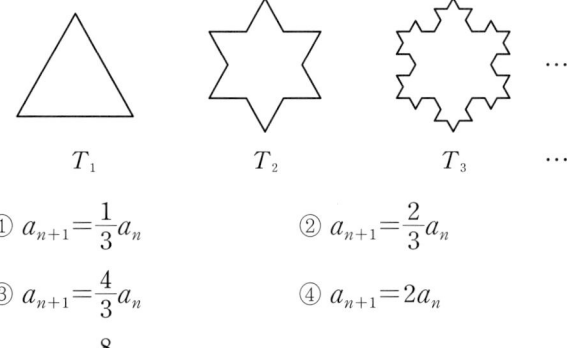

① $a_{n+1}=\dfrac{1}{3}a_n$ ② $a_{n+1}=\dfrac{2}{3}a_n$

③ $a_{n+1}=\dfrac{4}{3}a_n$ ④ $a_{n+1}=2a_n$

⑤ $a_{n+1}=\dfrac{8}{3}a_n$

2661

.ıl Level 2

그림과 같은 모양으로 3층 탑을 쌓으려면 크기가 같은 10개의 정육면체가 필요하다. 이와 같은 방법으로 10층 탑을 쌓을 때 필요한 정육면체의 개수는?

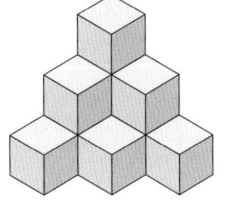

① 180   ② 190   ③ 200

④ 210   ⑤ 220

2662

.ıl Level 3

넓이가 25인 정사각형 모양의 종이가 있다. 그림과 같이 각 변을 $1:4$ 로 내분하는 점을 이어 정사각형을 그린 후 정사각형 이외의 부분을 오려 낸다. 이와 같은 시행을 4회 반복할 때, 남아 있는 정사각형의 한 변의 길이를 $\dfrac{q}{p}$라 하자. 이때 $p+q$의 값은? (단, p와 q는 서로소인 자연수이다.)

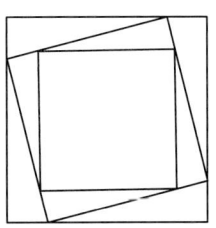

① 289   ② 414   ③ 549

④ 615   ⑤ 703

+ Plus 문제

실전유형 14 수학적 귀납법   빈출유형

모든 자연수 n에 대하여 명제 $p(n)$이
❶ $p(1)$이 참이다.
❷ $p(k)$가 참이면 $p(k+n)$도 참이다. (단, k는 자연수)
를 모두 만족시키면 $p(1)$, $p(1+n)$, $p(1+2n)$, …이 모두 참이다.

2663 대표문제

모든 자연수 n에 대하여 명제 $p(n)$이 아래 조건을 만족시킬 때, 다음 중 반드시 참이라고 할 수 없는 명제는?

> (가) $p(1)$이 참이다.
> (나) $p(n)$이 참이면 $p(2n)$도 참이다.
> (다) $p(n)$이 참이면 $p(3n)$도 참이다.

① $p(36)$ ② $p(81)$ ③ $p(84)$

④ $p(108)$ ⑤ $p(216)$

2664

.ıl Level 2

모든 자연수 n에 대하여 다음을 만족시키는 명제 $p(n)$이 참이 되기 위한 필요충분조건은?

> 모든 자연수 n에 대하여 명제 $p(n)$과 명제 $p(n+1)$ 중 어느 하나가 참이면 명제 $p(n+2)$도 참이다.

① $p(1)$이 참이다.

② $p(2)$가 참이다.

③ $p(1)$, $p(2)$가 모두 참이다.

④ $p(2)$, $p(3)$이 모두 참이다.

⑤ $p(1)$, $p(3)$이 모두 참이다.

2665

Level 2

모든 자연수 n에 대하여 명제 $p(n)$이 아래 조건을 만족시킬 때, 다음 중 반드시 참인 명제는?

> (가) $p(1)$이 참이다.
>
> (나) $p(n)$이 참이면 $p(4n)$과 $p(5n)$도 참이다.

① $p(60)$ ② $p(65)$ ③ $p(70)$

④ $p(75)$ ⑤ $p(80)$

2666

Level 2

모든 자연수 n에 대하여 명제 $p(n)$이 아래 조건을 만족시킬 때, 다음 중 반드시 참이라고 할 수 <u>없는</u> 명제는?

> (가) $p(1)$이 참이다.
>
> (나) $p(2k-1)$이 참이면 $p(2k)$도 참이다.
>
> (다) $p(2k)$가 참이면 $p(3k+1)$도 참이다.

① $p(4)$ ② $p(7)$ ③ $p(8)$

④ $p(22)$ ⑤ $p(24)$

2667

Level 2

모든 자연수 n에 대하여 명제 $p(n)$이 아래 조건을 만족시킬 때, 명제 $p(m)$이 성립하는 세 자리 자연수 m의 최댓값을 구하시오.

> (가) $n=1$일 때, 명제 $p(n)$이 성립한다.
>
> (나) $n=k$일 때, 명제 $p(n)$이 성립한다고 가정하면 $n=2k+1$일 때도 명제 $p(n)$이 성립한다.

실전유형 15 수학적 귀납법 – 등식의 증명

모든 자연수 n에 대하여 등식이 성립함을 증명하려면
❶ $n=1$일 때, 등식이 성립함을 보인다.
❷ $n=k$일 때, 등식이 성립한다고 가정하면 $n=k+1$일 때도 등식이 성립함을 보인다.

2668 대표문제

다음은 모든 자연수 n에 대하여 등식

$$1^2+2^2+3^2+\cdots+n^2=\frac{1}{6}n(n+1)(2n+1)$$

이 성립함을 수학적 귀납법으로 증명한 것이다.

> (i) $n=1$일 때,
>
> (좌변)$=1^2=1$, (우변)$=\frac{1}{6}\times1\times2\times3=1$
>
> 이므로 주어진 등식이 성립한다.
>
> (ii) $n=k$일 때, 주어진 등식이 성립한다고 가정하면
>
> $$1^2+2^2+3^2+\cdots+k^2=\frac{1}{6}k(k+1)(2k+1) \quad\cdots\cdots\ \ominus$$
>
> $\ominus$의 양변에 $\boxed{(가)}$ 을 더하면
>
> $$1^2+2^2+3^2+\cdots+k^2+\boxed{(가)}$$
> $$=\frac{1}{6}k(k+1)(2k+1)+\boxed{(가)}$$
> $$=\frac{1}{6}(k+1)(2k^2+k+\boxed{(나)})$$
> $$=\frac{1}{6}(k+1)(k+2)(\boxed{(다)})$$
>
> 이므로 $n=k+1$일 때도 등식이 성립한다.
>
> (i), (ii)에서 모든 자연수 n에 대하여 주어진 등식이 성립한다.

위의 (가), (나), (다)에 알맞은 식을 각각 $f(k)$, $g(k)$, $h(k)$라 할 때, $f(2)+g(2)-h(3)$의 값은?

① 18   ② 19   ③ 20

④ 21   ⑤ 22

2669

●Ⅰ Level 1

다음은 모든 자연수 n에 대하여 등식

$$1+3+5+\cdots+(2n-1)=n^2$$

이 성립함을 수학적 귀납법으로 증명한 것이다.

(ⅰ) $n=1$일 때,

(좌변)$=2\times1-1=1$, (우변)$=1^2=1$

이므로 주어진 등식이 성립한다.

(ⅱ) $n=k$일 때, 주어진 등식이 성립한다고 가정하면

$$1+3+5+\cdots+(2k-1)=k^2 \quad\cdots\cdots\cdots\text{㉠}$$

㉠의 양변에 $\boxed{\text{(가)}}$ 을 더하면

$$1+3+5+\cdots+(2k-1)+(\boxed{\text{(가)}})$$

$$=k^2+\boxed{\text{(가)}}$$

$$=\boxed{\text{(나)}}$$

이므로 $n=k+1$일 때도 주어진 등식을 성립한다.

(ⅰ), (ⅱ)에서 모든 자연수 n에 대하여 주어진 등식이 성립한다.

위의 (가), (나)에 알맞은 식을 각각 $f(k)$, $g(k)$라 할 때, $f(2)-g(1)$의 값을 구하시오.

2670

●Ⅰ Level 2

다음은 모든 자연수 n에 대하여

$$\frac{1}{1\times3}+\frac{1}{2\times4}+\frac{1}{3\times5}+\cdots+\frac{1}{n(n+2)}$$

$$=\frac{n(3n+5)}{4(n+1)(n+2)}$$

가 성립함을 수학적 귀납법으로 증명한 것이다.

(ⅰ) $n=1$일 때,

(좌변)$=\dfrac{1}{1\times3}=\dfrac{1}{3}$, (우변)$=\dfrac{1\times8}{4\times2\times3}=\dfrac{1}{3}$

이므로 주어진 등식이 성립한다.

(ⅱ) $n=k$일 때, 주어진 등식이 성립한다고 가정하면

$$\frac{1}{1\times3}+\frac{1}{2\times4}+\frac{1}{3\times5}+\cdots+\frac{1}{k(k+2)}$$

$$=\frac{k(3k+5)}{4(k+1)(k+2)} \quad\cdots\cdots\cdots\text{㉠}$$

㉠의 양변에 $\boxed{\text{(가)}}$ 을 더하면

$$\frac{1}{1\times3}+\frac{1}{2\times4}+\frac{1}{3\times5}+\cdots+\frac{1}{k(k+2)}+\boxed{\text{(가)}}$$

$$=\frac{\boxed{\text{(나)}}(3k+5)}{4(k+1)(k+2)(k+3)}$$

$$\qquad\qquad+\frac{4(k+2)}{4(k+1)(k+2)(k+3)}$$

$$=\frac{(k+1)(3k+8)}{4(k+2)(k+3)}$$

이므로 $n=k+1$일 때도 주어진 등식이 성립한다.

(ⅰ), (ⅱ)에서 모든 자연수 n에 대하여 주어진 등식이 성립한다.

위의 (가), (나)에 알맞은 식을 각각 $f(k)$, $g(k)$라 할 때, $f(1)\times g(1)$의 값은?

① $\dfrac{1}{3}$ ② $\dfrac{1}{2}$ ③ $\dfrac{2}{3}$

④ $\dfrac{3}{4}$ ⑤ 1

2671

다음은 모든 자연수 n에 대하여

$$1\times2+3\times2^2+5\times2^3+\cdots+(2n-1)\times2^n$$
$$=(2n-3)\times2^{n+1}+6$$

이 성립함을 수학적 귀납법으로 증명한 것이다.

(i) $n=1$일 때,

(좌변)$=(2\times1-1)\times2^1=2$,

(우변)$=(2\times1-3)\times2^2+6=2$

이므로 주어진 등식이 성립한다.

(ii) $n=k$일 때, 주어진 등식이 성립한다고 가정하면

$$1\times2+3\times2^2+5\times2^3+\cdots+(2k-1)\times2^k$$
$$=(2k-3)\times2^{k+1}+6 \text{ ……………………… } ㉠$$

㉠의 양변에 $\boxed{(가)}$ 을 더하면

$$1\times2+3\times2^2+5\times2^3+\cdots+(2k-1)\times2^k+\boxed{(가)}$$
$$=(2k-3)\times2^{k+1}+6+\boxed{(가)}$$
$$=\boxed{(나)}+6$$

이므로 $n=k+1$일 때도 주어진 등식이 성립한다.

(i), (ii)에서 모든 자연수 n에 대하여 주어진 등식이 성립한다.

위의 (가), (나)에 알맞은 식을 각각 $f(k)$, $g(k)$라 할 때, $f(1)-g(1)$의 값을 구하시오.

2672

다음은 수열 $\{a_n\}$이

$$a_1=1,\ \frac{a_{n+1}}{n+2}=\frac{a_n}{n}+\frac{1}{2}\ (n=1,\ 2,\ 3,\ \cdots)$$

로 정의될 때, 모든 자연수 n에 대하여

$$a_n=(1+2+3+\cdots+n)\left(1+\frac{1}{2}+\frac{1}{3}+\cdots+\frac{1}{n}\right)\text{ ……… }㉠$$

이 성립함을 수학적 귀납법으로 증명한 것이다.

(i) $n=1$일 때,

(좌변)$=a_1=1$, (우변)$=1\times1=1$

이므로 ㉠이 성립한다.

(ii) $n=k$일 때, ㉠이 성립한다고 가정하면

$$a_k=(1+2+3+\cdots+k)\left(1+\frac{1}{2}+\frac{1}{3}+\cdots+\frac{1}{k}\right)$$

$\dfrac{a_{k+1}}{k+2}=\dfrac{a_k}{k}+\dfrac{1}{2}$에서

$$a_{k+1}$$
$$=\boxed{(가)}\,a_k+\frac{k+2}{2}$$
$$=\boxed{(가)}\times(1+2+3+\cdots+k)\left(1+\frac{1}{2}+\frac{1}{3}+\cdots+\frac{1}{k}\right)$$
$$+\frac{k+2}{2}$$
$$=\boxed{(나)}\times\left(1+\frac{1}{2}+\frac{1}{3}+\cdots+\frac{1}{k}\right)+\frac{k+2}{2}$$
$$=\{1+2+3+\cdots+(k+1)\}$$
$$\times\left(1+\frac{1}{2}+\frac{1}{3}+\cdots+\frac{1}{k+1}\right)$$

이므로 $n=k+1$일 때도 ㉠이 성립한다.

(i), (ii)에서 모든 자연수 n에 대하여 ㉠이 성립한다.

위의 (가), (나)에 알맞은 식을 각각 $f(k)$, $g(k)$라 할 때, $f(2)+g(1)$의 값은?

① 1   ② 2   ③ 3

④ 4   ⑤ 5

다음은 이 유형에서 출제된 최근 교육청·평가원 기출문제입니다.

2673 · 교육청 2018년 3월

Level 3

다음은 모든 자연수 n에 대하여

$$\sum_{k=1}^{n} k\{k+(k+1)+(k+2)+\cdots+n\}$$

$$=\frac{n(n+1)(n+2)(3n+1)}{24} \quad \cdots\cdots (*)$$

이 성립함을 수학적 귀납법으로 증명하는 과정이다.

(i) $n=1$일 때,

(좌변)$=1$, (우변)$=1$

이므로 $(*)$이 성립한다.

(ii) $n=m$일 때, $(*)$이 성립한다고 가정하면

$$\sum_{k=1}^{m} k\{k+(k+1)+(k+2)+\cdots+m\}$$

$$=\frac{m(m+1)(m+2)(3m+1)}{24}$$

이다.

$n=m+1$일 때, $(*)$이 성립함을 보이자.

$$\sum_{k=1}^{m+1} k\{k+(k+1)+(k+2)+\cdots+m+(m+1)\}$$

$$=\sum_{k=1}^{m} k\{k+(k+1)+(k+2)+\cdots+m+(m+1)\}$$

$$+\boxed{\text{(가)}}$$

$$=\sum_{k=1}^{m} k\{k+(k+1)+(k+2)+\cdots+m\}$$

$$+\boxed{\text{(나)}}+\boxed{\text{(가)}}$$

$$=\frac{(m+1)(m+2)(m+3)(3m+4)}{24}$$

따라서 $n=m+1$일 때도 성립한다.

(i), (ii)에 의하여 모든 자연수 n에 대하여 $(*)$이 성립한다.

위의 (가), (나)에 알맞은 식을 각각 $f(m)$, $g(m)$이라 할 때, $f(4)+g(2)$의 값은?

① 34   ② 36   ③ 38
④ 40   ⑤ 42

2674 고난도 · 교육청 2021년 9월

Level 3

수열 $\{a_n\}$을 $a_n=\sum_{k=1}^{n}\frac{1}{k}$이라 할 때, 다음은 모든 자연수 n에 대하여 등식

$$a_1+2a_2+3a_3+\cdots+na_n=\frac{n(n+1)}{4}(2a_{n+1}-1)\cdots(\bigstar)$$

이 성립함을 수학적 귀납법으로 증명한 것이다.

(i) $n=1$일 때,

(좌변)$=a_1$, (우변)$=a_2-\boxed{\text{(가)}}=1=a_1$

이므로 $(\bigstar)$이 성립한다.

(ii) $n=m$일 때, $(\bigstar)$이 성립한다고 가정하면

$$a_1+2a_2+3a_3+\cdots+ma_m=\frac{m(m+1)}{4}(2a_{m+1}-1)$$

이다.

$n=m+1$일 때, $(\bigstar)$이 성립함을 보이자.

$$a_1+2a_2+3a_3+\cdots+ma_m+(m+1)a_{m+1}$$

$$=\frac{m(m+1)}{4}(2a_{m+1}-1)+(m+1)a_{m+1}$$

$$=(m+1)a_{m+1}\left(\boxed{\text{(나)}}+1\right)-\frac{m(m+1)}{4}$$

$$=\frac{(m+1)(m+2)}{2}\left(a_{m+2}-\boxed{\text{(다)}}\right)-\frac{m(m+1)}{4}$$

$$=\frac{(m+1)(m+2)}{4}(2a_{m+2}-1)$$

이므로 $n=m+1$일 때도 $(\bigstar)$이 성립한다.

(i), (ii)에 의하여 모든 자연수 n에 대하여

$$a_1+2a_2+3a_3+\cdots+na_n=\frac{n(n+1)}{4}(2a_{n+1}-1)$$이 성립한다.

위의 (가)에 알맞은 수를 p, (나), (다)에 알맞은 식을 각각 $f(m)$, $g(m)$이라 할 때, $p+\dfrac{f(5)}{g(3)}$의 값은?

① 9   ② 10   ③ 11
④ 12   ⑤ 13

실전유형 16 수학적 귀납법 – 배수의 증명

모든 자연수 n에 대하여 $p(n)$이 a의 배수임을 증명하려면
❶ $p(1)$이 a의 배수임을 보인다.
❷ $p(k)$가 a의 배수라 가정하고, $p(k+1)$이 a의 배수임을 보인다.

2675 대표문제

다음은 모든 자연수 n에 대하여 n^3+3n^2+2n이 3의 배수임을 수학적 귀납법으로 증명한 것이다.

> (i) $n=1$일 때,
> $1^3+3\times1^2+2\times1=6$이므로 3의 배수이다.
> (ii) $n=k$일 때, n^3+3n^2+2n이 3의 배수라 가정하면
> $k^3+3k^2+2k=3p$ (p는 자연수)
> $n=k+1$일 때,
> $(\boxed{(가)})^3+3(\boxed{(가)})^2+2(\boxed{(가)})$
> $=(k^3+3k^2+2k)+3k^2+9k+6$
> $=3p+3(\boxed{(나)})$
> $=3\{p+(\boxed{(나)})\}$
> 이므로 $n=k+1$일 때도 n^3+3n^2+2n은 3의 배수이다.
> (i), (ii)에서 모든 자연수 n에 대하여 n^3+3n^2+2n은 3의 배수이다.

위의 (가), (나)에 알맞은 식을 각각 $f(k)$, $g(k)$라 할 때, $f(9)+g(2)$의 값은?

① 9　② 10　③ 12
④ 18　⑤ 22

2676

Level 2

다음은 모든 자연수 n에 대하여 $n(n^2+5)$가 6의 배수임을 수학적 귀납법으로 증명한 것이다.

> (i) $n=1$일 때,
> $1\times(1^2+5)=6$이므로 6의 배수이다.
> (ii) $n=k$일 때, $n(n^2+5)$가 6의 배수라 가정하면
> $k(k^2+5)=6p$ (p는 자연수)
> $n=k+1$일 때,
> $(k+1)\{(k+1)^2+5\}=k^3+3k^2+\boxed{(가)}$
> $=\boxed{(나)}+6+3k(k+1)$
> $=6(\boxed{(다)})+3k(k+1)$
> 이고, $3k(k+1)$이 6의 배수이므로 $n=k+1$일 때도 $n(n^2+5)$가 6의 배수이다.
> (i), (ii)에서 모든 자연수 n에 대하여 $n(n^2+5)$는 6의 배수이다.

위의 (가), (나), (다)에 알맞은 것은?

	(가)	(나)	(다)
①	$8k+2$	k^3+5k	p
②	$8k+2$	k^3+6k	$p+1$
③	$8k+6$	k^3+5k	$p+1$
④	$8k+6$	k^3+5k	$p+2$
⑤	$8k+6$	k^3+6k	p

2677

●❙❙ Level **2**

다음은 모든 자연수 n에 대하여 n^3+2n이 3의 배수임을 수학적 귀납법으로 증명한 것이다.

(ⅰ) $n=1$일 때, $1^3+2\times1=3$은 3의 배수이다.

(ⅱ) $n=k$일 때, n^3+2n이 3의 배수라 가정하면

　$k^3+2k=3m$ (m은 자연수)

　$n=k+1$일 때,

　$(k+1)^3+2(k+1)=k^3+3k^2+3k+1+2k+2$

$$=(k^3+2k)+\boxed{\text{(가)}}$$

$$=3\boxed{\text{(나)}}+\boxed{\text{(가)}}$$

　이므로 $n=k+1$일 때도 n^3+2n은 3의 배수이다.

(ⅰ), (ⅱ)에서 모든 자연수 n에 대하여 n^3+2n은 3의 배수이다.

위의 (가), (나)에 알맞은 식을 각각 $f(k)$, $g(m)$이라 할 때, $f(-1)+g(2)$의 값을 구하시오.

2678

●❙❙ Level **2**

다음은 모든 자연수 n에 대하여 $4^{2n}-1$이 5의 배수임을 수학적 귀납법으로 증명한 것이다.

(ⅰ) $n=1$일 때, $4^2-1=15$이므로 5의 배수이다.

(ⅱ) $n=k$일 때, $4^{2n}-1$이 5의 배수라 가정하면

　$4^{2k}-1=5p$ (p는 자연수)

　$n=k+1$일 때,

　$4^{2k+2}-1=16\times4^{2k}-1=16(\boxed{\text{(가)}})-1$

$$=16\times5p+15=5(\boxed{\text{(나)}})$$

　이므로 $n=k+1$일 때도 $4^{2n}-1$은 5의 배수이다.

(ⅰ), (ⅱ)에서 모든 자연수 n에 대하여 $4^{2n}-1$은 5의 배수이다.

위의 (가), (나)에 알맞은 식을 각각 $f(p)$, $g(p)$라 할 때, $f(-2)+g(1)$의 값을 구하시오.

2679

●❙❙ Level **2**

다음은 모든 자연수 n에 대하여 11^n-4^n이 7의 배수임을 수학적 귀납법으로 증명한 것이다.

(ⅰ) $n=1$일 때,

　$11-4=7$이므로 7의 배수이다.

(ⅱ) $n=k$일 때, 11^n-4^n이 7의 배수라 가정하면

　$11^k-4^k=7p$ (p는 자연수)

　$n=k+1$일 때,

　$11^{k+1}-4^{k+1}$

$$=\boxed{\text{(가)}}\times11^k-\boxed{\text{(나)}}\times4^k$$

$$=11\times(11^k-4^k)+\boxed{\text{(다)}}\times4^k$$

$$=\boxed{\text{(라)}}p+\boxed{\text{(다)}}\times4^k$$

$$=7(\boxed{\text{(마)}}p+4^k)$$

　이므로 $n=k+1$일 때도 11^n-4^n은 7의 배수이다.

(ⅰ), (ⅱ)에서 모든 자연수 n에 대하여 11^n-4^n은 7의 배수이다.

위의 (가)~(마)에 알맞은 수가 아닌 것은?

① (가) : 11　　　② (나) : 4　　　③ (다) : 7

④ (라) : 77　　　⑤ (마) : 7

2680

다음은 모든 자연수 n에 대하여 $2^{3n-2}+3^n$이 5의 배수임을 수학적 귀납법으로 증명한 것이다.

(i) $n=1$일 때,

$2^{3-2}+3^1=5$이므로 5의 배수이다.

(ii) $n=k$일 때, $2^{3k-2}+3^k$이 5의 배수라 가정하면

$2^{3k-2}+3^k=5p$ (p는 자연수)

$n=\boxed{\text{(가)}}$ 일 때,

$2^{3k+1}+3^{k+1}$

$=5\times2^{3k-2}+\boxed{\text{(나)}}$

$=5\times2^{3k-2}+3\times\boxed{\text{(다)}}$

$=5(2^{3k-2}+\boxed{\text{(라)}})$

이므로 $n=\boxed{\text{(가)}}$ 일 때도 $2^{3n-2}+3^n$은 5의 배수이다.

(i), (ii)에서 모든 자연수 n에 대하여 $2^{3n-2}+3^n$은 5의 배수이다.

위의 (가), (나), (다), (라)에 알맞은 것은?

	(가)	(나)	(다)	(라)
①	$k-1$	$2^{3k-2}+3k$	p	$3p$
②	$k+1$	$2^{3k-2}+3k$	$5p$	$5p$
③	$k-1$	$3\times2^{3k-2}+3\times3^k$	p	$3p$
④	$k+1$	$3\times2^{3k-2}+3\times3^k$	$5p$	$3p$
⑤	$k+1$	$3\times2^{3k-2}+3\times3^k$	$5p$	$5p$

모든 자연수 n에 대하여 부등식이 성립함을 증명하려면

❶ $n=1$일 때, 부등식이 성립함을 보인다.

❷ $n=k$일 때, 부등식이 성립한다고 가정하고 $n=k+1$일 때도 부등식이 성립함을 보인다.

2681 대표문제

다음은 $n\geq2$인 모든 자연수 n에 대하여 부등식

$$1+\frac{1}{2}+\frac{1}{3}+\cdots+\frac{1}{n}>\frac{2n}{n+1}$$

이 성립함을 수학적 귀납법으로 증명한 것이다.

(i) $n=\boxed{\text{(가)}}$ 일 때,

(좌변)$=\frac{3}{2}$, (우변)$=\frac{4}{3}$이므로 주어진 부등식이 성립한다.

(ii) $n=k$ $(k\geq2)$일 때, 주어진 부등식이 성립한다고 가정하면

$$1+\frac{1}{2}+\frac{1}{3}+\cdots+\frac{1}{k}>\frac{2k}{k+1}\quad\cdots\cdots\cdots\text{㉠}$$

㉠의 양변에 $\boxed{\text{(나)}}$ 을 더하면

$$1+\frac{1}{2}+\frac{1}{3}+\cdots+\frac{1}{k}+\boxed{\text{(나)}}>\frac{2k}{k+1}+\boxed{\text{(나)}}$$

이때

$$\frac{2k}{k+1}+\boxed{\text{(나)}}-\boxed{\text{(다)}}=\frac{k}{(k+1)(k+2)}>0$$

이므로

$$1+\frac{1}{2}+\frac{1}{3}+\cdots+\frac{1}{k}+\frac{1}{k+1}>\boxed{\text{(다)}}$$

따라서 $n=k+1$일 때도 주어진 부등식은 성립한다.

(i), (ii)에서 $n\geq2$인 모든 자연수 n에 대하여 주어진 부등식이 성립한다.

위의 (가)에 알맞은 수를 a라 하고, (나), (다)에 알맞은 식을 각각 $f(k)$, $g(k)$라 할 때, $a\times f(1)\times g(2)$의 값은?

① $\frac{7}{6}$ ② $\frac{6}{5}$ ③ $\frac{5}{4}$

④ $\frac{4}{3}$ ⑤ $\frac{3}{2}$

2682

Level 2

다음은 $n \geq 3$인 모든 자연수 n에 대하여 부등식
$2^n > 2n+1$이 성립함을 수학적 귀납법으로 증명한 것이다.

(i) $n=3$일 때,

  (좌변)$=8$, (우변)$=7$이므로 주어진 부등식이 성립
  한다.

(ii) $n=k$ ($k \geq 3$)일 때, 주어진 부등식이 성립한다고 가
  정하면

  $2^k > 2k+1$

  $2^k \times \boxed{(가)} > (2k+1) \times \boxed{(가)}$

  이때 $k \geq 3$이므로

  $(2k+1) \times \boxed{(가)} = 2(k+1) + \boxed{(나)} > \boxed{(다)}$

  즉, $2^{k+1} > \boxed{(다)}$

  따라서 $n=k+1$일 때도 주어진 부등식이 성립한다.

(i), (ii)에서 $n \geq 3$인 모든 자연수 n에 대하여 주어진 부
등식이 성립한다.

위의 (가)에 알맞은 수를 a라 하고, (나), (다)에 알맞은 식을 각각
$f(k)$, $g(k)$라 할 때, $a+f(-1)+g(1)$의 값은?

① 5   ② 7   ③ 9

④ 11   ⑤ 12

2683

Level 2

다음은 $n \geq 2$인 모든 자연수 n에 대하여 부등식
$$1 + \frac{1}{2^2} + \frac{1}{3^2} + \cdots + \frac{1}{n^2} < 2 - \frac{1}{n}$$
이 성립함을 수학적 귀납법으로 증명한 것이다.

(i) $n=2$일 때,

  (좌변)$=1+\dfrac{1}{2^2}=\dfrac{5}{4}$, (우변)$=2-\dfrac{1}{2}=\dfrac{3}{2}$

  이므로 주어진 부등식이 성립한다.

(ii) $n=k$ ($k \geq 2$)일 때, 주어진 부등식이 성립한다고 가
  정하면

  $1 + \dfrac{1}{2^2} + \dfrac{1}{3^2} + \cdots + \dfrac{1}{k^2} < 2 - \dfrac{1}{k}$

  위 부등식의 양변에 $\boxed{(가)}$ 을 더하면

  $1 + \dfrac{1}{2^2} + \dfrac{1}{3^2} + \cdots + \dfrac{1}{k^2} + \boxed{(가)} < 2 - \dfrac{1}{k} + \boxed{(가)}$

  이때 $k \geq 2$이므로

  $2 - \dfrac{1}{k} + \boxed{(가)} - \left(\boxed{(나)} \right) = -\dfrac{1}{k(k+1)^2} < 0$

  즉, $2 - \dfrac{1}{k} + \boxed{(가)} < \boxed{(나)}$이므로

  $1 + \dfrac{1}{2^2} + \dfrac{1}{3^2} + \cdots + \dfrac{1}{k^2} + \boxed{(가)} < \boxed{(나)}$

  따라서 $n=k+1$일 때도 주어진 부등식이 성립한다.

(i), (ii)에서 $n \geq 2$인 모든 자연수 n에 대하여 주어진 부
등식이 성립한다.

위의 (가), (나)에 알맞은 식을 각각 $f(k)$, $g(k)$라 할 때,
$f(1)+g(3)$의 값은?

① 1   ② 2   ③ 3

④ 4   ⑤ 5

2684

Level 2

다음은 $n \geq 2$인 모든 자연수 n에 대하여 부등식

$$\frac{1}{\sqrt{1}} + \frac{1}{\sqrt{2}} + \frac{1}{\sqrt{3}} + \cdots + \frac{1}{\sqrt{n}} > \sqrt{n}$$

이 성립함을 수학적 귀납법으로 증명한 것이다.

(i) $n=2$일 때,

(좌변) $= \dfrac{1}{\sqrt{1}} + \dfrac{1}{\sqrt{2}} = 1 + \dfrac{\sqrt{2}}{2}$, (우변) $= \sqrt{2}$이고,

$\left(1 + \dfrac{\sqrt{2}}{2}\right) - \sqrt{2} = \dfrac{2 - \sqrt{2}}{2} > 0$, 즉 $1 + \dfrac{\sqrt{2}}{2} > \sqrt{2}$

이므로 주어진 부등식이 성립한다.

(ii) $n = k$ $(k \geq 2)$일 때, 주어진 부등식이 성립한다고 가정하면

$$\frac{1}{\sqrt{1}} + \frac{1}{\sqrt{2}} + \frac{1}{\sqrt{3}} + \cdots + \frac{1}{\sqrt{k}} > \sqrt{k}$$

위 부등식의 양변에 $\dfrac{1}{\sqrt{k+1}}$을 더하면

$$\frac{1}{\sqrt{1}} + \frac{1}{\sqrt{2}} + \frac{1}{\sqrt{3}} + \cdots + \frac{1}{\sqrt{k}} + \frac{1}{\sqrt{k+1}} > \sqrt{k} + \frac{1}{\sqrt{k+1}}$$

$\cdots\cdots$ ㉠

이때 $\left(\sqrt{k} + \dfrac{1}{\sqrt{k+1}}\right) - \boxed{(가)} = \dfrac{\sqrt{\boxed{(나)}} - k}{\sqrt{k+1}} > 0$

이므로

$$\sqrt{k} + \frac{1}{\sqrt{k+1}} > \boxed{(가)} \qquad \cdots\cdots ㉡$$

㉠, ㉡에서

$$\frac{1}{\sqrt{1}} + \frac{1}{\sqrt{2}} + \frac{1}{\sqrt{3}} + \cdots + \frac{1}{\sqrt{k}} + \frac{1}{\sqrt{k+1}} > \boxed{(가)}$$

따라서 $n = k+1$일 때도 주어진 부등식이 성립한다.

(i), (ii)에서 $n \geq 2$인 모든 자연수 n에 대하여 부등식이 성립한다.

위의 (가), (나)에 알맞은 식을 각각 $f(k)$, $g(k)$라 할 때, $f(8) + g(3)$의 값은?

① 11   ② 12   ③ 13

④ 14   ⑤ 15

2685 고난도

Level 3

다음은 모든 자연수 n에 대하여 부등식

$$\sqrt{1 \times 2} + \sqrt{2 \times 3} + \sqrt{3 \times 4} + \cdots + \sqrt{n(n+1)} < n\left(n + \frac{1}{2}\right)$$

이 성립함을 수학적 귀납법으로 증명한 것이다.

(i) $n=1$일 때,

(좌변) $= \sqrt{2}$, (우변) $= 1 + \dfrac{1}{2} = \dfrac{3}{2}$

이므로 주어진 부등식이 성립한다.

(ii) $n = k$일 때, 주어진 부등식이 성립한다고 가정하면

$$\sqrt{1 \times 2} + \sqrt{2 \times 3} + \sqrt{3 \times 4} + \cdots + \sqrt{k(k+1)}$$
$$< k\left(k + \frac{1}{2}\right)$$

위 부등식의 양변에 $\boxed{(가)}$ 을 더하면

$$\sqrt{1 \times 2} + \sqrt{2 \times 3} + \sqrt{3 \times 4} + \cdots + \sqrt{k(k+1)} + \boxed{(가)}$$
$$< k\left(k + \frac{1}{2}\right) + \boxed{(가)} \qquad \cdots\cdots ㉠$$

이때 $\boxed{(가)} = \sqrt{\left(\boxed{(나)}\right)^2 - \dfrac{1}{4}} < \boxed{(나)}$ 이므로

$$\boxed{(다)} - \left\{k\left(k + \frac{1}{2}\right) + \boxed{(가)}\right\}$$
$$> \boxed{(다)} - \left\{k\left(k + \frac{1}{2}\right) + \boxed{(나)}\right\} = k > 0 \quad\cdots\cdots ㉡$$

㉠, ㉡에서

$$\sqrt{1 \times 2} + \sqrt{2 \times 3} + \sqrt{3 \times 4} + \cdots + \sqrt{k(k+1)} + \boxed{(가)}$$
$$< (k+1)\left(k + \frac{3}{2}\right)$$

따라서 $n = k+1$일 때도 주어진 부등식은 성립한다.

(i), (ii)에서 모든 자연수 n에 대하여 주어진 부등식이 성립한다.

위의 (가), (나), (다)에 알맞은 식을 각각 $f(k)$, $g(k)$, $h(k)$라 할 때, $f(2) \times \{g(1) + h(0)\}$의 값은?

① $4\sqrt{3}$ ② $6\sqrt{3}$ ③ $8\sqrt{3}$

④ $10\sqrt{3}$ ⑤ $12\sqrt{3}$

서술형 유형 익히기

2686 대표문제

수열 $\{a_n\}$이

$$a_1=1, \ a_{n+1}=(n+1)a_n \ (n=1, \ 2, \ 3, \ \cdots)$$

으로 정의될 때, $a_1+a_2+a_3+\cdots+a_{30}$을 20으로 나누었을 때의 나머지를 구하는 과정을 서술하시오. [8점]

STEP 1 $a_2, \ a_3, \ a_4, \ a_5, \ \cdots, \ a_{30}$의 값 구하기 [4점]

$a_{n+1}=(n+1)a_n$의 n에 1, 2, 3, $\cdots$, 29를 차례로 대입하면

$a_2=2a_1=2\times1$

$a_3=3a_2=3\times2\times1$

$a_4=\boxed{}^{(1)}a_3=\boxed{}^{(2)}\times3\times2\times1$

$a_5=5a_4=5\times4\times3\times2\times1$

$\quad\vdots$

$a_{30}=\boxed{}^{(3)}a_{29}$

$\qquad=\boxed{}^{(4)}\times29\times28\times\cdots\times3\times2\times1$

STEP 2 20으로 나누어떨어지는 항 찾기 [2점]

$20=2^2\times5$이고, $a_5=5\times4\times3\times2\times1$이므로

$\boxed{}^{(5)}$는 20으로 나누어떨어진다.

즉, $\boxed{}^{(6)}$, $a_6, \ a_7, \ \cdots, \ a_{30}$은 모두 20으로 나누어떨어진다.

STEP 3 $a_1+a_2+a_3+\cdots+a_{30}$을 20으로 나누었을 때의 나머지 구하기 [2점]

$a_1+a_2+a_3+\cdots+a_{30}$을 20으로 나누었을 때의 나머지는 $a_1+a_2+a_3+a_4$를 20으로 나누었을 때의 나머지와 같다.

이때 $a_1+a_2+a_3+a_4=\boxed{}^{(7)}$이므로 20으로 나누었을 때의 나머지는 $\boxed{}^{(8)}$이다.

2687 한번 더

수열 $\{a_n\}$이

$$a_1=2, \ a_{n+1}=(n+2)a_n \ (n=1, \ 2, \ 3, \ \cdots)$$

으로 정의될 때, $a_1+a_2+a_3+\cdots+a_{50}$을 30으로 나누었을 때의 나머지를 구하는 과정을 서술하시오. [8점]

STEP 1 $a_2, \ a_3, \ a_4, \ \cdots, \ a_{50}$의 값 구하기 [4점]

STEP 2 30으로 나누어떨어지는 항 찾기 [2점]

STEP 3 $a_1+a_2+a_3+\cdots+a_{50}$을 30으로 나누었을 때의 나머지 구하기 [2점]

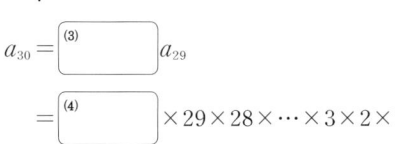

핵심 KEY 유형5 $a_{n+1}=a_nf(n)$ 꼴의 귀납적 정의

제n항까지의 합을 자연수로 나누었을 때의 나머지를 구하는 문제이다.

주어진 식의 n에 1, 2, 3, $\cdots$을 차례로 대입하여 $a_1, \ a_2, \ a_3, \ \cdots$의 값을 구하고 20을 인수로 갖는 항을 찾아 $a_1+a_2+a_3+\cdots+a_{30}$을 20으로 나누었을 때의 나머지를 구한다.

차례로 나열한 항과 나누는 수의 배수 관계가 처음으로 성립하는 항을 찾는 것에 주의한다.

11

2688 _{유사 1}

수열 $\{a_n\}$이

$$a_1=3,\ a_{n+1}=na_n\ (n=1,\ 2,\ 3,\ \cdots)$$

으로 정의될 때, $a_1+a_2+a_3+\cdots+a_{50}$을 40으로 나누었을 때의 나머지를 구하는 과정을 서술하시오. [8점]

2689 _{유사 2}

수열 $\{a_n\}$이

$$a_1=1,\ a_{n+1}=\frac{n+1}{n}a_n\ (n=1,\ 2,\ 3,\ \cdots)$$

으로 정의될 때, $a_1\times a_2\times a_3\times\cdots\times a_{50}$을 60으로 나누었을 때의 나머지를 구하는 과정을 서술하시오. [7점]

2690 _{대표문제}

수열 $\{a_n\}$이

$$a_1=1,\ a_{n+1}=5a_n+1\ (n=1,\ 2,\ 3,\ \cdots)$$

로 정의될 때, $a_{20}=\dfrac{5^q-1}{p}$을 만족시키는 두 자연수 p, q에 대하여 $p+q$의 값을 구하는 과정을 서술하시오. [8점]

STEP 1 $a_2,\ a_3,\ a_4,\ \cdots$의 값 구하기 [4점]

$a_{n+1}=5a_n+1$의 n에 1, 2, 3, $\cdots$을 차례로 대입하면

$a_2=\boxed{\ \ ^{(1)}\ \ }a_1+1=5\times1+1=5+1$

$a_3=5a_2+1=5(5+1)+1=5^2+5+1$

$a_4=5a_3+1=5(5^2+5+1)+1=5^3+5^2+5+1$

$\ \ \vdots$

STEP 2 a_{20}의 값 구하기 [3점]

a_n은 첫째항이 1, 공비가 $\boxed{\ \ ^{(2)}\ \ }$인 등비수열의 첫째항부터 제n항까지의 합이므로

$$a_{20}=\frac{\boxed{\ \ ^{(3)}\ \ }^{20}-1}{5-1}=\frac{\boxed{\ \ ^{(4)}\ \ }^{20}-1}{4}$$

STEP 3 $p+q$의 값 구하기 [1점]

$p=\boxed{\ \ ^{(5)}\ \ }$, $q=20$이므로

$p+q=\boxed{\ \ ^{(6)}\ \ }$

핵심 KEY _{유형 6 , 유형 7} **여러 가지 수열의 귀납적 정의**

귀납적으로 정의된 수열 $\{a_n\}$에서 n에 1, 2, 3, $\cdots$을 차례로 대입하여 규칙을 찾아 특정한 항의 값을 구하거나 미지수의 값을 구하는 문제이다.

$a_{n+1}=ra_n$ 또는 $\dfrac{a_{n+1}}{a_n}=r$ (일정)이면 등비수열을 이용한다.

항이 가진 규칙을 파악할 수 있도록 식을 나열하는 것에 주의한다.

2691 _{한번 더}

수열 $\{a_n\}$이

$$a_1=3,\ a_{n+1}=3a_n+3\ (n=1,\ 2,\ 3,\ \cdots)$$

으로 정의될 때, $a_{10}=\dfrac{3^q-r}{p}$를 만족시키는 세 자연수 p, q, r에 대하여 $p+q+r$의 값을 구하는 과정을 서술하시오.

(단, p와 r는 서로소이다.) [8점]

STEP 1 $a_2,\ a_3,\ a_4,\ \cdots$의 값 구하기 [4점]

STEP 2 a_{10}의 값 구하기 [3점]

STEP 3 $p+q+r$의 값 구하기 [1점]

2692 _{유사 1}

수열 $\{a_n\}$이

$$a_1=1,\ a_{n+1}=\frac{1}{2}a_n+1\ (n=1,\ 2,\ 3,\ \cdots)$$

로 정의될 때, $a_{16}=p-\dfrac{1}{2^q}$을 만족시키는 두 자연수 p, q에 대하여 $p+q$의 값을 구하는 과정을 서술하시오. [8점]

2693 _{유사 2}

수열 $\{a_n\}$이

$$a_1=1,\ a_{n+1}=\frac{4-a_n}{3-a_n}\ (n=1,\ 2,\ 3,\ \cdots)$$

으로 정의된다. $a_{20}=\dfrac{q}{p}$일 때, $p+q$의 값을 구하는 과정을 서술하시오. (단, p와 q는 서로소인 자연수이다.) [10점]

2694 _{유사 3}

수열 $\{a_n\}$이

$$a_1=\frac{1}{2},\ a_{n+1}=\frac{a_n}{3a_n+1}\ (n=1,\ 2,\ 3,\ \cdots)$$

으로 정의된다. $a_{10}=\dfrac{q}{p}$일 때, $p-q$의 값을 구하는 과정을 서술하시오. (단, p와 q는 서로소인 자연수이다.) [10점]

2695 대표문제

모든 자연수 n에 대하여 부등식

$$\frac{1}{2}+\frac{1}{3}+\frac{1}{4}+\cdots+\frac{1}{2^n}\leq n-\frac{1}{2}$$

이 성립함을 수학적 귀납법으로 증명하는 과정을 서술하시오. [10점]

> **STEP 1** $n=1$일 때, 주어진 부등식이 성립함을 보이기 [2점]
>
> $n=1$일 때,
>
> (좌변)$=\boxed{^{(1)}}$, (우변)$=1-\frac{1}{2}=\frac{1}{2}$
>
> 이므로 주어진 부등식이 성립한다.
>
> **STEP 2** $n=k$일 때, 주어진 부등식이 성립함을 가정하기 [2점]
>
> $n=k$일 때, 주어진 부등식이 성립한다고 가정하면
>
> $$\frac{1}{2}+\frac{1}{3}+\frac{1}{4}+\cdots+\boxed{^{(2)}}\leq k-\frac{1}{2}$$
>
> **STEP 3** 양변에 같은 식을 더해서 $n=k+1$일 때, 주어진 부등식이 성립함을 보이기 [6점]
>
> 위 부등식의 양변에 $\dfrac{1}{2^k+1}+\dfrac{1}{2^k+2}+\cdots+\dfrac{1}{2^{k+1}}$을 더하면
>
> $$\frac{1}{2}+\frac{1}{3}+\frac{1}{4}+\cdots+\frac{1}{2^k}+\frac{1}{2^k+1}+\frac{1}{2^k+2}+\cdots+\boxed{^{(3)}}$$
>
> $$\leq k-\frac{1}{2}+\frac{1}{2^k+1}+\frac{1}{2^k+2}+\cdots+\boxed{^{(4)}}\quad\cdots\cdots\cdots\cdots\text{㉠}$$
>
> 이때 모든 자연수 l에 대하여 $0<2^k<2^k+l$이 성립하므로
>
> $$\frac{1}{2^k+1}+\frac{1}{2^k+2}+\cdots+\frac{1}{2^{k+1}}=\sum_{l=1}^{2^k}\frac{1}{2^k+l}$$
>
> $$<\sum_{l=1}^{2^k}\frac{1}{2^k}=\boxed{^{(5)}}\quad\cdots\cdots\cdots\cdots\text{㉡}$$
>
> ㉠, ㉡에서
>
> $$\frac{1}{2}+\frac{1}{3}+\frac{1}{4}+\cdots+\frac{1}{2^{k+1}}<\left(\boxed{^{(6)}}\right)-\frac{1}{2}$$
>
> 즉, $n=k+1$일 때도 주어진 부등식이 성립한다.
>
> 따라서 모든 자연수 n에 대하여 주어진 부등식이 성립한다.

핵심 KEY 유형 17 **수학적 귀납법을 이용한 부등식의 증명**

수학적 귀납법을 이용한 부등식의 증명 문제이다.

$n\geq a$인 모든 자연수 n에 대하여 부등식이 성립함을 증명할 때는

❶ $n=a$ (a는 자연수)일 때, 부등식이 성립함을 보인다.

❷ $n=k$ ($k\geq a$)일 때, 부등식이 성립한다고 가정한다.

❸ $A>B$, $B>C$이면 $A>C$임을 이용하여 $n=k+1$일 때도 부등식이 성립함을 보인다.

증명 과정의 순서를 따라가며 구하고자 하는 식을 찾는 것에 주의한다.

2696 한번 더

$n\geq 2$인 모든 자연수 n에 대하여 부등식

$$1+\frac{1}{2}+\frac{1}{3}+\cdots+\frac{1}{2^n}>1+\frac{n}{2}$$

이 성립함을 수학적 귀납법으로 증명하는 과정을 서술하시오. [10점]

> **STEP 1** $n=2$일 때, 주어진 부등식이 성립함을 보이기 [2점]
>
> **STEP 2** $n=k$ ($k\geq 2$)일 때, 주어진 부등식이 성립함을 가정하기 [2점]
>
> **STEP 3** 양변에 같은 식을 더해서 $n=k+1$일 때, 주어진 부등식이 성립함을 보이기 [6점]

2697 유사 1

모든 자연수 n에 대하여 부등식

$$1+\frac{1}{\sqrt{2}}+\frac{1}{\sqrt{3}}+\cdots+\frac{1}{\sqrt{n}}\geq 2-\frac{1}{\sqrt{n}}$$

이 성립함을 수학적 귀납법으로 증명하는 과정을 서술하시오. [10점]

점
/100점

• 선택형 21문항, 서술형 4문항입니다.

1 2698

수열 $\{a_n\}$이

$$a_1=1, \ a_2=4, \ 2a_{n+1}=a_n+a_{n+2} \ (n=1, 2, 3, \cdots)$$

로 정의될 때, a_{17}의 값은? [3점]

① 48   ② 49   ③ 50

④ 51   ⑤ 52

2 2699

수열 $\{a_n\}$이

$$a_1=1, \ a_{n+1}=a_n+n \ (n=1, 2, 3, \cdots)$$

으로 정의될 때, a_{10}의 값은? [3점]

① 31   ② 36   ③ 41

④ 46   ⑤ 51

3 2700

수열 $\{a_n\}$이

$$\begin{cases} a_1=120 \\ a_{n+1}=\dfrac{-2n+1}{n+1}a_n \ (n=1, 2, 3, \cdots) \end{cases}$$

으로 정의될 때, a_5의 값은? [3점]

① 90   ② 95   ③ 100

④ 105   ⑤ 110

4 2701

수열 $\{a_n\}$이

$$a_1=2, \ a_{n+1}=3a_n+2 \ (n=1, 2, 3, \cdots)$$

로 정의될 때, a_4의 값은? [3점]

① 32   ② 52   ③ 71

④ 80   ⑤ 93

5 2702

수열 $\{a_n\}$이

$$a_1=-\frac{1}{6}, \ a_{n+1}=\frac{a_n}{5a_n+1} \ (n=1, 2, 3, \cdots)$$

으로 정의된다. $a_5=\dfrac{q}{p}$일 때, $p+q$의 값은?

(단, p와 q는 서로소인 자연수이다.) [3점]

① 11   ② 12   ③ 13

④ 14   ⑤ 15

11

6 2703

수열 $\{a_n\}$이 $a_1=3$이고

$$a_{n+1}=\begin{cases} a_n+2 & (n\text{이 홀수}) \\ 2a_n & (n\text{이 짝수}) \end{cases} \quad (n=1, 2, 3, \cdots)$$

으로 정의될 때, a_9의 값은? [3점]

① 50   ② 52   ③ 54

④ 104   ⑤ 108

7 2704

모든 자연수 n에 대하여 명제 $p(n)$이 성립함을 증명하려면 다음 두 가지를 보이면 된다.

> (ⅰ) $n=\boxed{\text{(가)}}$ 일 때, 명제 $p(n)$이 성립한다.
>
> (ⅱ) $n=k$일 때, 명제 $p(n)$이 성립한다고 가정하면
> $n=\boxed{\text{(나)}}$ 일 때도 명제 $p(n)$이 성립한다.
> 이와 같이 증명하는 방법을 $\boxed{\text{(다)}}$ 이라 한다.

위의 (가), (나), (다)에 알맞은 것은? [3점]

	(가)	(나)	(다)
①	0	k	수학적 귀납법
②	0	$k+1$	수열의 귀납적 정의
③	1	k	수학적 귀납법
④	1	$k+1$	수학적 귀납법
⑤	1	$k+1$	수열의 귀납적 정의

8 2705

모든 항이 양수인 수열 $\{a_n\}$이 다음 조건을 만족시킬 때, $\sum\limits_{k=1}^{5} a_k$의 값은? [3.5점]

> (가) $\dfrac{a_1 a_5}{a_4}=10$
>
> (나) $a_{n+1}^{\;3}-8a_n^{\;3}=0 \ (n=1, 2, 3, \cdots)$

① 25   ② 31   ③ 75

④ 124   ⑤ 155

9 2706

수열 $\{a_n\}$이

$$a_1=2, \ a_n+a_{n+1}=4n \ (n=1, 2, 3, \cdots)$$

으로 정의될 때, $\sum\limits_{k=1}^{30} a_k$의 값은? [3.5점]

① 800   ② 850   ③ 900

④ 950   ⑤ 1000

10 2707

수열 $\{a_n\}$이
$$a_1=1,\ n(a_{n+1}-a_n)=a_n\ (n=1,\ 2,\ 3,\ \cdots)$$
으로 정의될 때, $a_k=15$를 만족시키는 자연수 k의 값은?

[3.5점]

① 10   ② 12   ③ 15

④ 16   ⑤ 18

11 2708

수열 $\{a_n\}$이
$$a_1=p,\ a_{n+1}=qa_n-5\ (n=1,\ 2,\ 3,\ \cdots)$$
로 정의될 때, $a_3=7$, $a_5=87$을 만족시키는 두 자연수 p, q에 대하여 $p+q$의 값은? [3.5점]

① 6   ② 7   ③ 8

④ 9   ⑤ 10

12 2709

등차수열 $\{a_n\}$에 대하여 $a_1=3$, $a_9-a_6=6$이고, 수열 $\{b_n\}$이 모든 자연수 n에 대하여
$$b_1=1,\ b_{n+1}=\begin{cases} a_n+b_n\ (b_n\text{이 홀수}) \\ a_n-b_n\ (b_n\text{이 짝수}) \end{cases}$$
을 만족시킨다. $\displaystyle\sum_{k=1}^{30} b_k$의 값은? [3.5점]

① 120   ② 225   ③ 330

④ 480   ⑤ 495

13 2710

어느 어항의 수질 관리를 위해 어항의 물의 $\dfrac{1}{5}$만큼을 빼내고 남아 있는 물의 양의 $\dfrac{1}{6}$만큼 새로 채워 넣는 시행을 반복한다. n회 시행 후 이 어항의 물의 양을 a_n이라 할 때,
$$a_{n+1}=\frac{q}{p}a_n\ (n=1,\ 2,\ 3,\ \cdots)$$
이 성립한다. $p+q$의 값은?

(단, p와 q는 서로소인 자연수이다.) [3.5점]

① 17   ② 29   ③ 32

④ 37   ⑤ 54

14 2711

한 변의 길이가 1인 정삼각형을 그림과 같이 쌓으려고 한다. n단계의 도형에서 한 변의 길이가 1인 정삼각형의 개수를 a_n이라 할 때, a_{n+1}과 a_n 사이의 관계식은?

(단, $n=1,\ 2,\ 3,\ \cdots$) [3.5점]

 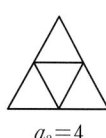 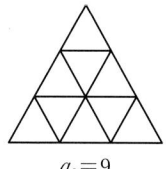

$a_1=1$ $a_2=4$ $a_3=9$ $\cdots$

① $a_1=1,\ a_{n+1}=a_n+2n-1$

② $a_1=1,\ a_{n+1}=a_n+2n+1$

③ $a_1=1,\ a_{n+1}=a_n+2n+3$

④ $a_1=1,\ a_{n+1}=a_n+3n-2$

⑤ $a_1=1,\ a_{n+1}=a_n+n+1$

11

15 2712

다음은 모든 자연수 n에 대하여 등식

$$\frac{1}{1\times 2}+\frac{1}{2\times 3}+\frac{1}{3\times 4}+\cdots+\frac{1}{n(n+1)}=\frac{n}{n+1}$$

이 성립함을 수학적 귀납법으로 증명한 것이다.

(i) $n=1$일 때,

$$(\text{좌변})=\frac{1}{1\times 2}=\frac{1}{2},\ (\text{우변})=\frac{1}{1+1}=\frac{1}{2}$$

이므로 주어진 등식이 성립한다.

(ii) $n=k$일 때, 주어진 등식이 성립한다고 가정하면

$$\frac{1}{1\times 2}+\frac{1}{2\times 3}+\frac{1}{3\times 4}+\cdots+\frac{1}{k(k+1)}=\frac{k}{k+1}\ \cdots\cdots\ \text{㉠}$$

㉠의 양변에 $\boxed{\text{㈎}}$ 을 더하면

$$\frac{1}{1\times 2}+\frac{1}{2\times 3}+\frac{1}{3\times 4}+\cdots+\frac{1}{k(k+1)}+\boxed{\text{㈎}}$$

$$=\frac{k}{k+1}+\boxed{\text{㈎}}=\boxed{\text{㈏}}$$

따라서 $n=k+1$일 때도 주어진 등식이 성립한다.

(i), (ii)에서 모든 자연수 n에 대하여 주어진 등식이 성립한다.

위의 ㈎, ㈏에 알맞은 식을 각각 $f(k)$, $g(k)$라 할 때, $f(3)g(3)$의 값은? [3.5점]

① $\frac{1}{36}$ ② $\frac{1}{25}$ ③ $\frac{1}{16}$

④ $\frac{1}{9}$ ⑤ $\frac{1}{4}$

16 2713

다음은 $x>0$으로 정의될 때, $n\geq 2$인 모든 자연수 n에 대하여 부등식

$$(1+x)^n>1+nx$$

가 성립함을 수학적 귀납법으로 증명한 것이다.

(i) $n=2$일 때,

$$(\text{좌변})=(1+x)^2=1+2x+x^2,\ (\text{우변})=1+2x$$

$x^2>0$이므로 주어진 부등식이 성립한다.

(ii) $n=k$일 때,

$(1+x)^k>1+kx$가 성립한다고 가정하면

$n=k+1$일 때,

$$(1+x)^{k+1}>(\ \boxed{\text{㈎}}\ )(1+x)$$

$$=1+(k+1)x+\boxed{\text{㈏}}$$

$$>1+(k+1)x$$

따라서 $n=k+1$일 때도 주어진 부등식이 성립한다.

(i), (ii)에서 $n\geq 2$인 모든 자연수 n에 대하여 주어진 부등식이 성립한다.

위의 ㈎, ㈏에 알맞은 식은? [3.5점]

	㈎	㈏
①	$(k-1)x$	kx^2
②	kx	kx^2
③	$1+kx$	kx^2
④	$1+kx$	$(k+1)x^2$
⑤	$1+(1+k)x$	$(k+1)x^2$

17 2714

수열 $\{a_n\}$이

$$a_1=1,$$

$$(n+2)a_n=3(a_1+a_2+a_3+\cdots+a_n)\ (n=1,\ 2,\ 3,\ \cdots)$$

이 성립할 때, a_{99}의 값은? [4점]

① 4850 ② 4900 ③ 4950

④ 5000 ⑤ 5050

18 2715

자연수 n에 대하여 좌표평면 위의 점 A_n이 다음 조건을 만족시킬 때, 점 A_{11}의 x좌표는? [4점]

> (가) 점 A_1의 좌표는 $(1, 0)$이다.
> (나) 점 A_n을 x축의 양의 방향으로 n만큼 평행이동한 점을 B_n이라 하고, 선분 A_nB_n을 $3:2$로 내분하는 점을 A_{n+1}이라 한다.

① 19   ② $\dfrac{83}{3}$ ③ 29

④ 34   ⑤ $\dfrac{113}{3}$

19 2716

평면 위에 n개의 원을 그릴 때, 임의의 두 원은 항상 두 점에서 만나고, 세 개 이상의 원이 동시에 지나는 점은 없도록 하자. n개의 원에 의해 만들어지는 교점의 개수를 a_n이라 할 때, a_6의 값은? [4점]

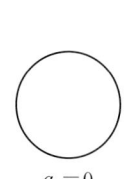 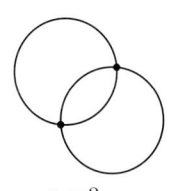 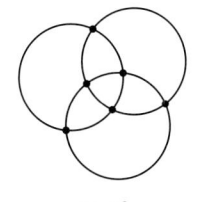

$a_1=0$ $a_2=2$ $a_3=6$ ⋯

① 12   ② 15   ③ 16

④ 20   ⑤ 30

20 2717

다음은 모든 자연수 n에 대하여 7^n-6n을 36으로 나눈 나머지가 1임을 수학적 귀납법으로 증명한 것이다.

> (i) $n=1$일 때, $7^1-6\times1=1$이므로 1을 36으로 나눈 나머지는 1이다.
> (ii) $n=k$일 때,
> 7^k-6k를 36으로 나눈 나머지가 1이라 가정하면
> $7^k-6k=36p+1$, 즉 $7^k=6k+36p+1$ (p는 정수)
> 한편
> $7^{k+1}-6(k+1)$
> $=\boxed{(가)}(6k+36p+1)-6(k+1)$
> $=\boxed{(가)}(36p+1)+\boxed{(나)}$
> $=36(7p+\boxed{(다)})+1$
> 이므로 $7^{k+1}-6(k+1)$도 36으로 나눈 나머지가 1이다.
> (i), (ii)에서 모든 자연수 n에 대하여 7^n-6n을 36으로 나눈 나머지가 1이다.

위의 (가)에 알맞은 수를 a, (나), (다)에 알맞은 식을 각각 $f(k)$, $g(k)$라 할 때, $a\times\dfrac{f(1)}{g(5)}$의 값은? [4점]

① 21   ② 28   ③ 35

④ 42   ⑤ 49

21 2718

수열 $\{a_n\}$이 모든 자연수 n에 대하여
$$a_1=10,$$
$$a_1+2a_2+3a_3+\cdots+na_n=n^3a_n$$
으로 정의될 때, a_{10}의 값은? [4.5점]

① $\dfrac{1}{50}$ ② $\dfrac{1}{55}$ ③ $\dfrac{1}{100}$

④ $\dfrac{1}{101}$ ⑤ $\dfrac{1}{110}$

22 2719

수열 $\{a_n\}$이 모든 자연수 n에 대하여

$$a_{n+1}-a_n=2^{n+1}-32n$$

을 만족시킬 때, $a_{10}-a_6$의 값을 구하는 과정을 서술하시오.

[6점]

23 2720

수열 $\{a_n\}$의 첫째항부터 제n항까지의 합을 S_n이라 하면

$$a_1=1,\ a_2=4,$$
$$(S_{n+1}-S_{n-1})^2=4a_na_{n+1}+9\ (n=2,\ 3,\ 4,\ \cdots)$$

가 성립할 때, a_{25}의 값을 구하는 과정을 서술하시오.

(단, $a_1<a_2<a_3<\cdots<a_n<\cdots$) [6점]

24 2721

두 수열 $\{a_n\}$, $\{b_n\}$은 $a_1=1$, $a_2=-1$이고 모든 자연수 n에 대하여 다음 조건을 만족시킨다.

(가) $a_{n+2}=a_{n+1}{}^2-a_n{}^2$

(나) $b_{2n-1}+b_{2n}=a_n+n$

$\displaystyle\sum_{k=1}^{30} b_k$의 값을 구하는 과정을 서술하시오. [7점]

25 2722

첫째항이 같은 두 수열 $\{a_n\}$, $\{b_n\}$이 모든 자연수 n에 대하여

$$a_{n+1}=a_n+2,\ b_n-2b_{n+1}+b_{n+2}=0$$

을 만족시키고, $b_2=9$, $b_5=0$이다. $\displaystyle\sum_{k=1}^{10}\frac{|a_kb_k|}{6}$의 값을 구하는 과정을 서술하시오. [8점]

정답 및 풀이 477쪽

실력 check 실전 마무리하기 2회

점 / 100점

• 선택형 21문항, 서술형 4문항입니다.

1 2723

수열 $\{a_n\}$이

$$a_1=50,\ a_{n+1}-a_n=-2\ (n=1,\ 2,\ 3,\ \cdots)$$

로 정의될 때, $a_k=8$을 만족시키는 자연수 k의 값은? [3점]

① 21 ② 22 ③ 23 ④ 24 ⑤ 25

2 2724

수열 $\{a_n\}$이

$$a_{n+2}-2a_{n+1}+a_n=0\ (n=1,\ 2,\ 3,\ \cdots)$$

으로 정의될 때, $a_3=7$, $a_8=82$이다. 이때 a_{10}의 값은? [3점]

① 110 ② 111 ③ 112 ④ 113 ⑤ 114

3 2725

수열 $\{a_n\}$이

$$a_1=1,\ a_{n+1}=3a_n\ (n=1,\ 2,\ 3,\ \cdots)$$

으로 정의될 때, $\frac{a_5}{a_3}$의 값은? [3점]

① 3 ② 6 ③ 9 ④ 12 ⑤ 15

4 2726

수열 $\{a_n\}$이

$$a_1=2,\ a_{n+1}-a_n=2n-1\ (n=1,\ 2,\ 3,\ \cdots)$$

로 정의될 때, a_3의 값은? [3점]

① 6 ② 8 ③ 10 ④ 12 ⑤ 14

5 2727

수열 $\{a_n\}$이

$$a_1=1,\ a_{n+1}=\frac{n}{n+1}a_n\ (n=1,\ 2,\ 3,\ \cdots)$$

으로 정의될 때, a_5의 값은? [3점]

① $\frac{1}{5}$ ② $\frac{2}{5}$ ③ $\frac{3}{5}$ ④ $\frac{4}{5}$ ⑤ 1

6 2728

수열 $\{a_n\}$이 $a_1=3$이고, 모든 자연수 n에 대하여

$a_{n+1}=\dfrac{3}{a_n}$을 만족시킬 때, a_{100}의 값은? [3점]

① 1   ② 2   ③ 3

④ 4   ⑤ 5

7 2729

어느 화분에 30 kg의 흙이 들어 있다. 화분에 들어 있는 흙의 $\dfrac{1}{3}$을 버리고, 4 kg의 흙을 넣는 시행을 반복할 때, 4번 시행 후 화분에 들어 있는 흙의 양은? [3점]

① $\dfrac{140}{9}$ kg   ② $\dfrac{142}{9}$ kg   ③ $\dfrac{50}{3}$ kg

④ $\dfrac{52}{3}$ kg   ⑤ 20 kg

8 2730

그림과 같이 성냥개비를 사용하여 도형을 만들려고 한다. n 단계의 도형을 만드는 데 필요한 성냥개비의 수를 a_n이라 할 때, a_n과 a_{n+1} 사이의 관계식은? (단, $n=1$, 2, 3, $\cdots$)

[3점]

 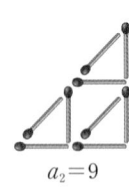 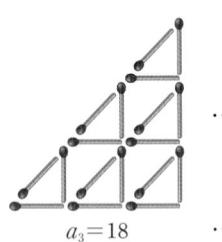

$a_1=3$ $a_2=9$ $a_3=18$ $\cdots$

① $a_{n+1}=a_n+2n$ ② $a_{n+1}=a_n+3(n-1)$

③ $a_{n+1}=a_n+3(n+1)$ ④ $a_{n+1}=3(a_n+1)$

⑤ $a_{n+1}=2a_n+9$

9 2731

모든 자연수 n에서 명제 $p(n)$이 아래 조건을 만족시킬 때, 다음 중 반드시 참인 명제는? [3점]

> (가) $p(1)$이 참이다.
> (나) $p(n)$이 참이면 $p(2n)$도 참이다.

① $p(10)$ ② $p(12)$ ③ $p(14)$

④ $p(16)$ ⑤ $p(18)$

10 2732

수열 $\{a_n\}$은 $a_1=2$, $a_2=-1$이고, 모든 자연수 n에 대하여

$a_{n+2}=4a_n$으로 정의될 때, $\displaystyle\sum_{k=1}^{10} a_k$의 값은? [3.5점]

① 341   ② 343   ③ 345

④ 347   ⑤ 349

11 2733

수열 $\{a_n\}$이 모든 자연수 n에 대하여

$$a_1=130, \quad a_{n+1}=-a_n+5n$$

이 성립할 때, k 이상의 모든 자연수 n에 대하여 $a_n>0$이다. 이때 자연수 k의 최솟값은? [3.5점]

① 50   ② 51   ③ 52

④ 53   ⑤ 54

12 2734

수열 $\{a_n\}$이

$$a_1=1,\ a_{n-1}+a_n=n^2+1\ (n=2,\ 3,\ 4,\ \cdots)$$

로 정의될 때, $\sum_{k=1}^{20} a_k$의 값은? [3.5점]

① 1547   ② 1548   ③ 1549

④ 1550   ⑤ 1551

13 2735

수열 $\{a_n\}$은 $a_1=1$이고, 모든 자연수 n에 대하여

$$a_{n+1}+(-1)^{n+1}\times a_n=3^n$$

을 만족시킬 때, a_6의 값은? [3.5점]

① 140   ② 142   ③ 144

④ 146   ⑤ 148

14 2736

수열 $\{a_n\}$의 첫째항부터 제n항까지의 합을 S_n이라 하면

$$2S_n=3a_n-4n+3\ (n=1,\ 2,\ 3,\ \cdots)$$

이 성립할 때, a_4의 값은? [3.5점]

① 75   ② 76   ③ 77

④ 78   ⑤ 79

15 2737

수열 $\{a_n\}$의 첫째항부터 제n항까지의 합을 S_n이라 하면

$$a_1=\frac{1}{2},\ 2S_n=(n+1)a_n\ (n=1,\ 2,\ 3,\ \cdots)$$

이 성립할 때, $a_3\times a_4$의 값은? [3.5점]

① $\frac{3}{2}$ ② 2   ③ $\frac{5}{2}$

④ 3   ⑤ $\frac{7}{2}$

16 2738

다음은 모든 자연수 n에 대하여 $3^{2n}-1$이 8의 배수임을 수학적 귀납법으로 증명한 것이다.

(i) $n=1$일 때, $3^2-1=8$이므로 $3^{2n}-1$은 8의 배수이다.

(ii) $n=k$일 때, $3^{2n}-1$이 8의 배수라 가정하면

$$3^{2k}-1=8p\ (p\text{는 자연수})$$

$n=k+1$일 때,

$$3^{2(k+1)}-1=\boxed{\ \text{(가)}\ }\times 3^{2k}-1=8\times\left(\boxed{\ \text{(나)}\ }\right)$$

이므로 $n=k+1$일 때도 $3^{2n}-1$은 8의 배수이다.

(i), (ii)에서 모든 자연수 n에 대하여 $3^{2n}-1$은 8의 배수이다.

위의 (가)에 알맞은 자연수를 a, (나)에 알맞은 식을 $f(p)$라 할 때, $a+f(2)$의 값은? [3.5점]

① 26   ② 27   ③ 28

④ 29   ⑤ 30

17 2739

다음은 $n \geq 4$인 모든 자연수 n에 대하여 부등식

$$1 \times 2 \times 3 \times \cdots \times n > 2^n$$

이 성립함을 수학적 귀납법으로 증명한 것이다.

(i) $n=4$일 때,

(좌변)$= 1 \times 2 \times 3 \times 4 = 24 > 2^4 = 16 =$ (우변)

이므로 주어진 부등식이 성립한다.

(ii) $n=k$ $(k \geq 4)$일 때, 주어진 부등식이 성립한다고 가정하면

$$1 \times 2 \times 3 \times \cdots \times k > 2^k \quad \cdots\cdots \cdots \text{㉠}$$

㉠의 양변에 $\boxed{\text{㈎}}$ 을 곱하면

$$1 \times 2 \times 3 \times \cdots \times k \times (\boxed{\text{㈎}}) > 2^k \times (\boxed{\text{㈎}})$$

이때 $2^k \times (\boxed{\text{㈎}}) > \boxed{\text{㈏}}$ 이므로

$$1 \times 2 \times 3 \times \cdots \times k \times (\boxed{\text{㈎}}) > \boxed{\text{㈏}}$$

즉, $n=k+1$일 때도 주어진 부등식이 성립한다.

(i), (ii)에서 $n \geq 4$인 모든 자연수 n에 대하여 주어진 부등식이 성립한다.

위의 ㈎, ㈏에 알맞은 식을 각각 $f(k)$, $g(k)$라 할 때, $\dfrac{g(2)}{f(1)}$의 값은? [3.5점]

① 1　　　　② 2　　　　③ 3

④ 4　　　　⑤ 5

18 2740

수열 $\{a_n\}$이

$$a_1 = \frac{1}{5}, \quad a_{n+1} = \begin{cases} 2a_n & (a_n < 1) \\ a_n - 1 & (a_n \geq 1) \end{cases} \quad (n=1, 2, 3, \cdots)$$

로 정의될 때, $\displaystyle\sum_{k=1}^{45} a_k$의 값은? [4점]

① 40　　　　② 35　　　　③ 30

④ 25　　　　⑤ 20

19 2741

각 항이 양수인 수열 $\{a_n\}$의 첫째항부터 제n항까지의 합을 S_n이라 할 때,

$$S_{n+1} + S_n = a_{n+1}{}^2 \quad (n=1, 2, 3, \cdots)$$

이 성립한다. $a_1 = 3$일 때, a_{50}의 값은? [4점]

① 50　　　　② 51　　　　③ 52

④ 53　　　　⑤ 54

20 2742

수열 $\{a_n\}$이 모든 자연수 n에 대하여

$$a_n = \begin{cases} \log_8 n & (\log_8 n \text{은 유리수}) \\ 0 & (\log_8 n \text{은 무리수}) \end{cases}$$

으로 정의될 때, $\displaystyle\sum_{k=1}^{n} a_k = 12$를 만족시키는 자연수 n의 최댓값은? [4.5점]

① 255　　　　② 348　　　　③ 498

④ 511　　　　⑤ 1024

21 2743

어느 부부 동반 모임에 참석한 사람들은 서로 악수를 할 때 다음 규칙을 모두 따른다고 한다.

㈎ 부부끼리는 서로 악수하지 않는다.

㈏ 부부가 아닌 사람끼리는 반드시 악수한다.

---

n쌍의 부부가 모인 모임에서 이루어진 악수의 전체 횟수를 a_n이라 하자. 모든 자연수 n에 대하여 a_n과 a_{n+1} 사이의 관계식이 $a_{n+1} = a_n + f(n)$일 때, $f(3)$의 값은? [4.5점]

① 11　　　　② 12　　　　③ 13

④ 14　　　　⑤ 15

22 2744

수열 $\{a_n\}$이

$$a_1=10,\ a_{n+1}=a_n+5-4n\ (n=1,\ 2,\ 3,\ \cdots)$$

으로 정의될 때, a_9의 값을 구하는 과정을 서술하시오. [6점]

23 2745

수열 $\{a_n\}$은 $a_1=2$이고, 모든 자연수 n에 대하여

$$a_{n+1}=\begin{cases} 6-\dfrac{4}{a_n} & (a_n\text{이 정수인 경우}) \\ -\dfrac{15}{8}a_n+\dfrac{51}{4} & (a_n\text{이 정수가 아닌 경우}) \end{cases}$$

을 만족시킬 때, 100 이하의 자연수 k에 대하여 a_k의 값이 정수가 되는 모든 자연수 k의 값의 합을 구하는 과정을 서술하시오. [7점]

24 2746

모든 자연수 n에 대하여 등식

$$\frac{1}{2!}+\frac{2}{3!}+\frac{3}{4!}+\cdots+\frac{n}{(n+1)!}=1-\frac{1}{(n+1)!}$$

이 성립함을 수학적 귀납법으로 증명하는 과정을 서술하시오. (단, $n!=n\times(n-1)\times(n-2)\times\cdots\times2\times1$) [7점]

25 2747

농도가 10 %인 소금물 100 g이 들어 있는 그릇이 있다. 이 그릇에서 소금물 40 g을 덜어 낸 다음 농도가 8 %인 소금물 40 g을 다시 넣는 시행을 반복할 때, n회 시행 후 이 그릇에 담긴 소금물의 농도를 a_n %라 하자.

$$a_{n+1}=pa_n+q\ (n=1,\ 2,\ 3,\ \cdots)$$

가 성립할 때, 상수 p, q에 대하여 a_1의 값과 $p+q$의 값을 구하는 과정을 서술하시오. [8점]

꿈을 이루지 못한 사람들은

"나는 재능이 없었어"라고 말한다.

꿈을 이루지 못한 이유가 재능이 없었다는 것이라면

꿈을 이룬 사람들은 모두

"재능이 있었다"라고 대답하는 것이 맞겠지만

성공한 사람 중에 그런 대답을 한 사람은 한 명도 없다.

꿈을 이룬 사람들은

"정말로 하고 싶었던 일을 열정을 가지고 계속했을 뿐이다"

라고 말한다.

−기타가와 야스시−

수	0	1	2	3	4	5	6	7	8	9
1.0	.0000	.0043	.0086	.0128	.0170	.0212	.0253	.0294	.0334	.0374
1.1	.0414	.0453	.0492	.0531	.0569	.0607	.0645	.0682	.0719	.0755
1.2	.0792	.0828	.0864	.0899	.0934	.0969	.1004	.1038	.1072	.1106
1.3	.1139	.1173	.1206	.1239	.1271	.1303	.1335	.1367	.1399	.1430
1.4	.1461	.1492	.1523	.1553	.1584	.1614	.1644	.1673	.1703	.1732
1.5	.1761	.1790	.1818	.1847	.1875	.1903	.1931	.1959	.1987	.2014
1.6	.2041	.2068	.2095	.2122	.2148	.2175	.2201	.2227	.2253	.2279
1.7	.2304	.2330	.2355	.2380	.2405	.2430	.2455	.2480	.2504	.2529
1.8	.2553	.2577	.2601	.2625	.2648	.2672	.2695	.2718	.2742	.2765
1.9	.2788	.2810	.2833	.2856	.2878	.2900	.2923	.2945	.2967	.2989
2.0	.3010	.3032	.3054	.3075	.3096	.3118	.3139	.3160	.3181	.3201
2.1	.3222	.3243	.3263	.3284	.3304	.3324	.3345	.3365	.3385	.3404
2.2	.3424	.3444	.3464	.3483	.3502	.3522	.3541	.3560	.3579	.3598
2.3	.3617	.3636	.3655	.3674	.3692	.3711	.3729	.3747	.3766	.3784
2.4	.3802	.3820	.3838	.3856	.3874	.3892	.3909	.3927	.3945	.3962
2.5	.3979	.3997	.4014	.4031	.4048	.4065	.4082	.4099	.4116	.4133
2.6	.4150	.4166	.4183	.4200	.4216	.4232	.4249	.4265	.4281	.4298
2.7	.4314	.4330	.4346	.4362	.4378	.4393	.4409	.4425	.4440	.4456
2.8	.4472	.4487	.4502	.4518	.4533	.4548	.4564	.4579	.4594	.4609
2.9	.4624	.4639	.4654	.4669	.4683	.4698	.4713	.4728	.4742	.4757
3.0	.4771	.4786	.4800	.4814	.4829	.4843	.4857	.4871	.4886	.4900
3.1	.4914	.4928	.4942	.4955	.4969	.4983	.4997	.5011	.5024	.5038
3.2	.5051	.5065	.5079	.5092	.5105	.5119	.5132	.5145	.5159	.5172
3.3	.5185	.5198	.5211	.5224	.5237	.5250	.5263	.5276	.5289	.5302
3.4	.5315	.5328	.5340	.5353	.5366	.5378	.5391	.5403	.5416	.5428
3.5	.5441	.5453	.5465	.5478	.5490	.5502	.5514	.5527	.5539	.5551
3.6	.5563	.5575	.5587	.5599	.5611	.5623	.5635	.5647	.5658	.5670
3.7	.5682	.5694	.5705	.5717	.5729	.5740	.5752	.5763	.5775	.5786
3.8	.5798	.5809	.5821	.5832	.5843	.5855	.5866	.5877	.5888	.5899
3.9	.5911	.5922	.5933	.5944	.5955	.5966	.5977	.5988	.5999	.6010
4.0	.6021	.6031	.6042	.6053	.6064	.6075	.6085	.6096	.6107	.6117
4.1	.6128	.6138	.6149	.6160	.6170	.6180	.6191	.6201	.6212	.6222
4.2	.6232	.6243	.6253	.6263	.6274	.6284	.6294	.6304	.6314	.6325
4.3	.6335	.6345	.6355	.6365	.6375	.6385	.6395	.6405	.6415	.6425
4.4	.6435	.6444	.6454	.6464	.6474	.6484	.6493	.6503	.6513	.6522
4.5	.6532	.6542	.6551	.6561	.6571	.6580	.6590	.6599	.6609	.6618
4.6	.6628	.6637	.6646	.6656	.6665	.6675	.6684	.6693	.6702	.6712
4.7	.6721	.6730	.6739	.6749	.6758	.6767	.6776	.6785	.6794	.6803
4.8	.6812	.6821	.6830	.6839	.6848	.6857	.6866	.6875	.6884	.6893
4.9	.6902	.6911	.6920	.6928	.6937	.6946	.6955	.6964	.6972	.6981
5.0	.6990	.6998	.7007	.7016	.7024	.7033	.7042	.7050	.7059	.7067
5.1	.7076	.7084	.7093	.7101	.7110	.7118	.7126	.7135	.7143	.7152
5.2	.7160	.7168	.7177	.7185	.7193	.7202	.7210	.7218	.7226	.7235
5.3	.7243	.7251	.7259	.7267	.7275	.7284	.7292	.7300	.7308	.7316
5.4	.7324	.7332	.7340	.7348	.7356	.7364	.7372	.7380	.7388	.7396

수	0	1	2	3	4	5	6	7	8	9
5.5	.7404	.7412	.7419	.7427	.7435	.7443	.7451	.7459	.7466	.7474
5.6	.7482	.7490	.7497	.7505	.7513	.7520	.7528	.7536	.7543	.7551
5.7	.7559	.7566	.7574	.7582	.7589	.7597	.7604	.7612	.7619	.7627
5.8	.7634	.7642	.7649	.7657	.7664	.7672	.7679	.7686	.7694	.7701
5.9	.7709	.7716	.7723	.7731	.7738	.7745	.7752	.7760	.7767	.7774
6.0	.7782	.7789	.7796	.7803	.7810	.7818	.7825	.7832	.7839	.7846
6.1	.7853	.7860	.7868	.7875	.7882	.7889	.7896	.7903	.7910	.7917
6.2	.7924	.7931	.7938	.7945	.7952	.7959	.7966	.7973	.7980	.7987
6.3	.7993	.8000	.8007	.8014	.8021	.8028	.8035	.8041	.8048	.8055
6.4	.8062	.8069	.8075	.8082	.8089	.8096	.8102	.8109	.8116	.8122
6.5	.8129	.8136	.8142	.8149	.8156	.8162	.8169	.8176	.8182	.8189
6.6	.8195	.8202	.8209	.8215	.8222	.8228	.8235	.8241	.8248	.8254
6.7	.8261	.8267	.8274	.8280	.8287	.8293	.8299	.8306	.8312	.8319
6.8	.8325	.8331	.8338	.8344	.8351	.8357	.8363	.8370	.8376	.8382
6.9	.8388	.8395	.8401	.8407	.8414	.8420	.8426	.8432	.8439	.8445
7.0	.8451	.8457	.8463	.8470	.8476	.8482	.8488	.8494	.8500	.8506
7.1	.8513	.8519	.8525	.8531	.8537	.8543	.8549	.8555	.8561	.8567
7.2	.8573	.8579	.8585	.8591	.8597	.8603	.8609	.8615	.8621	.8627
7.3	.8633	.8639	.8645	.8651	.8657	.8663	.8669	.8675	.8681	.8686
7.4	.8692	.8698	.8704	.8710	.8716	.8722	.8727	.8733	.8739	.8745
7.5	.8751	.8756	.8762	.8768	.8774	.8779	.8785	.8791	.8797	.8802
7.6	.8808	.8814	.8820	.8825	.8831	.8837	.8842	.8848	.8854	.8859
7.7	.8865	.8871	.8876	.8882	.8887	.8893	.8899	.8904	.8910	.8915
7.8	.8921	.8927	.8932	.8938	.8943	.8949	.8954	.8960	.8965	.8971
7.9	.8976	.8982	.8987	.8993	.8998	.9004	.9009	.9015	.9020	.9025
8.0	.9031	.9036	.9042	.9047	.9053	.9058	.9063	.9069	.9074	.9079
8.1	.9085	.9090	.9096	.9101	.9106	.9112	.9117	.9122	.9128	.9133
8.2	.9138	.9143	.9149	.9154	.9159	.9165	.9170	.9175	.9180	.9186
8.3	.9191	.9196	.9201	.9206	.9212	.9217	.9222	.9227	.9232	.9238
8.4	.9243	.9248	.9253	.9258	.9263	.9269	.9274	.9279	.9284	.9289
8.5	.9294	.9299	.9304	.9309	.9315	.9320	.9325	.9330	.9335	.9340
8.6	.9345	.9350	.9355	.9360	.9365	.9370	.9375	.9380	.9385	.9390
8.7	.9395	.9400	.9405	.9410	.9415	.9420	.9425	.9430	.9435	.9440
8.8	.9445	.9450	.9455	.9460	.9465	.9469	.9474	.9479	.9484	.9489
8.9	.9494	.9499	.9504	.9509	.9513	.9518	.9523	.9528	.9533	.9538
9.0	.9542	.9547	.9552	.9557	.9562	.9566	.9571	.9576	.9581	.9586
9.1	.9590	.9595	.9600	.9605	.9609	.9614	.9619	.9624	.9628	.9633
9.2	.9638	.9643	.9647	.9652	.9657	.9661	.9666	.9671	.9675	.9680
9.3	.9685	.9689	.9694	.9699	.9703	.9708	.9713	.9717	.9722	.9727
9.4	.9731	.9736	.9741	.9745	.9750	.9754	.9759	.9763	.9768	.9773
9.5	.9777	.9782	.9786	.9791	.9795	.9800	.9805	.9809	.9814	.9818
9.6	.9823	.9827	.9832	.9836	.9841	.9845	.9850	.9854	.9859	.9863
9.7	.9868	.9872	.9877	.9881	.9886	.9890	.9894	.9899	.9903	.9908
9.8	.9912	.9917	.9921	.9926	.9930	.9934	.9939	.9943	.9948	.9952
9.9	.9956	.9961	.9965	.9969	.9974	.9978	.9983	.9987	.9991	.9996

각	sin	cos	tan	각	sin	cos	tan
0°	0.0000	1.0000	0.0000	45°	0.7071	0.7071	1.0000
1°	0.0175	0.9998	0.0175	46°	0.7193	0.6947	1.0355
2°	0.0349	0.9994	0.0349	47°	0.7314	0.6820	1.0724
3°	0.0523	0.9986	0.0524	48°	0.7431	0.6691	1.1106
4°	0.0698	0.9976	0.0699	49°	0.7547	0.6561	1.1504
5°	0.0872	0.9962	0.0875	50°	0.7660	0.6428	1.1918
6°	0.1045	0.9945	0.1051	51°	0.7771	0.6293	1.2349
7°	0.1219	0.9925	0.1228	52°	0.7880	0.6157	1.2799
8°	0.1392	0.9903	0.1405	53°	0.7986	0.6018	1.3270
9°	0.1564	0.9877	0.1584	54°	0.8090	0.5878	1.3764
10°	0.1736	0.9848	0.1763	55°	0.8192	0.5736	1.4281
11°	0.1908	0.9816	0.1944	56°	0.8290	0.5592	1.4826
12°	0.2079	0.9781	0.2126	57°	0.8387	0.5446	1.5399
13°	0.2250	0.9744	0.2309	58°	0.8480	0.5299	1.6003
14°	0.2419	0.9703	0.2493	59°	0.8572	0.5150	1.6643
15°	0.2588	0.9659	0.2679	60°	0.8660	0.5000	1.7321
16°	0.2756	0.9613	0.2867	61°	0.8746	0.4848	1.8040
17°	0.2924	0.9563	0.3057	62°	0.8829	0.4695	1.8807
18°	0.3090	0.9511	0.3249	63°	0.8910	0.4540	1.9626
19°	0.3256	0.9455	0.3443	64°	0.8988	0.4384	2.0503
20°	0.3420	0.9397	0.3640	65°	0.9063	0.4226	2.1445
21°	0.3584	0.9336	0.3839	66°	0.9135	0.4067	2.2460
22°	0.3746	0.9272	0.4040	67°	0.9205	0.3907	2.3559
23°	0.3907	0.9205	0.4245	68°	0.9272	0.3746	2.4751
24°	0.4067	0.9135	0.4452	69°	0.9336	0.3584	2.6051
25°	0.4226	0.9063	0.4663	70°	0.9397	0.3420	2.7475
26°	0.4384	0.8988	0.4877	71°	0.9455	0.3256	2.9042
27°	0.4540	0.8910	0.5095	72°	0.9511	0.3090	3.0777
28°	0.4695	0.8829	0.5317	73°	0.9563	0.2924	3.2709
29°	0.4848	0.8746	0.5543	74°	0.9613	0.2756	3.4874
30°	0.5000	0.8660	0.5774	75°	0.9659	0.2588	3.7321
31°	0.5150	0.8572	0.6009	76°	0.9703	0.2419	4.0108
32°	0.5299	0.8480	0.6249	77°	0.9744	0.2250	4.3315
33°	0.5446	0.8387	0.6494	78°	0.9781	0.2079	4.7046
34°	0.5592	0.8290	0.6745	79°	0.9816	0.1908	5.1446
35°	0.5736	0.8192	0.7002	80°	0.9848	0.1736	5.6713
36°	0.5878	0.8090	0.7265	81°	0.9877	0.1564	6.3138
37°	0.6018	0.7986	0.7536	82°	0.9903	0.1392	7.1154
38°	0.6157	0.7880	0.7813	83°	0.9925	0.1219	8.1443
39°	0.6293	0.7771	0.8098	84°	0.9945	0.1045	9.5144
40°	0.6428	0.7660	0.8391	85°	0.9962	0.0872	11.4301
41°	0.6561	0.7547	0.8693	86°	0.9976	0.0698	14.3007
42°	0.6691	0.7431	0.9004	87°	0.9986	0.0523	19.0811
43°	0.6820	0.7314	0.9325	88°	0.9994	0.0349	28.6363
44°	0.6947	0.7193	0.9657	89°	0.9998	0.0175	57.2900
45°	0.7071	0.7071	1.0000	90°	1.0000	0.0000	

MEMO

동아출판

과학 고수들의 필독서

HIGH TOP

#2015 개정 교육과정
#믿고 보는 과학 개념서
#통합과학
#물리학 #화학 #생명과학 #지구과학
#과학 #잘하고싶다 #중요 #개념 #열공
#포기하지마 #엄지척 #화이팅

01	02	03
기초부터 심화까지 자세하고 빈틈 없는 개념 설명	풍부한 그림 자료, 수준 높은 문제 수록	새 교육과정을 완벽 반영한 깊이 있는 내용

중학교 1~3학년 / **고등학교** 통합과학 / 물리학 Ⅰ, Ⅱ / 화학 Ⅰ, Ⅱ / 생명과학 Ⅰ, Ⅱ / 지구과학 Ⅰ, Ⅱ

수학 I

내신과 등업을 위한 강력한 한 권!

수매씽 시리즈

중등　1~3학년 1·2학기

고등　수학(상), 수학(하), 수학 I, 수학 II,
　　　확률과 통계, 미적분

동아출판

📞 Telephone 1644-0600
🏠 Homepage www.bookdonga.com
✉ Address 서울시 영등포구 은행로 30 (우 07242)

• 정답 및 풀이는 동아출판 홈페이지 내 학습자료실에서 내려받을 수 있습니다.

• 교재에서 발견된 오류는 동아출판 홈페이지 내 정오표에서 확인 가능하며, 잘못 만들어진 책은 구입처에서 교환해 드립니다.

• 학습 상담, 제안 사항, 오류 신고 등 어떠한 이야기라도 들려주세요.

수
매씽

MATHING

수학 I

정답 및 풀이

동아출판

등업을 위한 강력한 한 권!

0 학습자 중심의 친절한 해설

- 대표문제 분석 및 단계별 풀이
- 내신 고득점 대비를 위한 Plus 문제 추가 제공
- 서술형 문항 정복을 위한 실제 답안 예시 / 오답 분석
- 다른 풀이, 개념 Check, 실수 Check 등 맞춤 정보 제시

0 수매씽 빠른 정답 안내

QR 코드를 찍으면 정답 및 풀이를 쉽고 빠르게 확인할 수 있습니다.

수학 I
정답 및 풀이

I. 지수함수와 로그함수

01 지수

본책 8쪽~49쪽

0001 (1) $\pm i$ (2) $\pm\sqrt{5}$ (3) -2 또는 $1\pm\sqrt{3}i$ (4) ± 3 또는 $\pm 3i$

0002 (1) ◯ (2) × (3) ×   **0003** -1

0004 (1) × (2) × (3) ◯ (4) ×

0005 (1) 3 (2) 0.2 (3) $-\dfrac{1}{2}$ (4) $\dfrac{1}{5}$

0006 (1) 2 (2) 2 (3) 9 (4) 2   **0007** (1) 7 (2) 5

0008 5   **0009** (1) 1 (2) $\dfrac{1}{81}$ (3) $\dfrac{9}{4}$

0010 (1) ◯ (2) × (3) × (4) ◯

0011 25   **0012** 2   **0013** ②   **0014** ④   **0015** ③

0016 ②   **0017** ⑤   **0018** 11   **0019** ①   **0020** ⑤

0021 ④   **0022** ④   **0023** ⑤   **0024** ②   **0025** 3

0026 ④   **0027** ④   **0028** 3   **0029** ④   **0030** ④

0031 ⑤   **0032** ③   **0033** ⑤   **0034** ④   **0035** 24

0036 ①   **0037** ③   **0038** ④   **0039** $\dfrac{10}{3}$ **0040** ①

0041 ①   **0042** ④   **0043** ④   **0044** ②   **0045** 25

0046 ③   **0047** ⑤   **0048** ⑤   **0049** ④   **0050** ②

0051 ②   **0052** ⑤   **0053** ①   **0054** ③   **0055** 11

0056 ④   **0057** ⑤   **0058** ⑤   **0059** ③   **0060** 9

0061 ①   **0062** ①   **0063** ④   **0064** ⑤   **0065** ①

0066 ⑤   **0067** ①   **0068** ③   **0069** ③   **0070** $\dfrac{5}{4}$

0071 ②   **0072** 12   **0073** ⑤   **0074** ①   **0075** ④

0076 ①   **0077** 1   **0078** ⑤   **0079** ③   **0080** ④

0081 ⑤   **0082** ⑤   **0083** ②   **0084** 13   **0085** ⑤

0086 ④   **0087** 22   **0088** ②   **0089** ④   **0090** ④

0091 ①   **0092** ④   **0093** ④   **0094** 29   **0095** ③

0096 ⑤   **0097** ⑤   **0098** ①   **0099** ③   **0100** ③

0101 ⑤   **0102** 40   **0103** ①   **0104** ⑤   **0105** 12

0106 ③   **0107** ⑤   **0108** ②   **0109** ①   **0110** ①

0111 ④   **0112** 47   **0113** ③   **0114** ①   **0115** ②

0116 ④   **0117** ①   **0118** 6   **0119** ④   **0120** ④

0121 ②   **0122** ③   **0123** ④   **0124** ④   **0125** ④

0126 ⑤   **0127** 5   **0128** ②   **0129** ⑤   **0130** ③

0131 12   **0132** ④   **0133** ⑤   **0134** ②   **0135** ②

0136 ④   **0137** ③   **0138** ②   **0139** 5   **0140** ②

0141 ③   **0142** 9   **0143** ④   **0144** ①   **0145** ④

0146 $\dfrac{2}{3}$ **0147** ①   **0148** ④   **0149** ④   **0150** ④

0151 ⑤   **0152** ④   **0153** ④   **0154** ①   **0155** ④

0156 125   **0157** 0   **0158** 30   **0159** ③   **0160** ⑤

0161 ③   **0162** ④   **0163** 2   **0164** ①   **0165** ⑤

0166 10   **0167** 9   **0168** ③   **0169** ③

0170 256마리   **0171** ⑤   **0172** ③   **0173** ③

0174 (1) $\dfrac{1}{6}$ (2) $\dfrac{1}{3}$ (3) $\dfrac{2}{3}$ (4) $\dfrac{2}{3}$ (5) $\dfrac{7}{6}$ **0175** 1

0176 $\dfrac{5}{2}$ **0177** 17

0178 (1) $-\dfrac{18}{n}$ (2) $3^{-\frac{18}{n}}$ (3) $-\dfrac{18}{n}$ (4) -9 (5) -18 (6) 6

0179 -15 **0180** 11   **0181** 3

0182 (1) $k^{\frac{1}{c}}$ (2) $k^{\frac{1}{c}}$ (3) 27^5 (4) 3^3 (5) 6 (6) 6

0183 10   **0184** -2 **0185** 6   **0186** ②   **0187** ③

0188 ③   **0189** ①   **0190** ⑤   **0191** ①   **0192** ⑤

0193 ⑤   **0194** ②   **0195** ②   **0196** ②   **0197** ②

0198 ③   **0199** ⑤   **0200** ③   **0201** ④   **0202** ⑤

0203 ③   **0204** ④   **0205** ④   **0206** ②   **0207** 11

0208 125   **0209** 2   **0210** 3   **0211** ①   **0212** ②

0213 ③   **0214** ①   **0215** ①   **0216** ⑤   **0217** ②

0218 ④   **0219** ①   **0220** ①   **0221** ⑤   **0222** ③

0223 ④   **0224** ②   **0225** ⑤   **0226** ②   **0227** ⑤

0228 ①   **0229** ③   **0230** ④   **0231** ②   **0232** -4

0233 120년 후   **0234** 24   **0235** 32

0236 (1) $x>-2$ (2) $x<0$ 또는 $x>3$

(3) $1<x<2$ 또는 $x>2$

(4) $-2<x<-1$ 또는 $x>-1$

0237 (1) $x>2$ (2) $x>4$

0238 (1) 2 (2) -3 (3) $\dfrac{1}{2}$

0239 (1) 1 (2) 3 (3) $\dfrac{5}{2}$ **0240** (1) 1 (2) 1

0241 (1) $\dfrac{5}{3}$ (2) 5 **0242** (1) 0 (2) 3 (3) -1 (4) -3

0243 (1) 162 (2) 0.162 **0244** ④   **0245** ④

0246 2 **0247** ②   **0248** ④   **0249** ③   **0250** ④

0251 ⑤   **0252** 8 **0253** ③   **0254** ①   **0255** ②

0256 ③   **0257** 2 **0258** ④   **0259** ①   **0260** ②

0261 9 **0262** ②   **0263** ②   **0264** ①   **0265** ⑤

0266 ②   **0267** 56 **0268** 4 **0269** ③   **0270** 48

0271 ①   **0272** ②   **0273** ⑤   **0274** ②   **0275** ①

0276 8 **0277** ②   **0278** $-\dfrac{1}{3}$ **0279** ④   **0280** $\dfrac{1}{3}$

0281 ③   **0282** ③   **0283** ③   **0284** ⑤   **0285** ③

0286 ②   **0287** $-\dfrac{1}{2}$ **0288** ⑤   **0289** 81 **0290** ③

0291 ③   **0292** ①   **0293** ②   **0294** ④   **0295** 13

0296 ④   **0297** ④   **0298** ①

0299 (가) 유리수 (나) 2^m (다) 짝수   **0300** ⑤   **0301** ③

0302 ④   **0303** ④   **0304** ⑤   **0305** ⑤   **0306** 2

0307 ⑤   **0308** ①   **0309** ②   **0310** ①   **0311** ⑤

0312 $\dfrac{3m}{m+2n}$ **0313** ⑤   **0314** 1 **0315** ②

0316 ①   **0317** $\dfrac{2}{3}$ **0318** ①   **0319** ②   **0320** 17

0321 ③   **0322** ③   **0323** 2 **0324** ②   **0325** 81

0326 ②   **0327** ②   **0328** ⑤   **0329** ②   **0330** ③

0331 $C<A<B$ **0332** ④   **0333** ③   **0334** ③

0335 ②   **0336** ③   **0337** $\dfrac{9}{11}$ **0338** ④   **0339** 34

0340 ②   **0341** ②   **0342** ①   **0343** ②   **0344** ③

0345 ④   **0346** ⑤   **0347** 1.5643 **0348** ①

0349 ①   **0350** 123 **0351** ④   **0352** ④   **0353** ③

0354 ④   **0355** ①   **0356** ④   **0357** ④   **0358** ⑤

0359 ②   **0360** 300

0361 (가) : 0.85 (나) : 6.31 (다) : 6310000 **0362** ④

0363 ④   **0364** ④   **0365** 1 **0366** ②   **0367** ①

0368 ②   **0369** ③   **0370** ②   **0371** ②   **0372** ②

0373 ④   **0374** 2 **0375** ④   **0376** ②   **0377** 14

0378 ⑤   **0379** ④   **0380** ③   **0381** ⑤   **0382** ③

0383 ①   **0384** ④   **0385** 100 **0386** -1 **0387** ①

0388 ⑤   **0389** ①   **0390** ④   **0391** 4자리의 정수

0392 ③   **0393** ②   **0394** ②   **0395** ③   **0396** 3

0397 ④   **0398** ①

0399 1 **0400** ③   **0401** 40

0402 ①   **0403** ④   **0404** ③   **0405** ②   **0406** ④

0407 ⑤   **0408** ④   **0409** ②   **0410** ④   **0411** ⑤

0412 ②   **0413** 2010 **0414** ③   **0415** ③

0416 0.262배   **0417** ④

0418 (1) 6 (2) 3 (3) 10 (4) 6 (5) 10 (6) 8 (7) 9 (8) 24

0419 5 **0420** 4 **0421** 11

0422 (1) 10 (2) $\log 2$ (3) 1 (4) $2\log 2$ (5) 2 (6) $\dfrac{2a+b}{1-a}$

0423 $-\dfrac{5a}{2b}$ **0424** $\dfrac{3ab}{ab+1}$

0425 (1) 0 (2) 4 (3) 2 (4) 2 (5) Y (6) 2

0426 최댓값 : 2, 최솟값 : 0 **0427** 5 **0428** ②

0429 ④   **0430** ④   **0431** ③   **0432** ③   **0433** ①

0434 ③   **0435** ⑤   **0436** ⑤   **0437** ②   **0438** ④

0439 ④   **0440** ⑤   **0441** ①   **0442** ①   **0443** ⑤

0444 ④   **0445** ②   **0446** ②   **0447** ③   **0448** ③

0449 $\dfrac{2x}{x+y}$ **0450** $a=2.04$, $b=14$ **0451** 100

0452 8 **0453** ⑤   **0454** ⑤   **0455** ③   **0456** ④

0457 ②   **0458** ⑤   **0459** ②   **0460** ⑤   **0461** ②

0462 ①   **0463** ④   **0464** ③   **0465** ①   **0466** ⑤

0467 ②   **0468** ②   **0469** ④   **0470** ②   **0471** ②

0472 ④   **0473** ④   **0474** 3432 **0475** 10^6 **0476** 37

0477 16

03 지수함수

본책 104쪽~157쪽

0478 (1) $y=\left(\dfrac{1}{2}\right)^{x-3}-1$ (2) $y=-\left(\dfrac{1}{2}\right)^{x}$ (3) $y=2^{x}$

(4) $y=-2^{x}$

0479 (1)

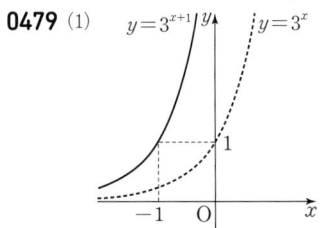

점근선의 방정식 : $y=0$

(2)

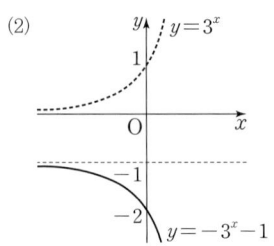

점근선의 방정식 : $y=-1$

0480 최댓값 : 3, 최솟값 : $\dfrac{1}{27}$

0481 2 **0482** (1) $x=-3$ (2) $x=3$ **0483** $x=0$

0484 (1) $x>6$ (2) $x\geq1$ **0485** $-2\leq x\leq-1$

0486 ① **0487** ④ **0488** ⑤ **0489** ② **0490** 6

0491 ④ **0492** ② **0493** ④ **0494** ④ **0495** 5

0496 ① **0497** ④ **0498** ④ **0499** ③ **0500** ⑤

0501 $-2<a<-1$ **0502** ⑤ **0503** 7 **0504** ②

0505 5 **0506** ② **0507** ① **0508** ① **0509** ②

0510 ⑤ **0511** ③ **0512** ① **0513** ④ **0514** ⑤

0515 ③ **0516** ② **0517** ③ **0518** 2 **0519** 6

0520 ③ **0521** ⑤ **0522** 16 **0523** ③ **0524** ③

0525 ④ **0526** ④ **0527** ⑤ **0528** ③ **0529** 4

0530 ① **0531** 60 **0532** ② **0533** 47 **0534** ①

0535 ② **0536** -2 **0537** ② **0538** ② **0539** 16

0540 ② **0541** ① **0542** ① **0543** ⑤ **0544** ⑤

0545 $\dfrac{2}{3}$ **0546** 6 **0547** ④ **0548** ① **0549** 16

0550 ② **0551** ② **0552** $\dfrac{1}{9}$ **0553** ④ **0554** ①

0555 ③ **0556** ① **0557** ④ **0558** ⑤ **0559** ⑤

0560 ⑤ **0561** ① **0562** ② **0563** ③ **0564** ④

0565 ② **0566** ② **0567** -3 **0568** 2 **0569** ③

0570 ⑤ **0571** ⑤ **0572** ② **0573** -2 **0574** ⑤

0575 ① **0576** ⑤ **0577** ① **0578** 5 **0579** ⑤

0580 ① **0581** ① **0582** ② **0583** ④ **0584** ④

0585 3 **0586** ③ **0587** ③ **0588** ② **0589** ③

0590 7 **0591** ④ **0592** ③ **0593** ① **0594** ⑤

0595 ① **0596** ⑤ **0597** -8 **0598** ④ **0599** ①

0600 19 **0601** ④ **0602** ④ **0603** ② **0604** ④

0605 ① **0606** ② **0607** ⑤ **0608** ② **0609** ③

0610 ① **0611** ① **0612** ② **0613** 4 **0614** ④

0615 ② **0616** ④ **0617** 3 **0618** 3 **0619** ④

0620 ⑤ **0621** ③ **0622** ④ **0623** 5 **0624** ①

0625 ① **0626** ① **0627** ① **0628** 3 **0629** 3

0630 ① **0631** ① **0632** ② **0633** ① **0634** ④

0635 ⑤ **0636** 10 **0637** ③ **0638** ④ **0639** ⑤

0640 ② **0641** ④ **0642** ③ **0643** 2 **0644** ④

0645 ⑤ **0646** ② **0647** ② **0648** 5 **0649** ④

0650 ① **0651** ⑤ **0652** 10 **0653** ③ **0654** ④

0655 ① **0656** ② **0657** 4 **0658** ③ **0659** ④

0660 ③ **0661** ④ **0662** ④ **0663** -1 **0664** ④

0665 ③ **0666** ① **0667** ⑤ **0668** ④ **0669** ②

0670 4 **0671** ② **0672** ② **0673** ③ **0674** ④

0675 ② **0676** 5 **0677** ④ **0678** 3 **0679** ④

0680 12 **0681** ④ **0682** ② **0683** ③ **0684** 1

0685 ④ **0686** 2 **0687** ④ **0688** 6 **0689** ②

0690 ① **0691** ② **0692** ④ **0693** ④ **0694** 3

0695 ① **0696** ④ **0697** ④ **0698** ③ **0699** ②

0700 4 **0701** ② **0702** ② **0703** ⑤ **0704** 5

0705 ② **0706** ⑤ **0707** ③ **0708** 32 **0709** ②

0710 ④ **0711** ②

0712 (1) 2 (2) 2 (3) $\dfrac{363}{4}$ (4) $\dfrac{363}{4}$ (5) 5 (6) 6 (7) 20

0713 1 **0714** $0<k<8$ **0715** -2

0716 (1) $\dfrac{a}{3}$ (2) 27 (3) $\dfrac{9}{a^2}$ (4) 1 (5) 27 (6) 1 (7) 28

0717 9 **0718** 14 **0719** 4

0720 (1) 6 (2) $6t$ (3) 3 (4) -3 (5) -2

0721 4 **0722** $a<1$ **0723** ③ **0724** ③ **0725** ④

0726 ② **0727** ③ **0728** ① **0729** ② **0730** ②

0731 ③ **0732** ④ **0733** ③ **0734** ② **0735** ②

0736 ② **0737** ③ **0738** ⑤ **0739** ② **0740** ③

0741 ① **0742** ⑤ **0743** ② **0744** 2 **0745** -2

0746 9 **0747** 2 **0748** ⑤ **0749** ① **0750** ④

0751 ⑤ **0752** ② **0753** ④ **0754** ③ **0755** ①

0756 ④ **0757** ③ **0758** ② **0759** ⑤ **0760** ③

0761 ⑤ **0762** ④ **0763** ① **0764** ① **0765** ②

0766 ② **0767** ④ **0768** ④ **0769** $x=1$

0770 $0<x<1$ 또는 $x>2$ **0771** $a\le1$

0772 $2<a<3$

04 로그함수　　　본책 162쪽~213쪽

0773 (1) $y=\log_{\frac{1}{5}}(x+4)+2$　(2) $y=-\log_{\frac{1}{5}}x$

(3) $y=\log_{\frac{1}{5}}(-x)$　(4) $y=-\log_{\frac{1}{5}}(-x)$

0774 (1)
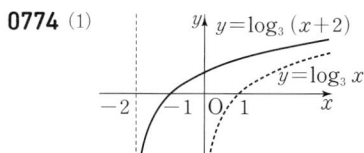

정의역 : $\{x\,|\,x>-2\}$

점근선의 방정식 : $x=-2$

(2) $y=\log_3(-x)+2$
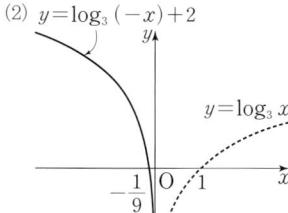

정의역 : $\{x\,|\,x<0\}$

점근선의 방정식 : $x=0$

0775 (1) 최댓값 : 4, 최솟값 : 2

(2) 최댓값 : -1, 최솟값 : -4

0776 최댓값 : 1, 최솟값 : 0

0777 (1) $x=25$　(2) $x=\dfrac{1}{4}$　(3) $x=3$

0778 $x=\dfrac{1}{8}$ 또는 $x=2$

0779 (1) $x>1$　(2) $2<x\le10$　(3) $0<x\le1$

0780 $\dfrac{1}{9}\le x\le3$ **0781** ④ **0782** 2 **0783** ②

0784 ⑤ **0785** ① **0786** ④ **0787** $\{x\,|\,-7<x<2\}$

0788 ② **0789** ④ **0790** ② **0791** -2 **0792** ⑤

0793 ③ **0794** ③ **0795** ⑤ **0796** 2 **0797** ⑤

0798 4 **0799** ② **0800** ① **0801** 9 **0802** ④

0803 ⑤ **0804** 64 **0805** ② **0806** -7 **0807** ⑤

0808 2 **0809** ③ **0810** 36 **0811** ① **0812** ⑤

0813 ① **0814** ① **0815** -1 **0816** 1 **0817** ②

0818 ⑤ **0819** ③ **0820** ② **0821** 11 **0822** ②

0823 ③ **0824** ③ **0825** 9 **0826** ② **0827** ②

0828 ③ **0829** $B<A<C$ **0830** ① **0831** ①

0832 ① **0833** ① **0834** ③ **0835** 25 **0836** ②

0837 ① **0838** 18 **0839** ① **0840** ① **0841** ⑤

0842 29 **0843** ① **0844** 5 **0845** ① **0846** 7

0847 ② **0848** ③ **0849** ① **0850** ⑤ **0851** ①

0852 ④ **0853** 30 **0854** ② **0855** ④ **0856** ②

0857 ④ **0858** ⑤ **0859** ⑤ **0860** ⑤ **0861** 20

0862 ② **0863** ④ **0864** ① **0865** ④ **0866** ④

0867 ② **0868** 26 **0869** ③ **0870** ② **0871** ②

0872 -2 **0873** ① **0874** ② **0875** ② **0876** ⑤

0877 ① **0878** ② **0879** 2 **0880** ⑤ **0881** ④

0882 최댓값 : 1, 최솟값 : -3 **0883** ④ **0884** ⑤

0885 ① **0886** ③ **0887** ⑤ **0888** ⑤ **0889** ①

0890 6 **0891** ④ **0892** ④ **0893** ② **0894** ④

0895 $x=3$ **0896** ③ **0897** $x=-2$ **0898** ③

0899 ③ **0900** 1 **0901** ① **0902** ① **0903** ⑤

0904 $-\dfrac{10}{3}$ **0905** ① **0906** 32 **0907** ③

0908 ④ **0909** 64 **0910** ① **0911** ⑤ **0912** ②

0913 ③ **0914** ② **0915** ③ **0916** $x=\dfrac{1}{20}$

0917 ① **0918** 10 **0919** ② **0920** $x=0$ 또는 $x=1$

0921 ⑤ **0922** ② **0923** ④ **0924** ③

0925 $\begin{cases} x=2+\sqrt{3} \\ y=2-\sqrt{3} \end{cases}$ 또는 $\begin{cases} x=2-\sqrt{3} \\ y=2+\sqrt{3} \end{cases}$ **0926** 6 **0927** ⑤

0928 ④ **0929** ① **0930** ④ **0931** 4, 16 **0932** ②

0933 ④ **0934** ② **0935** 11 **0936** ① **0937** ⑤

0938 ③   0939 ⑤   0940 ②   0941 ③   0942 15

0943 4   0944 ⑤   0945 ④   0946 ④   0947 240

0948 2   0949 ④   0950 ⑤   0951 12   0952 ①

0953 ②   0954 ①   0955 ④   0956 $1 \leq x \leq \sqrt{10}$

0957 ④   0958 4   0959 ①   0960 ①

0961 $-4 < x < -2$ 또는 $-2 < x \leq 0$ 0962 ④

0963 5   0964 ③   0965 ⑤   0966 ⑤

0967 $\dfrac{1}{4} < a < 8$ 0968 ⑤   0969 1   0970 5

0971 ④   0972 ④   0973 ③   0974 6   0975 ②

0976 ⑤   0977 10   0978 6   0979 30   0980 ②

0981 16   0982 ②   0983 ④

0984 (1) $\log_2 2$ (2) 3 (3) -8 (4) 5 (5) -3 (6) 32

0985 30   0986 18

0987 (1) 2 (2) 6 (3) 6 (4) 4 (5) 4 (6) 4 (7) 4 (8) 2

0988 2   0989 -2 0990 -3

0991 (1) -3 (2) 3 (3) 3 (4) -6 (5) -2 (6) -3 (7) -2

0992 $-5 < x \leq -3$ 0993 $-1 < x \leq 5$ 0994 $a > 1$

0995 ③   0996 ②   0997 ④   0998 ④   0999 ⑤

1000 ②   1001 ②   1002 ①   1003 ⑤   1004 ②

1005 ④   1006 ④   1007 ⑤   1008 ③   1009 ①

1010 ④   1011 ④   1012 ⑤   1013 ①   1014 ⑤

1015 ②   1016 -1 1017 $a > \dfrac{5}{4}$

1018 $\alpha = \dfrac{1}{4}$, $k = -3$ 1019 50   1020 ①   1021 ④

1022 ②   1023 ④   1024 ①   1025 ⑤   1026 ②

1027 ⑤   1028 ⑤   1029 ④   1030 ①   1031 ③

1032 ⑤   1033 ③   1034 ④   1035 ⑤   1036 ①

1037 ③   1038 ③   1039 ③   1040 ⑤   1041 4

1042 5   1043 256   1044 3, 4, 5

II. 삼각함수

05 삼각함수
본책 218쪽~265쪽

1045 (1) $360° \times n + 120°$ (2) $360° \times n + 305°$

1046 (1) $360° \times n + 70°$ (2) $360° \times n + 280°$

  (3) $360° \times n + 330°$ (4) $360° \times n + 120°$

1047 (1) $\dfrac{\pi}{6}$ (2) $-\dfrac{\pi}{3}$ (3) $\dfrac{3}{4}\pi$ (4) $-\dfrac{7}{6}\pi$

1048 (1) $45°$ (2) $108°$ (3) $-270°$ (4) $-420°$

1049 $l = 3\pi$, $S = 6\pi$ 1050 $\theta = \dfrac{3}{4}\pi$, $S = 24\pi$

1051 $\sin\theta = -\dfrac{12}{13}$, $\cos\theta = \dfrac{5}{13}$, $\tan\theta = -\dfrac{12}{5}$

1052 $\sin\theta = -\dfrac{\sqrt{3}}{2}$, $\cos\theta = -\dfrac{1}{2}$, $\tan\theta = \sqrt{3}$

1053 제2사분면 또는 제4사분면

1054 (1) $-\sin\theta$ (2) $-\cos\theta$ (3) $\tan\theta$

1055 $\cos\theta = -\dfrac{2\sqrt{2}}{3}$, $\tan\theta = -\dfrac{\sqrt{2}}{4}$ 1056 $\dfrac{1}{2}$

1057 $\dfrac{10}{13}$ 1058 ④   1059 0   1060 ③   1061 ④

1062 ④   1063 ⑤   1064 323   1065 ⑤   1066 ⑤

1067 ④   1068 ②   1069 ②   1070 60   1071 ②

1072 ②   1073 ⑤   1074 ④   1075 ②   1076 ①

1077 제1사분면, 제3사분면   1078 ③   1079 ④

1080 ⑤   1081 ④   1082 7   1083 ④   1084 ③

1085 ⑤   1086 ④   1087 ㄱ, ㄴ, ㅁ   1088 ⑤

1089 ③   1090 $\dfrac{\pi}{2}$ 1091 ④   1092 ④   1093 $\dfrac{4}{5}\pi$

1094 $\dfrac{\sqrt{2}}{2}$ 1095 ②   1096 ④   1097 ③   1098 ④

1099 ③   1100 5   1101 $\dfrac{9}{7}\pi$ 1102 ⑤   1103 ⑤

1104 ④   1105 ⑤   1106 ④   1107 5   1108 1

1109 ⑤   1110 ③   1111 ④   1112 ⑤   1113 ③

1114 ②   1115 ②   1116 ②   1117 $\dfrac{3}{4}\pi$ 1118 5

1119 ②   1120 ④   1121 ⑤   1122 ③   1123 ⑤

1124 ⑤   1125 ②   1126 ②   1127 4 cm   1128 ③

1129 ③   1130 $\dfrac{5}{4}\pi$ 1131 3   1132 ④   1133 56π

1134 ④　　1135 ④　　1136 ①　　1137 $\dfrac{4\sqrt{77}}{3}\pi$

1138 ②　　1139 ③　　1140 $M=\dfrac{25}{4},\ r=\dfrac{5}{2}$　　1141 ②

1142 ③　　1143 ④　　1144 ④　　1145 ⑤　　1146 ④

1147 $225\,\mathrm{m}^2$　　1148 ①　　1149 ①　　1150 ③

1151 ②　　1152 $\sqrt{14}$　　1153 ①　　1154 3　　1155 ③

1156 ③　　1157 32　　1158 ②　　1159 ⑤　　1160 ①

1161 ①　　1162 ④　　1163 ⑤　　1164 ①　　1165 $\dfrac{3}{4}$

1166 ⑤　　1167 ③　　1168 ③　　1169 ①　　1170 ⑤

1171 ①　　1172 $\dfrac{\sqrt{3}}{2}$　　1173 ①　　1174 ④

1175 제4사분면　　1176 ①　　1177 ⑤　　1178 ⑤

1179 ④　　1180 $2\tan\theta$　　1181 ①　　1182 ①

1183 ③　　1184 ⑤　　1185 ⑤

1186 제1사분면, 제3사분면　　1187 ⑤　　1188 ④

1189 1　　1190 ⑤　　1191 ⑤　　1192 ①　　1193 ③

1194 ⑤　　1195 1　　1196 ④　　1197 ④　　1198 ②

1199 -11　1200 $\dfrac{1}{2}$　　1201 ③　　1202 ④　　1203 $\dfrac{5}{7}$

1204 ①　　1205 ①　　1206 ①　　1207 ①　　1208 $-\dfrac{\sqrt{7}}{4}$

1209 ③　　1210 ⑤　　1211 ④　　1212 ③

1213 $-\dfrac{5\sqrt{3}}{9}$　　1214 ②　　1215 $\dfrac{274}{25}$　1216 ③

1217 ⑤　　1218 40　　1219 ⑤　　1220 ①　　1221 ③

1222 $-\dfrac{3}{2}$　1223 ③　　1224 $-\dfrac{\sqrt{3}}{2}$　　　1225 ③

1226 $\sqrt{2}$　　1227 $3x^2+8x+3=0$　1228 ①　　1229 ③

1230 (1) 2　(2) 2　(3) $\dfrac{5}{3}$　(4) $\dfrac{6}{5}\pi$　(5) 1　(6) $\dfrac{7}{6}$　(7) $\dfrac{3}{5}\pi$

　　(8) $\dfrac{9}{5}\pi$　(9) $\dfrac{18}{5}\pi$

1231 $\dfrac{\sqrt{3}}{2}$　1232 $\dfrac{\sqrt{3}}{2}$　1233 -1

1234 (1) $\dfrac{\pi}{4}$　(2) $\dfrac{\pi}{8}$　(3) a　(4) $\sqrt{2}$　(5) $\sqrt{2}$　(6) 3　(7) $8\sqrt{2}$

1235 $\dfrac{2}{3}$　　1236 $2\pi-4$　　　　1237 6

1238 (1) $\dfrac{\sqrt{3}}{3}$　(2) $\dfrac{1}{3}$　(3) $\dfrac{1}{3}$　(4) $-\dfrac{1}{3}$　(5) -1　(6) $-\dfrac{1}{3}$

　　(7) $\dfrac{5}{3}$　(8) $\dfrac{\sqrt{15}}{3}$

1239 $a=1,\ \sin^3\theta+\cos^3\theta=-\dfrac{\sqrt{2}}{2}$　1240 -18　1241 ④

1242 ④　　1243 ⑤　　1244 ⑤　　1245 ③　　1246 ②

1247 ④　　1248 ⑤　　1249 ④　　1250 ⑤　　1251 ④

1252 ②　　1253 ②　　1254 ④　　1255 ①　　1256 ①

1257 ③　　1258 ②　　1259 ④　　1260 ①　　1261 ①

1262 $\dfrac{2\sqrt{15}}{9}$　　1263 $\dfrac{2}{9}\pi$　1264 $-\dfrac{15}{4}$

1265 $-\dfrac{1}{3}$　1266 ④　　1267 ②　　1268 ②　　1269 ①

1270 ③　　1271 ②　　1272 ③　　1273 ④　　1274 ③

1275 ⑤　　1276 ④　　1277 ③　　1278 ①　　1279 ⑤

1280 ②　　1281 ③　　1282 ③　　1283 ③　　1284 ①

1285 ②　　1286 ③　　1287 $\dfrac{12}{11}\pi$　1288 $\dfrac{\sqrt{6}}{3}$　1289 $\dfrac{4}{3}$

1290 $-\dfrac{\sqrt{15}}{15}$

06 삼각함수의 그래프

본책 270쪽~327쪽

1291 (1) 치역 : $\{y \mid -2 \leq y \leq 2\}$, 주기 : 2π

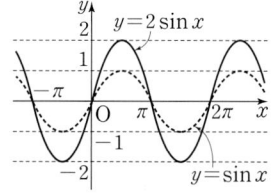

(2) 치역 : $\{y \mid -1 \leq y \leq 1\}$, 주기 : π

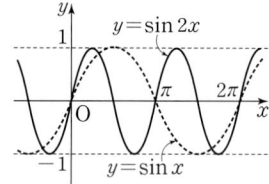

(3) 치역 : $\{y \mid -1 \leq y \leq 1\}$, 주기 : 4π

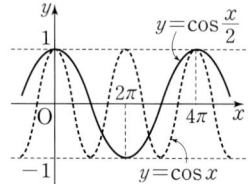

(4) 치역 : $\{y \mid -3 \leq y \leq 3\}$, 주기 : π

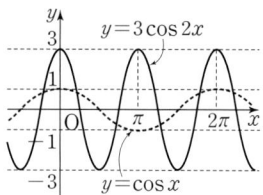

1292 (1) 최댓값 : 3, 최솟값 : -1, 주기 : $\dfrac{2}{3}\pi$

(2) 최댓값 : $-\dfrac{3}{2}$, 최솟값 : $-\dfrac{5}{2}$, 주기 : 4π

1293 (1) 주기 : π, 점근선의 방정식 : $x = n\pi + \dfrac{\pi}{2}$ (n은 정수)

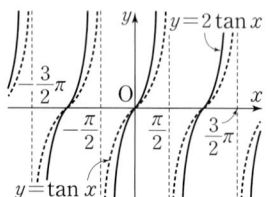

(2) 주기 : 2π, 점근선의 방정식 : $x = 2n\pi + \pi$ (n은 정수)

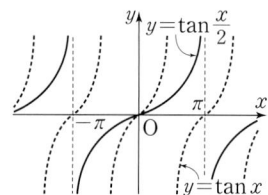

1294 최댓값, 최솟값은 없다., 주기 : $\dfrac{3}{2}\pi$

1295 (1) $\dfrac{\sqrt{3}}{2}$ (2) $-\dfrac{\sqrt{2}}{2}$ (3) $\sqrt{3}$ (4) $-\dfrac{1}{2}$ (5) $\dfrac{\sqrt{2}}{2}$ (6) $-\dfrac{\sqrt{3}}{3}$

1296 0.7986

1297 (1) $x = \dfrac{5}{4}\pi$ 또는 $x = \dfrac{7}{4}\pi$ (2) $x = \dfrac{\pi}{3}$ 또는 $x = \dfrac{4}{3}\pi$

1298 $x = \dfrac{\pi}{6}$ 또는 $x = \dfrac{11}{6}\pi$

1299 (1) $\dfrac{\pi}{6} \leq x \leq \dfrac{5}{6}\pi$ (2) $\dfrac{3}{4}\pi < x < \dfrac{5}{4}\pi$

1300 $\dfrac{\pi}{6} \leq x < \dfrac{\pi}{2}$ 또는 $\dfrac{7}{6}\pi \leq x < \dfrac{3}{2}\pi$

1301 3 **1302** 24 **1303** ⑤ **1304** ④

1305 $\{1, 4, 5, 7\}$ **1306** ② **1307** ④ **1308** ①

1309 ④ **1310** ⑤ **1311** ㄱ, ㄴ, ㄹ **1312** ③

1313 ③ **1314** ④ **1315** ⑤ **1316** ② **1317** ③

1318 ⑤ **1319** $A > B$ **1320** ③ **1321** ⑤

1322 ④ **1323** ② **1324** ③ **1325** 4 **1326** ④

1327 ③ **1328** ④ **1329** ④ **1330** 0 **1331** ⑤

1332 ③ **1333** -1 **1334** 4 **1335** ③ **1336** ③

1337 ③ **1338** ㄹ **1339** ④ **1340** ④ **1341** -9

1342 ① **1343** ⑤ **1344** 40 **1345** ② **1346** -12

1347 ② **1348** ⑤ **1349** ⑤ **1350** ④ **1351** ⑤

1352 ⑤ **1353** ㄴ, ㄷ **1354** ④ **1355** ⑤ **1356** ②

1357 3 **1358** ③ **1359** 4 **1360** ⑤ **1361** ①

1362 4 **1363** $-\dfrac{2}{3}$ **1364** ① **1365** $\dfrac{14}{3}\pi$ **1366** ①

1367 ① **1368** ⑤ **1369** ③ **1370** $4 + \pi$ **1371** ④

1372 14 **1373** ② **1374** ② **1375** $\dfrac{\sqrt{3}}{3}$ **1376** $\sqrt{3} + 3$

1377 ② **1378** ② **1379** ③ **1380** ④ **1381** ⑤

1382 ④ **1383** ⑤ **1384** ㄱ, ㄷ **1385** ② **1386** ③

1387 5 **1388** ③ **1389** ② **1390** 8 **1391** ④

1392 ⑤ **1393** $\sqrt{2}$ **1394** ③ **1395** 3 **1396** ②

1397 ③ **1398** ④ **1399** ④ **1400** ① **1401** 0

1402 ① **1403** ㄱ, ㄹ **1404** ⑤ **1405** ④ **1406** $-\dfrac{1}{20}$

1407 ④ **1408** ④ **1409** ⑤ **1410** ④ **1411** ①

1412 ③ **1413** ① **1414** 0 **1415** ③ **1416** ③

1417 ① **1418** ② **1419** $\dfrac{7}{2}$ **1420** $\dfrac{4}{5}$ **1421** 1

1422 ③ 1423 ③ 1424 ⑤ 1425 ② 1426 $\dfrac{\sqrt{5}}{2}$

1427 ① 1428 ④ 1429 ③ 1430 ④ 1431 ③

1432 4 1433 6 1434 ③ 1435 ① 1436 0

1437 ② 1438 ① 1439 ④ 1440 ⑤ 1441 ②

1442 -6π 1443 ② 1444 ① 1445 9 1446 ③

1447 ③ 1448 5 1449 ③ 1450 $\dfrac{1}{2}$ 1451 ⑤

1452 ④ 1453 ③ 1454 ⑤ 1455 2π 1456 ②

1457 ② 1458 ⑤ 1459 ① 1460 ③ 1461 $\dfrac{\sqrt{3}}{2}$

1462 -1 1463 ③ 1464 ② 1465 ② 1466 ①

1467 ① 1468 ③ 1469 $x=\dfrac{7}{6}\pi$ 또는 $x=\dfrac{11}{6}\pi$

1470 ① 1471 ③ 1472 $\dfrac{13}{12}\pi$ 1473 ② 1474 ③

1475 ③ 1476 $-\dfrac{\sqrt{3}}{2}$ 1477 ④ 1478 ⑤

1479 ⑤ 1480 $-\dfrac{1}{2}$ 1481 0 1482 ① 1483 ④

1484 $-\dfrac{\sqrt{3}}{2}$ 1485 ③ 1486 ① 1487 ①

1488 ⑤ 1489 $-\dfrac{1}{2}$ 1490 ① 1491 ③ 1492 12

1493 ② 1494 ④ 1495 ④ 1496 $-5\le k\le 3$

1497 ② 1498 ② 1499 -4 1500 2 1501 ①

1502 $\dfrac{2}{3}\pi$ 1503 ④ 1504 ① 1505 ③ 1506 ④

1507 ② 1508 2π 1509 8시간 1510 ④

1511 ③ 1512 ② 1513 ① 1514 ⑤ 1515 ⑤

1516 ⑤ 1517 ③ 1518 ⑤ 1519 ③ 1520 $a\ge 2$

1521 ② 1522 7 1523 ⑤ 1524 ④ 1525 ③

1526 ④ 1527 $0\le\theta<\dfrac{\pi}{6}$ 또는 $\dfrac{5}{6}\pi<\theta<2\pi$ 1528 ⑤

1529 ③ 1530 $-\dfrac{1}{2}$

1531 (1) 2 (2) -1 (3) 4π (4) 4π (5) $\dfrac{1}{2}$ (6) $\dfrac{1}{2}$ (7) $-\dfrac{1}{2}$

(8) $\dfrac{2}{3}\pi$ (9) $-\dfrac{2}{3}\pi$

1532 12 1533 $\sqrt{3}$ 1534 $\dfrac{13}{3}$

1535 (1) $\cos 2°$ (2) $\cos 44°$ (3) $\cos^2 1°$ (4) $\cos^2 2°$

(5) $\cos^2 44°$ (6) $\dfrac{\sqrt{2}}{2}$ (7) $\dfrac{1}{2}$ (8) $\dfrac{89}{2}$

1536 1 1537 -1 1538 $\dfrac{\sqrt{2}}{2}$

1539 (1) $\sin x$ (2) $2\sin x$ (3) $\dfrac{1}{2}$ (4) $\dfrac{1}{2}$ (5) 5 (6) $\dfrac{1}{2}$

(7) 5 (8) $\dfrac{1}{2}$ (9) $\dfrac{11}{2}$

1540 $\dfrac{9}{2}$ 1541 2 1542 -3 1543 ④ 1544 ③

1545 ③ 1546 ⑤ 1547 ⑤ 1548 ② 1549 ③

1550 ⑤ 1551 ⑤ 1552 ④ 1553 ④ 1554 ⑤

1555 ③ 1556 ⑤ 1557 ⑤ 1558 ④ 1559 ②

1560 ④ 1561 ⑤ 1562 ③ 1563 ②

1564 $-\dfrac{\sqrt{5}}{2}$ 1565 $\dfrac{\pi}{3}\le x\le\dfrac{5}{3}\pi$ 1566 $-\dfrac{3}{2}$

1567 5 1568 ⑤ 1569 ④ 1570 ② 1571 ④

1572 ③ 1573 ③ 1574 ② 1575 ① 1576 ②

1577 ① 1578 ③ 1579 ② 1580 ③ 1581 ④

1582 ③ 1583 ② 1584 ⑤ 1585 ③ 1586 ⑤

1587 ② 1588 ③ 1589 $\dfrac{1}{4}$

1590 $0<\theta<\dfrac{\pi}{6}$ 또는 $\dfrac{5}{6}\pi<\theta<\pi$ 1591 $-\dfrac{1}{2}$ 1592 $\dfrac{2}{3}\pi$

07 삼각함수의 활용   본책 332쪽~381쪽

1593 (1) $5\sqrt{2}$ (2) $45°$ 1594 3 1595 $\sqrt{7}$ 1596 $\dfrac{3}{4}$

1597 (1) $\dfrac{\sqrt{2}}{2}$ (2) $135°$ 1598 (1) $\dfrac{5}{7}$ (2) $\dfrac{2\sqrt{6}}{7}$ (3) $6\sqrt{6}$

1599 12 1600 $7\sqrt{2}$ 1601 ③ 1602 6.691 1603 $\sqrt{37}$

1604 ⑤ 1605 ① 1606 $12\sqrt{2}$ 1607 ④ 1608 ⑤

1609 ① 1610 ③ 1611 ③ 1612 ① 1613 $\dfrac{3}{4}$

1614 ② 1615 ④ 1616 $\dfrac{3}{2}$ 1617 ③ 1618 ④

1619 5 1620 ② 1621 ④ 1622 ② 1623 15

1624 2 1625 3 1626 ④ 1627 3 1628 ④

1629 ⑤ 1630 ⑤ 1631 ② 1632 ⑤ 1633 ①

1634 $2:3:3$ 1635 ② 1636 $4:4:3$

1637 7 1638 ⑤ 1639 ④ 1640 $b=c$인 이등변삼각형

1641 ③ 1642 ② 1643 ⑤ 1644 ④

1645 $A=90°$인 직각삼각형   **1646** ③   **1647** ③

1648 ③   **1649** $90\pi\ \text{cm}^3$ **1650** ①   **1651** 2

1652 ②   **1653** ④   **1654** 10 m   **1655** ⑤   **1656** ④

1657 ④   **1658** $\sqrt{31}$ **1659** ⑤   **1660** $3+\sqrt{3}$

1661 ②   **1662** 8   **1663** ③   **1664** 1   **1665** ④

1666 ①   **1667** ③   **1668** $\dfrac{7}{8}$ **1669** ④   **1670** $\dfrac{\sqrt{34}}{2}$

1671 ⑤   **1672** ④   **1673** 4   **1674** ②   **1675** 3

1676 ⑤   **1677** ②   **1678** 25   **1679** ③   **1680** 3

1681 0   **1682** $-\dfrac{1}{4}$ **1683** ②   **1684** ①   **1685** ⑤

1686 45°   **1687** ③   **1688** ②   **1689** ②   **1690** ④

1691 ③   **1692** ③   **1693** 150°   **1694** ③   **1695** ②

1696 ④   **1697** ③   **1698** ②   **1699** ⑤

1700 $A=90°$인 직각삼각형   **1701** ②   **1702** ①

1703 $a=b$인 이등변삼각형   **1704** $1:2:3$

1705 ③   **1706** ⑤   **1707** $6\sqrt{7}$ km   **1708** ④

1709 70 m   **1710** ⑤   **1711** ⑤   **1712** ⑤   **1713** ③

1714 $2\sqrt{3}$ m   **1715** ②   **1716** ②   **1717** ②

1718 ⑤   **1719** ④   **1720** ②   **1721** ①   **1722** ③

1723 5   **1724** ②   **1725** $\dfrac{2}{5}$ **1726** $\dfrac{1}{3}$ **1727** 10

1728 ③   **1729** ①   **1730** ②   **1731** ②   **1732** ④

1733 ④   **1734** ③   **1735** $9\sqrt{3}$ **1736** $25(3+\sqrt{3})$

1737 ②   **1738** ③   **1739** ⑤   **1740** ②   **1741** ①

1742 $r=\dfrac{2\sqrt{3}}{3},\ R=\dfrac{4\sqrt{3}}{3}$ **1743** ②   **1744** ④

1745 48   **1746** ②   **1747** ③   **1748** ④   **1749** $6\sqrt{105}$

1750 ⑤   **1751** 36   **1752** ③   **1753** $\dfrac{19\sqrt{6}}{24}$

1754 ⑤   **1755** ③   **1756** ③   **1757** 16   **1758** $9\sqrt{2}$

1759 ③   **1760** ⑤   **1761** ④   **1762** ⑤   **1763** $32\sqrt{3}$

1764 ③   **1765** $8+6\sqrt{3}$ **1766** ④

1767 $12\sqrt{3}+12$ **1768** ②   **1769** ⑤

1770 $4\sqrt{6}+8\sqrt{3}$ **1771** ④   **1772** ③   **1773** $\dfrac{39\sqrt{3}}{4}$

1774 ⑤   **1775** 8   **1776** ④   **1777** ②   **1778** ②

1779 ⑤   **1780** ②   **1781** 13   **1782** ②   **1783** 42

1784 ⑤   **1785** ④   **1786** $4\sqrt{3}$ **1787** ②   **1788** ⑤

1789 ④   **1790** $30\sqrt{3}$ **1791** ①   **1792** $20\sqrt{2}$ **1793** ④

1794 ②   **1795** ④   **1796** 52   **1797** ⑤   **1798** ③

1799 $\dfrac{11\sqrt{3}}{2}$

1800 (1) $\dfrac{k}{3}$ (2) $\dfrac{\sqrt{3}k}{6}$ (3) $\dfrac{k}{3}$ (4) $\sqrt{3}$ (5) 2   (6) $2m$ (7) $\sqrt{3}m$

     (8) $2m$ (9) $\dfrac{\sqrt{3}}{2}$

1801 $-\dfrac{\sqrt{3}}{9}$ **1802** $\dfrac{7}{5}$ **1803** $\dfrac{9}{2}$

1804 (1) 4   (2) 7   (3) 5   (4) $\dfrac{1}{5}$ (5) 4   (6) 16   (7) $\dfrac{1}{5}$ (8) 33

     (9) $\sqrt{33}$

1805 $\sqrt{23}$ **1806** $\sqrt{13}$ **1807** 3

1808 (1) $\dfrac{\sqrt{15}}{4}$ (2) 4   (3) $\dfrac{1}{4}$ (4) 64   (5) 8   (6) 8   (7) 4

     (8) 16   (9) 16   ⑩ $\dfrac{256}{15}\pi$

1809 $\dfrac{25}{4}\pi$ **1810** 13π **1811** $8(1+\sqrt{2})$ **1812** ⑤

1813 ④   **1814** ①   **1815** ①   **1816** ④   **1817** ②

1818 ②   **1819** ②   **1820** ①   **1821** ③   **1822** ②

1823 ③   **1824** ④   **1825** ④   **1826** ③   **1827** ④

1828 ②   **1829** ③   **1830** ⑤   **1831** ①   **1832** ①

1833 271.5 m   **1834** $4\sqrt{2}$ **1835** $\dfrac{16}{21}$

1836 $178\pi-42\sqrt{3}$ **1837** ③   **1838** ①   **1839** ④

1840 ③   **1841** ④   **1842** ④   **1843** ③   **1844** ③

1845 ③   **1846** ④   **1847** ⑤   **1848** ⑤   **1849** ②

1850 ④   **1851** ⑤   **1852** ②   **1853** ②   **1854** ②

1855 ③   **1856** ⑤   **1857** ④   **1858** $-1+\sqrt{34}$

1859 $15\sqrt{15}$ **1860** 6   **1861** $\dfrac{32\sqrt{2}}{7}$

III. 수열

08 등차수열 본책 386쪽~427쪽

1862 $\dfrac{5}{3}$, 1, $\dfrac{7}{9}$, $\dfrac{2}{3}$, $\dfrac{3}{5}$

1863 (1) $a_n=2n-1$ (2) $a_n=\dfrac{1}{n(n+1)}$ (3) $a_n=(-1)^n$

1864 $a_n=-2n+15$ **1865** -3 **1866** 275 **1867** 450

1868 $a_n=2n+1$ **1869** (1) $a_n=4n-5$ (2) 35

1870 ③ **1871** ③ **1872** ① **1873** ② **1874** 54

1875 ④ **1876** ③ **1877** ④ **1878** ① **1879** ④

1880 7 **1881** ② **1882** ③ **1883** ③ **1884** -2

1885 6 **1886** ① **1887** ② **1888** ③ **1889** ④

1890 ④ **1891** ⑤ **1892** ④ **1893** $a_n=4n-2$

1894 ③ **1895** $a_n=2(n-1)\log_3 2$ **1896** ④

1897 ① **1898** ③ **1899** 제12항 **1900** ③

1901 ② **1902** ⑤ **1903** ② **1904** 12 **1905** ④

1906 ② **1907** 제15항 **1908** ⑤ **1909** ④

1910 ② **1911** ④ **1912** 74 **1913** ③ **1914** ②

1915 ⑤ **1916** 25 **1917** ⑤ **1918** ⑤ **1919** 4

1920 60 **1921** ② **1922** ① **1923** ④ **1924** ③

1925 ⑤ **1926** 4 **1927** -5 **1928** ④ **1929** ④

1930 -9 **1931** ③ **1932** 12 **1933** ③ **1934** ⑤

1935 ② **1936** 45 **1937** ④ **1938** 54 **1939** ④

1940 $a_n=8n-44$ **1941** ③ **1942** ④ **1943** 1

1944 ⑤ **1945** ① **1946** ④ **1947** ④ **1948** ①

1949 420 **1950** ③ **1951** ④ **1952** ④ **1953** ⑤

1954 ② **1955** ④ **1956** ③ **1957** -22 **1958** ④

1959 15 **1960** ③ **1961** ⑤ **1962** ② **1963** ③

1964 ② **1965** ① **1966** ③ **1967** -300

1968 4 **1969** ④ **1970** ③ **1971** 12 **1972** ①

1973 ④ **1974** ① **1975** 5 **1976** ② **1977** ③

1978 ② **1979** 15 **1980** ③ **1981** ④ **1982** ④

1983 ③ **1984** 18 **1985** ⑤ **1986** ② **1987** 42

1988 ② **1989** ⑤ **1990** ⑤ **1991** ① **1992** 98550

1993 ⑤ **1994** ④ **1995** ④ **1996** 2421 **1997** ③

1998 ③ **1999** ③ **2000** 675 **2001** ④ **2002** ②

2003 315 **2004** ① **2005** ② **2006** 315 **2007** ②

2008 ④ **2009** $a_n=4n-3$ **2010** 5 **2011** ②

2012 ③ **2013** ④ **2014** ② **2015** -1 **2016** ③

2017 ② **2018** ②

2019 (1) $4d$ (2) $6d$ (3) $5d$ (4) $8d$ (5) 53 (6) -14 (7) 53 (8) -14 (9) 67

2020 $a_n=-3n+15$ **2021** 21

2022 (1) 55 (2) 59 (3) 59 (4) $4n$ (5) $\dfrac{59}{4}$ (6) 14 (7) 13 (8) 406

2023 -200 **2024** 459 **2025** -444

2026 (1) 5 (2) $2n$ (3) 3 (4) 3 (5) $4k$ (6) 10 (7) 10 (8) 41 (9) 230

2027 308 **2028** 19 **2029** 26 **2030** ② **2031** ⑤

2032 ④ **2033** ① **2034** ③ **2035** ③ **2036** ④

2037 ③ **2038** ② **2039** ⑤ **2040** ⑤ **2041** ②

2042 ③ **2043** ② **2044** ② **2045** ① **2046** ③

2047 ④ **2048** ③ **2049** ④ **2050** ④ **2051** 39

2052 (1) $-\dfrac{2}{5}$ (2) 121 **2053** 9 **2054** 40 **2055** ②

2056 ③ **2057** ④ **2058** ② **2059** ② **2060** ①

2061 ② **2062** ① **2063** ④ **2064** ③ **2065** ①

2066 ③ **2067** ⑤ **2068** ③ **2069** ③ **2070** ④

2071 ④ **2072** ③ **2073** ② **2074** ④ **2075** ②

2076 -4, 4, 12 **2077** 98

2078 (1) $a_n=-\dfrac{3}{2}n+14$ (2) 152 **2079** 55

09 등비수열

본책 431쪽~473쪽

2080 $-\dfrac{1}{3}$ **2081** (1) 8, 32 (2) -3, 81

2082 (1) $a_n=50\times\left(-\dfrac{1}{2}\right)^{n-1}$ (2) $a_n=-7\times4^{n-1}$

2083 -8 또는 8   **2084** $-\dfrac{1023}{256}$

2085 (1) -340 (2) 56   **2086** $a_n=2^{n-1}$

2087 (1) $a_1=1$, $a_n=2^n$ ($n\geq2$) (2) 16

2088 ③   **2089** ④   **2090** $a_n=-6\times(-2)^{n-1}$

2091 ②   **2092** ④   **2093** $\dfrac{16}{9}$ **2094** ⑤   **2095** 제8항

2096 ③   **2097** ⑤   **2098** ①   **2099** ③   **2100** ②

2101 ③   **2102** ⑤   **2103** ④   **2104** ②   **2105** 16

2106 제7항 **2107** ④   **2108** ⑤   **2109** 16   **2110** ④

2111 ②   **2112** 제7항 **2113** ①   **2114** ③   **2115** ③

2116 5   **2117** ⑤   **2118** ②   **2119** ③   **2120** 63

2121 ③   **2122** ②   **2123** ③   **2124** 25   **2125** ③

2126 64   **2127** ②   **2128** ④   **2129** ④   **2130** ②

2131 $-\dfrac{9}{4}$ **2132** ③   **2133** ⑤   **2134** 27   **2135** 12

2136 36   **2137** ①   **2138** ④   **2139** ⑤   **2140** 94

2141 ①   **2142** ④   **2143** ③   **2144** 1   **2145** ①

2146 ③   **2147** 정삼각형   **2148** ①   **2149** ①

2150 ②   **2151** 1, -2, 4   **2152** ②   **2153** ④

2154 288   **2155** ⑤   **2156** ①   **2157** ①

2158 $5\times\left(\dfrac{3}{7}\right)^6$ m   **2159** ④   **2160** 120건

2161 ⑤   **2162** ①   **2163** ④   **2164** $\dfrac{9}{2}$ **2165** ④

2166 ②   **2167** ③   **2168** ④   **2169** 63   **2170** ③

2171 ②   **2172** ③   **2173** 7   **2174** ④   **2175** ③

2176 257   **2177** 21   **2178** ④   **2179** ②   **2180** ③

2181 ④   **2182** 16   **2183** ②   **2184** ⑤   **2185** ④

2186 ②   **2187** 64   **2188** ①   **2189** ③

2190 제11항   **2191** ②   **2192** ①   **2193** ①

2194 9   **2195** ④   **2196** ②   **2197** 9207 **2198** 5

2199 ③   **2200** ⑤   **2201** ③   **2202** ⑤   **2203** 85

2204 ②   **2205** ②   **2206** ③   **2207** ③

2208 54 km   **2209** $\dfrac{9}{4}$배 **2210** ⑤   **2211** ③

2212 ④   **2213** $4\left\{1-\left(\dfrac{1}{2}\right)^9\right\}$ **2214** ⑤   **2215** ⑤

2216 ⑤   **2217** ②   **2218** $a_1=7$, $a_n=5\times6^{n-1}$ ($n\geq2$)

2219 ④   **2220** ①   **2221** ②   **2222** ⑤   **2223** ③

2224 ⑤   **2225** ⑤   **2226** 9   **2227** ②   **2228** ③

2229 ②   **2230** ④   **2231** 20   **2232** ①   **2233** ④

2234 진호 : 252만 원, 혜수 : 253만 원   **2235** ⑤

2236 ③   **2237** ④   **2238** ③   **2239** 2500만 원

2240 ⑤

2241 (1) 96 (2) 96 (3) $\dfrac{1}{16}$ (4) $\dfrac{1}{2}$ (5) 48 (6) $\left(\dfrac{1}{2}\right)^2$

     (7) 24 (8) $\left(\dfrac{1}{2}\right)^3$ (9) 12

2242 $a=12$, $b=36$, $c=108$ **2243** 5   **2244** 21

2245 (1) 14 (2) 6 (3) 14 (4) 28 (5) 8 (6) 2 (7) 2

     (8) $2n$ (9) 20

2246 52   **2247** 5   **2248** 1

2249 (1) r^6 (2) r^3 (3) -7 (4) -8 (5) -2 (6) 7

     (7) $(-2)^6$ (8) 448

2250 1024 **2251** 315   **2252** 255   **2253** ①   **2254** ④

2255 ④   **2256** ③   **2257** ③   **2258** ②   **2259** ①

2260 ②   **2261** ②   **2262** ②   **2263** ①   **2264** ②

2265 ④   **2266** ②   **2267** ②   **2268** ③   **2269** ③

2270 ④   **2271** ①   **2272** ②   **2273** ②   **2274** 28

2275 88500대   **2276** 26가지   **2277** $\dfrac{341}{64}$

2278 ③   **2279** ⑤   **2280** ③   **2281** ④   **2282** ③

2283 ⑤   **2284** ②   **2285** ④   **2286** ②   **2287** ④

2288 ③   **2289** ③   **2290** ④   **2291** ⑤   **2292** ②

2293 ④   **2294** ⑤   **2295** ④   **2296** ⑤   **2297** ①

2298 ④   **2299** 496   **2300** 8   **2301** 98만 원

2302 -2, 1, 4

2303 (1) $\sum\limits_{k=1}^{10} 2^k$ (2) $\sum\limits_{k=1}^{20} \dfrac{1}{k}$ (3) $\sum\limits_{k=1}^{11}(3k-1)$

2304 $9+11+13+15+17+19$ **2305** (1) 16   (2) 12

2306 (1) 12   (2) 8   **2307** (1) 230   (2) 480

2308 (1) 225   (2) 380   **2309** $\dfrac{5}{12}$

2310 (1) $\sqrt{n+1}-1$ (2) $\dfrac{1}{2}(3-\sqrt{2}+\sqrt{15})$

2311 ⑤   **2312** ⑤   **2313** 3   **2314** 1

2315 $\sqrt{x-1}+\sqrt{x-3}$ **2316** ①   **2317** ⑤   **2318** ③

2319 ㄷ   **2320** ⑤   **2321** ③   **2322** 98   **2323** ④

2324 ②   **2325** 304   **2326** ②   **2327** ④   **2328** ④

2329 ②   **2330** ③   **2331** ④   **2332** ①   **2333** 18

2334 100   **2335** ③   **2336** ③   **2337** ④   **2338** ③

2339 ⑤   **2340** 12   **2341** ③   **2342** ②   **2343** ②

2344 7   **2345** ③   **2346** ⑤   **2347** ④   **2348** ⑤

2349 $\dfrac{13}{2}$ **2350** ③   **2351** 61   **2352** 91   **2353** ②

2354 220   **2355** ④   **2356** ④   **2357** 266   **2358** ③

2359 ③   **2360** ③   **2361** ②   **2362** ④   **2363** ③

2364 -1 **2365** ①   **2366** -5 **2367** ③   **2368** 160

2369 ②   **2370** ④   **2371** ④   **2372** 502   **2373** ②

2374 89   **2375** 285   **2376** ③   **2377** ①   **2378** ②

2379 ②   **2380** ⑤   **2381** 220   **2382** ④   **2383** ③

2384 ①   **2385** 750   **2386** ③   **2387** ④   **2388** ⑤

2389 $\dfrac{n(n+1)(2n+1)}{6}$ **2390** ①   **2391** ②

2392 ④   **2393** 667   **2394** ②   **2395** ③   **2396** ③

2397 ③   **2398** ③   **2399** $\dfrac{49}{25}$ **2400** ③   **2401** ①

2402 ①   **2403** ①   **2404** ③   **2405** ⑤   **2406** ③

2407 11   **2408** ②   **2409** 25   **2410** ④   **2411** ④

2412 ①   **2413** ③   **2414** 10   **2415** ④   **2416** ④

2417 380   **2418** ①   **2419** ①   **2420** -2 **2421** ②

2422 ⑤   **2423** ②   **2424** ④   **2425** ③   **2426** ①

2427 ②   **2428** ⑤   **2429** $3\sqrt{2}$ **2430** ②   **2431** ⑤

2432 ①   **2433** ④   **2434** 48   **2435** 9   **2436** ①

2437 $\dfrac{1}{4}(9^n-1)$ **2438** ④   **2439** 2   **2440** 4

2441 ③   **2442** ②   **2443** ⑤   **2444** 95   **2445** ②

2446 ⑤   **2447** 511   **2448** ②   **2449** 4   **2450** ①

2451 220   **2452** ④   **2453** ③   **2454** ④   **2455** 200

2456 550   **2457** ③   **2458** 55   **2459** 384   **2460** ②

2461 ①   **2462** n^2 **2463** ③   **2464** ④   **2465** ①

2466 제392항   **2467** 60   **2468** ③   **2469** ⑤

2470 $\dfrac{3621}{38}$ **2471** ④   **2472** ②   **2473** ④

2474 1330   **2475** ③   **2476** 382   **2477** ⑤   **2478** ②

2479 (1) $\dfrac{1}{k+3}$ (2) $\dfrac{1}{k+3}$ (3) $\dfrac{1}{21}$ (4) $\dfrac{1}{21}$ (5) $\dfrac{1}{21}$

     (6) $\dfrac{5}{42}$ (7) 42   (8) 5   (9) 47

2480 53   **2481** $\dfrac{5}{68}$

2482 (1) $n-3$ (2) $n-3$ (3) $2n$ (4) $2n$ (5) $n-3$

     (6) $8n$ (7) $8k$ (8) $\sum\limits_{k=1}^{10}k$ (9) $\dfrac{10\times 11}{2}$ (10) -1565

2483 1615   **2484** $\dfrac{30}{11}$ **2485** 985

2486 (1) n (2) n (3) $n-3$ (4) $k-3$ (5) $2k$ (6) $12k$

     (7) $\sum\limits_{k=1}^{8}k$ (8) $\dfrac{8\times 9}{2}$ (9) 456

2487 2020   **2488** -1 **2489** 284   **2490** ③   **2491** ②

2492 ③   **2493** ①   **2494** ③   **2495** ②   **2496** ①

2497 ③   **2498** ④   **2499** ④   **2500** ④   **2501** ②

2502 ⑤   **2503** ⑤   **2504** ③   **2505** ③   **2506** ③

2507 ①   **2508** ③   **2509** ②   **2510** ③   **2511** 420

2512 242   **2513** 675   **2514** 616   **2515** ③   **2516** ⑤

2517 ②   **2518** ①   **2519** ④   **2520** ④   **2521** ①

2522 ③   **2523** ⑤   **2524** ④   **2525** ②   **2526** ①

2527 ⑤   **2528** ④   **2529** ①   **2530** ③   **2531** ①

2532 ①   **2533** ④   **2534** ③   **2535** ③   **2536** 3025

2537 $\dfrac{2n+1}{6}$ **2538** $\dfrac{5}{11}$ **2539** 85

11 수학적 귀납법

본책 525쪽~571쪽

2540 29   **2541** 96   **2542** 126   **2543** -80 **2544** $\dfrac{1}{10}$

2545 2^{45} **2546** ㄴ, ㄷ   **2547** 풀이 참조

2548 ④   **2549** ③   **2550** ②, ⑤   **2551** ④

2552 ④   **2553** ③   **2554** -17 **2555** ④   **2556** ①

2557 ②   **2558** $\dfrac{1}{2}$ **2559** ③   **2560** ③   **2561** ②

2562 ⑤   **2563** ②   **2564** 29   **2565** ③   **2566** ②

2567 5184   **2568** ③   **2569** 16   **2570** ③   **2571** 83

2572 $\dfrac{211}{8}$ **2573** ②   **2574** ④   **2575** ④   **2576** 100

2577 ③   **2578** ③   **2579** 9   **2580** ④   **2581** 475

2582 ③   **2583** ③   **2584** ④   **2585** ⑤   **2586** 5

2587 ③   **2588** ④   **2589** ③   **2590** ①   **2591** 20

2592 ④   **2593** ②   **2594** $a_n=12n-9$ **2595** ③

2596 ④   **2597** ⑤   **2598** 15   **2599** ②   **2600** ④

2601 ①   **2602** ①   **2603** ③   **2604** 19   **2605** $\dfrac{11}{4}$

2606 ③   **2607** ①   **2608** ②   **2609** ①   **2610** ④

2611 50   **2612** ④   **2613** ②   **2614** ④   **2615** 14

2616 ①   **2617** ④   **2618** ①   **2619** ①   **2620** 8

2621 27   **2622** ④   **2623** ③   **2624** ④   **2625** ③

2626 4   **2627** ⑤   **2628** ①   **2629** ④   **2630** ⑤

2631 105   **2632** ⑤   **2633** ④   **2634** 6   **2635** 0

2636 ①   **2637** 11   **2638** ④   **2639** 2   **2640** ③

2641 ②   **2642** ③   **2643** ②   **2644** ③   **2645** ⑤

2646 162   **2647** ①

2648 $a_1=90,\ a_{n+1}=\dfrac{3}{4}a_n+15\ (n=1,\ 2,\ 3,\ \cdots)$

2649 ①   **2650** ③   **2651** ①   **2652** 1   **2653** ①

2654 ⑤   **2655** ④   **2656** ③   **2657** $\dfrac{32}{27}$ **2658** ②

2659 ③   **2660** ③   **2661** ⑤   **2662** ②   **2663** ③

2664 ③   **2665** ⑤   **2666** ⑤   **2667** 511   **2668** ①

2669 1   **2670** ②   **2671** 4   **2672** ⑤   **2673** ①

2674 ⑤   **2675** ⑤   **2676** ③   **2677** 5   **2678** 10

2679 ⑤   **2680** ④   **2681** ⑤   **2682** ①   **2683** ②

2684 ⑤   **2685** ③

2686 (1) 4   (2) 4   (3) 30   (4) 30   (5) a_5 (6) a_5 (7) 33   (8) 13

2687 2   **2688** 22   **2689** 0

2690 (1) 5   (2) 5   (3) 5   (4) 5   (5) 4   (6) 24

2691 16   **2692** 17   **2693** 59   **2694** 28

2695 (1) $\dfrac{1}{2}$ (2) $\dfrac{1}{2^k}$ (3) $\dfrac{1}{2^{k+1}}$ (4) $\dfrac{1}{2^{k+1}}$ (5) 1   (6) $k+1$

2696 풀이 참조   **2697** 풀이 참조   **2698** ②

2699 ④   **2700** ④   **2701** ④   **2702** ⑤   **2703** ⑤

2704 ④   **2705** ⑤   **2706** ③   **2707** ③   **2708** ①

2709 ⑤   **2710** ②   **2711** ②   **2712** ②   **2713** ③

2714 ③   **2715** ④   **2716** ⑤   **2717** ④   **2718** ②

2719 960   **2720** 73   **2721** 120   **2722** 275   **2723** ②

2724 ③   **2725** ③   **2726** ①   **2727** ①   **2728** ①

2729 ①   **2730** ③   **2731** ④   **2732** ①   **2733** ④

2734 ④   **2735** ④   **2736** ⑤   **2737** ④   **2738** ③

2739 ④   **2740** ②   **2741** ②   **2742** ④   **2743** ②

2744 -94 **2745** 3051   **2746** 풀이 참조

2747 $a_1=\dfrac{46}{5},\ p+q=\dfrac{19}{5}$

I. 지수함수와 로그함수

01 지수

8쪽~9쪽

0001 답 (1) $\pm i$ (2) $\pm\sqrt{5}$ (3) -2 또는 $1\pm\sqrt{3}i$
        (4) ± 3 또는 $\pm 3i$

(1) -1의 제곱근을 x라 하면
  $x^2=-1$에서 $x=\pm i$

(2) 5의 제곱근을 x라 하면
  $x^2=5$에서 $x=\pm\sqrt{5}$

(3) -8의 세제곱근을 x라 하면
  $x^3=-8$에서 $x^3+8=0$, $(x+2)(x^2-2x+4)=0$
  $\therefore x=-2$ 또는 $x=1\pm\sqrt{3}i$

(4) 81의 네제곱근을 x라 하면
  $x^4=81$에서 $x^4-81=0$, $(x^2-9)(x^2+9)=0$
  $(x+3)(x-3)(x^2+9)=0$
  $\therefore x=\pm 3$ 또는 $x=\pm 3i$

0002 답 (1) ◯   (2) ×   (3) ×

(1) 7의 제곱근을 x라 하면
  $x^2=7$에서 $x=\pm\sqrt{7}$ (참)

(2) 27의 세제곱근을 x라 하면
  $x^3=27$에서
  $(x-3)(x^2+3x+9)=0$ ← 근의 공식을 이용한다.
  $\therefore x=3$ 또는 $x=\dfrac{-3\pm 3\sqrt{3}i}{2}$ (거짓)
           $x=\dfrac{-3\pm\sqrt{3^2-4\times 1\times 9}}{2\times 1}$

(3) -1의 세제곱근을 x라 하면
           $=\dfrac{-3\pm\sqrt{-27}}{2}$
  $x^3=-1$에서
  $(x+1)(x^2-x+1)=0$ $=\dfrac{-3\pm 3\sqrt{3}i}{2}$
  $x=-1$ 또는 $x=\dfrac{1\pm\sqrt{3}i}{2}$이므로 3개이다. (거짓)

0003 답 -1

8의 세제곱근을 x라 하면
$x^3=8$에서 $(x-2)(x^2+2x+4)=0$
$\therefore x=2$ 또는 $x=-1\pm\sqrt{3}i$
따라서 실수인 것은 2이므로 $a=2$
-27의 세제곱근을 y라 하면
$y^3=-27$에서 $(y+3)(y^2-3y+9)=0$
$\therefore y=-3$ 또는 $y=\dfrac{3\pm 3\sqrt{3}i}{2}$
따라서 실수인 것은 -3이므로 $b=-3$
$\therefore a+b=-1$

0004 답 (1) ×   (2) ×   (3) ◯   (4) ×

(1) 16의 네제곱근 중 실수인 것은 2, -2이므로 2개이다. (거짓)

(2) -3의 제곱근 중 실수인 것은 없다. 즉, 0개이다. (거짓)

(3) -125의 세제곱근을 x라 하면
  $x^3=-125$에서
  $(x+5)(x^2-5x+25)=0$
  $\therefore x=-5$ 또는 $x=\dfrac{5\pm 5\sqrt{3}i}{2}$
  따라서 실수인 것은 -5이다. (참)

(4) n이 짝수일 때, $x^n=5$를 만족시키는 실수 x는 $\pm\sqrt[n]{5}$로 2개이다. (거짓)

0005 답 (1) 3   (2) 0.2   (3) $-\dfrac{1}{2}$ (4) $\dfrac{1}{5}$

(1) $\sqrt[3]{27}=\sqrt[3]{3^3}=3$

(2) $\sqrt[4]{0.0016}=\sqrt[4]{(0.2)^4}=0.2$

(3) $\sqrt[3]{-\dfrac{1}{8}}=\sqrt[3]{\left(-\dfrac{1}{2}\right)^3}=-\dfrac{1}{2}$

(4) $\sqrt[4]{\dfrac{1}{625}}=\sqrt[4]{\left(\dfrac{1}{5}\right)^4}=\dfrac{1}{5}$

0006 답 (1) 2   (2) 2   (3) 9   (4) 2

(1) $\sqrt[3]{2}\times\sqrt[3]{4}=\sqrt[3]{8}=\sqrt[3]{2^3}=2$

(2) $\dfrac{\sqrt[4]{32}}{\sqrt[4]{2}}=\sqrt[4]{\dfrac{32}{2}}=\sqrt[4]{16}=\sqrt[4]{2^4}=2$

(3) $(\sqrt[4]{81})^2=(\sqrt[4]{3^4})^2=3^2=9$

(4) $\sqrt{\sqrt[3]{64}}=\sqrt[6]{64}=\sqrt[6]{2^6}=2$

0007 답 (1) 7   (2) 5

(1) $\sqrt[3]{4}\times\sqrt[3]{16}+\sqrt[3]{27}=\sqrt[3]{64}+\sqrt[3]{27}=\sqrt[3]{4^3}+\sqrt[3]{3^3}=4+3=7$

(2) $\sqrt[3]{2}\times\sqrt[3]{4}+\dfrac{\sqrt[4]{243}}{\sqrt[4]{3}}=\sqrt[3]{8}+\sqrt[4]{81}=\sqrt[3]{2^3}+\sqrt[4]{3^4}=2+3=5$

0008 답 5

$\sqrt[3]{\dfrac{\sqrt{128}}{\sqrt{2}}}+\sqrt{\dfrac{\sqrt{243}}{\sqrt{3}}}=\sqrt[3]{\sqrt{64}}+\sqrt{\sqrt{81}}=\sqrt[6]{2^6}+\sqrt[4]{3^4}=2+3=5$

0009 답 (1) 1   (2) $\dfrac{1}{81}$ (3) $\dfrac{9}{4}$

(1) $(-5)^0=1$

(2) $3^{-4}=\dfrac{1}{3^4}=\dfrac{1}{81}$

(3) $\left(\dfrac{2}{3}\right)^{-2}=\dfrac{1}{\left(\dfrac{2}{3}\right)^2}=\dfrac{1}{\dfrac{4}{9}}=\dfrac{9}{4}$

0010 답 (1) ◯   (2) ×   (3) ×   (4) ◯

(1) $\sqrt{3}$은 $3^{\frac{1}{2}}$으로 나타낼 수 있다. (참)

(2) $\sqrt[3]{5^4}$은 $5^{\frac{4}{3}}$으로 나타낼 수 있다. (거짓)

(3) $4^{\frac{2}{3}}$은 $\sqrt[3]{4^2}$으로 나타낼 수 있다. (거짓)

(4) $3^{-\frac{2}{3}}=(3^{-2})^{\frac{1}{3}}=\left(\dfrac{1}{9}\right)^{\frac{1}{3}}=\sqrt[3]{\dfrac{1}{9}}$ (참)

0011 답 25

$5^{\frac{7}{3}} \div 5^{\frac{1}{3}} = 5^{\frac{7}{3}-\frac{1}{3}} = 5^2 = 25$

다른 풀이

$5^{\frac{7}{3}} \div 5^{\frac{1}{3}} = \sqrt[3]{5^7} \div \sqrt[3]{5} = \sqrt[3]{\dfrac{5^7}{5}} = \sqrt[3]{5^6} = \sqrt[3]{(5^2)^3} = \sqrt[3]{25^3} = 25$

0012 답 2

$a = \left(16^{\sqrt{5}}\right)^{\frac{\sqrt{5}}{4}} = 16^{\frac{5}{4}} = (2^4)^{\frac{5}{4}} = 2^5 = 32$

$b = 4^{\sqrt{2}+1} \div 4^{\sqrt{2}-1} = 4^{\sqrt{2}+1-(\sqrt{2}-1)} = 4^2 = 16$

$\therefore \dfrac{a}{b} = \dfrac{32}{16} = 2$

기출 유형 check 실전 준비하기
10쪽~36쪽

0013 답 ②

① $a^2 \times a^6 = a^{2+6} = a^8$ (참)

② $a^2 \times a^3 = a^{2+3} = a^5$, $(a^2)^3 = a^{2\times3} = a^6$

　$\therefore a^2 \times a^3 \neq (a^2)^3$ (거짓)

③ $a^6 \div a^3 = a^{6-3} = a^3$ (참) $\rightarrow a^2 \div (a^3 \div a^2) = a^{2-3-2}$으로 계산하지 않도록 주의한다.

④ $a^2 \div (a^3 \div a^2) = a^2 \div a^{3-2} = a^2 \div a = a^{2-1} = a$ (참)

⑤ $a^2 \times a^6 \div a^8 = a^{2+6} \div a^8 = a^8 \div a^8 = 1$ (참)

따라서 옳지 않은 것은 ②이다.

0014 답 ④

$2 \times 2^2 \times 2^x = 2^{1+2+x} = 2^{3+x}$, $256 = 2^8$

$2^{3+x} = 2^8$에서 $3+x = 8$

$\therefore x = 5$

0015 답 ③

$\left(\dfrac{x^2}{y^a}\right)^4 = \dfrac{x^8}{y^{4a}} = \dfrac{x^8}{y^{12}}$이므로 $4a = 12$

$\therefore a = 3$

0016 답 ②

정육면체의 한 모서리의 길이를 A라 하면 부피가 $\dfrac{x^9}{y^6}$이므로

$A^3 = \dfrac{x^9}{y^6} = \dfrac{(x^3)^3}{(y^2)^3} = \left(\dfrac{x^3}{y^2}\right)^3$

$\therefore A = \dfrac{x^3}{y^2}$

0017 답 ⑤

① $a^{10} \div a^6 = a^4$

② $a^{14} \div a^{10} \div a^2 = a^4 \div a^2 = a^2$

③ $a^9 \div (a^2)^2 = a^9 \div a^4 = a^5$

④ $(a^4)^3 \div (a^3)^3 = a^{12} \div a^9 = a^3$

⑤ $a^{13} \div (a^9 \div a^3) = a^{13} \div a^6 = a^7$

따라서 a의 지수가 가장 큰 것은 ⑤이다.

0018 답 11

$\underline{2^3 + 2^3 + 2^3 + 2^3} = 4 \times 2^3 = 2^2 \times 2^3 = 2^5 = 2^a$ $\rightarrow 2^3+2^3+2^3+2^3 = 2^{3\times4} = 2^{12}$으로

$\therefore a = 5$ 　계산하지 않도록 주의한다.

$3^5 + 3^5 + 3^5 = 3 \times 3^5 = 3^6 = 3^b$

$\therefore b = 6$

$\therefore a + b = 5 + 6 = 11$

0019 답 ①

① 제곱근 25는 $\sqrt{25}$이므로 5이다.

②, ③, ④, ⑤ ±5

따라서 나머지 넷과 다른 하나는 ①이다.

0020 답 ⑤

$\sqrt{3^6} = \sqrt{(3^3)^2} = 3^3 = 27$이므로 $\sqrt{3^6}$의 제곱근은 27의 제곱근이다.

따라서 27의 제곱근은

$\pm\sqrt{27} = \pm3\sqrt{3}$

0021 답 ④

$(-3)^2 = 9$이고 9의 제곱근은 ±3이므로 $a = 3$

또한, $\sqrt{36} = 6$이고 6의 제곱근은 $\pm\sqrt{6}$이므로 $b = -\sqrt{6}$

$\therefore a - b = 3 - (-\sqrt{6}) = 3 + \sqrt{6}$

0022 답 ④

① 64의 제곱근은 ±8이다. (거짓)

② $\sqrt{(-0.2)^2} = 0.2$ (거짓)

③ 0의 제곱근은 0이다. (거짓)

④ $(-\sqrt{5})^2 = 5$ (참)

⑤ $\sqrt{16} = 4$ (거짓)

따라서 옳은 것은 ④이다.

0023 답 ⑤

⑤ $-\sqrt{(-a)^2} = -a$

0024 답 ②

$1 < a < 2$일 때, $a-1 > 0$, $a-2 < 0$이므로

$\sqrt{(a-1)^2} + \sqrt{(a-2)^2} = (a-1) + (-a+2) = 1$

0025 답 3

$\sqrt{48a} = \sqrt{2^4 \times 3 \times a}$이므로

$a = 3 \times (\text{자연수})^2$ 꼴이어야 한다.

따라서 가장 작은 자연수 a의 값은 3이다.

0026 답 ④

다음 중 옳은 것은?

① 제곱근 9는 −3이다.
   단서1
② 16의 제곱근은 4이다.
③ $\sqrt[3]{-27}=3$이다.
④ −27의 세제곱근 중 실수인 것은 −3이다.
   단서2
⑤ $\sqrt{256}$의 네제곱근 중 실수인 것은 2이다.

단서1 제곱근 a는 $\sqrt{a}$
단서2 n제곱하여 a가 되는 수, 즉 $x^n=a$를 만족시키는 x의 값

STEP1 거듭제곱근의 정의를 이해하고 옳은 것 찾기

① 제곱근 9는 $\sqrt{9}=3$이다. (거짓)
② 16의 제곱근을 x라 하면
$\quad x^2=16$에서 $x^2-16=0$
$\quad (x+4)(x-4)=0$ ∴ $x=\pm4$ (거짓)
③ $\sqrt[3]{-27}=\sqrt[3]{(-3)^3}=-3$ (거짓)
④ −27의 세제곱근을 x라 하면
$\quad x^3=-27$에서 $x^3+27=0$
$\quad (x+3)(x^2-3x+9)=0$
$\quad$ ∴ $x=-3$ 또는 $x=\dfrac{3\pm3\sqrt{3}i}{2}$
이때 −27의 세제곱근 중 실수인 것은 −3이다. (참)
⑤ $\sqrt{256}=\sqrt{16^2}=16$이므로 16의 네제곱근을 x라 하면
$\quad x^4=16$에서 $x^4-16=0$
$\quad (x+2)(x-2)(x^2+4)=0$
$\quad$ ∴ $x=\pm2$ 또는 $x=\pm2i$
이때 $\sqrt{256}$의 네제곱근 중 실수인 것은 ±2이다. (거짓)
따라서 옳은 것은 ④이다.

0027 답 ④

$\sqrt{64}=8$의 세제곱근 중 실수인 것은
$\sqrt[3]{8}=\sqrt[3]{2^3}=2$이므로 $a=2$
$b=\sqrt[3]{\sqrt{16}}=\sqrt[6]{2^4}=\sqrt[3]{2^2}=\sqrt[3]{4}$
∴ $ab=2\sqrt[3]{4}$

0028 답 3

$\sqrt[4]{81}=\sqrt[4]{3^4}=3$의 네제곱근 중 실수인 것은
$\sqrt[4]{3}$, $-\sqrt[4]{3}$으로 2개이므로 $a=2$
27의 세제곱근 중 실수인 것은
$\sqrt[3]{27}=\sqrt[3]{3^3}=3$으로 1개이므로 $b=1$
∴ $a+b=2+1=3$

0029 답 ④

① $a<0$일 때, $\sqrt{a^2}=|a|=-a$이다. (참)
② $\sqrt[3]{-64}=\sqrt[3]{(-4)^3}=-4$이다. (참)
③ 81의 네제곱근 중 실수인 것을 x라 하면 x는 방정식 $x^4=81$의
   실근이므로 ±3이다. (참)
④ n이 짝수일 때, a의 n제곱근 중 실수인 것은 $a>0$일 때 2개,
   $a=0$일 때 1개, $a<0$일 때 0개이다. (거짓)

⑤ n이 홀수일 때, $-a$의 n제곱근 중 실수인 것은 $\sqrt[n]{-a}$의 1개이
   다. (참)
따라서 옳지 않은 것은 ④이다.

0030 답 ④

ㄱ. 0의 제곱근은 0이다. (거짓)
ㄴ. n이 홀수일 때, 37의 n제곱근 중 실수인 것은 $\sqrt[n]{37}$로 1개이
   다. (거짓)
ㄷ. n이 홀수일 때, −37의 n제곱근 중 실수인 것은 $\sqrt[n]{-37}$로 1개
   이다. (참)
ㄹ. n이 짝수일 때, 37의 n제곱근 중 실수인 것은 $\pm\sqrt[n]{37}$로 2개
   다. (거짓)
ㅁ. n이 짝수일 때, −37의 n제곱근 중 실수인 것은 없다. (참)
따라서 옳은 것은 ㄷ, ㅁ이다.

0031 답 ⑤

ㄱ. 9의 네제곱근 중 실수인 것은 $\pm\sqrt{3}$의 2개이다. (참)
ㄴ. $a>0$이므로 $\sqrt[n]{a}>0$이다. (참)
ㄷ. 8의 세제곱근을 x라 하면
$\quad x^3=8$에서 $x^3-8=0$
$\quad (x-2)(x^2+2x+4)=0$
$\quad$ ∴ $x=2$ 또는 $x=-1\pm\sqrt{3}i$ (참)
따라서 옳은 것은 ㄱ, ㄴ, ㄷ이다.

0032 답 ③

① 7의 일곱제곱근 중 실수인 것은 $\sqrt[7]{7}$로 1개이다.
② −7의 일곱제곱근 중 실수인 것은 $\sqrt[7]{-7}$로 1개이다.
③ 4의 네제곱근 중 실수인 것은 $\sqrt[4]{4}$, $-\sqrt[4]{4}$로 2개이다.
④ −4의 네제곱근 중 실수인 것은 없으므로 0개이다.
⑤ −64의 여섯제곱근 중 실수인 것은 없으므로 0개이다.
따라서 그 개수가 가장 많은 것은 ③이다.

0033 답 ⑤

① −27의 3제곱근 중 실수인 것은 $\sqrt[3]{-27}=-3$의 1개이므로
$\quad f(-27,\ 3)=1$ (참)
② 16의 4제곱근 중 실수인 것은 $\sqrt[4]{16}=2$, $-\sqrt[4]{16}=-2$의 2개이므로
$\quad f(16,\ 4)=2$ (참)
③ −81의 4제곱근 중 실수인 것은 없으므로
$\quad f(-81,\ 4)=0$ (참)
④ 32의 5제곱근 중 실수인 것은 $\sqrt[5]{32}=2$의 1개이므로
$\quad f(32,\ 5)=1$ (참)
⑤ 243의 5제곱근 중 실수인 것은 $\sqrt[5]{243}=3$의 1개이므로
$\quad f(243,\ 5)=1$ (거짓)
따라서 옳지 않은 것은 ⑤이다.

0034 답 ④

a의 네제곱근 중 실수인 것의 개수가 $f_4(a)$
b의 네제곱근 중 실수인 것의 개수가 $f_4(b)$이므로
ㄱ. $a<0$, $b<0$이면 $f_4(a)=0$, $f_4(b)=0$

ㄴ. $a<0$, $b>0$이면 $f_4(a)=0$, $f_4(b)=2$

ㄷ. $a>0$, $b>0$이면 $f_4(a)=2$, $f_4(b)=2$

ㄹ. $a=0$, $b>0$이면 $f_4(a)=1$, $f_4(b)=2$

ㅁ. $a<0$, $b=0$이면 $f_4(a)=0$, $f_4(b)=1$

따라서 $f_4(a)<f_4(b)$인 것은 ㄴ, ㄹ, ㅁ이다.

0035 답 24

(i) n이 홀수일 때, $n-1$은 짝수이므로 $(-3)^{n-1}$의 n제곱근은 $\sqrt[n]{(-3)^{n-1}}$의 1개이다.　　→ 지수가 짝수인 경우

$\therefore a_3=a_5=a_7=\cdots=a_{49}=1$

(ii) n이 짝수일 때, $n-1$은 홀수이므로 $(-3)^{n-1}$은 음수이다.

즉, 음수의 짝수인 거듭제곱근 중 실수는 없다.　→ 지수가 홀수인 경우

$\therefore a_4=a_6=a_8=\cdots=a_{50}=0$

(i), (ii)에서 n이 홀수일 때만 $(-3)^{n-1}$의 n제곱근은 1개씩이므로

$a_3+a_4+a_5+\cdots+a_{50}=24$

Plus 문제

0035-1

자연수 n에 대하여 $2n-13$의 n제곱근 중 실수인 것의 개수를 $p(n)$이라 할 때, $p(4)+p(5)+p(11)+p(14)$의 값을 구하시오.

(i) $n=4$일 때,

-5의 4제곱근 중 실수인 것은 없으므로

$p(4)=0$

(ii) $n=5$일 때,

-3의 5제곱근 중 실수인 것은 $\sqrt[5]{-3}$의 1개이므로

$p(5)=1$

(iii) $n=11$일 때,

9의 11제곱근 중 실수인 것은 $\sqrt[11]{9}$의 1개이므로

$p(11)=1$

(iv) $n=14$일 때,

15의 14제곱근 중 실수인 것은 $\sqrt[14]{15}$, $-\sqrt[14]{15}$의 2개이므로

$p(14)=2$

(i)~(iv)에서

$p(4)+p(5)+p(11)+p(14)=4$

답 4

0036 답 ①

$-n^2+9n-18=-(n-3)(n-6)$이므로 $-n^2+9n-18$의 n제곱근 중에서 음의 실수가 존재하기 위해서는

(i) $-n^2+9n-18<0$, 즉 $(n-3)(n-6)>0$일 때,

$2 \le n<3$ 또는 $6<n \le 11$이고 n이 홀수이어야 하므로 n의 값

은 7, 9, 11이다.

(ii) $-n^2+9n-18>0$, 즉 $(n-3)(n-6)<0$일 때,

$3<n<6$이고 n이 짝수이어야 하므로 n의 값은 4이다.

(i), (ii)에서 조건을 만족시키는 모든 n의 값의 합은

$4+7+9+11=31$

개념 Check

이차부등식의 풀이

이차함수 $y=ax^2+bx+c$ $(a>0)$의 그래프가 x축과 만나는 점의 x좌표를 α, β $(\alpha \le \beta)$, 이차방정식 $ax^2+bx+c=0$에서 $D=b^2-4ac$라 하면 이차부등식의 해는 다음과 같다.

	$D>0$	$D=0$	$D<0$
$y=ax^2+bx+c$의 그래프			
$ax^2+bx+c>0$	$x<\alpha$ 또는 $x>\beta$	$x\ne\alpha$인 모든 실수	모든 실수
$ax^2+bx+c<0$	$\alpha<x<\beta$	해는 없다.	해는 없다.
$ax^2+bx+c\ge 0$	$x\le\alpha$ 또는 $x\ge\beta$	모든 실수	모든 실수
$ax^2+bx+c\le 0$	$\alpha\le x\le\beta$	$x=\alpha$	해는 없다.

0037 답 ③　　유형 2

$a=\sqrt[3]{75}\times\sqrt[3]{225}$, $b=\sqrt[3]{40}+\sqrt[3]{625}$일 때, $a-b$의 값은?

단서1

① $12\sqrt[3]{5}$　　② $10\sqrt[3]{5}$　　③ $8\sqrt[3]{5}$

④ $6\sqrt[3]{5}$　　⑤ $4\sqrt[3]{5}$

단서1 근호 안의 수를 소인수분해한 후 거듭제곱근의 성질을 이용

STEP1 거듭제곱근의 성질을 이용하여 a의 값 구하기

$a=\sqrt[3]{75}\times\sqrt[3]{225}$

$=\sqrt[3]{3\times 5^2}\times\sqrt[3]{3^2\times 5^2}$

$=\sqrt[3]{3^3\times 5^3\times 5}$

$=15\sqrt[3]{5}$

STEP2 거듭제곱근의 성질을 이용하여 b의 값 구하기

$b=\sqrt[3]{40}+\sqrt[3]{625}$

$=\sqrt[3]{2^3\times 5}+\sqrt[3]{5^4}$

$=2\sqrt[3]{5}+5\sqrt[3]{5}$

$=7\sqrt[3]{5}$

STEP3 $a-b$의 값 구하기

$a-b=15\sqrt[3]{5}-7\sqrt[3]{5}=8\sqrt[3]{5}$

0038 답 ④

① $(\sqrt[6]{4})^3=(\sqrt[6]{2^2})^3=\sqrt[6]{(2^2)^3}=\sqrt[6]{2^6}=2$

② $\sqrt[3]{2}\times\sqrt[3]{4}=\sqrt[3]{8}=\sqrt[3]{2^3}=2$

③ $\sqrt[3]{\sqrt[3]{512}}=\sqrt[9]{2^9}=2$

④ $\sqrt[3]{8^2}=\sqrt[3]{2^6}=2^2=4$

⑤ $\dfrac{\sqrt[4]{64}}{\sqrt[4]{4}}=\sqrt[4]{16}=\sqrt[4]{2^4}=2$

따라서 값이 다른 하나는 ④이다.

0039 답 $\dfrac{10}{3}$

$\sqrt{\sqrt[3]{64}}\times\dfrac{\sqrt[3]{125}}{3}=\sqrt[6]{2^6}\times\dfrac{\sqrt[3]{5^3}}{3}=2\times\dfrac{5}{3}=\dfrac{10}{3}$

0040 답 ①

① $\sqrt[3]{3}\times\sqrt[5]{3}=\sqrt[15]{3^5}\times\sqrt[15]{3^3}=\sqrt[15]{3^8}$ (거짓)

② $\dfrac{\sqrt[3]{12}}{\sqrt[3]{3}}=\sqrt[3]{\dfrac{12}{3}}=\sqrt[3]{4}$ (참)

③ $(\sqrt[4]{9})^2=\sqrt[4]{3^4}=3$ (참)

④ $\sqrt[3]{\sqrt{7}}=\sqrt[6]{7}$ (참)

⑤ $\sqrt[4]{64}\times\sqrt{4}=\sqrt[4]{4^3}\times\sqrt[4]{4}=\sqrt[4]{4^3\times4}=\sqrt[4]{4^4}=4$ (참)

따라서 옳지 않은 것은 ①이다.

실수 Check

$\sqrt[n]{a}\times\sqrt[m]{a}\neq\sqrt[nm]{a}$임에 주의한다.

0041 답 ①

$\sqrt[3]{-8}-2\sqrt[4]{81}+\sqrt{\sqrt[4]{256}}$

$=\sqrt[3]{(-2)^3}-2\sqrt[4]{3^4}+\sqrt[8]{2^8}$

$=-2-2\times3+2=-6$

0042 답 ④

$\sqrt[4]{(-3)^4}+\sqrt[5]{(-5)^5}+\sqrt[3]{\sqrt[5]{3^{15}}}+\dfrac{\sqrt[3]{81}}{\sqrt[3]{3}}$

$=3-5+\sqrt[15]{3^{15}}+\sqrt[3]{3^3}$

$=3-5+3+3=4$

0043 답 ④

① $\sqrt[3]{12}\times\sqrt[3]{18}=\sqrt[3]{2^2\times3}\times\sqrt[3]{2\times3^2}=\sqrt[3]{(2\times3)^3}=6$ (거짓)

② $\sqrt[4]{\sqrt[3]{2^{24}}}=\sqrt[12]{2^{24}}=2^2=4$ (거짓)

③ $\sqrt[4]{(-6)^4}+\sqrt[3]{-2^6}=\sqrt[4]{(-6)^4}+\sqrt[3]{-(2^2)^3}=6-2^2=2$ (거짓)

④ $\sqrt{\dfrac{1}{\sqrt[3]{2}}}\times\sqrt{\dfrac{\sqrt[3]{16}}{2}}=\dfrac{1}{\sqrt[6]{2}}\times\dfrac{\sqrt[6]{2^4}}{\sqrt{2}}=\dfrac{\sqrt[6]{2^3}}{\sqrt{2}}=\dfrac{\sqrt{2}}{\sqrt{2}}=1$ (참)

⑤ $(\sqrt[3]{2}-\sqrt[3]{3})(\sqrt[3]{4}+\sqrt[3]{6}+\sqrt[3]{9})$

$=(\sqrt[3]{2}-\sqrt[3]{3})(\sqrt[3]{2^2}+\sqrt[3]{2\times3}+\sqrt[3]{3^2})$

$=(\sqrt[3]{2}-\sqrt[3]{3})\{(\sqrt[3]{2})^2+\sqrt[3]{2}\times\sqrt[3]{3}+(\sqrt[3]{3})^2\}$

$=(\sqrt[3]{2})^3-(\sqrt[3]{3})^3$

$=2-3=-1$ (거짓)

따라서 옳은 것은 ④이다.

0044 답 ②

$\sqrt[4]{\dfrac{\sqrt[3]{3^5}}{\sqrt[3]{7}}}\times\sqrt[6]{\dfrac{\sqrt{7}}{\sqrt[n]{3^9}}}=\dfrac{\sqrt[4]{\sqrt[3]{3^5}}}{\sqrt[4]{\sqrt[3]{7}}}\times\dfrac{\sqrt[6]{\sqrt{7}}}{\sqrt[6]{\sqrt[n]{3^9}}}$

$=\dfrac{\sqrt[8]{3^5}}{\sqrt[12]{7}}\times\dfrac{\sqrt[12]{7}}{\sqrt[6n]{3^9}}$

$=\dfrac{\sqrt[8]{3^5}}{\sqrt[6n]{3^9}}$

이므로 $\dfrac{\sqrt[8]{3^5}}{\sqrt[6n]{3^9}}=\sqrt[8]{9}=\sqrt[8]{3^2}$에서

$\sqrt[6n]{3^9}=\dfrac{\sqrt[8]{3^5}}{\sqrt[8]{3^2}}=\sqrt[8]{3^3}=\sqrt[24]{3^9}$

따라서 $6n=24$이므로 $n=4$

0045 답 25

가로와 세로의 길이, 높이가 각각 $\sqrt{3}$, $\sqrt{27}$, $\sqrt{\sqrt{243}}$인 <u>직육면체의 부피</u>는

$\downarrow$

(직육면체의 부피)

$\sqrt{3}\times\sqrt{27}\times\sqrt{\sqrt{243}}=\sqrt{3^4}\times\sqrt{\sqrt{3^5}}$ = (밑면의 가로의 길이)

$=\sqrt[4]{(3^4)^2}\times\sqrt[4]{3^5}$ $\times$ (밑면의 세로의 길이)

$=\sqrt[4]{3^8\times3^5}$ $\times$ (높이)

$=\sqrt[4]{3^{13}}$

정육면체의 한 모서리의 길이를 a라 하면

$a^3=\sqrt[4]{3^{13}}$ $\therefore a=\sqrt[3]{\sqrt[4]{3^{13}}}=\sqrt[12]{3^{13}}$

즉, $\sqrt[12]{3^{13}}=\sqrt[m]{3^n}$이므로 $m=12$, $n=13$

$\therefore m+n=25$

실수 Check

$\sqrt[mp]{a^{np}}$이면 $\sqrt[m]{a^n}$이 성립하고, $\sqrt[m]{a^n}$이면 $\sqrt[mp]{a^{np}}$도 성립한다. (단, p는 양의 정수)

0046 답 ③

$\sqrt[3]{3}\times\sqrt[3]{9}=\sqrt[3]{3}\times\sqrt[3]{3^2}=\sqrt[3]{3\times3^2}=\sqrt[3]{3^3}=3$

0047 답 ⑤

a의 네제곱근 중 양수인 것은 $\sqrt[3]{4}$이므로

$\sqrt[4]{a}=\sqrt[3]{4}$

$\therefore a=(\sqrt[3]{4})^4=\sqrt[3]{(2^2)^4}=\sqrt[3]{2^8}$

양수 k의 세제곱근 중 실수인 것이 $\sqrt[3]{2^8}$이므로

$\sqrt[3]{k}=\sqrt[3]{2^8}$ $\therefore k=(\sqrt[3]{2^8})^3=2^8=256$

0048 답 ⑤

집합 X의 원소는 b의 a제곱근 중에서 실수인 것이다.

$a=3$일 때, x의 값은 $\sqrt[3]{-9}$, $\sqrt[3]{-3}$, $\sqrt[3]{3}$, $\sqrt[3]{9}$이고

$a=4$일 때, x의 값은 $\pm\sqrt[4]{3}$, $\pm\sqrt[4]{9}=\pm\sqrt[4]{3^2}=\pm\sqrt{3}$이므로 집합 X를 구하면

$X=\{\sqrt[3]{-9}, \sqrt[3]{-3}, \sqrt[3]{3}, \sqrt[3]{9}, -\sqrt{3}, -\sqrt[4]{3}, \sqrt[4]{3}, \sqrt{3}\}$이다.

ㄱ. $\sqrt[3]{-9}\in X$ (참)

ㄴ. 집합 X의 원소의 개수는 8이다. (참)

ㄷ. 집합 X의 원소 중 양수인 것은 $\sqrt[3]{3}$, $\sqrt[3]{9}$, $\sqrt[4]{3}$, $\sqrt{3}$이므로

$\sqrt[3]{3}\times\sqrt[3]{9}\times\sqrt[4]{3}\times\sqrt{3}=\sqrt[3]{3^3}\times\sqrt[4]{3}\times\sqrt[4]{3^2}$

$=3\times\sqrt[4]{3^3}$

$=\sqrt[4]{3^4}\times\sqrt[4]{3^3}$

$=\sqrt[4]{3^7}$ (참)

따라서 옳은 것은 ㄱ, ㄴ, ㄷ이다.

0049 답 ④

유형3

1이 아닌 양수 a에 대하여 다음을 간단히 하면?

$$\sqrt[3]{\sqrt[4]{a^7}} \div \sqrt[6]{a \times \sqrt{a^3}}$$
단서1   단서2

① $\sqrt{a}$ ② $\sqrt[3]{a}$ ③ $\sqrt[4]{a^3}$

④ $\sqrt[6]{a}$ ⑤ $\sqrt[6]{a^5}$

단서1 $\sqrt[m]{\sqrt[n]{a}} = \sqrt[mn]{a}$

단서2 $\sqrt[n]{a}\sqrt[n]{b} = \sqrt[n]{ab}$

STEP1 거듭제곱근의 성질을 이용하여 간단히 하기

$$\sqrt[3]{\sqrt[4]{a^7}} \div \sqrt[6]{a \times \sqrt{a^3}} = \sqrt[12]{a^7} \div (\sqrt[6]{a} \times \sqrt[12]{a^3})$$
$$= \sqrt[12]{a^7} \div (\sqrt[12]{a^2} \times \sqrt[12]{a^3})$$
$$= \sqrt[12]{a^7} \div \sqrt[12]{a^5}$$
$$= \sqrt[12]{\frac{a^7}{a^5}} = \sqrt[12]{a^2} = \sqrt[6]{a}$$

0050 답 ②

$$\sqrt[3]{\sqrt{a^3 b^7}} \times \sqrt{\sqrt[3]{a^3 b^5}} = \sqrt[6]{a^3 b^7} \times \sqrt[6]{a^3 b^5}$$
$$= \sqrt[6]{a^6 b^{12}}$$
$$= \sqrt[6]{a^6} \times \sqrt[6]{b^{12}}$$
$$= \sqrt[6]{a^6} \times (\sqrt[6]{b^6})^2 = ab^2$$

0051 답 ②

$$\sqrt[4]{\frac{\sqrt{x}}{\sqrt[3]{x}}} \times \sqrt{\frac{\sqrt{x}}{\sqrt[4]{x}}} \div \sqrt[3]{\frac{\sqrt{x^3}}{\sqrt[4]{x}}} = \frac{\sqrt[4]{\sqrt{x}}}{\sqrt[4]{\sqrt[3]{x}}} \times \frac{\sqrt{\sqrt{x}}}{\sqrt{\sqrt[4]{x}}} \div \frac{\sqrt[3]{\sqrt{x^3}}}{\sqrt[3]{\sqrt[4]{x}}}$$
$$= \frac{\sqrt[8]{x}}{\sqrt[12]{x}} \times \frac{\sqrt[4]{x}}{\sqrt[8]{x}} \times \frac{\sqrt[12]{x}}{\sqrt[6]{x^3}}$$
$$= \frac{\sqrt[4]{x}}{\sqrt{x}} = \frac{\sqrt[4]{x}}{\sqrt[4]{x^2}} = \sqrt[4]{\frac{x}{x^2}}$$
$$= \sqrt[4]{\frac{1}{x}} = \frac{1}{\sqrt[4]{x}}$$

0052 답 ⑤

유형4

$\dfrac{3^{-1} \times 27 \div 9^2 \times 81}{}$ = 3^k일 때, 정수 k의 값은?
단서1

① -2 ② -1 ③ 0

④ 1 ⑤ 2

단서1 밑을 3으로 통일

STEP1 지수가 정수일 때의 지수법칙을 이용하여 식을 간단히 하기

$$3^{-1} \times 27 \div 9^2 \times 81 = 3^{-1} \times 3^3 \div 3^4 \times 3^4$$
$$= 3^{-1+3-4+4} = 3^2$$

STEP2 정수 k의 값 구하기

$3^k = 3^2$에서 $k=2$

0053 답 ①

$$2^5 \times 2^{-3} \div 2^7 = 2^{5-3-7} = 2^{-5} = \frac{1}{2^5} = \frac{1}{32}$$

0054 답 ③

$$2^{-6} \times 4^{-2} \times 128^2 = 2^{-6} \times (2^2)^{-2} \times (2^7)^2$$
$$= 2^{-6} \times 2^{-4} \times 2^{14}$$
$$= 2^{-6-4+14} = 2^4$$

이므로 $2^a = 2^4$에서 $a=4$

0055 답 11

$$(a^{-5})^{-2} \div a^{-8} \times a^{-7} = a^{10} \div a^{-8} \times a^{-7}$$
$$= a^{10-(-8)-7} = a^{11}$$

이므로 $a^k = a^{11}$에서 $k=11$

0056 답 ④

$$a = \left(\frac{1}{2}\right)^{-3} + \left(\frac{1}{3}\right)^{-4} + \left(\frac{1}{5}\right)^{-2}$$
$$= 2^3 + 3^4 + 5^2$$
$$= 8 + 81 + 25 = 114$$

$$\therefore \frac{a}{6} = \frac{114}{6} = 19$$

0057 답 ⑤

$$\frac{2^{-7} + 16^{-2}}{3} = \frac{2^{-7} + (2^4)^{-2}}{3} = \frac{2^{-7} + 2^{-8}}{3}$$

      → 결합법칙을 이용한다.

$$= \frac{2^{-8}(2+1)}{3} = 2^{-8}$$

$$\frac{4}{9^4 + 27^3} = \frac{4}{(3^2)^4 + (3^3)^3} = \frac{4}{3^8 + 3^9}$$
$$= \frac{4}{3^8(1+3)} = \frac{1}{3^8} = 3^{-8}$$

$$\therefore \frac{2^{-7} + 16^{-2}}{3} \times \frac{4}{9^4 + 27^3} = 2^{-8} \times 3^{-8}$$
$$= (2 \times 3)^{-8} = 6^{-8}$$

0058 답 ②

$$\frac{1}{3^{-4}+1} + \frac{1}{3^{-2}+1} + \frac{1}{3^2+1} + \frac{1}{3^4+1}$$

      → 분모가 같아지도록 3^2 또는 3^4을 곱한다.

$$= \frac{3^4}{1+3^4} + \frac{3^2}{1+3^2} + \frac{1}{3^2+1} + \frac{1}{3^4+1}$$
$$= \frac{3^4+1}{3^4+1} + \frac{3^2+1}{3^2+1}$$
$$= 1+1 = 2$$

다른 풀이

$$\frac{1}{3^{-4}+1} + \frac{1}{3^{-2}+1} + \frac{1}{3^2+1} + \frac{1}{3^4+1}$$
$$= \left(\frac{1}{3^{-4}+1} + \frac{1}{3^4+1}\right) + \left(\frac{1}{3^{-2}+1} + \frac{1}{3^2+1}\right)$$
$$= \frac{3^4+1+3^{-4}+1}{(3^{-4}+1)(3^4+1)} + \frac{3^2+1+3^{-2}+1}{(3^{-2}+1)(3^2+1)}$$
$$= \frac{3^4+3^{-4}+2}{1+3^{-4}+3^4+1} + \frac{3^2+3^{-2}+2}{1+3^{-2}+3^2+1}$$
$$= 1+1 = 2$$

0059 답 ③

$32 \times 2^{-3} = 2^5 \times 2^{-3} = 2^{5-3} = 2^2 = 4$

0060 답 9

$3^4 \times 9^{-1} = 3^4 \times (3^2)^{-1} = 3^4 \times 3^{-2} = 3^{4-2} = 3^2 = 9$

0061 답 ①

| 유형 5

$(2 \times 2^{\sqrt{3}})^{\sqrt{3}-1} = 2^k$을 만족시키는 상수 k의 값은?

단서1

① 2   ② 3   ③ 4

④ 5   ⑤ 6

단서1 $a^x a^y = a^{x+y}$, $(a^x)^y = a^{xy}$

STEP 1 지수가 실수일 때의 지수법칙을 이용하여 좌변의 식을 간단히 하기

$(2 \times 2^{\sqrt{3}})^{\sqrt{3}-1} = (2^{\sqrt{3}+1})^{\sqrt{3}-1}$
$\qquad\qquad\qquad = 2^{(\sqrt{3}+1)(\sqrt{3}-1)}$
$\qquad\qquad\qquad = 2^2$

STEP 2 상수 k의 값 구하기

$2^k = 2^2$에서 $k = 2$

0062 답 ①

$27^{-\frac{3}{2}} \times 9^{\frac{5}{4}} = (3^3)^{-\frac{3}{2}} \times (3^2)^{\frac{5}{4}}$
$\qquad\qquad\quad = 3^{-\frac{9}{2}} \times 3^{\frac{5}{2}}$
$\qquad\qquad\quad = 3^{-\frac{9}{2}+\frac{5}{2}} = 3^{-2}$
$\qquad\qquad\quad = \dfrac{1}{3^2} = \dfrac{1}{9}$

0063 답 ④

$\{(-27)^{-2}\}^{\frac{1}{6}} \times 81^{0.75} = \left\{\dfrac{1}{(-27)^2}\right\}^{\frac{1}{6}} \times (3^4)^{\frac{3}{4}}$
$\qquad\qquad\qquad\qquad = \left(\dfrac{1}{3^6}\right)^{\frac{1}{6}} \times 3^3$
$\qquad\qquad\qquad\qquad = (3^{-6})^{\frac{1}{6}} \times 3^3$
$\qquad\qquad\qquad\qquad = 3^{-1} \times 3^3$
$\qquad\qquad\qquad\qquad = 3^2 = 9$

0064 답 ③

$a^{\frac{4}{3}} \times a^{-2} \div a^{\frac{2}{3}} = a^{\frac{4}{3}-2-\frac{2}{3}} = a^{-\frac{4}{3}}$

0065 답 ①

ㄱ. $4^{\frac{1}{3}} \times 4^{\frac{1}{6}} = 4^{\frac{1}{3}+\frac{1}{6}} = 4^{\frac{1}{2}} = (2^2)^{\frac{1}{2}} = 2$ (참)

ㄴ. $(2^3 \times 2^{-9})^{\frac{1}{2}} = (2^{-6})^{\frac{1}{2}} = 2^{-3} = \dfrac{1}{8}$ (참)

ㄷ. $2^{\sqrt{3}} \times 2^{\sqrt{3}} = 2^{2\sqrt{3}}$ (거짓)

ㄹ. $(9^{-2})^{\frac{1}{4}} = (3^{-4})^{\frac{1}{4}} = 3^{-1} = \dfrac{1}{3}$ (참)

ㅁ. $\{(-2)^2\}^{\frac{3}{2}} = (2^2)^{\frac{3}{2}} = 2^3 = 8$ (거짓)

ㅂ. $(\sqrt{3})^{2\sqrt{2}} = \{(\sqrt{3})^2\}^{\sqrt{2}} = 3^{\sqrt{2}}$ (거짓)

따라서 옳은 것은 ㄱ, ㄴ, ㄹ이다.

0066 답 ⑤

$3^{\sqrt{2}} \times 3^{2-\sqrt{2}} \times (2^{\sqrt{3}})^{\frac{\sqrt{3}}{3}} = 3^{\sqrt{2}+(2-\sqrt{2})} \times 2 = 3^2 \times 2 = 18$

0067 답 ①

$(a^{\sqrt{3}})^{\frac{\sqrt{3}}{2}} \times a^{\frac{1}{2}} \div (a^{\frac{3}{2}})^{\frac{4}{3}} = a^{\frac{3}{2}} \times a^{\frac{1}{2}} \div a^2$
$\qquad\qquad\qquad\qquad\qquad = a^{\frac{3}{2}+\frac{1}{2}-2}$
$\qquad\qquad\qquad\qquad\qquad = a^0 = 1$

0068 답 ③

$3^a = 4$이므로

$\left(\dfrac{1}{27}\right)^{\frac{a}{6}} = \left(\dfrac{1}{3^3}\right)^{\frac{a}{6}} = (3^{-3})^{\frac{a}{6}} = 3^{-\frac{a}{2}}$
$\qquad\qquad = (3^a)^{-\frac{1}{2}} = 4^{-\frac{1}{2}} = (2^2)^{-\frac{1}{2}}$
$\qquad\qquad = 2^{-1} = \dfrac{1}{2}$

0069 답 ③

계산 과정 ③, 즉 $(-1)^{2 \times \frac{1}{2}} = \{(-1)^2\}^{\frac{1}{2}}$에서 지수가 유리수를 포함하므로 밑은 양수이어야 지수법칙을 이용할 수 있다.

하지만 밑 -1은 음수이므로 지수법칙을 이용할 수 없다.

0070 답 $\dfrac{5}{4}$

$(a^6 b^{-\frac{1}{2}})^{\frac{1}{2}} \div \left(\dfrac{a^2}{b}\right)^{\frac{1}{4}} \times (a^{-2})^k = a^3 b^{-\frac{1}{4}} \div a^{\frac{1}{2}} b^{-\frac{1}{4}} \times a^{-2k}$
$\qquad\qquad\qquad\qquad\qquad\qquad = a^{3-\frac{1}{2}-2k} b^{-\frac{1}{4}+\frac{1}{4}}$
$\qquad\qquad\qquad\qquad\qquad\qquad = a^{\frac{5}{2}-2k}$

이므로 $a^{\frac{5}{2}-2k} = 1$에서 $\dfrac{5}{2} - 2k = 0$ $\therefore k = \dfrac{5}{4}$

실수 Check

$\left(\dfrac{b^m}{a^m}\right)^p \neq a^{mp} b^{mp}$임에 주의한다.

Plus 문제

0070-1

$a > 0$, $b > 0$일 때, 다음을 만족시키는 실수 k의 값을 구하시오. (단, $a \neq 1$)

$$\sqrt[3]{\dfrac{a^4}{\sqrt{b}}} \div (\sqrt{a^2 b^{-\frac{1}{2}}})^{\frac{1}{3}} \times \left(\dfrac{1}{a^3}\right)^k = 1$$

$\sqrt[3]{\dfrac{a^4}{\sqrt{b}}} \div (\sqrt{a^2 b^{-\frac{1}{2}}})^{\frac{1}{3}} \times \left(\dfrac{1}{a^3}\right)^k$
$= (a^4 b^{-\frac{1}{2}})^{\frac{1}{3}} \div (ab^{-\frac{1}{2}})^{\frac{1}{3}} \times a^{-3k}$
$= a^{\frac{4}{3}} b^{-\frac{1}{6}} \div a^{\frac{1}{3}} b^{-\frac{1}{6}} \times a^{-3k}$
$= a^{\frac{4}{3}-\frac{1}{3}-3k} b^{-\frac{1}{6}+\frac{1}{6}}$
$= a^{1-3k}$

이므로 $a^{1-3k}=1$에서

$1-3k=0$

$\therefore k=\dfrac{1}{3}$

답 $\dfrac{1}{3}$

0071 답 ②

$(2^{\sqrt{3}}\times 4)^{\sqrt{3}-2}=(2^{\sqrt{3}}\times 2^2)^{\sqrt{3}-2}=(2^{\sqrt{3}+2})^{\sqrt{3}-2}$

$\qquad\qquad =2^{(\sqrt{3}+2)(\sqrt{3}-2)}$

$\qquad\qquad =2^{3-4}=2^{-1}=\dfrac{1}{2}$

0072 답 12

$4^a=\dfrac{4}{9}$에서 $(2^a)^2=\left(\dfrac{2}{3}\right)^2$이므로 $2^a=\dfrac{2}{3}$

$\therefore 2^{3-a}=2^3\times 2^{-a}=8\times\dfrac{3}{2}=12$

0073 답 ⑤ | 유형6

> 유리수 a, b에 대하여 $\sqrt{2}\times\sqrt[3]{9}\div\sqrt[6]{6}=2^a\times 3^b$일 때, ab의 값은?
> 단서1
>
> ① $\dfrac{5}{6}$　　　② $\dfrac{2}{3}$　　　③ $\dfrac{1}{2}$
>
> ④ $\dfrac{1}{3}$　　　⑤ $\dfrac{1}{6}$
>
> 단서1 $\sqrt[n]{a}=a^{\frac{1}{n}}$, $(a^m)^{\frac{1}{n}}=a^{\frac{m}{n}}$

STEP1 좌변의 거듭제곱근을 지수로 나타낸 후 지수법칙을 이용하여 간단히 하기

$\sqrt{2}\times\sqrt[3]{9}\div\sqrt[6]{6}=2^{\frac{1}{2}}\times 9^{\frac{1}{3}}\div 6^{\frac{1}{6}}$

$\qquad\qquad =2^{\frac{1}{2}}\times(3^2)^{\frac{1}{3}}\div(2\times 3)^{\frac{1}{6}}$

$\qquad\qquad =2^{\frac{1}{2}}\times 3^{\frac{2}{3}}\div(2^{\frac{1}{6}}\times 3^{\frac{1}{6}})$

$\qquad\qquad =2^{\frac{1}{2}-\frac{1}{6}}\times 3^{\frac{2}{3}-\frac{1}{6}}$

$\qquad\qquad =2^{\frac{1}{3}}\times 3^{\frac{1}{2}}$

STEP2 ab의 값 구하기

$a=\dfrac{1}{3}$, $b=\dfrac{1}{2}$이므로 $ab=\dfrac{1}{6}$

0074 답 ①

$a=\sqrt[5]{5}=5^{\frac{1}{5}}$이므로

$a^4\times(a^{-2})^3\div a^{\frac{1}{2}}=a^4\times a^{-6}\div a^{\frac{1}{2}}$

$\qquad\qquad =a^{4-6-\frac{1}{2}}=a^{-\frac{5}{2}}$

$\qquad\qquad =(5^{\frac{1}{5}})^{-\frac{5}{2}}=5^{-\frac{1}{2}}$

0075 답 ④

$\sqrt[3]{a^2b^4}\times\sqrt[6]{a^5b}\div\sqrt{ab}=(a^2b^4)^{\frac{1}{3}}\times(a^5b)^{\frac{1}{6}}\div(ab)^{\frac{1}{2}}$

$\qquad\qquad =a^{\frac{2}{3}}\times b^{\frac{4}{3}}\times a^{\frac{5}{6}}\times b^{\frac{1}{6}}\div(a^{\frac{1}{2}}\times b^{\frac{1}{2}})$

$\qquad\qquad =a^{\frac{2}{3}+\frac{5}{6}-\frac{1}{2}}\times b^{\frac{4}{3}+\frac{1}{6}-\frac{1}{2}}$

$\qquad\qquad =ab$

0076 답 ①

$\sqrt{\sqrt{8^4}}\times 16^{-\frac{1}{4}}\div\left(64^{\frac{2}{3}}\right)^{-\frac{1}{4}}=\sqrt[4]{(2^3)^4}\times(2^4)^{-\frac{1}{4}}\div\left\{(2^6)^{\frac{2}{3}}\right\}^{-\frac{1}{4}}$

$\qquad\qquad =2^3\times 2^{-1}\div 2^{-1}$

$\qquad\qquad =2^{3-1+1}$

$\qquad\qquad =2^3$

따라서 $2^k=2^3$이므로 $k=3$

0077 답 1

조건 ㈎에서 $a=\sqrt[12]{b^2}$이므로 $a=b^{\frac{1}{6}}$　　$\therefore p=\dfrac{1}{6}$

조건 ㈏에서 $b^6=\sqrt{c^2}$이므로 $c=b^6$　　$\therefore q=6$

$\therefore pq=\dfrac{1}{6}\times 6=1$

0078 답 ⑤

이차방정식의 근과 계수의 관계에 의하여

$\alpha+\beta=4$, $\alpha\beta=-\dfrac{5}{2}$

이므로

$\sqrt[4]{7^\alpha}\times\sqrt[4]{7^\beta}=7^{\frac{\alpha}{4}}\times 7^{\frac{\beta}{4}}=7^{\frac{\alpha+\beta}{4}}=7^{\frac{4}{4}}=7$,

$(49^\alpha)^\beta=49^{\alpha\beta}=(7^2)^{-\frac{5}{2}}=7^{-5}$

$\therefore \dfrac{\sqrt[4]{7^\alpha}\times\sqrt[4]{7^\beta}}{(49^\alpha)^\beta}=\dfrac{7}{7^{-5}}=7^6$

$\rightarrow$ $\sqrt[4]{7^\alpha}\times\sqrt[4]{7^\beta}$

$\qquad =\sqrt[4]{7^\alpha}\times 7^\beta$

$\qquad =\sqrt[4]{7^{\alpha+\beta}}$

$\qquad =\sqrt[4]{7^4}=7$

> **개념 Check**
>
> **이차방정식의 근과 계수의 관계**
>
> 이차방정식 $ax^2+bx+c=0$의 두 근을 α, β라 하면
>
> (1) 두 근의 합 : $\alpha+\beta=-\dfrac{b}{a}$
>
> (2) 두 근의 곱 : $\alpha\beta=\dfrac{c}{a}$

0079 답 ③

$\sqrt[3]{9}\times 3^{\frac{1}{3}}=(3^2)^{\frac{1}{3}}\times 3^{\frac{1}{3}}=3^{\frac{2}{3}+\frac{1}{3}}=3$

0080 답 ④ | 유형7

> $a>0$, $a\neq 1$일 때, $\sqrt[4]{a\sqrt{a}\sqrt[3]{a^4}}\div\sqrt[3]{a\sqrt[3]{a^k}}=1$을 만족시키는 실수 k의 값
> 단서1　　　　　　단서2
>
> 을 $\dfrac{q}{p}$라 하자. $p+q$의 값은? (단, p, q는 서로소인 자연수이다.)
>
> ① 29　　　② 31　　　③ 33
>
> ④ 35　　　⑤ 37
>
> 단서1 $\sqrt[n]{a}=a^{\frac{1}{n}}$, $\sqrt[m]{\sqrt[n]{a}}=\sqrt[mn]{a}=a^{\frac{1}{mn}}$
>
> 단서2 a의 지수가 0임을 이용

STEP1 좌변의 거듭제곱근을 지수로 나타낸 후 지수법칙을 이용하여 간단히 하기

$\sqrt[4]{a\sqrt{a}\sqrt[3]{a^4}}\div\sqrt[3]{a\sqrt[3]{a^k}}=\sqrt[4]{a}\times\sqrt[8]{a}\times\sqrt[12]{a^4}\div(\sqrt[3]{a}\times\sqrt[9]{a^k})$

$$= a^{\frac{1}{4}} \times a^{\frac{1}{8}} \times a^{\frac{1}{3}} \div \left(a^{\frac{1}{3}} \times a^{\frac{k}{9}} \right)$$

$$= a^{\frac{1}{4} + \frac{1}{8} + \frac{1}{3} - \frac{1}{3} - \frac{k}{9}} = a^{\frac{3}{8} - \frac{k}{9}}$$

STEP2 실수 k의 값 구하기

$a^{\frac{3}{8} - \frac{k}{9}} = 1$에서 $\dfrac{3}{8} - \dfrac{k}{9} = 0$

$\dfrac{k}{9} = \dfrac{3}{8}$ $\therefore k = \dfrac{27}{8}$

STEP3 $p+q$의 값 구하기

$p=8$, $q=27$이므로 $p+q=35$

0081 답 ⑤

$$\sqrt[7]{a \sqrt{a \sqrt{a}}} = \sqrt[7]{a} \times \sqrt[14]{a} \times \sqrt[28]{a}$$

$$= a^{\frac{1}{7}} \times a^{\frac{1}{14}} \times a^{\frac{1}{28}}$$

$$= a^{\frac{1}{7} + \frac{1}{14} + \frac{1}{28}} = a^{\frac{1}{4}}$$

0082 답 ⑤

$$\sqrt{8 \sqrt[3]{4 \sqrt[4]{2}}} = \sqrt{8} \times \sqrt[6]{4} \times \sqrt[24]{2} = (2^3)^{\frac{1}{2}} \times (2^2)^{\frac{1}{6}} \times 2^{\frac{1}{24}}$$

$$= 2^{\frac{3}{2}} \times 2^{\frac{1}{3}} \times 2^{\frac{1}{24}} = 2^{\frac{3}{2} + \frac{1}{3} + \frac{1}{24}}$$

$$= 2^{\frac{36+8+1}{24}} = 2^{\frac{45}{24}} = 2^{\frac{15}{8}}$$

$\sqrt[4]{8} = \sqrt[4]{2^3} = 2^{\frac{3}{4}}$

이므로

$$\sqrt{8 \sqrt[3]{4 \sqrt[4]{2}}} \div \sqrt[4]{8} = 2^{\frac{15}{8}} \div 2^{\frac{3}{4}} = 2^{\frac{15}{8} - \frac{3}{4}} = 2^{\frac{9}{8}}$$

따라서 $2^k = 2^{\frac{9}{8}}$이므로 $k = \dfrac{9}{8}$

다른 풀이

$$\sqrt{8 \sqrt[3]{4 \sqrt[4]{2}}} \div \sqrt[4]{8} = \left\{ 8 \times \left(4 \times 2^{\frac{1}{4}} \right)^{\frac{1}{3}} \right\}^{\frac{1}{2}} \div 8^{\frac{1}{4}}$$

$$= \left\{ 2^3 \times \left(2^2 \times 2^{\frac{1}{4}} \right)^{\frac{1}{3}} \right\}^{\frac{1}{2}} \div (2^3)^{\frac{1}{4}}$$

$$= \left\{ 2^3 \times \left(2^{\frac{9}{4}} \right)^{\frac{1}{3}} \right\}^{\frac{1}{2}} \div 2^{\frac{3}{4}}$$

$$= \left(2^3 \times 2^{\frac{3}{4}} \right)^{\frac{1}{2}} \div 2^{\frac{3}{4}}$$

$$= \left(2^{\frac{15}{4}} \right)^{\frac{1}{2}} \div 2^{\frac{3}{4}}$$

$$= 2^{\frac{15}{8}} \div 2^{\frac{3}{4}}$$

$$= 2^{\frac{15}{8} - \frac{3}{4}} = 2^{\frac{9}{8}}$$

이므로 $2^k = 2^{\frac{9}{8}}$ $\therefore k = \dfrac{9}{8}$

0083 답 ②

$$\sqrt{a \sqrt[3]{a^2 \sqrt[6]{a^5}}} = \sqrt{a} \times \sqrt[6]{a^2} \times \sqrt[12]{a^5}$$

$$= a^{\frac{1}{2}} \times a^{\frac{1}{3}} \times a^{\frac{5}{12}}$$

$$= a^{\frac{6+4+5}{12}}$$

$$= a^{\frac{15}{12}} = a^{\frac{5}{4}}$$

$$\sqrt[3]{\frac{\sqrt{a^{13}}}{\sqrt[4]{a^n}}} = \frac{\sqrt[6]{a^{13}}}{\sqrt[12]{a^n}} = \frac{a^{\frac{13}{6}}}{a^{\frac{n}{12}}} = a^{\frac{13}{6} - \frac{n}{12}}$$

이므로 $a^{\frac{5}{4}} = a^{\frac{13}{6} - \frac{n}{12}}$에서 $\dfrac{5}{4} = \dfrac{13}{6} - \dfrac{n}{12}$

$15 = 26 - n$ $\therefore n = 11$

0084 답 13

$$\sqrt[3]{\sqrt[4]{a^3}} \div \sqrt[6]{a \sqrt{a^k}} = \sqrt[12]{a^3} \div \left(\sqrt[6]{a} \times \sqrt[12]{a^k} \right)$$

$$= a^{\frac{1}{4}} \div \left(a^{\frac{1}{6}} \times a^{\frac{k}{12}} \right)$$

$$= a^{\frac{1}{4} - \frac{1}{6} - \frac{k}{12}}$$

$$= a^{\frac{3-2-k}{12}} = a^{\frac{1-k}{12}}$$

$\dfrac{1}{a} = a^{-1}$

이므로 $a^{\frac{1-k}{12}} = a^{-1}$에서 $\dfrac{1-k}{12} = -1$

$\therefore k = 13$

0085 답 ⑤

$$\sqrt[4]{a \sqrt{a}} \times \sqrt{a^k} = \sqrt[4]{a} \times \sqrt[8]{a} \times \sqrt{a^k}$$

$$= a^{\frac{1}{4}} \times a^{\frac{1}{8}} \times a^{\frac{k}{2}}$$

$$= a^{\frac{1}{4} + \frac{1}{8} + \frac{k}{2}} = a^{\frac{3+4k}{8}}$$

$$\sqrt[3]{a^2} \times \sqrt[4]{a^3} = a^{\frac{2}{3}} \times a^{\frac{3}{4}} = a^{\frac{2}{3} + \frac{3}{4}} = a^{\frac{17}{12}}$$

$$\therefore \frac{\sqrt[4]{a \sqrt{a}} \times \sqrt{a^k}}{\sqrt[3]{a^2} \times \sqrt[4]{a^3}} = \frac{a^{\frac{3+4k}{8}}}{a^{\frac{17}{12}}} = a^{\frac{3+4k}{8} - \frac{17}{12}}$$

이때 $a^{\frac{3+4k}{8} - \frac{17}{12}} = 1$이므로

$$\frac{3+4k}{8} - \frac{17}{12} = 0, \; 3 + 4k = \frac{34}{3}$$

$4k = \dfrac{25}{3}$ $\therefore k = \dfrac{25}{12}$

다른 풀이

$$\frac{\sqrt[4]{a \sqrt{a}} \times \sqrt{a^k}}{\sqrt[3]{a^2} \times \sqrt[4]{a^3}} = \left(a^{\frac{3}{2}} \right)^{\frac{1}{4}} \times a^{\frac{k}{2}} \div \left(a^{\frac{2}{3}} \times a^{\frac{3}{4}} \right)$$

$$= a^{\frac{3}{8} + \frac{k}{2}} \div a^{\frac{2}{3} + \frac{3}{4}}$$

$$= a^{\frac{3+4k}{8} - \frac{17}{12}} = 1 = a^0$$

이므로 $\dfrac{3+4k}{8} - \dfrac{17}{12} = 0$에서 $k = \dfrac{25}{12}$

0086 답 ④

$$\sqrt{a \sqrt[3]{a \sqrt[9]{a^2}}} = \sqrt{a} \times \sqrt[6]{a} \times \sqrt[18]{a^2} = a^{\frac{1}{2}} \times a^{\frac{1}{6}} \times a^{\frac{1}{9}}$$

$$= a^{\frac{1}{2} + \frac{1}{6} + \frac{1}{9}} = a^{\frac{9+3+2}{18}} = a^{\frac{7}{9}}$$

$$\sqrt[9]{a \sqrt[3]{a^n}} = \sqrt[9]{a} \times \sqrt[27]{a^n} = a^{\frac{1}{9}} \times a^{\frac{n}{27}} = a^{\frac{3+n}{27}}$$

$$\therefore \sqrt{a \sqrt[3]{a \sqrt[9]{a^2}}} \div \sqrt[9]{a \sqrt[3]{a^n}} = a^{\frac{7}{9}} \div a^{\frac{3+n}{27}} = a^{\frac{7}{9} - \frac{3+n}{27}} = a^{\frac{18-n}{27}}$$

이때 $a^{\frac{18-n}{27}} = 1$이므로

$\dfrac{18-n}{27} = 0$ $\therefore n = 18$

다른 풀이

$$\sqrt{a \sqrt[3]{a \sqrt[9]{a^2}}} \div \sqrt[9]{a \sqrt[3]{a^n}}$$

$$= a^{\frac{1}{2}} \times a^{\frac{1}{6}} \times a^{\frac{2}{18}} \div \left(a^{\frac{1}{9}} \times a^{\frac{n}{27}} \right)$$

$$= a^{\frac{1}{2} + \frac{1}{6} + \frac{2}{18} - \frac{1}{9} - \frac{n}{27}}$$

$$= a^{\frac{2}{3} - \frac{n}{27}} = 1 = a^0$$

이므로 $\dfrac{2}{3} - \dfrac{n}{27} = 0$에서 $n = 18$

0087 답 22

$$\sqrt{2\sqrt{2\sqrt{2}}} \times \sqrt{\sqrt{\sqrt{2}}} = \sqrt{2} \times \sqrt[4]{2} \times \sqrt[8]{2} \times \sqrt[8]{2}$$
$$= 2^{\frac{1}{2}} \times 2^{\frac{1}{4}} \times 2^{\frac{1}{8}} \times 2^{\frac{1}{8}}$$
$$= 2^{\frac{1}{2}+\frac{1}{4}+\frac{1}{8}+\frac{1}{8}} = 2$$

$$\sqrt[3]{\frac{\sqrt{2^k}}{\sqrt[6]{2}}} = \frac{\sqrt[6]{2^k}}{\sqrt[18]{2}} = \frac{2^{\frac{k}{6}}}{2^{\frac{1}{18}}} = 2^{\frac{k}{6}-\frac{1}{18}}$$

이므로 $2 = 2^{\frac{k}{6}-\frac{1}{18}}$에서 $\frac{k}{6} - \frac{1}{18} = 1$

$$\frac{k}{6} = \frac{19}{18} \qquad \therefore k = \frac{19}{3}$$

따라서 $p=3$, $q=19$이므로

$$p+q=22$$

0088 답 ②

$$\sqrt{\sqrt[m]{4}} \times \sqrt[n]{\sqrt[4]{2}} = \sqrt[2m]{\sqrt{2^2}} \times \sqrt[4n]{2} = 2^{\frac{1}{m}} \times 2^{\frac{1}{4n}} = 2^{\frac{1}{m}+\frac{1}{4n}}$$

$$\sqrt[3]{2} = 2^{\frac{1}{3}}$$

이므로 $2^{\frac{1}{m}+\frac{1}{4n}} = 2^{\frac{1}{3}}$에서 $\frac{1}{m} + \frac{1}{4n} = \frac{1}{3}$

$12n + 3m = 4mn$, $(m-3)(4n-3) = 9$

이때 m, n은 2 이상의 자연수이므로 위의 식을 만족시키는 m, n의 값은 $m=4$, $n=3$이다.

$$\therefore m+n = 4+3 = 7$$

실수 Check

$(m-3)(4n-3)=9$에서

(i) $m-3=1$, $4n-3=9$일 때, $m=4$, $n=3$

(ii) $m-3=3$, $4n-3=3$일 때, $m=6$, $n=\frac{3}{2}$

(iii) $m-3=9$, $4n-3=1$일 때, $m=12$, $n=1$

이므로 조건을 만족시키는 경우는 $m=4$, $n=3$일 때이다.

0089 답 ④ | 유형8

> $8^2=a$, $9^2=b$일 때, 18^{10}을 a, b를 사용하여 나타낸 것은?
> 단서2   단서1
> ① $a^{\frac{3}{2}}b^{\frac{9}{2}}$ ② $a^{\frac{3}{2}}b^{\frac{19}{4}}$ ③ $a^{\frac{5}{3}}b^{\frac{19}{4}}$
> ④ $a^{\frac{5}{3}}b^5$ ⑤ a^2b^5
>
> 단서1 18을 소인수분해
> 단서2 8, 9를 소인수분해한 후, 문자 a, b의 유리수 지수로 각각 변형

STEP1 a의 유리수 지수로 나타내기

$8^2 = (2^3)^2 = 2^6 = a$에서 $2 = a^{\frac{1}{6}}$

STEP2 b의 유리수 지수로 나타내기

$9^2 = (3^2)^2 = 3^4 = b$에서 $3 = b^{\frac{1}{4}}$

STEP3 18^{10}을 a, b를 사용하여 나타내기

$$18^{10} = (2 \times 3^2)^{10} = 2^{10} \times 3^{20}$$
$$= (a^{\frac{1}{6}})^{10} \times (b^{\frac{1}{4}})^{20} = a^{\frac{5}{3}}b^5$$

0090 답 ④

$a = 8^2 = (2^3)^2 = 2^6$이므로 $2 = a^{\frac{1}{6}}$

$$\therefore 1024^2 = (2^{10})^2 = 2^{20} = (a^{\frac{1}{6}})^{20} = a^{\frac{10}{3}}$$

0091 답 ①

$2^{30} = a$에서 $2 = a^{\frac{1}{30}}$

$3^{12} = b$에서 $3 = b^{\frac{1}{12}}$

$$\therefore 288 = 2^5 \times 3^2 = (a^{\frac{1}{30}})^5 \times (b^{\frac{1}{12}})^2 = a^{\frac{1}{6}}b^{\frac{1}{6}}$$

다른 풀이

$$288 = 2^5 \times 3^2 = \sqrt[6]{2^{30} \times 3^{12}} = \sqrt[6]{ab} = a^{\frac{1}{6}}b^{\frac{1}{6}}$$

0092 답 ④

$a = \sqrt{3}$에서 $a^2 = 3$

$b = \sqrt[5]{2^2}$에서 $b^{\frac{5}{2}} = 2$

$$\therefore 18^{\frac{1}{2}} = (3^2 \times 2)^{\frac{1}{2}} = (a^4 \times b^{\frac{5}{2}})^{\frac{1}{2}} = a^2 b^{\frac{5}{4}}$$

0093 답 ④

$a = \sqrt[5]{2^2}$에서 $a^{\frac{5}{2}} = 2$

$b = \sqrt[3]{5}$에서 $b^3 = 5$

$$\therefore \sqrt[12]{10^6} = 10^{\frac{1}{2}} = (2 \times 5)^{\frac{1}{2}} = (a^{\frac{5}{2}} \times b^3)^{\frac{1}{2}} = a^{\frac{5}{4}}b^{\frac{3}{2}}$$

0094 답 29

$a = 16^2 = (2^4)^2 = 2^8$에서 $a^{\frac{1}{8}} = 2$이므로

$$128^3 = (2^7)^3 = 2^{21} = (a^{\frac{1}{8}})^{21} = a^{\frac{21}{8}}$$

$a^{\frac{21}{8}} = a^{\frac{q}{p}}$에서 $\frac{q}{p} = \frac{21}{8}$

따라서 $p=8$, $q=21$이므로

$$p+q=29$$

0095 답 ③ | 유형9

> $\left(\dfrac{1}{64}\right)^{\frac{1}{n}}$이 자연수가 되도록 하는 모든 정수 n의 값 중 최댓값을 a, 최
> 단서1   단서2
> 솟값을 b라 할 때, $a-b$의 값은?
> ① 3   ② 4   ③ 5
> ④ 6   ⑤ 7
>
> 단서1 자연수의 거듭제곱 꼴로 변형
> 단서2 지수가 자연수가 되게 하는 n의 값

STEP1 자연수가 되기 위한 n의 조건 구하기

$$\left(\frac{1}{64}\right)^{\frac{1}{n}} = (2^{-6})^{\frac{1}{n}} = 2^{-\frac{6}{n}}$$

$2^{-\frac{6}{n}}$이 자연수가 되기 위해서는 n이 6의 음의 약수이어야 한다.

STEP2 $a-b$의 값 구하기 $2^{-1}=\frac{1}{2}$, $2^{\frac{1}{2}}=\sqrt{2}$이므로 거듭제곱의 지수 부분이 0 또는 자연수이어야만 거듭제곱이 자연수가 된다.

즉, 정수 n의 값은 -1, -2, -3, -6이므로

$a=-1$, $b=-6$

$$\therefore a-b = 5$$

0096 답 ⑤

$a^6 = 3$에서 $a = 3^{\frac{1}{6}}$

$b^5=7$에서 $b=7^{\frac{1}{5}}$

$c^2=11$에서 $c=11^{\frac{1}{2}}$

이므로 $(abc)^n=\left(3^{\frac{1}{6}}\times7^{\frac{1}{5}}\times11^{\frac{1}{2}}\right)^n=3^{\frac{n}{6}}\times7^{\frac{n}{5}}\times11^{\frac{n}{2}}$이 자연수가 되기 위해서는 n은 2, 5, 6의 공배수이어야 한다.

따라서 n의 최솟값은 2, 5, 6의 최소공배수이므로 30이다.

0097 답 ⑤

$\left(\dfrac{1}{729}\right)^{-\frac{1}{n}}=\left(3^{-6}\right)^{-\frac{1}{n}}=3^{\frac{6}{n}}$

$3^{\frac{6}{n}}$이 자연수가 되기 위해서는 n은 6의 양의 약수이어야 한다.

즉, 정수 n의 값은 1, 2, 3, 6이므로 모든 정수 n의 값의 합은

$1+2+3+6=12$

0098 답 ①

$\left(\dfrac{1}{8}\right)^{\frac{4}{n}}=\left(2^{-3}\right)^{\frac{4}{n}}=2^{-\frac{12}{n}}$

$81^{-\frac{1}{n}}=\left(3^4\right)^{-\frac{1}{n}}=3^{-\frac{4}{n}}$

$\left(\dfrac{1}{8}\right)^{\frac{4}{n}}$과 $81^{-\frac{1}{n}}$이 모두 자연수가 되기 위해서는 $n<0$이고 $|n|$은 12와 4의 공약수이어야 한다.

즉, 정수 n의 값은 -1, -2, -4이므로 모든 정수 n의 값의 곱은

$(-1)\times(-2)\times(-4)=-8$

0099 답 ③

$\left(\sqrt{2^n}\right)^{\frac{1}{2}}=\left(2^{\frac{n}{2}}\right)^{\frac{1}{2}}=2^{\frac{n}{4}}$

$\sqrt[n]{2^{100}}=2^{\frac{100}{n}}$

$2^{\frac{n}{4}}$과 $2^{\frac{100}{n}}$이 모두 자연수가 되기 위해서는 $n\geq2$이고 n은 4의 배수이면서 100의 양의 약수이어야 한다.

즉, 자연수 n의 값은 4, 20, 100이므로 모든 자연수 n의 값의 합은

$4+20+100=124$

0100 답 ③

$\left(n^{\frac{3}{5}}\right)^{\frac{1}{3}}=n^{\frac{1}{5}}$

$n^{\frac{1}{5}}$이 자연수가 되기 위해서는 자연수 n이 어떤 자연수의 다섯제곱 꼴이어야 한다.

즉, $1^5=1$, $2^5=32$, $3^5=243$, $\cdots$에서 100 이하의 자연수 중 n의 값이 될 수 있는 것은 1, 32이다.

따라서 모든 자연수 n의 값의 합은

$1+32=33$

0101 답 ⑤

$\sqrt[3]{2m}\times\sqrt{n^3}=(2m)^{\frac{1}{3}}\times n^{\frac{3}{2}}$이 자연수가 되기 위해서는 $(2m)^{\frac{1}{3}}$과 $n^{\frac{3}{2}}$이 모두 자연수이어야 한다.

$(2m)^{\frac{1}{3}}$이 자연수가 되기 위해서는 $m=2^2\times k^3$ (k는 자연수)이어야 하므로 120 이하의 자연수 중 m의 값이 될 수 있는 것은

$2^2\times1^3$, $2^2\times2^3$, $2^2\times3^3$, 즉 4, 32, 108

또한, $n^{\frac{3}{2}}$이 자연수가 되기 위해서는 $n=l^2$ (l은 자연수)이어야 하

므로 10 이하의 자연수 중 n의 값이 될 수 있는 것은

1^2, 2^2, 3^2, 즉 1, 4, 9

따라서 $m+n$의 최댓값은

$108+9=117$

0102 답 40

$\left(\sqrt[4]{2^3}\right)^{\frac{1}{2}}$이 어떤 자연수 N의 n제곱근이라 하면

$N=\left\{\left(\sqrt[4]{2^3}\right)^{\frac{1}{2}}\right\}^n=\left\{\left(2^{\frac{3}{4}}\right)^{\frac{1}{2}}\right\}^n=\left(2^{\frac{3}{8}}\right)^n=2^{\frac{3n}{8}}$

이므로 $\dfrac{3n}{8}$이 자연수이어야 한다.

즉, 자연수 n은 8의 배수이어야 하므로 $2\leq n\leq50$인 자연수 중에서 n의 값은 8, 16, 24, 32, 40, 48이다.

따라서 n의 최댓값은 48, 최솟값은 8이므로 $a=48$, $b=8$

$\therefore a-b=40$

> **실수 Check**
>
> 어떤 자연수의 n제곱근이라는 것은 n번 곱한 값이 어떤 자연수가 되는 것임을 알고 문제를 해결한다.

0103 답 ①

(i) $\sqrt{\dfrac{3^m\times5^n}{3}}=\sqrt{3^{m-1}\times5^n}$이 자연수이므로 자연수 m, n에 대하여

$m-1$은 0 또는 2의 배수, n은 2의 배수이어야 한다.

$m-1=2k$ (k는 음이 아닌 정수), $n=2l$ (l은 자연수)

$\therefore m=2k+1=1$, 3, 5, $\cdots$

$n=2$, 4, 6, $\cdots$

(ii) $\sqrt[3]{\dfrac{2^n}{3^{m+1}}}=\dfrac{2^{\frac{n}{3}}}{3^{\frac{m+1}{3}}}$이 유리수이므로 자연수 m, n에 대하여 $\dfrac{n}{3}$과

$\dfrac{m+1}{3}$이 모두 자연수이어야 한다.

즉, $m+1$과 n이 모두 3의 배수이어야 하므로

$m+1=3p$, $n=3q$ (p, q는 자연수)

$\therefore m=3p-1=2$, 5, 8, $\cdots$

$n=3$, 6, 9, $\cdots$

(i), (ii)를 동시에 만족시키는 m의 최솟값은 5, n의 최솟값은 6이므로 $m+n$의 최솟값은

$5+6=11$

> **실수 Check**
>
> 자연수 m, n에 대하여 $\sqrt{3^{m-1}\times5^n}$이 자연수가 되는 경우는 $m-1=0$, $n=2l$ (l은 자연수)인 경우도 있음에 주의한다.

Plus 문제

0103-1

두 자연수 a, b에 대하여

$\sqrt{\dfrac{2^a\times5^b}{2}}$이 자연수, $\sqrt[3]{\dfrac{3^b}{2^{a+1}}}$이 유리수

일 때, $a+b$의 최솟값을 구하시오.

(i) $\sqrt{\dfrac{2^a \times 5^b}{2}} = \sqrt{2^{a-1} \times 5^b}$ 이 자연수이므로 자연수 a, b에 대

하여 $a-1$은 0 또는 2의 배수, b는 2의 배수이어야 한다.

$a-1=2m$ (m은 음이 아닌 정수), $b=2n$ (n은 자연수)

$\therefore a=2m+1=1,\ 3,\ 5,\ \cdots$

$\quad b=2,\ 4,\ 6,\ \cdots$

(ii) $\sqrt[3]{\dfrac{3^b}{2^{a+1}}} = \dfrac{3^{\frac{b}{3}}}{2^{\frac{a+1}{3}}}$ 이 유리수이므로 자연수 a, b에 대하여

$\dfrac{b}{3}$, $\dfrac{a+1}{3}$ 이 모두 자연수이어야 한다.

즉, $a+1$과 b가 모두 3의 배수이어야 하므로

$a+1=3k$, $b=3l$ (k, l은 자연수)

$\therefore a=3k-1=2,\ 5,\ 8,\ \cdots$

$\quad b=3,\ 6,\ 9,\ \cdots$

(i), (ii)를 동시에 만족시키는 a의 최솟값은 5, b의 최솟값은

6이므로 $a+b$의 최솟값은

$5+6=11$

답 11

0104 답 ⑤

$\sqrt[5]{8}$ 이 어떤 자연수 N의 n제곱근이므로

$N=(\sqrt[5]{8})^n=8^{\frac{n}{5}}=(2^3)^{\frac{n}{5}}=2^{\frac{3n}{5}}$

이때 N은 자연수이므로 $\dfrac{3n}{5}$ 이 자연수이어야 한다. 즉, 자연수 n

은 5의 배수이어야 하므로 두 자리 자연수 n은 10, 15, 20, $\cdots$, 95

이고 n의 개수는 18이다.

0105 답 12

$(\sqrt{2\sqrt[3]{4}})^n = (\sqrt{2 \times 2^{\frac{2}{3}}})^n = (\sqrt{2^{\frac{5}{3}}})^n = 2^{\frac{5n}{6}}$

$2^{\frac{5n}{6}}$ 이 자연수가 되기 위해서는 자연수 n은 6의 배수이어야 한다.

$n=6$일 때, $2^5=32$

$n=12$일 때, $(2^5)^2=2^{10}=1024$

$n=18$일 때, $(2^5)^3=2^{15}=32768$

$\qquad \vdots$

즉, $(\sqrt{2\sqrt[3]{4}})^n = 2^{\frac{5n}{6}}$ 이 네 자리 자연수가 되도록 하는 자연수 n의

값은 12이다.

0106 답 ③

$(\sqrt[n]{a})^3 = a^{\frac{3}{n}}$

(i) $a=4$일 때, $4^{\frac{3}{n}} = (2^2)^{\frac{3}{n}} = 2^{\frac{6}{n}}$

즉, $2^{\frac{6}{n}}$ 이 자연수가 되기 위해서는 n이 6의 양의 약수이어야

하므로 2 이상의 자연수 n의 값은 2, 3, 6이다.

$\therefore f(4)=6$

(ii) $a=27$일 때, $27^{\frac{3}{n}} = (3^3)^{\frac{3}{n}} = 3^{\frac{9}{n}}$

즉, $3^{\frac{9}{n}}$ 이 자연수가 되기 위해서는 n이 9의 양의 약수이어야 하

므로 2 이상의 자연수 n의 값은 3, 9이다.

$\therefore f(27)=9$

(i), (ii)에서 $f(4)+f(27)=6+9=15$

실수 Check

$a^{\frac{m}{n}}$ (a는 소수)이 자연수가 되기 위해서는 n은 m의 약수 (m은 n의 배수)이어야 한다.

0107 답 ⑤ 　　　　　　　　　　 유형10

세 수 $A=\sqrt{\sqrt[3]{16}}$, $B=\sqrt[4]{5}$, $C=\sqrt[3]{\sqrt{10}}$ 의 대소 관계로 옳은 것은?

단서1　　　　　　　　단서2

① $A<B<C$　　② $A<C<B$　　③ $B<A<C$

④ $B<C<A$　　⑤ $C<B<A$

단서1 A, B, C 각각을 2, 5, 10의 유리수 지수로 변형

단서2 지수의 분모를 통일하여 각각의 수를 비교

STEP1 **거듭제곱근을 유리수 지수로 나타내기**

$A=\sqrt{\sqrt[3]{16}}=\sqrt[6]{2^4}=(2^4)^{\frac{1}{6}}=2^{\frac{2}{3}}$

$B=\sqrt[4]{5}=5^{\frac{1}{4}}$

$C=\sqrt[3]{\sqrt{10}}=\sqrt[6]{10}=10^{\frac{1}{6}}$

STEP2 **최소공배수를 이용하여 지수의 분모를 통일한 후 대소 비교하기**

3, 4, 6의 최소공배수가 12이므로

$A=2^{\frac{2}{3}}=2^{\frac{8}{12}}=(2^8)^{\frac{1}{12}}=256^{\frac{1}{12}}$

$B=5^{\frac{1}{4}}=5^{\frac{3}{12}}=(5^3)^{\frac{1}{12}}=125^{\frac{1}{12}}$

$C=10^{\frac{1}{6}}=10^{\frac{2}{12}}=(10^2)^{\frac{1}{12}}=100^{\frac{1}{12}}$

따라서 $100^{\frac{1}{12}}<125^{\frac{1}{12}}<256^{\frac{1}{12}}$ 이므로

$C<B<A$

다른 풀이 1

$A=\sqrt[3]{2^2}$, $B=\sqrt[4]{5}$, $C=\sqrt[6]{10}$

3, 4, 6의 최소공배수가 12이므로

$A=\sqrt[12]{2^8}$, $B=\sqrt[12]{5^3}$, $C=\sqrt[12]{10^2}$

따라서 $A=\sqrt[12]{256}$, $B=\sqrt[12]{125}$, $C=\sqrt[12]{100}$ 이므로

$C<B<A$

다른 풀이 2

$A=\sqrt{\sqrt[3]{16}}=2^{\frac{2}{3}}$, $B=\sqrt[4]{5}=5^{\frac{1}{4}}$, $C=\sqrt[3]{\sqrt{10}}=10^{\frac{1}{6}}$

3, 4, 6의 최소공배수가 12이므로

$A^{12}=(2^{\frac{2}{3}})^{12}=2^8=256$

$B^{12}=(5^{\frac{1}{4}})^{12}=5^3=125$

$C^{12}=(10^{\frac{1}{6}})^{12}=10^2=100$

$\therefore C<B<A$

0108 답 ②

$\sqrt[3]{3}=3^{\frac{1}{3}}$, $\sqrt[4]{6}=6^{\frac{1}{4}}$, $\sqrt[6]{12}=12^{\frac{1}{6}}$

3, 4, 6의 최소공배수가 12이므로

$(3^{\frac{1}{3}})^{12}=3^4=81$

$(6^{\frac{1}{4}})^{12}=6^3=216$

$(12^{\frac{1}{6}})^{12}=12^2=144$

따라서 $81<144<216$이므로

$\sqrt[3]{3}<\sqrt[6]{12}<\sqrt[4]{6}$

0109 답 ①

$A=\sqrt[3]{\sqrt{3}}=\sqrt[6]{3}$, $B=\sqrt[4]{\sqrt{5}}=\sqrt[8]{5}$, $C=\sqrt{2\sqrt{2}}=\sqrt{\sqrt{2^2\times2}}=\sqrt{\sqrt{8}}=\sqrt[4]{8}$

6, 8, 4의 최소공배수가 24이므로

$A=\sqrt[6]{3}=\sqrt[24]{3^4}=\sqrt[24]{81}$

$B=\sqrt[8]{5}=\sqrt[24]{5^3}=\sqrt[24]{125}$

$C=\sqrt[4]{8}=\sqrt[24]{8^6}$

따라서 $\sqrt[24]{81}<\sqrt[24]{125}<\sqrt[24]{8^6}$이므로

$A<B<C$

0110 답 ①

$A=\sqrt[3]{3\sqrt{2}}=\sqrt[3]{\sqrt{3^2\times2}}=\sqrt[3]{\sqrt{18}}=\sqrt[6]{18}$

$B=\sqrt{2\sqrt[3]{3}}=\sqrt{\sqrt[3]{2^3\times3}}=\sqrt{\sqrt[3]{24}}=\sqrt[6]{24}$

$C=\sqrt[3]{3}\times\sqrt[6]{2}=\sqrt[6]{3^2}\times\sqrt[6]{2}=\sqrt[6]{3^2\times2}=\sqrt[6]{54}$

따라서 $\sqrt[6]{18}<\sqrt[6]{24}<\sqrt[6]{54}$이므로

$A<B<C$

0111 답 ④

$A=\sqrt[6]{\dfrac{1}{14}}$, $B=\sqrt[4]{\dfrac{1}{7}}$, $C=\sqrt{\sqrt[3]{\dfrac{1}{15}}}=\sqrt[6]{\dfrac{1}{15}}$

6, 4, 6의 최소공배수가 12이므로

$A=\sqrt[6]{\dfrac{1}{14}}=\sqrt[12]{\left(\dfrac{1}{14}\right)^2}=\sqrt[12]{\dfrac{1}{196}}$

$B=\sqrt[4]{\dfrac{1}{7}}=\sqrt[12]{\left(\dfrac{1}{7}\right)^3}=\sqrt[12]{\dfrac{1}{343}}$

$C=\sqrt[6]{\dfrac{1}{15}}=\sqrt[12]{\left(\dfrac{1}{15}\right)^2}=\sqrt[12]{\dfrac{1}{225}}$

따라서 $\sqrt[12]{\dfrac{1}{343}}<\sqrt[12]{\dfrac{1}{225}}<\sqrt[12]{\dfrac{1}{196}}$이므로

$B<C<A$

→ $a<b<c$일 때 $\dfrac{1}{c}<\dfrac{1}{b}<\dfrac{1}{a}$

0112 답 47

$\sqrt{2\sqrt[3]{2}}=\sqrt{\sqrt[3]{2^3\times2}}=\sqrt[6]{16}$

$\sqrt[3]{3\sqrt{3}}=\sqrt[3]{\sqrt{3^2\times3}}=\sqrt[6]{27}$

$\sqrt[3]{4\sqrt{4}}=\sqrt[3]{\sqrt{4^2\times4}}=\sqrt[6]{64}$

이므로 $\sqrt[6]{16}<\sqrt[6]{27}<\sqrt[6]{64}$

$\therefore a=\sqrt[6]{16}$, $b=\sqrt[6]{64}$

따라서 부등식 $\sqrt[6]{16}<\sqrt[6]{n}<\sqrt[6]{64}$를 만족시키는 자연수 n은

17, 18, 19, $\cdots$, 63의 47개이다.

0113 답 ③

$\sqrt[3]{2\sqrt{6}}=\sqrt[3]{\sqrt{2^2\times6}}=\sqrt[3]{\sqrt{24}}=\sqrt[6]{24}$

$\sqrt[3]{\sqrt{21}}=\sqrt[6]{21}$

$\sqrt{2\sqrt[3]{6}}=\sqrt{\sqrt[3]{2^3\times6}}=\sqrt{\sqrt[3]{48}}=\sqrt[6]{48}$

즉, $\sqrt[6]{21}<\sqrt[6]{24}<\sqrt[6]{48}$이므로

$\sqrt[3]{\sqrt{21}}<\sqrt[3]{2\sqrt{6}}<\sqrt{2\sqrt[3]{6}}$

따라서 $M=\sqrt[6]{48}$, $m=\sqrt[6]{21}$이므로

$\left(\dfrac{M}{m}\right)^6=\left(\dfrac{\sqrt[6]{48}}{\sqrt[6]{21}}\right)^6=\left(\sqrt[6]{\dfrac{48}{21}}\right)^6=\dfrac{16}{7}$

다른 풀이

$\sqrt[3]{2\sqrt{6}}=\sqrt[3]{2}\times\sqrt[6]{6}=2^{\frac{1}{3}}\times6^{\frac{1}{6}}=(2^2)^{\frac{1}{6}}\times6^{\frac{1}{6}}=(2^2\times6)^{\frac{1}{6}}=24^{\frac{1}{6}}$

$\sqrt[3]{\sqrt{21}}=\sqrt[6]{21}=21^{\frac{1}{6}}$

$\sqrt{2\sqrt[3]{6}}=\sqrt{2}\times\sqrt[6]{6}=2^{\frac{1}{2}}\times6^{\frac{1}{6}}=(2^3)^{\frac{1}{6}}\times6^{\frac{1}{6}}=(2^3\times6)^{\frac{1}{6}}=48^{\frac{1}{6}}$

즉, $21^{\frac{1}{6}}<24^{\frac{1}{6}}<48^{\frac{1}{6}}$이므로

$\sqrt[3]{\sqrt{21}}<\sqrt[3]{2\sqrt{6}}<\sqrt{2\sqrt[3]{6}}$

따라서 $M=48^{\frac{1}{6}}$, $m=21^{\frac{1}{6}}$이므로

$\left(\dfrac{M}{m}\right)^6=\left(\dfrac{48^{\frac{1}{6}}}{21^{\frac{1}{6}}}\right)^6=\left\{\left(\dfrac{48}{21}\right)^{\frac{1}{6}}\right\}^6=\dfrac{16}{7}$

0114 답 ①

n의 네제곱근 중 양의 실수인 것은 $\sqrt[4]{n}$이므로 $A=\sqrt[4]{n}$

8의 여섯제곱근 중 양의 실수인 것은 $\sqrt[6]{8}$이므로 $B=\sqrt[6]{8}$

4의 세제곱근 중 실수인 것은 $\sqrt[3]{4}$이므로 $C=\sqrt[3]{4}$

4, 6, 3의 최소공배수가 12이므로

세 수를 각각 $\sqrt[12]{a}$ 꼴로 나타내면

$A=\sqrt[4]{n}=\sqrt[12]{n^3}$

$B=\sqrt[6]{8}=\sqrt[12]{8^2}$

$C=\sqrt[3]{4}=\sqrt[12]{4^4}$

이때 $B<A<C$이려면 $\sqrt[12]{8^2}<\sqrt[12]{n^3}<\sqrt[12]{4^4}$, 즉 $8^2<n^3<4^4$

$\therefore 64<n^3<256$

따라서 $4^3=64$, $5^3=125$, $6^3=216$, $7^3=343$이므로 조건을 만족시키는 자연수 n의 값은 5, 6이고, 모든 자연수 n의 값의 합은

$5+6=11$

실수 Check

양수 a의 n제곱근 중 실수인 것은 n이 짝수일 때 $\sqrt[n]{a}$, $-\sqrt[n]{a}$의 2개이고, n이 홀수일 때 $\sqrt[n]{a}$의 1개뿐임을 이용한다.

0115 답 ②

$P=\sqrt[6]{2\sqrt{4}}=\sqrt[6]{\sqrt{2^2\times4}}=\sqrt[6]{\sqrt{16}}=\sqrt[12]{16}$

$Q=\sqrt[8]{3\sqrt[3]{n}}=\sqrt[8]{\sqrt[3]{3^3\times n}}=\sqrt[8]{\sqrt[3]{27n}}=\sqrt[24]{27n}$

이때 $P<Q$이려면 $\sqrt[12]{16}<\sqrt[24]{27n}$

즉, $\sqrt[24]{16^2}<\sqrt[24]{27n}$이므로 $256<27n$

$\therefore n>\dfrac{256}{27}=9.\times\times\times$

따라서 조건을 만족시키는 자연수 n의 값 중 가장 작은 수는 10이다.

실수 Check

근호 안의 수에 미지수가 있을 경우 통일시키기 어려울 때는 제곱근을 통일시켜서 비교한다.

01

0116 답 ③

$a=2$일 때, $\underbrace{(a^{\frac{2}{3}}+a^{-\frac{1}{3}})^3}_{\text{단서1}}+\underbrace{(a^{\frac{2}{3}}-a^{-\frac{1}{3}})^3}_{\text{단서1}}$의 값은?

① 12   ② 13   ③ 14

④ 15   ⑤ 16

단서1 $(x\pm y)^3=x^3\pm 3x^2y+3xy^2\pm y^3$ (복부호 동순)

STEP 1 곱셈 공식을 이용하여 주어진 식 간단히 하기

$a^{\frac{2}{3}}=A$, $a^{-\frac{1}{3}}=B$라 하면

$(a^{\frac{2}{3}}+a^{-\frac{1}{3}})^3+(a^{\frac{2}{3}}-a^{-\frac{1}{3}})^3$

$=(A+B)^3+(A-B)^3$

$=(A^3+3A^2B+3AB^2+B^3)+(A^3-3A^2B+3AB^2-B^3)$

$=2A^3+6AB^2$

$=2A(A^2+3B^2)$

$=2\times a^{\frac{2}{3}}\times(a^{\frac{4}{3}}+3\times a^{-\frac{2}{3}})$

$=2a^2+6$

STEP 2 a의 값을 대입하여 식의 값 구하기

이때 $a=2$이므로

$2a^2+6=2\times 2^2+6=8+6=14$

다른 풀이

$(a^{\frac{2}{3}}+a^{-\frac{1}{3}})^3+(a^{\frac{2}{3}}-a^{-\frac{1}{3}})^3$

$=\{(a^{\frac{2}{3}})^3+3(a^{\frac{2}{3}})^2a^{-\frac{1}{3}}+3a^{\frac{2}{3}}(a^{-\frac{1}{3}})^2+(a^{-\frac{1}{3}})^3\}$
$\qquad\qquad +\{(a^{\frac{2}{3}})^3-3(a^{\frac{2}{3}})^2a^{-\frac{1}{3}}+3a^{\frac{2}{3}}(a^{-\frac{1}{3}})^2-(a^{-\frac{1}{3}})^3\}$

$=2(a^2+3)=2a^2+6$

이때 $a=2$이므로

$2a^2+6=2\times 2^2+6=8+6=14$

0117 답 ①

$\{3^{\sqrt{2}}+(\sqrt{3})^{\sqrt{2}}\}\{3^{\sqrt{2}}-(\sqrt{3})^{\sqrt{2}}\}=(3^{\sqrt{2}})^2-\{(\sqrt{3})^{\sqrt{2}}\}^2$

$\qquad\qquad\qquad\qquad =3^{2\sqrt{2}}-(\sqrt{3^2})^{\sqrt{2}}$

$\qquad\qquad\qquad\qquad =3^{\sqrt{2}+\sqrt{2}}-3^{\sqrt{2}}$

$\qquad\qquad\qquad\qquad =3^{\sqrt{2}}\times 3^{\sqrt{2}}-3^{\sqrt{2}}$

$\qquad\qquad\qquad\qquad =3^{\sqrt{2}}(3^{\sqrt{2}}-1)$

0118 답 6

$(7^{\frac{1}{8}}-1)(7^{\frac{1}{8}}+1)(7^{\frac{1}{4}}+1)(7^{\frac{1}{2}}+1)$ ← $(a-b)(a+b)=a^2-b^2$임을 이용한다.

$=\{(7^{\frac{1}{8}})^2-1\}(7^{\frac{1}{4}}+1)(7^{\frac{1}{2}}+1)$

$=(7^{\frac{1}{4}}-1)(7^{\frac{1}{4}}+1)(7^{\frac{1}{2}}+1)$

$=\{(7^{\frac{1}{4}})^2-1\}(7^{\frac{1}{2}}+1)$

$=(7^{\frac{1}{2}}-1)(7^{\frac{1}{2}}+1)$

$=(7^{\frac{1}{2}})^2-1$

$=7-1=6$

0119 답 ④

$6^{\frac{1}{3}}=A$, $6^{-\frac{2}{3}}=B$라 하면

$(6^{\frac{1}{3}}+6^{-\frac{2}{3}})^3-(6^{\frac{1}{3}}-6^{-\frac{2}{3}})^3$

$=(A+B)^3-(A-B)^3$

$=(A^3+3A^2B+3AB^2+B^3)-(A^3-3A^2B+3AB^2-B^3)$

$=6A^2B+2B^3$

$=2B(3A^2+B^2)$

$=2\times 6^{-\frac{2}{3}}(3\times 6^{\frac{2}{3}}+6^{-\frac{4}{3}})$

$=6+2\times 6^{-2}$

$=6+2\times\dfrac{1}{36}=\dfrac{109}{18}$

따라서 $p=18$, $q=109$이므로

$q-p=91$

0120 답 ④

$(a^{\frac{1}{2}}+a^{-\frac{1}{2}})(a^{\frac{1}{2}}-a^{-\frac{1}{2}})-(a^{\frac{1}{2}}-a^{-\frac{1}{2}})^2$

$=\{(a^{\frac{1}{2}})^2-(a^{-\frac{1}{2}})^2\}-\{(a^{\frac{1}{2}})^2-2a^{\frac{1}{2}}a^{-\frac{1}{2}}+(a^{-\frac{1}{2}})^2\}$

$=(a-a^{-1})-(a-2+a^{-1})$

$=2-2a^{-1}=2-\dfrac{2}{a}$

이때 $a=\dfrac{1}{\sqrt{2}}$, 즉 $\dfrac{1}{a}=\sqrt{2}$이므로

$2-\dfrac{2}{a}=2-2\sqrt{2}$

0121 답 ②

$(x^{\frac{1}{4}}-x^{-\frac{1}{4}})(x^{\frac{1}{4}}+x^{-\frac{1}{4}})(x^{\frac{1}{2}}+x^{-\frac{1}{2}})(x+x^{-1})$

$=(x^{\frac{1}{2}}-x^{-\frac{1}{2}})(x^{\frac{1}{2}}+x^{-\frac{1}{2}})(x+x^{-1})$

$=(x-x^{-1})(x+x^{-1})$

$=x^2-x^{-2}=x^2-\dfrac{1}{x^2}$

이때 $x=\sqrt{2}$, 즉 $x^2=2$이므로

$x^2-\dfrac{1}{x^2}=2-\dfrac{1}{2}=\dfrac{3}{2}$

0122 답 ③

$\dfrac{1}{1-a^{\frac{1}{8}}}+\dfrac{1}{1+a^{\frac{1}{8}}}=\dfrac{1+a^{\frac{1}{8}}+1-a^{\frac{1}{8}}}{(1-a^{\frac{1}{8}})(1+a^{\frac{1}{8}})}=\dfrac{2}{1-a^{\frac{1}{4}}}$

$\dfrac{2}{1-a^{\frac{1}{4}}}+\dfrac{2}{1+a^{\frac{1}{4}}}=\dfrac{2(1+a^{\frac{1}{4}}+1-a^{\frac{1}{4}})}{(1-a^{\frac{1}{4}})(1+a^{\frac{1}{4}})}=\dfrac{4}{1-a^{\frac{1}{2}}}$

$\dfrac{4}{1-a^{\frac{1}{2}}}+\dfrac{4}{1+a^{\frac{1}{2}}}=\dfrac{4(1+a^{\frac{1}{2}}+1-a^{\frac{1}{2}})}{(1-a^{\frac{1}{2}})(1+a^{\frac{1}{2}})}=\dfrac{8}{1-a}$

$\dfrac{8}{1-a}+\dfrac{8}{1+a}=\dfrac{8(1+a+1-a)}{(1-a)(1+a)}=\dfrac{16}{1-a^2}$

이때 $a=\sqrt{3}$이므로

$\dfrac{16}{1-a^2}=\dfrac{16}{1-(\sqrt{3})^2}=-8$

0123 답 ③

$\dfrac{1}{\sqrt{n+1}+\sqrt{n}}=\dfrac{\sqrt{n+1}-\sqrt{n}}{(\sqrt{n+1}+\sqrt{n})(\sqrt{n+1}-\sqrt{n})}$

$\qquad\qquad\qquad =\dfrac{\sqrt{n+1}-\sqrt{n}}{n+1-n}$

$\qquad\qquad\qquad =\sqrt{n+1}-\sqrt{n}$

이므로 $f(n)=5^{\frac{1}{\sqrt{n+1}+\sqrt{n}}}=5^{\sqrt{n+1}-\sqrt{n}}$

$\therefore f(1) \times f(2) \times f(3) \times \cdots \times f(35)$

$\quad =5^{\sqrt{2}-1} \times 5^{\sqrt{3}-\sqrt{2}} \times 5^{\sqrt{4}-\sqrt{3}} \times \cdots \times 5^{\sqrt{36}-\sqrt{35}}$

$\quad =5^{(\sqrt{2}-1)+(\sqrt{3}-\sqrt{2})+(\sqrt{4}-\sqrt{3})+\cdots+(\sqrt{36}-\sqrt{35})}$

$\quad =5^{\sqrt{36}-\sqrt{1}}=5^{6-1}$

$\quad =5^5$

따라서 $5^k=5^5$이므로 $k=5$

0124 답 ③ |유형 12

양수 a에 대하여 $\underline{a+a^{-1}=3}$일 때, $\underline{a^4+a^{-4}}$의 값은?
　　　　　　　　　　단서1　　　　　단서2

① 45　　　　② 46　　　　③ 47

④ 48　　　　⑤ 49

단서1 $a^2+a^{-2}=(a+a^{-1})^2-2$

단서2 $a^4+a^{-4}=(a^2+a^{-2})^2-2$

STEP1 a^2+a^{-2}의 값 구하기

$a^2+a^{-2}=(a+a^{-1})^2-2=3^2-2=7$

STEP2 a^4+a^{-4}의 값 구하기

$a^4+a^{-4}=(a^2+a^{-2})^2-2=7^2-2=47$

0125 답 ④

$a+a^{-1}=(a^{\frac{1}{2}})^2+(a^{-\frac{1}{2}})^2$

$\qquad =(a^{\frac{1}{2}}+a^{-\frac{1}{2}})^2-2a^{\frac{1}{2}} \times a^{-\frac{1}{2}}$

$\qquad =(2\sqrt{3})^2-2$

$\qquad =12-2=10$

다른 풀이

$a^{\frac{1}{2}}+a^{-\frac{1}{2}}=2\sqrt{3}$의 양변을 제곱하면

$a+a^{-1}+2=12$

$\therefore a+a^{-1}=10$

0126 답 ⑤

$a^{\frac{3}{2}}+a^{-\frac{3}{2}}=(a^{\frac{1}{2}}+a^{-\frac{1}{2}})^3-3(a^{\frac{1}{2}}+a^{-\frac{1}{2}})$

$\qquad\qquad =5^3-3\times 5$

$\qquad\qquad =125-15=110$

다른 풀이

$a^{\frac{1}{2}}+a^{-\frac{1}{2}}=5$의 양변을 세제곱하면

$(a^{\frac{1}{2}}+a^{-\frac{1}{2}})^3=125$

$a^{\frac{3}{2}}+3a^{\frac{1}{2}}+3a^{-\frac{1}{2}}+a^{-\frac{3}{2}}=125$

$\therefore a^{\frac{3}{2}}+a^{-\frac{3}{2}}=125-3(a^{\frac{1}{2}}+a^{-\frac{1}{2}})$

$\qquad\qquad =125-15=110$

0127 답 5

$2^x+2^{1-x}=3$의 양변을 제곱하면

$(2^x+2^{1-x})^2=9$

$4^x+4^{1-x}+2\times 2=9$

$\therefore 4^x+4^{1-x}=5$

다른 풀이

$2^x=t\ (t>0)$라 하면 $2^{1-x}=\dfrac{2}{t}$

즉, $2^x+2^{1-x}=3$에서 $t+\dfrac{2}{t}=3$

$\therefore 4^x+4^{1-x}=(2^x)^2+(2^{1-x})^2$

$\qquad\qquad =t^2+\dfrac{4}{t^2}$

$\qquad\qquad =\left(t+\dfrac{2}{t}\right)^2-4$

$\qquad\qquad =9-4=5$

0128 답 ②

$(3^x+3^{-x})^2=9^x+9^{-x}+2=3+2=5$

$\therefore 3^x+3^{-x}=\sqrt{5}\ (\because 3^x+3^{-x}>0)$

다른 풀이

$9^x+9^{-x}=(3^x)^2+(3^{-x})^2$

$\qquad\qquad =(3^x+3^{-x})^2-2=3$

에서 $(3^x+3^{-x})^2=5$

$\therefore 3^x+3^{-x}=\sqrt{5}\ (\because 3^x+3^{-x}>0)$

0129 답 ⑤

$\sqrt{x}+\dfrac{1}{\sqrt{x}}=x^{\frac{1}{2}}+x^{-\frac{1}{2}}=3$이므로

$x+x^{-1}+x^{\frac{3}{2}}+x^{-\frac{3}{2}}$

$=(x^{\frac{1}{2}}+x^{-\frac{1}{2}})^2-2+(x^{\frac{1}{2}}+x^{-\frac{1}{2}})^3-3(x^{\frac{1}{2}}+x^{-\frac{1}{2}})$

$=3^2-2+3^3-3\times 3=25$

개념 Check

양수 a에 대하여

(1) $(a^{\frac{1}{2}}\pm a^{-\frac{1}{2}})^2=a\pm 2+a^{-1}$ (복부호 동순)

(2) $(a^{\frac{1}{3}}\pm a^{-\frac{1}{3}})^3=a\pm 3(a^{\frac{1}{3}}\pm a^{-\frac{1}{3}})\pm a^{-1}$ (복부호 동순)

0130 답 ③

$(a^{\frac{1}{2}}-a^{-\frac{1}{2}})^2=a+a^{-1}-2$에서 $2^2=a+a^{-1}-2$

$\therefore a+a^{-1}=6$

$a^2+a^{-2}=(a+a^{-1})^2-2=6^2-2=34$

$\therefore \dfrac{a^2+a^{-2}+6}{a+a^{-1}+2}=\dfrac{34+6}{6+2}=\dfrac{40}{8}=5$

0131 답 12

$3^a+3^{-a}=(3^{\frac{a}{2}}+3^{-\frac{a}{2}})^2-2$

$\qquad\qquad =(\sqrt{15})^2-2=13$

$\therefore \dfrac{3^{3a}-3^{2a}+3^a}{3^{2a}}=3^a-1+3^{-a}=13-1=12$

다른 풀이

$3^{\frac{a}{2}}+3^{-\frac{a}{2}}=\sqrt{15}$의 양변을 제곱하면

$3^a+2+3^{-a}=15$　　$\therefore 3^a+3^{-a}=13$

$\therefore \dfrac{3^{3a}-3^{2a}+3^a}{3^{2a}}=3^a-1+3^{-a}=13-1=12$

0132 답 ④

$\sqrt{a}=t$라 하면 $a>0$이므로 $t>0$이다.

즉, $a+\dfrac{1}{a}=14$에서 $(\sqrt{a})^2+\dfrac{1}{(\sqrt{a})^2}=14$이므로

$t^2+\dfrac{1}{t^2}=14$

$\left(t+\dfrac{1}{t}\right)^2-2=14$, $\left(t+\dfrac{1}{t}\right)^2=16$

$\therefore t+\dfrac{1}{t}=4 \ (\because t>0)$

$\therefore a^{\frac{3}{2}}+a^{-\frac{3}{2}}=\left(a^{\frac{1}{2}}\right)^3+\left(a^{-\frac{1}{2}}\right)^3=(\sqrt{a})^3+\left(\dfrac{1}{\sqrt{a}}\right)^3$

$\qquad =t^3+\dfrac{1}{t^3}=\left(t+\dfrac{1}{t}\right)^3-3\left(t+\dfrac{1}{t}\right)$

$\qquad =4^3-3\times 4=52$

0133 답 ⑤

$(x-x^{-1})^2=x^2+x^{-2}-2$이고,

$x^2+x^{-2}-2=34-2=32$이므로

$(x-x^{-1})^2=32$

$\therefore x-x^{-1}=\sqrt{32}=4\sqrt{2} \ (\because x-x^{-1}>0)$

$(x^2-x^{-2})^2=(x^2+x^{-2})^2-4=34^2-4=1152$

$\therefore x^2-x^{-2}=\sqrt{1152}=24\sqrt{2} \ (\because x^2-x^{-2}>0)$

$\therefore \dfrac{x-x^{-1}}{x^2-x^{-2}}=\dfrac{4\sqrt{2}}{24\sqrt{2}}=\dfrac{1}{6}$

0134 답 ②

$\underline{4^x+4^{-x}=2}$이므로 → $4^x=(2^x)^2$이므로 2^x, 2^{-x}을 이용한 곱셈 공식을 이용한다.

$(2^x+2^{-x})^2=2^{2x}+2+2^{-2x}=4^x+4^{-x}+2=2+2=4$

$\therefore 2^x+2^{-x}=\sqrt{4}=2 \ (\because 2^x+2^{-x}>0)$

$\left(2^{\frac{x}{2}}+2^{-\frac{x}{2}}\right)^2=2^x+2+2^{-x}=2+2=4$

$\therefore 2^{\frac{x}{2}}+2^{-\frac{x}{2}}=\sqrt{4}=2 \ (\because 2^{\frac{x}{2}}+2^{-\frac{x}{2}}>0)$

따라서 $\left(2^{\frac{x}{4}}+2^{-\frac{x}{4}}\right)^2=2^{\frac{x}{2}}+2+2^{-\frac{x}{2}}=2+2=4$이므로

$2^{\frac{x}{4}}+2^{-\frac{x}{4}}=\sqrt{4}=2 \ (\because 2^{\frac{x}{4}}+2^{-\frac{x}{4}}>0)$

Plus 문제

0134-1

$9^x+9^{-x}=47$일 때, $3^{\frac{x}{4}}+3^{-\frac{x}{4}}$의 값을 구하시오.

$9^x+9^{-x}=47$이므로

$(3^x+3^{-x})^2=3^{2x}+2+3^{-2x}=9^x+9^{-x}+2=49$

$\therefore 3^x+3^{-x}=\sqrt{49}=7 \ (\because 3^x+3^{-x}>0)$

$(3^{\frac{x}{2}}+3^{-\frac{x}{2}})^2=3^x+2+3^{-x}=7+2=9$

$\therefore 3^{\frac{x}{2}}+3^{-\frac{x}{2}}=\sqrt{9}=3 \ (\because 3^{\frac{x}{2}}+3^{-\frac{x}{2}}>0)$

따라서 $(3^{\frac{x}{4}}+3^{-\frac{x}{4}})^2=3^{\frac{x}{2}}+2+3^{-\frac{x}{2}}=3+2=5$이므로

$3^{\frac{x}{4}}+3^{-\frac{x}{4}}=\sqrt{5} \ (\because 3^{\frac{x}{4}}+3^{-\frac{x}{4}}>0)$

답 $\sqrt{5}$

0135 답 ②

$a+b=2$이므로

$2^{-a}+2^{-b}=\dfrac{1}{2^a}+\dfrac{1}{2^b}=\dfrac{2^a+2^b}{2^a\times 2^b}$

$\qquad =\dfrac{2^a+2^b}{2^{a+b}}=\dfrac{2^a+2^b}{2^2}=\dfrac{2^a+2^b}{4}$

또한 $2^a-2^b=x$이므로

$(2^a+2^b)^2=(2^a-2^b)^2+4\times 2^a\times 2^b$

$\qquad =(2^a-2^b)^2+4\times 2^{a+b}$

$\qquad =(2^a-2^b)^2+4\times 2^2$

$\qquad =x^2+16$

$\therefore 2^a+2^b=\sqrt{x^2+16} \ (\because 2^a+2^b>0)$

$\therefore 2^{-a}+2^{-b}=\dfrac{2^a+2^b}{4}=\dfrac{\sqrt{x^2+16}}{4}$

0136 답 ④ | 유형 13

실수 x에 대하여 $\dfrac{2^x-2^{-x}}{2^x+2^{-x}}=\dfrac{1}{2}$일 때, 4^x-4^{-x}의 값은?
단서1

① $\dfrac{5}{3}$ ② 2 ③ $\dfrac{7}{3}$

④ $\dfrac{8}{3}$ ⑤ 3

단서1 분모, 분자에 각각 2^x을 곱하여 식을 변형

STEP1 분모, 분자에 각각 2^x을 곱하여 4^x의 값 구하기

분모, 분자에 각각 2^x을 곱하면

$\dfrac{2^x-2^{-x}}{2^x+2^{-x}}=\dfrac{2^x(2^x-2^{-x})}{2^x(2^x+2^{-x})}=\dfrac{2^{2x}-1}{2^{2x}+1}=\dfrac{4^x-1}{4^x+1}=\dfrac{1}{2}$

$2\times 4^x-2=4^x+1$

$\therefore 4^x=3$

STEP2 4^x-4^{-x}의 값 구하기

$4^x-4^{-x}=4^x-(4^x)^{-1}=3-3^{-1}=3-\dfrac{1}{3}=\dfrac{8}{3}$

0137 답 ③

분모, 분자에 각각 3^a을 곱하면

$\dfrac{3^a-3^{-a}}{3^a+3^{-a}}=\dfrac{3^a(3^a-3^{-a})}{3^a(3^a+3^{-a})}=\dfrac{3^{2a}-1}{3^{2a}+1}=\dfrac{6-1}{6+1}=\dfrac{5}{7}$

따라서 $p=7$, $q=5$이므로

$p+q=12$

0138 답 ②

분모, 분자에 각각 3^{2x}을 곱하면

$\dfrac{3^{6x}-3^{-6x}}{3^{2x}+3^{-2x}}=\dfrac{3^{2x}(3^{6x}-3^{-6x})}{3^{2x}(3^{2x}+3^{-2x})}=\dfrac{3^{8x}-3^{-4x}}{3^{4x}+1}$

$\qquad =\dfrac{(3^{4x})^2-(3^{4x})^{-1}}{3^{4x}+1}$

$\qquad =\dfrac{4-\dfrac{1}{2}}{2+1}=\dfrac{\dfrac{7}{2}}{3}=\dfrac{7}{6}$

0139 답 5

분모, 분자에 각각 a^x을 곱하면

$$\frac{a^{3x}-a^{-3x}}{a^x-a^{-x}}=\frac{a^x(a^{3x}-a^{-3x})}{a^x(a^x-a^{-x})}=\frac{a^{4x}-a^{-2x}}{a^{2x}-1}$$

$$=\frac{(a^{2x})^2-(a^{2x})^{-1}}{a^{2x}-1}=\frac{(2+\sqrt3)^2-\dfrac{1}{2+\sqrt3}}{2+\sqrt3-1}$$

$$=\frac{7+4\sqrt3-2+\sqrt3}{1+\sqrt3}=\frac{5+5\sqrt3}{1+\sqrt3}$$

$$=\frac{5(1+\sqrt3)}{1+\sqrt3}=5$$

다른 풀이

$$\frac{a^{3x}-a^{-3x}}{a^x-a^{-x}}=\frac{(a^x-a^{-x})(a^{2x}+1+a^{-2x})}{a^x-a^{-x}}$$

$$=a^{2x}+1+a^{-2x}$$

$$=2+\sqrt3+1+\frac{1}{2+\sqrt3}$$

$$=3+\sqrt3+2-\sqrt3=5$$

개념 Check

(1) $a^3+b^3=(a+b)(a^2-ab+b^2)$

(2) $a^3-b^3=(a-b)(a^2+ab+b^2)$

(3) $(a+b)^3=a^3+3a^2b+3ab^2+b^3$

(4) $(a-b)^3=a^3-3a^2b+3ab^2-b^3$

0140 답 ②

$a^{-2x}=3$이므로 $a^{2x}=\dfrac{1}{3}$

분모, 분자에 각각 a^x을 곱하면

$$\frac{a^x+a^{-x}}{a^{3x}-a^{-3x}}=\frac{a^x(a^x+a^{-x})}{a^x(a^{3x}-a^{-3x})}=\frac{a^{2x}+1}{a^{4x}-a^{-2x}}$$

$$=\frac{a^{2x}+1}{(a^{2x})^2-(a^{2x})^{-1}}=\frac{\dfrac{1}{3}+1}{\dfrac{1}{9}-3}=-\frac{6}{13}$$

0141 답 ③

$3^{\frac{1}{x}}=4$에서 $4^x=3$

$\therefore 2^{2x}=3$

분모, 분자에 각각 2^x을 곱하면

$$\frac{2^x-2^{-x}}{2^x+2^{-x}}=\frac{2^x(2^x-2^{-x})}{2^x(2^x+2^{-x})}=\frac{2^{2x}-1}{2^{2x}+1}$$

$$=\frac{3-1}{3+1}=\frac{2}{4}=\frac{1}{2}$$

0142 답 9

분모, 분자에 각각 a^x을 곱하면

$$\frac{a^x+a^{-x}}{a^x-a^{-x}}=\frac{a^x(a^x+a^{-x})}{a^x(a^x-a^{-x})}=\frac{a^{2x}+1}{a^{2x}-1}=2$$

$a^{2x}+1=2(a^{2x}-1)$

$\therefore a^{2x}=3$

$\therefore a^{4x}=(a^{2x})^2=3^2=9$

0143 답 ④

$\dfrac{a^x+a^{-x}}{a^x-a^{-x}}=5$에서 $5(a^x-a^{-x})=a^x+a^{-x}$

$4a^x=6a^{-x}$　　$\therefore a^x=\dfrac{3}{2}a^{-x}$

양변에 a^x을 곱하면

$a^{2x}=\dfrac{3}{2}$

$\therefore a^{2x}-a^{-2x}=a^{2x}-(a^{2x})^{-1}=\dfrac{3}{2}-\left(\dfrac{3}{2}\right)^{-1}=\dfrac{3}{2}-\dfrac{2}{3}=\dfrac{5}{6}$

0144 답 ①

분모, 분자에 각각 a^x을 곱하면

$$\frac{a^x-a^{-x}}{a^x+a^{-x}}=\frac{a^x(a^x-a^{-x})}{a^x(a^x+a^{-x})}=\frac{a^{2x}-1}{a^{2x}+1}=\frac{1}{2}$$

$2(a^{2x}-1)=a^{2x}+1$

$a^{2x}=3$

$\therefore a^x=\sqrt3\ (\because a>0)$

따라서 $\dfrac{a^{\frac{1}{2}x}-a^{-\frac{3}{2}x}}{a^{\frac{3}{2}x}+a^{-\frac{1}{2}x}}$의 분모, 분자에 각각 $a^{\frac{1}{2}x}$을 곱하면

$$\frac{a^{\frac{1}{2}x}-a^{-\frac{3}{2}x}}{a^{\frac{3}{2}x}+a^{-\frac{1}{2}x}}=\frac{a^{\frac{1}{2}x}(a^{\frac{1}{2}x}-a^{-\frac{3}{2}x})}{a^{\frac{1}{2}x}(a^{\frac{3}{2}x}+a^{-\frac{1}{2}x})}=\frac{a^x-a^{-x}}{a^{2x}+1}$$

$$=\frac{\sqrt3-\dfrac{1}{\sqrt3}}{(\sqrt3)^2+1}=\frac{\dfrac{2}{\sqrt3}}{3+1}=\frac{1}{2\sqrt3}=\frac{\sqrt3}{6}$$

실수 Check

조건을 이용하여 공통으로 들어 있는 지수를 가진 a^x의 값을 먼저 구한다.

0145 답 ④　　　　　　　　　　　|유형14

두 실수 $x,\ y$에 대하여 $\left(\dfrac{1}{5}\right)^x=4$, $10^y=16$일 때, $4^{\frac{1}{x}+\frac{2}{y}}$의 값은?
단서1　　　　　　　　**단서2**

① $\dfrac{1}{4}$　　　　② $\dfrac{1}{2}$　　　　③ 1

④ 2　　　　⑤ 4

단서1 $a^x=k \Rightarrow a=k^{\frac{1}{x}}$, $b^y=k \Rightarrow b=k^{\frac{1}{y}}$

단서2 $ab=k^{\frac{1}{x}+\frac{1}{y}}$

STEP1 지수법칙을 이용하여 밑을 4로 같게 만들기

$\left(\dfrac{1}{5}\right)^x=4$에서 $\dfrac{1}{5}=4^{\frac{1}{x}}$

$10^y=16=4^2$에서 $10=4^{\frac{2}{y}}$

STEP2 $4^{\frac{1}{x}+\frac{2}{y}}$의 값 구하기

$4^{\frac{1}{x}+\frac{2}{y}}=4^{\frac{1}{x}}\times4^{\frac{2}{y}}=\dfrac{1}{5}\times10=2$

0146 답 $\dfrac{2}{3}$

$ab=9$, $a=27^{\frac{1}{x}}$, $b=27^{\frac{1}{y}}$에서

$ab=27^{\frac{1}{x}}\times27^{\frac{1}{y}}=27^{\frac{1}{x}+\frac{1}{y}}=3^{3\left(\frac{1}{x}+\frac{1}{y}\right)}=3^2$

따라서 $3\left(\dfrac{1}{x}+\dfrac{1}{y}\right)=2$이므로 $\dfrac{1}{x}+\dfrac{1}{y}=\dfrac{2}{3}$

0147 답 ①

$7^x=25=5^2$에서 $7=5^{\frac{2}{x}}$

$175^y=125=5^3$에서 $175=5^{\frac{3}{y}}$

이므로

$5^{\frac{2}{x}-\frac{3}{y}}=5^{\frac{2}{x}}\div 5^{\frac{3}{y}}=7\div 175=\dfrac{1}{25}=5^{-2}$

$\therefore \dfrac{2}{x}-\dfrac{3}{y}=-2$

0148 답 ⑤

$2^x=9$에서 $2=9^{\frac{1}{x}}$

$3^y=9$에서 $3=9^{\frac{1}{y}}$

$\therefore 9^{\frac{1}{x}+\frac{2}{y}}=9^{\frac{1}{x}}\times(9^{\frac{1}{y}})^2=2\times 3^2=18$

0149 답 ④

$3^x=225$에서 $3=225^{\frac{1}{x}}=(15^2)^{\frac{1}{x}}=15^{\frac{2}{x}}$ ──── ㉠

$5^y=225$에서 $5=225^{\frac{1}{y}}=(15^2)^{\frac{1}{y}}=15^{\frac{2}{y}}$ ──── ㉡

㉠×㉡을 하면

$15^{\frac{2}{x}}\times 15^{\frac{2}{y}}=15^{2\left(\frac{1}{x}+\frac{1}{y}\right)}=3\times 5=15$

따라서 $2\left(\dfrac{1}{x}+\dfrac{1}{y}\right)=1$이므로

$\dfrac{1}{x}+\dfrac{1}{y}=\dfrac{1}{2}$

0150 답 ①

$3^x=a$, $3^y=b$이므로

$\left(\dfrac{1}{9}\right)^{x-\frac{y}{2}}=(3^{-2})^{x-\frac{y}{2}}=3^{-2x+y}=(3^x)^{-2}\times 3^y$

$\qquad\qquad =a^{-2}\times b=\dfrac{b}{a^2}$

0151 답 ⑤

$4^{\frac{1}{x}}=10$에서 $4=10^x$

$5^{\frac{1}{y}}=10$에서 $5=10^y$

이므로

$10^{2x+4y}=(10^x)^2\times(10^y)^4=4^2\times 5^4=2^4\times 5^4=10^4$

$\therefore 2x+4y=4$

0152 답 ④

$4^x=15$에서 $4=15^{\frac{1}{x}}$ ──── ㉠

$6^y=15$에서 $6=15^{\frac{1}{y}}$ ──── ㉡

$9^z=3^{2z}=15$에서 $3=15^{\frac{1}{2z}}$ ──── ㉢

㉠÷㉡×㉢을 하면

$4\div 6\times 3=15^{\frac{1}{x}}\div 15^{\frac{1}{y}}\times 15^{\frac{1}{2z}}$

$\therefore 15^{\frac{1}{x}-\frac{1}{y}+\frac{1}{2z}}=2$

0153 답 ④

$a^x=5^3$에서 $a=5^{\frac{3}{x}}$ ────────────── ㉠

$(ab)^y=5^2$에서 $ab=5^{\frac{2}{y}}$ ────────── ㉡

$(abc)^z=5$에서 $abc=5^{\frac{1}{z}}$ ────────── ㉢

㉠×㉡÷㉢을 하면

$a\times ab\div abc=5^{\frac{3}{x}}\times 5^{\frac{2}{y}}\div 5^{\frac{1}{z}}$

$\therefore 5^{\frac{3}{x}+\frac{2}{y}-\frac{1}{z}}=\dfrac{a\times ab}{abc}=\dfrac{a}{c}$

0154 답 ①

$2^{ab+a+b}=(2^a)^b\times 2^a\times 2^b=3^b\times 3\times 2^b$

$\qquad\qquad\quad =(3\times 2)^b\times 3=6^b\times 3$

$\qquad\qquad\quad =5\times 3=15$

0155 답 ④

$15^x=8=2^3$에서 $15=2^{\frac{3}{x}}$ ────────── ㉠

$a^y=2$에서 $a=2^{\frac{1}{y}}$ ──────────── ㉡

㉠×㉡을 하면

$15\times a=2^{\frac{3}{x}}\times 2^{\frac{1}{y}}=2^{\frac{3}{x}+\frac{1}{y}}=2^2=4$

$\therefore a=\dfrac{4}{15}$

0156 답 125

$5^{2a+b}\times 5^{a-b}=32\times 2$에서

$5^{(2a+b)+(a-b)}=64$, $5^{3a}=4^3$

$\therefore 5^a=4$ ──────────────────── ㉠

$5^{a-b}=2$에서

$5^a\div 5^b=2$, $4\div 5^b=2$

$\therefore 5^b=2$ ──────────────────── ㉡

㉠, ㉡에서 $4^{\frac{1}{a}}=5$, $2^{\frac{1}{b}}=5$

$\therefore 4^{\frac{a+b}{ab}}=4^{\frac{1}{a}+\frac{1}{b}}=4^{\frac{1}{a}}\times 4^{\frac{1}{b}}=4^{\frac{1}{a}}\times(2^{\frac{1}{b}})^2$

$\qquad\quad =5\times 5^2=125$

0157 답 0 | 유형 15

세 실수 x, y, z에 대하여 $\underset{\text{단서1}}{2^x=5^y=10^z}$일 때, $\underset{\text{단서2}}{\dfrac{1}{x}+\dfrac{1}{y}-\dfrac{1}{z}}$의 값을 구하시오. (단, $xyz\neq 0$)

단서1 $a^x=b^y=c^z=k \Rightarrow a=k^{\frac{1}{x}}, b=k^{\frac{1}{y}}, c=k^{\frac{1}{z}}$

단서2 $\dfrac{ab}{c}=k^{\frac{1}{x}+\frac{1}{y}-\frac{1}{z}}$

STEP 1 지수법칙을 이용하여 밑을 하나의 상수 k로 같게 만들기

$\underset{\text{밑이 서로 다른 경우}}{2^x=5^y=10^z=k}\;(k>0)$라 하면

$k^{\frac{1}{x}}=2$, $k^{\frac{1}{y}}=5$, $k^{\frac{1}{z}}=10$ 밑을 같게 만든다.

STEP 2 조건식을 이용하여 $\dfrac{1}{x}+\dfrac{1}{y}-\dfrac{1}{z}$의 값 구하기

$k^{\frac{1}{x}+\frac{1}{y}-\frac{1}{z}}=k^{\frac{1}{x}}\times k^{\frac{1}{y}}\div k^{\frac{1}{z}}=2\times 5\div 10=1$

$\therefore \dfrac{1}{x}+\dfrac{1}{y}-\dfrac{1}{z}=0$

0158 답 30

$2^x = 3^y = 5^z = k \ (k > 0)$라 하면

$k^{\frac{1}{x}} = 2, \ k^{\frac{1}{y}} = 3, \ k^{\frac{1}{z}} = 5$

$k^{\frac{1}{x} + \frac{1}{y} + \frac{1}{z}} = k^{\frac{1}{x}} \times k^{\frac{1}{y}} \times k^{\frac{1}{z}} = 2 \times 3 \times 5 = 30$

이때 $\dfrac{1}{x} + \dfrac{1}{y} + \dfrac{1}{z} = 3$이므로

$k^{\frac{1}{x} + \frac{1}{y} + \frac{1}{z}} = k^3 = 30$

$\therefore 8^x = (2^x)^3 = k^3 = 30$

0159 답 ③

$27^x = 8^y = c^z = k \ (k > 0)$라 하면

$27 = k^{\frac{1}{x}}, \ 8 = k^{\frac{1}{y}}, \ c = k^{\frac{1}{z}}$

$\dfrac{3}{x} = \dfrac{2}{y} + \dfrac{3}{z}$이므로 $k^{\frac{3}{x}} = k^{\frac{2}{y} + \frac{3}{z}}$에서 $(k^{\frac{1}{x}})^3 = (k^{\frac{1}{y}})^2 \times (k^{\frac{1}{z}})^3$

$27^3 = 8^2 \times c^3$

$c^3 = \dfrac{27^3}{8^2} = \dfrac{27^3}{(2^2)^3} = \left(\dfrac{27}{4}\right)^3$ $\qquad \therefore c = \dfrac{27}{4}$

0160 답 ⑤

$2^a = k^c$에서 $2 = k^{\frac{c}{a}}$ .... ㉠

$3^b = k^c$에서 $3 = k^{\frac{c}{b}}$ .... ㉡

㉠ × ㉡을 하면

$6 = k^{\frac{c}{a}} \times k^{\frac{c}{b}} = k^{\frac{c}{a} + \frac{c}{b}} = k^{\frac{bc + ca}{ab}}$

이때 $\dfrac{1}{2} ab = bc + ca$이므로

$\dfrac{bc + ca}{ab} = \dfrac{1}{2}$

따라서 $k^{\frac{1}{2}} = 6$이므로 $k = 36$

0161 답 ③

$a^b = b^a$에서 $a = b^{\frac{a}{b}} = b^{\frac{3}{4}}$

이때 $\dfrac{a}{b} = \dfrac{3}{4}$에서 $a = \dfrac{3}{4} b$이므로

$\dfrac{3}{4} b = b^{\frac{3}{4}}, \ \dfrac{b}{b^{\frac{3}{4}}} = \dfrac{4}{3}, \ b^{\frac{1}{4}} = \dfrac{4}{3}$

$\therefore b = \left(\dfrac{4}{3}\right)^4 = \dfrac{256}{81}$

따라서 $p = 81, \ q = 256$이므로

$p + q = 337$

0162 답 ④

$a^x = b^y = 2^z = k \ (k > 0)$라 하면

$a^x = k$에서 $a = k^{\frac{1}{x}}$

$b^y = k$에서 $b = k^{\frac{1}{y}}$

$2^z = k$에서 $2 = k^{\frac{1}{z}}$

이때 $\dfrac{1}{x} - \dfrac{1}{y} = \dfrac{5}{z}$이므로

$\dfrac{a}{b} = k^{\frac{1}{x}} \div k^{\frac{1}{y}} = k^{\frac{1}{x} - \frac{1}{y}} = k^{\frac{5}{z}} = (k^{\frac{1}{z}})^5 = 2^5 = 32$

0163 답 2

$4^x = 9^y = 12^z = k \ (k > 0)$라 하면

$4 = k^{\frac{1}{x}}, \ 9 = k^{\frac{1}{y}}, \ 12 = k^{\frac{1}{z}}$

$k^{\frac{a}{x} + \frac{1}{y}} = k^{\frac{2}{z}}$에서 $(k^{\frac{1}{x}})^a \times k^{\frac{1}{y}} = (k^{\frac{1}{z}})^2$

$4^a \times 9 = 12^2, \ (2^2)^a \times 3^2 = (2 \times 3)^2$

$2^{2a} \times 3^2 = 2^4 \times 3^2$

따라서 $2a = 4$이므로 $a = 2$

0164 답 ①

$3^x = 5^{-y} = k \ (k > 0)$라 하면

$xyz \neq 0$에서 $k \neq 1$

$3^x = k$에서 $3 = k^{\frac{1}{x}}$ .... ㉠

$5^{-y} = k$에서 $5 = k^{-\frac{1}{y}}$ .... ㉡

㉠ × ㉡을 하면

$15 = k^{\frac{1}{x}} \times k^{-\frac{1}{y}} = k^{\frac{1}{x} - \frac{1}{y}}$ .... ㉢

한편, $5^{-y} = k, \ 125^y = 15^z$에서

$125^y = (5^3)^y = (5^{-y})^{-3} = k^{-3}$이므로

$15^z = k^{-3}$ $\qquad \therefore 15 = k^{-\frac{3}{z}}$ .... ㉣

㉢, ㉣에서 $k^{\frac{1}{x} - \frac{1}{y}} = k^{-\frac{3}{z}}$이고 $k \neq 1$이므로

$\dfrac{1}{x} - \dfrac{1}{y} = -\dfrac{3}{z}$

실수 Check

$xyz \neq 0$에서 $x \neq 0, \ y \neq 0, \ z \neq 0$이므로
$3^x \neq 1, \ 5^{-y} \neq 1, \ 15^z \neq 1$임을 이용한다.

0165 답 ⑤

$2^a = 3^b = 6^c = k \ (k > 0)$라 하면

$2^a = k$에서 $2 = k^{\frac{1}{a}}$ .... ㉠

$3^b = k$에서 $3 = k^{\frac{1}{b}}$ .... ㉡

$6^c = k$에서 $6 = k^{\frac{1}{c}}$ .... ㉢

ㄱ. ㉢ ÷ ㉡ = ㉠이므로

$\quad k^{\frac{1}{c}} \div k^{\frac{1}{b}} = k^{\frac{1}{a}}$

$\quad$ 즉, $k^{\frac{1}{c} - \frac{1}{b}} = k^{\frac{b-c}{bc}} = k^{\frac{1}{a}}$이므로 $\dfrac{b-c}{bc} = \dfrac{1}{a}$ (참)

ㄴ. ㉠ × ㉡ ÷ ㉢을 하면

$\quad 2 \times 3 \div 6 = k^{\frac{1}{a}} \times k^{\frac{1}{b}} \div k^{\frac{1}{c}} = k^{\frac{1}{a} + \frac{1}{b} - \frac{1}{c}}$

$\quad$ 즉, $k^{\frac{1}{a} + \frac{1}{b} - \frac{1}{c}} = 1$이므로 $\dfrac{1}{a} + \dfrac{1}{b} - \dfrac{1}{c} = 0$ (참)

ㄷ. ㄴ에서 $\dfrac{1}{a} + \dfrac{1}{b} = \dfrac{1}{c}$이므로 $\dfrac{a+b}{ab} = \dfrac{1}{c}$

$\quad \therefore \dfrac{ab}{a+b} = c$ (참)

따라서 옳은 것은 ㄱ, ㄴ, ㄷ이다.

실수 Check

밑이 서로 다른 수들은 모두 밑이 같을 수 있게 식을 변형한 후 지수로
이루어진 식의 값을 파악한다.

0166 답 10 |유형 16

어떤 방사능 물질이 시간이 지남에 따라 일정한 비율로 붕괴된다. 이 방사능 물질의 처음의 양을 m_0, t년 후의 양을 m_t라 하면

$$m_t = m_0 a^{-t} \ (a > 0)$$

인 관계가 성립한다고 하자. <u>처음 양이 80인 방사능 물질의 10년 후</u> **단서1**

의 양이 처음 양의 $\dfrac{1}{2}$이 된다고 할 때, <u>30년 후의 이 물질의 양 m_{30}의</u> **단서2**

값을 구하시오.

단서1 주어진 관계식에 수치를 대입
단서2 **단서1** 에서 구한 값을 이용

STEP1 m_{10}의 값을 이용하여 a^{-10}의 값 구하기

10년 후 방사능 물질의 양이 $\dfrac{1}{2}m_0$이므로

$$m_{10} = \frac{1}{2}m_0 = m_0 a^{-10}$$

$$\therefore a^{-10} = \frac{1}{2}$$

STEP2 m_{30}의 값 구하기

30년 후의 방사능 물질의 양은

$$m_{30} = m_0 \times a^{-30} = m_0 \times (a^{-10})^3 = m_0 \times \left(\frac{1}{2}\right)^3 = \frac{1}{8}m_0$$

이때 $m_0 = 80$이므로

$$m_{30} = \frac{1}{8} \times 80 = 10$$

0167 답 9

한 모서리의 길이가 a인 정팔면체 모양의 보석의 부피 V는

$$V = 2 \times \left\{ \frac{1}{3}a^2 \sqrt{a^2 - \left(\frac{\sqrt{2}}{2}a\right)^2} \right\} = \frac{\sqrt{2}}{3}a^3$$ → 정팔면체의 모든 모서리의 길이는 서로 같다.

즉, $\dfrac{\sqrt{2}}{3}a^3 = 243\sqrt{2}$이므로 $a^3 = 3^6$

$$\therefore a = (3^6)^{\frac{1}{3}} = 3^2 = 9$$

따라서 정팔면체 모양의 보석의 한 모서리의 길이는 9이다.

0168 답 ③

어떤 음보다 반음 1개만큼 높은 음의 진동수가 어떤 음의 진동수의 x배라 하면

$$x^{12} = 2$$

$$\therefore x = 2^{\frac{1}{12}}$$

따라서 '라'음의 진동수는 '도'음의 진동수의

$(2^{\frac{1}{12}})^9 = 2^{\frac{3}{4}}$ (배)이므로

$$k = 2^{\frac{3}{4}}$$

0169 답 ③

1회 확대 복사할 때마다 사진의 크기가 $\dfrac{a}{100}$배 커지고 7번째 복사한 사진의 크기는 처음 원본 사진의 크기의 2배이므로

$$\left(\frac{a}{100}\right)^7 = 2 \qquad \therefore \frac{a}{100} = 2^{\frac{1}{7}}$$

10번째 복사한 사진의 크기는 5번째 복사한 사진의 크기의 $2^{\frac{q}{p}}$배이므로

$$\left(\frac{a}{100}\right)^{10} = \left(\frac{a}{100}\right)^5 \times 2^{\frac{q}{p}}$$

$$\left(\frac{a}{100}\right)^5 = 2^{\frac{q}{p}}$$

$$2^{\frac{5}{7}} = 2^{\frac{q}{p}}$$

따라서 $p = 7$, $q = 5$이므로

$$p + q = 12$$

0170 답 256마리

한 마리가 6시간 후에 4마리가 되었으므로 한 마리는 3시간 후에 2마리가 되었다.

즉, 3시간마다 2배로 늘어났으므로 $t = 3$

$24 \div 3 = 8$이므로 24시간 후에는 한 마리는 $2^8 = 256$ (마리)로 늘어난다.

0171 답 ⑤

소독약 210 g을 뿌리고 4시간이 지난 후에 실내에 남아 있는 소독약의 양 k_1은

$$k_1 = 210 \times 3^{-\frac{4}{4}} = 70$$

소독약 270 g을 뿌리고 12시간이 지난 후에 실내에 남아 있는 소독약의 양 k_2는

$$k_2 = 270 \times 3^{-\frac{12}{4}} = 270 \times \frac{1}{27} = 10$$

$$\therefore \frac{k_1}{k_2} = \frac{70}{10} = 7$$

0172 답 ③

상대습도가 70 %, 기온이 30 ℃일 때의 식품손상지수 G_1은

$$G_1 = \frac{70 - 65}{14} \times 1.05^{30} = \frac{5}{14} \times 1.05^{30} \quad \cdots\cdots\cdots\cdots\cdots ㉠$$

상대습도가 60 %, 기온이 15 ℃일 때의 식품손상지수 G_2는

$$G_2 = \frac{60 - 65}{14} \times 1.05^{15} = -\frac{5}{14} \times 1.05^{15} \quad \cdots\cdots\cdots\cdots ㉡$$

㉠+㉡을 하면

$$G_1 + G_2 = \frac{5}{14} \times 1.05^{30} + \left(-\frac{5}{14}\right) \times 1.05^{15}$$

$$= \frac{5}{14} \times 2^2 - \frac{5}{14} \times 2$$

$$= \frac{20}{14} - \frac{10}{14} = \frac{10}{14} = \frac{5}{7}$$

0173 답 ③

$$B_1 = \frac{kI_0 r_1^2}{2(x_1^2 + r_1^2)^{\frac{3}{2}}}$$

$$B_2 = \frac{kI_0(3r_1)^2}{2\{(3x_1)^2 + (3r_1)^2\}^{\frac{3}{2}}}$$

$$= \frac{kI_0 \times 9r_1^2}{2(9x_1^2 + 9r_1^2)^{\frac{3}{2}}}$$

$$= \frac{9kI_0{r_1}^2}{2 \times 9^{\frac{3}{2}}({x_1}^2 + {r_1}^2)^{\frac{3}{2}}}$$

$$= \frac{kI_0{r_1}^2}{3 \times 2({x_1}^2 + {r_1}^2)^{\frac{3}{2}}} = \frac{1}{3}B_1$$

이므로 $\dfrac{B_2}{B_1} = \dfrac{1}{3}$ 이다.

실수 Check

계산의 결과 값이 나오지 않는 경우 두 값의 비교는 하나의 값을 다른 하나의 값의 형태가 나오도록 식을 변형하여 두 값 사이의 비를 구한다.

서술형 유형 익히기

0174 답 (1) $\dfrac{1}{6}$ (2) $\dfrac{1}{3}$ (3) $\dfrac{2}{3}$ (4) $\dfrac{2}{3}$ (5) $\dfrac{7}{6}$

STEP 1 거듭제곱근을 유리수 지수로 나타내기 [2점]

$$\sqrt{ab^3} \times \sqrt{\sqrt[3]{a^4b^5}} \div \sqrt[3]{a^2b^5}$$

$$= (ab^3)^{\frac{1}{2}} \times (a^4b^5)^{\boxed{\frac{1}{6}}} \div (a^2b^5)^{\boxed{\frac{1}{3}}}$$

STEP 2 a와 b에 대하여 정리하기 [2점]

위의 식을 a, b에 대하여 간단히 정리하면

$$a^{\frac{1}{2}}b^{\frac{3}{2}} \times a^{\frac{2}{3}}b^{\frac{5}{6}} \div a^{\frac{2}{3}}b^{\frac{5}{3}}$$

$$= a^{\frac{1}{2}}b^{\boxed{\frac{2}{3}}}$$

STEP 3 $r+s$의 값 구하기 [2점]

$r = \dfrac{1}{2}$, $s = \boxed{\dfrac{2}{3}}$ 이므로

$$r+s = \boxed{\dfrac{7}{6}}$$

실제 답안 예시

$$\sqrt{ab^3} \times \sqrt{\sqrt[3]{a^4b^5}} \div \sqrt[3]{a^2b^5}$$

$$= a^{\frac{1}{2}} \times b^{\frac{3}{2}} \times a^{\frac{4}{6}}b^{\frac{5}{6}} \div (a^{\frac{2}{3}} \times b^{\frac{5}{3}})$$

$$= a^{\frac{1}{2} + \frac{2}{3} - \frac{2}{3}} \times b^{\frac{3}{2} + \frac{5}{6} - \frac{5}{3}}$$

$$= a^{\frac{1}{2}} \times b^{\frac{9+5-10}{6}}$$

$$= a^{\frac{1}{2}} \times b^{\frac{2}{3}}$$

$$\therefore r = \frac{1}{2}, \ s = \frac{2}{3}$$

$$\therefore r+s = \frac{3+4}{6} = \frac{7}{6}$$

0175 답 1

STEP 1 거듭제곱근을 유리수 지수로 나타내기 [2점]

$$\sqrt{\sqrt[3]{a^2b^4}} \div \sqrt[3]{a^2b^4} \times \sqrt[6]{a^8b^4}$$

$$= (a^{\frac{2}{3}}b^{\frac{4}{3}})^{\frac{1}{2}} \div a^{\frac{2}{3}}b^{\frac{4}{3}} \times a^{\frac{4}{3}}b^{\frac{2}{3}}$$

$$= a^{\frac{1}{3}}b^{\frac{2}{3}} \div a^{\frac{2}{3}}b^{\frac{4}{3}} \times a^{\frac{4}{3}}b^{\frac{2}{3}}$$ ...... ⓐ

STEP 2 a와 b에 대하여 정리하기 [2점]

위의 식을 a, b에 대하여 간단히 정리하면

$$a^{\frac{1}{3} - \frac{2}{3} + \frac{4}{3}} \times b^{\frac{2}{3} - \frac{4}{3} + \frac{2}{3}} = a$$

STEP 3 $r+s$의 값 구하기 [2점]

$a^r b^s = a = a^1 b^0$ 이므로 $r=1$, $s=0$

$\therefore r+s = 1$

부분점수표	
ⓐ 유리수 지수로 정리하는 과정을 나타낸 경우	1점

0176 답 $\dfrac{5}{2}$

STEP 1 좌변의 거듭제곱근을 유리수 지수로 나타내기 [2점]

$$\sqrt{a^4\sqrt[4]{a^3\sqrt[3]{a^2}}} = a^{\frac{1}{2}} \times a^{\frac{1}{8}} \times a^{\frac{2}{24}} = a^{\frac{1}{2} + \frac{1}{8} + \frac{2}{24}} = a^{\frac{17}{24}}$$

STEP 2 우변의 거듭제곱근을 유리수 지수로 나타내기 [2점]

$$\sqrt[4]{a^2 \times \sqrt[3]{a^k}} = a^{\frac{2}{4}} \times a^{\frac{k}{12}} = a^{\frac{6+k}{12}}$$

STEP 3 유리수 k의 값 구하기 [2점]

$a^{\frac{17}{24}} = a^{\frac{6+k}{12}}$ 에서

$\dfrac{17}{24} = \dfrac{6+k}{12}$ 이므로 $6+k = \dfrac{17}{2}$

$\therefore k = \dfrac{17}{2} - 6 = \dfrac{5}{2}$

0177 답 17

STEP 1 좌변의 거듭제곱근을 유리수 지수로 나타내기 [3점]

$$\frac{\sqrt{a^3}}{\sqrt[3]{\sqrt{a^4}}} \times \sqrt{\left(\frac{1}{a}\right)^{-4}} = \frac{a^{\frac{3}{2}}}{(a^4)^{\frac{1}{6}}} \times \{(a^{-1})^{-4}\}^{\frac{1}{2}} = \frac{a^{\frac{3}{2}}}{a^{\frac{2}{3}}} \times (a^4)^{\frac{1}{2}}$$

$$= a^{\frac{3}{2} - \frac{2}{3}} \times a^2 = a^{\frac{5}{6}} \times a^2$$

$$= a^{\frac{5}{6} + 2} = a^{\frac{17}{6}}$$

STEP 2 우변의 거듭제곱근을 유리수 지수로 나타내기 [1점]

$$\sqrt[6]{a^k} = a^{\frac{k}{6}}$$

STEP 3 자연수 k의 값 구하기 [2점]

$a^{\frac{17}{6}} = a^{\frac{k}{6}}$ 에서 $\dfrac{17}{6} = \dfrac{k}{6}$ 이므로 $k=17$

0178 답 (1) $-\dfrac{18}{n}$ (2) $3^{-\frac{18}{n}}$ (3) $-\dfrac{18}{n}$ (4) -9 (5) -18
(6) 6

STEP 1 지수법칙을 이용하여 간단히 하기 [2점]

$$\left(\frac{1}{3^{18}}\right)^{\frac{1}{n}} = (3^{-18})^{\frac{1}{n}} = 3^{\boxed{-\frac{18}{n}}}$$

STEP 2 정수 n의 조건 구하기 [2점]

$\boxed{3^{-\frac{18}{n}}}$ 이 자연수가 되려면 $\boxed{-\dfrac{18}{n}}$ 이 음이 아닌 정수이어야 한다.

STEP 3 정수 n의 개수 구하기 [2점]

조건을 만족시키는 정수 n의 값은 -1, -2, -3, -6, $\boxed{-9}$, $\boxed{-18}$ 이므로 $\boxed{6}$ 개이다.

$$\left(\frac{1}{3^{18}}\right)^{\frac{1}{n}}=(3^{-18})^{\frac{1}{n}}=3^{-\frac{18}{n}} \quad\text{―――}\text{2점}$$

(i) $-\frac{18}{n}$이 자연수이려면

　　n은 (18의 약수)$\times(-1)$

　18의 약수는 1, 2, 3, 6, 9, 18이므로

　　n은 -1, -2, -3, -6, -9, -18의 6개 ―――2점

(ii) $\left(\frac{1}{3^{18}}\right)^{0}=1 \rightarrow$ 지수 $\frac{1}{n}$은 0이 될 수 없으므로 $\left(\frac{1}{3^{18}}\right)^{\frac{1}{n}}\neq 1$

　(i), (ii)에서 n의 개수는 6+1=7

▶ 6점 중 4점 얻음.

　지수법칙을 이용해 구한 지수 $-\frac{18}{n}$이 0 또는 자연수가 되어야 한다.

　그런데 $-\frac{18}{n}$은 0이 될 수 없으므로 가능한 n의 값은 6개이다.

0179 답 -15

STEP1 지수법칙을 이용하여 간단히 하기 [2점]

$$\left(\frac{1}{256}\right)^{\frac{1}{n}}=\left(\frac{1}{2^{8}}\right)^{\frac{1}{n}}=(2^{-8})^{\frac{1}{n}}=2^{-\frac{8}{n}}$$

STEP2 정수 n의 조건 구하기 [2점]

$2^{-\frac{8}{n}}$이 자연수가 되려면 $-\frac{8}{n}$이 음이 아닌 정수이어야 한다.

STEP3 모든 정수 n의 값의 합 구하기 [2점]

조건을 만족시키는 정수 n의 값은
-1, -2, -4, -8이고, 그 합은
$(-1)+(-2)+(-4)+(-8)=-15$

0180 답 11

STEP1 지수법칙을 이용하여 간단히 하기 [2점]

$$(\sqrt[3]{125^{12}})^{\frac{1}{n}}=\{(5^{36})^{\frac{1}{3}}\}^{\frac{1}{n}}=5^{\frac{12}{n}} \quad\text{……}\ⓐ$$

STEP2 자연수 n의 조건 구하기 [2점]

$5^{\frac{12}{n}}$이 자연수가 되려면 $\frac{12}{n}$가 자연수이어야 한다. 즉, 자연수 n은
12의 약수이어야 한다.

STEP3 $a-b$의 값 구하기 [2점]

조건을 만족시키는 자연수 n의 값은 1, 2, 3, 4, 6, 12이므로
$a=12$, $b=1$
$\therefore a-b=11$

부분점수표	
ⓐ $(\sqrt[3]{125^{12}})^{\frac{1}{n}}$을 지수로 나타낸 경우	1점

0181 답 3

STEP1 지수법칙을 이용하여 간단히 하기 [2점]

$$\sqrt{\frac{2^{a}\times 5^{b}}{2}}=\sqrt{2^{a-1}\times 5^{b}}=2^{\frac{a-1}{2}}\times 5^{\frac{b}{2}}$$

STEP2 자연수 a, b의 조건 구하기 [4점]

$2^{\frac{a-1}{2}}\times 5^{\frac{b}{2}}$이 자연수가 되려면 자연수 a, b에 대하여 $a-1$은 0 또는 2의 배수, b는 2의 배수이어야 한다.

따라서 a의 값은 1, 3, 5, …이고, b의 값은 2, 4, 6, …이다.

STEP3 $a+b$의 최솟값 구하기 [1점]

a의 최솟값은 1, b의 최솟값은 2이므로 $a+b$의 최솟값은
$1+2=3$

0182 답 (1) $k^{\frac{1}{c}}$ (2) $k^{\frac{1}{c}}$ (3) 27^{5} (4) 3^{3} (5) 6 (6) 6

STEP1 지수법칙을 이용하여 밑을 통일시켜 나타내기 [3점]

$32^{a}=27^{b}=x^{c}=k\ (k>0)$라 하면

$32^{a}=k$에서 $32=k^{\frac{1}{a}}$

$27^{b}=k$에서 $27=k^{\frac{1}{b}}$

$x^{c}=k$에서 $x=\boxed{k^{\frac{1}{c}}}$

STEP2 지수가 $\frac{3}{a}+\frac{5}{b}=\frac{15}{c}$를 만족시키도록 x에 대한 식 세우기 [2점]

$\frac{3}{a}+\frac{5}{b}=\frac{15}{c}$이므로 $k^{\frac{3}{a}+\frac{5}{b}}=k^{\frac{15}{c}}$

$(k^{\frac{1}{a}})^{3}\times(k^{\frac{1}{b}})^{5}=(\boxed{k^{\frac{1}{c}}})^{15}$이므로

$32^{3}\times\boxed{27^{5}}=x^{15}$

STEP3 양수 x의 값 구하기 [2점]

$(2^{5})^{3}\times(\boxed{3^{3}})^{5}=\boxed{6}^{15}=x^{15}$이므로 $x=\boxed{6}$

$32^{a}=27^{b}=x^{c}=k$

$2^{5a}=3^{3b}=x^{c}=k$

$2^{5}=k^{\frac{1}{a}}$, $3^{3}=k^{\frac{1}{b}}$, $x=k^{\frac{1}{c}}$이므로

$2^{15}=k^{\frac{3}{a}}$, $3^{15}=k^{\frac{5}{b}}$, $x^{15}=k^{\frac{15}{c}}$

$k^{\frac{3}{a}+\frac{5}{b}}=k^{\frac{15}{c}}$이므로

$k^{\frac{3}{a}}\times k^{\frac{5}{b}}=k^{\frac{15}{c}}$, $2^{15}\times 3^{15}=x^{15}$이다.

따라서 $(2\times 3)^{15}=x^{15}$, $x=6$이다.

0183 답 10

STEP1 지수법칙을 이용하여 밑을 통일시켜 나타내기 [3점]

$8^{x}=k$에서 $8=k^{\frac{1}{x}}$

$25^{y}=k$에서 $25=k^{\frac{1}{y}}$

$10^{z}=k$에서 $10=k^{\frac{1}{z}}$

STEP2 지수가 $\frac{2}{x}+\frac{3}{y}+\frac{6}{z}=12$를 만족시키도록 k에 대한 식 세우기 [1점]

$\frac{2}{x}+\frac{3}{y}+\frac{6}{z}=12$이므로 $k^{\frac{2}{x}+\frac{3}{y}+\frac{6}{z}}=k^{12}$

STEP3 양수 k의 값 구하기 [3점]

$k^{12}=k^{\frac{2}{x}+\frac{3}{y}+\frac{6}{z}}=k^{\frac{2}{x}}\times k^{\frac{3}{y}}\times k^{\frac{6}{z}}$
　　$=8^{2}\times 25^{3}\times 10^{6}=2^{6}\times 5^{6}\times 10^{6}=10^{6}\times 10^{6}=10^{12}$
$\therefore k=10$

0184 답 -2

STEP1 지수법칙을 이용하여 밑을 통일시켜 나타내기 [2점]

$3^{x}=10$에서 $10^{\frac{1}{x}}=3$

$300^{y}=10$에서 $10^{\frac{1}{y}}=300$

STEP 2 지수가 $\frac{1}{x}-\frac{1}{y}$이 되도록 식 세우기 [1점]

$10^{\frac{1}{x}} \div 10^{\frac{1}{y}} = \frac{1}{100}$, 즉 $10^{\frac{1}{x}-\frac{1}{y}} = 10^{-2}$

STEP 3 $\frac{1}{x}-\frac{1}{y}$의 값 구하기 [3점]

$\frac{1}{x}-\frac{1}{y} = -2$

0185 답 6

STEP 1 지수법칙을 이용하여 밑을 통일시켜 나타내기 [3점]

$a^2 = b^3 = c^x = k \; (k > 0)$라 하면

$a^2 = k$에서 $a = k^{\frac{1}{2}}$

$b^3 = k$에서 $b = k^{\frac{1}{3}}$

$c^x = k$에서 $c = k^{\frac{1}{x}}$

STEP 2 $c = \frac{a}{b}$임을 이용하여 c를 k에 대하여 정리하기 [2점]

$c = \frac{a}{b}$에서 $k^{\frac{1}{x}} = k^{\frac{1}{2}} \div k^{\frac{1}{3}} = k^{\frac{1}{2}-\frac{1}{3}} = k^{\frac{1}{6}}$

STEP 3 양수 x의 값 구하기 [1점]

$\frac{1}{x} = \frac{1}{6}$이므로 $x = 6$

실력 check 실전 마무리하기 1회   40쪽~44쪽

1 0186 답 ②   유형 1

출제의도 | 거듭제곱근에 대하여 이해하는지 확인한다.

> 실수 a의 n제곱근 중 실수인 것을 n의 값이 홀수인 경우와 짝수인 경우로 분류해 보자.

-8의 세제곱근 중 실수인 것은
$\sqrt[3]{-8} = \sqrt[3]{(-2)^3} = -2$이므로 $a = -2$
5의 네제곱근 중 실수인 것은 $-\sqrt[4]{5}$, $\sqrt[4]{5}$의 2개이므로 $b = 2$
$\therefore ab = -2 \times 2 = -4$

2 0187 답 ③   유형 2

출제의도 | 거듭제곱근의 계산을 할 수 있는지 확인한다.

> 거듭제곱근의 성질을 이용하여 주어진 식을 간단히 해 보자.

$\sqrt[3]{\sqrt[4]{5^{12}}} \times \dfrac{\sqrt[3]{54}}{\sqrt[3]{2}} = \sqrt[12]{5^{12}} \times \sqrt[3]{\dfrac{54}{2}}$

$\qquad = \sqrt[12]{5^{12}} \times \sqrt[3]{27}$

$\qquad = \sqrt[12]{5^{12}} \times \sqrt[3]{3^3}$

$\qquad = 5 \times 3 = 15$

---

3 0188 답 ③   유형 2

출제의도 | 거듭제곱근의 계산을 할 수 있는지 확인한다.

> 거듭제곱근의 성질을 이용하여 주어진 식을 정리해 보자.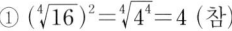

① $(\sqrt[4]{16})^2 = \sqrt[4]{4^4} = 4$ (참)

② $\dfrac{\sqrt[3]{20}}{\sqrt[3]{5}} = \sqrt[3]{\dfrac{20}{5}} = \sqrt[3]{4}$ (참)

③ $\sqrt[3]{7} \times \sqrt[5]{7} = \sqrt[15]{7^5} \times \sqrt[15]{7^3} = \sqrt[15]{7^8}$ (거짓)

④ $\sqrt[3]{\sqrt{2}} = \sqrt[3 \times 2]{2} = \sqrt[6]{2}$ (참)

⑤ $\sqrt[6]{27} \times \sqrt[12]{9} \div \sqrt[6]{81} = \dfrac{\sqrt[6]{3^3} \times \sqrt[12]{3^2}}{\sqrt[6]{3^4}} = \dfrac{\sqrt[6]{3^3} \times \sqrt[6]{3}}{\sqrt[6]{3^4}}$

$\qquad\qquad = \sqrt[6]{\dfrac{3^3 \times 3}{3^4}} = 1$ (참)

따라서 옳지 않은 것은 ③이다.

4 0189 답 ①   유형 5

출제의도 | 지수법칙을 이해하는지 확인한다.

> 밑을 같게 할 수 있는 경우 밑을 같게 한 후 계산해 보자.

$27^{-\frac{5}{2}} \times 9^{\frac{7}{4}} = (3^3)^{-\frac{5}{2}} \times (3^2)^{\frac{7}{4}} = 3^{-\frac{15}{2}} \times 3^{\frac{7}{2}}$

$\qquad = 3^{-\frac{15}{2}+\frac{7}{2}} = 3^{-4}$

$\qquad = \dfrac{1}{3^4} = \dfrac{1}{81}$

5 0190 답 ⑤   유형 5

출제의도 | 지수법칙을 이해하는지 확인한다.

> a의 값을 대입한 후 지수법칙을 이용해 보자.

$a = -3^2 = -9$이므로

$\{(a^4)^{\frac{3}{4}}\}^{\frac{1}{3}} = [\{(-9)^4\}^{\frac{3}{4}}]^{\frac{1}{3}}$

$\qquad = \{(9^4)^{\frac{3}{4}}\}^{\frac{1}{3}} = 9^{4 \times \frac{3}{4} \times \frac{1}{3}} = 9$

6 0191 답 ①   유형 6

출제의도 | 거듭제곱근을 지수로 나타낼 수 있는지 확인한다.

> 거듭제곱근을 유리수 지수로 바꾸어 정리해 보자.

$\sqrt[4]{\sqrt[3]{12^6}} = (12^6)^{\frac{1}{12}} = 12^{\frac{1}{2}} = (2^2 \times 3)^{\frac{1}{2}} = 2 \times 3^{\frac{1}{2}}$

즉, $2^a \times 3^b = 2 \times 3^{\frac{1}{2}}$이므로 $a = 1$, $b = \frac{1}{2}$ $\quad \therefore ab = \frac{1}{2}$

다른 풀이

$\sqrt[4]{\sqrt[3]{12^6}} = \sqrt[12]{12^6} = 12^{\frac{1}{2}} = (2^2 \times 3)^{\frac{1}{2}} = 2 \times 3^{\frac{1}{2}}$

이므로 $a = 1$, $b = \frac{1}{2}$ $\quad \therefore ab = \frac{1}{2}$

7 0192 답 ⑤   유형 11

출제의도 | 지수법칙을 곱셈 공식에 적용할 수 있는지 확인한다.

> 곱셈 공식을 이용하여 식을 간단하게 정리해 보자.

$(9^{\frac{1}{4}}-1)(9^{\frac{1}{4}}+1)(9^{\frac{1}{2}}+1)(9+1)$ ┐ 곱셈 공식

$=\{(9^{\frac{1}{4}})^2-1\}(9^{\frac{1}{2}}+1)(9+1)$ ◄── $(a-b)(a+b)=a^2-b^2$임을 이용한다.

$=(9^{\frac{1}{2}}-1)(9^{\frac{1}{2}}+1)(9+1)$

$=\{(9^{\frac{1}{2}})^2-1\}(9+1)$

$=(9-1)(9+1)$

$=9^2-1=80$

8 0193 답 ⑤   유형 1

출제의도 | 거듭제곱근의 성질을 이해하는지 확인한다.

> 거듭제곱근이 실수가 되는 경우를 생각해 보자.

① $a>0$일 때, $\sqrt[4]{a^4}=a$이다. (참)

② -125의 세제곱근 중 실수인 것은 $\sqrt[3]{-125}=\sqrt[3]{(-5)^3}=-5$의 1개이다. (참)

③ -16의 네제곱근 중 실수인 것은 없다. (참)

④ 세제곱근 64는 $\sqrt[3]{64}=\sqrt[3]{4^3}=4$이다. (참)

⑤ $x^{2n}=a$에서 $2n$은 짝수이므로 $a>0$일 때 2개, $a=0$일 때 1개, $a<0$일 때 0개이다. (거짓)

따라서 옳지 않은 것은 ⑤이다.

9 0194 답 ②   유형 9

출제의도 | 거듭제곱이 자연수가 되기 위한 조건을 알고 있는지 확인한다.

> $a^{\frac{m}{n}}$ (a는 소수)이 자연수가 되기 위해서는 n은 m의 약수가 되어야 함을 이용해 보자.

$\left(\dfrac{1}{81}\right)^{-\frac{1}{n}}=81^{\frac{1}{n}}=(3^4)^{\frac{1}{n}}=3^{\frac{4}{n}}$

$3^{\frac{4}{n}}$이 자연수가 되려면 $\dfrac{4}{n}$가 자연수이어야 하므로 자연수 n은 4의 약수이다.

따라서 구하는 모든 자연수 n의 값은 1, 2, 4이므로 그 합은

$1+2+4=7$

10 0195 답 ②   유형 10

출제의도 | 거듭제곱근으로 표현된 수의 대소 비교를 할 수 있는지 확인한다.

> $a>0$, $b>0$이고 k, m, n은 2 이상의 정수일 때, $(\sqrt[m]{a})^k<(\sqrt[n]{b})^k$이면 $\sqrt[m]{a}<\sqrt[n]{b}$임을 이용해 보자.

$A=\sqrt{\sqrt{2^2}}=\sqrt{2}$, $B=\sqrt[4]{5}$, $C=\sqrt[3]{\sqrt{11}}=\sqrt[6]{11}$에서

2, 4, 6의 최소공배수가 12이므로 ┐→ 거듭제곱근이 모두 다른 경우 통일을 시켜서 값을 비교한다.

$A=\sqrt{2}=\sqrt[12]{2^6}=\sqrt[12]{64}$

$B=\sqrt[4]{5}=\sqrt[12]{5^3}=\sqrt[12]{125}$

$C=\sqrt[6]{11}=\sqrt[12]{11^2}=\sqrt[12]{121}$

따라서 $\sqrt[12]{64}<\sqrt[12]{121}<\sqrt[12]{125}$이므로

$A<C<B$

11 0196 답 ②   유형 5 + 유형 11

출제의도 | 지수법칙을 곱셈 공식에 적용할 수 있는지 확인한다.

> 곱셈 공식을 이용해 식을 간단하게 정리해 보자.

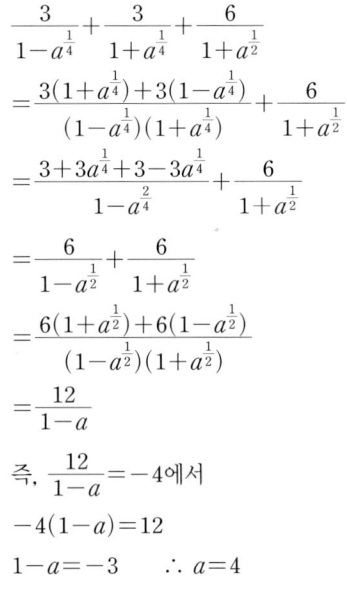

$\dfrac{3}{1-a^{\frac{1}{4}}}+\dfrac{3}{1+a^{\frac{1}{4}}}+\dfrac{6}{1+a^{\frac{1}{2}}}$

$=\dfrac{3(1+a^{\frac{1}{4}})+3(1-a^{\frac{1}{4}})}{(1-a^{\frac{1}{4}})(1+a^{\frac{1}{4}})}+\dfrac{6}{1+a^{\frac{1}{2}}}$

$=\dfrac{3+3a^{\frac{1}{4}}+3-3a^{\frac{1}{4}}}{1-a^{\frac{2}{4}}}+\dfrac{6}{1+a^{\frac{1}{2}}}$

$=\dfrac{6}{1-a^{\frac{1}{2}}}+\dfrac{6}{1+a^{\frac{1}{2}}}$

$=\dfrac{6(1+a^{\frac{1}{2}})+6(1-a^{\frac{1}{2}})}{(1-a^{\frac{1}{2}})(1+a^{\frac{1}{2}})}$

$=\dfrac{12}{1-a}$

즉, $\dfrac{12}{1-a}=-4$에서

$-4(1-a)=12$

$1-a=-3$ $\therefore a=4$

$a^{\frac{1}{2}}=2$, $a^2=16$

$\therefore a^2+a^{\frac{1}{2}}=18$

12 0197 답 ②   유형 12

출제의도 | 지수법칙을 곱셈 공식에 적용할 수 있는지 확인한다.

> $a^x\pm a^{-x}$ 꼴로 주어진 식을 곱셈 공식을 이용하여 변형한 후 식의 값을 구해 보자.

$x+x^{-1}=5$의 양변을 제곱하면

$x^2+x^{-2}+2=25$

$\therefore x^2+x^{-2}=23$

이때

$(x-x^{-1})^2=x^2+x^{-2}-2=23-2=21$

$\therefore x-x^{-1}=\sqrt{21}$ ($\because x-x^{-1}>0$)

$\dfrac{x^2+x^{-2}}{x^2-x^{-2}}=\dfrac{x^2+x^{-2}}{(x+x^{-1})(x-x^{-1})}$

$=\dfrac{23}{5\sqrt{21}}=\dfrac{23}{105}\sqrt{21}$

이므로 $p=105$, $q=23$

$\therefore p-q=82$

13 0198 답 ③   유형 13

출제의도 | 지수법칙을 이해하고 이를 이용하여 식을 간단히 나타낼 수 있는지 확인한다.

> $\dfrac{a^x-a^{-x}}{a^x+a^{-x}}$ 꼴의 분모와 분자에 각각 a^x ($a>0$)을 곱하여 식을 정리해 보자.

분모, 분자에 3^x을 각각 곱하면

$$\frac{3^x-3^{-x}}{3^x+3^{-x}}=\frac{3^x(3^x-3^{-x})}{3^x(3^x+3^{-x})}=\frac{3^{2x}-1}{3^{2x}+1}=\frac{9^x-1}{9^x+1}=\frac{1}{2}$$

에서 $2(9^x-1)=9^x+1$

$2\times9^x-2=9^x+1$ $\quad\therefore 9^x=3$

$$\therefore 9^x-9^{-x}=9^x-(9^x)^{-1}=3-3^{-1}=3-\frac{1}{3}=\frac{8}{3}$$

14 0199 답 ⑤ 유형 1

출제의도 | 거듭제곱근의 성질을 이해하고 있는지 확인한다.

> n제곱근 중 음수가 존재하는 경우를 적용하여 가능한 n의 값을 구해 보자.

$n^2-14n+45=(n-5)(n-9)$

(ⅰ) $n=5$ 또는 $n=9$인 경우

　　0의 n제곱근 중 음의 실수가 존재하지 않는다.

(ⅱ) $3\le n<5$ 또는 $9<n\le12$인 경우

　　$(n-5)(n-9)>0$이므로

　　n이 짝수일 때, n제곱근 중 음의 실수가 존재한다.

　　이를 만족시키는 n의 값은 4, 10, 12이다.

(ⅲ) $5<n<9$인 경우

　　$(n-5)(n-9)<0$이므로

　　n이 홀수일 때, n제곱근 중 음의 실수가 존재한다.

　　이를 만족시키는 n의 값은 7이다.

(ⅰ), (ⅱ), (ⅲ)에서 모든 n의 값의 합은

$4+7+10+12=33$

15 0200 답 ③ 유형 9

출제의도 | 거듭제곱근이 어떤 자연수의 n제곱근이 되기 위한 조건을 알고 있는지 확인한다.

> $a^{\frac{q}{p}}$ (a는 소수, p, q는 서로소인 자연수)이 어떤 자연수의 n제곱근이 되기 위해서는 n은 p의 배수가 되어야 함을 이용해 보자.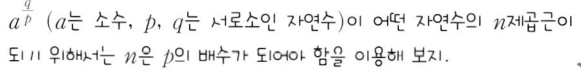

$(\sqrt[3]{3^4})^{\frac{1}{2}}$이 어떤 자연수의 n제곱근이 되려면

$\{(\sqrt[3]{3^4})^{\frac{1}{2}}\}^n=\{(3^{\frac{4}{3}})^{\frac{1}{2}}\}^n=(3^{\frac{2}{3}})^n=3^{\frac{2}{3}n}$

에서 $\frac{2}{3}n$이 자연수이어야 한다.

→ $\frac{2}{3}n$의 값이 자연수이려면 분모가 약분되어야 하므로 n은 3의 배수이어야 한다.

따라서 자연수 n은 3의 배수이어야 하므로 $2\le n\le20$에서 자연수 n의 값은 3, 6, 9, 12, 15, 18의 6개이다.

16 0201 답 ④ 유형 8 + 유형 9

출제의도 | 거듭제곱이 자연수가 되기 위한 조건을 알고 있는지 확인한다.

> $a^x=k \Longleftrightarrow a=k^{\frac{1}{x}}$임을 이용하여 주어진 조건을 변형하고, $a^{\frac{m}{n}}$ (a는 소수)이 자연수가 되기 위해서는 n은 m의 약수가 되어야 함을 이용해 보자.

$a^4=7$에서 $a=7^{\frac{1}{4}}$

$b^5=13$에서 $b=13^{\frac{1}{5}}$

$c^6=15$에서 $c=15^{\frac{1}{6}}$

$\therefore (abc)^n=(7^{\frac{1}{4}}\times13^{\frac{1}{5}}\times15^{\frac{1}{6}})^n=7^{\frac{n}{4}}\times13^{\frac{n}{5}}\times15^{\frac{n}{6}}$

따라서 $(abc)^n$이 자연수가 되려면 n은 4, 5, 6의 공배수이어야 하므로 자연수 n의 최솟값은 4, 5, 6의 최소공배수인 60이다.

17 0202 답 ⑤ 유형 12

출제의도 | 지수법칙을 곱셈 공식에 적용할 수 있는지 확인한다.

> $a^x\pm a^{-x}$ 꼴로 주어진 식을 곱셈 공식을 이용하여 변형한 후 식의 값을 구해 보자.

$a=3^{\frac{1}{3}}-3^{-\frac{1}{3}}$의 양변을 세제곱하면

$a^3=(3^{\frac{1}{3}})^3-(3^{-\frac{1}{3}})^3-3\times3^{\frac{1}{3}}\times3^{-\frac{1}{3}}\times(3^{\frac{1}{3}}-3^{-\frac{1}{3}})$

$=3-\frac{1}{3}-3(3^{\frac{1}{3}}-3^{-\frac{1}{3}})$

$=\frac{8}{3}-3a$

즉, $a^3+3a=\frac{8}{3}$이므로 $3a^3+9a=8$

$\therefore 3a^3+9a+1=8+1=9$

18 0203 답 ③ 유형 13

출제의도 | 지수법칙을 이용하여 식을 간단히 나타낼 수 있는지 확인한다.

> $\frac{a^x-a^{-x}}{a^x+a^{-x}}$의 분모와 분자에 a^x을 각각 곱하여 식을 정리해 보자.

$\frac{a^x-a^{-x}}{a^x+a^{-x}}$의 분모, 분자에 a^x을 각각 곱하면

$\frac{a^x-a^{-x}}{a^x+a^{-x}}=\frac{a^x(a^x-a^{-x})}{a^x(a^x+a^{-x})}=\frac{a^{2x}-1}{a^{2x}+1}=\frac{3}{5}$

에서 $5(a^{2x}-1)=3(a^{2x}+1)$

$5a^{2x}-5=3a^{2x}+3$, $2a^{2x}=8$, $a^{2x}=4$

$\therefore a^x=2$ ($\because a>0$)

$\frac{a^{\frac{1}{2}x}+a^{-\frac{3}{2}x}}{a^{\frac{1}{2}x}-a^{-\frac{1}{2}x}}$의 분모, 분자에 $a^{\frac{1}{2}x}$을 각각 곱하면

$\frac{a^{\frac{1}{2}x}+a^{-\frac{3}{2}x}}{a^{\frac{1}{2}x}-a^{-\frac{1}{2}x}}=\frac{a^{\frac{1}{2}x}(a^{\frac{1}{2}x}+a^{-\frac{3}{2}x})}{a^{\frac{1}{2}x}(a^{\frac{1}{2}x}-a^{-\frac{1}{2}x})}=\frac{a^x+a^{-x}}{a^{2x}-1}$

$=\frac{2+\frac{1}{2}}{2^2-1}=\frac{\frac{5}{2}}{3}=\frac{5}{6}$

19 0204 답 ④ 유형 5 + 유형 13

출제의도 | 지수법칙을 이용하여 식을 정리할 수 있는지 확인한다.

> 주어진 식의 분모와 분자에 a^4, a^5을 각각 곱하여 식을 정리해 보자.

$\frac{a+a^4}{a^{-1}+a^{-4}}$의 분모, 분자에 a^4을 각각 곱하면

$\frac{a+a^4}{a^{-1}+a^{-4}}=\frac{a^4(a+a^4)}{a^4(a^{-1}+a^{-4})}=\frac{a^5+a^8}{a^3+1}=\frac{a^5(1+a^3)}{a^3+1}=a^5$

$\therefore a^5=5$

$\frac{1+a^2+a^4}{a^{-1}+a^{-3}+a^{-5}}$의 분모, 분자에 a^5을 각각 곱하면

$$\frac{1+a^2+a^4}{a^{-1}+a^{-3}+a^{-5}}=\frac{a^5(1+a^2+a^4)}{a^5(a^{-1}+a^{-3}+a^{-5})}=\frac{a^5+a^7+a^9}{a^4+a^2+1}$$
$$=\frac{a^5(1+a^2+a^4)}{a^4+a^2+1}=a^5=5$$

20 0205 답 ④

유형 13

출제의도 | 지수법칙을 이용하여 식을 정리할 수 있는지 확인한다.

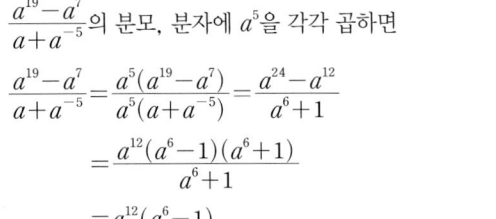
주어진 식의 분모와 분자에 각각 적당한 수를 곱하여 식을 간단히 해 보자.

$\dfrac{a^{19}-a^7}{a+a^{-5}}$의 분모, 분자에 a^5을 각각 곱하면

$$\frac{a^{19}-a^7}{a+a^{-5}}=\frac{a^5(a^{19}-a^7)}{a^5(a+a^{-5})}=\frac{a^{24}-a^{12}}{a^6+1}$$
$$=\frac{a^{12}(a^6-1)(a^6+1)}{a^6+1}$$
$$=a^{12}(a^6-1)$$
$$=(4-\sqrt3)^2\times(3-\sqrt3)=(19-8\sqrt3)(3-\sqrt3)$$
$$=81-43\sqrt3$$

따라서 $p=81$, $q=-43$이므로
$$p+q=38$$

21 0206 답 ②

유형 15

출제의도 | 지수법칙을 이용하여 식을 정리할 수 있는지 확인한다.

밑이 같은 지수 형태로 나타낸 후 주어진 식의 값을 구해 보자.

$a^x=b^y=c^z=64$이므로
$a^x=64$에서 $a=64^{\frac1x}$
$b^y=64$에서 $b=64^{\frac1y}$
$c^z=64$에서 $c=64^{\frac1z}$
$\therefore\ abc=64^{\frac1x}\times64^{\frac1y}\times64^{\frac1z}=64^{\frac1x+\frac1y+\frac1z}=2^{6\left(\frac1x+\frac1y+\frac1z\right)}$

이때 $2^{6\left(\frac1x+\frac1y+\frac1z\right)}=16=2^4$이므로
$$6\left(\frac1x+\frac1y+\frac1z\right)=4$$
$$\therefore\ \frac1x+\frac1y+\frac1z=\frac23$$

22 0207 답 11

유형 1

출제의도 | 거듭제곱근에 대하여 이해하는지 확인한다.

STEP 1 $f(a,\ n)$의 값 구하기 [3점]

$f(\sqrt3,\ 4)=2$, $f(\sqrt[3]{-6},\ 7)=1$, $f(-\sqrt[4]{7},\ 8)=0$

STEP 2 식의 값 구하기 [3점]

$4f(\sqrt3,\ 4)+3f(\sqrt[3]{-6},\ 7)+2f(-\sqrt[4]{7},\ 8)$
$$=4\times2+3\times1+2\times0$$
$$=11$$

23 0208 답 125

유형 13

출제의도 | 지수법칙을 이용하여 식을 정리할 수 있는지 확인한다.

STEP 1 분모, 분자에 각각 a^9을 곱하여 식 간단히 하기 [4점]

분모, 분자에 각각 a^9을 곱하면

$$\frac{a^4+a^3+a^2+a}{a^{-8}+a^{-7}+a^{-6}+a^{-5}}=\frac{a^9(a^4+a^3+a^2+a)}{a^9(a^{-8}+a^{-7}+a^{-6}+a^{-5})}$$
$$=\frac{a^9(a^4+a^3+a^2+a)}{a+a^2+a^3+a^4}$$
$$=a^9$$

STEP 2 $a^3=5$를 이용하여 식의 값 구하기 [2점]

$a^3=5$이므로
$$a^9=(a^3)^3=5^3=125$$

24 0209 답 2

유형 14

출제의도 | 지수법칙을 이용하여 식의 값을 구할 수 있는지 확인한다.

STEP 1 $3^{\frac2a}=144$에서 지수가 $2a$가 되도록 식 변형하기 [2점]

$3^{\frac2a}=144$에서 $3^2=144^a$이므로
$$3^2=12^{2a}\quad\cdots\cdots\cdots\cdots\cdots\quad ㉠$$

STEP 2 $16^{\frac1b}=12$에서 지수가 b가 되도록 식 변형하기 [1점]

$16^{\frac1b}=12$에서 $16=12^b\quad\cdots\cdots\cdots\cdots\cdots\quad ㉡$

STEP 3 $2a+b$의 값 구하기 [3점]

㉠ $\times$ ㉡을 하면
$$12^{2a}\times12^b=9\times16$$
$$12^{2a+b}=3^2\times4^2=12^2$$
$$\therefore\ 2a+b=2$$

25 0210 답 3

유형 16

출제의도 | 지수법칙을 실생활 문제에 적용할 수 있는지 확인한다.

STEP 1 8번째 복사본의 글자 크기를 식으로 나타내기 [3점]

원본의 글자 크기를 k라 하면

8번째 복사본의 글자 크기가 원본의 $\frac12$배이므로

$$k\left(\frac{a}{100}\right)^8=\frac k2\quad\therefore\ \left(\frac{a}{100}\right)^8=\frac12$$

STEP 2 12번째 복사본의 글자 크기를 식으로 나타내기 [1점]

12번째 복사본의 글자 크기는 $k\left(\dfrac{a}{100}\right)^{12}$이다.

STEP 3 $b+c$의 값 구하기 [4점]

$$k\left(\frac{a}{100}\right)^{12}\div k\left(\frac{a}{100}\right)^8=\left(\frac{a}{100}\right)^4$$
$$=\left\{\left(\frac{a}{100}\right)^8\right\}^{\frac12}$$
$$=\left(\frac12\right)^{\frac12}=2^{-\frac12}$$

따라서 $2^{-\frac12}=2^{-\frac cb}$에서 $b=2$, $c=1$이므로
$$b+c=3$$

1 0211   답 ①   유형 1

출제의도 | 거듭제곱근에 대하여 이해하는지 확인한다.

> 실수 a의 n제곱근 중 실수인 것은 n의 값이 홀수인 경우와 짝수인 경우로 분류해 보자.

-343의 세제곱근 중 실수인 것은 → 음수의 n제곱근 중 실수

$\sqrt[3]{-343}=\sqrt[3]{(-7)^3}=-7$ ∴ $a=-7$ → 인 것은 n이 홀수일 때만

256의 네제곱근을 x라 하면   존재한다.

$x^4=256$에서 $x=\pm 4$ 또는 $x=\pm 4i$

이 중 양수인 것은 4이므로 $b=4$

∴ $a+b=-7+4=-3$

2 0212   답 ②   유형 2

출제의도 | 거듭제곱근의 계산을 할 수 있는지 확인한다.

> 거듭제곱근의 성질을 이용하여 주어진 식을 정리해 보자.

$\dfrac{1}{\sqrt[3]{27}}\times\sqrt{(-6)^2}=\dfrac{1}{\sqrt[3]{3^3}}\times 6=\dfrac{1}{3}\times 6=2$

3 0213   답 ③   유형 2

출제의도 | 거듭제곱근의 계산을 할 수 있는지 확인한다.

> 거듭제곱근의 성질을 이용하여 주어진 식을 정리해 보자.

① $\sqrt[3]{5}\times\sqrt[4]{5}=\sqrt[12]{5^4}\times\sqrt[12]{5^3}=\sqrt[12]{5^7}$ (거짓)

② $\dfrac{\sqrt[3]{-125}}{\sqrt[3]{-27}}=\dfrac{\sqrt[3]{(-5)^3}}{\sqrt[3]{(-3)^3}}=\dfrac{-5}{-3}=\dfrac{5}{3}$, $\sqrt[3]{-\dfrac{125}{27}}=\sqrt[3]{\left(-\dfrac{5}{3}\right)^3}=-\dfrac{5}{3}$

   ∴ $\dfrac{\sqrt[3]{-125}}{\sqrt[3]{-27}}\neq\sqrt[3]{-\dfrac{125}{27}}$ (거짓)

③ $\sqrt[3]{-64}=\sqrt[3]{-8}=\sqrt[3]{(-2)^3}=-2$ (참)

④ $\sqrt[3]{\sqrt{4}}=\sqrt[12]{2^2}=\sqrt[6]{2}$ (거짓)

⑤ $\left(\sqrt[3]{3}\times\dfrac{1}{\sqrt{3}}\right)^6=\sqrt[3]{3^6}\times\dfrac{1}{\sqrt{3^6}}=3^2\times\dfrac{1}{3^3}=\dfrac{1}{3}$ (거짓)

따라서 옳은 것은 ③이다.

4 0214   답 ①   유형 3

출제의도 | 거듭제곱근의 성질을 이해하고 있는지 확인한다.

> $a>0$일 때, $\sqrt[n]{a^n}=1$, $\sqrt[np]{a^{mp}}=\sqrt[n]{a^m}$ (p는 양의 정수)임을 이용해 보자.

$\sqrt[3]{a}\times\sqrt[3]{ab^3}-\sqrt[6]{a^4b^6}$

$=\sqrt[3]{a^2b^3}-\sqrt[6]{a^4b^6}$

$=\sqrt[3]{a^2b^3}-\sqrt[3]{a^2b^3}$

$=0$

5 0215   답 ①   유형 10

출제의도 | 거듭제곱근으로 표현된 수의 대소 비교를 할 수 있는지 확인한다.

> $a>0$, $b>0$이고 k는 자연수, m, n은 2 이상의 자연수일 때, $(\sqrt[m]{a})^k<(\sqrt[n]{b})^k$이면 $\sqrt[m]{a}<\sqrt[n]{b}$임을 이용해 보자.

2, 3, 4의 최소공배수는 12이므로

$A=\sqrt{2}=\sqrt[12]{2^6}=\sqrt[12]{64}$

$B=\sqrt[3]{3}=\sqrt[12]{3^4}=\sqrt[12]{81}$

$C=\sqrt[4]{5}=\sqrt[12]{5^3}=\sqrt[12]{125}$

따라서 $\sqrt[12]{64}<\sqrt[12]{81}<\sqrt[12]{125}$이므로

$A<B<C$

6 0216   답 ⑤   유형 11

출제의도 | 지수법칙을 곱셈 공식에 적용할 수 있는지 확인한다.

> 곱셈 공식을 이용하여 식을 간단하게 정리해 보자.

$(11^{\frac{1}{4}}-1)(11^{\frac{1}{4}}+1)(11^{\frac{1}{2}}+1)(11+1)$

$=\{(11^{\frac{1}{4}})^2-1\}(11^{\frac{1}{2}}+1)(11+1)$

$=(11^{\frac{1}{2}}-1)(11^{\frac{1}{2}}+1)(11+1)$

$=\{(11^{\frac{1}{2}})^2-1\}(11+1)$

$=(11-1)(11+1)$

$=11^2-1=120$

7 0217   답 ⑤   유형 12

출제의도 | 지수법칙을 곱셈 공식에 적용할 수 있는지 확인한다.

> a^x+a^{-x} 꼴로 주어진 식을 곱셈 공식을 이용하여 변형한 후 식의 값을 구해 보자.

$a^{3k}+a^{-3k}=(a^k+a^{-k})^3-3(a^k+a^{-k})$

        $=125-15=110$

다른 풀이

$a^k+a^{-k}=5$의 양변을 세제곱하면

$a^{3k}+3\times a^{2k}\times a^{-k}+3\times a^k\times a^{-2k}+a^{-3k}=125$

∴ $a^{3k}+a^{-3k}+3(a^k+a^{-k})=125$

위 식에 $a^k+a^{-k}=5$를 대입하면

$a^{3k}+a^{-3k}+15=125$

∴ $a^{3k}+a^{-3k}=110$

8 0218   답 ④   유형 1

출제의도 | 거듭제곱근의 성질을 이해하는지 확인한다.

> 거듭제곱근이 실수가 되는 경우를 생각해 보자.

① 1의 세제곱근 중 $\dfrac{-1\pm\sqrt{3}i}{2}$는 허수이다. (거짓)

② a가 음수일 때, $\sqrt[n]{a^n}=-a$이다. (거짓)

③ $-\sqrt{64}=-8$의 세제곱근 중 실수인 것은 -2로 1개이다. (거짓)

④ n이 짝수일 때, -25의 n제곱근, 즉 음수의 n제곱근 중 실수인 것은 없다. (참)

⑤ n이 홀수일 때, 3의 n제곱근 중 실수인 것은 1개이다. (거짓)

따라서 옳은 것은 ④이다.

9 0219 답 ③

유형 5

출제의도 | 지수법칙을 이용하여 식의 값을 구할 수 있는지 확인한다.

> $\dfrac{1}{AB}=\dfrac{1}{B-A}\left(\dfrac{1}{A}-\dfrac{1}{B}\right)$ $(A\neq B,\ AB\neq0)$임을 이용하여 지수를 간단하게 정리해 보자.

$a=5^{\frac{1}{1\times2}}\times5^{\frac{1}{2\times3}}\times5^{\frac{1}{3\times4}}\times5^{\frac{1}{4\times5}}$

$=5^{\frac{1}{1\times2}+\frac{1}{2\times3}+\frac{1}{3\times4}+\frac{1}{4\times5}}$

$=5^{\left(1-\frac{1}{2}\right)+\left(\frac{1}{2}-\frac{1}{3}\right)+\left(\frac{1}{3}-\frac{1}{4}\right)+\left(\frac{1}{4}-\frac{1}{5}\right)}$

$=5^{1-\frac{1}{5}}=5^{\frac{4}{5}}$

$\sqrt[4]{a^5}$에 $a=5^{\frac{4}{5}}$을 대입하면

$\sqrt[4]{a^5}=\sqrt[4]{\left(5^{\frac{4}{5}}\right)^5}=\sqrt[4]{5^4}=5$

10 0220 답 ①

유형 7

출제의도 | 거듭제곱근을 지수로 나타낼 수 있는지 확인한다.

> 거듭제곱근을 유리수 지수로 바꾸어 정리해 보자.

$\sqrt{2\sqrt[3]{4\sqrt[4]{8}}}=\left\{2\times\left(4\times8^{\frac{1}{4}}\right)^{\frac{1}{3}}\right\}^{\frac{1}{2}}$

$=\left(2\times4^{\frac{1}{3}}\times8^{\frac{1}{12}}\right)^{\frac{1}{2}}$

$=\left(2\times2^{\frac{2}{3}}\times2^{\frac{1}{4}}\right)^{\frac{1}{2}}$

$=\left(2^{1+\frac{2}{3}+\frac{1}{4}}\right)^{\frac{1}{2}}$

$=\left(2^{\frac{23}{12}}\right)^{\frac{1}{2}}=2^{\frac{23}{24}}$

따라서 $p=24$, $q=23$이므로

$p+q=47$

다른 풀이

$\sqrt{2\sqrt[3]{4\sqrt[4]{8}}}=\sqrt{2\times\sqrt[6]{2^2}\times\sqrt[24]{2^3}}$

$=\sqrt{\sqrt[24]{2^{12}}\times\sqrt[24]{2^8}\times\sqrt[24]{2^3}}$

$=\sqrt{\sqrt[24]{2^{12}\times2^8\times2^3}}$

$=\sqrt[24]{2^{23}}=2^{\frac{23}{24}}$

따라서 $p=24$, $q=23$이므로

$p+q=47$

11 0221 답 ⑤

유형 9

출제의도 | 거듭제곱이 자연수가 되기 위한 조건을 알고 있는지 확인한다.

> $a^{\frac{m}{n}}$ (a는 소수)이 자연수가 되기 위해서는 n은 m의 약수가 되어야 함을 이용해 보자.

$\left(\dfrac{1}{64}\right)^{-\frac{1}{n}}=64^{\frac{1}{n}}=(2^6)^{\frac{1}{n}}=2^{\frac{6}{n}}$

$2^{\frac{6}{n}}$이 자연수가 되려면 $\dfrac{6}{n}$이 자연수가 되어야 하므로

자연수 n은 6의 약수이다.

따라서 구하는 자연수 n의 값은 1, 2, 3, 6이므로 그 합은

$1+2+3+6=12$

12 0222 답 ③

유형 12

출제의도 | 지수법칙을 곱셈 공식에 적용할 수 있는지 확인한다.

> $a^x\pm a^{-x}$ 꼴로 주어진 식을 곱셈 공식을 이용하여 변형한 후 식의 값을 구해 보자.

$25^a+25^{-a}=8$에서 $5^{2a}+5^{-2a}=8$이므로

$\dfrac{5^{6a}-1}{5^{4a}-5^{2a}}=\dfrac{(5^{2a}-1)(5^{4a}+5^{2a}+1)}{5^{2a}(5^{2a}-1)}$

$=5^{2a}+1+5^{-2a}$

$=8+1=9$

13 0223 답 ④

유형 13

출제의도 | 지수법칙을 이해하고 이를 이용하여 식을 간단히 나타낼 수 있는지 확인한다.

> 주어진 식의 분모와 분자에 적당한 수를 곱하여 식을 간단히 해 보자.

분모와 분자에 a^{12}을 각각 곱하면

$\dfrac{a^4+a^3+a^2+a}{a^{-11}+a^{-10}+a^{-9}+a^{-8}}=\dfrac{a^{12}(a^4+a^3+a^2+a)}{a^{12}(a^{-11}+a^{-10}+a^{-9}+a^{-8})}$

$=\dfrac{a^{12}(a^4+a^3+a^2+a)}{a+a^2+a^3+a^4}=a^{12}$

$a^2=\sqrt{2}$이므로

$a^{12}=(a^2)^6=(\sqrt{2})^6$

$=2^3=8$

다른 풀이

$\dfrac{a^4+a^3+a^2+a}{a^{-11}+a^{-10}+a^{-9}+a^{-8}}=\dfrac{a^4+a^3+a^2+a}{a^{-12}(a+a^2+a^3+a^4)}$

$=\dfrac{1}{a^{-12}}=a^{12}$

$=(a^2)^6=(\sqrt{2})^6$

$=2^3=8$

14 0224 답 ②

유형 1

출제의도 | 거듭제곱근에 대하여 이해하는지 확인한다.

> 실수 a의 n제곱근 중 실수인 것은 n의 값이 홀수인 경우와 짝수인 경우로 나누어 생각해 보자.

$f(a,\ n)$에서 n이 자연수이고 $a>0$이므로

n이 홀수이면 $f(a,\ n)=1$ → n이 홀수일 때 실수인 제곱근은 a가 양수일 때나 음수일 때나 모두 1개씩 존재한다.

n이 짝수이면 $f(a,\ n)=2$

$\therefore f(9,\ 3)+f(8,\ 4)+f(7,\ 5)=1+2+1=4$

15 0225 답 ⑤ 유형 6

출제의도 | 거듭제곱근의 성질을 알고 있는지 확인한다.

> 근과 계수의 관계를 이용하여 이차방정식의 두 근의 합과 곱을 구하고 거듭제곱근이 포함된 식을 정리해 보자.

이차방정식의 근과 계수의 관계에 의하여

$\alpha+\beta=3$, $\alpha\beta=-\dfrac{4}{3}$이므로

$\sqrt[3]{3^{2\alpha}}\times\sqrt[3]{9^{\beta}}=\sqrt[3]{3^{2\alpha}}\times\sqrt[3]{3^{2\beta}}=3^{\frac{2\alpha}{3}}\times3^{\frac{2\beta}{3}}=3^{\frac{2(\alpha+\beta)}{3}}=3^2$

$(27^{\alpha})^{\beta}=27^{\alpha\beta}=(3^3)^{-\frac{4}{3}}=3^{-4}$

$\therefore \dfrac{\sqrt[3]{3^{2\alpha}}\times\sqrt[3]{9^{\beta}}}{(27^{\alpha})^{\beta}}=\dfrac{3^2}{3^{-4}}=3^6$

16 0226 답 ② 유형 9

출제의도 | 어떤 자연수의 n제곱근이 되기 위한 조건을 알고 있는지 확인한다.

> $a^{\frac{q}{p}}$ (a는 소수, p, q는 서로소인 자연수)이 어떤 자연수의 n제곱근이 되기 위해서는 n은 p의 배수가 되어야 함을 이용해 보자.

$(\sqrt[3]{3^5})^{\frac{1}{4}}$이 어떤 자연수의 n제곱근이 되려면

$\{(\sqrt[3]{3^5})^{\frac{1}{4}}\}^n=\{(3^{\frac{5}{3}})^{\frac{1}{4}}\}^n=(3^{\frac{5}{12}})^n=3^{\frac{5}{12}n}$

에서 $\dfrac{5}{12}n$이 자연수이어야 한다.

따라서 자연수 n은 12의 배수이어야 하므로 $2\le n\le100$인 자연수 n의 값은 12, 24, 36, $\cdots$, 96의 8개이다.

17 0227 답 ⑤ 유형 8 + 유형 9

출제의도 | 거듭제곱이 자연수가 되기 위한 조건을 알고 있는지 확인한다.

> $a^x=k \iff a=k^{\frac{1}{x}}$임을 이용하여 주어진 조건을 변형하고, $a^{\frac{m}{n}}$ (a는 소수)이 자연수가 되기 위해서는 n은 m의 약수가 되어야 함을 이용해 보자.

$a^3=3$에서 $a=3^{\frac{1}{3}}$

$b^4=5$에서 $b=5^{\frac{1}{4}}$

$c^6=7$에서 $c=7^{\frac{1}{6}}$

$\therefore (abc)^n=(3^{\frac{1}{3}}\times5^{\frac{1}{4}}\times7^{\frac{1}{6}})^n=3^{\frac{n}{3}}\times5^{\frac{n}{4}}\times7^{\frac{n}{6}}$

즉, $(abc)^n$이 자연수가 되려면 n은 3, 4, 6의 최소공배수인 12의 배수이어야 한다.

12의 배수 중 세 자리 자연수는 108, 120, 132, $\cdots$

따라서 n의 최솟값은 108이다.

18 0228 답 ① 유형 12

출제의도 | 지수법칙을 곱셈 공식에 적용할 수 있는지 확인한다.

> $a^x\pm a^{-x}$ 꼴로 주어진 식을 곱셈 공식을 이용하여 변형한 후 식의 값을 구해 보자.

$x=3^{\frac{1}{3}}+3^{-\frac{1}{3}}$의 양변을 세제곱하면

$x^3=(3^{\frac{1}{3}})^3+(3^{-\frac{1}{3}})^3+3\times3^{\frac{1}{3}}\times3^{-\frac{1}{3}}(3^{\frac{1}{3}}+3^{-\frac{1}{3}})$

$\quad =3+3^{-1}+3(3^{\frac{1}{3}}+3^{-\frac{1}{3}})$

$\quad =3+\dfrac{1}{3}+3x$

즉, $3x^3=3\left(3+\dfrac{1}{3}+3x\right)=9+1+9x$이므로

$3x^3-9x-9=1$

19 0229 답 ③ 유형 12

출제의도 | 지수법칙을 곱셈 공식에 적용할 수 있는지 확인한다.

> a^x+a^{-x} 꼴로 주어진 식을 곱셈 공식을 이용하여 변형한 후 식의 값을 구해 보자.

$2^{2x}=t$라 하면 $t>0$이고

$\dfrac{2^{6x}+1}{2^{4x}+2^{2x}}=\dfrac{(2^{2x})^3+1}{(2^{2x})^2+2^{2x}}=\dfrac{t^3+1}{t^2+t}$

$\quad =\dfrac{(t+1)(t^2-t+1)}{t(t+1)}=\dfrac{t^2-t+1}{t}=t-1+t^{-1}$

$4^x+4^{-x}=2^{2x}+2^{-2x}=14$에서 $t+t^{-1}=14$이므로

$t-1+t^{-1}=14-1=13$

20 0230 답 ④ 유형 13

출제의도 | 지수법칙을 이해하고 이를 이용하여 식을 간단히 나타낼 수 있는지 확인한다.

> 주어진 식의 분모, 분자에 적당한 수를 곱하여 식을 정리해 보자.

$\dfrac{3}{3^{-n}+1}-\dfrac{3\times3^n}{(3^{-n}+1)3^n}=\dfrac{3^{n+1}}{1+3^n}$이므로

$n=1, 2, 3, \cdots, 10$에 대하여

$\dfrac{3}{3^{-n}+1}+\dfrac{3}{3^n+1}=\dfrac{3^{n+1}}{1+3^n}+\dfrac{3}{3^n+1}=\dfrac{3(3^n+1)}{3^n+1}=3$

즉, $\dfrac{3}{3^{-10}+1}+\dfrac{3}{3^{10}+1}=3$

$\dfrac{3}{3^{-9}+1}+\dfrac{3}{3^9+1}=3$

$\qquad\qquad \vdots$

$\dfrac{3}{3^{-1}+1}+\dfrac{3}{3^1+1}=3$

이고 $\dfrac{3}{3^0+2}=1$이므로

$\dfrac{3}{3^{-10}+1}+\dfrac{3}{3^{-9}+1}+\cdots+\dfrac{3}{3^{10}+1}=3\times10+1=31$

21 0231 답 ② 유형 14

출제의도 | 지수법칙을 이용하여 식을 정리할 수 있는지 확인한다.

> 밑이 같은 거듭제곱으로 변형하여 주어진 식의 값을 구해 보자.

$3^x=\sqrt{60}$ 에서 $3=(\sqrt{60})^{\frac{1}{x}}$ ····················· ㉠

$4^y=\sqrt{60}$ 에서 $4=(\sqrt{60})^{\frac{1}{y}}$ ····················· ㉡

$5^z=\sqrt{60}$ 에서 $5=(\sqrt{60})^{\frac{1}{z}}$ ····················· ㉢

㉠×㉡×㉢을 하면

$3\times4\times5=(\sqrt{60})^{\frac{1}{x}}\times(\sqrt{60})^{\frac{1}{y}}\times(\sqrt{60})^{\frac{1}{z}}$ 에서

$60=(\sqrt{60})^{\frac{1}{x}+\frac{1}{y}+\frac{1}{z}}=(60^{\frac{1}{2}})^{\frac{1}{x}+\frac{1}{y}+\frac{1}{z}}=60^{\frac{1}{2}(\frac{1}{x}+\frac{1}{y}+\frac{1}{z})}$

따라서 $\frac{1}{2}\left(\frac{1}{x}+\frac{1}{y}+\frac{1}{z}\right)=1$이므로

$\frac{1}{x}+\frac{1}{y}+\frac{1}{z}=2$

22 0232 답 -4 유형 13

출제의도 | 지수법칙을 이용하여 식을 정리할 수 있는지 확인한다.

STEP 1 a^{4x}과 a^{-2x}의 값 구하기 [2점]

$a^{4x}=(a^{2x})^2=(\sqrt{2}-1)^2=3-2\sqrt{2}$

$a^{-2x}=\frac{1}{a^{2x}}=\frac{1}{\sqrt{2}-1}=\sqrt{2}+1$

STEP 2 $\frac{a^{3x}-a^{-3x}}{a^{3x}+a^{-3x}}$ 정리하기 [3점]

분모, 분자에 a^x을 각각 곱하면

$\frac{a^{3x}-a^{-3x}}{a^{3x}+a^{-3x}}=\frac{a^x(a^{3x}-a^{-3x})}{a^x(a^{3x}+a^{-3x})}$

$=\frac{a^{4x}-a^{-2x}}{a^{4x}+a^{-2x}}$

$=\frac{(3-2\sqrt{2})-(\sqrt{2}+1)}{(3-2\sqrt{2})+(\sqrt{2}+1)}=\frac{2-3\sqrt{2}}{4-\sqrt{2}}$

$=\frac{(2-3\sqrt{2})(4+\sqrt{2})}{(4-\sqrt{2})(4+\sqrt{2})}=\frac{2-10\sqrt{2}}{14}$

$=\frac{1-5\sqrt{2}}{7}$

STEP 3 $m+n$의 값 구하기 [1점]

$\frac{m+n\sqrt{2}}{7}=\frac{1-5\sqrt{2}}{7}$에서

$m=1$, $n=-5$이므로

$m+n=-4$

23 0233 답 120년 후   유형 16

출제의도 | 지수법칙을 실생활 문제에 적용할 수 있는지 확인한다.

STEP 1 t에 대한 식 세우기 [3점]

t년 후에 반감기가 30년인 방사능 물질의 양 400이 25가 된다고 하면 $m_t=25$, $m_0=400$, $a=30$이므로

$25=400\times\left(\frac{1}{2}\right)^{\frac{t}{30}}$

STEP 2 방사능 물질의 양이 25가 되는 것은 지금으로부터 약 몇 년 후인지 구하기 [3점]

$\frac{1}{16}=\left(\frac{1}{2}\right)^{\frac{t}{30}}$, $\left(\frac{1}{2}\right)^4=\left(\frac{1}{2}\right)^{\frac{t}{30}}$

$4=\frac{t}{30}$에서 $t=120$

따라서 방사능 물질의 양이 25가 되는 것은 지금으로부터 120년 후이다.

24 0234 답 24   유형 1

출제의도 | 거듭제곱근의 성질을 이해하고 있는지 확인한다.

STEP 1 음의 실수가 존재하는 경우 구하기 [2점]

$2\leq n\leq10$을 만족시키는 자연수 n에 대하여 $n^2-11n+24$의 n제곱근 중 음의 실수가 존재하는 경우는 n이 홀수이고 $n^2-11n+24<0$인 경우와 n이 짝수이고 $n^2-11n+24>0$인 경우가 있다.

STEP 2 n이 홀수일 때 조건을 만족시키는 n의 값 구하기 [2점]

(i) n이 홀수이고, $n^2-11n+24<0$인 경우

$n^2-11n+24<0$에서

$(n-3)(n-8)<0$

$\therefore\ 3<n<8$

따라서 주어진 조건을 만족시키는 n의 값은 5, 7이다.

STEP 3 n이 짝수일 때 조건을 만족시키는 n의 값 구하기 [2점]

(ii) n이 짝수이고, $n^2-11n+24>0$인 경우

$n^2-11n+24>0$에서

$n<3$ 또는 $n>8$

$\therefore\ 2\leq n<3$ 또는 $8<n\leq10$

따라서 주어진 조건을 만족시키는 n의 값은 2, 10이다.

STEP 4 n의 값의 합 구하기 [1점]

(i), (ii)에서 모든 n의 값의 합은

$5+7+2+10=24$

25 0235 답 32   유형 1 + 유형 2 + 유형 6

출제의도 | 지수법칙을 적용할 수 있는지 확인한다.

STEP 1 ab^6, $81c$를 각각 유리수 지수로 정리하기 [4점]

$a=6^l$ (l은 자연수)

$b=\sqrt[m]{12}$ (m은 2 이상의 자연수)

$c=2^n$ (n은 자연수)

이라 하면

$ab^6=6^l\times(\sqrt[m]{12})^6$

$=(2\times3)^l\times(2^2\times3)^{\frac{6}{m}}$

$=2^{l+\frac{12}{m}}\times3^{l+\frac{6}{m}}$

$81c=2^n\times3^4$

STEP 2 $ab^6=81c$임을 이용하여 n의 최솟값 구하기 [2점]

$2^{l+\frac{12}{m}}\times3^{l+\frac{6}{m}}=2^n\times3^4$에서

$l+\frac{6}{m}=4$를 만족시키는 순서쌍 (l, m)은

$(1, 2)$, $(2, 3)$, $(3, 6)$이므로

이 중에서 $n=l+\frac{12}{m}$의 최솟값은 $l=3$, $m=6$일 때, 즉 5이다.

STEP 3 자연수 c의 최솟값 구하기 [1점]

자연수 $c=2^n$의 최솟값은 $2^5=32$이다.

02 로그

0236 답 (1) $x > -2$　(2) $x < 0$ 또는 $x > 3$
　　　　(3) $1 < x < 2$ 또는 $x > 2$
　　　　(4) $-2 < x < -1$ 또는 $x > -1$

(1) 진수의 조건에서 $x + 2 > 0$
　∴ $x > -2$

(2) 진수의 조건에서 $x^2 - 3x > 0$
　$x(x-3) > 0$
　∴ $x < 0$ 또는 $x > 3$

(3) 밑의 조건에서 $x - 1 > 0$, $x - 1 \neq 1$
　$x > 1$, $x \neq 2$
　∴ $1 < x < 2$ 또는 $x > 2$

(4) 밑의 조건에서 $x + 2 > 0$, $x + 2 \neq 1$
　$x > -2$, $x \neq -1$
　∴ $-2 < x < -1$ 또는 $x > -1$

0237 답 (1) $x > 2$　(2) $x > 4$

(1) (i) 밑의 조건에서 $x + 1 > 0$, $x + 1 \neq 1$
　　　$x > -1$, $x \neq 0$
　　　∴ $-1 < x < 0$ 또는 $x > 0$
　(ii) 진수의 조건에서 $x - 2 > 0$　　∴ $x > 2$
　(i), (ii)에서 $x > 2$

(2) (i) 밑의 조건에서 $x - 3 > 0$, $x - 3 \neq 1$
　　　$x > 3$, $x \neq 4$
　　　∴ $3 < x < 4$ 또는 $x > 4$
　(ii) 진수의 조건에서 $x^2 - 5x + 4 > 0$
　　　$(x-1)(x-4) > 0$
　　　∴ $x < 1$ 또는 $x > 4$
　(i), (ii)에서 $x > 4$

0238 답 (1) 2　(2) -3　(3) $\dfrac{1}{2}$

(1) $\log_8 64 = \log_8 8^2 = 2\log_8 8 = 2$

(2) $\log_3 \dfrac{1}{27} = \log_3 3^{-3} = -3\log_3 3 = -3$

(3) $\log_2 \sqrt{2} = \log_2 2^{\frac{1}{2}} = \dfrac{1}{2}\log_2 2 = \dfrac{1}{2}$

0239 답 (1) 1　(2) 3　(3) $\dfrac{5}{2}$

(1) $\log_{10} 2 + \log_{10} 5 = \log_{10}(2 \times 5) = \log_{10} 10 = 1$

(2) $\log_2 40 - \log_2 5 = \log_2 \dfrac{40}{5} = \log_2 8 = \log_2 2^3 = 3$

(3) $\log_3 \sqrt{27} - \log_2 \dfrac{1}{4} - \dfrac{1}{2}\log_2 4$

$= \log_3 3^{\frac{3}{2}} - \log_2 2^{-2} - \dfrac{1}{2}\log_2 2^2$

$= \dfrac{3}{2}\log_3 3 + 2\log_2 2 - \log_2 2$

$= \dfrac{3}{2} + 2 - 1 = \dfrac{5}{2}$

0240 답 (1) 1　(2) 1

(1) $\log_3 5 \times \log_5 3 = \log_3 5 \times \dfrac{1}{\log_3 5} = 1$

(2) $\log_3 \sqrt{10} \times \log_{10} 9 = \dfrac{\log_{10}\sqrt{10}}{\log_{10} 3} \times \log_{10} 3^2$

$\qquad\qquad = \dfrac{\log_{10} 10^{\frac{1}{2}}}{\log_{10} 3} \times 2\log_{10} 3$

$\qquad\qquad = \dfrac{1}{2} \times 2 = 1 \quad\longrightarrow \dfrac{1}{2} \times \dfrac{1}{\log_{10} 3} \times 2 \times \log_{10} 3$

0241 답 (1) $\dfrac{5}{3}$　(2) 5

(1) $\log_8 32 = \log_{2^3} 2^5 = \dfrac{5}{3}\log_2 2 = \dfrac{5}{3}$

(2) $2^{\log_2 5} = 5^{\log_2 2} = 5$

0242 답 (1) 0　(2) 3　(3) -1　(4) -3

(1) 1.45는 정수 부분이 한 자리인 수이므로 $\log 1.45$의 정수 부분은 0이다.

(2) 2240은 정수 부분이 네 자리인 수이므로 $\log 2240$의 정수 부분은 3이다.

(3) 0.753은 소수 첫째 자리에서 처음으로 0이 아닌 숫자가 나타나므로 $\log 0.753$의 정수 부분은 -1이다.

(4) 0.00162는 소수 셋째 자리에서 처음으로 0이 아닌 숫자가 나타나므로 $\log 0.00162$의 정수 부분은 -3이다.

0243 답 (1) 162　(2) 0.162

(1) $\log x = 2.2095$
　　　$= 2 + 0.2095$
　　　$= \log 10^2 + \log 1.62$
　　　$= \log(10^2 \times 1.62)$
　　　$= \log 162$
　∴ $x = 162$

(2) $\log x = -0.7905$
　　　$= -1 + 0.2095$
　　　$= \log 10^{-1} + \log 1.62$
　　　$= \log(10^{-1} \times 1.62)$
　　　$= \log 0.162$
　∴ $x = 0.162$

0244 답 ④　　　　　　　　　　　　　　　| 유형 1

> 양수 a, b에 대하여 $\log_a \dfrac{1}{16}=4$, $\log_{\sqrt{2}} b=6$일 때, ab의 값은?
> 【단서1】
>
> ① 1　　　　　② 2　　　　　③ 3
> ④ 4　　　　　⑤ 5
> 【단서1】 $\log_a N=x \iff a^x=N$

STEP1 로그의 정의를 이용하여 a의 값 구하기

$\log_a \dfrac{1}{16}=4$에서 $a^4=\dfrac{1}{16}=\dfrac{1}{2^4}=\left(\dfrac{1}{2}\right)^4$

$\therefore a=\dfrac{1}{2} \ (\because a>0)$

STEP2 로그의 정의를 이용하여 b의 값 구하기

$\log_{\sqrt{2}} b=6$에서 $b=(\sqrt{2})^6=2^3=8$

STEP3 ab의 값 구하기

$ab=\dfrac{1}{2}\times 8=4$

0245 답 ④

$\log_2 a=-2$에서 $a=2^{-2}=\dfrac{1}{4}$

$\log_b 25=2$에서 $b^2=25=5^2$

$\therefore b=5 \ (\because b>0)$

$\therefore ab=\dfrac{1}{4}\times 5=\dfrac{5}{4}$

0246 답 2

$\log_4 x=2$에서 $x=4^2=16$

$\log_y 2\sqrt{2}=\dfrac{1}{2}$에서 $y^{\frac{1}{2}}=2\sqrt{2}$

$\therefore y=(2\sqrt{2})^2=8$

$\therefore \dfrac{x}{y}=\dfrac{16}{8}=2$

0247 답 ②

$\log_{27}(\log_2 a)=\dfrac{1}{3}$에서

$\log_2 a=27^{\frac{1}{3}}=(3^3)^{\frac{1}{3}}=3$

$\therefore a=2^3$

$\therefore \sqrt[3]{a}=\sqrt[3]{2^3}=2$

0248 답 ④

$\log_2\{\log_3(\log_5 x)\}=0$에서

$\log_3(\log_5 x)=2^0=1$

$\log_5 x=3^1=3$

$\therefore x=5^3=125$

0249 답 ③

$x=\log_2(\sqrt{2}+1)$에서 $2^x=\sqrt{2}+1$

$2^{-x}=\dfrac{1}{\sqrt{2}+1}=\sqrt{2}-1$이므로

$\dfrac{2^x-2^{-x}}{(2^x+2^{-x})^2}=\dfrac{\sqrt{2}+1-(\sqrt{2}-1)}{\{\sqrt{2}+1+(\sqrt{2}-1)\}^2}$

$\qquad\qquad=\dfrac{2}{(2\sqrt{2})^2}=\dfrac{2}{8}=\dfrac{1}{4}$

개념 Check

> 분모가 무리수와 어떤 수의 합 또는 차 꼴일 때,
> $(x+y)(x-y)=x^2-y^2$임을 이용하여 분모를 유리화한다.
>
> $\dfrac{1}{\sqrt{a}+\sqrt{b}}=\dfrac{1\times(\sqrt{a}-\sqrt{b})}{(\sqrt{a}+\sqrt{b})\times(\sqrt{a}-\sqrt{b})}=\dfrac{\sqrt{a}-\sqrt{b}}{a-b}$

0250 답 ④

$\log_2 \dfrac{n}{10}=k \ (k$는 자연수)라 하면

$\dfrac{n}{10}=2^k$

$\therefore n=10\times 2^k$

n은 200 이하의 자연수이므로

$10\times 2^k\le 200$, $2^k\le 20$

즉, $k=1$, 2, 3, 4일 때, $n=20$, 40, 80, 160이므로

모든 n의 값의 합은

$20+40+80+160=300$

0251 답 ⑤

$\log_3(a+b)=2$에서 $a+b=3^2=9$ ⋯⋯⋯⋯⋯⋯⋯ ㉠

$\log_{a-b} 9=2$에서 $(a-b)^2=9$

$\therefore a-b=-3$ 또는 $a-b=3$

이때 $a>b$이므로

$a-b=3$ ⋯⋯⋯⋯⋯⋯⋯⋯⋯⋯⋯⋯⋯⋯⋯⋯⋯ ㉡

㉠, ㉡을 연립하여 풀면

$a=6$, $b=3$

$\therefore 3ab=3\times 6\times 3=54$

0252 답 8

$\log_2 a=3$이므로 $a=2^3=8$

0253 답 ③　　　　　　　　　　　　　　　| 유형 2

> $\log_{x-1}(-x^2+4x+5)$가 정의되기 위한 모든 정수 x의 값의 합은?
> 【단서1】
>
> ① 1　　　　　② 3　　　　　③ 7
> ④ 9　　　　　⑤ 13
> 【단서1】 로그에서 밑 $x-1$은 1이 아닌 양수, 진수 $-x^2+4x+5$는 양수

STEP1 밑의 조건을 만족시키는 x의 값의 범위 구하기

밑의 조건에서 $x-1>0$, $x-1\ne 1$

$x>1$, $x\ne 2$

$$\therefore 1 < x < 2 \ \text{또는} \ x > 2 \ \cdots\cdots\cdots\cdots\cdots\cdots\cdots\cdots\cdots\cdots \ ㉠$$

STEP2 진수의 조건을 만족시키는 x의 값의 범위 구하기

진수의 조건에서 $-x^2+4x+5>0$

$x^2-4x-5<0$, $(x-5)(x+1)<0$

$$\therefore -1 < x < 5 \ \cdots\cdots\cdots\cdots\cdots\cdots\cdots\cdots\cdots\cdots\cdots\cdots \ ㉡$$

㉠, ㉡에서 $1 < x < 2$ 또는 $2 < x < 5$

STEP3 모든 정수 x의 값의 합 구하기

정수 x는 3, 4이므로 구하는 합은

$3+4=7$

0254 답 ①

밑의 조건에서 $x+2>0$, $x+2\neq1$

$x>-2$, $x\neq-1$

$$\therefore -2 < x < -1 \ \text{또는} \ x > -1 \ \cdots\cdots\cdots\cdots\cdots \ ㉠$$

진수의 조건에서 $7-x>0$

$$\therefore x < 7 \ \cdots\cdots\cdots\cdots\cdots\cdots\cdots\cdots\cdots\cdots\cdots\cdots\cdots \ ㉡$$

㉠, ㉡에서 $-2 < x < -1$ 또는 $-1 < x < 7$

따라서 정수 x의 최솟값은 0이다.

0255 답 ②

진수의 조건에서

$2x-4>0$, $2x-8>0$

$x>2$, $x>4$

$\therefore x>4$

$\therefore |x-2|-|4-x|=(x-2)-(x-4)=2$

0256 답 ③

밑의 조건에서 $3a-2>0$, $3a-2\neq1$

$a > \dfrac{2}{3}$, $a\neq1$

$$\therefore \dfrac{2}{3} < a < 1 \ \text{또는} \ a > 1 \ \cdots\cdots\cdots\cdots\cdots\cdots \ ㉠$$

진수의 조건에서 $5-2b>0$

$$\therefore b < \dfrac{5}{2} \ \cdots\cdots\cdots\cdots\cdots\cdots\cdots\cdots\cdots\cdots\cdots\cdots \ ㉡$$

따라서 ㉠, ㉡을 만족시키는 순서쌍 (a, b)는 ③ $\left(\dfrac{5}{3}, 1\right)$이다.

0257 답 2

밑의 조건에서 $a-2>0$, $a-2\neq1$

$a>2$, $a\neq3$

$$\therefore 2 < a < 3 \ \text{또는} \ a > 3 \ \cdots\cdots\cdots\cdots\cdots\cdots\cdots \ ㉠$$

진수의 조건에서 모든 실수 x에 대하여 $x^2+2ax+6a>0$이어야

하므로 이차방정식 $x^2+2ax+6a=0$의 판별식을 D라 하면

$$\dfrac{D}{4}=a^2-6a<0, \ a(a-6)<0$$

$$\therefore 0 < a < 6 \ \cdots\cdots\cdots\cdots\cdots\cdots\cdots\cdots\cdots\cdots\cdots\cdots \ ㉡$$

㉠, ㉡에서 $2 < a < 3$ 또는 $3 < a < 6$

따라서 구하는 정수 a는 4, 5로 2개이다.

개념 Check

이차부등식 $ax^2+bx+c>0$이 항상 성립할 조건

모든 실수 x에 대하여 이차부등식 $ax^2+bx+c>0$이 성립하려면

$a>0$, $b^2-4ac<0$

0258 답 ④

밑의 조건에서 $a^2>0$, $a^2\neq1$ ⟶ $a^2-1\neq0$에서 $(a-1)(a+1)\neq0$ 즉, $a\neq1$, $a\neq-1$이다.

$$\therefore a\neq0, \ a\neq1, \ a\neq-1 \ \cdots\cdots\cdots\cdots\cdots\cdots\cdots \ ㉠$$

진수의 조건에서 모든 실수 x에 대하여 $ax^2+ax+1>0$이어야 한다.

(i) $a=0$일 때

$ax^2+ax+1=1>0$이므로 진수의 조건을 만족시킨다.

(ii) $a\neq0$일 때

$a>0$이고 이차방정식 $ax^2+ax+1=0$의 판별식을 D라 하면

$D=a^2-4a<0$, $a(a-4)<0$

$\therefore 0 < a < 4$

(i), (ii)에서 $0 \le a < 4$ $\cdots\cdots\cdots\cdots\cdots\cdots\cdots\cdots\cdots \ ㉡$

㉠, ㉡에서 정수 a는 2, 3이므로 구하는 합은

$2+3=5$

0259 답 ①

밑의 조건에서 $|x-1|>0$, $|x-1|\neq1$ ⟶ $x<1$ 또는 $x>1$이므로 $x\neq1$이다.

$$\therefore x\neq1, \ x\neq0, \ x\neq2 \ \cdots\cdots\cdots\cdots\cdots\cdots\cdots\cdots \ ㉠$$

진수의 조건에서 $-x^2+2x+3>0$이므로

$x^2-2x-3<0$, $(x+1)(x-3)<0$

$$\therefore -1 < x < 3 \ \cdots\cdots\cdots\cdots\cdots\cdots\cdots\cdots\cdots\cdots \ ㉡$$

㉠, ㉡에서

$-1 < x < 0$ 또는 $0 < x < 1$ 또는 $1 < x < 2$ 또는 $2 < x < 3$

따라서 정수 x는 없으므로 0개이다.

0260 답 ②

밑의 조건에서 $x-3>0$, $x-3\neq1$

$x>3$, $x\neq4$

$$\therefore 3 < x < 4 \ \text{또는} \ x > 4 \ \cdots\cdots\cdots\cdots\cdots\cdots\cdots \ ㉠$$

진수의 조건에서 $-x^2+9x-14>0$이므로

$x^2-9x+14<0$, $(x-2)(x-7)<0$

$$\therefore 2 < x < 7 \ \cdots\cdots\cdots\cdots\cdots\cdots\cdots\cdots\cdots\cdots\cdots \ ㉡$$

㉠, ㉡에서 $3 < x < 4$ 또는 $4 < x < 7$

이것을 만족시키는 정수 x는 5, 6으로 2개이므로 $m=2$

$\underline{27^a \times 9^b=2}$에서 $3^{2a+2b}=2$ ⟶ $27^a \times 9^b=(3^3)^a \times (3^2)^b$ $=3^{3a} \times 3^{2b}=3^{3a+2b}$

$\therefore 3a+2b=\log_3 2$

실수 Check

지수와 로그가 혼합된 문제일수록 지수와 로그의 관계를 정확히 이해해야 한다. $27^a \times 9^b=2$에서 미지수가 2개라고 당황하지 말고, 지수법칙과 로그의 정의를 이용하면 풀이와 같이 주어진 값을 구할 수 있음을 기억한다.

0260-1

$\log_{x-1}(x^2-16x+60)$이 정의되기 위한 10 이하의 자연수 x의 개수를 n이라 하고 자연수 x의 값들의 합을 m이라 하자. 이때 $\dfrac{m}{n}$의 값을 구하시오.

밑의 조건에서 $x-1>0$, $x-1\neq1$

$x>1$, $x\neq2$

$\therefore 1<x<2$, $x>2$ ················· ㉠

진수의 조건에서 $x^2-16x+60>0$이므로

$(x-6)(x-10)>0$

$\therefore x<6$ 또는 $x>10$ ················· ㉡

㉠, ㉡에서 $1<x<2$, $2<x<6$ 또는 $x>10$

따라서 이것을 만족시키는 10 이하의 자연수 x는 3, 4, 5이므로

$n=3$, $m=3+4+5=12$

$\therefore \dfrac{m}{n}=\dfrac{12}{3}=4$

답 4

0261 **답** 9

밑의 조건에서 $x>0$, $x\neq1$ ················· ㉠

진수의 조건에서 $-x^2+4x+5>0$

$x^2-4x-5<0$, $(x+1)(x-5)<0$

$\therefore -1<x<5$ ················· ㉡

㉠, ㉡에서 $0<x<1$ 또는 $1<x<5$

따라서 정수 x는 2, 3, 4이므로 구하는 합은

$2+3+4=9$

0262 **답** ② | 유형 3

$\dfrac{\log_2\sqrt{2}-\log_2\dfrac{4}{3}-\log_2\sqrt{18}$의 값은?}{}$

단서1

① -4 ② -2 ③ 0

④ 2 ⑤ 4

단서1 $\log_2 x+\log_2 y=\log_2 xy$, $\log_2 x-\log_2 y=\log_2\dfrac{x}{y}$

STEP1 로그의 성질을 이용하여 간단히 정리하기

$\log_2\sqrt{2}-\log_2\dfrac{4}{3}-\log_2\sqrt{18}$

$=\log_2\sqrt{2}+\log_2\dfrac{3}{4}-\log_2 3\sqrt{2}$

$=\log_2\left(\sqrt{2}\times\dfrac{3}{4}\times\dfrac{1}{3\sqrt{2}}\right)$

$=\log_2\dfrac{1}{4}$

$=\log_2 2^{-2}=-2$

0263 **답** ②

$\log_7 5-\log_7 35=\log_7\dfrac{5}{35}=\log_7\dfrac{1}{7}$

$\qquad\qquad\qquad =\log_7 7^{-1}=-1$

0264 **답** ①

$\log_2\dfrac{2}{9}+4\log_2\sqrt{12}=\log_2\dfrac{2}{9}+\log_2(\sqrt{12})^4$

$\qquad\qquad\qquad\qquad =\log_2\dfrac{2}{9}+\log_2 144$

$\qquad\qquad\qquad\qquad =\log_2\left(\dfrac{2}{9}\times144\right)$

$\qquad\qquad\qquad\qquad =\log_2 2^5=5$

0265 **답** ⑤

$\log_3 16+\dfrac{1}{2}\log_3\dfrac{1}{5}+\dfrac{1}{2}\log_3 20$

$=\log_3 2^4-\dfrac{1}{2}\log_3 5+\dfrac{1}{2}(\log_3 5+\log_3 4)$

$=4\log_3 2-\dfrac{1}{2}\log_3 5+\dfrac{1}{2}\log_3 5+\dfrac{1}{2}\log_3 4$

$=4\log_3 2+\log_3 2$

$=5\log_3 2$

0266 **답** ②

$\log_3\left(1+\dfrac{1}{1}\right)+\log_3\left(1+\dfrac{1}{2}\right)+\log_3\left(1+\dfrac{1}{3}\right)+\cdots+\log_3\left(1+\dfrac{1}{80}\right)$

$=\log_3\dfrac{2}{1}+\log_3\dfrac{3}{2}+\log_3\dfrac{4}{3}+\cdots+\log_3\dfrac{81}{80}$

$=\log_3\left(\dfrac{2}{1}\times\dfrac{3}{2}\times\dfrac{4}{3}\times\cdots\times\dfrac{81}{80}\right)$

$=\log_3 81$

$=\log_3 3^4=4$

0267 **답** 56

$\log_2(a+b)=3$에서 $a+b=2^3=8$

$\log_2 a+\log_2 b=2$에서 $\log_2 ab=2$

$\therefore ab=2^2=4$

$\therefore a^2+b^2=(a+b)^2-2ab$

$\qquad\qquad =8^2-2\times4=56$

0268 **답** 4

$\log_3\sqrt[3]{24}+\log_3\dfrac{\sqrt[6]{81^k}}{2}$

$=\log_3(2^3\times3)^{\frac{1}{3}}+\log_3\dfrac{\sqrt[6]{3^{4k}}}{2}$

$=\log_3(2\times3^{\frac{1}{3}})+\log_3\dfrac{3^{\frac{2k}{3}}}{2}$

$=\log_3 2+\log_3 3^{\frac{1}{3}}+\log_3 3^{\frac{2k}{3}}-\log_3 2$

$=\dfrac{1}{3}+\dfrac{2k}{3}=\dfrac{2k+1}{3}$

이 수가 자연수가 되려면 $2k+1$의 값이 3의 배수이어야 한다. 즉,

$2k+1=3$에서 $k=1$

$2k+1=6$에서 $k=\dfrac{5}{2}$

$2k+1=9$에서 $k=4$

$2k+1=12$에서 $k=\dfrac{11}{2}$

$2k+1=15$에서 $k=7$

$2k+1=18$에서 $k=\dfrac{17}{2}$

$2k+1=21$에서 $k=10$

이때 k는 10 이하의 자연수이므로 k의 값은 1, 4, 7, 10으로 4개이다.

0269 답 ③

$\log_2 \dfrac{\sqrt{2^m}}{2} + \log_2 \dfrac{2^{2m}}{\sqrt{8 \times 2^n}} = 0$에서

$\log_2 \sqrt{2^m} - \log_2 2 + \log_2 2^{2m} - \log_2 \sqrt{8 \times 2^n} = 0$

$\log_2 2^{\frac{m}{2}} - 1 + \log_2 2^{2m} - \log_2 2^{\frac{n+3}{2}} = 0$

$\dfrac{m}{2} - 1 + 2m - \dfrac{n+3}{2} = 0$

$5m - 5 - n = 0$

$\therefore n = 5(m-1)$

이때 n은 5의 배수이면서 50 이하의 자연수이므로 n의 값은 5, 10, 15, $\cdots$, 50이다.

따라서 순서쌍 (m, n)은 $(2, 5), (3, 10), \cdots, (11, 50)$으로 10개이다.

실수 Check

순서쌍 (m, n)을 구할 때는 m, n에 대한 식을 적당히 변형하여 조건을 만족시키는 값을 찾아야 한다.

문제와 같이 복잡한 식을 정리하였을 때, $5m-5-n=0$을 그대로 사용하면 m, n에 각각 50개의 수를 대입해야 하는데 $n=5(m-1)$로 정리하면 m, n의 값의 특징을 찾아 그 개수를 간단히 구할 수 있다.

0270 답 48

$\left(\dfrac{1}{4}\right)^{-2} \times \log_2 8 = (2^{-2})^{-2} \times \log_2 2^3$

$\qquad\qquad\qquad = 2^4 \times 3$

$\qquad\qquad\qquad = 16 \times 3 = 48$

0271 답 ①

두 점 $(1, \log_2 5)$, $(2, \log_2 10)$을 지나는 직선의 기울기는

$\dfrac{\log_2 10 - \log_2 5}{2-1} = \log_2 \dfrac{10}{5}$

$\qquad\qquad\qquad = \log_2 2 = 1$

0272 답 ②　　　　　　　　　　　|유형 4

> 1이 아닌 양수 x, a에 대하여
> $\dfrac{1}{\log_2 x} + \dfrac{1}{\log_4 x} + \dfrac{1}{\log_8 x} = \dfrac{2}{\log_a x}$ 를 만족시키는 a의 값은?
> **단서1**
> ① 4　　　　　② 8　　　　　③ 16
> ④ 32　　　　⑤ 64
>
> **단서1** $\dfrac{1}{\log_b x} = \log_x b$

STEP 1 밑의 변환을 이용하여 밑을 같게 하기

$\dfrac{1}{\log_2 x} + \dfrac{1}{\log_4 x} + \dfrac{1}{\log_8 x} = \dfrac{2}{\log_a x}$에서

$\log_x 2 + \log_x 4 + \log_x 8 = 2\log_x a$

$\log_x (2 \times 4 \times 8) = \log_x a^2$

$\log_x 64 = \log_x a^2$

STEP 2 조건을 만족시키는 a의 값 구하기

$a^2 = 64$에서 a는 양수이므로

$a = 8$

0273 답 ⑤

$\dfrac{1}{\log_{12} 3} + \dfrac{1}{\log_6 3} - \dfrac{1}{\log_8 3} = \log_3 12 + \log_3 6 - \log_3 8$

$\qquad\qquad\qquad\qquad\qquad = \log_3 \left(12 \times 6 \times \dfrac{1}{8}\right)$

$\qquad\qquad\qquad\qquad\qquad = \log_3 9$

$\qquad\qquad\qquad\qquad\qquad = \log_3 3^2 = 2$

0274 답 ②

$\log_3 6 \times \log_8 9 \times \log_{\frac{1}{3}} 2 \times \log_6 27$

$= \dfrac{\log_2 6}{\log_2 3} \times \dfrac{\log_2 9}{\log_2 8} \times \dfrac{\log_2 2}{\log_2 \frac{1}{3}} \times \dfrac{\log_2 27}{\log_2 6}$

$= \dfrac{\log_2 6}{\log_2 3} \times \dfrac{2\log_2 3}{3} \times \dfrac{1}{-\log_2 3} \times \dfrac{3\log_2 3}{\log_2 6}$

$= \dfrac{2}{3} \times (-3) = -2$

0275 답 ①

$\dfrac{1}{\log_x 3} + \dfrac{1}{\log_y 3} - \dfrac{1}{\log_2 3} = \log_3 x + \log_3 y - \log_3 2$

$\qquad\qquad\qquad\qquad\qquad = \log_3 \dfrac{xy}{2}$

$\log_3 \dfrac{xy}{2} = \log_3 4$이므로 $\dfrac{xy}{2} = 4$

$\therefore xy = 8$

0276 답 8

$\dfrac{1}{\log_2 2} + \dfrac{1}{\log_3 2} + \dfrac{1}{\log_4 2} + \cdots + \dfrac{1}{\log_{10} 2}$

$= \log_2 2 + \log_2 3 + \log_2 4 + \cdots + \log_2 10$

$= \log_2 (2 \times 3 \times 4 \times \cdots \times 10)$

$= \log_2 \{2 \times 3 \times 2^2 \times 5 \times (2 \times 3) \times 7 \times 2^3 \times 3^2 \times (2 \times 5)\}$

$$=\log_2(2^8 \times 3^4 \times 5^2 \times 7)$$
$$=8+\log_2(3^4 \times 5^2 \times 7)=N+\log_2 M$$
$$\therefore N=8 \xrightarrow{\quad} (\text{홀수}) \times (\text{홀수}) \times (\text{홀수})=(\text{홀수})=M$$

0277 답 ②

$\log_c a=\dfrac{1}{\log_a c}=3$, $\log_c b=\dfrac{1}{\log_b c}=2$이므로

$$\log_a b+\log_b c+\log_c a=\dfrac{\log_c b}{\log_c a}+\log_b c+\log_c a$$
$$=\dfrac{2}{3}+\dfrac{1}{2}+3=\dfrac{25}{6}$$

0278 답 $-\dfrac{1}{3}$

$$\log_a d:\log_b d:\log_c d=\dfrac{1}{\log_d a}:\dfrac{1}{\log_d b}:\dfrac{1}{\log_d c}=2:3:5$$

$\dfrac{1}{\log_d a}=2k$, $\dfrac{1}{\log_d b}=3k$, $\dfrac{1}{\log_d c}=5k\,(k\neq 0)$라 하면

$\log_d a=\dfrac{1}{2k}$, $\log_d b=\dfrac{1}{3k}$, $\log_d c=\dfrac{1}{5k}$이므로

$$\log_a b+\log_b a-\log_c a=\dfrac{\log_d b}{\log_d a}+\dfrac{\log_d a}{\log_d b}-\dfrac{\log_d a}{\log_d c}$$
$$=\dfrac{\frac{1}{3k}}{\frac{1}{2k}}+\dfrac{\frac{1}{2k}}{\frac{1}{3k}}-\dfrac{\frac{1}{2k}}{\frac{1}{5k}}$$
$$=\dfrac{2}{3}+\dfrac{3}{2}-\dfrac{5}{2}=-\dfrac{1}{3}$$

0279 답 ④

$$\log_2(\log_3 25)+\log_2(\log_5 49)+\log_2(\log_7 81)$$
$$=\log_2(2\log_3 5)+\log_2(2\log_5 7)+\log_2(4\log_7 3)$$
$$=\log_2(2\times 2\times 4\times \log_3 5\times \log_5 7\times \log_7 3)$$
$$=\log_2\Big(16\times \log_3 5\times \dfrac{\log_3 7}{\log_3 5}\times \dfrac{1}{\log_3 7}\Big)$$
$$=\log_2 16$$
$$=\log_2 2^4=4$$

0280 답 $\dfrac{1}{3}$

$$(\log_a \sqrt[3]{b})^2+(\log_b \sqrt{a})^2=\Big(\dfrac{1}{3}\log_a b\Big)^2+\Big(\dfrac{1}{2}\log_b a\Big)^2$$
$$=\Big(\dfrac{1}{3}\log_a b\Big)^2+\Big(\dfrac{1}{2\log_a b}\Big)^2$$
$$=\dfrac{1}{9}(\log_a b)^2+\dfrac{1}{4(\log_a b)^2}$$

이때 $\dfrac{1}{9}(\log_a b)^2>0$, $\dfrac{1}{4(\log_a b)^2}>0$이므로 산술평균과 기하평균
의 관계에 의하여 $\xrightarrow{\quad}$ (실수)$^2\geq 0$이고, $a>1$, $b>1$이기 때문이다.

$$\dfrac{1}{9}(\log_a b)^2+\dfrac{1}{4(\log_a b)^2}\geq 2\sqrt{\dfrac{1}{9}(\log_a b)^2\times \dfrac{1}{4(\log_a b)^2}}$$
$$=2\sqrt{\dfrac{1}{36}}$$
$$=2\times \dfrac{1}{6}=\dfrac{1}{3}$$
$$\left(\text{단, 등호는 } (\log_a b)^2=\dfrac{3}{2}\text{일 때 성립}\right)$$

따라서 구하는 최솟값은 $\dfrac{1}{3}$이다.

개념 Check

산술평균과 기하평균의 관계

$a>0$, $b>0$일 때, $\dfrac{a+b}{2}\geq \sqrt{ab}$ (단, 등호는 $a=b$일 때 성립)

실수 Check

주어진 식을 완전제곱꼴로 고쳐서 최솟값을 구하려고 하면 답을 구하지
못할 수도 있다.

일반적으로 이차식의 최대와 최소를 구할 때는

(1) 완전제곱 꼴로 만드는 방법

(2) 판별식을 이용하는 방법

(3) 산술평균과 기하평균의 관계를 이용하는 방법

이 있다. 이 중에서 양수인 두 수의 곱이나 합이 주어진 경우에는 (3)의
방법을 가장 먼저 떠올려야 한다.

특히 이 문제에서는 로그의 밑의 변환을 이용하여 식을 정리해 보면 (3)
의 방법을 이용해야 함을 금방 알 수 있다.

Plus 문제

0280-1

1보다 큰 두 양수 a, b에 대하여 $(\log_a \sqrt[4]{b})^2+(\log_b a)^2$의 최
솟값을 구하시오.

$$(\log_a \sqrt[4]{b})^2+(\log_b a)^2=\Big(\dfrac{1}{4}\log_a b\Big)^2+(\log_b a)^2$$
$$=\dfrac{1}{16}(\log_a b)^2+\dfrac{1}{(\log_a b)^2}$$

이때 $\dfrac{1}{16}(\log_a b)^2>0$, $\dfrac{1}{(\log_a b)^2}>0$이므로 산술평균과 기하
평균의 관계에 의하여

$$\dfrac{1}{16}(\log_a b)^2+\dfrac{1}{(\log_a b)^2}\geq 2\sqrt{\dfrac{1}{16}(\log_a b)^2\times \dfrac{1}{(\log_a b)^2}}$$
$$=2\sqrt{\dfrac{1}{16}}$$
$$=2\times \dfrac{1}{4}=\dfrac{1}{2}$$
$$\text{(단, 등호는 } (\log_a b)^2=4\text{일 때 성립)}$$

따라서 구하는 최솟값은 $\dfrac{1}{2}$이다.

답 $\dfrac{1}{2}$

0281 답 ③

$\log_2 8a=\dfrac{2}{\log_a 2}$에서 $\dfrac{1}{\log_a 2}=\log_2 a$이므로

$\log_2 8+\log_2 a=2\log_2 a$

$\log_2 a=\log_2 8$ $\quad\therefore a=8$

0282 답 ③

$\log_a a^2 b^3=3$에서

$\log_a a^2+\log_a b^3=3$, $2+3\log_a b=3$

$3\log_a b = 1$

$\therefore \log_a b = \dfrac{1}{3}$

$\therefore \log_b a = \dfrac{1}{\log_a b} = 3$

0283 답 ⑤

점 $(\sqrt[3]{a},\ \sqrt{b})$가 함수 $y=\dfrac{1}{x}$의 그래프 위의 점이므로

$\sqrt{b} = \dfrac{1}{\sqrt[3]{a}}$

이때 a, b는 양수이므로 양변을 제곱하면

$b = \dfrac{1}{(\sqrt[3]{a})^2} = \dfrac{1}{\sqrt[3]{a^2}}$

즉, $b = a^{-\frac{2}{3}}$에서 $\log_a b = -\dfrac{2}{3}$

따라서 $\log_b a = \dfrac{1}{\log_a b} = -\dfrac{3}{2}$이므로

$\log_a b + \log_b a = -\dfrac{2}{3} + \left(-\dfrac{3}{2}\right) = -\dfrac{13}{6}$

0284 답 ⑤ | 유형 5

$\dfrac{(\log_2 7 + \log_8 49)(\log_7 2 + \log_{49} 8)}{\text{단서1}}$의 값은?

① 1   ② $\dfrac{3}{2}$ ③ $\dfrac{8}{3}$

④ 4   ⑤ $\dfrac{25}{6}$

단서1 $\log_{a^m} b^n = \dfrac{n}{m}\log_a b$ (단, $m \neq 0$)

STEP 1 로그의 성질을 이용하여 주어진 식의 값 구하기

$(\log_2 7 + \log_8 49)(\log_7 2 + \log_{49} 8)$

$= (\log_2 7 + \log_{2^3} 7^2)(\log_7 2 + \log_{7^2} 2^3)$

$= \left(\log_2 7 + \dfrac{2}{3}\log_2 7\right)\left(\log_7 2 + \dfrac{3}{2}\log_7 2\right)$

$= \dfrac{5}{3}\log_2 7 \times \dfrac{5}{2}\log_7 2$

$= \dfrac{25}{6} \times \log_2 7 \times \dfrac{1}{\log_2 7}$

$= \dfrac{25}{6}$

0285 답 ③

$\left(\log_2 \sqrt{5} + \dfrac{3}{4}\log_{\sqrt{2}} 5\right) \times \log_{25} 2\sqrt{2}$

$= \left(\log_2 5^{\frac{1}{2}} + \dfrac{3}{4}\log_{2^{\frac{1}{2}}} 5\right) \times \log_{5^2} 2^{\frac{3}{2}}$

$= \left(\dfrac{1}{2}\log_2 5 + \dfrac{3}{4} \times 2\log_2 5\right) \times \dfrac{1}{2} \times \dfrac{3}{2}\log_5 2$

$= \left(\dfrac{1}{2}\log_2 5 + \dfrac{3}{2}\log_2 5\right) \times \dfrac{3}{4}\log_5 2$

$= 2\log_2 5 \times \dfrac{3}{4}\log_5 2$

$= \dfrac{3}{2}\log_2 5 \times \dfrac{1}{\log_2 5} = \dfrac{3}{2}$

0286 답 ②

$x = \log_{25} 4 + \log_5 6$

$= \log_{5^2} 2^2 + \log_5 6$

$= \log_5 2 + \log_5 6$

$= \log_5 (2 \times 6) = \log_5 12$

$\therefore 5^x = 5^{\log_5 12} = 12$

0287 답 $-\dfrac{1}{2}$

$\log_{36}(\log_3 2) + \log_{36}(\log_4 3) + \log_{36}(\log_5 4) + \cdots$
$\qquad\qquad\qquad\qquad\qquad\qquad + \log_{36}(\log_{64} 63)$

$= \log_{36}(\log_3 2 \times \log_4 3 \times \log_5 4 \times \cdots \times \log_{64} 63)$

$= \log_{36}\left(\dfrac{1}{\log_2 3} \times \dfrac{\log_2 3}{\log_2 4} \times \dfrac{\log_2 4}{\log_2 5} \times \cdots \times \dfrac{\log_2 63}{\log_2 64}\right)$

$= \log_{36}\left(\dfrac{1}{\log_2 64}\right) = \log_{36}\left(\dfrac{1}{\log_2 2^6}\right)$

$= \log_{36}\dfrac{1}{6}$

$= \log_{6^2} 6^{-1} = -\dfrac{1}{2}$

0288 답 ⑤

$\log_4 18 - \log_2 \sqrt{3} = \dfrac{1}{2}\log_2 18 - \log_2 \sqrt{3}$

$\qquad\qquad\qquad\quad = \log_2 \sqrt{18} - \log_2 \sqrt{3}$

$\qquad\qquad\qquad\quad = \log_2 \dfrac{\sqrt{18}}{\sqrt{3}} = \log_2 \sqrt{6}$

$\therefore \left(\dfrac{1}{2}\right)^{\log_4 18 - \log_2 \sqrt{3}} = \left(\dfrac{1}{2}\right)^{\log_2 \sqrt{6}} = (\sqrt{6})^{\log_2 \frac{1}{2}} = (\sqrt{6})^{-1} = \dfrac{1}{\sqrt{6}}$

0289 답 81

$2\log_5 2 - 3\log_{\frac{1}{5}} 9 - 2\log_5 18 = \log_5 2^2 + \log_5 9^3 - \log_5 18^2$

$\qquad\qquad\qquad\qquad\qquad\qquad = \log_5 \dfrac{2^2 \times 9^3}{18^2}$

$\qquad\qquad\qquad\qquad\qquad\qquad = \log_5 9$

$\therefore 25^{2\log_5 2 - 3\log_{\frac{1}{5}} 9 - 2\log_5 18} = 25^{\log_5 9}$

$\qquad\qquad\qquad\qquad\qquad\qquad = 9^{\log_5 25} = 9^{2\log_5 5}$

$\qquad\qquad\qquad\qquad\qquad\qquad = 9^2 = 81$

0290 답 ③

$(a^2)^{\log_{\sqrt{5}} 3} \times b^{2\log_5 9} = (a^2)^{\log_{5^{\frac{1}{2}}} 3} \times b^{2\log_5 3^2} = (a^2)^{2\log_5 3} \times b^{4\log_5 3}$

$\qquad\qquad\qquad\qquad\quad = a^{4\log_5 3} \times b^{4\log_5 3} = (ab)^{4\log_5 3}$

$\qquad\qquad\qquad\qquad\quad = \{(ab)^4\}^{\log_5 3} = \{(\sqrt{5})^4\}^{\log_5 3}$

$\qquad\qquad\qquad\qquad\quad = 25^{\log_5 3} = 3^{\log_5 25}$

$\qquad\qquad\qquad\qquad\quad = 3^{\log_5 5^2} = 3^2 = 9$

0291 답 ③

$\dfrac{(\log_5 3 + \log_{25} 3)(\log_3 25 + \log_9 5)}{(\log_4 3 + \log_2 9)(\log_3 2 + \log_9 4)}$

$= \dfrac{(\log_5 3 + \log_{5^2} 3)(\log_3 5^2 + \log_{3^2} 5)}{(\log_{2^2} 3 + \log_2 3^2)(\log_3 2 + \log_{3^2} 2^2)}$

$$=\left(\log_5 3+\frac{1}{2}\log_5 3\right)\left(2\log_3 5+\frac{1}{2}\log_3 5\right)$$
$$\overline{\left(\frac{1}{2}\log_2 3+2\log_2 3\right)(\log_3 2+\log_3 2)}$$

$$=\frac{\dfrac{3}{2}\log_5 3\times\dfrac{5}{2}\log_3 5}{\dfrac{5}{2}\log_2 3\times 2\log_3 2} \quad \begin{array}{l} \leftarrow \log_5 3\times\log_3 5=\log_5 3\times\dfrac{1}{\log_5 3}=1 \\[4pt] \leftarrow \log_2 3\times\log_3 2=\log_2 3\times\dfrac{1}{\log_2 3}=1 \end{array}$$

$$=\frac{3}{4}$$

0292 답 ①

삼각형 ABC와 삼각형 AHD는 닮음이므로
$\overline{AB}:\overline{AC}=\overline{AH}:\overline{AD}$에서
$\log_4 9:4=\overline{AH}:\log_3 4$

$$\therefore \overline{AH}=\frac{\log_4 9\times\log_3 4}{4}=\frac{\log_2 3\times 2\log_3 2}{4}$$

$$=\frac{2}{4}\times\log_2 3\times\frac{1}{\log_2 3}=\frac{1}{2}$$

따라서 $\overline{CH}=\overline{AC}-\overline{AH}=4-\dfrac{1}{2}=\dfrac{7}{2}$이므로

$$\overline{AH}\times\overline{CH}=\frac{1}{2}\times\frac{7}{2}=\frac{7}{4}$$

참고 △ABC와 △AHD에서
∠ABC=∠AHD=90°, ∠CAB=∠DAH이므로
△ABC∽△AHD (AA 닮음)

0293 답 ②

$\log_4 2=\log_{2^2} 2=\dfrac{1}{2}$이므로 원점과 점 $\left(2, \dfrac{1}{2}\right)$을 지나는 직선의 기

울기는 $\dfrac{\dfrac{1}{2}}{2}=\dfrac{1}{4}$이다.

이때 원점과 점 $(4, \log_2 a)$를 지나는 직선의 기울기도 $\dfrac{1}{4}$이므로

$\dfrac{\log_2 a}{4}=\dfrac{1}{4}$에서 $\log_2 a=1$

$\therefore a=2$

0294 답 ④

조건 (가)에서 $\sqrt[3]{a}=\sqrt{b}=\sqrt[4]{c}=k \ (k>0)$라 하면
$a=k^3, \ b=k^2, \ c=k^4$
조건 (나)에서
$\log_8 a+\log_4 b+\log_2 c=\log_{2^3} k^3+\log_{2^2} k^2+\log_2 k^4$
$\qquad\qquad\qquad\qquad\quad =\log_2 k+\log_2 k+4\log_2 k$
$\qquad\qquad\qquad\qquad\quad =6\log_2 k=2$

$\log_2 k=\dfrac{1}{3}$

$\therefore \log_2 abc=\log_2(k^3\times k^2\times k^4)=\log_2 k^9$
$\qquad\qquad =9\log_2 k=9\times\dfrac{1}{3}=3$

0295 답 13

$\log_4 2n^2-\dfrac{1}{2}\log_2\sqrt{n}=\log_4 2n^2-\log_4\sqrt{n}$

$$=\log_4\frac{2n^2}{\sqrt{n}}=\log_4\left(2n^{\frac{3}{2}}\right)$$

의 값이 40 이하의 자연수가 되려면
$2n^{\frac{3}{2}}=4^k \ (k=1, 2, 3, \cdots, 40)$
이어야 한다.
$2n^{\frac{3}{2}}=4^k$에서
$2n^{\frac{3}{2}}=2^{2k}, \ n^{\frac{3}{2}}=2^{2k-1}$

$\therefore n=2^{(2k-1)\times\frac{2}{3}}=2^{\frac{4k-2}{3}}$

이때 n이 자연수이므로 $\dfrac{4k-2}{3}$가 음이 아닌 정수가 되어야 한다.

$\therefore k=2, 5, 8, \cdots, 38$
따라서 조건을 만족시키는 자연수 n의 개수는 13이다.

실수 Check

$2n^{\frac{3}{2}}=4^k$의 계산에서 $n^{\frac{3}{2}}=\dfrac{4^k}{2}$, $n=\left(\dfrac{4^k}{2}\right)^{\frac{2}{3}}$과 같이 계산해도 되지만 k의

값을 구하기가 수월하지 않으므로 $n^{\frac{3}{2}}=2^{2k-1}$과 같이 지수법칙을 이용

하여 정리한 후에 계산하는 것이 편리하다.

0296 답 ④

| 유형 6

다음은 $a>0$, $a\neq 1$, $M>0$이고 k는 실수일 때, $\log_a M^k=k\log_a M$
이 성립함을 증명한 것이다. **단서1**

$\log_a M=m$으로 놓으면 로그의 정의에 의하여
$M=$ (가) 이므로 $M^k=$ (나)
따라서 로그의 정의를 이용하면 $\log_a$ (다) $=mk$이므로
$\log_a M^k=k\log_a M$

위의 과정에서 (가), (나), (다)에 알맞은 것을 차례로 나열한 것은?

① a^k, a^k, M ② a^k, a^{mk}, M^k ③ a^m, a^k, M
④ a^m, a^{mk}, M^k ⑤ a^m, a^{mk}, kM

단서1 $x=\log_a N \iff a^x=N$

STEP 1 로그의 정의를 이용하여 빈칸 채우기

$\log_a M=m$으로 놓으면 로그의 정의에 의하여
$M=\boxed{a^m}$이므로 양변을 k제곱하면 $M^k=(a^m)^k=\boxed{a^{mk}}$
따라서 로그의 정의를 이용하면 $\log_a\boxed{M^k}=mk$이므로
$\log_a M^k=k\log_a M$

STEP 2 (가), (나), (다)에 알맞은 것 찾기

(가), (나), (다)에 알맞은 것을 차례로 나열하면
a^m, a^{mk}, M^k

0297 답 ④

$\log_a x=r$, $\log_a y=s$로 놓으면
$a^r=x$, $a^s=\boxed{y}$
$a^{r+s}=a^r\times a^s=\boxed{xy}$이므로 $r+s=\log_a\boxed{xy}$

따라서 $\log_a x + \log_a y = \log_a xy$이다.

즉, ㈎, ㈏에 알맞은 것을 차례로 나열하면 y, xy이다.

0298 답 ①

$a^{\log_b c} = x$로 놓으면 ⋯⋯⋯⋯⋯⋯⋯⋯⋯⋯⋯⋯⋯⋯ ㉠

$\log_b c = \boxed{\log_a x} = \dfrac{\log_c x}{\log_c a}$

$\therefore \log_c x = \log_b c \times \boxed{\log_c a}$

$\qquad = \log_b c \times \dfrac{\boxed{\log_b a}}{\log_b c}$

$\qquad = \boxed{\log_b a}$

$\therefore x = c^{\boxed{\log_b a}}$ ⋯⋯⋯⋯⋯⋯⋯⋯⋯⋯⋯⋯⋯⋯ ㉡

㉡을 ㉠에 대입하면 $a^{\log_b c} = c^{\log_b a}$

따라서 ㈎, ㈏, ㈐에 알맞은 것을 차례로 나열하면

$\log_a x$, $\log_c a$, $\log_b a$이다.

0299 답 ㈎ : 유리수 ㈏ : 2^m ㈐ : 짝수

$\log_6 3$이 $\boxed{유리수}$라 하면 서로소인 두 자연수 m, n $(m < n)$에 대하여 $\log_6 3 = \dfrac{m}{n}$으로 나타내어진다.

로그의 정의에 의하여 $6^{\frac{m}{n}} = 3$, $6^m = 3^n$

$\dfrac{6^m}{3^m} = \dfrac{3^n}{3^m}$ $\therefore \boxed{2^m} = 3^{n-m}$

이때 $\boxed{2^m}$은 $\boxed{짝수}$이고 3^{n-m}은 홀수이므로 2^m과 3^{n-m}은 항상 같지 않다.

따라서 $\log_6 3$은 무리수이다.

즉, ㈎, ㈏, ㈐에 알맞은 것을 차례로 나열하면 유리수, 2^m, 짝수이다.

0300 답 ⑤

자연수 n에 대하여 $\log_2 n$이 유리수이고,

$n = 2^k \times m$을 만족시키는 음이 아닌 정수 k와 홀수 m이 존재한다고 하자.

$n = 2^k \times m$의 양변에 밑이 2인 로그를 취하면

$\log_2 n = \log_2 (2^k \times m)$

$\qquad = k \log_2 2 + \log_2 m$

$\qquad = \boxed{k + \log_2 m}$

이때 $\log_2 n$이 유리수이므로 $\log_2 m$도 유리수이어야 한다. 즉,

$\log_2 m = \dfrac{q}{p}$ (p는 자연수이고 q는 정수)로 나타낼 수 있다.

$\log_2 m = \dfrac{q}{p}$에서 $m = 2^{\frac{q}{p}}$이고 양변에 p제곱을 하면

$\boxed{m^p = 2^q}$

$m^p = 2^q$에서 m이 홀수이므로 m^p도 홀수이고, 2^q도 홀수이어야 한다.

그런데 $q > 0$인 정수에 대하여 2^q은 항상 짝수이므로 $\boxed{q = 0}$이고 $m^p = 2^0 = 1$

이때 p는 자연수이므로 $m = 1$

따라서 자연수 n을 $n = 2^k$ (k는 음이 아닌 정수)의 꼴로 나타낼 수 있다.

그러므로 ㈎, ㈏, ㈐에 알맞은 것을 차례로 나열하면

$k + \log_2 m$, $m^p = 2^q$, $q = 0$이다.

0301 답 ③ | 유형7

$\log_2 3 = a$, $\log_3 5 = b$라 할 때, $\log_5 \sqrt{54}$를 a, b를 사용하여 나타낸 것은? **단서1**

① $\dfrac{1}{ab}$ ② $\dfrac{ab}{a+b}$ ③ $\dfrac{3a+1}{2ab}$

④ $\dfrac{3b+1}{2a}$ ⑤ $\dfrac{a+3}{2b}$

단서1 $\log_5 \sqrt{54}$를 밑의 변환을 이용하여 밑이 3인 수로 변형

STEP 1 $\log_5 \sqrt{54}$를 밑의 변환을 이용하여 변형하기

$\log_5 \sqrt{54} = \dfrac{\log_3 \sqrt{54}}{\log_3 5} = \dfrac{\log_3 (2 \times 3^3)^{\frac{1}{2}}}{\log_3 5}$

$\qquad = \dfrac{\frac{1}{2}(\log_3 2 + \log_3 3^3)}{\log_3 5} = \dfrac{\log_3 2 + 3}{2 \log_3 5}$

STEP 2 $\log_5 \sqrt{54}$를 a, b를 사용하여 나타내기

$\log_3 2 = \dfrac{1}{\log_2 3} = \dfrac{1}{a}$이고, $\log_3 5 = b$이므로

$\log_5 \sqrt{54} = \dfrac{\log_3 2 + 3}{2 \log_3 5} = \dfrac{\frac{1}{a} + 3}{2b} = \dfrac{3a+1}{2ab}$

0302 답 ④

$\log_6 2 = a$이므로

$\log_9 6 = \dfrac{1}{\log_6 9} = \dfrac{1}{\log_6 3^2} = \dfrac{1}{2 \log_6 3}$

$\qquad = \dfrac{1}{2 \log_6 \frac{6}{2}} = \dfrac{1}{2(\log_6 6 - \log_6 2)}$

$\qquad = \dfrac{1}{2(1-a)} = \dfrac{1}{2-2a}$

0303 답 ④

$\log_2 3 = a$, $\log_2 5 = b$이므로

$\log_5 \sqrt[4]{108} = \dfrac{\log_2 \sqrt[4]{108}}{\log_2 5} = \dfrac{\log_2 (2^2 \times 3^3)^{\frac{1}{4}}}{\log_2 5}$

$\qquad = \dfrac{\frac{1}{4}(\log_2 2^2 + \log_2 3^3)}{\log_2 5}$

$\qquad = \dfrac{2 + 3\log_2 3}{4 \log_2 5} = \dfrac{3a+2}{4b}$

0304 답 ⑤

$\log_{10} 2 = a$, $\log_{10} 3 = b$이므로

$$\log_{\sqrt{5}} 18 = \frac{\log_{10} 18}{\log_{10} \sqrt{5}} = \frac{\log_{10}(2 \times 3^2)}{\frac{1}{2} \log_{10} \frac{10}{2}}$$

$$= \frac{\log_{10} 2 + \log_{10} 3^2}{\frac{1}{2}(\log_{10} 10 - \log_{10} 2)}$$

$$= \frac{2(\log_{10} 2 + 2\log_{10} 3)}{1 - \log_{10} 2}$$

$$= \frac{2\log_{10} 2 + 4\log_{10} 3}{1 - \log_{10} 2}$$

$$= \frac{2a + 4b}{1 - a}$$

0305 답 ④

$\log_2 3 = a$에서 $\log_3 2 = \dfrac{1}{\log_2 3} = \dfrac{1}{a}$

$\log_3 15 = b$에서 $\log_3(3 \times 5) = \log_3 3 + \log_3 5 = 1 + \log_3 5 = b$

$\therefore \log_3 5 = b - 1$

$\therefore \log_{30} 72 = \dfrac{\log_3 72}{\log_3 30} = \dfrac{\log_3(2^3 \times 3^2)}{\log_3(2 \times 3 \times 5)}$

$$= \frac{3\log_3 2 + 2}{\log_3 2 + 1 + \log_3 5}$$

$$= \frac{\frac{3}{a} + 2}{\frac{1}{a} + 1 + (b-1)}$$

$$= \frac{2a + 3}{ab + 1}$$

0306 답 2

로그의 정의에 의하여 x는 1이 아닌 양수이다.

$\log_\alpha x = 3$에서 $\dfrac{1}{\log_x \alpha} = 3$　　$\therefore \log_x \alpha = \dfrac{1}{3}$

$\log_\beta x = 6$에서 $\dfrac{1}{\log_x \beta} = 6$　　$\therefore \log_x \beta = \dfrac{1}{6}$

$\therefore \log_{\alpha\beta} x = \dfrac{1}{\log_x \alpha\beta} = \dfrac{1}{\log_x \alpha + \log_x \beta}$

$$= \frac{1}{\frac{1}{3} + \frac{1}{6}} = \frac{1}{\frac{3}{6}} = 2$$

0307 답 ⑤

$f(\log_3 6) = \dfrac{\log_3 6 + 1}{2\log_3 6 - 1}$에서

$\log_3 6 + 1 = \log_3 6 + \log_3 3 = \log_3(6 \times 3) = \log_3 18$

$2\log_3 6 - 1 = \log_3 6^2 - \log_3 3 = \log_3 \dfrac{36}{3} = \log_3 12$

따라서 $\log 2 = a$, $\log 3 = b$이므로

$$f(\log_3 6) = \frac{\log_3 18}{\log_3 12} = \frac{\frac{\log 18}{\log 3}}{\frac{\log 12}{\log 3}}$$

$$= \frac{\log 18}{\log 12} = \frac{\log(2 \times 3^2)}{\log(2^2 \times 3)}$$

$$= \frac{\log 2 + 2\log 3}{2\log 2 + \log 3}$$

$$= \frac{a + 2b}{2a + b}$$

다른 풀이

$$f(\log_3 6) = \frac{\log_3 6 + 1}{2\log_3 6 - 1}$$

$$= \frac{\frac{\log 6}{\log 3} + 1}{2 \times \frac{\log 6}{\log 3} - 1} = \frac{\frac{\log 3 + \log 2}{\log 3} + 1}{\frac{2(\log 3 + \log 2)}{\log 3} - 1}$$

$$= \frac{\log 3 + \log 2 + \log 3}{2\log 3 + 2\log 2 - \log 3} = \frac{\log 2 + 2\log 3}{2\log 2 + \log 3}$$

$$= \frac{a + 2b}{2a + b}$$

실수 Check

밑이 3으로 같다고 하여 $\dfrac{\log_3 18}{\log_3 12} = \log_3 18 - \log_3 12$로 계산하지 않도록 주의한다. $\dfrac{\log_3 18}{\log_3 12}$은 더 이상 간단히 할 수 없고, 밑의 변환을 이용하여 식을 변형할 수 있다.

0308 답 ①

$\log 2 = a$, $\log 3 = b$이므로

$$\log \frac{4}{15} = \log 4 - \log 15$$

$$= \log 2^2 - \log \frac{3 \times 10}{2}$$

$$= 2\log 2 - (\log 3 + \log 10 - \log 2)$$

　　　　　　$\log 2$, $\log 3$이 주어졌으므로 이를 이용할 수 있게 식을 변형한다.

$$= 2\log 2 - \log 3 - 1 + \log 2$$

$$= 3\log 2 - \log 3 - 1$$

$$= 3a - b - 1$$

0309 답 ②

$\log 1.44 = a$이므로

$$2\log 12 = \log 12^2 = \log 144$$

$$= \log(1.44 \times 100) = \log 1.44 + \log 100$$

$$= \log 1.44 + \log 10^2 = \log 1.44 + 2$$

$$= a + 2$$

0310 답 ①　　　　　　|유형 **8**

$25^x = 4^y = 100$일 때, $\dfrac{1}{x} + \dfrac{1}{y}$의 값은?

단서1

① 1　　　　　　② 2　　　　　　③ 3

④ 4　　　　　　⑤ 5

단서1 $25^x = 100$, $4^y = 100$이므로 각각 로그의 정의를 이용

STEP 1 로그의 정의를 이용하여 x, y에 대한 식으로 나타내기

$25^x = 4^y = 100$에서

$x = \log_{25} 100$, $y = \log_4 100$

STEP 2 $\dfrac{1}{x} + \dfrac{1}{y}$의 값 구하기

$$\frac{1}{x}+\frac{1}{y}=\frac{1}{\log_{25}100}+\frac{1}{\log_4 100}$$
$$=\log_{100}25+\log_{100}4$$
$$=\log_{100}(25\times 4)$$
$$=\log_{100}100=1$$

0311 답 ⑤

$7^a=3$에서 $\log_7 3=a$

$7^b=8$에서 $\log_7 8=3\log_7 2=b$

$\therefore \log_7 2=\frac{1}{3}b$

$$\therefore \log_6 54=\frac{\log_7 54}{\log_7 6}=\frac{\log_7(2\times 3^3)}{\log_7(2\times 3)}$$
$$=\frac{\log_7 2+3\log_7 3}{\log_7 2+\log_7 3}$$
$$=\frac{\frac{1}{3}b+3a}{\frac{1}{3}b+a}=\frac{9a+b}{3a+b}$$

0312 답 $\frac{3m}{m+2n}$

$a^m=b^n=3$에서 $\log_a 3=m$, $\log_b 3=n$

$\therefore \log_3 a=\frac{1}{m}$, $\log_3 b=\frac{1}{n}$

$$\therefore \log_{a^2 b}b^3=\frac{\log_3 b^3}{\log_3 a^2 b}=\frac{3\log_3 b}{2\log_3 a+\log_3 b}$$
$$=\frac{\frac{3}{n}}{\frac{2}{m}+\frac{1}{n}}=\frac{\frac{3}{n}}{\frac{m+2n}{mn}}=\frac{3m}{m+2n}$$

0313 답 ⑤

$2^a=x$, $2^b=y$, $2^c=z$에서

$\log_2 x=a$, $\log_2 y=b$, $\log_2 z=c$

$$\therefore \log_{y^2 z^3}x^2 y=\frac{\log_2 x^2 y}{\log_2 y^2 z^3}=\frac{2\log_2 x+\log_2 y}{2\log_2 y+3\log_2 z}$$
$$=\frac{2a+b}{2b+3c}$$

다른 풀이

$x^2 y=2^{2a}\times 2^b=2^{2a+b}$, $y^2 z^3=2^{2b}\times 2^{3c}=2^{2b+3c}$이므로

$$\log_{y^2 z^3}x^2 y=\log_{2^{2b+3c}}2^{2a+b}=\frac{2a+b}{2b+3c}$$

0314 답 1

$48^x=243$에서

$x=\log_{48}243=\log_{48}3^5=5\log_{48}3$

$\therefore \frac{5}{x}=\frac{1}{\log_{48}3}=\log_3 48$

$16^y=9$에서

$y=\log_{16}9=\log_{16}3^2=2\log_{16}3$

$\therefore \frac{2}{y}=\frac{1}{\log_{16}3}=\log_3 16$

$\therefore \frac{5}{x}-\frac{2}{y}=\log_3 48-\log_3 16$

$$=\log_3 \frac{48}{16}$$
$$=\log_3 3=1$$

다른 풀이

$48^x=243$, 즉 $48^x=3^5$에서

$3^{\frac{5}{x}}=48$ ⋯⋯⋯⋯⋯⋯⋯⋯⋯⋯⋯⋯⋯⋯⋯⋯⋯⋯⋯⋯ ㉠

$16^y=9$, 즉 $16^y=3^2$에서

$3^{\frac{2}{y}}=16$ ⋯⋯⋯⋯⋯⋯⋯⋯⋯⋯⋯⋯⋯⋯⋯⋯⋯⋯⋯⋯ ㉡

㉠÷㉡을 하면 $3^{\frac{5}{x}}\div 3^{\frac{2}{y}}=3$

$3^{\frac{5}{x}-\frac{2}{y}}=3^1$

$\therefore \frac{5}{x}-\frac{2}{y}=1$

0315 답 ②

$3^a=4^b=12^c=k\,(k>0)$로 놓으면

$3^a=k$에서 $a=\log_3 k$

$4^b=k$에서 $b=\log_4 k$

$12^c=k$에서 $c=\log_{12}k$

$$\therefore \frac{1}{a}+\frac{1}{b}-\frac{1}{c}=\frac{1}{\log_3 k}+\frac{1}{\log_4 k}-\frac{1}{\log_{12}k}$$
$$=\log_k 3+\log_k 4-\log_k 12$$
$$=\log_k \frac{3\times 4}{12}=\log_k 1=0$$

다른 풀이

$3^a=4^b=12^c=k\,(k>0)$로 놓으면

$3=k^{\frac{1}{a}}$, $4=k^{\frac{1}{b}}$, $12=k^{\frac{1}{c}}$

$k^{\frac{1}{a}}\times k^{\frac{1}{b}}\div k^{\frac{1}{c}}=\frac{3\times 4}{12}$

$k^{\frac{1}{a}+\frac{1}{b}-\frac{1}{c}}=1$

이때 $k>0$이므로 $\frac{1}{a}+\frac{1}{b}-\frac{1}{c}=0$

0316 답 ①

$18^a=7$에서 $a=\log_{18}7$

$18^b=2$에서 $b=\log_{18}2$

$$\therefore 3^{\frac{2a-2b}{b-1}}=3^{\frac{2(\log_{18}7-\log_{18}2)}{\log_{18}2-1}}$$
$$=3^{\frac{2\log_{18}\frac{7}{2}}{\log_{18}\frac{1}{9}}}=9^{\log_{\frac{1}{9}}\frac{7}{2}}$$
$$=\left(\frac{7}{2}\right)^{\log_{\frac{1}{9}}9}=\left(\frac{7}{2}\right)^{\log_{\frac{1}{9}}\left(\frac{1}{9}\right)^{-1}}$$
$$=\left(\frac{7}{2}\right)^{-1}=\frac{2}{7}$$

0317 답 $\frac{2}{3}$

조건 ㈎에서 $p^x=q^y=r^z=729=3^6$이므로

$p^x=3^6$에서 $x=\log_p 3^6=6\log_p 3$

$q^y=3^6$에서 $y=\log_q 3^6=6\log_q 3$

$r^z=3^6$에서 $z=\log_r 3^6=6\log_r 3$

$\therefore \frac{2}{x}+\frac{2}{y}+\frac{2}{z}=\frac{2}{6\log_p 3}+\frac{2}{6\log_q 3}+\frac{2}{6\log_r 3}$

$$= \frac{1}{3}(\log_3 p + \log_3 q + \log_3 r)$$
$$= \frac{1}{3}\log_3 pqr$$
$$= \frac{1}{3}\log_3 9 \ (\because \text{조건 (내)})$$
$$= \frac{1}{3}\log_3 3^2 = \frac{2}{3}$$

0318 답 ①

$2^{\frac{1}{n}}=a$, $2^{\frac{1}{n+1}}=b$에서

$\log_2 a = \frac{1}{n}$, $\log_2 b = \frac{1}{n+1}$

$\log_2 ab = \log_2 a + \log_2 b = \frac{1}{n} + \frac{1}{n+1}$

$(\log_2 a)(\log_2 b) = \frac{1}{n} \times \frac{1}{n+1}$

$$\therefore \left\{\frac{3^{\log_2 ab}}{3^{(\log_2 a)(\log_2 b)}}\right\}^5 = \left\{\frac{3^{\frac{1}{n}+\frac{1}{n+1}}}{3^{\frac{1}{n(n+1)}}}\right\}^5$$
$$= \left\{3^{\frac{1}{n}+\frac{1}{n+1}-\frac{1}{n(n+1)}}\right\}^5$$
$$= \left(3^{\frac{2}{n+1}}\right)^5 = 3^{\frac{10}{n+1}}$$

이때 $3^{\frac{10}{n+1}}$이 자연수가 되려면 $n+1$은 10의 약수이어야 하므로 자연수 n의 값은 1, 4, 9이다.

따라서 구하는 모든 자연수 n의 값의 합은 $1+4+9=14$

실수 Check

$3^{\frac{n}{m}}$이 자연수가 되려면 $\frac{n}{m}$의 값은 자연수가 되어야 하므로 m은 n의 약수, n은 m의 배수이어야 함을 이용한다. (단, m, n은 자연수)

0319 답 ② | 유형 9

이차방정식 $x^2-6x+3=0$의 두 근이 $\log_2 a$, $\log_2 b$일 때, 【단서1】

$\log_a b + \log_b a$의 값은? 【단서2】

① 9   ② 10   ③ 11

④ 12   ⑤ 13

【단서1】 이차방정식의 근과 계수의 관계를 이용

【단서2】 밑이 2인 로그로 변형

STEP1 이차방정식의 근과 계수의 관계를 이용하여 두 근의 합과 곱 구하기

이차방정식의 근과 계수의 관계에 의하여

$\log_2 a + \log_2 b = 6$, $\log_2 a \times \log_2 b = 3$

STEP2 $\log_a b + \log_b a$의 값 구하기

$$\log_a b + \log_b a = \frac{\log_2 b}{\log_2 a} + \frac{\log_2 a}{\log_2 b}$$
$$= \frac{(\log_2 a)^2 + (\log_2 b)^2}{\log_2 a \times \log_2 b}$$
$$= \frac{(\log_2 a + \log_2 b)^2 - 2\log_2 a \times \log_2 b}{\log_2 a \times \log_2 b}$$
$$= \frac{6^2 - 2 \times 3}{3} = 10$$

0320 답 17

이차방정식의 근과 계수의 관계에 의하여

$\alpha+\beta=4$, $\alpha\beta=2$

$$\therefore 2^\alpha \times 2^\beta + \log_2 \alpha + \log_2 \beta = 2^{\alpha+\beta} + \log_2 \alpha\beta$$
$$= 2^4 + \log_2 2$$
$$= 16+1 = 17$$

0321 답 ③

이차방정식의 근과 계수의 관계에 의하여

$\log a + \log b = \frac{10}{2} = 5$, $\log a \times \log b = \frac{5}{2}$

$$\therefore \frac{1}{\log a} + \frac{1}{\log b} = \frac{\log a + \log b}{\log a \times \log b} = \frac{5}{\frac{5}{2}} = 2$$

0322 답 ③

이차방정식의 근과 계수의 관계에 의하여

$\log_3 \alpha + \log_3 \beta = 8$, $\log_3 \alpha \times \log_3 \beta = 4$

이때 $\beta > \alpha$이므로 $\log_3 \beta - \log_3 \alpha > 0$이고,

$$\log_3 \beta - \log_3 \alpha = \sqrt{(\log_3 \alpha + \log_3 \beta)^2 - 4\log_3 \alpha \times \log_3 \beta}$$
$$= \sqrt{8^2 - 4 \times 4} = \sqrt{48} = 4\sqrt{3}$$

$$\therefore \log_\alpha \beta - \log_\beta \alpha$$
$$= \frac{\log_3 \beta}{\log_3 \alpha} - \frac{\log_3 \alpha}{\log_3 \beta}$$
$$= \frac{(\log_3 \beta)^2 - (\log_3 \alpha)^2}{\log_3 \alpha \times \log_3 \beta}$$
$$= \frac{(\log_3 \alpha + \log_3 \beta)(\log_3 \beta - \log_3 \alpha)}{\log_3 \alpha \times \log_3 \beta}$$
$$= \frac{8 \times 4\sqrt{3}}{4} = 8\sqrt{3}$$

밑이 3인 로그에 대한 식이 주어졌으므로 이를 이용할 수 있는 식으로 변형한다.

개념 Check

곱셈 공식의 변형

(1) $(a+b)^2 = (a-b)^2 + 4ab$

(2) $a^2 + b^2 = (a+b)^2 - 2ab$
$= (a-b)^2 + 2ab$
$= \frac{1}{2}\{(a+b)^2 + (a-b)^2\}$

0323 답 2

이차방정식의 근과 계수의 관계에 의하여

$\alpha+\beta = -\log_3 8\sqrt{2}$

$\alpha\beta = -\log_3 \frac{1}{24} + \log_3 \sqrt{2}$

$= \log_3 24 + \log_3 \sqrt{2} = \log_3 24\sqrt{2}$

$$\therefore (\alpha+1)(\beta+1) = \alpha\beta + \alpha + \beta + 1$$
$$= \log_3 24\sqrt{2} - \log_3 8\sqrt{2} + 1$$
$$= \log_3 \frac{24\sqrt{2}}{8\sqrt{2}} + 1$$
$$= \log_3 3 + 1 = 2$$

0324 답 ②

이차방정식의 근과 계수의 관계에 의하여

$\alpha+\beta=3\log_3 2$, $\alpha\beta=2\log_3 4-2$이므로

$$
\begin{aligned}
(\alpha-1)(\beta-1)&=\alpha\beta-(\alpha+\beta)+1\\
&=2\log_3 4-2-3\log_3 2+1\\
&=\log_3 4^2-2-\log_3 2^3+1\\
&=\log_3 \frac{16}{8}-1\\
&=\log_3 2-1\\
&=\log_3 2-\log_3 3\\
&=\log_3 \frac{2}{3}\\
&=\log_3 k
\end{aligned}
$$

$$\therefore k=\frac{2}{3}$$

0325 답 81

이차방정식의 근과 계수의 관계에 의하여

$\alpha+\beta=\dfrac{\log_2 27}{3}=\dfrac{\log_2 3^3}{3}=\log_2 3$, $\alpha\beta=4$

$\therefore 2^{\alpha^2\beta+\alpha\beta^2}=2^{\alpha\beta(\alpha+\beta)}=2^{4\log_2 3}=2^{\log_2 3^4}=3^4=81$

0326 답 ②

이차방정식의 근과 계수의 관계에 의하여

$1+\log_2 3=a$, $1\times\log_2 3=b$이므로

$a=\log_2 2+\log_2 3=\log_2 6$, $b=\log_2 3$

$\therefore \dfrac{a}{b}=\dfrac{\log_2 6}{\log_2 3}=\log_3 6$

0327 답 ②

이차방정식이 실근을 가지므로 판별식을 D라 하면

$D=p^2-4q\geq 0$ ············· ㉠

이고, 이차방정식의 근과 계수의 관계에 의하여

$\alpha+\beta=-p$, $\alpha\beta=q$ ············· ㉡

한편, $\log_2(\alpha+\beta)=\log_2\alpha+\log_2\beta-1$

$$
\begin{aligned}
&=\log_2\alpha+\log_2\beta-\log_2 2\\
&=\log_2\frac{\alpha\beta}{2}
\end{aligned}
$$

이므로 $\alpha+\beta=\dfrac{\alpha\beta}{2}$

위 식에 ㉡을 대입하면 $-p=\dfrac{q}{2}$이므로

$q=-2p$ ············· ㉢

㉢을 ㉠에 대입하면

$p^2-4q=p^2+8p=p(p+8)\geq 0$

$\therefore p\leq -8$ 또는 $p\geq 0$

이때 진수의 조건에서 $\alpha+\beta=-p>0$이므로

$p\leq -8$

$\therefore q\geq 16$ (∵ ㉢)

따라서 $q-p$의 최솟값은 $p=-8$, $q=16$일 때이므로

$16-(-8)=24$ → 가장 작은 q의 값에서 가장 큰 p의 값을 뺄 때 $q-p$의 값이 최소가 된다.

개념 Check

이차방정식 $ax^2+bx+c=0$에서 판별식 $D=b^2-4ac$일 때

(1) $D>0$이면 서로 다른 두 실근을 가진다.

(2) $D=0$이면 서로 같은 두 실근(중근)을 가진다.

(3) $D<0$이면 서로 다른 두 허근을 가진다.

실수 Check

실근의 존재에 대한 문제는 판별식을 항상 우선적으로 확인하여 조건을 찾아내야 한다. 또, 로그 문제는 항상 진수와 밑의 조건을 확인해야 한다.

Plus 문제

0327-1

이차방정식 $x^2+px+q=0$의 두 실근 α, β에 대하여 $\log_2(\alpha+\beta)=\log_2\alpha+\log_2\beta-2$가 성립할 때, $q-2p$의 최솟값을 구하시오. (단, p, q는 실수이다.)

이차방정식이 실근을 가지므로 판별식을 D라 하면

$D=p^2-4q\geq 0$ ············· ㉠

이고, 이차방정식의 근과 계수의 관계에 의하여

$\alpha+\beta=-p$, $\alpha\beta=q$ ············· ㉡

한편, $\log_2(\alpha+\beta)=\log_2\alpha+\log_2\beta-2$

$$
\begin{aligned}
&=\log_2\alpha+\log_2\beta-\log_2 2^2\\
&=\log_2\frac{\alpha\beta}{4}
\end{aligned}
$$

이므로 $\alpha+\beta=\dfrac{\alpha\beta}{4}$

위 식에 ㉡을 대입하면 $-p=\dfrac{q}{4}$이므로

$q=-4p$ ············· ㉢

㉢을 ㉠에 대입하면

$p^2-4q=p^2+16p=p(p+16)\geq 0$

$\therefore p\leq -16$ 또는 $p\geq 0$

이때 진수의 조건에서 $\alpha+\beta=-p>0$이므로

$p\leq -16$ $\therefore q\geq 64$ (∵ ㉢)

따라서 $q-2p$의 최솟값은 $p=-16$, $q=64$일 때이므로

$64-2\times(-16)=96$

답 96

0328 답 ⑤

이차방정식의 근과 계수의 관계에 의하여

$\alpha+\beta=18$, $\alpha\beta=6$

$$
\begin{aligned}
\therefore \log_2(\alpha+\beta)-2\log_2\alpha\beta&=\log_2 18-\log_2 6^2\\
&=\log_2 \frac{18}{36}\\
&=\log_2 \frac{1}{2}=-1
\end{aligned}
$$

0329 답 ⑤ | 유형 10

> 세 수 $A=5^{\log_5 15-\log_5 6}$, $B=\log_4 2+\log_9 27$, $C=\log_8(\log_{\sqrt{2}}4)$의 대
> **단서1**
> 소 관계로 옳은 것은?
>
> ① $A<B<C$ ② $A<C<B$ ③ $B<C<A$
>
> ④ $C<A<B$ ⑤ $C<B<A$
>
> **단서1** A는 $\log_5 M-\log_5 N=\log_5 \dfrac{M}{N}$, B는 $\log_{a^m} b^n=\dfrac{n}{m}\log_a b$임을 이용하고, C는 괄호 안에서부터 정리

STEP1 로그의 성질을 이용하여 A, B, C의 값 구하기

$A=5^{\log_5 15-\log_5 6}=5^{\log_5 \frac{15}{6}}=5^{\log_5 \frac{5}{2}}=\dfrac{5}{2}$

$B=\log_4 2+\log_9 27=\log_{2^2}2+\log_{3^2}3^3=\dfrac{1}{2}+\dfrac{3}{2}=2$

$C=\log_8(\log_{\sqrt{2}}4)=\log_8(\log_{2^{\frac{1}{2}}}2^2)=\log_8 4=\log_{2^3}2^2=\dfrac{2}{3}$

STEP2 A, B, C의 대소 비교하기

$\dfrac{2}{3}<2<\dfrac{5}{2}$이므로 $C<B<A$

0330 답 ③

세 수 A, B, C를 밑이 3인 로그로 변형하면

$A=\dfrac{1}{2}\log_{\frac{1}{3}}2=-\dfrac{1}{2}\log_3 2$

$B=\log_{\frac{1}{9}}16=\log_{3^{-2}}2^4=-2\log_3 2$

$C=\log_4 9=\log_{2^2}3^2=\log_2 3=\dfrac{1}{\log_3 2}$

$0<\log_3 2<1$이므로 $B<A<C$

0331 답 $C<A<B$

$A=\log_2\sqrt{32}=\log_2 2^{\frac{5}{2}}=\dfrac{5}{2}$

$B=5^{\log_5 2}=2^{\log_2 5}=2^2=4$

$C=\log_2 3\times\log_3 4=\dfrac{\log 3}{\log 2}\times\dfrac{\log 4}{\log 3}=\dfrac{\log 3}{\log 2}\times\dfrac{2\log 2}{\log 3}=2$

$\therefore C<A<B$

0332 답 ④

$A=3^{2\log_3 4-\log_3 18}=3^{\log_3 \frac{16}{18}}=3^{\log_3 \frac{8}{9}}=\dfrac{8}{9}$

$B=\log_5 25-\log_5 \dfrac{1}{5}=\log_5 5^2-\log_5 5^{-1}=2-(-1)=3$

$C=\log_2\{\log_4(\log_8 64)\}=\log_2\{\log_4(\log_8 8^2)\}$

   $=\log_2(\log_4 2)=\log_2(\log_{2^2}2)$

   $=\log_2\dfrac{1}{2}=\log_2 2^{-1}=-1$

$\therefore C<A<B$

0333 답 ③

$A=2^{\log_2 15-\log_2 5}=2^{\log_2 \frac{15}{5}}=2^{\log_2 3}=3$

$B=\dfrac{\log_3 8}{\log_3 4}=\log_4 8=\log_{2^2}2^3=\dfrac{3}{2}$

$C=3^{\sqrt{3}+1}\div 3^{\sqrt{3}-1}=3^{\sqrt{3}+1-(\sqrt{3}-1)}=3^2=9$

$\therefore B<A<C$

0334 답 ③

$b^3=a^2$에서 $b=a^{\frac{2}{3}}$이므로

$A=\log_a b=\log_a a^{\frac{2}{3}}=\dfrac{2}{3}$

$c^5=b^3$에서 $c=b^{\frac{3}{5}}$이므로

$B=\log_b c=\log_b b^{\frac{3}{5}}=\dfrac{3}{5}$

$a^2=c^5$에서 $a=c^{\frac{5}{2}}$이므로

$C=\log_c a=\log_c c^{\frac{5}{2}}=\dfrac{5}{2}$

$\therefore B<A<C$

0335 답 ② | 유형 11

> $\log_2 7$의 정수 부분을 a, 소수 부분을 b라 할 때, 3^a+2^b의 값은?
> **단서1**
>
> ① $\dfrac{21}{2}$ ② $\dfrac{43}{4}$ ③ $\dfrac{45}{4}$
>
> ④ $\dfrac{49}{4}$ ⑤ $\dfrac{51}{4}$
>
> **단서1** $\log_2 4=2$, $\log_2 8=3$임을 이용

STEP1 로그의 대소 관계를 이용하여 a, b의 값 구하기

$\log_2 4<\log_2 7<\log_2 8$, 즉 $2<\log_2 7<3$이므로

$a=2$

$b=\log_2 7-2=\log_2 7-\log_2 4=\log_2 \dfrac{7}{4}$

STEP2 로그의 성질을 이용하여 3^a+2^b의 값 구하기

$3^a+2^b=3^2+2^{\log_2 \frac{7}{4}}=9+\dfrac{7}{4}=\dfrac{43}{4}$

0336 답 ③

$\log_2 8<\log_2 13<\log_2 16$, 즉 $3<\log_2 13<4$이므로

$x=3$

$y=\log_2 13-3=\log_2 13-\log_2 8=\log_2 \dfrac{13}{8}$

$\therefore 2^{-x}+2^y=2^{-3}+2^{\log_2 \frac{13}{8}}$

      $=\dfrac{1}{8}+\dfrac{13}{8}=\dfrac{7}{4}$

0337 답 $\dfrac{9}{11}$

$\log_2 8<\log_2 10<\log_2 16$, 즉 $3<\log_2 10<4$이므로

$a=3$

$b=\log_2 10-3=\log_2 10-\log_2 8$

   $=\log_2 \dfrac{10}{8}=\log_2 \dfrac{5}{4}$

$\therefore \dfrac{2^a-2^{-b}}{2^a+2^{-b}}=\dfrac{2^3-2^{-\log_2 \frac{5}{4}}}{2^3+2^{-\log_2 \frac{5}{4}}}=\dfrac{8-\frac{4}{5}}{8+\frac{4}{5}}=\dfrac{\frac{36}{5}}{\frac{44}{5}}=\dfrac{9}{11}$

0338 답 ④

$\log_3 3 < \log_3 7 < \log_3 9$, 즉 $1 < \log_3 7 < 2$이므로

$a = \log_3 7 - 1 = \log_3 7 - \log_3 3 = \log_3 \dfrac{7}{3}$

$\therefore 9^a = 9^{\log_3 \frac{7}{3}} = \left(\dfrac{7}{3}\right)^{\log_3 9} = \left(\dfrac{7}{3}\right)^2 = \dfrac{49}{9}$

따라서 $k \times 9^a = \dfrac{49}{9}k$의 값이 자연수가 되기 위한 k의 최솟값은 9 이다.

0339 답 34

$1 \le n < 2$일 때, $0 = \log_2 1 \le \log_2 n < \log_2 2 = 1$이므로 $f(n) = 0$

$\therefore f(1) = 0$

$2 \le n < 4$일 때, $1 = \log_2 2 \le \log_2 n < \log_2 4 = 2$이므로 $f(n) = 1$

$\therefore f(2) = f(3) = 1$

$4 \le n < 8$일 때, $2 = \log_2 4 \le \log_2 n < \log_2 8 = 3$이므로 $f(n) = 2$

$\therefore f(4) = f(5) = f(6) = f(7) = 2$

$8 \le n < 16$일 때, $3 = \log_2 8 \le \log_2 n < \log_2 16 = 4$이므로 $f(n) = 3$

$\therefore f(8) = f(9) = \cdots = f(15) = 3$

$\therefore f(1) + f(2) + f(3) + \cdots + f(15)$

$= 0 \times 1 + 1 \times 2 + 2 \times 4 + 3 \times 8 = 34$

0340 답 ②

조건 (개)에서

$\log_2 16 \le \log_2 24 < \log_2 32$, 즉 $4 \le \log_2 24 < 5$이므로 $n = 4$

조건 (내)에서

$x - \log_2 24 = x - \log_2 (2^3 \times 3)$

$\quad\quad\quad\quad\quad = x - (3 + \log_2 3)$

$\quad\quad\quad\quad\quad = x - 3 - \log_2 3$

$\quad\quad\quad\quad\quad = x - 3 - \{(\log_2 3 - 1) + 1\}$

$\quad\quad\quad\quad\quad = \underline{x - 4 - (\log_2 3 - 1)}$

$\quad\quad\quad\quad\quad = x - 4 - (\log_2 3 - \log_2 2)$ → 정수와 소수로 나누어서 나타낸다.

$\quad\quad\quad\quad\quad = x - 4 - \log_2 \dfrac{3}{2}$

이때 $x - 4 - \log_2 \dfrac{3}{2}$의 값이 정수이므로 양의 실수 x의 최솟값은

$m = \log_2 \dfrac{3}{2}$

$\dfrac{n}{m+2} = \dfrac{4}{\log_2 \frac{3}{2} + 2} = \dfrac{4}{\log_2 \frac{3}{2} + \log_2 2^2}$

$\quad\quad = \dfrac{4}{\log_2 6} = 4\log_6 2$

이므로 $6^{\frac{n}{m+2}} = 6^{4\log_6 2} = 6^{\log_6 2^4} = 2^4 = 16$

실수 Check

조건 (내)에서 $x - 3 - \log_2 3$의 값이 정수일 때, 양의 실수 x의 최솟값은 $m = \log_2 3$이 아니고, 풀이와 같이 $m = \log_2 \dfrac{3}{2}$임에 주의한다.

$x - 3 - \log_2 3$에서 $\log_2 2 < \log_2 3 < \log_2 4$

즉, $1 < \log_2 3 < 2$이므로 조건을 만족시키는 m의 값을 구하려면 $\log_2 3$의 소수 부분을 구해야 한다.

Plus 문제

0340-1

다음 조건을 만족시키는 모든 자연수 n의 값의 합을 구하시오. (단, $[x]$는 x보다 크지 않은 최대의 정수이다.)

(개) $[\log_5 n] = 1$

(내) 모든 실수 x에 대하여 부등식 $2x^2 - nx + 18 \ge 0$을 만족시킨다.

조건 (개)에서 $1 \le \log_5 n < 2$

$\therefore 5 \le n < 25$ ·················· ㉠

조건 (내)에서 모든 실수 x에 대하여

부등식 $2x^2 - nx + 18 \ge 0$이 성립하므로

이차방정식 $2x^2 - nx + 18 = 0$의 판별식을 D라 하면

$D = n^2 - 144 \le 0$, $(n+12)(n-12) \le 0$

$\therefore -12 \le n \le 12$ ·················· ㉡

㉠, ㉡에서 $5 \le n \le 12$

따라서 자연수 n은 $5, 6, 7, \cdots, 12$이므로 그 합은

$5 + 6 + 7 + \cdots + 12 = 68$

답 68

0341 답 ② | 유형 12

$\log 2 = 0.3010$, $\log 3 = 0.4771$일 때, $\underline{\log 1.5}$의 값은?

단서1

① 0.1505 ② 0.1761 ③ 0.7781

④ 1.1505 ⑤ 1.1761

단서1 $\log 1.5 = \log \dfrac{15}{10} = \log \dfrac{3}{2}$

STEP1 로그의 성질을 이용하여 $\log 1.5$의 값 구하기

$\log 1.5 = \log \dfrac{3}{2} = \log 3 - \log 2$

$\quad\quad\quad = 0.4771 - 0.3010 = 0.1761$

0342 답 ①

$\log 323 = \log (3.23 \times 10^2)$

$\quad\quad\quad = \log 3.23 + \log 10^2$

$\quad\quad\quad = 0.5092 + 2 = 2.5092$

0343 답 ②

$\log \sqrt{231} = \dfrac{1}{2} \log 231$

$\quad\quad\quad = \dfrac{1}{2} \log (2.31 \times 10^2)$

$\quad\quad\quad = \dfrac{1}{2} (\log 2.31 + \log 10^2)$

$\quad\quad\quad = \dfrac{1}{2} (\log 2.31 + 2) = \dfrac{1}{2}(0.3636 + 2)$

$\quad\quad\quad = \dfrac{1}{2} \times 2.3636 = 1.1818$

0344 답 ③

상용로그표에서 $\log 2.03 = 0.3075$이므로

$$\begin{aligned}\log 20300 &= \log (2.03 \times 10^4) \\ &= \log 2.03 + \log 10^4 \\ &= 0.3075 + 4 \\ &= 4.3075 \end{aligned}$$

0345 답 ④

① $\begin{aligned}\log 5.63 &= \log (56.3 \times 10^{-1}) \\ &= \log 56.3 + \log 10^{-1} \\ &= 1.7505 - 1 = 0.7505 \end{aligned}$

② $\begin{aligned}\log 563 &= \log (56.3 \times 10) \\ &= \log 56.3 + \log 10 \\ &= 1.7505 + 1 = 2.7505 \end{aligned}$

③ $\begin{aligned}\log 0.563 &= \log (56.3 \times 10^{-2}) \\ &= \log 56.3 + \log 10^{-2} \\ &= 1.7505 - 2 = -0.2495 \end{aligned}$

④ $\begin{aligned}\log 0.0563 &= \log (56.3 \times 10^{-3}) \\ &= \log 56.3 + \log 10^{-3} \\ &= 1.7505 - 3 = -1.2495 \end{aligned}$

⑤ $\begin{aligned}\log 0.00563 &= \log (56.3 \times 10^{-4}) \\ &= \log 56.3 + \log 10^{-4} \\ &= 1.7505 - 4 = -2.2495 \end{aligned}$

따라서 옳은 것은 ④이다.

0346 답 ⑤

$$\begin{aligned}\log 4270 &= \log (4.27 \times 10^3) \\ &= \log 4.27 + \log 10^3 \\ &= \log 4.27 + 3 = a + 3 \end{aligned}$$

$$\begin{aligned}\log 0.0427 &= \log (4.27 \times 10^{-2}) \\ &= \log 4.27 + \log 10^{-2} \\ &= \log 4.27 - 2 = a - 2 \end{aligned}$$

$$\begin{aligned}\therefore \log (4270 \times 0.0427) &= \log 4270 + \log 0.0427 \\ &= a + 3 + a - 2 = 2a + 1 \end{aligned}$$

0347 답 1.5643

상용로그표에서 $\log 1.78 = 0.2504$, $\log 2.06 = 0.3139$이므로

$$\begin{aligned}&\log 178 + \log 0.206 \\ &= \log (1.78 \times 10^2) + \log (2.06 \times 10^{-1}) \\ &= \log 1.78 + \log 10^2 + \log 2.06 + \log 10^{-1} \\ &= 0.2504 + 2 + 0.3139 - 1 \\ &= 1.5643 \end{aligned}$$

0348 답 ①

상용로그표에서 $\log 6.04 = 0.7810$이므로

$$\log \sqrt{6.04} = \frac{1}{2} \log 6.04$$

$$\begin{aligned}&= \frac{1}{2} \times 0.7810 \\ &= 0.3905 \end{aligned}$$

0349 답 ①

$\log x = -1.8$일 때, $\underline{\log x^3 - \log \sqrt[3]{x}}$의 정수 부분과 소수 부분을 차 [단서1] 례로 나열한 것은?

① -5, 0.2 ② -5, 0.6 ③ -5, 0.8

④ -4, 0.2 ⑤ -4, 0.6

단서1 로그의 성질을 이용

STEP 1 로그의 성질을 이용하여 $\log x^3 - \log \sqrt[3]{x}$의 값 구하기

$$\log x^3 - \log \sqrt[3]{x} = 3 \log x - \frac{1}{3} \log x = \frac{8}{3} \log x$$

$$= \frac{8}{3} \times (-1.8) = -4.8$$

STEP 2 정수 부분과 소수 부분 구하기

$-4.8 = -5 + 0.2$이므로 $\log x^3 - \log \sqrt[3]{x}$의 정수 부분은 -5, 소수 부분은 0.2이다.

0350 답 123

$\log 10 < \log 23 < \log 100$이므로

$$1 < \log 23 < 2$$

$\therefore a = 1$, $b = \log 23 - 1$

$$\begin{aligned}\therefore 10^{a+1} + 10^{b+1} &= 10^2 + 10^{\log 23} \\ &= 100 + 23 = 123 \end{aligned}$$

0351 답 ④

ㄱ. $\begin{aligned}\log 225 &= \log (2.25 \times 10^2) = \log 2.25 + \log 10^2 \\ &= 0.3522 + 2 = 2.3522 \end{aligned}$

이므로 정수 부분은 2이다. (참)

ㄴ. $\begin{aligned}\log 0.0225 &= \log (2.25 \times 10^{-2}) = \log 2.25 + \log 10^{-2} \\ &= 0.3522 - 2 = -1.6478 \ (\text{거짓}) \end{aligned}$

ㄷ. $\begin{aligned}\log \sqrt{22.5} &= \frac{1}{2} \log 22.5 = \frac{1}{2} \log (2.25 \times 10) \\ &= \frac{1}{2} (\log 2.25 + 1) = \frac{1}{2} (0.3522 + 1) \\ &= \frac{1}{2} \times 1.3522 = 0.6761 \end{aligned}$

이므로 소수 부분은 0.6761이다. (참)

따라서 옳은 것은 ㄱ, ㄷ이다.

0352 답 ④

$1 \le n \le 3$일 때, $0 \le \log n^2 \le \log 9$

$\therefore f(1) = f(2) = f(3) = 0$

$4 \le n \le 9$일 때, $\log 16 \le \log n^2 \le \log 81$

$\therefore f(4) = f(5) = \cdots = f(9) = 1$

$10 \le n \le 30$일 때, $\log 10^2 \le \log n^2 \le \log 30^2$

$\therefore f(10) = f(11) = \cdots = f(30) = 2$

$$\therefore f(1)+f(2)+f(3)+\cdots+f(30)$$
$$=0\times3+1\times6+2\times21$$
$$=48$$

0353 답 ③

$$N\left(\frac{1}{10}\right)=N\left(\frac{2}{9}\right)=N\left(\frac{3}{8}\right)=N\left(\frac{4}{7}\right)=N\left(\frac{5}{6}\right)=-1$$
$$N\left(\frac{6}{5}\right)=N\left(\frac{7}{4}\right)=N\left(\frac{8}{3}\right)=N\left(\frac{9}{2}\right)=0$$
$$N(10)=1$$
$$\therefore N\left(\frac{1}{10}\right)+N\left(\frac{2}{9}\right)+N\left(\frac{3}{8}\right)+\cdots+N\left(\frac{9}{2}\right)+N(10)$$
$$=(-1)\times5+0\times4+1$$
$$=-4$$

0354 답 ④

(i) $1\leq n<10$일 때

$201\leq n+200<210$이므로 $\quad\rightarrow$ $\log201\leq\log(n+200)<\log210$

$f(n)=0,\ f(n+200)=2$ $\quad$ $2+\log2.01\leq\log(n+200)<2+\log2.1$
$\quad\quad\quad\quad\quad\quad\quad\quad\quad\quad\quad\therefore f(n+200)=2$

따라서 $f(n+200)=f(n)+1$을 만족시키는 자연수 n은 존재하지 않는다.

(ii) $10\leq n<100$일 때

$210\leq n+200<300$이므로

$f(n)=1,\ f(n+200)=2$

따라서 $f(n+200)=f(n)+1$을 만족시키는 자연수 n은 10, 11, 12, $\cdots$, 99로 90개이다.

(iii) $n=100$일 때

$n+200=300$이므로

$f(n)=2,\ f(n+200)=2$

따라서 $f(n+200)=f(n)+1$을 만족시키는 자연수 n은 존재하지 않는다.

(i)~(iii)에서 $f(n+200)=f(n)+1$을 만족시키는 100 이하의 자연수 n의 개수는 90이다.

다른 풀이

$f(n+200)=f(n)+1$에서 $f(n)$은 $\log n$의 정수 부분이므로 n과 $n+200$의 자릿수가 1만큼 차이가 나야 한다.

즉, n이 두 자리의 수인 경우에만 조건을 만족시키므로

$10\leq n\leq99$

따라서 구하는 자연수 n의 개수는

$99-10+1=90$

실수 Check

100 이하의 자연수 n에 대하여 상용로그에서

$\log10=1,\ \log100=2$이므로 $f(n+200)=f(n)+1$을 구할 때는

$1\leq n<10,\ 10\leq n<100,\ n=100$

과 같이 경우를 나누어 그 값을 구해야 함에 주의한다.

0355 답 ① | 유형 14

$\underline{\log2.53=0.4031}$일 때, $\underline{\log253=a}$, $\underline{\log b=-1.5969}$이다. 이때
$\quad\quad\quad$ 단서1 $\quad\quad\quad\quad\quad\quad\quad\quad\quad$ 단서2
$a+b$의 값은?

① 2.4284 $\quad\quad$ ② 2.2142 $\quad\quad$ ③ 1.8622
④ 1.4284 $\quad\quad$ ⑤ 1.2142

단서1 구하는 상용로그의 진수를 2.53으로 통일

단서2 상용로그의 값이 음수인 경우는 $0\leq$(소수 부분)<1을 만족시키도록 식을 변형

STEP1 로그의 성질을 이용하여 a의 값 구하기

$$a=\log253=\log(2.53\times10^2)$$
$$=\log2.53+\log10^2$$
$$=\log2.53+2=2.4031$$

STEP2 상용로그의 소수 부분을 이용하여 진수 b의 값 구하기

$$\log b=-1.5969=-2+0.4031$$
$$=\log10^{-2}+\log2.53$$
$$=\log(10^{-2}\times2.53)$$
$$=\log0.0253$$
$$\therefore b=0.0253$$

STEP3 $a+b$의 값 구하기

$$a+b=2.4031+0.0253=2.4284$$

0356 답 ④

상용로그표에서 $\log7.42=0.8704$이므로

$$\log M=3.8704=3+0.8704$$
$$=\log10^3+\log7.42$$
$$=\log(10^3\times7.42)=\log7420$$
$$\therefore M=7420$$

0357 답 ④

$$\log a=1.4914=1+0.4914$$
$$=\log10+\log3.1$$
$$=\log(10\times3.1)=\log31$$
$$\therefore a=31$$

0358 답 ⑤

$$\log N=-2.1549=-3+0.8451$$
$$=\log10^{-3}+\log7=\log(7\times10^{-3})$$
$$N=7\times10^{-3}$$이므로 $a=7$, $n=-3$
$$\therefore a+n=7+(-3)=4$$

0359 답 ②

$$\log m=2.7782=2+0.7782$$
$$=\log10^2+\log6=\log(10^2\times6)$$
$$=\log600$$
$$\therefore m=600$$
$$\log\frac{600}{50}=\log12=\log(2^2\times3)$$

$$= 2\log 2 + \log 3 = a\log 2 + b\log 3$$

따라서 $a=2$, $b=1$이므로

$$a^3 + b^3 = 2^3 + 1^3 = 9$$

0360 답 300

상용로그표에서 $\log 5.12 = 0.7093$이므로

$$\log x = 2.7093 = 2 + 0.7093$$
$$= \log 10^2 + \log 5.12$$
$$= \log (10^2 \times 5.12) = \log 512$$

$$\therefore x = 512$$

$$\log y = -1.2907 = -2 + 0.7093$$
$$= \log 10^{-2} + \log 5.12$$
$$= \log (10^{-2} \times 5.12)$$
$$= \log 0.0512$$

$$\therefore y = 0.0512$$

$$\therefore \frac{3x}{100y} = \frac{3 \times 512}{100 \times 0.0512} = 300$$

0361 답 (가) : 0.85 (나) : 6.31 (다) : 6310000

7.08^8에 상용로그를 취하면

$$\log 7.08^8 = 8\log 7.08 = 8 \times \boxed{0.85}$$
$$= 6.80 = 6 + 0.80$$
$$= \log 10^6 + \log \boxed{6.31}$$
$$= \log (10^6 \times \boxed{6.31})$$
$$= \log \boxed{6310000}$$

따라서 $\log 7.08^8 = \log 6310000$이므로

$7.08^8 = \boxed{6310000}$ 이다.

즉, (가), (나), (다)에 알맞은 수는 차례로 0.85, 6.31, 6310000이다.

0362 답 ④

$$\log \sqrt[6]{923} = \frac{1}{6}\log 923$$
$$= \frac{1}{6}\log(9.23 \times 10^2)$$
$$= \frac{1}{6}(\log 9.23 + \log 10^2)$$
$$= \frac{1}{6}(\log 9.23 + 2)$$
$$= \frac{1}{6}(0.9652 + 2) = 0.4942$$
$$= \log 3.12$$

$$\therefore \sqrt[6]{923} = 3.12$$

0363 답 ④ | 유형 15

STEP 1 N의 값의 범위 구하기

$\log N$의 정수 부분이 2이므로 $2 \le \log N < 3$

$$\log 100 \le \log N < \log 1000$$

$$\therefore 100 \le N < 1000$$

STEP 2 자연수 N의 개수 구하기

자연수 N의 개수는

$$999 - 99 = 900$$

0364 답 ④

$\log A$의 정수 부분이 3이므로 $3 \le \log A < 4$

$$\log 1000 \le \log A < \log 10000$$

$$\therefore 1000 \le A < 10000$$

따라서 A의 값의 범위에서 5의 배수인 자연수의 개수는

$$1999 - 199 = 1800$$

0365 답 1

$\log A$의 정수 부분이 1이므로

$$1 \le \log A < 2 \qquad \therefore 10 \le A < 100$$

$$\therefore x = 99 - 9 = 90$$

$\log \dfrac{1}{B}$의 정수 부분이 -1이므로

$$-1 \le \log \frac{1}{B} < 0, \ -1 \le -\log B < 0$$

$$0 < \log B \le 1 \qquad \therefore 1 < B \le 10$$

$$\therefore y = 10 - 1 = 9$$

$$\therefore \log x - \log y = \log \frac{x}{y} = \log \frac{90}{9}$$
$$= \log 10 = 1$$

0366 답 ②

$\log N$의 정수 부분이 3이므로 $3 \le \log N < 4$

$$\therefore 10^3 \le N < 10^4$$

$\log \dfrac{N}{9} = \log 3 + \log M$에서

$$\log M = \log \frac{N}{9} - \log 3$$
$$= \log \frac{N}{27}$$

즉, $M = \dfrac{N}{27}$이므로 $\dfrac{10^3}{27} \le M < \dfrac{10^4}{27}$

이때 $\dfrac{10^4}{27} = 370.3 \cdots$이므로 자연수 M의 최댓값은 370이다.

0367 답 ①

<u>$f(a) = 1$</u>이므로 $1 \le \log a < 2$ $\rightarrow$ $f(a)$는 $\log a$의 정수 부분을 의미한다.

$\log a^{\frac{1}{2}} = \dfrac{1}{2}\log a$이므로 $\dfrac{1}{2} \le \log a^{\frac{1}{2}} < 1$

$$\therefore f\left(a^{\frac{1}{2}}\right) = 0$$

$\log \dfrac{1}{\sqrt[3]{a}} = \log a^{-\frac{1}{3}} = -\dfrac{1}{3}\log a$이므로

$$-\frac{2}{3} < \log \frac{1}{\sqrt[3]{a}} \le -\frac{1}{3}$$

$$\therefore f\left(\frac{1}{\sqrt[3]{a}}\right)=-1$$

$$\therefore f\left(a^{\frac{1}{2}}\right)+f\left(\frac{1}{\sqrt[3]{a}}\right)=0-1=-1$$

0368 답 ②

N은 자연수이고, 조건 ㈎에서 $f(N)\leq1$이므로

$f(N)=0,\ f(N)=1$

$\therefore\ 1\leq N<100$

조건 ㈏에서 $f(N)=f(2N)$이므로

$1\leq N\leq4$ 또는 $10\leq N\leq49$

조건 ㈐에서 $g(N)\leq\log\dfrac{17}{5}$이므로

(i) $f(N)=0$일 때

$\log3<\log\dfrac{17}{5}<\log4$이므로 $1\leq N\leq3$

(ii) $f(N)=1$일 때

$1+\log\dfrac{17}{5}=\log\left(10\times\dfrac{17}{5}\right)=\log34$이므로

$10\leq N\leq34$ → $\log N$의 정수 부분이 1이고,
소수 부분이 $\log\dfrac{17}{5}$인 경우이다.

(i), (ii)에서 자연수 N의 개수는

$3+25=28$

실수 Check

조건 ㈎에서 $f(N)\leq1$이라 하여

$\cdots,\ f(N)=-2,\ f(N)=-1,\ f(N)=0,\ \cdots$

의 경우를 모두 생각하지 않도록 주의한다. 왜냐하면 문제의 조건에서 N은 자연수이므로 $f(N)=0,\ f(N)=1$의 두 가지 경우만 생각하면 된다.

Plus 문제

0368-1

자연수 N에 대하여 $\log N$의 정수 부분을 $f(N)$, 소수 부분을 $g(N)$이라 할 때, 다음 조건을 만족시키는 모든 자연수 N의 개수를 구하시오.

㈎ $f(N)\leq2$
㈏ $f(N)=f(3N)$
㈐ $g(N)\leq\log\dfrac{7}{3}$

N은 자연수이고, 조건 ㈎에서 $f(N)\leq2$이므로

$f(N)=0,\ f(N)=1,\ f(N)=2$

$\therefore\ 1\leq N\leq999$

조건 ㈏에서 $f(N)=f(3N)$이므로

$1\leq N\leq3$ 또는 $10\leq N\leq33$ 또는 $100\leq N\leq333$

(i) $f(N)=0$일 때

$\log2<\log\dfrac{7}{3}<\log3$이므로

$1\leq N\leq2$

이때 N은 자연수이므로 1, 2의 2개이다.

(ii) $f(N)=1$일 때

$1+\log\dfrac{7}{3}=\log\dfrac{70}{3}$이고,

$\log23<\log\dfrac{70}{3}<\log24$이므로

$10\leq N\leq23$

이때 N은 자연수이므로 10, 11, 12, $\cdots$, 23의 14개이다.

(iii) $f(N)=2$일 때

$2+\log\dfrac{7}{3}=\log\dfrac{700}{3}$이고,

$\log233<\log\dfrac{700}{3}<\log234$이므로

$100\leq N\leq233$

이때 N은 자연수이므로 100, 101, 102, $\cdots$, 233의 134개이다.

(i)~(iii)에서 자연수 N의 개수는

$2+14+134=150$

답 150

0369 답 ③   유형16

$100\leq x<1000$이고 $\log x^3$과 $\log\sqrt{x}$의 소수 부분이 같도록 하는 모든
단서2   단서1
실수 x의 값의 곱이 $10^{\frac{q}{p}}$일 때, 서로소인 두 자연수 p, q에 대하여 $p+q$의 값은?

① 39　　　　② 40　　　　③ 41
④ 42　　　　⑤ 43

단서1 두 상용로그의 차는 정수
단서2 양변에 로그를 취하면 $\log100\leq\log x<\log1000$

STEP1 $\log x^3$과 $\log\sqrt{x}$의 차 구하기

$\log x^3-\log\sqrt{x}=3\log x-\dfrac{1}{2}\log x$

$\qquad\qquad\qquad=\dfrac{5}{2}\log x=$(정수)

STEP2 x의 값 구하기

$100\leq x<1000$이므로 $2\leq\log x<3$

이때 $5\leq\dfrac{5}{2}\log x<\dfrac{15}{2}$이므로

$\dfrac{5}{2}\log x=5,\ 6,\ 7$

$\log x=2,\ \dfrac{12}{5},\ \dfrac{14}{5}$

$\therefore\ x=10^2,\ 10^{\frac{12}{5}},\ 10^{\frac{14}{5}}$

STEP3 x의 값의 곱 구하기

모든 실수 x의 값의 곱은

$10^2\times10^{\frac{12}{5}}\times10^{\frac{14}{5}}=10^{2+\frac{12}{5}+\frac{14}{5}}=10^{\frac{36}{5}}$

STEP4 $p+q$의 값 구하기

$p=5$, $q=36$이므로 $p+q=41$

0370 답 ②

$\log x$의 소수 부분을 $\alpha\ (0\leq\alpha<1)$라 하면

$\log y$의 소수 부분도 α이므로

$\log x = 6 + \alpha$, $\log y = 2 + \alpha$

$\therefore \log \sqrt{\dfrac{x}{y}} = \dfrac{1}{2} \log \dfrac{x}{y} = \dfrac{1}{2}(\log x - \log y)$

$\qquad\qquad = \dfrac{1}{2}\{(6+\alpha)-(2+\alpha)\}$

$\qquad\qquad = \dfrac{1}{2} \times 4 = 2$

0371 답 ②

$\log x^2 - \log \sqrt{x} = 2\log x - \dfrac{1}{2}\log x = \dfrac{3}{2}\log x = (정수)$

$10 < x < 100$에서 $1 < \log x < 2$이므로

$\dfrac{3}{2} < \dfrac{3}{2}\log x < 3$

이때 $\dfrac{3}{2}\log x$가 정수이므로 $\dfrac{3}{2}\log x = 2$

$\log x = \dfrac{4}{3}$ $\qquad \therefore x = 10^{\frac{4}{3}}$

0372 답 ②

$\log x^2 - \log \dfrac{1}{x} = 2\log x + \log x = 3\log x = (정수)$

이때 $x > 1$에서 $3\log x > 0$이므로 $3\log x$의 값은 자연수이다.

따라서 $3\log x = 1, 2, 3, \cdots$이므로

$\log x = \dfrac{1}{3}, \dfrac{2}{3}, \dfrac{3}{3}, \cdots$

$\therefore x = 10^{\frac{1}{3}}, 10^{\frac{2}{3}}, 10^{\frac{3}{3}}, \cdots$

$\therefore a_{30} = 10^{\frac{30}{3}} = 10^{10}$

0373 답 ④

조건 ㈎에서 $2 \le \log x < 3$

조건 ㈏에서

$\log x^2 - \log \sqrt{x} = 2\log x - \dfrac{1}{2}\log x = \dfrac{3}{2}\log x = (정수)$

이때 $3 \le \dfrac{3}{2}\log x < \dfrac{9}{2}$이고, $\dfrac{3}{2}\log x$는 정수이므로

$\dfrac{3}{2}\log x = 3, 4$

$\log x = 2, \dfrac{8}{3}$

$\therefore x = 10^2, 10^{\frac{8}{3}}$

따라서 $k = 10^2 \times 10^{\frac{8}{3}} = 10^{2+\frac{8}{3}} = 10^{\frac{14}{3}}$이므로

$\log k = \log 10^{\frac{14}{3}} = \dfrac{14}{3}$

0374 답 2

조건 ㈎에서 $2 \le \log x < 3$ ┌→ $\log x$보다 크지 않은 최대의 정수가 2이므로 $\log x$의 정수 부분이 2가 된다.

조건 ㈏에서 $\log x^3$과 $\log \dfrac{1}{x}$의 소수 부분이 서로 같으므로

$\log x^3$과 $\log \dfrac{1}{x}$의 차가 정수이다. ┌→ 양변을 상용로그에서 정수 부분을 뺀 것이고, 이 값은 소수 부분이 된다.

$\log x^3 - \log \dfrac{1}{x} = 3\log x - (-\log x) = 4\log x = (정수)$

이때 $8 \le 4\log x < 12$이고, $4\log x$는 정수이므로

$4\log x = 8, 9, 10, 11$

$\log x = 2, \dfrac{9}{4}, \dfrac{5}{2}, \dfrac{11}{4}$

$\therefore x = 10^2, 10^{\frac{9}{4}}, 10^{\frac{5}{2}}, 10^{\frac{11}{4}}$

따라서 x의 최솟값은 10^2이므로 $k = 10^2$

$\therefore \log k = \log 10^2 = 2$

0375 답 ④ | 유형 17

$\underline{\log x\text{의 정수 부분이 3이고}}$ $\underline{\log x\text{의 소수 부분과 } \log \sqrt{x}\text{의 소수 부분}}$

$\qquad$단서2 $\qquad\qquad\qquad\qquad\qquad$단서1

의 합이 1일 때, $\log \sqrt{x}$의 소수 부분은?

① $\dfrac{1}{4}$ $\qquad$ ② $\dfrac{1}{3}$ $\qquad$ ③ $\dfrac{1}{2}$

④ $\dfrac{2}{3}$ $\qquad$ ⑤ $\dfrac{3}{4}$

단서1 두 상용로그의 합은 정수

단서2 $3 \le \log x < 4$

STEP1 $\log x$와 $\log \sqrt{x}$의 합 구하기

$\log x$의 소수 부분과 $\log \sqrt{x}$의 소수 부분의 합이 1이므로

$\log x + \log \sqrt{x} = \log x + \dfrac{1}{2}\log x$

$\qquad\qquad\qquad = \dfrac{3}{2}\log x = (정수)$

STEP2 $\log x$의 값 구하기

$\log x$의 정수 부분이 3이므로 $3 \le \log x < 4$

따라서 $\dfrac{9}{2} \le \dfrac{3}{2}\log x < 6$이고, $\dfrac{3}{2}\log x$는 정수이므로 $\dfrac{3}{2}\log x = 5$

$\therefore \log x = \dfrac{10}{3}$

STEP3 $\log \sqrt{x}$의 소수 부분 구하기

$\log \sqrt{x} = \dfrac{1}{2}\log x = \dfrac{1}{2} \times \dfrac{10}{3} = \dfrac{5}{3} = 1 + \dfrac{2}{3}$이므로 $\log \sqrt{x}$의 소수 부분은 $\dfrac{2}{3}$이다.

다른 풀이

$\log x$의 소수 부분을 $\alpha \, (0 \le \alpha < 1)$라 하면

$\log x = 3 + \alpha$

$\log \sqrt{x} = \dfrac{1}{2}\log x = \dfrac{1}{2}(3+\alpha) = 1 + \dfrac{\alpha+1}{2}$

이때 $\dfrac{1}{2} \le \dfrac{\alpha+1}{2} < 1$이므로 $\log \sqrt{x}$의 소수 부분은 $\dfrac{\alpha+1}{2}$

$\log x$와 $\log \sqrt{x}$의 소수 부분의 합이 1이므로

$\alpha + \dfrac{\alpha+1}{2} = 1$, $\dfrac{3}{2}\alpha = \dfrac{1}{2}$ $\qquad \therefore \alpha = \dfrac{1}{3}$

따라서 $\log \sqrt{x}$의 소수 부분은

$\dfrac{\alpha+1}{2} = \dfrac{2}{3}$

0376 답 ②

$\log \sqrt{x}$의 소수 부분과 $\log \sqrt[5]{x^3}$의 소수 부분의 합이 1이므로

$$\log\sqrt{x}+\log\sqrt[5]{x^3}=\frac{1}{2}\log x+\frac{3}{5}\log x$$
$$=\frac{11}{10}\log x=(정수)$$

$100\leq x<1000$이므로 $2\leq\log x<3$

$\frac{11}{5}\leq\frac{11}{10}\log x<\frac{33}{10}$이고, $\frac{11}{10}\log x$는 정수이므로

$\frac{11}{10}\log x=3$, $\log x=\frac{30}{11}$

$\therefore x=10^{\frac{30}{11}}$

따라서 $m=30$, $n=11$이므로

$m+n=41$

0377 답 14

$\log\sqrt{x}$와 $\log x^2$의 합이 정수이므로

$$\log\sqrt{x}+\log x^2=\frac{1}{2}\log x+2\log x$$
$$=\frac{5}{2}\log x=(정수)$$

$10<x<100$이므로 $1<\log x<2$

$\frac{5}{2}<\frac{5}{2}\log x<5$이고 $\frac{5}{2}\log x$는 정수이므로

$\frac{5}{2}\log x=3$, 4

$\log x=\frac{6}{5}$, $\frac{8}{5}$

$\therefore x=10^{\frac{6}{5}}$, $10^{\frac{8}{5}}$

$x=10^{\frac{6}{5}}$일 때 $\log x^5=\log 10^6=6$,

$x=10^{\frac{8}{5}}$일 때 $\log x^5=\log 10^8=8$

이므로 $\log x^5$의 값의 합은

$6+8=14$

0378 답 ⑤

$\log x+\log\sqrt[5]{x}=\log x+\frac{1}{5}\log x=\frac{6}{5}\log x=(정수)$

$\log x-\log\sqrt[5]{x}=\log x-\frac{1}{5}\log x=\frac{4}{5}\log x=(정수)$

$10<x<1000$이므로 $1<\log x<3$

(ⅰ) $\frac{6}{5}<\frac{6}{5}\log x<\frac{18}{5}$이고, $\frac{6}{5}\log x$는 정수이므로

$\frac{6}{5}\log x=2$ 또는 $\frac{6}{5}\log x=3$

$\therefore \log x=\frac{5}{3}$ 또는 $\log x=\frac{5}{2}$ ·········· ㉠

(ⅱ) $\frac{4}{5}<\frac{4}{5}\log x<\frac{12}{5}$이고, $\frac{4}{5}\log x$는 정수이므로

$\frac{4}{5}\log x=1$ 또는 $\frac{4}{5}\log x=2$

$\therefore \log x=\frac{5}{4}$ 또는 $\log x=\frac{5}{2}$ ·········· ㉡

㉠, ㉡에서 $\log x=\frac{5}{2}$

$\therefore x=10^{\frac{5}{2}}=100\sqrt{10}$

0379 답 ④

$g(a)+g(\sqrt[3]{a})=1$이면 $\log a$의 소수 부분과 $\log\sqrt[3]{a}$의 소수 부분의 합이 1이므로

$\log a+\log\sqrt[3]{a}=\log a+\frac{1}{3}\log a=\frac{4}{3}\log a=(정수)$

$f(a)=2$에서 $\log a$의 정수 부분이 2이므로

$2\leq\log a<3$

$\therefore \frac{8}{3}\leq\frac{4}{3}\log a<4$

이때 $\frac{4}{3}\log a$가 정수이므로 $\frac{4}{3}\log a=3$

$\therefore \log a=\frac{9}{4}$

0380 답 ③

$\log a$의 소수 부분과 $\log b$의 소수 부분의 합이 1이므로

$\log a+\log b=\log ab=(정수)$ ·········· ㉠

이때 $\log a$와 $\log b$의 소수 부분은 모두 0이 아니다.

따라서 a, b는 1 또는 10의 거듭제곱이 아니어야 한다.

㉠에서 $ab=10^n$(n은 정수)이고 a, b는 100보다 작은 자연수이므로 ab는 10, 100, 1000이 될 수 있다.

이때 $a<b$이므로 순서쌍 (a,b)는

(ⅰ) $ab=10$일 때, $(2, 5)$

(ⅱ) $ab=100$일 때, $(2, 50)$, $(4, 25)$, $(5, 20)$

(ⅲ) $ab=1000$일 때, $(20, 50)$, $(25, 40)$ → $1<a<100,\ 1<b<100$

(ⅰ)~(ⅲ)에서 구하는 순서쌍 (a,b)의 개수는 임을 알고 순서쌍 (a,b)를 구한다.

$1+3+2=6$

실수 Check

$\log a$의 소수 부분과 $\log b$의 소수 부분의 합이 1이라는 조건에서 두 상용로그의 값이 정수가 아니라는 것을 주의한다.

0381 답 ⑤ | 유형 18

$\underline{\log A$의 정수 부분과 소수 부분}이 이차방정식 $\underline{3x^2-11x+k=0}$의
단서2 / 단서1
두 근일 때, 상수 k의 값은?

① 2 ② 3 ③ 4

④ 5 ⑤ 6

단서1 이차방정식의 근과 계수의 관계를 이용

단서2 $\log A=n+\alpha$ (n은 정수, $0\leq\alpha<1$)

STEP1 이차방정식의 근과 계수의 관계를 이용하여 식으로 나타내기

$\log A=n+\alpha$ (n은 정수, $0\leq\alpha<1$)라 하면

이차방정식의 근과 계수의 관계에 의하여

$n+\alpha=\frac{11}{3}=3+\frac{2}{3}$ ·········· ㉠
→ (정수 부분)+(소수 부분) 꼴로 나타낸 것이다.

$n\alpha=\frac{k}{3}$ ·········· ㉡

STEP2 k의 값 구하기

㉠에서 $n=3$, $\alpha=\frac{2}{3}$

이를 ㉡에 대입하면 $3 \times \dfrac{2}{3} = \dfrac{k}{3}$

$\therefore k = 6$

0382 답 ③

$\log A = \dfrac{5}{2} = 2 + \dfrac{1}{2}$ 이므로 $\log A$의 정수 부분은 2, 소수 부분은 $\dfrac{1}{2}$이다.

따라서 이차항의 계수가 1이고 2와 $\dfrac{1}{2}$을 두 근으로 하는 이차방정식은

$x^2 - \left(2 + \dfrac{1}{2}\right)x + 2 \times \dfrac{1}{2} = 0$

$x^2 - \dfrac{5}{2}x + 1 = 0$

$\therefore 2x^2 - 5x + 2 = 0$

0383 답 ①

이차방정식의 근과 계수의 관계에 의하여

$n + \alpha = -\dfrac{7}{5} = -2 + \dfrac{3}{5}$ ·········· ㉠

$n\alpha = \dfrac{k}{5}$ ·········· ㉡

㉠에서 $n = -2$, $\alpha = \dfrac{3}{5}$

이를 ㉡에 대입하면 $(-2) \times \dfrac{3}{5} = \dfrac{k}{5}$

$\therefore k = -6$

0384 답 ④

$\log 200 = \log(10^2 \times 2) = 2 + \log 2$

이므로 $\log 200$의 정수 부분은 2, 소수 부분은 $\log 2$이다.

이차방정식 $x^2 - ax + b = 0$의 두 근이 2, $\log 2$이므로 근과 계수의 관계에 의하여

$2 + \log 2 = a$, $2 \times \log 2 = b$

$\therefore a - b = 2 + \log 2 - 2\log 2$

$\qquad = 2 - \log 2$

$\qquad = \log 10^2 - \log 2$

$\qquad = \log \dfrac{100}{2} = \log 50$

0385 답 100

$\log A = n + \alpha$ (n은 정수, $0 \le \alpha < 1$)

라 하면 이차방정식의 근과 계수의 관계에 의하여

$n + \alpha = \log_3 10$ ·········· ㉠

$n\alpha = k$ ·········· ㉡

㉠에서 $2 < \log_3 10 < 3$이므로

$n = 2$, $\alpha = \log_3 10 - 2$

이를 ㉡에 대입하면

$k = 2(\log_3 10 - 2) = 2\log_3 10 - 4$

$\therefore k + 4 = 2\log_3 10 = \log_3 10^2$

$\therefore 3^{k+4} = 3^{\log_3 10^2} = 10^2 = 100$

0386 답 -1

$\log N = n + \alpha$ (n은 정수, $0 \le \alpha < 1$)

라 하면 이차방정식 $x^2 + ax + b = 0$의 두 근이 n, α이므로 근과 계수의 관계에 의하여

$n + \alpha = -a$ ·········· ㉠

$n\alpha = b$ ·········· ㉡

$\log \dfrac{1}{N} = -\log N = -(n+\alpha) = -n - 1 + (1-\alpha)$

$0 < 1 - \alpha \le 1$이고, $\alpha \ne 0$이므로 $\log \dfrac{1}{N}$의 정수 부분은 $-n-1$, 소수 부분은 $1-\alpha$이다. → $ab \ne 0$이므로 이차방정식 $x^2 + ax + b = 0$의 두 근은 0이 아니다.

이차방정식 $x^2 - ax + b - \dfrac{4}{3} = 0$의 두 근이 $-n-1$, $1-\alpha$이므로 근과 계수의 관계에 의하여

$(-n-1) \times (1-\alpha) = b - \dfrac{4}{3}$

$-n + n\alpha - 1 + \alpha = n\alpha - \dfrac{4}{3}$ ($\because$ ㉡)

$n - \alpha = \dfrac{1}{3} = 1 - \dfrac{2}{3}$

$\therefore n = 1$, $\alpha = \dfrac{2}{3}$ ($\because$ n은 정수, $0 \le \alpha < 1$)

이를 ㉠, ㉡에 각각 대입하면

$1 + \dfrac{2}{3} = -a$, $1 \times \dfrac{2}{3} = b$

$\therefore a = -\dfrac{5}{3}$, $b = \dfrac{2}{3}$

$\therefore a + b = -1$

실수 Check

$\log \dfrac{1}{N} = -\log N = -(n+\alpha) = -n - \alpha$ 에서 이차방정식

$x^2 - ax + b - \dfrac{4}{3} = 0$의 두 근을 $-n$, $-\alpha$로 생각하지 않도록 주의한다.

$-1 < -\alpha \le 0$이므로 소수 부분이 음수가 되어 소수 부분은 0보다 크거나 같고 1보다 작다는 조건에 맞지 않는다.

따라서 소수 부분이 양수가 되게 하고, 식의 값도 변하지 않도록 $-n - \alpha = -n - 1 + (1-\alpha)$와 같이 변형한다.

즉, 소수 부분은 항상 $0 \le$ (소수 부분) < 1이어야 하므로 소수 부분이 음수이면 정수 부분에서 1을 빼고 소수 부분에 1을 더하여 양수로 만들어야 한다.

Plus 문제

0386-1

이차방정식 $x^2 + 2ax + b = 0$의 두 근은 $\log N$의 정수 부분과 소수 부분이고, $x^2 - 2ax + b - \dfrac{5}{3} = 0$의 두 근은 $\log \dfrac{1}{N}$의 정수 부분과 소수 부분이다. 상수 a, b에 대하여 $a + b$의 값을 구하시오. (단, $ab \ne 0$)

$\log N = n + \alpha$ (n은 정수, $0 \le \alpha < 1$)

라 하면 이차방정식 $x^2 + 2ax + b = 0$의 두 근이 n, α이므로 근과 계수의 관계에 의하여

$$n + \alpha = -2a \quad \cdots\cdots \text{㉠}$$

$$n\alpha = b \quad \cdots\cdots \text{㉡}$$

$$\log \frac{1}{N} = -\log N = -(n+\alpha) = -n - 1 + (1 - \alpha)$$

$0 < 1 - \alpha \le 1$이고, $\alpha \ne 0$이므로 $\log \dfrac{1}{N}$의 정수 부분은 $-n-1$, 소수 부분은 $1 - \alpha$이다.

이차방정식 $x^2 - 2ax + b - \dfrac{5}{3} = 0$의 두 근이 $-n-1$, $1 - \alpha$ 이므로 근과 계수의 관계에 의하여

$$(-n-1) \times (1 - \alpha) = b - \frac{5}{3}$$

$$-n + n\alpha - 1 + \alpha = n\alpha - \frac{5}{3} \quad (\because \text{㉡})$$

$$n - \alpha = \frac{2}{3} = 1 - \frac{1}{3}$$

$$\therefore n = 1, \ \alpha = \frac{1}{3} \ (\because n\text{은 정수}, \ 0 \le \alpha < 1)$$

이를 ㉠, ㉡에 각각 대입하면

$$1 + \frac{1}{3} = -2a, \ 1 \times \frac{1}{3} = b$$

$$\therefore a = -\frac{2}{3}, \ b = \frac{1}{3}$$

$$\therefore a + b = -\frac{1}{3}$$

$$\boxed{\text{답}} \ -\frac{1}{3}$$

0387 답 ① | 유형 19

$\log 2 = 0.3010$, $\log 3 = 0.4771$일 때, $\underline{12^{10}}$은 몇 자리의 정수인가?

단서1

① 11자리   ② 12자리   ③ 13자리

④ 14자리   ⑤ 15자리

단서1 $\log 12^{10}$의 정수 부분이 양수 n이면 12^{10}은 $(n+1)$자리의 수

STEP1 12^{10}의 상용로그의 값 구하기

$$\log 12^{10} = 10 \log 12 = 10 \log (2^2 \times 3)$$
$$= 10(2 \log 2 + \log 3)$$
$$= 10(2 \times 0.3010 + 0.4771)$$
$$= 10.791$$

STEP2 12^{10}의 자릿수 구하기

$\log 12^{10}$의 정수 부분이 10이므로 12^{10}은 11자리의 정수이다.

0388 답 ⑤

$\log 3^{40} = 40 \log 3 = 40 \times 0.4771 = 19.084$

따라서 $\log 3^{40}$의 정수 부분이 19이므로 3^{40}은 20자리의 정수이다.

0389 답 ①

7^{100}이 85자리의 정수이므로 $\log 7^{100}$의 정수 부분은 84이다. 즉,

$84 \le \log 7^{100} < 85$에서 $84 \le 100 \log 7 < 85$

$$\therefore 0.84 \le \log 7 < 0.85 \quad \cdots\cdots \text{㉠}$$

$\log 7^{30} = 30 \log 7$이므로 ㉠에서

$$30 \times 0.84 \le 30 \log 7 < 30 \times 0.85$$

$$\therefore 25.2 \le 30 \log 7 < 25.5$$

따라서 $\log 7^{30}$의 정수 부분이 25이므로 7^{30}은 26자리의 정수이다.

0390 답 ④

2^n이 24자리의 정수가 되려면 $\log 2^n$의 정수 부분은 23이어야 하므로 $23 \le \log 2^n < 24$에서

$$23 \le n \log 2 < 24, \ 23 \le 0.3n < 24$$

$$\therefore 76.66\cdots \le n < 80$$

따라서 이를 만족시키는 자연수 n은 77, 78, 79이므로 그 합은

$$77 + 78 + 79 = 234$$

0391 답 4자리의 정수

x^5, y^6이 각각 10자리, 12자리의 수이므로 $\log x^5$, $\log y^6$의 정수 부분은 각각 9, 11이다.

$9 \le \log x^5 < 10$에서 $9 \le 5 \log x < 10$

$$\therefore \frac{9}{5} \le \log x < 2$$

$11 \le \log y^6 < 12$에서 $11 \le 6 \log y < 12$

$$\therefore \frac{11}{6} \le \log y < 2$$

이때 $\dfrac{9}{5} + \dfrac{11}{6} \le \log x + \log y < 2 + 2$이므로

$$3 < \frac{109}{30} \le \log xy < 4$$

따라서 $\log xy$의 정수 부분이 3이므로 xy는 4자리의 정수이다.

0392 답 ③

N이 세 자리의 자연수이므로 $\log N$의 정수 부분은 2이다.

$\log N = 2 + \alpha \ (0 \le \alpha < 1)$라 하면

$$\log 2N = \log 2 + \log N$$
$$= 0.3010 + (2 + \alpha)$$

이때 $[\log 2N] = [\log N] + 1 = 2 + 1 = 3$이므로

$$\alpha + 0.3010 \ge 1, \ \alpha \ge 0.6990$$

$$\therefore 0.6990 \le \alpha < 1$$

ㄱ. $\log N^2 = 2 \log N = 2(2 + \alpha) = 4 + \overset{\underset{1.398 \le 2\alpha < 2}{}}{2\alpha} = 5 + (2\alpha - 1)$

    따라서 $\log N^2$의 정수 부분이 5이므로 N^2은 6자리의 수이다.

ㄴ. $\log N^3 = 3 \log N = 3(2 + \alpha) = 6 + \overset{\underset{2.097 \le 3\alpha < 3 \ (\text{참})}{}}{3\alpha} = 8 + (3\alpha - 2)$

    따라서 $\log N^3$의 정수 부분이 8이므로 N^3은 9자리의 수이다. (참)

ㄷ. [반례] $\alpha = 0.7$이면 $\log N^4 = 4 \log N = 4 \times 2.7 = 10.8$이므로 N^4은 11자리의 수이다. (거짓)

따라서 옳은 것은 ㄱ, ㄴ이다.

0393 답 ②

| 유형 20

$\left(\dfrac{1}{3}\right)^{20}$은 소수 몇째 자리에서 처음으로 0이 아닌 숫자가 나타나는가?

단서1

(단, $\log 3 = 0.4771$로 계산한다.)

① 9째 자리　　② 10째 자리　　③ 11째 자리

④ 12째 자리　　⑤ 13째 자리

단서1 $\log\left(\dfrac{1}{3}\right)^{20}$의 정수 부분이 $-n$이면 $\left(\dfrac{1}{3}\right)^{20}$에서 처음으로 0이 아닌 숫자가 나타나는 자릿수는 소수 n째 자리

STEP1 $\left(\dfrac{1}{3}\right)^{20}$의 상용로그의 값 구하기

$$\log\left(\frac{1}{3}\right)^{20} = \log 3^{-20} = -20\log 3$$
$$= -20 \times 0.4771$$
$$= -9.542 = -10 + 0.458$$

STEP2 $\left(\dfrac{1}{3}\right)^{20}$에서 처음으로 0이 아닌 숫자가 나타나는 자릿수 구하기

$\log\left(\dfrac{1}{3}\right)^{20}$의 정수 부분이 -10이므로 $\left(\dfrac{1}{3}\right)^{20}$은 소수 10째 자리에서 처음으로 0이 아닌 숫자가 나타난다.

0394 답 ②

$$\log\left(\frac{1}{5}\right)^{12} = \log 5^{-12} = -12\log 5$$
$$= -12\log\frac{10}{2} = -12 \times (1 - \log 2)$$
$$= -12 \times (1 - 0.3010)$$
$$= -8.388 = -9 + 0.612$$

따라서 $\log\left(\dfrac{1}{5}\right)^{12}$의 정수 부분이 -9이므로 $\left(\dfrac{1}{5}\right)^{12}$은 소수 9째 자리에서 처음으로 0이 아닌 숫자가 나타난다.

0395 답 ③

a^{38}이 19자리의 정수이므로 $\log a^{38}$의 정수 부분은 18이다.

$18 \le \log a^{38} < 19$에서 $18 \le 38\log a < 19$

$$\therefore \frac{9}{19} \le \log a < \frac{1}{2}$$

한편 $\log\left(\dfrac{1}{a}\right)^{24} = -24\log a$이므로

$$(-24) \times \frac{1}{2} < -24\log a \le (-24) \times \frac{9}{19}$$

$$-12 < -24\log a \le -11.3\cdots$$

$$\therefore -24\log a = -12 + \alpha \ (0 \le \alpha < 1)$$

따라서 $\log\left(\dfrac{1}{a}\right)^{24}$의 정수 부분이 -12이므로 $\left(\dfrac{1}{a}\right)^{24}$은 소수 12째 자리에서 처음으로 0이 아닌 숫자가 나타난다.

0396 답 3

$\left(\dfrac{n}{10}\right)^{10}$이 소수 6째 자리에서 처음으로 0이 아닌 숫자가 나타나므로 $\log\left(\dfrac{n}{10}\right)^{10}$의 정수 부분은 -6이다.

$$\log\left(\frac{n}{10}\right)^{10} = 10(\log n - \log 10)$$
$$= 10(\log n - 1)$$
$$= 10\log n - 10$$

에서 $-6 \le 10\log n - 10 < -5$

$4 \le 10\log n < 5$　　$\therefore 0.4 \le \log n < 0.5$

이때 $\log 2 = 0.3010$, $\log 3 = 0.4771$, $\log 4 = 0.6020$이므로

$n = 3$

0397 답 ④

$$\log x^3 y^4 = \log x^3 + \log y^4 = 3\log x + 4\log y$$
$$= 3 \times 0.34 + 4 \times 0.54 = 3.18$$

따라서 $\log x^3 y^4$의 정수 부분이 3이므로 $x^3 y^4$은 4자리의 정수이다.

$\therefore m = 4$

$$\log \frac{1}{x^3 y^4} = \log (x^3 y^4)^{-1} = -\log x^3 y^4$$
$$= -3.18 = -4 + 0.82$$

따라서 $\log \dfrac{1}{x^3 y^4}$의 정수 부분이 -4이므로 $\dfrac{1}{x^3 y^4}$은 소수 4째 자리에서 처음으로 0이 아닌 숫자가 나타난다.

$\therefore n = 4$

$\therefore mn = 4 \times 4 = 16$

0398 답 ①

$$N = \left\{\left(1 - \frac{1}{2}\right)\left(1 - \frac{1}{3}\right)\left(1 - \frac{1}{4}\right) \times \cdots \times \left(1 - \frac{1}{50}\right)\right\}^5$$
$$= \left(\frac{1}{2} \times \frac{2}{3} \times \frac{3}{4} \times \cdots \times \frac{49}{50}\right)^5$$
$$= \left(\frac{1}{50}\right)^5$$

양변에 상용로그를 취하면

$$\log N = \log\left(\frac{1}{50}\right)^5 = \log 50^{-5}$$
$$= -5\log 50 = -5\log\frac{100}{2}$$
$$= -5(2 - \log 2) = -5 \times (2 - 0.3010)$$
$$= -8.495 = -9 + 0.505$$

따라서 $\log N$의 정수 부분이 -9이므로 N은 소수 9째 자리에서 처음으로 0이 아닌 숫자가 나타난다.

$\therefore n = 9$

Plus 문제

0398-1

$$N = \left\{ \frac{1}{199} \left(\frac{1}{1 \times 2} + \frac{1}{2 \times 3} + \frac{1}{3 \times 4} + \cdots + \frac{1}{199 \times 200} \right) \right\}^{10}$$

일 때, N은 소수 n째 자리에서 처음으로 0이 아닌 숫자가 나타난다. 이때 자연수 n의 값을 구하시오.

(단, $\log 2 = 0.3010$으로 계산한다.)

$$N = \left\{ \frac{1}{199} \left(\frac{1}{1 \times 2} + \frac{1}{2 \times 3} + \frac{1}{3 \times 4} + \cdots + \frac{1}{199 \times 200} \right) \right\}^{10}$$

$$= \left[\frac{1}{199} \times \left\{ \left(1 - \frac{1}{2} \right) + \left(\frac{1}{2} - \frac{1}{3} \right) + \cdots + \left(\frac{1}{199} - \frac{1}{200} \right) \right\} \right]^{10}$$

$$= \left\{ \frac{1}{199} \times \left(1 - \frac{1}{200} \right) \right\}^{10}$$

$$= \left(\frac{1}{200} \right)^{10}$$

양변에 상용로그를 취하면

$$\log N = \log \left(\frac{1}{200} \right)^{10} = \log 200^{-10}$$

$$= -10 \log 200$$

$$= -10 (2 + \log 2)$$

$$= -10 \times (2 + 0.3010) = -10 \times 2.3010$$

$$= -23.010 = -24 + 0.990$$

따라서 $\log N$의 정수 부분이 -24이므로 N은 소수 24째 자리에서 처음으로 0이 아닌 숫자가 나타난다.

$$\therefore n = 24$$

답 24

0399 답 1 | 유형 21

$\log 2 = 0.3010$, $\log 3 = 0.4771$일 때, 6^{40}의 최고 자리의 숫자를 구하시오. 단서1

단서1 6^{40}의 최고 자리의 숫자는 $\log 6^{40}$의 소수 부분의 성질을 이용

STEP1 6^{40}의 상용로그의 값 구하기

$$\log 6^{40} = 40 \log 6 = 40 (\log 2 + \log 3)$$

$$= 40 \times (0.3010 + 0.4771)$$

$$= 31.124$$

STEP2 6^{40}의 최고 자리의 숫자 구하기

$\log 1 = 0$, $\log 2 = 0.3010$이므로

$$\log 1 < 0.124 < \log 2$$

$$31 + \log 1 < 31.124 < 31 + \log 2$$

$$\log (10^{31} \times 1) < \log 6^{40} < \log (10^{31} \times 2)$$

$$\therefore 1 \times 10^{31} < 6^{40} < 2 \times 10^{31}$$

따라서 6^{40}의 최고 자리의 숫자는 1이다.

0400 답 ③

$$\log (2^{30} \times 3^{20}) = \log 2^{30} + \log 3^{20} = 30 \log 2 + 20 \log 3$$

$$= 30 \times 0.3010 + 20 \times 0.4771$$

$$= 18.572$$

이때 $\log 4 = 2 \log 2 = 2 \times 0.3010 = 0.6020$이므로

$$\log 3 < 0.572 < \log 4$$

$$18 + \log 3 < 18.572 < 18 + \log 4$$

$$\log (10^{18} \times 3) < \log (2^{30} \times 3^{20}) < \log (10^{18} \times 4)$$

$$\therefore 3 \times 10^{18} < 2^{30} \times 3^{20} < 4 \times 10^{18}$$

따라서 $2^{30} \times 3^{20}$의 최고 자리의 숫자는 3이다.

0401 답 40

$$\log 7^{40} = 40 \log 7 = 40 \times 0.8451 = 33.804$$

따라서 7^{40}은 34자리의 정수이므로

$$n = 34$$

이때 $\log 6 = \log 2 + \log 3 = 0.3010 + 0.4771 = 0.7781$이므로

$$\log 6 < 0.804 < \log 7$$

$$33 + \log 6 < 33.804 < 33 + \log 7$$

$$\log (10^{33} \times 6) < \log 7^{40} < \log (10^{33} \times 7)$$

$$\therefore 6 \times 10^{33} < 7^{40} < 7 \times 10^{33}$$

따라서 7^{40}의 최고 자리의 숫자는 6이므로

$$a = 6$$

$$\therefore n + a = 34 + 6 = 40$$

0402 답 ①

$$\log x^2 = 2 \log x = 2 \times \left(-\frac{5}{4} \right) = -2.5 = -3 + 0.5$$

따라서 $\log x^2$의 정수 부분이 -3이므로 x^2은 소수 3째 자리에서 처음으로 0이 아닌 숫자가 나타난다.

$$\therefore a = 3$$

이때 $\log 4 = 2 \log 2 = 2 \times 0.3010 = 0.6020$이므로

$$\log 3 < 0.5 < \log 4$$

$$-3 + \log 3 < -3 + 0.5 < -3 + \log 4$$

$$\log (10^{-3} \times 3) < \log x^2 < \log (10^{-3} \times 4)$$

$$\therefore 3 \times 10^{-3} < x^2 < 4 \times 10^{-3}$$

따라서 x^2의 소수 3째 자리의 숫자는 3이므로

$$b = 3$$

$$\therefore a + b = 3 + 3 = 6$$

0403 답 ④

$$\log \frac{2^{50}}{3^{80}} = \log 2^{50} - \log 3^{80} = 50 \log 2 - 80 \log 3$$

$$= 50 \times 0.3010 - 80 \times 0.4771 = 15.05 - 38.168$$

$$= -23.118 = -24 + 0.882$$

$\dfrac{2^{50}}{3^{80}}$은 소수 24째 자리에서 처음으로 0이 아닌 숫자가 나타난다.

$\therefore n = 24$

상용로그표에서 $\log 7.62 = 0.882$이므로

$\log \dfrac{2^{50}}{3^{80}} = -24 + \log 7.62 = \log(10^{-24} \times 7.62)$

따라서 $\dfrac{2^{50}}{3^{80}} = 7.62 \times 10^{-24}$이므로

소수 24째 자리의 숫자는 7이다.

$\therefore m = 7$

$\therefore n + m = 24 + 7 = 31$

0404 답 ③

$\log 3^{30} = 30 \log 3 = 30 \times 0.4771 = 14.313$

이므로 3^{30}은 15자리의 정수이다.

$\therefore a = 15$

이때 $\log 2 < 0.313 < \log 3$이므로

$14 + \log 2 < 14.313 < 14 + \log 3$

$\log(10^{14} \times 2) < \log 3^{30} < \log(10^{14} \times 3)$

$\therefore 2 \times 10^{14} < 3^{30} < 3 \times 10^{14}$

따라서 3^{30}의 최고 자리의 숫자는 2이므로

$b = 2$

또한, 3의 거듭제곱의 일의 자리의 숫자는 3, 9, 7, 1이 반복되고 $30 = 4 \times 7 + 2$이므로 3^{30}의 일의 자리의 숫자는 9이다.

$\therefore c = 9$

$\therefore a + b - c = 15 + 2 - 9 = 8$

실수 Check

$\log 3^{30}$의 정수 부분이 14라는 것에서 3^{30}이 15자리의 수라는 것은 알 수 있지만 정수 부분은 최고 자리의 숫자와는 상관이 없다. 풀이와 같이 최고 자리의 숫자는 소수 부분을 비교하여 구할 수 있다.

즉, $\log 2 < 0.313 < \log 3$에서 3^{30}의 최고 자리의 숫자는 2이다.

Plus 문제

0404-1

3^{200}은 a자리의 정수이고, 최고 자리의 숫자는 b, 일의 자리의 숫자는 c이다. 다음 상용로그표를 이용하여 abc의 값을 구하시오.

수	0	1	2	3	4	⋯
⋮	⋮	⋮	⋮	⋮	⋮	⋯
2.4	.3802	.3820	.3838	.3856	.3874	⋯
2.5	.3979	.3997	.4014	.4031	.4048	⋯
2.6	.4150	.4166	.4183	.4200	.4216	⋯
⋮	⋮	⋮	⋮	⋮	⋮	⋯
3.0	.4771	.4786	.4800	.4814	.4829	⋯
⋮	⋮	⋮	⋮	⋮	⋮	⋯

$\log 3^{200} = 200 \log 3 = 200 \times 0.4771 = 95.42$

이므로 3^{200}은 96자리의 정수이다.

$\therefore a = 96$

$\log 3^{200}$의 소수 부분이 0.42이고 상용로그표에서

$\log 2.63 = 0.4200$이므로

$95.42 = 95 + \log 2.63$

$\log 3^{200} = \log(10^{95} \times 2.63)$

따라서 $3^{200} = 2.63 \times 10^{95}$이므로

$b = 2$

또한, 3의 거듭제곱의 일의 자리의 숫자는 3, 9, 7, 1이 반복되고 $200 = 4 \times 50$이므로 3^{200}의 일의 자리의 숫자는 1이다.

$\therefore c = 1$

$\therefore abc = 96 \times 2 \times 1 = 192$

답 192

0405 답 ② | 유형 22

어떤 알고리즘에서 N개의 자료를 처리할 때의 시간복잡도를 T라 하면 다음과 같은 관계식이 성립한다고 한다.

$$\dfrac{T}{N} = \log N$$

<u>100개의 자료를 처리할 때의 시간복잡도를 T_1, 10000개의 자료를</u> [단서1]
<u>처리할 때의 시간복잡도를 T_2라 할 때,</u> $\dfrac{T_2}{T_1}$의 값은? [단서2]

① 150   ② 200   ③ 250

④ 300   ⑤ 350

[단서1] T에 T_1을, N에 100을 대입

[단서2] T에 T_2를, N에 10000을 대입

STEP 1 T_1의 값 구하기

100개의 자료를 처리할 때의 시간복잡도가 T_1이므로

$\dfrac{T_1}{100} = \log 100 = \log 10^2 = 2$

$\therefore T_1 = 200$

STEP 2 T_2의 값 구하기

10000개의 자료를 처리할 때의 시간복잡도가 T_2이므로

$\dfrac{T_2}{10000} = \log 10000 = \log 10^4 = 4$

$\therefore T_2 = 40000$

STEP 3 $\dfrac{T_2}{T_1}$의 값 구하기

$\dfrac{T_2}{T_1} = \dfrac{40000}{200} = 200$

0406 답 ④

$TL_1 = 10 \log \dfrac{aT}{T} = 10 \log a$,

$TL_2 = 10 \log \dfrac{9T}{T} = 10 \log 9$이므로

$\dfrac{TL_1}{TL_2} = \dfrac{10 \log a}{10 \log 9} = \log_9 a = \dfrac{3}{2}$

→ 밑의 변환을 이용한다.

$\therefore a = 9^{\frac{3}{2}} = 3^3 = 27$

0407 답 ⑤

20 g의 활성탄 A를 염료 B의 농도가 4 %인 용액에 충분히 오래 담가 놓을 때 활성탄 A에 흡착되는 염료 B의 질량은 16 g이므로

$\log \dfrac{16}{20} = -1 + k \log 4$

$\log \dfrac{4}{5} + 1 = k \log 4$

$\log \left(\dfrac{4}{5} \times 10 \right) = \log 4^k$, $8 = 4^k$

$\therefore k = \log_4 8 = \log_{2^2} 2^3 = \dfrac{3}{2}$

40 g의 활성탄 A를 염료 B의 농도가 9 %인 용액에 충분히 오래 담가 놓을 때 활성탄 A에 흡착되는 염료 B의 질량은 d g이므로

$\log \dfrac{d}{40} = -1 + \dfrac{3}{2} \log 9$

$\log \dfrac{d}{40} + 1 = \dfrac{3}{2} \log 3^2$

$\log \left(\dfrac{d}{40} \times 10 \right) = \log 3^3 = \log 27$

$\dfrac{d}{4} = 27$ $\therefore d = 108$

$\therefore \dfrac{d}{k} = \dfrac{108}{\dfrac{3}{2}} = 72$

0408 답 ④

$M_1 : M_2 = 3 : 4$이므로

$M_1 = 3P$, $M_2 = 4P$ $(P > 0)$라 하고,

$X_1 : X_2 = 2 : 1$이므로

$X_1 = 2Q$, $X_2 = Q$ $(Q > 0)$라 하자.

흡착제 A를 이용했을 때의 평형농도와 흡착제 B를 이용했을 때의 평형농도를 각각 C_A, C_B라 하면

$\log \dfrac{2Q}{3P} = \log K + \dfrac{1}{n} \log C_A$ ――――――――― ㉠

$\log \dfrac{Q}{4P} = \log K + \dfrac{1}{n} \log C_B$ ―――――――――― ㉡

㉠－㉡을 하면

$\log \dfrac{2Q}{3P} - \log \dfrac{Q}{4P} = \dfrac{1}{n}(\log C_A - \log C_B)$

$\log \dfrac{8}{3} = \log \left(\dfrac{C_A}{C_B} \right)^{\frac{1}{n}}$, $\left(\dfrac{C_A}{C_B} \right)^{\frac{1}{n}} = \dfrac{8}{3}$

$\log \dfrac{\frac{2Q}{3P}}{\frac{Q}{4P}} = \log \dfrac{8}{3}$

$\therefore \dfrac{C_A}{C_B} = \left(\dfrac{8}{3} \right)^n$

0409 답 ②

$2H_A = H_B$에서 $\dfrac{H_A}{H_B} = \dfrac{1}{2}$, $2L_A = \sqrt{3} L_B$에서 $L_B = \dfrac{2}{\sqrt{3}} L_A$이므로

$\dfrac{H_A}{H_B} = \dfrac{\dfrac{k}{L_A} \log \dfrac{1}{S_A}}{\dfrac{k}{L_B} \log \dfrac{1}{S_B}} = \dfrac{\dfrac{k}{L_A} \log \dfrac{1}{S_A}}{\dfrac{\sqrt{3} k}{2 L_A} \log \dfrac{1}{S_B}}$

$= \dfrac{2}{\sqrt{3}} \times \dfrac{\log S_A}{\log S_B} = \dfrac{1}{2}$

$\dfrac{\log S_A}{\log S_B} = \dfrac{\sqrt{3}}{4}$, $\log_{S_B} S_A = \dfrac{\sqrt{3}}{4}$

따라서 $S_A = (S_B)^{\frac{\sqrt{3}}{4}}$이므로 $p = \dfrac{\sqrt{3}}{4}$

0410 답 ④

$4.8 - 1.3 = -2.5 \log \dfrac{L}{kL}$이므로

$3.5 = -2.5 \log \dfrac{1}{k}$

$3.5 = 2.5 \log k$, $\log k = \dfrac{7}{5}$

$\therefore k = 10^{\frac{7}{5}}$

0411 답 ⑤

$R = 512$, $H = 8$, $h = 6$이고

반지름의 길이가 1 m인 우물 A의 양수량 Q_A는

$Q_A = \dfrac{k(8^2 - 6^2)}{\log \left(\dfrac{512}{1} \right)} = \dfrac{28k}{\log 2^9} = \dfrac{28k}{9 \log 2}$

반지름의 길이가 2 m인 우물 B의 양수량 Q_B는

$Q_B = \dfrac{k(8^2 - 6^2)}{\log \left(\dfrac{512}{2} \right)} = \dfrac{28k}{\log 2^8} = \dfrac{28k}{8 \log 2}$

$\therefore \dfrac{Q_A}{Q_B} = \dfrac{\dfrac{28k}{9 \log 2}}{\dfrac{28k}{8 \log 2}} = \dfrac{8}{9}$

0412 답 ② | 유형 23

어느 기업에서 매년 일정한 비율로 자본을 증가시켜 <u>10년 후의 자본</u>
_{단서1} _{단서2}
이 올해 자본의 2배가 되도록 하려고 한다. 이 기업에서는 자본을 매년 몇 %씩 증가시켜야 하는가?

(단, $\log 2 = 0.3$, $\log 1.07 = 0.03$으로 계산한다.)

① 6 %   ② 7 %   ③ 8 %
④ 9 %   ⑤ 10 %

단서1 올해의 자본을 A, 증가하는 비율을 r %로 놓으면 $A \left(1 + \dfrac{r}{100} \right)^n$

단서2 10년 후의 자본은 $2A$

STEP 1 10년 후의 자본이 현재 자본의 2배가 되도록 식 세우기

올해의 자본을 A, 자본이 매년 r %씩 증가한다고 하면 10년 후의 자본이 올해 자본의 2배이므로

$A \left(1 + \dfrac{r}{100} \right)^{10} = 2A$

$\therefore \left(1 + \dfrac{r}{100} \right)^{10} = 2$

STEP 2 매년 증가시켜야 하는 자본의 증가율 구하기

양변에 상용로그를 취하면

$10 \log \left(1 + \dfrac{r}{100} \right) = \log 2$

$\log \left(1 + \dfrac{r}{100} \right) = \dfrac{1}{10} \log 2$

$= \dfrac{1}{10} \times 0.3 = 0.03$

이때 $\log 1.07 = 0.03$이므로

$1 + \dfrac{r}{100} = 1.07 \longrightarrow 1 + \dfrac{r}{100} = 1 + \dfrac{7}{100}$

$\therefore r = 7$

따라서 자본을 매년 7 %씩 증가시켜야 한다.

0413 답 2010

x년 전의 매출액을 A원이라 하면

$A\left(1+\dfrac{10}{100}\right)^x = 3A$ $\therefore 1.1^x = 3$

양변에 상용로그를 취하면

$x \log 1.1 = \log 3$

$x \times 0.04 = 0.48$ $\therefore x = 12$

$\therefore t = 2022 - 12 = 2010$

0414 답 ③

현재 바이러스 감염자 수를 A명이라 하면 n개월 후의 바이러스 감염자 수는

$A\left(1+\dfrac{7}{100}\right)^n = A \times 1.07^n$

바이러스 감염자가 현재의 8배가 되려면

$A \times 1.07^n = 8A$

$\therefore 1.07^n = 8$

양변에 상용로그를 취하면

$n \log 1.07 = \log 8 = 3 \log 2$

$n \times 0.03 = 3 \times 0.3 = 0.9$

$\therefore n = 30$

따라서 바이러스 감염자가 현재의 8배가 되는 것은 30개월 후이다.

0415 답 ③

처음 빛의 밝기를 A라 할 때, 유리 n장을 통과한 후의 빛의 밝기가 처음의 $\dfrac{1}{4}$이 되려면

$A\left(1-\dfrac{20}{100}\right)^n = A \times \dfrac{1}{4}$

$\therefore \left(\dfrac{8}{10}\right)^n = \dfrac{1}{4}$

양변에 상용로그를 취하면

$n \log \dfrac{8}{10} = \log \dfrac{1}{4}$

$n(3 \log 2 - 1) = -2 \log 2$

$n(3 \times 0.3 - 1) = -2 \times 0.3$

$-0.1 \times n = -0.6$

$\therefore n = 6$

따라서 빛의 밝기가 처음의 $\dfrac{1}{4}$이 되려면 6장의 유리를 통과시켜야 한다.

0416 답 0.262배

현재의 BOD를 A라 하면 6년 후의 BOD는

$A\left(1-\dfrac{20}{100}\right)^6 = A \times 0.8^6$

0.8^6에 상용로그를 취하면

$\log 0.8^6 = 6 \log 0.8 = 6 \log \dfrac{8}{10}$

$\qquad = 6(3 \log 2 - 1)$

$\qquad = 6(3 \times 0.301 - 1)$

$\qquad = -0.582 = -1 + 0.418$

이때 $\log 2.62 = 0.418$이므로

$\log 0.8^6 = \log 10^{-1} + \log 2.62 = \log 0.262$

$\therefore 0.8^6 = 0.262$

따라서 6년 후의 BOD는 $0.262A$이므로 처음의 0.262배이다.

0417 답 ④

2067년의 생산 가능 인구수는

$15 \times 10^6 \times (1-0.014)^{45} = 15 \times 10^6 \times 0.986^{45}$

즉, $15 \times 10^6 \times 0.986^{45} = k \times 10^4$이므로

$k = 1500 \times 0.985^{45}$

0.985^{45}에 상용로그를 취하면

$\log 0.985^{45} = 45 \log 0.986 = 45 \log(10^{-1} \times 9.86)$

$\qquad = 45(-1 + \log 9.86)$

$\qquad = 45(-1 + 0.99)$

$\qquad = -0.45 = -1 + 0.55$

$\qquad = \log 10^{-1} + \log 3.56$

$\qquad = \log 0.356$

따라서 $0.986^{45} = 0.356$이므로

$k = 1500 \times 0.356 = 534$

서술형 유형 익히기 86쪽~89쪽

0418 답 (1) 6 (2) 3 (3) 10 (4) 6 (5) 10
　　　　(6) 8 (7) 9 (8) 24

STEP 1 밑의 조건을 만족시키는 a의 값의 범위 구하기 [2점]

밑의 조건에서 $a-5 > 0$, $a-5 \neq 1$

따라서 a의 값의 범위는

$5 < a < 6$ 또는 $a > \boxed{6}$ ⋯⋯⋯⋯⋯⋯⋯⋯⋯⋯⋯ ㉠

STEP 2 진수의 조건을 만족시키는 a의 값의 범위 구하기 [2점]

진수의 조건에서 $-a^2 + 13a - 30 > 0$이므로 a의 값의 범위는

$\boxed{3} < a < \boxed{10}$ ⋯⋯⋯⋯⋯⋯⋯⋯⋯⋯⋯ ㉡

STEP 3 두 조건을 모두 만족시키는 a의 값의 범위 구하기 [1점]

㉠, ㉡을 모두 만족시키는 a의 값의 범위는

$5 < a < 6$ 또는 $\boxed{6} < a < \boxed{10}$

STEP 4 모든 정수 a의 값의 합 구하기 [1점]

정수 a의 값은 7, $\boxed{8}$, $\boxed{9}$이므로

구하는 a의 값의 합은 $\boxed{24}$이다.

$a-5\neq1,\ a-5>0$에서

$a\neq6,\ a>5$

$\therefore\ 5<a<6,\ a>6$

$-a^2+13a-30>0$에서

$a^2-13a+30<0$

$(a-3)(a-10)<0$

$\therefore\ 3<a<10$

$\therefore\ 5<a<6,\ 6<a<10$

이 범위를 만족시키는 정수 a는 7, 8, 9이므로 합을 구하면

$7+8+9=24$

0419 답 5

STEP1 밑의 조건을 만족시키는 a의 값의 범위 구하기 [2점]

밑의 조건에서 $a-3>0,\ a-3\neq1$ ⋯⋯ ⓐ

$\therefore\ 3<a<4$ 또는 $a>4$ ⋯⋯ ㉠

STEP2 진수의 조건을 만족시키는 a의 값의 범위 구하기 [2점]

진수의 조건에서 $-a^2+2a+24>0$이므로 ⋯⋯ ⓑ

$a^2-2a-24<0,\ (a-6)(a+4)<0$

$\therefore\ -4<a<6$ ⋯⋯ ㉡

STEP3 두 조건을 모두 만족시키는 a의 값의 범위 구하기 [1점]

㉠, ㉡을 모두 만족시키는 a의 값의 범위는

$3<a<4$ 또는 $4<a<6$

STEP4 정수 a의 값 구하기 [1점]

정수 a의 값은 5이다.

부분점수표	
ⓐ 밑의 조건 중에서 하나만 쓴 경우	1점
ⓑ 진수의 조건 $-a^2+2a+24>0$을 쓴 경우	1점

0420 답 4

STEP1 밑의 조건을 만족시키는 x의 값의 범위 구하기 [2점]

밑의 조건에서 $|x-1|>0,\ |x-1|\neq1$ ⋯⋯ ⓐ

$\therefore\ x\neq0,\ x\neq1,\ x\neq2$ ⋯⋯ ㉠

STEP2 진수의 조건을 만족시키는 x의 값의 범위 구하기 [2점]

진수의 조건에서 $-x^2+4x+32>0$이므로 ⋯⋯ ⓑ

$x^2-4x-32<0,\ (x-8)(x+4)<0$

$\therefore\ -4<x<8$ ⋯⋯ ㉡

STEP3 두 조건을 모두 만족시키는 정수 x의 값 구하기 [2점]

㉠, ㉡을 모두 만족시키는 x의 값의 범위는

$-4<x<0$ 또는 $0<x<1$ 또는 $1<x<2$ 또는 $2<x<8$

따라서 정수 x는 $-3,\ -2,\ -1,\ 3,\ 4,\ 5,\ 6,\ 7$이다.

STEP4 정수 x의 최댓값과 최솟값의 합 구하기 [1점]

정수 x의 최댓값은 7, 최솟값은 -3이므로 그 합은

$7+(-3)=4$

부분점수표	
ⓐ 밑의 조건 중에서 하나만 쓴 경우	1점
ⓑ 진수의 조건 $-x^2+4x+32>0$을 쓴 경우	1점

0421 답 11

STEP1 밑의 조건을 만족시키는 a의 값의 범위 구하기 [2점]

밑의 조건에서 $a-3>0,\ a-3\neq1$ ⋯⋯ ⓐ

$\therefore\ 3<a<4$ 또는 $a>4$ ⋯⋯ ㉠

STEP2 진수의 조건을 만족시키는 a의 값의 범위 구하기 [3점]

진수의 조건에서 $x^2+2ax+7a>0$이므로 ⋯⋯ ⓑ

이차방정식 $x^2+2ax+7a=0$의 판별식을 D라 하면

$\dfrac{D}{4}=a^2-7a<0,\ a(a-7)<0$

$\therefore\ 0<a<7$ ⋯⋯ ㉡

STEP3 두 조건을 모두 만족시키는 a의 값의 범위 구하기 [1점]

㉠, ㉡을 모두 만족시키는 a의 값의 범위는

$3<a<4$ 또는 $4<a<7$

STEP4 모든 정수 a의 값의 합 구하기 [1점]

정수 a의 값은 5, 6이므로 그 합은

$5+6=11$

부분점수표	
ⓐ 밑의 조건 중에서 하나만 쓴 경우	1점
ⓑ 진수의 조건 $x^2+2ax+7a>0$을 쓴 경우	1점

0422 답 (1) 10 (2) $\log 2$ (3) 1 (4) $2\log 2$

$\qquad$ (5) 2 (6) $\dfrac{2a+b}{1-a}$

STEP1 $\log_5 12$를 밑의 변환을 이용하여 변형하기 [2점]

$\log 2$와 $\log 3$은 밑이 10인 로그이므로 $\log_5 12$를 밑의 변환을 이용하여 밑이 $\boxed{10}$인 로그로 나타내면

$\log_5 12=\dfrac{\log 12}{\log 5}$

STEP2 $\log 5$를 $\log 2$를 포함한 식으로 나타내기 [2점]

분모 $\log 5=\log\dfrac{10}{2}$이므로 로그의 성질을 이용하면

$\log\dfrac{10}{2}=\log 10-\boxed{\log 2}=\boxed{1}-a$

STEP3 $\log 12$를 $\log 2$와 $\log 3$을 포함한 식으로 나타내기 [2점]

$12=2^2\times3$이므로 분자 $\log 12$를 로그의 성질을 이용하면

$\log 12=\log(2^2\times3)$

$\qquad\quad=\boxed{2\log 2}+\log 3$

$\qquad\quad=\boxed{2}a+b$

STEP4 $\log_5 12$를 $a,\ b$를 사용하여 나타내기 [1점]

$\log_5 12=\dfrac{\log 12}{\log 5}=\boxed{\dfrac{2a+b}{1-a}}$

0423 답 $-\dfrac{5a}{2b}$

STEP 1 $\log_9 \dfrac{1}{32}$ 을 밑의 변환을 이용하여 변형하기 [2점]

$\log 2$와 $\log 3$은 밑이 10인 로그이므로 $\log_9 \dfrac{1}{32}$ 을 밑의 변환을 이용하여 밑이 10인 로그로 나타내면

$\log_9 \dfrac{1}{32} = \log_9 32^{-1}$

$\qquad = -\dfrac{\log 32}{\log 9}$

STEP 2 $\log 9$를 $\log 3$을 포함한 식으로 나타내기 [2점]

분모 $\log 9$를 로그의 성질을 이용하면

$\log 9 = \log 3^2$

$\qquad = 2\log 3 = 2b$

STEP 3 $\log 32$를 $\log 2$를 포함한 식으로 나타내기 [2점]

분자 $\log 32$를 로그의 성질을 이용하면

$\log 32 = \log 2^5$

$\qquad = 5\log 2 = 5a$

STEP 4 $\log_9 \dfrac{1}{32}$ 을 a, b를 사용하여 나타내기 [1점]

$\log_9 \dfrac{1}{32} = -\dfrac{\log 32}{\log 9}$

$\qquad = -\dfrac{5a}{2b}$

0424 답 $\dfrac{3ab}{ab+1}$

STEP 1 $\log_5 2$를 밑이 2인 로그로 나타내기 [1점]

$\log_2 3$과 $\log_5 2$는 밑이 서로 다르므로 $\log_5 2$를 밑의 변환을 이용하여 밑이 2인 로그로 나타내면

$\log_5 2 = \dfrac{1}{\log_2 5}$

STEP 2 $\log_{15} 27$을 밑의 변환을 이용하여 변형하기 [2점]

$\log_{15} 27$을 밑의 변환을 이용하여 밑이 2인 로그로 나타내면

$\log_{15} 27 = \dfrac{\log_2 27}{\log_2 15}$

STEP 3 $\log_2 15$와 $\log_2 27$을 $\log_2 3$, $\log_2 5$를 포함한 식으로 나타내기 [2점]

$\log_2 15 = \log_2(3 \times 5)$

$\qquad = \log_2 3 + \log_2 5$

$\log_2 27 = \log_2 3^3$

$\qquad = 3\log_2 3$

STEP 4 $\log_{15} 27$을 a, b를 사용하여 나타내기 [2점]

$\log_2 3 = a$, $\log_2 5 = \dfrac{1}{b}$이므로

$\log_{15} 27 = \dfrac{\log_2 27}{\log_2 15}$

$\qquad = \dfrac{3\log_2 3}{\log_2 3 + \log_2 5}$ ······ ⓐ

$\qquad = \dfrac{3a}{a + \dfrac{1}{b}}$

$\qquad = \dfrac{3ab}{ab+1}$

부분점수표	
ⓐ $\log_{15} 27 = \dfrac{3\log_2 3}{\log_2 3 + \log_2 5}$ 으로 나타낸 경우	1점

실제 답안 예시

$\log_{15} 27 = \dfrac{\log_2 27}{\log_2 15}$

$\qquad = \dfrac{3\log_2 3}{\log_2 3 + \log_2 5}$

$\qquad = \dfrac{3a}{a + \dfrac{1}{b}}$

$\qquad = \dfrac{3ab}{ab+1}$

0425 답 (1) 0 (2) 4 (3) 2 (4) 2 (5) Y (6) 2

STEP 1 $\log_2 x = X$, $\log_2 y = Y$로 놓고, X, Y의 값의 범위 구하기 [2점]

$\log_2 x = X$, $\log_2 y = Y$라 하면 $x \geq 1$, $y \geq 1$이므로

$\log_2 x \geq 0$, $\log_2 y \geq 0$

$\therefore X \geq 0$, $Y \geq \boxed{0}$ ······ ㉠

STEP 2 X, Y 사이의 관계식 구하기 [2점]

$x^2 y = 16$의 양변에 밑이 2인 로그를 취하면

$\log_2 x^2 y = \log_2 16$

$2\log_2 x + \log_2 y = \boxed{4}$

이때 $\log_2 x = X$, $\log_2 y = Y$이므로

$\boxed{2}X + Y = 4$

STEP 3 산술평균과 기하평균의 관계를 이용하여 최댓값 구하기 [3점]

$\log_2 x \times \log_2 y = XY$이고, ㉠이므로 산술평균과 기하평균의 관계에 의하여 $2X + Y \geq 2\sqrt{2XY}$

$4 \geq 2\sqrt{2XY}$, $\sqrt{2XY} \leq 2$

$\therefore XY \leq \boxed{2}$ (단, 등호는 $2X = \boxed{Y}$일 때 성립)

따라서 $\log_2 x \times \log_2 y$의 최댓값은 $\boxed{2}$이다.

0426 답 최댓값 : 2, 최솟값 : 0

STEP 1 $\log_3 x = X$, $\log_3 y = Y$로 놓고 X, Y의 값의 범위 구하기 [2점]

$\log_3 x = X$, $\log_3 y = Y$라 하면 $x \geq 1$, $y \geq 1$이므로

$\log_3 x \geq 0$, $\log_3 y \geq 0$

$\therefore X \geq 0$, $Y \geq 0$ ······ ㉠

STEP 2 X, Y 사이의 관계식 구하기 [2점]

$x^2 y = 81$의 양변에 밑이 3인 로그를 취하면

$\log_3 x^2 y = \log_3 81$

$2\log_3 x + \log_3 y = 4$

이때 $\log_3 x = X$, $\log_3 y = Y$이므로

$2X + Y = 4$

STEP 3 산술평균과 기하평균의 관계를 이용하여 최댓값과 최솟값 구하기 [3점]

$\log_3 x \times \log_3 y = XY$이고, ㉠이므로 산술평균과 기하평균의 관계에 의하여

$2X+Y \geq 2\sqrt{2XY}$

$4 \geq 2\sqrt{2XY}$, $\sqrt{2XY} \leq 2$

$\therefore XY \leq 2$ (단, 등호는 $2X=Y$일 때 성립)

따라서 $\log_3 x \times \log_3 y$의 최댓값은 2이다.

또한, $X \geq 0$, $Y \geq 0$이므로 $X=0$ 또는 $Y=0$일 때 XY의 최솟값은 0이다.

오답 분석

x≥1, y≥1이므로 $\log_3 x = X$, $\log_3 y = Y$라 하면

X≥0, Y≥0 ······ 2점

이때 $\log_3 x^2 y = 2\log_3 x + \log_3 y$

$\qquad\qquad = 2X+Y$

$\qquad\qquad = 4$

$\therefore 2X+Y=4$ ······ 2점

$\therefore 2X+Y \geq 2\sqrt{2XY}$

$\qquad 4 \geq 2\sqrt{2XY}$

$\qquad 2 \geq \sqrt{2XY}$

$\qquad 4 \geq 2XY$

$\therefore 2 \geq XY \longrightarrow$ 등호 성립 조건을 언급하지 않음

$\therefore$ 최댓값은 2 $\longrightarrow$ 최솟값을 구하지 않음

▶ 7점 중 4점 얻음.

산술평균과 기하평균의 관계를 이용할 때는 항상 등호가 성립할 조건에 유의해야 한다.

$\qquad 2X+Y \geq 2\sqrt{2XY}$ (단, 등호는 $2X=Y$일 때 성립)

또한, $X \geq 0$, $Y \geq 0$이므로 최솟값은 $X=0$ 또는 $Y=0$일 때이다.

즉, 최솟값은 0이다.

0427 답 5

STEP1 로그의 밑의 변환을 이용하여 $\log_a b = \log_b a$ 정리하기 [2점]

$\log_b a = \dfrac{1}{\log_a b}$이므로 $\log_a b = \log_b a$에서

$\log_a b = \dfrac{1}{\log_a b}$

$\therefore (\log_a b)^2 = 1$

STEP2 a, b 사이의 관계식 구하기 [3점]

(i) $\log_a b = 1$일 때

$\quad a=b$이므로 a, b가 서로 다른 수라는 조건에 맞지 않는다.

(ii) $\log_a b = -1$일 때

$\quad b=a^{-1}=\dfrac{1}{a}$이므로 $ab=1$

STEP3 $ab+a+4b$의 최솟값 구하기 [4점]

산술평균과 기하평균의 관계에 의하여

$ab+a+4b = 1+a+\dfrac{4}{a}$

$\qquad\qquad \geq 1+2\sqrt{a \times \dfrac{4}{a}}$

$\qquad\qquad = 1+2\times 2 = 5$ (단, 등호는 $a=\dfrac{4}{a}$일 때 성립)

따라서 구하는 최솟값은 5이다.

실력 check 실전 마무리하기 **1**회   90쪽~94쪽

1 0428 답 ②   유형 2

출제의도 | 로그가 정의되는 조건을 이해하는지 확인한다.

> 로그의 밑은 1이 아닌 양수이고, 진수는 항상 양수이어야 하므로 식으로 나타내 보자.

밑의 조건에서 $5-a>0$, $5-a \neq 1$

$\therefore a<4$, $4<a<5$ ······ ㉠

진수의 조건에서 $a^2-4a+4>0$이므로

$(a-2)^2>0$

$\therefore a \neq 2$ ······ ㉡

㉠, ㉡에서 $a<2$, $2<a<4$, $4<a<5$

따라서 자연수 a의 값은 1, 3이므로 그 합은

$1+3=4$

2 0429 답 ④   유형 4

출제의도 | 로그의 밑의 변환을 이용하여 로그의 계산을 할 수 있는지 확인한다.

> 밑이 서로 다르므로 밑의 변환을 이용하여 $\log_3 7$, $\log_7 16$을 밑이 2인 로그로 나타내 보자.

$\log_2 9 \times \log_3 7 \times \log_7 16 = \log_2 3^2 \times \dfrac{\log_2 7}{\log_2 3} \times \dfrac{\log_2 2^4}{\log_2 7}$

$\qquad\qquad = 2\log_2 3 \times \dfrac{\log_2 7}{\log_2 3} \times \dfrac{4}{\log_2 7}$

$\qquad\qquad = 2 \times 4 = 8$

3 0430 답 ④   유형 3 + 유형 5

출제의도 | 로그의 기본 성질과 여러 가지 성질을 이용하여 로그의 계산을 할 수 있는지 확인한다.

> $\log_2 x^n = n\log_2 x$, $2^{\log_2 x}=x$를 이용하여 식을 정리해 보자.

$m = \dfrac{1}{33}(\log_2 3 + \log_2 3^2 + \log_2 3^3 + \cdots + \log_2 3^{11})$

$\quad = \dfrac{1}{33}(\log_2 3 + 2\log_2 3 + 3\log_2 3 + \cdots + 11\log_2 3)$

$\quad = \dfrac{1}{33} \times (1+2+3+\cdots+11) \times \log_2 3$

$\quad = \dfrac{1}{33} \times 66 \times \log_2 3$

$\quad = 2\log_2 3$

$\therefore 2^m = 2^{2\log_2 3} = 2^{\log_2 9} = 9$

4 0431 답 ③   유형 3 + 유형 5

출제의도 | 로그의 기본 성질과 여러 가지 성질을 이용하여 로그의 계산을 할 수 있는지 확인한다.

> $\log_2 x + \log_2 y = \log_2 xy$, $\log_2 x^n = n\log_2 x$,
> $\log_{3^m} x^n = \dfrac{n}{m}\log_3 x$를 이용하여 식을 정리해 보자.

$$\log_2 \frac{4}{3} + 2\log_2 \sqrt{12} + 3\log_{27} 81$$
$$= \log_2 \frac{4}{3} + \log_2 12 + 3\log_{3^3} 3^4$$
$$= \log_2 \left(\frac{4}{3} \times 12\right) + 3 \times \frac{4}{3}$$
$$= \log_2 2^4 + 4$$
$$= 4 + 4 = 8$$

5 0432 답 ③ 유형 6

출제의도 | 로그의 성질을 증명을 통해 알 수 있는지 확인한다.

> 로그의 정의를 이용하여 로그를 지수의 꼴로 바꾼 후 지수법칙을 이용해 보자.

$\log_{10} 2 = x$, $\log_2 7 = y$로 놓으면

$10^x = 2$, $2^y = \boxed{7}$이므로

$10^{xy} = (10^x)^y = 2^y = \boxed{7}$

즉, $xy = \log_{\boxed{10}} 7$이므로

$\log_{10} 2 \times \log_2 7 = xy = \log_{\boxed{10}} 7$

따라서 양변을 $\log_{10} 2$로 나누면

$\log_2 7 = \dfrac{\log_{\boxed{10}} 7}{\log_{10} 2}$

따라서 (개), (내)에 알맞은 것은 차례로 7, 10이다.

6 0433 답 ① 유형 9

출제의도 | 이차방정식의 근과 계수의 관계를 이용하여 로그의 값을 구할 수 있는지 확인한다.

> $x^2 - 2x - 22 = 0$의 두 근의 합과 곱을 $\log_5 a$, $\log_5 b$로 나타내고, 구하는 식을 밑이 5인 로그로 나타내 보자.

이차방정식의 근과 계수의 관계에 의하여

$\log_5 a + \log_5 b = 2$, $\log_5 a \times \log_5 b = -22$

$\therefore \log_a \sqrt{b} + \log_b \sqrt{a}$

$= \dfrac{1}{2}\log_a b + \dfrac{1}{2}\log_b a$

$= \dfrac{1}{2}\left(\dfrac{\log_5 b}{\log_5 a} + \dfrac{\log_5 a}{\log_5 b}\right)$

$= \dfrac{1}{2} \times \dfrac{(\log_5 a)^2 + (\log_5 b)^2}{\log_5 a \times \log_5 b}$

$= \dfrac{1}{2} \times \dfrac{(\log_5 a + \log_5 b)^2 - 2\log_5 a \times \log_5 b}{\log_5 a \times \log_5 b}$

$= \dfrac{1}{2} \times \dfrac{2^2 - 2 \times (-22)}{-22}$

$= \dfrac{1}{2} \times \dfrac{48}{-22} = -\dfrac{12}{11}$

7 0434 답 ③ 유형 12

출제의도 | 상용로그를 이용하여 상용로그의 값을 계산할 수 있는지 확인한다.

> 구하는 상용로그의 진수의 숫자 배열이 같으므로 $\log 6.19$의 값을 상용로그표에서 찾아서 이용해 보자.

상용로그표에서 $\log 6.19 = 0.7917$이므로

$\log 0.619 + \log 619 = \log(6.19 \times 10^{-1}) + \log(6.19 \times 10^2)$
$$= \log 6.19 - 1 + \log 6.19 + 2$$
$$= 0.7917 - 1 + 0.7917 + 2$$
$$= 2.5834$$

8 0435 답 ⑤ 유형 1

출제의도 | 로그의 정의를 이해하고, 식의 값을 구할 수 있는지 확인한다.

> $\log_a 2 = \log_b 3 = \log_c 6 = \log_{abc} x = k \ (k > 0)$로 놓고, 로그의 정의를 이용하여 식을 변형해 보자.

$\log_a 2 = \log_b 3 = \log_c 6 = \log_{abc} x = k \ (k > 0)$로 놓으면

$a^k = 2$, $b^k = 3$, $c^k = 6$, $(abc)^k = x$

$\therefore (abc)^k = a^k \times b^k \times c^k = 2 \times 3 \times 6 = 36$

$\therefore x = 36$

9 0436 답 ⑤ 유형 4

출제의도 | 주어진 식의 표현을 이해하고, 로그의 밑의 변환을 이용하여 식의 값을 구할 수 있는지 확인한다.

> $f(x)$의 x에 2, 3, $\cdots$, 1023을 대입하고, 로그의 밑의 변환을 이용하여 식을 정리해 보자.

$f(2) + f(3) + f(4) + \cdots + f(1023)$
$$= \log_a(\log_2 3) + \log_a(\log_3 4) + \log_a(\log_4 5) + \cdots$$
$$+ \log_a(\log_{1023} 1024)$$
$$= \log_a(\log_2 3 \times \log_3 4 \times \log_4 5 \times \cdots \times \log_{1023} 1024)$$
$$= \log_a\left(\log_2 3 \times \frac{\log_2 4}{\log_2 3} \times \frac{\log_2 5}{\log_2 4} \times \cdots \times \frac{\log_2 1024}{\log_2 1023}\right)$$
$$= \log_a(\log_2 1024) = \log_a(\log_2 2^{10})$$
$$= \log_a 10$$

따라서 $\log_a 10 = 1$이므로

$a = 10$

10 0437 답 ② 유형 7

출제의도 | 로그의 값이 문자로 주어졌을 때, 주어진 값을 문자로 나타낼 수 있는지 확인한다.

> $\log_2 40 = \log_2(2^3 \times 5)$, $\log_3 45 = \log_3(3^2 \times 5)$임을 이용해 보자.

$\log_2 40 = \log_2(2^3 \times 5) = 3 + \log_2 5 = a$이므로

$\log_2 5 = a - 3$

$\log_3 45 = \log_3(3^2 \times 5) = 2 + \log_3 5 = b$이므로

$\log_3 5 = b - 2$

$\therefore \log_2 3 = \dfrac{\log_5 3}{\log_5 2} = \dfrac{\dfrac{1}{\log_3 5}}{\dfrac{1}{\log_2 5}}$

$= \dfrac{\log_2 5}{\log_3 5} = \dfrac{a - 3}{b - 2}$

11 0438 🔲 ④ 유형 8

출제의도 | $a^x = b$가 주어질 때, 로그의 정의를 이용하여 식의 값을 구할 수 있는지 확인한다.

> $a^3 = b^5 = c^8 = k$ $(k > 0,\ k \neq 1)$로 놓고, 로그의 정의를 이용하여 나타낸 후 주어진 식의 값을 구할 수 있도록 식을 변형해 보자.

$a^3 = b^5 = c^8 = k$ $(k > 0,\ k \neq 1)$로 놓으면

$a^3 = k$에서 $\log_a k = 3$ $\therefore \log_k a = \dfrac{1}{3}$

$b^5 = k$에서 $\log_b k = 5$ $\therefore \log_k b = \dfrac{1}{5}$

$c^8 = k$에서 $\log_c k = 8$ $\therefore \log_k c = \dfrac{1}{8}$

$$\therefore \log_{\sqrt{a}} b^2 - \log_b c^3 = \frac{\log_k b^2}{\log_k \sqrt{a}} - \frac{\log_k c^3}{\log_k b}$$

$$= \frac{2\log_k b}{\dfrac{1}{2}\log_k a} - \frac{3\log_k c}{\log_k b}$$

$$= \frac{2 \times \dfrac{1}{5}}{\dfrac{1}{2} \times \dfrac{1}{3}} - \frac{3 \times \dfrac{1}{8}}{\dfrac{1}{5}}$$

$$= \frac{12}{5} - \frac{15}{8} = \frac{21}{40}$$

다른 풀이

$a^3 = b^5 = c^8 = k$ $(k > 0,\ k \neq 1)$로 놓으면

$a = k^{\frac{1}{3}},\ b = k^{\frac{1}{5}},\ c = k^{\frac{1}{8}}$이므로

$$\log_{\sqrt{a}} b^2 - \log_b c^3 = \log_{k^{\frac{1}{6}}} k^{\frac{2}{5}} - \log_{k^{\frac{1}{5}}} k^{\frac{3}{8}}$$

$$= \frac{\dfrac{2}{5}}{\dfrac{1}{6}} - \frac{\dfrac{3}{8}}{\dfrac{1}{5}} = \frac{12}{5} - \frac{15}{8} = \frac{21}{40}$$

12 0439 🔲 ④ 유형 10

출제의도 | 로그의 여러 가지 성질을 이용하여 수의 대소 관계를 파악할 수 있는지 확인한다.

> 로그의 성질 $a^{\log_c b} = b^{\log_c a}$, $\log_a x^n = n \log_a x$를 이용하여 A, B, C의 값을 구해 보자.

$A = 5^{\log_5 125 - \log_5 100} = 5^{\log_5 \frac{125}{100}} = 5^{\log_5 \frac{5}{4}} = \dfrac{5}{4}$

$B = \log_3 9 - \log_3 \dfrac{1}{81} = \log_3 3^2 - \log_3 3^{-4}$

  $= 2 + 4 = 6$

$C = \log_4 \{\log_{16}(\log_8 64)\} = \log_4 \{\log_{16}(\log_8 8^2)\}$

  $= \log_4 (\log_{16} 2) = \log_4 (\log_{2^4} 2)$

  $= \log_4 \dfrac{1}{4} = \log_4 4^{-1} = -1$

$\therefore C < A < B$

13 0440 🔲 ⑤ 유형 11

출제의도 | 로그의 정수 부분과 소수 부분을 이해하고, 식의 값을 구할 수 있는지 확인한다.

> $\log_2 5$보다 크지 않은 최대인 정수 a는 $\log_2 5$의 정수 부분을 의미한다는 것을 이용해 보자.

$2 = \log_2 4 < \log_2 5 < \log_2 8 = 3$이므로 $a = 2$

$\therefore b = \log_2 5 - 2 = \log_2 5 - \log_2 4 = \log_2 \dfrac{5}{4}$

$2^a - 4^b = 2^2 - 4^{\log_2 \frac{5}{4}} = 2^2 - \left(\dfrac{5}{4}\right)^{\log_4 4} = 4 - \left(\dfrac{5}{4}\right)^2 = 4 - \dfrac{25}{16} = \dfrac{39}{16}$

따라서 $p = 16$, $q = 39$이므로

$p + q = 55$

14 0441 🔲 ① 유형 13

출제의도 | 상용로그의 정수 부분과 소수 부분을 이해하고, 식의 값을 구할 수 있는지 확인한다.

> 상용로그는 밑이 10인 수이므로 $\log 9$는 0보다 크고 1보다 작은 수임을 이용해 보자.

$\log 1 < \log 9 < \log 10$이므로 $0 < \log 9 < 1$

$\therefore n = 0,\ \alpha = \log 9$

$$\therefore \frac{10^n - 10^\alpha}{10^n + 10^\alpha} = \frac{10^0 - 10^{\log 9}}{10^0 + 10^{\log 9}}$$

$$= \frac{1 - 9}{1 + 9} = \frac{-8}{10} = -\frac{4}{5}$$

15 0442 🔲 ① 유형 22

출제의도 | 상용로그의 활용 문제에서 관계식이 주어졌을 때, 조건을 만족시키는 값을 구할 수 있는지 확인한다.

> 초기 혈중 농도가 80일 때와 초기 혈중 농도가 20일 때로 나누고, 문자에 맞는 값을 관계식에 대입해 보자.

치료제를 주사하여 초기 혈중 농도가 80일 때, 혈중 농도가 2가 될 때까지 걸리는 시간을 t_1이라 하면

$t_1 = \log_3 \dfrac{80^5}{2^5} = \log_3 \left(\dfrac{80}{2}\right)^5 = 5\log_3 40$

또, 치료제를 주사하여 초기 혈중 농도가 20일 때, 혈중 농도가 2가 될 때까지 걸리는 시간을 t_2라 하면

$t_2 = \log_3 \dfrac{20^5}{2^5} = \log_3 \left(\dfrac{20}{2}\right)^5 = 5\log_3 10$

$t_1 = a t_2$이므로 $a = \dfrac{t_1}{t_2}$

$\therefore a = \dfrac{5\log_3 40}{5\log_3 10} = \log 40$

  $= \log(10 \times 2^2) = 1 + 2\log 2$

  $= 1 + 2 \times 0.3 = 1.6$

16 0443 🔲 ⑤ 유형 23

출제의도 | 상용로그의 활용 문제에서 일정한 비율로 변화할 때, 조건을 만족시키는 값을 구할 수 있는지 확인한다.

> 현재 세계 석유 소비량을 A라 하고 매년 $a\,\%$씩 감소할 때, n년 후의 양은 $A\left(1 - \dfrac{a}{100}\right)^n$임을 이용하여 식을 세워 보자.

현재의 세계 석유 소비량을 A라 할 때, 매년 4 %씩 감소되므로 n년 후의 세계 석유 소비량은

$$A(1-0.04)^n = A \times 0.96^n$$

n년 후의 세계 석유 소비량이 현재 소비량의 $\frac{1}{4}$이 된다고 하면

$$A \times 0.96^n = A \times \frac{1}{4} \qquad \therefore 0.96^n = \frac{1}{4}$$

양변에 상용로그를 취하면

$$n \log 0.96 = -\log 4$$

$$n \left(\log \frac{2^5 \times 3}{100} \right) = -2 \log 2$$

$$n(5 \log 2 + \log 3 - 2) = -2 \log 2$$

$$n(5 \times 0.30 + 0.48 - 2) = -2 \times 0.30$$

$$-0.02 \times n = -0.6$$

$$\therefore n = 30$$

따라서 30년 후에 세계 석유 소비량이 현재 소비량의 $\frac{1}{4}$이 된다.

17 0444 답 ④ 유형 3

출제의도 | 로그의 정의와 성질을 이용하여 조건을 만족시키는 집합의 원소의 개수를 구할 수 있는지 확인한다.

> $f(20)$은 $n=20$일 때이므로 로그의 성질을 이용하여 주어진 집합의 원소를 나타내 보자.

$\log_4 n - \log_4 k = \log_4 \frac{n}{k}$이므로

$n=20$일 때 $\log_4 \frac{20}{k} = m$ (m은 정수)으로 놓으면

$$\frac{20}{k} = 4^m \qquad \therefore k = \frac{20}{4^m}$$

(i) $m=1$일 때, $k=5$

(ii) $m=0$일 때, $k=20$

(iii) $m=-1$일 때, $k=80$

(iv) $m=-2$일 때, $k=320$

$$\therefore f(20) = 4$$

18 0445 답 ② 유형 3

출제의도 | 로그의 정의와 성질을 이용하여 조건을 만족시키는 값을 구할 수 있는지 확인한다.

> 조건 (나)를 이용하여 b를 a에 대한 식으로 나타내고, 다른 두 조건을 이용하여 a, b의 값을 구해 보자.

조건 (가)에서 $\log a > 1$이므로 $a > 10$ ········· ㉠

조건 (나)에서 $\log_6 ab = 4$이므로

$$ab = 6^4 \qquad \therefore b = \frac{2^4 \times 3^4}{a} \quad ········· ㉡$$

조건 (다)에서

$\log_2 \dfrac{b}{a} = \log_2 \dfrac{2^4 \times 3^4}{a^2}$이 자연수가 되어야 하므로 a가 될 수 있는 것은 3^2, 2×3^2이다.

㉠에서 $a = 2 \times 3^2 = 18$

이를 ㉡에 대입하면

$$b = \frac{2^4 \times 3^4}{2 \times 3^2} = 72$$

$$\therefore b - a = 72 - 18 = 54$$

19 0446 답 ② 유형 7 + 유형 8

출제의도 | 로그의 정의를 이해하고, 미지수의 값을 구하여 식의 값을 구할 수 있는지 확인한다.

> $3^a = 5^b = k^c = t$ ($t>0$, $t \neq 1$)로 놓고 로그의 정의를 이용하여 식을 변형하고, 주어진 조건을 이용하여 k의 값을 구해 보자.

조건 (가)에서 $3^a = 5^b = k^c = t$ ($t>0$, $t \neq 1$)라 하면

$$a = \log_3 t, \ b = \log_5 t, \ c = \log_k t$$

이를 조건 (나)의 $\dfrac{1}{c} = \dfrac{1}{a} + \dfrac{1}{b}$에 대입하면

$$\frac{1}{\log_k t} = \frac{1}{\log_3 t} + \frac{1}{\log_5 t}$$

$$\log_t k = \log_t 3 + \log_t 5 = \log_t 15$$

$$\therefore k = 15$$

$$\therefore \log_5 (k+3) = \log_5 18$$

$$= \frac{\log_{10} 18}{\log_{10} 5}$$

$$= \frac{\log_{10}(2 \times 3^2)}{\log_{10} \frac{10}{2}}$$

$$= \frac{\log_{10} 2 + 2 \log_{10} 3}{1 - \log_{10} 2}$$

$$= \frac{x + 2y}{1 - x}$$

20 0447 답 ③ 유형 14

출제의도 | 상용로그의 소수 부분의 성질을 이용하여 조건을 만족시키는 값을 구할 수 있는지 확인한다.

> $\log A$의 소수 부분을 이용하여 $\log A$의 값의 범위를 구해 보자.
> 이때 $0 \leq$ (소수 부분) < 1이므로 소수 부분이 음수이면 조건을 만족시키도록 변형해 보자.

$$\log A = -2.3 = -3 + 0.7 ·········· ㉠$$

$$\log 5 = \log \frac{10}{2} = 1 - \log 2$$

$$= 1 - 0.3010 = 0.6990$$

$$\log 6 = \log(2 \times 3) = \log 2 + \log 3$$

$$= 0.3010 + 0.4771 = 0.7781$$

이므로 $\log 5 < 0.7 < \log 6$

㉠에서 $-3 + \log 5 < -3 + 0.7 < -3 + \log 6$

$$\log 10^{-3} + \log 5 < \log A < \log 10^{-3} + \log 6$$

$$\log \frac{5}{1000} < \log A < \log \frac{6}{1000}$$

$$\therefore \frac{5}{1000} < A < \frac{6}{1000}$$

따라서 $5 < A \times 10^3 < 6$이므로

$$m = 5, \ n = 3$$

$$\therefore m + n = 8$$

21 0448 답 ③ 유형 13

출제의도 | 상용로그의 소수 부분의 성질을 이용하여 보기의 참, 거짓을 판별할 수 있는지 확인한다.

$f(x)$는 $\log x$의 소수 부분을 의미한다는 것을 이용해 보자.

ㄱ. $\log a = n + \alpha$이면 $[\log a] = n$이므로
$f(a) = \log a - [\log a] = \alpha$ (참)

ㄴ. $\log \dfrac{1}{a} = -\log a = -n - \alpha = -(n+1) + (1-\alpha)$이면

$\left[\log \dfrac{1}{a}\right] = -n - 1$이므로

$f\left(\dfrac{1}{a}\right) = \log \dfrac{1}{a} - \left[\log \dfrac{1}{a}\right] = 1 - \alpha$ (거짓)

ㄷ. $f(a) = \beta$이면 ㄴ에서 $f\left(\dfrac{1}{a}\right) = 1 - \beta$이므로 $f(a) = 3f\left(\dfrac{1}{a}\right)$에서

$\beta = 3(1-\beta)$, $4\beta = 3$

$\therefore \beta = \dfrac{3}{4}$ (참)

따라서 옳은 것은 ㄱ, ㄷ이다.

---

22 0449 답 $\dfrac{2x}{x+y}$ 유형 7 + 유형 8

출제의도 | $a^x = b$가 주어질 때, 로그의 정의를 이용하여 식의 값을 구할 수 있는지 확인한다.

STEP1 $\log_2 a$, $\log_2 b$를 x, y에 대한 식으로 나타내기 [3점]

$a^x = 2$에서 $x = \log_a 2$

$b^y = 2$에서 $y = \log_b 2$

$\therefore \log_2 a = \dfrac{1}{x}$, $\log_2 b = \dfrac{1}{y}$

STEP2 $\log_{ab} b^2$을 x, y를 사용하여 나타내기 [3점]

$\log_{ab} b^2 = \dfrac{\log_2 b^2}{\log_2 ab} = \dfrac{2\log_2 b}{\log_2 a + \log_2 b}$

$= \dfrac{\dfrac{2}{y}}{\dfrac{1}{x} + \dfrac{1}{y}} = \dfrac{2x}{x+y}$

---

23 0450 답 $a = 2.04$, $b = 14$ 유형 21

출제의도 | 상용로그를 이용하여 큰 수의 자릿수를 구할 수 있는지 확인한다.

STEP1 $3^{30} = a \times 10^b$의 양변에 상용로그를 취하여 정리하기 [3점]

$3^{30} = a \times 10^b$의 양변에 상용로그를 취하면

$\log 3^{30} = \log(a \times 10^b)$

$30 \log 3 = \log a + b$

$30 \times 0.477 = \log a + b$

$14.31 = \log a + b$

STEP2 a, b의 값 구하기 [3점]

$1 < a < 10$에서 $0 < \log a < 1$이고, b는 정수이므로

$\log a = 0.31$, $b = 14$

이때 $\log 2.04 = 0.31$이므로

$a = 2.04$

---

24 0451 답 100 유형 22

출제의도 | 상용로그의 활용 문제에서 관계식이 주어졌을 때, 조건을 만족시키는 값을 구할 수 있는지 확인한다.

STEP1 1분당 60개를 만들기까지 걸린 평균 연습시간을 k에 대한 식으로 나타내기 [2점]

1분당 60개를 만들기까지 걸린 평균 연습시간을 t_1, 1분당 30개를 만들기까지 걸린 평균 연습시간을 t_2라 하면

$t_1 = 1 - k \log\left(1 - \dfrac{60}{90}\right)$

$= 1 - k \log \dfrac{1}{3}$

$= 1 + k \log 3$

STEP2 1분당 30개를 만들기까지 걸린 평균 연습시간을 k에 대한 식으로 나타내기 [2점]

$t_2 = 1 - k \log\left(1 - \dfrac{30}{90}\right)$

$= 1 - k \log \dfrac{2}{3}$

$= 1 + k \log \dfrac{3}{2}$

$= 1 + k(\log 3 - \log 2)$

STEP3 $42k$의 값 구하기 [3점]

$t_1 = \dfrac{3}{2} t_2$이므로

$1 + k \log 3 = \dfrac{3}{2}\{1 + k(\log 3 - \log 2)\}$

$2(1 + k \log 3) = 3\{1 + k(\log 3 - \log 2)\}$

$2 + 2k \log 3 = 3 + 3k \log 3 - 3k \log 2$

$k(3 \log 2 - \log 3) = 1$

$k(3 \times 0.30 - 0.48) = 1$, $0.42k = 1$

$\therefore 42k = 100$

---

25 0452 답 8 유형 15

출제의도 | 로그의 정의와 상용로그의 정수 부분과 소수 부분의 성질을 이용하여 주어진 식의 최솟값을 구할 수 있는지 확인한다.

STEP1 $f(n) - g(n)$이 최소가 되는 조건 파악하기 [2점]

$f(n) - g(n)$이 최솟값을 가지려면 $f(n)$은 최솟값을, $g(n)$은 최댓값을 가져야 한다.

STEP2 $f(n)$의 최솟값과 그때의 $g(n)$의 최댓값 구하기 [3점]

$f(n) \geq 0$이므로 $f(n)$의 최솟값은 0이고,

$\underline{f(n) = 0}$일 때, $g(n)$의 최댓값은 $\log 9$이다.

└─ 정수 부분이 0이므로 n은 한 자리의 자연수이고, 이때 n의 최댓값은 9이다.

STEP3 $\log \dfrac{b}{a}$의 값 구하기 [2점]

$n = 9$일 때 $f(n) - g(n)$은 최솟값을 가지므로

$\log \dfrac{b}{a} = 0 - \log 9$

$= \log \dfrac{1}{9}$

STEP4 $a - b$의 값 구하기 [1점]

$a = 9$, $b = 1$이므로

$a - b = 8$

1 0453　답 ⑤　　유형 1

출제의도 | 로그의 정의를 이용하여 x, y의 값을 구할 수 있는지 확인한다.

$\log_a b = k \Longleftrightarrow a^k = b$ 를 이용해 보자.

$\log_3 x = 2$이므로 $x = 3^2 = 9$

$\log_y 3\sqrt{3} = \dfrac{1}{2}$이므로 $y^{\frac{1}{2}} = 3\sqrt{3}$

$\therefore y = (3\sqrt{3})^2 = 27$

$\therefore \dfrac{y}{x} = \dfrac{27}{9} = 3$

2 0454　답 ⑤　　유형 3 + 유형 4

출제의도 | 로그의 기본 성질과 밑의 변환을 이용하여 로그의 계산을 할 수 있는지 확인한다.

로그의 진수를 거듭제곱으로 나타내고, $\log_2 x + \log_2 y = \log_2 xy$와 로그의 밑의 변환을 이용하여 식을 계산해 보자.

$\log_2 48 - \log_2 3 + \dfrac{\log_3 64}{\log_3 2}$

$= \log_2 (2^4 \times 3) - \log_2 3 + \log_2 2^6$

$= 4\log_2 2 + \log_2 3 - \log_2 3 + 6\log_2 2$

$= 4 + 6 = 10$

3 0455　답 ③　　유형 3 + 유형 4

출제의도 | 로그의 여러 가지 성질을 이용하여 보기의 참, 거짓을 판별할 수 있는지 확인한다.

ㄱ, ㄴ은 각 수의 밑이 같으므로 로그의 기본 성질을 이용하고, $\dfrac{1}{\log_7 3}$은 밑의 변환을 이용하여 밑이 3인 수로 나타낸 후 계산해 보자.

ㄱ. $\log_6 16^2 + \log_6 9^4 = \log_6 2^8 + \log_6 3^8$
$= \log_6 (2^8 \times 3^8)$
$= \log_6 6^8 = 8$ (참)

ㄴ. $\log_2 \dfrac{3}{4} + \log_2 \sqrt{8} - \dfrac{1}{2}\log_2 18$
$= \log_2 \dfrac{3}{4} + \log_2 \sqrt{8} - \log_2 \sqrt{18}$
$= \log_2 \left(\dfrac{3}{4} \times 2\sqrt{2} \times \dfrac{1}{3\sqrt{2}} \right)$
$= \log_2 \dfrac{1}{2} = -1$ (거짓)

ㄷ. $\left(\log_3 35 - \dfrac{1}{\log_7 3} \right) \times \log_5 9$
$= (\log_3 35 - \log_3 7) \times \log_5 9$
$= \log_3 \dfrac{35}{7} \times \log_5 9$
$= \log_3 5 \times 2\log_5 3$
$= \log_3 5 \times \dfrac{2}{\log_3 5} = 2$ (참)

따라서 옳은 것은 ㄱ, ㄷ이다.

4 0456　답 ④　　유형 7

출제의도 | 로그의 값이 문자로 주어졌을 때, 주어진 값을 문자로 나타낼 수 있는지 확인한다.

$\log_{\sqrt{12}} 14$에서 $\log_7 2$, $\log_7 3$을 이용할 수 있도록 밑이 7이 되도록 변형해 보자.

$\log_7 2 = a$, $\log_7 3 = b$이므로

$\log_{\sqrt{12}} 14 = \dfrac{\log_7 14}{\log_7 \sqrt{12}}$

$= \dfrac{\log_7 (2 \times 7)}{\log_7 (2^2 \times 3)^{\frac{1}{2}}}$

$= \dfrac{\log_7 2 + 1}{\dfrac{1}{2}(2\log_7 2 + \log_7 3)}$

$= \dfrac{2\log_7 2 + 2}{2\log_7 2 + \log_7 3}$

$= \dfrac{2a + 2}{2a + b}$

5 0457　답 ②　　유형 9

출제의도 | 이차방정식의 근과 계수의 관계를 이용하여 로그의 값을 구할 수 있는지 확인한다.

$\log a + \log b$, $\log a \times \log b$를 이차방정식의 계수를 이용하여 나타내 보자.

이차방정식의 근과 계수의 관계에 의하여

$\log a + \log b = 6$, $\log a \times \log b = 4$

$\therefore \dfrac{1}{\log a} + \dfrac{1}{\log b} = \dfrac{\log a + \log b}{\log a \times \log b}$

$= \dfrac{6}{4} = \dfrac{3}{2}$

6 0458　답 ⑤　　유형 11

출제의도 | 로그의 정수 부분과 소수 부분을 이해하고, 식의 값을 구할 수 있는지 확인한다.

4의 거듭제곱 중 25와 가까운 두 수를 찾아서 $\log_4 25$의 정수 부분 a를 구하고, 소수 부분은 $b = \log_4 25 - a$에 a의 값을 대입하여 구해 보자.

$\log_4 16 < \log_4 25 < \log_4 64$, 즉 $2 < \log_4 25 < 3$이므로

$a = 2$

$\therefore b = \log_4 25 - 2 = \log_{2^2} 5^2 - 2$

$= \log_2 5 - 2$

$= \log_2 \dfrac{10}{2} - 2$

$= \log_2 10 - 3$

$= \dfrac{1}{\log 2} - 3$

$= \dfrac{1}{0.3} - 3 = \dfrac{1}{3}$

$\therefore a + \dfrac{1}{b} = 2 + 3 = 5$

7 0459 답 ②　　　　　　　　　　　　　유형 12

출제의도 ｜ 상용로그표를 이용하여 상용로그의 값을 계산할 수 있는지 확인한다.

> 구하는 상용로그의 진수의 숫자 배열과 같은 것을 상용로그표에서 찾아보자.

상용로그표에서 $\log 2.41=0.3820$이므로
$$\begin{aligned}\log 0.0241 &=\log\left(2.41\times 10^{-2}\right)\\&=\log 2.41+\log 10^{-2}\\&=0.3820-2\\&=-1.6180\end{aligned}$$

다른 풀이

상용로그표에서 $\log 2.41=0.3820$

$\log 0.0241$은 진수가 소수 둘째 자리에서 처음으로 0이 아닌 숫자가 나타나므로 정수 부분이 -2이다.

$$\begin{aligned}\therefore \log 0.0241 &=-2+0.3820\\&=-1.6180\end{aligned}$$

8 0460 답 ⑤　　　　　　　　　　　　　유형 2

출제의도 ｜ 로그가 정의되는 조건을 이해하는지 확인한다.

> 로그의 밑은 1이 아닌 양수이고, 진수는 항상 양수이어야 하므로 식으로 나타내 보자.

밑의 조건에서 $|a-1|>0$, $|a-1|\neq 1$
$\therefore a\neq 1$, $a\neq 0$, $a\neq 2$ ················· ㉠
진수의 조건에서 모든 실수 x에 대하여
$x^2+ax+2a>0$
이차방정식 $x^2+ax+2a=0$의 판별식을 D라 하면
$D<0$이어야 하므로
$D=a^2-8a<0$, $a(a-8)<0$
$\therefore 0<a<8$ ················· ㉡
㉠, ㉡을 만족시키는 a의 값의 범위는
$0<a<1$, $1<a<2$, $2<a<8$
따라서 정수 a는 3, 4, 5, 6, 7의 5개이다.

9 0461 답 ②　　　　　　　　　　　　　유형 3

출제의도 ｜ 주어진 식의 표현을 이해하고, 로그의 성질을 이용하여 식의 값을 구할 수 있는지 확인한다.

> $f(x)=\log_3\left(1+\dfrac{1}{x}\right)$의 진수를 변형하고, 3, 4, $\cdots$, 26을 차례로 대입하여 식을 계산해 보자.

$f(x)=\log_3\left(1+\dfrac{1}{x}\right)=\log_3\dfrac{x+1}{x}$이므로
$$\begin{aligned}&f(3)+f(4)+f(5)+\cdots+f(26)\\&=\log_3\frac{4}{3}+\log_3\frac{5}{4}+\log_3\frac{6}{5}+\cdots+\log_3\frac{27}{26}\\&=\log_3\left(\frac{4}{3}\times\frac{5}{4}\times\frac{6}{5}\times\cdots\times\frac{27}{26}\right)\end{aligned}$$

$$\begin{aligned}&=\log_3\frac{27}{3}\\&=\log_3 9\\&=\log_3 3^2=2\end{aligned}$$

10 0462 답 ③　　　　　　　　　　　　　유형 4

출제의도 ｜ 로그의 밑의 변환을 이용하여 조건을 만족시키는 값을 구할 수 있는지 확인한다.

> $2\log_n 3=k$ (k는 자연수)라 하면 $\dfrac{2}{\log_3 n}=k$이므로 $\dfrac{2}{\log_3 n}$가 자연수가 되기 위한 조건을 구해 보자.

$2\log_n 3=k$ (k는 자연수)라 하면
$$\frac{2}{\log_3 n}=k$$
조건에서 $n\geq 3$이므로 $\log_3 n\geq 1$
따라서 $\dfrac{2}{\log_3 n}$가 자연수가 되기 위해서는 $\log_3 n$은 2의 약수이어야 하므로
$\log_3 n=1$ 또는 $\log_3 n=2$
$\therefore n=3$ 또는 $n=9$
따라서 모든 n의 값의 합은
$3+9=12$

11 0463 답 ④　　　　　　　　　　　　　유형 5

출제의도 ｜ 지수법칙과 로그의 여러 가지 성질을 이용하여 식의 값을 구할 수 있는지 확인한다.

> $\log_{3^m}2=\dfrac{1}{m}\log_3 2$, $\log_3 x^n=n\log_3 x$임을 이용하여 주어진 식을 $(ab)^k$으로 나타내 보자.

$$\begin{aligned}(a^3)^{\log_{\sqrt{3}}2}\times b^{2\log_3 8}&=(a^3)^{2\log_3 2}\times b^{6\log_3 2}\\&=a^{6\log_3 2}\times b^{6\log_3 2}\\&=(ab)^{6\log_3 2}\\&=\{(ab)^6\}^{\log_3 2}\\&=\{(\sqrt{3})^6\}^{\log_3 2}\\&=27^{\log_3 2}\\&=2^{\log_3 27}\\&=2^{\log_3 3^3}\\&=2^3=8\end{aligned}$$

12 0464 답 ③　　　　　　　　　　　　　유형 8

출제의도 ｜ $a^x=b$가 주어질 때, 로그의 정의를 이용하여 식의 값을 구할 수 있는지 확인한다.

> 로그의 정의를 이용하여 $a+b$, $a-b$를 로그로 나타내 보자.

$4^{a+b}=27$에서
$$\begin{aligned}a+b&=\log_4 27\\&=\log_{2^2}3^3\\&=\frac{3}{2}\log_2 3\end{aligned}$$

$81^{a-b}=8$에서 $a-b=\log_{81}8=\log_{3^4}2^3=\dfrac{3}{4}\log_3 2$

$\therefore a^2-b^2=(a+b)(a-b)$

$\qquad =\dfrac{3}{2}\log_2 3\times\dfrac{3}{4}\log_3 2$

$\qquad =\dfrac{9}{8}\log_2 3\times\dfrac{1}{\log_2 3}=\dfrac{9}{8}$

13 0465 답 ①
유형 10

출제의도 | 로그의 정의와 로그의 성질을 이용하여 세 수의 대소 관계를 파악할 수 있는지 확인한다.

> $a^4=b^5=c^6=k\ (k>0,\ k\ne 1)$라 하고 로그의 정의와 $\log_{k^m}k^n=\dfrac{n}{m}$임을 이용하여 세 수의 값을 구해 보자.

$a^4=b^5=c^6=k\ (k>0,\ k\ne 1)$라 하면

$a=k^{\frac{1}{4}},\ b=k^{\frac{1}{5}},\ c=k^{\frac{1}{6}}$

$A=\log_a b=\log_{k^{\frac{1}{4}}}k^{\frac{1}{5}}=\dfrac{4}{5}$

$B=\log_b c=\log_{k^{\frac{1}{5}}}k^{\frac{1}{6}}=\dfrac{5}{6}$

$C=\log_c a=\log_{k^{\frac{1}{6}}}k^{\frac{1}{4}}=\dfrac{6}{4}=\dfrac{3}{2}$

$\therefore A<B<C$

다른 풀이

$b^5=a^4$에서 $b=a^{\frac{4}{5}}$이므로 $A=\log_a b=\dfrac{4}{5}$

$c^6=b^5$에서 $c=b^{\frac{5}{6}}$이므로 $B=\log_b c=\dfrac{5}{6}$

$a^4=c^6$에서 $a=c^{\frac{6}{4}}=c^{\frac{3}{2}}$이므로 $C=\log_c a=\dfrac{3}{2}$

$\therefore A<B<C$

14 0466 답 ⑤
유형 16

출제의도 | 두 상용로그의 소수 부분이 같을 때의 식의 표현을 이해하고, 조건을 만족시키는 값을 구할 수 있는지 확인한다.

> 주어진 식에서 두 상용로그 $\log x^2$, $\log\sqrt[3]{x^2}$의 소수 부분이 같으므로 두 상용로그의 차가 정수임을 이용해 보자.

$1000<x<10000$에서 $3<\log x<4$ ············· ㉠

$\log x^2-[\log x^2]=\log\sqrt[3]{x^2}-[\log\sqrt[3]{x^2}]$이므로

$\log x^2$의 소수 부분과 $\log\sqrt[3]{x^2}$의 소수 부분이 같다. 즉,

$\log x^2-\log\sqrt[3]{x^2}=2\log x-\dfrac{2}{3}\log x$

$\qquad\qquad\qquad =\dfrac{4}{3}\log x=(정수)$

㉠에서 $4<\dfrac{4}{3}\log x<\dfrac{16}{3}$이고, $\dfrac{4}{3}\log x$는 정수이므로

$\dfrac{4}{3}\log x=5$, $\log x=\dfrac{15}{4}$ $\qquad\therefore x=10^{\frac{15}{4}}$

$\therefore k=\dfrac{15}{4}$

15 0467 답 ②
유형 18

출제의도 | 상용로그의 정수 부분, 소수 부분과 이차방정식의 근과 계수의 관계를 이용할 수 있는지 확인한다.

> 이차방정식의 근과 계수의 관계를 이용하여 $n+\alpha$, $n\alpha$의 값을 구해 보자.

이차방정식의 근과 계수의 관계에 의하여

$n+\alpha=-\dfrac{11}{3}=-4+\dfrac{1}{3}$ ············· ㉠

$n\alpha=\dfrac{k}{3}$ ············· ㉡
소수 부분의 조건에서

㉠에서 $n=-4,\ \alpha=\dfrac{1}{3}$

$-\dfrac{11}{3}=-3-\dfrac{2}{3}$

$=-3-1+1-\dfrac{2}{3}$

$=-4+\dfrac{1}{3}$

이를 ㉡에 대입하면 $(-4)\times\dfrac{1}{3}=\dfrac{k}{3}$

$\therefore k=-4$

16 0468 답 ②
유형 20

출제의도 | 상용로그의 정수 부분이 음수일 때, 주어진 수의 자릿수를 구할 수 있는지 확인한다.

> $\log a^{42}$의 정수 부분을 이용하여 $\log a$의 값의 범위를 구해 보자.

a^{42}이 21자리의 정수이므로 $\log a^{42}$의 정수 부분은 20이다.

$20\le\log a^{42}<21$에서 $20\le 42\log a<21$

$\therefore \dfrac{10}{21}\le\log a<\dfrac{1}{2}$

한편, $\log\left(\dfrac{1}{a}\right)^{22}=-22\log a$이므로

$(-22)\times\dfrac{1}{2}<-22\log a\le(-22)\times\dfrac{10}{21}$

$-11<-22\log a\le-10.4\cdots$

$\therefore -22\log a=-11+\alpha\ (0<\alpha<1)$

따라서 $\log\left(\dfrac{1}{a}\right)^{22}$의 정수 부분이 -11이므로 $\left(\dfrac{1}{a}\right)^{22}$은 소수 11째 자리에서 처음으로 0이 아닌 숫자가 나타난다.

17 0469 답 ④
유형 1

출제의도 | 로그의 정의를 이용하여 조건을 만족시키는 값을 구할 수 있는지 확인한다.

> $\log_2\dfrac{n}{9}=k$로 놓고, 로그의 정의를 이용하여 n에 대한 식으로 나타내 보자.

조건 ㈎에서 $\log_2\dfrac{n}{9}$이 자연수이므로

$\dfrac{n}{9}=2^k\ (k는 자연수)$으로 놓으면

$n=9\times 2^k$

이때 $0<n\le 900$, 즉 $0<9\times 2^k\le 900$에서

$0<2^k\le 100$

이때 2^k의 값이 될 수 있는 것은 2^1, 2^2, 2^3, 2^4, 2^5, 2^6이므로
n의 값이 될 수 있는 것은

9×2, 9×2^2, 9×2^3, 9×2^4, 9×2^5, 9×2^6

이 중에서 <u>조건 (나)를 만족시키는 것은</u>

9×2^3, 9×2^6 → 9×2^{3m} (m은 자연수) 꼴

따라서 모든 자연수 n의 값의 합은

$9 \times 2^3 + 9 \times 2^6 = 72 + 576 = 648$

---

18 0470   답 ②   유형 2

출제의도 | 주어진 조건을 만족시키는 로그의 진수 조건을 구할 수 있는지 확인한다.

> 진수 조건에서 $-x^2 + ax + 4 > 0$이고, $-x^2 + ax + 4$의 최댓값을 구하려면 완전제곱 꼴로 나타내야 해. 그래프를 그려 보고, 밑이 2인 로그의 값이 자연수가 되는 경우를 생각해 보자.

$f(x) = -x^2 + ax + 4$라 하면 진수의
조건에 의하여 $f(x) > 0$

$f(x) = -x^2 + ax + 4$
$\quad = -\left(x - \dfrac{a}{2}\right)^2 + \dfrac{a^2}{4} + 4$

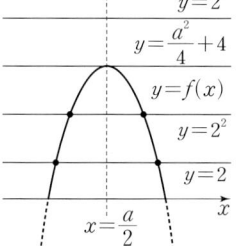

$\log_2(-x^2 + ax + 4)$의 값이 자연수
가 되려면 $f(x)$의 값은 2^k (k는 자연수)
꼴이어야 하고, 실수 x의 개수가 4이므
로 $y = f(x)$의 그래프는 그림과 같이 직선 $y = 2$, $y = 2^2$과 각각 2
개의 점에서 만나고, $y = 2^n$ ($n \geq 3$)과는 만나지 않아야 한다.

즉, $2^2 < \dfrac{a^2}{4} + 4 < 2^3$이므로

$0 < a^2 < 16$

이때 a가 자연수이므로 a의 값은 1, 2, 3이다.

따라서 모든 자연수 a의 값의 합은

$1 + 2 + 3 = 6$

---

19 0471   답 ②   유형 5

출제의도 | 로그의 성질을 이용하여 밑이 2인 세 로그의 비를 구할 수 있는지 확인한다.

> $\log_2 a = A$, $\log_2 b = B$, $\log_2 c = C$로 놓고, 로그의 성질을 이용하여 두 조건을 A, B, C에 대한 식으로 나타내고, 연립방정식을 풀어 보자.

$\log_2 a = A$, $\log_2 b = B$, $\log_2 c = C$라 하면

조건 (가)에서

$\log_2 a - \log_2 b = \log_8 b - \log_8 c$
$\qquad\qquad\qquad = \log_{2^3} b - \log_{2^3} c$
$\qquad\qquad\qquad = \dfrac{1}{3}\log_2 b - \dfrac{1}{3}\log_2 c$

이므로 $A - B = \dfrac{1}{3}B - \dfrac{1}{3}C$

$3A - 3B = B - C$

$\therefore C = 4B - 3A$ ㉠

조건 (나)에서 $\log_2 a \times \log_8 c = \log_2 b \times \log_8 b$

$\log_2 a \times \log_{2^3} c = \log_2 b \times \log_{2^3} b$

$\log_2 a \times \dfrac{1}{3}\log_2 c = \log_2 b \times \dfrac{1}{3}\log_2 b$

이므로 $A \times \dfrac{1}{3}C = B \times \dfrac{1}{3}B$

$\therefore AC = B^2$ ㉡

㉠을 ㉡에 대입하면

$A(4B - 3A) = B^2$, $4AB - 3A^2 = B^2$

$3A^2 - 4AB + B^2 = 0$, $(A - B)(3A - B) = 0$

$\therefore B = A$ 또는 $B = 3A$

(ⅰ) $B = A$이면 $\log_2 b = \log_2 a$에서 $a = b$이므로
    주어진 조건을 만족시키지 않는다.

(ⅱ) $B = 3A$를 ㉠에 대입하면
    $C = 12A - 3A = 9A$

$\therefore \log_2 a : \log_2 b : \log_2 c = A : B : C$
$\qquad\qquad\qquad\qquad\qquad = A : 3A : 9A$
$\qquad\qquad\qquad\qquad\qquad = 1 : 3 : 9$

---

20 0472   답 ④   유형 11

출제의도 | 상용로그의 정수 부분의 성질을 이용하여 보기의 참, 거짓을 판별할 수 있는지 확인한다.

> ㄱ은 $f(a, b) = n$의 정의를 이용하고, ㄴ, ㄷ은 $\log_a b = \dfrac{1}{\log_b a}$임을 이용하여 $f(b, a)$의 값을 구해 보자.

ㄱ. $3 = \log_3 27 < \log_3 30 < \log_3 81 = 4$이므로
    $f(3, 30) = 3$ (거짓)

ㄴ. $f(a, b) = 2$이면 $2 \leq \log_b a < 3$이고,

    $2 \leq \dfrac{1}{\log_b a} < 3$이므로 $\dfrac{1}{3} < \log_b a \leq \dfrac{1}{2}$

    $\therefore f(b, a) = 0$ (참)

ㄷ. $f(a, b) = -2$이면 $-2 \leq \log_a b < -1$이고,

    $-2 \leq \dfrac{1}{\log_b a} < -1$이므로 $-1 < \log_b a \leq -\dfrac{1}{2}$

    $\therefore f(b, a) = -1$ (참)

따라서 옳은 것은 ㄴ, ㄷ이다.

---

21 0473   답 ④   유형 21 + 유형 23

출제의도 | 상용로그의 활용 문제에서 관계식이 주어졌을 때, 식을 세우고, 상용로그를 이용하여 최고 자리의 숫자를 구할 수 있는지 확인한다.

> 박테리아가 2시간마다 3배씩 증식하면 1시간마다 $3^{\frac{1}{2}}$배씩 증식하고, 3시간마다 2배씩 증식하면 1시간마다 $2^{\frac{1}{3}}$배씩 증식해. 이를 바탕으로 하루 24시간 동안 늘어나는 개체 수를 생각하여 식을 세워 보자.

처음 박테리아 수를 X라 하자.

배양액 A로 배양했을 때, 박테리아는 2시간마다 3배씩 증식하므
로 1일 동안 배양한 박테리아 수는

$X \times 3^{12}$ ㉠

배양액 B로 배양했을 때, 박테리아는 3시간마다 2배씩 증식하므로 ㉠을 2일 동안 배양한 박테리아 수는
$$(X \times 3^{12}) \times 2^8 \times 2^8 = X \times 3^{12} \times 2^{16}$$
주어진 조건에서 $X \times 3^{12} \times 2^{16} = X \times a \times 10^n$ 이므로
$$3^{12} \times 2^{16} = a \times 10^n \quad \cdots\cdots\cdots\cdots\cdots\cdots\cdots\cdots\cdots ㉡$$
㉡의 좌변에 상용로그를 취하면
$$\log(3^{12} \times 2^{16}) = 12\log 3 + 16\log 2$$
$$= 12 \times 0.4771 + 16 \times 0.3010$$
$$= 10.5412 = 10 + 0.5412$$
이때 $\log 3 = 0.4771$, $\log 4 = 2\log 2 = 2 \times 0.3010 = 0.6020$이므로
$$\log 3 < 0.5412 < \log 4$$
$$10 + \log 3 < 10.5412 < 10 + \log 4$$
$$\log(10^{10} \times 3) < \log(3^{12} \times 2^{16}) < \log(10^{10} \times 4)$$
$$\therefore 3 \times 10^{10} < 3^{12} \times 2^{16} < 4 \times 10^{10}$$
㉡에서 a는 $3^{12} \times 2^{16}$의 최고 자리의 숫자이고, $3^{12} \times 2^{16}$은 10자리의 정수이므로
$$a = 3, \ n = 10$$
$$\therefore a + n = 13$$

22 0474　답 3432　유형 14

출제의도 │ 상용로그의 소수 부분의 성질을 이용하여 상용로그의 진수를 구할 수 있는지 확인한다.

STEP 1 a의 값 구하기 [2점]
$$\log a = 2 + 0.4942$$
$$= \log 10^2 + \log 3.12$$
$$= \log(10^2 \times 3.12)$$
$$= \log 312$$
$$\therefore a = 312$$

STEP 2 b의 값 구하기 [2점]
$$\log b = -1 + 0.4942$$
$$= \log 10^{-1} + \log 3.12$$
$$= \log(10^{-1} \times 3.12)$$
$$= \log 0.312$$
$$\therefore b = 0.312$$

STEP 3 $10a + 1000b$의 값 구하기 [2점]
$$10a + 1000b = 3120 + 312 = 3432$$

23 0475　답 10^6　유형 22

출제의도 │ 상용로그의 활용 문제에서 관계식이 주어졌을 때, 조건을 만족시키는 값을 구할 수 있는지 확인한다.

STEP 1 E_1의 값 구하기 [2점]
$\log E_1 = 11.8 + 1.5 \times 8 = 23.8$이므로
$$E_1 = 10^{23.8}$$

STEP 2 E_2의 값 구하기 [2점]
$\log E_2 = 11.8 + 1.5 \times 4 = 17.8$이므로
$$E_2 = 10^{17.8}$$

STEP 3 $\dfrac{E_1}{E_2}$의 값 구하기 [2점]
$$\frac{E_1}{E_2} = 10^{23.8 - 17.8} = 10^6$$

24 0476　답 37　유형 23

출제의도 │ 상용로그의 활용 문제에서 일정한 비율로 변화할 때, 조건을 만족시키는 값을 구할 수 있는지 확인한다.

STEP 1 5회 반복 실시한 후 불순물의 양이 처음의 10 %로 줄어들도록 식 세우기 [3점]
처음 불순물의 양을 A라 하면
$$A\left(1 - \frac{x}{100}\right)^5 = A \times \frac{10}{100}$$
$$\therefore \left(1 - \frac{x}{100}\right)^5 = \frac{1}{10}$$

STEP 2 양변에 상용로그를 취하여 식 정리하기 [2점]
양변에 상용로그를 취하면
$$5\log\left(1 - \frac{x}{100}\right) = -1$$
$$\log\left(1 - \frac{x}{100}\right) = -0.2 = -1 + 0.8$$
이때 $\log 6.3 = 0.8$이므로
$$\log\left(1 - \frac{x}{100}\right) = \log 10^{-1} + \log 6.3$$
$$= \log 0.63$$

STEP 3 x의 값 구하기 [2점]
$1 - \dfrac{x}{100} = 0.63$에서 $\dfrac{x}{100} = 0.37$
$$\therefore x = 37$$

25 0477　답 16　유형 15

출제의도 │ 상용로그의 정수 부분의 성질을 이용하여 조건을 만족시키는 자연수의 개수를 구할 수 있는지 확인한다.

STEP 1 조건 ㈎를 만족시키는 n의 값의 범위 구하기 [3점]
n은 두 자리의 자연수이므로 $10 \le n < 100$
$$\therefore [\log n] = 1$$
조건 ㈎에서 $[\log 3n] = [\log n] + 1 = 2$이므로
$$2 \le \log 3n < 3$$
$$100 \le 3n < 1000$$
$$\therefore \frac{100}{3} \le n < \frac{1000}{3} \quad \cdots\cdots\cdots\cdots\cdots ㉠$$

STEP 2 조건 ㈏를 만족시키는 n의 값의 범위 구하기 [2점]
조건 ㈏에서 $\log n - 1 < \log 5$이므로
$$\log n < 1 + \log 5 = \log 10 + \log 5 = \log 50$$
$$\therefore n < 50 \quad \cdots\cdots\cdots\cdots\cdots\cdots\cdots\cdots ㉡$$

STEP 3 n의 값 구하기 [2점]
㉠, ㉡에서 $\dfrac{100}{3} \le n < 50$이고, n은 두 자리의 자연수이므로
$$n = 34, \ 35, \ 36, \ \cdots, \ 49$$

STEP 4 자연수 n의 개수 구하기 [1점]
자연수 n의 개수는 $49 - 34 + 1 = 16$

03 지수함수

0478 답 (1) $y=\left(\dfrac{1}{2}\right)^{x-3}-1$ (2) $y=-\left(\dfrac{1}{2}\right)^{x}$ (3) $y=2^x$

　　　　(4) $y=-2^x$

(1) $y+1=\left(\dfrac{1}{2}\right)^{x-3}$에서 $y=\left(\dfrac{1}{2}\right)^{x-3}-1$

(2) $-y=\left(\dfrac{1}{2}\right)^{x}$에서 $y=-\left(\dfrac{1}{2}\right)^{x}$

(3) $y=\left(\dfrac{1}{2}\right)^{-x}$에서 $y=2^x$

(4) $-y=\left(\dfrac{1}{2}\right)^{-x}$에서 $y=-2^x$

0479 답 (1) 풀이 참조 (2) 풀이 참조

(1) 함수 $y=3^{x+1}$의 그래프는 함수
$y=3^x$의 그래프를 x축의 방향으로
-1만큼 평행이동한 것이므로 오른
쪽 그림과 같다.
이때 점근선의 방정식은 $y=0$이다.

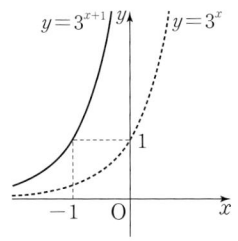

(2) 함수 $y=-3^x-1$의 그래프는 함수
$y=3^x$의 그래프를 x축에 대하여
대칭이동한 후 y축의 방향으로 -1
만큼 평행이동한 것이므로 오른쪽
그림과 같다.
이때 점근선의 방정식은 $y=-1$
이다.

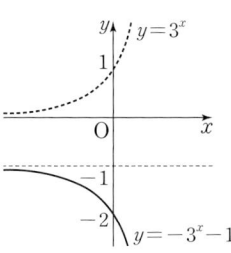

0480 답 최댓값 : 3, 최솟값 : $\dfrac{1}{27}$

$0<\dfrac{1}{3}<1$이므로 $x=1$일 때 최댓값, $x=5$일 때 최솟값을 갖는다.

$x=1$일 때 최댓값은 $\left(\dfrac{1}{3}\right)^{-1}=(3^{-1})^{-1}=3$

$x=5$일 때 최솟값은 $\left(\dfrac{1}{3}\right)^{3}=\dfrac{1}{27}$

0481 답 2

함수 $y=4^x-2\times2^x+3$에서

$4^x=(2^2)^x=2^{2x}=(2^x)^2$이므로

$2^x=t\ (t>0)$라 하면

$y=t^2-2t+3=(t-1)^2+2$이므로

$t=1$에서 최솟값 2를 갖는다.

함수 $y=4^x-2\times2^x+3$은 $x=0$에서 최솟값 2를 갖는다.

0482 답 (1) $x=-3$ (2) $x=3$

(1) $5^x=\dfrac{1}{125}$에서 $5^x=5^{-3}$

　　$\therefore x=-3$

(2) $\left(\dfrac{1}{8}\right)^{x+2}=\left(\dfrac{1}{32}\right)^{x}$에서 $\left(\dfrac{1}{2}\right)^{3x+6}=\left(\dfrac{1}{2}\right)^{5x}$

따라서 $3x+6=5x$이므로 $2x=6$

$\therefore x=3$

0483 답 $x=0$

$2^x=t\ (t>0)$라 하면 주어진 방정식은

$t^2+t-2=0$, 즉 $(t+2)(t-1)=0$이므로

$t=1\ (\because t>0)$

따라서 $2^x=1$이므로 $x=0$

0484 답 (1) $x>6$ (2) $x\geq1$

(1) $2^{x-1}>32$에서 $2^{x-1}>2^5$

　　밑이 1보다 크므로

　　$x-1>5$　　$\therefore x>6$

(2) $\left(\dfrac{1}{3}\right)^{x}\geq\left(\dfrac{1}{3}\right)^{2x-1}$에서 밑이 1보다 작으므로

　　$x\leq2x-1$　　$\therefore x\geq1$

0485 답 $-2\leq x\leq-1$

$\left(\dfrac{1}{9}\right)^{x}-4\times\left(\dfrac{1}{3}\right)^{x-1}+27\leq0$에서

$\left\{\left(\dfrac{1}{3}\right)^{x}\right\}^2-12\times\left(\dfrac{1}{3}\right)^{x}+27\leq0$

$\left(\dfrac{1}{3}\right)^{x}=t\ (t>0)$로 놓으면 주어진 부등식은

$t^2-12t+27\leq0$, $(t-3)(t-9)\leq0$

$\therefore 3\leq t\leq9$

즉, $\left(\dfrac{1}{3}\right)^{-1}\leq\left(\dfrac{1}{3}\right)^{x}\leq\left(\dfrac{1}{3}\right)^{-2}$에서 밑이 1보다 작으므로

$-2\leq x\leq-1$

기출 유형 check **실전 준비하기** 106쪽~144쪽

0486 답 ①

직선 $2x+y-7=0$을 x축의 방향으로 1만큼, y축의 방향으로 a
만큼 평행이동한 직선의 방정식은

$2(x-1)+(y-a)-7=0$

$\therefore 2x+y-9-a=0$

이 직선이 점 $(2, -1)$을 지나므로 $x=2$, $y=-1$을 대입하면

$4+(-1)-9-a=0$

$\therefore a=-6$

0487 답 ④

평행이동 $(x, y) \longrightarrow (x+2, y-1)$은

x축의 방향으로 2만큼, y축의 방향으로 -1만큼 평행이동하는 것
이므로 점 $(4, -1)$을 x축의 방향으로 2만큼, y축의 방향으로 -1
만큼 평행이동하면 점 $(6, -2)$가 된다.

따라서 $a=6$, $b=-2$이므로

$a+b=4$

0488 답 ⑤

평행이동 $(x, y) \longrightarrow (x-1, y+3)$은

x축의 방향으로 -1만큼, y축의 방향으로 3만큼 평행이동하는 것

이므로 직선 $y=-2x+5$를 x축의 방향으로 -1만큼, y축의 방향

으로 3만큼 평행이동한 직선의 방정식은

$y-3=-2(x+1)+5$

$\therefore y=-2x+6$

따라서 이 직선의 y절편은 6이다.

0489 답 ②

$2x-y+1=0$의 x에 $x-a$, y에 $y-b$를 대입하면

$2(x-a)-(y-b)+1=0$

$\therefore 2x-y-2a+b+1=0$

이 식이 $2x-y+1=0$과 일치하므로

$-2a+b+1=1$

$\therefore b=2a$

0490 답 6

$x^2+y^2+10x-4y+25=0$에서

$(x^2+10x+25)+(y^2-4y+4)=4$

$\therefore (x+5)^2+(y-2)^2=4$

이 원을 x축의 방향으로 a만큼, y축의 방향으로 b만큼 평행이동한

원의 방정식은

$(x-a+5)^2+(y-b-2)^2=4$

이 식이 $(x+1)^2+(y-4)^2=4$와 같으므로

$-a+5=1$, $-b-2=-4$

따라서 $a=4$, $b=2$이므로

$a+b=6$

개념 Check

원의 방정식의 일반형

$x^2+y^2+Ax+By+C=0$ (단, $A^2+B^2-4C>0$)

을 표준형으로 변형하면

$\left(x+\dfrac{A}{2}\right)^2+\left(y+\dfrac{B}{2}\right)^2=\dfrac{A^2+B^2-4C}{4}$

이므로 중심 : $\left(-\dfrac{A}{2}, -\dfrac{B}{2}\right)$, 반지름의 길이 : $\dfrac{\sqrt{A^2+B^2-4C}}{2}$

0491 답 ④

원 $(x-1)^2+(y+3)^2=4$에서 원의 중심은 $(1, -3)$이므로

원의 중심을 x축에 대하여 대칭이동하면 $(1, 3)$

이때 이 점이 직선 $y=2x+k$ 위에 있으므로

$y=2x+k$에 $x=1$, $y=3$을 대입하면

$3=2\times 1+k$ $\therefore k=1$

0492 답 ②

원 $(x+3)^2+(y-1)^2=4$를 원점에 대하여 대칭이동한 원의 방정

식은

$(-x+3)^2+(-y-1)^2=4$

$\therefore (x-3)^2+(y+1)^2=4$

다른 풀이

원을 원점에 대하여 대칭이동하면 원의 중심이 원점에 대하여 대

칭되고 반지름의 길이는 일정한 원이 된다.

원 $(x+3)^2+(y-1)^2=4$의 중심은 $(-3, 1)$이고 반지름의 길이

는 2이므로 이 원을 원점에 대하여 대칭이동한 원의 중심은

$(3, -1)$이고 반지름의 길이는 2이다.

따라서 구하는 원의 방정식은 $(x-3)^2+(y+1)^2=4$

0493 답 ④

$x^2+y^2+4x-6y-3=0$에서

$(x^2+4x+4)+(y^2-6y+9)=3+4+9$

$\therefore (x+2)^2+(y-3)^2=16$

이 원의 중심은 $(-2, 3)$이고 반지름의 길이는 4이다.

이 원을 직선 $y=x$에 대하여 대칭이동한 원의 중심은 $(3, -2)$이

고 반지름의 길이는 4이다.

따라서 구하는 원의 방정식은 $(x-3)^2+(y+2)^2=16$

0494 답 ④

직선 $y=-\dfrac{1}{2}x+1$을 y축에 대하여 대칭이동한 직선의 방정식은

$y=\dfrac{1}{2}x+1$ ┈┈┈┈┈┈┈┈┈┈┈┈┈┈┈ ㉠

이때 직선 ㉠에 수직인 직선의 기울기는 -2이다. $\begin{array}{l} \dfrac{1}{2}\times a=-1 \\ \therefore a=-2 \end{array}$

따라서 기울기가 -2이고 점 $(2, 0)$을 지나는 직선의 방정식은

$y=-2(x-2)$

$\therefore y=-2x+4$

개념 Check

(1) 직선의 방정식

① 기울기가 m이고 y절편이 n인 직선의 방정식

  ➡ $y=mx+n$

② 점 (x_1, y_1)을 지나고 기울기가 m인 직선의 방정식

  ➡ $y-y_1=m(x-x_1)$

③ 서로 다른 두 점 (x_1, y_1), (x_2, y_2)를 지나는 직선의 방정식

  ➡ $\begin{cases} x_1\neq x_2\text{일 때, } y-y_1=\dfrac{y_2-y_1}{x_2-x_1}(x-x_1) \\ x_1=x_2\text{일 때, } x=x_1 \end{cases}$

④ x절편이 a, y절편이 b인 직선의 방정식

  ➡ $\dfrac{x}{a}+\dfrac{y}{b}=1$ (단, $a\neq 0$, $b\neq 0$)

(2) 두 직선 $y=m_1x+a$, $y=m_2x+b$가 수직일 때,

  $m_1m_2=-1$

0495 답 5

$y=f(-x)$, $y=-f(-x)$, $x=f(y)$의 그래프는 $y=f(x)$의 그

래프를 다음과 같이 대칭이동한 것이다.

$y=f(-x)$ ➡ $y=f(x)$의 그래프를 y축에 대하여 대칭이동

$y=-f(-x)$ ➡ $y=f(x)$의 그래프를 원점에 대하여 대칭이동

$x=f(y)$ ➡ $y=f(x)$의 그래프를 직선 $y=x$에 대하여 대칭이동

따라서 세 그래프를 좌표평면 위에 나타내면 그림과 같다.

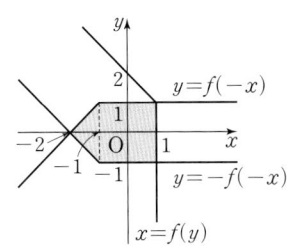

따라서 구하는 도형의 넓이는

$$2 \times 2 + \frac{1}{2} \times 2 \times 1 = 5$$

↳ (오각형의 넓이)
= (정사각형의 넓이) + (삼각형의 넓이)

0496 답 ①

| 유형 1

〈보기〉에서 함수 $f(x) = \left(\frac{1}{7}\right)^x$ 에 대한 설명으로 옳은 것만을 있는 대로 고른 것은? 단서1

─〈 보기 〉─

ㄱ. 정의역은 실수 전체의 집합이다.
ㄴ. 그래프의 점근선은 직선 $y = 0$이다.
ㄷ. 치역은 실수 전체의 집합이다.
ㄹ. $x_1 < x_2$이면 $f(x_1) < f(x_2)$이다.

① ㄱ, ㄴ   ② ㄱ, ㄷ   ③ ㄴ, ㄷ
④ ㄴ, ㄹ   ⑤ ㄷ, ㄹ

단서1 지수함수의 밑이 $0 < \frac{1}{7} < 1$이므로 x의 값이 증가하면 $f(x)$의 값은 감소하고 항상 $f(x) > 0$임을 이용

STEP1 함수 $f(x) = \left(\frac{1}{7}\right)^x$ 에 대한 설명으로 옳은 것 찾기

ㄱ. 정의역은 실수 전체의 집합이다. (참)
ㄴ. 그래프의 점근선은 직선 $y = 0$이다. (참)
ㄷ. 치역은 양의 실수 전체의 집합이다. (거짓)
ㄹ. 함수 $f(x) = \left(\frac{1}{7}\right)^x$에서 밑 $\frac{1}{7}$이 $0 < \frac{1}{7} < 1$이므로 x의 값이 증가하면 y의 값은 감소한다.
즉, $x_1 < x_2$이면 $f(x_1) > f(x_2)$이다. (거짓)
따라서 옳은 것은 ㄱ, ㄴ이다.

0497 답 ④

ㄱ. $y = 2^3 = 8$이므로 상수함수 (거짓)
ㄴ. 5를 밑으로 하는 지수함수 (참)
ㄷ. $y = x^3$은 다항함수 (거짓)
ㄹ. $\log_2 3$을 밑으로 하는 지수함수 (참)
따라서 지수함수인 것은 ㄴ, ㄹ이다.

0498 답 ④

① $x_1 \neq x_2$이면 $a^{x_1} \neq a^{x_2}$이므로 일대일함수이다. (참)
② 그래프의 점근선은 직선 $y = 0$이다. (참)
③ 정의역은 실수 전체의 집합이다. (참)
④ $0 < a < 1$일 때, x의 값이 증가하면 y의 값은 감소한다. (거짓)
⑤ $a^0 = 1$이므로 함수의 그래프는 점 $(0, 1)$을 지난다. (참)
따라서 옳지 않은 것은 ④이다.

0499 답 ③

점 $(-2, 4)$를 지나므로 $x = -2$, $y = 4$를 $y = a^x$에 대입하면
$a^{-2} = 4 = \left(\frac{1}{2}\right)^{-2}$에서 $a = \frac{1}{2}$ ($\because a > 0$)

즉, 지수함수 $f(x) = \left(\frac{1}{2}\right)^x$의 그래프의 성질은 다음과 같다.

① 점 $(0, 1)$을 지난다. (참)
② 점근선은 x축이다. (참)
③ $x_1 < x_2$일 때, $f(x_1) > f(x_2)$이다. (거짓)
④ 그래프는 제1, 2사분면을 지난다. (참)
⑤ 치역은 양의 실수 전체의 집합이다. (참)
따라서 옳지 않은 것은 ③이다.

0500 답 ⑤

임의의 실수 a, b에 대하여 $a < b$일 때, $f(a) < f(b)$를 만족시킨다는 것은 함수 $f(x)$가 x의 값이 증가하면 y의 값도 증가하는 함수임을 의미한다.
따라서 $f(x) = a^x$에서 $a > 1$인 함수를 찾으면 된다.

① $f(x) = 3^{-x} = \left(\frac{1}{3}\right)^x$에서 밑 $\frac{1}{3}$이 $0 < \frac{1}{3} < 1$이므로 x의 값이 증가하면 y의 값은 감소한다.

② $f(x) = 0.2^x = \left(\frac{1}{5}\right)^x$에서 밑 $\frac{1}{5}$이 $0 < \frac{1}{5} < 1$이므로 x의 값이 증가하면 y의 값은 감소한다.

③ $f(x) = \left(\frac{\sqrt{2}}{3}\right)^x$에서 밑 $\frac{\sqrt{2}}{3}$가 $0 < \frac{\sqrt{2}}{3} < 1$이므로 x의 값이 증가하면 y의 값은 감소한다.

④ $f(x) = \left(\frac{1}{9}\right)^x$에서 밑 $\frac{1}{9}$이 $0 < \frac{1}{9} < 1$이므로 x의 값이 증가하면 y의 값은 감소한다.

⑤ $f(x) = \left(\frac{1}{2}\right)^{-x} = 2^x$에서 밑 2가 $2 > 1$이므로 x의 값이 증가하면 y의 값도 증가한다.

따라서 주어진 조건을 만족시키는 함수는 ⑤이다.

0501 답 $-2 < a < -1$

$y = (a^2 + 3a + 3)^x$에서 x의 값이 증가할 때 y의 값이 감소하려면
$0 < a^2 + 3a + 3 < 1$

(i) $0 < a^2 + 3a + 3$에서 $a^2 + 3a + 3 = \left(a + \frac{3}{2}\right)^2 + \frac{3}{4} > 0$
이므로 a는 모든 실수이다.

(ii) $a^2 + 3a + 3 < 1$에서 $a^2 + 3a + 2 < 0$
$(a+2)(a+1) < 0$ $\therefore -2 < a < -1$

(i), (ii)에서 $-2 < a < -1$

0502 답 ⑤ | 유형 2

함수 $f(x)=a^x$ $(a>0,\ a\neq1)$에 대하여 $f(2)=\dfrac{1}{9}$일 때, $f(-3)$의 값은? [단서1]

① -27 ② $-\dfrac{1}{27}$ ③ 1

④ $\dfrac{1}{27}$ ⑤ 27

단서1 $f(x)=a^x$에 $x=2$를 대입하면 $\dfrac{1}{9}$

STEP1 a의 값 구하기

$f(x)=a^x$에서 $f(2)=\dfrac{1}{9}$이므로

$a^2=\dfrac{1}{9}$ $\therefore a=\dfrac{1}{3}$ $(\because a>0)$

STEP2 $f(-3)$의 값 구하기

$f(x)=\left(\dfrac{1}{3}\right)^x$이므로 $f(-3)=\left(\dfrac{1}{3}\right)^{-3}=27$

0503 답 7

$f(x)=\left(\dfrac{1}{3}\right)^{x-k}$에서 $f(2)=9$이므로

$\left(\dfrac{1}{3}\right)^{2-k}=9$, $3^{k-2}=9=3^2$

$k-2=2$ $\therefore k=4$

따라서 $f(x)=\left(\dfrac{1}{3}\right)^{x-4}$이므로

$k+f(3)=4+\left(\dfrac{1}{3}\right)^{3-4}=4+3=7$

0504 답 ②

$f(x)=a^{mx+n}$에서 $f(0)=4$, $f(2)=36$이므로

$f(0)=a^n=4$, $f(2)=a^{2m+n}=36$

$a^{2m+n}=a^{2m}\times a^n=36$, $a^{2m}\times 4=36$

$(a^m)^2=9=3^2$ $\therefore a^m=3$ $(\because a^m>0)$

$\therefore f(1)=a^{m+n}=a^m\times a^n=3\times4=12$

0505 답 5

$f(0)=3$에서 $a\times3^0=3$

$a=3$이므로 $f(x)=3\times3^x=3^{x+1}$

$f(b)=27$에서 $3^{b+1}=27$

$3^{b+1}=3^3$, $b+1=3$ $\therefore b=2$

$\therefore a+b=3+2=5$

0506 답 ②

$f(3a)f(2b)=27$에서 $3^{-3a}\times3^{-2b}=3^{-3a-2b}=3^3$

$\therefore -3a-2b=3$ ·········· ㉠

$f(a+b)=3$에서 $3^{-a-b}=3$

$\therefore -a-b=1$ ·········· ㉡

㉠, ㉡을 연립하여 풀면 $a=-1$, $b=0$

$\therefore f(-2a)+f(-2b)=f(2)+f(0)=3^{-2}+3^0=\dfrac{1}{9}+1=\dfrac{10}{9}$

따라서 $p=9$, $q=10$이므로 $p+q=19$

0507 답 ①

ㄱ. $f(x+y)=a^{x+y}=a^x\times a^y=f(x)f(y)$ (참)

ㄴ. $f(nx)=a^{nx}=(a^x)^n=\{f(x)\}^n$ (거짓)

ㄷ. $f(x-y)=a^{x-y}=a^x\times\dfrac{1}{a^y}=\dfrac{f(x)}{f(y)}$ (거짓)

따라서 옳은 것은 ㄱ이다.

0508 답 ①

① $f(x-y)=a^{x-y}=a^x\times\dfrac{1}{a^y}=\dfrac{f(x)}{f(y)}$ (거짓)

② $f(1-x)=a^{1-x}=a\times\dfrac{1}{a^x}=\dfrac{a}{f(x)}$ (참)

③ $f(2x)=(a^x)^2$이므로 $\sqrt{f(2x)}=a^x=f(x)$ (참)

④ $f\left(\dfrac{x}{3}\right)=a^{\frac{x}{3}}=\sqrt[3]{a^x}=\sqrt[3]{f(x)}$ (참)

⑤ $f(nx)=a^{nx}=(a^x)^n=\{f(x)\}^n$ (참)

따라서 옳지 않은 것은 ①이다.

0509 답 ②

$f(2\alpha)=2$에서 $a^{2\alpha}+a^{-2\alpha}=4$

$f(2\beta)=4$에서 $a^{2\beta}+a^{-2\beta}=8$ $\rightarrow =\dfrac{1}{4}\times(a^{2\alpha}+a^{2\beta}+a^{-2\beta}+a^{-2\alpha})$

$\therefore f(\alpha+\beta)\times f(\alpha-\beta)=\dfrac{1}{2}(a^{\alpha+\beta}+a^{-\alpha-\beta})\times\dfrac{1}{2}(a^{\alpha-\beta}+a^{-\alpha+\beta})$

$=\dfrac{1}{4}\times(a^{2\alpha}+a^{-2\alpha}+a^{2\beta}+a^{-2\beta})$

$=\dfrac{1}{4}\times(4+8)=3$

0510 답 ⑤

$f(2)=17$에서 $\dfrac{a^2+a^{-2}}{2}=17$

$a^2+a^{-2}=34$이므로

$(a+a^{-1})^2=a^2+a^{-2}+2=36$

이때 $a>0$이므로 $a+a^{-1}=6$

따라서

$a^3+a^{-3}=(a+a^{-1})^3-3\times a\times a^{-1}(a+a^{-1})$

$=6^3-3\times6=198$ $\rightarrow a^3+b^3=(a+b)^3-3ab(a+b)$를 이용한다.

이므로

$f(3)=\dfrac{a^3+a^{-3}}{2}=\dfrac{198}{2}=99$

0511 답 ③ | 유형 3

그림과 같이 함수 $y=9^x$의 그래프 위의 한 점 P에 대하여 선분 OP가 함수 $y=3^x$의 그래프와 만나는 점을 Q라 하자. 점 Q가 선분 OP의 중점 [단서1] 일 때, 점 P의 y좌표는? (단, O는 원점이다.)

① $\sqrt[3]{2}$ ② $\sqrt[3]{4}$

③ $\sqrt[3]{16}$ ④ $\sqrt[3]{32}$

⑤ $\sqrt[3]{128}$

단서1 점 Q의 x좌표를 α라 하면 점 P의 x좌표는 2α

STEP 1 점 Q가 선분 OP의 중점임을 이용하여 점 Q의 x좌표 구하기

점 Q의 x좌표를 α라 하면 점 Q의 좌표는 $(\alpha,\ 3^{\alpha})$이고, 점 P의 좌표는 $(2\alpha,\ 9^{2\alpha})$이다.

이때 점 Q는 선분 OP의 중점이므로 $\dfrac{9^{2\alpha}}{2}=3^{\alpha}$이다.

즉, $\dfrac{9^{2\alpha}}{3^{\alpha}}=2$에서 $\dfrac{3^{4\alpha}}{3^{\alpha}}=2$이므로 $3^{3\alpha}=2$

$\therefore\ 3^{\alpha}=2^{\frac{1}{3}}$

STEP 2 점 P의 y좌표 구하기

점 P의 y좌표는

$9^{2\alpha}=3^{4\alpha}=2^{\frac{4}{3}}=\sqrt[3]{16}$

0512 답 ①

$y=3^{x}$의 그래프가 두 점 $(1,\ a)$, $(b,\ 81)$을 지나므로

$3^{1}=a$에서 $a=3$

$3^{b}=81$에서 $3^{b}=3^{4}$이므로 $b=4$

$\therefore\ b-a=1$

0513 답 ④

$2^{a}=\alpha$, $2^{b}=\beta$이므로 $\alpha\beta=2^{a}\times2^{b}=2^{a+b}$

따라서 $2^{a+b}=64=2^{6}$이므로

$a+b=6$

0514 답 ⑤

$a=3^{\frac{1}{2}}=\sqrt{3}$이므로 $b=3^{a}=3^{\sqrt{3}}$

$\therefore\ b^{a}=(3^{\sqrt{3}})^{\sqrt{3}}=3^{3}=27$

0515 답 ③

$y=\left(\dfrac{1}{2}\right)^{x}$의 그래프와 y축의 교점의

좌표가 $(0,\ 1)$이다.

첫 번째 정사각형의 한 변의 길이는

1

두 번째 정사각형의 한 변의 길이는

$\left(\dfrac{1}{2}\right)^{1}=\dfrac{1}{2}$

세 번째 정사각형의 한 변의 길이는 $\left(\dfrac{1}{2}\right)^{1+\frac{1}{2}}=\left(\dfrac{1}{2}\right)^{\frac{3}{2}}$

따라서 색칠한 정사각형의 넓이는

$\left\{\left(\dfrac{1}{2}\right)^{\frac{3}{2}}\right\}^{2}=\left(\dfrac{1}{2}\right)^{3}=\dfrac{1}{8}$

0516 답 ②

$\left(\dfrac{1}{3}\right)^{a}=\alpha$, $\left(\dfrac{1}{3}\right)^{-b}=\beta$, $\left(\dfrac{1}{3}\right)^{-a-b}=\gamma$

즉, $\left(\dfrac{1}{3}\right)^{-b}\div\left(\dfrac{1}{3}\right)^{a}=\left(\dfrac{1}{3}\right)^{-b-a}$이므로 $\dfrac{\beta}{\alpha}=\gamma$

$\therefore\ \beta=\alpha\gamma$

0517 답 ③

점 P의 좌표를 $(a,\ 9^{a})$이라 하면 $\overline{OP}$를 $1:2$로 내분하는 점의 좌표는

$\left(\dfrac{a}{1+2},\ \dfrac{9^{a}}{1+2}\right)$, 즉 $\left(\dfrac{a}{3},\ \dfrac{9^{a}}{3}\right)$

이 점이 함수 $y=\left(\dfrac{1}{3}\right)^{x}$의 그래프 위에 있으므로

$\dfrac{9^{a}}{3}=\left(\dfrac{1}{3}\right)^{\frac{a}{3}}$, $3^{2a-1}=3^{-\frac{a}{3}}$

$2a-1=-\dfrac{a}{3}$, $6a-3=-a$, $7a=3$ $\therefore\ a=\dfrac{3}{7}$

개념 Check

(1) 점 $A(x_{1},\ y_{1})$과 점 $B(x_{2},\ y_{2})$를 잇는 선분 AB를 $m:n$으로 내분하는 점의 좌표는

$\left(\dfrac{mx_{2}+nx_{1}}{m+n},\ \dfrac{my_{2}+ny_{1}}{m+n}\right)$

(2) 점 $A(x_{1},\ y_{1})$과 점 $B(x_{2},\ y_{2})$를 잇는 선분 AB의 중점의 좌표는

$\left(\dfrac{x_{1}+x_{2}}{2},\ \dfrac{y_{1}+y_{2}}{2}\right)$

(3) 점 $A(x_{1},\ y_{1})$과 점 $B(x_{2},\ y_{2})$를 잇는 선분 AB를 $m:n$으로 외분하는 점의 좌표는

$\left(\dfrac{mx_{2}-nx_{1}}{m-n},\ \dfrac{my_{2}-ny_{1}}{m-n}\right)$ (단, $m\neq n$)

0518 답 2

점 A의 좌표가 $(a,\ 3^{a})$이고 두 점 A, C의 y좌표가 같으므로

$9^{x}=3^{a}$에서 $3^{2x}=3^{a}$, $2x=a$ $\therefore\ x=\dfrac{a}{2}$

즉, $C\left(\dfrac{a}{2},\ 3^{a}\right)$이므로 $\overline{AC}=\dfrac{a}{2}$

점 B의 좌표가 $(a,\ 9^{a})$이고 두 점 B, D의 y좌표가 같으므로

$3^{x}=9^{a}$에서 $3^{x}=3^{2a}$ $\therefore\ x=2a$

즉, $D(2a,\ 9^{a})$이므로 $\overline{BD}=a$

$\therefore\ \dfrac{\overline{BD}}{\overline{AC}}=\dfrac{a}{\dfrac{a}{2}}=2$

0519 답 6

$\overline{AB}=1$, $\overline{BC}=2$이므로 $\overline{BC}=a^{2}-b^{2}=2$ $\cdots\cdots$ ㉠

두 점 A, B의 y좌표가 같으므로 $a=b^{2}$ $\cdots\cdots$ ㉡

$\rightarrow B(2,\ b^{2})$, $C(2,\ a^{2})$에서 y좌표의 차를 구한다.

㉠, ㉡에서 $a^{2}-a=2$에서 $a^{2}-a-2=0$

$(a-2)(a+1)=0$ $\therefore\ a=2$ 또는 $a=-1$

그런데 $a>1$이므로 $a=2$

$2=b^{2}$에서 $b=\sqrt{2}$ $(\because\ b>1)$

$\therefore\ a^{2}+b^{2}=2^{2}+(\sqrt{2})^{2}=6$

0520 답 ③

점 B의 x좌표를 $p\ (p>0)$라 하면

$\overline{BC}=2\overline{AB}$, $\overline{CD}=3\overline{AB}$이므로 두 점 C, D의 x좌표는 각각 $3p$, $6p$이다.

이때 세 점 B, C, D의 y좌표가 같으므로

$k=a^{p}=3^{3p}=b^{6p}$

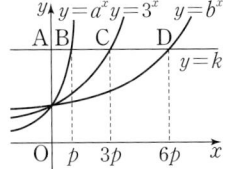

$a^p=3^{3p}$에서 $a^p=27^p$이므로 $a=27$

$3^{3p}=b^{6p}$에서 $(\sqrt{3})^{6p}=b^{6p}$이므로 $b=\sqrt{3}$

$\therefore \dfrac{a}{b}=\dfrac{27}{\sqrt{3}}=9\sqrt{3}$

Plus 문제

0520-1

그림과 같이 직선 $x=0$, 세 함수 $y=a^x$, $y=\left(\dfrac{1}{2}\right)^x$, $y=b^x$의 그래프가 직선 $y=k$와 만나는 점을 각각 A, B, C, D라 하자. $\overline{BC}=\overline{AB}$, $\overline{CD}=2\overline{AB}$일 때, 실수 a, b에 대하여 $\dfrac{b}{a}$의 값을 구하시오.

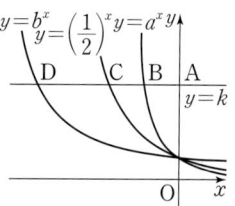

$\left(\text{단, } k>1, \ 0<a<\dfrac{1}{2}<b<1\right)$

$\overline{BC}=\overline{AB}$, $\overline{CD}=2\overline{AB}$이므로

점 B의 x좌표를 t $(t<0)$라 하면 두 점 C, D의 x좌표는 각각 $2t$, $4t$이다.

이때 세 점 B, C, D의 y좌표가 같으므로

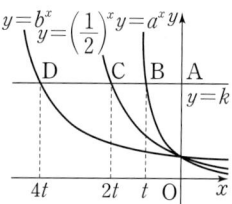

$k=a^t=\left(\dfrac{1}{2}\right)^{2t}=b^{4t}$

$a^t=\left(\dfrac{1}{2}\right)^{2t}$에서

$a^t=\left(\dfrac{1}{4}\right)^t$이므로 $a=\dfrac{1}{4}$

$b^{4t}=\left(\dfrac{1}{2}\right)^{2t}$에서

$b^{4t}=\left(\dfrac{\sqrt{2}}{2}\right)^{4t}$이므로 $b=\dfrac{\sqrt{2}}{2}$

$\therefore \dfrac{b}{a}=\dfrac{\dfrac{\sqrt{2}}{2}}{\dfrac{1}{4}}=2\sqrt{2}$

답 $2\sqrt{2}$

0521 답 ⑤

곡선 $y=a^x$이 점 $(p, -p)$를 지나므로 $-p=a^p$ ·················· ㉠

또, 곡선 $y=a^{2x}$이 점 $(q, -q)$를 지나므로 $-q=a^{2q}$ ·············· ㉡

㉠, ㉡을 변끼리 곱하면

$(-p)\times(-q)=a^p\times a^{2q}$

$\therefore pq=a^{p+2q}$

따라서 로그의 정의에 의하여 $p+2q=\log_a pq=-8$

0522 답 16

점 A의 x좌표를 $-a$ $(a>0)$라 하면 $\overline{AC}:\overline{CB}=1:5$이므로 점 B의 x좌표는 $5a$이다.

즉, $f(-a)=g(5a)$이므로

$\left(\dfrac{1}{2}\right)^{-a-1}=4^{5a-1}$

$2^{a+1}=2^{10a-2}$이므로 $a+1=10a-2$

$9a=3$ $\therefore a=\dfrac{1}{3}$

점 $(5a, k)$, 즉 $\left(\dfrac{5}{3}, k\right)$가 $y=g(x)$의 그래프 위의 점이므로

$k=4^{\frac{2}{3}}$ $\therefore k^3=(4^{\frac{2}{3}})^3=4^2=16$

0523 답 ③ | 유형4

함수 $y=3^x$의 그래프를 y축에 대하여 대칭이동한 후 x축의 방향으로 -2만큼, y축의 방향으로 -3만큼 평행이동하였더니 함수 $y=a\left(\dfrac{1}{3}\right)^x+b$의 그래프와 일치하였다. 상수 a, b에 대하여 ab의 값은?

① -3 ② -1 ③ $-\dfrac{1}{3}$
④ $\dfrac{1}{3}$ ⑤ 1

단서1 x 대신 $-x$를 대입
단서2 x 대신 $x+2$, y 대신 $y+3$을 대입

STEP 1 대칭이동한 후의 그래프의 식 구하기

함수 $y=3^x$의 그래프를 y축에 대하여 대칭이동한 그래프의 식은 $y=3^{-x}$

STEP 2 평행이동한 후의 그래프의 식 구하기

$y=3^{-x}$의 그래프를 x축의 방향으로 -2만큼, y축의 방향으로 -3만큼 평행이동한 그래프의 식은 $y=3^{-(x+2)}-3$

STEP 3 ab의 값 구하기

$y=3^{-(x+2)}-3=\dfrac{1}{9}\left(\dfrac{1}{3}\right)^x-3$이므로 $a=\dfrac{1}{9}$, $b=-3$

$\therefore ab=\dfrac{1}{9}\times(-3)=-\dfrac{1}{3}$

0524 답 ③

ㄱ. 함수 $y=-3^x+2$의 그래프는 함수 $y=3^x$의 그래프를 x축에 대하여 대칭이동한 후, y축의 방향으로 2만큼 평행이동한 그래프이다.

ㄴ. 함수 $y=9\times3^x-1=3^{x+2}-1$의 그래프는 함수 $y=3^x$의 그래프를 x축의 방향으로 -2만큼, y축의 방향으로 -1만큼 평행이동한 그래프이다.

ㄷ. 함수 $y=\dfrac{1}{9}\times3^{2x}=3^{2x-2}=3^{2(x-1)}=9^{x-1}$의 그래프는 함수 $y=3^x$의 그래프를 평행이동 또는 대칭이동하여 겹칠 수 없다.

ㄹ. $y=3\times\left(\dfrac{1}{3}\right)^x=3^{-x+1}=3^{-(x-1)}$의 그래프는 함수 $y=3^x$의 그 래프를 y축에 대하여 대칭이동한 후, x축의 방향으로 1만큼 평행이동한 그래프이다.

따라서 함수 $y=3^x$의 그래프를 평행이동 또는 대칭이동하여 겹쳐지는 것은 ㄱ, ㄴ, ㄹ이다.

0525 답 ④

그래프에서 점근선의 방정식이 $y=-3$이므로 $b=-3$

$y=2^{x+a}-3$의 그래프가 점 $(0,1)$을 지나므로

$1=2^a-3,\ 2^a=4=2^2$ $\quad\therefore a=2$

$\therefore a+b=2+(-3)=-1$

0526 답 ⑤

함수 $y=2^{x-a}+b$의 그래프의 점근선이 직선 $y=-8$이므로 $b=-8$이다.

$\therefore y=2^{x-a}-8$

또한, 함수 $y=2^{x-a}-8$의 그래프가 점 $(-3,0)$을 지나므로

$0=2^{-3-a}-8$에서 $2^{-3-a}=8=2^3$

$-3-a=3$ $\quad\therefore a=-6$

$\therefore ab=(-6)\times(-8)=48$

0527 답 ⑤

$y=-2^{-x-1}+5=-2^{-(x+1)}+5$

이므로 그래프는 그림과 같다.

① x의 값이 증가하면 y의 값도 증가한다. (참)

② 제1사분면, 제2사분면, 제3사분면을 지난다. (참)

③ $x=0$을 대입하면 $y=\dfrac{9}{2}$이므로 점 $\left(0,\dfrac{9}{2}\right)$를 지난다. (참)

④ $y=-2^{-x-1}$의 그래프를 y축의 방향으로 5만큼 평행이동한 그래프이다. (참)

⑤ $y=-2^{-x}+5$의 그래프를 x축의 방향으로 -1만큼 평행이동한 그래프이다. (거짓)

따라서 옳지 않은 것은 ⑤이다.

0528 답 ③

$y=a^{3x-6}+3=a^{3(x-2)}+3\ (a>0,\ a\ne1)$의 그래프는 $y=a^{3x}$의 그래프를 x축의 방향으로 2만큼, y축의 방향으로 3만큼 평행이동한 것이다.

이때 $y=a^{3x}$의 그래프는 a의 값에 관계없이 항상 점 $(0,1)$을 지나므로 $y=a^{3x-6}+3$의 그래프는 항상 점 $(2,4)$를 지난다.

따라서 $p=2,\ q=4$이므로 $p+q=6$

0529 답 4

$y=3^{x+2}+1$의 그래프를 x축의 방향으로 m만큼, y축의 방향으로 n만큼 평행이동한 그래프의 식은

$y=3^{x+2-m}+1+n$

y축에 대하여 대칭이동한 그래프의 식은

$y=3^{-x+2-m}+1+n$

이 함수의 그래프가 $y=3\left(\dfrac{1}{3}\right)^x+4=3^{-x+1}+4$의 그래프와 일치하므로 $3^{-x+2-m}+1+n=3^{-x+1}+4$에서

$2-m=1,\ 1+n=4$이므로 $m=1,\ n=3$

$\therefore m+n=4$

0530 답 ①

$y=3\times2^x+1=2^{\log_2 3}\times2^x+1=2^{x+\log_2 3}+1$의 그래프는 $y=2^x$의 그래프를 x축의 방향으로 $-\log_2 3$만큼, y축의 방향으로 1만큼 평행이동한 것이다.

따라서 $m=-\log_2 3,\ n=1$이므로

$m+n=-\log_2 3+1=\log_2\dfrac{2}{3}$

0531 답 60

함수 $f(x)=2^{x+p}+q$의 그래프의 점근선이 직선 $y=q$이므로

$q=-4$

$f(0)=0$이므로 $2^p-4=0$

$2^p=4=2^2$ $\quad\therefore p=2$

따라서 $f(x)=2^{x+2}-4$이므로

$f(4)=2^6-4=60$

0532 답 ②

함수 $y=3^x$의 그래프를 x축의 방향으로 m만큼, y축의 방향으로 n만큼 평행이동한 그래프의 식은 $y=3^{x-m}+n$

이 그래프의 점근선의 방정식이 $y=2$이므로 $n=2$

점 $(7,5)$를 지나므로 $5=3^{7-m}+2$

$3^{7-m}=3,\ 7-m=1$ $\quad\therefore m=6$

$\therefore m+n=6+2=8$

0533 답 47

지수함수 $y=5^x$의 그래프를 x축의 방향으로 a만큼, y축의 방향으로 b만큼 평행이동한 그래프의 식은 $y=5^{x-a}+b$

이 함수의 그래프와 함수 $y=\dfrac{1}{9}\times5^{x-1}+2$의 그래프가 일치하므로

$5^{-a}=\dfrac{1}{9}\times5^{-1}$에서 $5^a=45$이고, $b=2$이다.

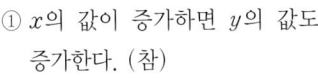 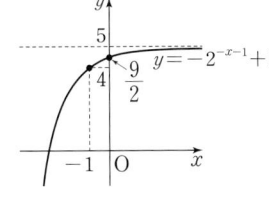

$\therefore 5^a+b=45+2=47$ $\longrightarrow 5^{-a}=\dfrac{1}{45},\ (5^a)^{-1}=45^{-1}$

$\therefore 5^a=45$

0534 답 ①

| 유형 5

함수 $y=\left(\dfrac{1}{5}\right)^{x-1}+k$의 그래프가 제1사분면을 지나지 않도록 하는 정수 k의 최댓값은? 단서1

① -5 ② -3 ③ -1

④ 1 ⑤ 3

단서1 x좌표가 0일 때 y좌표가 0보다 작거나 같아야 함을 이용

$y=\left(\frac{1}{5}\right)^{x-1}+k$의 그래프는

$y=\left(\frac{1}{5}\right)^{x}$의 그래프를 x축의

방향으로 1만큼, y축의 방향으로 k만큼 평행이동한 것이다.

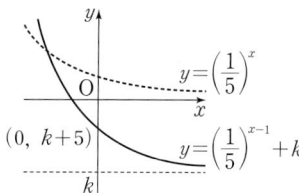

STEP 2 제1사분면을 지나지 않을 조건 알기

x의 값이 증가하면 y의 값은 감소하므로 그래프가 제1사분면을 지나지 않으려면 $x=0$일 때 y의 값이 0보다 작거나 같아야 한다.

STEP 3 정수 k의 최댓값 구하기

$\left(\frac{1}{5}\right)^{0-1}+k=5+k\le0$

$\therefore k\le-5$

따라서 정수 k의 최댓값은 -5이다.

0535 답 ②

함수 $y=5^{x-3}-2$의 그래프는 함수 $y=5^{x}$의 그래프를 x축의 방향으로 3만큼, y축의 방향으로 -2만큼 평행이동한 것이므로 제2사분면을 지나지 않는다.

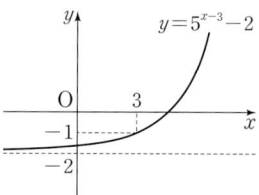

0536 답 -2

$y=2^{x+1}+k$의 그래프는 $y=2^{x}$의 그래프를 x축의 방향으로 -1만큼, y축의 방향으로 k만큼 평행이동한 것이다.

x의 값이 증가하면 y의 값도 증가하므로 그래프가 제4사분면을 지나지 않으려면 $x=0$일 때 y의 값이 0보다 크거나 같아야 한다.

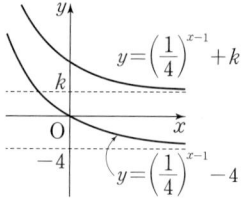

즉, $2^{0+1}+k\ge0$

$\therefore k\ge-2$

따라서 정수 k의 최솟값은 -2이다.

0537 답 ②

$y=\left(\frac{1}{4}\right)^{x-1}+k$의 그래프는 $y=\left(\frac{1}{4}\right)^{x}$

의 그래프를 x축의 방향으로 1만큼, y축의 방향으로 k만큼 평행이동한 것이다.

x의 값이 증가하면 y의 값이 감소하므로 그래프가 제3사분면을 지나지 않으려면 $x=0$일 때 y의 값이 0보다 크거나 같아야 한다.

즉, $\left(\frac{1}{4}\right)^{0-1}+k=4+k\ge0$

$\therefore k\ge-4$

따라서 정수 k의 최솟값은 -4이다.

0538 답 ②

$y=3^{x-1}+k$의 그래프는 $y=3^{x}$의 그래프를 x축의 방향으로 1만큼, y축의 방향으로 k만큼 평행이동한 것이다.

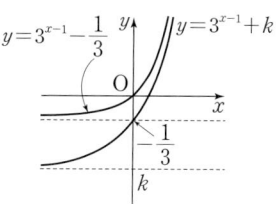

x의 값이 증가하면 y의 값도 증가하므로 그래프가 제2사분면을 지나지 않으려면 $x=0$일 때 y의 값이 0보다 작거나 같아야 한다.

즉, $3^{0-1}+k\le0$ $\therefore k\le-\frac{1}{3}$

따라서 상수 k의 최댓값은 $-\frac{1}{3}$이다.

0539 답 16

$y=-2^{4-3x}+k$

$\quad=-2^{-3\left(x-\frac{4}{3}\right)}+k$

$\quad=-\left(\frac{1}{8}\right)^{x-\frac{4}{3}}+k$

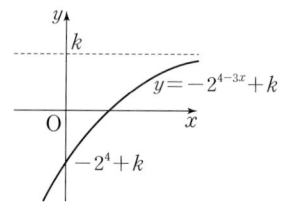

의 그래프는 $y=\left(\frac{1}{8}\right)^{x}$의 그래프를

x축에 대하여 대칭이동한 후 x축의 방향으로 $\frac{4}{3}$만큼, y축의 방향으로 k만큼 평행이동한 그래프이다.

x의 값이 증가하면 y의 값도 증가하므로 그래프가 제2사분면을 지나지 않으려면 $x=0$일 때 y의 값이 0보다 작거나 같아야 한다.

즉, $-2^{4}+k\le0$ $\therefore k\le16$

따라서 자연수 k는 1, 2, $\cdots$, 16으로 그 개수는 16이다.

0540 답 ②

함수 $y=3^{-x}$의 그래프를 x축의 방향으로 2만큼, y축의 방향으로 n만큼 평행이동한 그래프의 식은

$y=3^{-(x-2)}+n=\left(\frac{1}{3}\right)^{x-2}+n$

함수 $y=\left(\frac{1}{3}\right)^{x-2}+n$은 x의 값이 증가할 때 y의 값이 감소하므로 그래프가 제1사분면을 지나지 않으려면 $x=0$일 때 y의 값이 0보다 작거나 같아야 한다.

즉, $\left(\frac{1}{3}\right)^{0-2}+n=9+n\le0$ $\therefore n\le-9$

따라서 정수 n의 최댓값은 -9이다.

0541 답 ①

함수 $y=2^{x}$의 그래프를 y축에 대하여 대칭이동한 그래프의 식은

$y=2^{-x}=\left(\frac{1}{2}\right)^{x}$이고 $y=\left(\frac{1}{2}\right)^{x}$의 그래프를 x축의 방향으로 2만큼,

$\rightarrow x$ 대신 $-x$를 대입한다.

y축의 방향으로 n만큼 평행이동한 그래프의 식은 $y=\left(\frac{1}{2}\right)^{x-2}+n$ 이다.

함수 $y=\left(\frac{1}{2}\right)^{x-2}+n$은 x의 값이 증가할 때, y의 값은 감소하므로 그래프가 제3사분면을 지나지 않으려면 $x=0$일 때 y의 값이 0보다 크거나 같아야 한다.

즉, $\left(\dfrac{1}{2}\right)^{-2}+n=4+n\geq0$ $\therefore n\geq-4$

따라서 상수 n의 최솟값은 -4이다.

0542 답 ①

함수 $y=\left(\dfrac{1}{3}\right)^{x-1}+k$의 그래프가 함수

$y=3^x$의 그래프와 제1사분면에서 만

나지 않으려면 $x=0$일 때 y의 값이 1

보다 작거나 같아야 한다.

즉, $3+k\leq1$ $\therefore k\leq-2$

따라서 상수 k의 최댓값은 -2이다.

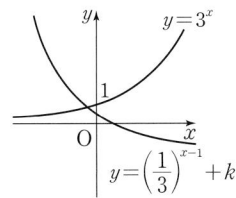

0543 답 ⑤ | 유형 6

그림과 같이 함수 $y=2^{x+1}$의 그래프 위의
한 점 A와 함수 $y=2^{x-3}$의 그래프 위의
두 점 B, C에 대하여 선분 AB는 x축에
[단서1]
평행하고 선분 AC는 y축에 평행하다.
[단서2]
$\overline{AB}=\overline{AC}$일 때, 점 C의 y좌표는?

(단, 점 A는 제1사분면 위에 있다.)

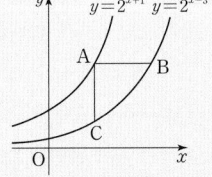

① $\dfrac{5}{12}$　　　② $\dfrac{1}{6}$　　　③ $\dfrac{1}{5}$

④ $\dfrac{7}{30}$　　　⑤ $\dfrac{4}{15}$

[단서1] x축에 평행하므로 두 점 A, B의 y좌표가 같음을 이용
[단서2] y축에 평행하므로 두 점 A, C의 x좌표가 같음을 이용

STEP1 두 함수의 그래프 사이의 관계를 파악하여 $\overline{AB}$의 길이 구하기

함수 $y=2^{x+1}$의 그래프를 x축의 방향으로 4만큼 평행이동하면 함
수 $y=2^{x-3}$의 그래프이다.

$\therefore \overline{AB}=4$

STEP2 $\overline{AC}$의 길이 구하기

$\overline{AB}=\overline{AC}$이므로 $\overline{AC}=4$

STEP3 점 C의 y좌표 구하기

점 A의 좌표를 $(a,\ 2^{a+1})\ (a>0)$이라 하면
점 C의 좌표는 $(a,\ 2^{a-3})$이므로

$\overline{AC}=2^{a+1}-2^{a-3}=2\times2^a-\dfrac{1}{8}\times2^a=\dfrac{15}{8}\times2^a=4$

$\therefore 2^a=\dfrac{32}{15}$

따라서 점 C의 y좌표는

$2^{a-3}=\dfrac{1}{8}\times2^a=\dfrac{1}{8}\times\dfrac{32}{15}=\dfrac{4}{15}$

0544 답 ⑤

정사각형 ACDB의 넓이가 16이므로 한 변의 길이는 4, 즉
$\overline{AC}=\overline{BD}=4$이다.

점 C의 x좌표를 a라 하면 점 D의 x좌표는 $a+4$이므로

$\overline{AC}=3^a=4$, $\overline{BD}=k\times3^{a+4}=4$

$k\times3^a\times3^4=k\times4\times3^4=4$에서 $k=\dfrac{1}{81}$

$\therefore \dfrac{1}{k}=\dfrac{1}{\dfrac{1}{81}}=81$

0545 답 $\dfrac{2}{3}$

$y=\dfrac{1}{4}\times\left(\dfrac{1}{2}\right)^x=\left(\dfrac{1}{2}\right)^2\times\left(\dfrac{1}{2}\right)^x=\left(\dfrac{1}{2}\right)^{x+2}$

즉, 함수 $y=\left(\dfrac{1}{2}\right)^{x+2}$의 그래프는 함수 $y=\left(\dfrac{1}{2}\right)^x$의 그래프를 x축
의 방향으로 -2만큼 평행이동한 것과 같으므로

$\overline{AB}=\overline{AC}=2$

점 $A\left(a,\ \left(\dfrac{1}{2}\right)^a\right)$이라 하면 점 $C\left(a,\ \left(\dfrac{1}{2}\right)^{a+2}\right)$이므로

$\overline{AC}=\left(\dfrac{1}{2}\right)^a-\left(\dfrac{1}{2}\right)^{a+2}=\left(\dfrac{1}{2}\right)^a\left\{1-\left(\dfrac{1}{2}\right)^2\right\}=\dfrac{3}{4}\times\left(\dfrac{1}{2}\right)^a$

이때 $\overline{AC}=2$이므로

$\dfrac{3}{4}\times\left(\dfrac{1}{2}\right)^a=2$ $\therefore \left(\dfrac{1}{2}\right)^a=\dfrac{8}{3}$

따라서 점 C의 y좌표는

$\left(\dfrac{1}{2}\right)^{a+2}=\dfrac{1}{4}\times\left(\dfrac{1}{2}\right)^a=\dfrac{1}{4}\times\dfrac{8}{3}=\dfrac{2}{3}$

0546 답 6

함수 $y=2^x$의 그래프를 원점에 대하여 대칭이동한 그래프의 식은
$y=f(x)=-2^{-x}$이다.

점 Q의 좌표를 $(x,\ y)$라 하면 두 점 $P(a,\ b)$, $Q(x,\ y)$에 대하여
$\overline{PO}:\overline{OQ}=2:1$이므로

$\dfrac{2x+a}{3}=0$, $\dfrac{2y+b}{3}=0$

$\therefore x=-\dfrac{a}{2}$, $y=-\dfrac{b}{2}$

점 P는 $y=2^x$의 그래프 위의 점이므로 $b=2^a$ ·········· ㉠

점 Q는 $y=-2^{-x}$의 그래프 위의 점이므로 $-\dfrac{b}{2}=-2^{\frac{a}{2}}$ ·········· ㉡

㉠, ㉡을 연립하여 풀면

$2^a=2^{\frac{a}{2}+1}$, $a=\dfrac{a}{2}+1$

$\therefore a=2$, $b=4$

$\therefore a+b=6$

0547 답 ③

함수 $y=f(x)$의 그래프와 함수 $y=h(x)$의 그래프는 y축에 대하
여 대칭이므로

$3=f(-2)=h(2)$에서 두 점 P, R의 x좌표는 각각 -2, 2이다.

점 Q의 x좌표를 α라 하면

$\overline{PQ}:\overline{QR}=3:1$에서 $\overline{PQ}=3\overline{QR}$이므로

$\alpha-(-2)=3(2-\alpha)$, $\alpha+2=6-3\alpha$

$\therefore \alpha=1$

$g(\alpha)=3$에서 $b^1=3$

$\therefore b=3$

$\therefore g(3)=b^3=3^3=27$

0548 답 ①

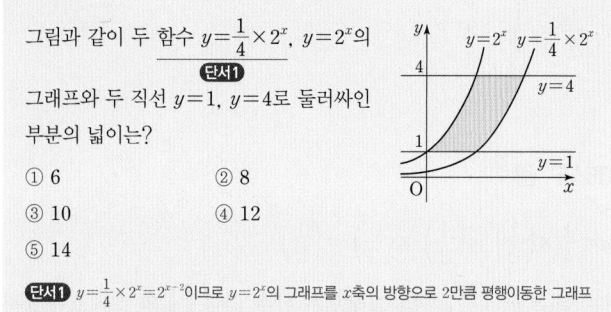

그림과 같이 두 함수 $y=\dfrac{1}{4}\times 2^x$, $y=2^x$의

【단서1】

그래프와 두 직선 $y=1$, $y=4$로 둘러싸인 부분의 넓이는?

① 6　　　　② 8

③ 10　　　④ 12

⑤ 14

단서1 $y=\dfrac{1}{4}\times 2^x=2^{x-2}$이므로 $y=2^x$의 그래프를 x축의 방향으로 2만큼 평행이동한 그래프

STEP1 평행이동을 이용하여 넓이가 같은 부분 찾기

그림과 같이 두 함수 $y=2^x$,

$y=\dfrac{1}{4}\times 2^x=2^{x-2}$의 그래프와 두 직선

$y=1$, $y=4$로 둘러싸인 부분의 넓이

는 S_1+S_2이다.

$y=\dfrac{1}{4}\times 2^x$의 그래프는 $y=2^x$의 그래

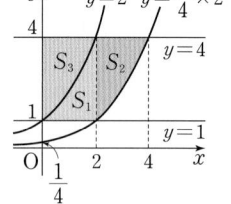

프를 x축의 방향으로 2만큼 평행이동한 것과 같다.

즉, $S_2=S_3$이므로 $S_1+S_2=S_1+S_3$

STEP2 넓이 구하기

구하는 부분의 넓이는 가로의 길이가 2, 세로의 길이가 3인 직사각형의 넓이와 같으므로 6이다.

0549 답 16

그림과 같이 두 함수 $y=3^x$, $y=3^{x+2}$의 그래프와 두 직선 $y=1$, $y=9$로 둘러싸인 부분의 넓이는 S_1+S_2이다.

함수 $y=3^{x+2}$의 그래프는 함수 $y=3^x$의 그래프를 x축의 방향으로 -2만큼 평행이동한 것이므로 S_1을 x축의 방향으로 2만큼 평행이동하면 함수 $y=3^x$의 그래프와 두 직선 $x=2$, $y=1$로 둘러싸인 부분 S_3과 같아진다.

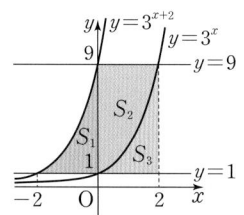

따라서 구하는 부분의 넓이는 네 직선 $x=0$, $x=2$, $y=1$, $y=9$로 둘러싸인 직사각형, 즉 가로의 길이가 2, 세로의 길이가 8인 직사각형의 넓이와 같으므로

$2\times 8=16$

0550 답 ②

그림과 같이 두 함수 $y=5^x$, $y=5^x+5$의 그래프와 두 직선 $x=0$, $x=2$로 둘러싸인 부분의 넓이는 S_1+S_2이다.

$y=5^x+5$의 그래프는 $y=5^x$의 그래프를 y축의 방향으로 5만큼 평행이동한 것과 같다.

즉, $S_1+S_2=S_1+S_3$

따라서 구하는 부분의 넓이는 가로의 길이가 2, 세로의 길이가 5인 직사각형의 넓이와 같으므로

$2\times 5=10$

0551 답 ②

그림과 같이 두 함수

$y=4\times 2^x-1$, $y=\dfrac{2^x}{16}-1$의 그

래프와 두 직선 $y=0$, $y=10$으

로 둘러싸인 부분의 넓이는

S_1+S_2이다.

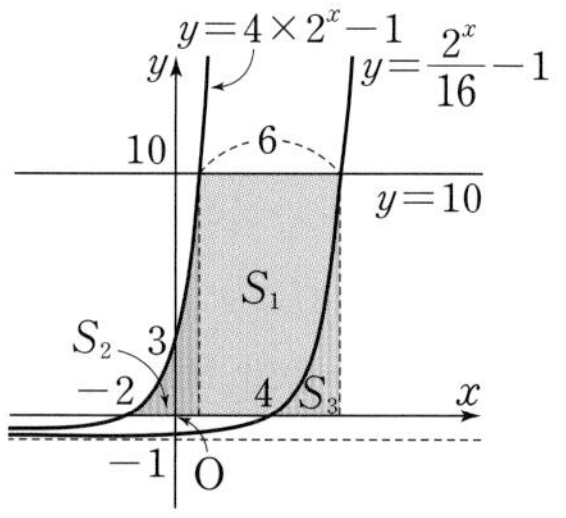

$y=4\times 2^x-1=2^{x+2}-1$,

$y=\dfrac{2^x}{16}-1=2^{x-4}-1$

이므로 함수 $y=\dfrac{2^x}{16}-1$의 그래프는 $y=4\times 2^x-1$의 그래프를 x축의 방향으로 6만큼 평행이동한 것과 같다.

즉, $S_1+S_2=S_1+S_3$

따라서 구하는 부분의 넓이는 가로의 길이가 6, 세로의 길이가 10인 직사각형의 넓이와 같으므로

$6\times 10=60$

0552 답 $\dfrac{1}{9}$

점 A의 y좌표는 1이므로 삼각형 ABC에서 밑변을 선분 BC라 하면 높이는 2이다.

삼각형 ABC의 넓이가 $\dfrac{3}{2}$이므로 $\overline{BC}=\dfrac{3}{2}$　$\Big(\overline{BC}\times 2\times \dfrac{1}{2}=\dfrac{3}{2} \quad \therefore \overline{BC}=\dfrac{3}{2} \Big)$

이때 점 B의 좌표가 $(1, 3)$이므로 점 C의 x좌표는 $-\dfrac{1}{2}$, 즉 점 C의

좌표가 $\left(-\dfrac{1}{2}, 3 \right)$이므로 $y=a^x$에 대입하면

$3=a^{-\frac{1}{2}}$　　$\therefore a=\dfrac{1}{9}$

0553 답 ④

두 삼각형 ACB, ADC의 높이가 $\overline{AB}$로 같으므로 두 삼각형의 넓이의 비는 밑변의 길이의 비와 같다.

$\therefore \overline{BC}:\overline{CD}=$(삼각형 ACB의 넓이) : (삼각형 ADC의 넓이)

$=1:1$

즉, $\overline{BC}:\overline{CD}=1:1$이므로

두 점 C, D의 x좌표를 각각 b, $2b$ $(b>0)$라 하면

$3^b=a^{2b}=k$, $3^b=(a^2)^b$

$3=a^2$　　$\therefore a=\sqrt{3}$ $(\because 1<a<3)$

실수 Check

두 삼각형의 넓이를 직접 구하려고 하지 말고, 넓이의 비를 이용하여 미지수의 값을 구하도록 한다.

특히, 높이가 같은 두 삼각형의 넓이의 비는 두 삼각형의 밑변의 길이의 비와 같음을 잊지 않도록 한다.

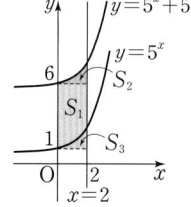

0553-1

그림과 같이 y축 위의 두 점 A, B에 대하여 두 함수 $y=\left(\dfrac{1}{8}\right)^x$, $y=\left(\dfrac{1}{a}\right)^x$의 그래프와 점 B를 지나는 직선 $y=k$ $(k>1)$가 만나는 점을 각각 C, D라 하자. 삼각형 ABC의 넓이가 삼각형 ACD의 넓이의 $\dfrac{1}{2}$과 같을 때, 상수 a의 값을 구하시오.

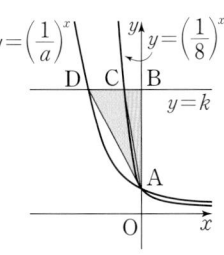

(단, $1<a<8$)

두 삼각형 ABC, ACD의 높이가 $\overline{AB}$로 같으므로 두 삼각형의 넓이의 비는 밑변의 길이의 비와 같다.

$\therefore \overline{BC}:\overline{CD}=$(삼각형 ABC의 넓이) : (삼각형 ACD의 넓이)

$\qquad\qquad =1:2$

즉, $\overline{BC}:\overline{CD}=1:2$이므로 두 점 C, D의 x좌표를 각각 b, $3b$ $(b<0)$라 하면

$\left(\dfrac{1}{8}\right)^b=\left(\dfrac{1}{a}\right)^{3b}=k,\ 8^{-b}=a^{-3b}$

$2^{-3b}=a^{-3b}\qquad \therefore a=2$

🈁 2

0554 🈁 ①

곡선 $y=\left(\dfrac{1}{3}\right)^x$이 직선 $y=9$와 만나는 점의 x좌표는 -2이므로 A$(-2, 9)$

곡선 $y=\left(\dfrac{1}{9}\right)^x$이 직선 $y=9$와 만나는 점의 x좌표는 -1이므로 B$(-1, 9)$

따라서 삼각형 OAB의 넓이는

$\dfrac{1}{2}\times 1\times 9=\dfrac{9}{2}$ ⟶ $\dfrac{1}{2}\times\overline{AB}\times 9$

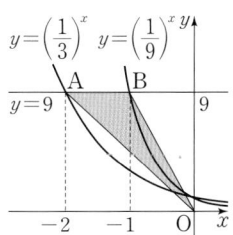

0555 🈁 ③

점 A는 두 곡선 $y=2^{x-3}+1$과 $y=2^{x-1}-2$가 만나는 점이므로

$2^{x-3}+1=2^{x-1}-2,\ 2^2\times 2^{x-3}-2^{x-3}=3$

$3\times 2^{x-3}=3,\ x-3=0\qquad \therefore x=3$

즉, 점 A의 좌표는 A$(3, 2)$

점 B의 x좌표를 a라 하면 B$(a, 2^{a-3}+1)$

두 점 B, C는 기울기가 -1인 직선 위의 점이고 $\overline{BC}=\sqrt{2}$이므로 점 C의 좌표는 C$(a-1, 2^{a-3}+2)$

이때 점 C는 곡선 $y=2^{x-1}-2$ 위의 점이므로

$2^{a-3}+2=2^{a-2}-2,\ 2\times 2^{a-3}-2^{a-3}=4$

$2^{a-3}=4,\ a-3=2\qquad \therefore a=5$

즉, 점 B의 좌표는 $(5, 5)$이고, 점 B가 직선 $y=-x+k$ 위의 점이므로 $5=-5+k\qquad \therefore k=10$

한편, 점 A$(3, 2)$와 직선 $y=-x+10$, 즉 $x+y-10=0$ 사이의 거리는

$\dfrac{|3+2-10|}{\sqrt{1^2+1^2}}=\dfrac{5}{\sqrt{2}}$

따라서 삼각형 ABC의 넓이는

$\dfrac{1}{2}\times\sqrt{2}\times\dfrac{5}{\sqrt{2}}=\dfrac{5}{2}$

점 (x_1, y_1)과 직선 $ax+by+c=0$ 사이의 거리는

➡ $\dfrac{|ax_1+by_1+c|}{\sqrt{a^2+b^2}}$

특히, 원점과 직선 $ax+by+c=0$ 사이의 거리는 $\dfrac{|c|}{\sqrt{a^2+b^2}}$이다.

점 C에서 점 B를 지나며 x축에 평행한 직선에 내린 수선의 발 H와 두 점 B, C로 이루어진 △BCH에서 삼각비를 이용하여 $\overline{BH}=\overline{CH}=1$임을 알아내고, 점 C는 점 B를 x축의 방향으로 -1만큼, y축의 방향으로 1만큼 평행이동한 점임을 파악하여 좌표를 구할 수 있게 한다.

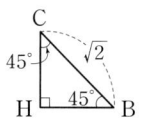

0556 🈁 ① | 유형 **8**

다음 세 수 A, B, C의 대소 관계로 옳은 것은?

$A=\sqrt[3]{2},\ B=0.5^{-\frac{1}{2}},\ C=\sqrt[6]{16}$ [단서1]

① $A<B<C$ ② $A<C<B$ ③ $B<A<C$

④ $B<C<A$ ⑤ $C<B<A$

[단서1] 밑을 2로 같게 하여 세 수의 대소를 비교

STEP 1 세 수의 밑을 같게 하기

$A=\sqrt[3]{2}=2^{\frac{1}{3}}$

$B=0.5^{-\frac{1}{2}}=\left(\dfrac{1}{2}\right)^{-\frac{1}{2}}=(2^{-1})^{-\frac{1}{2}}=2^{\frac{1}{2}}$

$C=\sqrt[6]{16}=(2^4)^{\frac{1}{6}}=2^{\frac{2}{3}}$

STEP 2 지수함수의 성질을 이용하여 대소 비교하기

밑 2가 1보다 크므로

$\dfrac{1}{3}<\dfrac{1}{2}<\dfrac{2}{3}$에서 $2^{\frac{1}{3}}<2^{\frac{1}{2}}<2^{\frac{2}{3}}$

$\therefore A<B<C$

0557 🈁 ④

$C=2^{-1}=\dfrac{1}{2}$

이때 밑 $\dfrac{1}{2}$이 1보다 작으므로

$-\sqrt{2}<1<1.4$에서 $\left(\dfrac{1}{2}\right)^{-\sqrt{2}}>\dfrac{1}{2}>\left(\dfrac{1}{2}\right)^{1.4}$

$\therefore B<C<A$

0558 🈁 ⑤

$A=\sqrt[3]{81}=3^{\frac{4}{3}}$

03

$B = \sqrt{9\sqrt{3}} = (3^2 \times 3^{\frac{1}{2}})^{\frac{1}{2}} = (3^{\frac{5}{2}})^{\frac{1}{2}} = 3^{\frac{5}{4}}$

$C = \left(\dfrac{1}{3}\right)^{-\frac{2}{3}} = (3^{-1})^{-\frac{2}{3}} = 3^{\frac{2}{3}}$

이때 밑 3이 1보다 크므로

$\dfrac{2}{3} < \dfrac{5}{4} < \dfrac{4}{3}$에서 $3^{\frac{2}{3}} < 3^{\frac{5}{4}} < 3^{\frac{4}{3}}$

$\therefore C < B < A$

0559 답 ⑤

$\sqrt[4]{27\sqrt[3]{9}} = (3^3 \times 3^{\frac{2}{3}})^{\frac{1}{4}} = (3^{\frac{11}{3}})^{\frac{1}{4}} = 3^{\frac{11}{12}}$

$\left(\dfrac{1}{243}\right)^{-\frac{1}{4}} = (3^{-5})^{-\frac{1}{4}} = 3^{\frac{5}{4}}$

$(3^{\frac{1}{3}} \times 9^{\frac{7}{2}})^{\frac{1}{6}} = (3^{\frac{1}{3}} \times 3^7)^{\frac{1}{6}} = (3^{\frac{22}{3}})^{\frac{1}{6}} = 3^{\frac{11}{9}}$

$\sqrt{\sqrt{\sqrt{\sqrt{3^6}}}} = (3^6)^{\frac{1}{16}} = 3^{\frac{3}{8}}$

이때 밑 3이 1보다 크므로

$\dfrac{3}{8} < \dfrac{11}{12} < \dfrac{11}{9} < \dfrac{5}{4}$에서 $3^{\frac{3}{8}} < 3^{\frac{11}{12}} < 3^{\frac{11}{9}} < 3^{\frac{5}{4}}$

따라서 가장 큰 수 $a = 3^{\frac{5}{4}}$이고, 가장 작은 수 $b = 3^{\frac{3}{8}}$이므로

$\dfrac{a}{b} = \dfrac{3^{\frac{5}{4}}}{3^{\frac{3}{8}}} = 3^{\frac{10}{8} - \frac{3}{8}} = 3^{\frac{7}{8}}$

0560 답 ⑤

$a = \sqrt[3]{\dfrac{4}{25}} = \left(\dfrac{2}{5}\right)^{\frac{2}{3}}$이므로 $0 < a < 1$

$P = a^{-2}$, $Q = \sqrt{a} = a^{\frac{1}{2}}$, $R = a^2$에서 $-2 < \dfrac{1}{2} < 2$

이때 밑 a가 1보다 작으므로

$a^{-2} > a^{\frac{1}{2}} > a^2$ $\therefore R < Q < P$

0561 답 ①

$A = a^{\frac{n}{n+1}}$, $B = a^{\frac{n+1}{n+2}}$, $C = a^{\frac{n+2}{n+3}}$에서

$\dfrac{n}{n+1} = 1 - \dfrac{1}{n+1}$, $\dfrac{n+1}{n+2} = 1 - \dfrac{1}{n+2}$, $\dfrac{n+2}{n+3} = 1 - \dfrac{1}{n+3}$

이때 n이 자연수이므로

$\dfrac{1}{n+1} > \dfrac{1}{n+2} > \dfrac{1}{n+3}$

$1 - \dfrac{1}{n+1} < 1 - \dfrac{1}{n+2} < 1 - \dfrac{1}{n+3}$

즉, $\dfrac{n}{n+1} < \dfrac{n+1}{n+2} < \dfrac{n+2}{n+3}$이고 $a > 1$이므로

$a^{\frac{n}{n+1}} < a^{\frac{n+1}{n+2}} < a^{\frac{n+2}{n+3}}$ $\therefore A < B < C$

0562 답 ②

$A = a\sqrt{a\sqrt[3]{a}} = a \times a^{\frac{1}{2}} \times a^{\frac{1}{3} \times \frac{1}{2}}$

$= a^{1 + \frac{1}{2} + \frac{1}{6}} = a^{\frac{6+3+1}{6}} = a^{\frac{5}{3}}$

$B = \sqrt{a\sqrt[3]{a^2}} = a^{\frac{1}{2}} \times (a^2)^{\frac{1}{3} \times \frac{1}{2}}$

$= a^{\frac{1}{2} + \frac{1}{3}} = a^{\frac{3+2}{6}} = a^{\frac{5}{6}}$

$C = \sqrt[3]{a^2\sqrt{a}} = (a^2)^{\frac{1}{3}} \times a^{\frac{1}{2} \times \frac{1}{3}}$

$= a^{\frac{2}{3} + \frac{1}{6}} = a^{\frac{4+1}{6}} = a^{\frac{5}{6}}$

이때 $\dfrac{5}{6} = \dfrac{5}{6} < \dfrac{5}{3}$이고 $0 < a < 1$이므로

$a^{\frac{5}{3}} < a^{\frac{5}{6}} = a^{\frac{5}{6}}$

$\therefore A < B = C$

0563 답 ③

$0 < a < 1$이고 $a < b$이므로

$a^a > a^b$

$b > 1$이고 $a < b$이므로

$b^a < b^b$

한편, $a > 0$, $b > 0$이고 $a < b$이므로

$a^a < b^a$, $a^b < b^b$

$\therefore a^b < a^a < b^a < b^b$

따라서 가장 작은 수는 a^b이고, 가장 큰 수는 b^b이다.

0564 답 ④

직선 $y = 1$이 점근선이므로 $c = 1$

함수 $y = f(x)$의 그래프는 x의 값이 증가하면 y의 값도 증가하므로 $b > 1$

$1 < f(0) < 2$이므로 $f(x) = a \times b^x + 1$에 $x = 0$을 대입하면

$1 < a + 1 < 2$ $\therefore 0 < a < 1$

ㄱ. $0 < a < 1$이고 $b > 1$이므로 $a^b < a^1 = a^c$ (참)

ㄴ. $b > 1$이고 $0 < a < 1$이므로 $b^a < b^1 = b^c$ (참)

ㄷ. $c = 1$이므로 $c^a = c^b$ (거짓)

따라서 옳은 것은 ㄱ, ㄴ이다.

실수 Check

함수 $y = a \times b^x + c$의 그래프는 직선 $x = c$를 점근선으로 함을 이용한다.

0565 답 ②

| 유형9

함수 $f(x) = 3^x$의 역함수를 $g(x)$라 할 때, $\underline{g(\sqrt{3})g\left(\dfrac{1}{9}\right)}$의 값은?

① -2　　　② -1　　　③ 0

④ 1　　　⑤ 2

단서1

단서1 역함수의 성질을 이용하여 함수와 역함수의 함숫값의 관계를 파악

STEP1 $g(\sqrt{3}) = a$, $g\left(\dfrac{1}{9}\right) = b$라 하고 $f(a)$, $f(b)$의 값 구하기

$g(\sqrt{3}) = a$, $g\left(\dfrac{1}{9}\right) = b$라 하면

$f(a) = \sqrt{3} = 3^{\frac{1}{2}}$, $f(b) = \dfrac{1}{9} = 3^{-2}$

STEP2 a, b의 값 구하기

$3^a = 3^{\frac{1}{2}}$, $3^b = 3^{-2}$

$\therefore a = \dfrac{1}{2}$, $b = -2$

STEP3 $g(\sqrt{3})g\left(\dfrac{1}{9}\right)$의 값 구하기

$g(\sqrt{3})g\left(\dfrac{1}{9}\right) = \dfrac{1}{2} \times (-2) = -1$

0566 답 ②

$g(a)=\dfrac{2}{3}$에서 $f\left(\dfrac{2}{3}\right)=a$

$a=f\left(\dfrac{2}{3}\right)=2^{\frac{2}{3}}$

$g(b)=\dfrac{1}{2}$에서 $f\left(\dfrac{1}{2}\right)=b$

$b=f\left(\dfrac{1}{2}\right)=2^{\frac{1}{2}}$

이때 $g\left(\dfrac{a}{b}\right)=k$라 하면

$f(k)=\dfrac{a}{b}=\dfrac{2^{\frac{2}{3}}}{2^{\frac{1}{2}}}=2^{\frac{1}{6}}$

즉, $2^{k}=2^{\frac{1}{6}}$에서 $k=\dfrac{1}{6}$

0567 답 -3

$g(6)=a$라 하면 $f(a)=6$이므로

$5^{a}+1=6,\ 5^{a}=5^{1}$ $\quad\therefore a=1$

$g\left(\dfrac{126}{125}\right)=b$라 하면 $f(b)=\dfrac{126}{125}$이므로

$5^{b}+1=\dfrac{126}{125},\ 5^{b}=\dfrac{1}{125}=5^{-3}$

$\therefore b=-3$

$\therefore g(6)g\left(\dfrac{126}{125}\right)=1\times(-3)=-3$

0568 답 2

$g(a)=2$에서 $f(2)=a$

$a=\left(\dfrac{1}{2}\right)^{2-2}+2=1+2=3$

$g(10)=b$에서 $f(b)=10$

$\left(\dfrac{1}{2}\right)^{b-2}+2=10,\ \left(\dfrac{1}{2}\right)^{b-2}=8=\left(\dfrac{1}{2}\right)^{-3}$

$b-2=-3$ $\quad\therefore b=-1$

$\therefore a+b=3+(-1)=2$

0569 답 ③

$f(x)=5^{x}$이라 하면 함수 $f(x)$의 역함수가 $g(x)$이므로

$g(k)=2$에서 $f(2)=k$

$\therefore k=5^{2}=25$

0570 답 ⑤

$g(-3)=k$라 하면 $f(k)=-3$이므로

$\dfrac{2^{k}+2^{-k}}{2^{k}-2^{-k}}=-3$

좌변의 분모, 분자에 각각 2^{k}을 곱하면

$\dfrac{2^{2k}+1}{2^{2k}-1}=-3$

$2^{2k}+1=-3(2^{2k}-1)$

$4\times2^{2k}=2,\ 2^{2k+1}=1$

$2k+1=0$ $\quad\therefore k=-\dfrac{1}{2}$

0571 답 ⑤ | 유형 **10**

정의역이 $\{x\,|-1\le x\le3\}$인 함수 $y=2^{x+1}+k$의 최댓값이 13일 때, 최솟값은? (단, k는 상수이다.) **단서1**

① 2　　　　② 1　　　　③ 0

④ -1　　　　⑤ -2

단서1 지수함수의 밑이 1보다 크므로 $-1\le x\le3$에서 $x=3$일 때 최대

STEP1 지수함수의 성질을 이용하여 상수 k의 값 구하기

밑 2가 1보다 크므로 $x=3$일 때 최대이고, 최댓값은 13이다.

즉, $2^{4}+k=13$이므로 $k=-3$

STEP2 주어진 함수의 최솟값 구하기

함수 $y=2^{x+1}-3$에서 $x=-1$일 때 최소이므로 구하는 최솟값은

$2^{0}-3=1-3=-2$

0572 답 ②

밑 $\dfrac{1}{3}$이 1보다 작으므로

$x=-4$일 때 최대이고, 최댓값은 $\left(\dfrac{1}{3}\right)^{-3}-3=27-3=24$

$x=-2$일 때 최소이고, 최솟값은 $\left(\dfrac{1}{3}\right)^{-1}-3=3-3=0$

따라서 최댓값과 최솟값의 합은 $24+0=24$

0573 답 -2

밑 3이 1보다 크므로 $x=3$일 때 최솟값 5를 갖는다.

즉, $3^{3+a}+2=5$이므로

$3^{3+a}=3,\ 3+a=1$ $\quad\therefore a=-2$

0574 답 ⑤

$0<a<1$이므로

$x=-1$일 때 최대이고, 최댓값은 $a^{-1}=\dfrac{3}{2}$ $\quad\therefore a=\dfrac{2}{3}$

$x=2$일 때 최소이고, 최솟값은 $a^{2}=m$

$\therefore m=a^{2}=\left(\dfrac{2}{3}\right)^{2}=\dfrac{4}{9}$

$\therefore am=\dfrac{2}{3}\times\dfrac{4}{9}=\dfrac{8}{27}$

0575 답 ①

함수 $f(x)$에서 밑 $\dfrac{1}{2}$이 1보다 작으므로 $x=1$일 때 최대이고,

최댓값은 $L=f(1)=\left(\dfrac{1}{2}\right)^{-2}-1=4-1=3$

함수 $g(x)$에서 밑 2가 1보다 크므로 $x=4$일 때 최대이고,

최댓값은 $M=g(4)=2^{1}-1=1$

$\therefore L+M=3+1=4$

0576 답 ⑤

$f(x)=2^{x-1}\times3^{-x+1}-2$　⎤ 지수를 같게 만들어서
$\quad\quad=2^{x-1}\times\left(\dfrac{1}{3}\right)^{x-1}-2$　⎦ 식을 간단히 정리한다.

$\quad\quad=\left(\dfrac{2}{3}\right)^{x-1}-2$

03

정의역이 $\{x\,|\,1 \le x \le 3\}$인 함수 $f(x)$에서 밑 $\dfrac{2}{3}$가 1보다 작으므로 함수 $f(x)$는 x의 값이 증가하면 $f(x)$의 값은 감소하는 함수이다.

$x=1$일 때 최대이고, 최댓값은 $f(1) = \left(\dfrac{2}{3}\right)^0 - 2 = 1 - 2 = -1$

$x=3$일 때 최소이고, 최솟값은 $f(3) = \left(\dfrac{2}{3}\right)^2 - 2 = \dfrac{4}{9} - 2 = -\dfrac{14}{9}$

즉, 함수 $y = f(x)$의 치역은

$\left\{ y \,\Big|\, -\dfrac{14}{9} \le y \le -1 \right\}$

따라서 $M = -1$, $m = -\dfrac{14}{9}$이므로

$36(M-m) = 36 \times \left(-1 + \dfrac{14}{9}\right) = 20$

0577 답 ①

밑 $\dfrac{1}{3}$이 1보다 작으므로 함수 $f(x)$는 $x = -2$일 때 최댓값 57을 갖고, $x=1$일 때 최솟값 5를 갖는다.

$f(-2) = \left(\dfrac{1}{3}\right)^{-2-a} + b = 57 \leftarrow 9 \times 3^a + b = 57$

$f(1) = \left(\dfrac{1}{3}\right)^{1-a} + b = 5 \leftarrow \dfrac{1}{3} \times 3^a + b = 5$

위의 두 식을 변끼리 빼면 $9 \times 3^a - \dfrac{1}{3} \times 3^a = 52$

$\left(9 - \dfrac{1}{3}\right) \times 3^a = 52$ $\therefore 3^a = 6$

이때 $\left(\dfrac{1}{3}\right)^{1-a} + b = \dfrac{1}{3} \times 3^a + b = 5$이므로

$2 + b = 5$ $\therefore b = 3$

$\therefore 3^a + b = 6 + 3 = 9$

0578 답 5

$f(x) = 2\left(\dfrac{2}{a}\right)^x$에서

(i) $\dfrac{2}{a} > 1$, 즉 $0 < a < 2$일 때,

  x의 값이 증가하면 $f(x)$의 값도 증가하므로 $-2 \le x \le 2$에서
  $x=2$일 때 최대이고, 최댓값은 $f(2) = \dfrac{8}{a^2} = 8$
  $a^2 = 1$ $\therefore a = 1 \ (\because a > 0)$

(ii) $\dfrac{2}{a} = 1$, 즉 $a = 2$일 때,

  $f(x) = 2$이므로 $f(x)$의 최댓값이 8이 아니다.

(iii) $0 < \dfrac{2}{a} < 1$, 즉 $a > 2$일 때,

  x의 값이 증가하면 $f(x)$의 값은 감소하므로 $-2 \le x \le 2$에서
  $x = -2$일 때 최대이고, 최댓값은 $f(-2) = \dfrac{a^2}{2} = 8$
  $a^2 = 16$ $\therefore a = 4 \ (\because a > 0)$

(i), (ii), (iii)에서 $a = 1$ 또는 $a = 4$
따라서 모든 양수 a의 값의 합은 $1 + 4 = 5$

실수 Check

$y = a^x$에서 $a > 1$, $0 < a < 1$, $a = 1$인 경우로 나누어서 생각해 본다.
이때 $a = 1$인 경우를 잊지 않도록 주의한다.

Plus 문제

0578-1

정의역이 $\{x\,|\,-2 \le x \le 1\}$인 함수 $f(x) = 3\left(\dfrac{3}{a}\right)^x$의 최댓값이 12일 때, 모든 양수 a의 값의 합을 구하시오.

(i) $\dfrac{3}{a} > 1$, 즉 $0 < a < 3$일 때,

  x의 값이 증가하면 $f(x)$의 값도 증가하므로 $-2 \le x \le 1$
  에서 $x = 1$일 때 최대이고, 최댓값은 $f(1) = \dfrac{9}{a} = 12$
  $\therefore a = \dfrac{3}{4}$

(ii) $\dfrac{3}{a} = 1$, 즉 $a = 3$일 때,

  $f(x) = 3$이므로 $f(x)$의 최댓값이 12가 아니다.

(iii) $0 < \dfrac{3}{a} < 1$, 즉 $a > 3$일 때,

  x의 값이 증가하면 $f(x)$의 값은 감소하므로 $-2 \le x \le 1$
  에서 $x = -2$일 때 최대이고, 최댓값은 $f(-2) = \dfrac{a^2}{3} = 12$
  $a^2 = 36$ $\therefore a = 6 \ (\because a > 0)$

(i), (ii), (iii)에서 $a = \dfrac{3}{4}$ 또는 $a = 6$

따라서 모든 양수 a의 값의 합은 $\dfrac{3}{4} + 6 = \dfrac{27}{4}$

답 $\dfrac{27}{4}$

0579 답 ⑤

밑 $\dfrac{1}{3}$이 1보다 작으므로 함수 $f(x)$는 $x = 0$일 때 최댓값 $f(0)$을 갖는다.

$\therefore f(0) = \left(\dfrac{1}{3}\right)^{-2} + 1 = 9 + 1 = 10$

0580 답 ①

밑 $\dfrac{1}{3}$이 1보다 작으므로 함수 $f(x)$는 $x = -1$일 때 최댓값 $f(-1)$을 갖는다.

$\therefore f(-1) = 2 + \left(\dfrac{1}{3}\right)^{-2} = 2 + 9 = 11$

0581 답 ①

함수 $f(x) = a \times 2^{2-x} + b = a \times \left(\dfrac{1}{2}\right)^{x-2} + b$에서 $a > 0$이고 밑 $\dfrac{1}{2}$이 1보다 작으므로 x의 값이 증가하면 $f(x)$의 값은 감소한다.

즉, 함수 $f(x)$는 $x = -1$일 때 최댓값 5를 갖고, $x=2$일 때 최솟값 -2를 갖는다.

$f(-1) = a \times 2^3 + b = 8a + b = 5$

$f(2) = a \times 2^0 + b = a + b = -2$

위의 두 식을 연립하여 풀면 $a = 1$, $b = -3$

따라서 $f(x) = \left(\dfrac{1}{2}\right)^{x-2} - 3$이므로

$f(0) = \left(\dfrac{1}{2}\right)^{-2} - 3 = 4 - 3 = 1$

0582 답 ②

함수 $f(x)=\left(\dfrac{1}{2}\right)^{x-a}+1$에서 밑 $\dfrac{1}{2}$이 1보다 작으므로 x의 값이 증가하면 $f(x)$의 값은 감소한다.

즉, 함수 $f(x)$는 $x=1$일 때, 최댓값 5를 갖는다.

$f(1)=\left(\dfrac{1}{2}\right)^{1-a}+1=5$에서

$2^{a-1}=2^2$ $\therefore a=3$

따라서 $f(x)=\left(\dfrac{1}{2}\right)^{x-3}+1$이고, 함수 $f(x)$는 $x=3$일 때, 최솟값을 가지므로 최솟값은

$f(3)=\left(\dfrac{1}{2}\right)^{3-3}+1=2$

0583 답 ④ | 유형 11

정의역이 $\{x\,|\,0\le x\le 3\}$인 함수 $y=a^{x^2-2x-1}$의 최댓값이 $\dfrac{4}{3}$일 때, 최솟값은? (단, $0<a<1$) 단서2

단서1

① $\dfrac{3}{8}$ ② $\dfrac{\sqrt{3}}{4}$ ③ $\dfrac{1}{2}$

④ $\dfrac{3}{4}$ ⑤ $\dfrac{\sqrt{3}}{2}$

단서1 $0<a<1$이므로 주어진 지수함수는 감소하는 함수

단서2 밑이 1보다 작으므로 지수가 최소일 때 y가 최대임을 이용

STEP1 x^2-2x-1의 최댓값, 최솟값 구하기

$0\le x\le 3$에서 $f(x)=x^2-2x-1$이라 하면

$f(x)=(x-1)^2-2\ (0\le x\le 3)$

$f(x)$는 $x=1$일 때 최솟값 -2, $x=3$일 때 최댓값 2를 갖는다.

STEP2 주어진 함수의 최솟값 구하기

$0<a<1$이므로 y는 감소하는 함수이다.

$f(x)=-2$일 때, y의 최댓값 $a^{-2}=\dfrac{4}{3}$이므로 $a^2=\dfrac{3}{4}$

따라서 $f(x)=2$일 때, 구하는 y의 최솟값은 $a^2=\dfrac{3}{4}$

참고 이차함수의 정의역이 주어진 경우에는 정의역의 양 끝 값을 대입한 함숫값이 반드시 그 함수의 최댓값과 최솟값인 것은 아니다.

0584 답 ④

$f(x)=-x^2+6x-7$이라 하면

$f(x)=-(x-3)^2+2$

$f(x)$는 $x=3$일 때 최댓값 2를 갖는다.

$y=a^{-x^2+6x-7}=a^{f(x)}$에서 $0<a<1$이므로 $y=a^{f(x)}$은 $f(x)=2$일 때, 최솟값 $\dfrac{1}{9}$을 갖는다.

즉, $a^2=\dfrac{1}{9}$이므로 $a=\dfrac{1}{3}\ (\because a>0)$

0585 답 3

$f(x)=x^2-4x+4$라 하면 $f(x)=(x-2)^2$

$1\le x\le 4$에서 $f(x)$는 $x=2$일 때 최솟값 0을 갖는다.

따라서 $y=2^{x^2-4x+4}+2=2^{f(x)}+2$에서 밑 2가 1보다 크므로

$f(x)=0$일 때, 구하는 최솟값은

$2^0+2=3$

0586 답 ③

$f(x)=x^2-4x+7$이라 하면 $f(x)=(x-2)^2+3$

$f(x)$는 $x=2$일 때 최솟값 3이고, 최댓값은 없다.

$y=a^{x^2-4x+7}=a^{f(x)}$에서 $0<a<1$이므로

$y=a^{f(x)}$은 $f(x)=3$일 때, 최댓값 $\dfrac{1}{64}$을 가지므로

$a^3=\dfrac{1}{64}$ $\therefore a=\dfrac{1}{4}$

0587 답 ③

$f(x)=-x^2+4x+a$라 하면 $f(x)=-(x-2)^2+a+4$

$-1\le x\le 3$에서 $f(x)$는 $x=2$일 때 최댓값 $a+4$,

$x=-1$일 때 최솟값 $a-5$를 갖는다.

$y=\left(\dfrac{1}{3}\right)^{-x^2+4x+a}=\left(\dfrac{1}{3}\right)^{f(x)}$에서 $0<\dfrac{1}{3}<1$이므로 $y=\left(\dfrac{1}{3}\right)^{f(x)}$은

$f(x)=a+4$일 때, 최솟값 9를 갖는다.

$\left(\dfrac{1}{3}\right)^{a+4}=9=\left(\dfrac{1}{3}\right)^{-2}$에서 $a+4=-2$ $\therefore a=-6$

또한, $y=\left(\dfrac{1}{3}\right)^{f(x)}$은 $f(x)=a-5$일 때, 최댓값 3^b을 갖는다.

$\left(\dfrac{1}{3}\right)^{a-5}=3^b$, $\left(\dfrac{1}{3}\right)^{-11}=3^{11}=3^b$ $\therefore b=11$

$\therefore a+b=-6+11=5$

0588 답 ②

$f(x)=-x^2+2x+a$라 하면 $f(x)=-(x-1)^2+a+1$

$0\le x\le 3$에서 $f(x)$는 $x=1$일 때 최댓값 $a+1$, $x=3$일 때 최솟값 $a-3$을 갖는다.

$y=2^{-x^2+2x+a}=2^{f(x)}$에서 밑 2가 1보다 크므로 $y=2^{f(x)}$은

$f(x)=a+1$일 때, 최댓값 16을 갖는다.

$2^{a+1}=16=2^4$ $\therefore a=3$

또한, $y=2^{f(x)}$은 $f(x)=a-3$일 때, 최솟값 m을 갖는다.

$2^{a-3}=m$, $2^0=1=m$

$\therefore a+m=3+1=4$

0589 답 ③

$f(x)=-x^2+6x-8$이라 하면 $f(x)=-(x-3)^2+1$

$1\le x\le 4$에서 $f(x)$는 $x=3$일 때 최댓값 1, $x=1$일 때 최솟값 -3을 갖는다.

$y=a^{-x^2+6x-8}=a^{f(x)}$에서 $0<a<1$이므로 $y=a^{f(x)}$은 $f(x)=-3$일 때, 최댓값 64를 갖는다.

$a^{-3}=64$ $\therefore a=\dfrac{1}{4}$

또한, $y=a^{f(x)}$은 $f(x)=1$일 때, 최솟값 m을 갖는다.

$a=m$ $\therefore m=\dfrac{1}{4}$

$\therefore a+m=\dfrac{1}{4}+\dfrac{1}{4}=\dfrac{1}{2}$

0590 답 7

$y=(f\circ g)(x)=f(g(x))=3^{g(x)}$

$y=3^{g(x)}$에서 밑 3이 1보다 크므로 $y=3^{g(x)}$은 $g(x)$가 최소일 때 최솟값을 갖는다.

이때 $g(x)=x^2+4x+6=(x+2)^2+2$이므로 $g(x)$는 $x=-2$일 때, 최솟값 2를 갖는다.

즉, $y=3^{g(x)}$은 $g(x)=2$일 때, 최솟값 m을 갖는다.

$3^2=m$ ∴ $m=9$

따라서 $a=-2$, $m=9$이므로 $a+m=7$

0591 답 ④

$f(x)=x^2-6x+b$라 하면 $f(x)=(x-3)^2+b-9$

$3\leq x\leq 4$에서 $f(x)$는 $x=3$일 때 최솟값 $b-9$, $x=4$일 때 최댓값 $b-8$을 갖는다. $y=a^{x^2-6x+b}=a^{f(x)}$에서 $0<a<1$이므로 $y=a^{f(x)}$은 $f(x)=b-9$일 때, 최댓값 16을 갖는다.

$a^{b-9}=16$ ──────── ㉠

또한, $y=a^{f(x)}$은 $f(x)=b-8$일 때, 최솟값 4를 갖는다.

$a^{b-8}=4$ ──────── ㉡

㉡÷㉠을 하면 $\dfrac{a^{b-8}}{a^{b-9}}=\dfrac{4}{16}$ ∴ $a=\dfrac{1}{4}$

$\longrightarrow a^{b-8-(b-9)}=a=\dfrac{1}{4}$

$a=\dfrac{1}{4}$을 ㉡에 대입하면 $\left(\dfrac{1}{4}\right)^{b-8}=4$

$4^{-b+8}=4$, $-b+8=1$ ∴ $b=7$

∴ $ab=\dfrac{1}{4}\times 7=\dfrac{7}{4}$

실수 Check

밑이 1보다 작으면 지수가 최대일 때 함수는 최솟값을 갖고, 지수가 최소일 때 함수는 최댓값을 가짐을 혼동하지 않도록 주의한다.

Plus 문제

0591-1

정의역이 $\{x\,|\,1\leq x\leq 4\}$인 함수 $y=a^{x^2-6x+b}$의 최댓값을 M, 최솟값을 m이라 하자. $\dfrac{M}{m}=81$일 때, a의 값을 구하시오.
(단, $0<a<1$이고, a, b는 상수이다.)

$f(x)=x^2-6x+b$라 하면 $f(x)=(x-3)^2+b-9$

$1\leq x\leq 4$에서 $f(x)$는 $x=3$일 때 최솟값 $b-9$, $x=1$일 때 최댓값 $b-5$를 갖는다.

$y=a^{x^2-6x+b}=a^{f(x)}$에서 $0<a<1$이므로 $y=a^{f(x)}$은 $f(x)=b-9$일 때, 최댓값을 갖는다.

$a^{b-9}=M$ ──────── ㉠

또한, $y=a^{f(x)}$은 $f(x)=b-5$일 때, 최솟값을 갖는다.

$a^{b-5}=m$ ──────── ㉡

$\dfrac{M}{m}=81$에서 $\dfrac{a^{b-9}}{a^{b-5}}=81$ ($\because$ ㉠, ㉡)

$a^{-4}=81$ ∴ $a=\dfrac{1}{3}$

답 $\dfrac{1}{3}$

0592 답 ③ | 유형 12

정의역이 $\{x\,|\,0\leq x\leq 3\}$인 함수 $f(x)=2^{2x}-2^{x+2}+a$의 최댓값이 b이고, $x=c$일 때 최솟값이 5이다. $a+b+c$의 값은? [단서1] [단서2]
(단, a는 상수이다.)

① 47 　② 49 　③ 51

④ 53 　⑤ 55

[단서1] 2^x 꼴이 반복되므로 $2^x=t$로 치환

[단서2] 주어진 정의역에서 함수의 최댓값과 최솟값을 확인

STEP1 $2^x=t$로 치환하여 t에 대한 함수로 나타내기

$f(x)=2^{2x}-2^{x+2}+a=(2^x)^2-4\times 2^x+a$

$2^x=t$라 하면 $0\leq x\leq 3$에서 $1\leq t\leq 8$이고,

주어진 함수는 $f(t)=t^2-4t+a=(t-2)^2+a-4$

STEP2 최댓값과 최솟값을 a를 이용하여 나타내기

$t=8$, 즉 $x=3$일 때 최댓값 $a+32$를 갖고,

$t=2$, 즉 $x=1$일 때 최솟값 $a-4$를 갖는다.

STEP3 $a+b+c$의 값 구하기

$x=1$일 때, $a-4=5$ ∴ $a=9$, $c=1$

$b=a+32=9+32=41$

∴ $a+b+c=9+41+1=51$

0593 답 ①

$y=4^x-2^{x+1}+6=(2^x)^2-2\times 2^x+6$

$2^x=t$ $(t>0)$라 하면 주어진 함수는 $y=t^2-2t+6=(t-1)^2+5$

$t=1$, 즉 $x=0$일 때 최솟값 5를 갖는다.

따라서 $a=0$, $b=5$이므로

$a-b=0-5=-5$

0594 답 ⑤

$y=4^x-2^{x+2}+7=(2^x)^2-4\times 2^x+7$

$2^x=t$라 하면 $0\leq x\leq 3$에서 $1\leq t\leq 8$이고,

주어진 함수는 $y=t^2-4t+7=(t-2)^2+3$

$t=8$, 즉 $x=3$일 때 최댓값 $M=39$

$t=2$, 즉 $x=1$일 때 최솟값 $m=3$

∴ $M+m=39+3=42$

0595 답 ①

$y=9^x-2\times 3^x+3=(3^x)^2-2\times 3^x+3$

$3^x=t$라 하면 $-1\leq x\leq 2$에서 $\dfrac{1}{3}\leq t\leq 9$이고,

주어진 함수는 $y=t^2-2t+3=(t-1)^2+2$

$t=9$, 즉 $x=2$일 때 최댓값 66을 갖고,

$t=1$, 즉 $x=0$일 때 최솟값 2를 갖는다. → 이차함수의 그래프의 꼭짓점의 y좌표가 최솟값이다.

따라서 $a=2$, $b=66$, $c=0$, $d=2$이므로

$a+b+c-d=2+66+0-2=66$

0596 답 ⑤

$y=-4^x+5\times 2^{x+1}+a=-(2^x)^2+10\times 2^x+a$

$2^x=t$라 하면 $0\leq x\leq 3$에서 $1\leq t\leq 8$이고,

주어진 함수는 $y=-t^2+10t+a=-(t-5)^2+a+25$

$t=5$일 때 최댓값 30을 가지므로

$a+25=30$ $\therefore a=5$

0597 📖 -8

$y=4^{-x}-2^{-x+1}+a=\left\{\left(\frac{1}{2}\right)^x\right\}^2-2\times\left(\frac{1}{2}\right)^x+a$

$\left(\frac{1}{2}\right)^x=t$라 하면 $-3\leq x\leq 2$에서 $\frac{1}{4}\leq t\leq 8$이고,

주어진 함수는 $y=t^2-2t+a=(t-1)^2+a-1$

$t=8$일 때, 최댓값 $M=a+48$

$t=1$일 때, 최솟값 $m=a-1$

이때 $M+m=31$이므로

$M+m=a+48+a-1=2a+47=31$

$2a=-16$ $\therefore a=-8$

0598 📖 ④

$y=\frac{1}{5^{2x}}-\frac{10}{5^x}+a=\left\{\left(\frac{1}{5}\right)^x\right\}^2-10\times\left(\frac{1}{5}\right)^x+a$

$\left(\frac{1}{5}\right)^x=t$ $(t>0)$라 하면

$y=t^2-10t+a=(t-5)^2+a-25$

$t=5$, 즉 $x=-1$일 때 주어진 함수는 최솟값 $a-25$를 갖는다.

즉, $b=-1$이고, $a-25=3$에서 $a=28$

$\therefore a+b=28+(-1)=27$

0599 📖 ①

$y=2^x-\sqrt{2^{x+4}}+2=\{(\sqrt{2})^x\}^2-4\times(\sqrt{2})^x+2$

$(\sqrt{2})^x=t$라 하면 $-4\leq x\leq 4$에서 $\frac{1}{4}\leq t\leq 4$이고,

주어진 함수 $y=t^2-4t+2=(t-2)^2-2$

$t=4$일 때 최댓값 2를 갖고,

$t=2$일 때 최솟값 -2를 갖는다.

따라서 최댓값과 최솟값의 합은

$2+(-2)=0$

0600 📖 19 | 유형 13

> 함수 $y=9^x+9^{-x+2}$이 $x=a$에서 최솟값 b를 가질 때, $a+b$의 값을 구하시오. 단서1
>
> 단서1 산술평균과 기하평균의 관계를 이용

STEP 1 산술평균과 기하평균의 관계를 이용하여 9^x+9^{-x+2}의 값의 범위 구하기

$9^x>0$, $9^{-x+2}>0$이므로 산술평균과 기하평균의 관계에 의하여

$9^x+9^{-x+2}\geq 2\sqrt{9^x\times 9^{-x+2}}$

$=2\sqrt{9^2}$

$=2\times 9=18$

STEP 2 등호가 성립할 때의 x의 값 구하기

등호는 $9^x=9^{-x+2}$일 때 성립하므로

$x=-x+2$ $\therefore x=1$

STEP 3 $a+b$의 값 구하기

$a=1$, $b=18$이므로

$a+b=19$

0601 📖 ④

$3^x>0$, $\left(\frac{1}{3}\right)^x=3^{-x}>0$이므로 산술평균과 기하평균의 관계에 의하여

$3^x+3^{-x}+6\geq 2\sqrt{3^x\times 3^{-x}}+6$

$=8$ (단, 등호는 $3^x=3^{-x}$일 때 성립)

따라서 주어진 함수의 최솟값은 8이다.

0602 📖 ④

$4^x+16^y=4^x+4^{2y}$이고, $4^x>0$, $4^{2y}>0$이므로 산술평균과 기하평균의 관계에 의하여

$4^x+4^{2y}\geq 2\sqrt{4^x\times 4^{2y}}$

$=2\sqrt{4^{x+2y}}$

$=2\sqrt{4^2}=8$ (단, 등호는 $4^x=4^{2y}$일 때 성립)

따라서 4^x+16^y의 최솟값은 8이다.

0603 📖 ②

$y=3^{x+k}+\left(\frac{1}{3}\right)^{x-k}=3^{x+k}+3^{-x+k}$

$3^{x+k}>0$, $3^{-x+k}>0$이므로 산술평균과 기하평균의 관계에 의하여

$3^{x+k}+3^{-x+k}\geq 2\sqrt{3^{x+k}\times 3^{-x+k}}$

$=2\sqrt{3^{2k}}=2\times 3^k$

(단, 등호는 $3^{x+k}=3^{-x+k}$일 때 성립)

주어진 함수의 최솟값이 18이므로

$2\times 3^k=18=2\times 3^2$

$\therefore k=2$

0604 📖 ④

$2^{a+x}>0$, $2^{a-x}>0$이므로 산술평균과 기하평균의 관계에 의하여

$2^{a+x}+2^{a-x}\geq 2\sqrt{2^{a+x}\times 2^{a-x}}$

$=2\sqrt{2^{2a}}$

$=2\times 2^a=2^{a+1}$ (단, 등호는 $2^{a+x}=2^{a-x}$일 때 성립)

주어진 함수의 최솟값이 32이므로

$2^{a+1}=32=2^5$, $a+1=5$ $\therefore a=4$

0605 📖 ①

$y=\frac{2^{x+3}}{2^{2x}-2^x+1}=\frac{8}{2^x-1+\frac{1}{2^x}}$이 최댓값을 갖기 위해서는 분모의

값이 최소이어야 한다.

$2^x>0$, $\frac{1}{2^x}>0$이므로 산술평균과 기하평균의 관계에 의하여

$2^x+\frac{1}{2^x}-1\geq 2\sqrt{2^x\times\frac{1}{2^x}}-1$

$=2-1=1$ $\left(단, 등호는 2^x=\frac{1}{2^x}일 때 성립\right)$

따라서 주어진 함수의 최댓값은 $\frac{8}{1}=8$이다.

0606 답 ②

두 점 P, Q의 x좌표가 t이므로 $P(t, 2^t)$, $Q(t, -2^{-t+1})$

$\therefore l_t = \overline{PQ} = 2^t + 2^{-t+1} = 2^t + \dfrac{2}{2^t}$

$2^t > 0$이므로 산술평균과 기하평균의 관계에 의하여

$l_t = 2^t + \dfrac{2}{2^t} \geq 2\sqrt{2^t \times \dfrac{2}{2^t}} = 2\sqrt{2}$

이때 등호는 $2^t = \dfrac{2}{2^t}$일 때 성립하므로

$2^{2t} = 2$, $2t = 1$ $\therefore t = \dfrac{1}{2}$

따라서 l_t는 $t = a = \dfrac{1}{2}$일 때, 최솟값 $b = 2\sqrt{2}$를 가지므로

$2a + b^2 = 1 + 8 = 9$

실수 Check

x좌표가 같은 두 점 사이의 거리는 두 y좌표의 차와 같음을 이용하여 구하도록 한다.

0607 답 ⑤

직사각형의 넓이를 S라 하면

직사각형의 가로의 길이는

$b - a = 4$, 세로의 길이는

$2^a - (-2^{-b}) = 2^a + 2^{-b}$이므로

$S = (b-a)(2^a + 2^{-b})$

$\quad = 4(2^a + 2^{-b})$

$2^a > 0$, $2^{-b} > 0$이므로 산술평균과

기하평균의 관계에 의하여

$S = 4(2^a + 2^{-b})$

$\quad \geq 4 \times 2\sqrt{2^a \times 2^{-b}}$

$\quad = 8\sqrt{2^{a-b}}$

$\quad = 8\sqrt{2^{-4}} = 2$ (단, 등호는 $2^a = 2^{-b}$일 때 성립)

따라서 직사각형의 넓이의 최솟값은 2이다.

실수 Check

주어진 점의 좌표를 이용하여 넓이를 구하는 식을 만든다. 이때 조건을 이용하여 식을 간단히 나타낼 수 있음을 이용한다.

0608 답 ② 　　　　　　　　　　　　　　| 유형 14

함수 $y = 9^x + 9^{-x} - 2(3^x + 3^{-x}) + 5$가 $x = a$에서 최솟값 b를 가질 때, $a + b$의 값은?

① 1　　　　② 3　　　　③ 5
④ 7　　　　⑤ 9

단서1 산술평균과 기하평균의 관계를 이용
단서2 $9^x + 9^{-x} = (3^x + 3^{-x})^2 - 2$임을 이용

STEP1 $3^x + 3^{-x} = t$로 치환하고 산술평균과 기하평균의 관계를 이용하여 t의 값의 범위 구하기

$3^x + 3^{-x} = t$라 하면 $3^x > 0$, $3^{-x} > 0$이므로 산술평균과 기하평균의 관계에 의하여

$t = 3^x + 3^{-x} \geq 2\sqrt{3^x \times 3^{-x}} = 2$

(단, 등호는 $3^x = 3^{-x}$, 즉 $x = 0$일 때 성립)

STEP2 주어진 함수를 t에 대하여 나타낸 후 최솟값 구하기

$9^x + 9^{-x} = (3^x)^2 + (3^{-x})^2 = (3^x + 3^{-x})^2 - 2$이므로

$y = 9^x + 9^{-x} - 2(3^x + 3^{-x}) + 5$에서

$y = t^2 - 2 - 2t + 5 = t^2 - 2t + 3 = (t-1)^2 + 2$

따라서 $t \geq 2$에서 함수 $y = (t-1)^2 + 2$는 $t = 2$, 즉 $x = 0$일 때 최솟값 $(2-1)^2 + 2 = 3$을 갖는다.

STEP3 $a + b$의 값 구하기

$a = 0$, $b = 3$이므로

$a + b = 3$

0609 답 ③

$2^x + 2^{-x} = t$라 하면 $2^x > 0$, $2^{-x} > 0$이므로 산술평균과 기하평균의 관계에 의하여

$t = 2^x + 2^{-x} \geq 2\sqrt{2^x \times 2^{-x}} = 2$

(단, 등호는 $2^x = 2^{-x}$, 즉 $x = 0$일 때 성립)

이때 $4^x + 4^{-x} = (2^x)^2 + (2^{-x})^2 = (2^x + 2^{-x})^2 - 2 = t^2 - 2$

이므로 주어진 함수는

$y = 4t - (t^2 - 2) = -t^2 + 4t + 2 = -(t-2)^2 + 6$

따라서 $t \geq 2$에서 주어진 함수는 $t = 2$일 때 최댓값 6을 갖는다.

0610 답 ①

$\sqrt{3^x} + \sqrt{3^{-x}} = 3^{\frac{1}{2}x} + 3^{-\frac{1}{2}x} = t$라 하면 $3^{\frac{1}{2}x} > 0$, $3^{-\frac{1}{2}x} > 0$이므로 산술평균과 기하평균의 관계에 의하여

$t = 3^{\frac{1}{2}x} + 3^{-\frac{1}{2}x} \geq 2\sqrt{3^{\frac{1}{2}x} \times 3^{-\frac{1}{2}x}} = 2$

(단, 등호는 $3^{\frac{1}{2}x} = 3^{-\frac{1}{2}x}$, 즉 $x = 0$일 때 성립)

이때 $3^x + 3^{-x} = (3^{\frac{1}{2}x} + 3^{-\frac{1}{2}x})^2 - 2 = t^2 - 2$

이므로 주어진 함수는

$y = 3^x + 3^{-x} - (\sqrt{3^x} + \sqrt{3^{-x}})$

$\quad = t^2 - 2 - t$

$\quad = \left(t - \dfrac{1}{2}\right)^2 - \dfrac{9}{4}$

따라서 $t \geq 2$에서 주어진 함수는 $t = 2$일 때 최솟값

$\left(2 - \dfrac{1}{2}\right)^2 - \dfrac{9}{4} = 0$을 갖는다.

0611 답 ①

$\left(\dfrac{1}{2}\right)^x + \left(\dfrac{1}{2}\right)^{-x} = t$라 하면 $\left(\dfrac{1}{2}\right)^x = \dfrac{1}{2^x} > 0$, $\left(\dfrac{1}{2}\right)^{-x} = \dfrac{1}{2^{-x}} > 0$이므로

산술평균과 기하평균의 관계에 의하여

$t = \dfrac{1}{2^x} + \dfrac{1}{2^{-x}} \geq 2\sqrt{\dfrac{1}{2^x} \times \dfrac{1}{2^{-x}}} = 2$

$\left(\text{단, 등호는 } \dfrac{1}{2^x} = \dfrac{1}{2^{-x}}, \text{ 즉 } x = 0 \text{일 때 성립}\right)$

이때 $\left(\dfrac{1}{4}\right)^x + \left(\dfrac{1}{4}\right)^{-x} = \dfrac{1}{4^x} + \dfrac{1}{4^{-x}} = \left(\dfrac{1}{2^x} + \dfrac{1}{2^{-x}}\right)^2 - 2 = t^2 - 2$

이므로 주어진 함수는

$y = 4\left\{\left(\dfrac{1}{2}\right)^x + \left(\dfrac{1}{2}\right)^{-x}\right\} - \left\{\left(\dfrac{1}{4}\right)^x + \left(\dfrac{1}{4}\right)^{-x}\right\}$

$$= 4t - (t^2 - 2)$$
$$= -t^2 + 4t + 2$$
$$= -(t-2)^2 + 6$$

따라서 $t \geq 2$에서 주어진 함수는 $t = 2$일 때 최댓값 6을 갖는다.

0612 답 ③

$a^x + a^{-x} = t$라 하면 $a^x > 0$, $a^{-x} > 0$이므로 산술평균과 기하평균의 관계에 의하여

$$t = a^x + a^{-x} \geq 2\sqrt{a^x \times a^{-x}} = 2$$

(단, 등호는 $a^x = a^{-x}$, 즉 $x = 0$일 때 성립)

이때 $a^{2x} + a^{-2x} = (a^x + a^{-x})^2 - 2 = t^2 - 2$

이므로 주어진 함수는

$$y = 2(a^x + a^{-x}) - (a^{2x} + a^{-2x}) + 3$$
$$= 2t - (t^2 - 2) + 3$$
$$= -t^2 + 2t + 5$$
$$= -(t-1)^2 + 6$$

따라서 $t \geq 2$에서 주어진 함수는 $t = 2$일 때 최댓값 $-(2-1)^2 + 6 = 5$를 갖는다.

0613 답 4

$2^x + 2^{-x} = t$라 하면 $2^x > 0$, $2^{-x} > 0$이므로 산술평균과 기하평균의 관계에 의하여

$$t = 2^x + 2^{-x} \geq 2\sqrt{2^x \times 2^{-x}} = 2$$

(단, 등호는 $2^x = 2^{-x}$, 즉 $x = 0$일 때 성립)

이때 $4^x + 4^{-x} = (2^x + 2^{-x})^2 - 2 = t^2 - 2$

이므로 주어진 함수는

$$y = 4^x + 4^{-x} - 4(2^x + 2^{-x}) + 4$$
$$= t^2 - 2 - 4t + 4$$
$$= t^2 - 4t + 2$$
$$= (t-2)^2 - 2$$

따라서 $t \geq 2$에서 주어진 함수는 $t = 2$, 즉 $x = 0$일 때 최솟값 -2를 가지므로

$a = 0$, $b = -2$ $\quad \therefore a^2 + b^2 = 0 + (-2)^2 = 4$

0614 답 ④

| 유형 15

방정식 $\left(\dfrac{1}{4}\right)^{\frac{x}{2}} = (\sqrt[3]{2})^{x^2}$의 모든 해의 합은?
단서1

① -6 　② -5 　③ -4

④ -3 　⑤ -2

단서1 밑을 같게 할 수 있는지 확인

STEP1 방정식의 각 항의 밑을 2로 같게 하기

$\left(\dfrac{1}{4}\right)^{\frac{x}{2}} = (\sqrt[3]{2})^{x^2}$에서 $(2^{-2})^{\frac{x}{2}} = (2^{\frac{1}{3}})^{x^2}$, $2^{-x} = 2^{\frac{1}{3}x^2}$

STEP2 지수가 같음을 이용하여 방정식 풀기

$\dfrac{1}{3}x^2 = -x$이므로 $x^2 = -3x$

$x^2 + 3x = 0$, $x(x+3) = 0$

$\therefore x = 0$ 또는 $x = -3$

STEP3 모든 해의 합 구하기

모든 해의 합은 $0 + (-3) = -3$

0615 답 ②

$3^{-2x} = 81^{-x+2}$에서 $3^{-2x} = 3^{-4x+8}$

즉, $-2x = -4x + 8$이므로 $2x = 8$ $\quad \therefore x = 4$

0616 답 ④

$\dfrac{3^{x^2-5}}{3^{2x-1}} = 81$에서 $3^{x^2-5-(2x-1)} = 3^4$, $3^{x^2-2x-4} = 3^4$

즉, $x^2 - 2x - 4 = 4$이므로

$x^2 - 2x - 8 = 0$, $(x+2)(x-4) = 0$

$\therefore x = -2$ 또는 $x = 4$

따라서 $\alpha = -2$, $\beta = 4$ 또는 $\alpha = 4$, $\beta = -2$이므로

$\alpha^2 + \beta^2 = 20$

다른 풀이

$x^2 - 2x - 8 = 0$의 두 근이 α, β이므로 근과 계수의 관계에 의하여

$\alpha + \beta = 2$, $\alpha\beta = -8$

$\therefore \alpha^2 + \beta^2 = (\alpha+\beta)^2 - 2\alpha\beta = 2^2 - 2 \times (-8) = 20$

0617 답 3

$(3^x - 27)(4^{2x} - 16) = 0$에서

$3^x = 27$ 또는 $4^{2x} = 16$

$3^x = 27$에서 $3^x = 3^3$ $\quad \therefore x = 3$

$4^{2x} = 16$에서 $16^x = 16$ $\quad \therefore x = 1$

따라서 $\alpha = 3$, $\beta = 1$ 또는 $\alpha = 1$, $\beta = 3$이므로

$\alpha\beta = 3$

0618 답 3

$(3 \times \sqrt[3]{9})^{x^2} = 27^{x+2}$에서 $(3 \times 3^{\frac{2}{3}})^{x^2} = (3^3)^{x+2}$, 즉

$3^{\frac{5}{3}x^2} = 3^{3x+6}$이므로

$\dfrac{5}{3}x^2 = 3x + 6$, $5x^2 - 9x - 18 = 0$

$(5x+6)(x-3) = 0$ $\quad \therefore x = -\dfrac{6}{5}$ 또는 $x = 3$

그런데 x는 정수이므로 $x = 3$

0619 답 ④

$\left(\dfrac{1}{4}\right)^{-x} = (2^{-2})^{-x} = 2^{2x}$, $64 = 2^6$

즉, $2^{2x} = 2^6$이므로 $2x = 6$ $\quad \therefore x = 3$

0620 답 ⑤

$2^{x-6} = \left(\dfrac{1}{4}\right)^{x^2}$에서 $2^{x-6} = 2^{-2x^2}$

즉, $x - 6 = -2x^2$이므로

$2x^2 + x - 6 = 0$, $(2x-3)(x+2) = 0$

$\therefore x = \dfrac{3}{2}$ 또는 $x = -2$

따라서 모든 해의 합은 $\dfrac{3}{2} + (-2) = -\dfrac{1}{2}$

0621 답 ③ | 유형16

방정식 $3^{3-x}=12-3^x$의 모든 실근의 합은?
단서1
① 1　　　② 2　　　③ 3
④ 4　　　⑤ 5

단서1 3^x 꼴이 반복되므로 $3^x=t$로 치환

STEP1 $3^x=t$로 치환하고 t에 대한 방정식으로 나타내기

$3^{3-x}=12-3^x$에서 $\dfrac{27}{3^x}=12-3^x$

$3^x=t\ (t>0)$라 하면 $\dfrac{27}{t}=12-t$

양변에 t를 곱하면 $27=12t-t^2$

STEP2 t에 대한 방정식 풀기

$t^2-12t+27=0,\ (t-3)(t-9)=0$

$\therefore\ t=3$ 또는 $t=9$

STEP3 모든 실근의 합 구하기

$3^x=3$ 또는 $3^x=9$이므로 $x=1$ 또는 $x=2$

따라서 모든 실근의 합은 $1+2=3$

0622 답 ④

$2^{2x}+10\times2^x-24=0$에서 $(2^x)^2+10\times2^x-24=0$

$2^x=t\ (t>0)$라 하면 $t^2+10t-24=0$

$(t+12)(t-2)=0$　　$\therefore\ t=2\ (\because\ t>0)$

즉, $2^x=2$이므로 $x=1$

0623 답 5

$9^x-3^{x+1}-10=0$에서 $(3^x)^2-3\times3^x-10=0$

$3^x=t\ (t>0)$라 하면 $t^2-3t-10=0$

$(t-5)(t+2)=0$　　$\therefore\ t=5\ (\because\ t>0)$

즉, $3^x=5$이므로 $x=\log_3 5$ →$a^x=b$에서 $x=\log_a b$

따라서 $\alpha=\log_3 5$이므로 $3^\alpha=3^{\log_3 5}=5$

0624 답 ①

$\left(\dfrac{1}{4}\right)^x-3\left(\dfrac{1}{2}\right)^{x-1}-16=0$에서 $\left\{\left(\dfrac{1}{2}\right)^x\right\}^2-6\left(\dfrac{1}{2}\right)^x-16=0$

$\left(\dfrac{1}{2}\right)^x=t\ (t>0)$라 하면 $t^2-6t-16=0$

$(t+2)(t-8)=0$　　$\therefore\ t=8\ (\because\ t>0)$ →$t>0$임에 주의한다.

즉, $\left(\dfrac{1}{2}\right)^x=8$이므로 $x=-3$

0625 답 ①

$4^x-3\times2^{x+2}=4\times2^{x+1}-64$에서

$(2^x)^2-12\times2^x=8\times2^x-64$

$2^x=t\ (t>0)$라 하면 $t^2-12t=8t-64$

$t^2-20t+64=0,\ (t-16)(t-4)=0$

$\therefore\ t=16$ 또는 $t=4$

즉, $2^x=16$ 또는 $2^x=4$이므로

$x=4$ 또는 $x=2$

따라서 모든 정수 x의 값의 합은 $4+2=6$

0626 답 ①

$(f\circ g)(x)=f(g(x))=f(2x+2)=2^{2x+2}$

$(g\circ f)(x)=g(f(x))=g(2^x)=2\times2^x+2$

이므로 방정식 $(f\circ g)(x)=(g\circ f)(x)$는

$2^{2x+2}=2\times2^x+2$, 즉 $4\times(2^x)^2-2\times2^x-2=0$

$2^x=t\ (t>0)$라 하면 $4t^2-2t-2=0$

$(2t+1)(2t-2)=0$　　$\therefore\ t=1\ (\because\ t>0)$

즉, $2^x=1$이므로 $x=0$

0627 답 ①

$a^{2x}+a^x=6\ (a>0,\ a\neq1)$에서

$a^x=t\ (t>0)$라 하면 $t^2+t=6$

$t^2+t-6=0,\ (t+3)(t-2)=0$　　$\therefore\ t=2\ (\because\ t>0)$

즉, $a^x=2$이므로 $x=\log_a 2$

이때 근이 $\dfrac{1}{4}$이 되려면

$\log_a 2=\dfrac{1}{4}$, $a^{\frac{1}{4}}=2$　　$\therefore\ a=2^4=16$

0628 답 3

$4^x=2^{x+1}$에서 $2^{2x}=2^{x+1}$

$2x=x+1$　　$\therefore\ x=1$

따라서 두 함수 $y=4^x$, $y=2^{x+1}$의 그래프의 교점의 x좌표는 1이므로 주어진 두 함수의 그래프는 그림과 같다.

두 함수 $y=4^x$, $y=2^{x+1}$의 그래프와 직선 $x=k$가 만나는 두 점의 좌표는

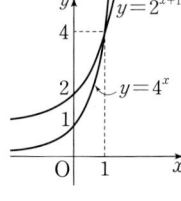

$A(k,\ 4^k)$, $B(k,\ 2^{k+1})$

(i) $k>1$인 경우

$\overline{AB}=4^k-2^{k+1}=48$이므로 →$y=4^x$의 그래프가 $y=2^{x+1}$의 그래프보다 위에 있음을 이용하여 $\overline{AB}$를 구한다.

$2^k=t\ (t>2)$라 하면

$t^2-2t-48=0,\ (t+6)(t-8)=0$

$\therefore\ t=8\ (\because\ t>2)$

즉, $2^k=8$이므로 $k=3$

(ii) $k<1$인 경우

$\overline{AB}=2^{k+1}-4^k=48$이므로 →$y=2^{x+1}$의 그래프가 $y=4^x$의 그래프보다 위에 있음을 이용하여 $\overline{AB}$를 구한다.

$2^k=t\ (t>0)$라 하면

$2t-t^2=48$　　$\therefore\ t^2-2t+48=0$ ·········· ㉠

이때 t에 대한 이차방정식 ㉠의 판별식을 D라 하면

$\dfrac{D}{4}=(-1)^2-48=-47<0$

이므로 방정식 ㉠은 실근을 갖지 않는다.

따라서 $\overline{AB}=48$을 만족시키는 실수 k의 값이 존재하지 않는다.

(i), (ii)에서 $k=3$

개념 Check

이차방정식 $ax^2+bx+c=0$에서 판별식을 $D=b^2-4ac$라 하면

(1) $D>0$이면 서로 다른 두 실근

(2) $D=0$이면 서로 같은 두 실근 (중근)

(3) $D<0$이면 서로 다른 두 허근 (실근이 존재하지 않는다.)

0629 답 3

$3^x=t \ (t>0)$라 하면 $t-\dfrac{81}{t}=24$에서

$t^2-81=24t$, $t^2-24t-81=0$

$(t-27)(t+3)=0$

$\therefore t=27 \ (\because t>0)$

즉, $3^x=27=3^3$이므로 $x=3$

0630 답 ①

점 A의 좌표는 $(t, 3^{2-t}+8)$, 점 B의 좌표는 $(t, 0)$,

점 C의 좌표는 $(t+1, 0)$, 점 D의 좌표는 $(t+1, 3^t)$

사각형 ABCD가 직사각형이므로 점 A의 y좌표와 점 D의 y좌표가 같아야 한다. 즉, $3^{2-t}+8=3^t$에서

$(3^t)^2-8\times 3^t-9=0$

$3^t=s \ (s>0)$라 하면

$s^2-8s-9=0$, $(s+1)(s-9)=0$

$\therefore s=9 \ (\because s>0)$

즉, $3^t=9$에서 $t=2$

따라서 직사각형 ABCD의 가로의 길이는 1이고 세로의 길이는 $3^2=9$이므로 넓이는 9이다.

0631 답 ①

두 곡선 $y=f(x)$, $y=g(x)$가 점 P에서 만나므로

$2^x+1=2^{x+1}$에서 $2^x=1$

즉, $x=0$이므로 점 P의 좌표는 $(0, 2)$

서로 다른 두 점 A, B를 잇는 선분 AB의 중점이 P이므로

두 점 $A(a, 2^a+1)$, $B(b, 2^{b+1})$에 대하여

$\dfrac{a+b}{2}=0$, $\dfrac{2^a+1+2^{b+1}}{2}=2$

즉, $b=-a$이므로 $\dfrac{2^a+1+2^{-a+1}}{2}=2$, $2^a+1+2^{-a+1}=4$

$2^a+2^{-a+1}-3=0$, $2^{2a}-3\times 2^a+2=0$

$2^a=t \ (t>0)$라 하면

$t^2-3t+2=0$, $(t-1)(t-2)=0$

$\therefore t=1$ 또는 $t=2$

즉, $2^a=1$ 또는 $2^a=2$이므로

$a=0$ 또는 $a=1$

$a=0$이면 $b=0$이므로 조건에 맞지 않는다.

따라서 $a=1$, $b=-1$이므로

$A(1, 3)$, $B(-1, 1)$

$\therefore \overline{AB}=\sqrt{(-1-1)^2+(1-3)^2}=2\sqrt{2}$

0632 답 ② | 유형 17

방정식 $\underline{4^x-4\times 2^x+k=0}$의 두 근을 α, β라 할 때, $\underline{\alpha+\beta=2}$를 만족
    단서1   단서2

시키는 상수 k의 값은?

① 2   ② 4   ③ 6

④ 8   ⑤ 10

단서1 2^x 꼴이 반복되므로 $2^x=t$로 치환

단서2 근과 계수의 관계를 이용

STEP 1 $2^x=t$로 치환하여 t에 대한 방정식으로 나타내기

$4^x-4\times 2^x+k=0$에서 $(2^x)^2-4\times 2^x+k=0$

$2^x=t \ (t>0)$라 하면

$t^2-4t+k=0$ ┄┄┄┄┄┄┄┄┄┄┄┄┄┄┄┄┄┄┄┄┄┄┄┄┄ ㉠

STEP 2 근과 계수의 관계를 이용하여 상수 k의 값 구하기

주어진 방정식의 두 근이 α, β이므로 방정식 ㉠의 두 근은 2^α, 2^β이다.

근과 계수의 관계에 의하여

$2^\alpha\times 2^\beta=k$, 즉 $2^{\alpha+\beta}=k$

이때 $\alpha+\beta=2$이므로

$2^2=k$

$\therefore k=4$

0633 답 ①

$4^x-2^{x+2}+1=0$에서 $(2^x)^2-4\times 2^x+1=0$

$2^x=t \ (t>0)$라 하면 $t^2-4t+1=0$ ┄┄┄┄┄┄┄┄┄ ㉠

주어진 방정식의 두 근이 α, β이므로 방정식 ㉠의 두 근은 2^α, 2^β이다.

따라서 근과 계수의 관계에 의하여

$2^\alpha\times 2^\beta=1$, $2^{\alpha+\beta}=2^0$

$\therefore \alpha+\beta=0$

0634 답 ④

$4^x+16=5\times 2^{x+1}$에서 $(2^x)^2-10\times 2^x+16=0$

$2^x=t \ (t>0)$라 하면 $t^2-10t+16=0$ ┄┄┄┄┄┄ ㉠

주어진 방정식의 두 근이 α, β이므로 방정식 ㉠의 두 근은 2^α, 2^β이다.

따라서 근과 계수의 관계에 의하여

$2^\alpha\times 2^\beta=16$, $2^{\alpha+\beta}=2^4$

$\therefore \alpha+\beta=4$

0635 답 ⑤

$3^{2x}-a\times 3^x+9=0$에서 $3^x=t \ (t>0)$라 하면

$t^2-at+9=0$ ┄┄┄┄┄┄┄┄┄┄┄┄┄┄┄┄┄┄┄┄┄┄ ㉠

주어진 방정식의 두 근이 α, β이므로 방정식 ㉠의 두 근은 3^α, 3^β이다.

따라서 근과 계수의 관계에 의하여

$3^\alpha\times 3^\beta=9$, $3^{\alpha+\beta}=3^2$

$\therefore \alpha+\beta=2$

03

0636 답 10

$16^x - 4^{x+3} + 100 = 0$에서 $(4^x)^2 - 64 \times 4^x + 100 = 0$

$4^x = t$ $(t > 0)$라 하면

$t^2 - 64t + 100 = 0$ .... ㉠

주어진 방정식의 두 근이 α, β이므로 방정식 ㉠의 두 근은 4^α, 4^β이다.

근과 계수의 관계에 의하여

$4^\alpha \times 4^\beta = 100$, 즉 $4^{\alpha+\beta} = 100$

$2^{2(\alpha+\beta)} = 10^2$

$\therefore 2^{\alpha+\beta} = 10$

0637 답 ③

$\left(\dfrac{1}{3}\right)^{2x-1} - \left(\dfrac{1}{3}\right)^{x-3} + 9 = 0$에서 $3 \times \left\{\left(\dfrac{1}{3}\right)^x\right\}^2 - 27 \times \left(\dfrac{1}{3}\right)^x + 9 = 0$

$\left(\dfrac{1}{3}\right)^x = t$ $(t > 0)$라 하면

$3t^2 - 27t + 9 = 0$, $t^2 - 9t + 3 = 0$ .... ㉠

주어진 방정식의 두 근이 α, β이므로 방정식 ㉠의 두 근은 $\left(\dfrac{1}{3}\right)^\alpha$, $\left(\dfrac{1}{3}\right)^\beta$이다.

근과 계수의 관계에 의하여

$\left(\dfrac{1}{3}\right)^\alpha \times \left(\dfrac{1}{3}\right)^\beta = \left(\dfrac{1}{3}\right)^{\alpha+\beta} = 3 = \left(\dfrac{1}{3}\right)^{-1}$

$\therefore \alpha + \beta = -1$

0638 답 ④

$9^x - 2 \times 3^{x+2} + k = 0$에서 $(3^x)^2 - 18 \times 3^x + k = 0$의 서로 다른 두 실근을 α, β라 하면 주어진 조건에 의하여 $\alpha + \beta = 3$이다.

$3^x = t$ $(t > 0)$라 하면 $t^2 - 18t + k = 0$의 서로 다른 두 실근은 3^α, 3^β이므로 근과 계수의 관계에 의하여

$3^\alpha \times 3^\beta = 3^{\alpha+\beta} = 3^3 = k$

$\therefore k = 27$

0639 답 ⑤

$(a^x)^2 - 10a^x + 16 = 0$에서 $a^x = t$ $(t > 0)$라 하면

$t^2 - 10t + 16 = 0$ .... ㉠

주어진 방정식의 두 근이 α, β이므로 방정식 ㉠의 두 근은 a^α, a^β이다.

근과 계수의 관계에 의하여

$a^\alpha \times a^\beta = a^{\alpha+\beta} = 16$

이때 $\alpha + \beta = 2$이므로 $a^2 = 16$

$\therefore a = 4$ $(\because a > 0)$

0640 답 ②

$9^x - 11 \times 3^x + 28 = 0$에서 $(3^x)^2 - 11 \times 3^x + 28 = 0$

$3^x = t$ $(t > 0)$라 하면

$t^2 - 11t + 28 = 0$ .... ㉠

주어진 방정식의 두 근이 α, β이므로 방정식 ㉠의 두 근은 3^α, 3^β이다.

근과 계수의 관계에 의하여

$3^\alpha + 3^\beta = 11$, $3^\alpha \times 3^\beta = 28$

$\therefore 9^\alpha + 9^\beta = (3^\alpha)^2 + (3^\beta)^2$

$\qquad = (3^\alpha + 3^\beta)^2 - 2 \times 3^\alpha \times 3^\beta$

$\qquad = 11^2 - 2 \times 28 = 65$

0641 답 ④

$4^x + 4^{-x} = 2^{1+x} + 2^{1-x} + 6$에서

$2^{2x} + 2^{-2x} = 2(2^x + 2^{-x}) + 6$

$2^x + 2^{-x} = t$라 하면 $2^x > 0$, $2^{-x} > 0$이므로 산술평균과 기하평균의 관계에 의하여

$t = 2^x + 2^{-x} \geq 2\sqrt{2^x \times 2^{-x}} = 2$

(단, 등호는 $2^x = 2^{-x}$, 즉 $x = 0$일 때 성립)

$2^{2x} + 2^{-2x} = (2^x)^2 + (2^{-x})^2 = (2^x + 2^{-x})^2 - 2$이므로

$2^{2x} + 2^{-2x} = 2(2^x + 2^{-x}) + 6$에서

$t^2 - 2 = 2t + 6$, $t^2 - 2t - 8 = 0$

$(t+2)(t-4) = 0$ $\therefore t = 4$ $(\because t \geq 2)$

$2^x + 2^{-x} = 4$의 양변에 2^x을 곱하고 $2^x = s$ $(s > 0)$라 하면

$s^2 - 4s + 1 = 0$ $\longrightarrow 2^{2x} + 1 = 4 \times 2^x$, $(2^x)^2 - 4 \times 2^x + 1 = 0$

$\qquad\qquad\qquad\quad \Rightarrow s^2 - 4s + 1 = 0$

이 이차방정식의 두 근이 2^α, 2^β이므로 근과 계수의 관계에 의하여

$2^\alpha + 2^\beta = 4$, $2^\alpha \times 2^\beta = 1$

$\therefore 4^\alpha + 4^\beta = (2^\alpha + 2^\beta)^2 - 2 \times 2^\alpha \times 2^\beta = 16 - 2 = 14$

실수 Check

x의 값을 바로 구하기 힘든 형태의 식은 치환을 이용하여 식을 변형한 후 문제를 해결하게 한다.

Plus 문제

0641-1

방정식 $4^x + 4^{-x} = 2^{1+x} + 2^{1-x} + 1$의 두 근을 α, β라 할 때, $8^\alpha + 8^\beta$의 값을 구하시오.

$4^x + 4^{-x} = 2^{1+x} + 2^{1-x} + 1$에서

$2^{2x} + 2^{-2x} = 2(2^x + 2^{-x}) + 1$

$2^x + 2^{-x} = t$라 하면 $2^x > 0$, $2^{-x} > 0$이므로 산술평균과 기하평균의 관계에 의하여

$t = 2^x + 2^{-x} \geq 2\sqrt{2^x \times 2^{-x}} = 2$

(단, 등호는 $2^x = 2^{-x}$, 즉 $x = 0$일 때 성립)

$2^{2x} + 2^{-2x} = (2^x)^2 + (2^{-x})^2 = (2^x + 2^{-x})^2 - 2$이므로

$2^{2x} + 2^{-2x} = 2(2^x + 2^{-x}) + 1$에서

$t^2 - 2 = 2t + 1$, $t^2 - 2t - 3 = 0$

$(t-3)(t+1) = 0$ $\therefore t = 3$ $(\because t \geq 2)$

$2^x + 2^{-x} = 3$의 양변에 2^x을 곱하고 $2^x = s$ $(s > 0)$라 하면

$s^2 - 3s + 1 = 0$

이 이차방정식의 두 근이 2^α, 2^β이므로 근과 계수의 관계에 의하여 $2^\alpha + 2^\beta = 3$, $2^\alpha \times 2^\beta = 1$

$\therefore 8^\alpha + 8^\beta = 2^{3\alpha} + 2^{3\beta} = (2^\alpha + 2^\beta)^3 - 3 \times 2^\alpha \times 2^\beta(2^\alpha + 2^\beta)$

$\qquad = 27 - 3 \times 1 \times 3 = 18$

답 18

0642 🔲 ③

유형 18

방정식 $4^x-2^{x+3}+a-1=0$이 서로 다른 두 실근을 갖도록 하는 정수 a의 개수는? 단서1 단서2

① 13   ② 14   ③ 15

④ 16   ⑤ 17

단서1 2^x 꼴이 반복되므로 $2^x=t$로 치환

단서2 이차방정식의 판별식을 이용

STEP1 $2^x=t$로 치환하고 t에 대한 방정식으로 나타내기

$4^x-2^{x+3}+a-1=0$에서

$(2^x)^2-8\times2^x+a-1=0$

$2^x=t$ $(t>0)$라 하면

$t^2-8t+a-1=0$ ·································· ㉠

STEP2 서로 다른 두 실근을 가질 조건 구하기

주어진 지수방정식이 서로 다른 두 실근을 가지려면 이차방정식 ㉠이 서로 다른 두 양의 실근을 가져야 한다.

(ⅰ) 이차방정식 ㉠의 판별식을 D라 하면

$$\frac{D}{4}=(-4)^2-(a-1)>0 \qquad \therefore a<17$$

(ⅱ) (두 근의 합)$=8>0$

(ⅲ) (두 근의 곱)$=a-1>0$ $\therefore a>1$

STEP3 정수 a의 개수 구하기

(ⅰ), (ⅱ), (ⅲ)에서 $1<a<17$

따라서 정수 a는 2, 3, 4, $\cdots$, 16의 15개이다.

0643 🔲 2

$3\left(\dfrac{1}{9}\right)^x-2\left(\dfrac{1}{3}\right)^{x-k}+27=0$에서 $\left(\dfrac{1}{3}\right)^x=t$ $(t>0)$라 하면

$3t^2-2\times3^k\times t+27=0$ ·································· ㉠

주어진 방정식이 오직 한 개의 실근을 가지려면 이차방정식 ㉠이 양수인 중근을 가져야 한다.

이차방정식 ㉠의 판별식을 D라 하면

$$\frac{D}{4}=(3^k)^2-3\times27=0$$

$3^{2k}=3^4$

$\therefore k=2$

0644 🔲 ④

$\left(\dfrac{1}{2}\right)^{2x}-a\left(\dfrac{1}{2}\right)^x+4=0$에서 $\left(\dfrac{1}{2}\right)^x=t$ $(t>0)$라 하면

$t^2-at+4=0$ ·································· ㉠

이차방정식 ㉠이 서로 다른 두 양의 실근을 가져야 한다.

(ⅰ) 이차방정식 ㉠의 판별식을 D라 하면

$D=a^2-16>0$, $(a+4)(a-4)>0$

$\therefore a<-4$ 또는 $a>4$

(ⅱ) (두 근의 합)$=a>0$

(ⅲ) (두 근의 곱)$=4>0$

(ⅰ), (ⅱ), (ⅲ)에서 상수 a의 값의 범위는 $a>4$

따라서 정수 a의 최솟값은 5이다.

0645 🔲 ⑤

$2^x=t$ $(t>0)$라 하면

$y=t^2+4t=(t+2)^2-4$,

$y=k-2$,

라 할 때, 주어진 방정식이 실근을 가지려면 두 함수의 그래프의 교점이 존재해야 한다.

따라서 그림에서

$k-2>0$ $\therefore k>2$

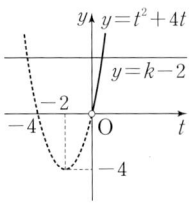

0646 🔲 ②

$2^x-2^{-x}=t$라 하면

$4^x+4^{-x}=(2^x-2^{-x})^2+2=t^2+2$이므로

$4^x+4^{-x}+a(2^x-2^{-x})+2=0$에서

$t^2+2+at+2=0$

$\therefore t^2+at+4=0$

이 이차방정식의 판별식을 D라 하면 이 이차방정식이 실근을 갖기 위해서는 $D\geq0$이어야 한다.

$D=a^2-16\geq0$, $(a+4)(a-4)\geq0$

$\therefore a\leq-4$ 또는 $a\geq4$

따라서 양수 a의 최솟값은 4이다.

0647 🔲 ②

$9^x-2(a-4)3^x+2a=0$에서

$(3^x)^2-2(a-4)3^x+2a=0$

$3^x=t$ $(t>0)$라 하면

$t^2-2(a-4)t+2a=0$ ·································· ㉠

주어진 방정식의 두 근이 모두 1보다 크면 $x>1$이므로

$t=3^x>3^1=3$

즉, 방정식 ㉠의 두 근은 3보다 크면 된다.

$f(t)=t^2-2(a-4)t+2a$라 하면 이차방정식 ㉠의 두 근이 3보다 클 조건은

(ⅰ) 이차방정식 ㉠의 판별식을 D라 하면

$$\frac{D}{4}=(a-4)^2-2a\geq0$$

$a^2-10a+16\geq0$

$(a-2)(a-8)\geq0$

$\therefore a\leq2$ 또는 $a\geq8$

(ⅱ) $f(t)=t^2-2(a-4)t+2a$의 그래프의 축의 방정식이

$t=a-4$이므로 $a-4>3$ $\therefore a>7$

(ⅲ) $f(3)>0$이어야 하므로 $f(3)=9-6(a-4)+2a>0$

$-4a+33>0$ $\therefore a<\dfrac{33}{4}$

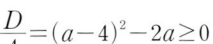

(ⅰ), (ⅱ), (ⅲ)에서 a의 값의 범위는 $8\leq a<\dfrac{33}{4}$이므로 구하는 정수 a의 값은 8이다.

실수 Check

근이 모두 1보다 크다는 조건을 치환한 문자에 그대로 적용하지 않도록 주의한다. 즉, $x>1$이므로 $t=3^x>3$이어야 함을 잊지 않도록 한다.

03

0648 답 5　　　　　　　　　　　　　　　| 유형 **19**

연립방정식 $\begin{cases} 2^{x+1}+2^{y+1}=12 \\ 2^{x+y-1}=4 \end{cases}$ 의 근을 $x=\alpha$, $y=\beta$라 할 때, $\alpha^2+\beta^2$의 값을 구하시오. **단서1**

단서1 $2^x=X$, $2^y=Y$로 치환

STEP1 주어진 연립방정식 정리하기

$\begin{cases} 2^{x+1}+2^{y+1}=12 \\ 2^{x+y-1}=4 \end{cases}$ 에서 $\begin{cases} 2\times 2^x+2\times 2^y=12 \\ \dfrac{1}{2}\times 2^x\times 2^y=4 \end{cases}$

즉, $\begin{cases} 2^x+2^y=6 \\ 2^x\times 2^y=8 \end{cases}$

STEP2 $2^x=X$, $2^y=Y$로 치환하기

$2^x=X$ $(X>0)$, $2^y=Y$ $(Y>0)$라 하면

$\begin{cases} X+Y=6 \\ XY=8 \end{cases}$

STEP3 연립방정식의 근을 구하여 $\alpha^2+\beta^2$의 값 구하기

X, Y는 이차방정식 $t^2-6t+8=0$의 두 근이므로

$(t-2)(t-4)=0$　　∴ $t=2$ 또는 $t=4$

$X=2$, $Y=4$ 또는 $X=4$, $Y=2$

즉, $2^x=2$, $2^y=4$ 또는 $2^x=4$, $2^y=2$이므로

$x=1$, $y=2$ 또는 $x=2$, $y=1$

∴ $\alpha^2+\beta^2=1^2+2^2=5$

0649 답 ④

$3^x=X$ $(X>0)$, $5^y=Y$ $(Y>0)$라 하면 주어진 연립방정식은

$\begin{cases} X+2Y=59 \quad\text{────── ㉠} \\ 3X-Y=2 \quad\text{────── ㉡} \end{cases}$

㉠, ㉡을 연립하여 풀면 $X=9$, $Y=25$

즉, $3^x=9=3^2$에서 $x=2$, $5^y=25=5^2$에서 $y=2$

따라서 $\alpha=2$, $\beta=2$이므로

$\alpha+\beta=4$

0650 답 ①

$4^x=X$ $(X>0)$, $9^y=Y$ $(Y>0)$라 하면 주어진 연립방정식은

$\begin{cases} \dfrac{1}{2}X+3Y=11 \quad\text{────── ㉠} \\ 4X-\dfrac{1}{3}Y=15 \quad\text{────── ㉡} \end{cases}$

㉠, ㉡을 연립하여 풀면 $X=4$, $Y=3$

즉, $4^x=4$, $9^y=3$이므로 $x=1$, $y=\dfrac{1}{2}$

따라서 $\alpha=1$, $\beta=\dfrac{1}{2}$이므로 $\alpha\beta=\dfrac{1}{2}$

0651 답 ⑤

$\begin{cases} 3^{x-1}+3^y=12 \\ 3^{x+y-1}=27 \end{cases}$ 에서 $\begin{cases} \dfrac{1}{3}\times 3^x+3^y=12 \\ \dfrac{1}{3}\times 3^x\times 3^y=27 \end{cases}$

$3^x=X$ $(X>0)$, $3^y=Y$ $(Y>0)$라 하면

$\begin{cases} \dfrac{1}{3}X+Y=12 \\ \dfrac{1}{3}XY=27 \end{cases}$, 즉 $\begin{cases} X+3Y=36 \quad\text{────── ㉠} \\ XY=81 \quad\text{────── ㉡} \end{cases}$

㉠에서 $X=36-3Y$를 ㉡에 대입하면

$(36-3Y)Y=81$, $Y^2-12Y+27=0$

$(Y-3)(Y-9)=0$　　∴ $Y=3$ 또는 $Y=9$

즉, $X=27$, $Y=3$ 또는 $X=9$, $Y=9$이므로

$3^x=27$, $3^y=3$ 또는 $3^x=9$, $3^y=9$

따라서 $x=3$, $y=1$ 또는 $x=2$, $y=2$이다.

이때 $\alpha>\beta$이므로 $\alpha=3$, $\beta=1$

∴ $\alpha\beta=3$

0652 답 10

$2^x=X$ $(X>0)$, $2^y=Y$ $(Y>0)$라 하면 주어진 연립방정식은

$\begin{cases} X+Y=\dfrac{17}{2} \quad\text{────── ㉠} \\ XY=4 \quad\text{────── ㉡} \end{cases}$

㉠에서 $Y=\dfrac{17}{2}-X$를 ㉡에 대입하면

$X\left(\dfrac{17}{2}-X\right)=4$, $X^2-\dfrac{17}{2}X+4=0$

$2X^2-17X+8=0$, $(2X-1)(X-8)=0$

∴ $X=\dfrac{1}{2}$, $Y=8$ 또는 $X=8$, $Y=\dfrac{1}{2}$

즉, $2^x=\dfrac{1}{2}$, $2^y=8$ 또는 $2^x=8$, $2^y=\dfrac{1}{2}$

따라서 $x=-1$, $y=3$ 또는 $x=3$, $y=-1$이므로

$\alpha^2+\beta^2=(-1)^2+3^2=10$

0653 답 ③

$\begin{cases} 3^{x+1}+3^{y+1}=108 \\ 3^{x+y-2}=27 \end{cases}$ 에서 $\begin{cases} 3\times 3^x+3\times 3^y=108 \\ \dfrac{1}{9}\times 3^x\times 3^y=27 \end{cases}$

$3^x=X$ $(X>0)$, $3^y=Y$ $(Y>0)$라 하면

$\begin{cases} 3X+3Y=108 \\ \dfrac{1}{9}XY=27 \end{cases}$, 즉 $\begin{cases} X+Y=36 \quad\text{────── ㉠} \\ XY=243 \quad\text{────── ㉡} \end{cases}$

㉠에서 $Y=36-X$를 ㉡에 대입하면

$X(36-X)=243$, $X^2-36X+243=0$

$(X-9)(X-27)=0$

∴ $X=9$, $Y=27$ 또는 $X=27$, $Y=9$

즉, $3^x=9$, $3^y=27$ 또는 $3^x=27$, $3^y=9$이므로

$x=2$, $y=3$ 또는 $x=3$, $y=2$

∴ $\alpha^2+\beta^2=2^2+3^2=13$

0654 답 ④　　　　　　　　　　　　　　| 유형 **20**

방정식 $(x-1)^{4x+5}=(x-1)^{x^2}$의 모든 근의 합은? (단, $x>1$) **단서1**

① 2　　　　② 3　　　　③ 5

④ 7　　　　⑤ 9

단서1 밑과 지수가 모두 미지수인 방정식은 지수가 같은 경우와 밑이 같은 경우로 나누어 확인

STEP1 지수가 같을 때의 방정식 풀기

방정식 $(x-1)^{4x+5}=(x-1)^{x^2}$에서

지수가 같을 때,

$4x+5=x^2$, $x^2-4x-5=0$

$(x+1)(x-5)=0$ ∴ $x=5$ ($\because x>1$)

STEP2 밑이 1로 같을 때의 방정식 풀기

밑이 1로 같을 때,

$x-1=1$ ∴ $x=2$

STEP3 모든 근의 합 구하기

모든 근의 합은 $5+2=7$

0655 답 ①

(i) $x-3\neq0$일 때, $x+2=3$ ∴ $x=1$

(ii) $x-3=0$일 때, $5^0=3^0=1$이므로 성립한다. ∴ $x=3$

(i), (ii)에서 모든 근의 합은 $1+3=4$

0656 답 ②

(i) $x=1$일 때, $1^3=1$이므로 성립한다.

(ii) $x\neq1$일 때, $x+2=3x-2$ ∴ $x=2$

(i), (ii)에서 모든 근의 곱은 $1\times2=2$

0657 답 4

(i) $x=1$일 때, $1^{13}=1$이므로 성립한다.

(ii) $x\neq1$일 때, $x+12=x^2$에서 $x^2-x-12=0$

  $(x+3)(x-4)=0$ ∴ $x=-3$ 또는 $x=4$

  이때 $x>0$이므로 $x=4$

(i), (ii)에서 근은 $x=1$ 또는 $x=4$이므로 이 중에서 큰 값은 4이다.

0658 답 ③

$x^{x^2-3}=x^{2x+5}$에서

(i) $x=1$일 때, $1^{-2}=1^7$이므로 성립한다.

(ii) $x\neq1$일 때, $x^2-3=2x+5$에서 $x^2-2x-8=0$

  $(x+2)(x-4)=0$ ∴ $x=4\left(\because x>\dfrac{1}{2}\right)$

(i), (ii)에서 $a=1+4=5$

$\left(x-\dfrac{1}{2}\right)^{5-2x}=5^{5-2x}$에서

(iii) $5-2x=0$, 즉 $x=\dfrac{5}{2}$일 때, $2^0=5^0=1$이므로 성립한다.

(iv) $5-2x\neq0$일 때, $x-\dfrac{1}{2}=5$이므로 $x=\dfrac{11}{2}$

(iii), (iv)에서 $b=\dfrac{5}{2}+\dfrac{11}{2}=8$

∴ $a+b=5+8=13$

0659 답 ④

(i) $x^2-x-1=1$일 때,

  $x^2-x-2=0$, $(x+1)(x-2)=0$

  ∴ $x=-1$ 또는 $x=2$

(ii) $x^2-x-1=-1$일 때,

  $x^2-x=0$, $x(x-1)=0$

  ∴ $x=0$ 또는 $x=1$

  $x=0$이면 $(-1)^2=1$이므로 성립한다.

  $x=1$이면 $(-1)^3=-1$이므로 성립하지 않는다.

(iii) $x+2=0$, 즉 $x=-2$일 때 $5^0=1$이므로 성립한다.

(i), (ii), (iii)에서 정수 x는 -1, 2, 0, -2의 4개이다.

0660 답 ③ | 유형 21

부등식 $3^{x^2-6}<81\times3^{3x}$을 만족시키는 모든 정수 x의 값의 합은? **단서1**

① 2 ② 5 ③ 9

④ 14 ⑤ 20

단서1 밑을 같게 하고, 밑이 1보다 큰지 확인

STEP1 주어진 부등식을 밑이 같은 부등식으로 나타내기

$81\times3^{3x}=3^{3x+4}$이므로 주어진 부등식은 $3^{x^2-6}<3^{3x+4}$

STEP2 지수끼리 비교하여 부등식으로 나타내기

밑 3이 1보다 크므로

$x^2-6<3x+4$

$x^2-3x-10<0$, $(x+2)(x-5)<0$

∴ $-2<x<5$

STEP3 부등식을 만족시키는 모든 정수 x의 값의 합 구하기

부등식을 만족시키는 정수 x의 값은 -1, 0, 1, 2, 3, 4이고, 그 합은 9이다.

0661 답 ④

$\left(\dfrac{3}{4}\right)^{x+2}\leq\left(\dfrac{4}{3}\right)^{2x-3}$에서 $\left(\dfrac{4}{3}\right)^{-x-2}\leq\left(\dfrac{4}{3}\right)^{2x-3}$

이때 밑 $\dfrac{4}{3}$가 1보다 크므로

$-x-2\leq2x-3$ ∴ $x\geq\dfrac{1}{3}$

0662 답 ④

주어진 부등식에서 밑 3이 1보다 크므로

$-x^2+17x\geq2x+50$

$x^2-15x+50\leq0$, $(x-5)(x-10)\leq0$

∴ $5\leq x\leq10$

따라서 정수 x는 5, 6, 7, 8, 9, 10의 6개이다.

0663 답 -1

$3^{2x}\leq\left(\dfrac{1}{9}\right)^{x^2-2}$에서 $3^{2x}\leq3^{-2(x^2-2)}$

이때 밑 3이 1보다 크므로

$2x\leq-2x^2+4$, $2x^2+2x-4\leq0$

$x^2+x-2\leq0$, $(x+2)(x-1)\leq0$

∴ $-2\leq x\leq1$

따라서 $\alpha=-2$, $\beta=1$이므로 $\alpha+\beta=-1$

0664 답 ③

$16=2^4$이므로 주어진 부등식은

$\dfrac{2^4}{2^{4x}}\geq 2^{1-3x}$에서 $2^{4-4x}\geq 2^{1-3x}$

이때 밑 2가 1보다 크므로

$4-4x\geq 1-3x$ $\therefore x\leq 3$

따라서 자연수 x는 1, 2, 3의 3개이다.

0665 답 ③

주어진 그림에서 $f(x)=(x+2)(x-1)$, $g(x)=-x+1$이므로

$f(x-2)=x(x-3)=x^2-3x$ ┌→ $(-2, 0)$, $(1, 0)$을 지나므로

$g(x+1)=-x$
$\quad f(x)=a(x+2)(x-1)$
$\quad f(-3)=4$이므로 $a=1$

$\left(\dfrac{1}{2}\right)^{f(x-2)}<2^{-g(x+1)}$에서
$\quad \therefore f(x)=(x+2)(x-1)$

$\left(\dfrac{1}{2}\right)^{f(x-2)}<\left(\dfrac{1}{2}\right)^{g(x+1)}$, $\left(\dfrac{1}{2}\right)^{x^2-3x}<\left(\dfrac{1}{2}\right)^{-x}$

이때 $0<\dfrac{1}{2}<1$이므로

$x^2-3x>-x$, $x^2-2x>0$

$x(x-2)>0$

$\therefore x<0$ 또는 $x>2$

0666 답 ①

$2^{x-4}\leq\left(\dfrac{1}{2}\right)^{x-2}$에서 $2^{x-4}\leq 2^{-x+2}$

이때 밑 2가 1보다 크므로

$x-4\leq -x+2$ $\therefore x\leq 3$

따라서 모든 자연수 x의 값의 합은

$1+2+3=6$

0667 답 ⑤

$\left(\dfrac{1}{9}\right)^{x}<3^{21-4x}$에서 $3^{-2x}<3^{21-4x}$

이때 밑 3이 1보다 크므로

$-2x<21-4x$, $2x<21$ $\therefore x<\dfrac{21}{2}$

따라서 구하는 자연수 x는 1, 2, 3, $\cdots$, 10의 10개이다.

0668 답 ④

$p=\sqrt{2}-1$이라 하면 $p^2=3-2\sqrt{2}$

즉, $(p^2)^{5-n}=p^{10-2n}$이므로 $p^m\geq p^{10-2n}$

이때 $0<p<1$이므로 $m\leq 10-2n$

(i) $n=1$일 때, $1\leq m\leq 8$

(ii) $n=2$일 때, $1\leq m\leq 6$

(iii) $n=3$일 때, $1\leq m\leq 4$

(iv) $n=4$일 때, $1\leq m\leq 2$

(v) $n\geq 5$일 때, 부등식을 만족시키는 자연수 m은 존재하지 않는다.

(i)~(v)에서 부등식을 만족시키는 두 자연수 m, n의 모든 순서쌍 (m, n)의 개수는

$8+6+4+2=20$

0669 답 ② | 유형 **22**

부등식 $4^{2x+1}-34\times 4^x+16\leq 0$을 만족시키는 모든 정수 x의 개수는?

① 1 **단서 1** ② 2 ③ 3

④ 4 ⑤ 5

단서 1 4^x 꼴이 반복되므로 $4^x=t$로 치환하고 t의 값의 범위에 주의

STEP 1 $4^x=t$로 치환하고 t에 대한 부등식으로 나타내기

$4^{2x+1}-34\times 4^x+16\leq 0$에서

$4\times (4^x)^2-34\times 4^x+16\leq 0$

$4^x=t$ $(t>0)$라 하면

$4t^2-34t+16\leq 0$

STEP 2 t의 값의 범위 구하기

$2t^2-17t+8\leq 0$

$(2t-1)(t-8)\leq 0$ $\therefore \dfrac{1}{2}\leq t\leq 8$

STEP 3 정수 x의 개수 구하기

$2^{-1}\leq 2^{2x}\leq 2^3$에서 $-1\leq 2x\leq 3$ $\therefore -\dfrac{1}{2}\leq x\leq \dfrac{3}{2}$

따라서 부등식을 만족시키는 모든 정수 x는 0, 1의 2개이다.

0670 답 4

$4^x>7\times 2^x+8$에서 $(2^x)^2>7\times 2^x+8$

$2^x=t$ $(t>0)$라 하면 $t^2>7t+8$에서 $t^2-7t-8>0$

$(t-8)(t+1)>0$ $\therefore t>8$ $(\because t>0)$

즉, $2^x>8$에서 $2^x>2^3$이므로 $x>3$

따라서 주어진 부등식을 만족시키는 자연수 x의 최솟값은 4이다.

0671 답 ②

$4^{x+1}-33\times 2^x+8\leq 0$에서 $2^x=t$ $(t>0)$라 하면

$4t^2-33t+8\leq 0$

$(4t-1)(t-8)\leq 0$ $\therefore \dfrac{1}{4}\leq t\leq 8$

즉, $2^{-2}\leq 2^x\leq 2^3$이므로 $-2\leq x\leq 3$

따라서 주어진 부등식을 만족시키는 모든 정수 x는 -2, -1, 0, 1, 2, 3이고, 그 합은 3이다.

0672 답 ②

$\left(\dfrac{1}{4}\right)^{x}-\left(\dfrac{1}{2}\right)^{x}-12\leq 0$에서 $\left(\dfrac{1}{2}\right)^{x}=t$ $(t>0)$라 하면

$t^2-t-12\leq 0$

$(t+3)(t-4)\leq 0$ $\therefore 0<t\leq 4$ $(\because t>0)$

즉, $0<\left(\dfrac{1}{2}\right)^{x}\leq 4$에서 $0<2^{-x}\leq 2^2$, $-x\leq 2$

$\therefore x \geq -2$

따라서 정수 x의 최솟값은 -2이다.

0673 답 ③

$\left(\dfrac{1}{9}\right)^x - \left(\dfrac{1}{\sqrt{3}}\right)^{2x-2} - 54 > 0$에서

$\left(\dfrac{1}{3}\right)^{2x} - \left(\dfrac{1}{3}\right)^{x-1} - 54 > 0$

$\left(\dfrac{1}{3}\right)^x = t \ (t>0)$라 하면

$t^2 - 3t - 54 > 0$

$(t+6)(t-9) > 0$ $\quad \therefore t > 9 \ (\because t > 0)$

즉, $\left(\dfrac{1}{3}\right)^x > 3^2$에서 $-x > 2$ $\quad \therefore x < -2$

따라서 정수 x의 최댓값은 -3이다.

0674 답 ②

$(3^x+1)(3^x-10) < 12$에서 $3^x = t \ (t>0)$라 하면

$(t+1)(t-10) < 12, \ t^2 - 9t - 22 < 0$

$(t+2)(t-11) < 0$ $\quad \therefore 0 < t < 11 \ (\because t > 0)$

즉, $0 < 3^x < 11$

따라서 이를 만족시키는 자연수 x는 1, 2의 2개이다.

0675 답 ②

$3^x - 2 \times 3^{\frac{x}{2}-1} - \dfrac{8}{3} \leq 0$에서 $3^x - \dfrac{2}{3} \times 3^{\frac{x}{2}} - \dfrac{8}{3} \leq 0$

$3^{\frac{x}{2}} = t \ (t>0)$라 하면 $t^2 - \dfrac{2}{3}t - \dfrac{8}{3} \leq 0$

$3t^2 - 2t - 8 \leq 0, \ (3t+4)(t-2) \leq 0$

$\therefore 0 < t \leq 2 \ (\because t > 0)$

즉, $0 < 3^{\frac{x}{2}} \leq 2$이므로 이 부등식을 만족시키는 자연수 x는 1의 1개이다.

0676 답 5

$4^{f(x)} - 2^{2+f(x)} < 32$에서 $2^{f(x)} = t \ (t>0)$라 하면

$t^2 - 4t - 32 < 0$

$(t+4)(t-8) < 0$ $\quad \therefore 0 < t < 8 \ (\because t > 0)$

즉, $0 < 2^{f(x)} < 2^3$

$f(x) < 3$에서 $x^2 - 4x - 2 < 3$

$x^2 - 4x - 5 < 0$

$(x+1)(x-5) < 0$ $\quad \therefore -1 < x < 5$

따라서 정수 x는 0, 1, 2, 3, 4의 5개이다.

0677 답 ④

$4^{|x|} - 2^{|x|+3} + 7 \leq 0$에서 $2^{|x|} = t \ (t>0)$라 하면

$t^2 - 8t + 7 \leq 0$

$(t-1)(t-7) \leq 0$ $\quad \therefore 1 \leq t \leq 7$

즉, $1 \leq 2^{|x|} \leq 7$이므로 이를 만족시키는 정수 x는 $-2, -1, 0, 1, 2$의 5개이다.

0678 답 3

$f(x) = x^2 - 2^{a+1}x + 9 \times 2^a$이라 하면 $f(x) \geq 0$이어야 하므로

이차방정식 $f(x) = 0$의 판별식을 D라 하면

$\dfrac{D}{4} = (2^a)^2 - 9 \times 2^a \leq 0$

$2^a = t \ (t>0)$라 하면 $t^2 - 9t \leq 0$

$t(t-9) \leq 0$ $\quad \therefore 0 < t \leq 9 \ (\because t > 0)$

즉, $0 < 2^a \leq 9$

따라서 이를 만족시키는 자연수 a는 1, 2, 3이므로 최댓값은 3이다.

0679 답 ④

$4^x - 10 \times 2^x + 16 \leq 0$에서 $(2^x)^2 - 10 \times 2^x + 16 \leq 0$

$2^x = t \ (t>0)$라 하면 $t^2 - 10t + 16 \leq 0$

$(t-2)(t-8) \leq 0$ $\quad \therefore 2 \leq t \leq 8$

즉, $2 \leq 2^x \leq 8$에서 $2^1 \leq 2^x \leq 2^3$

$\therefore 1 \leq x \leq 3$

따라서 모든 자연수 x는 1, 2, 3이고, 그 합은 6이다.

0680 답 12

$\left(\frac{1}{4}\right)^x - (3n+16) \times \left(\frac{1}{2}\right)^x + 48n \leq 0$에서

$\left\{\left(\frac{1}{2}\right)^x - 3n\right\}\left\{\left(\frac{1}{2}\right)^x - 16\right\} \leq 0$ $\left(\frac{1}{2}\right)^x = t$ $(t>0)$라 하면

                         $t^2 - (3n+16)t + 48n \leq 0,$ $(t-3n)(t-16) \leq 0$

(i) $3n \leq 16$일 때,   즉, $\left\{\left(\frac{1}{2}\right)^x - 3n\right\}\left\{\left(\frac{1}{2}\right)^x - 16\right\} \leq 0$

    $3n \leq \left(\frac{1}{2}\right)^x \leq 16$을 만족시키는 정수 x의 개수가 2가 되도록 하

    려면 $2^2 < 3n \leq 2^3$, $\frac{4}{3} < n \leq \frac{8}{3}$ $\therefore n = 2$

(ii) $3n > 16$일 때,

    $16 \leq \left(\frac{1}{2}\right)^x \leq 3n$을 만족시키는 정수 x의 개수가 2가 되도록 하

    려면 $2^5 \leq 3n < 2^6$, $\frac{32}{3} \leq n < \frac{64}{3}$

        $\therefore n = 11, 12, 13, \cdots, 21$

(i), (ii)에서 모든 자연수 n의 개수는 $1 + 11 = 12$

실수 Check

> 부등식을 만족시키는 정수 x의 개수가 2가 되기 위해서는
>
> $3n \leq \left(\frac{1}{2}\right)^x \leq 16$일 때 $\left(\frac{1}{2}\right)^x = 2^3$ 또는 $\left(\frac{1}{2}\right)^x = 2^4$이어야 하고,
>
> $16 \leq \left(\frac{1}{2}\right)^x \leq 3n$일 때 $\left(\frac{1}{2}\right)^x = 2^4$ 또는 $\left(\frac{1}{2}\right)^x = 2^5$이어야 함을 이용하여
>
> n의 값의 범위를 구할 수 있어야 한다.

0681 답 ④ | 유형 23

> 부등식 $x^x < x^{2x+3}$의 해가 $\alpha < x < \beta$일 때, $\alpha + \beta$의 값은? (단, $x > 0$)
>   **단서1**
> ① 1   ② 2   ③ 3
> ④ 4   ⑤ 5
> **단서1** 밑과 지수가 모두 미지수인 부등식은 밑 x의 범위를 $0 < x < 1$인 경우, $x = 1$인 경우, $x > 1$인 경우로 나누어 확인

STEP 1 $0 < x < 1$일 때, 부등식을 만족시키는 x의 값의 범위 구하기

$x^x < x^{2x+3}$에서

$0 < x < 1$일 때,

$x^2 > 2x + 3$이므로 $x^2 - 2x - 3 > 0$

$(x+1)(x-3) > 0$ $\therefore x < -1$ 또는 $x > 3$

그런데 $0 < x < 1$이므로 부등식이 성립하지 않는다.

STEP 2 $x = 1$일 때, 부등식이 성립하는지 확인하기

$x = 1$일 때, $1^1 < 1^5$이므로 부등식이 성립하지 않는다.

STEP 3 $x > 1$일 때, 부등식을 만족시키는 x의 값의 범위 구하기

$x > 1$일 때,

$x^2 < 2x + 3$이므로 $x^2 - 2x - 3 < 0$

$(x+1)(x-3) < 0$ $\therefore -1 < x < 3$

그런데 $x > 1$이므로 $1 < x < 3$

STEP 4 $\alpha + \beta$의 값 구하기

주어진 부등식의 해는 $1 < x < 3$이므로

$\alpha = 1$, $\beta = 3$

$\therefore \alpha + \beta = 4$

0682 답 ②

$x^{x^2+3} < x^{4x}$에서 $x > 1$이므로

$x^2 + 3 < 4x$, $x^2 - 4x + 3 < 0$

$(x-1)(x-3) < 0$ $\therefore 1 < x < 3$

0683 답 ③

$(x+2)^x < 5^x$에서

(i) $x = 0$일 때,

    $2^0 < 5^0$이므로 부등식이 성립하지 않는다.

(ii) $x > 0$일 때,

    $x + 2 < 5$에서 $x < 3$

    그런데 $x > 0$이므로 $0 < x < 3$

(i), (ii)에서 주어진 부등식을 만족시키는 x의 값의 범위는

$0 < x < 3$

따라서 정수 x는 1, 2의 2개이다.

0684 답 1

$x^{x+1} \geq x^{-x-5}$에서

(i) $0 < x < 1$일 때,

    $x + 1 \leq -x - 5$에서 $x \leq -3$이므로 부등식이 성립하지 않는다.

(ii) $x = 1$일 때,

    $1^2 \geq 1^{-6}$이므로 부등식이 성립한다.

    $\therefore x = 1$

(iii) $x > 1$일 때,

    $x + 1 \geq -x - 5$에서 $x \geq -3$ $\therefore x > 1$

(i), (ii), (iii)에서 $x \geq 1$이므로 주어진 부등식을 만족시키는 정수 x의 최솟값은 1이다.

0685 답 ④

$x^{4x+1} > x^{2x+7}$에서

(i) $0 < x < 1$일 때,

    $4x + 1 < 2x + 7$에서 $x \leq 3$

    $\therefore 0 < x < 1$

(ii) $x = 1$일 때,

    $1^5 > 1^9$이므로 부등식이 성립하지 않는다.

(iii) $x > 1$일 때,

    $4x + 1 > 2x + 7$에서 $x > 3$

(i), (ii), (iii)에서 주어진 부등식을 만족시키는 x의 값의 범위는

$0 < x < 1$ 또는 $x > 3$

0686 답 2

$x^x < \left(\frac{1}{x^2}\right)^{2x-5}$에서 $x^x < x^{-4x+10}$ $(x^{-2})^{2x-5} = x^{-2(2x-5)}$
                                                       $= x^{-4x+10}$

(i) $0 < x < 1$일 때,

    $x > -4x + 10$에서 $x > 2$이므로 부등식이 성립하지 않는다.

(ii) $x=1$일 때,

$1^1 < 1^6$이므로 부등식이 성립하지 않는다.

(iii) $x>1$일 때,

$x<-4x+10$에서 $x<2$　　∴ $1<x<2$

(i), (ii), (iii)에서 $1<x<2$

따라서 $\alpha=1$, $\beta=2$이므로 $\alpha\beta=2$

0687 답 ③

$x^{3x^2-10x}>\dfrac{1}{x^3}$에서 $x^{3x^2-10x}>x^{-3}$

(i) $0<x<1$일 때,

$3x^2-10x<-3$

$3x^2-10x+3<0$, $(3x-1)(x-3)<0$

∴ $\dfrac{1}{3}<x<3$

그런데 $0<x<1$이므로 $\dfrac{1}{3}<x<1$

(ii) $x=1$일 때, $1^{-7}>1^{-3}$이므로 부등식이 성립하지 않는다.

(iii) $x>1$일 때,

$3x^2-10x>-3$

$3x^2-10x+3>0$, $(3x-1)(x-3)>0$

∴ $x<\dfrac{1}{3}$ 또는 $x>3$

그런데 $x>1$이므로 $x>3$

(i), (ii), (iii)에서 $\dfrac{1}{3}<x<1$ 또는 $x>3$이므로

$S=\left\{x\left|\dfrac{1}{3}<x<1\text{ 또는 }x>3\right.\right\}$

따라서 집합 S의 원소가 아닌 것은 ③이다.

0688 답 6

$\dfrac{(x^2-4x+4)^x}{(x^2-4x+4)^2}<1$에서 $(x^2-4x+4)^{x-2}<1$

(i) $x^2-4x+4=1$이면 $1<1$이므로 부등식이 성립하지 않는다.

즉, $x^2-4x+4\neq1$이므로

$x^2-4x+3\neq0$, $(x-1)(x-3)\neq0$

∴ $x\neq1$이고 $x\neq3$

(ii) $0<x^2-4x+4<1$일 때,

$0<(x-2)^2<1$에서 $-1<x-2<0$ 또는 $0<x-2<1$

∴ $1<x<2$ 또는 $2<x<3$ ……… ㉠

주어진 부등식 $(x^2-4x+4)^{x-2}<(x^2-4x+4)^0$에서 밑이 1보다 작으므로

$x-2>0$　　∴ $x>2$ ……… ㉡

㉠, ㉡에서 $2<x<3$

(iii) $x^2-4x+4>1$일 때,

$x^2-4x+3>0$, $(x-1)(x-3)>0$

∴ $x<1$ 또는 $x>3$ ……… ㉢

주어진 부등식 $(x^2-4x+4)^{x-2}<(x^2-4x+4)^0$에서 밑이 1보다 크므로

$x-2<0$　　∴ $x<2$ ……… ㉣

㉢, ㉣에서 $x<1$

(i), (ii), (iii)에서 $x<1$ 또는 $2<x<3$

따라서 $\alpha=1$, $\beta=2$, $\gamma=3$이므로

$\alpha+\beta+\gamma=6$

x^2-4x+4의 값이 1일 때, 0과 1 사이일 때, 1보다 클 때로 나누어 x의 값의 범위를 구하도록 한다. 이때 밑의 범위와 지수의 범위 모두 확인해야 함을 잊지 않도록 한다.

0689 답 ② 　│유형 24

연립부등식 $\begin{cases}\dfrac{1}{16}\leq\left(\dfrac{1}{4}\right)^{x-2} \\ 9^x>\sqrt[3]{81}\times3^x\end{cases}$ 을 만족시키는 정수 x의 개수는?
단서1

① 2　　　　② 3　　　　③ 4

④ 5　　　　⑤ 6

단서1 각각의 부등식에서 밑을 통일

STEP 1 두 부등식을 각각 밑이 같은 지수로 나타내기

$\begin{cases}\dfrac{1}{16}\leq\left(\dfrac{1}{4}\right)^{x-2} \\ 9^x>\sqrt[3]{81}\times3^x\end{cases}$ 에서 $\begin{cases}\left(\dfrac{1}{4}\right)^2\leq\left(\dfrac{1}{4}\right)^{x-2} & \cdots㉠ \\ 3^{2x}>3^{x+\frac{4}{3}} & \cdots㉡\end{cases}$

STEP 2 부등식 ㉠, ㉡을 풀기

㉠에서 $2\geq x-2$　　∴ $x\leq4$ ……… ㉢

㉡에서 $2x>x+\dfrac{4}{3}$　　∴ $x>\dfrac{4}{3}$ ……… ㉣

㉢, ㉣에서 $\dfrac{4}{3}<x\leq4$

STEP 3 연립부등식을 만족시키는 정수 x의 개수 구하기

주어진 연립부등식을 만족시키는 정수 x는 2, 3, 4의 3개이다.

0690 답 ①

$\begin{cases}2^{x^2+1}>(\sqrt{32})^x & \cdots㉠ \\ \left(\dfrac{1}{25}\right)^x-\left(\dfrac{1}{5}\right)^x<\left(\dfrac{1}{5}\right)^{x-1}-5 & \cdots㉡\end{cases}$

㉠에서 $2^{x^2+1}>2^{\frac{5}{2}x}$이므로

$x^2+1>\dfrac{5}{2}x$, $2x^2-5x+2>0$

$(2x-1)(x-2)>0$　　∴ $x<\dfrac{1}{2}$ 또는 $x>2$ ……… ㉢

㉡에서 $\left(\dfrac{1}{5}\right)^{2x}-\left(\dfrac{1}{5}\right)^x<5\left(\dfrac{1}{5}\right)^x-5$

$\left(\dfrac{1}{5}\right)^x=t\ (t>0)$라 하면

$t^2-t<5t-5$, $t^2-6t+5<0$

$(t-1)(t-5)<0$

∴ $1<t<5$

즉, $1<\left(\dfrac{1}{5}\right)^x<5$이므로 $\left(\dfrac{1}{5}\right)^0<\left(\dfrac{1}{5}\right)^x<\left(\dfrac{1}{5}\right)^{-1}$

∴ $-1<x<0$ ……… ㉣

따라서 연립부등식의 해는 ㉢, ㉣에서 $-1<x<0$이므로

$\alpha=-1$, $\beta=0$

∴ $\alpha+\beta=-1$

0691 답 ②

$$\begin{cases} a^{a-4} < a & \cdots\cdots\cdots\cdots\cdots\cdots \text{㉠} \\ a < a^{2a-3} & \cdots\cdots\cdots\cdots\cdots\cdots \text{㉡} \end{cases}$$

a는 1보다 큰 자연수이므로

㉠에서 $a-4 < 1$ $\therefore a < 5$ $\cdots\cdots\cdots$ ㉢

㉡에서 $1 < 2a-3$, $2a > 4$ $\therefore a > 2$ $\cdots\cdots$ ㉣

㉢, ㉣에서 $2 < a < 5$

따라서 $2 < a < 5$를 만족시키는 자연수 a는 3, 4의 2개이다.

다른 풀이

$a^{a-4} < a < a^{2a-3}$에서 $a > 1$이므로 각 변을 a로 나누면

$a^{a-5} < 1 < a^{2a-4}$

이때 밑 a는 1보다 크므로

$a-5 < 0 < 2a-4$ $\therefore 2 < a < 5$

따라서 구하는 자연수 a는 3, 4의 2개이다.

0692 답 ④

$(0.5)^{-x} < 8 < 4^{2x-1}$에서 $\left(\dfrac{1}{2}\right)^{-x} < 2^3 < 2^{2(2x-1)}$

$2^x < 2^3 < 2^{4x-2}$이므로 $x < 3 < 4x-2 \to \begin{cases} x < 3 \\ 3 < 4x-2 \end{cases}$

즉, $x < 3$이고 $3 < 4x-2$이므로 $\dfrac{5}{4} < x < 3$

따라서 $\alpha = \dfrac{5}{4}$, $\beta = 3$이므로

$4\alpha - \beta = 5 - 3 = 2$

0693 답 ④

$$\begin{cases} \left(\dfrac{2}{3}\right)^{x+3} < \left(\dfrac{9}{4}\right)^{x-2} & \cdots\cdots\cdots\cdots \text{㉠} \\ 2^{x-1} < \sqrt{2^{x+3}} & \cdots\cdots\cdots\cdots\cdots\cdots \text{㉡} \end{cases}$$

㉠에서 $\left(\dfrac{2}{3}\right)^{x+3} < \left(\dfrac{2}{3}\right)^{-2x+4}$

이때 $0 < \dfrac{2}{3} < 1$이므로

$x+3 > -2x+4$, $3x > 1$ $\therefore x > \dfrac{1}{3}$ $\cdots\cdots$ ㉢

㉡에서 $2^{x-1} < 2^{\frac{x+3}{2}}$

밑 2가 1보다 크므로

$x-1 < \dfrac{x+3}{2}$, $2x-2 < x+3$ $\therefore x < 5$ $\cdots\cdots$ ㉣

따라서 연립부등식의 해는 ㉢, ㉣에서 $\dfrac{1}{3} < x < 5$이므로 자연수 x

는 1, 2, 3, 4의 4개이다.

0694 답 3

$A = \left\{ x \middle| \left(\dfrac{1}{3}\right)^{x+2} < \left(\dfrac{1}{3}\right)^{x^2} \right\} = \{ x \mid x+2 > x^2 \} = \{ x \mid -1 < x < 2 \}$

$\overset{\displaystyle \rightarrow x^2-x-2<0,\ (x+1)(x-2)<0}{}$
$\overset{\displaystyle \therefore -1<x<2}{}$

$B = \{ x \mid 2^{|x-2|} \le 2^a \} = \{ x \mid |x-2| \le a \} = \{ x \mid 2-a \le x \le 2+a \}$

$\overset{\displaystyle \rightarrow -a \le x-2 \le a}{}$
$\overset{\displaystyle \therefore 2-a \le x \le 2+a}{}$

$A \cap B = A$이므로 $A \subset B$이다.

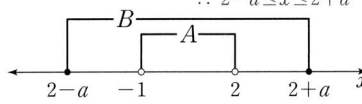

즉, $2-a \le -1$이고 $2 \le 2+a$이므로

$a \ge 3$이고 $a \ge 0$ $\therefore a \ge 3$

따라서 구하는 실수 a의 최솟값은 3이다.

실수 Check

교집합의 성질인 $A \cap B = A$이면 $A \subset B$임을 기억하여 주어진 두 부등식의 포함 관계를 파악해야 한다.

Plus 문제

0694-1

두 집합 $A = \{ x \mid x^2 - (a+b)x + ab < 0 \}$,

$B = \{ x \mid 2^{2x+2} - 9 \times 2^x + 2 < 0 \}$에 대하여 $A \subset B$일 때, $b-a$

의 최댓값을 구하시오. (단, $a < b$)

$x^2 - (a+b)x + ab < 0$에서 $(x-a)(x-b) < 0$

이때 $a < b$이므로 $a < x < b$

$\therefore A = \{ x \mid a < x < b \}$

$2^{2x+2} - 9 \times 2^x + 2 < 0$에서 $4(2^x)^2 - 9 \times 2^x + 2 < 0$

$(4 \times 2^x - 1)(2^x - 2) < 0$, $\dfrac{1}{4} < 2^x < 2$

$2^{-2} < 2^x < 2^1$ $\therefore -2 < x < 1$

$\therefore B = \{ x \mid -2 < x < 1 \}$

$A \subset B$이므로 $-2 \le a < b \le 1$

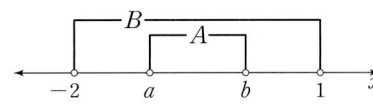

따라서 $b-a$의 최댓값은 $1-(-2) = 3$

답 3

0695 답 ① | 유형 25

모든 실수 x에 대하여 부등식 $4^x + 2^{x+2} + k - 4 > 0$이 성립하도록 하는 실수 k의 최솟값은? [단서1]

① 4 ② 5 ③ 6

④ 7 ⑤ 8

[단서1] $2^x = t$로 치환

STEP1 $2^x = t$로 치환하고 t에 대한 부등식으로 나타내기

$4^x + 2^{x+2} + k - 4 > 0$에서

$(2^x)^2 + 4 \times 2^x + k - 4 > 0$

$2^x = t \ (t > 0)$라 하면

$t^2 + 4t + k - 4 > 0$

$(t+2)^2 + k - 8 > 0$ $\cdots\cdots\cdots\cdots\cdots\cdots$ ㉠

STEP2 실수 k의 값의 범위 구하기

$t > 0$인 모든 실수 t에 대하여 ㉠이 성립하려면 $t = 0$일 때,

$k - 4 \ge 0$이어야 한다.

따라서 $k \ge 4$이므로 실수 k의 최솟값은 4이다.

0696 답 ④

$9^x - 2 \times 3^{x+1} + k \ge 0$에서 $(3^x)^2 - 2 \times 3 \times 3^x + k \ge 0$

$3^x = t \ (t > 0)$라 하면

$t^2 - 6t + k \geq 0$

$(t-3)^2 + k - 9 \geq 0$

위의 부등식이 $t > 0$인 모든 실수 t에 대하여 성립하려면

$k - 9 \geq 0$ $\therefore k \geq 9$

0697 답 ④

$4^{x+1} - 2^{x+3} \geq k$에서 $4 \times (2^x)^2 - 2^3 \times 2^x - k \geq 0$

$2^x = t \ (t > 0)$라 하면 $4t^2 - 8t - k \geq 0$

$4(t-1)^2 - 4 - k \geq 0$

위의 부등식이 $t > 0$인 모든 실수 t에 대하여 성립하려면

$-4 - k \geq 0$ $\therefore k \leq -4$

따라서 실수 k의 최댓값은 -4이다.

0698 답 ③

$\left(\dfrac{1}{9}\right)^x + 6 \times \left(\dfrac{1}{3}\right)^x - k^2 + 2k + 24 > 0$에서

$\left\{\left(\dfrac{1}{3}\right)^x\right\}^2 + 6 \times \left(\dfrac{1}{3}\right)^x - k^2 + 2k + 24 > 0$

$\left(\dfrac{1}{3}\right)^x = t \ (t > 0)$라 하면

$t^2 + 6t - k^2 + 2k + 24 > 0$

$(t+3)^2 - k^2 + 2k + 15 > 0$

위의 부등식이 $t > 0$인 모든 실수 t에 대하여 성립하려면

$-k^2 + 2k + 24 \geq 0$, $k^2 - 2k - 24 \leq 0$

$(k+4)(k-6) \leq 0$ $\therefore -4 \leq k \leq 6$

따라서 조건을 만족시키는 정수 k는 -4, -3, -2, -1, 0, 1,

2, 3, 4, 5, 6이고, 그 합은 11이다.

0699 답 ②

$2^{x+1} - 2^{\frac{x+4}{2}} + k \geq 0$에서 $2^{\frac{x}{2}} = t \ (t > 0)$라 하면

$2^{x+1} = 2^x \times 2 = (2^{\frac{x}{2}})^2 \times 2 = 2t^2$, $2^{\frac{x+4}{2}} = 2^{\frac{x}{2}} \times 2^2 = 4t$

이므로 주어진 부등식은

$2t^2 - 4t + k \geq 0$

$2(t-1)^2 + k - 2 \geq 0$

위의 부등식이 $t > 0$인 모든 실수 t에 대하여 성립하려면

$k - 2 \geq 0$ $\therefore k \geq 2$

따라서 실수 k의 최솟값은 2이다.

0700 답 4

$k \times 2^{x+1} \leq 4^x + 16$에서 $(2^x)^2 - 2k \times 2^x + 16 \geq 0$

$2^x = t \ (t > 0)$라 하면

$t^2 - 2kt + 16 \geq 0$ ·········· ㉠

$f(t) = t^2 - 2kt + 16 = (t-k)^2 - k^2 + 16$이라 하자.

모든 양수 t에 대하여 부등식 ㉠, 즉 $f(t) \geq 0$이 성립하려면

(i) $k > 0$인 경우

    $f(t)$의 최솟값 $-k^2 + 16$이 0 이상이어야 하므로

    $-k^2 + 16 \geq 0$ $\therefore -4 \leq k \leq 4$

    그런데 $k > 0$이므로 $0 < k \leq 4$

(ii) $k \leq 0$인 경우

    $f(0) = 16 \geq 0$이 항상 성립한다. $\therefore k \leq 0$

(i), (ii)에서 조건을 만족시키는 k의 값의 범위는 $k \leq 4$이므로 정수

k의 최댓값은 4이다.

0701 답 ②

$3^{2x+1} - 6k \times 3^x + 27 \geq 0$에서

$3 \times (3^x)^2 - 6k \times 3^x + 27 \geq 0$

$3^x = t \ (t > 0)$라 하면 $3t^2 - 6kt + 27 \geq 0$

$t^2 - 2kt + 9 \geq 0$

$(t-k)^2 - k^2 + 9 \geq 0$

위의 부등식이 $t > 0$인 모든 실수 t에 대하여 성립하려면

(i) $k > 0$인 경우

    $-k^2 + 9 \geq 0$ $\therefore -3 \leq k \leq 3$

    그런데 $k > 0$이므로 $0 < k \leq 3$

(ii) $k \leq 0$인 경우

    $9 \geq 0$이므로 항상 성립한다. $\therefore k \leq 0$

(i), (ii)에서 주어진 조건을 만족시키는 실수 k의 값의 범위는

$k \leq 3$

0702 답 ②

$4^x + 2^{x+1} + 1 \geq k(2^x - 1)$에서

$(2^x)^2 + 2 \times 2^x + 1 \geq k(2^x - 1)$

$2^x = t \ (t > 0)$라 하면

$t^2 + 2t + 1 \geq k(t-1)$

$t^2 + (2-k)t + 1 + k \geq 0$ ·········· ㉠

$f(t) = t^2 + (2-k)t + 1 + k = \left(t - \dfrac{k-2}{2}\right)^2 + \dfrac{-k^2 + 8k}{4}$라 하자.

모든 양수 t에 대하여 부등식 ㉠, 즉 $f(t) \geq 0$이 성립하려면

(i) $\dfrac{k-2}{2} > 0$, 즉 $k > 2$인 경우

    $f(t)$의 최솟값 $\dfrac{-k^2 + 8k}{4}$가 0 이상이어야 하므로

    $\dfrac{-k^2 + 8k}{4} \geq 0$, $k^2 - 8k \leq 0$ $\therefore 0 \leq k \leq 8$

    그런데 $k > 2$이므로 $2 < k \leq 8$

(ii) $\dfrac{k-2}{2} \leq 0$, 즉 $k \leq 2$인 경우

    $f(0) = 1 + k \geq 0$이어야 하므로 $k \geq -1$

    그런데 $k \leq 2$이므로 $-1 \leq k \leq 2$

(i), (ii)에서 $-1 \leq k \leq 8$이므로 $\alpha = -1$, $\beta = 8$

$\therefore \alpha + \beta = 7$

0703 답 ⑤

$9^x + 9^{-x} \geq k(3^x - 3^{-x}) - 7$에서

$(3^x - 3^{-x})^2 + 2 \geq k(3^x - 3^{-x}) - 7$

$3^x - 3^{-x} = t$라 하면

$t^2 - kt + 9 \geq 0$

$\left(t - \dfrac{k}{2}\right)^2 - \dfrac{k^2}{4} + 9 \geq 0$

위의 부등식이 모든 실수 t에 대하여 성립하려면

$-\dfrac{k^2}{4}+9 \geq 0$이어야 하므로

$k^2 \leq 36$

$\therefore -6 \leq k \leq 6$

따라서 $\alpha=-6$, $\beta=6$이므로

$|\alpha\beta|=|(-6)\times 6|=36$

0704 답 5

유형 26

공기 청정기 A를 연속 1시간 가동할 때마다 실내 미세 먼지의 양이 $\dfrac{1}{3}$로 줄어든다고 한다. 남아 있는 미세 먼지의 양이 처음 미세 먼지의 양의 [단서1] $\dfrac{1}{243}$ 이하가 되도록 하려면 공기 청정기 A를 최소한 k시간 연속 [단서2] 가동시켜야 할 때, 상수 k의 값을 구하시오.

(단, 새로 유입되는 미세 먼지는 없다.)

[단서1] 미세 먼지의 양과 시간에 대한 관계식을 생각

[단서2] 부등식을 세우고 범위를 확인

STEP 1 주어진 조건을 대입하여 관계식 구하기

처음 미세 먼지의 양을 m_0, t시간 후의 미세 먼지의 양을 m_t라 하면

$m_t=m_0\left(\dfrac{1}{3}\right)^t$

STEP 2 구한 관계식을 이용하여 t의 값의 범위 구하기

처음 미세 먼지의 양의 $\dfrac{1}{243}$ 이하가 남아 있으려면

$m_0\left(\dfrac{1}{3}\right)^t \leq \dfrac{1}{243}m_0$, $m_0\left(\dfrac{1}{3}\right)^t \leq \left(\dfrac{1}{3}\right)^5 \times m_0$, $\left(\dfrac{1}{3}\right)^t \leq \left(\dfrac{1}{3}\right)^5$

$\therefore t \geq 5$

따라서 최소한 5시간 연속 가동시켜야 하므로 $k=5$

0705 답 ②

처음 5마리였던 박테리아가 2시간 후 45마리가 되므로

$5 \times a^2=45$, $a^2=9$ $\therefore a=3$ $(\because a>0)$

5마리였던 박테리아가 t시간 후 1215마리 이상이 된다고 하면

$5 \times 3^t \geq 1215$이므로 $3^t \geq 243$

즉, $3^t \geq 3^5$이므로 $t \geq 5$

따라서 박테리아가 1215마리 이상이 되는 것은 최소 5시간 후이다.

0706 답 ⑤

어두워지기 직전에 지각한 빛의 세기를 a라 하면 사람의 눈이 지각하는 빛의 세기는 0.25초마다 $\dfrac{2}{3}$배만큼 줄어들므로 $0.25t$초 후 지각한 빛의 세기는 $a\left(\dfrac{1}{3}\right)^t$이다.

사람의 눈이 지각하는 빛의 세기가 어두워지기 직전에 지각한 빛의 세기의 $\dfrac{1}{729}$ 이하가 되려면

$a\left(\dfrac{1}{3}\right)^t \leq \dfrac{1}{729}a$, $\left(\dfrac{1}{3}\right)^t \leq \left(\dfrac{1}{3}\right)^6$ $\therefore t \geq 6$

따라서 사람의 눈이 지각하는 빛의 세기가 어두워지기 직전에 지각한 빛의 세기의 $\dfrac{1}{729}$ 이하가 되는 것은 $0.25 \times 6=1.5$(초) 후이다.

0707 답 ③

$I_0\left(\dfrac{1}{2}\right)^{\frac{x}{4}} \leq \dfrac{1}{8}I_0$에서 $\left(\dfrac{1}{2}\right)^{\frac{x}{4}} \leq \dfrac{1}{8}$

즉, $\left(\dfrac{1}{2}\right)^{\frac{x}{4}} \leq \left(\dfrac{1}{2}\right)^3$에서 $\dfrac{x}{4} \geq 3$ $\therefore x \geq 12$

따라서 빛의 세기가 수면에서 빛의 세기의 $\dfrac{1}{8}$ 이하가 되는 곳의 수심은 최소 12 m이다.

0708 답 32

가로의 길이가 25π, 두께가 0.5이므로

$25\pi \geq \dfrac{0.5\pi}{6}(2^n+4)(2^n-1)$

$(2^n+4)(2^n-1) \leq 300$, $2^{2n}+3 \times 2^n-304 \leq 0$

$2^n=k$ $(k>0)$라 하면

$k^2+3k-304 \leq 0$

$(k+19)(k-16) \leq 0$ $\therefore 0<k \leq 16$

이때 $2^n \leq 16$에서 $n \leq 4$이므로 $a=4$

종이의 두께는 한 번 접을 때마다 2배씩 늘어나므로 4번 접었을 때 접은 종이의 총 두께는 $b=0.5 \times 2^4=8$

$\therefore ab=4 \times 8=32$

0709 답 ②

$a>0$에서 $0<2^{-\frac{2}{a}}<1$이므로 $1-2^{-\frac{2}{a}}>0$이다.

$\dfrac{Q(4)}{Q(2)}=\dfrac{Q_0(1-2^{-\frac{4}{a}})}{Q_0(1-2^{-\frac{2}{a}})}=\dfrac{1-(2^{-\frac{2}{a}})^2}{1-2^{-\frac{2}{a}}}=\dfrac{(1-2^{-\frac{2}{a}})(1+2^{-\frac{2}{a}})}{1-2^{-\frac{2}{a}}}$

$=1+2^{-\frac{2}{a}}$

$\dfrac{Q(4)}{Q(2)}=\dfrac{3}{2}$에서 $1+2^{-\frac{2}{a}}=\dfrac{3}{2}$

$2^{-\frac{2}{a}}=\dfrac{1}{2}=2^{-1}$, $-\dfrac{2}{a}=-1$ $\therefore a=2$

다른 풀이

$\dfrac{Q(4)}{Q(2)}=\dfrac{3}{2}$에서 $2Q(4)=3Q(2)$

$2Q_0(1-2^{-\frac{4}{a}})=3Q_0(1-2^{-\frac{2}{a}})$ $\to 2(1-2^{-\frac{4}{a}})=3(1-2^{-\frac{2}{a}})$

$2^{-\frac{2}{a}}=t$라 하면 $a>0$이므로 $0<t<1$

$2(1-t^2)=3(1-t)$, $2(1-t)(1+t)=3(1-t)$

$2(1+t)=3$ $\therefore t=\dfrac{1}{2}$

즉, $2^{-\frac{2}{a}}=2^{-1}$에서 $-\dfrac{2}{a}=-1$ $\therefore a=2$

0710 답 ④

$n = C_d C_g 10^{\frac{4}{5}(x-9)}$ 에서

$C_g = 2$, $C_d = \dfrac{1}{4}$, $x = a$, $n = \dfrac{1}{200}$ 이므로

$\dfrac{1}{200} = \dfrac{1}{4} \times 2 \times 10^{\frac{4}{5}(a-9)}$

즉, $10^{\frac{4}{5}(a-9)} = 10^{-2}$ 이므로 $\dfrac{4}{5}(a-9) = -2$

$a - 9 = -\dfrac{5}{2}$

$\therefore a = \dfrac{13}{2}$

0711 답 ②

$W = \dfrac{W_0}{2} 10^{at}(1 + 10^{at})$ 에서

$\dfrac{W}{W_0} = \dfrac{1}{2} \times 10^{at}(1 + 10^{at})$

금융상품에 초기자산 w_0을 투자하고 15년이 지난 시점에서의 기대자산은 초기자산 w_0의 3배이므로

$3 = \dfrac{1}{2} \times 10^{15a}(1 + 10^{15a})$

$(10^{15a})^2 + 10^{15a} - 6 = 0$

$10^{15a} = t$ $(t > 0)$라 하면

$t^2 + t - 6 = 0$, $(t+3)(t-2) = 0$

$\therefore t = 2$ $(\because t > 0)$

즉, $10^{15a} = 2$

따라서 30년이 지난 시점, 즉 $t = 30$일 때의 기대자산은 초기자산 w_0의 k배이므로

$k = \dfrac{1}{2} \times 10^{30a}(1 + 10^{30a})$

$= \dfrac{1}{2} \times 4 \times (1 + 4) = 10$

실수 Check

기대자산 w가 초기자산 w_0의 k배일 때 $\dfrac{w}{w_0} = \dfrac{kw_0}{w_0} = k$임을 헷갈리지 않도록 주의한다.

서술형 유형 익히기　　　　　　　　145쪽~148쪽

0712 답 (1) 2　(2) 2　(3) $\dfrac{363}{4}$　(4) $\dfrac{363}{4}$　(5) 5　(6) 6　(7) 20

STEP 1 $x_1 < 0$을 만족시키는 2^k의 값의 범위 구하기 [3점]

함수 $y = |9^x - 3|$의 그래프는 점 $(0, 2)$와 점 $(3, 726)$을 지난다.
$x_1 < 0$이므로 함수 $y = 2^{x+k}$의 그래프에서 x좌표가 0일 때의 y좌표가 2보다 커야 하므로 $2^{0+k} > 2$이어야 한다.

$\therefore 2^k > \boxed{2}$ ……………………………………………… ㉠

STEP 2 $0 < x_2 < 3$을 만족시키는 2^k의 값의 범위 구하기 [3점]

$0 < x_2 < 3$이므로 함수 $y = 2^{x+k}$의 $x = 3$일 때의 함숫값은 함수 $y = |9^x - 3|$의 $x = 3$일 때의 함숫값보다 작아야 하므로 $2^{3+k} < 726$이어야 한다.

$\therefore 2^k < \boxed{\dfrac{363}{4}}$ ……………………………………………… ㉡

STEP 3 모든 자연수 k의 값의 합 구하기 [2점]

㉠, ㉡에서 $2 < 2^k < \boxed{\dfrac{363}{4}}$ 이므로 주어진 조건을 모두 만족시키는 자연수 k는 2, 3, 4, $\boxed{5}$, $\boxed{6}$이고, 그 합은 $\boxed{20}$이다.

실제 답안 예시

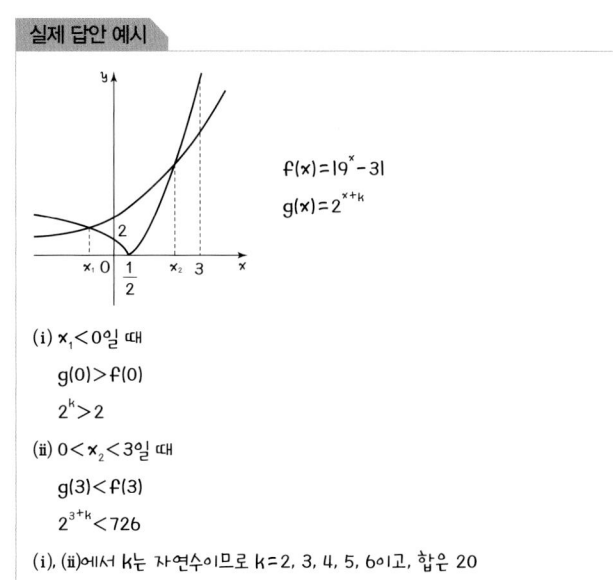

(i) $x_1 < 0$일 때
　$g(0) > f(0)$
　$2^k > 2$

(ii) $0 < x_2 < 3$일 때
　$g(3) < f(3)$
　$2^{3+k} < 726$

(i), (ii)에서 k는 자연수이므로 $k = 2, 3, 4, 6$이고, 합은 20

0713 답 1

STEP 1 $x_1 < 0$을 만족시키는 3^k의 값의 범위 구하기 [3점]

함수 $y = |4^x - 3|$의 그래프는 점 $(0, 2)$와 점 $(4, 253)$을 지난다.
$x_1 < 0$이므로 함수 $y = 3^{x+k}$의 그래프에서 x좌표가 0일 때의 y좌표가 2보다 커야 하므로 $3^{0+k} > 2$이어야 한다.

$\therefore 3^k > 2$ ……………………………………………… ㉠

STEP 2 $0 < x_2 < 4$를 만족시키는 3^k의 값의 범위 구하기 [3점]

$0 < x_2 < 4$이므로 함수 $y = 3^{x+k}$의 $x = 4$일 때의 함숫값은 함수 $y = |4^x - 3|$의 $x = 4$일 때의 함숫값보다 작아야 하므로 $3^{4+k} < 253$이어야 한다.

$\therefore 3^k < \dfrac{253}{81} = 3.\times\times\times$ ……………………………………… ㉡

STEP 3 자연수 k의 값 구하기 [2점]

㉠, ㉡에서 $2 < 3^k < \dfrac{253}{81}$ 이므로 주어진 조건을 모두 만족시키는 자연수 k의 값은 1이다.　→ $3.\times\times\times$

0714 답 $0 < k < 8$

STEP 1 방정식 $|2^{x-1} - 8| = k$의 실근의 개수는 곡선 $y = |2^{x-1} - 8|$과 직선 $y = k$의 교점의 개수임을 이해하기 [1점]

방정식 $|2^{x-1} - 8| = k$의 실근의 개수는 곡선 $y = |2^{x-1} - 8|$과 직선 $y = k$의 교점의 개수와 같다.

STEP 2 $f(x)=|2^{x-1}-8|$이라 하고 그래프 그리기 [3점]

$f(x)=|2^{x-1}-8|$이라 하면
$f(x)\geq 0$이므로 $y=f(x)$의 그래프
는 그림과 같다.

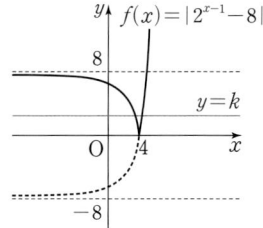

STEP 3 서로 다른 두 실근을 가질 때, 실수 k의 값의 범위 구하기 [3점]

직선 $y=k$가 곡선 $y=|2^{x-1}-8|$과 서로 다른 두 점에서 만나도
록 하는 실수 k의 값의 범위는
$0<k<8$

0715 目 -2

STEP 1 $f(k)\geq 1$의 의미 이해하기 [1점]

$f(k)\geq 1$은 두 곡선 $y=|9^x-9|$와 $y=2^x+k$가 한 점 이상에서
만나는 것이다.

STEP 2 곡선 $y=2^x+k$가 어떤 점을 지날 때 실수 k의 값이 최소인지 구하기 [4점]

곡선 $y=2^x+k$는 k의 값이 작아질수록
아래로 내려가고 $y=|9^x-9|$의 y좌표
가 0일 때의 x좌표가 1이므로 두 곡선
$y=|9^x-9|$와 $y=2^x+k$가 한 점 이상
에서 만나도록 하는 실수 k의 최솟값은
곡선 $y=2^x+k$가 점 $(1,\ 0)$을 지날 때
이다.

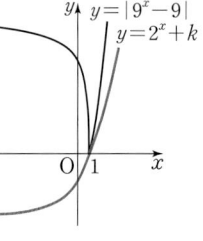

STEP 3 실수 k의 최솟값 구하기 [2점]

$0=2^1+k$이므로 실수 k의 최솟값은 -2이다.

0716 目 (1) $\dfrac{a}{3}$ (2) 27 (3) $\dfrac{9}{a^2}$ (4) 1 (5) 27 (6) 1 (7) 28

STEP 1 $0<\dfrac{3}{a}<1$일 때, 양수 a의 값 구하기 [2점]

$0<\dfrac{3}{a}<1$, 즉 $a>3$일 때,

함수 $f(x)$는 x의 값이 증가하면 y의 값은 감소하므로

$-1\leq x\leq 2$에서 $x=-1$일 때, 최댓값 $\left(\dfrac{3}{a}\right)^{-1}=\dfrac{a}{3}$를 갖는다.

즉, $\boxed{\dfrac{a}{3}}=9$이므로 $a=\boxed{27}$

STEP 2 $\dfrac{3}{a}=1$일 때, 양수 a의 값 구하기 [2점]

$\dfrac{3}{a}=1$, 즉 $a=3$일 때,

$-1\leq x\leq 2$에서 함수 $f(x)=1$의 최댓값은 1이므로 최댓값이 9가
아니다.

STEP 3 $\dfrac{3}{a}>1$일 때, 양수 a의 값 구하기 [2점]

$\dfrac{3}{a}>1$, 즉 $0<a<3$일 때,

함수 $f(x)$는 x의 값이 증가하면 y의 값도 증가하므로

$-1\leq x\leq 2$에서 $x=2$일 때, 최댓값 $\left(\dfrac{3}{a}\right)^2=\dfrac{9}{a^2}$를 갖는다.

즉, $\boxed{\dfrac{9}{a^2}}=9$이므로 $a^2=1$ $\therefore a=\boxed{1}$ $(\because 0<a<3)$

STEP 4 모든 양수 a의 값의 합 구하기 [1점]

모든 양수 a의 값은 $\boxed{27}$, $\boxed{1}$이고, 그 합은 $\boxed{28}$이다.

오답 분석

(i) $0<\dfrac{3}{a}<1$일 때

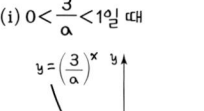
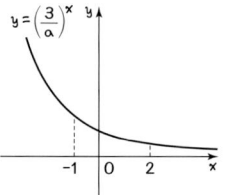

$x=-1$일 때 최댓값 9

$\left(\dfrac{3}{a}\right)^{-1}=9,\ \dfrac{a}{3}=9$

$\therefore a=27$ 2점

(ii) $\dfrac{3}{a}>1$일 때

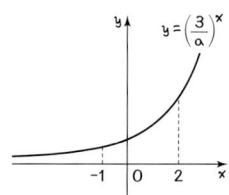

$x=2$일 때 최댓값 9

$\left(\dfrac{3}{a}\right)^2=9,\ \dfrac{9}{a^2}=9$

$\therefore a=1\ (a$는 양수$)$ 2점

모든 양수 a의 값의 합은 $27+1=28$ 1점

▶ 7점 중 5점 얻음.

$\dfrac{3}{a}=1$인 경우를 서술하지 않았다. $a=3$이면 $f(x)=1$이고, 이때 최
댓값이 9가 아니므로 $a\neq 3$임을 보여야 한다.

0717 目 9

STEP 1 $0<\dfrac{4}{p}<1$일 때, 양수 p의 값 구하기 [2점]

$0<\dfrac{4}{p}<1$, 즉 $p>4$일 때

함수 $f(x)$는 x의 값이 증가하면 y의 값은 감소하므로

$-2\leq x\leq 1$에서 $x=-2$일 때 최댓값은 $f(-2)=\dfrac{p^2}{4}$이다.

즉, $\dfrac{p^2}{4}=16$이므로 $p=8\ (\because p>4)$

STEP 2 $\dfrac{4}{p}=1$일 때, 양수 p의 값 구하기 [2점]

$\dfrac{4}{p}=1$, 즉 $p=4$일 때

$-2\leq x\leq 1$에서 함수 $f(x)=4$의 최댓값은 4이므로 최댓값이 16
이 아니다.

STEP3 $\dfrac{4}{p}>1$일 때, 양수 p의 값 구하기 [2점]

$\dfrac{4}{p}>1$, 즉 $0<p<4$일 때

함수 $f(x)$는 x의 값이 증가하면 y의 값도 증가하므로

$-2\le x\le 1$에서 $x=1$일 때 최댓값은 $f(1)=\dfrac{16}{p}$이다.

즉, $\dfrac{16}{p}=16$이므로 $p=1$

STEP4 모든 양수 p의 값의 합 구하기 [1점]

모든 양수 p의 값은 1, 8이고, 그 합은 $1+8=9$이다.

0718 답 14

STEP1 함수 $f(x)=a^{bx+q}+r$ 꼴로 나타내기 [2점]

$f(x)=8\times\left(\dfrac{1}{2}\right)^x-2=\left(\dfrac{1}{2}\right)^{-3}\times\left(\dfrac{1}{2}\right)^x-2$

$\qquad=\left(\dfrac{1}{2}\right)^{x-3}-2$

STEP2 최댓값을 갖는 조건 구하기 [2점]

함수 $f(x)$는 x의 값이 증가하면 y의 값은 감소하므로
$-1\le x\le 4$에서 함수 $f(x)$는 $x=-1$일 때, 최댓값을 갖는다.

STEP3 최댓값 구하기 [2점]

최댓값은 $f(-1)=\left(\dfrac{1}{2}\right)^{-1-3}-2=16-2=14$

0719 답 4

STEP1 $0<a<1$인 경우 최솟값을 이용하여 a의 값 구하기 [3점]

(i) $0<a<1$인 경우

$\quad$ $x=2$일 때 최솟값 a^2을 가지므로

$\quad$ $a^2=2$ $\quad\therefore a=\sqrt{2}\;(\because a>0)$

$\quad$ 그런데 $a=\sqrt{2}$는 $0<a<1$을 만족시키지 않는다.

STEP2 $a>1$인 경우 최솟값을 이용하여 a의 값 구하기 [3점]

(ii) $a>1$인 경우

$\quad$ $x=\dfrac{1}{4}$일 때 최솟값 $a^{\frac{1}{4}}$을 가지므로

$\quad$ $a^{\frac{1}{4}}=2$ $\quad\therefore a=16$

STEP3 $f\left(\dfrac{1}{2}\right)$의 값 구하기 [2점]

(i), (ii)에서 $a=16$이므로 $f(x)=16^x$ $\quad\cdots\cdots$ ⓐ

$\therefore f\left(\dfrac{1}{2}\right)=16^{\frac{1}{2}}=4$

부분점수표	
ⓐ a의 값을 구하여 함수 $f(x)$를 구한 경우	1점

0720 답 (1) 6 (2) $6t$ (3) 3 (4) -3 (5) -2

STEP1 $\left(\dfrac{1}{3}\right)^x=t$로 치환하고 t에 대한 부등식으로 나타내기 [3점]

$\left(\dfrac{1}{9}\right)^x-2\times\left(\dfrac{1}{3}\right)^{x-1}+k+12>0$에서

$\left\{\left(\dfrac{1}{3}\right)^x\right\}^2-\boxed{6}\times\left(\dfrac{1}{3}\right)^x+k+12>0$

$\left(\dfrac{1}{3}\right)^x=t\;(t>0)$라 하면

$t^2-\boxed{6t}+k+12>0$

$\therefore (t-\boxed{3})^2+k+3>0$

STEP2 정수 k의 최솟값 구하기 [3점]

$t>0$인 모든 실수 t에 대하여 위 부등식이 성립하려면
$k+3>0$

$\therefore k>\boxed{-3}$

따라서 정수 k의 최솟값은 $\boxed{-2}$이다.

실제 답안 예시

$\left(\dfrac{1}{9}\right)^x-2\times\left(\dfrac{1}{3}\right)^{x-1}+k+12$

$=\left\{\left(\dfrac{1}{3}\right)^x\right\}^2-2\times\left(\dfrac{1}{3}\right)^{-1}\times\left(\dfrac{1}{3}\right)^x+k+12>0$

$\left(\dfrac{1}{3}\right)^x=t$라 하면 $t>0$이고

$t^2-2\times3\times t+k+12>0$

$\therefore (t-3)^2+k+3>0$

$(t-3)^2\ge0$이므로 $k+3>0$이어야 한다.

$\therefore k>-3$

가능한 정수 k의 최솟값은 -2

0721 답 4

STEP1 $3^x=t$로 치환하고 t에 대한 부등식으로 나타내기 [3점]

$9^x-2\times3^{x+1}+a+5\ge0$에서

$(3^x)^2-6\times3^x+a+5\ge0$

$3^x=t\;(t>0)$라 하면

$t^2-6t+a+5\ge0$

$\therefore (t-3)^2+a-4\ge0$

STEP2 정수 a의 최솟값 구하기 [3점]

$t>0$인 모든 실수 t에 대하여 위 부등식이 성립하려면
$a-4\ge0$ $\quad\therefore a\ge4$

따라서 정수 a의 최솟값은 4이다.

0722 답 $a<1$

STEP1 $2^x=t$로 치환하고 t에 대한 부등식으로 나타내기 [2점]

$2^{2x}-a\times2^{x+1}-a+2>0$에서

$(2^x)^2-2a\times2^x-a+2>0$

$2^x=t\;(t>0)$라 하면

$t^2-2at-a+2>0$

STEP2 $a\ge0$일 때, 실수 a의 값의 범위 구하기 [2점]

$f(t)=t^2-2at-a+2=(t-a)^2-a^2-a+2$라 하자.

$t>0$일 때 $f(t)>0$이려면

$a\ge0$일 때, $f(t)$의 최솟값이 0보다 크면 되므로

$f(a)=-a^2-a+2>0$

$a^2+a-2<0$, $(a+2)(a-1)<0$

$\therefore -2<a<1$

이때 $a \geq 0$이므로 $0 \leq a < 1$

STEP3 $a < 0$일 때, 실수 a의 값의 범위 구하기 [2점]

$a < 0$일 때, $f(0) \geq 0$이어야 하므로

$-a+2 \geq 0$

$\therefore a \leq 2$

즉, $a < 0$이다.

STEP4 실수 a의 값의 범위 구하기 [1점]

모든 실수 a의 값의 범위는 $a < 1$

실력 check 실전 마무리하기 1회 149쪽~153쪽

1 0723 답 ③ 유형 1

출제의도 | 지수함수의 기본 성질에 대하여 이해하는지 확인한다.

> $y = a^x$ $(a > 0, a \neq 1)$에서 $a > 1$일 때 x의 값이 증가하면 y의 값도 증가하고, $0 < a < 1$일 때 x의 값이 증가하면 y의 값은 감소함을 이용해 보자.

임의의 실수 a, b에 대하여 $a < b$일 때, $f(a) > f(b)$를 만족시킨다는 것은 함수 $f(x)$가 x의 값이 증가하면 y의 값이 감소하는 함수임을 의미한다.

따라서 $f(x) = a^x$에서 $0 < a < 1$인 함수를 찾으면 된다.

① $f(x) = 3^x$에서 밑 3이 1보다 크므로 x의 값이 증가하면 y의 값도 증가한다.

② $f(x) = 0.2^{-x} = \left(\frac{1}{5}\right)^{-x} = 5^x$에서 밑 5가 1보다 크므로 x의 값이 증가하면 y의 값도 증가한다.

③ $f(x) = \left(\frac{1}{5}\right)^x$에서 밑 $\frac{1}{5}$이 $0 < \frac{1}{5} < 1$이므로 x의 값이 증가하면 y의 값은 감소한다.

④ $f(x) = \left(\frac{1}{3}\right)^{-x} = 3^x$에서 밑 3이 1보다 크므로 x의 값이 증가하면 y의 값도 증가한다.

⑤ $f(x) = \left(\frac{3}{4}\right)^{-x} = \left(\frac{4}{3}\right)^x$에서 밑 $\frac{4}{3}$가 1보다 크므로 x의 값이 증가하면 y의 값도 증가한다.

따라서 주어진 조건을 만족시키는 함수는 ③이다.

2 0724 답 ③ 유형 2

출제의도 | 지수함수의 함숫값을 구할 수 있는지 확인한다.

> $f(a) = b$일 때, $(f \circ f)(a) = f(f(a)) = f(b)$임을 이용해 보자.

$f(2) = 3^2 = 9$이므로

$f(f(2)) = f(3^2) = f(9) = 3^9$

$\therefore k = 9$

3 0725 답 ④ 유형 4

출제의도 | 지수함수의 그래프의 성질과 평행이동, 대칭이동을 이해하는지 확인한다.

> $y = a^x$ $(a > 0, a \neq 1)$일 때, $y = a^x$의 그래프를 y축에 대하여 대칭이동한 그래프의 식은 $y = a^{-x}$이고, $y = a^x$의 그래프를 x축의 방향으로 m만큼, y축의 방향으로 n만큼 평행이동한 그래프의 식은 $y = a^{x-m} + n$임을 이용해 보자.

$y = 3^{-x-1} - 2$의 그래프는 $y = 3^x$의 그래프를 y축에 대하여 대칭이동한 후 x축의 방향으로 -1만큼, y축의 방향으로 -2만큼 평행이동한 것이다.

① 점근선은 직선 $y = -2$이다. (참)

② $x = -1$일 때, $y = 3^0 - 2 = -1$이므로 점 $(-1, -1)$을 지난다. (참)

③ 정의역이 실수 전체의 집합이고 치역은 $y > -2$인 실수 전체의 집합이다. (참)

④ 함수 $y = 3^{-x+1} + 2$의 그래프를 원점에 대하여 대칭이동한 그래프의 식은 $y = -3^{x+1} - 2$이다. (거짓)

⑤ 함수 $y = 3^{-x-1} - 2$의 그래프는 $y = 3^{-x}$의 그래프를 x축의 방향으로 -1만큼, y축의 방향으로 -2만큼 평행이동한 그래프이다. (참)

따라서 옳지 않은 것은 ④이다.

4 0726 답 ② 유형 1 + 유형 8

출제의도 | 밑의 범위에 따른 그래프의 개형을 이해하는지 확인한다.

> 주어진 지수함수의 밑의 조건을 생각해 보자.

$0 < a < 1$, $b > 1$, $c > 1$이므로 a의 값이 가장 작다.

$x > 0$일 때, $b^x > c^x$이므로 $b > c$이다.

따라서 $a < c < b$이다.

5 0727 답 ③ 유형 15

출제의도 | 밑을 같게 할 수 있는 지수방정식을 해결할 수 있는지 확인한다.

> 방정식의 밑을 같게 하여 $a^{f(x)} = a^{g(x)}$ 꼴로 변형해 보자.

$2^{-2x} = 32^{-x+3}$에서

$2^{-2x} = (2^5)^{-x+3}$, $2^{-2x} = 2^{-5x+15}$

즉, $-2x = -5x + 15$이므로

$3x = 15$

$\therefore x = 5$

따라서 a의 값은 5이다.

6 0728 답 ①   유형 17

출제의도 | 이차방정식의 근과 계수의 관계를 이용하여 지수방정식을 해결할 수 있는지 확인한다.

> $a^x=t$ $(t>0)$로 치환하고 근과 계수의 관계를 이용해 보자.

$9^x-3^{x+2}+1=0$에서 $(3^x)^2-9\times3^x+1=0$
$3^x=t$ $(t>0)$라 하면 $t^2-9t+1=0$ ······· ㉠
주어진 방정식의 두 근이 α, β이므로 방정식 ㉠의 두 근은 3^α, 3^β
이다.
근과 계수의 관계에 의하여
$3^\alpha\times3^\beta=1$, $3^{\alpha+\beta}=3^0$
$\therefore \alpha+\beta=0$

7 0729 답 ②   유형 21

출제의도 | 밑을 같게 할 수 있는 지수부등식을 해결할 수 있는지 확인한다.

> 부등식의 밑을 같게 하고, $a>1$인 경우 $a^{f(x)}>a^{g(x)}$이면 $f(x)>g(x)$이고, $0<a<1$인 경우 $a^{f(x)}>a^{g(x)}$이면 $f(x)<g(x)$임을 이용해 보자.

$\left(\dfrac{1}{\sqrt{3}}\right)^x<9^{3-x}$에서 $(3^{-\frac{1}{2}})^x<(3^2)^{3-x}$이므로
$3^{-\frac{x}{2}}<3^{6-2x}$
즉, $-\dfrac{x}{2}<6-2x$이므로 $\dfrac{3}{2}x<6$
$\therefore x<4$

8 0730 답 ②   유형 5

출제의도 | 함수의 그래프가 지나는 사분면에 대하여 이해하는지 확인한다.

> $y=5^x$의 그래프가 점 $(0, 1)$을 지남을 이용해 보자.

함수 $y=\left(\dfrac{1}{5}\right)^{x-1}+k$의 그래프가 함수 $y=5^x$의 그래프와 제1사분
면에서 만나지 않으려면 $x=0$일 때, y의 값이 1보다 작거나 같아
야 한다. 즉, $5+k\leq1$이어야 한다.
$\therefore k\leq-4$
따라서 상수 k의 최댓값은 -4이다.

9 0731 답 ③   유형 15

출제의도 | 밑을 같게 할 수 있는 지수방정식을 해결할 수 있는지 확인한다.

> 방정식의 밑을 같게 하여 $a^{f(x)}=a^{g(x)}$ 꼴로 변형해 보자.

$5^{2x^2-8}=0.2^{x+2}$에서 $0.2=\dfrac{1}{5}=5^{-1}$이므로
$5^{2x^2-8}=5^{-x-2}$
즉, $2x^2-8=-x-2$이므로
$2x^2+x-6=0$
$(2x-3)(x+2)=0$
$\therefore x=\dfrac{3}{2}$ $(\because x>0)$

10 0732 답 ④   유형 16

출제의도 | 치환을 이용하여 문제를 해결할 수 있는지 확인한다.

> $a^x+a^{-x}=t$로 치환하면 $a^{2x}+a^{-2x}+2=t^2$임을 이용하여 해결해 보자.

$4^x+4^{-x}=3(2^x+2^{-x})+2$에서
$2^x+2^{-x}=t$라 하면 $4^x+4^{-x}=(2^x+2^{-x})^2-2=t^2-2$이므로
$t^2-2=3t+2$, $t^2-3t-4=0$
$(t+1)(t-4)=0$ $\therefore t=4$ $(\because \underline{t\geq2})$
$2^x+2^{-x}=4$에서 양변에 2^{-x}을 곱하여 정리하면
$2^{-2x}-4\times2^{-x}+1=0$
따라서 이 방정식의 두 근이 α, β이므로
$2^{-\alpha}+2^{-\beta}=\dfrac{1}{2^\alpha}+\dfrac{1}{2^\beta}=4$

$2^x>0$, $2^{-x}>0$이고 산술평균과
기하평균의 관계에 의하여
$t=2^x+2^{-x}\geq2\sqrt{2^x\times2^{-x}}=2$
(단, 등호는 $2^x=2^{-x}$, 즉 $x=0$
일 때 성립)

11 0733 답 ③   유형 18

출제의도 | 지수방정식이 서로 다른 두 실근을 가질 조건을 알고 있는지 확인한다.

> t에 대한 이차방정식 $at^2+bt+c=0$ $(a, b, c$는 상수$)$이 서로 다른 두 양의 실근을 가질 때, 두 근의 합, 두 근의 곱이 모두 양수이고 판별식도 양수임을 이용해 보자.

$4^x-2^{x+3}+2k=0$에서 $(2^x)^2-2^3\times2^x+2k=0$
$2^x=t$ $(t>0)$라 하면 $t^2-8t+2k=0$
주어진 방정식이 서로 다른 두 실근을 가지려면 이차방정식
$t^2-8t+2k=0$이 서로 다른 두 양의 실근을 가져야 한다. 이차방
정식의 판별식을 D라 하면
(ⅰ) 두 근의 합은 $8>0$이므로 성립한다.
(ⅱ) 두 근의 곱은 $2k>0$이므로 $k>0$
(ⅲ) $\dfrac{D}{4}=16-2k>0$이므로 $k<8$
(ⅰ), (ⅱ), (ⅲ)에서 $0<k<8$
따라서 정수 k는 1, 2, 3, $\cdots$, 7의 7개이다.

12 0734 답 ②   유형 22

출제의도 | a^x 꼴이 반복되는 경우의 지수부등식을 해결할 수 있는지 확인한다.

> $a^x=t$ $(t>0)$로 치환하고 부등식을 정리해 보자.

$2^x-2^{-x+6}<30$에서 $2^x-2^6\times\dfrac{1}{2^x}<30$
$2^x=t$ $(t>0)$라 하면 $t-\dfrac{64}{t}<30$
$t^2-30t-64<0$, $(t-32)(t+2)<0$
$\therefore -2<t<32$
이때 $t>0$이므로 $0<t<32$
즉, $0<2^x<2^5$에서 $x<5$이므로 주어진 부등식을 만족시키는 자연
수 x는 1, 2, 3, 4의 4개이다.

13 0735 답 ②

유형 26

출제의도 | 지수부등식을 실생활 문제에 적용하여 해결할 수 있는지 확인한다.

> a가 매분 $k\%$씩 감소하는 경우 n분 후 $a\left(\dfrac{100-k}{100}\right)^n$임을 이용해 보자.

세균의 수는 용액에 넣은 후 1분마다 20 %씩 줄어들므로 세균 수는 1분 전의 세균 수의 $\dfrac{4}{5}$가 된다.

최소 n분 후의 세균 수가 1024마리 이하가 된다고 하면

$$2500 \times \left(\dfrac{4}{5}\right)^n \leq 1024$$

$$\left(\dfrac{4}{5}\right)^n \leq \dfrac{1024}{2500}, \ \left(\dfrac{4}{5}\right)^n \leq \dfrac{256}{625}, \ \left(\dfrac{4}{5}\right)^n \leq \left(\dfrac{4}{5}\right)^4$$

이때 밑 $\dfrac{4}{5}$가 $0<\dfrac{4}{5}<1$이므로 $n \geq 4$

따라서 세균이 1024마리 이하가 되는 것은 세균을 용액에 넣은 때부터 최소 4분 후이다.

14 0736 답 ②

유형 3

출제의도 | 지수함수의 그래프 위의 점에 대하여 이해하는지 확인한다.

> $y=a^x$ $(a>0, a \neq 1)$의 그래프 위의 점의 좌표가 (m, n)이면 $n=a^m$임을 이용해 보자.

$\left(\dfrac{1}{5}\right)^p = a$에서 $\left(\dfrac{1}{5}\right)^{-p} = \dfrac{1}{a}$

$\left(\dfrac{1}{5}\right)^q = b$

$\left(\dfrac{1}{5}\right)^{-p+q} = c$에서

$c = \left(\dfrac{1}{5}\right)^{-p+q} = \left(\dfrac{1}{5}\right)^{-p} \times \left(\dfrac{1}{5}\right)^q = \dfrac{1}{a} \times b = \dfrac{b}{a}$이므로 $b=ac$

15 0737 답 ③

유형 1

출제의도 | 지수함수의 그래프의 성질을 이해하는지 확인한다.

> $y=a^x$ $(a>0, a \neq 1)$에서 $a>1$일 때 x의 값이 증가하면 y의 값도 증가하고, $0<a<1$일 때 x의 값이 증가하면 y의 값은 감소함을 이용해 보자.

ㄱ. 점근선은 x축, 즉 직선 $y=0$이다. (참)

ㄴ. $a>1$이면 $a^2-a+1>1$이므로 $f(1)=a^2-a+1>1$이다.
(거짓)

ㄷ. $f(2)<f(3)$이면 $a^2-a+1>1$, $a^2-a>0$, $a(a-1)>0$
   ∴ $a<0$ 또는 $a>1$ (참)

따라서 옳은 것은 ㄱ, ㄷ이다.

16 0738 답 ⑤

유형 10

출제의도 | 지수함수에서 최댓값과 최솟값에 대하여 이해하는지 확인한다.

> $y=a^x$ $(a>0, a \neq 1)$에서 $a>1$일 때 x의 값이 가장 크면 y의 값이 최대임을 이용해 보자.

밑이 1보다 크고 $a>0$이므로 주어진 함수는 $x=3$에서 최댓값을 갖고, $x=0$에서 최솟값을 갖는다.

$x=3$, $y=50$을 대입하면

$a \times 5 + b = 50$ ∴ $5a+b=50$ ·········· ㉠

$x=0$, $y=\dfrac{2}{5}$를 대입하면

$a \times 5^{-2} + b = \dfrac{2}{5}$, $\dfrac{a}{25} + b = \dfrac{2}{5}$

∴ $a+25b=10$ ·········· ㉡

㉠, ㉡을 연립하여 풀면 $a=10$, $b=0$

∴ $a+b=10$

17 0739 답 ②

유형 11

출제의도 | 지수가 이차식 형태인 지수함수에서 최댓값과 최솟값을 구할 수 있는지 확인한다.

> $y=a^{f(x)}$ $(a>0, a \neq 1)$일 때, $f(x)$의 값의 범위를 먼저 구하고, $y=a^{f(x)}$의 최댓값과 최솟값을 구해 보자.

지수함수 $y=a^{x^2-2x+b}$의 밑 a가 $0<a<1$이므로 x^2-2x+b가 최소일 때 최댓값을 갖고, 최대일 때 최솟값을 갖는다.

$f(x) = x^2-2x+b$라 하면

$f(x) = (x-1)^2 -1+b$

$-1 \leq x \leq 1$에서 $b-1 \leq f(x) \leq b+3$

따라서 지수함수 $y=a^{f(x)}$은

$f(x)=b-1$일 때 최대이고, 최댓값은 $M=a^{b-1}$

$f(x)=b+3$일 때 최소이고, 최솟값은 $m=a^{b+3}$

즉, $\dfrac{M}{m} = \dfrac{a^{b-1}}{a^{b+3}} = a^{-4} = \dfrac{1}{a^4} = 81$이므로 $a^4 = \dfrac{1}{81} = \left(\dfrac{1}{3}\right)^4$

∴ $a = \dfrac{1}{3}$ $(\because a>0)$

18 0740 답 ③

유형 6 + 유형 16

출제의도 | 지수함수의 그래프의 평행이동과 대칭이동을 이해하는지 확인한다.

> 점 B의 x좌표를 α라 하고 각 점의 좌표를 구해 보자.

점 B의 x좌표를 α라 하면 점 A의 x좌표는 $-\alpha$이다.

즉, A$(-\alpha, 2^\alpha)$, B(α, a^α), C$(\alpha, 2^{-\alpha})$이다.

$y=a^x$의 그래프는 $y=2^{-x}$의 그래프와 y축에 대하여 대칭이므로 $a=2$

$\overline{BC} = \dfrac{15}{4}$이므로 $2^\alpha - 2^{-\alpha} = \dfrac{15}{4}$

$2^\alpha = t$ $(t>0)$라 하면 $t - \dfrac{1}{t} = \dfrac{15}{4}$

$4t^2 - 15t -4 = 0$, $(4t+1)(t-4)=0$ ∴ $t=4$ $(\because t>0)$

즉, $2^\alpha = 4$에서 $\alpha = 2$

∴ $\overline{AB} = 2-(-2) = 4$

19 0741 답 ①

유형 21

출제의도 | 지수가 $f(x)$ 형태인 지수부등식을 해결할 수 있는지 확인한다.

> 지수에 미지수가 있는 부등식은
> $a>1$일 때 $a^{f(x)} < a^{g(x)} \Longleftrightarrow f(x) < g(x)$,
> $0<a<1$일 때 $a^{f(x)} < a^{g(x)} \Longleftrightarrow f(x) > g(x)$임을 이용해 보자.

일차항의 계수가 양수이고 $f(3)=0$이므로 $f(x)=a(x-3)$ $(a>0)$
이라 하자.

$\left(\dfrac{1}{3}\right)^{f(x)}\leq 27$에서 $3^{-f(x)}\leq 3^3$

즉, $-f(x)\leq 3$이므로 $f(x)\geq -3$

$a(x-3)\geq -3$ $\quad\therefore x\geq \dfrac{-3+3a}{a}$

이 부등식의 해가 $x\geq 2$이므로

$2=\dfrac{-3+3a}{a}=-\dfrac{3}{a}+3$ $\quad\therefore a=3$

따라서 $f(x)=3(x-3)$이므로

$f(1)=-6$

20 0742 답 ⑤ 유형 24

출제의도 | 두 지수부등식의 해의 공통 범위를 구할 수 있는지 확인한다.

> 반복되는 a^x 꼴을 t로 치환하여 각 부등식의 해의 범위를 구하고 공통 범위를 구해 보자.

$3^{2x+1}-82\times 3^x+27\leq 0$에서 $3\times (3^x)^2-82\times 3^x+27\leq 0$
$3^x=t$ $(t>0)$라 하면 $3t^2-82t+27\leq 0$
$(3t-1)(t-27)\leq 0$

$\therefore \dfrac{1}{3}\leq t\leq 27$

즉, $3^{-1}\leq 3^x\leq 3^3$이므로 $-1\leq x\leq 3$ $\cdots\cdots$ ㉠

$\left(\dfrac{1}{2}\right)^{2x}-\left(\dfrac{1}{2}\right)^{x+k}>0$에서 $\left(\dfrac{1}{2}\right)^x=s$ $(s>0)$라 하면

$s^2-\left(\dfrac{1}{2}\right)^k s>0$, $s\left\{s-\left(\dfrac{1}{2}\right)^k\right\}>0$

$\therefore s>\left(\dfrac{1}{2}\right)^k$ $(\because s>0)$

즉, $\left(\dfrac{1}{2}\right)^x>\left(\dfrac{1}{2}\right)^k$이므로 $x<k$ $\cdots\cdots$ ㉡

따라서 ㉠, ㉡을 모두 만족시키는 x의 값의 범위가 $-1\leq x<2$이므로 $k=2$

21 0743 답 ② 유형 25

출제의도 | 지수부등식이 항상 성립하기 위한 조건을 알고 있는지 확인한다.

> 모든 실수 x에 대하여 지수부등식 $pa^{2x}+qa^x+r>0$ $(p, q, r$는 상수)
> 이 성립하려면 $a^x=t$ $(t>0)$라 할 때, 부등식 $pt^2+qt+r>0$이 $t>0$
> 인 모든 실수 t에 대하여 성립해야 함을 이용해 보자.

$5^{2x}\geq k\times 5^x-2k-5$에서 $5^x=t$ $(t>0)$라 하면
$t^2\geq kt-2k-5$, $t^2-kt+2k+5\geq 0$
이때 $f(t)=t^2-kt+2k+5$라 하면

$f(t)=\left(t-\dfrac{k}{2}\right)^2-\dfrac{k^2}{4}+2k+5$

(i) $\dfrac{k}{2}<0$, 즉 $k<0$일 때,

모든 양의 실수 t에 대하여 주어진 이차부등식이 항상 성립하려면 $f(0)\geq 0$이어야 하므로

$2k+5\geq 0$ $\quad\therefore k\geq -\dfrac{5}{2}$

이때 $k<0$이므로 $-\dfrac{5}{2}\leq k<0$

(ii) $\dfrac{k}{2}\geq 0$, 즉 $k\geq 0$일 때,

모든 양의 실수 t에 대하여 주어진 이차부등식이 항상 성립하려면 최솟값이 0 이상이어야 하므로

$-\dfrac{k^2}{4}+2k+5\geq 0$, $k^2-8k-20\leq 0$

$(k+2)(k-10)\leq 0$ $\quad\therefore -2\leq k\leq 10$

이때 $k\geq 0$이므로 $0\leq k\leq 10$

(i), (ii)에서 k의 값의 범위는 $-\dfrac{5}{2}\leq k\leq 10$

따라서 정수 k는 $-2, -1, 0, \cdots, 10$의 13개이다.

22 0744 답 2 유형 10

출제의도 | 지수에 절댓값 기호가 있는 경우 지수함수의 최댓값과 최솟값을 구할 수 있는지 확인한다.

STEP1 지수의 범위 구하기 [2점]

$f(x)=|x-1|+2$라 하면 $0\leq x\leq 3$에서
$-1\leq x-1\leq 2$, $0\leq |x-1|\leq 2$
$2\leq |x-1|+2\leq 4$
$\therefore 2\leq f(x)\leq 4$

STEP2 $a>1$일 때, 실수 a의 값 구하기 [2점]

$a>1$일 때,
$y=a^{f(x)}$은 $f(x)=4$일 때 최댓값 4를 가지므로
$a^4=4$, $a^2=2$ $\quad\therefore a=\sqrt{2}$ $(\because a>0)$

STEP3 $0<a<1$일 때, 실수 a의 값 구하기 [1점]

$0<a<1$일 때,
$y=a^{f(x)}$은 $f(x)=2$일 때 최댓값 4를 가지므로
$a^2=4$ $\quad\therefore a=2$ $(\because a>0)$
그런데 이 값은 $0<a<1$을 만족시키지 않는다.

STEP4 $y=a^{|x-1|+2}$의 최솟값 구하기 [1점]

$a=\sqrt{2}$이고 $f(x)=2$일 때 최소이므로 최솟값은 $(\sqrt{2})^2=2$

23 0745 답 -2 유형 13 + 유형 14

출제의도 | 산술평균과 기하평균의 관계를 이용하여 지수함수의 최솟값을 구할 수 있는지 확인한다.

STEP1 $4^x+4^{-x}=t$로 치환하고 산술평균과 기하평균의 관계를 이용하여 t의 값의 범위 구하기 [2점]

$4^x+4^{-x}=t$라 하면 $4^x>0$, $4^{-x}>0$이므로
산술평균과 기하평균의 관계에 의하여
$t=4^x+4^{-x}\geq 2\sqrt{4^x\times 4^{-x}}=2$

(단, 등호는 $4^x=4^{-x}$, 즉 $x=0$일 때 성립)

STEP2 주어진 함수를 t에 대하여 나타낸 후 a, b의 값 구하기 [3점]

$16^x+16^{-x}=(4^x+4^{-x})^2-2=t^2-2$이므로
$y=t^2-2+2t-4=t^2+2t-6=(t+1)^2-7$
이때 $t\geq 2$이므로 $t=2$, 즉 $x=0$에서 주어진 함수가 최솟값
$3^2-7=2$를 갖는다.
$\therefore a=0$, $b=2$

$$S(k+2)-S(k)=\frac{16}{9}\times 3^{k+2}-\frac{16}{9}\times 3^{k}$$
$$=\frac{16}{9}\times 3^{k}\times(9-1)$$
$$=\frac{128}{9}\times 3^{k}$$

따라서 $\frac{128}{9}\times 3^{k}=128$에서 $3^{k}=3^{2}$이므로 $k=2$

STEP 3 $a-b$의 값 구하기 [1점]

$a-b=0-2=-2$

24 0746 답 9 유형24

출제의도 | 두 지수부등식의 공통 범위를 구할 수 있는지 확인한다.

STEP 1 집합 A 구하기 [2점]

$\left(\frac{1}{2}\right)^{2x}\geq\frac{1}{16}=\left(\frac{1}{2}\right)^{4}$에서 밑 $\frac{1}{2}$이 $0<\frac{1}{2}<1$이므로

$2x\leq 4$

$\therefore x\leq 2$

$\therefore A=\{x\,|\,x\leq 2,\ x$는 정수$\}$

STEP 2 집합 B 구하기 [2점]

$27^{x^2+2x-4}\leq 9^{x^2+x}$에서 $3^{3(x^2+2x-4)}\leq 3^{2(x^2+x)}$

이때 밑 3이 $3>1$이므로

$3(x^2+2x-4)\leq 2(x^2+x),\ 3x^2+6x-12\leq 2x^2+2x$

$x^2+4x-12\leq 0,\ (x+6)(x-2)\leq 0$

$\therefore -6\leq x\leq 2$

$\therefore B=\{x\,|\,-6\leq x\leq 2,\ x$는 정수$\}$

STEP 3 $n(A\cap B)$의 값 구하기 [2점]

$A\cap B=\{x\,|\,-6\leq x\leq 2,\ x$는 정수$\}$
$\qquad\quad=\{-6,\ -5,\ -4,\ -3,\ -2,\ -1,\ 0,\ 1,\ 2\}$

이므로 $n(A\cap B)=9$

25 0747 답 2 유형7

출제의도 | 지수함수의 그래프를 이용하여 두 함수의 그래프와 두 선분으로 둘러싸인 부분의 넓이를 구할 수 있는지 확인한다.

STEP 1 그래프의 평행이동을 이용하여 두 함수의 그래프의 관계 구하기 [1점]

$y=\frac{3^x}{9}=3^{x-2}$이므로 $y=\frac{3^x}{9}$의 그래프는 $y=3^x$의 그래프를 x축의 방향으로 2만큼 평행이동한 것이다.

STEP 2 평행사변형의 넓이 구하기 [5점]

함수 $y=3^x$의 그래프와 직선 A_kC_k로 둘러싸인 부분의 넓이는 함수 $y=\frac{3^x}{9}$의 그래프와 직선 B_kD_k로 둘러싸인 부분의 넓이와 같다.

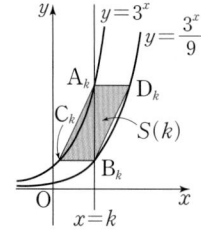

즉, $S(k)$는 사각형 $A_kC_kB_kD_k$의 넓이와 같다.

사각형 $A_kC_kB_kD_k$는 $\overline{A_kD_k}=\overline{B_kC_k}=2$인 평행사변형이다.

두 점 $A_k\left(k,\ 3^k\right)$, $B_k\left(k,\ \frac{3^k}{9}\right)$에 대하여

$\overline{A_kB_k}=3^k-\frac{3^k}{9}=\frac{8}{9}\times 3^k$

이므로 평행사변형 $A_kC_kB_kD_k$의 넓이는

$S(k)=\overline{B_kC_k}\times\overline{A_kB_k}$
$\qquad\quad=2\times\left(\frac{8}{9}\times 3^k\right)$
$\qquad\quad=\frac{16}{9}\times 3^k$

실력 check 실전 마무리하기 2회 154쪽~157쪽

1 0748 답 ⑤ 유형1

출제의도 | 지수함수의 그래프의 성질을 이해하는지 확인한다.

밑이 $0<a<1$인 경우와 $a>1$인 경우가 다름에 주의하여 해결해 보자.

⑤ $0<a<1$일 때, x의 값이 증가하면 y의 값은 감소한다.

2 0749 답 ① 유형2

출제의도 | 지수함수의 기본 성질에 대하여 이해하는지 확인한다.

함수 $f(x)=a^x$일 때, a^x은 지수법칙을 따름을 이용해 보자.

① $f(x)=a^x$에서 $f(x\times y)=a^{xy}=(a^x)^y=\{f(x)\}^y$ (거짓)

② $f(x)=a^x$에서 $f(-x)=a^{-x}=\frac{1}{a^x}=\frac{1}{f(x)}$ (참)

③ $f(x)=a^x$에서 $\frac{f(x)}{f(y)}=\frac{a^x}{a^y}=a^{x-y}=f(x-y)$ (참)

④ $f(x)=a^x$에서 $f(x+y)=a^{x+y}=a^xa^y=f(x)f(y)$ (참)

⑤ $f(x)=a^x$에서 $f(3x)=a^{3x}=(a^x)^3=\{f(x)\}^3$ (참)

따라서 옳지 않은 것은 ①이다.

3 0750 답 ④ 유형8

출제의도 | 지수함수의 그래프를 이용하여 세 수의 대소 비교를 할 수 있는지 확인한다.

$y=a^x\ (a>0,\ a\neq 1)$에서 $a>1$일 때 x의 값이 증가하면 y의 값도 증가하고, $0<a<1$일 때 x의 값이 증가하면 y의 값은 감소함을 이용해 보자.

$C=3^{-1}=\frac{1}{3}$이다.

이때 지수함수 $y=\left(\frac{1}{3}\right)^x$의 그래프는 x의 값이 증가하면 y의 값은 감소하므로 $\left(\frac{1}{3}\right)^{-\sqrt{3}}>\frac{1}{3}>\left(\frac{1}{3}\right)^{1.5}$

$\therefore B<C<A$

4 0751 답 ⑤ 유형 15

출제의도 | 밑을 같게 할 수 있는 지수방정식을 해결할 수 있는지 확인한다.

방정식의 밑을 같게 하여 $a^{f(x)}=a^{g(x)}$ 꼴로 변형하고 해결해 보자.

$\dfrac{5^{4x-4}}{5^{5-x^2}}=125$에서 $5^{4x-4-(5-x^2)}=5^3$

$5^{x^2+4x-9}=5^3$

즉, $x^2+4x-9=3$이므로

$x^2+4x-12=0,\ (x+6)(x-2)=0$

$\therefore\ x=-6$ 또는 $x=2$

따라서 $\alpha=-6,\ \beta=2$ 또는 $\alpha=2,\ \beta=-6$이므로

$\alpha^2+\beta^2=40$

5 0752 답 ② 유형 21

출제의도 | 밑을 같게 할 수 있는 지수부등식을 해결할 수 있는지 확인한다.

부등식의 밑을 같게 하고, $a>1$인 경우 $a^{f(x)}>a^{g(x)}$이면 $f(x)>g(x)$ 이고, $0<a<1$인 경우 $a^{f(x)}>a^{g(x)}$이면 $f(x)<g(x)$임을 이용해 보자.

$5^{x-6}\le\left(\dfrac{1}{5}\right)^{x-2}$에서 $5^{x-6}\le5^{-x+2}$

이때 밑 5가 1보다 크므로

$x-6\le-x+2,\ 2x\le8$

$\therefore\ x\le4$

따라서 모든 자연수 x의 값은 1, 2, 3, 4이므로 그 합은

$1+2+3+4=10$

6 0753 답 ④ 유형 22

출제의도 | a^x 꼴이 반복되는 경우의 지수부등식을 해결할 수 있는지 확인한다.

$a^x=t\ (t>0)$로 치환하고 부등식을 정리해 보자.

$4^x-2^{x+5}+60\le0$에서 $(2^x)^2-32\times2^x+60\le0$

$2^x=t\ (t>0)$라 하면 $t^2-32t+60\le0$

$(t-2)(t-30)\le0$ $\therefore\ 2\le t\le30$

즉, $2\le2^x\le30$을 만족시키는 정수 x는 1, 2, 3, 4의 4개이다.

7 0754 답 ③ 유형 24

출제의도 | 지수부등식의 공통 범위를 구할 수 있는지 확인한다.

주어진 부등식을 2개의 부등식으로 나눈 후 각 부등식에서 지수의 밑을 같게 하여 범위를 구하고 공통 범위를 구해 보자.

$\dfrac{1}{27}=3^{-3},\ 243=3^5,\ \dfrac{1}{9}=3^{-2}$이므로 주어진 부등식을 간단히 하면

$3^{-3(2x-3)}<3^5<3^{-2(x-7)}$

이때 밑 3이 1보다 크므로

$-6x+9<5<-2x+14$

$-6x+9<5$에서 $x>\dfrac{2}{3}$ ………………………… ㉠

$5<-2x+14$에서 $x<\dfrac{9}{2}$ …………………………………… ㉡

따라서 ㉠, ㉡을 만족시키는 x의 값의 범위는 $\dfrac{2}{3}<x<\dfrac{9}{2}$이므로 구하는 정수 x는 1, 2, 3, 4의 4개이다.

8 0755 답 ① 유형 3

출제의도 | 지수함수의 그래프 위의 두 점의 좌표를 구할 수 있는지 확인한다.

두 점 $A(a,\ 2^a)$, $B(b,\ 2^b)$ 사이의 거리를 이용해 보자.

두 점 $A(a,\ 2^a)$, $B(b,\ 2^b)$에 대하여 직선 AB의 기울기가 3이므로

$\dfrac{2^b-2^a}{b-a}=3,\ 2^b-2^a=3(b-a)$ ………………… ㉠

이때 두 점 A, B 사이의 거리는 $2\sqrt{10}$이므로

$\overline{AB}=\sqrt{(b-a)^2+(2^b-2^a)^2}=\sqrt{(b-a)^2+9(b-a)^2}$
$\qquad=\sqrt{10(b-a)^2}=\sqrt{10}(b-a)=2\sqrt{10}$

에서 $b-a=2,\ b=a+2$

이를 ㉠에 대입하면

$2^{a+2}-2^a=6,\ 4\times2^a-2^a=6$ $\quad\therefore\ 2^a=2,\ 2^b=8$

$\therefore\ 2^a+2^b=10$

9 0756 답 ④ 유형 5

출제의도 | 지수함수의 그래프가 지나는 사분면에 대하여 이해하는지 확인한다.

제2사분면을 지나지 않은 경우의 그래프 모양을 유추해 보고 $x=0$일 때 y의 값이 어떻게 되어야 하는지 생각해 보자.

$y=5^{x-2}+k$의 그래프는 $y=5^x$의 그래프를 x축의 방향으로 2만큼, y축의 방향으로 k만큼 평행이동한 것이다. x의 값이 증가할 때 y의 값도 증가하므로 그래프가 제2사분면을 지나지 않으려면 $x=0$일 때 y의 값이 0 이하이어야 하므로

$5^{-2}+k\le0$ $\quad\therefore\ k\le-\dfrac{1}{25}$

따라서 상수 k의 최댓값은 $-\dfrac{1}{25}$이다.

10 0757 답 ③ 유형 7

출제의도 | 지수함수의 그래프로 둘러싸인 부분의 넓이를 구할 수 있는지 확인한다.

$y=a^x\ (a>0,\ a\ne1)$일 때, x축의 방향으로 m만큼, y축의 방향으로 n만큼 평행이동하면 $y=a^{x-m}+n$임을 이용해 보자.

그림과 같이 두 함수 $y=3^x$,

$y=\dfrac{1}{9}\times3^x=3^{x-2}$의 그래프와 두 직

선 $y=1$, $y=9$로 둘러싼 부분의

넓이는 S_1+S_2이다.

$y=\dfrac{1}{9}\times3^x$의 그래프는 $y=3^x$의 그

래프를 x축의 방향으로 2만큼 평행이동한 것과 같다.

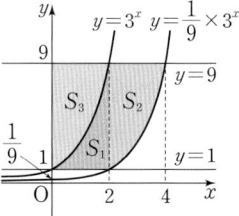

03

즉, $S_2=S_3$이므로 $S_1+S_2=S_1+S_3$

따라서 구하는 부분의 넓이는 가로의 길이가 2, 세로의 길이가 8인 직사각형의 넓이와 같으므로 $2\times8=16$이다.

11 0758 답 ②

유형 9

출제의도 | 지수함수의 역함수에 대하여 이해하고 있는지 확인한다.

> 역함수의 그래프는 직선 $y=x$에 대하여 대칭이므로 $f(a)=b$이면 $f^{-1}(b)=a$임을 이용해 보자.

$g(8)=k$, $g\left(\dfrac{1}{\sqrt[3]{2}}\right)=l$이라 하면

$f(k)=8=2^3$, $f(l)=\dfrac{1}{\sqrt[3]{2}}=2^{-\frac{1}{3}}$이므로

$2^k=2^3$, $2^l=2^{-\frac{1}{3}}$

$\therefore k=3$, $l=-\dfrac{1}{3}$

$\therefore g(8)g\left(\dfrac{1}{\sqrt[3]{2}}\right)=3\times\left(-\dfrac{1}{3}\right)=-1$

12 0759 답 ⑤

유형 16

출제의도 | a^x 꼴이 반복되는 지수방정식을 해결할 수 있는지 확인한다.

> $a^x=t$ $(t>0)$로 치환하여 얻은 이차방정식을 풀어 구한 t의 값을 이용하여 x의 값을 구해 보자.

$3^{2x+3}-4\times3^{x+1}+1=0$에서

$27\times(3^x)^2-12\times3^x+1=0$

$3^x=t$ $(t>0)$라 하면

$27t^2-12t+1=0$

$(3t-1)(9t-1)=0$

$\therefore t=\dfrac{1}{3}$ 또는 $t=\dfrac{1}{9}$

즉, $3^x=\dfrac{1}{3}$ 또는 $3^x=\dfrac{1}{9}$이므로

$x=-1$ 또는 $x=-2$

따라서 두 근의 곱은 $\alpha\beta=-1\times(-2)=2$이므로

$2^{\alpha\beta}=2^2=4$

13 0760 답 ③

유형 23

출제의도 | 밑에 미지수를 포함한 지수부등식을 해결할 수 있는지 확인한다.

> 밑이 $0<x<1$인 경우, $x=1$인 경우, $x>1$인 경우로 나누어 해결해 보자.

(i) $0<x<1$일 때, $x^{x^2-6}>x^x$에서 $x^2-6<x$이므로

$x^2-x-6<0$, $(x+2)(x-3)<0$

$\therefore -2<x<3$

그런데 $0<x<1$이므로 $0<x<1$

(ii) $x=1$일 때, $1>1$이므로 부등식이 성립하지 않는다.

(iii) $x>1$일 때, $x^{x^2-6}>x^x$에서 $x^2-6>x$이므로

$x^2-x-6>0$, $(x+2)(x-3)>0$

$\therefore x<-2$ 또는 $x>3$

그런데 $x>1$이므로 $x>3$

(i), (ii), (iii)에서 $0<x<1$ 또는 $x>3$이므로

$\alpha=1$, $\beta=3$

$\therefore \alpha+\beta=1+3=4$

14 0761 답 ⑤

유형 3 + 유형 4

출제의도 | 절댓값을 포함한 지수함수의 그래프 위의 점에 대하여 이해하는지 확인한다.

> 절댓값을 포함한 지수함수의 경우 절댓값 기호 안의 값이 음수인 경우와 양수인 경우로 나누어 계산해 보자.

(i) $3^x-2a\geq0$인 경우

$y=3^x-2a+a$

$\quad=3^x-a$

(ii) $3^x-2a<0$인 경우

$y=-3^x+2a+a$

$\quad=-3^x+3a$

(i), (ii)에서 함수 $y=|3^x-2a|+a$의 그래프는 그림과 같다.

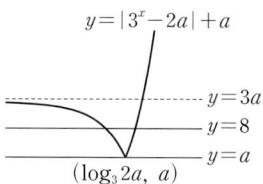

함수 $y=|3^x-2a|+a$의 그래프와 직선 $y=8$이 서로 다른 두 점에서 만날 때는 $a<8$, $3a>8$일 때이므로

$\dfrac{8}{3}<a<8$

따라서 정수 a의 최댓값 $M=7$이고, 최솟값 $m=3$이다.

$\therefore M+m=10$

15 0762 답 ④

유형 1 + 유형 8

출제의도 | 지수함수의 그래프를 이용하여 밑의 범위에 따른 그래프의 개형을 알아낼 수 있는지 확인한다.

> $x>0$일 때와 $x<0$일 때로 나누어 해결해 보자.

$a>b>1$이므로 $y=a^x$, $y=b^x$의 그래프는 ⓒ 또는 ⓔ이고

$x>0$일 때, $a^x>b^x$이므로 ⓒ은 $y=a^x$, ⓔ은 $y=b^x$

또한, $ac=1$에서 $c=\dfrac{1}{a}$이고 $bd=1$에서 $d=\dfrac{1}{b}$이므로

$y=c^x=\left(\dfrac{1}{a}\right)^x$, $y=d^x=\left(\dfrac{1}{b}\right)^x$

$x<0$일 때, $\left(\dfrac{1}{a}\right)^x>\left(\dfrac{1}{b}\right)^x$이므로

ⓛ은 $y=c^x=\left(\dfrac{1}{a}\right)^x$, ㉠은 $y=d^x=\left(\dfrac{1}{b}\right)^x$

따라서 $y=a^x$, $y=b^x$, $y=c^x$, $y=d^x$의 그래프는 차례로 ㉢, ㉣, ㉡, ㉠이다.

16 0763 답 ①

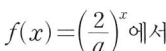

출제의도 | 지수함수에서 최댓값과 최솟값에 대하여 이해하는지 확인한다.

$y=a^x$ $(a>0,\ a \neq 1)$에서 $a>1$이면 x의 값이 가장 클 때 최댓값을 갖고, $0<a<1$이면 x의 값이 가장 작을 때 최댓값을 가짐을 이용해 보자.

$f(x)=\left(\dfrac{2}{a}\right)^x$에서

(i) $\dfrac{2}{a}>1$, 즉 $0<a<2$일 때

x의 값이 증가하면 $f(x)$의 값도 증가하므로 $-1 \leq x \leq 2$에서

$x=2$일 때, $f(x)$의 최댓값은 $f(2)=\dfrac{4}{a^2}=9$

$\therefore a=\dfrac{2}{3}$ $(\because 0<a<2)$

(ii) $\dfrac{2}{a}=1$, 즉 $a=2$일 때

$f(x)=1$이므로 함수 $f(x)$의 최댓값이 9가 아니다.

(iii) $0<\dfrac{2}{a}<1$, 즉 $a>2$일 때

x의 값이 증가하면 $f(x)$의 값은 감소하므로 $-1 \leq x \leq 2$에서

$x=-1$일 때, $f(x)$의 최댓값은 $f(-1)=\dfrac{a}{2}=9$

$\therefore a=18$

(i), (ii), (iii)에서 $a=\dfrac{2}{3}$ 또는 $a=18$

따라서 모든 양수 a의 값의 곱은 $\dfrac{2}{3} \times 18=12$

17 0764 답 ①

유형 11

출제의도 | 지수함수의 최댓값을 이용해서 최솟값을 구할 수 있는지 확인한다.

밑이 $a>1$인 경우와 $0<a<1$인 경우로 나누어 생각해 보자.

$f(x)=|x-2|+1$이라 하면 $0 \leq x \leq 3$에서

$-2 \leq x-2 \leq 1$, $0 \leq |x-2| \leq 2$

$\therefore 1 \leq |x-2|+1 \leq 3$, 즉 $1 \leq f(x) \leq 3$

(i) $a>1$일 때,

$y=a^{f(x)}$은 $f(x)=3$일 때 최댓값을 가지므로

$a^3=\dfrac{1}{3}$

$\therefore a=3^{-\frac{1}{3}}=\dfrac{1}{\sqrt[3]{3}}$ $(\because a>0)$

그런데 이것은 $a>1$을 만족시키지 않는다.

(ii) $0<a<1$일 때,

$y=a^{f(x)}$은 $f(x)=1$일 때 최댓값을 가지므로

$a=\dfrac{1}{3}$

(i), (ii)에서 $a=\dfrac{1}{3}$이고, $f(x)=3$일 때 최소이므로 최솟값은

$\left(\dfrac{1}{3}\right)^3=3^{-3}$

18 0765 답 ②

유형 6 + 유형 16

출제의도 | 지수함수의 그래프의 대칭이동을 이해하여 문제를 해결할 수 있는지 확인한다.

두 점 A, B의 좌표를 k로 나타내고 $\overline{\text{AB}}=\dfrac{80}{9}$임을 이용해 보자.

$y=a^x$의 그래프는 $y=3^x$의 그래프를 y축에 대하여 대칭이동한 것이므로 $a=\dfrac{1}{3}$

점 A의 좌표는 $(k,\ 3^k)$이고 점 B의 좌표는 $(k,\ 3^{-k})$이므로

$\overline{\text{AB}}=3^k-3^{-k}=\dfrac{80}{9}$

이때 $3^k=t$ $(t>0)$라 하면 $t-\dfrac{1}{t}=\dfrac{80}{9}$

$t \neq 0$이므로 양변에 $9t$를 곱하면

$9t^2-80t-9=0$, $(9t+1)(t-9)=0$

$\therefore t=9$ $(\because t>0)$

따라서 $3^k=9$이므로 $k=2$

19 0766 답 ②

유형 17

출제의도 | 서로 다른 두 근의 합이 주어진 지수방정식을 해결할 수 있는지 확인한다.

$a^x=t$ $(t>0)$로 치환하고 두 근의 합이 6임을 이용해 보자.

$2 \times a^{2x}-12 \times a^x+16=0$에서 $a^x=t$ $(t>0)$라 하면

$2t^2-12t+16=0$

$t^2-6t+8=0$ ⋯⋯ ㉠

주어진 방정식의 서로 다른 두 근을 α, β라 하면 $\alpha+\beta=6$

방정식 ㉠의 두 근은 a^α, a^β이므로 근과 계수의 관계에 의하여

$a^\alpha \times a^\beta=8$

$\therefore a^{\alpha+\beta}=a^6=8$

따라서 $(a^2)^3=2^3$에서 $a^2=2$이고 $a>0$이므로 $a=\sqrt{2}$

20 0767 답 ④

유형 18

출제의도 | 지수방정식이 실근을 갖기 위한 조건을 알고 있는지 확인한다.

$a^x-a^{-x}=t$로 치환하면 $a^{2x}+a^{-2x}-2=t^2$임을 이용해서 해결해 보자.

$9^x+9^{-x}+a(3^x-3^{-x})+2=0$에서 $3^x-3^{-x}=t$라 하면

$9^x+9^{-x}=(3^x-3^{-x})^2+2=t^2+2$이므로

$9^x+9^{-x}+a(3^x-3^{-x})+2=0$은

$t^2+2+at+2=0$, $t^2+at+4=0$

따라서 위의 이차방정식이 실근을 갖기 위해서는 판별식을 D라 하면 $D \geq 0$이어야 하므로

$a^2-16 \geq 0$

$(a+4)(a-4) \geq 0$

$\therefore a \leq -4$ 또는 $a \geq 4$

따라서 양수 a의 최솟값 $m=4$이므로

$m^2=16$

21 0768 답 ④ 유형 22

출제의도 | a^x 꼴이 반복되는 경우의 지수부등식을 해결할 수 있는지 확인한다.

> $a^x=t\ (t>0)$로 치환하고 부등식을 정리하자. 이때 x가 자연수임에 주의하여 x의 값을 구해 보자.

$3^{2x}-35\times3^{x+1}+500<0$에서
$3^{2x}-105\times3^x+500<0$
$3^x=t\ (t>0)$라 하면
$t^2-105t+500<0$
$(t-5)(t-100)<0$
$\therefore 5<t<100$
즉, $5<3^x<100$이므로 구하는 자연수 x의 값은 2, 3, 4이다.
따라서 모든 자연수 x의 값의 합은 $2+3+4=9$

22 0769 답 $x=1$ 유형 16

출제의도 | a^x 꼴이 반복되는 지수방정식을 해결할 수 있는지 확인한다.

STEP1 $3^x=t$로 치환하여 t에 대한 방정식으로 나타내기 [2점]

$9^x-2\times3^x+3=0$에서 $(3^x)^2-2\times3^x+3=0$
$3^x=t\ (t>0)$라 하면
$t^2-2t+3=0$

STEP2 t에 대한 방정식 풀기 [3점]

$(t+1)(t-3)=0$
$\therefore t=3\ (\because t>0)$

STEP3 방정식의 해 구하기 [1점]

$3^x=3$이므로 $x=1$

23 0770 답 $0<x<1$ 또는 $x>2$ 유형 23

출제의도 | 밑에 미지수를 포함한 지수부등식을 해결할 수 있는지 확인한다.

STEP1 $0<x<1$일 때, x의 값의 범위 구하기 [2점]

$x^{x^2}>x^{2x}$에서
$0<x<1$일 때,
$x^2<2x,\ x^2-2x<0$
$x(x-2)<0$　$\therefore 0<x<2$
이때 부등식을 만족시키는 x의 값의 범위는 $0<x<1$

STEP2 $x=1$일 때, 부등식이 성립하는지 확인하기 [1점]

$x=1$일 때, $1>1$이므로 부등식이 성립하지 않는다.

STEP3 $x>1$일 때, x의 값의 범위 구하기 [2점]

$x>1$일 때,
$x^2>2x,\ x^2-2x>0$
$x(x-2)>0$　$\therefore x<0$ 또는 $x>2$
이때 부등식을 만족시키는 x의 값의 범위는 $x>2$

STEP4 부등식의 해 구하기 [1점]

구하는 부등식의 해는
$0<x<1$ 또는 $x>2$

24 0771 답 $a\le1$ 유형 25

출제의도 | 지수부등식이 항상 성립하기 위한 조건을 알고 있는지 확인한다.

STEP1 $2^x=t\ (t>0)$로 치환하여 t에 대한 부등식으로 나타내기 [2점]

$4^x-a\times2^{x+2}\ge-4$에서 $2^x=t\ (t>0)$라 하면
$t^2-4at+4\ge0$
$\therefore (t-2a)^2+4-4a^2\ge0$ ………… ㉠
주어진 부등식이 모든 실수 x에 대하여 성립하려면 ㉠은 $t>0$에서 성립해야 한다.

STEP2 $2a$의 값의 범위를 나누어 실수 a의 값의 범위 구하기 [4점]

(i) $2a>0$, 즉 $a>0$일 때
　$4-4a^2\ge0$이어야 하므로 $4a^2-4\le0$
　$4(a+1)(a-1)\le0$
　$\therefore -1\le a\le1$
　이때 $a>0$이므로 a의 값의 범위는 $0<a\le1$
(ii) $2a\le0$, 즉 $a\le0$일 때
　$4\ge0$이므로 항상 성립한다.
(i), (ii)에서 $a\le1$일 때 주어진 부등식은 모든 실수 x에 대하여 성립한다.

25 0772 답 $2<a<3$ 유형 18

출제의도 | 지수방정식이 서로 다른 두 실근을 가질 조건을 알고 있는지 확인한다.

STEP1 $2^x=t\ (t>0)$로 치환하고 주어진 식 정리하기 [2점]

$4^x-a\times2^{x+1}-a^2+a+6=0$에서 $(2^x)^2-2a\times2^x-a^2+a+6=0$
$2^x=t\ (t>0)$라 하면
$t^2-2at-a^2+a+6=0$ ………… ㉠
주어진 이차방정식이 서로 다른 두 실근을 가지려면 t에 대한 이차방정식 ㉠이 서로 다른 두 양의 실근을 가져야 한다.

STEP2 이차방정식의 판별식을 이용하여 실수 a의 값의 범위 구하기 [2점]

이차방정식 ㉠의 판별식을 D라 하면
$\dfrac{D}{4}=(-a)^2-(-a^2+a+6)>0$
$2a^2-a-6>0,\ (2a+3)(a-2)>0$
$\therefore a<-\dfrac{3}{2}$ 또는 $a>2$ ………… ㉡

STEP3 두 근의 합과 곱을 이용하여 실수 a의 값의 범위 구하기 [3점]

(두 근의 합)$=2a>0$
$\therefore a>0$ ………… ㉢
(두 근의 곱)$=-a^2+a+6>0$
$a^2-a-6<0,\ (a+2)(a-3)<0$
$\therefore -2<a<3$ ………… ㉣

STEP4 방정식이 서로 다른 두 실근을 갖도록 하는 실수 a의 값의 범위 구하기 [1점]

방정식이 서로 다른 두 실근을 갖도록 하는 실수 a의 값의 범위는 ㉡, ㉢, ㉣에서
$2<a<3$

04 로그함수

핵심 개념　　　　　　　　　162쪽~163쪽

0773 답 (1) $y=\log_{\frac{1}{5}}(x+4)+2$　(2) $y=-\log_{\frac{1}{5}}x$

　　　　　(3) $y=\log_{\frac{1}{5}}(-x)$　(4) $y=-\log_{\frac{1}{5}}(-x)$

(1) $y-2=\log_{\frac{1}{5}}(x+4)$에서 $y=\log_{\frac{1}{5}}(x+4)+2$

(2) $-y=\log_{\frac{1}{5}}x$에서 $y=-\log_{\frac{1}{5}}x$

(3) $y=\log_{\frac{1}{5}}(-x)$

(4) $-y=\log_{\frac{1}{5}}(-x)$에서 $y=-\log_{\frac{1}{5}}(-x)$

0774 답 (1) 풀이 참조　(2) 풀이 참조

(1) 함수 $y=\log_3(x+2)$의 그래프
는 함수 $y=\log_3 x$의 그래프를
x축의 방향으로 -2만큼 평행
이동한 것이므로 그림과 같다.
따라서 정의역은
$\{x|x>-2\}$이고, 점근선의 방정식은 $x=-2$이다.

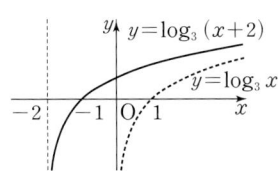

(2) 함수 $y=\log_3(-x)+2$의 그
래프는 함수 $y=\log_3 x$의 그래
프를 y축에 대하여 대칭이동한
후 y축의 방향으로 2만큼 평행
이동한 것이므로 그림과 같다.
따라서 정의역은
$\{x|x<0\}$이고, 점근선의 방정식은 $x=0$이다.

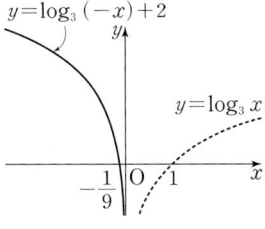

0775 답 (1) 최댓값 : 4, 최솟값 : 2

　　　　　(2) 최댓값 : -1, 최솟값 : -4

(1) 함수 $y=\log_3 x$는 x의 값이 증가하면 y의 값도 증가하므로
$9\leq x\leq 81$에서
$x=9$일 때 최솟값은 $\log_3 9=\log_3 3^2=2$
$x=81$일 때 최댓값은 $\log_3 81=\log_3 3^4=4$

(2) 함수 $y=\log_{\frac{1}{2}}x$는 x의 값이 증가하면 y의 값은 감소하므로
$2\leq x\leq 16$에서
$x=2$일 때 최댓값은 $\log_{\frac{1}{2}}2=\log_{2^{-1}}2=-1$
$x=16$일 때 최솟값은 $\log_{\frac{1}{2}}16=\log_{2^{-1}}2^4=-4$

0776 답 최댓값 : 1, 최솟값 : 0

함수 $y=\log(x-1)$은 x의 값이 증가하면 y의 값도 증가하므로
$2\leq x\leq 11$에서
$x=2$일 때 최솟값은 $\log 1=0$
$x=11$일 때 최댓값은 $\log 10=1$

0777 답 (1) $x=25$　(2) $x=\frac{1}{4}$　(3) $x=3$

(1) 진수의 조건에서 $x>0$ ────────── ㉠
$\log_5 x=2$에서 $x=5^2$　∴ $x=25$

이때 $x=25$는 ㉠을 만족시키므로 구하는 해이다.

(2) 밑의 조건에서 $x>0$, $x\neq 1$ ────────── ㉠
$\log_x 2=-\frac{1}{2}$에서 $2=x^{-\frac{1}{2}}$

$x^{\frac{1}{2}}=\frac{1}{2}$　∴ $x=\left(\frac{1}{2}\right)^2=\frac{1}{4}$

이때 $x=\frac{1}{4}$은 ㉠을 만족시키므로 구하는 해이다.

(3) 진수의 조건에서 $x+2>0$, $2x-1>0$

∴ $x>\frac{1}{2}$ ────────── ㉠

$\log_3(x+2)=\log_3(2x-1)$에서
$x+2=2x-1$　∴ $x=3$
이때 $x=3$은 ㉠을 만족시키므로 구하는 해이다.

0778 답 $x=\frac{1}{8}$ 또는 $x=2$

진수의 조건에서 $x>0$ ────────── ㉠
$(\log_2 x)^2+2\log_2 x-3=0$에서 $\log_2 x=t$로 놓으면
$t^2+2t-3=0$
$(t+3)(t-1)=0$　∴ $t=-3$ 또는 $t=1$
즉, $\log_2 x=-3$ 또는 $\log_2 x=1$이므로
$x=2^{-3}=\frac{1}{8}$ 또는 $x=2$
이 값은 모두 ㉠을 만족시키므로 해는
$x=\frac{1}{8}$ 또는 $x=2$

0779 답 (1) $x>1$　(2) $2<x\leq 10$　(3) $0<x\leq 1$

(1) 진수의 조건에서 $5x+4>0$　∴ $x>-\frac{4}{5}$ ────── ㉠

$\log_3(5x+4)>2$에서 $\log_3(5x+4)>\log_3 3^2$
밑이 1보다 크므로 $5x+4>9$
∴ $x>1$ ────────── ㉡
㉠, ㉡의 공통 범위는 $x>1$

(2) 진수의 조건에서 $x-2>0$　∴ $x>2$ ────── ㉠

$\log_{\frac{1}{2}}(x-2)\geq -3$에서 $\log_{\frac{1}{2}}(x-2)\geq \log_{\frac{1}{2}}\left(\frac{1}{2}\right)^{-3}$
밑이 1보다 작으므로 $x-2\leq 8$
∴ $x\leq 10$ ────────── ㉡
㉠, ㉡의 공통 범위는 $2<x\leq 10$

(3) 진수의 조건에서 $x>0$, $2-x>0$

∴ $0<x<2$ ────────── ㉠

$\log_5 x\leq \log_5(2-x)$에서
밑이 1보다 크므로 $x\leq 2-x$
∴ $x\leq 1$ ────────── ㉡
㉠, ㉡의 공통 범위는 $0<x\leq 1$

0780 답 $\frac{1}{9}\leq x\leq 3$

진수의 조건에서 $x>0$ ────────── ㉠
$(\log_{\frac{1}{3}}x)^2-\log_{\frac{1}{3}}x\leq 2$에서
$\log_{\frac{1}{3}}x=t$로 놓으면 $t^2-t\leq 2$

$t^2 - t - 2 \leq 0$, $(t+1)(t-2) \leq 0$

$\therefore -1 \leq t \leq 2$

즉, $-1 \leq \log_{\frac{1}{3}} x \leq 2$이므로

$\log_{\frac{1}{3}} \left(\frac{1}{3}\right)^{-1} \leq \log_{\frac{1}{3}} x \leq \log_{\frac{1}{3}} \left(\frac{1}{3}\right)^{2}$

이때 밑이 1보다 작으므로

$\left(\frac{1}{3}\right)^{2} \leq x \leq \left(\frac{1}{3}\right)^{-1}$

$\therefore \dfrac{1}{9} \leq x \leq 3$ ⋯⋯⋯⋯⋯⋯⋯⋯⋯⋯⋯⋯⋯ ㉡

㉠, ㉡의 공통 범위는 $\dfrac{1}{9} \leq x \leq 3$

기출 유형 check **실전 준비하기**　　　164쪽~200쪽

0781 답 ④

함수 $y = f(x)$의 그래프와 그 역함수 $y = f^{-1}(x)$의 그래프의 교점의 좌표는 함수 $y = f(x)$의 그래프와 직선 $y = x$의 교점의 좌표와 같으므로

$2x - 1 = x$　　$\therefore x = 1$

따라서 교점의 좌표는 $(1, 1)$이므로 $a = 1$, $b = 1$

$\therefore a + b = 1 + 1 = 2$

0782 답 2

$f(1) = a + b = 3$ ⋯⋯⋯⋯⋯⋯⋯⋯⋯⋯⋯⋯⋯⋯ ㉠

$g(-2) = -4$이므로 $f(-4) = -2$

$\therefore -4a + b = -2$ ⋯⋯⋯⋯⋯⋯⋯⋯⋯⋯⋯⋯⋯ ㉡

㉠, ㉡을 연립하여 풀면 $a = 1$, $b = 2$

$\therefore ab = 2$

0783 답 ②

일차함수 $y = f(x)$의 그래프가 그 역함수 $y = f^{-1}(x)$의 그래프와 일치하므로

$f(1) = 3$, $f^{-1}(1) = 3$

$f^{-1}(1) = 3$에서 $f(3) = 1$

$f(x) = ax + b$ ($a \neq 0$, b는 상수)로 놓으면

$f(1) = a + b = 3$ ⋯⋯⋯⋯⋯⋯⋯⋯⋯⋯⋯⋯⋯ ㉠

$f(3) = 3a + b = 1$ ⋯⋯⋯⋯⋯⋯⋯⋯⋯⋯⋯⋯⋯ ㉡

㉠, ㉡을 연립하여 풀면 $a = -1$, $b = 4$

따라서 $f(x) = -x + 4$이므로

$f(2) = -2 + 4 = 2$

0784 답 ⑤

$(g \circ f)(x) = x$이면 두 함수 f와 g는 서로 역함수 관계이므로 함수 $g(x)$는 함수 $f(x) = 2x - 1$의 역함수이다.

$y = 2x - 1$에서 x를 y에 대한 식으로 나타내면

$x = \dfrac{1}{2}(y + 1)$

x와 y를 서로 바꾸면 $y = \dfrac{1}{2}(x + 1)$

따라서 $g(x) = \dfrac{1}{2}(x + 1)$이므로

$g(3) = \dfrac{1}{2} \times (3 + 1) = 2$

다른 풀이

$g(3) = k$로 놓으면 $f(k) = 3$

$2k - 1 = 3$

$2k = 4$　　$\therefore k = 2$

0785 답 ①

직선 $y = x$를 이용하여 y축과 점선이 만나는 점의 y좌표를 구하면 그림과 같다.

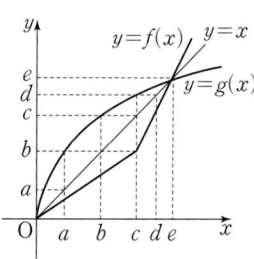

$f(c) = b$이므로

$g^{-1}(f(c)) = g^{-1}(b)$

$g^{-1}(b) = k$라 하면 $g(k) = b$이므로

$k = a$

$\therefore g^{-1}(f(c)) = g^{-1}(b) = a$

0786 답 ④　　　　|유형 1

다음 중 함수 $y = \log_{\frac{1}{a}} x$ $(0 < a < 1)$의 그래프에 대한 설명으로 옳지 않은 것은? [단서1]

① 함수 $y = -\log_a x$의 그래프와 일치한다.

② 점 $(1, 0)$을 반드시 지난다.

③ 그래프의 점근선은 직선 $x = 0$이다.

④ x의 값이 증가하면 y의 값은 감소한다.

⑤ 정의역은 양의 실수 전체의 집합이고, 치역은 실수 전체의 집합이다.

[단서1] $0 < a < 1$이므로 $\dfrac{1}{a} > 1$

STEP 1 $y = \log_{\frac{1}{a}} x$ $(0 < a < 1)$의 **그래프 파악하기**

$0 < a < 1$이므로 $\dfrac{1}{a} > 1$

따라서 $y = \log_{\frac{1}{a}} x$ $(0 < a < 1)$의 밑은 1보다 크므로 그래프의 개형은 그림과 같다.

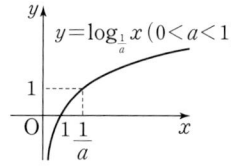

STEP 2 식의 변형을 이용하여 ①의 참, 거짓 파악하기

① $y = \log_{\frac{1}{a}} x = \log_{a^{-1}} x = -\log_a x$이므로

$y = \log_{\frac{1}{a}} x$ $(0 < a < 1)$의 그래프는 $y = -\log_a x$의 그래프와 일치한다. (참)

STEP 3 $y = \log_{\frac{1}{a}} x$ $(0 < a < 1)$의 **그래프의 개형을 이용하여 참, 거짓 파악하기**

위의 그래프에서

② 점 $(1, 0)$을 지난다. (참)

③ 그래프의 점근선은 y축, 즉 직선 $x=0$이다. (참)

④ x의 값이 증가하면 y의 값도 증가한다. (거짓)

⑤ 정의역은 양의 실수 전체의 집합이고, 치역은 실수 전체의 집합 이다. (참)

따라서 옳지 않은 것은 ④이다.

0787 답 $\{x \mid -7 < x < 2\}$

$y = \log_4 (-x^2 - 5x + 14)$에서

$-x^2 - 5x + 14 > 0$, $x^2 + 5x - 14 < 0$ → 로그의 진수는

$(x+7)(x-2) < 0$ 항상 0보다 크다.

$\therefore -7 < x < 2$

따라서 구하는 정의역은 $\{x \mid -7 < x < 2\}$

0788 답 ②

ㄱ, ㄴ, ㄷ 모두 같은 모양으로 변환할 수 있으나, 정의역이 어디인 지에 따라 다른 함수가 된다.

ㄱ. $f(x) = 2\log_2 x$는 $x > 0$에서 정의되고,

$\quad g(x) = \log_2 x^2$은 $x \neq 0$에서 정의되므로 다른 함수이다.

ㄴ. $f(x)$, $g(x)$ 모두 $x > 0$에서 정의되므로 같은 함수이다.

ㄷ. $f(x) = \log_2 x$는 $x > 0$에서 정의되고,

$\quad g(x) = \log_2 \sqrt{x^2}$은 $x \neq 0$에서 정의되므로 다른 함수이다.

따라서 서로 같은 함수인 것은 ㄴ이다.

0789 답 ④

① 정의역은 $\{x \mid x > 0\}$이다. (거짓)

② 치역은 실수 전체의 집합이다. (거짓)

③ x의 값이 증가하면 y의 값은 감소한다. (거짓)

④ $y = \log_{\frac{1}{2}} x$에서 x와 y를 바꾸면 $x = \log_{\frac{1}{2}} y$

   즉, $y = \left(\dfrac{1}{2}\right)^x$이므로 함수 $y = \left(\dfrac{1}{2}\right)^x$과 역함수 관계에 있다. (참)

⑤ $y = \log_{\frac{1}{2}} x = -\log_2 x$이므로 $y = \log_2 x$의 그래프와 x축에 대 하여 대칭이다. (거짓)

따라서 옳은 것은 ④이다.

0790 답 ②

함수 $y = \log_2 (x^2 + 2ax + 9)$가 실수 전체의 집합에서 정의되려면 모든 실수 x에 대하여 부등식 $x^2 + 2ax + 9 > 0$이 성립해야 한다.

이때 이차방정식 $x^2 + 2ax + 9 = 0$의 판별식을 D라 하면

$\dfrac{D}{4} = a^2 - 9 < 0$, $(a+3)(a-3) < 0$

$\therefore -3 < a < 3$

따라서 구하는 정수 a는 -2, -1, 0, 1, 2의 5개이다.

0791 답 -2

| 유형 2

함수 $f(x) = \log_{\frac{1}{3}}(x+a) + b$에 대하여 $f(1) = 0$, $f(-1) = 1$일 때, $f(25)$의 값을 구하시오. **단서1**

단서1 주어진 값을 함수 $f(x) = \log_{\frac{1}{3}}(x+a) + b$에 대입

STEP1 주어진 값을 함수식에 대입하여 a, b에 대한 관계식 구하기

$f(1) = 0$에서 $\log_{\frac{1}{3}}(1+a) + b = 0$ .... ㉠

$f(-1) = 1$에서 $\log_{\frac{1}{3}}(-1+a) + b = 1$ .... ㉡

STEP2 두 식을 연립하여 a, b의 값 구하기

㉡ $-$ ㉠을 하면

$\log_{\frac{1}{3}}(-1+a) + b - \{\log_{\frac{1}{3}}(1+a) + b\} = 1$

$\log_{\frac{1}{3}} \dfrac{a-1}{a+1} = 1$, $\dfrac{a-1}{a+1} = \dfrac{1}{3}$

$3a - 3 = a + 1$ $\therefore a = 2$

$a = 2$를 ㉠에 대입하면 $\log_{\frac{1}{3}} 3 + b = 0$

$-1 + b = 0$ $\therefore b = 1$

STEP3 $f(25)$의 값 구하기

$f(x) = \log_{\frac{1}{3}}(x+2) + 1$이므로

$f(25) = \log_{\frac{1}{3}} 27 + 1 = -3 + 1 = -2$

0792 답 ⑤

$f(-4) = 2^{-4} = \dfrac{1}{16}$

$\therefore (g \circ f)(-4) = g(f(-4)) = g\left(\dfrac{1}{16}\right)$

$\qquad\qquad\qquad = \log_{\frac{1}{4}} \dfrac{1}{16} = \log_{\frac{1}{4}} \left(\dfrac{1}{4}\right)^2 = 2$

참고 함수 $f(x) = 2^x$의 치역 (양수 전체의 집합)은 $g(x) = \log_{\frac{1}{4}} x$의 정의역 (양수 전체의 집합)에 포함되므로 합성함수 $(g \circ f)(x)$가 정의된다.

0793 답 ③

$(f \circ g)(8) = f(g(8)) = f(\log_2 8)$

$\qquad\qquad = f(3) = 2^3 = 8$

$(g \circ h)(8) = g(h(8)) = g(8^2)$

$\qquad\qquad = \log_2 8^2$

$\qquad\qquad = \log_2 2^6 = 6$

$\therefore (f \circ g)(8) - (g \circ h)(8) = 8 - 6 = 2$

0794 답 ③

① $2f(a) = 2\log a = \log a^2$

$\qquad\qquad = f(a^2)$ (참)

② $f\left(\dfrac{a}{2}\right) = \log \dfrac{a}{2} = \log \dfrac{5a}{10} = \log 5a - 1 = f(5a) - 1$ (참)

③ [반례] $a = 10$일 때

$\quad f\left(\dfrac{1}{a}\right) = f\left(\dfrac{1}{10}\right) = \log \dfrac{1}{10} = -1,$

$\quad \dfrac{1}{f(a)} = \dfrac{1}{\log 10} = \dfrac{1}{1} = 1$

$\quad \therefore f\left(\dfrac{1}{a}\right) \neq \dfrac{1}{f(a)}$ (거짓)

④ $f(a) - f(b) = \log a - \log b = \log \dfrac{a}{b} = f\left(\dfrac{a}{b}\right)$ (참)

⑤ $f(a^b) = \log a^b = b\log a = bf(a)$ (참)

따라서 옳지 않은 것은 ③이다.

참고 로그의 성질

$a>0$, $a\neq1$, $M>0$, $N>0$일 때

(1) $\log_a 1=0$, $\log_a a=1$

(2) $\log_a MN=\log_a M+\log_a N$

(3) $\log_a \dfrac{M}{N}=\log_a M-\log_a N$

(4) $\log_a N^k=k\log_a N$ (단, k는 실수)

0795 답 ⑤

$f(a^2)=16$에서 $\log_2 a^2=16$이므로

$\log_2 a=8$ $\quad\therefore a=2^8$

$f(\sqrt{b})=20$에서 $\log_2\sqrt{b}=20$이므로

$\log_2 b=40$ $\quad\therefore b=2^{40}$ ← $\frac{1}{2}\log_2 b=20$, $\log_2 b=40$

$\therefore \log_a b=\log_{2^8}2^{40}=\dfrac{40}{8}\log_2 2=\dfrac{40}{8}=5$

0796 답 2

$f(x)=\log_5\left(\dfrac{2}{2x-1}+1\right)=\log_5\dfrac{2x+1}{2x-1}$에서

$f(1)+f(2)+f(3)+\cdots+f(12)$

$=\log_5 3+\log_5\dfrac{5}{3}+\log_5\dfrac{7}{5}+\cdots+\log_5\dfrac{25}{23}$

$=\log_5\left(3\times\dfrac{5}{3}\times\dfrac{7}{5}\times\cdots\times\dfrac{25}{23}\right)$

$=\log_5 25=\log_5 5^2=2$

0797 답 ⑤

| 유형3

그림과 같이 정사각형 ABCD의 한 변 CD는 x축 위에 있고 두 점 A, E는 함수 $y=\log_3 x$의 그래프 위의 점이다. 정사각형 ABCD의 한 변의 길이가 2일 때, 선분 CE의 길이는?

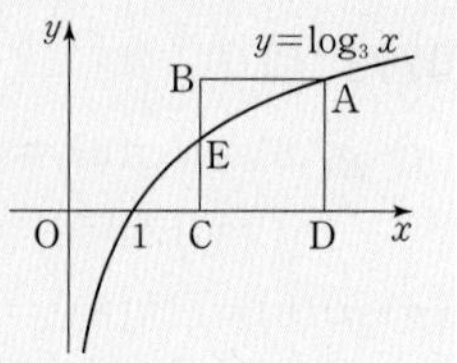

① 1 ② $\log_3 4$ ③ $\log_3 5$

④ $\log_3 6$ ⑤ $\log_3 7$

단서1 $\overline{CD}=\overline{AD}=2$

단서2 두 점 A, E의 x좌표, y좌표를 $y=\log_3 x$에 대입하면 등식이 성립

STEP1 정사각형의 한 변의 길이를 이용하여 점 A의 좌표 정하기

점 D의 좌표를 $(a, 0)$이라 하면 $\overline{AD}=2$이므로 점 A의 좌표는 $(a, 2)$이다.

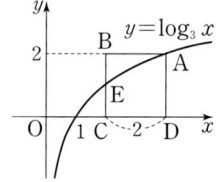

STEP2 점 A가 $y=\log_3 x$의 그래프 위의 점임을 이용하여 a의 값 구하기

$y=\log_3 x$의 그래프가 점 A를 지나므로

$\log_3 a=2$ $\quad\therefore a=3^2=9$

STEP3 선분 CE의 길이 구하기

$\overline{CD}=2$이므로 점 C의 x좌표는 $9-2=7$

따라서 점 E의 좌표는 $(7, \log_3 7)$이므로

$\overline{CE}=\log_3 7$

0798 답 4

$y=3^x$의 그래프가 점 B$(1, b)$를 지나므로

$b=3$

$y=\log_3 x$의 그래프가 점 A$(a, 3)$을 지나므로

$3=\log_3 a$ $\quad\therefore a=3^3$

$\therefore \log_3 ab=\log_3(3^3\times3)=\log_3 3^4=4$

0799 답 ②

두 점 $(2, a)$, $(4, b)$는 함수 $y=\log_2 x$의 그래프 위의 점이므로

$a=\log_2 2=1$, $b=\log_2 4=2$

또, 점 $\left(k, \dfrac{1+2}{2}\right)$, 즉 $\left(k, \dfrac{3}{2}\right)$은 함수 $y=\log_2 x$의 그래프 위의 점이므로

$\dfrac{3}{2}=\log_2 k$ $\quad\therefore k=2^{\frac{3}{2}}=2\sqrt{2}$

0800 답 ①

정사각형 ABCD의 한 변의 길이가 2이므로 점 D의 y좌표는 2이다.

점 D는 $y=\log_4 x$의 그래프 위의 점이므로

$\log_4 x=2$에서 $x=4^2=16$

$\therefore$ D$(16, 2)$

점 B의 x좌표는 $16-2=14$이고, 점 E는 $y=\log_4 x$의 그래프 위의 점이므로

$\log_4 14=\log_4(2\times7)=\log_{2^2}2+\log_4 7=\dfrac{1}{2}+\log_4 7$

$\therefore$ E$\left(14, \dfrac{1}{2}+\log_4 7\right)$

따라서 정사각형 EFGB의 한 변의 길이는

$\overline{EB}=\dfrac{1}{2}+\log_4 7$

0801 답 9

A$(3, 0)$이므로 D$(0, \log_a 3)$

C$(81, 0)$이므로 F$(0, \log_a 81)$

E$(0, t)$ $(t<0)$라 하면

$\overline{EF}=t-\log_a 81$, $\overline{DE}=\log_a 3-t$

$\overline{EF}=2\overline{DE}$이므로

$t-\log_a 81=2(\log_a 3-t)$

$t-\log_a 81=2\log_a 3-2t$

$3t=2\log_a 3+\log_a 81$

$\quad=2\log_a 3+4\log_a 3$

$\quad=6\log_a 3$

$\therefore t=2\log_a 3=\log_a 9$

즉, E$(0, \log_a 9)$이므로 B$(9, 0)$

따라서 점 B의 x좌표는 9이다.

0802 답 ④

점 A′의 x좌표를 a, 점 B′의 x좌표를 b라 하면 $\overline{AA'}=\overline{BB'}$이므로 점 C는 두 점 A′과 B′의 중점이다. ← $\overline{A'A}\,/\!/\,\overline{BB'}$이므로 $\triangle A'AC\equiv\triangle B'BC$

즉, $\dfrac{a+b}{2}=\dfrac{17}{8}$이므로 $a+b=\dfrac{17}{4}$

또, 두 점 A, B는 $y=\log_2 x$의 그래프 위의 점이고, $\overline{AA'}=\overline{BB'}$에서 $-\log_2 a=\log_2 b$이므로

$\log_2 a^{-1}=\log_2 b$, $\dfrac{1}{a}=b$ $\therefore ab=1$

이때 선분 A'B'의 길이는 $b-a$이고, $(b-a)^2=(a+b)^2-4ab$이므로

$(b-a)^2=\left(\dfrac{17}{4}\right)^2-4\times 1=\dfrac{225}{16}$

$\therefore \overline{A'B'}=b-a=\sqrt{\dfrac{225}{16}}=\dfrac{15}{4}$

0803 답 ⑤

$y_1=\log_2 x_1$에서 $x_1=2^{y_1}$

$y_2=\log_2 x_2$에서 $x_2=2^{y_2}$

$\dfrac{x_2}{x_1}=\dfrac{2^{y_2}}{2^{y_1}}=4$이므로 $2^{y_2-y_1}=2^2$

$\therefore y_2-y_1=2$ ·················· ㉠

두 점 P, Q는 원점을 지나는 직선 위에 있으므로 직선 OP의 기울기와 직선 OQ의 기울기는 같다.

따라서 $\dfrac{y_1}{x_1}=\dfrac{y_2}{x_2}$이므로

$\dfrac{x_2}{x_1}=\dfrac{y_2}{y_1}=4$ $\therefore y_2=4y_1$ ·················· ㉡

㉡을 ㉠에 대입하면

$3y_1=2$에서 $y_1=\dfrac{2}{3}$, $y_2=4y_1=\dfrac{8}{3}$

$x_1 x_2=2^{y_1}\times 2^{y_2}=2^{y_1+y_2}=2^{\frac{2}{3}+\frac{8}{3}}=2^{\frac{10}{3}}$이므로

$(x_1 x_2)^{\frac{3}{2}}=(2^{\frac{10}{3}})^{\frac{3}{2}}=2^5=32$

0804 답 64

$A(k, 1+\log_2 k)$, $B(k, \log_4 k)$이고 $k>1$이므로

$\overline{AB}=(1+\log_2 k)-\log_4 k=1+\dfrac{1}{2}\log_2 k=4$

$\quad\quad\quad\quad\quad\quad\quad \rightarrow 1+\log_2 k-\log_{2^2}k$

$\dfrac{1}{2}\log_2 k=3$, $\log_2 k=6$

$\quad\quad\quad\quad\quad\quad =1+\log_2 k-\dfrac{1}{2}\log_2 k$

$\therefore k=2^6=64$

$\quad\quad\quad\quad\quad\quad =1+\dfrac{1}{2}\log_2 k$

0805 답 ②

$A(k, \log_2 k)$, $B(k, -\log_2(8-k))$이고 $\overline{AB}=2$이므로

$|\log_2 k+\log_2(8-k)|=2$

$|\log_2 k(8-k)|=2$

$\therefore \log_2 k(8-k)=-2$ 또는 $\log_2 k(8-k)=2$

(i) $\log_2 k(8-k)=-2$일 때

$k(8-k)=\dfrac{1}{4}$, $4k^2-32k+1=0$

이때 $0<k<8$이므로

$k=\dfrac{8-3\sqrt{7}}{2}$ 또는 $k=\dfrac{8+3\sqrt{7}}{2}$

(ii) $\log_2 k(8-k)=2$일 때

$k(8-k)=4$, $k^2-8k+4=0$

이때 $0<k<8$이므로

$k=4-2\sqrt{3}$ 또는 $k=4+2\sqrt{3}$

(i), (ii)에서 모든 실수 k의 값의 곱은

$\dfrac{8-3\sqrt{7}}{2}\times\dfrac{8+3\sqrt{7}}{2}\times(4-2\sqrt{3})\times(4+2\sqrt{3})=\dfrac{1}{4}\times 4=1$

참고 이차방정식의 근과 계수의 관계에 의하여 (i)에서 모든 실수 k의 값의 곱은 $\dfrac{1}{4}$이고, (ii)에서 모든 실수 k의 값의 곱은 4이다.

실수 Check

$\overline{AB}=2$이므로 $\log_2 k+\log_2(8-k)=2$로 계산하지 않도록 주의한다. 왜냐하면 두 점 A, B의 위치에 따라 $\log_2 k+\log_2(8-k)=-2$인 경우도 있기 때문이다.

Plus 문제

0805-1

직선 $x=k$가 두 곡선 $y=\log_3(x-1)$, $y=-\log_3(7-x)$와 만나는 점을 각각 A, B라 하자. $\overline{AB}=1$이 되도록 하는 모든 실수 k의 값의 곱을 구하시오. (단, $1<k<7$)

$A(k, \log_3(k-1))$, $B(k, -\log_3(7-k))$이고 $\overline{AB}=1$이므로

(i) $\log_3(x-1)>-\log_3(7-x)$일 때

$\log_3(k-1)-\{-\log_3(7-k)\}=1$

$\log_3(k-1)+\log_3(7-k)=1$

$\log_3(k-1)(7-k)=1$

$-k^2+8k-7=3$, $k^2-8k+10=0$

$\therefore k=4\pm\sqrt{6}$

(ii) $-\log_3(7-x)>\log_3(x-1)$일 때

$-\log_3(7-k)-\log_3(k-1)=1$

$\log_3(7-k)(k-1)=-1$

$-7+8k-k^2=\dfrac{1}{3}$, $3k^2-24k+22=0$

$\therefore k=\dfrac{12\pm\sqrt{78}}{3}$

(i), (ii)에서 모든 실수 k의 값의 곱은

$(4+\sqrt{6})\times(4-\sqrt{6})\times\dfrac{12+\sqrt{78}}{3}\times\dfrac{12-\sqrt{78}}{3}=\dfrac{220}{3}$

답 $\dfrac{220}{3}$

0806 답 -7 | 유형 **4**

함수 $y=\log_{\frac{1}{2}}(8x+32)$의 그래프는 함수 $y=\log_{\frac{1}{2}}x$의 그래프를 x

단서1

축의 방향으로 m만큼, y축의 방향으로 n만큼 평행이동한 것이다. 이때 $m+n$의 값을 구하시오.

단서1 $y=\log_{\frac{1}{2}}(8x+32)$를 $y=\log_{\frac{1}{2}}(x-m)+n$ 꼴로 변형

STEP 1 $y=\log_{\frac{1}{2}}(8x+32)$를 $y=\log_{\frac{1}{2}}(x-m)+n$ 꼴로 변형하여 m, n의 값 구하기

$y=\log_{\frac{1}{2}}(8x+32)=\log_{\frac{1}{2}}8(x+4)$

$\quad=\log_{\frac{1}{2}}(x+4)+\log_{\frac{1}{2}}8=\log_{\frac{1}{2}}(x+4)-3$

따라서 $y=\log_{\frac{1}{2}} x$의 그래프를 x축의 방향으로 -4만큼, y축의 방향으로 -3만큼 평행이동한 것이므로 $m=-4$, $n=-3$

STEP 2 $m+n$의 값 구하기

$m+n=-4-3=-7$

0807 답 ⑤

함수 $y=\log_3(-x+1)+2$의
그래프는 $y=\log_3(-x)$의 그
래프를 x축의 방향으로 1만큼,
y축의 방향으로 2만큼 평행이
동한 것이므로 그림과 같다.

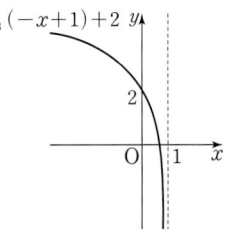

① 정의역은 $\{x\,|\,x<1\}$이다. (거짓)

② 치역은 실수 전체의 집합이다. (거짓)

③ 그래프의 점근선은 직선 $x=1$이다. (거짓)

④ 그래프는 점 $(0,\,2)$를 지난다. (거짓)

⑤ x의 값이 증가하면 y의 값은 감소한다. (참)

따라서 옳은 것은 ⑤이다.

0808 답 2

함수 $y=\log_2(x+a)+b$의 그래프의 점근선의 방정식이 $x=-2$
이므로 $a=2$

따라서 $y=\log_2(x+2)+b$이고, 이 그래프가 점 $(0,\,2)$를 지나므
로 $2=\log_2 2+b$, $2=1+b$ $\qquad\therefore b=1$

$\therefore ab=2\times 1=2$

0809 답 ③

$y=\log_3 9x$의 그래프를 y축의 방향으로 -3만큼 평행이동하면

$y=\log_3 9x-3=\log_3 9x-\log_3 3^3=\log_3 \dfrac{9x}{3^3}$

$\therefore y=\log_3 \dfrac{x}{3}$

이 함수의 그래프를 x축에 대하여 대칭이동하면

$y=-\log_3 \dfrac{x}{3}$ $\qquad\therefore y=\log_3 \dfrac{3}{x}$

$\therefore a=3$

0810 답 36

조건 (가)에서 점근선의 방정식이 $x=3$이므로

$y=\log_3 a(x-3)-4$ ········· ㉠

조건 (나)에서 ㉠을 x축의 방향으로 -4만큼, y축의 방향으로 2만
큼 평행이동하면

$y=\log_3 a(x+1)-2$

이 곡선이 점 $(0,\,0)$을 지나므로

$0=\log_3 a-2$, $\log_3 a=2$

$\therefore a=3^2=9$

따라서 $f(x)=\log_3 9(x-3)-4=\log_3 (9x-27)-4$이므로

$b=27$

$\therefore a+b=9+27=36$

0811 답 ①

함수 $y=\log_{\frac{1}{2}} x$의 그래프를 y축에 대하여 대칭이동하면

$y=\log_{\frac{1}{2}} (-x)$

이 그래프를 x축의 방향으로 1만큼, y축의 방향으로 3만큼 평행이
동하면

$y=\log_{\frac{1}{2}} \{-(x-1)\}+3$

$\quad =\log_{\frac{1}{2}} (-x+1)+3$ ········· ㉠

㉠에 $y=0$을 대입하면

$0=\log_{\frac{1}{2}} (-x+1)+3$, $-x+1=8$

$\therefore x=-7$ $\longrightarrow \log_{\frac{1}{2}} (-x+1)=-3$

$\qquad\qquad\qquad\qquad\qquad -x+1=\left(\dfrac{1}{2}\right)^{-3}$

$\qquad\qquad\qquad\qquad\qquad -x+1=8$

㉠에 $x=0$을 대입하면

$y=\log_{\frac{1}{2}} 1+3=3$

따라서 $a=-7$, $b=3$이므로 $a+b=-4$

0812 답 ⑤

ㄱ. $y=\log_2 4x=\log_2 x+2$이므로 $y=\log_2 x$의 그래프를 y축의
방향으로 2만큼 평행한 것이다.

ㄴ. $y=2\log_2 x=\log_2 x^2$

ㄷ. $y=\log_2 \dfrac{1}{x}=-\log_2 x$이므로 $y=\log_2 x$의 그래프를 x축에 대
하여 대칭이동한 것이다.

ㄹ. $y=\log_2 \dfrac{1-x}{2}=\log_2 (-x+1)-1$이므로 $y=\log_2 x$의 그래
프를 y축에 대하여 대칭이동한 후 x축의 방향으로 1만큼, y축
의 방향으로 -1만큼 평행이동한 것이다.

따라서 평행이동 또는 대칭이동하여 $y=\log_2 x$의 그래프와 겹쳐지
는 것은 ㄱ, ㄷ, ㄹ이다.

0813 답 ①

함수 $y=\log_2 x$의 그래프를 x축의 방향으로 a만큼, y축의 방향으
로 1만큼 평행이동하면

$y=\log_2 (x-a)+1$

이 그래프가 점 $(9,\,3)$을 지나므로

$3=\log_2 (9-a)+1$

$2=\log_2 (9-a)$, $9-a=2^2=4$ $\qquad\therefore a=5$

0814 답 ①

함수 $y=\log_3 x$의 그래프 위에 점 $A(a,\,1)$이 있으므로

$\log_3 a=1$ $\qquad\therefore a=3$

또, 함수 $y=\log_3 x$의 그래프 위에 점 $B(27,\,b)$가 있으므로

$b=\log_3 27=\log_3 3^3=3$

두 점 $A(3,\,1)$, $B(27,\,3)$의 중점의 좌표를 구하면

$\left(\dfrac{3+27}{2},\,\dfrac{1+3}{2}\right)$, 즉 $(15,\,2)$

함수 $y=\log_3 x$의 그래프를 x축의 방향으로 m만큼 평행이동하면

$y=\log_3 (x-m)$

이 그래프가 점 $(15,\,2)$를 지나므로

$2=\log_3 (15-m)$, $15-m=3^2=9$

$\therefore m=6$

0815 답 -1 | 유형 5

함수 $y=\log_3(x+3)+k$의 그래프가 제2사분면을 지나지 않을 때, 실수 k의 최댓값을 구하시오. 단서1 단서2

단서1 x의 값이 증가하면 y의 값도 증가하는 함수
단서2 $x=0$일 때, $y\le0$

STEP 1 $y=\log_3(x+3)+k$의 그래프 파악하기

함수 $y=\log_3(x+3)+k$의 그래프는 함수 $y=\log_3 x$의 그래프를 x축의 방향으로 -3만큼, y축의 방향으로 k만큼 평행이동한 것이다.

STEP 2 함수의 그래프를 그려 제2사분면을 지나지 않는 k의 값의 범위 구하기

함수 $y=\log_3(x+3)+k$는 x의 값이 증가하면 y의 값도 증가하므로 그래프가 제2사분면을 지나지 않으려면 $x=0$일 때 $y\le0$이어야 한다.

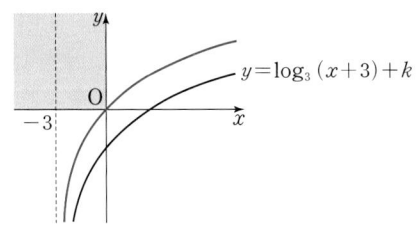

$\log_3 3+k\le0$에서 $1+k\le0$
$\therefore k\le-1$

STEP 3 실수 k의 최댓값 구하기

실수 k의 최댓값은 -1이다.

0816 답 1

함수 $y=\log_{\frac{1}{2}}(x+2)+k$의 그래프는 함수 $y=\log_{\frac{1}{2}}x$의 그래프를 x축의 방향으로 -2만큼, y축의 방향으로 k만큼 평행이동한 것이다.

함수 $y=\log_{\frac{1}{2}}(x+2)+k$는 x의 값이 증가하면 y의 값은 감소하므로 그래프가 제3사분면을 지나지 않으려면 $x=0$일 때 $y\ge0$이어야 한다.

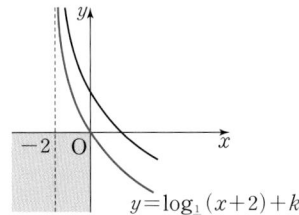

즉, $\log_{\frac{1}{2}}2+k\ge0$에서
$-1+k\ge0$
$\therefore k\ge1$
따라서 실수 k의 최솟값은 1이다.

0817 답 ②

함수 $y=2^{x+2}-2$의 그래프는 함수 $y=2^x$의 그래프를 x축의 방향으로 -2만큼, y축의 방향으로 -2만큼 평행이동한 것이다.

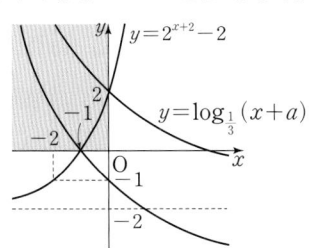

따라서 곡선 $y=2^{x+2}-2$와 곡선 $y=\log_{\frac{1}{3}}(x+a)$가 제2사분면에서 만나려면 곡선 $y=\log_{\frac{1}{3}}(x+a)$가 y축과 만나는 점의 y좌표가 2보다 작아야 하고, x축과 만나는 점의 x좌표가 -1보다 커야 한다.

(i) 곡선 $y=\log_{\frac{1}{3}}(x+a)$가 점 $(0,\ 2)$를 지날 때

$$2=\log_{\frac{1}{3}}a \qquad \therefore a=\left(\frac{1}{3}\right)^2=\frac{1}{9}$$

(ii) 곡선 $y=\log_{\frac{1}{3}}(x+a)$가 점 $(-1,\ 0)$을 지날 때

$$0=\log_{\frac{1}{3}}(a-1),\ a-1=\left(\frac{1}{3}\right)^0=1 \qquad \therefore a=2$$

(i), (ii)에서 조건을 만족시키는 a의 값의 범위는 $\frac{1}{9}<a<2$

실수 Check

미정계수가 없는 함수 $y=2^{x+2}-2$의 그래프를 먼저 그리고, $y=\log_{\frac{1}{3}}(x+a)$의 그래프를 움직여 보면서 두 함수의 그래프가 제2사분면에서 만나는 경우를 따져 본다.
이때 풀이와 같이 제2사분면을 표시하고 움직여 보면 헷갈리지 않고 그 범위를 알 수 있다.

Plus 문제

0817-1

두 곡선 $y=2^{x+1}-3$과 $y=\log_{\frac{1}{3}}(x+a)$가 제4사분면에서 만나도록 하는 실수 a의 값의 범위를 구하시오.

함수 $y=2^{x+1}-3$의 그래프는 함수 $y=2^x$의 그래프를 x축의 방향으로 -1만큼, y축의 방향으로 -3만큼 평행이동한 것이다.

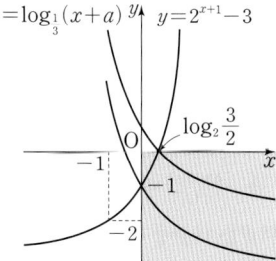

따라서 곡선 $y=2^{x+1}-3$과 곡선 $y=\log_{\frac{1}{3}}(x+a)$가 제4사분면에서 만나려면 $y=\log_{\frac{1}{3}}(x+a)$가 y축과 만나는 점의 y좌표가 -1보다는 커야 하고, x축과 만나는 점의 x좌표가 $\log_2\frac{3}{2}$보다는 작아야 한다.

(i) 곡선 $y=\log_{\frac{1}{3}}(x+a)$가 점 $(0,\ -1)$을 지날 때

$$-1=\log_{\frac{1}{3}}a \qquad \therefore a=\left(\frac{1}{3}\right)^{-1}=3$$

(ii) 곡선 $y=\log_{\frac{1}{3}}(x+a)$가 점 $\left(\log_2\frac{3}{2},\ 0\right)$을 지날 때

$$0=\log_{\frac{1}{3}}\left(\log_2\frac{3}{2}+a\right),\ \log_2\frac{3}{2}+a=\left(\frac{1}{3}\right)^0=1$$

$$\therefore a=2-\log_2 3=\log_2\frac{4}{3}$$

(i), (ii)에서 조건을 만족시키는 a의 값의 범위는

$\log_2\frac{4}{3}<a<3$

답 $\log_2\frac{4}{3}<a<3$

0818 답 ⑤

함수 $y=2+\log_2 x$의 그래프를 x축의 방향으로 -8만큼, y축의 방향으로 k만큼 평행이동한 그래프를 나타내는 함수의 식은
$$y=\log_2(x+8)+k+2$$

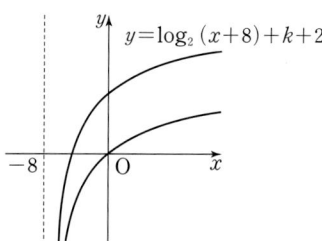

이때 이 함수의 그래프가 제4사분면을 지나지 않으려면 $x=0$일 때 $y\geq 0$이어야 한다.

즉, $\log_2 8+k+2\geq 0$에서
$$\log_2 2^3+k+2\geq 0$$
$$3+k+2\geq 0 \qquad \therefore k\geq -5$$
따라서 실수 k의 최솟값은 -5이다.

0819 답 ③

| 유형 6

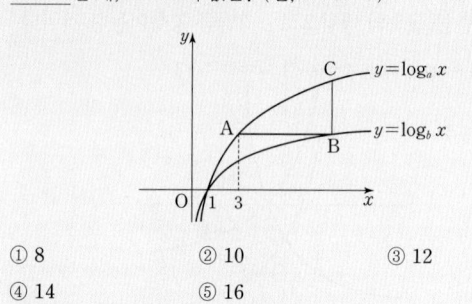

그림과 같이 곡선 $y=\log_a x$ 위의 점 $\mathrm{A}(3, \log_a 3)$을 지나고 x축에 평행한 직선이 곡선 $y=\log_b x$와 만나는 점을 B, 점 B를 지나고 y축에 평행한 직선이 곡선 $y=\log_a x$와 만나는 점을 C라 하자. $\overline{\mathrm{AB}}=6$, $\overline{\mathrm{BC}}=2$일 때, a^2+b^2의 값은? (단, $1<a<b$)

① 8　　　② 10　　　③ 12
④ 14　　　⑤ 16

단서1 두 점 A, B의 y좌표가 같음을 이용
단서2 두 점 B, C의 x좌표가 같음을 이용
단서3 점 B의 x좌표가 9이고, 두 점 B, C의 y좌표의 차가 2

STEP 1 두 점 A, B의 좌표를 이용하여 관계식 구하기

점 A의 x좌표가 3이고 $\overline{\mathrm{AB}}=6$이므로 점 B의 x좌표는 $3+6=9$

두 점 A, B의 y좌표가 같으므로
$$\log_a 3=\log_b 9 \cdots\cdots\cdots\cdots\cdots ㉠$$

STEP 2 $\overline{\mathrm{BC}}=2$임을 이용하여 관계식 구하기

두 점 B, C의 x좌표는 9이고 $\overline{\mathrm{BC}}=2$이므로
$$\overline{\mathrm{BC}}=\log_a 9-\log_b 9=2 \cdots\cdots\cdots ㉡$$

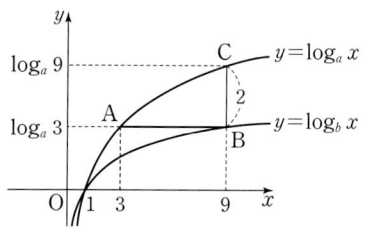

STEP 3 a, b의 값 구하기

㉠을 ㉡에 대입하면
$$\log_a 9-\log_a 3=2$$
$$\log_a 3^2-\log_a 3=2, \log_a 3=2, a^2=3$$
$$\therefore a=\sqrt{3} \ (\because a>1)$$
$a=\sqrt{3}$을 ㉠에 대입하면
$$\log_{\sqrt{3}} 3=\log_b 9, \log_b 9=2, b^2=9$$
$$\therefore b=3 \ (\because b>1)$$

STEP 4 a^2+b^2의 값 구하기
$$a^2+b^2=(\sqrt{3})^2+3^2=12$$

0820 답 ②

두 점 A, B의 좌표는 $\mathrm{A}(k, \log_2 k)$, $\mathrm{B}(k, \log_8 k)$이고, $\overline{\mathrm{AB}}=2$이므로
$$\overline{\mathrm{AB}}=\log_2 k-\log_8 k=2$$
$$\log_2 k-\frac{1}{3}\log_2 k=2, \frac{2}{3}\log_2 k=2$$
$$\log_2 k=3 \qquad \therefore k=2^3=8$$

0821 답 11

$\overline{\mathrm{QR}}=3$이므로 $b-a=3$

두 점 Q, R의 y좌표가 같으므로
$$\log_{\frac{1}{3}} a=\log_3 b, -\log_3 a=\log_3 b$$
$$\log_3 a+\log_3 b=0, \log_3 ab=0$$
$$\therefore ab=1$$
$$\therefore a^2+b^2=(b-a)^2+2ab=3^2+2\times 1=11$$

0822 답 ②

두 점 A, B의 x좌표를 각각 α, β라 하면 두 점 A, B의 y좌표가 같으므로
$$\log_2 \beta=\log_{\frac{1}{2}} \alpha, \log_2 \beta=-\log_2 \alpha, \log_2 \alpha+\log_2 \beta=0$$
$$\log_2 \alpha\beta=0 \qquad \therefore \alpha\beta=1$$
$\overline{\mathrm{AB}}=\beta-\alpha=4$이므로
$$(\alpha+\beta)^2=(\beta-\alpha)^2+4\alpha\beta=4^2+4\times 1=20$$
$$\therefore \alpha+\beta=2\sqrt{5} \ (\because \alpha>0, \beta>0)$$
따라서 선분 AB의 중점의 x좌표는 $\dfrac{\alpha+\beta}{2}=\sqrt{5}$이다.

0823 답 ③

세 점 P, Q, R의 좌표는
$$\mathrm{P}(2, \log_a 2), \mathrm{Q}(2, \log_b 2), \mathrm{R}(2, -\log_a 2)$$
$\overline{\mathrm{PQ}}:\overline{\mathrm{QR}}=1:3$에서 $\overline{\mathrm{QR}}=3\overline{\mathrm{PQ}}$이므로
$$\log_b 2-(-\log_a 2)=3(\log_a 2-\log_b 2)$$
$$2\log_b 2=\log_a 2$$
$$2\times\frac{\log 2}{\log b}=\frac{\log 2}{\log a}, \frac{\log b}{\log a}=2 \longrightarrow \text{밑의 변환 공식을 이용하여 양변을 바꾼다.}$$
$$\therefore f(b)=\log_a b=\frac{\log b}{\log a}=2$$

0824 답 ③

점 C의 x좌표를 a라 하면
두 점 C, D의 y좌표는 각
각 $\log_9 a$, $\log_3 a$이므로
$\overline{CD} = \log_3 a - \log_9 a$
$\qquad = 1$

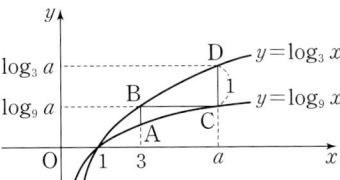

$\log_3 a - \dfrac{1}{2}\log_3 a = 1$, $\dfrac{1}{2}\log_3 a = 1$

$\log_3 a = 2$ $\quad \therefore a = 3^2 = 9$

이때 점 C의 y좌표가 $\log_9 9 = 1$이므로 점 B의 y좌표는 1이다.
점 B는 $y = \log_3 x$의 그래프 위의 점이므로

$\log_3 x = 1$ $\quad \therefore x = 3$

$\therefore$ B$(3, 1)$ $\cdots\cdots\cdots\cdots\cdots\cdots\cdots\cdots\cdots$ ㉠

따라서 점 A의 x좌표는 3이고 점 A는 $y = \log_9 x$의 그래프 위의
점이므로

$y = \log_9 3 = \log_{3^2} 3 = \dfrac{1}{2}$

$\therefore$ A$\left(3, \dfrac{1}{2}\right)$ $\cdots\cdots\cdots\cdots\cdots\cdots\cdots$ ㉡

㉠, ㉡에서 $\overline{AB} = 1 - \dfrac{1}{2} = \dfrac{1}{2}$

0825 답 9

그림과 같이 점 A에서 선분 BD
에 내린 수선의 발을 E, 점 B에
서 y축에 내린 수선의 발을 F라
하면

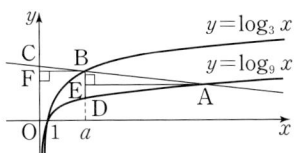

$\triangle$CBF $\backsim$ $\triangle$BAE (AA 닮음)

이다. 이때 $\overline{AB} = 2\overline{BC}$이므로 닮음비는 $\overline{BC} : \overline{AB} = 1 : 2$이다.
따라서 점 B의 x좌표를 a $(a > 1)$라 하면 점 A의 x좌표는 $3a$이
므로
$\qquad\qquad\qquad\qquad\qquad$ $\overline{BC} : \overline{AB} = \overline{BF} : \overline{AE} = 1 : 2$

B$(a, \log_3 a)$, D$(a, \log_9 a)$, A$(3a, \log_9 3a)$

이때 삼각형 ABD는 $\overline{AB} = \overline{AD}$인 이등변삼각형이므로 점 E는
선분 BD의 중점이다.

$\therefore$ E$\left(a, \dfrac{\log_3 a + \log_9 a}{2}\right)$

두 점 A, E의 y좌표가 같으므로

$\dfrac{\log_3 a + \log_9 a}{2} = \log_9 3a$

$\log_3 a + \log_9 a = 2\log_9 3a$

$\log_3 a + \dfrac{1}{2}\log_3 a = \log_3 a + 1$

$\dfrac{1}{2}\log_3 a = 1$, $\log_3 a = 2$ $\quad \therefore a = 3^2 = 9$

따라서 A$\left(27, \dfrac{3}{2}\right)$, B$(9, 2)$, D$(9, 1)$, E$\left(9, \dfrac{3}{2}\right)$이므로 삼각형
ABD의 넓이는

$\dfrac{1}{2} \times \overline{BD} \times \overline{AE} = \dfrac{1}{2} \times 1 \times 18 = 9$

실수 Check

삼각형 ABD의 넓이를 구하려면 밑변의 길이와 높이를 구해야 하는데,
삼각형 ABD는 이등변삼각형이므로 꼭지각의 이등분선은 밑변을 수직
이등분한다는 성질을 이용해야 한다.

이와 같이 함수의 그래프를 이용한 문제에서는 중학교에서 배운 도형의
성질을 이용해야 하는 경우도 있으므로 도형의 성질과 닮음에 대하여
익혀 두어야 한다.

0826 답 ②

$y = \log_3 9x = 2 + \log_3 x$

이므로 $y = \log_3 9x$의 그래프는 $y = \log_3 x$의 그래프를 y축의 방향
으로 2만큼 평행이동한 것이다.

따라서 $\overline{AC} = 2$이고, 정삼각형 ABC의 한 변의 길이가 2이므로

높이는 $\dfrac{\sqrt{3}}{2} \times 2 = \sqrt{3}$이다.

따라서 C$(a, \log_3 a)$라 하면 그
림에서 $\overline{DC} = \sqrt{3}$, $\overline{BD} = 1$이므로
B$(a - \sqrt{3}, 1 + \log_3 a)$

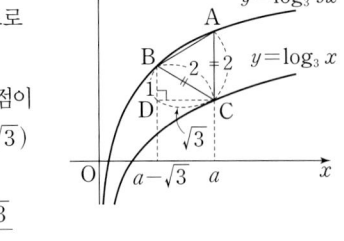

점 B는 곡선 $y = \log_3 9x$ 위의 점이
므로 $1 + \log_3 a = \log_3 9(a - \sqrt{3})$

$\log_3 3a = \log_3 9(a - \sqrt{3})$

$a = 3(a - \sqrt{3})$ $\quad \therefore a = \dfrac{3\sqrt{3}}{2}$

따라서 B$\left(\dfrac{\sqrt{3}}{2}, \log_3 \dfrac{9\sqrt{3}}{2}\right)$이므로 $p = \dfrac{\sqrt{3}}{2}$, $q = \log_3 \dfrac{9\sqrt{3}}{2}$

$\therefore \dfrac{3^q}{p^2} = \dfrac{3^{\log_3 \frac{9\sqrt{3}}{2}}}{\left(\frac{\sqrt{3}}{2}\right)^2} = \dfrac{\dfrac{9\sqrt{3}}{2}}{\dfrac{3}{4}} = 6\sqrt{3}$

$1 + \log_3 \dfrac{3\sqrt{3}}{2} = \log_3 3 + \log_3 \dfrac{3\sqrt{3}}{2}$
$\qquad = \log_3 \left(3 \times \dfrac{3\sqrt{3}}{2}\right)$
$\qquad = \log_3 \dfrac{9\sqrt{3}}{2}$

개념 Check

정삼각형의 한 변의 길이를 a라 하면

(1) 정삼각형의 높이 : $\dfrac{\sqrt{3}}{2}a$ $\qquad$ (2) 정삼각형의 넓이 : $\dfrac{\sqrt{3}}{4}a^2$

실수 Check

C$(a, \log_3 a)$로 놓았을 때, 점 B의 좌표를 B$(a - 2, \log_3 a - 2)$로 설정
하지 않도록 주의한다.
주어진 그림을 이용하여 x축, y축에 평행한 직선을 그리고, 풀이와 같이
정삼각형의 성질을 이용하면 점 B의 좌표를 설정할 수 있다.

0827 답 ② $\qquad\qquad$ | 유형7

세 수 $A = -\log_{\frac{1}{3}} \dfrac{1}{4}$, $B = 2\log_{\frac{1}{3}} \dfrac{1}{3}$, $C = -3\log_{\frac{1}{3}} 2$의 대소 관계로
옳은 것은? **단서1**

① $A < B < C$ $\qquad$ ② $A < C < B$ $\qquad$ ③ $B < A < C$

④ $B < C < A$ $\qquad$ ⑤ $C < B < A$

단서1 밑이 $\dfrac{1}{3}$이므로 진수가 클수록 작은 수임을 이용

STEP1 세 수 A, B, C 정리하기

$A = -\log_{\frac{1}{3}} \dfrac{1}{4} = \log_{\frac{1}{3}} \left(\dfrac{1}{4}\right)^{-1} = \log_{\frac{1}{3}} 4$

$B = 2\log_{\frac{1}{3}} \dfrac{1}{3} = \log_{\frac{1}{3}} \left(\dfrac{1}{3}\right)^2 = \log_{\frac{1}{3}} \dfrac{1}{9}$

$C = -3\log_{\frac{1}{3}} 2 = \log_{\frac{1}{3}} 2^{-3} = \log_{\frac{1}{3}} \dfrac{1}{8}$

04

STEP 2 세 수 A, B, C의 크기 비교하기

밑 $\frac{1}{3}$이 $0<\frac{1}{3}<1$이고 진수를 비교하면 $\frac{1}{9}<\frac{1}{8}<4$이므로

$$\log_{\frac{1}{3}}4<\log_{\frac{1}{3}}\frac{1}{8}<\log_{\frac{1}{3}}\frac{1}{9}$$

$\therefore A<C<B$

0828 답 ③

ㄱ. $2\log_5 6=\log_5 6^2=\log_5 36$, $3\log_5 3=\log_5 3^3=\log_5 27$이므로

$2\log_5 6>3\log_5 3$ (거짓)

ㄴ. $2\log_3 2\sqrt{3}=\log_3(2\sqrt{3})^2=\log_3 12$이므로

$\log_3 11<2\log_3 2\sqrt{3}$ (참)

ㄷ. $8\log_7 2=\log_7 2^8=\log_7 256$, $2\log_7 6=\log_7 6^2=\log_7 36$이므로

$8\log_7 2>2\log_7 6$ (참)

ㄹ. $2\log_{\frac{1}{3}}4=\log_{\frac{1}{3}}4^2=\log_{\frac{1}{3}}16$, $\frac{1}{3}\log_{\frac{1}{3}}64=\log_{\frac{1}{3}}64^{\frac{1}{3}}=\log_{\frac{1}{3}}4$

이때 $0<\frac{1}{3}<1$이므로 $\log_{\frac{1}{3}}16<\log_{\frac{1}{3}}4$

$\therefore 2\log_{\frac{1}{3}}4<\frac{1}{3}\log_{\frac{1}{3}}64$ (거짓)

따라서 옳은 것은 ㄴ, ㄷ이다.

0829 답 $B<A<C$

$a<1<b$의 각 변에 밑이 a $(0<a<1)$인 로그를 취하면

$\log_a a>\log_a 1>\log_a b$ $\therefore \log_a b<0<1$

$\log_a \frac{a}{b}=\log_a a-\log_a b=1-\log_a b>1$

$\therefore \log_a b<1<\log_a \frac{a}{b}$

$\therefore B<A<C$

0830 답 ①

ㄱ. $0<a<1$이고 $a<b$이므로 $a^a>a^b$ (참)

ㄴ. $a<1<b$의 각 변에 밑이 b인 로그를 취하면

$\log_b a<\log_b 1<\log_b b$

$\therefore \log_b a<0$ (거짓)

ㄷ. $\log_{ab}a<\log_{ab}b$이므로 $ab>1$

$a<1$에서 $ab<b$이므로 양변에 밑이 ab인 로그를 취하면

$1<\log_{ab}b$ (거짓)

따라서 옳은 것은 ㄱ이다.

0831 답 ①

$0<a^2<a<b<b^2$이므로

$\underline{0<a<1, b>1}$ ⟶ $a^2<a$에서 $0<a<1$

$b<b^2$의 양변에 밑이 a인 로그를 취하면 $\underline{\log_a b>\log_a b^2}$

$\log_a b>2\log_a b$ $\therefore \log_a b<0$

이때 주어진 네 수는 $\log_{\sqrt{a}}b=2\log_a b$, $\log_{\sqrt{a}}b^2=4\log_a b$,

$\log_a \sqrt{b}=\frac{1}{2}\log_a b$, $\log_a b$이므로

밑이 $0<a<1$이므로 부등호 방향이 바뀐다.

$4\log_a b<2\log_a b<\log_a b<\frac{1}{2}\log_a b$

$\therefore \log_{\sqrt{a}}b^2<\log_{\sqrt{a}}b<\log_a b<\log_a \sqrt{b}$

0832 답 ①

$1<x<9$의 각 변에 밑이 3인 로그를 취하면

$\log_3 1<\log_3 x<\log_3 9$ $\therefore 0<\log_3 x<2$

(i) $A-B=\log_3 x^2-(\log_3 x)^2$

$\qquad =2\log_3 x-(\log_3 x)^2$

$\qquad =\log_3 x(2-\log_3 x)$

이때 $0<\log_3 x<2$이므로 $2-\log_3 x>0$

$A-B>0$이므로 $A>B$

(ii) $0<\log_3 x\leq 1$일 때,

$0<(\log_3 x)^2\leq 1$, $\log_3(\log_3 x)\leq 0$

$\therefore (\log_3 x)^2>\log_3(\log_3 x)$ ·········· ㉠

$1<\log_3 x<2$일 때,

$1<(\log_3 x)^2<4$, $0<\log_3(\log_3 x)<1$

$\therefore (\log_3 x)^2>\log_3(\log_3 x)$ ·········· ㉡

㉠, ㉡에서 $B>C$

(i), (ii)에서 $A>B>C$

실수 Check

두 수 B, C를 비교할 때, $0<\log_3 x<2$에서 범위를 나누지 않고 $(\log_3 x)^2$, $\log_3(\log_3 x)$를 구했다면 $0<(\log_3 x)^2<4$, $\log_3(\log_3 x)<1$이므로 두 수의 크기를 비교할 수가 없어서 당황할 수 있다. 이것은 $(\log_3 x)^2$, $\log_3(\log_3 x)$의 값이 $0<\log_3 x\leq 1$, $1<\log_3 x<2$의 범위에 따라 달라지기 때문이다.

0833 답 ① | 유형 8

함수 $y=f(x)$의 그래프와 함수 $y=\log_2(x+a)$의 그래프는 직선 $y=x$에 대하여 대칭이다. 함수 $y=f(x)$의 그래프가 점 $(2, 3)$을 지날 때, 상수 a의 값은?

① 1 ② 2 ③ 3

④ 4 ⑤ 5

단서1 $y=f(x)$는 $y=\log_2(x+a)$의 역함수

단서2 $f(2)=3$이면 $f^{-1}(3)=2$

STEP 1 $y=f(x)$와 $y=\log_2(x+a)$가 역함수 관계임을 알기

함수 $y=f(x)$의 그래프와 $y=\log_2(x+a)$의 그래프가 직선 $y=x$에 대하여 대칭이므로 $y=f(x)$는 $y=\log_2(x+a)$의 역함수이다.

STEP 2 $y=\log_2(x+a)$의 그래프가 지나는 점의 좌표 구하기

$y=f(x)$의 그래프가 점 $(2, 3)$을 지나므로 $y=\log_2(x+a)$의 그래프는 점 $(3, 2)$를 지난다.

STEP 3 상수 a의 값 구하기

$2=\log_2(3+a)$이므로

$3+a=2^2$ $\therefore a=1$

다른 풀이

함수 $y=f(x)$는 함수 $y=\log_2(x+a)$의 역함수이므로

$y=\log_2(x+a)$에서 $x+a=2^y$ $\therefore x=2^y-a$

x와 y를 서로 바꾸면 $y=2^x-a$

따라서 $f(x)=2^x-a$이고 $f(2)=3$이므로

$2^2-a=3$ $\therefore a=1$

역함수 구하기

일대일대응인 함수 $y=f(x)$의 역함수 $y=f^{-1}(x)$는 다음과 같은 순서로 구한다.

❶ $y=f(x)$에서 x를 y에 대한 식, 즉 $x=f^{-1}(y)$ 꼴로 나타낸다.

❷ x와 y를 서로 바꾸어 $y=f^{-1}(x)$ 꼴로 나타낸다.

0834 답 ③

$y=-\log_2\dfrac{1}{x-1}+3=\log_2(x-1)+3$

① 진수의 조건에서 $x-1>0$이므로 정의역은 $\{x|x>1\}$이다.

(거짓)

② $x=2$를 $y=\log_2(x-1)+3$에 대입하면

$y=\log_2(2-1)+3=3$이므로 그래프는 점 $(2, 3)$을 지난다.

(거짓)

③ $y=\log_2(x-1)+3$에서

$y-3=\log_2(x-1)$

$x-1=2^{y-3}$ $\therefore x=2^{y-3}+1$

x와 y를 서로 바꾸면 $y=2^{x-3}+1$ (참)

④ 밑이 2로 1보다 크므로 x의 값이 증가하면 y의 값도 증가한다.

(거짓)

⑤ 함수 $y=\log_4 x$의 그래프를 평행이동하여도 주어진 함수의 그래프와 겹쳐지지 않는다. (거짓)

따라서 옳은 것은 ③이다.

0835 답 25

$f(x)=5^x$이라 하면 함수 $f(x)$의 역함수가 $g(x)$이므로

$g(k)=2$에서 $f(2)=k$

$\therefore k=5^2=25$

0836 답 ②

$f^{-1}(2)=a$로 놓으면 $f(a)=2$이므로

$f(a)=\log_2(3a^2-8)=2$

$3a^2-8=2^2$, $a^2=4$

그런데 $a>\sqrt{3}$이므로 $a=2$

따라서 $f^{-1}(2)=2$이므로

$(f^{-1}\circ f^{-1})(2)=f^{-1}(f^{-1}(2))$

$=f^{-1}(2)=2$

0837 답 ①

함수 $y=f(x)$는 함수 $y=\log_3(x-a)$의 역함수이므로 점 $(5, 2)$는 함수 $y=\log_3(x-a)$의 그래프 위의 점이다.

따라서 $2=\log_3(5-a)$에서

$5-a=3^2$

$\therefore a=-4$

0838 답 18

함수 $f(x)=\log_2 x$의 역함수 $g(x)$에 대하여

$g(\alpha)=3$, $g(\beta)=6$이므로

$f(3)=\alpha$, $f(6)=\beta$ ·········· ㉠

$g(\alpha+\beta)=k$로 놓으면 $f(k)=\alpha+\beta$이고

$f(k)=\alpha+\beta=f(3)+f(6)$ (∵ ㉠)

$=\log_2 3+\log_2 6$

$=\log_2(3\times 6)$

$=\log_2 18$

즉, $f(k)=\log_2 18=\log_2 k$

$\therefore k=18$

0839 답 ①

함수 $f(x)=a^x$의 역함수 $g(x)$에 대하여

$g(m)=3$, $g(n)=2$이므로

$f(3)=m$, $f(2)=n$에서

$a^3=m$, $a^2=n$

$\therefore m^3n=(a^3)^3\times a^2=a^{11}$

$g(m^3n)=k$로 놓으면 $f(k)=m^3n=a^{11}$

즉, $f(k)=a^{11}=a^k$

$\therefore k=11$

0840 답 ①

$f(x)=\left(\dfrac{1}{2}\right)^{a-x}+b$의 그래프와 그 역함수의 그래프의 교점은 두 함수 $f(x)=\left(\dfrac{1}{2}\right)^{a-x}+b$, $y=x$의 그래프의 교점과 같고, 두 교점의 x좌표가 1, 2이므로 교점의 좌표는

$(1, 1)$, $(2, 2)$

$1=\left(\dfrac{1}{2}\right)^{a-1}+b$ ·········· ㉠

$2=\left(\dfrac{1}{2}\right)^{a-2}+b$ ·········· ㉡

㉡$-$㉠을 하면

$\left(\dfrac{1}{2}\right)^{a-2}-\left(\dfrac{1}{2}\right)^{a-1}=1$

$2\times\left(\dfrac{1}{2}\right)^{a-1}-\left(\dfrac{1}{2}\right)^{a-1}=1$, $\left(\dfrac{1}{2}\right)^{a-1}=1$

$a-1=0$ $\therefore a=1$

$a=1$을 ㉠에 대입하면 $b=0$

$\therefore a+b=1$

0841 답 ⑤

$y=\log_3 x+5$에서 $y-5=\log_3 x$

$\therefore x=3^{y-5}$

x와 y를 서로 바꾸면 $y=3^{x-5}$

$\therefore g(x)=3^{x-5}$

① $g(a)+g(-a)=3^{a-5}+3^{-a-5}=3^{-5}(3^a+3^{-a})$

② $g(a)-g(-a)=3^{a-5}-3^{-a-5}=3^{-5}(3^a-3^{-a})$

③ $g(a)+g\left(\dfrac{1}{a}\right)=3^{a-5}+3^{\frac{1}{a}-5}=3^{-5}(3^a+3^{\frac{1}{a}})$

④ $g(a)g\left(\dfrac{1}{a}\right)=3^{a-5}\times 3^{\frac{1}{a}-5}=3^{a+\frac{1}{a}-10}$

⑤ $g(a)g(-a)=3^{a-5}\times 3^{-a-5}=3^{-10}$

따라서 a의 값에 관계없이 항상 일정한 값을 갖는 것은 ⑤이다.

0842 답 29

$y = \log_3 x$에서 $x = 3^y$

x와 y를 서로 바꾸면 $y = 3^x$

$\therefore g(x) = 3^x$

이때 점 A의 좌표는 $(1, 0)$이므로 점 B의 좌표는 $(1, 3)$이다.

$\therefore \overline{AB} = 3$

점 C의 좌표를 $\underline{(a, 3)}$이라 하면 $\log_3 a = 3$에서

$a = 3^3 = 27$ └→점 B와 y좌표가 같다.

$\therefore \overline{BC} = 27 - 1 = 26$

$\therefore \overline{AB} + \overline{BC} = 3 + 26 = 29$

실수 Check

좌표축에 평행한 직선과 만나는 점의 특징을 이용하여 점의 좌표를 구할 수 있어야 한다.

Plus 문제

0842-1

함수 $y = 2^x$의 그래프와 그 역함수 $y = f(x)$의 그래프가 그림과 같다. $y = 2^x$의 그래프와 y축의 교점 A를 지나고 x축에 평행한 직선이 함수 $y = f(x)$의 그래프와 만나는 점을 B, 점 B를 지나고 y축에 평행한 직선이 함수 $y = 2^x$의 그래프와 만나는 점을 C라 할 때, 삼각형 ABC의 넓이를 구하시오.

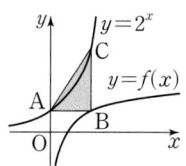

$y = 2^x$에서 $x = \log_2 y$

x와 y를 바꾸면 $y = \log_2 x$

$\therefore f(x) = \log_2 x$

이때 점 A의 좌표는

$A(0, 1)$

이고, 점 B의 y좌표는 1이므로 x좌표를 a라 하면

$\log_2 a = 1$, $a = 2$

$\therefore B(2, 1)$

점 B를 지나며 y축에 평행한 직선의 방정식은 $x = 2$이므로

점 C의 좌표를 (c, d)라 하면

$c = 2$

$d = 2^c = 2^2 = 4$

$\therefore C(2, 4)$

따라서 $\overline{AB} = 2 - 0 = 2$, $\overline{BC} = 4 - 1 = 3$이므로 삼각형 ABC의 넓이는

$\dfrac{1}{2} \times 2 \times 3 = 3$

답 3

0843 답 ①

$f^{-1}(5) = k$로 놓으면 $f(k) = 5$

$f(k) = \log_3 (k+12) + 2 = 5$이므로

$\log_3 (k+12) = 3$

$k + 12 = 3^3 = 27$

$\therefore k = 15$

0844 답 5

곡선 $y = 3^x + 1$을 직선 $y = x$에 대하여 대칭이동한 그래프의 식은

$x = 3^y + 1$, $x - 1 = 3^y$

$\therefore y = \log_3 (x-1)$

곡선 $y = \log_3 (x-1)$을 x축의 방향으로 a만큼, y축의 방향으로 b만큼 평행이동한 곡선의 식이 $y = f(x)$이므로

$f(x) = \log_3 (x-a-1) + b$

곡선 $f(x) = \log_3 (x-a-1) + b$의 점근선이 직선 $x = 5$이므로

$a + 1 = 5$

$\therefore a = 4$

즉, $f(x) = \log_3 (x-5) + b$

곡선 $y = 3^x + 1$의 점근선은 직선 $y = 1$

이때 곡선 $y = f(x)$와 직선 $y = 1$이 만나는 점의 x좌표가 6이므로

곡선 $y = f(x)$는 점 $(6, 1)$을 지난다.

$x = 6$, $y = 1$을 $y = f(x)$에 대입하면

$1 = \log_3 (6-5) + b$

$\therefore b = 1$

$\therefore a + b = 4 + 1 = 5$

0845 답 ① | 유형 9

그림은 함수 $y = \log_{\frac{3}{2}} x$의 그래프와 직선 $y = x$이다. $d = 3b$일 때, $\left(\dfrac{3}{2}\right)^{a-c}$의 값은? (단, 점선은 x축 또는 y축에 평행하다.)

① $\dfrac{1}{3}$ ② $\dfrac{2}{3}$

③ $\dfrac{1}{2}$ ④ 1

⑤ $\dfrac{3}{2}$

단서1 그래프의 y축에 a, b, c의 값을 표시

STEP1 직선 $y = x$ 위의 점을 이용하여 $a-c$의 값을 b, d에 대한 식으로 나타내기

$\log_{\frac{3}{2}} b = a$, $\log_{\frac{3}{2}} d = c$이므로

$a - c = \log_{\frac{3}{2}} b - \log_{\frac{3}{2}} d$

$\quad\quad = \log_{\frac{3}{2}} \dfrac{b}{d}$

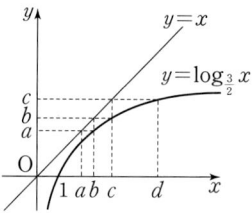

STEP2 $d = 3b$를 이용하여 $\left(\dfrac{3}{2}\right)^{a-c}$의 값 구하기

$d = 3b$이므로

$a - c = \log_{\frac{3}{2}} \dfrac{1}{3}$

$\therefore \left(\dfrac{3}{2}\right)^{a-c} = \dfrac{1}{3}$

0846 답 7

$y=\log_2 x$의 그래프는 점 $(1, 0)$을 지나므로 $x_1=1$

점 $(x_2, 1)$을 지나므로 $1=\log_2 x_2$ ∴ $x_2=2$

점 $(x_3, 2)$를 지나므로 $2=\log_2 x_3$ ∴ $x_3=2^2=4$

∴ $x_1+x_2+x_3=1+2+4=7$

0847 답 ②

$\log_3 b=a$, $\log_3 c=b$이므로

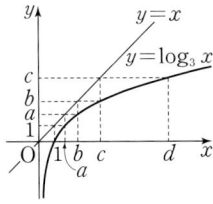

$a-b=\log_3 b-\log_3 c$

$\qquad =\log_3 \dfrac{b}{c}$

따라서 $3^{a-b}=\dfrac{b}{c}$이므로

$\left(\dfrac{1}{3}\right)^{a-b}=\dfrac{c}{b}$

다른 풀이

$\log_3 a=1$이므로 $a=3$

$\log_3 b=a=3$이므로 $b=3^3=27$

$\log_3 c=b=27$이므로 $c=3^{27}$

∴ $\left(\dfrac{1}{3}\right)^{a-b}=\left(\dfrac{1}{3}\right)^{3-27}=3^{24}=3^{27-3}=\dfrac{3^{27}}{3^3}=\dfrac{c}{b}$

0848 답 ③

$y=10^x$의 그래프에서

$b=10^1=10$

$y=\log x$의 그래프에서

$b=\log a$

즉, $10=\log a$에서 $a=10^{10}$

∴ $\log ab=\log(10^{10}\times 10)=\log 10^{11}=11$

0849 답 ①

직선 $y=x$ 위의 점은 x좌표와
y좌표가 같으므로 그림에서

$f(a)=\alpha$, $f(b)=\beta$

∴ $f(a)f(b)=\alpha\beta$

한편, $y=5^x$의 그래프의 y절편은
1이고, $y=\log_5 x$의 그래프의 x
절편은 1이므로 α, β, γ는 1보다
작고, a, p, q는 1보다 크다.

이때 $0<\beta<1$에서 $0<\alpha\beta<\alpha$이므로 주어진 다섯 개의 값 중
$f(a)f(b)=\alpha\beta$에 가장 가까운 것은 α이다.

0850 답 ⑤

ㄱ. 점 $\left(b, \left(\dfrac{1}{2}\right)^b\right)$에서 x축에 평행한 점선을 따라가면 직선 $y=x$

와 점 (d, d)에서 만난다.

∴ $\left(\dfrac{1}{2}\right)^b=d$ (거짓)

ㄴ. $\left(\dfrac{1}{2}\right)^d=c$이므로 $d=\log_{\frac{1}{2}} c$

∴ $\log_2 c+d=\log_2 c+\log_{\frac{1}{2}} c=\log_2 c-\log_2 c=0$ (참)

ㄷ. $\log_2 e=d$이므로 $e=2^d$

$\left(\dfrac{1}{2}\right)^d=c$이므로 $c=2^{-d}$

∴ $ce=2^{-d}\times 2^d=2^0=1$ (참)

따라서 옳은 것은 ㄴ, ㄷ이다.

0851 답 ② 　　　　　| 유형 10

그림과 같이 두 함수 $y=\log_3 x$, $y=\log_3 9x$의 그래프와 두 직선
$x=1$, $x=9$로 둘러싸인 부분의 넓이는? **단서1**

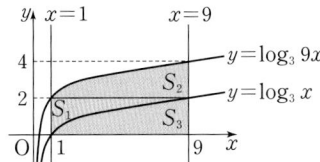

① 15　　　　② 16　　　　③ 17
④ 18　　　　⑤ 19

단서1 $y=\log_3 9x=\log_3 x+2$이므로 $y=\log_3 x$의 그래프를 y축의 방향으로 2만큼 평행이동

STEP 1 두 그래프의 관계 파악하기

함수 $y=\log_3 9x=\log_3 x+2$의 그래프는 함수 $y=\log_3 x$의 그래프를 y축의 방향으로 2만큼 평행이동한 것이다.

STEP 2 평행이동을 이용하여 둘러싸인 부분의 넓이 구하기

그림에서 $S_2=S_3$

∴ $S_1+S_2=S_1+S_3$

따라서 구하는 넓이는

$(9-1)\times 2=16$

0852 답 ④

$y=\log_{\frac{1}{9}} x=-\dfrac{1}{2}\log_3 x$에서

$x=\dfrac{1}{3}$일 때, $y=-\dfrac{1}{2}\log_3 \dfrac{1}{3}=-\dfrac{1}{2}\log_3 3^{-1}=\dfrac{1}{2}$이므로

$A\left(\dfrac{1}{3}, \dfrac{1}{2}\right)$

$x=3$일 때, $y=-\dfrac{1}{2}\log_3 3=-\dfrac{1}{2}$이므로

$C\left(3, -\dfrac{1}{2}\right)$

$y=\log_{\sqrt{3}} x=2\log_3 x$에서

$x=\dfrac{1}{3}$일 때, $y=2\log_3 \dfrac{1}{3}=2\log_3 3^{-1}=-2$이므로

$B\left(\dfrac{1}{3}, -2\right)$

$x=3$일 때, $y=2\log_3 3=2$이므로

$D(3, 2)$

$\overline{AB}\,/\!/\,\overline{DC}$이고 $\overline{AB}=\overline{DC}=\dfrac{5}{2}$이므로 사각형 ABCD는 평행사변

형이고 그 넓이는

$\dfrac{5}{2}\times\left(3-\dfrac{1}{3}\right)=\dfrac{5}{2}\times\dfrac{8}{3}=\dfrac{20}{3}$

0853 답 30

점 A의 x좌표가 $\dfrac{1}{4}$이므로

$\log_{\frac{1}{\sqrt{2}}} \frac{1}{4} = \log_{\frac{1}{\sqrt{2}}} (\sqrt{2})^{-4} = -4$

$\therefore A\left(\frac{1}{4}, -4\right)$

점 D의 y좌표가 -4이므로 $\log_{\frac{\sqrt{2}}{2}} x = -4$에서 ← 점 A와 y좌표가 같다.

$x = \left(\frac{\sqrt{2}}{2}\right)^{-4} = (\sqrt{2})^4 = 4$ $\therefore D(4, -4)$

이때 두 함수 $y = \log_{\frac{1}{\sqrt{2}}} x$, $\log_{\frac{\sqrt{2}}{2}} x$의 그래프는 x축에 대하여 서로

대칭이므로 $C\left(\frac{1}{4}, 4\right)$ $\longrightarrow y = -\log_{\frac{1}{\sqrt{2}}} x = \log_{(\frac{1}{\sqrt{2}})^{-1}} x$

$= \log_{\frac{1}{\sqrt{2}}} x$

따라서 사각형 ADBC의 넓이는 $= \log_{\frac{\sqrt{2}}{2}} x$

$\overline{AD} \times \overline{AC} = \left(4 - \frac{1}{4}\right) \times \{4 - (-4)\} = 30$

0854 답 ②

$y = \log_2 2x = \log_2 \left(8 \times \frac{x}{4}\right)$

$= 3 + \log_2 \frac{x}{4}$

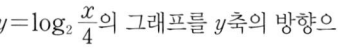
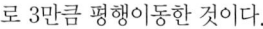
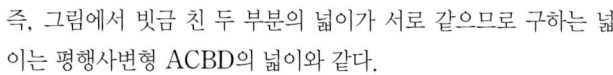

이므로 $y = \log_2 2x$의 그래프는

$y = \log_2 \frac{x}{4}$의 그래프를 y축의 방향으

로 3만큼 평행이동한 것이다.

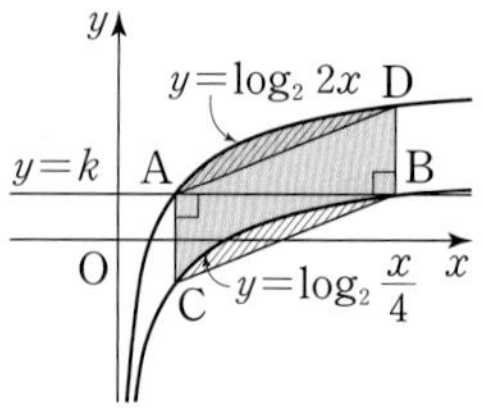

즉, 그림에서 빗금 친 두 부분의 넓이가 서로 같으므로 구하는 넓

이는 평행사변형 ACBD의 넓이와 같다.

따라서 구하는 넓이는

$\overline{AC} \times \overline{AB} = 3 \times 5 = 15$

$\longrightarrow$ 점 C를 y축의 방향으로 3만큼 평행이동한 점이 A이다.

0855 답 ④

곡선 $y = \log_3 x$를 x축의 방향으로 -2만큼, y축의 방향으로 2만

큼 평행이동한 그래프를 나타내는 식은

$y = \log_3 (x+2) + 2$

이므로

$f(x) = \log_3 (x+2) + 2$

두 점 A$(1, 0)$, B$(9, 2)$를 x축의 방향으로 -2만큼, y축의 방향

으로 2만큼 평행이동한 두 점 C, D의 좌표는

C$(-1, 2)$, D$(7, 4)$

이때 곡선 $y = \log_3 x$와 선분 AB로 둘러싸인 부분의 넓이는 곡선

$y = f(x)$와 선분 CD로 둘러싸인 부분의 넓이와 같다.

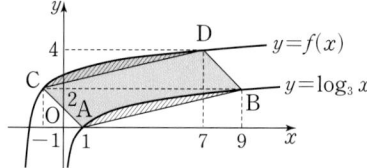

따라서 구하는 넓이는 사각형 ABDC의 넓이와 같고, 사각형

ABDC의 넓이는 넓이가 같은 두 삼각형 CAB, CBD의 넓이의

합과 같으므로

$2 \times \left(\frac{1}{2} \times 10 \times 2\right) = 20$

0856 답 ②

$g(x) = \log_2 3x = \log_2 x + \log_2 3 = f(x) + \log_2 3$

즉, 함수 $g(x) = \log_2 3x$의 그래프는 함수 $f(x) = \log_2 x$의 그래프

를 y축의 방향으로 $\log_2 3$만큼 평행이동한 것이다.

그림에서 빗금 친 두 부분의 넓이

가 서로 같으므로 구하는 넓이는

직사각형 AEBD의 넓이와 같다.

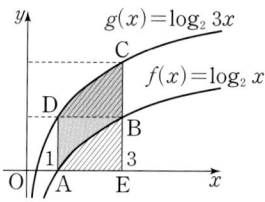

$\overline{AD} = \log_2 3$, $\overline{AE} = 3 - 1 = 2$이므

로 구하는 넓이는

$2 \times \log_2 3 = 2\log_2 3$

0857 답 ④ | 유형 11

그림과 같이 함수 $y = 4^x$의 그래프 위의

두 점 A, B를 각각 지나고 기울기가

-1인 직선이 함수 $y = \log_4 x$의 그래

프와 만나는 점을 각각 C, D라 할 때, 단서1

사각형 ACDB의 넓이는?

(단, 점 A는 y축 위에 있고 선분 AD

는 x축에 평행하다.)

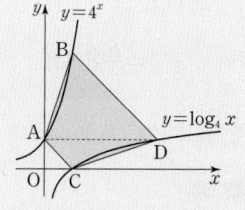

① $2\sqrt{2}$ ② 4   ③ $4\sqrt{2}$

④ 8   ⑤ $8\sqrt{2}$

단서1 $y = 4^x$과 $y = \log_4 x$는 서로 역함수 관계이므로 두 점 A와 C, 두 점 B와 D는 직선 $y = x$에 대하여 각각 대칭

STEP 1 두 함수 $y = 4^x$과 $y = \log_4 x$가 서로 역함수인 관계를 이용하여 점들의 좌표 구하기

점 A의 좌표는 $(0, 1)$

점 D의 y좌표가 1이므로

$1 = \log_4 x$ $\therefore x = 4$

$\therefore D(4, 1)$

두 함수 $y = 4^x$과 $y = \log_4 x$는 서로 역함수이므로 두 함수의 그래

프는 직선 $y = x$에 대하여 대칭이다.

즉, 점 C는 점 A$(0, 1)$과 직선 $y = x$에 대하여 대칭이므로

C$(1, 0)$

점 B는 점 D$(4, 1)$과 직선 $y = x$에 대하여 대칭이므로

B$(1, 4)$

STEP 2 사각형 ACDB의 넓이 구하기

사각형 ACDB의 넓이는 삼각형 ADB의 넓이와 삼각형 ACD의

넓이의 합이므로

$\left(\frac{1}{2} \times 4 \times 3\right) + \left(\frac{1}{2} \times 4 \times 1\right) = 8$

0858 답 ⑤

두 함수 $y = 5^x$과 $y = \log_5 x$는 서로

역함수 관계이므로

$B = C$

$\therefore A + B = A + C = 1 \times 5 = 5$

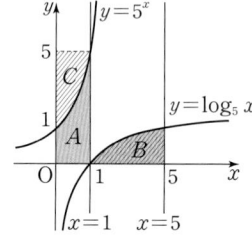

0859 답 ⑤

$g(1) = a$에서 $a = 3$

$f(b)=3$에서 $\log_3 b=3$이므로 $b=3^3=27$

$\therefore \mathrm{D}(1, 3)$, $\mathrm{B}(27, 3)$

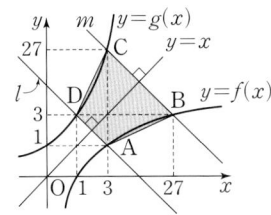

이때 함수 $f(x)$와 $g(x)$는 서로 역함수 관계이므로 두 함수의 그래프는 직선 $y=x$에 대하여 대칭이다.

즉, 두 점 B와 C, 두 점 A와 D는 각각 직선 $y=x$에 대하여 대칭
이므로   └→ 두 직선 l, m의 기울기는
                          -1이다.

$\mathrm{A}(3, 1)$, $\mathrm{C}(3, 27)$

따라서 사각형 ABCD의 넓이는

$\triangle \mathrm{ABD}+\triangle \mathrm{BCD}=\dfrac{1}{2}\times 26\times 2+\dfrac{1}{2}\times 26\times 24=338$

0860 답 ⑤

$y=2^x-1$에서 $2^x=y+1$

$x=\log_2(y+1)$

x와 y를 서로 바꾸면

$y=\log_2(x+1)$

즉, 두 함수 $y=2^x-1$과

$y=\log_2(x+1)$은 서로 역

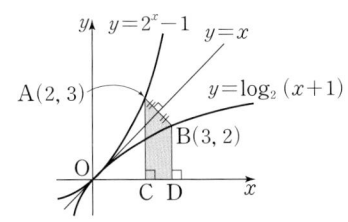

함수 관계이므로 두 함수의 그래프는 직선 $y=x$에 대하여 대칭이다.
따라서 점 B는 점 $\mathrm{A}(2, 3)$을 직선 $y=x$에 대하여 대칭이동한 점
이므로 $\mathrm{B}(3, 2)$이다.

이때 $\mathrm{C}(2, 0)$, $\mathrm{D}(3, 0)$이므로 사각형 ACDB의 넓이는

$\dfrac{1}{2}\times(\overline{\mathrm{AC}}+\overline{\mathrm{BD}})\times\overline{\mathrm{CD}}=\dfrac{1}{2}\times(3+2)\times 1=\dfrac{5}{2}$

0861 답 20

점 $\mathrm{C}(a, 0)$이고, 직선 $y=-x+a$가 y축과 만나는 점을 D라 하
면 점 $\mathrm{D}(0, a)$이다.

한편, 두 함수 $y=2^x$과 $y=\log_2 x$는 서로 역함수 관계이므로 두 곡
선은 직선 $y=x$에 대하여 대칭이다.

$\overline{\mathrm{BC}}=\overline{\mathrm{DA}}$이고, 조건 ㈎에서

$\overline{\mathrm{AB}}:\overline{\mathrm{BC}}=3:1$이므로

$\overline{\mathrm{DA}}:\overline{\mathrm{AB}}:\overline{\mathrm{BC}}=1:3:1$

따라서   ┌→ 두 삼각형의 높이가 같으므로 넓
           이의 비는 밑변의 길이의 비이다.

$\triangle \mathrm{OCB}:\triangle \mathrm{OCD}=1:5$이므로

$\triangle \mathrm{OCB}=\dfrac{1}{5}\triangle \mathrm{OCD}$

$=\dfrac{1}{5}\times\left(\dfrac{1}{2}\times\overline{\mathrm{OC}}\times\overline{\mathrm{OD}}\right)$

$=\dfrac{1}{10}\times a\times a=\dfrac{1}{10}a^2$

이때 조건 ㈏에서 $\dfrac{1}{10}a^2=40$이므로 $a^2=400$

$\therefore a=20$ ($\because a>0$)

따라서 점 $\mathrm{A}(p, q)$는 직선 $y=-x+a$, 즉 $y=-x+20$ 위의 점
이므로

$q=-p+20$

$\therefore p+q=20$

0862 답 ②

직선 $y=-x+8$, 즉 $x+y-8=0$과 원점 사이의 거리는

$\dfrac{|-8|}{\sqrt{1^2+1^2}}=\dfrac{8}{\sqrt{2}}=4\sqrt{2}$

삼각형 OAB의 넓이가 16이므로 $\dfrac{1}{2}\times\overline{\mathrm{AB}}\times 4\sqrt{2}=16$

$\therefore \overline{\mathrm{AB}}=4\sqrt{2}$

함수 $y=\log_a x$는 $y=a^x$의 역함수이므로 두 함수 $y=a^x$, $y=\log_a x$
의 그래프는 직선 $y=x$에 대하여 대칭이다.

점 A의 좌표를 $(k, 8-k)$라 하면 점 B의 좌표는 $(8-k, k)$이므로

$\overline{\mathrm{AB}}^2=(8-2k)^2+(2k-8)^2=(4\sqrt{2})^2$

$2(2k-8)^2=32$, $8(k-4)^2=32$

$(k-4)^2=4$, $k-4=\pm 2$

$\therefore k=2$ 또는 $k=6$

이때 점 A의 x좌표는 점 B의 x좌표보다 작으므로

$k=2$

따라서 $\mathrm{A}(2, 6)$, $\mathrm{B}(6, 2)$이고, 점 A가 $y=a^x$의 그래프 위의 점
이므로

$a^2=6$

개념 Check

점과 직선 사이의 거리

점 (x_1, y_1)과 직선 $ax+by+c=0$ 사이의 거리는

$$\dfrac{|ax_1+by_1+c|}{\sqrt{a^2+b^2}}$$

특히, 원점과 직선 $ax+by+c=0$ 사이의 거리는

$$\dfrac{|c|}{\sqrt{a^2+b^2}}$$

실수 Check

점 A와 B가 직선 $y=x$에 대하여 대칭임을 이용하여 좌표를 설정해야
한다. 이때 점 A가 직선 $y=-x+8$ 위의 점임을 이용하여 좌표를
$(k, 8-k)$와 같이 한 개의 미지수로 설정할 수 있어야 한다.

Plus 문제

0862-1

그림과 같이 1보다 큰 상수 a에 대
하여 직선 $y=-x+6$이 두 곡선
$y=a^x$, $y=\log_a x$와 만나는 점을
각각 A, B라 하자. 삼각형 OAB의
넓이가 9일 때, a^3의 값을 구하시오.
(단, O는 원점이고, 점 A의 x좌표
는 점 B의 x좌표보다 작다.)

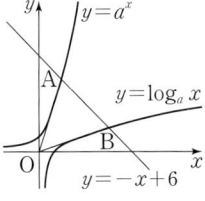

직선 $y=-x+6$, 즉 $x+y-6=0$과 원점 사이의 거리는

04

$\dfrac{|-6|}{\sqrt{1^2+1^2}}=\dfrac{6}{\sqrt{2}}=3\sqrt{2}$

삼각형 OAB의 넓이가 9이므로 $\dfrac{1}{2}\times\overline{\text{AB}}\times3\sqrt{2}=9$

$\therefore\ \overline{\text{AB}}=3\sqrt{2}$

$y=\log_a x$는 $y=a^x$의 역함수이므로 두 함수 $y=a^x$, $y=\log_a x$의 그래프는 직선 $y=x$에 대하여 대칭이다.

점 A의 좌표를 $(k,\ 6-k)$라 하면 점 B의 좌표는 $(6-k,\ k)$이므로

$\overline{\text{AB}}^2=(6-2k)^2+(2k-6)^2=(3\sqrt{2})^2$

$2(2k-6)^2=18,\ 8(k-3)^2=18$

$(k-3)^2=\dfrac{9}{4},\ k-3=\pm\dfrac{3}{2}\qquad\therefore\ k=\dfrac{3}{2}$ 또는 $k=\dfrac{9}{2}$

이때 점 A의 x좌표는 점 B의 x좌표보다 작으므로

$k=\dfrac{3}{2}$

따라서 $\text{A}\left(\dfrac{3}{2},\ \dfrac{9}{2}\right)$, $\text{B}\left(\dfrac{9}{2},\ \dfrac{3}{2}\right)$이고, 점 A가 $y=a^x$의 그래프 위의 점이므로

$a^{\frac{3}{2}}=\dfrac{9}{2}$

$\therefore\ a^3=(a^{\frac{3}{2}})^2=\left(\dfrac{9}{2}\right)^2=\dfrac{81}{4}$

답 $\dfrac{81}{4}$

0863 답 ④

두 함수 $y=a^x$, $y=\log_a x$는 서로 역함수 관계이므로 두 곡선은 직선 $y=x$에 대하여 대칭이다. 이때 직선 $y=-x+5$도 직선 $y=x$에 대하여 대칭이므로 사각형 ACDB는 직선 $y=x$에 대하여 대칭인 사다리꼴이다.

그림과 같이 $\overline{\text{AB}}$의 중점을 M이라 하면

$\text{M}\left(\dfrac{5}{2},\ \dfrac{5}{2}\right)$

$\therefore\ \overline{\text{OM}}=\dfrac{5\sqrt{2}}{2}$

$\text{C}(0,\ 1)$, $\text{D}(1,\ 0)$이므로 $\overline{\text{CD}}$의 중점을 M′이라 하면

$\text{M}'\left(\dfrac{1}{2},\ \dfrac{1}{2}\right)$

$\therefore\ \overline{\text{OM}'}=\dfrac{\sqrt{2}}{2}$

따라서 사다리꼴 ACDB의 높이는

$\overline{\text{OM}}-\overline{\text{OM}'}=\dfrac{5\sqrt{2}}{2}-\dfrac{\sqrt{2}}{2}=2\sqrt{2}$

이고, $\overline{\text{CD}}=\sqrt{2}$이므로 사다리꼴의 넓이는

$\dfrac{1}{2}\times(\sqrt{2}+\overline{\text{AB}})\times2\sqrt{2}=10,\ 2+\sqrt{2}\times\overline{\text{AB}}=10$

$\sqrt{2}\,\overline{\text{AB}}=8\qquad\therefore\ \overline{\text{AB}}=4\sqrt{2}$

점 A는 직선 $y=-x+5$ 위의 점이므로 $\text{A}(k,\ 5-k)\ \left(0<k<\dfrac{5}{2}\right)$라 하면 $\text{B}(5-k,\ k)$

따라서

$\overline{\text{AB}}=\sqrt{(5-k-k)^2+(k-5+k)^2}$

$=(5-2k)\sqrt{2}\ (\because\ 5-2k>0)$

$=4\sqrt{2}$

이므로

$5-2k=4\qquad\therefore\ k=\dfrac{1}{2}$

이때 점 $\text{A}\left(\dfrac{1}{2},\ \dfrac{9}{2}\right)$는 곡선 $y=a^x$ 위의 점이므로 $a^{\frac{1}{2}}=\dfrac{9}{2}$

$\therefore\ a=\left(\dfrac{9}{2}\right)^2=\dfrac{81}{4}$

실수 Check

두 함수 $y=a^x$, $y=\log_a x$가 서로 역함수 관계임을 파악하여 좌표를 설정할 줄 알아야 한다.

0864 답 ①

점 A(4, 0)을 지나고 y축에 평행한 직선이 곡선 $y=\log_2 x$와 만나는 점은 B(4, 2)이다.

점 B를 지나고 기울기가 -1인 직선이 곡선 $y=2^{x+1}+1$과 만나는 점을 $\text{C}(a,\ b)$라 하자.

$y=2^{x+1}+1$에서 $2^{x+1}=y-1$

$x+1=\log_2(y-1)$, $x=\log_2(y-1)-1$

x와 y를 서로 바꾸면 $y=\log_2(x-1)-1$

따라서 $y=2^{x+1}+1$의 역함수는 $y=\log_2(x-1)-1$

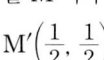

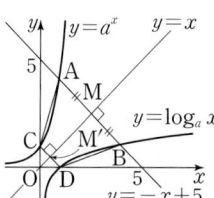

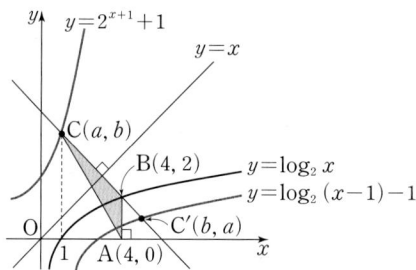

따라서 점 C를 직선 $y=x$에 대하여 대칭이동한 점 $\text{C}'(b,\ a)$는 곡선 $y=\log_2(x-1)-1$ 위에 있다.

점 C′을 x축의 방향으로 -1만큼, y축의 방향으로 1만큼 평행이동한 점 $(b-1,\ a+1)$은 점 B(4, 2)이다.

즉, $a+1=2$, $b-1=4$이므로 $a=1$, $b=5$

따라서 삼각형 ABC의 넓이는 $\dfrac{1}{2}\times2\times3=3$

0865 답 ④ | 유형 12

$\dfrac{1}{4}\le x\le2$에서 두 함수 $y=\log_2 x+k$, $y=\left(\dfrac{1}{2}\right)^{x-3}$의 최솟값이 서로 같아지게 하는 상수 k의 값은? 단서1

① 1　② 2　③ 3
④ 4　⑤ 5

단서1 (밑)>1이면 최솟값은 $x=\dfrac{1}{4}$일 때의 함숫값, 0<(밑)<1이면 최솟값은 $x=2$일 때의 함숫값

STEP 1 $y=\log_2 x+k$의 최솟값 구하기

함수 $y=\log_2 x+k$에서 밑이 1보다 크므로 x의 값이 증가하면 y의 값도 증가한다.

따라서 $x=\dfrac{1}{4}$일 때 최소이고 최솟값은

$\log_2 \dfrac{1}{4}+k=\log_2 2^{-2}+k=-2+k$ ·········· ㉠

STEP 2 $y=\left(\dfrac{1}{2}\right)^{x-3}$의 최솟값 구하기

함수 $y=\left(\dfrac{1}{2}\right)^{x-3}$에서 밑이 1보다 작으므로 x의 값이 증가하면 y의 값은 감소한다.

따라서 $x=2$일 때 최소이고 최솟값은

$\left(\dfrac{1}{2}\right)^{2-3}=\left(\dfrac{1}{2}\right)^{-1}=2$ ·········· ㉡

STEP 3 상수 k의 값 구하기

㉠과 ㉡이 같아야 하므로

$-2+k=2$ ∴ $k=4$

0866 답 ④

함수 $y=\log_2(x+a)$에서 밑이 1보다 크므로 $x=5$일 때 최댓값 3을 갖는다.

즉, $\log_2(5+a)=3$이므로 $5+a=2^3=8$

∴ $a=3$

0867 답 ②

함수 $y=\log_3(x+2)-1$에서 밑이 1보다 크므로 x의 값이 증가하면 y의 값도 증가한다.

$x=1$일 때 최대이고 최댓값은

$\log_3(1+2)-1=1-1=0$

$x=-1$일 때 최소이고 최솟값은

$\log_3(-1+2)-1=0-1=-1$

따라서 구하는 최댓값과 최솟값의 합은

$0+(-1)=-1$

0868 답 26

함수 $y=\log_{\frac{1}{3}}(x-1)+1$에서 밑이 1보다 작으므로 x의 값이 증가하면 y의 값은 감소한다.

따라서 $x=28$일 때 최소이므로 $a=28$이고,

최솟값은 $m=\log_{\frac{1}{3}}(28-1)+1=\log_{\frac{1}{3}}27+1=-3+1=-2$

∴ $a+m=28+(-2)=26$

0869 답 ③

함수 $y=2\log_{\frac{1}{3}}3(x+1)+4$는 $x>-1$에서 정의되므로 점근선의 방정식은 $x=-1$이다.

∴ $a=-1$

밑이 1보다 작으므로 $x=2$일 때 최댓값을 갖는다.

즉, $b=2\log_{\frac{1}{3}}(3\times3)+4=-4+4=0$

∴ $a-b=-1-0=-1$ → $2\log_{\frac{1}{3}}9=2\log_{\frac{1}{3}}3^2=2\times(-2)=-4$

0870 답 ②

$y=\log_{\frac{1}{2}}2\sqrt{x+a}$에서 밑이 1보다 작으므로 $x=5$일 때 최솟값 -2를 갖는다.

즉, $\log_{\frac{1}{2}}2\sqrt{5+a}=-2$이므로

$2\sqrt{5+a}=\left(\dfrac{1}{2}\right)^{-2}$, $\sqrt{5+a}=2$

$5+a=4$ ∴ $a=-1$

따라서 함수 $y=\log_{\frac{1}{2}}2\sqrt{x-1}$은 $x=2$일 때 최댓값을 가지므로 구하는 최댓값은

$\log_{\frac{1}{2}}2\sqrt{2-1}=\log_{\frac{1}{2}}2=-1$

0871 답 ② | 유형 13

함수 $y=\log_5(x^2-4x+29)$의 최솟값은? **단서1**

① 1 ② 2 ③ 3

④ 4 ⑤ 5

단서1 (밑)>1이므로 진수가 최소일 때, y도 최소

STEP 1 진수를 $f(x)$로 놓고, $f(x)$의 최솟값 구하기

$f(x)=x^2-4x+29$로 놓으면 $f(x)=(x-2)^2+25$

따라서 $f(x)$는 $x=2$일 때 최솟값 25를 갖는다.

STEP 2 $a>1$일 때, $f(x)$가 최소이면 $\log_a f(x)$도 최소임을 이용하여 주어진 함수의 최솟값 구하기

$y=\log_5(x^2-4x+29)$에서 밑이 1보다 크므로

$x=2$일 때 최솟값 $\log_5 25=\log_5 5^2=2$를 갖는다.

0872 답 -2

$f(x)=-x^2+6x-5$로 놓으면 $f(x)=-(x-3)^2+4$

따라서 $\dfrac{3}{2}\leq x\leq 4$에서 $f(x)$는 $x=3$일 때 최댓값 4를 갖는다.

$y=\log_{\frac{1}{2}}(-x^2+6x-5)$에서 밑이 1보다 작으므로 $x=3$일 때 최솟값 $\log_{\frac{1}{2}}4=\log_{\frac{1}{2}}\left(\dfrac{1}{2}\right)^{-2}=-2$를 갖는다.

0873 답 ①

$g(x)=x^2-4x+7=(x-2)^2+3$이므로 $1\leq x\leq 5$에서 $g(x)$는 $x=2$일 때 최솟값 3을 갖고, $x=5$일 때 최댓값 12를 갖는다.

$(f\circ g)(x)=f(g(x))=\log_2 g(x)$에서 밑이 1보다 크므로 $x=2$일 때 최솟값 $\log_2 3$, $x=5$일 때 최댓값 $\log_2 12$를 갖는다.

∴ $\log_2 12-\log_2 3=\log_2 4=2$

0874 답 ②

진수의 조건에서 $1-x>0$, $x+3>0$

∴ $-3<x<1$

로그의 성질에 의하여

$y=\log_5(1-x)+\log_5(x+3)$

$=\log_5(1-x)(x+3)$

$=\log_5(-x^2-2x+3)$

$f(x)=-x^2-2x+3$으로 놓으면

$f(x)=-(x+1)^2+4$

따라서 $-3<x<1$에서 $f(x)$는 $x=-1$일 때 최댓값 4를 갖는다.

함수 $y=\log_5 f(x)$에서 밑이 1보다 크므로 $x=-1$일 때 최댓값 $\log_5 4=2\log_5 2$를 갖는다.

0875 답 ②

$f(x)=x^2-6x+12$로 놓으면 $f(x)=(x-3)^2+3$

따라서 $f(x)$는 $x=3$일 때 최솟값 3을 갖고, 최댓값은 없다.

$y=2+\log_a f(x)$에서 $a>1$이므로 $x=3$일 때 최솟값 4를 갖는다.

$2+\log_a 3=4$에서 $\log_a 3=2$, $a^2=3$

$\therefore a=\sqrt{3}\ (\because a>1)$

0876 답 ⑤

$f(x)=x^2-ax+b$로 놓으면

$y=\log_{\frac{1}{9}}(x^2-ax+b)$에서 $y=\log_{\frac{1}{9}}f(x)$

함수 $y=\log_{\frac{1}{9}}f(x)$의 밑이 1보다 작으므로 $f(x)$가 최소일 때 함수 $y=\log_{\frac{1}{9}}f(x)$는 최대가 된다.

$y=\log_{\frac{1}{9}}f(x)$는 $x=3$일 때 최댓값 -1을 가지므로 $f(x)$는 $x=3$일 때 최솟값을 가져야 한다.

$f(x)=x^2-ax+b=\left(x-\dfrac{a}{2}\right)^2+b-\dfrac{a^2}{4}$에서 $\dfrac{a}{2}=3$ $\therefore a=6$

$\log_{\frac{1}{9}}f(3)=-1$이므로 $f(3)=\left(\dfrac{1}{9}\right)^{-1}=9$

$9-18+b=9$ $\therefore b=18$

따라서 $a=6$, $b=18$이므로 $a+b=6+18=24$

0877 답 ①

진수의 조건에서 $x>0$, $x-1>0$ $\therefore x>1$

로그의 성질에 의하여

$y=\log_3 x+\log_{\frac{1}{3}}(x-1)$

$\quad=\log_3 x-\log_3(x-1)$

$\quad=\log_3\dfrac{x}{x-1}$

$f(x)=\dfrac{x}{x-1}$로 놓으면 $f(x)=\dfrac{1}{x-1}+1$

$2\le x\le 3$에서 $f(x)$는 $x=2$일 때 최댓값 2, $x=3$일 때 최솟값 $\dfrac{3}{2}$을 갖는다.

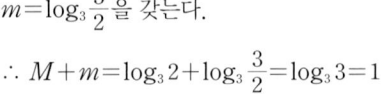

따라서 $y=\log_3\dfrac{x}{x-1}$에서 밑이 1보다 크므로 $x=2$일 때 최댓값 $M=\log_3 2$, $x=3$일 때 최솟값 $m=\log_3\dfrac{3}{2}$을 갖는다.

$\therefore M+m=\log_3 2+\log_3\dfrac{3}{2}=\log_3 3=1$

개념 Check

유리함수 $y=\dfrac{k}{x-p}+q\ (k\ne 0)$의 그래프

(1) 유리함수 $y=\dfrac{k}{x}$의 그래프를 x축의 방향으로 p만큼, y축의 방향으로 q만큼 평행이동한 것이다.

(2) 정의역 $\{x\,|\,x\ne p$인 실수$\}$이고, 치역은 $\{y\,|\,y\ne q$인 실수$\}$이다.

(3) 점 $(p,\ q)$에 대하여 대칭이다.

(4) 점근선은 두 직선 $x=p$와 $y=q$이다.

0878 답 ②

$g(x)=x^2-4x+a$로 놓으면 $g(x)=(x-2)^2+a-4$

$0\le x\le 3$에서 $g(x)$는 $x=2$일 때 최솟값 $a-4$, $x=0$일 때 최댓값 a를 갖는다.

$f(x)=\log_{\frac{1}{2}}(x^2-4x+a)$에서 밑이 1보다 작으므로 $x=2$일 때 최댓값 -2를 갖는다.

즉, $\log_{\frac{1}{2}}(a-4)=-2$이므로 $a-4=\left(\dfrac{1}{2}\right)^{-2}=4$ $\therefore a=8$

따라서 $f(x)=\log_{\frac{1}{2}}(x^2-4x+8)$은 $x=0$일 때 최솟값을 가지므로 최솟값은 $\log_{\frac{1}{2}}8=\log_{2^{-1}}2^3=-3$

0879 답 2

$f(x)=|x^2-8x-20|$으로 놓으면

$f(x)=|(x-4)^2-36|$

$-1\le x\le 6$에서 $y=f(x)$의 그래프는 그림과 같으므로 $11\le f(x)\le 36$

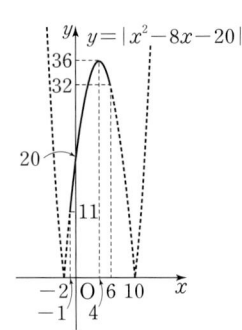

$y=\log_6 f(x)$에서 밑이 1보다 크므로 함수 $y=\log_6 f(x)$는 $f(x)=36$일 때 최대이고 최댓값은 $\log_6 36=\log_6 6^2=2$

개념 Check

$y=f(x)$에 대하여

(1) $y=|f(x)|$의 그래프는 $y=f(x)$의 그래프에서 $f(x)<0$인 부분을 x축에 대하여 대칭이동하여 그린다.

(2) $y=f(|x|)$의 그래프는 $y=f(x)$의 그래프에서 $x\ge 0$인 부분만을 그린 후, y축에 대하여 대칭이동하여 그린다.

(3) $|y|=f(x)$의 그래프는 $f(x)\ge 0$인 부분만을 그린 후, x축에 대하여 대칭이동하여 그린다.

(4) $|y|=|f(x)|$의 그래프는 $x\ge 0$, $f(x)\ge 0$인 부분만을 그린 후, x축, y축, 원점에 대하여 대칭이동하여 그린다.

실수 Check

진수에 절댓값이 나오게 되면 먼저 진수를 $f(x)$로 놓고, 그래프를 그려 최대와 최소인 경우를 찾으면 실수를 줄일 수 있다.

이때 진수 $f(x)$에서 절댓값 안의 식의 값이 0보다 클 때와 작을 때로 경우를 나누어 각 경우에서의 최댓값과 최솟값을 찾아 구해도 된다.

Plus 문제

0879-1

정의역이 $\{x\,|\,1\le x\le 8\}$인 함수 $y=\log_2|x^2-9x+14|$의 최댓값을 구하시오.

$f(x)=|x^2-9x+14|$로 놓으면

$f(x)=\left|\left(x-\dfrac{9}{2}\right)^2-\dfrac{25}{4}\right|$

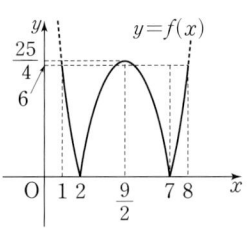

따라서 $1\le x\le 8$에서 $y=f(x)$의 그래프는 그림과 같으므로

$0\le f(x)\le\dfrac{25}{4}$

$y=\log_2|x^2-9x+14|$에서 밑이 1보다 크므로 함수

$y=\log_2 f(x)$는 $f(x)=\dfrac{25}{4}$일 때 최대이고, 최댓값은

$\log_2\dfrac{25}{4}$이다.

$\qquad\qquad\qquad\qquad\qquad\qquad$ 답 $\log_2\dfrac{25}{4}$

0880 답 ⑤ $\qquad\qquad\qquad$ | 유형 14

$1\le x\le 32$에서 함수 $y=(\log_2 x)^2-2\log_2 x^2+2$의 최댓값을 M, 최솟값을 m이라 할 때, $M+m$의 값은? 단서1

① 1 $\qquad\qquad$ ② 2 $\qquad\qquad$ ③ 3

④ 4 $\qquad\qquad$ ⑤ 5

단서1 $\log_2 x=t$로 치환

STEP1 반복되는 부분을 치환하여 함수의 식 정리하기

$y=(\log_2 x)^2-2\log_2 x^2+2$

$\quad=(\log_2 x)^2-4\log_2 x+2$

$\log_2 x=t$로 놓으면

$y=t^2-4t+2=(t-2)^2-2$

이때 $1\le x\le 32$에서

$\log_2 1\le \log_2 x\le \log_2 32 \qquad \therefore 0\le t\le 5$

STEP2 최댓값과 최솟값 구하기

$t=2$일 때 최솟값 $m=-2$,

$t=5$일 때 최댓값 $M=(5-2)^2-2=7$

을 갖는다.

STEP3 $M+m$의 값 구하기

$M+m=7+(-2)=5$

0881 답 ④

$y=\left(\log_{\frac{1}{2}} x\right)^2-\log_{\frac{1}{2}} x^2+2$

$\quad=\left(\log_{\frac{1}{2}} x\right)^2-2\log_{\frac{1}{2}} x+2$

$\log_{\frac{1}{2}} x=t$로 놓으면 $\dfrac{1}{4}\le x\le 8$에서 $\log_{\frac{1}{2}} 8\le \log_{\frac{1}{2}} x\le \log_{\frac{1}{2}}\dfrac{1}{4}$이 므로

$\quad\quad \xrightarrow{\ } 0<\dfrac{1}{2}<1$이므로 부등호 방향이 바뀐다.

$-3\le t\le 2$

이때 $y=t^2-2t+2=(t-1)^2+1$이므로

$t=-3$일 때 최댓값 $M=(-3-1)^2+1=17$

$t=1$일 때 최솟값 $m=1$

$\therefore M-m=17-1=16$

0882 답 최댓값 : 1, 최솟값 : -3

$y=(\log x)\left(\log\dfrac{100}{x}\right)=(\log x)(2-\log x)$

$\quad=-(\log x)^2+2\log x$

$\log x=t$로 놓으면 $\dfrac{1}{10}\le x\le 100$에서

$\log\dfrac{1}{10}\le \log x\le \log 100$

$\therefore -1\le t\le 2$

이때 $y=-t^2+2t=-(t-1)^2+1$이므로

$t=-1$일 때 최솟값 $-(-1-1)^2+1=-3$,

$t=1$일 때 최댓값 1을 갖는다.

0883 답 ④

$y=\log_2 x\times \log_{\frac{1}{2}} x+2\log_2 x+10$

$\quad=\log_2 x\times(-\log_2 x)+2\log_2 x+10$

$\quad=-(\log_2 x)^2+2\log_2 x+10$

$\log_2 x=t$로 놓으면 $1\le x\le 16$에서 $\log_2 1\le \log_2 x\le \log_2 16$

$\therefore 0\le t\le 4$

이때 $y=-t^2+2t+10=-(t-1)^2+11$이므로

$t=1$일 때 최댓값 $M=11$

$t=4$일 때 최솟값 $m=-(4-1)^2+11=2$

$\therefore M+m=11+2=13$

0884 답 ⑤

$y=(\log_2 x)^2+a\log_8 x^2+b$

$\quad=(\log_2 x)^2+\dfrac{2}{3}a\log_2 x+b$

$\log_2 x=t$로 놓으면

$y=t^2+\dfrac{2}{3}at+b$ $\cdots\cdots$ ㉠

㉠이 $x=\dfrac{1}{2}$, 즉 $t=\log_2\dfrac{1}{2}=-1$일 때 최솟값 1을 가지므로

$y=(t+1)^2+1=t^2+2t+2$ $\cdots\cdots$ ㉡

㉠, ㉡이 일치해야 하므로

$\dfrac{2}{3}a=2$, $b=2$

$\therefore a=3$, $b=2$

$\therefore a+b=3+2=5$

0885 답 ①

$y=(2+\log_x 2+\log_{\frac{1}{2}} x)\log_2 x$

$\quad=\left(2+\dfrac{1}{\log_2 x}-\log_2 x\right)\log_2 x$

$\quad=2\log_2 x+1-(\log_2 x)^2$

$\log_2 x=t$로 놓으면 $2\le x\le 8$에서

$\log_2 2\le \log_2 x\le \log_2 8 \qquad \therefore 1\le t\le 3$

이때 $y=-t^2+2t+1=-(t-1)^2+2$이므로

$t=1$일 때 최댓값 $M=2$,

$t=3$일 때 최솟값 $m=-(3-1)^2+2=-2$

$\therefore Mm=2\times(-2)=-4$

0886 답 ③ $\qquad\qquad\qquad$ | 유형 15

정의역이 $\{x\,|\,1\le x\le 27\}$인 함수 $y=x^{-2+\log_3 x}$의 최댓값을 M, 최솟값을 m이라 할 때, Mm의 값은? 단서1

① 3 $\qquad\qquad$ ② 6 $\qquad\qquad$ ③ 9

④ 12 $\qquad\qquad$ ⑤ 18

단서1 양변에 밑이 3인 로그를 취하여 이용

$y=x^{-2+\log_3 x}$의 양변에 밑이 3인 로그를 취하면

$$\log_3 y=\log_3 x^{-2+\log_3 x}$$
$$=(-2+\log_3 x)\log_3 x$$
$$=(\log_3 x)^2-2\log_3 x$$

STEP 2 $\log_3 x=t$로 치환하기

$\log_3 x=t$로 놓으면

$$\log_3 y=t^2-2t=(t-1)^2-1$$

$1\le x\le 27$에서

$$\log_3 1\le\log_3 x\le\log_3 27 \qquad \therefore\ 0\le t\le 3$$

STEP 3 최댓값과 최솟값 구하기

$\log_3 y$는 $t=3$일 때 최댓값 3, $t=1$일 때 최솟값 -1을 가지므로

$\log_3 y=3$에서 $y=3^3=27$ $\quad\therefore\ M=27$

$\log_3 y=-1$에서 $y=3^{-1}=\dfrac{1}{3}$ $\quad\therefore\ m=\dfrac{1}{3}$

STEP 4 Mm의 값 구하기

$$Mm=27\times\dfrac{1}{3}=9$$

0887 답 ⑤

$y=\dfrac{x^4}{x^{\log_2 x}}=x^{4-\log_2 x}$이므로 양변에 밑이 2인 로그를 취하면

$$\log_2 y=\log_2 x^{4-\log_2 x}$$
$$=(4-\log_2 x)\log_2 x$$
$$=-(\log_2 x)^2+4\log_2 x$$

$\log_2 x=t$로 놓으면

$$\log_2 y=-t^2+4t=-(t-2)^2+4$$

따라서 $\log_2 y$는 $t=2$일 때 최댓값 4를 가지므로

$\log_2 x=2$에서 $x=2^2=4$ $\quad\therefore\ a=4$

$\log_2 y=4$에서 $y=2^4=16$ $\quad\therefore\ b=16$

$\therefore\ a+b=4+16=20$

0888 답 ⑤

$3^{\log x}=x^{\log 3}$이므로 $3^{\log x}=t$로 놓으면 주어진 함수는

$$y=t^2-6t+4=(t-3)^2-5$$

이때 $x>1$이므로 $t>1$

따라서 $t=3$일 때 최솟값 -5를 갖는다.

$t=3$에서 $3^{\log x}=3$

$\log x=1$ $\quad\therefore\ x=10$

따라서 $a=10$, $b=-5$이므로

$a+b=10+(-5)=5$

0889 답 ③ | 유형 16

$x>0$, $y>0$일 때, $\log_5\left(x+\dfrac{4}{y}\right)+\log_5\left(y+\dfrac{9}{x}\right)$의 최솟값은?

① 1 　　② $\sqrt{3}$ 　단서1　 ③ 2

④ 3 　　⑤ $3\sqrt{3}$

단서1 식의 형태에서 최솟값은 산술평균과 기하평균의 관계를 이용

STEP 1 로그의 성질을 이용하여 식 나타내기

$$\log_5\left(x+\dfrac{4}{y}\right)+\log_5\left(y+\dfrac{9}{x}\right)=\log_5\left(x+\dfrac{4}{y}\right)\left(y+\dfrac{9}{x}\right)$$
$$=\log_5\left(xy+\dfrac{36}{xy}+13\right)$$

밑 5가 1보다 크므로 $xy+\dfrac{36}{xy}+13$이 최소일 때 최솟값을 갖는다.

STEP 2 산술평균과 기하평균의 관계를 이용하여 주어진 식의 최솟값 구하기

$x>0$, $y>0$에서 $xy>0$, $\dfrac{36}{xy}>0$이므로 산술평균과 기하평균의 관계에 의하여

$$xy+\dfrac{36}{xy}+13\ge 2\sqrt{xy\times\dfrac{36}{xy}}+13$$

↱ $xy=\dfrac{36}{xy}$에서

$xy=6$

$$=2\times 6+13=25\ (\text{단, 등호는 } xy=6\text{일 때 성립})$$

따라서 $xy+\dfrac{36}{xy}+13$의 최솟값은 25이므로 주어진 식의 최솟값은

$$\log_5 25=\log_5 5^2=2$$

0890 답 6

$$y=\log_2 4x+2\log_x 4=2+\log_2 x+4\log_x 2$$

$x>1$에서 $\log_2 x>0$, $4\log_x 2>0$이므로 산술평균과 기하평균의 관계에 의하여

$$2+\log_2 x+4\log_x 2\ge 2+2\sqrt{\log_2 x\times 4\log_x 2}$$
$$=2+2\sqrt{\log_2 x\times\dfrac{4}{\log_2 x}}$$
$$=2+4=6\ (\text{단, 등호는 } x=4\text{일 때 성립})$$

따라서 구하는 최솟값은 6이다. ↳ $\log_2 x=\dfrac{4}{\log_2 x}$에서

$\log_2 x=2$ $\quad\therefore\ x=4$

0891 답 ④

$a>1$, $b>1$에서 $(\log_a b)^2>0$, $(\log_b a^4)^2>0$이므로 산술평균과 기하평균의 관계에 의하여

$$(\log_a b)^2+(\log_b a^4)^2=(\log_a b)^2+\left(\dfrac{4}{\log_a b}\right)^2$$
$$\ge 2\sqrt{(\log_a b)^2\times\left(\dfrac{4}{\log_a b}\right)^2}$$
$$=2\times 4=8\ (\text{단, 등호는 } a^2=b\text{일 때 성립})$$

따라서 구하는 최솟값은 8이다. ↳ $(\log_a b)^2=\left(\dfrac{4}{\log_a b}\right)^2$에서

$(\log_a b)^4=2^4$, $\log_a b=2$

$\therefore\ a^2=b$

0892 답 ④

$\log_2 x+\log_2 y=\log_2 xy$이고 밑 2가 1보다 크므로 xy가 최대일 때 $\log_2 xy$는 최댓값을 갖는다.

$x>0$, $y>0$이므로 산술평균과 기하평균의 관계에 의하여

$9x+y\ge 2\sqrt{9xy}$에서 $24\ge 6\sqrt{xy}$

$\therefore\ xy\le 16\ (\text{단, 등호는 } 9x=y\text{일 때 성립})$

따라서 $\log_2 xy\le\log_2 16=4$이므로 구하는 최댓값은 4이다.

0893 답 ②

$$y=\log_4\left(\dfrac{2x^2+8}{x}\right)=\log_4\left(2x+\dfrac{8}{x}\right)$$

이고 밑 4가 1보다 크므로 $2x+\dfrac{8}{x}$이 최소일 때 최솟값을 갖는다.

$x>0$에서 $2x>0$, $\dfrac{8}{x}>0$이므로 산술평균과 기하평균의 관계에 의

하여

$$2x+\frac{8}{x}\geq 2\sqrt{2x\times\frac{8}{x}}$$

$$=2\times 4=8 \ (\text{단, 등호는 } x=2 \text{일 때 성립})$$

$\therefore a=2$ $\qquad$ └→ $2x=\frac{8}{x}$에서 $x^2=4$ $\quad \therefore x=2$

따라서 $2x+\frac{8}{x}$의 최솟값이 8이므로 주어진 함수의 최솟값은

$$\log_4 8=\log_{2^2}2^3=\frac{3}{2} \qquad \therefore b=\frac{3}{2}$$

$$\therefore \log_a 4^b=\log_2 4^{\frac{3}{2}}=\log_2 2^3=3$$

0894 답 ③

$\frac{1}{3}<x<12$에서 $\log_6 3x>0$, $\log_6\frac{12}{x}>0$이므로 산술평균과 기하

평균의 관계에 의하여 $\quad$└→ $1<3x<36$, $1<\frac{12}{x}<36$

$$\log_6 3x+\log_6\frac{12}{x}\geq 2\sqrt{\log_6 3x\times\log_6\frac{12}{x}}$$

이때 $\log_6 3x+\log_6\frac{12}{x}=\log_6\left(3x\times\frac{12}{x}\right)=\log_6 36=2$이므로

$$2\geq 2\sqrt{\log_6 3x\times\log_6\frac{12}{x}}, \ \sqrt{\log_6 3x\times\log_6\frac{12}{x}}\leq 1$$

$$\therefore 0<\log_6 3x\times\log_6\frac{12}{x}\leq 1$$

즉, $\log_6 3x\times\log_6\frac{12}{x}$의 최댓값은 1이므로 $b=1$

한편, 등호는 $\log_6 3x=\log_6\frac{12}{x}$, 즉 $3x=\frac{12}{x}$일 때 성립하므로

$$x^2=\frac{12}{3}=4 \qquad \therefore x=2 \left(\because \frac{1}{3}<x<12\right)$$

따라서 $a=2$이므로

$$a+b=2+1=3$$

실수 Check

$$y=\log_6 3x\times\log_6\frac{12}{x}$$

$$=(\log_6 3+\log_6 x)\times(\log_6 12-\log_6 x)$$

$$=-(\log_6 x)^2+(\log_6 12-\log_6 3)\log_6 x+\log_6 3\times\log_6 12$$

$$=-(\log_6 x)^2+\log_6 4\times\log_6 x+\log_6 3\times\log_6 12$$

와 같이 로그의 성질을 이용하여 최댓값을 구하려 했다면 최댓값을 구하지 못했을 것이다.
무작정 최댓값을 구하려 하지 말고, 두 수가 양수라는 조건과 식의 형태를 살펴보고, 산술평균과 기하평균의 관계를 이용할 수 있는지 확인하도록 한다.

0895 답 $x=3$ | 유형 17

방정식 $\log_5 x-\log_{25}(x-2)=\log_{25}(2x+3)$을 푸시오.
단서1

단서1 밑이 다르므로 밑을 25로 통일

STEP1 진수의 조건에서 x의 값의 범위 구하기

진수의 조건에서 $x>0$, $x-2>0$, $2x+3>0$

$\therefore x>2$ $\cdots\cdots$ ㉠

STEP2 각 변의 로그의 밑을 25로 통일하기

$\log_5 x-\log_{25}(x-2)=\log_{25}(2x+3)$에서

$$\log_5 x=\log_{25}(2x+3)+\log_{25}(x-2)$$

$$\log_{25}x^2=\log_{25}(2x+3)(x-2)$$

STEP3 로그함수의 성질을 이용하여 방정식의 해 구하기

$x^2=(2x+3)(x-2)$이므로

$x^2-x-6=0$, $(x+2)(x-3)=0$

$\therefore x=-2$ 또는 $x=3$

따라서 ㉠을 만족시키는 해는 $x=3$

0896 답 ③

진수의 조건에서 $2x+1>0$, $x-1>0$

$\therefore x>1$ $\cdots\cdots$ ㉠

$\log_2(2x+1)=2+\log_4(x-1)$에서

$\log_2(2x+1)=\log_2 4(x-1)$

$2x+1=4(x-1)$, $2x=5$ $\qquad \therefore x=\frac{5}{2}$

$x=\frac{5}{2}$는 ㉠을 만족시키므로 $a=\frac{5}{2}$

$\therefore 2a=5$

0897 답 $x=-2$

밑과 진수의 조건에서

$x^2>0$, $x^2\neq 1$, $2-x>0$

$\therefore x<2$, $x\neq -1$, $x\neq 0$, $x\neq 1$ $\cdots\cdots$ ㉠

(ⅰ) $x^2=4$일 때, $x=\pm 2$ $\quad$→ 밑이 같은 경우이다.

이때 ㉠에 의하여 $x=-2$

(ⅱ) $2-x=1$일 때, $x=1$ $\quad$→ 진수가 1인 경우. 즉,
$\quad x=1$은 ㉠을 만족시키지 않는다. $\log_{x^2}1=\log_4 1=0$

(ⅰ), (ⅱ)에서 $x=-2$ $\quad$인 경우이다.

0898 답 ③

진수의 조건에서 $x>0$, $6x-5>0$

$\therefore x>\frac{5}{6}$ $\cdots\cdots$ ㉠

$\log_3 x=\log_9(6x-5)$에서 $\log_9 x^2=\log_9(6x-5)$

$x^2=6x-5$이므로 $x^2-6x+5=0$

$(x-5)(x-1)=0$ $\quad \therefore x=1$ 또는 $x=5$

이 값들은 모두 ㉠을 만족시키므로

$\alpha=1$, $\beta=5$ 또는 $\alpha=5$, $\beta=1$

$\therefore \alpha+\beta=1+5=6$

0899 답 ③

ㄱ. (ⅰ) $\log x^2=4$에서

진수의 조건에 의하여 $x^2>0$이므로 $x\neq 0$ $\cdots\cdots$ ㉠

$\log x^2=4$에서 $x^2=10^4$

$\therefore x=-100$ 또는 $x=100$

이 값들은 ㉠을 만족시키므로

$\{x\,|\,\log x^2=4\}=\{-100, 100\}$

(ⅱ) $2\log x=4$에서

진수의 조건에 의하여 $x>0$ $\cdots\cdots$ ㉡

$2\log x=4$에서 $\log x=2$ $\quad \therefore x=10^2=100$

이 값은 ㉡을 만족시키므로 $\{x\,|\,2\log x=4\}=\{100\}$

(i), (ii)에서 $\{x\,|\,\log x^2=4\}\neq\{x\,|\,2\log x=4\}$ (거짓)

ㄴ. (i) $\log 2(x+3)(x-1)=1$에서

진수의 조건에 의하여 $2(x+3)(x-1)>0$

$\therefore x<-3$ 또는 $x>1$ ㆍㆍㆍㆍㆍㆍㆍㆍㆍㆍㆍㆍㆍ ㉢

$\log 2(x+3)(x-1)=1$에서 $2(x+3)(x-1)=10$

$x^2+2x-8=0,\ (x+4)(x-2)=0$

$\therefore x=-4$ 또는 $x=2$

이 값들은 모두 ㉢을 만족시키므로

$\{x\,|\,\log 2(x+3)(x-1)=2\}=\{-4,\ 2\}$

(ii) $\log(x+3)+\log 2(x-1)=1$에서

진수의 조건에 의하여 $x+3>0,\ x-1>0$

$\therefore x>1$ ㆍㆍㆍㆍㆍㆍㆍㆍㆍㆍㆍㆍㆍㆍㆍㆍㆍㆍㆍㆍㆍㆍㆍㆍ ㉣

$\log(x+3)+\log 2(x-1)=1$에서

$\log 2(x+3)(x-1)=1$

$2(x+3)(x-1)=10,\ x^2+2x-8=0$

$(x+4)(x-2)=0$ $\therefore x=-4$ 또는 $x=2$

이때 ㉣에서 $x=2$

$\therefore \{x\,|\,\log(x+3)+\log 2(x-1)=1\}=\{2\}$

(i), (ii)에서

$\{x\,|\,\log 2(x+3)(x-1)=1\}$

$\neq\{x\,|\,\log(x+3)+\log 2(x-1)=1\}$ (거짓)

ㄷ. (i) $\log\dfrac{x+3}{x-2}=1$에서

진수의 조건에 의하여 $\dfrac{x+3}{x-2}>0$ → $(x-2)^2>0$이므로 양변에 $(x-2)^2$을 곱하면 $(x+3)(x-2)>0$

$(x+3)(x-2)>0$ $\therefore x<-3$ 또는 $x>2$ ㆍㆍㆍㆍㆍㆍㆍ ㉤

$\log\dfrac{x+3}{x-2}=1$에서 $\dfrac{x+3}{x-2}=10,\ 9x=23$ $\therefore x=\dfrac{23}{9}$

$x=\dfrac{23}{9}$은 ㉤을 만족시키므로

$\left\{x\,\middle|\,\log\dfrac{x+3}{x-2}=1\right\}=\left\{\dfrac{23}{9}\right\}$

(ii) $\log(x+3)-\log(x-2)=1$에서

진수의 조건에 의하여 $x+3>0,\ x-2>0$

$\therefore x>2$ ㆍㆍㆍㆍㆍㆍㆍㆍㆍㆍㆍㆍㆍㆍㆍㆍㆍㆍㆍㆍㆍㆍㆍ ㉥

$\log(x+3)-\log(x-2)=1$에서 $\log\dfrac{x+3}{x-2}=1$

$\dfrac{x+3}{x-2}=10,\ 9x=23$ $\therefore x=\dfrac{23}{9}$

$x=\dfrac{23}{9}$은 ㉥을 만족시키므로

$\{x\,|\,\log(x+3)-\log(x-2)=1\}=\left\{\dfrac{23}{9}\right\}$

(i), (ii)에서

$\left\{x\,\middle|\,\log\dfrac{x+3}{x-2}=1\right\}=\{x\,|\,\log(x+3)-\log(x-2)=1\}$ (참)

따라서 옳은 것은 ㄷ이다.

실수 Check

이 문제는 같은 모양으로 변환하여 방정식을 풀 수 있으나 진수의 조건에 따라 그 해가 달라지는 것을 보여 주는 것이다.

따라서 주어진 로그방정식에서 먼저 진수의 조건을 확인하고 로그방정식을 푼 후 반드시 진수 조건을 만족시키는지 확인해야 한다.

0900 답 1

진수의 조건에서 $5x+1>0$

$\therefore x>-\dfrac{1}{5}$ ㆍㆍㆍㆍㆍㆍㆍㆍㆍㆍㆍㆍㆍㆍㆍㆍㆍㆍㆍㆍㆍㆍㆍㆍㆍ ㉠

$2\log_4(5x+1)=1$에서 $\log_2(5x+1)=1$

$5x+1=2$ $\therefore x=\dfrac{1}{5}$

$x=\dfrac{1}{5}$은 ㉠을 만족시키므로 $\alpha=\dfrac{1}{5}$

$\therefore \log_5\dfrac{1}{\alpha}=\log_5 5=1$

0901 답 ① ┃ 유형 18

방정식 $\underline{2(\log_2 x)^2-5\log_2 x-3=0}$의 두 근을 α, β라 할 때, $(\alpha\beta)^2$의 값은? **단서1**

① 32 ② 40 ③ 48

④ 56 ⑤ 64

단서1 $\log_2 x=t$로 치환

STEP1 진수의 조건에서 x의 값의 범위 구하기

진수의 조건에서 $x>0$ ㆍㆍㆍㆍㆍㆍㆍㆍㆍㆍㆍㆍㆍㆍㆍㆍㆍㆍㆍㆍㆍㆍ ㉠

STEP2 반복되는 부분을 치환하여 t에 대한 방정식 세우기

$\log_2 x=t$로 놓으면 주어진 방정식은

$2t^2-5t-3=0,\ (2t+1)(t-3)=0$

$\therefore t=-\dfrac{1}{2}$ 또는 $t=3$

STEP3 주어진 방정식의 해 구하기

$\log_2 x=-\dfrac{1}{2}$ 또는 $\log_2 x=3$이므로

$x=2^{-\frac{1}{2}}=\dfrac{1}{\sqrt{2}}=\dfrac{\sqrt{2}}{2}$ 또는 $x=2^3=8$

이 값들은 모두 ㉠을 만족시키므로 $x=\dfrac{\sqrt{2}}{2}$ 또는 $x=8$

STEP4 $(\alpha\beta)^2$의 값 구하기

$\alpha\beta=\dfrac{\sqrt{2}}{2}\times 8=4\sqrt{2}$

$\therefore (\alpha\beta)^2=(4\sqrt{2})^2=32$

0902 답 ①

진수의 조건에서 $2x>0,\ 4x>0$

$\therefore x>0$ ㆍㆍㆍㆍㆍㆍㆍㆍㆍㆍㆍㆍㆍㆍㆍㆍㆍㆍㆍㆍㆍㆍㆍㆍㆍㆍ ㉠

$\log_2 2x\times\log_4 4x=10$에서

$(1+\log_2 x)(1+\log_4 x)=10$

$(1+2\log_4 x)(1+\log_4 x)=10$

$\log_4 x=t$로 놓으면 $(1+2t)(1+t)=10$

$2t^2+3t-9=0,\ (t+3)(2t-3)=0$

$\therefore t=-3$ 또는 $t=\dfrac{3}{2}$

즉, $\log_4 x=-3$ 또는 $\log_4 x=\dfrac{3}{2}$이므로

$x=4^{-3}=\dfrac{1}{64}$ 또는 $x=4^{\frac{3}{2}}=8$

이 값들은 모두 ㉠을 만족시키므로 모든 근의 곱은

$\dfrac{1}{64} \times 8 = \dfrac{1}{8}$

0903 답 ⑤

밑과 진수의 조건에서 $x^2 > 0$, $x > 0$, $x \ne 1$

$\therefore x > 0$, $x \ne 1$ ················· ㉠

$\log_9 x^2 + 6\log_x 9 - 7 = 0$에서

$2\log_9 x + \dfrac{6}{\log_9 x} - 7 = 0$

$\log_9 x = t$로 놓으면

$2t + \dfrac{6}{t} - 7 = 0$, $2t^2 - 7t + 6 = 0$

$(2t - 3)(t - 2) = 0$

$\therefore t = \dfrac{3}{2}$ 또는 $t = 2$

즉, $\log_9 x = \dfrac{3}{2}$ 또는 $\log_9 x = 2$이므로

$x = 9^{\frac{3}{2}} = 3^3 = 27$ 또는 $x = 9^2 = 81$

이 값들은 모두 ㉠을 만족시키므로

$x = 27$ 또는 $x = 81$

따라서 두 근의 합은

$27 + 81 = 108$

0904 답 $-\dfrac{10}{3}$

진수의 조건에서 $x > 0$ ················· ㉠

$(\log_2 x)^2 + \log_{\frac{1}{2}} x - 6 = 0$에서

$(\log_2 x)^2 - \log_2 x - 6 = 0$

$\log_2 x = t$로 놓으면

$t^2 - t - 6 = 0$, $(t - 3)(t + 2) = 0$

$\therefore t = 3$ 또는 $t = -2$

즉, $\log_2 x = 3$ 또는 $\log_2 x = -2$이므로

$x = 2^3$ 또는 $x = 2^{-2}$

이 값들은 모두 ㉠을 만족시키므로 방정식의 근이다.

$\alpha > \beta$이므로 $\alpha = 2^3$, $\beta = 2^{-2}$

$\therefore \log_{\alpha^2} \beta + \log_\beta \alpha^2 = \dfrac{1}{2}\log_\alpha \beta + 2\log_\beta \alpha$

$\qquad = \dfrac{1}{2}\log_{2^3} 2^{-2} + 2\log_{2^{-2}} 2^3$

$\qquad = \dfrac{1}{2} \times \left(-\dfrac{2}{3}\right) + 2 \times \left(-\dfrac{3}{2}\right)$

$\qquad = -\dfrac{10}{3}$

0905 답 ①

진수의 조건에서 $x > 0$ ················· ㉠

방정식 $\log_2 x + \dfrac{a}{\log_2 x} - 2 = 0$의 한 근이 $\dfrac{1}{2}$이므로

$\log_2 \dfrac{1}{2} + \dfrac{a}{\log_2 \dfrac{1}{2}} - 2 = 0$

$-1 - a - 2 = 0$

$\therefore a = -3$

$\log_2 x - \dfrac{3}{\log_2 x} - 2 = 0$에서 $\log_2 x = t$로 놓으면

$t - \dfrac{3}{t} - 2 = 0$, $t^2 - 2t - 3 = 0$

$(t + 1)(t - 3) = 0$ $\qquad \therefore t = -1$ 또는 $t = 3$

즉, $\log_2 x = -1$ 또는 $\log_2 x = 3$이므로

$x = 2^{-1} = \dfrac{1}{2}$ 또는 $x = 2^3 = 8$

이 값들은 모두 ㉠을 만족시키므로 방정식의 근이다.

$\therefore b = 8$

$\therefore a + b = (-3) + 8 = 5$

0906 답 32

진수의 조건에서 $x > 0$ ················· ㉠

$\left(\log_2 \dfrac{x}{2}\right)(\log_2 4x) = 4$에서

$(\log_2 x - 1)(\log_2 x + 2) = 4$

$\log_2 x = t$로 놓으면

$(t - 1)(t + 2) = 4$

$t^2 + t - 6 = 0$, $(t - 2)(t + 3) = 0$

$\therefore t = 2$ 또는 $t = -3$

즉, $\log_2 x = 2$ 또는 $\log_2 x = -3$이므로

$x = 2^2$ 또는 $x = 2^{-3}$

이 값들은 모두 ㉠을 만족시키므로

$\alpha = 2^2$, $\beta = 2^{-3}$ 또는 $\alpha = 2^{-3}$, $\beta = 2^2$

따라서 $\alpha\beta = 2^2 \times 2^{-3} = 2^{-1} = \dfrac{1}{2}$이므로

$64\alpha\beta = 64 \times \dfrac{1}{2} = 32$

0907 답 ③ · 유형 19

방정식 $\underline{(\log_3 x)^2 - \log_3 x^3 - 6 = 0}$의 두 근의 곱은?
$\qquad\qquad$ 단서1 $\qquad\qquad$ 단서2

① 3 $\qquad$ ② 9 $\qquad$ ③ 27

④ 81 $\qquad$ ⑤ 243

단서1 $\log_3 x = t$로 치환

단서2 이차방정식의 근과 계수의 관계를 이용

STEP1 $\log_3 x = t$로 치환하여 t에 대한 이차방정식으로 나타내기

$(\log_3 x)^2 - \log_3 x^3 - 6 = 0$에서

$(\log_3 x)^2 - 3\log_3 x - 6 = 0$

$\log_3 x = t$로 놓으면

$t^2 - 3t - 6 = 0$ ················· ㉠

STEP2 이차방정식의 근과 계수의 관계를 이용하여 두 근의 곱 구하기

주어진 방정식의 두 근을 α, β라 하면 방정식 ㉠의 두 근은 $\log_3 \alpha$,

$\log_3 \beta$이므로 이차방정식의 근과 계수의 관계에 의하여

$\log_3 \alpha + \log_3 \beta = 3$

$\log_3 \alpha\beta = 3$

$\therefore \alpha\beta = 3^3 = 27$

0908 답 ④

$(\log_2 x + 1)^2 - 6\log_2 x + 1 = 0$에서

$\log_2 x = t$로 놓으면

$(t+1)^2 - 6t + 1 = 0$

$\therefore t^2 - 4t + 2 = 0$ ·················· ㉠

주어진 방정식의 두 근이 α, β이므로 방정식 ㉠의 두 근은 $\log_2 \alpha$, $\log_2 \beta$이고, 이차방정식의 근과 계수의 관계에 의하여

$\log_2 \alpha + \log_2 \beta = 4$

$\log_2 \alpha\beta = 4$

$\therefore \alpha\beta = 2^4 = 16$

0909 답 64

$\log \dfrac{2}{x} \times \log \dfrac{x}{3} - 1 = 0$에서

$(\log 2 - \log x)(\log x - \log 3) - 1 = 0$

$\log x = t$로 놓으면

$(\log 2 - t)(t - \log 3) - 1 = 0$

$t^2 - (\log 2 + \log 3)t + \log 2 \times \log 3 + 1 = 0$

$t^2 - (\log 6)t + \log 2 \times \log 3 + 1 = 0$ ········· ㉠

주어진 방정식의 두 근이 α, β이므로 방정식 ㉠의 두 근은 $\log \alpha$, $\log \beta$이고, 이차방정식의 근과 계수의 관계에 의하여

$\log \alpha + \log \beta = \log 6$

$\log \alpha\beta = \log 6$ $\therefore \alpha\beta = 6$

$\therefore 2^{\alpha\beta} = 2^6 = 64$

0910 답 ①

$(\log_3 x)^2 - 2k \log_3 x - 1 = 0$에서

$\log_3 x = t$로 놓으면

$t^2 - 2kt - 1 = 0$ ·················· ㉠

주어진 방정식의 두 근이 α, β이므로 방정식 ㉠의 두 근은 $\log_3 \alpha$, $\log_3 \beta$이고, 이차방정식의 근과 계수의 관계에 의하여

$\log_3 \alpha + \log_3 \beta = 2k$

$\log_3 \alpha\beta = 2k$

이때 $\alpha\beta = 81$이므로 $\log_3 81 = 2k$

$2k = \log_3 3^4 = 4$ $\therefore k = 2$

0911 답 ⑤

$9^x - 2 \times 3^{x+1} + 3 = 0$에서

$(3^x)^2 - 6 \times 3^x + 3 = 0$

$3^x = t$ $(t > 0)$로 놓으면

$t^2 - 6t + 3 = 0$ ·················· ㉠

방정식 $9^x - 2 \times 3^{x+1} + 3 = 0$의 두 근이 α, β이므로 방정식 ㉠의 두 근은 3^α, 3^β이고, 이차방정식의 근과 계수의 관계에 의하여

$3^\alpha \times 3^\beta = 3$, $3^{\alpha+\beta} = 3$

$\therefore \alpha + \beta = 1$

또한, $(\log_3 x)^2 + a \log_3 x + b = 0$에서

$\log_3 x = s$로 놓으면

$s^2 + as + b = 0$ ·················· ㉡

방정식 $(\log_3 x)^2 + a \log_3 x + b = 0$의 두 근이

$\alpha + \beta = 1$, $4^{\alpha+\beta} = 4$

이므로 방정식 ㉡의 두 근은 $\log_3 1 = 0$, $\log_3 4$이다.

따라서 이차방정식의 근과 계수의 관계에 의하여

$0 + \log_3 4 = -a$, $0 \times \log_3 4 = b$

$\therefore a = -\log_3 4$, $b = 0$

$\therefore b - a = \log_3 4$

0912 답 ②

$(\log_3 x)^2 + 6 = k \log_3 x$에서

$\log_3 x = t$로 놓으면

$t^2 + 6 = kt$, $t^2 - kt + 6 = 0$ ·················· ㉠

주어진 방정식의 두 근 α, β의 비가 $3 : 1$이므로 두 근을 3β, β라 하면 방정식 ㉠의 두 근은 $\log_3 3\beta$, $\log_3 \beta$이고, 이차방정식의 근과 계수의 관계에 의하여

$\log_3 3\beta + \log_3 \beta = k$에서

$1 + 2\log_3 \beta = k$ $(k < 0)$ ·················· ㉡

$\log_3 3\beta \times \log_3 \beta = 6$에서

$(1 + \log_3 \beta)\log_3 \beta = 6$ ·················· ㉢

㉢에서 $\log_3 \beta = s$로 놓으면

$(1 + s)s = 6$, $s^2 + s - 6 = 0$

$(s - 2)(s + 3) = 0$

$\therefore s = 2$ 또는 $s = -3$

(i) $s = 2$, 즉 $\log_3 \beta = 2$이면

㉡에서 $1 + 2 \times 2 = 5 = k$이므로 $k < 0$을 만족시키지 못한다.

(ii) $s = -3$, 즉 $\log_3 \beta = -3$이면

㉡에서 $1 + 2 \times (-3) = -5 < 0$이므로 $k = -5$

$\therefore \beta = 3^{-3} = \dfrac{1}{27}$, $\alpha = 3\beta = \dfrac{1}{9}$

(i), (ii)에서 $\alpha k = \dfrac{1}{9} \times (-5) = -\dfrac{5}{9}$

실수 Check

$s = 2$일 때, 조건을 확인하지 않고, $\log_3 \beta = 2$에서 $\beta = 3^2 = 9$이고, $\alpha = 3\beta = 3 \times 9 = 27$, $k = 1 + 2\log_3 \beta = 1 + 2 \times 2 = 5$로 구하지 않도록 주의한다. 왜냐하면 문제의 조건에서 $k < 0$이라는 조건이 있으므로 $k = 5$가 될 수 없기 때문이다.

Plus 문제

0912-1

$k > 0$인 상수 k에 대하여 방정식 $(\log_2 x)^2 + 8 = k \log_2 x$의 두 근을 α, β라 하자. $\alpha : \beta = 4 : 1$일 때, αk의 값을 구하시오.

$(\log_2 x)^2 + 8 = k \log_2 x$에서

$\log_2 x = t$로 놓으면

$t^2 + 8 = kt$, $t^2 - kt + 8 = 0$ ·················· ㉠

주어진 방정식의 두 근 α, β의 비가 $4 : 1$이므로 두 근을 4β, β라 하면 방정식 ㉠의 두 근은 $\log_2 4\beta$, $\log_2 \beta$이고, 이차방정식의 근과 계수의 관계에 의하여

$\log_2 4\beta + \log_2 \beta = k$에서

$2 + 2\log_2 \beta = k$ $(k > 0)$ ·················· ㉡

$\log_2 4\beta \times \log_2 \beta = 8$에서

$(2+\log_2 \beta)(\log_2 \beta)=8$ ································· ㉢

㉢에서 $\log_2 \beta=s$로 놓으면

$(2+s)s=8$, $s^2+2s-8=0$

$(s+4)(s-2)=0$

$\therefore s=-4$ 또는 $s=2$

(i) $s=-4$, 즉 $\log_2 \beta=-4$이면

㉡에서 $2+2\times(-4)=-6$이므로 $k>0$을 만족시키지 못한다.

(ii) $s=2$, 즉 $\log_2 \beta=2$이면

㉡에서 $2+2\times2=6>0$이므로 $k=6$

$\therefore \beta=2^2=4$, $\alpha=4\beta=16$

(i), (ii)에서 $\alpha k=16\times6=96$

답 96

0913 **답** ③ | 유형 20

방정식 $\underline{x^{\log_2 x}-16x^3=0}$의 모든 근의 합은?

단서1

① $\dfrac{31}{2}$ ② 16   ③ $\dfrac{33}{2}$

④ 17   ⑤ $\dfrac{35}{2}$

단서1 밑이 2인 로그를 이용

STEP1 진수의 조건에서 x의 값의 범위 구하기

진수의 조건에서 $x>0$ ································· ㉠

STEP2 양변에 밑이 2인 로그를 취하여 방정식 풀기

$x^{\log_2 x}-16x^3=0$에서 $x^{\log_2 x}=16x^3$

양변에 밑이 2인 로그를 취하면

$\log_2 x^{\log_2 x}=\log_2 16x^3$

$(\log_2 x)^2=4+3\log_2 x$

$\log_2 x=t$로 놓으면 $t^2=4+3t$

$t^2-3t-4=0$, $(t+1)(t-4)=0$

$\therefore t=-1$ 또는 $t=4$

STEP3 주어진 방정식의 모든 근의 합 구하기

$\log_2 x=-1$ 또는 $\log_2 x=4$이므로

$x=2^{-1}=\dfrac{1}{2}$ 또는 $x=2^4=16$

이 값들은 모두 ㉠을 만족시키므로

$x=\dfrac{1}{2}$ 또는 $x=16$

따라서 모든 근의 합은 $\dfrac{1}{2}+16=\dfrac{33}{2}$

0914 **답** ②

진수의 조건에서 $x>0$ ································· ㉠

$x^{\log x}=\sqrt{1000x}$의 양변에 상용로그를 취하면

$\log x^{\log x}=\log \sqrt{1000x}$, $(\log x)^2=\dfrac{1}{2}(3+\log x)$

$\log x=t$로 놓으면 $t^2=\dfrac{1}{2}(3+t)$

$2t^2-t-3=0$, $(2t-3)(t+1)=0$

$\therefore t=\dfrac{3}{2}$ 또는 $t=-1$

즉, $\log x=\dfrac{3}{2}$ 또는 $\log x=-1$이므로

$x=10^{\frac{3}{2}}=10\sqrt{10}$ 또는 $x=10^{-1}=\dfrac{1}{10}$

이 값들은 모두 ㉠을 만족시키므로

$x=10\sqrt{10}$ 또는 $x=\dfrac{1}{10}$

따라서 모든 근의 곱은 $10\sqrt{10}\times\dfrac{1}{10}=\sqrt{10}$

0915 **답** ③

진수의 조건에서 $x>0$ ································· ㉠

양변에 밑이 3인 로그를 취하면 $\log_3 x^{\log_3 x}=\log_3 \dfrac{27}{x^2}$

$(\log_3 x)^2=3-2\log_3 x$

$\log_3 x=t$로 놓으면 $t^2=3-2t$

$t^2+2t-3=0$, $(t+3)(t-1)=0$

$\therefore t=-3$ 또는 $t=1$

즉, $\log_3 x=-3$ 또는 $\log_3 x=1$이므로

$x=3^{-3}=\dfrac{1}{27}$ 또는 $x=3$

이 값들은 모두 ㉠을 만족시키므로

$x=\dfrac{1}{27}$ 또는 $x=3$

따라서 모든 근의 곱은 $\dfrac{1}{27}\times3=\dfrac{1}{9}$

0916 **답** $x=\dfrac{1}{20}$

$(5x)^{\log 5}-(4x)^{\log 4}=0$, 즉 $(5x)^{\log 5}=(4x)^{\log 4}$의 양변에 상용로그를 취하면

$\log 5\times \log 5x=\log 4\times \log 4x$

$\log 5\times(\log 5+\log x)=\log 4\times(\log 4+\log x)$ ← 로그의 성질을 이용한다.

$(\log 5)^2+\log 5\times \log x=(\log 4)^2+\log 4\times \log x$

$(\log 5)^2-(\log 4)^2=(\log 4-\log 5)\times \log x$

$(\log 5+\log 4)(\log 5-\log 4)=(\log 4-\log 5)\times \log x$

$-(\log 5+\log 4)=\log x$

$-\log 20=\log \dfrac{1}{20}=\log x$

$\therefore x=\dfrac{1}{20}$

0917 **답** ①

$a^{\log x}=x$에서 양변에 상용로그를 취하면

$\log x\times \log a=\log x$

$(\log a-1)\log x=0$

이 식이 모든 양수 x에 대하여 성립하므로

$\log a-1=0$, $\log a=1$

$\therefore a=10$

$x^{\log b}=b$에서 양변에 상용로그를 취하면

$\log b\times \log x=\log b$

$(\log x-1)\log b=0$

이 식이 모든 양수 x에 대하여 성립하므로

$\log b=0$ ∴ $b=1$

∴ $ab=10\times 1=10$

0918 답 10

$x^{\log 2}=2^{\log x}$이므로 주어진 방정식은

$2^{\log x}\times 2^{\log x}-(2^{\log x}+5\times 2^{\log x})+8=0$

$(2^{\log x})^2-6\times 2^{\log x}+8=0$

$2^{\log x}=t\ (t>0)$로 놓으면

$t^2-6t+8=0,\ (t-2)(t-4)=0$

∴ $t=2$ 또는 $t=4$

즉, $2^{\log x}=2$ 또는 $2^{\log x}=4$이므로

$\log x=1$ 또는 $\log x=2$

∴ $x=10$ 또는 $x=10^2$

이때 $\alpha>\beta$이므로 $\alpha=10^2$, $\beta=10$

∴ $\dfrac{\alpha}{\beta}=\dfrac{10^2}{10}=10$

0919 답 ②

밑과 진수의 조건에서 $x>0$, $x\neq 1$, $25x>0$

∴ $x>0$, $x\neq 1$ ··· ㉠

$x^{\log_5 x}\times 5^{\log_x 25x}=625$의 양변에 밑이 5인 로그를 취하면

$\log_5(x^{\log_5 x}\times 5^{\log_x 25x})=\log_5 625$

$\log_5 x^{\log_5 x}+\log_5 5^{\log_x 25x}=\log_5 5^4$

$(\log_5 x)^2+\log_x 25x=4$

$(\log_5 x)^2+\dfrac{\log_5 25x}{\log_5 x}=4$

$(\log_5 x)^2+\dfrac{2+\log_5 x}{\log_5 x}=4$

$\log_5 x=t$로 놓으면 $t^2+\dfrac{2+t}{t}=4$

$t^3-3t+2=0,\ (t-1)^2(t+2)=0$

∴ $t=-2$ 또는 $t=1$

즉, $\log_5 x=-2$ 또는 $\log_5 x=1$이므로

$x=5^{-2}=\dfrac{1}{25}$ 또는 $x=5$

이 값들은 모두 ㉠을 만족시키므로

$x=\dfrac{1}{25}$ 또는 $x=5$

따라서 모든 근의 곱은 $\dfrac{1}{25}\times 5=\dfrac{1}{5}$

0920 답 $x=0$ 또는 $x=1$ | 유형 21

방정식 $\log_{x+2}\sqrt{x+1}=\log_{x+8}(x+1)$을 푸시오.

단서1

단서1 밑이 같은 경우와 진수가 1인 경우로 나누어 확인

STEP 1 밑과 진수의 조건에서 x의 값의 범위 구하기

밑과 진수의 조건에서

$x+2>0$, $x+2\neq 1$, $x+8>0$, $x+8\neq 1$, $x+1>0$

∴ $x>-1$ ··· ㉠

STEP 2 밑이 같을 때 방정식의 해 구하기

$\log_{x+2}\sqrt{x+1}=\log_{x+8}(x+1)$에서

$\log_{(x+2)^2}(x+1)=\log_{x+8}(x+1)$

$(x+2)^2=x+8$일 때, $x^2+3x-4=0$

$(x+4)(x-1)=0$ ∴ $x=-4$ 또는 $x=1$

이때 ㉠에서 $x=1$

STEP 3 진수가 1일 때 방정식의 해 구하기

$x+1=1$일 때, $x=0$

$x=0$은 ㉠을 만족시키므로 해이다.

STEP 4 주어진 방정식의 해 구하기

$x=0$ 또는 $x=1$

0921 답 ⑤

밑과 진수의 조건에서

$2x-1>0$, $2x-1\neq 1$, $x+2>0$, $x+2\neq 1$, $x-1>0$

∴ $x>1$ ··· ㉠

$\log_{2x-1}(x-1)=\log_{x+2}(x-1)$에서

(i) $2x-1=x+2$일 때, $x=3$

  $x=3$은 ㉠을 만족시키므로 해이다.

(ii) $x-1=1$일 때, $x=2$

  $x=2$는 ㉠을 만족시키므로 해이다.

(i), (ii)에서 $x=2$ 또는 $x=3$

따라서 모든 근의 합은 $2+3=5$

0922 답 ②

밑과 진수의 조건에서

$x^2+2>0$, $x^2+2\neq 1$, $x+4>0$, $x+4\neq 1$, $2x-1>0$

∴ $x>\dfrac{1}{2}$ ··· ㉠

$\log_{x^2+2}(2x-1)=\log_{x+4}(2x-1)$에서

(i) $x^2+2=x+4$일 때, $x^2-x-2=0$

  $(x+1)(x-2)=0$ ∴ $x=-1$ 또는 $x=2$

  이때 ㉠에서 $x=2$

(ii) $2x-1=1$일 때, $x=1$

  $x=1$은 ㉠을 만족시키므로 해이다.

(i), (ii)에서 $x=1$ 또는 $x=2$

따라서 모든 근의 곱은 $1\times 2=2$

0923 답 ④ | 유형 22

연립방정식 $\begin{cases}\log_2 x+\log_3 y=-1 \\ \log_{16} x+\log_9 y=0\end{cases}$의 해가 $x=\alpha$, $y=\beta$일 때, $\dfrac{\beta}{\alpha}$의 값은?

단서1

① $\dfrac{3}{4}$ ② 1 ③ 6

④ 12 ⑤ 18

단서1 $\log_2 x=X$, $\log_3 y=Y$로 치환

STEP 1 진수의 조건에서 x, y의 값의 범위 구하기

진수의 조건에서 $x>0$, $y>0$ ··· ㉠

STEP 2 $\log_2 x = X$, $\log_3 y = Y$로 **치환하여 연립방정식 풀기**

$$\begin{cases} \log_2 x + \log_3 y = -1 \\ \log_{16} x + \log_9 y = 0 \end{cases} \text{에서} \begin{cases} \log_2 x + \log_3 y = -1 \\ \dfrac{1}{4} \log_2 x + \dfrac{1}{2} \log_3 y = 0 \end{cases}$$

$\log_2 x = X$, $\log_3 y = Y$로 놓으면 $\begin{cases} X + Y = -1 \\ \dfrac{1}{4} X + \dfrac{1}{2} Y = 0 \end{cases}$

이 연립방정식을 풀면

$X = -2$, $Y = 1$

STEP 3 **주어진 연립방정식의 해 구하기**

$\log_2 x = -2$, $\log_3 y = 1$

$\therefore x = 2^{-2} = \dfrac{1}{4}$, $y = 3$

이 값들은 ㉠을 만족시키므로 $\alpha = \dfrac{1}{4}$, $\beta = 3$

STEP 4 $\dfrac{\beta}{\alpha}$**의 값 구하기**

$\dfrac{\beta}{\alpha} = \dfrac{3}{\dfrac{1}{4}} = 12$

0924 답 ③

진수의 조건에서 $x > 0$, $y > 0$, $x + y > 0$

$\therefore x > 0$, $y > 0$

$\begin{cases} \log_2 x + \log_2 y = 2 \\ \log_2 (x+y) = 3 \end{cases} \text{에서} \begin{cases} \log_2 xy = 2 \\ \log_2 (x+y) = 3 \end{cases}$

$\therefore \begin{cases} xy = 4 \\ x + y = 8 \end{cases}$

따라서 $\alpha\beta = 4$, $\alpha + \beta = 8$이므로

$\alpha^3 + \beta^3 = (\alpha + \beta)^3 - 3\alpha\beta(\alpha + \beta)$

$\qquad\qquad = 8^3 - 3 \times 4 \times 8$

$\qquad\qquad = 416$

0925 답 $\begin{cases} x = 2 + \sqrt{3} \\ y = 2 - \sqrt{3} \end{cases}$ 또는 $\begin{cases} x = 2 - \sqrt{3} \\ y = 2 + \sqrt{3} \end{cases}$

진수의 조건에서 $x > 0$, $y > 0$ ┈┈┈┈┈┈ ㉠

$\log_4 xy = (\log_4 x + \log_4 y)^2$에서

$\log_4 xy = (\log_4 xy)^2$

$\therefore \log_4 xy(\log_4 xy - 1) = 0$

$\log_4 xy = 0$ 또는 $\log_4 xy = 1$

(i) $\log_4 xy = 0$일 때, $xy = 1$

$\quad xy = 1$, $x + y = 4$를 연립하여 풀면

$\quad \begin{cases} x = 2 + \sqrt{3} \\ y = 2 - \sqrt{3} \end{cases}$ 또는 $\begin{cases} x = 2 - \sqrt{3} \\ y = 2 + \sqrt{3} \end{cases}$

$\quad$ 이 값들은 ㉠을 만족시킨다.

(ii) $\log_4 xy = 1$일 때, $xy = 4$

$\quad xy = 4$, $x + y = 4$를 연립하여 풀면

$\quad x = 2$, $y = 2$

$\quad$ 그런데 $x = y$이므로 해가 아니다.

(i), (ii)에서

$\begin{cases} x = 2 + \sqrt{3} \\ y = 2 - \sqrt{3} \end{cases}$ 또는 $\begin{cases} x = 2 - \sqrt{3} \\ y = 2 + \sqrt{3} \end{cases}$

0926 답 6

밑의 조건에서 $x > 0$, $x \neq 1$, $y > 0$, $y \neq 1$ ┈┈┈┈ ㉠

$\begin{cases} \log_x 81 - \log_y 9 = 2 \\ \log_x 27 + \log_y 3 = 4 \end{cases} \text{에서} \begin{cases} 4\log_x 3 - 2\log_y 3 = 2 \\ 3\log_x 3 + \log_y 3 = 4 \end{cases}$

$\log_x 3 = X$, $\log_y 3 = Y$로 놓으면

$\begin{cases} 4X - 2Y = 2 \\ 3X + Y = 4 \end{cases}$

이 연립방정식을 풀면 $X = 1$, $Y = 1$

즉, $\log_x 3 = 1$, $\log_y 3 = 1$이므로 $x = 3$, $y = 3$

이 값들은 ㉠을 만족시키므로 $\alpha = 3$, $\beta = 3$

$\therefore \alpha + \beta = 3 + 3 = 6$

0927 답 ⑤

진수의 조건에서 $x > 0$, $y > 0$ ┈┈┈┈┈┈┈┈┈ ㉠

$\begin{cases} \log_5 xy = 3 \\ (\log_5 x)(\log_5 y) = 2 \end{cases} \text{에서} \begin{cases} \log_5 x + \log_5 y = 3 \\ (\log_5 x)(\log_5 y) = 2 \end{cases}$

$\log_5 x = X$, $\log_5 y = Y$로 놓으면 $\begin{cases} X + Y = 3 \\ XY = 2 \end{cases}$

이 연립방정식을 풀면

$X = 1$, $Y = 2$ 또는 $X = 2$, $Y = 1$

즉, $\log_5 x = 1$, $\log_5 y = 2$ 또는 $\log_5 x = 2$, $\log_5 y = 1$이므로

$x = 5$, $y = 5^2 = 25$ 또는 $x = 5^2 = 25$, $y = 5$

이 값은 ㉠을 만족시키고, $\alpha > \beta$이므로

$\alpha = 25$, $\beta = 5$

$\therefore \dfrac{\alpha}{\beta} = \dfrac{25}{5} = 5$

0928 답 ④

진수의 조건에서 $x > 0$, $y > 0$ ┈┈┈┈┈┈┈┈┈ ㉠

$\begin{cases} \log_2 x + \log_3 y = 7 \\ (\log_3 x)(\log_2 y) = 12 \end{cases}$에서

$(\log_3 x)(\log_2 y) = \dfrac{\log_2 x}{\log_2 3} \times \dfrac{\log_3 y}{\log_3 2}$

$\qquad\qquad\qquad = (\log_2 x)(\log_3 y)$ → 밑의 변환 공식을 이용한다.

$\log_2 x = X$, $\log_3 y = Y$로 놓으면 $\begin{cases} X + Y = 7 \\ XY = 12 \end{cases}$

이 연립방정식을 풀면

$X = 3$, $Y = 4$ 또는 $X = 4$, $Y = 3$

즉, $\log_2 x = 3$, $\log_3 y = 4$ 또는 $\log_2 x = 4$, $\log_3 y = 3$이므로

$x = 2^3 = 8$, $y = 3^4 = 81$ 또는 $x = 2^4 = 16$, $y = 3^3 = 27$

이 값들은 ㉠을 만족시킨다.

(i) $x = 8$, $y = 81$일 때, $\beta - \alpha = 81 - 8 = 73$

(ii) $x = 16$, $y = 27$일 때, $\beta - \alpha = 27 - 16 = 11$

따라서 $\beta - \alpha$의 최댓값은 73이다.

> **실수 Check**
>
> 연립방정식 중 $(\log_3 x)(\log_2 y) = 12$를 정확히 보지 않고
> $(\log_2 x)(\log_3 y) = 12$로 보고 치환하지 않도록 주의한다.
> $(\log_3 x)(\log_2 y) = 12$를 $\log_2 x$, $\log_3 y$에 대한 식으로 치환하려면 풀
> 이와 같이 밑의 변환 공식을 사용하여 변환한 후 풀어야 한다.

0929 답 ① |유형 23

STEP1 진수의 조건에서 k의 값의 범위 구하기

진수의 조건에서 $x+4>0$, $k-2x>0$

x의 값이 존재해야 하므로

$-4<\dfrac{k}{2}$에서 $k>-8$ ································ ㉠

STEP2 로그방정식을 풀어 이차방정식으로 나타내기

$\log_2(x+4)+\log_2(k-2x)=5$에서

$\log_2(x+4)(k-2x)=5$

$(x+4)(k-2x)=32$

$2x^2-(k-8)x+32-4k=0$ ·············· ㉡

STEP3 근을 가질 조건을 이용하여 상수 k의 값의 범위 구하기

이차방정식이 근을 가지려면 판별식을 D라 할 때

$D=(k-8)^2-8(32-4k)\geq 0$

$k^2+16k-192\geq 0$

$(k+24)(k-8)\geq 0$

$\therefore k\leq -24$ 또는 $k\geq 8$ ·············· ㉢

㉠, ㉢의 공통 범위를 구하면 $k\geq 8$

STEP4 상수 k의 값이 최소일 때, 실근 x의 값 구하기

k의 최솟값은 8이므로 이것을 ㉡에 대입하면

$2x^2=0$

$\therefore x=0$

0930 답 ④

$\log_3(x-1)+\log_3(k-x)-4=0$에서

$\log_3(x-1)(k-x)=4$

$(x-1)(k-x)=81$

$x^2-(k+1)x+k+81=0$

이 이차방정식이 실근을 갖지 않으려면 판별식을 D라 할 때

$D=(k+1)^2-4(k+81)<0$

$k^2-2k-323<0$, $(k+17)(k-19)<0$

$\therefore -17<k<19$

그런데 $k>1$이므로

$1<k<19$

따라서 자연수 k의 개수는 17이다.

0931 답 4, 16

이차방정식 $x^2+(6-2\log_2 k)x+1=0$의 판별식을 D라 하면

$\dfrac{D}{4}=(3-\log_2 k)^2-1=0$

$\therefore (\log_2 k)^2-6\log_2 k+8=0$

$\log_2 k=t$로 놓으면 $t^2-6t+8=0$

$(t-2)(t-4)=0$　　$\therefore t=2$ 또는 $t=4$

즉, $\log_2 k=2$ 또는 $\log_2 k=4$이므로

$k=2^2=4$ 또는 $k=2^4=16$

0932 답 ② |유형 24

STEP1 진수의 조건에서 x의 값의 범위 구하기

진수의 조건에서 $x-2>0$, $x>0$

$\therefore x>2$ ································ ㉠

STEP2 로그함수의 성질을 이용하여 부등식 풀기

$\log_2(x-2)+\log_2 x\leq 3$에서 $\log_2 x(x-2)\leq \log_2 8$

밑이 1보다 크므로 $x(x-2)\leq 8$

$x^2-2x-8\leq 0$, $(x-4)(x+2)\leq 0$

$\therefore -2\leq x\leq 4$ ························ ㉡

㉠, ㉡의 공통 범위를 구하면

$2<x\leq 4$

STEP3 정수 x의 개수 구하기

정수 x는 3, 4의 2개이다.

0933 답 ④

진수의 조건에서 $x-4>0$, $x>0$

$\therefore x>4$ ································ ㉠

$\log_{\frac{1}{6}}(x-4)\geq \log_{\frac{1}{6}}x+\log_6 4$에서

$\log_{\frac{1}{6}}(x-4)\geq \log_{\frac{1}{6}}x+\log_{\frac{1}{6}}\dfrac{1}{4}$

$\log_{\frac{1}{6}}(x-4)\geq \log_{\frac{1}{6}}\dfrac{x}{4}$

밑이 1보다 작으므로 $x-4\leq \dfrac{x}{4}$

$4x-16\leq x$, $3x\leq 16$

$\therefore x\leq \dfrac{16}{3}$ ································ ㉡

㉠, ㉡의 공통 범위를 구하면 $4<x\leq \dfrac{16}{3}$

0934 답 ②

진수의 조건에서 $x-2>0$, $x-6>0$

$\therefore x>6$ ································ ㉠

$\log_5(x-2)+\log_5(x-6)<1$에서

$\log_5(x-2)(x-6)<\log_5 5$

밑이 1보다 크므로 $(x-2)(x-6)<5$

$x^2-8x+7<0$, $(x-7)(x-1)<0$

$\therefore 1<x<7$ ································ ㉡

㉠, ㉡의 공통 범위를 구하면 $6<x<7$

따라서 $\alpha=6$, $\beta=7$이므로

$\log_5(2\alpha-\beta)=\log_5(2\times 6-7)=\log_5 5=1$

0935 답 11

진수의 조건에서 $x-4>0$, $x-2>0$

$\therefore x>4$ ··· ㉠

$2\log_{\frac{1}{3}}(x-4)\geq\log_{\frac{1}{3}}(x-2)$에서

$\log_{\frac{1}{3}}(x-4)^2\geq\log_{\frac{1}{3}}(x-2)$

밑이 1보다 작으므로 $(x-4)^2\leq x-2$

$x^2-9x+18\leq0$, $(x-3)(x-6)\leq0$

$\therefore 3\leq x\leq6$ ·· ㉡

㉠, ㉡의 공통 범위를 구하면 $4<x\leq6$

따라서 정수 x의 최댓값 $M=6$, 최솟값 $m=5$이므로

$M+m=6+5=11$

0936 답 ①

진수의 조건에서 $x+k>0$, $2x-8>0$

$\therefore x>-k$, $x>4$

이때 k는 자연수이므로 $x>4$ ·························· ㉠

$\log_2(x+k)\geq\log_2(2x-8)$에서 밑이 1보다 크므로

$x+k\geq2x-8$

$\therefore x\leq k+8$ ·· ㉡

㉠, ㉡의 공통 범위를 구하면 $4<x\leq k+8$

이 부등식을 만족시키는 정수 x의 개수가 6이므로

$(k+8)-4=6$ $\therefore k=2$

0937 답 ⑤

진수의 조건에서 $2^x-3>0$

$2^x>3$에서 $x>\log_2 3$ ····································· ㉠

$\log_5(2^x-3)\leq3$에서 $\log_5(2^x-3)\leq\log_5 125$

밑이 1보다 크므로 $2^x-3\leq125$

$2^x\leq128$, $2^x\leq2^7$

$\therefore x\leq7$ ··· ㉡

㉠, ㉡의 공통 범위를 구하면 $\log_2 3<x\leq7$

따라서 정수 x는 2, 3, 4, 5, 6, 7의 6개이다.

0938 답 ③

$\log_6(x+6)+\log_6(7-x)>k$에서

$\log_6(x+6)(7-x)>\log_6 6^k$

밑이 1보다 크므로 $(x+6)(7-x)>6^k$

$x^2-x+6^k-42<0$ ·· ㉠

이 부등식의 해가 $-2<x<3$이므로

$(x+2)(x-3)<0$, $x^2-x-6<0$ ······················ ㉡

㉠, ㉡이 같으므로 $6^k-42=-6$, $6^k=36=6^2$

$\therefore k=2$

참고 부등식의 해가 주어졌으므로 진수 조건을 생각하지 않아도 된다.

개념 Check

(1) 해가 $\alpha<x<\beta$이고 x^2의 계수가 1인 이차부등식은

$\quad(x-\alpha)(x-\beta)<0$

(2) 해가 $x<\alpha$ 또는 $x>\beta$이고 x^2의 계수가 1인 이차부등식은

$\quad(x-\alpha)(x-\beta)>0$ (단, $\alpha<\beta$)

0939 답 ⑤

진수의 조건에서 $f(x)>0$, $g(x)>0$ ·················· ㉠

$\log_{\frac{3}{8}}f(x)>\log_{\frac{3}{8}}g(x)$에서 밑이 1보다 작으므로

$f(x)<g(x)$ ··· ㉡

㉠, ㉡에서 $b<x<c$ 또는 $c<x<d$

0940 답 ②

$y=2^{x-1}+3$ $(y>3)$에서 $2^{x-1}=y-3$

$x-1=\log_2(y-3)$

$x=\log_2(y-3)+1$

x와 y를 서로 바꾸면

$y=\log_2(x-3)+1$

$\therefore f^{-1}(x)=\log_2(x-3)+1$ $(x>3)$

이것을 $f^{-1}(x)+f^{-1}(x+3)\leq\log_2 16x$에 대입하면

$\log_2(x-3)+1+\log_2 x+1\leq\log_2 16x$

$\log_2(x-3)+\log_2 x+2\leq4+\log_2 x$

$\log_2(x-3)\leq2$, $\log_2(x-3)\leq\log_2 2^2$

밑이 1보다 크므로 $x-3\leq4$

$\therefore x\leq7$

이때 $x>3$이므로 $3<x\leq7$

따라서 자연수 x는 4, 5, 6, 7의 4개이다.

실수 Check

진수 조건을 구할 때는 문제에서 주어진 식이 아닌 $f^{-1}(x)$를 구하여 주어진 식에 대입한 후 정리한 식

$\log_2(x-3)+\log_2 x+2\leq4+\log_2 x$

에서 구해야 한다.

0941 답 ③

진수의 조건에서 $\underline{x^2-7x>0}$, $x+5>0$

$ \xrightarrow{} x(x-7)>0$에서 $x<0$ 또는 $x>7$

$\therefore -5<x<0$ 또는 $x>7$ ····························· ㉠

$\log_2(x^2-7x)-\log_2(x+5)\leq1$에서

$\log_2(x^2-7x)\leq\log_2(x+5)+\log_2 2$

$\log_2(x^2-7x)\leq\log_2 2(x+5)$

밑이 1보다 크므로 $x^2-7x\leq2x+10$

$x^2-9x-10\leq0$, $(x-10)(x+1)\leq0$

$\therefore -1\leq x\leq10$ ··· ㉡

㉠, ㉡에서 $-1\leq x<0$ 또는 $7<x\leq10$

따라서 부등식을 만족시키는 정수 x는 -1, 8, 9, 10이므로

그 합은 $(-1)+8+9+10=26$

0942 답 15

$\log_3 f(x)+\log_{\frac{1}{3}}(x-1)\leq0$에서

$\log_3 f(x)-\log_3(x-1)\leq0$

$\log_3 f(x)\leq\log_3(x-1)$

진수의 조건에서 $f(x)>0$, $x-1>0$

밑이 1보다 크므로 $f(x)\leq x-1$

(i) $f(x)>0$을 만족시키는 실수 x의 값의 범위는

　　$0<x<7$

(ii) $x-1>0$을 만족시키는 실수 x의 값의 범위는

　　$x>1$

(iii) $f(x)\leq x-1$을 만족시키는 실수 x의 값의 범위는

　　$x>1$일 때 $x\geq 4$

(i), (ii), (iii)의 공통 범위를 구하면 $4\leq x<7$

따라서 부등식을 만족시키는 자연수 x는 4, 5, 6이므로 그 합은

$4+5+6=15$

0943 답 4

진수의 조건에서 $|x-1|>0$, $x+2>0$

$\xrightarrow{\quad x-1\neq 0\quad}\therefore x\neq 1$

$\therefore -2<x<1$ 또는 $x>1$

(i) $-2<x<1$인 경우

　　$\log(-x+1)+\log(x+2)\leq 1$

　　$\log(-x+1)(x+2)\leq \log 10$

　　밑이 1보다 크므로

　　$(-x+1)(x+2)\leq 10$, $x^2+x+8\geq 0$

　　$x^2+x+8=\left(x+\dfrac{1}{2}\right)^2+\dfrac{31}{4}\geq 0$이므로

　　$-2<x<1$인 모든 실수 x에 대하여 항상 성립한다.

　　이때 x는 정수이므로 -1, 0이다.

(ii) $x>1$인 경우

　　$\log(x-1)+\log(x+2)\leq 1$

　　$\log(x-1)(x+2)\leq \log 10$

　　밑이 1보다 크므로

　　$(x-1)(x+2)\leq 10$, $x^2+x-12\leq 0$

　　$(x+4)(x-3)\leq 0$

　　$\therefore -4\leq x\leq 3$

　　이때 $x>1$이므로 $1<x\leq 3$이고

　　x는 정수이므로 2, 3이다.

(i), (ii)에서 모든 정수 x의 값의 합은

$(-1)+0+2+3=4$

실수 Check

$\log|x-1|+\log(x+2)\leq 1$에서 진수 $|x-1|$의 값은

　　$-2<x<1$일 때는 $-x+1$,

　　$x>1$일 때는 $x-1$

로 달라지므로 풀이와 같이 구간을 나누어 풀어야 함에 주의한다.

Plus 문제

0943-1

부등식 $\log_2|2-x|+\log_2(x+1)\leq 3$을 만족시키는 모든 정수 x의 값의 합을 구하시오.

───────────

진수의 조건에서 $|2-x|>0$, $x+1>0$

$\xrightarrow{\quad 2-x\neq 0\quad}\therefore x\neq 2$

$\therefore -1<x<2$ 또는 $x>2$

(i) $-1<x<2$인 경우

　　$\log_2(2-x)+\log_2(x+1)\leq 3$

　　$\log_2(2-x)(x+1)\leq \log_2 2^3$

밑이 1보다 크므로

$(2-x)(x+1)\leq 8$, $x^2-x+6\geq 0$

$x^2-x+6=\left(x-\dfrac{1}{2}\right)^2+\dfrac{23}{4}>0$이므로 $-1<x<2$인 모든

실수 x에 대하여 성립한다.

이때 x는 정수이므로 0, 1이다.

(ii) $x>2$인 경우

　　$\log_2(x-2)+\log_2(x+1)\leq 3$

　　$\log_2(x-2)(x+1)\leq \log_2 8$

　　밑이 1보다 크므로

　　$(x-2)(x+1)\leq 8$

　　$x^2-x-2\leq 8$, $x^2-x-10\leq 0$

　　$\therefore \dfrac{1-\sqrt{41}}{2}\leq x\leq \dfrac{1+\sqrt{41}}{2}$

　　이때 $x>2$이므로 $2<x\leq \dfrac{1+\sqrt{41}}{2}$이고,

　　x는 정수이므로 3이다.

(i), (ii)에서 모든 정수 x의 값의 합은

$0+1+3=4$

답 4

0944 답 ⑤ ｜유형 25

부등식 $\log_2(\log_5 x)\geq 1$의 해는?

　단서1

① $x>1$　　　② $x\geq 5$　　　③ $1<x\leq 5$

④ $1<x\leq 25$　　　⑤ $x\geq 25$

단서1 $\log_5 x$는 진수이므로 $\log_5 x>0$

STEP1 진수의 조건에서 x의 값의 범위 구하기

진수의 조건에서 $x>0$, $\log_5 x>0$

$\therefore x>1$ ⋯⋯⋯⋯⋯⋯⋯⋯⋯⋯⋯⋯⋯⋯⋯⋯⋯⋯⋯⋯⋯⋯ ㉠

STEP2 부등식 풀기

$\log_2(\log_5 x)\geq 1$에서 $\log_2(\log_5 x)\geq \log_2 2$

밑이 1보다 크므로 $\log_5 x\geq 2$

또, $\log_5 x\geq \log_5 5^2$에서 밑이 1보다 크므로

$x\geq 25$ ⋯⋯⋯⋯⋯⋯⋯⋯⋯⋯⋯⋯⋯⋯⋯⋯⋯⋯⋯⋯⋯⋯ ㉡

STEP3 부등식의 해 구하기

㉠, ㉡의 공통 범위를 구하면 $x\geq 25$

0945 답 ④

진수의 조건에서 $x>0$, $\log_4 x>0$, $\log_3(\log_4 x)>0$

이때 $\log_4 x>0$에서 $x>1$

$\log_3(\log_4 x)>0$에서 $\log_4 x>1$

$\therefore x>4$ ⋯⋯⋯⋯⋯⋯⋯⋯⋯⋯⋯⋯⋯⋯⋯⋯⋯⋯⋯⋯⋯⋯ ㉠

$\log_{\frac{1}{3}}\{\log_3(\log_4 x)\}>0$에서 밑이 1보다 작으므로

$\log_3(\log_4 x)<1$

$\log_3(\log_4 x)<\log_3 3$에서 밑이 1보다 크므로

$\log_4 x<3$

$\log_4 x < \log_4 4^3$에서 밑이 1보다 크므로

$x < 64$ ──────────── ㉡

㉠, ㉡을 만족시키는 x의 값의 범위는

$4 < x < 64$

따라서 정수 x는 5, 6, 7, $\cdots$, 63이므로 그 개수는

$63 - 4 = 59$

0946 답 ④

진수의 조건에서 $x > 0$, $\log_2 x - 2 > 0$

이때 $\log_2 x > 2$에서 $\log_2 x > \log_2 2^2$

밑이 1보다 크므로 $x > 4$

$\therefore x > 4$ ──────────── ㉠

$\log_4 (\log_2 x - 2) \leq \frac{1}{2}$에서 $\log_4 (\log_2 x - 2) \leq \log_4 4^{\frac{1}{2}}$

밑이 1보다 크므로 $\log_2 x - 2 \leq 4^{\frac{1}{2}}$

$\log_2 x \leq 4$

또, $\log_2 x \leq \log_2 2^4$에서 밑이 1보다 크므로

$x \leq 16$ ──────────── ㉡

㉠, ㉡을 만족시키는 x의 값의 범위는

$4 < x \leq 16$

$\therefore \alpha + \beta = 4 + 16 = 20$

0947 답 240

진수의 조건에서 $x > 0$, $\log_3 x - 1 > 0$

이때 $\log_3 x > 1$에서 $\log_3 x > \log_3 3$

밑이 1보다 크므로 $x > 3$

$\therefore x > 3$ ──────────── ㉠

$\log_2 (\log_3 x - 1) \leq 2$에서 $\log_2 (\log_3 x - 1) \leq \log_2 2^2$

밑이 1보다 크므로 $\log_3 x - 1 \leq 4$

$\log_3 x \leq 5$

또, $\log_3 x \leq \log_3 3^5$에서 밑이 1보다 크므로

$x \leq 243$ ──────────── ㉡

㉠, ㉡을 만족시키는 x의 값의 범위는 $3 < x \leq 243$

따라서 자연수 x의 개수는 $243 - 3 = 240$

0948 답 2

$y = \log (10 - x^2)$에서 진수는 항상 0보다 크므로 $10 - x^2 > 0$

$x^2 < 10$ $\therefore -\sqrt{10} < x < \sqrt{10}$

$\therefore A = \{x \mid -\sqrt{10} < x < \sqrt{10}\}$

$y = \log (\log x)$에서 $\log x > 0$ $\therefore x > 1$

$\therefore B = \{x \mid x > 1\}$

따라서 $A \cap B = \{x \mid 1 < x < \sqrt{10}\}$이므로 구하는 정수는 2, 3의 2개이다.

0949 답 ④

(ⅰ) 집합 A의 부등식의 진수의 조건에서

$x > 0$, $\log_5 x > 0$

$\therefore x > 1$ ──────────── ㉠

$\log_3 (\log_5 x) \leq 1$에서 $\log_3 (\log_5 x) \leq \log_3 3$

밑이 1보다 크므로 $\log_5 x \leq 3$

또, $\log_5 x \leq \log_5 5^3$에서 밑이 1보다 크므로

$x \leq 125$ ──────────── ㉡

㉠, ㉡에서 $A = \{x \mid 1 < x \leq 125\}$

(ⅱ) 집합 B의 부등식의 진수의 조건에서

$x > 0$, $\log_3 x > 0$

$\therefore x > 1$ ──────────── ㉢

$\log_5 (\log_3 x) \leq 1$에서 $\log_5 (\log_3 x) \leq \log_5 5$

밑이 1보다 크므로 $\log_3 x \leq 5$

또, $\log_3 x \leq \log_3 3^5$에서 밑이 1보다 크므로

$x \leq 243$ ──────────── ㉣

㉢, ㉣에서 $B = \{x \mid 1 < x \leq 243\}$

(ⅰ), (ⅱ)에서 $A \subset B$이므로

$A \cap B^c = \varnothing$

개념 Check

$A \subset B \Longleftrightarrow A \cap B = A$

$\qquad \Longleftrightarrow A \cup B = B$

$\qquad \Longleftrightarrow A - B = \varnothing$

$\qquad \Longleftrightarrow A \cap B^c = \varnothing$

$\qquad \Longleftrightarrow B^c - A^c = B^c \cap A = \varnothing$

0950 답 ⑤ | 유형 26

부등식 $(\log_3 x)(\log_3 3x) \leq 20$을 만족시키는 자연수 x의 최댓값은?

단서1

① 25 ② 36 ③ 49

④ 64 ⑤ 81

단서1 $\log_3 x = t$로 치환

STEP1 진수의 조건에서 x의 값의 범위 구하기

진수의 조건에서 $x > 0$, $3x > 0$이므로

$x > 0$ ──────────── ㉠

STEP2 $\log_3 x = t$로 치환하여 t에 대한 부등식 풀기

$(\log_3 x)(\log_3 3x) \leq 20$에서

$(\log_3 x)(1 + \log_3 x) \leq 20$

$\log_3 x = t$로 놓으면 $t(1 + t) \leq 20$

$t^2 + t - 20 \leq 0$, $(t + 5)(t - 4) \leq 0$

$\therefore -5 \leq t \leq 4$

STEP3 t의 값의 범위를 이용하여 주어진 부등식의 해 구하기

$-5 \leq \log_3 x \leq 4$이므로 $\log_3 3^{-5} \leq \log_3 x \leq \log_3 3^4$

밑이 1보다 크므로 $\frac{1}{243} \leq x \leq 81$ ──────────── ㉡

㉠, ㉡에서 $\frac{1}{243} \leq x \leq 81$

STEP4 자연수 x의 최댓값 구하기

자연수 x의 최댓값은 81이다.

0951 답 12

진수의 조건에서 $x > 0$, $x^3 > 0$이므로

$x > 0$ ──────────── ㉠

$(\log_2 x)^2 - \dfrac{5}{3}\log_2 x^3 + 6 \le 0$에서

$(\log_2 x)^2 - 5\log_2 x + 6 \le 0$

$\log_2 x = t$로 놓으면 $t^2 - 5t + 6 \le 0$

$(t-2)(t-3) \le 0$

$\therefore 2 \le t \le 3$

$2 \le \log_2 x \le 3$이므로 $\log_2 2^2 \le \log_2 x \le \log_2 2^3$

밑이 1보다 크므로 $4 \le x \le 8$ ························· ㉡

㉠, ㉡에서 $4 \le x \le 8$

따라서 $a = 4$, $b = 8$이므로

$a + b = 4 + 8 = 12$

0952 답 ①

$\log_5 x = t$로 놓으면

$t^2 + at + b < 0$ ···························· ㉠

주어진 부등식의 해가 $\dfrac{1}{25} < x < 5$이므로

$\log_5 \dfrac{1}{25} < \log_5 x < \log_5 5$

$\therefore -2 < t < 1$

해가 $-2 < t < 1$이고 이차항의 계수가 1인 이차부등식은

$(t+2)(t-1) < 0$

$\therefore t^2 + t - 2 < 0$ ······················· ㉡

㉠과 ㉡이 일치하므로

$a = 1$, $b = -2$

$\therefore ab = 1 \times (-2) = -2$

0953 답 ②

진수의 조건에서 $x > 0$, $4x > 0$이므로

$x > 0$ ······································· ㉠

$(\log_2 x)(\log_2 4x) \le 15$에서

$(\log_2 x)(2 + \log_2 x) \le 15$

$\log_2 x = t$로 놓으면 $t(2 + t) \le 15$

$t^2 + 2t - 15 \le 0$, $(t+5)(t-3) \le 0$

$\therefore -5 \le t \le 3$

즉, $-5 \le \log_2 x \le 3$이므로 $\log_2 2^{-5} \le \log_2 x \le \log_2 2^3$

밑이 1보다 크므로 $\dfrac{1}{32} \le x \le 8$ ············· ㉡

㉠, ㉡에서 $\dfrac{1}{32} \le x \le 8$

따라서 자연수 x는 $1, 2, 3, \cdots, 8$의 8개이다.

0954 답 ①

$\left(\log_{\frac{1}{9}} x\right)\left(\log_3 \dfrac{x}{9}\right) > a$에서

$\left(-\dfrac{1}{2}\log_3 x\right)(\log_3 x - 2) > a$

$\log_3 x = t$로 놓으면 $-\dfrac{t}{2}(t-2) > a$

$t^2 - 2t + 2a < 0$ ························ ㉠

주어진 부등식의 해가 $\dfrac{1}{9} < x < 81$이므로

$\log_3 \dfrac{1}{9} < \log_3 x < \log_3 81$

$\therefore -2 < t < 4$

해가 $-2 < t < 4$이고 이차항의 계수가 1인 이차부등식은

$(t+2)(t-4) < 0$ $\therefore t^2 - 2t - 8 < 0$ ········· ㉡

㉠과 ㉡이 일치하므로

$2a = -8$ $\therefore a = -4$

0955 답 ④

진수의 조건에서 $|x| > 0$, $9x^2 > 0$

$\therefore x \ne 0$ ······························· ㉠

$\log_3 |x| \times \log_9 9x^2 \le 20$에서

$\log_3 |x| \times (1 + \log_9 x^2) \le 20$

$\log_3 |x| \times (1 + \log_3 |x|) \le 20$

$\log_3 |x| = t$로 놓으면 $t(1+t) \le 20$

$t^2 + t - 20 \le 0$, $(t+5)(t-4) \le 0$

$\therefore -5 \le t \le 4$

즉, $-5 \le \log_3 |x| \le 4$이므로 $\log_3 3^{-5} \le \log_3 |x| \le \log_3 3^4$

밑이 1보다 크므로 $\dfrac{1}{243} \le |x| \le 81$ ········· ㉡

㉠, ㉡을 만족시키는 정수 x는 $-81, -80, \cdots, -2, -1, 1, 2,$
$\cdots, 80, 81$로 그 개수는

$81 \times 2 = 162$

실수 Check

$\log_3 |x| \times (1 + \log_9 x^2) \le 20$에서 $\log_3 |x| \times (1 + 2\log_9 x) \le 20$으로 풀지 않도록 주의한다.

$\log_9 x^2$에서의 진수의 조건은 $x \ne 0$이지만 $\log_9 x$에서의 진수의 조건은 $x > 0$이기 때문에 $\log_9 x^2 = \log_3 |x|$로 변형해야 한다.

Plus 문제

0955-1

부등식 $\log_2 |x| \times \log_2 8x^3 \le 36$을 만족시키는 정수 x의 개수를 구하시오.

진수의 조건에서 $|x| > 0$, $8x^3 > 0$

$\therefore x > 0$ ······························· ㉠

$\log_2 |x| \times \log_2 8x^3 \le 36$에서

$\log_2 x \times (3 + 3\log_2 x) \le 36$

$3(\log_2 x)^2 + 3\log_2 x - 36 \le 0$

$\log_2 x = X$로 놓으면

$3X^2 + 3X - 36 \le 0$, $X^2 + X - 12 \le 0$

$(X-3)(X+4) \le 0$

$\therefore -4 \le X \le 3$

즉, $-4 \le \log_2 x \le 3$이므로

$\log_2 2^{-4} \le \log_2 x \le \log_2 2^3$

밑이 1보다 크므로 $\dfrac{1}{16} \le x \le 8$ ············· ㉡

㉠, ㉡을 만족시키는 정수 x는 $1, 2, \cdots, 8$로 그 개수는 8이다.

답 8

0956 답 $1 \le x \le \sqrt{10}$

유형 27

부등식 $x^{\log x} \le \sqrt{x}$의 해를 구하시오.

단서1

단서1 $\log x^{\log x} \le \log \sqrt{x}$로 변형

STEP1 진수의 조건에서 x의 값의 범위 구하기

진수의 조건에서

$x > 0$ ⋯⋯ ㉠

STEP2 부등식의 양변에 상용로그 취하기

$x^{\log x} \le \sqrt{x}$의 양변에 상용로그를 취하면

$\log x^{\log x} \le \log \sqrt{x}$

$(\log x)^2 \le \frac{1}{2} \log x$

STEP3 $\log x = t$로 치환하여 부등식 풀기

$\log x = t$로 놓으면 $t^2 \le \frac{1}{2} t$

$t^2 - \frac{1}{2} t \le 0$, $t \left(t - \frac{1}{2} \right) \le 0$

$\therefore 0 \le t \le \frac{1}{2}$

즉, $0 \le \log x \le \frac{1}{2}$이므로 $\log 1 \le \log x \le \log 10^{\frac{1}{2}}$

밑이 1보다 크므로

$1 \le x \le \sqrt{10}$ ⋯⋯ ㉡

㉠, ㉡에서 $1 \le x \le \sqrt{10}$

0957 답 ④

진수의 조건에서 $x + 1 > 0$

$\therefore x > -1$ ⋯⋯ ㉠

$(x+1)^{\log_3 (x+1)} < 9(x+1)$의 양변에 밑이 3인 로그를 취하면

$\log_3 (x+1)^{\log_3 (x+1)} < \log_3 9(x+1)$

$\therefore \{\log_3 (x+1)\}^2 - \log_3 (x+1) - 2 < 0$

$\log_3 (x+1) = t$로 놓으면 $t^2 - t - 2 < 0$

$(t+1)(t-2) < 0$ $\therefore -1 < t < 2$

즉, $-1 < \log_3 (x+1) < 2$이므로

$\log_3 3^{-1} < \log_3 (x+1) < \log_3 3^2$

밑이 1보다 크므로

$\frac{1}{3} < x+1 < 9$

$\therefore -\frac{2}{3} < x < 8$ ⋯⋯ ㉡

㉠, ㉡에서 $-\frac{2}{3} < x < 8$

따라서 자연수 x는 1, 2, 3, ⋯, 7이므로 그 합은 28이다.

0958 답 4

진수의 조건에서

$x > 0$ ⋯⋯ ㉠

$x^{\log_2 2x + 2} \le 16$의 양변에 밑이 2인 로그를 취하면

$\log_2 x^{\log_2 2x + 2} \le \log_2 16$, $(\log_2 2x + 2) \log_2 x \le 4$

$(\log_2 x + 3) \log_2 x \le 4$

$\therefore (\log_2 x)^2 + 3 \log_2 x - 4 \le 0$

$\log_2 x = t$로 놓으면 $t^2 + 3t - 4 \le 0$

$(t+4)(t-1) \le 0$ $\therefore -4 \le t \le 1$

즉, $-4 \le \log_2 x \le 1$이므로 $\log_2 2^{-4} \le \log_2 x \le \log_2 2$

밑이 1보다 크므로

$\frac{1}{16} \le x \le 2$ ⋯⋯ ㉡

㉠, ㉡에서 $\frac{1}{16} \le x \le 2$

따라서 $a = \frac{1}{16}$, $b = 2$이므로

$32ab = 32 \times \frac{1}{16} \times 2 = 4$

0959 답 ①

$7^{3x+2} > 70^{2-x}$의 양변에 상용로그를 취하면

$\log 7^{3x+2} > \log 70^{2-x}$

$(3x+2) \log 7 > (2-x) \log 70$

$(3 \log 7 + \log 70) x > 2 \log 70 - 2 \log 7$

$\therefore x > \dfrac{2 \log 70 - 2 \log 7}{3 \log 7 + \log 70}$

$\quad = \dfrac{2(1 + \log 7) - 2 \log 7}{3 \log 7 + 1 + \log 7}$

$\quad = \dfrac{2}{4 \log 7 + 1}$

$\quad = \dfrac{2}{4 \times 0.8 + 1} = \dfrac{10}{21}$

따라서 자연수 x의 최솟값은 1이다.

0960 답 ①

유형 28

연립부등식 $\begin{cases} \left(\dfrac{1}{2} \right)^{x-2} > \dfrac{1}{16} & \text{단서1} \\ \log_2 (x-2) < \log_4 (5x-4) & \text{단서2} \end{cases}$ 를 만족시키는 정수 x의 개수는?

① 3   ② 4   ③ 5

④ 6   ⑤ 7

단서1 밑을 $\frac{1}{2}$로 통일

단서2 밑을 4로 통일

STEP1 부등식 $\left(\frac{1}{2} \right)^{x-2} > \frac{1}{16}$의 해 구하기

(i) $\left(\dfrac{1}{2} \right)^{x-2} > \dfrac{1}{16}$에서 $\left(\dfrac{1}{2} \right)^{x-2} > \left(\dfrac{1}{2} \right)^4$

밑이 1보다 작으므로

$x - 2 < 4$ $\therefore x < 6$

STEP2 부등식 $\log_2 (x-2) < \log_4 (5x-4)$의 해 구하기

(ii) $\log_2 (x-2) < \log_4 (5x-4)$의 진수의 조건에서

$x - 2 > 0$, $5x - 4 > 0$

$\therefore x > 2$ ⋯⋯ ㉠

$\log_2 (x-2) < \log_4 (5x-4)$에서

$\log_4 (x-2)^2 < \log_4 (5x-4)$

밑이 1보다 크므로 $(x-2)^2 < 5x - 4$

$x^2 - 4x + 4 < 5x - 4$

$x^2 - 9x + 8 < 0$, $(x-1)(x-8) < 0$

$$\therefore 1<x<8 \quad\quad\quad\quad\quad\quad\quad\quad\quad\quad\cdots\cdots ⓛ$$
ⓖ, ⓛ에서 $2<x<8$

STEP3 주어진 연립부등식의 해 구하기

(i), (ii)에서 연립부등식의 해는 $2<x<6$이므로 정수 x는 3, 4, 5의 3개이다.

0961 답 $-4<x<-2$ 또는 $-2<x\le0$

(i) $\log_{\sqrt5}(x+4)\le2$의 진수의 조건에서
$$x+4>0 \quad \therefore x>-4 \quad\quad\quad\quad\quad\quad\cdots\cdots ⓖ$$
$\log_{\sqrt5}(x+4)\le\log_{\sqrt5}5$에서 밑이 1보다 크므로
$$x+4\le5 \quad \therefore x\le1 \quad\quad\quad\quad\quad\quad\cdots\cdots ⓛ$$
ⓖ, ⓛ에서 $-4<x\le1$

(ii) $\log_{0.2}(x+2)^2\ge\log_{0.2}(-2x+4)$의 진수의 조건에서
$$\underset{}{(x+2)^2>0,\ -2x+4>0}\underset{\quad\quad x\ne-2}{}$$
$$\therefore x<-2 \text{ 또는 } -2<x<2 \quad\quad\quad\cdots\cdots ⓒ$$
밑이 1보다 작으므로 $(x+2)^2\le-2x+4$
$$x^2+6x\le0,\ x(x+6)\le0$$
$$\therefore -6\le x\le0 \quad\quad\quad\quad\quad\quad\quad\quad\cdots\cdots ⓔ$$
ⓒ, ⓔ에서 $-6\le x<-2$ 또는 $-2<x\le0$

(i), (ii)에서 연립부등식의 해는 $-4<x<-2$ 또는 $-2<x\le0$

0962 답 ④

(i) $\log_{\frac13}(x-2)>-1$의 진수의 조건에서
$$x-2>0 \quad \therefore x>2 \quad\quad\quad\quad\quad\quad\cdots\cdots ⓖ$$
$\log_{\frac13}(x-2)>\log_{\frac13}3$에서 밑이 1보다 작으므로
$$x-2<3 \quad \therefore x<5 \quad\quad\quad\quad\quad\quad\cdots\cdots ⓛ$$
ⓖ, ⓛ에서 $2<x<5$

(ii) $2^{\frac{x}{2}}>4$에서 $2^{\frac{x}{2}}>2^2$

밑이 1보다 크므로 $\dfrac{x}{2}>2 \quad \therefore x>4$

(i), (ii)에서 연립부등식의 해는 $4<x<5$

0963 답 5

(i) $\left(\dfrac13\right)^{x^2-2}>\left(\dfrac19\right)^{x+3}$에서 $\left(\dfrac13\right)^{x^2-2}>\left(\dfrac13\right)^{2x+6}$

밑이 1보다 작으므로
$$x^2-2<2x+6,\ x^2-2x-8<0$$
$$(x+2)(x-4)<0 \quad \therefore -2<x<4$$

(ii) $\log_x25>2$에서 $\log_x5^2>2$, $\log_x5>1$

$\log_x5>\log_xx$에서 $\underset{\quad\quad x\text{의 값의 범위를 구한다.}}{\overset{\;\;0<x<1,\ x>1\text{인 경우로 나누어서}}{}}$

$0<x<1$이면 $x>5$이므로 x의 값은 존재하지 않는다.

$x>1$이면 $x<5$이므로 $1<x<5$

(i), (ii)에서 연립부등식의 해는 $1<x<4$

따라서 정수 x는 2, 3이므로 그 합은 $2+3=5$

0964 답 ③

$\overline{\text{AB}}=\log_2 t-\log_4 t=\log_4 t^2-\log_4 t=\log_4 t$

$$\overline{\text{CD}}=\log_2(t+3)-\log_4(t+3)$$
$$=\log_4(t+3)^2-\log_4(t+3)$$
$$=\log_4(t+3)$$
$\overline{\text{AB}}+\overline{\text{CD}}=\log_4 t+\log_4(t+3)=\log_4 t(t+3)$이므로
$$\log_4\sqrt{10}\le\log_4 t(t+3)\le\log_4\sqrt{54}$$
$$\log_4 10\le\log_4 t(t+3)\le\log_4 54$$
밑이 1보다 크므로 $10\le t(t+3)\le54$

(i) $10\le t^2+3t$에서 $t^2+3t-10\ge0$
$$(t+5)(t-2)\ge0 \quad \therefore t\le-5 \text{ 또는 } t\ge2$$
(ii) $t^2+3t\le54$에서 $t^2+3t-54\le0$
$$(t+9)(t-6)\le0 \quad \therefore -9\le t\le6$$
(i), (ii)에서 $-9\le t\le-5$ 또는 $2\le t\le6$
이때 $t>1$이므로 $2\le t\le6$
따라서 정수 t는 2, 3, 4, 5, 6의 5개이다.

0965 답 ⑤

$f(x)=\log_2\dfrac{x}{4}=\log_2 x-2$이므로
$$g(f(x))=(\log_2 x-2)^2-(\log_2 x-2)$$
$$=(\log_2 x)^2-5\log_2 x+6$$
$$=(\log_2 x-2)(\log_2 x-3)<0$$
즉, $2<\log_2 x<3$에서
$$\log_2 2^2<\log_2 x<\log_2 2^3$$

밑이 1보다 크므로 $4<x<8 \quad\quad\quad\quad\quad\quad\cdots\cdots ⓖ$

$f(g(x)+c)<3$에서
$$\log_2\dfrac{g(x)+c}{4}<3,\ \log_2\dfrac{g(x)+c}{4}<\log_2 2^3$$

밑이 1보다 크므로 $\dfrac{g(x)+c}{4}<8$
$$g(x)+c<32$$
$$\therefore x^2-x+c-32<0 \quad\quad\quad\quad\quad\quad\cdots\cdots ⓛ$$
$h(x)=x^2-x+c-32$라 하면
$$h(x)=\left(x-\dfrac12\right)^2+c-\dfrac{129}{4}$$

이므로 $y=h(x)$의 그래프의 축은 직선 $x=\dfrac12$이고, ⓖ, ⓛ에서 공통인 정수가 1개만 존재하려면 $h(5)<0$, $h(6)\ge0$이어야 한다.

$h(5)=25-5+c-32<0$에서 $c<12$

$h(6)=36-6+c-32\ge0$에서 $c\ge2$

따라서 $2\le c<12$이므로 정수 c는 2, 3, 4, ⋯, 11이므로 그 합은 65이다.

실수 Check

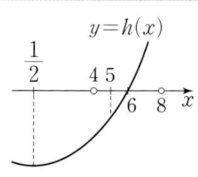

ⓖ, ⓛ에서 공통인 정수가 1개만 존재하는 값을 구할 때, $h(5)\le0$, $h(6)>0$으로 생각하지 않도록 주의한다.

ⓖ에서 $4<x<8$이므로 정수는 5, 6, 7 중에 하나이고, $y=h(x)$의 그래프가 그림과 같으므로 공통인 정수는 5가 되어야 한다.

이때 부등식 ⓛ에는 등호가 없기 때문에 $h(5)<0$이고, $h(6)\ge0$이어야 한다.

0965-1

두 함수 $f(x)=\log_3 \dfrac{x}{3}$, $g(x)=\dfrac{1}{2}x^2-x$에 대하여 연립부등식 $\begin{cases} 2g(f(x))<0 \\ f(g(x)+k)<2 \end{cases}$의 정수인 해의 개수가 2가 되도록 하는 모든 양의 정수 k의 값의 합을 구하시오.

$f(x)=\log_3 \dfrac{x}{3}=\log_3 x-1$이므로

$2g(f(x))=(\log_3 x-1)^2-2(\log_3 x-1)$
$\qquad\qquad =(\log_3 x)^2-4\log_3 x+3$
$\qquad\qquad =(\log_3 x-1)(\log_3 x-3)<0$

즉, $1<\log_3 x<3$에서 $\log_3 3<\log_3 x<\log_3 3^3$

밑이 1보다 크므로 $3<x<27$ ·············· ㉠

$f(g(x)+k)<2$에서

$\log_3 \dfrac{g(x)+k}{3}<2$, $\log_3 \dfrac{g(x)+k}{3}<\log_3 3^2$

밑이 1보다 크므로 $\dfrac{g(x)+k}{3}<9$

$g(x)+k<27$

$\therefore \dfrac{1}{2}x^2-x+k-27<0$ ·············· ㉡

$h(x)=\dfrac{1}{2}x^2-x+k-27$이라 하면

$h(x)=\dfrac{1}{2}(x-1)^2+k-\dfrac{55}{2}$

이므로 $y=h(x)$의 그래프의 축은 직선 $x=1$이고, ㉠, ㉡에서 공통인 정수가 2개 존재하려면 $h(5)<0$, $h(6)\ge 0$을 만족시켜야 한다.

$h(5)=\dfrac{25}{2}-5+k-27<0$ $\therefore k<\dfrac{39}{2}=19.5$

$h(6)=18-6+k-27\ge 0$ $\therefore k\ge 15$

따라서 $15\le k<19.5$이므로 정수 k는 15, 16, 17, 18, 19이므로 그 합은 85이다.

달 85

0966 **달** ⑤ | 유형 **29**

모든 양의 실수 x에 대하여 부등식 $(\log x)^2-k\log x^2+3-2k\ge 0$ 이 항상 성립하기 위한 실수 k의 최댓값은? **단서1**

① -3 ② -2 ③ -1

④ 0 ⑤ 1

단서1 $t^2-2kt+3-2k\ge 0$이 항상 성립할 조건을 이용

STEP1 $\log x=t$로 치환하여 t에 대한 부등식 세우기

$(\log x)^2-k\log x^2+3-2k\ge 0$에서

$(\log x)^2-2k\log x+3-2k\ge 0$

$\log x=t$로 놓으면

$t^2-2kt+3-2k\ge 0$

STEP2 이차부등식이 항상 성립할 조건 구하기

이 부등식이 모든 실수 t에 대하여 성립해야 하므로 이차방정식

$t^2-2kt+3-2k=0$의 판별식을 D라 하면

$\dfrac{D}{4}=k^2-(3-2k)\le 0$

$k^2+2k-3\le 0$, $(k+3)(k-1)\le 0$

$\therefore -3\le k\le 1$

STEP3 실수 k의 최댓값 구하기

실수 k의 최댓값은 1이다.

0967 **달** $\dfrac{1}{4}<a<8$

이차방정식 $x^2-2x\log_2 a+\log_2 a+6=0$의 판별식을 D라 하면

$\dfrac{D}{4}=(\log_2 a)^2-(\log_2 a+6)<0$

$\log_2 a=t$로 놓으면 $t^2-t-6<0$

$(t+2)(t-3)<0$

$\therefore -2<t<3$

즉, $-2<\log_2 a<3$이므로 $\log_2 2^{-2}<\log_2 a<\log_2 2^3$

밑이 1보다 크므로 $\dfrac{1}{4}<a<8$

0968 **달** ⑤

$(\log_{\frac{1}{2}} x)^2+k\log_{\sqrt{2}} x+4\ge 0$에서

$(-\log_2 x)^2+2k\log_2 x+4\ge 0$

$\log_2 x=t$로 놓으면

$t^2+2kt+4\ge 0$

이 부등식이 모든 실수 t에 대하여 성립해야 하므로 이차방정식 $t^2+2kt+4=0$의 판별식을 D라 하면

$\dfrac{D}{4}=k^2-4\le 0$

$\therefore -2\le k\le 2$

따라서 정수 k는 -2, -1, 0, 1, 2의 5개이다.

0969 **달** 1

$\left(\log_2 \dfrac{x}{a}\right)\left(\log_2 \dfrac{x^2}{a}\right)+2\ge 0$에서

$(\log_2 x-\log_2 a)(2\log_2 x-\log_2 a)+2\ge 0$

$2(\log_2 x)^2-3(\log_2 a)(\log_2 x)+(\log_2 a)^2+2\ge 0$

$\log_2 x=t$로 놓으면

$2t^2-3(\log_2 a)t+(\log_2 a)^2+2\ge 0$

이 부등식이 모든 실수 t에 대하여 성립해야 하므로 이차방정식 $2t^2-3(\log_2 a)t+(\log_2 a)^2+2=0$의 판별식을 D라 하면

$D=9(\log_2 a)^2-8\{(\log_2 a)^2+2\}$
$\quad =(\log_2 a)^2-16\le 0$

$\log_2 a=s$로 놓으면 $s^2-16\le 0$

$(s+4)(s-4)\le 0$ $\therefore -4\le s\le 4$

즉, $-4\le\log_2 a\le 4$이므로 $\log_2 2^{-4}\le\log_2 a\le\log_2 2^4$

밑이 1보다 크므로 $\dfrac{1}{16}\le a\le 16$

따라서 $M=16$, $m=\dfrac{1}{16}$이므로

$Mm=16\times\dfrac{1}{16}=1$

0970 답 5

$(\log x + \log 2)(\log x + \log 4) = -(\log k)^2$에서

$\log x = t$로 놓으면

$(t + \log 2)(t + \log 4) = -(\log k)^2$

$t^2 + (\log 2 + \log 4)t + \log 2 \times \log 4 + (\log k)^2 = 0$

$t^2 + (\log 8)t + 2(\log 2)^2 + (\log k)^2 = 0$

$t^2 + 3(\log 2)t + 2(\log 2)^2 + (\log k)^2 = 0$

이 이차방정식이 서로 다른 두 실근을 가져야 하므로

이 이차방정식의 판별식을 D라 하면

$D = (3 \log 2)^2 - 8(\log 2)^2 - 4(\log k)^2 > 0$ → 서로 다른 두 실근을 가지려면 판별식 $D > 0$이다.

$(\log 2)^2 - 4(\log k)^2 > 0$

$(2 \log k + \log 2)(2 \log k - \log 2) < 0$ → $(2 \log k)^2 - (\log 2)^2 < 0$

$-\dfrac{1}{2}\log 2 < \log k < \dfrac{1}{2}\log 2$

$\log 2^{-\frac{1}{2}} < \log k < \log 2^{\frac{1}{2}}$

밑이 1보다 크므로 $\dfrac{1}{\sqrt{2}} < k < \sqrt{2}$

따라서 $\alpha = \dfrac{1}{\sqrt{2}}$, $\beta = \sqrt{2}$이므로

$2(\alpha^2 + \beta^2) = 2\left(\dfrac{1}{2} + 2\right) = 5$

0971 답 ④

$x^{\log_{\frac{1}{4}} x} \le ax^2$의 양변에 밑이 $\dfrac{1}{4}$인 로그를 취하면

$\log_{\frac{1}{4}} x^{\log_{\frac{1}{4}} x} \ge \log_{\frac{1}{4}} ax^2$

$(\log_{\frac{1}{4}} x)^2 - 2\log_{\frac{1}{4}} x - \log_{\frac{1}{4}} a \ge 0$

$(-\log_4 x)^2 + 2\log_4 x + \log_4 a \ge 0$

$\log_4 x = t$로 놓으면

$t^2 + 2t + \log_4 a \ge 0$

이 부등식이 모든 실수 t에 대하여 성립해야 하므로 이차방정식

$t^2 + 2t + \log_4 a = 0$의 판별식을 D라 하면

$\dfrac{D}{4} = 1 - \log_4 a \le 0$

$\log_4 a \ge 1$

$\log_4 a \ge \log_4 4$에서 밑이 1보다 크므로 $a \ge 4$

따라서 a의 최솟값은 4이다.

0972 답 ④

$10^{x^2 + 3\log a} \ge a^{-2x}$의 양변에 상용로그를 취하면

$\log 10^{x^2 + 3\log a} \ge \log a^{-2x}$

$x^2 + 3\log a \ge -2x\log a$

$x^2 + 2(\log a)x + 3\log a \ge 0$

이 부등식이 모든 실수 x에 대하여 성립해야 하므로 이차방정식

$x^2 + 2(\log a)x + 3\log a = 0$의 판별식을 D라 하면

$\dfrac{D}{4} = (\log a)^2 - 3\log a \le 0$

$\log a = t$로 놓으면 $t^2 - 3t \le 0$

$t(t - 3) \le 0$ ∴ $0 \le t \le 3$

즉, $0 \le \log a \le 3$이므로 $\log 1 \le \log a \le \log 10^3$

밑이 1보다 크므로 $1 \le a \le 1000$

0973 답 ③

(i) $1 - \log k = 0$일 때

주어진 부등식은 $2 \ge 0$이므로 항상 성립한다.

$\log k = 1$ ∴ $k = 10$

(ii) $1 - \log k \ne 0$일 때

$1 - \log k > 0$이므로 $\log k < 1$ → 부등식이 0보다 크거나 같으므로 이차항의 계수는 양수이다.

∴ $0 < k < 10$ ··········· ㉠

이차방정식 $3(1 - \log k)x^2 + 6(1 - \log k)x + 2 = 0$의 판별식을 D라 하면

$\dfrac{D}{4} = \{3(1 - \log k)\}^2 - 6(1 - \log k) \le 0$

$\log k = t$로 놓으면 $\{3(1 - t)\}^2 - 6(1 - t) \le 0$

$9(1 - t)^2 - 6(1 - t) \le 0$, $(1 - t)(1 - 3t) \le 0$

$(t - 1)(3t - 1) \le 0$ ∴ $\dfrac{1}{3} \le t \le 1$

즉, $\dfrac{1}{3} \le \log k \le 1$이므로 $\log \sqrt[3]{10} \le \log k \le \log 10^1$

밑이 1보다 크므로 $\sqrt[3]{10} \le k \le 10$ ··········· ㉡

㉠, ㉡의 공통 범위는 $\sqrt[3]{10} \le k < 10$

(i), (ii)에서 $\sqrt[3]{10} \le k \le 10$ → $\sqrt[3]{10} = 2.15\cdots$

따라서 정수 k의 최댓값 $M = 10$, 최솟값 $m = 3$이므로

$M + m = 10 + 3 = 13$

실수 Check

문제에서 부등식 $3(1 - \log k)x^2 + 6(1 - \log k)x + 2 \ge 0$이라 하였으므로 이차항의 계수는 0일 수도 있고, 아닐 수도 있다.

따라서 부등식을 풀 때에는 풀이와 같이 $1 - \log k = 0$, $1 - \log k \ne 0$인 경우로 나누어 풀어야 한다. 특히, 정수의 값을 구하는 경우는 등호의 여부에 따라 구하는 정수가 달라지므로 주의해야 한다.

0974 답 6

이차방정식 $3x^2 - 2(\log_2 n)x + \log_2 n = 0$의 판별식을 D라 하면

$\dfrac{D}{4} = (\log_2 n)^2 - 3\log_2 n < 0$

$\log_2 n = t$로 놓으면 $t^2 - 3t < 0$, $t(t - 3) < 0$

∴ $0 < t < 3$

즉, $0 < \log_2 n < 3$이므로 $\log_2 1 < \log_2 n < \log_2 2^3$

밑이 1보다 크므로 $1 < n < 8$

따라서 자연수 n은 2, 3, 4, 5, 6, 7의 6개이다.

0975 답 ② | 유형30

10억 원의 자본으로 설립한 어느 기업의 자본이 매년 28 %씩 증가할 【단서1】 것으로 예측된다고 하자. 이 기업의 자본이 처음으로 100억 원 이상이 될 것으로 예측되는 것은 기업을 설립한 지 몇 년 후인가?

(단, $\log 2 = 0.3010$으로 계산한다.)

① 9년 ② 10년 ③ 11년
④ 12년 ⑤ 13년

【단서1】 n년 후의 증가량은 $(1 + 0.28)^n$

STEP1 조건을 만족시키는 부등식 세우기

이 기업에서 예측되는 n년 후의 자본은

$10 \times (1+0.28)^n = 10 \times 1.28^n$ (억 원)

기업을 설립한 지 n년 후 100억 원 이상이 된다고 하면

$10 \times 1.28^n \geq 100$ $\therefore 1.28^n \geq 10$

STEP 2 양변에 상용로그를 취하여 n의 값 구하기

양변에 상용로그를 취하면 $\log 1.28^n \geq \log 10$

$n \log \dfrac{128}{100} \geq 1$, $n(\log 128 - \log 100) \geq 1$

$n(7 \log 2 - 2) \geq 1$

$\therefore n \geq \dfrac{1}{7\log 2 - 2} = \dfrac{1}{0.1070} = 9.3 \times \times \times$

따라서 이 기업의 자본이 처음으로 100억 원 이상이 될 것으로 예측되는 것은 기업을 설립한 지 10년 후이다.

0976 🖪 ⑤

이 지역에 처음 발생한 리히터 규모 5인 지진의 에너지가 e_1이므로

$\log e_1 = 11.8 + 1.5 \times 5 = 19.3$

$\therefore e_1 = 10^{19.3}$

다음 날 발생한 리히터 규모 1인 여진의 에너지가 e_2이므로

$\log e_2 = 11.8 + 1.5 \times 1 = 13.3$

$\therefore e_2 = 10^{13.3}$

$\therefore \dfrac{e_1}{e_2} = \dfrac{10^{19.3}}{10^{13.3}} = 10^6$

0977 🖪 10

여과기를 1개 설치하면 불순물의 $\dfrac{3}{4}$이 여과기를 통과하므로 여과기를 n개 설치하면 불순물의 $\left(\dfrac{3}{4}\right)^n$이 여과기를 통과한다.

즉, $\left(\dfrac{3}{4}\right)^n = \dfrac{1}{10}$이어야 하므로 양변에 상용로그를 취하면

$\log \left(\dfrac{3}{4}\right)^n = \log \dfrac{1}{10}$, $n \log \dfrac{3}{4} = -1$

이때 $\log \dfrac{3}{4} = \log 3 - 2\log 2 = 0.5 - 2 \times 0.3 = -0.1$이므로

$n \times (-0.1) = -1$ $\therefore n = \dfrac{1}{0.1} = 10$

따라서 필요한 여과기의 개수는 10이다.

0978 🖪 6

이 온라인쇼핑몰의 모바일 웹사이트에서 한 화면에 노출된 상품이 a개일 때, 이용자가 상품을 모두 살펴보는 데 필요한 평균시간을 T_1이라 하면

$T_1 = k \log_2 (a+1)$

한 화면에 노출된 상품이 $8a$개일 때, 이용자가 상품을 모두 살펴보는 데 필요한 평균시간을 T_2라 하면

$T_2 = k \log_2 (8a+1)$

이때 $2T_1 = T_2$이므로

$2k \log_2 (a+1) = k \log_2 (8a+1)$

$\log_2 (a+1)^2 = \log_2 (8a+1)$

즉, $(a+1)^2 = 8a+1$이므로 $a^2 - 6a = 0$, $a(a-6) = 0$

$\therefore a = 6$ ($\because a$는 자연수)

0979 🖪 30

현재의 미세 먼지 농도를 a라 할 때, n년 후의 미세 먼지 농도는

$a \times (1+0.03)^n = a \times 1.03^n$

n년 후에 미세 먼지 농도가 현재의 2배 이상이 된다고 하면

$a \times 1.03^n \geq 2a$ $\therefore 1.03^n \geq 2$

양변에 상용로그를 취하면 $\log 1.03^n \geq \log 2$

$n \log 1.03 \geq \log 2$

$\therefore n \geq \dfrac{\log 2}{\log 1.03} = \dfrac{0.3}{0.01} = 30$

따라서 미세 먼지 농도가 현재의 2배 이상이 되는 것은 최소 30년 후이므로 구하는 자연수 n의 값은 30이다.

0980 🖪 ②

외부의 소음을 A라 할 때, 이 방음재를 n겹 설치한 작업실에서 들리는 소음은

$A \times (1-0.3)^n = 0.7^n A$

외부의 소음 A가 10 % 이하가 되어야 하므로

$0.7^n A \leq 0.1A$

$\therefore 0.7^n \leq 0.1$

양변에 상용로그를 취하면

$\log 0.7^n \leq \log 0.1$, $\log \left(\dfrac{7}{10}\right)^n \leq -1$

$n(\log 7 - 1) \leq -1$

$\therefore n \geq \dfrac{-1}{\log 7 - 1} = \dfrac{1}{0.1550} = 6.4 \times \times \times$

따라서 자연수 n의 최솟값은 7이다.

0981 🖪 16

처음 미생물의 개체수를 A라 할 때, 미생물의 개체수가 1시간마다 r배씩 증가한다고 하면

$A \times r^{12} = 4A$, $r^{12} = 4$

양변에 상용로그를 취하면 $\log r^{12} = \log 4$

$12 \log r = 2\log 2$

$\therefore \log r = \dfrac{2\log 2}{12} = \dfrac{\log 2}{6}$

이 미생물의 개체수가 처음의 6배 이상 되는 것은 배양을 시작한 지 최소 n시간 후이므로

$r^n \geq 6$

양변에 상용로그를 취하면 $\log r^n \geq \log 6$

$n \log r \geq \log 6$

$\therefore n \geq \dfrac{\log 6}{\log r} = \dfrac{6\log 6}{\log 2} = \dfrac{6(\log 2 + \log 3)}{\log 2}$

$\qquad = \dfrac{6(0.3+0.5)}{0.3} = \dfrac{4.8}{0.3} = 16$

따라서 자연수 n의 최솟값은 16이다.

0982 🖪 ②

사업을 시작할 때의 자본을 K원이라 하면 n년 후의 두 회사 A, B의 자본은 각각

$K(1+0.15)^n = K \times 1.15^n$ (원)

$K(1+0.3)^n = K \times 1.3^n$ (원)

n년 후에 B 회사의 자본이 A 회사의 자본의 10배 이상이 된다고
하면

$$K \times 1.3^n \geq 10 \times K \times 1.15^n \qquad \therefore 1.3^n \geq 10 \times 1.15^n$$

양변에 상용로그를 취하면

$$\log 1.3^n \geq \log(10 \times 1.15^n)$$

$$n \log 1.3 \geq \log 10 + n \log 1.15$$

$$0.114n \geq 1 + 0.061n, \ 0.053n \geq 1$$

$$\therefore n \geq \frac{1}{0.053} = 18.8 \times \times \times$$

따라서 B 회사의 자본이 처음으로 A 회사의 자본의 10배 이상이
되는 것은 사업을 시작한 지 19년 후이다.

0983 답 ④

A 지역의 n년 후 인구는

$$60 \times (1-0.16)^n = 60 \times 0.84^n (만 명)$$

B 지역의 n년 후 인구는

$$20 \times (1+0.12)^n = 20 \times 1.12^n (만 명)$$

n년 후에 B 지역의 인구가 A 지역의 인구보다 많게 조사된다고
하면

$$20 \times 1.12^n > 60 \times 0.84^n$$

$$\frac{1.12^n}{0.84^n} > \frac{60}{20}, \ \left(\frac{1.12}{0.84}\right)^n > 3, \ \left(\frac{4}{3}\right)^n > 3$$

양변에 상용로그를 취하면

$$\log\left(\frac{4}{3}\right)^n > \log 3, \ n(2\log 2 - \log 3) > \log 3$$

$$\therefore n > \frac{\log 3}{2\log 2 - \log 3} = \frac{0.4771}{0.1249} = 3.8 \times \times \times$$

따라서 처음으로 B 지역의 인구가 A 지역의 인구보다 많게 되는
해는 4년 후인 2026년 말이다.

서술형 유형 익히기   201쪽~203쪽

0984 답 (1) $\log_2 2$ (2) 3 (3) -8 (4) 5 (5) -3 (6) 32

STEP1 두 함수의 그래프의 관계 파악하기 [3점]

$$y = \log_2 2x - 4$$
$$= \boxed{\log_2 2} + \log_2 x - 4$$
$$= \log_2 x - \boxed{3}$$

따라서 $y = \log_2 x - 3$의 그래프는 $y = \log_2 x + 5$의 그래프를 y축
의 방향으로 $\boxed{-8}$만큼 평행이동한 것이다.

STEP2 평행이동을 이용하여 두 함수의 그래프와 두 직선으로 둘러싸인 부분
의 넓이 구하기 [4점]

그림에서 빗금 친 두 부분의 넓이가
서로 같으므로 구하는 넓이는 평행
사변형 ABCD의 넓이와 같다.
따라서 구하는 도형의 넓이는

$$(\boxed{5} - 1) \times \{5 - (\boxed{-3})\}$$
$$= \boxed{32}$$

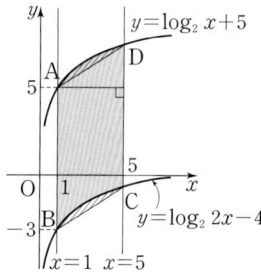

0985 답 30

STEP1 두 함수의 그래프의 관계 파악하기 [3점]

$$y = \log_2 2x - 1$$
$$= \log_2 2 + \log_2 x - 1$$
$$= \log_2 x$$

따라서 $y = \log_2 x$의 그래프는 $y = \log_2 x + 5$의 그래프를 y축의 방
향으로 -5만큼 평행이동한 것이다.

STEP2 평행이동을 이용하여 두 함수의 그래프와 두 직선으로 둘러싸인 부분
의 넓이 구하기 [4점]

그림에서 빗금 친 두 부분의
넓이가 서로 같으므로 구하는
넓이는 직사각형 ABCD의
넓이와 같다.
따라서 구하는 도형의 넓이는

$$(7-1) \times 5 = 30$$

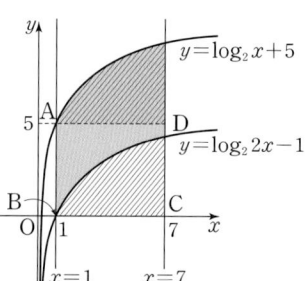

0986 답 18

STEP1 두 함수의 그래프의 관계 파악하기 [3점]

$y = \log_5 (x-1) - 6$의 그래프는 $y = \log_5 (x+1)$의 그래프를 x축
의 방향으로 2만큼, y축의 방향으로 -6만큼 평행이동한 것이다.

STEP2 평행이동을 이용하여 두 함수의 그래프와 두 직선으로 둘러싸인 부분
의 넓이 구하기 [5점]

그림에서 빗금 친 두 부분의
넓이가 서로 같으므로 구하
는 넓이는 평행사변형
OABC의 넓이와 같다.
점 A의 좌표는 A$(2, -6)$
이고 $-3x + 9 = -6$에서
$x = 5$이므로 B$(5, -6)$
즉, $\overline{AB} = 3$이므로 평행사변형 OABC의 넓이는 $3 \times 6 = 18$
따라서 구하는 도형의 넓이는 18이다.

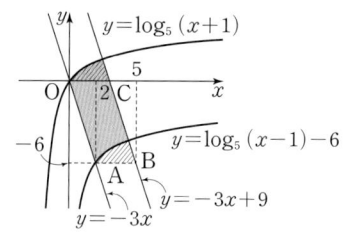

실제 답안 예시

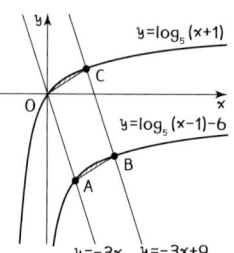

$y = \log_5 (x+1)$과 $y = \log_5 (x-1) - 6$은 밑이 같으므로 평행이동하여 겹쳐질 수
있다.

$y = \log_5 (x-1) - 6$은 $y = \log_5 (x+1)$을 x축으로 2, y축으로 -6만큼 평행이동
한 그래프이다.

따라서 $y = \log_5 (x+1)$과 $y = -3x$의 교점 O는 평행이동에 의하여 점 A로 옮
겨진다.

이와 같이 점 C는 점 B로 옮겨지게 된다.

빗금 친 두 부분의 넓이가 같으므로 구하는 넓이는 □OABC의 넓이와 같다.

즉, □OABC=$\overline{OA}\times$(두 직선 사이의 거리)

$\overline{OA}=\sqrt{2^2+6^2}=\sqrt{40}=2\sqrt{10}$

두 직선 $y=-3x$와 $y=-3x+9$ 사이의 거리는 $\dfrac{|9-0|}{\sqrt{3^2+1}}=\dfrac{9}{\sqrt{10}}$

$\therefore$ □OABC$=2\sqrt{10}\times\dfrac{9}{\sqrt{10}}=18$

0987 답 (1) 2 (2) 6 (3) 6 (4) 4 (5) 4 (6) 4 (7) 4 (8) 2

STEP 1 진수의 조건을 이용하여 x의 값의 범위 구하기 [2점]

진수의 조건에서 $x-2>0$, $6-x>0$

따라서 x의 값의 범위는 $\boxed{2}<x<\boxed{6}$이다.

STEP 2 로그의 성질을 이용하여 식 변형하기 [2점]

로그의 성질에 의하여

$y=\log_2(x-2)+\log_2(6-x)$

$=\log_2(x-2)(\boxed{6}-x)$

$=\log_2(-x^2+8x-12)$

STEP 3 최댓값 구하기 [3점]

$f(x)=-x^2+8x-12$로 놓으면

$f(x)=-(x-4)^2+\boxed{4}$

따라서 $x=\boxed{4}$일 때, $f(x)$는 최댓값 $\boxed{4}$를 갖는다.

함수 $y=\log_2 f(x)$에서 밑이 1보다 크므로

$y=\log_2(x-2)+\log_2(6-x)$의 최댓값은 $\log_2\boxed{4}=\boxed{2}$이다.

0988 답 2

STEP 1 진수의 조건을 이용하여 x의 값의 범위 구하기 [2점]

진수의 조건에서 $x+2>0$, $6-x>0$

따라서 x의 값의 범위는 $-2<x<6$이다.

STEP 2 로그의 성질을 이용하여 식 변형하기 [2점]

로그의 성질에 의하여

$y=\log_4(x+2)+\log_4(6-x)$

$=\log_4(x+2)(6-x)$

$=\log_4(-x^2+4x+12)$

STEP 3 최댓값 구하기 [3점]

$f(x)=-x^2+4x+12$로 놓으면

$f(x)=-(x-2)^2+16$

따라서 $x=2$일 때 $f(x)$는 최댓값 16을 갖는다. ······ ⓐ

함수 $y=\log_4 f(x)$에서 밑이 1보다 크므로

$y=\log_4(x+2)+\log_4(6-x)$의 최댓값은

$\log_4 16=\log_4 4^2=2$

부분점수표	
ⓐ $f(x)=-x^2+4x+12$의 최댓값을 구한 경우	2점

0989 답 -2

STEP 1 진수의 조건을 이용하여 x의 값의 범위 구하기 [2점]

진수의 조건에서 $x-1>0$, $7-x>0$

따라서 x의 값의 범위는 $1<x<7$이다.

STEP 2 로그의 성질을 이용하여 식 변형하기 [2점]

로그의 성질에 의하여

$y=\log_{\frac{1}{3}}(x-1)+\log_{\frac{1}{3}}(7-x)$

$=\log_{\frac{1}{3}}(x-1)(7-x)$

$=\log_{\frac{1}{3}}(-x^2+8x-7)$

STEP 3 최솟값 구하기 [3점]

$f(x)=-x^2+8x-7$로 놓으면

$f(x)=-(x-4)^2+9$

따라서 $x=4$일 때 $f(x)$는 최댓값 9를 갖는다. ······ ⓐ

함수 $y=\log_{\frac{1}{3}}f(x)$에서 밑이 1보다 작으므로

$y=\log_{\frac{1}{3}}(x-1)+\log_{\frac{1}{3}}(7-x)$의 최솟값은

$\log_{\frac{1}{3}}9=\log_{3^{-1}}3^2=-2$

부분점수표	
ⓐ $f(x)=-x^2+8x-7$의 최댓값을 구한 경우	2점

0990 답 -3

STEP 1 진수를 $g(x)$로 놓고, $g(x)$의 최대·최소 구하기 [2점]

$g(x)=x^2-2x+a$로 놓으면

$g(x)=(x-1)^2+a-1$

따라서 $0\le x\le 3$에서 $g(x)$는 $x=1$일 때 최솟값 $a-1$, $x=3$일 때 최댓값 $a+3$을 갖는다.

STEP 2 a의 값 구하기 [4점]

함수 $f(x)=\log_{\frac{1}{2}}(x^2-2x+a)$에서 밑이 1보다 작으므로 $x=1$일 때 최댓값 -2를 갖는다.

즉, $\log_{\frac{1}{2}}(a-1)=-2$

$a-1=\left(\dfrac{1}{2}\right)^{-2}=4$ $\therefore a=5$

STEP 3 $f(x)$의 최솟값 구하기 [3점]

$f(x)=\log_{\frac{1}{2}}(x^2-2x+5)$는 $x=3$일 때 최솟값을 가지므로

최솟값은

$\log_{\frac{1}{2}}8=\log_{2^{-1}}2^3=-3$

오답 분석

진수의 조건에서 $x^2-2x+a>0$

이차방정식 $x^2-2x+a=0$의 판별식을 D라 하면

$\dfrac{D}{4}=(-1)^2-a<0$, $1-a<0$

$\therefore a>1$ —— 1점

$f(x)=\log_{\frac{1}{2}}(x^2-2x+a)$는 감소하는 함수이므로 $x=0$일 때 최댓값을 갖고, $x=3$일 때 최솟값을 갖는다. —— 1점 ⟶ 최댓값을 갖는 x의 값을 잘못 구함

최댓값이 -2이므로

$\log_{\frac{1}{2}}a=-2$, $-\log_2 a=-2$

$\log_2 a=2$ $\therefore a=2^2=4$

따라서 함수 $f(x)$의 최솟값은

$\log_{\frac{1}{2}}(a+3)=\log_{\frac{1}{2}}7=-\log_2 7$

▶ 9점 중 2점 얻음.

$x=0$일 때 $f(x)$가 최댓값을 갖는다고 잘못 구했다.

$0 \leq x \leq 3$이고, $x^2-2x+a=(x-1)^2+a-1$이므로

$x=1$일 때 x^2-2x+a의 값이 최소이다.

따라서 $x=1$일 때, $f(x)$가 최댓값 -2를 갖는다고 바르게 구해야 한다.

0991 답 (1) -3 (2) 3 (3) 3 (4) -6 (5) -2 (6) -3 (7) -2

STEP1 진수의 조건에서 x의 값의 범위 구하기 [3점]

진수의 조건에서 $x+3>0$, $x+5>0$

따라서 x의 값의 범위는 $x > \boxed{-3}$ ·················· ㉠

STEP2 로그부등식을 만족시키는 x의 값의 범위 구하기 [4점]

$\log_{\frac{1}{3}}(x+3)+\log_{\frac{1}{3}}(x+5) \geq -1$에서

$\log_{\frac{1}{3}}(x+3)(x+5) \geq \log_{\frac{1}{3}} \boxed{3}$

밑이 1보다 작으므로

$(x+3)(x+5) \leq \boxed{3}$

$x^2+8x+12 \leq 0$, $(x+2)(x+6) \leq 0$

따라서 x의 값의 범위는 $\boxed{-6} \leq x \leq \boxed{-2}$ ·········· ㉡

㉠, ㉡의 공통 범위를 구하면

$\boxed{-3} < x \leq \boxed{-2}$

0992 답 $-5 < x \leq -3$

STEP1 진수의 조건에서 x의 값의 범위 구하기 [3점]

진수의 조건에서

$x+5>0$, $x+7>0$

따라서 x의 값의 범위는 $x > -5$ ·················· ㉠

STEP2 로그부등식을 만족시키는 x의 값의 범위 구하기 [4점]

$\log_{\frac{1}{8}}(x+5)+\log_{\frac{1}{8}}(x+7) \geq -1$에서

$\log_{\frac{1}{8}}(x+5)(x+7) \geq \log_{\frac{1}{8}} 8$

밑이 1보다 작으므로

$(x+5)(x+7) \leq 8$ ········ ⓐ

$x^2+12x+27 \leq 0$, $(x+3)(x+9) \leq 0$

따라서 x의 값의 범위는 $-9 \leq x \leq -3$ ·········· ㉡

㉠, ㉡의 공통 범위를 구하면

$-5 < x \leq -3$

부분점수표	
ⓐ 로그부등식을 x에 대한 이차부등식으로 나타낸 경우	2점

오답 분석

$\log_{\frac{1}{8}}(x+5)(x+7) \geq -1$에서 진수의 조건에 의하여

$(x+5)(x+7) > 0$

$\therefore x < -7$ 또는 $x > -5$ ·················· ㉠ ← 진수의 조건에서 x의 값의 범위를 잘못 구함

$-\log_8(x+5)(x+7) \geq -1$에서

$\log_8(x+5)(x+7) \leq 1$

$(x+5)(x+7) \leq 8$, $x^2+12x+27 \leq 0$

$(x+9)(x+3) \leq 0$

$\therefore -9 \leq x \leq -3$ ·················· ㉡ (2점)

㉠에서

$-9 \leq x < -7$ 또는 $-5 < x \leq -3$

▶ 7점 중 2점 얻음.

로그의 성질을 이용하기 전에 진수의 조건을 찾지 않고 문제를 풀어 실수가 나오는 부분이다.

$\log_{\frac{1}{8}}(x+5)+\log_{\frac{1}{8}}(x+7) \geq -1$에서

진수의 조건에 의하여 $x+5>0$, $x+7>0$임에 주의한다.

0993 답 $-1 < x \leq 5$

STEP1 진수의 조건에서 x의 값의 범위 구하기 [3점]

진수의 조건에서

$x+1>0$, $x+7>0$

따라서 x의 값의 범위는 $x > -1$ ·················· ㉠

STEP2 로그부등식을 만족시키는 x의 값의 범위 구하기 [5점]

$2\log_3(x+1) \leq 1+\log_3(x+7)$에서

$\log_3(x+1)^2 \leq \log_3 3 + \log_3(x+7)$

$\log_3(x+1)^2 \leq \log_3 3(x+7)$

밑이 1보다 크므로

$(x+1)^2 \leq 3(x+7)$ ········ ⓐ

$x^2-x-20 \leq 0$, $(x-5)(x+4) \leq 0$

따라서 x의 값의 범위는 $-4 \leq x \leq 5$ ·········· ㉡

㉠, ㉡의 공통 범위를 구하면

$-1 < x \leq 5$

부분점수표	
ⓐ 로그부등식을 x에 대한 이차부등식으로 나타낸 경우	2점

0994 답 $a > 1$

STEP1 진수의 조건에서 x의 값의 범위 구하기 [2점]

진수의 조건에서

$7x>0$, $x^2+10>0$

따라서 x의 값의 범위는 $x > 0$ ·················· ㉠

STEP2 $0 < a < 1$일 때, 로그부등식의 해 구하기 [3점]

$\log_a 7x < \log_a(x^2+10)$에서

(i) $0 < a < 1$일 때, $7x > x^2+10$

$x^2-7x+10 < 0$, $(x-2)(x-5) < 0$

$\therefore 2 < x < 5$ ·················· ㉡

㉠, ㉡의 공통 범위를 구하면

$2 < x < 5$

STEP3 $a > 1$일 때, 로그부등식의 해 구하기 [3점]

(ii) $a > 1$일 때, $7x < x^2+10$

$x^2-7x+10 > 0$, $(x-2)(x-5) > 0$

$\therefore x < 2$ 또는 $x > 5$ ·················· ㉢

㉠, ㉢의 공통 범위를 구하면

$0 < x < 2$ 또는 $x > 5$

STEP 4 조건을 만족시키는 a의 값의 범위 구하기 [1점]

(i), (ii)에서 부등식의 해가 $0<x<2$ 또는 $x>5$인 a의 값의 범위는 $a>1$이다.

실력 check 실전 마무리하기 1회   204쪽~208쪽

1 0995   답 ③   유형 1 + 유형 8

출제의도 | 로그함수의 그래프를 이해하고, 그 역함수를 구할 수 있는지 확인한다.

> 로그의 성질을 이용하여 식을 변형한 후, 참, 거짓을 판별해 보자.

$y=-\log_{\frac{1}{2}}x+1=\log_2 x+1$

ㄱ. $\log_2 1+1=1$이므로 그래프는 점 $(1, 1)$을 지난다. (참)

ㄴ. 점근선의 방정식은 $x=0$이다. (거짓)

ㄷ. 밑이 1보다 크므로 x의 값이 증가하면 y의 값도 증가한다. (참)

ㄹ. $y=-\log_{\frac{1}{2}}x+1$에서 $y-1=-\log_{\frac{1}{2}}x$

$\quad y-1=\log_2 x$, $x=2^{y-1}$

$\quad x$와 y를 바꾸면 $y=2^{x-1}$ (거짓)

따라서 옳은 것은 ㄱ, ㄷ이다.

2 0996   답 ②   유형 2

출제의도 | 로그함수의 함숫값을 구할 수 있는지 확인한다.

> $8>0$이므로 먼저 $x=8$을 $f(x)=\log_{\frac{1}{2}}x-1$에 대입하여 $f(8)$의 값을 구해 보자.

$f(8)=\log_{\frac{1}{2}}8-1=\log_{2^{-1}}2^3-1$

$\quad\quad =-3-1=-4$

$\therefore (f\circ f)(8)=f(f(8))=f(-4)$

$\quad\quad =2^{-4}=\dfrac{1}{16}$

3 0997   답 ④   유형 3

출제의도 | 선분의 중점을 이용하여 로그함수의 그래프 위의 점의 좌표를 구할 수 있는지 확인한다.

> 중점을 지나면서 x축에 평행한 직선은 $y=$(중점의 y좌표) 꼴임을 이용해 보자.

$A(2, \log_a 2)$, $B(4, 2\log_a 2)$이므로 $\overline{AB}$의 중점 M의 좌표는

$\left(\dfrac{2+4}{2}, \dfrac{\log_a 2+2\log_a 2}{2}\right)$

$\therefore M\left(3, \dfrac{3}{2}\log_a 2\right)$

따라서 선분 AB의 중점 M을 지나면서 x축에 평행한 직선은

$y=\dfrac{3}{2}\log_a 2$

직선 $y=\dfrac{3}{2}\log_a 2$와 $y=\log_a x$의 그래프의 교점의 x좌표가 b이므로

$\log_a b=\dfrac{3}{2}\log_a 2=\log_a 2^{\frac{3}{2}}$

$\therefore b=2^{\frac{3}{2}}=2\sqrt{2}$

4 0998   답 ④   유형 4

출제의도 | 로그함수의 그래프의 평행이동을 이해하고, 점근선의 방정식을 이용하여 미지수의 값을 구할 수 있는지 확인한다.

> 점근선의 방정식이 $x=-k$이면 $y=\log_3 a(x+k)$가 됨을 이용해 보자.

점근선의 방정식이 $x=-2$이므로

$y=\log_3(ax+b)=\log_3 a(x+2)$

이 그래프가 원점을 지나므로

$0=\log_3 a(0+2)$, $\log_3 2a=0$

$2a=1$ $\therefore a=\dfrac{1}{2}$

$y=\log_3 \dfrac{1}{2}(x+2)=\log_3\left(\dfrac{1}{2}x+1\right)$이므로

$b=1$

$\therefore 2ab=2\times\dfrac{1}{2}\times 1=1$

5 0999   답 ⑤   유형 9

출제의도 | 직선 $y=x$ 위의 점을 이용하여 로그함수의 함숫값을 구할 수 있는지 확인한다.

> $y=\log_3 x$의 그래프는 항상 점 $(1, 0)$을 지나고, 직선 $y=x$ 위의 점의 좌표는 x좌표와 y좌표가 같음을 이용해 보자.

$y=\log_3 x$의 그래프는 점 $(1, 0)$을 지나므로

$x_1=1$

$y=\log_3 x$의 그래프는 점 $(x_2, 1)$을 지나므로

$1=\log_3 x_2$ $\therefore x_2=3$

$y=\log_3 x$의 그래프는 점 $(x_3, 3)$을 지나므로

$3=\log_3 x_3$ $\therefore x_3=3^3=27$

$\therefore x_3-x_1=27-1=26$

6 1000   답 ②   유형 17

출제의도 | 밑을 같게 할 수 있는 로그방정식을 풀 수 있는지 확인한다.

> 양변의 로그의 밑이 같으므로 진수가 같음을 이용해 보자. 이때 진수의 조건을 먼저 구하는 것도 잊지 말자.

진수의 조건에서 $-x+6>0$, $x>0$

$\therefore 0<x<6$ ⋯⋯⋯⋯⋯⋯⋯⋯ ㉠

$\log_5(-x+6)=2\log_5 x$에서

$\log_5(-x+6)=\log_5 x^2$

$-x+6=x^2$, $x^2+x-6=0$

$(x+3)(x-2)=0$ ∴ $x=-3$ 또는 $x=2$

따라서 ㉠을 만족시키는 해는 $x=2$이다.

7 1001 답 ②   유형 24

출제의도 | 밑을 같게 할 수 있는 로그부등식을 풀 수 있는지 확인한다.

> 양변의 로그의 밑이 1보다 크므로 부등호의 방향은 그대로인 진수의 일차 부등식을 풀어 보자. 이때 진수의 조건을 확인하는 것도 잊지 말자.

진수의 조건에서 $x>0$, $2x-4>0$

∴ $x>2$ ·· ㉠

밑이 1보다 크므로 $x\ge 2x-4$

∴ $x\le 4$ ·· ㉡

㉠, ㉡의 공통 범위는 $2<x\le 4$

따라서 자연수 x는 3, 4이므로 그 합은 $3+4=7$이다.

8 1002 답 ①   유형 7

출제의도 | 로그함수를 이용하여 세 수의 대소 관계를 구할 수 있는지 확인한다.

> $0<($밑$)<1$이므로 진수가 작을수록 로그의 값은 커짐을 이용하자. 이때 보기의 식이 나올 수 있도록 진수의 부등식을 변형해 보자.

밑이 1보다 작으므로

$\dfrac{b}{a}<\dfrac{c}{b}<\dfrac{a}{c}$ ··· ㉠

$\dfrac{b}{a}<\dfrac{c}{b}$에서 $ac-b^2>0$ ··························· ㉡

$\dfrac{c}{b}<\dfrac{a}{c}$에서 $ab-c^2>0$ ··························· ㉢

$\dfrac{b}{a}<\dfrac{a}{c}$에서 $a^2-bc>0$ ··························· ㉣

ㄱ. ㉢, ㉣의 양변을 각각 더하면

$a^2-c^2+ab-bc>0$, $(a-c)(a+b+c)>0$

∴ $a>c$ ($\because a+b+c>0$) (참)

ㄴ. ㉡, ㉣의 양변을 각각 더하면

$a^2-b^2+ac-bc>0$, $(a-b)(a+b+c)>0$

∴ $a>b$ ($\because a+b+c>0$) (거짓)

ㄷ. [반례] $a=6$, $b=2$, $c=1$일 때, ㉠은 성립하지만 $b>c$이다.

(거짓)

따라서 항상 성립하는 것은 ㄱ이다.

9 1003 답 ⑤   유형 8

출제의도 | 로그함수의 역함수를 이해하고, 그 성질을 이해하고 있는지 확인한다.

> 로그함수의 역함수를 직접 구하려고 하지 말고, 로그함수 $y=\log_a x+m$의 그래프와 그 역함수의 그래프의 교점은 로그함수의 그래프와 직선 $y=x$의 교점과 같음을 이용해 보자.

로그함수 $y=\log_a x+m$ $(a>1)$의 그래프와 그 역함수의 그래프의 교점은 모두 직선 $y=x$ 위에 있으므로 두 교점의 좌표는 $(1,\ 1)$, $(3,\ 3)$이다.

두 점 $(1,\ 1)$, $(3,\ 3)$이 함수 $y=\log_a x+m$의 그래프 위에 있으므로

$1=\log_a 1+m$에서 $m=1$

$3=\log_a 3+m$에서 $3=\log_a 3+1$

$\log_a 3=2$, $a^2=3$

이때 $a>1$이므로 $a=\sqrt{3}$

∴ $a+m=\sqrt{3}+1$

10 1004 답 ②   유형 14

출제의도 | $\log_a x$ 꼴이 반복되는 로그함수의 최대·최소를 구할 수 있는지 확인한다.

> $\log_a x=t$로 치환하면 t에 대한 함수는 $t=\log_a \dfrac{1}{9}$일 때, 최솟값 1을 가져야 함을 이용해 보자.

$y=(\log_3 x)^2+a\log_{27}x^2+b$에서

$y=(\log_3 x)^2+a\log_3 x^2+b$

　$=(\log_3 x)^2+\dfrac{2}{3}a\log_3 x+b$

$\log_3 x=t$로 놓으면

$y=t^2+\dfrac{2}{3}at+b$ ··· ㉠

㉠이 $x=\dfrac{1}{9}$, 즉 $t=\log_3 \dfrac{1}{9}=-2$일 때 최솟값 1을 가지므로

$y=(t+2)^2+1=t^2+4t+5$ ····················· ㉡

㉠, ㉡이 같아야 하므로

$\dfrac{2}{3}a=4$, $b=5$ ∴ $a=6$, $b=5$

∴ $a-b=6-5=1$

11 1005 답 ④   유형 15

출제의도 | 지수에 로그가 있을 때 로그함수의 최대·최소를 구할 수 있는지 확인한다.

> 양변에 밑이 4인 로그를 취하여 $\log_4 y$의 최댓값이 3임을 이용해 보자.

$y=ax^{2-\log_4 x}$의 양변에 밑이 4인 로그를 취하면

$\log_4 y=\log_4 ax^{2-\log_4 x}$

　　　$=\log_4 a+(2-\log_4 x)\log_4 x$

　　　$=-(\log_4 x)^2+2\log_4 x+\log_4 a$

$\log_4 x=t$로 놓으면

$\log_4 y=-t^2+2t+\log_4 a=-(t-1)^2+1+\log_4 a$

$1\le x\le 64$에서 $\log_4 1\le \log_4 x\le \log_4 64$

∴ $0\le t\le 3$

따라서 $\log_4 y$는 $t=1$일 때 최댓값 $1+\log_4 a$이므로

$1+\log_4 a=\log_4 64=3$, $\log_4 a=2$

∴ $a=16$

$\log_4 y$는 $t=3$일 때 최솟값을 가지므로

$\log_4 y=-3+\log_4 16=-3+2=-1$에서 $y=4^{-1}=\dfrac{1}{4}$

$\therefore m=\dfrac{1}{4}$

$\therefore am=16\times\dfrac{1}{4}=4$

12 1006 답 ④ 　유형 16

출제의도 ㅣ 산술평균과 기하평균의 관계를 이용하여 주어진 식의 최솟값을 구할 수 있는지 확인한다.

> 먼저 로그의 성질을 이용하여 식을 정리하자. 이때 정리된 식은 익숙한 형태의 양수인 두 수의 합의 꼴이 나타나게 되므로 산술평균과 기하평균의 관계를 이용하여 최솟값을 구해 보자.

$\log_6\left(x+\dfrac{2}{y}\right)+\log_6\left(\dfrac{4}{x}+8y\right)=\log_6\left(x+\dfrac{2}{y}\right)\left(\dfrac{4}{x}+8y\right)$

$\qquad\qquad\qquad\qquad\qquad\qquad =\log_6\left(20+8xy+\dfrac{8}{xy}\right)$

$x>0$, $y>0$에서 $8xy>0$, $\dfrac{8}{xy}>0$이므로 산술평균과 기하평균의 관계에 의하여

$20+8xy+\dfrac{8}{xy}\geq 20+2\sqrt{8xy\times\dfrac{8}{xy}}$

$\qquad\qquad\qquad =20+2\sqrt{64}$

$\qquad\qquad\qquad =36\left(\text{단, 등호는 } 8xy=\dfrac{8}{xy}, \text{ 즉 } xy=1\text{일 때 성립}\right)$

따라서 구하는 최솟값은 $\log_6 36=\log_6 6^2=2$

13 1007 답 ⑤ 　유형 20

출제의도 ㅣ 지수에 로그가 있는 로그방정식을 풀 수 있는지 확인한다.

> 로그의 성질을 이용하여 식을 정리하고, $2^{\log x}=t$로 놓고, t에 대한 방정식을 풀어 보자.

$x^{\log 2}\times 2^{\log x}-10\times 2^{\log x}+16=0$에서 $x^{\log 2}=2^{\log x}$이므로

$(2^{\log x})^2-10\times 2^{\log x}+16=0$

$2^{\log x}=t$ $(t>0)$로 놓으면 $t^2-10t+16=0$

$(t-2)(t-8)=0$ 　 $\therefore t=2$ 또는 $t=8$

즉, $2^{\log x}=2$ 또는 $2^{\log x}=8$이므로

$\log x=1$ 또는 $\log x=3$

$\therefore x=10$ 또는 $x=10^3$

이때 $\alpha<\beta$이므로 $\alpha=10$, $\beta=10^3$

$\therefore \dfrac{\beta}{\alpha}=\dfrac{10^3}{10}=100$

14 1008 답 ③ 　유형 18 + 유형 23

출제의도 ㅣ 중근을 가질 조건을 활용하여 $\log_a x$ 꼴이 반복되는 로그방정식을 풀 수 있는지 확인한다.

> $\log a-1$은 이차방정식의 이차항의 계수이므로 먼저 중근을 가질 조건을 구하고, $\log a=t$로 치환하여 풀어 보자. 이때 계수와 진수의 조건도 잊지 말자.

x에 대한 이차방정식이므로

$\log a-1\neq 0$ 　 $\therefore a\neq 10$ ·········· ㉠

진수의 조건에서 $a>0$ ·········· ㉡

이차방정식 $(\log a-1)x^2-2(\log a-1)x+1=0$의 판별식을 D라 하면

$\dfrac{D}{4}=(\log a-1)^2-(\log a-1)=0$

$(\log a)^2-3\log a+2=0$

$\log a=t$로 놓으면 $t^2-3t+2=0$

$(t-1)(t-2)=0$

$\therefore t=1$ 또는 $t=2$

즉, $\log a=1$ 또는 $\log a=2$이므로 $a=10$ 또는 $a=100$

이때 ㉠, ㉡을 모두 만족시키는 a의 값은 100이다.

15 1009 답 ① 　유형 25

출제의도 ㅣ 진수에 로그가 있는 로그부등식을 풀 수 있는지 확인한다.

> x뿐만 아니라 $\log_3 x-2$도 진수이므로 진수의 조건을 먼저 확인해 보자. 로그부등식의 밑이 1보다 크므로 부등호의 방향은 그대로 두고, 바깥쪽의 로그부등식부터 차근차근 풀어 보자.

진수의 조건에서 $x>0$, $\log_3 x-2>0$

이때 $\log_3 x>2$에서 $\log_3 x>\log_3 3^2$

밑이 1보다 크므로 $x>9$

$\therefore x>9$ ·········· ㉠

$\log_2(\log_3 x-2)<1$에서 $\log_2(\log_3 x-2)<\log_2 2$

밑이 1보다 크므로 $\log_3 x-2<2$, $\log_3 x<4$

또, $\log_3 x<\log_3 3^4$에서 밑이 1보다 크므로

$x<81$ ·········· ㉡

㉠, ㉡을 만족시키는 x의 값의 범위는

$9<x<81$

16 1010 답 ④ 　유형 26 + 유형 29

출제의도 ㅣ $\log_a x$ 꼴이 반복되는 로그부등식을 풀 수 있는지 확인한다.

> $\log_2 x=t$로 놓으면 t에 대한 이차부등식이 되므로 이차부등식이 항상 성립할 조건을 이용해 보자.

$(\log_2 x)^2+\log_2 16x^2-k\geq 0$에서

$(\log_2 x)^2+2\log_2 x+4-k\geq 0$

$\log_2 x=t$로 놓으면 $t^2+2t+4-k\geq 0$

이 부등식이 모든 실수 t에 대하여 성립해야 하므로 이차방정식 $t^2+2t+4-k=0$의 판별식을 D라 하면

$\dfrac{D}{4}=1-(4-k)\leq 0$

$\therefore k\leq 3$

17 1011 답 ④ 　유형 27

출제의도 ㅣ 지수에 로그가 있는 로그부등식을 풀 수 있는지 확인한다.

> 양변에 밑이 2인 로그를 취하고, $\log_2 x=t$로 치환하여 로그부등식을 풀어 보자.

진수의 조건에서 $x>0$ ·· ㉠

$x^{\log_2 x}\geq 8x^2$의 양변에 밑이 2인 로그를 취하면

$\log_2 x^{\log_2 x}\geq \log_2 8x^2$

$(\log_2 x)^2\geq 3+\log_2 x$

$\therefore (\log_2 x)^2-2\log_2 x-3\geq 0$

$\log_2 x=t$로 놓으면 $t^2-2t-3\geq 0$

$(t+1)(t-3)\geq 0$ $\quad \therefore t\leq -1$ 또는 $t\geq 3$

즉, $\log_2 x\leq -1$ 또는 $\log_2 x\geq 3$이므로

$\log_2 x\leq \log_2 2^{-1}$ 또는 $\log_2 x\geq \log_2 2^3$

밑이 1보다 크므로 $x\leq \dfrac{1}{2}$ 또는 $x\geq 8$ ······ ㉡

㉠, ㉡의 공통 범위는 $0<x\leq \dfrac{1}{2}$ 또는 $x\geq 8$

따라서 부등식을 만족시키는 가장 작은 자연수는 8이다.

18 1012 답 ⑤ 유형 10

출제의도 | 로그함수의 평행이동을 이용하여 네 그래프로 둘러싸인 부분의 넓이를 구할 수 있는지 확인한다.

> 로그의 성질을 이용하여 $y=\log_2 2(x+1)$과 $y=\log_2 (x-1)-3$의 관계를 파악하고, 넓이가 같은 부분을 찾아 평행사변형의 넓이를 구해 보자.

$y=\log_2 2(x+1)=\log_2 (x+1)+1$

따라서 $y=\log_2 (x-1)-3$의 그래프는 $y=\log_2 2(x+1)$의 그래프를 x축의 방향으로 2만큼, y축의 방향으로 -4만큼 평행이동한 것이다.

곡선 $y=\log_2 2(x+1)$과 직선 $y=-2x+1$은 점 $(0,\ 1)$에서 만나므로 곡선 $y=\log_2 (x-1)-3$과 직선 $y=-2x+1$은 점 $(0+2,\ 1-4)$, 즉 $(2,\ -3)$에서 만난다.

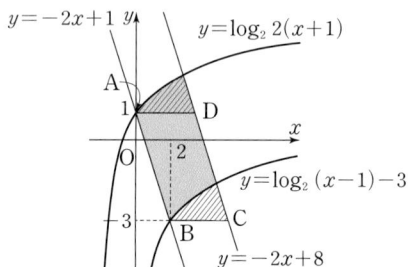

빗금 친 두 부분의 넓이가 서로 같으므로 색칠한 부분의 넓이는 평행사변형 ABCD의 넓이와 같다.

이때 $\overline{AD}$의 길이는 $-2x+8=1$에서 $x=\dfrac{7}{2}$이므로

$$S=\dfrac{7}{2}\times 4=14$$

$$\therefore 2S=2\times 14=28$$

19 1013 답 ① 유형 22

출제의도 | 두 로그방정식으로 이루어진 연립방정식을 풀 수 있는지 확인한다.

> $\log x=X,\ \log y=Y$로 치환하여 t에 대한 이차방정식을 만들어 보자.

진수의 조건에서 $xy>0$, $x>0$, $y>0$

$\therefore x>0,\ y>0$ ·· ㉠

$\begin{cases}\log xy=4\\(\log x)(\log y)=1\end{cases}$에서 $\begin{cases}\log x+\log y=4\\\log x\times \log y=1\end{cases}$

$\log x=X$, $\log y=Y$로 놓으면

$\begin{cases}X+Y=4\\XY=1\end{cases}$

이때 $X,\ Y$는 t에 대한 이차방정식 $t^2-4t+1=0$의 두 실근이므로

$t=2-\sqrt 3$ 또는 $t=2+\sqrt 3$

$\alpha<\beta$에서 $\log\alpha<\log\beta$, 즉 $X<Y$이므로

$X=2-\sqrt 3$, $Y=2+\sqrt 3$

즉, $\log x=2-\sqrt 3$, $\log y=2+\sqrt 3$이므로

$x=10^{2-\sqrt 3}$, $y=10^{2+\sqrt 3}$

이 값들은 ㉠을 만족시키므로

$\alpha=10^{2-\sqrt 3}$, $\beta=10^{2+\sqrt 3}$

$\therefore \log_\alpha \beta=\dfrac{\log\beta}{\log\alpha}=\dfrac{\log 10^{2+\sqrt 3}}{\log 10^{2-\sqrt 3}}=\dfrac{2+\sqrt 3}{2-\sqrt 3}$

$\qquad =(2+\sqrt 3)^2=7+4\sqrt 3$

20 1014 답 ⑤ 유형 6

출제의도 | 주어진 조건을 이용하여 로그함수의 그래프 위의 두 점 A, B의 좌표를 구할 수 있는지 확인한다.

> 좌표평면 위에 두 로그함수의 그래프와 직선을 그린 후, $\overline{AB}=\sqrt 2$임을 이용하여 두 점 A, B의 좌표 사이의 관계를 유추해 보자.

직선 l의 기울기가 -1이고, $1<a<c$이므로 직선 l과 $y=\log_2 x$, $y=\log_4 (x+7)$의 그래프는 그림과 같다.

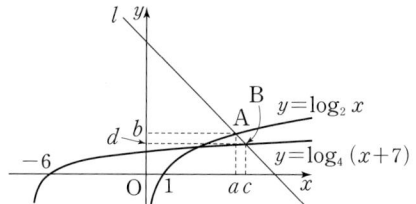

이때 $\overline{AB}=\sqrt 2$이므로

$c-a=1,\ b-d=1$ ·· ㉠

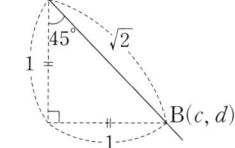

곡선 $y=\log_2 x$가 점 $A(a,\ b)$를 지나므로

$b=\log_2 a$ ·· ㉡

곡선 $y=\log_4 (x+7)$이 점 $B(c,\ d)$를 지나므로

$d=\log_4 (c+7)$

㉠에서 $c=a+1$이므로

$d=\log_4 (a+8)$ ·· ㉢

㉡-㉢을 하면

$b-d=\log_2 a-\log_4 (a+8)$

㉠에서 $1=\log_2 a-\log_4 (a+8)$

$1=\log_4 a^2-\log_4 (a+8)$

$\log_4 \dfrac{a^2}{a+8}=1$, $\dfrac{a^2}{a+8}=4$

$a^2=4a+32$, $a^2-4a-32=0$

$(a+4)(a-8)=0$ $\quad \therefore a=8\ (\because a>1)$

이때 $c=a+1=8+1=9$

$\therefore a+c=8+9=17$

21 1015 ② 유형 24 + 유형 28

출제의도 | 지수부등식과 로그부등식으로 이루어진 연립부등식을 풀 수 있는지 확인한다.

> 집합 A의 지수부등식은 미지수가 있는 부등식이므로 집합 B의 로그부등식을 풀어 $A-B=\varnothing$이 되는 경우의 정수 a의 값을 구해 보자.

$2^{x(x-3a)}<2^{a(x-3a)}$에서 밑이 1보다 크므로

$x(x-3a)<a(x-3a)$, $(x-a)(x-3a)<0$

$\log_3(x^2-2x+6)<2$에서 $\log_3(x^2-2x+6)<\log_3 3^2$

밑이 1보다 크므로 $x^2-2x+6<9$

$x^2-2x-3<0$, $(x+1)(x-3)<0$

$\therefore -1<x<3$

즉, $B=\{x|-1<x<3\}$이다.

$A-B=\varnothing$에서 $A\subset B$이어야 한다. ⋯⋯⋯⋯⋯⋯ ㉠

(i) $a>0$일 때,

$A=\{x|a<x<3a\}$이므로 ㉠을 만족시키는 정수 a는 1

(ii) $a=0$일 때,

$A=\varnothing$이므로 ㉠을 만족시킨다. $\therefore a=0$

(iii) $a<0$일 때,

$A=\{x|3a<x<a\}$이므로 ㉠을 만족시키는 정수 a는 존재하지 않는다.

따라서 $A-B=\varnothing$이 성립하도록 하는 정수 a는 0, 1의 2개이다.

22 1016 -1 유형 12

출제의도 | $y=\log_a(px+q)+r$ 꼴의 로그함수의 최대·최소를 구할 수 있는지 확인한다.

STEP 1 주어진 함수가 감소하는 함수임을 이해하고 a의 값 구하기 [3점]

함수 $y=\log_{\frac{1}{2}}(x-a)$에서 밑이 1보다 작으므로 x의 값이 증가하면 y의 값은 감소한다.

$x=7$일 때 최솟값 -2를 가지므로

$\log_{\frac{1}{2}}(7-a)=-2$

$7-a=\left(\dfrac{1}{2}\right)^{-2}=4$ $\therefore a=3$

STEP 2 최댓값 구하기 [3점]

함수 $y=\log_{\frac{1}{2}}(x-3)$은 $x=5$일 때 최댓값을 가지므로 구하는 최댓값은

$\log_{\frac{1}{2}}(5-3)=\log_{\frac{1}{2}}2=-1$

23 1017 $a>\dfrac{5}{4}$ 유형 24 + 유형 29

출제의도 | 밑이 같은 로그부등식을 풀 수 있는지 확인한다.

STEP 1 $0<a<1$일 때, a의 값의 범위 구하기 [3점]

$0<a<1$일 때, 밑이 1보다 작으므로

$ax^2+2x+3<x^2+x+2$

$\therefore (1-a)x^2-x-1>0$

이 부등식이 모든 실수 x에 대하여 성립해야 하므로 이차방정식 $(1-a)x^2-x-1=0$의 판별식을 D라 하면

$D=(-1)^2+4(1-a)<0$

$5-4a<0$ $\therefore a>\dfrac{5}{4}$

그런데 $0<a<1$이므로 a의 값은 존재하지 않는다.

STEP 2 $a>1$일 때, a의 값의 범위 구하기 [2점]

$a>1$일 때, 밑이 1보다 크므로

$ax^2+2x+3>x^2+x+2$

$\therefore (a-1)x^2+x+1>0$

이 부등식이 모든 실수 x에 대하여 성립해야 하므로 이차방정식 $(a-1)x^2+x+1=0$의 판별식을 D라 하면

$D=1-4(a-1)<0$

$5-4a<0$ $\therefore a>\dfrac{5}{4}$

이때 $a>1$이므로 $a>\dfrac{5}{4}$

STEP 3 주어진 부등식이 성립할 때, a의 값의 범위 구하기 [1점]

a의 값의 범위는

$a>\dfrac{5}{4}$

24 1018 $\alpha=\dfrac{1}{4}$, $k=-3$ 유형 18 + 유형 19

출제의도 | $\log_a x$ 꼴이 반복되는 로그방정식을 치환하여 이차방정식의 근과 계수의 관계를 활용할 수 있는지 확인한다.

STEP 1 이차방정식의 근과 계수의 관계를 이용하여 관계식 세우기 [2점]

$\log_2 x=t$로 놓으면

$t^2-kt+2=0$ ⋯⋯⋯⋯⋯⋯ ㉠

주어진 방정식의 두 근 α, β의 비가 $1:2$이므로 방정식 ㉠의 두 근은 $\log_2\alpha$, $\log_2 2\alpha$이고, 이차방정식의 근과 계수의 관계에 의하여

$\log_2\alpha+\log_2 2\alpha=k$

$2\log_2\alpha+1=k$ ⋯⋯⋯⋯⋯⋯ ㉡

$\log_2\alpha\times\log_2 2\alpha=2$

$(1+\log_2\alpha)\log_2\alpha=2$ ⋯⋯⋯⋯⋯⋯ ㉢

STEP 2 $\log_2\alpha$의 값 구하기 [2점]

㉢에서 $\log_2\alpha=s$로 놓으면

$(1+s)s=2$, $s^2+s-2=0$

$(s+2)(s-1)=0$ $\therefore s=-2$ 또는 $s=1$

$\therefore \log_2\alpha=-2$ 또는 $\log_2\alpha=1$

STEP 3 조건을 만족시키는 α의 값 구하기 [2점]

(i) $\log_2\alpha=1$이면 ㉡에서 $2\times1+1=3=k$이므로 $k<0$을 만족시키지 못한다.

(ii) $\log_2\alpha=-2$이면 $\alpha=2^{-2}=\dfrac{1}{4}$

STEP 4 상수 k의 값 구하기 [1점]

$\alpha=\dfrac{1}{4}$을 ㉡에 대입하면 $k=2\times(-2)+1=-3$

25 1019 50 유형 4 + 유형 12

출제의도 | 절댓값이 있는 로그함수의 그래프의 평행이동을 이해하고, 정의역과 치역을 이용하여 미지수의 값을 구할 수 있는지 확인한다.

$y=\left|\log_2\left(\dfrac{1}{8}x+2\right)\right|+2=\left|\log_2\dfrac{1}{8}(x+16)\right|+2$의 그래프는

$y=\left|\log_2\dfrac{1}{8}x\right|$ 의 그래프를 x축의 방향으로 -16만큼, y축의 방향으로 2만큼 평행이동한 것이므로 그래프는 그림과 같다.

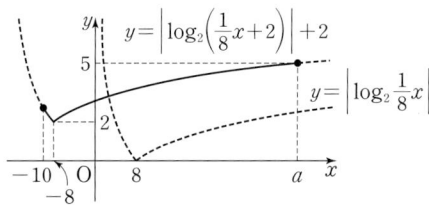

STEP2 정의역과 치역을 이용하여 최대·최소 확인하기 [1점]

$f(x)=\left|\log_2\left(\dfrac{1}{8}x+2\right)\right|+2$라 하면

주어진 함수의 정의역이 $\{x\mid-10\leq x\leq a\}$이므로 최솟값은 $f(-8)$이고, 최댓값은 $f(-10)$ 또는 $f(a)$ 중 하나이다.

STEP3 상수 a, b의 값 구하기 [4점]

$f(-8)=\left|\log_2\left\{\dfrac{1}{8}\times(-8)+2\right\}\right|+2=2$

치역이 $\{y\mid b\leq y\leq 5\}$이므로 $b=2$

$f(-10)=\left|\log_2\left\{\dfrac{1}{8}\times(-10)+2\right\}\right|+2$

$\quad\quad=\left|\log_2\dfrac{3}{4}\right|+2=-\log_2\dfrac{3}{4}+2$

$\quad\quad=-\log_2 3+\log_2 4+2$

$\quad\quad=4-\log_2 3$

$f(a)=\left|\log_2\left(\dfrac{1}{8}a+2\right)\right|+2=\log_2\left(\dfrac{a}{8}+2\right)+2$

이때 $f(-10)=4-\log_2 3<5$이므로 최댓값은 $f(a)=5$

$f(a)=\log_2\left(\dfrac{a}{8}+2\right)+2=5$에서 $\dfrac{a}{8}+2=8$

$\therefore a=48$

STEP4 $a+b$의 값 구하기 [1점]

$a+b=48+2=50$

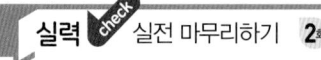

실력 check **실전 마무리하기 2회** 209쪽~213쪽

1 1020 답 ① 유형 1

출제의도 ㅣ 로그의 성질을 이용하여 같은 로그함수를 찾을 수 있는지 확인한다.

> 로그함수에서 정의역이 다르면 서로 다른 함수야. 함수의 식을 변형하여 같은 함수를 찾아보자.

$y=\log_9 x^2=\log_{3^2}x^2=\log_3|x|$

ㄱ. $y=\log_3|x|$

ㄴ. $y=\log_{\frac{1}{3}}(-x)=\log_{3^{-1}}(-x)=-\log_3(-x)$

ㄷ. $y=-\log_3\dfrac{1}{x}=-\log_3 x^{-1}=\log_3 x$

ㄹ. $y=-2\log_{\frac{1}{9}}x=-2\log_{3^{-2}}x=\log_3 x$

따라서 함수 $y=\log_9 x^2$과 같은 함수인 것은 ㄱ이다.

2 1021 답 ④ 유형 3

출제의도 ㅣ 로그함수의 그래프 위의 두 점을 이용하여 식의 값을 구할 수 있는지 확인한다.

> $x=a$, $x=b$를 $y=\log_2 x$에 대입하여 y_1, y_2를 구해 보자.

두 점 A, B는 $y=\log_2 x$의 그래프 위의 점이므로

$\mathrm{A}(a,\ \log_2 a)$, $\mathrm{B}(b,\ \log_2 b)$

$y_2-y_1=3$이므로

$\log_2 b-\log_2 a=3$

$\log_2\dfrac{b}{a}=3$

$\therefore\ \dfrac{b}{a}=2^3=8$

3 1022 답 ② 유형 4

출제의도 ㅣ 로그함수의 그래프를 이해하고 있는지 확인한다.

> 밑이 1보다 큰 함수 $y=\log_2(x-1)+2$의 그래프를 그려 보자.

$y=\log_2(x-1)+2$의 그래프를 그리면 그림과 같다.

② 치역은 실수 전체의 집합이다.

③ $x=5$를 대입하면

$\quad y=\log_2 4+2=2+2=4$

따라서 옳지 않은 것은 ②이다.

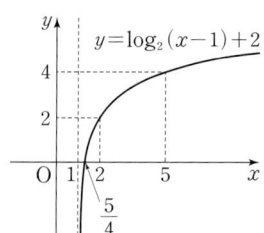

4 1023 답 ④ 유형 12

출제의도 ㅣ $y=\log_a(px+q)+r$ 꼴의 로그함수의 최대·최소를 구할 수 있는지 확인한다.

> $0<(밑)<1$이므로 $y=\log_{\frac{1}{3}}(x+1)$은 x가 최소일 때 최댓값을 갖고, x가 최대일 때 최솟값을 가짐을 이용해 보자.

함수 $y=\log_{\frac{1}{3}}(x+1)$에서 밑이 1보다 작으므로 x의 값이 증가하면 y의 값은 감소한다.

따라서 $x=-\dfrac{2}{3}$일 때, 최대이고 최댓값은

$\log_{\frac{1}{3}}\left(-\dfrac{2}{3}+1\right)=\log_{\frac{1}{3}}\dfrac{1}{3}=1$

$x=26$일 때, 최소이고 최솟값은

$\log_{\frac{1}{3}}(26+1)=\log_{\frac{1}{3}}27=-3$

따라서 최댓값과 최솟값의 합은 $1+(-3)=-2$

5 1024 답 ① 유형 17

출제의도 ㅣ 밑을 같게 할 수 있는 로그방정식을 풀 수 있는지 확인한다.

> 양변의 로그의 밑을 2로 같게 하여 진수가 같음을 이용해 보자. 이때 진수의 조건을 먼저 구하는 것도 잊지 말자.

진수의 조건에서 $\underline{x^2+x+2>0}$, $x>0$ $\left(x+\dfrac{1}{2}\right)^2+\dfrac{7}{4}>0$

$\therefore x>0$ $\cdots\cdots$ ㉠

$\log_2(x^2+x+2)=2\log_2 x+1$에서

$\log_2(x^2+x+2)=\log_2 2x^2$

$x^2+x+2=2x^2$, $x^2-x-2=0$

$(x-2)(x+1)=0$ $\therefore x=-1$ 또는 $x=2$

㉠에서 $x=2$

따라서 $\alpha=2$이므로

$\log_4(10-3\alpha)=\log_4 4=1$

---

6 1025   답 ④   _{유형 18}

출제의도 | $\log_a x$ 꼴이 반복되는 로그방정식을 풀 수 있는지 확인한다.

> $\log x=t$로 놓고, t에 대한 이차방정식을 풀어 보자.

진수의 조건에서 $x>0$ $\cdots\cdots$ ㉠

$\log x=t$로 놓으면 $t^2-4t-5=0$

$(t+1)(t-5)=0$ $\therefore t=-1$ 또는 $t=5$

즉, $\log x=-1$ 또는 $\log x=5$이므로

$x=10^{-1}$ 또는 $x=10^5$

이 값들은 ㉠을 모두 만족시키므로 해는

$x=\dfrac{1}{10}$ 또는 $x=10^5$

---

7 1026   답 ②   _{유형 8}

출제의도 | 로그함수와 그 역함수인 지수함수의 관계를 이용하여 밑을 구할 수 있는지 확인한다.

> 두 함수 $y=a^x$, $y=\log_a x$가 서로 역함수 관계이므로 그래프에서 점 $A(k,\ b)$이면 점 $B(b,\ k)$임을 이용해 보자.

함수 $y=\log_a x$는 함수 $y=a^x$의 역함수이므로 두 곡선 $y=a^x$과 $y=\log_a x$는 직선 $y=x$에 대하여 대칭이다.

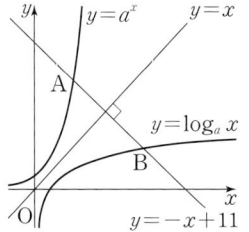

따라서 점 A의 x좌표를 k라 하면 $A(k,\ 11-k)$이고, 점 $B(11-k,\ k)$이므로

$\overline{AB}^2=(11-2k)^2+(2k-11)^2=(5\sqrt{2})^2$

$2(2k-11)^2=50$, $(2k-11)^2=25$

$2k-11=\pm5$ $\therefore k=3$ 또는 $k=8$

이때 점 A의 x좌표는 점 B의 x좌표보다 작으므로

$k=3$

따라서 두 점 $A(3,\ 8)$, $B(8,\ 3)$이고, 점 A가 $y=a^x$의 그래프 위의 점이므로

$a^3=8$ $\therefore a=2$

$\therefore 3a=3\times2=6$

---

8 1027   답 ⑤   _{유형 14} + _{유형 15}

출제의도 | $\log_a x$ 꼴이 반복되는 로그함수의 최대·최소를 구할 수 있는지 확인한다.

> 지수에 로그가 있으므로 양변에 밑이 2인 로그를 취하고, $\log_a x=t$로 치환하여 최대, 최소를 생각해 보자.

$y=32x^{-2+\log_2 x}$이라 하고 양변에 밑이 2인 로그를 취하면

$\log_2 y=\log_2 32x^{-2+\log_2 x}$

$\qquad=\log_2 32+\log_2 x^{-2+\log_2 x}$

$\qquad=5+(-2+\log_2 x)\times\log_2 x$

$\qquad=(\log_2 x)^2-2\log_2 x+5$

$\log_2 x=t$로 치환하면

$\log_2 y=t^2-2t+5=(t-1)^2+4$

이때 $1\le x\le8$에서 $\log_2 1\le\log_2 x\le\log_2 8$, 즉 $0\le t\le3$

$0\le t\le3$에서 함수 $\log_2 y=(t-1)^2+4$는

$t=1$일 때 최솟값 $(1-1)^2+4=4$,

$t=3$일 때 최댓값 $(3-1)^2+4=8$

을 갖는다.

따라서 $\log_2 y=4$에서 최솟값 $m=2^4=16$,

$\log_2 y=8$에서 최댓값 $M=2^8=256$

$\therefore M-m=256-16=240$

---

9 1028   답 ⑤   _{유형 18} + _{유형 19}

출제의도 | $\log_a x$ 꼴이 반복되는 로그방정식을 치환하여 이차방정식의 근과 계수의 관계를 활용할 수 있는지 확인한다.

> $\log_3 x=t$로 놓으면 두 근은 $\log_3\alpha$, $\log_3\beta$이므로 근과 계수의 관계에서 $\alpha\beta=3$임을 이용해 보자.

$\log_3 x-\dfrac{1}{3}\log_x 3-k=0$에서 밑의 변환 공식을 이용하여 식을 변형하면

$\log_3 x-\dfrac{1}{3\log_3 x}-k=0$

$\log_3 x=t$로 놓으면

$t-\dfrac{1}{3t}-k=0$, $3t^2-3kt-1=0$ $\cdots\cdots$ ㉠

주어진 방정식의 두 근을 α, β라 하면 방정식 ㉠의 두 근은 $\log_3\alpha$, $\log_3\beta$이므로 이차방정식의 근과 계수의 관계에 의하여

$\log_3\alpha+\log_3\beta=-\dfrac{-3k}{3}$

$\log_3\alpha\beta=k$

이때 $\alpha\beta=3$이므로 $k=\log_3 3=1$

---

10 1029   답 ④   _{유형 18}

출제의도 | 로그방정식이 실근을 가질 밑의 조건을 구할 수 있는지를 확인한다.

> $\log_a x=t$로 놓고, 로그방정식을 푼 후 주어진 범위에서 서로 다른 두 실근을 가질 조건을 구해 보자.

$(\log_a x)^2+\log_a x-2=0$에서 $\log_a x=t$로 놓으면

$t^2+t-2=0$, $(t+2)(t-1)=0$

$\therefore t=-2$ 또는 $t=1$

즉, $\log_a x=-2$ 또는 $\log_a x=1$이므로

$x=a^{-2}=\dfrac{1}{a^2}$ 또는 $x=a$

그런데 $x>\dfrac{1}{2}$에서 서로 다른 두 실근을 가져야 하므로

$\dfrac{1}{a^2}>\dfrac{1}{2}$, $a>\dfrac{1}{2}$

$\therefore \dfrac{1}{2}<a<1 \ (\because a<1)$

11 1030 답 ①

유형 20

출제의도 | 지수에 로그가 있는 로그방정식을 풀 수 있는지 확인한다.

> 양변에 밑이 3인 로그를 취하고, $\log_3 x=t$로 치환하여 로그방정식을 풀어 보자.

$x^{\log_3 x}=x^3$의 양변에 밑이 3인 로그를 취하면

$\log_3 x^{\log_3 x}=\log_3 x^3$, $(\log_3 x)^2=3\log_3 x$

$(\log_3 x)^2-3\log_3 x=0$

$\log_3 x=t$로 놓으면 $t^2-3t=0$

$t(t-3)=0$ $\quad \therefore t=0$ 또는 $t=3$

즉, $\log_3 x=0$ 또는 $\log_3 x=3$이므로

$x=1$ 또는 $x=3^3=27$

따라서 주어진 방정식의 모든 근의 합은

$1+27=28$

12 1031 답 ③
유형 21

출제의도 | 밑과 진수에 모두 미지수가 있는 로그방정식을 풀 수 있는지 확인한다.

> 진수가 1이면 밑이 달라도 로그의 값은 모두 0임을 이용해 보자.

밑과 진수의 조건에서

$x^2+3x>0$, $x^2+3x\neq1$, $x+8>0$, $x+8\neq1$, $3x-1>0$

$\therefore x>\dfrac{1}{3}$ $\cdots\cdots$ ㉠

$\log_{x^2+3x}(3x-1)=\log_{x+8}(3x-1)$에서

(i) $x^2+3x=x+8$일 때, $x^2+2x-8=0$

$(x+4)(x-2)=0$ $\quad \therefore x=2 \ (\because ㉠)$

(ii) $3x-1=1$일 때, $x=\dfrac{2}{3}$

(i), (ii)에서 $x=\dfrac{2}{3}$ 또는 $x=2$

$k=\dfrac{2}{3}\times 2=\dfrac{4}{3}$이므로

$9k^2=9\times\left(\dfrac{4}{3}\right)^2=16$

13 1032 답 ⑤
유형 19 + 유형 22

출제의도 | 지수방정식과 로그방정식의 근이 같을 조건을 이용하여 미지수의 값을 구할 수 있는지 확인한다.

> 지수방정식은 $2^x=t$로 치환하고, 로그방정식은 $\log_2 x=s$로 치환하여 풀어 보자.

주어진 두 방정식의 두 근을 α, β라 하자.

$2^{2x}-p\times 2^x+8=0$에서 $(2^x)^2-p\times 2^x+8=0$

$2^x=t \ (t>0)$로 놓으면

$t^2-pt+8=0$

이 이차방정식의 두 근은 2^α, 2^β이므로 이차방정식의 근과 계수의 관계에 의하여

$2^\alpha+2^\beta=p$, $2^\alpha\times 2^\beta=8$ $\cdots\cdots$ ㉠

또, $(\log_2 x)^2-\log_2 x+q=0$에서 $\log_2 x=s$로 놓으면

$s^2-s+q=0$

이 이차방정식의 두 근은 $\log_2\alpha$, $\log_2\beta$이므로 이차방정식의 근과 계수의 관계에 의하여

$\log_2\alpha+\log_2\beta=1$, $\log_2\alpha\times\log_2\beta=q$ $\cdots\cdots$ ㉡

㉠, ㉡에서 $2^{\alpha+\beta}=2^3$, $\log_2\alpha\beta=1$이므로

$\alpha+\beta=3$, $\alpha\beta=2$

두 식을 연립하여 풀면

$\alpha=1$, $\beta=2$ 또는 $\alpha=2$, $\beta=1$

㉠에서 $p=2+2^2=6$, ㉡에서 $q=\log_2 1\times\log_2 2=0$

$\therefore p-q=6-0=6$

14 1033 답 ③
유형 25

출제의도 | 진수에 로그가 있는 로그부등식을 풀 수 있는지 확인한다.

> $x-1$뿐만 아니라 $-1+\log_2(x-1)$도 진수이므로 진수의 조건을 먼저 확인해. 로그부등식은 밑의 범위에 따라 부등호의 방향이 달라지므로 바깥쪽의 로그부등식부터 차근차근 풀어 보자.

진수의 조건에서 $x-1>0$, $-1+\log_2(x-1)>0$이므로

$x>1$, $\log_2(x-1)>1$

이때 $\log_2(x-1)>\log_2 2$이고, 밑이 1보다 크므로

$x-1>2$

$\therefore x>3$ $\cdots\cdots$ ㉠

$\log_{\frac{1}{3}}\{-1+\log_2(x-1)\}\geq -2$에서

$\log_{\frac{1}{3}}\{-1+\log_2(x-1)\}\geq\log_{\frac{1}{3}}\left(\dfrac{1}{3}\right)^{-2}$

밑이 1보다 작으므로

$-1+\log_2(x-1)\leq\left(\dfrac{1}{3}\right)^{-2}=9$

$\log_2(x-1)\leq 10$

또, $\log_2(x-1)\leq\log_2 2^{10}$에서 밑이 1보다 크므로

$x-1\leq 2^{10}$, $x-1\leq 1024$ $\quad \therefore x\leq 1025$ $\cdots\cdots$ ㉡

㉠, ㉡의 공통 범위를 구하면 $3<x\leq 1025$

따라서 정수 x의 개수는 $1025-3=1022$

15 1034 답 ④
유형 29

출제의도 | 로그부등식이 항상 성립할 조건을 구할 수 있는지 확인한다.

> 양변에 밑이 2인 로그를 취하여 $\log_2 x$에 대한 방정식을 만들어 보자.

$k^2 x^{(\log_2 x+2)}>1$의 양변에 밑이 2인 로그를 취하면

$\log_2 k^2 x^{(\log_2 x+2)}>\log_2 1$

$\log_2 k^2+(\log_2 x+2)\log_2 x>0$

$(\log_2 x)^2 + 2\log_2 x + 2\log_2 |k| > 0$

$\log_2 x = t$로 놓으면 $t^2 + 2t + 2\log_2 |k| > 0$

이 부등식이 모든 실수 t에 대하여 성립해야 하므로

이차방정식 $t^2 + 2t + 2\log_2 |k| = 0$의 판별식을 D라 하면

$\dfrac{D}{4} = 1 - 2\log_2 |k| < 0$

$\log_2 |k| > \dfrac{1}{2}, \ |k| > \sqrt{2}$

$\therefore k < -\sqrt{2}$ 또는 $k > \sqrt{2}$

---

16 1035 답 ⑤
유형 30

출제의도 | 로그부등식을 이용하여 실생활과 관련된 활용 문제를 풀 수 있는지 확인한다.

> 빵의 가격 B가 $10\% = 0.1$의 비율로 줄어들 때, n번 시행한 빵의 가격은 $B(1-0.1)^n$임을 이용해 보자.

처음 빵 1개의 무게를 A, 가격을 B라 하면 빵의 단위 무게당 가격은 $\dfrac{B}{A}$이다.

따라서 가격은 그대로 유지하고 무게를 10% 줄이는 방법을 n번 시행한 후의 단위 무게당 가격은

$\dfrac{B}{A \times (1-0.1)^n} = \dfrac{B}{0.9^n A}$

n번 시행 후 이 단위 무게당 가격이 처음의 2배 이상이므로

$\dfrac{B}{0.9^n A} \geq 2 \times \dfrac{B}{A}$에서 $\dfrac{1}{0.9^n} \geq 2$

$\dfrac{1}{\left(\dfrac{9}{10}\right)^n} \geq 2, \ \left(\dfrac{10}{9}\right)^n \geq 2$

양변에 상용로그를 취하면 $\log\left(\dfrac{10}{9}\right)^n \geq \log 2$

$n(1 - 2\log 3) \geq \log 2$

$n \geq \dfrac{\log 2}{1 - 2\log 3} = \dfrac{0.3010}{0.0458} = 6.5 \times \times \times$

따라서 구하는 자연수 n의 최솟값은 7이다.

---

17 1036 답 ①
유형 6

출제의도 | 주어진 조건을 이용하여 로그방정식을 풀어 미지수의 값을 구할 수 있는지 확인한다.

> 점 C의 좌표를 이용하여 k의 값을 구하고, 점 A의 좌표와 삼각형의 넓이를 이용하여 점 B의 좌표를 구해 보자.

점 C의 좌표가 $(5, k)$이므로

$k = \log_2 (5-1) = \log_2 4 = 2$

$y = \log_2(x-1)$의 그래프가 x축과 만나는 점의 x좌표는

$\log_2(x-1) = 0$

$x - 1 = 1 \quad \therefore x = 2$

즉, $A(2, 0)$이고, 삼각형 ABC의 넓이가 $\dfrac{9}{4}$이므로

$\dfrac{1}{2} \times \overline{AB} \times 2 = \dfrac{9}{4} \quad \therefore \overline{AB} = \dfrac{9}{4}$

점 B의 x좌표를 p라 하면

$\overline{AB} = p - 2 = \dfrac{9}{4} \quad \therefore p = \dfrac{17}{4}$

따라서 $y = \log_2(x-a) + b$의 그래프가 점 $B\left(\dfrac{17}{4}, \ 0\right)$, $C(5, 2)$를 지나므로

$\log_2\left(\dfrac{17}{4} - a\right) + b = 0$ ·········· ㉠

$\log_2(5-a) + b = 2$ ·········· ㉡

㉡ − ㉠을 하면 $\log_2(5-a) - \log_2\left(\dfrac{17}{4} - a\right) = 2$

$\log_2(5-a) = \log_2 4\left(\dfrac{17}{4} - a\right)$

$\log_2(5-a) = \log_2(17 - 4a)$

$5 - a = 17 - 4a, \ 3a = 12$

$\therefore a = 4$

$a = 4$를 ㉡에 대입하면

$\log_2 1 + b = 2 \quad \therefore b = 2$

$\therefore a + b = 4 + 2 = 6$

---

18 1037 답 ③
유형 11

출제의도 | 지수함수의 역함수인 로그함수의 그래프를 이용하여 조건을 만족시키는 값을 구할 수 있는지 확인한다.

> 함수 $y = 3^x$의 역함수인 $y = \log_3 x$의 그래프를 이용하여 $f(n)$과 $g(n+1)$ 사이의 관계를 추론해 보자.

함수 $y = 3^x$의 역함수는 $y = \log_3 x$이므로 도형 B_n의 넓이는 그림과 같이 함수 $y = \log_3 x$의 그래프와 x축 및 직선 $x = n$으로 둘러싸인 도형 (경계선 포함)의 넓이와 같다.

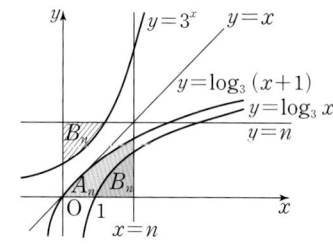

이때 $y = \log_3 x$의 그래프는 $y = \log_3(x+1)$의 그래프를 x축의 양의 방향으로 1만큼 평행이동한 것과 같으므로

$f(n) = g(n+1)$

$f(n) - g(n) = 5$에서 $g(n+1) - g(n) = 5$이므로

$4 \leq \log_3(n+1) < 5$

$3^4 \leq n + 1 < 3^5$

$\therefore 80 \leq n < 242$

따라서 자연수 n의 개수는

$242 - 80 = 162$

---

19 1038 답 ③
유형 24

출제의도 | 진수에 지수가 있는 로그부등식을 풀 수 있는지 확인한다.

> 먼저 진수의 조건에서 만들어지는 지수부등식을 $2^x = t$로 치환하여 풀고, 로그부등식은 밑이 1보다 작으므로 부등호의 방향이 바뀜을 이용하여 풀어 보자.

진수의 조건에서 $2^{2x}+3\times 2^{x}-10>0$, $2^{x}+1>0$

$2^{x}=t$ $(t>0)$로 놓으면

$t^{2}+3t-10>0$, $(t+5)(t-2)>0$

$\therefore t<-5$ 또는 $t>2$

그런데 $t>0$이므로 $t>2$

즉, $2^{x}>2$에서 밑이 1보다 크므로

$x>1$ ··· ㉠

$\log_{\frac{1}{9}}(2^{2x}+3\times 2^{x}-10)>\log_{\frac{1}{3}}(2^{x}+1)$에서

$\log_{\frac{1}{9}}(2^{2x}+3\times 2^{x}-10)>\log_{\frac{1}{9}}(2^{x}+1)^{2}$

밑이 1보다 작으므로

$2^{2x}+3\times 2^{x}-10<(2^{x}+1)^{2}$, $2^{x}<11$

양변에 밑이 2인 로그를 취하면

$x<\log_{2}11$ ·· ㉡

㉠, ㉡의 공통 범위는 $1<x<\log_{2}11$

20 1039 답 ③ 유형 5 + 유형 24

출제의도 | 두 로그함수의 그래프가 만나는 조건을 구할 수 있는지 확인한다.

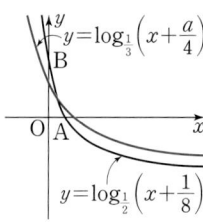
$y=\log_{\frac{1}{2}}\left(x+\frac{1}{8}\right)$의 그래프가 x축, y축과 만나는 점의 좌표를 구하고, 각 점의 x의 값에 따른 $y=\log_{\frac{1}{3}}\left(x+\frac{a}{4}\right)$의 값의 범위를 구해 보자.

곡선 $y=\log_{\frac{1}{2}}\left(x+\frac{1}{8}\right)$이 x축, y축과 만나는 점을 각각 A, B라 하자.

$y=\log_{\frac{1}{2}}\left(x+\frac{1}{8}\right)$에 $y=0$을 대입하면

$0=\log_{\frac{1}{2}}\left(x+\frac{1}{8}\right)$, $x+\frac{1}{8}=1$

$\therefore x=\frac{7}{8}$

즉, 점 A의 좌표는 $\left(\frac{7}{8}, 0\right)$이다.

또, $y=\log_{\frac{1}{2}}\left(x+\frac{1}{8}\right)$에 $x=0$을 대입하면

$y=\log_{\frac{1}{2}}\frac{1}{8}=\log_{2^{-1}}2^{-3}=3$이므로 점 B의 좌표는 $(0, 3)$이다.

두 곡선 $y=\log_{\frac{1}{3}}\left(x+\frac{a}{4}\right)$, $y=\log_{\frac{1}{2}}\left(x+\frac{1}{8}\right)$이 제1사분면의 한 점에서 만나기 위해서는 $x=0$일 때 $\log_{\frac{1}{3}}\left(x+\frac{a}{4}\right)$의 값은 3보다 작아야 하므로

$\log_{\frac{1}{3}}\left(0+\frac{a}{4}\right)<3$, $\log_{\frac{1}{3}}\frac{a}{4}<\log_{\frac{1}{3}}\left(\frac{1}{3}\right)^{3}$

이때 밑이 1보다 작으므로

$\frac{a}{4}>\left(\frac{1}{3}\right)^{3}$

$\therefore a>\frac{4}{27}$ ·· ㉠

또, $x=\frac{7}{8}$일 때, $\log_{\frac{1}{3}}\left(x+\frac{a}{4}\right)$의 값은 0보다 커야 하므로

$\log_{\frac{1}{3}}\left(\frac{7}{8}+\frac{a}{4}\right)>0$

$\log_{\frac{1}{3}}\left(\frac{7}{8}+\frac{a}{4}\right)>\log_{\frac{1}{3}}1$

밑이 1보다 작으므로

$\frac{7}{8}+\frac{a}{4}<1$

$\therefore a<\frac{1}{2}$ ··· ㉡

㉠, ㉡을 동시에 만족시키는 a의 값의 범위는

$\frac{4}{27}<a<\frac{1}{2}$

$\alpha=\frac{4}{27}$, $\beta=\frac{1}{2}$이므로

$\alpha\beta=\frac{4}{27}\times\frac{1}{2}=\frac{2}{27}$

21 1040 답 ⑤ 유형 28

출제의도 | 지수부등식과 로그부등식을 모두 만족시키는 해를 구할 수 있는지 확인한다.

지수부등식은 $2^{x}=t$로 치환하고, 로그부등식은 $\log_{4}x=s$로 치환하여 풀고, 두 부등식의 해의 공통 범위를 구해 보자.

$4^{x}-2^{x+4}+48\geq 0$에서

$(2^{x})^{2}-16\times 2^{x}+48\geq 0$

$2^{x}=t$ $(t>0)$로 놓으면

$t^{2}-16t+48\geq 0$, $(t-4)(t-12)\geq 0$

$\therefore t\leq 4$ 또는 $t\geq 12$

즉, $2^{x}\leq 4$ 또는 $2^{x}\geq 12$이므로

$x\leq 2$ 또는 $x\geq\log_{2}12$ ······························· ㉠

$(\log_{4}x)\left(\log_{4}\frac{x}{48}\right)\leq\log_{4}\frac{1}{9}$에서

$(\log_{4}x)(\log_{4}x-\log_{4}48)\leq -2\log_{4}3$

$(\log_{4}x)^{2}-\log_{4}48\times\log_{4}x+2\log_{4}3\leq 0$

$\log_{4}x=s$로 놓으면

$s^{2}-(\log_{4}48)s+2\log_{4}3\leq 0$

$s^{2}-(2+\log_{4}3)s+2\log_{4}3\leq 0$

$(s-2)(s-\log_{4}3)\leq 0$

$\therefore \log_{4}3\leq s\leq 2$

즉, $\log_{4}3<\log_{4}x<\log_{4}4^{2}$이므로

$3\leq x\leq 16$ ·· ㉡

㉠, ㉡의 공통 범위를 구하면

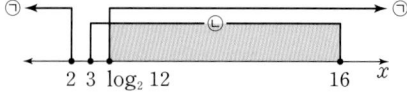

$\log_{2}12\leq x\leq 16$

따라서 $\alpha=\log_{2}12$, $\beta=16$이므로

$\beta-2^{\alpha}=16-2^{\log_{2}12}=16-12=4$

22 1041 답 4 유형 13

출제의도 | $y=\log_{a}f(x)$ 꼴의 로그함수의 최댓값을 구할 수 있는지 확인한다.

STEP 1 진수의 조건을 이용하여 x의 값의 범위 구하기 [1점]

진수의 조건에서 $x+2>0$, $6-x>0$

$\therefore -2<x<6$

STEP 2 진수의 최댓값 구하기 [2점]

$y=\log_4(x+2)+\log_4(6-x)$에서

$y=\log_4(x+2)(6-x)$

$\quad=\log_4(-x^2+4x+12)$

$f(x)=-x^2+4x+12$로 놓으면

$f(x)=-(x-2)^2+16$

$-2<x<6$에서 $f(x)$는 $x=2$일 때 최댓값 16을 갖는다.

STEP 3 $f(x)$가 최대이면 $\log_4 f(x)$도 최대임을 이용하여 주어진 함수의 최댓값 구하기 [2점]

함수 $y=\log_4 f(x)$에서 밑이 1보다 크므로

$x=2$일 때 최댓값 $\log_4 16=2$를 갖는다.

STEP 4 $a+b$의 값 구하기 [1점]

$a=2$, $b=2$이므로

$a+b=2+2=4$

23 1042 📋 5 유형 24

출제의도 | 밑이 같은 로그부등식을 풀 수 있는지 확인한다.

STEP 1 진수의 조건을 이용하여 x의 값의 범위 구하기 [1점]

진수의 조건에서 $4-x>0$, $x+2>0$

$\therefore -2<x<4$ ⋯⋯⋯ ㉠

STEP 2 $a>1$일 때, a의 값 구하기 [2점]

$\log_a(4-x)<\log_a(x+2)+1$에서

$\log_a(4-x)<\log_a a(x+2)$

$a>1$일 때

$4-x<a(x+2)$, $(a+1)x>4-2a$

$\therefore x>\dfrac{4-2a}{a+1}$ ⋯⋯⋯ ㉡

이때 ㉠, ㉡의 공통 범위가 $-1<x<4$이어야 하므로

$\dfrac{4-2a}{a+1}=-1$

$4-2a=-a-1$

$\therefore a=5$

STEP 3 $0<a<1$일 때, a의 값 구하기 [2점]

$0<a<1$일 때

$4-x>a(x+2)$, $(a+1)x<4-2a$

$\therefore x<\dfrac{4-2a}{a+1}$ ⋯⋯⋯ ㉢

이때 ㉠, ㉢의 공통 범위가 $-1<x<4$가 되도록 하는 a의 값은 존재하지 않는다.

STEP 4 양수 a의 값 구하기 [1점]

주어진 부등식의 해가 $-1<x<4$일 때, 양수 a의 값은 5이다.

24 1043 📋 256 유형 26 + 유형 28

출제의도 | 두 집합의 포함 관계를 이용하여 지수부등식의 미정계수의 값을 구할 수 있는지 확인한다.

STEP 1 집합 A에서 $2^x=t$로 놓고 지수부등식의 해 구하기 [2점]

$4^x-(a+1)\times 2^x+a\le 0$에서

$2^{2x}-(a+1)\times 2^x+a\le 0$

$2^x=t$ $(t>0)$로 놓으면 $t^2-(a+1)t+a\le 0$

$(t-a)(t-1)\le 0$

a는 자연수이므로 $1\le t\le a$

$2^0\le 2^x\le 2^{\log_2 a}$

밑이 1보다 크므로 $0\le x\le \log_2 a$

STEP 2 집합 B에서 $\log_2 x=s$로 놓고 로그부등식의 해 구하기 [2점]

$(\log_2 x)^2-\log_2 x^4+3\le 0$에서

$(\log_2 x)^2-4\log_2 x+3\le 0$

$\log_2 x=s$로 놓으면 $s^2-4s+3\le 0$

$(s-1)(s-3)\le 0$

$\therefore 1\le s\le 3$

$1\le \log_2 x\le 3$에서 $\log_2 2\le \log_2 x\le \log_2 2^3$

$\therefore 2\le x\le 8$

STEP 3 $A\cup B=A$일 때, a의 값의 범위 구하기 [2점]

$A\cup B=A$에서 $B\subset A$이므로 $\log_2 a\ge 8$

$\log_2 a\ge \log_2 2^8$에서 밑이 1보다 크므로

$a\ge 2^8=256$

STEP 4 a의 최솟값 구하기 [1점]

a의 최솟값은 256이다.

25 1044 📋 3, 4, 5 유형 29

출제의도 | 부등식이 항상 성립할 조건을 구할 수 있는지 확인한다.

STEP 1 이차항의 계수가 0인 경우, a의 값 구하기 [1점]

$(1-\log_5 a)x^2+2(1-\log_5 a)x+\log_5 a>0$에서

(i) $1-\log_5 a=0$인 경우

$\log_5 a=1$에서 $a=5$

이때 주어진 부등식은 $1>0$이므로 항상 성립한다.

STEP 2 이차항의 계수가 0이 아닌 경우, 판별식을 이용하여 a의 값의 범위 구하기 [4점]

(ii) $1-\log_5 a\ne 0$인 경우

이차방정식 $(1-\log_5 a)x^2+2(1-\log_5 a)x+\log_5 a=0$의 판별식을 D라 하면 $1-\log_5 a>0$이고 $\dfrac{D}{4}<0$이어야 한다.

$\log_5 a<1$에서 $0<a<5$ ⋯⋯⋯ ㉠

$\dfrac{D}{4}=(1-\log_5 a)^2-(1-\log_5 a)\log_5 a<0$

$\log_5 a=t$로 놓으면

$(1-t)^2-(1-t)t<0$, $(2t-1)(t-1)<0$

$\therefore \dfrac{1}{2}<t<1$

즉, $\log_5 5^{\frac{1}{2}}<\log_5 a<\log_5 5$이므로

$\sqrt{5}<a<5$ ⋯⋯⋯ ㉡

㉠, ㉡에서 $\sqrt{5}<a<5$

STEP 3 정수 a의 값 구하기 [2점]

(i), (ii)에서 $\sqrt{5}<a\le 5$이므로 정수 a는 3, 4, 5이다.

II. 삼각함수

05 삼각함수

1045 답 (1) $360° \times n + 120°$ (2) $360° \times n + 305°$

1046 답 (1) $360° \times n + 70°$ (2) $360° \times n + 280°$
            (3) $360° \times n + 330°$ (4) $360° \times n + 120°$

(1) $430° = 360° \times 1 + 70°$이므로
    $430° = 360° \times n + 70°$

(2) $1000° = 360° \times 2 + 280°$이므로
    $1000° = 360° \times n + 280°$

(3) $-750° = 360° \times (-3) + 330°$이므로
    $-750° = 360° \times n + 330°$

(4) $-1320° = 360° \times (-4) + 120°$이므로
    $-1320° = 360° \times n + 120°$

1047 답 (1) $\dfrac{\pi}{6}$ (2) $-\dfrac{\pi}{3}$ (3) $\dfrac{3}{4}\pi$ (4) $-\dfrac{7}{6}\pi$

(1) $30° = 30 \times \dfrac{\pi}{180} = \dfrac{\pi}{6}$

(2) $-60° = (-60) \times \dfrac{\pi}{180} = -\dfrac{\pi}{3}$

(3) $135° = 135 \times \dfrac{\pi}{180} = \dfrac{3}{4}\pi$

(4) $-210° = (-210) \times \dfrac{\pi}{180} = -\dfrac{7}{6}\pi$

1048 답 (1) $45°$ (2) $108°$ (3) $-270°$ (4) $-420°$

(1) $\dfrac{\pi}{4} = \dfrac{\pi}{4} \times \dfrac{180°}{\pi} = 45°$

(2) $\dfrac{3}{5}\pi = \dfrac{3}{5}\pi \times \dfrac{180°}{\pi} = 108°$

(3) $-\dfrac{3}{2}\pi = -\dfrac{3}{2}\pi \times \dfrac{180°}{\pi} = -270°$

(4) $-\dfrac{7}{3}\pi = -\dfrac{7}{3}\pi \times \dfrac{180°}{\pi} = -420°$

1049 답 $l = 3\pi$, $S = 6\pi$

$l = 4 \times \dfrac{3}{4}\pi = 3\pi$

$S = \dfrac{1}{2} \times 4^2 \times \dfrac{3}{4}\pi = 6\pi$

1050 답 $\theta = \dfrac{3}{4}\pi$, $S = 24\pi$

$6\pi = 8 \times \theta$이므로 $\theta = \dfrac{3}{4}\pi$

$S = \dfrac{1}{2} \times 8 \times 6\pi = 24\pi$

1051 답 $\sin\theta = -\dfrac{12}{13}$, $\cos\theta = \dfrac{5}{13}$, $\tan\theta = -\dfrac{12}{5}$

$\overline{OP} = \sqrt{5^2 + (-12)^2} = 13$이므로

$\sin\theta = -\dfrac{12}{13}$, $\cos\theta = \dfrac{5}{13}$, $\tan\theta = -\dfrac{12}{5}$

1052 답 $\sin\theta = -\dfrac{\sqrt{3}}{2}$, $\cos\theta = -\dfrac{1}{2}$, $\tan\theta = \sqrt{3}$

그림과 같이 각 $\dfrac{4}{3}\pi$를 나타내는 동경
과 단위원의 교점을 P라 하고, 점 P에
서 x축에 내린 수선의 발을 H라 하자.

$\overline{OP} = 1$이고, $\angle POH = \dfrac{\pi}{3}$이므로

$P\left(-\dfrac{1}{2}, -\dfrac{\sqrt{3}}{2}\right)$

$\therefore \sin\theta = -\dfrac{\sqrt{3}}{2}$, $\cos\theta = -\dfrac{1}{2}$, $\tan\theta = \sqrt{3}$

참고 특수한 각의 삼각비의 값

삼각비 \ θ	$\dfrac{\pi}{6}$	$\dfrac{\pi}{4}$	$\dfrac{\pi}{3}$
$\sin\theta$	$\dfrac{1}{2}$	$\dfrac{\sqrt{2}}{2}$	$\dfrac{\sqrt{3}}{2}$
$\cos\theta$	$\dfrac{\sqrt{3}}{2}$	$\dfrac{\sqrt{2}}{2}$	$\dfrac{1}{2}$
$\tan\theta$	$\dfrac{\sqrt{3}}{3}$	1	$\sqrt{3}$

1053 답 제2사분면 또는 제4사분면

$\sin\theta\cos\theta < 0$에서

$\sin\theta > 0$, $\cos\theta < 0$ 또는 $\sin\theta < 0$, $\cos\theta > 0$

따라서 θ는 제2사분면 또는 제4사분면의 각이다.

1054 답 (1) $-\sin\theta$ (2) $-\cos\theta$ (3) $\tan\theta$

$\pi < \theta < \dfrac{3}{2}\pi$이므로 θ는 제3사분면의 각이다.

(1) $\sin\theta < 0$이므로 $|\sin\theta| = -\sin\theta$

(2) $\cos\theta < 0$이므로 $\sqrt{\cos^2\theta} = |\cos\theta| = -\cos\theta$

(3) $\tan\theta > 0$이므로 $|\tan\theta| = \tan\theta$

1055 답 $\cos\theta = -\dfrac{2\sqrt{2}}{3}$, $\tan\theta = -\dfrac{\sqrt{2}}{4}$

$\sin^2\theta + \cos^2\theta = 1$이므로

$\cos^2\theta = 1 - \sin^2\theta = 1 - \left(\dfrac{1}{3}\right)^2 = \dfrac{8}{9}$

이때 θ가 제2사분면의 각이므로 $\cos\theta < 0$

$\therefore \cos\theta = -\sqrt{\dfrac{8}{9}} = -\dfrac{2\sqrt{2}}{3}$, $\tan\theta = \dfrac{\sin\theta}{\cos\theta} = \dfrac{\dfrac{1}{3}}{-\dfrac{2\sqrt{2}}{3}} = -\dfrac{\sqrt{2}}{4}$

1056 답 $\dfrac{1}{2}$

$\sin\theta + \cos\theta = \sqrt{2}$의 양변을 제곱하면

$\underline{\sin^2\theta + 2\sin\theta\cos\theta + \cos^2\theta} = 2$

$1 + 2\sin\theta\cos\theta = 2$ $\rightarrow \sin^2\theta + \cos^2\theta = 1$

$\therefore \sin\theta\cos\theta = \dfrac{1}{2}$

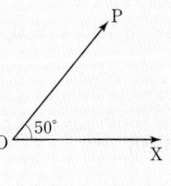

1057　답 $\dfrac{10}{13}$

삼각형 ABC에서 피타고라스 정리에 의하여

$\overline{AC}=\sqrt{5^2+12^2}=13$

$\therefore \cos A \times \tan A + \sin A = \dfrac{12}{13} \times \dfrac{5}{12} + \dfrac{5}{13} = \dfrac{10}{13}$

1058　답 ④

$\tan 60° \times \cos 30° - \sin 30°$

$= \sqrt{3} \times \dfrac{\sqrt{3}}{2} - \dfrac{1}{2} = 1$

1059　답 0

$\tan 45° + \sin 60° - \cos 45° = 1 + \dfrac{\sqrt{3}}{2} - \dfrac{\sqrt{2}}{2}$

따라서 $m = -\dfrac{1}{2}$, $n = \dfrac{1}{2}$이므로 $m + n = 0$

1060　답 ③

삼각형 ABC에서 피타고라스 정리에 의하여

$\overline{AC}=\sqrt{3^2+2^2}=\sqrt{13}$

① $\sin A = \dfrac{2}{\sqrt{13}} = \dfrac{2\sqrt{13}}{13}$

② $\cos A = \dfrac{3}{\sqrt{13}} = \dfrac{3\sqrt{13}}{13}$

③ $\tan C = \dfrac{3}{2}$

④ $\sin C = \dfrac{3}{\sqrt{13}} = \dfrac{3\sqrt{13}}{13}$

⑤ $\cos C = \dfrac{2}{\sqrt{13}} = \dfrac{2\sqrt{13}}{13}$

따라서 옳지 않은 것은 ③이다.

1061　답 ④

삼각형 ABD에서

$\sin 30° = \dfrac{x}{8} = \dfrac{1}{2}$　$\therefore x = 4$

삼각형 ADC에서

$\sin 45° = \dfrac{x}{y} = \dfrac{4}{y} = \dfrac{\sqrt{2}}{2}$　$\therefore y = 4\sqrt{2}$

$\therefore xy = 4 \times 4\sqrt{2} = 16\sqrt{2}$

1062　답 ④

$\cos B = \dfrac{3}{4}$이므로 그림과 같이 $\overline{AB}=4k$,

$\overline{BC}=3k\ (k>0)$라 하면

삼각형 ABC에서 피타고라스 정리에 의하여

$\overline{AC}=\sqrt{(4k)^2-(3k)^2}=\sqrt{7}k$

$\therefore \sin B = \dfrac{\sqrt{7}k}{4k} = \dfrac{\sqrt{7}}{4}$

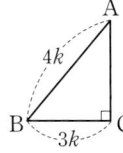

1063　답 ⑤

｜유형 1

그림과 같이 시초선 OX와 동경 OP의 위치가 주어질 때, 동경 OP가 나타내는 각이 될 수 <u>없는</u> 것은? 단서1

① $-670°$　　　② $-310°$

③ $410°$　　　④ $770°$

⑤ $1030°$

단서1 일반각은 $360° \times n + 50°$ (n은 정수)

STEP1 동경 OP가 나타내는 일반각 구하기

동경 OP가 나타내는 일반각은

$\angle XOP = 360° \times n + 50°$ (n은 정수)

STEP2 주어진 각을 $360° \times n + \alpha°$ 꼴로 변형해 동경 OP가 나타내는 각이 될 수 없는 것 찾기

① $-670° = 360° \times (-2) + 50°$

② $-310° = 360° \times (-1) + 50°$

③ $410° = 360° \times 1 + 50°$

④ $770° = 360° \times 2 + 50°$

⑤ $1030° = 360° \times 2 + 310°$

따라서 동경 OP가 나타내는 각이 될 수 없는 것은 ⑤이다.

1064　답 323

$1400° = 360° \times 3 + 320°$이므로

$n = 3$, $\alpha = 320$

$\therefore n + \alpha = 323$

1065　답 ⑤

① $-400° = 360° \times (-2) + 320°$ → $\alpha = 320$

② $-200° = 360° \times (-1) + 160°$ → $\alpha = 160$

③ $-100° = 360° \times (-1) + 260°$ → $\alpha = 260$

④ $500° = 360° \times 1 + 140°$ → $\alpha = 140$

⑤ $800° = 360° \times 2 + 80°$ → $\alpha = 80$

따라서 α의 값이 가장 작은 것은 ⑤이다.

1066　답 ⑤

① $-315° = 360° \times (-1) + 45°$

② $-200° = 360° \times (-1) + 160°$

③ $420° = 360° \times 1 + 60°$

④ $750° = 360° \times 2 + 30°$

⑤ $840° = 360° \times 2 + 120°$

따라서 $120°$와 동경의 위치가 같은 각은 ⑤이다.

1067　답 ④

① $-1240° = 360° \times (-4) + 200°$

② $-880° = 360° \times (-3) + 200°$

③ $-160° = 360° \times (-1) + 200°$

④ $580°=360°×1+220°$

⑤ $920°=360°×2+200°$

따라서 각을 나타내는 동경이 나머지 넷과 다른 하나는 ④이다.

1068 답 ②

동경 OP가 나타내는 일반각은

$∠XOP=360°×n+40°$ (n은 정수)

① $-680°=360°×(-2)+40°$

② $-400°=360°×(-2)+320°$

③ $-320°=360°×(-1)+40°$

④ $400°=360°×1+40°$

⑤ $760°=360°×2+40°$

따라서 동경 OP가 나타내는 각이 될 수 없는 것은 ②이다.

1069 답 ②

ㄱ. $-970°=360°×(-3)+110°$

ㄴ. $-620°=360°×(-2)+100°$

ㄷ. $-150°=360°×(-1)+210°$

ㄹ. $470°=360°×1+110°$

ㅁ. $1190°=360°×3+110°$

따라서 각을 나타내는 동경이 $110°$를 나타내는 동경과 일치하는 것은 ㄱ, ㄹ, ㅁ이다.

1070 답 60

$130°$를 나타내는 동경 OP가 주어진 조건을 만족시키며 회전한 후 나타내는 각의 크기를 $θ$라 하면

$θ=130°+240°-670°=-300°$

$-300°=360°×(-1)+60°$이므로 $α=60$

1071 답 ②

동경 OP_1이 나타내는 각은 $360°×1+45°$

동경 OP_2가 나타내는 각은 $360°×2-90°=360°×1+270°$

동경 OP_3이 나타내는 각은 $360°×3+135°$

동경 OP_4가 나타내는 각은 $360°×4-180°=360°×3+180°$

동경 OP_5가 나타내는 각은 $360°×5+225°$

동경 OP_6이 나타내는 각은 $360°×6-270°=360°×5+90°$

동경 OP_7이 나타내는 각은 $360°×7+315°$

동경 OP_8이 나타내는 각은 $360°×8-360°=360°×7$

동경 OP_9가 나타내는 각은 $360°×9+405°=360°×10+45°$

즉, 동경 OP_n과 동경 OP_{n+8}의 위치가 같다.

따라서 동경 OP_1과 같은 위치에 있는 동경은 동경 OP_9, OP_{17}, OP_{25}, $⋯$, OP_{97}이므로 12개이다.

실수 Check

동경 OP_n과 동경 OP_{n+8}이 일치하므로 두 동경이 같은 위치에 있으려면 9의 배수가 아니라 8의 배수에 1을 더한 값이 되어야 함을 주의한다.

1071-1

좌표평면에서 $1≤n≤50$인 자연수 n에 대하여 크기가 $360°×n+(-1)^{n-1}×n×60°$인 각을 나타내는 동경을 OP_n이라 하자. 동경 OP_2, OP_3, $⋯$, OP_{50} 중에서 동경 OP_1과 같은 위치에 있는 동경 OP_n의 개수를 구하시오.

(단, O는 원점이고, x축의 양의 방향을 시초선으로 한다.)

동경 OP_1이 나타내는 각은 $360°×1+60°$

동경 OP_2가 나타내는 각은 $360°×2-120°=360°×1+240°$

동경 OP_3이 나타내는 각은 $360°×3+180°$

동경 OP_4가 나타내는 각은 $360°×4-240°=360°×3+120°$

동경 OP_5가 나타내는 각은 $360°×5+300°$

동경 OP_6이 나타내는 각은 $360°×6-360°=360°×5$

동경 OP_7이 나타내는 각은 $360°×7+420°=360°×8+60°$

즉, 동경 OP_n과 동경 OP_{n+6}의 위치가 같다.

따라서 동경 OP_1과 같은 위치에 있는 동경은 동경 OP_7, OP_{13}, OP_{19}, $⋯$, OP_{49}이므로 8개이다.

답 8

1072 답 ② | 유형 2

$θ$가 제3사분면의 각일 때, 각 $\dfrac{θ}{3}$를 나타내는 동경이 존재할 수 없는 **단서1** 사분면은?

① 제1사분면   ② 제2사분면   ③ 제3사분면

④ 제4사분면   ⑤ 제1, 3사분면

단서1 $360°×n+180°<θ<360°×n+270°$ (n은 정수)

STEP 1 $\dfrac{θ}{3}$를 n에 대한 부등식으로 나타내기

$θ$가 제3사분면의 각이므로

$360°×n+180°<θ<360°×n+270°$ (n은 정수)

$∴ 120°×n+60°<\dfrac{θ}{3}<120°×n+90°$

STEP 2 $n=3k$, $n=3k+1$, $n=3k+2$일 때, $θ$가 제몇 사분면의 각인지 각각 말하기

(i) $n=3k$ (k는 정수)일 때

$360°×k+60°<\dfrac{θ}{3}<360°×k+90°$

따라서 $\dfrac{θ}{3}$는 제1사분면의 각이다.

(ii) $n=3k+1$ (k는 정수)일 때

$360°×k+180°<\dfrac{θ}{3}<360°×k+210°$

따라서 $\dfrac{θ}{3}$는 제3사분면의 각이다.

(iii) $n=3k+2$ (k는 정수)일 때

$360°×k+300°<\dfrac{θ}{3}<360°×k+330°$

따라서 $\dfrac{θ}{3}$는 제4사분면의 각이다.

STEP3 $\dfrac{\theta}{3}$를 나타내는 동경이 존재할 수 없는 사분면 말하기

(i), (ii), (iii)에서 $\dfrac{\theta}{3}$는 제1사분면 또는 제3사분면 또는 제4사분면의 각이므로 각 $\dfrac{\theta}{3}$를 나타내는 동경은 제2사분면에 존재할 수 없다.

1073 답 ⑤

① $500°=360°\times1+140°$이므로 제2사분면의 각이다.
② $960°=360°\times2+240°$이므로 제3사분면의 각이다.
③ $-1100°=360°\times(-4)+340°$이므로 제4사분면의 각이다.
④ $760°=360°\times2+40°$이므로 제1사분면의 각이다.
⑤ $-930°=360°\times(-3)+150°$이므로 제2사분면의 각이다.
따라서 옳지 않은 것은 ⑤이다.

참고 각 θ를 나타내는 동경이 존재하는 사분면에 따른 θ의 범위
(1) 제1사분면의 각 ➡ $360°\times n+0°<\theta<360°\times n+90°$
(2) 제2사분면의 각 ➡ $360°\times n+90°<\theta<360°\times n+180°$
(3) 제3사분면의 각 ➡ $360°\times n+180°<\theta<360°\times n+270°$
(4) 제4사분면의 각 ➡ $360°\times n+270°<\theta<360°\times n+360°$

1074 답 ④

① $1640°=360°\times4+200°$이므로 제3사분면의 각이다.
② $840°=360°\times2+120°$이므로 제2사분면의 각이다.
③ $390°=360°\times1+30°$이므로 제1사분면의 각이다.
④ $-780°=360°\times(-3)+300°$이므로 제4사분면의 각이다.
⑤ $-1700°=360°\times(-5)+100°$이므로 제2사분면의 각이다.
따라서 각을 나타내는 동경이 제4사분면에 있는 것은 ④이다.

1075 답 ②

① $1210°=360°\times3+130°$이므로 제2사분면의 각이다.
② $910°=360°\times2+190°$이므로 제3사분면의 각이다.
③ $520°=360°\times1+160°$이므로 제2시분면의 각이다.
④ $-240°=360°\times(-1)+120°$이므로 제2사분면의 각이다.
⑤ $-580°=360°\times(-2)+140°$이므로 제2사분면의 각이다.
따라서 동경이 존재하는 사분면이 나머지 넷과 다른 하나는 ②이다.

1076 답 ③

$-530°=360°\times(-2)+190°$이므로 제3사분면의 각이다.
ㄱ. $-850°=360°\times(-3)+230°$이므로 제3사분면의 각이다.
ㄴ. $-440°=360°\times(-2)+280°$이므로 제4사분면의 각이다.
ㄷ. $730°=360°\times2+10°$이므로 제1사분면의 각이다.
ㄹ. $1340°=360°\times3+260°$이므로 제3사분면의 각이다.
따라서 동경이 존재하는 사분면이 $-530°$와 같은 것은 ㄱ, ㄹ이다.

1077 답 제1사분면, 제3사분면

2θ가 제2사분면의 각이므로
$360°\times n+90°<2\theta<360°\times n+180°$ (n은 정수)
$\therefore 180°\times n+45°<\theta<180°\times n+90°$
(i) $n=2k$ (k는 정수)일 때
   $360°\times k+45°<\theta<360°\times k+90°$
   따라서 θ는 제1사분면의 각이다.

(ii) $n=2k+1$ (k는 정수)일 때
   $360°\times k+225°<\theta<360°\times k+270°$
   따라서 θ는 제3사분면의 각이다.
(i), (ii)에서 각 θ를 나타내는 동경이 존재하는 사분면은 제1사분면, 제3사분면이다.

1078 답 ③

θ가 제4사분면의 각이므로
$360°\times n+270°<\theta<360°\times n+360°$ (n은 정수)
$\therefore 180°\times n+135°<\dfrac{\theta}{2}<180°\times n+180°$
(i) $n=2k$ (k는 정수)일 때
   $360°\times k+135°<\dfrac{\theta}{2}<360°\times k+180°$
   따라서 각 $\dfrac{\theta}{2}$를 나타내는 동경이 속하는 영역을 좌표평면 위에 나타내면 오른쪽 그림과 같다. (단, 경계선은 제외한다.)

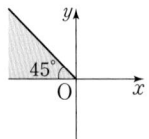

(ii) $n=2k+1$ (k는 정수)일 때
   $360°\times k+315°<\dfrac{\theta}{2}<360°\times k+360°$
   따라서 각 $\dfrac{\theta}{2}$를 나타내는 동경이 속하는 영역을 좌표평면 위에 나타내면 오른쪽 그림과 같다. (단, 경계선은 제외한다.)

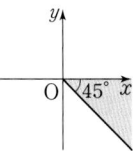

(i), (ii)에서 각 $\dfrac{\theta}{2}$를 나타내는 동경이 속하는 모든 영역을 좌표평면 위에 나타내면 오른쪽 그림과 같다. (단, 경계선은 제외한다.)

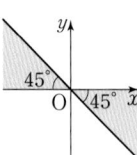

1079 답 ④

θ가 제1사분면의 각이므로
$360°\times n<\theta<360°\times n+90°$ (n은 정수)
$\therefore 120°\times n<\dfrac{\theta}{3}<120°\times n+30°$
(i) $n=3k$ (k는 정수)일 때 ←── $\dfrac{\theta}{3}$이므로 $n=3k$, $n=3k+1$, $n=3k+2$인 경우로 나눈다.
   $360°\times k<\dfrac{\theta}{3}<360°\times k+30°$
   따라서 각 $\dfrac{\theta}{3}$를 나타내는 동경이 속하는 영역을 좌표평면 위에 나타내면 오른쪽 그림과 같다. (단, 경계선은 제외한다.)

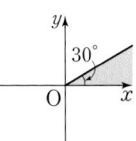

(ii) $n=3k+1$ (k는 정수)일 때
   $360°\times k+120°<\dfrac{\theta}{3}<360°\times k+150°$
   따라서 각 $\dfrac{\theta}{3}$를 나타내는 동경이 속하는 영역을 좌표평면 위에 나타내면 오른쪽 그림과 같다. (단, 경계선은 제외한다.)

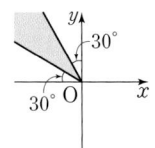

(iii) $n=3k+2$ (k는 정수)일 때

$$360°\times k+240°<\frac{\theta}{3}<360°\times k+270°$$

따라서 각 $\frac{\theta}{3}$를 나타내는 동경이 속하는 영역을 좌표평면 위에 나타내면 오른쪽 그림과 같다. (단, 경계선은 제외한다.)

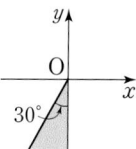

(i), (ii), (iii)에서 각 $\frac{\theta}{3}$를 나타내는 동경이 속하는 모든 영역을 좌표평면 위에 나타내면 오른쪽 그림과 같다. (단, 경계선은 제외한다.)

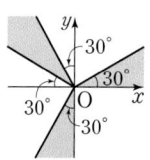

1080 답 ⑤

| 유형 3

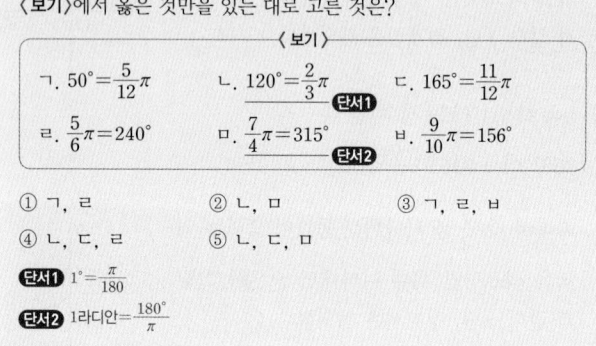

〈보기〉에서 옳은 것만을 있는 대로 고른 것은?

─── 〈 보기 〉 ───

ㄱ. $50°=\frac{5}{12}\pi$ ㄴ. $120°=\frac{2}{3}\pi$ 단서1   ㄷ. $165°=\frac{11}{12}\pi$

ㄹ. $\frac{5}{6}\pi=240°$ ㅁ. $\frac{7}{4}\pi=315°$ 단서2   ㅂ. $\frac{9}{10}\pi=156°$

① ㄱ, ㄹ   ② ㄴ, ㅁ   ③ ㄱ, ㄹ, ㅂ
④ ㄴ, ㄷ, ㄹ   ⑤ ㄴ, ㄷ, ㅁ

단서1 $1°=\frac{\pi}{180}$

단서2 1라디안$=\frac{180°}{\pi}$

STEP1 육십분법의 각은 호도법의 각으로, 호도법의 각은 육십분법의 각으로 나타내기

ㄱ. $50°=50\times\frac{\pi}{180}=\frac{5}{18}\pi$ (거짓)

ㄴ. $120°=120\times\frac{\pi}{180}=\frac{2}{3}\pi$ (참)

ㄷ. $165°=165\times\frac{\pi}{180}=\frac{11}{12}\pi$ (참)

ㄹ. $\frac{5}{6}\pi=\frac{5}{6}\pi\times\frac{180°}{\pi}=150°$ (거짓)

ㅁ. $\frac{7}{4}\pi=\frac{7}{4}\pi\times\frac{180°}{\pi}=315°$ (참)

ㅂ. $\frac{9}{10}\pi=\frac{9}{10}\pi\times\frac{180°}{\pi}=162°$ (거짓)

따라서 옳은 것은 ㄴ, ㄷ, ㅁ이다.

1081 답 ④

① $60°=60\times\frac{\pi}{180}=\frac{\pi}{3}$

② $-150°=-150\times\frac{\pi}{180}=-\frac{5}{6}\pi$

③ $\frac{2}{5}\pi=\frac{2}{5}\pi\times\frac{180°}{\pi}=72°$

④ $\frac{7}{12}\pi=\frac{7}{12}\pi\times\frac{180°}{\pi}=105°$

⑤ $-\frac{7}{6}\pi=-\frac{7}{6}\pi\times\frac{180°}{\pi}=-210°$

따라서 옳지 않은 것은 ④이다.

참

육십분법	0°	30°	45°	60°	90°	180°	270°	360°
호도법	0	$\frac{\pi}{6}$	$\frac{\pi}{4}$	$\frac{\pi}{3}$	$\frac{\pi}{2}$	π	$\frac{3}{2}\pi$	2π

1082 답 7

$420°=420\times\frac{\pi}{180}=\frac{7}{3}\pi$이므로

$\alpha=\frac{7}{3}\pi=\frac{7}{3}\times3.14\cdots=7.33\cdots$

따라서 $7<\alpha<8$이므로 $n=7$

1083 답 ④

① $15°=15\times\frac{\pi}{180}=\frac{\pi}{12}$

② $-135°=-135\times\frac{\pi}{180}=-\frac{3}{4}\pi$

③ $-\frac{2}{3}\pi=-\frac{2}{3}\pi\times\frac{180°}{\pi}=-120°$

$-120°=360°\times(-1)+240°$

④ $-\frac{3}{2}\pi=-\frac{3}{2}\pi\times\frac{180°}{\pi}=-270°$

$-270°=360°\times(-1)+90°$

⑤ $-\frac{\pi}{3}=-\frac{\pi}{3}\times\frac{180°}{\pi}=-60°$

$-60°=360°\times(-1)+300°$

따라서 두 각을 나타내는 동경이 일치하지 않는 것은 ④이다.

다른 풀이

③ $240°$는 $-120°$와 동경의 위치가 같고,

$-120°=-120\times\frac{\pi}{180}=-\frac{2}{3}\pi$

④ $270°$는 $-90°$와 동경의 위치가 같고,

$-90°=-90\times\frac{\pi}{180}=-\frac{\pi}{2}$

⑤ $300°$는 $-60°$와 동경의 위치가 같고,

$-60°=-60\times\frac{\pi}{180}=-\frac{\pi}{3}$

1084 답 ③

$60°$를 나타내는 동경 OP가 주어진 조건을 만족시키며 회전한 후 나타내는 각의 크기를 θ라 하면

$\theta=60°-570°+300°=-210°$

θ를 호도법으로 나타내면

$-210°=-210\times\frac{\pi}{180}=-\frac{7}{6}\pi$

1085 답 ⑤

ㄱ. 1라디안$=\frac{180°}{\pi}$ (거짓)

ㄴ. $180°$를 나타내는 동경은 x축 위에 존재하므로 어느 사분면의 각도 아니다. (거짓)

ㄷ. $-200°=360°\times(-1)+160°$이므로 $-200°$는 제2사분면의 각이다. (참)

ㄹ. $\dfrac{13}{6}\pi=2\pi\times1+\dfrac{\pi}{6}$이므로 $\dfrac{\pi}{6}$와 $\dfrac{13}{6}\pi$를 나타내는 동경은 일치한다. (참)

따라서 옳은 것은 ㄷ, ㄹ이다.

1086 답 ④

① $20°=20\times\dfrac{\pi}{180}=\dfrac{\pi}{9}$

② 3라디안$=3\times\dfrac{180°}{\pi}=\dfrac{540°}{\pi}$

③ $-\dfrac{5}{3}\pi=2\pi\times(-1)+\dfrac{\pi}{3}$이므로 $-\dfrac{5}{3}\pi$는 제1사분면의 각이다.

④ $-\dfrac{5}{4}\pi=2\pi\times(-1)+\dfrac{3}{4}\pi$이므로 $-\dfrac{5}{4}\pi$와 $\dfrac{7}{4}\pi$를 나타내는 동경은 일치하지 않는다.

⑤ $108°=108\times\dfrac{\pi}{180}=\dfrac{3}{5}\pi$, $\dfrac{23}{5}\pi=2\pi\times2+\dfrac{3}{5}\pi$이므로

$108°$와 $\dfrac{23}{5}\pi$를 나타내는 동경은 일치한다.

따라서 옳지 않은 것은 ④이다.

1087 답 ㄱ, ㄴ, ㅁ

ㄱ. $-\dfrac{13}{3}\pi=2\pi\times(-3)+\dfrac{5}{3}\pi$

ㄴ. $-\dfrac{7}{3}\pi=2\pi\times(-2)+\dfrac{5}{3}\pi$

ㄷ. $-\dfrac{2}{3}\pi=2\pi\times(-1)+\dfrac{4}{3}\pi$

ㄹ. $\dfrac{8}{3}\pi=2\pi\times1+\dfrac{2}{3}\pi$

ㅁ. $\dfrac{17}{3}\pi=2\pi\times2+\dfrac{5}{3}\pi$

따라서 $\dfrac{5}{3}\pi$를 나타내는 동경과 일치하는 것은 ㄱ, ㄴ, ㅁ이다.

1088 답 ⑤

① $-470°=360°\times(-2)+250°$ ➡ 제3사분면

② $950°=360°\times2+230°$ ➡ 제3사분면

③ $-\dfrac{3}{5}\pi=2\pi\times(-1)+\dfrac{7}{5}\pi$ ➡ 제3사분면

④ $\dfrac{19}{6}\pi=2\pi\times1+\dfrac{7}{6}\pi$ ➡ 제3사분면

⑤ $\dfrac{27}{4}\pi=2\pi\times3+\dfrac{3}{4}\pi$ ➡ 제2사분면

따라서 각을 나타내는 동경이 존재하는 사분면이 나머지 넷과 다른 하나는 ⑤이다.

1089 답 ③

유형 4

$\dfrac{3}{2}\pi<\theta<2\pi$이고 각 θ를 나타내는 동경과 각 9θ를 나타내는 동경이 일치할 때, θ의 값은? **단서1**

① $\dfrac{19}{12}\pi$ ② $\dfrac{5}{3}\pi$ ③ $\dfrac{7}{4}\pi$

④ $\dfrac{11}{6}\pi$ ⑤ $\dfrac{23}{12}\pi$

단서1 각의 크기의 차 ➡ $2n\pi$ (n은 정수)

STEP1 θ를 n에 대한 식으로 나타내기

각 θ를 나타내는 동경과 각 9θ를 나타내는 동경이 일치하므로

$9\theta-\theta=2n\pi$ (n은 정수)

$8\theta=2n\pi$ $\therefore \theta=\dfrac{n}{4}\pi$ ········· ㉠

STEP2 n의 값 구하기

$\dfrac{3}{2}\pi<\theta<2\pi$에서 $\dfrac{3}{2}\pi<\dfrac{n}{4}\pi<2\pi$이므로 $6<n<8$

n은 정수이므로 $n=7$

STEP3 θ의 값 구하기

$n=7$을 ㉠에 대입하면 $\theta=\dfrac{7}{4}\pi$

1090 답 $\dfrac{\pi}{2}$

각 θ를 나타내는 동경과 각 5θ를 나타내는 동경이 일치하므로

$5\theta-\theta=2n\pi$ (n은 정수)

$4\theta=2n\pi$ $\therefore \theta=\dfrac{n}{2}\pi$ ········· ㉠

$0<\theta<\pi$에서 $0<\dfrac{n}{2}\pi<\pi$이므로 $0<n<2$

n은 정수이므로 $n=1$

$n=1$을 ㉠에 대입하면 $\theta=\dfrac{\pi}{2}$

1091 답 ④

각 2θ를 나타내는 동경과 각 $\dfrac{\theta}{3}$를 나타내는 동경이 일직선 위에 있고 방향이 반대이므로 └→두 동경은 원점에 대하여 대칭이다.

$2\theta-\dfrac{\theta}{3}=(2n+1)\pi$ (n은 정수)

$\dfrac{5}{3}\theta=(2n+1)\pi$ $\therefore \theta=\dfrac{3(2n+1)}{5}\pi$ ········· ㉠

$\dfrac{3}{2}\pi<\theta<2\pi$에서 $\dfrac{3}{2}\pi<\dfrac{3(2n+1)}{5}\pi<2\pi$이므로

$\dfrac{5}{2}<2n+1<\dfrac{10}{3}$ $\therefore \dfrac{3}{4}<n<\dfrac{7}{6}$

n은 정수이므로 $n=1$

$n=1$을 ㉠에 대입하면 $\theta=\dfrac{9}{5}\pi$

1092 답 ④

각 4θ를 나타내는 동경과 각 $\dfrac{\theta}{2}$를 나타내는 동경이 일치하므로

$4\theta-\dfrac{\theta}{2}=2n\pi$ (n은 정수)

$\dfrac{7}{2}\theta=2n\pi$ $\therefore \theta=\dfrac{4n}{7}\pi$ ········· ㉠

$\pi<\theta<2\pi$에서 $\pi<\dfrac{4n}{7}\pi<2\pi$이므로 $\dfrac{7}{4}<n<\dfrac{7}{2}$

n은 정수이므로 $n=2, 3$

이것을 ㉠에 대입하면

$n=2$일 때 $\theta=\dfrac{8}{7}\pi$, $n=3$일 때 $\theta=\dfrac{12}{7}\pi$

따라서 모든 θ의 값의 합은

$\dfrac{8}{7}\pi+\dfrac{12}{7}\pi=\dfrac{20}{7}\pi$

1093 답 $\dfrac{4}{5}\pi$

각 θ를 나타내는 동경과 각 6θ를 나타내는 동경이 일직선 위에 있고 방향이 반대이므로

$6\theta-\theta=(2n+1)\pi$ (n은 정수)

$5\theta=(2n+1)\pi$ $\therefore \theta=\dfrac{2n+1}{5}\pi$ ┈┈┈┈┈┈┈┈┈┈┈┈┈ ㉠

$0<\theta<\pi$에서 $0<\dfrac{2n+1}{5}\pi<\pi$이므로

$-\dfrac{1}{2}<n<2$

n은 정수이므로 $n=0,\ 1$

이것을 ㉠에 대입하면

$n=0$일 때 $\theta=\dfrac{\pi}{5}$, $n=1$일 때 $\theta=\dfrac{3}{5}\pi$

따라서 모든 θ의 값의 합은

$\dfrac{\pi}{5}+\dfrac{3}{5}\pi=\dfrac{4}{5}\pi$

1094 답 $\dfrac{\sqrt{2}}{2}$

각 θ를 나타내는 동경과 각 5θ를 나타내는 동경이 원점에 대하여 대칭이므로

$5\theta-\theta=(2n+1)\pi$ (n은 정수)

$4\theta=(2n+1)\pi$ $\therefore \theta=\dfrac{2n+1}{4}\pi$ ┈┈┈┈┈┈┈┈┈┈┈ ㉠

$\dfrac{\pi}{2}<\theta<\pi$에서 $\dfrac{\pi}{2}<\dfrac{2n+1}{4}\pi<\pi$이므로

$\dfrac{1}{2}<n<\dfrac{3}{2}$

$\quad\rightarrow 2\pi<(2n+1)\pi<4\pi$

$\quad\quad 2<2n+1<4$

$\quad\quad 1<2n<3$

n은 정수이므로 $n=1$

$n=1$을 ㉠에 대입하면 $\theta=\dfrac{3}{4}\pi$

$\therefore \sin\left(\theta-\dfrac{\pi}{2}\right)=\sin\left(\dfrac{3}{4}\pi-\dfrac{\pi}{2}\right)=\sin\dfrac{\pi}{4}=\dfrac{\sqrt{2}}{2}$

$\quad\quad\quad\quad\quad\quad\quad\quad\quad\quad\rightarrow \sin 45°$

1095 답 ②

각 θ를 나타내는 동경과 각 4θ를 나타내는 동경이 일치하므로

$4\theta-\theta=2n\pi$ (n은 정수)

$3\theta=2n\pi$ $\therefore \theta=\dfrac{2n}{3}\pi$ ┈┈┈┈┈┈┈┈┈┈┈┈┈┈ ㉠

$\pi<\theta<\dfrac{3}{2}\pi$에서 $\pi<\dfrac{2n}{3}\pi<\dfrac{3}{2}\pi$이므로 $\dfrac{3}{2}<n<\dfrac{9}{4}$

n은 정수이므로 $n=2$

$n=2$를 ㉠에 대입하면 $\theta=\dfrac{4}{3}\pi$

$\therefore \cos(\theta-\pi)=\cos\left(\dfrac{4}{3}\pi-\pi\right)=\cos\dfrac{\pi}{3}=\dfrac{1}{2}$

$\quad\quad\quad\quad\quad\quad\quad\quad\quad\quad\rightarrow \cos 60°$

1096 답 ④

각 α를 나타내는 동경과 각 β를 나타내는 동경이 원점에 대하여 대칭이므로

$\alpha-\beta=2\pi\times n+\pi$ 또는 $\alpha-\beta=360°\times n+180°$ (n은 정수)

① $-540°=360°\times(-2)+180°$

② $-180°=360°\times(-1)+180°$

③ $-3\pi=2\pi\times(-2)+\pi$

④ $4\pi=2\pi\times 2$

⑤ $5\pi=2\pi\times 2+\pi$

따라서 $\alpha-\beta$의 값이 될 수 없는 것은 ④이다.

1097 답 ③

각 3θ를 나타내는 동경과 각 7θ를 나타내는 동경이 일직선 위에 있는 경우는 다음 두 가지이다.

(i) 두 동경이 일치할 때

$7\theta-3\theta=2n\pi$ (n은 정수)

$4\theta=2n\pi$ $\therefore \theta=\dfrac{n}{2}\pi$

$\dfrac{\pi}{2}<\theta<\pi$에서 $\dfrac{\pi}{2}<\dfrac{n}{2}\pi<\pi$이므로

$1<n<2$

n은 정수이므로 만족시키는 n의 값은 없다.

(ii) 두 동경이 일직선 위에 있고 방향이 반대일 때

$7\theta-3\theta=(2n+1)\pi$ (n은 정수)

$4\theta=(2n+1)\pi$ $\therefore \theta=\dfrac{2n+1}{4}\pi$ ┈┈┈┈┈┈ ㉠

$\dfrac{\pi}{2}<\theta<\pi$에서 $\dfrac{\pi}{2}<\dfrac{2n+1}{4}\pi<\pi$이므로

$\dfrac{1}{2}<n<\dfrac{3}{2}$

n은 정수이므로 $n=1$

$n=1$을 ㉠에 대입하면 $\theta=\dfrac{3}{4}\pi$

(i), (ii)에서 $\theta=\dfrac{3}{4}\pi$

실수 Check

> 두 동경이 일직선 위에 있는 경우는 일치하거나 일직선 위에 있지만 방향이 반대인 경우 두 가지임에 주의한다.

1098 답 ④

각 θ를 나타내는 동경과 각 6θ를 나타내는 동경이 일치하므로

$6\theta-\theta=2n\pi$ (n은 정수)

$5\theta=2n\pi$ $\therefore \theta=\dfrac{2n}{5}\pi$ ┈┈┈┈┈┈┈┈┈┈┈┈ ㉠

$\dfrac{\pi}{2}<\theta<\pi$에서 $\dfrac{\pi}{2}<\dfrac{2n}{5}\pi<\pi$이므로 $\dfrac{5}{4}<n<\dfrac{5}{2}$

n은 정수이므로 $n=2$

$n=2$를 ㉠에 대입하면 $\theta=\dfrac{4}{5}\pi$

1099 답 ③
$\hfill$ | 유형 5

> 각 θ를 나타내는 동경과 각 5θ를 나타내는 동경이 x축에 대하여 대칭
> 일 때, θ의 값은? $\left(\text{단, } \dfrac{\pi}{2}<\theta<\pi\right)$ 〔단서1〕
>
> ① $\dfrac{8}{15}\pi$ ② $\dfrac{3}{5}\pi$ ③ $\dfrac{2}{3}\pi$
>
> ④ $\dfrac{11}{15}\pi$ ⑤ $\dfrac{4}{5}\pi$
>
> 〔단서1〕 각의 크기의 합 → $2n\pi$ (n은 정수)

STEP1 θ를 n에 대한 식으로 나타내기

각 θ를 나타내는 동경과 각 5θ를 나타내는 동경이 x축에 대하여 대칭이므로

$\theta+5\theta=2n\pi$ (n은 정수)

$6\theta=2n\pi$ $\quad \therefore \theta=\dfrac{n}{3}\pi$ ················ ㉠

STEP2 n의 값 구하기

$\dfrac{\pi}{2}<\theta<\pi$에서 $\dfrac{\pi}{2}<\dfrac{n}{3}\pi<\pi$이므로 $\dfrac{3}{2}<n<3$

n은 정수이므로 $n=2$

STEP3 θ의 값 구하기

$n=2$를 ㉠에 대입하면 $\theta=\dfrac{2}{3}\pi$

1100 답 5

각 3θ를 나타내는 동경과 각 9θ를 나타내는 동경이 x축에 대하여 대칭이므로

$3\theta+9\theta=2n\pi$ (n은 정수)

$12\theta=2n\pi$ $\quad \therefore \theta=\dfrac{n}{6}\pi$ ················ ㉠

$0<\theta<\pi$에서 $0<\dfrac{n}{6}\pi<\pi$이므로 $0<n<6$

n은 정수이므로 $n=1, 2, 3, 4, 5$

이것을 ㉠에 대입하면

$\theta=\dfrac{\pi}{6}, \dfrac{\pi}{3}, \dfrac{\pi}{2}, \dfrac{2}{3}\pi, \dfrac{5}{6}\pi$

따라서 θ의 개수는 5이다.

1101 답 $\dfrac{9}{7}\pi$

각 θ를 나타내는 동경과 각 6θ를 나타내는 동경이 y축에 대하여 대칭이므로

$\theta+6\theta=(2n+1)\pi$ (n은 정수)

$7\theta=(2n+1)\pi$ $\quad \therefore \theta=\dfrac{2n+1}{7}\pi$ ········· ㉠

$\pi<\theta<\dfrac{3}{2}\pi$에서 $\pi<\dfrac{2n+1}{7}\pi<\dfrac{3}{2}\pi$이므로

$7<2n+1<\dfrac{21}{2}$ $\quad \therefore 3<n<\dfrac{19}{4}$

n은 정수이므로 $n=4$

$n=4$를 ㉠에 대입하면 $\theta=\dfrac{9}{7}\pi$

1102 답 ⑤

각 2θ를 나타내는 동경과 각 $\dfrac{\theta}{3}$를 나타내는 동경이 x축에 대하여 대칭이므로

$2\theta+\dfrac{\theta}{3}=2n\pi$ (n은 정수)

$\dfrac{7}{3}\theta=2n\pi$ $\quad \therefore \theta=\dfrac{6n}{7}\pi$ ················ ㉠

$0<\theta<2\pi$에서 $0<\dfrac{6n}{7}\pi<2\pi$이므로 $0<n<\dfrac{7}{3}$

n은 정수이므로 $n=1, 2$

이것을 ㉠에 대입하면

$n=1$일 때 $\theta=\dfrac{6}{7}\pi$, $n=2$일 때 $\theta=\dfrac{12}{7}\pi$

따라서 모든 θ의 값의 합은 $\dfrac{6}{7}\pi+\dfrac{12}{7}\pi=\dfrac{18}{7}\pi$

1103 답 ⑤

각 2θ를 나타내는 동경과 각 4θ를 나타내는 동경이 y축에 대하여 대칭이므로

$2\theta+4\theta=(2n+1)\pi$ (n은 정수)

$6\theta=(2n+1)\pi$ $\quad \therefore \theta=\dfrac{2n+1}{6}\pi$ ········· ㉠

$0<\theta<\pi$에서 $0<\dfrac{2n+1}{6}\pi<\pi$이므로

$0<2n+1<6$ $\quad \therefore -\dfrac{1}{2}<n<\dfrac{5}{2}$

n은 정수이므로 $n=0, 1, 2$

이것을 ㉠에 대입하면

$n=0$일 때 $\theta=\dfrac{\pi}{6}$, $n=1$일 때 $\theta=\dfrac{3}{6}\pi$, $n=2$일 때 $\theta=\dfrac{5}{6}\pi$

따라서 모든 θ의 값의 합은

$\dfrac{\pi}{6}+\dfrac{3}{6}\pi+\dfrac{5}{6}\pi=\dfrac{3}{2}\pi$

1104 답 ④

각 α를 나타내는 동경과 각 β를 나타내는 동경이 y축에 대하여 대칭이므로

$\alpha+\beta=2\pi\times n+\pi$ 또는 $\alpha+\beta=360°\times n+180°$ (n은 정수)

① $-490°=360°\times(-2)+230°$

② $-250°=360°\times(-1)+110°$

③ $670°=360°\times1+310°$

④ $-5\pi=2\pi\times(-3)+\pi$

⑤ $\dfrac{15}{2}\pi=2\pi\times3+\dfrac{3}{2}\pi$

따라서 $\alpha+\beta$의 값이 될 수 있는 것은 ④이다.

1105 답 ⑤ | 유형 6

각 θ를 나타내는 동경과 각 2θ를 나타내는 동경이 직선 $y=x$에 대하여 대칭일 때, θ의 값은? (단, $\dfrac{\pi}{2}<\theta<\pi$) [단서1]

① $\dfrac{3}{5}\pi$ ② $\dfrac{2}{3}\pi$ ③ $\dfrac{3}{4}\pi$

④ $\dfrac{4}{5}\pi$ ⑤ $\dfrac{5}{6}\pi$

[단서1] 각의 크기의 합 → $2n\pi+\dfrac{\pi}{2}$ (n은 정수)

STEP1 θ를 n에 대한 식으로 나타내기

각 θ를 나타내는 동경과 각 2θ를 나타내는 동경이 직선 $y=x$에 대하여 대칭이므로

$\theta+2\theta=2n\pi+\dfrac{\pi}{2}$ (n은 정수)

$3\theta=2n\pi+\dfrac{\pi}{2}$ $\quad \therefore \theta=\dfrac{2n}{3}\pi+\dfrac{\pi}{6}$ ········· ㉠

STEP2 n의 값 구하기

$\dfrac{\pi}{2}<\theta<\pi$에서 $\dfrac{\pi}{2}<\dfrac{2n}{3}\pi+\dfrac{\pi}{6}<\pi$이므로

$\dfrac{1}{3}<\dfrac{2n}{3}<\dfrac{5}{6}$ $\therefore \dfrac{1}{2}<n<\dfrac{5}{4}$

n은 정수이므로 $n=1$

STEP 3 θ의 값 구하기

$n=1$을 ㉠에 대입하면 $\theta=\dfrac{5}{6}\pi$

1106 답 ④

각 3θ를 나타내는 동경과 각 θ를 나타내는 동경이 직선 $y=-x$에 대하여 대칭이므로

$3\theta+\theta=2n\pi+\dfrac{3}{2}\pi$ (n은 정수)

$4\theta=2n\pi+\dfrac{3}{2}\pi$ $\therefore \theta=\dfrac{n}{2}\pi+\dfrac{3}{8}\pi$ ································ ㉠

$0<\theta<\dfrac{\pi}{2}$에서 $0<\dfrac{n}{2}\pi+\dfrac{3}{8}\pi<\dfrac{\pi}{2}$이므로

$-\dfrac{3}{8}<\dfrac{n}{2}<\dfrac{1}{8}$ $\therefore -\dfrac{3}{4}<n<\dfrac{1}{4}$

n은 정수이므로 $n=0$

$n=0$을 ㉠에 대입하면 $\theta=\dfrac{3}{8}\pi$

1107 답 5

각 2θ를 나타내는 동경과 각 3θ를 나타내는 동경이 직선 $y=x$에 대하여 대칭이므로

$2\theta+3\theta=2n\pi+\dfrac{\pi}{2}$ (n은 정수)

$5\theta=2n\pi+\dfrac{\pi}{2}$ $\therefore \theta=\dfrac{2n}{5}\pi+\dfrac{\pi}{10}$ ·············· ㉠

$0<\theta<2\pi$에서 $0<\dfrac{2n}{5}\pi+\dfrac{\pi}{10}<2\pi$이므로

$-\dfrac{1}{10}<\dfrac{2n}{5}<\dfrac{19}{10}$ $\therefore -\dfrac{1}{4}<n<\dfrac{19}{4}$

n은 정수이므로 $n=0,\ 1,\ 2,\ 3,\ 4$

n의 값을 ㉠에 대입하면

$\theta=\dfrac{\pi}{10},\ \dfrac{\pi}{2},\ \dfrac{9}{10}\pi,\ \dfrac{13}{10}\pi,\ \dfrac{17}{10}\pi$

따라서 θ의 개수는 5이다.

1108 답 1

각 θ를 나타내는 동경과 각 2θ를 나타내는 동경이 직선 $y=-x$에 대하여 대칭이므로

$\theta+2\theta=2n\pi+\dfrac{3}{2}\pi$ (n은 정수)

$3\theta=2n\pi+\dfrac{3}{2}\pi$ $\therefore \theta=\dfrac{2n}{3}\pi+\dfrac{\pi}{2}$ ·············· ㉠

$0<\theta<\pi$에서 $0<\dfrac{2n}{3}\pi+\dfrac{\pi}{2}<\pi$이므로

$-\dfrac{1}{2}<\dfrac{2n}{3}<\dfrac{1}{2}$ $\therefore -\dfrac{3}{4}<n<\dfrac{3}{4}$

n은 정수이므로 $n=0$

$n=0$을 ㉠에 대입하면 $\theta=\dfrac{\pi}{2}$

$\therefore \sin\theta=\underset{\substack{\downarrow\\ \sin 90°}}{\sin\dfrac{\pi}{2}}=1$

1109 답 ⑤

각 2θ를 나타내는 동경과 각 4θ를 나타내는 동경이 직선 $y=x$에 대하여 대칭이므로

$2\theta+4\theta=2n\pi+\dfrac{\pi}{2}$ (n은 정수)

$6\theta=2n\pi+\dfrac{\pi}{2}$ $\therefore \theta=\dfrac{n}{3}\pi+\dfrac{\pi}{12}$ ·················· ㉠

$0<\theta<\dfrac{\pi}{2}$에서 $0<\dfrac{n}{3}\pi+\dfrac{\pi}{12}<\dfrac{\pi}{2}$이므로

$-\dfrac{1}{12}<\dfrac{n}{3}<\dfrac{5}{12}$ $\therefore -\dfrac{1}{4}<n<\dfrac{5}{4}$

n은 정수이므로 $n=0,\ 1$

이것을 ㉠에 대입하면

$n=0$일 때 $\theta=\dfrac{\pi}{12}$, $n=1$일 때 $\theta=\dfrac{5}{12}\pi$

따라서 $\alpha=\dfrac{5}{12}\pi$이므로

$\cos\left(\alpha-\dfrac{\pi}{4}\right)=\cos\left(\dfrac{5}{12}\pi-\dfrac{\pi}{4}\right)=\underset{\substack{\downarrow\\ \cos 30°}}{\cos\dfrac{\pi}{6}}=\dfrac{\sqrt{3}}{2}$

1110 답 ③

각 θ를 나타내는 동경과 각 5θ를 나타내는 동경이 직선 $y=x$에 대하여 대칭이므로

$\theta+5\theta=2n\pi+\dfrac{\pi}{2}$ (n은 정수)

$6\theta=2n\pi+\dfrac{\pi}{2}$ $\therefore \theta=\dfrac{n}{3}\pi+\dfrac{\pi}{12}$ ·················· ㉠

$\pi<\theta<2\pi$에서 $\pi<\dfrac{n}{3}\pi+\dfrac{\pi}{12}<2\pi$이므로

$\dfrac{11}{12}<\dfrac{n}{3}<\dfrac{23}{12}$ $\therefore \dfrac{11}{4}<n<\dfrac{23}{4}$

n은 정수이므로 $n=3,\ 4,\ 5$

이것을 ㉠에 대입하면

$n=3$일 때 $\theta=\dfrac{13}{12}\pi$, $n=4$일 때 $\theta=\dfrac{17}{12}\pi$, $n=5$일 때 $\theta=\dfrac{21}{12}\pi$

따라서 모든 θ의 값의 합은

$\dfrac{13}{12}\pi+\dfrac{17}{12}\pi+\dfrac{21}{12}\pi=\dfrac{17}{4}\pi$

1111 답 ④

각 3θ를 나타내는 동경과 각 5θ를 나타내는 동경이 직선 $y=-x$에 대하여 대칭이므로

$3\theta+5\theta=2n\pi+\dfrac{3}{2}\pi$ (n은 정수)

$8\theta=2n\pi+\dfrac{3}{2}\pi$ $\therefore \theta=\dfrac{n}{4}\pi+\dfrac{3}{16}\pi$ ·················· ㉠

$\dfrac{\pi}{2}<\theta<\pi$에서 $\dfrac{\pi}{2}<\dfrac{n}{4}\pi+\dfrac{3}{16}\pi<\pi$

$\dfrac{5}{16}<\dfrac{n}{4}<\dfrac{13}{16}$ $\therefore \dfrac{5}{4}<n<\dfrac{13}{4}$

n은 정수이므로 $n=2,\ 3$

이것을 ㉠에 대입하면

$n=2$일 때 $\theta=\dfrac{11}{16}\pi$, $n=3$일 때 $\theta=\dfrac{15}{16}\pi$

따라서 모든 θ의 값의 합은

$\dfrac{11}{16}\pi+\dfrac{15}{16}\pi=\dfrac{13}{8}\pi$

1112 답 ⑤

각 α를 나타내는 동경과 각 β를 나타내는 동경이 직선 $y=x$에 대하여 대칭이므로

$\alpha+\beta=360°\times n+90°$

① $420°=360°\times1+60°$
② $600°=360°\times1+240°$
③ $900°=360°\times2+180°$
④ $990°=360°\times2+270°$
⑤ $1170°=360°\times3+90°$

따라서 $\alpha+\beta$의 값이 될 수 있는 것은 ⑤이다.

1113 답 ③ | 유형7

> 중심각의 크기가 $\dfrac{5}{6}\pi$이고 호의 길이가 5π인 부채꼴의 반지름의 길이를 a, 넓이를 $b\pi$라 할 때, $a+b$의 값은? **단서1**
>
> ① 15   ② 18   ③ 21
> ④ 24   ⑤ 27

단서1 $l=r\theta$에서 $r=\dfrac{l}{\theta}$

STEP 1 부채꼴의 호의 길이를 이용하여 a의 값 구하기

반지름의 길이가 a, 중심각의 크기가 $\dfrac{5}{6}\pi$인 부채꼴의 호의 길이가 5π이므로

$a\times\dfrac{5}{6}\pi=5\pi$ $\therefore a=6$

STEP 2 b의 값 구하기

부채꼴의 넓이는

$\dfrac{1}{2}\times6\times5\pi=15\pi$ $\therefore b=15$

STEP 3 $a+b$의 값 구하기

$a+b=21$

1114 답 ②

반지름의 길이가 8, 중심각의 크기가 $\dfrac{\pi}{4}$이므로

$l=8\times\dfrac{\pi}{4}=2\pi$, $S=\dfrac{1}{2}\times8^2\times\dfrac{\pi}{4}=8\pi$

$\therefore lS=2\pi\times8\pi=16\pi^2$

1115 답 ②

부채꼴의 반지름의 길이를 r라 하면 중심각의 크기가 $\dfrac{2}{3}\pi$, 넓이가 3π이므로

$\dfrac{1}{2}\times r^2\times\dfrac{2}{3}\pi=3\pi$ $\therefore r=3\,(\because r>0)$

따라서 호의 길이는 $3\times\dfrac{2}{3}\pi=2\pi$

1116 답 ②

$144°=144\times\dfrac{\pi}{180}=\dfrac{4}{5}\pi$이므로

부채꼴의 반지름의 길이를 r라 하면

$r\times\dfrac{4}{5}\pi=8\pi$ $\therefore r=10$

따라서 부채꼴의 넓이는 $\dfrac{1}{2}\times10\times8\pi=40\pi$

실수 Check

부채꼴에서 중심각의 크기가 육십분법으로 주어지면 호도법으로 고쳐서 계산한다.

1117 답 $\dfrac{3}{4}\pi$

부채꼴의 반지름의 길이를 r, 중심각의 크기를 θ라 하면 넓이가 6π이므로

$\dfrac{1}{2}\times r\times3\pi=6\pi$ $\therefore r=4$

호의 길이가 3π이므로 $4\theta=3\pi$

$\therefore \theta=\dfrac{3}{4}\pi$

다른 풀이

부채꼴의 반지름의 길이를 r, 중심각의 크기를 θ라 하면 호의 길이가 3π, 넓이가 6π이므로

$r\theta=3\pi$ ⟶ ㉠

$\dfrac{1}{2}r^2\theta=6\pi$ ⟶ ㉡

㉡÷㉠을 하면 $\dfrac{1}{2}r=2$ $\therefore r=4$

$r=4$를 ㉠에 대입하면

$\theta=\dfrac{3}{4}\pi$

1118 답 5

반지름의 길이가 r인 원의 넓이는 πr^2

반지름의 길이가 $2r$이고 호의 길이가 5π인 부채꼴의 넓이는

$\dfrac{1}{2}\times2r\times5\pi=5\pi r$

원의 넓이와 부채꼴의 넓이가 같으므로

$\pi r^2=5\pi r$ $\therefore r=5$

1119 답 ②

부채꼴의 반지름의 길이를 $r\,\mathrm{cm}$, 호의 길이를 $l\,\mathrm{cm}$라 하면

$l+2r=16$ ⟶ ㉠

$l=2r$ ⟶ ㉡

㉡을 ㉠에 대입하면 $4r=16$ $\therefore r=4$

따라서 부채꼴의 넓이는

$\dfrac{1}{2}\times4^2\times2=16\,(\mathrm{cm}^2)$

1120 답 ④

반지름의 길이와 호의 길이가 같은 부채꼴의 중심각의 크기는 1(라디안)이다.

반지름의 길이를 r라 하면

부채꼴의 넓이는 $\dfrac{1}{2}r^2$ ⟶ ㉠

직각삼각형 AOH에서 $\overline{AH}=r\sin1$, $\overline{OH}=r\cos1$

삼각형 AOH의 넓이가 4이므로

$\frac{1}{2}\times r\cos1\times r\sin1=4$ $\frac{1}{2}\times\overline{OH}\times\overline{AH}$

$\sin1=\dfrac{\overline{AH}}{\overline{OA}}=\dfrac{\overline{AH}}{r}$

$\cos1=\dfrac{\overline{OH}}{\overline{OA}}=\dfrac{\overline{OH}}{r}$

$\therefore \dfrac{1}{2}r^2=\dfrac{4}{\sin1\cos1}$

㉠에서 부채꼴 OAB의 넓이는 $\dfrac{4}{\sin1\cos1}$

1121 답 ⑤

부채꼴의 중심각의 크기를 θ라 하면 넓이가 15π이므로

$\dfrac{1}{2}\times6^2\times\theta=15\pi$ $\therefore \theta=\dfrac{5}{6}\pi$

1122 답 ③

각 θ를 나타내는 동경과 각 8θ를 나타내는 동경이 일치하므로

$8\theta-\theta=2n\pi$ (n은 정수)

$7\theta=2n\pi$ $\therefore \theta=\dfrac{2n}{7}\pi$ ㉠

$0<\theta<\dfrac{\pi}{2}$에서 $0<\dfrac{2n}{7}\pi<\dfrac{\pi}{2}$이므로 $0<n<\dfrac{7}{4}$

n은 정수이므로 $n=1$

$n=1$을 ㉠에 대입하면 $\theta=\dfrac{2}{7}\pi$

따라서 부채꼴의 넓이는

$\dfrac{1}{2}\times2^2\times\dfrac{2}{7}\pi=\dfrac{4}{7}\pi$

1123 답 ⑤ | 유형 8

치마를 만들기 위하여 그림과 같이 천을 재단하려고 한다. 두 부채꼴 AOB, COD에서 $\overline{AC}=80\,\mathrm{cm}$이고, 단서1 $\widehat{AB}=150\,\mathrm{cm}$, $\widehat{CD}=70\,\mathrm{cm}$일 때, 필요한 천의 넓이는?

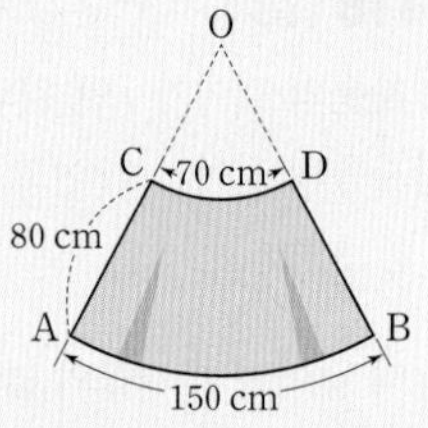

① $4500\,\mathrm{cm}^2$ ② $5800\,\mathrm{cm}^2$
③ $6700\,\mathrm{cm}^2$ ④ $7900\,\mathrm{cm}^2$
⑤ $8800\,\mathrm{cm}^2$

단서1 $\angle COD=\theta$라 하면 $\widehat{CD}=\overline{CO}\times\theta$, $\widehat{AB}=\overline{OA}\times\theta$

STEP1 부채꼴 COD의 중심각의 크기와 반지름의 길이 구하기

부채꼴 COD의 중심각의 크기를 θ, 반지름의 길이를 $r\,\mathrm{cm}$라 하면

$\widehat{AB}=150\,\mathrm{cm}$이므로 $(r+80)\theta=150$ ㉠

$\widehat{CD}=70\,\mathrm{cm}$이므로 $r\theta=70$ ㉡

㉡을 ㉠에 대입하면 $70+80\theta=150$ $\therefore \theta=1$

$\theta=1$을 ㉡에 대입하면 $r=70$

STEP2 필요한 천의 넓이 구하기

부채꼴 AOB의 넓이는

$\dfrac{1}{2}\times(80+70)^2\times1=11250\,(\mathrm{cm}^2)$

부채꼴 COD의 넓이는

$\dfrac{1}{2}\times70^2\times1=2450\,(\mathrm{cm}^2)$

따라서 필요한 천의 넓이는

$11250-2450=8800\,(\mathrm{cm}^2)$

1124 답 ⑤

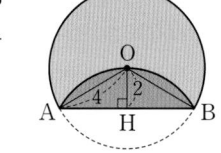

그림과 같이 접힌 선분의 양 끝 점을 A, B라 하고 원의 중심 O에서 현 AB에 내린 수선의 발을 H라 하면 직각삼각형 OAH에서

$\cos(\angle AOH)=\dfrac{\overline{OH}}{\overline{OA}}=\dfrac{2}{4}=\dfrac{1}{2}$이므로

$\angle AOH=\dfrac{\pi}{3}$ $\left(\because 0<\angle AOH<\dfrac{\pi}{2}\right)$

$\therefore \angle AOB=2\angle AOH=\dfrac{2}{3}\pi$

접힌 활꼴의 호의 길이는 $\widehat{AB}$의 길이와 같으므로

$4\times\angle AOB=4\times\dfrac{2}{3}\pi=\dfrac{8}{3}\pi$

1125 답 ②

원을 네 바퀴 굴렸더니 처음의 위치로 되돌아왔으므로 부채꼴의 둘레의 길이는 원의 둘레의 길이의 4배와 같다.

원의 둘레의 길이는 $2\pi\times3=6\pi$이고, 부채꼴의 둘레의 길이는

$\overline{PA}+\overline{PB}+\widehat{AB}=12+12+12\theta=24+12\theta$이므로

$24+12\theta=6\pi\times4$

$12\theta=24\pi-24$ $\therefore \theta=2\pi-2$

1126 답 ③

원 O의 반지름의 길이를 r라 하면

$\pi r^2=64\pi$ $\therefore r=8$ $(\because r>0)$

부채꼴 AOB의 넓이는

$\dfrac{1}{2}\times8^2\times\dfrac{\pi}{3}=\dfrac{32}{3}\pi$

삼각형 AOB는 정삼각형이므로 삼각형 AOB의 넓이는

$\dfrac{\sqrt{3}}{4}\times8^2=16\sqrt{3}$

따라서 색칠한 부분의 넓이는

$\dfrac{32}{3}\pi-16\sqrt{3}=\dfrac{32\pi-48\sqrt{3}}{3}$

개념 Check

한 변의 길이가 a인 정삼각형에서
(1) 높이 : $\dfrac{\sqrt{3}}{2}a$
(2) 넓이 : $\dfrac{\sqrt{3}}{4}a^2$

1127 답 $4\,\mathrm{cm}$

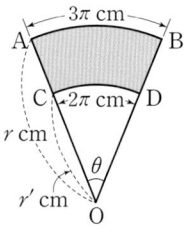

그림과 같이 두 부채꼴 AOB, COD의 반지름의 길이를 각각 $r\,\mathrm{cm}$, $r'\,\mathrm{cm}$, 중심각의 크기를 θ라 하면

$\widehat{AB}=3\pi\,\mathrm{cm}$이므로 $r\theta=3\pi$ ㉠

$\widehat{CD}=2\pi\,\mathrm{cm}$이므로 $r'\theta=2\pi$ ㉡

㉠÷㉡을 하면

$\dfrac{r}{r'}=\dfrac{3}{2}$ $\qquad \therefore r=\dfrac{3}{2}r'$ .... ㉢

색칠한 부분의 넓이가 $10\pi \text{ cm}^2$이므로

$\dfrac{1}{2}\times r\times 3\pi-\dfrac{1}{2}\times r'\times 2\pi=10\pi$

$3r-2r'=20$

㉢을 대입하면

$\dfrac{9}{2}r'-2r'=20$

$\dfrac{5}{2}r'=20$ $\qquad \therefore r'=8$

$r'=8$을 ㉢에 대입하면 $r=12$

따라서 $\overline{\text{AC}}$의 길이는

$12-8=4 \text{ (cm)}$

1128 답 ③

부채꼴 COD의 반지름의 길이를 $r \text{ cm}$라 하면 색칠한 부분의 넓이가 $2000\pi \text{ cm}^2$이므로

$\dfrac{1}{2}\times 85^2\times \dfrac{2}{3}\pi-\dfrac{1}{2}\times r^2\times \dfrac{2}{3}\pi=2000\pi$

$\dfrac{7225-r^2}{3}=2000$ $\qquad \therefore r=35 \ (\because r>0)$

$\therefore \overline{\text{AC}}=\overline{\text{BD}}=85-35=50 \text{ (cm)}$

따라서 색칠한 부분의 둘레의 길이는

$\widehat{\text{AB}}+\widehat{\text{CD}}+\overline{\text{AC}}+\overline{\text{BD}}=85\times \dfrac{2}{3}\pi+35\times \dfrac{2}{3}\pi+50+50$

$\qquad\qquad\qquad\qquad\qquad =(100+80\pi) \text{ cm}$

1129 답 ③

반지름의 길이가 50 cm이고 중심각의 크기가 $\dfrac{2}{3}\pi$인 부채꼴의 넓이는

$\dfrac{1}{2}\times 50^2\times \dfrac{2}{3}\pi=\dfrac{2500}{3}\pi \text{ (cm}^2)$

반지름의 길이가 10 cm이고 중심각의 크기가 $\dfrac{2}{3}\pi$인 부채꼴의 넓이는

$\dfrac{1}{2}\times 10^2\times \dfrac{2}{3}\pi=\dfrac{100}{3}\pi \text{ (cm}^2)$

따라서 와이퍼의 고무판이 회전하면서 닦는 부분의 넓이는

$\dfrac{2500}{3}\pi-\dfrac{100}{3}\pi=800\pi \text{ (cm}^2)$

1130 답 $\dfrac{5}{4}\pi$

삼각형 ABC에서 $\angle\text{BAC}=\dfrac{\pi}{2}-\dfrac{\pi}{9}=\dfrac{7}{18}\pi$

삼각형 ADC는 이등변삼각형이므로 → $\angle\text{CDA}=\angle\text{BAC}=\dfrac{7}{18}\pi$

$\angle\text{ACD}=\pi-2\times \dfrac{7}{18}\pi=\dfrac{2}{9}\pi$

$\therefore \angle\text{DCE}=\dfrac{\pi}{2}-\dfrac{2}{9}\pi=\dfrac{5}{18}\pi$

따라서 부채꼴 CDE의 넓이는

$\dfrac{1}{2}\times 3^2\times \dfrac{5}{18}\pi=\dfrac{5}{4}\pi$

1131 답 ③

호의 길이가 반지름의 길이의 3배인 부채꼴의 중심각의 크기는 3 라디안이다.

두 부채꼴 A_1, A_2의 반지름의 길이를 각각 r_1, r_2, 호의 길이를 각각 l_1, l_2, 넓이를 각각 S_1, S_2라 하자.

$l_1=r_1\times 3$, $l_2=r_2\times 3$이고 두 호의 길이의 합이 12이므로

$3r_1+3r_2=12$

$\therefore r_1+r_2=4$

$S_1=\dfrac{1}{2}\times {r_1}^2\times 3$, $S_2=\dfrac{1}{2}\times {r_2}^2\times 3$이고 두 넓이의 합이 15이므로

$\dfrac{3}{2}{r_1}^2+\dfrac{3}{2}{r_2}^2=15$ $\qquad \therefore {r_1}^2+{r_2}^2=10$

${r_1}^2+{r_2}^2=(r_1+r_2)^2-2r_1r_2$에서

$10=4^2-2r_1r_2$ $\qquad \therefore r_1r_2=3$

따라서 두 부채꼴 A_1, A_2의 반지름의 길이의 곱은 3이다.

실수 Check

두 부채꼴의 반지름의 길이를 각각 구하기보다는 곱셈 공식의 변형을 이용한다.

Plus 문제

1131-1

반지름의 길이가 호의 길이의 $\dfrac{1}{4}$배인 서로 다른 두 부채꼴 A_1, A_2가 있다. 두 부채꼴 A_1, A_2의 호의 길이의 합이 20이고 두 부채꼴의 넓이의 합이 30일 때, 두 부채꼴 A_1, A_2의 반지름의 길이의 곱을 구하시오.

반지름의 길이가 호의 길이의 $\dfrac{1}{4}$배인 부채꼴의 중심각의 크기는 4라디안이다.

두 부채꼴 A_1, A_2의 반지름의 길이를 각각 r_1, r_2, 호의 길이를 각각 l_1, l_2, 넓이를 각각 S_1, S_2라 하자.

$l_1=r_1\times 4$, $l_2=r_2\times 4$이고 두 호의 길이의 합이 20이므로

$4r_1+4r_2=20$

$\therefore r_1+r_2=5$

$S_1=\dfrac{1}{2}\times {r_1}^2\times 4$, $S_2=\dfrac{1}{2}\times {r_2}^2\times 4$이고 두 넓이의 합이 30이므로

$2{r_1}^2+2{r_2}^2=30$

$\therefore {r_1}^2+{r_2}^2=15$

${r_1}^2+{r_2}^2=(r_1+r_2)^2-2r_1r_2$에서

$15=5^2-2r_1r_2$ $\qquad \therefore r_1r_2=5$

따라서 두 부채꼴 A_1, A_2의 반지름의 길이의 곱은 5이다.

답 5

1132 답 ④

사각형 AOBO'은 마름모이므로

$\angle\text{AO}'\text{B}=\angle\text{AOB}=\dfrac{5}{6}\pi$

원 O'에서 중심각의 크기가 $2\pi - \dfrac{5}{6}\pi = \dfrac{7}{6}\pi$인 부채꼴 AO'B의 넓이를 T_1, 원 O에서 중심각의 크기가 $\dfrac{5}{6}\pi$인 부채꼴 AOB의 넓이를 T_2라 하면

$T_1 + S_2 - T_2 = S_1$이므로

$\dfrac{1}{2} \times 3^2 \times \dfrac{7}{6}\pi + S_2 - \dfrac{1}{2} \times 3^2 \times \dfrac{5}{6}\pi = S_1$

$\dfrac{21}{4}\pi + S_2 - \dfrac{15}{4}\pi = S_1$

$\therefore S_1 - S_2 = \dfrac{3}{2}\pi$

1133 답 56π
| 유형 9

> 밑면인 원의 반지름의 길이가 4이고, 모선의 길이가 10인 원뿔의 겉넓이를 구하시오. 단서1
>
> 단서1 (겉넓이) = (옆넓이) + (밑넓이)

STEP 1 **전개도에서 부채꼴의 호의 길이 구하기**

원뿔의 전개도는 그림과 같고, 부채꼴의 호의 길이는 원의 둘레의 길이와 같으므로

$2\pi \times 4 = 8\pi$

STEP 2 **옆면인 부채꼴의 넓이 구하기**

옆면인 부채꼴의 넓이는

$\dfrac{1}{2} \times 10 \times 8\pi = 40\pi$

STEP 3 **원뿔의 겉넓이 구하기**

(원뿔의 겉넓이) $= 40\pi + \pi \times 4^2$
$= 56\pi$

1134 답 ④

원뿔의 전개도는 그림과 같고, 부채꼴의 호의 길이는 밑면인 원의 둘레의 길이와 같으므로

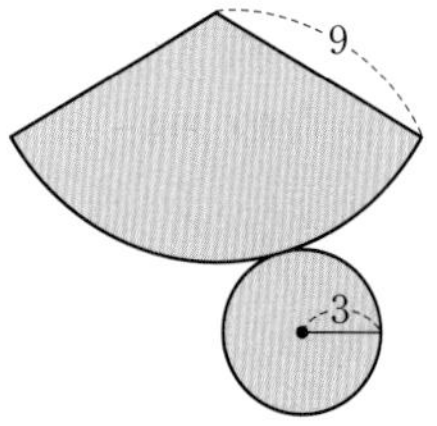

$2\pi \times 3 = 6\pi$

옆면인 부채꼴의 중심각의 크기를 θ라 하면 $9\theta = 6\pi$

$\therefore \theta = \dfrac{2}{3}\pi$

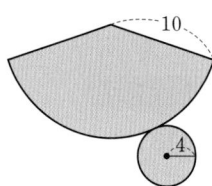

1135 답 ④

밑면인 원의 반지름의 길이를 r라 하면

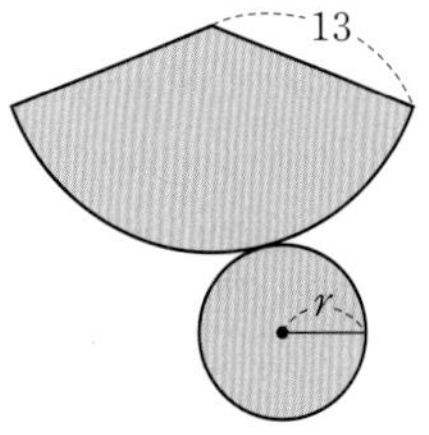

$r = \sqrt{13^2 - 12^2} = 5$

원뿔의 전개도는 그림과 같고, 부채꼴의 호의 길이는 원의 둘레의 길이와 같으므로

$2\pi \times 5 = 10\pi$

따라서 옆면인 부채꼴의 넓이는

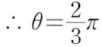

$\dfrac{1}{2} \times 13 \times 10\pi = 65\pi$

$\therefore$ (원뿔의 겉넓이) $= 65\pi + \pi \times 5^2 = 90\pi$

1136 답 ①

그림과 같이 원뿔의 전개도에서 밑면인 원의 반지름의 길이를 r, 옆면인 부채꼴의 반지름의 길이를 R라 하면 밑넓이가 4π이므로

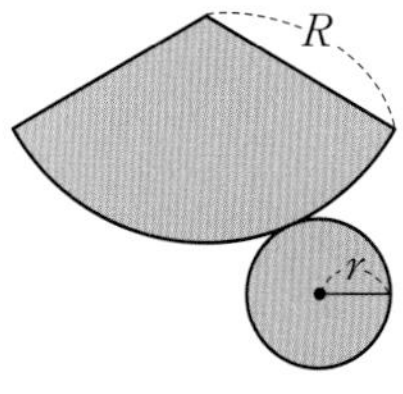

$\pi r^2 = 4\pi$ $\therefore r = 2\ (\because r > 0)$

부채꼴의 호의 길이는 원의 둘레의 길이와 같으므로

$2\pi \times 2 = 4\pi$

옆넓이가 12π이므로

$\dfrac{1}{2} \times R \times 4\pi = 12\pi$ $\therefore R = 6$

따라서 원뿔의 모선의 길이는 6이다.

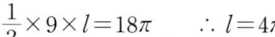

1137 답 $\dfrac{4\sqrt{77}}{3}\pi$

그림과 같이 원뿔의 전개도에서 밑면인 원의 반지름의 길이를 r, 부채꼴의 호의 길이를 l이라 하면 부채꼴의 넓이가 18π이므로

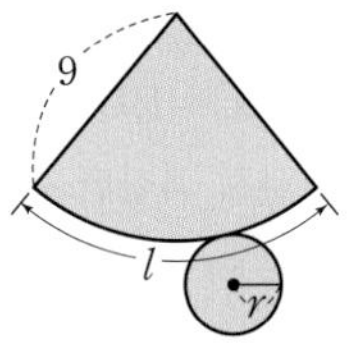

$\dfrac{1}{2} \times 9 \times l = 18\pi$ $\therefore l = 4\pi$

부채꼴의 호의 길이는 원의 둘레의 길이와 같으므로

$4\pi = 2\pi r$ $\therefore r = 2$

원뿔은 그림과 같으므로 높이는

$\sqrt{9^2 - 2^2} = \sqrt{77}$

따라서 원뿔의 부피는

$\dfrac{1}{3} \times \pi \times 2^2 \times \sqrt{77} = \dfrac{4\sqrt{77}}{3}\pi$

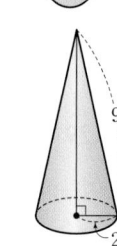

개념 Check

피타고라스 정리

직각을 낀 두 변의 길이가 a, b이고, 빗변의 길이가 c인 직각삼각형에서 $c^2 = a^2 + b^2$

1138 답 ②

두 밑면 중 작은 원의 반지름의 길이를 r라 하면 $\pi r^2 = 9\pi$에서 $r = 3$이므로 두 밑면 중 큰 원의 반지름의 길이는 $3 \times 2 = 6$

작은 원의 둘레의 길이는 $2\pi \times 3 = 6\pi$, 큰 원의 둘레의 길이는 $2\pi \times 6 = 12\pi$

따라서 원뿔대의 전개도는 그림과 같다.

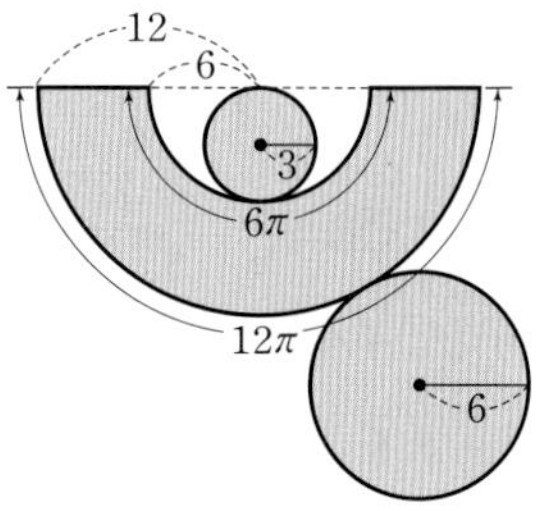

(큰 원의 넓이) $= \pi \times 6^2 = 36\pi$

(옆넓이)

$= \dfrac{1}{2} \times 12 \times 12\pi - \dfrac{1}{2} \times 6 \times 6\pi$

$= 72\pi - 18\pi = 54\pi$

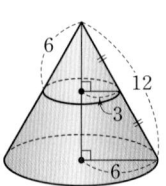

∴ (원뿔대의 겉넓이)
= (작은 원의 넓이) + (큰 원의 넓이) + (옆넓이)
= $9\pi + 36\pi + 54\pi$
= 99π

실수 Check

원뿔의 전개도에서 옆면인 부채꼴의 호의 길이는 밑면인 원의 둘레의 길이와 같다. 원뿔대의 전개도에서 옆면은 큰 부채꼴에서 작은 부채꼴을 뺀 모양이므로 각 호의 길이는 두 밑면인 원의 둘레의 길이와 각각 같음에 주의한다.

1139 답 ③　　　　유형 10

둘레의 길이가 8인 부채꼴 중에서 그 넓이가 최대인 것의 반지름의 길이는? **단서1**

① 1　　　② $\dfrac{3}{2}$　　　③ 2

④ $\dfrac{5}{2}$　　　⑤ 3

단서1 (호의 길이) = 8 − 2 × (반지름의 길이)

STEP 1 부채꼴의 넓이를 반지름의 길이에 대한 식으로 나타내기

부채꼴의 반지름의 길이를 r라 하면 둘레의 길이가 8이므로 호의 길이는 $8 - 2r$

이때 $8 - 2r > 0$이므로 $0 < r < 4$

부채꼴의 넓이를 S라 하면　　→ $S = \dfrac{1}{2}r^2\theta = \dfrac{1}{2}rl$

$$S = \dfrac{1}{2}r(8-2r) = -r^2 + 4r$$

$$= -(r-2)^2 + 4 \ (\text{단, } 0 < r < 4)$$

STEP 2 넓이가 최대인 부채꼴의 반지름의 길이 구하기

$r = 2$일 때 S가 최대이므로 넓이가 최대인 부채꼴의 반지름의 길이는 2이다.

개념 Check

이차함수 $y = a(x-p)^2 + q$에서
(1) $a > 0$이면 $x = p$일 때 최솟값 q를 갖고, 최댓값은 없다.
(2) $a < 0$이면 $x = p$일 때 최댓값 q를 갖고, 최솟값은 없다.

1140 답 $M = \dfrac{25}{4}$, $r = \dfrac{5}{2}$

부채꼴의 반지름의 길이를 r라 하면 둘레의 길이가 10이므로 호의 길이는 $10 - 2r$

이때 $10 - 2r > 0$이므로 $0 < r < 5$

부채꼴의 넓이를 S라 하면

$$S = \dfrac{1}{2}r(10-2r) = -r^2 + 5r$$

$$= -\left(r - \dfrac{5}{2}\right)^2 + \dfrac{25}{4} \ (\text{단, } 0 < r < 5)$$

따라서 $r = \dfrac{5}{2}$일 때 S의 최댓값이 $\dfrac{25}{4}$이므로

$$M = \dfrac{25}{4},\ r = \dfrac{5}{2}$$

1141 답 ②

부채꼴의 반지름의 길이를 r m라 하면 둘레의 길이가 40 m이므로 호의 길이는 $(40 - 2r)$ m

이때 $40 - 2r > 0$이므로 $0 < r < 20$

부채꼴의 넓이를 S m²라 하면

$$S = \dfrac{1}{2}r(40-2r) = -r^2 + 20r$$

$$= -(r-10)^2 + 100 \ (\text{단, } 0 < r < 20)$$

따라서 $r = 10$일 때 S의 최댓값이 100이므로 바닥의 넓이의 최댓값은 100 m²이다.

1142 답 ③

부채꼴의 반지름의 길이를 r라 하면 둘레의 길이가 12이므로 호의 길이는 $12 - 2r$

이때 $12 - 2r > 0$이므로 $0 < r < 6$

부채꼴의 넓이를 S라 하면

$$S = \dfrac{1}{2}r(12-2r) = -r^2 + 6r$$

$$= -(r-3)^2 + 9 \ (\text{단, } 0 < r < 6)$$

따라서 $r = 3$일 때 S의 최댓값이 9이다.

이때 호의 길이는 $12 - 2 \times 3 = 6$이므로 $M = 9$, $l = 6$

∴ $M + l = 15$

1143 답 ④

부채꼴의 반지름의 길이를 r라 하면 둘레의 길이가 20이므로 호의 길이는 $20 - 2r$

이때 $20 - 2r > 0$이므로 $0 < r < 10$

부채꼴의 넓이를 S라 하면

$$S = \dfrac{1}{2}r(20-2r) = -r^2 + 10r$$

$$= -(r-5)^2 + 25 \ (\text{단, } 0 < r < 10)$$

따라서 $r = 5$일 때 S의 최댓값은 25이다.

이때 부채꼴의 중심각의 크기를 θ 라디안이라 하면

$$\dfrac{1}{2} \times 5^2 \times \theta = 25 \qquad \therefore \theta = 2$$

1144 답 ④　　→ (부채꼴의 둘레의 길이) = $2r$ + (호의 길이)

부채꼴의 둘레의 길이가 28 cm이므로 호의 길이는 $(28 - 2r)$ cm

이때 $28 - 2r > 0$이므로 $0 < r < 14$

부채꼴의 넓이를 S cm²라 하면

$$S = \dfrac{1}{2}r(28-2r)$$

$$= -r^2 + 14r$$

$$= -(r-7)^2 + 49 \ (\text{단, } 0 < r < 14)$$

따라서 $r = 7$일 때 S의 최댓값은 49이다.

이때 $\dfrac{1}{2} \times 7^2 \times \theta = 49$이므로 $\theta = 2$

∴ $r + \theta = 9$

다른 풀이

부채꼴의 호의 길이를 l cm라 하면

$2r+l=28$ ································· ㉠

이고, $S=\dfrac{1}{2}rl$이다.

$2r>0$, $l>0$이므로

산술평균과 기하평균의 관계에 의하여

$2r+l\geq2\sqrt{2rl}$ (단, 등호는 $2r=l$, 즉 $r=7$일 때 성립)

$28\geq2\sqrt{2rl}$ ($\because$ ㉠)

$2rl\leq196$ $\therefore \dfrac{1}{2}rl\leq49$

따라서 S의 최댓값은 49이다.

이때 $\dfrac{1}{2}\times7^2\times\theta=49$이므로 $\theta=2$

$\therefore r+\theta=7+2=9$

개념 Check

> **산술평균과 기하평균의 관계**
>
> $a>0$, $b>0$일 때
>
> $\dfrac{a+b}{2}\geq\sqrt{ab}$ (단, 등호는 $a=b$일 때 성립)

1145 답 ⑤

부채꼴의 반지름의 길이를 r, 호의 길이를 l이라 하면 넓이가 10이므로

$\dfrac{1}{2}rl=10$ $\therefore l=\dfrac{20}{r}$

따라서 부채꼴의 둘레의 길이는

$2r+l=2r+\dfrac{20}{r}$

$2r>0$, $\dfrac{20}{r}>0$이므로 산술평균과 기하평균의 관계에 의하여

$2r+\dfrac{20}{r}\geq2\sqrt{2r\times\dfrac{20}{r}}=4\sqrt{10}$

$\left(단, 등호는 2r=\dfrac{20}{r}, 즉 r=\sqrt{10}일 때 성립\right)$

따라서 부채꼴의 둘레의 길이의 최솟값은 $4\sqrt{10}$이다.

1146 답 ④

부채꼴의 반지름의 길이를 r, 호의 길이를 l이라 하면 넓이가 8이므로

$\dfrac{1}{2}rl=8$ $\therefore l=\dfrac{16}{r}$

따라서 부채꼴의 둘레의 길이는 $2r+l=2r+\dfrac{16}{r}$

$2r>0$, $\dfrac{16}{r}>0$이므로 산술평균과 기하평균의 관계에 의하여

$2r+\dfrac{16}{r}\geq2\sqrt{2r\times\dfrac{16}{r}}=8\sqrt{2}$

$\left(단, 등호는 2r=\dfrac{16}{r}, 즉 r=2\sqrt{2}일 때 성립\right)$

따라서 부채꼴의 둘레의 길이의 최솟값은 $m=8\sqrt{2}$이고, 그때의 반지름의 길이는 $r=2\sqrt{2}$이므로 $m+r=10\sqrt{2}$

1147 답 $225\,\mathrm{m}^2$

$\overline{OC}=x$ m, $\overline{AC}=y$ m, 부채꼴의 중심각의 크기를 θ라 하면

도형 ABDC의 둘레의 길이가 60 m이므로

$x\theta+(x+y)\theta+2y=60$

$\theta(2x+y)+2y=60$ ················· ㉠

도형 ABDC의 넓이를 $S\,\mathrm{m}^2$라 하면

$S=\dfrac{1}{2}(x+y)^2\theta-\dfrac{1}{2}x^2\theta$

$\quad=\dfrac{1}{2}\theta(2xy+y^2)$

$\quad=\dfrac{1}{2}\theta y(2x+y)$

㉠에서 $\theta(2x+y)=60-2y$이므로

$S=\dfrac{1}{2}y(60-2y)$

$\quad=y(30-y)$

$\quad=-y^2+30y$

$\quad=-(y-15)^2+225$ (단, $0<y<30$)

따라서 $y=15$일 때 S의 최댓값은 225이므로 도형 ABDC의 넓이의 최댓값은 $225\,\mathrm{m}^2$이다.

실수 Check

> 호 AB의 길이를 구할 때, 반지름은 $\overline{AC}$가 아니고 $\overline{AO}$임에 주의한다.

Plus 문제

1147-1

두 부채꼴 OAB와 부채꼴 OCD를 이용하여 그림의 색칠한 부분과 같은 모양의 밭을 만들려고 한다. 이 밭 ACDB의 둘레의 길이를 100 m로 할 때, 밭 ACDB의 넓이의 최댓값을 구하시오.

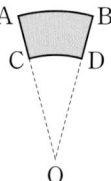

$\overline{OC}=x$ m, $\overline{AC}=y$ m, 부채꼴의 중심각의 크기를 θ라 하면

도형 ACDB의 둘레의 길이가 100 m이므로

$x\theta+(x+y)\theta+2y=100$

$\theta(2x+y)+2y=100$ ················· ㉠

도형 ACDB의 넓이를 $S\,\mathrm{m}^2$라 하면

$S=\dfrac{1}{2}(x+y)^2\theta-\dfrac{1}{2}x^2\theta$

$\quad=\dfrac{1}{2}\theta(2xy+y^2)$

$\quad=\dfrac{1}{2}\theta y(2x+y)$

㉠에서 $\theta(2x+y)=100-2y$이므로

$S=\dfrac{1}{2}y(100-2y)$

$\quad=y(50-y)$

$\quad=-y^2+50y$

$\quad=-(y-25)^2+625$ (단, $0<y<50$)

따라서 $y=25$일 때 S의 최댓값은 625이므로 도형 ACDB의 넓이의 최댓값은 $625\,\mathrm{m}^2$이다.

답 $625\,\mathrm{m}^2$

1148 답 ①
| 유형 11

원점 O와 점 $P(-3, -4)$에 대하여 동경 OP가 나타내는 각의 크기 [단서1]
를 θ라 할 때, $\sin\theta\tan\theta$의 값은?

① $-\dfrac{16}{15}$ ② $-\dfrac{4}{5}$ ③ $\dfrac{12}{25}$

④ $\dfrac{4}{5}$ ⑤ $\dfrac{16}{15}$

[단서1] $\overline{OP}$의 길이는 두 점 $(0, 0)$, $(-3, -4)$ 사이의 거리

STEP1 $\overline{OP}$의 길이 구하기

$\overline{OP} = \sqrt{(-3)^2 + (-4)^2} = 5$

STEP2 $\sin\theta\tan\theta$의 값 구하기

$\sin\theta = -\dfrac{4}{5}$, $\tan\theta = \dfrac{-4}{-3} = \dfrac{4}{3}$

$\therefore \sin\theta\tan\theta = \left(-\dfrac{4}{5}\right) \times \dfrac{4}{3} = -\dfrac{16}{15}$

1149 답 ①

$\overline{OP} = \sqrt{12^2 + (-9)^2} = 15$이므로

$\sin\theta = -\dfrac{9}{15} = -\dfrac{3}{5}$, $\cos\theta = \dfrac{12}{15} = \dfrac{4}{5}$

$\therefore \sin\theta - \cos\theta = -\dfrac{3}{5} - \dfrac{4}{5} = -\dfrac{7}{5}$

1150 답 ③

$\overline{OP} = \sqrt{(-8)^2 + (-15)^2} = 17$이므로

$\sin\theta = -\dfrac{15}{17}$, $\cos\theta = -\dfrac{8}{17}$, $\tan\theta = \dfrac{-15}{-8} = \dfrac{15}{8}$

$\therefore \dfrac{17\sin\theta + 48\tan\theta}{17\cos\theta + 3} = \dfrac{17 \times \left(-\dfrac{15}{17}\right) + 48 \times \dfrac{15}{8}}{17 \times \left(-\dfrac{8}{17}\right) + 3}$

$= \dfrac{75}{-5} = -15$

1151 답 ②

$\overline{OP} = \sqrt{(-2)^2 + 3^2} = \sqrt{13}$이므로

$\sin\theta = \dfrac{3}{\sqrt{13}} = \dfrac{3\sqrt{13}}{13}$, $\cos\theta = -\dfrac{2}{\sqrt{13}} = -\dfrac{2\sqrt{13}}{13}$, $\tan\theta = -\dfrac{3}{2}$

$\therefore \sin\theta - \cos\theta + \tan\theta = \dfrac{3\sqrt{13}}{13} - \left(-\dfrac{2\sqrt{13}}{13}\right) + \left(-\dfrac{3}{2}\right)$

$= -\dfrac{3}{2} + \dfrac{5}{13}\sqrt{13}$

따라서 $a = -\dfrac{3}{2}$, $b = \dfrac{5}{13}$이므로 $ab = -\dfrac{15}{26}$

1152 답 $\sqrt{14}$

$\overline{OP} = \sqrt{a^2 + (\sqrt{2})^2} = \sqrt{a^2 + 2}$이므로

$\sin\theta = \dfrac{\sqrt{2}}{\sqrt{a^2 + 2}}$

$\sin\theta = \dfrac{\sqrt{2}}{4}$이므로 $\dfrac{\sqrt{2}}{\sqrt{a^2 + 2}} = \dfrac{\sqrt{2}}{4}$

$\sqrt{a^2 + 2} = 4$, $a^2 = 14$

$\therefore a = \sqrt{14}$ ($\because a > 0$)

1153 답 ①

점 $P(a, 3)$에서 $\tan\theta = \dfrac{3}{a}$이므로

$\dfrac{3}{a} = -\dfrac{3}{4}$ $\therefore a = -4$

따라서 점 P의 좌표가 $(-4, 3)$이므로

$r = \sqrt{(-4)^2 + 3^2} = 5$

$\therefore a + r = 1$

1154 답 3

점 $P(-3\sqrt{3}, a)$에서 $\tan\theta = -\dfrac{a}{3\sqrt{3}}$이므로

$-\dfrac{a}{3\sqrt{3}} = \dfrac{\sqrt{3}}{3}$ $\therefore a = -3$

따라서 점 P의 좌표가 $(-3\sqrt{3}, -3)$이므로

$r = \sqrt{(-3\sqrt{3})^2 + (-3)^2} = 6$

$\therefore a + r = 3$

1155 답 ③

$\overline{OP} = 3$이므로 $\sin\alpha = \dfrac{\sqrt{5}}{3}$

$\overline{OQ} = 3$이므로 $\cos\beta = \dfrac{\sqrt{5}}{3}$

$\therefore \sin\alpha - \cos\beta = 0$

1156 답 ③

$\begin{cases} \sin\theta = \dfrac{y}{\sqrt{x^2 + y^2}} \\ \cos\theta = \dfrac{x}{\sqrt{x^2 + y^2}} \\ \tan\theta = \dfrac{y}{x} \end{cases}$

각 θ를 나타내는 동경을 OP라 할 때, 점 P의 좌표를 (x, y)라 하자.

$\sin\theta = -\dfrac{1}{\sqrt{2}}$에서 $\overline{OP} = \sqrt{2}$, $y = -1$로 놓을 수 있다.

즉, $\sqrt{2} = \sqrt{x^2 + (-1)^2}$이므로 $x = \pm 1$

이때 θ가 제3사분면의 각이므로 $x = -1$

따라서 $\cos\theta = -\dfrac{1}{\sqrt{2}}$, $\tan\theta = \dfrac{-1}{-1} = 1$이므로

$\sqrt{2}\cos\theta + \tan\theta = \sqrt{2} \times \left(-\dfrac{1}{\sqrt{2}}\right) + 1 = 0$

1157 답 32

각 θ를 나타내는 동경을 OP라 할 때, 점 P의 좌표를 (x, y)라 하자.

$\cos\theta = -\dfrac{3}{5}$에서 $\overline{OP} = 5$, $x = -3$으로 놓을 수 있다.

즉, $5 = \sqrt{(-3)^2 + y^2}$이므로 $y = \pm 4$

이때 θ가 제2사분면의 각이므로 $y = 4$

따라서 $\sin\theta = \dfrac{4}{5}$, $\tan\theta = -\dfrac{4}{3}$이므로

$15(\sin\theta - \tan\theta) = 15\left(\dfrac{4}{5} + \dfrac{4}{3}\right) = 32$

1158 답 ②

각 θ를 나타내는 동경을 OP라 할 때, 점 P의 좌표를 (x, y)라 하자.

$\tan\theta = -3$에서 θ가 제4사분면의 각이므로 $x=1$, $y=-3$으로 놓을 수 있다.

$\therefore \overline{OP} = \sqrt{1^2 + (-3)^2} = \sqrt{10}$

따라서 $\sin\theta = -\dfrac{3}{\sqrt{10}}$, $\cos\theta = \dfrac{1}{\sqrt{10}}$이므로

$10\sin\theta\cos\theta = 10 \times \left(-\dfrac{3}{\sqrt{10}}\right) \times \dfrac{1}{\sqrt{10}} = -3$

1159 답 ⑤

$\overline{AD} = 2\sqrt{3}$, $\overline{AB} = 2$이므로

$A(-\sqrt{3}, 1)$

$\overline{OA} = 2$이므로

$\cos\alpha = -\dfrac{\sqrt{3}}{2}$,

$\tan\alpha = -\dfrac{1}{\sqrt{3}}$

$B(-\sqrt{3}, -1)$이고

$\overline{OB} = 2$이므로

$\sin\beta = -\dfrac{1}{2}$

$\therefore \cos\alpha\tan\alpha - \sin\beta = -\dfrac{\sqrt{3}}{2} \times \left(-\dfrac{1}{\sqrt{3}}\right) - \left(-\dfrac{1}{2}\right) = 1$

1160 답 ①

$\overline{AD} = 6$, $\overline{AB} = 2$이므로

$A(-3, 1)$

$\overline{OA} = \sqrt{10}$이므로

$\sin\alpha = \dfrac{1}{\sqrt{10}}$, $\cos\alpha = -\dfrac{3}{\sqrt{10}}$

$C(3, -1)$이고

$\overline{OC} = \sqrt{10}$이므로

$\sin\beta = -\dfrac{1}{\sqrt{10}}$, $\cos\beta = \dfrac{3}{\sqrt{10}}$

$\therefore \sin\alpha\sin\beta + \cos\alpha\cos\beta$

$= \dfrac{1}{\sqrt{10}} \times \left(-\dfrac{1}{\sqrt{10}}\right) + \left(-\dfrac{3}{\sqrt{10}}\right) \times \dfrac{3}{\sqrt{10}}$

$= -\dfrac{1}{10} - \dfrac{9}{10} = -1$

1161 답 ①

각 θ를 나타내는 동경을 OP라 할 때, 점 P의 좌표를 (x, y)라 하자.

$\tan\theta = \dfrac{12}{5}$에서 θ가 제3사분면의 각이므로

$x = -5$, $y = -12$로 놓을 수 있다.

$\therefore \overline{OP} = \sqrt{(-5)^2 + (-12)^2} = 13$

따라서 $\sin\theta = -\dfrac{12}{13}$, $\cos\theta = -\dfrac{5}{13}$이므로

$\sin\theta + \cos\theta = -\dfrac{12}{13} - \dfrac{5}{13} = -\dfrac{17}{13}$

1162 답 ④ | 유형 12

직선 $y = 3x$ 위의 점 $P(a, b)$에 대하여 원점 O와 점 P를 지나는 동경 OP가 나타내는 각의 크기를 θ라 할 때, $\cos\theta - \sin\theta$의 값은? (단, $a < 0$)

단서1

① $-\dfrac{4\sqrt{10}}{5}$　② $-\dfrac{3\sqrt{5}}{4}$　③ $\dfrac{\sqrt{5}}{4}$

④ $\dfrac{\sqrt{10}}{5}$　⑤ $\sqrt{10}$

단서1 $b = 3a$이므로 $P(a, 3a)$

STEP1 점 P의 좌표를 a로 나타내기

점 $P(a, b)$가 직선 $y = 3x$ 위의 점이므로

$b = 3a$　$\therefore P(a, 3a)$

STEP2 $\overline{OP}$의 길이를 a로 나타내기

$a < 0$이므로

$\overline{OP} = \sqrt{a^2 + b^2}$

$= \sqrt{a^2 + (3a)^2}$ ⟶ $a < 0$이므로 $\sqrt{10a^2} = \sqrt{10}|a| = -\sqrt{10}a$

$= -\sqrt{10}a \ (\because a < 0)$

STEP3 $\cos\theta - \sin\theta$의 값 구하기

$\sin\theta = \dfrac{3a}{-\sqrt{10}a} = -\dfrac{3}{\sqrt{10}}$, $\cos\theta = \dfrac{a}{-\sqrt{10}a} = -\dfrac{1}{\sqrt{10}}$

$\therefore \cos\theta - \sin\theta = -\dfrac{1}{\sqrt{10}} - \left(-\dfrac{3}{\sqrt{10}}\right) = \dfrac{\sqrt{10}}{5}$

1163 답 ⑤

$x - \sqrt{3}y = 0$에서 $y = \dfrac{1}{\sqrt{3}}x$이므로 직선 $y = \dfrac{1}{\sqrt{3}}x$와 x축의 양의 방향이 이루는 각의 크기를 α라 하면

$\tan\alpha = \dfrac{1}{\sqrt{3}}$　$\therefore \alpha = 30°$

따라서 $\theta = 90° - 30° = 60°$이므로

$2\sin^2\theta + \cos\theta = 2\sin^2 60° + \cos 60°$

$= 2 \times \left(\dfrac{\sqrt{3}}{2}\right)^2 + \dfrac{1}{2} = 2$

1164 답 ①

점 $P(a, b)$가 직선 $y = -\dfrac{1}{2}x$ 위의 점이므로 $b = -\dfrac{1}{2}a$

$\therefore P\left(a, -\dfrac{1}{2}a\right)$

$a < 0$이므로

$\overline{OP} = \sqrt{a^2 + b^2} = \sqrt{a^2 + \left(-\dfrac{1}{2}a\right)^2}$

$= -\dfrac{\sqrt{5}}{2}a$

$\therefore \sin\theta = \dfrac{-\dfrac{1}{2}a}{-\dfrac{\sqrt{5}}{2}a} = \dfrac{1}{\sqrt{5}}$, $\cos\theta = \dfrac{a}{-\dfrac{\sqrt{5}}{2}a} = -\dfrac{2}{\sqrt{5}}$

$\therefore \sin\theta + \cos\theta = \dfrac{1}{\sqrt{5}} + \left(-\dfrac{2}{\sqrt{5}}\right) = -\dfrac{\sqrt{5}}{5}$

1165 답 $\dfrac{3}{4}$

점 $\mathrm{P}(a, b)$가 직선 $y=-\sqrt{3}x$ 위의 점
이므로

$b=-\sqrt{3}a$ ∴ $\mathrm{P}(a, -\sqrt{3}a)$

점 P가 제4사분면 위의 점이므로 $a>0$
이고

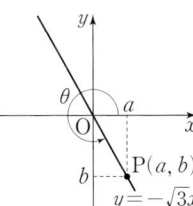

$\overline{\mathrm{OP}}=\sqrt{a^2+(-\sqrt{3}a)^2}=2a$

∴ $\sin\theta=-\dfrac{\sqrt{3}a}{2a}=-\dfrac{\sqrt{3}}{2}$, $\cos\theta=\dfrac{a}{2a}=\dfrac{1}{2}$,

　$\tan\theta=-\dfrac{\sqrt{3}a}{a}=-\sqrt{3}$

∴ $\sin\theta\cos\theta\tan\theta=\left(-\dfrac{\sqrt{3}}{2}\right)\times\dfrac{1}{2}\times(-\sqrt{3})=\dfrac{3}{4}$

1166 답 ⑤

직선 $3x+4y=0$, 즉 $y=-\dfrac{3}{4}x$ 위에 있고
제2사분면 위의 한 점을 $\mathrm{P}(a, b)$라 하면

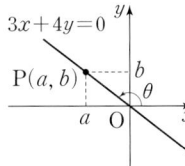

$b=-\dfrac{3}{4}a$

∴ $\mathrm{P}\left(a, -\dfrac{3}{4}a\right)$

$a<0$이므로

$\overline{\mathrm{OP}}=\sqrt{a^2+b^2}=\sqrt{a^2+\left(-\dfrac{3}{4}a\right)^2}$

　　$=-\dfrac{5}{4}a$

∴ $\cos\theta=\dfrac{a}{-\dfrac{5}{4}a}=-\dfrac{4}{5}$, $\tan\theta=\dfrac{-\dfrac{3}{4}a}{a}=-\dfrac{3}{4}$

∴ $10\cos\theta-8\tan\theta=10\times\left(-\dfrac{4}{5}\right)-8\times\left(-\dfrac{3}{4}\right)=2$

다른 풀이

$\dfrac{\pi}{2}<\theta<\pi$이므로 그림과 같이 원점
O를 중심으로 하고 반지름의 길이
가 10인 원 $x^2+y^2=100$이 직선
$3x+4y=0$과 만나는 점 중에서 제
2사분면 위의 점을 P라 하면

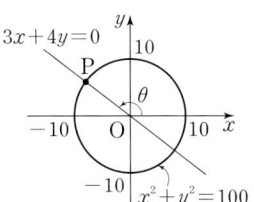

$\mathrm{P}(-8, 6)$

$\overline{\mathrm{OP}}=10$이므로

$\cos\theta=-\dfrac{8}{10}=-\dfrac{4}{5}$, $\tan\theta=-\dfrac{6}{8}=-\dfrac{3}{4}$

∴ $10\cos\theta-8\tan\theta=10\times\left(-\dfrac{4}{5}\right)-8\times\left(-\dfrac{3}{4}\right)=-2$

참고 직선 $3x+4y=0$에서 $y=-\dfrac{3}{4}x$ ·········· ㉠

이것을 $x^2+y^2=100$에 대입하면

$x^2+\left(-\dfrac{3}{4}x\right)^2=100$, $x^2=64$

$x<0$이므로 $x=-8$

이것을 ㉠에 대입하면 $y=6$

∴ $\mathrm{P}(-8, 6)$

1167 답 ③

$y=\dfrac{1}{2}x$를 $x^2+y^2=1$에 대입하면 $x^2+\left(\dfrac{1}{2}x\right)^2=1$

$x^2=\dfrac{4}{5}$ ∴ $x=\dfrac{2\sqrt{5}}{5}$ (∵ $x>0$)

이것을 $y=\dfrac{1}{2}x$에 대입하면 $y=\dfrac{\sqrt{5}}{5}$

따라서 점 P의 좌표는 $\left(\dfrac{2\sqrt{5}}{5}, \dfrac{\sqrt{5}}{5}\right)$

∴ $\sin\alpha=\dfrac{\sqrt{5}}{5}$

$y=-2x$를 $x^2+y^2=1$에 대입하면

$x^2+(-2x)^2=1$

$x^2=\dfrac{1}{5}$ ∴ $x=-\dfrac{\sqrt{5}}{5}$ (∵ $x<0$)

이것을 $y=-2x$에 대입하면 $y=\dfrac{2\sqrt{5}}{5}$

따라서 점 Q의 좌표는 $\left(-\dfrac{\sqrt{5}}{5}, \dfrac{2\sqrt{5}}{5}\right)$

∴ $\cos\beta=-\dfrac{\sqrt{5}}{5}$

∴ $\sin\alpha\cos\beta=\dfrac{\sqrt{5}}{5}\times\left(-\dfrac{\sqrt{5}}{5}\right)=-\dfrac{1}{5}$

실수 Check

제1사분면 위의 점은 x좌표, y좌표가 모두 양수이고, 제2사분면 위의
점은 x좌표가 음수, y좌표가 양수임에 주의한다.

1168 답 ③

$y=-x$를 $x^2+y^2=1$에 대입하면

$x^2+(-x)^2=1$, $2x^2=1$ ∴ $x=-\dfrac{\sqrt{2}}{2}$ (∵ $x<0$)

이것을 $y=-x$에 대입하면 $y=\dfrac{\sqrt{2}}{2}$

따라서 점 P의 좌표는 $\left(-\dfrac{\sqrt{2}}{2}, \dfrac{\sqrt{2}}{2}\right)$

∴ $\cos\alpha=-\dfrac{\sqrt{2}}{2}$

$y=3x$를 $x^2+y^2=1$에 대입하면

$x^2+(3x)^2=1$, $10x^2=1$

∴ $x=\dfrac{\sqrt{10}}{10}$ (∵ $x>0$)

이것을 $y=3x$에 대입하면 $y=\dfrac{3\sqrt{10}}{10}$

따라서 점 Q의 좌표는 $\left(\dfrac{\sqrt{10}}{10}, \dfrac{3\sqrt{10}}{10}\right)$

∴ $\sin\beta=\dfrac{3\sqrt{10}}{10}$

∴ $\cos\alpha\sin\beta=-\dfrac{\sqrt{2}}{2}\times\dfrac{3\sqrt{10}}{10}=-\dfrac{3\sqrt{5}}{10}$

실수 Check

원 $x^2+y^2=1$이 두 직선 $y=-x$, $y=3x$와 만나는 두 점이 존재하는
사분면에 따라 x좌표, y좌표의 부호가 정해짐에 주의한다.

1168-1

그림과 같이 원 $x^2+y^2=1$이 직선 $y=\frac{1}{2}x$와 제3사분면에서 만나는 점을 P, 직선 $y=-4x$와 제4사분면에서 만나는 점을 Q라 하자. 점 A(1, 0)에 대하여 $\angle AOP=\alpha$, $\angle AOQ=\beta$라 할 때, $\sin\alpha\cos\beta$의 값을 구하시오. (단, O는 원점이다.)

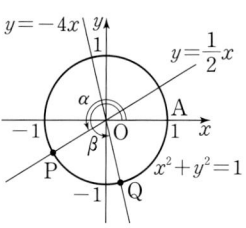

$y=\frac{1}{2}x$를 $x^2+y^2=1$에 대입하면

$x^2+\left(\frac{1}{2}x\right)^2=1$, $\frac{5}{4}x^2=1$ ∴ $x=-\frac{2\sqrt{5}}{5}$ (∵ $x<0$)

이것을 $y=\frac{1}{2}x$에 대입하면 $y=-\frac{\sqrt{5}}{5}$

따라서 점 P의 좌표는 $\left(-\frac{2\sqrt{5}}{5}, -\frac{\sqrt{5}}{5}\right)$

∴ $\sin\alpha=-\frac{\sqrt{5}}{5}$

$y=-4x$를 $x^2+y^2=1$에 대입하면

$x^2+(-4x)^2=1$, $17x^2=1$ ∴ $x=\frac{\sqrt{17}}{17}$ (∵ $x>0$)

이것을 $y=-4x$에 대입하면 $y=-\frac{4\sqrt{17}}{17}$

따라서 점 Q의 좌표는 $\left(\frac{\sqrt{17}}{17}, -\frac{4\sqrt{17}}{17}\right)$

∴ $\cos\beta=\frac{\sqrt{17}}{17}$

∴ $\sin\alpha\cos\beta=\left(-\frac{\sqrt{5}}{5}\right)\times\frac{\sqrt{17}}{17}=-\frac{\sqrt{85}}{85}$

답 $-\dfrac{\sqrt{85}}{85}$

1169 답 ①　　　　　　　　　　│ 유형 **13**

그림과 같이 반지름의 길이가 5인 부채꼴에서 $\angle AOB=\theta$이고 $\overline{BC}\perp\overline{AO}$일 때, 다음 중 선분 BC의 길이는?
(단, O는 원점이다.)

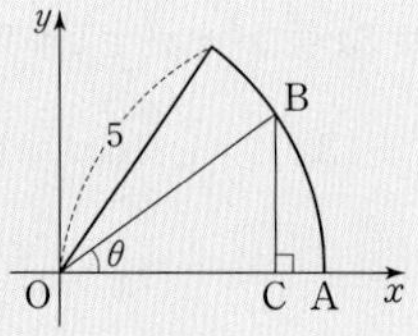

① $5\sin\theta$ 　 ② $5\cos\theta$
③ $5\tan\theta$ 　 ④ $5-\sin\theta$
⑤ $5-\cos\theta$

 직각삼각형 BOC에서 $\sin\theta=\dfrac{\overline{BC}}{\overline{OB}}$

STEP1 $\sin\theta$의 값 구하기

삼각형 BOC에서 $\overline{OB}=5$이므로 $\sin\theta=\dfrac{\overline{BC}}{5}$

STEP2 선분 BC의 길이 구하기

$\overline{BC}=5\sin\theta$

따라서 선분 BC의 길이는 ①이다.

1170 답 ⑤

$\overline{OP}=\sqrt{3}$이므로 삼각형 OPA에서 $\sin\theta=\dfrac{\overline{PA}}{\sqrt{3}}$

$\sin\theta=\dfrac{\sqrt{3}}{3}=\dfrac{1}{\sqrt{3}}$이므로 $\overline{PA}=1$

삼각형 OPA에서 $\overline{OA}=\sqrt{(\sqrt{3})^2-1^2}=\sqrt{2}$

1171 답 ①

그림과 같이 $\overline{AB}$와 x축의 교점을 H라 하면 $\overline{OA}=3$이므로

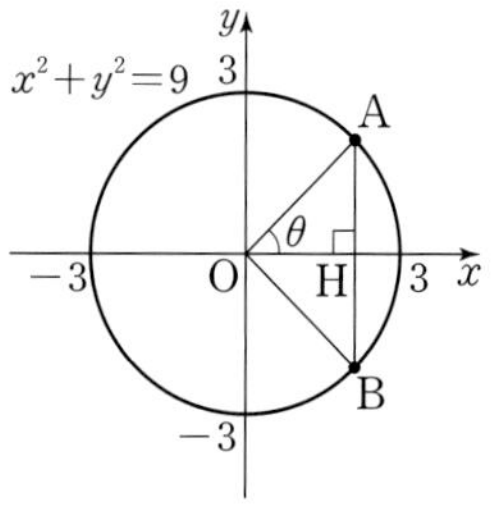

삼각형 AOH에서

$\overline{AH}=3\sin\theta$

두 점 A, B가 x축에 대하여 대칭이므로

$\overline{BH}=\overline{AH}=3\sin\theta$

따라서 삼각형 AOB의 둘레의 길이는

$\overline{OA}+\overline{OB}+\overline{AB}=3+3+2\times3\sin\theta$　$\xrightarrow{\overline{AB}=\overline{AH}+\overline{BH}}$
　　　　　　$=6+6\sin\theta$

1172 답 $\dfrac{\sqrt{3}}{2}$

삼각형 BOD에서

$\tan\theta=\dfrac{\overline{BD}}{\overline{OD}}$에서 $\dfrac{\overline{OD}}{\overline{BD}}=\dfrac{1}{\tan\theta}$

$\overline{OD}=\dfrac{1}{3}\overline{AC}$이므로 $\dfrac{1}{\tan\theta}=\dfrac{1}{3}\overline{AC}$

∴ $\overline{AC}=\dfrac{3}{\tan\theta}$ ⋯⋯⋯⋯⋯⋯⋯⋯⋯⋯⋯⋯ ㉠

삼각형 COA에서 $\tan\theta=\dfrac{\overline{AC}}{\overline{OA}}=\overline{AC}$

이것을 ㉠에 대입하면

$\overline{AC}=\dfrac{3}{\overline{AC}}$, $\overline{AC}^2=3$ ∴ $\overline{AC}=\sqrt{3}$ (∵ $\overline{AC}>0$)

삼각형 COA에서 $\overline{OC}=\sqrt{1^2+(\sqrt{3})^2}=2$

∴ $\sin\theta=\dfrac{\overline{AC}}{\overline{OC}}=\dfrac{\sqrt{3}}{2}$

1173 답 ①

삼각형 AOB에서 $\sin\theta=\dfrac{\overline{AB}}{r}$

$\sin\theta=a$이므로 $a=\dfrac{\overline{AB}}{r}$ ∴ $\overline{AB}=ar$

∴ $\overline{OB}=\sqrt{r^2-\overline{AB}^2}=\sqrt{r^2-(ar)^2}$
　　　$=r\sqrt{1-a^2}$ (∵ $r>0$)

∴ $\tan\theta=\dfrac{\overline{AB}}{\overline{OB}}=\dfrac{ar}{r\sqrt{1-a^2}}=\dfrac{a}{\sqrt{1-a^2}}$

삼각형 COD에서

$\overline{CD}=\overline{OD}\times\tan\theta=\dfrac{ar}{\sqrt{1-a^2}}$

∴ $\dfrac{\overline{CD}}{\overline{AB}}=\dfrac{\dfrac{ar}{\sqrt{1-a^2}}}{ar}=\dfrac{1}{\sqrt{1-a^2}}$

1174 답 ④

점 P의 좌표를 (x, y)라 하면 → 점 P가 제1사분면 위의 점이므로 $x > 0,\ y > 0$

$x^2 + y^2 = 1$ ·················· ㉠

$\cos \alpha = \dfrac{y}{1} = y$, $\cos \beta = \dfrac{x}{1} = x$, $\tan \beta = \dfrac{y}{x}$이므로

$\cos^2 \alpha + \cos^2 \beta + \tan^2 \beta = 4$에서

$y^2 + x^2 + \dfrac{y^2}{x^2} = 4$

$1 + \left(\dfrac{y}{x}\right)^2 = 4$, $\left(\dfrac{y}{x}\right)^2 = 3$

$\therefore \dfrac{y}{x} = \sqrt{3}\ (\because x > 0,\ y > 0)$

$y = \sqrt{3}x$를 ㉠에 대입하면

$x^2 + 3x^2 = 1$

$4x^2 = 1$, $x^2 = \dfrac{1}{4}$

$\therefore x = \dfrac{1}{2}\ (\because x > 0)$

따라서 $\overline{OA}$의 길이는 $\dfrac{1}{2}$이다.

1175 답 제4사분면 | 유형 14

$\underline{\sin\theta\cos\theta < 0}$, $\underline{\dfrac{\cos\theta}{\tan\theta} < 0}$을 동시에 만족시키는 θ는 제몇 사분면의
단서1   단서2

각인지 구하시오.

단서1 $\sin\theta$와 $\cos\theta$의 값의 부호는 서로 다름을 이용

단서2 $\cos\theta$와 $\tan\theta$의 값의 부호는 서로 다름을 이용

STEP 1 $\sin\theta\cos\theta < 0$일 때, θ는 제몇 사분면의 각인지 구하기

(i) $\sin\theta\cos\theta < 0$에서 $\sin\theta$와 $\cos\theta$의 값의 부호가 서로 다르므로 θ는 제2사분면 또는 제4사분면의 각이다.

STEP 2 $\dfrac{\cos\theta}{\tan\theta} < 0$일 때, θ는 제몇 사분면의 각인지 구하기

(ii) $\dfrac{\cos\theta}{\tan\theta} < 0$에서 $\cos\theta$와 $\tan\theta$의 값의 부호가 서로 다르므로 θ는 제3사분면 또는 제4사분면의 각이다.

STEP 3 θ는 제몇 사분면의 각인지 구하기

(i), (ii)에서 θ는 제4사분면의 각이다.

1176 답 ①

$\sin\theta\cos\theta > 0$에서 $\sin\theta$와 $\cos\theta$의 값의 부호는 서로 같다.

$\sin\theta > 0$, $\cos\theta > 0$이면 θ는 제1사분면의 각이고, $\sin\theta < 0$, $\cos\theta < 0$이면 θ는 제3사분면의 각이므로 θ는 제1사분면 또는 제3사분면의 각이다.

1177 답 ⑤

$\tan\theta < 0$에서 θ는 제2사분면 또는 제4사분면의 각이다.

θ가 제2사분면의 각이면 $\sin\theta > 0$, $\cos\theta < 0$이고, θ가 제4사분면의 각이면 $\sin\theta < 0$, $\cos\theta > 0$이므로

$\sin\theta\cos\theta < 0$

따라서 항상 옳은 것은 ⑤이다.

1178 답 ⑤

$\tan\theta < 0$에서 θ는 제2사분면 또는 제4사분면의 각이고 $\cos\theta > 0$에서 θ는 제1사분면 또는 제4사분면의 각이다.

따라서 주어진 조건을 동시에 만족시키는 θ는 제4사분면의 각이므로 θ의 값이 될 수 있는 것은 ⑤이다.

1179 답 ④

θ가 제4사분면의 각이므로

$\sin\theta < 0$, $\cos\theta > 0$

이때 $\sin\theta - \cos\theta < 0$이므로

$\sqrt{\sin^2\theta} + |\cos\theta| + \sqrt{(\sin\theta - \cos\theta)^2}$

$= -\sin\theta + \cos\theta - (\sin\theta - \cos\theta)$

$= -2\sin\theta + 2\cos\theta$

1180 답 $2\tan\theta$

θ가 제2사분면의 각이므로

$\sin\theta > 0$, $\cos\theta < 0$, $\tan\theta < 0$

$\therefore \cos\theta + \sin\theta + \tan\theta + |\cos\theta| - |\sin\theta| - |\tan\theta|$

$\quad = \cos\theta + \sin\theta + \tan\theta - \cos\theta - \sin\theta + \tan\theta$

$\quad = 2\tan\theta$

1181 답 ①

$\dfrac{\sqrt{\sin\theta}}{\sqrt{\cos\theta}} = -\sqrt{\dfrac{\sin\theta}{\cos\theta}}$이고 $\sin\theta\cos\theta \neq 0$이므로

$\sin\theta > 0$, $\cos\theta < 0$

즉, θ는 제2사분면의 각이고 $0 < \theta < 2\pi$이므로

$\dfrac{\pi}{2} < \theta < \pi$

따라서 $a = \dfrac{1}{2}$, $b = 1$이므로 $a + b = \dfrac{3}{2}$

개념 Check

음수의 제곱근의 성질

실수 a, b에 대하여

(1) $a < 0$, $b < 0$이면 $\sqrt{a}\sqrt{b} = -\sqrt{ab}$

     그 외에는 $\sqrt{a}\sqrt{b} = \sqrt{ab}$

(2) $a > 0$, $b < 0$이면 $\dfrac{\sqrt{a}}{\sqrt{b}} = -\sqrt{\dfrac{a}{b}}$

     그 외에는 $\dfrac{\sqrt{a}}{\sqrt{b}} = \sqrt{\dfrac{a}{b}}$ (단, $b \neq 0$)

1182 답 ①

$\sqrt{\sin\theta}\sqrt{\cos\theta} = -\sqrt{\sin\theta\cos\theta}$이고 $\sin\theta\cos\theta \neq 0$이므로

$\sin\theta < 0$, $\cos\theta < 0$

즉, θ는 제3사분면의 각이므로 $\tan\theta > 0$

따라서 $1 + \tan\theta > 0$, $\sin\theta + \cos\theta < 0$이므로

$|\tan\theta| + |\cos\theta| - |1 + \tan\theta| - |\sin\theta + \cos\theta|$

$= \tan\theta - \cos\theta - (1 + \tan\theta) + \sin\theta + \cos\theta$

$= \sin\theta - 1$

1183 답 ③

(i) $\sin\theta\cos\theta>0$에서 $\sin\theta$와 $\cos\theta$의 값의 부호가 서로 같으므로 θ는 제1사분면 또는 제3사분면의 각이다.

(ii) $\cos\theta\tan\theta<0$에서 $\cos\theta$와 $\tan\theta$의 값의 부호가 서로 다르므로 θ는 제3사분면 또는 제4사분면의 각이다.

(i), (ii)에서 θ는 제3사분면의 각이다.

따라서 $\sin\theta<0$, $\cos\theta<0$이므로 $\sin\theta+\cos\theta<0$

$\therefore \sqrt{(\sin\theta+\cos\theta)^2}-(|\sin\theta|+|\cos\theta|)$
$=-(\sin\theta+\cos\theta)-(-\sin\theta-\cos\theta)$
$=-\sin\theta-\cos\theta+\sin\theta+\cos\theta$
$=0$

1184 답 ⑤

(i) $\sin\theta\cos\theta<0$에서 $\sin\theta$와 $\cos\theta$의 값의 부호가 서로 다르므로 θ는 제2사분면 또는 제4사분면의 각이다.

(ii) $\sin\theta\tan\theta>0$에서 $\sin\theta$와 $\tan\theta$의 값의 부호가 서로 같으므로 θ는 제1사분면 또는 제4사분면의 각이다.

(i), (ii)에서 θ는 제4사분면의 각이다.

따라서 $\sin\theta<0$, $\tan\theta<0$이므로
$\sin\theta-|\tan\theta|+\sqrt{\sin^2\theta}-\sqrt{\tan^2\theta}$
$=\sin\theta+\tan\theta-\sin\theta+\tan\theta$
$=2\tan\theta$

1185 답 ⑤

$\sin\theta>0$, $\tan\theta<0$이므로 θ는 제2사분면의 각이다.

이때 $0<\theta<2\pi$이므로 $\dfrac{\pi}{2}<\theta<\pi$

① $\sin\theta>0$, $\cos\theta<0$이므로 $\sin\theta\cos\theta<0$

② $\sin\theta>0$, $\cos\theta<0$이므로 $\cos\theta-\sin\theta<0$

③ $\cos\theta<0$, $\tan\theta<0$이므로 $\cos\theta\tan\theta>0$

④ $\dfrac{\pi}{2}<\theta<\pi$에서 $\dfrac{\pi}{4}<\dfrac{\theta}{2}<\dfrac{\pi}{2}$

 즉, $\dfrac{\theta}{2}$는 제1사분면의 각이므로 $\tan\dfrac{\theta}{2}>0$

⑤ $\dfrac{\pi}{2}<\theta<\pi$에서 $\pi<2\theta<2\pi$

 즉, 2θ는 제3사분면 또는 제4사분면의 각이므로 $\sin 2\theta<0$
따라서 옳은 것은 ⑤이다.

1186 답 제1사분면, 제3사분면

(i) $\sin\theta\tan\theta<0$에서 $\sin\theta$와 $\tan\theta$의 값의 부호가 서로 다르므로 θ는 제2사분면 또는 제3사분면의 각이다.

(ii) $\cos\theta\tan\theta>0$에서 $\cos\theta$와 $\tan\theta$의 값의 부호가 서로 같으므로 θ는 제1사분면 또는 제2사분면의 각이다.

(i), (ii)에서 θ는 제2사분면의 각이므로
$2n\pi+\dfrac{\pi}{2}<\theta<2n\pi+\pi$ (n은 정수)

$\therefore n\pi+\dfrac{\pi}{4}<\dfrac{\theta}{2}<n\pi+\dfrac{\pi}{2}$

(iii) $n=2k$ (k는 정수)일 때

$2k\pi+\dfrac{\pi}{4}<\dfrac{\theta}{2}<2k\pi+\dfrac{\pi}{2}$이므로 $\dfrac{\theta}{2}$는 제1사분면의 각이다.

(iv) $n=2k+1$ (k는 정수)일 때

$2k\pi+\dfrac{5}{4}\pi<\dfrac{\theta}{2}<2k\pi+\dfrac{3}{2}\pi$이므로 $\dfrac{\theta}{2}$는 제3사분면의 각이다.

(iii), (iv)에서 각 $\dfrac{\theta}{2}$를 나타내는 동경이 존재하는 사분면은 제1사분면, 제3사분면이다.

> **실수 Check**
>
> $n=2k$인 경우와 $n=2k+1$인 경우 각 $\dfrac{\theta}{2}$를 나타내는 동경이 존재하는 사분면이 다름에 주의한다.

1187 답 ⑤　　　　　　　　　　│유형 15

다음 중 옳지 <u>않은</u> 것은?
① $2(\sin^4\theta-\cos^4\theta)=4\sin^2\theta-2$
② $\dfrac{2\sin^2\theta}{1+\cos\theta}=2-2\cos\theta$
③ $\dfrac{\cos^2\theta}{1-\sin\theta}-\sin\theta=1$
④ $(\sin\theta+2\cos\theta)^2+(2\sin\theta-\cos\theta)^2=5$
⑤ $\dfrac{\sin^2\theta}{1-\cos\theta}+\dfrac{\sin^2\theta}{1+\cos\theta}=1$ 　단서1

단서1 $(1-\cos\theta)(1+\cos\theta)=1-\cos^2\theta=\sin^2\theta$

STEP1 각각의 식 간단히 하기

① $2(\sin^4\theta-\cos^4\theta)=2\underbrace{(\sin^2\theta+\cos^2\theta)}(\sin^2\theta-\cos^2\theta)$
$\quad\quad\quad\quad\quad\quad\quad\quad\quad \to \sin^2\theta+\cos^2\theta=1$
$\quad\quad\quad=2(\sin^2\theta-\cos^2\theta)$
$\quad\quad\quad=2\{\sin^2\theta-(1-\sin^2\theta)\}$
$\quad\quad\quad=4\sin^2\theta-2$

② $\dfrac{2\sin^2\theta}{1+\cos\theta}=\dfrac{2(1-\cos^2\theta)}{1+\cos\theta}$
$\quad\quad\quad=\dfrac{2(1+\cos\theta)(1-\cos\theta)}{1+\cos\theta}$
$\quad\quad\quad=2-2\cos\theta$

③ $\dfrac{\cos^2\theta}{1-\sin\theta}-\sin\theta=\dfrac{1-\sin^2\theta}{1-\sin\theta}-\sin\theta$
$\quad\quad\quad=\dfrac{(1+\sin\theta)(1-\sin\theta)}{1-\sin\theta}-\sin\theta$
$\quad\quad\quad=1+\sin\theta-\sin\theta=1$

④ $(\sin\theta+2\cos\theta)^2+(2\sin\theta-\cos\theta)^2$
$\quad=(\sin^2\theta+4\sin\theta\cos\theta+4\cos^2\theta)$
$\quad\quad\quad\quad\quad+(4\sin^2\theta-4\sin\theta\cos\theta+\cos^2\theta)$
$\quad=5(\sin^2\theta+\cos^2\theta)=5$

⑤ $\dfrac{\sin^2\theta}{1-\cos\theta}+\dfrac{\sin^2\theta}{1+\cos\theta}$
$\quad=\dfrac{\sin^2\theta(1+\cos\theta)+\sin^2\theta(1-\cos\theta)}{1-\cos^2\theta}$
$\quad=\dfrac{2\sin^2\theta}{1-\cos^2\theta}=\dfrac{2\sin^2\theta}{\sin^2\theta}=2$

따라서 옳지 않은 것은 ⑤이다.

1188 답 ④

$\dfrac{\cos\theta}{1+\sin\theta}+\tan\theta$

$=\dfrac{\cos\theta(1-\sin\theta)}{(1+\sin\theta)(1-\sin\theta)}+\dfrac{\sin\theta}{\cos\theta}$

$$= \frac{\cos\theta(1-\sin\theta)}{1-\sin^2\theta} + \frac{\sin\theta}{\cos\theta}$$
$$= \frac{\cos\theta(1-\sin\theta)}{\cos^2\theta} + \frac{\sin\theta}{\cos\theta}$$
$$= \frac{1-\sin\theta+\sin\theta}{\cos\theta}$$
$$= \frac{1}{\cos\theta}$$

1189 답 1

$$\left(1+\frac{1}{\cos\theta}\right)\left(1-\frac{1}{\sin\theta}\right)\left(1-\frac{1}{\cos\theta}\right)\left(1+\frac{1}{\sin\theta}\right)$$
$$=\left(1+\frac{1}{\cos\theta}\right)\left(1-\frac{1}{\cos\theta}\right)\left(1-\frac{1}{\sin\theta}\right)\left(1+\frac{1}{\sin\theta}\right)$$
$$=\left(1-\frac{1}{\cos^2\theta}\right)\left(1-\frac{1}{\sin^2\theta}\right)$$
$$=\frac{\cos^2\theta-1}{\cos^2\theta} \times \frac{\sin^2\theta-1}{\sin^2\theta}$$
$$=\left(\frac{-\sin^2\theta}{\cos^2\theta}\right) \times \left(\frac{-\cos^2\theta}{\sin^2\theta}\right)$$
$$=1$$

1190 답 ⑤

$$\frac{\tan\theta}{1-\cos\theta} - \frac{\tan\theta}{1+\cos\theta}$$
$$= \frac{\tan\theta(1+\cos\theta) - \tan\theta(1-\cos\theta)}{1-\cos^2\theta}$$
$$= \frac{2\tan\theta\cos\theta}{1-\cos^2\theta} = \frac{2\tan\theta\cos\theta}{\sin^2\theta}$$
$$= 2 \times \frac{\sin\theta}{\cos\theta} \times \cos\theta \times \frac{1}{\sin^2\theta}$$
$$= \frac{2}{\sin\theta}$$

1191 답 ⑤

$$\{(1-\tan\theta)\cos\theta\}^2 + \{(1+\tan\theta)\cos\theta\}^2$$
$$=\left\{\left(1-\frac{\sin\theta}{\cos\theta}\right)\cos\theta\right\}^2 + \left\{\left(1+\frac{\sin\theta}{\cos\theta}\right)\cos\theta\right\}^2$$
$$=(\cos\theta-\sin\theta)^2 + (\cos\theta+\sin\theta)^2$$
$$=\cos^2\theta-2\cos\theta\sin\theta+\sin^2\theta+\cos^2\theta+2\cos\theta\sin\theta+\sin^2\theta$$
$$=2(\sin^2\theta+\cos^2\theta)=2$$

1192 답 ①

$$\frac{1+2\sin\theta\cos\theta}{\cos^2\theta-\sin^2\theta} + \frac{\tan\theta+1}{\tan\theta-1}$$
$$= \frac{\sin^2\theta+2\sin\theta\cos\theta+\cos^2\theta}{\cos^2\theta-\sin^2\theta} + \frac{\frac{\sin\theta}{\cos\theta}+1}{\frac{\sin\theta}{\cos\theta}-1}$$
$$= \frac{(\sin\theta+\cos\theta)^2}{(\cos\theta+\sin\theta)(\cos\theta-\sin\theta)} + \frac{\frac{\sin\theta+\cos\theta}{\cos\theta}}{\frac{\sin\theta-\cos\theta}{\cos\theta}}$$
$$= \frac{\sin\theta+\cos\theta}{\cos\theta-\sin\theta} + \frac{\sin\theta+\cos\theta}{\sin\theta-\cos\theta}$$
$$= \frac{\sin\theta+\cos\theta}{\cos\theta-\sin\theta} - \frac{\sin\theta+\cos\theta}{\cos\theta-\sin\theta}$$
$$= 0$$

1193 답 ③

ㄱ. $\dfrac{1-\sin\theta}{\cos\theta} + \tan\theta = \dfrac{1-\sin\theta}{\cos\theta} + \dfrac{\sin\theta}{\cos\theta} = \dfrac{1}{\cos\theta}$ (참)

ㄴ. $\dfrac{1}{1+\cos\theta} + \dfrac{1}{1-\cos\theta} = \dfrac{1-\cos\theta+1+\cos\theta}{1-\cos^2\theta}$
$$= \frac{2}{\sin^2\theta} \text{ (참)}$$

ㄷ. $\dfrac{\cos^2\theta-\sin^2\theta}{1+2\sin\theta\cos\theta} - \dfrac{1-\tan\theta}{1+\tan\theta}$

$$= \frac{\cos^2\theta-\sin^2\theta}{\sin^2\theta+2\sin\theta\cos\theta+\cos^2\theta} - \frac{1-\frac{\sin\theta}{\cos\theta}}{1+\frac{\sin\theta}{\cos\theta}}$$

$$= \frac{(\cos\theta-\sin\theta)(\cos\theta+\sin\theta)}{(\sin\theta+\cos\theta)^2} - \frac{\frac{\cos\theta-\sin\theta}{\cos\theta}}{\frac{\cos\theta+\sin\theta}{\cos\theta}}$$

$$= \frac{\cos\theta-\sin\theta}{\sin\theta+\cos\theta} - \frac{\cos\theta-\sin\theta}{\cos\theta+\sin\theta} = 0 \text{ (거짓)}$$

따라서 옳은 것은 ㄱ, ㄴ이다.

1194 답 ⑤

$$\sqrt{2-4\sin\theta\cos\theta} + \sqrt{2+4\sin\theta\cos\theta}$$
$$=\sqrt{2(1-2\sin\theta\cos\theta)} + \sqrt{2(1+2\sin\theta\cos\theta)}$$
$$=\sqrt{2(\sin^2\theta-2\sin\theta\cos\theta+\cos^2\theta)}$$
$$\qquad\qquad + \sqrt{2(\sin^2\theta+2\sin\theta\cos\theta+\cos^2\theta)}$$
$$=\sqrt{2(\sin\theta-\cos\theta)^2} + \sqrt{2(\sin\theta+\cos\theta)^2}$$
$$=|\sqrt{2}(\sin\theta-\cos\theta)| + |\sqrt{2}(\sin\theta+\cos\theta)| \quad \begin{smallmatrix}\sin\theta-\cos\theta>0\\ \sin\theta+\cos\theta>0\end{smallmatrix}$$
$$=\sqrt{2}\sin\theta-\sqrt{2}\cos\theta+\sqrt{2}\sin\theta+\sqrt{2}\cos\theta$$
$$\qquad\qquad (\because 0<\cos\theta<\sin\theta)$$
$$=2\sqrt{2}\sin\theta$$

실수 Check

$0<\cos\theta<\sin\theta$이므로 주어진 식을 정리할 때 절댓값 안의 식의 값이 양수가 되도록 $\sqrt{2(\sin\theta\pm\cos\theta)^2}=|\sqrt{2}(\sin\theta\pm\cos\theta)|$ (복부호 동순)로 정리하면 실수를 줄일 수 있다.

Plus 문제

1194-1

$0<\sin\theta<\cos\theta$일 때,
$\sqrt{4-8\sin\theta\cos\theta}-\sqrt{4+8\sin\theta\cos\theta}$를 간단히 하시오.

$$\sqrt{4-8\sin\theta\cos\theta}-\sqrt{4+8\sin\theta\cos\theta}$$
$$=\sqrt{4(1-2\sin\theta\cos\theta)}-\sqrt{4(1+2\sin\theta\cos\theta)}$$
$$=\sqrt{4(\sin^2\theta-2\sin\theta\cos\theta+\cos^2\theta)}$$
$$\qquad\qquad -\sqrt{4(\sin^2\theta+2\sin\theta\cos\theta+\cos^2\theta)}$$
$$=\sqrt{4(\sin\theta-\cos\theta)^2}-\sqrt{4(\sin\theta+\cos\theta)^2}$$
$$=|2(\sin\theta-\cos\theta)|-|2(\sin\theta+\cos\theta)|$$
$$=-2\sin\theta+2\cos\theta-2\sin\theta-2\cos\theta$$
$$\qquad\qquad (\because 0<\sin\theta<\cos\theta)$$
$$=-4\sin\theta$$

답 $-4\sin\theta$

1195 답 1

$$\cfrac{1}{1-\cfrac{1}{1-\cfrac{1}{\sin^2\theta}}}+\cfrac{1}{1-\cfrac{1}{1-\cfrac{1}{\cos^2\theta}}}$$

$$=\cfrac{1}{1-\cfrac{1}{\cfrac{\sin^2\theta-1}{\sin^2\theta}}}+\cfrac{1}{1-\cfrac{1}{\cfrac{\cos^2\theta-1}{\cos^2\theta}}}$$

$$=\cfrac{1}{1-\cfrac{1}{\cfrac{-\cos^2\theta}{\sin^2\theta}}}+\cfrac{1}{1-\cfrac{1}{\cfrac{-\sin^2\theta}{\cos^2\theta}}}$$

$$=\cfrac{1}{1+\cfrac{\sin^2\theta}{\cos^2\theta}}+\cfrac{1}{1+\cfrac{\cos^2\theta}{\sin^2\theta}}$$

$$=\cfrac{1}{\cfrac{\cos^2\theta+\sin^2\theta}{\cos^2\theta}}+\cfrac{1}{\cfrac{\sin^2\theta+\cos^2\theta}{\sin^2\theta}}$$

$$=\cfrac{1}{\cfrac{1}{\cos^2\theta}}+\cfrac{1}{\cfrac{1}{\sin^2\theta}}$$

$$=\cos^2\theta+\sin^2\theta$$

$$=1$$

실수 Check

분모에 분수가 있는 경우의 계산은 가장 아래쪽부터 순서대로 계산하면 실수를 줄일 수 있다.

1196 답 ④ | 유형 16

θ가 제4사분면의 각이고 $\cos\theta=\dfrac{12}{13}$일 때, $13\sin\theta-24\tan\theta$의 값은?

단서1   단서2

① -15 ② -5 ③ 0

④ 5 ⑤ 15

단서1 $\sin\theta<0$
단서2 $\sin^2\theta=1-\cos^2\theta$

STEP 1 $\sin\theta$의 값 구하기

$$\sin^2\theta=1-\cos^2\theta$$
$$=1-\left(\frac{12}{13}\right)^2=\frac{25}{169}$$

θ가 제4사분면의 각이므로 $\sin\theta<0$

$$\therefore \sin\theta=-\frac{5}{13}$$

STEP 2 $\tan\theta$의 값 구하기

$$\tan\theta=\frac{\sin\theta}{\cos\theta}=\frac{-\dfrac{5}{13}}{\dfrac{12}{13}}=-\frac{5}{12}$$

STEP 3 $13\sin\theta-24\tan\theta$의 값 구하기

$$13\sin\theta-24\tan\theta=13\times\left(-\frac{5}{13}\right)-24\times\left(-\frac{5}{12}\right)$$
$$=5$$

1197 답 ④

$$\sin^2\theta=1-\cos^2\theta=1-\left(-\frac{3}{5}\right)^2=\frac{16}{25}$$

이때 θ가 제3사분면의 각이므로 $\sin\theta<0$

$$\therefore \sin\theta=-\frac{4}{5}$$

$$\tan\theta=\frac{\sin\theta}{\cos\theta}=\frac{-\dfrac{4}{5}}{-\dfrac{3}{5}}=\frac{4}{3}\text{이므로}$$

$$5\sin\theta+6\tan\theta=5\times\left(-\frac{4}{5}\right)+6\times\frac{4}{3}$$
$$=4$$

1198 답 ②

$$\cos^2\theta=1-\sin^2\theta=1-\left(-\frac{\sqrt{2}}{2}\right)^2=\frac{1}{2}$$

θ가 제4사분면의 각이므로 $\cos\theta>0$

$$\therefore \cos\theta=\frac{\sqrt{2}}{2}$$

$$\tan\theta=\frac{\sin\theta}{\cos\theta}=\frac{-\dfrac{\sqrt{2}}{2}}{\dfrac{\sqrt{2}}{2}}=-1\text{이므로}$$

$$\sqrt{2}\cos\theta+3\tan\theta=\sqrt{2}\times\frac{\sqrt{2}}{2}+3\times(-1)$$
$$=-2$$

1199 답 -11

$$\cos^2\theta=1-\sin^2\theta=1-\left(-\frac{4}{5}\right)^2=\frac{9}{25}$$

(ⅰ) $\cos\theta>0$일 때

$\cos\theta=\dfrac{3}{5}$이므로

$$\tan\theta=\frac{\sin\theta}{\cos\theta}=\frac{-\dfrac{4}{5}}{\dfrac{3}{5}}=-\frac{4}{3}$$

이때 $\cos\theta+\tan\theta=\dfrac{3}{5}-\dfrac{4}{3}=-\dfrac{11}{15}$이므로 $\cos\theta+\tan\theta>0$을 만족시키지 않는다.

(ⅱ) $\cos\theta<0$일 때

$\cos\theta=-\dfrac{3}{5}$이므로

$$\tan\theta=\frac{\sin\theta}{\cos\theta}=\frac{-\dfrac{4}{5}}{-\dfrac{3}{5}}=\frac{4}{3}$$

이때 $\cos\theta+\tan\theta=-\dfrac{3}{5}+\dfrac{4}{3}=\dfrac{11}{15}$이므로 $\cos\theta+\tan\theta>0$을 만족시킨다.

(ⅰ), (ⅱ)에서 $\cos\theta=-\dfrac{3}{5}$, $\tan\theta=\dfrac{4}{3}$

$$\therefore 5\cos\theta-6\tan\theta=5\times\left(-\frac{3}{5}\right)-6\times\frac{4}{3}$$
$$=-11$$

1200 달 $\dfrac{1}{2}$

$\dfrac{1}{1+\sin\theta}+\dfrac{1}{1-\sin\theta}=\dfrac{1-\sin\theta+1+\sin\theta}{1-\sin^2\theta}$

$\qquad\qquad\qquad\qquad\qquad =\dfrac{2}{\cos^2\theta}$

즉, $\dfrac{2}{\cos^2\theta}=\dfrac{5}{2}$이므로 $\cos^2\theta=\dfrac{4}{5}$

$\therefore \sin^2\theta=1-\cos^2\theta=1-\dfrac{4}{5}=\dfrac{1}{5}$

θ가 제3사분면의 각이므로

$\sin\theta<0,\ \cos\theta<0$

$\therefore \sin\theta=-\dfrac{\sqrt{5}}{5},\ \cos\theta=-\dfrac{2\sqrt{5}}{5}$

$\therefore \tan\theta=\dfrac{\sin\theta}{\cos\theta}=\dfrac{-\dfrac{\sqrt{5}}{5}}{-\dfrac{2\sqrt{5}}{5}}=\dfrac{1}{2}$

1201 달 ③

$\dfrac{1+\sin\theta}{1-\sin\theta}=2+\sqrt{3}$에서 $1+\sin\theta=(2+\sqrt{3})(1-\sin\theta)$

$(3+\sqrt{3})\sin\theta=1+\sqrt{3}$

$\therefore \sin\theta=\dfrac{1+\sqrt{3}}{3+\sqrt{3}}=\dfrac{(1+\sqrt{3})(3-\sqrt{3})}{(3+\sqrt{3})(3-\sqrt{3})}=\dfrac{\sqrt{3}}{3}$

$\cos^2\theta=1-\sin^2\theta=1-\left(\dfrac{\sqrt{3}}{3}\right)^2=\dfrac{2}{3}$

이때 θ가 제2사분면의 각이므로 $\cos\theta<0$

$\therefore \cos\theta=-\dfrac{\sqrt{6}}{3}$

$\therefore \tan\theta=\dfrac{\sin\theta}{\cos\theta}=\dfrac{\dfrac{\sqrt{3}}{3}}{-\dfrac{\sqrt{6}}{3}}=-\dfrac{\sqrt{2}}{2}$

1202 달 ④

$|a|=|b| \Rightarrow a^2=b^2$

$|\sin\theta|=2|\cos\theta|$의 양변을 제곱하면 $\sin^2\theta=4\cos^2\theta$

$\sin^2\theta+\cos^2\theta=1$이므로 $4\cos^2\theta+\cos^2\theta=1$

$5\cos^2\theta=1 \qquad \therefore \cos^2\theta=\dfrac{1}{5}$

$\therefore \sin^2\theta=1-\cos^2\theta=1-\dfrac{1}{5}=\dfrac{4}{5}$

이때 θ가 제2사분면의 각이므로 $\sin\theta>0,\ \cos\theta<0$

$\therefore \sin\theta=\dfrac{2\sqrt{5}}{5},\ \cos\theta=-\dfrac{\sqrt{5}}{5}$

$\tan\theta=\dfrac{\sin\theta}{\cos\theta}=\dfrac{\dfrac{2\sqrt{5}}{5}}{-\dfrac{\sqrt{5}}{5}}=-2$이므로

$\sin\theta\cos\theta-\tan\theta=\dfrac{2\sqrt{5}}{5}\times\left(-\dfrac{\sqrt{5}}{5}\right)-(-2)=\dfrac{8}{5}$

1203 달 $\dfrac{5}{7}$

$\sin^2\theta+\cos^2\theta=1$의 양변을 $\cos^2\theta$로 나누면

$\tan^2\theta+1=\dfrac{1}{\cos^2\theta}$

$\dfrac{1}{\cos^2\theta}=\left(-\dfrac{2}{3}\right)^2+1=\dfrac{13}{9} \qquad \therefore \cos^2\theta=\dfrac{9}{13}$

$\therefore \sin^2\theta=1-\cos^2\theta=1-\dfrac{9}{13}=\dfrac{4}{13}$

이때 θ가 제2사분면의 각이므로

$\sin\theta>0,\ \cos\theta<0$

$\therefore \sin\theta=\dfrac{2\sqrt{13}}{13},\ \cos\theta=-\dfrac{3\sqrt{13}}{13}$

$\therefore \dfrac{\cos^2\theta-\sin^2\theta}{1+\cos\theta\sin\theta}=\dfrac{\dfrac{9}{13}-\dfrac{4}{13}}{1+\left(-\dfrac{3\sqrt{13}}{13}\right)\times\dfrac{2\sqrt{13}}{13}}$

$\qquad\qquad\qquad\qquad =\dfrac{\dfrac{5}{13}}{1-\dfrac{6}{13}}=\dfrac{5}{7}$

> **실수 Check**
>
> θ가 제2사분면의 각인 경우 $\sin\theta>0,\ \cos\theta<0,\ \tan\theta<0$임에 주의한다.

1204 달 ①

$\sin^2\theta=1-\cos^2\theta=1-\left(-\dfrac{2}{3}\right)^2=\dfrac{5}{9}$

θ가 제3사분면의 각이므로 $\sin\theta<0$

$\therefore \sin\theta=-\dfrac{\sqrt{5}}{3}$

1205 달 ①

$\cos^2\theta=1-\sin^2\theta=1-\left(\dfrac{\sqrt{21}}{7}\right)^2=\dfrac{4}{7}$

θ가 제2사분면의 각이므로 $\cos\theta<0$

$\therefore \cos\theta=-\dfrac{2\sqrt{7}}{7}$

$\therefore \tan\theta=\dfrac{\sin\theta}{\cos\theta}=\dfrac{\dfrac{\sqrt{21}}{7}}{-\dfrac{2\sqrt{7}}{7}}=-\dfrac{\sqrt{3}}{2}$

1206 달 ①

$\dfrac{\sin\theta}{1-\sin\theta}-\dfrac{\sin\theta}{1+\sin\theta}=4$에서

$\dfrac{\sin\theta(1+\sin\theta)-\sin\theta(1-\sin\theta)}{(1-\sin\theta)(1+\sin\theta)}=4$

$\dfrac{2\sin^2\theta}{1-\sin^2\theta}=4,\ 2\sin^2\theta=4(1-\sin^2\theta)$

$\therefore \sin^2\theta=\dfrac{2}{3}$

$\therefore \cos^2\theta=1-\sin^2\theta=1-\dfrac{2}{3}=\dfrac{1}{3}$

θ가 제2사분면의 각이므로 $\cos\theta<0$

$\therefore \cos\theta=-\dfrac{\sqrt{3}}{3}$

1207 달 ①

$\tan\theta-\dfrac{6}{\tan\theta}=1$의 양변에 $\tan\theta$를 곱하면

$\tan^2\theta-6=\tan\theta$

$\tan^2\theta - \tan\theta - 6 = 0$

$(\tan\theta + 2)(\tan\theta - 3) = 0$

$\tan\theta = -2$ 또는 $\tan\theta = 3$

이때 θ가 제3사분면의 각이므로

$\sin\theta < 0$, $\cos\theta < 0$, $\tan\theta > 0$ ⸱⸱⸱⸱⸱⸱⸱⸱⸱⸱⸱⸱⸱⸱⸱⸱⸱ ㉠

$\therefore \tan\theta = 3$

$\tan\theta = \dfrac{\sin\theta}{\cos\theta} = 3$에서 $\sin\theta = 3\cos\theta$이고,

$\sin^2\theta + \cos^2\theta = 1$이므로

$9\cos^2\theta + \cos^2\theta = 1$ $\therefore \cos^2\theta = \dfrac{1}{10}$

$\sin^2\theta = 1 - \cos^2\theta = 1 - \dfrac{1}{10} = \dfrac{9}{10}$이므로

$\sin\theta = -\dfrac{3\sqrt{10}}{10}$, $\cos\theta = -\dfrac{\sqrt{10}}{10}$ $(\because$ ㉠$)$

$\therefore \sin\theta + \cos\theta = -\dfrac{3\sqrt{10}}{10} - \dfrac{\sqrt{10}}{10}$

$\qquad\qquad\qquad\quad = -\dfrac{2\sqrt{10}}{5}$

실수 Check

$\pi < \theta < \dfrac{3}{2}\pi$의 범위에서 $\sin\theta < 0$, $\cos\theta < 0$, $\tan\theta > 0$이고

$\tan\theta = \dfrac{\sin\theta}{\cos\theta}$임에 주의한다.

1208 답 $-\dfrac{\sqrt{7}}{4}$ | 유형 17

θ가 제2사분면의 각이고 $\underline{\sin\theta + \cos\theta = -\dfrac{1}{2}}$일 때, $\underline{\sin^2\theta - \cos^2\theta}$
　　　　　　　　　　　　　　　　단서1　　　　　　　단서2

의 값을 구하시오.

단서1 양변을 제곱한 후 $\sin^2\theta + \cos^2\theta = 1$임을 이용

단서2 $\sin^2\theta - \cos^2\theta = (\sin\theta + \cos\theta)(\sin\theta - \cos\theta)$

STEP1 $\sin\theta\cos\theta$의 값 구하기

$\sin\theta + \cos\theta = -\dfrac{1}{2}$의 양변을 제곱하면

$\underbrace{\sin^2\theta}_{} + 2\sin\theta\cos\theta + \underbrace{\cos^2\theta}_{} = \dfrac{1}{4}$

$\qquad\qquad\qquad\qquad\searrow \sin^2\theta + \cos^2\theta = 1$

$1 + 2\sin\theta\cos\theta = \dfrac{1}{4}$

$\therefore \sin\theta\cos\theta = -\dfrac{3}{8}$

STEP2 $\sin\theta - \cos\theta$의 값 구하기

$(\sin\theta - \cos\theta)^2 = \sin^2\theta - 2\sin\theta\cos\theta + \cos^2\theta$

$\qquad\qquad\qquad\quad = 1 - 2 \times \left(-\dfrac{3}{8}\right) = \dfrac{7}{4}$

이때 θ가 제2사분면의 각이므로 $\sin\theta > 0$, $\cos\theta < 0$

따라서 $\sin\theta - \cos\theta > 0$이므로

$\sin\theta - \cos\theta = \dfrac{\sqrt{7}}{2}$

STEP3 $\sin^2\theta - \cos^2\theta$의 값 구하기

$\sin^2\theta - \cos^2\theta = (\sin\theta + \cos\theta)(\sin\theta - \cos\theta)$

$\qquad\qquad\qquad\quad = \left(-\dfrac{1}{2}\right) \times \dfrac{\sqrt{7}}{2} = -\dfrac{\sqrt{7}}{4}$

1209 답 ③

$(\sin\theta + \cos\theta)^2 = \sin^2\theta + 2\sin\theta\cos\theta + \cos^2\theta$

$\qquad\qquad\qquad\quad = 1 + 2\sin\theta\cos\theta$

$\qquad\qquad\qquad\quad = 1 + 2 \times \dfrac{3}{8} = \dfrac{7}{4}$

이때 $0 < \theta < \dfrac{\pi}{2}$이므로 $\sin\theta > 0$, $\cos\theta > 0$

따라서 $\sin\theta + \cos\theta > 0$이므로

$\sin\theta + \cos\theta = \dfrac{\sqrt{7}}{2}$

1210 답 ⑤

$\sin\theta + \cos\theta = \dfrac{1}{3}$의 양변을 제곱하면

$\sin^2\theta + 2\sin\theta\cos\theta + \cos^2\theta = \dfrac{1}{9}$

$1 + 2\sin\theta\cos\theta = \dfrac{1}{9}$ $\therefore \sin\theta\cos\theta = -\dfrac{4}{9}$

$\therefore (1 + \sin^2\theta)(1 + \cos^2\theta)$

$\quad = 1 + (\sin^2\theta + \cos^2\theta) + (\sin\theta\cos\theta)^2$

$\quad = 1 + 1 + \left(-\dfrac{4}{9}\right)^2 = \dfrac{178}{81}$

1211 답 ④

$\sin\theta + \cos\theta = \dfrac{5}{4}$의 양변을 제곱하면

$\sin^2\theta + 2\sin\theta\cos\theta + \cos^2\theta = \dfrac{25}{16}$

$1 + 2\sin\theta\cos\theta = \dfrac{25}{16}$

$\therefore \sin\theta\cos\theta = \dfrac{9}{32}$

$\therefore \dfrac{9}{\sin\theta} + \dfrac{9}{\cos\theta} = \dfrac{9(\sin\theta + \cos\theta)}{\sin\theta\cos\theta}$

$\qquad\qquad\qquad = \dfrac{9 \times \dfrac{5}{4}}{\dfrac{9}{32}} = 40$

1212 답 ③

$\sin\theta - \cos\theta = \dfrac{3}{4}$의 양변을 제곱하면

$\sin^2\theta - 2\sin\theta\cos\theta + \cos^2\theta = \dfrac{9}{16}$

$1 - 2\sin\theta\cos\theta = \dfrac{9}{16}$ $\therefore \sin\theta\cos\theta = \dfrac{7}{32}$

$\therefore \tan\theta + \dfrac{1}{\tan\theta} = \dfrac{\sin\theta}{\cos\theta} + \dfrac{\cos\theta}{\sin\theta}$

$\qquad\qquad\qquad = \dfrac{\sin^2\theta + \cos^2\theta}{\sin\theta\cos\theta}$

$\qquad\qquad\qquad = \dfrac{1}{\dfrac{7}{32}} = \dfrac{32}{7}$

1213 답 $-\dfrac{5\sqrt{3}}{9}$

$(\sin\theta - \cos\theta)^2 = \sin^2\theta - 2\sin\theta\cos\theta + \cos^2\theta$

$\qquad\qquad\qquad\quad = 1 - 2\sin\theta\cos\theta$

$\qquad\qquad\qquad\quad = 1 - 2 \times \left(-\dfrac{1}{6}\right) = \dfrac{4}{3}$

이때 $\dfrac{3}{2}\pi<\theta<2\pi$이므로 $\sin\theta<0$, $\cos\theta>0$

따라서 $\sin\theta-\cos\theta<0$이므로

$$\sin\theta-\cos\theta=-\dfrac{2\sqrt{3}}{3}$$

$$\therefore \sin^3\theta-\cos^3\theta$$
$$=(\sin\theta-\cos\theta)(\sin^2\theta+\sin\theta\cos\theta+\cos^2\theta)$$
$$=\left(-\dfrac{2\sqrt{3}}{3}\right)\times\left(1-\dfrac{1}{6}\right)$$
$$=-\dfrac{5\sqrt{3}}{9}$$

1214 답 ②

$\sin\theta-\cos\theta=\dfrac{1}{2}$의 양변을 제곱하면

$$\sin^2\theta-2\sin\theta\cos\theta+\cos^2\theta=\dfrac{1}{4}$$

$$1-2\sin\theta\cos\theta=\dfrac{1}{4}$$

$$\therefore \sin\theta\cos\theta=\dfrac{3}{8}$$

$$(\sin\theta+\cos\theta)^2=(\sin\theta-\cos\theta)^2+4\sin\theta\cos\theta$$
$$=\left(\dfrac{1}{2}\right)^2+4\times\dfrac{3}{8}=\dfrac{7}{4}$$

θ가 제3사분면의 각이므로 $\sin\theta<0$, $\cos\theta<0$

따라서 $\sin\theta+\cos\theta<0$이므로 $\sin\theta+\cos\theta=-\dfrac{\sqrt{7}}{2}$

$$\therefore \sin^3\theta+\cos^3\theta$$
$$=(\sin\theta+\cos\theta)(\sin^2\theta-\sin\theta\cos\theta+\cos^2\theta)$$
$$=\left(-\dfrac{\sqrt{7}}{2}\right)\times\left(1-\dfrac{3}{8}\right)=-\dfrac{5\sqrt{7}}{16}$$

1215 답 $\dfrac{274}{25}$

$\sin\theta+\cos\theta=-\dfrac{2}{3}$의 양변을 제곱하면

$$\sin^2\theta+2\sin\theta\cos\theta+\cos^2\theta=\dfrac{4}{9}$$

$$1+2\sin\theta\cos\theta=\dfrac{4}{9} \qquad \therefore \sin\theta\cos\theta=-\dfrac{5}{18}$$

$$\therefore \tan^2\theta+\dfrac{1}{\tan^2\theta}=\dfrac{\sin^2\theta}{\cos^2\theta}+\dfrac{\cos^2\theta}{\sin^2\theta}$$
$$=\dfrac{\sin^4\theta+\cos^4\theta}{\sin^2\theta\cos^2\theta}$$
$$=\dfrac{(\sin^2\theta+\cos^2\theta)^2-2\sin^2\theta\cos^2\theta}{\sin^2\theta\cos^2\theta}$$
$$=\dfrac{1}{\sin^2\theta\cos^2\theta}-2$$
$$=\dfrac{1}{\left(-\dfrac{5}{18}\right)^2}-2$$
$$=\dfrac{324}{25}-2=\dfrac{274}{25}$$

1216 답 ③

$$\tan\theta+\dfrac{1}{\tan\theta}=\dfrac{\sin\theta}{\cos\theta}+\dfrac{\cos\theta}{\sin\theta}=\dfrac{\sin^2\theta+\cos^2\theta}{\sin\theta\cos\theta}$$
$$=\dfrac{1}{\sin\theta\cos\theta}=\dfrac{4\sqrt{3}}{3}$$

$$\therefore \sin\theta\cos\theta=\dfrac{3}{4\sqrt{3}}=\dfrac{\sqrt{3}}{4}$$

$$(\sin\theta+\cos\theta)^2=\sin^2\theta+2\sin\theta\cos\theta+\cos^2\theta$$
$$=1+2\sin\theta\cos\theta$$
$$=1+2\times\dfrac{\sqrt{3}}{4}=1+\dfrac{\sqrt{3}}{2}$$

$$(\sin\theta-\cos\theta)^2=\sin^2\theta-2\sin\theta\cos\theta+\cos^2\theta$$
$$=1-2\sin\theta\cos\theta$$
$$=1-2\times\dfrac{\sqrt{3}}{4}=1-\dfrac{\sqrt{3}}{2}$$

$$\therefore (\sin^2\theta-\cos^2\theta)^2=\{(\sin\theta+\cos\theta)(\sin\theta-\cos\theta)\}^2$$
$$=(\sin\theta+\cos\theta)^2(\sin\theta-\cos\theta)^2$$
$$=\left(1+\dfrac{\sqrt{3}}{2}\right)\left(1-\dfrac{\sqrt{3}}{2}\right)=\dfrac{1}{4}$$

Plus 문제

1216-1

$\tan\theta+\dfrac{1}{\tan\theta}=\dfrac{5}{2}$일 때, $|\sin^2\theta-\cos^2\theta|$의 값을 구하시오.

$$\tan\theta+\dfrac{1}{\tan\theta}=\dfrac{\sin\theta}{\cos\theta}+\dfrac{\cos\theta}{\sin\theta}=\dfrac{\sin^2\theta+\cos^2\theta}{\sin\theta\cos\theta}$$
$$=\dfrac{1}{\sin\theta\cos\theta}=\dfrac{5}{2}$$

$$\therefore \sin\theta\cos\theta=\dfrac{2}{5}$$

$$(\sin\theta+\cos\theta)^2=\sin^2\theta+2\sin\theta\cos\theta+\cos^2\theta$$
$$=1+2\sin\theta\cos\theta$$
$$=1+2\times\dfrac{2}{5}=\dfrac{9}{5}$$

$$(\sin\theta-\cos\theta)^2=\sin^2\theta-2\sin\theta\cos\theta+\cos^2\theta$$
$$=1-2\sin\theta\cos\theta$$
$$=1-2\times\dfrac{2}{5}=\dfrac{1}{5}$$

$$\therefore |\sin^2\theta-\cos^2\theta|=\sqrt{(\sin^2\theta-\cos^2\theta)^2}$$
$$=\sqrt{(\sin\theta+\cos\theta)^2(\sin\theta-\cos\theta)^2}$$
$$=\sqrt{\dfrac{9}{5}\times\dfrac{1}{5}}=\sqrt{\dfrac{9}{25}}=\dfrac{3}{5}$$

답 $\dfrac{3}{5}$

1217 답 ⑤

$\overline{OP}=1$이므로 $\sin\theta=y$, $\cos\theta=x$

$\dfrac{y}{x}+\dfrac{x}{y}=-\dfrac{5}{2}$에서

$$\dfrac{\sin\theta}{\cos\theta}+\dfrac{\cos\theta}{\sin\theta}=\dfrac{\sin^2\theta+\cos^2\theta}{\sin\theta\cos\theta}$$
$$=\dfrac{1}{\sin\theta\cos\theta}=-\dfrac{5}{2}$$

$$\therefore \sin\theta\cos\theta=-\dfrac{2}{5}$$

$$(\sin\theta-\cos\theta)^2=\sin^2\theta-2\sin\theta\cos\theta+\cos^2\theta$$
$$=1-2\sin\theta\cos\theta$$
$$=1-2\times\left(-\dfrac{2}{5}\right)=\dfrac{9}{5}$$

이때 $\sin\theta>0$, $\cos\theta<0$이므로 $\sin\theta-\cos\theta>0$

$\therefore \sin\theta-\cos\theta=\dfrac{3\sqrt{5}}{5}$

실수 Check

동경 OP가 존재하는 사분면에 따른 $\sin\theta$, $\cos\theta$, $\tan\theta$의 부호에 주의하여 $\sin\theta-\cos\theta$의 값을 구한다.

1218 답 40

$(\sin\theta+\cos\theta)^2=\sin^2\theta+2\sin\theta\cos\theta+\cos^2\theta$

$\qquad\qquad\qquad\quad=1+2\sin\theta\cos\theta$

$\qquad\qquad\qquad\quad=1+2\times\dfrac{7}{18}=\dfrac{16}{9}$

$0<\theta<\dfrac{\pi}{2}$이므로 $\sin\theta>0$, $\cos\theta>0$

따라서 $\sin\theta+\cos\theta>0$이므로 $\sin\theta+\cos\theta=\dfrac{4}{3}$

$\therefore 30(\sin\theta+\cos\theta)=40$

1219 답 ⑤

$\sin^4\theta+\cos^4\theta=(\sin^2\theta+\cos^2\theta)^2-2\sin^2\theta\cos^2\theta$

$\qquad\qquad\qquad=1-2\sin^2\theta\cos^2\theta=\dfrac{23}{32}$

$\therefore \sin^2\theta\cos^2\theta=\dfrac{9}{64}$

$\dfrac{\pi}{2}<\theta<\pi$이므로 $\sin\theta>0$, $\cos\theta<0$ $\cdots\cdots$ ㉠

따라서 $\sin\theta\cos\theta<0$이므로

$\sin\theta\cos\theta=-\dfrac{3}{8}$

$(\sin\theta-\cos\theta)^2=\sin^2\theta-2\sin\theta\cos\theta+\cos^2\theta$

$\qquad\qquad\qquad=1-2\sin\theta\cos\theta$

$\qquad\qquad\qquad=1-2\times\left(-\dfrac{3}{8}\right)=\dfrac{7}{4}$

㉠에 의하여 $\sin\theta-\cos\theta>0$이므로

$\sin\theta-\cos\theta=\dfrac{\sqrt{7}}{2}$

1220 답 ①

| 유형 18

이차방정식 $2x^2-2x+k=0$의 두 근이 $\sin\theta+\cos\theta$, $\sin\theta-\cos\theta$ 일 때, 상수 k의 값은? **단서1**

① -1 ② $-\dfrac{1}{2}$ ③ $-\dfrac{1}{4}$

④ $\dfrac{1}{4}$ ⑤ $\dfrac{1}{2}$

단서1 (두 근의 합)$=(\sin\theta+\cos\theta)+(\sin\theta-\cos\theta)=2\sin\theta$
(두 근의 곱)$=(\sin\theta+\cos\theta)(\sin\theta-\cos\theta)=\sin^2\theta-\cos^2\theta$

STEP 1 근과 계수의 관계를 이용하여 식 세우기

$2x^2-2x+k=0$의 두 근이 $\sin\theta+\cos\theta$, $\sin\theta-\cos\theta$이므로 이차방정식의 근과 계수의 관계에 의하여

$(\sin\theta+\cos\theta)+(\sin\theta-\cos\theta)=1$ $\cdots\cdots$ ㉠

$(\sin\theta+\cos\theta)(\sin\theta-\cos\theta)=\dfrac{k}{2}$ $\cdots\cdots$ ㉡

STEP 2 $\sin\theta$의 값 구하기

㉠에서 $2\sin\theta=1$ $\qquad \therefore \sin\theta=\dfrac{1}{2}$

STEP 3 k의 값 구하기

㉡의 좌변을 간단히 하면

$(\sin\theta+\cos\theta)(\sin\theta-\cos\theta)=\sin^2\theta-\cos^2\theta$

$\qquad\qquad\qquad\qquad\qquad\quad=\sin^2\theta-(1-\sin^2\theta)$

$\qquad\qquad\qquad\qquad\qquad\quad=2\sin^2\theta-1$

즉, $2\sin^2\theta-1=\dfrac{k}{2}$이므로 $\sin\theta=\dfrac{1}{2}$을 대입하면

$\dfrac{1}{2}-1=\dfrac{k}{2}$

$\therefore k=-1$

개념 Check

이차방정식 $ax^2+bx+c=0$의 두 근을 α, β라 하면

(1) $\alpha+\beta=-\dfrac{b}{a}$

(2) $\alpha\beta=\dfrac{c}{a}$

1221 답 ③

$x^2-2ax-a^2=0$의 두 근이 $\sin\theta$, $\cos\theta$이므로 이차방정식의 근과 계수의 관계에 의하여

$\sin\theta+\cos\theta=2a$ $\cdots\cdots$ ㉠

$\sin\theta\cos\theta=-a^2$ $\cdots\cdots$ ㉡

㉠의 양변을 제곱하면

$\sin^2\theta+2\sin\theta\cos\theta+\cos^2\theta=4a^2$

$1+2\sin\theta\cos\theta=4a^2$ $\cdots\cdots$ ㉢

㉡을 ㉢에 대입하면

$1-2a^2=4a^2$, $a^2=\dfrac{1}{6}$

$\therefore a=\dfrac{\sqrt{6}}{6}$ $(\because a>0)$

1222 답 $-\dfrac{3}{2}$

$4x^2+2x+k=0$의 두 근이 $\sin\theta$, $\cos\theta$이므로 이차방정식의 근과 계수의 관계에 의하여

$\sin\theta+\cos\theta=-\dfrac{1}{2}$ $\cdots\cdots$ ㉠

$\sin\theta\cos\theta=\dfrac{k}{4}$ $\cdots\cdots$ ㉡

㉠의 양변을 제곱하면

$\sin^2\theta+2\sin\theta\cos\theta+\cos^2\theta=\dfrac{1}{4}$

$1+2\sin\theta\cos\theta=\dfrac{1}{4}$ $\cdots\cdots$ ㉢

㉡을 ㉢에 대입하면

$1+2\times\dfrac{k}{4}=\dfrac{1}{4}$

$\dfrac{k}{2}=-\dfrac{3}{4}$

$\therefore k=-\dfrac{3}{2}$

1223 답 ③

$x^2-2ax+a^2-\dfrac{1}{2}=0$의 두 근이 $\sin\theta$, $\cos\theta$이므로 이차방정식의 근과 계수의 관계에 의하여

$\sin\theta+\cos\theta=2a$ ·········· ㉠

$\sin\theta\cos\theta=a^2-\dfrac{1}{2}$ ·········· ㉡

㉠의 양변을 제곱하면

$\sin^2\theta+2\sin\theta\cos\theta+\cos^2\theta=4a^2$

$1+2\sin\theta\cos\theta=4a^2$ ·········· ㉢

㉡을 ㉢에 대입하면

$1+2\left(a^2-\dfrac{1}{2}\right)=4a^2$ $\therefore a=0$

따라서 이차방정식은 $x^2-\dfrac{1}{2}=0$이므로

$x=\dfrac{\sqrt{2}}{2}$ 또는 $x=-\dfrac{\sqrt{2}}{2}$ ┗→ $x^2=\dfrac{1}{2}$, $x=\pm\sqrt{\dfrac{1}{2}}=\pm\dfrac{\sqrt{2}}{2}$

즉, $\sin\theta=\dfrac{\sqrt{2}}{2}$, $\cos\theta=-\dfrac{\sqrt{2}}{2}$

또는 $\sin\theta=-\dfrac{\sqrt{2}}{2}$, $\cos\theta=\dfrac{\sqrt{2}}{2}$이므로

$\tan\theta=\dfrac{\sin\theta}{\cos\theta}=-1$

$\therefore a+\tan\theta=0+(-1)=-1$

1224 답 $-\dfrac{\sqrt{3}}{2}$

$2x^2-(2k+1)x+k=0$의 두 근이 $\sin\theta$, $\cos\theta$이므로 이차방정식의 근과 계수의 관계에 의하여

$\sin\theta+\cos\theta=\dfrac{2k+1}{2}=k+\dfrac{1}{2}$ ·········· ㉠

$\sin\theta\cos\theta=\dfrac{k}{2}$ ·········· ㉡

$\tan\theta<0$에서 $\sin\theta$와 $\cos\theta$의 부호는 서로 다르므로

$\sin\theta\cos\theta<0$ $\therefore k<0$

㉠의 양변을 제곱하면

$\sin^2\theta+2\sin\theta\cos\theta+\cos^2\theta=\left(k+\dfrac{1}{2}\right)^2$

$1+2\sin\theta\cos\theta=k^2+k+\dfrac{1}{4}$ ·········· ㉢

㉡을 ㉢에 대입하면

$1+k=k^2+k+\dfrac{1}{4}$ $\therefore k^2=\dfrac{3}{4}$

$\therefore k=-\dfrac{\sqrt{3}}{2}$ $(\because k<0)$

1225 답 ③

$x^2-4x+2=0$의 두 근이 $\tan\alpha$, $\tan\beta$이므로 이차방정식의 근과 계수의 관계에 의하여

$\tan\alpha+\tan\beta=4$, $\tan\alpha\tan\beta=2$ ·········· ㉠

$x^2-px+q=0$의 두 근이 $\dfrac{1}{\tan\alpha}$, $\dfrac{1}{\tan\beta}$이므로 이차방정식의 근과 계수의 관계에 의하여

$\dfrac{1}{\tan\alpha}+\dfrac{1}{\tan\beta}=p$, $\dfrac{1}{\tan\alpha}\times\dfrac{1}{\tan\beta}=q$

㉠에 의하여

$p=\dfrac{\tan\alpha+\tan\beta}{\tan\alpha\tan\beta}=\dfrac{4}{2}=2$

$q=\dfrac{1}{\tan\alpha\tan\beta}=\dfrac{1}{2}$

$\therefore pq=1$

1226 답 $\sqrt{2}$

$3x^2-kx+\dfrac{k}{4}=0$의 두 근이 $\sin^2\theta$, $\cos^2\theta$이므로 이차방정식의 근과 계수의 관계에 의하여

$\sin^2\theta+\cos^2\theta=\dfrac{k}{3}$ ·········· ㉠

$\sin^2\theta\cos^2\theta=\dfrac{k}{12}$ ·········· ㉡

㉠에서 $\sin^2\theta+\cos^2\theta=1$이므로

$\dfrac{k}{3}=1$ $\therefore k=3$

$k=3$을 ㉡에 대입하면

$\sin^2\theta\cos^2\theta=\dfrac{1}{4}$

이때 $0<\theta<\dfrac{\pi}{2}$에서 $\sin\theta>0$, $\cos\theta>0$이므로 $\sin\theta\cos\theta>0$

$\therefore \sin\theta\cos\theta=\dfrac{1}{2}$

$(\sin\theta+\cos\theta)^2=\sin^2\theta+2\sin\theta\cos\theta+\cos^2\theta$

$=1+2\sin\theta\cos\theta$

$=1+2\times\dfrac{1}{2}=2$

$\therefore \sin\theta+\cos\theta=\sqrt{2}$ $(\because \sin\theta+\cos\theta>0)$

1227 답 $3x^2+8x+3=0$

$12x^2-6x+k=0$의 두 근이 $\sin\theta$, $\cos\theta$이므로 이차방정식의 근과 계수의 관계에 의하여

$\sin\theta+\cos\theta=\dfrac{1}{2}$

이 식의 양변을 제곱하면

$\sin^2\theta+2\sin\theta\cos\theta+\cos^2\theta=\dfrac{1}{4}$

$1+2\sin\theta\cos\theta=\dfrac{1}{4}$ $\therefore \sin\theta\cos\theta=-\dfrac{3}{8}$

$\tan\theta+\dfrac{1}{\tan\theta}=\dfrac{\sin\theta}{\cos\theta}+\dfrac{\cos\theta}{\sin\theta}=\dfrac{\sin^2\theta+\cos^2\theta}{\sin\theta\cos\theta}$

$=\dfrac{1}{\sin\theta\cos\theta}=-\dfrac{8}{3}$

$\tan\theta\times\dfrac{1}{\tan\theta}=1$

이므로 $\tan\theta$와 $\dfrac{1}{\tan\theta}$을 두 근으로 하고 x^2의 계수가 3인 이차방정식은

$3\left\{x^2-\left(-\dfrac{8}{3}\right)x+1\right\}=0$

$\therefore 3x^2+8x+3=0$

개념 Check

x^2의 계수가 a이고 두 근이 α, β인 이차방정식은
$a\{x^2-(\alpha+\beta)x+\alpha\beta\}=0$

1228 답 ①

$3x^2-x+k=0$의 두 근이 $\sin\theta$, $\cos\theta$이므로 이차방정식의 근과 계수의 관계에 의하여

$\sin\theta+\cos\theta=\dfrac{1}{3}$ ㅡㅡㅡㅡㅡㅡㅡㅡㅡㅡㅡㅡ ㉠

$\sin\theta\cos\theta=\dfrac{k}{3}$ ㅡㅡㅡㅡㅡㅡㅡㅡㅡㅡㅡㅡ ㉡

㉠의 양변을 제곱하면

$\sin^2\theta+2\sin\theta\cos\theta+\cos^2\theta=\dfrac{1}{9}$

$1+2\sin\theta\cos\theta=\dfrac{1}{9}$

$\therefore \sin\theta\cos\theta=-\dfrac{4}{9}$

이것을 ㉡에 대입하면 $\dfrac{k}{3}=-\dfrac{4}{9}$ $\therefore k=-\dfrac{4}{3}$

$\tan\theta+\dfrac{1}{\tan\theta}=\dfrac{\sin\theta}{\cos\theta}+\dfrac{\cos\theta}{\sin\theta}=\dfrac{\sin^2\theta+\cos^2\theta}{\sin\theta\cos\theta}$

$=\dfrac{1}{\sin\theta\cos\theta}$

$=-\dfrac{9}{4}$

$\tan\theta\times\dfrac{1}{\tan\theta}=1$

이므로 $\tan\theta$, $\dfrac{1}{\tan\theta}$을 두 근으로 하고 x^2의 계수가 4인 이차방정식은

$4\left\{x^2-\left(-\dfrac{9}{4}\right)x+1\right\}=0$

$\therefore 4x^2+9x+4=0$

따라서 $a=9$, $b=4$이므로

$kab=\left(-\dfrac{4}{3}\right)\times9\times4=-48$

실수 Check

x^2의 계수가 a이고 α, β를 두 근으로 하는 이차방정식을 $a\{x^2+(\alpha+\beta)x+\alpha\beta\}=0$과 같이 x의 계수의 부호를 잘못 놓지 않도록 주의한다.

1229 답 ③

$5x^2-\sqrt{5}x-k=0$의 두 근이 $\sin\theta$, $\cos\theta$이므로 이차방정식의 근과 계수의 관계에 의하여

$\sin\theta+\cos\theta=\dfrac{\sqrt{5}}{5}$ ㅡㅡㅡㅡㅡㅡㅡㅡㅡㅡ ㉠

$\sin\theta\cos\theta=-\dfrac{k}{5}$ ㅡㅡㅡㅡㅡㅡㅡㅡㅡㅡ ㉡

㉠의 양변을 제곱하면

$\sin^2\theta+2\sin\theta\cos\theta+\cos^2\theta=\dfrac{1}{5}$

$1+2\sin\theta\cos\theta=\dfrac{1}{5}$ ㅡㅡㅡㅡㅡㅡㅡㅡㅡ ㉢

㉡을 ㉢에 대입하면

$1+2\times\left(-\dfrac{k}{5}\right)=\dfrac{1}{5}$ $\therefore k=2$

$5x^2-3\sqrt{5}x+k=0$의 두 근이 $\sin\theta$, $-\cos\theta$이므로 이차방정식의 근과 계수의 관계에 의하여

$\sin\theta-\cos\theta=\dfrac{3\sqrt{5}}{5}$ ㅡㅡㅡㅡㅡㅡㅡㅡㅡㅡ ㉣
→ $\sin\theta+(-\cos\theta)=\sin\theta-\cos\theta$

㉠+㉣을 하면

$2\sin\theta=\dfrac{4\sqrt{5}}{5}$ $\therefore \sin\theta=\dfrac{2\sqrt{5}}{5}$

이것을 ㉠에 대입하면

$\dfrac{2\sqrt{5}}{5}+\cos\theta=\dfrac{\sqrt{5}}{5}$ $\therefore \cos\theta=-\dfrac{\sqrt{5}}{5}$

$\therefore k(2\sin\theta-\cos\theta)=2\times\left\{2\times\dfrac{2\sqrt{5}}{5}-\left(-\dfrac{\sqrt{5}}{5}\right)\right\}=2\sqrt{5}$

실수 Check

$\sin\theta+\cos\theta$의 값이 주어지면 양변을 제곱하여 $\sin\theta\cos\theta$의 값을 구할 수 있음을 기억하자. $\sin\theta+\cos\theta=k$일 때 양변을 제곱하면 $1+2\sin\theta\cos\theta=k^2$임에 주의한다.

서술형 유형 익히기   251쪽~254쪽

1230 답 (1) 2 (2) 2 (3) $\dfrac{5}{3}$ (4) $\dfrac{6}{5}\pi$ (5) 1 (6) $\dfrac{7}{6}$ (7) $\dfrac{3}{5}\pi$

(8) $\dfrac{9}{5}\pi$ (9) $\dfrac{18}{5}\pi$

STEP 1 두 동경이 일치할 때, θ의 값 구하기 [3점]

각 $\dfrac{1}{3}\theta$를 나타내는 동경과 각 2θ를 나타내는 동경이 일직선 위에 있는 경우는 다음 두 가지이다.

(i) 두 동경이 일치할 때

$2\theta-\dfrac{1}{3}\theta=\boxed{2}n\pi$ (n은 정수)

$\dfrac{5}{3}\theta=\boxed{2}n\pi$ $\therefore \theta=\dfrac{6}{5}n\pi$ ㅡㅡㅡㅡㅡㅡ ㉠

$0<\theta<2\pi$에서 $0<\dfrac{6}{5}n\pi<2\pi$이므로 $0<n<\boxed{\dfrac{5}{3}}$

n은 정수이므로 $n=1$

$n=1$을 ㉠에 대입하면 $\theta=\boxed{\dfrac{6}{5}\pi}$

STEP 2 두 동경이 일직선 위에 있고 방향이 반대일 때, θ의 값 구하기 [4점]

(ii) 두 동경이 일직선 위에 있고 방향이 반대일 때

$2\theta-\dfrac{1}{3}\theta=(2n+\boxed{1})\pi$ (n은 정수)

$\dfrac{5}{3}\theta=(2n+1)\pi$ $\therefore \theta=\dfrac{3(2n+1)\pi}{5}$ ㅡㅡㅡㅡ ㉡

$0<\theta<2\pi$에서 $0<\dfrac{3(2n+1)\pi}{5}<2\pi$이므로

$-\dfrac{1}{2}<n<\boxed{\dfrac{7}{6}}$

n은 정수이므로 $n=0$, 1

이것을 ㉡에 대입하면

$n=0$일 때 $\theta=\boxed{\dfrac{3}{5}\pi}$

$n=1$일 때 $\theta=\boxed{\dfrac{9}{5}\pi}$

STEP3 모든 θ의 값의 합 구하기 [1점]

(i), (ii)에서 모든 θ의 값의 합은 $\boxed{\dfrac{18}{5}\pi}$

실제 답안 예시

$0<\theta<2\pi$

(i) 동일할 때

$-\dfrac{1}{3}\theta+2\theta=2n\pi$ (n은 정수)

$\dfrac{5}{3}\theta=2n\pi$

$\dfrac{5}{6}\theta=n\pi$

$\theta=\dfrac{6}{5}n\pi$

$0<\dfrac{6}{5}n\pi<2\pi,\ 0<n<\dfrac{5}{3}$

$n=1$

(ii) 일직선이고 방향이 반대일 때

$2\theta-\dfrac{1}{3}\theta=2n\pi+\pi$

$\dfrac{5}{3}\theta=(2n+1)\pi$

$\theta=\dfrac{3}{5}\times2n\pi+\dfrac{3}{5}\pi$

$0<\dfrac{3}{5}\pi+\dfrac{6}{5}n\pi<2\pi$

$-\dfrac{3}{5}\pi<\dfrac{6}{5}n\pi<\dfrac{7}{5}\pi,\ -\dfrac{1}{2}<n<\dfrac{7}{6}$

$n=0,\ 1$

모든 θ의 값의 합은

$\dfrac{6}{5}\pi+\dfrac{3}{5}\pi+\dfrac{9}{5}\pi=\dfrac{18}{5}\pi$

1231 답 $\dfrac{\sqrt{3}}{2}$

STEP1 θ를 n에 대한 식으로 나타내기 [2점]

각 θ를 나타내는 동경과 각 6θ를 나타내는 동경이 원점에 대하여 대칭이므로

$6\theta-\theta=(2n+1)\pi$ (n은 정수)

$5\theta=(2n+1)\pi$ $\therefore \theta=\dfrac{2n+1}{5}\pi$ ·········· ㉠

STEP2 θ의 값 구하기 [3점]

$0<\theta<\dfrac{\pi}{2}$에서 $0<\dfrac{2n+1}{5}\pi<\dfrac{\pi}{2}$이므로

$-\dfrac{1}{2}<n<\dfrac{3}{4}$

n은 정수이므로 $n=0$ ······ ⓐ

$n=0$을 ㉠에 대입하면 $\theta=\dfrac{\pi}{5}$

STEP3 $\sin\left(\theta+\dfrac{2}{15}\pi\right)$의 값 구하기 [1점]

$\sin\left(\theta+\dfrac{2}{15}\pi\right)=\sin\left(\dfrac{\pi}{5}+\dfrac{2}{15}\pi\right)$

$=\sin\dfrac{\pi}{3}=\dfrac{\sqrt{3}}{2}$

부분점수표	
ⓐ n의 값을 구한 경우	1점

1232 답 $\dfrac{\sqrt{3}}{2}$

STEP1 θ를 n에 대한 식으로 나타내기 [2점]

각 2θ를 나타내는 동경과 각 4θ를 나타내는 동경이 x축에 대하여 대칭이므로

$2\theta+4\theta=2n\pi$ (n은 정수)

$6\theta=2n\pi$ $\therefore \theta=\dfrac{n}{3}\pi$ ·········· ㉠

STEP2 θ의 값 구하기 [3점]

$\dfrac{\pi}{2}<\theta<\pi$에서 $\dfrac{\pi}{2}<\dfrac{n}{3}\pi<\pi$이므로

$\dfrac{3}{2}<n<3$

n은 정수이므로 $n=2$ ······ ⓐ

$n=2$를 ㉠에 대입하면 $\theta=\dfrac{2}{3}\pi$

STEP3 $\tan\dfrac{\theta}{2}-\sin\dfrac{\theta}{2}$의 값 구하기 [2점]

$\tan\dfrac{\theta}{2}-\sin\dfrac{\theta}{2}=\tan\dfrac{\pi}{3}-\sin\dfrac{\pi}{3}$

$=\sqrt{3}-\dfrac{\sqrt{3}}{2}=\dfrac{\sqrt{3}}{2}$

부분점수표	
ⓐ n의 값을 구한 경우	1점

1233 답 -1

STEP1 θ를 n에 대한 식으로 나타내기 [2점]

각 2θ를 나타내는 동경과 각 4θ를 나타내는 동경이 y축에 대하여 대칭이므로

$2\theta+4\theta=(2n+1)\pi$ (n은 정수)

$6\theta=(2n+1)\pi$

$\therefore \theta=\dfrac{2n+1}{6}\pi$ ·········· ㉠

STEP2 θ의 값 구하기 [3점]

$\dfrac{\pi}{2}<\theta<\pi$에서 $\dfrac{\pi}{2}<\dfrac{2n+1}{6}\pi<\pi$이므로

$1<n<\dfrac{5}{2}$

n은 정수이므로 $n=2$ ······ ⓐ

$n=2$를 ㉠에 대입하면 $\theta=\dfrac{5}{6}\pi$

STEP3 $\sin(\pi-\theta)-\sqrt{3}\cos(\pi-\theta)$의 값 구하기 [2점]

$\sin(\pi-\theta)-\sqrt{3}\cos(\pi-\theta)$

$=\sin\left(\pi-\dfrac{5}{6}\pi\right)-\sqrt{3}\cos\left(\pi-\dfrac{5}{6}\pi\right)$

$=\sin\dfrac{\pi}{6}-\sqrt{3}\cos\dfrac{\pi}{6}$

$=\dfrac{1}{2}-\sqrt{3}\times\dfrac{\sqrt{3}}{2}=-1$

부분점수표	
ⓐ n의 값을 구한 경우	1점

1234 답 (1) $\dfrac{\pi}{4}$ (2) $\dfrac{\pi}{8}$ (3) a (4) $\sqrt{2}$ (5) $\sqrt{2}$ (6) 3 (7) $8\sqrt{2}$

STEP 1 부채꼴 AOB의 반지름의 길이를 r라 할 때, S_1을 r에 대한 식으로 나타내기 [2점]

부채꼴 AOB의 반지름의 길이를 r라 하면

$$S_1=\frac{1}{2}\times r^2\times \boxed{\dfrac{\pi}{4}}=\boxed{\dfrac{\pi}{8}}\,r^2$$

STEP 2 반원의 중심을 C, 반지름의 길이를 a라 할 때, $\overline{OC}$의 길이를 a에 대한 식으로 나타내기 [2점]

그림과 같이 $\overline{PB}$를 지름으로 하는 반원의 중심을 C라 하고, $\overline{OA}$와 반원의 접점을 D라 하자.

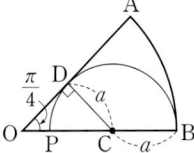

반원의 반지름의 길이를 a라 하면 $\overline{OA}\perp\overline{CD}$이므로

직각삼각형 OCD에서

$$\overline{OC}=\frac{\boxed{a}}{\sin\dfrac{\pi}{4}}=\frac{a}{\dfrac{\sqrt{2}}{2}}=\boxed{\sqrt{2}}\,a$$

STEP 3 S_2를 r에 대한 식으로 나타내기 [2점]

$\sqrt{2}a+a=r$이므로

$$a=\frac{r}{\sqrt{2}+1}=(\boxed{\sqrt{2}}-1)r$$

$$\therefore S_2=\frac{1}{2}\times\pi\times\{(\sqrt{2}-1)r\}^2$$

$$=\frac{\boxed{3}-2\sqrt{2}}{2}\pi r^2$$

STEP 4 $\dfrac{S_2}{S_1}$의 값 구하기 [1점]

$$\frac{S_2}{S_1}=\frac{\dfrac{3-2\sqrt{2}}{2}\pi r^2}{\dfrac{1}{8}\pi r^2}$$

$$=12-\boxed{8\sqrt{2}}$$

실제 답안 예시

반원의 중심을 H라 할 때 점 H에서 $\overline{OA}$에 그은 수선의 발을 G라 하자.

$\overline{BH}=\overline{GH}=\overline{PH}=\overline{GO}=x$라 하면

$\overline{OH}=\sqrt{2}x$

$\overline{OB}=\overline{OH}+\overline{BH}$

$\quad=\sqrt{2}x+x=(\sqrt{2}+1)x$

(부채꼴 OAB의 넓이)$=\dfrac{1}{2}\times\{(\sqrt{2}+1)x\}^2\times\dfrac{\pi}{4}$

$\qquad=\dfrac{\pi}{8}(3+2\sqrt{2})x^2=S_1$

(반원의 넓이)$=\dfrac{\pi}{2}x^2=S_2$

$\dfrac{S_2}{S_1}=\dfrac{\dfrac{\pi}{2}x^2}{\dfrac{\pi}{8}(3+2\sqrt{2})x^2}=\dfrac{\dfrac{1}{2}}{\dfrac{3+2\sqrt{2}}{8}}$

$\quad=\dfrac{4}{3+2\sqrt{2}}$

$\quad=\dfrac{4(3-2\sqrt{2})}{(3+2\sqrt{2})(3-2\sqrt{2})}$

$\quad=12-8\sqrt{2}$

1235 답 $\dfrac{2}{3}$

STEP 1 부채꼴 AOB의 반지름의 길이를 r라 할 때, S_1을 r에 대한 식으로 나타내기 [2점]

부채꼴 AOB의 반지름의 길이를 r라 하면

$$S_1=\frac{1}{2}\times r^2\times\frac{\pi}{6}=\frac{\pi r^2}{12}$$

STEP 2 반원의 중심을 C, 반지름의 길이를 a라 할 때, $\overline{OC}$의 길이를 a에 대한 식으로 나타내기 [2점]

그림과 같이 $\overline{PB}$를 지름으로 하는 반원의 중심을 C라 하고, $\overline{OA}$와 반원의 접점을 D라 하자.

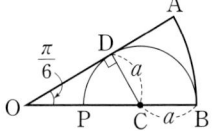

반원의 반지름의 길이를 a라 하면 $\overline{OA}\perp\overline{CD}$이므로 직각삼각형 OCD에서

$$\overline{OC}=\frac{a}{\sin\dfrac{\pi}{6}}=\frac{a}{\dfrac{1}{2}}=2a$$

STEP 3 S_2를 r에 대한 식으로 나타내기 [2점]

$2a+a=r$이므로 $a=\dfrac{r}{3}$

$$\therefore S_2=\frac{1}{2}\times\pi\times\left(\frac{r}{3}\right)^2=\frac{\pi r^2}{18}$$

STEP 4 $\dfrac{S_2}{S_1}$의 값 구하기 [1점]

$$\frac{S_2}{S_1}=\frac{\dfrac{\pi r^2}{18}}{\dfrac{\pi r^2}{12}}=\frac{2}{3}$$

1236 답 $2\pi-4$

STEP 1 부채꼴 AOB의 반지름의 길이 구하기 [2점]

부채꼴 AOB의 반지름의 길이를 r라 하면

$\overset{\frown}{AB}=\pi$에서 $r\times\dfrac{\pi}{4}=\pi$ $\therefore r=4$

STEP 2 부채꼴 AOB의 넓이 구하기 [2점]

부채꼴 AOB의 넓이는

$$\frac{1}{2}\times 4^2\times\frac{\pi}{4}=2\pi$$

STEP 3 삼각형 AOH의 넓이 구하기 [3점]

직각삼각형 AOH에서

$$\overline{OH}=4\cos\frac{\pi}{4}=4\times\frac{\sqrt{2}}{2}=2\sqrt{2}\quad\cdots\cdots\ \text{ⓐ}$$

$$\overline{AH}=4\sin\frac{\pi}{4}=4\times\frac{\sqrt{2}}{2}=2\sqrt{2}\quad\cdots\cdots\ \text{ⓐ}$$

따라서 삼각형 AOH의 넓이는

$$\frac{1}{2}\times 2\sqrt{2}\times 2\sqrt{2}=4$$

STEP 4 색칠한 부분의 넓이 구하기 [1점]

(색칠한 부분의 넓이)
$=$(부채꼴 AOB의 넓이)$-$(삼각형 AOH의 넓이)
$=2\pi-4$

부분점수표	
ⓐ $\overline{OH}$ 또는 $\overline{AH}$의 길이 중 하나만 구한 경우	1점

1237 답 6

STEP1 호의 길이를 이용하여 두 부채꼴의 반지름의 길이 사이의 관계식 구하기 [2점]

그림과 같이 두 부채꼴 AOB, COD의 반지름의 길이를 각각 r, r'이라 하고, 중심각의 크기를 θ라 하면

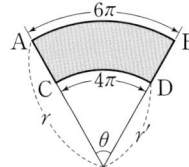

$\widehat{AB}=6\pi$에서 $r\theta=6\pi$ ········ ㉠

$\widehat{CD}=4\pi$에서 $r'\theta=4\pi$ ········ ㉡ ····· ⓐ

㉠÷㉡을 하면 $\dfrac{r}{r'}=\dfrac{3}{2}$

$\therefore r=\dfrac{3}{2}r'$ ···················· ㉢

STEP2 색칠한 부분의 넓이를 이용하여 두 부채꼴의 반지름의 길이 사이의 관계식 구하기 [3점]

색칠한 부분의 넓이가 30π이므로

$\dfrac{1}{2}\times r\times 6\pi-\dfrac{1}{2}\times r'\times 4\pi=30\pi$

$\therefore 3r-2r'=30$ ···················· ㉣

STEP3 두 부채꼴의 반지름의 길이 구하기 [2점]

㉢을 ㉣에 대입하면 $\dfrac{5}{2}r'=30$ $\therefore r'=12$

$r'=12$를 ㉢에 대입하면 $r=18$

STEP4 $\overline{AC}$의 길이 구하기 [1점]

$\overline{AC}$의 길이는 $18-12=6$

부분점수표	
ⓐ 두 부채꼴의 호의 길이를 이용하여 반지름의 길이와 중심각의 크기에 대한 식을 세운 경우	1점

1238 답 (1) $\dfrac{\sqrt{3}}{3}$ (2) $\dfrac{1}{3}$ (3) $\dfrac{1}{3}$ (4) $-\dfrac{1}{3}$ (5) -1 (6) $-\dfrac{1}{3}$
(7) $\dfrac{5}{3}$ (8) $\dfrac{\sqrt{15}}{3}$

STEP1 $\sin\theta+\cos\theta$, $\sin\theta\cos\theta$의 값 구하기 [2점]

$3x^2-\sqrt{3}x+a=0$의 두 근이 $\sin\theta$, $\cos\theta$이므로 이차방정식의 근과 계수의 관계에 의하여

$\sin\theta+\cos\theta=\boxed{\dfrac{\sqrt{3}}{3}}$ ···················· ㉠

$\sin\theta\cos\theta=\dfrac{a}{3}$ ···················· ㉡

STEP2 a의 값 구하기 [2점]

㉠의 양변을 제곱하면

$\sin^2\theta+2\sin\theta\cos\theta+\cos^2\theta=\boxed{\dfrac{1}{3}}$

$1+2\sin\theta\cos\theta=\boxed{\dfrac{1}{3}}$

$\therefore \sin\theta\cos\theta=\boxed{-\dfrac{1}{3}}$

㉡에서 $\dfrac{a}{3}=-\dfrac{1}{3}$이므로

$a=\boxed{-1}$

STEP3 $\sin\theta-\cos\theta$의 값 구하기 [3점]

$(\sin\theta-\cos\theta)^2=\sin^2\theta-2\sin\theta\cos\theta+\cos^2\theta$

$\qquad\qquad\qquad =1-2\sin\theta\cos\theta$

$\qquad\qquad\qquad =1-2\times\left(\boxed{-\dfrac{1}{3}}\right)=\boxed{\dfrac{5}{3}}$

이때 $\sin\theta>\cos\theta$에서 $\sin\theta-\cos\theta>0$이므로

$\sin\theta-\cos\theta=\boxed{\dfrac{\sqrt{15}}{3}}$

실제 답안 예시

$\sin\theta+\cos\theta=\dfrac{\sqrt{3}}{3}$

$\sin\theta\cos\theta=\dfrac{a}{3}$

$\sin^2\theta+2\sin\theta\cos\theta+\cos^2\theta=(\sin\theta+\cos\theta)^2$

$1+\dfrac{2a}{3}=\dfrac{1}{3}$

$\therefore a=-1$

$(\sin\theta-\cos\theta)^2=(\sin\theta+\cos\theta)^2-4\sin\theta\cos\theta$

$\qquad\qquad =\dfrac{1}{3}-4\times\dfrac{a}{3}$

$\qquad\qquad =\dfrac{1}{3}+\dfrac{4}{3}=\dfrac{5}{3}$

$\sin\theta-\cos\theta=\sqrt{\dfrac{5}{3}}$ $(\because \sin\theta>\cos\theta)$

$\qquad\qquad =\dfrac{\sqrt{15}}{3}$

1239 답 $a=1$, $\sin^3\theta+\cos^3\theta=-\dfrac{\sqrt{2}}{2}$

STEP1 $\sin\theta+\cos\theta$, $\sin\theta\cos\theta$의 값 구하기 [2점]

$2x^2+2\sqrt{2}x+a=0$의 두 근이 $\sin\theta$, $\cos\theta$이므로 이차방정식의 근과 계수의 관계에 의하여

$\sin\theta+\cos\theta=-\sqrt{2}$ ···················· ㉠ ····· ⓐ

$\sin\theta\cos\theta=\dfrac{a}{2}$ ···················· ㉡

STEP2 a의 값 구하기 [2점]

㉠의 양변을 제곱하면

$\sin^2\theta+2\sin\theta\cos\theta+\cos^2\theta=2$

$1+2\sin\theta\cos\theta=2$

$\therefore \sin\theta\cos\theta=\dfrac{1}{2}$ ····· ⓑ

㉡에서 $\dfrac{a}{2}=\dfrac{1}{2}$이므로

$a=1$

STEP3 $\sin^3\theta+\cos^3\theta$의 값 구하기 [3점]

$\sin^3\theta+\cos^3\theta$

$=(\sin\theta+\cos\theta)(\sin^2\theta-\sin\theta\cos\theta+\cos^2\theta)$

$=-\sqrt{2}\left(1-\dfrac{1}{2}\right)=-\dfrac{\sqrt{2}}{2}$

부분점수표	
ⓐ $\sin\theta+\cos\theta$의 값을 구한 경우	1점
ⓑ $\sin\theta\cos\theta$의 값을 구한 경우	1점

1240 답 -18

STEP 1 $\sin\theta+\cos\theta$, $\sin\theta\cos\theta$의 값 구하기 [2점]

$2x^2-x+a=0$의 두 근이 $\sin\theta$, $\cos\theta$이므로 이차방정식의 근과 계수의 관계에 의하여

$\sin\theta+\cos\theta=\dfrac{1}{2}$ ·················· ㉠ ······ ⓐ

$\sin\theta\cos\theta=\dfrac{a}{2}$ ·················· ㉡

STEP 2 a의 값 구하기 [2점]

㉠의 양변을 제곱하면

$\sin^2\theta+2\sin\theta\cos\theta+\cos^2\theta=\dfrac{1}{4}$

$1+2\sin\theta\cos\theta=\dfrac{1}{4}$

$\therefore\ \sin\theta\cos\theta=-\dfrac{3}{8}$ ······ ⓑ

㉡에서 $\dfrac{a}{2}=-\dfrac{3}{8}$이므로

$a=-\dfrac{3}{4}$

STEP 3 $bx^2+cx+3=0$의 두 근의 합과 곱을 이용하여 b, c의 값 각각 구하기 [4점]

$bx^2+cx+3=0$의 두 근이 $\tan\theta$, $\dfrac{1}{\tan\theta}$이므로 이차방정식의 근과 계수의 관계에 의하여

$-\dfrac{c}{b}=\tan\theta+\dfrac{1}{\tan\theta}$

$=\dfrac{\sin\theta}{\cos\theta}+\dfrac{\cos\theta}{\sin\theta}$

$=\dfrac{\sin^2\theta+\cos^2\theta}{\sin\theta\cos\theta}$

$=\dfrac{1}{\sin\theta\cos\theta}=-\dfrac{8}{3}$ ······ ⓒ

$\dfrac{3}{b}=\tan\theta\times\dfrac{1}{\tan\theta}=1$

즉, $-\dfrac{c}{b}=-\dfrac{8}{3}$, $\dfrac{3}{b}=1$이므로 $b=3$, $c=8$

STEP 4 abc의 값 구하기 [1점]

$abc=\left(-\dfrac{3}{4}\right)\times3\times8=-18$

부분점수표	
ⓐ $\sin\theta+\cos\theta$의 값을 구한 경우	1점
ⓑ $\sin\theta\cos\theta$의 값을 구한 경우	1점
ⓒ $\tan\theta+\dfrac{1}{\tan\theta}$의 값을 구한 경우	2점

실력 check 실전 마무리하기 1회 255쪽~259쪽

1 1241 답 ④ 유형 1

출제의도 | 주어진 각을 일반각으로 나타낼 수 있는지 확인한다.

> 주어진 각을 $360°\times n+\alpha°$ (단, n은 정수, $0°\le\alpha°<360°$)로 나타내 보자.

ㄱ. $-1960°=360°\times(-6)+200°$

ㄴ. $-200°=360°\times(-1)+160°$

ㄷ. $720°=360°\times2$

ㄹ. $1640°=360°\times4+200°$

ㅁ. $2000°=360°\times5+200°$

따라서 각을 나타내는 동경이 $200°$를 나타내는 동경과 일치하는 것은 ㄱ, ㄹ, ㅁ이다.

2 1242 답 ④ 유형 2

출제의도 | 각을 나타내는 동경이 존재하는 사분면을 알고 있는지 확인한다.

> 주어진 각을 일반각으로 바꾸어 그 동경이 위치한 사분면을 확인해 보자.

① $960°=360°\times2+240°$이므로 제3사분면의 각이다.

② $585°=360°\times1+225°$이므로 제3사분면의 각이다.

③ $-120°=360°\times(-1)+240°$이므로 제3사분면의 각이다.

④ $-400°=360°\times(-2)+320°$이므로 제4사분면의 각이다.

⑤ $-510°=360°\times(-2)+210°$이므로 제3사분면의 각이다.

따라서 동경이 존재하는 사분면이 나머지 넷과 다른 하나는 ④이다.

3 1243 답 ⑤ 유형 3

출제의도 | 육십분법과 호도법에 대하여 알고 있는지 확인한다.

> 육십분법을 호도법으로 나타낸 후, 일반각으로 바꾸어 보자.

① $30°=\dfrac{\pi}{6}$

② $\dfrac{13}{6}\pi=2\pi+\dfrac{\pi}{6}$

③ $1110°=1110\times\dfrac{\pi}{180}=\dfrac{37}{6}\pi=2\pi\times3+\dfrac{\pi}{6}$

④ $-\dfrac{11}{6}\pi=2\pi\times(-1)+\dfrac{\pi}{6}$

⑤ $-300°=-300\times\dfrac{\pi}{180}=-\dfrac{5}{3}\pi=2\pi\times(-1)+\dfrac{\pi}{3}$

따라서 동경이 일치하지 않는 것은 ⑤이다.

4 1244 답 ⑤ 유형 5

출제의도 | 두 동경이 y축에 대하여 대칭일 조건에 대하여 이해하는지 확인한다.

> 두 동경 α, β가 y축에 대하여 대칭인 경우 $\alpha+\beta=(2n+1)\pi$임을 이용해 보자.

각 α를 나타내는 동경과 각 β를 나타내는 동경이 y축에 대하여 대칭이므로

$\alpha+\beta=(2n+1)\pi$ (n은 정수)

따라서 $\alpha+\beta$의 값이 될 수 있는 것은 ⑤이다.

5 1245 답 ③ 유형 10

출제의도 | 부채꼴의 넓이가 최대일 때의 호의 길이를 구할 수 있는지 확인한다.

> 부채꼴의 넓이는 $S=\dfrac{1}{2}r^2\theta=\dfrac{1}{2}rl$이고, 부채꼴의 호의 길이는 $l=r\theta$임을 이용해 보자.

부채꼴의 반지름의 길이를 r라 하면 둘레의 길이가 8이므로 호의 길이는

$8-2r$

이때 $8-2r>0$이므로 $0<r<4$

부채꼴의 넓이를 S라 하면

$$S=\frac{1}{2}r(8-2r)$$
$$=-r^2+4r$$
$$=-(r-2)^2+4 \ (단, \ 0<r<4)$$

따라서 $r=2$일 때 S가 최대이므로 넓이가 최대인 부채꼴의 호의 길이는

$8-2\times2=4$

---

6 1246 **답** ② 유형 13

출제의도 | 삼각함수를 이용하여 선분의 길이를 구할 수 있는지 확인한다.

> $\sin\theta=\dfrac{y}{r}$임을 이용하여 y의 값을 구해 보자.

점 $\mathrm{P}(x, y)$라 하면 삼각함수의 정의에 의하여 $\sin\theta=\dfrac{y}{\sqrt5}$

$\dfrac{y}{\sqrt5}=\dfrac{2\sqrt5}{5}$이므로 $y=2$

$\therefore \overline{\mathrm{OA}}=\sqrt{\overline{\mathrm{OP}}^2-\overline{\mathrm{PA}}^2}=\sqrt{(\sqrt5)^2-2^2}=1$

---

7 1247 **답** ④ 유형 2 + 유형 14

출제의도 | 각 사분면에 따른 삼각함수의 값의 부호를 구할 수 있는지 확인한다.

> 주어진 각이 위치하는 사분면을 구하고 그때의 삼각함수의 값의 부호를 확인해 보자.

① $110°$는 제2사분면의 각이므로 $\sin110°>0$

② $-\dfrac{\pi}{4}=2\pi\times(-1)+\dfrac{7}{4}\pi$에서 $-\dfrac{\pi}{4}$는 제4사분면의 각이므로
$\cos\left(-\dfrac{\pi}{4}\right)>0$

③ $\dfrac{\pi}{6}$는 제1사분면의 각이므로 $\tan\dfrac{\pi}{6}>0$

④ $\dfrac{19}{6}\pi=2\pi\times1+\dfrac{7}{6}\pi$에서 $\dfrac{19}{6}\pi$는 제3사분면의 각이므로
$\sin\dfrac{19}{6}\pi<0$

⑤ $-480°=360°\times(-2)+240°$에서 $-480°$는 제3사분면의 각이므로 $\tan(-480°)>0$

따라서 부호가 나머지 넷과 다른 하나는 ④이다.

---

8 1248 **답** ⑤ 유형 14 + 유형 15

출제의도 | 삼각함수의 성질을 이해하는지 확인한다.

> 주어진 사분면에서 $\sin\theta$, $\cos\theta$, $\tan\theta$의 값의 부호를 구하고,
> $\dfrac{\sin\theta}{\cos\theta}=\tan\theta$임을 이용하여 식을 간단히 해 보자.

θ가 제3사분면의 각이므로
$\sin\theta<0$, $\cos\theta<0$, $\tan\theta>0$

$\therefore \dfrac{|\sin\theta|}{\sqrt{\cos^2\theta}}+2|\tan\theta|=\dfrac{-\sin\theta}{-\cos\theta}+2\tan\theta$
$\quad \longrightarrow \sqrt{\cos^2\theta}=|\cos\theta| \quad =\tan\theta+2\tan\theta=3\tan\theta$

---

9 1249 **답** ④ 유형 4

출제의도 | 두 동경이 원점에 대하여 대칭일 조건에 대하여 이해하는지 확인한다.

> 두 각 α, β가 나타내는 동경이 일직선 위에 있고 방향이 반대일 때, $\alpha-\beta=(2n+1)\pi$임을 이용해 보자.

각 θ를 나타내는 동경과 각 7θ를 나타내는 동경이 원점에 대하여 대칭이므로

$7\theta-\theta=(2n+1)\pi$ (n은 정수)

$6\theta=(2n+1)\pi$ $\quad \therefore \theta=\dfrac{2n+1}{6}\pi$ ············· ㉠

$\dfrac{\pi}{2}<\theta<\pi$에서 $\dfrac{\pi}{2}<\dfrac{2n+1}{6}\pi<\pi$이므로 $1<n<\dfrac{5}{2}$

n은 정수이므로 $n=2$

$n=2$를 ㉠에 대입하면 $\theta=\dfrac{5}{6}\pi$

$\therefore \sin\left(\theta-\dfrac{2}{3}\pi\right)=\sin\left(\dfrac{5}{6}\pi-\dfrac{2}{3}\pi\right)=\sin\dfrac{\pi}{6}=\dfrac{1}{2}$

---

10 1250 **답** ⑤ 유형 4 + 유형 5 + 유형 6

출제의도 | 두 동경의 대칭이동에 대하여 이해하는지 확인한다.

> 두 각 α, β가 나타내는 동경이 원점에 대하여 대칭인 경우 $\alpha-\beta=(2n+1)\pi$, 직선 $y=x$에 대하여 대칭인 경우 $\alpha+\beta=2n\pi+\dfrac{\pi}{2}$, x축에 대하여 대칭인 경우 $\alpha+\beta=2n\pi$임을 이용해 보자.

ㄱ. $\alpha+\beta=\dfrac{12}{5}\pi+\left(-\dfrac{27}{5}\pi\right)=-3\pi$
$\qquad =\{2\times(-2)+1\}\pi$
　　따라서 두 동경 OP, OQ는 y축에 대하여 대칭이다. (거짓)

ㄴ. $\alpha+\beta=\dfrac{5}{6}\pi+\dfrac{5}{3}\pi=\dfrac{5}{2}\pi=2\pi+\dfrac{\pi}{2}$
　　따라서 두 동경 OP, OQ는 직선 $y=x$에 대하여 대칭이다. (참)

ㄷ. $\alpha-\beta=\dfrac{17}{4}\pi-\left(-\dfrac{11}{4}\pi\right)=7\pi=(2\times3+1)\pi$
　　따라서 두 동경 OP, OQ는 원점에 대하여 대칭이다. (참)

그러므로 옳은 것은 ㄴ, ㄷ이다.

---

11 1251 **답** ④ 유형 6

출제의도 | 두 동경이 직선 $y=x$에 대하여 대칭일 조건에 대하여 이해하는지 확인한다.

> 두 각 α, β가 나타내는 동경이 직선 $y=x$에 대하여 대칭인 경우 $\alpha+\beta=2n\pi+\dfrac{\pi}{2}$임을 이용해 보자.

각 2θ를 나타내는 동경과 각 7θ를 나타내는 동경이 직선 $y=x$에 대하여 대칭이므로

$2\theta+7\theta=2n\pi+\dfrac{\pi}{2}$ (n은 정수)

$$9\theta=2n\pi+\frac{\pi}{2} \qquad \therefore \theta=\frac{2n}{9}\pi+\frac{\pi}{18}$$

$0<\theta<2\pi$이므로 $0<\dfrac{2n}{9}\pi+\dfrac{\pi}{18}<2\pi$이므로

$$-\frac{1}{4}<n<\frac{35}{4}$$

n은 정수이므로 $n=0,\ 1,\ 2,\ \cdots,\ 8$

θ의 최솟값은 $n=0$일 때 $\theta=\dfrac{\pi}{18}$이고,

최댓값은 $n=8$일 때 $\theta=\dfrac{33}{18}\pi$

따라서 $a=\dfrac{33}{18}\pi$, $b=\dfrac{\pi}{18}$이므로

$$a-b=\frac{16}{9}\pi$$

12 1252 답 ②

유형 7 + 유형 8

출제의도 | 부채꼴의 넓이를 구할 수 있는지 확인한다.

> 부채꼴의 넓이는 $S=\dfrac{1}{2}r^2\theta$임을 이용해 보자.

바꾸기 전 부채꼴 AOB의 반지름의 길이를 r, 중심각의 크기를 θ, 넓이를 S_1이라 하면

$$S_1=\frac{1}{2}r^2\theta$$

반지름의 길이를 20 % 늘인 후의 반지름의 길이는 $1.2r$

중심각의 크기를 10 % 줄인 후의 중심각의 크기는 0.9θ

바꾼 후의 부채꼴 AOB의 넓이를 S_2라 하면

$$S_2=\frac{1}{2}\times(1.2r)^2\times0.9\theta=(1.2)^2\times0.9\times\frac{1}{2}r^2\theta=1.296S_1$$

따라서 부채꼴의 넓이는 29.6 % 늘어난다.

13 1253 답 ②

유형 8

출제의도 | 부채꼴의 호의 길이와 넓이를 활용하여 문제를 해결할 수 있는지 확인한다.

> 반지름의 길이가 r, 중심각의 크기가 θ인 부채꼴의 호의 길이는 $l=r\theta$이고, 넓이는 $S=\dfrac{1}{2}r^2\theta=\dfrac{1}{2}rl$임을 이용해 보자.

부채꼴 AOB의 넓이는 $\dfrac{1}{2}\times4\times3\pi=6\pi$

부채꼴 AOB의 중심각의 크기를 θ라 하면

$$3\pi=4\times\theta$$

$$\therefore \theta=\frac{3}{4}\pi$$

따라서 부채꼴 A'OB'의 넓이는

$$\frac{1}{2}\times3^2\times\frac{3}{4}\pi=\frac{27}{8}\pi$$

이때 색칠한 부분의 넓이가 $\dfrac{a}{8}\pi$이므로

$$6\pi-\frac{27}{8}\pi=\frac{a}{8}\pi$$에서

$$\frac{21}{8}\pi=\frac{a}{8}\pi$$

$$\therefore a=21$$

14 1254 답 ④

유형 16

출제의도 | 삼각함수 중 하나의 값이 주어질 때, 식의 값을 구할 수 있는지 확인한다.

> $\sin^2\theta+\cos^2\theta=1$, $\dfrac{\sin\theta}{\cos\theta}=\tan\theta$를 이용하여 식의 값을 구해 보자.

$$\cos^2\theta=1-\sin^2\theta=1-\left(\frac{4}{5}\right)^2=\frac{9}{25}$$

$\dfrac{\pi}{2}<\theta<\pi$이므로 $\cos\theta<0 \qquad \therefore \cos\theta=-\dfrac{3}{5}$

$$\tan\theta=\frac{\sin\theta}{\cos\theta}=\frac{\dfrac{4}{5}}{-\dfrac{3}{5}}=-\frac{4}{3}$$이므로

$$\frac{15\cos\theta-3}{9\tan\theta}=\frac{15\times\left(-\dfrac{3}{5}\right)-3}{9\times\left(-\dfrac{4}{3}\right)}=1$$

15 1255 답 ①

유형 17

출제의도 | 삼각함수 사이의 관계를 이용하여 식의 값을 구할 수 있는지 확인한다.

> $\sin^2\theta+\cos^2\theta=1$을 이용하여 삼각함수의 값을 구하고, 주어진 각이 위치하는 사분면에서 삼각함수의 값의 부호를 결정해 보자.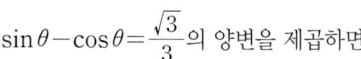

$\sin\theta-\cos\theta=\dfrac{\sqrt{3}}{3}$의 양변을 제곱하면

$$\sin^2\theta-2\sin\theta\cos\theta+\cos^2\theta=\frac{1}{3}$$

$$1-2\sin\theta\cos\theta=\frac{1}{3} \qquad \therefore \sin\theta\cos\theta=\frac{1}{3}$$

$$(\sin\theta+\cos\theta)^2=\sin^2\theta+2\sin\theta\cos\theta+\cos^2\theta$$
$$=1+2\times\frac{1}{3}=\frac{5}{3}$$

θ가 제1사분면의 각이므로 $\sin\theta>0$, $\cos\theta>0$
$\hookrightarrow \sin\theta+\cos\theta>0$

$$\therefore \sin\theta+\cos\theta=\frac{\sqrt{15}}{3}$$

$$\therefore \sin^3\theta+\cos^3\theta$$
$$=(\sin\theta+\cos\theta)(\sin^2\theta-\sin\theta\cos\theta+\cos^2\theta)$$
$$=\frac{\sqrt{15}}{3}\left(1-\frac{1}{3}\right)=\frac{2}{9}\sqrt{15}$$

따라서 $p=2$, $q=9$이므로 $p+q=11$

16 1256 답 ①

유형 18

출제의도 | 삼각함수를 두 근으로 하는 이차방정식에서 미정계수를 구할 수 있는지 확인한다.

> 이차방정식의 근과 계수의 관계를 이용하여 두 근의 합과 곱을 구하고, $\sin^2\theta+\cos^2\theta=1$을 이용하여 삼각함수의 값을 구해 보자.

$3x^2-2x+k=0$의 두 근이 $\sin\theta$, $\cos\theta$이므로 이차방정식의 근과 계수의 관계에 의하여

$$\sin\theta+\cos\theta=\frac{2}{3}\ \cdots\cdots\cdots\cdots\cdots\cdots\cdots\ \bigcirc$$

$$\sin\theta\cos\theta=\frac{k}{3}\ \cdots\cdots\cdots\cdots\cdots\cdots\cdots\ \bigcirc$$

$\bigcirc$의 양변을 제곱하면

$$\sin^2\theta + 2\sin\theta\cos\theta + \cos^2\theta = \frac{4}{9}$$

$$1 + 2\sin\theta\cos\theta = \frac{4}{9}$$

$$\therefore \sin\theta\cos\theta = -\frac{5}{18}$$

ⓛ에서 $\frac{k}{3} = -\frac{5}{18}$이므로 $k = -\frac{5}{6}$

17 1257 답 ③ 유형 10

출제의도 | 부채꼴의 넓이와 호의 길이에 대하여 알고 있는지 확인한다.

> 부채꼴의 둘레의 길이는 $2r+l$이고, 부채꼴의 호의 길이는 $l=r\theta$, 부채꼴의 넓이는 $S=\frac{1}{2}rl$임을 이용해 보자.

부채꼴의 반지름의 길이를 r, 호의 길이를 l, 넓이를 S라 하면
$2r+l=20$, 즉 $l=20-2r$이므로

$$S=\frac{1}{2}rl=\frac{1}{2}r(20-2r)=-r^2+10r$$

$S \geq 24$이므로 $-r^2+10r \geq 24$

$r^2-10r+24 \leq 0$, $(r-4)(r-6) \leq 0$

$$\therefore 4 \leq r \leq 6$$

$l=r\theta$에서 $\theta = \frac{l}{r} = \frac{20-2r}{r} = \frac{20}{r}-2$

따라서 $r=4$일 때 부채꼴의 중심각 θ의 크기는 최대이고, 최댓값은 3이다.

18 1258 답 ② 유형 9

출제의도 | 부채꼴의 넓이와 호의 길이를 이용하여 원뿔의 부피를 구할 수 있는지 확인한다.

> 부채꼴의 넓이는 $S=\frac{1}{2}r^2\theta = \frac{1}{2}rl$이고, 부채꼴의 호의 길이는 $l=r\theta$임을 이용하여 모선의 길이를 구하고, 이를 이용하여 부피를 구해 보자.

부채꼴 OAB의 반지름의 길이를 R라 하면 호의 길이가 12π, 넓이가 60π이므로

$$\frac{1}{2} \times R \times 12\pi = 60\pi \qquad \therefore R = 10$$

원뿔의 밑면인 원의 반지름의 길이를 r라 하면 부채꼴의 호의 길이가 밑면인 원의 둘레의 길이와 같으므로

$$2\pi r = 12\pi \qquad \therefore r = 6$$

원뿔의 모선의 길이는 부채꼴의 반지름의 길이와 같으므로 10이고, 원뿔의 높이는
$$\sqrt{10^2 - 6^2} = 8$$
이므로 원뿔의 부피는

$$\frac{1}{3} \times \pi \times 6^2 \times 8 = 96\pi$$

따라서 원뿔의 부피와 모선의 길이의 곱은 $96\pi \times 10 = 960\pi$

19 1259 답 ④ 유형 11

출제의도 | 삼각함수의 정의를 이해하고 그 값을 구할 수 있는지 확인한다.

> 점 P의 좌표를 구하여 $\sin\theta$, $\cos\theta$의 값을 구해 보자.

$A(-3, 0)$, $B(0, 6)$이므로 선분 AB를 $2:1$로 내분하는 점 P의 좌표를 (x, y)라 하면

$$x = \frac{2 \times 0 + 1 \times (-3)}{2+1} = -1, \quad y = \frac{2 \times 6 + 1 \times 0}{2+1} = 4$$

따라서 점 P의 좌표는 $(-1, 4)$이므로

$$\overline{OP} = \sqrt{(-1)^2 + 4^2} = \sqrt{17}$$

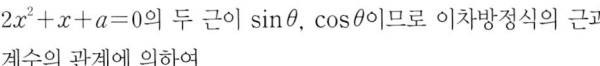
좌표평면 위의 두 점 $A(x_1, y_1)$, $B(x_2, y_2)$에 대하여 선분 AB를 $m:n$ ($m>0$, $n>0$)으로 내분하는 점 P의 좌표는 $\left(\frac{mx_2 + nx_1}{m+n}, \frac{my_2 + ny_1}{m+n} \right)$

$$\therefore \sin\theta = \frac{4}{\sqrt{17}}, \quad \cos\theta = -\frac{1}{\sqrt{17}}$$

$$\therefore \sin\theta\cos\theta = -\frac{4}{17}$$

20 1260 답 ① 유형 17

출제의도 | 삼각함수 사이의 관계를 이해하는지 확인한다.

> $\sin^2\theta + \cos^2\theta = 1$과 $(\sin\theta - \cos\theta)^2 = \sin^2\theta - 2\sin\theta\cos\theta + \cos^2\theta$를 이용하여 삼각함수의 값을 구해 보자.

$\overline{OP} = 2$이므로

$$\sin\theta = \frac{y}{2}, \quad \cos\theta = \frac{x}{2} \qquad \therefore x = 2\cos\theta, \; y = 2\sin\theta$$

$\frac{y}{x} + \frac{x}{y} = -\frac{8}{3}$에서

$$\frac{2\sin\theta}{2\cos\theta} + \frac{2\cos\theta}{2\sin\theta} = \frac{\sin^2\theta + \cos^2\theta}{\sin\theta\cos\theta}$$

$$= \frac{1}{\sin\theta\cos\theta} = -\frac{8}{3}$$

$$\therefore \sin\theta\cos\theta = -\frac{3}{8}$$

$$(\sin\theta - \cos\theta)^2 = \sin^2\theta - 2\sin\theta\cos\theta + \cos^2\theta$$

$$= 1 - 2\sin\theta\cos\theta$$

$$= 1 - 2 \times \left(-\frac{3}{8}\right) = \frac{7}{4}$$

이때 $\sin\theta > 0$, $\cos\theta < 0$이므로 $\sin\theta - \cos\theta > 0$

$$\therefore \sin\theta - \cos\theta = \frac{\sqrt{7}}{2}$$

21 1261 답 ① 유형 18

출제의도 | 삼각함수를 두 근으로 하는 이차방정식에서 미정계수를 구할 수 있는지 확인한다.

> 이차방정식의 근과 계수의 관계를 이용하여 두 근의 합과 곱을 구하고, $\sin^2\theta + \cos^2\theta = 1$을 이용하여 미정계수를 구해 보자.

$2x^2 + x + a = 0$의 두 근이 $\sin\theta$, $\cos\theta$이므로 이차방정식의 근과 계수의 관계에 의하여

$$\sin\theta + \cos\theta = -\frac{1}{2} \quad \text{......} \quad ㉠$$

$$\sin\theta\cos\theta = \frac{a}{2} \quad \text{......} \quad ㉡$$

㉠의 양변을 제곱하면

$$\sin^2\theta + 2\sin\theta\cos\theta + \cos^2\theta = \frac{1}{4}$$

$$1 + 2\sin\theta\cos\theta = \frac{1}{4}$$

$$\therefore \sin\theta\cos\theta = -\frac{3}{8}$$

05

ⓒ에서 $\dfrac{a}{2}=-\dfrac{3}{8}$이므로

$a=-\dfrac{3}{4}$

$3x^2+bx+c=0$의 두 근이 $\dfrac{1}{\sin\theta}$, $\dfrac{1}{\cos\theta}$이므로 이차방정식의 근과 계수의 관계에 의하여

$-\dfrac{b}{3}=\dfrac{1}{\sin\theta}+\dfrac{1}{\cos\theta}=\dfrac{\sin\theta+\cos\theta}{\sin\theta\cos\theta}$

$\qquad\quad=\dfrac{-\dfrac{1}{2}}{-\dfrac{3}{8}}=\dfrac{4}{3}$

$\therefore b=-4$

$\dfrac{c}{3}=\dfrac{1}{\sin\theta}\times\dfrac{1}{\cos\theta}=\dfrac{1}{\sin\theta\cos\theta}$

$\qquad=\dfrac{1}{-\dfrac{3}{8}}=-\dfrac{8}{3}$

$\therefore c=-8$

$\therefore abc=\left(-\dfrac{3}{4}\right)\times(-4)\times(-8)=-24$

22 1262   답 $\dfrac{2\sqrt{15}}{9}$ 유형 17

출제의도 | 삼각함수 사이의 관계를 이해하여 식의 값을 구할 수 있는지 확인한다.

STEP 1 $(\sin\theta-\cos\theta)^2$의 값 구하기 [2점]

$(\sin\theta-\cos\theta)^2=\sin^2\theta-2\sin\theta\cos\theta+\cos^2\theta$

$\qquad\qquad\qquad\quad=1-2\sin\theta\cos\theta$

$\qquad\qquad\qquad\quad=1-2\times\left(-\dfrac{1}{3}\right)$

$\qquad\qquad\qquad\quad=\dfrac{5}{3}$

STEP 2 $\sin\theta-\cos\theta$의 값 구하기 [2점]

$\dfrac{\pi}{2}<\theta<\pi$이므로 $\sin\theta>0$, $\cos\theta<0$이고 $\sin\theta-\cos\theta>0$

$\therefore \sin\theta-\cos\theta=\dfrac{\sqrt{15}}{3}$

STEP 3 $\sin^3\theta-\cos^3\theta$의 값 구하기 [2점]

$\sin^3\theta-\cos^3\theta$

$=(\sin\theta-\cos\theta)(\sin^2\theta+\sin\theta\cos\theta+\cos^2\theta)$

$=\dfrac{\sqrt{15}}{3}\times\left(1-\dfrac{1}{3}\right)$

$=\dfrac{2\sqrt{15}}{9}$

23 1263   답 $\dfrac{2}{9}\pi$ 유형 8

출제의도 | 부채꼴의 넓이와 중심각의 크기를 이용하여 색칠한 부분의 넓이를 구할 수 있는지 확인한다.

STEP 1 부채꼴 AOB의 넓이 구하기 [2점]

부채꼴 AOB의 넓이는

$\dfrac{1}{2}\times 2^2\times\dfrac{\pi}{3}=\dfrac{2}{3}\pi$

STEP 2 원 O'의 넓이 구하기 [3점]

원 O'의 반지름의 길이를 r라 하고 원 O'과 $\overline{OB}$의 접점을 C라 하면

$\overline{O'C}\perp\overline{OB}$

$\angle O'OC=\dfrac{1}{2}\angle AOB=\dfrac{\pi}{6}$

직각삼각형 O'OC에서

$\sin\dfrac{\pi}{6}=\dfrac{r}{2-r}=\dfrac{1}{2}$이므로

$2r=2-r \qquad \therefore r=\dfrac{2}{3}$

$\therefore$ (원 O'의 넓이)$=\pi\times\left(\dfrac{2}{3}\right)^2=\dfrac{4}{9}\pi$

STEP 3 색칠한 부분의 넓이 구하기 [1점]

색칠한 부분의 넓이는

(부채꼴 AOB의 넓이)$-$(원 O'의 넓이)

$=\dfrac{2}{3}\pi-\dfrac{4}{9}\pi=\dfrac{2}{9}\pi$

24 1264   답 $-\dfrac{15}{4}$ 유형 11

출제의도 | 삼각함수의 정의를 이해하는지 확인한다.

STEP 1 $f(\theta)$를 x에 대한 이차식으로 나타내기 [2점]

점 P가 원 $x^2+y^2=1$ 위의 점이므로

$y^2=1-x^2$ ⋯⋯⋯⋯⋯⋯⋯⋯⋯⋯⋯⋯⋯⋯⋯ ⓐ

$\therefore f(\theta)=x-2y^2=x-2(1-x^2)$

$\qquad\quad=2x^2+x-2$

$\qquad\quad=2\left(x+\dfrac{1}{4}\right)^2-\dfrac{17}{8}$ (단, $-1<x<0$) ← 점 P가 제2사분면 위의 점이므로 $-1<(x$좌표$)<0$

STEP 2 $f(\theta)$의 값이 최소가 되도록 하는 x, y의 값 구하기 [2점]

$x=-\dfrac{1}{4}$일 때, $f(\theta)$의 값이 최소이다.

$x=-\dfrac{1}{4}$을 ⓐ에 대입하면

$y^2=1-\left(-\dfrac{1}{4}\right)^2=\dfrac{15}{16}$

$\therefore y=\dfrac{\sqrt{15}}{4}$ ($\because y>0$)

STEP 3 $\sin\theta$, $\tan\theta$의 값 각각 구하기 [2점]

따라서 P$\left(-\dfrac{1}{4}, \dfrac{\sqrt{15}}{4}\right)$이고 $\overline{OP}=1$이므로

$\sin\theta=\dfrac{\sqrt{15}}{4}$, $\tan\theta=\dfrac{\dfrac{\sqrt{15}}{4}}{-\dfrac{1}{4}}=-\sqrt{15}$

STEP 4 $\sin\theta\tan\theta$의 값 구하기 [1점]

$\sin\theta\tan\theta=-\dfrac{15}{4}$

25 1265   답 $-\dfrac{1}{3}$ 유형 13 + 유형 16

출제의도 | 삼각함수를 이용하여 선분의 길이를 구할 수 있는지 확인한다.

STEP 1 $\overline{OC}$, $\overline{AC}$, $\overline{BD}$의 길이를 θ에 대한 식으로 나타내기 [2점]

삼각형 AOC에서

$\overline{OC}=\overline{OA}\cos\theta=2\cos\theta$

$\overline{AC}=\overline{OA}\sin\theta=2\sin\theta$

삼각형 DOB에서

$\overline{BD}=\overline{OB}\tan\theta=2\tan\theta$

STEP 2 $\cos^2\theta$의 값 구하기 [3점]

$\overline{OC}=\overline{AC}\times\overline{BD}$이므로

$2\cos\theta=2\sin\theta\times2\tan\theta$

$\cos\theta=2\sin\theta\times\dfrac{\sin\theta}{\cos\theta}$

$\cos^2\theta=2\sin^2\theta$, $\cos^2\theta=2(1-\cos^2\theta)$

$\therefore \cos^2\theta=\dfrac{2}{3}$

STEP 3 $\sin^2\theta$의 값 구하기 [2점]

$\sin^2\theta=1-\cos^2\theta=1-\dfrac{2}{3}=\dfrac{1}{3}$

STEP 4 $\sin^2\theta-\cos^2\theta$의 값 구하기 [1점]

$\sin^2\theta-\cos^2\theta=-\dfrac{1}{3}$

실력 check 실전 마무리하기 2회   260쪽~265쪽

1 1266 답 ④   유형 2

출제의도 | 각을 나타내는 동경이 존재하는 사분면을 알고 있는지 확인한다.

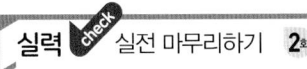
주어진 각을 일반각으로 바꾸어 그 동경이 위치한 사분면을 확인해 보자.

① $500°=360°\times1+140°$이므로 제2사분면의 각이다.

② $765°=360°\times2+45°$이므로 제1사분면의 각이다.

③ $960°=360°\times2+240°$이므로 제3사분면의 각이다.

④ $-930°=360°\times(-3)+150°$이므로 제2사분면의 각이다.

⑤ $-1100°=360°\times(-4)+340°$이므로 제4사분면의 각이다.

따라서 옳지 않은 것은 ④이다.

2 1267 답 ②   유형 2 + 유형 3

출제의도 | 각을 나타내는 동경이 존재하는 사분면을 알고 있는지 확인한다.

호도법으로 나타낸 각을 일반각으로 바꾸어 그 동경이 위치한 사분면을 확인해 보자.

ㄱ. $\dfrac{2}{3}\pi$ ➡ 제2사분면

ㄴ. $\dfrac{\pi}{6}$ ➡ 제1사분면

ㄷ. $\dfrac{11}{4}\pi=2\pi\times1+\dfrac{3}{4}\pi$ ➡ 제2사분면

ㄹ. $-\dfrac{29}{6}\pi=2\pi\times(-3)+\dfrac{7}{6}\pi$ ➡ 제3사분면

따라서 동경이 존재하는 사분면이 같은 것은 ㄱ, ㄷ이다.

---

3 1268 답 ②   유형 2 + 유형 3

출제의도 | 각을 나타내는 동경이 존재하는 사분면을 알고 있는지 확인한다.

주어진 각을 일반각으로 바꾸어 그 동경이 위치한 사분면을 확인해 보자.

ㄱ. $-\dfrac{5}{3}\pi=2\pi\times(-1)+\dfrac{\pi}{3}$ ➡ 제1사분면

ㄴ. $-455°=360°\times(-2)+265°$ ➡ 제3사분면

ㄷ. $135°$ ➡ 제2사분면

ㄹ. $1030°=360°\times2+310°$ ➡ 제4사분면

ㅁ. $-\dfrac{19}{6}\pi=2\pi\times(-2)+\dfrac{5}{6}\pi$ ➡ 제2사분면

따라서 동경이 제2사분면에 위치하는 것은 ㄷ, ㅁ의 2개이다.

4 1269 답 ①   유형 3

출제의도 | 육십분법과 호도법의 뜻을 알고 있는지 확인한다.

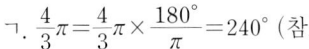
$1°=\dfrac{\pi}{180}$, 1라디안$=\dfrac{180°}{\pi}$임을 이용해 보자.

ㄱ. $\dfrac{4}{3}\pi=\dfrac{4}{3}\pi\times\dfrac{180°}{\pi}=240°$ (참)

ㄴ. $-80°=-80\times\dfrac{\pi}{180}=-\dfrac{4}{9}\pi$ (거짓)

ㄷ. $150°=150\times\dfrac{\pi}{180}=\dfrac{5}{6}\pi$ (거짓)

ㄹ. $-\dfrac{2}{5}\pi=-\dfrac{2}{5}\pi\times\dfrac{180°}{\pi}=-72°$ (참)

ㅁ. $\pi=\pi\times\dfrac{180°}{\pi}=180°$ (거짓)

따라서 옳은 것은 ㄱ, ㄹ이다.

5 1270 답 ③   유형 4

출제의도 | 두 동경이 일직선에 있을 조건에 대하여 이해하는지 확인한다.

각 α, β를 나타내는 동경이 서로 일치하는 경우는 $\alpha-\beta=2n\pi$임을 이용해 보자.

각 θ를 나타내는 동경과 각 5θ를 나타내는 동경이 일치하므로

$5\theta-\theta=2n\pi$ (n은 정수)

$4\theta=2n\pi$ $\therefore \theta=\dfrac{n}{2}\pi$ ⟶⟶ ㉠

$0<\theta<\pi$이므로 $0<\dfrac{n}{2}\pi<\pi$에서 $0<n<2$

n은 정수이므로 $n=1$

$n=1$을 ㉠에 대입하면 $\theta=\dfrac{\pi}{2}$

$\therefore \cos\left(\theta-\dfrac{\pi}{4}\right)=\cos\left(\dfrac{\pi}{2}-\dfrac{\pi}{4}\right)$

$=\cos\dfrac{\pi}{4}=\dfrac{\sqrt{2}}{2}$

6 1271 답 ②   유형 5

출제의도 | 두 동경이 x축에 대하여 대칭일 조건에 대하여 이해하는지 확인한다.

각 α, β를 나타내는 동경이 x축에 대하여 서로 대칭인 경우 $\alpha+\beta=2n\pi$임을 이용해 보자.

각 2θ를 나타내는 동경과 각 7θ를 나타내는 동경이 x축에 대하여 대칭이므로

$2\theta+7\theta=2n\pi$ (n은 정수)

$9\theta=2n\pi$ $\therefore \theta=\dfrac{2n}{9}\pi$ $\cdots\cdots$ ㉠

$0<\theta<\pi$에서 $0<\dfrac{2n}{9}\pi<\pi$이므로 $0<n<\dfrac{9}{2}$

n은 정수이므로 $n=1,\ 2,\ 3,\ 4$

이것을 ㉠에 차례로 대입하면 θ의 값은 각각

$\dfrac{2}{9}\pi,\ \dfrac{4}{9}\pi,\ \dfrac{2}{3}\pi,\ \dfrac{8}{9}\pi$

따라서 θ의 값이 될 수 없는 것은 ②이다.

7 1272 답 ③ 유형 11

출제의도 | 삼각함수의 정의를 알고 있는지 확인한다.

$\sin\theta=\dfrac{y}{r},\ \cos\theta=\dfrac{x}{r},\ \tan\theta=\dfrac{y}{x}$임을 이용해 보자.

그림과 같이 각 θ를 나타내는 동경과 원 O의 교점을 $\mathrm{P}(x,\ y)$라 하면 $\cos\theta=-\dfrac{1}{\sqrt{2}}$이므로

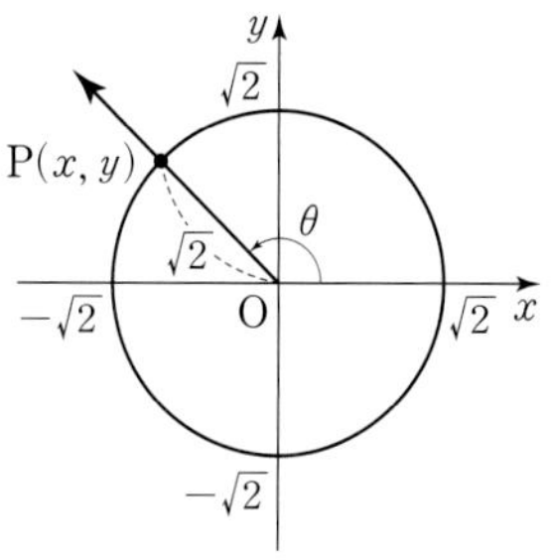

$\overline{\mathrm{OP}}=\sqrt{2}$, $x=-1$로 놓으면

$\sqrt{2}=\sqrt{(-1)^2+y^2}$

$\therefore y=\pm1$

θ가 제2사분면의 각이므로 $y=1$

점 $\mathrm{P}(-1,\ 1)$이므로 $\sin\theta=\dfrac{1}{\sqrt{2}}$, $\tan\theta=\dfrac{1}{-1}=-1$

$\therefore \sqrt{2}\sin\theta+\tan\theta=\sqrt{2}\times\dfrac{1}{\sqrt{2}}+(-1)=0$

다른 풀이

θ가 제2사분면의 각이므로

$\sin\theta=\sqrt{1-\cos^2\theta}=\sqrt{1-\left(-\dfrac{1}{\sqrt{2}}\right)^2}=\dfrac{\sqrt{2}}{2}$

$\therefore \tan\theta=\dfrac{\sin\theta}{\cos\theta}=-1$

$\therefore \sqrt{2}\sin\theta+\tan\theta=\sqrt{2}\times\dfrac{\sqrt{2}}{2}-1=0$

8 1273 답 ④ 유형 12

출제의도 | 삼각함수의 정의를 이해하고, 그 값을 구할 수 있는지 확인한다.

점 P의 좌표를 a로 나타낸 후, $\overline{\mathrm{OP}}$의 길이를 구하여 $\cos\theta$, $\tan\theta$의 값을 구해 보자.

점 $\mathrm{P}(a,\ b)$가 직선 $y=-\sqrt{3}x$ 위의 점이므로

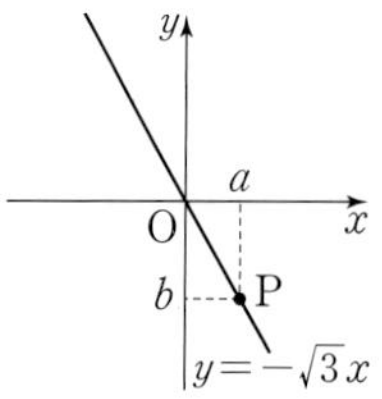

$b=-\sqrt{3}a$

$\therefore \mathrm{P}(a,\ -\sqrt{3}a)$

점 P가 제4사분면 위의 점이므로 $a>0$이고

$\overline{\mathrm{OP}}=\sqrt{a^2+(-\sqrt{3}a)^2}=2a$

$\cos\theta=\dfrac{a}{2a}=\dfrac{1}{2}$, $\tan\theta=\dfrac{-\sqrt{3}a}{a}=-\sqrt{3}$

$\therefore 2\cos\theta-\sqrt{3}\tan\theta=2\times\dfrac{1}{2}-\sqrt{3}\times(-\sqrt{3})=4$

9 1274 답 ③ 유형 15

출제의도 | 삼각함수를 포함한 식을 간단히 할 수 있는지 확인한다.

$\sin^2\theta+\cos^2\theta=1$, $\tan\theta=\dfrac{\sin\theta}{\cos\theta}$임을 이용하여 주어진 식을 간단히 해 보자.

$\dfrac{(1+\tan^2\theta)\sin\theta\cos\theta}{\tan\theta}=\dfrac{\left(1+\dfrac{\sin^2\theta}{\cos^2\theta}\right)\sin\theta\cos\theta}{\dfrac{\sin\theta}{\cos\theta}}$

$=\dfrac{\dfrac{\cos^2\theta+\sin^2\theta}{\cos^2\theta}\times\sin\theta\cos\theta}{\dfrac{\sin\theta}{\cos\theta}}$

$=\dfrac{\dfrac{\sin\theta}{\cos\theta}}{\dfrac{\sin\theta}{\cos\theta}}=1$

10 1275 답 ⑤ 유형 17

출제의도 | $\sin\theta\pm\cos\theta$, $\sin\theta\cos\theta$의 값을 이용하여 주어진 식의 값을 구할 수 있는지 확인한다.

곱셈 공식을 이용하여 $\sin\theta\cos\theta$의 값을 구해 보자.

$(1-\sin^2\theta)(1-\cos^2\theta)$

$=\cos^2\theta\times\sin^2\theta$

$=(\sin\theta\cos\theta)^2$

$\sin\theta-\cos\theta=\dfrac{1}{2}$의 양변을 제곱하면

$\sin^2\theta-2\sin\theta\cos\theta+\cos^2\theta=\dfrac{1}{4}$

$1-2\sin\theta\cos\theta=\dfrac{1}{4}$

$\therefore \sin\theta\cos\theta=\dfrac{3}{8}$

$\therefore (1-\sin^2\theta)(1-\cos^2\theta)=(\sin\theta\cos\theta)^2$

$=\left(\dfrac{3}{8}\right)^2=\dfrac{9}{64}$

11 1276 답 ④ 유형 9

출제의도 | 부채꼴의 넓이와 호의 길이를 이용하여 원뿔대의 겉넓이를 구할 수 있는지 확인한다.

부채꼴의 넓이는 $S=\dfrac{1}{2}rl$이고, 부채꼴의 호의 길이는 $l=r\theta$임을 이용하여 입체도형의 겉넓이를 구해 보자.

두 밑면 중 작은 원의 반지름의 길이를 r라 하면

$\pi r^2=4\pi$ $\therefore r=2\ (\because r>0)$

두 밑면 중 큰 원의 반지름의 길이는

$2\times2=4$

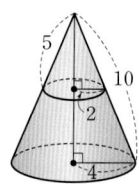

작은 원의 둘레의 길이는

$2\pi \times 2 = 4\pi$

큰 원의 둘레의 길이는

$2\pi \times 4 = 8\pi$

따라서 원뿔대의 전개도는

그림과 같다.

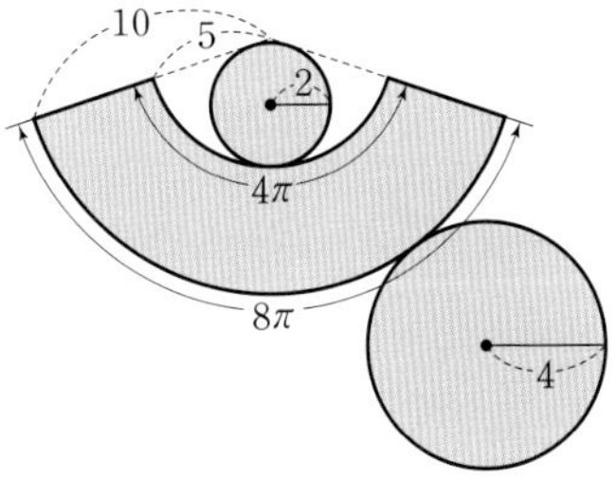

(큰 원의 넓이)

$= \pi \times 4^2 = 16\pi$

(옆넓이)

$= \left(\dfrac{1}{2} \times 10 \times 8\pi\right) - \left(\dfrac{1}{2} \times 5 \times 4\pi\right)$

$= 40\pi - 10\pi = 30\pi$

$\therefore$ (원뿔대의 겉넓이)

　　$=$ (작은 원의 넓이) $+$ (큰 원의 넓이) $+$ (옆넓이)

　　$= 4\pi + 16\pi + 30\pi$

　　$= 50\pi$

12 1277　답 ③　　　　　　　유형 11

출제의도 ｜ 삼각함수의 정의를 이해하고, 그 값을 구할 수 있는지 확인한다.

> $\overline{OP}$의 길이를 구하여 $\sin\theta$, $\tan\theta$의 값을 구해 보자.

$\overline{OP} = \sqrt{3^2 + (-4)^2} = 5$이므로

$\sin\theta = -\dfrac{4}{5}$, $\tan\theta = -\dfrac{4}{3}$

$\therefore \dfrac{\sin\theta}{\tan\theta} = \left(-\dfrac{4}{5}\right) \times \left(-\dfrac{3}{4}\right) = \dfrac{3}{5}$

13 1278　답 ①　　　유형 14 + 유형 15

출제의도 ｜ 삼각함수를 포함한 식을 간단히 할 수 있는지 확인한다.

> θ가 속한 사분면에서 삼각함수의 값의 부호를 구하여 주어진 식을 간단히 해 보자.

θ가 제3사분면의 각이므로

$\sin\theta < 0$, $\cos\theta < 0$, $\tan\theta > 0$

$\therefore |\sin\theta| + |\cos\theta| + \sin\theta + \tan\theta - \sqrt{\tan^2\theta}$

　　$= -\sin\theta - \cos\theta + \sin\theta + \tan\theta - \tan\theta$

　　$= -\cos\theta$

14 1279　답 ⑤　　　　　　　유형 16

출제의도 ｜ 삼각함수 사이의 관계를 이용하여 식의 값을 구할 수 있는지 확인한다.

> 주어진 조건을 이용하여 $\sin^2\theta$의 값을 구하고 $\sin^2\theta + \cos^2\theta = 1$, $\tan\theta = \dfrac{\sin\theta}{\cos\theta}$를 이용하여 주어진 식의 값을 구해 보자.

$\dfrac{1}{1+\cos\theta} + \dfrac{1}{1-\cos\theta} = \dfrac{1-\cos\theta + 1 + \cos\theta}{(1+\cos\theta)(1-\cos\theta)}$

　　　　　　　　　　　$= \dfrac{2}{1-\cos^2\theta} = \dfrac{2}{\sin^2\theta} = \dfrac{8}{3}$

$\sin^2\theta = \dfrac{6}{8} = \dfrac{3}{4}$이므로

$\cos^2\theta = 1 - \sin^2\theta = \dfrac{1}{4}$

$\dfrac{\pi}{2} < \theta < \pi$이므로 $\sin\theta > 0$, $\cos\theta < 0$

$\therefore \sin\theta = \dfrac{\sqrt{3}}{2}$, $\cos\theta = -\dfrac{1}{2}$, $\tan\theta = \dfrac{\frac{\sqrt{3}}{2}}{-\frac{1}{2}} = -\sqrt{3}$

$\therefore 4\sin\theta + \tan\theta = 4 \times \dfrac{\sqrt{3}}{2} - \sqrt{3} = \sqrt{3}$

15 1280　답 ②　　　　　　　유형 17

출제의도 ｜ 삼각함수 사이의 관계를 이용하여 식의 값을 구할 수 있는지 확인한다.

> $\sin\theta\cos\theta$의 값을 이용하여 $\sin\theta + \cos\theta$의 값을 구하고 곱셈 공식 $a^3 + b^3 = (a+b)(a^2 - ab + b^2)$을 이용하여 주어진 식의 값을 구해 보자.

$(\sin\theta + \cos\theta)^2 = \sin^2\theta + 2\sin\theta\cos\theta + \cos^2\theta$

　　　　　　　　　　$= 1 + 2 \times \dfrac{1}{3} = \dfrac{5}{3}$

θ가 제3사분면의 각이므로

$\sin\theta < 0$, $\cos\theta < 0$이고 $\sin\theta + \cos\theta < 0$

$\therefore \sin\theta + \cos\theta = -\dfrac{\sqrt{15}}{3}$

$\therefore \sin^3\theta + \cos^3\theta$

　　$= (\sin\theta + \cos\theta)(\sin^2\theta - \sin\theta\cos\theta + \cos^2\theta)$

　　$= -\dfrac{\sqrt{15}}{3}\left(1 - \dfrac{1}{3}\right)$

　　$= -\dfrac{2\sqrt{15}}{9}$

16 1281　답 ③　　　　　　　유형 18

출제의도 ｜ 삼각함수를 두 근으로 하는 이차방정식에서 미정계수를 구할 수 있는지 확인한다.

> 이차방정식의 근과 계수의 관계를 이용하여 두 근의 합과 곱을 구하고, $\sin^2\theta + \cos^2\theta = 1$을 이용하여 미정계수를 구해 보자.

$4x^2 - kx - 1 = 0$의 두 근이 $\sin\theta$, $\cos\theta$이므로 이차방정식의 근과 계수의 관계에 의하여

$\sin\theta + \cos\theta = \dfrac{k}{4}$ ········· ㉠

$\sin\theta\cos\theta = -\dfrac{1}{4}$ ········· ㉡

㉠의 양변을 제곱하면

$\sin^2\theta + 2\sin\theta\cos\theta + \cos^2\theta = \dfrac{k^2}{16}$

$1 + 2\sin\theta\cos\theta = \dfrac{k^2}{16}$ ········· ㉢

㉡을 ㉢에 대입하면

$1 + 2 \times \left(-\dfrac{1}{4}\right) = \dfrac{k^2}{16}$, $k^2 = 8$

$\therefore k = 2\sqrt{2}$ ($\because k > 0$)

17 1282 답 ③ 유형 9

출제의도 | 부채꼴의 호의 길이, 넓이를 이용하여 부채꼴의 둘레의 길이를 구할 수 있는지 확인한다.

> 부채꼴의 넓이는 $S=\frac{1}{2}r^2\theta=\frac{1}{2}rl$이고, 부채꼴의 둘레의 길이는 $2r+l$, 부채꼴의 호의 길이는 $l=r\theta$임을 이용해 보자.

$r:h=3:4$이므로 $r=3k$, $h=4k$ $(k>0)$라 하면
원뿔의 모선의 길이는 $\sqrt{(3k)^2+(4k)^2}=5k$
원뿔의 밑면인 원의 둘레의 길이는 $2\pi\times3k=6k\pi$
즉, 부채꼴의 반지름의 길이는 $5k$이고, 호의 길이는 $6k\pi$이다.
부채꼴의 넓이가 60π이므로
$\frac{1}{2}\times5k\times6k\pi=60\pi$, $k^2=4$ $\quad\therefore k=2\ (\because k>0)$
따라서 부채꼴의 반지름의 길이는 $5k=10$, 호의 길이는
$6k\pi=12\pi$이므로 부채꼴의 둘레의 길이는
$10+10+12\pi=20+12\pi$
즉, $a=20$, $b=12$이므로 $a+b=32$

18 1283 답 ③ 유형 10

출제의도 | 넓이가 최대인 부채꼴의 반지름의 길이와 중심각의 크기를 구할 수 있는지 확인한다.

> 부채꼴의 넓이는 $S=\frac{1}{2}rl$, 호의 길이는 $l=r\theta$이고, 부채꼴의 둘레의 길이는 $2r+l$임을 이용해 보자.

부채꼴의 호의 길이를 l이라 하면 부채꼴의 둘레의 길이가 64이므로 $2r+l=64$ $\quad\therefore l=64-2r$
이때 $64-2r>0$이므로 $0<r<32$
부채꼴의 넓이를 S라 하면
$S=\frac{1}{2}r(64-2r)$
$\quad=-r^2+32r$
$\quad=-(r-16)^2+256$ (단, $0<r<32$)
따라서 $r=16$일 때, S의 값이 최대이다.
$r=16$이면 $l=64-2\times16=32$
즉, $16\theta=32$이므로 $\theta=2$

19 1284 답 ① 유형 2 + 유형 14

출제의도 | 삼각함수의 값의 부호를 구할 수 있는지 확인한다.

> 주어진 조건을 이용하여 θ가 존재하는 사분면을 구한 후, $\frac{\theta}{3}$의 값의 범위를 구해 보자.

$\sin\theta\cos\theta<0$에서 $\sin\theta$와 $\cos\theta$의 부호는 서로 다르고,
$\cos\theta>\sin\theta$이므로 $\cos\theta>0$, $\sin\theta<0$
따라서 θ는 제4사분면의 각이다.
즉, $2n\pi+\frac{3}{2}\pi<\theta<2n\pi+2\pi$ (n은 정수)이므로
$\frac{2n}{3}\pi+\frac{\pi}{2}<\frac{\theta}{3}<\frac{2n}{3}\pi+\frac{2}{3}\pi$

(i) $n=3k$ (k는 정수)일 때
$2k\pi+\frac{\pi}{2}<\frac{\theta}{3}<2k\pi+\frac{2}{3}\pi$
따라서 $\frac{\theta}{3}$는 제2사분면의 각이다.

(ii) $n=3k+1$ (k는 정수)일 때
$2k\pi+\frac{7}{6}\pi<\frac{\theta}{3}<2k\pi+\frac{4}{3}\pi$
따라서 $\frac{\theta}{3}$는 제3사분면의 각이다.

(iii) $n=3k+2$ (k는 정수)일 때
$2k\pi+\frac{11}{6}\pi<\frac{\theta}{3}<2k\pi+2\pi$
따라서 $\frac{\theta}{3}$는 제4사분면의 각이다.

(i), (ii), (iii)에서 각 $\frac{\theta}{3}$를 나타내는 동경이 존재할 수 없는 사분면은 제1사분면이다.

20 1285 답 ② 유형 7 + 유형 8

출제의도 | 부채꼴의 넓이를 활용하여 문제를 해결할 수 있는지 확인한다.

> 부채꼴의 넓이는 $S=\frac{1}{2}r^2\theta$이고, 맞꼭지각의 크기가 서로 같음을 이용하여 색칠한 부분의 넓이가 같기 위한 조건을 구해 보자.

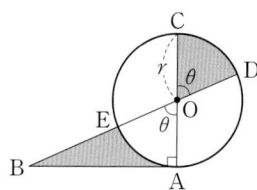

원 O의 반지름의 길이를 r, 부채꼴 COD의 넓이를 S_1, 삼각형 OBA의 넓이를 S_2라 하면
$S_1=\frac{1}{2}r^2\theta$
삼각형 OBA에서 $\angle$BOA$=\angle$COD$=\theta$, $\overline{OA}\perp\overline{BA}$이므로
$\overline{BA}=r\tan\theta$
$\therefore S_2=\frac{1}{2}\times r\tan\theta\times r=\frac{1}{2}r^2\tan\theta$
$\overline{OB}$와 원 O의 교점을 E라 하면 두 부채꼴 COD와 OEA의 넓이가 같으므로 $S_2-S_1=S_1$
즉, $\frac{1}{2}r^2\tan\theta-\frac{1}{2}r^2\theta=\frac{1}{2}r^2\theta$이므로 $\tan\theta=2\theta$

21 1286 답 ③ 유형 11

출제의도 | 삼각함수의 정의를 이해하는지 확인한다.

> 각 α, β가 나타내는 동경이 x축에 대하여 서로 대칭인 경우 $\sin\theta$의 값을 이용해 보자.

점 P_2와 점 P_{10}, 점 P_3과 점 P_9, 점 P_4과 점 P_8, 점 P_5와 점 P_7은 각각 x축에 대하여 대칭이므로 이 점들의 y좌표는 절댓값이 같고 부호가 반대이다.
삼각함수의 정의에 의하여 점 P_2의 y좌표는 $\sin\theta$, 점 P_{10}의 y좌표는 $\sin9\theta$이므로

$\sin\theta + \sin 9\theta = 0$

같은 방법으로

$\sin 2\theta + \sin 8\theta = 0$, $\sin 3\theta + \sin 7\theta = 0$, $\sin 4\theta + \sin 6\theta = 0$

또한, $P_6(-1, 0)$이므로 $\sin 5\theta = 0$

$P_1(1, 0)$이므로 $\sin 10\theta = 0$

$\therefore \sin\theta + \sin 2\theta + \cdots + \sin 9\theta + \sin 10\theta$

$= (\sin\theta + \sin 9\theta) + (\sin 2\theta + \sin 8\theta) + (\sin 3\theta + \sin 7\theta)$

$\qquad\qquad + (\sin 4\theta + \sin 6\theta) + \sin 5\theta + \sin 10\theta$

$= 0$

22 1287 답 $\dfrac{12}{11}\pi$ 유형 4

출제의도 | 두 동경의 대칭이동에 대하여 이해하는지 확인한다.

STEP1 θ를 n에 대한 식으로 나타내기 [2점]

각 $\dfrac{\theta}{4}$를 나타내는 동경과 각 3θ를 나타내는 동경이 원점에 대하여 대칭이므로

$3\theta - \dfrac{\theta}{4} = (2n+1)\pi$ (n은 정수)

$\dfrac{11}{4}\theta = (2n+1)\pi$ $\qquad \therefore \theta = \dfrac{4(2n+1)}{11}\pi$ ················· ㉠

STEP2 n의 값의 범위 구하기 [2점]

$\pi < \theta < \dfrac{3}{2}\pi$에서 $\pi < \dfrac{4(2n+1)}{11}\pi < \dfrac{3}{2}\pi$이므로

$\dfrac{11}{4} < 2n+1 < \dfrac{33}{8}$ $\qquad \therefore \dfrac{7}{8} < n < \dfrac{25}{16}$

STEP3 θ의 값 구하기 [2점]

n은 정수이므로 $n=1$

$n=1$을 ㉠에 대입하면 $\theta = \dfrac{12}{11}\pi$

23 1288 답 $\dfrac{\sqrt{6}}{3}$ 유형 13 + 유형 16

출제의도 | 삼각함수를 이용하여 선분의 길이를 구할 수 있는지 확인한다.

STEP1 $\overline{AB}$, $\overline{OB}$, $\overline{CD}$의 길이를 $\sin\theta$, $\cos\theta$, $\tan\theta$에 대한 식으로 나타내기 [2점]

삼각형 AOB에서 $\longrightarrow \sin\theta = \dfrac{\overline{AB}}{1}$, $\cos\theta = \dfrac{\overline{OB}}{1}$

$\overline{AB} = \sin\theta$, $\overline{OB} = \cos\theta$

삼각형 COD에서 $\longrightarrow \tan\theta = \dfrac{\overline{CD}}{1}$

$\overline{CD} = \tan\theta$

STEP2 $\tan\theta$의 값 구하기 [3점]

$\dfrac{\overline{OB}}{\overline{AB}} = \dfrac{3}{2}\overline{CD}$이므로 $\dfrac{\cos\theta}{\sin\theta} = \dfrac{3}{2}\tan\theta$

$\dfrac{1}{\tan\theta} = \dfrac{3}{2}\tan\theta$, $\tan^2\theta = \dfrac{2}{3}$

$\therefore \tan\theta = \dfrac{\sqrt{6}}{3}$ ($\because \tan\theta > 0$)

STEP3 $\overline{CD}$의 길이 구하기 [1점]

$\overline{CD} = \tan\theta = \dfrac{\sqrt{6}}{3}$

24 1289 답 $\dfrac{4}{3}$ 유형 7 + 유형 8

출제의도 | 부채꼴의 넓이와 호의 길이를 활용하여 문제를 해결할 수 있는지 확인한다.

STEP1 두 부채꼴의 호의 길이를 이용하여 두 부채꼴의 반지름의 길이 사이의 관계식 구하기 [2점]

$\overline{OA} = r$, $\overline{OC} = r'$, 두 부채꼴의 중심각의 크기를 θ라 하면

부채꼴 AOB에서 $r\theta = \dfrac{9}{4}\pi$ ······························· ㉠

부채꼴 COD에서 $r'\theta = \dfrac{7}{4}\pi$ ···························· ㉡

㉠ ÷ ㉡을 하면 $\dfrac{r}{r'} = \dfrac{9}{7}$ $\qquad \therefore r = \dfrac{9r'}{7}$ ········· ㉢

STEP2 색칠한 부분의 넓이를 이용하여 두 부채꼴의 반지름의 길이 사이의 관계식 구하기 [2점]

색칠한 부분의 넓이가 $\dfrac{8}{3}\pi$이므로

$\dfrac{1}{2} \times r \times \dfrac{9}{4}\pi - \dfrac{1}{2} \times r' \times \dfrac{7}{4}\pi = \dfrac{8}{3}\pi$, $27r - 21r' = 64$ ········· ㉣

STEP3 두 부채꼴의 반지름의 길이 각각 구하기 [2점]

㉢을 ㉣에 대입하면

$27 \times \dfrac{9r'}{7} - 21r' = 64$, $96r' = 448$ $\qquad \therefore r' = \dfrac{14}{3}$

이것을 ㉢에 대입하면 $r = 6$

STEP4 $\overline{AC}$의 길이 구하기 [1점]

$\overline{AC}$의 길이는 $6 - \dfrac{14}{3} = \dfrac{4}{3}$

25 1290 답 $-\dfrac{\sqrt{15}}{15}$ 유형 11

출제의도 | 삼각함수의 정의를 이해하는지 확인한다.

STEP1 $\cos\alpha$의 값 구하기 [4점]

점 P는 직선 $y=2$와 원 $x^2+y^2=5$의 교점이므로 $x^2+y^2=5$에 $y=2$를 대입하면 $x^2+4=5$, $x^2=1$

$\therefore x=-1$ 또는 $x=1$

점 P는 제2사분면 위의 점이므로 $P(-1, 2)$

$\overline{OP} = \sqrt{5}$이므로

$\cos\alpha = \dfrac{-1}{\sqrt{5}} = -\dfrac{\sqrt{5}}{5}$

STEP2 $\sin\beta$의 값 구하기 [4점]

점 Q는 직선 $y=2$와 원 $x^2+y^2=12$의 교점이므로 $x^2+y^2=12$에 $y=2$를 대입하면

$x^2+4=12$, $x^2=8$

$\therefore x=-2\sqrt{2}$ 또는 $x=2\sqrt{2}$

점 Q는 제2사분면 위의 점이므로 $Q(-2\sqrt{2}, 2)$

$\overline{OQ} = 2\sqrt{3}$이므로

$\sin\beta = \dfrac{2}{2\sqrt{3}} = \dfrac{\sqrt{3}}{3}$

STEP3 $\cos\alpha\sin\beta$의 값 구하기 [1점]

$\cos\alpha\sin\beta = \left(-\dfrac{\sqrt{5}}{5}\right) \times \dfrac{\sqrt{3}}{3} = -\dfrac{\sqrt{15}}{15}$

06 삼각함수의 그래프

1291 답 (1) 풀이 참조　(2) 풀이 참조　(3) 풀이 참조
　　　　　(4) 풀이 참조

(1) $-1 \le \sin x \le 1$에서
　$-2 \le 2\sin x \le 2$이므로
　치역은 $\{y \mid -2 \le y \le 2\}$이고,
　$2\sin x = 2\sin(x+2\pi)$이므로
　주기는 2π이다.
　따라서 $y=2\sin x$의 그래프는 그림과 같다.

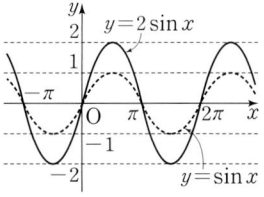

(2) 치역은 $\{y \mid -1 \le y \le 1\}$이고,
　$\sin 2x = \sin(2x+2\pi)$
　$\qquad = \sin 2(x+\pi)$
　이므로 주기는 π이다.
　따라서 $y=\sin 2x$의 그래프는
　그림과 같다.

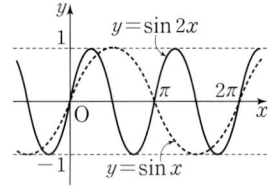

(3) 치역은 $\{y \mid -1 \le y \le 1\}$이고,
　$\cos \dfrac{x}{2} = \cos\left(\dfrac{x}{2}+2\pi\right)$
　$\qquad = \cos \dfrac{1}{2}(x+4\pi)$
　이므로 주기는 4π이다.
　따라서 $y=\cos \dfrac{x}{2}$의 그래프는 그림과 같다.

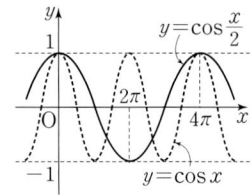

(4) 치역은 $\{y \mid -3 \le y \le 3\}$이고,
　$3\cos 2x = 3\cos(2x+2\pi)$
　$\qquad = 3\cos 2(x+\pi)$
　이므로 주기는 π이다.
　따라서 $y=3\cos 2x$의 그래프
　는 그림과 같다.

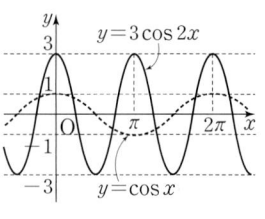

1292 답 (1) 최댓값 : 3, 최솟값 : -1, 주기 : $\dfrac{2}{3}\pi$
　　　　　(2) 최댓값 : $-\dfrac{3}{2}$, 최솟값 : $-\dfrac{5}{2}$, 주기 : 4π

(1) $y=-2\sin\left(3x-\dfrac{\pi}{2}\right)+1$에서
　최댓값은 $|-2|+1=3$,
　최솟값은 $-|-2|+1=-1$,
　주기는 $\dfrac{2}{3}\pi$

(2) $y=\dfrac{1}{2}\cos\left(\dfrac{x}{2}+\pi\right)-2$에서
　최댓값은 $\left|\dfrac{1}{2}\right|-2=-\dfrac{3}{2}$,
　최솟값은 $-\left|\dfrac{1}{2}\right|-2=-\dfrac{5}{2}$,
　주기는 $\dfrac{2\pi}{\frac{1}{2}}=4\pi$

1293 답 (1) 풀이 참조　(2) 풀이 참조

(1) $2\tan x = 2\tan(x+\pi)$이므로
　주기는 π이고, 점근선의 방정식
　은 $x=n\pi+\dfrac{\pi}{2}$ (n은 정수)이다.
　따라서 $y=2\tan x$의 그래프는
　그림과 같다.

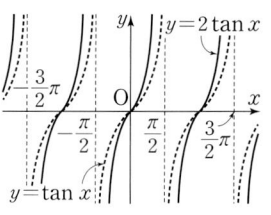

(2) $\tan \dfrac{x}{2} = \tan\left(\dfrac{x}{2}+\pi\right)$
　$\qquad = \tan \dfrac{1}{2}(x+2\pi)$
　이므로 주기는 2π이고, 점근선
　의 방정식은 $\dfrac{x}{2}=n\pi+\dfrac{\pi}{2}$에서
　$x=2n\pi+\pi$ (n은 정수)이다.
　따라서 $y=\tan \dfrac{x}{2}$의 그림은 그림과 같다.

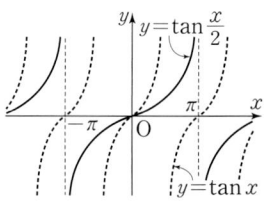

1294 답 최댓값, 최솟값은 없다., 주기 : $\dfrac{3}{2}\pi$

$y=\tan\left(\dfrac{2}{3}x-\dfrac{\pi}{2}\right)-1$의 최댓값, 최솟값은 없다.

주기는 $\dfrac{\pi}{\frac{2}{3}}=\dfrac{3}{2}\pi$

1295 답 (1) $\dfrac{\sqrt{3}}{2}$　(2) $-\dfrac{\sqrt{2}}{2}$　(3) $\sqrt{3}$　(4) $-\dfrac{1}{2}$　(5) $\dfrac{\sqrt{2}}{2}$
　　　　　(6) $-\dfrac{\sqrt{3}}{3}$

(1) $\sin \dfrac{13}{3}\pi = \sin\left(4\pi+\dfrac{\pi}{3}\right) = \sin \dfrac{\pi}{3} = \dfrac{\sqrt{3}}{2}$

(2) $\cos\left(-\dfrac{3}{4}\pi\right) = \cos \dfrac{3}{4}\pi = \cos\left(\pi-\dfrac{\pi}{4}\right) = -\cos \dfrac{\pi}{4} = -\dfrac{\sqrt{2}}{2}$

(3) $\tan\left(-\dfrac{2}{3}\pi\right) = -\tan \dfrac{2}{3}\pi = -\tan\left(\pi-\dfrac{\pi}{3}\right) = \tan \dfrac{\pi}{3} = \sqrt{3}$

(4) $\cos \dfrac{4}{3}\pi = \cos\left(\pi+\dfrac{\pi}{3}\right) = -\cos \dfrac{\pi}{3} = -\dfrac{1}{2}$

(5) $\sin \dfrac{3}{4}\pi = \sin\left(\pi-\dfrac{\pi}{4}\right) = \sin \dfrac{\pi}{4} = \dfrac{\sqrt{2}}{2}$

(6) $\tan \dfrac{5}{6}\pi = \tan\left(\pi-\dfrac{\pi}{6}\right) = -\tan \dfrac{\pi}{6} = -\dfrac{\sqrt{3}}{3}$

1296 답 0.7986

$\sin 127° = \sin(90°+37°) = \cos 37° = 0.7986$

1297 답 (1) $x=\dfrac{5}{4}\pi$ 또는 $x=\dfrac{7}{4}\pi$　(2) $x=\dfrac{\pi}{3}$ 또는 $x=\dfrac{4}{3}\pi$

(1) 그림과 같이 $0 \le x < 2\pi$에서
　함수 $y=\sin x$의 그래프와 직선
　$y=-\dfrac{\sqrt{2}}{2}$의 교점의 x좌표가
　$\dfrac{5}{4}\pi$, $\dfrac{7}{4}\pi$이므로
　$x=\dfrac{5}{4}\pi$ 또는 $x=\dfrac{7}{4}\pi$

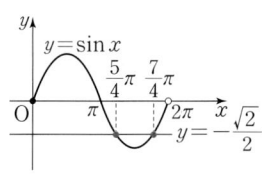

(2) 그림과 같이 $0 \le x < 2\pi$에서 함수 $y = \tan x$의 그래프와 직선 $y = \sqrt{3}$의 교점의 x좌표가 $\dfrac{\pi}{3}$, $\dfrac{4}{3}\pi$이므로

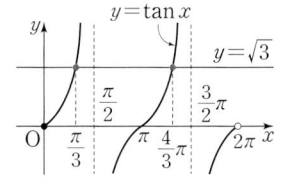

$$x = \dfrac{\pi}{3} \text{ 또는 } x = \dfrac{4}{3}\pi$$

1298 답 $x = \dfrac{\pi}{6}$ 또는 $x = \dfrac{11}{6}\pi$

$2\cos x - \sqrt{3} = 0$에서 $\cos x = \dfrac{\sqrt{3}}{2}$

$0 \le x < 2\pi$에서 $y = \cos x$의 그래프와 직선 $y = \dfrac{\sqrt{3}}{2}$의 교점의 x좌표가 $\dfrac{\pi}{6}$, $\dfrac{11}{6}\pi$이므로

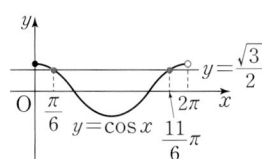

$$x = \dfrac{\pi}{6} \text{ 또는 } x = \dfrac{11}{6}\pi$$

1299 답 (1) $\dfrac{\pi}{6} \le x \le \dfrac{5}{6}\pi$ (2) $\dfrac{3}{4}\pi < x < \dfrac{5}{4}\pi$

(1) 부등식 $\sin x \ge \dfrac{1}{2}$의 해는 함수 $y = \sin x$의 그래프가 직선 $y = \dfrac{1}{2}$과 만나는 부분 또는 직선보다 위쪽에 있는 부분의 x의 값의 범위이므로 그림에서

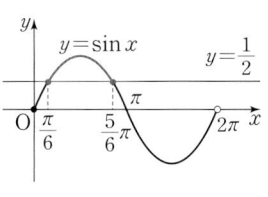

$$\dfrac{\pi}{6} \le x \le \dfrac{5}{6}\pi$$

(2) 부등식 $\cos x < -\dfrac{\sqrt{2}}{2}$의 해는 함수 $y = \cos x$의 그래프가 직선 $y = -\dfrac{\sqrt{2}}{2}$보다 아래쪽에 있는 x의 값의 범위이므로 그림에서

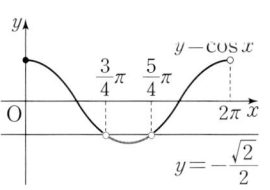

$$\dfrac{3}{4}\pi < x < \dfrac{5}{4}\pi$$

1300 답 $\dfrac{\pi}{6} \le x < \dfrac{\pi}{2}$ 또는 $\dfrac{7}{6}\pi \le x < \dfrac{3}{2}\pi$

$\sqrt{3}\tan x - 1 \ge 0$에서 $\tan x \ge \dfrac{\sqrt{3}}{3}$

부등식 $\tan x \ge \dfrac{\sqrt{3}}{3}$의 해는 함수 $y = \tan x$의 그래프가 직선 $y = \dfrac{\sqrt{3}}{3}$과 만나는 부분 또는 직선보다 위쪽에 있는 부분의 x의 값의 범위이므로 그림에서

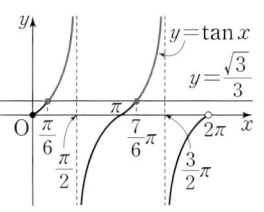

$$\dfrac{\pi}{6} \le x < \dfrac{\pi}{2} \text{ 또는 } \dfrac{7}{6}\pi \le x < \dfrac{3}{2}\pi$$

1301 답 3

이차함수 $y = x^2 - x - 3$의 그래프가 직선 $y = 2x + 7$보다 위쪽에 있으면

$x^2 - x - 3 > 2x + 7$, $x^2 - 3x - 10 > 0$

$(x+2)(x-5) > 0$ $\therefore x < -2$ 또는 $x > 5$

따라서 $a = -2$, $b = 5$이므로

$a + b = 3$

1302 답 24

$2x^2 - 3x + b = ax$에서 $2x^2 - (a+3)x + b = 0$

이 이차방정식의 두 근이 -3, 4이므로 근과 계수의 관계에 의하여

$(-3) + 4 = \dfrac{a+3}{2}$, $(-3) \times 4 = \dfrac{b}{2}$

$a = -1$, $b = -24$

$\therefore ab = 24$

1303 답 ⑤

$-x^2 + 3x - a < -x + 2$에서 $x^2 - 4x + a + 2 > 0$ ············· ㉠

한편, 해가 $x < -1$ 또는 $x > b$이고 x^2의 계수가 1인 이차부등식은

$(x+1)(x-b) > 0$ $\therefore x^2 + (1-b)x - b > 0$ ············· ㉡

따라서 ㉠과 ㉡이 서로 같아야 하므로

$-4 = 1 - b$, $a + 2 = -b$

$\therefore a = -7$, $b = 5$

$\therefore a + 2b = 3$

1304 답 ④

$1 \le x \le 3$일 때, $3 \le 2x + 1 \le 7$이므로 치역은 $\{y \mid 3 \le y \le 7\}$

따라서 $a = 3$, $b = 7$이므로

$a + b = 10$

1305 답 $\{1, 4, 5, 7\}$

$3x + 1 = 4$에서 $x = 1$

$3x + 1 = 13$에서 $x = 4$

$3x + 1 = 16$에서 $x = 5$

$3x + 1 = 22$에서 $x = 7$

따라서 정의역은 $\{1, 4, 5, 7\}$이다.

1306 답 ②

$a - x \ge 0$에서 $x \le a$이므로 주어진 함수의 정의역은 $\{x \mid x \le a\}$

$\therefore a = 3$

또, $\sqrt{3-x} \ge 0$이므로 주어진 함수의 치역은 $\{y \mid y \ge 2\}$

$\therefore b = 2$

$\therefore ab = 6$

1307 답 ④
| 유형 1

다음 중 함수 $y=\cos x$에 대한 설명으로 옳지 <u>않은</u> 것은?
① 정의역은 실수 전체의 집합이다.
② 치역은 $\{y \mid -1 \leq y \leq 1\}$이다.
③ 주기가 2π인 주기함수이다.
④ <u>그래프는 원점에 대하여 대칭이다.</u>
   【단서1】
⑤ 그래프는 $y=\sin x$의 그래프를 x축의 방향으로 $-\dfrac{\pi}{2}$만큼 평행이
   동한 것과 같다.

【단서1】 $f(x)$의 그래프가 원점에 대하여 대칭 ➔ $f(-x)=-f(x)$

STEP 1 함수 $y=\cos x$에 대한 설명으로 옳지 않은 것 찾기
① 정의역은 실수 전체의 집합이다. (참)
② 치역은 $\{y \mid -1 \leq y \leq 1\}$이다. (참)
③ 주기가 2π인 주기함수이다. (참)
④ $f(x)=\cos x$에 대하여 $f(-x)=f(x)$이므로 $y=f(x)$의 그래프는 y축에 대하여 대칭이다. (거짓)
⑤ 그래프는 $y=\sin x$의 그래프를 x축의 방향으로 $-\dfrac{\pi}{2}$만큼 평행이동한 것과 같다. (참)
따라서 옳지 않은 것은 ④이다.

1308 답 ①
ㄱ. $f(x)$의 주기는 2π이다. (참)
ㄴ. $f(x)$의 최댓값은 1이다. (참)
ㄷ. 치역은 $\{y \mid -1 \leq y \leq 1\}$이다. (거짓)
ㄹ. $y=f(x)$의 그래프는 원점에 대하여 대칭이다. (거짓)
따라서 옳은 것은 ㄱ, ㄴ이다.

1309 답 ④
① 치역은 실수 전체의 집합이다. (참)
② 그래프는 원점에 대하여 대칭이다. (참)
③ 점근선의 방정식은 $x=n\pi+\dfrac{\pi}{2}$ (n은 정수)이다. (참)
④ $y=\tan x$의 그래프는 원점에 대하여 대칭이므로
   $\tan(-x)=-\tan x$ (거짓)
⑤ $y=\tan x$의 주기는 π이므로 $\tan(x+p)=\tan x$를 만족시키는 최소의 양수 p는 π이다. (참)
따라서 옳지 않은 것은 ④이다.

1310 답 ⑤
$y=\cos(-x)$의 그래프는 $y=\cos x$의 그래프를 y축에 대하여 대칭이동한 것이므로 $y=\cos x$의 그래프와 같다.
⑤ $y=\cos x$는 $\dfrac{\pi}{2}<x<\pi$에서 x의 값이 증가하면 y의 값은 감소한다. (거짓)

1311 답 ㄱ, ㄴ, ㄹ
ㄱ. $y=\sin x$의 그래프는 원점에 대하여 대칭이므로
   $\sin(-x)=-\sin x$ (참)
ㄴ. $y=\cos x$의 그래프를 x축의 방향으로 $\dfrac{\pi}{2}$만큼 평행이동하면
   $y=\sin x$의 그래프와 일치한다. (참)
ㄷ. $y=\sin x$는 $0<x<\dfrac{\pi}{2}$에서 x의 값이 증가하면 y의 값도 증가한다. (거짓)
ㄹ. 그림과 같이 $0 \leq x \leq 2\pi$에서 $y=\sin x$의 그래프와 $y=\cos x$의 그래프는 서로 다른 두 점에서 만난다. (참)

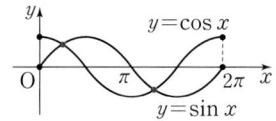

따라서 옳은 것은 ㄱ, ㄴ, ㄹ이다.

1312 답 ③
| 유형 2

세 함수 $f(x)=\sin x$, $g(x)=\cos x$, $h(x)=\tan x$에 대하여 다음 중 옳은 것은? 【단서1】
① $f(1)<g(1)<h(1)$ ② $f(1)<h(1)<g(1)$
③ $g(1)<f(1)<h(1)$ ④ $g(1)<h(1)<f(1)$
⑤ $h(1)<f(1)<g(1)$

【단서1】 세 함수의 그래프를 이용

STEP 1 삼각함수의 그래프를 이용하여 $\sin 1$, $\cos 1$, $\tan 1$의 대소 비교하기
$\dfrac{\pi}{4}<1<\dfrac{\pi}{2}$이므로 그림에서
   ➔ $\pi=3.141592\cdots$
$\cos 1<\sin 1<\tan 1$
$\therefore g(1)<f(1)<h(1)$

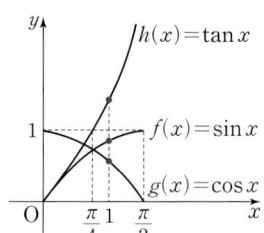

1313 답 ③
$\dfrac{\pi}{4}<1<\dfrac{5}{4}<\dfrac{\pi}{2}$이고 $y=\sin x$는
$0<x<\dfrac{\pi}{2}$에서 x의 값이 증가하면 y의 값도 증가한다.
$\therefore \sin\dfrac{\pi}{4}<\sin 1<\sin\dfrac{5}{4}$

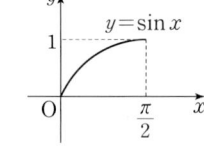

1314 답 ④
$25°<45°<50°$이므로
그림에서
$\sin 25°<\cos 25°<\tan 50°$
$\therefore C<A<B$

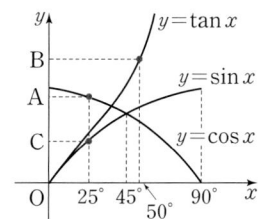

1315 답 ⑤

$\dfrac{\pi}{4}<1<\dfrac{5}{4}<\dfrac{\pi}{2}$이고 $y=\cos x$는

$0<x<\dfrac{\pi}{2}$에서 x의 값이 증가하면 y의 값

은 감소하므로

$\cos\dfrac{5}{4}<\cos 1<\cos\dfrac{\pi}{4}$

$\therefore f\left(\dfrac{5}{4}\right)<f(1)<f\left(\dfrac{\pi}{4}\right)$

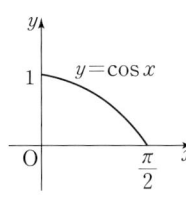

1316 답 ②

$y=\sin x$, $y=\cos x$, $y=\tan x$

의 그래프는 그림과 같으므로

$\dfrac{\pi}{4}<x<\dfrac{\pi}{2}$에서

$\cos x<\sin x<\tan x$

ㄱ. $\sin x-\cos x>0$ (거짓)

ㄴ. $\tan x-\cos x>0$ (참)

ㄷ. $\sin x-\tan x<0$ (거짓)

따라서 옳은 것은 ㄴ이다.

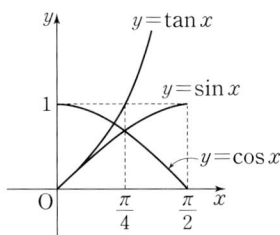

1317 답 ③

$\dfrac{\pi}{4}<1<\dfrac{\pi}{2}$이므로 그림에서

$\cos 1<\sin 1<\tan 1$

$\therefore g(1)<f(1)<h(1)$

① $h(1)-f(1)>0$

② $f(1)-g(1)>0$

③ $h(1)-g(1)>0$

④ $g(1)-f(1)<0$

⑤ $g(1)-h(1)<0$

양수인 ①, ②, ③ 중 값이 가장 큰 것은 ③ $h(1)-g(1)$이다.

1318 답 ⑤

$\pi=3.14$로 계산하면

$\tan 4=\tan(4-\pi)=\tan(4-3.14)=\tan 0.86$

$\tan 7=\tan(7-2\pi)=\tan(7-6.28)=\tan 0.72$

$\tan 10=\tan(10-3\pi)=\tan(10-9.42)=\tan 0.58$

$y=\tan x$는 $0<x<\dfrac{\pi}{2}$에서 x의 값이 증가하면 y의 값도 증가한다.

이때 $0<0.58<0.72<0.86<\dfrac{\pi}{2}$이므로

$\tan 0.58<\tan 0.72<\tan 0.86$

$\therefore \tan 10<\tan 7<\tan 4$

따라서 옳은 것은 ⑤이다.

실수 Check

$y=\tan x$가 주기함수임을 이용하여 $0<x<\dfrac{\pi}{2}$에서 함숫값이 같은 값들을 찾아 크기를 비교한다.

1319 답 $A>B$

$A-B=x\sin y+y\sin x-(x\cos x+y\cos y)$

$\qquad=x(\sin y-\cos x)+y(\sin x-\cos y)$

$\dfrac{\pi}{4}<x<\dfrac{\pi}{2}$, $\dfrac{\pi}{4}<y<\dfrac{\pi}{2}$인 모든 x, y ($x\neq y$)에 대하여

$\sin y>\cos x$, $\sin x>\cos y$

$\therefore \sin y-\cos x>0$, $\sin x-\cos y>0$

따라서 $x(\sin y-\cos x)+y(\sin x-\cos y)>0$이므로

$A-B>0$ $\quad\therefore A>B$

실수 Check

$\dfrac{\pi}{4}$를 기준으로 $x<\dfrac{\pi}{4}$이면 $\sin x<\cos x$, $x>\dfrac{\pi}{4}$이면 $\sin x>\cos x$임을 이용하여 크기를 비교한다.

1320 답 ③

ㄱ. $\dfrac{\pi}{4}<\theta<\dfrac{\pi}{2}$일 때, $\dfrac{\sqrt 2}{2}<\sin\theta<1$, $0<\cos\theta<\dfrac{\sqrt 2}{2}$

$\quad\therefore 0<\cos\theta<\sin\theta<1$ (참)

ㄴ. $0<\cos\theta<\sin\theta<1$이므로

$\quad\log_{\sin\theta}\cos\theta>\log_{\sin\theta}\sin\theta$

$\quad\therefore \log_{\sin\theta}\cos\theta>1$ (참)

ㄷ. $0<\cos\theta<\sin\theta<1$이므로

$\quad(\cos\theta)^{\sin\theta}<(\sin\theta)^{\sin\theta}<(\sin\theta)^{\cos\theta}$ (거짓)

따라서 옳은 것은 ㄱ, ㄴ이다.

개념 Check

(1) 지수함수를 이용한 수의 대소 비교

① $a>1$일 때, $m<n \Longleftrightarrow a^m<a^n$

② $0<a<1$일 때, $m<n \Longleftrightarrow a^m>a^n$

(2) 로그함수를 이용한 수의 대소 비교

① $a>1$일 때, $m<n \Longleftrightarrow \log_a m<\log_a n$

② $0<a<1$일 때, $m<n \Longleftrightarrow \log_a m>\log_a n$

실수 Check

밑이 0보다 크고 1보다 작은 지수함수의 그래프는 $x>0$에서 밑이 작을수록 x축에 가까워짐을 이용하여 크기를 비교한다.

1321 답 ⑤

ㄱ. $0<\theta<\dfrac{\pi}{4}$일 때, $0<\sin\theta<\dfrac{\sqrt 2}{2}$, $\dfrac{\sqrt 2}{2}<\cos\theta<1$이므로

$\quad0<\sin\theta<\cos\theta<1$ (참)

ㄴ. $0<\sin\theta<1$이므로 함수 $y=\log_{\sin\theta}x$는 x의 값이 증가하면 y의 값은 감소한다. $\sin\theta<\cos\theta<1$이므로

$\quad\log_{\sin\theta}1<\log_{\sin\theta}\cos\theta<\log_{\sin\theta}\sin\theta$

$\quad\therefore 0<\log_{\sin\theta}\cos\theta<1$ (참)

ㄷ. $0<\cos\theta<1$이므로 함수 $y=(\cos\theta)^x$은 x의 값이 증가하면 y의 값은 감소한다.

$\quad\sin\theta<\cos\theta$이므로 $(\cos\theta)^{\cos\theta}<(\cos\theta)^{\sin\theta}$

$\quad\therefore (\sin\theta)^{\cos\theta}<(\cos\theta)^{\cos\theta}<(\cos\theta)^{\sin\theta}$ (참)

따라서 옳은 것은 ㄱ, ㄴ, ㄷ이다.

1322 답 ④

다음 중 주기가 $\sqrt{2}$인 주기함수인 것은?
단서1
① $y=\tan\pi x$
② $y=\cos\pi x$
③ $y=\sin 2\pi x$
④ $y=\cos\left(\sqrt{2}\pi x-\dfrac{\pi}{4}\right)$
⑤ $y=\sin\dfrac{\sqrt{2}}{\pi}x$

단서1 $y=\sin ax$의 주기 ➡ $\dfrac{2\pi}{|a|}$
$y=\cos ax$의 주기 ➡ $\dfrac{2\pi}{|a|}$
$y=\tan ax$의 주기 ➡ $\dfrac{\pi}{|a|}$

STEP 1 주기가 $\sqrt{2}$인 주기함수 찾기

① $y=\tan\pi x$의 주기는 $\dfrac{\pi}{\pi}=1$

② $y=\cos\pi x$의 주기는 $\dfrac{2\pi}{\pi}=2$

③ $y=\sin 2\pi x$의 주기는 $\dfrac{2\pi}{2\pi}=1$

④ $y=\cos\left(\sqrt{2}\pi x-\dfrac{\pi}{4}\right)$의 주기는 $\dfrac{2\pi}{\sqrt{2}\pi}=\sqrt{2}$

⑤ $y=\sin\dfrac{\sqrt{2}}{\pi}x$의 주기는 $\dfrac{2\pi}{\dfrac{\sqrt{2}}{\pi}}=\sqrt{2}\pi^2$

따라서 주어진 함수 중 주기가 $\sqrt{2}$인 것은 ④이다.

1323 답 ②

$a>0$이므로 $y=\cos ax$의 주기는 $\dfrac{2\pi}{a}$

$y=\tan\dfrac{x}{a}$의 주기는 $\dfrac{\pi}{\dfrac{1}{a}}=a\pi$

두 함수의 주기가 같으므로 $\dfrac{2\pi}{a}=a\pi$

$a^2=2$ ∴ $a=\sqrt{2}\ (\because a>0)$

1324 답 ③

$y=\sin 2x$의 주기는 $\dfrac{2\pi}{2}=\pi$

$y=\dfrac{1}{2}\cos\pi x$의 주기는 $\dfrac{2\pi}{\pi}=2$

$y=2\tan\dfrac{1}{3}x$의 주기는 $\dfrac{\pi}{\dfrac{1}{3}}=3\pi$

따라서 $a=\pi$, $b=2$, $c=3\pi$이므로
$b<a<c$

1325 답 4

함수 $f(x)$의 주기가 p이므로 모든 실수 x에 대하여
$f(x+p)=f(x)$
∴ $f(p)=f(0)=\sin 0+\cos 0+3=4$

1326 답 ③

함수 $f(x)$의 주기가 p이므로 모든 실수 x에 대하여
$f(x+p)=f(x)$

∴ $f(p)=f(0)=\sin\dfrac{\pi}{4}\cos\left(-\dfrac{\pi}{4}\right)$

$\quad=\sin\dfrac{\pi}{4}\cos\dfrac{\pi}{4}$

$\quad=\dfrac{\sqrt{2}}{2}\times\dfrac{\sqrt{2}}{2}=\dfrac{1}{2}$

1327 답 ③

① $f(x)=2\sin 2\pi\left(x-\dfrac{\pi}{2}\right)$의 주기는 $\dfrac{2\pi}{2\pi}=1$

$\quad\therefore f(x)=f(x+1)$

② $f(x)=2\cos 2\pi(x-1)$의 주기는 $\dfrac{2\pi}{2\pi}=1$

$\quad\therefore f(x)=f(x+1)$

③ $f(x)=2\sin 3\pi(x-1)+1$의 주기는 $\dfrac{2\pi}{3\pi}=\dfrac{2}{3}$

$\quad$즉, $f(x)=f\left(x+\dfrac{2}{3}\right)=f\left(x+\dfrac{4}{3}\right)=\cdots$이므로

$\quad f(x)\ne f(x+1)$

④ $f(x)=2\cos 4\pi(x+1)-1$의 주기는 $\dfrac{2\pi}{4\pi}=\dfrac{1}{2}$

$\quad$즉, $f(x)=f\left(x+\dfrac{1}{2}\right)=f(x+1)=\cdots$이므로

$\quad f(x)=f(x+1)$

⑤ $f(x)=2\cos 6\pi x$의 주기는 $\dfrac{2\pi}{6\pi}=\dfrac{1}{3}$

$\quad$즉, $f(x)=f\left(x+\dfrac{1}{3}\right)=f\left(x+\dfrac{2}{3}\right)=f(x+1)=\cdots$이므로

$\quad f(x)=f(x+1)$

따라서 $f(x)=f(x+1)$을 만족시키지 않는 것은 ③이다.

참고 주기가 $\dfrac{1}{n}$ (n은 자연수)인 주기함수 $f(x)$는 모든 실수 x에 대하여
$f(x)=f(x+1)$을 만족시킨다.

1328 답 ④

ㄱ. $f(x)=\sin 4x+1$의 주기는 $\dfrac{2\pi}{4}=\dfrac{\pi}{2}$

$\quad$즉, $f(x)=f\left(x+\dfrac{\pi}{2}\right)=f(x+\pi)=\cdots$이므로

$\quad f(x)=f(x+\pi)$

ㄴ. $f(x)=\cos 6x$의 주기는 $\dfrac{2\pi}{6}=\dfrac{\pi}{3}$

$\quad$즉, $f(x)=f\left(x+\dfrac{\pi}{3}\right)=f\left(x+\dfrac{2}{3}\pi\right)=f(x+\pi)=\cdots$이므로

$\quad f(x)=f(x+\pi)$

ㄷ. $f(x)=\tan\dfrac{x}{3}$의 주기는 $\dfrac{\pi}{\dfrac{1}{3}}=3\pi$

$\quad$즉, $f(x)=f(x+3\pi)=f(x+6\pi)=\cdots$이므로

$\quad f(x)\ne f(x+\pi)$

ㄹ. $f(x)=\tan 4x+2$의 주기는 $\dfrac{\pi}{4}$

$\quad$즉, $f(x)=f\left(x+\dfrac{\pi}{4}\right)=f\left(x+\dfrac{\pi}{2}\right)=f\left(x+\dfrac{3}{4}\pi\right)=f(x+\pi)=\cdots$

이므로

$\quad f(x)=f(x+\pi)$

따라서 $f(x)=f(x+\pi)$를 만족시키는 것은 ㄱ, ㄴ, ㄹ이다.

참고 주기가 π인 함수 $f(x)$는 모든 실수 x에 대하여 $f(x+\pi)=f(x)$를 만족시키지만 그 역은 성립하지 않는다.

예를 들어, $f(x)=\sin 6x$에 대하여
$$f(x+\pi)=\sin 6(x+\pi)$$
$$=\sin(6x+6\pi)$$
$$=\sin 6x=f(x)$$

이지만 함수 $f(x)$의 주기는 $\dfrac{2\pi}{6}=\dfrac{\pi}{3}$이다.

즉, 모든 실수 x에 대하여 $f(x+p)=f(x)$ (p는 양의 상수)를 만족시키면 함수 $f(x)$의 주기는 $\dfrac{p}{n}$ (n은 자연수) 꼴이다.

1329 🔖 ④

모든 실수 x에 대하여 $f(x+1)=f(x-1)$이 성립하므로 양변에 x 대신 $x+1$을 대입하면
$$f(x+2)=f(x)$$
따라서 함수 $f(x)$는 주기함수이므로
$$f(2022)=f(2020)=f(2018)=\cdots=f(0)=2,$$
$$f(2021)=f(2019)=f(2017)=\cdots=f(1)=-1$$
$$\therefore f(2020)+f(2021)+f(2022)=2-1+2=3$$

1330 🔖 0

모든 실수 x에 대하여 $f(x+2)=f(x-1)$이 성립하므로 양변에 x 대신 $x+1$을 대입하면 $f(x+3)=f(x)$
따라서 함수 $f(x)$는 주기함수이므로
$$f(2022)=f(2019)=f(2016)=\cdots=f(3)=f(0)=-1$$
$$f(2024)=f(2021)=f(2018)=\cdots=f(5)=f(2)=1$$
$$\therefore f(2022)+f(2024)=-1+1=0$$

실수 Check

주어진 함숫값과 함수의 주기를 이용하여 문제의 함숫값을 구할 때 계산에 주의한다.

Plus 문제

1330-1

모든 실수 x에 대하여 $f(x-3)=f(x+1)$을 만족시키는 함수 $f(x)$에 대하여 $f(0)=-2$, $f(1)=0$, $f(2)=f(3)=2$일 때, $f(2022)-f(2024)+f(2025)-f(2027)$의 값을 구하시오.

모든 실수 x에 대하여 $f(x-3)=f(x+1)$이 성립하므로 양변에 x 대신 $x+3$을 대입하면
$$f(x)=f(x+4)$$
따라서 함수 $f(x)$는 주기함수이므로
$$f(2022)=f(2018)=f(2014)=\cdots=f(6)=f(2)=2$$
$$f(2024)=f(2020)=f(2016)=\cdots=f(4)=f(0)=-2$$
$$f(2025)=f(2021)=f(2017)=\cdots=f(5)=f(1)=0$$
$$f(2027)=f(2023)=f(2019)=\cdots=f(3)=2$$
$$\therefore f(2022)-f(2024)+f(2025)-f(2027)$$
$$=2-(-2)+0-2=2$$

🔖 2

1331 🔖 ⑤

$y=\cos\dfrac{x}{3}$의 주기는 $\dfrac{2\pi}{\frac{1}{3}}=6\pi$

1332 🔖 ③

$y=\tan\left(\pi x+\dfrac{\pi}{2}\right)$의 주기는 $\dfrac{\pi}{\pi}=1$

$\quad\rightarrow\tan\left(\pi x+\dfrac{\pi}{2}\right)=\tan\pi\left(x+\dfrac{1}{2}\right)$

1333 🔖 -1 | 유형 4

함수 $y=2\cos\left(\dfrac{\pi}{2}x-\pi\right)-3$의 그래프는 $y=2\cos\dfrac{\pi}{2}x$의 그래프를 x축의 방향으로 m만큼, y축의 방향으로 n만큼 평행이동한 것이다. 이때 $m+n$의 값을 구하시오. (단, $0<m<4$) **단서1**

단서1 $y=2\cos\left(\dfrac{\pi}{2}x-\pi\right)-3$을 $y=2\cos\dfrac{\pi}{2}(x-a)+b$ 꼴로 변형

STEP1 그래프를 어떻게 평행이동했는지 구하기

$y=2\cos\left(\dfrac{\pi}{2}x-\pi\right)-3=2\cos\dfrac{\pi}{2}(x-2)-3$의 그래프는

$y=2\cos\dfrac{\pi}{2}x$의 그래프를 x축의 방향으로 2만큼, y축의 방향으로 -3만큼 평행이동한 것이다.

STEP2 $m+n$의 값 구하기

$m=2$, $n=-3$이므로 $m+n=-1$

다른 풀이

$y=2\cos\dfrac{\pi}{2}x$의 그래프를 x축의 방향으로 m만큼, y축의 방향으로 n만큼 평행이동하면

$$y=2\cos\dfrac{\pi}{2}(x-m)+n=2\cos\left(\dfrac{\pi}{2}x-\dfrac{\pi}{2}m\right)+n \quad\cdots\cdots\cdots \text{㉠}$$

㉠이 $y=2\cos\left(\dfrac{\pi}{2}x-\pi\right)-3$과 일치해야 하므로

$m=2$, $n=-3$ $\therefore m+n=-1$

1334 🔖 4

$y=\sin 2x+1$의 그래프를 x축에 대하여 대칭이동한 그래프의 식은
$$-y=\sin 2x+1 \quad\therefore y=-\sin 2x-1$$
이 함수의 그래프를 y축의 방향으로 -3만큼 평행이동한 그래프의 식은
$$y=-\sin 2x-1-3 \quad\therefore y=-\sin 2x-4$$
따라서 $a=-1$, $b=-4$이므로 $ab=4$

1335 🔖 ③

$y=3\sin x$의 그래프를 x축의 방향으로 $-\dfrac{\pi}{4}$만큼 평행이동한 그래프의 식은

$$y=3\sin\left(x+\dfrac{\pi}{4}\right) \quad\cdots\cdots\cdots\cdots\cdots\cdots \text{㉠}$$

① $x=0$을 대입하면 $y=3\sin\dfrac{\pi}{4}=\dfrac{3\sqrt{2}}{2}$

② $x=-\dfrac{\pi}{4}$를 대입하면 $y=3\sin 0=0$

③ $x=\dfrac{\pi}{4}$를 대입하면 $y=3\sin\dfrac{\pi}{2}=3$

④ $x=\dfrac{3}{4}\pi$를 대입하면 $y=3\sin\pi=0$

⑤ $x=\dfrac{5}{4}\pi$를 대입하면 $y=3\sin\dfrac{3}{2}\pi=-3$

따라서 ㉠의 그래프 위의 점은 ③이다.

1336 답 ③

$y=\tan\pi x$의 그래프를 x축의 방향으로 -2만큼, y축의 방향으로 1만큼 평행이동한 그래프의 식은

$y=\tan\pi(x+2)+1$

이 함수의 그래프가 점 $\left(-\dfrac{7}{4},\,a\right)$를 지나므로

$a=\tan\pi\left(-\dfrac{7}{4}+2\right)+1=\tan\dfrac{\pi}{4}+1$

$\qquad =1+1=2$

1337 답 ③

ㄱ. $y=2\sin x-2$의 그래프는 $y=\sin x$의 그래프를 y축의 방향으로 2배 한 후 y축의 방향으로 -2만큼 평행이동한 것과 같다.

ㄴ. $y=\sin(x+\pi)+1$의 그래프는 $y=\sin x$의 그래프를 x축의 방향으로 $-\pi$만큼, y축의 방향으로 1만큼 평행이동한 것과 같다.

ㄷ. $y=-\sin x+5$의 그래프는 $y=\sin x$의 그래프를 x축에 대하여 대칭이동한 후 y축의 방향으로 5만큼 평행이동한 것과 같다.

ㄹ. $y=\sin(2x-\pi)-3=\sin 2\left(x-\dfrac{\pi}{2}\right)-3$의 그래프는

$y=\sin 2x$의 그래프를 x축의 방향으로 $\dfrac{\pi}{2}$만큼, y축의 방향으로 -3만큼 평행이동한 것과 같다.

따라서 $y=\sin x$의 그래프를 평행이동 또는 대칭이동하여 겹쳐질 수 있는 그래프의 식은 ㄴ, ㄷ이다.

1338 답 ㄹ

ㄱ. $y=-\cos 2x$의 그래프는 $y=\cos 2x$의 그래프를 x축에 대하여 대칭이동한 것과 같다.

ㄴ. $y=\cos(2x-3)=\cos 2\left(x-\dfrac{3}{2}\right)$의 그래프는 $y=\cos 2x$의 그래프를 x축의 방향으로 $\dfrac{3}{2}$만큼 평행이동한 것과 같다.

ㄷ. $y=3\cos x+2$의 그래프는 $y=3\cos x$의 그래프를 y축의 방향으로 2만큼 평행이동한 것과 같다.

ㄹ. $y=3\cos(2x+\pi)-2=3\cos 2\left(x+\dfrac{\pi}{2}\right)-2$의 그래프는

$y=3\cos 2x$의 그래프를 x축의 방향으로 $-\dfrac{\pi}{2}$만큼, y축의 방향으로 -2만큼 평행이동한 것과 같다.

따라서 $y=3\cos 2x$의 그래프를 평행이동하여 겹쳐질 수 있는 그래프의 식은 ㄹ이다.

1339 답 ④

① $y=\sin 3x-1$의 그래프는 $y=\sin 3x$의 그래프를 y축의 방향으로 -1만큼 평행이동한 것과 같다.

② $y=\sin(3x-6)=\sin 3(x-2)$의 그래프는 $y=\sin 3x$의 그래

프를 x축의 방향으로 2만큼 평행이동한 것과 같다.

③ $y=\sin(3x-3\pi)-2=\sin 3(x-\pi)-2$의 그래프는

$y=\sin 3x$의 그래프를 x축의 방향으로 π만큼, y축의 방향으로 -2만큼 평행이동한 것과 같다.

④ $y=-2\sin 3x+3\pi$의 그래프는 $y=\sin 3x$의 그래프를 y축의 방향으로 2배 한 후 x축에 대하여 대칭이동하고 y축의 방향으로 3π만큼 평행이동한 것과 같다.

⑤ $y=-\sin(3x+3\pi)+\pi=-\sin 3(x+\pi)+\pi$의 그래프는

$y=\sin 3x$의 그래프를 x축에 대하여 대칭이동한 후 x축의 방향으로 $-\pi$만큼, y축의 방향으로 π만큼 평행이동한 것과 같다.

따라서 $y=\sin 3x$의 그래프를 평행이동 또는 대칭이동하여 겹쳐질 수 있는 그래프의 식이 아닌 것은 ④이다.

1340 답 ④

$y=-2\cos 4x$의 그래프를 x축의 방향으로 $\dfrac{\pi}{4}$만큼, y축의 방향으로 -4만큼 평행이동한 그래프의 식은

$y=-2\cos 4\left(x-\dfrac{\pi}{4}\right)-4$

$\therefore y=-2\cos(4x-\pi)-4$

따라서 $f(x)=-2\cos(4x-\pi)-4$이므로

$f\left(\dfrac{\pi}{3}\right)=-2\cos\left(\dfrac{4}{3}\pi-\pi\right)-4=-2\cos\dfrac{\pi}{3}-4$

$\qquad =-2\times\dfrac{1}{2}-4=-5$

1341 답 -9

$y=\tan\dfrac{\pi}{2}x$의 그래프를 y축에 대하여 대칭이동한 그래프의 식은

$y=\tan\left(-\dfrac{\pi}{2}x\right)$

이 함수의 그래프를 x축의 방향으로 $\dfrac{1}{3}$만큼, y축의 방향으로 3만큼 평행이동한 그래프의 식은

$y=\tan\left\{-\dfrac{\pi}{2}\left(x-\dfrac{1}{3}\right)\right\}+3=\tan\left(-\dfrac{\pi}{2}x+\dfrac{\pi}{6}\right)+3$

따라서 $a=-\dfrac{\pi}{2}$, $b=\dfrac{\pi}{6}$, $c=3$이므로

$\dfrac{ac}{b}=-9$

1342 답 ①

| 유형 5

함수 $y=-2\sin\left(-3\pi x+\dfrac{1}{6}\right)+1$의 주기를 a, 최댓값을 b, 최솟값

단서1

을 c라 할 때, $a+b+c$의 값은?

① $\dfrac{8}{3}$ ② 3 ③ $\dfrac{10}{3}$

④ $\dfrac{11}{3}$ ⑤ 4

단서1 $y=a\sin(bx+c)+d$에서

주기 : $\dfrac{2\pi}{|b|}$, 최댓값 : $|a|+d$, 최솟값 : $-|a|+d$

STEP 1 함수의 주기, 최댓값, 최솟값 구하기

$y=-2\sin\left(-3\pi x+\dfrac{1}{6}\right)+1$에서

주기는 $\dfrac{2\pi}{|-3\pi|}=\dfrac{2}{3}$, 최댓값은 $|-2|+1=3$,

최솟값은 $-|-2|+1=-1$

STEP2 $a+b+c$의 값 구하기

$a=\dfrac{2}{3}$, $b=3$, $c=-1$이므로

$a+b+c=\dfrac{8}{3}$

1343 답 ⑤

$f(x)=-4\cos\left(2x+\dfrac{2}{3}\pi\right)-1$에서

주기는 $\dfrac{2\pi}{2}=\pi$, 최댓값은 $|-4|-1=3$,

최솟값은 $-|-4|-1=-5$

따라서 $a=\pi$, $b=3$, $c=-5$이므로

$\dfrac{abc}{\pi}=-15$

1344 답 40

$y=2\sin\left(-\dfrac{\pi}{4}x-1\right)-3$에서

주기는 $\dfrac{2\pi}{\left|-\dfrac{\pi}{4}\right|}=8$, 최댓값은 $|2|-3=-1$,

최솟값은 $-|2|-3=-5$

따라서 $a=8$, $b=-1$, $c=-5$이므로

$abc=40$

1345 답 ②

$y=3\cos 2x$의 그래프를 x축의 방향으로 $\dfrac{\pi}{4}$만큼, y축의 방향으로 2만큼 평행이동한 그래프의 식은

$y=3\cos 2\left(x-\dfrac{\pi}{4}\right)+2$

이 함수의 주기는 $\dfrac{2\pi}{2}=\pi$, 최솟값은 $-|3|+2=-1$

따라서 $a=\pi$, $b=-1$이므로 $a+b=\pi-1$

참고 함수의 그래프를 평행이동해도 함수의 주기는 변하지 않는다.

1346 답 -12

$y=-2\sin\dfrac{\pi}{3}x$의 그래프를 x축의 방향으로 $\dfrac{\pi}{2}$만큼, y축의 방향으로 -4만큼 평행이동한 그래프의 식은

$y=-2\sin\dfrac{\pi}{3}\left(x-\dfrac{\pi}{2}\right)-4$

이 함수의 주기는 $\dfrac{2\pi}{\dfrac{\pi}{3}}=6$, 최댓값은 $|-2|-4=-2$

따라서 $a=6$, $b=-2$이므로 $ab=-12$

1347 답 ②

함수 $f(x)=4\cos x+3$의 최댓값은

$|4|+3=7$

1348 답 ⑤

다음 중 함수 $y=2\cos\left(\dfrac{\pi}{2}-x\right)$에 대한 설명으로 옳지 <u>않은</u> 것은?

① 주기가 2π인 주기함수이다.

② 정의역은 실수 전체의 집합이다.

③ 치역은 $\{y\,|-2\le y\le 2\}$이다.

④ 그래프는 점 $\left(\dfrac{\pi}{6},\,1\right)$을 지난다.

⑤ 그래프를 x축의 방향으로 $-\dfrac{\pi}{2}$만큼 평행이동하면 $y=\cos x$의 그래프와 겹쳐질 수 있다. <u>단서1</u>

단서1 x 대신 $x+\dfrac{\pi}{2}$를 대입

STEP1 함수 $y=2\cos\left(\dfrac{\pi}{2}-x\right)$에 대한 설명으로 옳지 않은 것 찾기

① 주기는 $\dfrac{2\pi}{|-1|}=2\pi$ (참)

③ 최댓값이 2, 최솟값이 -2이므로 치역은 $\{y\,|-2\le y\le 2\}$이다.

(참)

④ $y=2\cos\left(\dfrac{\pi}{2}-x\right)$에 $x=\dfrac{\pi}{6}$를 대입하면

$y=2\cos\left(\dfrac{\pi}{2}-\dfrac{\pi}{6}\right)=2\cos\dfrac{\pi}{3}=2\times\dfrac{1}{2}=1$

즉, 그래프는 점 $\left(\dfrac{\pi}{6},\,1\right)$을 지난다. (참)

⑤ 그래프를 x축의 방향으로 $-\dfrac{\pi}{2}$만큼 평행이동하면

$y=2\cos\left\{\dfrac{\pi}{2}-\left(x+\dfrac{\pi}{2}\right)\right\}=2\cos(-x)=2\cos x$

이므로 $y=\cos x$의 그래프와 겹쳐질 수 없다. (거짓)

따라서 옳지 않은 것은 ⑤이다.

1349 답 ⑤

① $y=\cos\dfrac{x}{2}$의 주기는 $\dfrac{2\pi}{\dfrac{1}{2}}=4\pi$ (거짓)

② $y=2\tan\left(\dfrac{x}{2}-\dfrac{\pi}{6}\right)$의 주기는 $\dfrac{\pi}{\dfrac{1}{2}}=2\pi$ (거짓)

③ $y=-2\sin\left(x-\dfrac{\pi}{2}\right)+1$의 최솟값은 $-2+1=-1$ (거짓)

④ $y=\tan 2x$의 그래프의 점근선의 방정식은 $2x=n\pi+\dfrac{\pi}{2}$에서

$x=\dfrac{n}{2}\pi+\dfrac{\pi}{4}$ (단, n은 정수) (거짓)

⑤ $y=\sin x$의 그래프를 x축의 방향으로 $-\dfrac{\pi}{2}$만큼 평행이동하면

$y=\cos x$의 그래프와 같다. (참)

따라서 옳은 것은 ⑤이다.

1350 답 ④

③ 점근선의 방정식은 $2\left(x-\dfrac{\pi}{2}\right)=n\pi+\dfrac{\pi}{2}$에서

$x-\dfrac{\pi}{2}=\dfrac{n}{2}\pi+\dfrac{\pi}{4}$

$\therefore x=\dfrac{n}{2}\pi+\dfrac{3}{4}\pi$ (단, n은 정수) (참)

06

④ $y=\tan 2\left(x-\dfrac{\pi}{2}\right)+1$에 $x=0$을 대입하면

$y=\tan(-\pi)+1=-\tan\pi+1=1$

즉, 그래프는 점 $(0,\ 1)$을 지난다. (거짓)

따라서 옳지 않은 것은 ④이다.

1351 답 ⑤

① 주기는 $\dfrac{2\pi}{2}=\pi$ (참)

② 최댓값은 $3+1=4$ (참)

③ 최솟값은 $-3+1=-2$ (참)

④ $y=3\sin\left(2x-\dfrac{\pi}{2}\right)+1$에 $x=0$을 대입하면

$y=3\sin\left(-\dfrac{\pi}{2}\right)+1=-3\sin\dfrac{\pi}{2}+1$

$\qquad =-3\times1+1=-2$

즉, 그래프는 점 $(0,\ -2)$를 지난다. (참)

⑤ 그래프는 $y=3\sin2x$의 그래프를 평행이동하여 겹쳐질 수 있다.

(거짓)

따라서 옳지 않은 것은 ⑤이다.

1352 답 ⑤

① 주기는 $\dfrac{2}{3}\pi$이다. (거짓)

② 최댓값은 $3-1=2$ (거짓)

③ 최솟값은 $-3-1=-4$ (거짓)

④ $f\left(\dfrac{\pi}{3}\right)=3\cos\pi-1=3\times(-1)-1$

$\qquad\qquad =-4$ (거짓)

⑤ $f(x)=3\cos3x-1$의 그래프는 그림과

같으므로 $0<x<\dfrac{\pi}{3}$에서 x의 값이 증가

하면 y의 값은 감소한다. (참)

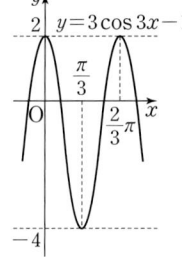

따라서 옳은 것은 ⑤이다.

1353 답 ㄴ, ㄷ

ㄱ. 주기는 $\dfrac{2\pi}{4}=\dfrac{\pi}{2}$ (거짓)

ㄴ. 최댓값은 $2-1=1$, 최솟값은 $-2-1=-3$이므로 치역은

$\{y\,|\,-3\le y\le1\}$ (참)

ㄷ. $f(-\pi)=2\sin(-4\pi+\pi)-1=2\sin(-3\pi)-1$

$\qquad\qquad =2\times0-1=-1$

$f(\pi)=2\sin(4\pi+\pi)-1=2\sin5\pi-1$

$\qquad\qquad =2\times0-1=-1$

$\therefore f(-\pi)+f(\pi)=-2$ (참)

ㄹ. $f(-x)=2\sin(-4x+\pi)-1$

$\qquad\qquad =-2\sin(4x-\pi)-1$

이므로 $-f(-x)=2\sin(4x-\pi)+1$

$\therefore f(x)\ne-f(-x)$ (거짓)

ㅁ. $y=2\sin(4x+\pi)-1=2\sin4\left(x+\dfrac{\pi}{4}\right)-1$의 그래프는

$y=2\sin4x$의 그래프를 x축의 방향으로 $-\dfrac{\pi}{4}$만큼, y축의 방

향으로 -1만큼 평행이동한 것과 같다. (거짓)

따라서 옳은 것은 ㄴ, ㄷ이다.

1354 답 ③

ㄱ. $f(x)$의 주기는 $\dfrac{\pi}{\frac{\pi}{2}}=2$이고, $g(x)$의 주기는 $\dfrac{2\pi}{\frac{\pi}{2}}=4$이다.

(거짓)

ㄴ. $f(2)=-3\tan2\pi+2=2$이므로 그래프는 점 $(2,\ 2)$를 지난다.

(참)

ㄷ. $f(x)$의 최댓값과 최솟값은 존재하지 않는다. (거짓)

ㄹ. 그래프의 점근선의 방정식은

$\dfrac{\pi}{2}x+\pi=n\pi+\dfrac{\pi}{2}$에서 $x=2n-1$ (n은 정수)

이므로 정의역은 $x\ne2n-1$ (n은 정수)인 실수 전체의 집합이

다. (참)

따라서 옳은 것은 ㄴ, ㄹ이다.

1355 답 ⑤

ㄱ. 주기는 $\dfrac{2\pi}{2}=\pi$이므로 모든 실수 x에 대하여

$f(x+\pi)=f(x)$ (참)

ㄴ. 최댓값은 $1+3=4$, 최솟값은 $-1+3=2$ (참)

ㄷ. $f\left(\dfrac{\pi}{6}-x\right)=\cos\left\{2\left(\dfrac{\pi}{6}-x\right)-\dfrac{\pi}{3}\right\}+3$

$\qquad\qquad =\cos(-2x)+3$

$\qquad\qquad =\cos2x+3$

$f\left(\dfrac{\pi}{6}+x\right)=\cos\left\{2\left(\dfrac{\pi}{6}+x\right)-\dfrac{\pi}{3}\right\}+3$

$\qquad\qquad =\cos2x+3$

즉, $f\left(\dfrac{\pi}{6}-x\right)=f\left(\dfrac{\pi}{6}+x\right)$이므로 $y=f(x)$의 그래프는

직선 $x=\dfrac{\pi}{6}$에 대하여 대칭이다. (참)

따라서 옳은 것은 ㄱ, ㄴ, ㄷ이다.

실수 Check

함수 $f(x)$의 그래프가 직선 $x=k$에 대하여 대칭이면

$f(k-x)=f(k+x)$가 성립함을 이용한다.

1356 답 ②
| 유형 7

함수 $f(x)=a\sin\left(x+\dfrac{\pi}{2}\right)+b$의 최댓값이 5이고 $f\left(-\dfrac{\pi}{3}\right)=2$일 때,

단서1

$f(x)$의 최솟값은? (단, $a<0$, b는 상수이다.)

① 0 　　　　② 1 　　　　③ 2

④ 3 　　　　⑤ 4

단서1 최댓값은 $|a|+b=5$

STEP 1 a, b의 값 구하기

$f(x)=a\sin\left(x+\dfrac{\pi}{2}\right)+b$의 최댓값이 5이고 $a<0$이므로

$-a+b=5$ $\cdots\cdots$ ㉠

$f\left(-\dfrac{\pi}{3}\right)=2$이므로

$a\sin\left(-\dfrac{\pi}{3}+\dfrac{\pi}{2}\right)+b=2$

$a\sin\dfrac{\pi}{6}+b=2$

$\therefore \dfrac{1}{2}a+b=2$ $\cdots\cdots$ ㉡

㉠, ㉡을 연립하여 풀면 $a=-2$, $b=3$

$\longrightarrow$ ㉠$+2\times$㉡을 하면

$3b=9$, $b=3$

$b=3$을 ㉠에 대입하면 $a=-2$

STEP2 $f(x)$ 구하기

$f(x)=-2\sin\left(x+\dfrac{\pi}{2}\right)+3$

STEP3 $f(x)$의 최솟값 구하기

$f(x)$의 최솟값은 $-2+3=1$

1357 답 3

$f(x)$의 최댓값이 4, 최솟값이 -2이고 $a>0$이므로

$a+b=4$, $-a+b=-2$

두 식을 연립하여 풀면 $a=3$, $b=1$

$\therefore ab=3$

1358 답 ③

주기가 $\dfrac{\pi}{2}$이고 $b>0$이므로

$\dfrac{\pi}{b}=\dfrac{\pi}{2}$ $\therefore b=2$

$f(x)=a\tan 2x$에서 $f\left(\dfrac{\pi}{8}\right)=3$이므로

$a\tan\left(2\times\dfrac{\pi}{8}\right)=3$

$a\tan\dfrac{\pi}{4}=3$ $\therefore a=3$

$\therefore a+b=5$

1359 답 4

$f(x)=a\cos\left(x-\dfrac{\pi}{3}\right)+b$의 최솟값이 -2이고, $a<0$이므로

$a+b=-2$ $\cdots\cdots$ ㉠

$f\left(\dfrac{5}{6}\pi\right)=1$이므로

$a\cos\left(\dfrac{5}{6}\pi-\dfrac{\pi}{3}\right)+b=1$

$a\cos\dfrac{\pi}{2}+b=1$ $\therefore b=1$

이것을 ㉠에 대입하면 $a=-3$

$\therefore f(x)=-3\cos\left(x-\dfrac{\pi}{3}\right)+1$

따라서 $f(x)$의 최댓값은 $|-3|+1=4$

1360 답 ⑤

$y=a\sin(\pi x+2)+b$의 주기가 p이므로

$p=\dfrac{2\pi}{\pi}=2$

$a>0$이므로 함수 $y=a\sin(\pi x+2)+b$의 최댓값은 $a+b$, 최솟값은 $-a+b$

$\therefore a+b=8$, $-a+b=2$ $(\because m=p)$

두 식을 연립하여 풀면 $a=3$, $b=5$

$\therefore ab=15$

1361 답 ①

$y=2\tan(ax-b)+1$의 주기가 2π이고 $a>0$이므로

$\dfrac{\pi}{a}=2\pi$ $\therefore a=\dfrac{1}{2}$

따라서 $y=2\tan\left(\dfrac{1}{2}x-b\right)+1$의 그래프의 점근선의 방정식은

$\dfrac{1}{2}x-b=k\pi+\dfrac{\pi}{2}$, $\dfrac{1}{2}x=k\pi+\dfrac{\pi}{2}+b$

$\therefore x=2k\pi+\pi+2b$ (단, k는 정수)

이 방정식이 $x=2n\pi$와 일치하므로

$\pi+2b=2l\pi$ (단, l은 정수)

$\therefore b=\dfrac{(2l-1)\pi}{2}$ $\cdots\cdots$ ㉠

$0<b<\pi$에서 $0<\dfrac{(2l-1)\pi}{2}<\pi$이므로 $\dfrac{1}{2}<l<\dfrac{3}{2}$

l은 정수이므로 $l=1$

이 값을 ㉠에 대입하면 $b=\dfrac{\pi}{2}$

$\therefore ab=\dfrac{1}{2}\times\dfrac{\pi}{2}=\dfrac{\pi}{4}$

1362 답 4

조건 ㈎에서 최솟값이 -4이고 $a>0$이므로

$-a+c=-4$ $\cdots\cdots$ ㉠

조건 ㈏에서 주기가 6π이고 $b>0$이므로

$\dfrac{2\pi}{b}=6\pi$ $\therefore b=\dfrac{1}{3}$

조건 ㈐에서 $f\left(\dfrac{\pi}{2}\right)=5$이고 $f(x)=a\sin\dfrac{x}{3}+c$이므로

$a\sin\dfrac{\pi}{6}+c=5$

$\therefore \dfrac{1}{2}a+c=5$ $\cdots\cdots$ ㉡

㉠, ㉡을 연립하여 풀면 $a=6$, $c=2$

$\therefore abc=6\times\dfrac{1}{3}\times 2=4$

1363 답 $-\dfrac{2}{3}$

$a>0$이므로 함수 $f(x)$의 최댓값은 $a+c$, 최솟값은 $-a+c$

조건 ㈎에서 최댓값과 최솟값의 차가 4이므로

$a+c-(-a+c)=4$ $\therefore a=2$

조건 ㈏에서 주기가 3π이고 $b>0$이므로

$\dfrac{2\pi}{b}=3\pi$ $\therefore b=\dfrac{2}{3}$

조건 ㈐에서 그래프가 점 $\left(\dfrac{\pi}{2}, \dfrac{1}{2}\right)$을 지나고 $f(x)=2\cos\dfrac{2}{3}x+c$

이므로

$f\left(\dfrac{\pi}{2}\right)=2\cos\dfrac{\pi}{3}+c=\dfrac{1}{2}$, $1+c=\dfrac{1}{2}$ $\therefore c=-\dfrac{1}{2}$

$\therefore abc=2\times\dfrac{2}{3}\times\left(-\dfrac{1}{2}\right)=-\dfrac{2}{3}$

1364 답 ①

조건 ㈎에서 $f(x)=3\tan(ax+b)-2$의 주기가 2π이고

$a>0$이므로 $\dfrac{\pi}{a}=2\pi$ ∴ $a=\dfrac{1}{2}$

따라서 $f(x)=3\tan\left(\dfrac{x}{2}+b\right)-2$의 그래프의 점근선의 방정식은

$\dfrac{x}{2}+b=k\pi+\dfrac{\pi}{2}$, $\dfrac{x}{2}=k\pi+\dfrac{\pi}{2}-b$

∴ $x=2k\pi+\pi-2b$ (단, k는 정수)

조건 ㈏에서 이 방정식이 $x=2n\pi+\dfrac{\pi}{2}$와 일치하므로

$\pi-2b=2l\pi+\dfrac{\pi}{2}$ (단, l은 정수)

∴ $b=\dfrac{\pi}{4}-l\pi$ .... ㉠

$0<b<\pi$에서 $0<\dfrac{\pi}{4}-l\pi<\pi$이므로 $-\dfrac{3}{4}<l<\dfrac{1}{4}$

l은 정수이므로 $l=0$

이 값을 ㉠에 대입하면 $b=\dfrac{\pi}{4}$ ∴ $ab=\dfrac{1}{2}\times\dfrac{\pi}{4}=\dfrac{\pi}{8}$

1365 답 $\dfrac{14}{3}\pi$

조건 ㈎에서 주기가 π이고 $b>0$이므로 $\dfrac{2\pi}{b}=\pi$ ∴ $b=2$

$a>0$이므로 $f(x)$의 최댓값은 $a+d$, 최솟값은 $-a+d$

조건 ㈏에서

$(a+d)+(-a+d)=2$ ∴ $d=1$

$(a+d)-(-a+d)=4$ ∴ $a=2$

조건 ㈐에서 $f\left(\dfrac{\pi}{6}\right)=1$이고 $f(x)=2\cos(2x+c)+1$이므로

$2\cos\left(\dfrac{\pi}{3}+c\right)+1=1$, $\cos\left(\dfrac{\pi}{3}+c\right)=0$

이때 $\pi<c<2\pi$이므로 $\dfrac{\pi}{3}+c=\dfrac{3}{2}\pi$ ∴ $c=\dfrac{7}{6}\pi$

∴ $abcd=2\times2\times\dfrac{7}{6}\pi\times1=\dfrac{14}{3}\pi$

실수 Check

$a>0$이므로 최댓값은 $a+d$, 최솟값은 $-a+d$이다.
이 두 값의 합과 차를 이용하여 a, d의 값을 구한다.

Plus 문제

1365-1

함수 $f(x)=a\sin(bx+c)+d$가 다음 조건을 만족시킬 때, 상수 a, b, c, d에 대하여 $abcd$의 값을 구하시오.

(단, $a>0$, $b>0$, $0<c<\pi$)

㈎ 주기가 $\dfrac{2}{3}\pi$인 주기함수이다.

㈏ $f(x)$의 최댓값과 최솟값의 합은 4, 차는 2이다.

㈐ $f(\pi)=1$

조건 ㈎에서 주기가 $\dfrac{2}{3}\pi$이고 $b>0$이므로

$\dfrac{2\pi}{b}=\dfrac{2}{3}\pi$ ∴ $b=3$

$a>0$이므로 $f(x)$의 최댓값은 $a+d$, 최솟값은 $-a+d$

조건 ㈏에서

$(a+d)+(-a+d)=4$ ∴ $d=2$

$(a+d)-(-a+d)=2$ ∴ $a=1$

조건 ㈐에서 $f(\pi)=1$이고

$f(x)=\sin(3x+c)+2$이므로

$\sin(3\pi+c)+2=1$, $\sin(3\pi+c)=-1$

이때 $0<c<\pi$이므로 $c=\dfrac{\pi}{2}$

∴ $abcd=1\times3\times\dfrac{\pi}{2}\times2=3\pi$

답 3π

1366 답 ①

$f(x)=a\tan(bx+c)+d$

$\qquad=a\tan b\left(x+\dfrac{c}{b}\right)+d$ .... ㉠

조건 ㈎에서 주기가 $\dfrac{\pi}{3}$이고 $b>0$이므로 $\dfrac{\pi}{b}=\dfrac{\pi}{3}$ ∴ $b=3$

조건 ㈏에서 $y=a\tan bx$의 그래프를 x축의 방향으로 $\dfrac{\pi}{3}$만큼, y축의 방향으로 -2만큼 평행이동한 것과 같으므로

$y=a\tan b\left(x-\dfrac{\pi}{3}\right)-2$ .... ㉡

㉠, ㉡에서 $\dfrac{c}{b}=-\dfrac{\pi}{3}+n\pi$ (단, n은 정수), $d=-2$

이때 $b=3$이므로 $c=-\pi+3n\pi=(3n-1)\pi$

$-2\pi<c<0$이므로 $c=-\pi$

조건 ㈐에서 $f\left(\dfrac{\pi}{4}\right)=1$이고 $f(x)=a\tan(3x-\pi)-2$이므로

$a\tan\left(3\times\dfrac{\pi}{4}-\pi\right)-2=a\tan\left(-\dfrac{\pi}{4}\right)-2$

$\qquad\qquad\qquad\qquad=-a\tan\dfrac{\pi}{4}-2$

$\qquad\qquad\qquad\qquad=-a-2=1$

∴ $a=-3$

∴ $abcd=-3\times3\times(-\pi)\times(-2)=-18\pi$

실수 Check

함수 $f(x)$는 주기함수이므로 $\dfrac{c}{b}$의 값은 여러 개 존재한다.
이때 조건에서 $-2\pi<c<0$이므로 조건에 맞는 c의 값을 정해야 함에 주의한다.

1367 답 ①

$a>0$이고 주기가 4이므로

$\dfrac{2\pi}{\dfrac{\pi}{a}}=4$ ∴ $a=2$

$f(x)$의 최솟값이 -1이므로

$-4+b=-1$ ∴ $b=3$

∴ $a+b=5$

1368 답 ⑤　　　　　　　　　　　유형8

함수 $y=a\sin bx+c$의 그래프가 그림
과 같을 때, 상수 a, b, c에 대하여
$a+b-2c$의 값은? (단, $a>0$, $b>0$)

① 1　　　　　② $\dfrac{6}{5}$

③ $\dfrac{7}{5}$　　　　④ $\dfrac{8}{5}$

⑤ $\dfrac{9}{5}$

단서1 $|a|+c=4$, $-|a|+c=-2$, (주기)$=\dfrac{2\pi}{|b|}$

STEP1 상수 a, c의 값 구하기

$y=a\sin bx+c$의 최댓값이 4, 최솟값이 -2이고, $a>0$이므로

$a+c=4$, $-a+c=-2$

두 식을 연립하여 풀면 $a=3$, $c=1$

STEP2 상수 b의 값 구하기

주기가 $\dfrac{15}{8}\pi-\left(-\dfrac{5}{8}\pi\right)=\dfrac{5}{2}\pi$이고 $b>0$이므로

$\dfrac{2\pi}{b}=\dfrac{5}{2}\pi$　　∴ $b=\dfrac{4}{5}$

STEP3 $a+b-2c$의 값 구하기

$a+b-2c=3+\dfrac{4}{5}-2=\dfrac{9}{5}$

1369 답 ③

$y=a\cos(bx+\pi)$의 최댓값이 2, 최솟값이 -2이고 $a>0$이므로

$a=2$

주기가 π이고 $b>0$이므로 $\dfrac{2\pi}{b}=\pi$　　∴ $b=2$

∴ $a+b=4$

1370 답 $4+\pi$

$y=\tan(ax-b)$의 주기가 $\dfrac{\pi}{4}$이고 $a>0$이므로

$\dfrac{\pi}{a}=\dfrac{\pi}{4}$　　∴ $a=4$

따라서 $y=\tan(4x-b)$이고 그래프가 점 $\left(\dfrac{\pi}{8}, 0\right)$을 지나므로

$0=\tan\left(\dfrac{\pi}{2}-b\right)$　　　　$\dfrac{0+\dfrac{\pi}{4}}{2}=\dfrac{\pi}{8}$

이때 $0<b<\pi$에서 $-\dfrac{\pi}{2}<\dfrac{\pi}{2}-b<\dfrac{\pi}{2}$이므로

$\dfrac{\pi}{2}-b=0$　　∴ $b=\dfrac{\pi}{2}$

∴ $a+2b=4+\pi$

다른 풀이

$y=\tan(ax-b)$의 주기가 $\dfrac{\pi}{4}$이고 $a>0$이므로

$\dfrac{\pi}{a}=\dfrac{\pi}{4}$　　∴ $a=4$

따라서 $y=\tan(4x-b)$이고, 그래프는 $y=\tan 4x$의 그래프를 x축

의 방향으로 $\dfrac{\pi}{8}$만큼 평행이동한 것과 같으므로

$y=\tan 4\left(x-\dfrac{\pi}{8}\right)=\tan\left(4x-\dfrac{\pi}{2}\right)$에서 $b=\dfrac{\pi}{2}$

∴ $a+2b=4+\pi$

1371 답 ④

$y=a\cos bx+c$의 최댓값 3, 최솟값이 -1이고 $a>0$이므로

$a+c=3$, $-a+c=-1$

두 식을 연립하여 풀면 $a=2$, $c=1$

주기가 π이고 $b>0$이므로 $\dfrac{2\pi}{b}=\pi$

∴ $b=2$

∴ $2a+b+c=4+2+1=7$

1372 답 14

$y=a\sin\dfrac{\pi}{2}(2x+1)+b=a\sin\pi\left(x+\dfrac{1}{2}\right)+b$에서

최댓값이 4, 최솟값이 -4이고 $a>0$이므로

$a+b=4$, $-a+b=-4$

두 식을 연립하여 풀면 $a=4$, $b=0$

주기는 $\dfrac{2\pi}{\pi}=2$이므로 $c=2-\dfrac{1}{2}=\dfrac{3}{2}$

∴ $2a+b+4c=8+0+6=14$

1373 답 ②

$y=a\sin(bx-c)$의 최댓값이 3, 최솟값이 -3이고 $a>0$이므로

$a=3$

주기가 $\dfrac{9}{8}\pi-\dfrac{\pi}{8}=\pi$이고 $b>0$이므로

$\dfrac{2\pi}{b}=\pi$　　∴ $b=2$

따라서 $y=3\sin(2x-c)$이고 그래프가 점 $\left(\dfrac{\pi}{8}, 0\right)$을 지나므로

$3\sin\left(\dfrac{\pi}{4}-c\right)=0$

이때 $0<c<\dfrac{\pi}{2}$에서

$-\dfrac{\pi}{4}<\dfrac{\pi}{4}-c<\dfrac{\pi}{4}$이므로 $\dfrac{\pi}{4}-c=0$　　∴ $c=\dfrac{\pi}{4}$

∴ $a-b+4c=3-2+4\times\dfrac{\pi}{4}=1+\pi$

1374 답 ②

$y=a\cos(bx+c)$의 최댓값이 3, 최솟값이 -3이고 $a>0$이므로

$a=3$

주기가 $\dfrac{5}{3}\pi-\left(-\dfrac{\pi}{3}\right)=2\pi$이고 $b>0$이므로

$\dfrac{2\pi}{b}=2\pi$　　∴ $b=1$

따라서 $y=3\cos(x+c)$이고 그래프가 점 $\left(-\dfrac{\pi}{3}, 3\right)$을 지나므로

$3\cos\left(-\dfrac{\pi}{3}+c\right)=3$　　∴ $\cos\left(c-\dfrac{\pi}{3}\right)=1$

$0<c<\dfrac{\pi}{2}$에서 $-\dfrac{\pi}{3}<c-\dfrac{\pi}{3}<\dfrac{\pi}{6}$이므로

$$c - \frac{\pi}{3} = 0 \qquad \therefore c = \frac{\pi}{3}$$

$$\therefore abc = \pi$$

1375 답 $\dfrac{\sqrt{3}}{3}$

$f(x) = \tan(ax - b)$의 주기가 $\dfrac{5}{4}\pi - \dfrac{\pi}{2} = \dfrac{3}{4}\pi$이고 $a > 0$이므로

$$\frac{\pi}{a} = \frac{3}{4}\pi \qquad \therefore a = \frac{4}{3} \longrightarrow \frac{1}{a} = \frac{3}{4},\ a = \frac{4}{3}$$

$y = \tan\left(\dfrac{4}{3}x - b\right)$의 그래프가 점 $\left(\dfrac{\pi}{8},\ 0\right)$을 지나므로

$$0 = \tan\left(\frac{4}{3} \times \frac{\pi}{8} - b\right),\ \tan\left(\frac{\pi}{6} - b\right) = 0 \longrightarrow \frac{-\frac{\pi}{4} + \frac{\pi}{2}}{2} = \frac{\pi}{8}$$

이때 $0 < b < \dfrac{\pi}{2}$에서 $-\dfrac{\pi}{3} < \dfrac{\pi}{6} - b < \dfrac{\pi}{6}$이므로 $\dfrac{\pi}{6} - b = 0$

$$\therefore b = \frac{\pi}{6}$$

따라서 $f(x) = \tan\left(\dfrac{4}{3}x - \dfrac{\pi}{6}\right)$이므로

$$f\left(\frac{\pi}{4}\right) = \tan\left(\frac{4}{3} \times \frac{\pi}{4} - \frac{\pi}{6}\right) = \tan\frac{\pi}{6} = \frac{\sqrt{3}}{3}$$

1376 답 $\sqrt{3} + 3$

$f(x) = a\sin\left(bx + \dfrac{\pi}{6}\right) + c$의 최댓값이 5, 최솟값이 1이고 $a > 0$이므로

$$a + c = 5,\ -a + c = 1$$

두 식을 연립하여 풀면 $a = 2,\ c = 3$

주기가 $2 \times \{1 - (-2)\} = 6$이고 $b > 0$이므로

$$\frac{2\pi}{b} = 6 \qquad \therefore b = \frac{\pi}{3}$$

따라서 $f(x) = 2\sin\left(\dfrac{\pi}{3}x + \dfrac{\pi}{6}\right) + 3$이므로

$$f\left(\frac{1}{2}\right) = 2\sin\left(\frac{\pi}{6} + \frac{\pi}{6}\right) + 3 = 2\sin\frac{\pi}{3} + 3$$
$$= 2 \times \frac{\sqrt{3}}{2} + 3$$
$$= \sqrt{3} + 3$$

실수 Check

그래프에서 반복되는 최소 구간이 주기임을 이용하여 미지수를 구한다.

1377 답 ②

$f(x) = a\cos\dfrac{\pi}{2b}x + 1$의 최댓값은 4이고 $a > 0$이므로

$$a + 1 = 4 \qquad \therefore a = 3$$

주기는 4이고 $b > 0$이므로

$$\frac{2\pi}{\frac{\pi}{2b}} = 4 \qquad \therefore b = 1$$

$$\therefore a + b = 4$$

1378 답 ②

$y = a\sin bx + c$의 최댓값이 3, 최솟값이 -1이고 $a > 0$이므로

$$a + c = 3,\ -a + c = -1$$

두 식을 연립하여 풀면

$$a = 2,\ c = 1$$

주기는 $\dfrac{5}{4}\pi - \dfrac{\pi}{4} = \pi$이고 $b > 0$이므로 $\dfrac{2\pi}{b} = \pi$

$$\therefore b = 2$$

$$\therefore a - 2b + c = -1$$

1379 답 ③

$y = a\tan bx + c$의 주기는 2π이고 $b > 0$이므로

$$\frac{\pi}{b} = 2\pi \qquad \therefore b = \frac{1}{2}$$

$y = a\tan\dfrac{x}{2} + c$의 그래프가 점 $(0,\ 2)$를 지나므로

$$2 = a\tan 0 + c \qquad \therefore c = 2$$

$y = a\tan\dfrac{x}{2} + 2$의 그래프가 점 $\left(\dfrac{\pi}{2},\ 5\right)$를 지나므로

$$5 = a\tan\frac{\pi}{4} + 2,\ 5 = a + 2 \qquad \therefore a = 3$$

$$\therefore abc = 3$$

1380 답 ④ | 유형 9

다음 중 주기함수가 아닌 것은?

단서1

① $y = |\sin x|$ ② $y = |\cos x|$ ③ $y = |\tan x|$

④ $y = \sin|x|$ ⑤ $y = \cos|x|$

단서1 함수 $y = f(x)$의 정의역에 속하는 모든 x에서 $f(x + p) = f(x)$인 0이 아닌 상수 p가 존재

STEP1 주기함수가 아닌 것 찾기

① $y = |\sin x|$의 그래프는 그림과 같으므로 주기가 π인 주기함수이다.

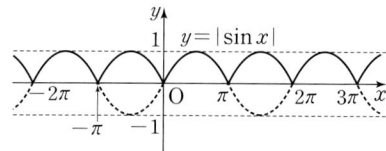

② $y = |\cos x|$의 그래프는 그림과 같으므로 주기가 π인 주기함수이다.

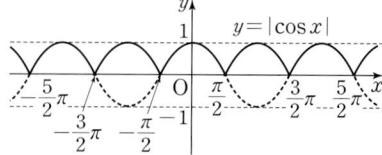

③ $y = |\tan x|$의 그래프는 그림과 같으므로 주기가 π인 주기함수이다.

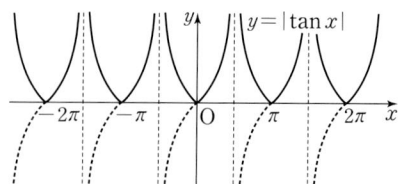

④ $y = \sin|x|$의 그래프는 그림과 같으므로 주기함수가 아니다.

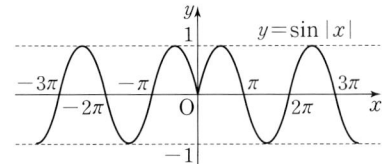

⑤ $y=\cos|x|$의 그래프는 그림과 같으므로 주기가 2π인 주기함수이다.

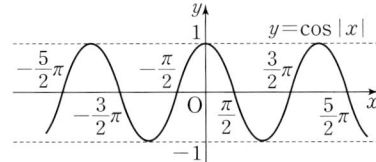

따라서 주기함수가 아닌 것은 ④이다.

1381 🔲 ⑤

$y=|2\tan x|$의 그래프는 $y=2\tan x$의 그래프에서 $y\ge0$인 부분은 그대로 두고, $y<0$인 부분은 x축에 대하여 대칭이동한 것이므로 그림과 같다.

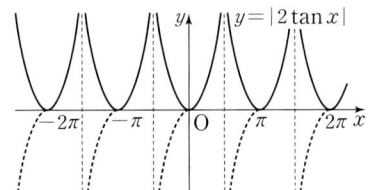

① 주기는 π이다. (거짓)
② 최댓값은 존재하지 않는다. (거짓)
③ 최솟값은 0이다. (거짓)
④ 그래프는 y축에 대하여 대칭이다. (거짓)
⑤ 그래프의 점근선의 방정식은 $x=n\pi+\dfrac{\pi}{2}$ (n은 정수)이다. (참)

따라서 옳은 것은 ⑤이다.

1382 🔲 ④

$y=\tan|x|$의 그래프는 $y=\tan x$의 그래프에서 $x\ge0$인 부분만 그리고 $x<0$인 부분은 $x\ge0$인 부분을 y축에 대하여 대칭이동한 것이므로 그림과 같다.

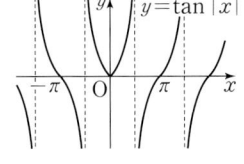

① 최솟값은 존재하지 않는다. (거짓)
② 주기함수가 아니다. (거짓)
③ 정의역은 $x\ne n\pi+\dfrac{\pi}{2}$ (n은 정수)인 실수 전체의 집합이다.

(거짓)

④ 그래프는 y축에 대하여 대칭이다. (참)
⑤ 그래프의 점근선의 방정식은 $x=n\pi+\dfrac{\pi}{2}$ (n은 정수)이다. (거짓)

따라서 옳은 것은 ④이다.

1383 🔲 ⑤

$y=|\cos x|$의 그래프는 다음 그림과 같다.

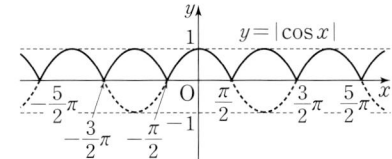

ㄱ. $y=|\sin x|$의 그래프는 그림과 같다.

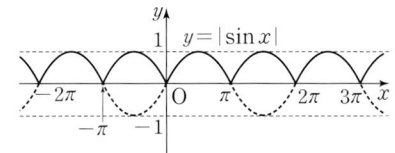

ㄴ. $y=\left|\sin\left(x-\dfrac{\pi}{2}\right)\right|$의 그래프는 $y=|\sin x|$의 그래프를 x축의 방향으로 $\dfrac{\pi}{2}$만큼 평행이동한 것과 같으므로 그림과 같다.

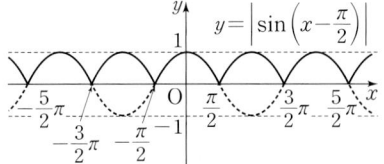

ㄷ. $y=|\cos(x-\pi)|$의 그래프는 $y=|\cos x|$의 그래프를 x축의 방향으로 π만큼 평행이동한 것과 같으므로 그림과 같다.

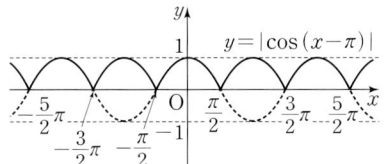

따라서 $y=|\cos x|$의 그래프와 일치하는 것은 ㄴ, ㄷ이다.

1384 🔲 ㄱ, ㄷ

$y=|\tan x|$의 주기는 π이다.

ㄱ. $y=2\cos 2x+1$의 주기는 $\dfrac{2\pi}{2}=\pi$

ㄴ. $y=3\tan 2x-1$의 주기는 $\dfrac{\pi}{2}$이다.

ㄷ. $y=2|\sin x|-1$의 주기는 $y=|\sin x|$의 주기와 같으므로 π이다.

ㄹ. $y=\cos|x|+2$의 주기는 $y=\cos|x|$의 주기와 같으므로 2π이다.

따라서 $y=|\tan x|$와 주기가 같은 것은 ㄱ, ㄷ이다.

1385 🔲 ②

$f(x)=3|\sin 2(x+\pi)|-1$의 주기는 $y=|\sin 2x|$의 주기와 같으므로

$a=\dfrac{\pi}{2}$

$0\le|\sin 2(x+\pi)|\le1$이므로

$-1\le3|\sin 2(x+\pi)|-1\le2$

따라서 최댓값이 2이므로 $b=2$

$\therefore ab=\pi$

참고 (1) $y=|\sin x|$의 주기는 π

➡ $y=|\sin bx|$의 주기는 $\dfrac{\pi}{|b|}$

(2) $y=|\cos x|$의 주기는 π

→ $y=|\cos bx|$의 주기는 $\dfrac{\pi}{|b|}$

(3) $y=|\tan x|$의 주기는 π

→ $y=|\tan bx|$의 주기는 $\dfrac{\pi}{|b|}$

1386 답 ③

$f(x)=a|\sin bx|+c$의 주기가 $\dfrac{\pi}{3}$이고 $b>0$이므로

$\dfrac{\pi}{b}=\dfrac{\pi}{3}$ ∴ $b=3$

따라서 $f(x)=a|\sin 3x|+c$의 최댓값이 6이고 $a>0$이므로

$a+c=6$ ⋯⋯⋯⋯⋯⋯⋯⋯⋯⋯⋯⋯⋯⋯⋯⋯ ㉠

$f\left(\dfrac{\pi}{3}\right)=4$이므로

$a\underbrace{\left|\sin\left(3\times\dfrac{\pi}{3}\right)\right|}_{|\sin\pi|=0}+c=4$ ∴ $c=4$

$c=4$를 ㉠에 대입하면 $a=2$

∴ $a+b-c=1$

1387 답 5

조건 ㈎에서 주기는 $\dfrac{\pi}{3}$이고 $b>0$이므로

$\dfrac{\pi}{b}=\dfrac{\pi}{3}$ ∴ $b=3$

$0\le|\cos 3x|\le1$이고 $a>0$이므로

$c\le a|\cos 3x|+c\le a+c$

조건 ㈏에서 최댓값은 5, 최솟값은 3이므로

$c=3$, $a+c=5$에서 $a=2$

따라서 $f(x)=2|\cos 3x|+3$이므로

$f\left(\dfrac{\pi}{3}\right)=2\left|\cos\left(3\times\dfrac{\pi}{3}\right)\right|+3$

$\qquad\quad =2+3=5$

1388 답 ③

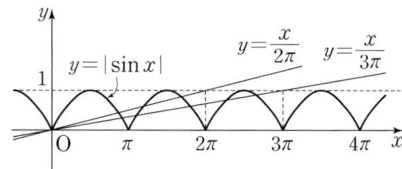

그림에서 $y=|\sin x|$의 그래프와 직선 $y=\dfrac{x}{2\pi}$의 교점의 개수는 4

이고 $y=|\sin x|$의 그래프와 직선 $y=\dfrac{x}{3\pi}$의 교점의 개수는 6이다.

└→ 점 $(2\pi, 1)$을 지난다.

└→ 점 $(3\pi, 1)$을 지난다.

따라서 $m=4$, $n=6$이므로

$m+n=10$

실수 Check

직선 $y=\dfrac{x}{2\pi}=\dfrac{1}{2\pi}x$는 원점을 지나고 기울기가 $\dfrac{1}{2\pi}$이고, 점 $(2\pi, 1)$을 지나는 직선이다.

1389 답 ② | 유형 10

그림과 같이 $0\le x<\dfrac{3}{2}\pi$에서 함수 $y=\tan x$의 그래프와 x축 및 직선 $y=k\,(k>0)$로 둘러싸인 부분의 넓이가 4π일 때, 상수 k의 값은?

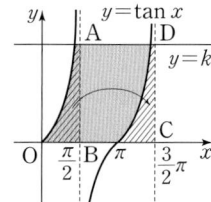

① $\dfrac{\pi}{2}$

② 4

③ 2π

④ 7

⑤ 3π

단서1 색칠한 부분과 넓이가 같은 직사각형 찾기

STEP 1 색칠한 부분과 넓이가 같은 도형 찾기

그림에서 빗금 친 부분의 넓이가 같으므로

$y=\tan x\left(0\le x<\dfrac{3}{2}\pi\right)$의 그래프와 x축 및 직선 $y=k\,(k>0)$로 둘러싸인 부분의 넓이는 직사각형 ABCD의 넓이와 같다.

STEP 2 상수 k의 값 구하기

직사각형 ABCD의 넓이는

$\overline{\text{AB}}\times\overline{\text{BC}}=k\times\left(\dfrac{3}{2}\pi-\dfrac{\pi}{2}\right)$

$\qquad\qquad\qquad =4\pi$

∴ $k=4$

1390 답 8

그림에서 빗금 친 부분의 넓이가 같으므로

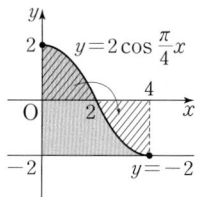

$y=2\cos\dfrac{\pi}{4}x\,(0\le x\le4)$의 그래프와 y축 및 직선 $y=-2$로 둘러싸인 부분의 넓이는 가로의 길이가 4, 세로의 길이가 2인 직사각형의 넓이와 같다.

따라서 구하는 넓이는

$4\times2=8$

1391 답 ④

$y=2\tan x+3$의 그래프는 $y=2\tan x$의 그래프를 y축의 방향으로 3만큼 평행이동한 것이므로 그림에서 빗금 친 부분의 넓이가 같다.

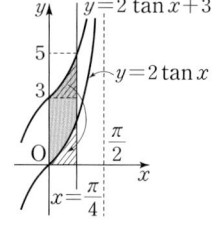

즉, 두 함수 $y=2\tan x$, $y=2\tan x+3\left(0\le x<\dfrac{\pi}{2}\right)$의 그래프와

y축 및 직선 $x=\dfrac{\pi}{4}$로 둘러싸인 부분의 넓이는 가로의 길이가 $\dfrac{\pi}{4}$, 세로의 길이가 3인 직사각형의 넓이와 같으므로 구하는 넓이는

$\dfrac{\pi}{4}\times3=\dfrac{3}{4}\pi$

1392 답 ⑤

그림에서 빗금 친 부분의 넓이가 모두 같으므로 $y=2\sin\dfrac{\pi}{4}x$ $(-2\leq x\leq 6)$ 의 그래프와 직선 $y=-2$로 둘러싸인 부분의 넓이는 직사각형 ABCD의 넓이와 같다.

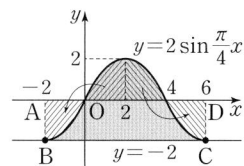

따라서 구하는 넓이는

$2\times 8=16$

1393 답 $\sqrt{2}$

$y=\sin\dfrac{\pi}{4}x$의 주기는 $\dfrac{2\pi}{\frac{\pi}{4}}=8$이므로 그림에서 두 점 B, C는 직선 $x=2$에 대하여 대칭이다.

이때 $\overline{BC}=2$이므로

B$(1,\,0)$, C$(3,\,0)$

$x=1$일 때 $y=\sin\dfrac{\pi}{4}=\dfrac{\sqrt{2}}{2}$이므로 A$\left(1,\,\dfrac{\sqrt{2}}{2}\right)$

따라서 직사각형 ABCD의 넓이는

$\overline{AB}\times\overline{BC}=\dfrac{\sqrt{2}}{2}\times 2=\sqrt{2}$

1394 답 ③

$y=3\sin\dfrac{\pi}{12}x$의 주기는 $\dfrac{2\pi}{\frac{\pi}{12}}=24$ 이므로 그림에서 두 점 B, C는 직선 $x=6$에 대하여 대칭이다.

이때 $\overline{BC}=8$이므로

B$(2,\,0)$, C$(10,\,0)$

$x=2$일 때, $y=3\sin\dfrac{\pi}{6}=\dfrac{3}{2}$이므로 A$\left(2,\,\dfrac{3}{2}\right)$

따라서 직사각형 ABCD의 넓이는

$\overline{AB}\times\overline{BC}=\dfrac{3}{2}\times 8=12$

1395 답 3

그림에서 빗금 친 부분의 넓이가 모두 같으므로

$y=\tan x$ $\left(-\dfrac{\pi}{2}<x<\dfrac{3}{2}\pi\right)$의 그래프와 두 직선 $y=k$, $y=-k$ $(k>0)$로 둘러싸인 부분의 넓이는 직사각형 ABCD의 넓이와 같다.

직사각형 ABCD의 넓이는

$\overline{AB}\times\overline{BC}=2k\times\pi=6\pi$

$\therefore k=3$

1396 답 ②

$y=a\cos bx$의 그래프는 직선 $x=\dfrac{\frac{2}{3}+\frac{10}{3}}{2}=2$에 대하여 대칭이므로 그림과 같이 주기는 $2\times 2=4$이고 $b>0$이므로

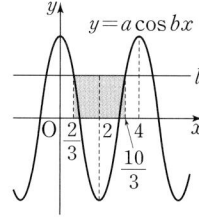

$\dfrac{2\pi}{b}=4$ $\therefore b=\dfrac{\pi}{2}$

$y=a\cos\dfrac{\pi}{2}x$에 $x=\dfrac{2}{3}$를 대입하면 $y=a\cos\dfrac{\pi}{3}=\dfrac{a}{2}$

색칠한 부분의 넓이가 $\dfrac{16}{3}$이므로

$\left(\dfrac{10}{3}-\dfrac{2}{3}\right)\times\dfrac{a}{2}=\dfrac{16}{3}$ $\therefore a=4$

$\therefore ab=2\pi$

실수 Check

두 점 $\left(\dfrac{2}{3},\,0\right)$, $\left(\dfrac{10}{3},\,0\right)$이 직선 $x=k$에 대하여 대칭이므로 $k-\dfrac{2}{3}=\dfrac{10}{3}-k$로 놓고 k의 값을 구해도 된다.

1397 답 ③

$y=a\sin b\pi x$의 주기는 $\dfrac{2\pi}{b\pi}=\dfrac{2}{b}$이므로

점 A의 x좌표는 $\dfrac{2}{b}\times\dfrac{1}{4}=\dfrac{1}{2b}$

$\therefore$ A$\left(\dfrac{1}{2b},\,a\right)$, B$\left(\dfrac{5}{2b},\,a\right)$

삼각형 OAB의 넓이가 5이므로

$\dfrac{1}{2}\times\left(\dfrac{5}{2b}-\dfrac{1}{2b}\right)\times a=5$, $\dfrac{a}{b}=5$

$\therefore a=5b$ ·································· ㉠

직선 OA의 기울기와 직선 OB의 기울기의 곱이 $\dfrac{5}{4}$이므로

$\dfrac{a}{\frac{1}{2b}}\times\dfrac{a}{\frac{5}{2b}}=\dfrac{5}{4}$, $a^2b^2=\dfrac{25}{16}$

$\therefore ab=\dfrac{5}{4}$ $(\because a>0,\,b>0)$ ······ ㉡

㉠을 ㉡에 대입하면 $5b^2=\dfrac{5}{4}$, $b^2=\dfrac{1}{4}$ $\therefore b=\dfrac{1}{2}$, $a=\dfrac{5}{2}$

$\therefore a+b=3$

1398 답 ④ | 유형 11

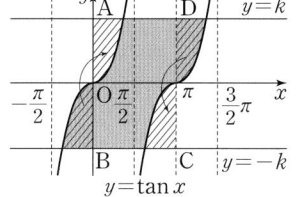

$\dfrac{\sin\dfrac{5}{6}\pi-\cos\dfrac{4}{3}\pi+\tan\dfrac{7}{4}\pi$의 값은?

① -3 ② -2 ③ -1
④ 0 ⑤ 1

단서1 주어진 각을 $\dfrac{n}{2}\pi\pm\theta$ (n은 정수) 꼴로 나타내어 삼각함수의 각을 변형

STEP 1 주어진 각을 $\dfrac{n}{2}\pi\pm\theta$ (n은 정수)로 나타내어 삼각함수의 값 구하기

$\sin\dfrac{5}{6}\pi-\cos\dfrac{4}{3}\pi+\tan\dfrac{7}{4}\pi$

$=\sin\left(\pi-\dfrac{\pi}{6}\right)-\cos\left(\pi+\dfrac{\pi}{3}\right)+\tan\left(2\pi-\dfrac{\pi}{4}\right)$

$$=\sin\frac{\pi}{6}-\left(-\cos\frac{\pi}{3}\right)-\tan\frac{\pi}{4}$$
$$=\frac{1}{2}+\frac{1}{2}-1=0$$

1399 답 ④

ㄱ. $\cos(-\theta)=\cos\theta$

ㄴ. $\cos\left(\frac{\pi}{2}-\theta\right)=\sin\theta$

ㄷ. $-\cos(\pi-\theta)=-(-\cos\theta)=\cos\theta$

ㄹ. $\cos\left(\frac{3}{2}\pi-\theta\right)=-\sin\theta$

ㅁ. $\cos\left(\frac{\pi}{2}+\theta\right)=-\sin\theta$

ㅂ. $-\cos(\pi+\theta)=-(-\cos\theta)=\cos\theta$

따라서 $\cos\theta$의 값과 같은 것은 ㄱ, ㄷ, ㅂ이다.

1400 답 ①

$\sin250°=\sin(90°\times3-20°)=-\cos20°=-0.9397$

$\cos100°=\cos(90°\times1+10°)=-\sin10°=-0.1736$

$\tan380°=\tan(90°\times4+20°)=\tan20°=0.3640$

$\therefore\ \sin250°+\cos100°+\tan380°$

$\quad=-0.9397-0.1736+0.3640$

$\quad=-0.7493$

1401 답 0

$\sin\frac{2}{3}\pi=\sin\left(\pi-\frac{\pi}{3}\right)=\sin\frac{\pi}{3}=\frac{\sqrt{3}}{2}$

$\tan\frac{\pi}{4}=1$

$\cos\frac{13}{6}\pi=\cos\left(2\pi+\frac{\pi}{6}\right)=\cos\frac{\pi}{6}=\frac{\sqrt{3}}{2}$

$\tan\frac{3}{4}\pi=\tan\left(\pi-\frac{\pi}{4}\right)=-\tan\frac{\pi}{4}=-1$

$\therefore\ \dfrac{\sin\frac{2}{3}\pi}{\tan\frac{\pi}{4}}+\dfrac{\cos\frac{13}{6}\pi}{\tan\frac{3}{4}\pi}=\dfrac{\frac{\sqrt{3}}{2}}{1}+\dfrac{\frac{\sqrt{3}}{2}}{-1}=0$

1402 답 ①

$\cos(-160°)=\cos160°=\cos(90°\times2-20°)$
$\qquad\qquad\quad=-\cos20°=\alpha$

즉, $\cos20°=-\alpha$이므로

$\sin20°=\sqrt{1-\cos^2 20°}=\sqrt{1-\alpha^2}\ (\because\ \sin20°>0)$

$\therefore\ \sin200°=\sin(90°\times2+20°)$
$\qquad\qquad=-\sin20°$
$\qquad\qquad=-\sqrt{1-\alpha^2}$

1403 답 ㄱ, ㄹ

ㄱ. $\sin\left(\frac{\pi}{2}+\theta\right)+\cos(\pi-\theta)=\cos\theta-\cos\theta=0$ (참)

ㄴ. $-\sin(\pi-\theta)+\cos\left(\frac{\pi}{2}-\theta\right)-\tan\theta\tan\left(\frac{\pi}{2}+\theta\right)$

$\quad=-\sin\theta+\sin\theta-\tan\theta\left(-\frac{1}{\tan\theta}\right)$

$\quad=1$ (거짓)

ㄷ. $\sin300°=\sin(90°\times3+30°)=-\cos30°=-\frac{\sqrt{3}}{2}$

$\quad\cos600°=\cos(90°\times6+60°)=-\cos60°=-\frac{1}{2}$

$\quad\therefore\ \sqrt{3}\sin300°-\cos600°$

$\qquad=\sqrt{3}\times\left(-\frac{\sqrt{3}}{2}\right)-\left(-\frac{1}{2}\right)=-1$ (거짓)

ㄹ. $\tan205°=\tan(90°\times2+25°)=\tan25°$

$\quad\tan295°=\tan(90°\times3+25°)=-\frac{1}{\tan25°}$

$\quad\therefore\ \tan205°\tan295°=\tan25°\times\left(-\frac{1}{\tan25°}\right)$
$\qquad\qquad\qquad\qquad\qquad=-1$ (참)

따라서 옳은 것은 ㄱ, ㄹ이다.

1404 답 ⑤

$\sin\left(\frac{\pi}{2}-\theta\right)=\cos\theta,\ \cos(2\pi-\theta)=\cos\theta,$

$\sin(\pi-\theta)=\sin\theta,\ \sin\left(\frac{\pi}{2}+\theta\right)=\cos\theta,$

$\cos(\pi+\theta)=-\cos\theta,\ \sin(\pi+\theta)=-\sin\theta$

$\therefore\ \dfrac{\sin\left(\frac{\pi}{2}-\theta\right)\cos(2\pi-\theta)}{1+\sin(\pi-\theta)}-\dfrac{\sin\left(\frac{\pi}{2}+\theta\right)\cos(\pi+\theta)}{1+\sin(\pi+\theta)}$

$=\dfrac{\cos\theta\times\cos\theta}{1+\sin\theta}-\dfrac{\cos\theta\times(-\cos\theta)}{1+(-\sin\theta)}$

$=\dfrac{\cos^2\theta}{1+\sin\theta}+\dfrac{\cos^2\theta}{1-\sin\theta}$

$=\cos^2\theta\left(\dfrac{1}{1+\sin\theta}+\dfrac{1}{1-\sin\theta}\right)$

$=\cos^2\theta\times\dfrac{1-\sin\theta+1+\sin\theta}{1-\sin^2\theta}$

$=\cos^2\theta\times\dfrac{2}{\cos^2\theta}$

$=2$

1405 답 ④

$\cos(\pi+\theta)+\sin\left(\frac{\pi}{2}-\theta\right)+3\tan\theta$

$=-\cos\theta+\cos\theta+3\tan\theta=3\tan\theta$ $\cdots\cdots$ ㉠

$x-3y+3=0$에서 $y=\frac{1}{3}x+1$이므로 직선 $x-3y+3=0$의 기울기는 $\frac{1}{3}$이다.

$\therefore\ \tan\theta=\frac{1}{3}$

따라서 ㉠에서 $3\tan\theta=3\times\frac{1}{3}=1$

개념 Check

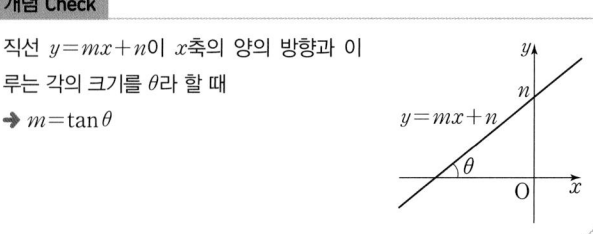

직선 $y=mx+n$이 x축의 양의 방향과 이루는 각의 크기를 θ라 할 때

➡ $m=\tan\theta$

1406 답 $-\dfrac{1}{20}$

$\sin\theta=-\dfrac{3}{5}$이므로

$\cos^2\theta=1-\sin^2\theta=1-\left(-\dfrac{3}{5}\right)^2=\dfrac{16}{25}$

$\dfrac{3}{2}\pi<\theta<2\pi$이므로 $\cos\theta>0$

$\therefore \cos\theta=\dfrac{4}{5}$

$\tan\theta=\dfrac{\sin\theta}{\cos\theta}=\dfrac{-\dfrac{3}{5}}{\dfrac{4}{5}}=-\dfrac{3}{4}$이므로

$\sin\left(\dfrac{3}{2}\pi+\theta\right)+\tan(\pi-\theta)=-\cos\theta-\tan\theta$

$=-\dfrac{4}{5}-\left(-\dfrac{3}{4}\right)$

$=-\dfrac{1}{20}$

1407 답 ④

$\cos(-\theta)+\sin(\pi+\theta)=\dfrac{3}{5}$에서

$\cos\theta-\sin\theta=\dfrac{3}{5}$

이 식의 양변을 제곱하면

$\cos^2\theta-2\cos\theta\sin\theta+\sin^2\theta=\dfrac{9}{25}$

$1-2\sin\theta\cos\theta=\dfrac{9}{25}$

$\therefore \sin\theta\cos\theta=\dfrac{8}{25}$

1408 답 ④

$0<\theta<\dfrac{\pi}{2}$이고 $\tan\theta=\dfrac{3}{4}$이므로 그림과 같이 $\angle B=\theta$인 직각삼각형 ABC에서 $\overline{BC}=4k$, $\overline{AC}=3k\ (k>0)$라 하면

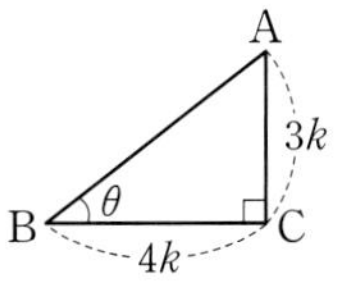

$\overline{AB}=\sqrt{(4k)^2+(3k)^2}=5k$

$\therefore \sin\theta=\dfrac{3k}{5k}=\dfrac{3}{5},\ \cos\theta=\dfrac{4k}{5k}=\dfrac{4}{5}$

$\therefore \cos\left(\dfrac{\pi}{2}-\theta\right)+2\sin(\pi-\theta)=\sin\theta+2\sin\theta$

$=3\sin\theta=3\times\dfrac{3}{5}$

$=\dfrac{9}{5}$

1409 답 ⑤

$\overline{OP}=\sqrt{4^2+(-3)^2}=5$이므로

$\sin\theta=-\dfrac{3}{5},\ \cos\theta=\dfrac{4}{5}$

$\therefore \sin\left(\dfrac{\pi}{2}+\theta\right)-\sin\theta=\cos\theta-\sin\theta$

$=\dfrac{4}{5}-\left(-\dfrac{3}{5}\right)=\dfrac{7}{5}$

1410 답 ④ ｜유형 12

$\underline{\tan 10°\times\tan 20°\times\cdots\times\tan 70°\times\tan 80°}$의 값은?
단서1

① -2　　　② -1　　　③ 0

④ 1　　　⑤ 2

단서1 $\alpha+\beta=\dfrac{\pi}{2}$일 때, $\tan\alpha=\tan\left(\dfrac{\pi}{2}-\beta\right)=\dfrac{1}{\tan\beta}$

STEP1 $\tan(90°-x)=\dfrac{1}{\tan x}$임을 이용하여 삼각함수 변형하기

$\tan 80°=\tan(90°-10°)=\dfrac{1}{\tan 10°}$

$\tan 70°=\tan(90°-20°)=\dfrac{1}{\tan 20°}$

$\vdots$

STEP2 주어진 식을 간단히 하여 식의 값 구하기

$\tan 10°\times\tan 20°\times\cdots\times\tan 70°\times\tan 80°$

$=(\tan 10°\times\tan 80°)\times(\tan 20°\times\tan 70°)$

$\qquad\times(\tan 30°\times\tan 60°)\times(\tan 40°\times\tan 50°)$

$=\left(\tan 10°\times\dfrac{1}{\tan 10°}\right)\times\left(\tan 20°\times\dfrac{1}{\tan 20°}\right)$

$\qquad\times\left(\tan 30°\times\dfrac{1}{\tan 30°}\right)\times\left(\tan 40°\times\dfrac{1}{\tan 40°}\right)$

$=1\times1\times1\times1$

$=1$

1411 답 ①

$\theta=10°$에서 $18\theta=180°$이므로

$\cos 19\theta=\cos(18\theta+\theta)=\cos(180°+\theta)=-\cos\theta$

$\cos 20\theta=\cos(18\theta+2\theta)=\cos(180°+2\theta)=-\cos 2\theta$

$\cos 21\theta=\cos(18\theta+3\theta)=\cos(180°+3\theta)=-\cos 3\theta$

$\vdots$

$\cos 36\theta=\cos(18\theta+18\theta)=\cos(180°+18\theta)=-\cos 18\theta$

$\therefore \cos\theta+\cos 2\theta+\cdots+\cos 35\theta+\cos 36\theta$

$=(\cos\theta+\cos 19\theta)+(\cos 2\theta+\cos 20\theta)+\cdots$

$\qquad\qquad\qquad\qquad +(\cos 18\theta+\cos 36\theta)$

$=(\cos\theta-\cos\theta)+(\cos 2\theta-\cos 2\theta)+\cdots$

$\qquad\qquad\qquad\qquad +(\cos 18\theta-\cos 18\theta)$

$=0$

1412 답 ③

$\theta=\dfrac{\pi}{7}$에서 $7\theta=\pi$이므로

$\sin 8\theta=\sin(7\theta+\theta)=\sin(\pi+\theta)=-\sin\theta$

$\sin 9\theta=\sin(7\theta+2\theta)=\sin(\pi+2\theta)=-\sin 2\theta$

$\sin 10\theta=\sin(7\theta+3\theta)=\sin(\pi+3\theta)=-\sin 3\theta$

$\vdots$

$\sin 14\theta=\sin(7\theta+7\theta)=\sin(\pi+7\theta)=-\sin 7\theta$

$\therefore \sin\theta+\sin 2\theta+\cdots+\sin 13\theta+\sin 14\theta$

$=(\sin\theta+\sin 8\theta)+(\sin 2\theta+\sin 9\theta)+\cdots$

$\qquad\qquad\qquad\qquad +(\sin 7\theta+\sin 14\theta)$

$=(\sin\theta-\sin\theta)+(\sin 2\theta-\sin 2\theta)+\cdots+(\sin 7\theta-\sin 7\theta)$

$=0$

1413 답 ①

$$\tan 89° = \tan(90° - 1°) = \frac{1}{\tan 1°}$$

$$\tan 88° = \tan(90° - 2°) = \frac{1}{\tan 2°}$$

$$\vdots$$

$$\therefore \log\tan 1° + \log\tan 2° + \cdots + \log\tan 88° + \log\tan 89°$$
$$= \log(\tan 1° \times \tan 2° \times \cdots \times \tan 88° \times \tan 89°)$$
$$= \log\{(\tan 1° \times \tan 89°) \times (\tan 2° \times \tan 88°) \times \cdots$$
$$\times (\tan 44° \times \tan 46°) \times \tan 45°\}$$
$$= \log(\underbrace{1 \times 1 \times \cdots \times 1 \times 1}_{45개})$$
$$= \log 1 = 0$$

개념 Check

로그의 성질

$a > 0$, $a \neq 1$, $x > 0$, $y > 0$일 때

(1) $\log_a a = 1$, $\log_a 1 = 0$

(2) $\log_a xy = \log_a x + \log_a y$

(3) $\log_a \dfrac{x}{y} = \log_a x - \log_a y$

1414 답 0

$$f(1) = \cos\frac{2}{3}\pi = \cos\left(\pi - \frac{\pi}{3}\right) = -\cos\frac{\pi}{3} = -\frac{1}{2}$$

$$f(2) = \cos\frac{4}{3}\pi = \cos\left(\pi + \frac{\pi}{3}\right) = -\cos\frac{\pi}{3} = -\frac{1}{2}$$

$$f(3) = \cos 2\pi = 1$$

$$f(4) = \cos\frac{8}{3}\pi = \cos\left(3\pi - \frac{\pi}{3}\right) = -\cos\frac{\pi}{3} = -\frac{1}{2}$$

$$f(5) = \cos\frac{10}{3}\pi = \cos\left(3\pi + \frac{\pi}{3}\right) = -\cos\frac{\pi}{3} = -\frac{1}{2}$$

$$f(6) = \cos 4\pi = 1$$

$$f(7) = \cos\frac{14}{3}\pi = \cos\left(5\pi - \frac{\pi}{3}\right) = -\cos\frac{\pi}{3} = -\frac{1}{2}$$

$$\vdots$$

$$\therefore f(n+3) = f(n)$$

$$\therefore f(1) + f(2) + f(3) + \cdots + f(47) + f(48)$$
$$= 16\{f(1) + f(2) + f(3)\}$$
$$= 16 \times \left(-\frac{1}{2} - \frac{1}{2} + 1\right)$$
$$= 0$$

실수 Check

$n = 1$, 2, 3, $\cdots$을 대입하여 함수의 주기성을 찾으면 계산 과정의 실수를 줄일 수 있다.

Plus 문제

1414-1

자연수 n에 대하여 함수 $f(n) = \sin\dfrac{4n-3}{6}\pi$로 정의할 때, $f(1) + f(2) + f(3) + \cdots + f(2022) + f(2023)$의 값을 구하시오.

$$f(1) = \sin\frac{\pi}{6} = \frac{1}{2}$$

$$f(2) = \sin\frac{5}{6}\pi = \sin\left(\pi - \frac{\pi}{6}\right) = \frac{1}{2}$$

$$f(3) = \sin\frac{3}{2}\pi = -1$$

$$f(4) = \sin\frac{13}{6}\pi = \sin\left(2\pi + \frac{\pi}{6}\right) = \sin\frac{\pi}{6} = \frac{1}{2}$$

$$f(5) = \sin\frac{17}{6}\pi = \sin\left(2\pi + \frac{5}{6}\pi\right) = \sin\frac{5}{6}\pi = \frac{1}{2}$$

$$f(6) = \sin\frac{7}{2}\pi = -1$$

$$\vdots$$

$$\therefore f(n+3) = f(n)$$

$$\therefore f(1) + f(2) + f(3) + \cdots + f(2022) + f(2023)$$
$$= 674\{f(1) + f(2) + f(3)\} + f(2023)$$
$$= 674\{f(1) + f(2) + f(3)\} + f(1)$$
$$= 674 \times \left(\frac{1}{2} + \frac{1}{2} - 1\right) + \frac{1}{2}$$
$$= \frac{1}{2}$$

답 $\dfrac{1}{2}$

1415 답 ③ | 유형 13

$\cos^2 1° + \cos^2 2° + \cos^2 3° + \cdots + \cos^2 89° + \cos^2 90°$의 값은? **단서1**

① $\dfrac{87}{2}$ ② 44 ③ $\dfrac{89}{2}$

④ 45 ⑤ $\dfrac{91}{2}$

단서1 $\alpha + \beta = \dfrac{\pi}{2}$일 때, $\cos\alpha = \cos\left(\dfrac{\pi}{2} - \beta\right) = \sin\beta$

STEP 1 $\cos(90° - x) = \sin x$임을 이용하여 삼각함수 변형하기

$$\cos 1° = \cos(90° - 89°) = \sin 89°$$

$$\cos 2° = \cos(90° - 88°) = \sin 88°$$

$$\cos 3° = \cos(90° - 87°) = \sin 87°$$

$$\vdots$$

$$\cos 44° = \cos(90° - 46°) = \sin 46°$$

STEP 2 주어진 식을 간단히 하여 식의 값 구하기

$$\cos^2 1° + \cos^2 2° + \cos^2 3° + \cdots + \cos^2 89° + \cos^2 90°$$
$$= (\cos^2 1° + \cos^2 89°) + (\cos^2 2° + \cos^2 88°) + \cdots$$
$$+ (\cos^2 44° + \cos^2 46°) + \cos^2 45° + \cos^2 90°$$
$$= (\sin^2 89° + \cos^2 89°) + (\sin^2 88° + \cos^2 88°) + \cdots$$
$$+ (\sin^2 46° + \cos^2 46°) + \cos^2 45° + \cos^2 90°$$
$$= \underbrace{1 + 1 + \cdots + 1}_{44개} + \left(\frac{\sqrt{2}}{2}\right)^2 + 0 = \frac{89}{2}$$

1416 답 ③

$\dfrac{\pi}{6} - x = A$, $\dfrac{\pi}{3} + x = B$라 하면

$$\underbrace{A + B = \frac{\pi}{2}}_{} \longrightarrow B = \frac{\pi}{2} - A$$

$$\therefore \sin^2\left(\frac{\pi}{6}-x\right)+\sin^2\left(\frac{\pi}{3}+x\right)$$
$$=\sin^2 A+\sin^2 B$$
$$=\sin^2 A+\sin^2\left(\frac{\pi}{2}-A\right)$$
$$=\sin^2 A+\cos^2 A=1$$

1417 답 ①

$\theta-25°=A$, $\theta+65°=B$라 하면
$$B-A=90°$$
$$\therefore \cos^2(\theta-25°)+\cos^2(\theta+65°)$$
$$=\cos^2 A+\cos^2 B$$
$$=\cos^2 A+\cos^2(90°+A)$$
$$=\cos^2 A+(-\sin A)^2$$
$$=\cos^2 A+\sin^2 A=1$$

1418 답 ②

$$\sin^2\frac{\pi}{36}=\sin^2\left(\frac{\pi}{2}-\frac{17}{36}\pi\right)=\cos^2\frac{17}{36}\pi$$
$$\sin^2\frac{2}{36}\pi=\sin^2\left(\frac{\pi}{2}-\frac{16}{36}\pi\right)=\cos^2\frac{16}{36}\pi$$
$$\sin^2\frac{3}{36}\pi=\sin^2\left(\frac{\pi}{2}-\frac{15}{36}\pi\right)=\cos^2\frac{15}{36}\pi$$
$$\vdots$$
$$\therefore \sin^2\frac{\pi}{36}+\sin^2\frac{2}{36}\pi+\cdots+\sin^2\frac{16}{36}\pi+\sin^2\frac{17}{36}\pi$$
$$=\left(\sin^2\frac{\pi}{36}+\sin^2\frac{17}{36}\pi\right)+\left(\sin^2\frac{2}{36}\pi+\sin^2\frac{16}{36}\pi\right)+\cdots$$
$$+\left(\sin^2\frac{8}{36}\pi+\sin^2\frac{10}{36}\pi\right)+\sin^2\frac{9}{36}\pi$$
$$=\left(\cos^2\frac{17}{36}\pi+\sin^2\frac{17}{36}\pi\right)+\left(\cos^2\frac{16}{36}\pi+\sin^2\frac{16}{36}\pi\right)+\cdots$$
$$+\left(\cos^2\frac{10}{36}\pi+\sin^2\frac{10}{36}\pi\right)+\sin^2\frac{9}{36}\pi$$
$$=\underbrace{1+1+\cdots+1}_{8개}+\sin^2\frac{\pi}{4}$$
$$=8+\frac{1}{2}=\frac{17}{2}$$

1419 답 $\frac{7}{2}$

$8\theta=\frac{\pi}{2}$이므로
$$\cos\theta=\cos\left(\frac{\pi}{2}-7\theta\right)=\sin 7\theta$$
$$\cos 2\theta=\cos\left(\frac{\pi}{2}-6\theta\right)=\sin 6\theta$$
$$\cos 3\theta=\cos\left(\frac{\pi}{2}-5\theta\right)=\sin 5\theta$$
$$\therefore \cos^2\theta+\cos^2 2\theta+\cdots+\cos^2 7\theta$$
$$=(\cos^2\theta+\cos^2 7\theta)+(\cos^2 2\theta+\cos^2 6\theta)$$
$$+(\cos^2 3\theta+\cos^2 5\theta)+\cos^2 4\theta$$
$$=(\sin^2 7\theta+\cos^2 7\theta)+(\sin^2 6\theta+\cos^2 6\theta)$$
$$+(\sin^2 5\theta+\cos^2 5\theta)+\cos^2 4\theta$$
$$=1+1+1+\left(\frac{\sqrt{2}}{2}\right)^2=\frac{7}{2}$$

$4\theta=\frac{\pi}{4}$이므로 $\cos^2 4\theta=\cos^2\frac{\pi}{4}$

1420 답 $\frac{4}{5}$

| 유형 14

그림과 같이 선분 AB를 지름으로 하는 원 단서1 O에서 $\overline{AC}=3$, $\overline{BC}=4$이고 ∠CAB=α, ∠CBA=β일 때, $\sin(\alpha+2\beta)$의 값을 구하시오.

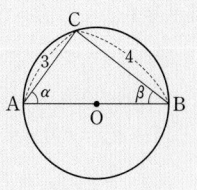

단서1 지름에 대한 원주각의 크기는 $\frac{\pi}{2}$이므로 ∠ACB=$\frac{\pi}{2}$

STEP1 $\overline{AB}$의 길이 구하기

선분 AB가 원 O의 지름이므로 ∠ACB=$\frac{\pi}{2}$
직각삼각형 ABC에서 → 지름에 대한 원주각의 크기는 $\frac{\pi}{2}$이다.
$$\overline{AB}=\sqrt{3^2+4^2}=5$$

STEP2 $\sin(\alpha+2\beta)$의 값 구하기

$\alpha+\beta=\frac{\pi}{2}$이므로 $\alpha+2\beta=\frac{\pi}{2}+\beta$
$$\therefore \sin(\alpha+2\beta)=\sin\left(\frac{\pi}{2}+\beta\right)$$
$$=\cos\beta=\frac{\overline{BC}}{\overline{AB}}$$
$$=\frac{4}{5}$$

1421 답 1

$A+B+C=\pi$이므로 $B+C=\pi-A$
$$-\sin\left(\pi+\frac{A}{2}\right)=\sin\frac{A}{2}$$
$$\cos\frac{B+C}{2}=\cos\left(\frac{\pi}{2}-\frac{A}{2}\right)=\sin\frac{A}{2}$$
$$\cos\left(-\frac{A}{2}\right)=\cos\frac{A}{2}$$
$$\sin\frac{B+C}{2}=\sin\left(\frac{\pi}{2}-\frac{A}{2}\right)=\cos\frac{A}{2}$$
$$\therefore -\sin\left(\pi+\frac{A}{2}\right)\cos\frac{B+C}{2}+\cos\left(-\frac{A}{2}\right)\sin\frac{B+C}{2}$$
$$=\sin\frac{A}{2}\times\sin\frac{A}{2}+\cos\frac{A}{2}\times\cos\frac{A}{2}$$
$$=\sin^2\frac{A}{2}+\cos^2\frac{A}{2}$$
$$=1$$

1422 답 ③

$A+B+C=\pi$이므로 $B+C=\pi-A$

ㄱ. $\tan(B+C)=\tan(\pi-A)=-\tan A$
$\therefore \tan A+\tan(B+C)=\tan A-\tan A=0$ (참)

ㄴ. $\sin\frac{B+C}{2}=\sin\left(\frac{\pi}{2}-\frac{A}{2}\right)=\cos\frac{A}{2}$
$\therefore \cos\frac{A}{2}-\sin\frac{B+C}{2}=\cos\frac{A}{2}-\cos\frac{A}{2}=0$ (참)

ㄷ. $2B+2C=2\pi-2A$이므로
$\sin 2A+\sin(2B+2C)=\sin 2A+\sin(2\pi-2A)$
$=\sin 2A-\sin 2A=0$ (거짓)

따라서 옳은 것은 ㄱ, ㄴ이다.

1423 답 ③

삼각형 ABC는 $\overline{AB}=\overline{AC}$인 이등변삼각형이므로

$A+B+C=\pi$, $B=C$

ㄱ. $A+2C=\pi$이므로

$\sin A=\sin(\pi-2C)=\sin 2C$ (참)

ㄴ. $A+2C=\pi$이므로

$\cos\dfrac{A}{2}=\cos\dfrac{\pi-2C}{2}=\cos\left(\dfrac{\pi}{2}-C\right)=\sin C$ (거짓)

ㄷ. $A+2B=\pi$이므로

$\tan A=\tan(\pi-2B)=-\tan 2B$ (참)

따라서 옳은 것은 ㄱ, ㄷ이다.

1424 답 ⑤

$A+B+C=\pi$이므로 $B+C=\pi-A$

$\therefore \cos\dfrac{B+C-\pi}{2}=\cos\dfrac{\pi-A-\pi}{2}$

$\qquad\qquad\qquad =\cos\left(-\dfrac{A}{2}\right)=\cos\dfrac{A}{2}$

$\sin\dfrac{A}{2}=\dfrac{1}{3}$이므로

$\cos^2\dfrac{A}{2}=1-\sin^2\dfrac{A}{2}=1-\left(\dfrac{1}{3}\right)^2=\dfrac{8}{9}$

이때 $0<A<\dfrac{\pi}{2}$이므로 $\cos\dfrac{A}{2}>0$

$\therefore \cos\dfrac{A}{2}=\dfrac{2\sqrt{2}}{3}$

1425 답 ②

선분 AB는 원 O의 지름이므로

$\angle ADB=\dfrac{\pi}{2}$, $\angle ACB=\dfrac{\pi}{2}$

따라서 삼각형 ABD에서 $\alpha+\beta=\dfrac{\pi}{2}$이

므로

$\beta=\dfrac{\pi}{2}-\alpha$

$\therefore \cos(\beta-\alpha)=\cos\left(\dfrac{\pi}{2}-\alpha-\alpha\right)$

$\qquad\qquad\qquad =\cos\left(\dfrac{\pi}{2}-2\alpha\right)=\sin 2\alpha$

직각삼각형 ABC에서

$\sin 2\alpha=\dfrac{\overline{BC}}{\overline{AB}}=\dfrac{\overline{BC}}{1}=\overline{BC}$

$\therefore \cos(\beta-\alpha)=\overline{BC}$

1426 답 $\dfrac{\sqrt{5}}{2}$

$\cos\alpha=-\dfrac{2}{3}$이므로

$\sin^2\alpha=1-\cos^2\alpha=1-\left(-\dfrac{2}{3}\right)^2=\dfrac{5}{9}$

$0<\alpha<\pi$이므로 $\sin\alpha>0$

$\therefore \sin\alpha=\dfrac{\sqrt{5}}{3}$

사각형 ABCD가 원에 내접하므로

$\alpha+\beta=\pi$

$\therefore \tan\beta=\tan(\pi-\alpha)=-\tan\alpha$

$\qquad\quad =-\dfrac{\dfrac{\sqrt{5}}{3}}{-\dfrac{2}{3}}=\dfrac{\sqrt{5}}{2}$

> **개념 Check**
>
> 사각형 ABCD가 원에 내접할 때
> (1) $\angle A+\angle C=\pi$
> (2) $\angle B+\angle D=\pi$
>
>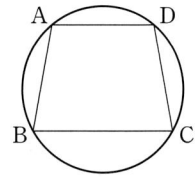

1427 답 ①

$\angle AOB=\dfrac{\pi}{2}$, $\angle AOC=\pi$, $\angle AOD=\dfrac{3}{2}\pi$이므로

$\beta=\dfrac{\pi}{2}+\alpha$, $\gamma=\pi+\alpha$, $\delta=\dfrac{3}{2}\pi+\alpha$ →정사각형의 두 대각선은 서로를 수직이등분한다.

$\therefore \sin\alpha+\sin\gamma+\cos\beta+\cos\delta$

$\quad =\sin\alpha+\sin(\pi+\alpha)+\cos\left(\dfrac{\pi}{2}+\alpha\right)+\cos\left(\dfrac{3}{2}\pi+\alpha\right)$

$\quad =\sin\alpha-\sin\alpha-\sin\alpha+\sin\alpha=0$

> **실수 Check**
>
> 정사각형은 두 대각선에 의해 합동인 4개의 직각이등변삼각형으로 나누어짐을 이용한다.

1428 답 ④

$\cos^2\alpha=1-\sin^2\alpha=1-\left(\dfrac{2\sqrt{2}}{3}\right)^2=\dfrac{1}{9}$

$0<\alpha<\dfrac{\pi}{2}$이므로 $\cos\alpha>0$

$\therefore \cos\alpha=\dfrac{1}{3}$

$\therefore \tan\alpha=\dfrac{\sin\alpha}{\cos\alpha}=\dfrac{\dfrac{2\sqrt{2}}{3}}{\dfrac{1}{3}}=2\sqrt{2}$

한편, 사각형 ABCD가 원에 내접하므로

$\alpha+\beta=\pi$

$\therefore \cos\beta=\cos(\pi-\alpha)=-\cos\alpha=-\dfrac{1}{3}$

$\therefore \tan^2\alpha+\cos^2\beta=(2\sqrt{2})^2+\left(-\dfrac{1}{3}\right)^2$

$\qquad\qquad\qquad\quad =8+\dfrac{1}{9}$

$\qquad\qquad\qquad\quad =\dfrac{73}{9}$

> **실수 Check**
>
> $\alpha+\beta=\pi$이면 $\sin\alpha=\sin\beta$, $\cos\alpha=-\cos\beta$임을 이용한다.

1429 답 ③　｜ 유형 **15**

함수 $y=|2\sin x+1|-2$의 최댓값을 M, 최솟값을 m이라 할 때, $M+m$의 값은? **단서1**

① -3　　　② -2　　　③ -1

④ 0　　　⑤ 1

단서1 $-1\le \sin x\le 1$임을 이용하여 y의 값의 범위를 구할 수 있음

STEP1 $|2\sin x+1|-2$의 범위 구하기

$y=|2\sin x+1|-2$에서

$-1\le \sin x\le 1$이므로

$-1\le 2\sin x+1\le 3$

$0\le |2\sin x+1|\le 3$

$\therefore -2\le |2\sin x+1|-2\le 1$

STEP2 $M+m$의 값 구하기

$M=1$, $m=-2$이므로

$M+m=-1$

다른 풀이

$y=|2\sin x+1|-2$에서

$\sin x=t\ (-1\le t\le 1)$로 놓으면

$y=|2t+1|-2$

이므로 그 그래프는 그림과 같다.

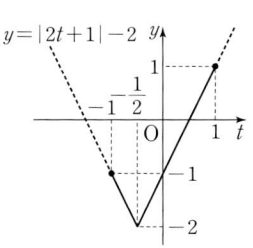

$t=1$일 때 최댓값은 1이고,

$t=-\dfrac{1}{2}$일 때 최솟값은 -2이므로

$M=1$, $m=-2$

$\therefore M+m=-1$

1430 답 ④

$\sin\left(x+\dfrac{\pi}{2}\right)=\cos x$이므로

$y=\sin\left(x+\dfrac{\pi}{2}\right)-3\cos x+3$

　$=\cos x-3\cos x+3$

　$=-2\cos x+3$

$-1\le \cos x\le 1$이므로 $1\le -2\cos x+3\le 5$

따라서 주어진 함수의 최솟값은 1이다.

1431 답 ③

$\cos\left(x+\dfrac{\pi}{2}\right)=-\sin x$이므로

$y=\cos\left(x+\dfrac{\pi}{2}\right)+2\sin x-1$

　$=-\sin x+2\sin x-1$

　$=\sin x-1$

$-1\le \sin x\le 1$이므로 $-2\le \sin x-1\le 0$

따라서 주어진 함수의 최댓값은 0이다.

1432 답 4

$\cos\left(x-\dfrac{\pi}{2}\right)=\cos\left(\dfrac{\pi}{2}-x\right)=\sin x$이므로

$y=3\sin x-\cos\left(x-\dfrac{\pi}{2}\right)-2$

　$=3\sin x-\sin x-2$

　$=2\sin x-2$

$-1\le \sin x\le 1$이므로 $-4\le 2\sin x-2\le 0$

따라서 주어진 함수의 최댓값은 0, 최솟값은 -4이므로

$M=0$, $m=-4$

$\therefore M-m=4$

1433 답 6

$-\dfrac{\pi}{4}\le x\le \dfrac{\pi}{4}$에서 $-1\le \tan x\le 1$이므로

$-2\le \tan x-1\le 0$

$\therefore y=-|\tan x-1|+4=\tan x-1+4=\tan x+3$

$-1\le \tan x\le 1$에서 $2\le \tan x+3\le 4$이므로 주어진 함수의 최댓값은 4, 최솟값은 2이다.

따라서 구하는 합은 6이다.

다른 풀이

$y=-|\tan x-1|+4$에서

$\tan x=t$로 놓으면 $y=-|t-1|+4$

$-\dfrac{\pi}{4}\le x\le \dfrac{\pi}{4}$이므로 $-1\le t\le 1$

$y=-|t-1|+4$의 그래프는 그림과 같으므로

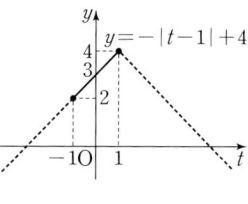

$t=1$일 때 최댓값은 4이고,

$t=-1$일 때 최솟값은 2이다.

따라서 주어진 함수의 최댓값과 최솟값의 합은 6이다.

1434 답 ③

$-1\le \cos x\le 1$이므로 $-5\le 2\cos x-3\le -1$

$\therefore y=|2\cos x-3|+k$

　　$=-(2\cos x-3)+k$

　　$=-2\cos x+3+k$

$-5\le 2\cos x-3\le -1$이므로

$k+1\le -2\cos x+3+k\le k+5$ ← $1\le -2\cos x+3\le 5$

따라서 주어진 함수의 최댓값은 $k+5$이고, 최솟값은 $k+1$이다.

이때 최댓값과 최솟값의 합이 4이므로

$k+5+k+1=4$　　$\therefore k=-1$

1435 답 ①

$-1\le \cos x\le 1$이므로 $1\le \cos x+2\le 3$

$\therefore y=a|\cos x+2|+b=a\cos x+2a+b$

$a>0$이므로 주어진 함수의 최댓값은 $a+2a+b=3a+b$,

최솟값은 $-a+2a+b=a+b$

즉, $3a+b=3$, $a+b=1$이므로 두 식을 연립하여 풀면

$a=1$, $b=0$

$\therefore a-b=1$

$y=a|\cos x+2|+b$에서

$\cos x=t$ $(-1\le t\le 1)$로 놓으면

$y=a|t+2|+b$

$a>0$이므로 $y=a|t+2|+b$의 그래
프는 그림과 같다.

$t=1$일 때 최댓값은 $3a+b$이고,

$t=-1$일 때 최솟값은 $a+b$이므로

$3a+b=3$, $a+b=1$

두 식을 연립하여 풀면 $a=1$, $b=0$

$\therefore a-b=1$

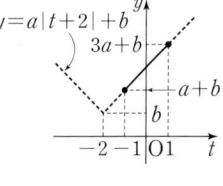

1436 답 0

$-1\le \sin 3x\le 1$이므로 $-6\le \sin 3x-5\le -4$

$\therefore y=a|\sin 3x-5|+b$

$\quad =-a(\sin 3x-5)+b$

$\quad =-a\sin 3x+5a+b$

$a>0$이므로 주어진 함수의 최댓값은 $a+5a+b=6a+b$,

최솟값은 $-a+5a+b=4a+b$

즉, $6a+b=5$, $4a+b=3$이므로 두 식을 연립하여 풀면

$a=1$, $b=-1$

$\therefore a+b=0$

1437 답 ②

$\cos\left(x+\dfrac{3}{2}\pi\right)=\sin x$이므로

$y=a^2\sin x+(a+1)\cos\left(x+\dfrac{3}{2}\pi\right)+1$

$\quad =a^2\sin x+(a+1)\sin x+1$

$\quad =(a^2+a+1)\sin x+1$

이때 $a^2+a+1>0$이므로 주어진 함수의 최솟값은

$-(a^2+a+1)+1=-a^2-a$

따라서 $-a^2-a=-6$이므로

$a^2+a-6=0$, $(a+3)(a-2)=0$

$\therefore a=2$ $(\because a>0)$

실수 Check

$a^2+a+1=a^2+a+\dfrac{1}{4}+\dfrac{3}{4}=\left(a+\dfrac{1}{2}\right)^2+\dfrac{3}{4}>0$이므로 a의 값에 관계
없이 항상 양수이다.

따라서 최솟값은 $-(a^2+a+1)+1$임을 이용한다.

1438 답 ①

|유형 16

함수 $y=\cos^2 x+2\sin x-2$는 $x=a$일 때 최댓값 M을 갖는다. 이 (단서1)
때 $2a+M$의 값은? (단, $\underline{-\pi\le x\le\pi}$) (단서2)

① π ② $\dfrac{3}{2}\pi$ ③ 2π

④ $\dfrac{5}{2}\pi$ ⑤ 3π

단서1 $\sin^2 x+\cos^2 x=1$이므로 $\cos^2 x=1-\sin^2 x$임을 이용

단서2 $\sin x=t$로 치환하면 $-1\le t\le 1$

STEP 1 주어진 함수를 $\sin x$에 대한 함수로 나타내기

$y=\cos^2 x+2\sin x-2$

$\quad =(1-\sin^2 x)+2\sin x-2$

$\quad =-\sin^2 x+2\sin x-1$

STEP 2 $\sin x=t$로 치환하고 t에 대한 함수의 그래프 그리기

$\sin x=t$로 놓으면

$-\pi\le x\le\pi$에서

$-1\le t\le 1$이고

$y=-t^2+2t-1=-(t-1)^2$

이므로 그래프는 그림과 같다.

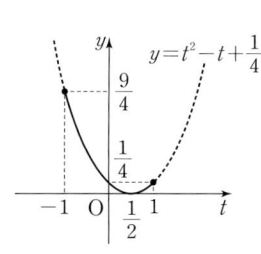

STEP 3 a, M의 값 구하기

$t=1$일 때 최댓값은 0이므로

$M=0$

$t=1$, 즉 $\sin x=1$에서

$x=\dfrac{\pi}{2}$ $(\because -\pi\le x\le\pi)$이므로

$a=\dfrac{\pi}{2}$

STEP 4 $2a+M$의 값 구하기

$2a+M=2\times\dfrac{\pi}{2}+0=\pi$

1439 답 ④

$y=\cos^2 x-\cos x+\dfrac{1}{4}$에서

$\cos x=t$로 놓으면

$-1\le t\le 1$이고

$y=t^2-t+\dfrac{1}{4}=\left(t-\dfrac{1}{2}\right)^2$

$y=t^2-t+\dfrac{1}{4}$의 그래프는 그림과

같으므로

$t=-1$일 때 최댓값은 $\dfrac{9}{4}$이고,

$t=\dfrac{1}{2}$일 때 최솟값은 0이다.

따라서 $M=\dfrac{9}{4}$, $m=0$이므로

$M+m=\dfrac{9}{4}$

1440 답 ⑤

$y=-4\cos^2 x+4\sin x+2$

$\quad =-4(1-\sin^2 x)+4\sin x+2$

$\quad =4\sin^2 x+4\sin x-2$

$\sin x=t$로 놓으면

$-1\le t\le 1$이고 $=4\left(t^2+t+\dfrac{1}{4}-\dfrac{1}{4}\right)-2$

$y=4t^2+4t-2=4\left(t+\dfrac{1}{2}\right)^2-3$ $=4\left(t+\dfrac{1}{2}\right)^2-1-2$

$y=4t^2+4t-2$의 그래프는 그림과 같으므로

$t=1$일 때 최댓값은 6이고,

$t=-\frac{1}{2}$일 때 최솟값은 -3이다.

따라서 $M=6$, $m=-3$이므로

$M-m=9$

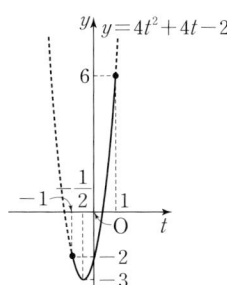

1441 답 ②

$y=\sin^2 x-\cos^2 x-2\cos\left(\frac{3}{2}\pi+x\right)+2$

$=\sin^2 x-(1-\sin^2 x)-2\sin x+2$

$=2\sin^2 x-2\sin x+1$

$\sin x=t$로 놓으면 $-1\le t\le 1$이고

$y=2t^2-2t+1=2\left(t-\frac{1}{2}\right)^2+\frac{1}{2}$

$y=2t^2-2t+1$의 그래프는 그림과 같으므로

$t=-1$일 때 최댓값은 5이고,

$t=\frac{1}{2}$일 때 최솟값은 $\frac{1}{2}$이다.

따라서 $M=5$, $m=\frac{1}{2}$이므로

$M-2m=4$

1442 답 -6π

$y=\cos^2 x-3\sin x-7$

$=(1-\sin^2 x)-3\sin x-7$

$=-\sin^2 x-3\sin x-6$

$\sin x=t$로 놓으면 $0\le x\le 2\pi$에서 $-1\le t\le 1$이고

$y=-t^2-3t-6=-\left(t+\frac{3}{2}\right)^2-\frac{15}{4}$

$y=-t^2-3t-6$의 그래프는 그림과 같으므로

$t=-1$일 때 최댓값은 -4이다.

$\therefore M=-4$

$t=-1$, 즉 $\sin x=-1$에서

$x=\frac{3}{2}\pi$ ($\because 0\le x\le 2\pi$)이므로

$a=\frac{3}{2}\pi$

$\therefore aM=\frac{3}{2}\pi\times(-4)=-6\pi$

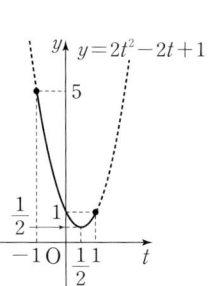

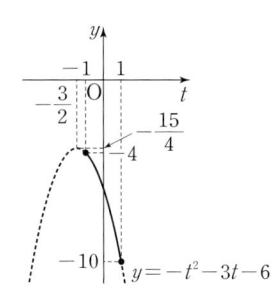

1443 답 ②

$y=2\tan x-3+\frac{1}{\cos^2 x}$

$=2\tan x-3+\frac{\cos^2 x+\sin^2 x}{\cos^2 x}$

$=2\tan x-3+1+\frac{\sin^2 x}{\cos^2 x}$

$=\tan^2 x+2\tan x-2$

$\tan x=t$로 놓으면 $-\frac{\pi}{4}\le x\le\frac{\pi}{4}$에서 $-1\le t\le 1$이고

$y=t^2+2t-2=(t+1)^2-3$

$y=t^2+2t-2$의 그래프는 그림과 같으므로

$t=1$일 때 최댓값은 1이고,

$t=-1$일 때 최솟값은 -3이다.

따라서 $M=1$, $m=-3$이므로

$M+m=-2$

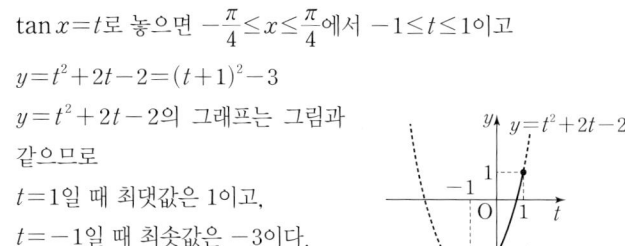

실수 Check

$\tan x$에 대한 식으로 변형하기 위해 $\frac{1}{\cos^2 x}$을 $\frac{\sin^2 x+\cos^2 x}{\cos^2 x}$로 변형함에 주의한다.

1444 답 ①

$y=a\cos^2 x-a\sin x+b$

$=a(1-\sin^2 x)-a\sin x+b$

$=-a\sin^2 x-a\sin x+a+b$

$\sin x=t$로 놓으면 $-1\le t\le 1$이고

$y=-at^2-at+a+b=-a\left(t+\frac{1}{2}\right)^2+\frac{5}{4}a+b$

$a>0$이므로

$y=-at^2-at+a+b$의 그래프는 그림과 같다.

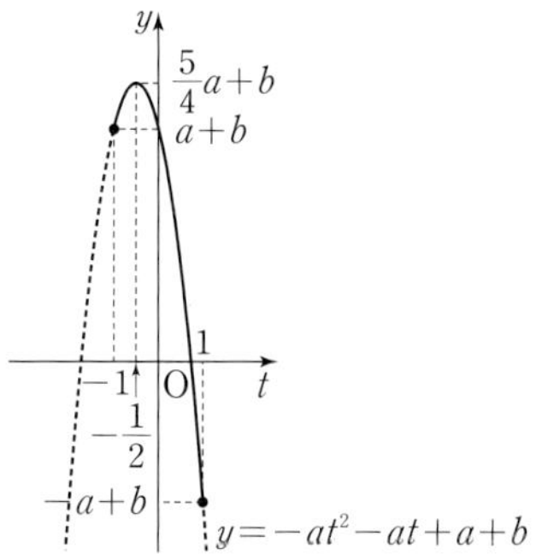

$t=-\frac{1}{2}$일 때 최댓값은

$\frac{5}{4}a+b$이고,

$t=1$일 때 최솟값은

$-a+b$이므로

$\frac{5}{4}a+b=6$, $-a+b=-3$

두 식을 연립하여 풀면 $a=4$, $b=1$

$\therefore a+b=5$

실수 Check

특별한 범위가 주어지지 않아도 $-1\le\sin x$ (또는 $\cos x$)≤ 1임을 이용하고, $a>0$이므로 이차항의 계수가 음수가 되어 함수의 그래프가 위로 볼록함에 주의한다.

Plus 문제

1444-1

함수 $y=a\sin^2 x+a\sin\left(\frac{\pi}{2}-x\right)+b$의 최댓값이 7, 최솟값이 -2일 때, 상수 a, b에 대하여 $a+b$의 값을 구하시오. (단, $a>0$)

$y=a\sin^2 x+a\sin\left(\frac{\pi}{2}-x\right)+b$

$=a\sin^2 x+a\cos x+b$

$=a(1-\cos^2 x)+a\cos x+b$

$=-a\cos^2 x+a\cos x+a+b$

06

$\cos x = t$로 놓으면 $-1 \le t \le 1$이고

$y = -at^2 + at + a + b = -a\left(t - \dfrac{1}{2}\right)^2 + \dfrac{5}{4}a + b$

$a > 0$이므로

$y = -at^2 + at + a + b$의 그래프는 그림과 같다.

$t = \dfrac{1}{2}$일 때 최댓값은

$\dfrac{5}{4}a + b$이고,

$t = -1$일 때 최솟값은

$-a + b$이므로

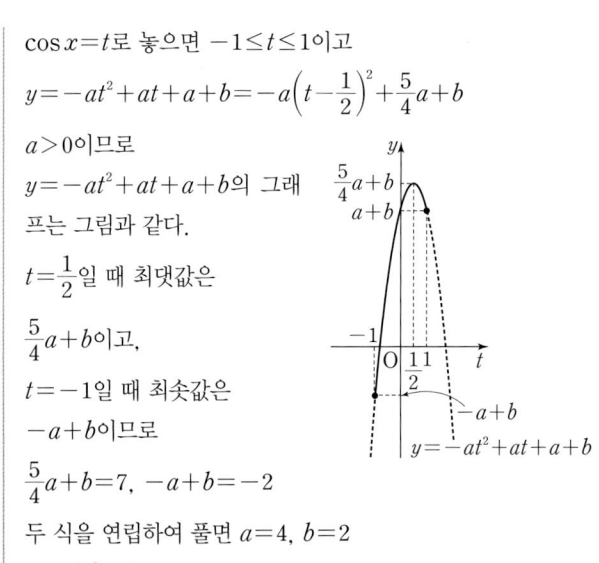

$\dfrac{5}{4}a + b = 7$, $-a + b = -2$

두 식을 연립하여 풀면 $a = 4$, $b = 2$

$\therefore a + b = 6$

답 6

1445 답 9

$f(x) = \sin^2 x + \sin\left(x + \dfrac{\pi}{2}\right) + 1$

$\qquad = (1 - \cos^2 x) + \cos x + 1$

$\qquad = -\cos^2 x + \cos x + 2$

$\cos x = t$로 놓으면 $-1 \le t \le 1$이고

$y = -t^2 + t + 2 = -\left(t - \dfrac{1}{2}\right)^2 + \dfrac{9}{4}$

$y = -t^2 + t + 2$의 그래프는 그림과 같으므로

$t = \dfrac{1}{2}$일 때 최댓값은 $\dfrac{9}{4}$이다.

따라서 $M = \dfrac{9}{4}$이므로 $4M = 9$

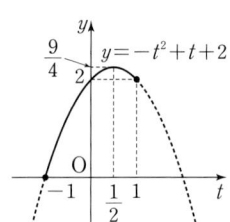

1446 답 ③

$y = f(x)$라 하고, $x - \dfrac{3}{4}\pi = \alpha$로 놓으면 $x - \dfrac{\pi}{4} = \dfrac{\pi}{2} + \alpha$이므로

$y = \cos^2\left(x - \dfrac{3}{4}\pi\right) - \cos\left(x - \dfrac{\pi}{4}\right) + k$

$\quad = \cos^2 \alpha - \cos\left(\dfrac{\pi}{2} + \alpha\right) + k$

$\quad = (1 - \sin^2 \alpha) - (-\sin \alpha) + k$

$\quad = -\sin^2 \alpha + \sin \alpha + k + 1$

$\sin \alpha = t$로 놓으면 $-1 \le t \le 1$이고

$y = -t^2 + t + k + 1$

$\quad = -\left(t - \dfrac{1}{2}\right)^2 + k + \dfrac{5}{4}$

$y = -t^2 + t + k + 1$의 그래프는 그림과 같으므로

$t = \dfrac{1}{2}$일 때 최댓값은 $k + \dfrac{5}{4}$이고, $t = -1$일 때 최솟값은 $k - 1$이다.

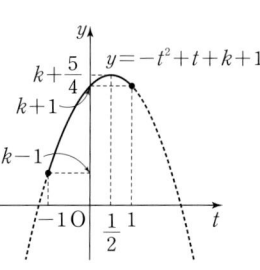

따라서 $k + \dfrac{5}{4} = 3$에서 $k = \dfrac{7}{4}$

$m = k - 1 = \dfrac{3}{4}$이므로

$k + m = \dfrac{5}{2}$

다른 풀이

$f(x) = \cos^2\left(x - \dfrac{3}{4}\pi\right) - \cos\left(x - \dfrac{\pi}{4}\right) + k$

$\quad = \cos^2\left(x - \dfrac{\pi}{4} - \dfrac{\pi}{2}\right) - \cos\left(x - \dfrac{\pi}{4}\right) + k$

$\quad = \cos^2\left\{\dfrac{\pi}{2} - \left(x - \dfrac{\pi}{4}\right)\right\} - \cos\left(x - \dfrac{\pi}{4}\right) + k$

$\quad = \sin^2\left(x - \dfrac{\pi}{4}\right) - \cos\left(x - \dfrac{\pi}{4}\right) + k$

$\quad = 1 - \cos^2\left(x - \dfrac{\pi}{4}\right) - \cos\left(x - \dfrac{\pi}{4}\right) + k$

이므로 $y = f(x)$라 하고 $\cos\left(x - \dfrac{\pi}{4}\right) = t$로 놓으면 $-1 \le t \le 1$이고

$y = -t^2 - t + k + 1$

$\quad = -\left(t + \dfrac{1}{2}\right)^2 + k + \dfrac{5}{4}$

따라서 $t = -\dfrac{1}{2}$일 때 최댓값은 $k + \dfrac{5}{4}$이고, $t = 1$일 때 최솟값은 $k - 1$이다.

$k + \dfrac{5}{4} = 3$에서 $k = \dfrac{7}{4}$, $k - 1 = m$에서 $m = \dfrac{3}{4}$이므로

$k + m = \dfrac{5}{2}$

실수 Check

$x - \dfrac{\pi}{4}$로 바꾸기 위해 $x - \dfrac{3}{4}\pi$를 $x - \dfrac{3}{4}\pi = x - \dfrac{\pi}{4} - \dfrac{\pi}{2}$로 변형함에 주의한다.

1447 답 ③ 유형 17

함수 $y = \dfrac{-\cos x + 2}{\cos x + 2}$의 최댓값과 최솟값의 곱은?

단서1

① $\dfrac{1}{2}$ ② $\dfrac{3}{4}$ ③ 1

④ $\dfrac{5}{4}$ ⑤ $\dfrac{3}{2}$

단서1 $\cos x = t$로 치환하면 $y = \dfrac{-t + 2}{t + 2}$, $-1 \le t \le 1$

STEP 1 $\cos x = t$로 치환하고 t에 대한 함수의 그래프 그리기

$y = \dfrac{-\cos x + 2}{\cos x + 2}$에서 $\cos x = t$로 놓으면 $-1 \le t \le 1$이고

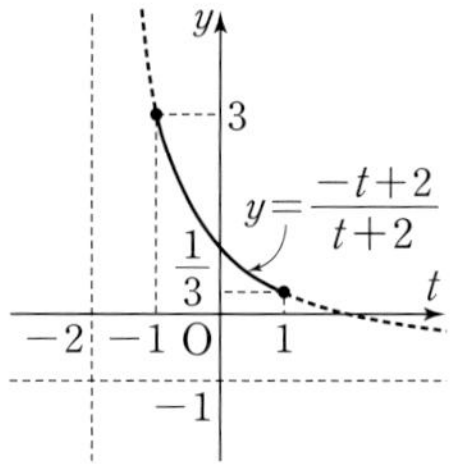

$y = \dfrac{-t + 2}{t + 2} = \dfrac{-(t + 2) + 4}{t + 2}$

$\quad = \dfrac{4}{t + 2} - 1$

$y = \dfrac{-t + 2}{t + 2}$의 그래프는 그림과 같다.

STEP 2 최댓값과 최솟값 구하기

$t = -1$일 때 최댓값은 3이고,

$t = 1$일 때 최솟값은 $\dfrac{1}{3}$이다.

STEP 3 최댓값과 최솟값의 곱 구하기

최댓값과 최솟값의 곱은 1이다.

1448 답 5

$y=\dfrac{\sin x}{-\sin x+2}+2$ 에서 $\sin x=t$ 로 놓으면 $-1\le t\le 1$ 이고

$y=\dfrac{t}{-t+2}+2=-\dfrac{t-2+2}{t-2}+2=-\dfrac{2}{t-2}+1$

$y=\dfrac{t}{-t+2}+2$ 의 그래프는 그림과

같으므로

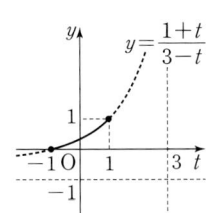

$t=1$ 일 때 최댓값은 3이고,

$t=-1$ 일 때 최솟값은 $\dfrac{5}{3}$ 이다.

따라서 $M=3$, $m=\dfrac{5}{3}$ 이므로

$Mm=3\times\dfrac{5}{3}=5$

1449 답 ③

$y=\dfrac{1+\tan x}{3-\tan x}$ 에서 $\tan x=t$ 로 놓으면

$-\dfrac{\pi}{4}\le x\le\dfrac{\pi}{4}$ 이므로 $-1\le t\le 1$ 이고

$y=\dfrac{1+t}{3-t}=-\dfrac{t-3+4}{t-3}$

$=-\dfrac{4}{t-3}-1$

$y=\dfrac{1+t}{3-t}$ 의 그래프는 그림과 같으므로

$t=1$ 일 때 최댓값은 1이고,

$t=-1$ 일 때 최솟값은 0이다.

따라서 $M=1$, $m=0$ 이므로

$M+m=1$

1450 답 $\dfrac{1}{2}$

$y=\dfrac{3|\sin x|+2}{|\sin x|+1}$ 에서 $|\sin x|=t$ 로 놓으면 $0\le t\le 1$ 이고

$y=\dfrac{3t+2}{t+1}=\dfrac{3(t+1)-1}{t+1}$

$=-\dfrac{1}{t+1}+3$

$y=\dfrac{3t+2}{t+1}$ 의 그래프는 그림과 같으므로

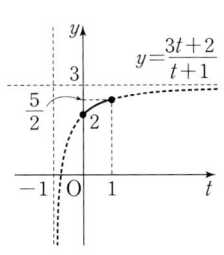

$t=1$ 일 때 최댓값은 $\dfrac{5}{2}$ 이고,

$t=0$ 일 때 최솟값은 2이다.

따라서 $M=\dfrac{5}{2}$, $m=2$ 이므로

$M-m=\dfrac{1}{2}$

1451 답 ⑤

$y=\dfrac{\sin x+a}{\sin x-2}$ 에서 $\sin x=t$ 로 놓으면 $-1\le t\le 1$ 이고

$y=\dfrac{t+a}{t-2}=\dfrac{(t-2)+a+2}{t-2}$

$=\dfrac{a+2}{t-2}+1$

이때 $a>-2$ 에서 $a+2>0$ 이므로

$y=\dfrac{t+a}{t-2}$ 의 그래프는 그림과 같다.

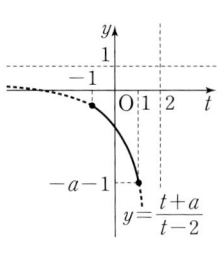

따라서 $t=1$ 일 때 최솟값은 $-a-1$ 이

므로

$-a-1=-4$ $\therefore a=3$

1452 답 ④

$y=\dfrac{2\cos x-a}{\cos x-2}$ 에서 $\cos x=t$ 로 놓으면 $-1\le t\le 1$ 이고

$y=\dfrac{2t-a}{t-2}=\dfrac{2(t-2)+4-a}{t-2}=\dfrac{4-a}{t-2}+2$

이때 $a<4$ 에서 $4-a>0$ 이므로

$y=\dfrac{2t-a}{t-2}$ 의 그래프는 그림과 같다.

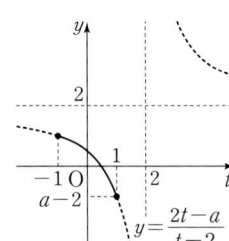

따라서 $t=1$ 일 때 최솟값은 $a-2$ 이므로

$a-2=-1$

$\therefore a=1$

1453 답 ③

$y=\dfrac{-2\sin\left(\dfrac{\pi}{2}+x\right)}{\cos x+2}=\dfrac{-2\cos x}{\cos x+2}$ 이므로 $\cos x=t$ 로 놓으면

$-1\le t\le 1$ 이고

$y=\dfrac{-2t}{t+2}=\dfrac{-2(t+2)+4}{t+2}$

$=\dfrac{4}{t+2}-2$

$y=\dfrac{-2t}{t+2}$ 의 그래프는 그림과 같으므로

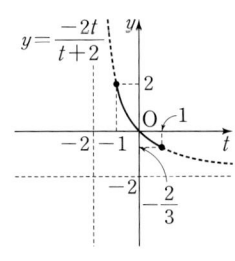

$t=-1$ 일 때 최댓값은 2이고,

$t=1$ 일 때 최솟값은 $-\dfrac{2}{3}$ 이다.

따라서 치역은 $\left\{y\left|-\dfrac{2}{3}\le y\le 2\right.\right\}$ 이므로

$a=-\dfrac{2}{3}$, $b=2$ $\therefore b-a=\dfrac{8}{3}$

1454 답 ⑤

$y=\dfrac{3\tan x+4}{\tan x+1}$ 에서 $\tan x=t$ 로 놓으면 $\pi\le x\le\dfrac{5}{4}\pi$ 이므로

$0\le t\le 1$ 이고

$y=\dfrac{3t+4}{t+1}=\dfrac{3(t+1)+1}{t+1}$

$=\dfrac{1}{t+1}+3$

$y=\dfrac{3t+4}{t+1}$ 의 그래프는 그림과 같으

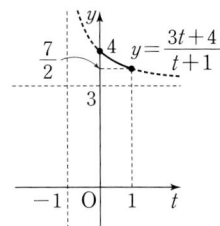

므로 $t=1$ 일 때 최솟값은 $\dfrac{7}{2}$ 이다.

$\therefore b=\dfrac{7}{2}$

$t=1$, 즉 $\tan x=1$ 에서

$x=\dfrac{5}{4}\pi\left(\because\pi\le x\le\dfrac{5}{4}\pi\right)$이므로 $a=\dfrac{5}{4}\pi$

$\therefore 8ab=8\times\dfrac{5}{4}\pi\times\dfrac{7}{2}=35\pi$

실수 Check

$y=\dfrac{1}{t+1}+3$의 그래프의 점근선의 방정식은 $t=-1$, $y=3$임에 주의하여 $0\le t\le 1$에서 그래프를 그린다.

1455 답 2π

$y=\dfrac{3\sin(\pi-x)+1}{\cos\left(\dfrac{\pi}{2}+x\right)+2}=\dfrac{3\sin x+1}{-\sin x+2}$에서 $\sin x=t$로 놓으면

$0\le x\le\dfrac{\pi}{2}$이므로 $0\le t\le1$이고

$y=\dfrac{3t+1}{-t+2}=-\dfrac{3(t-2)+7}{t-2}$

$\qquad=-\dfrac{7}{t-2}-3$

$y=\dfrac{3t+1}{-t+2}$의 그래프는 그림과 같으므로

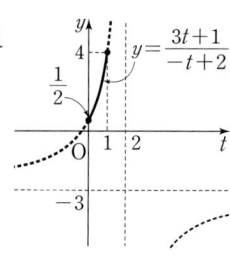

$t=1$일 때 최댓값은 4이다.

$\therefore b=4$

$t=1$, 즉 $\sin x=1$에서

$x=\dfrac{\pi}{2}\left(\because 0\le x\le\dfrac{\pi}{2}\right)$이므로 $a=\dfrac{\pi}{2}$

$\therefore ab=2\pi$

실수 Check

$y=-\dfrac{7}{t-2}-3$의 그래프의 점근선의 방정식은 $t=2$, $y=-3$임에 주의하여 $0\le t\le1$에서 그래프를 그린다.

1456 답 ②

| 유형 18

> $0\le x<2\pi$에서 방정식 $\underline{4\cos x-2=0}$의 실근 중 가장 큰 것을 α, 가
> _{단서1}
> 장 작은 것을 β라 할 때, $\sin(\alpha-\beta)$의 값은?
>
> ① -1　　　　② $-\dfrac{\sqrt{3}}{2}$　　　　③ $-\dfrac{1}{2}$
>
> ④ 0　　　　⑤ $\dfrac{1}{2}$
>
> 단서1 $\cos x=k$ 꼴로 변형

STEP1 **주어진 방정식을 $\cos x=k$ 꼴로 나타내기**

$4\cos x-2=0$에서 $\cos x=\dfrac{1}{2}$

STEP2 **두 그래프의 교점의 x좌표를 구해 α, β의 값 구하기**

그림과 같이 $0\le x<2\pi$에서 함수 $y=\cos x$의 그래프와 직선 $y=\dfrac{1}{2}$

의 교점의 x좌표가 $\dfrac{\pi}{3}$, $\dfrac{5}{3}\pi$이므로

$x=\dfrac{\pi}{3}$ 또는 $x=\dfrac{5}{3}\pi$

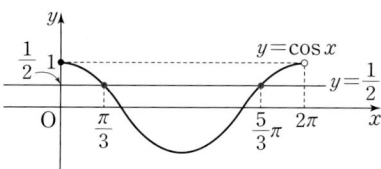

$\therefore \alpha=\dfrac{5}{3}\pi$, $\beta=\dfrac{\pi}{3}$

STEP3 $\sin(\alpha-\beta)$의 값 구하기

$\sin(\alpha-\beta)=\sin\left(\dfrac{5}{3}\pi-\dfrac{\pi}{3}\right)=\sin\dfrac{4}{3}\pi$

$\qquad=\sin\left(\pi+\dfrac{\pi}{3}\right)=-\sin\dfrac{\pi}{3}$

$\qquad=-\dfrac{\sqrt{3}}{2}$

1457 답 ②

$\tan\dfrac{1}{3}x=\sqrt{3}$에서 $\dfrac{1}{3}x=t$로 놓으면

$0\le x<3\pi$이므로 $0\le t<\pi$이고

$\tan t=\sqrt{3}$

그림과 같이 $0\le t<\pi$에서 함수 $y=\tan t$

의 그래프와 직선 $y=\sqrt{3}$의 교점의 t좌표

가 $\dfrac{\pi}{3}$이므로

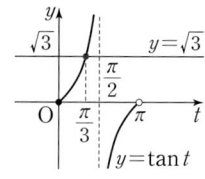

$\dfrac{1}{3}x=\dfrac{\pi}{3}$　　$\therefore x=\pi$

1458 답 ⑤

$\cos x\ne0$이므로 $\sin x=\sqrt{3}\cos x$에서

양변을 $\cos x$로 나누면

$\dfrac{\sin x}{\cos x}=\sqrt{3}$

$\therefore \tan x=\sqrt{3}$

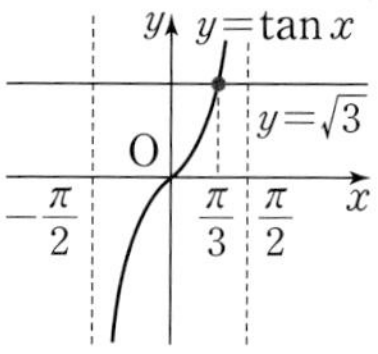

그림과 같이 $-\dfrac{\pi}{2}<x<\dfrac{\pi}{2}$에서 함수

$y=\tan x$의 그래프와 직선 $y=\sqrt{3}$의 교점의 x좌표가 $\dfrac{\pi}{3}$이므로

$x=\dfrac{\pi}{3}$

1459 답 ①

$2\sin4x=1$에서 $\sin4x=\dfrac{1}{2}$

$4x=t$로 놓으면 $0\le x<\dfrac{\pi}{2}$에서 $0\le t<2\pi$이고

$\sin t=\dfrac{1}{2}$

그림과 같이 $0\le t<2\pi$에서

함수 $y=\sin t$의 그래프와 직선

$y=\dfrac{1}{2}$의 교점의 t좌표가 $\dfrac{\pi}{6}$,

$\dfrac{5}{6}\pi$이므로

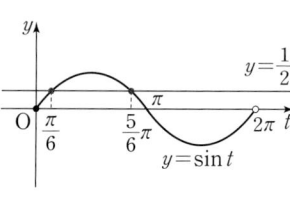

$4x=\dfrac{\pi}{6}$ 또는 $4x=\dfrac{5}{6}\pi$

$\therefore x=\dfrac{\pi}{24}$ 또는 $x=\dfrac{5}{24}\pi$

따라서 모든 근의 합은 $\dfrac{\pi}{24}+\dfrac{5}{24}\pi=\dfrac{\pi}{4}$

1460 답 ③

$\cos x=0$이면 $\sin x\neq0$이므로 $\sin x\neq\cos x$

즉, $\cos x\neq0$이므로 $\sin x=\cos x$에서 양변을 $\cos x$로 나누면

$\dfrac{\sin x}{\cos x}=1$ $\quad\therefore \tan x=1$

그림과 같이 $-\pi<x<\pi$에서
함수 $y=\tan x$의 그래프와 직
선 $y=1$의 교점의 x좌표는

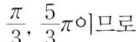

$\dfrac{\pi}{4}$, $-\dfrac{3}{4}\pi$이므로

$x=\dfrac{\pi}{4}$ 또는 $x=-\dfrac{3}{4}\pi$

이때 $\alpha>\beta$이므로 $\alpha=\dfrac{\pi}{4}$, $\beta=-\dfrac{3}{4}\pi$

$\therefore 2(\alpha-\beta)=2\left(\dfrac{\pi}{4}+\dfrac{3}{4}\pi\right)=2\pi$

1461 답 $\dfrac{\sqrt{3}}{2}$

$\cos\left(x-\dfrac{\pi}{4}\right)=-\dfrac{1}{2}$에서 $x-\dfrac{\pi}{4}=t$로 놓으면

$0\leq x<2\pi$이므로 $-\dfrac{\pi}{4}\leq t<\dfrac{7}{4}\pi$이고 $\cos t=-\dfrac{1}{2}$

그림과 같이 $-\dfrac{\pi}{4}\leq t<\dfrac{7}{4}\pi$에
서 함수 $y=\cos t$의 그래프와
직선 $y=-\dfrac{1}{2}$의 교점의 t좌표
가 $\dfrac{2}{3}\pi$, $\dfrac{4}{3}\pi$이므로

$x-\dfrac{\pi}{4}=\dfrac{2}{3}\pi$ 또는 $x-\dfrac{\pi}{4}=\dfrac{4}{3}\pi$

$\therefore x=\dfrac{11}{12}\pi$ 또는 $x=\dfrac{19}{12}\pi$

이때 $\alpha>\beta$이므로 $\alpha=\dfrac{19}{12}\pi$, $\beta=\dfrac{11}{12}\pi$

$\therefore \sin(\alpha-\beta)=\sin\dfrac{2}{3}\pi=\sin\left(\pi-\dfrac{\pi}{3}\right)=\sin\dfrac{\pi}{3}=\dfrac{\sqrt{3}}{2}$

1462 답 -1

$2\cos\left(x+\dfrac{\pi}{3}\right)=1$에서 $\cos\left(x+\dfrac{\pi}{3}\right)=\dfrac{1}{2}$

$x+\dfrac{\pi}{3}=t$로 놓으면 $0\leq x<2\pi$에서 $\dfrac{\pi}{3}\leq t<\dfrac{7}{3}\pi$이고

$\cos t=\dfrac{1}{2}$

그림과 같이 $\dfrac{\pi}{3}\leq t<\dfrac{7}{3}\pi$에서
함수 $y=\cos t$의 그래프와
직선 $y=\dfrac{1}{2}$의 교점의 t좌표가

$\dfrac{\pi}{3}$, $\dfrac{5}{3}\pi$이므로

$x+\dfrac{\pi}{3}=\dfrac{\pi}{3}$ 또는 $x+\dfrac{\pi}{3}=\dfrac{5}{3}\pi$

$\therefore x=0$ 또는 $x=\dfrac{4}{3}\pi$

$\therefore 2\cos(\alpha+\beta)=2\cos\dfrac{4}{3}\pi=2\cos\left(\pi+\dfrac{\pi}{3}\right)=-2\cos\dfrac{\pi}{3}$

$\qquad\qquad\qquad =-2\times\dfrac{1}{2}=-1$

1463 답 ③

그림과 같이 $0\leq x<2\pi$에서 함
수 $y=|\sin x|$의 그래프와 직
선 $y=\dfrac{\sqrt{3}}{2}$의 교점의 x좌표는

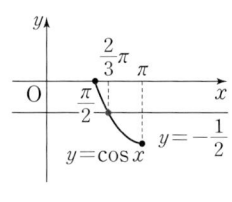

$\dfrac{\pi}{3}$, $\dfrac{2}{3}\pi$, $\dfrac{4}{3}\pi$, $\dfrac{5}{3}\pi$이므로

$x=\dfrac{\pi}{3}$ 또는 $x=\dfrac{2}{3}\pi$ 또는 $x=\dfrac{4}{3}\pi$ 또는 $x=\dfrac{5}{3}\pi$

따라서 $\alpha=\dfrac{5}{3}\pi$, $\beta=\dfrac{\pi}{3}$이므로

$\cos(\alpha-\beta)=\cos\dfrac{4}{3}\pi=\cos\left(\pi+\dfrac{\pi}{3}\right)=-\cos\dfrac{\pi}{3}=-\dfrac{1}{2}$

1464 답 ②

$2\log\sin x$, $2\log\cos x$에서 로그의 진수의 조건에 의하여

$\sin x>0$, $\cos x>0$

$\therefore 0<x<\dfrac{\pi}{2}$ $(\because 0<x<2\pi)$

$2\log\sin x-2\log\cos x=\log 3$에서

$2\log\dfrac{\sin x}{\cos x}=\log 3$ ⟶ $\log\left(\dfrac{\sin x}{\cos x}\right)^{2}=\log 3$

따라서 $\left(\dfrac{\sin x}{\cos x}\right)^{2}=3$이므로 $\tan^{2}x=3$

$\therefore \tan x=\sqrt{3}$ $\left(\because 0<x<\dfrac{\pi}{2}\right)$

$\therefore x=\dfrac{\pi}{3}$

개념 Check

(1) $\log_a N$이 정의될 조건
　① 밑의 조건 : $a>0$, $a\neq1$
　② 진수의 조건 : $N>0$
(2) 로그의 성질
　$a>0$, $a\neq1$, $x>0$, $y>0$일 때
　① $\log_a xy=\log_a x+\log_a y$
　② $\log_a \dfrac{x}{y}=\log_a x-\log_a y$

1465 답 ②

그림과 같이 $\dfrac{\pi}{2}\leq x\leq\pi$에서 함수
$y=\cos x$의 그래프와 직선 $y=-\dfrac{1}{2}$의
교점의 x좌표는 $\dfrac{2}{3}\pi$이므로

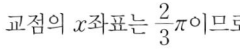

$x=\dfrac{2}{3}\pi$

1466 답 ①

$0\le x<2\pi$일 때, 방정식 $2\cos^2 x+3\sin x=3$의 모든 해의 합은 $\dfrac{q}{p}\pi$ _{단서1} 이다. $p+q$의 값은? (단, p와 q는 서로소인 자연수이다.)

① 5 ② 7 ③ 9

④ 11 ⑤ 13

단서1 $\sin^2 x+\cos^2 x=1$이므로 $\cos^2 x=1-\sin^2 x$임을 이용

STEP1 주어진 방정식을 $\sin x$에 대한 방정식으로 나타내기

$2\cos^2 x+3\sin x=3$에서

$2(1-\sin^2 x)+3\sin x=3$

$2\sin^2 x-3\sin x+1=0$

STEP2 주어진 방정식의 모든 해 구하기

$\sin x=t$로 놓으면 $0\le x<2\pi$에서 $-1\le t\le 1$이고

$2t^2-3t+1=0$, $(2t-1)(t-1)=0$

$\therefore t=\dfrac{1}{2}$ 또는 $t=1$

$\therefore \sin x=\dfrac{1}{2}$ 또는 $\sin x=1$

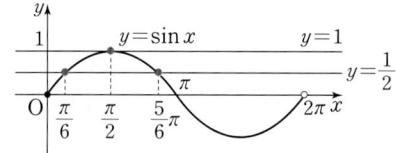

$0\le x<2\pi$이므로

(i) $\sin x=\dfrac{1}{2}$일 때, $x=\dfrac{\pi}{6}$ 또는 $x=\dfrac{5}{6}\pi$

(ii) $\sin x=1$일 때, $x=\dfrac{\pi}{2}$

STEP3 $p+q$의 값 구하기

(i), (ii)에서 모든 해의 합은 $\dfrac{\pi}{6}+\dfrac{5}{6}\pi+\dfrac{\pi}{2}=\dfrac{3}{2}\pi$이므로

$p=2$, $q=3$

$\therefore p+q=5$

1467 답 ①

$2\sin^2 x+3\cos x-3=0$에서

$2(1-\cos^2 x)+3\cos x-3=0$

$2\cos^2 x-3\cos x+1=0$

$\cos x=t$로 놓으면 $0\le x<\pi$에서 $-1<t\le 1$이고

$2t^2-3t+1=0$

$(2t-1)(t-1)=0$

$\therefore t=\dfrac{1}{2}$ 또는 $t=1$

$\therefore \cos x=\dfrac{1}{2}$ 또는 $\cos x=1$

$0\le x<\pi$이므로

(i) $\cos x=\dfrac{1}{2}$일 때, $x=\dfrac{\pi}{3}$

(ii) $\cos x=1$일 때, $x=0$

(i), (ii)에서 구하는 해는 $x=0$ 또는 $x=\dfrac{\pi}{3}$

1468 답 ③

$2\cos\theta-1=\sin\theta$에서 $2\cos\theta=\sin\theta+1$

양변을 제곱하면 $4\cos^2\theta=\sin^2\theta+2\sin\theta+1$

$4(1-\sin^2\theta)=\sin^2\theta+2\sin\theta+1$

$5\sin^2\theta+2\sin\theta-3=0$

$(5\sin\theta-3)(\sin\theta+1)=0$

$\therefore \sin\theta=\dfrac{3}{5}$ 또는 $\sin\theta=-1$

이때 $0<\theta<\pi$에서 $0<\sin\theta\le 1$이므로

$\sin\theta=\dfrac{3}{5}$

1469 답 $x=\dfrac{7}{6}\pi$ 또는 $x=\dfrac{11}{6}\pi$

$\sqrt{-\cos^2 x+2\sin x+2}=\dfrac{1}{2}$의 양변을 제곱하면

$-\cos^2 x+2\sin x+2=\dfrac{1}{4}$

$-(1-\sin^2 x)+2\sin x+2=\dfrac{1}{4}$

$\sin^2 x+2\sin x+\dfrac{3}{4}=0$

$\sin x=t$로 놓으면 $0\le x<2\pi$에서 $-1\le t\le 1$이고

$t^2+2t+\dfrac{3}{4}=0$, $4t^2+8t+3=0$

$(2t+3)(2t+1)=0$

$\therefore t=-\dfrac{1}{2}$ $(\because -1\le t\le 1)$

$\therefore \sin x=-\dfrac{1}{2}$

$0\le x<2\pi$이므로

$\sin x=-\dfrac{1}{2}$일 때,

$x=\dfrac{7}{6}\pi$ 또는 $x=\dfrac{11}{6}\pi$

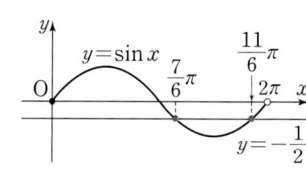

1470 답 ①

$2\cos^2 x+(2+\sqrt 3)\sin x=2+\sqrt 3$에서

$2(1-\sin^2 x)+(2+\sqrt 3)\sin x=2+\sqrt 3$

$2\sin^2 x-(2+\sqrt 3)\sin x+\sqrt 3=0$

$\sin x=t$로 놓으면 $0\le x\le 2\pi$에서 $-1\le t\le 1$이고

$2t^2-(2+\sqrt 3)t+\sqrt 3=0$

$(2t-\sqrt 3)(t-1)=0$

$\therefore t=\dfrac{\sqrt 3}{2}$ 또는 $t=1$

$\therefore \sin x=\dfrac{\sqrt 3}{2}$ 또는 $\sin x=1$

$0\le x\le 2\pi$이므로

(i) $\sin x=\dfrac{\sqrt 3}{2}$일 때

$x=\dfrac{\pi}{3}$ 또는 $x=\dfrac{2}{3}\pi$

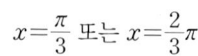

(ii) $\sin x=1$일 때

$x=\dfrac{\pi}{2}$

(ⅰ), (ⅱ)에서 $\alpha=\dfrac{2}{3}\pi$, $\beta=\dfrac{\pi}{3}$이므로

$\cos(\alpha+\beta)=\cos\pi=-1$

1471 답 ③

$4\cos^2(\pi+x)+8\sin\left(\dfrac{\pi}{2}+x\right)+3=0$에서

$4\cos^2x+8\cos x+3=0$

$\cos x=t$로 놓으면 $0<x<4\pi$에서 $-1\leq t\leq1$이고

$4t^2+8t+3=0$

$(2t+3)(2t+1)=0$

$\therefore t=-\dfrac{1}{2}\ (\because -1\leq t\leq1)$

$\therefore \cos x=-\dfrac{1}{2}$

$0<x<4\pi$이므로 $\cos x=-\dfrac{1}{2}$일 때

$x=\dfrac{2}{3}\pi$ 또는 $x=\dfrac{4}{3}\pi$ 또는 $x=\dfrac{8}{3}\pi$ 또는 $x=\dfrac{10}{3}\pi$

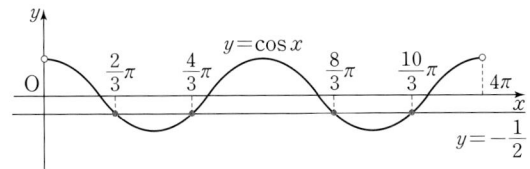

따라서 모든 해의 합은 $\dfrac{2}{3}\pi+\dfrac{4}{3}\pi+\dfrac{8}{3}\pi+\dfrac{10}{3}\pi=8\pi$

실수 Check

$0<x<4\pi$일 때 $y=\cos x$의 그래프와 직선 $y=-\dfrac{1}{2}$이 만나는 네 점의 x좌표를 작은 순서대로 α, β, γ, δ라 하면 각각의 값을 구하지 않아도 $\dfrac{\alpha+\beta}{2}=\pi$, $\dfrac{\gamma+\delta}{2}=3\pi$임을 이용하여 합을 구할 수 있다.

1472 답 $\dfrac{13}{12}\pi$

$\tan x\neq0$이므로 $\tan x+\dfrac{1}{\sqrt{3}\tan x}=1+\dfrac{1}{\sqrt{3}}$의 양변에 $\tan x$를 곱하면

$\tan^2x+\dfrac{1}{\sqrt{3}}=\left(1+\dfrac{1}{\sqrt{3}}\right)\tan x$

$\tan^2x-\left(1+\dfrac{1}{\sqrt{3}}\right)\tan x+\dfrac{1}{\sqrt{3}}=0$

$\tan x=t$로 놓으면

$t^2-\left(1+\dfrac{1}{\sqrt{3}}\right)t+\dfrac{1}{\sqrt{3}}=0$

$(t-1)\left(t-\dfrac{1}{\sqrt{3}}\right)=0$

$\therefore t=1$ 또는 $t=\dfrac{1}{\sqrt{3}}$

$-\pi<x<\pi$이고 $x\neq0$이므로

(ⅰ) $t=1$, 즉 $\tan x=1$일 때

　$x=-\dfrac{3}{4}\pi$ 또는 $x=\dfrac{\pi}{4}$

(ⅱ) $t=\dfrac{1}{\sqrt{3}}$, 즉 $\tan x=\dfrac{1}{\sqrt{3}}$

　일 때

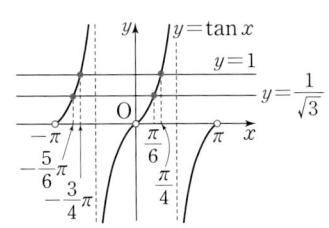

$x=-\dfrac{5}{6}\pi$ 또는 $x=\dfrac{\pi}{6}$

(ⅰ), (ⅱ)에서 $M=\dfrac{\pi}{4}$, $m=-\dfrac{5}{6}\pi$이므로

$M-m=\dfrac{13}{12}\pi$

1473 답 ②

$4\sin^2x-4\cos\left(\dfrac{\pi}{2}+x\right)-3=0$에서

$4\sin^2x+4\sin x-3=0$

$\sin x=t$로 놓으면

$0\leq x<4\pi$에서 $-1\leq t\leq1$이고

$4t^2+4t-3=0$

$(2t+3)(2t-1)=0$

$\therefore t=\dfrac{1}{2}\ (\because -1\leq t\leq1)$

$\therefore \sin x=\dfrac{1}{2}$

$0\leq x<4\pi$이므로

$\sin x=\dfrac{1}{2}$일 때

$x=\dfrac{\pi}{6}$ 또는 $x=\dfrac{5}{6}\pi$ 또는 $x=\dfrac{13}{6}\pi$ 또는 $x=\dfrac{17}{6}\pi$

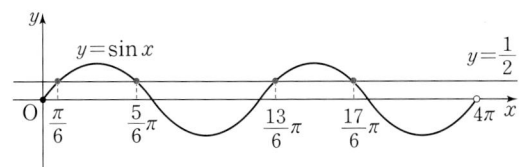

따라서 모든 해의 합은

$\dfrac{\pi}{6}+\dfrac{5}{6}\pi+\dfrac{13}{6}\pi+\dfrac{17}{6}\pi=6\pi$

1474 답 ③

$2\cos^2x-\sin(\pi+x)-2=0$에서

$2(1-\sin^2x)+\sin x-2=0$

$2\sin^2x-\sin x=0$

$\sin x=t$로 놓으면

$0<x<2\pi$에서 $-1\leq t\leq1$이고

$2t^2-t=0$, $t(2t-1)=0$

$\therefore t=0$ 또는 $t=\dfrac{1}{2}$

$\therefore \sin x=0$ 또는 $\sin x=\dfrac{1}{2}$

$0<x<2\pi$이므로

(ⅰ) $\sin x=0$일 때, $x=\pi$

(ⅱ) $\sin x=\dfrac{1}{2}$일 때,

　$x=\dfrac{\pi}{6}$ 또는 $x=\dfrac{5}{6}\pi$

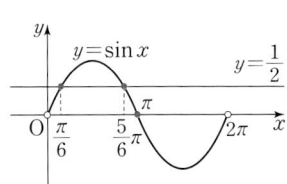

(ⅰ), (ⅱ)에서 모든 해의 합은

$\pi+\dfrac{\pi}{6}+\dfrac{5}{6}\pi=2\pi$

1475 답 ③

삼각형 ABC에 대하여 $2\sin^2 A-5\cos(B+C)+1=0$이 성립할 때, $\cos A$의 값은? 단서1 단서2

① $-\dfrac{\sqrt{2}}{4}$ ② $-\dfrac{\sqrt{3}}{4}$ ③ $-\dfrac{1}{2}$

④ $-\dfrac{\sqrt{2}}{2}$ ⑤ $-\dfrac{\sqrt{3}}{2}$

단서1 $\sin^2 A+\cos^2 A=1$이므로 $\sin^2 A=1-\cos^2 A$임을 이용

단서2 삼각형 ABC에서 $A+B+C=\pi$

STEP1 주어진 방정식을 $\cos A$에 대한 방정식으로 나타내기

$2\sin^2 A-5\cos(B+C)+1=0$에서

$2(1-\cos^2 A)-5\cos(B+C)+1=0$

$A+B+C=\pi$에서

$\cos(B+C)=\cos(\pi-A)=-\cos A$이므로

$2\cos^2 A-5\cos A-3=0$

STEP2 $\cos A$의 값 구하기

$(2\cos A+1)(\cos A-3)=0$

$\therefore \cos A=-\dfrac{1}{2}$ 또는 $\cos A=3$

이때 $0<A<\pi$이므로 $-1<\cos A<1$

$\therefore \cos A=-\dfrac{1}{2}$

1476 답 $-\dfrac{\sqrt{3}}{2}$

$-4\cos^2 A+4\cos A=1$에서

$4\cos^2 A-4\cos A+1=0,\ (2\cos A-1)^2=0$

$\therefore \cos A=\dfrac{1}{2}$

$0<A<\pi$이므로 $A=\dfrac{\pi}{3}$

$A+B+C=\pi$에서

$B+C-2\pi=(\pi-A)-2\pi=-\pi-\dfrac{\pi}{3}=-\dfrac{4}{3}\pi$

$\therefore \sin\dfrac{B+C-2\pi}{2}=\sin\left(-\dfrac{2}{3}\pi\right)$

$=-\sin\dfrac{2}{3}\pi=-\sin\left(\pi-\dfrac{\pi}{3}\right)$

$=-\sin\dfrac{\pi}{3}=-\dfrac{\sqrt{3}}{2}$

1477 답 ④

$2\sin^2 A-\sin A\cos A+\cos^2 A-1=0$에서

$2\sin^2 A-\sin A\cos A+(1-\sin^2 A)-1=0$

$\sin^2 A-\sin A\cos A=0$

$\sin A(\sin A-\cos A)=0$

$0<A<\dfrac{\pi}{2}$이므로 $\sin A=\cos A$

→ 삼각형 ABC가 예각삼각형이므로

$\therefore A=\dfrac{\pi}{4}$ 세 각의 크기는 모두 예각이다.

$A+B+C=\pi$이므로

$\sin(B+C)=\sin(\pi-A)=\sin A=\sin\dfrac{\pi}{4}=\dfrac{\sqrt{2}}{2}$

1478 답 ⑤

$2\cos^2\dfrac{A+C}{2}+\sin\dfrac{B}{2}-1=0$에서 $A+B+C=\pi$이므로

$2\cos^2\dfrac{\pi-B}{2}+\sin\dfrac{B}{2}-1=0$

$2\sin^2\dfrac{B}{2}+\sin\dfrac{B}{2}-1=0$

$\left(2\sin\dfrac{B}{2}-1\right)\left(\sin\dfrac{B}{2}+1\right)=0$

$0<\dfrac{B}{2}<\dfrac{\pi}{2}$이므로 $0<\sin\dfrac{B}{2}<1$ $\therefore \sin\dfrac{B}{2}=\dfrac{1}{2}$

따라서 $\dfrac{B}{2}=\dfrac{\pi}{6}$이므로 $B=\dfrac{\pi}{3}$

$\therefore \tan B=\tan\dfrac{\pi}{3}=\sqrt{3}$

1479 답 ⑤

$4\cos^2 A=5-4\sin(B+C)$에서 $A+B+C=\pi$이므로

$4\cos^2 A=5-4\sin(\pi-A)$

$4(1-\sin^2 A)=5-4\sin A$

$4\sin^2 A-4\sin A+1=0$

$(2\sin A-1)^2=0$ $\therefore \sin A=\dfrac{1}{2}$

$\dfrac{\pi}{2}<A<\pi$이므로 $A=\dfrac{5}{6}\pi$

$\therefore \cos(-B-C)=\cos(A-\pi)=\cos\left(-\dfrac{\pi}{6}\right)$

$=\cos\dfrac{\pi}{6}=\dfrac{\sqrt{3}}{2}$

1480 답 $-\dfrac{1}{2}$

$A+B+C=\pi$이므로

$\sin(B+C)=\sin(\pi-A)=\sin A$

$\log\{\sin(B+C)\}-\log(\cos A)=\dfrac{1}{2}\log 3$에서

$\log(\sin A)-\log(\cos A)=\dfrac{1}{2}\log 3$

$\log\dfrac{\sin A}{\cos A}=\log 3^{\frac{1}{2}}$ $\therefore \dfrac{\sin A}{\cos A}=\sqrt{3}$

즉, $\tan A=\sqrt{3}$이므로 $A=\dfrac{\pi}{3}$ $\left(\because 0<A<\dfrac{\pi}{2}\right)$

$\therefore \cos\left(A+\dfrac{B+C}{2}\right)=\cos\left(A+\dfrac{\pi-A}{2}\right)=\cos\left(\dfrac{\pi}{2}+\dfrac{A}{2}\right)$

$=-\sin\dfrac{A}{2}=-\sin\dfrac{\pi}{6}=-\dfrac{1}{2}$

1481 답 0

그림과 같이 함수 $y=\sin x$의 그래프와 두 직선 $y=k$, $y=-k$의 교점의 x좌표를 작은 것부터 차례로 a, b, c, d라 할 때, 단서1

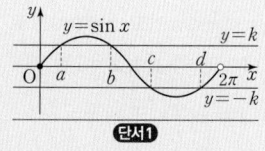

$\sin\dfrac{a+b+c+d}{4}$의 값을 구하시오. (단, $0\leq x<2\pi$, $0<k<1$)

단서1 $y=\sin x$의 그래프의 대칭성 이용

STEP 1 $a+b$의 값 구하기

$y=\sin x$의 그래프에서 두 점 $(a,\,0)$, $(b,\,0)$은 직선 $x=\dfrac{\pi}{2}$에 대하여 대칭이므로

$\dfrac{a+b}{2}=\dfrac{\pi}{2}$ $\therefore a+b=\pi$

STEP 2 $c+d$의 값 구하기

두 점 $(c,\,0)$, $(d,\,0)$은 직선 $x=\dfrac{3}{2}\pi$에 대하여 대칭이므로

$\dfrac{c+d}{2}=\dfrac{3}{2}\pi$ $\therefore c+d=3\pi$

STEP 3 $\sin\dfrac{a+b+c+d}{4}$의 값 구하기

$\sin\dfrac{a+b+c+d}{4}=\sin\dfrac{4\pi}{4}=\sin\pi=0$

1482 🔲 ①

$y=\sin x$의 그래프에서 두 점 $(a,\,0)$, $(b,\,0)$은 직선 $x=\dfrac{\pi}{2}$에 대하여 대칭이므로

$\dfrac{a+b}{2}=\dfrac{\pi}{2}$ $\therefore a+b=\pi$

1483 🔲 ④

$y=\cos x$의 그래프에서 두 점 $(\alpha,\,0)$, $(\beta,\,0)$은 직선 $x=\pi$에 대하여 대칭이므로

$\dfrac{\alpha+\beta}{2}=\pi$ $\therefore \alpha+\beta=2\pi$

1484 🔲 $-\dfrac{\sqrt{3}}{2}$

방정식 $\sin x=-\dfrac{\sqrt{3}}{3}$의 두 근 α, β는 함수 $y=\sin x$의 그래프와 직선 $y=-\dfrac{\sqrt{3}}{3}$의 두 교점의 x좌표와 같다.

그림과 같이 $y=\sin x$의 그래프에서 두 점 $(\alpha,\,0)$, $(\beta,\,0)$은 직선 $x=\dfrac{3}{2}\pi$에 대하여 대칭이므로

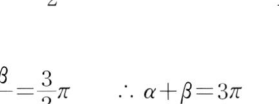

$\dfrac{\alpha+\beta}{2}=\dfrac{3}{2}\pi$ $\therefore \alpha+\beta=3\pi$

$\therefore \cos\left(\alpha+\beta+\dfrac{\pi}{6}\right)=\cos\left(3\pi+\dfrac{\pi}{6}\right)=-\cos\dfrac{\pi}{6}$

$=-\dfrac{\sqrt{3}}{2}$ $\quad\llcorner\!\!\rightarrow \cos\left(3\pi+\dfrac{\pi}{6}\right)=\cos\left(\pi+\dfrac{\pi}{6}\right)$

1485 🔲 ③

$y=\sin x$의 그래프에서 두 점 $(a,\,0)$, $(c,\,0)$은 직선 $x=\dfrac{\pi}{2}$에 대하여 대칭이므로

$\dfrac{a+c}{2}=\dfrac{\pi}{2}$ $\therefore a+c=\pi$

$y=\cos x$의 그래프에서 두 점 $(b,\,0)$, $(d,\,0)$은 직선 $x=\pi$에 대하여 대칭이므로

$\dfrac{b+d}{2}=\pi$ $\therefore b+d=2\pi$

$\therefore a+b+c+d=\pi+2\pi=3\pi$

다른 풀이

$0\le x\le 2\pi$에서 함수 $y=\sin x$의 그래프와 직선 $y=\dfrac{1}{2}$의 교점의 x좌표가 $\dfrac{\pi}{6}$, $\dfrac{5}{6}\pi$이므로

$a=\dfrac{\pi}{6}$, $c=\dfrac{5}{6}\pi$

$0\le x\le 2\pi$에서 함수 $y=\cos x$의 그래프와 직선 $y=\dfrac{1}{2}$의 교점의 x좌표가 $\dfrac{\pi}{3}$, $\dfrac{5}{3}\pi$이므로

$b=\dfrac{\pi}{3}$, $d=\dfrac{5}{3}\pi$

$\therefore a+b+c+d=\dfrac{\pi}{6}+\dfrac{\pi}{3}+\dfrac{5}{6}\pi+\dfrac{5}{3}\pi=3\pi$

1486 🔲 ①

$y=\tan x$의 그래프와 직선 $y=2$의 교점의 x좌표가 α, γ이므로

$\gamma=\pi+\alpha$ $\therefore \alpha-\gamma=-\pi$

$y=\tan x$의 그래프와 직선 $y=3$의 교점의 x좌표가 β, δ이므로

$\delta=\pi+\beta$ $\therefore \beta-\delta=-\pi$

$\therefore \alpha+\beta-\gamma-\delta=(\alpha-\gamma)+(\beta-\delta)=-2\pi$

1487 🔲 ①

$y=\sin 2x$의 주기는 $\dfrac{2\pi}{2}=\pi$

$y=\sin 2x$의 그래프에서 두 점 A, B는 직선 $x=\dfrac{\pi}{4}$에 대하여 대칭이므로

$\dfrac{\alpha+\beta}{2}=\dfrac{\pi}{4}$ $\therefore \alpha+\beta=\dfrac{\pi}{2}$

$y=\sin 2x$의 그래프에서 두 점 C, D는 직선 $y=\dfrac{3}{4}\pi$에 대하여 대칭이므로

$\dfrac{\gamma+\delta}{2}=\dfrac{3}{4}\pi$ $\therefore \gamma+\delta=\dfrac{3}{2}\pi$

$\therefore \alpha+\beta+\gamma+\delta=\dfrac{\pi}{2}+\dfrac{3}{2}\pi=2\pi$

1488 🔲 ⑤

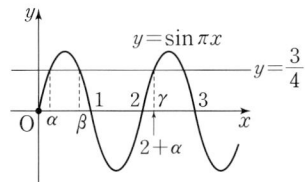

함수 $f(x)=\sin\pi x$의 주기는 $\dfrac{2\pi}{\pi}=2$

$y=\sin\pi x$의 그래프에서 두 점 $(\alpha,\,0)$, $(\beta,\,0)$은 직선 $x=\dfrac{1}{2}$에 대하여 대칭이므로 $\dfrac{\alpha+\beta}{2}=\dfrac{1}{2}$

$\therefore \alpha+\beta=1$

$\gamma = 2 + \alpha$이므로 $\longrightarrow$ 주기는 2

$\alpha + \beta + \gamma + 1 = 1 + (2 + \alpha) + 1 = 4 + \alpha$

$\therefore f(\alpha + \beta + \gamma + 1) = f(4 + \alpha) = f(2 + \alpha) = f(\alpha) = \dfrac{3}{4}$

실수 Check

$y = \sin \pi x$의 주기가 2이므로 그래프는 직선 $x = \dfrac{1}{2} + n$ (n은 정수)에 대하여 대칭임에 주의한다.

1489 답 $-\dfrac{1}{2}$

$y = \cos \dfrac{1}{2} x$의 주기는 $\dfrac{2\pi}{\dfrac{1}{2}} = 4\pi$

$y = \cos \dfrac{1}{2} x$의 그래프에서 두 점 $(b, 0)$, $(c, 0)$은 직선 $x = 2\pi$에 대하여 대칭이므로

$\dfrac{b+c}{2} = 2\pi$ $\quad \therefore b + c = 4\pi$

두 점 $(c, 0)$, $(d, 0)$은 점 $(3\pi, 0)$에 대하여 대칭이므로

$\dfrac{c+d}{2} = 3\pi$ $\quad \therefore c + d = 6\pi$

$\therefore b + 2c + d = (b + c) + (c + d)$
$\qquad\qquad\quad = 4\pi + 6\pi = 10\pi$

$\therefore \cos \dfrac{b+2c+d}{3} = \cos \dfrac{10}{3}\pi = \cos\left(3\pi + \dfrac{\pi}{3}\right)$
$\qquad\qquad\qquad = -\cos \dfrac{\pi}{3} = -\dfrac{1}{2}$

실수 Check

a, b, c, d의 값을 직접 구할 수 없으므로 삼각함수의 그래프의 대칭성을 이용하여 주어진 값을 구해야 함에 주의한다.

1490 답 ①
| 유형 22

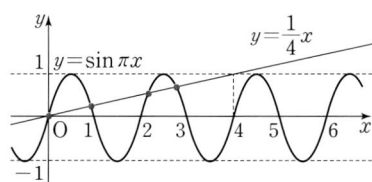

방정식 $\sin \pi x = \dfrac{1}{4} x$의 서로 다른 실근의 개수는? (단, $x \ge 0$)

① 4   ② 5   ③ 6
④ 7   ⑤ 8

단서1 $y = \sin \pi x$의 그래프와 직선 $y = \dfrac{1}{4} x$의 교점의 개수와 같음을 이용

STEP 1 $y = \sin \pi x$의 그래프와 직선 $y = \dfrac{1}{4} x$의 교점의 개수 구하기

방정식 $\sin \pi x = \dfrac{1}{4} x$의 서로 다른 실근의 개수는 $y = \sin \pi x$의 그래프와 직선 $y = \dfrac{1}{4} x$의 교점의 개수와 같다.

$y = \sin \pi x$의 주기는 $\dfrac{2\pi}{\pi} = 2$이므로 그래프는 그림과 같고

$x \ge 0$에서 함수 $y = \sin \pi x$의 그래프와 직선 $y = \dfrac{1}{4} x$의 교점의 개수는 4이다.

STEP 2 주어진 방정식의 서로 다른 실근의 개수 구하기

방정식 $\sin \pi x = \dfrac{1}{4} x$의 서로 다른 실근의 개수는 4이다.

참고 $y = \dfrac{1}{4} x$에서 $x > 4$이면 $y > 1$이므로 $x > 4$에서 직선 $y = \dfrac{1}{4} x$는 $y = \sin \pi x$의 그래프와 만나지 않는다.

1491 답 ③

방정식 $\tan 2x = -\dfrac{1}{2} x$의 서로 다른 실근의 개수는 $y = \tan 2x$의 그래프와 직선 $y = -\dfrac{1}{2} x$의 교점의 개수와 같다.

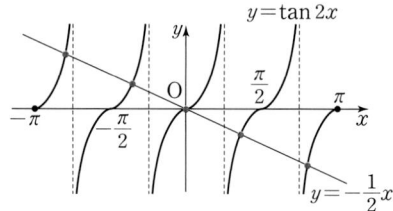

$y = \tan 2x$의 주기는 $\dfrac{\pi}{2}$이므로 그래프는 그림과 같고

$-\pi \le x \le \pi$에서 함수 $y = \tan 2x$의 그래프와 직선 $y = -\dfrac{1}{2} x$의 교점의 개수는 5이다.

따라서 방정식 $\tan 2x = -\dfrac{1}{2} x$의 서로 다른 실근의 개수는 5이다.

1492 답 12

방정식 $|\cos 3x| = \dfrac{1}{2}$의 서로 다른 실근의 개수는 함수 $y = |\cos 3x|$의 그래프와 직선 $y = \dfrac{1}{2}$의 교점의 개수와 같다.

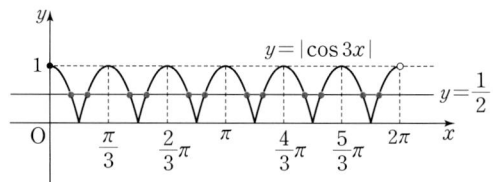

$y = |\cos 3x|$의 주기는 $\dfrac{\pi}{3}$이므로 그래프는 그림과 같고

$0 \le x < 2\pi$에서 함수 $y = |\cos 3x|$의 그래프와 직선 $y = \dfrac{1}{2}$의 교점의 개수는 12이다.

따라서 방정식 $|\cos 3x| = \dfrac{1}{2}$의 서로 다른 실근의 개수는 12이다.

1493 답 ②

$\longrightarrow 0 \le \left| 4\sin \dfrac{\pi}{2} x \right| \le 4$

방정식 $\left| 4\sin \dfrac{\pi}{2} x \right| = -x + 4$의 서로 다른 실근의 개수는 함수 $y = \left| 4\sin \dfrac{\pi}{2} x \right|$의 그래프와 직선 $y = -x + 4$의 교점의 개수와 같다.

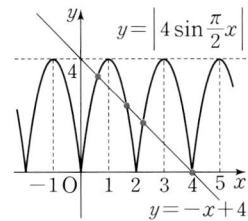

$y=\left|4\sin\dfrac{\pi}{2}x\right|$의 주기는 $\dfrac{\pi}{\frac{\pi}{2}}=2$이므로 그래프는 그림과 같고

함수 $y=\left|4\sin\dfrac{\pi}{2}x\right|$의 그래프와 직선 $y=-x+4$의 교점의 개수

는 4이다. 따라서 방정식 $\left|4\sin\dfrac{\pi}{2}x\right|=-x+4$의 서로 다른 실근

의 개수는 4이다.

1494 답 ④

방정식 $f(x)=g(x)$의 서로 다른 실근의 개수는 함수

$f(x)=\cos\pi x$의 그래프와 함수 $g(x)=\sqrt{\dfrac{x}{10}}$의 그래프의 교점의

개수와 같다.

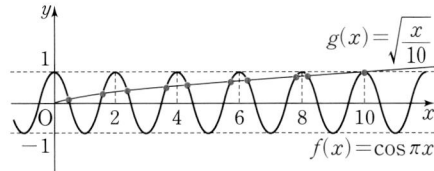

$f(x)=\cos\pi x$의 주기는 $\dfrac{2\pi}{\pi}=2$이고, $g(x)=\sqrt{\dfrac{x}{10}}$에서

$g(10)=1$이므로 그래프는 그림과 같고 함수 $f(x)=\cos\pi x$의 그

래프와 함수 $g(x)=\sqrt{\dfrac{x}{10}}$의 그래프의 교점의 개수는 10이다.

따라서 방정식 $f(x)=g(x)$의 서로 다른 실근의 개수는 10이다.

> **실수 Check**
>
> $f(x)=\cos\pi x$의 최댓값이 1이므로 $g(x)=\sqrt{\dfrac{x}{10}}$의 값이 1이 되는 x
> 의 값을 구한다.

1495 답 ④

방정식 $\sin4x=\dfrac{1}{2}$의 서로 다른 실근의 개수는 함수 $y=\sin4x$의

그래프와 직선 $y=\dfrac{1}{2}$의 교점의 개수와 같다.

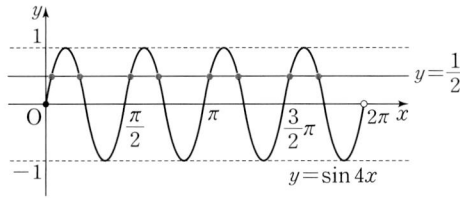

$y=\sin4x$의 주기는 $\dfrac{2\pi}{4}=\dfrac{\pi}{2}$이므로 그래프는 그림과 같고

$0\le x<2\pi$에서 함수 $y=\sin4x$의 그래프와 직선 $y=\dfrac{1}{2}$의 교점의

개수는 8이다.

따라서 방정식 $\sin4x=\dfrac{1}{2}$의 서로 다른 실근의 개수는 8이다.

1496 답 $-5\le k\le3$

| 유형 23

> 방정식 $\cos\left(\dfrac{\pi}{2}+x\right)\sin x+4\sin(\pi+x)=k$가 실근을 갖도록 하는
> 실수 k의 값의 범위를 구하시오. **단서1**
> **단서2**
> **단서1** $\cos\left(\dfrac{\pi}{2}+x\right)=-\sin x$, $\sin(\pi+x)=-\sin x$임을 이용하여 $\sin x$에 대한 방정식으
> 로 변형
> **단서2** 그래프를 그려 교점이 존재함을 이용

STEP1 주어진 방정식을 $\sin x$에 대한 방정식으로 나타내기

$\cos\left(\dfrac{\pi}{2}+x\right)\sin x+4\sin(\pi+x)=k$에서

$(-\sin x)\times\sin x-4\sin x=k$

$\therefore -\sin^2 x-4\sin x=k$

STEP2 실수 k의 값의 범위 구하기

주어진 방정식이 실근을 가지려면 $y=-\sin^2 x-4\sin x$의 그래

프와 직선 $y=k$의 교점이 존재해야 한다.

$y=-\sin^2 x-4\sin x$에서

$\sin x=t$로 놓으면 $-1\le t\le1$이고

$y=-t^2-4t=-(t+2)^2+4$

$y=-t^2-4t$의 그래프는 그림과 같으므

로 주어진 방정식이 실근을 갖도록 하는

실수 k의 값의 범위는

$-5\le k\le3$

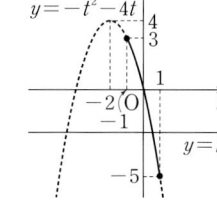

1497 답 ②

$\sin^2 x-2\sin x+k=0$에서

$-\sin^2 x+2\sin x=k$

주어진 방정식이 실근을 가지려면 $y=-\sin^2 x+2\sin x$의 그래

프와 직선 $y=k$의 교점이 존재해야 한다.

$y=-\sin^2 x+2\sin x$에서 $\sin x=t$로 놓으면 $-1\le t\le1$이고

$y=-t^2+2t=-(t-1)^2+1$

$y=-t^2+2t$의 그래프는 그림과 같으므로

주어진 방정식이 실근을 갖도록 하는 k의

값의 범위는

$-3\le k\le1$

따라서 실수 k의 최댓값은 1, 최솟값은

-3이므로 구하는 합은 -2이다.

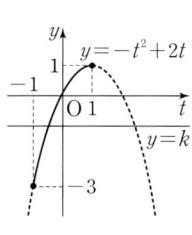

1498 답 ②

$\cos^2 x-\sin^2 x+\sin x-1=k$에서

$(1-\sin^2 x)-\sin^2 x+\sin x-1=k$

$-2\sin^2 x+\sin x=k$

주어진 방정식이 실근을 가지려면 $y=-2\sin^2 x+\sin x$의 그래

프와 직선 $y=k$의 교점이 존재해야 한다.

$y=-2\sin^2 x+\sin x$에서 $\sin x=t$로 놓으면

$0\le x<\pi$에서 $0\le t\le1$이고

$y=-2t^2+t=-2\left(t-\dfrac{1}{4}\right)^2+\dfrac{1}{8}$

06

$y=-2t^2+t$의 그래프는 그림과 같으므로 주어진 방정식이 실근을 갖도록 하는 k의 값의 범위는

$-1 \leq k \leq \dfrac{1}{8}$

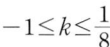

1499 답 -4

$\cos\left(x-\dfrac{\pi}{2}\right)=\cos\left(x+\dfrac{\pi}{2}\right)+a$에서

$\cos\left(\dfrac{\pi}{2}-x\right)=\cos\left(\dfrac{\pi}{2}+x\right)+a$

$\sin x=-\sin x+a$

$\therefore 2\sin x=a$

주어진 방정식이 하나의 실근을 가지려면 함수 $y=2\sin x$의 그래프와 직선 $y=a$가 한 점에서 만나야 한다.

$0 \leq x < 2\pi$이므로 그림에서 함수 $y=2\sin x$의 그래프와 직선 $y=a$가 한 점에서 만나려면

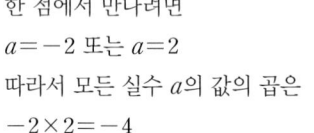

$a=-2$ 또는 $a=2$

따라서 모든 실수 a의 값의 곱은

$-2 \times 2=-4$

1500 답 2

$\cos\left(x-\dfrac{\pi}{2}\right)=-\cos\left(x+\dfrac{3}{2}\pi\right)-1+a$에서

$\cos\left(\dfrac{\pi}{2}-x\right)=-\cos\left(\dfrac{3}{2}\pi+x\right)-1+a$

$\sin x=-\sin x-1+a$

$\therefore 2\sin x+1=a$

주어진 방정식이 하나의 실근을 가지려면 함수 $y=2\sin x+1$의 그래프와 직선 $y=a$가 한 점에서 만나야 한다.

$0 \leq x < 2\pi$이므로 그림에서 함수 $y=2\sin x+1$의 그래프와 직선 $y=a$가 한 점에서 만나려면

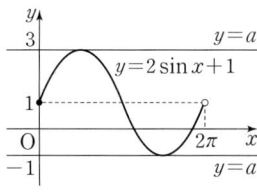

$a=3$ 또는 $a=-1$

따라서 모든 실수 a의 값의 합은

$3+(-1)=2$

1501 답 ①

방정식 $\left|\cos x+\dfrac{2}{3}\right|=k$가 서로 다른 3개의 실근을 가지려면 함수 $y=\left|\cos x+\dfrac{2}{3}\right|$의 그래프와 직선 $y=k$가 세 점에서 만나야 한다.

$0 \leq x < 2\pi$이므로 그림에서 함수 $y=\left|\cos x+\dfrac{2}{3}\right|$의 그래프와 직선 $y=k$의 교점의 개수가 3이려면

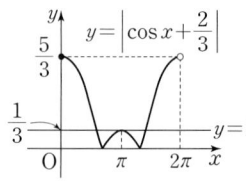

$k=\dfrac{1}{3}$

$\therefore 15k=15 \times \dfrac{1}{3}=5$

실수 Check

$y=\left|\cos x+\dfrac{2}{3}\right|$의 그래프는 $y=\cos x+\dfrac{2}{3}$의 그래프에서 $y<0$인 부분을 x축에 대하여 대칭이동한 것임에 주의한다.

1502 답 $\dfrac{2}{3}\pi$　｜ 유형 24

$0 \leq x < 2\pi$에서 부등식 $\cos\left(\dfrac{x}{2}-\dfrac{\pi}{3}\right)<\dfrac{1}{2}$의 해가 $a<x<b$일 때, $b-a$의 값을 구하시오. 단서1

단서1 $y=\cos\left(\dfrac{x}{2}-\dfrac{\pi}{3}\right)$의 그래프가 직선 $y=\dfrac{1}{2}$보다 아래쪽에 있는 x의 값의 범위

STEP1 $\dfrac{x}{2}-\dfrac{\pi}{3}=t$로 치환하고 $\cos t<\dfrac{1}{2}$의 해 구하기

$\cos\left(\dfrac{x}{2}-\dfrac{\pi}{3}\right)<\dfrac{1}{2}$에서 $\dfrac{x}{2}-\dfrac{\pi}{3}=t$로 놓으면 $0 \leq x < 2\pi$이므로

$-\dfrac{\pi}{3} \leq t < \dfrac{2}{3}\pi$이고 $\cos t<\dfrac{1}{2}$

부등식 $\cos t<\dfrac{1}{2}$의 해는 함수 $y=\cos t$의 그래프가 직선 $y=\dfrac{1}{2}$보다 아래쪽에 있는 t의 값의 범위이므로 그림에서

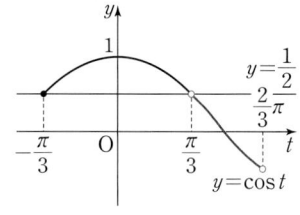

$\dfrac{\pi}{3}<t<\dfrac{2}{3}\pi$

STEP2 $\cos\left(\dfrac{x}{2}-\dfrac{\pi}{3}\right)<\dfrac{1}{2}$의 해 구하기

즉, $\dfrac{\pi}{3}<\dfrac{x}{2}-\dfrac{\pi}{3}<\dfrac{2}{3}\pi$이므로

$\dfrac{4}{3}<x<2\pi$

STEP3 a, b의 값을 구하여 $b-a$의 값 구하기

$a=\dfrac{4}{3}\pi$, $b=2\pi$이므로

$b-a=2\pi-\dfrac{4}{3}\pi=\dfrac{2}{3}\pi$

1503 답 ④

$-\dfrac{\sqrt{3}}{2} \leq \sin\left(x+\dfrac{\pi}{2}\right)<\dfrac{1}{2}$에서

$-\dfrac{\sqrt{3}}{2} \leq \cos x<\dfrac{1}{2}$

$0 \leq x < \pi$이므로 그림에서 부등식

$-\dfrac{\sqrt{3}}{2} \leq \cos x<\dfrac{1}{2}$의 해는

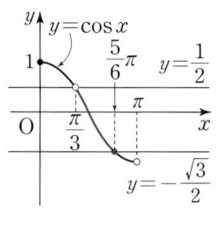

$\dfrac{\pi}{3}<x \leq \dfrac{5}{6}\pi$

1504 답 ①

$\sin\left(x+\dfrac{\pi}{4}\right) \leq -\dfrac{\sqrt{2}}{2}$에서 $x+\dfrac{\pi}{4}=t$로 놓으면

$0 \leq x < 2\pi$이므로 $\dfrac{\pi}{4} \leq t < \dfrac{9}{4}\pi$이고

$\sin t \leq -\dfrac{\sqrt{2}}{2}$

그림에서 $\sin t \le -\dfrac{\sqrt{2}}{2}$의 해는

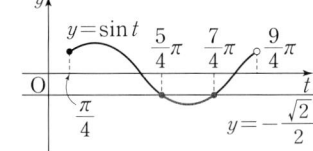

$\dfrac{5}{4}\pi \le t \le \dfrac{7}{4}\pi$

즉, $\dfrac{5}{4}\pi \le x+\dfrac{\pi}{4} \le \dfrac{7}{4}\pi$이므로

$\pi \le x \le \dfrac{3}{2}\pi$

따라서 주어진 부등식의 해가 아닌 것은 ①이다.

1505 답 ③

$0 \le x < 2\pi$에서 부등식
$\cos x > \sin x$의 해는
$y=\cos x$의 그래프가
$y=\sin x$의 그래프보다 위쪽
에 있는 x의 값의 범위이므로
그림에서

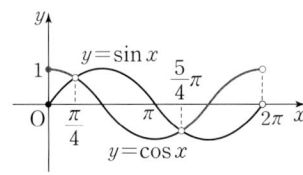

$0 \le x < \dfrac{\pi}{4}$ 또는 $\dfrac{5}{4}\pi < x < 2\pi$

따라서 해가 될 수 없는 것은 ③이다.

1506 답 ④

$0 \le x < 2\pi$에서 부등식
$\sin x \ge \cos x$를 만족시키는 x
의 값의 범위는 그림에서

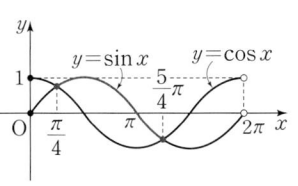

$\dfrac{\pi}{4} \le x \le \dfrac{5}{4}\pi$이므로 x의 최댓값

은 $\dfrac{5}{4}\pi$이다.

1507 답 ②

$2\cos\left(x-\dfrac{\pi}{2}\right)+1<0$에서 $2\cos\left(\dfrac{\pi}{2}-x\right)+1<0$

$2\sin x+1<0 \qquad \therefore \sin x < -\dfrac{1}{2}$

$0 \le x < 2\pi$이므로 그림에서
부등식 $\sin x < -\dfrac{1}{2}$의 해는

$\dfrac{7}{6}\pi < x < \dfrac{11}{6}\pi$

따라서 $\alpha = \dfrac{7}{6}\pi$, $\beta = \dfrac{11}{6}\pi$이므로

$\cos(\beta-\alpha)=\cos\left(\dfrac{11}{6}\pi-\dfrac{7}{6}\pi\right)$

$\qquad\qquad =\cos\dfrac{2}{3}\pi$

$\qquad\qquad =\cos\left(\pi-\dfrac{\pi}{3}\right)$

$\qquad\qquad =-\cos\dfrac{\pi}{3}=-\dfrac{1}{2}$

1508 답 2π

$2\cos x-\sin\left(\dfrac{7}{2}\pi+x\right)+1<0$에서

$2\cos x+\cos x+1<0 \qquad \left[\sin\left(\dfrac{3}{2}\pi+x\right)=-\cos x\right]$

$3\cos x+1<0 \qquad \therefore \cos x < -\dfrac{1}{3}$

부등식 $\cos x < -\dfrac{1}{3}$의 해가 $\alpha < x < \beta$이므로 그림과 같이

$0 \le x < 2\pi$에서 함수 $y=\cos x$의 그래프와 직선 $y=-\dfrac{1}{3}$의 교점

의 x좌표가 α, β이다.

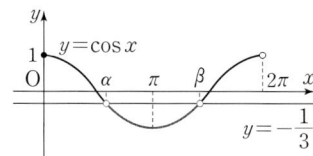

두 점 $(\alpha, 0)$, $(\beta, 0)$은 직선 $x=\pi$에 대하여 대칭이므로

$\dfrac{\alpha+\beta}{2}=\pi \qquad \therefore \alpha+\beta=2\pi$

1509 답 8시간

$6\sin\dfrac{\pi}{12}x \ge 3$에서 $\sin\dfrac{\pi}{12}x \ge \dfrac{1}{2}$

$\dfrac{\pi}{12}x=t$로 놓으면 $0 \le x \le 12$이므로 $0 \le t \le \pi$이고 $\sin t \ge \dfrac{1}{2}$

그림에서 $\sin t \ge \dfrac{1}{2}$의 해는

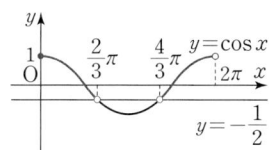

$\dfrac{\pi}{6} \le t \le \dfrac{5}{6}\pi$이므로

$\dfrac{\pi}{6} \le \dfrac{\pi}{12}x \le \dfrac{5}{6}\pi$

$\therefore 2 \le x \le 10$

따라서 조류 발전이 가능한 시간은 8시간이다.

1510 답 ④

(i) $0 \le x < 2\pi$일 때
부등식 $\cos x > -\dfrac{1}{2}$의 해는 그
림에서

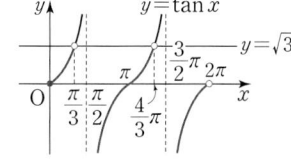

$0 \le x < \dfrac{2}{3}\pi$ 또는 $\dfrac{4}{3}\pi < x < 2\pi$

(ii) $0 \le x < 2\pi$일 때
부등식 $\tan x < \sqrt{3}$의 해는
그림에서

$0 \le x < \dfrac{\pi}{3}$ 또는 $\dfrac{\pi}{2} < x < \dfrac{4}{3}\pi$

또는 $\dfrac{3}{2}\pi < x < 2\pi$

(i), (ii)에서 연립부등식 $\begin{cases} \cos x > -\dfrac{1}{2} \\ \tan x < \sqrt{3} \end{cases}$의 해는

$0 \le x < \dfrac{\pi}{3}$ 또는 $\dfrac{\pi}{2} < x < \dfrac{2}{3}\pi$ 또는 $\dfrac{3}{2}\pi < x < 2\pi$

따라서 해가 아닌 것은 ④이다.

1511 답 ③

(i) 그림에서 $0 \le x < 2\pi$일 때
$\tan x < 1$의 해를 구하면

$A=\left\{x \,\middle|\, 0 \le x < \dfrac{\pi}{4}\right.$

$\qquad$ 또는 $\dfrac{\pi}{2} < x < \dfrac{5}{4}\pi$

$\qquad$ 또는 $\left.\dfrac{3}{2}\pi < x < 2\pi\right\}$

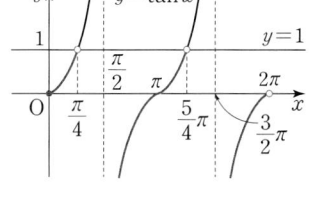

(ii) $\left|\sin\left(x+\dfrac{\pi}{2}\right)\right|<\dfrac{1}{2}$에서 $|\cos x|<\dfrac{1}{2}$

$\therefore -\dfrac{1}{2}<\cos x<\dfrac{1}{2}$

그림에서 $0\le x<2\pi$일

때 $-\dfrac{1}{2}<\cos x<\dfrac{1}{2}$의

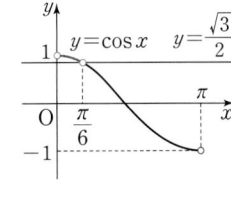

해를 구하면

$B=\left\{x\left|\dfrac{\pi}{3}<x<\dfrac{2}{3}\pi \text{ 또는 } \dfrac{4}{3}\pi<x<\dfrac{5}{3}\pi\right.\right\}$

(i), (ii)에서

$A\cap B=\left\{x\left|\dfrac{\pi}{2}<x<\dfrac{2}{3}\pi \text{ 또는 } \dfrac{3}{2}\pi<x<\dfrac{5}{3}\pi\right.\right\}$

따라서 집합 $A\cap B$의 원소인 것은 ③이다.

1512 답 ②

(i) $\log_3 x-1<0$이고 $\cos x-\dfrac{\sqrt{3}}{2}>0$일 때

$\log_3 x<1$이므로

$0<x<3$ ································ ㉠

$0<x<\pi$이므로 그림에서

$\cos x>\dfrac{\sqrt{3}}{2}$의 해는

$0<x<\dfrac{\pi}{6}$ ················ ㉡

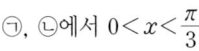

㉠, ㉡에서 $0<x<\dfrac{\pi}{6}$

(ii) $\log_3 x-1>0$이고 $\cos x-\dfrac{\sqrt{3}}{2}<0$일 때

$\log_3 x>1$이므로

$3<x<\pi$ ································ ㉢

$0<x<\pi$이므로 그림에서

$\cos x<\dfrac{\sqrt{3}}{2}$의 해는

$\dfrac{\pi}{6}<x<\pi$ ················· ㉣

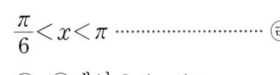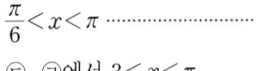

㉢, ㉣에서 $3<x<\pi$

(i), (ii)에서 주어진 부등식의 해는

$0<x<\dfrac{\pi}{6} \text{ 또는 } 3<x<\pi$

따라서 $a=0$, $b=\dfrac{\pi}{6}$, $c=3$, $d=\pi$이므로

$(b-a)+(d-c)=\left(\dfrac{\pi}{6}-0\right)+(\pi-3)$

$=\dfrac{7}{6}\pi-3$

1512-1

$0<x<\pi$에서 부등식 $(2^x-4)\left\{2\sin\left(x+\dfrac{\pi}{2}\right)-1\right\}<0$의 해가

$a<x<b \text{ 또는 } c<x<d$일 때, $6(b-a)+(d-c)$의 값을 구하시오. (단, $b<c$)

(i) $2^x-4<0$이고 $2\sin\left(x+\dfrac{\pi}{2}\right)-1>0$일 때

$2^x<4$이므로

$0<x<2$ ································ ㉠

$2\sin\left(x+\dfrac{\pi}{2}\right)-1>0$에서

$2\cos x-1>0$, $\cos x>\dfrac{1}{2}$

$0<x<\pi$이므로 그림에서

$\cos x>\dfrac{1}{2}$의 해는

$0<x<\dfrac{\pi}{3}$ ·················· ㉡

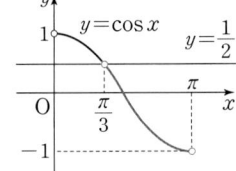

㉠, ㉡에서 $0<x<\dfrac{\pi}{3}$

(ii) $2^x-4>0$이고 $2\sin\left(x+\dfrac{\pi}{2}\right)-1<0$일 때

$2^x>4$이므로

$2<x<\pi$ ································ ㉢

$0<x<\pi$이므로 그림에서

$\cos x<\dfrac{1}{2}$의 해는

$\dfrac{\pi}{3}<x<\pi$ ·················· ㉣

㉢, ㉣에서 $2<x<\pi$

(i), (ii)에서 주어진 부등식의 해는

$0<x<\dfrac{\pi}{3} \text{ 또는 } 2<x<\pi$

따라서 $a=0$, $b=\dfrac{\pi}{3}$, $c=2$, $d=\pi$이므로

$6(b-a)+(d-c)=6\left(\dfrac{\pi}{3}-0\right)+(\pi-2)=3\pi-2$

답 $3\pi-2$

1513 답 ①

$3\sin x-2>0$에서 $\sin x>\dfrac{2}{3}$

부등식 $\sin x>\dfrac{2}{3}$의 해가

$\alpha<x<\beta$이므로 그림과 같이

$0\le x<2\pi$에서 함수 $y=\sin x$

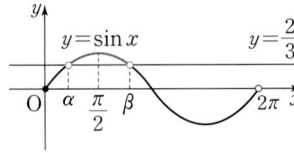

의 그래프와 직선 $y=\dfrac{2}{3}$의 교

점의 x좌표는 α, β이다.

두 교점은 직선 $x=\dfrac{\pi}{2}$에 대하여 대칭이므로

$\dfrac{\alpha+\beta}{2}=\dfrac{\pi}{2}$ $\therefore \alpha+\beta=\pi$

$\therefore \cos(\alpha+\beta)=\cos\pi=-1$

1514 답 ⑤

$0 \leq x < \pi$일 때, 다음 중 부등식 $2\cos^2 x + 3\sin x - 3 \geq 0$의 해가 될 수 없는 것은? **단서1**

① $\dfrac{\pi}{4}$ ② $\dfrac{\pi}{3}$ ③ $\dfrac{\pi}{2}$

④ $\dfrac{2}{3}\pi$ ⑤ $\dfrac{11}{12}\pi$

단서1 $\sin^2 x + \cos^2 x = 1$이므로 $\cos^2 x = 1 - \sin^2 x$임을 이용

STEP1 주어진 부등식을 $\sin x$에 대한 부등식으로 나타내기

$2\cos^2 x + 3\sin x - 3 \geq 0$에서

$2(1 - \sin^2 x) + 3\sin x - 3 \geq 0$

$2\sin^2 x - 3\sin x + 1 \leq 0$

STEP2 $\sin x$의 값의 범위 구하기

$(2\sin x - 1)(\sin x - 1) \leq 0$

$\therefore \dfrac{1}{2} \leq \sin x \leq 1$

STEP3 주어진 부등식의 해가 될 수 없는 것 찾기

$0 \leq x < \pi$이므로 그림에서

$\dfrac{1}{2} \leq \sin x \leq 1$의 해는

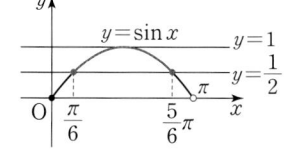

$\dfrac{\pi}{6} \leq x \leq \dfrac{5}{6}\pi$

따라서 주어진 부등식의 해가 아닌 것은 ⑤이다.

1515 답 ⑤

$\sin^2 x - \cos^2 x + 1 > 3\cos x$에서

$(1 - \cos^2 x) - \cos^2 x + 1 > 3\cos x$

$2\cos^2 x + 3\cos x - 2 < 0$

$(\cos x + 2)(2\cos x - 1) < 0$

$\cos x + 2 > 0$이므로

$2\cos x - 1 < 0$ $\therefore \cos x < \dfrac{1}{2}$

$0 \leq x < 2\pi$이므로 그림에서

$\cos x < \dfrac{1}{2}$의 해는

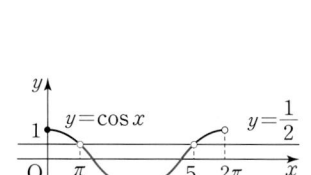

$\dfrac{\pi}{3} < x < \dfrac{5}{3}\pi$

따라서 $\alpha = \dfrac{\pi}{3}$, $\beta = \dfrac{5}{3}\pi$이므로

$\alpha + \beta = 2\pi$

1516 답 ⑤

$\cos^2 x - \sin^2 x - 3\sin x + 1 \leq 0$에서

$(1 - \sin^2 x) - \sin^2 x - 3\sin x + 1 \leq 0$

$2\sin^2 x + 3\sin x - 2 \geq 0$

$(\sin x + 2)(2\sin x - 1) \geq 0$

$\sin x + 2 > 0$이므로 $2\sin x - 1 \geq 0$

$\therefore \sin x \geq \dfrac{1}{2}$

$0 \leq x < 2\pi$이므로 그림에서

부등식 $\sin x \geq \dfrac{1}{2}$의 해는

$\dfrac{\pi}{6} \leq x \leq \dfrac{5}{6}\pi$

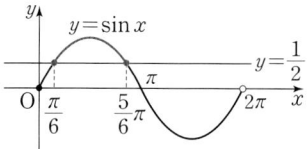

따라서 $\alpha = \dfrac{\pi}{6}$, $\beta = \dfrac{5}{6}\pi$이므로 $\beta - \alpha = \dfrac{2}{3}\pi$

$\therefore \sin(\beta - \alpha) = \sin \dfrac{2}{3}\pi = \sin\left(\pi - \dfrac{\pi}{3}\right) = \sin \dfrac{\pi}{3} = \dfrac{\sqrt{3}}{2}$

1517 답 ③

$2\sin^2 \theta - \cos\theta - 1 \leq 0$에서

$2(1 - \cos^2 \theta) - \cos\theta - 1 \leq 0$

$2\cos^2 \theta + \cos\theta - 1 \geq 0$

$(\cos\theta + 1)(2\cos\theta - 1) \geq 0$

$\therefore \cos\theta \leq -1$ 또는 $\cos\theta \geq \dfrac{1}{2}$

$0 \leq \theta < 2\pi$이므로

그림에서 θ의 값의 범위는

$0 \leq \theta \leq \dfrac{\pi}{3}$ 또는 $\theta = \pi$

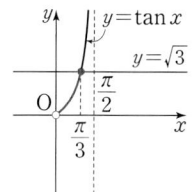

또는 $\dfrac{5}{3}\pi \leq \theta < 2\pi$

따라서 $0 \leq 3\theta \leq \pi$ 또는 $3\theta = 3\pi$ 또는 $5\pi \leq 3\theta < 6\pi$이므로

$0 \leq \dfrac{3\theta}{\pi} \leq 1$ 또는 $\dfrac{3\theta}{\pi} = 3$ 또는 $5 \leq \dfrac{3\theta}{\pi} < 6$

따라서 자연수 $\dfrac{3\theta}{\pi}$의 값은 1, 3, 5의 3개이다.

1518 답 ⑤

$\sqrt{3}\tan x - \sqrt{3}\tan\left(\dfrac{3}{2}\pi - x\right) \leq 2$에서

$\sqrt{3}\tan x - \dfrac{\sqrt{3}}{\tan x} - 2 \leq 0$ ← $\dfrac{1}{\tan x}$

$\tan x = t$로 놓으면 $0 < x < \dfrac{\pi}{2}$에서 $t > 0$이고

$\sqrt{3}t - \dfrac{\sqrt{3}}{t} - 2 \leq 0$

양변에 t를 곱하면

$\sqrt{3}t^2 - 2t - \sqrt{3} \leq 0$

$(\sqrt{3}t + 1)(t - \sqrt{3}) \leq 0$

이때 $\sqrt{3}t + 1 > 0$이므로 $t - \sqrt{3} \leq 0$

$\therefore 0 < t \leq \sqrt{3}$

$\therefore 0 < \tan x \leq \sqrt{3}$

$0 < x < \dfrac{\pi}{2}$이므로 그림에서

$0 < \tan x \leq \sqrt{3}$의 해는 $0 < x \leq \dfrac{\pi}{3}$

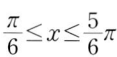

따라서 x의 최댓값은 $\dfrac{\pi}{3}$이다.

1519 답 ③

$\cos^2 \theta \leq 4\sin\theta + k$에서

$1 - \sin^2 \theta \leq 4\sin\theta + k$

$\therefore \sin^2\theta+4\sin\theta+k-1\geq0$

$\sin\theta=t$로 놓으면 $-1\leq t\leq1$이고

$t^2+4t+k-1\geq0$ ········· ㉠

$y=t^2+4t+k-1$이라 하면

$y=(t+2)^2+k-5$

$-1\leq t\leq1$에서 그림과 같이

$t=-1$일 때 최솟값은 $k-4$이므

로 부등식 ㉠이 항상 성립하려면

$k-4\geq0$

$\therefore k\geq4$

따라서 k의 최솟값은 4이다.

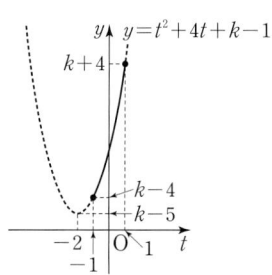

1520 답 $a\geq2$

$\sin^2\left(\theta+\dfrac{3}{2}\pi\right)+4\sin\theta\leq2a$에서

$\underbrace{}_{(-\cos\theta)^2=\cos^2\theta}$

$\cos^2\theta+4\sin\theta\leq2a$

$(1-\sin^2\theta)+4\sin\theta\leq2a$

$\therefore \sin^2\theta-4\sin\theta+2a-1\geq0$

$\sin\theta=t$로 놓으면 $-1\leq t\leq1$이고

$t^2-4t+2a-1\geq0$ ········· ㉠

$y=t^2-4t+2a-1$이라 하면

$y=(t-2)^2+2a-5$

$-1\leq t\leq1$에서 그림과 같이

$t=1$일 때 최솟값은 $2a-4$이므로

부등식 ㉠이 항상 성립하려면

$2a-4\geq0$

$\therefore a\geq2$

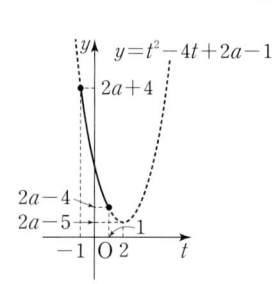

1521 답 ②

$\sin^2\theta+4\cos\theta+a\leq1$에서

$(1-\cos^2\theta)+4\cos\theta+a\leq1$

$\therefore \cos^2\theta-4\cos\theta-a\geq0$

$\cos\theta=t$로 놓으면 $-1\leq t\leq1$이고

$t^2-4t-a\geq0$ ········· ㉠

$y=t^2-4t-a$라 하면

$y=(t-2)^2-a-4$

$-1\leq t\leq1$에서 그림과 같이 $t=1$일

때 최솟값은 $-a-3$이므로 부등식 ㉠

이 항상 성립하려면

$-a-3\geq0$

$\therefore a\leq-3$

따라서 실수 a의 최댓값은 -3이다.

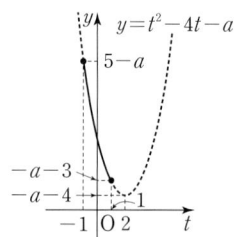

실수 Check

$y=(t-2)^2-a-4$의 그래프의 축의 방정식이 $t=2$이므로 $-1\leq t\leq1$
인 부분은 축의 왼쪽에 위치함에 주의한다.

1522 답 7

$(2a+6)\cos x-a\sin^2x+a+12<0$에서

$(2a+6)\cos x-a(1-\cos^2x)+a+12<0$

$a\cos^2x+(2a+6)\cos x+12<0$

$(a\cos x+6)(\cos x+2)<0$

$\cos x+2>0$이므로 $a\cos x+6<0$

$a>0$이므로 $\cos x<-\dfrac{6}{a}$

$0\leq x<2\pi$에서 부등식 $\cos x<-\dfrac{6}{a}$의 해가 존재하기 위해서는

$-\dfrac{6}{a}>-1$이어야 한다.

$\dfrac{6}{a}<1$ $\therefore a>6$

따라서 자연수 a의 최솟값은 7이다.

1523 답 ⑤ 　　　　　　　　　　　 유형 26

> 모든 실수 x에 대하여 부등식 $x^2-2x\sin\theta+3\sin^2\theta-1\geq0$이 성립
> **단서1**
> 하도록 하는 θ의 값의 범위가 $\alpha\leq\theta\leq\beta$일 때, $\sin(\beta-\alpha)$의 값은?
> 　　　　　　　　　　　　　　　　　　　　　 (단, $0\leq\theta<\pi$)
>
> ① $\dfrac{\sqrt{3}}{3}$ 　　② $\dfrac{1}{2}$ 　　③ $\dfrac{\sqrt{2}}{2}$
>
> ④ $\dfrac{\sqrt{3}}{2}$ 　　⑤ 1
>
> **단서1** $x^2-2x\sin\theta+3\sin^2\theta-1=0$의 (판별식)$\leq0$

STEP 1 이차방정식의 판별식을 이용하여 θ에 대한 부등식 세우기

모든 실수 x에 대하여 주어진 부등식이 성립해야 하므로 이차방정
식 $x^2-2x\sin\theta+3\sin^2\theta-1=0$의 판별식을 D라 하면

$\dfrac{D}{4}=\sin^2\theta-3\sin^2\theta+1\leq0$ $\therefore \sin^2\theta\geq\dfrac{1}{2}$

$0\leq\theta<\pi$에서 $0\leq\sin\theta\leq1$이므로 $\sin\theta\geq\dfrac{\sqrt{2}}{2}$

STEP 2 θ의 값의 범위를 구하여 α, β의 값 구하기

그림에서 θ의 값의 범위는

$\dfrac{\pi}{4}\leq\theta\leq\dfrac{3}{4}\pi$이므로

$\alpha=\dfrac{\pi}{4}$, $\beta=\dfrac{3}{4}\pi$

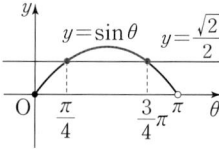

STEP 3 $\sin(\beta-\alpha)$의 값 구하기

$\sin(\beta-\alpha)=\sin\left(\dfrac{3}{4}\pi-\dfrac{\pi}{4}\right)=\sin\dfrac{\pi}{2}=1$

1524 답 ④

이차방정식 $x^2-4x\cos\theta+3=0$이 중근을 가져야 하므로 판별식
을 D라 하면

$\dfrac{D}{4}=(-2\cos\theta)^2-3=0$ $\therefore \cos^2\theta=\dfrac{3}{4}$

$-\dfrac{\pi}{2}\leq\theta<\dfrac{\pi}{2}$에서 $\cos\theta\geq0$이므로 $\cos\theta=\dfrac{\sqrt{3}}{2}$

그림에서 θ의 값은

$\theta=-\dfrac{\pi}{6}$ 또는 $\theta=\dfrac{\pi}{6}$

따라서 $\alpha=-\dfrac{\pi}{6}$, $\beta=\dfrac{\pi}{6}$이므로

$\beta-\alpha=\dfrac{\pi}{3}$

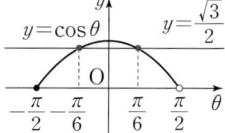

1525 답 ③

주어진 부등식이 오직 하나의 해를 가져야 하므로
이차방정식 $x^2-4x\sin\theta+1=0$의 판별식을 D라 하면

$\dfrac{D}{4}=(-2\sin\theta)^2-1=0,\ 4\sin^2\theta-1=0$

$\therefore\ \sin^2\theta=\dfrac{1}{4}$

$0<\theta<\pi$에서 $\sin\theta>0$이므로

$\sin\theta=\dfrac{1}{2}$

$0<\theta<\pi$이므로 그림에서 θ의 값은

$\theta=\dfrac{\pi}{6}$ 또는 $\theta=\dfrac{5}{6}\pi$

$\therefore\ \alpha+\beta=\dfrac{\pi}{6}+\dfrac{5}{6}\pi=\pi$

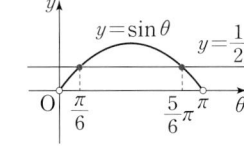

1526 답 ④

이차방정식 $6x^2+4x\sin\theta-\cos\theta=0$이 오직 하나의 실근을 가져야 하므로 판별식을 D라 하면

$\dfrac{D}{4}=(2\sin\theta)^2-6(-\cos\theta)=0$

$4\sin^2\theta+6\cos\theta=0$

$4(1-\cos^2\theta)+6\cos\theta=0$

$2\cos^2\theta-3\cos\theta-2=0$

$(2\cos\theta+1)(\cos\theta-2)=0$

$\cos\theta-2<0$이므로 $2\cos\theta+1=0$
$\underset{-1\le\cos\theta\le1\text{이므로 }\cos\theta-2<0}{\longrightarrow}$

$\therefore\ \cos\theta=-\dfrac{1}{2}$

$0\le\theta<2\pi$이므로 그림에서
θ의 값은

$\theta=\dfrac{2}{3}\pi$ 또는 $\theta=\dfrac{4}{3}\pi$

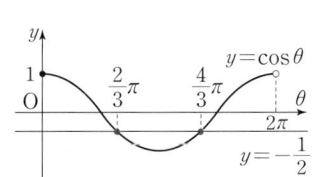

따라서 $\alpha=\dfrac{2}{3}\pi,\ \beta=\dfrac{4}{3}\pi$이므로

$\beta-\alpha=\dfrac{4}{3}\pi-\dfrac{2}{3}\pi=\dfrac{2}{3}\pi$

1527 답 $0\le\theta<\dfrac{\pi}{6}$ 또는 $\dfrac{5}{6}\pi<\theta<2\pi$

모든 실수 x에 대하여 주어진 부등식이 성립해야 하므로 이차방정식 $x^2-2x(2\sin\theta+1)-2\sin\theta+5=0$의 판별식을 D라 하면

$\dfrac{D}{4}=(-2\sin\theta-1)^2+2\sin\theta-5<0$

$4\sin^2\theta+4\sin\theta+1+2\sin\theta-5<0$

$2\sin^2\theta+3\sin\theta-2<0$

$(\sin\theta+2)(2\sin\theta-1)<0$

$\sin\theta+2>0$이므로 $2\sin\theta-1<0$

$\therefore\ \sin\theta<\dfrac{1}{2}$

$0\le\theta<2\pi$이므로 그림에서 θ의
값의 범위는

$0\le\theta<\dfrac{\pi}{6}$ 또는 $\dfrac{5}{6}\pi<\theta<2\pi$

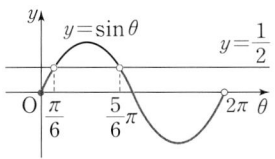

1528 답 ⑤

$f(x)=x^2-4x\cos\theta+1$이라 하면
방정식 $f(x)=0$의 두 근 사이에 1이 있어야
하므로 함수 $y=f(x)$의 그래프는 그림과 같아
야 한다.

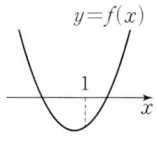

따라서 $f(1)<0$이어야 하므로

$1-4\cos\theta+1<0,\ 4\cos\theta>2$

$\therefore\ \cos\theta>\dfrac{1}{2}$

$0<\theta<2\pi$이므로 그림에서
θ의 값의 범위는

$0<\theta<\dfrac{\pi}{3}$ 또는 $\dfrac{5}{3}\pi<\theta<2\pi$

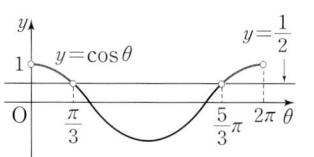

개념 Check

이차방정식의 근의 분리

이차항의 계수가 양수인 이차방정식 $f(x)=0$의 판별식을 D라 하면

(1) 두 근이 모두 p보다 클 때
 ➡ $D\ge0,\ f(p)>0,$ (대칭축)$>p$

(2) 두 근이 모두 p보다 작을 때
 ➡ $D\ge0,\ f(p)>0,$ (대칭축)$<p$

(3) 두 근 사이에 p가 있을 때
 ➡ $f(p)<0$

(4) 두 근이 모두 $p,\ q\ (p<q)$ 사이에 있을 때
 ➡ $D\ge0,\ f(p)>0,\ f(q)>0,\ p<$(대칭축)$<q$

1529 답 ③

이차방정식 $x^2-3x+2\sin^2\theta-2\cos^2\theta-1=0$이 서로 다른 부호의 두 실근을 가지면 두 근의 곱이 음수이므로 근과 계수의 관계에 의하여

$2\sin^2\theta-2\cos^2\theta-1<0$

$2(1-\cos^2\theta)-2\cos^2\theta-1<0$

$4\cos^2\theta-1>0$

$(2\cos\theta+1)(2\cos\theta-1)>0$

$\therefore\ \cos\theta<-\dfrac{1}{2}$ 또는 $\cos\theta>\dfrac{1}{2}$

$0\le\theta<2\pi$이므로 그림에서 θ의 값의 범위는

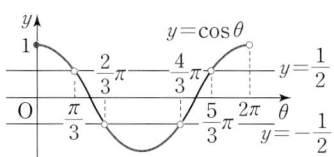

$0\le\theta<\dfrac{\pi}{3}$ 또는 $\dfrac{2}{3}\pi<\theta<\dfrac{4}{3}\pi$ 또는 $\dfrac{5}{3}\pi<\theta<2\pi$

따라서 θ의 값이 될 수 없는 것은 ③이다.

개념 Check

계수가 실수인 이차방정식 $ax^2+bx+c=0$의 판별식을 D라 할 때

(1) 두 근이 모두 양수 ➡ $D\ge0,\ -\dfrac{b}{a}>0,\ \dfrac{c}{a}>0$

(2) 두 근이 모두 음수 ➡ $D\ge0,\ -\dfrac{b}{a}<0,\ \dfrac{c}{a}>0$

(3) 두 근이 서로 다른 부호 ➡ $\dfrac{c}{a}<0$

1530 답 $-\dfrac{1}{2}$

이차방정식 $x^2+4x\cos\theta+10\sin\theta-2=0$이 실근을 갖지 않아야
하므로 판별식을 D라 하면

$\dfrac{D}{4}=(2\cos\theta)^2-10\sin\theta+2<0$

$4\cos^2\theta-10\sin\theta+2<0$

$4(1-\sin^2\theta)-10\sin\theta+2<0$

$2\sin^2\theta+5\sin\theta-3>0$

$(\sin\theta+3)(2\sin\theta-1)>0$

$\sin\theta+3>0$이므로 $2\sin\theta-1>0$

$\therefore \sin\theta>\dfrac{1}{2}$

$0\le\theta<2\pi$이므로 그림에서
θ의 값의 범위는

$\dfrac{\pi}{6}<\theta<\dfrac{5}{6}\pi$

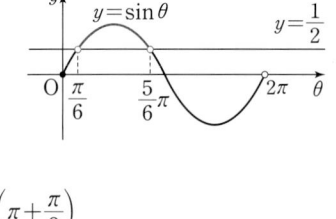

따라서 $\alpha=\dfrac{\pi}{6}$, $\beta=\dfrac{5}{6}\pi$이므로

$\cos(3\alpha+\beta)=\cos\dfrac{4}{3}\pi=\cos\left(\pi+\dfrac{\pi}{3}\right)$

$=-\cos\dfrac{\pi}{3}=-\dfrac{1}{2}$

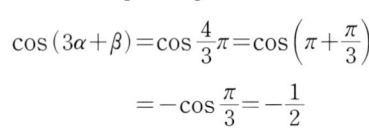 서술형 유형 익히기　　　　　313쪽~316쪽

1531 답 (1) 2　(2) -1　(3) 4π　(4) 4π　(5) $\dfrac{1}{2}$　(6) $\dfrac{1}{2}$

　　　　 (7) $-\dfrac{1}{2}$　(8) $\dfrac{2}{3}\pi$　(9) $-\dfrac{2}{3}\pi$

STEP 1 **최댓값과 최솟값을 이용하여 a, d의 값 구하기** [2점]

주어진 함수의 최댓값이 1, 최솟값이 -3이고 $a>0$이므로

$a+d=1$, $-a+d=-3$

두 식을 연립하여 풀면 $a=\boxed{2}$, $d=\boxed{-1}$

STEP 2 **주기를 이용하여 b의 값 구하기** [2점]

주어진 그래프에서 주기가 $2\left\{\dfrac{5}{3}\pi-\left(-\dfrac{\pi}{3}\right)\right\}=\boxed{4\pi}$이고
$b>0$이므로

$\dfrac{2\pi}{b}=\boxed{4\pi}$　　$\therefore b=\boxed{\dfrac{1}{2}}$

STEP 3 **그래프가 지나는 점의 좌표를 이용하여 c의 값 구하기** [2점]

$y=2\sin\left(\dfrac{x}{2}+c\right)-1$이고, 이 함수의 그래프가 점 $(3\pi,\ 0)$을 지나
므로

$0=2\sin\left(\dfrac{3}{2}\pi+c\right)-1$　　$\therefore \sin\left(\dfrac{3}{2}\pi+c\right)=\boxed{\dfrac{1}{2}}$

$\sin\left(\dfrac{3}{2}\pi+c\right)=-\cos c$이므로

$\cos c=\boxed{-\dfrac{1}{2}}$

$0<c<\pi$이므로 $c=\boxed{\dfrac{2}{3}\pi}$

STEP 4 **$abcd$의 값 구하기** [1점]

$abcd=2\times\dfrac{1}{2}\times\dfrac{2}{3}\pi\times(-1)=\boxed{-\dfrac{2}{3}\pi}$

실제 답안 예시

$\{y|-a+d\le y\le a+d\}$, $-3\le y\le1$

최댓값은 $a+d=1$

최솟값은 $-a+d=-3$

$2d=-2$, $d=-1$

$a=2$

주기는 $\dfrac{2\pi}{|b|}$이고

$\dfrac{5}{3}\pi-\left(-\dfrac{\pi}{3}\right)=2\pi$, $2\pi\times2=4\pi$

$\dfrac{2\pi}{b}=4\pi$, $b=\dfrac{1}{2}$

$y=2\sin\left(\dfrac{1}{2}x+c\right)-1$에 $x=3\pi$, $y=0$을 대입하면

$0=2\sin\left(\dfrac{1}{2}\times3\pi+c\right)-1$

$\sin\left(\dfrac{3}{2}\pi+c\right)=\dfrac{1}{2}$

$0<c<\pi$이므로 $\dfrac{3}{2}\pi<c+\dfrac{3}{2}\pi<\dfrac{5}{2}\pi$

$c+\dfrac{3}{2}\pi=\dfrac{13}{6}\pi$, $c=\dfrac{2}{3}\pi$

$abcd=2\times\dfrac{1}{2}\times\dfrac{2}{3}\pi\times(-1)=-\dfrac{2}{3}\pi$

1532 답 12

STEP 1 **최댓값과 최솟값을 이용하여 a, d의 값 구하기** [2점]

주어진 함수의 최댓값이 3, 최솟값이 -1이고 $a>0$이므로 …… ⓐ
$a+d=3$, $-a+d=-1$

두 식을 연립하여 풀면 $a=2$, $d=1$

STEP 2 **주기를 이용하여 b의 값 구하기** [2점]

주어진 그래프에서 주기가 $\pi-\dfrac{\pi}{4}=\dfrac{3}{4}\pi$이고 $b>0$이므로 …… ⓑ

$\dfrac{2\pi}{b}=\dfrac{3}{4}\pi$　　$\therefore b=\dfrac{8}{3}$

STEP 3 **그래프가 지나는 점의 좌표를 이용하여 c의 값 구하기** [2점]

$y=2\cos\dfrac{8}{3}(x-c\pi)+1$이고, 이 함수의 그래프가 점 $(0,\ 0)$을 지
나므로

$0=2\cos\dfrac{8}{3}(-c\pi)+1$　　$\therefore \cos\dfrac{8c}{3}\pi=-\dfrac{1}{2}$

$0<c<\dfrac{1}{2}$에서 $0<\dfrac{8c}{3}\pi<\dfrac{4}{3}\pi$이므로

$\dfrac{8c}{3}\pi=\dfrac{2}{3}\pi$

$\therefore c=\dfrac{1}{4}$

STEP 4 **$a+3b+4c+d$의 값 구하기** [1점]

$a+3b+4c+d=2+3\times\dfrac{8}{3}+4\times\dfrac{1}{4}+1=12$

부분점수표	
ⓐ 최댓값과 최솟값을 구한 경우	1점
ⓑ 주기를 구한 경우	1점

1533 답 $\sqrt{3}$

STEP 1 $y=a\sin bx$의 주기를 이용하여 b의 값 구하기 [2점]

$y=a\sin bx$의 주기가 π이고 $b>0$이므로

$\dfrac{2\pi}{b}=\pi$ $\quad$ $\therefore b=2$

STEP 2 $y=\tan x$의 그래프가 지나는 점의 좌표를 이용하여 c의 값 구하기 [2점]

함수 $y=\tan x$의 그래프가 점 $\left(\dfrac{\pi}{3},\ c\right)$를 지나므로

$c=\tan\dfrac{\pi}{3}=\sqrt{3}$

STEP 3 $y=a\sin 2x$의 그래프가 지나는 점의 좌표를 이용하여 a의 값 구하기 [2점]

함수 $y=a\sin 2x$의 그래프가 점 $\left(\dfrac{\pi}{3},\ \sqrt{3}\right)$을 지나므로

$\sqrt{3}=a\sin\dfrac{2}{3}\pi,\ \dfrac{\sqrt{3}}{2}a=\sqrt{3}$

$\therefore a=2$

STEP 4 $a-b+c$의 값 구하기 [1점]

$a-b+c=2-2+\sqrt{3}=\sqrt{3}$

1534 답 $\dfrac{13}{3}$

STEP 1 최댓값과 최솟값을 이용하여 a, c의 값 구하기 [2점]

$y=a\sin\left(\dfrac{\pi}{2}-bx\right)+c=a\cos bx+c$

$y=a\cos bx+c$의 최댓값이 3, 최솟값이 -1이고 $a>0$이므로

$a+c=3,\ -a+c=-1$

두 식을 연립하여 풀면 $a=2,\ c=1$

STEP 2 주기를 이용하여 $\overline{AB}$의 길이 구하기 [1점]

$y=2\cos bx+1$이고 $b>0$이므로 주기는 $\dfrac{2\pi}{b}$

$\therefore \overline{AB}=\dfrac{2}{b}\pi$

STEP 3 그래프가 x축과 만나는 점의 x좌표를 이용하여 $\overline{CD}$의 길이 구하기 [3점]

$y=2\cos bx+1$의 그래프가 x축과 만나는 점의 x좌표는

$2\cos bx+1=0$에서 $\cos bx=-\dfrac{1}{2}$

$bx=\dfrac{2}{3}\pi$ 또는 $bx=\dfrac{4}{3}\pi$ $\left(\because \underline{0<bx<2\pi}\right)$
$\qquad\qquad\qquad \to 0<x<\dfrac{2\pi}{b}$, 즉 $0<bx<2\pi$

$\therefore x=\dfrac{2}{3b}\pi$ 또는 $x=\dfrac{4}{3b}\pi$ $\quad$ ······ ⓐ

$\therefore \overline{CD}=\dfrac{4}{3b}\pi-\dfrac{2}{3b}\pi=\dfrac{2}{3b}\pi$

STEP 4 사각형 ABCD의 넓이를 이용하여 b의 값 구하기 [2점]

사각형 ACDB의 넓이가 12π이므로

$\dfrac{1}{2}\times(\overline{AB}+\overline{CD})\times 3=12\pi$

$\dfrac{1}{2}\times\left(\dfrac{2}{b}\pi+\dfrac{2}{3b}\pi\right)\times 3=12\pi$

$\dfrac{4}{b}\pi=12\pi$ $\quad$ $\therefore b=\dfrac{1}{3}$

STEP 5 $a+b+2c$의 값 구하기 [1점]

$a+b+2c=2+\dfrac{1}{3}+2=\dfrac{13}{3}$

부분점수표	
ⓐ $\cos bx=-\dfrac{1}{2}$을 만족시키는 x의 값을 모두 구한 경우	2점

1535 답 (1) $\cos 2°$ (2) $\cos 44°$ (3) $\cos^2 1°$ (4) $\cos^2 2°$
$\qquad$ (5) $\cos^2 44°$ (6) $\dfrac{\sqrt{2}}{2}$ (7) $\dfrac{1}{2}$ (8) $\dfrac{89}{2}$

STEP 1 $\sin(90°-x)=\cos x$임을 이용하여 삼각함수 변형하기 [3점]

$\sin 89°=\sin(90°-1°)=\cos 1°$

$\sin 88°=\sin(90°-2°)=\boxed{\cos 2°}$

$\qquad\qquad\vdots$

$\sin 46°=\sin(90°-44°)=\boxed{\cos 44°}$

STEP 2 $\sin^2 x+\cos^2 x=1$임을 이용하여 주어진 식의 값 구하기 [3점]

$\sin^2 1°+\sin^2 2°+\sin^2 3°+\cdots+\sin^2 88°+\sin^2 89°$

$=(\sin^2 1°+\sin^2 89°)+(\sin^2 2°+\sin^2 88°)+\cdots$
$\qquad\qquad\qquad +(\sin^2 44°+\sin^2 46°)+\sin^2 45°$

$=(\sin^2 1°+\boxed{\cos^2 1°})+(\sin^2 2°+\boxed{\cos^2 2°})+\cdots$
$\qquad\qquad\qquad +(\sin^2 44°+\boxed{\cos^2 44°})+\sin^2 45°$

$=1+1+\cdots+1+\left(\boxed{\dfrac{\sqrt{2}}{2}}\right)^2$

$=44+\boxed{\dfrac{1}{2}}=\boxed{\dfrac{89}{2}}$

실제 답안 예시

$(\sin^2 1°+\sin^2 89°)+(\sin^2 2°+\sin^2 88°)+\cdots$
$\qquad\qquad\qquad +(\sin^2 44°+\sin^2 46°)+\sin^2 45°$

그런데 $\sin\left(\dfrac{\pi}{2}-x\right)=\cos x$이므로 $\sin(90°-x°)=\cos x°$이다.

따라서

$(\sin^2 1°+\cos^2 1°)+(\sin^2 2°+\cos^2 2°)+\cdots$
$\qquad\qquad\qquad +(\sin^2 44°+\cos^2 44°)+\sin^2 45°$

$=\underbrace{1+1+\cdots+1}_{44\text{개}}+\left(\dfrac{\sqrt{2}}{2}\right)^2$

$=44+\dfrac{1}{2}$

$=\dfrac{89}{2}$

1536 답 1

STEP 1 $\tan(90°-x)=\dfrac{1}{\tan x}$임을 이용하여 삼각함수 변형하기 [3점]

$\tan 89°=\tan(90°-1°)=\dfrac{1}{\tan 1°}$

$\tan 88°=\tan(90°-2°)=\dfrac{1}{\tan 2°}$

$\qquad\qquad\vdots$

$\tan 46°=\tan(90°-44°)=\dfrac{1}{\tan 44°}$

$\tan 1° \times \tan 2° \times \tan 3° \times \cdots \times \tan 88° \times \tan 89°$

$= (\tan 1° \times \tan 89°) \times (\tan 2° \times \tan 88°) \times \cdots$
$\qquad\qquad\qquad\qquad \times (\tan 44° \times \tan 46°) \times \tan 45°$

$= \left(\tan 1° \times \dfrac{1}{\tan 1°} \right) \times \left(\tan 2° \times \dfrac{1}{\tan 2°} \right) \times \cdots$
$\qquad\qquad\qquad\qquad \times \left(\tan 44° \times \dfrac{1}{\tan 44°} \right) \times \tan 45°$

$= 1 \times 1 \times \cdots \times 1 \times 1$

$= 1$

1537 답 -1

STEP 1 $\tan\left(\dfrac{\pi}{2}+\theta\right)=-\dfrac{1}{\tan\theta}$임을 이용하여 삼각함수 변형하기 [4점]

$A_n = \tan \dfrac{n}{24}\pi$이므로

$A_{13} = \tan \dfrac{13}{24}\pi = \tan\left(\dfrac{\pi}{2}+\dfrac{\pi}{24}\right) = -\dfrac{1}{\tan \dfrac{\pi}{24}}$

$A_{14} = \tan \dfrac{14}{24}\pi = \tan\left(\dfrac{\pi}{2}+\dfrac{2}{24}\pi\right) = -\dfrac{1}{\tan \dfrac{2}{24}\pi}$

$\vdots$

$A_{23} = \tan \dfrac{23}{24}\pi = \tan\left(\dfrac{\pi}{2}+\dfrac{11}{24}\pi\right) = -\dfrac{1}{\tan \dfrac{11}{24}\pi}$

STEP 2 주어진 식을 삼각함수에 대한 식으로 나타내고, 간단히 하여 식의 값 구하기 [4점]

$A_1 \times A_{13} = \tan \dfrac{\pi}{24} \times \tan \dfrac{13}{24}\pi = \tan \dfrac{\pi}{24} \times \left(-\dfrac{1}{\tan \dfrac{\pi}{24}}\right) = -1$

$A_2 \times A_{14} = \tan \dfrac{2}{24}\pi \times \left(-\dfrac{1}{\tan \dfrac{2}{24}\pi}\right) = -1$

$\vdots$

$A_{11} \times A_{23} = \tan \dfrac{11}{24}\pi \times \left(-\dfrac{1}{\tan \dfrac{11}{24}\pi}\right) = -1$ ...... ⓐ

$\therefore A_1 \times A_2 \times A_3 \times \cdots \times A_{11} \times A_{13} \times A_{14} \times \cdots \times A_{22} \times A_{23}$
$= (A_1 \times A_{13}) \times (A_2 \times A_{14}) \times \cdots \times (A_{11} \times A_{23})$
$= (-1) \times (-1) \times \cdots \times (-1)$
$= (-1)^{11}$
$= -1$

부분점수표	
ⓐ $A_1 \times A_{13} = -1$, $A_2 \times A_{14} = -1$, $\cdots$, $A_{11} \times A_{23} = -1$임을 구한 경우	2점

참고 직선이 x축의 양의 방향과 이루는 각 θ에 대한 직선의 기울기는 $\tan\theta$ 이다. $\left(\text{단, } 0 \le \theta \le \pi, \theta \ne \dfrac{\pi}{2}\right)$

1538 답 $\dfrac{\sqrt{2}}{2}$

STEP 1 θ를 정수 n에 대한 식으로 나타내기 [2점]

각 θ를 나타내는 동경과 각 7θ를 나타내는 동경이 x축에 대하여 대칭이므로

$\theta + 7\theta = 2n\pi$ (n은 정수)

$8\theta = 2n\pi$ $\qquad \therefore \theta = \dfrac{n}{4}\pi$ ...... ㉠

STEP 2 n은 정수임을 이용하여 θ의 값 구하기 [2점]

$\dfrac{\pi}{8} < \theta < \dfrac{3}{8}\pi$에서 $\dfrac{\pi}{8} < \dfrac{n}{4}\pi < \dfrac{3}{8}\pi$

$\therefore \dfrac{1}{2} < n < \dfrac{3}{2}$

이때 n은 정수이므로 $n=1$

$n=1$을 ㉠에 대입하면 $\theta = \dfrac{\pi}{4}$

STEP 3 일반각에 대한 삼각함수의 성질을 이용하여 삼각함수 변형하기 [3점]

$4\theta = \pi$이므로

$\sin 5\theta = \sin(\pi + \theta) = -\sin\theta$

$\sin 6\theta = \sin(\pi + 2\theta) = -\sin 2\theta$

$\sin 7\theta = \sin(\pi + 3\theta) = -\sin 3\theta$

$\sin 8\theta = \sin(\pi + 4\theta) = -\sin 4\theta$

$\sin 9\theta = \sin(2\pi + \theta) = \sin\theta$

STEP 4 주어진 식을 간단히 하여 식의 값 구하기 [2점]

$\sin\theta + \sin 2\theta + \sin 3\theta + \cdots + \sin 9\theta$
$= (\sin\theta + \sin 5\theta) + (\sin 2\theta + \sin 6\theta) + (\sin 3\theta + \sin 7\theta)$
$\qquad\qquad\qquad\qquad + (\sin 4\theta + \sin 8\theta) + \sin 9\theta$
$= (\sin\theta - \sin\theta) + (\sin 2\theta - \sin 2\theta) + (\sin 3\theta - \sin 3\theta)$
$\qquad\qquad\qquad\qquad + (\sin 4\theta - \sin 4\theta) + \sin\theta$
$= \sin\theta = \sin \dfrac{\pi}{4} = \dfrac{\sqrt{2}}{2}$

1539 답 (1) $\sin x$ (2) $2\sin x$ (3) $\dfrac{1}{2}$ (4) $\dfrac{1}{2}$ (5) 5 (6) $\dfrac{1}{2}$
(7) 5 (8) $\dfrac{1}{2}$ (9) $\dfrac{11}{2}$

STEP 1 주어진 함수를 $\sin x$에 대한 함수로 나타내기 [2점]

$y = \sin^2 x - \cos^2 x - 2\cos\left(\dfrac{3}{2}\pi + x\right) + 2$
$= \sin^2 x - (1 - \sin^2 x) - 2\boxed{\sin x} + 2$
$= 2\sin^2 x - \boxed{2\sin x} + 1$

STEP 2 $\sin x = t$로 치환하여 최댓값과 최솟값 구하기 [3점]

$\sin x = t$로 놓으면 $0 \le x < 2\pi$에서 $-1 \le t \le 1$이고

$y = 2t^2 - 2t + 1$

$= 2\left(t - \boxed{\dfrac{1}{2}}\right)^2 + \boxed{\dfrac{1}{2}}$

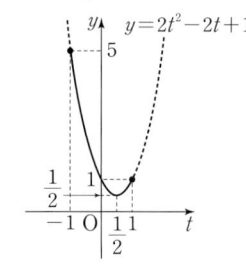

그림에서 $t = -1$일 때 최댓값은 $\boxed{5}$이고,

$t = \dfrac{1}{2}$일 때 최솟값은 $\boxed{\dfrac{1}{2}}$이다.

STEP 3 $M + m$의 값 구하기 [1점]

$M = \boxed{5}$, $m = \boxed{\dfrac{1}{2}}$이므로

$M + m = \boxed{\dfrac{11}{2}}$

$f(x) = \sin^2 x - \cos^2 x - 2\sin x + 2$

$\quad = \sin^2 x - 1 + \sin^2 x - 2\sin x + 2$

$\quad = \underline{2\sin^2 x - 2\sin x + 1}$ ← 2점

$\sin x = t$라 하면

$-1 \le t \le 1$

$f(t) = 2t^2 - 2t + 1$

$\underline{f(1) = 2 - 2 + 1 = 1 = m, \ f(-1) = 2 + 2 + 1 = 5 = M}$ ← 1점

$\underline{m + M = 6}$ → 최솟값을 잘못 구함 ← 1점

▶ 6점 중 3점 얻음.

꼭짓점의 t좌표가 $-1 \le t \le 1$의 범위에 속하는지 확인하지 않아 최솟값을 잘못 구했다.

$f(t) = 2t^2 - 2t + 1 = 2\left(t - \dfrac{1}{2}\right)^2 + \dfrac{1}{2}$이므로 $f\left(\dfrac{1}{2}\right)$의 값이 최솟값이고, $f(-1)$의 값이 최댓값임을 보이도록 한다.

1540 답 $\dfrac{9}{2}$

STEP1 주어진 함수를 $\cos\left(x - \dfrac{\pi}{4}\right)$에 대한 함수로 나타내기 [3점]

$y = \sin^2\left(x - \dfrac{\pi}{4}\right) - \cos\left(x - \dfrac{\pi}{4}\right) + k$

$\quad = \left\{1 - \cos^2\left(x - \dfrac{\pi}{4}\right)\right\} - \cos\left(x - \dfrac{\pi}{4}\right) + k$

$\quad = -\cos^2\left(x - \dfrac{\pi}{4}\right) - \cos\left(x - \dfrac{\pi}{4}\right) + k + 1$

STEP2 $\cos\left(x - \dfrac{\pi}{4}\right) = t$로 치환하여 최댓값과 최솟값 구하기 [3점]

$\cos\left(x - \dfrac{\pi}{4}\right) = t$로 놓으면 $-1 \le t \le 1$이고

$y = -t^2 - t + k + 1$

$\quad = -\left(t + \dfrac{1}{2}\right)^2 + k + \dfrac{5}{4}$

그림에서 $t = -\dfrac{1}{2}$일 때 최댓값은

$k + \dfrac{5}{4}$이고, $t = 1$일 때 최솟값은

$k - 1$이다.

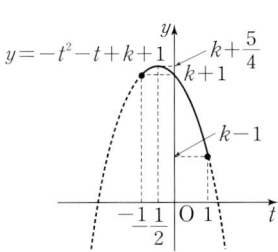

STEP3 $k + m$의 값 구하기 [2점]

최댓값이 4이므로

$k + \dfrac{5}{4} = 4 \qquad \therefore k = \dfrac{11}{4}$

최솟값은 $k - 1 = \dfrac{11}{4} - 1 = \dfrac{7}{4}$이므로 $m = \dfrac{7}{4}$

$\therefore k + m = \dfrac{11}{4} + \dfrac{7}{4} = \dfrac{9}{2}$

1541 답 2

STEP1 주어진 부등식을 $\sin\theta$에 대한 부등식으로 나타내기 [2점]

$\cos^2\theta - \sin^2\theta - 8\sin\theta + 1 \le 4a$에서

$(1 - \sin^2\theta) - \sin^2\theta - 8\sin\theta + 1 \le 4a$

$\therefore \sin^2\theta + 4\sin\theta + 2a - 1 \ge 0$

STEP2 $\sin\theta = t$로 치환하고 함수의 최솟값 구하기 [3점]

$\sin\theta = t$로 놓으면 $-1 \le t \le 1$이고

$t^2 + 4t + 2a - 1 \ge 0$ ·· ㉠

$y = t^2 + 4t + 2a - 1$이라 하면

$y = (t + 2)^2 + 2a - 5$

그림에서 $t = -1$일 때 최솟값은

$2a - 4$이다.

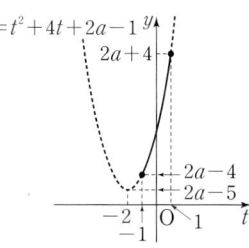

STEP3 주어진 부등식이 항상 성립하도록 하는 실수 a의 최솟값 구하기 [2점]

부등식 ㉠이 항상 성립하려면

$2a - 4 \ge 0$

$\therefore a \ge 2$

따라서 실수 a의 최솟값은 2이다.

1542 답 -3

STEP1 주어진 부등식을 $\cos\theta$에 대한 부등식으로 나타내기 [2점]

$\sin^2\theta - 2a\cos\theta - a - 7 \le 0$에서

$(1 - \cos^2\theta) - 2a\cos\theta - a - 7 \le 0$

$\cos^2\theta + 2a\cos\theta + a + 6 \ge 0$

STEP2 $\cos\theta = t$로 치환하고 $a > 1$, $-1 \le a \le 1$, $a < -1$인 범위로 나누어 a의 값의 범위 구하기 [6점]

$\cos\theta = t$로 놓으면 $-1 \le t \le 1$이고

$t^2 + 2at + a + 6 \ge 0$ ·· ㉠

$y = t^2 + 2at + a + 6$이라 하면

$y = (t + a)^2 - a^2 + a + 6$

(i) $-a < -1$, 즉 $a > 1$이면

$\quad t = -1$일 때 최솟값이 $-a + 7$이므로 부등식 ㉠이 항상 성립하려면

$\quad -a + 7 \ge 0 \qquad \therefore a \le 7$

$\quad \therefore 1 < a \le 7$ ·································· ⓐ

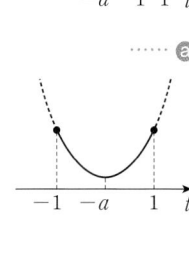

(ii) $-1 \le -a \le 1$, 즉 $-1 \le a \le 1$이면

$\quad t = -a$일 때 최솟값이 $-a^2 + a + 6$이므로 부등식 ㉠이 항상 성립하려면

$\quad -a^2 + a + 6 \ge 0$, $a^2 - a - 6 \le 0$

$\quad (a + 2)(a - 3) \le 0 \qquad \therefore -2 \le a \le 3$

$\quad \therefore -1 \le a \le 1$ ·································· ⓐ

(iii) $-a > 1$, 즉 $a < -1$이면

$\quad t = 1$일 때 최솟값이 $3a + 7$이므로 부등식 ㉠이 항상 성립하려면

$\quad 3a + 7 \ge 0$

$\quad \therefore a \ge -\dfrac{7}{3}$

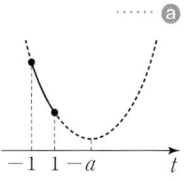

$$\therefore -\frac{7}{3} \le a < -1 \qquad\qquad \cdots\cdots\ \text{ⓐ}$$

(ⅰ), (ⅱ), (ⅲ)에서 $-\frac{7}{3} \le a \le 7$

STEP 3 $M,\ m$의 값을 구하여 $\dfrac{M}{m}$의 값 구하기 [1점]

$M=7,\ m=-\dfrac{7}{3}$이므로

$$\frac{M}{m}=7\div\left(-\frac{7}{3}\right)=-3$$

부분점수표	
ⓐ (ⅰ), (ⅱ), (ⅲ) 중에서 일부를 구한 경우	각 1점

실력 check **실전 마무리하기** 1회   317쪽~321쪽

1 1543 답 ④   유형 2 + 유형 11

출제의도 | 삼각함수의 대소 관계를 이해하는지 확인한다.

$y=\sin x,\ y=\cos x$의 그래프를 그려 대소 관계를 생각해 보자.

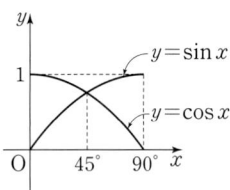

그림에서 삼각함수 사이의 대소 관계는 다음과 같다.

① $\cos 60° < \cos 40°$ (거짓)

② $\cos 40° > \sin 40°$ (거짓)

③ $\sin 80° > \cos 80°$ (거짓)

④ $\cos 70° > \cos 90°$ (참)

⑤ $\sin 160° = \sin(180°-20°) = \sin 20°$

   $\sin 30° > \sin 20°$이므로 $\sin 30° > \sin 160°$ (거짓)

따라서 옳은 것은 ④이다.

2 1544 답 ③   유형 3

출제의도 | 삼각함수의 주기에 대해 이해하는지 확인한다.

$f(x+p)=f(x)\ (p>0)$이면 함수 $f(x)$의 주기는 $\dfrac{p}{n}$ (n은 자연수)임을 이용해 보자.

① $f(x)=\cos \pi x$의 주기는 $\dfrac{2\pi}{\pi}=2$

   즉, $f(x)=f(x+2)=f(x+4)=\cdots$이므로

   $f(x)=f(x+4)$

② $f(x)=\sin \dfrac{5}{2}\pi x$의 주기는 $\dfrac{2\pi}{\frac{5}{2}\pi}=\dfrac{4}{5}$

즉, $f(x)=f\left(x+\dfrac{4}{5}\right)=f\left(x+\dfrac{8}{5}\right)=\cdots=f(x+4)=\cdots$이므로

$f(x)=f(x+4)$

③ $f(x)=\sin \dfrac{\pi}{3}x$의 주기는 $\dfrac{2\pi}{\frac{\pi}{3}}=6$

   즉, $f(x)=f(x+6)=f(x+12)=\cdots$이므로

   $f(x) \ne f(x+4)$

④ $f(x)=\cos \dfrac{3}{2}\pi x$의 주기는 $\dfrac{2\pi}{\frac{3}{2}\pi}=\dfrac{4}{3}$

   즉, $f(x)=f\left(x+\dfrac{4}{3}\right)=f\left(x+\dfrac{8}{3}\right)=f(x+4)=\cdots$이므로

   $f(x)=f(x+4)$

⑤ $f(x)=\tan 2\pi x$의 주기는 $\dfrac{\pi}{2\pi}=\dfrac{1}{2}$

   즉, $f(x)=f\left(x+\dfrac{1}{2}\right)=f(x+1)=\cdots=f(x+4)=\cdots$이므로

   $f(x)=f(x+4)$

따라서 $f(x+4)=f(x)$를 만족시키지 않는 것은 ③이다.

참고 모든 실수 x에 대하여 $f(x+4)=f(x)$를 만족시키는 함수는 주기가

$\dfrac{4}{n}$ (n은 자연수)인 주기함수이다.

3 1545 답 ③   유형 4

출제의도 | 삼각함수의 그래프의 평행이동에 대해 이해하는지 확인한다.

함수 $y=f(x)$의 그래프를 x축의 방향으로 m, y축의 방향으로 n만큼 평행이동한 그래프의 식은 $y-n=f(x-m)$임을 이용해 보자.

$y=\sin 2x$의 그래프를 x축의 방향으로 m만큼, y축의 방향으로 n만큼 평행이동하면

$y=\sin 2(x-m)+n$

  $=\sin(2x-2m)+n$ $\cdots\cdots$ ㉠

㉠이 $y=\sin(2x-6)+1$과 일치해야 하므로

$2m=6,\ n=1$

$\therefore m=3,\ n=1$

$\therefore m+n=4$

다른 풀이

$y=\sin(2x-6)+1=\sin 2(x-3)+1$이므로

$y=\sin(2x-6)+1$의 그래프는 $y=\sin 2x$의 그래프를 x축의 방향으로 3만큼, y축의 방향으로 1만큼 평행이동한 그래프와 일치한다.

따라서 $m=3,\ n=1$이므로 $m+n=4$

4 1546 답 ⑤   유형 5

출제의도 | 삼각함수의 그래프의 평행이동과 삼각함수의 최대, 최소와 주기에 대해 이해하는지 확인한다.

$y=a\sin(bx+c)+d$ 꼴인 삼각함수의 최댓값은 $|a|+d$, 최솟값은 $-|a|+d$, 주기는 $\dfrac{2\pi}{|b|}$임을 이용해 보자.

함수 $y=5\sin 2x$의 그래프를 x축의 방향으로 $\dfrac{\pi}{4}$만큼, y축의 방향

으로 2만큼 평행이동한 그래프의 식은 $y=5\sin 2\left(x-\dfrac{\pi}{4}\right)+2$

최댓값은 $5+2=7$, 최솟값은 $-5+2=-3$, 주기는 $\dfrac{2\pi}{2}=\pi$

따라서 $M=7$, $m=-3$, $p=\pi$이므로

$M+m+p=4+\pi$

5 1547 　**답** ⑤ 　　　　　　　　　　　　　　　　　유형 6

출제의도 | 삼각함수의 그래프의 여러 가지 성질을 이해하는지 확인한다.

> $y=a\cos(bx+c)+d$ 꼴인 삼각함수의 최댓값은 $|a|+d$, 최솟값은
> $-|a|+d$, 주기는 $\dfrac{2\pi}{|b|}$임을 이용해 보자.

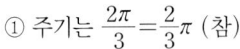

① 주기는 $\dfrac{2\pi}{3}=\dfrac{2}{3}\pi$ (참)

② 최댓값은 $2+2=4$ (참)

③ 최솟값은 $-2+2=0$ (참)

④ $y=2\cos\left(3x-\dfrac{\pi}{2}\right)+2$에 $x=0$을 대입하면

$y=2\cos\left(-\dfrac{\pi}{2}\right)+2=2\cos\dfrac{\pi}{2}+2=2\times0+2=2$

이므로 그래프는 점 $(0,\,2)$를 지난다. (참)

⑤ $y=2\cos\left(3x-\dfrac{\pi}{2}\right)+2=2\cos 3\left(x-\dfrac{\pi}{6}\right)+2$이므로 그래프는

$y=2\cos 3x$의 그래프를 x축의 방향으로 $\dfrac{\pi}{6}$만큼, y축의 방향으

로 2만큼 평행이동한 것이다. (거짓)

따라서 옳지 않은 것은 ⑤이다.

6 1548 　**답** ② 　　　　　　　　　　　　　　　　　유형 7

출제의도 | 식이 주어진 경우 조건을 이용하여 삼각함수의 미정계수를 구할 수 있는지 확인한다.

> $y=a\sin(bx+c)+d$ 꼴인 삼각함수의 최댓값은 $|a|+d$, 최솟값은
> $-|a|+d$, 주기는 $\dfrac{2\pi}{|b|}$임을 이용해 보자.

$f(x)=a\sin\left(bx+\dfrac{\pi}{2}\right)+c$의 최댓값이 2, 최솟값이 -4이고

$a>0$이므로

$a+c=2$, $-a+c=-4$

두 식을 연립하여 풀면 $a=3$, $c=-1$

주기가 π이고 $b>0$이므로

$\dfrac{2\pi}{b}=\pi$

$\therefore b=2$

따라서 $f(x)=3\sin\left(2x+\dfrac{\pi}{2}\right)-1$이므로

$f\left(\dfrac{\pi}{4}\right)=3\sin\left(2\times\dfrac{\pi}{4}+\dfrac{\pi}{2}\right)-1$

$=3\sin\pi-1$

$=3\times0-1=-1$

7 1549 　**답** ③ 　　　　　　　　　　　　　　　　　유형 9

출제의도 | 절댓값 기호가 포함된 삼각함수의 그래프에 대해 이해하는지 확인한다.

> 함수 $y=\sin x$의 그래프는 원점에 대하여 대칭이고, 함수 $y=\cos x$의
> 그래프는 y축에 대하여 대칭임을 이용해 보자.

$y=\sin|x|$, $y=|\sin x|$, $y=\cos|x|$, $y=|\cos x|$의 그래프는

각각 그림과 같다. 　$x\geq0$일 때 ➡ $y=\cos|x|=\cos x$

　　　　　　　　　　$x<0$일 때 ➡ $y=\cos|x|=\cos(-x)=\cos x$

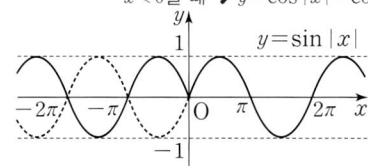

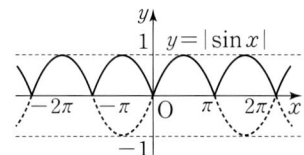

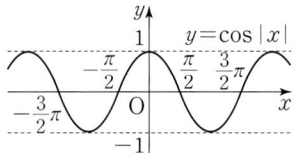

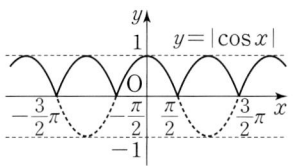

따라서 두 함수의 그래프가 일치하는 것은 ③이다.

8 1550 　**답** ⑤ 　　　　　　　　　　　　　　　　　유형 11

출제의도 | 일반각에 대한 삼각함수의 성질에 대해 이해하는지 확인한다.

> 주어진 각이 $\dfrac{\pi}{2}\times n\pm\theta$ (n은 정수) 꼴로 나타내어졌을 때, n이 짝수이
> 면 삼각함수를 그대로 유지하고, n이 홀수이면 $\sin$과 $\cos$을 서로 바꾸
> 고 $\tan$는 $\dfrac{1}{\tan}$로 바꾸어 정리해 보자.

① $\sin(\pi+\theta)=-\sin\theta$이므로

$\sin(\pi+\theta)\neq\sin\theta$ (거짓)

② $\cos(-\theta)=\cos\theta$, $\sin\left(\dfrac{3}{2}\pi+\theta\right)=-\cos\theta$이므로

$\cos(-\theta)\neq\sin\left(\dfrac{3}{2}\pi+\theta\right)$ (거짓)

③ $\sin\left(\dfrac{\pi}{2}+\theta\right)=\cos\theta$, $\cos(\pi-\theta)=-\cos\theta$이므로

$\sin\left(\dfrac{\pi}{2}+\theta\right)\neq\cos(\pi-\theta)$ (거짓)

④ $\tan\left(\dfrac{\pi}{2}-\theta\right)=\dfrac{1}{\tan\theta}\cdot\dfrac{1}{\tan(-\theta)}=-\dfrac{1}{\tan\theta}$이므로

$\tan\left(\dfrac{\pi}{2}-\theta\right)\neq\dfrac{1}{\tan(-\theta)}$ (거짓)

⑤ $\cos\left(\dfrac{\pi}{2}+\theta\right)=-\sin\theta$, $\sin(\pi+\theta)=-\sin\theta$이므로

$$\cos\left(\frac{\pi}{2}+\theta\right)=\sin(\pi+\theta)\ (\text{참})$$

따라서 옳은 것은 ⑤이다.

9 1551 답 ⑤ 유형 18

출제의도 | 일차식 꼴의 삼각방정식의 해를 구할 수 있는지 확인한다.

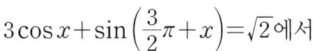
방정식 $\cos x=k\ (-1\le k\le 1)$의 해는 $y=\cos x$의 그래프와 직선 $y=k$의 교점의 x좌표임을 이용해 보자.

$3\cos x+\sin\left(\frac{3}{2}\pi+x\right)=\sqrt{2}$에서

$3\cos x-\cos x=\sqrt{2},\ 2\cos x=\sqrt{2}$

$\therefore \cos x=\dfrac{\sqrt{2}}{2}$

방정식 $\cos x=\dfrac{\sqrt{2}}{2}$의 근은 함수 $y=\cos x$의 그래프와 직선 $y=\dfrac{\sqrt{2}}{2}$
의 교점의 x좌표와 같다.

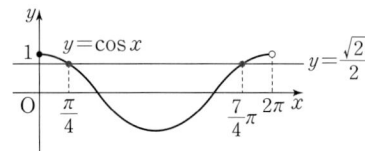

$\therefore x=\dfrac{\pi}{4}$ 또는 $x=\dfrac{7}{4}\pi\ (\because 0\le x<2\pi)$

따라서 실근 중 가장 큰 것은 $\dfrac{7}{4}\pi$이다.

10 1552 답 ④ 유형 24

출제의도 | 일차식 꼴의 삼각부등식의 해를 구할 수 있는지 확인한다.

$\cos x<k\ (-1\le k\le 1)$의 해는 $y=\cos x$의 그래프가 직선 $y=k$보다 아래쪽에 있는 x의 값의 범위임을 이용해 보자.

$0\le x<\pi$이므로 그림에서
부등식
$-\dfrac{\sqrt{3}}{2}<\cos x\le\dfrac{\sqrt{2}}{2}$의
해는

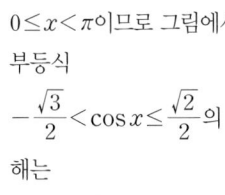 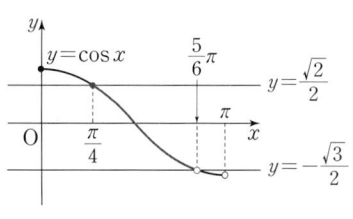

$\dfrac{\pi}{4}\le x<\dfrac{5}{6}\pi$

11 1553 답 ④ 유형 8

출제의도 | 삼각함수의 그래프를 보고 삼각함수의 미정계수를 구할 수 있는지 확인한다.

주어진 그래프에서 주기, 최댓값, 최솟값과 그래프가 지나는 점의 좌표를 이용하여 삼각함수의 미정계수를 구해 보자.

주어진 함수의 그래프에서 최댓값이 2, 최솟값이 0이고 $a>0$이므로

$a+d=2,\ -a+d=0$

두 식을 연립하여 풀면 $a=1,\ d=1$

또, 주기가 $\dfrac{2}{3}\pi-\left(-\dfrac{\pi}{3}\right)=\pi$이고 $b>0$이므로

$\dfrac{2\pi}{b}=\pi$

$\therefore b=2$

따라서 $y=\cos(2x+c)+1$이고, 이 함수의 그래프가 점 $\left(\dfrac{2}{3}\pi,\ 2\right)$
를 지나므로

$2=\cos\left(2\times\dfrac{2}{3}\pi+c\right)+1$

$\therefore \cos\left(\dfrac{4}{3}\pi+c\right)=1$

$0<c<2\pi$에서 $\dfrac{4}{3}\pi<\dfrac{4}{3}\pi+c<\dfrac{10}{3}\pi$이므로

$\dfrac{4}{3}\pi+c=2\pi$ $\qquad\therefore c=\dfrac{2}{3}\pi$

$\therefore abcd=1\times2\times\dfrac{2}{3}\pi\times1=\dfrac{4}{3}\pi$

12 1554 답 ⑤ 유형 10

출제의도 | 삼각함수의 그래프의 대칭성을 이용하여 도형의 넓이를 구할 수 있는지 확인한다.

$y=\cos x$의 그래프는 y축에 대하여 대칭임을 이용해 보자.

$y=\cos\dfrac{\pi}{3}x$의 그래프는 y축에 대하여 대칭이고 $\overline{\mathrm{AD}}$가 x축에 평
행하므로 사각형 ABCD는 등변사다리꼴이다.

$y=\cos\dfrac{\pi}{3}x$의 주기는 $\dfrac{2\pi}{\frac{\pi}{3}}=6$이므로 $\overline{\mathrm{BC}}=3$

$\overline{\mathrm{AD}}=2$이므로 점 A의 x좌표는 -1, 점 D의 x좌표는 1이고 등변
사다리꼴 ABCD의 높이를 h라 하면

$h=\cos\left(\dfrac{\pi}{3}\times1\right)=\cos\dfrac{\pi}{3}=\dfrac{1}{2}$

따라서 사각형 ABCD의 넓이는

$\dfrac{1}{2}\times(\overline{\mathrm{AD}}+\overline{\mathrm{BC}})\times h=\dfrac{1}{2}\times(2+3)\times\dfrac{1}{2}$

$\qquad\qquad\qquad\qquad\qquad =\dfrac{5}{4}$

13 1555 답 ③ 유형 11

출제의도 | 일반각에 대한 삼각함수의 성질을 이해하는지 확인한다.

주어진 각이 $\dfrac{\pi}{2}\times n\pm\theta\ (n$은 정수$)$ 꼴로 나타내어졌을 때, n이 짝수이
면 삼각함수를 그대로 유지하고, n이 홀수이면 $\sin$과 $\cos$을 서로 바꾸
어 정리해 보자.

$\sin\left(\dfrac{\pi}{2}-\theta\right)+\sin(2\pi+\theta)=\sin\left(\dfrac{3}{2}\pi-\theta\right)+\sin(\pi+\theta)$에서

$\cos\theta+\sin\theta=-\cos\theta-\sin\theta$

$\sin\theta=-\cos\theta$

$\cos\theta\ne0$이므로 양변을 $\cos\theta$로 나누면

$\dfrac{\sin\theta}{\cos\theta}=-1$

$\therefore \tan\theta=-1$

$0\le\theta\le\pi$이므로

$\theta=\dfrac{3}{4}\pi$

14 1556 目 ③ 유형 11

출제의도 | 일반각에 대한 삼각함수의 성질을 이해하는지 확인한다.

주어진 각을 $90° \times n \pm \theta$ (n은 정수) 꼴로 나타냈을 때, n이 짝수이면 삼각함수를 그대로 유지하고, n이 홀수이면 $\sin$과 $\cos$을 서로 바꾸고 $\tan$는 $\dfrac{1}{\tan}$로 바꾸어 정리해 보자.

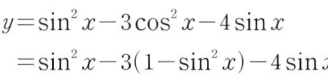

$\sin 200° = \sin(180° + 20°) = -\sin 20°$

$\tan 160° = \tan(180° - 20°) = -\tan 20°$

$\cos 290° = \cos(270° + 20°) = \sin 20°$

$\sin 250° = \sin(270° - 20°) = -\cos 20°$

$\sin 110° = \sin(90° + 20°) = \cos 20°$

$\therefore \dfrac{\sin 200° \tan^2 160°}{\cos 290°} - \dfrac{\sin 250°}{\sin 110° \cos^2 20°}$

$\quad = \dfrac{-\sin 20° \times \tan^2 20°}{\sin 20°} - \dfrac{-\cos 20°}{\cos 20° \cos^2 20°}$

$\quad = -\tan^2 20° + \dfrac{1}{\cos^2 20°}$

$\quad = -\dfrac{\sin^2 20°}{\cos^2 20°} + \dfrac{1}{\cos^2 20°}$

$\quad = \dfrac{1 - \sin^2 20°}{\cos^2 20°}$

$\quad = \dfrac{\cos^2 20°}{\cos^2 20°} = 1$

15 1557 目 ⑤ 유형 16

출제의도 | 이차식 꼴의 삼각함수의 최댓값과 최솟값을 구할 수 있는지 확인한다.

$\sin^2 \theta + \cos^2 \theta = 1$임을 이용하여 식을 정리해 보자.

$y = \sin^2 x - 3\cos^2 x - 4\sin x$

$\quad = \sin^2 x - 3(1 - \sin^2 x) - 4\sin x$

$\quad = 4\sin^2 x - 4\sin x - 3$

$\sin x = t$로 놓으면 $-1 \le t \le 1$이고

$y = 4t^2 - 4t - 3 = 4\left(t - \dfrac{1}{2}\right)^2 - 4$

$y = 4t^2 - 4t - 3$의 그래프는 그림과 같으므로 $t = -1$일 때 최댓값은 5이고,

$t = \dfrac{1}{2}$일 때 최솟값은 -4이다.

따라서 최댓값과 최솟값의 차는

$5 - (-4) = 9$

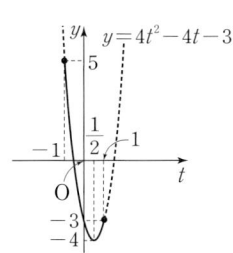

16 1558 目 ④ 유형 26

출제의도 | 삼각함수를 포함한 이차방정식이 해를 갖지 않을 조건을 구할 수 있는지 확인한다.

이차방정식의 판별식이 D일 때, $D < 0$이면 실근을 갖지 않음을 이용해 보자.

이차방정식 $x^2 - 2\sqrt{2} x \cos \theta + 1 = 0$의 실근이 존재하지 않으므로 판별식 D라 하면

$\dfrac{D}{4} = (-\sqrt{2} \cos \theta)^2 - 1 < 0$

$(\sqrt{2} \cos \theta + 1)(\sqrt{2} \cos \theta - 1) < 0$

$\therefore -\dfrac{\sqrt{2}}{2} < \cos \theta < \dfrac{\sqrt{2}}{2}$

$0 \le \theta < 2\pi$이므로 그림에서 부등식 $-\dfrac{\sqrt{2}}{2} < \cos \theta < \dfrac{\sqrt{2}}{2}$의 해는

$\dfrac{\pi}{4} < \theta < \dfrac{3}{4}\pi$ 또는 $\dfrac{5}{4}\pi < \theta < \dfrac{7}{4}\pi$

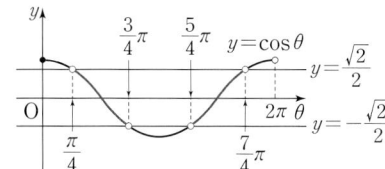

따라서 $a = \dfrac{\pi}{4}$, $b = \dfrac{7}{4}\pi$이므로 $\dfrac{b}{a} = 7$

17 1559 目 ② 유형 15

출제의도 | 절댓값 기호가 포함된 일차식 꼴의 삼각함수의 최댓값과 최솟값을 이용하여 미정계수를 구할 수 있는지 확인한다.

$\sin x = t$라 하면 $-1 \le t \le 1$임을 이용해 보자.

$y = -|2\sin x + 1| + k$에서 $\sin x = t$로 놓으면 $-1 \le t \le 1$이고

$y = -|2t + 1| + k$

$y = -|2t + 1| + k$의 그래프는 그림과 같으므로 $t = -\dfrac{1}{2}$일 때 최댓값은 k이고, $t = 1$일 때 최솟값은 $k - 3$이다.

이때 최댓값과 최솟값의 합이 1이므로 $k + k - 3 = 1$ $\quad \therefore k = 2$

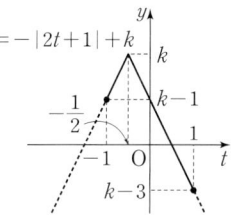

다른 풀이

$-1 \le \sin x \le 1$에서 $-1 < 2\sin x + 1 \le 3$이므로

$0 \le |2\sin x + 1| \le 3$, $-3 \le -|2\sin x + 1| \le 0$

$\therefore -3 + k \le -|2\sin x + 1| + k \le k$

즉, $k - 3 \le y \le k$이므로

$k - 3 + k = 1$ $\quad \therefore k = 2$

18 1560 目 ④ 유형 16

출제의도 | 이차식 꼴의 삼각함수의 최댓값과 최솟값을 구할 수 있는지 확인한다.

$\cos\left(\dfrac{\pi}{2} + x\right) = -\sin x$, $\sin(\pi + x) = -\sin x$임을 이용하여 식을 정리해 보자.

$y = \sin x \cos\left(\dfrac{\pi}{2} + x\right) - 2\sin(\pi + x) + a$

$\quad = \sin x(-\sin x) - 2(-\sin x) + a$

$\quad = -\sin^2 x + 2\sin x + a$

$\sin x = t$로 놓으면 $-1 \le t \le 1$이고

$y = -t^2 + 2t + a = -(t - 1)^2 + a + 1$

$y=-t^2+2t+a$의 그래프는 그림과
같으므로

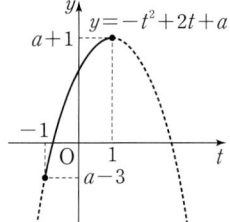

$t=1$일 때 최댓값은 $a+1$이고,

$t=-1$일 때 최솟값은 $a-3$이다.

$a-3=-1$이므로 $a=2$

따라서 최댓값은 $a+1=3$

---

19 1561 답 ⑤

유형 19 + 유형 21

출제의도 | 이차식 꼴의 삼각방정식의 해를 구할 수 있는지 확인한다.

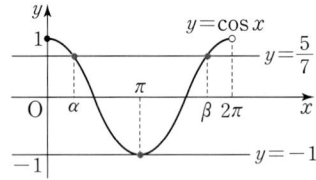

$\cos\left(\dfrac{\pi}{2}+x\right)=-\sin x,\ \sin\left(\dfrac{\pi}{2}+x\right)=\cos x,\ \sin^2 x+\cos^2 x=1$

임을 이용하여 식을 정리해 보자.

$5\cos\left(\dfrac{\pi}{2}+x\right)\sin x+2\cos x\sin\left(\dfrac{\pi}{2}+x\right)+2\cos x=0$에서

$\cos\left(\dfrac{\pi}{2}+x\right)=-\sin x,\ \sin\left(\dfrac{\pi}{2}+x\right)=\cos x$이므로

$-5\sin^2 x+2\cos^2 x+2\cos x=0$

$-5(1-\cos^2 x)+2\cos^2 x+2\cos x=0$

$7\cos^2 x+2\cos x-5=0$

$(7\cos x-5)(\cos x+1)=0$

$\therefore \cos x=\dfrac{5}{7}$ 또는 $\cos x=-1$

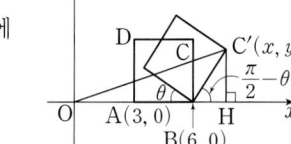

(i) $\cos x=\dfrac{5}{7}$일 때

$0\le x<2\pi$에서 $y=\cos x$의 그래프와 직선 $y=\dfrac{5}{7}$의 교점의 x

좌표를 α, β라 하면

$\dfrac{\alpha+\beta}{2}=\pi$ $\therefore \alpha+\beta=2\pi$

(ii) $\cos x=-1$일 때

$0\le x<2\pi$에서 $x=\pi$

(i), (ii)에서 주어진 방정식의 모든 해의 합은 $2\pi+\pi=3\pi$

---

20 1562 답 ③

유형 14

출제의도 | 삼각함수의 성질을 도형에 활용할 수 있는지 확인한다.

점 C′에서 x축에 수선의 발 H를 내려 $\overline{\text{BH}}$, $\overline{\text{C′H}}$의 길이를 구해 보자.

그림과 같이 점 C′의 좌표를
$(x,\ y)$라 하고 점 C′에서 x축에
내린 수선의 발을 H라 하자.

삼각형 BHC′에서

$\overline{\text{BH}}=3\cos\left(\dfrac{\pi}{2}-\theta\right)=3\sin\theta$

$\therefore x=6+3\sin\theta$

삼각형 BHC′에서

$\overline{\text{HC′}}=3\sin\left(\dfrac{\pi}{2}-\theta\right)=3\cos\theta$

$\therefore y=3\cos\theta$

따라서 C′$(6+3\sin\theta,\ 3\cos\theta)$이므로

$\overline{\text{OC′}}=\sqrt{(6+3\sin\theta)^2+(3\cos\theta)^2}$

$=\sqrt{36+36\sin\theta+9\sin^2\theta+9\cos^2\theta}$

$=\sqrt{36\sin\theta+9\times1+36}$

$=\sqrt{36\sin\theta+45}$

$=3\sqrt{4\sin\theta+5}$

---

21 1563 답 ③

유형 22

출제의도 | 삼각방정식의 실근의 개수를 이용하여 식의 값을 구할 수 있는지 확인한다.

$n=1,\ 2,\ 3,\ \cdots,\ 10$일 때, 함수 $y=\sin nx$의 그래프와 직선 $y=\dfrac{1}{2}$의

교점의 개수를 구해 보자.

(i) $n=1$일 때

$0\le x<2\pi$이므로 그림에서

$\sin x=\dfrac{1}{2}$의 실근의 개수는

2이므로 $f(1)=2$

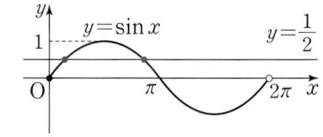

(ii) $n=2$일 때

$0\le x<2\pi$이므로 그림에서

$\sin 2x=\dfrac{1}{2}$의 실근의 개수

는 4이므로 $f(2)=4$

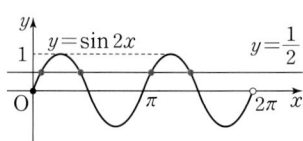

(iii) $n=3$일 때

$0\le x<2\pi$이므로 그림에서

$\sin 3x=\dfrac{1}{2}$의 실근의 개수

는 6이므로 $f(3)=6$

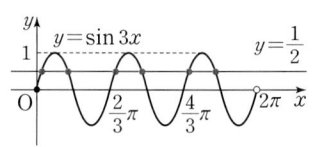

이와 같이 계속하면 $f(n)=2n$

$\therefore f(1)+f(2)+f(3)+\cdots+f(10)$

$=2+4+6+\cdots+20$

$=110$

---

22 1564 답 $-\dfrac{\sqrt{5}}{2}$

유형 14

출제의도 | 도형의 성질과 삼각함수의 성질을 이용하여 삼각함수의 값을 구할 수 있는지 확인한다.

STEP 1 $\sin^2\alpha+\cos^2\alpha=1$임을 이용하여 $\tan\alpha$의 값 구하기 [3점]

$\sin\alpha=\dfrac{\sqrt{5}}{3}$이므로

$\cos^2\alpha=1-\sin^2\alpha$

$=1-\left(\dfrac{\sqrt{5}}{3}\right)^2=\dfrac{4}{9}$

$\therefore \cos\alpha=\dfrac{2}{3}\ \left(\because 0<\alpha<\dfrac{\pi}{2}\right)$

$$\therefore \tan\alpha = \frac{\sin\alpha}{\cos\alpha}$$

$$= \frac{\frac{\sqrt{5}}{3}}{\frac{2}{3}} = \frac{\sqrt{5}}{2}$$

STEP 2 $\alpha + \beta = \pi$임을 이용하여 $\tan\beta$의 값 구하기 [3점]

사각형 ABCD가 원에 내접하므로 $\alpha + \beta = \pi$

$$\therefore \tan\beta = \tan(\pi - \alpha)$$

$$= -\tan\alpha = -\frac{\sqrt{5}}{2}$$

다른 풀이

$$\sin\beta = \sin(\pi - \alpha) = \sin\alpha = \frac{\sqrt{5}}{3}$$

$$\cos\beta = \cos(\pi - \alpha) = -\cos\alpha = -\frac{2}{3}$$

$$\therefore \tan\beta = \frac{\sin\beta}{\cos\beta} = \frac{\frac{\sqrt{5}}{3}}{-\frac{2}{3}} = -\frac{\sqrt{5}}{2}$$

23 1565 目 $\frac{\pi}{3} \le x \le \frac{5}{3}\pi$　〔유형 25〕

출제의도 ｜ 이차식 꼴의 삼각부등식의 해를 구할 수 있는지 확인한다.

STEP 1 주어진 부등식을 $\cos x$에 대한 부등식으로 나타내기 [2점]

$2\sin^2 x - 3\sin\left(\frac{\pi}{2} + x\right) + 4 \ge 2\cos x + 4\sin^2 x$에서

$2(1 - \cos^2 x) - 3\cos x + 4 \ge 2\cos x + 4(1 - \cos^2 x)$

$\therefore 2\cos^2 x - 5\cos x + 2 \ge 0$

STEP 2 $\cos x$의 값의 범위 구하기 [2점]

$(2\cos x - 1)(\cos x - 2) \ge 0$

$\cos x - 2 < 0$이므로

$2\cos x - 1 \le 0$　　$\therefore \cos x \le \frac{1}{2}$

STEP 3 주어진 부등식의 해 구하기 [2점]

$0 \le x < 2\pi$이므로 그림에서

$\cos x \le \frac{1}{2}$의 해는

$\frac{\pi}{3} \le x \le \frac{5}{3}\pi$

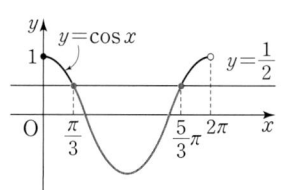

24 1566 目 $-\frac{3}{2}$　〔유형 21〕

출제의도 ｜ 삼각함수의 그래프의 대칭성에 대해 이해하는지 확인한다.

STEP 1 함수 $f(x)$의 주기 구하기 [2점]

함수 $f(x) = \cos 2x$의 주기는 $\frac{2\pi}{2} = \pi$

STEP 2 $f\left(a + b + \frac{2}{3}\pi\right)$의 값 구하기 [2점]

$y = \cos 2x$의 그래프에서 두 점 $(a,\ 0)$, $(b,\ 0)$은 직선 $x = \frac{\pi}{2}$에 대

하여 대칭이므로 $\frac{a+b}{2} = \frac{\pi}{2}$　　$\therefore a + b = \pi$

$$\therefore f\left(a + b + \frac{2}{3}\pi\right) = f\left(\pi + \frac{2}{3}\pi\right)$$

$$= f\left(\frac{5}{3}\pi\right)$$

$$= \cos\frac{10}{3}\pi$$

$$= \cos\left(3\pi + \frac{\pi}{3}\right)$$

$$= -\cos\frac{\pi}{3} = -\frac{1}{2}$$

STEP 3 $f\left(c + d - \frac{3}{2}\pi\right)$의 값 구하기 [2점]

$y = \cos 2x$의 그래프에서 두 점 $(c,\ 0)$, $(d,\ 0)$은 직선 $x = \frac{3}{2}\pi$에

대하여 대칭이므로 $\frac{c+d}{2} = \frac{3}{2}\pi$

$\therefore c + d = 3\pi$

$$\therefore f\left(c + d - \frac{3}{2}\pi\right) = f\left(3\pi - \frac{3}{2}\pi\right)$$

$$= f\left(\frac{3}{2}\pi\right)$$

$$= \cos 3\pi = -1$$

STEP 4 $f\left(a + b + \frac{2}{3}\pi\right) + f\left(c + d - \frac{3}{2}\pi\right)$의 값 구하기 [1점]

$$f\left(a + b + \frac{2}{3}\pi\right) + f\left(c + d - \frac{3}{2}\pi\right) = -\frac{1}{2} - 1 = -\frac{3}{2}$$

25 1567 目 5　〔유형 13〕

출제의도 ｜ 삼각함수의 성질을 활용할 수 있는지 확인한다.

STEP 1 주어진 함수의 그래프의 점근선의 방정식 구하기 [1점]

$y = \tan\left(18x + \frac{\pi}{2}\right)$의 그래프의 점근선의 방정식은

$18x + \frac{\pi}{2} = n\pi + \frac{\pi}{2}$에서

$x = \frac{n}{18}\pi$ (n은 정수)

STEP 2 $\overline{P_1Q_1}$, $\overline{P_2Q_2}$, $\cdots$, $\overline{P_9Q_9}$의 길이 구하기 [2점]

$P_1\left(\frac{\pi}{18},\ 0\right)$, $P_2\left(\frac{2}{18}\pi,\ 0\right)$, $P_3\left(\frac{3}{18}\pi,\ 0\right)$, $\cdots$, $P_9\left(\frac{9}{18}\pi,\ 0\right)$이므로

$Q_1\left(\frac{\pi}{18},\ \sin\frac{\pi}{18}\right)$, $Q_2\left(\frac{2}{18}\pi,\ \sin\frac{2}{18}\pi\right)$, $Q_3\left(\frac{3}{18}\pi,\ \sin\frac{3}{18}\pi\right)$,

$\cdots$, $Q_9\left(\frac{9}{18}\pi,\ \sin\frac{9}{18}\pi\right)$

$\therefore \overline{P_1Q_1} = \sin\frac{\pi}{18}$, $\overline{P_2Q_2} = \sin\frac{2}{18}\pi$, $\overline{P_3Q_3} = \sin\frac{3}{18}\pi$,

$\cdots$, $\overline{P_9Q_9} = \sin\frac{9}{18}\pi$

STEP 3 $\sin\left(\frac{\pi}{2} - \theta\right) = \cos\theta$임을 이용하여 삼각함수 변형하기 [3점]

$\sin\frac{5}{18}\pi = \sin\left(\frac{\pi}{2} - \frac{4}{18}\pi\right) = \cos\frac{4}{18}\pi$

$\sin\frac{6}{18}\pi = \sin\left(\frac{\pi}{2} - \frac{3}{18}\pi\right) = \cos\frac{3}{18}\pi$

$\sin\frac{7}{18}\pi = \sin\left(\frac{\pi}{2} - \frac{2}{18}\pi\right) = \cos\frac{2}{18}\pi$

$\sin\frac{8}{18}\pi = \sin\left(\frac{\pi}{2} - \frac{\pi}{18}\right) = \cos\frac{\pi}{18}$

STEP 4 $\sin^2\theta+\cos^2\theta=1$임을 이용하여 $\overline{P_1Q_1}^2+\overline{P_2Q_2}^2+\cdots+\overline{P_9Q_9}^2$의 값 구하기 [3점]

$\overline{P_1Q_1}^2+\overline{P_2Q_2}^2+\overline{P_3Q_3}^2+\cdots+\overline{P_9Q_9}^2$

$=\sin^2\dfrac{\pi}{18}+\sin^2\dfrac{2}{18}\pi+\sin^2\dfrac{3}{18}\pi+\cdots+\sin^2\dfrac{9}{18}\pi$

$=\left(\sin^2\dfrac{\pi}{18}+\sin^2\dfrac{8}{18}\pi\right)+\left(\sin^2\dfrac{2}{18}\pi+\sin^2\dfrac{7}{18}\pi\right)$

$\qquad+\left(\sin^2\dfrac{3}{18}\pi+\sin^2\dfrac{6}{18}\pi\right)+\left(\sin^2\dfrac{4}{18}\pi+\sin^2\dfrac{5}{18}\pi\right)$

$\qquad\qquad\qquad\qquad\qquad\qquad+\sin^2\dfrac{9}{18}\pi$

$=\left(\sin^2\dfrac{\pi}{18}+\cos^2\dfrac{\pi}{18}\right)+\left(\sin^2\dfrac{2}{18}\pi+\cos^2\dfrac{2}{18}\pi\right)$

$\qquad+\left(\sin^2\dfrac{3}{18}\pi+\cos^2\dfrac{3}{18}\pi\right)+\left(\sin^2\dfrac{4}{18}\pi+\cos^2\dfrac{4}{18}\pi\right)$

$\qquad\qquad\qquad\qquad\qquad\qquad+\sin^2\dfrac{\pi}{2}$

$=1+1+1+1+1=5$

실력 check 실전 마무리하기 2회   322쪽~327쪽

1 1568 답 ⑤   유형 1

출제의도 | 삼각함수의 그래프의 성질을 이해하는지 확인한다.

$y=\sin x$, $y=\tan x$의 그래프는 원점에 대하여 대칭, $y=\cos x$의 그래프는 y축에 대하여 대칭이고 $y=\sin x$, $y=\cos x$는 주기가 2π, $y=\tan x$는 주기가 π임을 이용해 보자.

① $0<x<\dfrac{\pi}{2}$에서 $y=\tan x$는 x의 값이 증가하면 y의 값도 증가한다. (거짓)

② $0<x<\pi$에서 $y=\cos x$는 x의 값이 증가하면 y의 값은 감소한다. (거짓)

③ $y=\tan x$의 정의역은 $x\neq n\pi+\dfrac{\pi}{2}$ (n은 정수)인 실수 전체의 집합이다. (거짓)

④ $y=\cos x$의 그래프는 y축에 대하여 대칭이다. (거짓)

⑤ $y=\sin x$와 $y=\tan x$의 그래프는 각각 원점에 대하여 대칭이다. (참)

따라서 옳은 것은 ⑤이다.

2 1569 답 ④   유형 3

출제의도 | 삼각함수의 주기에 대해 이해하는지 확인한다.

함수 $f(x)$의 주기가 $\dfrac{p}{n}$이면 $f(x+p)=f(x)$임을 이용해 보자.

(단, p는 양수, n은 자연수)

ㄱ. $f(x)=\sin\dfrac{x}{3}$의 주기는 $\dfrac{2\pi}{\frac{1}{3}}=6\pi$

즉, $f(x)=f(x+6\pi)=\cdots$이므로

$f(x)\neq f(x+\pi)$

ㄴ. $f(x)=2-\tan x$의 주기는 $\dfrac{\pi}{1}=\pi$

$\therefore f(x)=f(x+\pi)$

ㄷ. $f(x)=\cos\pi x$의 주기는 $\dfrac{2\pi}{\pi}=2$

즉, $f(x)=f(x+2)=f(x+4)=\cdots$이므로

$f(x)\neq f(x+\pi)$

ㄹ. $f(x)=2\tan 2x$의 주기는 $\dfrac{\pi}{2}$

즉, $f(x)=f\left(x+\dfrac{\pi}{2}\right)=f(x+\pi)=\cdots$이므로

$f(x)=f(x+\pi)$

ㅁ. $f(x)=\sin 2(\pi-x)$의 주기는 $\dfrac{2\pi}{|-2|}=\pi$

$\therefore f(x)=f(x+\pi)$

따라서 모든 실수 x에 대하여 $f(x+\pi)=f(x)$를 만족시키는 것은 ㄴ, ㄹ, ㅁ이다.

3 1570 답 ②   유형 4

출제의도 | 삼각함수의 그래프의 평행이동에 대해 이해하는지 확인한다.

$y=f(x)$의 그래프를 x축의 방향으로 m만큼, y축의 방향으로 n만큼 평행이동한 그래프의 식은 $y=f(x-m)+n$임을 이용해 보자.

ㄱ. $y=\sin(3x-\pi)=\sin 3\left(x-\dfrac{\pi}{3}\right)$의 그래프는 $y=\sin 3x$의 그래프를 x축의 방향으로 $\dfrac{\pi}{3}$만큼 평행이동한 것과 같다.

ㄴ. $y=2\sin(3x+\pi)-2=2\sin 3\left(x+\dfrac{\pi}{3}\right)-2$의 그래프는 $y=2\sin 3x$의 그래프를 x축의 방향으로 $-\dfrac{\pi}{3}$만큼, y축의 방향으로 -2만큼 평행이동한 것과 같다.

ㄷ. $y=2\sin x-1$의 그래프는 $y=2\sin x$의 그래프를 y축의 방향으로 -1만큼 평행이동한 것과 같다.

ㄹ. $y=\sin(3x-2)+1=\sin 3\left(x-\dfrac{2}{3}\right)+1$의 그래프는 $y=\sin 3x$의 그래프를 x축의 방향으로 $\dfrac{2}{3}$만큼, y축의 방향으로 1만큼 평행이동한 것과 같다.

따라서 $y=2\sin 3x$의 그래프를 평행이동하여 겹쳐질 수 있는 그래프의 식은 ㄴ이다.

4 1571 답 ④   유형 6

출제의도 | 평행이동한 삼각함수의 그래프의 여러 가지 성질을 이해하는지 확인한다.

$y=\tan x$의 그래프를 x축의 방향으로 m만큼, y축의 방향으로 n만큼 평행이동한 그래프의 식은 $y=\tan(x-m)+n$임을 이용해 보자.

① 주기는 π이다. (거짓)

② 주어진 함수의 식에 $x=\pi$를 대입하면

$$y=\tan\left(\pi-\frac{\pi}{3}\right)=-\tan\frac{\pi}{3}=-\sqrt{3}$$

이므로 그래프는 점 $(\pi,\ -\sqrt{3})$을 지난다. (거짓)

③ 최댓값과 최솟값은 없다. (거짓)

④ 그래프는 함수 $y=\tan x$의 그래프를 x축의 방향으로 $\frac{\pi}{3}$만큼 평행이동한 것이다. (참)

⑤ 그래프의 점근선의 방정식은 $x-\frac{\pi}{3}=n\pi+\frac{\pi}{2}$ (n은 정수)에서

$x=n\pi+\frac{5}{6}\pi$ (n은 정수)이다. (거짓)

따라서 옳은 것은 ④이다.

5 1572 답 ③ 유형 9

출제의도 | 주어진 조건을 이용하여 절댓값 기호를 포함한 삼각함수의 미정계수를 구할 수 있는지 확인한다.

$y=a|\cos bx|+c$의 최댓값은 $|a|+c$, 최솟값은 $-|a|+c$, 주기는 $\frac{\pi}{|b|}$임을 이용해 보자.

$f(x)=a|\cos bx|+c$의 주기가 $\frac{\pi}{3}$이고 $b<0$이므로

$-\dfrac{\pi}{b}=\dfrac{\pi}{3}$ $\longrightarrow$ $y=|\cos bx|$의 주기: $\dfrac{\pi}{|b|}$

$\therefore b=-3$

따라서 $f(x)=a|\cos(-3x)|+c$의 최댓값이 6이고 $a>0$이므로

$a+c=6$ ······· ㉠

$f\left(\dfrac{\pi}{6}\right)=5$이므로 $a\left|\cos\left(-3\times\dfrac{\pi}{6}\right)\right|+c=5$

$a\left|\cos\left(-\dfrac{\pi}{2}\right)\right|+c=5$, $a\left|\cos\dfrac{\pi}{2}\right|+c=5$

$\therefore c=5$

$c=5$를 ㉠에 대입하면 $a=1$

$\therefore 2a-b+c=2\times1-(-3)+5$
$=10$

6 1573 답 ③ 유형 10

출제의도 | 삼각함수의 그래프와 직선으로 둘러싸인 부분의 넓이를 구할 수 있는지 확인한다.

삼각함수의 그래프의 대칭성을 이용하여 넓이가 같은 부분을 찾아보자.

그림에서 빗금 친 부분의 넓이가 모두 같으므로 $y=4\cos\dfrac{\pi}{2}x$ $(-2\le x\le2)$의 그래프와 직선 $y=-4$로 둘러싸인 부분의 넓이는 가로의 길이가 4, 세로의 길이가 4인 직사각형의 넓이와 같다.
따라서 구하는 넓이는 $4\times4=16$

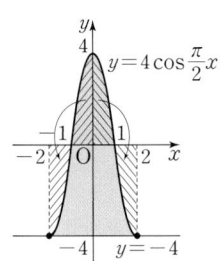

7 1574 답 ② 유형 11

출제의도 | 일반각에 대한 삼각함수의 성질을 이해하는지 확인한다.

주어진 각을 $\dfrac{\pi}{2}\times n\pm\theta$ (n은 정수) 꼴로 나타냈을 때, n이 짝수이면 삼각함수를 그대로 유지하고, n이 홀수이면 $\sin$과 $\cos$을 서로 바꾸고 $\tan$는 $\dfrac{1}{\tan}$로 바꾸어 정리해 보자.

$\sin\dfrac{7}{6}\pi=\sin\left(\pi+\dfrac{\pi}{6}\right)=-\sin\dfrac{\pi}{6}=-\dfrac{1}{2}$

$\cos\left(-\dfrac{8}{3}\pi\right)=\cos\dfrac{8}{3}\pi=\cos\left(3\pi-\dfrac{\pi}{3}\right)=-\cos\dfrac{\pi}{3}=-\dfrac{1}{2}$

$\cos\dfrac{11}{6}\pi=\cos\left(2\pi-\dfrac{\pi}{6}\right)=\cos\dfrac{\pi}{6}=\dfrac{\sqrt{3}}{2}$

$\tan\dfrac{5}{4}\pi=\tan\left(\pi+\dfrac{\pi}{4}\right)=\tan\dfrac{\pi}{4}=1$

$\therefore \sin\dfrac{7}{6}\pi+\cos\left(-\dfrac{8}{3}\pi\right)-\cos\dfrac{11}{6}\pi+\tan\dfrac{5}{4}\pi$

$=\left(-\dfrac{1}{2}\right)+\left(-\dfrac{1}{2}\right)-\dfrac{\sqrt{3}}{2}+1$

$=-\dfrac{\sqrt{3}}{2}$

8 1575 답 ① 유형 12

출제의도 | 삼각함수의 주기성을 이용하여 삼각함수의 값을 구할 수 있는지 확인한다.

$\tan(180°-x)=-\tan x$임을 이용해 보자.

$\tan170°=\tan(180°-10°)=-\tan10°$
$\tan160°=\tan(180°-20°)=-\tan20°$
$\tan140°=\tan(180°-40°)=-\tan40°$
$\tan120°=\tan(180°-60°)=-\tan60°$
$\tan100°=\tan(180°-80°)=-\tan80°$

$\therefore A+B$
$=(\tan10°+\tan170°)+(\tan20°+\tan160°)$
$\qquad+(\tan40°+\tan140°)+(\tan60°+\tan120°)$
$\qquad\qquad+(\tan80°+\tan100°)$
$=(\tan10°-\tan10°)+(\tan20°-\tan20°)$
$\qquad+(\tan40°-\tan40°)+(\tan60°-\tan60°)$
$\qquad\qquad+(\tan80°-\tan80°)$
$=0$

9 1576 답 ② 유형 15

출제의도 | 절댓값 기호가 포함된 삼각함수의 최댓값과 최솟값을 이용하여 미정계수를 구할 수 있는지 확인한다.

$-1\le\sin x\le1$임을 이용하여 절댓값 기호를 없애 보자.

$-1\le\sin x\le1$에서 $-2\le\sin x-1\le0$

$\therefore y=a|\sin x-1|+b$
$=-a(\sin x-1)+b$
$=-a\sin x+a+b$

$a>0$이므로 최댓값은 $a+a+b=2a+b$,

최솟값은 $-a+a+b=b$

따라서 $2a+b=6$, $b=-2$이므로

$a=4$, $b=-2$

$\therefore a+b=2$

다른 풀이

$y=a|\sin x-1|+b$에서

$\sin x=t$ $(-1\le t\le1)$로 놓으면

$y=a|t-1|+b$

$a>0$이므로 $y=a|t-1|+b$의 그래프

는 그림과 같다.

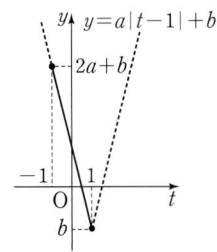

$t=-1$일 때 최댓값은 $2a+b$,

$t=1$일 때 최솟값은 b

따라서 $2a+b=6$, $b=-2$이므로 $a=4$, $b=-2$

$\therefore a+b=2$

---

10 1577 답 ① 유형 20

출제의도 | 삼각형과 삼각함수를 포함한 방정식에서 삼각함수의 값을 구할 수 있는지 확인한다.

$\sin^2 A+\cos^2 A=1$, $A+B+C=\pi$임을 이용해 보자.

$4\sin^2 A+4\sqrt{2}\cos A-6=0$에서

$4(1-\cos^2 A)+4\sqrt{2}\cos A-6=0$

$4\cos^2 A-4\sqrt{2}\cos A+2=0$

$(2\cos A-\sqrt{2})^2=0$ $\therefore \cos A=\dfrac{\sqrt{2}}{2}$

삼각형 ABC는 예각삼각형이므로 $0<A<\dfrac{\pi}{2}$에서

└→ 세 각의 크기가 모두 예각이다.

$A=\dfrac{\pi}{4}$

$\therefore \tan(B+C)=\tan(\underbrace{\pi-A})=\tan\left(\pi-\dfrac{\pi}{4}\right)$

$\qquad\qquad\qquad\qquad$└→ $A+B+C=\pi$이므로

$\qquad\qquad =-\tan\dfrac{\pi}{4}=-1$ $B+C=\pi-A$

---

11 1578 답 ③ 유형 7

출제의도 | 식이 주어진 경우 조건을 이용하여 삼각함수의 미정계수를 구할 수 있는지 확인한다.

주어진 함수의 주기, 그래프의 점근선 등을 이용하여 삼각함수의 미정계수를 구해 보자.

$y=\tan(ax+b)$의 주기가 2이고 $a>0$이므로

$\dfrac{\pi}{a}=2$ $\therefore a=\dfrac{\pi}{2}$

따라서 $y=\tan\left(\dfrac{\pi}{2}x+b\right)$의 그래프의 점근선의 방정식은

$\dfrac{\pi}{2}x+b=k\pi+\dfrac{\pi}{2}$ (k는 정수)에서

$x=2k+1-\dfrac{2b}{\pi}$

이 방정식이 $x=2n$과 일치하므로

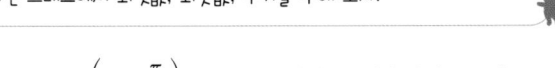

$1-\dfrac{2b}{\pi}=2l$ (l은 정수) $\therefore b=\dfrac{(1-2l)\pi}{2}$ ·········· ㉠

$0<b<\pi$에서 $0<\dfrac{(1-2l)\pi}{2}<\pi$이므로

$-\dfrac{1}{2}<l<\dfrac{1}{2}$

l은 정수이므로 $l=0$

이 값을 ㉠에 대입하면 $b=\dfrac{\pi}{2}$

$\therefore a+b=\dfrac{\pi}{2}+\dfrac{\pi}{2}=\pi$

---

12 1579 답 ② 유형 8

출제의도 | 주어진 그래프를 이용하여 삼각함수의 미정계수를 구할 수 있는지 확인한다.

주어진 그래프에서 최댓값, 최솟값, 주기를 구해 보자.

$f(x)=a\sin b\left(x-\dfrac{\pi}{12}\right)+c$의 최댓값이 5, 최솟값이 -1이고,

$a>0$이므로

$a+c=5$, $-a+c=-1$

두 식을 연립하여 풀면 $a=3$, $c=2$

주기가 $\dfrac{4}{3}\pi-\dfrac{\pi}{3}=\pi$이고 $b>0$이므로

$\dfrac{2\pi}{b}=\pi$ $\therefore b=2$

따라서 $f(x)=3\sin 2\left(x-\dfrac{\pi}{12}\right)+2$이므로

$f\left(\dfrac{\pi}{6}\right)=3\sin 2\left(\dfrac{\pi}{6}-\dfrac{\pi}{12}\right)+2$

$\qquad =3\sin\dfrac{\pi}{6}+2$

$\qquad =3\times\dfrac{1}{2}+2=\dfrac{7}{2}$

---

13 1580 답 ③ 유형 14

출제의도 | 삼각함수의 성질을 도형에 활용할 수 있는지 확인한다.

원에 내접하는 사각형의 대각의 크기의 합은 π임을 이용해 보자.

사각형 ABCD가 원에 내접하므로

$A+C=\pi$, $B+D=\pi$

$\therefore \cos C=\cos(\pi-A)=-\cos A$

$\quad \cos D=\cos(\pi-B)=-\cos B$

$\therefore \cos A+\cos B+\cos C+\cos D$

$\quad =\cos A+\cos B-\cos A-\cos B$

$\quad =0$

---

14 1581 답 ④ 유형 17

출제의도 | 분수식 꼴의 삼각함수의 최댓값과 최솟값을 구할 수 있는지 확인한다.

$\cos x=t$라 하면 $-1\le t\le1$임을 이용해 보자.

$y=\dfrac{\cos x}{-\cos x+2}$에서 $\cos x=t$로 놓으면 $-1\le t\le 1$이고

$y=\dfrac{t}{-t+2}$

$\quad=-\dfrac{t-2+2}{t-2}$

$\quad=-\dfrac{2}{t-2}-1$

$y=-\dfrac{2}{t-2}-1$의 그래프는 그림과 같 으므로

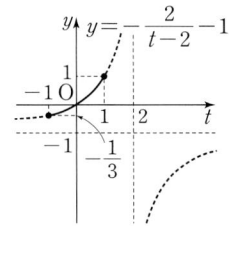

→ 점근선의 방정식은 $t=2,\ y=-1$이다.

$t=1$일 때 최댓값은 1이고

$t=-1$일 때 최솟값은 $-\dfrac{1}{3}$이다.

따라서 $M=1,\ m=-\dfrac{1}{3}$이므로

$M+m=1-\dfrac{1}{3}=\dfrac{2}{3}$

---

15 1582 답 ③ 유형 19

출제의도 | 이차식 꼴의 삼각방정식의 해를 구할 수 있는지 확인한다.

$\cos\left(\dfrac{3}{2}\pi+x\right)=\sin x$임을 이용해 식을 정리해 보자.

$2\sin x\cos\left(\dfrac{3}{2}\pi+x\right)-3\sin x+1=0$에서

$2\sin^2 x-3\sin x+1=0$

$(2\sin x-1)(\sin x-1)=0$

$\therefore \sin x=\dfrac{1}{2}$ 또는 $\sin x=1$

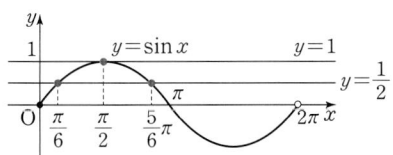

$0\le x<2\pi$이므로

(i) $\sin x=\dfrac{1}{2}$일 때, $x=\dfrac{\pi}{6}$ 또는 $x=\dfrac{5}{6}\pi$

(ii) $\sin x=1$일 때, $x=\dfrac{\pi}{2}$

(i), (ii)에서 구하는 모든 실근의 합은

$\dfrac{\pi}{6}+\dfrac{5}{6}\pi+\dfrac{\pi}{2}=\dfrac{3}{2}\pi$

---

16 1583 답 ② 유형 25

출제의도 | 이차식 꼴의 삼각부등식의 해를 구할 수 있는지 확인한다.

$\sin^2 x+\cos^2 x=1$임을 이용해 보자.

$\sin^2 x-5\sin x\le\cos^2 x-3$에서

$\sin^2 x-5\sin x\le 1-\sin^2 x-3$

$2\sin^2 x-5\sin x+2\le 0$

$(2\sin x-1)(\sin x-2)\le 0$

$\sin x-2<0$이므로

$2\sin x-1\ge 0$

$\therefore \sin x\ge\dfrac{1}{2}$

$0\le x<2\pi$이므로 그림에서 x의 값의 범위는 $\dfrac{\pi}{6}\le x\le\dfrac{5}{6}\pi$

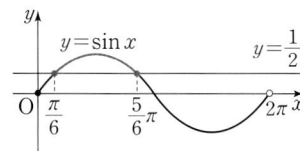

따라서 $a=\dfrac{\pi}{6},\ b=\dfrac{5}{6}\pi$이므로

$a+b=\dfrac{\pi}{6}+\dfrac{5}{6}\pi=\pi$

---

17 1584 답 ⑤ 유형 9

출제의도 | 절댓값 기호가 포함된 삼각함수의 그래프에 대해 이해하는지 확인한다.

함수 $y=|f(x)|$의 그래프는 $y=f(x)$의 그래프의 $y<0$인 부분을 x축에 대하여 대칭이동한 그래프임을 이용하여 해결해 보자.

ㄱ. $f(x)=2\left|\tan\pi\left(x+\dfrac{1}{2}\right)\right|$의 주기는 $\dfrac{\pi}{\pi}=1$이므로

$\quad f(x)=f(x+1)=f(x+2)=f(x+3)=\cdots$

$\quad\therefore f(x)\ne f(x+\pi)$ (거짓)

ㄴ. $f(x)=2\left|\tan\left(\dfrac{\pi}{2}+\pi x\right)\right|=2\left|-\dfrac{1}{\tan\pi x}\right|=2\left|\dfrac{1}{\tan\pi x}\right|$이므로

$\quad f(-x)=2\left|\dfrac{1}{\tan\pi(-x)}\right|$

$\quad\quad\quad=2\left|-\dfrac{1}{\tan\pi x}\right|$

$\quad\quad\quad=2\left|\dfrac{1}{\tan\pi x}\right|=f(x)$

즉, $y=f(x)$의 그래프는 y축에 대하여 대칭이다. (참)

ㄷ. $y=2|\tan\pi x|$의 그래프 는 그림과 같으므로 점근선 의 방정식은

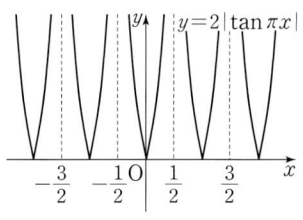

$x=n+\dfrac{1}{2}$ (n은 정수)

$f(x)=2\left|\tan\pi\left(x+\dfrac{1}{2}\right)\right|$

의 그래프는 $y=2|\tan\pi x|$의 그래프를 x축의 방향으로 $-\dfrac{1}{2}$

만큼 평행이동한 것과 같으므로 $y=f(x)$의 그래프의 점근선의

방정식은 $x=n+\dfrac{1}{2}-\dfrac{1}{2}=n$ (참)

따라서 옳은 것은 ㄴ, ㄷ이다.

---

18 1585 답 ③ 유형 12

출제의도 | 삼각함수의 성질을 이용하여 식의 값을 구할 수 있는지 확인한다.

$\cos(\pi+x)=-\cos x$임을 이용해 보자.

$4\theta=\pi$이므로

$\cos\theta+\cos 2\theta+\cos 3\theta+\cos 4\theta+\cos 5\theta+\cos 6\theta$
$$\qquad\qquad\qquad\qquad +\cos 7\theta+\cos 8\theta$$
$=\cos\theta+\cos 2\theta+\cos 3\theta+\cos 4\theta+\cos(4\theta+\theta)$
$$\qquad\qquad +\cos(4\theta+2\theta)+\cos(4\theta+3\theta)+\cos(4\theta+4\theta)$$
$=\cos\theta+\cos 2\theta+\cos 3\theta+\cos 4\theta+\cos(\pi+\theta)$
$$\qquad\qquad +\cos(\pi+2\theta)+\cos(\pi+3\theta)+\cos(\pi+4\theta)$$
$=\cos\theta+\cos 2\theta+\cos 3\theta+\cos 4\theta$
$$\qquad\qquad -\cos\theta-\cos 2\theta-\cos 3\theta-\cos 4\theta$$
$=0$

19 1586 답 ⑤ 유형 13

출제의도 | 삼각함수의 성질을 활용할 수 있는지 확인한다.

> 선분의 길이를 삼각함수로 나타낸 후, $\sin\left(\dfrac{\pi}{2}-\theta\right)=\cos\theta$임을 이용하여 삼각함수의 식을 변형해 보자.

$\mathrm{P_1}\left(\dfrac{\pi}{12},\ 0\right)$, $\mathrm{P_2}\left(\dfrac{2}{12}\pi,\ 0\right)$, $\mathrm{P_3}\left(\dfrac{3}{12}\pi,\ 0\right)$, $\mathrm{P_4}\left(\dfrac{4}{12}\pi,\ 0\right)$,

$\mathrm{P_5}\left(\dfrac{5}{12}\pi,\ 0\right)$이므로

$\overline{\mathrm{P_1Q_1}}=\sqrt{3}\sin\dfrac{\pi}{12}$, $\overline{\mathrm{P_2Q_2}}=\sqrt{3}\sin\dfrac{2}{12}\pi$, $\overline{\mathrm{P_3Q_3}}=\sqrt{3}\sin\dfrac{3}{12}\pi$,

$\overline{\mathrm{P_4Q_4}}=\sqrt{3}\sin\dfrac{4}{12}\pi$, $\overline{\mathrm{P_5Q_5}}=\sqrt{3}\sin\dfrac{5}{12}\pi$

$\sin\dfrac{4}{12}\pi=\sin\left(\dfrac{\pi}{2}-\dfrac{2}{12}\pi\right)=\cos\dfrac{2}{12}\pi$,

$\sin\dfrac{5}{12}\pi=\sin\left(\dfrac{\pi}{2}-\dfrac{\pi}{12}\right)=\cos\dfrac{\pi}{12}$이므로

$\overline{\mathrm{P_1Q_1}}^2+\overline{\mathrm{P_2Q_2}}^2+\overline{\mathrm{P_3Q_3}}^2+\overline{\mathrm{P_4Q_4}}^2+\overline{\mathrm{P_5Q_5}}^2$

$=3\sin^2\dfrac{\pi}{12}+3\sin^2\dfrac{2}{12}\pi+3\sin^2\dfrac{3}{12}\pi$
$$\qquad\qquad +3\sin^2\dfrac{4}{12}\pi+3\sin^2\dfrac{5}{12}\pi$$

$=\left(3\sin^2\dfrac{\pi}{12}+3\sin^2\dfrac{5}{12}\pi\right)+\left(3\sin^2\dfrac{2}{12}\pi+3\sin^2\dfrac{4}{12}\pi\right)$
$$\qquad\qquad\qquad +3\sin^2\dfrac{3}{12}\pi$$

$=\left(3\sin^2\dfrac{\pi}{12}+3\cos^2\dfrac{\pi}{12}\right)+\left(3\sin^2\dfrac{2}{12}\pi+3\cos^2\dfrac{2}{12}\pi\right)$
$$\qquad\qquad\qquad +3\sin^2\dfrac{\pi}{4}$$

$=3+3+3\times\left(\dfrac{\sqrt{2}}{2}\right)^2=\dfrac{15}{2}$

20 1587 답 ② 유형 14

출제의도 | 일반각에 대한 삼각함수의 성질을 이용하여 주어진 식을 간단히 하여 호의 길이를 구할 수 있는지 확인한다.

> 동경 $\mathrm{OP_1}$과 동경 $\mathrm{OP_2}$, $\mathrm{OP_3}$, $\mathrm{OP_4}$의 위치 관계를 이용하여 θ_2, θ_3, θ_4를 θ_1에 대한 식으로 나타내 보자.

두 점 $\mathrm{P_1}$, $\mathrm{P_2}$가 y축에 대하여 대칭이므로

$\theta_2=\pi-\theta_1$

두 점 $\mathrm{P_1}$, $\mathrm{P_3}$이 원점에 대하여 대칭이므로

$\theta_3=\pi+\theta_1$

두 점 $\mathrm{P_1}$, $\mathrm{P_4}$가 x축에 대하여 대칭이므로

$\theta_4=2\pi-\theta_1$

$\therefore\ \sin\theta_2=\sin(\pi-\theta_1)=\sin\theta_1$

$\quad\sin\theta_3=\sin(\pi+\theta_1)=-\sin\theta_1$

$\quad\sin\theta_4=\sin(2\pi-\theta_1)=-\sin\theta_1$

$\therefore\ 9\sin\theta_1-23\sin\theta_2+13\sin\theta_3-37\sin\theta_4$

$\quad=9\sin\theta_1-23\sin\theta_1-13\sin\theta_1+37\sin\theta_1$

$\quad=10\sin\theta_1=9$

$\sin\theta=\dfrac{9}{10}$이므로 $\theta=1.12$

호 $\mathrm{P_3P_4}$에 대한 중심각의 크기는

$\theta_4-\theta_3=(2\pi-\theta_1)-(\pi+\theta_1)=\pi-2\theta_1$

$\qquad\qquad =3.14-2\times1.12=0.9$

따라서 호 $\mathrm{P_3P_4}$의 길이는 $1\times0.9=0.9$

21 1588 답 ③ 유형 23

출제의도 | 그래프를 이용하여 삼각방정식이 근을 가질 조건을 구할 수 있는지 확인한다.

> 방정식 $f(x)=k$의 서로 다른 실근의 개수는 $y=f(x)$의 그래프와 직선 $y=k$의 교점의 개수와 같음을 이용해 보자.

방정식 $\left|\cos x+\dfrac{1}{3}\right|=k$가 서로 다른 세 개의 실근을 가지려면

함수 $y=\left|\cos x+\dfrac{1}{3}\right|$의 그래프와 직선 $y=k$가 세 점에서 만나야

한다. $-\dfrac{2}{3}\leq\cos x+\dfrac{1}{3}\leq\dfrac{4}{3}$

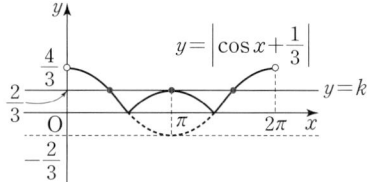

$0<x<2\pi$이므로 그림에서 $y=\left|\cos x+\dfrac{1}{3}\right|$의 그래프와 직선

$y=k$의 교점의 개수가 3이려면 $k=\dfrac{2}{3}$

$\therefore\ 12k=12\times\dfrac{2}{3}=8$

22 1589 답 $\dfrac{1}{4}$ 유형 16

출제의도 | 이차식 꼴의 삼각함수의 최댓값과 최솟값을 구할 수 있는지 확인한다.

STEP 1 **주어진 함수를 $\cos x$에 대한 함수로 나타내기 [2점]**

$\cos\left(x-\dfrac{\pi}{2}\right)=\cos\left(\dfrac{\pi}{2}-x\right)=\sin x$이므로

$y=\cos^2\left(x-\dfrac{\pi}{2}\right)-\cos x$

$\quad=\sin^2 x-\cos x$

$\quad=(1-\cos^2 x)-\cos x$

$\quad=-\cos^2 x-\cos x+1$

STEP 2 $\cos x = t$로 치환하고 t에 대한 함수의 그래프 그리기 [2점]

$\cos x = t$로 놓으면 $-\pi \le x \le \pi$에서 $-1 \le t \le 1$이고

$y = -t^2 - t + 1 = -\left(t + \dfrac{1}{2}\right)^2 + \dfrac{5}{4}$이

므로 $y = -t^2 - t + 1$의 그래프는 그림과 같다.

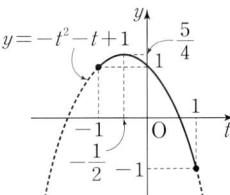

STEP 3 최댓값과 최솟값의 합 구하기 [2점]

$t = -\dfrac{1}{2}$일 때 최댓값은 $\dfrac{5}{4}$이고,

$t = 1$일 때 최솟값은 -1이다.

따라서 최댓값과 최솟값의 합은

$\dfrac{5}{4} - 1 = \dfrac{1}{4}$

---

23 1590 〔답〕 $0 < \theta < \dfrac{\pi}{6}$ 또는 $\dfrac{5}{6}\pi < \theta < \pi$ 〔유형 26〕

출제의도 | 삼각함수를 포함한 이차부등식 문제를 해결할 수 있는지 확인한다.

STEP 1 $\cos\left(\dfrac{\pi}{2} - \theta\right) = \sin\theta$임을 이용하여 주어진 부등식 정리하기 [1점]

$x^2 - 2x\cos\left(\dfrac{\pi}{2} - \theta\right) + \dfrac{1}{2}\cos\left(\dfrac{\pi}{2} - \theta\right) > 0$에서

$x^2 - 2x\sin\theta + \dfrac{1}{2}\sin\theta > 0$

STEP 2 이차방정식의 판별식을 이용하여 $\sin\theta$의 값의 범위 구하기 [3점]

모든 실수 x에 대하여 주어진 부등식이 성립하므로

이차방정식 $x^2 - 2x\sin\theta + \dfrac{1}{2}\sin\theta = 0$의 판별식을 D라 하면

$\dfrac{D}{4} = \sin^2\theta - \dfrac{1}{2}\sin\theta < 0$

$\sin\theta\left(\sin\theta - \dfrac{1}{2}\right) < 0$

$\therefore 0 < \sin\theta < \dfrac{1}{2}$

STEP 3 θ의 값의 범위 구하기 [2점]

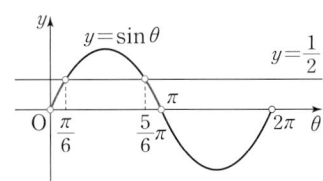

$0 < \theta < 2\pi$이므로 그림에서 θ의 값의 범위는

$0 < \theta < \dfrac{\pi}{6}$ 또는 $\dfrac{5}{6}\pi < \theta < \pi$

---

24 1591 〔답〕 $-\dfrac{1}{2}$ 〔유형 21〕

출제의도 | 삼각함수의 그래프의 대칭성을 이용하여 삼각함수의 값을 구할 수 있는지 확인한다.

STEP 1 $y = \sin 3x$의 주기 구하기 [1점]

$y = \sin 3x$의 주기는 $\dfrac{2}{3}\pi$

STEP 2 $\alpha + \beta$의 값 구하기 [2점]

두 점 $(\alpha,\ 0),\ (\beta,\ 0)$은 직선 $x = \dfrac{\pi}{6}$에 대하여 대칭이므로

$\dfrac{\alpha + \beta}{2} = \dfrac{\pi}{6}$ $\therefore \alpha + \beta = \dfrac{\pi}{3}$

STEP 3 $\gamma + \delta$의 값 구하기 [2점]

두 점 $(\gamma,\ 0),\ (\delta,\ 0)$은 직선 $x = \dfrac{\pi}{2}$에 대하여 대칭이므로

$\dfrac{\gamma + \delta}{2} = \dfrac{\pi}{2}$ $\therefore \gamma + \delta = \pi$

STEP 4 $\cos(\alpha + \beta + \gamma + \delta)$의 값 구하기 [2점]

$\cos(\alpha + \beta + \gamma + \delta) = \cos\left(\dfrac{\pi}{3} + \pi\right)$

$= -\cos\dfrac{\pi}{3} = -\dfrac{1}{2}$

---

25 1592 〔답〕 $\dfrac{2}{3}\pi$ 〔유형 24〕

출제의도 | 일차식 꼴의 삼각부등식의 해를 구할 수 있는지 확인한다.

STEP 1 점 P의 좌표를 삼각함수로 나타내기 [1점]

동경 OP가 나타내는 각의 크기를 θ라 하면 $P(\cos\theta,\ \sin\theta)$

STEP 2 삼각형 APB의 넓이를 이용하여 $\cos\theta$의 값의 범위 구하기 [3점]

$S = \dfrac{1}{2} \times \overline{AB} \times |\cos\theta| = \dfrac{1}{2} \times (1 + \sqrt{3}) \times |\cos\theta|$

$= \dfrac{1 + \sqrt{3}}{2}|\cos\theta|$

$S \ge \dfrac{3 + \sqrt{3}}{4}$이므로

$\dfrac{1 + \sqrt{3}}{2}|\cos\theta| \ge \dfrac{3 + \sqrt{3}}{4} = \dfrac{\sqrt{3}(\sqrt{3} + 1)}{4}$

$|\cos\theta| \ge \dfrac{\sqrt{3}}{2}$

$\therefore \cos\theta \le -\dfrac{\sqrt{3}}{2}$ 또는 $\cos\theta \ge \dfrac{\sqrt{3}}{2}$

STEP 3 θ의 값의 범위 구하기 [2점]

$0 \le \theta \le 2\pi$이므로 그림에서 θ의 값의 범위는

$0 \le \theta \le \dfrac{\pi}{6}$ 또는 $\dfrac{5}{6}\pi \le \theta \le \dfrac{7}{6}\pi$ 또는 $\dfrac{11}{6}\pi \le \theta \le 2\pi$

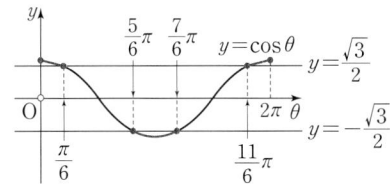

STEP 4 점 P가 나타내는 도형의 길이 구하기 [3점]

조건을 만족시키는 점 P가 나타내는 도형은 그림의 색칠한 호와 같으므로 점 P가 나타내는 도형의 길이는 반지름의 길이가 1이고 중심각의 크기가 $\dfrac{\pi}{6} + \dfrac{\pi}{3} + \dfrac{\pi}{6} = \dfrac{2}{3}\pi$인 부채꼴의 호의 길이와 같다.

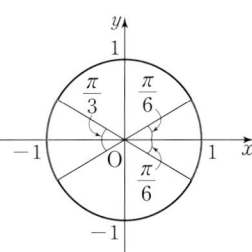

따라서 구하는 도형의 길이는 $1 \times \dfrac{2}{3}\pi = \dfrac{2}{3}\pi$

07 삼각함수의 활용

1593 답 (1) $5\sqrt{2}$ (2) $45°$

(1) $C=180°-(A+B)=180°-(30°+105°)=45°$

사인법칙에 의하여 $\dfrac{5}{\sin 30°}=\dfrac{c}{\sin 45°}$이므로

$c\sin 30°=5\sin 45°$

$\therefore c=5\times\dfrac{\sqrt{2}}{2}\times 2=5\sqrt{2}$

(2) 사인법칙에 의하여 $\dfrac{\sqrt{6}}{\sin 120°}=\dfrac{2}{\sin B}$이므로

$=\sin(180°-60°)$
$=\sin 60°=\dfrac{\sqrt{3}}{2}$

$\sqrt{6}\sin B=2\underline{\sin 120°}$ $\therefore \sin B=2\times\dfrac{\sqrt{3}}{2}\times\dfrac{1}{\sqrt{6}}=\dfrac{\sqrt{2}}{2}$

$0°<B<180°$이므로 $B=45°$ 또는 $B=135°$

그런데 $A+B<180°$이므로 $B=45°$

1594 답 3

$A=180°-(115°+35°)=30°$

사인법칙에 의하여 $\dfrac{3}{\sin 30°}=2R$

$\therefore R=\dfrac{3}{\dfrac{1}{2}}\times\dfrac{1}{2}=3$

1595 답 $\sqrt{7}$

코사인법칙에 의하여

$b^2=1^2+3^2-2\times 1\times 3\times\cos 60°$
$=1+9-2\times 1\times 3\times\dfrac{1}{2}$
$=7$

$b>0$이므로 $b=\sqrt{7}$

1596 답 $\dfrac{3}{4}$

코사인법칙에 의하여

$\cos A=\dfrac{4^2+5^2-(\sqrt{11})^2}{2\times 4\times 5}=\dfrac{3}{4}$

1597 답 (1) $\dfrac{\sqrt{2}}{2}$ (2) $135°$

(1) $3\sqrt{2}=\dfrac{1}{2}\times 3\times 4\times\sin C$이므로

$\sin C=3\sqrt{2}\times 2\times\dfrac{1}{3}\times\dfrac{1}{4}=\dfrac{\sqrt{2}}{2}$

(2) $90°<C<180°$이므로 $C=135°$

1598 답 (1) $\dfrac{5}{7}$ (2) $\dfrac{2\sqrt{6}}{7}$ (3) $6\sqrt{6}$

(1) 코사인법칙에 의하여

$\cos A=\dfrac{6^2+7^2-5^2}{2\times 6\times 7}=\dfrac{5}{7}$

(2) $\sin^2 A=1-\cos^2 A=1-\left(\dfrac{5}{7}\right)^2=\dfrac{24}{49}$이므로

$\sin A=\dfrac{2\sqrt{6}}{7}$ ($\because 0°<A<180°$)

(3) 삼각형 ABC의 넓이는

$\dfrac{1}{2}\times 6\times 7\times\dfrac{2\sqrt{6}}{7}=6\sqrt{6}$

1599 답 12

평행사변형 ABCD의 넓이를 S라 하면

$S=4\times 6\times\sin 30°$
$=4\times 6\times\dfrac{1}{2}=12$

1600 답 $7\sqrt{2}$

사각형 ABCD의 넓이를 S라 하면

$S=\dfrac{1}{2}\times 4\times 7\times\sin 135°$
$=\dfrac{1}{2}\times 4\times 7\times\dfrac{\sqrt{2}}{2}=7\sqrt{2}$

1601 답 ③

$\overline{AB}=16\cos 60°=16\times\dfrac{1}{2}=8,$

$\overline{BC}=16\sin 60°=16\times\dfrac{\sqrt{3}}{2}=8\sqrt{3}$이므로

$m=8,\ n=8\sqrt{3}$ $\therefore m+n=8+8\sqrt{3}$

1602 답 6.691

$\overline{AC}=10\sin 42°$
$=10\times 0.6691$
$=6.691$

1603 답 $\sqrt{37}$

삼각형 ABH에서 $\overline{AH}=4\sin 60°=4\times\dfrac{\sqrt{3}}{2}=2\sqrt{3}$

직각삼각형 AHC에서 피타고라스 정리에 의하여

$\overline{AC}=\sqrt{(2\sqrt{3})^2+5^2}=\sqrt{12+25}=\sqrt{37}$

1604 답 ⑤

꼭짓점 A에서 $\overline{BC}$에 내린 수선의 발을 H
라 하면
삼각형 ABH에서

$\overline{AH}=2\sqrt{2}\sin 45°=2\sqrt{2}\times\dfrac{\sqrt{2}}{2}=2$

$\overline{BH}=2\sqrt{2}\cos 45°=2\sqrt{2}\times\dfrac{\sqrt{2}}{2}=2$

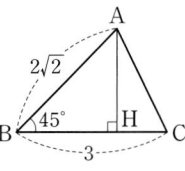

$\overline{\text{CH}} = \overline{\text{BC}} - \overline{\text{BH}} = 3 - 2 = 1$

$\therefore \overline{\text{AC}} = \sqrt{2^2 + 1^2} = \sqrt{5}$

1605 답 ①

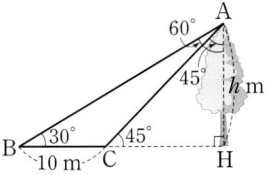

$\overline{\text{AH}} = h$ m라 하면

삼각형 ABH에서 $\overline{\text{BH}} = h \tan 60° = \sqrt{3}h$ (m)

삼각형 ACH에서 $\overline{\text{CH}} = h \tan 45° = h$ (m)

$\sqrt{3}h - h = 10$이므로 $(\sqrt{3}-1)h = 10$

$\therefore h = \dfrac{10}{\sqrt{3}-1} = 5(\sqrt{3}+1)$

따라서 $\overline{\text{AH}}$의 길이는 $5(\sqrt{3}+1)$ m이다.

1606 답 $12\sqrt{2}$

| 유형 1

그림과 같은 삼각형 ABC에서 $\overline{\text{BC}} = 12$, [단서1]

$B = 45°$, $C = 105°$일 때, $\overline{\text{AC}}$의 길이를 구하시오.

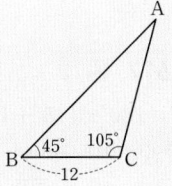

[단서1] 한 변의 길이와 양 끝 각의 크기가 주어진 경우

STEP 1 ∠A의 크기 구하기

$A = 180° - (45° + 105°) = 30°$

STEP 2 사인법칙을 이용하여 식 세우기

사인법칙에 의하여

$\dfrac{12}{\sin 30°} = \dfrac{\overline{\text{AC}}}{\sin 45°}$

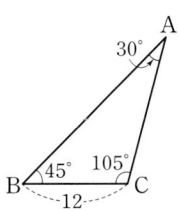

STEP 3 $\overline{\text{AC}}$의 길이 구하기

$\overline{\text{AC}} \sin 30° = 12 \sin 45°$

$\therefore \overline{\text{AC}} = 12 \times \dfrac{\sqrt{2}}{2} \times 2 = 12\sqrt{2}$

1607 답 ④

사인법칙에 의하여 $\dfrac{2\sqrt{2}}{\sin 30°} = \dfrac{\overline{\text{BC}}}{\sin 45°}$이므로

$\overline{\text{BC}} \sin 30° = 2\sqrt{2} \sin 45°$

$\therefore \overline{\text{BC}} = 2\sqrt{2} \times \dfrac{\sqrt{2}}{2} \times 2 = 4$

1608 답 ⑤

사인법칙에 의하여 $\dfrac{18}{\sin 120°} = \dfrac{b}{\sin 30°}$이므로

$b \sin 120° = 18 \sin 30°$

$\therefore b = 18 \times \dfrac{1}{2} \times \dfrac{2}{\sqrt{3}} = 6\sqrt{3}$

1609 답 ①

$B = 180° - (60° + 75°) = 45°$

사인법칙에 의하여 $\dfrac{2\sqrt{3}}{\sin 60°} = \dfrac{b}{\sin 45°}$이므로

$b \sin 60° = 2\sqrt{3} \sin 45°$

$\therefore b = 2\sqrt{3} \times \dfrac{\sqrt{2}}{2} \times \dfrac{2}{\sqrt{3}} = 2\sqrt{2}$

1610 답 ③

사인법칙에 의하여 $\dfrac{2}{\sin A} = \dfrac{3}{\sin B}$이므로

$2 \sin B = 3 \sin A$

$\therefore \sin B = 3 \times \sin A \times \dfrac{1}{2} = 3 \times \dfrac{2}{5} \times \dfrac{1}{2} = \dfrac{3}{5}$

1611 답 ③

ㄱ. 삼각형 ABC에서 $A + B + C = \pi$이므로

$c \sin(A+C) = c \sin(\pi - B) = c \sin B$

ㄴ. 사인법칙에 의하여

$\dfrac{b}{\sin B} = \dfrac{c}{\sin C}$이므로 $b \sin C = c \sin B$

$\therefore c \sin(A+C) = c \sin B = b \sin C$

ㄷ. 사인법칙에 의하여

$\dfrac{a}{\sin A} = \dfrac{b}{\sin B}$이므로 $a \sin B = b \sin A \neq b \sin C$

따라서 $c \sin(A+C)$와 항상 같은 것은 ㄱ, ㄴ이다.

1612 답 ①

$\sin(A+C) = \sin(\pi - B) = \sin B$이므로

$\dfrac{b \sin A}{a \sin(A+C)} = \dfrac{b \sin A}{a \sin B} = \dfrac{b}{\sin B} \times \dfrac{\sin A}{a}$

사인법칙에 의하여 $\dfrac{b}{\sin B} = \dfrac{a}{\sin A}$이므로

$\dfrac{b \sin A}{a \sin(A+C)} = \dfrac{b}{\sin B} \times \dfrac{\sin A}{a}$

$= \dfrac{a}{\sin A} \times \dfrac{\sin A}{a} = 1$

1613 답 $\dfrac{3}{4}$

$\angle \text{AMB} = \theta$라 하면 $\angle \text{AMC} = \pi - \theta$

삼각형 ABM에서 사인법칙에 의하여

$\dfrac{\overline{\text{BM}}}{\sin \alpha} = \dfrac{12}{\sin \theta}$

$\therefore \overline{\text{BM}} = 12 \times \dfrac{\sin \alpha}{\sin \theta}$

또, 삼각형 AMC에서 사인법칙에 의하여

$\dfrac{\overline{\text{MC}}}{\sin \beta} = \dfrac{9}{\underbrace{\sin(\pi - \theta)}_{\sin \theta}}$

$\therefore \overline{\text{MC}} = 9 \times \dfrac{\sin \beta}{\sin \theta}$

$\overline{\text{BM}} = \overline{\text{MC}}$이므로 $12 \times \dfrac{\sin \alpha}{\sin \theta} = 9 \times \dfrac{\sin \beta}{\sin \theta}$

$\therefore \dfrac{\sin \alpha}{\sin \beta} = \dfrac{3}{4}$

07

1614 답 ②

$\overline{AB}=\overline{AC}=a$라 하고,
$\angle ADB=\theta$라 하면 $\angle ADC=\pi-\theta$
삼각형 ABD에서 사인법칙에 의하여

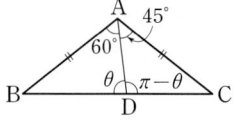

$\dfrac{a}{\sin\theta}=\dfrac{\overline{BD}}{\sin 60^\circ}$이므로 $\overline{BD}=\dfrac{\sqrt{3}a}{2\sin\theta}$

또, 삼각형 ADC에서 사인법칙에 의하여

$\dfrac{a}{\sin(\pi-\theta)}=\dfrac{\overline{CD}}{\sin 45^\circ}$이므로 $\overline{CD}=\dfrac{\sqrt{2}a}{2\sin\theta}$

$\therefore\ \overline{BD}:\overline{CD}=\dfrac{\sqrt{3}a}{2\sin\theta}:\dfrac{\sqrt{2}a}{2\sin\theta}$
$\qquad\qquad\qquad=\sqrt{3}:\sqrt{2}$

1615 답 ④

그림과 같이 꼭짓점 A에서 $\overline{BC}$에 내린 수
선의 발을 H라 하면 삼각형 ABH에서

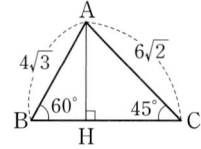

$\overline{BH}=\overline{AB}\cos 60^\circ=4\sqrt{3}\times\dfrac{1}{2}=2\sqrt{3}$

삼각형 AHC에서

$\overline{CH}=\overline{AC}\cos 45^\circ=6\sqrt{2}\times\dfrac{\sqrt{2}}{2}=6$

$\therefore\ \overline{BC}=\overline{BH}+\overline{CH}=2\sqrt{3}+6$

$\angle BAC=180^\circ-(60^\circ+45^\circ)=75^\circ$이므로 삼각형 ABC에서 사인
법칙에 의하여

$\dfrac{2\sqrt{3}+6}{\sin 75^\circ}=\dfrac{6\sqrt{2}}{\sin 60^\circ}$

$6\sqrt{2}\sin 75^\circ=(2\sqrt{3}+6)\sin 60^\circ$

$\therefore\ \sin 75^\circ=\dfrac{1}{6\sqrt{2}}\times(2\sqrt{3}+6)\times\dfrac{\sqrt{3}}{2}$

$\qquad\qquad\ =\dfrac{\sqrt{2}+\sqrt{6}}{4}$

참고 두 변의 길이와 그 끼인각의 크기가 주어질 때, 특수각의 삼각비를 이
용할 수 있도록 한 꼭짓점에서 수선을 그어 두 개의 직각삼각형을 만
든 후 나머지 변의 길이를 구한다.

1616 답 $\dfrac{3}{2}$

$\angle EAC=\theta$라 하면
$\angle BCD=90^\circ-\angle ACE=\angle EAC=\theta$
삼각형 EAC에서 $\overline{EC}=\sqrt{3}\sin\theta$이므로
$\overline{BD}=\overline{EC}=\sqrt{3}\sin\theta$
삼각형 BCD에서 사인법칙에 의하여

$\dfrac{\overline{BC}}{\sin(\angle BDC)}=\dfrac{\overline{BD}}{\sin(\angle BCD)}$

$\dfrac{\overline{BC}}{\sin 120^\circ}=\dfrac{\sqrt{3}\sin\theta}{\sin\theta}$ $\longrightarrow \sin(180^\circ-60^\circ)=\sin 60^\circ=\dfrac{\sqrt{3}}{2}$

$\therefore\ \overline{BC}=\sqrt{3}\times\dfrac{\sqrt{3}}{2}=\dfrac{3}{2}$

실수 Check

사인법칙을 적용할 수 있도록 각의 크기와 변의 길이를 주의해서 정한다.

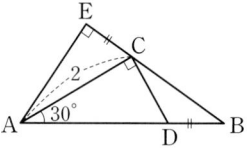
Plus 문제

1616-1

그림과 같이 $\overline{AC}=2$,
$\overline{EC}=\overline{BD}$이고, $\angle CAD=30^\circ$,
$\angle AEB=\angle ACD=90^\circ$일 때,
$\overline{BC}$의 길이를 구하시오.

$\angle EAC=\theta$라 하면
$\angle BCD=90^\circ-\angle ACE=\angle EAC=\theta$
삼각형 EAC에서 $\overline{EC}=2\sin\theta$이므로
$\overline{BD}=\overline{EC}=2\sin\theta$
삼각형 BCD에서 사인법칙에 의하여

$\dfrac{\overline{BC}}{\sin(\angle BDC)}=\dfrac{\overline{BD}}{\sin(\angle BCD)}$

$\dfrac{\overline{BC}}{\sin 120^\circ}=\dfrac{2\sin\theta}{\sin\theta}$

$\therefore\ \overline{BC}=2\times\dfrac{\sqrt{3}}{2}=\sqrt{3}$

답 $\sqrt{3}$

1617 답 ③

$C=180^\circ-(45^\circ+15^\circ)=120^\circ$
사인법칙에 의하여

$\dfrac{8}{\sin 120^\circ}=\dfrac{\overline{BC}}{\sin 45^\circ}$, $\overline{BC}\sin 120^\circ=8\sin 45^\circ$

$\therefore\ \overline{BC}=8\times\dfrac{\sqrt{2}}{2}\times\dfrac{2}{\sqrt{3}}=\dfrac{8\sqrt{6}}{3}$

1618 답 ④ | 유형 2

삼각형 ABC의 외접원의 반지름의 길이가 2이고 $A=60^\circ$, $b=2\sqrt{2}$일
때, C는?   **단서 1**

① 30° ② 45° ③ 60°

④ 75° ⑤ 90°

단서 1 사인법칙 이용

STEP 1 $\angle B$의 크기 구하기

삼각형 ABC의 반지름의 길이가 2이므로
사인법칙에 의하여

$\sin B=\dfrac{2\sqrt{2}}{2\times 2}=\dfrac{\sqrt{2}}{2}$

$0^\circ<B<180^\circ$이므로 $B=45^\circ$ 또는 $B=135^\circ$
그런데 $A+B<180^\circ$이므로 $B=45^\circ$

STEP 2 $\angle C$의 크기 구하기

$C=180^\circ-(60^\circ+45^\circ)=75^\circ$

1619 답 5

$A=180^\circ-(80^\circ+70^\circ)=30^\circ$
삼각형 ABC의 외접원의 반지름의 길이를 R라 하면

사인법칙에 의하여 $\dfrac{5}{\sin 30°}=2R$

$\therefore R=\dfrac{5}{\dfrac{1}{2}}\times\dfrac{1}{2}=5$

따라서 외접원의 반지름의 길이는 5이다.

1620 🖩 ②

사인법칙에 의하여 $\dfrac{\overline{BC}}{\sin 120°}=2\times 7$

$\therefore \overline{BC}=2\times 7\times\dfrac{\sqrt{3}}{2}=7\sqrt{3}$

1621 🖩 ④

삼각형 ABC의 외접원의 반지름의 길이를 R라 하면 사인법칙에 의하여

$\dfrac{9}{\sin 120°}=2R$

$\therefore R=\dfrac{9}{\dfrac{\sqrt{3}}{2}}\times\dfrac{1}{2}=3\sqrt{3}$

따라서 삼각형 ABC의 외접원의 넓이는 $\pi\times(3\sqrt{3})^2=27\pi$

1622 🖩 ②

삼각형 ABC의 외접원의 반지름의 길이가 4이므로 사인법칙에 의하여

$$\sin A+\sin B+\sin C=\overset{\frac{a}{2R}+\frac{b}{2R}+\frac{c}{2R}}{\dfrac{a}{2\times 4}+\dfrac{b}{2\times 4}+\dfrac{c}{2\times 4}}$$
$$=\dfrac{a+b+c}{2\times 4}=\dfrac{18}{8}=\dfrac{9}{4}$$

1623 🖩 15

삼각형 ABC의 외접원의 반지름의 길이가 6이므로 사인법칙에 의하여

$$\sin A+\sin B+\sin C=\dfrac{a}{2\times 6}+\dfrac{b}{2\times 6}+\dfrac{c}{2\times 6}$$
$$=\dfrac{a+b+c}{2\times 6}=\dfrac{5}{4}$$

$\therefore a+b+c=\dfrac{5}{4}\times 12=15$

1624 🖩 2

삼각형 ABC의 외접원의 반지름의 길이가 3이므로 사인법칙에 의하여

$$\sin A+2\sin B+3\sin C$$
$$=\dfrac{a}{2\times 3}+\dfrac{2b}{2\times 3}+\dfrac{3c}{2\times 3}$$
$$=\dfrac{a+2b+3c}{2\times 3}=\dfrac{12}{6}=2$$

1625 🖩 3

$A+B+C=\pi$이므로

$\sin(B+C)=\sin(\pi-A)=\sin A$

$9\sin A\sin(B+C)=9\sin^2 A=7$

$\therefore \sin^2 A=\dfrac{7}{9}$

$0<A<\pi$에서 $\sin A>0$이므로

$\sin A=\dfrac{\sqrt{7}}{3}$

삼각형 ABC의 외접원의 반지름의 길이를 R라 하면 사인법칙에 의하여

$2R=\dfrac{\overline{BC}}{\sin A}=\dfrac{2\sqrt{7}}{\dfrac{\sqrt{7}}{3}}=6$ $\therefore R=3$

1626 🖩 ④

$A+B+C=\pi$이므로 $B+C=\pi-A$

$\cos(B+C)=\cos(\pi-A)=-\cos A$

$4\cos A\cos(B+C)=-4\cos^2 A=-3$

$\therefore \cos^2 A=\dfrac{3}{4}$

$\sin^2 A=1-\cos^2 A=1-\dfrac{3}{4}=\dfrac{1}{4}$

$0<A<\pi$에서 $\sin A>0$이므로 $\sin A=\dfrac{1}{2}$

삼각형 ABC의 외접원의 반지름의 길이가 $5\sqrt{3}$이므로 사인법칙에 의하여

$a=2R\sin A=2\times 5\sqrt{3}\times\dfrac{1}{2}=5\sqrt{3}$

1627 🖩 3

$\angle ABC=90°$이므로 $\overline{AC}$는 원의 지름이다.

삼각형 ABC에서 $\overline{AC}=\sqrt{(3\sqrt{2})^2+(3\sqrt{2})^2}=6$ → 삼각형 BCD의 외접원의 반지름의 길이는 3이다.

$\angle ABD=60°$이므로 $\angle DBC=90°-60°=30°$

삼각형 BCD에서 사인법칙에 의하여

$\dfrac{\overline{CD}}{\sin 30°}=2\times 3$

$\therefore \overline{CD}=6\times\dfrac{1}{2}=3$

다른 풀이

$\angle ABC=90°$, $\angle ABD=60°$이므로

$\angle DBC=90°-60°=30°$

삼각형 ABC는 $\overline{AB}=\overline{BC}$인 직각이등변삼각형이므로

$\angle BAC=\angle BCA=45°$

한편, 한 호에 대한 원주각의 크기는 같으므로

$\angle BDC=\angle BAC=45°$

삼각형 BCD에서 사인법칙에 의하여 $\dfrac{\overline{CD}}{\sin 30°}=\dfrac{3\sqrt{2}}{\sin 45°}$이므로

$\overline{CD}\sin 45°=3\sqrt{2}\sin 30°$

$\therefore \overline{CD}=3\sqrt{2}\times\dfrac{1}{2}\times\dfrac{2}{\sqrt{2}}=3$

개념 Check

원 O에서 $\overline{AB}$가 지름이면 $\overset{\frown}{AB}$에 대한 중심각의 크기는 $180°$이므로 $\overset{\frown}{AB}$에 대한 원주각의 크기는

$\angle AP_1B=\angle AP_2B=\angle AP_3B=90°$

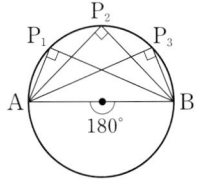

1628 답 ④

그림과 같이 $\overline{\mathrm{BD}}$를 그어 $\overline{\mathrm{BD}}=k$라 하
고 삼각형 ABD의 외접원의 반지름의
길이를 r_1, 삼각형 BCD의 외접원의
반지름의 길이를 r_2라 하면
삼각형 ABD에서 사인법칙에 의하여

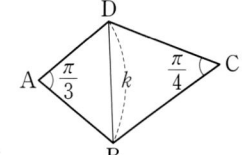

$$2r_1=\frac{k}{\sin\frac{\pi}{3}},\ r_1=\frac{k}{\frac{\sqrt{3}}{2}}\times\frac{1}{2}=\frac{k}{\sqrt{3}}$$

삼각형 BCD에서 사인법칙에 의하여

$$2r_2=\frac{k}{\sin\frac{\pi}{4}},\ r_2=\frac{k}{\frac{\sqrt{2}}{2}}\times\frac{1}{2}=\frac{k}{\sqrt{2}}$$

$$\therefore r_1:r_2=\frac{k}{\sqrt{3}}:\frac{k}{\sqrt{2}}=\sqrt{2}:\sqrt{3}$$

1629 답 ⑤

삼각형 ABC의 외접원의 반지름의 길이가 4이므로 사인법칙에 의
하여

$$\frac{\overline{\mathrm{BC}}}{\sin 30°}=\frac{\overline{\mathrm{AC}}}{\sin 45°}=2\times 4$$

$$\therefore \overline{\mathrm{BC}}=8\times\frac{1}{2}=4,\ \overline{\mathrm{AC}}=8\times\frac{\sqrt{2}}{2}=4\sqrt{2}$$

그림과 같이 꼭짓점 C에서 $\overline{\mathrm{AB}}$에 내린
수선의 발을 H라 하면 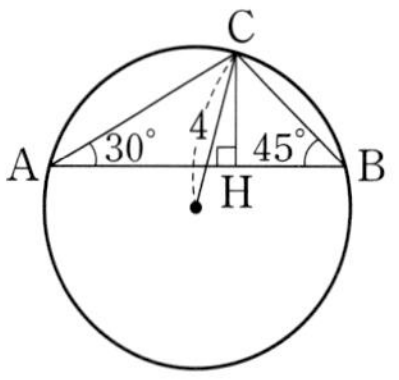
삼각형 AHC에서

$$\overline{\mathrm{AH}}=\overline{\mathrm{AC}}\cos 30°=4\sqrt{2}\times\frac{\sqrt{3}}{2}=2\sqrt{6}$$

삼각형 BCH에서

$$\overline{\mathrm{BH}}=\overline{\mathrm{BC}}\cos 45°=4\times\frac{\sqrt{2}}{2}=2\sqrt{2}$$

$$\therefore \overline{\mathrm{AB}}=\overline{\mathrm{AH}}+\overline{\mathrm{BH}}=2(\sqrt{6}+\sqrt{2})$$

1630 답 ⑤

삼각형 ABC의 반지름의 길이가 5이므로 사인법칙에 의하여

$$\frac{\overline{\mathrm{BC}}}{\sin\frac{\pi}{4}}=2\times 5$$

$$\therefore \overline{\mathrm{BC}}=2\times 5\times\frac{\sqrt{2}}{2}=5\sqrt{2}$$

1631 답 ②

| 유형 3

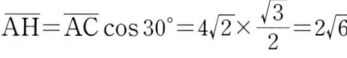

삼각형 ABC에서 $A:B:C=1:1:2$일 때, $a:b:c$는?

① $1:1:2$ ② $1:1:\sqrt{2}$ **단서1**   ③ $1:\sqrt{2}:\sqrt{3}$

④ $2:1:\sqrt{2}$ ⑤ $1:\sqrt{2}:1$

단서1 $\sin A:\sin B:\sin C=a:b:c$

STEP1 $\angle A$, $\angle B$, $\angle C$의 크기 각각 구하기

$A:B:C=1:1:2$이므로
$A=k°,\ B=k°,\ C=2k°\ (k>0)$라 하면
$A+B+C=180°$이므로 $k+k+2k=180$
$4k=180$에서 $k=45$
$\therefore A=45°,\ B=45°,\ C=90°$

STEP2 $a:b:c$ 구하기

$$a:b:c=\sin A:\sin B:\sin C$$
$$=\sin 45°:\sin 45°:\sin 90°$$
$$=\frac{\sqrt{2}}{2}:\frac{\sqrt{2}}{2}:1$$
$$=\sqrt{2}:\sqrt{2}:2=1:1:\sqrt{2}$$

참고 $A=180°\times\dfrac{1}{1+1+2}=45°$

$\qquad B=180°\times\dfrac{1}{1+1+2}=45°$

$\qquad C=180°\times\dfrac{2}{1+1+2}=90°$

1632 답 ⑤

$A:B:C=3:4:5$이므로
$A=3k°,\ B=4k°,\ C=5k°\ (k>0)$라 하면
$A+B+C=180°$이므로 $3k+4k+5k=180$, $12k=180$
$\therefore k=15$
$\therefore A=45°,\ B=60°,\ C=75°$
$a:b=\sin 45°:\sin 60°$에서

$$2\sqrt{3}:b=\frac{\sqrt{2}}{2}:\frac{\sqrt{3}}{2},\ \frac{\sqrt{2}}{2}b=3$$

$$\therefore b=3\times\frac{2}{\sqrt{2}}=3\sqrt{2}$$

다른 풀이

삼각형 ABC에서 사인법칙에 의하여

$$\frac{2\sqrt{3}}{\sin 45°}=\frac{b}{\sin 60°}$$이므로 $b\sin 45°=2\sqrt{3}\sin 60°$

$$\therefore b=2\sqrt{3}\times\frac{\sqrt{3}}{2}\times\frac{2}{\sqrt{2}}=3\sqrt{2}$$

1633 답 ①

$$\frac{a+b}{3}=\frac{b+c}{5}=\frac{c+a}{4}=k\ (k>0)$$라 하면

$a+b=3k$ ⟶ ㉠

$b+c=5k$ ⟶ ㉡

$c+a=4k$ ⟶ ㉢

㉠+㉡+㉢을 하면
$2a+2b+2c=12k$ $\therefore a+b+c=6k$ ⟶ ㉣
㉣−㉡을 하면 $a=k$
㉣−㉢을 하면 $b=2k$
㉣−㉠을 하면 $c=3k$
$\therefore \sin A:\sin B:\sin C=a:b:c=k:2k:3k$
$\qquad\qquad\qquad\qquad\qquad =1:2:3$

1634 답 $2:3:3$

$a+b=5k$ ⟶ ㉠

$b+c=6k$ ⟶ ㉡

$c+a=5k$ ⟶ ㉢

라 하자. (단, $k>0$)
㉠+㉡+㉢을 하면
$2a+2b+2c=16k$ $\therefore a+b+c=8k$ ⟶ ㉣

ⓔ－ⓛ을 하면 $a=2k$

ⓔ－ⓒ을 하면 $b=3k$

ⓔ－ⓐ을 하면 $c=3k$

$$\therefore \sin A : \sin B : \sin C = a : b : c = 2k : 3k : 3k$$
$$= 2 : 3 : 3$$

1635 目 ②

$a+2b-2c=0$ ··· ⓐ

$a-3b+c=0$ ··· ⓑ

ⓐ$+2\times$ⓑ을 하면 $3a-4b=0$ $\therefore b=\dfrac{3}{4}a$

ⓐ$\times 3+$ⓑ$\times 2$를 하면 $5a-4c=0$ $\therefore c=\dfrac{5}{4}a$

따라서 $a:b:c=a:\dfrac{3}{4}a:\dfrac{5}{4}a=4:3:5$이므로

$\sin A : \sin B : \sin C = a : b : c = 4 : 3 : 5$

1636 目 $4:4:3$

$ab:bc:ca=4:3:3$에서 $ab=4k^2$, $bc=3k^2$, $ca=3k^2$ $(k>0)$이라 하면

$$ab\times bc\times ca=4k^2\times 3k^2\times 3k^2$$

$(abc)^2=36k^6$ $\therefore abc=6k^3$ $(\because abc>0)$

$$\therefore a=\dfrac{abc}{bc}=\dfrac{6k^3}{3k^2}=2k,$$
$$b=\dfrac{abc}{ca}=\dfrac{6k^3}{3k^2}=2k,$$
$$c=\dfrac{abc}{ab}=\dfrac{6k^3}{4k^2}=\dfrac{3}{2}k$$

$$\therefore \sin A : \sin B : \sin C = a : b : c$$
$$= 2k : 2k : \dfrac{3}{2}k$$
$$= 4 : 4 : 3$$

1637 目 7

$A+B+C=\pi$이므로

$$\sin(A+B) : \sin(B+C) : \sin(C+A)$$
$$=\sin(\pi-C) : \sin(\pi-A) : \sin(\pi-B)$$
$$=\sin C : \sin A : \sin B$$
$$=c : a : b$$
$$=6 : 4 : 5$$

$a=4k$, $b=5k$, $c=6k$ $(k>0)$라 하면

$$\dfrac{a^2+b^2+c^2}{c^2-b^2}=\dfrac{(4k)^2+(5k)^2+(6k)^2}{(6k)^2-(5k)^2}=\dfrac{77k^2}{11k^2}=7$$

1638 目 ⑤ | 유형4

삼각형 ABC에서 $\underline{\sin^2 B=\sin^2 A+\sin^2 C}$가 성립할 때, 삼각형 ABC는 어떤 삼각형인가? **단서1**

① $a=b$인 이등변삼각형   ② $b=c$인 이등변삼각형

③ $c=a$인 이등변삼각형   ④ $A=90°$인 직각삼각형

⑤ $B=90°$인 직각삼각형

단서1 $\sin A$, $\sin B$, $\sin C$를 각각 외접원의 반지름의 길이로 나타내어 식에 대입

STEP1 a, b, c 사이의 관계식 구하기

삼각형 ABC의 외접원의 반지름의 길이를 R라 하면 사인법칙에 의하여

$$\sin A=\dfrac{a}{2R},\ \sin B=\dfrac{b}{2R},\ \sin C=\dfrac{c}{2R}$$

이것을 $\sin^2 B=\sin^2 A+\sin^2 C$에 대입하면

$$\left(\dfrac{b}{2R}\right)^2=\left(\dfrac{a}{2R}\right)^2+\left(\dfrac{c}{2R}\right)^2 \qquad \therefore b^2=a^2+c^2$$

STEP2 삼각형 ABC는 어떤 삼각형인지 말하기

삼각형 ABC는 $B=90°$인 직각삼각형이다.

참고 삼각형의 모양을 구하는 문제는 각의 크기에 대한 식을 변의 길이에 대한 식으로 나타내어 해결한다.

1639 目 ④

삼각형 ABC의 외접원의 반지름의 길이를 R라 하면 사인법칙에 의하여

$$\sin A=\dfrac{a}{2R},\ \sin B=\dfrac{b}{2R}$$

이것을 $a\sin A=b\sin B$에 대입하면

$$a\times \dfrac{a}{2R}=b\times \dfrac{b}{2R},\ a^2=b^2$$

$$\therefore a=b\ (\because a>0,\ b>0)$$

따라서 삼각형 ABC는 $a=b$인 이등변삼각형이다.

1640 目 $b=c$인 이등변삼각형

$A+B+C=\pi$이므로 $A+B=\pi-C$, $A+C=\pi-B$

$c\sin(A+B)=b\sin(A+C)$에서

$$c\sin(\pi-C)=b\sin(\pi-B)$$

$\therefore c\sin C=b\sin B$ ··· ⓐ

삼각형 ABC의 외접원의 반지름의 길이를 R라 하면 사인법칙에 의하여

$$\sin B=\dfrac{b}{2R},\ \sin C=\dfrac{c}{2R}$$

이것을 ⓐ에 대입하면

$$c\times \dfrac{c}{2R}=b\times \dfrac{b}{2R},\ b^2=c^2$$

$$\therefore b=c\ (\because b>0,\ c>0)$$

따라서 삼각형 ABC는 $b=c$인 이등변삼각형이다.

1641 目 ③

$A+B+C=\pi$이므로

$$\sin(A+C)=\sin(\pi-B)=\sin B$$

$a\sin(A+C)=b\sin C=c\sin A$에서

$a\sin B=b\sin C=c\sin A$ ··· ⓐ

삼각형 ABC의 외접원의 반지름의 길이를 R라 하면 사인법칙에 의하여

$$\sin A=\dfrac{a}{2R},\ \sin B=\dfrac{b}{2R},\ \sin C=\dfrac{c}{2R}$$

이것을 ⓐ에 대입하면

$$a\times \dfrac{b}{2R}=b\times \dfrac{c}{2R}=c\times \dfrac{a}{2R} \qquad \therefore ab=bc=ca$$

$a>0$, $b>0$, $c>0$이므로

(i) $ab=bc$에서 $a=c$

(ii) $ab=ca$에서 $b=c$

(i), (ii)에서 $a=b=c$

따라서 삼각형 ABC는 정삼각형이다.

1642 답 ②

삼각형 ABC의 외접원의 반지름의 길이를 R라 하면 사인법칙에 의하여

$$\sin A=\frac{a}{2R},\ \sin B=\frac{b}{2R},\ \sin C=\frac{c}{2R}$$

이것을 $(a-c)\sin B=a\sin A-c\sin C$에 대입하면

$$(a-c)\times\frac{b}{2R}=a\times\frac{a}{2R}-c\times\frac{c}{2R}$$

$$(a-c)b=a^2-c^2,\ (a-c)b=(a-c)(a+c)$$

$$\therefore (a-c)\{b-(a+c)\}=0$$

삼각형의 두 변의 길이의 합은 나머지 한 변의 길이보다 크므로

$$b-(a+c)\neq0\qquad \therefore a=c$$

따라서 삼각형 ABC는 $a=c$인 이등변삼각형이다.

1643 답 ⑤

$\cos^2 A=1-\sin^2 A$이므로

$\cos^2 A-\sin^2 B+\sin^2 C=1$에서

$$(1-\sin^2 A)-\sin^2 B+\sin^2 C=1$$

$$\therefore \sin^2 C=\sin^2 A+\sin^2 B \quad\cdots\cdots\cdots\cdots\cdots \textcircled{\tiny ㉠}$$

삼각형 ABC의 외접원의 반지름의 길이를 R라 하면 사인법칙에 의하여

$$\sin A=\frac{a}{2R},\ \sin B=\frac{b}{2R},\ \sin C=\frac{c}{2R}$$

이것을 ㉠에 대입하면

$$\left(\frac{c}{2R}\right)^2=\left(\frac{a}{2R}\right)^2+\left(\frac{b}{2R}\right)^2 \qquad \therefore c^2=a^2+b^2$$

따라서 삼각형 ABC는 $C=90°$인 직각삼각형이다.

1644 답 ④

$\cos^2 A=1-\sin^2 A,\ \cos^2 C=1-\sin^2 C$이므로

$\cos^2 A+\sin^2 B=\cos^2 C$에서

$$(1-\sin^2 A)+\sin^2 B=1-\sin^2 C$$

$$\therefore \sin^2 A=\sin^2 B+\sin^2 C \quad\cdots\cdots\cdots\cdots\cdots \textcircled{\tiny ㉠}$$

삼각형 ABC의 외접원의 반지름의 길이를 R라 하면 사인법칙에 의하여

$$\sin A=\frac{a}{2R},\ \sin B=\frac{b}{2R},\ \sin C=\frac{c}{2R}$$

이것을 ㉠에 대입하면

$$\left(\frac{a}{2R}\right)^2=\left(\frac{b}{2R}\right)^2+\left(\frac{c}{2R}\right)^2 \qquad \therefore a^2=b^2+c^2$$

따라서 삼각형 ABC는 $A=90°$인 직각삼각형이다.

참고 $\sin^2 A$와 $\cos^2 A$가 섞여 있는 식은 $\sin^2 A+\cos^2 A=1$임을 이용하여 한 종류의 삼각함수로 나타낸다.

1645 답 $A=90°$인 직각삼각형

주어진 이차방정식의 판별식을 D라 하면

$$\frac{D}{4}=\sin^2 B+(\sin C-\sin A)(\sin C+\sin A)=0$$

$$\sin^2 B+\sin^2 C-\sin^2 A=0$$

$$\therefore \sin^2 A=\sin^2 B+\sin^2 C \quad\cdots\cdots\cdots\cdots\cdots \textcircled{\tiny ㉠}$$

삼각형 ABC의 외접원의 반지름의 길이를 R라 하면 사인법칙에 의하여

$$\sin A=\frac{a}{2R},\ \sin B=\frac{b}{2R},\ \sin C=\frac{c}{2R}$$

이것을 ㉠에 대입하면

$$\left(\frac{a}{2R}\right)^2=\left(\frac{b}{2R}\right)^2+\left(\frac{c}{2R}\right)^2$$

$$\therefore a^2=b^2+c^2$$

따라서 삼각형 ABC는 $A=90°$인 직각삼각형이다.

개념 Check

이차방정식 $ax^2+bx+c=0$의 판별식을 D라 하면

(1) $D>0$ ➡ 서로 다른 두 실근

(2) $D=0$ ➡ 중근

(3) $D<0$ ➡ 서로 다른 두 허근

1646 답 ③

주어진 이차방정식의 판별식을 D라 하면

$$\frac{D}{4}=\{2\sqrt{b}\sin(A+B)\}^2-4a\sin^2 C=0$$

$$4b\sin^2(A+B)-4a\sin^2 C=0$$

$A+B+C=\pi$이므로

$$4b\sin^2(\pi-C)-4a\sin^2 C=0 \quad\rightarrow \sin(\pi-C)=\sin C$$

$$4b\sin^2 C-4a\sin^2 C=0,\ 4(b-a)\sin^2 C=0$$

$$\therefore a=b \ \text{또는}\ \sin^2 C=0$$

이때 $0<C<\pi$이므로 $\sin C\neq0$

$$\therefore a=b$$

따라서 삼각형 ABC는 $a=b$인 이등변삼각형이다.

1647 답 ③
　　　　　　　　　　　　　　　　　　　　　| 유형5

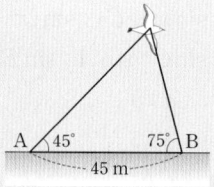

그림과 같이 45 m 떨어진 두 지점 A, B

단서1 에서 새를 올려다본 각의 크기가 각각

45°, 75°일 때, B 지점에서 새까지의 거리는? (단, 새의 크기는 무시한다.)

① $15\sqrt{2}$ m 　　② 30 m

③ $15\sqrt{6}$ m 　　④ $30\sqrt{2}$ m

⑤ $30\sqrt{3}$ m

단서1 한 변의 길이와 양 끝 각의 크기가 주어진 경우에는 사인법칙 이용

STEP1 나머지 한 각의 크기 구하기

새의 위치를 C라 하면 삼각형 ABC에서

$$\angle ACB=180°-(45°+75°)=60°$$

STEP2 B 지점에서 새까지의 거리 구하기

사인법칙에 의하여

$$\frac{45}{\sin 60°}=\frac{\overline{BC}}{\sin 45°},\ \overline{BC}\sin 60°=45\sin 45°$$

$\therefore \overline{\mathrm{BC}} = 45 \times \dfrac{\sqrt{2}}{2} \times \dfrac{2}{\sqrt{3}} = 15\sqrt{6}$ (m)

따라서 B 지점에서 새까지의 거리는 $15\sqrt{6}$ m이다.

1648 답 ③

삼각형 ABC에서

$\angle \mathrm{ACB} = 180° - (30° + 105°) = 45°$

사인법칙에 의하여

$\dfrac{20}{\sin 45°} = \dfrac{\overline{\mathrm{AC}}}{\sin 30°}$

$\therefore \overline{\mathrm{AC}} = 20 \times \dfrac{1}{2} \times \dfrac{2}{\sqrt{2}} = 10\sqrt{2}$ (m)

따라서 두 지점 A, C 사이의 거리는 $10\sqrt{2}$ m이다.

1649 답 $90\pi \ \mathrm{cm}^3$

삼각형 ABC에서

$C = 180° - (45° + 75°) = 60°$

삼각형 ABC의 외접원의 반지름의 길이를 R cm라 하면 사인법칙에 의하여

$2R = \dfrac{3\sqrt{3}}{\sin 60°} = \dfrac{3\sqrt{3}}{\dfrac{\sqrt{3}}{2}} = 6$

$\therefore R = 3$

따라서 물통의 부피는

$\underbrace{\pi \times 3^2 \times 10}_{} = 90\pi \ (\mathrm{cm}^3)$ →(밑넓이)×(높이)

1650 답 ①

삼각형 ABC에서

$\angle \mathrm{BCA} = 75° - 30° = 45°$

삼각형 ABC에서 사인법칙에 의하여

$\dfrac{\overline{\mathrm{BC}}}{\sin 30°} = \dfrac{50}{\sin 45°}$

$\therefore \overline{\mathrm{BC}} = 50 \times \dfrac{1}{2} \times \dfrac{2}{\sqrt{2}} = 25\sqrt{2}$ (m)

삼각형 BHC에서 $\angle \mathrm{BCH} = 15°$이므로

$\overline{\mathrm{CH}} = \overline{\mathrm{BC}} \cos 15°$

$\qquad = 25\sqrt{2} \times \dfrac{\sqrt{2} + \sqrt{6}}{4}$

$\qquad = \dfrac{50 + 50\sqrt{3}}{4} = \dfrac{25 + 25\sqrt{3}}{2}$ (m)

1651 답 2

삼각형 ABC에서

$A = 180° - (45° + 60°) = 75°$

삼각형 ABC에서 사인법칙에 의하여

$\dfrac{2}{\sin 75°} = \dfrac{\overline{\mathrm{AC}}}{\sin 45°}$

$\therefore \overline{\mathrm{AC}} = 2 \times \dfrac{\sqrt{2}}{2} \times \dfrac{4}{\sqrt{2} + \sqrt{6}} = 2(\sqrt{3} - 1)$

삼각형 AHC에서

$\overline{\mathrm{AH}} = \overline{\mathrm{AC}} \sin 60° = 2(\sqrt{3} - 1) \times \dfrac{\sqrt{3}}{2} = 3 - \sqrt{3}$

따라서 $a = 3$, $b = -1$이므로 $a + b = 2$

다른 풀이

$\overline{\mathrm{AH}} = x$라 하면

삼각형 ABH에서 $\overline{\mathrm{BH}} = \overline{\mathrm{AH}} \tan 45° = x$

삼각형 ACH에서 $\overline{\mathrm{CH}} = x \tan 30° = \dfrac{\sqrt{3}}{3} x$

$\overline{\mathrm{BC}} = \overline{\mathrm{BH}} + \overline{\mathrm{CH}}$에서 $2 = x + \dfrac{\sqrt{3}}{3} x$

$\therefore x = 2 \times \dfrac{3}{3 + \sqrt{3}} = 3 - \sqrt{3}$

따라서 $a = 3$, $b = -1$이므로 $a + b = 2$

1652 답 ②

삼각형 ABC에서

$\angle \mathrm{BAC} = 180° - (105° + 45°) = 30°$

삼각형 ABC에서 사인법칙에 의하여

$\dfrac{10}{\sin 30°} = \dfrac{\overline{\mathrm{AB}}}{\sin 45°}$

$\therefore \overline{\mathrm{AB}} = 10 \times \dfrac{\sqrt{2}}{2} \times 2 = 10\sqrt{2}$

삼각형 ABD에서

$\overline{\mathrm{AD}} = \overline{\mathrm{AB}} \sin 30° = 10\sqrt{2} \times \dfrac{1}{2} = 5\sqrt{2}$

1653 답 ④

삼각형 AQB에서

$\angle \mathrm{AQB} = 180° - (60° + 75°) = 45°$

삼각형 AQB에서 사인법칙에 의하여

$\dfrac{\overline{\mathrm{BQ}}}{\sin 60°} = \dfrac{10}{\sin 45°}$

$\therefore \overline{\mathrm{BQ}} = 10 \times \dfrac{\sqrt{3}}{2} \times \dfrac{2}{\sqrt{2}} = 5\sqrt{6}$ (m)

삼각형 BPQ에서

$\overline{\mathrm{PQ}} = \overline{\mathrm{BQ}} \tan 45° = 5\sqrt{6} \times 1 = 5\sqrt{6}$ (m)

1654 답 10 m

삼각형 AQB에서

$\angle \mathrm{AQB} = 180° - (75° + 45°) = 60°$

삼각형 AQB에서 사인법칙에 의하여

$\dfrac{\overline{\mathrm{AQ}}}{\sin 45°} = \dfrac{15\sqrt{2}}{\sin 60°}$

$\therefore \overline{\mathrm{AQ}} = 15\sqrt{2} \times \dfrac{\sqrt{2}}{2} \times \dfrac{2}{\sqrt{3}} = 10\sqrt{3}$ (m)

삼각형 APQ에서

$\overline{\mathrm{PQ}} = \overline{\mathrm{AQ}} \tan 30° = 10\sqrt{3} \times \dfrac{\sqrt{3}}{3} = 10$ (m)

1655 답 ⑤

삼각형 ABQ에서

$\angle \mathrm{AQB} = 180° - (60° + 75°) = 45°$

삼각형 ABQ에서 사인법칙에 의하여

$$\frac{\overline{BQ}}{\sin 60^\circ}=\frac{40}{\sin 45^\circ}$$

$$\therefore \overline{BQ}=40\times\frac{\sqrt{3}}{2}\times\frac{2}{\sqrt{2}}=20\sqrt{6}\,(\text{m})$$

삼각형 PBQ에서

$$\overline{PQ}=\overline{BQ}\tan 30^\circ=20\sqrt{6}\times\frac{\sqrt{3}}{3}=20\sqrt{2}\,(\text{m})$$

1656 답 ④

그림과 같이 두 건물의 끝 지점을 각각
A, C라 하고, 지면 위의 두 지점을 각
각 B, D라 하자.

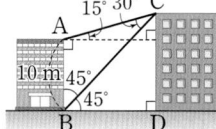

삼각형 ABC에서

$\angle ABC=45^\circ$

$\angle BAC=15^\circ+90^\circ=105^\circ$

$\therefore \angle ACB=180^\circ-(105^\circ+45^\circ)=30^\circ$

삼각형 ABC에서 사인법칙에 의하여

$$\frac{\overline{BC}}{\sin 105^\circ}=\frac{10}{\sin 30^\circ}$$

$\sin 105^\circ=\underline{\sin(90^\circ+15^\circ)=\cos 15^\circ}=\dfrac{\sqrt{2}+\sqrt{6}}{4}$ 이므로

　　　　　└→ $\sin(90^\circ+x^\circ)=\cos x^\circ$

$$\overline{BC}=10\times\frac{\sqrt{2}+\sqrt{6}}{4}\times 2=5(\sqrt{2}+\sqrt{6})\,(\text{m})$$

삼각형 CBD에서

$$\overline{CD}=\overline{BC}\sin 45^\circ=5(\sqrt{2}+\sqrt{6})\times\frac{\sqrt{2}}{2}$$

$$=5(1+\sqrt{3})\,(\text{m})$$

따라서 건물 Q의 높이는 $5(1+\sqrt{3})$ m이다.

다른 풀이

삼각형 ABC에서 사인법칙에 의하여

$$\frac{\overline{AC}}{\sin 45^\circ}=\frac{10}{\sin 30^\circ}$$

$$\therefore \overline{AC}=10\times\frac{\sqrt{2}}{2}\times 2=10\sqrt{2}\,(\text{m})$$

점 A에서 $\overline{CD}$에 내린 수선의 발을 E라 하면 삼각형 AEC에서

$$\overline{AE}=\overline{AC}\cos 15^\circ$$

$$=10\sqrt{2}\times\frac{\sqrt{2}+\sqrt{6}}{4}$$

$$=\frac{20+20\sqrt{3}}{4}=5+5\sqrt{3}\,(\text{m})$$

$\overline{BD}=\overline{AE}=5+5\sqrt{3}\,(\text{m})$이므로

$$\overline{CD}=\overline{BD}\tan 45^\circ=5+5\sqrt{3}\,(\text{m})$$

1657 답 ④

|| 유형 6

그림과 같이 세 점 B, C, D가 한 직선 위에 있
고, $\overline{AB}=3$, $\overline{ED}=6$, $\angle B=\angle D=90^\circ$,
$\angle ACB=\angle ECD=60^\circ$일 때, $\overline{AE}$의 길이
는?　**단서1**

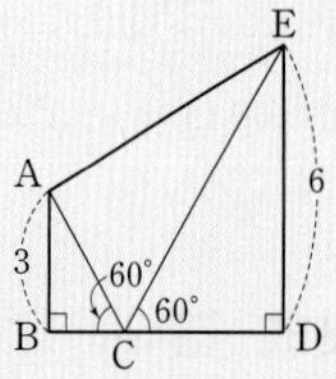

① 3　　　　　② $3\sqrt{2}$

③ $3\sqrt{3}$　　　④ 6

⑤ $6\sqrt{2}$

단서1 삼각형 ABC와 삼각형 CDE는 한 변의 길이와 특수각의 크기가 주어진 직각삼각형

STEP1 $\overline{AC}$, $\overline{CE}$의 길이 구하기

삼각형 ABC에서 $\overline{AC}=\dfrac{3}{\sin 60^\circ}=\dfrac{3}{\frac{\sqrt{3}}{2}}=2\sqrt{3}$

삼각형 CDE에서 $\overline{CE}=\dfrac{6}{\sin 60^\circ}=\dfrac{6}{\frac{\sqrt{3}}{2}}=4\sqrt{3}$

STEP2 $\angle ACE$의 크기 구하기

$\angle ACE=180^\circ-(60^\circ+60^\circ)=60^\circ$

STEP3 $\overline{AE}$의 길이 구하기

삼각형 ACE에서 코사인법칙에 의하여

$$\overline{AE}^2=(2\sqrt{3})^2+(4\sqrt{3})^2-2\times 2\sqrt{3}\times 4\sqrt{3}\times\cos 60^\circ$$

$$=12+48-2\times 2\sqrt{3}\times 4\sqrt{3}\times\frac{1}{2}=36$$

$$\therefore \overline{AE}=6$$

1658 답 $\sqrt{31}$

코사인법칙에 의하여

$$\overline{AC}^2=4^2+(5\sqrt{3})^2-2\times 4\times 5\sqrt{3}\times\cos 30^\circ$$

$$=16+75-2\times 4\times 5\sqrt{3}\times\frac{\sqrt{3}}{2}=31$$

$$\therefore \overline{AC}=\sqrt{31}$$

1659 답 ⑤

코사인법칙에 의하여

$$\overline{BC}^2=4^2+3^2-2\times 4\times 3\times\cos 60^\circ$$

$$=16+9-2\times 4\times 3\times\frac{1}{2}=13$$

$$\therefore \overline{BC}=\sqrt{13}$$

1660 답 $3+\sqrt{3}$

코사인법칙에 의하여

$b^2=c^2+a^2-2ca\cos B$이므로

$$(\sqrt{10})^2=2^2+a^2-2\times 2\times a\times\cos 30^\circ$$

$$10=4+a^2-2\times 2\times a\times\frac{\sqrt{3}}{2}$$

$$a^2-2\sqrt{3}a-6=0$$

$$\therefore a=\sqrt{3}\pm\sqrt{3-1\times(-6)}=\sqrt{3}\pm 3$$

이때 $a>0$이므로 $a=3+\sqrt{3}$

1661 답 ②

$(a-b)^2=c^2-3ab$에서

$$a^2-2ab+b^2=c^2-3ab$$

$$\therefore c^2=a^2+ab+b^2 \quad\cdots\cdots\cdots\cdots\cdots\cdots\cdots ㉠$$

코사인법칙에 의하여

$$c^2=a^2+b^2-2ab\cos C$$

이것을 ㉠에 대입하면 $-2ab\cos C=ab$

$a>0$, $b>0$이므로 $\cos C=-\dfrac{1}{2}$

$\therefore C=\dfrac{2}{3}\pi\ (\because 0<C<\pi)$

1662 답 8

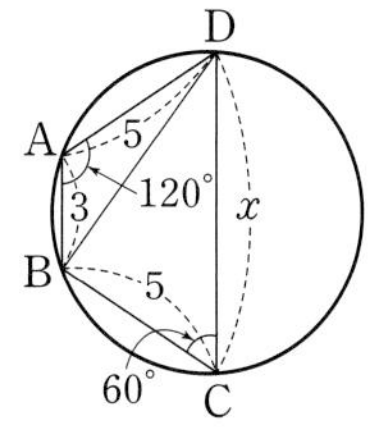

사각형 ABCD가 원에 내접하므로

$\angle A+\angle C=180°$ $\therefore \angle A=120°$

그림과 같이 $\overline{BD}$를 그으면 삼각형 ABD에

서 코사인법칙에 의하여

$\begin{aligned}\overline{BD}^2&=3^2+5^2-2\times 3\times 5\times\cos 120°\\&=9+25-2\times 3\times 5\times\left(-\dfrac{1}{2}\right)=49\end{aligned}$

$\therefore \overline{BD}=7$

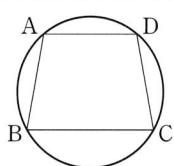

$\overline{CD}=x$라 하면 삼각형 BCD에서 코사인법칙에 의하여

$\begin{aligned}49&=5^2+x^2-2\times 5\times x\times\cos 60°\\&=25+x^2-2\times 5\times x\times\dfrac{1}{2}\\&=x^2-5x+25\end{aligned}$

$x^2-5x-24=0$, $(x-8)(x+3)=0$

$\therefore x=8\ (\because x>0)$

$\therefore \overline{CD}=8$

개념 Check

사각형 ABCD가 원에 내접할 때

$\angle A+\angle C=180°$

$\angle B+\angle D=180°$

실수 Check

코사인법칙을 적용할 수 있도록 삼각형으로 나누려면 보조선을 어떻게 그어야 하는지 생각한다.

1663 답 ③

그림의 부채꼴 BOP에서

$\overline{OB}=3$, $\overparen{BP}=3\theta$이므로

$3\theta=3\times\angle BOP$

$\therefore \angle BOP=\theta$, $\angle AOP=\pi-\theta$

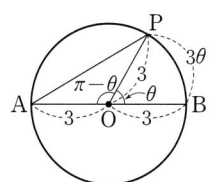

삼각형 AOP에서 코사인법칙에 의하여

$\begin{aligned}\overline{AP}^2&=3^2+3^2-2\times 3\times 3\times\cos(\pi-\theta)\\&=9+9-2\times 3\times 3\times(-\cos\theta)\\&=18+18\cos\theta\\&=18(1+\cos\theta)\end{aligned}$

개념 Check

반지름의 길이가 r, 중심각의 크기가 θ(라디안)인 부채꼴의 호의 길이를 l, 넓이를 S라 하면

$l=r\theta$, $S=\dfrac{1}{2}r^2\theta=\dfrac{1}{2}rl$

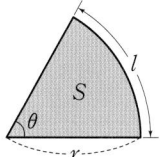

1664 답 1

코사인법칙에 의하여

$\begin{aligned}\overline{AC}^2&=x^2+\left(\dfrac{1}{x}\right)^2-2\times x\times\dfrac{1}{x}\times\cos 60°\\&=x^2+\dfrac{1}{x^2}-2\times x\times\dfrac{1}{x}\times\dfrac{1}{2}\\&=x^2+\dfrac{1}{x^2}-1\end{aligned}$

$x^2>0$, $\dfrac{1}{x^2}>0$이므로 산술평균과 기하평균의 관계에 의하여

$x^2+\dfrac{1}{x^2}\geq 2\sqrt{x^2\times\dfrac{1}{x^2}}=2$

$\left(\text{단, 등호는 }x^2=\dfrac{1}{x^2},\text{ 즉 }x=1\text{일 때 성립}\right)$

$\therefore \overline{AC}^2=x^2+\dfrac{1}{x^2}-1\geq 2-1=1$

따라서 $\overline{AC}\geq 1$이므로 $\overline{AC}$의 길이의 최솟값은 1이다.

개념 Check

$a>0$, $b>0$일 때

$a+b\geq 2\sqrt{ab}$ (단, 등호는 $a=b$일 때 성립)

1665 답 ④

코사인법칙에 의하여

$\cos(90°+30°)=-\sin 30°=-\dfrac{1}{2}$

$\begin{aligned}\overline{BC}^2&=(4x)^2+\left(\dfrac{1}{x}\right)^2-2\times 4x\times\dfrac{1}{x}\times\underline{\cos 120°}\\&=16x^2+\dfrac{1}{x^2}-2\times 4x\times\dfrac{1}{x}\times\left(-\dfrac{1}{2}\right)\\&=16x^2+\dfrac{1}{x^2}+4\end{aligned}$

$16x^2>0$, $\dfrac{1}{x^2}>0$이므로 산술평균과 기하평균의 관계에 의하여

$16x^2+\dfrac{1}{x^2}\geq 2\sqrt{16x^2\times\dfrac{1}{x^2}}=8$

$\left(\text{단, 등호는 }16x^2=\dfrac{1}{x^2},\text{ 즉 }x=\dfrac{1}{2}\text{일 때 성립}\right)$

$\therefore \overline{BC}^2=16x^2+\dfrac{1}{x^2}+4\geq 8+4=12$

따라서 $\overline{BC}\geq 2\sqrt{3}$이므로 $\overline{BC}$의 길이의 최솟값은 $2\sqrt{3}$이다.

1666 답 ①

$\sin\theta=\dfrac{\sqrt{11}}{6}$이므로

$\begin{aligned}\cos^2\theta&=1-\sin^2\theta\\&=1-\dfrac{11}{36}=\dfrac{25}{36}\end{aligned}$

삼각형 DCG에서 코사인법칙에 의하여

$\overline{DG}^2=3^2+4^2-2\times 3\times 4\times\cos\theta=25-24\cos\theta$

삼각형 BCE에서 코사인법칙에 의하여

$\overline{BE}^2=3^2+4^2-2\times 3\times 4\times\cos(\pi-\theta)=25+24\cos\theta$

$\begin{aligned}\therefore \overline{DG}\times\overline{BE}&=\sqrt{(25-24\cos\theta)(25+24\cos\theta)}\\&=\sqrt{25^2-24^2\cos^2\theta}\\&=\sqrt{25^2-24^2\times\dfrac{25}{36}}\\&=\sqrt{625-400}\\&=\sqrt{225}=15\ (\because \overline{DG}>0,\ \overline{BE}>0)\end{aligned}$

1667 답 ③

| 유형7

> 삼각형 ABC에서 $a=7$, $b=8$, $c=3$일 때, A는? 단서1
> ① 30° ② 45° ③ 60°
> ④ 120° ⑤ 150°
> 단서1 세 변의 길이가 주어진 경우에는 코사인법칙 이용

STEP 1 $\cos A$의 값 구하기

코사인법칙에 의하여

$$\cos A = \frac{8^2 + 3^2 - 7^2}{2 \times 8 \times 3} = \frac{24}{48} = \frac{1}{2}$$

STEP 2 $\angle A$의 크기 구하기

$0° < A < 180°$이므로 $A = 60°$

1668 답 $\dfrac{7}{8}$

$a + 2b - 2c = 0$ ⋯⋯⋯⋯⋯ ㉠

$a - 2b + c = 0$ ⋯⋯⋯⋯⋯ ㉡

㉠ + ㉡을 하면

$2a - c = 0$ ∴ $c = 2a$ ⋯⋯⋯⋯⋯ ㉢

㉢을 ㉡에 대입하면

$3a - 2b = 0$ ∴ $b = \dfrac{3}{2}a$

따라서 코사인법칙에 의하여

$$\cos A = \frac{\left(\dfrac{3}{2}a\right)^2 + (2a)^2 - a^2}{2 \times \dfrac{3}{2}a \times 2a} = \frac{\dfrac{21}{4}a^2}{6a^2} = \frac{7}{8}$$

1669 답 ④

$(a+b):(b+c):(c+a) = 4:5:5$이므로 양수 k에 대하여

$a + b = 4k$ ⋯⋯⋯⋯⋯ ㉠

$b + c = 5k$ ⋯⋯⋯⋯⋯ ㉡

$c + a = 5k$ ⋯⋯⋯⋯⋯ ㉢

라 하자. ㉠ + ㉡ + ㉢을 하면

$2(a+b+c) = 14k$ ∴ $a+b+c = 7k$ ⋯⋯⋯⋯⋯ ㉣

㉣ - ㉡을 하면 $a = 2k$

㉣ - ㉢을 하면 $b = 2k$

㉣ - ㉠을 하면 $c = 3k$

따라서 코사인법칙에 의하여

$$\cos B = \frac{(3k)^2 + (2k)^2 - (2k)^2}{2 \times 3k \times 2k} = \frac{9k^2}{12k^2} = \frac{3}{4}$$

1670 답 $\dfrac{\sqrt{34}}{2}$

삼각형 ABC에서 코사인법칙에 의하여

$$\cos B = \frac{4^2 + 8^2 - 6^2}{2 \times 4 \times 8} = \frac{44}{64} = \frac{11}{16}$$

삼각형 ABD에서 코사인법칙에 의하여

$$\overline{AD}^2 = 4^2 + 3^2 - 2 \times 4 \times 3 \times \cos B$$

$$= 16 + 9 - 2 \times 4 \times 3 \times \frac{11}{16} = \frac{17}{2}$$

$$\therefore \overline{AD} = \frac{\sqrt{34}}{2}$$

1671 답 ⑤

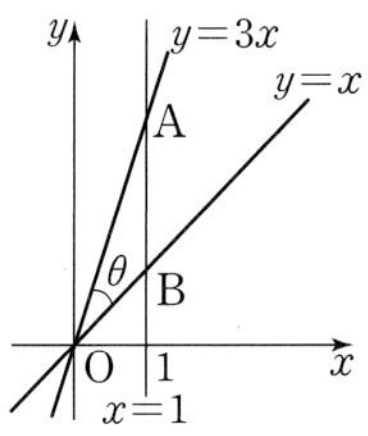

그림과 같이 직선 $x=1$과 두 직선 $y=3x$,
$y=x$의 교점을 각각 A, B라 하면
A(1, 3), B(1, 1)

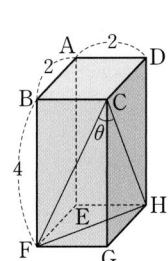

$\therefore \overline{OA} = \sqrt{1^2 + 3^2} = \sqrt{10}$

$\overline{OB} = \sqrt{1^2 + 1^2} = \sqrt{2}$

$\overline{AB} = 2$

삼각형 AOB에서 코사인법칙에 의하여

$$\cos \theta = \frac{(\sqrt{10})^2 + (\sqrt{2})^2 - 2^2}{2 \times \sqrt{10} \times \sqrt{2}} = \frac{8}{4\sqrt{5}} = \frac{2\sqrt{5}}{5}$$

1672 답 ④

그림과 같이 $\overline{FH}$를 그으면

$\overline{CF} = \overline{CH} = \sqrt{4^2 + 2^2} = 2\sqrt{5}$

$\overline{FH} = \sqrt{2^2 + 2^2} = 2\sqrt{2}$

따라서 삼각형 CFH에서 코사인법칙에 의하여

$$\cos \theta = \frac{(2\sqrt{5})^2 + (2\sqrt{5})^2 - (2\sqrt{2})^2}{2 \times 2\sqrt{5} \times 2\sqrt{5}}$$

$$= \frac{32}{40} = \frac{4}{5}$$

1673 답 4

직각삼각형 ABE에서 $\overline{BE} = 3$이므로

$\overline{AE} = \sqrt{6^2 + 3^2} = 3\sqrt{5}$

이때 $\overline{AE} = \overline{AF}$이므로 $\overline{AF} = 3\sqrt{5}$

직각삼각형 CEF에서

$\overline{EF} = \sqrt{3^2 + 3^2} = 3\sqrt{2}$

따라서 삼각형 AEF에서 코사인법칙에 의하여

$$\cos \theta = \frac{(3\sqrt{5})^2 + (3\sqrt{5})^2 - (3\sqrt{2})^2}{2 \times 3\sqrt{5} \times 3\sqrt{5}} = \frac{4}{5}$$

$$\therefore 5\cos\theta = 5 \times \frac{4}{5} = 4$$

1674 답 ②

$\overline{AB}$가 원의 지름이므로 $\angle APB = 90°$

직각삼각형 ABP에서

$\overline{BP} = \sqrt{(2\sqrt{3})^2 - (2\sqrt{2})^2} = 2$ → 원주각의 성질

$\angle POB = 2\angle PAB = 2\theta$

그림과 같이 $\overline{OP}$를 그으면 $\angle POB = 2\theta$

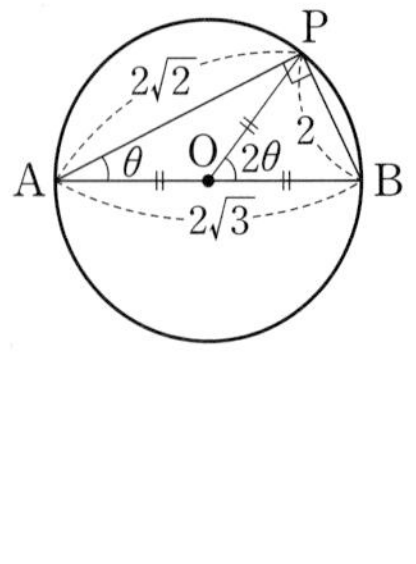

삼각형 POB에서

$\overline{OB} = \overline{OP} = \sqrt{3}$, $\overline{BP} = 2$이므로

코사인법칙에 의하여

$$\cos 2\theta = \frac{(\sqrt{3})^2 + (\sqrt{3})^2 - 2^2}{2 \times \sqrt{3} \times \sqrt{3}}$$

$$= \frac{2}{6} = \frac{1}{3}$$

1675 답 3

$\overline{AD}$가 $\angle A$의 이등분선이므로

$\overline{BD} : \overline{CD} = \overline{AB} : \overline{AC} = 5 : \dfrac{15}{2} = 2 : 3$

$\overline{BD}=2x$, $\overline{CD}=3x$ $(x>0)$라 하고 $\angle BAD=\theta$라 하면
삼각형 ABD에서 코사인법칙에 의하여

$$\cos\theta=\frac{5^2+(2\sqrt{6})^2-(2x)^2}{2\times5\times2\sqrt{6}}=\frac{49-4x^2}{20\sqrt{6}}$$

삼각형 ACD에서 코사인법칙에 의하여

$$\cos\theta=\frac{(2\sqrt{6})^2+\left(\frac{15}{2}\right)^2-(3x)^2}{2\times2\sqrt{6}\times\frac{15}{2}}$$

$$=\frac{\frac{321}{4}-9x^2}{30\sqrt{6}}=\frac{321-36x^2}{120\sqrt{6}}$$

따라서 $\frac{49-4x^2}{20\sqrt{6}}=\frac{321-36x^2}{120\sqrt{6}}$이므로

$294-24x^2=321-36x^2$, $12x^2=27$, $x^2=\frac{9}{4}$

$\therefore x=\frac{3}{2}$ $(\because x>0)$

$\therefore \overline{BD}=2x=3$

1676 답 ⑤

그림과 같이 $\overline{BC}=2k$ $(k>0)$라 하면
$\overline{AB}=3k$, $\overline{CD}=\overline{DE}=2k$
$\angle BAE=90°$이므로 직각삼각형 ABE에서 $\angle ABE=\alpha$라 하면

$$\cos\alpha=\frac{\overline{AB}}{\overline{BE}}=\frac{3k}{6k}=\frac{1}{2}$$

삼각형 ABD에서 코사인법칙에 의하여

$$\overline{AD}^2=(3k)^2+(4k)^2-2\times3k\times4k\times\cos\alpha$$
$$=9k^2+16k^2-2\times3k\times4k\times\frac{1}{2}=13k^2$$

$\therefore \overline{AD}=\sqrt{13}k$

삼각형 ABC에서 코사인법칙에 의하여

$$\overline{AC}^2=(3k)^2+(2k)^2-2\times3k\times2k\times\cos\alpha$$
$$=9k^2+4k^2-2\times3k\times2k\times\frac{1}{2}=7k^2$$

$\therefore \overline{AC}=\sqrt{7}k$

삼각형 ACD에서 코사인법칙에 의하여

$$\cos\theta=\frac{7k^2+13k^2-(2k)^2}{2\times\sqrt{7}k\times\sqrt{13}k}=\frac{16k^2}{2\sqrt{91}k^2}=\frac{8}{\sqrt{91}}$$

$\therefore \sqrt{91}\cos\theta=8$

실수 Check

주어진 조건을 이용하여 코사인법칙을 적용할 변과 각을 정확히 선정할 수 있도록 주의한다.

Plus 문제

1676-1

그림과 같이 선분 BE를 지름으로 하는 반원 O 위의 한 점 A에 대하여 $3\overline{AB}=\overline{BE}$이다. 선분 BE를 삼등분하는 두 점 C, D에 대하여 $\angle CAD=\theta$라 할 때, $\sqrt{11}\cos\theta$의 값을 구하시오.

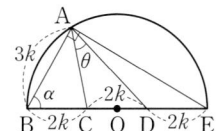

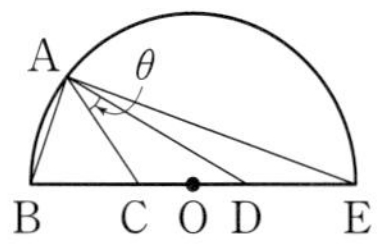

그림과 같이 $\overline{BC}=k$ $(k>0)$라 하면
$\overline{AB}=k$, $\overline{CD}=\overline{DE}=k$
$\angle BAE=90°$이므로 직각삼각형 ABE에서 $\angle ABE=\alpha$라 하면

$$\cos\alpha=\frac{\overline{AB}}{\overline{BE}}=\frac{k}{3k}=\frac{1}{3}$$

삼각형 ABD에서 코사인법칙에 의하여

$$\overline{AD}^2=k^2+(2k)^2-2\times k\times2k\times\cos\alpha$$
$$=k^2+4k^2-2\times k\times2k\times\frac{1}{3}$$
$$=\frac{11}{3}k^2$$

$\therefore \overline{AD}=\frac{\sqrt{33}}{3}k$

삼각형 ABC에서 코사인법칙에 의하여

$$\overline{AC}^2=k^2+k^2-2\times k\times k\times\cos\alpha$$
$$=k^2+k^2-2\times k\times k\times\frac{1}{3}$$
$$=\frac{4}{3}k^2$$

$\therefore \overline{AC}=\frac{2\sqrt{3}}{3}k$

삼각형 ACD에서 코사인법칙에 의하여

$$\cos\theta=\frac{\frac{4}{3}k^2+\frac{11}{3}k^2-k^2}{2\times\frac{2\sqrt{3}}{3}k\times\frac{\sqrt{33}}{3}k}=\frac{4k^2}{\frac{4\sqrt{11}}{3}k^2}$$
$$=\frac{3}{\sqrt{11}}$$

$\therefore \sqrt{11}\cos\theta=3$

답 3

1677 답 ②

삼각형 ABC에서 코사인법칙에 의하여

$$\cos\theta=\frac{4^2+5^2-(\sqrt{11})^2}{2\times4\times5}=\frac{30}{40}=\frac{3}{4}$$

1678 답 25

$\overline{BC}=6$이고 점 E는 $\overline{BC}$를 $1:5$로 내분하므로
$\overline{BE}=1$, $\overline{EC}=5$
삼각형 ABE에서 $\overline{AE}=\sqrt{3^2+1^2}=\sqrt{10}$
삼각형 ACD에서 $\overline{AC}=\sqrt{6^2+3^2}=3\sqrt{5}$
삼각형 AEC에서 코사인법칙에 의하여

$$\cos\theta=\frac{(\sqrt{10})^2+(3\sqrt{5})^2-5^2}{2\times\sqrt{10}\times3\sqrt{5}}$$
$$=\frac{10+45-25}{2\times\sqrt{10}\times3\sqrt{5}}$$
$$=\frac{30}{30\sqrt{2}}=\frac{\sqrt{2}}{2}$$

$\sin\theta=\sqrt{1-\cos^2\theta}=\sqrt{1-\left(\frac{\sqrt{2}}{2}\right)^2}=\frac{\sqrt{2}}{2}$이므로

$$50\sin\theta\cos\theta=50\times\frac{\sqrt{2}}{2}\times\frac{\sqrt{2}}{2}=25$$

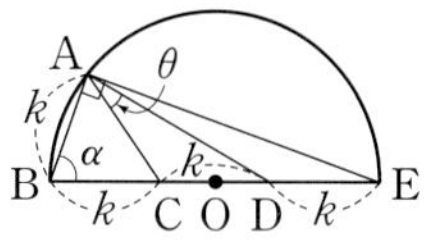

1679 답 ③

삼각형 ABC에서 $\overline{AB}=4$, $\overline{AC}=3$, $A=120°$
[단서1]
일 때, 삼각형 ABC의 외접원의 반지름의 길이
[단서2]
는?

① $\dfrac{\sqrt{37}}{3}$ ② $\dfrac{\sqrt{39}}{3}$

③ $\dfrac{\sqrt{111}}{3}$ ④ $\dfrac{11}{3}$

⑤ $\sqrt{37}$

단서1 코사인법칙 이용
단서2 사인법칙 이용

STEP 1 $\overline{BC}$의 길이 구하기

코사인법칙에 의하여
$\overline{BC}^2=4^2+3^2-2\times 4\times 3\times \cos 120°$
$=16+9-2\times 4\times 3\times \left(-\dfrac{1}{2}\right)=37$
$\therefore \overline{BC}=\sqrt{37}$

STEP 2 외접원의 반지름의 길이 구하기

삼각형 ABC의 외접원의 반지름의 길이를 R라 하면 사인법칙에 의하여
$\dfrac{\sqrt{37}}{\sin 120°}=2R$
$\therefore R=\dfrac{1}{2}\times \sqrt{37}\times \dfrac{2}{\sqrt{3}}=\dfrac{\sqrt{111}}{3}$

1680 답 3

코사인법칙에 의하여
$\overline{BC}^2=6^2+(3\sqrt{3})^2-2\times 6\times 3\sqrt{3}\times \cos 30°$
$=36+27-2\times 6\times 3\sqrt{3}\times \dfrac{\sqrt{3}}{2}=9$
$\therefore \overline{BC}=3$

삼각형 ABC의 외접원의 반지름의 길이를 R라 하면 사인법칙에 의하여
$\dfrac{3}{\sin 30°}=2R$
$\therefore R=\dfrac{1}{2}\times 3\times 2=3$

참고 $\dfrac{\overline{AC}}{\overline{AB}}=\dfrac{\sqrt{3}}{2}$이고, $\cos 30°=\dfrac{\sqrt{3}}{2}$이므로 삼각형 ABC는 $\angle C=90°$인 직각삼각형이다.
따라서 외접원의 반지름의 길이는 $\dfrac{1}{2}\overline{AB}=\dfrac{1}{2}\times 6=3$

1681 답 0

사인법칙에 의하여
$a:b:c=\sin A:\sin B:\sin C=1:2:\sqrt{3}$
$a=k$, $b=2k$, $c=\sqrt{3}k$ ($k>0$)라 하면 코사인법칙에 의하여
$\cos B=\dfrac{(\sqrt{3}k)^2+k^2-(2k)^2}{2\times \sqrt{3}k\times k}=0$

참고 세 변의 길이의 비가 $a:b:c=1:2:\sqrt{3}$인 삼각형은 $\angle B=90°$인 직각삼각형이므로 $\cos B=0$

1682 답 $-\dfrac{1}{4}$

삼각형 ABC의 외접원의 반지름의 길이를 R라 하면 사인법칙에 의하여
$\sin A=\dfrac{a}{2R}$, $\sin B=\dfrac{b}{2R}$, $\sin C=\dfrac{c}{2R}$이므로
$(\sin A+\sin B):(\sin B+\sin C):(\sin C+\sin A)$
$=\left(\dfrac{a}{2R}+\dfrac{b}{2R}\right):\left(\dfrac{b}{2R}+\dfrac{c}{2R}\right):\left(\dfrac{c}{2R}+\dfrac{a}{2R}\right)=7:5:6$
$\therefore (a+b):(b+c):(c+a)=7:5:6$
$a+b=7k$, $b+c=5k$, $c+a=6k$ ($k>0$)라 하고 세 식을 더하면
$2(a+b+c)=18k$ $\therefore a+b+c=9k$
$\therefore a=4k$, $b=3k$, $c=2k$
따라서 코사인법칙에 의하여
$\cos A=\dfrac{(3k)^2+(2k)^2-(4k)^2}{2\times 3k\times 2k}=\dfrac{-3k^2}{12k^2}=-\dfrac{1}{4}$

1683 답 ②

그림과 같이 $\overline{BC}$를 그으면 삼각형 ABC에서 코사인법칙에 의하여

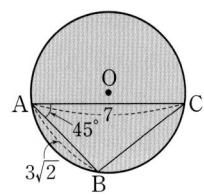

$\overline{BC}^2$
$=7^2+(3\sqrt{2})^2-2\times 7\times 3\sqrt{2}\times \cos 45°$
$=49+18-2\times 7\times 3\sqrt{2}\times \dfrac{\sqrt{2}}{2}=25$
$\therefore \overline{BC}=5$

원 O의 반지름의 길이를 R라 하면 사인법칙에 의하여
$\dfrac{5}{\sin 45°}=2R$ $\therefore R=\dfrac{1}{2}\times 5\times \dfrac{2}{\sqrt{2}}=\dfrac{5\sqrt{2}}{2}$

따라서 구하는 원 O의 넓이는 $\pi\left(\dfrac{5\sqrt{2}}{2}\right)^2=\dfrac{25}{2}\pi$

1684 답 ①

$3\sin A=2\sin B=4\sin(A+B)$의 각 변을 12로 나누면
$\dfrac{\sin A}{4}=\dfrac{\sin B}{6}=\dfrac{\sin(A+B)}{3}$ → $A+B+C=\pi$
$\dfrac{\sin A}{4}=\dfrac{\sin B}{6}=\dfrac{\sin(\pi-C)}{3}$
$\therefore \dfrac{\sin A}{4}=\dfrac{\sin B}{6}=\dfrac{\sin C}{3}$

사인법칙에 의하여
$a:b:c=\sin A:\sin B:\sin C=4:6:3$이므로
$a=4k$, $b=6k$, $c=3k$ ($k>0$)라 하면
코사인법칙에 의하여
$\cos B=\dfrac{(3k)^2+(4k)^2-(6k)^2}{2\times 3k\times 4k}=\dfrac{-11k^2}{24k^2}=-\dfrac{11}{24}$

1685 답 ⑤

삼각형 ABC의 외접원의 반지름의 길이를 R라 하면 사인법칙에 의하여
$\sin A=\dfrac{a}{2R}$, $\sin B=\dfrac{b}{2R}$, $\sin C=\dfrac{c}{2R}$
$2\sqrt{3}\sin A=2\sin B=\sqrt{3}\sin C$이므로

$$\frac{2\sqrt{3}a}{2R} = \frac{2b}{2R} = \frac{\sqrt{3}c}{2R}$$

$$\therefore 2\sqrt{3}a = 2b = \sqrt{3}c$$

각 변을 $2\sqrt{3}$으로 나누어 $a = \frac{b}{\sqrt{3}} = \frac{c}{2} = k \ (k>0)$라 하면

$a = k$, $b = \sqrt{3}k$, $c = 2k$

코사인법칙에 의하여

$$\cos A = \frac{(\sqrt{3}k)^2 + (2k)^2 - k^2}{2 \times \sqrt{3}k \times 2k} = \frac{6k^2}{4\sqrt{3}k^2} = \frac{\sqrt{3}}{2}$$

$0° < A < 180°$이므로 $A = 30°$

1686 답 $45°$

코사인법칙에 의하여

$$c^2 = (2\sqrt{2})^2 + (\sqrt{2}+\sqrt{6})^2 - 2 \times 2\sqrt{2} \times (\sqrt{2}+\sqrt{6}) \times \cos 30°$$

$$= 8 + (8 + 4\sqrt{3}) - 2 \times 2\sqrt{2} \times (\sqrt{2}+\sqrt{6}) \times \frac{\sqrt{3}}{2} = 4$$

$$\therefore c = 2 \ (\because c > 0)$$

사인법칙에 의하여 $\dfrac{2\sqrt{2}}{\sin B} = \dfrac{2}{\sin 30°}$

$$\therefore \sin B = 2\sqrt{2} \times \frac{1}{2} \times \frac{1}{2} = \frac{\sqrt{2}}{2}$$

$0° < B < 90°$이므로 $B = 45°$

1687 답 ③

길이가 8인 변의 대각의 크기를 θ라 하면 코사인법칙에 의하여

$$\cos\theta = \frac{6^2 + 7^2 - 8^2}{2 \times 6 \times 7} = \frac{1}{4}$$

$$\sin^2\theta = 1 - \cos^2\theta = 1 - \left(\frac{1}{4}\right)^2 = \frac{15}{16}$$

$$\therefore \sin\theta = \frac{\sqrt{15}}{4} \ (\because 0° < \theta < 180°)$$

삼각형의 외접원의 반지름의 길이를 R라 하면 사인법칙에 의하여

$$\frac{8}{\sin\theta} = 2R \qquad \therefore R = \frac{1}{2} \times 8 \times \frac{4}{\sqrt{15}} = \frac{16\sqrt{15}}{15}$$

따라서 구하는 외접원의 넓이는

$$\pi \left(\frac{16\sqrt{15}}{15}\right)^2 = \frac{256}{15}\pi$$

1688 답 ②

$\dfrac{2}{\sin A} = \dfrac{3}{\sin B} = \dfrac{4}{\sin C}$에서

$\sin A : \sin B : \sin C = 2 : 3 : 4$

사인법칙에 의하여

$a : b : c = \sin A : \sin B : \sin C = 2 : 3 : 4$

$a = 2k$, $b = 3k$, $c = 4k \ (k>0)$라 하면 코사인법칙에 의하여

$$\cos C = \frac{(2k)^2 + (3k)^2 - (4k)^2}{2 \times 2k \times 3k} = -\frac{1}{4}$$

1689 답 ②

삼각형 ABC의 외접원의 반지름의 길이가 7이므로 사인법칙에 의하여

$$\frac{\overline{BC}}{\sin\frac{\pi}{3}} = 2 \times 7$$

$$\therefore \overline{BC} = 14 \times \frac{\sqrt{3}}{2} = 7\sqrt{3} \quad \cdots\cdots \ \bigcirc$$

한편, $\overline{AB} : \overline{AC} = 3 : 1$이므로 $\overline{AC} = k \ (k>0)$라 하면

$\overline{AB} = 3k$

삼각형 ABC에서 코사인법칙에 의하여

$$\overline{BC}^2 = \overline{AB}^2 + \overline{AC}^2 - 2 \times \overline{AB} \times \overline{AC} \times \cos\frac{\pi}{3}$$

$$= 9k^2 + k^2 - 2 \times 3k \times k \times \frac{1}{2} = 7k^2$$

$$\therefore \overline{BC} = \sqrt{7}k \ (\because \overline{BC} > 0) \quad \cdots\cdots \ \bigcirc$$

$\bigcirc$과 $\bigcirc$에서 $7\sqrt{3} = \sqrt{7}k$이므로

$k = \sqrt{21}$

$$\therefore \overline{AC} = k = \sqrt{21}$$

1690 답 ④

선분 AP가 $\angle$BAC의 이등분선이므로

$\overline{BP} : \overline{PC} = \overline{AB} : \overline{AC} = 3 : 1$

$\overline{PC} = k \ (k>0)$라 하면 $\overline{BP} = 3k$ $\overline{BP} : \overline{PC} = 3 : 1 \Rightarrow \overline{BP} = 3\overline{PC}$

삼각형 ABC에서 코사인법칙에 의하여

$$\cos\frac{\pi}{3} = \frac{3^2 + 1^2 - (4k)^2}{2 \times 3 \times 1}, \ \frac{1}{2} = \frac{10 - 16k^2}{6}, \ 16k^2 = 7$$

$$\therefore k = \frac{\sqrt{7}}{4}$$

삼각형 APC의 외접원의 반지름의 길이를 R라 하면 사인법칙에

의하여 $\dfrac{k}{\sin\frac{\pi}{6}} = 2R$ $\qquad \therefore R = \frac{1}{2} \times \frac{\sqrt{7}}{4} \times 2 = \frac{\sqrt{7}}{4}$

따라서 삼각형 APC의 외접원의 넓이는

$$\pi \left(\frac{\sqrt{7}}{4}\right)^2 = \frac{7}{16}\pi$$

실수 Check

삼각형의 내각의 이등분선의 성질을 이용하여 $\overline{BP} : \overline{PC} = 3 : 1$임을 알고 코사인법칙을 적용할 수 있어야 한다.

1691 답 ③ |유형9

세 변의 길이가 $\sqrt{10}$, 4, $3\sqrt{2}$인 삼각형의 세 내각 중에서 크기가 가장 작은 내각의 크기는? [단서1]

① $20°$ ② $30°$ ③ $45°$

④ $50°$ ⑤ $60°$

[단서1] 변의 길이로 최소각 결정

STEP1 가장 짧은 변의 대각을 θ라 하고 $\cos\theta$의 값 구하기

가장 짧은 변의 대각의 크기가 가장 작으므로 길이가 $\sqrt{10}$인 변의 대각의 크기를 θ라 하면 코사인법칙에 의하여

$$\cos\theta = \frac{4^2 + (3\sqrt{2})^2 - (\sqrt{10})^2}{2 \times 4 \times 3\sqrt{2}} = \frac{24}{24\sqrt{2}} = \frac{\sqrt{2}}{2}$$

STEP2 θ의 크기 구하기

$0° < \theta < 180°$이므로 $\theta = 45°$

1692 답 ③

가장 긴 변의 대각의 크기가 가장 크므로 길이가 $\sqrt{19}$인 변의 대각의 크기를 θ라 하면 코사인법칙에 의하여

$$\cos\theta = \frac{2^2+3^2-(\sqrt{19})^2}{2\times 2\times 3} = \frac{-6}{12} = -\frac{1}{2}$$

$0° < \theta < 180°$이므로 $\theta = 120°$

1693 답 150°

가장 긴 변의 대각의 크기가 가장 크므로 길이가 $\sqrt{19}$인 변의 대각의 크기를 θ라 하면

$$\cos\theta = \frac{1^2+(2\sqrt{3})^2-(\sqrt{19})^2}{2\times 1\times 2\sqrt{3}} = \frac{-6}{4\sqrt{3}} = -\frac{\sqrt{3}}{2}$$

$0° < \theta < 180°$이므로 $\theta = 150°$

1694 답 ②

가장 짧은 변의 길이가 $2\sqrt{2}$이므로 B가 최소각의 크기이다.
코사인법칙에 의하여

$$\cos B = \frac{(2\sqrt{3}+2)^2+4^2-(2\sqrt{2})^2}{2\times(2\sqrt{3}+2)\times 4} = \frac{8(\sqrt{3}+3)}{16(\sqrt{3}+1)} = \frac{\sqrt{3}}{2}$$

$0° < B < 180°$이므로 $B = 30°$

$$\therefore \sin\theta = \sin 30° = \frac{1}{2}$$

1695 답 ②

$\dfrac{\sin A}{3} = \dfrac{\sin B}{4} = \dfrac{\sin C}{5}$에서

$\sin A : \sin B : \sin C = 3 : 4 : 5$

사인법칙에 의하여

$a : b : c = \sin A : \sin B : \sin C = 3 : 4 : 5$

$a = 3k$, $b = 4k$, $c = 5k$ $(k>0)$라 하면 최대각은 $\angle C$이다.

코사인법칙에 의하여

$$\cos C = \frac{(3k)^2+(4k)^2-(5k)^2}{2\times 3k\times 4k} = 0$$

$0° < C < 180°$이므로 $C = 90°$

따라서 삼각형 ABC의 최대각의 크기는 $90°$이다.

참고 세 변의 길이의 비가 3 : 4 : 5인 삼각형은 직각삼각형이므로 최대각의 크기는 $90°$이다.

1696 답 ④

$\dfrac{3a-2b}{1} = \dfrac{3b-2c}{2} = \dfrac{3c-4a}{3} = k$라 하면

$3a-2b=k$, $3b-2c=2k$, $3c-4a=3k$

세 식을 변끼리 모두 더하면

$-a+b+c=6k$ ─────────────────── ㉠

$3a-2b=k$에서 $b = \dfrac{3a-k}{2}$ ───────── ㉡

$3c-4a=3k$에서 $c = \dfrac{4a+3k}{3}$ ───────── ㉢

㉡, ㉢을 ㉠에 대입하면

$-a + \dfrac{3a-k}{2} + \dfrac{4a+3k}{3} = 6k$

$-6a+9a-3k+8a+6k = 36k$

$11a = 33k$ $\quad\therefore\ a = 3k$

㉡, ㉢에서 $b = 4k$, $c = 5k$

이때 가장 짧은 변의 길이가 a이므로 A가 최소각의 크기이다.

$$\therefore \cos\theta = \cos A = \frac{(4k)^2+(5k)^2-(3k)^2}{2\times 4k\times 5k} = \frac{32k^2}{40k^2} = \frac{4}{5}$$

참고 삼각형의 결정 조건에 의하여 $a<b+c$이므로
㉠에서 $-a+b+c=6k>0$
$\therefore k>0$

1697 답 ③ | 유형 10

> 삼각형 ABC에서 $\underline{\sin A = 2\cos B\sin C}$가 성립할 때, 삼각형 ABC는 어떤 삼각형인가? **단서1**
>
> ① 정삼각형   ② $a=c$인 이등변삼각형
> ③ $b=c$인 이등변삼각형   ④ 빗변의 길이가 a인 직각삼각형
> ⑤ 빗변의 길이가 c인 직각삼각형
>
> **단서1** 변의 길이에 대한 식으로 변형

STEP 1 $\sin A$, $\sin C$, $\cos B$를 외접원의 반지름의 길이 R와 a, b, c에 대한 식으로 나타내기

삼각형 ABC의 외접원의 반지름의 길이를 R라 하면

$$\sin A = \frac{a}{2R},\ \sin C = \frac{c}{2R},\ \cos B = \frac{c^2+a^2-b^2}{2ca}$$

STEP 2 a, b, c 사이의 관계식 구하기

$\sin A = 2\cos B\sin C$에 대입하면

$$\frac{a}{2R} = 2\times \frac{c^2+a^2-b^2}{2ca} \times \frac{c}{2R}$$

$a^2 = c^2+a^2-b^2$, $b^2 = c^2$

$b>0$, $c>0$이므로 $b=c$

STEP 3 삼각형 ABC가 어떤 삼각형인지 말하기

삼각형 ABC는 $b=c$인 이등변삼각형이다.

1698 답 ②

$$\cos A = \frac{b^2+c^2-a^2}{2bc},\ \cos B = \frac{c^2+a^2-b^2}{2ca}$$

이것을 $b\cos A = a\cos B$에 대입하면

$$b\times\frac{b^2+c^2-a^2}{2bc} = a\times\frac{c^2+a^2-b^2}{2ca}$$

$b^2+c^2-a^2 = c^2+a^2-b^2$, $a^2 = b^2$

$a>0$, $b>0$이므로 $a=b$

따라서 삼각형 ABC는 $a=b$인 이등변삼각형이다.

1699 답 ⑤

$$\cos B = \frac{c^2+a^2-b^2}{2ca},\ \cos C = \frac{a^2+b^2-c^2}{2ab}$$

이것을 $c\cos B - b\cos C = a$에 대입하면

$$c\times\frac{c^2+a^2-b^2}{2ca} - b\times\frac{a^2+b^2-c^2}{2ab} = a$$

$(c^2+a^2-b^2)-(a^2+b^2-c^2) = 2a^2$

$2c^2-2b^2 = 2a^2$ $\quad\therefore c^2 = a^2+b^2$

따라서 삼각형 ABC는 빗변의 길이가 c인 직각삼각형이다.

1700 답 $A=90°$인 직각삼각형

$\cos A=\dfrac{b^2+c^2-a^2}{2bc}$, $\cos C=\dfrac{a^2+b^2-c^2}{2ab}$

이것을 $a\cos C-c\cos A=b$에 대입하면

$a\times\dfrac{a^2+b^2-c^2}{2ab}-c\times\dfrac{b^2+c^2-a^2}{2bc}=b$

$(a^2+b^2-c^2)-(b^2+c^2-a^2)=2b^2$

$2a^2-2c^2=2b^2$ $\quad\therefore a^2=b^2+c^2$

따라서 삼각형 ABC는 $A=90°$인 직각삼각형이다.

1701 답 ②

삼각형 ABC의 외접원의 반지름의 길이를 R라 하면

$\sin A=\dfrac{a}{2R}$, $\sin B=\dfrac{b}{2R}$, $\cos C=\dfrac{a^2+b^2-c^2}{2ab}$

이것을 $\cos C=\dfrac{\sin B}{2\sin A}$에 대입하면

$\dfrac{a^2+b^2-c^2}{2ab}=\dfrac{\dfrac{b}{2R}}{2\times\dfrac{a}{2R}}$

$a^2+b^2-c^2=b^2$, $a^2=c^2$

$a>0$, $c>0$이므로 $a=c$

따라서 삼각형 ABC는 $a=c$인 이등변삼각형이다.

1702 답 ①

$\sin C=\dfrac{c}{2R}$, $\cos A=\dfrac{b^2+c^2-a^2}{2bc}$, $\cos B=\dfrac{c^2+a^2-b^2}{2ca}$

이것을 $2R\sin C+b\cos A=a\cos B$에 대입하면

$2R\times\dfrac{c}{2R}+b\times\dfrac{b^2+c^2-a^2}{2bc}=a\times\dfrac{c^2+a^2-b^2}{2ca}$

$2c^2+b^2+c^2-a^2=c^2+a^2-b^2$ $\quad\therefore a^2=b^2+c^2$

따라서 삼각형 ABC는 $A=90°$인 직각삼각형이다.

> 참고 (1) $a\cos A=b\cos B$를 만족시키는 삼각형 ABC
> → $a=b$인 이등변삼각형 또는 $C=90°$인 직각삼각형
> (2) $a\cos B=b\cos A$를 만족시키는 삼각형 ABC
> → $a=b$인 이등변삼각형
> (3) $a\cos B-b\cos A=c$를 만족시키는 삼각형 ABC
> → $A=90°$인 직각삼각형

1703 답 $a=b$인 이등변삼각형

삼각형 ABC의 외접원의 반지름의 길이를 R라 하면

$\sin A=\dfrac{a}{2R}$, $\sin B=\dfrac{b}{2R}$, $\sin C=\dfrac{c}{2R}$, $\cos B=\dfrac{c^2+a^2-b^2}{2ca}$

이것을 $2\sin A\cos B=\sin A-\sin B+\sin C$에 대입하면

$2\times\dfrac{a}{2R}\times\dfrac{c^2+a^2-b^2}{2ca}=\dfrac{a}{2R}-\dfrac{b}{2R}+\dfrac{c}{2R}$

$a^2-b^2=ac-bc$, $(a-b)(a+b-c)=0$

삼각형의 결정 조건에 의하여 $a+b-c>0$이므로

$a-b=0$ $\quad\therefore a=b$ → 삼각형의 한 변의 길이는 나머지 두 변의 길이의 합보다 작다.

따라서 삼각형 ABC는 $a=b$인 이등변삼각형이다.

1704 답 $1:2:3$

삼각형 ABC의 외접원의 반지름의 길이를 R라 하면

$\sin A=\dfrac{a}{2R}$, $\sin C=\dfrac{c}{2R}$, $\cos B=\dfrac{c^2+a^2-b^2}{2ca}$

이것을 조건 ㈎ $\sin A=\sin C\cos B$에 대입하면

$\dfrac{a}{2R}=\dfrac{c}{2R}\times\dfrac{c^2+a^2-b^2}{2ca}$

$2a^2=c^2+a^2-b^2$

$\therefore c^2=a^2+b^2$

따라서 삼각형 ABC는 $C=90°$인 직각삼각형이다.

이때 코사인법칙에 의하여 $a^2=b^2+c^2-2bc\cos A$이므로

이것을 조건 ㈏ $a^2=b^2+c^2-\sqrt3bc$에 대입하면

$-2bc\cos A=-\sqrt3bc$, $2\cos A=\sqrt3$

$\therefore \cos A=\dfrac{\sqrt3}{2}$

$0°<A<180°$이므로 $A=30°$

따라서 $B=180°-(30°+90°)=60°$이므로

$A:B:C=30°:60°:90°=1:2:3$

1705 답 ③

삼각형 ABC의 외접원의 반지름의 길이를 R라 하면

$\sin A=\dfrac{a}{2R}$, $\sin B=\dfrac{b}{2R}$, $\cos A=\dfrac{b^2+c^2-a^2}{2bc}$,

$\cos B=\dfrac{c^2+a^2-b^2}{2ca}$

이것을 $\cos B\sin^2 A=\cos A\sin^2 B$에 대입하면

$\dfrac{c^2+a^2-b^2}{2ca}\times\left(\dfrac{a}{2R}\right)^2=\dfrac{b^2+c^2-a^2}{2bc}\times\left(\dfrac{b}{2R}\right)^2$

$a(c^2+a^2-b^2)=b(b^2+c^2-a^2)$

$a^3+ac^2-ab^2=b^3+bc^2-a^2b$

$\underbrace{a^3-b^3}+(a-b)c^2+(a-b)ab=0$ → $(a-b)(a^2+ab+b^2)$

$(a-b)(a^2+2ab+b^2+c^2)=0$

$\therefore a=b$ ($\because a>0$, $b>0$, $c>0$)

따라서 삼각형 ABC는 $a=b$인 이등변삼각형이다.

1706 답 ⑤

$\tan A\sin^2 C=\tan C\sin^2 A$에서

$\dfrac{\sin A}{\cos A}\times\sin^2 C=\dfrac{\sin C}{\cos C}\times\sin^2 A$

$\dfrac{\sin C}{\cos A}=\dfrac{\sin A}{\cos C}$ ($\because \sin A\neq0$, $\sin C\neq0$)

$\therefore \sin A\cos A=\sin C\cos C$

삼각형 ABC의 외접원의 반지름의 길이를 R라 하면

$\sin A=\dfrac{a}{2R}$, $\sin C=\dfrac{c}{2R}$, $\cos A=\dfrac{b^2+c^2-a^2}{2bc}$,

$\cos C=\dfrac{a^2+b^2-c^2}{2ab}$

이것을 $\sin A\cos A=\sin C\cos C$에 대입하면

$\dfrac{a}{2R}\times\dfrac{b^2+c^2-a^2}{2bc}=\dfrac{c}{2R}\times\dfrac{a^2+b^2-c^2}{2ab}$

$a^2(b^2+c^2-a^2)=c^2(a^2+b^2-c^2)$

$a^2b^2+a^2c^2-a^4=a^2c^2+b^2c^2-c^4$

$(a^2-c^2)b^2-(a^2+c^2)(a^2-c^2)=0$

$(a^2-c^2)(b^2-a^2-c^2)=0$

$(a+c)(a-c)(b^2-a^2-c^2)=0$

$\therefore a=c$ 또는 $b^2=a^2+c^2$ ($\because a>0,\ c>0$)

따라서 삼각형 ABC는 $a=c$인 이등변삼각형 또는 $B=90°$인 직각삼각형이다.

실수 Check

$a=c$인 이등변삼각형과 $B=90°$인 직각삼각형 중 1가지만 답으로 하지 않도록 주의한다.

1707 답 $6\sqrt{7}$ km | 유형 11

바다 위의 A 지점을 출발한 배가 동쪽으로 6 km를 항해한 후 그림과 같이 $\dfrac{\pi}{3}$만큼 방향을 바꾸어 북동쪽으로 12 km를 가서 [단서1] B 지점에 도착하였다. 두 지점 A, B 사이의 거리를 구하시오.

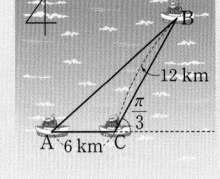

[단서1] 두 변의 길이와 그 끼인각의 크기가 주어진 경우에는 코사인법칙 이용

STEP 1 $\angle ACB$의 크기 구하기

$\angle ACB = \pi - \dfrac{\pi}{3} = \dfrac{2}{3}\pi$

STEP 2 $\overline{AB}$의 길이 구하기

삼각형 ACB에서 코사인법칙에 의하여

$\overline{AB}^2 = 6^2 + 12^2 - 2 \times 6 \times 12 \times \cos\dfrac{2}{3}\pi$

$\longrightarrow \cos\left(\pi - \dfrac{\pi}{3}\right) = -\cos\dfrac{\pi}{3} = -\dfrac{1}{2}$

$\qquad = 36 + 144 - 2 \times 6 \times 12 \times \left(-\dfrac{1}{2}\right) = 252$

$\therefore \overline{AB} = 6\sqrt{7}$ (km)

따라서 두 지점 A, B 사이의 거리는 $6\sqrt{7}$ km이다.

1708 답 ④

삼각형 ABC에서 코사인법칙에 의하여

$\overline{BC}^2 = 8^2 + (8\sqrt{3})^2 - 2 \times 8 \times 8\sqrt{3} \times \cos 30°$

$\qquad = 64 + 192 - 2 \times 8 \times 8\sqrt{3} \times \dfrac{\sqrt{3}}{2} = 64$

$\therefore \overline{BC} = 8$ (m)

따라서 두 지점 B, C 사이의 거리는 8 m이다.

1709 답 70 m

삼각형 ACB에서 코사인법칙에 의하여

$\overline{AB}^2 = 50^2 + 80^2 - 2 \times 50 \times 80 \times \cos 60°$

$\qquad = 2500 + 6400 - 2 \times 50 \times 80 \times \dfrac{1}{2} = 4900$

$\therefore \overline{AB} = 70$ (m)

따라서 두 나무 A, B 사이의 거리는 70 m이다.

1710 답 ⑤

삼각형 ADC에서

$\overline{AC} = \dfrac{10}{\sin 30°} = \dfrac{10}{\dfrac{1}{2}} = 20$ (m)

삼각형 BCE에서

$\overline{BC} = \dfrac{12\sqrt{2}}{\sin 45°} = \dfrac{12\sqrt{2}}{\dfrac{\sqrt{2}}{2}} = 24$ (m)

삼각형 ACB에서 코사인법칙에 의하여

$\overline{AB}^2 = 20^2 + 24^2 - 2 \times 20 \times 24 \times \cos 60°$

$\qquad = 400 + 576 - 2 \times 20 \times 24 \times \dfrac{1}{2} = 496$

$\therefore \overline{AB} = 4\sqrt{31}$ (m)

따라서 두 지점 A, B 사이의 거리는 $4\sqrt{31}$ m이다.

1711 답 ⑤

삼각형 ABD에서 $\overline{BD} = \sqrt{2^2 + 2^2} = 2\sqrt{2}$

삼각형 BIF에서 $\overline{BI} = \sqrt{2^2 + 1^2} = \sqrt{5}$

삼각형 HEI에서 $\overline{HI} = \sqrt{2^2 + 1^2} = \sqrt{5}$

삼각형 DHI에서 $\overline{DI} = \sqrt{(\sqrt{5})^2 + 2^2} = 3$ $\longrightarrow \sqrt{\overline{HI}^2 + \overline{DH}^2}$

삼각형 BDI에서 코사인법칙에 의하여

$\cos(\angle BDI) = \dfrac{(2\sqrt{2})^2 + 3^2 - (\sqrt{5})^2}{2 \times 2\sqrt{2} \times 3}$

$\qquad\qquad\quad = \dfrac{12}{12\sqrt{2}} = \dfrac{\sqrt{2}}{2}$

1712 답 ⑤

$\overline{CD} = x$ m라 하면 삼각형 ACD에서

$\overline{AC} = \dfrac{x}{\tan 30°} = \dfrac{x}{\dfrac{\sqrt{3}}{3}} = \sqrt{3}x$ (m)

삼각형 BCD는 $\angle BCD = 90°$인 직각이등변삼각형이므로

$\overline{BC} = \overline{CD} = x$ (m)

삼각형 ABC에서 코사인법칙에 의하여

$30^2 = (\sqrt{3}x)^2 + x^2 - 2 \times \sqrt{3}x \times x \times \cos 30°$

$900 = 3x^2 + x^2 - 2 \times \sqrt{3}x \times x \times \dfrac{\sqrt{3}}{2}$

$x^2 = 900$

$\therefore x = 30$ ($\because x > 0$)

따라서 가로등의 높이는 30 m이다.

1713 답 ③

삼각형 ABC에서 코사인법칙에 의하여

$\cos A = \dfrac{3^2 + 5^2 - 7^2}{2 \times 3 \times 5} = -\dfrac{1}{2}$

$\therefore \sin A = \sqrt{1 - \cos^2 A}$

$\qquad\quad = \sqrt{1 - \left(-\dfrac{1}{2}\right)^2}$

$\qquad\quad = \sqrt{\dfrac{3}{4}} = \dfrac{\sqrt{3}}{2}$ ($\because 0° < A < 180°$)

삼각형 ABC의 외접원의 반지름의 길이를 R라 하면 사인법칙에 의하여

$\dfrac{7}{\sin A} = 2R$

$\therefore R = \dfrac{1}{2} \times 7 \times \dfrac{2}{\sqrt{3}} = \dfrac{7\sqrt{3}}{3}$

따라서 연못의 넓이는 $\pi\left(\dfrac{7\sqrt{3}}{3}\right)^2 = \dfrac{49}{3}\pi$ (m²)

1714 답 $2\sqrt{3}$ m

$\overline{PC}=x$ m라 하면

삼각형 PCB에서 $\overline{PB}=\sqrt{x^2+1}$ (m)

삼각형 PCA에서 $\overline{PA}=\sqrt{x^2+9}$ (m)

삼각형 APB에서 코사인법칙에 의하여

$2^2=(x^2+1)+(x^2+9)-2\times\sqrt{x^2+1}\times\sqrt{x^2+9}\times\cos 30°$

$4=2x^2+10-\sqrt{3(x^2+1)(x^2+9)}$

$2x^2+6=\sqrt{3x^4+30x^2+27}$

양변을 제곱하면

$4x^4+24x^2+36=3x^4+30x^2+27$

$x^4-6x^2+9=0, (x^2-3)^2=0$

$\therefore x^2=3$

$\therefore \overline{PA}=\sqrt{x^2+9}=2\sqrt{3}$ (m)

1715 답 ②

$\overline{OP}=15\times\dfrac{2}{5}=6$

그림과 같은 원뿔의 전개도에서 옆면인 부채꼴의 중심각의 크기를 θ라 하면 $15\theta=2\pi\times 5$이므로

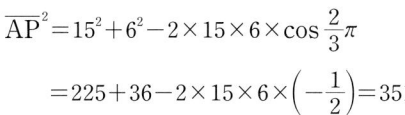

$\theta=\dfrac{2}{3}\pi$

삼각형 OAP에서 코사인법칙에 의하여

$\overline{AP}^2=15^2+6^2-2\times 15\times 6\times\cos\dfrac{2}{3}\pi$

$\qquad =225+36-2\times 15\times 6\times\left(-\dfrac{1}{2}\right)=351$

$\therefore \overline{AP}=3\sqrt{39}$

따라서 구하는 최단 거리는 $3\sqrt{39}$이다.

1716 답 ②

그림과 같이 $\overline{AB}$를 $\overline{AC}$에 대하여 대칭이동한 것을 $\overline{AB'}$, $\overline{AC}$를 $\overline{AB'}$에 대하여 대칭이동한 것을 $\overline{AC'}$, $\overline{AB'}$을 $\overline{AC'}$에 대하여 대칭이동한 것을 $\overline{AB''}$이라 하자.

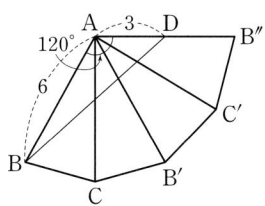

점 B를 출발하여 점 D에 이르는 최단 거리는 $\overline{BD}$의 길이와 같으므로 삼각형 ABD에서 코사인법칙에 의하여

$\overline{BD}^2=6^2+3^2-2\times 6\times 3\times\cos 120°$

$\qquad =36+9-2\times 6\times 3\times\left(-\dfrac{1}{2}\right)=63$

$\therefore \overline{BD}=3\sqrt{7}$

실수 Check

최단 거리로 이동하는 경우는 지나가는 경로를 곧게 폈을 때 직선이 되는 경우이다. 위 문제의 경우 밑면이 정사각형인 사각뿔의 옆면을 지나는 선의 최단 길이를 유추하여 전개도를 떠올릴 수도 있다.

1717 답 ②

그림과 같은 삼각형 ABC에서 $\overline{AB}=2\sqrt{2}$, $\overline{AC}=2\sqrt{5}$, $B=45°$일 때, 삼각형 ABC의 넓이는? 단서1

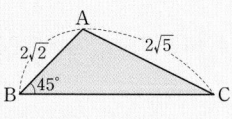

① $2\sqrt{2}$ ② 6   ③ 7

④ 8   ⑤ 10

단서1 두 변의 길이와 한 각의 크기가 주어진 경우 나머지 변의 길이를 구할 때 코사인법칙 이용

STEP1 $\overline{BC}$의 길이 구하기

$\overline{BC}=a$라 하면 코사인법칙에 의하여

$(2\sqrt{5})^2=(2\sqrt{2})^2+a^2-2\times 2\sqrt{2}\times a\times\cos 45°$

$20=8+a^2-2\times 2\sqrt{2}\times a\times\dfrac{\sqrt{2}}{2}, a^2-4a-12=0$

$(a-6)(a+2)=0$

$a>0$이므로 $a=6$

STEP2 삼각형 ABC의 넓이 구하기

삼각형 ABC의 넓이는

$\dfrac{1}{2}\times 2\sqrt{2}\times 6\times\sin 45°=\dfrac{1}{2}\times 2\sqrt{2}\times 6\times\dfrac{\sqrt{2}}{2}=6$

1718 답 ⑤

삼각형 ABC의 넓이는

$\dfrac{1}{2}\times 6\times 4\sqrt{3}\times\sin 120°=\dfrac{1}{2}\times 6\times 4\sqrt{3}\times\dfrac{\sqrt{3}}{2}$

$\qquad\qquad\qquad\qquad\qquad =18$

1719 답 ④

삼각형 ABC의 넓이가 4이므로

$\dfrac{1}{2}\times\overline{AB}\times 4\times\underline{\sin 135°}=4$

$\qquad\qquad\qquad\quad \xrightarrow{\ } \sin(180°-45°)=\sin 45°=\dfrac{\sqrt{2}}{2}$

$\dfrac{1}{2}\times\overline{AB}\times 4\times\dfrac{\sqrt{2}}{2}=4$

$\therefore \overline{AB}=2\sqrt{2}$

1720 답 ②

$\sin(B+C)=\sin(\pi-A)=\sin A$이므로

$\sin A=\dfrac{\sqrt{2}}{2}$

삼각형 ABC의 넓이는

$\dfrac{1}{2}bc\sin A=\dfrac{1}{2}\times 9\times 12\times\dfrac{\sqrt{2}}{2}=27\sqrt{2}$

1721 답 ①

삼각형 ABC의 넓이가 $5\sqrt{3}$이므로

$\dfrac{1}{2}\times 4\times 5\times\sin A=5\sqrt{3}$

$\therefore \sin A=\dfrac{\sqrt{3}}{2}$

$0<A<\dfrac{\pi}{2}$이므로

$\cos A=\sqrt{1-\sin^2 A}=\sqrt{1-\left(\dfrac{\sqrt{3}}{2}\right)^2}=\dfrac{1}{2}$

코사인법칙에 의하여

$$a^2 = 4^2 + 5^2 - 2 \times 4 \times 5 \times \cos A$$
$$= 16 + 25 - 2 \times 4 \times 5 \times \frac{1}{2} = 21$$
$$\therefore a = \sqrt{21}$$

1722 답 ③

사인법칙에 의하여 $\dfrac{4\sqrt{3}}{\sin 30°} = \dfrac{12}{\sin C}$

$$\therefore \sin C = 12 \times \frac{1}{2} \times \frac{1}{4\sqrt{3}} = \frac{\sqrt{3}}{2}$$

$0° < C < 180°$이므로 $C = 60°$ 또는 $C = 120°$

그런데 $C = 60°$이면 $A = 90°$이므로 삼각형 ABC는 직각삼각형이 된다.

따라서 삼각형 ABC가 둔각삼각형이 되려면

$C = 120°$ $\therefore A = 30°$

$$\therefore \text{(삼각형 ABC의 넓이)} = \frac{1}{2} \times 12 \times 4\sqrt{3} \times \sin A$$
$$= \frac{1}{2} \times 12 \times 4\sqrt{3} \times \sin 30°$$
$$= \frac{1}{2} \times 12 \times 4\sqrt{3} \times \frac{1}{2} = 12\sqrt{3}$$

1723 답 5

삼각형 ABC의 넓이가 10이므로

$$\frac{1}{2} \times 4 \times 6 \times \sin A = 10 \quad \therefore \sin A = \frac{5}{6}$$

$\overline{AD} = 4 \times \dfrac{3}{4} = 3$, $\overline{AE} = 6 \times \dfrac{2}{3} = 4$이므로

삼각형 ADE의 넓이는

$$\frac{1}{2} \times 3 \times 4 \times \sin A = \frac{1}{2} \times 3 \times 4 \times \frac{5}{6} = 5$$

1724 답 ②

직각삼각형 ABC에서

$\overline{AB} = \sqrt{10^2 - 6^2} = 8$

$\angle ACB = \theta$라 하면 $\sin\theta = \dfrac{8}{10} = \dfrac{4}{5}$

$\overline{CF} = \overline{AC} = 6$, $\overline{CE} = \overline{BC} = 10$,

$\angle ECF = \pi - \theta$이므로 삼각형 CEF의 넓이는

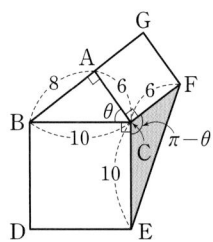

$$\frac{1}{2} \times 6 \times 10 \times \sin(\pi - \theta)$$
$$= \frac{1}{2} \times 6 \times 10 \times \sin\theta$$
$$= \frac{1}{2} \times 6 \times 10 \times \frac{4}{5} = 24$$

1725 답 $\dfrac{2}{5}$

$\overline{OA} : \overline{AC} = 4 : 1$이므로 $\overline{OA} = \dfrac{4}{5}\overline{OC}$

$\overline{OB} : \overline{BD} = 3 : 1$이므로 $\overline{OB} = \dfrac{3}{4}\overline{OD}$

$\angle AOB = \theta$라 하면 삼각형 OBA의 넓이는

$$\frac{1}{2} \times \overline{OA} \times \overline{OB} \times \sin\theta$$
$$= \frac{1}{2} \times \frac{4}{5}\overline{OC} \times \frac{3}{4}\overline{OD} \times \sin\theta$$
$$= \frac{3}{5} \times \underline{\frac{1}{2} \times \overline{OC} \times \overline{OD} \times \sin\theta}$$
$$\phantom{= \frac{3}{5} \times} {}_{\longrightarrow \text{삼각형 ODC의 넓이}}$$
$$= \frac{3}{5} \times S_2$$

따라서 사각형 ABDC의 넓이는

$$S_1 = S_2 - \frac{3}{5}S_2 = \frac{2}{5}S_2$$

$$\therefore k = \frac{2}{5}$$

1726 답 $\dfrac{1}{3}$

$S = \dfrac{1}{2}bc\sin A$이므로

삼각형 APR의 넓이는

$$\frac{1}{2} \times \overline{AP} \times \overline{AR} \times \sin A = \frac{1}{2} \times \frac{2c}{3} \times \frac{b}{3} \times \sin A$$
$$= \frac{2}{9} \times \frac{1}{2}bc\sin A = \frac{2}{9}S$$

같은 방법으로

삼각형 BQP, 삼각형 CRQ의 넓이도 각각 $\dfrac{2}{9}S$이므로

$$S' = S - \left(\frac{2}{9}S + \frac{2}{9}S + \frac{2}{9}S\right) = \frac{1}{3}S$$

$$\therefore \frac{S'}{S} = \frac{1}{3}$$

실수 Check

삼각형 PQR의 넓이를 직접 구하는 대신 삼각형 ABC의 넓이에서 각 꼭짓점에서의 삼각형의 넓이의 합을 빼는 방법을 이용한다.

1727 답 10

$\sin^2\theta = 1 - \cos^2\theta = 1 - \left(\dfrac{\sqrt{5}}{3}\right)^2 = \dfrac{4}{9}$이므로

$\sin\theta = \dfrac{2}{3}$ ($\because \sin\theta > 0$)

$\overline{AB} = 15$이고 삼각형 ABC의 넓이가 50이므로

$$50 = \frac{1}{2} \times \overline{AB} \times \overline{BC} \times \sin\theta$$
$$= \frac{1}{2} \times 15 \times \overline{BC} \times \frac{2}{3}$$
$$= 5 \times \overline{BC}$$

$$\therefore \overline{BC} = 10$$

1728 답 ③

부채꼴 OAB의 중심각의 크기를 α라 하면

$\alpha \times 4 = \pi$ $\therefore \alpha = \dfrac{\pi}{4}$

부채꼴 OAB의 넓이는

$$S = \frac{1}{2} \times 4 \times \pi = 2\pi$$

삼각형 OAP의 넓이는

$$T = \frac{1}{2} \times \overline{OA} \times \overline{OP} \times \sin \alpha$$
$$= \frac{1}{2} \times 4 \times \overline{OP} \times \sin \frac{\pi}{4}$$
$$= 2 \times \overline{OP} \times \frac{\sqrt{2}}{2} = \sqrt{2} \, \overline{OP}$$

$\dfrac{S}{T} = \pi$에서 $\dfrac{2\pi}{\sqrt{2} \, \overline{OP}} = \pi$

$\therefore \overline{OP} = \sqrt{2}$

1729 답 ①
유형 13

외접원의 반지름의 길이가 5인 삼각형 ABC의 넓이가 6일 때, abc의
값은? **단서1**

① 120   ② 144   ③ 168

④ 192   ⑤ 216

단서1 $S = \dfrac{abc}{4R}$에 수치를 대입

STEP 1 abc의 값 구하기

삼각형 ABC의 외접원의 반지름의 길이가 5이므로

$6 = \dfrac{abc}{4 \times 5}$ $\therefore abc = 120$

다른 풀이

삼각형 ABC에서 외접원의 반지름의 길이가 5이므로
사인법칙에 의하여

$\dfrac{c}{\sin C} = 2 \times 5$ $\therefore \sin C = \dfrac{c}{10}$

삼각형 ABC의 넓이가 6이므로

$\dfrac{1}{2} ab \sin C = 6$, $\dfrac{1}{2} ab \times \dfrac{c}{10} = 6$

$\therefore abc = 120$

1730 답 ②

삼각형 ABC의 외접원의 반지름의 길이가 2이므로 삼각형 ABC
의 넓이는

$2 \times 2^2 \times \sin A \times \sin B \times \sin C$
$= 2 \times 4 \times \dfrac{\sqrt{2}}{2} \times \dfrac{\sqrt{3}}{2} \times \dfrac{\sqrt{2}+\sqrt{6}}{4} = 3 + \sqrt{3}$

1731 답 ②

삼각형 ABC의 외접원의 반지름의 길이가 4이므로

$12 = 2 \times 4^2 \times \sin A \times \sin B \times \sin C$

$\therefore \sin A \times \sin B \times \sin C = \dfrac{3}{8}$

다른 풀이

삼각형 ABC의 넓이가 12이므로

$\dfrac{1}{2} bc \sin A = 12$에서 $bc \sin A = 24$

삼각형 ABC에서 사인법칙에 의하여

$\dfrac{b}{\sin B} = \dfrac{c}{\sin C} = 2 \times 4$이므로

$\sin B = \dfrac{b}{8}$, $\sin C = \dfrac{c}{8}$

$\therefore \sin A \times \sin B \times \sin C = \sin A \times \dfrac{b}{8} \times \dfrac{c}{8}$
$\qquad\qquad\qquad\qquad\qquad = \dfrac{bc \sin A}{64} = \dfrac{3}{8}$

1732 답 ④

삼각형 ABC의 외접원의 반지름의 길이가 3이므로

$15 = \dfrac{abc}{4 \times 3}$ $\therefore abc = 180$

다른 풀이

삼각형 ABC의 외접원의 반지름의 길이가 3이므로

$\dfrac{c}{\sin C} = 2 \times 3$ $\therefore \sin C = \dfrac{c}{6}$

삼각형 ABC의 넓이가 15이므로

$\dfrac{1}{2} ab \sin C = 15$, $\dfrac{1}{2} ab \times \dfrac{c}{6} = 15$

$\therefore abc = 180$

1733 답 ④

삼각형의 외접원의 반지름의 길이를 R라 하면 넓이가 6이므로

$6 = \dfrac{abc}{4R}$, $6 = \dfrac{72}{4R}$

$\therefore R = 3$

1734 답 ③

외접원의 반지름의 길이가 4이므로 정삼각형 ABC의 넓이는

$2 \times 4^2 \times \sin 60° \times \sin 60° \times \sin 60°$
$= 2 \times 4^2 \times \dfrac{\sqrt{3}}{2} \times \dfrac{\sqrt{3}}{2} \times \dfrac{\sqrt{3}}{2}$
$= 12\sqrt{3}$

다른 풀이

정삼각형 ABC의 한 변의 길이를 x라 하면
사인법칙에 의하여

$\dfrac{x}{\sin 60°} = 2 \times 4$

$\therefore x = 2 \times 4 \times \dfrac{\sqrt{3}}{2} = 4\sqrt{3}$

따라서 정삼각형 ABC의 넓이는

$\dfrac{\sqrt{3}}{4} \times (4\sqrt{3})^2 = 12\sqrt{3}$ → (한 변의 길이가 x인 정삼각형의 넓이) $= \dfrac{\sqrt{3}}{4}x^2$

1735 답 $9\sqrt{3}$

삼각형 ABC에서

$A = 180° - (30° + 30°) = 120°$

외접원의 반지름의 길이가 6이므로 삼각형 ABC의 넓이는

$2 \times 6^2 \times \sin 120° \times \sin 30° \times \sin 30°$
$= 2 \times 36 \times \dfrac{\sqrt{3}}{2} \times \dfrac{1}{2} \times \dfrac{1}{2} = 9\sqrt{3}$

1736 답 $25(3+\sqrt{3})$

$\overparen{AB} : \overparen{BC} : \overparen{CA} = 3 : 4 : 5$이므로 삼각형 ABC에서

$A = 180° \times \dfrac{4}{12} = 60°$, $B = 180° \times \dfrac{5}{12} = 75°$,

$$C = 180° \times \frac{3}{12} = 45°$$

외접원의 반지름의 길이가 10이므로 삼각형 ABC의 넓이는

$2 \times 10^2 \times \sin 60° \times \sin 75° \times \sin 45°$

$$= 2 \times 100 \times \frac{\sqrt{3}}{2} \times \frac{\sqrt{6}+\sqrt{2}}{4} \times \frac{\sqrt{2}}{2}$$

$$= 25(3+\sqrt{3})$$

다른 풀이

그림에서

$\angle x = 360° \times \frac{3}{12} = 90°$

$\angle y = 360° \times \frac{4}{12} = 120°$

$\angle z = 360° \times \frac{5}{12} = 150°$

따라서 삼각형 ABC의 넓이는

$\frac{1}{2} \times 10 \times 10 \times \sin 90° + \frac{1}{2} \times 10 \times 10 \times \sin 120°$

$$+ \frac{1}{2} \times 10 \times 10 \times \sin 150°$$

$$= 25(3+\sqrt{3})$$

1737 답 ②

$\overline{AB} = k$, $\overline{BC} = \sqrt{2}k$, $\overline{CA} = 2k$ $(k>0)$라 하면

코사인법칙에 의하여

$$\cos B = \frac{k^2 + (\sqrt{2}k)^2 - (2k)^2}{2 \times k \times \sqrt{2}k} = -\frac{k^2}{2\sqrt{2}k^2} = -\frac{\sqrt{2}}{4}$$

$0° < B < 180°$이므로

$$\sin B = \sqrt{1-\cos^2 B} = \sqrt{1-\left(-\frac{\sqrt{2}}{4}\right)^2} = \frac{\sqrt{14}}{4}$$

사인법칙에 의하여 $\frac{2k}{\sin B} = 2 \times \sqrt{14}$

$$\therefore k = \frac{1}{2} \times 2\sqrt{14} \times \frac{\sqrt{14}}{4} = \frac{7}{2}$$

따라서 삼각형 ABC의 넓이는

$\frac{1}{2} \times k \times \sqrt{2}k \times \sin B$

$$= \frac{1}{2} \times \frac{7}{2} \times \frac{7\sqrt{2}}{2} \times \frac{\sqrt{14}}{4} = \frac{49\sqrt{7}}{16}$$

실수 Check

세 변의 길이를 이용해 코사인법칙을 적용할 때와 삼각형의 넓이를 구할 때 계산이 쉬운 각을 선택하면 실수를 줄일 수 있다.

1738 답 ③ | 유형 **14**

삼각형 ABC에서 $A=60°$, $b=8$, $c=3$일 때, 삼각형 ABC의 내접원의 반지름의 길이는? **단서1**

① $\frac{\sqrt{2}}{3}$ ② $\frac{\sqrt{2}}{2}$ ③ $\frac{2\sqrt{3}}{3}$

④ 2 ⑤ $2\sqrt{3}$

단서1 두 변의 길이와 한 각의 크기가 주어진 경우 코사인법칙 이용

STEP 1 a의 값 구하기

코사인법칙에 의하여

$a^2 = 8^2 + 3^2 - 2 \times 8 \times 3 \times \cos 60°$

$$= 64 + 9 - 2 \times 8 \times 3 \times \frac{1}{2} = 49$$

$\therefore a = 7$ $(\because a>0)$

STEP 2 삼각형 ABC의 넓이 구하기

삼각형 ABC의 넓이를 S라 하면

$S = \frac{1}{2} \times 8 \times 3 \times \sin 60°$

$$= \frac{1}{2} \times 8 \times 3 \times \frac{\sqrt{3}}{2} = 6\sqrt{3}$$

STEP 3 내접원의 반지름의 길이 구하기

삼각형 ABC의 내접원의 반지름의 길이를 r라 하면

$\frac{r}{2}(7+8+3) = 6\sqrt{3}$ $\therefore r = \frac{2\sqrt{3}}{3}$

1739 답 ⑤

삼각형 ABC의 한 변의 길이를 x라 하면

$\frac{1}{2} \times x \times x \times \sin 60° = 3\sqrt{3}$

$\frac{1}{2} \times x \times x \times \frac{\sqrt{3}}{2} = 3\sqrt{3}$

$x^2 = 12$ $\therefore x = 2\sqrt{3}$ $(\because x>0)$

삼각형 ABC의 내접원의 반지름의 길이를 r라 하면

$\frac{r}{2}(2\sqrt{3}+2\sqrt{3}+2\sqrt{3}) = 3\sqrt{3}$

$\therefore r = 1$

다른 풀이

삼각형 ABC의 한 변의 길이를 x라 하면

삼각형 ABC의 넓이가 $3\sqrt{3}$이므로

$\frac{\sqrt{3}}{4}x^2 = 3\sqrt{3}$, $x^2 = 12$

$\therefore x = 2\sqrt{3}$ $(\because x>0)$

삼각형 ABC의 내접원의 반지름의 길이를 r라 하면

$\frac{r}{2}(2\sqrt{3}+2\sqrt{3}+2\sqrt{3}) = 3\sqrt{3}$

$\therefore r = 1$

1740 답 ②

코사인법칙에 의하여

$c^2 = 5^2 + 3^2 - 2 \times 5 \times 3 \times \cos 120°$

$$= 25 + 9 - 2 \times 5 \times 3 \times \left(-\frac{1}{2}\right) = 49$$

$\therefore c = 7$ $(\because c>0)$

삼각형 ABC의 넓이를 S라 하면

$S = \frac{1}{2} \times 5 \times 3 \times \sin 120°$

$$= \frac{1}{2} \times 5 \times 3 \times \frac{\sqrt{3}}{2} = \frac{15\sqrt{3}}{4}$$

삼각형 ABC의 내접원의 반지름의 길이를 r라 하면

$S = \frac{1}{2}r(7+5+3) = \frac{15\sqrt{3}}{4}$

$$\therefore r = \frac{\sqrt{3}}{2}$$

1741 답 ①

삼각형 ABC의 넓이를 S라 하면 세 변의 길이가 12, 10, 8이므로

$S = \dfrac{r}{2}(12+10+8) = 15r$ $\therefore r = \dfrac{1}{15}S$

$S = \dfrac{12 \times 10 \times 8}{4R} = \dfrac{240}{R}$ $\therefore R = \dfrac{240}{S}$

$\therefore rR = \dfrac{1}{15}S \times \dfrac{240}{S} = 16$

다른 풀이

삼각형 ABC에서 코사인법칙에 의하여

$\cos C = \dfrac{8^2+10^2-12^2}{2 \times 8 \times 10} = \dfrac{1}{8}$

$0° < C < 180°$이므로

$\sin C = \sqrt{1-\cos^2 C} = \sqrt{1-\left(\dfrac{1}{8}\right)^2} = \dfrac{3\sqrt{7}}{8}$

사인법칙에 의하여

$\dfrac{12}{\frac{3\sqrt{7}}{8}} = 2R$ $\therefore R = \dfrac{16\sqrt{7}}{7}$

삼각형의 넓이를 S라 하면

$S = \dfrac{1}{2} \times 10 \times 8 \times \sin C$

$\quad = \dfrac{1}{2} \times 10 \times 8 \times \dfrac{3\sqrt{7}}{8} = 15\sqrt{7}$

$S = \dfrac{r}{2}(12+10+8) = 15\sqrt{7}$

$\therefore r = \sqrt{7}$

$\therefore rR = \sqrt{7} \times \dfrac{16\sqrt{7}}{7} = 16$

1742 답 $r = \dfrac{2\sqrt{3}}{3}$, $R = \dfrac{4\sqrt{3}}{3}$

한 변의 길이가 4인 정삼각형의 넓이를 S라 하면

$S = \dfrac{\sqrt{3}}{4} \times 4^2 = 4\sqrt{3}$

$S = \dfrac{r}{2}(4+4+4) = 4\sqrt{3}$

$\therefore r = \dfrac{2\sqrt{3}}{3}$

$S = \dfrac{4 \times 4 \times 4}{4R} = 4\sqrt{3}$ $\therefore R = \dfrac{4\sqrt{3}}{3}$

1743 답 ②

코사인법칙에 의하여

$\cos A = \dfrac{10^2+8^2-14^2}{2 \times 10 \times 8} = -\dfrac{1}{5}$

$0° < A < 180°$이므로

$\sin A = \sqrt{1-\cos^2 A} = \sqrt{1-\left(-\dfrac{1}{5}\right)^2} = \dfrac{2\sqrt{6}}{5}$

삼각형 ABC의 넓이를 S라 하면

$S = \dfrac{1}{2} \times 8 \times 10 \times \sin A$

$\quad = \dfrac{1}{2} \times 8 \times 10 \times \dfrac{2\sqrt{6}}{5} = 16\sqrt{6}$

내접원의 반지름의 길이를 r라 하면

$S = \dfrac{r}{2}(14+10+8) = 16\sqrt{6}$ $\therefore r = \sqrt{6}$

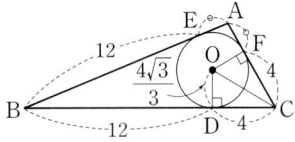

1744 답 ④

삼각형 ABC의 외접원의 반지름의 길이가 6이므로 사인법칙에 의하여

$\sin A + \sin B + \sin C = \dfrac{a}{2 \times 6} + \dfrac{b}{2 \times 6} + \dfrac{c}{2 \times 6}$

$\qquad\qquad\qquad\qquad = \dfrac{a+b+c}{12} = 2$

$\therefore a+b+c = 24$

삼각형 ABC의 내접원의 반지름의 길이를 r라 하면
삼각형 ABC의 넓이는

$\dfrac{1}{2}r(a+b+c) = \dfrac{1}{2} \times r \times 24 = 18$

$\therefore r = \dfrac{3}{2}$

1745 답 48

삼각형 ABC의 외접원의 반지름의 길이가 8이므로 사인법칙에 의하여

$\sin A + \sin B + \sin C = \dfrac{a}{2 \times 8} + \dfrac{b}{2 \times 8} + \dfrac{c}{2 \times 8}$

$\qquad\qquad\qquad\qquad = \dfrac{a+b+c}{16} = \dfrac{3}{2}$

$\therefore a+b+c = 24$

삼각형 ABC의 내접원의 반지름의 길이가 4이므로 삼각형 ABC의 넓이는

$\dfrac{1}{2} \times 4 \times (a+b+c) = \dfrac{1}{2} \times 4 \times 24 = 48$

1746 답 ②

그림과 같이 원의 중심을 O라 하고, 원과 두 선분 AB, AC가 만나는 점을 각각 E, F라 하면 접선의 길이는 같으므로

$\overline{BE} = \overline{BD} = 12$, $\overline{CD} = \overline{CF} = 4$, $\overline{AE} = \overline{AF}$

삼각형 OCD에서

$\tan(\angle OCD) = \dfrac{\frac{4\sqrt{3}}{3}}{4} = \dfrac{\sqrt{3}}{3}$이므로

$\angle OCD = \dfrac{\pi}{6}$, $\angle ACB = \dfrac{\pi}{6} \times 2 = \dfrac{\pi}{3}$

$\overline{AE} = \overline{AF} = a$라 하면 $\longrightarrow$ △OCD≡△OCF (RHS 합동)이므로 $\angle OCF = \angle OCD = \dfrac{\pi}{6}$

(삼각형 ABC의 넓이) $= \dfrac{1}{2} \times \overline{BC} \times \overline{AC} \times \sin C$

$\qquad\qquad\qquad\qquad = \dfrac{1}{2} \times 16 \times (a+4) \times \sin\dfrac{\pi}{3}$

$\qquad\qquad\qquad\qquad = \dfrac{1}{2} \times 16 \times (a+4) \times \dfrac{\sqrt{3}}{2}$

$\qquad\qquad\qquad\qquad = 4\sqrt{3}(a+4)$

또한,

(삼각형 ABC의 넓이)

$= \dfrac{1}{2} \times \dfrac{4\sqrt{3}}{3} \times \{(a+12)+16+(a+4)\}$

$= \dfrac{4\sqrt{3}}{3}(a+16)$

즉, $4\sqrt{3}(a+4) = \dfrac{4\sqrt{3}}{3}(a+16)$이므로

$3(a+4)=a+16$

$\therefore a=2$

따라서 삼각형 ABC의 둘레의 길이는

$2\times(12+4+2)=36$

실수 Check

$\tan\theta=\dfrac{\sqrt{3}}{3}$이면 특수각을 이용하여 θ의 크기를 구할 수 있음에 주의한다.

1747 답 ③

| 유형 15

삼각형 ABC에서 $a=8$, $b=12$, $c=16$일 때, 삼각형 ABC의 넓이는?

① $8\sqrt{15}$ ② $10\sqrt{15}$ ③ $12\sqrt{15}$

④ $14\sqrt{15}$ ⑤ $16\sqrt{15}$

단서1 세 변의 길이가 주어졌으므로 $s=\dfrac{a+b+c}{2}$를 구해 헤론의 공식 이용

STEP 1 s의 값 구하기

헤론의 공식에 의하여

$s=\dfrac{8+12+16}{2}=18$

STEP 2 삼각형의 넓이 구하기

삼각형 ABC의 넓이는

$\sqrt{18(18-8)(18-12)(18-16)}=12\sqrt{15}$

다른 풀이

코사인법칙에 의하여

$\cos A=\dfrac{12^2+16^2-8^2}{2\times12\times16}=\dfrac{7}{8}$

$0°<A<180°$이므로

$\sin A=\sqrt{1-\cos^2 A}=\sqrt{1-\left(\dfrac{7}{8}\right)^2}=\dfrac{\sqrt{15}}{8}$

따라서 삼각형 ABC의 넓이는

$\dfrac{1}{2}\times12\times16\times\sin A$

$=\dfrac{1}{2}\times12\times16\times\dfrac{\sqrt{15}}{8}=12\sqrt{15}$

1748 답 ④

헤론의 공식에 의하여

$s=\dfrac{3+7+8}{2}=9$

삼각형 ABC의 넓이는

$\sqrt{9(9-3)(9-7)(9-8)}=6\sqrt{3}$

다른 풀이

코사인법칙에 의하여

$\cos C=\dfrac{3^2+7^2-8^2}{2\times3\times7}=-\dfrac{1}{7}$

$0°<C<180°$이므로

$\sin C=\sqrt{1-\cos^2 C}=\sqrt{1-\left(-\dfrac{1}{7}\right)^2}=\dfrac{4\sqrt{3}}{7}$

따라서 삼각형 ABC의 넓이는

$\dfrac{1}{2}\times3\times7\times\sin C$

$=\dfrac{1}{2}\times3\times7\times\dfrac{4\sqrt{3}}{7}=6\sqrt{3}$

1749 답 $6\sqrt{105}$

헤론의 공식에 의하여

$s=\dfrac{11+12+13}{2}=18$

따라서 삼각형의 넓이는

$\sqrt{18(18-11)(18-12)(18-13)}=6\sqrt{105}$

다른 풀이

$a=11$, $b=12$, $c=13$이라 하면 코사인법칙에 의하여

$\cos C=\dfrac{11^2+12^2-13^2}{2\times11\times12}=\dfrac{4}{11}$

$0°<C<180°$이므로

$\sin C=\sqrt{1-\left(\dfrac{4}{11}\right)^2}=\dfrac{\sqrt{105}}{11}$

따라서 삼각형의 넓이는

$\dfrac{1}{2}\times11\times12\times\dfrac{\sqrt{105}}{11}=6\sqrt{105}$

1750 답 ⑤

$\overline{AF}=\sqrt{(\sqrt{33})^2+4^2}=7$

$\overline{FC}=\sqrt{4^2+(4\sqrt{3})^2}=8$

$\overline{CA}=\sqrt{(4\sqrt{3})^2+(\sqrt{33})^2}=9$

헤론의 공식에 의하여

$s=\dfrac{7+8+9}{2}=12$

삼각형 AFC의 넓이는

$\sqrt{12(12-9)(12-8)(12-7)}=12\sqrt{5}$

다른 풀이

삼각형 AFC에서 코사인법칙에 의하여

$\cos C=\dfrac{8^2+9^2-7^2}{2\times8\times9}=\dfrac{2}{3}$

$0°<C<180°$이므로

$\sin C=\sqrt{1-\left(\dfrac{2}{3}\right)^2}=\dfrac{\sqrt{5}}{3}$

따라서 삼각형 AFC의 넓이는

$\dfrac{1}{2}\times8\times9\times\sin C=\dfrac{1}{2}\times8\times9\times\dfrac{\sqrt{5}}{3}=12\sqrt{5}$

1751 답 36

$a:b:c=5:6:7$이므로

$a=5k$, $b=6k$, $c=7k$ $(k>0)$라 하면 헤론의 공식에 의하여

$s=\dfrac{5k+6k+7k}{2}=9k$

삼각형 ABC의 넓이는

$\sqrt{9k(9k-5k)(9k-6k)(9k-7k)}=6\sqrt{6}k^2=24\sqrt{6}$

$k^2=4$

$\therefore k=2$ $(\because k>0)$

따라서 삼각형 ABC의 둘레의 길이는
$5k+6k+7k=18k=36$

1752 답 ③

$a:b:c=\sin A:\sin B:\sin C=2:3:3$이므로
$a=2k,\ b=3k,\ c=3k\ (k>0)$라 하면
헤론의 공식에 의하여
$$s=\frac{2k+3k+3k}{2}=4k$$
삼각형 ABC의 넓이는
$$\sqrt{4k(4k-2k)(4k-3k)(4k-3k)}$$
$$=2\sqrt{2}k^2=18\sqrt{2}$$
$k^2=9$
$\therefore k=3\ (\because k>0)$
따라서 삼각형 ABC의 둘레의 길이는
$2k+3k+3k=8k=24$

1753 답 $\dfrac{19\sqrt{6}}{24}$

헤론의 공식에 의하여 $s=\dfrac{5+6+7}{2}=9$이므로 삼각형 ABC의 넓이를 S라 하면
$$S=\sqrt{9(9-5)(9-6)(9-7)}=6\sqrt{6}$$
$6\sqrt{6}=\dfrac{5\times6\times7}{4R}$이므로
$$R=\frac{35\sqrt{6}}{24}$$
또, $6\sqrt{6}=\dfrac{1}{2}r(5+6+7)$이므로
$6\sqrt{6}=9r$ $\quad\therefore r=\dfrac{2\sqrt{6}}{3}$
$\therefore R-r=\dfrac{35\sqrt{6}}{24}-\dfrac{2\sqrt{6}}{3}=\dfrac{19\sqrt{6}}{24}$

1754 답 ⑤

헤론의 공식에 의하여 $s=\dfrac{16+24+20}{2}=30$이므로 삼각형 ABC
의 넓이를 S라 하면
$$S=\sqrt{30(30-16)(30-24)(30-20)}=60\sqrt{7}$$
$$S=\frac{1}{2}\times20\times24\times\sin C=60\sqrt{7}$$
$\therefore \sin C=\dfrac{\sqrt{7}}{4}$
한편, 점 D는 변 BC를 1 : 3으로 내분하므로
$\overline{CD}=24\times\dfrac{3}{4}=18$ $\rightarrow$ $24^2<16^2+20^2$이므로 $\angle A<90°$이고
$0°<C<90°$이므로 $\quad\triangle ABC$는 예각삼각형
$$\cos C=\sqrt{1-\sin^2C}=\sqrt{1-\left(\frac{\sqrt{7}}{4}\right)^2}=\frac{3}{4}$$
따라서 삼각형 ADC에서 코사인법칙에 의하여
$$\overline{AD}^2=20^2+18^2-2\times20\times18\times\cos C$$
$$=400+324-2\times20\times18\times\frac{3}{4}$$
$$=184$$
$\therefore \overline{AD}=2\sqrt{46}$

실수 Check

삼각형 ABC에서 코사인법칙에 의하여
$$\cos C=\frac{20^2+24^2-16^2}{2\times20\times24}=\frac{3}{4}$$
이와 같이 삼각형 ABC에서 코사인법칙을 적용하여 $\cos C$의 값을 구할 수 있지만 이 유형에서는 헤론의 공식으로 넓이를 구해 얻은 $\sin C$의 값을 이용하여 $\cos C$의 값을 구하는 연습을 해 보도록 한다.

Plus 문제

1754-1

그림과 같이 $\overline{AB}=8$, $\overline{BC}=12$, $\overline{CA}=10$인 삼각형 ABC에서 변 BC를 1 : 2로 내분하는 점을 D라 할 때, $\overline{AD}$의 길이를 구하시오.

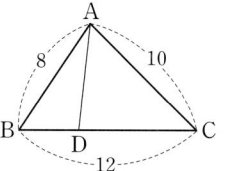

헤론의 공식에 의하여 $s=\dfrac{8+12+10}{2}=15$이므로 삼각형 ABC의 넓이를 S라 하면
$$S=\sqrt{15(15-8)(15-12)(15-10)}=15\sqrt{7}$$
$$S=\frac{1}{2}\times10\times12\times\sin C=15\sqrt{7}$$
$\therefore \sin C=\dfrac{\sqrt{7}}{4}$
한편, 점 D는 변 BC를 1 : 2로 내분하므로
$\overline{CD}=12\times\dfrac{2}{3}=8$ $\rightarrow$ $12^2<8^2+10^2$이므로 $\angle A<90°$이고
$0°<C<90°$이므로 $\quad\triangle ABC$는 예각삼각형
$$\cos C=\sqrt{1-\sin^2C}=\sqrt{1-\left(\frac{\sqrt{7}}{4}\right)^2}=\frac{3}{4}$$
따라서 삼각형 ADC에서 코사인법칙에 의하여
$$\overline{AD}^2=10^2+8^2-2\times10\times8\times\cos C$$
$$=100+64-2\times10\times8\times\frac{3}{4}$$
$$=44$$
$\therefore \overline{AD}=2\sqrt{11}$

답 $2\sqrt{11}$

1755 답 ③

│ 유형 16

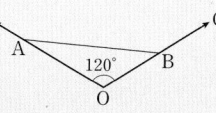

그림에서 두 점 A, B는 삼각형 OAB 의 넓이가 $6\sqrt{3}$이 되도록 하면서 각 **단서1**
각 두 반직선 OP, OQ 위를 움직이고 있다. 이때 선분 AB의 길이의 최솟값은? **단서2**

① $2\sqrt{2}$ ② $4\sqrt{2}$ ③ $6\sqrt{2}$
④ $8\sqrt{2}$ ⑤ $10\sqrt{2}$

단서1 $\overline{OA}=a$, $\overline{OB}=b$라 하면 삼각형 OAB의 넓이는 $\dfrac{1}{2}ab\sin120°$

단서2 산술평균과 기하평균의 관계를 이용

STEP1 $\overline{OA}=a$, $\overline{OB}=b$라 하고 ab의 값 구하기

$\overline{OA}=a$, $\overline{OB}=b$라 하면 삼각형 OAB의 넓이가 $6\sqrt{3}$이므로

$\dfrac{1}{2}ab\sin 120°=\dfrac{1}{2}ab\times\dfrac{\sqrt{3}}{2}=6\sqrt{3}$

$\therefore ab=24$

STEP2 $\overline{\mathrm{AB}}^2$의 값을 a, b로 나타내기

삼각형 AOB에서 코사인법칙에 의하여

$\overline{\mathrm{AB}}^2=a^2+b^2-2ab\cos 120°$

$\qquad =a^2+b^2-2\times 24\times\left(-\dfrac{1}{2}\right)$

$\qquad =a^2+b^2+24$

STEP3 선분 AB의 길이의 최솟값 구하기

산술평균과 기하평균의 관계에 의하여 → $a>0$, $b>0$이면 $\dfrac{a+b}{2}\geq\sqrt{ab}$

$a^2+b^2\geq 2\sqrt{a^2b^2}=2ab=48$ (단, 등호는 $a=b=2\sqrt{6}$일 때 성립)

$\overline{\mathrm{AB}}^2=a^2+b^2+24\geq 48+24=72$

$\therefore \overline{\mathrm{AB}}\geq\sqrt{72}=6\sqrt{2}$

따라서 선분 AB의 길이의 최솟값은 $6\sqrt{2}$이다.

1756 답 ③

삼각형 ABC의 넓이는

$\dfrac{1}{2}\times 2\sqrt{3}\times 3\times\sin B=3\sqrt{3}\sin B$

삼각형 ABC의 넓이는 $B=90°$일 때 최대이므로 최댓값은

$3\sqrt{3}\times\sin 90°=3\sqrt{3}$

삼각형 ABC에서 피타고라스 정리에 의하여

$x^2=(2\sqrt{3})^2+3^2=21$ $\qquad \therefore x=\sqrt{21}$

1757 답 16

삼각형 ABC의 넓이가 $16\sqrt{3}$이므로

$\dfrac{1}{2}ab\sin 60°=\dfrac{1}{2}ab\times\dfrac{\sqrt{3}}{2}=16\sqrt{3}$

$\therefore ab=64$

$a>0$, $b>0$이므로 산술평균과 기하평균의 관계에 의하여

$a+b\geq 2\sqrt{ab}=2\sqrt{64}=16$ (단, 등호는 $a=b=8$일 때 성립)

따라서 $a+b$의 최솟값은 16이다.

1758 답 $9\sqrt{2}$

삼각형 ABC의 넓이는

$\dfrac{1}{2}ac\sin 45°=\dfrac{1}{2}ac\times\dfrac{\sqrt{2}}{2}=\dfrac{\sqrt{2}}{4}ac$

$a>0$, $c>0$이므로 산술평균과 기하평균의 관계에 의하여

$a+c\geq 2\sqrt{ac}$ (단, 등호는 $a=c$일 때 성립)

$12\geq 2\sqrt{ac}$, $\sqrt{ac}\leq 6$ $\qquad \therefore ac\leq 36$

$\therefore \dfrac{\sqrt{2}}{4}ac\leq 9\sqrt{2}$

따라서 삼각형 ABC의 넓이의 최댓값은 $9\sqrt{2}$이다.

1759 답 ③

삼각형 ABC의 넓이는 삼각형 ABD의 넓이와 삼각형 ACD의 넓이의 합과 같으므로

$\dfrac{1}{2}xy\sin 120°=\left(\dfrac{1}{2}\times 2\times x\times\sin 60°\right)+\left(\dfrac{1}{2}\times 2\times y\times\sin 60°\right)$

$\dfrac{1}{2}xy\times\dfrac{\sqrt{3}}{2}=\dfrac{1}{2}\times 2\times x\times\dfrac{\sqrt{3}}{2}+\dfrac{1}{2}\times 2\times y\times\dfrac{\sqrt{3}}{2}$

$\therefore \dfrac{1}{2}xy=x+y$ ⋯⋯⋯⋯⋯⋯⋯ ㉠

$x>0$, $y>0$이므로 산술평균과 기하평균의 관계에 의하여

$x+y\geq 2\sqrt{xy}$ (단, 등호는 $x=y$일 때 성립)

$(x+y)^2\geq 4xy$

㉠에서 $(x+y)^2\geq 8(x+y)$

$x+y>0$이므로

$x+y\geq 8$

따라서 $x+y$의 최솟값은 8이다.

1760 답 ⑤

$\overline{\mathrm{AD}}=x$, $\overline{\mathrm{AE}}=y$ $(0<x<4,\ 0<y<6)$라 하자.

삼각형 ADE의 넓이가 삼각형 ABC의 넓이의 $\dfrac{1}{2}$이므로

$\dfrac{1}{2}xy\sin A=\dfrac{1}{2}\times\left(\dfrac{1}{2}\times 4\times 6\times\sin A\right)$

$\therefore xy=12$

$x^2>0$, $y^2>0$이므로 산술평균과 기하평균의 관계에 의하여

$x^2+y^2\geq 2\sqrt{x^2y^2}=2xy=24$ (단, 등호는 $x=y=2\sqrt{3}$일 때 성립)

따라서 $\overline{\mathrm{AD}}^2+\overline{\mathrm{AE}}^2$의 최솟값은 24이다.

1761 답 ④

$\overline{\mathrm{AP}}=x$, $\overline{\mathrm{AQ}}=y$ $(0<x<8,\ 0<y<6)$라 하자.

삼각형 APQ의 넓이가 삼각형 ABC의 넓이의 $\dfrac{1}{2}$이므로

$\dfrac{1}{2}xy\sin 60°=\dfrac{1}{2}\times\left(\dfrac{1}{2}\times 8\times 6\times\sin 60°\right)$

$\therefore xy=24$

삼각형 APQ에서 코사인법칙에 의하여

$\overline{\mathrm{PQ}}^2=x^2+y^2-2xy\cos 60°$

$\qquad =x^2+y^2-2\times 24\times\dfrac{1}{2}$

$\qquad =x^2+y^2-24$

$x^2>0$, $y^2>0$이므로 산술평균과 기하평균의 관계에 의하여

$x^2+y^2-24\geq 2\sqrt{x^2y^2}-24$

$\qquad\qquad\quad =2xy-24$

$\qquad\qquad\quad =24$ (단, 등호는 $x=y=2\sqrt{6}$일 때 성립)

따라서 선분 PQ의 길이의 최솟값은 $2\sqrt{6}$이다.

1762 답 ⑤

삼각형의 두 변의 길이의 합은 나머지 한 변의 길이보다 크므로

$3+(x+2)>5-x$ $\qquad \therefore x>0$ ⋯⋯⋯⋯⋯ ㉠

$3+(5-x)>x+2$ $\qquad \therefore x<3$ ⋯⋯⋯⋯⋯ ㉡

㉠, ㉡에서 $0<x<3$

한편, 헤론의 공식에 의하여

$\dfrac{3+(x+2)+(5-x)}{2}=5$

이므로 삼각형 ABC의 넓이를 S라 하면

$S=\sqrt{5(5-3)\{5-(x+2)\}\{5-(5-x)\}}$

$\quad =\sqrt{-10x^2+30x}$

$\quad =\sqrt{-10\left(x-\dfrac{3}{2}\right)^2+\dfrac{45}{2}}$

$0<x<3$이므로 $x=\dfrac{3}{2}$일 때 S의 최댓값은 $\dfrac{3\sqrt{10}}{2}$이다.

따라서 $a=3$, $b=\dfrac{7}{2}$, $c=\dfrac{7}{2}$이므로 삼각형 ABC는 $b=c$인 이등변 삼각형이다.

1763 답 $32\sqrt{3}$

외접원의 반지름의 길이가 7이므로 사인법칙에 의하여

$$\dfrac{\overline{BC}}{\sin\dfrac{\pi}{3}}=2\times 7 \qquad \therefore \overline{BC}=2\times 7\times\dfrac{\sqrt{3}}{2}=7\sqrt{3}$$

$\overline{AC}=x$라 하면 코사인법칙에 의하여

$$(7\sqrt{3})^2=(3\sqrt{3})^2+x^2-2\times 3\sqrt{3}\times x\times\cos\dfrac{\pi}{3}$$

$$147=27+x^2-2\times 3\sqrt{3}\times x\times\dfrac{1}{2}$$

$$x^2-3\sqrt{3}x-120=0$$

$$\therefore x=\dfrac{3\sqrt{3}\pm\sqrt{(3\sqrt{3})^2-4\times(-120)}}{2}=\dfrac{3\sqrt{3}\pm 13\sqrt{3}}{2}$$

$x>0$이므로 $x=8\sqrt{3}$

삼각형 PAC의 넓이가 최대가 될 때에는 점 P의 위치가 그림과 같을 때이고 삼각형 OAH에서 $\overline{OH}=\sqrt{7^2-(4\sqrt{3})^2}=1$이므로 삼각형 PAC의 넓이의 최댓값은

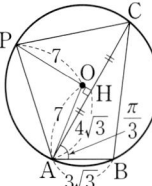

$\dfrac{1}{2}\times 8\sqrt{3}\times(7+1)=32\sqrt{3}$

실수 Check

$\overline{AC}$를 고정시켜 놓으면 삼각형 PAC의 넓이가 최대인 경우는 점 P가 $\overline{AC}$의 수직이등분선이 원과 만나는 점일 때임을 생각하여 넓이의 최댓값을 구한다.

1764 답 ③ |유형 17

그림과 같이 $\overline{AB}=7$, $\overline{BC}=8$, $\overline{CD}=8$, $\overline{DA}=11$, $B=120°$인 사각형 ABCD의 (단서1)(단서2) 넓이가 $a\sqrt{3}+b\sqrt{30}$일 때, $a+b$의 값은? (단, a, b는 유리수이다.)

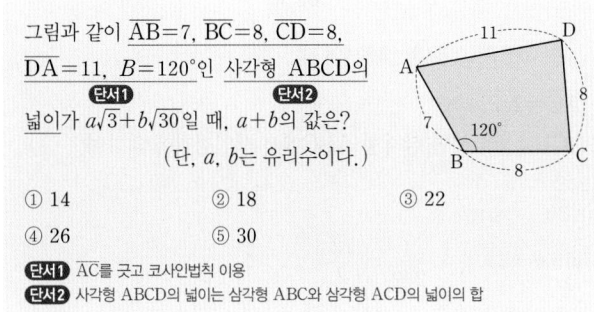

① 14 ② 18 ③ 22
④ 26 ⑤ 30

(단서1) $\overline{AC}$를 긋고 코사인법칙 이용
(단서2) 사각형 ABCD의 넓이는 삼각형 ABC와 삼각형 ACD의 넓이의 합

STEP1 $\overline{AC}$의 길이 구하기

그림과 같이 대각선 AC를 그으면 삼각형 ABC에서 코사인법칙에 의하여

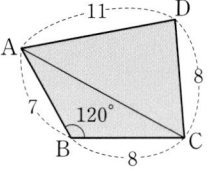

$$\begin{aligned}\overline{AC}^2&=7^2+8^2-2\times 7\times 8\times\cos 120°\\&=49+64-2\times 7\times 8\times\left(-\dfrac{1}{2}\right)\\&=169\end{aligned}$$

$\therefore \overline{AC}=13$

STEP2 삼각형 ABC, ACD의 넓이 구하기

삼각형 ABC의 넓이는

$$\dfrac{1}{2}\times 7\times 8\times\sin 120°=\dfrac{1}{2}\times 7\times 8\times\dfrac{\sqrt{3}}{2}=14\sqrt{3}$$

삼각형 ACD에서 헤론의 공식에 의하여

$$s=\dfrac{8+11+13}{2}=16$$

삼각형 ACD의 넓이는

$$\sqrt{16(16-8)(16-11)(16-13)}=8\sqrt{30}$$

STEP3 $a+b$의 값 구하기

사각형 ABCD의 넓이는 $14\sqrt{3}+8\sqrt{30}$

따라서 $a=14$, $b=8$이므로 $a+b=22$

참고 $\angle ADC=\theta$라 하면 삼각형 ACD에서 코사인법칙에 의하여

$$\cos\theta=\dfrac{11^2+8^2-13^2}{2\times 11\times 8}=\dfrac{1}{11}$$

$0°<D<180°$이므로

$$\sin\theta=\sqrt{1-\cos^2\theta}=\sqrt{1-\left(\dfrac{1}{11}\right)^2}=\dfrac{2\sqrt{30}}{11}$$

따라서 삼각형 ACD의 넓이는

$$\begin{aligned}&\dfrac{1}{2}\times 11\times 8\times\sin\theta\\&=\dfrac{1}{2}\times 11\times 8\times\dfrac{2\sqrt{30}}{11}=8\sqrt{30}\end{aligned}$$

1765 답 $8+6\sqrt{3}$

삼각형 ABD의 넓이는

$$\dfrac{1}{2}\times 4\times 8\times\sin 30°=\dfrac{1}{2}\times 4\times 8\times\dfrac{1}{2}=8$$

삼각형 BCD에서 헤론의 공식에 의하여

$$s=\dfrac{8+7+3}{2}=9 \qquad \raisebox{0pt}{$\longrightarrow s=\dfrac{a+b+c}{2}$일 때}$$

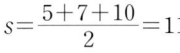
(삼각형의 넓이)$=\sqrt{s(s-a)(s-b)(s-c)}$

삼각형 BCD의 넓이는

$$\sqrt{9(9-8)(9-7)(9-3)}=6\sqrt{3}$$

따라서 사각형 ABCD의 넓이는 $8+6\sqrt{3}$

1766 답 ④

그림과 같이 $\overline{BD}$를 그으면

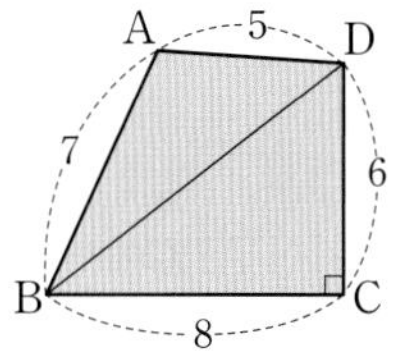

$$\overline{BD}=\sqrt{8^2+6^2}=\sqrt{100}=10$$

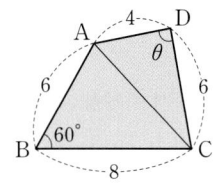

삼각형 ABD에서 헤론의 공식에 의하여

$$s=\dfrac{5+7+10}{2}=11$$

삼각형 ABD의 넓이는

$$\sqrt{11(11-5)(11-7)(11-10)}=2\sqrt{66}$$

삼각형 BCD의 넓이는 $\dfrac{1}{2}\times 6\times 8=24$

따라서 사각형 ABCD의 넓이는 $24+2\sqrt{66}$

1767 답 $12\sqrt{3}+12$

그림과 같이 $\overline{AC}$를 그으면 삼각형 ABC에서 코사인법칙에 의하여

$$\begin{aligned}\overline{AC}^2&=8^2+6^2-2\times 8\times 6\times\cos 60°\\&=64+36-2\times 8\times 6\times\dfrac{1}{2}=52\end{aligned}$$

$\therefore \overline{AC}=2\sqrt{13}$

$\angle ADC=\theta$라 하면 삼각형 ACD에서 코사인법칙에 의하여

$\cos\theta=\dfrac{4^2+6^2-(2\sqrt{13})^2}{2\times4\times6}=0$

$\therefore \theta=90°$

따라서 사각형 ABCD의 넓이는

$\dfrac{1}{2}\times6\times8\times\sin60°+\dfrac{1}{2}\times4\times6$

$=12\sqrt{3}+12$

1768 답 ②

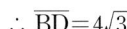

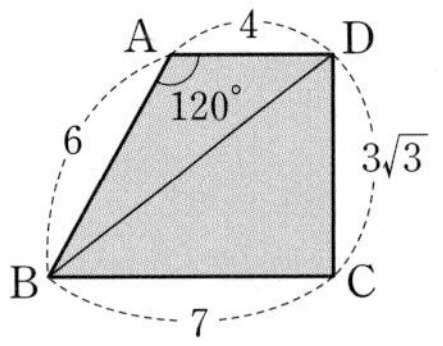

그림과 같이 $\overline{BD}$를 그으면 삼각형 ABD의 넓이는

$\dfrac{1}{2}\times6\times4\times\sin120°$

$=\dfrac{1}{2}\times6\times4\times\dfrac{\sqrt{3}}{2}=6\sqrt{3}$

삼각형 ABD에서 코사인법칙에 의하여

$\overline{BD}^2=6^2+4^2-2\times6\times4\times\cos120°$

$=36+16-2\times6\times4\times\left(-\dfrac{1}{2}\right)$

$=76$

삼각형 BCD에서 $7^2+(3\sqrt{3})^2=76$이므로

삼각형 BCD는 $C=90°$인 직각삼각형이다.

삼각형 BCD의 넓이는

$\dfrac{1}{2}\times7\times3\sqrt{3}=\dfrac{21\sqrt{3}}{2}$

따라서 사각형 ABCD의 넓이는

$6\sqrt{3}+\dfrac{21\sqrt{3}}{2}=\dfrac{33\sqrt{3}}{2}$

1769 답 ⑤

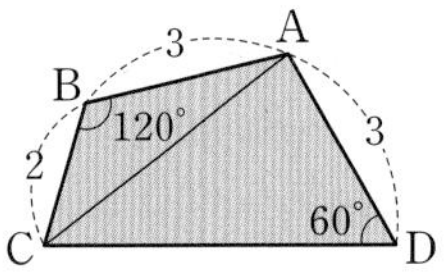

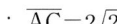

그림과 같이 $\overline{AC}$를 그으면 삼각형 ABC의 넓이는

$\dfrac{1}{2}\times2\times3\times\sin120°=\dfrac{1}{2}\times2\times3\times\dfrac{\sqrt{3}}{2}$

$=\dfrac{3\sqrt{3}}{2}$

삼각형 ABC에서 코사인법칙에 의하여

$\overline{AC}^2=3^2+2^2-2\times3\times2\times\cos120°$

$=9+4-2\times3\times2\times\left(-\dfrac{1}{2}\right)=19$

$\overline{CD}=x$라 하면 삼각형 ACD에서 코사인법칙에 의하여

$\overline{AC}^2=3^2+x^2-2\times3\times x\times\cos60°$

$19=9+x^2-2\times3\times x\times\dfrac{1}{2}$

$x^2-3x-10=0$, $(x-5)(x+2)=0$

$x>0$이므로 $x=5$

삼각형 ACD의 넓이는

$\dfrac{1}{2}\times3\times5\times\sin60°=\dfrac{1}{2}\times3\times5\times\dfrac{\sqrt{3}}{2}=\dfrac{15\sqrt{3}}{4}$

따라서 사각형 ABCD의 넓이는

$\dfrac{3\sqrt{3}}{2}+\dfrac{15\sqrt{3}}{4}=\dfrac{21\sqrt{3}}{4}$

1770 답 $4\sqrt{6}+8\sqrt{3}$

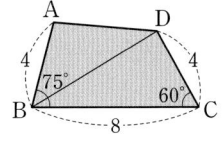

그림과 같이 $\overline{BD}$를 그으면 삼각형 BCD에서 코사인법칙에 의하여

$\overline{BD}^2=4^2+8^2-2\times4\times8\times\cos60°$

$=16+64-2\times4\times8\times\dfrac{1}{2}=48$

$\therefore \overline{BD}=4\sqrt{3}$

$\angle CBD=\theta$라 하면 삼각형 BCD에서 사인법칙에 의하여

$\dfrac{4}{\sin\theta}=\dfrac{4\sqrt{3}}{\sin60°}$

$\therefore \sin\theta=4\times\dfrac{\sqrt{3}}{2}\times\dfrac{1}{4\sqrt{3}}=\dfrac{1}{2}$

$0°<\theta<75°$이므로 $\theta=30°$

$\therefore \angle ABD=75°-30°=45°$

삼각형 ABD의 넓이는

$\dfrac{1}{2}\times4\times4\sqrt{3}\times\sin45°$

$=\dfrac{1}{2}\times4\times4\sqrt{3}\times\dfrac{\sqrt{2}}{2}=4\sqrt{6}$

삼각형 BCD의 넓이는

$\dfrac{1}{2}\times4\times8\times\sin60°$

$=\dfrac{1}{2}\times4\times8\times\dfrac{\sqrt{3}}{2}=8\sqrt{3}$

따라서 사각형 ABCD의 넓이는 $4\sqrt{6}+8\sqrt{3}$

참고 $\overline{BD}=4\sqrt{3}$이므로 $\overline{BD}^2+\overline{CD}^2=\overline{BC}^2$

즉, 삼각형 DBC는 $\angle D=90°$인 직각삼각형이므로 $\angle DBC=30°$이다.

1771 답 ④

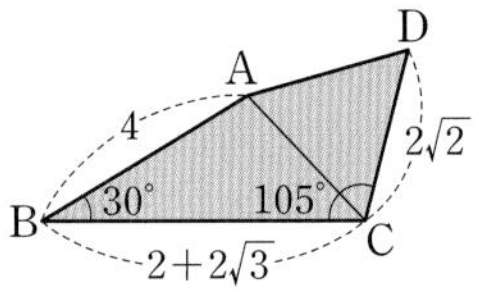

그림과 같이 $\overline{AC}$를 그으면 삼각형 ABC에서 코사인법칙에 의하여

$\overline{AC}^2=4^2+(2+2\sqrt{3})^2$

$-2\times4\times(2+2\sqrt{3})\times\cos30°$

$=16+16+8\sqrt{3}-2\times4\times(2+2\sqrt{3})\times\dfrac{\sqrt{3}}{2}=8$

$\therefore \overline{AC}=2\sqrt{2}$

$\angle ACB=\theta$라 하면 삼각형 ABC에서 사인법칙에 의하여

$\dfrac{2\sqrt{2}}{\sin30°}=\dfrac{4}{\sin\theta}$

$\therefore \sin\theta=4\times\dfrac{1}{2}\times\dfrac{1}{2\sqrt{2}}=\dfrac{\sqrt{2}}{2}$

$0°<\theta<105°$이므로 $\theta=45°$

$\therefore \angle ACD=105°-45°=60°$

삼각형 ABC의 넓이는

$\dfrac{1}{2}\times4\times(2+2\sqrt{3})\times\sin30°$

$=\dfrac{1}{2}\times4\times(2+2\sqrt{3})\times\dfrac{1}{2}=2+2\sqrt{3}$

삼각형 ACD의 넓이는

$\dfrac{1}{2}\times2\sqrt{2}\times2\sqrt{2}\times\sin60°$

$=\dfrac{1}{2}\times2\sqrt{2}\times2\sqrt{2}\times\dfrac{\sqrt{3}}{2}=2\sqrt{3}$

사각형 ABCD의 넓이는

$(2+2\sqrt{3})+2\sqrt{3}=2+4\sqrt{3}$

따라서 $p=2$, $q=4$이므로 $p+q=6$

1772 답 ③ | 유형 18

그림과 같이 원에 내접하는 사각형 ABCD에
서 $\overline{BC}=1$, $\overline{CD}=5$, $\overline{AD}=4$, $\angle D=60°$일 【단서1】
때, 사각형 ABCD의 넓이는? 【단서2】

① $4\sqrt{3}$ ② $5\sqrt{3}$
③ $6\sqrt{3}$ ④ $7\sqrt{3}$
⑤ $8\sqrt{3}$

【단서1】 $\angle B+\angle D=180°$
【단서2】 $\overline{AC}$를 긋고 코사인법칙 이용

STEP1 $\angle B$의 크기 구하기

사각형 ABCD가 원에 내접하므로
$\angle B=180°-\angle D=180°-60°=120°$

STEP2 $\overline{AC}$의 길이 구하기

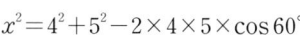
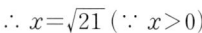

그림과 같이 $\overline{AC}$를 긋고 $\overline{AC}=x$,
$\overline{AB}=y$라 하면 삼각형 ACD에서 코사인
법칙에 의하여

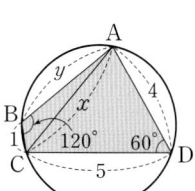

$x^2=4^2+5^2-2\times4\times5\times\cos60°$
$\qquad=16+25-2\times4\times5\times\dfrac{1}{2}=21$

$\therefore x=\sqrt{21}$ $(\because x>0)$

STEP3 $\overline{AB}$의 길이 구하기

삼각형 ABC에서 코사인법칙에 의하여
$(\sqrt{21})^2=1^2+y^2-2\times1\times y\times\cos120°$

$21=1+y^2-2\times1\times y\times\left(-\dfrac{1}{2}\right)$

$y^2+y-20=0$, $(y-4)(y+5)=0$

$\therefore y=4$ $(\because y>0)$

STEP4 사각형 ABCD의 넓이 구하기

사각형 ABCD의 넓이는

$\dfrac{1}{2}\times4\times5\times\sin60°+\dfrac{1}{2}\times4\times1\times\sin120°$

$=\dfrac{1}{2}\times4\times5\times\dfrac{\sqrt{3}}{2}+\dfrac{1}{2}\times4\times1\times\dfrac{\sqrt{3}}{2}$

$=6\sqrt{3}$

1773 답 $\dfrac{39\sqrt{3}}{4}$

$\angle C=180°-\angle A=180°-60°=120°$

그림과 같이 $\overline{BD}$를 그으면 사각형 ABCD의
넓이는

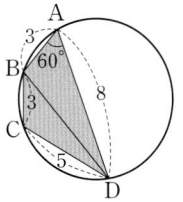

$\dfrac{1}{2}\times3\times8\times\sin60°+\dfrac{1}{2}\times3\times5\times\sin120°$

$=\dfrac{1}{2}\times3\times8\times\dfrac{\sqrt{3}}{2}+\dfrac{1}{2}\times3\times5\times\dfrac{\sqrt{3}}{2}$

$=6\sqrt{3}+\dfrac{15\sqrt{3}}{4}=\dfrac{39\sqrt{3}}{4}$

1774 답 ③

$\angle A=180°-\angle C=180°-45°=135°$

그림과 같이 $\overline{BD}$를 그으면 사각형 ABCD의
넓이는

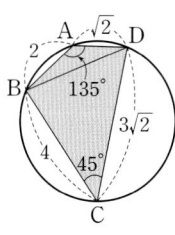

$\dfrac{1}{2}\times2\times\sqrt{2}\times\sin135°+\dfrac{1}{2}\times4\times3\sqrt{2}\times\sin45°$

$=\dfrac{1}{2}\times2\times\sqrt{2}\times\dfrac{\sqrt{2}}{2}+\dfrac{1}{2}\times4\times3\sqrt{2}\times\dfrac{\sqrt{2}}{2}$

$=1+6=7$

1775 답 8

삼각형 ABD의 넓이가 $\dfrac{15\sqrt{3}}{4}$이므로

$\dfrac{1}{2}\times3\times5\times\sin A=\dfrac{15\sqrt{3}}{4}$

$\therefore \sin A=\dfrac{\sqrt{3}}{2}$

$90°<A<180°$이므로 $A=120°$

삼각형 ABD에서 코사인법칙에 의하여
$\overline{BD}^2=3^2+5^2-2\times3\times5\times\cos120°$
$\qquad=9+25-2\times3\times5\times\left(-\dfrac{1}{2}\right)=49$

$\therefore \overline{BD}=7$

$\angle BCD=180°-\angle A=180°-120°=60°$이므로 $\overline{BC}=x$라 하면
삼각형 BCD에서 코사인법칙에 의하여
$7^2=3^2+x^2-2\times3\times x\times\cos60°$

$49=9+x^2-2\times3\times x\times\dfrac{1}{2}$

$x^2-3x-40=0$, $(x-8)(x+5)=0$

$\therefore x=8$ $(\because x>0)$

$\therefore \overline{BC}=8$

1776 답 ④

$\overarc{AB} : \overarc{BC} : \overarc{CD} : \overarc{DA}$ → 호의 길이의 비는 중심각의
크기의 비와 같다.

$=\angle AOB : \angle BOC : \angle COD : \angle DOA$

$=1:2:4:5$

$\therefore \angle AOB=360°\times\dfrac{1}{12}=30°$

$\quad \angle BOC=360°\times\dfrac{2}{12}=60°$,

$\quad \angle COD=360°\times\dfrac{4}{12}=120°$,

$\quad \angle DOA=360°\times\dfrac{5}{12}=150°$

따라서 사각형 ABCD의 넓이는

$\dfrac{1}{2}\times6\times6\times\sin30°+\dfrac{1}{2}\times6\times6\times\sin60°$

$\qquad\qquad+\dfrac{1}{2}\times6\times6\times\sin120°+\dfrac{1}{2}\times6\times6\times\sin150°$

$=\dfrac{1}{2}\times6\times6\times\dfrac{1}{2}+\dfrac{1}{2}\times6\times6\times\dfrac{\sqrt{3}}{2}+\dfrac{1}{2}\times6\times6\times\dfrac{\sqrt{3}}{2}$

$\qquad\qquad+\dfrac{1}{2}\times6\times6\times\dfrac{1}{2}$

$=9+9\sqrt{3}+9\sqrt{3}+9$

$=18(1+\sqrt{3})$

1777 답 ②

$B = 180° - D$이므로

$\cos B = \cos(180° - D) = -\cos D = -\dfrac{1}{3}$

그림과 같이 $\overline{AC}$를 그으면

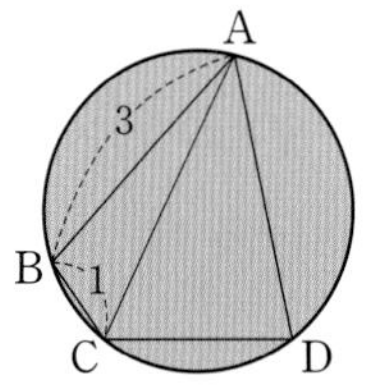

삼각형 ABC에서 코사인법칙에 의하여

$\overline{AC}^2 = 3^2 + 1^2 - 2 \times 3 \times 1 \times \cos B$

$\qquad = 9 + 1 - 2 \times 3 \times 1 \times \left(-\dfrac{1}{3}\right)$

$\qquad = 12$

$\therefore \overline{AC} = 2\sqrt{3}$

$0° < D < 90°$이므로

$\sin D = \sqrt{1 - \cos^2 D} = \sqrt{1 - \left(\dfrac{1}{3}\right)^2} = \dfrac{2\sqrt{2}}{3}$

원의 반지름의 길이를 R라 하면 삼각형 ACD에서 사인법칙에 의하여

$\dfrac{2\sqrt{3}}{\sin D} = 2R$

$\therefore R = \dfrac{1}{2} \times 2\sqrt{3} \times \dfrac{3}{2\sqrt{2}} = \dfrac{3\sqrt{6}}{4}$

따라서 원의 넓이는

$\pi \times \left(\dfrac{3\sqrt{6}}{4}\right)^2 = \dfrac{27}{8}\pi$

1778 답 ②

$\angle BAD + \angle BCD = 180°$

그림과 같이 $\overline{BD}$를 그으면

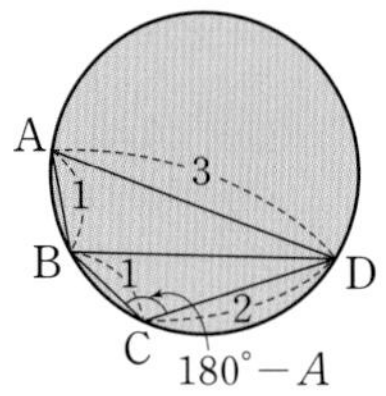

삼각형 ABD에서 코사인법칙에 의하여

$\overline{BD}^2 = 1^2 + 3^2 - 2 \times 1 \times 3 \times \cos A$

$\qquad = 10 - 6\cos A$ ········· ㉠

삼각형 BCD에서 코사인법칙에 의하여

$\overline{BD}^2 = 1^2 + 2^2 - 2 \times 1 \times 2 \times \cos(180° - A)$

$\qquad = 5 + 4\cos A$ ········· ㉡

㉠, ㉡에서

$10 - 6\cos A = 5 + 4\cos A$

$\therefore \cos A = \dfrac{1}{2}$

$0° < A < 180°$이므로

$\sin A = \sqrt{1 - \cos^2 A} = \sqrt{1 - \left(\dfrac{1}{2}\right)^2} = \dfrac{\sqrt{3}}{2}$

㉠에서 $\overline{BD}^2 = 10 - 6 \times \dfrac{1}{2} = 7$

$\therefore \overline{BD} = \sqrt{7}$

외접원의 반지름의 길이를 R라 하면 삼각형 ABD에서 사인법칙에 의하여

$\dfrac{\sqrt{7}}{\sin A} = 2R$

$\therefore R = \dfrac{1}{2} \times \sqrt{7} \times \dfrac{2}{\sqrt{3}} = \dfrac{\sqrt{21}}{3}$

따라서 원의 넓이는

$\pi \times \left(\dfrac{\sqrt{21}}{3}\right)^2 = \dfrac{7}{3}\pi$

1779 답 ⑤

$\angle BAD + \angle BCD = 180°$

그림과 같이 $\overline{BD}$를 그으면

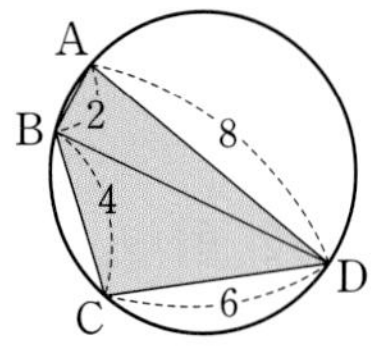

삼각형 ABD에서 코사인법칙에 의하여

$\overline{BD}^2 = 2^2 + 8^2 - 2 \times 2 \times 8 \times \cos A$

$\qquad = 68 - 32\cos A$ ········· ㉠

삼각형 BCD에서 코사인법칙에 의하여

$\overline{BD}^2 = 4^2 + 6^2 - 2 \times 4 \times 6 \times \cos(180° - A)$

$\qquad = 52 + 48\cos A$ ········· ㉡

㉠, ㉡에서 $68 - 32\cos A = 52 + 48\cos A$

$\therefore \cos A = \dfrac{1}{5}$

$0° < A < 180°$이므로

$\sin A = \sqrt{1 - \cos^2 A} = \sqrt{1 - \left(\dfrac{1}{5}\right)^2} = \dfrac{2\sqrt{6}}{5}$

따라서 사각형 ABCD의 넓이는

$\dfrac{1}{2} \times 2 \times 8 \times \sin A + \dfrac{1}{2} \times 4 \times 6 \times \sin(180° - A)$

$= \dfrac{1}{2} \times 2 \times 8 \times \dfrac{2\sqrt{6}}{5} + \dfrac{1}{2} \times 4 \times 6 \times \dfrac{2\sqrt{6}}{5}$

$= \dfrac{16\sqrt{6}}{5} + \dfrac{24\sqrt{6}}{5} = 8\sqrt{6}$

실수 Check

사각형을 두 개의 삼각형으로 나눌 때 계산이 복잡하지 않은 방향으로 나눌 수 있도록 주의한다.

Plus 문제

1779-1

그림과 같이 원에 내접하는 사각형 ABCD에서 $\overline{AB} = 3$, $\overline{BC} = 4$, $\overline{CD} = 5$, $\overline{DA} = 6$일 때, 사각형 ABCD의 넓이를 구하시오.

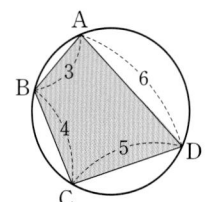

$\angle BAD + \angle BCD = 180°$

그림과 같이 $\overline{BD}$를 그으면 삼각형 ABD에서 코사인법칙에 의하여

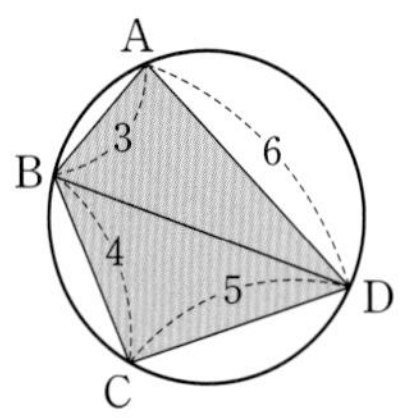

$\overline{BD}^2 = 3^2 + 6^2 - 2 \times 3 \times 6 \times \cos A$

$\qquad = 45 - 36\cos A$ ········· ㉠

삼각형 BCD에서 코사인법칙에 의하여

$\overline{BD}^2 = 4^2 + 5^2 - 2 \times 4 \times 5 \times \cos(180° - A)$

$\qquad = 41 + 40\cos A$ ········· ㉡

㉠, ㉡에서

$45 - 36\cos A = 41 + 40\cos A$

$\therefore \cos A = \dfrac{1}{19}$

$0° < A < 180°$이므로

$\sin A = \sqrt{1 - \cos^2 A} = \sqrt{1 - \left(\dfrac{1}{19}\right)^2} = \dfrac{6\sqrt{10}}{19}$

따라서 사각형 ABCD의 넓이는

$$\frac{1}{2} \times 3 \times 6 \times \sin A + \frac{1}{2} \times 4 \times 5 \times \sin(180° - A)$$

$$= \frac{1}{2} \times 3 \times 6 \times \frac{6\sqrt{10}}{19} + \frac{1}{2} \times 4 \times 5 \times \frac{6\sqrt{10}}{19}$$

$$= \frac{54\sqrt{10}}{19} + \frac{60\sqrt{10}}{19} = 6\sqrt{10}$$

답 $6\sqrt{10}$

1780 **답** ②

그림과 같이 원의 중심을 O라 하면 두 삼각형 OAB, OBC는 정삼각형이므로

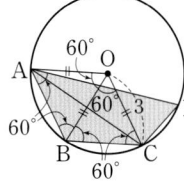

$\overline{AB} = \overline{BC} = 3$, $\angle ABC = 120°$

$\overline{AC}$를 그으면 삼각형 ABC에서 코사인법칙에 의하여

$$\overline{AC}^2 = 3^2 + 3^2 - 2 \times 3 \times 3 \times \cos 120°$$

$$= 9 + 9 - 2 \times 3 \times 3 \times \left(-\frac{1}{2}\right) = 27 \quad\text{......} ⊙$$

$\angle APC = 180° - 120° = 60°$이므로

삼각형 ACP에서 코사인법칙에 의하여

$$\overline{AC}^2 = \overline{AP}^2 + \overline{CP}^2 - 2 \times \overline{AP} \times \overline{CP} \times \cos 60°$$

$$= \overline{AP}^2 + \overline{CP}^2 - 2 \times \overline{AP} \times \overline{CP} \times \frac{1}{2}$$

$$= \overline{AP}^2 + \overline{CP}^2 - \overline{AP} \times \overline{CP}$$

$$= (\overline{AP} + \overline{CP})^2 - 3 \times \overline{AP} \times \overline{CP}$$

$$= 64 - 3 \times \overline{AP} \times \overline{CP} \quad\text{......} ⓛ$$

⊙, ⓛ에서

$$64 - 3 \times \overline{AP} \times \overline{CP} = 27 \qquad \therefore \overline{AP} \times \overline{CP} = \frac{37}{3}$$

$$(\text{삼각형 ABC의 넓이}) = \frac{1}{2} \times 3 \times 3 \times \sin 120°$$

$$= \frac{1}{2} \times 3 \times 3 \times \frac{\sqrt{3}}{2} = \frac{9\sqrt{3}}{4}$$

$$(\text{삼각형 ACP의 넓이}) = \frac{1}{2} \times \overline{AP} \times \overline{CP} \times \sin 60°$$

$$= \frac{1}{2} \times \frac{37}{3} \times \frac{\sqrt{3}}{2} = \frac{37\sqrt{3}}{12}$$

따라서 사각형 ABCD의 넓이는

$$\frac{9\sqrt{3}}{4} + \frac{37\sqrt{3}}{12} = \frac{16\sqrt{3}}{3}$$

실수 Check

원의 둘레를 6등분 하였다는 조건과 내접하는 사각형의 성질을 이용하여 각의 크기와 선분의 길이를 구한다.

1781 **답** 13

$\overline{AB} = a$라 하면 $\overline{DA} = 2a$

삼각형 DAB에서 코사인법칙에 의하여

$$\overline{BD}^2 = a^2 + (2a)^2 - 2 \times a \times 2a \times \cos\frac{2}{3}\pi = 7a^2$$

$$\therefore \overline{BD} = \sqrt{7}a \qquad \longrightarrow \cos\left(\pi - \frac{\pi}{3}\right) = -\cos\frac{\pi}{3} = -\frac{1}{2}$$

$\overline{BE} : \overline{ED} = 3 : 4$이므로

$(\text{삼각형 ABC의 넓이}) : (\text{삼각형 ACD의 넓이}) = 3 : 4$

$\angle ABC = \theta$라 하면 $\angle ADC = \pi - \theta$이므로

$$(\text{삼각형 ABC의 넓이}) = \frac{1}{2} \times \overline{BA} \times \overline{BC} \times \sin\theta$$

$$(\text{삼각형 ACD의 넓이}) = \frac{1}{2} \times \overline{DA} \times \overline{DC} \times \underset{\sin\theta}{\underbrace{\sin(\pi - \theta)}}$$

$(\text{삼각형 ABC의 넓이}) : (\text{삼각형 ACD의 넓이})$

$$= (\overline{BA} \times \overline{BC}) : (\overline{DA} \times \overline{DC})$$

$$= (a \times \overline{BC}) : (2a \times \overline{DC}) = 3 : 4$$

$$\therefore \overline{BC} = \frac{3}{2}\overline{DC}$$

$\overline{DC} = k$라 하면

$\overline{BC} = \frac{3}{2}k$이고 $\overline{BD} = \sqrt{7}a$, $\angle BCD = \pi - \frac{2}{3}\pi = \frac{\pi}{3}$이므로

삼각형 BCD에서 코사인법칙에 의하여

$$\cos\frac{\pi}{3} = \frac{\left(\frac{3}{2}k\right)^2 + k^2 - (\sqrt{7}a)^2}{2 \times \frac{3}{2}k \times k}$$

$$\frac{1}{2} = \frac{\frac{13}{4}k^2 - 7a^2}{3k^2}, \quad k^2 = 4a^2$$

$$\therefore k = 2a, \quad \overline{BC} = 3a, \quad \overline{DC} = 2a$$

삼각형 DAB의 외접원의 반지름의 길이가 1이므로 사인법칙에 의하여

$$\frac{\sqrt{7}a}{\sin\frac{2}{3}\pi} = 2 \qquad \therefore a = 2 \times \frac{\sqrt{3}}{2} \times \frac{1}{\sqrt{7}} = \frac{\sqrt{21}}{7}$$

$$(\text{삼각형 ABD의 넓이}) = \frac{1}{2} \times \frac{\sqrt{21}}{7} \times \frac{2\sqrt{21}}{7} \times \sin\frac{2}{3}\pi$$

$$= \frac{1}{2} \times \frac{\sqrt{21}}{7} \times \frac{2\sqrt{21}}{7} \times \frac{\sqrt{3}}{2} = \frac{3\sqrt{3}}{14}$$

$$(\text{삼각형 BCD의 넓이}) = \frac{1}{2} \times \frac{3\sqrt{21}}{7} \times \frac{2\sqrt{21}}{7} \times \sin\frac{\pi}{3}$$

$$= \frac{1}{2} \times \frac{3\sqrt{21}}{7} \times \frac{2\sqrt{21}}{7} \times \frac{\sqrt{3}}{2} = \frac{9\sqrt{3}}{14}$$

사각형 ABCD의 넓이는

$$\frac{3\sqrt{3}}{14} + \frac{9\sqrt{3}}{14} = \frac{6\sqrt{3}}{7}$$

따라서 $p = 7$, $q = 6$이므로

$p + q = 13$

실수 Check

높이가 같은 두 삼각형의 넓이의 비는 밑변의 길이와 같음을 이용하여 두 삼각형의 넓이의 비를 파악한다.

1782 **답** ② | **유형 19**

그림과 같이 $\overline{AB} = 9$, $\overline{BC} = 8$인 평행사변형 ABCD의 넓이가 $36\sqrt{3}$일 때, A는?

단서1 (단, $90° < A < 180°$)

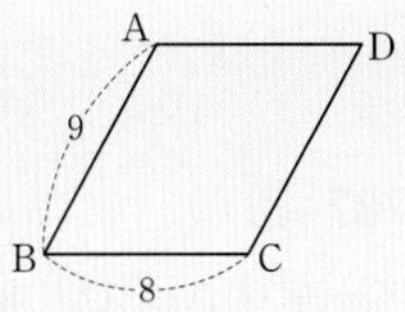

① $105°$ ② $120°$
③ $125°$ ④ $135°$
⑤ $150°$

단서1 평행사변형 ABCD의 넓이는 $\overline{AB} \times \overline{AD} \times \sin A = 36\sqrt{3}$

STEP 1 $\sin A$의 값 구하기

$\overline{AD} = \overline{BC} = 8$이므로

$9 \times 8 \times \sin A = 36\sqrt{3}$ $\therefore \sin A = \dfrac{\sqrt{3}}{2}$

STEP2 ∠A의 크기 구하기

$90° < A < 180°$이므로 $A = 120°$

1783 답 42

$B = 180° - A = 180° - 150° = 30°$이므로
평행사변형 ABCD의 넓이는

$7 \times 12 \times \sin 30° = 7 \times 12 \times \dfrac{1}{2} = 42$

다른 풀이

$\overline{AD} = \overline{BC} = 12$이므로 평행사변형 ABCD의 넓이는

$7 \times 12 \times \sin 150° = 7 \times 12 \times \dfrac{1}{2} = 42$

1784 답 ⑤

$B = 180° - C = 180° - 135° = 45°$이므로
평행사변형 ABCD의 넓이는

$8 \times 10 \times \sin 45° = 8 \times 10 \times \dfrac{\sqrt{2}}{2} = 40\sqrt{2}$

다른 풀이

$\overline{DC} = \overline{AB} = 8$이므로 평행사변형 ABCD의 넓이는

$8 \times 10 \times \sin 135° = 8 \times 10 \times \dfrac{\sqrt{2}}{2} = 40\sqrt{2}$

1785 답 ④

$\overline{AD} = \overline{BC} = 6$이므로 $5 \times 6 \times \sin A = 15$

$\therefore \sin A = \dfrac{1}{2}$

$90° < A < 180°$이므로 $A = 150°$

1786 답 $4\sqrt{3}$

$\overline{BC} = a$라 하면 삼각형 ABC에서 코사인법칙에 의하여

$(2\sqrt{3})^2 = 2^2 + a^2 - 2 \times 2 \times a \times \cos 60°$

$12 = 4 + a^2 - 2 \times 2 \times a \times \dfrac{1}{2}$

$a^2 - 2a - 8 = 0$, $(a-4)(a+2) = 0$ $\therefore a = 4$ ($\because a > 0$)

따라서 평행사변형 ABCD의 넓이는

$2 \times 4 \times \sin 60° = 2 \times 4 \times \dfrac{\sqrt{3}}{2} = 4\sqrt{3}$

1787 답 ②

평행사변형 ABCD의 넓이는

$4 \times 8 \times \sin 60° = 4 \times 8 \times \dfrac{\sqrt{3}}{2} = 16\sqrt{3}$

삼각형 ABC에서 코사인법칙에 의하여
$\overline{AC}^2 = 4^2 + 8^2 - 2 \times 4 \times 8 \times \cos 60°$

$\qquad = 16 + 64 - 2 \times 4 \times 8 \times \dfrac{1}{2} = 48$

$\therefore \overline{AC} = 4\sqrt{3}$

따라서 $a = 16\sqrt{3}$, $b = 4\sqrt{3}$이므로 $a + b = 20\sqrt{3}$

1788 답 ⑤

평행사변형 ABCD의 넓이가 $12\sqrt{3}$이므로

$6 \times 4 \times \sin \theta = 12\sqrt{3}$

$\therefore \sin \theta = \dfrac{\sqrt{3}}{2}$

$0° < \theta < 90°$이므로 $\theta = 60°$

삼각형 ABC에서 코사인법칙에 의하여
$\overline{AC}^2 = 6^2 + 4^2 - 2 \times 6 \times 4 \times \cos 60°$

$\qquad = 36 + 16 - 2 \times 6 \times 4 \times \dfrac{1}{2} = 28$

$\therefore \overline{AC} = 2\sqrt{7}$

1789 답 ④

삼각형 ABC에서 코사인법칙에 의하여

$\cos B = \dfrac{2^2 + 3^2 - (\sqrt{19})^2}{2 \times 2 \times 3} = -\dfrac{1}{2}$

$0° < B < 180°$이므로 $B = 120°$

따라서 평행사변형 ABCD의 넓이는

$2 \times 3 \times \sin 120° = 2 \times 3 \times \dfrac{\sqrt{3}}{2} = 3\sqrt{3}$

1790 답 $30\sqrt{3}$

삼각형 BCD에서 코사인법칙에 의하여

$\cos C = \dfrac{10^2 + 6^2 - 14^2}{2 \times 10 \times 6} = -\dfrac{1}{2}$

$0° < C < 180°$이므로 $C = 120°$

따라서 평행사변형 ABCD의 넓이는

$6 \times 10 \times \sin 120° = 6 \times 10 \times \dfrac{\sqrt{3}}{2} = 30\sqrt{3}$

1791 답 ①

| 유형 **20**

그림과 같이 두 대각선의 길이가 각각 3, 8이고 두 대각선이 이루는 각의 크기가 θ
단서1
인 사각형 ABCD에서 $\cos\theta = \dfrac{1}{3}$일 때, 사각형 ABCD의 넓이는? **단서2**

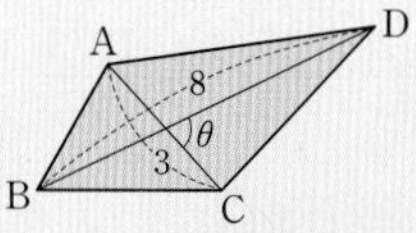

① $8\sqrt{2}$ ② $12\sqrt{2}$ ③ $16\sqrt{2}$

④ $20\sqrt{2}$ ⑤ $24\sqrt{2}$

단서1 사각형 ABCD의 넓이는 $\dfrac{1}{2} \times 3 \times 8 \times \sin\theta$

단서2 $\sin\theta = \sqrt{1 - \cos^2\theta}$

STEP1 $\sin\theta$의 값 구하기

$\cos\theta = \dfrac{1}{3}$이고 $0° < \theta < 180°$이므로

$\sin\theta = \sqrt{1 - \cos^2\theta} = \sqrt{1 - \left(\dfrac{1}{3}\right)^2} = \dfrac{2\sqrt{2}}{3}$

STEP2 사각형 ABCD의 넓이 구하기

사각형 ABCD의 넓이는

$$\frac{1}{2} \times 3 \times 8 \times \sin\theta = \frac{1}{2} \times 3 \times 8 \times \frac{2\sqrt{2}}{3}$$
$$= 8\sqrt{2}$$

1792 目 $20\sqrt{2}$

사각형 ABCD의 넓이는

$$\frac{1}{2} \times 8 \times 10 \times \underline{\sin 135°} = \frac{1}{2} \times 8 \times 10 \times \frac{\sqrt{2}}{2}$$

→ $\sin(180° - 45°) = \sin 45° = \frac{\sqrt{2}}{2}$

$$= 20\sqrt{2}$$

1793 目 ④

등변사다리꼴의 두 대각선의 길이는 같으므로 대각선의 길이를 x 라 하면

└→ 밑변의 양 끝 각의 크기가 같은 사다리꼴

$$\frac{1}{2} \times x \times x \times \sin 45° = 10\sqrt{2}$$

$$\frac{1}{2} \times x \times x \times \frac{\sqrt{2}}{2} = 10\sqrt{2}, \ x^2 = 40$$

$$\therefore x = 2\sqrt{10} \ (\because x > 0)$$

1794 目 ②

두 대각선이 이루는 예각의 크기를 θ라 하면 사각형 ABCD의 넓이가 10이므로

$$\frac{1}{2} \times 4 \times 10 \times \sin\theta = 10, \ \sin\theta = \frac{1}{2}$$

$0° < \theta < 90°$이므로

$$\theta = 30°$$

1795 目 ④

$\cos\theta = \frac{2}{3}$이고 $0° < \theta < 90°$이므로

$$\sin\theta = \sqrt{1 - \cos^2\theta} = \sqrt{1 - \left(\frac{2}{3}\right)^2} = \frac{\sqrt{5}}{3}$$

따라서 사각형 ABCD의 넓이는

$$\frac{1}{2} \times 4 \times 6 \times \sin\theta = \frac{1}{2} \times 4 \times 6 \times \frac{\sqrt{5}}{3} = 4\sqrt{5}$$

1796 目 52

사각형 ABCD의 넓이가 6이므로

$$\frac{1}{2} ab \sin 30° = 6$$

$$\frac{1}{2} ab \times \frac{1}{2} = 6$$

$$\therefore ab = 24$$

$$\therefore a^2 + b^2 = (a+b)^2 - 2ab = 10^2 - 2 \times 24 = 52$$

1797 目 ⑤

사각형 ABCD의 넓이가 $5\sqrt{3}$이므로

$$\frac{1}{2} ab \sin 120° = 5\sqrt{3}$$

$$\frac{1}{2} ab \times \frac{\sqrt{3}}{2} = 5\sqrt{3}$$

$$\therefore ab = 20$$

$$\therefore a^3 + b^3 = (a+b)^3 - 3ab(a+b)$$
$$= 9^3 - 3 \times 20 \times 9$$
$$= 189$$

1798 目 ③

$x + y = 8$에서 $y = 8 - x$

$x > 0$, $8 - x > 0$이므로

$$0 < x < 8$$

사각형 ABCD의 넓이는

$$\frac{1}{2} xy \sin 60° = \frac{1}{2} x(8-x) \times \frac{\sqrt{3}}{2}$$

$$= -\frac{\sqrt{3}}{4}(x-4)^2 + 4\sqrt{3}$$

따라서 $x = y = 4$일 때, 사각형 ABCD의 넓이의 최댓값은 $4\sqrt{3}$이다.

다른 풀이

$x > 0$, $y > 0$이므로 산술평균과 기하평균의 관계에 의하여

$x + y \geq 2\sqrt{xy}$ (단, 등호는 $x = y$일 때 성립)

$$8 \geq 2\sqrt{xy}$$

$$\therefore xy \leq 16$$

$$\therefore \frac{1}{2} xy \sin 60° \leq \frac{1}{2} \times 16 \times \frac{\sqrt{3}}{2} = 4\sqrt{3}$$

따라서 사각형 ABCD의 넓이의 최댓값은 $4\sqrt{3}$이다.

1799 目 $\dfrac{11\sqrt{3}}{2}$

평행사변형 ABCD의 두 대각선 AC와 BD의 교점을 O라 하자.

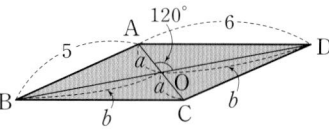

평행사변형의 두 대각선은 서로 다른 것을 이등분하므로 $\overline{AC} = 2a$, $\overline{BD} = 2b$라 하면 삼각형 ABO에서 코사인법칙에 의하여

$$5^2 = a^2 + b^2 - 2ab \cos 60°$$

$$25 = a^2 + b^2 - 2ab \times \frac{1}{2}$$

$$\therefore 25 = a^2 + b^2 - ab \quad \cdots\cdots \ \ominus$$

삼각형 AOD에서 코사인법칙에 의하여

$$6^2 = a^2 + b^2 - 2ab \cos 120°$$

$$36 = a^2 + b^2 - 2ab \times \left(-\frac{1}{2}\right)$$

$$\therefore 36 = a^2 + b^2 + ab \quad \cdots\cdots \ \bigcirc$$

$\bigcirc - \ominus$을 하면 $11 = 2ab$

$$\therefore ab = \frac{11}{2}$$

따라서 평행사변형 ABCD의 넓이는

$$\frac{1}{2} \times 2a \times 2b \times \sin 120° = 2 \times \frac{11}{2} \times \frac{\sqrt{3}}{2} = \frac{11\sqrt{3}}{2}$$

실수 Check

평행사변형의 두 대각선이 서로 다른 것을 이등분함을 이용하여 선분의 길이를 미지수로 적절히 설정한 다음 코사인법칙을 적용시키도록 한다.

1800 답 (1) $\dfrac{k}{3}$ (2) $\dfrac{\sqrt{3}k}{6}$ (3) $\dfrac{k}{3}$ (4) $\sqrt{3}$ (5) 2 (6) $2m$

       (7) $\sqrt{3}m$ (8) $2m$ (9) $\dfrac{\sqrt{3}}{2}$

STEP1 $6\sin A = 2\sqrt{3}\sin B = 3\sin C = k$라 하고 $\sin A$, $\sin B$, $\sin C$를 k로 나타내기 [1점]

$6\sin A = 2\sqrt{3}\sin B = 3\sin C = k$라 하면

$\sin A = \dfrac{k}{6}$, $\sin B = \dfrac{\sqrt{3}k}{6}$, $\sin C = \boxed{\dfrac{k}{3}}$

STEP2 $a:b:c$ 구하기 [2점]

$a:b:c = \sin A : \sin B : \sin C$이므로

$a:b:c = \dfrac{k}{6} : \boxed{\dfrac{\sqrt{3}k}{6}} : \boxed{\dfrac{k}{3}}$

$\quad\quad\quad = 1 : \boxed{\sqrt{3}} : \boxed{2}$

STEP3 $\cos A$의 값 구하기 [3점]

$a=m$, $b=\sqrt{3}m$, $c=\boxed{2m}$ $(m>0)$이라 하면

코사인법칙에 의하여

$\cos A = \dfrac{(\boxed{\sqrt{3}m})^2 + (2m)^2 - m^2}{2\times\sqrt{3}m\times\boxed{2m}} = \boxed{\dfrac{\sqrt{3}}{2}}$

실제 답안 예시

$6\sin A = 2\sqrt{3}\sin B = 3\sin C$

$\sin A = \dfrac{\sqrt{3}}{3}\sin B = \dfrac{1}{2}\sin C$

$\sin A = \dfrac{\sin B}{\sqrt{3}} = \dfrac{\sin C}{2}$

$\therefore a:b:c = 1:\sqrt{3}:2$

그림에서

$\cos A = \dfrac{4+3-1}{2\times 2\times\sqrt{3}}$

$\quad\quad = \dfrac{6}{4\sqrt{3}}$

$\quad\quad = \dfrac{\sqrt{3}}{2}$

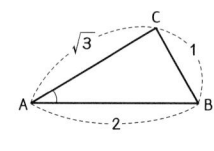

1801 답 $-\dfrac{\sqrt{3}}{9}$

STEP1 $6\sin A = 10\sin B = 5\sqrt{3}\sin C = k$라 하고 $\sin A$, $\sin B$, $\sin C$를 k로 나타내기 [1점]

$6\sin A = 10\sin B = 5\sqrt{3}\sin C = k$라 하면

$\sin A = \dfrac{k}{6}$, $\sin B = \dfrac{k}{10}$, $\sin C = \dfrac{\sqrt{3}k}{15}$

STEP2 $a:b:c$ 구하기 [2점]

$a:b:c = \sin A : \sin B : \sin C$이므로

$a:b:c = \dfrac{k}{6} : \dfrac{k}{10} : \dfrac{\sqrt{3}k}{15}$

$\quad\quad\quad = 5 : 3 : 2\sqrt{3}$

STEP3 $\cos A$의 값 구하기 [3점]

$a=5m$, $b=3m$, $c=2\sqrt{3}m$ $(m>0)$이라 하면

코사인법칙에 의하여

$\cos A = \dfrac{(3m)^2 + (2\sqrt{3}m)^2 - (5m)^2}{2\times 3m\times 2\sqrt{3}m}$

$\quad\quad = -\dfrac{\sqrt{3}}{9}$

부분점수표

ⓐ $a:b:c = \sin A : \sin B : \sin C$로 나타낸 경우	1점

1802 답 $\dfrac{7}{5}$

STEP1 $b+c=7k$, $c+a=8k$, $a+b=9k$라 하고 a, b, c를 k로 나타내기 [3점]

$b+c=7k$, $c+a=8k$, $a+b=9k$라 하고 세 식을 모두 더하면

$2(a+b+c)=24k$ $\therefore a+b+c=12k$

$\therefore a=5k$, $b=4k$, $c=3k$

STEP2 $\dfrac{\sin B + \sin C}{\sin A}$의 값 구하기 [3점]

삼각형 ABC의 외접원의 반지름의 길이를 R라 하면

$\sin A = \dfrac{a}{2R}$, $\sin B = \dfrac{b}{2R}$, $\sin C = \dfrac{c}{2R}$ ⋯⋯ ⓐ

$\therefore \dfrac{\sin B + \sin C}{\sin A} = \dfrac{\dfrac{b}{2R} + \dfrac{c}{2R}}{\dfrac{a}{2R}}$

$\quad\quad\quad\quad\quad\quad = \dfrac{b+c}{a}$

$\quad\quad\quad\quad\quad\quad = \dfrac{4k+3k}{5k}$

$\quad\quad\quad\quad\quad\quad = \dfrac{7}{5}$

부분점수표

ⓐ $\sin A$, $\sin B$, $\sin C$를 R로 나타낸 경우	1점

1803 답 $\dfrac{9}{2}$

STEP1 $\overline{AP}$와 $\overline{BP}$의 길이 사이의 관계식 구하기 [2점]

삼각형 ABC는 이등변삼각형이므로

$\angle ABC = \angle ACB = \theta$라 하고, 삼각형 ABP와 삼각형 APC의 외접원의 반지름의 길이를 각각 R_1, R_2라 하면

삼각형 ABP에서 사인법칙에 의하여

$\dfrac{\overline{BP}}{\sin(\angle BAP)} = \dfrac{\overline{AP}}{\sin\theta} = 2R_1$ ⋯⋯ ㉠

STEP2 $\overline{AP}$와 $\overline{CP}$의 길이 사이의 관계식 구하기 [2점]

삼각형 APC에서 사인법칙에 의하여

$\dfrac{\overline{CP}}{\sin(\angle PAC)} = \dfrac{\overline{AP}}{\sin\theta} = 2R_2$ ⋯⋯ ㉡

STEP3 삼각형 ABP의 외접원의 반지름의 길이 구하기 [2점]

㉠, ㉡에서 $R_1 = R_2$

$\dfrac{\overline{BP}}{\sin(\angle BAP)} + \dfrac{\overline{CP}}{\sin(\angle PAC)} = 2R_1 + 2R_1 = 18$

$\therefore R_1 = \dfrac{9}{2}$

따라서 삼각형 ABP의 외접원의 반지름의 길이는 $\dfrac{9}{2}$이다.

1804 답 (1) 4   (2) 7   (3) 5   (4) $\dfrac{1}{5}$ (5) 4   (6) 16   (7) $\dfrac{1}{5}$

(8) 33   (9) $\sqrt{33}$

STEP 1 $\overline{\mathrm{BD}}$의 길이 구하기 [1점]

$\overline{\mathrm{BC}}$를 $2:1$로 내분하는 점이 D이므로

$\overline{\mathrm{BD}}=6\times\dfrac{2}{3}=\boxed{4}$

STEP 2 $\cos B$의 값 구하기 [2점]

삼각형 ABC에서 코사인법칙에 의하여

$\cos B=\dfrac{5^2+6^2-\boxed{7}^2}{2\times\boxed{5}\times6}$

$\qquad=\boxed{\dfrac{1}{5}}$

STEP 3 $\overline{\mathrm{AD}}$의 길이 구하기 [3점]

삼각형 ABD에서 코사인법칙에 의하여

$\overline{\mathrm{AD}}^2=5^2+\boxed{4}^2-2\times5\times4\times\cos B$

$\qquad=25+\boxed{16}-2\times5\times4\times\boxed{\dfrac{1}{5}}$

$\qquad=\boxed{33}$

$\therefore \overline{\mathrm{AD}}=\boxed{\sqrt{33}}$

실제 답안 예시

$\overline{\mathrm{BD}}:\overline{\mathrm{DC}}=2:1$이므로

$\overline{\mathrm{BD}}=4,\ \overline{\mathrm{DC}}=2$

$\cos B=\dfrac{25+36-49}{60}=\dfrac{1}{5}$

$\overline{\mathrm{AD}}^2=25+16-2\times5\times4\times\cos B$

$\qquad=41-40\times\dfrac{1}{5}$

$\qquad=41-8=33$

$\therefore \overline{\mathrm{AD}}=\sqrt{33}$

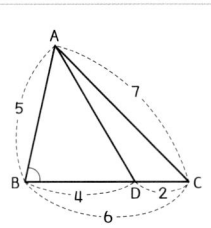

1805 답 $\sqrt{23}$

STEP 1 $\overline{\mathrm{BD}}$의 길이 구하기 [1점]

$\overline{\mathrm{BD}}:\overline{\mathrm{DC}}=2:1$이므로

$\overline{\mathrm{BD}}=9\times\dfrac{2}{3}=6$

STEP 2 $\cos B$의 값 구하기 [2점]

삼각형 ABC에서 코사인법칙에 의하여

$\cos B=\dfrac{5^2+9^2-7^2}{2\times5\times9}$

$\qquad=\dfrac{19}{30}$

STEP 3 $\overline{\mathrm{AD}}$의 길이 구하기 [3점]

삼각형 ABD에서 코사인법칙에 의하여

$\overline{\mathrm{AD}}^2=5^2+6^2-2\times5\times6\times\cos B$

$\qquad=25+36-2\times5\times6\times\dfrac{19}{30}$

$\qquad=23$

$\therefore \overline{\mathrm{AD}}=\sqrt{23}$

1806 답 $\sqrt{13}$

STEP 1 $\overline{\mathrm{BD}}:\overline{\mathrm{CD}}$ 구하기 [1점]

$\overline{\mathrm{BD}}:\overline{\mathrm{CD}}=\overline{\mathrm{AB}}:\overline{\mathrm{AC}}=4:12=1:3$

STEP 2 $\angle\mathrm{BAD}=\angle\mathrm{CAD}=\theta$라 할 때, $\cos\theta$의 값 구하기 [4점]

$\overline{\mathrm{BD}}=k,\ \overline{\mathrm{CD}}=3k\ (k>0),\ \angle\mathrm{BAD}=\angle\mathrm{CAD}=\theta$라 하면

삼각형 ABD에서 코사인법칙에 의하여

$\cos\theta=\dfrac{4^2+3^2-k^2}{2\times4\times3}=\dfrac{25-k^2}{24}$ ·········· ㉠ ······ ⓐ

삼각형 ADC에서 코사인법칙에 의하여

$\cos\theta=\dfrac{3^2+12^2-(3k)^2}{2\times3\times12}=\dfrac{153-9k^2}{72}$ ··········· ㉡ ······ ⓑ

STEP 3 $\overline{\mathrm{BD}}$의 길이 구하기 [3점]

㉠, ㉡에서 $\dfrac{25-k^2}{24}=\dfrac{153-9k^2}{72}$이므로

$k^2=13$

$\therefore k=\sqrt{13}$

따라서 선분 BD의 길이는 $\sqrt{13}$이다.

부분점수표	
ⓐ 삼각형 ABD에서 $\cos(\angle\mathrm{BAD})$를 구한 경우	2점
ⓑ 삼각형 ADC에서 $\cos(\angle\mathrm{CAD})$를 구한 경우	2점

1807 답 3

STEP 1 $\overline{\mathrm{BD}}$의 길이 구하기 [4점]

$\overline{\mathrm{BD}}=x,\ \overline{\mathrm{CD}}=y$라 하면

삼각형 ABD에서 코사인법칙에 의하여

$(3\sqrt{5})^2=10^2+x^2-2\times10\times x\times\cos B$ ······· ⓐ

$45=100+x^2-2\times10\times x\times\dfrac{4}{5}$

$x^2-16x+55=0$

$(x-5)(x-11)=0$

$\therefore x=5\ (\because\ x<10)$

STEP 2 $\overline{\mathrm{AC}}$와 $\overline{\mathrm{DC}}$의 길이 사이의 관계식 구하기 [2점]

$\overline{\mathrm{AD}}$가 $\angle\mathrm{A}$의 이등분선이므로

$10:\overline{\mathrm{AC}}=5:y$

$\therefore \overline{\mathrm{AC}}=2y$

STEP 3 $\overline{\mathrm{DC}}$의 길이 구하기 [4점]

삼각형 ABC에서 코사인법칙에 의하여

$(2y)^2=10^2+(5+y)^2-2\times10\times(5+y)\times\cos B$ ······· ⓑ

$4y^2=100+25+10y+y^2-2\times10\times(5+y)\times\dfrac{4}{5}$

$y^2+2y-15=0$

$(y+5)(y-3)=0$

$\therefore y=3\ (\because\ y>0)$

따라서 선분 DC의 길이는 3이다.

부분점수표	
ⓐ 삼각형 ABD에서 코사인법칙을 적용한 경우	1점
ⓑ 삼각형 ABC에서 코사인법칙을 적용한 경우	1점

07

1808 🔲 (1) $\dfrac{\sqrt{15}}{4}$　(2) 4　(3) $\dfrac{1}{4}$　(4) 64　(5) 8　(6) 8　(7) 4

　　　(8) 16　(9) 16　(10) $\dfrac{256}{15}\pi$

STEP1 $\angle\mathrm{BAD}=\theta$일 때, $\sin\theta$의 값 구하기 [2점]

$\angle\mathrm{BAD}=\theta$라 하면 $\cos\theta=\dfrac{1}{4}$이고 $0<\theta<\pi$이므로

$\sin\theta=\sqrt{1-\cos^2\theta}$

　　$=\sqrt{1-\left(\dfrac{1}{4}\right)^2}=\boxed{\dfrac{\sqrt{15}}{4}}$

STEP2 $\overline{\mathrm{BD}}$의 길이 구하기 [3점]

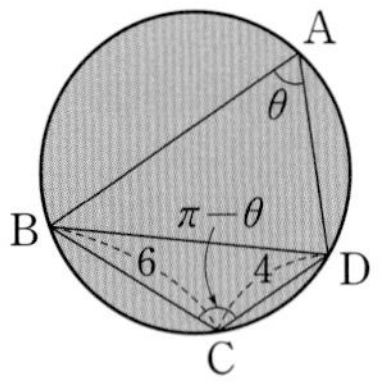

사각형 ABCD가 원에 내접하므로

$\angle\mathrm{BCD}=\pi-\theta$

그림과 같이 $\overline{\mathrm{BD}}$를 그으면 삼각형 BCD에
서 코사인법칙에 의하여

$\overline{\mathrm{BD}}^2=6^2+4^2-2\times6\times\boxed{4}\times\underset{\underset{\rightarrow\ -\cos\theta}{}}{\cos(\pi-\theta)}$

　　　$=36+16+2\times6\times4\times\boxed{\dfrac{1}{4}}$

　　　$=\boxed{64}$

$\therefore\ \overline{\mathrm{BD}}=\boxed{8}$

STEP3 삼각형 ABD의 외접원의 반지름의 길이 구하기 [2점]

삼각형 ABD의 외접원의 반지름의 길이를 R라 하면 사인법칙에
의하여

$\dfrac{\boxed{8}}{\sin\theta}=2R$

$\therefore\ R=8\times\boxed{\dfrac{4}{\sqrt{15}}}\times\dfrac{1}{2}=\boxed{\dfrac{16}{\sqrt{15}}}$

STEP4 원의 넓이 구하기 [1점]

원의 넓이는

$\pi\left(\boxed{\dfrac{16}{\sqrt{15}}}\right)^2=\boxed{\dfrac{256}{15}\pi}$

실제 답안 예시

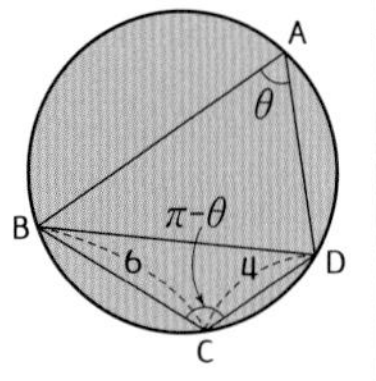

$\overline{\mathrm{BD}}=x$라고 설정하자.

$\angle\mathrm{BAD}=\theta$라고 할 때, $\angle\mathrm{BCD}=\pi-\theta$

삼각형 BCD에서 코사인법칙에 의하여

$x^2=36+16-2\times6\times4\times\cos(\pi-\theta)$

　　$=52+48\cos\theta$

　　$=52+48\times\dfrac{1}{4}=64$

$x=8$

원의 반지름을 구하기 위해 사인법칙을 사용하자.

$\dfrac{8}{\sin\theta}=2R$이고,

$\cos\theta=\dfrac{1}{4}$이므로 $\sin\theta=\dfrac{\sqrt{15}}{4}$이다.

$\dfrac{8}{\frac{\sqrt{15}}{4}}=\dfrac{32}{\sqrt{15}}=2R$

$R=\dfrac{16}{\sqrt{15}}$

(원의 넓이)$=\pi R^2=\dfrac{16\times16}{15}\pi=\dfrac{256}{15}\pi$

1809 🔲 $\dfrac{25}{4}\pi$

STEP1 $\angle\mathrm{BCD}=\theta$일 때, $\sin\theta$의 값 구하기 [2점]

$\angle\mathrm{BCD}=\theta$라 하면 $\cos\theta=-\dfrac{1}{5}$이고 $0<\theta<\pi$이므로

$\sin\theta=\sqrt{1-\cos^2\theta}$

　　$=\sqrt{1-\left(-\dfrac{1}{5}\right)^2}=\dfrac{2\sqrt{6}}{5}$

STEP2 $\overline{\mathrm{BD}}$의 길이 구하기 [3점]

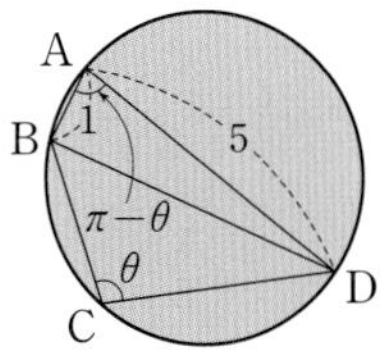

사각형 ABCD가 원에 내접하므로

$\angle\mathrm{BAD}=\pi-\theta$

그림과 같이 $\overline{\mathrm{BD}}$를 그으면 삼각형 ABD에
서 코사인법칙에 의하여

$\overline{\mathrm{BD}}^2=1^2+5^2-2\times1\times5\times\underset{\underset{\rightarrow\ -\cos\theta}{}}{\cos(\pi-\theta)}$

　　　$=26+10\cos\theta$

　　　$=26+10\times\left(-\dfrac{1}{5}\right)$

　　　$=24$

$\therefore\ \overline{\mathrm{BD}}=2\sqrt{6}$

STEP3 삼각형 BCD의 외접원의 반지름의 길이 구하기 [2점]

삼각형 BCD의 외접원의 반지름의 길이를 R라 하면 사인법칙에
의하여

$\dfrac{2\sqrt{6}}{\sin\theta}=2R$

$\therefore\ R=2\sqrt{6}\times\dfrac{5}{2\sqrt{6}}\times\dfrac{1}{2}=\dfrac{5}{2}$

STEP4 원의 넓이 구하기 [1점]

원의 넓이는

$\pi\left(\dfrac{5}{2}\right)^2=\dfrac{25}{4}\pi$

1810 🔲 13π

STEP1 $\angle\mathrm{ACB}$의 크기 구하기 [2점]

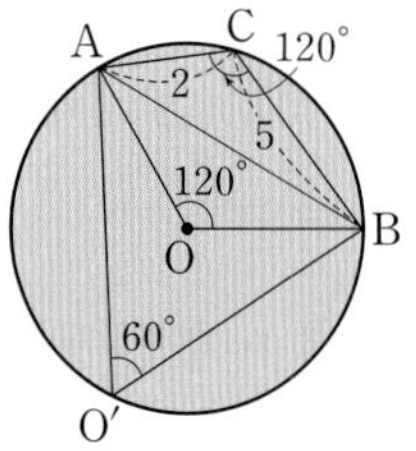

그림과 같이 원 위의 점 $\mathrm{O'}$을 잡으면

$\angle\mathrm{AO'B}=\dfrac{1}{2}\angle\mathrm{AOB}=60°$ ……… ⓐ

사각형 O'BCA는 원에 내접하므로

$\angle\mathrm{ACB}=180°-60°=120°$

STEP2 원 O의 반지름의 길이 구하기 [5점]

원 O의 반지름의 길이를 r라 하면
삼각형 AOB에서 코사인법칙에 의하여

$\overline{\mathrm{AB}}^2=r^2+r^2-2\times r\times r\times\cos120°$

　　　$=r^2+r^2-2\times r\times r\times\left(-\dfrac{1}{2}\right)=3r^2$ ……… ㉠ ……… ⓑ

삼각형 ABC에서 코사인법칙에 의하여

$\overline{\mathrm{AB}}^2=2^2+5^2-2\times2\times5\times\cos120°$

　　　$=4+25-2\times2\times5\times\left(-\dfrac{1}{2}\right)=39$ ……… ㉡ ……… ⓒ

㉠, ㉡에서 $3r^2=39$

$\therefore\ r=\sqrt{13}$

STEP 3 **원의 넓이 구하기** [1점]

원의 넓이는

$\pi r^2 = 13\pi$

부분점수표	
ⓐ ∠AO′B의 크기를 구한 경우	1점
ⓑ 삼각형 AOB에서 코사인법칙을 적용한 경우	1점
ⓒ 삼각형 ABC에서 코사인법칙을 적용한 경우	1점

개념 Check

원에서 한 호에 대한 원주각의 크기는 그 호에 대한 중심각의 크기의 $\frac{1}{2}$이다.

➜ $\angle A = \frac{1}{2}\angle BOC$

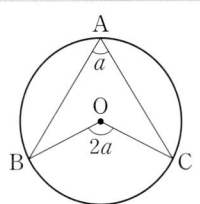

1811 답 $8(1+\sqrt{2})$

STEP 1 **∠BOA, ∠AOD, ∠DOC의 크기 구하기** [2점]

$\angle BOA = \angle AOD = \angle DOC = \dfrac{360°}{8} = 45°$

STEP 2 **r^2의 값 구하기** [3점]

원의 반지름의 길이를 r라 하면
삼각형 OAB에서 코사인법칙에 의하여
$4^2 = r^2 + r^2 - 2 \times r \times r \times \cos 45°$ ...... ⓐ

$16 = r^2 + r^2 - 2 \times r \times r \times \dfrac{\sqrt{2}}{2}$

$16 = 2r^2 - \sqrt{2}r^2 = (2-\sqrt{2})r^2$

$\therefore r^2 = 8(2+\sqrt{2})$

STEP 3 **사각형 ABCD의 넓이 구하기** [4점]

사각형 ABCD의 넓이는 세 삼각형 OAB, OAD, ODC의 넓이의 합에서 삼각형 OCB의 넓이를 뺀 것과 같다.
$\triangle OAB \equiv \triangle OAD \equiv \triangle ODC$ (SAS 합동)이므로
(삼각형 OAB의 넓이) = (삼각형 OAD의 넓이)

$\qquad\qquad = $ (삼각형 ODC의 넓이)

$\qquad\qquad = \dfrac{1}{2} \times r \times r \times \sin 45°$

$\qquad\qquad = \dfrac{1}{2} \times r \times r \times \dfrac{\sqrt{2}}{2} = \dfrac{\sqrt{2}}{4}r^2$ ...... ⓑ

(삼각형 OCB의 넓이) $= \dfrac{1}{2} \times r \times r \times \sin 135°$

$\qquad\qquad = \dfrac{1}{2} \times r \times r \times \dfrac{\sqrt{2}}{2} = \dfrac{\sqrt{2}}{4}r^2$ ...... ⓒ

따라서 사각형 ABCD의 넓이는

$3 \times \dfrac{\sqrt{2}}{4}r^2 - \dfrac{\sqrt{2}}{4}r^2 = \dfrac{\sqrt{2}}{2}r^2$

$\qquad\qquad = \dfrac{\sqrt{2}}{2} \times 8(2+\sqrt{2})$

$\qquad\qquad = 8(1+\sqrt{2})$

부분점수표	
ⓐ 삼각형 OAB에서 코사인법칙을 적용한 경우	1점
ⓑ 세 삼각형 OAB, OAD, ODC의 넓이를 구한 경우	1점
ⓒ 삼각형 OCB의 넓이를 구한 경우	1점

1 1812 답 ⑤   유형 1

출제의도 | 사인법칙을 이용하여 삼각형의 각의 크기와 변의 길이를 구할 수 있는지 확인한다.

> 삼각형 ABC에서 $\dfrac{a}{\sin A} = \dfrac{b}{\sin B} = \dfrac{c}{\sin C}$이고 삼각형의 세 각의 크기의 합은 180°임을 이용해 보자.

사인법칙에 의하여

$\dfrac{5}{\sin B} = \dfrac{5\sqrt{3}}{\sin 120°}$

$\therefore \sin B = 5 \times \dfrac{\sqrt{3}}{2} \times \dfrac{1}{5\sqrt{3}}$

$\qquad\quad = \dfrac{1}{2}$

$0° < B < 90°$이므로 $B = 30°$

$\therefore \angle A = 180° - (30° + 120°)$

$\qquad\quad = 30°$

따라서 삼각형 ABC는 $\angle A = \angle B$인 이등변삼각형이므로

$\overline{BC} = \overline{AC} = 5$

$\therefore a = 5$

---

2 1813 답 ④   유형 2

출제의도 | 사인법칙을 이용하여 외접원의 반지름의 길이를 구할 수 있는지 확인한다.

> 삼각형 ABC에서 $\dfrac{a}{\sin A} = \dfrac{b}{\sin B} = \dfrac{c}{\sin C} = 2R$임을 이용해 보자.

삼각형 ABC의 외접원의 반지름의 길이를 R라 하면
사인법칙에 의하여 $\dfrac{12}{\sin 60°} = 2R$

$\therefore R = \dfrac{1}{2} \times 12 \times \dfrac{2}{\sqrt{3}}$

$\qquad\quad = 4\sqrt{3}$

---

3 1814 답 ①   유형 4

출제의도 | 사인법칙을 이용하여 삼각형의 모양을 결정할 수 있는지 확인한다.

> 삼각형 ABC에서 $\sin A = \dfrac{a}{2R}$, $\sin B = \dfrac{b}{2R}$, $\sin C = \dfrac{c}{2R}$임을 이용해 보자.

삼각형 ABC의 외접원의 반지름의 길이를 R라 하면 사인법칙에 의하여

$\sin A = \dfrac{a}{2R}$, $\sin B = \dfrac{b}{2R}$, $\sin C = \dfrac{c}{2R}$

이것을 $a\sin A = b\sin B + c\sin C$에 대입하면

$a \times \dfrac{a}{2R} = b \times \dfrac{b}{2R} + c \times \dfrac{c}{2R}$

$\therefore a^2 = b^2 + c^2$

따라서 삼각형 ABC는 $A = 90°$인 직각삼각형이다.

07

4 1815 　답 ① 　　　　　　　　　　　유형 6

출제의도 ┃ 코사인법칙을 이용하여 삼각형의 변의 길이를 구할 수 있는지 확인한다.

> 삼각형 ABC에서 $b^2=c^2+a^2-2ca\cos B$임을 이용해 보자.

코사인법칙에 의하여
$$(\sqrt{6})^2=c^2+2^2-2\times c\times 2\times\cos 60°$$
$$6=c^2+4-2\times c\times 2\times\frac{1}{2}$$
$$c^2-2c-2=0$$
$$\therefore c=1\pm\sqrt{1-(-2)}=1\pm\sqrt{3}$$
$c>0$이므로 $c=1+\sqrt{3}$

5 1816 　답 ④ 　　　　　　　　　　　유형 8

출제의도 ┃ 사인법칙과 코사인법칙을 이용하여 삼각형의 변의 길이를 구할 수 있는지 확인한다.

> 삼각형 ABC에서 $\dfrac{a}{\sin A}=\dfrac{b}{\sin B}=\dfrac{c}{\sin C}$이고
> $a^2=b^2+c^2-2bc\cos A$임을 이용해 보자.

$\angle A=180°-(45°+75°)=60°$

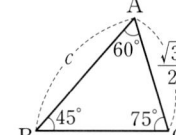

사인법칙에 의하여
$$\frac{\frac{\sqrt{3}}{2}}{\sin 45°}=\frac{\overline{BC}}{\sin 60°}$$
$$\therefore \overline{BC}=\frac{\sqrt{3}}{2}\times\frac{\sqrt{3}}{2}\times\frac{2}{\sqrt{2}}$$
$$=\frac{3\sqrt{2}}{4}$$

코사인법칙에 의하여
$$\left(\frac{3\sqrt{2}}{4}\right)^2=c^2+\left(\frac{\sqrt{3}}{2}\right)^2-2\times c\times\frac{\sqrt{3}}{2}\times\cos 60°$$
$$\frac{9}{8}=c^2+\frac{3}{4}-2\times c\times\frac{\sqrt{3}}{2}\times\frac{1}{2}$$
$$8c^2-4\sqrt{3}c-3=0$$
$$\therefore c=\frac{2\sqrt{3}\pm\sqrt{12+8\times 3}}{8}$$
$$=\frac{\sqrt{3}\pm 3}{4}$$
$c>0$이므로 $c=\dfrac{3+\sqrt{3}}{4}$

6 1817 　답 ② 　　　　　　　　　　　유형 10

출제의도 ┃ 사인법칙과 코사인법칙을 이용하여 삼각형의 모양을 결정할 수 있는지 확인한다.

> 삼각형 ABC에서 $\sin A$, $\sin B$, $\cos C$를 a, b, c에 대한 식으로 나타내 보자.

삼각형 ABC의 외접원의 반지름의 길이를 R라 하면
$$\sin A=\frac{a}{2R},\ \sin B=\frac{b}{2R},\ \cos C=\frac{a^2+b^2-c^2}{2ab}$$
이것을 $\sin A=2\sin B\cos C$에 대입하면

$$\frac{a}{2R}=2\times\frac{b}{2R}\times\frac{a^2+b^2-c^2}{2ab}$$
$$a^2=a^2+b^2-c^2,\ b^2-c^2=0$$
$$(b+c)(b-c)=0$$
$b>0$, $c>0$이므로 $b=c$
따라서 삼각형 ABC는 $b=c$인 이등변삼각형이다.

7 1818 　답 ② 　　　　　　　　　　　유형 12

출제의도 ┃ 두 변의 길이와 그 끼인각의 크기를 알 때 삼각형의 넓이를 구할 수 있는지 확인한다.

> 삼각형 ABC의 넓이는 $S=\dfrac{1}{2}bc\sin A$임을 이용해 보자.

$$\sin(B+C)=\sin(\pi-A)=\sin A=\frac{1}{4}$$
$$\underset{\rightarrow A+B+C=\pi}{}$$
따라서 삼각형 ABC의 넓이는
$$\frac{1}{2}\times 3\times 4\times\sin A=\frac{1}{2}\times 3\times 4\times\frac{1}{4}=\frac{3}{2}$$

8 1819 　답 ② 　　　　　　　　　　　유형 20

출제의도 ┃ 등변사다리꼴의 넓이를 구할 수 있는지 확인한다.

> 등변사다리꼴의 대각선의 길이를 a, 두 대각선이 이루는 각의 크기를 θ라 할 때, 그 넓이는 $\dfrac{1}{2}\times a\times a\times\sin\theta$임을 이용해 보자.

등변사다리꼴의 두 대각선의 길이는 같으므로 대각선의 길이를 a라 하면
$$\frac{1}{2}\times a\times a\times\sin 30°=1$$
$$\frac{1}{2}\times a\times a\times\frac{1}{2}=1$$
$$\therefore a^2=4$$
$$\therefore a=2\ (\because a>0)$$

9 1820 　답 ① 　　　　　　　　　　　유형 2

출제의도 ┃ 사인법칙을 이용하여 삼각형의 변의 길이의 비를 구할 수 있는지 확인한다.

> 삼각형 ABC에서 $\sin A=\dfrac{a}{2R}$, $\sin B=\dfrac{b}{2R}$임을 이용해 보자.

삼각형 ABC의 외접원의 반지름의 길이를 R라 하면 사인법칙에 의하여
$$\sin A=\frac{a}{2R},\ \sin B=\frac{b}{2R}$$
이것을 $\sqrt{3}\sin A=\sin B$에 대입하면
$$\sqrt{3}\times\frac{a}{2R}=\frac{b}{2R}$$
$$\therefore b=\sqrt{3}a \quad\cdots\cdots\cdots\cdots\cdots\cdots ㉠$$
$\overline{AB}$가 원의 지름이므로 $C=90°$
따라서 직각삼각형 ABC에서 피타고라스 정리에 의하여
$$a^2+(\sqrt{3}a)^2=8^2,\ 4a^2=64,\ a^2=16$$

$\therefore a=4,\ b=4\sqrt{3}$

따라서 삼각형 ABC의 넓이는

$\dfrac{1}{2}\times4\times4\sqrt{3}=8\sqrt{3}$

10 1821 답 ③ 유형 3

출제의도 | 사인법칙을 이용하여 삼각형의 변의 길이의 비를 구할 수 있는지 확인한다.

> $\sin A:\sin B:\sin C=a:b:c$이고 삼각형의 내각의 크기의 합은 $180°$임을 이용해 보자.

$A+B+C=\pi$이므로
$\sin(A+B)=\sin(\pi-C)=\sin C$
$\sin(B+C)=\sin(\pi-A)=\sin A$
$\sin(C+A)=\sin(\pi-B)=\sin B$
삼각형 ABC에서 사인법칙에 의하여
$\sin(A+B):\sin(B+C):\sin(C+A)$
$=\sin C:\sin A:\sin B$
$=c:a:b=3:5:4$

11 1822 답 ③ 유형 8

출제의도 | 사인법칙과 코사인법칙을 이용하여 삼각형의 변의 길이, 외접원의 반지름의 길이 등을 구할 수 있는지 확인한다.

> 삼각형 ABC에서 $a:b:c=\sin A:\sin B:\sin C$이고 $\cos A=\dfrac{b^2+c^2-a^2}{2bc}$임을 이용해 보자.

$\sin(B+C)=\sin(\pi-A)=\sin A,$
$\sin(A+C)=\sin(\pi-B)=\sin B,$
$\sin(A+B)=\sin(\pi-C)=\sin C$이므로
주어진 식은
$\dfrac{7}{\sin A}=\dfrac{5}{\sin B}=\dfrac{3}{\sin C}$
$\therefore \sin A:\sin B:\sin C=7:5:3$
사인법칙에 의하여
$a:b:c=\sin A:\sin B:\sin C=7:5:3$
$a=7k,\ b=5k,\ c=3k\ (k>0)$라 하면 코사인법칙에 의하여
$\cos A=\dfrac{(5k)^2+(3k)^2-(7k)^2}{2\times5k\times3k}$
$\qquad=-\dfrac{15k^2}{30k^2}=-\dfrac{1}{2}$
$0°<A<180°$이므로 $A=120°$
삼각형 ABC의 외접원의 반지름의 길이를 R라 하면 사인법칙에 의하여
$\dfrac{3}{\sin120°}=2R$
$\therefore R=\dfrac{1}{2}\times3\times\dfrac{2}{\sqrt{3}}=\sqrt{3}$
따라서 삼각형 ABC의 외접원의 넓이는
$\pi\times(\sqrt{3})^2=3\pi$

12 1823 답 ③ 유형 9

출제의도 | 사인법칙과 코사인법칙을 이용하여 삼각형의 세 내각 중에서 최대각의 크기를 구할 수 있는지 확인한다.

> 삼각형 ABC에서 $a:b:c=\sin A:\sin B:\sin C$이고 $\sin(\pi-A)=\sin A$, $\cos\left(\dfrac{\pi}{2}-A\right)=\sin A$, $\cos A=\dfrac{b^2+c^2-a^2}{2bc}$임을 이용해 보자.

$\sin(\pi-A)=\sin A,\ \sin(A+C)=\sin(\pi-B)=\sin B,$
$\cos\left(\dfrac{\pi}{2}-C\right)=\sin C$이므로 주어진 식은
$\dfrac{\sin A}{3}=\dfrac{\sin B}{7}=\dfrac{\sin C}{5}$
$\therefore \sin A:\sin B:\sin C=3:7:5$
사인법칙에 의하여
$a:b:c=\sin A:\sin B:\sin C=3:7:5$
$a=3k,\ b=7k,\ c=5k\ (k>0)$라 하면
가장 긴 변의 대각의 크기가 가장 크므로 최대각은 B이다.
코사인법칙에 의하여
$\cos B=\dfrac{(3k)^2+(5k)^2-(7k)^2}{2\times3k\times5k}=-\dfrac{1}{2}$
$0<B<\pi$이므로 $B=\dfrac{2}{3}\pi$

따라서 삼각형 ABC의 세 내각 중에서 최대각의 크기는 $\dfrac{2}{3}\pi$이다.

13 1824 답 ④ 유형 12

출제의도 | 두 변의 길이와 그 끼인각의 크기를 알 때 삼각형의 넓이를 구할 수 있는지 확인한다.

> 삼각형 ABC의 넓이는 $S=\dfrac{1}{2}ab\sin C$임을 이용해 보자.

$0°<C<180°$이므로
$\sin C=\sqrt{1-\cos^2C}$
$\qquad=\sqrt{1-\left(\dfrac{\sqrt{5}}{3}\right)^2}=\dfrac{2}{3}$
따라서 삼각형 ABC의 넓이는
$\dfrac{1}{2}\times4\times5\times\sin C=\dfrac{1}{2}\times4\times5\times\dfrac{2}{3}=\dfrac{20}{3}$

14 1825 답 ④ 유형 13

출제의도 | 삼각형의 넓이와 외접원의 관계를 이해하는지 확인한다.

> 원의 둘레의 길이를 이용하여 원의 반지름의 길이를 구하고 외접원에 내접하는 삼각형 ABC의 넓이는 원의 중심을 O라 할 때, $\triangle ABC=\triangle AOB+\triangle BOC+\triangle COA$임을 이용해 보자.

원 O의 반지름의 길이를 R라 하면
$2\pi R=3+4+5$
$\therefore R=\dfrac{6}{\pi}$

$\widehat{AB} : \widehat{BC} : \widehat{CA} = 3 : 4 : 5$에서

$\angle AOB = 360° \times \dfrac{3}{12} = 90°$

$\angle BOC = 360° \times \dfrac{4}{12} = 120°$

$\angle COA = 360° \times \dfrac{5}{12} = 150°$

삼각형 ABC의 넓이는 세 삼각형 AOB, BOC, COA의 넓이의 합과 같으므로

$\dfrac{1}{2} \times \left(\dfrac{6}{\pi}\right)^2 \times \sin 90° + \dfrac{1}{2} \times \left(\dfrac{6}{\pi}\right)^2 \times \sin 120°$

$\qquad\qquad\qquad\qquad + \dfrac{1}{2} \times \left(\dfrac{6}{\pi}\right)^2 \times \sin 150°$

$= \dfrac{1}{2} \times \dfrac{36}{\pi^2} \times 1 + \dfrac{1}{2} \times \dfrac{36}{\pi^2} \times \dfrac{\sqrt{3}}{2} + \dfrac{1}{2} \times \dfrac{36}{\pi^2} \times \dfrac{1}{2}$

$= \dfrac{9}{\pi^2}(3 + \sqrt{3})$

따라서 $a = 9$, $b = 3$이므로

$a + b = 9 + 3 = 12$

15 1826 답 ③

유형 16

출제의도 | 삼각형의 넓이를 이용하여 $a+b$의 최솟값을 구할 수 있는지 확인한다.

> 삼각형 ABC의 넓이가 $\dfrac{1}{2}ab\sin C$임을 이용하여 ab의 값을 구해 보자.

삼각형 ABC의 넓이가 $9\sqrt{3}$이므로

$\dfrac{1}{2} \times a \times b \times \sin 60° = 9\sqrt{3}$

$\dfrac{1}{2} \times a \times b \times \dfrac{\sqrt{3}}{2} = 9\sqrt{3}$

$\therefore ab = 36$

$a > 0$, $b > 0$이므로 산술평균과 기하평균의 관계에 의하여

$a + b \geq 2\sqrt{ab} = 2\sqrt{36} = 12$ (단, 등호는 $a = b = 6$일 때 성립)

따라서 $a + b$의 최솟값은 12이다.

16 1827 답 ③

유형 12

출제의도 | 두 변의 길이와 그 끼인각의 크기를 알 때 삼각형의 넓이를 구할 수 있는지 확인한다.

> 삼각형 ABC에서 $a^2 = b^2 + c^2 - 2bc\cos A$이고 넓이는 $S = \dfrac{1}{2}bc\sin A$임을 이용해 보자.

코사인법칙에 의하여

$14^2 = b^2 + c^2 - 2bc\cos 120°$

$196 = b^2 + c^2 - 2bc \times \left(-\dfrac{1}{2}\right)$

$196 = b^2 + c^2 + bc$ $\cdots\cdots$ ㉠

$b + c = 16$에서 $c = 16 - b$이므로 이것을 ㉠에 대입하면

$196 = b^2 + (16 - b)^2 + b(16 - b)$

$b^2 - 16b + 60 = 0$, $(b - 6)(b - 10) = 0$

$\therefore b = 10 \ (\because b > 8)$

$\therefore c = 16 - 10 = 6$

따라서 삼각형 ABC의 넓이는

$\dfrac{1}{2} \times 10 \times 6 \times \sin 120° = \dfrac{1}{2} \times 10 \times 6 \times \dfrac{\sqrt{3}}{2} = 15\sqrt{3}$

17 1828 답 ②

유형 12

출제의도 | 두 변의 길이와 그 끼인각의 크기를 알 때 삼각형의 넓이를 구할 수 있는지 확인한다.

> 삼각형 ABC의 넓이는 $S = \dfrac{1}{2}bc\sin A$이고 $\sin(\pi - A) = \sin A$임을 이용해 보자.

세 정사각형 ADEB, BFGC, ACHI의 넓이의 합은 $a^2 + b^2 + c^2$

$\angle BAC = \alpha$, $\angle ABC = \beta$라 하면

$\sin \alpha = \dfrac{a}{c}$, $\sin \beta = \dfrac{b}{c}$

$\angle DAI = \pi - \alpha$, $\angle EBF = \pi - \beta$이므로 네 삼각형 ABC, DAI, EFB, CGH의 넓이의 합은

$\dfrac{1}{2} \times a \times b + \dfrac{1}{2} \times b \times c \times \underline{\sin(\pi - \alpha)} + \dfrac{1}{2} \times a \times c \times \sin(\pi - \beta)$
$\qquad\qquad\qquad \downarrow \sin(\pi - \alpha) = \sin \alpha$
$\qquad\qquad\qquad\qquad\qquad\qquad\qquad + \dfrac{1}{2} \times a \times b$

$= ab + \dfrac{1}{2}bc\sin \alpha + \dfrac{1}{2}ac\sin \beta$

$= ab + \dfrac{1}{2}bc \times \dfrac{a}{c} + \dfrac{1}{2}ac \times \dfrac{b}{c}$

$= 2ab$

이때 $a^2 + b^2 = c^2$이므로 육각형 DEFGHI의 넓이는

$a^2 + b^2 + c^2 + 2ab = 2(c^2 + ab)$

18 1829 답 ③

유형 12

출제의도 | 각의 이등분선이 주어질 때 삼각형의 넓이를 구할 수 있는지 확인한다.

> 삼각형 ABC에서 넓이는 $S = \dfrac{1}{2}ab\sin C$임을 이용해 보자.

$\sin \theta : \sin 2\theta = 5 : 8$이므로

$\sin \theta = 5k$, $\sin 2\theta = 8k \ (k > 0)$라 하자.

$\overline{AD} = x$라 하면 삼각형 ABC의 넓이는 삼각형 ABD의 넓이와 삼각형 ACD의 넓이의 합과 같으므로

$\dfrac{1}{2} \times 12 \times 8 \times \sin 2\theta$

$= \dfrac{1}{2} \times 12 \times x \times \sin \theta + \dfrac{1}{2} \times 8 \times x \times \sin \theta$

$48 \sin 2\theta = 6x \sin \theta + 4x \sin \theta$

$48 \sin 2\theta = 10x \sin \theta$

$48 \times 8k = 10x \times 5k$, $384 = 50x$

$\therefore x = \dfrac{192}{25}$

따라서 $a = 25$, $b = 192$이므로

$a + b = 217$

19 1830 답 ⑤ 유형 13 + 유형 14 + 유형 15

출제의도 | 삼각형의 넓이를 이용하여 삼각형의 내접원과 외접원의 반지름의 길이를 구할 수 있는지 확인한다.

삼각형 ABC의 넓이는 $S = \dfrac{r}{2}(a+b+c) = \dfrac{abc}{4R}$임을 이용해 보자.

헤론의 공식에 의하여
$$s = \frac{7+9+12}{2} = 14$$

삼각형의 넓이를 S라 하면
$$S = \sqrt{14(14-7)(14-9)(14-12)} = 14\sqrt{5}$$

삼각형의 내접원의 반지름의 길이를 r라 하면
$$S = \frac{r}{2}(7+9+12) = 14\sqrt{5}$$
$$\therefore r = \sqrt{5}$$

삼각형의 외접원의 반지름의 길이를 R라 하면
$$\frac{7 \times 9 \times 12}{4R} = 14\sqrt{5}$$
$$\therefore R = \frac{27}{2\sqrt{5}}$$
$$\therefore rR = \sqrt{5} \times \frac{27}{2\sqrt{5}} = \frac{27}{2}$$

20 1831 답 ① 유형 17

출제의도 | 사각형의 넓이를 두 삼각형으로 나누어 구할 수 있는지 확인한다.

삼각형 ABC에서 $a^2 = b^2 + c^2 - 2bc\cos A$이고 넓이는 $S = \dfrac{1}{2}bc\sin A$임을 이용해 보자.

삼각형 ACD에서 코사인법칙에 의하여
$$\overline{AC}^2 = 7^2 + 8^2 - 2 \times 7 \times 8 \times \cos\frac{2}{3}\pi$$
$$= 49 + 64 - 2 \times 7 \times 8 \times \left(-\frac{1}{2}\right) = 169$$
$$\therefore \overline{AC} = 13$$

삼각형 ACD의 넓이는
$$\frac{1}{2} \times 8 \times 7 \times \sin\frac{2}{3}\pi = \frac{1}{2} \times 8 \times 7 \times \frac{\sqrt{3}}{2} = 14\sqrt{3}$$

삼각형 ABC의 넓이는
$$\frac{1}{2} \times 13 \times 4\sqrt{3} \times \sin\frac{5}{6}\pi = \frac{1}{2} \times 13 \times 4\sqrt{3} \times \frac{1}{2} = 13\sqrt{3}$$

따라서 사각형 ABCD의 넓이는
$$14\sqrt{3} + 13\sqrt{3} = 27\sqrt{3}$$

21 1832 답 ① 유형 11

출제의도 | 코사인법칙을 이용하여 최단 거리를 구할 수 있는지 확인한다.

삼각형 ABC에서 $a^2 = b^2 + c^2 - 2bc\cos A$임을 이용해 보자.

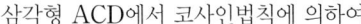

$\overline{OQ} = 8 \times \dfrac{3}{4} = 6$, $\overline{QC} = 8 - 6 = 2$, $\overline{OS} = \dfrac{1}{2} \times 8 = 4$이므로 사각뿔의 옆면의 전개도는 그림과 같다.

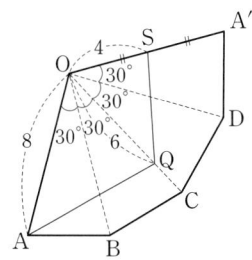

삼각형 OAQ에서 코사인법칙에 의하여
$$\overline{AQ}^2 = 6^2 + 8^2 - 2 \times 6 \times 8 \times \cos 60°$$
$$= 36 + 64 - 2 \times 6 \times 8 \times \frac{1}{2} = 52$$
$$\therefore \overline{AQ} = 2\sqrt{13}$$

삼각형 OQS에서 코사인법칙에 의하여
$$\overline{QS}^2 = 4^2 + 6^2 - 2 \times 4 \times 6 \times \cos 60°$$
$$= 16 + 36 - 2 \times 4 \times 6 \times \frac{1}{2} = 28$$
$$\therefore \overline{QS} = 2\sqrt{7}$$

따라서 점 A에서 출발하여 세 점 P, Q, R를 차례로 지나 점 S에 이르는 최단 거리는
$$\overline{AQ} + \overline{QS} = 2\sqrt{13} + 2\sqrt{7}$$

22 1833 답 271.5 m 유형 5

출제의도 | 사인법칙을 활용하여 실생활 문제를 해결할 수 있는지 확인한다.

STEP 1 ∠CFD의 크기 구하기 [1점]

그림에서
$$\angle CFD = 46° - 30° = 16°$$

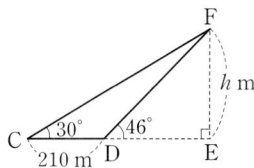

STEP 2 $\overline{DF}$의 길이 구하기 [2점]

삼각형 FCD에서 사인법칙에 의하여
$$\frac{\overline{DF}}{\sin 30°} = \frac{210}{\sin 16°}$$
$$\therefore \overline{DF} = \frac{210}{0.28} \times \frac{1}{2} = 375 \, (\text{m})$$

STEP 3 $\overline{EF}$의 길이 구하기 [2점]

삼각형 FDE에서
$$\overline{EF} = 375\sin 46°$$
$$= 375 \times 0.72$$
$$= 270 \, (\text{m})$$

STEP 4 건물의 높이 구하기 [1점]

눈높이가 1.5 m이므로 구하는 건물의 높이는
$$270 + 1.5 = 271.5 \, (\text{m})$$

23 1834 답 $4\sqrt{2}$ 유형 7

출제의도 | 코사인법칙을 이용하여 삼각형의 변의 길이를 구할 수 있는지 확인한다.

STEP 1 ∠DBC=θ라 할 때, ∠ABC의 크기를 θ로 나타내기 [2점]

$\angle DBC = \theta$라 하면 $\overline{AD} /\!/ \overline{BC}$이므로

$\angle ADB = \angle DBC = \theta$

삼각형 ABD는 이등변삼각형이므로

$\angle DAB = \angle ADB = \theta$

$\therefore \angle ABD = \pi - 2\theta$

$\therefore \angle ABC = (\pi - 2\theta) + \theta$
$\qquad = \pi - \theta$

STEP 2 $\cos\theta$의 값 구하기 [2점]

삼각형 BCD에서 코사인법칙에 의하여

$\cos\theta = \dfrac{3^2 + 3^2 - 2^2}{2 \times 3 \times 3}$
$\qquad = \dfrac{7}{9}$

STEP 3 $\overline{AC}$의 길이 구하기 [2점]

삼각형 ABC에서 코사인법칙에 의하여

$\overline{AC}^2 = 3^2 + 3^2 - 2 \times 3 \times 3 \times \cos(\pi - \theta)$
$\qquad = 3^2 + 3^2 + 2 \times 3 \times 3 \times \cos\theta$
$\qquad = 9 + 9 + 2 \times 3 \times 3 \times \dfrac{7}{9}$
$\qquad = 32$

$\therefore \overline{AC} = 4\sqrt{2}$

24 1835 답 $\dfrac{16}{21}$ 유형 7

출제의도 | 코사인법칙을 이용하여 삼각형의 변의 길이와 각의 크기를 구할 수 있는지 확인한다.

STEP 1 $\overline{BD}$, $\overline{CD}$의 길이를 k로 나타낼 때, $\cos C$의 값을 k로 나타내기 [2점]

$\overline{BD} : \overline{DC} = 2 : 3$이므로

$\overline{BD} = 2k$, $\overline{CD} = 3k$ $(k > 0)$라 하면

삼각형 ABC에서 코사인법칙에 의하여

$\cos C = \dfrac{6^2 + (5k)^2 - 9^2}{2 \times 6 \times 5k} = \dfrac{5k^2 - 9}{12k}$ .... ㉠

STEP 2 k의 값 구하기 [2점]

삼각형 ADC에서 코사인법칙에 의하여

$\cos C = \dfrac{6^2 + (3k)^2 - 7^2}{2 \times 6 \times 3k} = \dfrac{9k^2 - 13}{36k}$ .... ㉡

㉠, ㉡에서 $\dfrac{5k^2 - 9}{12k} = \dfrac{9k^2 - 13}{36k}$

$15k^2 - 27 = 9k^2 - 13$

$k^2 = \dfrac{7}{3}$

$\therefore k = \dfrac{\sqrt{21}}{3}$ $(\because k > 0)$

STEP 3 $\overline{CD}$의 길이 구하기 [1점]

$\overline{CD} = 3 \times \dfrac{\sqrt{21}}{3} = \sqrt{21}$

STEP 4 $\cos\theta$의 값 구하기 [2점]

삼각형 ADC에서 코사인법칙에 의하여

$\cos\theta = \dfrac{6^2 + 7^2 - (\sqrt{21})^2}{2 \times 6 \times 7}$
$\qquad = \dfrac{16}{21}$

25 1836 답 $178\pi - 42\sqrt{3}$ 유형 13 + 유형 14

출제의도 | 코사인법칙을 이용하여 코사인값을 구하고, 삼각형의 넓이를 구할 수 있는지 확인한다.

STEP 1 $\sin A$의 값 구하기 [2점]

삼각형 ABC에서 코사인법칙에 의하여

$\cos A = \dfrac{(7\sqrt{3})^2 + (8\sqrt{3})^2 - (13\sqrt{3})^2}{2 \times 7\sqrt{3} \times 8\sqrt{3}} = -\dfrac{1}{2}$

$0° < A < 180°$이므로

$\sin A = \sqrt{1 - \cos^2 A} = \sqrt{1 - \left(-\dfrac{1}{2}\right)^2} = \dfrac{\sqrt{3}}{2}$

STEP 2 외접원의 반지름의 길이 구하기 [2점]

삼각형 ABC의 외접원의 반지름의 길이를 R라 하면 사인법칙에 의하여

$\dfrac{13\sqrt{3}}{\sin A} = 2R$

$\therefore R = \dfrac{1}{2} \times 13\sqrt{3} \times \dfrac{2}{\sqrt{3}} = 13$

STEP 3 삼각형 ABC의 넓이와 내접원의 반지름의 길이 구하기 [3점]

삼각형 ABC의 넓이를 S라 하면

$S = \dfrac{1}{2} \times 7\sqrt{3} \times 8\sqrt{3} \times \sin A$
$\quad = \dfrac{1}{2} \times 7\sqrt{3} \times 8\sqrt{3} \times \dfrac{\sqrt{3}}{2}$
$\quad = 42\sqrt{3}$

삼각형 ABC의 내접원의 반지름의 길이를 r라 하면

$S = \dfrac{r}{2}(13\sqrt{3} + 8\sqrt{3} + 7\sqrt{3}) = 42\sqrt{3}$

$\therefore r = 3$

STEP 4 색칠한 부분의 넓이 구하기 [1점]

(색칠한 부분의 넓이)
= (외접원의 넓이) − (삼각형 ABC의 넓이) + (내접원의 넓이)
= $\pi \times 13^2 - 42\sqrt{3} + \pi \times 3^2$
= $178\pi - 42\sqrt{3}$

실력 check 실전 마무리하기 2회 377쪽~381쪽

1 1837 답 ③ 유형 1

출제의도 | 사인법칙을 이용하여 사인값을 구할 수 있는지 확인한다.

삼각형 ABC에서 $\dfrac{a}{\sin A} = \dfrac{b}{\sin B} = \dfrac{c}{\sin C}$임을 이용해 보자.

사인법칙에 의하여 $\dfrac{\frac{2}{2}}{\frac{2}{5}} = \dfrac{3}{\sin B}$

$\therefore \sin B = 3 \times \dfrac{2}{5} \times \dfrac{1}{2} = \dfrac{3}{5}$

2 1838 답 ① 유형 1

출제의도 │ 사인법칙을 이용하여 변의 길이를 구할 수 있는지 확인한다.

삼각형 ABC에서 $\dfrac{a}{\sin A}=\dfrac{b}{\sin A}$임을 이용해 보자.

$A=180°-(60°+75°)=45°$

사인법칙에 의하여

$$\dfrac{a}{\sin 45°}=\dfrac{2\sqrt{3}}{\sin 60°}$$

$$\therefore a=2\sqrt{3}\times\dfrac{\sqrt{2}}{2}\times\dfrac{2}{\sqrt{3}}=2\sqrt{2}$$

$$\therefore a\cos A=2\sqrt{2}\cos 45°=2\sqrt{2}\times\dfrac{\sqrt{2}}{2}=2$$

3 1839 답 ④ 유형 2

출제의도 │ 사인법칙을 이용하여 사인값을 구할 수 있는지 확인한다.

삼각형 ABC에서 $\sin A=\dfrac{a}{2R}$, $\sin B=\dfrac{b}{2R}$, $\sin C=\dfrac{c}{2R}$임을 이용해 보자.

삼각형 ABC의 외접원의 반지름의 길이를 R라 하면

$$\sin A=\dfrac{a}{2R},\ \sin B=\dfrac{b}{2R},\ \sin C=\dfrac{c}{2R}$$

$$\therefore \sin A+\sin B+\sin C=\dfrac{a}{2R}+\dfrac{b}{2R}+\dfrac{c}{2R}$$

$$=\dfrac{a+b+c}{2R}$$

$$=\dfrac{8}{2\times 2}=2$$

4 1840 답 ③ 유형 4

출제의도 │ 사인법칙을 이용하여 삼각형의 모양을 결정할 수 있는지 확인한다.

$\sin(A+C)=\sin(\pi-B)=\sin B$임을 이용해 보자.

$$\underset{\quad\ \ A+B+C=\pi}{\sin(A+C)=\sin(\pi-B)=\sin B}$$이므로

$\sin^2 B+\sin^2 C=2\sin B\sin(A+C)$에서

$\sin^2 B+\sin^2 C=2\sin^2 B$

$\sin^2 B=\sin^2 C$

$0°<B<180°$, $0°<C<180°$에서 $\sin B>0$, $\sin C>0$이므로

$\sin B=\sin C$

삼각형 ABC의 외접원의 반지름의 길이를 R라 하면

$$\dfrac{b}{2R}=\dfrac{c}{2R}$$

$$\therefore b=c$$

따라서 삼각형 ABC는 $b=c$인 이등변삼각형이다.

5 1841 답 ④ 유형 6

출제의도 │ 코사인법칙을 이용하여 삼각형의 변의 길이를 구할 수 있는지 확인한다.

삼각형 ABC에서 $a^2=b^2+c^2-2bc\cos A$임을 이용해 보자.

평행사변형 ABCD에서

$C=180°-60°=120°$

$\overline{CD}=\overline{AB}=10$

삼각형 BCD에서 코사인법칙에 의하여

$$\overline{BD}^2=10^2+6^2-2\times 10\times 6\times\cos 120°$$

$$=100+36-2\times 10\times 6\times\left(-\dfrac{1}{2}\right)$$

$$=196$$

$$\therefore \overline{BD}=14$$

6 1842 답 ④ 유형 7

출제의도 │ 코사인법칙을 이용하여 삼각형의 각의 크기를 구할 수 있는지 확인한다.

삼각형 ABC에서 $\cos A=\dfrac{b^2+c^2-a^2}{2bc}$임을 이용해 보자.

코사인법칙에 의하여

$$\cos C=\dfrac{8^2+7^2-13^2}{2\times 8\times 7}$$

$$=-\dfrac{1}{2}$$

$0°<C<180°$이므로 $C=120°$

7 1843 답 ③ 유형 12

출제의도 │ 두 변의 길이와 그 끼인각의 크기를 알 때 삼각형의 넓이를 구할 수 있는지 확인한다.

삼각형 ABC의 넓이는 $S=\dfrac{1}{2}bc\sin A$임을 이용해 보자.

삼각형의 ABC의 넓이는

$$\dfrac{1}{2}\times 15\times 12\times\sin 60°=\dfrac{1}{2}\times 15\times 12\times\dfrac{\sqrt{3}}{2}$$

$$=45\sqrt{3}$$

8 1844 답 ③ 유형 20

출제의도 │ 두 대각선의 길이와 넓이를 이용하여 두 대각선이 이루는 각의 크기를 구할 수 있는지 확인한다.

사각형의 두 대각선의 길이가 a, b이고, 두 대각선이 이루는 각의 크기가 θ이면 넓이는 $\dfrac{1}{2}ab\sin\theta$임을 이용해 보자.

사각형 ABCD의 넓이가 4이므로

$$\dfrac{1}{2}\times 4\times 2\sqrt{3}\times\sin\theta=4,\ \sin\theta=\dfrac{\sqrt{3}}{3}$$

$$\therefore \sin^2\theta=\dfrac{1}{3}$$

$$\therefore \cos^2\theta=1-\sin^2\theta$$

$$=1-\dfrac{1}{3}=\dfrac{2}{3}$$

9 1845　답 ③ ······ 유형 2

출제의도 │ 사인법칙을 이용하여 삼각형의 외접원의 둘레의 길이를 구할 수 있는지 확인한다.

> 삼각형 ABC에서 $\dfrac{a}{\sin A}=\dfrac{b}{\sin B}=\dfrac{c}{\sin C}=2R$임을 이용해 보자.

삼각형 ABC에서
$B=180°-(80°+40°)=60°$
삼각형 ABC의 외접원의 반지름의 길이를 R라 하면 사인법칙에 의하여 $\dfrac{3\sqrt{3}}{\sin 60°}=2R$

$\therefore R=\dfrac{1}{2}\times 3\sqrt{3}\times\dfrac{2}{\sqrt{3}}=3$

따라서 삼각형 ABC의 외접원의 둘레의 길이는
$2\pi R=6\pi$

10 1846　답 ④ ······ 유형 5

출제의도 │ 사인법칙을 활용하여 실생활 문제를 해결할 수 있는지 확인한다.

> 삼각형 ABC에서 $\overline{BC}$의 길이를 구한 후, 삼각형 BDC에서 $\overline{CD}$의 길이를 구해 보자.

삼각형 ABC에서 $\angle ACB=58°-40°=18°$이므로
삼각형 ABC에서 사인법칙에 의하여

$\dfrac{\overline{BC}}{\sin 40°}=\dfrac{62}{\sin 18°}$

$\overline{BC}\times\sin 18°=62\times\sin 40°$

$\overline{BC}\times 0.31=62\times 0.64$

$\therefore \overline{BC}=128\,(\text{m})$

삼각형 BDC에서
$\overline{CD}=\overline{BC}\sin 58°$
$\qquad =128\times 0.85=108.8\,(\text{m})$

따라서 구하는 건물의 높이는 108.8 m이다.

11 1847　답 ⑤ ······ 유형 6

출제의도 │ 코사인법칙을 이용하여 삼각형의 각의 크기를 구할 수 있는지 확인한다.

> 삼각형 ABC에서 $c^2=a^2+b^2-2ab\cos C$임을 이용해 보자.

코사인법칙에 의하여
$c^2=a^2+b^2-2ab\cos C$ ············· ㉠
$c^2-(2+\sqrt{3})ab=(a-b)^2$에서
$c^2-(2+\sqrt{3})ab=a^2-2ab+b^2$
$\therefore c^2=a^2+b^2+\sqrt{3}ab$ ············· ㉡
㉠, ㉡에서 $a^2+b^2-2ab\cos C=a^2+b^2+\sqrt{3}ab$

$\therefore \cos C=-\dfrac{\sqrt{3}}{2}$

$0°<C<180°$이므로 $C=150°$

12 1848　답 ⑤ ······ 유형 6

출제의도 │ 코사인법칙을 이용하여 삼각형의 변의 길이를 구할 수 있는지 확인한다.

> 삼각형 ABC에서 $a^2=b^2+c^2-2bc\cos A$임을 이용해 보자.

점 D가 변 BC를 2 : 1로 내분하므로
$\overline{BD}=12\times\dfrac{2}{3}=8$

삼각형 ABD에서 코사인법칙에 의하여
$\overline{AD}^2=(4\sqrt{2})^2+8^2-2\times 4\sqrt{2}\times 8\times\cos 45°$
$\qquad =32+64-2\times 4\sqrt{2}\times 8\times\dfrac{\sqrt{2}}{2}=32$

$\therefore \overline{AD}=4\sqrt{2}$

13 1849　답 ② ······ 유형 12

출제의도 │ 코사인 값을 구한 후 이를 이용하여 삼각형의 넓이를 구할 수 있는지 확인한다.

> $\sin(90°+A)=\cos A$이고 삼각형 ABC에서 $\cos A=\dfrac{b^2+c^2-a^2}{2bc}$임을 이용해 보자.

$\angle ABC=\theta$라 하면 삼각형 ABC에서 코사인법칙에 의하여
$\cos\theta=\dfrac{4^2+8^2-6^2}{2\times 4\times 8}=\dfrac{11}{16}$

$\angle ABD=90°+\theta$이므로
$\sin(\angle ABD)=\sin(90°+\theta)=\cos\theta=\dfrac{11}{16}$

따라서 삼각형 ABD의 넓이는

$\dfrac{1}{2}\times 4\times 8\times\sin(\angle ABD)$

$=\dfrac{1}{2}\times 4\times 8\times\dfrac{11}{16}=11$

14 1850　답 ④ ······ 유형 16

출제의도 │ 두 변의 길이 사이의 관계와 그 끼인각의 크기를 알 때, 삼각형의 넓이의 최댓값을 구할 수 있는지 확인한다.

> 두 변의 길이가 양수이므로 산술평균과 기하평균의 관계 $a+b\geq 2\sqrt{ab}$를 이용해 보자.

삼각형 ABC의 넓이는

$\dfrac{1}{2}ac\sin 60°=\dfrac{1}{2}ac\times\dfrac{\sqrt{3}}{2}=\dfrac{\sqrt{3}}{4}ac$

$a>0$, $c>0$이므로 산술평균과 기하평균의 관계에 의하여
$a+c\geq 2\sqrt{ac}$ (단, 등호는 $a=c$일 때 성립)
$12\geq 2\sqrt{ac}$, $\sqrt{ac}\leq 6$
$\therefore ac\leq 36$

$\therefore \dfrac{\sqrt{3}}{4}ac\leq 9\sqrt{3}$

따라서 삼각형 ABC의 넓이의 최댓값은 $9\sqrt{3}$이다.

$a+c=12$에서 $c=12-a>0$

$\therefore\ 0<a<12$

삼각형 ABC의 넓이는

$\dfrac{1}{2}\times a\times(12-a)\times\sin 60^\circ$

$=\dfrac{1}{2}\times a\times(12-a)\times\dfrac{\sqrt{3}}{2}$

$=\dfrac{\sqrt{3}}{4}(-a^2+12a)$

$=-\dfrac{\sqrt{3}}{4}(a-6)^2+9\sqrt{3}$

따라서 $a=6$일 때, 삼각형 ABC의 넓이의 최댓값은 $9\sqrt{3}$이다.

---

15 1851 **답** ⑤   유형 19

출제의도 | 평행사변형의 넓이를 구할 수 있는지 확인한다.

> 삼각형 ABC에서 $a^2=b^2+c^2-2bc\cos A$이고, 평행사변형 ABCD의 넓이 $S=\overline{\text{AB}}\times\overline{\text{BC}}\times\sin B$임을 이용해 보자.

$\overline{\text{AB}}=x$라 하면 삼각형 ABC에서 코사인법칙에 의하여

$(\sqrt{19})^2=x^2+(2\sqrt{3})^2-2\times x\times 2\sqrt{3}\times\cos 30^\circ$

$19=x^2+12-2\times x\times 2\sqrt{3}\times\dfrac{\sqrt{3}}{2}$

$x^2-6x-7=0$

$(x-7)(x+1)=0$

$\therefore\ x=7\ (\because\ x>0)$

따라서 평행사변형 ABCD의 넓이는

$7\times 2\sqrt{3}\times\sin 30^\circ=7\times 2\sqrt{3}\times\dfrac{1}{2}=7\sqrt{3}$

---

16 1852 **답** ②   유형 2

출제의도 | 사인법칙과 외접원의 관계를 이해하고, 삼각함수의 둘레의 길이를 구할 수 있는지 확인한다.

> 삼각형 ABC에서 $\dfrac{a}{\sin A}=\dfrac{b}{\sin B}=\dfrac{c}{\sin C}=2R$임을 이용해 보자.

삼각형 ABC에서 사인법칙에 의하여

$\dfrac{\overline{\text{BC}}}{\sin 120^\circ}=2\times 8$

$\therefore\ \overline{\text{BC}}=2\times 8\times\dfrac{\sqrt{3}}{2}=8\sqrt{3}$

삼각형 ABC에서 $\overline{\text{AB}}=\overline{\text{AC}}$이므로

$B=C=\dfrac{1}{2}(180^\circ-120^\circ)=30^\circ$

사인법칙에 의하여

$\dfrac{\overline{\text{AB}}}{\sin 30^\circ}=2\times 8$

$\therefore\ \overline{\text{AB}}=2\times 8\times\dfrac{1}{2}=8$

따라서 삼각형 ABC의 둘레의 길이는

$8+8+8\sqrt{3}=16+8\sqrt{3}$

07

17 1853 **답** ②   유형 7

출제의도 | 코사인법칙을 이해하고 있는지 확인한다.

> 삼각형 ABC에서 $\cos A=\dfrac{b^2+c^2-a^2}{2bc}$임을 이용해 보자.

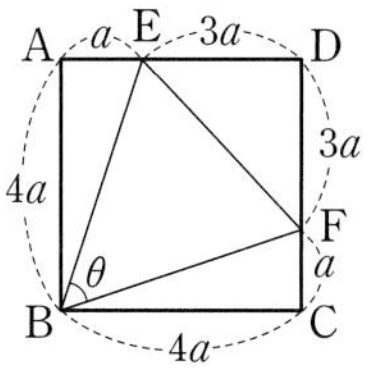

정사각형 ABCD의 한 변의 길이를

$4a\ (a>0)$라 하면 직각삼각형 ABE에서

$\overline{\text{BE}}=\sqrt{a^2+(4a)^2}=\sqrt{17}a$

직각삼각형 BCF에서

$\overline{\text{BF}}=\sqrt{a^2+(4a)^2}=\sqrt{17}a$

그림과 같이 $\overline{\text{EF}}$를 그으면 직각삼각형 DEF에서

$\overline{\text{EF}}=\sqrt{(3a)^2+(3a)^2}=3\sqrt{2}a$

삼각형 BFE에서 코사인법칙에 의하여

$\cos\theta=\dfrac{(\sqrt{17}a)^2+(\sqrt{17}a)^2-(3\sqrt{2}a)^2}{2\times\sqrt{17}a\times\sqrt{17}a}$

$=\dfrac{16a^2}{34a^2}$

$=\dfrac{8}{17}$

---

18 1854 **답** ②   유형 14

출제의도 | 삼각형의 내접원의 반지름의 길이를 구할 수 있는지 확인한다.

> 삼각형 ABC에서 $a^2=b^2+c^2-2bc\cos A$이고 넓이는 $S=\dfrac{1}{2}bc\sin A$임을 이용해 보자.

코사인법칙에 의하여

$a^2=2^2+(2\sqrt{3})^2-2\times 2\times 2\sqrt{3}\times\cos 30^\circ$

$=4+12-2\times 2\times 2\sqrt{3}\times\dfrac{\sqrt{3}}{2}$

$=4$

$\therefore\ a=2\ (\because\ a>0)$

삼각형 ABC의 넓이를 S라 하면

$S=\dfrac{1}{2}\times 2\times 2\sqrt{3}\times\sin 30^\circ$

$=\dfrac{1}{2}\times 2\times 2\sqrt{3}\times\dfrac{1}{2}$

$=\sqrt{3}$

삼각형 ABC의 내접원의 반지름의 길이를 r라 하면

$S=\dfrac{1}{2}r(2+2+2\sqrt{3})$

$=\sqrt{3}$

$\therefore\ r=\dfrac{\sqrt{3}}{2+\sqrt{3}}$

$=2\sqrt{3}-3$

---

19 1855 **답** ③   유형 18

출제의도 | 원에 내접하는 사각형의 성질을 이용하여 넓이를 구할 수 있는지 확인한다.

> 원에 내접하는 사각형의 대각의 크기의 합은 180°이므로 사각형을 두 개의 삼각형으로 나누어 넓이를 구해 보자.

사각형 ABCD가 원에 내접하므로
$A = 180° - 120° = 60°$
사각형 ABCD에서 그림과 같이 대각선
BD를 그으면
삼각형 ABD의 넓이는

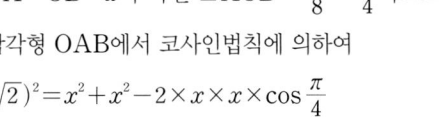

$$\frac{1}{2} \times 3 \times 5 \times \sin 60° = \frac{1}{2} \times 3 \times 5 \times \frac{\sqrt{3}}{2} = \frac{15\sqrt{3}}{4}$$

삼각형 BCD의 넓이는

$$\frac{1}{2} \times 3 \times 2 \times \sin 120° = \frac{1}{2} \times 3 \times 2 \times \frac{\sqrt{3}}{2} = \frac{3\sqrt{3}}{2}$$

따라서 사각형 ABCD의 넓이는

$$\frac{15\sqrt{3}}{4} + \frac{3\sqrt{3}}{2} = \frac{21\sqrt{3}}{4}$$

20 1856 답 ⑤　　　유형 18

출제의도 │ 원에 내접하는 사각형의 성질을 이용하여 넓이를 구할 수 있는지 확인한다.

> 원에 내접하는 사각형의 대각의 크기의 합은 180°이므로 사각형을 두 개의 삼각형으로 나누어 넓이를 구해 보자.

그림과 같이 $\overline{BD}$를 긋고 $\overline{BD} = x$라 하면
삼각형 ABD에서 코사인법칙에 의하여

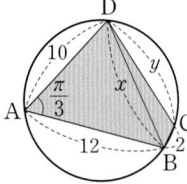

$$x^2 = 12^2 + 10^2 - 2 \times 12 \times 10 \times \cos \frac{\pi}{3}$$
$$= 144 + 100 - 2 \times 12 \times 10 \times \frac{1}{2}$$
$$= 124$$

사각형 ABCD가 원에 내접하므로

$$\angle BCD = \pi - \frac{\pi}{3} = \frac{2}{3}\pi$$

$\overline{CD} = y$라 하면 삼각형 BCD에서 코사인법칙에 의하여

$$x^2 = 2^2 + y^2 - 2 \times 2 \times y \times \cos \frac{2}{3}\pi$$
$$124 = 4 + y^2 - 2 \times 2 \times y \times \left(-\frac{1}{2}\right)$$
$$y^2 + 2y - 120 = 0$$
$$(y+12)(y-10) = 0$$
$$\therefore y = 10 \ (\because y > 0)$$

사각형 ABCD의 넓이는 삼각형 ABD의 넓이와 삼각형 BCD의 넓이의 합과 같으므로

$$\frac{1}{2} \times 12 \times 10 \times \sin \frac{\pi}{3} + \frac{1}{2} \times 2 \times 10 \times \sin \frac{2}{3}\pi$$
$$= \frac{1}{2} \times 12 \times 10 \times \frac{\sqrt{3}}{2} + \frac{1}{2} \times 2 \times 10 \times \frac{\sqrt{3}}{2} = 35\sqrt{3}$$

21 1857 답 ④　　　유형 12

출제의도 │ 코사인법칙을 이용하여 삼각형의 변의 길이를 구하고 삼각형의 넓이를 구할 수 있는지 확인한다.

> 삼각형 ABC에서 $a^2 = b^2 + c^2 - 2bc \cos A$이고 넓이는
> $S = \frac{1}{2} bc \sin A$임을 이용해 보자.

$\overline{OA} = \overline{OB} = x$라 하면 $\angle AOB = \frac{2\pi}{8} = \frac{\pi}{4}$이므로
삼각형 OAB에서 코사인법칙에 의하여

$$(\sqrt{2})^2 = x^2 + x^2 - 2 \times x \times x \times \cos \frac{\pi}{4}$$
$$2 = x^2 + x^2 - 2 \times x \times x \times \frac{\sqrt{2}}{2}$$
$$2 = (2 - \sqrt{2})x^2$$
$$\therefore x^2 = \frac{2}{2 - \sqrt{2}} = 2 + \sqrt{2}$$

$\angle AOD = \frac{3}{4}\pi$이므로 삼각형 OAD의 넓이는

$$\frac{1}{2} x^2 \sin \frac{3}{4}\pi = \frac{1}{2} x^2 \times \frac{\sqrt{2}}{2}$$
$$= \frac{\sqrt{2}}{4} x^2$$
$$= \frac{\sqrt{2}}{4} \times (2 + \sqrt{2})$$
$$= \frac{\sqrt{2}+1}{2}$$

22 1858 답 $-1 + \sqrt{34}$　　　유형 18

출제의도 │ 코사인법칙을 이용하여 원에 내접하는 사각형의 변의 길이를 구할 수 있는지 확인한다.

STEP 1 ∠D의 크기 구하기 [1점]

사각형 ABCD가 원에 내접하므로
$D = 180° - 60° = 120°$

STEP 2 $\overline{AC}^2$의 값 구하기 [2점]

그림과 같이 $\overline{AC}$를 그으면 삼각형 ABC에서
코사인법칙에 의하여

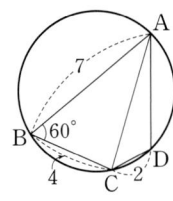

$$\overline{AC}^2 = 7^2 + 4^2 - 2 \times 7 \times 4 \times \cos 60°$$
$$= 49 + 16 - 2 \times 7 \times 4 \times \frac{1}{2} = 37$$

STEP 3 $\overline{AD}$의 길이 구하기 [3점]

$\overline{AD} = x$라 하면 삼각형 ACD에서 코사인법칙에 의하여

$$\overline{AC}^2 = x^2 + 2^2 - 2 \times x \times 2 \times \cos 120°$$
$$37 = x^2 + 4 - 2 \times x \times 2 \times \left(-\frac{1}{2}\right)$$
$$x^2 + 2x - 33 = 0$$
$$\therefore x = -1 \pm \sqrt{1^2 + 33} = -1 \pm \sqrt{34}$$
$x > 0$이므로 $x = -1 + \sqrt{34}$
따라서 $\overline{AD}$의 길이는 $-1 + \sqrt{34}$이다.

23 1859 답 $15\sqrt{15}$　　　유형 20

출제의도 │ 두 대각선의 길이를 이용하여 사각형의 넓이를 구할 수 있는지 확인한다.

STEP 1 ∠CPD = θ라 할 때, $\cos \theta$의 값 구하기 [2점]

∠CPD = θ라 하면 삼각형 CDP에서 코사인법칙에 의하여

$$\cos \theta = \frac{3^2 + 6^2 - 6^2}{2 \times 3 \times 6} = \frac{1}{4}$$

STEP 2 $\sin\theta$의 값 구하기 [2점]

$0°<\theta<180°$이므로

$$\sin\theta=\sqrt{1-\left(\frac{1}{4}\right)^2}=\frac{\sqrt{15}}{4}$$

STEP 3 사각형 ABCD의 넓이 구하기 [2점]

사각형 ABCD의 넓이는

$$\frac{1}{2}\times\overline{AC}\times\overline{BD}\times\sin\theta=\frac{1}{2}\times10\times12\times\frac{\sqrt{15}}{4}$$
$$=15\sqrt{15}$$

---

24 1860 　답 6 　유형 7

출제의도 ｜ 코사인법칙을 이용하여 삼각형의 변의 길이를 구할 수 있는지 확인한다.

STEP 1 $\overline{BD}=k$, $\overline{AD}=x$라 할 때, $\angle B=\angle C$임을 이용하여 k와 x 사이의 관계식 구하기 [3점]

$\overline{BD}=k$라 하면 $\overline{CD}=2k$

삼각형 ABC는 이등변삼각형이므로

$\angle B=\angle C$

$\therefore\cos B=\cos C$ ─────────────── ㉠

$\overline{AD}=x$라 하면

삼각형 ABD에서 코사인법칙에 의하여

$$\cos B=\frac{4^2+k^2-x^2}{2\times4\times k}=\frac{16+k^2-x^2}{8k}$$

삼각형 ADC에서 코사인법칙에 의하여

$$\cos C=\frac{4^2+(2k)^2-x^2}{2\times4\times2k}=\frac{16+4k^2-x^2}{16k}$$

㉠에서 $\dfrac{16+k^2-x^2}{8k}=\dfrac{16+4k^2-x^2}{16k}$

$2k^2=16-x^2$

$\therefore k^2=8-\dfrac{x^2}{2}$ ─────────────── ㉡

STEP 2 $\cos\theta=\dfrac{5\sqrt{2}}{8}$임을 이용하여 k와 x의 관계식 구하기 [1점]

삼각형 ABD에서 코사인법칙에 의하여

$$\cos\theta=\frac{4^2+x^2-k^2}{2\times4\times x}=\frac{5\sqrt{2}}{8}$$

$16+x^2-k^2=5\sqrt{2}x$ ─────────────── ㉢

STEP 3 x의 값 구하기 [2점]

㉡을 ㉢에 대입하면

$$16+x^2-\left(8-\frac{x^2}{2}\right)=5\sqrt{2}x$$

$3x^2-10\sqrt{2}x+16=0$

$$x=\frac{5\sqrt{2}\pm\sqrt{(5\sqrt{2})^2-48}}{3}=\frac{5\sqrt{2}\pm\sqrt{2}}{3}$$

$\therefore x=2\sqrt{2}\ (\because x>2)$

STEP 4 $\overline{BC}$의 길이 구하기 [1점]

㉡에서

$$k^2=8-\frac{(2\sqrt{2})^2}{2}=4$$

$k>0$이므로 $k=2$

$\therefore\overline{BC}=3k=6$

---

25 1861 　답 $\dfrac{32\sqrt{2}}{7}$ 　유형 12

출제의도 ｜ 사인법칙을 이용하여 변의 길이를 구하고 삼각형의 넓이를 구할 수 있는지 확인한다.

STEP 1 $\angle BAC=\theta$라 할 때, $\cos\theta$의 값 구하기 [2점]

그림과 같이 $\overline{AB}$와 원 O가 만나는 점을 D라 하고, $\overline{DC}$를 그으면 $\overline{AD}$가 지름이므로

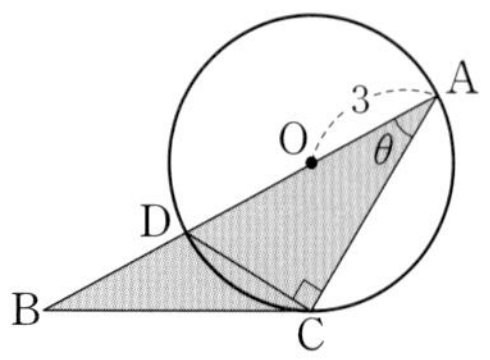

$\angle ACD=\dfrac{\pi}{2}$

$\angle BAC=\theta$라 하면

$\sin\theta=\dfrac{1}{3}$

$0°<\theta<90°$이므로

$$\cos\theta=\sqrt{1-\sin^2\theta}$$
$$=\sqrt{1-\left(\frac{1}{3}\right)^2}=\frac{2\sqrt{2}}{3}$$

STEP 2 $\overline{AC}$의 길이 구하기 [1점]

삼각형 ACD에서

$$\overline{AC}=\overline{AD}\cos\theta$$
$$=6\times\frac{2\sqrt{2}}{3}=4\sqrt{2}$$

STEP 3 $\overline{BC}$의 길이 구하기 [3점]

$\angle DCB=\angle CAD=\theta$이므로

$\angle ACB=\dfrac{\pi}{2}+\theta$ ［$\angle ACB=\angle ACD+\angle DCB$］

삼각형 ABC에서 사인법칙에 의하여

$$\frac{\overline{BC}}{\sin\theta}=\frac{\overline{AB}}{\sin\left(\frac{\pi}{2}+\theta\right)}$$ ［$\cos\theta$］

$$\therefore\overline{AB}=\frac{\overline{BC}}{\sin\theta}\times\cos\theta$$

$$=\frac{\overline{BC}}{\frac{1}{3}}\times\frac{2\sqrt{2}}{3}$$

$$=2\sqrt{2}\,\overline{BC}$$

$\triangle ABC\varpropto\triangle CBD$ (AA 닮음)이므로

$\overline{AB}:\overline{BC}=\overline{BC}:\overline{BD}$

$\therefore\overline{BC}^2=\overline{AB}\times\overline{BD}$ ［$\overline{AB}-\overline{AD}$］

$\overline{BC}^2=2\sqrt{2}\,\overline{BC}\times(2\sqrt{2}\,\overline{BC}-6)$

$7\overline{BC}^2-12\sqrt{2}\,\overline{BC}=0$

$\overline{BC}(7\overline{BC}-12\sqrt{2})=0$

$\overline{BC}>0$이므로 $\overline{BC}=\dfrac{12\sqrt{2}}{7}$

STEP 4 삼각형 ABC의 넓이 구하기 [2점]

삼각형 ABC의 넓이는

$$\frac{1}{2}\times\overline{AC}\times\overline{BC}\times\sin\left(\frac{\pi}{2}+\theta\right)$$

$$=\frac{1}{2}\times\overline{AC}\times\overline{BC}\times\cos\theta$$

$$=\frac{1}{2}\times4\sqrt{2}\times\frac{12\sqrt{2}}{7}\times\frac{2\sqrt{2}}{3}$$

$$=\frac{32\sqrt{2}}{7}$$

III. 수열

08 등차수열

핵심 개념 386쪽~387쪽

1862 답 $\dfrac{5}{3}$, 1, $\dfrac{7}{9}$, $\dfrac{2}{3}$, $\dfrac{3}{5}$

수열 $a_n = \dfrac{n+4}{3n}$ 에서

$a_1 = \dfrac{1+4}{3 \times 1} = \dfrac{5}{3}$

$a_2 = \dfrac{2+4}{3 \times 2} = \dfrac{6}{6} = 1$

$a_3 = \dfrac{3+4}{3 \times 3} = \dfrac{7}{9}$

$a_4 = \dfrac{4+4}{3 \times 4} = \dfrac{8}{12} = \dfrac{2}{3}$

$a_5 = \dfrac{5+4}{3 \times 5} = \dfrac{9}{15} = \dfrac{3}{5}$

1863 답 (1) $a_n = 2n-1$ (2) $a_n = \dfrac{1}{n(n+1)}$ (3) $a_n = (-1)^n$

(1) $a_1 = 1$, $a_2 = 2 \times 2 - 1 = 3$, $a_3 = 2 \times 3 - 1 = 5$,

$a_4 = 2 \times 4 - 1 = 7$, $\cdots$

이므로 주어진 수열의 일반항 a_n은 $a_n = 2n-1$

(2) $a_1 = \dfrac{1}{1 \times 2}$, $a_2 = \dfrac{1}{2 \times 3}$, $a_3 = \dfrac{1}{3 \times 4}$, $a_4 = \dfrac{1}{4 \times 5}$, $\cdots$

이므로 주어진 수열의 일반항 a_n은

$a_n = \dfrac{1}{n(n+1)}$

(3) $a_1 = -1$, $a_2 = (-1)^2 = 1$, $a_3 = (-1)^3 = -1$,

$a_4 = (-1)^4 = 1$, $\cdots$

이므로 주어진 수열의 일반항 a_n은

$a_n = (-1)^n$

1864 답 $a_n = -2n+15$

첫째항이 13, 공차가 -2인 등차수열 $\{a_n\}$의 일반항 a_n은

$a_n = 13 + (n-1) \times (-2) = -2n+15$

1865 답 -3

세 수 2, x, -8이 이 순서대로 등차수열을 이루므로

$x = \dfrac{2+(-8)}{2} = -3$

1866 답 275

첫째항부터 제10항까지의 합 S_{10}은

$S_{10} = \dfrac{10 \times (-2+57)}{2} = 275$

1867 답 450

첫째항부터 제15항까지의 합 S_{15}는

$S_{15} = \dfrac{15 \times \{2 \times 2 + (15-1) \times 4\}}{2} = 450$

1868 답 $a_n = 2n+1$

$S_n = n^2 + 2n$에서

(i) $n=1$일 때

$a_1 = S_1 = 1^2 + 2 \times 1 = 3$

(ii) $n \geq 2$일 때

$a_n = S_n - S_{n-1}$

$= n^2 + 2n - \{(n-1)^2 + 2(n-1)\}$

$= 2n+1$ $\cdots\cdots$ ㉠

이때 $a_1 = 3$은 ㉠에 $n=1$을 대입한 값과 같으므로 수열 $\{a_n\}$은 첫째항부터 등차수열을 이룬다.

$\therefore a_n = 2n+1$

1869 답 (1) $a_n = 4n-5$ (2) 35

(1) $S_n = 2n^2 - 3n$에서

(i) $n=1$일 때

$a_1 = S_1 = 2 \times 1^2 - 3 \times 1 = -1$

(ii) $n \geq 2$일 때

$a_n = S_n - S_{n-1}$

$= 2n^2 - 3n - \{2(n-1)^2 - 3(n-1)\}$

$= 4n-5$ $\cdots\cdots$ ㉠

이때 $a_1 = -1$은 ㉠에 $n=1$을 대입한 값과 같으므로 수열 $\{a_n\}$은 첫째항부터 등차수열을 이룬다.

$\therefore a_n = 4n-5$

(2) $a_n = 4n-5$에 $n=10$을 대입하면

$a_{10} = 4 \times 10 - 5 = 35$

기출 유형 check 실전 준비하기 388쪽~413쪽

1870 답 ③

$3 \geq 1$이므로 $f(3) = 3 \times 3 - 2 = 7$

$-1 < 1$이므로 $f(-1) = -2 \times (-1) = 2$

$\therefore f(3) + f(-1) = 7 + 2 = 9$

1871 답 ③

$f(1) = 1 + 2 - 1 = 2$

$f(-1) = 1 - 2 - 1 = -2$

$f(-2) = 4 - 4 - 1 = -1$

$\therefore f(1) - f(-1) \times f(-2) = 2 - (-2) \times (-1) = 0$

1872 답 ①

$\dfrac{x+1}{3} = 1$에서 $x = 2$

따라서 $f\left(\dfrac{x+1}{3}\right) = x^2 - 3$에 $x=2$를 대입하면

$f(1) = 2^2 - 3 = 1$

1873 답 ②

$f(2x-1)=g(x+2)$의 양변에 $x=1$을 대입하면

$f(1)=g(3)$ → 구하는 값이 $g(3)$이므로 $x+2=3$에서 $x=1$

$\therefore g(3)=f(1)=1^2-2\times1+4=3$

1874 답 54

$4x-2=t$로 놓으면 $x=\dfrac{1}{4}(t+2)$

함수 $f(4x-2)=12x+6$에 $x=\dfrac{1}{4}(t+2)$를 대입하면

$f(t)=12\times\left\{\dfrac{1}{4}(t+2)\right\}+6=3t+12$

t를 x로 바꾸면 $f(x)=3x+12$

$\therefore f(1)+f(2)+f(3)=15+18+21=54$

1875 답 ④ | 유형 1

수열 $\{a_n\}$의 일반항이 $a_n=n^2+1$일 때, a_3의 값은?
① 7 ② 8 [단서1] ③ 9
④ 10 ⑤ 11

[단서1] $n=3$일 때의 a_n의 값

STEP 1 일반항 a_n에 $n=3$을 대입하여 a_3의 값 구하기

$a_3=3^2+1=10$

1876 답 ③

주어진 수열의 일반항은 $\dfrac{n+1}{3n}$이므로

$n=8$을 대입하면 $\dfrac{8+1}{3\times8}=\dfrac{9}{24}=\dfrac{3}{8}$

따라서 구하는 제8항은 $\dfrac{3}{8}$이다.

1877 답 ④

$a_{27}=(27$을 6으로 나눈 나머지$)=3$

1878 답 ①

주어진 수열의 일반항은 $a_n=\dfrac{2n-1}{n^2}$이므로

$a_7=\dfrac{2\times7-1}{7^2}=\dfrac{13}{49}$

1879 답 ④

주어진 수열의 일반항은 $a_n=n(n+3)$이므로

$a_{11}=11\times14=154$

1880 답 7

a_n에 $n=1, 2, 3, \cdots$을 차례로 대입하여 $a_1, a_2, a_3, \cdots$의 값을 구하면

$a_1=7, a_2=9, a_3=3, a_4=1, a_5=7, a_6=9, a_7=3, a_8=1, \cdots$

따라서 음이 아닌 정수 k에 대하여

$a_{4k+1}=7, a_{4k+2}=9, a_{4k+3}=3, a_{4k}=1$

$\therefore a_{2021}=a_{4\times505+1}=7$

1881 답 ② | 유형 2

제2항이 -1, 제5항이 5인 등차수열 $\{a_n\}$의 공차는?
① 1 [단서1] ② 2 [단서2] ③ 3
④ 4 ⑤ 5

[단서1] $n=2$일 때의 값이 -1
[단서2] $n=5$일 때의 값이 5

STEP 1 첫째항 a와 공차 d에 대한 연립방정식 세우기

등차수열 $\{a_n\}$의 첫째항을 a, 공차를 d라 하면 → $a_n=a+(n-1)d$

$a_2=a+d=-1$ ㉠
$a_5=a+4d=5$ ㉡

STEP 2 연립방정식을 풀어 첫째항 a와 공차 d의 값 구하기

㉠, ㉡을 연립하여 풀면 $a=-3, d=2$

따라서 등차수열 $\{a_n\}$의 공차는 2이다.

1882 답 ③

등차수열 $\{a_n\}$의 공차를 d라 하면

$a_n=1+(n-1)d$

따라서 $a_3=1+2d$, $a_8=1+7d$이므로

$a_3+a_8=2+9d=29$

$9d=27$ $\therefore d=3$

따라서 수열 $\{a_n\}$의 공차는 3이다.

1883 답 ③

등차수열 $\{a_n\}$의 첫째항을 a, 공차를 d라 하면

$a_3=a+2d=11$ ㉠
$a_6=a+5d=23$ ㉡

㉠, ㉡을 연립하여 풀면 $a=3, d=4$

따라서 등차수열 $\{a_n\}$의 공차는 4이다.

1884 답 -2

등차수열 $\{a_n\}$의 공차를 d라 하면

$a_2-a_1=a_3-a_2=\cdots=a_{100}-a_{99}=d$

$\therefore a_1-a_2+a_3-a_4+\cdots+a_{99}-a_{100}$
$=-\{(a_2-a_1)+(a_4-a_3)+\cdots+(a_{100}-a_{99})\}$
$=-50d$

즉, $-50d=100$이므로 $d=-2$

따라서 수열 $\{a_n\}$의 공차는 -2이다.

1885 답 6

등차수열 $\{a_{2n}\}$은 $a_2, a_4, a_6, \cdots$이고 공차가 4이므로

$a_4-a_2=4$

등차수열 $\{a_n\}$의 첫째항을 a, 공차를 d라 하면

$a_4-a_2=(a+3d)-(a+d)=4$

$2d=4$ $\therefore d=2$

등차수열 $\{a_{3n}\}$은 $a_3, a_6, a_9, \cdots$이므로 구하는 공차는

$a_6-a_3=(a+5d)-(a+2d)=3d$ $\therefore 3d=3\times2=6$

따라서 등차수열 $\{a_{3n}\}$의 공차는 6이다.

1886 답 ①

등차수열 $\{a_n\}$의 첫째항을 a, 등차수열 $\{b_n\}$의 첫째항을 b라 하면

$2a_n+3b_n=2\{a+7(n-1)\}+3\{b-3(n-1)\}$
$\qquad\quad=(2a+3b)+5(n-1)$

따라서 수열 $\{2a_n+3b_n\}$은 첫째항이 $2a+3b$, 공차가 5인 등차수열이다.

1887 답 ②

$a_n=a_1+(n-1)d_1$에서

$(a_3+a_4)-(a_1+a_2)=(a_1+2d_1+a_1+3d_1)-(a_1+a_1+d_1)$
$\qquad\qquad\qquad\qquad\quad=4d_1$

이므로 수열 a_1+a_2, a_3+a_4, $\cdots$의 공차는 $4d_1$이다.

$\therefore d_2=4d_1$

$(a_4+a_5+a_6)-(a_1+a_2+a_3)$
$=(a_1+3d_1+a_1+4d_1+a_1+5d_1)-(a_1+a_1+d_1+a_1+2d_1)$
$=9d_1$

이므로 수열 $a_1+a_2+a_3$, $a_4+a_5+a_6$, $\cdots$의 공차는 $9d_1$이다.

$\therefore d_3=9d_1$

따라서 $d_2:d_3=4:9$이므로 $9d_2=4d_3$

1888 답 ③

등차수열 $\{a_n\}$의 첫째항을 a, 공차를 d라 하면

$a_2=a+d=3$ $\cdots\cdots\cdots\cdots\cdots\cdots\cdots\cdots\cdots\cdots$ ㉠
$a_4=a+3d=9$ $\cdots\cdots\cdots\cdots\cdots\cdots\cdots\cdots\cdots\cdots$ ㉡

㉠, ㉡을 연립하여 풀면

$a=0$, $d=3$

따라서 수열 $\{a_n\}$의 공차는 3이다.

1889 답 ④

등차수열 $\{a_n\}$의 첫째항을 a, 공차를 d라 하면

$a_2=a+d$, $a_3=a+2d$

이때 $a_2+a_3=2(a_1+12)$이므로

$(a+d)+(a+2d)=2(a+12)$

$3d=24$

$\therefore d=8$

따라서 수열 $\{a_n\}$의 공차는 8이다.

1890 답 ④

등차수열 $\{a_n\}$의 공차를 d라 하면

$a_3=a_1+2d$, $\underline{a_4=a_2+2d}$, $a_5=a_3+2d$

이므로   → 주어진 값을 이용하기 위해 a_2,
                         a_3과 공차를 이용하여 나타낸다.

$a_3+a_4+a_5=(a_1+2d)+(a_2+2d)+(a_3+2d)$
$\qquad\qquad\quad=a_1+a_2+a_3+6d$

즉, $6d=(a_3+a_4+a_5)-(a_1+a_2+a_3)$
$\qquad\quad=39-15=24$

$\therefore d=4$

따라서 수열 $\{a_n\}$의 공차는 4이다.

1891 답 ⑤ | 유형 **3**

제3항이 12, 제9항이 -6인 등차수열 $\{a_n\}$의 일반항 a_n은?
   단서1   **단서2**

① $a_n=3n+18$ ② $a_n=3n-18$

③ $a_n=-3n-18$ ④ $a_n=-3n-21$

⑤ $a_n=-3n+21$

단서1 $n=3$일 때의 값이 12
단서2 $n=9$일 때의 값이 -6

STEP 1 첫째항 a와 공차 d에 대한 연립방정식 세우기

등차수열 $\{a_n\}$의 첫째항을 a, 공차를 d라 하면

$a_3=a+2d=12$ $\cdots\cdots\cdots\cdots\cdots\cdots\cdots\cdots$ ㉠
$a_9=a+8d=-6$ $\cdots\cdots\cdots\cdots\cdots\cdots\cdots\cdots$ ㉡

STEP 2 연립방정식을 풀어 첫째항 a와 공차 d의 값 구하기

㉠, ㉡을 연립하여 풀면

$a=18$, $d=-3$

STEP 3 일반항 a_n 구하기

$a_n=18+(n-1)\times(-3)$
$\quad\ =-3n+21$

1892 답 ④

$a_n=6n+3$에서

$a_{n+1}=6(n+1)+3=6n+9$

$\therefore a_{n+1}-a_n=(6n+9)-(6n+3)=6$

또한, $a_1=6\times1+3=9$

따라서 수열 $\{a_n\}$은 첫째항이 9, 공차가 6인 등차수열이다.

다른 풀이

$a_n=6n+3$이므로 수열 $\{a_n\}$은 등차수열이다.

즉, 첫째항을 a, 공차를 d라 하면

$a=6\times1+3=9$, $d=6$

따라서 수열 $\{a_n\}$은 첫째항이 9, 공차가 6인 등차수열이다.

1893 답 $a_n=4n-2$

등차수열 $\{a_n\}$의 첫째항을 a, 공차를 d라 하면

$a_5=a+4d=18$ $\cdots\cdots\cdots\cdots\cdots\cdots\cdots\cdots$ ㉠
$a_8=a+7d=30$ $\cdots\cdots\cdots\cdots\cdots\cdots\cdots\cdots$ ㉡

㉠, ㉡을 연립하여 풀면 $a=2$, $d=4$

$\therefore a_n=2+(n-1)\times4=4n-2$

1894 답 ③

ㄱ, ㄴ. $a_n=pn+q$의 n에 1, 2를 각각 대입하면

$a_1=p+q$, $a_2=2p+q$

이때 $a_2-a_1=2p+q-(p+q)=p$이므로 첫째항은 $p+q$, 공차는 p인 등차수열이다. (참)

ㄷ. $a_1=p+q$, $a_2=2p+q$이므로 $a_1=a_2$이면 $p=0$이다. (거짓)

따라서 옳지 않은 것은 ㄷ이다.

1895 🖩 $a_n=2(n-1)\log_3 2$

등차수열 $\{a_n\}$의 첫째항을 a, 공차를 d라 하면

$a_3=a+2d=\log_3 16$ ············· ㉠

$a_5=a+4d=\log_3 256$ ············· ㉡

㉡$-$㉠을 하면

$2d=\log_3 256-\log_3 16$

$\quad=\log_3 \dfrac{256}{16}=\log_3 16$

$\therefore d=\dfrac{1}{2}\log_3 16=2\log_3 2$

d의 값을 ㉠에 대입하면

$a=\log_3 16-4\log_3 2$

$\quad\underline{=\log_3 16-\log_3 2^4=0}$
$\qquad\qquad\downarrow \log_3 \frac{16}{16}=\log_3 1=0$

$\therefore a_n=0+(n-1)\times 2\log_3 2=2(n-1)\log_3 2$

1896 🖩 ④ | 유형 4

> 등차수열 $\{a_n\}$에 대하여 $\underline{a_3=1, a_{10}=29}$일 때, a_{17}의 값은?
> **단서1**
>
> ① 45　　　② 49　　　③ 53
> ④ 57　　　⑤ 61
>
> **단서1** 등차수열의 일반항 $a_n=a_1+(n-1)d$를 이용

STEP1 첫째항 a와 공차 d의 값 구하기

등차수열 $\{a_n\}$의 첫째항을 a, 공차를 d라 하면

$a_3=a+2d=1$, $a_{10}=a+9d=29$

두 식을 연립하여 풀면 $a=-7$, $d=4$

STEP2 일반항 a_n 구하기

첫째항이 -7이고, 공차가 4인 등차수열의 일반항 a_n은

$a_n=-7+(n-1)\times 4=4n-11$

STEP3 a_{17}의 값 구하기

$a_{17}=4\times 17-11=57$

1897 🖩 ①

첫째항이 7이고 공차가 -3인 등차수열의 일반항 a_n은

$a_n=7+(n-1)\times(-3)=-3n+10$

$a_{10}=-3\times 10+10=-20$

1898 🖩 ③

28을 제k항이라 하면

$3k-2=28$, $3k=30$

$\therefore k=10$

따라서 28은 수열 $\{a_n\}$의 제10항이다.

1899 🖩 제12항

등차수열 $\{a_n\}$의 첫째항을 a, 공차를 d라 하면

$a_{10}=a+9d=29$ ············· ㉠

$a_7-a_5=(a+6d)-(a+4d)$

$\qquad\quad=2d=6$

$\therefore d=3$

d의 값을 ㉠에 대입하면

$a+9\times 3=29$　　　$\therefore a=2$

$\therefore a_n=2+(n-1)\times 3=3n-1$

35를 제k항이라 하면

$3k-1=35$, $3k=36$

$\therefore k=12$

따라서 35는 수열 $\{a_n\}$의 제12항이다.

1900 🖩 ③

등차수열 $\{a_n\}$의 첫째항을 a, 공차를 d라 하면

$a_6=a+5d=26$ ············· ㉠

$a_4 : a_8=4 : 9$에서 $9a_4=4a_8$

$9(a+3d)=4(a+7d)$

$\therefore 5a-d=0$ ············· ㉡

㉠, ㉡을 연립하여 풀면 $a=1$, $d=5$

따라서 $a_n=1+(n-1)\times 5=5n-4$이므로

$a_{40}=5\times 40-4=196$

1901 🖩 ②

등차수열 $\{a_n\}$의 첫째항을 a, 공차를 d라 하면

$a_2+a_5+a_{11}=(a+d)+(a+4d)+(a+10d)$

$\qquad\qquad\quad=3a+15d=60$

$\therefore a+5d=20$ ············· ㉠

$a_3+a_{13}=(a+2d)+(a+12d)$

$\qquad\quad=2a+14d=60$

$\therefore a+7d=30$ ············· ㉡

㉠, ㉡을 연립하여 풀면 $a=-5$, $d=5$

따라서 $a_n=-5+(n-1)\times 5=5n-10$이므로

$a_{15}=5\times 15-10=65$

1902 🖩 ⑤

등차수열 $\{a_n\}$의 첫째항을 a, 공차를 d라 하면

$a_2+a_6=(a+d)+(a+5d)$

$\qquad\quad=2a+6d=20$

$\therefore a+3d=10$ ············· ㉠

$a_{14}+a_{17}=(a+13d)+(a+16d)=66$

$\therefore 2a+29d=66$ ············· ㉡

㉠, ㉡을 연립하여 풀면 $a=4$, $d=2$

따라서 $a_n=4+(n-1)\times 2=2n+2$이므로

$a_{11}-a_8=(2\times 11+2)-(2\times 8+2)$

$\qquad\quad=24-18=6$

1903 답 ②

첫째항이 1, 공차가 3인 등차수열 $\{a_n\}$의 일반항은

$a_n = 1 + (n-1) \times 3 = 3n - 2$

첫째항이 1000, 공차가 -6인 등차수열 $\{b_n\}$의 일반항은

$b_n = 1000 + (n-1) \times (-6) = -6n + 1006$

$a_k = b_k$이므로

$3k - 2 = -6k + 1006$

$9k = 1008$ $\therefore k = 112$

1904 답 12

등차수열 $\{a_n\}$의 공차를 d라 하면

$a_3 + a_6 = (6 + 2d) + (6 + 5d)$ $\xrightarrow{\quad a_n = 6 + (n-1)d \quad}$

$\qquad = 12 + 7d$ .... ㉠

$a_{11} = 6 + 10d$ .... ㉡

㉠$=$㉡이므로

$12 + 7d = 6 + 10d$

$3d = 6$ $\therefore d = 2$

$\therefore a_4 = 6 + 3 \times 2 = 12$

1905 답 ④

첫째항이 a이고 공차가 -2인 등차수열 $\{a_n\}$에서

$a_2 = a - 2$, $a_3 = a - 4$, $a_4 = a - 6$ $\xrightarrow{\quad a_n = a + (n-1) \times (-2) \quad}$

이때 $(a_2 + a_4)^2 = 16a_3$이므로

$(a - 2 + a - 6)^2 = 16(a - 4)$

$a^2 - 12a + 32 = 0$, $(a - 4)(a - 8) = 0$

$\therefore a = 4$ 또는 $a = 8$

$a = 4$일 때, $a_3 = 4 - 4 = 0$

$a = 8$일 때, $a_3 = 8 - 4 = 4$

$\therefore a = 8$ ($\because a_3 \neq 0$)

1906 답 ②
                                  | 유형 **5**

> 제17항이 52, 제30항이 13인 등차수열 $\{a_n\}$에서   처음으로 음수가
> <u>단서1</u>   <u>단서2</u>
> 되는 항은 제몇 항인가?
>
> ① 제34항   ② 제35항   ③ 제36항
> ④ 제37항   ⑤ 제38항
>
> **단서1** 등차수열의 일반항 $a_n = a_1 + (n-1)d$를 이용
> **단서2** $a_n < 0$을 만족시키는 자연수 n의 최솟값

STEP 1 첫째항 a와 공차 d의 값 구하기

등차수열 $\{a_n\}$의 첫째항을 a, 공차를 d라 하면

$a_{17} = a + 16d = 52$ .... ㉠

$a_{30} = a + 29d = 13$ .... ㉡

㉠, ㉡을 연립하여 풀면 $a = 100$, $d = -3$

STEP 2 일반항 a_n 구하기

$a_n = 100 + (n-1) \times (-3) = -3n + 103$

STEP 3 처음으로 음수가 되는 항 구하기

$-3n + 103 < 0$에서 $3n > 103$

$\therefore n > \dfrac{103}{3} = 34.3\cdots$ $\xrightarrow{\quad}$ n은 자연수이므로 $n = 35, 36, \cdots$

따라서 등차수열 $\{a_n\}$에서 처음으로 음수가 되는 항은 제35항이다.

1907 답 제15항

등차수열 $\{a_n\}$은 첫째항이 40, 공차가 -3이므로

$a_n = 40 + (n-1) \times (-3) = -3n + 43$

$-3n + 43 < 0$에서 $3n > 43$

$\therefore n > \dfrac{43}{3} = 14.3\cdots$

따라서 등차수열 $\{a_n\}$에서 처음으로 음수가 되는 항은 제15항이다.

1908 답 ⑤

등차수열 $\{a_n\}$은 첫째항이 1230, 공차가 -4이므로

$a_n = 1230 + (n-1) \times (-4) = -4n + 1234$

$-4n + 1234 < 20$에서 $4n > 1214$ $\therefore n > \dfrac{1214}{4} = 303.5$

따라서 등차수열 $\{a_n\}$에서 처음으로 20보다 작아지는 항은 제304항이다.

1909 답 ④

등차수열 $\{a_n\}$의 첫째항을 a, 공차를 d라 하면

$a_2 = a + d = -39$ .... ㉠

$a_{16} = a + 15d = 31$ .... ㉡

㉠, ㉡을 연립하여 풀면 $a = -44$, $d = 5$

$\therefore a_n = -44 + (n-1) \times 5 = 5n - 49$

$5n - 49 > 0$에서 $5n > 49$

$\therefore n > \dfrac{49}{5} = 9.8$

따라서 등차수열 $\{a_n\}$에서 처음으로 양수가 되는 항은 제10항이다.

1910 답 ②

수열 $\{a_n\}$은 첫째항이 4, 공차가 -3인 등차수열이므로

$a_n = 4 + (n-1) \times (-3) = -3n + 7$

수열 $\{b_n\}$은 첫째항이 9, 공차가 -2인 등차수열이므로

$b_n = 9 + (n-1) \times (-2) = -2n + 11$

$a_k \leq 5b_k$에서 $-3k + 7 \leq 5(-2k + 11)$

$7k \leq 48$ $\therefore k \leq 6.85\cdots$

따라서 $a_k \leq 5b_k$를 만족시키는 자연수 k는 1, 2, 3, 4, 5, 6의 6개이다.

1911 답 ④

등차수열 $\{a_n\}$의 첫째항을 a, 공차를 d라 하면

$a_2 + a_3 = (a + d) + (a + 2d)$

$\qquad = 2a + 3d = 13$ .... ㉠

$a_{10} - a_8 = (a + 9d) - (a + 7d)$

$\qquad = 2d = 6$

$\therefore d = 3$

$d = 3$을 ㉠에 대입하면

$2a + 3 \times 3 = 13$, $2a = 4$ $\therefore a = 2$

$\therefore a_n = 2 + (n-1) \times 3 = 3n - 1$

$a_k > 100$에서 $3k - 1 > 100$

$\therefore k > \dfrac{101}{3} = 33.6 \cdots$

따라서 $a_k > 100$을 만족시키는 자연수 k의 최솟값은 34이다.

1912 [답] 74

등차수열 $\{a_n\}$의 공차를 d라 하면

$a_n = 3 + (n-1)d$

$a_5 = a_3 + 4$에서 $3 + 4d = (3 + 2d) + 4$

$2d = 4$ $\therefore d = 2$

$\therefore a_n = 3 + (n-1) \times 2 = 2n + 1$

$a_k < 150$에서 $2k + 1 < 150$, $2k < 149$

$\therefore \underline{k < \dfrac{149}{2} = 74.5}$ $\longrightarrow$ k는 자연수이므로 $k = 1, 2, \cdots, 74$

따라서 $a_k < 150$을 만족시키는 자연수 k의 최댓값은 74이다.

1913 [답] ③

$A = \{2, 5, 8, 11, 14, 17, 20, 23, \cdots\}$,

$B = \{3, 8, 13, 18, 23, 28, 33, 38, \cdots\}$

$\therefore A \cap B = \{8, 23, 38, \cdots\}$

즉, 수열 $\{a_n\}$은 첫째항이 8이고, 공차가 15인 등차수열이므로

$a_n = 8 + (n-1) \times 15 = 15n - 7$

$a_n > 250$에서 $15n - 7 > 250$

$15n > 257$ $\therefore n > \dfrac{257}{15} = 17.1 \cdots$

따라서 수열 $\{a_n\}$에서 처음으로 250보다 커지는 항은 제18항이다.

실수 Check

등차수열로 이루어진 두 집합의 교집합은 새로운 첫째항과 공차를 갖는 등차수열임에 주의해야 한다. 즉, 집합 A는 공차가 3인 등차수열, 집합 B는 공차가 5인 등차수열이므로 집합 $A \cap B$의 공차는 3과 5의 최소공배수인 15이다.

Plus 문제

1913-1

두 집합

$A = \{x \mid x = 7n - 2, n$은 자연수$\}$,

$B = \{x \mid x = 5n, n$은 자연수$\}$

에 대하여 집합 $A \cap B$의 원소를 작은 것부터 차례로 나열한 수열을 $\{a_n\}$이라 하자. 수열 $\{a_n\}$에서 처음으로 300보다 커지는 항은 제몇 항인지 구하시오.

$A = \{5, 12, 19, 26, 33, 40, 47, 54, \cdots\}$

$B = \{5, 10, 15, 20, 25, 30, 35, 40, \cdots\}$

$\therefore A \cap B = \{5, 40, 75, \cdots\}$

즉, 수열 $\{a_n\}$은 첫째항이 5이고, 공차가 35인 등차수열이므로

$a_n = 5 + (n-1) \times 35 = 35n - 30$

$a_n > 300$에서 $35n - 30 > 300$

$35n > 330$ $\therefore n > 9.4 \cdots$

따라서 수열 $\{a_n\}$에서 처음으로 300보다 커지는 항은 제10항이다.

[답] 제10항

1914 [답] ②

등차수열 $\{a_n\}$의 공차를 d라 하면

$a_1 = a_3 + 8$에서 $a_1 = (a_1 + 2d) + 8$이므로

$2d = -8$ $\therefore d = -4$

$2a_4 - 3a_6 = 3$에서

$2(a_1 + 3d) - 3(a_1 + 5d) = 3$

$-a_1 - 9d = 3$

이 식에 $d = -4$를 대입하면

$-a_1 - 9 \times (-4) = 3$ $\therefore a_1 = 33$

$\therefore a_n = 33 + (n-1) \times (-4) = -4n + 37$

$a_k = -4k + 37 < 0$에서 $4k > 37$ $\therefore k > \dfrac{37}{4} = 9.25$

따라서 $a_k < 0$을 만족시키는 자연수 k의 최솟값은 10이다.

1915 [답] ⑤ | 유형 6

두 수 14와 50 사이에 3개의 수 a, b, c를 넣어 만든 수열 $\underline{14, a, b, c, 50}$이 이 순서대로 등차수열을 이룰 때, $a + b + c$의 값은? [단서1]

① 72 ② 78 ③ 84

④ 90 ⑤ 96

[단서1] 첫째항이 14, 제5항이 50인 등차수열

STEP1 **주어진 등차수열의 공차 구하기**

첫째항이 14, 제5항이 50인 등차수열의 공차를 d라 하면

$50 = 14 + (5-1) \times d$

$4d = 36$ $\therefore d = 9$

STEP2 **$a + b + c$의 값 구하기**

$a = 14 + 9 = 23$, $b = 14 + 2 \times 9 = 32$, $c = 14 + 3 \times 9 = 41$이므로

$a + b + c = 23 + 32 + 41 = 96$

1916 [답] 25

첫째항이 9, 제6항이 29인 등차수열의 공차를 d라 하면 $\longrightarrow$ 9, □, □, □, □, 29

$29 = 9 + (6-1) \times d$

$5d = 20$ $\therefore d = 4$

6개의 수로 만든 등차수열 $\{a_n\}$의 일반항은

$a_n = 9 + (n-1) \times 4 = 4n + 5$

이므로

$a_2 = 13$, $a_3 = 17$, $a_4 = 21$, $a_5 = 25$

따라서 네 수 중 가장 큰 수는 25이다.

1917 [답] ⑤

첫째항이 1, 제7항이 2인 등차수열의 공차를 k라 하면

$1 + (7-1) \times k = 2$

$6k=1$ $\therefore k=\dfrac{1}{6}$

따라서 $a=\dfrac{7}{6}$, $b=\dfrac{8}{6}$, $c=\dfrac{9}{6}$, $d=\dfrac{10}{6}$, $e=\dfrac{11}{6}$이므로

$$a+2b+4c+2d+e=\dfrac{7+16+36+20+11}{6}$$
$$=\dfrac{90}{6}=15$$

1918 답 ⑤

첫째항이 -28, 제28항이 107인 등차수열을 $\{b_n\}$이라 하고 공차를 d라 하면

$-28+(28-1)\times d=107$

$27d=135$ $\therefore d=5$

$\therefore b_n=-28+(n-1)\times 5=5n-33$

이때 $\underline{a_{14}}$는 등차수열 $\{b_n\}$의 제15항이므로

$a_{14}=b_{15}=5\times 15-33=42$ → 26개의 수 중에서 14번째 수이므로 28개의 수 중에서는 15번째 수가 된다.

1919 답 4

첫째항이 9, 공차가 4인 등차수열의 제$(k+2)$항이 29이므로

$9+\{(k+2)-1\}\times 4=29$

$4k=16$ $\therefore k=4$

다른 풀이

두 수 9와 29 사이에 k개의 수를 넣어 만든 등차수열의 공차가 4이므로

$4=\dfrac{29-9}{k+1}$, $4(k+1)=20$ $\therefore k=4$

1920 답 60

첫째항이 35, 제12항이 2인 등차수열의 공차를 d라 하면

$35+(12-1)\times d=2$

$11d=-33$ $\therefore d=-3$

a_2는 등차수열의 제3항이므로

$a_2=35+2\times(-3)=29$

a_5는 등차수열의 제6항이므로

$a_5=35+5\times(-3)=20$

a_8은 등차수열의 제9항이므로

$a_8=35+8\times(-3)=11$

$\therefore a_2+a_5+a_8=29+20+11=60$

다른 풀이

첫째항이 35, 제12항이 2인 등차수열의 공차를 d라 하면

$35+11\times d=2$

$11d=-33$ $\therefore d=-3$

$\therefore a_2+a_5+a_8=(35+2d)+(35+5d)+(35+8d)$
$$=105+15d$$
$$=105+15\times(-3)=60$$

1921 답 ②

첫째항이 1, 제$(n+2)$항이 50인 등차수열의 공차를 d라 하면

$1+(n+1)d=50$ $\therefore d=\dfrac{49}{n+1}$

이때 n개의 수 a_1, a_2, a_3, $\cdots$, a_n이 모두 자연수가 되려면 d가 자연수이어야 한다.

즉, $n+1$은 49의 약수이어야 하고 $n+1>1$이므로

$n+1=7$ 또는 $n+1=49$

$\therefore n=6$ 또는 $n=48$

따라서 모든 자연수 n의 값의 합은 $6+48=54$이다.

실수 Check

d가 자연수이기 위해서는 $n+1$은 49의 약수, 즉 1, 7, 49이어야 하고, n의 값은 자연수이므로 $n+1$은 1보다 큰 수라는 조건도 잊지 말고 확인해야 한다.

1922 답 ① | 유형7

서로 다른 두 정수 a, b에 대하여 a, b, 6과 b^2, 4, a^2이 각각 이 순서 대로 등차수열을 이룰 때, ab의 값은?

① -4 ② -2 ③ -1

④ 2 ⑤ 4

단서1 $2b=a+6$
단서2 $2\times 4=b^2+a^2$

STEP 1 등차중항의 성질을 이용하여 a, b의 값 구하기

세 수 a, b, 6이 이 순서대로 등차수열을 이루므로

$2b=a+6$, 즉 $a=2b-6$ ·········· ㉠

세 수 b^2, 4, a^2이 이 순서대로 등차수열을 이루므로

$8=b^2+a^2$ ·········· ㉡

㉠을 ㉡에 대입하면 $b^2+(2b-6)^2=8$

$5b^2-24b+28=0$, $(5b-14)(b-2)=0$

$\therefore b=2$ ($\because b$는 정수)

$b=2$를 ㉠에 대입하면 $a=2\times 2-6=-2$

STEP 2 ab의 값 구하기

$ab=-2\times 2=-4$

1923 답 ④

4, x, 12가 이 순서대로 등차수열을 이루므로 x는 4와 12의 등차 중항이다.

$2x=4+12$ $\therefore x=8$

또 12, y, 20이 이 순서대로 등차수열을 이루므로 y는 12와 20의 등차중항이다.

$2y=12+20$ $\therefore y=16$

$\therefore y-x=16-8=8$

1924 답 ③

x, 9, y가 이 순서대로 등차수열을 이루므로

$x+y=18$ ·········· ㉠

$\dfrac{1}{x}$, $\dfrac{1}{5}$, $\dfrac{1}{y}$이 이 순서대로 등차수열을 이루므로

$\dfrac{1}{x}+\dfrac{1}{y}=\dfrac{2}{5}$, $\dfrac{x+y}{xy}=\dfrac{2}{5}$

⊙을 대입하면 $\dfrac{18}{xy}=\dfrac{2}{5}$

$\therefore xy=45$

1925 답 ⑤

세 수 $-2a$, a^2-5a, 10이 이 순서대로 등차수열을 이루므로

$2(a^2-5a)=-2a+10$

$2a^2-8a-10=0$, $a^2-4a-5=0$, $(a-5)(a+1)=0$

$\therefore a=5$ 또는 $a=-1$

따라서 모든 실수 a의 값의 합은

$5+(-1)=4$

1926 답 4

세 수 $\log_2 3$, $\log_2 a$, $\log_2 12$가 이 순서대로 등차수열을 이루므로

$2\log_2 a=\log_2 3+\log_2 12$, $\log_2 a^2=\log_2 36$

$a^2=36$ $\therefore a=6 \ (\because a>0)$

또 세 수 $\log_2 a$, $\log_2 12$, $\log_2 b$, 즉 $\log_2 6$, $\log_2 12$, $\log_2 b$가 이 순서대로 등차수열을 이루므로

$2\log_2 12=\log_2 6+\log_2 b$, $\log_2 12^2=\log_2 6b$

$6b=144$ $\therefore b=24$

$\therefore \dfrac{b}{a}=\dfrac{24}{6}=4$

1927 답 -5

이차방정식 $x^2-5x-10=0$의 두 근이 α, β이므로 근과 계수의 관계에 의하여

$\alpha+\beta=5$, $\alpha\beta=-10$

p는 α, β의 등차중항이므로

$p=\dfrac{\alpha+\beta}{2}=\dfrac{5}{2}$

q는 $\dfrac{1}{\alpha}$, $\dfrac{1}{\beta}$의 등차중항이므로

$q=\dfrac{\dfrac{1}{\alpha}+\dfrac{1}{\beta}}{2}=\dfrac{\alpha+\beta}{2\alpha\beta}=\dfrac{5}{-20}=-\dfrac{1}{4}$

$\therefore 8pq=8\times\dfrac{5}{2}\times\left(-\dfrac{1}{4}\right)=-5$

1928 답 ④

이차방정식 $x^2-7x+3=0$의 두 실근이 α, β이므로 근과 계수의 관계에 의하여

$\alpha+\beta=7$, $\alpha\beta=3$

이때 세 수 $\alpha+\beta$, q, $\alpha\beta$, 즉 7, q, 3이 이 순서대로 등차수열을 이루므로

$2q=7+3=10$ $\therefore q=5$

또 p, q, r가 이 순서대로 등차수열을 이루므로

$p+r=2q=2\times5=10$ → 등차수열에서 일정한 간격으로 떨어져 있는 수들도 등차수열을 이룬다.

1929 답 ④

$f(x)=ax^2-x+3$에서 나머지정리에 의하여

$f(-1)=a+4$, $f(1)=a+2$, $f(2)=4a+1$

따라서 세 수 $a+4$, $a+2$, $4a+1$이 이 순서대로 등차수열을 이루므로

$2(a+2)=(a+4)+(4a+1)$

$3a=-1$

$\therefore a=-\dfrac{1}{3}$

개념 Check

나머지정리

다항식 $P(x)$를 일차식 $x-\alpha$로 나누었을 때의 나머지를 R라 하면

$R=P(\alpha)$

1930 답 -9

세 수 8, a, 2가 이 순서대로 등차수열을 이루므로

$a=\dfrac{8+2}{2}=5$

세 수 a, b, 15, 즉 5, b, 15가 이 순서대로 등차수열을 이루므로

$b=\dfrac{5+15}{2}=10$

세 수 14, b, c, 즉 14, 10, c가 이 순서대로 등차수열을 이루므로

$14+c=20$ $\therefore c=6$

세 수 20, 15, d가 이 순서대로 등차수열을 이루므로

$20+d=30$ $\therefore d=10$

$\therefore a-b+c-d=5-10+6-10=-9$

1931 답 ③

a_1, a_4는 $x^2-9=k$의 두 근이므로

$x^2=9+k$, $x=\pm\sqrt{9+k}$

$\therefore a_1=-\sqrt{9+k}$, $a_4=\sqrt{9+k} \ (\because a_1<a_4)$

a_2, a_3은 $-x^2+9=k$의 두 근이므로

$x^2=9-k$, $x=\pm\sqrt{9-k}$

$\therefore a_2=-\sqrt{9-k}$, $a_3=\sqrt{9-k} \ (\because a_2<a_3)$

이때 세 수 $-\sqrt{9+k}$, $-\sqrt{9-k}$, $\sqrt{9-k}$가 등차수열을 이루므로

$-2\sqrt{9-k}=-\sqrt{9+k}+\sqrt{9-k}$

$3\sqrt{9-k}=\sqrt{9+k}$, $9(9-k)=9+k$

$10k=72$ $\therefore k=\dfrac{36}{5}$

실수 Check

직선 $y=k$와 함수 $y=|x^2-9|$의 그래프가 만나는 네 점의 x좌표는 $y=x^2-9$의 그래프에서 $y>0$인 부분과 $y<0$인 부분을 x축에 대하여 대칭이동한 부분과 각각 만나는 점의 x좌표임에 주의한다.

1932 답 12

이차방정식 $x^2-24x+10=0$의 두 실근이 α, β이므로 근과 계수의 관계에 의하여

$\alpha+\beta=24$, $\alpha\beta=10$

세 수 α, k, β가 이 순서대로 등차수열을 이루므로

$k=\dfrac{\alpha+\beta}{2}=\dfrac{24}{2}=12$

1933 답 ③

이차방정식 $x^2-nx+4(n-4)=0$을 풀면

$(x-4)(x-n+4)=0$

$\therefore x=4$ 또는 $x=n-4$

세 수 1, α, β가 이 순서대로 등차수열을 이루므로

$2\alpha=1+\beta$ ·· ㉠

(i) $\alpha=4$, $\beta=n-4$일 때

㉠에 대입하면

$8=1+(n-4)$ $\qquad \therefore n=11$

(ii) $\alpha=n-4$, $\beta=4$일 때

㉠에 대입하면

$2(n-4)=1+4$ $\qquad \therefore n=\dfrac{13}{2}$

이때 n은 자연수이므로 구하는 n의 값은 11이다.

1934 답 ⑤ | 유형 8

> 등차수열을 이루는 세 수의 합이 24, 곱이 120일 때, 세 수 중 가장 <u>**단서1**</u>
> 큰 수는?
>
> ① 7   ② 9   ③ 11
> ④ 13   ⑤ 15
>
> **단서1** 세 수가 $a-d$, a, $a+d$임을 이용

STEP 1 세 수를 $a-d$, a, $a+d$로 놓기

등차수열을 이루는 세 수를 $a-d$, a, $a+d$라 하자.

STEP 2 조건을 이용하여 식을 세우고, 공차 d의 값 구하기

세 수의 합이 24이므로

$(a-d)+a+(a+d)=24$

$3a=24$ $\qquad \therefore a=8$

세 수의 곱이 120이므로

$(8-d)\times 8\times(8+d)=120$

$64-d^2=15$, $d^2=49$

$\therefore d=\pm7$

STEP 3 세 수를 구하고, 가장 큰 수 구하기

세 수는 1, 8, 15이므로 가장 큰 수는 15이다.

1935 답 ②

등차수열을 이루는 네 수를 $a-3d$, $a-d$, $a+d$, $a+3d$라 하면

네 수의 합은 20이므로

$(a-3d)+(a-d)+(a+d)+(a+3d)=20$

$4a=20$ $\qquad \therefore a=5$

네 수 중 가운데 두 수의 곱은

$(a-d)(a+d)=a^2-d^2$ ································ ㉠

가장 작은 수와 가장 큰 수의 곱은

$(a-3d)(a+3d)=a^2-9d^2$ ····················· ㉡

이때 ㉠은 ㉡보다 72만큼 크므로

$a^2-d^2-72=a^2-9d^2$

$8d^2=72$, $d^2=9$

$\therefore d=-3$ 또는 $d=3$

따라서 네 수는 -4, 2, 8, 14이고, 이 중 가장 큰 수와 가장 작은 수는 각각 14, -4이므로 곱은

$14\times(-4)=-56$

다른 풀이

$a=5$, $d^2=9$이므로 가장 큰 수와 가장 작은 수의 곱은

$a^2-9d^2=5^2-9\times9=-56$

1936 답 45

세 실수 a, b, c가 이 순서대로 등차수열을 이루므로 공차를 d라 하면

$a=b-d$, b, $c=b+d$

조건 ㈎, ㈏에 의하여

$(b-d)+b+(b+d)=15$ ·························· ㉠

$(b-d)^2+b^2+(b+d)^2=107$ ··········· ㉡

㉠에서 $3b=15$ $\qquad \therefore b=5$

$b=5$를 ㉡에 대입하면

$(5-d)^2+5^2+(5+d)^2=107$

$2d^2+75=107$

$d^2=16$ $\qquad \therefore d=\pm4$

따라서 세 실수는 1, 5, 9이므로

$abc=1\times5\times9=45$

1937 답 ④

세 실수 a, b, c가 이 순서대로 등차수열을 이루므로 공차를 d라 하면

$a=b-d$, $c=b+d$

조건 ㈎에서 $\dfrac{2^a\times2^c}{2^b}=2^{a+c-b}=32$

$2^{(b-d)+(b+d)-b}=2^b=32$

$\therefore b=5$

조건 ㈏에서

$a+c+ca=(5-d)+(5+d)+(5+d)(5-d)$

$\qquad\qquad\qquad =35-d^2=26$

$d^2=9$ $\qquad \therefore d=\pm3$

따라서 세 수는 2, 5, 8이므로

$abc=2\times5\times8=80$

1938 답 54

등차수열을 이루는 직각삼각형의 세 변의 길이를 $a-d$, a, $a+d$라 하면

둘레의 길이가 36이므로

$(a-d)+a+(a+d)=36$

$3a=36$ $\qquad \therefore a=12$

직각삼각형이므로 $(a+d)^2=a^2+(a-d)^2$

$a^2-4ad=0$, $a(a-4d)=0$

$\therefore a=4d$ ($\because a\neq0$)

$4d=12$에서 $d=3$

따라서 직각삼각형의 세 변의 길이는 9, 12, 15이고, 그 넓이는

$\dfrac{1}{2}\times9\times12=54$

1939 답 ④

$x^3-6x^2+3x-k=0$의 세 실근을 각각 $a-d$, a, $a+d$라 하면

세 실근의 합은

$(a-d)+a+(a+d)=6$

$3a=6$ $\qquad \therefore a=2$

따라서 $x^3-6x^2+3x-k=0$의 한 근이 2이므로

$2^3-6\times 2^2+3\times 2-k=0$

$-10-k=0$

$\therefore k=-10$

> **개념 Check**
>
> 삼차방정식 $ax^3+bx^2+cx+d=0$의 세 근을 α, β, γ라 하면
>
> $\alpha+\beta+\gamma=-\dfrac{b}{a}$, $\alpha\beta+\beta\gamma+\gamma\alpha=\dfrac{c}{a}$, $\alpha\beta\gamma=-\dfrac{d}{a}$

1940 답 $a_n=8n-44$ | 유형9

> 등차수열 $\{a_n\}$에서 제2항과 제9항은 절대값이 같고 부호가 서로 반
> 대이다. 제5항은 -4일 때, 일반항 a_n을 구하시오. **단서1**
>
> **단서1** $a_2+a_9=0$임을 이용

STEP1 조건을 이용하여 등차수열의 첫째항 a, 공차 d의 값 구하기

등차수열 $\{a_n\}$의 첫째항을 a, 공차를 d라 하면

$a_2+a_9=0$이므로

$(a+d)+(a+8d)=0$

$\therefore 2a+9d=0$ ················ ㉠

또 $a_5=-4$이므로

$a+4d=-4$ ················ ㉡

㉠, ㉡을 연립하여 풀면

$a=-36$, $d=8$

STEP2 일반항 a_n 구하기

$a_n=-36+(n-1)\times 8=8n-44$

1941 답 ③

등차수열 $\{a_n\}$의 공차를 d라 하면

$a_3=a_1-6$에서 $\underline{a_3-a_1=2d=-6}$
$\qquad\qquad\qquad \rightarrow (a_1+2d)-a_1=2d$

$\therefore d=-3$

$|a_{10}|=|a_8|$에서

$|a_1+9\times(-3)|=|a_1+7\times(-3)|$

$|a_1-27|=|a_1-21|$

$a_1-27=-(a_1-21)$ $(\because a_1-27\neq a_1-21)$

$a_1-27=-a_1+21$, $2a_1=48$

$\therefore a_1=24$

$\therefore a_2=a_1+d=24+(-3)=21$

1942 답 ④

등차수열 $\{a_n\}$의 첫째항을 a, 공차를 d라 하면

$a_3=a+2d=-23$ ················ ㉠

$a_5=a+4d=-15$ ················ ㉡

㉠, ㉡을 연립하여 풀면 $a=-31$, $d=4$

$\therefore a_n=-31+(n-1)\times 4=4n-35$

$\underline{|a_n|$의 값이 최소가 되려면 a_n의 값이 0 또는 0에 가장 가까운 값이}
$\qquad\qquad \rightarrow |a_n|\geq 0$
어야 한다.

이때 $a_8=-3$, $a_9=1$, $a_{10}=5$이므로 $|a_n|$의 값이 최소가 되도록

하는 n의 값은 9이다.

1943 답 1

등차수열 $\{a_n\}$의 공차가 3, 제33항이 88이므로

$a_{33}=a_1+(33-1)\times 3=88$ $\qquad \therefore a_1=-8$

$\therefore a_n=-8+(n-1)\times 3=3n-11$

$|a_n|$의 값이 최소가 되려면 a_n의 값이 0 또는 0에 가장 가까운 값

이어야 한다.

이때 $a_3=-2$, $a_4=1$, $a_5=4$이므로 $|a_n|$의 최솟값은 1이다.

1944 답 ⑤

등차수열 $\{a_n\}$의 첫째항을 a, 공차를 d라 하면

조건 (나)에서 $|a_{11}+a_6|=|a_{11}-a_6|$이므로

(i) $a_{11}+a_6=a_{11}-a_6$이면 $a_6=0$

조건 (가)에서 $a_2=-20$이므로

$a_2=a+d=-20$, $a_6=a+5d=0$을 연립하여 풀면

$a=-25$, $d=5$

(ii) $a_{11}+a_6=-(a_{11}-a_6)$이면 $a_{11}=0$

$a_2=a+d=-20$, $a_{11}=a+10d=0$을 연립하여 풀면

$a=-\dfrac{200}{9}$, $d=\dfrac{20}{9}$

이때 모든 항이 정수이므로 $a=-25$, $d=5$

$\therefore a_{15}=a+14d=-25+14\times 5=45$

1945 답 ①

등차수열 $\{a_n\}$의 공차를 d라 하면 $d>0$이므로

$a_6<a_8$

조건 (가)에서 $a_6=-a_8$이므로

$a_6<0$, $a_8>0$
$\qquad \rightarrow$ 두 수의 부호가 반대이다.

즉, $|a_6|=-a_6$이므로 조건 (나)에서

$-a_6=|a_7|+3$ ················ ㉠

(i) $a_7<0$이면

㉠에서 $-a_6=-a_7+3$, $a_7-a_6=3$

$\therefore d=3>0$
$\qquad\qquad \rightarrow$ 등차수열 $\{a_n\}$에서
$\qquad\qquad\quad a_{n+1}-a_n$의 값이 공차이다.

(ii) $a_7\geq 0$이면

㉠에서 $-a_6=a_7+3$ ················ ㉡

조건 (가)에서 $-a_6=a_8$이므로 ㉡에 대입하면

$a_8=a_7+3$, $a_8-a_7=3$

$\therefore d=3>0$

(i), (ii)에서 $d=3$

조건 (가)에서

$a_6+a_8=(a_1+5d)+(a_1+7d)=2a_1+12d=0$이므로

$a_1=-6d=-6\times 3=-18$

$\therefore a_2=a_1+d=-18+3=-15$

공차가 양수임을 이용하여 조건 ㈎에서 음수인 항을 알아낸다.

Plus 문제

1945-1

공차가 양수인 등차수열 $\{a_n\}$이 다음 조건을 만족시킬 때, a_{12}의 값을 구하시오.

> ㈎ $a_9 + a_{11} = 0$
> ㈏ $|a_9| = |a_{10}| + 4$

등차수열 $\{a_n\}$의 공차를 d라 하면 $d > 0$이므로
$$a_9 < a_{11}$$
조건 ㈎에서 $a_9 = -a_{11}$이므로
$$a_9 < 0, \ a_{11} > 0$$
즉, $|a_9| = -a_9$이므로 조건 ㈏에서
$$-a_9 = |a_{10}| + 4 \quad \cdots\cdots\cdots\cdots\cdots\cdots\cdots ㉠$$
(ⅰ) $a_{10} < 0$이면
  ㉠에서 $-a_9 = -a_{10} + 4$, $a_{10} - a_9 = 4$
  ∴ $d = 4 > 0$
(ⅱ) $a_{10} \geq 0$이면
  ㉠에서 $-a_9 = a_{10} + 4 \quad \cdots\cdots\cdots\cdots ㉡$
  조건 ㈎에서 $a_9 = -a_{11}$이므로 ㉡에 대입하면
  $a_{11} = a_{10} + 4$, $a_{11} - a_{10} = 4$
  ∴ $d = 4 > 0$
(ⅰ), (ⅱ)에서 $d = 4$
조건 ㈎에서
$$a_9 + a_{11} = (a_1 + 8d) + (a_1 + 10d) = 2a_1 + 18d = 0$$이므로
$$a_1 = -9d = -9 \times 4 = -36$$
∴ $a_{12} = a_1 + 11d = -36 + 44 = 8$

目 8

1946 **目** ③ | 유형 **10**

> **단서1**
> 제2항이 4, 제5항이 22인 등차수열 $\{a_n\}$의 첫째항부터 제10항까지의 합은?
>
> ① 150   ② 200   ③ 250
> ④ 300   ⑤ 350
> **단서1** 등차수열의 일반항을 이용

STEP 1 첫째항 a와 공차 d의 값 구하기

등차수열 $\{a_n\}$의 첫째항을 a, 공차를 d라 하면
$$a_2 = a + d = 4 \quad \cdots\cdots\cdots\cdots\cdots\cdots ㉠$$
$$a_5 = a + 4d = 22 \quad \cdots\cdots\cdots\cdots\cdots ㉡$$
㉠, ㉡을 연립하여 풀면
$$a = -2, \ d = 6$$

STEP 2 첫째항부터 제10항까지의 합 구하기

첫째항부터 제10항까지의 합은
$$\frac{10\{2 \times (-2) + (10-1) \times 6\}}{2} = 250$$

1947 **目** ④

첫째항이 3, 제20항이 27인 등차수열 $\{a_n\}$에서 첫째항부터 제20항까지의 합은
$$\frac{20(3 + 27)}{2} = 300$$

1948 **目** ①

등차수열 13, 10, 7, 4, 1, −2, …에서 첫째항은 13, 공차가 −3이므로 첫째항부터 제12항까지의 합은
$$\frac{12\{2 \times 13 + (12-1) \times (-3)\}}{2} = \frac{12 \times (-7)}{2} = -42$$

1949 **目** 420

등차수열 $\{a_n\}$의 첫째항은 2이고, 공차를 d라 하면
$$a_2 + a_6 + a_{10} = (2 + d) + (2 + 5d) + (2 + 9d)$$
$$= 6 + 15d$$
$$= 36$$
∴ $d = 2$
따라서 첫째항부터 제20항까지의 합은
$$\frac{20\{2 \times 2 + (20-1) \times 2\}}{2} = 420$$

1950 **目** ③

등차수열 $\{a_n\}$의 공차를 d라 하면
$a_n = 4n + 1$에서 $a_1 = 5$, $a_2 = 9$이므로
$$d = a_2 - a_1 = 9 - 5 = 4$$
등차수열 $\{a_n\}$의 첫째항부터 제n항까지의 합을 S_n이라 하면
$$a_3 + a_4 + a_5 + \cdots + a_{20}$$
$$= S_{20} - (a_1 + a_2)$$
$$= \frac{20(2 \times 5 + 19 \times 4)}{2} - (5 + 9) \quad \longrightarrow S_{20} = a_1 + a_2 + (a_3 + a_4 + a_5 + \cdots + a_{20})$$
$$= 860 - 14 = 846$$

다른 풀이

$a_n = 4n + 1$에서 $a_3 = 13$, $a_{20} = 81$이고 항수는 18이므로
$$a_3 + a_4 + a_5 + \cdots + a_{20} = \frac{18(13 + 81)}{2} = 846$$

1951 **目** ④

등차수열 $\{a_n\}$의 첫째항을 a라 하면 공차가 3이므로
$a_{10} = 18$에서
$$a_{10} = a + (10-1) \times 3 = a + 27 = 18$$
∴ $a = -9$
등차수열 $\{a_n\}$의 첫째항부터 제n항까지의 합을 S_n이라 하면

$a_{11}+a_{12}+a_{13}+\cdots+a_{20}$
$=S_{20}-S_{10}$
$=\dfrac{20\{2\times(-9)+19\times3\}}{2}-\dfrac{10\{2\times(-9)+9\times3\}}{2}$
$=390-45=345$

다른 풀이

$a_{11}+a_{12}+a_{13}+\cdots+a_{20}$은 a_{11}을 b_1로 생각하면
$b_1+b_2+b_3+\cdots+b_{10}$으로 놓을 수 있다.
등차수열 $\{a_n\}$의 공차는 3이므로
$a_{11}=a_{10}+3=18+3=21$
$\therefore b_1=21$
$\therefore \underline{b_1+b_2+b_3+\cdots+b_{10}=\dfrac{10(2\times21+9\times3)}{2}=345}$
　　　　　　　　　　　→ 첫째항이 21, 공차가 3인 등차수열의
　　　　　　　　　　　　제10항까지의 합

1952 답 ④

등차수열 $\{a_n\}$의 첫째항이 1, 공차가 $\dfrac{2}{3}$이므로
$a_n=1+\dfrac{2}{3}(n-1)$
자연수 k에 대하여 $n=3k-2$일 때,
$a_{3k-2}=1+\dfrac{2}{3}\{(3k-2)-1\}=2k-1$
이 되어 자연수의 값을 갖는다.
즉, $k=1,\ 2,\ \cdots,\ 17$일 때 $\underline{a_1=1,\ a_4=3,\ \cdots,\ a_{49}=33}$의 값을 갖
는다. 　　　　　　　　　→ 항의 개수는 17개이고
　　　　　　　　　　　　첫째항은 1, 끝항은 33
따라서 첫째항부터 제50항까지의 수 중 자연수인 모든 수의 합은
$\dfrac{17\times(1+33)}{2}=17^2=289$

실수 Check

일반항 $a_n=1+\dfrac{2}{3}(n-1)$에서 자연수인 항을 구하려면 $\dfrac{2}{3}(n-1)$이
자연수이어야 한다. 이때 $n-1$이 3의 배수의 꼴, 즉
$\qquad n-1=3k\ (k=0,\ 1,\ 2,\ \cdots)$
에서 $n=3k+1$일 때를 이용해서 풀어도 된다.
그러나 $k=0,\ 1,\ 2,\ \cdots$임에 주의한다.

1953 답 ⑤

등차수열 $\{a_n\}$의 첫째항은 3, 공차가 2이므로
$a_{10}=3+(10-1)\times2=21$
따라서 등차수열 $\{a_n\}$의 첫째항부터 제10항까지의 합은
$\dfrac{10\times(3+21)}{2}=120$

1954 답 ②

$S_3-S_2=a_3$이므로 $a_6=2a_3$
등차수열 $\{a_n\}$의 공차를 d라 하면
$2+5d=2(2+2d)$
$2+5d=4+4d$
$\therefore d=2$

따라서 $a_{10}=2+9\times2=20$이므로
$S_{10}=\dfrac{10(a_1+a_{10})}{2}$
$\qquad=\dfrac{10\times(2+20)}{2}=110$

1955 답 ④ 　　　　　　　　　　　｜유형 11

공차가 2인 등차수열 $\{a_n\}$에서 첫째항부터 제10항까지의 합이 100일
때, a_2+a_3의 값은? **단서1**

① 5　　　　　　② 6　　　　　　③ 7
④ 8　　　　　　⑤ 9

단서1 등차수열의 합 $S_n=\dfrac{n\{2a+(n-1)d\}}{2}$를 이용

STEP 1 첫째항 a의 값 구하기

등차수열 $\{a_n\}$의 첫째항을 a, 첫째항부터 제10항까지의 합을 S_{10}
이라 하면
$S_{10}=\dfrac{10(2a+9\times2)}{2}$
$\qquad=5(2a+18)=100$
$2a+18=20$
$\therefore a=1$

STEP 2 a_2+a_3의 값 구하기

$a_2=1+2=3,\ a_3=1+2\times2=5$이므로
$a_2+a_3=3+5=8$

1956 답 ③

첫째항이 30, 제n항이 -15인 등차수열 $\{a_n\}$의 첫째항부터 제n항
까지의 합이 120이므로
$\dfrac{n\{30+(-15)\}}{2}=120$
$15n=240$
$\therefore n=16$
즉, $a_{16}=-15$이므로 등차수열 $\{a_n\}$의 공차를 d라 하면
$a_{16}=30+15d=-15,\ 15d=-45$
$\therefore d=-3$
따라서 수열 $\{a_n\}$의 공차는 -3이다.

1957 답 -22

첫째항이 20, 제n항이 -4인 등차수열 $\{a_n\}$의 첫째항부터 제n항
까지의 합이 40이므로
$\dfrac{n(20-4)}{2}=40,\ 8n=40$
$\therefore n=5$
즉, 제5항이 -4이므로 등차수열 $\{a_n\}$의 공차를 d라 하면
$a_5=20+4d=-4$
$4d=-24$
$\therefore d=-6$
$\therefore a_8=20+7\times(-6)=-22$

1958 답 ④

등차수열 $\{a_n\}$의 첫째항을 a, 공차를 d라 하면

$d = a_{11} - a_{10} = 45 - 50 = -5$

이므로

$a_{10} = a + 9d = a + 9 \times (-5) = 50$

$\therefore a = 95$

$\therefore a_1 + a_2 + \cdots + a_n = \dfrac{n\{2 \times 95 + (n-1) \times (-5)\}}{2}$

$\qquad\qquad\qquad\qquad = \dfrac{n(195 - 5n)}{2} = 0$

$195 - 5n = 0$

$\therefore n = 39$

1959 답 15

외우는 영어 단어의 개수는 매일 5개씩 늘어나므로 n일 동안 매일 외운 영어 단어의 개수는 등차수열을 이룬다.

이때 첫째항이 a, 공차가 5인 등차수열의 제n항이 90이므로

$90 = a + (n-1) \times 5$

$\therefore a = 95 - 5n$ ·· ㉠

또 첫째항부터 제n항까지의 합은 825이므로

$825 = \dfrac{n(a + 90)}{2}$ ··· ㉡

㉡에 ㉠을 대입하여 풀면

$825 = \dfrac{n(95 - 5n + 90)}{2}$

$1650 = -5n^2 + 185n$

$n^2 - 37n + 330 = 0$

$(n - 15)(n - 22) = 0$

$\therefore n = 15$ 또는 $n = 22$

㉠에서 $a = 95 - 5n > 0$이므로 $n < 19$

$\therefore n = 15$

1960 답 ③

첫째항이 a이고 공차가 -2인 등차수열 $\{a_n\}$에서

$S_n = \dfrac{n\{2a + (n-1) \times (-2)\}}{2}$

$\quad\, = n\{a - (n-1)\}$

$\quad\, = -n^2 + (a+1)n$

$S_n < 100$이므로

$-n^2 + (a+1)n < 100$

$\therefore n^2 - (a+1)n + 100 > 0$

이차방정식 $n^2 - (a+1)n + 100 = 0$의 판별식을 D라 할 때, 모든 자연수 n에 대하여 위의 이차부등식이 성립하려면

$D < 0$이어야 하므로

$(a+1)^2 - 4 \times 100 < 0$

$a^2 + 2a - 399 < 0$

$(a - 19)(a + 21) < 0$

$\therefore -21 < a < 19$

따라서 자연수 a의 최댓값은 18이다.

1961 답 ⑤ | 유형 12

두 등차수열 $\{a_n\}$, $\{b_n\}$의 첫째항의 합이 7이고 공차의 합이 3일 때, $(a_1 + a_2 + a_3 + \cdots + a_{15}) + (b_1 + b_2 + b_3 + \cdots + b_{15})$의 값은?

단서1

① 140　　② 210　　③ 280
④ 350　　⑤ 420

단서1 $a_1 + b_1 = 7$, $d + d' = 3$임을 이용

STEP 1 등차수열 $\{a_n\}$, $\{b_n\}$의 첫째항의 합, 공차의 합 구하기

두 등차수열 $\{a_n\}$, $\{b_n\}$의 공차를 각각 d, d'이라 하면

$a_1 + b_1 = 7$, $d + d' = 3$

STEP 2 $(a_1 + a_2 + a_3 + \cdots + a_{15}) + (b_1 + b_2 + b_3 + \cdots + b_{15})$의 값 구하기

$(a_1 + a_2 + a_3 + \cdots + a_{15}) + (b_1 + b_2 + b_3 + \cdots + b_{15})$

$= \dfrac{15(2a_1 + 14d)}{2} + \dfrac{15(2b_1 + 14d')}{2}$

$= \dfrac{15\{2(a_1 + b_1) + 14(d + d')\}}{2}$

$= \dfrac{15(2 \times 7 + 14 \times 3)}{2}$

$= 420$

다른 풀이

수열 $\{a_n + b_n\}$은 첫째항이 7, 공차가 3인 등차수열이므로

$(a_1 + a_2 + a_3 + \cdots + a_{15}) + (b_1 + b_2 + b_3 + \cdots + b_{15})$

$= (a_1 + b_1) + (a_2 + b_2) + \cdots + (a_{15} + b_{15})$

$= \dfrac{15\{2 \times 7 + (15 - 1) \times 3\}}{2}$

$= 420$

1962 답 ②

$a_1 + b_1 = 12$, $S_{10} + T_{10} = 525$이므로

$a_n + b_n = c_n$이라 하면

$c_1 = 12$, $c_1 + c_2 + c_3 + \cdots + c_{10} = 525$

두 수열 $\{a_n\}$, $\{b_n\}$이 등차수열이면 수열 $\{c_n\}$도 등차수열이므로 수열 $\{c_n\}$의 공차를 d라 하면

$c_1 + c_2 + c_3 + \cdots + c_{10} = \dfrac{10(2 \times 12 + 9d)}{2}$

$\qquad\qquad\qquad\qquad = 5(24 + 9d)$

$\qquad\qquad\qquad\qquad = 525$

$24+9d=105$

$\therefore d=9$

$\therefore a_6+b_6=c_6=12+5\times9=57$

다른 풀이

두 등차수열 $\{a_n\}$, $\{b_n\}$의 첫째항을 각각 a_1, b_1, 공차를 d_1, d_2라 하면

$S_{10}+T_{10}=\dfrac{10(2a_1+9d_1)}{2}+\dfrac{10(2b_1+9d_2)}{2}$

$\qquad\qquad=\dfrac{10\{2(a_1+b_1)+9(d_1+d_2)\}}{2}$

$\qquad\qquad=\dfrac{10\{2\times12+9(d_1+d_2)\}}{2}$

$\qquad\qquad=120+45(d_1+d_2)$

즉, $120+45(d_1+d_2)=525$이므로

$d_1+d_2=9$

$\therefore a_6+b_6=12+5\times9=57$

1963 답 ③

$(a_1+a_2+a_3+\cdots+a_{11})+(b_1+b_2+b_3+\cdots+b_{11})$

$=\dfrac{11(a_1+a_{11})}{2}+\dfrac{11(b_1+b_{11})}{2}$

$=\dfrac{11\{(a_1+b_1)+(a_{11}+b_{11})\}}{2}$

즉, $\dfrac{11\{5+(a_{11}+b_{11})\}}{2}=22$이므로

$5+(a_{11}+b_{11})=4$

$\therefore a_{11}+b_{11}=-1$

1964 답 ②

등차수열 $\{a_n\}$, $\{b_n\}$의 공차를 각각 d_1, d_2라 하면

조건 ㈎에서

$a_6-a_2=4d_1=2$

$\therefore d_1=\dfrac{1}{2}$

$b_{10}-b_2=8d_2=2$

$\therefore d_2=\dfrac{1}{4}$

따라서 두 등차수열 $\{a_n\}$, $\{b_n\}$의 첫째항부터 제17항까지의 합은

$S_{17}+T_{17}=\dfrac{17\left(2a_1+16\times\dfrac{1}{2}\right)}{2}+\dfrac{17\left(2b_1+16\times\dfrac{1}{4}\right)}{2}$

$\qquad\qquad=17(a_1+b_1+6)$

$\qquad\qquad=17\times(-4+6)$

$\qquad\qquad=34$

실수 Check

등차수열의 합을 구하려면 첫째항과 공차를 알아야 하므로 $S_{17}+T_{17}$을 구하려면 두 등차수열의 공차를 구해야 한다.

이때 조건 ㈎에서 두 항 사이의 관계를 이용하면 두 수열의 공차를 구할 수 있다.

1965 답 ①

두 수 -5와 15 사이에 n개의 수를 넣어 만든 수열

$\qquad -5,\ a_1,\ a_2,\ a_3,\ \cdots,\ a_n,\ 15$

단서1

가 이 순서대로 등차수열을 이루고 그 합이 50일 때, n의 값은?

① 8   ② 9   ③ 10

④ 11   ⑤ 12

단서1 항수는 $(n+2)$개

STEP1 첫째항, 끝항, 항수 구하기

첫째항이 -5, 제$(n+2)$항이 15, 항수가 $(n+2)$인 등차수열의 합이 50이다.

STEP2 n의 값 구하기

즉, $\dfrac{(n+2)(-5+15)}{2}=50$이므로

$5(n+2)=50$ $\therefore n=8$

1966 답 ③

첫째항이 6, 제$(n+2)$항이 33, 항수가 $(n+2)$인 등차수열의 합이 195이므로

$\dfrac{(n+2)(6+33)}{2}=195$, $39(n+2)=390$

$n+2=10$ $\therefore n=8$

따라서 제10항이 33이므로

$6+9d=33$ $\therefore d=3$

1967 답 -300

첫째항이 12, 끝항이 -42, 항수가 22인 등차수열의 합은

$\dfrac{22\times\{12+(-42)\}}{2}=-330$

따라서 $12+a_1+a_2+a_3+\cdots+a_{20}+(-42)=-330$이므로

$a_1+a_2+a_3+\cdots+a_{20}=-300$

1968 답 4

첫째항이 2, 제$(n+2)$항이 12, 항수가 $(n+2)$인 등차수열의 합이 112이므로

$\dfrac{(n+2)(2+12)}{2}=112$

$7(n+2)=112$

$n+2=16$ $\therefore n=14$

등차수열의 공차를 d라 하면 12는 제16항이므로

$12=2+(16-1)\times d$, $15d=10$

$\therefore d=\dfrac{2}{3}$

따라서 a_3은 등차수열의 제4항이므로

$a_3=2+3d=2+3\times\dfrac{2}{3}=4$

실수 Check

a_3의 값을 구할 때 a_1을 첫째항으로 오해하여 제3항의 값을 구하지 않도록 주의한다.

1969 답 ④

$32+a_1+a_2+a_3+\cdots+a_n+(-16)=32+128-16=144$이므로
첫째항이 32, 끝항이 -16, 항수가 $(n+2)$인 등차수열의 합은
144이다.

즉, $\dfrac{(n+2)\{32+(-16)\}}{2}=144$이므로

$n+2=18$

$\therefore n=16$

1970 답 ③

등차수열의 공차를 d라 하면 첫째항이 3이므로

$\underline{a_4=15}$에서 $3+4d=15$ ← 새로 만든 수열의 5번째 항

$4d=12$ $\quad\therefore d=3$

또 제$(n+2)$항이 51이므로

$3+(n+1)\times3=51$

$n+1=16$ $\quad\therefore n=15$

따라서 첫째항이 3, 끝항이 51, 항수가 17인 등차수열의 합은

$\dfrac{17(3+51)}{2}=459$

1971 답 12

$\log_2 2=1$, $\log_2 256=\log_2 2^8=8$

이때 등차수열 1, $\log_2 a_1$, $\log_2 a_2$, $\log_2 a_3$, $\cdots$, $\log_2 a_n$, 8의 모든
항의 합이 63이므로

$\dfrac{(n+2)(1+8)}{2}=63$, $9(n+2)=126$

$\therefore n=12$

1972 답 ①

첫째항이 7, 공차가 3, 항수가 $(n+2)$인 등차수열의 제$(n+2)$항
이 190이므로

$7+(n+1)\times3=190$, $n+1=61$

$\therefore n=60$

따라서 $a_1+a_2+a_3+\cdots+a_n$은 첫째항이 $\underline{10}$, 공차가 3인 등차수
열의 첫째항부터 제60항까지의 합이므로 ← $a_1=7+3=10$

$\dfrac{60\{2\times10+(60-1)\times3\}}{2}=5910$

1973 답 ④
| 유형 14

등차수열 $\{a_n\}$의 첫째항부터 제n항까지의 합을 S_n이라 하자.
$\underline{S_3=12,\ S_6=42}$일 때, S_9의 값은?
[단서1]

① 60 ② 70 ③ 80

④ 90 ⑤ 100

[단서1] 등차수열의 합 공식을 이용

STEP1 첫째항 a와 공차 d의 값 구하기

등차수열 $\{a_n\}$의 첫째항을 a, 공차를 d라 하면

$S_3=\dfrac{3(2a+2d)}{2}=12$

$\therefore a+d=4$ .... ㉠

$S_6=\dfrac{6(2a+5d)}{2}=42$

$\therefore 2a+5d=14$ .... ㉡

㉠, ㉡을 연립하여 풀면 $a=2$, $d=2$

STEP2 S_9의 값 구하기

$S_9=\dfrac{9\times(2\times2+8\times2)}{2}=90$

1974 답 ①

등차수열 $\{a_n\}$의 첫째항을 a, 공차를 d라 하면

$S_6=\dfrac{6(2a+5d)}{2}=129$

$\therefore 2a+5d=43$ .... ㉠

$S_{12}=\dfrac{12(2a+11d)}{2}=438$

$\therefore 2a+11d=73$ .... ㉡

㉠, ㉡을 연립하여 풀면 $a=9$, $d=5$
따라서 등차수열 $\{a_n\}$의 첫째항은 9이다.

1975 답 5

등차수열 $\{a_n\}$의 첫째항을 a, 공차를 d라 하면

$S_{10}=\dfrac{10(2a+9d)}{2}=40$

$\therefore 2a+9d=8$ .... ㉠

$S_{20}=\dfrac{20(2a+19d)}{2}=280$

$\therefore 2a+19d=28$ .... ㉡

㉠, ㉡을 연립하여 풀면 $a=-5$, $d=2$
따라서 등차수열 $\{a_n\}$의 일반항은

$a_n=-5+(n-1)\times2=2n-7$

이므로

$a_6=2\times6-7=5$

1976 답 ②

등차수열 $\{a_n\}$의 첫째항을 a, 공차를 d라 하고, 첫째항부터 제n항
까지의 합을 S_n이라 하면

$S_5=\dfrac{5(2a+4d)}{2}=130$

$\therefore a+2d=26$ .... ㉠

$S_{10}=\dfrac{10(2a+9d)}{2}=435$

$\therefore 2a+9d=87$ .... ㉡

㉠, ㉡을 연립하여 풀면 $a=12$, $d=7$

$\therefore S_{15}=\dfrac{15\{2\times12+(15-1)\times7\}}{2}=915$

1977 답 ③

등차수열 $\{a_n\}$의 첫째항을 a, 공차를 d라 하면

$a_{30}=a+29d=-47$ .... ㉠

$S_{30}=\dfrac{30(2a+29d)}{2}=-105$

$$\therefore 2a + 29d = -7 \quad\cdots\cdots\cdots\cdots\cdots\cdots\cdots\cdots ⓛ$$

㉠, ㉡을 연립하여 풀면 $a = 40$, $d = -3$

$$\therefore S_{10} = \frac{10\{2 \times 40 + 9 \times (-3)\}}{2} = 265$$

1978 답 ②

등차수열 $\{a_n\}$의 첫째항을 a, 공차를 d라 하면

$$S_3 = \frac{3(2a + 2d)}{2} = 39 \qquad \therefore a + d = 13 \quad\cdots\cdots ㉠$$

$$S_8 = \frac{8(2a + 7d)}{2} = 264 \qquad \therefore 2a + 7d = 66 \quad\cdots\cdots ㉡$$

㉠, ㉡을 연립하여 풀면 $a = 5$, $d = 8$

즉, $S_n = \dfrac{n\{2 \times 5 + (n-1) \times 8\}}{2} = 588$에서

$$4n^2 + n - 588 = 0, \ (n-12)(4n+49) = 0$$

$$\therefore n = 12 \ \text{또는} \ n = -\frac{49}{4}$$

이때 n은 자연수이므로 $n = 12$이다.

실수 Check

$S_n = 588$이 될 때 n의 값이 자연수임을 주의하고, 등차수열의 합의 공식을 기억한다.

1979 답 15

등차수열 $\{a_n\}$의 첫째항을 13, 공차를 d라 하면 $S_5 = S_9$이므로

$$\frac{5(2 \times 13 + 4d)}{2} = \frac{9(2 \times 13 + 8d)}{2}$$

$$5(26 + 4d) = 9(26 + 8d), \ 52d = -104$$

$$\therefore d = -2$$

등차수열 $\{a_n\}$의 일반항은

$$a_n = 13 + (n-1) \times (-2) = -2n + 15$$

이므로

$$S_n = \frac{n\{13 + (-2n + 15)\}}{2} = n(-n + 14)$$

$$n(-n + 14) < 0, \ n(n - 14) > 0$$

$$\therefore n > 14 \ (\because n \text{은 자연수})$$

따라서 S_n의 값이 처음으로 음수가 될 때의 자연수 n의 값은 15이다.

1980 답 ③

등차수열 $\{a_n\}$의 첫째항을 a, 공차를 d라 하면

$$S_5 = \frac{5(2a + 4d)}{2} = 120$$

$$\therefore a + 2d = 24 \quad\cdots\cdots\cdots\cdots\cdots\cdots\cdots\cdots\cdots ㉠$$

$$S_{20} = \frac{20(2a + 19d)}{2} = 780$$

$$\therefore 2a + 19d = 78 \quad\cdots\cdots\cdots\cdots\cdots\cdots\cdots\cdots ㉡$$

㉠, ㉡을 연립하여 풀면 $a = 20$, $d = 2$

$$\therefore a_6 + a_7 + a_8 + \cdots + a_{30}$$

$$= S_{30} - S_5$$

$$= \frac{30\{2 \times 20 + (30 - 1) \times 2\}}{2} - 120$$

$$= 1470 - 120 = 1350$$

1981 답 ②

등차수열 $\{a_n\}$의 첫째항을 a, 공차를 d라 하면 $S_{10} = S_{12}$에서

$$\frac{10(2a + 9d)}{2} = \frac{12(2a + 11d)}{2}$$

$$10a + 45d = 12a + 66d \qquad \therefore 2a = -21d$$

$$S_n = \frac{n\{2a + (n-1)d\}}{2} = \frac{n\{-21d + (n-1)d\}}{2}$$

$$= \frac{n(n - 22)d}{2}$$

$\dfrac{n(n-22)d}{2} = 0$에서 $n = 22$ $(\because n \text{은 자연수})$

따라서 $S_n = 0$을 만족시키는 자연수 n의 값은 22이다.

1982 답 ④　　　　　　　　　　　　　　　| 유형 15

첫째항이 35, 공차가 -4인 등차수열 $\{a_n\}$의 첫째항부터 제n항까지 **단서1** 의 합을 S_n이라 할 때, S_n의 최댓값은? **단서2**

① 159　　　　　② 163　　　　　③ 167

④ 171　　　　　⑤ 175

단서1 첫째항이 양수, 공차가 음수

단서2 첫째항부터 양수인 항까지의 합이 최대

STEP1 등차수열 $\{a_n\}$의 일반항 구하기

$$a_n = 35 + (n-1) \times (-4) = -4n + 39$$

STEP2 $a_n > 0$을 만족시키는 자연수 n의 최댓값 구하기

공차가 음수이므로 S_n의 값이 최대가 되게 하는 n의 값은 $a_n > 0$을 만족시키는 n의 최댓값과 같다.

$a_n > 0$을 만족시키는 n의 값의 범위는

$$-4n + 39 > 0$$

$$\therefore n < \frac{39}{4} = 9.75$$

즉, 등차수열 $\{a_n\}$은 제9항까지 양수이므로 첫째항부터 제9항까지의 합이 최대이다.

STEP3 S_n의 최댓값 구하기

S_n의 최댓값은

$$S_9 = \frac{9\{2 \times 35 + 8 \times (-4)\}}{2} = 171$$

1983 답 ③

등차수열 $\{a_n\}$의 첫째항이 50, 공차가 -3이므로

$$a_n = 50 + (n-1) \times (-3) = -3n + 53$$

$a_n > 0$을 만족시키는 n의 값의 범위는

$$-3n + 53 > 0$$

$$\therefore n < \frac{53}{3} = 17.6\cdots$$

즉, 등차수열 $\{a_n\}$은 제17항까지 양수이므로 첫째항부터 제17항까지의 합이 최대이다.

따라서 S_n의 값이 최대가 될 때의 자연수 n의 값은 17이다.

1984 답 18

등차수열 $\{a_n\}$의 첫째항을 a, 공차를 d라 하면

$a_8 = a + 7d = 53$ ────────────── ㉠

$a_{17} = a + 16d = 8$ ────────────── ㉡

㉠, ㉡을 연립하여 풀면 $a = 88$, $d = -5$

$\therefore a_n = 88 + (n-1) \times (-5) = -5n + 93$

$a_n > 0$을 만족시키는 n의 값의 범위는

$-5n + 93 > 0 \qquad \therefore n < \dfrac{93}{5} = 18.6$

즉, 등차수열 $\{a_n\}$은 제18항까지 양수이므로 첫째항부터 제18항까지의 합이 최대이다.

따라서 S_n의 값이 최대가 될 때의 자연수 n의 값은 18이다.

1985 답 ⑤

등차수열 $\{a_n\}$의 첫째항을 a, 공차를 d라 하면

$a_2 = a + d = 40$ ────────────── ㉠

$a_{13} = a + 12d = -15$ ────────────── ㉡

㉠, ㉡을 연립하여 풀면 $a = 45$, $d = -5$

$\therefore a_n = 45 + (n-1) \times (-5) = -5n + 50$

$a_n > 0$을 만족시키는 n의 값의 범위는

$-5n + 50 > 0 \qquad \therefore n < 10$

즉, 등차수열 $\{a_n\}$은 제9항까지 양수이므로 첫째항부터 제9항까지의 합이 최대이다.

따라서 S_n의 값이 최대가 될 때의 n의 값이 9이므로 S_n의 최댓값은

$S_9 = \dfrac{9\{2 \times 45 + 8 \times (-5)\}}{2} = 225$

1986 답 ②

등차수열 $\{a_n\}$의 첫째항을 a라 하면

$a_{10} = a + 9 \times 3 = -26 \qquad \therefore a = -53$

$\therefore a_n = -53 + (n-1) \times 3 = 3n - 56$

공차가 양수이므로 S_n의 값이 최소가 되게 하는 n의 값은 $a_n < 0$을 만족시키는 n의 최댓값과 같다.

$a_n < 0$을 만족시키는 n의 값의 범위는

$3n - 56 < 0 \qquad \therefore n < \dfrac{56}{3} = 18.6 \cdots$

즉, 등차수열 $\{a_n\}$은 제18항까지 음수이므로 첫째항부터 제18항까지의 합이 최소이다.

따라서 S_n의 값이 최소가 될 때의 n의 값은 18이고, S_n의 최솟값은

$S_{18} = \dfrac{18\{2 \times (-53) + (18-1) \times 3\}}{2} = -495$

이므로 S_n의 최솟값과 그때의 n의 값의 합은

$-495 + 18 = -477$

1987 답 42

등차수열 $\{a_n\}$의 첫째항을 a, 공차를 d라 하면

$S_2 = \dfrac{2(2a+d)}{2} = 20$

$\therefore 2a + d = 20$ ────────────── ㉠

$S_{12} = \dfrac{12(2a+11d)}{2} = 0$

$\therefore 2a + 11d = 0$ ────────────── ㉡

㉠, ㉡을 연립하여 풀면 $a = 11$, $d = -2$

$\therefore a_n = 11 + (n-1) \times (-2) = -2n + 13$

$a_n > 0$을 만족시키는 n의 값의 범위는

$-2n + 13 > 10 \qquad \therefore n < \dfrac{13}{2} = 6.5$

즉, 등차수열 $\{a_n\}$은 제6항까지 양수이므로 첫째항부터 제6항까지의 합이 최대이다.

따라서 S_n의 값이 최대가 되는 n의 값은 6이고, S_n의 최댓값은

$S_6 = \dfrac{6\{2 \times 11 + 5 \times (-2)\}}{2} = 36$

이므로 $k = 6$, $m = 36$

$\therefore k + m = 42$

1988 답 ②

등차수열 $\{a_n\}$의 공차를 d라 하면

$S_3 = \dfrac{3\{2 \times (-5) + 2d\}}{2} = 3d - 15$

$S_{10} = \dfrac{10\{2 \times (-5) + 9d\}}{2} = 45d - 50$

$S_3 = S_{10}$이므로 $3d - 15 = 45d - 50$

$42d = 35 \qquad \therefore d = \dfrac{5}{6}$

$\therefore a_n = -5 + (n-1) \times \dfrac{5}{6} = \dfrac{5}{6}n - \dfrac{35}{6}$

$a_n < 0$을 만족시키는 n의 값의 범위는

$\dfrac{5}{6}n - \dfrac{35}{6} < 0 \qquad \therefore n < 7$

즉, 등차수열 $\{a_n\}$은 제6항까지 음수이므로 첫째항부터 제6항까지의 합이 최소이다.

따라서 S_n의 최솟값은

$S_6 = \dfrac{6\{2 \times (-5) + 5 \times \dfrac{5}{6}\}}{2} = -\dfrac{35}{2}$

1989 답 ⑤

등차수열 $\{a_n\}$의 첫째항을 160, 공차를 d라 하면

$a_n = 160 + (n-1)d$

S_n의 값이 최대가 될 때의 n의 값이 10이므로

$a_{10} > 0$, $a_{11} < 0$이어야 한다.

$a_{10} = 160 + 9d > 0$에서 $d > -\dfrac{160}{9} = -17.7 \cdots$

$a_{11} = 160 + 10d < 0$에서 $d < -16$

즉, $-17.7 \cdots < d < -16$이고, d는 정수이므로

$d = -17$

따라서 등차수열 $\{a_n\}$의 공차는 -17이다.

1990 답 ⑤ | 유형 16

50 이하의 자연수 중에서 3으로 나누었을 때의 나머지가 2인 수의 총합은? 단서1

① 434   ② 436   ③ 438

④ 440   ⑤ 442

단서1 첫째항이 2, 공차가 3인 등차수열

50 이하의 자연수 중에서 3으로 나누었을 때의 나머지가 2인 수를 작은 것부터 차례로 나열하면

2, 5, 8, $\cdots$, 50
└──────┘ 공차가 3

STEP 2 조건을 만족시키는 항의 개수 구하기

첫째항이 2, 공차가 3인 등차수열이므로 일반항을 a_n이라 하면

$a_n = 2 + (n-1) \times 3 = 3n - 1$

이때 50을 제n항이라 하면

$3n - 1 = 50$ $\quad \therefore n = 17$

STEP 3 조건을 만족시키는 수의 총합 구하기

구하는 총합은 첫째항이 2, 끝항이 50, 항수가 17인 등차수열의 합이므로

$\dfrac{17(2+50)}{2} = 442$

1991 📑 ①

두 자리의 자연수 중에서 8의 배수를 작은 것부터 차례로 나열하면

16, 24, 32, $\cdots$, 96

이는 첫째항이 16, 공차가 8인 등차수열이므로 일반항을 a_n이라 하면

$a_n = 16 + (n-1) \times 8 = 8n + 8$

이때 96을 제n항이라 하면

$8n + 8 = 96$ $\quad \therefore n = 11$

따라서 두 자리의 자연수 중에서 8의 배수의 총합은

$\dfrac{11(16+96)}{2} = 616$

1992 📑 98550

세 자리의 자연수 중에서 5로 나누어떨어지는 수, 즉 5의 배수를 작은 것부터 차례로 나열하면

100, 105, 110, $\cdots$, 995

이는 첫째항이 100, 공차가 5인 등차수열이므로 일반항을 a_n이라 하면

$a_n = 100 + (n-1) \times 5 = 5n + 95$

이때 995를 제n항이라 하면

$5n + 95 = 995$ $\quad \therefore n = 180$

따라서 세 자리의 자연수 중에서 5로 나누어떨어지는 수의 총합은

$\dfrac{180(100+995)}{2} = 98550$

1993 📑 ⑤

100과 200 사이의 자연수 중에서 7로 나누었을 때의 나머지가 3인 수를 작은 것부터 차례로 나열하면

101, 108, 115, $\cdots$, 199

이는 첫째항이 101, 공차가 7인 등차수열이므로 일반항을 a_n이라 하면

$a_n = 101 + (n-1) \times 7 = 7n + 94$

이때 199를 제n항이라 하면

$7n + 94 = 199$ $\quad \therefore n = 15$

따라서 100과 200 사이의 자연수 중에서 7로 나누었을 때의 나머지가 3인 수의 총합은

$\dfrac{15(101+199)}{2} = 2250$

1994 📑 ④

200 이하의 자연수 중에서 5로 나누었을 때의 나머지가 2인 수를 작은 것부터 차례로 나열하면

2, 7, 12, $\cdots$, 197

이는 첫째항이 2, 공차가 5인 등차수열이므로 일반항을 a_n이라 하면

$a_n = 2 + (n-1) \times 5 = 5n - 3$

이때 197을 제n항이라 하면

$5n - 3 = 197$ $\quad \therefore n = 40$

따라서 집합 A의 모든 원소의 합, 즉 첫째항이 2, 끝항이 197, 항수가 40인 등차수열의 합은

$\dfrac{40(2+197)}{2} = 3980$

1995 📑 ④

3으로 나누었을 때의 나머지가 1인 자연수를 작은 것부터 차례로 나열하면

1, 4, 7, 10, 13, 16, 19, 22, 25, 28, 31, 34, $\cdots$

5로 나누었을 때의 나머지가 4인 자연수를 작은 것부터 차례로 나열하면

4, 9, 14, 19, 24, 29, 34, 39, 44, 49, $\cdots$

즉, 3으로 나누었을 때의 나머지가 1이고, 5로 나누었을 때의 나머지가 4인 자연수를 차례로 나열하면

4, 19, 34, $\cdots$

이는 첫째항이 4, 공차가 15인 등차수열이다.

$\therefore a_1 + a_2 + \cdots + a_{10} = \dfrac{10\{2 \times 4 + (10-1) \times 15\}}{2} = 715$

1996 📑 2421

두 자리의 자연수 중에서 3으로 나누어떨어지는 수, 즉 3의 배수를 차례로 나열하면

12, 15, 18, $\cdots$, 99

이는 첫째항이 12, 공차가 3인 등차수열이므로 일반항을 a_n이라 하면

$a_n = 12 + (n-1) \times 3 = 3n + 9$

이때 99를 제n항이라 하면

$3n + 9 = 99$ $\quad \therefore n = 30$

따라서 두 자리의 자연수 중에서 3으로 나누어떨어지는 수의 총합은

$\dfrac{30(12+99)}{2} = 1665$

두 자리의 자연수 중에서 4로 나누어떨어지는 수, 즉 4의 배수를 차례로 나열하면

12, 16, 20, $\cdots$, 96

이는 첫째항이 12, 공차가 4인 등차수열이므로 일반항을 b_n이라 하면

$b_n = 12 + (n-1) \times 4 = 4n + 8$

이때 96을 제n항이라 하면

$4n + 8 = 96$

$\therefore n = 22$

따라서 두 자리의 자연수 중에서 4로 나누어떨어지는 수의 총합은

$\dfrac{22(12+96)}{2} = 1188$

한편, 3과 4로 동시에 나누어떨어지는 수는 3과 4의 최소공배수인 12의 배수이므로 두 자리의 자연수 중에서 12의 배수를 차례로 나열하면

$12, 24, 36, \cdots, 96$

이는 첫째항이 12, 공차가 12인 등차수열이므로 일반항을 c_n이라 하면

$c_n = 12 + (n-1) \times 12 = 12n$

이때 96을 제n항이라 하면

$12n = 96$

$\therefore n = 8$

따라서 두 자리의 자연수 중에서 12로 나누어떨어지는 수의 총합은

$\dfrac{8(12+96)}{2} = 432$

따라서 두 자리의 자연수 중에서 3 또는 4로 나누어떨어지는 수의 총합은

$1665 + 1188 - 432 = 2421$

실수 Check

3 또는 4로 나누어떨어지는 수의 총합을 3으로 나누어떨어지는 수의 합과 4로 나누어떨어지는 수의 합으로 구하지 않도록 주의한다. 각각을 구한 수에는 두 수의 공배수인 12로 나누어떨어지는 수가 공통으로 들어있기 때문이다.

이 문제는 수학에서 배운 합집합의 원소의 개수를 떠올리면 더 쉽게 접근할 수 있음을 기억한다.

1997 답 ③

n을 3으로 나눈 나머지가 a_n이므로

$a_1 = a_4 = a_7 = \cdots = a_{3k-2} = 1$

$a_2 = a_5 = a_8 = \cdots = a_{3k-1} = 2$

$a_3 = a_6 = a_9 = \cdots = a_{3k} = 0$ (단, $k = 1, 2, 3, \cdots$)

등차수열 $\{b_n\}$의 첫째항이 3, 공차가 2이므로

$b_n = 3 + (n-1) \times 2 = 2n + 1$

$\therefore a_1 b_1 + a_2 b_2 + a_3 b_3 + \cdots + a_{20} b_{20}$

$= \underline{a_1 b_1 + a_2 b_2 + a_4 b_4 + \cdots + a_{17} b_{17} + a_{19} b_{19} + a_{20} b_{20}}$

$= a_1 (b_1 + b_4 + \cdots + b_{19}) + a_2 (b_2 + b_5 + \cdots + b_{20})$ → $a_3 b_3 = a_6 b_6$
$= \cdots = a_{18} b_{18}$
$= 0$

$= 1 \times (3 + 9 + \cdots + 39) + 2 \times (5 + 11 + \cdots + 41)$

$= \dfrac{7(3+39)}{2} + 2 \times \dfrac{7(5+41)}{2}$

$= 147 + 322$

$= 469$

실수 Check

자연수를 n으로 나눌 때 생기는 나머지는 규칙성, 주기성을 갖고 있음을 주의한다.

Plus 문제

1997-1

n을 5로 나눈 나머지를 a_n, 첫째항이 5, 공차가 4인 등차수열 $\{b_n\}$의 일반항을 b_n이라 할 때,

$a_1 b_1 + a_2 b_2 + a_3 b_3 + \cdots + a_{20} b_{20}$의 값을 구하시오.

---

n을 5로 나눈 나머지가 a_n이므로

$a_1 = a_6 = \cdots = a_{5k-4} = 1$

$a_2 = a_7 = \cdots = a_{5k-3} = 2$

$a_3 = a_8 = \cdots = a_{5k-2} = 3$

$a_4 = a_9 = \cdots = a_{5k-1} = 4$

$a_5 = a_{10} = \cdots = a_{5k} = 0$ (단, $k = 1, 2, 3, \cdots$)

등차수열 $\{b_n\}$의 첫째항이 5, 공차가 4이므로

$b_n = 5 + 4(n-1) = 4n + 1$

$\therefore a_1 b_1 + a_2 b_2 + a_3 b_3 + \cdots + a_{20} b_{20}$

$= a_1 (b_1 + b_6 + b_{11} + b_{16}) + a_2 (b_2 + b_7 + b_{12} + b_{17})$
$\quad + a_3 (b_3 + b_8 + b_{13} + b_{18}) + a_4 (b_4 + b_9 + b_{14} + b_{19})$

$= 1 \times \dfrac{4(5+65)}{2} + 2 \times \dfrac{4(9+69)}{2} + 3 \times \dfrac{4(13+73)}{2}$
$\qquad\qquad\qquad\qquad\qquad\qquad + 4 \times \dfrac{4(17+77)}{2}$

$= 140 + 312 + 516 + 752 = 1720$

답 1720

1998 답 ③ | 유형 17

첫째항이 21, 공차가 -3인 등차수열 $\{a_n\}$에 대하여

단서1

$|a_1| + |a_2| + |a_3| + \cdots + |a_{20}|$의 값은?

① 312   ② 315   ③ 318

④ 321   ⑤ 324

단서1 공차가 음수이므로 항의 값이 점점 작아짐을 이용

STEP 1 일반항 a_n 구하기

등차수열 $\{a_n\}$의 첫째항이 21, 공차가 -3이므로

$a_n = 21 + (n-1) \times (-3) = -3n + 24$

STEP 2 음수인 항이 몇 번째부터 나오는지 구하기

제n항에서 처음으로 음수가 나온다고 하면

$-3n + 24 < 0$

$\therefore n > 8$

즉, 등차수열 $\{a_n\}$은 제9항부터 음수이다.

STEP 3 $|a_1| + |a_2| + |a_3| + \cdots + |a_{20}|$의 값 구하기

$|a_1| + |a_2| + |a_3| + \cdots + |a_{20}|$

$= (a_1 + a_2 + \cdots + a_8) - (a_9 + a_{10} + \cdots + a_{20})$

$= \dfrac{8(a_1 + a_8)}{2} - \dfrac{12(a_9 + a_{20})}{2}$ → $-(a_9 + a_{10} + \cdots + a_{20}) > 0$

$= \dfrac{8(21+0)}{2} - \dfrac{12(-3-36)}{2}$

$= 318$

1999 답 ③

등차수열 $\{a_n\}$의 제n항에서 처음으로 음수가 나온다고 하면

$-4n+7<0$ ∴ $n>\dfrac{7}{4}=1.75$

즉, 등차수열 $\{a_n\}$은 제2항부터 음수이다.

∴ $|a_1|+|a_2|+|a_3|+\cdots+|a_{20}|$

$\quad = a_1 - (a_2+a_3+\cdots+a_{20}) \xrightarrow{\ \ a_1-\frac{19(a_2+a_{20})}{2}\ \ }$

$\quad = 3 - \dfrac{19(-1-73)}{2} = 706$

2000 답 675

등차수열 $\{a_n\}$의 첫째항이 -43, 공차가 3이므로

$a_n = -43+(n-1)\times 3 = 3n-46$

제n항에서 처음으로 양수가 나온다고 하면

$3n-46>0$ ∴ $n>\dfrac{46}{3}=15.3\cdots$

즉, 등차수열 $\{a_n\}$은 제16항부터 양수이다.

∴ $|a_1|+|a_2|+|a_3|+\cdots+|a_{30}|$

$\quad = -(a_1+a_2+\cdots+a_{15})+(a_{16}+a_{17}+\cdots+a_{30})$

$\quad = -\dfrac{15(a_1+a_{15})}{2} + \dfrac{15(a_{16}+a_{30})}{2}$

$\quad = -\dfrac{15(-43-1)}{2} + \dfrac{15(2+44)}{2}$

$\quad = 330+345 = 675$

2001 답 ④

등차수열 $\{a_n\}$의 첫째항을 a, 공차를 d라 하면

$a_3 = a+2d = 9$ ─────────── ㉠

$a_{15} = a+14d = -15$ ─────── ㉡

㉠, ㉡을 연립하여 풀면 $a=13$, $d=-2$

∴ $a_n = 13+(n-1)\times(-2) = -2n+15$

제n항에서 처음으로 음수가 나온다고 하면

$-2n+15<0$ ∴ $n>7.5$

즉, 등차수열 $\{a_n\}$은 제8항부터 음수이다.

∴ $|a_1|+|a_2|+|a_3|+\cdots+|a_{15}|$

$\quad = (a_1+a_2+\cdots+a_7)-(a_8+a_9+\cdots+a_{15})$

$\quad = \dfrac{7(a_1+a_7)}{2} - \dfrac{8(a_8+a_{15})}{2}$

$\quad = \dfrac{7(13+1)}{2} - \dfrac{8(-1-15)}{2}$

$\quad = 49+64 = 113$

2002 답 ②

등차수열 $\{a_n\}$의 첫째항이 57이고 공차가 -6이므로 첫째항부터 제n항까지의 합을 S_n이라 하면

$S_n = \dfrac{n\{2\times 57+(n-1)\times(-6)\}}{2}$

$\quad = n(-3n+60) = -3n(n-20)$

∴ $|a_1+a_2+\cdots+a_n| = |S_n| = |-3n(n-20)|$

이때 $|a_1+a_2+\cdots+a_n|$의 값이 최소가 되려면 $a_1+a_2+\cdots+a_n$의 값이 0이거나 0에 가까운 값이어야 하므로

$-3n(n-20)=0$

∴ $n=0$ 또는 $n=20$

이때 n은 자연수이므로 $|a_1+a_2+\cdots+a_n|$의 값이 최소가 되게 하는 자연수 n의 값은 20이다.

실수 Check

$|a_1+a_2+\cdots+a_n|$의 값은 항상 0보다 크거나 같으므로 이 값이 최소인 경우는 $a_1+a_2+\cdots+a_n$의 값이 0일 때이다. 즉, S_n의 값이 0인 경우의 n의 값을 구하면 된다.

Plus 문제

2002-1

첫째항이 -60이고 공차 4인 등차수열 $\{a_n\}$에 대하여 $|a_1+a_2+\cdots+a_n|$의 값이 최소가 되게 하는 자연수 n의 값을 구하시오.

───────────────────────────────

등차수열 $\{a_n\}$의 첫째항이 -60이고 공차가 4이므로 첫째항부터 제n항까지의 합을 S_n이라 하면

$S_n = \dfrac{n\{2\times(-60)+(n-1)\times 4\}}{2}$

$\quad = n(2n-62)$

$\quad = 2n(n-31)$

∴ $|a_1+a_2+\cdots+a_n| = |S_n| = |2n(n-31)|$

이때 $|a_1+a_2+\cdots+a_n|$의 값이 최소가 되려면 $a_1+a_2+\cdots+a_n$의 값이 0이거나 0에 가까운 값이어야 하므로

$2n(n-31)=0$

∴ $n=0$ 또는 $n=31$

이때 n은 자연수이므로 $|a_1+a_2+\cdots+a_n|$의 값이 최소가 되게 하는 자연수 n의 값은 31이다.

답 31

2003 답 315 　　　　　| 유형 **18**

그림과 같이 직선 $y=3x$에 대하여 각 영역의 넓이를 차례로

$a_1,\ a_2,\ a_3,\ \cdots,\ a_n$

단서1

이라 할 때, $a_2+a_4+a_6+\cdots+a_{20}$의 값을 구하시오.

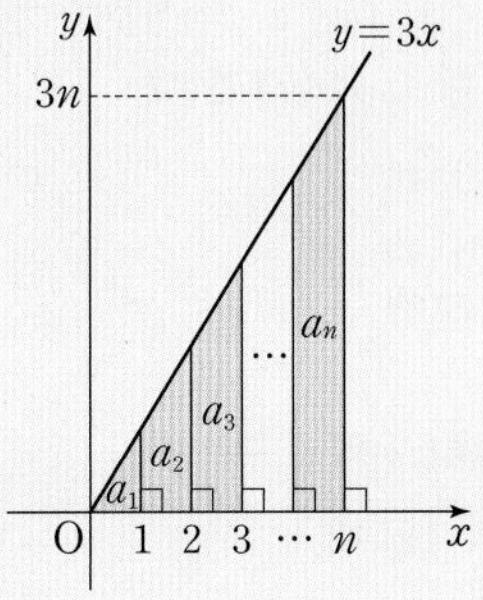

단서1 수열 $\{a_n\}$은 등차수열임을 이용

STEP1 a_n을 n에 대한 식으로 나타내기

a_n은 직각삼각형의 넓이의 차로 나타낼 수 있으므로

$a_n = \dfrac{1}{2}\times n\times 3n - \dfrac{1}{2}\times(n-1)\times 3(n-1)$

$\quad = 3n-\dfrac{3}{2}$

a_1, a_2, a_3, $\cdots$, a_n은 이 순서대로 등차수열을 이루고
$a_2=\dfrac{9}{2}$, $a_{20}=\dfrac{117}{2}$이므로

$$a_2+a_4+a_6+\cdots+a_{20}=\dfrac{10\left(\dfrac{9}{2}+\dfrac{117}{2}\right)}{2}=315$$

2004 답 ①

직선 $x=n$이 두 곡선과 만나서 생긴 선분의 길이는
$$(n^2+an+b)-n^2=an+b$$
즉, 직선 $x=n$과 두 곡선이 만나서 생긴 <u>선분의 길이는 등차수열</u>
을 이룬다.   ↳ $an+b$가 n에 대한 일차식
이므로 등차수열을 이룬다.
따라서 첫째항이 2, 끝항이 20, 항수가 15인 등차수열의 합은
$$\dfrac{15(2+20)}{2}=165$$

2005 답 ②

$\overline{P_1Q_1}$, $\overline{P_2Q_2}$, $\cdots$, $\overline{P_{10}Q_{10}}$의 길이는 이 순서대로 등차수열을 이루므
로 이 수열의 공차를 d라 하면
$$\overline{P_2Q_2}=10-d,\ \underline{\overline{P_9Q_9}=6+d}$$
$$\therefore\ \overline{P_2Q_2}+\overline{P_3Q_3}+\overline{P_4Q_4}+\cdots+\overline{P_9Q_9} \quad\longrightarrow \overline{P_{10}Q_{10}}\text{보다 }d\text{만큼 큰 수}$$
$$=\dfrac{8\{(10-d)+(6+d)\}}{2}$$
$$=64$$

2006 답 315

y축에 평행한 14개의 선분의 길이는 등차수열을 이루므로 가장 짧
은 것부터 가장 긴 것까지 선분의 길이를 수열 $\{a_n\}$이라 하면
$$a_1=3,\ a_2,\ a_3,\ \cdots,\ a_{14}=42$$
따라서 14개의 선분의 길이의 합은
$$\dfrac{14(3+42)}{2}=315$$

2007 답 ② | 유형 19

> 수열 $\{a_n\}$의 첫째항부터 제n항까지의 합 S_n이 <u>$S_n=n^2+3n+1$</u>일
> 때, a_1+a_{20}의 값은?   단서1
>
> ① 46   ② 47   ③ 48
> ④ 49   ⑤ 50
>
> 단서1 $a_1=S_1$, $a_n=S_n-S_{n-1}$ $(n\geq2)$을 이용

STEP 1 a_1의 값 구하기

$n=1$일 때,
$$a_1=S_1=1+3+1=5$$

STEP 2 일반항 a_n 구하기

$n\geq2$일 때, $a_n=S_n-S_{n-1}$이므로
$$a_n=(n^2+3n+1)-\{(n-1)^2+3(n-1)+1\}$$
$$=2n+2 \quad\cdots\cdots\cdots\cdots\cdots\cdots\cdots\cdots ㉠$$
$a_1=5$는 ㉠에 $n=1$을 대입한 것과 같지 않으므로 수열 $\{a_n\}$은 둘
째항부터 등차수열을 이룬다.

$$\therefore\ a_1=5,\ a_n=2n+2\ (n\geq2)$$

STEP 3 a_1+a_{20}의 값 구하기

$a_{20}=2\times20+2=42$이므로
$$a_1+a_{20}=5+42=47$$

2008 답 ④

$$a_7=S_7-S_6=(3\times7^2-7)-(3\times6^2-6)$$
$$=38$$

2009 답 $a_n=4n-3$

$n=1$일 때,
$$a_1=S_1=2-1=1$$
$n\geq2$일 때, $a_n=S_n-S_{n-1}$이므로
$$a_n=(2n^2-n)-\{2(n-1)^2-(n-1)\}$$
$$=4n-3$$
$a_n=4n-3$에 $n=1$을 대입하면 $a_1=1$
$$\therefore\ a_n=4n-3$$

2010 답 5

$n=1$일 때,
$$a_1=S_1=k+2$$
$n\geq2$일 때, $a_n=S_n-S_{n-1}$이므로
$$a_n=kn^2+2n-\{k(n-1)^2+2(n-1)\}$$
$$=2nk-k+2$$
$a_n=2nk-k+2$에 $n=1$을 대입하면 $a_1=k+2$
$$\therefore\ a_n=2nk-k+2$$
이때 $a_6=57$이므로 $12k-k+2=57$
$$11k=55$$
$$\therefore\ k=5$$

2011 답 ②

$n=1$일 때,
$$a_1=S_1=-1+14=13$$
$n\geq2$일 때, $a_n=S_n-S_{n-1}$이므로
$$a_n=(-n^2+14n)-\{-(n-1)^2+14(n-1)\}$$
$$=-2n+15$$
$a_n=-2n+15$에 $n=1$을 대입하면 $a_1=13$
$$\therefore\ a_n=-2n+15$$
제n항에서 처음으로 음수가 나온다고 하면
$$-2n+15<0$$
$$\therefore\ n>\dfrac{15}{2}=7.5$$
즉, 수열 $\{a_n\}$은 제8항부터 음수이다.
$$\therefore\ |a_1|+|a_3|+|a_5|+\cdots+|a_{17}|+|a_{19}|$$
$$=(a_1+a_3+a_5+a_7)-(a_9+a_{11}+\cdots+a_{19})$$
$$=(13+9+5+1)+(3+7+11+\cdots+23)$$
$$=28+\dfrac{6(3+23)}{2}=106$$

2012 답 ③

$n=1$일 때, $a_1=S_1=1^2+4\times1-2=3$

$n\geq2$일 때, $a_n=S_n-S_{n-1}$이므로

$$a_n=(n^2+4n-2)-\{(n-1)^2+4(n-1)-2\}$$
$$=2n+3 \quad\cdots\cdots\cdots\cdots\cdots\cdots\cdots\text{㉠}$$

$a_n=2n+3$에 $n=1$을 대입하면 $a_1=5$

$a_1=3$은 ㉠에 $n=1$을 대입한 것과 같지 않으므로 수열 $\{a_n\}$은 둘째항부터 등차수열을 이룬다.

$\therefore a_1=3,\ a_n=2n+3\ (n\geq2)$

$5\leq a_n\leq50$이므로 $5\leq2n+3\leq50$

$2\leq2n\leq47 \quad \therefore 1\leq n\leq23.5$

그런데 $a_1=3$이므로 $1<n\leq23.5$

따라서 $5\leq a_n\leq50$을 만족시키는 자연수 n은 2, 3, $\cdots$, 23의 22개이다.

2013 답 ④

$S_n=pn^2-15n$에서

$a_2=S_2-S_1=(4p-30)-(p-15)=3p-15$

$a_3=S_3-S_2=(9p-45)-(4p-30)=5p-15$

이때 공차가 2이므로

$(5p-15)-(3p-15)=2,\ 2p=2 \quad \therefore p=1$

즉, $S_n=n^2-15n$이므로 $n\geq2$일 때

$$a_n=S_n-S_{n-1}$$
$$=(n^2-15n)-\{(n-1)^2-15(n-1)\}$$
$$=2n-16$$

$\therefore a_7+a_8=-2+0=-2$

2014 답 ②

나머지정리에 의하여

$S_n=(2n)^2+2n-3=4n^2+2n-3$

$a_1=S_1=4+2-3=3$

$$a_4=S_4-S_3$$
$$=(4\times4^2+2\times4-3)-(4\times3^2+2\times3-3)$$
$$=69-39=30$$

$\therefore a_1+a_4=3+30=33$

2015 답 -1

$$S_n=2f(n)$$
$$=2\left(-\frac{1}{2}n^2+4n\right)$$
$$=-n^2+8n$$

$n=1$일 때, $a_1=S_1=-1+8=7$

$n\geq2$일 때,

$$a_n=S_n-S_{n-1}$$
$$=(-n^2+8n)-\{-(n-1)^2+8(n-1)\}$$
$$=-2n+9$$

$a_n=-2n+9$에 $n=1$을 대입하면 $a_1=7$

$\therefore a_n=-2n+9$

$\therefore a_5=-2\times5+9=-1$

2016 답 ③

$n=1$일 때,

$a_1=S_1=3$

$n\geq2$일 때,

$$a_n=S_n-S_{n-1}$$
$$=(2n^2+n)-\{2(n-1)^2+(n-1)\}$$
$$=4n-1$$

$a_n=4n-1$에 $n=1$을 대입하면 $a_1=3$

$\therefore a_n=4n-1$

$n=1$일 때,

$a_1+b_1=T_1=3$

$n\geq2$일 때,

$$a_n+b_n=T_n-T_{n-1}$$
$$=(4n^2-n)-\{4(n-1)^2-(n-1)\}$$
$$=8n-5$$

$a_n+b_n=8n-5$에 $n=1$을 대입하면 $a_1+b_1=3$

$\therefore a_n+b_n=8n-5$

$b_n=(a_n+b_n)-a_n=(8n-5)-(4n-1)=4n-4$이므로

$b_7=4\times7-4=24$

Plus 문제

2016-1

수열 $\{a_n\}$의 첫째항부터 제n항까지의 합 S_n이 $S_n=3n^2+2n$이고, 수열 $\{a_n+b_n\}$의 첫째항부터 제n항까지의 합 T_n이 $T_n=5n^2+n+3$일 때, $b_1+b_2+b_4-b_6+b_8$의 값을 구하시오.

$n=1$일 때,

$a_1=S_1=3+2=5$

$n\geq2$일 때,

$$a_n=S_n-S_{n-1}$$
$$=(3n^2+2n)-\{3(n-1)^2+2(n-1)\}$$
$$=6n-1$$

$a_n=6n-1$에 $n=1$을 대입하면 $a_1=5$

$\therefore a_n=6n-1$

$n=1$일 때,

$a_1+b_1=T_1=5+1+3=9$

$n\geq2$일 때,

$$a_n+b_n=T_n-T_{n-1}$$
$$=(5n^2+n+3)-\{5(n-1)^2+(n-1)+3\}$$
$$=10n-4$$

$a_n+b_n=10n-4$에 $n=1$을 대입하면 $a_1+b_1=6$

이는 $T_1=9$와 같지 않으므로

$a_1+b_1=9,\ a_n+b_n=10n-4\ (n\geq2)$

이때 $a_1+b_1=9$, $a_1=5$이므로 $b_1=4$

따라서 $n\geq2$일 때

$$b_n=(a_n+b_n)-a_n$$
$$=10n-4-(6n-1)$$
$$=4n-3 \ (n \geq 2)$$
$$\therefore b_1+b_2+b_4-b_6+b_8=4+5+13-21+29=30$$

답 30

2017 답 ②

등차수열 $\{a_n\}$의 첫째항부터 제n항까지의 합을 S_n이라 하면
$$S_n=n^2-5n$$
$n=1$일 때,
$$a_1=S_1=1^2-5=-4$$
$n \geq 2$일 때, $a_n=S_n-S_{n-1}$이므로
$$a_n=n^2-5n-\{(n-1)^2-5(n-1)\}$$
$$=2n-6$$
$a_n=2n-6$에 $n=1$을 대입하면
$$a_1=2-6=-4$$
$$\therefore a_n=2n-6$$
$$\therefore a_1+d=a_2=2\times 2-6=-2$$

다른 풀이

등차수열 $\{a_n\}$의 첫째항부터 제n항까지의 합을 S_n이라 하면
$$S_n=n^2-5n$$
$$S_1=1^2-5\times 1=-4$$
$$S_2=2^2-5\times 2=-6$$
$$\therefore a_2=S_2-S_1=-6-(-4)=-2$$
$$\therefore a_1+d=a_2=-2$$

2018 답 ②

$$\underline{S_{k+2}-S_k}=a_{k+2}+a_{k+1}$$
$$\overline{S_k=-16, \ S_{k+2}=-12}$$이므로 $\begin{matrix}\to (a_1+a_2+\cdots+a_k+a_{k+1}+a_{k+2}) \\ -(a_1+a_2+\cdots+a_k)\end{matrix}$
$$a_{k+2}+a_{k+1}=-12-(-16)=4$$
등차수열 $\{a_n\}$의 공차가 2이므로 일반항은
$$a_n=a_1+(n-1)\times 2$$
이므로
$$a_{k+2}+a_{k+1}=a_1+2(k+1)+a_1+2k=4$$
$$2a_1+4k=2 \qquad \therefore a_1=1-2k \ \cdots\cdots \ ㉠$$
$S_k=-16$에서
$$\frac{k\{2a_1+(k-1)\times 2\}}{2}=-16$$
$$\therefore k(a_1+k-1)=-16 \ \cdots\cdots \ ㉡$$
㉠을 ㉡에 대입하면 $k(1-2k+k-1)=-16$
$$k^2=16$$
$$\therefore k=4 \ (\because k>0)$$
$k=4$를 ㉠에 대입하면 $a_1=1-2\times 4=-7$
$$\therefore a_{2k}=a_8=-7+7\times 2=7$$

실수 Check

등차수열에서 $a_{n+1}-a_n=d$ (공차)임을 기억하고 있어야 하며, 등차수열의 합 S_k와 S_{k+2}의 차의 관계를 이용해야 한다.

Plus 문제

2018-1

공차가 3인 등차수열 $\{a_n\}$의 첫째항부터 제n항까지의 합을 S_n이라 하자. $S_k=-45$, $S_{k+2}=-42$를 만족시키는 자연수 k에 대하여 a_{3k}의 값을 구하시오.

$$S_{k+2}-S_k=a_{k+2}+a_{k+1}$$
$$S_k=-45, \ S_{k+2}=-42$$이므로
$$a_{k+2}+a_{k+1}=-42-(-45)=3$$
등차수열 $\{a_n\}$의 공차가 3이므로 일반항은
$$a_n=a_1+(n-1)\times 3$$
이므로
$$a_{k+2}+a_{k+1}=a_1+3(k+1)+a_1+3k=3$$
$$2a_1+6k+3=3 \qquad \therefore a_1=-3k \ \cdots\cdots \ ㉠$$
$S_k=-45$에서
$$\frac{k\{2a_1+(k-1)\times 3\}}{2}=-45$$
$$\therefore k(2a_1+3k-3)=-90 \ \cdots\cdots \ ㉡$$
㉠을 ㉡에 대입하면 $k(-6k+3k-3)=-90$
$$-3k(k+1)=-90, \ k^2+k-30=0, \ (k+6)(k-5)=0$$
$$\therefore k=5 \ (\because k는 자연수)$$
따라서 $a_1=-3\times 5=-15$이므로
$$a_{3k}=a_{15}=-15+14\times 3=27$$

답 27

서술형 유형 익히기   414쪽 ~ 417쪽

2019 답 (1) $4d$ (2) $6d$ (3) $5d$ (4) $8d$ (5) 53 (6) -14
      (7) 53 (8) -14 (9) 67

STEP 1 첫째항 a와 공차 d에 대한 연립방정식 세우기 [3점]

등차수열 $\{a_n\}$의 첫째항을 a, 공차를 d라 하면
$a_3+a_5=22$에서
$$a_3=a+2d, \ a_5=a+\boxed{4d}\text{이므로}$$
$$a_3+a_5=2a+\boxed{6d}=22 \ \cdots\cdots \ ㉠$$
$a_4+a_6=-6$에서
$$a_4=a+3d, \ a_6=a+\boxed{5d}\text{이므로}$$
$$a_4+a_6=2a+\boxed{8d}=-6 \ \cdots\cdots \ ㉡$$

STEP 2 연립방정식을 풀어 첫째항 a와 공차 d의 값 구하기 [1점]

㉠, ㉡을 연립하여 풀면
$$a=\boxed{53}, \ d=\boxed{-14}$$

STEP 3 일반항 a_n 구하기 [2점]

$$a_n=\boxed{53}+(n-1)\times (\boxed{-14})$$
$$=-14n+\boxed{67}$$

$a_3+a_5=22, a_4+a_6=-6, a_n$

$a_1+2d+a_1+4d=22$

$2a_1+6d=22$

$a_1+3d=11$ ······ ①

$a_1+3d+a_1+5d=-6$

$2a_1+8d=-6$

$a_1+4d=-3$ ······ ②

$①-②=-d=14$

$d=-14$

①에 대입

$a_1+3\times(-14)=11$

$a_1-42=11$

$a_1=53$

$\therefore a_n=a_1+(n-1)d$

$=53+(n-1)\times(-14)$

$=-14n+14+53$

$=-14n+67$

2020 [답] $a_n=-3n+15$

STEP 1 첫째항 a와 공차 d에 대한 연립방정식 세우기 [3점]

등차수열 $\{a_n\}$의 첫째항을 a, 공차를 d라 하면

$a_2+a_4=12$에서

$a_2=a+d$, $a_4=a+3d$이므로

$a_2+a_4=2a+4d=12$

$\therefore a+2d=6$ ·············· ㉠

$a_5+a_8=-9$에서

$a_5=a+4d$, $a_8=a+7d$이므로

$a_5+a_8=2a+11d=-9$ ··········· ㉡

STEP 2 연립방정식을 풀어 첫째항 a와 공차 d의 값 구하기 [1점]

㉠, ㉡을 연립하여 풀면

$a=12$, $d=-3$

STEP 3 일반항 a_n 구하기 [2점]

$a_n=12+(n-1)\times(-3)=-3n+15$

2021 [답] 21

STEP 1 첫째항 a와 공차 d에 대한 연립방정식 세우기 [3점]

등차수열 $\{a_n\}$의 첫째항을 a, 공차를 d라 하면

$a_2=37$에서

$a_2=a+d=37$ ················· ㉠

$a_4+a_8=50$에서

$a_4=a+3d$, $a_8=a+7d$이므로

$a_4+a_8=2a+10d=50$

$\therefore a+5d=25$ ················· ㉡

STEP 2 연립방정식을 풀어 첫째항 a와 공차 d의 값 구하기 [1점]

㉠, ㉡을 연립하여 풀면

$a=40$, $d=-3$

STEP 3 일반항 a_n 구하기 [2점]

$a_n=40+(n-1)\times(-3)=-3n+43$

STEP 4 $|a_k|=20$을 만족시키는 자연수 k의 값 구하기 [2점]

$|a_k|=20$에서 $|-3k+43|=20$

(i) $-3k+43=20$일 때,

$-3k=-23$ $\therefore k=\dfrac{23}{3}$ ······ ⓐ

(ii) $-3k+43=-20$일 때,

$-3k=-63$ $\therefore k=21$ ······ ⓐ

이때 k는 자연수이므로 구하는 자연수 k의 값은 21이다.

부분점수표	
ⓐ (i), (ii) 중에서 하나만 구한 경우	1점

2022 [답] (1) 55 (2) 59 (3) 59 (4) $4n$ (5) $\dfrac{59}{4}$ (6) 14

(7) 13 (8) 406

STEP 1 일반항 a_n 구하기 [2점]

등차수열 $\{a_n\}$의 첫째항이 55, 공차가 -4이므로

$a_n=\boxed{55}+(n-1)\times(-4)$

$=-4n+\boxed{59}$

STEP 2 $a_n>0$을 만족시키는 자연수 n의 최댓값 구하기 [3점]

공차가 음수이므로 S_n의 값이 최대가 되게 하는 n의 값은 $a_n>0$을 만족시키는 n의 최댓값과 같다.

$a_n=-4n+\boxed{59}>0$에서 $\boxed{4n}<59$

$\therefore n<\dfrac{59}{4}=14.75$

즉, 등차수열 $\{a_n\}$은 첫째항부터 제 $\boxed{14}$ 항까지의 합이 최대이다.

STEP 3 S_n의 최댓값 구하기 [2점]

S_n의 최댓값은

$S_{14}=\dfrac{14\{2\times55+\boxed{13}\times(-4)\}}{2}$

$=\boxed{406}$

오답 분석

$a_1=55, d=-4, S_n$ 최대

$a_n=a_1+(n-1)d$

$=55+(n-1)\times(-4)$

$=55-4n+4$

$=-4n+59$ 2점

$S_n=\dfrac{n\{2a_1+(n-1)d\}}{2}$

$=\dfrac{n(110-4n+4)}{2}$

$=\dfrac{n(-4n+114)}{2}=n(-2n+57)$ 1점

$n=\dfrac{57}{4}$일 때 S_n의 값은 최대

→ n의 값은 자연수이므로 분수가 될 수 없음

$\dfrac{57}{4}\times\left(-\dfrac{57}{2}+57\right)=\dfrac{57}{4}\times\dfrac{57}{2}=\dfrac{57^2}{8}$

$=\dfrac{3249}{8}$

▶ 7점 중 3점 얻음.

$S_n=n(-2n+57)$에서 n의 값은 자연수이고, $\dfrac{57}{4}=14+\dfrac{1}{4}$이므로 $n=14$일 때 S_n의 값이 최대이다.

또한, $a_n>0$인 항까지의 합이 최대이고 $a_n>0$에서 $-4n+59>0$, $n<\dfrac{59}{4}=14.75$이므로 $n=14$일 때, 즉 S_{14}의 값이 최댓값임을 이용한다.

2023 답 -200

STEP 1 일반항 a_n 구하기 [2점]

등차수열 $\{a_n\}$의 첫째항이 -38, 공차가 4이므로

$a_n=-38+(n-1)\times 4=4n-42$

STEP 2 $a_n<0$을 만족시키는 자연수 n의 최솟값 구하기 [3점]

공차가 양수이므로 S_n의 값이 최소가 되게 하는 n의 값은 $a_n<0$을 만족시키는 n의 최댓값과 같다.

$a_n=4n-42<0$에서 $4n<42$

$\therefore n<\dfrac{42}{4}=10.5$

즉, 등차수열 $\{a_n\}$은 첫째항부터 제10항까지의 합이 최소이다.

STEP 3 S_n의 최솟값 구하기 [2점]

S_n의 최솟값은

$S_{10}=\dfrac{10\{2\times(-38)+9\times4\}}{2}=-200$

2024 답 459

STEP 1 첫째항 a와 공차 d의 값 구하기 [2점]

등차수열 $\{a_n\}$의 첫째항을 a, 공차를 d라 하면

$a_3+a_5=82$에서

$a_3+a_5=(a+2d)+(a+4d)=82$

$\therefore 2a+6d=82$ ········· ㉠

$a_8=29$에서

$a+7d=29$ ········· ㉡

㉠, ㉡을 연립하여 풀면

$a=50$, $d=-3$

STEP 2 일반항 a_n 구하기 [1점]

$a_n=50+(n-1)\times(-3)=-3n+53$

STEP 3 $a_n>0$을 만족시키는 n의 값의 범위를 구해 k의 값 구하기 [2점]

공차가 음수이므로 S_n의 값이 최대가 되게 하는 n의 값은 $a_n>0$을 만족시키는 n의 최댓값과 같다.

$a_n=-3n+53>0$에서 $3n<53$

$\therefore n<\dfrac{53}{3}=17.6\cdots$

즉, 등차수열 $\{a_n\}$은 첫째항부터 제17항까지의 합이 최대이므로 $k=17$

STEP 4 M의 값 구하기 [2점]

S_n의 최댓값 M은

$M=S_{17}=\dfrac{17\{2\times50+16\times(-3)\}}{2}=442$

STEP 5 $M+k$의 값 구하기 [1점]

$M+k=442+17=459$

2025 답 -444

STEP 1 일반항 a_n 구하기 [1점]

등차수열 $\{a_n\}$의 첫째항이 -70, 공차를 d라 하면

$a_n=-70+(n-1)d$ ··················· ㉠

STEP 2 공차 d의 값 구하기 [5점]

$a_1=-70<0$이고 S_n이 $n=12$일 때 최솟값을 가지므로

$a_{12}<0$이고 $a_{13}>0$이다.

(i) $a_{12}<0$에서 ㉠에 $n=12$를 대입하면

$-70+11d<0$, $11d<70$

$\therefore d<\dfrac{70}{11}=6.3\cdots$ ······ ⓐ

(ii) $a_{13}>0$에서 ㉠에 $n=13$을 대입하면

$-70+12d>0$, $12d>70$

$\therefore d>\dfrac{70}{12}=5.8\cdots$ ······ ⓐ

(i), (ii)에서

$5.8\cdots<d<6.3\cdots$이고, d는 정수이므로 $d=6$

STEP 3 S_n의 최솟값 구하기 [2점]

S_n의 최솟값은

$S_{12}=\dfrac{12\{2\times(-70)+11\times6\}}{2}=-444$

부분점수표	
ⓐ (i), (ii) 중에서 하나만 구한 경우	1점

2026 답 (1) 5 (2) $2n$ (3) 3 (4) 3 (5) $4k$ (6) 10 (7) 10 (8) 41 (9) 230

STEP 1 $a_1=S_1$, $a_n=S_n-S_{n-1}$ $(n\geq2)$을 이용하여 a_1과 $n\geq2$일 때의 일반항 구하기 [3점]

$n=1$일 때, $a_1=S_1=1^2+4\times1=\boxed{5}$

$n\geq2$일 때, $a_n=S_n-S_{n-1}$이므로

$a_n=(n^2+4n)-\{(n-1)^2+4(n-1)\}$

$=n^2+4n-(n^2+\boxed{2n}-3)$

$=2n+\boxed{3}$ ··················· ㉠

STEP 2 일반항 a_n 구하기 [1점]

$a_1=5$는 ㉠에 $n=1$을 대입한 것과 같으므로

$a_n=2n+\boxed{3}$

STEP 3 $a_1+a_3+a_5+\cdots+a_{19}$의 값 구하기 [4점]

a_1, a_3, a_5, a_7, $\cdots$에서

$a_{2k-1}=2(2k-1)+3=\boxed{4k}+1$ $(k\geq1)$

이므로 $a_1+a_3+a_5+\cdots+a_{19}$는 수열 $\{a_{2k-1}\}$에서 첫째항부터 제$\boxed{10}$항까지의 합과 같다.

$\therefore a_1+a_3+a_5+\cdots+a_{19}=\dfrac{\boxed{10}(5+\boxed{41})}{2}$

$=\boxed{230}$

$S_n = n^2 + 4n$, $a_1 + a_3 + a_5 + \cdots + a_{19}$

$a_1 = S_1 = 1 + 4 = 5$

$a_n = S_n - S_{n-1}$

$\quad = n^2 + 4n - \{(n-1)^2 + 4(n-1)\}$

$\quad = n^2 + 4n - (n^2 - 2n + 1 + 4n - 4)$

$\quad = n^2 + 4n - n^2 - 2n + 3 = 2n + 3 \ (n \geq 2)$

$a_1 + a_3 + a_5 + \cdots + a_{19}$

$= 5 + 9 + 13 + \cdots + 41$

이므로 공차가 4인 등차수열의 10개 항의 합과 같다.

$b_n = 4n + 1$이라 할 때

$a_1 + a_3 + a_5 + \cdots + a_{19} = b_1 + b_2 + b_3 + \cdots + b_{10}$이므로

$b_1 + b_2 + b_3 + \cdots + b_{10} = \dfrac{10(5+41)}{2} = 5 \times 46 = 230$

2027 답 308

STEP1 $a_1 = S_1$, $a_n = S_n - S_{n-1} \ (n \geq 2)$을 이용하여 a_1과 $n \geq 2$일 때의 일반항 구하기 [3점]

$n=1$일 때, $a_1 = S_1 = 1^2 + 7 \times 1 = 8$

$n \geq 2$일 때, $a_n = S_n - S_{n-1}$이므로

$a_n = n^2 + 7n - \{(n-1)^2 + 7(n-1)\}$

$\quad = n^2 + 7n - (n^2 + 5n - 6)$

$\quad = 2n + 6$ ……………………………………………… ㉠

STEP2 일반항 a_n 구하기 [1점]

$a_1 = 8$은 ㉠에 $n=1$을 대입한 것과 같으므로

$a_n = 2n + 6$

STEP3 $a_1 + a_3 + a_5 + \cdots + a_{21}$의 값 구하기 [4점]

a_1 a_3, a_5, a_7, $\cdots$에서

$a_{2k-1} = 2(2k-1) + 6 = 4k + 4 \ (k \geq 1)$

이므로 $a_1 + a_3 + a_5 + \cdots + a_{21}$은 수열 $\{a_{2k-1}\}$에서 첫째항부터 제11항까지의 합과 같다.

$\therefore a_1 + a_3 + a_5 + \cdots + a_{21} = \dfrac{11(8+48)}{2} = 308$

2028 답 19

STEP1 $a_1 = S_1$, $a_n = S_n - S_{n-1} \ (n \geq 2)$을 이용하여 a_1과 $n \geq 2$일 때의 일반항 구하기 [3점]

$n=1$일 때, $a_1 = S_1 = 1^2 - 8 \times 1 = -7$

$n \geq 2$일 때, $a_n = S_n - S_{n-1}$이므로

$a_n = S_n - S_{n-1}$

$\quad = (n^2 - 8n) - \{(n-1)^2 - 8(n-1)\}$

$\quad = n^2 - 8n - (n^2 - 10n + 9)$

$\quad = 2n - 9$ ……………………………………………… ㉠

STEP2 일반항 a_n 구하기 [1점]

$a_1 = -7$은 ㉠에 $n=1$을 대입한 것과 같으므로

$a_n = 2n - 9$

STEP3 $a_n < 30$을 만족시키는 자연수 n의 개수 구하기 [3점]

$a_n < 30$을 만족시키는 n의 값의 범위는

$2n - 9 < 30$ $\therefore n < \dfrac{39}{2} = 19.5$

따라서 자연수 n은 1, 2, 3, $\cdots$, 19의 19개이다.

2029 답 26

STEP1 $a_1 = S_1$, $a_n = S_n - S_{n-1} \ (n \geq 2)$을 이용하여 a_1과 $n \geq 2$일 때의 일반항 구하기 [3점]

$n=1$일 때, $a_1 = S_1 = 1^2 + 1 + 2 = 4$

$n \geq 2$일 때, $a_n = S_n - S_{n-1}$이므로

$a_n = (n^2 + n + 2) - \{(n-1)^2 + (n-1) + 2\}$

$\quad = (n^2 + n + 2) - (n^2 - n + 2)$

$\quad = 2n$ ……………………………………………… ㉠

STEP2 일반항 a_n 구하기 [1점]

$a_1 = 4$는 ㉠에 $n=1$을 대입한 것과 같지 않으므로

$a_1 = 4$, $a_n = 2n \ (n \geq 2)$

STEP3 $a_1 - a_2 + a_3 - a_4 + \cdots - a_{22} + a_{23}$의 값 구하기 [4점]

$a_1 - a_2 + a_3 - a_4 + \cdots - a_{22} + a_{23}$

$= a_1 + \underline{(-a_2 + a_3) + (-a_4 + a_5) + \cdots + (-a_{22} + a_{23})}$

$= a_1 + \underline{2 + 2 + \cdots + 2} \quad \rightarrow a_3 - a_2 = a_5 - a_4 = \cdots = a_{23} - a_{22}$

$\qquad\qquad\qquad\qquad\qquad = (공차)$

$= 4 + 2 \times 11 = 26$

실력 check 실전 마무리하기 **1**회   418쪽~422쪽

1 2030 답 ②   유형 1

출제의도 | 수열의 일반항을 이용하여 $a_k = m$을 만족시키는 k의 값을 구할 수 있는지 확인한다.

> $a_k = 259$로 놓고 k의 값을 구해 보자.

$a_k = 4^k + 3 = 259$이므로

$4^k = 256$

$(2^2)^k = 2^8$, $2k = 8$

$\therefore k = 4$

2 2031 답 ⑤   유형 4

출제의도 | 등차수열의 일반항을 이용하여 제k항의 값을 구할 수 있는지 확인한다.

> 첫째항을 a, 공차를 d로 놓고 주어진 식을 나타내 보자.

등차수열 $\{a_n\}$의 첫째항을 a, 공차를 d라 하면

$a_2 = 6$에서 $a + d = 6$ ……………………………………… ㉠

$a_3 + a_6 = 27$에서 $(a + 2d) + (a + 5d) = 27$

$\therefore 2a + 7d = 27$ ……………………………………………… ㉡

㉠, ㉡을 연립하여 풀면 $a = 3$, $d = 3$

따라서 $a_n = 3 + (n-1) \times 3 = 3n$이므로

$a_{10} = 3 \times 10 = 30$

3 2032　답 ④　유형 5

출제의도 | 대소 관계를 만족시키는 등차수열의 항을 구할 수 있는지 확인한다.

> 조건을 이용하여 일반항을 구하고 $a_n>0$을 만족시키는 n의 값을 구해 보자.

등차수열 $\{a_n\}$의 첫째항을 a라 하면
$a_n=a+(n-1)\times 3=3n+a-3$
$a_{10}=-26$이므로
$30+a-3=-26$　　$\therefore a=-53$
$\therefore a_n=3n-56$
$a_n>0$에서 $3n-56>0$
$\therefore n>\dfrac{56}{3}=18.6\cdots$
따라서 등차수열 $\{a_n\}$에서 처음으로 양수가 되는 항은 제19항이다.

4 2033　답 ①　유형 7

출제의도 | 등차중항의 성질을 이해하는지 확인한다.

> 세 수 a, b, c가 이 순서대로 등차수열을 이룰 때, $b=\dfrac{a+c}{2}$임을 이용해 보자.

세 수 -6, a, b가 이 순서대로 등차수열을 이루므로
$2a=-6+b$　　　　　　　……… ㉠
세 수 a, b, 3이 이 순서대로 등차수열을 이루므로
$2b=a+3$　　　　　　　　……… ㉡
㉠, ㉡을 연립하여 풀면 $a=-3$, $b=0$
$\therefore a+b=-3$

5 2034　답 ③　유형 7

출제의도 | 등차중항의 성질을 이해하는지 확인한다.

> 먼저 이차방정식의 근과 계수의 관계를 이용하여 $\alpha+\beta$, $\alpha\beta$의 값을 구해 보자.

이차방정식 $x^2-24x+18=0$의 두 근이 α, β이므로 근과 계수의 관계에 의하여
$\alpha+\beta=24$, $\alpha\beta=18$
m은 α, β의 등차중항이므로
$m=\dfrac{\alpha+\beta}{2}=\dfrac{24}{2}=12$
n은 $\dfrac{1}{\alpha}$, $\dfrac{1}{\beta}$의 등차중항이므로
$n=\dfrac{1}{2}\left(\dfrac{1}{\alpha}+\dfrac{1}{\beta}\right)=\dfrac{\alpha+\beta}{2\alpha\beta}=\dfrac{24}{2\times 18}=\dfrac{2}{3}$
$\therefore mn=12\times\dfrac{2}{3}=8$

6 2035　답 ③　유형 8

출제의도 | 등차수열을 이루는 수의 특징을 이해하여 도형의 넓이를 구할 수 있는지 확인한다.

> 세 변의 길이를 $a-d$, a, $a+d$로 나타내어 피타고라스 정리를 이용해 보자.

$\angle A=90\degree$인 직각삼각형 ABC의 세 변의 길이가 등차수열을 이루므로 $a-d$, a, $a+d$ $(d>0)$라 하면
$\overline{BC}=a+d=25$　　　　　　……… ㉠
피타고라스 정리에 의하여
$(a-d)^2+a^2=(a+d)^2$
$a^2-2ad+d^2+a^2=a^2+2ad+d^2$, $a(a-4d)=0$
$\therefore a=4d$ $(\because a\neq 0)$　　　　　……… ㉡
㉡을 ㉠에 대입하면 $4d+d=25$, $5d=25$　　$\therefore d=5$
$\therefore a=4\times 5=20$
따라서 세 변의 길이는 15, 20, 25이므로 직각삼각형 ABC의 넓이는
$\dfrac{1}{2}\times 15\times 20=150$

7 2036　답 ④　유형 10

출제의도 | 등차수열의 합을 구할 수 있는지 확인한다.

> 두 항의 값을 이용하여 등차수열의 일반항을 구해 보자.

등차수열 $\{a_n\}$의 첫째항을 a, 공차를 d라 하면
$a_3=17$에서 $a+2d=17$　　　　……… ㉠
$a_8=37$에서 $a+7d=37$　　　　……… ㉡
㉠, ㉡을 연립하여 풀면 $a=9$, $d=4$
따라서 등차수열 $\{a_n\}$의 첫째항부터 제15항까지의 합은
$\dfrac{15\{2\times 9+(15-1)\times 4\}}{2}=555$

8 2037　답 ③　유형 19

출제의도 | 수열의 합과 일반항 사이의 관계를 이해하는지 확인한다.

> $a_1=S_1$, $S_n-S_{n-1}=a_n$ $(n\geq 2)$을 이용하여 일반항을 구해 보자.

$n=1$일 때,
$a_1=S_1=1^2-1=0$
$n\geq 2$일 때,
$a_n=S_n-S_{n-1}$
　$=n^2-1-\{(n-1)^2-1\}$
　$=(n^2-1)-(n^2-2n)$
　$=2n-1$　　　　　　　　……… ㉠
$a_1=0$은 ㉠에 $n=1$을 대입한 것과 같지 않으므로 수열 $\{a_n\}$은 둘째항부터 등차수열을 이룬다.
$\therefore a_1=0$, $a_n=2n-1$ $(n\geq 2)$
$\therefore a_1+a_{10}=0+(2\times 10-1)=19$

다른 풀이

$a_1=S_1=1-1=0$, $a_{10}=S_{10}-S_9$이므로
$a_1+a_{10}=S_1+S_{10}-S_9$
　　　　　$=0+99-80=19$

9 2038 답 ②

유형 2 + 유형 11

출제의도 | 등차수열의 일반항과 합의 공식을 이용하여 공차를 구할 수 있는지 확인한다.

> $S_n=\dfrac{n(a_1+a_n)}{2}$임을 이용하여 문제를 해결해 보자.

첫째항이 3, 제k항이 35인 등차수열 $\{a_n\}$의 첫째항부터 제k항까지의 합이 323이므로

$\dfrac{k(3+35)}{2}=323$, $19k=323$ $\therefore k=17$

즉, 제17항이 35이므로 등차수열 $\{a_n\}$의 공차를 d라 하면

$3+16d=35$, $16d=32$ $\therefore d=2$

따라서 수열 $\{a_n\}$의 공차는 2이다.

10 2039 답 ⑤

유형 3 + 유형 10

출제의도 | 등차수열의 일반항의 특징을 이해하고, 등차수열의 합의 공식을 이용할 수 있는지 확인한다.

> 등차수열의 일반항에서 n의 계수는 공차임을 이용해 보자.

등차수열 $\{a_n\}$의 첫째항을 a, 공차를 d라 하면

$a_n=2n+k$에서 n의 계수가 등차수열의 공차이므로

$d=2$

$a_6+a_7+\cdots+a_{10}=100$에서

$\dfrac{5\{(a+5d)+(a+9d)\}}{2}=100$

$\therefore a+7d=20$ $\cdots\cdots\cdots$ ㉠

㉠에 $d=2$를 대입하면

$a+14=20$ $\therefore a=6$

이때 $a_1=2+k=6$이므로 $k=4$

다른 풀이

등차수열 $\{a_n\}$의 공차를 d라 하면

$a_n=2n+k$에서 n의 계수가 등차수열의 공차이므로

$d=2$

$a_6+a_7+\cdots+a_{10}=S_{10}-S_5$

$\qquad\qquad\qquad\quad =\dfrac{10(2a_1+9\times2)}{2}-\dfrac{5(2a_1+4\times2)}{2}$

$\qquad\qquad\qquad\quad =100$

$10a_1+90-5a_1-20=100$, $5a_1=30$

$\therefore a_1=6$

이때 $a_1=2+k=6$이므로 $k=4$

11 2040 답 ⑤

유형 6

출제의도 | 두 수 사이에 수를 넣어서 만든 등차수열에서 특정한 항의 값을 구할 수 있는지 확인한다.

> 두 수 73과 169 사이에 31개의 수를 넣었으므로 169는 33번째 수임을 이용해 보자.

첫째항이 73이고, 제33항이 169인 등차수열의 공차를 d라 하면

$169=73+(33-1)\times d$

$32d=96$ $\therefore d=3$

이때 a_{15}는 등차수열의 제16항이므로

$a_{15}=73+(16-1)\times3=118$

12 2041 답 ②

유형 7

출제의도 | 등차중항의 성질을 이용하여 주어진 수 사이의 관계를 나타낼 수 있는지 확인한다.

> 등차수열에서 항이 연속하지 않더라도 등차중항이 성립함을 이용해 보자.
> 즉, $\dfrac{a_1+a_n}{2}=\dfrac{a_2+a_{n-1}}{2}=\dfrac{a_3+a_{n-2}}{2}=\cdots$ (n은 홀수)임을 이용하여 각 항 사이의 관계를 나타내 보자.

첫째항이 1이고, 제9항이 5이므로

등차중항의 성질을 이용하면   → 9개의 수 중 5번째 수 d가 1과 5의 등차중항이다.

$1+5=2d$에서 $d=3$ → 마찬가지로 $a+g=2d$, $b+f=2d$, $c+e=2d$

$\therefore a+2b+3c+2d+3e+2f+g$

$\quad =(a+g)+2(b+f)+3(c+e)+2d$

$\quad =2d+2\times2d+3\times2d+2d$

$\quad =14d$

$\quad =14\times3=42$

다른 풀이

첫째항이 1이고, 제9항이 5이므로 이 등차수열의 공차는

$\dfrac{5-1}{7+1}=\dfrac{1}{2}$

따라서 7개의 수를 구하면

$a=\dfrac{3}{2}$, $b=2$, $c=\dfrac{5}{2}$, $d=3$, $e=\dfrac{7}{2}$, $f=4$, $g=\dfrac{9}{2}$

이므로

$a+2b+3c+2d+3e+2f+g$

$=(a+g)+2(b+f)+3(c+e)+2d$

$=\left(\dfrac{3}{2}+\dfrac{9}{2}\right)+2(2+4)+3\left(\dfrac{5}{2}+\dfrac{7}{2}\right)+2\times3$

$=6+12+18+6=42$

13 2042 답 ③

유형 7 + 유형 11

출제의도 | 등차수열의 일반항, 등차중항, 합을 이용하여 참, 거짓을 판단할 수 있는지 확인한다.

> ㄱ. $S_n=\dfrac{n(a_1+a_n)}{2}$임을 이용해 보자.

ㄱ. $a_1+a_2+a_3+a_4+a_5=20$에서

$\quad \dfrac{5(a_1+a_5)}{2}=20$

$\quad \therefore a_1+a_5=8$ (참)

ㄴ. $a_3=\dfrac{a_1+a_5}{2}=\dfrac{8}{2}=4$ (참)

→ a_3은 a_1과 a_5의 등차중항이다.

ㄷ. $2a_2+a_3+a_5=2(a_1+d)+(a_1+2d)+(a_1+4d)$

$\qquad\qquad\qquad =4a_1+8d$

$\qquad\qquad\qquad =4(a_1+2d)$

$\qquad\qquad\qquad =4a_3$

$\qquad\qquad\qquad =4\times4=16$ (거짓)

따라서 옳은 것은 ㄱ, ㄴ이다.

14 2043 답 ②

유형 19

출제의도 | 수열의 합과 일반항 사이의 관계를 이해하는지 확인한다.

> $n \geq 2$일 때의 일반항 a_n을 구하고, $a_1 = S_1$임을 이용해 보자.

$n=1$일 때,

$a_1 = S_1$이므로

$a_1 = S_1 = 2+4+1 = 7$

$\therefore p = 7$

$n \geq 2$일 때,

$a_n = S_n - S_{n-1}$

$\quad = (2n^2+4n+1) - \{2(n-1)^2+4(n-1)+1\}$

$\quad = (2n^2+4n+1) - (2n^2-1)$

$\quad = 4n+2$

이므로 $q=4$, $r=2$

$\therefore p+q+r = 7+4+2 = 13$

15 2044 답 ②

유형 19

출제의도 | 수열의 합과 일반항 사이의 관계를 이용하여 조건을 만족시키는 n의 개수를 구할 수 있는지 확인한다.

> $a_1 = S_1$, $S_n - S_{n-1} = a_n$ $(n \geq 2)$을 이용하여 일반항을 구해 보자.

$n=1$일 때, $a_1 = S_1 = 1-6 = -5$

$n \geq 2$일 때,

$a_n = S_n - S_{n-1}$이므로

$a_n = n^2 - 6n - \{(n-1)^2 - 6(n-1)\}$

$\quad = (n^2-6n) - (n^2-8n+7)$

$\quad = 2n-7$

$a_n = 2n-7$에 $n=1$을 대입하면 $a_1 = -5$ $\quad \therefore a_n = 2n-7$

$15 \leq a_n \leq 35$에서 $15 \leq 2n-7 \leq 35$

$22 \leq 2n \leq 42$ $\quad \therefore 11 \leq n \leq 21$

따라서 자연수 n은 11, 12, $\cdots$, 21의 11개이다.

16 2045 답 ①

유형 3

출제의도 | 새롭게 정의된 등차수열의 일반항을 추론할 수 있는지 확인한다.

> 수열을 직접 나열한 후 규칙에 따라 항을 제거하면서 남은 항에서 공차를 확인해 보자.

첫째항이 1, 공차가 2인 등차수열은

1, 3, 5, 7, 9, 11, 13, 15, 17, 19, 21, $\cdots$

첫 번째 시행 후 남은 항을 차례로 나열하면

1, 5, 9, 13, 17, 21, 25, 29, $\cdots$

두 번째 시행 후 남은 항을 차례로 나열하면

1, 9, 17, 25, $\cdots$

이므로 이 수열은 첫째항이 1, 공차가 8인 등차수열이다.

따라서 $a_n = 1+(n-1) \times 8 = 8n-7$

이므로 $p=8$, $q=-7$

$\therefore p+q = 8+(-7) = 1$

17 2046 답 ③

유형 3

출제의도 | 등차수열에서 두 항 사이의 관계와 일반항을 이용하여 조건을 만족시키는 값을 구할 수 있는지 확인한다.

> 등차수열의 공차를 d로 놓고, b_1은 두 번째 항, b_2는 네 번째 항, b_3은 여섯 번째 항, $\cdots$임을 이용해 보자.

등차수열 a_1, b_1, a_2, b_2, $\cdots$, a_8, b_8의 첫째항이 1이고 공차를 d라 하면

$b_1+b_3+b_5+b_7 = (1+d)+(1+5d)+(1+9d)+(1+13d)$

$\qquad\qquad\qquad = 4+28d = 88$

$28d = 84$ $\quad \therefore d = 3$

$\therefore b_2+b_4+b_6+b_8 = (1+3d)+(1+7d)+(1+11d)+(1+15d)$

$\qquad\qquad\qquad\qquad = 4+36d$

$\qquad\qquad\qquad\qquad = 4+36 \times 3 = 112$

18 2047 답 ④

유형 9 + 유형 10

출제의도 | 조건을 이용하여 첫째항과 공차를 구하고, 합을 구할 수 있는지 확인한다.

> $a_2 = -a_7$로 나타내고, 연립방정식을 이용하여 첫째항과 공차를 구해 보자.

등차수열 $\{a_n\}$의 첫째항을 a, 공차를 d라 하면

제2항과 제7항은 절댓값이 같고 부호가 반대이므로

$a_2 = -a_7$에서 $a+d = -(a+6d)$

$\therefore 2a+7d = 0$ $\cdots\cdots$ ㉠

$a_5 = 2$에서 $a+4d = 2$ $\cdots\cdots$ ㉡

㉠, ㉡을 연립하여 풀면 $a=-14$, $d=4$

따라서 등차수열 $\{a_n\}$의 첫째항부터 제20항까지의 합은

$\dfrac{20\{2 \times (-14)+19 \times 4\}}{2} = 480$

다른 풀이

등차수열 $\{a_n\}$의 첫째항을 a, 공차를 d라 하면

$a+d = -(a+6d)$

$\therefore 2a+7d = 0$ $\cdots\cdots$ ㉠

$a_5 = 2$에서 $a+4d = 2$ $\cdots\cdots$ ㉡

㉠, ㉡을 연립하여 풀면 $a=-14$, $d=4$

$\therefore a_n = -14+(n-1) \times 4$

$\qquad = 4n-18$

이때 $a_{20} = 4 \times 20 - 18 = 62$이므로

등차수열 $\{a_n\}$의 첫째항부터 제20항까지의 합은

$\dfrac{20 \times (-14+62)}{2} = 480$

19 2048 답 ③

유형 14

출제의도 | 등차수열의 합의 공식을 이용하여 부분합이 주어진 등차수열의 합을 구할 수 있는지 확인한다.

> S_{10}, S_{15}를 공식을 이용하여 식으로 나타내고 첫째항과 공차를 구해 보자.

등차수열 $\{a_n\}$의 첫째항을 a, 공차를 d라 하면

$S_{10}=10$에서

$$\frac{10(2a+9d)}{2}=10$$

$$\therefore 2a+9d=2 \quad\cdots\cdots\cdots\cdots\cdots\cdots\cdots\cdots\cdots\cdots ㉠$$

$S_{15}=90$에서

$$\frac{15(2a+14d)}{2}=90$$

$$\therefore 2a+14d=12 \quad\cdots\cdots\cdots\cdots\cdots\cdots\cdots\cdots ㉡$$

㉠, ㉡을 연립하여 풀면 $a=-8$, $d=2$

$$\therefore S_{30}=\frac{30\times\{2\times(-8)+29\times2\}}{2}=630$$

20 2049 답 ④
유형 17

출제의도 | 항이 절댓값으로 주어진 등차수열의 합을 구할 수 있는지 확인한다.

> 일반항을 구한 후 처음으로 음수가 나오는 항을 구해 보자.

등차수열 $\{a_n\}$의 첫째항을 a, 공차를 d라 하면

$a_2=13$에서 $a+d=13$ $\cdots\cdots\cdots\cdots\cdots\cdots ㉠$

$a_5=7$에서 $a+4d=7$ $\cdots\cdots\cdots\cdots\cdots\cdots ㉡$

㉠, ㉡을 연립하여 풀면 $a=15$, $d=-2$

$$\therefore a_n=15+(n-1)\times(-2)=-2n+17$$

제n항에서 처음으로 음수가 나온다고 하면

$$-2n+17<0 \quad\therefore n>\frac{17}{2}=8.5$$

즉, 등차수열 $\{a_n\}$은 제9항부터 음수이다.

$$\therefore |a_1|+|a_2|+|a_3|+\cdots+|a_{20}|$$

$$=(a_1+a_2+\cdots+a_8)-(a_9+a_{10}+\cdots+a_{20})$$

$$=\frac{8(15+1)}{2}-\frac{12(-1-23)}{2}$$

$$=64+144=208$$

21 2050 답 ④
유형 11

출제의도 | 등차수열의 합의 공식을 이용하여 첫째항의 최댓값을 구할 수 있는지 확인한다.

> $S_n=\dfrac{n\{2a_1+(n-1)d\}}{2}$를 이용하여 식을 세우고, $S_n<192$를 만족시키는 자연수 a의 값의 범위를 구해 보자.

등차수열 $\{a_n\}$의 첫째항부터 제n항까지의 합 S_n은

$$S_n=\frac{n\{2a+(n-1)\times(-6)\}}{2}$$

모든 자연수 n에 대하여 $S_n<192$이므로

$$\frac{n(2a-6n+6)}{2}<192,\ n(a-3n+3)<192$$

$$\therefore 3n^2-(a+3)n+192>0$$

이차방정식 $3n^2-(a+3)n+192=0$의 판별식을 D라 할 때, 모든 자연수 n에 대하여 위의 이차부등식이 성립하려면

$D<0$이어야 하므로

$$D=(a+3)^2-4\times3\times192<0$$

$$(a+3)^2<48^2$$

이때 a가 자연수이므로 $a+3<48$ $\quad\therefore a<45$

따라서 a의 최댓값은 44이다.

22 2051 답 39
유형 4

출제의도 | 등차수열의 항의 비를 이용하여 일반항을 구할 수 있는지 확인한다.

STEP1 a_4와 a_7을 첫째항과 공차를 이용하여 식으로 나타내기 [2점]

등차수열 $\{a_n\}$의 첫째항이 3이고 공차를 d라 하면

$$a_4=3+3d,\ a_7=3+6d$$

STEP2 d의 값 구하기 [2점]

$a_4:a_7=5:9$에서 $(3+3d):(3+6d)=5:9$

$15+30d=27+27d$

$3d=12$ $\quad\therefore d=4$

STEP3 a_{10}의 값 구하기 [2점]

등차수열 $\{a_n\}$의 일반항은

$$a_n=3+(n-1)\times4=4n-1$$

$$\therefore a_{10}=4\times10-1=39$$

23 2052 답 (1) $-\dfrac{2}{5}$ (2) 121
유형 2 + 유형 10

출제의도 | 조건을 만족시키는 등차수열의 일반항을 이용하여 조건을 만족시키는 값을 구할 수 있는지 확인한다.

(1) STEP1 $a_6-a_{11}=2$를 첫째항과 공차를 이용하여 나타내기 [1점]

등차수열 $\{a_n\}$의 첫째항을 a, 공차를 d라 하면

$a_6-a_{11}=2$에서

$$(a+5d)-(a+10d)=2$$

STEP2 공차 구하기 [1점]

$$-5d=2 \quad\therefore d=-\frac{2}{5}$$

(2) STEP1 a_n 구하기 [1점]

$a_6+a_{11}=36$에서 $(a+5d)+(a+10d)=36$

$2a+15d=36$

(1)에서 $d=-\dfrac{2}{5}$이므로

$$2a+15\times\left(-\frac{2}{5}\right)=36,\ 2a=42 \quad\therefore a=21$$

따라서 등차수열 $\{a_n\}$의 일반항은

$$a_n=21+(n-1)\times\left(-\frac{2}{5}\right)$$

STEP2 a_n이 자연수가 되는 조건 구하기 [2점]

a_n이 자연수가 되려면 $a_n>0$에서

$$21-\frac{2}{5}(n-1)>0 \quad\therefore n<\frac{107}{2}=53.5$$

또, $n-1$은 0 또는 5의 배수가 되어야 한다.

즉, n의 값은 1, 6, 11, $\cdots$, 51로 11개이다.

STEP3 X의 모든 원소의 합 구하기 [2점]

집합 X의 모든 원소는

$$\underbrace{21,\ 19,\ \cdots,\ 1}_{} \longrightarrow 21-\frac{2}{5}(n-1)\text{에 }n=1,\ 6,\ 11,\ \cdots,\ 51\text{을 대입한 값}$$

이고, 이 수열은 첫째항이 21, 끝항이 1, 항수는 11인 등차수열
이므로 모든 원소의 합은

$$\frac{11(21+1)}{2}=121$$

24 2053 답 9
유형 14 + 유형 15

출제의도 | 수열의 합이 최대가 될 때의 일반항의 특징을 이해하는지 확인한다.

STEP 1 S_5, S_{10}을 이용하여 첫째항과 공차 구하기 [3점]

등차수열 $\{a_n\}$의 첫째항을 a, 공차를 d라 하면

$S_5=185$에서 $S_5=\dfrac{5(2a+4d)}{2}=185$

$\therefore a+2d=37$ ……………………………………… ㉠

$S_{10}=220$에서 $S_{10}=\dfrac{10(2a+9d)}{2}=220$

$\therefore 2a+9d=44$ ……………………………………… ㉡

㉠, ㉡을 연립하여 풀면

$a=49$, $d=-6$

STEP 2 일반항 a_n 구하기 [1점]

등차수열 $\{a_n\}$의 일반항은

$a_n=49+(n-1)\times(-6)=55-6n$

STEP 3 S_n의 값이 최대가 되게 하는 n의 값 구하기 [3점]

제n항에서 처음으로 음수가 나온다고 하면

$55-6n<0$

$\therefore n>\dfrac{55}{6}=9.1\cdots$

즉, 등차수열 $\{a_n\}$은 제10항부터 음수이므로 첫째항부터 제9항까지의 합이 최대가 된다.

따라서 S_n이 최대가 되도록 하는 n의 값은 9이다.

25 2054 답 40
유형 18

출제의도 | 등차수열의 합을 활용할 수 있는지 확인한다.

STEP 1 각 사각형의 넓이 구하기 [3점]

$\overline{AD}\,/\!/\,\overline{BC}$이고 변 AB를 10등분 했으므로 각 사각형의 높이는 모두 같다. 즉, $\square AP_1Q_1D$, $\square P_1P_2Q_2Q_1$, $\cdots$, $\square P_9BCQ_9$의 넓이는 이 순서대로 등차수열을 이루므로

$\square AP_1Q_1D$의 넓이를 $a_1=3$이라 하면

$\square P_1P_2Q_2Q_1$의 넓이는 $a_2=a_1+d$ $(d>0)$

$\vdots$

$\square P_9BCQ_9$의 넓이는 $a_{10}=a_1+9d=5$ …… ㉠

STEP 2 공차 구하기 [2점]

㉠에 $a_1=3$을 대입하면 $3+9d=5$

$9d=2$ $\therefore d=\dfrac{2}{9}$

STEP 3 사다리꼴 ABCD의 넓이 구하기 [2점]

사다리꼴 ABCD의 넓이는

$a_1+a_2+\cdots+a_{10}=\dfrac{10\left(2\times3+9\times\dfrac{2}{9}\right)}{2}=40$

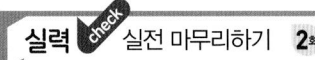
1 2055 답 ②
유형 2 + 유형 3

출제의도 | 조건을 만족시키는 등차수열의 일반항을 구할 수 있는지 확인한다.

> 비례식을 풀어 첫째항과 공차를 구해 보자.

등차수열 $\{a_n\}$의 첫째항을 a, 공차를 d라 하면

조건 ㈎에서

$a_{14}=a+13d=6$ ………………………………… ㉠

조건 ㈏에서

$5a_8=3a_3$

$5(a+7d)=3(a+2d)$

$\therefore 2a+29d=0$ ………………………………… ㉡

㉠, ㉡을 연립하여 풀면

$a=58$, $d=-4$

따라서 등차수열 $\{a_n\}$의 공차는 -4이다.

2 2056 답 ③
유형 4

출제의도 | 등차수열의 일반항을 이용하여 제k항의 값을 구할 수 있는지 확인한다.

> 첫째항을 a, 공차를 d로 놓고, $a_n=a+(n-1)d$임을 이용하여 식을 세워 보자.

등차수열 $\{a_n\}$의 첫째항을 a, 공차를 d라 하면

$a_1+a_6=22$에서

$a+(a+5d)=22$

$\therefore 2a+5d=22$ …………………………………… ㉠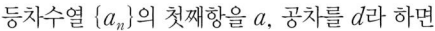

$a_2-a_4=8$에서

$(a+d)-(a+3d)=8$

$-2d=8$

$\therefore d=-4$

㉠에 $d=-4$를 대입하여 정리하면 $a=21$

따라서 등차수열 $\{a_n\}$의 일반항은

$a_n=21+(n-1)\times(-4)=-4n+25$

$-4n+25=-15$에서 $n=10$

따라서 -15는 등차수열 $\{a_n\}$의 제10항이다.

3 2057 답 ④
유형 5

출제의도 | 대소 관계를 만족시키는 등차수열의 항을 구할 수 있는지 확인한다.

> $a_n>100$을 만족시키는 제n항을 구해 보자.

$a_n=-50+(n-1)\times4=4n-54$

따라서 $4n-54>100$에서 $4n>154$

$\therefore n>\dfrac{77}{2}=38.5$

따라서 이 등차수열에서 처음으로 100보다 커지는 항은 제39항이다.

4 2058 　답 ②　　　　　　　　　　　　　　　　　　　유형 7

출제의도 | 등차중항의 성질을 이해하는지 확인한다.

> 세 수 a, x, b가 이 순서대로 등차수열을 이룰 때 $x=\dfrac{a+b}{2}$임을 이용하여 식을 세워 보자.

등차중항의 성질에 의하여

$\dfrac{(2a^2-3a)+(-a^2+4a)}{2}=3$

$a^2+a-6=0,\ (a-2)(a+3)=0$

$\therefore\ a=2$ 또는 $a=-3$

따라서 실수 a의 값의 합은 $2+(-3)=-1$

5 2059 　답 ②　　　　　　　　　　　　　　　　　　　유형 7

출제의도 | 등차중항의 성질을 이용하여 두 수를 구할 수 있는지 확인한다.

> 세 수 a, x, b가 이 순서대로 등차수열을 이룰 때 $x=\dfrac{a+b}{2}$임을 이용하여 식을 세워 문제를 해결해 보자.

세 수 6, a, b가 이 순서대로 등차수열을 이루므로

$2a=6+b$ 　　$\therefore\ b=2a-6$ ……………… ㉠

세 수 a^2, 10, b^2이 이 순서대로 등차수열을 이루므로

$20=a^2+b^2$ ………………………………… ㉡

㉠을 ㉡에 대입하면 $a^2+(2a-6)^2=20$

$5a^2-24a+16=0,\ (a-4)(5a-4)=0$

$\therefore\ a=4$ 또는 $a=\dfrac{4}{5}$

이때 a는 자연수이므로 $a=4$

$a=4$를 ㉠에 대입하면 $b=2$

$\therefore\ \dfrac{1}{2}ab=\dfrac{1}{2}\times 4\times 2=4$

6 2060 　답 ①　　　　　　　　　　　　　　　　　　　유형 9

출제의도 | 등차수열의 일반항을 구하여 절댓값이 주어졌을 때 자연수의 값을 구할 수 있는지 확인한다.

> 첫째항을 a, 공차를 d로 놓고, $a_n=a+(n-1)d$임을 이용하여 식을 세워 보자. 또, $|A|=\pm A$임을 이용해 보자.

등차수열 $\{a_n\}$의 첫째항을 a, 공차를 d라 하면

$a_2=37$에서 $a+d=37$ ……………………… ㉠

$a_4+a_8=50$에서 $(a+3d)+(a+7d)=50$

$\therefore\ a+5d=25$ ……………………………… ㉡

㉠, ㉡을 연립하여 풀면 $a=40$, $d=-3$

따라서 등차수열 $\{a_n\}$의 일반항은

$a_n=40+(n-1)\times(-3)=-3n+43$

$|a_k|=20$에서 $|-3k+43|=20$

$-3k+43=-20$ 또는 $-3k+43=20$

$\therefore\ k=21$ 또는 $k=\dfrac{23}{3}$

이때 k는 자연수이므로 $k=21$

7 2061 　답 ②　　　　　　　　　　　　　　　　　　　유형 13

출제의도 | 두 수 사이에 수를 넣어 만든 등차수열에서 합을 이용하여 항을 구할 수 있는지 확인한다.

> 등차수열의 합 $S_n=\dfrac{n(a+l)}{2}$ 을 이용하여 식을 세워 보자.

첫째항이 -2, 끝항이 8, 항수는 $n+2$인 등차수열의 합이 39이므로 $\dfrac{(n+2)(-2+8)}{2}=39$

$3n+6=39$ 　　$\therefore\ n=11$

8 2062 　답 ①　　　　　　　　　　　　　　　　　　　유형 6

출제의도 | 두 수 사이에 수를 넣어 만든 등차수열을 이해하고, 관계식을 구할 수 있는지 확인한다.

> 두 수 사이에 $(m+n+1)$개의 수를 넣어 만든 수열의 항수는 $m+n+3$이 됨을 이용해 보자.

두 수 2와 14 사이에 m개의 수를 넣어 만든 등차수열의 공차를 d라 하면 항수는 $m+2$이므로

$14=2+(m+1)d$ 　　$\therefore\ (m+1)d=12$ ………… ㉠

두 수 2와 54 사이에 $(m+n+1)$개의 수를 넣어 만든 등차수열의 항수는 $m+n+3$이므로

$54=2+(m+n+2)d$

$\therefore\ (m+n+2)d=52$ …………………… ㉡

㉠$\div$㉡을 하면

$\dfrac{m+1}{m+n+2}=\dfrac{12}{52},\ \dfrac{m+1}{m+n+2}=\dfrac{3}{13}$

$13m+13=3m+3n+6,\ 10m=3n-7$

$\therefore\ m=\dfrac{3n-7}{10}$

9 2063 　답 ④　　　　　　　　　　　　　　　　　　　유형 13

출제의도 | 두 수 사이에 수를 넣어 만든 등차수열에서 합을 이용하여 항을 구할 수 있는지 확인한다.

> 등차수열의 합 $S_n=\dfrac{n(a+l)}{2}$ 을 이용하여 식을 세워 보자.

-3과 51을 각각 첫째항과 끝항으로 하는 등차수열의 합은 264이므로

$\dfrac{(n+2)(-3+51)}{2}=264$

$24(n+2)=264$ 　　$\therefore\ n=9$

끝항인 51은 제11항이므로

$-3+10d=51,\ 10d=54$

$\therefore\ n+10d=9+54=63$

10 2064 　답 ③　　　　　　　　　　　　　　　　유형 10 + 유형 16

출제의도 | 여러 가지 등차수열의 합을 구할 수 있는지 확인한다.

> 등차수열의 일반항과 합 공식을 이용해 보자.

ㄱ. 첫째항이 3, 제9항이 25인 등차수열의 첫째항부터 제9항까지의 합은

$$\frac{9(3+25)}{2}=126 \text{ (참)}$$

ㄴ. 첫째항이 4, 공차가 -3인 등차수열 $\{a_n\}$의 일반항은

$$a_n=4+(n-1)\times(-3)=-3n+7$$

$$\therefore a_{11}=-3\times11+7=-26$$

따라서 등차수열 $\{a_n\}$의 첫째항부터 제11항까지의 합은

$$\frac{11\times\{4+(-26)\}}{2}=-121 \text{ (거짓)}$$

ㄷ. 두 자리의 자연수 중에서 6의 배수는

$$12, 18, 24, \cdots, 96$$

이 수열은 첫째항이 12, 끝항이 96, 항수가 15인 등차수열이므로 첫째항부터 제15항까지의 합은

$$\frac{15\times(12+96)}{2}=810 \text{ (참)}$$

따라서 옳은 것은 ㄱ, ㄷ이다.

11 2065 답 ①

유형 14

출제의도 | 등차수열의 합의 공식을 이용하여 부분합이 주어진 등차수열의 첫째항을 구할 수 있는지 확인한다.

> 등차수열의 합의 공식 $S_n=\dfrac{n\{2a+(n-1)d\}}{2}$ 를 이용하여 일반항 a_n을 구해 보자.

등차수열 $\{a_n\}$의 첫째항을 a, 공차를 d라 하면

$$\frac{6(2a+5d)}{2}=129 \qquad \therefore 2a+5d=43 \quad \cdots\cdots \text{㉠}$$

$$\frac{12(2a+11d)}{2}=438 \qquad \therefore 2a+11d=73 \quad \cdots\cdots \text{㉡}$$

㉠, ㉡을 연립하여 풀면 $a=9$, $d=5$

$$\therefore a_1=9$$

12 2066 답 ③

유형 14

출제의도 | 등차수열의 합의 공식을 이용하여 부분합이 주어진 등차수열의 합을 구할 수 있는지 확인한다.

> 등차수열의 합의 공식 $S_n=\dfrac{n\{2a+(n-1)d\}}{2}$ 를 이용하여 조건을 정리하고, 연립방정식을 이용하여 a, d의 값을 구해 보자.

등차수열 $\{a_n\}$의 첫째항을 a, 공차를 d라 하면

$$S_4=\frac{4(2a+3d)}{2}=24 \qquad \therefore 2a+3d=12 \quad \cdots\cdots \text{㉠}$$

$$S_{10}=\frac{10(2a+9d)}{2}=0 \qquad \therefore 2a+9d=0 \quad \cdots\cdots \text{㉡}$$

㉠, ㉡을 연립하여 풀면 $a=9$, $d=-2$

$$\therefore S_{20}=\frac{20\{2\times9+19\times(-2)\}}{2}=-200$$

13 2067 답 ⑤

유형 15

출제의도 | 등차수열의 합이 최대가 될 때의 일반항의 특징을 이해하는지 확인한다.

> S_n이 최대가 되려면 $a_n\geq0$일 때까지의 합이 최대이므로 이를 만족시키는 조건을 구해 보자.

등차수열 $\{a_n\}$의 첫째항을 a, 공차를 d라 하면

$$a_2=a+d=26 \quad \cdots\cdots \text{㉠}$$

$$a_{12}=a+11d=-14 \quad \cdots\cdots \text{㉡}$$

㉠, ㉡을 연립하여 풀면 $a=30$, $d=-4$

$$\therefore a_n=30+(n-1)\times(-4)=-4n+34$$

제n항에서 처음으로 음수가 나온다고 하면

$$-4n+34<0 \qquad \therefore n>\frac{34}{4}=8.5$$

즉, 등차수열 $\{a_n\}$은 제9항부터 음수이므로 첫째항부터 제8항까지의 합이 최대가 된다.

따라서 S_n의 최댓값은

$$S_8=\frac{8\times(30+2)}{2}=128 \quad \rightarrow a_1=30, a_8=-4\times8+34=2$$

14 2068 답 ③

유형 16

출제의도 | 등차수열의 합을 활용하여 6으로 나누었을 때의 나머지가 2인 수의 총합을 구할 수 있는지 확인한다.

> 6으로 나누었을 때의 나머지가 2인 수는 (6의 배수)+2임을 이용하여 조건을 만족시키는 등차수열을 구해 보자.

250 이하의 자연수 중 6으로 나누었을 때의 나머지가 2인 수를 나열하면

$$2, 8, 14, 20, \cdots, 248$$

이 수열은 첫째항이 2이고 공차가 6인 등차수열이다.

$248=41\times6+2$에서 248은 제42항이므로

6으로 나누었을 때의 나머지가 2인 수의 총합은

$$\frac{42\times(2+248)}{2}=5250$$

15 2069 답 ③

유형 19

출제의도 | 수열의 합과 일반항 사이의 관계를 이해하는지 확인한다.

> 첫째항부터 등차수열을 이루려면 $a_1=S_1$의 값과 $a_n=S_n-S_{n-1}$ ($n\geq2$)에서 구한 식에 $n=1$을 대입한 값이 같아야 함을 이용해 보자.

$n=1$일 때,

$$a_1=S_1=2-2+k-2=k-2$$

$n\geq2$일 때, $a_n=S_n-S_{n-1}$이므로

$$a_n=2n^2-2n+k-2-\{2(n-1)^2-2(n-1)+k-2\}$$
$$=2n^2-2n+k-2-(2n^2-6n+k+2)$$
$$=4n-4$$

이때 수열 $\{a_n\}$이 첫째항부터 등차수열을 이루도록 하려면

$a_1=k-2$와 $a_n=4n-4$에 $n=1$을 대입한 값이 같아야 하므로

$$k-2=0 \qquad \therefore k=2$$

16 2070 답 ③

유형 19

출제의도 | 수열의 합과 일반항 사이의 관계를 이해하는지 확인한다.

> $a_1=S_1$, $a_n=S_n-S_{n-1}$ ($n\geq2$)임을 이용하여 일반항을 구해 보자.

$n=1$일 때,

$a_1=S_1=1^2+3-2=2$

$n\geq2$일 때, $a_n=S_n-S_{n-1}$이므로

$a_n=(n^2+3n-2)-\{(n-1)^2+3(n-1)-2\}$

$\quad=(n^2+3n-2)-(n^2+n-4)$

$\quad=2n+2$ ·········· ㉠

이때 $a_1=2$는 ㉠에 $n=1$을 대입한 것과 같지 않으므로

수열 $\{a_n\}$은 둘째항부터 등차수열을 이룬다.

$\therefore a_1=2$, $a_n=2n+2$ $(n\geq2)$

$\therefore a_{25}-a_1=(2\times25+2)-2=50$

다른 풀이

$a_{25}=S_{25}-S_{24}$

$\quad=(25^2+3\times25-2)-(24^2+3\times24-2)$

$\quad=698-646=52$

$a_1=S_1=2$

$\therefore a_{25}-a_1=52-2=50$

17 2071 답 ④ 유형 5

출제의도 | 대소 관계를 만족시키는 등차수열의 항을 구할 수 있는지 확인한다.

> $a_n<0$이 되는 항을 찾아보자.

등차수열 $\{a_n\}$의 첫째항을 a, 공차를 d라 하면

$a_1+a_2+a_3=96$에서 $a+(a+d)+(a+2d)=96$

$\therefore 3a+3d=96$ ·········· ㉠

$a_4+a_5+a_6=69$에서 $(a+3d)+(a+4d)+(a+5d)=69$

$\therefore 3a+12d=69$ ·········· ㉡

㉠, ㉡을 연립하여 풀면 $a=35$, $d=-3$

$\therefore a_n=35+(n-1)\times(-3)=-3n+38$

제n항에서 처음으로 음수가 나온다고 하면

$-3n+38<0$ $\quad\therefore n>\dfrac{38}{3}=12.6\cdots$

따라서 처음으로 음수가 나오는 항은 제13항이다.

18 2072 답 ③ 유형 9 + 유형 10

출제의도 | 조건을 만족시키는 등차수열의 일반항을 구해 합을 구할 수 있는지 확인한다.

> 조건 ㈎를 일반항의 표현으로 나타내어 첫째항과 공차 사이의 관계를 찾아보자.

등차수열 $\{a_n\}$의 첫째항을 a, 공차를 d라 하면

조건 ㈎에서 $(a+5d)+(a+9d)=0$

$2a+14d=0$ $\quad\therefore a=-7d$ ·········· ㉠

조건 ㈏에서 $|a+6d|+4=|a+10d|$

㉠을 대입하면 $|-d|+4=|3d|$

이때 공차가 양수이므로

$d+4=3d$ $\quad\therefore d=2$

$d=2$를 ㉠에 대입하면 $a=-14$

이때 $a_8=a+7d=0$이므로 첫째항부터 제8항까지의 합은

$\dfrac{8\times(-14+0)}{2}=-56$

다른 풀이

첫째항이 -14, 공차가 2인 등차수열의 첫째항부터 제8항까지의 합은

$\dfrac{8\{2\times(-14)+7\times2\}}{2}=-56$

19 2073 답 ② 유형 11

출제의도 | 등차수열의 합이 주어진 경우 조건을 만족시키는 수열의 항의 개수를 구할 수 있는지 확인한다.

> 앞의 세 항과 끝의 세 항 사이의 관계를 파악하고,
> $S_n=\dfrac{(항수)\times\{(첫째항)+(끝항)\}}{2}$을 이용해 보자.

$a_1+a_n=a_2+a_{n-1}=a_3+a_{n-2}=\cdots$이므로

$(a_1+a_2+a_3)+(a_{n-2}+a_{n-1}+a_n)=3(a_1+a_n)$

$3(a_1+a_n)=15+51=66$

$\therefore a_1+a_n=22$

수열 $\{a_n\}$의 모든 항의 합을 S_n이라 하면

$S_n=\dfrac{n(a_1+a_n)}{2}=77$이므로

$\dfrac{n\times22}{2}=77$ $\quad\therefore n=7$

따라서 구하는 항의 개수는 7이다.

20 2074 답 ④ 유형 19

출제의도 | 수열의 합과 일반항 사이의 관계를 이해하는지 확인한다.

> $a_1=S_1$, $S_n-S_{n-1}=a_n$ $(n\geq2)$을 이용하여 일반항을 구해 보자.

$n=1$일 때,

$a_1=S_1=k+3$

$n\geq2$일 때, $a_n=S_n-S_{n-1}$이므로

$a_n=kn^2+3n-\{k(n-1)^2+3(n-1)\}$

$\quad=kn^2+3n-(kn^2-2kn+3n+k-3)$

$\quad=2kn-k+3$

이때 등차수열 $\{a_n\}$의 공차가 4이므로

$\underline{2k=4}$ $\quad\therefore k=2$

따라서 $a_n=4n+1$이므로 → 등차수열의 일반항에서 일차항의 계수는 공차를 나타낸다.

$a_{5k}=a_{10}=4\times10+1=41$

21 2075 답 ② 유형 12

출제의도 | 등차수열의 합의 식의 특징을 발견할 수 있는지 확인한다.

> 등차수열의 합의 공식 $S_n=\dfrac{n\{2a+(n-1)d\}}{2}$를 n에 대한 이차식으로 정리해 보자.

등차수열 $\{a_n\}$의 첫째항을 a라 하면

$S_n=\dfrac{n\{2a+(n-1)d_1\}}{2}$

등차수열 $\{b_n\}$의 첫째항을 b라 하면

$$T_n = \frac{n\{2b + (n-1)d_2\}}{2}$$

이때 $S_n + T_n = 4n^2$이므로 $S_1 + T_1 = a + b = 4$이고

$$\frac{2n(a+b) + n(n-1)(d_1 + d_2)}{2} = 4n^2$$

$$2n \times 4 + n(n-1)(d_1 + d_2) = 8n^2$$

$$(d_1 + d_2)n^2 - (d_1 + d_2 - 8)n = 8n^2$$

이 등식이 모든 자연수 n에 대하여 성립하므로

$$d_1 + d_2 = 8$$

22 2076   답 -4, 4, 12 유형 8

출제의도 | 조건을 만족시키는 등차수열을 이루는 세 수를 구할 수 있는지 확인한다.

STEP 1 등차수열을 이루는 세 수 나타내기 [2점]

세 수의 합이 12이므로 등차수열을 이루는 세 수를 $4-d$, 4, $4+d$로 놓자.

STEP 2 공차 구하기 [2점]

세 수의 곱이 -192이므로

$$4(4-d)(4+d) = -192$$

$$4(16 - d^2) = -192, \quad d^2 = 64$$

$$\therefore d = 8 \text{ 또는 } d = -8$$

STEP 3 세 수 구하기 [2점]

등차수열을 이루는 세 수는 -4, 4, 12이다.

23 2077   답 98   유형 15

출제의도 | 등차수열의 합이 최대가 될 때의 일반항의 특징을 이해하는지 확인한다.

STEP 1 a_n 구하기 [2점]

등차수열 $\{a_n\}$의 첫째항이 26이고 공차를 d라 하면

$$S_5 - S_{10}$$
$$= \frac{5\{2 \times 26 + (5-1)d\}}{2} - \frac{10\{2 \times 26 + (10-1)d\}}{2}$$
$$= 10d + 130 - (45d + 260)$$
$$= -35d - 130 = 10$$

이므로 $d = -4$

$$\therefore a_n = 26 + (n-1) \times (-4)$$
$$= -4n + 30$$

STEP 2 $a_n > 0$을 만족시키는 자연수 n의 최댓값 구하기 [2점]

공차가 음수이므로 S_n의 값이 최대가 될 때의 n의 값은 $a_n > 0$을 만족시키는 n의 최댓값과 같다.

$a_n > 0$을 만족시키는 n의 값의 범위는

$$-4n + 30 > 0 \quad \therefore n < \frac{30}{4} = 7.5$$

즉, 등차수열 $\{a_n\}$은 제7항까지 양수이므로 첫째항부터 제7항까지의 합이 최대이다.

STEP 3 S_n의 최댓값 구하기 [2점]

S_n의 최댓값은

$$S_7 = \frac{7\{2 \times 26 + (7-1) \times (-4)\}}{2} = 98$$

24 2078   답 (1) $a_n = -\frac{3}{2}n + 14$ (2) 152   유형 3 + 유형 17

출제의도 | 항이 절댓값으로 주어진 등차수열의 합을 구할 수 있는지 확인한다.

(1) **STEP 1** 첫째항 a와 공차 d에 대한 연립방정식을 세우고, a, d의 값 구하기 [2점]

등차수열 $\{a_n\}$의 첫째항을 a, 공차를 d라 하자.

$$a_4 = a + 3d = 8 \quad\text{…………………} ㉠$$
$$a_{14} = a + 13d = -7 \quad\text{…………} ㉡$$

㉠, ㉡을 연립하여 풀면 $a = \dfrac{25}{2}$, $d = -\dfrac{3}{2}$

STEP 2 a_n 구하기 [1점]

$$a_n = \frac{25}{2} + (n-1) \times \left(-\frac{3}{2}\right) = -\frac{3}{2}n + 14$$

(2) **STEP 1** 음수인 항이 몇 번째부터 나오는지 구하기 [2점]

$a_n = -\dfrac{3}{2}n + 14$의 제$n$항에서 처음으로 음수가 나온다고 하면

$$-\frac{3}{2}n + 14 < 0 \text{에서} -\frac{3}{2}n < -14$$

$$\therefore n > \frac{28}{3} = 9.3\cdots$$

즉, 등차수열 $\{a_n\}$은 제10항부터 음수이다.

STEP 2 $|a_1| + |a_2| + |a_3| + \cdots + |a_{20}|$의 값 구하기 [2점]

$$|a_1| + |a_2| + |a_3| + \cdots + |a_{20}|$$
$$= (a_1 + a_2 + \cdots + a_9) - (a_{10} + a_{11} + \cdots + a_{20})$$
$$= \frac{9(a_1 + a_9)}{2} - \frac{11(a_{10} + a_{20})}{2}$$
$$= \frac{9\left(\frac{25}{2} + \frac{1}{2}\right)}{2} - \frac{11(-1-16)}{2}$$
$$= \frac{117}{2} + \frac{187}{2} = 152$$

25 2079   답 55   유형 10

출제의도 | 조건을 만족시키는 등차수열의 공차를 구해 문제를 해결할 수 있는지 확인한다.

STEP 1 a_2의 값 구하기 [4점]

등차수열 $\{a_n\}$의 공차를 d라 하면 조건 ㈎에 의하여

$$d = 2$$

조건 ㈏에 의하여 $f(-1) = 11$이므로

$$f(-1) = a_{10} - a_8 + a_6 - a_4 + a_2 = 11 \quad\rightarrow \text{다항식 } f(x)\text{를 일차식 } x-p\text{로}$$
나누었을 때의 나머지는 $f(p)$이다.

이때 등차수열 $\{a_n\}$에서 $a_{10} - a_8 = 2d$, $a_6 - a_4 = 2d$이므로

$$a_{10} - a_8 + a_6 - a_4 + a_2 = 2d + 2d + a_2 = 11$$
$$a_2 + 8 = 11$$
$$\therefore a_2 = 3$$

STEP 2 $f(x)$의 모든 계수의 합 구하기 [4점]

$f(x)$의 모든 계수의 합은

$$f(1) = a_{10} + a_8 + a_6 + a_4 + a_2$$
$$= (a_2 + 8d) + (a_2 + 6d) + (a_2 + 4d) + (a_2 + 2d) + a_2$$
$$= 5a_2 + 20d$$
$$= 5 \times 3 + 20 \times 2$$
$$= 55$$

09 등비수열

핵심 개념   431쪽~432쪽

2080 답 $-\dfrac{1}{3}$

$\dfrac{a_4}{a_3}=\dfrac{6}{-18}=-\dfrac{1}{3}$이므로 공비는 $-\dfrac{1}{3}$이다.

2081 답 (1) 8, 32 (2) -3, 81

(1) $\dfrac{4}{2}=2$에서 공비가 2이므로 주어진 수열은

　　$2,\ 4,\ \boxed{8},\ 16,\ \boxed{32},\ 64,\ \cdots$

(2) $\dfrac{-27}{9}=-3$에서 공비가 -3이므로 주어진 수열은

　　$1,\ \boxed{-3},\ 9,\ -27,\ \boxed{81},\ -243,\ \cdots$

2082 답 (1) $a_n=50\times\left(-\dfrac{1}{2}\right)^{n-1}$ (2) $a_n=-7\times 4^{n-1}$

(1) 첫째항이 50, 공비가 $-\dfrac{1}{2}$인 등비수열의 일반항은

　　$a_n=50\times\left(-\dfrac{1}{2}\right)^{n-1}$

(2) 첫째항이 -7, 공비가 4인 등비수열의 일반항은

　　$a_n=-7\times 4^{n-1}$

2083 답 -8 또는 8

k는 -4와 -16의 등비중항이므로

$k^2=(-4)\times(-16)=64$

$\therefore k=-8$ 또는 $k=8$

2084 답 $-\dfrac{1023}{256}$

첫째항이 -2, 공비가 $\dfrac{1}{2}$인 등비수열의 첫째항부터 제n항까지의

합을 S_n이라 하면

$$S_{10}=\dfrac{-2\times\left\{1-\left(\dfrac{1}{2}\right)^{10}\right\}}{1-\dfrac{1}{2}}$$

$$=-4\times\left(1-\dfrac{1}{1024}\right)=-\dfrac{1023}{256}$$

2085 답 (1) -340 (2) 56

(1) 첫째항이 4, 공비가 -2인 등비수열이므로 등비수열의 첫째항
　　부터 제n항까지의 합을 S_n이라 하면

　　$S_8=\dfrac{4\times\{1-(-2)^8\}}{1-(-2)}$

　　　$=\dfrac{4}{3}\times(1-256)=-340$

(2) 첫째항이 7, 공비가 1인 등비수열이므로 등비수열의 첫째항부
　　터 제n항까지의 합을 S_n이라 하면

　　$S_8=8\times 7=56$

2086 답 $a_n=2^{n-1}$

$S_n=2^n-1$에서

(ⅰ) $n\geq 2$일 때

　　$a_n=S_n-S_{n-1}$

　　　$=2^n-1-(2^{n-1}-1)=2^{n-1}$ ·········· ㉠

(ⅱ) $n=1$일 때

　　$a_1=S_1=2^1-1=1$ ·········· ㉡

이때 ㉡은 ㉠에 $n=1$을 대입한 값 $2^0=1$과 같으므로 첫째항부터
등비수열을 이룬다.

$\therefore a_n=2^{n-1}$

2087 답 (1) $a_1=1$, $a_n=2^n$ $(n\geq 2)$ (2) 16

(1) $S_n=2^{n+1}-3$에서

　(ⅰ) $n\geq 2$일 때

　　$a_n=S_n-S_{n-1}$

　　　$=(2^{n+1}-3)-(2^n-3)=2^n$ ·········· ㉠

　(ⅱ) $n=1$일 때

　　$a_1=S_1=2^2-3=1$ ·········· ㉡

　이때 ㉡은 ㉠에 $n=1$을 대입한 값과 같지 않으므로 일반항은

　　$a_1=1$, $a_n=2^n$ $(n\geq 2)$

(2) $a_1=1$, $a_n=2^n$ $(n\geq 2)$에서

　　$a_4=2^4=16$

기출 유형 check 실전 준비하기   433쪽~460쪽

2088 답 ③ | 유형 1

첫째항이 a, 공비가 r인 등비수열 $\{a_n\}$에서 $\underline{a_4=36}$, $\underline{a_7=288}$일 때,
[단서1]
ar의 값은?

① 3　　　　② 6　　　　③ 9

④ 12　　　　⑤ 15

단서1 $ar^{4-1}=36$, $ar^{7-1}=288$

STEP1 첫째항 a와 공비 r에 대한 식 세우기

$a_4=ar^3=36$ ·········· ㉠

$a_7=ar^6=288$ ·········· ㉡

STEP2 a, r의 값 구하기

㉠을 ㉡에 대입하면

$36r^3=288$, $r^3=8$

$\therefore r=2$

$r=2$를 ㉠에 대입하면

$8a=36$　　$\therefore a=\dfrac{9}{2}$

STEP3 ar의 값 구하기

$ar=\dfrac{9}{2}\times 2=9$

2089 답 ④

등비수열 $\{a_n\}$의 첫째항을 a, 공비를 r라 하면

$a_1 = a = 3$ ─────── ㉠

$a_9 = ar^8 = 48$ ─────── ㉡

㉠을 ㉡에 대입하면 $r^8 = 16$

이때 공비가 양수이므로

$r = \sqrt{2}$

2090 답 $a_n = -6 \times (-2)^{n-1}$

등비수열 $\{a_n\}$의 첫째항을 a, 공비를 r라 하면

$a_4 = ar^3 = 48$ ─────── ㉠

$a_7 = ar^6 = -384$ ─────── ㉡

㉠을 ㉡에 대입하면

$48r^3 = -384$, $r^3 = -8$

$\therefore r = -2$, $a = -6$

따라서 등비수열의 일반항 a_n은

$a_n = -6 \times (-2)^{n-1}$

2091 답 ②

$a_2 = ar = 10$ ─────── ㉠

$a_5 = ar^4 = 80$ ─────── ㉡

㉠을 ㉡에 대입하면 $10r^3 = 80$, $r^3 = 8$

$\therefore r = 2$, $a = 5$

$\therefore a + r = 5 + 2 = 7$

2092 답 ④

$a_3 = ar^2 = 12$ ─────── ㉠

$a_7 = ar^6 = 972$ ─────── ㉡

㉠을 ㉡에 대입하면

$12r^4 = 972$, $r^4 = 81$ $\therefore r = 3$ ($\because r > 0$)

$r = 3$을 ㉠에 대입하면 $9a = 12$이므로 $a = \dfrac{4}{3}$

$\therefore 3a - r = 3 \times \dfrac{4}{3} - 3 = 4 - 3 = 1$

2093 답 $\dfrac{16}{9}$

$a_n = 5 \times 3^{1-2n}$에 $n=1$, $n=2$를 각각 대입하면

$a_1 = 5 \times 3^{-1} = \dfrac{5}{3}$, $a_2 = 5 \times 3^{-3} = \dfrac{5}{27}$

이므로 공비는

$\dfrac{a_2}{a_1} = \dfrac{\dfrac{5}{27}}{\dfrac{5}{3}} = \dfrac{1}{9}$

따라서 첫째항과 공비의 합은

$\dfrac{5}{3} + \dfrac{1}{9} = \dfrac{15+1}{9} = \dfrac{16}{9}$

2094 답 ⑤ | 유형 2

> 공비가 실수인 등비수열 $\{a_n\}$에 대하여 $\underline{a_2 = -1, \ a_5 = 27}$일 때, a_7의
> 단서1
> 값은?
>
> ① -243 ② -81 ③ -9
> ④ 81 ⑤ 243
>
> 단서1 $ar = -1$, $ar^4 = 27$

STEP 1 첫째항 a와 공비 r에 대한 식 세우기

등비수열 $\{a_n\}$의 첫째항을 a, 공비를 r라 하면

$a_2 = ar = -1$ ─────── ㉠

$a_5 = ar^4 = 27$ ─────── ㉡

STEP 2 a, r의 값 구하기

㉠을 ㉡에 대입하면

$(-1) \times r^3 = 27$, $r^3 = -27$

$\therefore r = -3$, $a = \dfrac{1}{3}$

STEP 3 a_7의 값 구하기

$a_7 = \dfrac{1}{3} \times (-3)^6 = 3^5 = 243$

2095 답 제8항

첫째항이 3이고 $\dfrac{-6}{3} = -2$에서 공비가 -2이므로 등비수열의 일

반항 a_n은

$a_n = 3 \times (-2)^{n-1}$

$3 \times (-2)^{n-1} = -384$에서 $(-2)^{n-1} = -128$

$(-2)^{n-1} = (-2)^7$

$n - 1 = 7$ $\therefore n = 8$

따라서 -384는 제8항이다.

2096 답 ③

등비수열 $\{a_n\}$의 첫째항이 1이고, 공비를 r라 하면

$a_n = r^{n-1}$

$\log_2 a_4 = 3$에서 $a_4 = 2^3$

$a_4 = r^3 = 2^3$이므로 $r = 2$

$\therefore a_7 = r^6 = 2^6 = 64$

2097 답 ⑤

등비수열 $\{a_n\}$의 첫째항을 a라 하면

$a_5 = 4$에서 $a \times \left(\dfrac{1}{2}\right)^4 = 4$ $\therefore a = 64$

$a_k = \dfrac{1}{16}$에서 $64 \times \left(\dfrac{1}{2}\right)^{k-1} = \dfrac{1}{16}$

$\left(\dfrac{1}{2}\right)^{k-1} = \left(\dfrac{1}{2}\right)^{10}$, $k - 1 = 10$

$\therefore k = 11$

2098 답 ①

등비수열 $\{a_n\}$의 첫째항을 a, 공비를 r라 하면

$$a_{n+1}+2a_n=ar^n+2ar^{n-1}$$
$$=(ar+2a)r^{n-1}$$

→ Ar^{n-1}의 꼴이므로 첫째항이 A, 공비가 r인 등비수열이다.

수열 $\{a_{n+1}+2a_n\}$의 첫째항이 4, 공비가 -1이므로
$$r=-1, \ -a+2a=a=4$$
$$\therefore a_8=ar^7=4\times(-1)^7=-4$$

2099 답 ③

등비수열 $\{a_n\}$의 공비가 3, $a_4=24$이므로
$$a_4=a_3\times3, \ 24=3a_3 \quad \therefore a_3=8$$

2100 답 ②

| 유형 3

등비수열 $\{a_n\}$에 대하여 $\underline{a_1+a_3+a_5=6, \ a_6+a_8+a_{10}=24}$일 때,
단서1

$\dfrac{a_{12}}{a_2}$의 값은?

① 12   ② 16   ③ 20

④ 24   ⑤ 28

단서1 $a+ar^2+ar^4=6, \ ar^5+ar^7+ar^9=24$

STEP 1 첫째항 a와 공비 r에 대한 식 세우기

$a_1+a_3+a_5=6$에서
$$a+ar^2+ar^4=6 \quad \cdots\cdots ㉠$$
$a_6+a_8+a_{10}=24$에서
$$ar^5+ar^7+ar^9=r^5(a+ar^2+ar^4)=24 \quad \cdots\cdots ㉡$$

STEP 2 r^5의 값 구하기

㉠을 ㉡에 대입하면
$$r^5\times6=24 \quad \therefore r^5=4$$

STEP 3 $\dfrac{a_{12}}{a_2}$의 값 구하기

$$\frac{a_{12}}{a_2}=\frac{ar^{11}}{ar}=r^{10}=(r^5)^2=4^2=16$$

2101 답 ③

등비수열 $\{a_n\}$의 첫째항을 a, 공비를 r라 하면
$$a_3=ar^2=28 \quad \cdots\cdots ㉠$$
$a_2 : a_5=8 : 1$에서 $8a_5=a_2$, $8ar^4=ar$
$$8r^3=1, \ r^3=\frac{1}{8} \quad \therefore r=\frac{1}{2}$$
이를 ㉠에 대입하면 $a\times\left(\dfrac{1}{2}\right)^2=28$에서 $a=112$
$$\therefore a_5=ar^4=112\times\left(\frac{1}{2}\right)^4=7$$

2102 답 ⑤

등비수열 $\{a_n\}$의 첫째항을 a, 공비를 r라 하면
$\dfrac{a_4}{a_2}=4$에서 $\dfrac{ar^3}{ar}=r^2=4$
모든 항이 양수이므로 $r=2$
$a_3+a_5=10$에서 $ar^2+ar^4=10$
$$20a=10 \quad \therefore a=\frac{1}{2}$$
$$\therefore a_7=\frac{1}{2}\times2^6=32$$

2103 답 ④

등비수열 $\{a_n\}$의 첫째항을 a, 공비를 r라 하면
$\dfrac{a_2+a_3+a_4}{a_5+a_6+a_7}=\dfrac{1}{4}$에서
$$\frac{ar+ar^2+ar^3}{ar^4+ar^5+ar^6}=\frac{ar(1+r+r^2)}{ar^4(1+r+r^2)}=\frac{1}{r^3}=\frac{1}{4}$$
$$\therefore r^3=4$$
$$\therefore \frac{a_{10}}{a_1}=\frac{ar^9}{a}=r^9=(r^3)^3=4^3=64$$

2104 답 ②

등비수열 $\{a_n\}$의 첫째항을 a, 공비를 r라 하면
$\dfrac{a_8}{a_7}+\dfrac{a_{12}}{a_{10}}=6$에서
$$\frac{ar^7}{ar^6}+\frac{ar^{11}}{ar^9}=r+r^2=6, \ r^2+r-6=0$$
$$(r+3)(r-2)=0$$
$$\therefore r=2 \ (\because r>0)$$
$$\therefore \frac{a_3}{a_1}+\frac{a_5}{a_2}=\frac{ar^2}{a}+\frac{ar^4}{ar}=r^2+r^3=4+8=12$$

2105 답 16

등비수열 $\{a_n\}$의 첫째항을 a, 공비를 r라 하면
$\dfrac{a_{11}}{a_1}+\dfrac{a_{12}}{a_2}+\dfrac{a_{13}}{a_3}+\cdots+\dfrac{a_{20}}{a_{10}}=40$에서
$$\underbrace{\frac{ar^{10}}{a}+\frac{ar^{11}}{ar}+\frac{ar^{12}}{ar^2}+\cdots+\frac{ar^{19}}{ar^9}=r^{10}+r^{10}+r^{10}+\cdots+r^{10}}_{10개}$$
$$=10r^{10}=40$$
$$\therefore r^{10}=4$$
$$\therefore \frac{a_{40}}{a_{20}}=\frac{ar^{39}}{ar^{19}}=r^{20}=(r^{10})^2=4^2=16$$

2106 답 제7항

등비수열 $\{a_n\}$의 첫째항을 a, 공비를 r라 하면
$a_2+a_4=10$에서
$$ar+ar^3=ar(1+r^2)=10 \quad \cdots\cdots ㉠$$
$a_8+a_{10}=640$에서
$$ar^7+ar^9=ar^7(1+r^2)=640 \quad \cdots\cdots ㉡$$
㉠을 ㉡에 대입하면
$$10r^6=640, \ r^6=64 \quad \therefore r=2 \ (\because r>0)$$
이를 ㉠에 대입하면 $2a(1+2^2)=10$
$$10a=10 \quad \therefore a=1$$
즉, 등비수열 $\{a_n\}$의 일반항은 $a_n=2^{n-1}$
$2^{n-1}=64$에서 $2^{n-1}=2^6$
$$n-1=6 \quad \therefore n=7$$
따라서 64는 제7항이다.

2107 답 ④

등비수열 $\{a_n\}$의 첫째항을 a, 공비를 r라 하면
$a_1+a_2=20$에서
$$a+ar=20 \quad \cdots\cdots ㉠$$

$a_1+a_2+a_3+a_4=25$에서

$a+ar+ar^2+ar^3=(a+ar)+r^2(a+ar)=25$

$20+20r^2=25,\ 20r^2=5\qquad \therefore\ r^2=\dfrac{1}{4}$

$a_3+a_4+a_5=6$에서

$ar^2+ar^3+ar^4=r^2(a+ar)+ar^4=6$

$\dfrac{1}{4}\times20+a\times\dfrac{1}{16}=6,\ \dfrac{1}{16}a=1\qquad \therefore\ a=16$

2108 답 ⑤

등비수열 $\{a_n\}$의 첫째항은 $a_1=2$이고 공비를 r라 하면

$a_2a_4=36$에서 $a_1r\times a_1r^3=36$

$2r\times2r^3=36\qquad \therefore\ r^4=9$

$\therefore\ \dfrac{a_7}{a_3}=\dfrac{a_1r^6}{a_1r^2}=r^4=9$

2109 답 16

$a_3+a_5=\dfrac{1}{a_3}+\dfrac{1}{a_5}$에서

$a_3+a_5=\dfrac{a_3+a_5}{a_3a_5}\qquad \therefore\ a_3a_5=1$

등비수열 $\{a_n\}$의 첫째항은 $\dfrac{1}{4}$이고 공비를 $r\ (r>0)$라 하면

$\dfrac{1}{4}r^2\times\dfrac{1}{4}r^4=1,\ r^6=16,\ (r^3)^2=4^2\qquad \therefore\ r^3=4$

$\therefore\ a_{10}=\dfrac{1}{4}r^9=\dfrac{1}{4}\times(r^3)^3=\dfrac{1}{4}\times4^3=16$

2110 답 ④

등비수열 $\{a_n\}$의 첫째항을 a, 공비를 r라 하면

$a_3=4a_1+3a_2$에서

$ar^2=4a+3ar,\ ar^2-3ar-4a=0$

$a(r^2-3r-4)=0,\ a(r-4)(r+1)=0$

모든 항이 양수이므로 $r=4$

$\therefore\ \dfrac{a_6}{a_4}=\dfrac{ar^5}{ar^3}=r^2=4^2=16$

2111 답 ②

등비수열 $\{a_n\}$의 첫째항을 a, 공비를 r라 하면

조건 (가)에서

$ar^2\times ar^4\times ar^6=125,\ (ar^4)^3=5^3\qquad \therefore\ ar^4=5$

조건 (나)에서

$\dfrac{ar^3+ar^7}{ar^5}=\dfrac{1}{r^2}+r^2=\dfrac{13}{6}$

이때 $r^2=X$로 치환하면

$X+\dfrac{1}{X}=\dfrac{13}{6},\ 6X^2-13X+6=0$

$(2X-3)(3X-2)=0\qquad \therefore\ X=\dfrac{3}{2}\ \text{또는}\ X=\dfrac{2}{3}$

즉, $r^2=\dfrac{3}{2}$ 또는 $r^2=\dfrac{2}{3}$이고 공비가 1보다 크므로 $r^2=\dfrac{3}{2}$

$\therefore\ a_9=ar^8=ar^4\times r^4$ ┘→ $r>1$이면 $r^2>1$

$=5\times\left(\dfrac{3}{2}\right)^2=\dfrac{45}{4}$

2112 답 제7항 |유형4

> 제3항이 18, 제6항이 486인 등비수열 $\{a_n\}$에서 처음으로 1000보다 **단서1**
> **단서2**
> 커지는 항은 제몇 항인지 구하시오.
>
> **단서1** $ar^2=18,\ ar^5=486$
> **단서2** $a_n>1000$을 만족시키는 n의 최솟값

STEP1 첫째항 a와 공비 r에 대한 식 세우기

등비수열 $\{a_n\}$의 첫째항을 a, 공비를 r라 하면

$a_3=18$에서 $ar^2=18$ ················· ㉠

$a_6=486$에서 $ar^5=486$ ················· ㉡

STEP2 $a,\ r$의 값 구하기

㉠을 ㉡에 대입하면

$18r^3=486,\ r^3=27$

$\therefore\ r=3,\ a=2$

STEP3 일반항 a_n 구하기

첫째항이 2, 공비가 3이므로

$a_n=2\times3^{n-1}$

STEP4 처음으로 1000보다 커지는 항은 제몇 항인지 구하기

$a_n=2\times3^{n-1}>1000$에서 $3^{n-1}>500$

이때 $3^5=243,\ 3^6=729$이므로

$n-1\geq6$

$\therefore\ n\geq7$

따라서 처음으로 1000보다 커지는 항은 제7항이다.

2113 답 ①

등비수열 $\{a_n\}$의 첫째항을 a, 공비를 r라 하면

$a_2=12$에서 $ar=12$ ················· ㉠

$a_4=3$에서 $ar^3=3$ ················· ㉡

㉠을 ㉡에 대입하면

$12\times r^2=3,\ r^2=\dfrac{1}{4}$

공비가 양수이므로 $r=\dfrac{1}{2}$

$r=\dfrac{1}{2}$을 ㉠에 대입하면 $a=24$

$\therefore\ a_n=24\times\left(\dfrac{1}{2}\right)^{n-1}$

$24\times\left(\dfrac{1}{2}\right)^{n-1}<\dfrac{1}{10}$에서 $\left(\dfrac{1}{2}\right)^{n-1}<\dfrac{1}{240}$

이때 $\left(\dfrac{1}{2}\right)^7=\dfrac{1}{128},\ \left(\dfrac{1}{2}\right)^8=\dfrac{1}{256}$이므로

$n-1\geq8$

$\therefore\ n\geq9$

따라서 처음으로 $\dfrac{1}{10}$보다 작아지는 항은 제9항이다.

2114 답 ③

등비수열 $\{a_n\}$의 첫째항을 a, 공비를 r라 하면

$a_3=24$에서 $ar^2=24$ ················· ㉠

$a_5=96$에서 $ar^4=96$ ...... ㉡

㉠을 ㉡에 대입하면 $24r^2=96$, $r^2=4$

모든 항이 양수이므로 $r=2$

$r=2$를 ㉠에 대입하면 $a=6$

$\therefore a_n=6\times 2^{n-1}$

$6\times 2^{n-1}>1536$에서 $2^{n-1}>256$

이때 $2^8=256$, $2^9=512$이므로

$n-1\geq 9$ $\therefore n\geq 10$

따라서 처음으로 1536보다 커지는 항은 제10항이다.

2115 답 ③

등비수열 $\{a_n\}$의 첫째항은 $\dfrac{3}{2}$이고 공비를 r라 하면

$a_5=\dfrac{3}{32}$에서 $\dfrac{3}{2}r^4=\dfrac{3}{32}$, $r^4=\dfrac{1}{16}$

공비가 양수이므로 $r=\dfrac{1}{2}$

$\therefore a_n=\dfrac{3}{2}\times\left(\dfrac{1}{2}\right)^{n-1}$

$\dfrac{3}{2}\times\left(\dfrac{1}{2}\right)^{n-1}<\dfrac{1}{1000}$에서 $\left(\dfrac{1}{2}\right)^n<\dfrac{1}{3000}$, $2^n>3000$

이때 $2^{11}=2048$, $2^{12}=4096$이므로

$n\geq 12$

따라서 $a_n<\dfrac{1}{1000}$을 만족시키는 자연수 n의 최솟값은 12이다.

2116 답 5

등비수열 $\{a_n\}$의 첫째항을 a, 공비를 r라 하면

$\log_3 a_2=1$에서 $a_2=3$이므로

$ar=3$ ...... ㉠

$\log_3 a_5=4$에서 $a_5=3^4$이므로

$ar^4=81$ ...... ㉡

㉠을 ㉡에 대입하면 $3r^3=81$, $r^3=27$

$\therefore r=3$, $a=1$

$\therefore a_n=3^{n-1}$

$1<3^{n-1}<300$에서 $3^0=1$, $3^1=3$, $3^5=243$, $3^6=729$이므로

$1\leq n-1\leq 5$ $\therefore 2\leq n\leq 6$

따라서 $1<a_n<300$을 만족시키는 자연수 n은 2, 3, 4, 5, 6의 5개이다.

2117 답 ⑤

등비수열 $\{a_n\}$의 첫째항을 a, 공비를 r라 하면

$a_2+a_4=15$에서

$ar+ar^3=ar(1+r^2)=15$ ...... ㉠

$a_3+a_5=45$에서

$ar^2+ar^4=ar^2(1+r^2)=45$ ...... ㉡

㉠을 ㉡에 대입하면 $15r=45$

$\therefore r=3$

$r=3$을 ㉠에 대입하면

$3a(1+3^2)=15$, $30a=15$ $\therefore a=\dfrac{1}{2}$

$\therefore a_n=\dfrac{1}{2}\times 3^{n-1}$

$\dfrac{1}{a_k}=2\times\left(\dfrac{1}{3}\right)^{k-1}>\dfrac{1}{500}$에서 $\left(\dfrac{1}{3}\right)^{k-1}>\dfrac{1}{1000}$, $3^{k-1}<1000$

이때 $3^6=729$, $3^7=2187$이므로

$k-1\leq 6$ $\therefore k\leq 7$

따라서 모든 자연수 k의 값의 합은

$1+2+3+4+5+6+7=28$

실수 Check

$\left(\dfrac{1}{3}\right)^{k-1}>\dfrac{1}{1000}$에서 $\left(\dfrac{1}{3}\right)^6=\dfrac{1}{729}$, $\left(\dfrac{1}{3}\right)^7=\dfrac{1}{2187}$이므로

$k-1\geq 7$, 즉 $k\geq 8$이라 착각하지 않도록 주의한다.

Plus 문제

2117-1

공비가 양수인 등비수열 $\{a_n\}$에서 $a_3+a_7=4$, $a_5+a_9=36$일 때, $a_k<\dfrac{1}{3}$을 만족시키는 모든 자연수 k의 값의 합을 구하시오.

등비수열 $\{a_n\}$의 첫째항을 a, 공비를 r라 하면

$a_3+a_7=4$에서

$ar^2+ar^6=ar^2(1+r^4)=4$ ...... ㉠

$a_5+a_9=36$에서

$ar^4+ar^8=ar^4(1+r^4)=36$ ...... ㉡

㉠을 ㉡에 대입하면 $r^2=9$ $\therefore r=3$ $(\because r>0)$

$r=3$을 ㉠에 대입하면

$9a(1+3^4)=4$ $\therefore a=\dfrac{2}{369}$

$\therefore a_n=\dfrac{2}{369}\times 3^{n-1}$

$a_k=\dfrac{2}{369}\times 3^{k-1}<\dfrac{1}{3}$에서 $3^{k-1}<\dfrac{123}{2}=61.5$

이때 $3^3=27$, $3^4=81$이므로

$k-1\leq 3$ $\therefore k\leq 4$

따라서 모든 자연수 k의 값의 합은

$1+2+3+4=10$

답 10

2118 답 ② | 유형 5

두 수 $\dfrac{1}{2}$과 128 사이에 세 실수 a, b, c를 넣어 만든 수열

$$\dfrac{1}{2}, \ a, \ b, \ c, \ 128$$

단서1

이 이 순서대로 등비수열을 이룰 때, $a+b+c$의 값은?

(단, 공비는 양수이다.)

① 40　　　② 42　　　③ 44

④ 46　　　⑤ 48

단서1 항의 수는 5개, 첫째항이 $\dfrac{1}{2}$, 제5항이 128임을 이용

STEP1 주어진 등비수열의 공비 구하기

주어진 등비수열의 공비를 r라 하면

첫째항이 $\frac{1}{2}$, 제5항이 128이므로

$\frac{1}{2} \times r^4 = 128$에서 $r^4 = 256$

$\therefore r = 4 \ (\because r > 0)$

STEP 2 a, b, c의 값 구하기

a는 제2항, b는 제3항, c는 제4항이므로

$a = \frac{1}{2} \times 4 = 2$

$b = \frac{1}{2} \times 4^2 = 8$

$c = \frac{1}{2} \times 4^3 = 32$

STEP 3 $a + b + c$의 값 구하기

$a + b + c = 2 + 8 + 32 = 42$

2119 🖩 ③

주어진 등비수열의 공비를 r라 하면

첫째항이 4, 제4항이 108이므로

$4r^3 = 108$에서 $r^3 = 27$ $\therefore r = 3$

$x = 4 \times 3 = 12, \ y = 4 \times 3^2 = 36$

$\therefore x + y = 12 + 36 = 48$

2120 🖩 63

주어진 등비수열의 공비를 r라 하면

첫째항이 243, 제5항이 3이므로

$243 \times r^4 = 3$에서 $r^4 = \frac{1}{81}$

이때 모든 항이 양수이므로 공비는 양수이다.

$\therefore r = \frac{1}{3}$

a는 제2항, b는 제3항, c는 제4항이므로

$a = 243 \times \frac{1}{3} = 81$

$b = 243 \times \left(\frac{1}{3}\right)^2 = 27$

$c = 243 \times \left(\frac{1}{3}\right)^3 = 9$

$\therefore a - b + c = 81 - 27 + 9 = 63$

2121 🖩 ③

주어진 등비수열의 공비를 r라 하면

첫째항이 2, 제7항이 250이므로

$2 \times r^6 = 250$에서 $r^6 = 125 = 5^3$

$\therefore r^2 = 5$

이때 모든 항이 양수이므로 공비는 양수이다.

$\therefore r = 5^{\frac{1}{2}} = \sqrt{5}$

2122 🖩 ②

주어진 등비수열의 공비를 r라 하면

첫째항이 2, 제6항이 64이므로

$2 \times r^5 = 64$에서 $r^5 = 32$ $\therefore r = 2$

이때 a_3은 주어진 등비수열의 제4항이므로

$a_3 = 2 \times 2^3 = 16$

2123 🖩 ③

첫째항이 1280, 공비가 $\frac{1}{2}$인 등비수열의 제$(n+2)$항이 5이므로

$1280 \times \left(\frac{1}{2}\right)^{n+1} = 5$에서 $\left(\frac{1}{2}\right)^{n+1} = \frac{1}{256}$

$\left(\frac{1}{2}\right)^{n+1} = \left(\frac{1}{2}\right)^8, \ n+1 = 8$

$\therefore n = 7$

2124 🖩 25

주어진 등비수열의 공비를 r라 하면

첫째항이 3, 제12항이 81이므로

$3 \times r^{11} = 81$ $\therefore r^{11} = 27 = 3^3$

이때 $x_1 = 3r, \ x_2 = 3r^2, \ x_3 = 3r^3, \ \cdots, \ x_{10} = 3r^{10}$이므로

$\log_3 x_1 + \log_3 x_2 + \log_3 x_3 + \cdots + \log_3 x_{10}$

$= \log_3 (x_1 x_2 x_3 \times \cdots \times x_{10})$

$= \log_3 (3r \times 3r^2 \times 3r^3 \times \cdots \times 3r^{10})$

$= \log_3 3^{10} r^{1+2+3+\cdots+10}$

$= \log_3 3^{10} r^{55} = \log_3 \{3^{10} \times (r^{11})^5\}$

$= \log_3 \{3^{10} \times (3^3)^5\} = \log_3 (3^{10} \times 3^{15})$

$= \log_3 3^{25} = 25$

2125 🖩 ③

첫째항이 3, 공비가 r인 등비수열의 제$(n+2)$항이 243이므로

$3 \times r^{n+1} = 243$에서 $r^{n+1} = 81$

이때 $r^{n+1} = 81^1 = 9^2 = 3^4$이므로 이를 만족시키는 자연수 r와 n의

순서쌍 (r, n)은 $\underline{(9, 1), (3, 3)}$이다.

따라서 $\frac{r}{n}$의 최댓값은 $\frac{9}{1} = 9$이다. → $r = 810$이면 $n+1 = 1$에서 $n = 0$이므로 n이 자연수라는 조건을 만족시키지 않는다.

2126 🖩 64

첫째항이 $\frac{1}{4}$, 공비가 r인 등비수열의 제$(n+2)$항이 16이므로

$\frac{1}{4} \times r^{n+1} = 16$에서 $r^{n+1} = 64 = 2^6$ $\cdots\cdots$ ㉠

주어진 등비수열의 모든 항의 곱이 1024이므로

$\frac{1}{4} \times a_1 \times a_2 \times \cdots \times a_n \times 16$

$= \frac{1}{4} \times \frac{1}{4}r \times \frac{1}{4}r^2 \times \cdots \times \frac{1}{4}r^n \times 16$

$= \left(\frac{1}{4}\right)^{n+1} \times 16 \times r^{1+2+\cdots+n}$

$= 2^{-2n-2} \times 2^4 \times r^{\frac{n(n+1)}{2}}$

$= 2^{-2n+2} \times (r^{n+1})^{\frac{n}{2}} = 1024$ $\cdots\cdots$ ㉡

㉠을 ㉡에 대입하면 $2^{-2n+2} \times (2^6)^{\frac{n}{2}} = 1024$

$2^{-2n+2+3n} = 2^{10}, \ 2^{n+2} = 2^{10}$ $\therefore n = 8$

따라서 $n = 8$을 ㉠에 대입하면 $r^9 = 64$

2127 답 ②

| 유형 6

세 양수 x, $x+4$, $9x$가 이 순서대로 등비수열을 이룰 때, x의 값은?

단서1

① 1 　　　　② 2 　　　　③ 3

④ 4 　　　　⑤ 5

단서1 $x+4$는 x와 $9x$의 등비중항

STEP 1 등비중항의 성질을 이용하여 식 세우기

세 양수 x, $x+4$, $9x$가 이 순서대로 등비수열을 이루므로
$(x+4)^2 = x \times 9x$

STEP 2 x의 값 구하기

$x^2 + 8x + 16 = 9x^2$, $8x^2 - 8x - 16 = 0$

$x^2 - x - 2 = 0$, $(x+1)(x-2) = 0$

$\therefore x = -1$ 또는 $x = 2$

이때 모든 항이 양수이므로 $x = 2$이다.

2128 답 ④

x는 3과 12의 등비중항이므로

$x^2 = 36$ 　　$\therefore x = 6 \ (\because x > 0)$

y는 12와 48의 등비중항이므로

$y^2 = 576$ 　　$\therefore y = 24 \ (\because y > 0)$

$\therefore x + y = 30$

2129 답 ④

a는 1과 9의 등비중항이므로

$a^2 = 9$ 　　$\therefore a = \pm 3$

9는 a와 b의 등비중항이므로

$81 = a \times b$ 　　$\therefore b = \pm 27$

$\therefore |a - b| = |\pm 3 - (\pm 27)| = 24$

2130 답 ②

b는 a와 c의 등비중항이므로 $b^2 = ac$

$$\dfrac{1}{2\log_a x} + \dfrac{1}{2\log_c x} = \dfrac{1}{2}(\log_x a + \log_x c)$$
$$= \dfrac{1}{2}\left(\dfrac{\log_b a}{\log_b x} + \dfrac{\log_b c}{\log_b x}\right)$$
$$= \dfrac{1}{2} \times \dfrac{\log_b ac}{\log_b x}$$
$$= \dfrac{1}{2} \times \dfrac{\log_b b^2}{\log_b x}$$
$$= \dfrac{1}{2} \times \dfrac{2}{\log_b x} = \dfrac{1}{\log_b x}$$

2131 답 $-\dfrac{9}{4}$

나머지정리에 의하여 $f(x) = x^2 + 2a + 4$를

$x - 1$로 나눈 나머지는 $f(1) = 2a + 5$

x로 나눈 나머지는 $f(0) = 2a + 4$

$x + 1$로 나눈 나머지는 $f(-1) = 2a + 5$

이때 $2a + 4$는 $2a + 5$와 $2a + 5$의 등비중항이므로

$(2a + 4)^2 = (2a + 5)(2a + 5)$

$4a^2 + 16a + 16 = 4a^2 + 20a + 25$

$4a = -9$ 　　$\therefore a = -\dfrac{9}{4}$

참고 세 수를 구해 보면 $\dfrac{1}{2}$, $-\dfrac{1}{2}$, $\dfrac{1}{2}$이므로 공비는 -1이다.

2132 답 ③

나머지정리에 의하여 $f(x) = 2x^2 - 3x + a$를

$x - 2$로 나눈 나머지는 $f(2) = a + 2$

$x - 1$로 나눈 나머지는 $f(1) = a - 1$

$x + 1$로 나눈 나머지는 $f(-1) = a + 5$

이때 $a - 1$은 $a + 2$와 $a + 5$의 등비중항이므로

$(a - 1)^2 = (a + 2)(a + 5)$

$a^2 - 2a + 1 = a^2 + 7a + 10$

$9a = -9$ 　　$\therefore a = -1$

따라서 $f(x) = 2x^2 - 3x - 1$이므로 $f(x)$를 $x + 2$로 나누었을 때의 나머지는

$f(-2) = 8 + 6 - 1 = 13$

2133 답 ⑤

$2^4 \times 3^6$이 a^n과 b^n의 등비중항이므로

$(2^4 \times 3^6)^2 = a^n \times b^n$

$a^n b^n = (ab)^n = 2^8 \times 3^{12} = (2^4 \times 3^6)^2 = (2^2 \times 3^3)^4$

따라서 ab의 최솟값은 $n = 4$일 때

$2^2 \times 3^3 = 4 \times 27 = 108$ 　　$\longrightarrow$ n이 가장 클 때이다.

2134 답 27

$\mathrm{A}(k, 9\sqrt{k})$, $\mathrm{B}(k, 3\sqrt{k})$, $\mathrm{C}(k, 0)$에서

$\overline{\mathrm{BC}} = 3\sqrt{k}$, $\overline{\mathrm{OC}} = k$, $\overline{\mathrm{AC}} = 9\sqrt{k}$

이때 $3\sqrt{k}$, k, $9\sqrt{k}$가 이 순서대로 등비수열을 이루므로

$k^2 = 3\sqrt{k} \times 9\sqrt{k}$

$k^2 = 27k, \ k(k-27) = 0$

$\therefore k = 27 \ (\because k > 0)$

2135 답 12

12는 a^2과 b^2의 등비중항이므로

$12^2 = a^2 \times b^2 = (ab)^2$

$\therefore ab = 12 \ (\because a > 0, \ b > 0)$

2136 답 36

a는 3과 b의 등비중항이므로

$a^2 = 3b$ ⸱⸱⸱⸱⸱⸱⸱⸱⸱⸱⸱⸱⸱⸱⸱⸱⸱⸱⸱⸱⸱⸱⸱⸱⸱⸱⸱⸱⸱⸱⸱⸱ ㉠

$\log_a 3b + \log_3 b = 5$에 ㉠을 대입하면

$\log_a a^2 + \log_3 b = 5, \ 2 + \log_3 b = 5$

$\log_3 b = 3 \quad \therefore b = 3^3 = 27$

$b = 27$을 ㉠에 대입하면

$a^2 = 3 \times 27 = 81$

$\therefore a = 9 \ (\because \underline{a > 0, \ a \neq 1})$

$\xrightarrow{\quad}$ $\log_a 3b$에서 밑의 조건이다.

$\therefore a + b = 9 + 27 = 36$

2137 답 ①

$f(\sqrt{3})$은 $f(a)$와 $f(a+2)$의 등비중항이므로

$\{f(\sqrt{3})\}^2 = f(a) \times f(a+2)$

$\left(\dfrac{p}{\sqrt{3}}\right)^2 = \dfrac{p}{a} \times \dfrac{p}{a+2}, \ \dfrac{1}{3} = \dfrac{1}{a(a+2)}$

$a^2 + 2a - 3 = 0, \ (a-1)(a+3) = 0$

$\therefore a = 1 \ (\because a > 0)$

2138 답 ④

등차수열 $\{a_n\}$의 첫째항을 a, 공차를 d라 하자.

세 항 $a_2, \ a_5, \ a_{14}$가 이 순서대로 등비수열을 이루므로

$a_5{}^2 = a_2 \times a_{14}$

$(a+4d)^2 = (a+d) \times (a+13d), \ 3d^2 = 6ad$

이때 $d \neq 0$이므로 $d = 2a$

$\therefore \dfrac{a_{23}}{a_3} = \dfrac{a + 22d}{a + 2d} = \dfrac{45a}{5a} = 9$

2139 답 ⑤ | 유형7

> 서로 다른 두 양수 $a, \ b$에 대하여 세 수 8, $a, \ b$가 이 순서대로 등차
> 〔단서1〕
> 수열을 이루고, 세 수 $a, \ b, \ 36$이 이 순서대로 등비수열을 이룰 때,
> 〔단서2〕
> $b - a$의 값은?
>
> ① -8　　　　② -7　　　　③ 1
>
> ④ 7　　　　⑤ 8
>
> 〔단서1〕 a는 8과 b의 등차중항
> 〔단서2〕 b는 a와 36의 등비중항

STEP1 **등차중항의 성질을 이용하여 $a, \ b$에 대한 식 구하기**

a는 8과 b의 등차중항이므로

$2a = 8 + b$ ⸱⸱⸱⸱⸱⸱⸱⸱⸱⸱⸱⸱⸱⸱⸱⸱⸱⸱⸱⸱⸱⸱⸱⸱⸱⸱⸱⸱⸱⸱⸱⸱ ㉠

STEP2 **등비중항의 성질을 이용하여 $a, \ b$에 대한 식 구하기**

b는 a와 36의 등비중항이므로

$b^2 = 36a$ ⸱⸱⸱⸱⸱⸱⸱⸱⸱⸱⸱⸱⸱⸱⸱⸱⸱⸱⸱⸱⸱⸱⸱⸱⸱⸱⸱⸱⸱⸱⸱⸱ ㉡

STEP3 **$b - a$의 값 구하기**

㉠을 ㉡에 대입하면 $b^2 = 18(8 + b)$

$b^2 - 18b - 144 = 0$

$(b-24)(b+6) = 0 \quad \therefore b = 24 \ (\because b > 0)$

$b = 24$를 ㉠에 대입하면 $a = 16$

$\therefore b - a = 24 - 16 = 8$

2140 답 94

6은 a와 b의 등차중항이므로

$2 \times 6 = a + b \quad \therefore a + b = 12$

5는 a와 b의 등비중항이므로

$5^2 = ab \quad \therefore ab = 25$

$\therefore a^2 + b^2 = (a+b)^2 - 2ab = 12^2 - 2 \times 25 = 94$

2141 답 ①

b는 a와 7의 등차중항이므로

$2b = a + 7 \quad \therefore a = 2b - 7$ ⸱⸱⸱⸱⸱⸱⸱⸱⸱⸱⸱⸱⸱⸱⸱⸱⸱⸱ ㉠

7은 a와 b의 등비중항이므로

$7^2 = ab \quad \therefore ab = 49$ ⸱⸱⸱⸱⸱⸱⸱⸱⸱⸱⸱⸱⸱⸱⸱⸱⸱⸱⸱⸱ ㉡

㉠을 ㉡에 대입하면 $(2b-7)b = 49$

$2b^2 - 7b - 49 = 0, \ (2b+7)(b-7) = 0$

$b = 7$일 때 $a = 7$이므로 조건에 맞지 않는다.

$\therefore b = -\dfrac{7}{2}, \ a = -14$

$\therefore a + 2b = -14 + 2 \times \left(-\dfrac{7}{2}\right) = -21$

2142 답 ④

15는 a^2과 b^2의 등차중항이므로

$2 \times 15 = a^2 + b^2 \quad \therefore a^2 + b^2 = 30$ ⸱⸱⸱⸱⸱⸱⸱⸱⸱ ㉠

3은 a^2과 b^2의 등비중항이므로

$3^2 = a^2 b^2 \quad \therefore ab = 3 \ (\because a > 0, \ b > 0)$ ⸱⸱⸱⸱⸱ ㉡

$a^2 + b^2 = (a+b)^2 - 2ab$이므로 ㉠, ㉡에서

$(a+b)^2 - 6 = 30, \ (a+b)^2 = 36$

$\therefore a + b = 6 \ (\because a > 0, \ b > 0)$

$\therefore a^3 + b^3 = (a+b)(a^2 - ab + b^2) = 6 \times (30 - 3) = 162$

2143 답 ③

세 양수 12, $2a^2, \ b$가 이 순서대로 등차수열을 이루므로

$2 \times 2a^2 = 12 + b \quad \therefore 4a^2 = 12 + b$ ⸱⸱⸱⸱⸱⸱⸱⸱ ㉠

세 양수 $a^2, \ 2b, \ 16$이 이 순서대로 등비수열을 이루므로

$(2b)^2 = 16 \times a^2 \quad \therefore b^2 = 4a^2$ ⸱⸱⸱⸱⸱⸱⸱⸱⸱⸱⸱ ㉡

㉡을 ㉠에 대입하면

$b^2 = 12 + b, \ b^2 - b - 12 = 0$

$(b-4)(b+3) = 0 \quad \therefore b = 4 \ (\because b > 0)$

$b = 4$를 ㉠에 대입하면 $4a^2 = 16$

$a^2=4$ $\therefore a=2\ (\because a>0)$

$\therefore a+b=6$

2144 답 1

이차방정식의 근과 계수의 관계에 의하여

$\alpha+\beta=6,\ \alpha\beta=1$

$\dfrac{1}{\alpha},\ \dfrac{1}{p},\ \dfrac{1}{\beta}$은 이 순서대로 등차수열을 이루므로

$\dfrac{1}{p}=\dfrac{\dfrac{1}{\alpha}+\dfrac{1}{\beta}}{2}=\dfrac{\dfrac{\alpha+\beta}{\alpha\beta}}{2}=\dfrac{\alpha+\beta}{2\alpha\beta}=\dfrac{6}{2}=3$

$\therefore p=\dfrac{1}{3}$

$\alpha,\ q,\ \beta$는 이 순서대로 등비수열을 이루므로

$q^2=\alpha\beta=1$ $\therefore q=-1\ (\because q<0)$

$\therefore 6p+q=2-1=1$

2145 답 ①

이차방정식의 근과 계수의 관계에 의하여

$\alpha+\beta=-a-6,\ \alpha\beta=-2b-4$

a는 α와 β의 등비중항이므로

$a^2=\alpha\beta=-2b-4$ ············· ㉠

b는 α와 β의 등차중항이므로

$b=\dfrac{\alpha+\beta}{2}=\dfrac{-a-6}{2}$ ············· ㉡

㉡을 ㉠에 대입하면 $a^2=(a+6)-4$

$a^2-a-2=0,\ (a-2)(a+1)=0$

$\therefore a=2\ (\because a>0)$

$a=2$를 ㉡에 대입하면 $b=-4$

$\therefore a+b=-2$

2146 답 ③

$a_1,\ a_2,\ a_k$가 이 순서대로 등비수열을 이루므로

$a_2{}^2=a_1a_k$에서 $(a_1+4)^2=a_1\{a_1+4(k-1)\}$

$a_1{}^2+8a_1+16=a_1{}^2+4a_1k-4a_1$

$4a_1k-12a_1=16$

즉, $a_1(k-3)=4$ ············· ㉠

또, $a_2,\ a_k,\ a_8$은 이 순서대로 등차수열을 이루므로

$2a_k=a_2+a_8$에서 $2\{a_1+4(k-1)\}=(a_1+4)+(a_1+4\times7)$

$2a_1+8k-8=2a_1+32$

$8k-40=0$ $\therefore k=5$

이를 ㉠에 대입하면 $2a_1=4$ $\therefore a_1=2$

$\therefore k+a_1=5+2=7$

2147 답 정삼각형

b는 a와 c의 등차중항이므로

$b=\dfrac{a+c}{2}$ ············· ㉠

$\sin A:\sin B:\sin C=a:b:c$이고

$\sin B$는 $\sin A$와 $\sin C$의 등비중항이므로

$b^2=ac$ ············· ㉡

㉠을 ㉡에 대입하면 $\left(\dfrac{a+c}{2}\right)^2=ac$

$(a+c)^2=4ac,\ (a-c)^2=0$ $\therefore a=c$

$a=c$를 ㉠에 대입하면 $b=c$

$\therefore a=b=c$

따라서 삼각형 ABC는 정삼각형이다.

2148 답 ①

조건 ㈎에서 $a,\ b,\ 72$가 이 순서대로 등차수열을 이루므로

$b=\dfrac{a+72}{2}$ ············· ㉠

조건 ㈏에서 $2,\ a,\ b$가 이 순서대로 등비수열을 이루므로

$a^2=2b$ ············· ㉡

㉠을 ㉡에 대입하면

$a^2=2\times\dfrac{a+72}{2},\ a^2-a-72=0$

$(a+8)(a-9)=0$ $\therefore a=9\ (\because a>0)$

따라서 $3^x=9^y=27^z=9$이므로

$3^x=9$에서 $x=2$

$9^y=9$에서 $y=1$

$27^z=3^{3z}=3^2$에서 $z=\dfrac{2}{3}$

$\therefore \dfrac{1}{x}+\dfrac{5}{y}-\dfrac{3}{z}=\dfrac{1}{2}+5-\dfrac{9}{2}=1$

참고 $x,\ y,\ z$의 값을 구하지 않고 다음과 같이 풀 수도 있다.

$3^x=9$에서 $3=9^{\frac{1}{x}}$

$9^y=9$에서 $9=9^{\frac{1}{y}}$

$27^z=9$에서 $27=9^{\frac{1}{z}}$

$\therefore 9^{\frac{1}{x}+\frac{5}{y}-\frac{3}{z}}=\dfrac{9^{\frac{1}{x}}\times(9^{\frac{1}{y}})^5}{(9^{\frac{1}{z}})^3}=\dfrac{3\times9^5}{27^3}=\dfrac{3\times3^{10}}{3^9}=3^2=9$

$\therefore \dfrac{1}{x}+\dfrac{5}{y}-\dfrac{3}{z}=1$

Plus 문제

2148-1

네 수 $12,\ p,\ q,\ 4$는 다음 조건을 만족시킨다.

㈎ 세 수 $12,\ p,\ q$가 이 순서대로 등차수열을 이룬다.
㈏ 세 수 $p,\ q,\ 4$가 이 순서대로 등비수열을 이룬다.

$3^x=p^y=27^z=q$일 때, $\dfrac{1}{x}+\dfrac{2}{y}-\dfrac{1}{z}$의 값을 구하시오.

(단, $q>0$)

조건 ㈎에서 $12,\ p,\ q$가 이 순서대로 등차수열을 이루므로

$2p=12+q$ ············· ㉠

조건 (나)에서 p, q, 4가 이 순서대로 등비수열을 이루므로

$q^2 = 4p$ ————————— ㉡

㉠을 ㉡에 대입하면 $q^2 = 2(12+q)$

$q^2 - 2q - 24 = 0$

$(q+4)(q-6) = 0$ $\therefore q = 6 \ (\because q > 0)$

$q = 6$을 ㉠에 대입하면

$2p = 18$ $\therefore p = 9$

따라서 $3^x = 9^y = 27^z = 6$이므로

$3^x = 6$에서 $3 = 6^{\frac{1}{x}}$

$9^y = 6$에서 $9 = 6^{\frac{1}{y}}$

$27^z = 6$에서 $27 = 6^{\frac{1}{z}}$

$\therefore 6^{\frac{1}{x}+\frac{2}{y}-\frac{1}{z}} = \dfrac{6^{\frac{1}{x}} \times (6^{\frac{1}{y}})^2}{6^{\frac{1}{z}}} = \dfrac{3 \times 9^2}{27} = 9$

$\therefore \dfrac{1}{x} + \dfrac{2}{y} - \dfrac{1}{z} = \log_6 9 = 2\log_6 3$

답 $2\log_6 3$

2149 답 ①

a, b, 6이 이 순서대로 등차수열을 이루므로

$2b = a + 6$ ————————— ㉠

a, 6, b가 이 순서대로 등비수열을 이루므로

$6^2 = ab$ ————————— ㉡

㉠을 ㉡에 대입하면 $(2b-6)b = 36$

$b^2 - 3b - 18 = 0$, $(b-6)(b+3) = 0$

$\therefore b = 6$ 또는 $b = -3$

㉡에서 $b = 6$일 때 $a = 6$이므로 조건에 맞지 않는다.

$\therefore b = -3$, $a = -12$

$\therefore a + b = -12 - 3 = -15$

2150 답 ②
| 유형 8

> 등비수열을 이루는 세 실수의 합이 14이고 곱이 64일 때, 세 수 중에 서 가장 작은 수는?
> 단서1   단서2
>
> ① 1   ② 2   ③ 3
> ④ 4   ⑤ 5
> 단서1 등비수열을 이루는 세 수는 a, ar, ar^2
> 단서2 $a + ar + ar^2 = 14$, $a \times ar \times ar^2 = 64$

STEP 1 등비수열의 공비 구하기

등비수열을 이루는 세 수를 a, ar, ar^2 $(a \neq 0, r \neq 0)$으로 놓으면

$a + ar + ar^2 = 14$에서

$a(1+r+r^2) = 14$ ————————— ㉠

$a \times ar \times ar^2 = (ar)^3 = 64$에서

$ar = 4$ ————————— ㉡

㉡을 ㉠에 대입하면

$\dfrac{4}{r}(1+r+r^2) = 14$, $2(1+r+r^2) = 7r$ ← ㉡에서 $a = \dfrac{4}{r}$

$2r^2 - 5r + 2 = 0$, $(r-2)(2r-1) = 0$

$\therefore r = 2$ 또는 $r = \dfrac{1}{2}$

STEP 2 등비수열을 이루는 세 수 중 가장 작은 수 구하기

㉡에서 $r = 2$일 때 $a = 2$, $r = \dfrac{1}{2}$일 때 $a = 8$이므로

등비수열을 이루는 세 실수는 2, 4, 8이다.

따라서 이 세 수 중에서 가장 작은 수는 2이다.

2151 답 1, -2, 4

등비수열을 이루는 세 수를 a, ar, ar^2 $(a \neq 0, r \neq 0)$으로 놓으면

$a + ar + ar^2 = 3$에서

$a(1+r+r^2) = 3$ ————————— ㉠

$a \times ar \times ar^2 = (ar)^3 = -8$에서

$ar = -2$ ————————— ㉡

㉡을 ㉠에 대입하면

$\dfrac{-2}{r}(1+r+r^2) = 3$, $2 + 2r + 2r^2 = -3r$

$2r^2 + 5r + 2 = 0$, $(2r+1)(r+2) = 0$

$\therefore r = -\dfrac{1}{2}$ 또는 $r = -2$

㉡에서 $r = -\dfrac{1}{2}$일 때 $a = 4$, $r = -2$일 때 $a = 1$이므로

등비수열을 이루는 세 실수는 1, -2, 4이다.

2152 답 ②

삼차방정식 $2x^3 - kx^2 - 24x + 54 = 0$의 세 실근을 a, ar, ar^2으로 놓으면 삼차방정식의 근과 계수의 관계에 의하여

$a + ar + ar^2 = \dfrac{k}{2}$ ————————— ㉠

$a \times ar + ar \times ar^2 + ar^2 \times a = -\dfrac{24}{2}$에서

$ar(a + ar + ar^2) = -12$ ————————— ㉡

$a \times ar \times ar^2 = -\dfrac{54}{2}$에서 $(ar)^3 = -27$

$\therefore ar = -3$ ————————— ㉢

㉠, ㉢을 ㉡에 대입하면

$-3 \times \dfrac{k}{2} = -12$ $\therefore k = 8$

> **개념 Check**
>
> **삼차방정식의 근과 계수의 관계**
> 삼차방정식 $ax^3 + bx^2 + cx + d = 0$의 세 근을 α, β, γ라 하면
> $\alpha + \beta + \gamma = -\dfrac{b}{a}$, $\alpha\beta + \beta\gamma + \gamma\alpha = \dfrac{c}{a}$, $\alpha\beta\gamma = -\dfrac{d}{a}$

2153 답 ④

두 곡선이 서로 다른 세 점에서 만나므로

$x^3 - 5x^2 + 9x = 7x^2 + m$, 즉 $x^3 - 12x^2 + 9x - m = 0$은 서로 다른 세 실근을 갖는다.

세 실근을 a, ar, ar^2으로 놓으면 삼차방정식의 근과 계수의 관계에 의하여

$a + ar + ar^2 = 12$에서

$a(1+r+r^2) = 12$ ————————— ㉠

$a \times ar + ar \times ar^2 + ar^2 \times a = 9$에서

$a^2 r(1+r+r^2) = 9$ ················· ㉡

$a \times ar \times ar^2 = m$에서

$a^3 r^3 = (ar)^3 = m$ ················· ㉢

㉠을 ㉡에 대입하면

$ar \times 12 = 9$ ∴ $ar = \dfrac{3}{4}$

이를 ㉢에 대입하면

$m = \left(\dfrac{3}{4}\right)^3 = \dfrac{27}{64}$

2154 답 288

직육면체의 가로의 길이, 세로의 길이, 높이를 각각 a, ar, ar^2으로 놓으면 모든 모서리의 길이의 합이 96이므로

$4(a+ar+ar^2) = 96$에서

$a+ar+ar^2 = 24$

직육면체의 부피가 216이므로

$a \times ar \times ar^2 = (ar)^3 = 216$에서

$ar = 6$

따라서 이 직육면체의 겉넓이는

$2(a \times ar + a \times ar^2 + ar \times ar^2)$

$= 2ar(a+ar+ar^2)$

$= 2 \times 6 \times 24 = 288$

2155 답 ⑤

네 수가 등비수열을 이루므로 a, ar, ar^2, ar^3으로 놓으면 네 수는 서로 다른 두 자리의 자연수이므로

$a \geq 10$, $r \neq 1$ ┈► $r=1$이면 네 수가 같으므로 조건에 맞지 않는다.

∴ $a+ar+ar^2+ar^3 = a(1+r+r^2+r^3)$

이때 네 수의 합이 최소가 되려면 a와 r의 값이 모두 최소가 되어야 하므로 a의 최솟값은 10, r의 최솟값은 2이다.

따라서 네 수가 10, 20, 40, 80일 때, 네 수의 합은 최소이고, 최솟값은 150이다.

실수 Check

> 두 자리의 자연수 중에서 뽑은 수이므로 최소 10보다 크거나 같음을 유의한다.

2156 답 ① | 유형 9

어느 자선 단체의 모금액이 1월부터 매월 일정한 비율만큼 증가하여 [단서1]
4개월 후인 5월의 모금액은 1월의 모금액의 4배가 되었다. 이와 같은 비율만큼 모금액이 계속 증가하여 같은 해 9월의 모금액이 5월의 모금액보다 1200만 원 늘어났을 때, 1월의 모금액은? [단서2]

① 100만 원 ② 120만 원 ③ 140만 원
④ 160만 원 ⑤ 180만 원

[단서1] 일정한 비율로 증가했으므로 등비수열을 이용
[단서2] 늘어난 금액은 처음과 끝의 차임을 이용

STEP1 조건을 이용하여 식 세우기

1월의 모금액을 a만 원이라 하고 매월 증가하는 비율을 r라 하면

1월부터 n개월 후의 모금액은 $a(1+r)^n$이다.

4개월 후인 5월의 모금액이 1월의 모금액의 4배이므로

$a(1+r)^4 = 4a$ ∴ $(1+r)^4 = 4$

STEP2 1월의 모금액 구하기

같은 해 9월은 1월부터 8개월 후이므로 $a(1+r)^8$이고, 9월의 모금액에서 5월의 모금액에 비해 증가한 금액이 1200만 원이므로

$a(1+r)^8 - a(1+r)^4 = 1200$

$a(1+r)^4\{(1+r)^4-1\} = 1200$, $a \times 4 \times (4-1) = 1200$

$12a = 1200$ ∴ $a = 100$

따라서 1월의 모금액은 100만 원이다.

2157 답 ①

바이러스가 매년 증가하는 일정한 비율을 r라 하면

n년 전의 바이러스의 수가 a개, 올해 바이러스의 수가 b개이므로

$a(1+r)^n = b$

$(1+r)^n = \dfrac{b}{a}$, $1+r = \left(\dfrac{b}{a}\right)^{\frac{1}{n}}$

∴ $r = \left(\dfrac{b}{a}\right)^{\frac{1}{n}} - 1$

2158 답 $5 \times \left(\dfrac{3}{7}\right)^6$ m

n번째 튀어 올랐을 때의 공의 높이를 a_n m라 하면

공이 첫 번째 튀어 올랐을 때의 높이는 $a_1 = 5 \times \dfrac{3}{7}$

공이 두 번째 튀어 올랐을 때의 높이는 $a_2 = 5 \times \left(\dfrac{3}{7}\right)^2$

$\vdots$

공이 n번째 튀어 올랐을 때의 높이는 $a_n = 5 \times \left(\dfrac{3}{7}\right)^n$

따라서 공이 여섯 번째 튀어 올랐을 때의 높이는

$a_6 = 5 \times \left(\dfrac{3}{7}\right)^6$ m

2159 답 ④

처음 빛의 양을 X라 하고 유리를 통과한 후 일정하게 줄어드는 빛의 비율을 r라 하면 8장 통과한 후 빛의 양은

$r^8 X$

$r^8 X = \left(1 - \dfrac{36}{100}\right)X$에서

$r^8 = \dfrac{64}{100}$, $r^4 = \dfrac{8}{10}$

따라서 유리를 4장 통과한 후 빛의 양은

$r^4 X = \dfrac{80}{100}X = \left(1 - \dfrac{20}{100}\right)X$

이므로 처음 빛의 양보다 20 % 줄어들었다.

2160 답 120건

올해 1월부터 5월까지 A 노래의 다운로드 건수가 일정하게 감소하는 비율을 r라 하고 A 노래의 n월 다운로드 건수를 a_n이라 하면 수열 $\{a_n\}$은 첫째항이 480이고 공비가 r ($r>0$)인 등비수열이므로

$a_n = 480 \times r^{n-1}$

이때 5월 다운로드 건수가 30건이므로

$a_5 = 480 \times r^4 = 30$

$r^4 = \dfrac{1}{16}$ $\therefore r = \dfrac{1}{2}$ $(\because r > 0)$

따라서 올해 3월 다운로드 건수는

$a_3 = 480 \times \left(\dfrac{1}{2}\right)^2 = 120$

이므로 120건이다.

2161 답 ⑤
유형 10

그림과 같이 $\overline{AB} = 1$, $\overline{BC} = 2$인 직각삼각형에 내접하는 정사각형을
[단서1]
그리는 시행을 반복할 때, n번째에 그린 정사각형의 한 변의 길이를
a_n이라 하자. 이때 a_{10}의 값은?

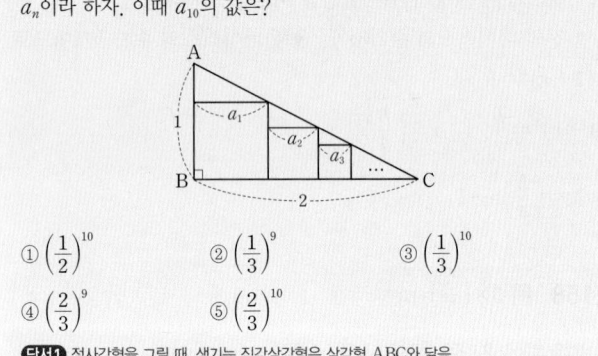

① $\left(\dfrac{1}{2}\right)^{10}$ ② $\left(\dfrac{1}{3}\right)^{9}$ ③ $\left(\dfrac{1}{3}\right)^{10}$

④ $\left(\dfrac{2}{3}\right)^{9}$ ⑤ $\left(\dfrac{2}{3}\right)^{10}$

[단서1] 정사각형을 그릴 때, 생기는 직각삼각형은 삼각형 ABC와 닮음

STEP1 **삼각형의 닮음비를 이용하여 a_1의 값 구하기**

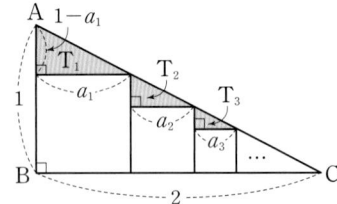

그림과 같이 직각삼각형 T_1과 직각삼각형 ABC는 닮음이므로
$(1 - a_1) : a_1 = \overline{AB} : \overline{BC} = 1 : 2$ ⌐→ AA 닮음

$a_1 = 2 - 2a_1$, $3a_1 = 2$

$\therefore a_1 = \dfrac{2}{3}$

STEP2 **a_2, a_3의 값 구하기**

직각삼각형 T_2와 직각삼각형 ABC도 닮음이므로
$(a_1 - a_2) : a_2 = \overline{AB} : \overline{BC} = 1 : 2$ ⌐→ AA 닮음

$a_2 = 2a_1 - 2a_2$, $3a_2 = 2a_1$

$\therefore a_2 = \dfrac{2}{3} a_1 = \dfrac{2}{3} \times \dfrac{2}{3} = \left(\dfrac{2}{3}\right)^2$

또, 직각삼각형 T_3과 직각삼각형 ABC도 닮음이므로
$(a_2 - a_3) : a_3 = \overline{AB} : \overline{BC} = 1 : 2$ ⌐→ AA 닮음

$a_3 = 2a_2 - 2a_3$, $3a_3 = 2a_2$

$\therefore a_3 = \dfrac{2}{3} a_2 = \dfrac{2}{3} \times \left(\dfrac{2}{3}\right)^2 = \left(\dfrac{2}{3}\right)^3$

STEP3 **일반항 a_n 구하기**

수열 $\{a_n\}$은 첫째항이 $\dfrac{2}{3}$, 공비가 $\dfrac{2}{3}$인 등비수열이므로

$a_n = \dfrac{2}{3} \times \left(\dfrac{2}{3}\right)^{n-1} = \left(\dfrac{2}{3}\right)^n$

STEP4 **a_{10}의 값 구하기**

$a_{10} = \left(\dfrac{2}{3}\right)^{10}$

2162 답 ①

케이크의 제1단의 부피를 a라 하고,
각 단의 부피가 일정한 비율 r $(r > 0)$로 감소한다고 하면
제2단의 부피는 $p = ar$ ⋯⋯⋯⋯⋯⋯⋯⋯⋯⋯ ㉠
제4단의 부피는 $q = ar^3$ ⋯⋯⋯⋯⋯⋯⋯⋯⋯⋯ ㉡

㉡ ÷ ㉠을 하면 $\dfrac{q}{p} = r^2$

따라서 케이크의 제6단의 부피는

$ar^5 = ar^3 \times r^2 = q \times \dfrac{q}{p} = \dfrac{q^2}{p}$

2163 답 ④

원 C_1의 반지름의 길이가 1이고, 원 C_2의 반지름의 길이가 r이므로
$\overline{OP} = 1$, $\overline{OR} = 1 + r$, $\overline{QR} = 2 + r$
$\overline{OP}$, $\overline{OR}$, $\overline{QR}$의 길이가 이 순서대로 등비수열을 이루므로
등비중항의 성질에 의하여
$(1 + r)^2 = 1 \times (2 + r)$

$r^2 + r - 1 = 0$

$\therefore r = \dfrac{-1 + \sqrt{5}}{2}$ $(\because 0 < r < \sqrt{2})$

2164 답 $\dfrac{9}{2}$

점 $P(x, y)$이므로
$\overline{OH} = x$, $\overline{PH} = y$, $\overline{AH} = 6 - x$
조건 ㈏에서 $\overline{OH}$, $\overline{PH}$, $\overline{AH}$의 길이가 이 순서대로 등비수열을 이루므로
$y^2 = x(6 - x)$

$x^2 - 6x + y^2 = 0$ $\therefore (x - 3)^2 + y^2 = 9$

즉, 점 P가 나타내는 도형은 중심이 $(3, 0)$이고, 반지름의 길이가 3인 원이다.
따라서 점 P가 나타내는 도형과 $\overline{OA}$로 둘러싸인 부분은
반원이므로 그 넓이는

$\pi \times 3^2 \times \dfrac{1}{2} = \dfrac{9}{2} \pi$

$\therefore k = \dfrac{9}{2}$

2165 답 ④

$\triangle OP_n P_{n+1}$은 모두 직각이등변삼각형이므로
$\overline{OP_2} = \overline{OP_1} \sin 45° = 4 \times \dfrac{\sqrt{2}}{2} = 2\sqrt{2}$ ⌐→ $\triangle OP_1P_2 \backsim \triangle OP_2P_3 \backsim \cdots$ $\backsim \triangle OP_nP_{n+1}$ (AA 닮음)

$S_1 = \triangle OP_1 P_2$, $S_2 = \triangle OP_2 P_3$이므로
$S_1 : S_2 = \overline{OP_1}^2 : \overline{OP_2}^2$
$= 4^2 : (2\sqrt{2})^2$
$= 16 : 8 = 2 : 1$

이때 $S_1 = \dfrac{1}{2} \times \overline{OP_2}^2 = \dfrac{1}{2} \times 8 = 4$

즉, 수열 $\{S_n\}$은 첫째항이 4, 공비가 $\frac{1}{2}$인 등비수열을 이룬다.

따라서 $S_n=4\times\left(\frac{1}{2}\right)^{n-1}$이므로

$S_{10}=4\times\left(\frac{1}{2}\right)^{10-1}=4\times\left(\frac{1}{2}\right)^{9}=\left(\frac{1}{2}\right)^{7}$

다른 풀이

$\triangle OP_nP_{n+1}$은 모두 직각이등변삼각형이고,
$\overline{OP_1}=4$이므로
$\overline{OP_2}=2\sqrt{2}$, $\overline{OP_3}=2$, $\overline{OP_4}=\sqrt{2}$, $\cdots$
$S_n=\triangle OP_nP_{n+1}$이므로
$S_1=\triangle OP_1P_2=\frac{1}{2}\times2\sqrt{2}\times2\sqrt{2}=4$
$S_2=\triangle OP_2P_3=\frac{1}{2}\times2\times2=2$
$S_3=\triangle OP_3P_4=\frac{1}{2}\times\sqrt{2}\times\sqrt{2}=1$
$\qquad\qquad\vdots$

따라서 수열 $\{S_n\}$은 첫째항이 4, 공비가 $\frac{1}{2}$인 등비수열을 이루므로

$S_n=4\times\left(\frac{1}{2}\right)^{n-1}$

$\therefore S_{10}=4\times\left(\frac{1}{2}\right)^{10-1}=\left(\frac{1}{2}\right)^{7}$

개념 Check

닮음비가 $a:b$이면 둘레의 길이의 비는 $a:b$, 넓이의 비는 $a^2:b^2$, 부피의 비는 $a^3:b^3$이다.

실수 Check

닮은 삼각형의 넓이의 비는 변의 길이의 비가 아닌 변의 길이의 제곱의 비임에 유의한다.

2166 답 ②

$\triangle A_1B_1C_1$은 정삼각형이고, 세 점 A_2, B_2, C_2는 $\overline{A_1B_1}$, $\overline{B_1C_1}$, $\overline{C_1A_1}$을 각각 $1:2$로 내분하는 점이므로

$\overline{A_1A_2}=\overline{B_1B_2}=\overline{C_1C_2}=\frac{1}{1+2}\times6=2$

$\overline{A_2B_1}=\overline{B_2C_1}=\overline{C_2A_1}=\frac{2}{1+2}\times6=4$

$\angle A_1=\angle B_1=\angle C_1=\frac{\pi}{3}$

$\therefore \triangle A_1A_2C_2\equiv\triangle B_1B_2A_2\equiv\triangle C_1C_2B_2$ (SAS 합동)

즉, $\overline{A_2B_2}=\overline{B_2C_2}=\overline{C_2A_2}$이므로 $\triangle A_2B_2C_2$는 정삼각형이다.

따라서 $\triangle A_1B_1C_1$과 $\triangle A_2B_2C_2$는 닮은 도형이다.

$\triangle A_2B_1B_2$에서 코사인법칙에 의하여

$\overline{A_2B_2}^2=\overline{B_1A_2}^2+\overline{B_1B_2}^2-2\times\overline{B_1A_2}\times\overline{B_1B_2}\times\cos\frac{\pi}{3}$

$\qquad=4^2+2^2-2\times4\times2\times\frac{1}{2}=12$

$\therefore \overline{A_2B_2}=2\sqrt{3}$ $(\because \overline{A_2B_2}>0)$

→ 넓이의 비는 닮음비의 제곱의 비

$\triangle A_1B_1C_1:\triangle A_2B_2C_2=\overline{A_1B_1}^2:\overline{A_2B_2}^2$

$\qquad\qquad=6^2:(2\sqrt{3})^2=36:12=3:1$

이므로

$\triangle A_2B_2C_2=\frac{1}{3}\triangle A_1B_1C_1$

$\triangle A_1B_1C_1=\frac{\sqrt{3}}{4}\times6^2=9\sqrt{3}$

즉, 수열 $\{S_n\}$은 첫째항이 $9\sqrt{3}$, 공비가 $\frac{1}{3}$인 등비수열을 이룬다.

따라서 $S_n=9\sqrt{3}\times\left(\frac{1}{3}\right)^{n-1}$이므로

$S_5=9\sqrt{3}\times\left(\frac{1}{3}\right)^4=\frac{\sqrt{3}}{9}$

개념 Check

코사인법칙

삼각형 ABC에서
$a^2=b^2+c^2-2bc\cos A$
$b^2=c^2+a^2-2ca\cos B$
$c^2=a^2+b^2-2ab\cos C$

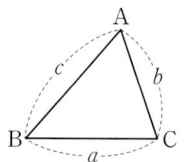

실수 Check

문제에서 구하려고 하는 것은 넓이이므로 수열 $\{S_n\}$에서의 공비는 길이의 비가 아니고 넓이의 비라는 것을 주의한다.

Plus 문제

2166-1

한 변의 길이가 4인 정사각형 $A_1B_1C_1D_1$의 네 변 A_1B_1, B_1C_1, C_1D_1, D_1A_1을 $3:1$로 내분하는 점을 각각 A_2, B_2, C_2, D_2라 하고, 사각형 $A_2B_2C_2D_2$의 네 변 A_2B_2, B_2C_2, C_2D_2, D_2A_2를 $3:1$로 내분하는 점을 각각 A_3, B_3, C_3, D_3이라 하자. 이와 같은 과정을 반복하여 만든 사각형 $A_nB_nC_nD_n$의 넓이를 S_n이라 할 때, $4S_3$의 값을 구하시오.

네 점 A_2, B_2, C_2, D_2는 네 변 A_1B_1, B_1C_1, C_1D_1, D_1A_1을 $3:1$로 내분하는 점이므로

$\overline{A_1A_2}=\overline{B_1B_2}=\overline{C_1C_2}=\overline{D_1D_2}=3$

$\overline{A_2B_1}=\overline{B_2C_1}=\overline{C_2D_1}=\overline{D_2A_1}=1$

$\angle A_1=\angle B_1=\angle C_1=\angle D_1=\frac{\pi}{2}$

$\therefore \triangle A_1A_2D_2\equiv\triangle B_1B_2A_2$
$\qquad\equiv\triangle C_1C_2B_2$
$\qquad\equiv\triangle D_1D_2C_2$ (SAS 합동)

즉, $\overline{A_2B_2}=\overline{B_2C_2}=\overline{C_2D_2}=\overline{D_2A_2}$이고,

$\angle A_2=\angle B_2=\angle C_2=\angle D_2=\frac{\pi}{2}$이므로

□$A_2B_2C_2D_2$는 정사각형이다.

따라서 정사각형 $A_1B_1C_1D_1$과 정사각형 $A_2B_2C_2D_2$는 닮은 도형이다.

정사각형 $A_2B_2C_2D_2$의 한 변의 길이는

09

$\sqrt{1+3^2}=\sqrt{10}$

이므로 정사각형 $A_1B_1C_1D_1$의 넓이 S_1은

$S_1=4^2=16$

정사각형 $A_2B_2C_2D_2$의 넓이 S_2는

$S_2=(\sqrt{10})^2=10$

에서 $\dfrac{S_2}{S_1}=\dfrac{10}{16}=\dfrac{5}{8}$이므로 수열 $\{S_n\}$은 첫째항이 16, 공비가

$\dfrac{5}{8}$인 등비수열을 이룬다.

$\therefore S_n=16\times\left(\dfrac{5}{8}\right)^{n-1}$

$\therefore 4S_3=4\times16\times\left(\dfrac{5}{8}\right)^2=25$

🔖 25

2167 🔖 ③ | 유형 11

등비수열 $\{a_n\}$에서 $a_3=12$, $a_6=-96$일 때, 이 수열의 <u>첫째항부터</u> [단서1]

<u>제5항까지의 합</u>은?
[단서2]

① 31   ② 32   ③ 33

④ 34   ⑤ 35

[단서1] $ar^2=12$, $ar^5=-96$
[단서2] 등비수열의 합의 공식 이용

STEP1 첫째항 a와 공비 r에 대한 식 세우기

등비수열 $\{a_n\}$의 첫째항을 a, 공비를 r라 하면

$a_3=ar^2=12$ ⬝⬝⬝⬝⬝⬝⬝⬝⬝⬝⬝⬝⬝⬝⬝⬝ ㉠

$a_6=ar^5=-96$ ⬝⬝⬝⬝⬝⬝⬝⬝⬝⬝⬝ ㉡

STEP2 a와 r의 값 구하기

㉡÷㉠을 하면 $r^3=-8$

$\therefore r=-2$

$r=-2$를 ㉠에 대입하면

$4a=12$ $\therefore a=3$

STEP3 첫째항부터 제5항까지의 합 구하기

등비수열 $\{a_n\}$의 첫째항부터 제5항까지의 합은

$\dfrac{3\times\{1-(-2)^5\}}{1-(-2)}=33$

2168 🔖 ④

첫째항이 1, 공비가 3인 등비수열의 일반항 a_n은

$a_n=3^{n-1}$

$3^{n-1}=243$에서 $3^{n-1}=3^5$

$\therefore n=6$

따라서 S는 첫째항부터 제6항까지의 합이므로

$S=\dfrac{3^6-1}{3-1}=364$

2169 🔖 63

등비수열 $\{a_n\}$의 첫째항을 a, 공비를 r라 하면

$a_2=ar=16$ ⬝⬝⬝⬝⬝⬝⬝⬝⬝⬝⬝⬝⬝⬝⬝⬝⬝⬝⬝⬝⬝⬝⬝ ㉠

$a_5=ar^4=2$ ⬝⬝⬝⬝⬝⬝⬝⬝⬝⬝⬝⬝⬝⬝⬝⬝⬝⬝⬝ ㉡

㉡÷㉠을 하면 $r^3=\dfrac{1}{8}$

$\therefore r=\dfrac{1}{2}$

$r=\dfrac{1}{2}$을 ㉠에 대입하면 $\dfrac{1}{2}a=16$

$\therefore a=32$

따라서 등비수열 $\{a_n\}$의 첫째항부터 제6항까지의 합은

$\dfrac{32\times\left\{1-\left(\dfrac{1}{2}\right)^6\right\}}{1-\dfrac{1}{2}}=63$

2170 🔖 ③

등비수열 $\{a_n\}$의 첫째항은 2이고, 공비를 r라 하면

$a_n=2\times r^{n-1}$

$a_3=2r^2=18$에서 $r^2=9$

$\therefore r=3\ (\because r>0)$

따라서 등비수열 $\{a_n\}$의 첫째항부터 제12항까지의 합은

$\dfrac{2\times(3^{12}-1)}{3-1}=3^{12}-1$

2171 🔖 ②

등비수열 $\{a_n\}$의 첫째항을 a, 공비를 r라 하면

$a_2:a_5=1:8$에서 $a_5=8a_2$

$ar^4=8ar$, $r^3=8$ $\therefore r=2$

$a_4+a_6=80$에서 $ar^3+ar^5=80$

$r=2$를 대입하면 $8a+32a=80$

$40a=80$ $\therefore a=2$

따라서 등비수열 $\{a_n\}$의 첫째항부터 제9항까지의 합은

$\dfrac{2\times(2^9-1)}{2-1}=1022$

2172 🔖 ③

등비수열 $\{a_n\}$의 첫째항을 a, 공비를 r라 하면

$a_2=ar=3$ ⬝⬝⬝⬝⬝⬝⬝⬝⬝⬝⬝⬝⬝⬝⬝⬝⬝⬝⬝⬝ ㉠

$a_5=ar^4=81$ ⬝⬝⬝⬝⬝⬝⬝⬝⬝⬝⬝⬝⬝⬝⬝ ㉡

㉡÷㉠을 하면 $r^3=27$

$\therefore r=3$

$r=3$을 ㉠에 대입하면 $3a=3$

$\therefore a=1$

따라서 $a_1^2+a_2^2+a_3^2+\cdots+a_{10}^2$의 값은 첫째항이 1, 공비가 9인 ← $r=3$이므로 $r^2=9$

등비수열의 첫째항부터 제10항까지의 합과 같으므로

$a_1^2+a_2^2+a_3^2+\cdots+a_{10}^2=\dfrac{9^{10}-1}{9-1}=\dfrac{1}{8}(9^{10}-1)$

2173 🔖 7

첫째항이 16, 공비가 $-\dfrac{1}{2}$인 등비수열의 첫째항부터 제n항까지의

합 S_n은

$$S_n = \frac{16\left\{1-\left(-\frac{1}{2}\right)^n\right\}}{1-\left(-\frac{1}{2}\right)} = \frac{16\left\{1-\left(-\frac{1}{2}\right)^n\right\}}{\frac{3}{2}} = \frac{32}{3}\left\{1-\left(-\frac{1}{2}\right)^n\right\}$$

$4S_k = 43$에서 $S_k = \frac{43}{4}$이므로

$$\frac{32}{3}\left\{1-\left(-\frac{1}{2}\right)^k\right\} = \frac{43}{4}$$

$$1-\left(-\frac{1}{2}\right)^k = \frac{129}{128}$$

$$\left(-\frac{1}{2}\right)^k = 1-\frac{129}{128}, \ \left(-\frac{1}{2}\right)^k = -\frac{1}{128}$$

$$\therefore k=7$$

2174 답 ④

$a_1 = 2$, $a_2 = 2^3$, $a_3 = 2^5$, $\cdots$이므로 수열 $\{a_n\}$은 첫째항이 2, 공비가 2^2인 등비수열이다. ┌→$a_n = 2^{2n-1}$에 $n=1, 2, 3, \cdots$을 대입한다.

따라서 a_1, a_3, a_5, $\cdots$, a_{19}는 첫째항이 2, 공비가 2^4인 등비수열이므로

$$\begin{aligned} a_1+a_3+a_5+\cdots+a_{19} &= 2+2^5+2^9+\cdots+2^{37} \\ &= \frac{2\times\{(2^4)^{10}-1\}}{2^4-1} \\ &= \frac{2(2^{40}-1)}{15} \\ &= \frac{2^{41}-2}{15} \end{aligned}$$

$$\therefore m=41$$

2175 답 ③

$(f\circ f)(0) = f(f(0)) = f(3)$이므로

$$\begin{aligned} f(3) &= 3^{10}+3^9+3^8+\cdots+3+3 \\ &= \frac{3(3^{10}-1)}{3-1}+3 \\ &= \frac{3(3^{10}+1)}{2} \end{aligned}$$

2176 답 257

(i) $x\neq 1$일 때,

$$\begin{aligned} f(x) &= (1+x^4+x^8+x^{12})(1+x+x^2+x^3) \\ &= \frac{(x^4)^4-1}{x^4-1}\times\frac{x^4-1}{x-1} \\ &= \frac{x^{16}-1}{x-1} \end{aligned}$$
┌→ 첫째항이 1, 공비가 x^4인 등비수열의 첫째항부터 제4항까지의 합이다.

(ii) $x=1$일 때,

$$f(1) = 4\times 4 = 16$$

$$\begin{aligned} \therefore \frac{f(2)}{\{f(1)-1\}\{f(1)+1\}} &= \frac{2^{16}-1}{(16-1)\times(16+1)} \\ &= \frac{(2^8-1)\times(2^8+1)}{(2^4-1)\times(2^4+1)} \\ &= \frac{(2^8-1)\times(2^8+1)}{2^8-1} \\ &= 2^8+1 \\ &= 257 \end{aligned}$$

2177 답 21

등비수열 $\{a_n\}$의 첫째항부터 제n항까지의 합을 S_n이라 할 때, $S_2 = 16$, $S_4 = 20$이다. 이때 S_6의 값을 구하시오.

단서1

단서1 등비수열의 합에 대한 식으로 나타낼 수 있음을 이용

STEP 1 $S_2 = 16$, $S_4 = 20$을 이용하여 첫째항 a와 공비 r에 대한 식 세우기

등비수열 $\{a_n\}$의 첫째항을 a, 공비를 r라 하면

$$S_2 = \frac{a(r^2-1)}{r-1} = 16 \quad \cdots\cdots \text{㉠}$$

$$S_4 = \frac{a(r^4-1)}{r-1} = \frac{a(r^2-1)(r^2+1)}{r-1} = 20 \quad \cdots\cdots \text{㉡}$$

STEP 2 S_6의 값 구하기

㉡÷㉠을 하면 $r^2+1 = \frac{5}{4}$ $\quad\therefore r^2 = \frac{1}{4}$

$$\begin{aligned} \therefore S_6 &= \frac{a(r^6-1)}{r-1} \\ &= \frac{a(r^2-1)(r^4+r^2+1)}{r-1} \\ &= 16\times\left\{\left(\frac{1}{4}\right)^2+\frac{1}{4}+1\right\} = 21 \end{aligned}$$

2178 답 ④

등비수열 $\{a_n\}$의 첫째항을 a, 공비를 r라 하면

첫째항부터 제3항까지의 합이 15이므로

$$\frac{a(r^3-1)}{r-1} = 15 \quad \cdots\cdots \text{㉠}$$

첫째항부터 제6항까지의 합이 45이므로

$$\frac{a(r^6-1)}{r-1} = \frac{a(r^3-1)(r^3+1)}{r-1} = 45 \quad \cdots\cdots \text{㉡}$$

㉡÷㉠을 하면 $r^3+1 = 3$ $\quad\therefore r^3 = 2$

따라서 등비수열 $\{a_n\}$의 첫째항부터 제12항까지의 합은

$$\begin{aligned} \frac{a(r^{12}-1)}{r-1} &= \frac{a(r^6-1)(r^6+1)}{r-1} \\ &= 45\times\{(r^3)^2+1\} \\ &= 45\times 5 = 225 \end{aligned}$$

2179 답 ②

등비수열 $\{a_n\}$의 첫째항을 a, 공비를 r라 하면

$$S_n = \frac{a(r^n-1)}{r-1} = 30 \quad \cdots\cdots \text{㉠}$$

$$S_{2n} = \frac{a(r^{2n}-1)}{r-1} = \frac{a(r^n-1)(r^n+1)}{r-1} = 90 \quad \cdots\cdots \text{㉡}$$

㉡÷㉠을 하면 $r^n+1 = 3$

$$\therefore r^n = 2$$

$$\begin{aligned} \therefore S_{3n} &= \frac{a(r^{3n}-1)}{r-1} \\ &= \frac{a(r^n-1)(r^{2n}+r^n+1)}{r-1} \\ &= 30\times(2^2+2+1) \\ &= 30\times 7 = 210 \end{aligned}$$

2180 답 ③

등비수열 $\{a_n\}$의 첫째항을 a, 공비를 r라 하면

첫째항부터 제10항까지의 합이 9이므로

$$\frac{a(r^{10}-1)}{r-1}=9 \quad\cdots\cdots\cdots \textcircled{\small ㉠}$$

제11항부터 제20항까지의 합이 36이므로

$$\frac{ar^{10}(r^{10}-1)}{r-1}=36 \quad\cdots\cdots\cdots \textcircled{\small ㉡}$$

$\textcircled{\small ㉡}\div\textcircled{\small ㉠}$을 하면 $r^{10}=4$

따라서 등비수열 $\{a_n\}$의 제21항부터 제30항까지의 합은

$$\frac{ar^{20}(r^{10}-1)}{r-1}=(r^{10})^2\times\frac{a(r^{10}-1)}{r-1}$$
$$=4^2\times9=144$$

2181　답 ④

등비수열 $\{a_n\}$의 첫째항을 a, 공비를 r라 하면

$$S_2=\frac{a(r^2-1)}{r-1}$$

$$S_4=\frac{a(r^4-1)}{r-1}=\frac{a(r^2-1)(r^2+1)}{r-1}$$

$\dfrac{S_4}{S_2}=9$에서 $r^2+1=9$　∴ $r^2=8$

∴ $\dfrac{a_4}{a_2}=\dfrac{ar^3}{ar}=r^2=8$

2182　답 16

등비수열 $\{a_n\}$의 첫째항을 a, 공비를 r라 하면

$$S_3=\frac{a(r^3-1)}{r-1}=224 \quad\cdots\cdots\cdots \textcircled{\small ㉠}$$

$$S_6=\frac{a(r^6-1)}{r-1}=\frac{a(r^3-1)(r^3+1)}{r-1}=252 \quad\cdots\cdots\cdots \textcircled{\small ㉡}$$

$\textcircled{\small ㉡}\div\textcircled{\small ㉠}$을 하면 $r^3+1=\dfrac{9}{8}$

$r^3=\dfrac{1}{8}$　∴ $r=\dfrac{1}{2}$

$r=\dfrac{1}{2}$을 $\textcircled{\small ㉠}$에 대입하면 $\dfrac{a\left(\dfrac{1}{8}-1\right)}{\dfrac{1}{2}-1}=224$

$\dfrac{7}{4}a=224$　∴ $a=128$

∴ $a_4=ar^3=128\times\left(\dfrac{1}{2}\right)^3=16$

2183　답 ②

등비수열 $\{a_n\}$의 첫째항을 a, 공비를 r라 하면

$a_1+a_2+a_3+\cdots+a_{10}=180$에서

$$\frac{a(r^{10}-1)}{r-1}=180 \quad\cdots\cdots\cdots \textcircled{\small ㉠}$$

$a_2+a_4+a_6+a_8+a_{10}=45$에서

→ 첫째항이 ar, 공비가 r^2, 항의 개수가 5인 등비수열의 합이다.

$$\frac{ar\{(r^2)^5-1\}}{r^2-1}=\frac{ar(r^{10}-1)}{(r-1)(r+1)}=45 \quad\cdots\cdots\cdots \textcircled{\small ㉡}$$

$\textcircled{\small ㉡}\div\textcircled{\small ㉠}$을 하면 $\dfrac{r}{r+1}=\dfrac{1}{4}$

$4r=r+1$, $3r=1$　∴ $r=\dfrac{1}{3}$

따라서 등비수열 $\{a_n\}$의 공비는 $\dfrac{1}{3}$이다.

2184　답 ⑤

홀수 번째 항들의 합은 첫째항이 2, 공비가 r^2, 항의 개수는 $\dfrac{m}{2}$인 등비수열의 합이므로

$$\frac{2\{(r^2)^{\frac{m}{2}}-1\}}{r^2-1}=\frac{2(r^m-1)}{r^2-1}=182 \quad\cdots\cdots\cdots \textcircled{\small ㉠}$$

짝수 번째 항들의 합은 첫째항이 $2r$, 공비가 r^2, 항의 개수는 $\dfrac{m}{2}$인 등비수열의 합이므로

$$\frac{2r\{(r^2)^{\frac{m}{2}}-1\}}{r^2-1}=\frac{2r(r^m-1)}{r^2-1}=546 \quad\cdots\cdots\cdots \textcircled{\small ㉡}$$

$\textcircled{\small ㉡}\div\textcircled{\small ㉠}$을 하면 $r=3$

$r=3$을 $\textcircled{\small ㉠}$에 대입하면 $\dfrac{2(3^m-1)}{8}=182$

$3^m-1=728$, $3^m=729$　∴ $m=6$

∴ $r+m=3+6=9$

2185　답 ④

ㄱ. 공비가 1이면 $S_k=ka_1$, $S_m=ma_1$이므로
　$k\ne m$, $S_k=S_m$이면 $a_1=0$이다. (참)

ㄴ. 등비수열 $\{a_n\}$의 공비를 r라 하면

$$S_6=\frac{a_1(r^6-1)}{r-1}=\frac{a_1(r^3+1)(r^3-1)}{r-1}$$

$$S_3=\frac{a_1(r^3-1)}{r-1}$$

이므로 $\dfrac{S_6}{S_3}=9$에서 $r^3+1=9$

$r^3=8$　∴ $r=2$ (거짓)

ㄷ. 등비수열 $\{a_n\}$의 공비가 -2이므로

$$S_5=\frac{a_1\{1-(-2)^5\}}{1-(-2)}=11a_1$$

이때 $S_5=6a_1+10$이므로 $11a_1=6a_1+10$

$5a_1=10$　∴ $a_1=2$ (참)

따라서 옳은 것은 ㄱ, ㄷ이다.

2186　답 ②

등비수열 $\{a_n\}$의 첫째항을 a, 공비를 r라 하면

$$S_3=\frac{a(1-r^3)}{1-r}=21 \quad\cdots\cdots\cdots \textcircled{\small ㉠}$$

$$S_6=\frac{a(1-r^6)}{1-r}=\frac{a(1-r^3)(1+r^3)}{1-r}=189 \quad\cdots\cdots\cdots \textcircled{\small ㉡}$$

$\textcircled{\small ㉡}\div\textcircled{\small ㉠}$을 하면

$1+r^3=9$

$r^3=8$　∴ $r=2$

$r=2$를 $\textcircled{\small ㉠}$에 대입하면 $\dfrac{a(1-2^3)}{1-2}=21$

$7a=21$　∴ $a=3$

∴ $a_5=ar^4=3\times2^4=48$

다른 풀이

등비수열 $\{a_n\}$의 첫째항을 a, 공비를 r라 하면

$$S_3=a+ar+ar^2=21 \quad\cdots\cdots\cdots \textcircled{\small ㉠}$$

$$S_6=a+ar+ar^2+ar^3+ar^4+ar^5$$

$$=a+ar+ar^2+r^3(a+ar+ar^2)$$
$$=(1+r^3)(a+ar+ar^2)=189 \quad \cdots\cdots\cdots \text{ⓒ}$$

㉠을 ⓒ에 대입하면

$$21(1+r^3)=189$$
$$1+r^3=9, \ r^3=8 \quad \therefore r=2$$

$r=2$를 ㉠에 대입하면 $a+2a+2^2a=21$

$$7a=21 \quad \therefore a=3$$
$$\therefore a_5=ar^4=3\times 2^4=48$$

2187 답 64

등비수열 $\{a_n\}$의 첫째항은 1이고, 공비를 r라 하면

$$a_n=1\times r^{n-1}=r^{n-1}$$

$\dfrac{S_6}{S_3}=2a_4-7$에서

$$\dfrac{S_6}{S_3}=\dfrac{\dfrac{r^6-1}{r-1}}{\dfrac{r^3-1}{r-1}}=\dfrac{r^6-1}{r^3-1}$$
$$=\dfrac{(r^3+1)(r^3-1)}{r^3-1}=r^3+1$$

이므로 $r^3+1=2r^3-7, \ r^3=8 \quad \therefore r=2$

$$\therefore a_7=2^6=64$$

2188 답 ①

등비수열 $\{a_n\}$의 첫째항은 3이고, 공비를 r라 하면

$$a_n=3r^{n-1}$$

(i) $r=1$일 때

$\dfrac{S_6}{S_5-S_2}=\dfrac{3\times 6}{3\times 5-3\times 2}=2$이고 $\dfrac{a_2}{2}=\dfrac{3}{2}$이므로

$$\dfrac{S_6}{S_5-S_2}\neq\dfrac{a_2}{2}$$

(ii) $r\neq 1$일 때

$$\dfrac{S_6}{S_5-S_2}=\dfrac{\dfrac{3(r^6-1)}{r-1}}{\dfrac{3(r^5-1)}{r-1}-\dfrac{3(r^2-1)}{r-1}}$$
$$=\dfrac{r^6-1}{r^5-r^2}=\dfrac{(r^3+1)(r^3-1)}{r^2(r^3-1)}$$
$$=\dfrac{r^3+1}{r^2}$$

$\dfrac{a_2}{2}=\dfrac{3r}{2}$이므로

$\dfrac{r^3+1}{r^2}=\dfrac{3r}{2}$에서

$$2(r^3+1)=3r^3, \ r^3=2$$
$$\therefore a_4=ar^3=3\times 2=6$$

실수 Check

세 개의 등비수열의 합 S_6, S_5, S_2에서 식이 복잡하게 나오지만 첫째항이 같고, 공비가 같으므로 인수분해를 이용하여 잘 정리하면 공비를 쉽게 구할 수 있다. 이때 문제와 같이 r를 구할 필요 없이 r^3의 값을 이용할 수 있는 경우도 있으므로 구하는 것이 무엇인지 확인하고 식을 정리한다.

2189 답 ③
|유형 13

모든 항이 양수인 등비수열 $\{a_n\}$에서 제3항이 18, 제5항이 162이다. **단서1** 첫째항부터 제n항까지의 합을 S_n이라 할 때, S_n의 값이 처음으로 500보다 커질 때의 자연수 n의 값은? **단서2**

① 4   ② 5   ③ 6
④ 7   ⑤ 8

단서1 $ar^2=18$, $ar^4=162$
단서2 $S_n>500$을 만족시키는 자연수 n의 최솟값

STEP1 첫째항 a와 공비 r에 대한 식 세우기

등비수열 $\{a_n\}$의 첫째항을 a, 공비를 r라 하면

$$a_3=ar^2=18 \quad \cdots\cdots\cdots \text{㉠}$$
$$a_5=ar^4=162 \quad \cdots\cdots\cdots \text{ⓒ}$$

STEP2 a와 r의 값 구하기

ⓒ÷㉠을 하면 $r^2=9$

$\therefore r=3 \ (\because r>0) \quad \rightarrow$ 모든 항이 양수이므로 $a>0$, $r>0$

$r=3$을 ㉠에 대입하면

$$9a=18 \quad \therefore a=2$$

STEP3 첫째항부터 제n항까지의 합 S_n 구하기

등비수열 $\{a_n\}$의 첫째항부터 제n항까지의 합 S_n은

$$S_n=\dfrac{2(3^n-1)}{3-1}=3^n-1$$

STEP4 S_n의 값이 처음으로 500보다 커질 때의 자연수 n의 값 구하기

$3^n-1>500$에서 $3^n>501$

이때 $3^5=243$, $3^6=729$이므로 S_n의 값이 처음으로 500보다 커지는 자연수 n의 값은 6이다.

2190 답 제11항

첫째항이 $\dfrac{1}{2}$, 공비가 2인 등비수열 $\{a_n\}$의 첫째항부터 제n항까지의 합 S_n은

$$S_n=\dfrac{\dfrac{1}{2}(2^n-1)}{2-1}=\dfrac{1}{2}(2^n-1)$$

$S_n>1000$에서 $\dfrac{1}{2}(2^n-1)>1000$

$$2^n-1>2000, \ 2^n>2001$$

이때 $2^{10}=1024$, $2^{11}=2048$이므로 S_n의 값이 처음으로 1000보다 커지는 항은 제11항이다.

2191 답 ②

등비수열 $\{a_n\}$의 첫째항을 a, 공비를 r라 하면

$$a_2=ar=10 \quad \cdots\cdots\cdots \text{㉠}$$

$a_7=16a_3$에서 $ar^6=16ar^2$

$$r^4=16 \quad \therefore r=2 \ (\because r>0)$$

$r=2$를 ㉠에 대입하면 $2a=10 \quad \therefore a=5$

$$\therefore S_n=\dfrac{5(2^n-1)}{2-1}=5(2^n-1)$$

$S_k<850$에서 $5(2^k-1)<850$

$2^k - 1 < 170$, $2^k < 171$

이때 $2^7 = 128$, $2^8 = 256$이므로 $S_k < 850$을 만족시키는 자연수 k의 최댓값은 7이다.

2192 답 ①

등비수열 $\{a_n\}$의 첫째항은 $\frac{2}{3}$, 공비는 $\frac{1}{3}$이므로 첫째항부터 제n항까지의 합 S_n은

$$S_n = \frac{\frac{2}{3}\left\{1-\left(\frac{1}{3}\right)^n\right\}}{1-\frac{1}{3}} = 1-\left(\frac{1}{3}\right)^n$$

$|S_n - 1| < \frac{1}{1000}$에서 $\left|1-\left(\frac{1}{3}\right)^n - 1\right| < \frac{1}{1000}$

$\left(\frac{1}{3}\right)^n < \frac{1}{1000}$, $3^n > 1000$

이때 $3^6 = 729$, $3^7 = 2187$이므로 $|S_n - 1| < \frac{1}{1000}$을 만족시키는 자연수 n의 최솟값은 7이다.

2193 답 ①

등비수열 $\{a_n\}$의 첫째항은 3, 공비는 $\frac{1}{3}$이므로 첫째항부터 제n항까지의 합 S_n은

$$S_n = \frac{3\left\{1-\left(\frac{1}{3}\right)^n\right\}}{1-\frac{1}{3}} = \frac{9}{2}\left\{1-\left(\frac{1}{3}\right)^n\right\}$$

$\left|\frac{2}{9}S_n - 1\right| > 0.01$에서 $\left|\frac{2}{9} \times \frac{9}{2}\left\{1-\left(\frac{1}{3}\right)^n\right\} - 1\right| > \frac{1}{100}$

$\left(\frac{1}{3}\right)^n > \frac{1}{100}$, $3^n < 100$

이때 $3^4 = 81$, $3^5 = 243$이므로 $\left|\frac{2}{9}S_n - 1\right| > 0.01$을 만족시키는 자연수 n의 값은 1, 2, 3, 4이다.

따라서 모든 자연수 n의 값의 합은

$1 + 2 + 3 + 4 = 10$

2194 답 9

등비수열 $\{a_n\}$의 공비를 r라 하면

$(a_2 + a_6) : (a_5 + a_9) = 1 : 8$에서

$a_5 + a_9 = 8(a_2 + a_6)$

$a_1 r^4 + a_1 r^8 = 8(a_1 r + a_1 r^5)$, $a_1 r^4(1+r^4) = 8a_1 r(1+r^4)$

$r^3 = 8$ ∴ $r = 2$

$S_n > 500a_1$에서 $\frac{a_1(2^n - 1)}{2-1} > 500a_1$

$2^n - 1 > 500$, $2^n > 501$

이때 $2^8 = 256$, $2^9 = 512$이므로 $S_n > 500a_1$을 만족시키는 자연수 n의 최솟값은 9이다.

실수 Check

$2^n > 501$을 만족시키는 n의 최솟값은 501보다 커지게 하는 가장 작은 n의 값이다.

2195 답 ④

등비수열 $\{a_n\}$에서 첫째항부터 제5항까지의 합이 31이고, 곱이 1024 **단서1**

일 때, $\frac{1}{a_1} + \frac{1}{a_2} + \frac{1}{a_3} + \frac{1}{a_4} + \frac{1}{a_5}$의 값은? **단서2**

① $\frac{31}{2}$ ② $\frac{31}{4}$ ③ $\frac{31}{8}$

④ $\frac{31}{16}$ ⑤ $\frac{31}{32}$

단서1 a와 r에 대한 식을 세울 수 있음을 이용

단서2 공비는 $\frac{1}{r}$

STEP1 첫째항 a와 공비 r에 대한 식 세우기

등비수열 $\{a_n\}$의 첫째항을 a, 공비를 r라 하면 첫째항부터 제5항까지의 합이 31이므로

$$S_5 = \frac{a(r^5 - 1)}{r-1} = 31 \quad\cdots\cdots \text{㉠}$$

첫째항부터 제5항까지의 곱이 1024이므로

$$a_1 a_2 a_3 a_4 a_5 = a \times ar \times ar^2 \times ar^3 \times ar^4$$
$$= a^5 r^{10}$$
$$= (ar^2)^5$$
$$= 1024 = (2^2)^5$$

즉, $ar^2 = 4 \quad\cdots\cdots \text{㉡}$

STEP2 $\frac{1}{a_1} + \frac{1}{a_2} + \frac{1}{a_3} + \frac{1}{a_4} + \frac{1}{a_5}$의 값 구하기

수열 $\left\{\frac{1}{a_n}\right\}$은 첫째항이 $\frac{1}{a}$, 공비가 $\frac{1}{r}$인 등비수열이므로

$$\frac{1}{a_1} + \frac{1}{a_2} + \frac{1}{a_3} + \frac{1}{a_4} + \frac{1}{a_5} = \frac{\frac{1}{a}\left\{1-\left(\frac{1}{r}\right)^5\right\}}{1-\frac{1}{r}} = \frac{\frac{1}{a}\left(\frac{r^5-1}{r^5}\right)}{\frac{r-1}{r}}$$

$$= \frac{1}{a} \times \frac{1}{r^4} \times \frac{r^5-1}{r-1}$$

$$= \frac{1}{(ar^2)^2} \times \frac{a(r^5-1)}{r-1}$$

$$= \frac{1}{4^2} \times 31 \ (\because \text{㉠}, \text{㉡})$$

$$= \frac{31}{16}$$

2196 답 ②

첫째항이 a, 공비가 $\frac{1}{2}$인 등비수열 $\{a_n\}$의 일반항은

$$a_n = a \times \left(\frac{1}{2}\right)^{n-1}$$

등비수열 $\{a_n\}$에서 첫째항부터 제6항까지의 합이 $\frac{63}{8}$이므로

$$\frac{a\left\{1-\left(\frac{1}{2}\right)^6\right\}}{1-\frac{1}{2}} = \frac{63}{8}, \ 2a\left(1-\frac{1}{64}\right) = \frac{63}{8}$$

$\frac{63}{32}a = \frac{63}{8}$ ∴ $a = 4$

즉, $a_n = 4 \times \left(\frac{1}{2}\right)^{n-1}$이므로 $\frac{1}{a_n} = \frac{1}{4 \times \left(\frac{1}{2}\right)^{n-1}} = \frac{1}{4} \times 2^{n-1}$

따라서 수열 $\left\{\frac{1}{a_n}\right\}$은 첫째항이 $\frac{1}{4}$, 공비가 2인 등비수열이므로

$$\frac{1}{a_1}+\frac{1}{a_2}+\frac{1}{a_3}+\frac{1}{a_4}+\frac{1}{a_5}+\frac{1}{a_6}$$

$$=\frac{\frac{1}{4}\times(2^6-1)}{2-1}=\frac{63}{4}$$

2197 답 9207

등비수열 $\{a_n\}$의 첫째항을 a, 공비를 r라 하면

$$a_3=ar^2=\frac{1}{6} \quad\cdots\cdots\cdots\cdots\cdots\cdots ㉠$$

$$a_7=ar^6=\frac{1}{24} \quad\cdots\cdots\cdots\cdots\cdots\cdots ㉡$$

㉡÷㉠을 하면 $\dfrac{ar^6}{ar^2}=\dfrac{\frac{1}{24}}{\frac{1}{6}}$

$r^4=\dfrac{1}{4}$ $\quad\therefore r=\dfrac{\sqrt{2}}{2}\ (\because r>0)$

$r=\dfrac{\sqrt{2}}{2}$를 ㉠에 대입하면

$\dfrac{1}{2}a=\dfrac{1}{6}$ $\quad\therefore a=\dfrac{1}{3}$

따라서 첫째항이 $\dfrac{1}{3}$, 공비가 $\dfrac{\sqrt{2}}{2}$인 등비수열 $\{a_n\}$의 일반항은

$$a_n=\frac{1}{3}\times\left(\frac{\sqrt{2}}{2}\right)^{n-1}$$

이때 $a_n{}^2=\left\{\dfrac{1}{3}\times\left(\dfrac{\sqrt{2}}{2}\right)^{n-1}\right\}^2=\dfrac{1}{9}\times\left(\dfrac{1}{2}\right)^{n-1}$이므로

$$\frac{1}{a_n{}^2}=\frac{1}{\frac{1}{9}\times\left(\frac{1}{2}\right)^{n-1}}=9\times2^{n-1}$$

따라서 수열 $\left\{\dfrac{1}{a_n{}^2}\right\}$은 첫째항이 9, 공비가 2인 등비수열이므로

$$\frac{1}{a_1{}^2}+\frac{1}{a_2{}^2}+\frac{1}{a_3{}^2}+\cdots+\frac{1}{a_{10}{}^2}=\frac{9(2^{10}-1)}{2-1}=9207$$

2198 답 5

등비수열 $\{a_n\}$의 첫째항을 a, 공비를 r라 하면 등비수열 $\left\{\dfrac{1}{a_n}\right\}$의 첫째항은 $\dfrac{1}{a}$, 공비는 $\dfrac{1}{r}$이므로

$a_1+a_2+a_3+\cdots+a_{10}=30$에서

$$\frac{a(r^{10}-1)}{r-1}=30 \quad\cdots\cdots\cdots\cdots\cdots ㉠$$

$\dfrac{1}{a_1}+\dfrac{1}{a_2}+\dfrac{1}{a_3}+\cdots+\dfrac{1}{a_{10}}=10$에서

$$\frac{\frac{1}{a}\left\{1-\left(\frac{1}{r}\right)^{10}\right\}}{1-\frac{1}{r}}=\frac{r}{a(r-1)}\times\frac{r^{10}-1}{r^{10}}$$

$$=\frac{r^{10}-1}{ar^9(r-1)}=10 \quad\cdots\cdots\cdots ㉡$$

㉡÷㉠을 하면 $\dfrac{1}{a^2r^9}=\dfrac{1}{3}$ $\quad\therefore a^2r^9=3$

$$\therefore \log_3 a_1+\log_3 a_2+\log_3 a_3+\cdots+\log_3 a_{10}$$

$$=\log_3(a\times ar\times ar^2\times\cdots\times ar^9)$$

$$=\log_3 a^{10}r^{1+2+3+\cdots+9}$$

$$=\log_3 a^{10}r^{45}=\log_3(a^2r^9)^5$$

$$=\log_3 3^5=5$$

2199 답 ③

등비수열 $\{a_n\}$의 첫째항을 a, 공비를 r라 하면 $\longrightarrow a_n=ar^{n-1}$

$2a_4+a_5=0$이므로

$2ar^3+ar^4=ar^3(2+r)=0$

$\therefore r=-2\ (\because r\neq 0)$

$a_1+a_2+a_3=\dfrac{3}{8}$이므로

$a+ar+ar^2=a(1+r+r^2)=\dfrac{3}{8}$

$a(1-2+4)=\dfrac{3}{8}$ $\quad\therefore a=\dfrac{1}{8}$

즉, $a_n=\dfrac{1}{8}\times(-2)^{n-1}$이므로

$$\frac{1}{a_n}=8\times\left(-\frac{1}{2}\right)^{n-1}$$

등비수열 $\left\{\dfrac{1}{a_n}\right\}$의 첫째항부터 제$n$항까지의 합은

$$\frac{8\left\{1-\left(-\frac{1}{2}\right)^n\right\}}{1-\left(-\frac{1}{2}\right)}=\frac{16}{3}\left\{1-\left(-\frac{1}{2}\right)^n\right\}$$

이므로 $\dfrac{1}{a_1}+\dfrac{1}{a_2}+\dfrac{1}{a_3}+\cdots+\dfrac{1}{a_k}=\dfrac{43}{8}$에서

$\dfrac{16}{3}\left\{1-\left(-\dfrac{1}{2}\right)^k\right\}=\dfrac{43}{8}$, $1-\left(-\dfrac{1}{2}\right)^k=\dfrac{129}{128}$

$\left(-\dfrac{1}{2}\right)^k=-\dfrac{1}{128}=\left(-\dfrac{1}{2}\right)^7$

$\therefore k=7$

2200 답 ⑤

등비수열 $2,\ a_1,\ a_2,\ a_3,\ \cdots,\ a_{10},\ 30$은 첫째항이 2이고, 공비를 r라 하면 30은 제12항이므로

$30=2\times r^{11}$

$\therefore r^{11}=15 \quad\cdots\cdots\cdots\cdots\cdots\cdots ㉠$

이때 $2+a_1+a_2+a_3+\cdots+a_{10}+30=\dfrac{2(r^{12}-1)}{r-1}$

또, 수열 $\dfrac{1}{2},\ \dfrac{1}{a_1},\ \dfrac{1}{a_2},\ \dfrac{1}{a_3},\ \cdots,\ \dfrac{1}{a_{10}},\ \dfrac{1}{30}$은 첫째항이 $\dfrac{1}{2}$, 공비가 $\dfrac{1}{r}$인 등비수열이므로

$$\frac{1}{2}+\frac{1}{a_1}+\frac{1}{a_2}+\frac{1}{a_3}+\cdots+\frac{1}{a_{10}}+\frac{1}{30}=\frac{\frac{1}{2}\left\{1-\left(\frac{1}{r}\right)^{12}\right\}}{1-\frac{1}{r}}$$

이때

$2+a_1+a_2+\cdots+a_{10}+30$

$=m\left(\dfrac{1}{2}+\dfrac{1}{a_1}+\dfrac{1}{a_2}+\cdots+\dfrac{1}{a_{10}}+\dfrac{1}{30}\right)$

이므로

$$\frac{2(r^{12}-1)}{r-1}=m\times\frac{\frac{1}{2}\left\{1-\left(\frac{1}{r}\right)^{12}\right\}}{1-\frac{1}{r}}$$

$$\frac{2(r^{12}-1)}{r-1}=m\times\frac{r(r^{12}-1)}{2\times r^{12}\times(r-1)}$$

$4r^{11}=m$

$\therefore m=4\times15=60\ (\because ㉠)$

Plus 문제

2200-1

두 수 3과 60 사이에 20개의 수를 넣어 만든 수열

$$3, a_1, a_2, \cdots, a_{20}, 60$$

이 이 순서대로 등비수열을 이룬다.

$$3+a_1+a_2+\cdots+a_{20}+60$$
$$=k\left(\frac{1}{3}+\frac{1}{a_1}+\frac{1}{a_2}+\cdots+\frac{1}{a_{20}}+\frac{1}{60}\right)$$

을 만족시키는 상수 k의 값을 구하시오.

등비수열 $3, a_1, a_2, a_3, \cdots, a_{20}, 60$은 첫째항이 3이고, 공비를 r라 하면 60은 제22항이므로

$$60=3\times r^{21} \qquad \therefore r^{21}=20 \qquad\cdots\cdots \text{㉠}$$

이때 $3+a_1+a_2+a_3+\cdots+a_{20}+60=\dfrac{3(r^{22}-1)}{r-1}$

또, 수열 $\dfrac{1}{3}, \dfrac{1}{a_1}, \dfrac{1}{a_2}, \dfrac{1}{a_3}, \cdots, \dfrac{1}{a_{20}}, \dfrac{1}{60}$은 첫째항이 $\dfrac{1}{3}$이고

공비가 $\dfrac{1}{r}$인 등비수열이므로

$$\frac{1}{3}+\frac{1}{a_1}+\frac{1}{a_2}+\frac{1}{a_3}+\cdots+\frac{1}{a_{20}}+\frac{1}{60}=\frac{\frac{1}{3}\left\{1-\left(\frac{1}{r}\right)^{22}\right\}}{1-\frac{1}{r}}$$

이때

$$3+a_1+a_2+\cdots+a_{20}+60=k\left(\frac{1}{3}+\frac{1}{a_1}+\frac{1}{a_2}+\cdots+\frac{1}{a_{20}}+\frac{1}{60}\right)$$

이므로

$$\frac{3(r^{22}-1)}{r-1}=k\times\frac{\frac{1}{3}\left\{1-\left(\frac{1}{r}\right)^{22}\right\}}{1-\frac{1}{r}}$$

$$\frac{3(r^{22}-1)}{r-1}=k\times\frac{r(r^{22}-1)}{3\times r^{22}\times(r-1)}$$

$$9r^{21}=k$$

$$\therefore k=9\times 20=180 \ (\because \text{㉠})$$

답 180

2201 답 ③ | 유형 15

첫째항이 1, 공비가 r인 등비수열 $\{a_n\}$의 첫째항부터 제n항까지의 합을 S_n이라 하자. $\underline{S_{20}=4S_{10}}$, $S_{40}=kS_{10}$일 때, 상수 k의 값은?
단서1
(단, $r\neq\pm1$)

① 10　　　② 20　　　③ 40

④ 80　　　⑤ 100

단서1 등비수열의 합에 대한 식으로 나타낼 수 있음을 이용

STEP1 공비 r에 대한 식 세우기

$S_{20}=4S_{10}$에서

$$\frac{r^{20}-1}{r-1}=4\times\frac{r^{10}-1}{r-1}$$

$$\frac{(r^{10}-1)(r^{10}+1)}{r-1}=\frac{4(r^{10}-1)}{r-1}, \ r^{10}+1=4$$

$$\therefore r^{10}=3 \qquad\cdots\cdots\cdots\cdots\cdots\cdots\cdots\cdots\cdots \text{㉠}$$

$S_{40}=kS_{10}$에서

$$\frac{r^{40}-1}{r-1}=k\times\frac{r^{10}-1}{r-1}$$

$$\frac{(r^{10}-1)(r^{10}+1)(r^{20}+1)}{r-1}=\frac{k(r^{10}-1)}{r-1}$$

$$\therefore (r^{10}+1)(r^{20}+1)=k \qquad\cdots\cdots \text{㉡}$$

STEP2 상수 k의 값 구하기

㉠을 ㉡에 대입하면

$$k=(3+1)\times(3^2+1)=40$$

2202 답 ⑤

$$\frac{S_{12}-S_{10}}{a_{12}-a_{11}}-\frac{a_{12}-a_{11}}{S_{12}-S_{10}}=\frac{11}{30}\text{에서}$$

$$\frac{a_{12}+a_{11}}{a_{12}-a_{11}}-\frac{a_{12}-a_{11}}{a_{12}+a_{11}}=\frac{11}{30}$$

$S_{12}-S_{10}$
$=a_1+a_2+\cdots+a_{10}+a_{11}+a_{12}$
$-(a_1+a_2+\cdots+a_{10})=a_{11}+a_{12}$

이때 $a_{12}=a_1r^{11}$, $a_{11}=a_1r^{10}$을 대입하면

$$\frac{a_1r^{11}+a_1r^{10}}{a_1r^{11}-a_1r^{10}}-\frac{a_1r^{11}-a_1r^{10}}{a_1r^{11}+a_1r^{10}}=\frac{11}{30}$$

$$\frac{r+1}{r-1}-\frac{r-1}{r+1}=\frac{11}{30}, \ \frac{4r}{r^2-1}=\frac{11}{30}$$

$$11r^2-120r-11=0, \ (11r+1)(r-11)=0$$

$$\therefore r=11 \ (\because r>0)$$

2203 답 85

$S_{10}=5S_5$에서

$$\frac{a(r^{10}-1)}{r-1}=5\times\frac{a(r^5-1)}{r-1}$$

$$\frac{a(r^5-1)(r^5+1)}{r-1}=\frac{5a(r^5-1)}{r-1}$$

$$r^5+1=5 \qquad \therefore r^5=4 \qquad\cdots\cdots\cdots \text{㉠}$$

$S_{20}=kS_5$에서

$$\frac{a(r^{20}-1)}{r-1}=k\times\frac{a(r^5-1)}{r-1}$$

$$\frac{a(r^5-1)(r^5+1)(r^{10}+1)}{r-1}=\frac{ka(r^5-1)}{r-1}$$

$$\therefore (r^5+1)(r^{10}+1)=k \qquad\cdots\cdots \text{㉡}$$

㉠을 ㉡에 대입하면

$$k=(4+1)\times(4^2+1)=85$$

2204 답 ②

등비수열 $\{a_n\}$의 일반항은 $a_n=ar^{n-1}$

$2a=S_2+S_3$이므로 $2a=(a+ar)+(a+ar+ar^2)$

$$2ar+ar^2=0, \ ar(2+r)=0$$

$$\therefore r=0 \ \text{또는} \ r=-2$$

이때 $r^2=64a^2 \ (a>0)$에 의하여 $r\neq0$이므로

$$r=-2$$

$r=-2$를 $r^2=64a^2$에 대입하면

$4=64a^2$, $a^2=\dfrac{1}{16}$ $\therefore a=\dfrac{1}{4}$ $(\because a>0)$

$\therefore a_5=\dfrac{1}{4}\times(-2)^4=4$

2205 답 ②

등비수열 $\{a_n\}$의 첫째항은 2이고, 공비를 r $(r\ne0,\ r\ne1)$라 하면

$a_n=2r^{n-1}$

조건 (나)에서 $S_{12}<S_{10}$이므로

$\dfrac{2(r^{12}-1)}{r-1}<\dfrac{2(r^{10}-1)}{r-1}$

$\dfrac{2(r^{12}-1)-2(r^{10}-1)}{r-1}<0$

$\dfrac{2r^{12}-2r^{10}}{r-1}<0,\ \dfrac{2r^{10}(r^2-1)}{r-1}<0$

$\dfrac{2r^{10}(r-1)(r+1)}{r-1}<0,\ 2r^{10}(r+1)<0$

$\therefore r<-1\ (\because r^{10}>0)$

조건 (가)에서 $S_{12}-S_2=4S_{10}$이므로

$\dfrac{2(r^{12}-1)}{r-1}-\dfrac{2(r^2-1)}{r-1}=4\times\dfrac{2(r^{10}-1)}{r-1}$

$(r^{12}-1)-(r^2-1)=4(r^{10}-1)$

$r^2(r^{10}-1)=4(r^{10}-1)$

$r\ne1$이므로 $r^2=4$

$\therefore r=-2\ (\because r<-1)$

따라서 $a_n=2\times(-2)^{n-1}$이므로

$a_4=2\times(-2)^3=-16$

참고 (1) $r=1$이면 $S_{12}-S_2=12\times2-2\times2=20$, $4S_{10}=4\times2\times10=80$
이므로 $S_{12}-S_2\ne4S_{10}$ $\therefore r\ne1$

(2) $S_{12}<S_{10}$이므로 $r<0$

Tip 조건 (나)에서 $S_{12}<S_{10}$이므로

$S_{12}-S_{10}<0,\ a_{12}+a_{11}<0$

$2r^{11}+2r^{10}<0,\ r^{10}(r+1)<0$

$r^{10}>0$이므로 $r+1<0$ $\therefore r<-1$

2206 답 ③ | 유형 16

어느 학교의 2001년부터 2020년까지 20년 동안의 입학생 수는 8000 **단서2**
명이고, 이 중 2000명은 2011년부터 2020년까지의 입학생 수라 한 **단서3**
다. 이 학교의 입학생 수는 매년 일정한 비율로 감소한다고 할 때, **단서1**
2021년의 입학생 수는 2001년의 입학생 수의 몇 배인가?

① $\dfrac{1}{3}$배   ② $\dfrac{1}{4}$배   ③ $\dfrac{1}{9}$배

④ $\dfrac{1}{12}$배   ⑤ $\dfrac{1}{16}$배

단서1 일정한 비율로 감소하므로 등비수열의 합에 대한 식을 이용

단서2 20년 동안의 등비수열의 합이 8000

단서3 10년 동안의 등비수열의 합이 2000

STEP 1 처음 양 a와 일정하게 감소하는 비율 r에 대한 식 세우기

2001년의 입학생 수를 a명, 매년 입학생 수가 전년 입학생 수의 r

배로 감소한다고 하면 2001년부터 2020년까지 20년 동안의 입학
생 수는 8000명이므로

$a+ar+ar^2+\cdots+ar^{19}=8000$

$a(1+r+r^2+\cdots+r^{19})=8000$

$a\times\dfrac{1-r^{20}}{1-r}=8000$ ⋯⋯⋯⋯⋯⋯⋯ ㉠

2011년부터 2020년까지 10년 동안의 입학생 수는 2000명이므로

$ar^{10}+ar^{11}+ar^{12}+\cdots+ar^{19}=2000$

$ar^{10}(1+r+r^2+\cdots+r^9)=2000$

$ar^{10}\times\dfrac{1-r^{10}}{1-r}=2000$ ⋯⋯⋯⋯⋯ ㉡

STEP 2 두 식을 연립하여 r의 값 구하기

㉠÷㉡을 하면

$\dfrac{1}{r^{10}}(1+r^{10})=4,\ 1+r^{10}=4r^{10}$

$3r^{10}=1$ $\therefore r^{10}=\dfrac{1}{3}$

STEP 3 2021년의 입학생 수는 2001년의 입학생 수의 몇 배인지 구하기

2001년의 입학생 수는 a명이고 2021년의 입학생 수는
ar^{20}명이므로

$ar^{20}=a\times(r^{10})^2=\dfrac{1}{9}a$

따라서 2021년의 입학생 수는 2001년의 입학생 수의 $\dfrac{1}{9}$배이다.

2207 답 ③

지후가 매일 읽은 책의 쪽수는

$10,\ 10\times2,\ 10\times2^2,\ 10\times2^3,\ \cdots$

즉, 첫째항이 10, 공비가 2인 등비수열을 이룬다.

지후가 n일 동안 읽은 책의 쪽수의 합을 S_n이라 하면

$S_n=\dfrac{10(2^n-1)}{2-1}=10(2^n-1)$

마지막 날까지 읽은 쪽수의 합이 400보다 크거나 같으면 책을 다
읽게 되므로

$10(2^n-1)\ge400$

$2^n-1\ge40,\ 2^n\ge41$

이때 $2^5=32$, $2^6=64$이므로 400쪽짜리 책을 다 읽는 데 6일이 걸
렸다.

2208 답 54 km

첫째 날 이동한 거리는 6 km이고 둘째 날부터는 전날 이동한 거리
의 10 %씩 늘려서 이동하므로 이동한 거리는 첫째항이 6, 공비가
1.1인 등비수열을 이룬다.

따라서 민서가 일주일 동안 이동한 거리는

$\dfrac{6\times\{(1.1)^7-1\}}{1.1-1}=\dfrac{6\times(1.9-1)}{0.1}=54\,(\text{km})$

2209 답 $\dfrac{9}{4}$배

2006년의 신규 가입자의 수를 a명, 매년 가입자의 수가 증가하는
일정한 비율을 r라 하면 2006년부터 2013년까지 8년 동안의 신규

가입자의 수는 14만 명이므로

$$\frac{a(r^8-1)}{r-1}=140000 \quad \cdots\cdots\cdots\cdots\cdots\cdots \bigcirc$$

2014년부터 2021년까지 8년 동안의 신규 가입자의 수는 21만 명
→ 2014년의 신규 가입자의 수는 $ar^{9-1}=ar^8$
이므로

$$\frac{ar^8(r^8-1)}{r-1}=210000 \quad \cdots\cdots\cdots\cdots \bigcirc$$

$\bigcirc \div \bigcirc$을 하면 $r^8=\dfrac{3}{2}$

2006년의 신규 가입자의 수는 a명이고 2022년의 신규 가입자의
수는 ar^{16}이므로

$$ar^{16}=a\times(r^8)^2$$
$$=\frac{9}{4}a$$

따라서 2022년의 신규 가입자의 수는 2006년의 신규 가입자 수의
$\dfrac{9}{4}$배이다.

2210 답 ⑤

2010년의 원두 생산량을 a kg, 매년 원두 생산량이 감소하는 일
정한 비율을 r라 하면 2010년부터 2013년까지 4년 동안의 원두 생
산량은 10만 kg이므로

$$\frac{a(r^4-1)}{r-1}=100000 \quad \cdots\cdots\cdots\cdots \bigcirc$$

2014년부터 2017년까지 4년 동안의 원두 생산량은 8만 kg이므로
→ 2014년의 원두 생산량은 $ar^{5-1}=ar^4$
$$\frac{ar^4(r^4-1)}{r-1}=80000 \quad \cdots\cdots\cdots\cdots \bigcirc$$

$\bigcirc \div \bigcirc$을 하면 $r^4=\dfrac{4}{5}$

2010년의 원두 생산량은 a kg이고 2022년의 원두 생산량은 ar^{12}
이므로

$$ar^{12}=a\times(r^4)^3$$
$$=\frac{64}{125}a$$

따라서 2022년의 원두 생산량은 2010년의 원두 생산량의 $\dfrac{64}{125}$배
이다.

2211 답 ③

2020년에 석탄의 채굴량은 10만 톤이고 매년 10 %씩 채굴량을
늘리면 n년 동안의 석탄의 총 채굴량은

$$\frac{10(1.1^n-1)}{1.1-1}=100(1.1^n-1)$$

이 석탄이 모두 고갈되려면

$$100(1.1^n-1)\geq300$$
$$1.1^n-1\geq3$$
$$1.1^n\geq4$$

이때 $1.1^{14}=3.8$, $1.1^{15}=4.2$이므로

$$n\geq15$$

따라서 석탄이 모두 고갈되는 해는

2019+15=2034(년)

2212 답 ④

그림과 같이 한 변의 길이가 4인 정삼각
형 ABC가 있다. 첫 번째 시행에서 정
삼각형 ABC의 세 변의 중점을 이어서
만든 정삼각형 $A_1B_1C_1$을 잘라내고, 두
번째 시행에서 첫 번째 시행 후 남은 3
개의 정삼각형에서 같은 방법으로 만든
정삼각형을 잘라낸다. 이와 같은 시행을
반복할 때, n번째 시행에서 잘라낸 정삼각형의 넓이의 합을 S_n이라
단서1
하자. 이때 $S_1+S_2+S_3+\cdots+S_{10}$의 값은?

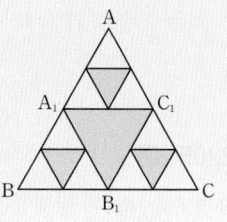

① $\dfrac{\sqrt{3}}{2}\left\{1-\left(\dfrac{3}{4}\right)^{10}\right\}$ ② $\sqrt{3}\left\{1-\left(\dfrac{3}{4}\right)^{10}\right\}$

③ $2\sqrt{3}\left\{1-\left(\dfrac{3}{4}\right)^{10}\right\}$ ④ $4\sqrt{3}\left\{1-\left(\dfrac{3}{4}\right)^{10}\right\}$

⑤ $8\sqrt{3}\left\{1-\left(\dfrac{3}{4}\right)^{10}\right\}$

단서1 정삼각형의 넓이 구하는 공식을 이용

STEP1 첫 번째 시행의 결과 구하기

첫 번째 시행에서 잘라낸 정삼각형의 넓이는

$$S_1=\frac{\sqrt{3}}{4}\times4^2\times\frac{1}{4}=\sqrt{3}$$
$$\longrightarrow \triangle A_1B_1C_1=\frac{1}{4}\triangle ABC$$

STEP2 수열 $\{S_n\}$의 일반항 구하기

두 번째 시행에서 잘라낸 정삼각형의 넓이의 합은

$$S_2=S_1\times\frac{1}{4}\times3=\frac{3}{4}S_1$$

이와 같은 시행을 반복하면 수열 $\{S_n\}$은 첫째항이 $\sqrt{3}$, 공비가 $\dfrac{3}{4}$
인 등비수열을 이루므로

$$S_n=\sqrt{3}\times\left(\frac{3}{4}\right)^{n-1}$$

STEP3 $S_1+S_2+S_3+\cdots+S_{10}$의 값 구하기

$S_1+S_2+S_3+\cdots+S_{10}$의 값은 수열 $\{S_n\}$의 첫째항부터 제10항까
지의 합이므로

$$\frac{\sqrt{3}\left\{1-\left(\dfrac{3}{4}\right)^{10}\right\}}{1-\dfrac{3}{4}}=4\sqrt{3}\left\{1-\left(\frac{3}{4}\right)^{10}\right\}$$

다른 풀이

n번째 시행에서 잘라낸 정삼각형의 넓이의 합을 S_n, 잘라내고 남
은 부분의 넓이의 합을 T_n이라 하면

$S_n:T_n=1:3$이므로

$$T_n=3S_n$$

이때 $(n+1)$번째 시행에서 잘라낸 정삼각형의 넓이의 합은 n번째
시행에서 잘라내고 남은 부분의 넓이의 합의 $\dfrac{1}{4}$이므로

$$S_{n+1}=\frac{1}{4}T_n=\frac{3}{4}S_n$$

따라서 구하는 값은 첫째항이 $\sqrt{3}$, 공비가 $\dfrac{3}{4}$인 등비수열의 첫째항
부터 제10항까지의 합이므로

$$\frac{\sqrt{3}\left\{1-\left(\dfrac{3}{4}\right)^{10}\right\}}{1-\dfrac{3}{4}}=4\sqrt{3}\left\{1-\left(\frac{3}{4}\right)^{10}\right\}$$

2213 답 $4\left\{1-\left(\dfrac{1}{2}\right)^9\right\}$

정사각형 ABCD의 한 변의 길이와 정사각형 $A_1B_1C_1D_1$의 한 변의 길이의 비는 $2:\sqrt{2}$이므로 넓이의 비는

$2^2:(\sqrt{2})^2=4:2=1:\dfrac{1}{2}$

첫 번째 시행 후 정사각형의 넓이는

$S_1=4\times\dfrac{1}{2}=2$

즉, 수열 $\{S_n\}$은 첫째항이 2, 공비가 $\dfrac{1}{2}$인 등비수열을 이루므로

$S_n=2\times\left(\dfrac{1}{2}\right)^{n-1}$

따라서 $S_1+S_2+S_3+\cdots+S_9$의 값은 수열 $\{S_n\}$의 첫째항부터 제9항까지의 합이므로

$\dfrac{2\left\{1-\left(\dfrac{1}{2}\right)^9\right\}}{1-\dfrac{1}{2}}=4\left\{1-\left(\dfrac{1}{2}\right)^9\right\}$

2214 답 ⑤

원 C_1의 둘레의 길이는

$l_1=\pi\times1=\pi$

점 B_2는 선분 AB_1을 $2:1$로 내분한 점이므로

$\overline{AB_2}=1\times\dfrac{2}{2+1}=\dfrac{2}{3}$

즉, 원 C_2의 둘레의 길이는

$l_2=\pi\times\dfrac{2}{3}=\dfrac{2}{3}\pi$

즉, 수열 $\{l_n\}$은 첫째항이 π, 공비가 $\dfrac{2}{3}$인 등비수열을 이루므로

$l_n=\pi\left(\dfrac{2}{3}\right)^{n-1}$

따라서 $l_1+l_2+l_3+\cdots+l_8$의 값은 수열 $\{l_n\}$의 첫째항부터 제8항까지의 합이므로

$\dfrac{\pi\left\{1-\left(\dfrac{2}{3}\right)^8\right\}}{1-\dfrac{2}{3}}=3\pi\left\{1-\left(\dfrac{2}{3}\right)^8\right\}$

2215 답 ⑤

첫 번째 시행에서 색칠한 부분의 넓이는

$S_1=3^2\times\dfrac{1}{9}=1$

두 번째 시행에서 색칠한 부분의 넓이는

$S_2=1^2\times\dfrac{1}{9}\times8=\dfrac{8}{9}$

이와 같은 방법으로 시행을 반복하면 수열 $\{S_n\}$은 첫째항이 1, 공비가 $\dfrac{8}{9}$인 등비수열을 이루므로

$S_n=\left(\dfrac{8}{9}\right)^{n-1}$

따라서 $S_1+S_2+S_3+\cdots+S_7$의 값은 수열 $\{S_n\}$의 첫째항부터 제7항까지의 합이므로

$\dfrac{1-\left(\dfrac{8}{9}\right)^7}{1-\dfrac{8}{9}}=9\left\{1-\left(\dfrac{8}{9}\right)^7\right\}$

2216 답 ⑤

$\overline{OB_1}$을 그으면 $\overline{OB_2}=6$이므로

$\triangle OA_2B_2$에서 $\overline{OA_2}=a$라 하면

$a^2+a^2=6^2$

$2a^2=36$

$a^2=18$ ∴ $a=3\sqrt{2}$ ($\because a>0$)

따라서 정사각형 $OA_1B_1C_1$의 한 변의 길이와 정사각형 $OA_2B_2C_2$의 한 변의 길이의 비는 $6:3\sqrt{2}=1:\dfrac{\sqrt{2}}{2}$이므로 넓이의 비는

$1:\left(\dfrac{\sqrt{2}}{2}\right)^2=1:\dfrac{1}{2}$

첫 번째 시행에서 색칠한 도형의 넓이는

$S_1=6^2-\dfrac{1}{4}\times\pi\times6^2=36-9\pi$

즉, 수열 $\{S_n\}$은 첫째항이 $36-9\pi$, 공비가 $\dfrac{1}{2}$인 등비수열을 이루므로

$S_n=(36-9\pi)\times\left(\dfrac{1}{2}\right)^{n-1}$

따라서 $S_1+S_2+S_3+\cdots+S_8$의 값은 수열 $\{S_n\}$의 첫째항부터 제8항까지의 합이므로

$\dfrac{(36-9\pi)\times\left\{1-\left(\dfrac{1}{2}\right)^8\right\}}{1-\dfrac{1}{2}}=(72-18\pi)\left\{1-\left(\dfrac{1}{2}\right)^8\right\}$

실수 Check

등비수열의 도형의 활용 문제는 일정한 비율로 줄어들거나 늘어나므로 새롭게 만들어진 도형은 닮음인 경우가 많다. 따라서 각각의 넓이를 구하기보다는 닮음비를 이용한다. 이때 닮음비는 문제와 같이 구하기 쉬운 정사각형 $OA_1B_1C_1$, 정사각형 $OA_2B_2C_2$의 닮음비를 구하는데, 보조선을 이용하면 길이를 쉽게 구할 수 있다.

2217 답 ② | 유형 18

수열 $\{a_n\}$의 첫째항부터 제n항까지의 합 S_n이 $S_n=4^n+3k$일 때, 수열 $\{a_n\}$이 첫째항부터 등비수열을 이루도록 하는 상수 k의 값과 수열 $\{a_n\}$의 일반항을 각각 구하면?

① $k=-\dfrac{1}{3}$, $a_n=\dfrac{1}{3}\times4^{n-1}$

② $k=-\dfrac{1}{3}$, $a_n=3\times4^{n-1}$

③ $k=-\dfrac{1}{3}$, $a_n=5\times4^{n-1}$

④ $k=-\dfrac{1}{2}$, $a_n=\dfrac{1}{3}\times4^{n-1}$

⑤ $k=-\dfrac{1}{2}$, $a_n=3\times4^{n-1}$

단서1 수열의 합과 일반항 사이의 관계를 이용
단서2 S_1과 $n\geq2$일 때의 a_1의 값을 비교

STEP1 $n\geq2$일 때 일반항 a_n 구하기

$S_n=4^n+3k$에서

(i) $n\geq2$일 때

$a_n=S_n-S_{n-1}=(4^n+3k)-(4^{n-1}+3k)$

$$= 3 \times 4^{n-1} \quad \cdots\cdots\cdots\cdots\cdots\cdots\cdots\cdots \text{㉠}$$
$$\overset{\longrightarrow}{\quad} 4^{n-1} \times (4-1)$$

STEP 2 a_1의 값 구하기

(ii) $n=1$일 때
$$a_1 = S_1 = 4+3k \quad \cdots\cdots\cdots\cdots\cdots \text{㉡}$$

STEP 3 상수 k의 값 구하기

첫째항부터 등비수열이 되기 위해서는 ㉠에 $n=1$을 대입한 값이 ㉡과 같아야 하므로
$$3 = 4+3k \qquad \therefore k = -\frac{1}{3}$$

STEP 4 수열 $\{a_n\}$의 일반항 구하기

수열 $\{a_n\}$의 일반항은 $a_n = 3 \times 4^{n-1}$

2218 답 $a_1=7$, $a_n=5 \times 6^{n-1}(n\geq 2)$

$S_n = 6^n + 1$에서

(i) $n \geq 2$일 때
$$\begin{aligned} a_n = S_n - S_{n-1} &= (6^n+1)-(6^{n-1}+1) \\ &= 5 \times 6^{n-1} \quad \cdots\cdots\cdots \text{㉠} \end{aligned}$$

(ii) $n=1$일 때
$$a_1 = S_1 = 7 \quad \cdots\cdots\cdots\cdots\cdots \text{㉡}$$

이때 ㉠에 $n=1$을 대입한 값은 $a_1=5$로 ㉡과 같지 않으므로 수열 $\{a_n\}$의 일반항은
$$a_1 = 7, \ a_n = 5 \times 6^{n-1} (n \geq 2)$$

2219 답 ④

$S_n = 6 \times 3^n - k$에서

(i) $n \geq 2$일 때
$$\begin{aligned} a_n = S_n - S_{n-1} &= (6 \times 3^n - k)-(6 \times 3^{n-1}-k) \\ &= 4 \times 3^n \quad \cdots\cdots\cdots\cdots\cdots \text{㉠} \end{aligned}$$

(ii) $n=1$일 때
$$a_1 = S_1 = 6 \times 3 - k = 18 - k \quad \cdots\cdots \text{㉡}$$

이때 첫째항부터 등비수열이 되기 위해서는 ㉠에 $n=1$을 대입한 값이 ㉡과 같아야 하므로
$$4 \times 3 = 18 - k \qquad \therefore k = 6$$

다른 풀이

$S_n = Ar^n + B$ 꼴에서 $A+B=0$일 때, 수열 $\{a_n\}$은 첫째항부터 등비수열을 이루므로 $S_n = 6 \times 3^n - k$에서
$$6 - k = 0 \qquad \therefore k = 6$$

2220 답 ①

$S_n = 7 \times 2^n - 3$에서

(i) $n \geq 2$일 때
$$\begin{aligned} a_n = S_n - S_{n-1} &= (7 \times 2^n - 3)-(7 \times 2^{n-1}-3) \\ &= 7 \times 2^{n-1} \quad \cdots\cdots\cdots \text{㉠} \end{aligned}$$

(ii) $n=1$일 때
$$a_1 = S_1 = 7 \times 2 - 3 = 11 \quad \cdots\cdots \text{㉡}$$

이때 ㉠에 $n=1$을 대입한 값은 $a_1=7$로 ㉡과 같지 않으므로
$$a_1 = 11, \ a_n = 7 \times 2^{n-1}(n \geq 2)$$
$$\therefore a_5 - a_1 = 7 \times 2^4 - 11 = 101$$

다른 풀이

$S_n = 7 \times 2^n - 3$에서
$$a_5 = S_5 - S_4 = (7 \times 2^5 - 3)-(7 \times 2^4 - 3) = 112$$
$$a_1 = S_1 = 7 \times 2 - 3 = 11$$
$$\therefore a_5 - a_1 = 112 - 11 = 101$$

2221 답 ②

$S_n = 3 \times 2^n - 3$에서

(i) $n \geq 2$일 때
$$\begin{aligned} a_n = S_n - S_{n-1} &= (3 \times 2^n - 3)-(3 \times 2^{n-1}-3) \\ &= 3 \times 2^{n-1} \quad \cdots\cdots\cdots \text{㉠} \end{aligned}$$

(ii) $n=1$일 때
$$a_1 = S_1 = 3 \times 2^1 - 3 = 3 \quad \cdots\cdots \text{㉡}$$

이때 ㉠에 $n=1$을 대입한 값 $a_1=3$은 ㉡과 같으므로 수열 $\{a_n\}$의 일반항은
$$a_n = 3 \times 2^{n-1}$$
$$\therefore a_1 + a_3 + a_5 = 3 + 12 + 48 = 63$$

2222 답 ⑤

$S_n + 9 = 2^{n+3}$, 즉 $S_n = 2^{n+3} - 9$에서

$n \geq 2$일 때
$$\begin{aligned} a_n = S_n - S_{n-1} &= (2^{n+3}-9)-(2^{n+2}-9) \\ &= 2^{n+2} \end{aligned}$$
$$\therefore a_6 = 2^{6+2} = 256$$

2223 답 ③

$S_n = p^n + q - 3$에서

(i) $n \geq 2$일 때
$$\begin{aligned} a_n = S_n - S_{n-1} &= (p^n+q-3)-(p^{n-1}+q-3) \\ &= (p-1)p^{n-1} \end{aligned}$$

(ii) $n=1$일 때
$$a_1 = S_1 = p+q-3$$

이때 등비수열 $\{a_n\}$의 공비가 5이므로 $p=5$

수열 $\{a_n\}$이 첫째항부터 등비수열을 이루려면
$$p+q-3 = p-1 \qquad \therefore q = 2$$
$$\therefore p^2 + q^2 = 5^2 + 2^2 = 29$$

2224 답 ⑤

$\log_{10}(S_n + 3k) = n+1$에서 $S_n + 3k = 10^{n+1}$
$$\therefore S_n = 10^{n+1} - 3k$$

(i) $n \geq 2$일 때
$$\begin{aligned} a_n = S_n - S_{n-1} &= (10^{n+1}-3k)-(10^n-3k) \\ &= 9 \times 10^n \end{aligned}$$

(ii) $n=1$일 때
$$a_1 = S_1 = 10^2 - 3k = 100 - 3k$$

이때 수열 $\{a_n\}$은 첫째항부터 등비수열을 이루므로
$$100 - 3k = 90, \ 3k = 10$$
$$\therefore k = \frac{10}{3}$$

2225 답 ⑤

$S_n = 2 \times 3^{n+1} + k$에서

(i) $n \geq 2$일 때

$$a_n = S_n - S_{n-1} = (2 \times 3^{n+1} + k) - (2 \times 3^n + k)$$
$$= 4 \times 3^n \quad \cdots\cdots\cdots\cdots\cdots\cdots\cdots\cdots\cdots ㉠$$

(ii) $n = 1$일 때

$$a_1 = S_1 = 2 \times 3^2 + k = 18 + k \quad \cdots\cdots\cdots\cdots ㉡$$

ㄱ. 수열 $\{a_n\}$이 첫째항부터 등비수열을 이루므로

㉠에 $n = 1$을 대입한 값과 ㉡이 같아야 한다. 즉,

$4 \times 3 = 18 + k$ ∴ $k = -6$ (거짓)

ㄴ. $a_n = 4 \times 3^n$이므로 첫째항은 12이고, 공비는 3이다. (참)

ㄷ. $2S_n + a_1 = 2(2 \times 3^{n+1} - 6) + 12 = 4 \times 3^{n+1}$

이므로 수열 $\{2S_n + a_1\}$은 공비가 3인 등비수열이다. (참)

따라서 옳은 것은 ㄴ, ㄷ이다.

2226 답 9

모든 자연수 n에 대하여 $S_{n+3} - S_n = 13 \times 3^{n-1}$이 성립하므로

$\underline{S_{n+3} - S_n = a_{n+1} + a_{n+2} + a_{n+3}}$에서 $\rightarrow S_{n+3} = a_{n+3} + a_{n+2} + a_{n+1} + S_n$

$$a_{n+1} + a_{n+2} + a_{n+3} = 13 \times 3^{n-1} \quad \cdots\cdots\cdots ㉠$$

㉠에 $n = 1$을 대입하면

$$a_2 + a_3 + a_4 = 13$$

이때 등비수열 $\{a_n\}$의 공비를 r라 하면

$$a_1 r + a_1 r^2 + a_1 r^3 = 13$$
$$∴ a_1 r(1 + r + r^2) = 13 \quad \cdots\cdots\cdots\cdots\cdots ㉡$$

㉠에 $n = 2$를 대입하면

$$a_3 + a_4 + a_5 = 13 \times 3 = 39$$
$$a_1 r^2 + a_1 r^3 + a_1 r^4 = 39$$
$$∴ a_1 r^2(1 + r + r^2) = 39 \quad \cdots\cdots\cdots\cdots ㉢$$

㉢÷㉡을 하면

$$\frac{a_1 r^2(1 + r + r^2)}{a_1 r(1 + r + r^2)} = \frac{39}{13} \qquad ∴ r = 3$$

$r = 3$을 ㉡에 대입하면

$$a_1 \times 3 \times (1 + 3 + 9) = 13\text{에서 } a_1 = \frac{1}{3}$$

$$∴ a_4 = a_1 r^3 = \frac{1}{3} \times 3^3 = 9$$

실수 Check

수열의 합에 대한 뺄셈의 식을 정리할 때 첫째항부터 몇 번째 항까지 없어지는지 확인을 해야 하고, 문제의 수열은 등비수열이므로 2개 이상의 식을 구해 식끼리 나누어 주어야 한다.

Plus 문제

2226-1

등비수열 $\{a_n\}$의 첫째항부터 제n항까지의 합을 S_n이라 하자. 모든 자연수 n에 대하여 $S_{n+4} - S_{n+1} = 21 \times 4^{n-1}$일 때, a_7의 값을 구하시오.

모든 자연수 n에 대하여 $S_{n+4} - S_{n+1} = 21 \times 4^{n-1}$이 성립하므로

$S_{n+4} - S_{n+1} = a_{n+2} + a_{n+3} + a_{n+4}$에서

$$a_{n+2} + a_{n+3} + a_{n+4} = 21 \times 4^{n-1} \quad \cdots\cdots ㉠$$

㉠에 $n = 1$을 대입하면

$$a_3 + a_4 + a_5 = 21$$

이때 등비수열 $\{a_n\}$의 공비를 r라 하면

$$a_1 r^2 + a_1 r^3 + a_1 r^4 = 21$$
$$∴ a_1 r^2(1 + r + r^2) = 21 \quad \cdots\cdots\cdots\cdots ㉡$$

㉠에 $n = 2$를 대입하면

$$a_4 + a_5 + a_6 = 84$$
$$a_1 r^3 + a_1 r^4 + a_1 r^5 = 84$$
$$∴ a_1 r^3(1 + r + r^2) = 84 \quad \cdots\cdots\cdots\cdots ㉢$$

㉢÷㉡을 하면

$$\frac{a_1 r^3(1 + r + r^2)}{a_1 r^2(1 + r + r^2)} = \frac{84}{21}$$

$$∴ r = 4$$

$r = 4$를 ㉡에 대입하면

$$a_1 \times 16 \times (1 + 4 + 16) = 21\text{에서 } a_1 = \frac{1}{16}$$

$$∴ a_7 = a_1 r^6 = \frac{1}{16} \times 4^6 = 256$$

답 256

2227 답 ③ ┃ 유형 19

> 연이율 3 %, 1년마다 복리로 매년 초에 100만 원씩 적립할 때, 10년 [단서1]
> 째 말의 적립금의 원리합계는? (단, $1.03^{10} = 1.3$으로 계산한다.)
>
> ① 1010만 원 ② 1020만 원 ③ 1030만 원
> ④ 1040만 원 ⑤ 1050만 원
>
> [단서1] 복리법으로 원리합계 S는 $S = a(1+r)^n$임을 이용

STEP1 조건을 그림으로 나타내기

매년 초에 100만 원씩 적립한 금액의 원리합계를 그림으로 나타내면 다음과 같다.

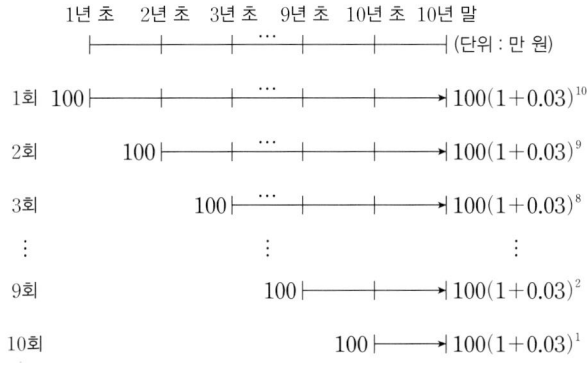

STEP2 등비수열의 합을 이용하여 10년째 말의 적립금의 원리합계 구하기

10년째 말의 적립금의 원리합계는

$$\frac{100 \times (1 + 0.03) \times \{(1 + 0.03)^{10} - 1\}}{(1 + 0.03) - 1}$$
$$= \frac{100 \times 1.03 \times (1.03^{10} - 1)}{0.03}$$
$$= \frac{103 \times (1.3 - 1)}{0.03}$$
$$= 1030\text{(만 원)}$$

2228 📖 ④

단리법으로 계산한 원리합계는
$S = 100(1 + 0.06 \times 10) = 160(만 원)$
복리법으로 계산한 원리합계는
$T = 100(1 + 0.06)^{10} = 100 \times 1.06^{10}$
$= 100 \times 1.79 = 179(만 원)$
$\therefore T - S = 179 - 160 = 19(만 원)$

2229 📖 ②

매월 초에 10만 원씩 적립한 금액의 원리합계를 그림으로 나타내면 다음과 같다.

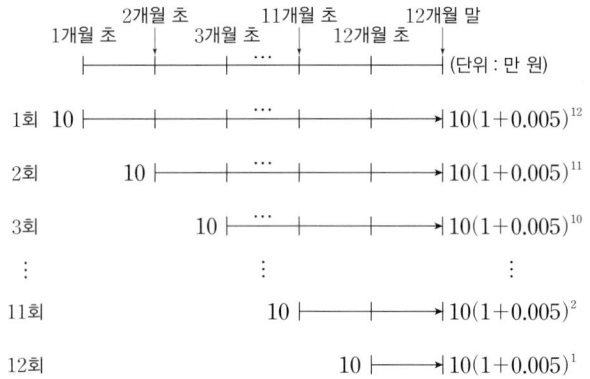

따라서 12개월째 말의 적립금의 원리합계는
$\dfrac{10 \times (1 + 0.005) \times \{(1 + 0.005)^{12} - 1\}}{(1 + 0.005) - 1}$
$= \dfrac{10 \times 1.005 \times (1.005^{12} - 1)}{0.005}$
$= \dfrac{10.05 \times (1.06 - 1)}{0.005}$
$= 120.6(만 원)$
$= 1206000(원)$

2230 📖 ④

매년 초에 a만 원씩 적립한 금액의 원리합계를 그림으로 나타내면 다음과 같다.

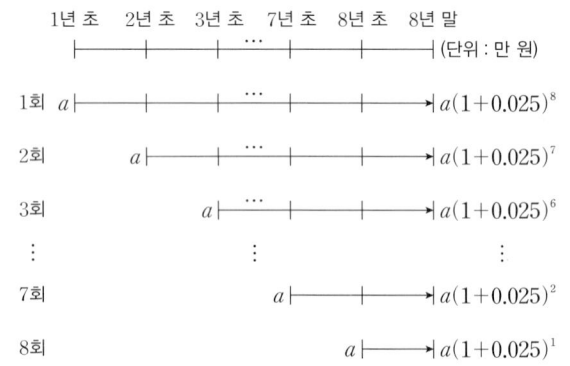

따라서 8년째 말의 적립금의 원리합계는 1353만 원이 되어야 하므로
$\dfrac{a \times (1 + 0.025) \times \{(1 + 0.025)^{8} - 1\}}{(1 + 0.025) - 1}$
$= \dfrac{a \times 1.025 \times (1.025^{8} - 1)}{0.025} = 1353$
$a \times 1.025 \times (1.22 - 1) = 1353 \times 0.025$
$\therefore a = \dfrac{1353 \times 0.025}{1.025 \times 0.22} = 150$

2231 📖 20

매달 말에 a만 원씩 적립하면 12개월째 말까지의 적립금의 원리합계는 ┌→ 매달 말에 a만 원을 넣으므로 마지막 달에는 이자가 없다.
$a + a(1 + 0.04) + a(1 + 0.04)^{2} + \cdots + a(1 + 0.04)^{11}$
$= a + a \times 1.04 + a \times 1.04^{2} + \cdots + a \times 1.04^{11}$
$= \dfrac{a(1.04^{12} - 1)}{1.04 - 1}$
$= \dfrac{a(1.6 - 1)}{0.04} = 15a(만 원)$
이때 $15a = 300$이어야 하므로 $a = 20$

2232 📖 ①

연이율 5 %로 매년 초에 a만 원씩 적립했을 때 6년째 말에 적립금의 원리합계는
$a(1 + 0.05) + a(1 + 0.05)^{2} + \cdots + a(1 + 0.05)^{6}$
$= a \times 1.05 + a \times 1.05^{2} + \cdots + a \times 1.05^{6}$
$= \dfrac{a \times 1.05 \times (1.05^{6} - 1)}{1.05 - 1}$
$= \dfrac{a \times 1.05 \times (1.34 - 1)}{0.05}$
$= 7.14a(만 원)$
이때 6년째 말에 적립금의 원리합계가 1억 원이 되어야 하므로
$7.14a = 10000 \quad \therefore a = 1401$
따라서 매년 초에 1401만 원씩 적립금을 넣어야 한다.

2233 📖 ④

매년 초에 적립해야 하는 금액을 a만 원이라 하면 10년째 말까지의 적립금의 원리합계는
$a(1 + 0.035) + a(1 + 0.035)^{2} + \cdots + a(1 + 0.035)^{10}$
$= \dfrac{a(1 + 0.035)\{(1 + 0.035)^{10} - 1\}}{(1 + 0.035) - 1}$
$= \dfrac{a \times 1.035 \times (1.035^{10} - 1)}{0.035}$
$= \dfrac{a \times 1.035 \times (1.4 - 1)}{0.035}$
$= \dfrac{a \times 0.414}{0.035}(만 원)$
이때 10년째 말에 적립금의 원리합계가 2070만 원이 되어야 하므로
$\dfrac{a \times 0.414}{0.035} = 2070 \quad \therefore a = 175$
따라서 매년 초에 적립해야 하는 금액은 175만 원이다.

2234 📖 진호 : 252만 원, 혜수 : 253만 원

2022년부터 연이율 4 %, 1년마다 복리로 매년 초에 18만 원씩 적립하는 진호의 2032년 말의 원리합계는
$\dfrac{18 \times (1 + 0.04) \times \{(1 + 0.04)^{11} - 1\}}{(1 + 0.04) - 1}$
$= \dfrac{18 \times 1.04 \times (1.04^{11} - 1)}{0.04}$
$= \dfrac{18 \times 1.04 \times (1.54 - 1)}{0.04}$
$= 252.72(만 원)$
2022년부터 연이율 3 %, 1년마다 복리로 매년 말에 20만 원씩 적립하는 혜수의 2032년 말의 원리합계는

$$\frac{20 \times \{(1+0.03)^{11}-1\}}{(1+0.03)-1}$$
$$=\frac{20 \times (1.03^{11}-1)}{0.03}$$
$$=\frac{20 \times (1.38-1)}{0.03}$$
$$=253.33\cdots(\text{만 원})$$

따라서 진호는 252만 원, 혜수는 253만 원이다.

2235 답 ⑤

수아가 월이율 $0.3\,\%$, 1개월마다 복리로 매월 초에 30만 원씩 8개월 동안 적립한 금액의 원리합계는
$$\frac{30 \times (1+0.003) \times \{(1+0.003)^8-1\}}{(1+0.003)-1}$$
$$=\frac{30 \times 1.003 \times (1.003^8-1)}{0.003}(\text{만 원})\cdots\cdots\cdots\cdots\cdots\cdots ⊙$$

민우가 월이율 $0.3\,\%$, 1개월마다 복리로 매월 초에 18만 원씩 16개월 동안 적립한 금액의 원리합계는
$$\frac{18 \times (1+0.003) \times \{(1+0.003)^{16}-1\}}{(1+0.003)-1}$$
$$=\frac{18 \times 1.003 \times (1.003^{16}-1)}{0.003}(\text{만 원})\cdots\cdots\cdots\cdots ©$$

$© \div ⊙$을 하면
$$\frac{\dfrac{18 \times 1.003 \times (1.003^{16}-1)}{0.003}}{\dfrac{30 \times 1.003 \times (1.003^8-1)}{0.003}}=\frac{18}{30} \times \frac{\overbrace{1.003^{16}-1}^{=(1.003^8+1)(1.003^8-1)}}{(1.003^8+1)}$$
$$=\frac{18}{30} \times (1.02+1)$$
$$=1.212$$

따라서 민우가 16개월째 말에 받는 금액은 수아가 8개월째 말에 받는 금액의 1.212배이다.

2236 답 ③
유형 **20**

이달 초 가격이 100만 원인 노트북을 할부로 구입하고 이달 말부터 매달 일정한 금액을 월이율 1 %, 1개월마다 복리로 36개월에 걸쳐 **단서2** **단서1** 갚는다면 매달 얼마씩 갚아야 하는가? (단, 1.01^{36}=1.4로 계산한다.)

① 25000원 ② 30000원 ③ 35000원
④ 40000원 ⑤ 45000원

단서1 100만 원의 36개월 후의 원리합계는 갚아야 할 돈
단서2 복리법으로 원리합계 S는 $S=a(1+r)^n$임을 이용

STEP1 100만 원의 36개월 후의 원리합계 구하기

100만 원의 36개월 후의 원리합계는
$$100 \times (1+0.01)^{36}=100 \times 1.4=140(\text{만 원})\cdots\cdots ⊙$$

STEP2 a만 원씩 적립할 때 36개월 후의 원리합계를 그림으로 나타내기

a만 원씩 갚는다고 하면 매달 말 36개월 동안의 원리합계는

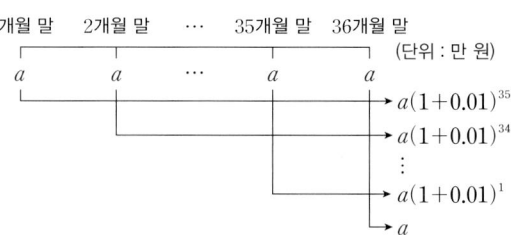

STEP3 매달 갚아야 하는 금액 구하기

$$a+a(1+0.01)+\cdots+a(1+0.01)^{35}$$
$$=\frac{a(1.01^{36}-1)}{1.01-1}=\frac{a(1.4-1)}{0.01}=40a(\text{만 원})\cdots\cdots ©$$

이때 ⊙과 ©이 같아야 하므로
$$140=40a \quad \therefore a=3.5$$

따라서 매달 35000원씩 갚아야 한다.

2237 답 ④

300만 원의 8년 후의 원리합계는
$$300 \times (1+0.05)^8=300 \times 1.5=450(\text{만 원})\cdots\cdots\cdots ⊙$$

매년 말에 갚아야 할 금액을 a만 원이라 하면 8년 말의 원리합계는

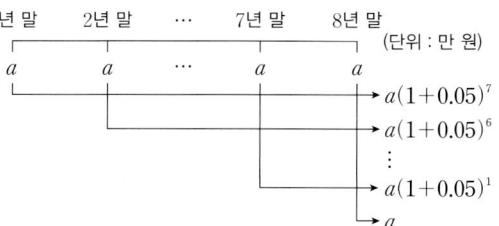

$$a+a(1+0.05)+\cdots+a(1+0.05)^7$$
$$=\frac{a(1.05^8-1)}{1.05-1}$$
$$=\frac{a(1.5-1)}{0.05}=10a(\text{만 원})\cdots\cdots\cdots\cdots\cdots ©$$

이때 ⊙과 ©이 같아야 하므로
$$450=10a \quad \therefore a=45$$

따라서 매년 45만 원씩 갚아야 한다.

2238 답 ③

120만 원의 36개월 후의 원리합계는
$$120 \times (1+0.008)^{36}=120 \times 1.008^{36}$$
$$=120 \times 1.3=156(\text{만 원})\cdots\cdots\cdots ⊙$$

매달 말 a만 원씩 갚는다고 하면 36개월 동안의 원리합계는

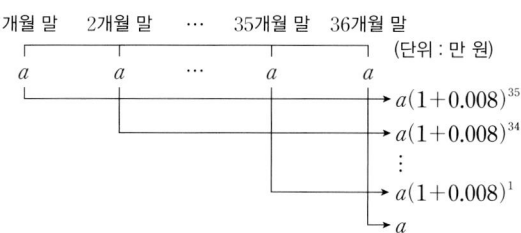

$$a+a(1+0.008)+\cdots+a(1+0.008)^{35}$$
$$=\frac{a(1.008^{36}-1)}{1.008-1}$$
$$=\frac{a(1.3-1)}{0.008}=37.5a(\text{만 원})\cdots\cdots\cdots ©$$

이때 ⊙과 ©이 같아야 하므로
$$156=37.5a \quad \therefore a=4.16$$

따라서 매달 41600원씩 갚아야 한다.

2239 답 2500만 원

10년 동안 받을 연금을 올해 초에 한 번에 받게 되는 금액을 A만 원이라 하자.

A만 원을 연이율 $4\,\%$, 1년마다 복리로 10년 동안 예금할 때의 원리합계는

$A(1+0.04)^{10}=A\times1.04^{10}=1.5A$(만 원) ················· ㉠

또, 연이율 $4\,\%$, 1년마다 복리로 매년 말에 300만 원씩 10년 동안 적립할 때의 원리합계를 그림으로 나타내면 다음과 같다.

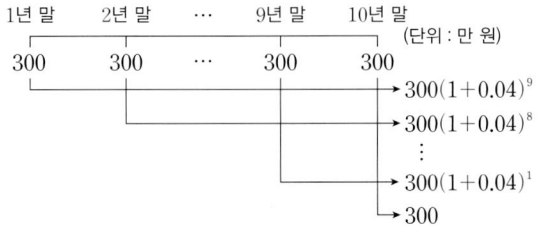

따라서 10년 말의 원리합계는

$300+300\times(1+0.04)^1+300\times(1+0.04)^2+\cdots$
$\qquad\qquad\qquad\qquad\qquad\quad+300\times(1+0.04)^9$

$=\dfrac{300\times(1.04^{10}-1)}{1.04-1}=\dfrac{300\times(1.5-1)}{0.04}$

$=3750$(만 원) ················· ㉡

이때 ㉠과 ㉡이 같아야 하므로

$1.5A=3750$ $\qquad\therefore A=2500$

따라서 올해 초에 한 번에 받게 되는 금액은 2500만 원이다.

2240 답 ⑤

20년 동안 받을 연금을 올해 초에 한 번에 지급받게 되는 금액을 A만 원이라 하자.

A만 원을 연이율 $8\,\%$, 1년마다 복리로 20년 동안 예금할 때의 원리합계는

$A(1+0.08)^{20}=A\times1.08^{20}=4.6A$(만 원) ················· ㉠

또, 연이율 $8\,\%$, 1년마다 복리로 매년 말에 100만 원씩 20년 동안 적립할 때의 원리합계는

$\dfrac{100\times\{(1+0.08)^{20}-1\}}{(1+0.08)-1}=\dfrac{100\times(1.08^{20}-1)}{0.08}$

$\qquad\qquad\qquad\qquad\qquad=\dfrac{100\times(4.6-1)}{0.08}$

$\qquad\qquad\qquad\qquad\qquad=4500$(만 원) ················· ㉡

이때 ㉠과 ㉡이 같아야 하므로

$4.6A=4500$ $\qquad\therefore A=978.26\cdots$

만 원 미만은 버리므로 올해 초에 한 번에 받는 금액은 978만 원이다.

서술형 유형 익히기 461쪽~464쪽

2241 답 (1) 96 (2) 96 (3) $\dfrac{1}{16}$ (4) $\dfrac{1}{2}$ (5) 48
(6) $\left(\dfrac{1}{2}\right)^2$ (7) 24 (8) $\left(\dfrac{1}{2}\right)^3$ (9) 12

STEP 1 6을 공비 r에 대한 식으로 나타내기 [2점]

등비수열 96, a, b, c, 6의 공비를 r라 하면

첫째항은 96이고, 6은 제5항이므로 $6=\boxed{96}\,r^4$

STEP 2 공비 r의 값 구하기 [1점]

$6=\boxed{96}\,r^4$에서 $r^4=\boxed{\dfrac{1}{16}}$이고,

등비수열의 모든 항이 양수이므로 공비 r도 양수이다.

$\therefore r=\boxed{\dfrac{1}{2}}$

STEP 3 a, b, c의 값 구하기 [3점]

a는 제2항, b는 제3항, c는 제4항이므로

$a=96\times\dfrac{1}{2}=\boxed{48}$

$b=96\times\boxed{\left(\dfrac{1}{2}\right)^2}=\boxed{24}$

$c=96\times\boxed{\left(\dfrac{1}{2}\right)^3}=\boxed{12}$

2242 답 $a=12$, $b=36$, $c=108$

STEP 1 324를 공비 r에 대한 식으로 나타내기 [2점]

등비수열 4, a, b, c, 324의 공비를 r라 하면

첫째항은 4이고, 324는 제5항이므로

$324=4r^4$

STEP 2 공비 r의 값 구하기 [1점]

$324=4r^4$에서 $r^4=81$이고, 등비수열의 모든 항이 양수이므로 공비 r도 양수이다. $\quad\therefore r=3$

STEP 3 a, b, c의 값 구하기 [3점]

a는 제2항, b는 제3항, c는 제4항이므로

$a=4\times3=12$ ······ ⓐ

$b=4\times3^2=36$ ······ ⓐ

$c=4\times3^3=108$ ······ ⓐ

부분점수표	
ⓐ a, b, c의 값을 각각 구한 경우	각 1점

2243 답 5

STEP 1 $\dfrac{4}{81}$가 제$(n+2)$항임을 이용하여 식 세우기 [3점]

첫째항이 36, 공비가 $\dfrac{1}{3}$인 등비수열의 제$(n+2)$항이 $\dfrac{4}{81}$이므로

$\dfrac{4}{81}=36\times\left(\dfrac{1}{3}\right)^{n+1}$

STEP 2 n의 값 구하기 [3점]

$\left(\dfrac{1}{3}\right)^{n+1}=\dfrac{4}{81}\times\dfrac{1}{36}=\dfrac{1}{729}=\left(\dfrac{1}{3}\right)^6$에서

$n+1=6$ $\qquad\therefore n=5$

2244 답 21

STEP 1 243을 공비 r에 대한 식으로 나타내기 [2점]

주어진 등비수열의 공비를 r라 하면

첫째항은 3이고, 243은 제9항이므로

$243=3r^8$

STEP 2 공비 r의 값 구하기 [1점]

$243=3r^8$에서 $r^8=81$이고, 등비수열의 모든 항이 양수이므로 공비 r도 양수이다. $\quad\therefore r=\sqrt{3}$

STEP 3 k의 값 구하기 [4점]

a_1은 제2항, a_2는 제3항, $\cdots$, a_7은 제8항이므로
$$a_1 \times a_2 \times a_3 \times \cdots \times a_7 = 3\sqrt{3} \times \{3 \times (\sqrt{3})^2\} \times \cdots \times \{3 \times (\sqrt{3})^7\}$$
$$= 3^7 \times (\sqrt{3})^{1+2+\cdots+7}$$
$$= 3^7 \times (\sqrt{3})^{28}$$
$$= 3^7 \times 3^{14} = 3^{21}$$
$$\therefore k = 21$$

오답 분석

$$\frac{243 = 3 \times r^6}{81 = r^6} \quad \rightarrow \text{243을 제7항으로 착각하여 잘못 식을 세움}$$

$$r = (3^4)^{\frac{1}{6}} = 3^{\frac{2}{3}}$$

$$a_1 = 3 \times r$$
$$= 3 \times 3^{\frac{2}{3}} = 3^{\frac{5}{3}}$$

$$a_1 \times a_2 \times a_3 \times \cdots \times a_7 = a_1 \times a_1 r \times a_1 r^2 \times \cdots \times a_1 r^6$$
$$= a_1^7 \times r^{1+2+\cdots+6} = a_1^7 \times r^{21}$$
$$= (3^{\frac{5}{3}})^7 \times (3^{\frac{2}{3}})^{21} = 3^{\frac{35}{3}} \times 3^{14}$$
$$= 3^{\frac{77}{3}}$$

$$\therefore k = \frac{77}{3}$$

▶ 7점 중 0점 얻음.

3과 243 사이에 7개의 수를 넣었으므로 주어진 수열에서 243은 제9항이다. $243 = 3 \times r^8$에서 $r^8 = 81$, $r = \sqrt{3}$과 같이 항의 개수를 정확히 파악하여 식을 세우도록 한다.

2245 답 (1) 14 (2) 6 (3) 14 (4) 28 (5) 8
          (6) 2 (7) 2 (8) $2n$ (9) 20

STEP1 a_2, a_4, a_8을 첫째항과 공차로 나타내기 [2점]

등차수열 $\{a_n\}$의 첫째항을 a라 하면
$$a_2 = a+2, \quad a_4 = a+6, \quad a_8 = a + \boxed{14} \quad \longrightarrow a + (8-1) \times 2 = a+14$$

STEP2 등비중항의 성질을 이용하여 식 세우기 [3점]

세 수 a_2, a_4, a_8이 이 순서대로 등비수열을 이루므로
$$(a + \boxed{6})^2 = (a+2)(a + \boxed{14})$$
$$a^2 + 12a + 36 = a^2 + 16a + \boxed{28}$$
$$4a = \boxed{8} \quad \therefore a = \boxed{2}$$

STEP3 a_{10}의 값 구하기 [2점]
$$a_n = \boxed{2} + (n-1) \times 2 = \boxed{2n} \text{이므로}$$
$$a_{10} = 2 \times 10 = \boxed{20}$$

2246 답 52

STEP1 a_2, a_3, a_4를 첫째항과 공차로 나타내기 [2점]

등차수열 $\{a_n\}$의 첫째항은 -5이고, 공차를 d라 하면
$$a_2 = -5 + d$$
$$a_3 = -5 + 2d$$
$$a_4 = -5 + 3d$$

STEP2 등비중항의 성질을 이용하여 식 세우기 [3점]

세 수 a_3, a_2, a_4가 이 순서대로 등비수열을 이루므로
$$(-5+d)^2 = (-5+2d)(-5+3d)$$
$$25 - 10d + d^2 = 25 - 25d + 6d^2$$

$$5d^2 - 15d = 0, \quad 5d(d-3) = 0 \quad \therefore d = 3 \ (\because d \neq 0)$$

STEP3 a_{20}의 값 구하기 [2점]
$$a_n = -5 + (n-1) \times 3 = 3n - 8 \text{이므로} \quad \cdots\cdots \text{ⓐ}$$
$$a_{20} = 3 \times 20 - 8 = 52$$

부분점수표	
ⓐ 수열 $\{a_n\}$의 일반항을 구한 경우	1점

2247 답 5

STEP1 주어진 조건을 이용하여 a, b에 대한 식 세우기 [4점]

세 수 3, $\dfrac{a^2}{2}$, b가 이 순서대로 등차수열을 이루므로
$$a^2 = 3 + b \quad \cdots\cdots\cdots\cdots\cdots\cdots\cdots\cdots \text{㉠}$$
세 수 $a+3$, b, 1이 이 순서대로 등비수열을 이루므로
$$b^2 = a+3 \quad \cdots\cdots\cdots\cdots\cdots\cdots\cdots\cdots \text{㉡}$$

STEP2 $a+b$의 값 구하기 [2점]

㉠$-$㉡을 하면
$$a^2 - b^2 = b - a, \quad (a+b)(a-b) = -(a-b)$$
$a \neq b$이므로 $a + b = -1$ $\cdots\cdots\cdots\cdots\cdots$ ㉢

STEP3 $a^2 + b^2$의 값 구하기 [2점]

㉠$+$㉡을 하면
$$a^2 + b^2 = a + b + 6$$
㉢을 위의 식에 대입하면
$$a^2 + b^2 = -1 + 6 = 5$$

2248 답 1

STEP1 등비중항의 성질을 이용하여 a, b에 대한 식 세우기 [2점]

세 수 $\log_{2a} a$, 1, $\log_a b$가 이 순서대로 등비수열을 이루므로
$$1 = \log_{2a} a \times \log_a b$$

STEP2 식을 간단히 정리하기 [3점]
$$1 = \frac{1}{\log_a 2a} \times \log_a b$$
$$\log_a b = \log_a 2a \quad \therefore b = 2a$$

STEP3 $b + \dfrac{1}{8a}$의 최솟값 구하기 [3점]

산술평균과 기하평균의 관계에 의하여
$$b + \frac{1}{8a} = 2a + \frac{1}{8a} \geq 2\sqrt{2a \times \frac{1}{8a}} = 1 \left(\text{단, 등호는 } a = \frac{1}{4} \text{일 때 성립}\right)$$
따라서 $b + \dfrac{1}{8a}$의 최솟값은 1이다.

실제 답안 예시

세 수가 등비수열을 이루므로 등비중항 관계에 의하여

$1^2 = \log_{2a} a \times \log_a b$가 성립한다.

$1 = \dfrac{\log a}{\log 2a} \times \dfrac{\log b}{\log a} = \dfrac{\log b}{\log 2a} = \log_{2a} b \quad \therefore 2a = b$

$b + \dfrac{1}{8a} = b + \dfrac{1}{4b}$

$b > 0$이므로 산술평균과 기하평균 관계에 의하여

$b + \dfrac{1}{4b} \geq 2\sqrt{b \times \dfrac{1}{4b}} = 1 \left(\text{단, 등호는 } b = \dfrac{1}{2} \text{일 때 성립}\right)$

최솟값은 1이다.

2249 답 (1) r^6　(2) r^3　(3) -7　(4) -8　(5) -2
　　　　(6) 7　(7) $(-2)^6$　(8) 448

STEP 1 첫째항 a와 공비 r에 대한 식 세우기 [3점]

등비수열 $\{a_n\}$의 첫째항부터 제n항까지의 합을 S_n이라 하고 첫째항을 a, 공비를 r라 하자.

$S_3=21$에서 $\dfrac{a(r^3-1)}{r-1}=21$ ·············· ㉠

$S_6=-147$에서 $\dfrac{a(\boxed{r^6}-1)}{r-1}=-147$

$\therefore \dfrac{a(r^3-1)(\boxed{r^3}+1)}{r-1}=-147$ ·············· ㉡

STEP 2 a, r의 값 구하기 [2점]

㉡÷㉠을 하면

$r^3+1=\boxed{-7}$, $r^3=\boxed{-8}$

$\therefore r=\boxed{-2}$

r의 값을 ㉠에 대입하면

$a=\boxed{7}$

STEP 3 a_7의 값 구하기 [2점]

$a_7=ar^6=7\times\boxed{(-2)^6}=\boxed{448}$

2250 답 1024

STEP 1 첫째항 a와 공비 r에 대한 식 세우기 [3점]

등비수열 $\{a_n\}$의 첫째항부터 제n항까지의 합을 S_n이라 하고 첫째항을 a, 공비를 r라 하자.

$S_5=11$에서 $\dfrac{a(r^5-1)}{r-1}=11$ ·············· ㉠

$S_{10}=-341$에서 $\dfrac{a(r^{10}-1)}{r-1}=-341$

$\therefore \dfrac{a(r^5-1)(r^5+1)}{r-1}=-341$ ·············· ㉡

STEP 2 a, r의 값 구하기 [2점]

㉡÷㉠을 하면

$r^5+1=-31$, $r^5=-32$

$\therefore r=-2$

r의 값을 ㉠에 대입하면

$a=1$

STEP 3 a_{11}의 값 구하기 [2점]

$a_{11}=ar^{10}=1\times(-2)^{10}=1\times1024=1024$

2251 답 315

STEP 1 첫째항 a, 공비 r에 대한 식 세우기 [3점]

등비수열 $\{a_n\}$의 첫째항을 a, 공비를 r라 하면

$S_5=15$에서 $\dfrac{a(r^5-1)}{r-1}=15$ ·············· ㉠

$S_{10}=75$에서 $\dfrac{a(r^{10}-1)}{r-1}=75$

$\therefore \dfrac{a(r^5-1)(r^5+1)}{r-1}=75$ ·············· ㉡

STEP 2 r^5의 값 구하기 [1점]

㉡÷㉠을 하면 $r^5+1=5$

$\therefore r^5=4$ ·············· ㉢

STEP 3 S_{15}의 값 구하기 [4점]

$S_{15}=\dfrac{a(r^{15}-1)}{r-1}=\dfrac{a(r^5-1)(r^{10}+r^5+1)}{r-1}$

$\qquad =15\times(4^2+4+1)$ $(\because$ ㉠, ㉢$)$

$\qquad =15\times21=315$

실제 답안 예시

$S_5=\dfrac{a_1(r^5-1)}{r-1}=15$, $S_{10}=\dfrac{a_1(r^{10}-1)}{r-1}=75$

$S_{10}=5S_5$이므로

$\dfrac{a_1(r^{10}-1)}{r-1}=5\times\dfrac{a_1(r^5-1)}{r-1}$

$\dfrac{a_1(r^5-1)(r^5+1)}{r-1}=5\times\dfrac{a_1(r^5-1)}{r-1}$

$r^5+1=5$, $r^5=4$

$S_5=15$에서 $\dfrac{a_1(r^5-1)}{r-1}=15$

$\dfrac{a_1\times3}{r-1}=15$, $\dfrac{a_1}{r-1}=5$

$r^{15}=(r^5)^3=4^3=64$

$\therefore S_{15}=\dfrac{a_1(r^{15}-1)}{r-1}$

$\qquad\qquad =5(64-1)$

$\qquad\qquad =315$

2252 답 255

STEP 1 첫째항 3, 공비 r에 대한 식 세우기 [3점]

등비수열 $\{a_n\}$의 첫째항은 3이고, 공비를 r라 하면

$S_n=45$에서 $\dfrac{3(r^n-1)}{r-1}=45$ ·············· ㉠

$S_{2n}=765$에서 $\dfrac{3(r^{2n}-1)}{r-1}=765$

$\therefore \dfrac{3(r^n-1)(r^n+1)}{r-1}=765$ ·············· ㉡

STEP 2 r^n의 값 구하기 [1점]

㉡÷㉠을 하면 $r^n+1=17$

$\therefore r^n=16$ ·············· ㉢

STEP 3 r, n의 값 구하기 [2점]

㉢을 ㉠에 대입하면 $\dfrac{3\times(16-1)}{r-1}=45$

$\dfrac{45}{r-1}=45$, $r-1=1$　$\therefore r=2$ ······ ⓐ

$r=2$를 ㉢에 대입하면 $2^n=16=2^4$

$\therefore n=4$ ······ ⓐ

STEP 4 $a_1+a_3+a_5+\cdots+a_{2n-1}$의 값 구하기 [3점]

$n=4$이므로 $a_{2n-1}=a_7$

$a_1=3$, $a_3=3\times2^2=12$이므로 $a_1+a_3+a_5+a_7$은 첫째항이 3, 공비가 4인 등비수열의 첫째항부터 제4항까지의 합과 같다.

$\therefore a_1+a_3+a_5+a_7=\dfrac{3\times(4^4-1)}{4-1}=255$

부분점수표	
ⓐ r, n의 값을 각각 구한 경우	각 1점

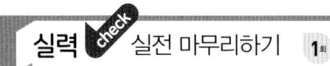

1 2253   답 ①   유형 1 + 유형 2

출제의도 | 등비수열의 일반항을 이용하여 특정값이 제몇 항인지 구할 수 있는지 확인한다.

> 등비수열의 일반항 $a_n = ar^{n-1}$임을 이용하여 자연수 n의 값을 구해 보자.

첫째항이 3, 공비가 -2인 등비수열 $\{a_n\}$의 일반항은

$a_n = 3 \times (-2)^{n-1}$

제k항의 값이 768이라 하면

$3 \times (-2)^{k-1} = 768$

$(-2)^{k-1} = 256$, $(-2)^{k-1} = (-2)^8$

$k-1 = 8$ $\therefore k = 9$

따라서 768은 제9항이다.

2 2254   답 ④   유형 3

출제의도 | 항 사이의 관계가 주어진 등비수열에서 특정한 항의 값을 구할 수 있는지 확인한다.

> 등비수열의 일반항 $a_n = ar^{n-1}$임을 이용하여 첫째항과 공비를 구해 보자.

등비수열 $\{a_n\}$의 첫째항을 a, 공비를 r라 하면

$a_4 + a_5 = 36$에서

$ar^3 + ar^4 = ar^3(1+r) = 36$ ················· ㉠

$a_2 + a_3 = 4$에서

$ar + ar^2 = ar(1+r) = 4$ ················· ㉡

㉠$\div$㉡을 하면 $r^2 = 9$

$\therefore r = 3 \ (\because r > 0)$

$r = 3$을 ㉡에 대입하면

$12a = 4$ $\therefore a = \dfrac{1}{3}$

따라서 $a_n = \dfrac{1}{3} \times 3^{n-1} = 3^{n-2}$이므로

$a_7 = 3^5 = 243$

3 2255   답 ④   유형 3

출제의도 | 등비수열의 일반항을 이용하여 두 항의 값의 곱을 구할 수 있는지 확인한다.

> 로그의 성질을 이용하여 $\log_5 a_1 + \log_5 a_2 + \cdots + \log_5 a_{11}$을 변형해 보자.

등비수열 $\{a_n\}$의 첫째항을 a, 공비를 r라 하면

$\log_5 a_1 + \log_5 a_2 + \log_5 a_3 + \cdots + \log_5 a_{11} = 11$에서

$\log_5 (a_1 \times a_2 \times a_3 \times \cdots \times a_{11}) = 11$

$\log_5 (a \times ar \times ar^2 \times \cdots \times ar^{10}) = 11$

$\log_5 (a^{11} r^{1+2+\cdots+10}) = 11$

$\log_5 (a^{11} r^{55}) = 11$

$\log_5 (ar^5)^{11} = 11$

$\log_5 (ar^5) = 1$ $\therefore ar^5 = 5$

$\therefore a_3 a_9 = ar^2 \times ar^8 = (ar^5)^2 = 5^2 = 25$

4 2256   답 ③   유형 4

출제의도 | 조건을 만족시키는 n의 최솟값을 구할 수 있는지 확인한다.

> $a_n = ar^{n-1} > 500$을 만족시키는 자연수 n의 값을 구해 보자.

등비수열 $\{a_n\}$의 첫째항을 a라 하면

$a_4 = a \times 3^3 = 54$이므로 $a = 2$

$\therefore a_n = 2 \times 3^{n-1}$

$2 \times 3^{n-1} > 500$에서 $3^{n-1} > 250$

이때 $3^5 = 243$, $3^6 = 729$이므로

$n - 1 \geq 6$ $\therefore n \geq 7$

따라서 처음으로 500보다 커지는 항은 제7항이다.

5 2257   답 ③   유형 6

출제의도 | 등비중항의 성질을 이용하여 항의 값을 구할 수 있는지 확인한다.

> 등비수열을 이루는 세 수 a, b, c에 대하여 $b^2 = ac$가 성립함을 이용해 보자.

a는 -2와 -18의 등비중항이므로 $a^2 = 36$

$\therefore a = \pm 6$ ················· ㉠

-18은 a와 b의 등비중항이므로 $(-18)^2 = ab$

$\therefore ab = 324$ ················· ㉡

㉠을 ㉡에 대입하면 $b = \pm 54$

$\therefore \dfrac{b}{a} = \dfrac{\pm 54}{\pm 6} = 9$

6 2258   답 ②   유형 7

출제의도 | 등차중항과 등비중항의 성질을 이용하여 a, b의 값을 구할 수 있는지 확인한다.

> 등차중항과 등비중항을 이용하여 식을 만들어 보자.

3은 a와 b의 등차중항이므로

$6 = a + b$ ················· ㉠

a는 1과 b의 등비중항이므로

$a^2 = b$ ················· ㉡

㉠을 ㉡에 대입하면 $a^2 = 6 - a$

$a^2 + a - 6 = 0$, $(a+3)(a-2) = 0$

$\therefore a = 2 \ (\because a > 0)$

$a = 2$를 ㉡에 대입하면 $b = 4$

$\therefore 2a + b = 2 \times 2 + 4 = 8$

7 2259   답 ①   유형 11

출제의도 | 첫째항과 공비를 이용하여 등비수열의 합을 구할 수 있는지 확인한다.

> 주어진 식에서 첫째항과 공비를 찾아보자.

등비수열의 첫째항은 $\dfrac{1}{4}$, 공비는 $\dfrac{\frac{1}{2}}{\frac{1}{4}} = 2$이므로 일반항은

$\dfrac{1}{4} \times 2^{n-1} = 2^{n-3}$

이때 $128 = 2^7$이므로 $2^{n-3} = 2^7$에서

$n - 3 = 7$ $\quad \therefore n = 10$

따라서 S의 값은 첫째항부터 제10항까지의 합이므로

$$\dfrac{\frac{1}{4} \times (2^{10} - 1)}{2 - 1} = \dfrac{2^{10} - 1}{4}$$

8 2260 답 ② 유형 3

출제의도 │ 항 사이의 관계가 주어진 등비수열에서 특정한 항의 값을 구할 수 있는지 확인한다.

등비수열의 일반항을 이용하여 공비 r의 값을 구해 보자.

등비수열 $\{a_n\}$의 첫째항은 3이고, 공비를 r라 하면

$\dfrac{a_4}{a_3} = r, \dfrac{a_6}{a_4} = r^2$

$\dfrac{a_4}{a_3} + \dfrac{a_6}{a_4} = -\dfrac{1}{4}$에서

$r + r^2 = -\dfrac{1}{4}, 4r^2 + 4r + 1 = 0$

$(2r + 1)^2 = 0$ $\quad \therefore r = -\dfrac{1}{2}$

$\therefore a_5 = 3 \times \left(-\dfrac{1}{2}\right)^4 = \dfrac{3}{16}$

9 2261 답 ② 유형 4

출제의도 │ 등비수열에서 조건을 만족시키는 n의 값을 구할 수 있는지 확인한다.

T_n이 최대가 되려면 $a_n > 1$이어야 함을 이용하여 n의 값을 구해 보자.

첫째항이 500, 공비가 $\dfrac{1}{4}$이므로

$a_n = 500 \times \left(\dfrac{1}{4}\right)^{n-1}$

따라서 $T_n = a_1 \times a_2 \times a_3 \times \cdots \times a_n$이 최대가 되려면 $a_n > 1$이어야 한다.

$a_n = 500 \times \left(\dfrac{1}{4}\right)^{n-1} > 1$에서

$\left(\dfrac{1}{4}\right)^{n-1} > \dfrac{1}{500}, 4^{n-1} < 500$

$4^4 = 256, 4^5 = 1024$이므로

$n - 1 \leq 4$ $\quad \therefore n \leq 5$

따라서 $n = 5$일 때 T_n의 값이 최대이다.

10 2262 답 ③ 유형 5

출제의도 │ 두 수 사이에 n개의 수를 넣어 만든 등비수열에서 n개의 수의 곱을 구할 수 있는지 확인한다.

새로 만든 수열에서 끝항인 64는 제$(n+2)$항임을 이용해 보자.

주어진 등비수열의 공비를 r라 하면 첫째항은 2이고, 64는 제12항이므로

$2r^{11} = 64$ $\quad \therefore r^{11} = 32 = 2^5$

$\therefore x_1 \times x_2 \times x_3 \times \cdots \times x_{10} = 2r \times 2r^2 \times 2r^3 \times \cdots \times 2r^{10}$

$= 2^{10} r^{1+2+3+\cdots+10}$

$= 2^{10} r^{55}$

$= 2^{10} (r^{11})^5$

$= 2^{10} \times (2^5)^5$

$= 2^{35}$

11 2263 답 ① 유형 8

출제의도 │ 조건을 만족시키는 등비수열을 이루는 세 수에서 가장 작은 수를 구할 수 있는지 확인한다.

세 수의 합과 곱을 이용하여 공비 r의 값을 구해 보자.

등비수열을 이루는 세 수를 a, ar, ar^2이라 하면

세 수의 합이 -7이므로

$a + ar + ar^2 = -7$ ┄┄┄┄┄┄ ㉠

또, 세 수의 곱이 27이므로

$a \times ar \times ar^2 = 27, a^3 r^3 = 27$

$\therefore ar = 3$ ┄┄┄┄┄┄ ㉡

㉡을 ㉠에 대입하면 $\dfrac{3}{r} + 3 + 3r = -7$

$3 + 3r + 3r^2 = -7r, 3r^2 + 10r + 3 = 0$

$(3r + 1)(r + 3) = 0$ $\quad \therefore r = -\dfrac{1}{3}$ 또는 $r = -3$

$r = -\dfrac{1}{3}$을 ㉡에 대입하면

$-\dfrac{1}{3} a = 3$ $\quad \therefore a = -9$

$r = -3$을 ㉡에 대입하면

$-3a = 3$ $\quad \therefore a = -1$

따라서 세 수는 -9, 3, -1이므로 이 중 가장 작은 수는 -9이다.

12 2264 답 ② 유형 9

출제의도 │ 일정한 비율로 변하는 실생활 문제를 해결할 수 있는지 확인한다.

첫째항과 공비를 구하여 등비수열의 일반항을 만들어 보자.

n번째 튀어 오른 높이를 a_n m라 하고, 튀어 오른 일정한 비율을 r라 하면

$a_1 = 3, r = \dfrac{3}{7.5} = \dfrac{30}{75} = \dfrac{2}{5}$

즉, 첫째항이 3, 공비가 $\dfrac{2}{5}$인 등비수열의 일반항 a_n은

$a_n = 3 \times \left(\dfrac{2}{5}\right)^{n-1}$

$3 \times \left(\dfrac{2}{5}\right)^{n-1} = \dfrac{48}{625}$에서 $\left(\dfrac{2}{5}\right)^{n-1} = \dfrac{16}{625} = \left(\dfrac{2}{5}\right)^4$

$n - 1 = 4$ $\quad \therefore n = 5$

따라서 높이가 $\dfrac{48}{625}$ m가 되는 것은 5번째 튀어 올랐을 때이다.

13 2265 답 ④ 유형 12

출제의도 │ 부분의 합이 주어진 등비수열에서 등비수열의 합을 구할 수 있는지 확인한다.

첫째항부터 제18항까지의 합은 $\dfrac{a(r^{18}-1)}{r-1}$이므로 r^6의 값을 구해 보자.

등비수열 $\{a_n\}$의 첫째항을 a, 공비를 r라 하자.
첫째항부터 제n항까지의 합을 S_n이라 하면
$S_6=12$에서 $\dfrac{a(r^6-1)}{r-1}=12$ ·················· ㉠

$S_{12}=72$에서 $\dfrac{a(r^{12}-1)}{r-1}=72$

$\therefore \dfrac{a(r^6-1)(r^6+1)}{r-1}=72$ ·················· ㉡

㉡÷㉠을 하면 $r^6+1=6$

$\therefore r^6=5$ ·················· ㉢

$S_{18}=\dfrac{a(r^{18}-1)}{r-1}=\dfrac{a(r^6-1)(r^{12}+r^6+1)}{r-1}$

위의 식에 ㉠, ㉢을 대입하면

$S_{18}=12\times(5^2+5+1)=372$

14 2266 답 ② 유형 18

출제의도 | 등비수열의 합과 일반항 사이의 관계를 이해하는지 확인한다.

> $a_n=S_n-S_{n-1}(n\geq2)$을 이용하여 식을 구해 보자.

$S_n=2\times3^{1-n}+k$에서

(i) $n\geq2$일 때

$a_n=S_n-S_{n-1}$
$=(2\times3^{1-n}+k)-(2\times3^{2-n}+k)$
$=2\times3^{1-n}-2\times3^{2-n}$
$=2\times3^{1-n}(1-3)$
$=-4\times3^{1-n}$ ·················· ㉠

(ii) $n=1$일 때

$a_1=S_1=2+k$ ·················· ㉡

첫째항부터 등비수열이 되려면 ㉠에 $n=1$을 대입한 값이 ㉡과 같
아야 하므로 $-4=2+k$ $\therefore k=-6$

15 2267 답 ② 유형 19

출제의도 | 등비수열의 합을 이용하여 원리합계를 구할 수 있는지 확인한다.

> 첫째항과 공비의 조건을 이용하여 등비수열의 합에 대한 식을 세워 보자.

월이율 0.3 %, 1개월마다 복리로 매월 초에 30만 원씩 36개월 동
안 적립했을 때, 36개월 말의 원리합계는

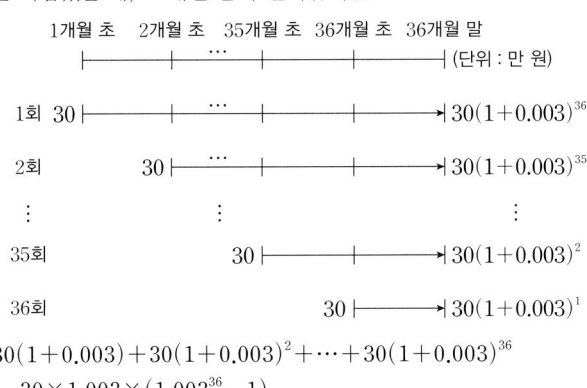

$30(1+0.003)+30(1+0.003)^2+\cdots+30(1+0.003)^{36}$

$=\dfrac{30\times1.003\times(1.003^{36}-1)}{1.003-1}$

$=\dfrac{30\times1.003\times(1.11-1)}{0.003}=1103.3$(만 원)

따라서 36개월 말의 적립금의 원리합계는 1103만 원이다.

16 2268 답 ③ 유형 19

출제의도 | 등비수열의 합을 이용하여 원리합계를 구할 수 있는지 확인한다.

> 첫째항과 공비의 조건을 이용하여 등비수열의 합에 대한 식을 세워 보자.

매월 초에 적립해야 하는 금액을 a만 원이라 하면

$a(1+0.005)+a(1+0.005)^2+\cdots+a(1+0.005)^{30}$ 2년 6개월은 30개월이다.

$=\dfrac{a\times1.005(1.005^{30}-1)}{1.005-1}$

$=\dfrac{a\times1.005\times(1.16-1)}{0.005}$

$=32.16a$

$32.16a=1608$이어야 하므로 $a=50$

따라서 매월 초에 50만 원씩 적립해야 한다.

17 2269 답 ③ 유형 2

출제의도 | 등차수열과 등비수열의 일반항을 이용하여 제5항의 값을 구할 수
있는지 확인한다.

> 공차와 공비에 대한 식을 세운 후 두 식을 연립하여 해결해 보자.

등차수열 $\{a_n\}$의 공차를 d, 등비수열 $\{b_n\}$의 공비를 r라 하면

$a_2=3+d$, $a_4=3+3d$, $b_2=3r$, $b_4=3r^3$이므로

두 조건 ㈎, ㈏에서

$3+d=3r$ ·················· ㉠

$3+3d=3r^3$ ·················· ㉡

㉠을 ㉡에 대입하면 $3+3(3r-3)=3r^3$

$r^3-3r+2=0$, $(r-1)(r^2+r-2)=0$

$(r-1)^2(r+2)=0$

$\therefore r=-2$ ($\because r\neq1$)

$r=-2$를 ㉠에 대입하면 $d=-9$

$\therefore a_5+b_5=(3+4d)+3r^4$
$=-33+48=15$

18 2270 답 ④ 유형 6 + 유형 10

출제의도 | 주어진 도형에서 등비수열의 관계식을 찾을 수 있는지 확인한다.

> 이웃하는 세 정사각형에서 선분의 길이 사이의 관계를 생각해 보자.

그림과 같이 세 정사각형의 한 변의
길이를 각각 x, y, z라 하면 색칠한
두 삼각형은 서로 닮음이므로

$x:y=(y-x):(z-y)$

$y(y-x)=x(z-y)$

$\therefore y^2=xz$

따라서 x, y, z는 이 순서대로 등비수열을 이룬다.

즉, n번째 정사각형의 한 변의 길이를 a_n이라 하면
수열 $\{a_n\}$은 등비수열이다.

첫 번째 정사각형의 넓이가 3이므로

$(a_1)^2=3$

7번째 정사각형의 넓이가 24이므로

$(a_7)^2 = 24$

이때 수열 $\{a_n\}$의 공비를 r라 하면

$(a_1 r^6)^2 = 24$, $(a_1)^2 r^{12} = 24$

$(a_1)^2 = 3$이므로 $3r^{12} = 24$, $r^{12} = 8 = 2^3$

$\therefore r^4 = 2$

따라서 11번째 정사각형의 넓이는

$(a_{11})^2 = (a_1 r^{10})^2 = (a_1)^2 r^{20}$
$= (a_1)^2 \times (r^4)^5$
$= 3 \times 2^5 = 96$

19 2271 답 ①
유형 3 + 유형 13

출제의도 | 등비수열의 일반항과 합을 이용하여 대소 관계를 만족시키는 n의 값을 구할 수 있는지 확인한다.

> 로그의 성질을 이용하여 식을 구해 보자.

등비수열 $\{a_n\}$의 공비를 r라 하면

$a_4 = a_1 r^3 = 5r^3 = 1080$

$r^3 = 216$

$\therefore r = 6$

$a_1 + a_2 + a_3 + \cdots + a_n = \dfrac{5(6^n - 1)}{6 - 1} = 6^n - 1$이므로

$\log(a_1 + a_2 + a_3 + \cdots + a_n)^3$
$= \log(6^n - 1)^3$
$= 3\log(6^n - 1)$

$3\log(6^n - 1) < 9$에서

$\log(6^n - 1) < 3$, $6^n - 1 < 10^3$

$\therefore 6^n < 1001$

이때 $6^3 = 216$, $6^4 = 1296$이므로 $n \leq 3$

따라서 조건을 만족시키는 자연수 n의 최댓값은 3이다.

20 2272 답 ②
유형 14 + 유형 15

출제의도 | 등비수열의 합을 이용하여 주어진 식의 값을 구할 수 있는지 확인한다.

> 등비수열의 합에 대한 식을 이용하여 문제를 해결해 보자.

$S_2 = a_1{}^2 + a_2{}^2 = a_1{}^2 + (-2a_1)^2$
$= (1 + 4) \times a_1{}^2 = 5a_1{}^2$

$S_3 = a_1{}^2 + a_2{}^2 + a_3{}^2 = a_1{}^2 + (-2a_1)^2 + (4a_1)^2$
$= (1 + 4 + 4^2) \times a_1{}^2 = 21a_1{}^2$

$T_2 = \dfrac{1}{a_1} + \dfrac{1}{a_2} = \dfrac{1}{a_1} - \dfrac{1}{2a_1}$
$= \left(1 - \dfrac{1}{2}\right) \times \dfrac{1}{a_1} = \dfrac{1}{2a_1}$

$T_3 = \dfrac{1}{a_1} + \dfrac{1}{a_2} + \dfrac{1}{a_3} = \dfrac{1}{a_1} - \dfrac{1}{2a_1} + \dfrac{1}{4a_1}$
$= \left(1 - \dfrac{1}{2} + \dfrac{1}{4}\right) \times \dfrac{1}{a_1} = \dfrac{3}{4a_1}$

$\therefore \dfrac{S_3 T_3}{S_2 T_2} = \dfrac{21a_1{}^2 \times \dfrac{3}{4a_1}}{5a_1{}^2 \times \dfrac{1}{2a_1}} = \dfrac{63}{10}$

21 2273 답 ②
유형 15

출제의도 | 주어진 조건과 등비수열의 합을 이용하여 공비와 m의 값을 구할 수 있는지 확인한다.

> $6 < a_1 + a_2 + a_3 \leq 14$를 만족시키는 r의 값을 찾고, $S_m = 122$에 대입하여 조건을 만족시키는 값을 구해 보자.

등비수열 $\{a_n\}$의 첫째항이 2이고, 공비를 r라 하면

조건 (개)에서 $6 < 2 + 2r + 2r^2 \leq 14$

$3 < 1 + r + r^2 \leq 7$

$1 + r + r^2 \leq 7$에서

$r^2 + r - 6 \leq 0$, $(r + 3)(r - 2) \leq 0$

$\therefore -3 \leq r \leq 2$ ⟶ ㉠

$3 < 1 + r + r^2$에서

$r^2 + r - 2 > 0$, $(r + 2)(r - 1) > 0$

$\therefore r < -2$ 또는 $r > 1$ ⟶ ㉡

㉠, ㉡에서 $-3 \leq r < -2$ 또는 $1 < r \leq 2$이므로

정수 r의 값은 -3 또는 2이다.

조건 (내)에서 $S_m = \dfrac{2(r^m - 1)}{r - 1} = 122$

$\therefore \dfrac{r^m - 1}{r - 1} = 61$

(i) $r = 2$일 때,

$\dfrac{2^m - 1}{2 - 1} = 61$에서 $2^m = 62$

이를 만족시키는 자연수 m은 존재하지 않는다.

(ii) $r = -3$일 때,

$\dfrac{(-3)^m - 1}{(-3) - 1} = 61$에서 $(-3)^m = -243$

$\therefore m = 5$

따라서 자연수 m과 공비의 합은 $5 + (-3) = 2$이다.

22 2274 답 28
유형 11

출제의도 | 첫째항과 공비를 이용하여 등비수열의 합을 구할 수 있는지 확인한다.

STEP 1 S_3, S_6을 첫째항과 공비에 대한 식으로 나타내기 [4점]

등비수열 $\{a_n\}$의 공비가 3이므로

$S_3 = \dfrac{a_1(3^3 - 1)}{3 - 1}$ ⟶ ㉠

$S_6 = \dfrac{a_1(3^6 - 1)}{3 - 1} = \dfrac{a_1(3^3 - 1)(3^3 + 1)}{3 - 1}$ ⟶ ㉡

STEP 2 $\dfrac{S_6}{S_3}$의 값 구하기 [2점]

㉡ ÷ ㉠을 하면

$\dfrac{S_6}{S_3} = 3^3 + 1 = 28$

23 2275 답 88500대
유형 16

출제의도 | 등비수열의 합을 이용하여 실생활 문제를 해결할 수 있는지 확인한다.

STEP 1 첫째항과 공비 구하기 [2점]

n번째 달 컴퓨터의 생산량을 a_n대라 하면 첫 달 컴퓨터의 생산량이 1000대이므로

$a_1 = 1000$

둘째 달 컴퓨터의 생산량은 첫 달의 생산량의 10%만큼 늘어나므로

$a_2 = 1000(1+0.1)$

STEP2 **STEP2** 일반항 구하기 [2점]

n번째 달 컴퓨터의 생산량은

$a_n = 1000 \times (1+0.1)^{n-1}$

$\quad = 1000 \times (1.1)^{n-1}$

STEP3 2년 동안의 모든 컴퓨터의 생산량 구하기 [2점]

첫 달을 포함한 2년 동안의 모든 컴퓨터의 생산량은

$$\frac{1000 \times (1.1^{24} - 1)}{1.1 - 1} = \frac{1000 \times (9.85 - 1)}{0.1}$$

$$= 88500 (대)$$

---

24 2276 📋 26가지 　　　　　　　　　　　유형 8

출제의도 │ 등비수열을 이루는 수의 특징을 이용하여 조건을 만족시키는 값을 찾을 수 있는지 확인한다.

STEP1 등비수열을 이루는 네 수 나타내기 [2점]

등비수열을 이루는 서로 다른 네 수를 a, ar, ar^2, ar^3 $(r \neq 1)$이라 하자.

STEP2 150 이하의 수라는 조건 나타내기 [1점]

네 수는 150 이하의 수이므로

$ar^3 \leq 150$ ⟶ 가장 큰 수가 150보다 작거나 같아야 한다.

STEP3 조건을 만족시키는 r, a의 값 구하기 [3점]

공비는 1이 아닌 자연수이므로

(ⅰ) $r=2$일 때, $a=1, 2, 3, \cdots, 18$

　　　　　　　　　⟶ $ar^3 = 8a^3$에서 $8a \leq 150$

　　　　　　　　　∴ $a \leq 18.75$

　　　　　　　　　a는 자연수이므로 $1 \leq a \leq 18$

(ⅱ) $r=3$일 때, $a=1, 2, \cdots, 5$

(ⅲ) $r=4$일 때, $a=1, 2$

(ⅳ) $r=5$일 때, $a=1$

STEP4 조건을 만족시키는 수열의 경우의 수 구하기 [1점]

조건을 만족시키는 수열은 모두

$18 + 5 + 2 + 1 = 26$(가지)

---

25 2277 📋 $\dfrac{341}{64}$ 　　　　　　　　　　유형 17

출제의도 │ 규칙을 파악하여 공비를 찾고, 등비수열의 합을 이용하여 도형의 넓이를 구할 수 있는지 확인한다.

STEP1 첫째항과 공비 구하기 [4점]

n번째 시행에서 색칠한 정사각형의 넓이를 S_n이라 하면
첫 번째 시행에서 색칠한 정사각형의 넓이는

$S_1 = 4^2 \times \dfrac{1}{4} = 4$

두 번째 시행에서 색칠한 정사각형의 넓이는

$S_2 = 2^2 \times \dfrac{1}{4} = 1$

수열 $\{S_n\}$은 첫째항이 4, 공비가 $\dfrac{1}{4}$인 등비수열이다.

STEP2 다섯 번째 시행 후 색칠된 모든 정사각형의 넓이의 합 구하기 [4점]

다섯 번째 시행 후 색칠된 모든 정사각형의 넓이의 합은 등비수열 $\{S_n\}$에서 첫째항부터 제5항까지의 합과 같으므로

$$\frac{4 \times \left\{ 1 - \left(\dfrac{1}{4} \right)^5 \right\}}{1 - \dfrac{1}{4}} = \frac{341}{64}$$

실력 check **실전 마무리하기 2회** 　　　　470쪽~473쪽

1 2278 📋 ③ 　　　　　　　　　　　　　유형 1

출제의도 │ 등비수열의 일반항을 이용하여 첫째항과 공비를 구할 수 있는지 확인한다.

 등비수열의 일반항은 $a_n = ar^{n-1}$이므로 주어진 조건으로 식을 세워 보자.

등비수열 $\{a_n\}$의 첫째항을 a, 공비를 r라 하면

$a_3 = ar^2 = 12$ ·· ㉠

$a_6 = ar^5 = -96$ ·· ㉡

㉡÷㉠을 하면 $r^3 = -8$

∴ $r = -2$

$r = -2$를 ㉠에 대입하면 $4a = 12$　　∴ $a = 3$

∴ $a + r = 3 + (-2) = 1$

2 2279 📋 ⑤ 　　　　　　　　　　　　　유형 3

출제의도 │ 항 사이의 관계가 주어진 등비수열에서 특정한 항의 값을 구할 수 있는지 확인한다.

 등비수열의 일반항이 $a_n = ar^{n-1}$임을 이용하여 공비를 구해 보자.

등비수열 $\{a_n\}$의 공비를 r라 하면

$\dfrac{a_3 a_6}{a_2 a_4} = 8$에서 $\dfrac{5r^2 \times 5r^5}{5r \times 5r^3} = 8$, $r^3 = 8$

∴ $r = 2$

따라서 $a_n = 5 \times 2^{n-1}$이므로

$a_7 = 5 \times 2^6 = 320$

3 2280 📋 ③ 　　　　　　　　　　　　　유형 3

출제의도 │ 항 사이의 관계가 주어진 등비수열에서 특정한 항의 값을 구할 수 있는지 확인한다.

등비수열의 일반항이 $a_n = ar^{n-1}$임을 이용하여 $a_{12} + a_{13}$의 값을 구해 보자.

등비수열 $\{a_n\}$의 첫째항을 a, 공비를 r라 하면

$a_4 + a_5 = 6$에서

$ar^3 + ar^4 = 6$ ······································· ㉠

$a_6+a_7+a_8+a_9=72$에서

$ar^5+ar^6+ar^7+ar^8=72$

$\therefore r^2(ar^3+ar^4)+r^4(ar^3+ar^4)=72$ ············· ⓒ

㉠을 ⓒ에 대입하면 $6r^2+6r^4=72$

$r^4+r^2-12=0$, $(r^2+4)(r^2-3)=0$

$\therefore r^2=3$

$\therefore a_{12}+a_{13}=ar^{11}+ar^{12}$

$=r^8(ar^3+ar^4)$

$=3^4\times 6=486$

---

4 2281　답 ④　　　　　　　　　　　　　유형 1 + 유형 4

출제의도 | 조건을 만족시키는 n의 최솟값을 구할 수 있는지 확인한다.

> $ar^{n-1}>1000$을 만족시키는 자연수 n의 값의 범위를 구해 보자.

등비수열 $\{a_n\}$의 첫째항을 a, 공비를 r라 하면

$a_3=ar^2=20$ ·········· ㉠

$a_4=ar^3=40$ ·········· ㉡

㉡÷㉠을 하면 $r=2$

$r=2$를 ㉠에 대입하면 $4a=20$　　$\therefore a=5$

$\therefore a_n=5\times 2^{n-1}$

$5\times 2^{n-1}>1000$에서 $2^{n-1}>200$

이때 $2^7=128$, $2^8=256$이므로 $n-1\geq 8$

$\therefore n\geq 9$

따라서 처음으로 1000보다 커지는 항은 제9항이다.

---

5 2282　답 ③　　　　　　　　　　　　　유형 5

출제의도 | 두 수 사이에 3개의 수를 넣어서 만든 등비수열에서 세 수를 구할 수 있는지 확인한다.

> 등비수열의 일반항이 $a_n=ar^{n-1}$임을 이용하여 각 항의 값을 구해 보자.

주어진 등비수열의 공비를 r라 하면 첫째항은 48이고 3은 제5항이므로

$48r^4=3$, $r^4=\dfrac{1}{16}$

$\therefore r=\dfrac{1}{2}$ ($\because r>0$)

→ a, b, c는 양수이다.

a는 제2항, b는 제3항, c는 제4항이므로

$a=48\times\dfrac{1}{2}=24$

$b=48\times\left(\dfrac{1}{2}\right)^2=12$

$c=48\times\left(\dfrac{1}{2}\right)^3=6$

$\therefore a-b+c=24-12+6=18$

---

6 2283　답 ⑤　　　　　　　　　　　　　유형 6

출제의도 | 등비중항의 성질을 이용하여 주어진 값을 구할 수 있는지 확인한다.

> 세 수 a, b, c가 이 순서대로 등비수열을 이루면 $b^2=ac$임을 이용해 보자.

등차수열 $\{a_n\}$의 공차를 d라 하면

$a_2=a_1+d$, $a_4=a_1+3d$, $a_7=a_1+6d$

이때 세 수 a_2, a_4, a_7이 이 순서대로 등비수열을 이루므로

$a_4{}^2=a_2\times a_7$에서

$(a_1+3d)^2=(a_1+d)(a_1+6d)$

$a_1{}^2+6a_1d+9d^2=a_1{}^2+7a_1d+6d^2$

$a_1d=3d^2$　　$\therefore a_1=3d$ ($\because d\neq 0$)

$\therefore \dfrac{a_8}{a_3}=\dfrac{a_1+7d}{a_1+2d}=\dfrac{10d}{5d}=2$

---

7 2284　답 ②　　　　　　　　　　　　　유형 7

출제의도 | 등차중항과 등비중항의 성질을 이용하여 x, y의 값을 구할 수 있는지 확인한다.

> 등차중항과 등비중항을 이용하여 식을 만들어 보자.

세 수 x, -5, y가 이 순서대로 등차수열을 이루므로

$2\times(-5)=x+y$　　$\therefore x+y=-10$

세 수 x, 3, y가 이 순서대로 등비수열을 이루므로

$3^2=x\times y$　　$\therefore xy=9$

$\therefore x^2+y^2=(x+y)^2-2xy=(-10)^2-2\times 9=82$

---

8 2285　답 ④　　　　　　　　　　　　　유형 3

출제의도 | 항 사이의 관계가 주어진 등비수열에서 공비를 구하여 식의 값을 구할 수 있는지 확인한다.

> 주어진 식을 이용하여 등비수열의 일반항을 구해 보자.

등비수열 $\{a_n\}$의 공비를 r라 하면

$\dfrac{a_5}{a_3}=\dfrac{a_1r^4}{a_1r^2}=r^2=4$

$\therefore r=-2$ ($\because r<0$)

따라서 첫째항이 -3, 공비가 -2인 등비수열의 일반항은

$a_n=-3\times(-2)^{n-1}$

$\therefore |a_3-a_2|+|a_5-a_4|$

$=|-3\times(-2)^2+3\times(-2)|+|-3\times(-2)^4+3\times(-2)^3|$

$=|-12-6|+|-48-24|$

$=18+72=90$

---

9 2286　답 ②　　　　　　　　　　　　　유형 8

출제의도 | 등비수열을 이루는 수의 특징을 이용하여 조건을 만족시키는 값을 찾을 수 있는지 확인한다.

> 네 개의 수가 등비수열을 이루므로 네 수를 a, ar, ar^2, ar^3으로 놓아 보자.

등비수열을 이루는 서로 다른 네 수를 a, ar, ar^2, ar^3이라 하면 네 수는 서로 다른 세 자리의 자연수이므로

$a\geq 100$, $ar^3<1000$, $r\neq 1$

$a\geq 100$, $ar^3<1000$이므로 $100r^3<1000$

즉, $r^3<10$이므로 1이 아닌 자연수 r의 값은 2이다.

즉, 네 수는 a, $2a$, $4a$, $8a$이고, 네 수의 합이 가장 클 때는 $8a$가 가장 클 때이므로 $8a<1000$에서 $a<125$

따라서 네 수의 합이 가장 클 때 $a=124$이므로 네 수의 합은

$a+2a+4a+8a=15a=15\times124=1860$

10 2287 답 ④

출제의도 | 일정한 비율로 변하는 실생활 문제를 해결할 수 있는지 확인한다.

> 주어진 조건을 이용하여 공비 r의 값을 구해 보자.

소금의 양이 감소하는 비율이 30 %이므로 여과 장치를 n번 통과한 후의 소금의 양은 (10000×0.7^n) g

따라서 6번 통과한 후 여과 장치가 걸러낸 소금의 양은

(처음 소금의 양)$-$(6번 통과한 후 남아 있는 소금의 양)

$=\underline{10000-10000\times0.7^6}$ → 조건에서 주어진 0.7^6의 값을 이용할

$=10000-10000\times0.118$ 수 있도록 식을 세운다.

$=10000-1180$

$=8820$(g)

11 2288 답 ③

유형 12

출제의도 | 부분의 합이 주어진 등비수열에서 등비수열의 합을 구할 수 있는지 확인한다.

> 등비수열의 합이 $S_n=\dfrac{a(r^n-1)}{r-1}$임을 이용하여 조건을 정리해 보자.

등비수열 $\{a_n\}$의 첫째항을 a, 공비를 r라 하면

$a_1+a_2+\cdots+a_{10}=10$에서

$\dfrac{a(r^{10}-1)}{r-1}=10$ ···················· ㉠

$a_{21}+a_{22}+\cdots+a_{30}=40$에서

$\dfrac{ar^{20}(r^{10}-1)}{r-1}=40$ ···················· ㉡

㉡÷㉠을 하면 $r^{20}=4$

$\therefore r^{10}=2$

$\therefore a_{41}+a_{42}+\cdots+a_{59}+a_{60}=\dfrac{ar^{40}(r^{20}-1)}{r-1}$

$=\dfrac{a(r^{10}-1)}{r-1}\times r^{40}\times(r^{10}+1)$

$=10\times2^4\times(2+1)=480$

12 2289 답 ③

유형 12

출제의도 | 부분의 합을 이용하여 주어진 값을 구할 수 있는지 확인한다.

> 등비수열의 합을 이용하여 S_3, S_9를 공비 r에 대한 식으로 나타내 보자.

등비수열 $\{a_n\}$의 첫째항을 a, 공비를 r라 하면

$S_3=\dfrac{a(r^3-1)}{r-1}$

$S_9=\dfrac{a(r^9-1)}{r-1}$

$=\dfrac{a(r^3-1)(r^6+r^3+1)}{r-1}$

$\dfrac{S_9}{S_3}=43$에서 $r^6+r^3+1=43$

$(r^3)^2+r^3-42=0$

$(r^3+7)(r^3-6)=0$ $\therefore r^3=6\ (\because r>0)$

$\therefore \dfrac{a_9}{a_3}=\dfrac{ar^8}{ar^2}=r^6=(r^3)^2=6^2=36$

13 2290 답 ③

유형 3 + 유형 13

출제의도 | 등비수열의 일반항과 합을 이용하여 대소 관계를 만족시키는 n의 값을 구할 수 있는지 확인한다.

> $S_n=\dfrac{a(r^n-1)}{r-1}>500$을 만족시키는 자연수 n의 최솟값을 구해 보자.

등비수열 $\{a_n\}$의 첫째항을 a, 공비를 r라 하면

$a_2=6$에서 $ar=6$ ···················· ㉠

$a_5=48$에서 $ar^4=48$ ···················· ㉡

㉡÷㉠을 하면 $r^3=8$

$\therefore r=2$

$r=2$를 ㉠에 대입하면 $2a=6$

$\therefore a=3$

등비수열 $\{a_n\}$의 첫째항부터 제n항까지의 합을 S_n이라 하면

$S_n=\dfrac{3\times(2^n-1)}{2-1}$

$=3\times(2^n-1)$

$3\times(2^n-1)>500$에서 $2^n-1>\dfrac{500}{3}$

$\therefore 2^n>\dfrac{503}{3}=167.6\cdots$

이때 $2^7=128$, $2^8=256$

$\therefore n\geq8$

따라서 자연수 n의 최솟값은 8이다.

14 2291 답 ⑤

유형 14

출제의도 | 일반항이 $\dfrac{1}{a_n}$인 등비수열의 합을 구할 수 있는지 확인한다.

> 첫째항이 a, 공비가 r인 등비수열 $\{a_n\}$에서 등비수열 $\left\{\dfrac{1}{a_n}\right\}$의 첫째항은 $\dfrac{1}{a}$, 공비는 $\dfrac{1}{r}$임을 이용해 보자.

첫째항이 1, 공비가 3인 등비수열이므로

$a_n=3^{n-1}$

$\therefore \dfrac{1}{a_1}+\dfrac{2}{a_2}+\dfrac{2^2}{a_3}+\cdots+\dfrac{2^{n-1}}{a_n}$

$=\dfrac{1}{1}+\dfrac{2}{3}+\dfrac{2^2}{3^2}+\cdots+\dfrac{2^{n-1}}{3^{n-1}}$

$=1+\dfrac{2}{3}+\left(\dfrac{2}{3}\right)^2+\cdots+\left(\dfrac{2}{3}\right)^{n-1}$

$=\dfrac{1\times\left\{1-\left(\dfrac{2}{3}\right)^n\right\}}{1-\dfrac{2}{3}}$ → 첫째항이 1, 공비가 $\dfrac{2}{3}$, 항의 개수가 n인 등비수열의 합이다.

$=3\left\{1-\left(\dfrac{2}{3}\right)^n\right\}$

15 2292 답 ② 유형 15

출제의도 | 등비수열의 합에 대한 식을 이용하여 첫째항과 공비를 구할 수 있는지 확인한다.

> $S_n=\dfrac{a(r^n-1)}{r-1}$ 을 이용하여 첫째항과 공비를 구해 보자.

등비수열 $\{a_n\}$의 첫째항을 a, 공비를 r라 하면

$S_3=7a_3$에서 $\dfrac{a(1-r^3)}{1-r}=7ar^2$

$a\neq0$이므로 $\dfrac{(1-r)(1+r+r^2)}{1-r}=7r^2$

$1+r+r^2=7r^2$, $6r^2-r-1=0$

$(3r+1)(2r-1)=0$ $\quad\therefore r=\dfrac{1}{2}\ (\because r>0)$

$S_2=6$에서 $\dfrac{a(1-r^2)}{1-r}=6$

$r=\dfrac{1}{2}$을 대입하면 $\dfrac{a\left(1-\dfrac{1}{4}\right)}{1-\dfrac{1}{2}}=6$

$\dfrac{3}{2}a=6$ $\quad\therefore a=4$

$\therefore 8S_6=8\times\dfrac{4\left\{1-\left(\dfrac{1}{2}\right)^6\right\}}{1-\dfrac{1}{2}}=63$

16 2293 답 ④ 유형 18

출제의도 | 수열의 합과 일반항 사이의 관계를 이용하여 일반항을 구할 수 있는지 확인한다.

> $a_1=S_1$, $a_n=S_n-S_{n-1}\ (n\geq2)$임을 이용하여 항의 값을 구해 보자.

$S_n=3\times2^{n+1}-5$에서

(i) $n\geq2$일 때

$\quad a_n=S_n-S_{n-1}=(3\times2^{n+1}-5)-(3\times2^n-5)$

$\qquad\quad =3\times2^n$ ·········· ㉠

(ii) $n=1$일 때

$\quad a_1=S_1=3\times2^2-5=7$ ·········· ㉡

이때 ㉠에 $n=1$을 대입한 값이 ㉡과 같지 않으므로

$a_1=7$, $a_n=3\times2^n\ (n\geq2)$

$\therefore a_3=3\times2^3=24$, $a_5=3\times2^5=96$

$\therefore a_1+a_3+a_5=7+24+96=127$

17 2294 답 ⑤ 유형 12

출제의도 | 부분의 합을 이용하여 주어진 값을 구할 수 있는지 확인한다.

> 등비수열의 합을 이용하여 S_5-S_3, S_9-S_5를 첫째항과 공비에 대한 식으로 나타내 보자.

등비수열 $\{a_n\}$의 첫째항을 a, 공비를 r라 하면

$S_5-S_3=8$에서 $a_4+a_5=8$이므로

$ar^3+ar^4=ar^3(1+r)=8$ ·········· ㉠

$S_9-S_5=96$에서 $a_6+a_7+a_8+a_9=96$이므로

$ar^5+ar^6+ar^7+ar^8$

$=ar^5(1+r+r^2+r^3)=96$ ·········· ㉡

㉡$\div$㉠을 하면

$\dfrac{r^2(1+r+r^2+r^3)}{1+r}=12$, $\dfrac{(1+r)(r^2+r^4)}{1+r}=12$

$r^2+r^4=12$, $r^4+r^2-12=0$

$(r^2+4)(r^2-3)=0$ $\quad\therefore r^2=3$

$\therefore a_8+a_9=ar^7+ar^8$

$\qquad\qquad =ar^3(1+r)\times r^4$

$\qquad\qquad =8\times3^2=72$

18 2295 답 ④ 유형 12

출제의도 | 부분의 합을 이용하여 등비수열의 합을 식으로 나타낼 수 있는지 확인한다.

> $a_{11}+a_{12}+\cdots+a_{20}=S_{20}-S_{10}$임을 이용하여 해결해 보자.

등비수열 $\{a_n\}$의 첫째항을 a, 공비를 r라 하면

$S_{10}=7$에서 $\dfrac{a(r^{10}-1)}{r-1}=7$ ·········· ㉠

$a_{11}+a_{12}+\cdots+a_{20}=56$에서

$S_{20}-S_{10}=56$이므로 $S_{20}=56+7=63$

$\therefore \dfrac{a(r^{20}-1)}{r-1}=\dfrac{a(r^{10}-1)(r^{10}+1)}{r-1}=63$ ·········· ㉡

㉠을 ㉡에 대입하면 $r^{10}+1=9$

$\therefore r^{10}=8$ ·········· ㉢

$S_{30}=\dfrac{a(r^{30}-1)}{r-1}$

$\qquad =\dfrac{a(r^{10}-1)(r^{20}+r^{10}+1)}{r-1}$

$\qquad =(8^2+8+1)S_{10}\ (\because ㉢)$

$\qquad =73S_{10}$

$\therefore k=73$

19 2296 답 ⑤ 유형 13 + 유형 17

출제의도 | 각 시행 후 두 반원의 호의 길이의 합은 등비수열임을 이용할 수 있는지 확인한다.

> 반지름의 길이가 r일 때 반원의 호의 길이는 $2\pi r\times\dfrac{1}{2}$임을 이용하여 해결해 보자.

첫 번째 시행에서 만들어지는 두 반원의 지름의 길이는 각각

$12\times\dfrac{2}{2+1}=8$, $12\times\dfrac{1}{2+1}=4$

이므로 두 반원의 호의 길이의 합은

$a_1=2\pi\times4\times\dfrac{1}{2}+2\pi\times2\times\dfrac{1}{2}$

$\quad =4\pi+2\pi=6\pi$

두 번째 시행에서 만들어지는 두 반원의 지름의 길이는 각각

$8\times\dfrac{2}{2+1}=\dfrac{16}{3}$, $8\times\dfrac{1}{2+1}=\dfrac{8}{3}$

이므로 두 반원의 호의 길이의 합은

$$a_2 = 2\pi \times \frac{8}{3} \times \frac{1}{2} + 2\pi \times \frac{4}{3} \times \frac{1}{2}$$

$$= \frac{8}{3}\pi + \frac{4}{3}\pi = 4\pi$$

이때 $\dfrac{a_2}{a_1} = \dfrac{4\pi}{6\pi} = \dfrac{2}{3}$이므로 만들어지는 두 반원의 호의 길이의 합

은 첫째항이 6π, 공비가 $\dfrac{2}{3}$인 등비수열을 이룬다.

$$\therefore a_n = 6\pi \times \left(\frac{2}{3}\right)^{n-1}$$

등비수열 $\{a_n\}$의 첫째항부터 제n항까지의 합은

$$\frac{6\pi\left\{1 - \left(\frac{2}{3}\right)^n\right\}}{1 - \frac{2}{3}} = 18\pi\left\{1 - \left(\frac{2}{3}\right)^n\right\}$$

$18\pi\left\{1 - \left(\dfrac{2}{3}\right)^n\right\} > \dfrac{1330}{81}\pi$에서 $1 - \left(\dfrac{2}{3}\right)^n > \dfrac{665}{729}$

$\left(\dfrac{2}{3}\right)^n < \dfrac{64}{729}, \ \left(\dfrac{2}{3}\right)^n < \left(\dfrac{2}{3}\right)^6$

$\therefore n \geq 6$ → 밑이 1보다 작으므로 부등호의 방향이 바뀐다.

따라서 합이 처음으로 $\dfrac{1330}{81}\pi$보다 커지는 자연수 n의 값은 7이다.

20 2297 답 ①　　　유형 20

출제의도 | 등비수열의 합을 이용하여 실생활 문제를 해결할 수 있는지 확인
한다.

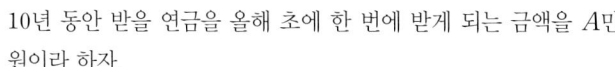
올해 초에 한 번에 모두 지급 받을 연금의 10년 후의 원리합계와 매년 말에 200만 원씩 10년 동안 적립한 원리합계가 같아야 함을 이용하여 값을 구해 보자.

10년 동안 받을 연금을 올해 초에 한 번에 받게 되는 금액을 A만
원이라 하자.

A만 원을 연이율 5 %, 1년마다 복리로 10년 동안 예금할 때의 원
리합계는

$A(1+0.05)^{10}$
$= A \times 1.05^{10}$
$= 1.6A$(만 원) ··············· ㉠

또, 연이율 5 %, 1년마다 복리로 매년 말에 200만 원씩 10년 동
안 적립할 때의 원리합계를 그림으로 나타내면 다음과 같다.

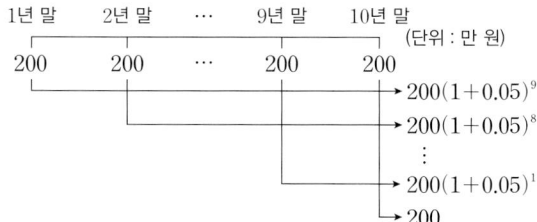

따라서 10년 말의 원리합계는

$200 + 200 \times 1.05 + 200 \times 1.05^2 + \cdots + 200 \times 1.05^9$

$= \dfrac{200 \times (1.05^{10} - 1)}{1.05 - 1}$

$= \dfrac{200 \times 0.6}{0.05}$

$= \dfrac{120}{0.05}$

$= 2400$(만 원) ··············· ㉡

이때 ㉠과 ㉡이 같아야 하므로

$1.6A = 2400$

$\therefore A = 1500$

따라서 올해 초에 한 번에 받게 되는 금액은 1500만 원이다.

21 2298 답 ④　　　유형 15

출제의도 | 일반항을 이용하여 수열의 합을 구할 수 있는지 확인한다.

시행 규칙을 파악하여 등비수열의 첫째항과 공비를 구해 보자.

2의 거듭제곱 중 가장 작은 3개의 수 $2, 2^2, 2^3$을 곱하면

$a_1 = 2^6$

그 다음으로 작은 수 $2, 2^2, 2^4$을 곱하면

$a_2 = 2^7$

2의 거듭제곱 중 가장 큰 3개의 수 $2^8, 2^9, 2^{10}$을 곱하면

$a_n = 2^{27}$

즉, 수열 $\{a_n\}$은 첫째항이 2^6, 공비가 2인 등비수열을 이루므로

$a_n = 2^6 \times 2^{n-1} = 2^{n+5}$

이때 $n + 5 = 27$에서 $n = 22$

따라서 $a_1 + a_2 + \cdots + a_n$은 첫째항부터 제22항까지의 합과 같으므로

$a_1 + a_2 + \cdots + a_{22} = \dfrac{2^6 \times (2^{22} - 1)}{2 - 1}$

$\qquad\qquad\qquad = 2^6 \times (2^{22} - 1)$

$\qquad\qquad\qquad = 64 \times (2^{22} - 1)$

따라서 $p = 64, \ q = 22, \ n = 22$이므로

$p + q - n = 64 + 22 - 22 = 64$

22 2299 답 496　　　유형 3 + 유형 11

출제의도 | 일반항을 이용하여 등비수열의 합을 식으로 나타낼 수 있는지 확
인한다.

STEP1 조건을 만족시키는 첫째항과 r^4의 값 구하기 [3점]

등비수열 $\{a_n\}$의 첫째항을 a, 공비를 r라 하면

$a_1 a_2 = a_{10}$에서 $a \times ar = ar^9$이므로

$a = r^8$ ··············· ㉠

$a_1 + a_9 = 20$에서 $a + ar^8 = 20$

㉠을 대입하면 $a + a^2 = 20$

$a^2 + a - 20 = 0, \ (a+5)(a-4) = 0$

$\therefore a = 4 \ (\because a > 0)$

$a = 4$를 ㉠에 대입하면

$r^8 = 4$

$\therefore r^4 = 2$

STEP2 주어진 식의 값 구하기 [3점]

$(a_1 + a_3 + a_5 + a_7 + a_9)(a_1 - a_3 + a_5 - a_7 + a_9)$

$= (a + ar^2 + ar^4 + ar^6 + ar^8)(a - ar^2 + ar^4 - ar^6 + ar^8)$

$= \dfrac{a\{(r^2)^5 - 1\}}{r^2 - 1} \times \dfrac{a\{(-r^2)^5 - 1\}}{(-r^2) - 1}$

$= a^2 \times \dfrac{r^{10} - 1}{r^2 - 1} \times \dfrac{r^{10} + 1}{r^2 + 1}$

$= a^2 \times \dfrac{r^{20} - 1}{r^4 - 1}$

$= a^2 \times \dfrac{(r^4)^5 - 1}{r^4 - 1}$

$$=4^2 \times \frac{2^5-1}{2-1}$$
$$=16 \times 31 = 496$$

23

23 2300 目 8   유형 18

출제의도 | 등비수열의 합과 일반항 사이의 관계를 이용하여 일반항을 구할 수 있는지 확인한다.

STEP1 $n \geq 2$일 때 a_n 구하기 [2점]

$S_n = 3^{2n} + k$에서

(i) $n \geq 2$일 때

$$a_n = S_n - S_{n-1} = (3^{2n}+k) - (3^{2n-2}+k)$$
$$= 3^{2n} \times (1-3^{-2})$$
$$= \frac{8}{9} \times 3^{2n} \quad\text{·······}\quad \text{㉠}$$

STEP2 $n=1$일 때 a_1의 값 구하기 [1점]

(ii) $n=1$일 때

$$a_1 = S_1 = 3^2 + k$$
$$= 9 + k \quad\text{·······}\quad \text{㉡}$$

STEP3 조건을 만족시키는 $k+r$의 값 구하기 [3점]

수열 $\{a_n\}$은 첫째항부터 등비수열을 이루므로
㉠에 $n=1$을 대입한 값이 ㉡과 같아야 한다.

$$\frac{8}{9} \times 3^2 = 9 + k$$

$$\therefore k = -1$$

$$a_n = \frac{8}{9} \times 3^{2n} = \frac{8}{9} \times 9^n = 8 \times 9^{n-1}$$이므로

$$r = 9$$

$$\therefore k+r = -1+9 = 8$$

24

24 2301 目 98만 원   유형 19

출제의도 | 등비수열의 합을 이용하여 원리합계를 구할 수 있는지 확인한다.

STEP1 영주의 10년 말의 원리합계 구하기 [3점]

영주의 10년 말의 원리합계를 그림으로 나타내면 다음과 같다.

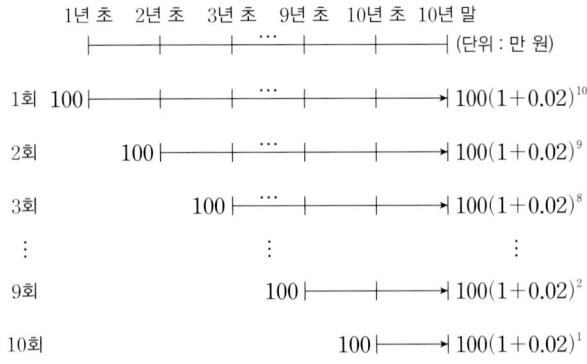

따라서 영주가 저축한 금액의 원리합계는

$$\frac{100 \times (1+0.02) \times \{(1+0.02)^{10}-1\}}{(1+0.02)-1}$$
$$= \frac{100 \times 1.02 \times (1.22-1)}{0.02}$$
$$= 1122(\text{만 원})$$

STEP2 재호의 10년 말의 원리합계 구하기 [3점]

재호의 10년 말의 원리합계를 그림으로 나타내면 다음과 같다.

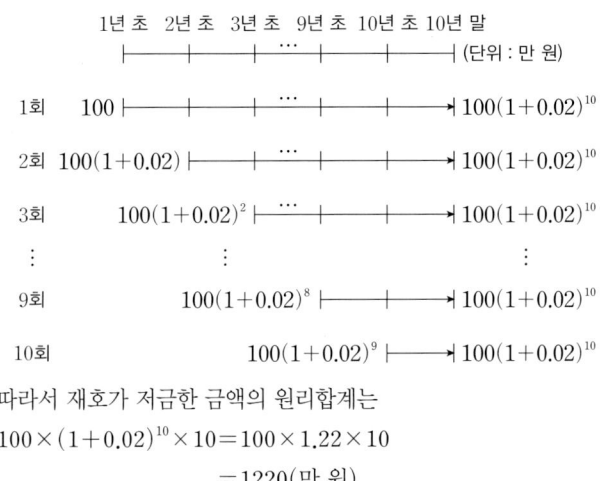

따라서 재호가 저축한 금액의 원리합계는

$$100 \times (1+0.02)^{10} \times 10 = 100 \times 1.22 \times 10$$
$$= 1220(\text{만 원})$$

STEP3 영주와 재호의 원리합계의 차 구하기 [1점]

10년 말에 영주와 재호가 각각 저축한 금액의 원리합계의 차는

$$1220 - 1122 = 98(\text{만 원})$$

25

25 2302 目 -2, 1, 4 유형 7 + 유형 8

출제의도 | 등차중항과 등비중항을 이용하여 관계식을 세울 수 있는지 확인한다.

STEP1 세 수의 곱으로부터 a, r에 대한 식 구하기 [2점]

등비수열을 이루는 세 수를 a, ar, ar^2 $(a \neq 0, r \neq 1)$이라 하면
세 수의 곱은 $(ar)^3 = -8$이므로

$$ar = -2 \quad\text{·······}\quad \text{㉠}$$

STEP2 등차중항의 값에 따른 세 수 구하기 [5점]

(i) a가 ar와 ar^2의 등차중항일 때

$$2a = ar + ar^2, \quad r^2 + r - 2 = 0 \ (\because a \neq 0)$$
$$(r-1)(r+2) = 0$$
$$\therefore r = -2 \ (\because r \neq 1)$$

$r = -2$를 ㉠에 대입하면

$$-2a = -2 \qquad \therefore a = 1$$

따라서 세 수는 -2, 1, 4이다.

(ii) ar가 a와 ar^2의 등차중항일 때

$$2ar = a + ar^2, \quad r^2 - 2r + 1 = 0 \ (\because a \neq 0)$$
$$(r-1)^2 = 0 \qquad \therefore r = 1$$

이때 $r \neq 1$이므로 성립하지 않는다.

(iii) ar^2이 a와 ar의 등차중항일 때

$$2ar^2 = a + ar, \quad 2r^2 - r - 1 = 0 \ (\because a \neq 0)$$
$$(2r+1)(r-1) = 0$$
$$\therefore r = -\frac{1}{2} \ (\because r \neq 1)$$

$r = -\frac{1}{2}$을 ㉠에 대입하면

$$-\frac{1}{2}a = -2$$
$$\therefore a = 4$$

따라서 세 수는 4, 1, -2이다.

STEP3 모든 조건을 만족시키는 세 수 구하기 [1점]

(i), (ii), (iii)에서 세 수는 -2, 1, 4이다.

10 수열의 합

2303 답 (1) $\sum\limits_{k=1}^{10} 2^k$ (2) $\sum\limits_{k=1}^{20} \dfrac{1}{k}$ (3) $\sum\limits_{k=1}^{11} (3k-1)$

(1) 수열 $2, 2^2, 2^3, \cdots, 2^{10}$의 제$k$항을 a_k라 하면

$a_k = 2^k$

따라서 $2+2^2+2^3+\cdots+2^{10}$은 수열 $\{a_n\}$의 첫째항부터 제10

항까지의 합이므로

$2+2^2+2^3+\cdots+2^{10} = \sum\limits_{k=1}^{10} 2^k$

(2) $1+\dfrac{1}{2}+\dfrac{1}{3}+\cdots+\dfrac{1}{20} = \sum\limits_{k=1}^{20} \dfrac{1}{k}$

(3) $2+5+8+\cdots+32 = \sum\limits_{k=1}^{11} (3k-1)$

2304 답 $9+11+13+15+17+19$

$\sum\limits_{k=5}^{10} (2k-1) = (2\times 5-1)+(2\times 6-1)+(2\times 7-1)$
$\qquad\qquad\qquad +(2\times 8-1)+(2\times 9-1)+(2\times 10-1)$
$\qquad\qquad = 9+11+13+15+17+19$

2305 답 (1) 16   (2) 12

(1) $\sum\limits_{k=1}^{10} (2a_k+1) = 2\sum\limits_{k=1}^{10} a_k + \sum\limits_{k=1}^{10} 1$
$\qquad\qquad\qquad = 2\times 3+1\times 10 = 16$

(2) $\sum\limits_{k=1}^{10} (-a_k+3b_k) = -\sum\limits_{k=1}^{10} a_k + 3\sum\limits_{k=1}^{10} b_k$
$\qquad\qquad\qquad = -3+3\times 5 = 12$

2306 답 (1) 12   (2) 8

(1) $\sum\limits_{k=1}^{10} (a_k-1)^2 = \sum\limits_{k=1}^{10} (a_k{}^2-2a_k+1)$
$\qquad\qquad\qquad = \sum\limits_{k=1}^{10} a_k{}^2 - 2\sum\limits_{k=1}^{10} a_k + \sum\limits_{k=1}^{10} 1$
$\qquad\qquad\qquad = 10-2\times 4+1\times 10 = 12$

(2) $\sum\limits_{k=1}^{10} (a_k+2) + \sum\limits_{k=1}^{10} (a_k-2) = \sum\limits_{k=1}^{10} (a_k+2+a_k-2)$
$\qquad\qquad\qquad\qquad = \sum\limits_{k=1}^{10} 2a_k = 2\sum\limits_{k=1}^{10} a_k$
$\qquad\qquad\qquad\qquad = 2\times 4 = 8$

2307 답 (1) 230   (2) 480

(1) $\sum\limits_{k=1}^{10} (k^2-3k+1) = \sum\limits_{k=1}^{10} k^2 - 3\sum\limits_{k=1}^{10} k + \sum\limits_{k=1}^{10} 1$
$\qquad\qquad\qquad = \dfrac{10\times 11\times 21}{6} - 3\times \dfrac{10\times 11}{2} + 1\times 10$
$\qquad\qquad\qquad = 385-165+10 = 230$

(2) $\sum\limits_{k=1}^{5} k(2k^2+2) = \sum\limits_{k=1}^{5} (2k^3+2k)$
$\qquad\qquad\qquad = 2\sum\limits_{k=1}^{5} k^3 + 2\sum\limits_{k=1}^{5} k$
$\qquad\qquad\qquad = 2\times \left(\dfrac{5\times 6}{2}\right)^2 + 2\times \dfrac{5\times 6}{2}$
$\qquad\qquad\qquad = 450+30 = 480$

2308 답 (1) 225   (2) 380

(1) $1+3+5+\cdots+29 = \sum\limits_{k=1}^{15} (2k-1) = 2\sum\limits_{k=1}^{15} k - \sum\limits_{k=1}^{15} 1$
$\qquad\qquad\qquad = 2\times \dfrac{15\times 16}{2} - 1\times 15$
$\qquad\qquad\qquad = 240-15 = 225$

(2) $3^2+4^2+5^2+\cdots+10^2 = \sum\limits_{k=3}^{10} k^2 = \sum\limits_{k=1}^{10} k^2 - \sum\limits_{k=1}^{2} k^2$
$\qquad\qquad\qquad = \dfrac{10\times 11\times 21}{6} - \dfrac{2\times 3\times 5}{6}$
$\qquad\qquad\qquad = 385-5 = 380$

다른 풀이

(2) $3^2+4^2+5^2+\cdots+10^2 = \sum\limits_{k=1}^{8} (k+2)^2 = \sum\limits_{k=1}^{8} (k^2+4k+4)$
$\qquad\qquad\qquad = \dfrac{8\times 9\times 17}{6} + 4\times \dfrac{8\times 9}{2} + 4\times 8$
$\qquad\qquad\qquad = 204+144+32 = 380$

2309 답 $\dfrac{5}{12}$

$\sum\limits_{k=1}^{10} \dfrac{1}{(k+1)(k+2)}$
$= \sum\limits_{k=1}^{10} \left(\dfrac{1}{k+1} - \dfrac{1}{k+2}\right)$
$= \left(\dfrac{1}{2} - \dfrac{1}{3}\right) + \left(\dfrac{1}{3} - \dfrac{1}{4}\right) + \cdots + \left(\dfrac{1}{11} - \dfrac{1}{12}\right)$
$= \dfrac{1}{2} - \dfrac{1}{12} = \dfrac{5}{12}$

2310 답 (1) $\sqrt{n+1}-1$ (2) $\dfrac{1}{2}(3-\sqrt{2}+\sqrt{15})$

(1) 주어진 수열을 $\{a_n\}$이라 하면 제k항은

$a_k = \dfrac{1}{\sqrt{k+1}+\sqrt{k}}$

이때 분모를 유리화하면

$a_k = \dfrac{\sqrt{k+1}-\sqrt{k}}{(\sqrt{k+1}+\sqrt{k})(\sqrt{k+1}-\sqrt{k})}$
$\quad\; = \sqrt{k+1}-\sqrt{k}$

따라서 주어진 수열의 합은

$\sum\limits_{k=1}^{n} a_k = \sum\limits_{k=1}^{n} (\sqrt{k+1}-\sqrt{k})$
$\qquad\; = (\sqrt{2}-\sqrt{1}) + (\sqrt{3}-\sqrt{2}) + (\sqrt{4}-\sqrt{3}) + \cdots$
$\qquad\qquad\qquad\qquad\qquad + (\sqrt{n+1}-\sqrt{n})$
$\qquad\; = \sqrt{n+1}-1$

(2) $\sum\limits_{k=1}^{14} \dfrac{1}{\sqrt{k}+\sqrt{k+2}}$
$= \sum\limits_{k=1}^{14} \dfrac{\sqrt{k+2}-\sqrt{k}}{(\sqrt{k+2}+\sqrt{k})(\sqrt{k+2}-\sqrt{k})}$
$= \sum\limits_{k=1}^{14} \dfrac{1}{2}(\sqrt{k+2}-\sqrt{k})$
$= \dfrac{1}{2}\{(\sqrt{3}-1) + (\sqrt{4}-\sqrt{2}) + (\sqrt{5}-\sqrt{3}) + \cdots$
$\qquad\qquad\qquad\qquad + (\sqrt{15}-\sqrt{13}) + (\sqrt{16}-\sqrt{14})\}$
$= \dfrac{1}{2}(-1-\sqrt{2}+\sqrt{15}+\sqrt{16})$
$= \dfrac{1}{2}(3-\sqrt{2}+\sqrt{15})$

2311 답 ⑤

$$\frac{1}{x^2+3x+2}=\frac{1}{(x+1)(x+2)}=\frac{1}{x+1}-\frac{1}{x+2}$$

$\therefore a=1,\ b=-1$

$\therefore a-b=2$

다른 풀이

$\frac{1}{x^2+3x+2}=\frac{a}{x+1}+\frac{b}{x+2}$ 에서

$\frac{a}{x+1}+\frac{b}{x+2}=\frac{a(x+2)+b(x+1)}{(x+1)(x+2)}=\frac{(a+b)x+2a+b}{x^2+3x+2}$

$1=(a+b)x+2a+b$

x에 대한 항등식이므로 $a+b=0,\ 2a+b=1$

두 식을 연립하여 풀면 $a=1,\ b=-1$　$\therefore a-b=2$

2312 답 ⑤

$$\frac{1}{x(x+1)}+\frac{1}{(x+1)(x+2)}+\frac{1}{(x+2)(x+3)}$$
$$=\left(\frac{1}{x}-\frac{1}{x+1}\right)+\left(\frac{1}{x+1}-\frac{1}{x+2}\right)+\left(\frac{1}{x+2}-\frac{1}{x+3}\right)$$
$$=\frac{1}{x}-\frac{1}{x+3}$$
$$=\frac{x+3-x}{x(x+3)}=\frac{3}{x(x+3)}$$

2313 답 3

$$\frac{1}{x^2+2x}+\frac{1}{x^2+6x+8}+\frac{1}{x^2+10x+24}$$
$$=\frac{1}{x(x+2)}+\frac{1}{(x+2)(x+4)}+\frac{1}{(x+4)(x+6)}$$
$$=\frac{1}{2}\left(\frac{1}{x}-\frac{1}{x+2}\right)+\frac{1}{2}\left(\frac{1}{x+2}-\frac{1}{x+4}\right)+\frac{1}{2}\left(\frac{1}{x+4}-\frac{1}{x+6}\right)$$
$$=\frac{1}{2}\left(\frac{1}{x}-\frac{1}{x+6}\right)\quad\longrightarrow\frac{1}{2}\left\{\left(\frac{1}{x}-\frac{1}{x+2}\right)+\left(\frac{1}{x+2}-\frac{1}{x+4}\right)\right.$$
$$=\frac{1}{2}\times\frac{6}{x(x+6)}\qquad\qquad\qquad\left.+\left(\frac{1}{x+4}-\frac{1}{x+6}\right)\right\}$$
$$=\frac{3}{x(x+6)}=\frac{1}{9}$$

즉, $x(x+6)=27$이므로 $x^2+6x-27=0$

$(x+9)(x-3)=0$　　$\therefore x=3\ (\because x>0)$

2314 답 1

$$\frac{x+1}{\sqrt{x+1}}-\frac{x}{\sqrt{x}}=\frac{x+1}{\sqrt{x+1}}\times\frac{\sqrt{x+1}}{\sqrt{x+1}}-\frac{x}{\sqrt{x}}\times\frac{\sqrt{x}}{\sqrt{x}}$$
$$=\sqrt{x+1}-\sqrt{x}$$

따라서 $a=1,\ b=0$이므로 $a+b=1$

2315 답 $\sqrt{x-1}+\sqrt{x-3}$

$$\frac{2}{\sqrt{x-1}-\sqrt{x-3}}=\frac{2(\sqrt{x-1}+\sqrt{x-3})}{(\sqrt{x-1}-\sqrt{x-3})(\sqrt{x-1}+\sqrt{x-3})}$$
$$=\frac{2(\sqrt{x-1}+\sqrt{x-3})}{x-1-(x-3)}$$
$$=\sqrt{x-1}+\sqrt{x-3}$$

2316 답 ①

$$f(x)=\frac{\sqrt{x}-2}{\sqrt{x}+2}+\frac{\sqrt{x}+2}{\sqrt{x}-2}=\frac{(\sqrt{x}-2)^2+(\sqrt{x}+2)^2}{(\sqrt{x}+2)(\sqrt{x}-2)}$$
$$=\frac{x-4\sqrt{x}+4+x+4\sqrt{x}+4}{x-4}=\frac{2(x+4)}{x-4}$$

$\therefore f(2)=\frac{2\times6}{-2}=-6$

2317 답 ⑤　　　　　　　　　　　　　　　| 유형 1

> 수열 $\{a_n\}$에서 $a_1=15$, $\displaystyle\sum_{k=1}^{n}(a_{k+1}-a_k)=4n$일 때, a_{21}의 값은?
> 　　　　　　　　　　　　　단서1
> ① 75　　　　　② 80　　　　　③ 85
> ④ 90　　　　　⑤ 95
> **단서1** $k=1$부터 $k=n$까지 나열하면 항이 소거됨을 이용

STEP 1 합의 기호 $\sum$를 풀어서 나타내기

$$\sum_{k=1}^{n}(a_{k+1}-a_k)$$
$$=(a_2-a_1)+(a_3-a_2)+(a_4-a_3)+\cdots+(a_{n+1}-a_n)$$
$$=a_{n+1}-a_1=a_{n+1}-15$$

STEP 2 a_{n+1} 구하기

$\displaystyle\sum_{k=1}^{n}(a_{k+1}-a_k)=4n$에서

$a_{n+1}-15=4n$　　$\therefore a_{n+1}=4n+15$

STEP 3 a_{21}의 값 구하기

$a_{21}=4\times20+15=95$

2318 답 ③

③ $2+4+8+16+32+64$는 첫째항이 2, 공비가 2인 등비수열 $\{2^n\}$의 첫째항부터 제6항까지의 합이다.

$$\therefore 2+4+8+16+32+64=\sum_{k=1}^{6}2^k=\sum_{k=0}^{5}2^{k+1}$$

따라서 옳지 않은 것은 ③이다.

2319 답 ㄷ

ㄱ. $\displaystyle\sum_{k=1}^{10}k^2=1^2+2^2+3^2+\cdots+10^2$

ㄴ. $\displaystyle\sum_{k=2}^{11}(k-1)^2=1^2+2^2+3^2+\cdots+10^2$

ㄷ. $\displaystyle\sum_{k=4}^{14}(k-5)^2=(-1)^2+0^2+1^2+\cdots+9^2$

ㄹ. $\displaystyle\sum_{k=0}^{9}(k+1)^2=1^2+2^2+3^2+\cdots+10^2$

따라서 값이 다른 하나는 ㄷ이다.

2320 답 ⑤

① $\displaystyle\sum_{k=n+1}^{2n}a_k=a_{n+1}+a_{n+2}+\cdots+a_{2n}$

② $\displaystyle\sum_{k=1}^{n}a_{n+k}=a_{n+1}+a_{n+2}+\cdots+a_{n+n}$
$$=a_{n+1}+a_{n+2}+\cdots+a_{2n}$$

③ $\displaystyle\sum_{k=1}^{2n}a_k-\sum_{k=1}^{n}a_k$

$$=(a_1+a_2+a_3+\cdots+a_{2n})-(a_1+a_2+a_3+\cdots+a_n)$$
$$=a_{n+1}+a_{n+2}+\cdots+a_{2n}$$

④ $\displaystyle\sum_{k=n}^{2n}a_k-a_n=(a_n+a_{n+1}+a_{n+2}+\cdots+a_{2n})-a_n$
$$=a_{n+1}+a_{n+2}+\cdots+a_{2n}$$

⑤ $\displaystyle\sum_{k=1}^{n}a_{2k}=a_2+a_4+a_6+\cdots+a_{2n}$

따라서 $a_{n+1}+a_{n+2}+\cdots+a_{2n}$을 기호 $\sum$를 사용하여 나타낸 것이
아닌 것은 ⑤이다.

2321 답 ③

$\displaystyle\sum_{k=1}^{8}a_k=\sum_{k=1}^{7}(a_k+1)$에서
$a_1+a_2+a_3+\cdots+a_8$
$$=(a_1+1)+(a_2+1)+(a_3+1)+\cdots+(a_7+1)$$
$$=(a_1+a_2+a_3+\cdots+a_7)+7$$
$$\therefore a_8=7$$

2322 답 98

$\displaystyle\sum_{k=0}^{19}\{f(k+1)-f(k)\}$
$$=\{f(1)-f(0)\}+\{f(2)-f(1)\}+\{f(3)-f(2)\}+\cdots$$
$$+\{f(20)-f(19)\}$$
$$=f(20)-f(0)$$

즉, $f(20)-f(0)=101$이고 $f(0)=-3$이므로
$f(20)=101+f(0)=101-3=98$

2323 답 ④

$\displaystyle\sum_{k=1}^{10}(a_{2k-1}+a_{2k})$
$$=(a_1+a_2)+(a_3+a_4)+\cdots+(a_{19}+a_{20})$$
$$=\sum_{k=1}^{20}a_k$$
$$=20^2-3\times20=340$$

2324 답 ②

$\displaystyle\sum_{k=1}^{n}(a_{2k-1}+a_{2k})$
$$=(a_1+a_2)+(a_3+a_4)+\cdots+(a_{2n-1}+a_{2n})$$
$$=\sum_{k=1}^{2n}a_k$$

이므로 $\displaystyle\sum_{k=1}^{2n}a_k=2n^2$

$\therefore \displaystyle\sum_{k=11}^{20}a_k=\sum_{k=1}^{20}a_k-\sum_{k=1}^{10}a_k$
$$=2\times10^2-2\times5^2=150$$

2325 답 304

$\displaystyle\sum_{k=1}^{n}(a_{2k}+a_{2k+1})$
$$=(a_2+a_3)+(a_4+a_5)+\cdots+(a_{2n}+a_{2n+1})$$
$$=\sum_{k=2}^{2n+1}a_k$$

$\therefore \displaystyle\sum_{k=2}^{2n+1}a_k=2n^2+n$

이때 $\displaystyle\sum_{k=1}^{2n+1}a_k=\sum_{k=2}^{2n+1}a_k+a_1$이므로
$$\sum_{k=1}^{2n+1}a_k=2n^2+n+4$$
$$\therefore \sum_{k=1}^{25}a_k=2\times12^2+12+4=304$$

2326 답 ②

$\displaystyle\sum_{k=1}^{n}(a_k-a_{k+1})$
$$=(a_1-a_2)+(a_2-a_3)+\cdots+(a_n-a_{n+1})$$
$$=a_1-a_{n+1}$$

즉, $a_1-a_{n+1}=-n^2+n$이고 $a_1=1$이므로
$a_{n+1}=n^2-n+1$
$\therefore a_{11}=10^2-10+1=91$

2327 답 ④

$\displaystyle\sum_{k=1}^{n}\dfrac{a_{k+1}-a_k}{a_k a_{k+1}}$
$$=\sum_{k=1}^{n}\left(\dfrac{1}{a_k}-\dfrac{1}{a_{k+1}}\right)$$
$$=\left(\dfrac{1}{a_1}-\dfrac{1}{a_2}\right)+\left(\dfrac{1}{a_2}-\dfrac{1}{a_3}\right)+\left(\dfrac{1}{a_3}-\dfrac{1}{a_4}\right)+\cdots+\left(\dfrac{1}{a_n}-\dfrac{1}{a_{n+1}}\right)$$
$$=\dfrac{1}{a_1}-\dfrac{1}{a_{n+1}}$$

즉, $\dfrac{1}{a_1}-\dfrac{1}{a_{n+1}}=\dfrac{1}{n}$이고 $a_1=-4$이므로
$$\dfrac{1}{a_{n+1}}=-\dfrac{1}{n}-\dfrac{1}{4}$$

위 식에 $n=12$를 대입하면
$$\dfrac{1}{a_{13}}=-\dfrac{1}{12}-\dfrac{1}{4}=-\dfrac{1}{3}$$
$$\therefore a_{13}=-3$$

2328 답 ④

$\displaystyle\sum_{k=1}^{24}(-1)^k a_k$
$$=-a_1+a_2-a_3+a_4-\cdots-a_{23}+a_{24}$$
$$=(a_1+a_2+a_3+\cdots+a_{24})-2(a_1+a_3+a_5+\cdots+a_{23})$$
$$=\sum_{k=1}^{24}a_k-2\sum_{k=1}^{12}a_{2k-1}$$
$$=(6\times12^2+12)-2\times(3\times12^2-12)$$
$$=36$$

2329 답 ②

| 유형 2

$\displaystyle\sum_{k=1}^{10}a_k=5$, $\displaystyle\sum_{k=1}^{10}a_k^2=8$일 때, $\displaystyle\sum_{k=1}^{10}(3a_k-1)^2$의 값은?
단서1

① 50   ② 52   ③ 54
④ 56   ⑤ 58

단서1 $(a+b)^2=a^2+2ab+b^2$임을 이용하여 식을 전개

STEP 1 $(3a_k-1)^2$ 전개하기

$$\sum_{k=1}^{10}(3a_k-1)^2=\sum_{k=1}^{10}(9a_k^2-6a_k+1)$$

STEP 2 $\sum$의 성질을 이용하여 계산하기

$$\sum_{k=1}^{10}(9a_k^2-6a_k+1)$$
$$=9\sum_{k=1}^{10}a_k^2-6\sum_{k=1}^{10}a_k+\sum_{k=1}^{10}1$$
$$=9\times8-6\times5+1\times10=52$$

실수 Check

$$\sum_{k=1}^{10}(3a_k-1)=3\sum_{k=1}^{10}a_k-\sum_{k=1}^{10}1$$
$$=3\times5-1\times10=5$$
이므로 $\sum_{k=1}^{10}(3a_k-1)^2\neq\left\{\sum_{k=1}^{10}(3a_k-1)\right\}^2$

즉, $\sum_{k=1}^{n}b_k^2\neq\left(\sum_{k=1}^{n}b_k\right)^2$임에 주의한다.

2330 답 ③

$$\sum_{k=1}^{15}(2a_k-b_k+3)=2\sum_{k=1}^{15}a_k-\sum_{k=1}^{15}b_k+\sum_{k=1}^{15}3$$
$$=2\times4-(-7)+3\times15=60$$

2331 답 ④

$$\sum_{k=1}^{10}(a_k-7b_k+5)=\sum_{k=1}^{10}a_k-7\sum_{k=1}^{10}b_k+\sum_{k=1}^{10}5$$
$$=4\times10^2-7\times(-10)+5\times10$$
$$=520$$

2332 답 ①

$$\sum_{k=1}^{10}(a_{2k-1}+a_{2k})$$
$$=(a_1+a_2)+(a_3+a_4)+\cdots+(a_{19}+a_{20})$$
$$=\sum_{k=1}^{20}a_k$$
이므로 $\sum_{k=1}^{20}a_k=40$

$$\therefore \sum_{k=1}^{20}(3a_k-2)=3\sum_{k=1}^{20}a_k-\sum_{k=1}^{20}2$$
$$=3\times40-2\times20=80$$

2333 답 18

$\sum_{k=1}^{10}2a_k=6$에서 $2\sum_{k=1}^{10}a_k=6$이므로 $\sum_{k=1}^{10}a_k=3$

$\sum_{k=1}^{10}3b_k=12$에서 $3\sum_{k=1}^{10}b_k=12$이므로 $\sum_{k=1}^{10}b_k=4$

$$\therefore \sum_{k=1}^{10}(3a_k-2)(b_k-1)$$
$$=\sum_{k=1}^{10}(3a_kb_k-3a_k-2b_k+2)$$
$$=3\sum_{k=1}^{10}a_kb_k-3\sum_{k=1}^{10}a_k-2\sum_{k=1}^{10}b_k+\sum_{k=1}^{10}2$$
$$=3\times5-3\times3-2\times4+2\times10=18$$

2334 답 100

$$\sum_{k=11}^{20}(4b_k-2a_k)=4\sum_{k=11}^{20}b_k-2\sum_{k=11}^{20}a_k$$
$$=4\left(\sum_{k=1}^{20}b_k-\sum_{k=1}^{10}b_k\right)-2\left(\sum_{k=1}^{20}a_k-\sum_{k=1}^{10}a_k\right)$$
$$=4\times(42-12)-2\times(21-11)=100$$

2335 답 ③

$a_n+b_n=10$에서 $a_n=10-b_n$이므로

$$\sum_{k=1}^{15}(a_k+4b_k)=\sum_{k=1}^{15}(10-b_k+4b_k)$$
$$=\sum_{k=1}^{15}(10+3b_k)$$
$$=\sum_{k=1}^{15}10+3\sum_{k=1}^{15}b_k$$
$$=10\times15+3\sum_{k=1}^{15}b_k=240$$

$3\sum_{k=1}^{15}b_k=90$ $\therefore \sum_{k=1}^{15}b_k=30$

2336 답 ③

$\sum_{k=1}^{10}a_k=x$, $\sum_{k=1}^{10}b_k=y$라 하면

$\sum_{k=1}^{10}(2a_k+b_k)=11$에서 $2\sum_{k=1}^{10}a_k+\sum_{k=1}^{10}b_k=11$

$\therefore 2x+y=11$ ⋯⋯⋯⋯⋯⋯⋯⋯⋯⋯⋯⋯⋯⋯⋯⋯ ㉠

$\sum_{k=1}^{10}(a_k+2b_k)=1$에서 $\sum_{k=1}^{10}a_k+2\sum_{k=1}^{10}b_k=1$

$\therefore x+2y=1$ ⋯⋯⋯⋯⋯⋯⋯⋯⋯⋯⋯⋯⋯⋯⋯⋯ ㉡

㉠, ㉡을 연립하여 풀면 $x=7$, $y=-3$

따라서 $\sum_{k=1}^{10}a_k=7$, $\sum_{k=1}^{10}b_k=-3$이므로

$$\sum_{k=1}^{10}(5a_k-b_k)=5\sum_{k=1}^{10}a_k-\sum_{k=1}^{10}b_k$$
$$=5\times7-(-3)=38$$

2337 답 ④

$$\sum_{k=1}^{20}(a_k+1)^2=\sum_{k=1}^{20}(a_k^2+2a_k+1)$$
$$=\sum_{k=1}^{20}a_k^2+2\sum_{k=1}^{20}a_k+\sum_{k=1}^{20}1$$
$$=\sum_{k=1}^{20}a_k^2+2\sum_{k=1}^{20}a_k+20=18$$

에서 $\sum_{k=1}^{20}a_k^2+2\sum_{k=1}^{20}a_k=-2$ ⋯⋯⋯⋯⋯⋯⋯⋯ ㉠

$$\sum_{k=1}^{20}a_k(a_k+1)=\sum_{k=1}^{20}(a_k^2+a_k)$$
$$=\sum_{k=1}^{20}a_k^2+\sum_{k=1}^{20}a_k=15$$ ⋯⋯⋯⋯⋯⋯⋯⋯ ㉡

㉡$\times2-$㉠을 하면

$$\sum_{k=1}^{20}a_k^2=32$$

2338 답 ③

$$\sum_{k=1}^{10}(a_k+2b_k-1)=\sum_{k=1}^{10}a_k+2\sum_{k=1}^{10}b_k-\sum_{k=1}^{10}1$$
$$=5+2\times20-1\times10=35$$

2339 답 ⑤

$$\sum_{k=1}^{m}(a_k+3)^2=\sum_{k=1}^{m}(a_k^2+6a_k+9)$$
$$=\sum_{k=1}^{m}a_k^2+6\sum_{k=1}^{m}a_k+\sum_{k=1}^{m}9$$
$$=3+6\times(-1)+9m$$
$$=-3+9m$$

즉, $-3+9m=60$에서 $9m=63$

$\therefore m=7$

2340 답 12

$$\sum_{k=1}^{10}a_k-\sum_{k=1}^{7}\frac{a_k}{2}=56 \quad\cdots\cdots\cdots\cdots\cdots\cdots\cdots ㉠$$

$$\sum_{k=1}^{10}2a_k-\sum_{k=1}^{8}a_k=100$$에서 양변을 2로 나누면

$$\sum_{k=1}^{10}a_k-\sum_{k=1}^{8}\frac{a_k}{2}=50 \quad\cdots\cdots\cdots\cdots\cdots\cdots ㉡$$

㉠$-$㉡을 하면 $\dfrac{a_8}{2}=6$

$\therefore a_8=12$

$\sum_{k=1}^{8}\frac{a_k}{2}-\sum_{k=1}^{7}\frac{a_k}{2}=6$에서

$\left(\dfrac{\cancel{a_1}}{2}+\dfrac{\cancel{a_2}}{2}+\cdots+\dfrac{\cancel{a_7}}{2}+\dfrac{a_8}{2}\right)$
$-\left(\dfrac{\cancel{a_1}}{2}+\dfrac{\cancel{a_2}}{2}+\cdots+\dfrac{\cancel{a_7}}{2}\right)=6$

2341 답 ③

| 유형 3

$\sum_{k=1}^{8}\dfrac{k^3}{k+1}+\sum_{k=1}^{8}\dfrac{1}{k+1}$의 값은?

단서 1

① 172 ② 174 ③ 176
④ 178 ⑤ 180

단서 1 $\sum_{k=1}^{n}a_k+\sum_{k=1}^{n}b_k=\sum_{k=1}^{n}(a_k+b_k)$임을 이용하여 식을 변형

STEP 1 $\sum$의 성질을 이용하여 식을 간단히 정리하기

$$\sum_{k=1}^{8}\frac{k^3}{k+1}+\sum_{k=1}^{8}\frac{1}{k+1}=\sum_{k=1}^{8}\left(\frac{k^3}{k+1}+\frac{1}{k+1}\right)=\sum_{k=1}^{8}\frac{k^3+1}{k+1}$$
$$=\sum_{k=1}^{8}\frac{(k+1)(k^2-k+1)}{k+1}$$
$$=\sum_{k=1}^{8}(k^2-k+1)$$

STEP 2 자연수의 거듭제곱의 합에 대한 식을 이용하여 주어진 식의 값 구하기

$$\sum_{k=1}^{8}(k^2-k+1)=\sum_{k=1}^{8}k^2-\sum_{k=1}^{8}k+\sum_{k=1}^{8}1$$
$$=\frac{8\times9\times17}{6}-\frac{8\times9}{2}+1\times8$$
$$=204-36+8=176$$

2342 답 ②

$$\sum_{k=1}^{10}(3k^2+k+4)-\sum_{k=1}^{10}(2k^2+3k-1)$$
$$=\sum_{k=1}^{10}(3k^2+k+4-2k^2-3k+1)$$
$$=\sum_{k=1}^{10}(k^2-2k+5)$$
$$=\sum_{k=1}^{10}k^2-2\sum_{k=1}^{10}k+\sum_{k=1}^{10}5$$
$$=\frac{10\times11\times21}{6}-2\times\frac{10\times11}{2}+5\times10$$
$$=385-110+50=325$$

2343 답 ②

$$4^2+5^2+6^2+\cdots+13^2+14^2$$
$$=\sum_{k=1}^{14}k^2-\sum_{k=1}^{3}k^2$$
$$=\frac{14\times15\times29}{6}-\frac{3\times4\times7}{6}$$
$$=1015-14=1001$$

2344 답 7

$$\sum_{k=1}^{n-1}(3k-4)=3\sum_{k=1}^{n-1}k-\sum_{k=1}^{n-1}4$$
$$=3\times\frac{(n-1)n}{2}-4(n-1)$$
$$=\frac{3}{2}n^2-\frac{11}{2}n+4$$

즉, $\dfrac{3}{2}n^2-\dfrac{11}{2}n+4=39$이므로 $3n^2-11n+8=78$

$3n^2-11n-70=0$, $(3n+10)(n-7)=0$

n은 자연수이므로 $n=7$

2345 답 ③

$$\sum_{k=1}^{n}(k+2)^2-\sum_{k=3}^{n}(k^2+6)$$
$$=\sum_{k=1}^{n}(k+2)^2-\left\{\sum_{k=1}^{n}(k^2+6)-\sum_{k=1}^{2}(k^2+6)\right\}$$
$$=\sum_{k=1}^{n}(k^2+4k+4-k^2-6)+(7+10)$$
$$=\sum_{k=1}^{n}(4k-2)+17$$
$$=4\times\frac{n(n+1)}{2}-2n+17$$
$$=2n^2+17$$

즉, $2n^2+17=145$이므로 $2n^2=128$, $n^2=64$

n은 자연수이므로 $n=8$

2346 답 ⑤

$$\sum_{k=1}^{100}\left(k^3+\frac{1}{2}\right)-\sum_{k=5}^{100}k^3=\sum_{k=1}^{100}k^3+\sum_{k=1}^{100}\frac{1}{2}-\sum_{k=5}^{100}k^3$$
$$=\left(\sum_{k=1}^{100}k^3-\sum_{k=5}^{100}k^3\right)+\sum_{k=1}^{100}\frac{1}{2}$$
$$=\sum_{k=1}^{4}k^3+\sum_{k=1}^{100}\frac{1}{2}$$
$$=\left(\frac{4\times5}{2}\right)^2+\frac{1}{2}\times100$$
$$=100+50=150$$

2347 답 ④

$$\frac{1+2+3+\cdots+k}{k+1}=\frac{1}{k+1}(1+2+3+\cdots+k)$$
$$=\frac{1}{k+1}\sum_{i=1}^{k}i$$
$$=\frac{1}{k+1}\times\frac{k(k+1)}{2}=\frac{k}{2}$$

$$\therefore \sum_{k=1}^{15}\frac{1+2+3+\cdots+k}{k+1}=\sum_{k=1}^{15}\frac{k}{2}=\frac{1}{2}\sum_{k=1}^{15}k$$
$$=\frac{1}{2}\times\frac{15\times16}{2}=60$$

2348 답 ⑤

다항식 $\frac{1}{4}x^2-x$를 $x-n$으로 나누었을 때의 나머지가 a_n이므로

나머지정리에 의하여

$a_n=\frac{1}{4}n^2-n$

$\therefore \sum\limits_{k=1}^{8} a_k = \sum\limits_{k=1}^{8}\left(\frac{1}{4}k^2-k\right)$

$\qquad = \frac{1}{4}\sum\limits_{k=1}^{8}k^2 - \sum\limits_{k=1}^{8}k$

$\qquad = \frac{1}{4}\times\frac{8\times9\times17}{6} - \frac{8\times9}{2}$

$\qquad = 51-36=15$

개념 Check

나머지정리

다항식 $f(x)$를 일차식 $x-\alpha$로 나누었을 때의 나머지는 $f(\alpha)$이다.

2349 답 $\frac{13}{2}$

$f(a)=\sum\limits_{k=1}^{12}(k-a)^2$

$\qquad = \sum\limits_{k=1}^{12}(k^2-2ak+a^2)$

$\qquad = \sum\limits_{k=1}^{12}k^2 - 2a\sum\limits_{k=1}^{12}k + \sum\limits_{k=1}^{12}a^2$

$\qquad = \frac{12\times13\times25}{6} - 2a\times\frac{12\times13}{2} + 12a^2$

$\qquad = 12a^2-156a+650$

$\qquad = 12\left(a-\frac{13}{2}\right)^2+143$

따라서 $f(a)$의 값은 $a=\frac{13}{2}$일 때 최소가 된다.

개념 Check

이차함수의 최대 · 최소

이차함수 $y=a(x-m)^2+n$에서

(1) $a>0$ ➡ $x=m$일 때 최솟값은 n, 최댓값은 없다.

(2) $a<0$ ➡ $x=m$일 때 최댓값은 n, 최솟값은 없다.

2350 답 ③

$\sum\limits_{k=1}^{10}k^2 + \sum\limits_{k=2}^{10}k^2 + \sum\limits_{k=3}^{10}k^2 + \cdots + \sum\limits_{k=10}^{10}k^2$

$= (1^2+2^2+3^2+\cdots+10^2) + (2^2+3^2+4^2+\cdots+10^2)$

$\qquad + (3^2+4^2+5^2+\cdots+10^2)+\cdots+(9^2+10^2)+10^2$

$= 1^2\times1 + 2^2\times2 + 3^2\times3 + \cdots + 10^2\times10$

$= 1^3+2^3+3^3+\cdots+10^3$

$= \sum\limits_{k=1}^{10}k^3 = \left(\frac{10\times11}{2}\right)^2 = 3025$

2351 답 61

$\sum\limits_{k=1}^{10}(a_k+b_k) = \sum\limits_{k=1}^{10}a_k + \sum\limits_{k=1}^{10}b_k = 3+\sum\limits_{k=1}^{10}b_k=9$에서

$\sum\limits_{k=1}^{10}b_k=6$

$\therefore \sum\limits_{k=1}^{10}(b_k+k) = \sum\limits_{k=1}^{10}b_k + \sum\limits_{k=1}^{10}k$

$\qquad = 6+\frac{10\times11}{2}$

$\qquad = 6+55=61$

2352 답 91

다항식 $2x^2-3x+1$을 $x-n$으로 나누었을 때의 나머지가 a_n이므

로 나머지정리에 의하여

$a_n=2n^2-3n+1$

$\therefore \sum\limits_{n=1}^{7}(a_n-n^2+n) = \sum\limits_{n=1}^{7}(2n^2-3n+1-n^2+n)$

$\qquad = \sum\limits_{n=1}^{7}(n^2-2n+1)$

$\qquad = \sum\limits_{n=1}^{7}n^2 - 2\sum\limits_{n=1}^{7}n + \sum\limits_{n=1}^{7}1$

$\qquad = \frac{7\times8\times15}{6} - 2\times\frac{7\times8}{2} + 1\times7$

$\qquad = 140-56+7=91$

참고 다음과 같이 풀 수도 있다.

$\sum\limits_{n=1}^{7}(n^2-2n+1) = \sum\limits_{n=1}^{7}(n-1)^2 = \sum\limits_{n=1}^{6}n^2$

$\qquad\qquad = \frac{6\times7\times13}{6}=91$

2353 답 ②

유형4

$\sum\limits_{k=1}^{n}\left(\sum\limits_{l=1}^{k}l\right)=35$를 만족시키는 자연수 n의 값은?

단서1

① 4 　　　 ② 5 　　　 ③ 6

④ 7 　　　 ⑤ 8

단서1 l에 대한 것부터 계산한 후, k에 대한 것을 계산

STEP1 괄호 안부터 차례로 $\sum$ 계산하기

$\sum\limits_{k=1}^{n}\left(\sum\limits_{l=1}^{k}l\right) = \sum\limits_{k=1}^{n}\frac{k(k+1)}{2}$

$\qquad = \sum\limits_{k=1}^{n}\frac{1}{2}(k^2+k)$

$\qquad = \frac{1}{2}\left(\sum\limits_{k=1}^{n}k^2 + \sum\limits_{k=1}^{n}k\right)$

$\qquad = \frac{1}{2}\left\{\frac{n(n+1)(2n+1)}{6} + \frac{n(n+1)}{2}\right\}$

$\qquad = \frac{n(n+1)(n+2)}{6}$

STEP2 자연수 n의 값 구하기

$\sum\limits_{k=1}^{n}\left(\sum\limits_{l=1}^{k}l\right)=35$이므로

$\frac{n(n+1)(n+2)}{6}=35$

$n(n+1)(n+2)=5\times6\times7$

$\therefore n=5$

2354 답 220

$\sum\limits_{i=1}^{10}\left\{\sum\limits_{k=1}^{i}(2k-4)\right\} = \sum\limits_{i=1}^{10}\left(2\sum\limits_{k=1}^{i}k - \sum\limits_{k=1}^{i}4\right) = \sum\limits_{i=1}^{10}\left\{2\times\frac{i(i+1)}{2}-4i\right\}$

$\qquad\qquad = \sum\limits_{i=1}^{10}(i^2-3i)$

$$= \sum_{i=1}^{10} i^2 - 3\sum_{i=1}^{10} i$$
$$= \frac{10 \times 11 \times 21}{6} - 3 \times \frac{10 \times 11}{2}$$
$$= 385 - 165 = 220$$

2355 답 ④

$$\sum_{i=1}^{8}\left\{\sum_{j=1}^{8}(2i-j)\right\} = \sum_{i=1}^{8}\left(2i\sum_{j=1}^{8}1 - \sum_{j=1}^{8}j\right) = \sum_{i=1}^{8}\left(2i \times 8 - \frac{8 \times 9}{2}\right)$$
$$= \sum_{i=1}^{8}(16i-36) = 16\sum_{i=1}^{8}i - \sum_{i=1}^{8}36$$
$$= 16 \times \frac{8 \times 9}{2} - 36 \times 8$$
$$= 576 - 288 = 288$$

2356 답 ④

$$\sum_{m=1}^{10}\left\{\sum_{l=1}^{m}\left(\sum_{k=1}^{l}3\right)\right\} = \sum_{m=1}^{10}\left(\sum_{l=1}^{m}3l\right) = \sum_{m=1}^{10}\left\{3 \times \frac{m(m+1)}{2}\right\}$$
$$= \frac{3}{2}\sum_{m=1}^{10}(m^2+m)$$
$$= \frac{3}{2}\left(\sum_{m=1}^{10}m^2 + \sum_{m=1}^{10}m\right)$$
$$= \frac{3}{2}\left(\frac{10 \times 11 \times 21}{6} + \frac{10 \times 11}{2}\right)$$
$$= \frac{3}{2}(385+55) = 660$$

2357 답 266

$$\sum_{l=1}^{6}\left(\sum_{k=1}^{l}kl\right) = \sum_{l=1}^{6}\left(l\sum_{k=1}^{l}k\right) = \sum_{l=1}^{6}\left\{l \times \frac{l(l+1)}{2}\right\}$$
$$= \sum_{l=1}^{6}\frac{l^2(l+1)}{2}$$
$$= \frac{1}{2}\left(\sum_{l=1}^{6}l^3 + \sum_{l=1}^{6}l^2\right)$$
$$= \frac{1}{2}\left\{\left(\frac{6 \times 7}{2}\right)^2 + \frac{6 \times 7 \times 13}{6}\right\}$$
$$= \frac{1}{2}(441+91) = 266$$

2358 답 ③

$$\sum_{k=1}^{m}\left\{\sum_{l=1}^{n}(k+l)\right\} = \sum_{k=1}^{m}\left(\sum_{l=1}^{n}k + \sum_{l=1}^{n}l\right)$$
$$= \sum_{k=1}^{m}\left\{kn + \frac{n(n+1)}{2}\right\}$$
$$= n\sum_{k=1}^{m}k + \sum_{k=1}^{m}\frac{n(n+1)}{2}$$
$$= n \times \frac{m(m+1)}{2} + \frac{n(n+1)}{2} \times m$$
$$= \frac{mn(m+n+2)}{2}$$
$$= \frac{18 \times (11+2)}{2} \longleftarrow \quad \text{문제의 조건에서 } m+n=11,\ mn=18$$
$$= 117$$

2359 답 ③

ㄱ. $\sum_{k=1}^{5}\left(\sum_{m=1}^{5}m\right) = \sum_{k=1}^{5}\left(\frac{5 \times 6}{2}\right) = \sum_{k=1}^{5}15$
$\qquad = 15 \times 5 = 75$ (참)

ㄴ. $\sum_{m=1}^{n}\left\{\sum_{l=1}^{m}\left(\sum_{k=1}^{l}1\right)\right\} = \sum_{m=1}^{n}\left(\sum_{l=1}^{m}l\right)$
$$= \sum_{m=1}^{n}\frac{m(m+1)}{2}$$
$$= \frac{1}{2}\sum_{m=1}^{n}(m^2+m)$$
$$= \frac{1}{2}\left(\sum_{m=1}^{n}m^2 + \sum_{m=1}^{n}m\right)$$
$$= \frac{1}{2}\left\{\frac{n(n+1)(2n+1)}{6} + \frac{n(n+1)}{2}\right\}$$
$$= \frac{n(n+1)(n+2)}{6} \ (\text{거짓})$$

ㄷ. $\sum_{k=1}^{n}\left(\sum_{l=1}^{k}k\right) = \sum_{k=1}^{n}k^2 = \frac{n(n+1)(2n+1)}{6}$ (참)

따라서 옳은 것은 ㄱ, ㄷ이다.

2360 답 ③

$$\sum_{k=1}^{n}\frac{(k+1) \times (-1)^n}{n(n+3)} = \frac{(-1)^n}{n(n+3)}\sum_{k=1}^{n}(k+1)$$
$$= \frac{(-1)^n}{n(n+3)} \times \left(\sum_{k=1}^{n}k + \sum_{k=1}^{n}1\right)$$
$$= \frac{(-1)^n}{n(n+3)} \times \left\{\frac{n(n+1)}{2} + n\right\}$$
$$= \frac{(-1)^n}{n(n+3)} \times \frac{n(n+3)}{2}$$
$$= \frac{1}{2} \times (-1)^n$$

$\therefore \sum_{n=1}^{10}\left\{\sum_{k=1}^{n}\frac{(k+1) \times (-1)^n}{n(n+3)}\right\}$
$$= \sum_{n=1}^{10}\left\{\frac{1}{2} \times (-1)^n\right\}$$
$$= \frac{1}{2}\sum_{n=1}^{10}(-1)^n$$
$$= \frac{1}{2}(-1+1-1+1-\cdots-1+1)$$
$$= \frac{1}{2} \times 0 = 0$$

2361 답 ②

$$\sum_{l=1}^{5}\left[\sum_{k=1}^{5}\left\{\sum_{m=1}^{5}(-1)^{m-1} \times (2k-l)\right\}\right]$$
$$= \sum_{l=1}^{5}\left[\sum_{k=1}^{5}\left\{(2k-l)\sum_{m=1}^{5}(-1)^{m-1}\right\}\right]$$
$$= \sum_{l=1}^{5}\left[\sum_{k=1}^{5}\{(2k-l) \times (1-1+1-1+1)\}\right]$$
$$= \sum_{l=1}^{5}\left\{\sum_{k=1}^{5}(2k-l)\right\}$$
$$= \sum_{l=1}^{5}\left(2\sum_{k=1}^{5}k - \sum_{k=1}^{5}l\right)$$
$$= \sum_{l=1}^{5}\left(2 \times \frac{5 \times 6}{2} - 5l\right)$$
$$= \sum_{l=1}^{5}(30-5l)$$
$$= \sum_{l=1}^{5}30 - 5\sum_{l=1}^{5}l$$
$$= 30 \times 5 - 5 \times \frac{5 \times 6}{2}$$
$$= 75$$

2362 답 ④
| 유형 5

$a_4=11$, $a_7=17$인 등차수열 $\{a_n\}$에 대하여 $\sum\limits_{k=1}^{10}(a_k-3)^2$의 값은?

단서1

① 1525   ② 1530   ③ 1535

④ 1540   ⑤ 1545

단서2

단서1 $a+3d=11$, $a+6d=17$
단서2 a_k를 구하여 대입

STEP1 등차수열 $\{a_n\}$의 첫째항 a, 공차 d의 값 구하기

등차수열 $\{a_n\}$의 첫째항을 a, 공차를 d라 하면

$a_4=11$에서 $a+3d=11$ ·········· ㉠

$a_7=17$에서 $a+6d=17$ ·········· ㉡

㉠, ㉡을 연립하여 풀면 $a=5$, $d=2$

STEP2 등차수열 $\{a_n\}$의 일반항 구하기

$a_n=5+(n-1)\times 2=2n+3$

STEP3 $\sum\limits_{k=1}^{10}(a_k-3)^2$의 값 구하기

$$\sum_{k=1}^{10}(a_k-3)^2=\sum_{k=1}^{10}(2k+3-3)^2$$
$$=\sum_{k=1}^{10}4k^2=4\sum_{k=1}^{10}k^2$$
$$=4\times\frac{10\times 11\times 21}{6}=1540$$

2363 답 ③

첫째항이 -6, 공차가 4인 등차수열 $\{a_n\}$의 일반항은

$a_n=-6+(n-1)\times 4=4n-10$

$$\therefore \sum_{k=1}^{10}a_k=\sum_{k=1}^{10}(4k-10)=4\sum_{k=1}^{10}k-\sum_{k=1}^{10}10$$
$$=4\times\frac{10\times 11}{2}-10\times 10=120$$

다른 풀이

$\sum\limits_{k=1}^{10}a_k$는 첫째항이 -6, 공차가 4인 등차수열의 첫째항부터 제10

항까지의 합이므로

$$\frac{10\{2\times(-6)+9\times 4\}}{2}=120$$

2364 답 -1

등차수열 $\{a_n\}$의 공차를 d라 하면

$a_{2k-1}=1+\{(2k-1)-1\}d=1+(2k-2)d$

$$\therefore \sum_{k=1}^{10}a_{2k-1}=\sum_{k=1}^{10}\{1+(2k-2)d\}$$
$$=\sum_{k=1}^{10}\{2dk+(1-2d)\}$$
$$=2d\sum_{k=1}^{10}k+\sum_{k=1}^{10}(1-2d)$$
$$=2d\times\frac{10\times 11}{2}+(1-2d)\times 10=90d+10$$

즉, $\sum\limits_{k=1}^{10}a_{2k-1}=-80$에서 $90d+10=-80$

$90d=-90$ $\therefore d=-1$

따라서 수열 $\{a_n\}$의 공차는 -1이다.

2365 답 ①

등차수열 $\{a_n\}$의 첫째항을 a, 공차를 d라 하면

$a_5=2$에서 $a+4d=2$ ·········· ㉠

$a_9=-10$에서 $a+8d=-10$ ·········· ㉡

㉠, ㉡을 연립하여 풀면 $a=14$, $d=-3$

$$\therefore \sum_{k=1}^{100}a_{2k}-\sum_{k=1}^{100}a_{2k+1}$$
$$=\sum_{k=1}^{100}(a_{2k}-a_{2k+1})$$
$$=(a_2-a_3)+(a_4-a_5)+\cdots+(a_{200}-a_{201})$$
$$=\underbrace{-d-d-\cdots-d}_{100개}=-100d$$
$$=-100\times(-3)=300$$

2366 답 -5

등차수열 $\{a_n\}$의 첫째항을 a, 공차를 d라 하면

$a_3+a_9=5a_5$에서

$(a+2d)+(a+8d)=5(a+4d)$, $2a+10d=5a+20d$

$\therefore 3a+10d=0$ ·········· ㉠

$\sum\limits_{k=1}^{10}a_k=-35$에서 $\dfrac{10(2a+9d)}{2}=-35$

$\therefore 2a+9d=-7$ ·········· ㉡

㉠, ㉡을 연립하면 풀면 $a=10$, $d=-3$

따라서 $a_n=10+(n-1)\times(-3)=-3n+13$이므로

$a_6=-3\times 6+13=-5$

2367 답 ③

첫째항이 -1, 공차가 -2인 등차수열 $\{a_n\}$의 일반항은

$a_n=-1+(n-1)\times(-2)=-2n+1$

첫째항이 -4, 공차가 -3인 등차수열 $\{b_n\}$의 일반항은

$b_n=-4+(n-1)\times(-3)=-3n-1$

$$\therefore \sum_{k=1}^{10}a_kb_k=\sum_{k=1}^{10}(-2k+1)(-3k-1)$$
$$=\sum_{k=1}^{10}(6k^2-k-1)$$
$$=6\sum_{k=1}^{10}k^2-\sum_{k=1}^{10}k-\sum_{k=1}^{10}1$$
$$=6\times\frac{10\times 11\times 21}{6}-\frac{10\times 11}{2}-1\times 10=2245$$

2368 답 160

등차수열 $\{a_n\}$의 공차를 d라 하면

$$\sum_{k=1}^{5}a_k=\frac{5(2\times 3+4\times d)}{2}=\frac{5(6+4d)}{2}$$

즉, $\sum\limits_{k=1}^{5}a_k=55$에서 $\dfrac{5(6+4d)}{2}=55$

$6+4d=22$

$4d=16$ $\therefore d=4$

따라서 $a_n=3+(n-1)\times 4=4n-1$이므로

$$\sum_{k=1}^{5}k(a_k-3)=\sum_{k=1}^{5}k(4k-4)$$
$$=\sum_{k=1}^{5}(4k^2-4k)$$

$$= 4\sum_{k=1}^{5} k^2 - 4\sum_{k=1}^{5} k$$
$$= 4 \times \frac{5 \times 6 \times 11}{6} - 4 \times \frac{5 \times 6}{2} = 160$$

2369 답 ②

등차수열 $\{a_n\}$의 첫째항을 a, 공차를 d라 하면

$\sum_{k=1}^{15} a_k = 165$에서

$\dfrac{15(2a+14d)}{2} = 165$, $2a+14d=22$

$\therefore a+7d=11$ ························· ㉠

$\sum_{k=1}^{21} (-1)^k a_k = -20$에서

$\sum_{k=1}^{21} (-1)^k a_k = -a_1 + a_2 - a_3 + a_4 - \cdots - a_{19} + a_{20} - a_{21}$

$= \underbrace{d+d+\cdots+d}_{10개} - a_{21}$

$= 10d - a_{21}$

$= 10d - (a+20d)$

$= -a - 10d = -20$

$\therefore a+10d=20$ ························· ㉡

㉠, ㉡을 연립하여 풀면 $a=-10$, $d=3$

$\therefore a_{21} = -10 + 20 \times 3 = 50$

2370 답 ④

$S_n = \dfrac{n\{2 \times 50 + (n-1) \times (-4)\}}{2}$

$= -2n^2 + 52n$

$= -2(n-13)^2 + 338$

이므로 S_n의 값은 $n=13$일 때 최대이고 함수 S_n의 그래프는 직선 $n=13$에 대하여 대칭이다.

이때 $\sum_{k=m}^{m+4} S_k = S_m + S_{m+1} + S_{m+2} + S_{m+3} + S_{m+4}$이므로

$\sum_{k=m}^{m+4} S_k$의 값은 $m+2=13$일 때 최대가 된다. $\quad \therefore m=11$

실수 Check

함수 S_n의 그래프는 이차함수의 그래프이므로 직선 $n=13$에 대하여 대칭이다. 또한, 함수 S_n의 그래프는 위로 볼록하므로 $\sum_{k=m}^{m+4} S_k$의 값이 최대이려면 S_m, S_{m+1}, S_{m+2}, S_{m+3}, S_{m+4}의 값 중 가운데 값이 최대가 되어야 한다.

2371 답 ④ | 유형 6

수열 $\{a_n\}$이 첫째항이 3, 공비가 2인 등비수열일 때, $\sum_{k=1}^{10} \dfrac{a_k}{3^k}$의 값은? **단서1** **단서2**

① $\dfrac{1}{9}\left\{1 - \left(\dfrac{2}{3}\right)^{10}\right\}$ ② $\dfrac{1}{3}\left\{1 - \left(\dfrac{2}{3}\right)^{10}\right\}$ ③ $1 - \left(\dfrac{2}{3}\right)^{10}$

④ $3\left\{1 - \left(\dfrac{2}{3}\right)^{10}\right\}$ ⑤ $9\left\{1 - \left(\dfrac{2}{3}\right)^{10}\right\}$

단서1 첫째항이 a, 공비가 r인 등비수열의 일반항은 $a_n = ar^{n-1}$

단서2 수열 $\left\{\dfrac{a_n}{3^n}\right\}$의 첫째항부터 제10항까지의 합

STEP1 등비수열 $\{a_n\}$의 일반항 구하기

수열 $\{a_n\}$은 첫째항이 3, 공비가 2인 등비수열이므로 일반항 a_n은

$a_n = 3 \times 2^{n-1}$

STEP2 수열 $\dfrac{a_1}{3}$, $\dfrac{a_2}{3^2}$, $\dfrac{a_3}{3^3}$, $\cdots$의 일반항 구하기

수열 $\dfrac{a_1}{3}$, $\dfrac{a_2}{3^2}$, $\dfrac{a_3}{3^3}$, $\cdots$의 일반항을 b_n이라 하면

$b_n = \dfrac{a_n}{3^n} = \dfrac{3 \times 2^{n-1}}{3^n} = \dfrac{2^{n-1}}{3^{n-1}} = \left(\dfrac{2}{3}\right)^{n-1}$

즉, 수열 $\{b_n\}$은 첫째항이 1이고, 공비가 $\dfrac{2}{3}$인 등비수열이다.

STEP3 $\sum_{k=1}^{10} \dfrac{a_k}{3^k}$의 값 구하기

$\sum_{k=1}^{10} \dfrac{a_k}{3^k}$는 등비수열 $\{b_n\}$의 첫째항부터 제10항까지의 합과 같으므로

$\sum_{k=1}^{10} \dfrac{a_k}{3^k} = \sum_{k=1}^{10} \left(\dfrac{2}{3}\right)^{k-1} = \dfrac{1 - \left(\dfrac{2}{3}\right)^{10}}{1 - \dfrac{2}{3}} = 3\left\{1 - \left(\dfrac{2}{3}\right)^{10}\right\}$

2372 답 502

$\sum_{k=3}^{10} (2^{k-2} - 1) = (2^1 - 1) + (2^2 - 1) + (2^3 - 1) + \cdots + (2^8 - 1)$

$= \underbrace{2^1 + 2^2 + 2^3 + \cdots + 2^8}_{} - 8$ → 첫째항과 공비가 모두 2인 등비수열의 첫째항부터 제8항까지의 합이다.

$= \dfrac{2(2^8 - 1)}{2-1} - 8 = 502$

2373 답 ②

등비수열 $\{a_n\}$의 첫째항을 a, 공비를 r라 하면

$a_4 a_5 = a_{10}$에서 $ar^3 \times ar^4 = ar^9$

$\therefore a = r^2$ ························· ㉠

$a_2 = 27$에서 $ar = 27$ ························· ㉡

㉠을 ㉡에 대입하면 $r^3 = 27$ $\quad \therefore r=3$

$r=3$을 ㉠에 대입하면 $a=9$

$\therefore a_n = 9 \times 3^{n-1}$

$\sum_{k=1}^{n} a_k = 360$에서 $\dfrac{9(3^n - 1)}{3-1} = 360$

$9(3^n - 1) = 720$, $3^n - 1 = 80$

$3^n = 81$ $\quad \therefore n=4$

2374 답 89

등비수열 $\{a_n\}$의 공비는 $\dfrac{a_2}{a_1} = \dfrac{1}{3}$이므로

$a_n = 3 \times \left(\dfrac{1}{3}\right)^{n-1} = \left(\dfrac{1}{3}\right)^{n-2}$

즉, $a_n^2 = \left\{\left(\dfrac{1}{3}\right)^{n-2}\right\}^2 = \left(\dfrac{1}{9}\right)^{n-2}$이므로

$\sum_{k=1}^{10} a_k^2 = \sum_{k=1}^{10} \left(\dfrac{1}{9}\right)^{k-2} = \dfrac{9\left\{1 - \left(\dfrac{1}{9}\right)^{10}\right\}}{1 - \dfrac{1}{9}}$ → 첫째항이 $\left(\dfrac{1}{9}\right)^{-1} = 9$이고 공비가 $\dfrac{1}{9}$인 등비수열의 첫째항부터 제10항까지의 합이다.

$= \dfrac{81}{8}\left\{1 - \left(\dfrac{1}{9}\right)^{10}\right\} = \dfrac{81}{8}\left\{1 - \left(\dfrac{1}{3}\right)^{20}\right\}$

따라서 $p=8$, $q=81$이므로

$p+q=89$

2375 답 285

$$\sum_{i=1}^{5}\left(\sum_{j=1}^{5}a_ib_j\right)=\sum_{i=1}^{5}\left\{\sum_{j=1}^{5}(2^i-1)(2j-5)\right\}$$
$$=\sum_{i=1}^{5}\left\{(2^i-1)\sum_{j=1}^{5}(2j-5)\right\}$$
$$=\sum_{i=1}^{5}\left\{(2^i-1)\times\left(2\sum_{j=1}^{5}j-\sum_{j=1}^{5}5\right)\right\}$$
$$=\sum_{i=1}^{5}\left\{(2^i-1)\times\left(2\times\frac{5\times6}{2}-5\times5\right)\right\}$$
$$=\sum_{i=1}^{5}\{(2^i-1)\times5\}$$
$$=5\sum_{i=1}^{5}(2^i-1)$$
$$=5\left(\sum_{i=1}^{5}2^i-\sum_{i=1}^{5}1\right)$$
$$=5\left\{\frac{2(2^5-1)}{2-1}-1\times5\right\}=285$$

실수 Check

각각의 $\sum$에서 항을 나타내는 문자를 찾고 그 외의 문자는 상수로 생각해야 함에 주의하면서 등비수열의 합을 이용하여 계산한다.

→ $\sum_{i=1}^{5}\left(\sum_{j=1}^{5}a_ib_j\right)=\sum_{i=1}^{5}\left(a_i\sum_{j=1}^{5}b_j\right)$

Plus 문제

2375-1

두 수열 $\{a_n\}$, $\{b_n\}$의 일반항이 $a_n=3^n-2$, $b_n=4n-7$일 때, $\sum_{i=1}^{3}\left(\sum_{j=1}^{4}a_ib_j\right)$의 값을 구하시오.

$$\sum_{i=1}^{3}\left(\sum_{j=1}^{4}a_ib_j\right)=\sum_{i=1}^{3}\left\{\sum_{j=1}^{4}(3^i-2)(4j-7)\right\}$$
$$=\sum_{i=1}^{3}\left\{(3^i-2)\sum_{j=1}^{4}(4j-7)\right\}$$
$$=\sum_{i=1}^{3}\left\{(3^i-2)\times\left(4\sum_{j=1}^{4}j-\sum_{j=1}^{4}7\right)\right\}$$
$$=\sum_{i=1}^{3}\left\{(3^i-2)\times\left(4\times\frac{4\times5}{2}-4\times7\right)\right\}$$
$$=\sum_{i=1}^{3}\{(3^i-2)\times12\}$$
$$=12\sum_{i=1}^{3}(3^i-2)$$
$$=12\left(\sum_{i=1}^{3}3^i-\sum_{i=1}^{3}2\right)$$
$$=12\left\{\frac{3(3^3-1)}{3-1}-2\times3\right\}=396$$

답 396

2376 답 ③

등비수열 $\{a_n\}$의 공비를 r라 하면
$a_3=4(a_2-a_1)$에서 $a_1r^2=4(a_1r-a_1)$
$a_1(r^2-4r+4)=0$, $a_1(r-2)^2=0$
$\therefore r=2$ $(\because a_1\neq0)$
$\sum_{k=1}^{6}a_k=15$에서 $\dfrac{a_1(2^6-1)}{2-1}=15$

$63a_1=15$, $a_1=\dfrac{5}{21}$
$$\therefore a_1+a_3+a_5=a_1(1+r^2+r^4)$$
$$=\frac{5}{21}(1+4+16)=5$$

2377 답 ①

등비수열 $\{a_n\}$의 첫째항이 양수이고 공비가 음수이므로 홀수 번째 항은 양수이고, 짝수 번째 항은 음수이다.
(i) $k=2n-1$ (n은 자연수)일 때
$|a_{2n-1}|+a_{2n-1}=a_{2n-1}+a_{2n-1}=2a_{2n-1}$
(ii) $k=2n$ (n은 자연수)일 때
$|a_{2n}|+a_{2n}=-a_{2n}+a_{2n}=0$
즉, 수열 $\{a_{2n-1}\}$은 첫째항이 a_1, 공비가 $(-2)^2=4$인 등비수열이므로

$k=1$부터 $k=5$까지 차례로 대입하여 나열하면

$$\sum_{k=1}^{9}(|a_k|+a_k)=\sum_{k=1}^{5}2a_{2k-1} \qquad 2\sum_{k=1}^{5}a_{2k-1}=2(a_1+a_3+a_5+a_7+a_9)$$
$$=2\times\frac{a_1(4^5-1)}{4-1}$$
$$=682a_1$$

따라서 $682a_1=66$이므로 $a_1=\dfrac{3}{31}$

실수 Check

$a_n>0$일 때 $|a_n|+a_n=2a_n$이고, $a_n<0$일 때 $|a_n|+a_n=0$임에 주의한다.

Plus 문제

2377-1

첫째항이 음수이고 공비가 -3인 등비수열 $\{a_n\}$에 대하여 $\sum_{k=1}^{5}(|a_k|-a_k)=182$일 때 a_6의 값을 구하시오.

등비수열 $\{a_n\}$의 첫째항이 음수이고 공비가 음수이므로 홀수 번째 항은 음수이고, 짝수 번째 항은 양수이다.
(i) $k=2n-1$ (n은 자연수)일 때
$|a_{2n-1}|-a_{2n-1}=-a_{2n-1}-a_{2n-1}=-2a_{2n-1}$
(ii) $k=2n$ (n은 자연수)일 때
$|a_{2n}|-a_{2n}=a_{2n}-a_{2n}=0$
즉, 수열 $\{a_{2n-1}\}$은 첫째항이 a_1, 공비가 $(-3)^2=9$인 등비수열이므로

$$\sum_{k=1}^{5}(|a_k|-a_k)=\sum_{k=1}^{3}(-2a_{2k-1})=-2(a_1+a_3+a_5)$$
$$=-2(a_1+9a_1+81a_1)$$
$$=-182a_1$$

따라서 $\sum_{k=1}^{5}(|a_k|-a_k)=182$에서
$-182a_1=182$ $\therefore a_1=-1$
따라서 등비수열 $\{a_n\}$의 첫째항이 -1, 공비가 -3이므로
$a_6=-1\times(-3)^5=243$

답 243

2378 답 ②

| 유형7

수열의 합 $\underline{2\times1+3\times3+4\times5+\cdots+11\times19}$의 값은?

단서1

① 810   ② 815   ③ 820

④ 825   ⑤ 830

단서1 규칙을 찾아 일반항을 구할 수 있음을 이용

STEP1 주어진 수열의 일반항 a_n 구하기

수열 2×1, 3×3, 4×5, $\cdots$, 11×19의 일반항을 a_n이라 하면

$$a_n=(n+1)(2n-1)=2n^2+n-1$$

STEP2 $\sum_{k=1}^{10} a_k$의 값 구하기

$2\times1+3\times3+4\times5+\cdots+11\times19$의 값은 수열 $\{a_n\}$의 첫째항부터 제10항까지의 합이므로

$$\sum_{k=1}^{10} a_k=\sum_{k=1}^{10}(2k^2+k-1)$$
$$=2\sum_{k=1}^{10}k^2+\sum_{k=1}^{10}k-\sum_{k=1}^{10}1$$
$$=2\times\frac{10\times11\times21}{6}+\frac{10\times11}{2}-1\times10$$
$$=770+55-10=815$$

2379 답 ②

수열 2, $2+4$, $2+4+6$, $2+4+6+8$, $\cdots$의 일반항을 a_n이라 하면

$$a_n=2+4+6+\cdots+2n$$
$$=2(1+2+3+\cdots+n)$$
$$=2\times\frac{n(n+1)}{2}$$
$$=n(n+1)$$

따라서 주어진 수열의 첫째항부터 제n항까지의 합은

$$\sum_{k=1}^{n} a_k=\sum_{k=1}^{n}k(k+1)=\sum_{k=1}^{n}(k^2+k)$$
$$=\sum_{k=1}^{n}k^2+\sum_{k=1}^{n}k$$
$$=\frac{n(n+1)(2n+1)}{6}+\frac{n(n+1)}{2}$$
$$=\frac{n(n+1)(2n+1)+3n(n+1)}{6}$$
$$=\frac{n(n+1)(2n+4)}{6}$$
$$=\frac{n(n+1)(n+2)}{3}$$

2380 답 ⑤

수열 $1^2\times1$, $2^2\times3$, $3^2\times5$, $\cdots$의 일반항을 a_n이라 하면

$$a_n=n^2(2n-1)=2n^3-n^2$$

따라서 주어진 수열의 첫째항부터 제10항까지의 합은

$$\sum_{k=1}^{10} a_k=\sum_{k=1}^{10}(2k^3-k^2)$$
$$=2\sum_{k=1}^{10}k^3-\sum_{k=1}^{10}k^2$$
$$=2\times\left(\frac{10\times11}{2}\right)^2-\frac{10\times11\times21}{6}$$
$$=6050-385=5665$$

2381 답 220

수열 1, $1+2$, $1+2+3$, $\cdots$의 일반항을 a_n이라 하면

$$a_n=1+2+3+\cdots+n=\frac{n(n+1)}{2}$$
$$\therefore \sum_{k=1}^{10} a_k=\sum_{k=1}^{10}\frac{k(k+1)}{2}=\frac{1}{2}\sum_{k=1}^{10}(k^2+k)$$
$$=\frac{1}{2}\left(\sum_{k=1}^{10}k^2+\sum_{k=1}^{10}k\right)$$
$$=\frac{1}{2}\left(\frac{10\times11\times21}{6}+\frac{10\times11}{2}\right)$$
$$=\frac{1}{2}(385+55)=220$$

2382 답 ③

수열 3×3, 6×6, 9×9, $\cdots$, 30×30의 일반항을 a_n이라 하면

$$a_n=(3n)^2=9n^2$$

따라서 $3\times3+6\times6+9\times9+\cdots+30\times30$의 값은 수열 $\{a_n\}$의 첫째항부터 제10항까지의 합이므로

$$\sum_{k=1}^{10} a_k=\sum_{k=1}^{10}9k^2=9\sum_{k=1}^{10}k^2$$
$$=9\times\frac{10\times11\times21}{6}=3465$$

즉, $3465=11k$이므로 $k=315$

2383 답 ③

수열 1×19, 2×18, 3×17, $\cdots$의 일반항을 a_n이라 하면

$$a_n=n(20-n)=20n-n^2$$

따라서 수열 $\{a_n\}$의 첫째항부터 제n항까지의 합 S_n은

$$S_n=\sum_{k=1}^{n} a_k=\sum_{k=1}^{n}(20k-k^2)$$
$$=20\sum_{k=1}^{n}k-\sum_{k=1}^{n}k^2$$
$$=20\times\frac{n(n+1)}{2}-\frac{n(n+1)(2n+1)}{6}$$
$$=\frac{n(n+1)(-2n+59)}{6}$$

즉, $\dfrac{n(n+1)(-2n+59)}{6}=\dfrac{n(n+1)}{6}\times f(n)$이므로

$$f(n)=-2n+59$$
$$\therefore f(20)=-2\times20+59=19$$

2384 답 ①

수열 1, $1+3$, $1+3+3^2$, $\cdots$의 일반항을 a_n이라 하면

$$a_n=1+3+3^2+\cdots+3^{n-1}=\frac{3^n-1}{3-1}=\frac{1}{2}(3^n-1)$$

수열 $\{a_n\}$의 첫째항부터 제n항까지의 합 S_n은

$$S_n=\sum_{k=1}^{n} a_k=\sum_{k=1}^{n}\frac{1}{2}(3^k-1)$$
$$=\frac{1}{2}\left(\sum_{k=1}^{n}3^k-\sum_{k=1}^{n}1\right)$$
$$=\frac{1}{2}\left\{\frac{3(3^n-1)}{3-1}-1\times n\right\}$$
$$=\frac{1}{4}(3^{n+1}-3-2n)$$

따라서 $a=3$, $b=2$이므로

$$a+b=5$$

2385 답 750

수열 1, 2+4, 3+6+9, …의 일반항을 a_n이라 하면

$$a_n = n(1+2+\cdots+n) = n \times \frac{n(n+1)}{2} = \frac{n^3+n^2}{2}$$

따라서 주어진 수열의 첫째항부터 제8항까지의 합은

$$\sum_{k=1}^{8} a_k = \sum_{k=1}^{8} \frac{k^3+k^2}{2}$$
$$= \frac{1}{2}\left(\sum_{k=1}^{8} k^3 + \sum_{k=1}^{8} k^2\right)$$
$$= \frac{1}{2}\left\{\left(\frac{8\times9}{2}\right)^2 + \frac{8\times9\times17}{6}\right\}$$
$$= \frac{1}{2}(1296+204) = 750$$

2386 답 ③

수열 5, 55, 555, 5555, …의 일반항을 a_n이라 하면

$$a_n = \frac{5}{9}(10^n-1) \longrightarrow a_1 = 5 = \frac{5}{9}(10-1),\ a_2 = 55 = \frac{5}{9}(10^2-1),$$
$$a_3 = 555 = \frac{5}{9}(10^3-1),\ \cdots$$

따라서 수열 $\{a_n\}$의 첫째항부터 제n항까지의 합 S_n은

$$S_n = \sum_{k=1}^{n} a_k = \sum_{k=1}^{n} \frac{5}{9}(10^k-1) = \frac{5}{9}\sum_{k=1}^{n}(10^k-1)$$
$$= \frac{5}{9}\left(\sum_{k=1}^{n} 10^k - \sum_{k=1}^{n} 1\right)$$
$$= \frac{5}{9}\left\{\frac{10(10^n-1)}{10-1} - 1\times n\right\}$$
$$= \frac{5}{9}\left\{\frac{10}{9}(10^n-1) - n\right\}$$
$$= \frac{50}{81}(10^n-1) - \frac{5}{9}n$$

$$\therefore 9S_{10} = 9\times\left\{\frac{50}{81}(10^{10}-1) - \frac{5}{9}\times10\right\}$$
$$= \frac{50}{9}(10^{10}-1) - 50 = \frac{500}{9}(10^9-1)$$

실수 Check

제n항에서 같은 숫자가 연속적으로 n개 나오면 각 항을 10의 거듭제곱을 이용하여 나타내어 규칙성을 찾는다. 이 규칙성을 통해 일반항을 구하면 S_{10}의 값을 직접 계산하는 것보다 간단하다.

2387 답 ③　　　　　　　　　　　　　　　　| 유형 8

> 등식 $1\times n + 2\times(n-1) + 3\times(n-2) + \cdots + n\times1 = 220$을 만족시키는 자연수 n의 값은? **단서1**
>
> ① 8　　　　　② 9　　　　　③ 10
> ④ 11　　　　⑤ 12
>
> **단서1** 곱하는 앞과 뒤의 수의 합의 규칙을 찾아 일반항을 식으로 나타낼 수 있음을 이용

STEP1 수열의 제k항 구하기

수열 $1\times n$, $2\times(n-1)$, $3\times(n-2)$, $\cdots$, $n\times1$의 제k항을 a_k라 하면

$$a_k = k\{n-(k-1)\} = (n+1)k - k^2$$

STEP2 자연수 n의 값 구하기

주어진 식의 좌변은 수열 $\{a_n\}$의 첫째항부터 제n항까지의 합이므로

$$\sum_{k=1}^{n} a_k = \sum_{k=1}^{n}\{(n+1)k - k^2\}$$

$$= (n+1)\sum_{k=1}^{n} k - \sum_{k=1}^{n} k^2$$
$$= (n+1)\times\frac{n(n+1)}{2} - \frac{n(n+1)(2n+1)}{6}$$
$$= \frac{3n(n+1)^2 - n(n+1)(2n+1)}{6}$$
$$= \frac{n(n+1)(n+2)}{6}$$

즉, $\dfrac{n(n+1)(n+2)}{6} = 220$이므로

$$n(n+1)(n+2) = 10\times11\times12$$
$$\therefore n = 10$$

2388 답 ⑤

수열 $\left(\dfrac{n+1}{n}\right)^2$, $\left(\dfrac{n+2}{n}\right)^2$, $\left(\dfrac{n+3}{n}\right)^2$, $\cdots$, $\left(\dfrac{n+n}{n}\right)^2$의 제$k$항을 a_k라 하면

$$a_k = \left(\frac{n+k}{n}\right)^2 = \left(1+\frac{k}{n}\right)^2 = 1 + \frac{2k}{n} + \frac{k^2}{n^2}$$

주어진 식의 좌변은 수열 $\{a_n\}$의 첫째항부터 제n항까지의 합이므로

$$\sum_{k=1}^{n} a_k = \sum_{k=1}^{n}\left(1 + \frac{2k}{n} + \frac{k^2}{n^2}\right)$$
$$= \sum_{k=1}^{n} 1 + \frac{2}{n}\sum_{k=1}^{n} k + \frac{1}{n^2}\sum_{k=1}^{n} k^2$$
$$= n + \frac{2}{n}\times\frac{n(n+1)}{2} + \frac{1}{n^2}\times\frac{n(n+1)(2n+1)}{6}$$
$$= \frac{6n(2n+1) + (n+1)(2n+1)}{6n}$$
$$= \frac{(2n+1)(7n+1)}{6n}$$

따라서 $a=2$, $b=7$, $c=6$ 또는 $a=7$, $b=2$, $c=6$이므로
$$a+b+c = 15$$

2389 답 $\dfrac{n(n+1)(2n+1)}{6}$

수열 $1\times(2n-1)$, $2\times(2n-3)$, $3\times(2n-5)$, $\cdots$, $n\times1$의 제k항을 a_k라 하면

$$a_k = k\{2n-(2k-1)\} = (2n+1)k - 2k^2$$

따라서 주어진 식은

$$\sum_{k=1}^{n} a_k = \sum_{k=1}^{n}\{(2n+1)k - 2k^2\}$$
$$= (2n+1)\sum_{k=1}^{n} k - 2\sum_{k=1}^{n} k^2$$
$$= (2n+1)\times\frac{n(n+1)}{2} - 2\times\frac{n(n+1)(2n+1)}{6}$$
$$= \frac{3n(n+1)(2n+1) - 2n(n+1)(2n+1)}{6}$$
$$= \frac{n(n+1)(2n+1)}{6}$$

2390 답 ①

수열 $1\times(n-1)$, $2^2\times(n-2)$, $\cdots$, $(n-1)^2\times1$의 제k항을 a_k라 하면

$$a_k = k^2(n-k) = nk^2 - k^3$$

따라서 주어진 식은

$$\sum_{k=1}^{n-1} a_k = \sum_{k=1}^{n-1}(nk^2 - k^3)$$

$$= n \sum_{k=1}^{n-1} k^2 - \sum_{k=1}^{n-1} k^3$$

$$= n \times \frac{(n-1)n(2n-1)}{6} - \left\{ \frac{(n-1)n}{2} \right\}^2$$

$$= \frac{2(n-1)n^2(2n-1) - 3(n-1)^2 n^2}{12}$$

$$= \frac{n^2(n-1)(n+1)}{12}$$

2391 답 ②

수열 $1 \times 2n$, $3 \times (2n-2)$, $5 \times (2n-4)$, $\cdots$, $(2n-1) \times 2$의 제k항을 a_k라 하면

$a_k = (2k-1)\{2n - (2k-2)\}$

$\therefore 1 \times 2n + 3 \times (2n-2) + 5 \times (2n-4) + \cdots + (2n-1) \times 2$

$$= \sum_{k=1}^{n} a_k$$

$$= \sum_{k=1}^{n} (\boxed{2k-1})\{2n - (2k-2)\}$$

$$= \sum_{k=1}^{n} (\boxed{2k-1})\{2(n+1) - 2k\}$$

$$= 2(n+1) \sum_{k=1}^{n} (\boxed{2k-1}) - 2 \sum_{k=1}^{n} (2k^2 - k)$$

$$= 2(n+1) \left\{ 2 \times \frac{n(n+1)}{2} - 1 \times n \right\}$$

$$\qquad - 2 \left\{ 2 \times \frac{n(n+1)(2n+1)}{6} - \frac{n(n+1)}{2} \right\}$$

$$= 2(n+1)\{n(n+1) - n\}$$

$$\qquad - 2 \left\{ \frac{n(n+1)(2n+1)}{\boxed{3}} - \frac{n(n+1)}{2} \right\}$$

$$= 2(n+1)n^2 - \frac{1}{3} n(n+1)(\boxed{4n-1})$$

$$= \frac{n(n+1)(2n+1)}{3}$$

따라서 ㈎: $2k-1$, ㈏: 3, ㈐: $4n-1$이므로

$f(k) = 2k-1$, $g(n) = 4n-1$, $a = 3$

$\therefore f(a) \times g(a) = f(3) \times g(3) = 5 \times 11 = 55$

2392 답 ④ | 유형 9

자연수 n에 대하여 n^3을 4로 나눈 나머지를 a_n이라 할 때, $\sum\limits_{k=1}^{150} a_k$의 값은?
단서1

① 146   ② 147   ③ 148
④ 149   ⑤ 150

단서1 n^3을 4로 나눈 나머지는 일정한 수가 반복됨을 이용

STEP 1 n에 1, 2, 3, $\cdots$을 차례로 대입하기

$a_1 = (1^3 = 1$을 4로 나눈 나머지$) = 1$

$a_2 = (2^3 = 8$을 4로 나눈 나머지$) = 0$

$a_3 = (3^3 = 27$을 4로 나눈 나머지$) = 3$

$a_4 = (4^3 = 64$를 4로 나눈 나머지$) = 0$

$a_5 = (5^3 = 125$를 4로 나눈 나머지$) = 1$

$a_6 = (6^3 = 216$을 4로 나눈 나머지$) = 0$

$a_7 = (7^3 = 343$을 4로 나눈 나머지$) = 3$

$a_8 = (8^3 = 512$를 4로 나눈 나머지$) = 0$

$\vdots$

STEP 2 수열 $\{a_n\}$의 규칙성 찾기

즉, 수열 $\{a_n\}$은 1, 0, 3, 0이 이 순서대로 반복되므로

$a_{n+4} = a_n$

STEP 3 $\sum\limits_{k=1}^{150} a_k$의 값 구하기

$$\sum_{k=1}^{150} a_k = (1+0+3+0) \times 37 + 1 + 0 = 149$$

2393 답 667

$a_1 = \left(\dfrac{1 \times 2}{2} = 1$을 3으로 나눈 나머지$\right) = 1$

$a_2 = \left(\dfrac{2 \times 3}{2} = 3$을 3으로 나눈 나머지$\right) = 0$

$a_3 = \left(\dfrac{3 \times 4}{2} = 6$을 3으로 나눈 나머지$\right) = 0$

$a_4 = \left(\dfrac{4 \times 5}{2} = 10$을 3으로 나눈 나머지$\right) = 1$

$a_5 = \left(\dfrac{5 \times 6}{2} = 15$를 3으로 나눈 나머지$\right) = 0$

$a_6 = \left(\dfrac{6 \times 7}{2} = 21$을 3으로 나눈 나머지$\right) = 0$

$\vdots$

즉, 수열 $\{a_n\}$은 1, 0, 0이 이 순서대로 반복되므로

$a_{n+3} = a_n$

$$\therefore \sum_{k=1}^{2000} a_k = (1+0+0) \times 666 + 1 + 0 = 667$$

2394 답 ②

$a_1 = (3^1 = 3$의 일의 자리 숫자$) = 3$

$a_2 = (3^2 = 9$의 일의 자리 숫자$) = 9$

$a_3 = (3^3 = 27$의 일의 자리 숫자$) = 7$

$a_4 = (3^4 = 81$의 일의 자리 숫자$) = 1$

$a_5 = (3^5 = 243$의 일의 자리 숫자$) = 3$

$a_6 = (3^6 = 729$의 일의 자리 숫자$) = 9$

$\vdots$

즉, 수열 $\{a_n\}$은 3, 9, 7, 1이 이 순서대로 반복되므로

$a_{n+4} = a_n$

이때 $201 = 4 \times 50 + 1$이고, $250 = 4 \times 62 + 2$이므로

$$\sum_{k=201}^{250} a_k = (3+9+7+1) \times 12 + 3 + 9 = 252$$

참고 자연수 a에 대하여 a, a^2, a^3, $\cdots$의 일의 자리 숫자를 구할 때는 거듭제곱의 값을 모두 구하지 않고 다음과 같이 일의 자리 숫자만 계산하여 구할 수 있다.

3^1의 일의 자리 숫자 → 3

3^2의 일의 자리 숫자 → $3 \times 3 = 9$에서 9

3^3의 일의 자리 숫자 → $9 \times 3 = 27$에서 7

3^4의 일의 자리 숫자 → $7 \times 3 = 21$에서 1

$\vdots$

2395 답 ③

x_1, x_2, x_3, $\cdots$, x_n 중 -2가 a개, 1이 b개 있다고 하면

$\sum\limits_{k=1}^{n} x_k = 15$에서 $(-2) \times a + 1 \times b = 15$

$$\therefore -2a+b=15 \quad \cdots\cdots \text{㉠}$$

$\displaystyle\sum_{k=1}^{n} x_k{}^2=39$ 에서 $(-2)^2 \times a + 1^2 \times b = 39$

$$\therefore 4a+b=39 \quad \cdots\cdots \text{㉡}$$

㉠, ㉡을 연립하여 풀면 $a=4$, $b=23$

$$\therefore \sum_{k=1}^{n} x_k{}^3=(-2)^3 \times 4 + 1^3 \times 23 = -9$$

2396 답 ③

$\log 100^{\frac{n}{5}} = \dfrac{n}{5}\log 100 = \dfrac{n}{5}\log 10^2 = \dfrac{n}{5} \times 2 = \dfrac{2}{5}n$ 이므로

$f(1) = \left(\dfrac{2}{5} \times 1 = \dfrac{2}{5}$ 의 소수 부분$\right) = \dfrac{2}{5}$

$f(2) = \left(\dfrac{2}{5} \times 2 = \dfrac{4}{5}$ 의 소수 부분$\right) = \dfrac{4}{5}$

$f(3) = \left(\dfrac{2}{5} \times 3 = \dfrac{6}{5}$ 의 소수 부분$\right) = \dfrac{6}{5} - 1 = \dfrac{1}{5}$

$f(4) = \left(\dfrac{2}{5} \times 4 = \dfrac{8}{5}$ 의 소수 부분$\right) = \dfrac{8}{5} - 1 = \dfrac{3}{5}$

$f(5) = \left(\dfrac{2}{5} \times 5 = 2$ 의 소수 부분$\right) = 0$

$\qquad \vdots$

즉, $f(n)$은 $\dfrac{2}{5}$, $\dfrac{4}{5}$, $\dfrac{1}{5}$, $\dfrac{3}{5}$, 0이 이 순서대로 반복되므로

$$f(n+5)=f(n)$$

$$\begin{aligned}
\therefore f(1)+f(2)+\cdots+f(30) &= \sum_{n=1}^{30} f(n) \\
&= \left(\dfrac{2}{5}+\dfrac{4}{5}+\dfrac{1}{5}+\dfrac{3}{5}+0\right) \times 6 \\
&= 2 \times 6 = 12
\end{aligned}$$

실수 Check

$0 \le ($소수 부분$) < 1$이므로 $f(n) = \log 100^{\frac{n}{5}} - ($정수 부분$)$임을 이용하여 $f(n)$의 규칙성을 찾아낸다.

2397 답 ③

(i) $2 \le n \le 4$일 때, $n-5<0$이므로

$\qquad f(2)=0$, $f(3)=1$, $f(4)=0$

(ii) $n=5$일 때, $n-5=0$이므로

$\qquad f(5)=1$

(iii) $6 \le n \le 10$일 때, $n-5>0$이므로

$\qquad f(6)=2$, $f(7)=1$, $f(8)=2$, $f(9)=1$, $f(10)=2$

$$\therefore \sum_{n=2}^{10} f(n) = 0+1+0+1+2+1+2+1+2 = 10$$

참고 $n-5 \ne 0$일 때, $\sqrt[n]{n-5}$에서 n이 홀수이면 실수인 것은 1개이다.

개념 Check

n이 2 이상인 자연수일 때, 실수 a의 n제곱근 중 실수인 것은 다음과 같다.

	$a>0$	$a=0$	$a<0$
n이 짝수	$\sqrt[n]{a}$, $-\sqrt[n]{a}$	0	없다.
n이 홀수	$\sqrt[n]{a}$	0	$\sqrt[n]{a}$

실수 Check

a의 n제곱근 중 실수의 개수는 a의 부호와 n이 짝수, 홀수일 때의 경우로 나누어 생각한다.

Plus 문제

2397-1

2 이상의 자연수 n에 대하여 $(2n-15)$의 n제곱근 중 실수인 것의 개수를 $f(n)$이라 할 때, $\displaystyle\sum_{n=2}^{10} f(n)$의 값을 구하시오.

(i) $2 \le n \le 7$일 때, $2n-15<0$이므로

$\qquad f(2)=0$, $f(3)=1$, $f(4)=0$, $f(5)=1$, $f(6)=0$,

$\qquad f(7)=1$

(ii) $8 \le n \le 10$일 때, $2n-15>0$이므로

$\qquad f(8)=2$, $f(9)=1$, $f(10)=2$

$$\therefore \sum_{n=2}^{10} f(n) = 0+1+0+1+0+1+2+1+2 = 8$$

답 8

2398 답 ③ | 유형 10

$$\dfrac{1}{1\times 3}+\dfrac{1}{2\times 4}+\dfrac{1}{3\times 5}+\cdots+\dfrac{1}{8\times 10}$$의 값은?

단서1

① $\dfrac{3}{5}$ ② $\dfrac{28}{45}$ ③ $\dfrac{29}{45}$

④ $\dfrac{2}{3}$ ⑤ $\dfrac{31}{15}$

단서1 곱하는 두 수의 차를 이용하여 일반항을 식으로 나타낼 수 있음을 이용

STEP 1 제k항 a_k 구하기

수열 $\dfrac{1}{1\times 3}$, $\dfrac{1}{2\times 4}$, $\dfrac{1}{3\times 5}$, $\cdots$, $\dfrac{1}{8\times 10}$의 제k항을 a_k라 하면

$$a_k = \dfrac{1}{k(k+2)} = \dfrac{1}{2}\left(\dfrac{1}{k}-\dfrac{1}{k+2}\right)$$

STEP 2 $\dfrac{1}{1\times 3}+\dfrac{1}{2\times 4}+\dfrac{1}{3\times 5}+\cdots+\dfrac{1}{8\times 10}$의 값 구하기

$$\dfrac{1}{1\times 3}+\dfrac{1}{2\times 4}+\dfrac{1}{3\times 5}+\cdots+\dfrac{1}{8\times 10}$$

$$= \dfrac{1}{2}\left\{\left(\dfrac{1}{1}-\dfrac{1}{3}\right)+\left(\dfrac{1}{2}-\dfrac{1}{4}\right)+\left(\dfrac{1}{3}-\dfrac{1}{5}\right)+\cdots \right.$$
$$\left. +\left(\dfrac{1}{7}-\dfrac{1}{9}\right)+\left(\dfrac{1}{8}-\dfrac{1}{10}\right)\right\}$$

$$= \dfrac{1}{2}\left(1+\dfrac{1}{2}-\dfrac{1}{9}-\dfrac{1}{10}\right) = \dfrac{29}{45}$$

2399 답 $\dfrac{49}{25}$

수열 $\dfrac{2}{1\times 2}$, $\dfrac{2}{2\times 3}$, $\dfrac{2}{3\times 4}$, $\cdots$, $\dfrac{2}{49\times 50}$의 제k항을 a_k라 하면

$$a_k = \dfrac{2}{k(k+1)} = 2\left(\dfrac{1}{k}-\dfrac{1}{k+1}\right)$$

$$\therefore \dfrac{2}{1\times 2}+\dfrac{2}{2\times 3}+\dfrac{2}{3\times 4}+\cdots+\dfrac{2}{49\times 50}$$

$$=2\left\{\left(\frac{1}{1}-\frac{1}{2}\right)+\left(\frac{1}{2}-\frac{1}{3}\right)+\left(\frac{1}{3}-\frac{1}{4}\right)+\cdots+\left(\frac{1}{49}-\frac{1}{50}\right)\right\}$$

$$=2\left(1-\frac{1}{50}\right)=\frac{49}{25}$$

2400 답 ③

수열 $\dfrac{1}{1\times4}$, $\dfrac{1}{4\times7}$, $\dfrac{1}{7\times10}$, $\cdots$ 의 일반항을 a_n이라 하면

$$a_n=\frac{1}{(3n-2)(3n+1)}$$

$$=\frac{1}{3}\left(\frac{1}{3n-2}-\frac{1}{3n+1}\right)$$

→ 수열 1, 4, 7, …은 첫째항이 1,
공차가 3인 등차수열이므로
일반항은 $1+(n-1)\times3=3n-2$

따라서 주어진 수열의 첫째항부터 제10항까지의 합은

$$\frac{1}{1\times4}+\frac{1}{4\times7}+\frac{1}{7\times10}+\cdots+\frac{1}{28\times31}$$

$$=\frac{1}{3}\left\{\left(\frac{1}{1}-\frac{1}{4}\right)+\left(\frac{1}{4}-\frac{1}{7}\right)+\left(\frac{1}{7}-\frac{1}{10}\right)+\cdots+\left(\frac{1}{28}-\frac{1}{31}\right)\right\}$$

$$=\frac{1}{3}\left(1-\frac{1}{31}\right)=\frac{10}{31}$$

2401 답 ①

수열 $\dfrac{1}{2\times6}$, $\dfrac{1}{6\times10}$, $\dfrac{1}{10\times14}$, $\cdots$, $\dfrac{1}{78\times82}$의 제k항을 a_k라 하면

$$a_k=\frac{1}{(4k-2)(4k+2)}$$

$$=\frac{1}{4}\left(\frac{1}{4k-2}-\frac{1}{4k+2}\right)$$

수열 2, 6, 10, …은 첫째항이 2,
→ 공차가 4인 등차수열이므로
제k항은 $2+(k-1)\times4=4k-2$

$$\therefore \frac{1}{2\times6}+\frac{1}{6\times10}+\frac{1}{10\times14}+\cdots+\frac{1}{78\times82}$$

$$=\frac{1}{4}\left\{\left(\frac{1}{2}-\frac{1}{6}\right)+\left(\frac{1}{6}-\frac{1}{10}\right)+\left(\frac{1}{10}-\frac{1}{14}\right)+\cdots+\left(\frac{1}{78}-\frac{1}{82}\right)\right\}$$

$$=\frac{1}{4}\left(\frac{1}{2}-\frac{1}{82}\right)=\frac{5}{41}$$

따라서 $p=41$, $q=5$이므로 $p+q=46$

2402 답 ①

수열 $\dfrac{2}{3^2-1}$, $\dfrac{2}{5^2-1}$, $\dfrac{2}{7^2-1}$, $\cdots$, $\dfrac{2}{29^2-1}$의 제k항을 a_k라 하면

$$a_k=\frac{2}{(2k+1)^2-1}=\frac{2}{\{(2k+1)-1\}\{(2k+1)+1\}}$$

$$=\frac{1}{2k(k+1)}=\frac{1}{2}\left(\frac{1}{k}-\frac{1}{k+1}\right)$$

$$\therefore \frac{2}{3^2-1}+\frac{2}{5^2-1}+\frac{2}{7^2-1}+\cdots+\frac{2}{29^2-1}$$

$$=\frac{1}{2}\left\{\left(\frac{1}{1}-\frac{1}{2}\right)+\left(\frac{1}{2}-\frac{1}{3}\right)+\left(\frac{1}{3}-\frac{1}{4}\right)+\cdots+\left(\frac{1}{14}-\frac{1}{15}\right)\right\}$$

$$=\frac{1}{2}\left(1-\frac{1}{15}\right)=\frac{7}{15}$$

2403 답 ①

수열 1, $\dfrac{1}{1+2}$, $\dfrac{1}{1+2+3}$, $\dfrac{1}{1+2+3+4}$, $\cdots$ 의 일반항을 a_n이라 하면

$$a_n=\frac{1}{1+2+3+\cdots+n}=\frac{1}{\dfrac{n(n+1)}{2}}=\frac{2}{n(n+1)}$$

$$=2\left(\frac{1}{n}-\frac{1}{n+1}\right)$$

이므로 주어진 수열의 첫째항부터 제99항까지의 합은

$$\sum_{k=1}^{99}a_k=2\sum_{k=1}^{99}\left(\frac{1}{k}-\frac{1}{k+1}\right)$$

$$=2\left\{\left(\frac{1}{1}-\frac{1}{2}\right)+\left(\frac{1}{2}-\frac{1}{3}\right)+\cdots+\left(\frac{1}{99}-\frac{1}{100}\right)\right\}$$

$$=2\left(1-\frac{1}{100}\right)=\frac{99}{50}$$

따라서 $a=50$, $b=99$이므로 $b-a=49$

2404 답 ③ | 유형 11

첫째항이 1이고 공차가 3인 등차수열 $\{a_n\}$에 대하여

단서1

$\displaystyle\sum_{k=1}^{8}\dfrac{1}{a_{2k-1}a_{2k+1}}$의 값은?

단서2

① $\dfrac{6}{49}$ ② $\dfrac{1}{7}$ ③ $\dfrac{8}{49}$

④ $\dfrac{9}{49}$ ⑤ $\dfrac{10}{49}$

단서1 첫째항이 a, 공차가 d인 등차수열의 일반항 a_n은 $a_n=a+(n-1)d$

단서2 $\dfrac{1}{AB}=\dfrac{1}{B-A}\left(\dfrac{1}{A}-\dfrac{1}{B}\right)$임을 이용하여 식을 부분분수로 변형

STEP 1 수열 $\{a_n\}$의 일반항 구하기

첫째항이 1, 공차가 3인 등차수열 $\{a_n\}$의 일반항은

$$a_n=1+(n-1)\times3=3n-2$$

STEP 2 a_{2k-1}, a_{2k+1} 구하기

$$a_{2k-1}=3(2k-1)-2=6k-5$$

$$a_{2k+1}=3(2k+1)-2=6k+1$$

STEP 3 $\displaystyle\sum_{k=1}^{8}\dfrac{1}{a_{2k-1}a_{2k+1}}$의 값 구하기

$$\sum_{k=1}^{8}\frac{1}{a_{2k-1}a_{2k+1}}$$

$$=\sum_{k=1}^{8}\frac{1}{(6k-5)(6k+1)}$$

$$=\frac{1}{6}\sum_{k=1}^{8}\left(\frac{1}{6k-5}-\frac{1}{6k+1}\right)$$

$$=\frac{1}{6}\left\{\left(\frac{1}{1}-\frac{1}{7}\right)+\left(\frac{1}{7}-\frac{1}{13}\right)+\cdots+\left(\frac{1}{43}-\frac{1}{49}\right)\right\}$$

$$=\frac{1}{6}\left(1-\frac{1}{49}\right)=\frac{8}{49}$$

2405 답 ⑤

$$\sum_{k=1}^{10}\frac{1}{(2k-1)(2k+1)}$$

$$=\frac{1}{2}\sum_{k=1}^{10}\left(\frac{1}{2k-1}-\frac{1}{2k+1}\right)$$

$$=\frac{1}{2}\left\{\left(\frac{1}{1}-\frac{1}{3}\right)+\left(\frac{1}{3}-\frac{1}{5}\right)+\cdots+\left(\frac{1}{19}-\frac{1}{21}\right)\right\}$$

$$=\frac{1}{2}\left(1-\frac{1}{21}\right)=\frac{10}{21}$$

2406 답 ③

$$\frac{2}{k^2+k}=\frac{2}{k(k+1)}=2\left(\frac{1}{k}-\frac{1}{k+1}\right)$$이므로

$$\sum_{k=1}^{15}\frac{2}{k^2+k}$$

$$= \sum_{k=1}^{15} \frac{2}{k(k+1)}$$
$$= 2 \sum_{k=1}^{15} \left(\frac{1}{k} - \frac{1}{k+1} \right)$$
$$= 2 \left\{ \left(\frac{1}{1} - \frac{1}{2} \right) + \left(\frac{1}{2} - \frac{1}{3} \right) + \left(\frac{1}{3} - \frac{1}{4} \right) + \cdots + \left(\frac{1}{15} - \frac{1}{16} \right) \right\}$$
$$= 2 \left(1 - \frac{1}{16} \right) = \frac{15}{8}$$

2407 답 11

$$\sum_{k=1}^{n} \frac{3}{(2k+1)(2k+3)}$$
$$= \frac{3}{2} \sum_{k=1}^{n} \left(\frac{1}{2k+1} - \frac{1}{2k+3} \right)$$
$$= \frac{3}{2} \left\{ \left(\frac{1}{3} - \frac{1}{5} \right) + \left(\frac{1}{5} - \frac{1}{7} \right) + \left(\frac{1}{7} - \frac{1}{9} \right) + \cdots + \left(\frac{1}{2n+1} - \frac{1}{2n+3} \right) \right\}$$
$$= \frac{3}{2} \left(\frac{1}{3} - \frac{1}{2n+3} \right) = \frac{n}{2n+3}$$

즉, $\frac{n}{2n+3} = \frac{11}{25}$에서 $25n = 22n + 33$

$3n = 33$ ∴ $n = 11$

2408 답 ②

$$a_n = \sum_{k=1}^{n} \frac{k(k+1)}{1^3 + 2^3 + 3^3 + \cdots + k^3}$$
$$= \sum_{k=1}^{n} \frac{k(k+1)}{\left\{ \frac{k(k+1)}{2} \right\}^2}$$
$$= \sum_{k=1}^{n} \frac{4}{k(k+1)}$$
$$= 4 \sum_{k=1}^{n} \left(\frac{1}{k} - \frac{1}{k+1} \right)$$
$$= 4 \left\{ \left(\frac{1}{1} - \frac{1}{2} \right) + \left(\frac{1}{2} - \frac{1}{3} \right) + \cdots + \left(\frac{1}{n} - \frac{1}{n+1} \right) \right\}$$
$$= 4 \left(1 - \frac{1}{n+1} \right) = \frac{4n}{n+1}$$

∴ $a_{10} = \frac{4 \times 10}{10+1} = \frac{40}{11}$

2409 답 25

$$S_n = \sum_{k=1}^{n} \frac{2k+1}{1^2 + 2^2 + 3^2 + \cdots + k^2}$$
$$= \sum_{k=1}^{n} \frac{2k+1}{\frac{k(k+1)(2k+1)}{6}}$$
$$= \sum_{k=1}^{n} \frac{6}{k(k+1)}$$
$$= 6 \sum_{k=1}^{n} \left(\frac{1}{k} - \frac{1}{k+1} \right)$$
$$= 6 \left\{ \left(\frac{1}{1} - \frac{1}{2} \right) + \left(\frac{1}{2} - \frac{1}{3} \right) + \cdots + \left(\frac{1}{n} - \frac{1}{n+1} \right) \right\}$$
$$= 6 \left(1 - \frac{1}{n+1} \right) = \frac{6n}{n+1}$$

즉, $S_m = \frac{6m}{m+1} = \frac{75}{13}$이므로 $78m = 75m + 75$

$3m = 75$ ∴ $m = 25$

2410 답 ④

$$a_n = \frac{n^3 + n^2 + 1}{n^2 + n} = \frac{n^2(n+1) + 1}{n(n+1)}$$
$$= n + \frac{1}{n(n+1)} = n + \left(\frac{1}{n} - \frac{1}{n+1} \right)$$
$$\therefore \sum_{k=1}^{9} a_k = \sum_{k=1}^{9} \left\{ k + \left(\frac{1}{k} - \frac{1}{k+1} \right) \right\}$$
$$= \sum_{k=1}^{9} k + \sum_{k=1}^{9} \left(\frac{1}{k} - \frac{1}{k+1} \right)$$
$$= \frac{9 \times 10}{2} + \left\{ \left(\frac{1}{1} - \frac{1}{2} \right) + \left(\frac{1}{2} - \frac{1}{3} \right) + \cdots + \left(\frac{1}{9} - \frac{1}{10} \right) \right\}$$
$$= 45 + \left(1 - \frac{1}{10} \right) = \frac{459}{10}$$

2411 답 ④

x에 대한 다항식 $x^3 + (1-n)x^2 + n$을 $x - n$으로 나누었을 때의 나머지가 a_n이므로 나머지정리에 의하여

$a_n = n^3 + (1-n)n^2 + n = n^2 + n$

$$\therefore \sum_{n=1}^{10} \frac{1}{a_n} = \sum_{n=1}^{10} \frac{1}{n^2 + n} = \sum_{n=1}^{10} \frac{1}{n(n+1)}$$
$$= \sum_{n=1}^{10} \left(\frac{1}{n} - \frac{1}{n+1} \right)$$
$$= \left(\frac{1}{1} - \frac{1}{2} \right) + \left(\frac{1}{2} - \frac{1}{3} \right) + \cdots + \left(\frac{1}{10} - \frac{1}{11} \right)$$
$$= 1 - \frac{1}{11} = \frac{10}{11}$$

2412 답 ①

등차수열 $\{a_n\}$의 첫째항을 a, 공차를 d $(d \neq 0)$라 하면

$a_9 = 2a_3$에서 $a + 8d = 2(a + 2d)$

$a + 8d = 2a + 4d$ ∴ $a = 4d$

$$\therefore \sum_{n=1}^{24} \frac{(a_{n+1} - a_n)^2}{a_n a_{n+1}}$$
$$= \sum_{n=1}^{24} \frac{d^2}{a_n a_{n+1}}$$
$$= d \sum_{n=1}^{24} \left(\frac{1}{a_n} - \frac{1}{a_{n+1}} \right)$$
$$= d \left\{ \left(\frac{1}{a_1} - \frac{1}{a_2} \right) + \left(\frac{1}{a_2} - \frac{1}{a_3} \right) + \cdots + \left(\frac{1}{a_{24}} - \frac{1}{a_{25}} \right) \right\}$$
$$= d \left(\frac{1}{a_1} - \frac{1}{a_{25}} \right) = d \times \frac{a_{25} - a_1}{a_1 a_{25}}$$
$$= d \times \frac{24d}{a \times (a + 24d)} = \frac{24d^2}{4d \times 28d} = \frac{3}{14}$$

2413 답 ③ | 유형 **12**

n이 자연수일 때, x에 대한 이차방정식 $x^2 - nx + n - 3 = 0$의 두 근을 α_n, β_n이라 하자. 이때 $\sum_{k=1}^{10} (\alpha_k^2 + \beta_k^2)$의 값은?

단서1   단서2

① 325   ② 330   ③ 335

④ 340   ⑤ 345

단서1 이차방정식의 근과 계수의 관계를 이용

단서2 $a^2 + b^2 = (a+b)^2 - 2ab$임을 이용하여 식을 변형

STEP1 $\alpha_n + \beta_n$, $\alpha_n \beta_n$ 구하기

이차방정식의 근과 계수의 관계에 의하여

$\alpha_n + \beta_n = n$, $\alpha_n\beta_n = n-3$

STEP2 $\displaystyle\sum_{k=1}^{10}(\alpha_k{}^2+\beta_k{}^2)$의 값 구하기

$$\alpha_k{}^2+\beta_k{}^2=(\alpha_k+\beta_k)^2-2\alpha_k\beta_k$$
$$=k^2-2(k-3)=k^2-2k+6$$

$$\therefore \sum_{k=1}^{10}(\alpha_k{}^2+\beta_k{}^2)=\sum_{k=1}^{10}(k^2-2k+6)$$
$$=\sum_{k=1}^{10}k^2-2\sum_{k=1}^{10}k+\sum_{k=1}^{10}6$$
$$=\frac{10\times11\times21}{6}-2\times\frac{10\times11}{2}+6\times10$$
$$=385-110+60=335$$

개념 Check

이차방정식의 근과 계수의 관계

이차방정식 $ax^2+bx+c=0$의 두 근을 α, β라 하면

→ $\alpha+\beta=-\dfrac{b}{a}$, $\alpha\beta=\dfrac{c}{a}$

2414 답 10

이차방정식의 근과 계수의 관계에 의하여

$\alpha_n+\beta_n=2n+1$, $\alpha_n\beta_n=n(n-1)=n^2-n$

이므로

$$(1-\alpha_k)(1-\beta_k)=1-(\alpha_k+\beta_k)+\alpha_k\beta_k$$
$$=1-(2k+1)+(k^2-k)=k^2-3k$$

$$\therefore \sum_{k=1}^{5}(1-\alpha_k)(1-\beta_k)=\sum_{k=1}^{5}(k^2-3k)$$
$$=\sum_{k=1}^{5}k^2-3\sum_{k=1}^{5}k$$
$$=\frac{5\times6\times11}{6}-3\times\frac{5\times6}{2}$$
$$=55-45=10$$

2415 답 ④

이차방정식의 근과 계수의 관계에 의하여

$\alpha_n+\beta_n=n$, $\alpha_n\beta_n=-n$

이므로

$$\alpha_k{}^3+\beta_k{}^3=(\alpha_k+\beta_k)^3-3\alpha_k\beta_k(\alpha_k+\beta_k)$$
$$=k^3-3\times(-k)\times k=k^3+3k^2$$

$$\therefore \sum_{k=1}^{5}(\alpha_k{}^3+\beta_k{}^3)=\sum_{k=1}^{5}(k^3+3k^2)$$
$$=\sum_{k=1}^{5}k^3+3\sum_{k=1}^{5}k^2$$
$$=\left(\frac{5\times6}{2}\right)^2+3\times\frac{5\times6\times11}{6}$$
$$=225+165=390$$

개념 Check

(1) $a^3+b^3=(a+b)(a^2-ab+b^2)=(a+b)^3-3ab(a+b)$

(2) $a^3-b^3=(a-b)(a^2+ab+b^2)=(a-b)^3+3ab(a-b)$

2416 답 ④

이차방정식의 근과 계수의 관계에 의하여

$\alpha_n+\beta_n=5n$, $\alpha_n\beta_n=1$

$$\therefore \left(\frac{1}{\alpha_1}+\frac{1}{\alpha_2}+\cdots+\frac{1}{\alpha_{10}}\right)+\left(\frac{1}{\beta_1}+\frac{1}{\beta_2}+\cdots+\frac{1}{\beta_{10}}\right)$$
$$=\left(\frac{1}{\alpha_1}+\frac{1}{\beta_1}\right)+\left(\frac{1}{\alpha_2}+\frac{1}{\beta_2}\right)+\cdots+\left(\frac{1}{\alpha_{10}}+\frac{1}{\beta_{10}}\right)$$
$$=\sum_{k=1}^{10}\left(\frac{1}{\alpha_k}+\frac{1}{\beta_k}\right)$$
$$=\sum_{k=1}^{10}\frac{\alpha_k+\beta_k}{\alpha_k\beta_k}$$
$$=\sum_{k=1}^{10}5k=5\sum_{k=1}^{10}k$$
$$=5\times\frac{10\times11}{2}=275$$

2417 답 380

이차방정식의 근과 계수의 관계에 의하여

$\alpha_n+\beta_n=3(n+1)$, $\alpha_n\beta_n=n+1$

이므로

$$\alpha_k{}^2+\beta_k{}^2=(\alpha_k+\beta_k)^2-2\alpha_k\beta_k$$
$$=9(k+1)^2-2(k+1)$$
$$=9k^2+16k+7=(9k+7)(k+1)$$

$$\therefore \sum_{k=1}^{8}\left(\frac{\beta_k}{\alpha_k}+\frac{\alpha_k}{\beta_k}\right)=\sum_{k=1}^{8}\frac{\alpha_k{}^2+\beta_k{}^2}{\alpha_k\beta_k}$$
$$=\sum_{k=1}^{8}\frac{(9k+7)(k+1)}{k+1}$$
$$=\sum_{k=1}^{8}(9k+7)$$
$$=9\sum_{k=1}^{8}k+\sum_{k=1}^{8}7$$
$$=9\times\frac{8\times9}{2}+7\times8=380$$

2418 답 ①

이차방정식의 근과 계수의 관계에 의하여

$$a_n=\frac{n+5}{n^2+6n+5}=\frac{n+5}{(n+1)(n+5)}=\frac{1}{n+1}$$

$$\therefore \sum_{k=1}^{10}\frac{1}{a_k}=\sum_{k=1}^{10}(k+1)$$
$$=\sum_{k=1}^{10}k+\sum_{k=1}^{10}1$$
$$=\frac{10\times11}{2}+1\times10=65$$

2419 답 ① 　　　　　　　　　　　　　　　| 유형 13

수열 $\{a_n\}$은 첫째항이 9, 공비가 $\dfrac{1}{3}$인 등비수열일 때, $\displaystyle\sum_{k=1}^{10}\log_3 a_k$의

　　　　　　　　　　단서1　　　　　　　　　　　　　　　단서2

값은?

① -25 　　　　② -20 　　　　③ -15

④ -10 　　　　⑤ -5

단서1 $a_n=9\times\left(\dfrac{1}{3}\right)^{n-1}$

단서2 로그의 성질을 이용

STEP1 수열 $\{a_n\}$의 일반항 구하기

수열 $\{a_n\}$은 첫째항이 9, 공비가 $\dfrac{1}{3}$인 등비수열이므로

$$a_n = 9 \times \left(\frac{1}{3}\right)^{n-1} = 3^2 \times 3^{-(n-1)} = 3^{-n+3}$$

STEP 2 $\log_3 a_n$ 간단히 나타내기

$$\log_3 a_n = \log_3 3^{-n+3} = -n+3$$

STEP 3 $\sum\limits_{k=1}^{10} \log_3 a_k$의 값 구하기

$$\sum_{k=1}^{10} \log_3 a_k = \sum_{k=1}^{10} (-k+3) = -\sum_{k=1}^{10} k + \sum_{k=1}^{10} 3$$
$$= -\frac{10 \times 11}{2} + 3 \times 10 = -25$$

2420 답 -2

$$\sum_{k=2}^{81} \log_9 \left(1 - \frac{1}{k}\right) = \sum_{k=2}^{81} \log_9 \frac{k-1}{k}$$
$$= \log_9 \frac{1}{2} + \log_9 \frac{2}{3} + \log_9 \frac{3}{4} + \cdots + \log_9 \frac{80}{81}$$
$$= \log_9 \left(\frac{1}{2} \times \frac{2}{3} \times \frac{3}{4} \times \cdots \times \frac{80}{81}\right)$$
$$= \log_9 \frac{1}{81}$$
$$= \log_9 9^{-2} = -2$$

다른 풀이

$$\sum_{k=2}^{81} \log_9 \left(1 - \frac{1}{k}\right) = \sum_{k=2}^{81} \log_9 \frac{k-1}{k}$$
$$= \sum_{k=2}^{81} \{\log_9 (k-1) - \log_9 k\}$$
$$= (\log_9 1 - \log_9 2) + (\log_9 2 - \log_9 3) + \cdots$$
$$+ (\log_9 80 - \log_9 81)$$
$$= \log_9 1 - \log_9 81$$
$$= -\log_9 9^2 = -2$$

2421 답 ②

$$\sum_{k=2}^{10} \log_2 a_k - \sum_{k=1}^{9} \log_2 a_k$$
$$= (\log_2 a_2 + \log_2 a_3 + \log_2 a_4 + \cdots + \log_2 a_{10})$$
$$\qquad - (\log_2 a_1 + \log_2 a_2 + \log_2 a_3 + \cdots + \log_2 a_9)$$
$$= \log_2 a_{10} - \log_2 a_1$$
$$= \log_2 \frac{a_{10}}{a_1} = \log_2 \frac{a_1 \times 2^9}{a_1}$$
$$= \log_2 2^9 = 9$$

2422 답 ⑤

$a_n = \log(n+1) - \log n = \log \dfrac{n+1}{n}$이므로

$$\sum_{k=2}^{m} a_k = \sum_{k=2}^{m} \log \frac{k+1}{k}$$
$$= \log \frac{3}{2} + \log \frac{4}{3} + \log \frac{5}{4} + \cdots + \log \frac{m+1}{m}$$
$$= \log \left(\frac{3}{2} \times \frac{4}{3} \times \frac{5}{4} \times \cdots \times \frac{m+1}{m}\right)$$
$$= \log \frac{m+1}{2}$$

즉, $\log \dfrac{m+1}{2} = \log 8$에서 $\dfrac{m+1}{2} = 8$

$m+1 = 16$ $\therefore m = 15$

2423 답 ②

$$\sum_{k=2}^{63} \log_6 \{\log_k (k+1)\}$$
$$= \log_6 (\log_2 3) + \log_6 (\log_3 4) + \cdots + \log_6 (\log_{63} 64)$$
$$= \log_6 (\log_2 3 \times \log_3 4 \times \cdots \times \log_{63} 64)$$
$$= \log_6 \left(\frac{\log 3}{\log 2} \times \frac{\log 4}{\log 3} \times \cdots \times \frac{\log 64}{\log 63}\right)$$
$$= \log_6 \left(\frac{\log 64}{\log 2}\right) = \log_6 \left(\frac{\log 2^6}{\log 2}\right)$$
$$= \log_6 6 = 1$$

개념 Check

로그의 밑의 변환

$a > 0$, $a \neq 1$, $b > 0$, $b \neq 1$일 때

(1) $\log_a N = \dfrac{\log_b N}{\log_b a}$ (단, $N > 0$)

(2) $\log_a b = \dfrac{1}{\log_b a}$

2424 답 ④

$$\sum_{k=1}^{10} \log_2 a_k = \log_2 a_1 + \log_2 a_2 + \cdots + \log_2 a_{10}$$
$$= \sum_{k=1}^{5} \log_2 a_{2k-1} + \sum_{k=1}^{5} \log_2 a_{2k}$$
$$= \sum_{k=1}^{5} \log_2 2^{k+1} + \sum_{k=1}^{5} \log_2 4^{k+1}$$
$$= \sum_{k=1}^{5} (k+1) \log_2 2 + \sum_{k=1}^{5} (k+1) \log_2 4$$
$$= \sum_{k=1}^{5} (k+1) + 2 \sum_{k=1}^{5} (k+1)$$
$$= 3 \sum_{k=1}^{5} (k+1) = 3\left(\sum_{k=1}^{5} k + \sum_{k=1}^{5} 1\right)$$
$$= 3 \times \left(\frac{5 \times 6}{2} + 1 \times 5\right) = 60$$

2425 답 ③

$20 = 2^2 \times 5$의 양의 약수의 개수는

$(2+1) \times (1+1) = 3 \times 2 = 6$

$$\sum_{k=1}^{6} \log_2 a_k = \log_2 a_1 + \log_2 a_2 + \cdots + \log_2 a_6$$
$$= \log_2 (a_1 \times a_2 \times \cdots \times a_6)$$

이때 20의 모든 양의 약수의 곱은

$20^{\frac{(2+1) \times (1+1)}{2}} = 20^3 = (2^2 \times 5)^3 = 2^6 \times 5^3$

이므로 $a_1 \times a_2 \times \cdots \times a_6 = 2^6 \times 5^3$

$$\therefore \sum_{k=1}^{6} \log_2 a_k = \log_2 (2^6 \times 5^3)$$
$$= \log_2 2^6 + \log_2 5^3$$
$$= 6 + 3\log_2 5 = 6 + 3\log_2 \frac{10}{2}$$
$$= 6 + 3(\log_2 10 - \log_2 2)$$
$$= 6 + 3\left(\frac{1}{\log 2} - 1\right)$$
$$= 6 + 3\left(\frac{10}{3} - 1\right) = 13$$

소인수분해를 이용하여 약수 구하기

자연수 A가 $A=a^m \times b^n$ (a, b는 서로 다른 소수, m, n은 자연수)으로 소인수분해될 때

(1) a^m의 약수는 1, a, a^2, $\cdots$, a^m이고, b^n의 약수는 1, b, b^2, $\cdots$, b^n

(2) (A의 약수) = (a^m의 약수) $\times$ (b^n의 약수)

(3) A의 약수의 개수 : $(m+1) \times (n+1)$

	1	2	2^2
1	1	2	2^2
5	5	2×5	$2^2 \times 5$

20의 양의 약수는 위의 표와 같으므로 20의 모든 양의 약수의 곱은 $1 \times 2 \times 2^2 \times 5 \times (2 \times 5) \times (2^2 \times 5) = 2^6 \times 5^3$이다. 그런데 자연수 A의 양의 약수의 개수가 많으면 양의 약수의 곱을 직접 구하기 복잡하므로 다음 공식을 이용하면 계산의 실수를 줄일 수 있다.

→ (자연수 A의 모든 약수의 곱) $= A^{\frac{\text{약수의 개수}}{2}}$

2426 답 ①

자연수 n에 대하여 $\log_{n+1}(n+2) = \dfrac{\log_2(n+2)}{\log_2(n+1)}$이므로

$\displaystyle\sum_{k=1}^{14} \log_2\{\log_{k+1}(k+2)\}$

$= \log_2(\log_2 3) + \log_2(\log_3 4) + \cdots + \log_2(\log_{15} 16)$

$= \log_2\left(\dfrac{\log_2 3}{\log_2 2}\right) + \log_2\left(\dfrac{\log_2 4}{\log_2 3}\right) + \cdots + \log_2\left(\dfrac{\log_2 16}{\log_2 15}\right)$

$= \log_2\left(\dfrac{\log_2 3}{\log_2 2} \times \dfrac{\log_2 4}{\log_2 3} \times \cdots \times \dfrac{\log_2 16}{\log_2 15}\right)$

$= \log_2\left(\dfrac{\log_2 16}{\log_2 2}\right)$

$= \log_2 4 = 2$

따라서

$\displaystyle\sum_{k=1}^{14} \log_2\{\log_{k+1}(k+2)\} = \boxed{2}$

즉, $f(n) = \log_2(n+2)$, $p = \log_2 16 = 4$, $q = 2$이므로

$f(p+q) = f(4+2) = f(6) = \log_2 8 = 3$ ← $\log_2 2^4 = 4\log_2 2$

2427 답 ② | 유형 14

수열 $\{a_n\}$은 첫째항이 1, 공차가 3인 등차수열일 때, **[단서1]** $\displaystyle\sum_{k=1}^{16} \dfrac{1}{\sqrt{a_{k+1}} + \sqrt{a_k}}$의 값은? **[단서2]**

① 1   ② 2   ③ 3
④ 4   ⑤ 5

[단서1] 등차수열의 일반항은 $a_n = a_1 + (n-1)d$
[단서2] 분모의 유리화를 이용

STEP1 수열 $\{a_n\}$의 일반항 구하기

첫째항이 1, 공차가 3인 등차수열 $\{a_n\}$의 일반항 a_n은
$a_n = 1 + (n-1) \times 3 = 3n - 2$

STEP2 $\dfrac{1}{\sqrt{a_{k+1}} + \sqrt{a_k}}$을 유리화하여 간단히 하기

$\dfrac{1}{\sqrt{a_{k+1}} + \sqrt{a_k}} = \dfrac{\sqrt{a_{k+1}} - \sqrt{a_k}}{(\sqrt{a_{k+1}} + \sqrt{a_k})(\sqrt{a_{k+1}} - \sqrt{a_k})}$

$= \dfrac{\sqrt{a_{k+1}} - \sqrt{a_k}}{a_{k+1} - a_k}$

$= \dfrac{1}{3}(\sqrt{3k+1} - \sqrt{3k-2})$

STEP3 $\displaystyle\sum_{k=1}^{16} \dfrac{1}{\sqrt{a_{k+1}} + \sqrt{a_k}}$의 값 구하기

$\displaystyle\sum_{k=1}^{16} \dfrac{1}{\sqrt{a_{k+1}} + \sqrt{a_k}}$

$= \dfrac{1}{3}\displaystyle\sum_{k=1}^{16}(\sqrt{3k+1} - \sqrt{3k-2})$

$= \dfrac{1}{3}\{(\sqrt{4} - \sqrt{1}) + (\sqrt{7} - \sqrt{4}) + \cdots + (\sqrt{49} - \sqrt{46})\}$

$= \dfrac{1}{3}(-\sqrt{1} + \sqrt{49}) = 2$

2428 답 ⑤

수열 $\dfrac{1}{1+\sqrt{2}}$, $\dfrac{1}{\sqrt{2}+\sqrt{3}}$, $\cdots$, $\dfrac{1}{\sqrt{168}+\sqrt{169}}$의 일반항을 a_n이라 하면

$a_n = \dfrac{1}{\sqrt{n} + \sqrt{n+1}} = \dfrac{\sqrt{n} - \sqrt{n+1}}{(\sqrt{n} + \sqrt{n+1})(\sqrt{n} - \sqrt{n+1})}$

$= \dfrac{\sqrt{n} - \sqrt{n+1}}{n - (n+1)} = \sqrt{n+1} - \sqrt{n}$

$\therefore \dfrac{1}{1+\sqrt{2}} + \dfrac{1}{\sqrt{2}+\sqrt{3}} + \cdots + \dfrac{1}{\sqrt{168}+\sqrt{169}}$

$= \displaystyle\sum_{k=1}^{168}(\sqrt{k+1} - \sqrt{k})$

$= \{(\sqrt{2} - \sqrt{1}) + (\sqrt{3} - \sqrt{2}) + \cdots + (\sqrt{169} - \sqrt{168})\}$

$= -\sqrt{1} + \sqrt{169} = 12$

2429 답 $3\sqrt{2}$

수열 $\dfrac{1}{\sqrt{3}+\sqrt{2}}$, $\dfrac{1}{\sqrt{4}+\sqrt{3}}$, $\dfrac{1}{\sqrt{5}+\sqrt{4}}$, $\cdots$의 일반항을 a_n이라 하면

$a_n = \dfrac{1}{\sqrt{n+2} + \sqrt{n+1}} = \dfrac{\sqrt{n+2} - \sqrt{n+1}}{(\sqrt{n+2} + \sqrt{n+1})(\sqrt{n+2} - \sqrt{n+1})}$

$= \sqrt{n+2} - \sqrt{n+1}$

따라서 주어진 수열의 첫째항부터 제30항까지의 합은

$\displaystyle\sum_{k=1}^{30} a_k = \sum_{k=1}^{30}(\sqrt{k+2} - \sqrt{k+1})$

$= \{(\sqrt{3} - \sqrt{2}) + (\sqrt{4} - \sqrt{3}) + \cdots + (\sqrt{32} - \sqrt{31})\}$

$= -\sqrt{2} + \sqrt{32} = 3\sqrt{2}$

2430 답 ②

$\dfrac{1}{\sqrt{3k+6} + \sqrt{3k+3}}$

$= \dfrac{\sqrt{3k+6} - \sqrt{3k+3}}{(\sqrt{3k+6} + \sqrt{3k+3})(\sqrt{3k+6} - \sqrt{3k+3})}$

$= \dfrac{1}{3}(\sqrt{3k+6} - \sqrt{3k+3})$

이므로

$\displaystyle\sum_{k=1}^{16} \dfrac{1}{\sqrt{3k+6} + \sqrt{3k+3}}$

$= \dfrac{1}{3}\displaystyle\sum_{k=1}^{16}(\sqrt{3k+6} - \sqrt{3k+3})$

$$= \frac{1}{3}\{(\sqrt{9}-\sqrt{6})+(\sqrt{12}-\sqrt{9})+\cdots+(\sqrt{54}-\sqrt{51})\}$$
$$= \frac{1}{3}(-\sqrt{6}+\sqrt{54})=\frac{2\sqrt{6}}{3}$$

2431 답 ⑤

$$\frac{1}{\sqrt{k+2}+\sqrt{k}}=\frac{\sqrt{k+2}-\sqrt{k}}{(\sqrt{k+2}+\sqrt{k})(\sqrt{k+2}-\sqrt{k})}$$
$$=\frac{1}{2}(\sqrt{k+2}-\sqrt{k})$$

이므로

$$\sum_{k=1}^{48}\frac{1}{\sqrt{k+2}+\sqrt{k}}$$
$$=\frac{1}{2}\sum_{k=1}^{48}(\sqrt{k+2}-\sqrt{k})$$
$$=\frac{1}{2}\{(\sqrt{3}-\sqrt{1})+(\sqrt{4}-\sqrt{2})+(\sqrt{5}-\sqrt{3})+\cdots$$
$$+(\sqrt{49}-\sqrt{47})+(\sqrt{50}-\sqrt{48})\}$$
$$=\frac{1}{2}(-\sqrt{1}-\sqrt{2}+\sqrt{49}+\sqrt{50})$$
$$=\frac{1}{2}(-1-\sqrt{2}+7+5\sqrt{2})=3+2\sqrt{2}$$

따라서 $p=3$, $q=2$이므로 $p+q=5$

2432 답 ①

$$\frac{1}{\sqrt{2k-1}+\sqrt{2k+1}}=\frac{\sqrt{2k-1}-\sqrt{2k+1}}{(\sqrt{2k-1}+\sqrt{2k+1})(\sqrt{2k-1}-\sqrt{2k+1})}$$
$$=\frac{1}{2}(\sqrt{2k+1}-\sqrt{2k-1})$$

이므로

$$\sum_{k=1}^{n}\frac{1}{\sqrt{2k-1}+\sqrt{2k+1}}$$
$$=\frac{1}{2}\sum_{k=1}^{n}(\sqrt{2k+1}-\sqrt{2k-1})$$
$$=\frac{1}{2}\{(\sqrt{3}-\sqrt{1})+(\sqrt{5}-\sqrt{3})+\cdots+(\sqrt{2n+1}-\sqrt{2n-1})\}$$
$$=\frac{1}{2}(\sqrt{2n+1}-1)$$

즉, $\frac{1}{2}(\sqrt{2n+1}-1)=5$이므로 $\sqrt{2n+1}-1=10$
$\sqrt{2n+1}=11$, $2n+1=121$
$2n=120$ ∴ $n=60$

2433 답 ④

등차수열 $\{a_n\}$의 첫째항을 a, 공차를 d라 하면
$a_2=5$에서 $a+d=5$ ·················· ㉠
$a_4=13$에서 $a+3d=13$ ·················· ㉡
㉠, ㉡을 연립하여 풀면 $a=1$, $d=4$
∴ $a_n=1+4(n-1)=4n-3$

따라서 수열 $\frac{1}{\sqrt{a_1}+\sqrt{a_2}}$, $\frac{1}{\sqrt{a_2}+\sqrt{a_3}}$, $\cdots$, $\frac{1}{\sqrt{a_{20}}+\sqrt{a_{21}}}$의 제$k$항은

$$\frac{1}{\sqrt{a_k}+\sqrt{a_{k+1}}}=\frac{1}{\sqrt{4k-3}+\sqrt{4k+1}}$$
$$=\frac{\sqrt{4k-3}-\sqrt{4k+1}}{(\sqrt{4k-3}+\sqrt{4k+1})(\sqrt{4k-3}-\sqrt{4k+1})}$$
$$=\frac{1}{4}(\sqrt{4k+1}-\sqrt{4k-3})$$

$$\therefore m=\sum_{k=1}^{20}\frac{1}{\sqrt{a_k}+\sqrt{a_{k+1}}}$$
$$=\frac{1}{4}\sum_{k=1}^{20}(\sqrt{4k+1}-\sqrt{4k-3})$$
$$=\frac{1}{4}\{(\sqrt{5}-\sqrt{1})+(\sqrt{9}-\sqrt{5})+\cdots+(\sqrt{81}-\sqrt{77})\}$$
$$=\frac{1}{4}(-\sqrt{1}+\sqrt{81})=2$$
$$\therefore 10m=10\times 2=20$$

2434 답 48

$a_n=\sqrt{n}+\sqrt{n+2}$에 대하여
$$\frac{2}{a_k}=\frac{2}{\sqrt{k}+\sqrt{k+2}}$$
$$=\frac{2(\sqrt{k}-\sqrt{k+2})}{(\sqrt{k}+\sqrt{k+2})(\sqrt{k}-\sqrt{k+2})}$$
$$=\sqrt{k+2}-\sqrt{k}$$

이므로

$$\sum_{k=1}^{n}\frac{2}{a_k}=\sum_{k=1}^{n}(\sqrt{k+2}-\sqrt{k})$$
$$=\{(\sqrt{3}-\sqrt{1})+(\sqrt{4}-\sqrt{2})+(\sqrt{5}-\sqrt{3})+\cdots$$
$$+(\sqrt{n+1}-\sqrt{n-1})+(\sqrt{n+2}-\sqrt{n})\}$$
$$=-\sqrt{1}-\sqrt{2}+\sqrt{n+1}+\sqrt{n+2}$$

즉, $-1-\sqrt{2}+\sqrt{n+1}+\sqrt{n+2}=6+4\sqrt{2}$이므로
$$\sqrt{n+1}+\sqrt{n+2}=7+5\sqrt{2}=\sqrt{49}+\sqrt{50}$$

따라서 $n+1=49$이므로 $n=48$

2435 답 9

$x^2-(2n-1)x+n(n-1)=0$에서
$(x-n)(x-n+1)=0$
∴ $x=n$ 또는 $x=n-1$
이때 $\alpha_n=n$, $\beta_n=n-1$ 또는 $\alpha_n=n-1$, $\beta_n=n$이므로

$$\frac{1}{\sqrt{\alpha_n}+\sqrt{\beta_n}}=\frac{1}{\sqrt{n}+\sqrt{n-1}}$$
$$=\frac{\sqrt{n}-\sqrt{n-1}}{(\sqrt{n}+\sqrt{n-1})(\sqrt{n}-\sqrt{n-1})}$$
$$=\sqrt{n}-\sqrt{n-1}$$

$$\therefore \sum_{n=1}^{81}\frac{1}{\sqrt{\alpha_n}+\sqrt{\beta_n}}=\sum_{n=1}^{81}(\sqrt{n}-\sqrt{n-1})$$
$$=(\sqrt{1}-0)+(\sqrt{2}-\sqrt{1})+\cdots+(\sqrt{81}-\sqrt{80})$$
$$=\sqrt{81}=9$$

2436 답 ① | 유형 15

수열 $\{a_n\}$에 대하여 $\sum_{k=1}^{n}a_k=2n^2-n$일 때, $\sum_{k=1}^{10}a_{2k}$의 값은?

단서1

① 410 ② 420 ③ 430
④ 440 ⑤ 450

단서1 $n\geq 2$일 때, $a_n=S_n-S_{n-1}=\sum_{k=1}^{n}a_k-\sum_{k=1}^{n-1}a_k$임을 이용

STEP1 일반항 a_n 구하기

수열 $\{a_n\}$의 첫째항부터 제n항까지의 합을 S_n이라 하면
(i) $n=1$일 때,

$a_1 = S_1 = 2 \times 1 - 1 = 1$ ······················· ㉠

(ii) $n \geq 2$일 때,
$$a_n = S_n - S_{n-1}$$
$$= 2n^2 - n - \{2(n-1)^2 - (n-1)\}$$
$$= 4n - 3$$ ······················· ㉡

이때 ㉠은 ㉡에 $n=1$을 대입한 것과 같으므로
$a_n = 4n - 3 \ (n \geq 1)$

STEP 2 $\sum\limits_{k=1}^{10} a_{2k}$의 값 구하기

$$\sum_{k=1}^{10} a_{2k} = \sum_{k=1}^{10} (8k - 3) = 8 \sum_{k=1}^{10} k - \sum_{k=1}^{10} 3$$
$$= 8 \times \frac{10 \times 11}{2} - 3 \times 10 = 410$$

2437 답 $\frac{1}{4}(9^n - 1)$

수열 $\{a_n\}$의 첫째항부터 제n항까지의 합을 S_n이라 하면

(i) $n=1$일 때,
$a_1 = S_1 = 3 - 1 = 2$ ······················· ㉠

(ii) $n \geq 2$일 때,
$$a_n = S_n - S_{n-1} = (3^n - 1) - (3^{n-1} - 1)$$
$$= 3^n - 3^{n-1} = 2 \times 3^{n-1}$$ ······················· ㉡

이때 ㉠은 ㉡에 $n=1$을 대입한 것과 같으므로
$a_n = 2 \times 3^{n-1} \ (n \geq 1)$
$$\therefore \sum_{k=1}^{n} a_{2k-1} = \sum_{k=1}^{n} (2 \times 3^{2k-2}) = \frac{2}{9} \sum_{k=1}^{n} 9^k$$
$$= \frac{2}{9} \times \frac{9(9^n - 1)}{9 - 1} = \frac{1}{4}(9^n - 1)$$

2438 답 ④

수열 $\{a_n\}$의 첫째항부터 제n항까지의 합을 S_n이라 하면

(i) $n=1$일 때,
$a_1 = S_1 = 5 \times 3 - 5 = 10$ ······················· ㉠

(ii) $n \geq 2$일 때,
$$a_n = S_n - S_{n-1} = 5 \times 3^n - 5 - (5 \times 3^{n-1} - 5)$$
$$= 5 \times 3^n - 5 \times 3^{n-1} = 10 \times 3^{n-1}$$ ······················· ㉡

이때 ㉠은 ㉡에 $n=1$을 대입한 것과 같으므로
$a_n = 10 \times 3^{n-1} \ (n \geq 1)$
$$\therefore \sum_{k=1}^{10} \frac{1}{a_k} = \sum_{k=1}^{10} \left\{ \frac{1}{10} \times \left(\frac{1}{3}\right)^{k-1} \right\} = \frac{1}{10} \sum_{k=1}^{10} \left(\frac{1}{3}\right)^{k-1}$$
$$= \frac{1}{10} \times \frac{1 - \left(\frac{1}{3}\right)^{10}}{1 - \frac{1}{3}} = \frac{3}{20} \left\{ 1 - \left(\frac{1}{3}\right)^{10} \right\}$$

2439 답 2

수열 $\{a_n\}$의 첫째항부터 제n항까지의 합을 S_n이라 하면

(i) $n=1$일 때,
$a_1 = S_1 = \log_3 (1^2 + 1) = \log_3 2$ ······················· ㉠

(ii) $n \geq 2$일 때,
$$a_n = S_n - S_{n-1} = \log_3 (n^2 + n) - \log_3 (n^2 - n)$$
$$= \log_3 \frac{n^2 + n}{n^2 - n} = \log_3 \frac{n+1}{n-1}$$ ······················· ㉡

이때 ㉡에 $n=1$을 대입할 수 없으므로
$a_1 = \log_3 2$, $a_n = \log_3 \frac{n+1}{n-1} \ (n \geq 2)$
$$\therefore \sum_{k=1}^{8} a_{2k+1} = \sum_{k=1}^{8} \log_3 \frac{2k+2}{2k}$$
$$= \sum_{k=1}^{8} \log_3 \frac{k+1}{k}$$
$$= \log_3 \left(\frac{2}{1} \times \frac{3}{2} \times \cdots \times \frac{9}{8} \right)$$
$$= \log_3 9 = 2$$

2440 답 4

수열 $\{a_n\}$의 첫째항부터 제n항까지의 합을 S_n이라 하면

(i) $n=1$일 때,
$a_1 = S_1 = 1^2 = 1$ ······················· ㉠

(ii) $n \geq 2$일 때,
$a_n = S_n - S_{n-1} = n^2 - (n-1)^2 = 2n - 1$ ······················· ㉡

이때 ㉠은 ㉡에 $n=1$을 대입한 것과 같으므로
$a_n = 2n - 1 \ (n \geq 1)$
$$\therefore \sum_{k=1}^{n} k a_k = \sum_{k=1}^{n} k(2k - 1) = \sum_{k=1}^{n} (2k^2 - k) = 2 \sum_{k=1}^{n} k^2 - \sum_{k=1}^{n} k$$
$$= 2 \times \frac{n(n+1)(2n+1)}{6} - \frac{n(n+1)}{2}$$
$$= \frac{n(n+1)(4n-1)}{6}$$

따라서 $a=1$, $b=4$, $c=-1$이므로
$a+b+c = 4$

2441 답 ③

수열 $\{a_n\}$의 첫째항부터 제n항까지의 합을 S_n이라 하면

(i) $n=1$일 때,
$a_1 = S_1 = 1^2 + 2 \times 1 = 3$ ······················· ㉠

(ii) $n \geq 2$일 때,
$$a_n = S_n - S_{n-1}$$
$$= n^2 + 2n - \{(n-1)^2 + 2(n-1)\}$$
$$= 2n + 1$$ ······················· ㉡

이때 ㉠은 ㉡에 $n=1$을 대입한 것과 같으므로
$a_n = 2n + 1 \ (n \geq 1)$

따라서 $\dfrac{1}{a_k a_{k+1}} = \dfrac{1}{(2k+1)(2k+3)} = \dfrac{1}{2}\left(\dfrac{1}{2k+1} - \dfrac{1}{2k+3}\right)$이므로
$$\sum_{k=1}^{12} \frac{1}{a_k a_{k+1}} = \frac{1}{2} \sum_{k=1}^{12} \left(\frac{1}{2k+1} - \frac{1}{2k+3} \right)$$
$$= \frac{1}{2} \left\{ \left(\frac{1}{3} - \frac{1}{5}\right) + \left(\frac{1}{5} - \frac{1}{7}\right) + \cdots + \left(\frac{1}{25} - \frac{1}{27}\right) \right\}$$
$$= \frac{1}{2} \left(\frac{1}{3} - \frac{1}{27} \right) = \frac{4}{27}$$

2442 답 ②

수열 $\{a_n\}$의 첫째항부터 제n항까지의 합을 S_n이라 하면

(i) $n=1$일 때,
$a_1 = S_1 = \log_3 \frac{2}{2 \times 3} = \log_3 \frac{1}{3} = -1$ ······················· ㉠

(ii) $n \geq 2$일 때,
$$a_n = S_n - S_{n-1}$$

$$=\log_3\frac{2}{(n+1)(n+2)}-\log_3\frac{2}{n(n+1)}$$

$$=\log_3\frac{\dfrac{2}{(n+1)(n+2)}}{\dfrac{2}{n(n+1)}}$$

$$=\log_3\frac{n}{n+2}\ \cdots\cdots\cdots\cdots\cdots\cdots\ \text{ⓒ}$$

이때 ㉠은 ㉡에 $n=1$을 대입한 것과 같으므로

$$a_n=\log_3\frac{n}{n+2}\ (n\geq1)$$

$$\therefore\ \sum_{k=1}^{40}a_{2k-1}=\sum_{k=1}^{40}\log_3\frac{2k-1}{2k+1}$$

$$=\log_3\frac{1}{3}+\log_3\frac{3}{5}+\cdots+\log_3\frac{79}{81}$$

$$=\log_3\left(\frac{1}{\cancel{3}}\times\frac{\cancel{3}}{\cancel{5}}\times\cdots\times\frac{\cancel{79}}{81}\right)$$

$$=\log_3\frac{1}{81}=-4$$

2443 답 ⑤

수열 $\{a_n\}$의 첫째항부터 제n항까지의 합을 S_n이라 하면

(i) $n=1$일 때,

$\quad a_1=S_1=2-3=-1\ \cdots\cdots\cdots\cdots\cdots\ \text{㉠}$

(ii) $n\geq2$일 때,

$$a_n=S_n-S_{n-1}$$
$$=2n^2-3n-\{2(n-1)^2-3(n-1)\}$$
$$=4n-5\ \cdots\cdots\cdots\cdots\cdots\cdots\cdots\cdots\ \text{㉡}$$

이때 ㉠은 ㉡에 $n=1$을 대입한 것과 같으므로

$$a_n=4n-5\ (n\geq1)$$

따라서 $\dfrac{1}{a_{k+1}a_{k+2}}=\dfrac{1}{(4k-1)(4k+3)}=\dfrac{1}{4}\left(\dfrac{1}{4k-1}-\dfrac{1}{4k+3}\right)$

이므로

$$\sum_{k=1}^{n}\frac{1}{a_{k+1}a_{k+2}}$$

$$=\frac{1}{4}\sum_{k=1}^{n}\left(\frac{1}{4k-1}-\frac{1}{4k+3}\right)$$

$$=\frac{1}{4}\left\{\left(\frac{1}{3}-\frac{1}{\cancel{7}}\right)+\left(\frac{1}{\cancel{7}}-\frac{1}{\cancel{11}}\right)+\cdots+\left(\frac{1}{\cancel{4n-1}}-\frac{1}{4n+3}\right)\right\}$$

$$=\frac{1}{4}\left(\frac{1}{3}-\frac{1}{4n+3}\right)=\frac{n}{3(4n+3)}$$

즉, $\dfrac{n}{3(4n+3)}=\dfrac{5}{63}$이므로 $15(4n+3)=63n$

$3n=45$ $\quad\therefore\ n=15$

2444 답 95

수열 $\{na_n\}$의 첫째항부터 제n항까지의 합을 S_n이라 하면

(i) $n=1$일 때,

$\quad 1\times a_1=S_1=100\quad\therefore\ a_1=100\ \cdots\cdots\ \text{㉠}$

(ii) $n\geq2$일 때,

$$na_n=S_n-S_{n-1}=100n-100(n-1)=100$$
$$\therefore\ a_n=\frac{100}{n}\ \cdots\cdots\cdots\cdots\cdots\cdots\cdots\ \text{㉡}$$

이때 ㉠은 ㉡에 $n=1$을 대입한 것과 같으므로

$$a_n=\frac{100}{n}\ (n\geq1)$$

$$\therefore\ \sum_{k=1}^{19}\frac{a_k}{k+1}=\sum_{k=1}^{19}\frac{100}{k(k+1)}$$

$$=100\sum_{k=1}^{19}\left(\frac{1}{k}-\frac{1}{k+1}\right)$$

$$=100\left\{\left(1-\frac{1}{\cancel{2}}\right)+\left(\frac{1}{\cancel{2}}-\frac{1}{\cancel{3}}\right)+\cdots+\left(\frac{1}{\cancel{19}}-\frac{1}{20}\right)\right\}$$

$$=100\left(1-\frac{1}{20}\right)=95$$

2445 답 ②

수열 $\{na_n\}$의 첫째항부터 제n항까지의 합을 S_n이라 하면

(i) $n=1$일 때,

$\quad 1\times a_1=S_1=1\times2\times3=6\quad\therefore\ a_1=6\ \cdots\cdots\ \text{㉠}$

(ii) $n\geq2$일 때,

$$na_n=S_n-S_{n-1}=n(n+1)(n+2)-(n-1)n(n+1)$$
$$=3n(n+1)$$
$$\therefore\ a_n=3(n+1)\ \cdots\cdots\cdots\cdots\cdots\cdots\ \text{㉡}$$

이때 ㉠은 ㉡에 $n=1$을 대입한 것과 같으므로

$$a_n=3(n+1)\ (n\geq1)$$

$$\therefore\ \sum_{k=1}^{10}a_k=\sum_{k=1}^{10}3(k+1)=3\left(\sum_{k=1}^{10}k+\sum_{k=1}^{10}1\right)$$

$$=3\left(\frac{10\times11}{2}+1\times10\right)=195$$

2446 답 ⑤

| 유형 16

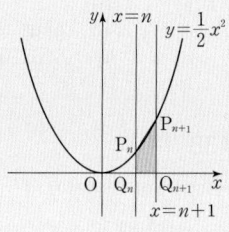

그림과 같이 자연수 n에 대하여 직선 $x=n$이 함수 $y=\dfrac{1}{2}x^2$의 그래프와 만나는 점을 P_n, x축과 만나는 점을 Q_n이라 하고, 직선 $x=n+1$이 함수 $y=\dfrac{1}{2}x^2$의 그래프와 만나는 점을 P_{n+1}, x축과 만나는 점을 Q_{n+1}이라 하자. 사각형 $P_nQ_nQ_{n+1}P_{n+1}$의 넓이를 S_n이라 할 때, $\sum\limits_{k=1}^{10}S_k$의 값은?

단서1

① $\dfrac{445}{6}$ ② 89 ③ $\dfrac{445}{4}$

④ $\dfrac{445}{3}$ ⑤ $\dfrac{445}{2}$

단서1 사다리꼴의 넓이는 $\dfrac{1}{2}\times\{(\text{윗변의 길이})+(\text{아랫변의 길이})\}\times(\text{높이})$

STEP1 S_n 구하기

네 점 P_n, P_{n+1}, Q_n, Q_{n+1}의 좌표는

$$P_n\left(n,\frac{1}{2}n^2\right),\ P_{n+1}\left(n+1,\frac{1}{2}(n+1)^2\right),\ Q_n(n,0),\ Q_{n+1}(n+1,0)$$

이때 사각형 $P_nQ_nQ_{n+1}P_{n+1}$은 사다리꼴이므로 그 넓이 S_n은

$$S_n=\frac{1}{2}\times\left\{\frac{1}{2}n^2+\frac{1}{2}(n+1)^2\right\}\times\{(n+1)-n\}$$

$$=\frac{1}{2}n^2+\frac{1}{2}n+\frac{1}{4}\quad\longrightarrow S_n=\frac{1}{2}\times(\overline{P_nQ_n}+\overline{P_{n+1}Q_{n+1}})\times\overline{Q_{n+1}Q_n}$$

STEP2 $\sum\limits_{k=1}^{10}S_k$의 값 구하기

$$\sum_{k=1}^{10}S_k=\sum_{k=1}^{10}\left(\frac{1}{2}k^2+\frac{1}{2}k+\frac{1}{4}\right)$$

$$=\frac{1}{2}\sum_{k=1}^{10}k^2+\frac{1}{2}\sum_{k=1}^{10}k+\sum_{k=1}^{10}\frac{1}{4}$$

$$= \frac{1}{2} \times \frac{10 \times 11 \times 21}{6} + \frac{1}{2} \times \frac{10 \times 11}{2} + \frac{1}{4} \times 10$$
$$= \frac{385}{2} + \frac{55}{2} + \frac{5}{2} = \frac{445}{2}$$

2447 답 511

두 점 P_k, Q_k의 좌표는 $P_k(k, (k+1)^3)$, $Q_k(k, k^3)$이므로
$$\overline{P_k Q_k} = (k+1)^3 - k^3 = 3k^2 + 3k + 1$$
$$\therefore \sum_{k=1}^{7} \overline{P_k Q_k} = \sum_{k=1}^{7} (3k^2 + 3k + 1)$$
$$= 3 \sum_{k=1}^{7} k^2 + 3 \sum_{k=1}^{7} k + \sum_{k=1}^{7} 1$$
$$= 3 \times \frac{7 \times 8 \times 15}{6} + 3 \times \frac{7 \times 8}{2} + 1 \times 7$$
$$= 420 + 84 + 7 = 511$$

2448 답 ②

네 점 P_n, P_{n+1}, A_n, A_{n+1}의 좌표는
$P_n(n, \sqrt{n})$, $P_{n+1}(n+1, \sqrt{n+1})$, $A_n(n, 0)$, $A_{n+1}(n+1, 0)$
이때 사각형 $P_n A_n A_{n+1} P_{n+1}$은 사다리꼴이므로 그 넓이 S_n은
$$S_n = \frac{1}{2} \times (\sqrt{n} + \sqrt{n+1}) \times \{(n+1) - n\}$$
$$= \frac{\sqrt{n} + \sqrt{n+1}}{2} \longrightarrow S_n = \frac{1}{2} \times (\overline{P_n A_n} + \overline{P_{n+1} A_{n+1}}) \times \overline{A_n A_{n+1}}$$
$$\therefore \sum_{k=1}^{15} \frac{1}{S_k} = \sum_{k=1}^{15} \frac{2}{\sqrt{k+1} + \sqrt{k}}$$
$$= \sum_{k=1}^{15} \frac{2(\sqrt{k+1} - \sqrt{k})}{(\sqrt{k+1} + \sqrt{k})(\sqrt{k+1} - \sqrt{k})}$$
$$= 2 \sum_{k=1}^{15} (\sqrt{k+1} - \sqrt{k})$$
$$= 2\{(\sqrt{2} - \sqrt{1}) + (\sqrt{3} - \sqrt{2}) + \cdots + (\sqrt{16} - \sqrt{15})\}$$
$$= 2(-\sqrt{1} + \sqrt{16}) = 6$$

2449 답 4

두 점 P_k, Q_k의 좌표는 $P_k(k, 2\sqrt{k+1})$, $Q_k(k, -2\sqrt{k})$이므로
$$\overline{P_k Q_k} = 2\sqrt{k+1} + 2\sqrt{k} = 2(\sqrt{k+1} + \sqrt{k})$$
$$\therefore \sum_{k=1}^{80} \frac{1}{\overline{P_k Q_k}} = \frac{1}{2} \sum_{k=1}^{80} \frac{1}{\sqrt{k+1} + \sqrt{k}}$$
$$= \frac{1}{2} \sum_{k=1}^{80} \frac{\sqrt{k+1} - \sqrt{k}}{(\sqrt{k+1} + \sqrt{k})(\sqrt{k+1} - \sqrt{k})}$$
$$= \frac{1}{2} \sum_{k=1}^{80} (\sqrt{k+1} - \sqrt{k})$$
$$= \frac{1}{2}\{(\sqrt{2} - \sqrt{1}) + (\sqrt{3} - \sqrt{2}) + \cdots + (\sqrt{81} - \sqrt{80})\}$$
$$= \frac{1}{2}(-\sqrt{1} + \sqrt{81}) = 4$$

2450 답 ①

두 함수 $f(x) = x^2 + 2nx + n^2$, $g(x) = 4nx + 1$의 교점의 x좌표인 a_n, b_n은 x에 대한 방정식 $x^2 + 2nx + n^2 = 4nx + 1$, 즉 $x^2 - 2nx + (n^2 - 1) = 0$의 두 근이므로 이차방정식의 근과 계수의 관계에 의하여
$$a_n b_n = n^2 - 1 = (n-1)(n+1)$$
$$\therefore \sum_{k=2}^{8} \frac{144}{a_k b_k} = \sum_{k=2}^{8} \frac{144}{(k-1)(k+1)}$$

$$= 72 \sum_{k=2}^{8} \left(\frac{1}{k-1} - \frac{1}{k+1} \right)$$
$$= 72 \left\{ \left(\frac{1}{1} - \frac{1}{3} \right) + \left(\frac{1}{2} - \frac{1}{4} \right) + \left(\frac{1}{3} - \frac{1}{5} \right) + \cdots \right.$$
$$\left. + \left(\frac{1}{6} - \frac{1}{8} \right) + \left(\frac{1}{7} - \frac{1}{9} \right) \right\}$$
$$= 72 \left(1 + \frac{1}{2} - \frac{1}{8} - \frac{1}{9} \right) = 91$$

2451 답 220

이차함수 $y = f(x)$의 그래프의 꼭짓점의 좌표가 $(2, -1)$이므로
$$f(x) = a(x-2)^2 - 1 \text{ (단, } a\text{는 상수)}$$
로 놓으면 이 함수의 그래프가 y축과 만나는 점의 y좌표가 1이므로
$$f(0) = 4a - 1 = 1 \quad \therefore a = \frac{1}{2}$$
$$\therefore f(x) = \frac{1}{2}(x-2)^2 - 1$$
두 이차함수 $y = f(x)$와 $y = g(x)$의 그래프는 원점에 대하여 대칭이므로
$$-y = \frac{1}{2}(-x-2)^2 - 1 \quad \therefore y = -\frac{1}{2}(x+2)^2 + 1$$
즉, $g(x) = -\frac{1}{2}(x+2)^2 + 1$
따라서 $\overline{A_k B_k} = \left\{ \frac{1}{2}(k-2)^2 - 1 \right\} - \left\{ -\frac{1}{2}(k+2)^2 + 1 \right\} = k^2 + 2$
이므로
$$\sum_{k=1}^{8} \overline{A_k B_k} = \sum_{k=1}^{8} (k^2 + 2) = \sum_{k=1}^{8} k^2 + \sum_{k=1}^{8} 2$$
$$= \frac{8 \times 9 \times 17}{6} + 2 \times 8 = 220$$

2452 답 ④

$A_1(2, 1)$, $B_1(2, 4)$이므로 $l_1 = \overline{A_1 B_1} = 4 - 1 = 3$
$A_2(4, 4)$, $B_2(4, 9)$이므로 $l_2 = \overline{A_2 B_2} = 9 - 4 = 5$
$A_3(6, 9)$, $B_3(6, 16)$이므로 $l_3 = \overline{A_3 B_3} = 16 - 9 = 7$
$\vdots$
$$\therefore l_n = \overline{A_n B_n} = 2n + 1 \longrightarrow$$ 두 점 $A_n(2n, n^2)$, $B_n(2n, (n+1)^2)$을 이용하여 $\overline{A_n B_n} = (n+1)^2 - n^2 = 2n+1$ 을 구할 수도 있다.
$$\therefore \sum_{k=1}^{9} l_k = \sum_{k=1}^{9} (2k+1)$$
$$= 2 \sum_{k=1}^{9} k + \sum_{k=1}^{9} 1$$
$$= 2 \times \frac{9 \times 10}{2} + 1 \times 9 = 99$$

실수 Check

y축에 평행한 직선은 $x = a$ (a는 상수) 꼴이므로 이 직선 위의 모든 점의 x좌표는 a이고, x축에 평행한 직선은 $y = b$ (b는 상수) 꼴이므로 이 직선 위의 모든 점의 y좌표는 b임을 알고 A_1, B_1, A_2, B_2, $\cdots$의 좌표를 차례로 구해 본다.

2453 답 ③

곡선 $y = x^2$과 직선 $y = \sqrt{n}x$가 만나는 점의 x좌표는
$x^2 = \sqrt{n}x$에서 $x(x - \sqrt{n}) = 0$
$$\therefore x = 0 \text{ 또는 } x = \sqrt{n}$$
즉, 곡선 $y = x^2$과 직선 $y = \sqrt{n}x$가 만나는 서로 다른 두 점의 좌표는

10

$(0, 0)$, $(\sqrt{n}, n)$

따라서 이 두 점 사이의 거리는 $f(n)$이므로

$$\{f(n)\}^2 = (\sqrt{n}-0)^2 + (n-0)^2$$
$$= n + n^2 = n(n+1)$$

$$\therefore \sum_{n=1}^{10} \frac{1}{\{f(n)\}^2} = \sum_{n=1}^{10} \frac{1}{n(n+1)}$$
$$= \sum_{n=1}^{10} \left(\frac{1}{n} - \frac{1}{n+1} \right)$$
$$= \left(\frac{1}{1} - \frac{1}{2} \right) + \left(\frac{1}{2} - \frac{1}{3} \right) + \cdots + \left(\frac{1}{10} - \frac{1}{11} \right)$$
$$= 1 - \frac{1}{11} = \frac{10}{11}$$

2454 답 ④

직선 $x=n$이 두 곡선 $y=\sqrt{x}$, $y=-\sqrt{x+1}$과 만나는 두 점 A_n, B_n의 좌표는 $A_n(n, \sqrt{n})$, $B_n(n, -\sqrt{n+1})$이므로

$$\overline{A_nB_n} = \sqrt{n} + \sqrt{n+1}$$

따라서 삼각형 A_nOB_n의 넓이 T_n은

$$T_n = \frac{1}{2} n(\sqrt{n} + \sqrt{n+1})$$

$$\therefore \sum_{n=1}^{24} \frac{n}{T_n} = \sum_{n=1}^{24} \left\{ n \times \frac{2}{n(\sqrt{n}+\sqrt{n+1})} \right\}$$
$$= \sum_{n=1}^{24} \frac{2}{\sqrt{n}+\sqrt{n+1}}$$
$$= \sum_{n=1}^{24} \frac{2(\sqrt{n}-\sqrt{n+1})}{(\sqrt{n}+\sqrt{n+1})(\sqrt{n}-\sqrt{n+1})}$$
$$= 2 \sum_{n=1}^{24} (\sqrt{n+1} - \sqrt{n})$$
$$= 2\{(\sqrt{2}-\sqrt{1}) + (\sqrt{3}-\sqrt{2}) + \cdots + (\sqrt{25}-\sqrt{24})\}$$
$$= 2(-\sqrt{1} + \sqrt{25}) = 8$$

2455 답 200

유형 17

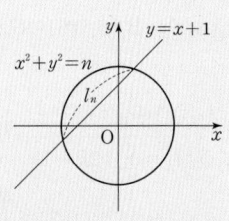

그림과 같이 자연수 n에 대하여 원 $x^2+y^2=n$과 직선 $y=x+1$이 만나서 **단서1** 생기는 선분의 길이를 l_n이라 할 때, $\sum_{k=1}^{10} l_k^2$의 값을 구하시오.

단서1 점과 직선 사이의 거리를 구하는 식을 이용

STEP1 $\overline{AH}^2$ 구하기

그림과 같이 원 $x^2+y^2=n$과 직선 $y=x+1$이 만나는 두 점을 각각 A, B라 하고, 원점에서 직선 $y=x+1$에 내린 수선의 발을 H라 하자.

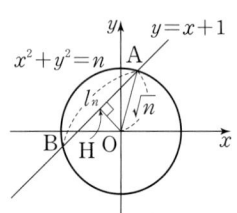

원점과 직선 $y=x+1$, 즉 $x-y+1=0$ 사이의 거리는

$$\overline{OH} = \frac{|1|}{\sqrt{1^2+(-1)^2}} = \frac{1}{\sqrt{2}}$$

또, 원의 반지름의 길이는 $\sqrt{n}$이므로 직각삼각형 AOH에서

피타고라스 정리에 의하여

$$\overline{AH}^2 = \overline{OA}^2 - \overline{OH}^2 = (\sqrt{n})^2 - \left(\frac{1}{\sqrt{2}} \right)^2 = n - \frac{1}{2}$$

STEP2 $\sum_{k=1}^{10} l_k^2$의 값 구하기

$$\underbrace{l_n^2 = (2\overline{AH})^2 = 4\overline{AH}^2}_{} = 4\left(n - \frac{1}{2} \right)$$이므로

→ 원의 중심에서 $\overline{AB}$에 내린 수선은 $\overline{AB}$를 수직이등분하므로 $\overline{AH} = \frac{1}{2} \overline{AB}$, $\overline{AB} = 2\overline{AH}$

$$\sum_{k=1}^{10} l_k^2 = \sum_{k=1}^{10} 4\left(k - \frac{1}{2} \right)$$
$$= 4 \sum_{k=1}^{10} k - \sum_{k=1}^{10} 2$$
$$= 4 \times \frac{10 \times 11}{2} - 2 \times 10 = 200$$

개념 Check

점과 직선 사이의 거리

점 (x_1, y_1)과 직선 $ax+by+c=0$ 사이의 거리 d는

$$d = \frac{|ax_1 + by_1 + c|}{\sqrt{a^2+b^2}}$$

2456 답 550

그림과 같이 원점에서 직선 $x-\sqrt{15}y+12n=0$에 내린 수선의 발을 H라 하자.

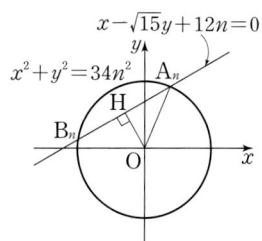

원점과 직선 $x-\sqrt{15}y+12n=0$ 사이의 거리는

$$\overline{OH} = \frac{|12n|}{\sqrt{1^2+(-\sqrt{15})^2}} = 3n \ (\because n>0)$$

또, 원의 반지름의 길이는 $\sqrt{34}n$이므로 직각삼각형 A_nOH에서 피타고라스 정리에 의하여

$$\overline{A_nH} = \sqrt{(\sqrt{34}n)^2 - (3n)^2} = 5n$$

즉, $\overline{A_nB_n} = 2\overline{A_nH} = 2 \times 5n = 10n$

$$\therefore \sum_{k=1}^{10} \overline{A_kB_k} = \sum_{k=1}^{10} 10k = 10 \sum_{k=1}^{10} k$$
$$= 10 \times \frac{10 \times 11}{2} = 550$$

2457 답 ③

점 $(-1, 0)$을 지나고 기울기가 $a_n \ (a_n>0)$인 접선의 방정식은

$$y = a_n(x+1)$$

원 O_n의 중심 $(n, 0)$과 직선 $y=a_n(x+1)$, 즉 $a_nx-y+a_n=0$ 사이의 거리는 원 O_n의 반지름의 길이인 1과 같으므로

$$\frac{|na_n+a_n|}{\sqrt{a_n^2+(-1)^2}} = 1, \ a_n(n+1) = \sqrt{a_n^2+1}$$

양변을 제곱하면

$$\{a_n(n+1)\}^2 = a_n^2 + 1, \ a_n^2(n^2+2n) = 1$$

$$\therefore a_n^2 = \frac{1}{n^2+2n} = \frac{1}{n(n+2)} = \frac{1}{2}\left(\frac{1}{n} - \frac{1}{n+2} \right)$$

$$\therefore \sum_{n=1}^{5} a_n^2$$

$$=\frac{1}{2}\sum_{n=1}^{5}\left(\frac{1}{n}-\frac{1}{n+2}\right)$$

$$=\frac{1}{2}\left\{\left(\frac{1}{1}-\frac{1}{3}\right)+\left(\frac{1}{2}-\frac{1}{4}\right)+\left(\frac{1}{3}-\frac{1}{5}\right)+\left(\frac{1}{4}-\frac{1}{6}\right)+\left(\frac{1}{5}-\frac{1}{7}\right)\right\}$$

$$=\frac{1}{2}\left(1+\frac{1}{2}-\frac{1}{6}-\frac{1}{7}\right)=\frac{25}{42}$$

실수 Check

점 $(-1,\,0)$을 지나고 원 O_n과 접하는 직선은 제1사분면 또는 제4사분면에서 접한다. 이때 원 O_n과 제1사분면에서 접하는 직선의 기울기 a_n은 양수임에 주의한다.

Plus 문제

2457-1

자연수 n에 대하여 x축 위의 점 $(n,\,0)$에서 원 $x^2+y^2=1$에 접선을 그었을 때, 제1사분면 위에 있는 접점을 $\mathrm{P}_n(x_n,\,y_n)$이라 하자. 이때 $\displaystyle\sum_{n=2}^{10}\log y_n^{\,2}$의 값을 구하시오. (단, $n\geq2$)

접점 $\mathrm{P}_n(x_n,\,y_n)$에서 원에 그은 접선의 방정식은

$x_n x+y_n y=1$

이 직선이 점 $(n,\,0)$을 지나므로

$nx_n=1 \qquad \therefore x_n=\dfrac{1}{n}$

$x_n=\dfrac{1}{n}$을 $x_n^{\,2}+y_n^{\,2}=1$에 대입하면

$\dfrac{1}{n^2}+y_n^{\,2}=1$

$\therefore y_n^{\,2}=1-\dfrac{1}{n^2}=\dfrac{n^2-1}{n^2}=\dfrac{n-1}{n}\times\dfrac{n+1}{n}$

$\therefore \displaystyle\sum_{n=2}^{10}\log y_n^{\,2}$

$\qquad=\displaystyle\sum_{n=2}^{10}\log\left(\frac{n-1}{n}\times\frac{n+1}{n}\right)$

$\qquad=\log\left(\dfrac{1}{2}\times\dfrac{3}{2}\right)+\log\left(\dfrac{2}{3}\times\dfrac{4}{3}\right)+\cdots+\log\left(\dfrac{9}{10}\times\dfrac{11}{10}\right)$

$\qquad=\log\left\{\left(\dfrac{1}{2}\times\dfrac{3}{2}\right)\times\left(\dfrac{2}{3}\times\dfrac{4}{3}\right)\times\cdots\times\left(\dfrac{9}{10}\times\dfrac{11}{10}\right)\right\}$

$\qquad=\log\left(\dfrac{1}{2}\times\dfrac{11}{10}\right)=\log\dfrac{11}{20}$

답 $\log\dfrac{11}{20}$

2458 답 55 ｜유형 18

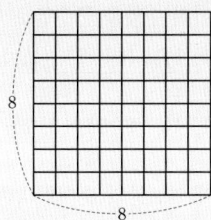

그림과 같이 한 변의 길이가 8인 정사각형의 각 변을 8등분 하는 선분들로 이루어진 도형에서 만들 수 있는 한 변의 길이가 n인 정사각형의 개수를 a_n이라 하면 $a_n=(9-n)^2$이다. 이 도형에서 만들 수 있는 모든 정사각형 중에서 <u>한 변의 길이가 4 이상인 정사각형의 개수</u>를 구하시오.

단서1

단서1 $\displaystyle\sum_{k=4}^{8}(9-k)^2$을 이용

STEP 1 한 변의 길이가 4 이상인 정사각형의 개수 구하기

한 변의 길이가 4 이상인 정사각형의 개수는

$$\sum_{k=4}^{8}(9-k)^2=5^2+4^2+3^2+2^2+1^2$$

$$=\sum_{k=1}^{5}k^2=\frac{5\times6\times11}{6}=55$$

참고 한 변의 길이가 4 이상인 정사각형의 개수는 다음과 같이 전개하여 구할 수도 있다.

$$\sum_{k=4}^{8}(9-k)^2$$

$$=\sum_{k=4}^{8}(k^2-18k+81)$$

$$=\sum_{k=1}^{8}(k^2-18k+81)-\sum_{k=1}^{3}(k^2-18k+81)$$

$$=\left(\sum_{k=1}^{8}k^2-18\sum_{k=1}^{8}k+\sum_{k=1}^{8}81\right)-\left(\sum_{k=1}^{3}k^2-18\sum_{k=1}^{3}k+\sum_{k=1}^{3}81\right)$$

$$=\left(\frac{8\times9\times17}{6}-18\times\frac{8\times9}{2}+81\times8\right)$$

$$\qquad-\left(\frac{3\times4\times7}{6}-18\times\frac{3\times4}{2}+81\times3\right)$$

$$=204-149=55$$

2459 답 384

정사각형 $O_nA_nB_nC_n$의 한 변의 길이는 n이고, $0\leq x\leq n$, $0\leq y\leq n$에서 정수의 개수는 각각 $(n+1)$이므로

$$\mathrm{P}_n=(n+1)\times(n+1)=(n+1)^2$$

$$\therefore \sum_{k=1}^{9}\mathrm{P}_k=\sum_{k=1}^{9}(k+1)^2=\sum_{k=1}^{9}(k^2+2k+1)$$

$$=\sum_{k=1}^{9}k^2+2\sum_{k=1}^{9}k+\sum_{k=1}^{9}1$$

$$=\frac{9\times10\times19}{6}+2\times\frac{9\times10}{2}+1\times9$$

$$=285+90+9=384$$

2460 답 ②

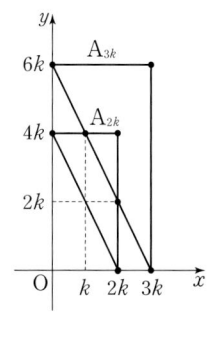

두 삼각형 A_{2k}, A_{3k}가 만나서 생기는 삼각형의 세 꼭짓점의 좌표는

$(k,\,4k)$, $(2k,\,2k)$, $(2k,\,4k)$

$\therefore f(k)=(2k-k+1)+(4k-2k+1)$

$\qquad\qquad+(2k-k+1)-3$

$\qquad=4k$

$\therefore \displaystyle\sum_{k=1}^{8}f(k)=\sum_{k=1}^{8}4k=4\sum_{k=1}^{8}k$

$\qquad=4\times\dfrac{8\times9}{2}=144$

실수 Check

두 점 $(k,\,4k)$와 $(2k,\,4k)$를 잇는 선분 위의 점 중 x좌표와 y좌표가 모두 정수인 점의 개수는 $2k-k+1=k+1$

두 점 $(2k,\,4k)$와 $(2k,\,2k)$를 잇는 선분 위의 점 중 x좌표와 y좌표가 모두 정수인 점의 개수는 $4k-2k+1=2k+1$

두 점 $(k,\,4k)$와 $(2k,\,2k)$를 잇는 선분 위의 점 중 x좌표와 y좌표가 모두 정수인 점의 개수는 $2k-k+1=k+1$

이때 각 꼭짓점은 2번씩 포함되므로

$f(k)=(k+1)+(2k+1)+(k+1)-3=4k$

임에 유의한다.

2461 답 ① | 유형 19

STEP 1 주어진 수열을 군수열로 나타내기

주어진 수열을 군수열로 나타내면

(1), (3, 3), (5, 5, 5), (7, 7, 7, 7), $\cdots$
제1군　제2군　　제3군　　　제4군

STEP 2 제1군부터 제m군까지의 항의 개수의 합 구하기

제m군의 항은 $2m-1$이므로

$2m-1=79$에서 $m=40$

즉, 79는 제40군의 수이므로

79가 처음으로 나오는 항은 제40군의 첫 번째 항이다.

제k군의 항의 개수는 k이므로 제1군부터 제m군까지의 항의 개수의 합은

$$\sum_{k=1}^{m}k=\frac{m(m+1)}{2}$$

따라서 제1군부터 제39군까지의 항의 개수는

$$\frac{39\times40}{2}=780$$

$\therefore\ n=780+1=781$

2462 답 n^2

제n군은 $(1,\ 3,\ 5,\ \cdots,\ 2n-1)$이므로 제$n$군의 수들의 합은 첫째항이 1, 끝항이 $2n-1$이고 항의 개수가 n인 등차수열의 합과 같다.

따라서 구하는 합은

$$\frac{n\{1+(2n-1)\}}{2}=n^2$$

2463 답 ③

주어진 수열을 군수열로 나타내면

(1), (-2, -1), (3, 2, 1), (-4, -3, -2, -1),
제1군　제2군　　제3군　　　제4군

(5, 4, 3, 2, 1), $\cdots$
제5군

이때 제n군의 첫째항은 $(-1)^{n-1}n$이므로 홀수 번째 군수열은 양의 정수로 이루어져 있다.

즉, 16이 처음으로 나타나는 항은 제17군의 2번째 항이다.

제n군의 항의 개수는 n이므로 제1군부터 제16군까지의 항의 개수의 합은

$$\sum_{k=1}^{16}k=\frac{16\times17}{2}=136$$

따라서 16이 처음으로 나타나는 항은 $136+2=138$에서 제138항이다.

2464 답 ④

주어진 수열을 군수열로 나타내면

(1), (1, 2), (1, 2, 4), (1, 2, 4, 8), $\cdots$
제1군　제2군　　제3군　　　제4군

이때 제n군의 항의 개수는 n이므로 제1군부터 제n군까지의 항의 개수의 합은

$$\sum_{k=1}^{n}k=\frac{n(n+1)}{2}$$

$n=10$일 때, $\dfrac{10\times11}{2}=55$이므로 제55항은 제10군의 마지막 항이다.

또, 제n군은 첫째항이 1, 공비가 2인 등비수열이므로 제n군의 항의 합은

$$\sum_{k=1}^{n}2^{k-1}=\frac{2^n-1}{2-1}=2^n-1$$

따라서 첫째항부터 제55항까지의 합은 제1군부터 제10군까지의 항의 합과 같으므로

$$\sum_{k=1}^{10}(2^k-1)=\sum_{k=1}^{10}2^k-\sum_{k=1}^{10}1$$
$$=\frac{2(2^{10}-1)}{2-1}-1\times10=2036$$

2465 답 ①

주어진 수열을 군수열로 나타내면

(1), (1, 2, 1), (1, 2, 3, 2, 1), (1, 2, 3, 4, 3, 2, 1), $\cdots$
제1군　제2군　　제3군　　　　제4군

이때 제n군의 항의 개수는 $2n-1$이므로 제1군부터 제n군까지의 항의 개수의 합은

$$\sum_{k=1}^{n}(2k-1)=2\sum_{k=1}^{n}k-\sum_{k=1}^{n}1=2\times\frac{n(n+1)}{2}-1\times n=n^2$$

$n=11$일 때, $n^2=121$이므로 제125항은 제12군의 4번째 항이다.

또, 제n군의 항의 합은

$$1+2+\cdots+(n-1)+n+(n-1)+\cdots+2+1$$
$$=n+2\sum_{k=1}^{n-1}k=n+2\times\frac{(n-1)n}{2}=n^2$$

따라서 첫째항부터 제125항까지의 합은

(제1군부터 제11군까지의 항의 합)

　　　　+(제12군의 첫째항부터 4번째 항까지의 합)

이므로

$$\sum_{k=1}^{11}k^2+\sum_{k=1}^{4}k=\frac{11\times12\times23}{6}+\frac{4\times5}{2}$$
$$=506+10=516$$

2466 답 제392항

주어진 수열을 군수열로 나타내면

{(1, 1)}, {(1, 2), (2, 1)}, {(1, 3), (2, 2), (3, 1)},
제1군　　제2군　　　　제3군

{(1, 4), (2, 3), (3, 2), (4, 1)}, $\cdots$
제4군

이때 제n군의 순서쌍의 두 수의 합은 $n+1$이므로 (14, 15)는 제28군의 14번째 항이다.

제n군의 항의 개수는 n이므로 제1군부터 제27군까지의 항의 개수의 합은

$$\sum_{k=1}^{27} k = \frac{27 \times 28}{2} = 378$$

따라서 $(14, 15)$는 $378 + 14 = 392$에서 제392항이다.

실수 Check

주어진 수열을 두 수의 합이 같은 순서쌍끼리 군으로 묶어 $(14, 15)$가 어느 군에 속하는지 생각한다.

2467 답 60 | 유형 20

다음 수열에서 첫째항부터 제120항까지의 합을 구하시오.

$$\frac{1}{2}, \frac{1}{3}, \frac{2}{3}, \frac{1}{4}, \frac{2}{4}, \frac{3}{4}, \frac{1}{5}, \frac{2}{5}, \frac{3}{5}, \frac{4}{5}, \cdots$$

단서1

단서1 분모가 같은 것끼리 군으로 묶을 수 있음을 이용

STEP 1 주어진 수열을 군수열로 나타내기

주어진 수열을 군수열로 나타내면

$$\left(\frac{1}{2}\right), \left(\frac{1}{3}, \frac{2}{3}\right), \left(\frac{1}{4}, \frac{2}{4}, \frac{3}{4}\right), \left(\frac{1}{5}, \frac{2}{5}, \frac{3}{5}, \frac{4}{5}\right), \cdots$$
제1군   제2군   제3군   제4군

STEP 2 제1군부터 제n군까지의 항의 개수의 합 구하기

제n군의 항의 개수는 n이므로 제1군부터 제n군까지의 항의 개수의 합은

$$\sum_{k=1}^{n} k = \frac{n(n+1)}{2}$$

STEP 3 첫째항부터 제120항까지의 합 구하기

$n = 15$일 때, $\frac{15 \times 16}{2} = 120$이므로 제120항은 제15군의 마지막 항이다.

또, 제n군의 항의 합은

$$\frac{\sum_{k=1}^{n} k}{n+1} = \frac{\frac{n(n+1)}{2}}{n+1} = \frac{n}{2}$$

따라서 첫째항부터 제120항까지의 합은 제1군부터 제15군까지의 항의 합과 같으므로

$$\sum_{k=1}^{15} \frac{k}{2} = \frac{1}{2} \sum_{k=1}^{15} k = \frac{1}{2} \times \frac{15 \times 16}{2} = 60$$

2468 답 ③

주어진 수열을 군수열로 나타내면

$$\left(\frac{1}{1}\right), \left(\frac{1}{2}, \frac{3}{2}, \frac{5}{2}\right), \left(\frac{1}{3}, \frac{3}{3}, \frac{5}{3}, \frac{7}{3}, \frac{9}{3}\right),$$
제1군   제2군   제3군

$$\left(\frac{1}{4}, \frac{3}{4}, \frac{5}{4}, \frac{7}{4}, \frac{9}{4}, \frac{11}{4}, \frac{13}{4}\right), \cdots$$
제4군

이때 제n군의 항의 개수는 $2n-1$이고, 제n군의 항의 분모는 n이다.

$2m-1 = 17$에서 $m = 9$이므로 $\frac{17}{12}$은 제12군의 9번째 항이다.

한편, 제1군부터 제11군까지의 항의 개수의 합은

$$\sum_{k=1}^{11} (2k-1) = 2 \sum_{k=1}^{11} k - \sum_{k=1}^{11} 1 = 2 \times \frac{11 \times 12}{2} - 1 \times 11 = 121$$

따라서 $\frac{17}{12}$은 $121 + 9 = 130$에서 제130항이다.

2469 답 ⑤

주어진 수열을 군수열로 나타내면

$$\left(\frac{1}{1}\right), \left(\frac{1}{3}, \frac{2}{2}, \frac{3}{1}\right), \left(\frac{1}{5}, \frac{2}{4}, \frac{3}{3}, \frac{4}{2}, \frac{5}{1}\right),$$
제1군   제2군   제3군

$$\left(\frac{1}{7}, \frac{2}{6}, \frac{3}{5}, \frac{4}{4}, \frac{5}{3}, \frac{6}{2}, \frac{7}{1}\right), \cdots$$
제4군

이때 제n군의 항의 개수는 $2n-1$이므로 제1군부터 제n군까지의 항의 개수의 합은

$$\sum_{k=1}^{n} (2k-1) = 2 \sum_{k=1}^{n} k - \sum_{k=1}^{n} 1 = 2 \times \frac{n(n+1)}{2} - 1 \times n = n^2$$

$n = 10$일 때, $10^2 = 100$이므로 제100항은 제10군의 마지막 항이므로 $\frac{19}{1} = 19$이다.

2470 답 $\frac{3621}{38}$

주어진 수열을 군수열로 나타내면

$$\left(\frac{1}{1}\right), \left(\frac{1}{2}, \frac{2}{2}\right), \left(\frac{1}{3}, \frac{2}{3}, \frac{3}{3}\right), \left(\frac{1}{4}, \frac{2}{4}, \frac{3}{4}, \frac{4}{4}\right), \cdots$$
제1군   제2군   제3군   제4군

이때 제n군의 항의 개수는 n이므로 제1군부터 제n군까지의 항의 개수의 합은

$$\sum_{k=1}^{n} k = \frac{n(n+1)}{2}$$

$n = 18$일 때, $\frac{18 \times 19}{2} = 171$이므로 제176항은 제19군의 5번째 항이다.

또, 제n군의 항의 합은

$$\frac{1}{n} + \frac{2}{n} + \frac{3}{n} + \cdots + \frac{n}{n} = \frac{1+2+3+\cdots+n}{n}$$

$$= \frac{\frac{n(n+1)}{2}}{n} = \frac{n+1}{2}$$

따라서 첫째항부터 제176항까지의 합은

(제1군부터 제18군까지의 항의 합)

　　　　　 $+$ (제19군의 첫째항부터 제5항까지의 합)

이므로

$$\sum_{k=1}^{18} \frac{k+1}{2} + \left(\frac{1}{19} + \frac{2}{19} + \frac{3}{19} + \frac{4}{19} + \frac{5}{19}\right)$$

$$= \frac{1}{2} \sum_{k=1}^{18} k + \sum_{k=1}^{18} \frac{1}{2} + \frac{15}{19}$$

$$= \frac{1}{2} \times \frac{18 \times 19}{2} + \frac{1}{2} \times 18 + \frac{15}{19} = \frac{3621}{38}$$

2471 답 ④

주어진 수열을 군수열로 나타내면

$$\left(\frac{1}{1}\right), \left(\frac{1}{2}, \frac{2}{1}\right), \left(\frac{1}{3}, \frac{2}{2}, \frac{3}{1}\right), \left(\frac{1}{4}, \frac{2}{3}, \frac{3}{2}, \frac{4}{1}\right), \cdots$$
제1군   제2군   제3군   제4군

이때 제n군의 항의 개수는 n이므로 제1군부터 제n군까지의 항의 개수의 합은

$$\sum_{k=1}^{n} k = \frac{n(n+1)}{2}$$

제n군의 항의 분모와 분자의 합은 $n+1$이고, 제n군의 k번째 항의 분자는 k이므로 $\frac{3}{10}$은 제12군의 3번째 항이다.

한편, 제1군부터 제11군까지의 항의 개수의 합은

$$\frac{11 \times 12}{2} = 66$$이므로

$\frac{3}{10}$은 $66+3=69$에서 제69항이다.

2472 답 ②

주어진 수열을 군수열로 나타내면

$$\underbrace{\left(\frac{2}{3}\right)}_{\text{제1군}}, \underbrace{\left(\frac{4}{9}, \frac{4}{9}\right)}_{\text{제2군}}, \underbrace{\left(\frac{8}{27}, \frac{8}{27}, \frac{8}{27}\right)}_{\text{제3군}}, \underbrace{\left(\frac{16}{81}, \frac{16}{81}, \frac{16}{81}, \frac{16}{81}\right)}_{\text{제4군}}, \cdots$$

이때 제n군의 항의 개수는 n이므로 제1군부터 제n군까지의 항의 개수의 합은

$$\sum_{k=1}^{n} k = \frac{n(n+1)}{2}$$

$n=8$일 때, $\frac{8 \times 9}{2} = 36$이므로 제37항은 제9군의 첫째항이다.

제n군의 항은 $\left(\frac{2}{3}\right)^n$이므로 제9군의 첫째항은

$$\left(\frac{2}{3}\right)^9 = \frac{512}{3^9}$$

따라서 $p=9$, $q=512$이므로

$$q-p = 512-9 = 503$$

2473 답 ④ ┃ 유형 21

다음과 같이 자연수를 규칙적으로 배열할 때, 위에서 11번째 줄의 왼쪽에서 6번째에 있는 수는? **단서1**

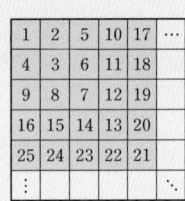

① 113　　　　② 114　　　　③ 115
④ 116　　　　⑤ 117

단서1 각 줄의 왼쪽에서 첫 번째에 있는 수의 규칙을 먼저 파악

STEP 1 각 줄의 왼쪽에서 첫 번째에 있는 수의 규칙 파악하기

각 줄의 왼쪽에서 첫 번째에 있는 수를 차례로 나열하면 1^2, 2^2, 3^2, 4^2, $\cdots$이므로

위에서 n번째 줄의 왼쪽에서 첫 번째에 있는 수는 n^2이다.

STEP 2 11번째 줄의 첫 번째에 있는 수 구하기

위에서 11번째 줄의 첫 번째에 있는 수는

$$11^2 = 121$$

STEP 3 위에서 11번째 줄의 왼쪽에서 6번째에 있는 수 구하기

위에서 11번째 줄의 왼쪽에서 첫 번째에 있는 수부터 11번째에 있는 수까지 1씩 작아지므로 위에서 11번째 줄의 왼쪽에서 6번째에 있는 수는

$$121-5 = 116$$

2474 답 1330

위에서 첫 번째 줄에 있는 수 또는 각 줄의 왼쪽에서 첫 번째에 있

는 수를 차례로 나열하면

1, 3, 5, 7, $\cdots$, 19

첫째항이 1이고 공차가 2인 등차수열이므로 일반항을 a_n이라 하면

$$a_n = 1 + (n-1) \times 2 = 2n-1$$

19는 제10항이므로 표 안의 모든 수의 합은

$$1 \times 1 + 3 \times 3 + 5 \times 5 + 7 \times 7 + \cdots + 19 \times 19$$
$$= 1^2 + 3^2 + 5^2 + 7^2 + \cdots + 19^2$$
$$= \sum_{k=1}^{10}(2k-1)^2 = \sum_{k=1}^{10}(4k^2-4k+1)$$
$$= 4\sum_{k=1}^{10}k^2 - 4\sum_{k=1}^{10}k + \sum_{k=1}^{10}1$$
$$= 4 \times \frac{10 \times 11 \times 21}{6} - 4 \times \frac{10 \times 11}{2} + 1 \times 10$$
$$= 1540 - 220 + 10 = 1330$$

2475 답 ③

제1행부터 차례로 나열하면

1, 3, 5, 7, 9, 11, 13, 15, 17, $\cdots$

첫째항이 1이고 공차가 2인 등차수열이므로 제k항은 $2k-1$이다.

$2k-1 = 163$에서 $2k=164$　　∴ $k=82$

제n행에 나열된 수의 개수는 n이므로 제1행부터 제n행에 나열된 수의 개수의 합은

$$\sum_{k=1}^{n} k = \frac{n(n+1)}{2}$$

$n=12$일 때, $\frac{12 \times 13}{2} = 78$이므로 163은 제13행의 왼쪽에서 4번째에 있는 수이다.

따라서 $m=13$, $n=4$이므로 $m+n=17$

2476 답 382

n번째 줄에 있는 수를 나열하면

1, 2, 2^2, 2^3, $\cdots$, 2^{n-2}, 2^{n-1}, 2^{n-2}, $\cdots$, 2^3, 2^2, 2, 1

위에서 n번째 줄에 있는 수의 합 S_n은

$$S_n = \sum_{k=1}^{n} 2^{k-1} + \sum_{k=1}^{n-1} 2^{k-1}$$
$$= \frac{2^n-1}{2-1} + \frac{2^{n-1}-1}{2-1}$$
$$= 2^n + 2^{n-1} - 2$$

∴ $S_8 = 2^8 + 2^7 - 2 = 382$

2477 답 ⑤

배열된 자연수를 군수열로 나타내면

$$\underbrace{(1)}_{\text{제1군}}, \underbrace{(4, 3, 2)}_{\text{제2군}}, \underbrace{(5, 6, 7, 8, 9)}_{\text{제3군}}, \underbrace{(16, 15, 14, 13, 12, 11, 10)}_{\text{제4군}}, \cdots$$

제n군의 항의 개수는 $2n-1$이고 n이 홀수이면 작은 수부터, n이 짝수이면 큰 수부터 나열된다.

이때 제n군의 항의 개수는 $2n-1$이므로 제1군부터 제n군까지의 항의 개수의 합은

$$\sum_{k=1}^{n}(2k-1) = 2\sum_{k=1}^{n}k - \sum_{k=1}^{n}1$$
$$= 2 \times \frac{n(n+1)}{2} - 1 \times n = n^2$$

제1군부터 제9군까지의 항의 개수의 합은 $9^2=81$이고
제10군의 마지막 항은 82이고, 항의 개수가 $2\times10-1=19$이므로
100, 99, 98, 97, $\cdots$, 82이다.
따라서 아래에서 4번째 줄의 왼쪽에서 10번째에 있는 수는 97이다.

2478 답 ②

위에서 m번째 줄에 나열된 수들은 첫째항이 1, 공차가 m인 등차
수열이므로 위에서 m번째 줄에서 왼쪽에서 n번째 있는 수는
$1+(n-1)m$
$1+(n-1)m=46$에서
$(n-1)m=45$
이를 만족시키는 순서쌍 $(m, n-1)$은
$(1, 45), (3, 15), (5, 9), (9, 5), (15, 3), (45, 1)$
따라서 순서쌍 (m, n)은
$(1, 46), (3, 16), (5, 10), (9, 6), (15, 4), (45, 2)$
따라서 46은 모두 6번 나타난다.

실수 Check

다음과 같이 먼저 각 줄의 수들을 차례로 나열하여 규칙성을 살펴보면
m번째 줄과 왼쪽에서 n번째 있는 수 사이의 관계를 알 수 있다.
위에서 첫 번째 줄 : 1, 2, 3, 4, $\cdots$ ➡ 첫째항이 1, 공차가 1인 등차수열
위에서 두 번째 줄 : 1, 3, 5, 7, $\cdots$ ➡ 첫째항이 1, 공차가 2인 등차수열
위에서 세 번째 줄 : 1, 4, 7, 10, $\cdots$ ➡ 첫째항이 1, 공차가 3인 등차수열
위에서 네 번째 줄 : 1, 5, 9, 13, $\cdots$ ➡ 첫째항이 1, 공차가 4인 등차수열
$\vdots$
즉, m번째 줄에 나열된 수들은 첫째항이 1, 공차가 m인 등차수열이다.

Plus 문제

2478-1

다음과 같이 자연수를 규칙적으로 배열할 때, 26은 모두 몇
번 나타나는지 구하시오.

1	2	4	7	$\cdots$
1	3	6	10	
1	4	8	13	
1	5	10	16	
$\vdots$				$\ddots$

첫 번째 줄의 왼쪽에서 m번째 있는 수는
$1+1+2+3+4+\cdots+(m-1)=1+\dfrac{m(m-1)}{2}$
왼쪽에서 m번째 있는 수들은 첫째항이 $1+\dfrac{m(m-1)}{2}$,
공차가 $m-1$인 등차수열이다.
위에서 n번째 줄의 왼쪽에서 m번째 있는 수는
$1+\dfrac{m(m-1)}{2}+(n-1)(m-1)$
즉, $1+\dfrac{m(m-1)}{2}+(n-1)(m-1)=26$이므로
$\dfrac{m(m-1)}{2}+(n-1)(m-1)=25$
$m(m-1)+2(n-1)(m-1)=50$
$(m-1)\{m+2(n-1)\}=50$ $\cdots\cdots$ ㉠

이때 $m-1$은 자연수이므로 가능한 $m-1$의 값은
1, 2, 5, 10, 25, 50
(ⅰ) $m-1=1$, 즉 $m=2$일 때 ㉠에서 $n=25$
(ⅱ) $m-1=2$, 즉 $m=3$일 때 ㉠에서 $n=12$
(ⅲ) $m-1=5$, 즉 $m=6$일 때 ㉠에서 $n=3$
(ⅳ) $m-1=10$, 즉 $m=11$일 때 ㉠을 만족시키는 자연수 n은 없다.
(ⅴ) $m-1=25$, 즉 $m=26$일 때 ㉠을 만족시키는 자연수 n은 없다.
(ⅵ) $m-1=50$, 즉 $m=51$일 때 ㉠을 만족시키는 자연수 n은 없다.
따라서 26은 모두 3번 나타난다.

답 3번

서술형 유형 익히기

508쪽~511쪽

2479 답 (1) $\dfrac{1}{k+3}$ (2) $\dfrac{1}{k+3}$ (3) $\dfrac{1}{21}$ (4) $\dfrac{1}{21}$ (5) $\dfrac{1}{21}$
(6) $\dfrac{5}{42}$ (7) 42 (8) 5 (9) 47

STEP1 분수식을 부분분수로 변형하기 [1점]
$\dfrac{1}{(k+2)(k+3)}$을 부분분수로 변형하면
$$\dfrac{1}{(k+2)(k+3)}=\dfrac{1}{k+2}-\boxed{\dfrac{1}{k+3}}$$

STEP2 $\displaystyle\sum_{k=4}^{18}\dfrac{1}{(k+2)(k+3)}$을 덧셈식으로 나타내기 [3점]
$$\sum_{k=4}^{18}\dfrac{1}{(k+2)(k+3)}$$
$$=\sum_{k=4}^{18}\left(\dfrac{1}{k+2}-\boxed{\dfrac{1}{k+3}}\right)$$
$$=\left(\dfrac{1}{6}-\dfrac{1}{7}\right)+\left(\dfrac{1}{7}-\dfrac{1}{8}\right)+\left(\dfrac{1}{8}-\dfrac{1}{9}\right)+\cdots+\left(\dfrac{1}{19}-\dfrac{1}{20}\right)+\left(\dfrac{1}{20}-\boxed{\dfrac{1}{21}}\right)$$

STEP3 $p+q$의 값 구하기 [2점]
식을 정리하면
$$\left(\dfrac{1}{6}-\dfrac{1}{7}\right)+\left(\dfrac{1}{7}-\dfrac{1}{8}\right)+\left(\dfrac{1}{8}-\dfrac{1}{9}\right)+\cdots+\left(\dfrac{1}{19}-\dfrac{1}{20}\right)+\left(\dfrac{1}{20}-\boxed{\dfrac{1}{21}}\right)$$
$$=\dfrac{1}{6}-\boxed{\dfrac{1}{21}}=\boxed{\dfrac{5}{42}}$$
따라서 $p=\boxed{42}$, $q=\boxed{5}$이므로
$p+q=\boxed{47}$

2480 답 53

STEP1 분수식을 부분분수로 변형하기 [1점]
$\dfrac{1}{(k+1)(k+2)}$을 부분분수로 변형하면
$$\dfrac{1}{(k+1)(k+2)}=\dfrac{1}{k+1}-\dfrac{1}{k+2}$$

$\sum_{k=3}^{20} \dfrac{1}{(k+1)(k+2)}$

$= \sum_{k=3}^{20} \left(\dfrac{1}{k+1} - \dfrac{1}{k+2} \right)$

$= \left(\dfrac{1}{4} - \dfrac{1}{5} \right) + \left(\dfrac{1}{5} - \dfrac{1}{6} \right) + \left(\dfrac{1}{6} - \dfrac{1}{7} \right) + \cdots + \left(\dfrac{1}{21} - \dfrac{1}{22} \right)$

STEP 3 $p+q$의 값 구하기 [2점]

식을 정리하면

$\left(\dfrac{1}{4} - \dfrac{1}{\cancel{5}} \right) + \left(\dfrac{1}{\cancel{5}} - \dfrac{1}{\cancel{6}} \right) + \left(\dfrac{1}{\cancel{6}} - \dfrac{1}{\cancel{7}} \right) + \cdots + \left(\dfrac{1}{\cancel{21}} - \dfrac{1}{22} \right)$

$= \dfrac{1}{4} - \dfrac{1}{22} = \dfrac{9}{44}$

따라서 $p=44$, $q=9$이므로 $p+q=53$

2481 📋 $\dfrac{5}{68}$

STEP 1 등차수열 $\{a_n\}$의 일반항 구하기 [1점]

수열 $\{a_n\}$은 첫째항이 1, 공차가 3인 등차수열이므로 일반항 a_n은
$a_n = 1 + (n-1) \times 3 = 3n - 2$

STEP 2 a_{k+1}, a_{k+2} 구하기 [1점]

$a_{k+1} = 3(k+1) - 2 = 3k+1$
$a_{k+2} = 3(k+2) - 2 = 3k+4$

STEP 3 분수식을 부분분수로 변형하기 [1점]

$\dfrac{1}{a_{k+1}a_{k+2}} = \dfrac{1}{(3k+1)(3k+4)} = \dfrac{1}{3} \left(\dfrac{1}{3k+1} - \dfrac{1}{3k+4} \right)$

STEP 4 $\sum_{k=1}^{10} \dfrac{1}{a_{k+1}a_{k+2}}$의 값 구하기 [4점]

$\sum_{k=1}^{10} \dfrac{1}{a_{k+1}a_{k+2}}$

$= \sum_{k=1}^{10} \dfrac{1}{3} \left(\dfrac{1}{3k+1} - \dfrac{1}{3k+4} \right)$

$= \dfrac{1}{3} \sum_{k=1}^{10} \left(\dfrac{1}{3k+1} - \dfrac{1}{3k+4} \right)$

$= \dfrac{1}{3} \left\{ \left(\dfrac{1}{4} - \dfrac{1}{\cancel{7}} \right) + \left(\dfrac{1}{\cancel{7}} - \dfrac{1}{\cancel{10}} \right) + \left(\dfrac{1}{\cancel{10}} - \dfrac{1}{\cancel{13}} \right) + \cdots + \left(\dfrac{1}{\cancel{31}} - \dfrac{1}{34} \right) \right\}$ ...... ⓐ

$= \dfrac{1}{3} \left(\dfrac{1}{4} - \dfrac{1}{34} \right) = \dfrac{5}{68}$

부분점수표

ⓐ $\sum_{k=1}^{10} \dfrac{1}{a_{k+1}a_{k+2}}$을 덧셈식으로 나타내는 경우		2점

실제 답안 예시

$\alpha_n = 1 + 3(n-1)$
$\quad = 3n - 2$
$\alpha_{k+1} = 3(k+1) - 2$
$\quad = 3k + 1$
$\alpha_{k+2} = 3(k+2) - 2$
$\quad = 3k + 4$
$\dfrac{1}{\alpha_{k+1}\alpha_{k+2}} = \dfrac{1}{(3k+1)(3k+4)}$
$\quad = \dfrac{1}{(3k+4)-(3k+1)} \left(\dfrac{1}{(3k+1)} - \dfrac{1}{(3k+4)} \right)$
$\quad = \dfrac{1}{3} \left(\dfrac{1}{3k+1} - \dfrac{1}{3k+4} \right)$

$\sum_{k=1}^{10} \dfrac{1}{3} \left(\dfrac{1}{3k+1} - \dfrac{1}{3k+4} \right)$

$= \dfrac{1}{3} \sum_{k=1}^{10} \left(\dfrac{1}{3k+1} - \dfrac{1}{3k+4} \right)$

$= \dfrac{1}{3} \left(\dfrac{1}{4} - \dfrac{1}{\cancel{7}} + \dfrac{1}{\cancel{7}} - \dfrac{1}{\cancel{10}} + \dfrac{1}{\cancel{10}} - \dfrac{1}{\cancel{13}} + \cdots + \dfrac{1}{\cancel{31}} - \dfrac{1}{34} \right) = \dfrac{1}{3} \left(\dfrac{1}{4} - \dfrac{1}{34} \right)$

$= \dfrac{1}{3} \times \dfrac{34-4}{136} = \dfrac{1}{3} \times \dfrac{30}{136} = \dfrac{10}{136} = \dfrac{5}{68}$

2482 📋 (1) $n-3$ (2) $n-3$ (3) $2n$ (4) $2n$ (5) $n-3$
(6) $8n$ (7) $8k$ (8) $\sum_{k=1}^{10} k$ (9) $\dfrac{10 \times 11}{2}$ (10) -1565

STEP 1 이차방정식의 근과 계수의 관계를 이용하여 $\alpha_n + \beta_n$, $\alpha_n \beta_n$을 n에 대한 식으로 나타내기 [1점]

이차방정식 $x^2 - (2n+1)x + n - 3 = 0$에서 근과 계수의 관계에 의하여
$\alpha_n + \beta_n = 2n+1$ ⋯⋯⋯⋯⋯⋯⋯⋯⋯⋯⋯⋯⋯⋯⋯⋯ ㉠
$\alpha_n \beta_n = \boxed{n-3}$ ⋯⋯⋯⋯⋯⋯⋯⋯⋯⋯⋯⋯⋯⋯⋯⋯ ㉡

STEP 2 $(\alpha_n^2 - 1)(\beta_n^2 - 1)$을 n에 대한 식으로 나타내기 [3점]

곱셈 공식에 의하여
$\alpha_n^2 + \beta_n^2 = (\alpha_n + \beta_n)^2 - 2\alpha_n \beta_n$
이므로 ㉠, ㉡을 대입하여 정리하면
$\alpha_n^2 + \beta_n^2 = (2n+1)^2 - 2(\boxed{n-3})$
$\qquad = 4n^2 + 4n + 1 - \boxed{2n} + 6$
$\qquad = 4n^2 + \boxed{2n} + 7$

$\therefore (\alpha_n^2 - 1)(\beta_n^2 - 1)$
$= (\alpha_n \beta_n)^2 - (\alpha_n^2 + \beta_n^2) + 1$
$= (\boxed{n-3})^2 - (4n^2 + 2n + 7) + 1$
$= -3n^2 - \boxed{8n} + 3$

STEP 3 $\sum_{k=1}^{10} (\alpha_k^2 - 1)(\beta_k^2 - 1)$의 값 구하기 [3점]

$\sum_{k=1}^{10} (\alpha_k^2 - 1)(\beta_k^2 - 1)$

$= \sum_{k=1}^{10} (-3k^2 - \boxed{8k} + 3)$

$= -3 \sum_{k=1}^{10} k^2 - 8 \boxed{\sum_{k=1}^{10} k} + \sum_{k=1}^{10} 3$

$= -3 \times \dfrac{10 \times 11 \times 21}{6} - 8 \times \boxed{\dfrac{10 \times 11}{2}} + 3 \times 10$

$= -1155 - 440 + 30$

$= \boxed{-1565}$

2483 📋 1615

STEP 1 이차방정식의 근과 계수의 관계를 이용하여 $\alpha_n + \beta_n$, $\alpha_n \beta_n$을 n에 대한 식으로 나타내기 [1점]

이차방정식 $x^2 - (n-1)x + 2n = 0$에서 근과 계수의 관계에 의하여
$\alpha_n + \beta_n = n-1$ ⋯⋯⋯⋯⋯⋯⋯⋯⋯⋯⋯⋯⋯⋯⋯ ㉠
$\alpha_n \beta_n = 2n$ ⋯⋯⋯⋯⋯⋯⋯⋯⋯⋯⋯⋯⋯⋯⋯⋯⋯ ㉡

STEP 2 $(\alpha_n^2 + 1)(\beta_n^2 + 1)$을 n에 대한 식으로 나타내기 [3점]

곱셈 공식에 의하여
$\alpha_n^2 + \beta_n^2 = (\alpha_n + \beta_n)^2 - 2\alpha_n \beta_n$

이므로 ㉠, ㉡을 대입하여 정리하면

$$\alpha_n^2 + \beta_n^2 = (n-1)^2 - 2 \times 2n$$
$$= n^2 - 2n + 1 - 4n$$
$$= n^2 - 6n + 1 \qquad \cdots\cdots ⓐ$$

$$\therefore (\alpha_n^2 + 1)(\beta_n^2 + 1) = (\alpha_n\beta_n)^2 + (\alpha_n^2 + \beta_n^2) + 1$$
$$= (2n)^2 + (n^2 - 6n + 1) + 1$$
$$= 5n^2 - 6n + 2$$

STEP 3 $\displaystyle\sum_{k=1}^{10} (\alpha_k^2 + 1)(\beta_k^2 + 1)$의 값 구하기 [3점]

$$\sum_{k=1}^{10} (\alpha_k^2 + 1)(\beta_k^2 + 1)$$
$$= \sum_{k=1}^{10} (5k^2 - 6k + 2)$$
$$= 5\sum_{k=1}^{10} k^2 - 6\sum_{k=1}^{10} k + \sum_{k=1}^{10} 2$$
$$= 5 \times \frac{10 \times 11 \times 21}{6} - 6 \times \frac{10 \times 11}{2} + 2 \times 10$$
$$= 1925 - 330 + 20 = 1615$$

부분점수표	
ⓐ $\alpha_n^2 + \beta_n^2$을 n에 대한 식으로 나타낸 경우	1점

오답 분석

근과 계수의 관계에 의하여

$\alpha_n + \beta_n = n-1$

$\alpha_n\beta_n = 2n$ 1점

$\displaystyle\sum_{k=1}^{10} (\alpha_k^2 + 1)(\beta_k^2 + 1)$

$= \displaystyle\sum_{k=1}^{10} (\alpha_k^2\beta_k^2 + \alpha_k^2 + \beta_k^2 + 1)$

$= \displaystyle\sum_{k=1}^{10} \{(\alpha_k\beta_k)^2 + (\alpha_k + \beta_k)^2 - 2\alpha_k\beta_k + 1\}$

$= \displaystyle\sum_{k=1}^{10} \{(2k)^2 + (k-1)^2 - 2 \times 2k + 1\}$

$= \displaystyle\sum_{k=1}^{10} (4k^2 + k^2 - 2k + 1 - 4k + 1)$

$= \displaystyle\sum_{k=1}^{10} (5k^2 - 6k + 2)$ 3점

$= 5 \times \dfrac{10 \times 11 \times 21}{6} - 6 \times \dfrac{10 \times 11}{2} + 2$ ← 상수항의 계산에서 잘못 구함

$= 5 \times 385 - 6 \times 55 + 2$

$= 1925 - 330 + 2$

$= 1595 + 2 = 1597$

▶ 7점 중 4점 얻음.

$\displaystyle\sum_{k=1}^{10} (5k^2 - 6k + 2)$를 계산할 때, 상수항의 계산 실수에 주의한다.

$\displaystyle\sum_{k=1}^{10} (5k^2 - 6k + 2) = \sum_{k=1}^{10} 5k^2 - \sum_{k=1}^{10} 6k + \sum_{k=1}^{10} 2$로 상수항을 계산해야 한다.

2484 답 $\dfrac{30}{11}$

STEP 1 이차방정식의 근과 계수의 관계를 이용하여 $\alpha_n + \beta_n$, $\alpha_n\beta_n$을 n에 대한 식으로 나타내기 [1점]

이차방정식 $x^2 - 3x + n(n+1) = 0$에서 근과 계수의 관계에 의하여

$\alpha_n + \beta_n = 3$ $\cdots\cdots$ ㉠

$\alpha_n\beta_n = n(n+1)$ $\cdots\cdots$ ㉡

STEP 2 $\dfrac{1}{\alpha_n} + \dfrac{1}{\beta_n}$을 n에 대한 부분분수로 나타내기 [2점]

$$\frac{1}{\alpha_n} + \frac{1}{\beta_n} = \frac{\alpha_n + \beta_n}{\alpha_n\beta_n}$$

이므로 ㉠, ㉡을 대입하여 정리하면

$$\frac{1}{\alpha_n} + \frac{1}{\beta_n} = \frac{3}{n(n+1)} = 3\left(\frac{1}{n} - \frac{1}{n+1}\right)$$

STEP 3 $\displaystyle\sum_{k=1}^{10} \left(\frac{1}{\alpha_k} + \frac{1}{\beta_k}\right)$의 값 구하기 [4점]

$$\sum_{k=1}^{10} \left(\frac{1}{\alpha_k} + \frac{1}{\beta_k}\right)$$
$$= \sum_{k=1}^{10} 3\left(\frac{1}{k} - \frac{1}{k+1}\right) = 3\sum_{k=1}^{10} \left(\frac{1}{k} - \frac{1}{k+1}\right)$$
$$= 3\left\{\left(\frac{1}{1} - \frac{1}{2}\right) + \left(\frac{1}{2} - \frac{1}{3}\right) + \left(\frac{1}{3} - \frac{1}{4}\right) + \cdots + \left(\frac{1}{10} - \frac{1}{11}\right)\right\}$$
$$= 3\left(1 - \frac{1}{11}\right) = \frac{30}{11}$$

2485 답 985

STEP 1 이차방정식의 근과 계수의 관계를 이용하여 $\alpha + \beta$, $\alpha\beta$의 값 구하기 [1점]

이차방정식 $x^2 - 2x - 1 = 0$에서 근과 계수의 관계에 의하여

$\alpha + \beta = 2$ $\cdots\cdots$ ㉠

$\alpha\beta = -1$ $\cdots\cdots$ ㉡

STEP 2 $(k-\alpha)(k-\beta)$를 k에 대한 식으로 나타내기 [2점]

$$(k-\alpha)(k-\beta) = k^2 - (\alpha+\beta)k + \alpha\beta$$

이므로 ㉠, ㉡을 대입하여 정리하면

$$(k-\alpha)(k-\beta) = k^2 - 2k - 1$$

STEP 3 $\displaystyle\sum_{k=1}^{15} (k-\alpha)(k-\beta)$의 값 구하기 [3점]

$$\sum_{k=1}^{15} (k-\alpha)(k-\beta) = \sum_{k=1}^{15} (k^2 - 2k - 1)$$
$$= \sum_{k=1}^{15} k^2 - 2\sum_{k=1}^{15} k - \sum_{k=1}^{15} 1$$
$$= \frac{15 \times 16 \times 31}{6} - 2 \times \frac{15 \times 16}{2} - 1 \times 15$$
$$= 1240 - 240 - 15 = 985$$

2486 답 (1) n (2) n (3) $n-3$ (4) $k-3$ (5) $2k$

(6) $12k$ (7) $\displaystyle\sum_{k=1}^{8} k$ (8) $\dfrac{8 \times 9}{2}$ (9) 456

STEP 1 두 함수의 그래프의 교점의 x좌표 구하기 [3점]

$x^2 + 3x - 3n = n(2x - n)$에서

$x^2 - (2n-3)x + n(n-3) = 0$

$(x - \boxed{n})\{x - (n-3)\} = 0$

$\therefore x = \boxed{n}$ 또는 $x = n-3$

STEP 2 α_n, β_n 구하기 [1점]

$\alpha_n > \beta_n$이므로 $\alpha_n = n$, $\beta_n = \boxed{n-3}$

STEP 3 $\displaystyle\sum_{k=1}^{8} (\alpha_k + \beta_k)^2$의 값 구하기 [3점]

$$\sum_{k=1}^{8} (\alpha_k + \beta_k)^2$$
$$= \sum_{k=1}^{8} \{k + (\boxed{k-3})\}^2$$

10

$$=\sum_{k=1}^{8}(\boxed{2k}-3)^2$$

$$=\sum_{k=1}^{8}(4k^2-\boxed{12k}+9)$$

$$=4\sum_{k=1}^{8}k^2-12\boxed{\sum_{k=1}^{8}k}+\sum_{k=1}^{8}9$$

$$=4\times\frac{8\times9\times17}{6}-12\times\boxed{\frac{8\times9}{2}}+9\times8$$

$$=\boxed{456}$$

2487 〖답〗 2020

STEP 1 두 함수의 그래프의 교점의 x좌표 구하기 [3점]

$x^2-2nx+n^2=2(x-n)$에서

$x^2-(2n+2)x+n(n+2)=0$

$(x-n)\{x-(n+2)\}=0$

$\therefore x=n$ 또는 $x=n+2$

STEP 2 α_n, β_n 구하기 [1점]

$\alpha_n<\beta_n$이므로

$\alpha_n=n$, $\beta_n=n+2$

STEP 3 $\sum_{k=1}^{10}(\alpha_k+\beta_k)^2$의 값 구하기 [3점]

$$\sum_{k=1}^{10}(\alpha_k+\beta_k)^2$$

$$=\sum_{k=1}^{10}\{k+(k+2)\}^2=\sum_{k=1}^{10}(2k+2)^2$$

$$=\sum_{k=1}^{10}(4k^2+8k+4)$$

$$=4\sum_{k=1}^{10}k^2+8\sum_{k=1}^{10}k+\sum_{k=1}^{10}4$$

$$=4\times\frac{10\times11\times21}{6}+8\times\frac{10\times11}{2}+4\times10$$

$$=1540+440+40=2020$$

2488 〖답〗 -1

STEP 1 두 함수의 그래프의 교점 A, B의 좌표 구하기 [2점]

이차방정식 $x^2+x=nx-2$에서 $x^2+(1-n)x+2=0$의 두 근을 α, $\beta(\alpha<\beta)$라 하면

$A(\alpha,\ \alpha n-2)$, $B(\beta,\ \beta n-2)$

이차방정식의 근과 계수의 관계에 의하여

$\alpha+\beta=-(1-n)=n-1$ ┈┈┈┈┈┈ ㉠

$\alpha\beta=2$ ┈┈┈┈┈┈┈┈┈┈ ㉡

STEP 2 $\frac{1}{a_n}+\frac{1}{b_n}$을 n에 대한 식으로 나타내기 [3점]

a_n, b_n은 두 직선 OA, OB의 기울기이므로

$a_n=\dfrac{\alpha n-2}{\alpha}$, $b_n=\dfrac{\beta n-2}{\beta}$

$\dfrac{1}{a_n}+\dfrac{1}{b_n}=\dfrac{\alpha}{\alpha n-2}+\dfrac{\beta}{\beta n-2}=\dfrac{2\alpha\beta n-2(\alpha+\beta)}{\alpha\beta n^2-2(\alpha+\beta)n+4}$

이므로 ㉠, ㉡을 대입하여 정리하면

$\dfrac{1}{a_n}+\dfrac{1}{b_n}=\dfrac{4n-2(n-1)}{2n^2-2(n-1)n+4}$

$\qquad\qquad=\dfrac{n+1}{n+2}$ ┈┈┈┈ ⓐ

STEP 3 $\sum_{n=4}^{13}\log_3\left(\dfrac{1}{a_n}+\dfrac{1}{b_n}\right)$의 값 구하기 [3점]

$$\sum_{n=4}^{13}\log_3\left(\frac{1}{a_n}+\frac{1}{b_n}\right)=\sum_{n=4}^{13}\log_3\frac{n+1}{n+2}$$

$$=\log_3\frac{5}{6}+\log_3\frac{6}{7}+\cdots+\log_3\frac{14}{15}$$

$$=\log_3\left(\frac{5}{6}\times\frac{6}{7}\times\cdots\times\frac{14}{15}\right)$$

$$=\log_3\frac{1}{3}=-1$$

부분점수표	
ⓐ $\dfrac{1}{a_n}+\dfrac{1}{b_n}$을 n에 대한 식으로 나타낸 경우	1점

다른 풀이

STEP 1 두 함수의 그래프의 교점 A, B의 좌표 구하기 [2점]

이차방정식 $x^2+x=nx-2$에서 $x^2+(1-n)x+2=0$의 두 근을 α, $\beta(\alpha<\beta)$라 하면

$A(\alpha,\ \alpha^2+\alpha)$, $B(\beta,\ \beta^2+\beta)$

이차방정식의 근과 계수의 관계에 의하여

$\alpha+\beta=-(1-n)=n-1$ ┈┈┈┈┈┈ ㉠

$\alpha\beta=2$ ┈┈┈┈┈┈┈┈┈┈ ㉡

STEP 2 $\frac{1}{a_n}+\frac{1}{b_n}$을 n에 대한 식으로 나타내기 [3점]

a_n, b_n은 두 직선 OA, OB의 기울기이므로

$a_n=\dfrac{\alpha^2+\alpha}{\alpha}=\alpha+1$, $b_n=\dfrac{\beta^2+\beta}{\beta}=\beta+1$

$\dfrac{1}{a_n}+\dfrac{1}{b_n}=\dfrac{1}{\alpha+1}+\dfrac{1}{\beta+1}=\dfrac{\alpha+\beta+2}{\alpha\beta+\alpha+\beta+1}$

이므로 ㉠, ㉡을 대입하여 정리하면

$\dfrac{1}{a_n}+\dfrac{1}{b_n}=\dfrac{n-1+2}{2+n-1+1}$

$\qquad\qquad=\dfrac{n+1}{n+2}$

STEP 3 $\sum_{n=4}^{13}\log_3\left(\dfrac{1}{a_n}+\dfrac{1}{b_n}\right)$의 값 구하기 [3점]

$$\sum_{n=4}^{13}\log_3\left(\frac{1}{a_n}+\frac{1}{b_n}\right)=\sum_{n=4}^{13}\log_3\frac{n+1}{n+2}$$

$$=\log_3\frac{5}{6}+\log_3\frac{6}{7}+\cdots+\log_3\frac{14}{15}$$

$$=\log_3\left(\frac{5}{6}\times\frac{6}{7}\times\cdots\times\frac{14}{15}\right)$$

$$=\log_3\frac{1}{3}=-1$$

오답 분석

$y=x^2+x$와 $y=nx-2$의 그래프의 교점

$x^2+x=nx-2$

$x^2+(1-n)x+2=0$의 근이 A, B의 x좌표이다.

$A(\alpha,\ \alpha^2+\alpha)$, $B(\beta,\ \beta^2+\beta)$라 하면 $\underline{\alpha+\beta=n-1,\ \alpha\beta=2}$ ⌐2점

OA의 기울기 $\dfrac{\alpha^2+\alpha}{\alpha}=\alpha+1$

OB의 기울기 $\dfrac{\beta^2+\beta}{\beta}=\beta+1$ ⌐2점

OA의 기울기+OB의 기울기$=\alpha+1+\beta+1=\alpha+\beta+2=n-1+2=n+1$

$\sum_{n=4}^{13}\log_3(n+1)=\log_3(5+6+7+\cdots+14)$ └→$(\alpha+1)+(\beta+1)$을 구하는 실수를 함

$\qquad=\log_3\dfrac{10\times19}{2}=\log_395$

▶ 8점 중 4점 얻음.

문제에서 구하려는 것은 $\dfrac{1}{a_n}+\dfrac{1}{b_n}$이므로

$$\dfrac{1}{\alpha+1}+\dfrac{1}{\beta+1}=\dfrac{\alpha+1+\beta+1}{(\alpha+1)(\beta+1)}$$
$$=\dfrac{\alpha+\beta+2}{\alpha\beta+\alpha+\beta+1}=\dfrac{n-1+2}{2+n-1+1}$$
$$=\dfrac{n+1}{n+2}$$

에서 $\displaystyle\sum_{n=4}^{13}\log_3\dfrac{n+1}{n+2}$의 값을 구해야 한다.

이때 $\displaystyle\sum_{k=1}^{n}\log a_k\neq\log\sum_{k=1}^{n}a_k$임에 주의한다.

2489 답 284

STEP 1 두 함수의 그래프의 교점 P_n의 좌표 구하기 [1점]

$x^2=\sqrt{n}\,x$에서 $x(x-\sqrt{n})=0$

$\therefore\ x=0$ 또는 $x=\sqrt{n}$

점 P_n은 제1사분면 위의 점이므로 $P_n(\sqrt{n},\ n)$

STEP 2 점 P_n을 지나고 직선 $y=\sqrt{n}x$와 수직인 직선의 방정식 구하기 [2점]

직선 $y=\sqrt{n}x$와 수직인 직선의 기울기를 a라 하면

$\sqrt{n}\times a=-1$ ⟶ 두 직선이 서로 수직이면 기울기의 곱이 -1이다.

$\therefore\ a=-\dfrac{1}{\sqrt{n}}$

즉, 점 $P_n(\sqrt{n},\ n)$을 지나고 기울기가 $-\dfrac{1}{\sqrt{n}}$인 직선의 방정식은

$y-n=-\dfrac{1}{\sqrt{n}}(x-\sqrt{n})$

$\therefore\ y=-\dfrac{1}{\sqrt{n}}x+n+1$

STEP 3 S_n을 n에 대한 식으로 나타내기 [3점]

$y=0$일 때, $0=-\dfrac{1}{\sqrt{n}}x+n+1$

$\dfrac{1}{\sqrt{n}}x=n+1$, $x=(n+1)\sqrt{n}$

$\therefore\ Q_n((n+1)\sqrt{n},\ 0)$

$x=0$일 때, $y=n+1$

$\therefore\ R_n(0,\ n+1)$ ⋯⋯ ⓐ

S_n은 삼각형 OQ_nR_n의 넓이이므로

$S_n=\dfrac{1}{2}\times\overline{OQ_n}\times\overline{OR_n}$
$=\dfrac{1}{2}\times(n+1)\sqrt{n}\times(n+1)$
$=\dfrac{(n+1)^2\sqrt{n}}{2}$

STEP 4 $\displaystyle\sum_{n=1}^{8}\dfrac{2S_n}{\sqrt{n}}$의 값 구하기 [3점]

$\displaystyle\sum_{n=1}^{8}\dfrac{2S_n}{\sqrt{n}}=\sum_{n=1}^{8}\left\{\dfrac{2}{\sqrt{n}}\times\dfrac{(n+1)^2\sqrt{n}}{2}\right\}$
$\displaystyle=\sum_{n=1}^{8}(n+1)^2$
$\displaystyle=\sum_{n=1}^{8}(n^2+2n+1)$
$\displaystyle=\sum_{n=1}^{8}n^2+2\sum_{n=1}^{8}n+\sum_{n=1}^{8}1$

$=\dfrac{8\times9\times17}{6}+2\times\dfrac{8\times9}{2}+1\times8$
$=204+72+8=284$

부분점수표	
ⓐ 두 점 Q_n, R_n의 좌표를 구한 경우	1점

실력 check 실전 마무리하기 1회  512쪽~516쪽

1 2490 답 ③ 유형 1 + 유형 2

출제의도 | $\sum$의 정의를 이용하여 식의 값을 구할 수 있는지 확인한다.

$\displaystyle\sum_{k=2}^{10}(k^2-1)=\sum_{k=1}^{9}(k^2-1)$, $\displaystyle\sum_{i=1}^{9}(i^2+1)=\sum_{k=1}^{9}(k^2+1)$임을 이용해 보자.

$\displaystyle\sum_{k=2}^{10}(k^2-1)-\sum_{i=1}^{9}(i^2+1)$
$\displaystyle=\sum_{k=1}^{10}(k^2-1)-\sum_{k=1}^{9}(k^2+1)$
$\displaystyle=\sum_{k=1}^{10}k^2-10-\sum_{k=1}^{9}k^2-9$
$\displaystyle=\left(\sum_{k=1}^{10}k^2-\sum_{k=1}^{9}k^2\right)-19$
$=10^2-19=81$

2 2491 답 ② 유형 1 + 유형 2

출제의도 | $\sum$의 성질을 이용하여 주어진 식의 값을 구할 수 있는지 확인한다.

$\displaystyle\sum_{k=1}^{15}(a_{2k-1}+a_{2k})=\sum_{k=1}^{30}a_k$를 이용해 보자.

$\displaystyle\sum_{k=1}^{15}(a_{2k-1}+a_{2k})=a_1+a_2+a_3+\cdots+a_{30}$
$\displaystyle=\sum_{k=1}^{30}a_k=35$

이므로

$\displaystyle\sum_{k=1}^{30}(4a_k-5)=4\sum_{k=1}^{30}a_k-\sum_{k=1}^{30}5$
$=4\times35-5\times30=-10$

3 2492 답 ③ 유형 2

출제의도 | $\sum$의 성질을 이용하여 주어진 식의 값을 구할 수 있는지 확인한다.

$(2a_k-1)^2$을 전개한 후 주어진 조건을 이용하여 계산해 보자.

$\displaystyle\sum_{k=1}^{10}(2a_k-1)^2=\sum_{k=1}^{10}(4a_k^2-4a_k+1)$
$\displaystyle=4\sum_{k=1}^{10}a_k^2-4\sum_{k=1}^{10}a_k+\sum_{k=1}^{10}1$
$=4\times25-4\times15+1\times10=50$

4 2493 답 ① 유형 2

출제의도 | $\sum$의 성질을 이용하여 주어진 식의 값을 구할 수 있는지 확인한다.

주어진 조건을 이용하여 $\displaystyle\sum_{k=1}^{10}a_k$, $\displaystyle\sum_{k=1}^{10}b_k$의 값을 구해 보자.

$\sum\limits_{k=1}^{10} a_k = m$, $\sum\limits_{k=1}^{10} b_k = n$이라 하면

$\sum\limits_{k=1}^{10} (a_k + b_k) = 35$에서 $\sum\limits_{k=1}^{10} a_k + \sum\limits_{k=1}^{10} b_k = 35$

$\therefore m + n = 35$ ──────────── ㉠

$\sum\limits_{k=1}^{10} (3a_k - b_k) = 65$에서 $3\sum\limits_{k=1}^{10} a_k - \sum\limits_{k=1}^{10} b_k = 65$

$\therefore 3m - n = 65$ ──────────── ㉡

㉠, ㉡을 연립하여 풀면

$m = 25$, $n = 10$

따라서 $\sum\limits_{k=1}^{10} a_k = 25$, $\sum\limits_{k=1}^{10} b_k = 10$이므로

$\sum\limits_{k=1}^{10} (a_k - 2b_k) = \sum\limits_{k=1}^{10} a_k - 2\sum\limits_{k=1}^{10} b_k = 25 - 2 \times 10 = 5$

5 2494 답 ③

유형 3 + 유형 4

출제의도 | 여러 개의 $\sum$를 포함하는 식을 계산할 수 있는지 확인한다.

괄호 안부터 차례로 계산할 때 어떤 문자를 상수처럼 생각해야 하는지 주의하여 계산해 보자.

$\sum\limits_{m=1}^{5} \left\{ \sum\limits_{k=1}^{10} (k+m) \right\} = \sum\limits_{m=1}^{5} \left(\sum\limits_{k=1}^{10} k + \sum\limits_{k=1}^{10} m \right)$

$= \sum\limits_{m=1}^{5} \left(\dfrac{10 \times 11}{2} + 10m \right)$

$= \sum\limits_{m=1}^{5} (10m + 55)$

$= 10\sum\limits_{m=1}^{5} m + \sum\limits_{m=1}^{5} 55$

$= 10 \times \dfrac{5 \times 6}{2} + 55 \times 5 = 425$

6 2495 답 ②

유형 7

출제의도 | 일반항을 찾아 수열의 합을 구할 수 있는지 확인한다.

주어진 수열의 합을 일반항을 이용하여 나타낸 후, 자연수의 거듭제곱의 합 공식을 이용하여 계산해 보자.

수열 2×18, 4×16, 6×14, $\cdots$, 18×2의 일반항을 a_n이라 하면

$a_n = 2n(20 - 2n) = 40n - 4n^2$

$\therefore 2 \times 18 + 4 \times 16 + 6 \times 14 + \cdots + 18 \times 2$

$= \sum\limits_{k=1}^{9} (40k - 4k^2)$

$= 40\sum\limits_{k=1}^{9} k - 4\sum\limits_{k=1}^{9} k^2$

$= 40 \times \dfrac{9 \times 10}{2} - 4 \times \dfrac{9 \times 10 \times 19}{6}$

$= 1800 - 1140 = 660$

7 2496 답 ①

유형 7

출제의도 | 일반항을 구한 후 자연수의 거듭제곱의 합을 구할 수 있는지 확인한다.

주어진 수열의 합을 일반항을 이용하여 나타낸 후, $\sum\limits_{k=1}^{n} k^2 = \dfrac{n(n+1)(2n+1)}{6}$, $\sum\limits_{k=1}^{n} k^3 = \left\{ \dfrac{n(n+1)}{2} \right\}^2$을 이용해 보자.

수열 1, $2+4$, $3+6+9$, $4+8+12+16$, $\cdots$의 일반항을 a_n이라 하면

$a_n = n + 2n + 3n + \cdots + n \times n$

$= (1 + 2 + 3 + \cdots + n)n$

$= \dfrac{n(n+1)}{2} \times n = \dfrac{1}{2}(n^3 + n^2)$

$\therefore \sum\limits_{k=1}^{10} a_k = \sum\limits_{k=1}^{10} \dfrac{1}{2}(k^3 + k^2) = \dfrac{1}{2}\sum\limits_{k=1}^{10} (k^3 + k^2)$

$= \dfrac{1}{2}\left(\sum\limits_{k=1}^{10} k^3 + \sum\limits_{k=1}^{10} k^2 \right)$

$= \dfrac{1}{2}\left\{ \left(\dfrac{10 \times 11}{2} \right)^2 + \dfrac{10 \times 11 \times 21}{6} \right\}$

$= \dfrac{1}{2}(3025 + 385) = 1705$

8 2497 답 ③

유형 7

출제의도 | 일반항을 구한 후 수열의 합을 구할 수 있는지 확인한다.

2, 5, 8, 11, $\cdots$은 공차가 3인 등차수열임을 이용해 보자.

수열 2^2, 5^2, 8^2, 11^2, $\cdots$의 일반항을 a_n이라 하면

$a_n = (3n-1)^2$

따라서 주어진 수열의 첫째항부터 제9항까지의 합은

$\sum\limits_{k=1}^{9} (3k-1)^2 = \sum\limits_{k=1}^{9} (9k^2 - 6k + 1)$

$= 9\sum\limits_{k=1}^{9} k^2 - 6\sum\limits_{k=1}^{9} k + \sum\limits_{k=1}^{9} 1$

$= 9 \times \dfrac{9 \times 10 \times 19}{6} - 6 \times \dfrac{9 \times 10}{2} + 1 \times 9$

$= 2565 - 270 + 9 = 2304$

9 2498 답 ④

유형 10

출제의도 | 일반항을 구한 후 수열의 합을 구할 수 있는지 확인한다.

n번째 항의 분모의 합을 구한 후 부분분수로 표현해 보자.

수열 1, $\dfrac{1}{1+2}$, $\dfrac{1}{1+2+3}$, $\dfrac{1}{1+2+3+4}$, $\cdots$의 일반항을 a_n이라 하면

$a_n = \dfrac{1}{1+2+3+\cdots+n} = \dfrac{1}{\dfrac{n(n+1)}{2}}$

$= \dfrac{2}{n(n+1)} = 2\left(\dfrac{1}{n} - \dfrac{1}{n+1} \right)$

따라서 주어진 수열의 첫째항부터 제8항까지의 합은

$\sum\limits_{k=1}^{8} a_k = \sum\limits_{k=1}^{8} 2\left(\dfrac{1}{k} - \dfrac{1}{k+1} \right) = 2\sum\limits_{k=1}^{8} \left(\dfrac{1}{k} - \dfrac{1}{k+1} \right)$

$= 2\left\{ \left(\dfrac{1}{1} - \dfrac{1}{2} \right) + \left(\dfrac{1}{2} - \dfrac{1}{3} \right) + \cdots + \left(\dfrac{1}{8} - \dfrac{1}{9} \right) \right\}$

$= 2\left(1 - \dfrac{1}{9} \right) = \dfrac{16}{9}$

10 2499 답 ④

유형 14

출제의도 | 분모의 유리화를 이용하여 수열의 합을 구할 수 있는지 확인한다.

인수분해를 이용하여 두 근 α_n, β_n을 구해 보자.

$x^2 - (2n+1)x + n(n+1) = 0$에서 $(x-n)(x-n-1) = 0$

이므로 $x = n$ 또는 $x = n+1$

따라서 $\alpha_n = n$, $\beta_n = n+1$ 또는 $\alpha_n = n+1$, $\beta_n = n$이므로

$$\sum_{n=1}^{99} \frac{1}{\sqrt{\alpha_n}+\sqrt{\beta_n}}$$
$$=\sum_{n=1}^{99} \frac{1}{\sqrt{n}+\sqrt{n+1}}$$
$$=\sum_{n=1}^{99} \frac{\sqrt{n}-\sqrt{n+1}}{(\sqrt{n}+\sqrt{n+1})(\sqrt{n}-\sqrt{n+1})}$$
$$=\sum_{n=1}^{99} (\sqrt{n+1}-\sqrt{n})$$
$$=(\sqrt{2}-\sqrt{1})+(\sqrt{3}-\sqrt{2})+\cdots+(\sqrt{100}-\sqrt{99})$$
$$=\sqrt{100}-\sqrt{1}=9$$

11 2500 답 ④

유형 14

출제의도 | 무리식을 포함한 수열의 합을 이용하여 미지수의 값을 구할 수 있는지 확인한다.

분모의 유리화를 이용하여 식을 계산해 보자.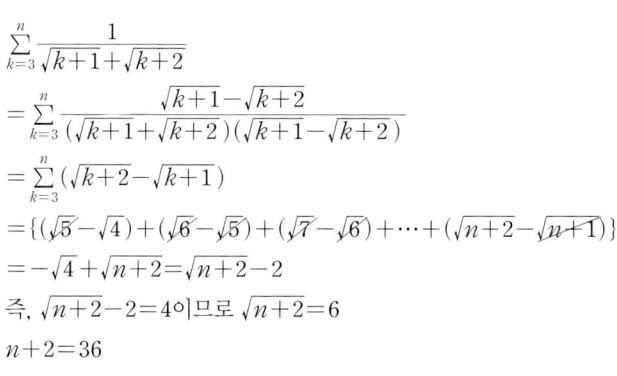

$$\sum_{k=3}^{n} \frac{1}{\sqrt{k+1}+\sqrt{k+2}}$$
$$=\sum_{k=3}^{n} \frac{\sqrt{k+1}-\sqrt{k+2}}{(\sqrt{k+1}+\sqrt{k+2})(\sqrt{k+1}-\sqrt{k+2})}$$
$$=\sum_{k=3}^{n} (\sqrt{k+2}-\sqrt{k+1})$$
$$=\{(\sqrt{5}-\sqrt{4})+(\sqrt{6}-\sqrt{5})+(\sqrt{7}-\sqrt{6})+\cdots+(\sqrt{n+2}-\sqrt{n+1})\}$$
$$=-\sqrt{4}+\sqrt{n+2}=\sqrt{n+2}-2$$
즉, $\sqrt{n+2}-2=4$이므로 $\sqrt{n+2}=6$
$n+2=36$
$$\therefore n=34$$

12 2501 답 ②

유형 15

출제의도 | 수열의 합과 일반항 사이의 관계를 이용하여 a_n을 구할 수 있는지 확인한다.

부분분수를 이용하여 수열의 합을 구해 보자.

수열 $\{a_n\}$의 첫째항부터 제n항까지의 합을 S_n이라 하면
$$S_n=\sum_{k=1}^{n} a_k=n(n+1)(n+2)$$
(i) $n=1$일 때,
$$a_1=S_1=1\times2\times3=6 \quad \cdots\cdots ㉠$$
(ii) $n\geq2$일 때,
$$a_n=S_n-S_{n-1}$$
$$=n(n+1)(n+2)-(n-1)n(n+1)$$
$$=3n(n+1) \quad \cdots\cdots ㉡$$
이때 ㉠은 ㉡에 $n=1$을 대입한 것과 같으므로
$a_n=3n(n+1)$ $(n\geq1)$
$\dfrac{3}{a_k}=\dfrac{3}{3k(k+1)}=\dfrac{1}{k}-\dfrac{1}{k+1}$이므로
$$\sum_{k=1}^{10} \frac{3}{a_k}=\sum_{k=1}^{10} \left(\frac{1}{k}-\frac{1}{k+1}\right)$$
$$=\left(1-\frac{1}{2}\right)+\left(\frac{1}{2}-\frac{1}{3}\right)+\cdots+\left(\frac{1}{10}-\frac{1}{11}\right)$$
$$=1-\frac{1}{11}$$
$$=\frac{10}{11}$$

13 2502 답 ⑤

유형 18

출제의도 | 규칙을 찾아 항의 값을 구할 수 있는지 확인한다.

$a_1=3$, $a_2=9$를 이용하여 수열의 일반항을 구해 보자.

$a_1=3\times1=3$
$a_2=3\times(1+2)=9$
$a_3=3\times(1+2+3)=18$
$a_4=3\times(1+2+3+4)=30$
$$\vdots$$
$a_n=3\times(1+2+3+\cdots+n)$
$$=3\times\frac{n(n+1)}{2}$$
$$\therefore a_{12}=3\times\frac{12\times13}{2}=234$$

14 2503 답 ⑤

유형 19

출제의도 | 수열의 규칙을 파악한 후 조건을 만족시키는 값을 구할 수 있는지 확인한다.

군수열로 나타낸 후, 각 군의 규칙을 파악해 보자.

제n군의 항의 개수는 n이므로 제1군부터 제n군까지의 항의 개수의 합은
$$\sum_{k=1}^{n} k=\frac{n(n+1)}{2}$$
이때 제n군의 항은 n, $n-1$, $\cdots$, 1이므로 15가 처음으로 나오는 항은 제15군의 첫째항이다.
한편, 제1군부터 제14군까지의 항의 개수의 합은
$$\frac{14\times15}{2}=105$$
따라서 15가 처음으로 나오는 항은 $105+1=106$에서 제106항이다.

15 2504 답 ③

유형 3

출제의도 | 수열의 합으로 표현된 $f(x)$의 최솟값을 구할 수 있는지 확인한다.

$f(x)=a(x-m)^2+n$ $(a>0)$ 꼴로 나타낸 후 $x=m$일 때 최솟값 n을 가짐을 이용해 보자.

$$f(x)=\sum_{k=1}^{5} (2x-k)^2$$
$$=\sum_{k=1}^{5} (4x^2-4kx+k^2)$$
$$=x^2\sum_{k=1}^{5} 4-4x\sum_{k=1}^{5} k+\sum_{k=1}^{5} k^2$$
$$=x^2\times4\times5-4x\times\frac{5\times6}{2}+\frac{5\times6\times11}{6}$$
$$=20x^2-60x+55$$
$$=20\left(x^2-3x+\frac{9}{4}-\frac{9}{4}\right)+55$$
$$=20\left(x-\frac{3}{2}\right)^2+10$$
따라서 $f(x)$는 $x=\dfrac{3}{2}$일 때, 최솟값 10을 가지므로
$k=\dfrac{3}{2}$, $m=10$ $\quad \therefore k+m=\dfrac{23}{2}$

16 2505 답 ③

유형 5

출제의도 | ∑의 성질을 이용하여 수열의 합을 구할 수 있는지 확인한다.

> $a_{2k}-a_{2k-1}=d$임을 이용해 보자.

등차수열 $\{a_n\}$의 공차를 d라 하면
$a_{12}=a_5+7d$이므로 $17+7d=45$
$7d=28$ ∴ $d=4$
$$\therefore \sum_{k=1}^{20} a_{2k} - \sum_{k=1}^{20} a_{2k-1} = \sum_{k=1}^{20}(a_{2k}-a_{2k-1}) = \sum_{k=1}^{20} d$$
$$= \sum_{k=1}^{20} 4 = 4 \times 20 = 80$$

17 2506 답 ③

유형 6

출제의도 | ∑의 성질을 이용하여 등비수열의 합을 구할 수 있는지 확인한다.

> $\sum_{k=1}^{10}\dfrac{2^{k+3}+5^k}{4^{k-1}} = \sum_{k=1}^{10}\dfrac{2^{k+3}}{4^{k-1}} + \sum_{k=1}^{10}\dfrac{5^k}{4^{k-1}}$을 이용하여 각각의 등비수열의 합을 구해 보자.

$$\sum_{k=1}^{10}\frac{2^{k+3}+5^k}{4^{k-1}} = \sum_{k=1}^{10}\frac{2^{k+3}}{4^{k-1}} + \sum_{k=1}^{10}\frac{5^k}{4^{k-1}}$$
$$= 32\sum_{k=1}^{10}\frac{2^k}{4^k} + 4\sum_{k=1}^{10}\frac{5^k}{4^k}$$
$$= 32\sum_{k=1}^{10}\left(\frac{1}{2}\right)^k + 4\sum_{k=1}^{10}\left(\frac{5}{4}\right)^k$$
$$= 32\times\frac{\frac{1}{2}\left\{1-\left(\frac{1}{2}\right)^{10}\right\}}{1-\frac{1}{2}} + 4\times\frac{\frac{5}{4}\left\{\left(\frac{5}{4}\right)^{10}-1\right\}}{\frac{5}{4}-1}$$
$$= 20\left(\frac{5}{4}\right)^{10} - 32\left(\frac{1}{2}\right)^{10} + 12$$

따라서 $a=20$, $b=-32$, $c=12$이므로
$a+b+c=0$

18 2507 답 ①

유형 9

출제의도 | 주어진 조건에 따른 수열의 규칙을 추론할 수 있는지 확인한다.

> 3^n과 7^n의 일의 자리 숫자를 각각 나열하여 $f(n)-g(n)$의 규칙을 발견해 보자.

$$f(n)=\begin{cases} 3 & (n=4k-3) \\ 9 & (n=4k-2) \\ 7 & (n=4k-1) \\ 1 & (n=4k) \end{cases} \text{(단, } k\text{는 자연수)}$$

→ $3^1=3$, $3^2=9$, $3^3=27$, $3^4=81$, $3^5=243$, $3^6=729$, …이므로 일의 자리 숫자가 3, 9, 7, 1이 이 순서대로 반복된다.

$$g(n)=\begin{cases} 7 & (n=4k-3) \\ 9 & (n=4k-2) \\ 3 & (n=4k-1) \\ 1 & (n=4k) \end{cases} \text{(단, } k\text{는 자연수)}$$

이므로

$$f(n)-g(n)=\begin{cases} -4 & (n=4k-3) \\ 0 & (n=4k-2) \\ 4 & (n=4k-1) \\ 0 & (n=4k) \end{cases} \text{(단, } k\text{는 자연수)}$$

$$\therefore \sum_{k=1}^{110}\{f(k)-g(k)\} = (-4+0+4+0)\times 27 + (-4) + 0$$
$$= -4$$

19 2508 답 ③

유형 16

출제의도 | 도형의 성질을 활용하여 수열의 합을 구할 수 있는지 확인한다.

> 밑변의 길이가 $(n+1)-(n-1)=2$이고 높이가 $\dfrac{3}{n}$인 삼각형의 넓이를 n에 대한 식으로 나타내 보자.

밑변의 길이가 $(n+1)-(n-1)=2$, 높이가 $\dfrac{3}{n}$인 삼각형의 넓이 a_n은
$$a_n = \frac{1}{2}\times 2\times\frac{3}{n} = \frac{3}{n}$$
$$\therefore \sum_{n=1}^{10} a_n a_{n+1} = \sum_{n=1}^{10}\left(\frac{3}{n}\times\frac{3}{n+1}\right)$$
$$= 9\sum_{n=1}^{10}\frac{1}{n(n+1)}$$
$$= 9\sum_{n=1}^{10}\left(\frac{1}{n}-\frac{1}{n+1}\right)$$
$$= 9\left\{\left(\frac{1}{1}-\frac{1}{2}\right)+\left(\frac{1}{2}-\frac{1}{3}\right)+\cdots+\left(\frac{1}{10}-\frac{1}{11}\right)\right\}$$
$$= 9\left(1-\frac{1}{11}\right) = \frac{90}{11}$$

20 2509 답 ②

유형 21

출제의도 | 각 줄의 규칙을 찾아 조건을 만족시키는 항을 구할 수 있는지 확인한다.

> 각 줄이 이루는 등차수열을 파악한 후 조건을 만족시키는 항의 값을 구해 보자.

각 줄의 수들을 차례로 나열하면
위에서 2번째 줄 : 1, 2, 3, 4, …
　　　　　→ 첫째항이 1, 공차가 1인 등차수열
위에서 3번째 줄 : 1, 3, 5, 7, …
　　　　　→ 첫째항이 1, 공차가 2인 등차수열
위에서 4번째 줄 : 1, 4, 7, 10, …
　　　　　→ 첫째항이 1, 공차가 3인 등차수열
　　　　　⋮
즉, 위에서 11번째 줄에 있는 수들은 첫째항이 1, 공차가 10인 등차수열을 이룬다.
이 수열을 $\{a_n\}$이라 하면
$a_n = 1+(n-1)\times 10 = 10n-9$
따라서 위에서 11번째 줄의 왼쪽에서 8번째에 있는 수는
$a_8 = 10\times 8 - 9 = 71$

21 2510 답 ③

유형 6

출제의도 | 조건을 만족시키는 등비수열의 공비와 미지수의 값을 구할 수 있는지 확인한다.

> 조건 ㈎를 이용하여 공비를 구하고, 이에 따라 경우를 나누어 계산해 보자.

첫째항이 3, 공비가 r인 등비수열의 일반항 a_n은
$a_n = 3\times r^{n-1}$
조건 ㈎에서
$6 < 3r+3r^2 \leq 18$, $2 < r+r^2 \leq 6$
$r+r^2 > 2$일 때,

$r^2+r-2>0$, $(r+2)(r-1)>0$

∴ $r>1$ 또는 $r<-2$ ⋯⋯⋯⋯⋯⋯⋯⋯⋯⋯ ㉠

$r+r^2\leq6$일 때,

$r^2+r-6\leq0$, $(r+3)(r-2)\leq0$

∴ $-3\leq r\leq2$ ⋯⋯⋯⋯⋯⋯⋯⋯⋯⋯ ㉡

㉠, ㉡을 동시에 만족시키는 정수 r의 값은 -3 또는 2이다.

조건 (나)에서 $\longrightarrow -3\leq r<-2$ 또는 $1<r\leq2$

$\sum\limits_{k=2}^{m}a_k=\sum\limits_{k=1}^{m}a_k-3=186$　　∴ $\sum\limits_{k=1}^{m}a_k=189$

(ⅰ) $r=-3$일 때,

　　$\sum\limits_{k=1}^{m}a_k=\dfrac{3\{1-(-3)^m\}}{1-(-3)}=189$에서

　　$\dfrac{3}{4}\{1-(-3)^m\}=189$, $1-(-3)^m=252$

　　∴ $(-3)^m=-251$

　　이를 만족시키는 자연수 m은 존재하지 않는다.

(ⅱ) $r=2$일 때,

　　$\sum\limits_{k=1}^{m}a_k=\dfrac{3(2^m-1)}{2-1}=189$에서

　　$3(2^m-1)=189$, $2^m-1=63$

　　$2^m=64=2^6$　　∴ $m=6$

(ⅰ), (ⅱ)에 의하여 $r=2$, $m=6$

∴ $r+m=8$

22 2511　📖 420　　유형 3 + 유형 4

출제의도 │ 여러 개의 $\sum$를 포함한 식을 계산할 수 있는지 확인한다.

STEP1 $\sum\limits_{i=1}^{k}\left(3i+\dfrac{3k+3}{2}\right)$을 k에 대한 식으로 나타내기 [2점]

$\sum\limits_{i=1}^{k}\left(3i+\dfrac{3k+3}{2}\right)=3\sum\limits_{i=1}^{k}i+\sum\limits_{i=1}^{k}\dfrac{3k+3}{2}$

　　　　　　　　　　$=3\times\dfrac{k(k+1)}{2}+\dfrac{3k+3}{2}\times k$

　　　　　　　　　　$=3k^2+3k$

STEP2 $\sum\limits_{k=1}^{n}\left\{\sum\limits_{i=1}^{k}\left(3i+\dfrac{3k+3}{2}\right)\right\}$을 n에 대한 식으로 나타내기 [2점]

$\sum\limits_{k=1}^{n}\left\{\sum\limits_{i=1}^{k}\left(3i+\dfrac{3k+3}{2}\right)\right\}=\sum\limits_{k=1}^{n}(3k^2+3k)$

　　　　　　　　　　　$=3\sum\limits_{k=1}^{n}k^2+3\sum\limits_{k=1}^{n}k$

　　　　　　　　　　　$=3\times\dfrac{n(n+1)(2n+1)}{6}+3\times\dfrac{n(n+1)}{2}$

　　　　　　　　　　　$=n(n+1)(n+2)$

STEP3 주어진 식의 값 구하기 [2점]

$\sum\limits_{n=1}^{5}\left[\sum\limits_{k=1}^{n}\left\{\sum\limits_{i=1}^{k}\left(3i+\dfrac{3k+3}{2}\right)\right\}\right]$

$=\sum\limits_{n=1}^{5}n(n+1)(n+2)$

$=\sum\limits_{n=1}^{5}(n^3+3n^2+2n)$

$=\sum\limits_{n=1}^{5}n^3+3\sum\limits_{n=1}^{5}n^2+2\sum\limits_{n=1}^{5}n$

$=\left(\dfrac{5\times6}{2}\right)^2+3\times\dfrac{5\times6\times11}{6}+2\times\dfrac{5\times6}{2}$

$=225+165+30=420$

23 2512　📖 242　　유형 13

출제의도 │ 로그의 성질과 수열의 합을 이용하여 미지수의 값을 구할 수 있는지 확인한다.

STEP1 $\sum\limits_{k=1}^{n}\log_3\left(1+\dfrac{1}{k}\right)$을 n에 대한 식으로 나타내기 [3점]

$\sum\limits_{k=1}^{n}\log_3\left(1+\dfrac{1}{k}\right)=\sum\limits_{k=1}^{n}\log_3\dfrac{k+1}{k}$

　　　　　　　　　　$=\log_3 2+\log_3\dfrac{3}{2}+\cdots+\log_3\dfrac{n+1}{n}$

　　　　　　　　　　$=\log_3\left(\dfrac{2}{1}\times\dfrac{3}{2}\times\cdots\times\dfrac{n+1}{n}\right)$

　　　　　　　　　　$=\log_3(n+1)$

STEP2 자연수 n의 값 구하기 [3점]

즉, $\log_3(n+1)=5$이므로 $n+1=3^5$

$n+1=243$　　∴ $n=242$

24 2513　📖 675　　유형 1

출제의도 │ 수열의 합에 대한 규칙을 추론할 수 있는지 확인한다.

STEP1 $\sum\limits_{k=1}^{30}a_k$의 값 구하기 [3점]

$\sum\limits_{k=1}^{n}(a_{3k-2}+a_{3k-1}+a_{3k})=9n^2$에서

$(a_1+a_2+a_3)+(a_4+a_5+a_6)+\cdots+(a_{3n-2}+a_{3n-1}+a_{3n})=9n^2$

∴ $\sum\limits_{k=1}^{3n}a_k=9n^2$ ⋯⋯⋯⋯⋯⋯⋯⋯⋯⋯ ㉠

$n=10$을 ㉠에 대입하면

$\sum\limits_{k=1}^{30}a_k=9\times10^2=900$

STEP2 $\sum\limits_{k=1}^{15}a_k$의 값 구하기 [2점]

$n=5$를 ㉠에 대입하면

$\sum\limits_{k=1}^{15}a_k=9\times5^2=225$

STEP3 $\sum\limits_{k=16}^{30}a_k$의 값 구하기 [2점]

$\sum\limits_{k=16}^{30}a_k=\sum\limits_{k=1}^{30}a_k-\sum\limits_{k=1}^{15}a_k=900-225=675$

25 2514　📖 616　　유형 15

출제의도 │ 수열의 합을 이용하여 일반항을 구한 후 새로운 수열의 합을 구할 수 있는지 확인한다.

STEP1 일반항 a_n 구하기 [3점]

수열 $\{a_n\}$의 첫째항부터 제n항까지의 합을 S_n이라 하면

$S_n=\sum\limits_{k=1}^{n}a_k=n^2+5n$

(ⅰ) $n=1$일 때,

　　$a_1=S_1=1^2+5=6$ ⋯⋯⋯⋯⋯⋯⋯⋯ ㉠

(ⅱ) $n\geq2$일 때,

　　$a_n=S_n-S_{n-1}$

　　　　$=n^2+5n-\{(n-1)^2+5(n-1)\}$

　　　　$=2n+4$ ⋯⋯⋯⋯⋯⋯⋯⋯⋯⋯ ㉡

이때 ㉠은 ㉡에 $n=1$을 대입한 것과 같으므로

$a_n=2n+4$ $(n\geq1)$

$a_{2k-1}=2(2k-1)+4=4k+2$ ...... ⓐ

$\therefore \sum\limits_{k=1}^{7} ka_{2k-1}=\sum\limits_{k=1}^{7} k(4k+2)=\sum\limits_{k=1}^{7} (4k^2+2k)$

$=4\sum\limits_{k=1}^{7} k^2+2\sum\limits_{k=1}^{7} k$

$=4\times\dfrac{7\times8\times15}{6}+2\times\dfrac{7\times8}{2}$

$=560+56=616$

부분점수표	
ⓐ a_{2k-1}을 구한 경우	1점

실력 check 실전 마무리하기 2회   517쪽~521쪽

1 2515 답 ③   유형 1 + 유형 2

출제의도 | $\sum$의 성질을 이용하여 식의 값을 구할 수 있는지 확인한다.

> $\sum\limits_{k=2}^{n-1}(k^3-1)=\sum\limits_{k=1}^{n}(k^3-1)-n^3+1$임을 이용하여 계산해 보자.

$\sum\limits_{k=2}^{n-1}(k^3-1)=\sum\limits_{k=1}^{n}(k^3-1)-\{(n^3-1)+(1^3-1)\}$

$=\sum\limits_{k=1}^{n}(k^3-1)-n^3+1$

$\therefore \sum\limits_{k=1}^{n}(k^3+1)-\sum\limits_{k=2}^{n-1}(k^3-1)$

$=\sum\limits_{k=1}^{n}(k^3+1)-\left\{\sum\limits_{k=1}^{n}(k^3-1)-n^3+1\right\}$

$=\sum\limits_{k=1}^{n}(k^3+1-k^3+1)+n^3-1$

$=\sum\limits_{k=1}^{n} 2+n^3-1$

$=n^3+2n-1$

2 2516 답 ⑤   유형 2

출제의도 | $\sum$의 성질을 이용한 수열의 합을 계산할 수 있는지 확인한다.

> $\sum\limits_{k=1}^{15} a_k^2$, $\sum\limits_{k=1}^{15} a_k$를 각각 구하여 식에 대입해 보자.

$\sum\limits_{k=1}^{15}(a_k+1)(a_k-1)=20$에서 $\sum\limits_{k=1}^{15}(a_k^2-1)=20$

$\sum\limits_{k=1}^{15} a_k^2-1\times15=20$ $\therefore \sum\limits_{k=1}^{15} a_k^2=20+15=35$

$\sum\limits_{k=1}^{15} a_k(a_k+1)=45$에서 $\sum\limits_{k=1}^{15} a_k^2+\sum\limits_{k=1}^{15} a_k=45$

$35+\sum\limits_{k=1}^{15} a_k=45$ $\therefore \sum\limits_{k=1}^{15} a_k=10$

$\therefore \sum\limits_{k=1}^{15}(a_k-1)^2=\sum\limits_{k=1}^{15}(a_k^2-2a_k+1)$

$=\sum\limits_{k=1}^{15} a_k^2-2\sum\limits_{k=1}^{15} a_k+\sum\limits_{k=1}^{15} 1$

$=35-2\times10+1\times15=30$

3 2517 답 ②   유형 3

출제의도 | 자연수의 거듭제곱의 합을 구할 수 있는지 확인한다.

> $\sum\limits_{k=1}^{n} k^3=\left\{\dfrac{n(n+1)}{2}\right\}^2$을 이용해 보자.

$4^3+5^3+6^3+\cdots+10^3=\sum\limits_{k=1}^{10} k^3-\sum\limits_{k=1}^{3} k^3$

$=\left(\dfrac{10\times11}{2}\right)^2-\left(\dfrac{3\times4}{2}\right)^2$

$=3025-36=2989$

4 2518 답 ①   유형 4

출제의도 | 여러 개의 $\sum$를 포함한 식을 만족시키는 미지수의 값을 구할 수 있는지 확인한다.

> 자연수의 거듭제곱의 합 공식을 이용하여 n에 대한 식으로 나타내 보자.

$\sum\limits_{l=1}^{n}\left\{\sum\limits_{k=1}^{l}(k+l)\right\}=\sum\limits_{l=1}^{n}\left\{\dfrac{l(l+1)}{2}+l^2\right\}$

$=\sum\limits_{l=1}^{n}\left(\dfrac{3}{2}l^2+\dfrac{1}{2}l\right)$

$=\dfrac{3}{2}\sum\limits_{l=1}^{n} l^2+\dfrac{1}{2}\sum\limits_{l=1}^{n} l$

$=\dfrac{3}{2}\times\dfrac{n(n+1)(2n+1)}{6}+\dfrac{1}{2}\times\dfrac{n(n+1)}{2}$

$=\dfrac{n(n+1)(2n+1)}{4}+\dfrac{n(n+1)}{4}$

$=\dfrac{n(n+1)^2}{2}$

즉, $\dfrac{n(n+1)^2}{2}=90$이므로 $n(n+1)^2=180=5\times6^2$

$\therefore n=5$

5 2519 답 ④   유형 10

출제의도 | 부분분수를 이용하여 식의 값을 구할 수 있는지 확인한다.

> 제k항을 간단히 나타낸 후 부분분수를 이용하여 식의 값을 구해 보자.

수열 $\dfrac{1}{2^2-1}$, $\dfrac{1}{4^2-1}$, $\dfrac{1}{6^2-1}$, $\cdots$, $\dfrac{1}{20^2-1}$의 제k항을 a_k라 하면

$a_k=\dfrac{1}{(2k)^2-1}=\dfrac{1}{(2k-1)(2k+1)}=\dfrac{1}{2}\left(\dfrac{1}{2k-1}-\dfrac{1}{2k+1}\right)$

$\therefore \dfrac{1}{2^2-1}+\dfrac{1}{4^2-1}+\dfrac{1}{6^2-1}+\cdots+\dfrac{1}{20^2-1}$

$=\sum\limits_{k=1}^{10} a_k=\dfrac{1}{2}\sum\limits_{k=1}^{10}\left(\dfrac{1}{2k-1}-\dfrac{1}{2k+1}\right)$

$=\dfrac{1}{2}\left\{\left(\dfrac{1}{1}-\dfrac{1}{3}\right)+\left(\dfrac{1}{3}-\dfrac{1}{5}\right)+\left(\dfrac{1}{5}-\dfrac{1}{7}\right)+\cdots+\left(\dfrac{1}{19}-\dfrac{1}{21}\right)\right\}$

$=\dfrac{1}{2}\left(1-\dfrac{1}{21}\right)=\dfrac{10}{21}$

6 2520 답 ④   유형 11

출제의도 | 부분분수를 이용하여 미지수의 값을 구할 수 있는지 확인한다.

> 부분분수를 이용하여 식을 간단히 나타내 보자.

$\sum\limits_{k=1}^{n}\dfrac{3}{(3k-1)(3k+2)}$

$=\sum\limits_{k=1}^{n}\left(\dfrac{1}{3k-1}-\dfrac{1}{3k+2}\right)$

$$=\left(\frac{1}{2}-\frac{1}{5}\right)+\left(\frac{1}{5}-\frac{1}{8}\right)+\left(\frac{1}{8}-\frac{1}{11}\right)+\cdots+\left(\frac{1}{3n-1}-\frac{1}{3n+2}\right)$$

$$=\frac{1}{2}-\frac{1}{3n+2}=\frac{3n}{2(3n+2)}$$

즉, $\frac{3n}{2(3n+2)}=\frac{12}{25}$이므로 $24n+16=25n$ $\therefore n=16$

---

7 2521 답 ①   유형 11

출제의도 | 부분분수 형태의 수열의 합을 구할 수 있는지 확인한다.

$\displaystyle\sum_{k=1}^{n}\frac{1}{k(k+1)}=\sum_{k=1}^{n}\left(\frac{1}{k}-\frac{1}{k+1}\right)$을 이용해 보자.

$$\sum_{k=2}^{100}\frac{1}{k^2-k}$$
$$=\sum_{k=2}^{100}\frac{1}{(k-1)k}=\sum_{k=2}^{100}\left(\frac{1}{k-1}-\frac{1}{k}\right)$$
$$=\left(\frac{1}{1}-\frac{1}{2}\right)+\left(\frac{1}{2}-\frac{1}{3}\right)+\left(\frac{1}{3}-\frac{1}{4}\right)+\cdots+\left(\frac{1}{99}-\frac{1}{100}\right)$$
$$=1-\frac{1}{100}=\frac{99}{100}$$

따라서 $a=99$, $b=100$이므로 $b-a=1$

---

8 2522 답 ③   유형 14

출제의도 | 무리식을 포함한 수열의 합을 구할 수 있는지 확인한다.

분모의 유리화를 이용하여 $\frac{1}{f(k)}$을 간단히 나타내 보자.

$$\frac{1}{f(x)}=\frac{1}{\sqrt{x}+\sqrt{x+1}}$$
$$=\frac{\sqrt{x}-\sqrt{x+1}}{(\sqrt{x}+\sqrt{x+1})(\sqrt{x}-\sqrt{x+1})}$$
$$=\sqrt{x+1}-\sqrt{x}$$

$$\therefore \sum_{k=1}^{80}\frac{1}{f(k)}=\sum_{k=1}^{80}(\sqrt{k+1}-\sqrt{k})$$
$$=(\sqrt{2}-\sqrt{1})+(\sqrt{3}-\sqrt{2})+\cdots+(\sqrt{81}-\sqrt{80})\}$$
$$=-\sqrt{1}+\sqrt{81}=8$$

---

9 2523 답 ⑤   유형 5

출제의도 | 등차수열의 합을 이용하여 항의 값을 구할 수 있는지 확인한다.

등차수열의 일반항과 합을 이용하여 항의 값을 구해 보자.

등차수열 $\{a_n\}$의 첫째항을 a, 공차를 d라 하면
$$a_n=a+(n-1)d$$
$$a_{2n-1}=a+\{(2n-1)-1\}d=a+2d(n-1)$$이므로
$$\sum_{k=1}^{n}a_{2k-1}=\sum_{k=1}^{n}\{a+2d(k-1)\}$$
$$=\sum_{k=1}^{n}a+2d\sum_{k=1}^{n}k-2d\sum_{k=1}^{n}1$$
$$=an+2d\times\frac{n(n+1)}{2}-2dn$$
$$=an+dn^2+dn-2dn$$
$$=dn^2+(a-d)n$$

즉, $\displaystyle\sum_{k=1}^{n}a_{2k-1}=3n^2+n$에서 $\underline{dn^2+(a-d)n=3n^2+n}$

→ n에 대한 항등식이다.

따라서 $d=3$, $a-d=1$이므로 $a=4$

$$\therefore a_5=a+4d=4+4\times3=16$$

다른 풀이

$\displaystyle\sum_{k=1}^{n}a_{2k-1}=3n^2+n$이므로

$$a_1+a_3+a_5=3\times3^2+3=30$$
$$a_1+a_3=3\times2^2+2=14$$
$$\therefore a_5=(a_1+a_3+a_5)-(a_1+a_3)$$
$$=30-14=16$$

---

10 2524 답 ③   유형 6

출제의도 | 나머지정리를 이용하여 등비수열의 합을 구할 수 있는지 확인한다.

등비수열의 합 공식을 이용하여 구해 보자.

나머지정리에 의하여
$$a_n=f(4)=4^n(4-1)=3\times4^n$$
$$\therefore \sum_{k=1}^{20}a_k=\sum_{k=1}^{20}3\times4^k=3\sum_{k=1}^{20}4^k$$
$$=3\times\frac{4(4^{20}-1)}{4-1}=4^{21}-4$$

---

11 2525 답 ②   유형 8

출제의도 | 일반항을 구하여 수열의 합을 구할 수 있는지 확인한다.

주어진 식을 $\displaystyle\sum_{k=1}^{n+1}k(n+2-k)$로 표현하여 식을 만족시키는 미지수의 값의 합을 구해 보자.

$$1\times(n+1)+2\times n+3\times(n-1)+\cdots+n\times2+(n+1)\times1$$
$$=\sum_{k=1}^{n+1}k(n+2-k)$$
$$=\sum_{k=1}^{n+1}\{-k^2+(n+2)k\}$$
$$=-\sum_{k=1}^{n+1}k^2+(n+2)\sum_{k=1}^{n+1}k$$
$$=-\frac{(n+1)(n+2)(2n+3)}{6}+(n+2)\times\frac{(n+1)(n+2)}{2}$$
$$=\frac{(n+1)(n+2)(n+3)}{6}$$
$$\therefore a+b+c=1+2+3=6$$

---

12 2526 답 ①   유형 9

출제의도 | 주어진 조건을 이용하여 항이 가지는 값의 개수를 식으로 나타낼 수 있는지 확인한다.

항의 값이 -1, 1인 항의 개수를 각각 x, y로 놓고 식을 세운 후, 미지수의 값을 구해 보자.

수열 $\{a_n\}$에서 a_1부터 a_{20}까지의 항 중에서 값이 -1인 항의 개수를 x, 1인 항의 개수를 y라 하면

$\displaystyle\sum_{k=1}^{20}a_k=1$에서 $-x+y=1$ ······· ㉠

$\displaystyle\sum_{k=1}^{20}a_k^2=11$에서 $x+y=11$ ······· ㉡

㉠, ㉡을 연립하여 풀면 $x=5$, $y=6$

따라서 $a_k=-1$인 자연수 k의 개수는 5이다.

13 2527 답 ⑤

유형 10 + 유형 11

출제의도 | 주어진 식의 일반항을 추론하여 수열의 합을 구할 수 있는지 확인한다.

> 주어진 식을 $\sum\limits_{k=1}^{10} \dfrac{4k+2}{\sum\limits_{m=1}^{k} m^2}$ 로 표현하여 식의 값을 구해 보자.

수열 $\dfrac{6}{1^2}$, $\dfrac{10}{1^2+2^2}$, $\dfrac{14}{1^2+2^2+3^2}$, $\cdots$, $\dfrac{42}{1^2+2^2+\cdots+10^2}$ 에서 제k항을 a_k라 하면

$a_k = \dfrac{4k+2}{\sum\limits_{m=1}^{k} m^2} = \dfrac{4k+2}{\dfrac{k(k+1)(2k+1)}{6}}$

$= \dfrac{12}{k(k+1)} = 12\left(\dfrac{1}{k} - \dfrac{1}{k+1}\right)$

$\therefore \dfrac{6}{1^2} + \dfrac{10}{1^2+2^2} + \dfrac{14}{1^2+2^2+3^2} + \cdots + \dfrac{42}{1^2+2^2+\cdots+10^2}$

$= \sum\limits_{k=1}^{10} a_k$

$= 12 \sum\limits_{k=1}^{10} \left(\dfrac{1}{k} - \dfrac{1}{k+1}\right)$

$= 12\left\{\left(\dfrac{1}{1} - \dfrac{1}{2}\right) + \left(\dfrac{1}{2} - \dfrac{1}{3}\right) + \cdots + \left(\dfrac{1}{10} - \dfrac{1}{11}\right)\right\}$

$= 12\left(1 - \dfrac{1}{11}\right) = \dfrac{120}{11}$

14 2528 답 ④

유형 12

출제의도 | 일반항을 구하고 수열의 합을 구할 수 있는지 확인한다.

> 이차방정식의 근과 계수의 관계를 이용하여 두 근의 합과 곱을 구해 보자.

이차방정식의 근과 계수의 관계에 의하여

$a_n + b_n = 4n$, $a_n b_n = 6n^2$

이므로

$a_n^2 + b_n^2 = (a_n + b_n)^2 - 2a_n b_n$

$= (4n)^2 - 2 \times 6n^2 = 4n^2$

$\therefore \sum\limits_{k=1}^{10} (a_k^2 + b_k^2) = \sum\limits_{k=1}^{10} 4k^2 = 4 \sum\limits_{k=1}^{10} k^2$

$= 4 \times \dfrac{10 \times 11 \times 21}{6} = 1540$

15 2529 답 ①

유형 15

출제의도 | 수열의 합과 일반항 사이의 관계를 이용하여 a_n을 구할 수 있는지 확인한다.

> $a_1 = S_1$, $a_n = S_n - S_{n-1}$임을 이용하여 일반항을 구한 후, 새로운 수열의 합을 구해 보자.

수열 $\{a_n\}$의 첫째항부터 제n항까지의 합을 S_n이라 하면

$S_n = \sum\limits_{k=1}^{n} a_k = n^2 - n$

(ⅰ) $n=1$일 때,

$a_1 = S_1 = 1^2 - 1 = 0$ ·············· ㉠

(ⅱ) $n \geq 2$일 때,

$a_n = S_n - S_{n-1}$

$= (n^2 - n) - \{(n-1)^2 - (n-1)\}$

$= 2n - 2$ ·············· ㉡

이때 ㉠은 ㉡에 $n=1$을 대입한 것과 같으므로

$a_n = 2n - 2$ $(n \geq 1)$

따라서 $a_{3k+1} = 2(3k+1) - 2 = 6k$이므로

$\sum\limits_{k=1}^{10} ka_{3k+1} = 6 \sum\limits_{k=1}^{10} k^2 = 6 \times \dfrac{10 \times 11 \times 21}{6} = 2310$

16 2530 답 ③

유형 5

출제의도 | $\sum$의 성질을 이용하여 등차수열의 합을 구할 수 있는지 확인한다.

> 등차수열의 일반항을 구하고 양수인 항과 음수인 항을 나누어 해결해 보자.

등차수열 $\{a_n\}$의 공차를 d라 하면

$a_{10} = a_1 + 9d = 1$에서 $37 + 9d = 1$

$9d = -36$

$\therefore d = -4$

첫째항이 37, 공차가 -4인 등차수열의 일반항 a_n은

$a_n = 37 + (n-1) \times (-4) = 41 - 4n$

$\therefore \sum\limits_{k=1}^{20} |a_k| = \sum\limits_{k=1}^{20} |41 - 4k|$

$\quad$ $1 \leq k \leq 10$일 때 $|41-4k| = 41-4k$
$\quad$ $11 \leq k \leq 20$일 때 $|41-4k| = 4k-41$

$= \sum\limits_{k=1}^{10} (41 - 4k) + \sum\limits_{k=11}^{20} (4k - 41)$

$= \sum\limits_{k=1}^{10} (41 - 4k) + \sum\limits_{k=1}^{20} (4k - 41) - \sum\limits_{k=1}^{10} (4k - 41)$

$= \sum\limits_{k=1}^{10} \{(41 - 4k) - (4k - 41)\} + \sum\limits_{k=1}^{20} (4k - 41)$

$= \sum\limits_{k=1}^{10} (82 - 8k) + \sum\limits_{k=1}^{20} (4k - 41)$

$= \sum\limits_{k=1}^{10} 82 - 8 \sum\limits_{k=1}^{10} k + 4 \sum\limits_{k=1}^{20} k - \sum\limits_{k=1}^{20} 41$

$= 82 \times 10 - 8 \times \dfrac{10 \times 11}{2} + 4 \times \dfrac{20 \times 21}{2} - 41 \times 20$

$= 820 - 440 + 840 - 820$

$= 400$

17 2531 답 ①

유형 6

출제의도 | 등비수열임을 알고, 주어진 부등식을 만족시키는 미지수의 최솟값을 구할 수 있는지 확인한다.

> $a_{n+1}^2 = a_n a_{n+2}$에서 a_{n+1}이 등비중항임을 알고 등비수열의 합의 조건을 만족시키는 미지수의 값을 구해 보자.

수열 $\{a_n\}$이 $a_{n+1}^2 = a_n a_{n+2}$를 만족시키므로 수열 $\{a_n\}$은 등비수열이다.

등비수열 $\{a_n\}$의 공비를 r라 하면 $a_1 = 3$, $a_2 = 6$이므로

$r = \dfrac{a_2}{a_1} = \dfrac{6}{3} = 2$

$a_n = 3 \times 2^{n-1}$이므로

$\sum\limits_{k=1}^{m} a_k = \sum\limits_{k=1}^{m} 3 \times 2^{k-1} = 3 \times \dfrac{2^m - 1}{2 - 1} = 3(2^m - 1)$

즉, $\sum\limits_{k=1}^{m} a_k > 84$이므로

$3(2^m - 1) > 84$

$2^m - 1 > 28$, $2^m > 29$

이때 $2^4 = 16$, $2^5 = 32$이므로 $\sum\limits_{k=1}^{m} a_k > 84$를 만족시키는 자연수 m의 최솟값은 5이다.

18 2532 📖 ① 　　유형 6

출제의도 | 등비수열의 합을 이용하여 공비를 구할 수 있는지 확인한다.

S_n과 T_n을 등비수열의 합에 대한 식을 이용하여 구한 후 S_n과 T_n 사이의 관계를 파악해 보자.

등비수열 $\{a_n\}$의 첫째항을 3, 공비를 r라 하면
$a_n=3\times r^{n-1}$이므로
$$S_n=\sum_{k=1}^{n}a_k=\frac{3(r^n-1)}{r-1}$$
또, $\dfrac{1}{a_n}=\dfrac{1}{3}\times\left(\dfrac{1}{r}\right)^{n-1}$이므로 수열 $\left\{\dfrac{1}{a_n}\right\}$은 첫째항이 $\dfrac{1}{3}$, 공비가 $\dfrac{1}{r}$

인 등비수열이다. 따라서

$$T_n=\sum_{k=1}^{n}\frac{1}{a_k}=\frac{\dfrac{1}{3}\left\{1-\left(\dfrac{1}{r}\right)^n\right\}}{1-\dfrac{1}{r}}=\frac{1}{9r^{n-1}}\times\frac{3(r^n-1)}{r-1}=\frac{1}{9r^{n-1}}S_n$$

이므로 $\dfrac{S_n}{T_n}=9r^{n-1}$

이때 $\dfrac{S_8}{T_8}=1152$이므로

$9r^7=1152$
$r^7=128=2^7$
$\therefore r=2$

따라서 등비수열 $\{a_n\}$의 공비는 2이다.

19 2533 📖 ④ 　　유형 14 + 유형 16

출제의도 | 도형의 성질을 활용하여 수열의 합을 구할 수 있는지 확인한다.

사다리꼴의 넓이 구하는 식을 이용하여 S_n에 대한 식을 구해 보자.

$\overline{A_nB_n}=\sqrt{2n-1}$, $\overline{A_{n+1}B_{n+1}}=\sqrt{2n+1}$,
$\overline{B_nB_{n+1}}=(2n+1)-(2n-1)=2$

이므로 사각형 $A_nB_nB_{n+1}A_{n+1}$의 넓이 S_n은
$$S_n=\frac{1}{2}\times(\sqrt{2n+1}+\sqrt{2n-1})\times2=\sqrt{2n+1}+\sqrt{2n-1}$$

$$\therefore \sum_{k=1}^{40}\frac{1}{S_k}=\sum_{k=1}^{40}\frac{1}{\sqrt{2k+1}+\sqrt{2k-1}}$$
$$=\sum_{k=1}^{40}\frac{\sqrt{2k+1}-\sqrt{2k-1}}{(\sqrt{2k+1}+\sqrt{2k-1})(\sqrt{2k+1}-\sqrt{2k-1})}$$
$$=\frac{1}{2}\sum_{k=1}^{40}(\sqrt{2k+1}-\sqrt{2k-1})$$
$$=\frac{1}{2}\{(\sqrt{3}-\sqrt{1})+(\sqrt{5}-\sqrt{3})+(\sqrt{7}-\sqrt{5})+\cdots$$
$$+(\sqrt{81}-\sqrt{79})\}$$
$$=\frac{1}{2}(-\sqrt{1}+\sqrt{81})=4$$

20 2534 📖 ③ 　　유형 20

출제의도 | 군수열을 이루는 항의 규칙을 추론할 수 있는지 확인한다.

군수열의 규칙을 추론하여 주어진 분수의 위치를 구해 보자.

주어진 수열을 군수열로 나타내면
$$\underbrace{\left(\frac{1}{2}\right)}_{\text{제1군}},\underbrace{\left(\frac{1}{4},\frac{3}{4}\right)}_{\text{제2군}},\underbrace{\left(\frac{1}{8},\frac{3}{8},\frac{5}{8},\frac{7}{8}\right)}_{\text{제3군}},\cdots$$

이때 제n군의 항의 개수는 2^{n-1}이므로 제1군부터 제n군까지의 항의 개수의 합은
$$\sum_{k=1}^{n}2^{k-1}=\frac{2^n-1}{2-1}=2^n-1$$
제n군의 항의 분모는 2^n이고, 제n군의 m번째 항의 분자는 $2m-1$

이므로 $\dfrac{37}{64}$은 제6군의 19번째 항이다. 　┌▶ $2^n=64$에서 $n=6$
　　　　　　　└▶ $2m-1=37$에서 $m=19$

한편, 제1군부터 제5군까지의 항의 개수의 합은
$$2^5-1=31$$
따라서 $\dfrac{37}{64}$은 $31+19=50$에서 제50항이다.

21 2535 📖 ③ 　　유형 17

출제의도 | 점과 직선 사이의 거리에 대한 식을 이용하여 선분의 길이를 구할 수 있는지 확인한다.

점과 직선 사이의 거리와 피타고라스 정리를 이용하여 선분의 길이를 구해 보자.

그림과 같이 직선 $y=\dfrac{4}{3}x+\dfrac{5}{3}$와 원 $x^2+y^2=4n^2$의 교점을 각각 A, B라 하고, 원점 O에서 직선 $y=\dfrac{4}{3}x+\dfrac{5}{3}$에 내린 수선의 발을 H라 하자.

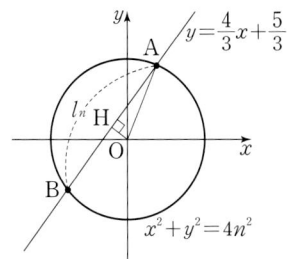

원점과 직선 $y=\dfrac{4}{3}x+\dfrac{5}{3}$, 즉 $4x-3y+5=0$ 사이의 거리는
$$\overline{OH}=\frac{|5|}{\sqrt{4^2+(-3)^2}}=1$$
또, 원 $x^2+y^2=4n^2$의 반지름의 길이가 $2n$이므로 $\overline{OA}=2n$
직각삼각형 OAH에서 피타고라스 정리에 의하여
$$\overline{AH}=\sqrt{\overline{OA}^2-\overline{OH}^2}=\sqrt{(2n)^2-1^2}=\sqrt{4n^2-1}$$
$\overline{AH}=\overline{BH}$이므로
$$l_n=2\sqrt{4n^2-1}$$
즉, $l_n^2=4(4n^2-1)$이므로
$$\frac{1}{l_n^2}=\frac{1}{4(4n^2-1)}$$
$$=\frac{1}{4(2n-1)(2n+1)}$$
$$=\frac{1}{8}\left(\frac{1}{2n-1}-\frac{1}{2n+1}\right)$$
$$\therefore \sum_{n=1}^{20}\frac{1}{l_n^2}=\frac{1}{8}\sum_{n=1}^{20}\left(\frac{1}{2n-1}-\frac{1}{2n+1}\right)$$
$$=\frac{1}{8}\left\{\left(\frac{1}{1}-\frac{1}{3}\right)+\left(\frac{1}{3}-\frac{1}{5}\right)+\cdots+\left(\frac{1}{39}-\frac{1}{41}\right)\right\}$$
$$=\frac{1}{8}\left(1-\frac{1}{41}\right)$$
$$=\frac{5}{41}$$

　10

　　　　　　10 수열의 합 **439**

22 2536　目 3025　유형3

출제의도 | 자연수의 거듭제곱의 합의 여러 가지 표현을 이해하는지 확인한다.

STEP1 주어진 식을 나열하여 수에 대한 식으로 나타내기 [4점]

$$\sum_{k=1}^{10}k^2+\sum_{k=1}^{9}(k+1)^2+\sum_{k=1}^{8}(k+2)^2+\cdots$$
$$+\sum_{k=1}^{2}(k+8)^2+\sum_{k=1}^{1}(k+9)^2$$
$$=(1^2+2^2+\cdots+10^2)+(2^2+3^2+\cdots+10^2)$$
$$+(3^2+4^2+\cdots+10^2)+\cdots+(9^2+10^2)+10^2$$
$$=1^2+2^2\times2+3^2\times3+\cdots+10^2\times10$$
$$=1^3+2^3+3^3+\cdots+10^3$$

STEP2 주어진 식의 값 구하기 [2점]

$$\sum_{k=1}^{10}k^2+\sum_{k=1}^{9}(k+1)^2+\sum_{k=1}^{8}(k+2)^2+\cdots$$
$$+\sum_{k=1}^{2}(k+8)^2+\sum_{k=1}^{1}(k+9)^2$$
$$=\sum_{k=1}^{10}k^3$$
$$=\left(\frac{10\times11}{2}\right)^2=3025$$

23 2537　目 $\dfrac{2n+1}{6}$　유형8

출제의도 | a_k를 k와 n에 대한 식으로 나타내어 주어진 식을 간단히 할 수 있는지 확인한다.

STEP1 수열의 제k항 구하기 [3점]

수열 $\dfrac{1^2}{n(n+1)}$, $\dfrac{2^2}{n(n+1)}$, $\dfrac{3^2}{n(n+1)}$, $\cdots$, $\dfrac{n^2}{n(n+1)}$의 제k항을 a_k라 하면

$$a_k=\frac{k^2}{n(n+1)}$$

STEP2 주어진 식 간단히 하기 [3점]

$$\frac{1^2}{n(n+1)}+\frac{2^2}{n(n+1)}+\frac{3^2}{n(n+1)}+\cdots+\frac{n^2}{n(n+1)}$$
$$=\sum_{k=1}^{n}a_k=\sum_{k=1}^{n}\frac{k^2}{n(n+1)}$$
$$=\frac{1}{n(n+1)}\sum_{k=1}^{n}k^2$$
$$=\frac{1}{n(n+1)}\times\frac{n(n+1)(2n+1)}{6}$$
$$=\frac{2n+1}{6}$$

24 2538　目 $\dfrac{5}{11}$　유형6 + 유형13

출제의도 | 등비수열의 일반항과 로그의 성질을 이용하여 수열의 합을 구할 수 있는지 확인한다.

STEP1 일반항 a_n 구하기 [1점]

첫째항이 9, 공비가 3인 등비수열 $\{a_n\}$의 일반항은

$$a_n=9\times3^{n-1}=3^{n+1}$$

STEP2 $\dfrac{\log_3 a_{n+1}-\log_3 a_n}{\log_3 a_n\times\log_3 a_{n+1}}$을 n에 대한 부분분수로 나타내기 [3점]

$$\frac{\log_3 a_{n+1}-\log_3 a_n}{\log_3 a_n\times\log_3 a_{n+1}}=\frac{\log_3 3^{n+2}-\log_3 3^{n+1}}{\log_3 3^{n+1}\times\log_3 3^{n+2}}$$
$$=\frac{(n+2)-(n+1)}{(n+1)(n+2)}$$

$$=\frac{1}{(n+1)(n+2)}$$
$$=\frac{1}{n+1}-\frac{1}{n+2}$$

STEP3 식의 값 구하기 [3점]

$$\sum_{n=1}^{20}\frac{\log_3 a_{n+1}-\log_3 a_n}{\log_3 a_n\times\log_3 a_{n+1}}$$
$$=\sum_{n=1}^{20}\left(\frac{1}{n+1}-\frac{1}{n+2}\right)$$
$$=\left(\frac{1}{2}-\frac{1}{3}\right)+\left(\frac{1}{3}-\frac{1}{4}\right)+\cdots+\left(\frac{1}{21}-\frac{1}{22}\right)$$
$$=\frac{1}{2}-\frac{1}{22}=\frac{5}{11}$$

25 2539　目 85　유형15

출제의도 | 수열의 합과 일반항 사이의 관계를 이용하여 일반항을 구할 수 있는지 확인한다.

STEP1 $a_n b_n$을 n에 대한 식으로 나타내기 [4점]

$\sum_{k=1}^{n}a_k b_k=S_n$이라 하면

$$a_1 b_1=S_1=\frac{4+21-1}{6}=4 \quad\cdots\cdots ㉠$$

$n\geq2$일 때,

$$a_n b_n=S_n-S_{n-1}$$
$$=\sum_{k=1}^{n}a_k b_k-\sum_{k=1}^{n-1}a_k b_k$$
$$=\frac{n(4n^2+21n-1)}{6}-\frac{(n-1)\{4(n-1)^2+21(n-1)-1\}}{6}$$
$$=\frac{4n^3+21n^2-n}{6}-\frac{4n^3+9n^2-31n+18}{6}$$
$$=\frac{12n^2+30n-18}{6}$$
$$=2n^2+5n-3$$
$$=(2n-1)(n+3) \quad\cdots\cdots ㉡$$

이때 ㉠은 ㉡에 $n=1$을 대입한 것과 같으므로

$$a_n b_n=(2n-1)(n+3) \ (n\geq1)$$

STEP2 b_n 구하기 [2점]

$\sum_{k=1}^{n}a_k=n^2$이므로

$$a_1=1 \quad\cdots\cdots ㉢$$

$n\geq2$일 때,

$$a_n=\sum_{k=1}^{n}a_k-\sum_{k=1}^{n-1}a_k=n^2-(n-1)^2=2n-1 \quad\cdots\cdots ㉣$$

이때 ㉢은 ㉣에 $n=1$을 대입한 것과 같으므로

$$a_n=2n-1 \ (n\geq1) \quad\cdots\cdots ⓐ$$

$a_n b_n=(2n-1)(n+3)$에서

$$b_n=n+3 \ (n\geq1)$$

STEP3 $\sum_{k=1}^{10}b_k$의 값 구하기 [2점]

$$\sum_{k=1}^{10}b_k=\sum_{k=1}^{10}(k+3)=\sum_{k=1}^{10}k+\sum_{k=1}^{10}3$$
$$=\frac{10\times11}{2}+3\times10=85$$

부분점수표	
ⓐ a_n을 구한 경우	1점

11 수학적 귀납법

2540 답 29

$a_1=2$, $a_{n+1}-a_n=3$이므로 수열 $\{a_n\}$은 첫째항이 2, 공차가 3인 등차수열이다.

이 등차수열의 일반항 a_n은

$a_n=2+(n-1)\times 3=3n-1$

따라서 제10항은

$a_{10}=3\times 10-1=29$

2541 답 96

$a_1=3$, $\dfrac{a_{n+1}}{a_n}=2$이므로 수열 $\{a_n\}$은 첫째항이 3, 공비가 2인 등비수열이다.

이 등비수열의 일반항 a_n은

$a_n=3\times 2^{n-1}$

따라서 제6항은

$a_6=3\times 2^5=96$

2542 답 126

$a_{n+1}=a_n+3^n$의 n에 1, 2, 3, 4를 차례로 대입하여 변끼리 더하면

$$
\begin{aligned}
a_2&=a_1+3^1\\
a_3&=a_2+3^2\\
a_4&=a_3+3^3\\
+)\ a_5&=a_4+3^4\\
\hline
a_5&=a_1+\sum_{k=1}^{4}3^k\\
&=6+\frac{3(3^4-1)}{3-1}\\
&=6+\frac{3\times 80}{2}\\
&=126
\end{aligned}
$$

2543 답 -80

$a_{n+1}=a_n-2n+1$의 n에 1, 2, 3, $\cdots$, 9를 차례로 대입하여 변끼리 더하면

$$
\begin{aligned}
a_2&=a_1-2\times 1+1\\
a_3&=a_2-2\times 2+1\\
a_4&=a_3-2\times 3+1\\
&\vdots\\
+)\ a_{10}&=a_9-2\times 9+1\\
\hline
a_{10}&=a_1+\sum_{k=1}^{9}(-2k+1)\\
&=1+(-2)\times\frac{9\times 10}{2}+9\\
&=1-90+9\\
&=-80
\end{aligned}
$$

2544 답 $\dfrac{1}{10}$

$a_{n+1}=\dfrac{n}{n+1}a_n$의 n에 1, 2, 3, $\cdots$, 9를 차례로 대입하여 변끼리 곱하면

$$
\begin{aligned}
a_2&=\frac{1}{2}a_1\\
a_3&=\frac{2}{3}a_2\\
a_4&=\frac{3}{4}a_3\\
&\vdots\\
\times)\ a_{10}&=\frac{9}{10}a_9\\
\hline
a_{10}&=\frac{1}{2}\times\frac{2}{3}\times\frac{3}{4}\times\cdots\times\frac{9}{10}a_1\\
&=\frac{1}{10}\times 1=\frac{1}{10}
\end{aligned}
$$

2545 답 2^{45}

$a_{n+1}=2^n a_n$의 n에 1, 2, 3, $\cdots$, 9를 차례로 대입하여 변끼리 곱하면

$$
\begin{aligned}
a_2&=2^1 a_1\\
a_3&=2^2 a_2\\
a_4&=2^3 a_3\\
&\vdots\\
\times)\ a_{10}&=2^9 a_9\\
\hline
a_{10}&=2^1\times 2^2\times 2^3\times\cdots\times 2^9\times a_1\\
&=2^{1+2+3+\cdots+9}\\
&=2^{\frac{9\times 10}{2}}=2^{45}
\end{aligned}
$$

2546 답 ㄴ, ㄷ

ㄱ. $p(1)$이 참이면 $p(4)$도 참이고 $p(4)$가 참이면 $p(16)$이 참이다. 또, $p(16)$이 참이면 $p(64)$도 참이다. 그런데 $p(32)$가 참인지는 알 수 없다. (거짓)

ㄴ. $p(2)$가 참이면 $p(8)$도 참이고 $p(8)$이 참이면 $p(32)$도 참이고 $p(32)$가 참이면 $p(\underline{128})$도 참이다. (참)
                                $\longrightarrow 32\times 4$

ㄷ. $p(3)$이 참이면 $p(12)$도 참이고 $p(12)$가 참이면 $p(48)$도 참이고 $p(48)$이 참이면 $p(\underline{192})$도 참이다. (참)
                   $\longrightarrow 48\times 4$

따라서 옳은 것은 ㄴ, ㄷ이다.

2547 답 풀이 참조

(i) $n=1$일 때

(좌변)$=1$, (우변)$=\dfrac{1\times 2}{2}=1$이므로 주어진 등식이 성립한다.

(ii) $n=k$일 때 주어진 등식이 성립한다고 가정하면

$1+2+3+\cdots+k=\dfrac{k(k+1)}{2}$

양변에 $k+1$을 더하면
$$1+2+3+\cdots+k+(k+1)=\frac{k(k+1)}{2}+(k+1)$$
$$=\frac{k(k+1)+2(k+1)}{2}$$
$$=\frac{(k+1)(k+2)}{2}$$
이므로 $n=k+1$일 때도 주어진 등식이 성립한다.

(i), (ii)에서 모든 자연수 n에 대하여 주어진 등식이 성립한다.

기출 유형 check 실전 준비하기 527쪽~556쪽

2548 답 ④

주어진 명제의 가정을 p, 결론을 q라 하고 p, q의 진리집합을 각각 P, Q라 하자.

ㄱ. $p:x^2=1$에서 $x=-1$ 또는 $x=1$

$q:x^3=1$에서 $x=1$

즉, $P=\{-1,\,1\}$, $Q=\{1\}$이므로 $P\not\subset Q$

따라서 주어진 명제는 거짓이다. (거짓)

ㄴ. 마름모는 평행사변형이다. (참)

ㄷ. $p:x=-2$

$q:x^2+2x=0$에서 $x(x+2)=0$

$\therefore x=-2$ 또는 $x=0$

즉, $P=\{-2\}$, $Q=\{-2,\,0\}$이므로 $P\subset Q$

따라서 주어진 명제는 참이다. (참)

> 진리집합의 포함 관계를 파악한 후 명제의 참, 거짓을 판단한다.

ㄹ. n이 홀수이므로 $n=2k-1$ (k는 자연수)이라 하면
$$n^2=(2k-1)^2=4k^2-4k+1$$
$$=2(2k^2-2k)+1$$
즉, n^2은 홀수이다.

따라서 참인 명제는 ㄴ, ㄷ, ㄹ이다.

2549 답 ③

① [반례] $x=-4$이면 $x^2=16$이지만 $x\neq4$이다. (거짓)

② [반례] $x=3$, $y=-1$이면 $x+y=2>0$이지만 $xy=-3<0$이다. (거짓)

③ $|x|>1$이면 $x<-1$ 또는 $x>1$이므로 $x^2>1$이다. (참)

④ $-1<x<1$이면 $0\leq x^2<1$이다. (거짓)

⑤ [반례] 직사각형은 네 각이 모두 직각인 사각형이지만 정사각형이 아니다. (거짓)

2550 답 ②, ⑤

② [반례] $a=\sqrt{2}$, $b=-\sqrt{2}$이면 a, b는 무리수이지만 $a+b=0$, $ab=-2$는 모두 유리수이다. (거짓)

⑤ [반례] $\angle A=\angle C=70°$이면 삼각형 ABC는 이등변삼각형이지만 $\angle B=40°$이므로 $\angle A\neq\angle B$이다. (거짓)

2551 답 ④

ㄱ. [반례] $x=1$, $y=-1$이면 $x^2=y^2=1$이지만 $x\neq y$이다. (거짓)

ㄴ. [반례] $x=-2$이면 $x^2>1$이지만 $x<1$이다. (거짓)

ㄷ. [반례] $x=0$이면 $\sqrt{3x}$는 유리수이다. (거짓)

ㄹ. [반례] $a=1$, $b=2$이면 $ab=2$는 짝수이지만 a는 홀수, b는 짝수이다. (거짓)

ㅁ. $p:x$는 4의 양의 약수, $q:x$는 8의 양의 약수

라 하고, 두 조건 p, q의 진리집합을 각각 P, Q라 하면
$$P=\{1,\,2,\,4\},\ Q=\{1,\,2,\,4,\,8\}$$
$$\therefore P\subset Q$$
따라서 주어진 명제는 참이다. (참)

따라서 거짓인 명제는 ㄱ, ㄴ, ㄷ, ㄹ의 4개이다.

2552 답 ④ | 유형1

> 수열 $\{a_n\}$이
> $$a_1=48,\ a_{n+1}-a_n=-3\ (n=1,\,2,\,3,\,\cdots)$$
> **단서1**
> 으로 정의될 때, $a_k=9$를 만족시키는 자연수 k의 값은?
>
> ① 11 　　② 12 　　③ 13
> ④ 14 　　⑤ 15
>
> **단서1** 이웃하는 두 항의 차가 -3이므로 공차가 -3

STEP1 수열 $\{a_n\}$이 어떤 수열인지 알기

수열 $\{a_n\}$은 첫째항이 48이고, 공차가 -3인 등차수열이다.

STEP2 수열 $\{a_n\}$의 일반항 구하기

이 등차수열의 일반항은
$$a_n=48+(n-1)\times(-3)=-3n+51$$

STEP3 $a_k=9$를 만족시키는 자연수 k의 값 구하기

$a_k=-3k+51$에서 $-3k+51=9$

$3k=42$　　$\therefore k=14$

2553 답 ③

주어진 수열은 첫째항이 -4, 공차가 3인 등차수열이므로
$$a_1=-4,\ a_{n+1}=a_n+3\ (n=1,\,2,\,3,\,\cdots)$$
따라서 $\alpha=-4$, $\beta=3$이므로 $\alpha\beta=-4\times3=-12$

2554 답 -17

$a_1=1$, $a_{n+1}=a_n-2$, 즉 $a_{n+1}-a_n=-2$이므로 수열 $\{a_n\}$은 첫째항이 1, 공차가 -2인 등차수열이다.

이 등차수열의 일반항은
$$a_n=1+(n-1)\times(-2)=-2n+3$$
$$\therefore a_{10}=-2\times10+3=-17$$

2555 답 ④

$a_1=1$, $a_{n+1}=a_n+3$, 즉 $a_{n+1}-a_n=3$이므로 수열 $\{a_n\}$은 첫째항이 1이고 공차가 3인 등차수열이다.

이 등차수열의 일반항은
$a_n = 1 + (n-1) \times 3 = 3n - 2$
따라서 $a_3 = 3 \times 3 - 2 = 7$, $a_5 = 3 \times 5 - 2 = 13$이므로
$a_3 + a_5 = 7 + 13 = 20$

2556 답 ①

$a_{n+2} - a_{n+1} = a_{n+1} - a_n$, 즉 $a_{n+2} + a_n = 2a_{n+1}$이므로 수열 $\{a_n\}$은
등차수열이다.
$a_1 = 3$, $a_2 = 7$이므로 $a_2 - a_1 = 7 - 3 = 4$
따라서 수열 $\{a_n\}$은 첫째항이 3, 공차가 4인 등차수열이므로
$a_n = 3 + (n-1) \times 4 = 4n - 1$
$\therefore a_5 = 4 \times 5 - 1 = 19$

> **참고** 연속하는 세 항 a_n, a_{n+1}, a_{n+2} 사이에
> $$2a_{n+1} = a_n + a_{n+2} \ (n = 1, 2, 3, \cdots)$$
> 의 관계가 성립하면 수열 $\{a_n\}$은 등차수열이다.

2557 답 ②

$a_1 = -3$, $a_{n+1} = a_n + 4$, 즉 $a_{n+1} - a_n = 4$이므로 수열 $\{a_n\}$은 첫째
항이 -3, 공차가 4인 등차수열이다.
이 등차수열의 일반항은
$a_n = -3 + (n-1) \times 4 = 4n - 7$
따라서 수열 $\{a_n\}$의 첫째항부터 제10항까지의 합은
$$\sum_{k=1}^{10} (4k - 7) = 4 \times \frac{10 \times 11}{2} - 7 \times 10$$
$$= 220 - 70 = 150$$

> **참고** 수열 $\{a_n\}$의 첫째항부터 제10항까지의 합 S_{10}의 값은 다음과 같이 구
> 할 수도 있다.
> $$S_{10} = \frac{10 \times \{2 \times (-3) + (10-1) \times 4\}}{2} = 150$$

2558 답 $\frac{1}{2}$

$a_1 = 2$, $\dfrac{1}{a_{n+1}} = \dfrac{1}{a_n} + \dfrac{1}{6}$에서
$\dfrac{1}{a_1} = \dfrac{1}{2}$, $\dfrac{1}{a_{n+1}} - \dfrac{1}{a_n} = \dfrac{1}{6}$
이므로 수열 $\left\{\dfrac{1}{a_n}\right\}$은 첫째항이 $\dfrac{1}{2}$, 공차가 $\dfrac{1}{6}$인 등차수열이다.
따라서 수열 $\left\{\dfrac{1}{a_n}\right\}$의 일반항은
$\dfrac{1}{a_n} = \dfrac{1}{2} + (n-1) \times \dfrac{1}{6} = \dfrac{1}{6}n + \dfrac{1}{3} = \dfrac{n+2}{6}$
즉, $a_n = \dfrac{6}{n+2}$이므로
$a_{10} = \dfrac{6}{12} = \dfrac{1}{2}$

2559 답 ③

$a_{n+2} - a_{n+1} = a_{n+1} - a_n$, 즉 $2a_{n+1} = a_n + a_{n+2}$이므로 수열 $\{a_n\}$은
등차수열이다.
등차수열 $\{a_n\}$의 첫째항을 a, 공차를 d라 하면

$a_4 = 3$이므로 $a_4 = a + 3d = 3$ $\cdots\cdots$ ㉠
$a_9 = 18$이므로 $a_9 = a + 8d = 18$ $\cdots\cdots$ ㉡
㉠, ㉡을 연립하여 풀면 $a = -6$, $d = 3$
$\therefore a_n = -6 + (n-1) \times 3 = 3n - 9$
$a_n < 100$에서 $3n - 9 < 100$
$3n < 109$ $\therefore n < 36.\times\times\times$
따라서 구하는 자연수 n의 최댓값은 36이다.

2560 답 ③

$a_{n+1} = \dfrac{a_n + a_{n+2}}{2}$, 즉 $2a_{n+1} = a_n + a_{n+2}$이므로 수열 $\{a_n\}$은 등차
수열이다.
등차수열 $\{a_n\}$의 첫째항을 a, 공차를 d라 하면
$a_2 = 4$이므로 $a_2 = a + d = 4$ $\cdots\cdots$ ㉠
$a_7 = 14$이므로 $a_7 = a + 6d = 14$ $\cdots\cdots$ ㉡
㉠, ㉡을 연립하여 풀면 $a = 2$, $d = 2$
$\therefore a_n = 2 + (n-1) \times 2 = 2n$
$\therefore \displaystyle\sum_{k=1}^{7} a_k = \sum_{k=1}^{7} 2k = 2 \times \frac{7 \times 8}{2} = 56$

2561 답 ②

$a_1 = -28$, $a_{n+1} = a_n + 3$, 즉 $a_{n+1} - a_n = 3$이므로 수열 $\{a_n\}$은 첫
째항이 -28, 공차가 3인 등차수열이다.
이 등차수열의 일반항은
$a_n = -28 + (n-1) \times 3 = 3n - 31$
제n항에서 처음으로 양수가 나온다고 하면
$3n - 31 > 0$ $\therefore n > \dfrac{31}{3} = 10.\times\times\times$
즉, 수열 $\{a_n\}$은 제11항부터 양수이다.
$$\therefore \sum_{k=1}^{15} |a_k| = -\sum_{k=1}^{10} a_k + \sum_{k=11}^{15} a_k$$
$$= -\sum_{k=1}^{10} a_k + \left(\sum_{k=1}^{15} a_k - \sum_{k=1}^{10} a_k\right)$$
$$= \sum_{k=1}^{15} a_k - 2\sum_{k=1}^{10} a_k$$
$$= \sum_{k=1}^{15} (3k - 31) - 2\sum_{k=1}^{10} (3k - 31)$$
$$= 3 \times \frac{15 \times 16}{2} - 31 \times 15 - 2\left(3 \times \frac{10 \times 11}{2} - 31 \times 10\right)$$
$$= 360 - 465 - 330 + 620 = 185$$

> **실수 Check**
> $\displaystyle\sum_{k=1}^{15} |a_k|$의 값을 구할 때, 음수인 항이 있음에 주의해야 한다.

2562 답 ⑤

$a_{n+2} - 2a_{n+1} + a_n = 0$에서 $2a_{n+1} = a_n + a_{n+2}$이므로 수열 $\{a_n\}$은
등차수열이다.
$a_2 = 3a_1$이므로 수열 $\{a_n\}$의 공차는
$a_2 - a_1 = 3a_1 - a_1 = 2a_1$
이 등차수열의 일반항은

$a_n = a_1 + (n-1) \times 2a_1$

$a_{10} = 76$에서 $a_1 + 18a_1 = 76$ $\therefore a_1 = 4$

$\therefore a_8 = 4 + (8-1) \times 8 = 60$

2563 답 ②

$a_{n+2} - 2a_{n+1} + a_n = 0$에서 $2a_{n+1} = a_{n+2} + a_n$이므로 수열 $\{a_n\}$은 등차수열이다.

$a_1 = 48$, $a_2 = 41$이므로 $a_2 - a_1 = -7$

즉, 첫째항이 48, 공차가 -7인 등차수열의 일반항은

$a_n = 48 + (n-1) \times (-7) = -7n + 55$

제n항에서 처음으로 음수가 나온다고 하면

$-7n + 55 < 0$ $\therefore n > \dfrac{55}{7} = 7.\times\times\times$

따라서 제8항부터 음수가 나오므로 첫째항부터 제7항까지의 합이 최대가 된다.

그러므로 S_n의 값이 최대가 되도록 하는 n의 값은 7이다.

2564 답 29

이차방정식 $x^2 - 2\sqrt{a_n}x + a_{n+1} - 3 = 0$의 판별식을 D라 하면

$\dfrac{D}{4} = (\sqrt{a_n})^2 - (a_{n+1} - 3) = 0$

$a_n - a_{n+1} + 3 = 0$

$\therefore a_{n+1} - a_n = 3$

따라서 수열 $\{a_n\}$은 첫째항이 $a_1 = 2$, 공차가 3인 등차수열이므로

$a_n = 2 + (n-1) \times 3 = 3n - 1$

$\therefore a_{10} = 3 \times 10 - 1 = 29$

2565 답 ③

유형 2

> 수열 $\{a_n\}$이
> $$a_1 = 3, \quad \underline{a_n = 3a_{n+1}} \ (n = 1, 2, 3, \cdots)$$
> _{단서1}
> 로 정의될 때, $a_{50} = \dfrac{1}{3^k}$ 을 만족시키는 자연수 k의 값은?
>
> ① 46 ② 47 ③ 48
> ④ 49 ⑤ 50
>
> 단서1 $a_{n+1} = \dfrac{1}{3}a_n$이므로 공비가 $\dfrac{1}{3}$

STEP 1 수열 $\{a_n\}$이 어떤 수열인지 알기

$a_1 = 3$, $a_{n+1} = \dfrac{1}{3}a_n$이므로 수열 $\{a_n\}$은 첫째항이 3이고 공비가 $\dfrac{1}{3}$인 등비수열이다.

STEP 2 수열 $\{a_n\}$의 일반항 구하기

이 등비수열의 일반항은

$a_n = 3 \times \left(\dfrac{1}{3}\right)^{n-1} = \dfrac{3}{3^{n-1}} = \dfrac{1}{3^{n-2}}$

STEP 3 $a_{50} = \dfrac{1}{3^k}$ 을 만족시키는 자연수 k의 값 구하기

$a_{50} = \dfrac{1}{3^{48}}$이므로 $k = 48$

2566 답 ②

$a_1 = 2$, $a_{n+1} = 3a_n$에서 수열 $\{a_n\}$은 첫째항이 2이고 공비가 3인 등비수열이다.

따라서 이 등비수열의 일반항은 $a_n = 2 \times 3^{n-1}$

$\therefore a_{15} = 2 \times 3^{14}$

2567 답 5184

$a_{n+1} = \sqrt{a_n a_{n+2}}$, 즉 $a_{n+1}^2 = a_n a_{n+2}$이므로 수열 $\{a_n\}$은 첫째항이 1인 등비수열이다.

이 등비수열의 공비를 r라 하면

$a_4 = 1 \times r^3 = 216$ $\therefore r = 6$

이때 $\dfrac{a_{10}}{a_6} = \dfrac{a_{11}}{a_7} = \dfrac{a_{12}}{a_8} = \dfrac{a_{13}}{a_9} = r^4 = 1296$이므로

$\dfrac{a_{10}}{a_6} + \dfrac{a_{11}}{a_7} + \dfrac{a_{12}}{a_8} + \dfrac{a_{13}}{a_9} = 4 \times r^4 = 4 \times 1296 = 5184$

참고 연속하는 세 항 a_n, a_{n+1}, a_{n+2} 사이에
$$a_{n+1}^2 = a_n a_{n+2} \ (n = 1, 2, 3, \cdots)$$
의 관계가 성립하면 수열 $\{a_n\}$은 등비수열이다.

2568 답 ③

$a_1 = 3$, $\dfrac{1}{a_{n+1}} = \dfrac{3}{a_n}$, 즉 $a_{n+1} = \dfrac{1}{3}a_n$이므로 수열 $\{a_n\}$은 첫째항이 3, 공비가 $\dfrac{1}{3}$인 등비수열이다.

이 등비수열의 일반항은

$a_n = 3 \times \left(\dfrac{1}{3}\right)^{n-1} = \left(\dfrac{1}{3}\right)^{n-2}$

$\therefore a_{10} = \left(\dfrac{1}{3}\right)^8 = 3^{-8}$

2569 답 16

수열 $\{a_n\}$은 등비수열이므로 첫째항을 a, 공비를 r라 하면

$a_2 = ar$, $a_4 = ar^3$

이때 $\dfrac{a_4}{a_2} = \dfrac{ar^3}{ar} = \dfrac{6}{3}$이므로 $r^2 = 2$

$\therefore \dfrac{a_{100}}{a_{92}} = \dfrac{ar^{99}}{ar^{91}} = r^8 = (r^2)^4 = 2^4 = 16$

2570 답 ③

$a_1 = 3$, $\dfrac{a_{n+1}}{a_n} = 4$, 즉 $a_{n+1} = 4a_n$이므로 수열 $\{a_n\}$은 첫째항이 3, 공비가 4인 등비수열이다.

이 등비수열의 첫째항부터 제10항까지의 합은

$\dfrac{3(4^{10} - 1)}{4 - 1} = 4^{10} - 1$

2571 답 83

$a_{n+1}^2 = a_n a_{n+2}$에서 수열 $\{a_n\}$은 등비수열이므로 첫째항을 a, 공비를 r라 하자.

$a_2 : a_4 = 2 : 3$에서 $ar : ar^3 = 1 : r^2 = 2 : 3$

$2r^2=3$ $\therefore r^2=\dfrac{3}{2}$

$a_3=12$에서 $ar^2=12$

$a\times\dfrac{3}{2}=12$ $\therefore a=8$

이때 $a_9=ar^8=a(r^2)^4=8\times\left(\dfrac{3}{2}\right)^4=\dfrac{81}{2}$이므로

$p=2,\ q=81$ $\therefore p+q=83$

2572 답 $\dfrac{211}{8}$

$a_1=2,\ \dfrac{a_{n+1}}{a_n}=\dfrac{a_{n+2}}{a_{n+1}}$, 즉 $a_{n+1}{}^2=a_n a_{n+2}$이므로 수열 $\{a_n\}$은 첫째항
이 2인 등비수열이다.

이 등비수열의 공비를 r라 하면

$a_2=a_1 r=3$에서 $2r=3$ $\therefore r=\dfrac{3}{2}$

따라서 이 등비수열의 일반항은

$a_n=2\times\left(\dfrac{3}{2}\right)^{n-1}$

$\therefore \displaystyle\sum_{k=1}^{5}a_k=\dfrac{2\left\{\left(\dfrac{3}{2}\right)^5-1\right\}}{\dfrac{3}{2}-1}$

$\qquad\qquad =4\times\dfrac{211}{32}=\dfrac{211}{8}$

2573 답 ②

이차방정식 $a_n x^2+2a_{n+1}x+a_{n+2}=0$이 중근을 가지므로 이 이차
방정식의 판별식을 D라 하면 ($D=0$)

$\dfrac{D}{4}=a_{n+1}{}^2-a_n a_{n+2}=0$

$\therefore a_{n+1}{}^2=a_n a_{n+2}$

즉, 수열 $\{a_n\}$은 등비수열이므로 공비를 r라 하면

$r=\dfrac{a_2}{a_1}=\dfrac{8}{2}=4$

한편, 이차방정식 $a_n x^2+2a_{n+1}x+a_{n+2}=0$에서

$a_n x^2+2ra_n x+r^2 a_n=0$

$x^2+2rx+r^2=0$

$(x+r)^2=0$ $\therefore x=-r$

따라서 $b_n=-4$이므로

$\displaystyle\sum_{k=1}^{25}b_k=\sum_{k=1}^{25}(-4)=-4\times25=-100$

2574 답 ④

$a_1=1,\ a_2=2,\ a_{n+1}=\sqrt{a_n a_{n+2}}$, 즉 $a_{n+1}{}^2=a_n a_{n+2}$이므로 수열 $\{a_n\}$
은 첫째항이 1인 등비수열이다.

이 등비수열의 공비를 r라 하면

$r=\dfrac{a_2}{a_1}=\dfrac{2}{1}=2$

$\therefore S_n=\dfrac{2^n-1}{2-1}=2^n-1$

$S_n>2048$에서 $2^n-1>2048$ $\therefore 2^n>2049$

이때 $2^{11}=2048,\ 2^{12}=4096$이므로 n의 최솟값은 12이다.

실수 Check

n의 최솟값을 11로 답하지 않도록 주의한다.

Plus 문제

2574-1

수열 $\{a_n\}$이 $a_1=1,\ a_2=3$이고 이차방정식
$a_n x^2-2a_{n+1}x+a_{n+2}=0$이 중근을 갖는다. 이때 수열 $\{a_n\}$
의 첫째항부터 제n항까지의 합을 S_n이라 할 때, $S_n<1000$을
만족시키는 n의 최댓값을 구하시오.

이차방정식 $a_n x^2-2a_{n+1}x+a_{n+2}=0$이 중근을 가지므로 이
이차방정식의 판별식을 D라 하면

$\dfrac{D}{4}=a_{n+1}{}^2-a_n a_{n+2}=0$

$\therefore a_{n+1}{}^2=a_n a_{n+2}$

따라서 수열 $\{a_n\}$은 첫째항이 1인 등비수열이다.

이 등비수열의 공비를 r라 하면

$r=\dfrac{a_2}{a_1}=\dfrac{3}{1}=3$

$\therefore S_n=\dfrac{3^n-1}{3-1}=\dfrac{1}{2}(3^n-1)$

$S_n<1000$에서 $\dfrac{1}{2}(3^n-1)<1000$ $\therefore 3^n<2001$

이때 $3^6=729,\ 3^7=2187$이므로 n의 최댓값은 6이다.

답 6

2575 답 ④ | 유형 3

수열 $\{a_n\}$이 $a_1=8^{10}$이고
$\qquad \underline{\log_2 a_{n+1}=\log_2 a_n-4}$ $(n=1,\ 2,\ 3,\ \cdots)$
(단서1)
로 정의될 때, $a_k=\dfrac{1}{8^{10}}$을 만족시키는 자연수 k의 값은?

① 8 ② 10 ③ 12
④ 16 ⑤ 20

단서1 로그의 성질을 이용하여 진수와의 관계 파악

STEP 1 로그의 성질을 이용하여 수열 $\{a_n\}$이 어떤 수열인지 알기

$\log_2 a_{n+1}=\log_2 a_n-4$에서 $\log_2 a_{n+1}=\log_2 a_n-\log_2 2^4$

$\log_2 a_{n+1}=\log_2 \dfrac{a_n}{16}$ $\therefore a_{n+1}=\dfrac{1}{16}a_n$

즉, 수열 $\{a_n\}$은 첫째항이 8^{10}이고 공비가 $\dfrac{1}{16}$인 등비수열이다.

STEP 2 수열 $\{a_n\}$의 일반항 구하기

이 등비수열의 일반항은

$a_n=8^{10}\times\left(\dfrac{1}{16}\right)^{n-1}=(2^3)^{10}\times\left(\dfrac{1}{2^4}\right)^{n-1}$

$\quad =2^{30}\times2^{4-4n}=2^{34-4n}$

STEP 3 자연수 k의 값 구하기

$a_k=\dfrac{1}{8^{10}}=2^{-30}$에서 $2^{34-4k}=2^{-30}$

$34-4k=-30$ $\therefore k=16$

2576 답 100

$\log a_{n+1} = 2 + \log a_n$에서 $\log a_{n+1} = \log 10^2 + \log a_n$

$\log a_{n+1} = \log 100 a_n$

$\therefore a_{n+1} = 100 a_n$

즉, 수열 $\{a_n\}$은 첫째항이 10이고 공비가 100인 등비수열이므로

$a_n = 10 \times 100^{n-1} = 10 \times 10^{2n-2} = 10^{2n-1}$

$\therefore \displaystyle\sum_{k=1}^{10} \log a_k = \sum_{k=1}^{10} \log 10^{2k-1}$

$\qquad = \displaystyle\sum_{k=1}^{10} (2k-1)$

$\qquad = 2 \times \dfrac{10 \times 11}{2} - 10 = 100$

다른 풀이

$b_n = \log a_n$이라 하면

$b_1 = \log a_1 = 1$

$b_{n+1} = 2 + b_n$

따라서 수열 $\{b_n\}$은 첫째항이 1, 공차가 2인 등차수열이므로

$b_n = 1 + 2(n-1) = 2n-1$

$\therefore \displaystyle\sum_{k=1}^{10} \log a_k = \sum_{k=1}^{10} b_k = \sum_{k=1}^{10} (2k-1)$

$\qquad = 2 \times \dfrac{10 \times 11}{2} - 10 = 100$

2577 답 ③

$\log_3 a_{n+1} = 1 + \log_3 a_n$에서 $\log_3 a_{n+1} = \log_3 3 + \log_3 a_n$

$\log_3 a_{n+1} = \log_3 3 a_n$

$\therefore a_{n+1} = 3 a_n$ (단, $n=2, 3, 4, \cdots$)

즉, $a_2 = 3$이므로 $\underline{a_n = 3^{n-1}}$ (단, $n=2, 3, 4, \cdots$) $\longrightarrow$ $a_3 = 3a_2 = 3^2$

따라서 $a_1 = 9$, $a_n = 3^{n-1}$ ($n = 2, 3, 4, \cdots$)이므로 $\qquad a_4 = 3a_3 = 3^3$

$a_1 \times a_2 \times a_3 \times \cdots \times a_7 = 9 \times 3 \times 3^2 \times \cdots \times 3^6$ $\qquad \vdots$

$\qquad\qquad = 3^{2 + \frac{6 \times 7}{2}} = 3^{23}$

$\therefore k = 23$

실수 Check

$a_1 = 9$, $a_n = 3^{n-1}$ ($n = 2, 3, 4, \cdots$)이므로 수열 $\{a_n\}$은 두 번째 항부터 등비수열을 이룸에 주의한다.

2578 답 ③ | 유형 4

수열 $\{a_n\}$이
$a_1 = 1$, $\underline{a_{n+1} = a_n + n + 4}$ ($n = 1, 2, 3, \cdots$) **단서1**
로 정의될 때, a_{10}의 값은?

① 53 　　② 65 　　③ 82
④ 90 　　⑤ 101

단서1 $a_{n+1} = a_n + f(n)$ 꼴 ➡ n에 1, 2, 3, $\cdots$을 차례로 대입

STEP1 $a_{n+1} = a_n + n + 4$의 n에 1, 2, 3, $\cdots$, 9를 차례로 대입하여 a_{10}의 값 구하기

$a_{n+1} = a_n + n + 4$의 n에 1, 2, 3, $\cdots$, 9를 차례로 대입하여 변끼리 더하면

$a_2 = a_1 + 1 + 4$
$a_3 = a_2 + 2 + 4$
$\qquad \vdots$
$\underline{+) \; a_{10} = a_9 + 9 + 4}$
$a_{10} = a_1 + \displaystyle\sum_{k=1}^{9} (k+4)$
$\qquad = 1 + \dfrac{9 \times 10}{2} + 4 \times 9 = 82$

다른 풀이

정의된 식을 $a_{n+1} - a_n = f(n)$ 꼴로 바꿔서 구할 수도 있다.

$a_{n+1} = a_n + n + 4$, 즉 $a_{n+1} - a_n = n + 4$의 n에 1, 2, 3, $\cdots$, 9를 차례로 대입하여 변끼리 더하면

$a_2 - a_1 = 1 + 4$
$a_3 - a_2 = 2 + 4$
$\qquad \vdots$
$\underline{+) \; a_{10} - a_9 = 9 + 4}$
$a_{10} - a_1 = \displaystyle\sum_{k=1}^{9} (k+4)$

$\therefore a_{10} = a_1 + \displaystyle\sum_{k=1}^{9} k + \sum_{k=1}^{9} 4 = 1 + \dfrac{9 \times 10}{2} + 4 \times 9 = 82$

2579 답 9

$a_n - a_{n-1} = 2^n$, 즉 $a_n = a_{n-1} + 2^n$의 n에 2, 3, 4, $\cdots$, n을 차례로 대입하여 변끼리 더하면

$a_2 = a_1 + 2^2$
$a_3 = a_2 + 2^3$
$a_4 = a_3 + 2^4$
$\qquad \vdots$
$\underline{+) \; a_n = a_{n-1} + 2^n}$
$a_n = a_1 + 2^2 + \cdots + 2^n$
$\qquad = 2 + 2^2 + \cdots + 2^n$
$\qquad = \dfrac{2(2^n - 1)}{2 - 1}$
$\qquad = 2^{n+1} - 2$

즉, $a_k = 1022$에서 $2^{k+1} - 2 = 1022$

$2^{k+1} = 1024 = 2^{10}$, $k+1 = 10$ 　　$\therefore k = 9$

2580 답 ④

$a_{n+1} = a_n + 2n - 5$의 n에 1, 2, 3, $\cdots$, $n-1$을 차례로 대입하여 변끼리 더하면

$a_2 = a_1 + 2 \times 1 - 5$
$a_3 = a_2 + 2 \times 2 - 5$
$a_4 = a_3 + 2 \times 3 - 5$
$\qquad \vdots$
$\underline{+) \; a_n = a_{n-1} + 2(n-1) - 5}$
$a_n = a_1 + \displaystyle\sum_{k=1}^{n-1} (2k-5)$
$\qquad = -21 + 2 \times \dfrac{(n-1)n}{2} - 5(n-1)$
$\qquad = n^2 - 6n - 16$

$a_n > 0$에서 $n^2 - 6n - 16 > 0$

$(n-8)(n+2)>0$　　$\therefore n>8$ $(\because n$은 자연수$)$

따라서 자연수 n의 최솟값은 9이다.

2581 📖 475

$a_{n+1}=a_n+2n+3$의 n에 1, 2, 3, $\cdots$, $n-1$을 차례로 대입하여 변끼리 더하면

$$a_2=a_1+2\times1+3$$
$$a_3=a_2+2\times2+3$$
$$a_4=a_3+2\times3+3$$
$$\vdots$$
$$+)\ a_n=a_{n-1}+2(n-1)+3$$

$$a_n=a_1+\sum_{k=1}^{n-1}(2k+3)$$
$$=1+2\times\frac{(n-1)n}{2}+3(n-1)$$
$$=n^2+2n-2$$

$\therefore a_1+a_2+a_3+\cdots+a_{10}=\sum_{k=1}^{10}a_k=\sum_{k=1}^{10}(k^2+2k-2)$
$$=\frac{10\times11\times21}{6}+2\times\frac{10\times11}{2}-2\times10$$
$$=475$$

2582 📖 ③

$a_{n+1}=a_n+4n-5$의 n에 1, 2, 3, $\cdots$, $n-1$을 차례로 대입하여 변끼리 더하면

$$a_2=a_1+4\times1-5$$
$$a_3=a_2+4\times2-5$$
$$a_4=a_3+4\times3-5$$
$$\vdots$$
$$+)\ a_n=a_{n-1}+4(n-1)-5$$

$$a_n=a_1+\sum_{k=1}^{n-1}(4k-5)$$
$$=-9+4\times\frac{(n-1)n}{2}-5(n-1)$$
$$=2n^2-7n-4$$

$\therefore \sum_{n=1}^{15}a_n=\sum_{n=1}^{15}(2n^2-7n-4)$
$$=2\times\frac{15\times16\times31}{6}-7\times\frac{15\times16}{2}-4\times15=1580$$

2583 📖 ③

$a_{n+1}=a_n+f(n)$의 n에 1, 2, 3, $\cdots$, 100을 차례로 대입하여 변끼리 더하면

$$a_2=a_1+f(1)$$
$$a_3=a_2+f(2)$$
$$a_4=a_3+f(3)$$
$$\vdots$$
$$+)\ a_{101}=a_{100}+f(100)$$

$$a_{101}=a_1+\sum_{k=1}^{100}f(k)$$
$$=3+(100^2-3)=100^2$$

다른 풀이

$a_{n+1}=a_n+f(n)$의 n에 1, 2, 3, $\cdots$, 100을 차례로 대입하면

$$a_2=a_1+f(1)$$
$$a_3=a_2+f(2)=a_1+f(1)+f(2)$$
$$a_4=a_3+f(3)=a_1+f(1)+f(2)+f(3)$$
$$\vdots$$
$$a_{101}=a_{100}+f(100)=a_1+f(1)+f(2)+\cdots+f(100)$$
$$=a_1+\sum_{k=1}^{100}f(k)$$
$$=3+(100^2-3)=100^2$$

2584 📖 ④

$\dfrac{1}{n(n+1)}=\dfrac{1}{n}-\dfrac{1}{n+1}$이므로

$$a_{n+1}=a_n+\frac{1}{n}-\frac{1}{n+1}$$

위 식의 n에 1, 2, 3, $\cdots$, 9를 차례로 대입하여 변끼리 더하면

$$a_2=a_1+\frac{1}{1}-\frac{1}{2}$$
$$a_3=a_2+\frac{1}{2}-\frac{1}{3}$$
$$a_4=a_3+\frac{1}{3}-\frac{1}{4}$$
$$\vdots$$
$$+)\ a_{10}=a_9+\frac{1}{9}-\frac{1}{10}$$

$$a_{10}=a_1+\frac{1}{1}-\frac{1}{10}$$
$$=\frac{1}{2}+1-\frac{1}{10}$$
$$=\frac{7}{5}$$

참고 $\dfrac{1}{AB}=\dfrac{1}{B-A}\left(\dfrac{1}{A}-\dfrac{1}{B}\right)$과 같이 변형하는 것을 부분분수로 변형한다고 한다. (단, $AB\neq0$)

2585 📖 ⑤

$\dfrac{1}{\sqrt{n+1}+\sqrt{n}}=\dfrac{\sqrt{n+1}-\sqrt{n}}{(\sqrt{n+1}+\sqrt{n})(\sqrt{n+1}-\sqrt{n})}=\sqrt{n+1}-\sqrt{n}$

이므로 $a_{n+1}=a_n+\sqrt{n+1}-\sqrt{n}$

위 식의 n에 1, 2, 3, $\cdots$, $n-1$을 차례로 대입하여 변끼리 더하면

$$a_2=a_1+\sqrt{2}-\sqrt{1}$$
$$a_3=a_2+\sqrt{3}-\sqrt{2}$$
$$a_4=a_3+\sqrt{4}-\sqrt{3}$$
$$\vdots$$
$$+)\ a_n=a_{n-1}+\sqrt{n}-\sqrt{n-1}$$

$$a_n=a_1+\sqrt{n}-1$$
$$=7+\sqrt{n}-1$$
$$=\sqrt{n}+6$$

$a_k=18$에서 $\sqrt{k}+6=18$이므로

$\sqrt{k}=12$

$\therefore k=144$

2586 답 5

$a_{n+1}=a_n+\log_2\left(1+\dfrac{1}{n}\right)$, 즉 $a_{n+1}=a_n+\log_2\dfrac{n+1}{n}$의 n에 1, 2, 3, $\cdots$, 15를 차례로 대입하여 변끼리 더하면 $\longrightarrow \dfrac{n}{n}+\dfrac{1}{n}=\dfrac{n+1}{n}$

$$a_2=a_1+\log_2\frac{2}{1}$$
$$a_3=a_2+\log_2\frac{3}{2}$$
$$a_4=a_3+\log_2\frac{4}{3}$$
$$\vdots$$
$$+)\,a_{16}=a_{15}+\log_2\frac{16}{15}$$

$$a_{16}=a_1+\left(\log_2\frac{2}{1}+\log_2\frac{3}{2}+\log_2\frac{4}{3}+\cdots+\log_2\frac{16}{15}\right)$$
$$=1+\log_2\left(\frac{2}{1}\times\frac{3}{2}\times\frac{4}{3}\times\cdots\times\frac{16}{15}\right)$$
$$=1+\log_2 16$$
$$=1+\log_2 2^4=5$$

$\log_2\left(1+\dfrac{1}{n}\right)=\log_2\dfrac{n+1}{n}=\log_2(n+1)-\log_2 n$이므로

$a_{n+1}=a_n+\log_2(n+1)-\log_2 n$

위 식의 n에 1, 2, 3, $\cdots$, 15를 차례로 대입하여 변끼리 더하면

$$a_2=a_1+\log_2 2-\log_2 1$$
$$a_3=a_2+\log_2 3-\log_2 2$$
$$a_4=a_3+\log_2 4-\log_2 3$$
$$\vdots$$
$$+)\,a_{16}=a_{15}+\log_2 16-\log_2 15$$

$$a_{16}=a_1+\log_2 16-\log_2 1$$
$$=1+\log_2 2^4-0=5$$

개념 Check

$a>0$, $a\neq 1$, $M>0$, $N>0$일 때
(1) $\log_a 1=0$, $\log_a a=1$
(2) $\log_a MN=\log_a M+\log_a N$
(3) $\log_a \dfrac{M}{N}=\log_a M-\log_a N$
(4) $\log_a M^k=k\log_a M$ (단, k는 실수)

2587 답 ③

$a_{n+1}-a_n=3^{n-3}+2n$의 n에 5, 6, 7을 차례로 대입하여 변끼리 더하면

$$a_6-a_5=3^2+2\times 5$$
$$a_7-a_6=3^3+2\times 6$$
$$+)\,a_8-a_7=3^4+2\times 7$$

$$a_8-a_5=3^2+3^3+3^4+2\times(5+6+7)=153$$

실수 Check

구하려고 하는 값이 a_8-a_5이므로 수열 $\{a_n\}$의 일반항을 구하기보다는 필요한 값만 대입하여 구한다.

$a_{n+1}-a_n=3^{n-3}+2n$의 n에 1, 2, 3, $\cdots$, $n-1$을 차례로 대입하여 변끼리 더하면

$$a_2-a_1=3^{-2}+2\times 1$$
$$a_3-a_2=3^{-1}+2\times 2$$
$$a_4-a_3=3^0+2\times 3$$
$$\vdots$$
$$+)\,a_n-a_{n-1}=3^{n-4}+2(n-1)$$

$$a_n-a_1=(3^{-2}+3^{-1}+3^0+\cdots+3^{n-4})+\sum_{k=1}^{n-1}2k$$
$$=\frac{3^{-2}(3^{n-1}-1)}{3-1}+2\times\frac{(n-1)n}{2}$$
$$=\frac{3^{n-3}-3^{-2}}{2}+n^2-n$$

$\therefore a_n=a_1+\dfrac{3^{n-3}-3^{-2}}{2}+n^2-n$

$\therefore a_8-a_5=\left(a_1+\dfrac{3^5-3^{-2}}{2}+64-8\right)-\left(a_1+\dfrac{3^2-3^{-2}}{2}+25-5\right)$
$$=\frac{3^5-3^2}{2}+36=153$$

2588 답 ④

조건 (가)의 $(a_n+a_{n+1})^2=4a_na_{n+1}+4^n$에서

$(a_n+a_{n+1})^2-4a_na_{n+1}=4^n$ $\therefore (a_{n+1}-a_n)^2=4^n$

이때 조건 (나)에서 $a_{n+1}>a_n$

즉, $a_{n+1}-a_n>0$이므로 $a_{n+1}-a_n=2^n$

$a_{n+1}-a_n=2^n$의 n에 1, 2, 3, $\cdots$, 9를 차례로 대입하여 변끼리 더하면

$$a_2-a_1=2^1$$
$$a_3-a_2=2^2$$
$$a_4-a_3=2^3$$
$$\vdots$$
$$+)\,a_{10}-a_9=2^9$$

$$a_{10}-a_1=\sum_{k=1}^{9}2^k$$

$\therefore a_{10}=1+\sum_{k=1}^{9}2^k=1+\dfrac{2(2^9-1)}{2-1}=1023$

실수 Check

$(a_{n+1}-a_n)^2=4^n$에서 $a_{n+1}-a_n=\pm 2^n$이지만 모든 자연수 n에 대하여 $a_{n+1}-a_n>0$이므로 $a_{n+1}-a_n=2^n$임에 주의한다.

2589 답 ③

$a_{n+1}=a_n+3^n$의 n에 1, 2, 3을 차례로 대입하여 변끼리 더하면

$$a_2=a_1+3^1$$
$$a_3=a_2+3^2$$
$$+)\,a_4=a_3+3^3$$

$$a_4=a_1+3^1+3^2+3^3$$
$$=6+3+9+27=45$$

2590 답 ①

수열 $\{a_n\}$이

$$a_1=33, \quad \underbrace{a_{n+1}=\dfrac{n+1}{n+2}a_n}_{\text{단서1}} \ (n=1, 2, 3, \cdots)$$

과 같이 정의될 때, $a_k=11$을 만족시키는 자연수 k의 값은?

① 5   ② 6   ③ 7

④ 8   ⑤ 9

단서1 $a_{n+1}=a_n f(n)$ 꼴 ➡ n에 1, 2, 3, $\cdots$을 차례로 대입

STEP 1 $a_{n+1}=\dfrac{n+1}{n+2}a_n$의 n에 1, 2, 3, $\cdots$, $n-1$을 차례로 대입하여 일반항 구하기

$a_{n+1}=\dfrac{n+1}{n+2}a_n$의 n에 1, 2, 3, $\cdots$, $n-1$을 차례로 대입하여 변끼리 곱하면

$$a_2=\dfrac{2}{3}a_1$$
$$a_3=\dfrac{3}{4}a_2$$
$$a_4=\dfrac{4}{5}a_3$$
$$\vdots$$
$$\times)\ a_n=\dfrac{n}{n+1}a_{n-1}$$

$$a_n=\dfrac{2}{3}\times\dfrac{3}{4}\times\dfrac{4}{5}\times\cdots\times\dfrac{n}{n+1}\times a_1$$
$$=\dfrac{2}{n+1}\times 33=\dfrac{66}{n+1}$$

STEP 2 $a_k=11$을 만족시키는 자연수 k의 값 구하기

$a_k=11$에서 $\dfrac{66}{k+1}=11$이므로

$$k+1=6 \quad \therefore k=5$$

다른 풀이

$a_{n+1}=\dfrac{n+1}{n+2}a_n$의 n에 1, 2, 3, $\cdots$, $n-1$을 차례로 대입하면

$$a_2=\dfrac{2}{3}a_1$$
$$a_3=\dfrac{3}{4}a_2=\dfrac{3}{4}\times\dfrac{2}{3}a_1$$
$$a_4=\dfrac{4}{5}a_3=\dfrac{4}{5}\times\dfrac{3}{4}\times\dfrac{2}{3}a_1$$
$$\vdots$$
$$a_n=\dfrac{n}{n+1}a_{n-1}=\dfrac{n}{n+1}\times\dfrac{n-1}{n}\times\cdots\times\dfrac{4}{5}\times\dfrac{3}{4}\times\dfrac{2}{3}a_1$$
$$=\dfrac{2}{n+1}\times 33=\dfrac{66}{n+1}$$

$a_k=11$에서 $\dfrac{66}{k+1}=11$이므로

$$k+1=6 \quad \therefore k=5$$

2591 답 20

$a_{n+1}=\dfrac{n+1}{n}a_n$의 n에 1, 2, 3, $\cdots$, 9를 차례로 대입하여 변끼리 곱하면

$$a_2=\dfrac{2}{1}a_1$$
$$a_3=\dfrac{3}{2}a_2$$
$$a_4=\dfrac{4}{3}a_3$$
$$\vdots$$
$$\times)\ a_{10}=\dfrac{10}{9}a_9$$

$$a_{10}=\dfrac{2}{1}\times\dfrac{3}{2}\times\dfrac{4}{3}\times\cdots\times\dfrac{10}{9}\times a_1$$
$$=10\times 2=20$$

다른 풀이

$a_{n+1}=\dfrac{n+1}{n}a_n$의 n에 1, 2, 3, $\cdots$, $n-1$을 차례로 대입하여 변끼리 곱하면

$$a_2=\dfrac{2}{1}a_1$$
$$a_3=\dfrac{3}{2}a_2$$
$$a_4=\dfrac{4}{3}a_3$$
$$\vdots$$
$$\times)\ a_n=\dfrac{n}{n-1}a_{n-1}$$

$$a_n=\dfrac{2}{1}\times\dfrac{3}{2}\times\dfrac{4}{3}\times\cdots\times\dfrac{n}{n-1}\times a_1$$
$$=2n$$

$$\therefore a_{10}=2\times 10=20$$

2592 답 ④

$a_{n+1}=(n+1)a_n$의 n에 6, 7, 8, 9를 차례로 대입하여 변끼리 곱하면

$$a_7=7a_6$$
$$a_8=8a_7$$
$$a_9=9a_8$$
$$\times)\ a_{10}=10a_9$$

$$a_{10}=7\times 8\times 9\times 10\times a_6$$

$$\therefore \dfrac{a_{10}}{a_6}=7\times 8\times 9\times 10=5040$$

다른 풀이

$a_{n+1}=(n+1)a_n$의 n에 1, 2, 3, $\cdots$, $n-1$을 차례로 대입하여 변끼리 곱하면

$$a_2=2a_1$$
$$a_3=3a_2$$
$$a_4=4a_3$$
$$\vdots$$
$$\times)\ a_n=n a_{n-1}$$

$$a_n=2\times 3\times 4\times\cdots\times n\times a_1$$
$$=1\times 2\times 3\times\cdots\times n$$

$$\therefore \dfrac{a_{10}}{a_6}=\dfrac{1\times 2\times\cdots\times 10}{1\times 2\times\cdots\times 6}=7\times 8\times 9\times 10=5040$$

2593 답 ②

$(n+1)^2 a_{n+1} = 2na_n$, 즉 $a_{n+1} = \dfrac{2n}{(n+1)^2}a_n$의 n에 1, 2, 3을 차례로 대입하여 변끼리 곱하면

$$a_2 = \frac{2\times 1}{(1+1)^2}a_1 = \frac{2}{4}a_1$$

$$a_3 = \frac{2\times 2}{(2+1)^2}a_2 = \frac{4}{9}a_2$$

$$\times \big) \, a_4 = \frac{2\times 3}{(3+1)^2}a_3 = \frac{6}{16}a_3$$

$$a_4 = \frac{2}{4}\times\frac{4}{9}\times\frac{6}{16}\times a_1$$

$$= \frac{1}{12}$$

$$\therefore 6a_4 = 6\times\frac{1}{12} = \frac{1}{2}$$

2594 답 $a_n = 12n - 9$

$(4n-3)a_{n+1} = (4n+1)a_n$, 즉 $a_{n+1} = \dfrac{4n+1}{4n-3}a_n$의 n에 1, 2, 3, $\cdots$, $n-1$을 차례로 대입하여 변끼리 곱하면

$$a_2 = \frac{5}{1}a_1$$

$$a_3 = \frac{9}{5}a_2$$

$$a_4 = \frac{13}{9}a_3$$

$$\vdots$$

$$\times\big)\, a_n = \frac{4n-3}{4n-7}a_{n-1}$$

$$a_n = \frac{5}{1}\times\frac{9}{5}\times\frac{13}{9}\times\cdots\times\frac{4n-3}{4n-7}\times a_1$$

$$= (4n-3)\times 3$$

$$= 12n-9$$

2595 답 ③

$\sqrt{n+1}\,a_{n+1} = \sqrt{n}\,a_n$, 즉 $a_{n+1} = \sqrt{\dfrac{n}{n+1}}\,a_n$의 n에 1, 2, 3, $\cdots$, 63을 차례로 대입하여 변끼리 곱하면

$$a_2 = \sqrt{\frac{1}{2}}\,a_1$$

$$a_3 = \sqrt{\frac{2}{3}}\,a_2$$

$$a_4 = \sqrt{\frac{3}{4}}\,a_3$$

$$\vdots$$

$$\times\big)\, a_{64} = \sqrt{\frac{63}{64}}\,a_{63}$$

$$a_{64} = \sqrt{\frac{1}{2}\times\frac{2}{3}\times\frac{3}{4}\times\cdots\times\frac{63}{64}}\times a_1$$

$$= \sqrt{\frac{1}{64}} = \frac{1}{8}$$

2596 답 ④

$a_{n+1} = 5^n a_n$의 n에 1, 2, 3, $\cdots$, 19를 차례로 대입하여 변끼리 곱하면

$$a_2 = 5^1 a_1$$

$$a_3 = 5^2 a_2$$

$$a_4 = 5^3 a_3$$

$$\vdots$$

$$\times\big)\, a_{20} = 5^{19} a_{19}$$

$$a_{20} = 5^1\times 5^2\times 5^3\times\cdots\times 5^{19}\times a_1$$

$$= 5^{1+2+3+\cdots+19}$$

$$= 5^{\frac{19\times 20}{2}} = 5^{190}$$

$$\therefore \log_5 a_{20} = \log_5 5^{190} = 190$$

다른 풀이

$a_{n+1} = 5^n a_n$의 n에 1, 2, 3, $\cdots$, 19를 차례로 대입하면

$$a_2 = 5^1 a_1$$

$$a_3 = 5^2 a_2 = 5^2\times 5^1 a_1$$

$$a_4 = 5^3 a_3 = 5^3\times 5^2\times 5^1 a_1$$

$$\vdots$$

$$a_{20} = 5^{19}a_{19} = 5^{19}\times\cdots\times 5^2\times 5^1 a_1$$

$$= 5^{19+\cdots+2+1} = 5^{\frac{19\times 20}{2}} = 5^{190}$$

$$\therefore \log_5 a_{20} = \log_5 5^{190} = 190$$

2597 답 ⑤

$(n+2)a_{n+1} = na_n$, 즉 $a_{n+1} = \dfrac{n}{n+2}a_n$의 n에 1, 2, 3, $\cdots$, $n-1$을 차례로 대입하여 변끼리 곱하면

$$a_2 = \frac{1}{3}a_1$$

$$a_3 = \frac{2}{4}a_2$$

$$a_4 = \frac{3}{5}a_3$$

$$a_5 = \frac{4}{6}a_4$$

$$\vdots$$

$$\times\big)\, a_n = \frac{n-1}{n+1}a_{n-1}$$

$$a_n = \frac{1}{3}\times\frac{2}{4}\times\frac{3}{5}\times\frac{4}{6}\times\cdots\times\frac{n-2}{n}\times\frac{n-1}{n+1}\times a_1$$

$$= \frac{4}{n(n+1)}$$

$$\therefore \sum_{k=1}^{10} a_k = \sum_{k=1}^{10}\frac{4}{k(k+1)}$$

$$= 4\sum_{k=1}^{10}\left(\frac{1}{k} - \frac{1}{k+1}\right)$$

$$= 4\left\{\left(1-\frac{1}{2}\right)+\left(\frac{1}{2}-\frac{1}{3}\right)+\cdots+\left(\frac{1}{10}-\frac{1}{11}\right)\right\}$$

$$= 4\left(1-\frac{1}{11}\right) = \frac{40}{11}$$

2598 답 15

$a_n = \left(1-\dfrac{1}{n^2}\right)a_{n-1} = \dfrac{n^2-1}{n^2}a_{n-1}$, 즉

$$a_n = \frac{n-1}{n}\times\frac{n+1}{n}a_{n-1}$$

의 n에 2, 3, 4, $\cdots$, n을 차례로 대입하여 변끼리 곱하면

$$a_2 = \frac{1}{2} \times \frac{3}{2} a_1$$

$$a_3 = \frac{2}{3} \times \frac{4}{3} a_2$$

$$a_4 = \frac{3}{4} \times \frac{5}{4} a_3$$

$$\vdots$$

$$\times \Big) \ a_n = \frac{n-1}{n} \times \frac{n+1}{n} a_{n-1}$$

$$a_n = \left(\frac{1}{2} \times \frac{2}{3} \times \frac{3}{4} \times \cdots \times \frac{n-1}{n} \right)$$

$$\times \left(\frac{3}{2} \times \frac{4}{3} \times \frac{5}{4} \times \cdots \times \frac{n+1}{n} \right) \times a_1$$

$$= \frac{1}{n} \times \frac{n+1}{2} \times 2 = \frac{n+1}{n}$$

$a_k = \frac{16}{15}$에서 $\frac{k+1}{k} = \frac{16}{15}$이므로

$$k = 15$$

실수 Check

$a_n = \left(1 - \frac{1}{n^2}\right) a_{n-1}$이 $n=2$부터 정의되는 것임에 주의한다.

2599 답 ②

$a_{n+1} = \frac{n^2+2n+1}{n^2+2n} a_n = \frac{(n+1)(n+1)}{n(n+2)} a_n = \frac{n+1}{n} \times \frac{n+1}{n+2} a_n$

의 n에 1, 2, 3, $\cdots$, 9를 차례로 대입하여 변끼리 곱하면

$$a_2 = \frac{2}{1} \times \frac{2}{3} a_1$$

$$a_3 = \frac{3}{2} \times \frac{3}{4} a_2$$

$$a_4 = \frac{4}{3} \times \frac{4}{5} a_3$$

$$\vdots$$

$$\times \Big) \ a_{10} = \frac{10}{9} \times \frac{10}{11} a_9$$

$$a_{10} = \left(\frac{2}{1} \times \frac{3}{2} \times \frac{4}{3} \times \cdots \times \frac{10}{9} \right) \times \left(\frac{2}{3} \times \frac{3}{4} \times \frac{4}{5} \times \cdots \times \frac{10}{11} \right) \times a_1$$

$$= \frac{10}{1} \times \frac{2}{11} \times 2 = \frac{40}{11}$$

$$\therefore 11 a_{10} = 40$$

2600 답 ④

$a_{n+1} = 2^n a_n$의 n에 1, 2, 3, $\cdots$, 9를 차례로 대입하면

$a_2 = 2^1 a_1 = 2^1 \times 3$

$a_3 = 2^2 a_2 = 2^2 \times 2^1 \times 3$

$a_4 = 2^3 a_3 = 2^3 \times 2^2 \times 2^1 \times 3$

$$\vdots$$

$a_{10} = 2^9 a_9 = 2^9 \times \cdots \times 2^3 \times 2^2 \times 2^1 \times 3$

이때 $48 = 2^4 \times 3$이므로 a_4, a_5, $\cdots$, a_{10}은 48로 나누어떨어진다.

즉, S_{10}을 48로 나눈 나머지는 $a_1 + a_2 + a_3$을 48로 나누었을 때의 나머지와 같다.

$a_1 + a_2 + a_3 = 3 + 6 + 24 = 33$이므로 S_{10}을 48로 나눈 나머지는 33이다.

2601 답 ①

$a_{n+1} = \frac{n+4}{2n-1} a_n$의 n에 1, 2, 3, 4를 차례로 대입하면

$a_2 = \frac{5}{1} a_1 = 5$

$a_3 = \frac{6}{3} a_2 = 2 \times 5 = 10$

$a_4 = \frac{7}{5} a_3 = \frac{7}{5} \times 10 = 14$

$\therefore a_5 = \frac{8}{7} a_4 = \frac{8}{7} \times 14 = 16$

2602 답 ① | 유형 6

수열 $\{a_n\}$이

$$a_1 = 3, \ \underline{a_{n+1} = 2a_n - 2} \ (n = 1, 2, 3, \cdots)$$
 **단서1**

로 정의될 때, $a_k = 130$을 만족시키는 자연수 k의 값은?

① 8   ② 9   ③ 10
④ 11   ⑤ 12

단서1 이웃하는 두 항 사이의 관계식에 n의 값을 대입

STEP1 $a_{n+1} = 2a_n - 2$의 n에 1, 2, 3, $\cdots$을 차례로 대입하기

$a_{n+1} = 2a_n - 2$의 n에 1, 2, 3, $\cdots$을 차례로 대입하면

$a_2 = 2a_1 - 2 = 2 \times 3 - 2 = 4$

$a_3 = 2a_2 - 2 = 2 \times 4 - 2 = 6$

$a_4 = 2a_3 - 2 = 2 \times 6 - 2 = 10$

$a_5 = 2a_4 - 2 = 2 \times 10 - 2 = 18$

$a_6 = 2a_5 - 2 = 2 \times 18 - 2 = 34$

$a_7 = 2a_6 - 2 = 2 \times 34 - 2 = 66$

$a_8 = 2a_7 - 2 = 2 \times 66 - 2 = 130$

STEP2 $a_k = 130$을 만족시키는 자연수 k의 값 구하기

$a_k = 130$이므로 $k = 8$

다른 풀이

$a_{n+1} = 2a_n - 2$에서 $a_{n+1} - 2 = 2(a_n - 2)$이므로 수열 $\{a_n - 2\}$는 첫째항이 $a_1 - 2 = 3 - 2 = 1$, 공비가 2인 등비수열이다.

즉, $a_n - 2 = 2^{n-1}$

$\therefore a_n = 2^{n-1} + 2$

$a_k = 130$에서 $2^{k-1} + 2 = 130$

$2^{k-1} = 128 = 2^7$

$\therefore k = 8$

참고 첫째항이 a, 공비가 r인 등비수열의 일반항 a_n은

$$a_n = ar^{n-1} \ (n = 1, 2, 3, \cdots)$$

2603 답 ③

$a_{n+1} = 3a_n - 1$의 n에 1, 2, 3, 4를 차례로 대입하면

$a_2 = 3a_1 - 1 = 3 \times 2 - 1 = 5$

$a_3 = 3a_2 - 1 = 3 \times 5 - 1 = 14$

$a_4 = 3a_3 - 1 = 3 \times 14 - 1 = 41$

$\therefore a_5 = 3a_4 - 1 = 3 \times 41 - 1 = 122$

2604 답 19

$a_{n+1}=3a_n-4$의 n에 1, 2, 3, 4, $\cdots$를 차례로 대입하면

$a_2=3a_1-4=5=3+2$

$a_3=3a_2-4=11=3^2+2$

$a_4=3a_3-4=29=3^3+2$

$a_5=3a_4-4=83=3^4+2$

$\quad\vdots$

$\therefore a_n=3^{n-1}+2$

따라서 $a_{20}=3^{19}+2$이므로

$\log_3(a_{20}-2)=\log_3 3^{19}=19$

다른 풀이

$a_{n+1}=3a_n-4$에서 $a_{n+1}-2=3(a_n-2)$이므로 수열 $\{a_n-2\}$는 첫째항이 $a_1-2=3-2=1$, 공비가 3인 등비수열이다.

즉, $a_n-2=3^{n-1}$이므로

$\log_3(a_{20}-2)=\log_3 3^{19}=19$

2605 답 $\dfrac{11}{4}$

$b_n=na_n$으로 놓으면 $b_1=a_1=1$

$(n+1)a_{n+1}-na_n=3$에서 $b_{n+1}-b_n=3$

따라서 수열 $\{b_n\}$은 첫째항이 1, 공차가 3인 등차수열이므로

$b_n=1+(n-1)\times 3=3n-2$

즉, $na_n=3n-2$이므로 $a_n=\dfrac{3n-2}{n}$

$\therefore a_8=\dfrac{22}{8}=\dfrac{11}{4}$

다른 풀이

$(n+1)a_{n+1}-na_n=3$의 n에 1, 2, 3, $\cdots$, 7을 차례로 대입하여 변끼리 더하면

$2a_2-a_1=3$

$3a_3-2a_2=3$

$4a_4-3a_3=3$

$5a_5-4a_4=3$

$6a_6-5a_5=3$

$7a_7-6a_6=3$

$+\big)\ 8a_8-7a_7=3$

$\overline{\quad 8a_8-a_1=3\times 7}$

따라서 $8a_8=a_1+21=22$이므로

$a_8=\dfrac{22}{8}=\dfrac{11}{4}$

2606 답 ③

조건 (내)에서 $a_{2n}=a_n+1$의 n에 1, 2, 4, $\cdots$를 차례로 대입하면

$a_2=a_1+1$

$a_4=a_2+1=a_1+2$

$a_8=a_4+1=a_1+3$

$\quad\vdots$

$\therefore a_{2^n}=a_1+n=n+1$

또, $a_{2n}=a_n+1$에서 $a_n=a_{2n}-1$이므로

$a_{2n+1}=a_n-1=(a_{2n}-1)-1=a_{2n}-2$

$a_{2^{2020}}=2020+1=2021$

$a_{2^{2020}+1}=a_{2^{2020}}-2=2021-2=2019$

$\therefore a_{2^{2020}}+a_{2^{2020}+1}=2021+2019=4040$

실수 Check

$a_4=a_2+1=2+1=3$으로 계산하는 것보다 $a_4=a_2+1=a_1+2$와 같이 a_1으로 나타내어 a_{2^n}의 규칙을 찾는다.

2607 답 ①

$a_{n+1}=2a_n+1$에 $n=3$을 대입하면 $a_4=2a_3+1$

$a_4=31$에서 $2a_3+1=31$이므로

$2a_3=30$ $\therefore a_3=15$

$a_{n+1}=2a_n+1$에 $n=2$를 대입하면 $a_3=2a_2+1$

$a_3=15$에서 $2a_2+1=15$

$2a_2=14$ $\therefore a_2=7$

2608 답 ② | 유형 7

> 수열 $\{a_n\}$이
>
> $$a_1=1,\ a_{n+1}=\frac{5a_n}{3a_n+5}\ (n=1,\ 2,\ 3,\ \cdots)$$
>
> **단서1**
>
> 으로 정의될 때, a_{16}의 값은?
>
> ① $\dfrac{1}{13}$　　　② $\dfrac{1}{10}$　　　③ $\dfrac{7}{15}$
>
> ④ $\dfrac{3}{5}$　　　　⑤ $\dfrac{5}{3}$
>
> **단서1** 이웃하는 두 항 사이의 관계식에 n의 값을 대입

STEP 1 $a_{n+1}=\dfrac{5a_n}{3a_n+5}$의 n에 1, 2, 3, $\cdots$을 차례로 대입하기

$a_{n+1}=\dfrac{5a_n}{3a_n+5}$의 n에 1, 2, 3, $\cdots$을 차례로 대입하면

$a_2=\dfrac{5a_1}{3a_1+5}=\dfrac{5}{8}$

$a_3=\dfrac{5a_2}{3a_2+5}=\dfrac{\dfrac{25}{8}}{\dfrac{15}{8}+5}=\dfrac{\dfrac{25}{8}}{\dfrac{55}{8}}=\dfrac{5}{11}$

$a_4=\dfrac{5a_3}{3a_3+5}=\dfrac{\dfrac{25}{11}}{\dfrac{15}{11}+5}=\dfrac{\dfrac{25}{11}}{\dfrac{70}{11}}=\dfrac{5}{14}$

$\quad\vdots$

STEP 2 분모의 규칙을 찾아 일반항 a_n 구하기

$a_1=1=\dfrac{5}{5}$에서 각 항의 분자는 5이고, 분모 5, 8, 11, 14, $\cdots$는 첫째항이 5, 공차가 3인 등차수열이므로

$a_n=\dfrac{5}{5+(n-1)\times 3}=\dfrac{5}{3n+2}$

STEP 3 a_{16}의 값 구하기

$a_{16}=\dfrac{5}{3\times 16+2}=\dfrac{5}{50}=\dfrac{1}{10}$

다른 풀이

$a_{n+1}=\dfrac{5a_n}{3a+5}$ 의 양변에 역수를 취하면

$\dfrac{1}{a_{n+1}}=\dfrac{3a_n+5}{5a_n}=\dfrac{3}{5}+\dfrac{1}{a_n}$

즉, $\dfrac{1}{a_{n+1}}-\dfrac{1}{a_n}=\dfrac{3}{5}$ 이므로 수열 $\left\{\dfrac{1}{a_n}\right\}$ 은 첫째항이 $\dfrac{1}{a_1}=1$, 공차가 $\dfrac{3}{5}$ 인 등차수열이다.

$\therefore \dfrac{1}{a_n}=1+(n-1)\times\dfrac{3}{5}=\dfrac{3n+2}{5}$

따라서 $a_n=\dfrac{5}{3n+2}$ 이므로 $a_{16}=\dfrac{5}{50}=\dfrac{1}{10}$

2609 답 ①

$a_{n+1}=\dfrac{a_n}{1+4a_n}$ 의 n에 1, 2, 3, …을 차례로 대입하면

$a_2=\dfrac{a_1}{1+4a_1}=\dfrac{1}{5}$

$a_3=\dfrac{a_2}{1+4a_2}=\dfrac{\dfrac{1}{5}}{1+\dfrac{4}{5}}=\dfrac{\dfrac{1}{5}}{\dfrac{9}{5}}=\dfrac{1}{9}$

$a_4=\dfrac{a_3}{1+4a_3}=\dfrac{\dfrac{1}{9}}{1+\dfrac{4}{9}}=\dfrac{\dfrac{1}{9}}{\dfrac{13}{9}}=\dfrac{1}{13}$

$\vdots$

$a_1=1=\dfrac{1}{1}$ 에서 각 항의 분자는 1이고 분모 1, 5, 9, 13, …은 첫째항이 1, 공차가 4인 등차수열이므로

$a_n=\dfrac{1}{1+(n-1)\times4}=\dfrac{1}{4n-3}$

다른 풀이

$a_{n+1}=\dfrac{a_n}{1+4a_n}$ 의 양변에 역수를 취하면

$\dfrac{1}{a_{n+1}}=\dfrac{1+4a_n}{a_n}=\dfrac{1}{a_n}+4$

즉, $\dfrac{1}{a_{n+1}}-\dfrac{1}{a_n}=4$ 이므로 수열 $\left\{\dfrac{1}{a_n}\right\}$ 은 첫째항이 $\dfrac{1}{a_1}=1$, 공차가 4인 등차수열이다.

$\therefore \dfrac{1}{a_n}=1+(n-1)\times4=4n-3$

$\therefore a_n=\dfrac{1}{4n-3}$

2610 답 ④

$a_{n+1}=\dfrac{a_n}{1+na_n}$ 의 n에 1, 2, 3, 4, 5를 차례로 대입하면

$a_2=\dfrac{a_1}{1+a_1}=\dfrac{2}{1+2}=\dfrac{2}{3}$

$a_3=\dfrac{a_2}{1+2a_2}=\dfrac{\dfrac{2}{3}}{1+\dfrac{4}{3}}=\dfrac{\dfrac{2}{3}}{\dfrac{7}{3}}=\dfrac{2}{7}$

$a_4=\dfrac{a_3}{1+3a_3}=\dfrac{\dfrac{2}{7}}{1+\dfrac{6}{7}}=\dfrac{\dfrac{2}{7}}{\dfrac{13}{7}}=\dfrac{2}{13}$

$a_5=\dfrac{a_4}{1+4a_4}=\dfrac{\dfrac{2}{13}}{1+\dfrac{8}{13}}=\dfrac{\dfrac{2}{13}}{\dfrac{21}{13}}=\dfrac{2}{21}$

$a_6=\dfrac{a_5}{1+5a_5}=\dfrac{\dfrac{2}{21}}{1+\dfrac{10}{21}}=\dfrac{\dfrac{2}{21}}{\dfrac{31}{21}}=\dfrac{2}{31}$

따라서 $p=31$, $q=2$ 이므로 $p+q=33$

2611 답 50

$a_{n+1}=\dfrac{a_n}{2a_n+1}$ 의 n에 1, 2, 3, …을 차례로 대입하면

$a_2=\dfrac{a_1}{2a_1+1}=\dfrac{1}{2\times1+1}=\dfrac{1}{3}$

$a_3=\dfrac{a_2}{2a_2+1}=\dfrac{\dfrac{1}{3}}{\dfrac{2}{3}+1}=\dfrac{\dfrac{1}{3}}{\dfrac{5}{3}}=\dfrac{1}{5}$

$a_4=\dfrac{a_3}{2a_3+1}=\dfrac{\dfrac{1}{5}}{\dfrac{2}{5}+1}=\dfrac{\dfrac{1}{5}}{\dfrac{7}{5}}=\dfrac{1}{7}$

$\vdots$

$a_1=1=\dfrac{1}{1}$ 에서 각 항의 분자는 1이고

분모 1, 3, 5, 7, …은 첫째항이 1, 공차가 2인 등차수열이므로

$a_n=\dfrac{1}{1+(n-1)\times2}=\dfrac{1}{2n-1}$

$a_k=\dfrac{1}{99}$ 에서 $\dfrac{1}{2k-1}=\dfrac{1}{99}$ 이므로

$2k=100$ $\therefore k=50$

다른 풀이

$a_{n+1}=\dfrac{a_n}{2a_n+1}$ 의 양변에 역수를 취하면

$\dfrac{1}{a_{n+1}}=\dfrac{2a_n+1}{a_n}=2+\dfrac{1}{a_n}$

즉, $\dfrac{1}{a_{n+1}}-\dfrac{1}{a_n}=2$ 이므로 수열 $\left\{\dfrac{1}{a_n}\right\}$ 은 첫째항이 $\dfrac{1}{a_1}=1$, 공차가 2인 등차수열이다.

$\therefore \dfrac{1}{a_n}=1+(n-1)\times2=2n-1$

따라서 $a_n=\dfrac{1}{2n-1}$ 이므로 $a_k=\dfrac{1}{99}$ 에서

$\dfrac{1}{2k-1}=\dfrac{1}{99}$, $2k=100$ $\therefore k=50$

2612 답 ④

$a_1=\dfrac{1}{4}$ 에서 $\dfrac{1}{a_1}-1=3^1$

$a_{n+1}=\dfrac{a_n}{3-2a_n}$ 의 n에 1, 2, 3, …을 차례로 대입하면

$a_2=\dfrac{a_1}{3-2a_1}=\dfrac{\dfrac{1}{4}}{3-\dfrac{2}{4}}=\dfrac{\dfrac{1}{4}}{\dfrac{10}{4}}=\dfrac{1}{10}$ 에서

$\dfrac{1}{a_2}-1=9=3^2$

11 수학적 귀납법 **453**

$a_3=\dfrac{a_2}{3-2a_2}=\dfrac{\dfrac{1}{10}}{3-\dfrac{2}{10}}=\dfrac{\dfrac{1}{10}}{\dfrac{28}{10}}=\dfrac{1}{28}$에서

$\dfrac{1}{a_3}-1=27=3^3$

$a_4=\dfrac{a_3}{3-2a_3}=\dfrac{\dfrac{1}{28}}{3-\dfrac{2}{28}}=\dfrac{\dfrac{1}{28}}{\dfrac{82}{28}}=\dfrac{1}{82}$에서

$\dfrac{1}{a_4}-1=81=3^4$

$\vdots$

즉, $\dfrac{1}{a_n}-1=3^n$이므로 $\dfrac{1}{a_{15}}-1=3^{15}$

$\therefore \log_3\left(\dfrac{1}{a_{15}}-1\right)=\log_3 3^{15}=15$

2613 답 ②

| 유형8

수열 $\{a_n\}$이

$$a_1=2,\ a_{n+1}=\begin{cases} a_n-1\ (a_n\text{이 짝수}) \\ a_n+n\ (a_n\text{이 홀수}) \end{cases}(n=1,\,2,\,3,\,\cdots)$$

단서1

으로 정의될 때, a_7의 값은?

① 8 　　　　　② 9 　　　　　③ 10

④ 13 　　　　　⑤ 15

단서1 $n=1,\,2,\,3,\,\cdots$을 차례로 대입하여 a_n이 짝수인지 홀수인지 파악

STEP1 a_{n+1}의 n에 1, 2, 3, 4, 5를 차례로 대입하기

$a_1=2,\ a_{n+1}=\begin{cases} a_n-1\ (a_n\text{이 짝수}) \\ a_n+n\ (a_n\text{이 홀수}) \end{cases}$에서

$a_2=a_1-1=2-1=1$

$a_3=a_2+2=1+2=3$

$a_4=a_3+3=3+3=6$

$a_5=a_4-1=6-1=5$

$a_6=a_5+5=5+5=10$

STEP2 a_7의 값 구하기

$a_7=a_6-1=10-1=9$

2614 답 ④

$a_1=3,\ a_{n+1}=\begin{cases} 2a_n\ \ \ \ (n\text{이 짝수}) \\ a_n+3\ (n\text{이 홀수}) \end{cases}$에서

$a_2=a_1+3=3+3=6$ ──→ a_{1+1}이므로 n이 홀수인 경우이다.

$a_3=2a_2=2\times6=12$ ──→ a_{2+1}이므로 n이 짝수인 경우이다.

$a_4=a_3+3=12+3=15$

$\therefore a_5=2a_4=2\times15=30$

2615 답 14

$a_1=1,\ a_{n+1}=\begin{cases} a_n{}^2+1\ (a_n\text{이 짝수}) \\ 3a_n-1\ (a_n\text{이 홀수}) \end{cases}$에서

$a_2=3a_1-1=3-1=2$

$a_3=a_2{}^2+1=4+1=5$

$\therefore a_4=3a_3-1=15-1=14$

2616 답 ①

$a_1=3,\ a_{n+1}=\begin{cases} \log_3 a_n\ (n\text{이 홀수}) \\ \left(\dfrac{1}{9}\right)^{a_n}\ \ (n\text{이 짝수}) \end{cases}$에서

$a_2=\log_3 a_1=\log_3 3=1$

$a_3=\left(\dfrac{1}{9}\right)^{a_2}=\dfrac{1}{9}$

$a_4=\log_3 a_3=\log_3 \dfrac{1}{9}=\log_3 3^{-2}=-2$

$a_5=\left(\dfrac{1}{9}\right)^{a_4}=\left(\dfrac{1}{9}\right)^{-2}=9^2=81$

$a_6=\log_3 a_5=\log_3 81=\log_3 3^4=4$

$a_7=\left(\dfrac{1}{9}\right)^{a_6}=\left(\dfrac{1}{9}\right)^4=(3^{-2})^4=3^{-8}$

$a_8=\log_3 a_7=\log_3 3^{-8}=-8$

$\therefore a_5\times a_8=81\times(-8)=-648$

2617 답 ④

$a_{n+1}=\begin{cases} a_n-2\ (n\text{이 짝수}) \\ a_n+1\ (n\text{이 홀수}) \end{cases}$에서 n이 홀수일 때, $a_{n+1}=a_n+1$

$\therefore a_{n+2}=a_{n+1}-2=(a_n+1)-2=a_n-1$

즉, $a_n=a_{n+2}+1\ (n\text{은 홀수})$이고 $a_{19}=20$이므로

$a_{17}=21,\ a_{15}=22,\ a_{13}=23,\ a_{11}=24,\ a_9=25,$

$a_7=26,\ a_5=27,\ a_3=28,\ a_1=29$ 　　$\therefore a=29$

다른 풀이

$a_{n+1}=\begin{cases} a_n-2\ (n\text{이 짝수}) \\ a_n+1\ (n\text{이 홀수}) \end{cases}$이고 $a_{19}=20$이므로

$a_{19}=a_{18}-2=20$에서 $a_{18}=22$

$a_{18}=a_{17}+1=22$에서 $a_{17}=21$

$a_{17}=a_{16}-2=21$에서 $a_{16}=23$

$a_{16}=a_{15}+1=23$에서 $a_{15}=22$

$a_{15}=a_{14}-2=22$에서 $a_{14}=24$

$a_{14}=a_{13}+1=24$에서 $a_{13}=23$

$\vdots$

즉, n이 홀수일 때, $a_{n+2}=a_n-1$이므로 $a_n=a_{n+2}+1$

따라서 $a_{11}=24,\ a_9=25,\ a_7=26,\ a_5=27,\ a_3=28,\ a_1=29$이므로

$a=29$

실수 Check

모든 항을 첫째항인 a로 나타내려고 하지 말고 각 항마다의 규칙을 찾도록 한다.

2618 답 ①

$a_1=a,\ a_{n+1}=\begin{cases} a_n+(-1)^n\times3\ (n\text{이 3의 배수가 아닌 경우}) \\ 2a_n\ \ \ \ \ \ \ \ \ \ \ \ \ \ \ \ \ \ (n\text{이 3의 배수인 경우}) \end{cases}$에서

$a_2=a_1-3=a-3$

$a_3 = a_2 + 3 = a$

$a_4 = 2a_3 = 2a$

$a_5 = a_4 + 3 = 2a + 3$

$a_6 = a_5 - 3 = 2a$

$a_7 = 2a_6 = 2^2 a$

$a_8 = a_7 - 3 = 4a - 3$

$a_9 = a_8 + 3 = 4a$

$a_{10} = 2a_9 = 2^3 a$

$\vdots$

즉, 음이 아닌 정수 k에 대하여 $a_{3k+1} = 2^k a$

$a_{22} = 640$이고 $3k+1 = 22$에서 $k = 7$이므로

$2^7 a = 640$ $\therefore a = 5$

실수 Check

$22 = 3 \times 7 + 1$이므로 a_{3k+1} (k는 음이 아닌 정수)의 규칙을 찾는다.

Plus 문제

2618-1

첫째항이 1인 수열 $\{a_n\}$은 모든 자연수 n에 대하여

$$a_{n+1} = \begin{cases} a_n - 18 & (n\text{이 3의 배수인 경우}) \\ a_n + 3k & (n\text{이 3의 배수가 아닌 경우}) \end{cases}$$

를 만족시킨다. $a_3 = a_{18}$일 때, $k \times a_{12}$의 값을 구하시오.

(단, k는 상수이다.)

$a_1 = 1$, $a_{n+1} = \begin{cases} a_n - 18 & (n\text{이 3의 배수인 경우}) \\ a_n + 3k & (n\text{이 3의 배수가 아닌 경우}) \end{cases}$ 에서

$a_2 = a_1 + 3k = 1 + 3k$

$a_3 = a_2 + 3k = 1 + 6k$

$a_4 = a_3 - 18 = 6k - 17$

$a_5 = a_4 + 3k = 9k - 17$

$a_6 = a_5 + 3k = 12k - 17$

$a_7 = a_6 - 18 = 12k - 35$

$a_8 = a_7 + 3k = 15k - 35$

$a_9 = a_8 + 3k = 18k - 35$

$a_{10} = a_9 - 18 = 18k - 53$

$\vdots$

즉, a_3, a_6, a_9, $\cdots$는 공차가 $6k - 18$인 등차수열을 이루므로

$a_{12} = 24k - 53$, $a_{15} = 30k - 71$, $a_{18} = 36k - 89$

$a_3 = a_{18}$에서 $1 + 6k = 36k - 89$ $\therefore k = 3$

따라서 $a_{12} = 24k - 53 = 24 \times 3 - 53 = 19$이므로

$k \times a_{12} = 3 \times 19 = 57$

답 57

2619 답 ①

$a_8 = \log_2 a_7 = 5$에서 $a_7 = 2^5 = 32$

$a_7 = 2^{a_6 + 1} = 2^5$에서 $a_6 + 1 = 5$이므로 $a_6 = 4$

$\therefore a_6 + a_7 = 4 + 32 = 36$

개념 Check

$a > 0$, $a \neq 1$, $N > 0$일 때

$a^x = N \iff x = \log_a N$

2620 답 8

$a_1 = 6 > 0$이므로

$a_2 = 2 - a_1 = 2 - 6 = -4$

$a_2 < 0$이므로 $a_3 = a_2 + p = -4 + p$

(i) $a_3 \geq 0$, 즉 $p \geq 4$인 경우

$a_4 = 2 - a_3 = 2 - (-4 + p) = 6 - p$

$a_4 = 0$이므로 $6 - p = 0$에서 $p = 6$

(ii) $a_3 < 0$, 즉 $p < 4$인 경우

$a_4 = a_3 + p = (-4 + p) + p = -4 + 2p$

$a_4 = 0$이므로 $-4 + 2p = 0$에서 $p = 2$

(i), (ii)에서 $a_4 = 0$이 되도록 하는 모든 실수 p의 값의 합은

$6 + 2 = 8$

2621 답 27

$a_3 = 3$, $a_{n+1} = \begin{cases} \dfrac{a_n + 3}{2} & (a_n\text{이 홀수인 경우}) \\ \dfrac{a_n}{2} & (a_n\text{이 짝수인 경우}) \end{cases}$ 에서

a_2가 홀수인 경우

$a_3 = \dfrac{a_2 + 3}{2} = 3$에서 $a_2 = 3$

a_2가 짝수인 경우

a_2의 값을 알 수 없으므로 홀수인 경우와 짝수인 경우로 나누어 생각한다.

$a_3 = \dfrac{a_2}{2} = 3$에서 $a_2 = 6$

즉, $a_3 = 3$이면 $a_2 = 3$ 또는 $a_2 = 6$

마찬가지로 $a_2 = 3$이면 $a_1 = 3$ 또는 $a_1 = 6$이고,

$a_2 = 6$이면 $a_1 = 9$ 또는 $a_1 = 12$이다.

이때 $a_1 \geq 10$이므로 $a_1 = 12$

따라서 $a_2 = \dfrac{12}{2} = 6$, $a_3 = \dfrac{6}{2} = 3$, $a_4 = \dfrac{3+3}{2} = 3$, $a_5 = \dfrac{3+3}{2} = 3$

이므로 $\sum\limits_{k=1}^{5} a_k = 12 + 6 + 3 + 3 + 3 = 27$

실수 Check

$a_3 = 3$일 때, a_1의 값이 4가지가 나올 수 있음에 주의한다.

2622 답 ④ 　　　　　　　　　　　| 유형 9

첫째항이 7인 수열 $\{a_n\}$이

$$a_{n+1} = a_n + 7 \times (-1)^n \ (n = 1, 2, 3, \cdots)$$

단서1

을 만족시킬 때, a_{19}의 값은?

① -14 　　　　　 ② -7 　　　　　 ③ 0

④ 7 　　　　　 ⑤ 14

단서1 $n = 1, 2, 3, \cdots$을 대입하여 찾은 규칙을 이용

$a_1=7$, $a_{n+1}=a_n+7 \times (-1)^n$에서

$a_1=7$

$a_2=a_1+7 \times (-1)^1=7-7=0$

$a_3=a_2+7 \times (-1)^2=0+7=7$

$a_4=a_3+7 \times (-1)^3=7-7=0$

$a_5=a_4+7 \times (-1)^4=0+7=7$

$\vdots$

따라서 수열 $\{a_n\}$은 7, 0이 이 순서대로 반복된다.

STEP 2 규칙을 이용하여 a_{19}의 값 구하기

$a_n=\begin{cases} 7 \ (n\text{이 홀수}) \\ 0 \ (n\text{이 짝수}) \end{cases}$이므로 $a_{19}=7$

2623 답 ③

$a_1=1$, $a_{n+1}=(-1)^n a_n$에서

$a_1=1$

$a_2=(-1)^1 a_1=-1$

$a_3=(-1)^2 a_2=-1$

$a_4=(-1)^3 a_3=1$

$a_5=(-1)^4 a_4=1$

$a_6=(-1)^5 a_5=-1$

$a_7=(-1)^6 a_6=-1$

$a_8=(-1)^7 a_7=1$

$\vdots$

즉, 수열 $\{a_n\}$은 1, -1, -1, 1이 이 순서대로 반복되므로

$a_1+a_2=a_3+a_4=a_5+a_6=\cdots=0$

$\therefore \sum\limits_{k=1}^{2022} a_k=0$

2624 답 ④

$a_1=6$, $a_{n+1}=\begin{cases} \dfrac{1}{2}a_n \ (a_n\text{이 짝수}) \\ 3a_n-1 \ (a_n\text{이 홀수}) \end{cases}$에서

$a_2=\dfrac{1}{2}a_1=\dfrac{6}{2}=3$

$a_3=3a_2-1=3 \times 3-1=8$

$a_4=\dfrac{1}{2}a_3=\dfrac{8}{2}=4$

$a_5=\dfrac{1}{2}a_4=\dfrac{4}{2}=2$

$a_6=\dfrac{1}{2}a_5=\dfrac{2}{2}=1$

$a_7=3a_6-1=2$

$a_8=\dfrac{1}{2}a_7=\dfrac{2}{2}=1$

$\vdots$

즉, 수열 $\{a_n\}$은 제5항부터 2, 1이 이 순서대로 반복된다.

$\therefore \sum\limits_{k=1}^{18} a_k=(a_1+a_2+a_3+a_4)+\sum\limits_{k=5}^{18} a_k$

$=(6+3+8+4)+7(2+1)=42$

2625 답 ③

$a_1=7$, $a_{n+1}=\begin{cases} a_n-4 \ (a_n \geq 0) \\ a_n+10 \ (a_n<0) \end{cases}$에서

$a_1=7$

$a_2=a_1-4=7-4=3$

$a_3=a_2-4=3-4=-1$

$a_4=a_3+10=-1+10=9$

$a_5=a_4-4=9-4=5$

$a_6=a_5-4=5-4=1$

$a_7=a_6-4=1-4=-3$

$a_8=a_7+10=-3+10=7$

$\vdots$

즉, 수열 $\{a_n\}$은 7, 3, -1, 9, 5, 1, -3이 이 순서대로 반복된다.

$\therefore \sum\limits_{k=1}^{50} a_k=7 \times (a_1+a_2+a_3+a_4+a_5+a_6+a_7)+a_{50}$

$=7 \times (7+3-1+9+5+1-3)+7$

$=154$

2626 답 4

$a_1=10$, $a_{n+1}=\begin{cases} 3a_n+1 \ (a_n\text{이 홀수}) \\ \dfrac{a_n}{2} \ (a_n\text{이 짝수}) \end{cases}$에서

$a_2=\dfrac{a_1}{2}=\dfrac{10}{2}=5$

$a_3=3a_2+1=3 \times 5+1=16$

$a_4=\dfrac{a_3}{2}=\dfrac{16}{2}=8$

$a_5=\dfrac{a_4}{2}=\dfrac{8}{2}=4$

$a_6=\dfrac{a_5}{2}=\dfrac{4}{2}=2$

$a_7=\dfrac{a_6}{2}=\dfrac{2}{2}=1$

$a_8=3a_7+1=3 \times 1+1=4$

$a_9=\dfrac{a_8}{2}=\dfrac{4}{2}=2$

$\vdots$

즉, 수열 $\{a_n\}$은 제5항부터 4, 2, 1이 이 순서대로 반복된다.

$\therefore a_{200}=a_{4+(65 \times 3+1)}=4$

2627 답 ⑤

$0<a_1<1$, $a_{n+1}=\begin{cases} -a_n \ (a_n<0) \\ a_n-1 \ (a_n \geq 0) \end{cases}$에서

$a_1=a_1 \longrightarrow a_1-1<0$

$a_2=a_1-1$

$a_3 = -a_2 = -a_1 + 1$

$a_4 = a_3 - 1 = -a_1$ $\longrightarrow$ $-1 < -a_1 < 0$이므로 $0 < -a_1 + 1 < 1$

$a_5 = -a_4 = a_1$

$\vdots$

즉, 수열 $\{a_n\}$은 a_1, $a_1 - 1$, $-a_1 + 1$, $-a_1$이 이 순서대로 반복되므로

$$\sum_{k=1}^{30} a_k = 7(a_1 + a_2 + a_3 + a_4) + a_{29} + a_{30}$$

$$= 7 \times (a_1 + a_1 - 1 - a_1 + 1 - a_1) + \underline{a_{29} + a_{30}}$$

$$\longrightarrow a_{7 \times 4 + 1} + a_{7 \times 4 + 2}$$

$$= a_1 + (a_1 - 1)$$

$$= 2a_1 - 1$$

$$= \frac{3}{4}$$

$$\therefore a_1 = \frac{7}{8}$$

실수 Check

각 항의 값을 일일이 구하지 말고 수열 $\{a_n\}$은 모든 자연수 n에 대하여 $a_{n+4} = a_n$이고 $a_1 + a_2 + a_3 + a_4 = 0$임을 이용한다.

2628 탑 ①

$a_1 = 2$이므로

$a_1 = a_5 = a_9 = \cdots = 2$

$a_2 = a_6 = a_{10} = \cdots = -\dfrac{1}{2}$

$a_3 = a_7 = a_{11} = \cdots = \dfrac{1}{2}$

$a_4 = a_8 = a_{12} = \cdots = 1$

$$\therefore \sum_{n=1}^{40} a_n = 10 \sum_{n=1}^{4} a_n$$

$$= 10 \times \left\{ 2 + \left(-\frac{1}{2} \right) + \frac{1}{2} + 1 \right\} = 30$$

2629 탑 ④

$a_1 = 10$, $a_{n+1} = \begin{cases} 5 - \dfrac{10}{a_n} & (a_n\text{이 정수인 경우}) \\ -2a_n + 3 & (a_n\text{이 정수가 아닌 경우}) \end{cases}$ 에서

$a_1 = 10$

$a_2 = 5 - \dfrac{10}{a_1} = 5 - \dfrac{10}{10} = 4$

$a_3 = 5 - \dfrac{10}{a_2} = 5 - \dfrac{10}{4} = \dfrac{5}{2}$

$a_4 = -2a_3 + 3 = -2 \times \dfrac{5}{2} + 3 = -2$

$a_5 = 5 - \dfrac{10}{a_4} = 5 - \dfrac{10}{-2} = 10$

$\vdots$

즉, 수열 $\{a_n\}$은 10, 4, $\dfrac{5}{2}$, -2가 이 순서대로 반복되므로 모든 자연수 n에 대하여 $a_{n+4} = a_n$을 만족시킨다.

따라서 $a_9 = a_{4 \times 2 + 1} = a_1 = 10$, $a_{12} = a_{4 \times 3} = a_4 = -2$이므로

$a_9 + a_{12} = 10 + (-2) = 8$

2630 탑 ⑤

$a_1 = 4$, $a_{n+1} = \begin{cases} a_n - 3 & (a_n \geq 6) \\ (a_n - 1)^2 & (a_n < 6) \end{cases}$ 에서

$a_1 = 4$

$a_2 = (a_1 - 1)^2 = (4 - 1)^2 = 9$

$a_3 = a_2 - 3 = 9 - 3 = 6$

$a_4 = a_3 - 3 = 6 - 3 = 3$

$a_5 = (a_4 - 1)^2 = (3 - 1)^2 = 4$

$\vdots$

즉, 수열 $\{a_n\}$은 4, 9, 6, 3이 이 순서대로 반복되므로 모든 자연수 n에 대하여 $a_{n+4} = a_n$을 만족시킨다.

$$\therefore a_{10} = a_{4 \times 2 + 2} = a_2 = 9$$

2631 탑 105

수열 $\{a_n\}$은 0, 0, 1, 1, 1, 2, 2, 2, 3, $\cdots$이므로 수열 $\{b_n\}$은

$b_1 = (-1)^0 \times 5^{a_1} = (-1)^0 \times 5^0 = 1$

$b_2 = (-1)^1 \times 5^{a_2} = (-1)^1 \times 5^0 = -1$

$b_3 = (-1)^2 \times 5^{a_3} = (-1)^2 \times 5^1 = 5$

$b_4 = (-1)^3 \times 5^{a_4} = (-1)^3 \times 5^1 = -5$

$b_5 = (-1)^4 \times 5^{a_5} = (-1)^4 \times 5^1 = 5$

$b_6 = (-1)^5 \times 5^{a_6} = (-1)^5 \times 5^2 = -25$

$b_7 = (-1)^6 \times 5^{a_7} = (-1)^6 \times 5^2 = 25$

$b_8 = (-1)^7 \times 5^{a_8} = (-1)^7 \times 5^2 = -25$

$b_9 = (-1)^8 \times 5^{a_9} = (-1)^8 \times 5^3 = 125$

$$\therefore \sum_{k=1}^{9} b_k = 1 - 1 + 5 - 5 + 5 - 25 + 25 - 25 + 125$$

$$= 105$$

2632 탑 ⑤

$a_1 = 1$, $b_1 = -1$, $a_{n+1} = a_n + b_n$, $b_{n+1} = 2\cos \dfrac{a_n}{3}\pi$에서

$a_2 = 1 + (-1) = 0$, $b_2 = 2\cos \dfrac{\pi}{3} = 1$

$a_3 = 0 + 1 = 1$, $b_3 = 2\cos 0 = 2$

$a_4 = 1 + 2 = 3$, $b_4 = 2\cos \dfrac{\pi}{3} = 1$

$a_5 = 3 + 1 = 4$, $b_5 = 2\cos \pi = -2$

$a_6 = 4 + (-2) = 2$, $b_6 = 2\cos \dfrac{4}{3}\pi = -1$

$\longrightarrow \cos\left(\pi + \dfrac{\pi}{3}\right) = -\cos \dfrac{\pi}{3} = -\dfrac{1}{2}$

$a_7 = 2 + (-1) = 1$, $b_7 = 2\cos \dfrac{2}{3}\pi = -1$

$a_8 = 1 + (-1) = 0$, $b_8 = 2\cos \dfrac{\pi}{3} = 1$

$\vdots$

즉, 수열 $\{a_n\}$은 1, 0, 1, 3, 4, 2가, 수열 $\{b_n\}$은 -1, 1, 2, 1, -2, -1이 각각 이 순서대로 반복된다.

따라서 모든 자연수 n에 대하여 $a_{n+6} = a_n$, $b_{n+6} = b_n$이고, $2021 = 6 \times 336 + 5$이므로

$a_{2021} - b_{2021} = a_5 - b_5 = 4 - (-2) = 6$

실수 Check

각 수열에서 항의 값이 반복되는 항의 수를 파악한 후, 구하는 항의 값을 쉽게 구할 수 있도록 한다.

2633 답 ④ | 유형 10

수열 $\{a_n\}$은 $a_1=3$이고 다음 조건을 만족시킬 때, $\displaystyle\sum_{k=1}^{50} a_k$의 값은?

> (가) $a_{n+1}=\dfrac{1}{2}a_n+1$ ($n=1, 2, 3$)
> 【단서1】
> (나) 모든 자연수 n에 대하여 $a_{n+4}=a_n$이다.
> 【단서2】

① 100 　　② 108 　　③ 116
④ 124 　　⑤ 132

【단서1】 n의 값을 대입하여 a_2, a_3, a_4 구하기

【단서2】 $a_{n+4}=a_n$으로부터 4개의 항의 값이 반복

STEP 1 조건 (가)로부터 a_2, a_3, a_4의 값 구하기

$a_1=3$이고, 조건 (가)에서 $a_{n+1}=\dfrac{1}{2}a_n+1$의 n에 1, 2, 3을 차례로 대입하면

$a_2=\dfrac{1}{2}a_1+1=\dfrac{3}{2}+1=\dfrac{5}{2}$

$a_3=\dfrac{1}{2}a_2+1=\dfrac{5}{4}+1=\dfrac{9}{4}$

$a_4=\dfrac{1}{2}a_3+1=\dfrac{9}{8}+1=\dfrac{17}{8}$

STEP 2 수열 $\{a_n\}$의 규칙 찾기

조건 (나)에서 $a_{n+4}=a_n$이므로 수열 $\{a_n\}$은 $3, \dfrac{5}{2}, \dfrac{9}{4}, \dfrac{17}{8}$이 이 순서대로 반복된다.

STEP 3 $\displaystyle\sum_{k=1}^{50} a_k$의 값 구하기

$\displaystyle\sum_{k=1}^{50} a_k=12(a_1+a_2+a_3+a_4)+\underbrace{a_{49}+a_{50}}_{a_{4\times12+1}+a_{4\times12+2}}$

$=12(a_1+a_2+a_3+a_4)+a_1+a_2$

$=12\times\left(3+\dfrac{5}{2}+\dfrac{9}{4}+\dfrac{17}{8}\right)+3+\dfrac{5}{2}$

$=124$

2634 답 6

조건 (가)에서 $a_n=\dfrac{1}{24}(n-1)(n-2)(n-3)(n-4)+2n$의 n에 1, 2, 3, 4를 차례로 대입하면

$a_1=2\times1=2$

$a_2=2\times2=4$

$a_3=2\times3=6$

$a_4=2\times4=8$

조건 (나)에서 $a_{n+4}=a_n$이므로 수열 $\{a_n\}$은 2, 4, 6, 8이 이 순서대로 반복된다.

$\therefore a_{15}=a_{4\times3+3}=a_3=6$

2635 답 0

조건 (가)에서 $a_n=f(n^2)-f(n)$의 n에 1, 2, 3, $\cdots$, 9를 차례로 대입하면

$a_1=f(1)-f(1)=1-1=0$

$a_2=f(4)-f(2)=4-2=2$

$a_3=f(9)-f(3)=9-3=6$

$a_4=f(16)-f(4)=6-4=2$

$a_5=f(25)-f(5)=5-5=0$

$a_6=f(36)-f(6)=6-6=0$

$a_7=f(49)-f(7)=9-7=2$

$a_8=f(64)-f(8)=4-8=-4$

$a_9=f(81)-f(9)=1-9=-8$

조건 (나)에서 $a_{n+9}=a_n$이므로 수열 $\{a_n\}$은 0, 2, 6, 2, 0, 0, 2, -4, -8이 이 순서대로 반복된다.

$\therefore \displaystyle\sum_{k=1}^{90} a_k=10(a_1+a_2+\cdots+a_9)$

$=10(0+2+6+2+0+0+2-4-8)=0$

실수 Check

조건 (나)로부터 반복되는 주기를 파악해야 한다.

2636 답 ①

$a_1=1$이고, 조건 (가)에서

$a_2=a_1+3=4$

$a_3=a_2+3=7$

$a_4=a_3+3=10$

$a_5=a_4+3=13$

$a_6=a_5+3=16$

조건 (나)에서 $a_{n+6}=a_n$이므로 수열 $\{a_n\}$은 1, 4, 7, 10, 13, 16이 이 순서대로 반복된다.

이때 $50=6\times8+2$이므로 $a_{50}=a_2=4$

참고 모든 자연수 n에 대하여 $a_{n+1}=a_n+3$이 성립하면 수열 $\{a_n\}$은 등차수열을 이루지만 조건 (가)에서 $a_{n+1}=a_n+3$은 $n=1, 2, 3, 4, 5$에서만 성립하므로 수열 $\{a_n\}$은 등차수열을 이루지 않는다.

2637 답 11

조건 (가)에서 $a_{n+2}=a_n-4$의 n에 1, 2, 3, 4를 차례로 대입하면

$a_3=a_1-4=3$

$a_4=a_2-4$

$a_5=a_3-4=3-4=-1$

$a_6 = a_4 - 4 = a_2 - 8$

조건 (나)에서 $a_{n+6} = a_n$이므로 수열 $\{a_n\}$은 7, a_2, 3, $a_2 - 4$, -1, $a_2 - 8$이 이 순서대로 반복된다.

$$\therefore \sum_{k=1}^{50} a_k = 8(a_1 + a_2 + a_3 + a_4 + a_5 + a_6) + a_{49} + a_{50}$$
$$= 8(a_1 + a_2 + a_3 + a_4 + a_5 + a_6) + a_1 + a_2$$
$$= 8(7 + a_2 + 3 + a_2 - 4 - 1 + a_2 - 8) + 7 + a_2$$
$$= 25a_2 - 17$$

이때 $\displaystyle\sum_{k=1}^{50} a_k = 258$에서 $25a_2 - 17 = 258$

$\therefore a_2 = 11$

2638 답 ④ | 유형 11

수열 $\{a_n\}$의 첫째항부터 제n항까지의 합을 S_n이라 하면
$$a_1 = 4,\ S_n = 3a_n - 8\ (n=1, 2, 3, \cdots)$$
【단서1】
이 성립할 때, a_{100}의 값은?

① $\dfrac{3^{100}}{2^{100}}$　　② $\dfrac{3^{100}}{2^{98}}$　　③ $\dfrac{3^{98}}{2^{98}}$

④ $\dfrac{3^{99}}{2^{97}}$　　⑤ $\dfrac{3^{97}}{2^{97}}$

【단서1】 $a_{n+1} = S_{n+1} - S_n$

STEP1 $a_{n+1} = S_{n+1} - S_n$임을 이용하여 식 세우기

$S_n = 3a_n - 8$ ·········· ㉠

$S_{n+1} = 3a_{n+1} - 8$ ·········· ㉡

㉡-㉠을 하면 $S_{n+1} - S_n = 3(a_{n+1} - a_n)$

$a_{n+1} = 3a_{n+1} - 3a_n$

$2a_{n+1} = 3a_n$　　$\therefore a_{n+1} = \dfrac{3}{2}a_n$

STEP2 수열 $\{a_n\}$의 일반항 구하기

수열 $\{a_n\}$은 첫째항이 $a_1 = 4$, 공비가 $\dfrac{3}{2}$인 등비수열이므로

$$a_n = 4 \times \left(\dfrac{3}{2}\right)^{n-1}$$

STEP3 a_{100}의 값 구하기

$$a_{100} = 4 \times \left(\dfrac{3}{2}\right)^{99} = \dfrac{3^{99}}{2^{97}}$$

2639 답 2

$S_n = 3a_n - 6$ ·········· ㉠

$S_{n+1} = 3a_{n+1} - 6$ ·········· ㉡

㉡-㉠을 하면 $S_{n+1} - S_n = 3(a_{n+1} - a_n)$

$a_{n+1} = 3a_{n+1} - 3a_n$

$2a_{n+1} = 3a_n$　　$\therefore a_{n+1} = \dfrac{3}{2}a_n$

따라서 수열 $\{a_n\}$은 첫째항이 $a_1 = 3$, 공비가 $\dfrac{3}{2}$인 등비수열이므로

$$a_n = 3 \times \left(\dfrac{3}{2}\right)^{n-1}$$

$a_k = \dfrac{9}{2}$에서 $\dfrac{3^k}{2^{k-1}} = \dfrac{9}{2} = \dfrac{3^2}{2}$

$\therefore k = 2$

2640 답 ③

$S_n = 2a_n - 2n$ ·········· ㉠

$S_{n+1} = 2a_{n+1} - 2(n+1)$ ·········· ㉡

㉡-㉠을 하면 $S_{n+1} - S_n = 2(a_{n+1} - a_n) - 2$

$a_{n+1} = 2a_{n+1} - 2a_n - 2$

$\therefore a_{n+1} = 2a_n + 2$ ·········· ㉢

㉢의 n에 1, 2, 3을 차례로 대입하면

$a_2 = 2a_1 + 2 = 2 \times 2 + 2 = 6$

$a_3 = 2a_2 + 2 = 2 \times 6 + 2 = 14$

$\therefore a_4 = 2a_3 + 2 = 2 \times 14 + 2 = 30$

2641 답 ②

$3S_n = (n+2)a_n$ ·········· ㉠

$3S_{n+1} = (n+3)a_{n+1}$ ·········· ㉡

㉡-㉠을 하면 $3(S_{n+1} - S_n) = (n+3)a_{n+1} - (n+2)a_n$

$3a_{n+1} = (n+3)a_{n+1} - (n+2)a_n$

$na_{n+1} = (n+2)a_n$

$\therefore a_{n+1} = \dfrac{n+2}{n}a_n$ ·········· ㉢

㉢의 n에 1, 2, 3, 4를 차례로 대입하면

$a_2 = \dfrac{3}{1}a_1 = 3 \times 1 = 3$

$a_3 = \dfrac{4}{2}a_2 = 2 \times 3 = 6$

$a_4 = \dfrac{5}{3}a_3 = \dfrac{5}{3} \times 6 = 10$

$\therefore a_5 = \dfrac{6}{4}a_4 = \dfrac{3}{2} \times 10 = 15$

2642 답 ③

$n \geq 2$일 때

$S_n = n^2 a_n$ ·········· ㉠

$S_{n-1} = (n-1)^2 a_{n-1}$ ·········· ㉡

㉠-㉡을 하면 $S_n - S_{n-1} = n^2 a_n - (n-1)^2 a_{n-1}$

$a_n = n^2 a_n - (n-1)^2 a_{n-1}$, $(n+1)(n-1)a_n = (n-1)^2 a_{n-1}$

$\therefore a_n = \dfrac{n-1}{n+1}a_{n-1}\ (n=2, 3, 4, \cdots)$ ·········· ㉢

㉢의 n에 2, 3, 4, $\cdots$를 차례로 대입하면

$a_2 = \dfrac{1}{3}a_1 = \dfrac{1}{3} \times 20$

$a_3 = \dfrac{2}{4}a_2 = \dfrac{2}{4} \times \dfrac{1}{3} \times 20$

$a_4 = \dfrac{3}{5}a_3 = \dfrac{3}{5} \times \dfrac{2}{4} \times \dfrac{1}{3} \times 20$

$\quad\vdots$

$\therefore a_n = \dfrac{2 \times 1}{(n+1)n} \times 20 = \dfrac{40}{n(n+1)}$

따라서 $S_n = n^2 \times \dfrac{40}{n(n+1)} = \dfrac{40n}{n+1}$이므로

$$S_{19} = \dfrac{40 \times 19}{20} = 38$$

2643 답 ②

$S_{n+1}-S_{n-1}=a_{n+1}+a_n$이므로
$(S_{n+1}-S_{n-1})^2=4a_na_{n+1}+4$에서 → $(a_{n+1}+S_n)-(S_n-a_n)$
$(a_{n+1}+a_n)^2=4a_na_{n+1}+4$
$a_{n+1}{}^2+2a_na_{n+1}+a_n{}^2=4a_na_{n+1}+4$
$a_{n+1}{}^2-2a_na_{n+1}+a_n{}^2=4$ ∴ $(a_{n+1}-a_n)^2=4$
이때 $a_{n+1}>a_n$, 즉 $a_{n+1}-a_n>0$이므로
$a_{n+1}-a_n=2$ $(n=2,\ 3,\ 4,\ \cdots)$
또한, $a_2-a_1=5-3=2$
따라서 수열 $\{a_n\}$은 첫째항이 3, 공차가 2인 등차수열이므로
$a_n=3+(n-1)\times2=2n+1$ ∴ $a_{15}=2\times15+1=31$

2644 답 ③

$8S_n=(a_n+2)^2$ ·················· ㉠
$8S_{n+1}=(a_{n+1}+2)^2$ ·················· ㉡
㉡−㉠을 하면
$8(S_{n+1}-S_n)=(a_{n+1}+2)^2-(a_n+2)^2$
$8a_{n+1}=a_{n+1}{}^2+4a_{n+1}-a_n{}^2-4a_n$
$a_{n+1}{}^2-a_n{}^2-4a_{n+1}-4a_n=0$
$(a_{n+1}+a_n)(a_{n+1}-a_n)-4(a_{n+1}+a_n)=0$
$(a_{n+1}+a_n)(a_{n+1}-a_n-4)=0$
이때 $a_{n+1}+a_n\neq0$이므로 $a_{n+1}-a_n-4=0$
∴ $a_{n+1}-a_n=4$
따라서 수열 $\{a_n\}$은 첫째항이 $a_1=2$, 공차가 4인 등차수열이므로
$a_n=2+(n-1)\times4=4n-2$
∴ $S_{10}=\sum_{k=1}^{10}(4k-2)=4\times\dfrac{10\times11}{2}-2\times10=200$

2645 답 ⑤

$6S_n=a_n{}^2+3a_n-18$에 $n=1$을 대입하면
$6S_1=a_1{}^2+3a_1-18$
이때 $S_1=a_1$이므로 $6a_1=a_1{}^2+3a_1-18$
$a_1{}^2-3a_1-18=0$, $(a_1-6)(a_1+3)=0$
∴ $a_1=6$ $(\because a_1>0)$
$n\geq2$일 때
$6S_n=a_n{}^2+3a_n-18$ ·················· ㉠
$6S_{n-1}=a_{n-1}{}^2+3a_{n-1}-18$ ·················· ㉡
㉠−㉡을 하면
$6(S_n-S_{n-1})=a_n{}^2+3a_n-a_{n-1}{}^2-3a_{n-1}$
$6a_n=a_n{}^2+3a_n-a_{n-1}{}^2-3a_{n-1}$
$a_n{}^2-a_{n-1}{}^2-3a_n-3a_{n-1}=0$
$(a_n+a_{n-1})(a_n-a_{n-1})-3(a_n+a_{n-1})=0$
$(a_n+a_{n-1})(a_n-a_{n-1}-3)=0$
이때 $a_n+a_{n-1}\neq0$이므로 $a_n-a_{n-1}-3=0$
∴ $a_n-a_{n-1}=3$
따라서 수열 $\{a_n\}$은 첫째항이 $a_1=6$, 공차가 3인 등차수열이므로
$a_n=6+(n-1)\times3=3n+3$

실수 Check

$a_n=S_n-S_{n-1}$임을 이용하여 a_n을 귀납적으로 정의한다.

Plus 문제

2645-1

모든 자연수 n에 대하여 $a_n>0$인 수열 $\{a_n\}$의 첫째항부터 제 n항까지의 합을 S_n이라 하면
$$12S_n=a_n{}^2+6a_n-7\ (n=1,\ 2,\ 3,\ \cdots)$$
이 성립한다. 수열 $\{a_n\}$의 일반항을 구하시오.

$12S_n=a_n{}^2+6a_n-7$에 $n=1$을 대입하면
$12S_1=a_1{}^2+6a_1-7$
이때 $S_1=a_1$이므로 $12a_1=a_1{}^2+6a_1-7$
$a_1{}^2-6a_1-7=0$, $(a_1-7)(a_1+1)=0$
∴ $a_1=7$ $(\because a_1>0)$
$n\geq2$일 때
$12S_n=a_n{}^2+6a_n-7$ ·················· ㉠
$12S_{n-1}=a_{n-1}{}^2+6a_{n-1}-7$ ·················· ㉡
㉠−㉡을 하면
$12(S_n-S_{n-1})=a_n{}^2+6a_n-a_{n-1}{}^2-6a_{n-1}$
$12a_n=a_n{}^2+6a_n-a_{n-1}{}^2-6a_{n-1}$
$a_n{}^2-a_{n-1}{}^2-6a_n-6a_{n-1}=0$
$(a_n+a_{n-1})(a_n-a_{n-1})-6(a_n+a_{n-1})=0$
$(a_n+a_{n-1})(a_n-a_{n-1}-6)=0$
이때 $a_n+a_{n-1}\neq0$이므로 $a_n-a_{n-1}-6=0$
∴ $a_n-a_{n-1}=6$
따라서 수열 $\{a_n\}$은 첫째항이 $a_1=7$, 공차가 6인 등차수열이므로
$a_n=7+(n-1)\times6=6n+1$

답 $a_n=6n+1$

2646 답 162

$S_{n+1}=a_{n+1}+S_n$이므로 $a_{n+1}S_n=a_nS_{n+1}$에서
$a_{n+1}S_n=a_n(a_{n+1}+S_n)$, $(S_n-a_n)a_{n+1}=a_nS_n$
$S_{n-1}a_{n+1}=a_nS_n$
∴ $a_{n+1}=\dfrac{a_nS_n}{S_{n-1}}\ (n=2,\ 3,\ 4,\ \cdots)$ ·················· ㉠
$a_1=S_1=2$, $a_2=4$이므로
$S_2=a_1+a_2=6$
㉠에 $n=2$를 대입하면
$a_3=\dfrac{a_2S_2}{S_1}=\dfrac{4\times6}{2}=12$
$S_3=S_2+a_3=6+12=18$이므로 ㉠에 $n=3$을 대입하면
$a_4=\dfrac{a_3S_3}{S_2}=\dfrac{12\times18}{6}=36$
$S_4=S_3+a_4=18+36=54$이므로 ㉠에 $n=4$를 대입하면

$$a_5 = \frac{a_4 S_4}{S_3} = \frac{36 \times 54}{18} = 108$$

$$\therefore S_5 = S_4 + a_5 = 54 + 108 = 162$$

실수 Check

$a_{n+1} = S_{n+1} - S_n$에서 $S_{n+1} = S_n + a_{n+1}$임을 이용한다.

2647 답 ① | 유형 12

비어 있는 수조에 첫째 날은 5 L의 물을 채우고, 다음 날부터는 전날
단서1
채운 물의 양의 $\frac{3}{2}$배보다 2 L 적은 양을 채우기로 하였다. 이때 n째
단서2
날 수조에 채우게 되는 물의 양을 a_n L라 하자.

$$a_{n+1} = p a_n + q \ (n = 1, 2, 3, \cdots)$$

가 성립할 때, 상수 p, q에 대하여 pq의 값은?

① -3 ② $-\frac{3}{2}$ ③ $\frac{3}{2}$

④ 2 ⑤ 3

단서1 $a_1 = 5$

단서2 $a_2 = a_1 \times \frac{3}{2} - 2$

STEP 1 pq의 값 구하기

$a_{n+1} = \frac{3}{2} a_n - 2$이므로

$p = \frac{3}{2}$, $q = -2$

$$\therefore pq = \frac{3}{2} \times (-2) = -3$$

2648 답 $a_1 = 90$, $a_{n+1} = \frac{3}{4} a_n + 15 \ (n = 1, 2, 3, \cdots)$

물탱크에 들어 있는 물 100 L의 $\frac{1}{4}$을 사용하고 남은 물의 양은

$$100 \times \frac{3}{4} = 75 \ (\text{L})$$

이므로 1회 시행 후 남아 있는 물의 양 a_1 L는

$a_1 = 75 + 15 = 90$

$(n+1)$회 시행 후 남아 있는 물의 양 a_{n+1} L는 n회 시행 후 남아

있는 물의 양 a_n L의 $\frac{3}{4}$에 15 L를 더한 것이므로

$$a_{n+1} = \frac{3}{4} a_n + 15 \ (n = 1, 2, 3, \cdots)$$

2649 답 ①

$a_1 = (8-2) \times 3 = 18$에서 $p = 18$

$a_{n+1} = (a_n - 2) \times 3$이므로 $a_{n+1} = 3 a_n - 6$에서

$q = 3$, $r = -6$

$\therefore p + q + r = 15$

2650 답 ③

2명이 악수를 하는 횟수는 1이므로

$a_2 = 1$

n명의 참석자가 악수를 하고 $(n+1)$번째 참석자가 새로 왔을 때,
기존 n명의 참석자와 한 번씩 악수를 하게 되므로

$$a_{n+1} = a_n + n \ \cdots\cdots\cdots\cdots\cdots\cdots\cdots\cdots\cdots\cdots\cdots\cdots\cdots \ \bigcirc$$

$\bigcirc$의 n에 2, 3을 차례로 대입하면

$a_3 = a_2 + 2 = 1 + 2 = 3$

$a_4 = a_3 + 3 = 3 + 3 = 6$

$\therefore a_4 = 6$, $a_{n+1} = a_n + n \ (n = 2, 3, 4, \cdots)$

2651 답 ①

10개의 세포를 n회 배양하였을 때의 세포의 수를 a_n이라 하면

$$a_1 = 10 \times (1 - 0.5) \times k = 5k$$

$$a_{n+1} = a_n \times (1 - 0.5) \times k = \frac{k}{2} a_n$$

즉, 수열 $\{a_n\}$은 첫째항이 $a_1 = 5k$, 공비가 $\frac{k}{2}$인 등비수열이므로

$$a_n = 5k \times \left(\frac{k}{2} \right)^{n-1}$$

10개의 세포를 9회 배양하였을 때의 세포의 수가 5120이므로

$$a_9 = 5k \times \left(\frac{k}{2} \right)^8 = 5120, \ \frac{k^9}{2^8} = 1024$$

$$k^9 = 2^{10} \times 2^8 = 2^{18} = (2^2)^9 \quad \therefore k = 4$$

2652 답 1

a_n %의 소금물 250 g에 들어 있는 소금의 양은

$$\frac{a_n}{100} \times 250 = \frac{5}{2} a_n \ (\text{g}) \qquad \xrightarrow{\text{소금물의 농도}}{100} \times (\text{소금물의 양})$$

5 %의 소금물 50 g에 들어 있는 소금의 양은

$$\frac{5}{100} \times 50 = \frac{5}{2} \ (\text{g})$$

$$\therefore a_{n+1} = \frac{\frac{5}{2} a_n + \frac{5}{2}}{300} \times 100 = \frac{5}{6} a_n + \frac{5}{6}$$

따라서 $p = \frac{5}{6}$, $q = \frac{5}{6}$이므로 $\frac{q}{p} = 1$ $\xrightarrow{\text{(소금물의 농도)} = \frac{\text{(소금의 양)}}{\text{(소금물의 양)}} \times 100}$

2653 답 ①

$(n+1)$명을 두 모둠으로 나누는 방법의 수 a_{n+1}은 다음과 같이 생각할 수 있다.

(i) n명을 두 모둠으로 나눈 후 나머지 한 명을 두 모둠 중 어느 한 모둠에 넣는 방법의 수는 $2 a_n$

(ii) n명과 나머지 한 명으로 나누어 두 모둠으로 나누는 방법의 수는 1

(i), (ii)에서 $a_{n+1} = 2 a_n + 1 \ (n = 2, 3, 4, \cdots)$

따라서 $p = 2$, $q = 1$이므로

$p - q = 1$

2654 답 ⑤

n회 시행 후 그릇 A에 담긴 설탕의 양이 a_n kg이면 그릇 B에 담긴 설탕의 양은 $(2 - a_n)$ kg이므로

$$a_{n+1} = \frac{2}{3} a_n + \frac{1}{2} \left\{ (2 - a_n) + \frac{1}{3} a_n \right\}$$

$$=\frac{2}{3}a_n+\frac{1}{2}\left(2-\frac{2}{3}a_n\right)$$

$$=\frac{1}{3}a_n+1$$

따라서 $p=\frac{1}{3}$, $q=1$이므로

$$p+q=\frac{4}{3}$$

> **실수 Check**
>
> n회 시행 후 그릇 A에 담긴 설탕의 양과 그릇 B에 담긴 설탕의 양의 합이 $2\,\mathrm{kg}$으로 일정함을 이용한다.

2655 답 ④ | 유형 13

평면 위에 어느 두 직선도 서로 평행하지 않고 어느 세 직선도 한 점에서 만나지 않도록 n개의 직선을 그을 때, 이 직선들의 교점의 개수 [단서1] 를 a_n이라 하자. 이때 a_9의 값은?

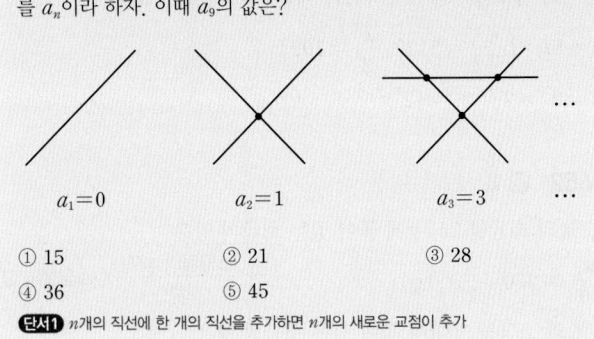

$a_1=0 \qquad a_2=1 \qquad a_3=3 \qquad \cdots$

① 15 ② 21 ③ 28
④ 36 ⑤ 45

[단서1] n개의 직선에 한 개의 직선을 추가하면 n개의 새로운 교점이 추가

STEP 1 a_n과 a_{n+1} 사이의 관계식 구하기

한 개의 직선은 교점이 생기지 않았으므로 $a_1=0$

n개의 직선에 한 개의 직선을 추가하면 이 직선은 기존의 n개의 직선과 각각 한 번씩 만나므로 n개의 새로운 교점이 생긴다.

$$\therefore a_{n+1}=a_n+n \;(n=1, 2, 3, \cdots) \quad\cdots\cdots\cdots\cdots \ㄱ$$

STEP 2 a_9의 값 구하기

ㄱ의 n에 1, 2, 3, …을 차례로 대입하면

$a_2=a_1+1=1$
$a_3=a_2+2=1+2$
$a_4=a_3+3=1+2+3$
$\qquad\vdots$

$\therefore a_9=1+2+3+\cdots+8=36$

> **참고** $a_{n+1}=a_n+n$의 n에 1, 2, 3, …, 8을 차례로 대입하여 변끼리 더하면
>
> $a_2=a_1+1$
> $a_3=a_2+2$
> $a_4=a_3+3$
> $\qquad\vdots$
> $+)\,a_9=a_8+8$
> $\overline{a_9=a_1+1+2+\cdots+8}$
> $\qquad=0+1+2+\cdots+8$
> $\qquad=\dfrac{8\times9}{2}$
> $\qquad=36$

2656 답 ③

$\overline{A_nA_{n+1}}=a_n$이므로 $n=1, 2, 3, \cdots$을 차례로 대입하면

$a_1=\overline{A_1A_2}=3$
$a_2=\overline{A_2A_3}=\frac{3}{4}a_1$
$a_3=\overline{A_3A_4}=\frac{3}{4}a_2$
$\qquad\vdots$
$\therefore a_{n+1}=\frac{3}{4}a_n$

다른 풀이

$\overline{A_{n+1}A_{n+2}}:\overline{A_nA_{n+1}}=3:4$이므로

$a_{n+1}:a_n=3:4$

$4a_{n+1}=3a_n$

$\therefore a_{n+1}=\frac{3}{4}a_n$

2657 답 $\dfrac{32}{27}$

시행을 한 번 하면 전체 끈의 길이의 $\frac{2}{3}$가 남으므로

$$a_{n+1}=\frac{2}{3}a_n$$

따라서 수열 $\{a_n\}$은 첫째항이 $a_1=9\times\frac{2}{3}=6$, 공비가 $\frac{2}{3}$인 등비수열이므로

$$a_n=6\times\left(\frac{2}{3}\right)^{n-1}$$

$$\therefore a_5=6\times\left(\frac{2}{3}\right)^4=\frac{32}{27}$$

2658 답 ②

$a_1=6$
$a_2=a_1+9=a_1+3\times3$
$a_3=a_2+12=a_2+3\times4$
$a_4=a_3+15=a_3+3\times5$
$\qquad\vdots$
$a_{n+1}=a_n+3(n+2)$
$\qquad=a_n+3n+6$

따라서 $p=3$, $q=6$이므로

$$p-q=-3$$

2659 답 ③

n개의 직선에 한 개의 직선을 추가하면 이 직선은 기존의 n개의 직선과 각각 한 번씩 만나므로 $(n+1)$개의 새로운 평면이 생긴다.

즉, $(n+1)$개의 직선에 의하여 분할된 평면은 n개의 직선에 의하여 분할된 평면보다 $(n+1)$개가 많으므로

$a_{n+1} = a_n + n + 1$

이때 $a_3 = 7$이므로

$a_4 = a_3 + 3 + 1 = 7 + 3 + 1 = 11$

$a_5 = a_4 + 4 + 1 = 11 + 4 + 1 = 16$

$a_6 = a_5 + 5 + 1 = 16 + 5 + 1 = 22$

$\therefore a_7 = a_6 + 6 + 1 = 22 + 6 + 1 = 29$

참고 $a_{n+1} = a_n + n + 1$의 n에 1, 2, 3, $\cdots$, $n-1$을 차례로 대입하여 변끼리 더하면

$$
\begin{aligned}
a_2 &= a_1 + 2 \\
a_3 &= a_2 + 3 \\
a_4 &= a_3 + 4 \\
&\vdots \\
+) \, a_n &= a_{n-1} + n \\
\hline
a_n &= a_1 + (2 + 3 + \cdots + n) \\
&= a_1 + \sum_{k=1}^{n-1}(k+1) \\
&= 2 + \frac{n(n-1)}{2} + n - 1 \\
&= \frac{n^2 + n + 2}{2}
\end{aligned}
$$

2660 답 ③

각 도형마다 한 변의 길이가 이전 변의 길이의 $\frac{1}{3}$배씩 줄어 들고, 변의 개수는 이전 변의 개수보다 4배씩 늘어나므로 각 변의 길이의 합은 각 도형마다 $\frac{4}{3}$배씩 늘어난다.

$\therefore a_{n+1} = \frac{4}{3} a_n$

2661 답 ⑤

각 층의 정육면체의 개수를 위에서부터 차례로 a_1, a_2, a_3, $\cdots$이라 하면

$a_1 = 1$

$a_2 = a_1 + 2 = 1 + 2$

$a_3 = a_2 + 3 = 1 + 2 + 3$

$\vdots$

$a_n = a_{n-1} + n = 1 + 2 + 3 + \cdots + n$

$\quad = \frac{n(n+1)}{2}$

따라서 10층 탑을 쌓을 때 필요한 정육면체의 개수는

$$
\begin{aligned}
\sum_{k=1}^{10} a_k &= \sum_{k=1}^{10} \frac{k(k+1)}{2} \\
&= \frac{1}{2}\sum_{k=1}^{10}(k^2 + k) \\
&= \frac{1}{2} \times \frac{10 \times 11 \times 21}{6} + \frac{1}{2} \times \frac{10 \times 11}{2} \\
&= 220
\end{aligned}
$$

2662 답 ②

n회 시행 후 정사각형의 한 변의 길이를 a_n이라 하면

$$
\begin{aligned}
a_{n+1} &= \sqrt{\left(\frac{4}{5}a_n\right)^2 + \left(\frac{1}{5}a_n\right)^2} \\
&= \frac{\sqrt{17}}{5} a_n
\end{aligned}
$$

넓이가 25인 정사각형의 한 변의 길이는 5이므로

$a_1 = \frac{\sqrt{17}}{5} \times 5 = \sqrt{17}$

즉, 수열 $\{a_n\}$은 첫째항이 $a_1 = \sqrt{17}$, 공비가 $\frac{\sqrt{17}}{5}$인 등비수열이므로

$a_n = \sqrt{17} \times \left(\frac{\sqrt{17}}{5}\right)^{n-1}$

$\therefore a_4 = \sqrt{17} \times \left(\frac{\sqrt{17}}{5}\right)^3$

$\quad = \frac{289}{125}$

따라서 $p = 125$, $q = 289$이므로

$p + q = 414$

실수 Check

넓이가 25인 정사각형의 한 변의 길이를 a_1로 놓지 않도록 주의한다.

Plus 문제

2662-1

그림과 같이 정사각형 모양의 종이 ABCD가 있다. 선분 BC, CD의 중점이 각각 M, N일 때, 삼각형 AMN을 그린 후 삼각형의 각 변의 중점끼리 이은 삼각형 PHQ를 그린다. 삼각형 PHQ의 넓이를 S_1이라 하고, 이와 같이 삼각형의 각 변의 중점을 연결하여 삼각형을 그리는 시행을 반복하여 그 넓이를 차례로 S_2, S_3, $\cdots$이라 할 때, $S_5 = \frac{q}{p}$이다. $\overline{AH} = 3\sqrt{2}$일 때, $p + q$의 값을 구하시오.

(단, p와 q는 서로소인 자연수이다.)

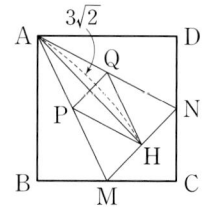

$\overline{AB} = 2a$라 하면

$\overline{AC} = 2\sqrt{2}a$, $\overline{CH} = \frac{\sqrt{2}}{2}a$

$\therefore \overline{AH} = \overline{AC} - \overline{CH}$

$\quad = 2\sqrt{2}a - \frac{\sqrt{2}}{2}a$

$\quad = \frac{3\sqrt{2}}{2}a$

즉, $\frac{3\sqrt{2}}{2}a = 3\sqrt{2}$

$\therefore a = 2$

따라서 $\overline{AB}$의 길이는 4이다.

n번째 시행에서 얻은 삼각형의 넓이를 S_n이라 하면

$S_1 = \frac{1}{4} \times (\text{삼각형 AMN의 넓이})$

$= \frac{1}{4} \times \left(\frac{1}{2} \times \overline{\text{MN}} \times \overline{\text{AH}} \right)$

→ △AMN은 이등변삼각형이고 $\overline{\text{MH}} = \overline{\text{HN}}$이므로 △AMN의 밑변이 $\overline{\text{MN}}$이면 높이는 $\overline{\text{AH}}$이다.

$= \frac{1}{4} \times \frac{1}{2} \times 2\sqrt{2} \times 3\sqrt{2}$

$= \frac{3}{2}$

삼각형 AMN과 삼각형 HPQ는 닮은 도형이고 닮음비가
2 : 1이므로 넓이의 비는 4 : 1이다.

즉, 수열 $\{S_n\}$은 공비가 $\frac{1}{4}$인 등비수열이므로

$S_n = S_1 \times \left(\frac{1}{4} \right)^{n-1} = \frac{3}{2} \left(\frac{1}{4} \right)^{n-1}$

$\therefore S_5 = \frac{3}{2} \times \left(\frac{1}{4} \right)^4 = \frac{3}{512}$

따라서 $p = 512$, $q = 3$이므로
$p + q = 515$

답 515

2663 답 ③ | 유형 14

모든 자연수 n에 대하여 명제 $p(n)$이 아래 조건을 만족시킬 때, 다음 중 반드시 참이라고 할 수 <u>없는</u> 명제는?

(가) $p(1)$이 참이다.

(나) $p(n)$이 참이면 $p(2n)$도 참이다. **단서1**

(다) $p(n)$이 참이면 $p(3n)$도 참이다. **단서2**

① $p(36)$ ② $p(81)$ ③ $p(84)$
④ $p(108)$ ⑤ $p(216)$

단서1 자연수 n이 2의 거듭제곱일 때 명제가 성립
단서2 자연수 n이 3의 거듭제곱일 때 명제가 성립

STEP1 세 조건 (가), (나), (다)에서 참인 명제 확인하기
두 조건 (가), (나)에서 $p(1)$, $p(2)$, $p(2^2)$, $p(2^3)$, …이 참이다.
두 조건 (가), (다)에서 $p(1)$, $p(3)$, $p(3^2)$, $p(3^3)$, …이 참이다.

STEP2 음이 아닌 정수 a, b에 대하여 $p(2^a \times 3^b)$이 참임을 이해하기
$p(2)$, $p(2 \times 3)$, $p(2 \times 3^2)$, $p(2 \times 3^3)$, …이 참이다.
$p(2^2)$, $p(2^2 \times 3)$, $p(2^2 \times 3^2)$, $p(2^2 \times 3^3)$, …이 참이다.
⋮
즉, 음이 아닌 정수 a, b에 대하여 $p(2^a \times 3^b)$이 참이다.

STEP3 반드시 참이라고 할 수 없는 명제 찾기
① $p(36) = p(2^2 \times 3^2)$
② $p(81) = p(3^4)$
③ $p(84) = p(2^2 \times 3 \times 7)$

④ $p(108) = p(2^2 \times 3^3)$
⑤ $p(216) = p(2^3 \times 3^3)$
따라서 반드시 참이라고 할 수 없는 명제는 ③이다.

2664 답 ③

$p(1)$이 참이면
$p(3)$, $p(4)$, $p(5)$, …가 참이지만 $p(2)$가 참인지 알 수 없다.
$p(2)$가 참이면
$p(3)$, $p(4)$, $p(5)$, …가 참이지만 $p(1)$이 참인지 알 수 없다.
따라서 모든 자연수 n에 대하여 명제 $p(n)$이 참이 되기 위한 필요충분조건은 $p(1)$과 $p(2)$가 모두 참인 것이다.

2665 답 ⑤

두 조건 (가), (나)에서 음이 아닌 정수 a, b에 대하여 $p(4^a \times 5^b)$이 참이다.
① $p(60) = p(3 \times 4 \times 5)$
② $p(65) = p(5 \times 13)$
③ $p(70) = p(2 \times 5 \times 7)$
④ $p(75) = p(3 \times 5^2)$
⑤ $p(80) = p(4^2 \times 5)$
따라서 반드시 참인 명제는 ⑤이다.

참고 $p(1)$이 참이면 $p(4)$와 $p(5)$도 참이다.
$p(4)$, $p(4 \times 5)$, $p(4 \times 5^2)$, $p(4 \times 5^3)$, …이 참이다.
$p(5)$, $p(4 \times 5)$, $p(4^2 \times 5)$, $p(4^3 \times 5)$, …가 참이다.

2666 답 ⑤

① 두 조건 (가), (나)에서 $p(1)$이 참이므로 $p(2)$도 참이다.
  조건 (다)에서 $p(2)$가 참이면 $p(4)$도 참이다.
② 조건 (다)에서 $p(4)$가 참이면 $p(7)$도 참이다.
③ 조건 (나)에서 $p(7)$이 참이면 $p(8)$도 참이다.
④ 조건 (다)에서 $p(8)$이 참이면 $p(13)$이 참이고, 조건 (나)에서 $p(13)$이 참이면 $p(14)$도 참이다. 또, 조건 (다)에서 $p(14)$가 참이면 $p(22)$도 참이다.
따라서 반드시 참이라고 할 수 없는 명제는 ⑤이다.

2667 답 511

$p(1)$이 성립하므로 $p(2 \times 1 + 1) = p(3)$도 성립한다.
$p(3)$이 성립하므로 $p(2 \times 3 + 1) = p(7)$도 성립한다.
$p(7)$이 성립하므로 $p(2 \times 7 + 1) = p(15)$도 성립한다.
$p(15)$가 성립하므로 $p(2 \times 15 + 1) = p(31)$도 성립한다.
$p(31)$이 성립하므로 $p(31 \times 2 + 1) = p(63)$도 성립한다.
$p(63)$이 성립하므로 $p(63 \times 2 + 1) = p(127)$도 성립한다.
$p(127)$이 성립하므로 $p(127 \times 2 + 1) = p(255)$도 성립한다.
$p(255)$가 성립하므로 $p(255 \times 2 + 1) = p(511)$도 성립한다.
$p(511)$이 성립하므로 $p(511 \times 2 + 1) = p(1023)$도 성립한다.
따라서 명제 $p(m)$이 성립하는 세 자리 자연수 m의 최댓값은 511이다.

2668 답 ①

다음은 모든 자연수 n에 대하여 등식

$$1^2+2^2+3^2+\cdots+n^2=\frac{1}{6}n(n+1)(2n+1)$$

이 성립함을 수학적 귀납법으로 증명한 것이다.

단서1

> (i) $n=1$일 때,
>
> (좌변)$=1^2=1$, (우변)$=\frac{1}{6}\times1\times2\times3=1$
>
> 이므로 주어진 등식이 성립한다.
>
> (ii) $n=k$일 때, 주어진 등식이 성립한다고 가정하면
>
> $$1^2+2^2+3^2+\cdots+k^2=\frac{1}{6}k(k+1)(2k+1) \quad\cdots\cdots\cdots\text{㉠}$$
>
> ㉠의 양변에 $\boxed{\text{(가)}}$ 을 더하면
>
> $$1^2+2^2+3^2+\cdots+k^2+\boxed{\text{(가)}}$$
> $$=\frac{1}{6}k(k+1)(2k+1)+\boxed{\text{(가)}}$$
> $$=\frac{1}{6}(k+1)(2k^2+k+\boxed{\text{(나)}})$$
> $$=\frac{1}{6}(k+1)(k+2)(\boxed{\text{(다)}})$$
>
> 이므로 $n=k+1$일 때도 등식이 성립한다.
>
> (i), (ii)에서 모든 자연수 n에 대하여 주어진 등식이 성립한다.

위의 ㈎, ㈏, ㈐에 알맞은 식을 각각 $f(k)$, $g(k)$, $h(k)$라 할 때, $f(2)+g(2)-h(3)$의 값은?

① 18 ② 19 ③ 20
④ 21 ⑤ 22

단서1 $n=1$일 때 성립하고 $n=k$일 때 성립하면 $n=k+1$일 때도 성립

STEP1 $f(k)$, $g(k)$, $h(k)$ **각각 구하기**

(ii) $n=k$일 때, 주어진 등식이 성립한다고 가정하면

$$1^2+2^2+3^2+\cdots+k^2=\frac{1}{6}k(k+1)(2k+1) \quad\cdots\cdots\cdots\text{㉠}$$

㉠의 양변에 $\boxed{(k+1)^2}$ 을 더하면

$$1^2+2^2+3^2+\cdots+k^2+\boxed{(k+1)^2}$$
$$=\frac{1}{6}k(k+1)(2k+1)+\boxed{(k+1)^2}$$
$$=\frac{1}{6}(k+1)\{k(2k+1)+6(k+1)\}$$
$$=\frac{1}{6}(k+1)(2k^2+k+\boxed{6k+6})$$
$$=\frac{1}{6}(k+1)(2k^2+7k+6)$$
$$=\frac{1}{6}(k+1)(k+2)(\boxed{2k+3})$$

이므로 $n=k+1$일 때도 등식이 성립한다.

$$\therefore f(k)=(k+1)^2,\ g(k)=6k+6,\ h(k)=2k+3$$

STEP2 $f(2)+g(2)-h(3)$**의 값 구하기**

$f(2)=(2+1)^2=9$, $g(2)=18$, $h(3)=9$이므로

$$f(2)+g(2)-h(3)=18$$

2669 답 1

(ii) $n=k$일 때, 주어진 등식이 성립한다고 가정하면

$$1+3+5+\cdots+(2k-1)=k^2 \quad\cdots\cdots\cdots\text{㉠}$$

㉠의 양변에 $\boxed{2k+1}$ 을 더하면

$$1+3+5+\cdots+(2k-1)+(\boxed{2k+1})$$
$$=k^2+\boxed{2k+1}$$
$$=\boxed{(k+1)^2}$$

이므로 $n=k+1$일 때도 주어진 등식이 성립한다.

$$\therefore f(k)=2k+1,\ g(k)=(k+1)^2$$

따라서 $f(2)=5$, $g(1)=4$이므로

$$f(2)-g(1)=1$$

2670 답 ②

(ii) $n=k$일 때, 주어진 등식이 성립한다고 가정하면

$$\frac{1}{1\times3}+\frac{1}{2\times4}+\frac{1}{3\times5}+\cdots+\frac{1}{k(k+2)}=\frac{k(3k+5)}{4(k+1)(k+2)}$$

$$\cdots\cdots\cdots\text{㉠}$$

㉠의 양변에 $\boxed{\dfrac{1}{(k+1)(k+3)}}$ 을 더하면

$$\frac{1}{1\times3}+\frac{1}{2\times4}+\frac{1}{3\times5}+\cdots+\frac{1}{k(k+2)}+\boxed{\frac{1}{(k+1)(k+3)}}$$
$$=\frac{k(3k+5)}{4(k+1)(k+2)}+\frac{1}{(k+1)(k+3)}$$
$$=\frac{\boxed{k(k+3)}(3k+5)}{4(k+1)(k+2)(k+3)}+\frac{4(k+2)}{4(k+1)(k+2)(k+3)}$$
$$=\frac{3k^3+14k^2+19k+8}{4(k+1)(k+2)(k+3)}$$
$$=\frac{(k+1)^2(3k+8)}{4(k+1)(k+2)(k+3)}$$
$$=\frac{(k+1)(3k+8)}{4(k+2)(k+3)}$$

이므로 $n=k+1$일 때도 주어진 등식이 성립한다.

$$\therefore f(k)=\frac{1}{(k+1)(k+3)},\ g(k)=k(k+3)$$

따라서 $f(1)=\dfrac{1}{2\times4}=\dfrac{1}{8}$, $g(1)=1\times4=4$이므로

$$f(1)\times g(1)=\frac{1}{2}$$

2671 답 4

(ii) $n=k$일 때, 주어진 등식이 성립한다고 가정하면

$$1\times2+3\times2^2+5\times2^3+\cdots+(2k-1)\times2^k$$
$$=(2k-3)\times2^{k+1}+6 \quad\cdots\cdots\cdots\text{㉠}$$

㉠의 양변에 $\boxed{(2k+1)\times2^{k+1}}$ 을 더하면

$$1\times2+3\times2^2+5\times2^3+\cdots+(2k-1)\times2^k+\boxed{(2k+1)\times2^{k+1}}$$
$$=(2k-3)\times2^{k+1}+6+\boxed{(2k+1)\times2^{k+1}}$$
$$=2^{k+1}(4k-2)+6$$
$$=\boxed{(2k-1)\times2^{k+2}}+6$$

이므로 $n=k+1$일 때도 주어진 등식이 성립한다.

$$\therefore f(k)=(2k+1)\times2^{k+1},\ g(k)=(2k-1)\times2^{k+2}$$

따라서 $f(1)=3\times 2^2=12$, $g(1)=1\times 2^3=8$이므로
$f(1)-g(1)=4$

2672 답 ⑤

(ii) $n=k$일 때, ㉠이 성립한다고 가정하면

$$a_k=(1+2+3+\cdots+k)\left(1+\frac{1}{2}+\frac{1}{3}+\cdots+\frac{1}{k}\right)$$

$\dfrac{a_{k+1}}{k+2}=\dfrac{a_k}{k}+\dfrac{1}{2}$에서

$$a_{k+1}=\boxed{\frac{k+2}{k}}a_k+\frac{k+2}{2}$$

$$=\boxed{\frac{k+2}{k}}\times(1+2+3+\cdots+k)\left(1+\frac{1}{2}+\frac{1}{3}+\cdots+\frac{1}{k}\right)$$
$$+\frac{k+2}{2}$$

$$=\frac{k+2}{k}\times\frac{k(k+1)}{2}\left(1+\frac{1}{2}+\frac{1}{3}+\cdots+\frac{1}{k}\right)+\frac{k+2}{2}$$

$$=\boxed{\frac{(k+1)(k+2)}{2}}\left(1+\frac{1}{2}+\frac{1}{3}+\cdots+\frac{1}{k}\right)+\frac{k+2}{2}$$

$$=\frac{(k+1)(k+2)}{2}\left(1+\frac{1}{2}+\frac{1}{3}+\cdots+\frac{1}{k}+\frac{1}{k+1}\right)$$

$$=\{1+2+3+\cdots+(k+1)\}\left(1+\frac{1}{2}+\frac{1}{3}+\cdots+\frac{1}{k+1}\right)$$

$\therefore f(k)=\dfrac{k+2}{k}$, $g(k)=\dfrac{(k+1)(k+2)}{2}$

따라서 $f(2)=\dfrac{4}{2}=2$, $g(1)=\dfrac{2\times 3}{2}=3$이므로
$f(2)+g(1)=5$

2673 답 ①

(ii) $n=m$일 때, (*)이 성립한다고 가정하면

$$\sum_{k=1}^{m}k\{k+(k+1)+(k+2)+\cdots+m\}$$
$$=\frac{m(m+1)(m+2)(3m+1)}{24}$$

이다.

$n=m+1$일 때, (*)이 성립함을 보이자.

$$\sum_{k=1}^{m+1}k\{k+(k+1)+(k+2)+\cdots+m+(m+1)\}$$
$$=\sum_{k=1}^{m}k\{k+(k+1)+(k+2)+\cdots+m+(m+1)\}$$
$$+\boxed{(m+1)^2}$$
$$=\sum_{k=1}^{m}k\{k+(k+1)+(k+2)+\cdots+m\}$$
$$+(m+1)\sum_{k=1}^{m}k+(m+1)^2$$
$$=\sum_{k=1}^{m}k\{k+(k+1)+(k+2)+\cdots+m\}+\boxed{\frac{m(m+1)^2}{2}}$$
$$+\boxed{(m+1)^2}$$

$$=\frac{m(m+1)(m+2)(3m+1)}{24}+\frac{m(m+1)^2}{2}+(m+1)^2$$

$$=\frac{m(m+1)(m+2)(3m+1)}{24}+\frac{(m+1)^2(m+2)}{2}$$

$$=\frac{(m+1)(m+2)(3m^2+13m+12)}{24}$$

$$=\frac{(m+1)(m+2)(m+3)(3m+4)}{24}$$

$\therefore f(m)=(m+1)^2$, $g(m)=\dfrac{m(m+1)^2}{2}$

따라서 $f(4)=(4+1)^2=25$, $g(2)=\dfrac{2(2+1)^2}{2}=9$이므로
$f(4)+g(2)=34$

실수 Check

$\displaystyle\sum_{k=1}^{m}k(m+1)$에서 $m+1$은 상수이므로
$\displaystyle\sum_{k=1}^{m}k(m+1)=(m+1)\sum_{k=1}^{m}k$임에 주의한다.

2674 답 ⑤

(i) $n=1$일 때,

(좌변)$=a_1$,

(우변)$=\dfrac{1\times 2}{4}(2a_2-1)=a_2-\boxed{\dfrac{1}{2}}=\left(1+\dfrac{1}{2}\right)-\dfrac{1}{2}=1=a_1$

이므로 (★)이 성립한다.　$\underset{\sum_{k=1}^{2}\frac{1}{k}=1+\frac{1}{2}}{\uparrow}$

(ii) $n=m$일 때, (★)이 성립한다고 가정하면

$$a_1+2a_2+3a_3+\cdots+ma_m=\frac{m(m+1)}{4}(2a_{m+1}-1)$$이다.

$n=m+1$일 때, (★)이 성립함을 보이자.

$$a_1+2a_2+3a_3+\cdots+ma_m+(m+1)a_{m+1}$$

$$=\frac{m(m+1)}{4}(2a_{m+1}-1)+(m+1)a_{m+1}$$

$$=(m+1)a_{m+1}\left(\boxed{\frac{m}{2}}+1\right)-\frac{m(m+1)}{4}$$

$$=\frac{(m+1)(m+2)}{2}a_{m+1}-\frac{m(m+1)}{4}$$

$$=\frac{(m+1)(m+2)}{2}\left(a_{m+2}-\boxed{\frac{1}{m+2}}\right)-\frac{m(m+1)}{4}$$

$$=\frac{(m+1)(m+2)}{4}(2a_{m+2}-1)$$

이므로 $n=m+1$일 때도 (★)이 성립한다.

$\therefore p=\dfrac{1}{2}$, $f(m)=\dfrac{m}{2}$, $g(m)=\dfrac{1}{m+2}$

따라서 $f(5)=\dfrac{5}{2}$, $g(3)=\dfrac{1}{5}$이므로

$p+\dfrac{f(5)}{g(3)}=\dfrac{1}{2}+\dfrac{25}{2}=13$

실수 Check

$a_n=\displaystyle\sum_{k=1}^{n}\frac{1}{k}$, $a_{n-1}=\displaystyle\sum_{k=1}^{n-1}\frac{1}{k}$이므로 $a_{n-1}=a_n-\dfrac{1}{n}$임에 주의한다.

2675　답 ⑤

다음은 모든 자연수 n에 대하여 n^3+3n^2+2n이 3의 배수임을 수학

적 귀납법으로 증명한 것이다.

단서1

(i) $n=1$일 때,

　$1^3+3\times1^2+2\times1=6$이므로 3의 배수이다.

(ii) $n=k$일 때, n^3+3n^2+2n이 3의 배수라 가정하면

　$k^3+3k^2+2k=3p$ (p는 자연수)

　$n=k+1$일 때,

　$(\boxed{(가)})^3+3(\boxed{(가)})^2+2(\boxed{(가)})$

　$=(k^3+3k^2+2k)+3k^2+9k+6$

　$=3p+3(\boxed{(나)})$

　$=3\{p+(\boxed{(나)})\}$

　이므로 $n=k+1$일 때도 n^3+3n^2+2n은 3의 배수이다.

(i), (ii)에서 모든 자연수 n에 대하여 n^3+3n^2+2n은 3의 배수이다.

위의 (가), (나)에 알맞은 식을 각각 $f(k)$, $g(k)$라 할 때, $f(9)+g(2)$의
값은?

① 9　　　　② 10　　　　③ 12

④ 18　　　　⑤ 22

단서1 3의 배수는 3으로 묶을 수 있도록 표현

STEP1 $f(k)$, $g(k)$ 각각 구하기

(ii) $n=k$일 때, n^3+3n^2+2n이 3의 배수라 가정하면

　$k^3+3k^2+2k=3p$ (p는 자연수)

　$n=k+1$일 때,

　$(\boxed{k+1})^3+3(\boxed{k+1})^2+2(\boxed{k+1})$

　$=k^3+3k^2+3k+1+3k^2+6k+3+2k+2$

　$=(k^3+3k^2+2k)+3k^2+9k+6$

　$=3p+3(\boxed{k^2+3k+2})$

　$=3\{p+(\boxed{k^2+3k+2})\}$

　이므로 $n=k+1$일 때도 n^3+3n^2+2n은 3의 배수이다.

　$\therefore f(k)=k+1$, $g(k)=k^2+3k+2$

STEP2 $f(9)+g(2)$의 값 구하기

$f(9)=9+1=10$, $g(2)=4+6+2=12$이므로

$f(9)+g(2)=22$

2676　답 ③

(ii) $n=k$일 때, $n(n^2+5)$가 6의 배수라 가정하면

　$k(k^2+5)=6p$ (p는 자연수)

　$n=k+1$일 때,

　$(k+1)\{(k+1)^2+5\}=k^3+3k^2+\boxed{8k+6}$

　$=\boxed{k^3+5k}+6+3k(k+1)$

　$=k(k^2+5)+6+3k(k+1)$

　$=6p+6+3k(k+1)$

　$=6(\boxed{p+1})+3k(k+1)$

$\therefore$ (가): $8k+6$　(나): k^3+5k　(다): $p+1$

2677　답 5

(ii) $n=k$일 때, n^3+2n이 3의 배수라 가정하면

　$k^3+2k=3m$ (m은 자연수)

　$n=k+1$일 때,

　$(k+1)^3+2(k+1)=k^3+3k^2+3k+1+2k+2$

　$=(k^3+2k)+\boxed{3k^2+3k+3}$

　$=3\boxed{m}+\boxed{3k^2+3k+3}$

　$=3(m+k^2+k+1)$

　이므로 $n=k+1$일 때도 n^3+2n은 3의 배수이다.

$\therefore f(k)=3k^2+3k+3$, $g(m)=m$

따라서 $f(-1)=3-3+3=3$, $g(2)=2$이므로

$f(-1)+g(2)=5$

2678　답 10

(ii) $n=k$일 때, $4^{2n}-1$이 5의 배수라 가정하면

　$4^{2k}-1=5p$ (p는 자연수)

　$\therefore 4^{2k}=5p+1$

　$n=k+1$일 때,

　$4^{2k+2}-1=16\times4^{2k}-1=16(\boxed{5p+1})-1$

　$=16\times5p+16-1=16\times5p+15$

　$=5(\boxed{16p+3})$

　이므로 $n=k+1$일 때도 $4^{2n}-1$은 5의 배수이다.

$\therefore f(p)=5p+1$, $g(p)=16p+3$

따라서 $f(-2)=-10+1=-9$, $g(1)=16+3=19$이므로

$f(-2)+g(1)=10$

2679　답 ⑤

(ii) $n=k$일 때, 11^n-4^n이 7의 배수라 기정하면

　$11^k-4^k=7p$ (p는 자연수)

　$n=k+1$일 때,

　$11^{k+1}-4^{k+1}=\boxed{11}\times11^k-\boxed{4}\times4^k$

　$=11\times11^k-11\times4^k+7\times4^k$

　$=11\times(11^k-4^k)+\boxed{7}\times4^k$

　$=11\times7p+7\times4^k$

　$=\boxed{77}p+\boxed{7}\times4^k$

　$=7(\boxed{11}p+4^k)$

　이므로 $n=k+1$일 때도 11^n-4^n은 7의 배수이다.

$\therefore$ (가): 11　(나): 4　(다): 7　(라): 77　(마): 11

따라서 옳지 않은 것은 (마)이다.

2680　답 ④

(ii) $n=k$일 때, $2^{3n-2}+3^n$이 5의 배수라 가정하면

　$2^{3k-2}+3^k=5p$ (p는 자연수)

　$n=\boxed{k+1}$일 때,

　$2^{3k+1}+3^{k+1}=8\times2^{3k-2}+3\times3^k$

　$=5\times2^{3k-2}+\boxed{3\times2^{3k-2}+3\times3^k}$

　$=5\times2^{3k-2}+3(2^{3k-2}+3^k)$

$$= 5 \times 2^{3k-2} + 3 \times \boxed{5p}$$
$$= 5(2^{3k-2} + \boxed{3p})$$

이므로 $n = \boxed{k+1}$ 일 때도 $2^{3n-2} + 3^n$은 5의 배수이다.

$\therefore$ (가) : $k+1$ (나) : $3 \times 2^{3k-2} + 3 \times 3^k$ (다) : $5p$ (라) : $3p$

실수 Check

$n = k+1$일 때도 5의 배수로 나타날 수 있도록 식을 변형해야 한다.

2681 답 ⑤
유형 17

다음은 $n \geq 2$인 모든 자연수 n에 대하여 부등식

$$\underline{1 + \frac{1}{2} + \frac{1}{3} + \cdots + \frac{1}{n} > \frac{2n}{n+1}}$$
단서1

이 성립함을 수학적 귀납법으로 증명한 것이다.

(i) $n = \boxed{(가)}$ 일 때,

(좌변)$= \frac{3}{2}$, (우변)$= \frac{4}{3}$이므로 주어진 부등식이 성립한다.

(ii) $n = k \ (k \geq 2)$일 때, 주어진 부등식이 성립한다고 가정하면

$$1 + \frac{1}{2} + \frac{1}{3} + \cdots + \frac{1}{k} > \frac{2k}{k+1} \quad \cdots\cdots ㉠$$

㉠의 양변에 $\boxed{(나)}$ 을 더하면

$$1 + \frac{1}{2} + \frac{1}{3} + \cdots + \frac{1}{k} + \boxed{(나)} > \frac{2k}{k+1} + \boxed{(나)}$$

이때

$$\frac{2k}{k+1} + \boxed{(나)} - \boxed{(다)} = \frac{k}{(k+1)(k+2)} > 0$$이므로

$$1 + \frac{1}{2} + \frac{1}{3} + \cdots + \frac{1}{k} + \frac{1}{k+1} > \boxed{(다)}$$

따라서 $n = k+1$일 때도 주어진 부등식은 성립한다.

(i), (ii)에서 $n \geq 2$인 모든 자연수 n에 대하여 주어진 부등식이 성립한다.

위의 (가)에 알맞은 수를 a라 하고, (나), (다)에 알맞은 식을 각각 $f(k)$, $g(k)$라 할 때, $a \times f(1) \times g(2)$의 값은?

① $\frac{7}{6}$ ② $\frac{6}{5}$ ③ $\frac{5}{4}$
④ $\frac{4}{3}$ ⑤ $\frac{3}{2}$

단서1 n에 2, k를 대입하여 부등식을 증명

STEP 1 (가), (나), (다)에 알맞은 수 또는 식 구하기

(i) $n = \boxed{2}$일 때,

(좌변)$= \frac{3}{2}$, (우변)$= \frac{4}{3}$이므로 주어진 부등식이 성립한다.

(ii) $n = k \ (k \geq 2)$일 때, 주어진 부등식이 성립한다고 가정하면

$$1 + \frac{1}{2} + \frac{1}{3} + \cdots + \frac{1}{k} > \frac{2k}{k+1} \quad \cdots\cdots ㉠$$

㉠의 양변에 $\boxed{\dfrac{1}{k+1}}$ 을 더하면

$$1 + \frac{1}{2} + \frac{1}{3} + \cdots + \frac{1}{k} + \boxed{\frac{1}{k+1}} > \frac{2k}{k+1} + \boxed{\frac{1}{k+1}}$$

이때

$$\frac{2k}{k+1} + \boxed{\frac{1}{k+1}} - \frac{2(k+1)}{(k+1)+1} = \frac{k}{(k+1)(k+2)} > 0$$

이므로 $\quad \left\downarrow \frac{2k}{k+1} + \frac{1}{k+1} > \frac{2(k+1)}{(k+1)+1}\right.$

$$1 + \frac{1}{2} + \frac{1}{3} + \cdots + \frac{1}{k} + \frac{1}{k+1} > \boxed{\frac{2(k+1)}{(k+1)+1}}$$

$\therefore a = 2, \ f(k) = \dfrac{1}{k+1}, \ g(k) = \dfrac{2(k+1)}{(k+1)+1}$

STEP 2 $a \times f(1) \times g(2)$의 값 구하기

$f(1) = \dfrac{1}{1+1} = \dfrac{1}{2}$, $g(2) = \dfrac{2 \times 3}{3+1} = \dfrac{3}{2}$이므로

$$a \times f(1) \times g(2) = 2 \times \frac{1}{2} \times \frac{3}{2} = \frac{3}{2}$$

2682 답 ①

(ii) $n = k \ (k \geq 3)$일 때, 주어진 부등식이 성립한다고 가정하면

$$2^k > 2k+1 \quad \cdots\cdots ㉠$$

㉠의 양변에 2를 곱하면

$$2^k \times \boxed{2} > (2k+1) \times \boxed{2}$$
$$2^{k+1} > 4k+2 \quad \cdots\cdots ㉡$$

이때 $k \geq 3$이므로

$$(2k+1) \times \boxed{2} = 2(k+1) + \boxed{2k} > \boxed{2k+3} = 2(k+1)+1$$
$$\cdots\cdots ㉢$$

㉡, ㉢에서 $2^{k+1} > \boxed{2k+3}$

$\therefore a = 2, \ f(k) = 2k, \ g(k) = 2k+3$

따라서 $f(-1) = 2 \times (-1) = -2$, $g(1) = 2 \times 1 + 3 = 5$이므로

$a + f(-1) + g(1) = 5$

2683 답 ②

(ii) $n = k \ (k \geq 2)$일 때, 주어진 부등식이 성립한다고 가정하면

$$1 + \frac{1}{2^2} + \frac{1}{3^2} + \cdots + \frac{1}{k^2} < 2 - \frac{1}{k}$$

위 부등식의 양변에 $\boxed{\dfrac{1}{(k+1)^2}}$ 을 더하면

$$1 + \frac{1}{2^2} + \frac{1}{3^2} + \cdots + \frac{1}{k^2} + \boxed{\frac{1}{(k+1)^2}} < 2 - \frac{1}{k} + \boxed{\frac{1}{(k+1)^2}}$$

이때 $k \geq 2$이므로

$$2 - \frac{1}{k} + \boxed{\frac{1}{(k+1)^2}} - \left(\boxed{2 - \frac{1}{k+1}}\right)$$

$$= -\frac{1}{k} + \frac{1}{k+1} + \frac{1}{(k+1)^2}$$

$$= \frac{-(k+1)^2 + k(k+1) + k}{k(k+1)^2}$$

$$= -\frac{1}{k(k+1)^2} < 0$$

즉, $2 - \dfrac{1}{k} + \boxed{\dfrac{1}{(k+1)^2}} < \boxed{2 - \dfrac{1}{k+1}}$이므로

$$1 + \frac{1}{2^2} + \frac{1}{3^2} + \cdots + \frac{1}{k^2} + \boxed{\frac{1}{(k+1)^2}} < \boxed{2 - \frac{1}{k+1}}$$

$$\therefore f(k) = \frac{1}{(k+1)^2}, \quad g(k) = 2 - \frac{1}{k+1}$$

따라서 $f(1) = \frac{1}{(1+1)^2} = \frac{1}{4}$, $g(3) = 2 - \frac{1}{3+1} = \frac{7}{4}$ 이므로

$f(1) + g(3) = 2$

2684 답 ⑤

(ii) $n = k$ $(k \geq 2)$ 일 때, 주어진 부등식이 성립한다고 가정하면

$$\frac{1}{\sqrt{1}} + \frac{1}{\sqrt{2}} + \frac{1}{\sqrt{3}} + \cdots + \frac{1}{\sqrt{k}} > \sqrt{k}$$

위 부등식의 양변에 $\frac{1}{\sqrt{k+1}}$ 을 더하면

$$\frac{1}{\sqrt{1}} + \frac{1}{\sqrt{2}} + \frac{1}{\sqrt{3}} + \cdots + \frac{1}{\sqrt{k}} + \frac{1}{\sqrt{k+1}} > \sqrt{k} + \frac{1}{\sqrt{k+1}} \quad \cdots\cdots\cdots ㉠$$

이때

$$\left(\sqrt{k} + \frac{1}{\sqrt{k+1}} \right) - \boxed{\sqrt{k+1}}$$

$$= \frac{\sqrt{k(k+1)} + 1 - (k+1)}{\sqrt{k+1}} = \frac{\boxed{\sqrt{k(k+1)}} - k}{\sqrt{k+1}} > 0$$

이므로

$$\sqrt{k} + \frac{1}{\sqrt{k+1}} > \boxed{\sqrt{k+1}} \quad \cdots\cdots\cdots\cdots\cdots\cdots\cdots ㉡$$

㉠, ㉡에서

$$\frac{1}{\sqrt{1}} + \frac{1}{\sqrt{2}} + \frac{1}{\sqrt{3}} + \cdots + \frac{1}{\sqrt{k}} + \frac{1}{\sqrt{k+1}} > \boxed{\sqrt{k+1}}$$

$$\therefore f(k) = \sqrt{k+1}, \quad g(k) = k(k+1)$$

따라서 $f(8) = \sqrt{8+1} = 3$, $g(3) = 3(3+1) = 12$ 이므로

$f(8) + g(3) = 15$

2685 답 ③

(ii) $n = k$ 일 때, 주어진 부등식이 성립한다고 가정하면

$$\sqrt{1 \times 2} + \sqrt{2 \times 3} + \sqrt{3 \times 4} + \cdots + \sqrt{k(k+1)} < k\left(k + \frac{1}{2}\right)$$

위 부등식의 양변에 $\boxed{\sqrt{(k+1)(k+2)}}$ 를 더하면

$$\sqrt{1 \times 2} + \sqrt{2 \times 3} + \sqrt{3 \times 4} + \cdots + \sqrt{k(k+1)}$$

$$+ \boxed{\sqrt{(k+1)(k+2)}} < k\left(k + \frac{1}{2}\right) + \boxed{\sqrt{(k+1)(k+2)}}$$

$$\cdots\cdots\cdots ㉠$$

이때 $\boxed{\sqrt{(k+1)(k+2)}} = \sqrt{k^2 + 3k + 2}$

$$= \sqrt{\left(\boxed{k + \frac{3}{2}}\right)^2 - \frac{1}{4}} < \boxed{k + \frac{3}{2}}$$

이므로

$$\boxed{(k+1)\left(k + \frac{3}{2}\right)} - \left\{ k\left(k + \frac{1}{2}\right) + \boxed{\sqrt{(k+1)(k+2)}} \right\}$$

$$> \boxed{(k+1)\left(k + \frac{3}{2}\right)} - \left\{ k\left(k + \frac{1}{2}\right) + \boxed{k + \frac{3}{2}} \right\}$$

$$= k^2 + \frac{5}{2}k + \frac{3}{2} - \left(k^2 + \frac{3}{2}k + \frac{3}{2} \right)$$

$$= k > 0 \quad \cdots\cdots\cdots\cdots\cdots\cdots\cdots\cdots\cdots\cdots ㉡$$

㉠, ㉡에서

$$\sqrt{1 \times 2} + \sqrt{2 \times 3} + \sqrt{3 \times 4} + \cdots + \sqrt{k(k+1)}$$

$$+ \boxed{\sqrt{(k+1)(k+2)}} < (k+1)\left(k + \frac{3}{2}\right)$$

$$\therefore f(k) = \sqrt{(k+1)(k+2)}, \quad g(k) = k + \frac{3}{2}, \quad h(k) = (k+1)\left(k + \frac{3}{2}\right)$$

따라서 $f(2) = \sqrt{3 \times 4} = 2\sqrt{3}$, $g(1) = 1 + \frac{3}{2} = \frac{5}{2}$,

$h(0) = 1 \times \frac{3}{2} = \frac{3}{2}$ 이므로

$$f(2) \times \{ g(1) + h(0) \} = 2\sqrt{3} \times \left(\frac{5}{2} + \frac{3}{2} \right) = 2\sqrt{3} \times 4 = 8\sqrt{3}$$

실수 Check

$A > B$, $B > C$ 이면 $A > C$ 임을 이용하여 $n = k+1$ 일 때도 부등식이 성립함을 보인다.

서술형 유형 익히기   557쪽~560쪽

2686 답 (1) 4 (2) 4 (3) 30 (4) 30 (5) a_5 (6) a_5 (7) 33
(8) 13

STEP 1 a_2, a_3, a_4, a_5, $\cdots$, a_{30}의 값 구하기 [4점]

$a_{n+1} = (n+1)a_n$의 n에 1, 2, 3, $\cdots$, 29를 차례로 대입하면

$a_2 = 2a_1 = 2 \times 1$

$a_3 = 3a_2 = 3 \times 2 \times 1$

$a_4 = \boxed{4} a_3 = \boxed{4} \times 3 \times 2 \times 1$

$a_5 = 5a_4 = 5 \times 4 \times 3 \times 2 \times 1$

$\vdots$

$a_{30} = \boxed{30} a_{29}$

$= \boxed{30} \times 29 \times 28 \times \cdots \times 3 \times 2 \times 1$

STEP 2 20으로 나누어떨어지는 항 찾기 [2점]

$20 = 2^2 \times 5$이고, $a_5 = 5 \times 4 \times 3 \times 2 \times 1$이므로

$\boxed{a_5}$는 20으로 나누어떨어진다.

즉, $\boxed{a_5}$, a_6, a_7, $\cdots$, a_{30}은 모두 20으로 나누어떨어진다.

STEP 3 $a_1 + a_2 + a_3 + \cdots + a_{30}$을 20으로 나누었을 때의 나머지 구하기 [2점]

$a_1 + a_2 + a_3 + \cdots + a_{30}$을 20으로 나누었을 때의 나머지는

$a_1 + a_2 + a_3 + a_4$를 20으로 나누었을 때의 나머지와 같다.

이때 $a_1 + a_2 + a_3 + a_4 = \boxed{33}$이므로 20으로 나누었을 때의 나머지는 $\boxed{13}$이다.

2687 답 2

STEP 1 a_2, a_3, a_4, $\cdots$, a_{50}의 값 구하기 [4점]

$a_{n+1}=(n+2)a_n$의 n에 1, 2, 3, $\cdots$, 49를 차례로 대입하면

$a_2=3a_1=3\times 2$

$a_3=4a_2=4\times 3\times 2$

$a_4=5a_3=5\times 4\times 3\times 2$

$\vdots$

$a_{50}=51a_{49}=51\times 50\times 49\times 48\times \cdots \times 3\times 2$

STEP 2 30으로 나누어떨어지는 항 찾기 [2점]

$30=2\times 3\times 5$이고, $a_4=5\times 4\times 3\times 2$이므로 a_4는 30으로 나누어떨어진다.

즉, a_4, a_5, a_6, $\cdots$, a_{50}은 모두 30으로 나누어떨어진다.

STEP 3 $a_1+a_2+a_3+\cdots+a_{50}$을 30으로 나누었을 때의 나머지 구하기 [2점]

$a_1+a_2+a_3+\cdots+a_{50}$을 30으로 나누었을 때의 나머지는

$a_1+a_2+a_3$을 30으로 나누었을 때의 나머지와 같다.

이때 $a_1+a_2+a_3=2+6+24=32$이므로 30으로 나누었을 때의 나머지는 2이다.

2688 답 22

STEP 1 a_2, a_3, a_4, a_5, a_6, $\cdots$, a_{50}의 값 구하기 [4점]

$a_{n+1}=na_n$의 n에 1, 2, 3, $\cdots$, 49를 차례로 대입하면

$a_2=a_1=3$

$a_3=2a_2=2\times 3$

$a_4=3a_3=3\times 2\times 3$

$a_5=4a_4=4\times 3\times 2\times 3$

$a_6=5a_5=5\times 4\times 3\times 2\times 3$

$\vdots$

$a_{50}=49a_{49}=49\times 48\times \cdots \times 4\times 3\times 2\times 3$

STEP 2 40으로 나누어떨어지는 항 찾기 [2점]

$40=2^3\times 5$이고 $a_6=5\times 4\times 3\times 2\times 3$이므로 a_6은 40으로 나누어떨어진다.

즉, a_6, a_7, a_8, $\cdots$, a_{50}은 모두 40으로 나누어떨어진다.

STEP 3 $a_1+a_2+a_3+\cdots+a_{50}$을 40으로 나누었을 때의 나머지 구하기 [2점]

$a_1+a_2+a_3+\cdots+a_{50}$을 40으로 나누었을 때의 나머지는

$a_1+a_2+a_3+a_4+a_5$를 40으로 나누었을 때의 나머지와 같다.

이때 $a_1+a_2+a_3+a_4+a_5=3+3+6+18+72=102$이므로 40으로 나누었을 때의 나머지는 22이다.

오답 분석

$a_1=3$

$a_2=1\times a_1$

$a_3=2\times a_2$

$a_4=3\times a_3$

$\vdots$

$a_{49}=48\times a_{47}$

$\therefore a_{50}=49\times 48\times 47\times \cdots \times 3\times 2\times 3$ ── 4점

$40=2^3\times 5$이므로

---

a_5부터 a_{50}은 40으로 나누어떨어진다. ◄─── 40으로 나누어떨어지는

$a_1+a_2+a_3+\cdots+a_{50}$을 40으로 나누었을 때의 나머지는 항을 잘못 구함

$a_1+a_2+a_3+a_4$

$=3+3+6+18$

$=30$

▶ 8점 중 4점 얻음.

40으로 나누어떨어지는 항을 잘못 구하여 오답이다.

차례로 나열한 항과 나누는 수인 40의 배수 관계가 처음으로 성립하는 항이 a_6임을 주의한다.

2689 답 0

STEP 1 a_2, a_3, a_4, a_5, $\cdots$, a_{50}의 값 구하기 [4점]

$a_{n+1}=\dfrac{n+1}{n}a_n$의 n에 1, 2, 3, $\cdots$, 49를 차례로 대입하면

$a_2=\dfrac{2}{1}a_1=2\times 1=2$

$a_3=\dfrac{3}{2}a_2=\dfrac{3}{2}\times 2=3$

$a_4=\dfrac{4}{3}a_3=\dfrac{4}{3}\times 3=4$

$a_5=\dfrac{5}{4}a_4=\dfrac{5}{4}\times 4=5$

$\vdots$

$a_{50}=\dfrac{50}{49}a_{49}=\dfrac{50}{49}\times 49=50$

STEP 2 60으로 나누어떨어지는 식 찾기 [2점]

$60=2^2\times 3\times 5=3\times 4\times 5$이고

$a_1\times a_2\times a_3\times a_4\times a_5=1\times 2\times 3\times 4\times 5$이므로

$a_1\times a_2\times a_3\times a_4\times a_5$는 60으로 나누어떨어진다.

즉, $a_1\times a_2\times a_3\times \cdots \times a_{50}=1\times 2\times 3\times 4\times \cdots \times 50$은 60으로 나누어떨어진다.

STEP 3 $a_1\times a_2\times a_3\times \cdots \times a_{50}$을 60으로 나누었을 때의 나머지 구하기 [1점]

$a_1\times a_2\times a_3\times \cdots \times a_{50}$을 60으로 나누었을 때의 나머지는 0이다.

2690 답 (1) 5 (2) 5 (3) 5 (4) 5 (5) 4 (6) 24

STEP 1 a_2, a_3, a_4, $\cdots$의 값 구하기 [4점]

$a_{n+1}=5a_n+1$의 n에 1, 2, 3, $\cdots$을 차례로 대입하면

$a_2=\boxed{5}a_1+1=5\times 1+1=5+1$

$a_3=5a_2+1=5(5+1)+1=5^2+5+1$

$a_4=5a_3+1=5(5^2+5+1)+1=5^3+5^2+5+1$

$\vdots$

STEP 2 a_{20}의 값 구하기 [3점]

a_n은 첫째항이 1, 공비가 $\boxed{5}$인 등비수열의 첫째항부터 제n항까지의 합이므로

$a_{20}=\dfrac{\boxed{5}^{20}-1}{5-1}=\dfrac{\boxed{5}^{20}-1}{4}$

STEP3 $p+q$의 값 구하기 [1점]

$p=\boxed{4}$, $q=20$이므로

$p+q=\boxed{24}$

2691 답 16

STEP1 a_2, a_3, a_4, $\cdots$의 값 구하기 [4점]

$a_{n+1}=3a_n+3$의 n에 1, 2, 3, $\cdots$을 차례로 대입하면

$a_2=3a_1+3=3^2+3$

$a_3=3a_2+3=3(3^2+3)+3=3^3+3^2+3$

$a_4=3a_3+3=3(3^3+3^2+3)+3=3^4+3^3+3^2+3$

$\vdots$

STEP2 a_{10}의 값 구하기 [3점]

a_n은 첫째항이 3, 공비가 3인 등비수열의 첫째항부터 제n항까지의 합이므로 ······ ⓐ

$a_{10}=\dfrac{3(3^{10}-1)}{3-1}=\dfrac{3^{11}-3}{2}$

STEP3 $p+q+r$의 값 구하기 [1점]

$p=2$, $q=11$, $r=3$이므로

$p+q+r=16$

부분점수표	
ⓐ a_n이 등비수열의 합임을 구한 경우	1점

실제 답안 예시

$a_1=3$, $a_{n+1}=3a_n+3$

$n=1$:

$a_2=3a_1+3=3\times3+3$

$n=2$:

$a_3=3a_2+3=3\times(3\times3+3)+3=3^3+3^2+3$

$n=3$:

$a_4=3a_3+3=3\times(3^3+3^2+3)+3=3^4+3^3+3^2+3$

$\vdots$

$\therefore a_n=3^n+3^{n-1}+\cdots+3^2+3$

$\qquad=\dfrac{3(3^n-1)}{3-1}=\dfrac{3}{2}(3^n-1)$

$a_{10}=\dfrac{3}{2}(3^{10}-1)=\dfrac{3^{11}-3}{2}$

$p=2$, $q=11$, $r=3$ $\quad\therefore p+q+r=16$

2692 답 17

STEP1 a_2, a_3, a_4, $\cdots$의 값 구하기 [4점]

$a_{n+1}=\dfrac{1}{2}a_n+1$의 n에 1, 2, 3, $\cdots$을 차례로 대입하면

$a_2=\dfrac{1}{2}a_1+1=\dfrac{1}{2}\times1+1=\dfrac{1}{2}+1$

$a_3=\dfrac{1}{2}a_2+1=\dfrac{1}{2}\left(\dfrac{1}{2}+1\right)+1=\dfrac{1}{2^2}+\dfrac{1}{2}+1$

$a_4=\dfrac{1}{2}a_3+1=\dfrac{1}{2}\left(\dfrac{1}{2^2}+\dfrac{1}{2}+1\right)+1=\dfrac{1}{2^3}+\dfrac{1}{2^2}+\dfrac{1}{2}+1$

$\vdots$

STEP2 a_{16}의 값 구하기 [3점]

a_n은 첫째항이 1, 공비가 $\dfrac{1}{2}$인 등비수열의 첫째항부터 제n항까지의 합이므로 ······ ⓐ

$a_{16}=\dfrac{1-\left(\dfrac{1}{2}\right)^{16}}{1-\dfrac{1}{2}}=2\left(1-\dfrac{1}{2^{16}}\right)=2-\dfrac{1}{2^{15}}$

STEP3 $p+q$의 값 구하기 [1점]

$p=2$, $q=15$이므로

$p+q=17$

부분점수표	
ⓐ a_n이 등비수열의 합임을 구한 경우	1점

2693 답 59

STEP1 a_2, a_3, a_4, a_5, $\cdots$의 값 구하기 [4점]

$a_{n+1}=\dfrac{4-a_n}{3-a_n}$의 n에 1, 2, 3, 4, $\cdots$를 차례로 대입하면

$a_2=\dfrac{4-a_1}{3-a_1}=\dfrac{4-1}{3-1}=\dfrac{3}{2}$

$a_3=\dfrac{4-a_2}{3-a_2}=\dfrac{4-\dfrac{3}{2}}{3-\dfrac{3}{2}}=\dfrac{\dfrac{5}{2}}{\dfrac{3}{2}}=\dfrac{5}{3}$

$a_4=\dfrac{4-a_3}{3-a_3}=\dfrac{4-\dfrac{5}{3}}{3-\dfrac{5}{3}}=\dfrac{\dfrac{7}{3}}{\dfrac{4}{3}}=\dfrac{7}{4}$

$a_5=\dfrac{4-a_4}{3-a_4}=\dfrac{4-\dfrac{7}{4}}{3-\dfrac{7}{4}}=\dfrac{\dfrac{9}{4}}{\dfrac{5}{4}}=\dfrac{9}{5}$

$\vdots$

STEP2 수열 $\{a_n\}$의 일반항 구하기 [3점]

수열 $\{a_n\}$은 분모가 1, 2, 3, 4, 5, $\cdots$와 같이 1씩 커지고, 분자가 1, 3, 5, 7, 9, $\cdots$와 같이 2씩 커지므로 ······ ⓐ

$a_n=\dfrac{2n-1}{n}$ $\quad \overset{\longrightarrow}{1+(n-1)\times2=2n-1}$

STEP3 $p+q$의 값 구하기 [3점]

$a_{20}=\dfrac{2\times20-1}{20}=\dfrac{39}{20}$이므로

$p=20$, $q=39$

$\therefore p+q=59$

부분점수표	
ⓐ 수열 $\{a_n\}$의 규칙을 쓴 경우	1점

2694 답 28

STEP1 a_2, a_3, a_4, a_5, $\cdots$의 값 구하기 [4점]

$a_{n+1}=\dfrac{a_n}{3a_n+1}$의 n에 1, 2, 3, 4, $\cdots$를 차례로 대입하면

$a_2=\dfrac{a_1}{3a_1+1}=\dfrac{\dfrac{1}{2}}{3\times\dfrac{1}{2}+1}=\dfrac{1}{5}$

$$a_3 = \frac{a_2}{3a_2+1} = \frac{\frac{1}{5}}{3 \times \frac{1}{5}+1} = \frac{1}{8}$$

$$a_4 = \frac{a_3}{3a_3+1} = \frac{\frac{1}{8}}{3 \times \frac{1}{8}+1} = \frac{1}{11}$$

$$a_5 = \frac{a_4}{3a_4+1} = \frac{\frac{1}{11}}{3 \times \frac{1}{11}+1} = \frac{1}{14}$$

$$\vdots$$

STEP 2 수열 $\{a_n\}$의 일반항 구하기 [3점]

수열 $\{a_n\}$은 분자가 1이고 분모가 2, 5, 8, 11, 14, …와 같이 3씩 커진다.

즉, 분모는 첫째항이 2, 공차가 3인 등차수열이므로 $\cdots\cdots$ ⓐ

$$a_n = \frac{1}{2+3(n-1)} = \frac{1}{3n-1}$$

STEP 3 $p-q$의 값 구하기 [3점]

$a_{10} = \dfrac{1}{3 \times 10 - 1} = \dfrac{1}{29}$이므로 $p=29$, $q=1$

$$\therefore p-q = 28$$

부분점수표	
ⓐ 수열 $\{a_n\}$이 어떤 수열인지 구한 경우	1점

2695 🔑 (1) $\dfrac{1}{2}$ (2) $\dfrac{1}{2^k}$ (3) $\dfrac{1}{2^{k+1}}$ (4) $\dfrac{1}{2^{k+1}}$ (5) 1 (6) $k+1$

STEP 1 $n=1$일 때, 주어진 부등식이 성립함을 보이기 [2점]

$n=1$일 때,

(좌변) $= \boxed{\dfrac{1}{2}}$, (우변) $= 1 - \dfrac{1}{2} = \dfrac{1}{2}$

이므로 주어진 부등식이 성립한다.

STEP 2 $n=k$일 때, 주어진 부등식이 성립함을 가정하기 [2점]

$n=k$일 때, 주어진 부등식이 성립한다고 가정하면

$$\frac{1}{2} + \frac{1}{3} + \frac{1}{4} + \cdots + \boxed{\frac{1}{2^k}} \le k - \frac{1}{2}$$

STEP 3 양변에 같은 식을 더해서 $n=k+1$일 때, 주어진 부등식이 성립함을 보이기 [6점]

위 부등식의 양변에 $\dfrac{1}{2^k+1} + \dfrac{1}{2^k+2} + \cdots + \dfrac{1}{2^{k+1}}$ 을 더하면

$$\frac{1}{2} + \frac{1}{3} + \frac{1}{4} + \cdots + \frac{1}{2^k} + \frac{1}{2^k+1} + \frac{1}{2^k+2} + \cdots + \boxed{\frac{1}{2^{k+1}}}$$

$$\le k - \frac{1}{2} + \frac{1}{2^k+1} + \frac{1}{2^k+2} + \cdots + \boxed{\frac{1}{2^{k+1}}} \quad \cdots\cdots ㉠$$

이때 모든 자연수 l에 대하여 $0 < 2^k < 2^k + l$이 성립하므로

$$\frac{1}{2^k+1} + \frac{1}{2^k+2} + \cdots + \frac{1}{2^{k+1}} = \sum_{l=1}^{2^k} \frac{1}{2^k+l}$$

$$< \sum_{l=1}^{2^k} \frac{1}{2^k} = \boxed{1} \quad \cdots\cdots ㉡$$

㉠, ㉡에서

$$\frac{1}{2} + \frac{1}{3} + \frac{1}{4} + \cdots + \frac{1}{2^{k+1}} < (\boxed{k+1}) - \frac{1}{2}$$

즉, $n=k+1$일 때도 주어진 부등식이 성립한다.

따라서 모든 자연수 n에 대하여 주어진 부등식이 성립한다.

2696 🔑 풀이 참조

STEP 1 $n=2$일 때, 주어진 부등식이 성립함을 보이기 [2점]

$n=2$일 때,

(좌변) $= 1 + \dfrac{1}{2} + \dfrac{1}{3} + \dfrac{1}{4} = \dfrac{25}{12}$, (우변) $= 1 + \dfrac{2}{2} = 2$

이므로 주어진 부등식이 성립한다.

STEP 2 $n=k$ $(k \ge 2)$일 때, 주어진 부등식이 성립함을 가정하기 [2점]

$n=k$ $(k \ge 2)$일 때, 주어진 부등식이 성립한다고 가정하면

$$1 + \frac{1}{2} + \frac{1}{3} + \cdots + \frac{1}{2^k} > 1 + \frac{k}{2}$$

STEP 3 양변에 같은 식을 더해서 $n=k+1$일 때, 주어진 부등식이 성립함을 보이기 [6점]

위 부등식의 양변에 $\dfrac{1}{2^k+1} + \dfrac{1}{2^k+2} + \cdots + \dfrac{1}{2^{k+1}}$ 을 더하면

$$1 + \frac{1}{2} + \frac{1}{3} + \cdots + \frac{1}{2^k} + \frac{1}{2^k+1} + \frac{1}{2^k+2} + \cdots + \frac{1}{2^{k+1}}$$

$$> 1 + \frac{k}{2} + \frac{1}{2^k+1} + \frac{1}{2^k+2} + \cdots + \frac{1}{2^{k+1}}$$

이때 $\dfrac{1}{2^k+1} + \dfrac{1}{2^k+2} + \cdots + \dfrac{1}{2^{k+1}} > 2^k \times \dfrac{1}{2^{k+1}} = \dfrac{1}{2}$이므로

$$1 + \frac{1}{2} + \frac{1}{3} + \cdots + \frac{1}{2^{k+1}} > 1 + \frac{k+1}{2}$$

즉, $n=k+1$일 때도 주어진 부등식이 성립한다.

따라서 $n \ge 2$인 모든 자연수 n에 대하여 주어진 부등식이 성립한다.

실제 답안 예시

> $n=2$일 때, $1 + \dfrac{1}{2} + \dfrac{1}{3} + \dfrac{1}{4} > 1+1$
>
> $1 + \dfrac{13}{12} > 2$이므로 성립한다.
>
> $n=k$일 때, 주어진 부등식이 성립한다고 가정하면
>
> $1 + \dfrac{1}{2} + \dfrac{1}{3} + \cdots + \dfrac{1}{2^k} > 1 + \dfrac{k}{2}$가 성립
>
> 이때 양변에 $\dfrac{1}{2^k+1} + \cdots + \dfrac{1}{2^{k+1}}$을 더하면
>
> $1 + \dfrac{1}{2} + \dfrac{1}{3} + \cdots + \dfrac{1}{2^{k+1}} > 1 + \dfrac{k}{2} + \dfrac{1}{2^k+1} + \cdots + \dfrac{1}{2^{k+1}}$
>
> 이때 $\dfrac{1}{2^k+1} + \cdots + \dfrac{1}{2^{k+1}} > \dfrac{2^k}{2^{k+1}} = \dfrac{1}{2}$이므로
>
> $1 + \dfrac{1}{2} + \dfrac{1}{3} + \cdots + \dfrac{1}{2^{k+1}} > 1 + \dfrac{k+1}{2}$이 성립한다.

2697 🔑 풀이 참조

STEP 1 $n=1$일 때, 주어진 부등식이 성립함을 보이기 [2점]

$n=1$일 때,

(좌변) $= 1$, (우변) $= 2 - 1 = \boxed{1}$이므로 주어진 부등식이 성립한다.

STEP 2 $n=k$일 때, 주어진 부등식이 성립함을 가정하기 [2점]

$n=k$일 때, 주어진 부등식이 성립한다고 가정하면

$$1+\frac{1}{\sqrt{2}}+\frac{1}{\sqrt{3}}+\cdots+\frac{1}{\sqrt{k}}\geq 2-\frac{1}{\sqrt{k}}$$

STEP 3 양변에 같은 식을 더해서 $n=k+1$일 때, 주어진 부등식이 성립함을 보이기 [6점]

위 부등식의 양변에 $\dfrac{1}{\sqrt{k+1}}$을 더하면

$$1+\frac{1}{\sqrt{2}}+\frac{1}{\sqrt{3}}+\cdots+\frac{1}{\sqrt{k}}+\frac{1}{\sqrt{k+1}}\geq 2-\frac{1}{\sqrt{k}}+\frac{1}{\sqrt{k+1}}$$

모든 자연수 k에 대하여 $4k>k+1$이므로

$2\sqrt{k}>\sqrt{k+1}$

$$\therefore \left(2-\frac{1}{\sqrt{k}}+\frac{1}{\sqrt{k+1}}\right)-\left(2-\frac{1}{\sqrt{k+1}}\right)=\frac{2}{\sqrt{k+1}}-\frac{1}{\sqrt{k}}$$
$$=\frac{2\sqrt{k}-\sqrt{k+1}}{\sqrt{k^2+k}}>0$$

따라서 $2-\dfrac{1}{\sqrt{k}}+\dfrac{1}{\sqrt{k+1}}>2-\dfrac{1}{\sqrt{k+1}}$이므로

$$1+\frac{1}{\sqrt{2}}+\frac{1}{\sqrt{3}}+\cdots+\frac{1}{\sqrt{k+1}}>2-\frac{1}{\sqrt{k+1}}$$

즉, $n=k+1$일 때도 주어진 부등식이 성립한다.

따라서 모든 자연수 n에 대하여 주어진 부등식이 성립한다.

실력 check **실전 마무리하기** **1**회 **561쪽~566쪽**

1 2698 답 ② 유형 1

출제의도 | 등차수열의 귀납적 정의를 이해하는지 확인한다.

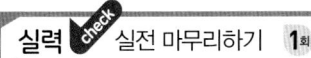
등차수열의 귀납적 정의임을 알고 a_1, a_2를 이용하여 일반항 a_n을 구해 보자.

$2a_{n+1}=a_n+a_{n+2}$에서 수열 $\{a_n\}$은 등차수열이다.
이 등차수열의 첫째항이 1, 공차가 $4-1=3$이므로

$a_n=1+(n-1)\times 3$
　$=3n-2$
$\therefore a_{17}=3\times 17-2$
　　$=49$

2 2699 답 ④ 유형 4

출제의도 | $a_{n+1}=a_n+f(n)$ 꼴일 때, 수열의 관계를 추론할 수 있는지 확인한다.

$n=1$, 2, 3, $\cdots$, $n-1$을 차례로 대입하여 변끼리 더한 후 일반항을 구해 보자.

$a_{n+1}=a_n+n$의 n에 1, 2, 3, $\cdots$ $n-1$을 차례로 대입하여 변끼리 더하면

$a_2=a_1+1$
$a_3=a_2+2$
$a_4=a_3+3$
$\qquad\vdots$

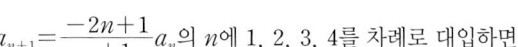
$\underline{+)\ a_n=a_{n-1}+(n-1)}$
$\quad a_n=a_1+1+2+3+\cdots+(n-1)$
$\qquad=a_1+\sum\limits_{k=1}^{n-1}k$
$\qquad=1+\dfrac{n(n-1)}{2}$

$\therefore a_{10}=1+\dfrac{10\times 9}{2}=46$

3 2700 답 ④ 유형 5

출제의도 | 조건식의 n에 1, 2, 3, 4를 대입하여 항을 구할 수 있는지 확인한다.

$n=1$, 2, 3, 4를 차례로 대입해 보자.

$a_{n+1}=\dfrac{-2n+1}{n+1}a_n$의 n에 1, 2, 3, 4를 차례로 대입하면

$a_2=-\dfrac{1}{2}a_1=-\dfrac{1}{2}\times 120=-60$
$a_3=-a_2=60$
$a_4=-\dfrac{5}{4}a_3=-\dfrac{5}{4}\times 60=-75$

$\therefore a_5=-\dfrac{7}{5}a_4=-\dfrac{7}{5}\times(-75)=105$

4 2701 답 ④ 유형 6

출제의도 | $a_{n+1}=pa_n+q$ 꼴일 때, 수열의 관계를 추론할 수 있는지 확인한다.

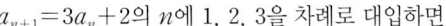
$n=1$, 2, 3을 차례로 대입하여 나오는 값을 확인해 보자.

$a_{n+1}=3a_n+2$의 n에 1, 2, 3을 차례로 대입하면
$a_2=3a_1+2=3\times 2+2=8$
$a_3=3a_2+2=3\times 8+2=26$
$\therefore a_4=3a_3+2=3\times 26+2=80$

5 2702 답 ⑤ 유형 7

출제의도 | 분수 형태로 정의된 수열의 귀납적 정의를 이해하는지 확인한다.

귀납적으로 정의된 수열 $\{a_n\}$에서 n에 1, 2, 3, 4를 차례로 대입해 보자.

$a_{n+1}=\dfrac{a_n}{5a_n+1}$의 n에 1, 2, 3, 4를 차례로 대입하면

$a_2=\dfrac{a_1}{5a_1+1}=\dfrac{-\dfrac{1}{6}}{5\times\left(-\dfrac{1}{6}\right)+1}=-1$

$a_3=\dfrac{a_2}{5a_2+1}=\dfrac{-1}{5\times(-1)+1}=\dfrac{1}{4}$

$a_4=\dfrac{a_3}{5a_3+1}=\dfrac{\dfrac{1}{4}}{5\times\dfrac{1}{4}+1}=\dfrac{1}{9}$

$$\therefore a_5 = \frac{a_4}{5a_4+1} = \frac{\frac{1}{9}}{5 \times \frac{1}{9}+1} = \frac{1}{14}$$

따라서 $p=14$, $q=1$이므로 $p+q=15$

6 2703 답 ⑤ 　　　　　　　　　　　　　　　　유형 8

출제의도 | 주어진 조건을 이용하여 수열의 항을 구할 수 있는지 확인한다.

n의 조건에 따른 항의 값을 구해 보자.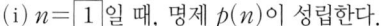

$a_1=3$, $a_{n+1}=\begin{cases} a_n+2 & (n\text{이 홀수}) \\ 2a_n & (n\text{이 짝수}) \end{cases}$ 에서

$a_2=a_1+2=5$

$a_3=2a_2=10$

$a_4=a_3+2=12$

$a_5=2a_4=24$

$a_6=a_5+2=26$

$a_7=2a_6=52$

$a_8=a_7+2=54$

$\therefore a_9=2a_8=108$

7 2704 답 ④ 　　　　　　　　　　　　　　　　유형 14

출제의도 | 수학적 귀납법의 방법을 이해하는지 확인한다.

명제가 성립함을 증명하는 방법을 생각해 보자.

(i) $n=\boxed{1}$일 때, 명제 $p(n)$이 성립한다.

(ii) $n=k$일 때, 명제 $p(n)$이 성립한다고 가정하면

　$n=\boxed{k+1}$일 때도 명제 $p(n)$이 성립한다.

이와 같이 증명하는 방법을 $\boxed{\text{수학적 귀납법}}$이라 한다.

$\therefore$ (가): 1　(나): $k+1$　(다): 수학적 귀납법

8 2705 답 ⑤ 　　　　　　　　　　　　　　　　유형 2

출제의도 | 귀납적으로 정의된 수열의 일반항을 구할 수 있는지 확인한다.

조건 (나)에서 a_n과 a_{n+1} 사이의 관계식을 구해 보자.

조건 (나)의 $a_{n+1}{}^3 - 8a_n{}^3 = 0$에서

$(a_{n+1}-2a_n)(a_{n+1}{}^2 + 2a_n a_{n+1} + 4a_n{}^2)=0$

$a_{n+1}{}^2 + 2a_n a_{n+1} + 4a_n{}^2 > 0$이므로 $a_{n+1}=2a_n$

즉, 수열 $\{a_n\}$은 공비가 2인 등비수열이므로 $a_n=a_1 \times 2^{n-1}$

조건 (가)에서 $\dfrac{a_1 a_5}{a_4} = \dfrac{a_1{}^2 \times 2^4}{a_1 \times 2^3} = 2a_1 = 10$이므로 $a_1=5$

$\therefore \displaystyle\sum_{k=1}^{5} a_k = \dfrac{5(2^5-1)}{2-1} = 5 \times 31 = 155$

9 2706 답 ③ 　　　　　　　　　　　　　　　　유형 4

출제의도 | $a_{n+1}=a_n+f(n)$ 꼴의 귀납적 정의를 이용하여 수열의 합을 구할 수 있는지 확인한다.

n에 1, 3, 5, $\cdots$를 차례로 대입하여 변끼리 더해 보자.

$a_n + a_{n+1} = 4n$의 n에 1, 3, 5, $\cdots$, 29를 차례로 대입하여 변끼리 더하면

$a_1 + a_2 = 4 \times 1$

$a_3 + a_4 = 4 \times 3$

$a_5 + a_6 = 4 \times 5$

$\vdots$

$+)\ a_{29} + a_{30} = 4 \times 29$
───────────────────
$\displaystyle\sum_{k=1}^{30} a_k = (4 \times 1) + (4 \times 3) + (4 \times 5) + \cdots + (4 \times 29)$

$\qquad\qquad = 4 \displaystyle\sum_{k=1}^{15}(2k-1) = 4 \times (15 \times 16 - 15) = 900$

다른 풀이

$a_1 + a_2 = 4$이므로 $a_2 = 2$

$a_n + a_{n+1} = 4n$ ⋯⋯⋯⋯⋯⋯⋯⋯⋯ ㉠

$a_{n+1} + a_{n+2} = 4(n+1)$ ⋯⋯⋯⋯⋯⋯ ㉡

㉡−㉠을 하면 $a_{n+2} - a_n = 4$　$\therefore a_{n+2} = a_n + 4$

위 식의 n에 1, 2, 3, $\cdots$을 차례로 대입하면

$a_3 = a_1 + 4 = 6$

$a_4 = a_2 + 4 = 6$

$a_5 = a_3 + 4 = 10$

$a_6 = a_4 + 4 = 10$

$\vdots$

$\therefore a_{2n} = 2 + 4(n-1) = 4n-2$, $a_{2n-1} = 4n-2$

$\therefore \displaystyle\sum_{k=1}^{30} a_k = \displaystyle\sum_{k=1}^{15}(a_{2k-1} + a_{2k})$

$\qquad\qquad = \displaystyle\sum_{k=1}^{15}(8k-4)$

$\qquad\qquad = 8 \times \dfrac{15 \times 16}{2} - 4 \times 15 = 900$

10 2707 답 ③ 　　　　　　　　　　　　　　　　유형 5

출제의도 | 귀납적으로 정의된 수열의 일반항을 구할 수 있는지 확인한다.

주어진 식을 변형한 후 n에 자연수를 대입하여 일반항을 구해 보자.

$n(a_{n+1} - a_n) = a_n$, 즉 $na_{n+1} = (n+1)a_n$에서

$a_{n+1} = \dfrac{n+1}{n} a_n$

위 식의 n에 1, 2, 3, $\cdots$, $n-1$을 차례로 대입하여 변끼리 곱하면

$a_2 = \dfrac{2}{1} a_1$

$a_3 = \dfrac{3}{2} a_2$

$a_4 = \dfrac{4}{3} a_3$

$\vdots$

$\times)\ a_n = \dfrac{n}{n-1} a_{n-1}$
───────────────────
$a_n = \dfrac{2}{1} \times \dfrac{3}{2} \times \dfrac{4}{3} \times \cdots \times \dfrac{n}{n-1} \times a_1$

$\quad = na_1 = n$

따라서 $a_k = 15$를 만족시키는 자연수 k의 값은 15이다.

11 2708　답 ①　유형 6

출제의도 | $a_{n+1}=pa_n+q$ 꼴로 정의된 수열을 이해하는지 확인한다.

주어진 조건에 맞게 n의 값을 대입하여 미지수의 값을 구해 보자.

$a_3=7$이고, $a_{n+1}=qa_n-5$의 n에 3, 4를 대입하면

$a_4=qa_3-5=7q-5$

$a_5=qa_4-5=q(7q-5)-5=7q^2-5q-5$

$a_5=87$이므로

$7q^2-5q-92=0$, $(7q+23)(q-4)=0$

$\therefore q=4$ ($\because q$는 자연수)

따라서 $a_{n+1}=4a_n-5$이므로

$a_2=4a_1-5=4p-5$

$\therefore a_3=4a_2-5=4(4p-5)-5=16p-25$

$a_3=7$이므로 $16p=32$

$\therefore p=2$

$\therefore p+q=6$

12 2709　답 ⑤　유형 8

출제의도 | b_n의 조건에 따른 일반항을 구할 수 있는지 확인한다.

수열 $\{a_n\}$의 일반항을 구한 후 수열 $\{b_n\}$의 일반항을 구해 보자.

등차수열 $\{a_n\}$의 공차를 d라 하면

$a_9-a_6=6$에서 $3d=6$이므로 $d=2$

즉, 수열 $\{a_n\}$은 첫째항이 3, 공차가 2인 등차수열이므로

$a_n=3+(n-1)\times2=2n+1$

$b_{n+1}=\begin{cases}a_n+b_n & (b_n\text{이 홀수}) \\ a_n-b_n & (b_n\text{이 짝수})\end{cases}$ 에서

$b_1=1$

$b_2=a_1+b_1=3+1=4$

$b_3=a_2-b_2=5-4=1$

$b_4=a_3+b_3=7+1=8$

$b_5=a_4-b_4=9-8=1$

$b_6=a_5+b_5=11+1=12$

$\vdots$

이므로 $b_n=\begin{cases}2n & (n\text{이 짝수}) \\ 1 & (n\text{이 홀수})\end{cases}$

$\therefore \sum_{k=1}^{30}b_k=\sum_{k=1}^{15}1+\sum_{k=1}^{15}4k$　　→ $b_2+b_4+b_6+\cdots+b_{30}$

$=15+4\times\dfrac{15\times16}{2}=495$　　$=4+8+12+\cdots+60$

13 2710　답 ②　유형 12

출제의도 | 수열의 귀납적 정의를 활용할 수 있는지 확인한다.

n회 시행을 이용하여 일반항을 구해 보자.

$(n+1)$회 시행 후 어항의 물의 양 a_{n+1}은 n회 시행 후 어항의 물의 $\dfrac{1}{5}$만큼을 빼내고 남아 있는 물의 양 $\dfrac{4}{5}a_n$에 남아 있는 물의 양의

$\dfrac{1}{6}$, 즉 $\dfrac{1}{6}\times\dfrac{4}{5}a_n=\dfrac{2}{15}a_n$을 더한 것이므로

$a_{n+1}=\dfrac{4}{5}a_n+\dfrac{2}{15}a_n=\dfrac{14}{15}a_n$

따라서 $p=15$, $q=14$이므로

$p+q=29$

14 2711　답 ②　유형 13

출제의도 | 수열의 귀납적 정의를 도형에 활용할 수 있는지 확인한다.

새로 생겨난 삼각형의 개수를 구하여 규칙을 발견해 보자.

$a_1=1$

$a_2=a_1+3$

$a_3=a_2+5$

$\vdots$

즉, 단계마다 정삼각형이 각각 3, 5, 7, $\cdots$개씩 더해지는 규칙을 알 수 있다.

$\therefore a_1=1$, $a_{n+1}=a_n+2n+1$ ($n=1, 2, 3, \cdots$)

15 2712　답 ②　유형 15

출제의도 | 수학적 귀납법의 증명 과정을 이해하는지 확인한다.

㉠의 양변에 $(k+1)$번째 항을 더해 보자.

(ii) $n=k$일 때, 주어진 등식이 성립한다고 가정하면

$$\dfrac{1}{1\times2}+\dfrac{1}{2\times3}+\dfrac{1}{3\times4}+\cdots+\dfrac{1}{k(k+1)}=\dfrac{k}{k+1} \quad\cdots\cdots ㉠$$

㉠의 양변에 $\boxed{\dfrac{1}{(k+1)(k+2)}}$을 더하면

$\dfrac{1}{1\times2}+\dfrac{1}{2\times3}+\dfrac{1}{3\times4}+\cdots+\dfrac{1}{k(k+1)}+\dfrac{1}{(k+1)(k+2)}$

$=\dfrac{k}{k+1}+\boxed{\dfrac{1}{(k+1)(k+2)}}=\boxed{\dfrac{k+1}{k+2}}$

$\therefore f(k)=\dfrac{1}{(k+1)(k+2)}$, $g(k)=\dfrac{k+1}{k+2}$

따라서 $f(3)=\dfrac{1}{4\times5}=\dfrac{1}{20}$, $g(3)=\dfrac{4}{5}$이므로

$f(3)g(3)=\dfrac{1}{25}$

16 2713　답 ③　유형 17

출제의도 | 수학적 귀납법의 증명 과정을 이해하는지 확인한다.

$n=k+1$일 때, 양변에 어떤 식을 곱했는지 생각해 보자.

(ii) $n=k$일 때,

$(1+x)^k>1+kx$가 성립한다고 가정하면

$n=k+1$일 때,

$(1+x)^{k+1}>(\boxed{1+kx})(1+x)$

$\qquad\qquad=1+(k+1)x+\boxed{kx^2}$

$\qquad\qquad>1+(k+1)x$

$\therefore$ ㈎ : $1+kx$　㈏ : kx^2

17 2714 답 ③ 유형 5 + 유형 11

출제의도 | a_n과 S_n 사이의 관계식을 이해하는지 확인한다.

> a_n과 S_n 사이의 관계식을 $a_{n+1}=a_n f(n)$ 꼴로 변형해 보자.

$a_1+a_2+a_3+\cdots+a_n=S_n$이라 하면

$(n+2)a_n=3S_n$ ㄱ

$(n+3)a_{n+1}=3S_{n+1}$ ㄴ

ㄴ$-$ㄱ을 하면

$3(S_{n+1}-S_n)=(n+3)a_{n+1}-(n+2)a_n$

$3a_{n+1}=(n+3)a_{n+1}-(n+2)a_n$

$(n+2)a_n=na_{n+1}$

$\therefore a_{n+1}=\dfrac{n+2}{n}a_n$

위 식의 n에 1, 2, 3, $\cdots$, 98을 차례로 대입하여 변끼리 곱하면

$a_2=\dfrac{3}{1}a_1$

$a_3=\dfrac{4}{2}a_2$

$a_4=\dfrac{5}{3}a_3$

$a_5=\dfrac{6}{4}a_4$

$\vdots$

$\times \Big) a_{99}=\dfrac{100}{98}a_{98}$

$a_{99}=\dfrac{3}{1}\times\dfrac{4}{2}\times\dfrac{5}{3}\times\dfrac{6}{4}\times\cdots\times\dfrac{99}{97}\times\dfrac{100}{98}\times a_1$

$=\dfrac{99\times100}{1\times2}\times1=4950$

18 2715 답 ④ 유형 13

출제의도 | 수열의 귀납적 정의를 도형에 활용할 수 있는지 확인한다.

> 점 A_n의 x좌표를 x_n, 점 A_{n+1}의 x좌표를 x_{n+1}로 각각 나타내고 조건 (내)의 순서대로 적용하여 x_{n+1}과 x_n 사이의 관계식을 구해 보자.

점 A_n의 좌표를 $(x_n, 0)$이라 하면 조건 (내)에서 $B_n(x_n+n, 0)$

x_{n+1}은 $\overline{A_nB_n}$을 $3:2$로 내분하는 점의 x좌표이므로

$x_{n+1}=\dfrac{3(x_n+n)+2x_n}{3+2}$

$\therefore 5x_{n+1}=5x_n+3n$

위 식의 n에 1, 2, 3, $\cdots$, 10을 차례로 대입하여 변끼리 더하면

$5x_2=5x_1+3$

$5x_3=5x_2+6$

$5x_4=5x_3+9$

$\vdots$

$+\Big) 5x_{11}=5x_{10}+30$

$5x_{11}=5x_1+3+6+9+\cdots+30$

$=5\times1+3(1+2+3+\cdots+10)$

$=5+3\times\dfrac{10\times11}{2}=170$

$\therefore x_{11}=\dfrac{170}{5}=34$

19 2716 답 ⑤ 유형 13

출제의도 | 수열의 귀납적 정의를 도형에 활용할 수 있는지 확인한다.

> 새로 원을 그리면 이전에 있던 모든 원과 두 점에서 만나야 한다는 사실을 생각해 보자.

$(n+1)$번째 원을 그리면 기존의 n개의 원과 교점이 2개씩 생기므로

$a_{n+1}=a_n+2n$

위 식의 n에 1, 2, 3, 4, 5를 차례로 대입하면

$a_2=a_1+2=2$

$a_3=a_2+4=6$

$a_4=a_3+6=12$

$a_5=a_4+8=20$

$\therefore a_6=a_5+10=30$

20 2717 답 ④ 유형 16

출제의도 | 수학적 귀납법의 증명 과정을 이해하는지 확인한다.

> $7^{k+1}=7\times7^k$임을 이용하여 (개), (내), (대)에 들어갈 수와 식을 찾아보자.

(ii) $n=k$일 때,

7^k-6k를 36으로 나눈 나머지가 1이라 가정하면

$7^k-6k=36p+1$, 즉 $7^k=6k+36p+1$ (p는 정수)

한편

$7^{k+1}-6(k+1)=7\times7^k-6(k+1)$

$=\boxed{7}(6k+36p+1)-6(k+1)$

$=\boxed{7}(36p+1)+\boxed{36k-6}$

$=36(7p+\boxed{k})+1$

이므로 $7^{k+1}-6(k+1)$도 36으로 나눈 나머지가 1이다.

$\therefore a=7, f(k)=36k-6, g(k)=k$

따라서 $f(1)=30, g(5)=5$이므로

$a\times\dfrac{f(1)}{g(5)}=7\times\dfrac{30}{5}=42$

21 2718 답 ② 유형 5 + 유형 11

출제의도 | 합으로 표현된 수열의 귀납적 정의에서의 수열의 항을 구할 수 있는지 확인한다.

> a_{n+1}에 대한 등식을 세워서 a_{n+1}과 a_n 사이의 관계식을 구해 보자.

$a_1+2a_2+\cdots+na_n=n^3a_n$ ㄱ

$a_1+2a_2+\cdots+(n+1)a_{n+1}=(n+1)^3a_{n+1}$ ㄴ

ㄴ$-$ㄱ을 하면

$(n+1)a_{n+1}=(n+1)^3a_{n+1}-n^3a_n$

$(n+1)\{(n+1)^2-1\}a_{n+1}=n^3a_n$

$n(n+1)(n+2)a_{n+1}=n^3a_n$

$\therefore a_{n+1}=\dfrac{n}{n+1}\times\dfrac{n}{n+2}a_n$

위 식의 n에 1, 2, 3, $\cdots$, 9를 차례로 대입하여 변끼리 곱하면

$$a_2 = \frac{1}{2} \times \frac{1}{3} a_1$$

$$a_3 = \frac{2}{3} \times \frac{2}{4} a_2$$

$$a_4 = \frac{3}{4} \times \frac{3}{5} a_3$$

$$\vdots$$

$$a_9 = \frac{8}{9} \times \frac{8}{10} a_8$$

$$\times \underline{\left) a_{10} = \frac{9}{10} \times \frac{9}{11} a_9\right.}$$

$$a_{10} = \left(\frac{1}{2} \times \frac{2}{3} \times \frac{3}{4} \times \cdots \times \frac{8}{9} \times \frac{9}{10} \right)$$

$$\times \left(\frac{1}{3} \times \frac{2}{4} \times \frac{3}{5} \times \cdots \times \frac{8}{10} \times \frac{9}{11} \right) \times a_1$$

$$= \frac{1}{10} \times \left(2 \times \frac{1}{10} \times \frac{1}{11} \right) \times 10 = \frac{1}{55}$$

22 2719 답 960 유형 4

출제의도 | $a_{n+1} = a_n + f(n)$ 꼴일 때, 수열의 관계를 추론할 수 있는지 확인한다.

STEP1 n에 6, 7, 8, 9를 차례로 대입하기 [3점]

$$a_7 - a_6 = 2^7 - 32 \times 6$$

$$a_8 - a_7 = 2^8 - 32 \times 7$$

$$a_9 - a_8 = 2^9 - 32 \times 8$$

$$a_{10} - a_9 = 2^{10} - 32 \times 9$$

STEP2 변끼리 더하여 $a_{10} - a_6$의 값 구하기 [3점]

위 네 식을 변끼리 더하면

$$a_{10} - a_6 = 2^7 + 2^8 + 2^9 + 2^{10} - 32 \times (6+7+8+9)$$

$$= 2^7(2^4 - 1) - 32 \times 30$$

$$= 960$$

23 2720 답 73 유형 11

출제의도 | a_n과 S_n 사이의 관계식이 주어진 수열의 귀납적 정의를 추론할 수 있는지 확인한다.

STEP1 a_n과 S_n 사이의 관계식으로부터 a_n과 a_{n+1} 사이의 관계식 구하기 [3점]

$$S_{n+1} - S_{n-1} = a_{n+1} + a_n \text{이므로}$$

$$(S_{n+1} - S_{n-1})^2 = 4a_n a_{n+1} + 9 \text{에서}$$

$$(a_{n+1} + a_n)^2 = 4a_n a_{n+1} + 9$$

$$a_{n+1}^2 + 2a_{n+1}a_n + a_n^2 = 4a_n a_{n+1} + 9$$

$$a_{n+1}^2 - 2a_n a_{n+1} + a_n^2 = 9$$

$$\therefore (a_{n+1} - a_n)^2 = 9$$

이때 $a_{n+1} > a_n$이므로 $a_{n+1} - a_n > 0$

즉, $a_{n+1} - a_n = 3$ ($n = 2, 3, 4, \cdots$)

STEP2 일반항 a_n 구하기 [2점]

수열 $\{a_n\}$은 첫째항이 1, 공차가 3인 등차수열이므로

$$a_n = 1 + (n-1) \times 3 = 3n - 2$$

STEP3 a_{25}의 값 구하기 [1점]

$$a_{25} = 3 \times 25 - 2 = 73$$

24 2721 답 120 유형 9

출제의도 | 같은 수가 반복되는 수열에 대하여 이해하는지 확인한다.

STEP1 수열 $\{a_n\}$의 규칙 찾기 [4점]

조건 ㈎에서 $a_{n+2} = a_{n+1}^2 - a_n^2$

위 식의 n에 1, 2, 3, $\cdots$을 차례로 대입하면

$$a_3 = a_2^2 - a_1^2 = (-1)^2 - 1^2 = 0$$

$$a_4 = a_3^2 - a_2^2 = 0^2 - (-1)^2 = -1$$

$$a_5 = a_4^2 - a_3^2 = (-1)^2 - 0 = 1$$

$$a_6 = a_5^2 - a_4^2 = 1^2 - (-1)^2 = 0$$

$$a_7 = a_6^2 - a_5^2 = 0^2 - 1^2 = -1$$

$$a_8 = a_7^2 - a_6^2 = (-1)^2 - 0 = 1$$

$$\vdots$$

따라서 수열 $\{a_n\}$은 a_3항부터 0, -1, 1이 이 순서대로 반복된다.

STEP2 $\sum_{k=1}^{30} b_k$의 값 구하기 [3점]

$$\sum_{k=1}^{30} b_k = b_1 + b_2 + \cdots + b_{30}$$

$$= (a_1 + 1) + (a_2 + 2) + \cdots + (a_{15} + 15)$$

$$= (a_1 + a_2 + \cdots + a_{15}) + (1 + 2 + \cdots + 15)$$

$$= 1 - 1 + (0 - 1 + 1) \times 4 + 0 + \frac{15 \times 16}{2}$$

$$= 120$$

25 2722 답 275 유형 1

출제의도 | 등차수열의 귀납적 정의에 대하여 이해하는지 확인한다.

STEP1 수열 $\{b_n\}$이 어떤 수열인지 파악하여 일반항 구하기 [3점]

$b_n - 2b_{n+1} + b_{n+2} = 0$에서 $2b_{n+1} = b_n + b_{n+2}$이므로

수열 $\{b_n\}$은 등차수열이다.

수열 $\{b_n\}$의 첫째항을 a, 공차를 d라 하면

$$b_2 = a + d = 9 \quad\text{····························· ㉠}$$

$$b_5 = a + 4d = 0 \quad\text{····························· ㉡}$$

㉠, ㉡을 연립하여 풀면

$$a = 12, \ d = -3$$

$$\therefore b_n = 12 + (n-1) \times (-3)$$

$$= -3n + 15$$

STEP2 수열 $\{a_n\}$이 어떤 수열인지 파악하여 일반항 구하기 [1점]

$a_{n+1} - a_n = 2$에서 수열 $\{a_n\}$은 공차가 2인 등차수열이므로

$$a_n = 12 + (n-1) \times 2$$

$$= 2n + 10$$

STEP3 $\sum_{k=1}^{10} \frac{|a_k b_k|}{6}$의 값 구하기 [4점]

$a_k = 2k + 10$, $b_k = -3k + 15$에서

$$a_k b_k = (2k + 10)(-3k + 15)$$

$$= -6(k - 5)(k + 5)$$

$$= -6k^2 + 150$$

수열 $\{b_n\}$에서 $b_5 = 0$이므로 첫째항부터 제5항까지는 $a_k b_k \geq 0$,

제6항부터 제10항까지는 $a_k b_k < 0$이므로

$$\sum_{k=1}^{10} \frac{|a_k b_k|}{6} = \frac{1}{6} \sum_{k=1}^{5} a_k b_k - \frac{1}{6} \sum_{k=6}^{10} a_k b_k$$

$$=\frac{1}{6}\sum_{k=1}^{5}a_kb_k-\frac{1}{6}\left(\sum_{k=1}^{10}a_kb_k-\sum_{k=1}^{5}a_kb_k\right)$$

$$=\frac{1}{3}\sum_{k=1}^{5}a_kb_k-\frac{1}{6}\sum_{k=1}^{10}a_kb_k$$

$$=\frac{1}{3}\sum_{k=1}^{5}(-6k^2+150)-\frac{1}{6}\sum_{k=1}^{10}(-6k^2+150)$$

$$=\frac{1}{3}\left(-6\times\frac{5\times6\times11}{6}+150\times5\right)$$
$$\qquad-\frac{1}{6}\left(-6\times\frac{10\times11\times21}{6}+150\times10\right)$$

$$=140-(-135)=275$$

실력 check 실전 마무리하기 2회　567쪽~571쪽

1 2723　답 ②　　유형 1

출제의도 | 등차수열의 귀납적 정의를 이해하는지 확인한다.

> 공차를 찾고 주어진 첫째항을 이용하여 일반항을 구해 보자.

수열 $\{a_n\}$은 첫째항이 50, 공차가 -2인 등차수열이므로
$a_n=50+(n-1)\times(-2)=-2n+52$
$a_k=8$에서 $-2k+52=8$이므로
$-2k=-44$　　$\therefore k=22$

2 2724　답 ③　　유형 1

출제의도 | 등차수열의 귀납적 정의를 이해하는지 확인한다.

> 등차수열의 귀납적 정의를 이용하여 등차수열의 항의 값을 구해 보자.

$a_{n+2}-2a_{n+1}+a_n=0$에서 $2a_{n+1}=a_n+a_{n+2}$
즉, 수열 $\{a_n\}$은 등차수열이므로 첫째항을 a, 공차를 d라 하면
$a_3=7$에서 $a+2d=7$　……… ㉠
$a_8=82$에서 $a+7d=82$　……… ㉡
㉠, ㉡을 연립하여 풀면 $a=-23$, $d=15$
$\therefore a_{10}=a+9d=-23+9\times15=112$

3 2725　답 ③　　유형 2

출제의도 | 등비수열의 귀납적 정의를 이해하는지 확인한다.

> 공비를 찾고 주어진 첫째항을 이용하여 일반항을 구해 보자.

수열 $\{a_n\}$은 첫째항이 1, 공비가 3인 등비수열이므로
$a_n=3^{n-1}$
$\therefore \dfrac{a_5}{a_3}=\dfrac{3^4}{3^2}=3^2=9$

---

4 2726　답 ①　　유형 4

출제의도 | $a_{n+1}=a_n+f(n)$ 꼴일 때, 수열의 관계를 추론할 수 있는지 확인한다.

> n에 자연수를 대입하여 a_3의 값을 구해 보자.

$a_{n+1}-a_n=2n-1$에서
$a_{n+1}=a_n+2n-1$
$a_1=2$이므로
$a_2=a_1+1=2+1=3$
$\therefore a_3=a_2+3=3+3=6$

5 2727　답 ①　　유형 5

출제의도 | 수열의 규칙을 추론할 수 있는지 확인한다.

> n에 자연수를 대입하여 a_5의 값을 구해 보자.

$a_{n+1}=\dfrac{n}{n+1}a_n$의 n에 1, 2, 3, 4를 차례로 대입하면
$a_2=\dfrac{1}{2}a_1=\dfrac{1}{2}\times1=\dfrac{1}{2}$
$a_3=\dfrac{2}{3}a_2=\dfrac{2}{3}\times\dfrac{1}{2}=\dfrac{1}{3}$
$a_4=\dfrac{3}{4}a_3=\dfrac{3}{4}\times\dfrac{1}{3}=\dfrac{1}{4}$
$\therefore a_5=\dfrac{4}{5}a_4=\dfrac{4}{5}\times\dfrac{1}{4}=\dfrac{1}{5}$

6 2728　답 ①　　유형 9

출제의도 | 수열의 규칙을 발견하고 추론할 수 있는지 확인한다.

> $n=1, 2, 3, \cdots$을 차례로 대입하여 a_n의 값의 규칙을 추론해 보자.

$a_1=3$, $a_{n+1}=\dfrac{3}{a_n}$의 n에 1, 2, 3, $\cdots$을 차례로 대입하면
$a_2=\dfrac{3}{a_1}=\dfrac{3}{3}=1$
$a_3=\dfrac{3}{a_2}=\dfrac{3}{1}=3$
$a_4=\dfrac{3}{a_3}=\dfrac{3}{3}=1$
$\qquad\vdots$
즉, 수열 $\{a_n\}$은 3, 1이 이 순서대로 반복되므로
$a_{100}=a_{2\times50}=a_2=1$

7 2729　답 ①　　유형 12

출제의도 | 수열의 귀납적 정의를 활용할 수 있는지 확인한다.

> 첫번째 시행을 a_1이라 하고 a_n과 a_{n+1} 사이의 관계식을 구해 보자.

n번 시행 후 화분에 들어 있는 흙의 양을 $a_n\,\text{kg}$이라 하면
시행을 한 번 할 때 전체 흙의 양의 $\dfrac{2}{3}$가 남고, $4\,\text{kg}$이 추가되므로
$a_{n+1}=\dfrac{2}{3}a_n+4$

$a_1=\dfrac{2}{3}\times30+4=24$이므로

$a_2=\dfrac{2}{3}\times24+4=20$

$a_3=\dfrac{2}{3}\times20+4=\dfrac{52}{3}$

$\therefore a_4=\dfrac{2}{3}\times\dfrac{52}{3}+4=\dfrac{140}{9}$

따라서 4번 시행 후 화분에 들어 있는 흙의 양은 $\dfrac{140}{9}\,\mathrm{kg}$이다.

8 2730　답 ③　　　　　　　　　　　　　　　유형 13

출제의도 ｜ 수열의 귀납적 정의를 도형에 활용할 수 있는지 확인한다.

이전 단계보다 새로 생겨난 부분의 개수를 표현하고 규칙을 발견해 보자.

각 단계에 필요한 성냥개비의 수는

$a_1=3$

$a_2=a_1+6=a_1+3\times2$

$a_3=a_2+9=a_2+3\times3$

$a_4=a_3+12=a_3+3\times4$

$\vdots$

$\therefore a_{n+1}=a_n+3(n+1)\ (n=1,\ 2,\ 3,\ \cdots)$

9 2731　답 ④　　　　　　　　　　　　　　　유형 14

출제의도 ｜ 수학적 귀납법을 이해하는지 확인한다.

명제가 성립함을 증명하는 방법을 생각해 보자.

조건 ㈎에서 $p(1)$이 참이므로

조건 ㈏에서 $p(2)$도 참이다.

$p(2)$가 참이므로 조건 ㈏에서 $p(4)$도 참이다.

$p(4)$가 참이므로 조건 ㈏에서 $p(8)$도 참이다.

$\vdots$

즉, $p(1)$이 참이면 $p(2^n)$도 참이다.

따라서 반드시 참인 것은 ④ $p(16)$이다.

10 2732　답 ①　　　　　　　　　　　　　　　유형 2

출제의도 ｜ 수열의 귀납적 정의를 이해하는지 확인한다.

홀수 번째와 짝수 번째 항의 합의 규칙을 찾아보자.

$a_{n+2}=4a_n$의 n에 1, 2, 3, $\cdots$, 8을 차례로 대입하면

$a_3=4a_1=4\times2$

$a_4=4a_2=4\times(-1)$

$a_5=4a_3=4^2\times2$

$a_6=4a_4=4^2\times(-1)$

$a_7=4a_5=4^3\times2$

$a_8=4a_6=4^3\times(-1)$

$a_9=4a_7=4^4\times2$

$a_{10}=4a_8=4^4\times(-1)$

$\therefore \displaystyle\sum_{k=1}^{10}a_k=(a_1+a_2)+(a_3+a_4)+\cdots+(a_9+a_{10})$

$=1+4+4^2+4^3+4^4$

$=341$

11 2733　답 ④　　　　　　　　　　　　　　　유형 4

출제의도 ｜ $a_{n+1}=a_n+f(n)$ 꼴의 귀납적 정의를 이용하여 일반항을 구할 수 있는지 확인한다.

$n=1,\ 2,\ 3,\ \cdots$을 대입하여 짝수 번째 항과 홀수 번째 항의 규칙을 추론해 보자.

$a_{n+1}=-a_n+5n$의 n에 1, 2, 3, 4, 5, $\cdots$를 차례로 대입하면

$a_2=-a_1+5=-125$

$a_3=-a_2+10=135$

$a_4=-a_3+15=-120$

$a_5=-a_4+20=140$

$a_6=-a_5+25=-115$

$\vdots$

즉, 홀수 번째 항은 첫째항이 130이고 공차가 5인 등차수열을 이루고 짝수 번째 항은 첫째항이 -125이고 공차가 5인 등차수열을 이룬다.

따라서 짝수 번째 항이 0이 되는 $a_{52}=0$을 기준으로 $n\geq53$이면

$a_n>0$ ⟶ $a_{2n}=-125+(n-1)\times5$　　$=5n-130$

따라서 구하는 자연수 k의 최솟값은 53이다.

12 2734　답 ④　　　　　　　　　　　　　　　유형 4

출제의도 ｜ $a_{n+1}=a_n+f(n)$ 꼴의 귀납적 정의를 이용하여 수열의 합을 구할 수 있는지 확인한다.

n에 2, 4, 6, $\cdots$을 차례로 대입하여 변끼리 더해 보자.

$a_{n-1}+a_n=n^2+1$의 n에 2, 4, 6, $\cdots$, 20을 차례로 대입하여 변끼리 더하면

$a_1+a_2=2^2+1$

$a_3+a_4=4^2+1$

$a_5+a_6=6^2+1$

$\vdots$

$+)\ a_{19}+a_{20}=20^2+1$

$\displaystyle\sum_{k=1}^{20}a_k=(2^2+1)+(4^2+1)+(6^2+1)+\cdots+(20^2+1)$

$=10+\displaystyle\sum_{k=1}^{10}(2k)^2$

$=10+4\times\dfrac{10\times11\times21}{6}$

$=1550$

13 2735　답 ④　　　　　　　　　　　　　　　유형 6

출제의도 ｜ $a_{n+1}=pa_n+q$ 꼴로 정의된 수열을 이해하는지 확인한다.

$n=1,\ 2,\ 3,\ 4,\ 5$를 차례로 대입하여 $a_2,\ a_3,\ \cdots,\ a_6$을 구해 보자.

$a_{n+1}+(-1)^{n+1}\times a_n=3^n$의 n에 1, 2, 3, 4, 5를 차례로 대입하면

$a_2+a_1=3 \qquad \therefore a_2=2$

$a_3-a_2=3^2 \qquad \therefore a_3=9+2=11$

$a_4+a_3=3^3 \qquad \therefore a_4=27-11=16$

$a_5-a_4=3^4 \qquad \therefore a_5=81+16=97$

$a_6+a_5=3^5 \qquad \therefore a_6=243-97=146$

14 2736 답 ⑤
유형 11

출제의도 | a_n과 S_n 사이의 관계식이 주어진 수열의 귀납적 정의를 추론할 수 있는지 확인한다.

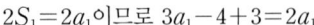
a_n과 S_n 사이의 관계식으로부터 a_n과 a_{n+1} 사이의 관계식을 구해 보자.

$2S_1=2a_1$이므로 $3a_1-4+3=2a_1$

$\therefore a_1=1$

$2S_n=3a_n-4n+3$ ·············· ㉠

$2S_{n+1}=3a_{n+1}-4(n+1)+3$ ·············· ㉡

㉡$-$㉠을 하면

$2(S_{n+1}-S_n)=3a_{n+1}-3a_n-4$

$2a_{n+1}=3a_{n+1}-3a_n-4$

$\therefore a_{n+1}=3a_n+4$

위 식의 n에 1, 2, 3을 차례로 대입하면

$a_2=3a_1+4=3\times1+4=7$

$a_3=3a_2+4=3\times7+4=25$

$\therefore a_4=3a_3+4=3\times25+4=79$

15 2737 답 ④
유형 11

출제의도 | S_n과 a_n 사이의 관계식이 주어진 수열의 귀납적 정의를 추론할 수 있는지 확인한다.

$S_n-S_{n-1}=a_n\,(n=2,\,3,\,4,\,\cdots)$을 이용하여 a_n과 a_{n+1} 사이의 관계식을 구해 보자.

$2S_n=(n+1)a_n$ ·············· ㉠

$2S_{n+1}=(n+2)a_{n+1}$ ·············· ㉡

㉡$-$㉠을 하면

$2(S_{n+1}-S_n)=(n+2)a_{n+1}-(n+1)a_n$

$2a_{n+1}=(n+2)a_{n+1}-(n+1)a_n$

$na_{n+1}=(n+1)a_n$

$\therefore a_{n+1}=\dfrac{n+1}{n}a_n$

위 식의 n에 1, 2, 3을 차례로 대입하면

$a_2=2a_1=2\times\dfrac{1}{2}=1$

$a_3=\dfrac{3}{2}a_2=\dfrac{3}{2}\times1=\dfrac{3}{2}$

$a_4=\dfrac{4}{3}a_3=\dfrac{4}{3}\times\dfrac{3}{2}=2$

$\therefore a_3\times a_4=\dfrac{3}{2}\times2=3$

16 2738 답 ③
유형 16

출제의도 | 수학적 귀납법의 증명 과정을 이해하는지 확인한다.

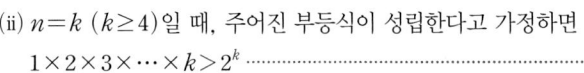
지수법칙을 이용하여 (개), (내)에 들어갈 수와 식을 찾아보자.

(ii) $n=k$일 때, $3^{2n}-1$의 8의 배수라 가정하면

$3^{2k}-1=8p\ (p$는 자연수$)$

$\therefore 3^{2k}=8p+1$

$n=k+1$일 때,

$3^{2(k+1)}-1=\boxed{9}\times3^{2k}-1$

$=9(8p+1)-1=9\times8p+8$

$=8\times(\boxed{9p+1})$

따라서 $a=9$, $f(p)=9p+1$이므로

$a+f(2)=9+19=28$

17 2739 답 ④
유형 17

출제의도 | 수학적 귀납법의 증명 과정을 이해하는지 확인한다.

$n=k+1$일 때 양변에 곱해진 식을 구해 보자.

(ii) $n=k\ (k\geq4)$일 때, 주어진 부등식이 성립한다고 가정하면

$1\times2\times3\times\cdots\times k>2^k$ ·············· ㉠

㉠의 양변에 $\boxed{k+1}$을 곱하면

$1\times2\times3\times\cdots\times k\times(\boxed{k+1})>2^k\times(\boxed{k+1})$

이때 $2^k\times(\boxed{k+1})=2\times2^k+(k-1)\times2^k$

$=2^{k+1}+(k-1)\times2^k>\boxed{2^{k+1}}$

이므로 $1\times2\times3\times\cdots\times k\times(\boxed{k+1})>\boxed{2^{k+1}}$

즉, $n=k+1$일 때도 주어진 부등식이 성립한다.

$\therefore f(k)=k+1$, $g(k)=2^{k+1}$

따라서 $f(1)=2$, $g(2)=2^3=8$이므로

$\dfrac{g(2)}{f(1)}=\dfrac{8}{2}=4$

18 2740 답 ②
유형 9

출제의도 | 주어진 조건을 이용하여 수열의 각 항을 구할 수 있는지 확인한다.

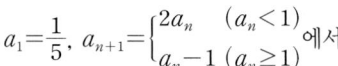
$n=1,\,2,\,3,\,\cdots$을 차례로 대입하고 주기를 발견해 보자.

$a_1=\dfrac{1}{5}$, $a_{n+1}=\begin{cases}2a_n & (a_n<1)\\ a_n-1 & (a_n\geq1)\end{cases}$에서

$a_2=2a_1=2\times\dfrac{1}{5}=\dfrac{2}{5}$

$a_3=2a_2=2\times\dfrac{2}{5}=\dfrac{4}{5}$

$a_4=2a_3=2\times\dfrac{4}{5}=\dfrac{8}{5}$

$a_5=a_4-1=\dfrac{8}{5}-1=\dfrac{3}{5}$

$a_6=2a_5=2\times\dfrac{3}{5}=\dfrac{6}{5}$

$$a_7 = a_6 - 1 = \frac{6}{5} - 1 = \frac{1}{5}$$

$$a_8 = 2a_7 = 2 \times \frac{1}{5} = \frac{2}{5}$$

$$\vdots$$

즉, 수열 $\{a_n\}$은 $\frac{1}{5}, \frac{2}{5}, \frac{4}{5}, \frac{8}{5}, \frac{3}{5}, \frac{6}{5}$이 이 순서대로 반복된다.

이때 $45 = 7 \times 6 + 3$이므로

$$\sum_{k=1}^{45} a_k = 7(a_1 + a_2 + \cdots + a_6) + a_{43} + a_{44} + a_{45}$$
$$= 7(a_1 + a_2 + \cdots + a_6) + a_1 + a_2 + a_3$$
$$= 7\left(\frac{1}{5} + \frac{2}{5} + \frac{4}{5} + \frac{8}{5} + \frac{3}{5} + \frac{6}{5}\right) + \frac{1}{5} + \frac{2}{5} + \frac{4}{5}$$
$$= 35$$

19 2741 답 ② 〔유형 1 + 유형 11〕

출제의도 | S_n과 a_n이 혼합된 수열의 귀납적 정의를 추론할 수 있는지 확인한다.

> $S_{n+1} - S_{n-1} = a_{n+1} + a_n$을 이용하여 수열의 규칙을 발견해 보자.

(i) $S_2 + S_1 = a_2{}^2$에서

$a_1 + a_2 + a_1 = a_2{}^2$, $a_2{}^2 - a_2 - 6 = 0$

$(a_2 + 2)(a_2 - 3) = 0$

$\therefore a_2 = 3 \; (\because a_2 > 0)$

(ii) $n \geq 2$일 때

$$S_{n+1} + S_n = a_{n+1}{}^2 \quad\cdots\cdots\cdots\cdots\cdots\cdots\cdots ㉠$$
$$S_n + S_{n-1} = a_n{}^2 \quad\cdots\cdots\cdots\cdots\cdots\cdots\cdots ㉡$$

㉠ $-$ ㉡을 하면

$$S_{n+1} - S_{n-1} = a_{n+1}{}^2 - a_n{}^2$$
$$a_{n+1} + a_n = (a_{n+1} + a_n)(a_{n+1} - a_n)$$

$a_{n+1} + a_n > 0$이므로

$$a_{n+1} - a_n = 1$$

(i), (ii)에서 수열 $\{a_n\}$은 둘째항부터 공차가 1인 등차수열이므로

$$a_n = n + 1 \; (n \geq 2)$$

$$\therefore a_{50} = 50 + 1 = 51$$

20 2742 답 ④ 〔유형 8〕

출제의도 | 주어진 조건을 이용하여 수열을 추론할 수 있는지 확인한다.

> $n = 1, 2, 3, \cdots$을 차례로 대입하고 주기를 발견해 보자.

$\log_8 n = \frac{1}{3}\log_2 n$이므로 $\log_8 n$이 유리수이려면

$n = 2^m$ (m은 음이 아닌 정수) 꼴이어야 한다.

따라서 $a_1, a_2, a_4, a_8, \cdots$은 유리수이고, 나머지 항은 모두 0이므로

$$\sum_{k=1}^{n} a_k = a_1 + a_2 + a_4 + a_8 + \cdots$$
$$= 0 + \frac{1}{3} + \frac{2}{3} + 1 + \cdots$$

이때 $\sum_{k=1}^{n} a_k = 12$가 되려면

$$0 + \frac{1}{3} + \frac{2}{3} + 1 + \frac{4}{3} + \frac{5}{3} + 2 + \frac{7}{3} + \frac{8}{3} = 12$$

$\log_8 n = \frac{8}{3}$에서 $n = 8^{\frac{8}{3}} = 2^8 = 256$

그런데 $a_{257} = a_{258} = \cdots = a_{511} = 0$, $a_{512} = 3$이므로

n의 최댓값은 511이다.

21 2743 답 ② 〔유형 12〕

출제의도 | 수열의 귀납적 정의를 활용할 수 있는지 확인한다.

> $(n+1)$번째 부부가 각각 악수하는 횟수를 구해 보자.

n쌍의 부부가 조건에 맞게 악수하는 횟수는 a_n이고
$(n+1)$번째 부부의 남편과 아내가 각각 $2n$번씩 악수를 하므로

$$a_{n+1} = a_n + 4n$$

따라서 $f(n) = 4n$이므로

$$f(3) = 12$$

22 2744 답 -94 〔유형 4〕

출제의도 | $a_{n+1} = a_n + f(n)$ 꼴일 때, 수열의 관계를 추론할 수 있는지 확인한다.

STEP 1 주어진 식의 n에 1, 2, 3, $\cdots$, 8을 차례로 대입하기 [3점]

$a_{n+1} = a_n + 5 - 4n$의 n에 1, 2, 3, $\cdots$, 8을 차례로 대입하면

$$a_2 = a_1 + 5 - 4 \times 1$$
$$a_3 = a_2 + 5 - 4 \times 2$$
$$a_4 = a_3 + 5 - 4 \times 3$$
$$\vdots$$
$$a_9 = a_8 + 5 - 4 \times 8$$

STEP 2 a_9의 값 구하기 [3점]

변끼리 더하여 식을 정리하면

$$a_9 = a_1 + \sum_{k=1}^{8}(5 - 4k)$$
$$= 10 + \sum_{k=1}^{8} 5 - 4\sum_{k=1}^{8} k$$
$$= 10 + 5 \times 8 - 4 \times \frac{8 \times 9}{2}$$
$$= 50 - 144$$
$$= -94$$

23 2745 답 3051 〔유형 8 + 유형 9〕

출제의도 | 주어진 규칙을 적용하여 수열의 주기를 발견할 수 있는지 확인한다.

STEP 1 주어진 식에 $n = 1, 2, 3, \cdots$을 차례로 대입하여 수열 $\{a_n\}$의 규칙 찾기 [4점]

$$a_{n+1} = \begin{cases} 6 - \dfrac{4}{a_n} & (a_n \text{이 정수인 경우}) \\[2mm] -\dfrac{15}{8}a_n + \dfrac{51}{4} & (a_n \text{이 정수가 아닌 경우}) \end{cases} \text{에서}$$

$$a_1 = 2$$

$$a_2 = 6 - \frac{4}{a_1} = 6 - \frac{4}{2} = 4$$

$$a_3 = 6 - \frac{4}{a_2} = 6 - \frac{4}{4} = 5$$

$$a_4 = 6 - \frac{4}{a_3} = 6 - \frac{4}{5} = \frac{26}{5}$$

$$a_5 = -\frac{15}{8}a_4 + \frac{51}{4} = -\frac{15}{8} \times \frac{26}{5} + \frac{51}{4} = 3$$

$$a_6 = 6 - \frac{4}{a_5} = 6 - \frac{4}{3} = \frac{14}{3}$$

$$a_7 = -\frac{15}{8}a_6 + \frac{51}{4} = -\frac{15}{8} \times \frac{14}{3} + \frac{51}{4} = 4$$

$$\vdots$$

즉, 수열 $\{a_n\}$은 둘째항부터 4, 5, $\frac{26}{5}$, 3, $\frac{14}{3}$가 이 순서대로 반복된다.

STEP 2 a_k가 정수가 되는 모든 자연수 k의 값의 합 구하기 [3점]

a_k의 값이 정수가 되는 100 이하의 자연수 k의 값은

$1, 2, 3, 5, 7, 8, 10, \cdots, 97, 98, 100$

따라서 모든 자연수 k의 값의 합은

$$1 + (2 + 7 + 12 + \cdots + 97) + (3 + 8 + 13 + \cdots + 98)$$
$$+ (5 + 10 + 15 + \cdots + 100)$$
$$= 1 + \frac{20(2+97)}{2} + \frac{20(3+98)}{2} + \frac{20(5+100)}{2}$$
$$= 3051$$

24 2746 〔풀이 참조〕 유형 15

출제의도 | 수학적 귀납법의 증명 과정을 이해하는지 확인한다.

STEP 1 $n=1$일 때, 주어진 등식이 성립함을 보이기 [2점]

$n=1$일 때,

$$(좌변) = \frac{1}{2!} = \frac{1}{2}$$

$$(우변) = 1 - \frac{1}{2!} = 1 - \frac{1}{2} = \frac{1}{2}$$

이므로 주어진 등식이 성립한다.

STEP 2 $n=k+1$일 때, 주어진 등식이 성립함을 보이기 [5점]

$n=k$일 때, 주어진 등식이 성립한다고 가정하면

$$\frac{1}{2!} + \frac{2}{3!} + \frac{3}{4!} + \cdots + \frac{k}{(k+1)!} = 1 - \frac{1}{(k+1)!} \quad \cdots\cdots\cdots \textcircled{\scriptsize ㉠}$$

㉠의 양변에 $\frac{k+1}{(k+2)!}$을 더하면

$$\frac{1}{2!} + \frac{2}{3!} + \frac{3}{4!} + \cdots + \frac{k}{(k+1)!} + \frac{k+1}{(k+2)!}$$
$$= 1 - \frac{1}{(k+1)!} + \frac{k+1}{(k+2)!}$$

$$= 1 - \frac{k+2}{(k+2)!} + \frac{k+1}{(k+2)!}$$

$$= 1 - \frac{1}{(k+2)!}$$

이므로 $n=k+1$일 때도 주어진 등식이 성립한다.

따라서 모든 자연수 n에 대하여 주어진 등식이 성립한다.

25 2747 〔답〕 $a_1 = \frac{46}{5}$, $p+q = \frac{19}{5}$ 유형 12

출제의도 | 수열의 귀납적 정의를 활용할 수 있는지 확인한다.

STEP 1 1회 시행할 때 남아 있는 소금의 양을 이용하여 a_1의 값 구하기 [3점]

$10\ \%$인 소금물 $60\ \text{g}$에 들어 있는 소금의 양은

$$\frac{10}{100} \times 60 = 6\ (\text{g})$$

$8\ \%$인 소금물 $40\ \text{g}$에 들어 있는 소금의 양은

$$\frac{8}{100} \times 40 = \frac{16}{5}\ (\text{g})$$

따라서 1회 시행 후 남아 있는 소금의 양은

$$6 + \frac{16}{5} = \frac{46}{5}\ (\text{g})$$

$$\therefore a_1 = \frac{\frac{46}{5}}{100} \times 100$$

$$= \frac{46}{5}$$

STEP 2 n회 시행 후 남아 있는 소금의 양을 이용하여 a_n과 a_{n+1} 사이의 관계식 구하기 [4점]

시행을 한 번 하더라도 소금물의 양은 $100\ \text{g}$으로 유지된다.

$a_n\ \%$인 소금물 $60\ \text{g}$에 들어 있는 소금의 양은

$$\frac{a_n}{100} \times 60 = \frac{3}{5}a_n\ (\text{g})$$

$8\ \%$인 소금물 $40\ \text{g}$에 들어 있는 소금의 양은

$$\frac{8}{100} \times 40 = \frac{16}{5}\ (\text{g})$$

따라서 n회 시행 후 남아 있는 소금의 양은

$$\frac{3}{5}a_n + \frac{16}{5}\ (\text{g})$$

$$\therefore a_{n+1} = \frac{\frac{3}{5}a_n + \frac{16}{5}}{100} \times 100$$

$$= \frac{3}{5}a_n + \frac{16}{5}$$

STEP 3 $p+q$의 값 구하기 [1점]

$p = \frac{3}{5}$, $q = \frac{16}{5}$이므로

$$p + q = \frac{19}{5}$$

MEMO

MEMO

실전으로 가는 빠른시작!
고등 국어 빠작 시리즈

고전 문학 | 현대 문학

올바른 독해 훈련으로 문학 독해력을 기르는 문학 기본서

- 내신/수능 대비를 위한 기출 지문과 필수 작품 수록
- 원리를 중심으로 한 작품 분석으로 독해력 향상
- 연계 작품 엮어 읽기로 확장 학습 가능

비문학 독서

독해력과 추론적 사고력을 키우는 비문학 실전 대비서

- 최신 기출 지문 분석을 통한 독해력 강화
- 선지의 적절성을 판단하는 연습으로 추론적 사고력 향상
- 지문 분석 원리·문제 해결 원리 총정리

문법

내신부터 수능까지,
필수 개념 30개로 끝내는 문법서

- 교과서와 기출 문제에서 뽑아낸
  개념 총정리
- 내신 1등급을 위한 '고난도 서술형 문제' 강화
- 최근 수능, 모평, 학평 기출 문제 수록

필수 어휘

쉬운 한자 풀이로 수능 국어
필수 어휘를 익히는 어휘력 기본서

- 최신 수능, 모평, 학평 빈출 어휘를
  주제별로 학습
- 기출 예문을 통한 실전 독해 훈련
- 한자 성어와 확인 문제 풀이로 어휘력 향상

화법과 작문

최신 기출 문제로 문제 해결력을
기르는 화법과 작문 실전서

- '연습-실전' 의 체계적인 단계 학습 가능
- 기출 지문 분석 훈련을 통한 독해력 강화
- 대표 문제 유형을 해결하며
  문제 해결력 향상

언어와 매체 500제

수능 1등급을 위한
언어와 매체 실전서

- 최신 수능, 모평, 학평 문항 엄선 수록
- 영역별, 난이도별 문항 배치를 통한 체계적 학습
- 핵심 개념과 상세한 해설을 통한
  문항 완벽 이해

MATHING

수
애씨오